THESAURUS DER EXAKTEN WISSENSCHAFTEN

ASTROPHYSIK
BIOCHEMIE
CHEMIE
GENETIK
GEOWISSENSCHAFTEN
INFORMATIK
MATHEMATIK
PHYSIK

»Die Quintessenz des naturwissenschaftlichen Denkens unserer Zeit.«
Focus

»Man möchte am Boden der Weltmeere sitzen und darin lesen, damit das ›Zeitalter des Lichtes‹ weiter leuchtet«
Nextra

»Eine herkulische Leistung. Dieses 2-Kilo-Buch ist in der Tat ein gewaltiger Wissensspeicher.«
Wiener Zeitung

»Wer immer dieses Buch mit auch nur etwas *curiositas* zur Hand nimmt, wird reichlich belohnt.«
Neue Zürcher Zeitung

»Das Bemühen der Autoren um verständliche Sprache und die Kommentare vieler Probeleser haben prachtvolle Früchte getragen.«
Spektrum der Wissenschaft

»Mit jedem Schlagwort öffnen sich neue Welten des Wissens, für die es keines Schlüssels akademischer Vorbildung bedarf, sie zu betrachten.«
Fuldaer Zeitung

Die Herausgeber

Nayla Farouki Philosophin und Wissenschaftshistorikerin; Schwerpunkt: Wissenschaftsdidaktik; Publikationen (u.a.): La Relativité (1993), La Métaphysique (1995), La Foi et la raison. Histoire d'un malentendu (1996).

Michel Serres Mathematiker, Kommunikationstheoretiker, Philosoph; ehemaliger Marineoffizier, Professor für Wissenschaftsgeschichte; Lehre an der Sorbonne, Paris, Johns Hopkins University, Stanford University, Kalifornien; seit 1991 Mitglied der Académie Française. Programmberater beim französischen Bildungskanal »La Cinquième«, Projektentwicklung und Koordination von Fernstudiengängen. Als Wissenschaftshistoriker wurde Serres mit seinem Hauptwerk »Hermes I–V« (1968–1980) international bekannt. Die Mehrzahl seiner Bücher liegt inzwischen auf Deutsch vor. Sein Name steht für den Versuch einer Passage zwischen den Wissenschaften vom Menschen und den exakten Wissenschaften.

THESAURUS DER EXAKTEN WISSEN-SCHAFTEN

HERAUSGEGEBEN VON

MICHEL SERRES UND NAYLA FAROUKI

Unter Mitarbeit von Charles Auffray, Gilles Dowek,
Jean-Gabriel Ganascia, Christian Houzel, Albert Jacquard, Étienne Klein,
Pierre Laszlo, Pierre Léna und Jean-Paul Poirier

Aus dem Französischen von
Michael Bischoff und Ulrike Bischoff

ZWEITAUSENDEINS

Dank. Herausgeber und Autoren möchten der Fondation des Treilles und allen Förderern der Stiftung dafür großen Dank aussprechen, dass sie vorliegende Publikation unterstützt haben und wir bei unseren zahllosen Arbeitssitzungen in ihren Räumen ein großzügiges Gastrecht genießen konnten.

Deutsche Erstausgabe.
1. Auflage, Februar 2001. 2. Auflage, Oktober 2001.
3. Auflage, Februar 2004. 4. Auflage, Mai 2005.
5. Auflage, Dezember 2007.

Die französische Originalausgabe ist 1997 unter dem Titel
Le Trésor. Dictionnaire des Sciences erschienen.

Die deutsche Ausgabe erscheint mit Unterstützung des französischen Kulturministeriums.

Lektoratskoordination: Martin Weinmann (Büro W, Wiesbaden)
Redaktion: Peter Gäng und Alfred Kamenz, Berlin,
unter Mitarbeit von Miguel Domingo und Anja Filip.
Korrektorat: Ekkehard Kunze, Tammo tom Diek (Büro W, Wiesbaden).
Umschlaggestaltung: Sabine Kauf, PubliContor, Hamburg.
Satz: Rüdiger Wagner, Nördlingen.
Herstellung: Dieter Kohler GmbH, Wallerstein.
Druck: Gutmann + Co GmbH, Talheim.
Bindung: Druckerei Auer, Donauwörth.
Printed in Germany.

ISBN 978-3-86150-620-1

Autorinnen und Autoren

Charles Auffray
Physiologe und Biochemiker; Leiter der Abteilung für Molekulargenetik und Entwicklungsbiologie am Centre national de la recherche scientifique (CNRS) in Villejuif; wissenschaftlicher Leiter des Forschungsprojekts Genexpress bei Généthon, das am weltweiten Projekt zur Entschlüsselung des menschlichen Genoms beteiligt war.

Forschungen zur Funktionsweise des Immunsystems, des neuromuskulären Systems und der damit verbundenen Krankheiten; beteiligt sich intensiv an der öffentlichen Diskussion um die kurz- und langfristigen sozialen und ethischen Folgen des Fortschritts in der Medizin und den Wissenschaften vom Leben, insbesondere durch seine Tätigkeit im Internationalen Komitee für Bioethik der UNESCO und im Rat für die Rechte der zukünftigen Generationen.

Publikation u. a.: *Le Génome humain* (1996).

Gilles Dowek
Forschungsauftrag am Institut national de recherche en informatique et en automatique (INRIA); Forschungen zum Problem des automatischen Beweisens; Preisträger des *European Philips Contest for Young Scientists and Inventors;* im Rahmen der Association nationale sciences techniques jeunesse Mitarbeit an Projekten zur Verbreitung wissenschaftlichen Wissens.

Autor des in der Reihe *Dominos* erschienenen Bandes *La Logique* (1995).

Nayla Farouki
Philosophin, Wissenschaftshistorikerin; Herausgeberin (mit Michel Serres) der Taschenbuchreihe *Dominos*; akademische Lehre und Fachbuchautorin.

Publikationen u. a.: *La Relativité* (1993), *La Métaphysique* (1995), *La Foi et la raison, histoire d'un malentendu* (1996).

Jean-Gabriel Ganascia
Physiker, Philosoph und Informatiker; Professor für Informatik an der Université Pierre-et-Marie-Curie (Paris VI) und Forscher am Laboratoire d'informatique der Université Paris VI (LIP 6); spezialisiert auf Fragen der künstlichen Intelligenz; seit April 1995 Leiter des nationalen Forschungsschwerpunkts Science de la cognition.

Autor zahlreicher Beiträge in Fachzeitschriften und Sammelwerken sowie einer Reihe von Büchern, darunter *L'Ame machine* (1990), *L'Intelligence artificielle* (1993) und *Les Sciences cognitives* (1996).

Christian Houzel
Professor für Mathematik an der IUMF in Paris (Paris VII); von 1982 bis 1984 Präsident der Société mathématique de France; von 1985 bis 1995 verantwortlich für das Doktorandenstudium im Bereich Epistemologie und Wissenschaftsgeschichte an der Université Paris VII und Paris Nord; korrespondierendes Mitglied der Académie internationale d'histoire des sciences und Beiratsmitglied verschiedener Fachzeitschriften, darunter *La Revue d'histoire des mathématiques* und *Arabic Sciences and Philosophy.*

Von 1988 bis 1997 Herausgeber des *Bulletin de la Société mathématique de France.* Autor zahlreicher Bücher und Beiträge in Fachzeitschriften und Sammelwerken, unter anderem des Lehrbuchs *Analyse mathématique* (1996).

Albert Jacquard
Biologe; emeritierter Professor für Populationsgenetik an den Universitäten Paris VI, Louvain-la-Neuve und Genf; während seiner Zeit als Leiter des genetischen Dienstes des Institut national d'études démographiques Be-

teiligung an der Erforschung isolierter Bevölkerungsgruppen in Afrika (der Dogon in Mali, der Kel-Kummer-Tuareg und der Bassari im Senegal); heute vor allem mit den drängenden Problemen der wachsenden Weltbevölkerung befasst.

Autor zahlreicher Bücher, darunter *Structure génétique des populations* (1970), *Concepts en génétique des populations* (1977), *Éloge de la différence: la génétique des hommes* (1978), *Moi et les autres* (1983), *L'Héritage de la liberté: de l'animalité à l'humanitude* (1986), *Abécédaire de l'ambiguité: de Z à A, des mots, des choses et des concepts* (1987), *Idées vécues* (mit Hélène Amblard, 1989), *La Légende de la vie* (1992), *Un Monde sans prisons?* (mit Hélène Amblard, 1993), *L'Explosion démographique* (1993), *Absolu* (mit Abbé Pierre und Hélène Amblard, 1993), *Sciences et croyances* (mit Jacques Lacarrière, 1994) und *Les Hommes et leurs gênes* (1994).

Étienne Klein

Physiker am Commissariat à l'énergie atomique (CEA), dort unter anderem zunächst beteiligt an der Entwicklung des Large Hadron Collider (LHC), heute an der Entwicklung von Verfahren zur Isotopentrennung mit Hilfe von Lasern; Vorlesungen über Quanten- und Teilchenphysik sowie (zus. mit Jean-Michel Besnier) Seminare zur Wissenschaftsphilosophie an der École centrale de Paris.

Autor von *Regard sur la matière: des quantas et des choses* (zus. mit Bernard d'Espagnat, 1993), *Sous l'atome, les particules* (1993), *Conversation avec le Sphinx: les paradoxes en physique* (1994), *Le Temps* (1995) und *La Physique quantique* (1996).

Pierre Laszlo

Chemiker; Lehrtätigkeiten von 1966 bis 1970 an der Sorbonne, von 1970 bis 1986 an der Universität Lüttich; seit 1986 Professor für Chemie an der École polytechnique in Paris.

Autor von mehr als 200 Aufsätzen und 14 Büchern über die Katalyse organischer Reaktionen durch mineralische Feststoffe sowie kritischer Essays zur französischen Literatur des 19. Jahrhunderts, darunter: *La Vulgarisation scientifique* (1993), *La Parole des choses ou le langage de la chimie* (1994), *La Chimie nouvelle* (1995), *La Leçon des choses* (1995), *Qu'est-ce que l'alchimie?* (1996) und *Les Universités américaines* (1996).

Pierre Léna

Physiker; seit 30 Jahren beteiligt an der Weiterentwicklung der Infrarotastronomie zur Erforschung der Sonne und ihrer Korona, des interstellaren Mediums und der Entstehung der Sterne mit Hilfe moderner optischer Verfahren; Professor für Physik und Astrophysik an der Université Denis-Diderot (Paris VII); Mitarbeiter am Observatoire de Paris (Abteilung Raumforschung); seit 1991 Mitglied der Académie des sciences; von 1991 bis 1997 Präsident der Räte des Institut national de la recherche pédagogique (INRP).

Autor u. a. von *Astrophysique: méthodes physiques de l'observation* (1986), *Lumières: introduction aux phénomènes optiques* (mit Alain Blanchard, 1990), *Tours du monde, Tours du ciel*, einer Serie von zwölf Filmen (mit Michel Serres, 1992; Drehbuch und Regie: Robert Pansard-Besson), *L'Espace pour l'homme* (1993); Herausgeber von *Les Sciences du ciel, bilan et perspectives, concepts et vocabulaire* (1996) sowie *La Main et la pâte. Les Sciences à l'école primaire* (1996).

Jean-Paul Poirier

Physiker und Ingenieur; Lehrtätigkeit an der École centrale de Paris; Leiter der Abteilung Geomaterialien des Institut de physique du globe in Paris; Mitglied der Academia europeae, des Bureau des longitudes und korrespondierendes Mitglied der Académie des sciences; Arbeitsschwerpunkte: früher physikalische Metallurgie, heute die Geophysik des Erdinnern.

Autor zahlreicher Arbeiten in englischer und dreier Bücher in französischer Sprache: *Les Profondeurs de la terre* (1991), *Le Minéral et le vivant* (1995) und *Le Noyeau de la terre* (1996).

Michel Serres

Professor an der Stanford University; Projektentwicklung und Koordination von universitären Fernstudiengängen; Mitglied der Académie française; Herausgeber des *Corpus des œuvres de philosophie de langue française*, Reihenherausgeber der *Éléments d'histoire des sciences*, Herausgeber (mit Nayla Farouki) der Taschenbuchreihe *Dominos*.

Autor zahlreicher philosophischer und wissenschaftshistorischer Monografien sowie umfangreicher Fachbucheditionen, darunter: *Les Cinq Sens* (1985; dt.: *Die fünf Sinne*, 1993), *Le Tiers-Instruit* (1991), *La Légende des anges* (1994; dt.: *Die Legende der Engel*, 1995).

Hinweise zum Gebrauch

Der *Thesaurus der exakten Wissenschaften* ist ein Lexikon, aber kein Lexikon im üblichen Sinn. »Thesauros« ist ein griechisches Wort und war ursprünglich die Bezeichnung für jenen Ort in einem Heiligtum, an dem der Schatz gehütet wird: das Schatzhaus oder die Schatzkammer. *Thesaurus* meinen wir in einem ganz wörtlichen Sinn: Mit diesem Lexikon wollten wir einen Ort schaffen, an dem die Schätze *der exakten Wissenschaften* zusammengetragen werden.

In langer gemeinsamer Arbeit haben wir aus dem Dschungel der naturwissenschaftlichen Terminologie jene grundlegenden Begriffe ausgewählt, zu denen eigene Artikel geschrieben wurden.

Nach welchen Kriterien haben wir unsere Stichwörter ausgewählt? Zwei große Perspektiven boten sich an, und wir haben uns bemüht, sie sorgfältig miteinander zu verbinden.

Wie wird man den Thesaurus lesen? Wir setzen ganz auf die Neugier und darauf, dass die meisten Leserinnen und Leser nicht nur Information nachschlagen und Happen herauspicken, sondern mehr verstehen wollen. Deshalb werden in der großen Mehrzahl der Artikel jene Begriffe erläutert, mit denen fast alle eine Vorstellung verbinden und die jedem bekannt vorkommen, deren tiefe Bedeutung man aber doch nicht wirklich kennt.

Wer wüsste nicht, dass es Galaxien, Elektronen oder Evolutionstheorien gibt? Und wer hätte noch nie etwas von Retroviren oder Prionen gehört? Aber wissen Sie wirklich, worum es sich dabei handelt? Der *Thesaurus* ist das richtige Buch für Sie, wenn diese Frage bei Ihnen ein nachdenkliches Stirnrunzeln hervorruft.

Wie lässt sich Wissenschaft darstellen? Die verschiedenen Fachgebiete arbeiten aber auch mit weit weniger prominenten und allgemein kaum bekannten Begriffen, die darum aber nicht weniger wichtig und für ein angemessenes Verständnis unabdingbar sind, worum es in einem Fachgebiet geht und mit welchen Problemen sich die Forschung beschäftigt. Wissen Sie beispielsweise, was Allosterie oder Isostasie ist? Woran denken Sie, wenn von aromatischen Molekülen die Rede ist?

Trotz aller Spezialisierungen zeichnen sich die exakten Wissenschaften durch einen ausgeprägt interdisziplinären Charakter aus. Die Sprache der Physik ist seit Galilei die der Mathematik; die Chemie basiert heute zumindest in Teilen auf der Quantenphysik; und die Biologie stützt sich in wachsendem Maße auf die Chemie. Jede Naturwissenschaft stützt sich auf Konzepte aus anderen Naturwissenschaften. Sie zitiert und benutzt einen entlehnten Begriff, sei es als analytisches Hilfsmittel, als Grundbegriff oder als Hypothese. In dieser Funktion bilden sie Brücken zwischen den Ufern verschiedener Wissenszweige.

Dieses Buch wird Sie zuweilen auf überraschenden Wegen kreuz und quer durch verschiedene Fachgebiete und wissenschaftliche Grundkonzepte führen.

Wie funktioniert Wissenschaft? Nichts ist schwieriger als diese Frage, auf die traditionell die Philosophie eine Antwort zu geben versucht. Die Philosophie gehört nicht zu den exakten Wissenschaften. Darum kann sie den nötigen Abstand wahren, um nach den Methoden, Wahlentscheidungen, dem Weltbild und der Wahrheit der Naturwissenschaften zu fragen. Sie befasst sich mit der geschichtlichen Entwicklung der Naturwissenschaften und mit Fragen der (faktischen oder moralischen) Geltung ihrer Aussagen. Nur in dieser Funktion gehört die Philosophie in dieses Lexikon. So werden Sie also auch einige Artikel finden, die ein wenig Orientierung beim Nachdenken über die Frage wissenschaftlichen Vorgehens bieten.

Um dieses Lexikon besser und leichter nutzen zu können, stellen wir einige Hilfsmittel zur Verfügung:

- Auf das Hauptstichwort, also die Überschrift der einzelnen Artikel, oder auch eine Kapitelüberschrift innerhalb eines Artikels folgt in vielen Fällen der Hinweis »Zur Vertiefung«. Hier handelt es sich um Lektürevorschläge, die das Verständnis des behandelten Gegenstandes ergänzen. Wenn Sie diesen Vorschlägen folgen, erschließt sich Ihnen ein Blick auf ein ganzes Teilgebiet, mit gelegentlich unerwarteten Ausblicken auf andere Bereiche.
- Auf manche Stichwörter oder Kapitelüberschriften folgt der Hinweis »Zur Vorbereitung«. Die vorherige Lektüre der dort genannten Artikel empfiehlt sich, falls Sie sich auf dem betreffenden Gebiet wenig oder kaum auskennen. Anderenfalls laufen Sie Gefahr, den Artikel nur sehr beschränkt oder gar nicht zu verstehen.
- Alle Begriffe im Text, die durch KAPITÄLCHEN hervorgehoben werden, sind Stichwörter, die in einem eigenen Artikel behandelt werden. Unter diesen Stichwörtern können Sie nachlesen, falls Sie ein Thema vertiefen oder angrenzende Themenbereiche erschließen möchten.
- Am Ende mancher Artikel wird durch das Zeichen ➧ auf bestimmte Abschnitte besonders hingewiesen. Sie problematisieren naturwissenschaftlich nicht entscheidbare, meist ethische Aspekte des behandelten Fragenkomplexes – überwiegend aus der Biologie, Genetik oder Informatik.
- Am Schluss dieses Lexikons finden Sie ein *Personen-* und ein umfangreiches *Sachregister*. Im Sachregister werden Sie alle Begriffe finden, die im Thesaurus definiert oder eingehender behandelt werden. Es ist ein großer Teil des Vokabulars der modernen Naturwissenschaften, wie Sie feststellen werden. Anhand des Sachegisters können Sie sich also auch solche Begriffe erschließen, die im Thesaurus kein eigenes Stichwort bilden, aber in anderem Zusammenhang abgehandelt werden.

Sie werden schnell feststellen, wie nützlich das Register ist. Wer nach etwas sucht, sollte immer dort als Erstes nachschauen.

Vorwort

Der *Thesaurus der exakten Wissenschaften* ist ein Gemeinschaftswerk. Unsere Leitidee war, allen, die etwas nachzuschlagen haben, ihrer Neugier folgen oder ihre Wissbegierde stillen wollen, die wichtigsten Begriffe der exakten Wissenschaften zur Verfügung zu stellen – von der Logik und Mathematik bis hin zu den Wissenschaften vom Leben (wobei die Grenzlinie zwischen der Genetik und der Biochemie auf der einen, der Biologie der Lebewesen auf der anderen Seite verläuft).

Das Projekt hat uns fasziniert und viel Freude gemacht. Der Anspruch, das Wissen der Zeit zusammenzufassen, ist gewiss vermessen. Aber das ist er für jede Gegenwart gewesen. Die Vermessenheit wie die Entschlossenheit, diesen Versuch prosaisch und praktisch in Angriff zu nehmen, ist ein Erbe, das wir von berühmteren Vorgängern übernommen haben.

Stil des Buches. Zunächst stellt sich die Frage, wie Wissenschaft darzustellen ist. Das kann auf mindestens dreierlei Weise geschehen: Man kann die Geschichte der Wissenschaft erzählen, von den ersten mathematischen Berechnungen im Vorderen Orient und den Anfängen der griechischen Geometrie bis hin zu den Entdeckungen unserer Zeit. Oder man kann darstellen, welchen Beitrag die einzelnen Fachwissenschaften zu jener gewaltigen Erzählung geleistet haben, die beim Urknall beginnt und sich durch die Zeiten zieht. Und schließlich kann man von A bis Z mehr oder weniger detailliert die Methoden, Objekte, Ergebnisse, Theorien und Hypothesen der einzelnen Fachgebiete referieren und erläutern.

Wir haben uns entschieden, auf keine dieser drei Zugangsweisen zu verzichten, sondern sie bei den verschiedenen Stichworten auf unterschiedliche Weise miteinander zu kombinieren. Dadurch, so hoffen wir, können wir den jeweiligen Gegebenheiten der einzelnen Fachgebiete, den konkreten Gegenständen, abstrakten Prinzipien und Gesetzen besser gerecht werden. Die Vorgeschichte eines wissenschaftlichen Begriffs beispielsweise kann lang oder kurz und fallweise von völlig unterschiedlichem Gewicht sein. Aus diesem Grund haben die Artikel manchmal einen eher historischen, eher didaktischen oder eher begrifflich-semantischen Schwerpunkt. So ist dieses Lexikon, das in der Ordnung des Alphabets unser gesamtes Wissen möglichst verständlich präsentieren will, in ein Mosaik von Fragmenten zweier Geschichten gebettet, die Geschichte der Wissenschaften und die Geschichte der Dinge.

Eine weitere Besonderheit und nicht minder austariert: Das vorliegende Lexikon widmet keineswegs allen in den einzelnen Fachwissenschaften gebräuchlichen Begriffen einen eigenen Artikel (über das Sachregister ist aber ein Großteil der Fachterminologie leicht aufzuschließen), sondern konzentriert sich auf umfassendere Konzepte. Aus diesem Grund sind übrigens auch die wenigsten Artikel von einem Fachwissenschaftler allein verfasst worden. Die überwiegende Mehrzahl der Stichwortartikel des *Thesaurus* sind von zwei, drei oder manchmal sogar von allen beteiligten Autoren zusammen verfasst worden – Artikel zu jenen Begriffen, die zwei, drei oder auch sämtliche Fachgebiete betreffen. Der *Thesaurus* ist daher kein bloßes Nebeneinander zusammenhangloser Fachartikel, sondern das Ergebnis echter Teamarbeit und vieler Diskussionen. Die Autoren und Autorinnen der Gruppe haben sich häufig getroffen, standen in ständigem Austausch und haben sich loyal um das wohl nie erreichbare Ideal bemüht, mit ihren Texten jenem Autor eine Stimme zu leihen, der die seine nicht erheben kann: dem ideellen Gesamtwissenschaftler, der den kollektiven Sachverstand verkörpert.

Für alle Autoren galt die Überzeugung, dass alle Artikel so verständlich und jeder Begriff so einfach wie möglich erklärt werden sollten. Wir wollten Neugier befriedigen, nicht durch »Expertenkompetenz« einschüchtern. Da nichts so schwierig ist, als etwas wirklich einfach zu sagen, haben wir die Texte immer wieder umgeschrieben, bis sie uns so einfach erschienen, wie wir es nur vertreten konnten. Vor der Veröffentlichung gaben wir sie Nichtfachleuten mit der Bitte, sie auf Verständlichkeit zu prüfen. Danach haben wir die schwierigeren Artikel erneut durchgesehen und versucht, was noch dunkel war, klarer zu fassen. Die Rolle einer Mittlerin zwischen uns und den Lesern hat hauptsächlich unsere Lektorin, Catherine Cornu, übernommen. Ihr sei an dieser Stelle ausdrücklich unser aller Dank ausgesprochen.

Eine nicht ganz ausgeglichene Bilanz. Die hier vorgelegte Bilanz der Wissenschaften unserer Zeit kann aus einem Umstand unvorhergesehen Vorteil ziehen. Die Wissenschaften sind im Umbruch, ganz gewiss hinsichtlich der technischen Grundlagen, zuweilen hinsichtlich der Gegenstände und oft auch hinsichtlich der inneren Organisation und der Verbreitung ihrer Ergebnisse in der Außenwelt; zugleich übernehmen sie in verstärktem Maße Verantwortung gegenüber der Öffentlichkeit und lassen sich auf ethische Debatten ein. Was jemandem meiner Generation in Schule und Hochschule seinerzeit als Wissenschaft gegenübertrat, hat mit den heutigen Wissenschaften kaum noch Ähnlichkeit. Dieser Bruch blieb niemandem verborgen, der ihn erlebt hat. Seit dem Zweiten Weltkrieg hat sich in den Wissenschaften ein tiefgreifender Wandel vollzogen – hinsichtlich ihrer technologischen Effizienz wie der Verläßlichkeit ihrer Entdeckungen und Beobachtungen. Andererseits sind mit ihr auch ganz neue Risiken und soziale Folgen verbunden. Wissenschaft ist in weit größerem Maß zum Faktor öffentlichen Handelns geworden. Unablässig bringen die exakten Wissenschaften neue, unvorhergesehene Konzepte, Realitäten, Techniken und Fähigkeiten hervor. Deshalb präsentiert dieses Buch Prozesse und eine im Werden begriffene Welt, von denen seine Vorläufer – und gewiß auch die Leser – sich keine Vorstellung machten.

Wenn wir also eine Bilanz ziehen, ist deren »Soll« und »Haben« gewiß nicht ausgewogen, ein T-Konto, das sozusagen eine Diagonale bildet. Auf der einen Seite türmt sich die gewaltige Menge der vergleichsweise stabilen, in den vergangenen Jahrhunderten angesammelten und jener jüngeren Begriffe, die der Prüfung durch die Zeit und vielfältiger Kritik standgehalten haben: ein imposantes Gebäude, auf dessen Fundamenten unsere Vernunft ruht und ohne Zweifel noch für lange Zeit ruhen wird. Dieses Erbe hat Wissenschaftler und Nichtwissenschaftler gleichermaßen geprägt. Denn es besteht nicht nur aus kumulierten Resultaten und Methoden, sondern aus einer ganzen Philosophie, die Teil ist unserer Sprache, unserer Kultur, unseres Weltbilds sowie insgesamt dessen, was wir unter Erkenntnis verstehen. Gegenüber, auf der anderen Seite dieser Diagonalen, stehen die Erfindungen, die erst in den letzten Jahrzehnten dazugekommen sind. Manches dabei ist noch ganz ungesichert, provisorisch in dem Sinn, dass es vielleicht dazu bestimmt ist, schon bald wieder zu verschwinden, oder aber dass es Vorbote einer neuen Zeit ist, die die Eintragungen auf der gegenüberliegenden Spalte geradezu unlesbar machen wird. Um den Zusammenhang der Welt von heute mit der von gestern zu verstehen, müssen die Perspektiven der Wissenschaftsgeschichte neu ausgerichtet werden.

Ein Buch wie das vorliegende hätte vor einem Vierteljahrhundert ganz sicher völlig anders ausgesehen. Es hätte der neuen, technisch ausgerichteten Informatik beispielsweise kaum so viel Platz eingeräumt gegenüber der weitaus älteren, abstrakteren Mathematik; oder einer Fachdisziplin wie der Geowissenschaft gegenüber der weit umfassenderen Physik; oder auch der jungen, allein auf Lebewesen bezogenen Biochemie gegenüber der alten, allgemeinen Chemie. All diese

Gegenüberstellungen wird man in einer klassischen Einteilung der Wissenschaften nicht finden. Die erste beruht eher auf einer Veränderung der Denkweise; die zweite und die dritte gründen in der Tatsache, dass im Gegenstandsbereich selbst Tausende von Einzelheiten aufgetaucht sind, die vor einigen Jahrzehnten niemand auch nur zu ahnen vermocht hätte. Natürlich schlägt sich dies auch in der Zusammensetzung des Autorenteams eines solchen Buches nieder. Noch vor einigen Jahrzehnten hätte ein Lexikon dieser Art nicht die im Übrigen nahezu gleichberechtigte Zusammenarbeit eines Logikers oder Erkenntnistheoretikers mit einem Spezialisten für Algebra oder Geometrie erfordert; oder auch die eines Geophysikers mit einem Quantenmechaniker; eines Biochemikers mit einem Populationsbiologen; und vielleicht nicht einmal die Zusammenarbeit eines Astrophysikers mit einem Astronomen. Die interdisziplinären Verbindungen haben sich also ebenso verändert wie die Scientific Community als Ganze. In mehreren Artikeln des *Thesaurus* wird deutlich gemacht, wie sehr solche neuen Komplementaritäten unsere Sichtweisen verändern. Darauf kommen wir noch zurück.

Die Bilanz, die im *Thesaurus* gezogen wird, ist also sicherlich unausgeglichen. Zwar gibt sie Auskunft über den gegenwärtigen Stand der Dinge. Doch Alt und Neu sind in eine eigentümliche Schieflage geraten. Es gibt einfach zu viele Innovationen bei den grundlegenden Mitteln, mit denen wir uns ausstatten. Viele Arbeitszusammenhänge waren noch vor wenigen Jahrzehnten unvorstellbar. Eine ganz andere Welt ist im Entstehen, die sich zum Teil in der wissenschaftlichen Innovation ankündigt.

Die Veränderung unserer Grundausstattung. Bis vor zwanzig Jahren brauchte man die Wissenschaften gar nicht zu kennen, um sie grob zuordnen zu können. Wenn jemand seltsame Zeichen auf eine schwarze Wandtafel malte, wusste man, das ist ein Mathematiker. Hantierte eine Frau im grauen Kittel an elektrischen Schaltkreisen herum, erkannte man in ihr sofort die Physikerin. Wer sich in einem löchrigen, schmutzigen, ehemals weißen Kittel an gläsernen Gefäßen mit farbigen Flüssigkeiten zu schaffen machte, war Chemiker, und wer die Nacht damit verbrachte, in einem Haus mit geöffnetem Dach durch ein Rohr den Himmel zu betrachten, war Astronom. Die Ärztin erkannte man am Stethoskop, mit dem sie die Kranken abhorchte. Der Historiker wühlte im Staub der Archive und Bibliotheken. Ohne jemanden zu täuschen, tanzten die Körper der Fachwissenschaftler auf ihre je eigene Weise. Auch wenn ein gänzlich dem Intellekt verschriebenes Vorurteil niemals Notiz von dieser je eigenen Körperlichkeit der einzelnen Fachgebiete nahm, besaß jedes seine eigenen disziplinären Haltungen, Gebärden und Instrumente.

Wer heute irgendein Labor oder wissenschaftliches Institut betritt, sieht überall dasselbe Bild: Menschen, die vor Computerbildschirmen sitzen und auf ihre Tastaturen hämmern. Der Tanz der Körper lässt keine Unterschiede mehr zwischen ihnen erkennen. Ob Gelehrter, eine im Verschwinden begriffene Spezies, ob Biologe oder Astrophysiker, ob Chemiker oder Topologe, sie alle mühen sich an derselben Maschine ab. Mit dem neuen Jahrtausend vereinheitlichen sich die Haltungen und Gebärden. Früher schrieben all diese Wissenschaftler Bücher oder Aufsätze. Nun lassen sie ihre Augen und Finger nicht mehr über das Papier huschen, sondern starren alle auf Bildschirme und schlagen auf Tasten. Verbirgt sich hinter dieser gemeinsamen Haltung eine neue Universalität der Wissenschaft?

Vielleicht.

Die Geschichte der Ausstattung. Die Entstehung dieses neuen geistigen Rüstzeugs bedeutet, zumal nahezu alle anderen Berufe auf dieselbe Weise von ihm Gebrauch machen wie die Wissenschaftler, in erster Linie eine immense Vereinheitlichung aller Hilfsmittel. Auch nichtmanuelle Arbeit hat Werkzeuge. Werkzeuge, die sich auf Information und Kommunikation beziehen, sind materielles geistiges Rüstzeug, man könnte auch sagen: Ausstattungsmittel der Kopfarbeit. Seit der Jungsteinzeit kannte man nur Werkzeuge und Techniken, mit denen man Knochen oder Nüsse aufbrechen, Fahrzeuge bewegen oder Bomben zur Explosion bringen konnte. Werkzeuge und Techniken operierten auf der harten Ebene großer Energien. Die Energien auf der niedrigeren, sanfteren Ebene der Information hingegen wurden nicht genutzt, es sei denn, um mit Griffel oder Feder, Lineal und Zirkel auf Tontafeln, Schiefertafeln oder Papier zu schreiben und zu zeichnen. Wir wissen sehr genau, welchen Einfluss die gewöhnlichen Werkzeuge und ihre Veränderungen auf den Gang der Geschichte und insbesondere der Wissenschaftsgeschichte ausgeübt haben. Den Einfluss, den die Information auf die Geschichte hatte, vergessen wir aber gern oder spielen ihn herunter. Warum? Weil wir zwar seit Jahrhunderten die Mechanik und die auf der ersten Ebene herrschenden Gesetze erforscht haben, aber nur wenig über die Gesetze wissen, denen die zweite Ebene gehorcht. Wir wissen zum Beispiel, dass die Abnahme des Wirkungsgrads und die Zunahme der Entropie die Ausbeutung hoher, harter Energien begrenzen. Aber was wissen wir über die Möglichkeiten und Grenzen niedriger, sanfter Energien? Auf welche Weise beeinflusst die Veränderung ihrer Instrumente Geschichte und Ökonomie der Wissenschaften?

Die Erfindung der Schrift und des Buchdrucks lässt ahnen, welche Potentiale in Ausstattungsmitteln stecken. Als die mündliche Überlieferung um die Schrift erweitert wurde, begann der Fruchtbare Halbmond geschichtsmächtig werden. Die schreibenden Propheten Israels verkündeten die Lehre des einen Gottes. Die Ionier entdeckten die Geometrie von Lineal und Zirkel. Und, neu für diese Zeit, diesen Erfindungen, die man das »griechische Wunder« nennt, erwuchs ein Weggenosse, die Philosophie. Der Platonismus, dessen Werke stets einen alten, redseligen Lehrer, der nichts aufschreiben will, im Dialog mit einem abwesenden Schüler vorführen, der das Gesagte aufzuzeichnen scheint, beglaubigt zögernd die gewaltige Revolution in der Erkenntnis – in Religion, Wissenschaft und Philosophie – sowie in den politischen Institutionen, die von der neuen »Techno-Logie« hervorgebracht werden. Ohne Schrift keine Geschichte, kein Staat, kein Mosaisches Gesetz und keine formgerechte Beweisführung.

Die Schrift wurde universell, als der Buchdruck die kostbaren, raren und umständlich zu transportierenden Handschriften ablöste. Das wiederum ging in der Renaissance mit einer Wissensreform einher, aus der die Physik auftaucht. Die Theorien fanden ihre Verkörperung im knappen Gut der Erfahrung, das die Entlastung des Gedächtnisses freigesetzt hatte. Das neue Rüstzeug zur Speicherung, Übertragung und Ausgabe von Nachrichten bildete die Voraussetzung für diese Innovationen und hat die Wissenschaften und Religionen ein weiteres Mal verändert, ganz zu schweigen von den öffentlichen Institutionen und dem privaten denkenden Ich. Dies ist das Rüstzeug, dem sich das westliche Denken verdankt und von dem die übliche Wissenschaftsgeschichte nur selten Notiz nimmt. Überall, wo sich die Ausstattungsmittel änderten, vollzog nach kurzer Zeit auch das Denken einen Wandel. In einer neuen Sicht der Geschichte unserer Wissenschaften glauben wir heute zu erkennen, dass die Entstehung der antiken Mathematik und der neuzeitlichen Physik auf die Erfindung der Schrift beziehungsweise des Buchdrucks zurückging.

Bringt uns die Ankunft eines dritten geistigen Rüstzeugs in eine ähnliche Situation der Krise und des Wandels, des Verlusts und der Vorteile? In der Tat nimmt unsere Zeit Abschied von vielen, früher unverzichtbar scheinenden Übertragungswegen, wirbelt Hunderte von Berufen durcheinander, wirft gesellschaftliche, politische Praktiken und Alltagskonventionen über den Haufen, befördert tausend Dinge zum alten Eisen und verliert sie, so dass sie unlesbar werden … – genau so wie zu Beginn unserer Geschichte die Schrift und in der Renaissance der Buchdruck. In den Augen mancher verdunkeln sich Antike und Neuzeit sogar zu einem zweiten Mittelalter, einer zweiten Vorgeschichte. Wenn wir uns heute ausnahmslos um dieses neue Rüstzeug scharen, entwerfen wir dann eine neue Universalität des Wissens? Knüpfen wir damit wieder an das Projekt der Enzyklopädie an, sämtliche Wissenschaften zusammenzufassen? Ist das Zeitalter einer neuen Enzyklopädie angebrochen?

Fülle und Knappheit. Ein Projekt, das sich um so leichter realisieren lässt, als sich um uns herum immer mehr Informationsquellen auftun: Da Sender und Speichermedien früher knapp waren, lebten wir lange außerhalb des Wissens. Heute dagegen bewegen wir uns im Raum des Wissens, in der permanenten virtuellen Gegenwart wissenschaftsgesättigter Orte, ja, wir werden überflutet mit Wissen und von solcher Fülle geradezu überwältigt. Im Wandel der Inhalte, im Übergang von den Begriffen zu den Anwendungsfällen und von abstrakten Schemata zu konkreten Landschaften, im Abstieg zum Individuellen wechselt das Wissen gern seinen Namen und nennt sich Information, wie wir später noch sehen werden: ein Meer, auf dem wir treiben und in dessen Strömungen wir geradeso Schiffbruch erleiden und in Lüge, Irrtum, Gemeinheit und Verbrechen enden können, nicht anders wie es uns von jeher im einsamen Wald von Dunkelmännern oder auf den Heerstraßen des Denkens drohte und ergangen ist. Früher unterschieden wir zwischen Wissen und Erzählung: Unsere Reisen im Raum der Erkenntnis gleichen beides einander an. Und aus dem Meer, das einst durch klar umrissene Kontinente unterbrochen wurde, durch Wissenschaften, Zeitschriften, Zerstreuungen, wird ein zähes *Kontinuum*, in dem sie sich miteinander vermischen. Droht uns aus dieser neuen Massenverteilung ein Rückfall in die Barbarei? Michelet hat die in Zeiten raschen Wandels grassierende Angst gern mit dem Hinweis kommentiert, der Fortschritt des Wissens und der Künste habe in der Geschichte oft dunkle Wege eingeschlagen und meist ziemlich zweifelhafte Helfer gehabt. Aber erschwert das nicht auch unser Projekt einer Bilanz der Wissenschaften?

Früher war Forschung auf knappe Güter angewiesen: Man musste arbeiten, Leiden auf sich nehmen, sich abmühen und tausend Hindernisse überwinden, um endlich nach langer Reise an die wenigen Orte zu gelangen, an denen sich kostbare Konzentrationen fanden: Gedächtnisse in Gestalt von Schulen und Laboratorien, von Konzepten und Ideen, Bibliotheken und Büchern, sämtlich in codierten Sprachen verfasste Datenbanken des Wissens. Im Vergleich zu den Zeiten, als nur die Könige in ihren Palästen Tontafeln mit Inschriften in Keilschrift aufbewahrten und nur Adelsfamilien Handschriften oder Grundbücher besaßen, waren das allerdings schon sehr viel mehr Orte. Die ganze Geschichte zumindest des Westens ist durch eine fulminante Zunahme der Wissensquellen geprägt, ein Wachstum, das durch den Wandel des geistigen Rüstzeugs noch beschleunigt wurde: durch den Buchdruck, die wachsende Verbreitung von Büchern und Zeitschriften und schließlich durch den Aufbau unserer erdumspannenden Informationsnetze. Plötzlich ist Wissen in Fülle vorhanden, und die Welt ist gesättigt mit Information. Forschung bedeutet nun nicht mehr so sehr die Suche nach Quellen als vielmehr das Bemühen, über die verfügbaren Netze ein feiner geknüpftes Netz zu ziehen, um uns besser in einem mit Wissen gesättigten Raum, einer von Wissen überquellenden Zeit bewegen zu können und uns angesichts unserer Zweifel und unseres Misstrauens von seiner Geltung zu überzeugen. Nachdem wir in wenigen Jahrtausenden plus diesem letzten Jahrzehnt aus der Wüste in ein Schlaraffenland gelangt sind, stellen wir nun unser kognitives Verhalten, das auf Knappheit basierte, vollständig um. Statt nach einem Inhalt, einer Lösung zu suchen wie nach der Nadel im Heuhaufen, geht es nun umgekehrt eher darum, zu sortieren und auszusondern. Wir suchen nach dem Wissen nicht mehr wie nach einer einsamen Insel im unermesslichen Meer des Nichtwissens. Unser Streben gilt vielmehr einem besonderen, ausgewählten, bestätigten Wissen im Meer der Erkenntnis, einem »Schatz« in der unförmigen Masse des Wissens.

Hier ist er beschrieben, dieser »Schatz«, dieser *Thesaurus*, und doch auch immer wieder in Frage gestellt von Autoren, die sich als Forscher verstehen, dem Leser aber kaum voraus sind.

Bücher und Lexika. Aber was wäre das nun genau, eine Enzyklopädie und Wissensbilanz? Ein Lexikon, das Buch, das alle Bücher umfasst. Bücher und Lexika sind ganz verschiedene Dinge. Im Lexikon blättern Sie sprunghaft hin und her, Ihre Augen wandern über die Seiten und Stichworte. Sie suchen ein Wort und lassen Ihren Blick über die Einträge wandern. Das Lexikon öffnet einen Raum, der solche kurzen, präzisen Spaziergänge oder auch lange, dem Zufall überlassene Reisen ermöglicht. Und zwar nach dem denkbar einfachsten Algorithmus: der alphabetischen Reihenfolge. Der Leser fischt bestimmte Zeichen heraus, einige wenige unter hunderttausend anderen, die er unbeachtet lässt. Wie ein Wanderer, der durch den Wald geht und seinem Ziel zustrebt, ohne sonderlich auf die Bäume zu achten, die zu Tausenden seinen Weg säumen. Ob Dickicht oder Hochwald, er hat nur die nächste Station zu seinem Ziel im Kopf. Ein Lexikon liest man nicht im eigentlichen Sinne des Wortes. Man steuert hindurch, man geht darin umher.

Das lateinische Wort *procedere* meint ursprünglich »Schritt für Schritt vorangehen« und im weiteren Sinn dann auch »methodisch vorgehen«, wie es in dem Wort »Prozedur« zum Ausdruck kommt. Wer in einem Lexikon sucht, folgt einer Prozedur. Buchstabe auf Buchstabe, dem Alphabet nach, gelangt man auf die einfachste Weise dorthin, auf die Seite, zu jenem Stichwort, wonach man gesucht hat. Was also ist ein Lexikon? Ein *Thesaurus* von Elementen gewiss, aber vor allem in gewisser Weise auch eine Ansammlung von Vorgehensweisen.

Für Leute, die kaum Bücher besitzen, hat ein Lexikon etwas ganz Besonderes. Sie wollen eins, vielleicht um Kreuzworträtsel zu lösen, vielleicht um das Land nachzuschlagen, in das ein Freund gerade reisen will. Vor allem aber um des Vergnügens willen. Nur bei den wenigsten Büchern geraten wir in jenes Verzücken, auf das wir bei einem Lexikon stets gefasst sind: das Vergnügen des einsamen Suchens. Selbst und gerade dann, wenn ein unvorhergesehener Umweg uns weit vom Ziel wegführt. Ob wir finden, was wir suchen, oder nicht, immer kann uns ganz unerwartet eine Perle in den Schoß fallen, und zwar ausgerechnet dann wenn wir den Weg verloren haben und an einer Kreuzung falsch abgezweigt sind. Während wir uns mit den Atomen abmühen, nimmt ein Stern uns gefangen und macht uns staunen. Wie oft schon haben wundersame Begegnungen auf solchen Umwegen unser Weltbild und unser kognitives Leben mit einem Schlag verändert, wo wir doch nur im Sinn hatten, mit einer einfachen abrufbaren Information eine Gedächtnislücke zu stopfen?

Neue Erkenntnisweisen?

Ob Bibel, Pergamentrolle, Abhandlung oder Roman, Bücher sollen etwas mitteilen: eine Offenbarung, eine Deduktion, eine Beschreibung, ein Versuchsprotokoll, eine Erzählung, Parabel oder Fabel … Was hingegen das Lexikon mitteilt, sieht man nicht vorher. Es zählt das Mögliche auf, alle Wörter einer Sprache zum Beispiel, den Inhalt sämtlicher Wissenschaften oder auch alle Möglichkeiten, diesen zu finden. Um sein Ziel zu erreichen, bedient ein Buch sich nicht des gänzlich konventionellen alphabetischen Algorithmus, sondern folgt einer Ordnung, die dem darzustellenden Wissen oder dem mitzuteilenden Geschehen innewohnt. Es arrangiert seine Teile in einer Weise, die durch den Inhalt der Mitteilung bestimmt wird. Es sagt etwas Absehbares, vermittelt oder deklariert einen vorbestimmten Inhalt. Lexikon und Buch arbeiten mit zwei verschiedenen Ordnungssystemen. Das Lexikon zerstreut seine Inhalte und folgt einer äußeren Ordnung, dem praktischen, konventionellen Algorithmus des Alphabets. Das Buch zielt auf Einheit und nutzt die dem Stoff und seiner Darstellung innewohnende Ordnung: chronologische Folge, Ankündigung, Spannung, induktive oder deduktive Stränge, Dialog …; auf der einen Seite Vorgehensweise oder Prozedur, auf der anderen Deklaration. Insofern ist das Lexikon »prozedural«, andere Bücher hingegen »deklarativ«. Das Buch spricht über lokal Reales, das Lexikon hingegen über das überhaupt Mögliche. Wir lesen ein Buch, aber wir lesen *in* einem Lexikon.

Ein mit Informationen gesättigter Raum, in dem das Wissen überall anzutreffen und zuweilen mit anderen Inhalten vermischt ist, ähnelt eher einem Lexikon als einem Buch. Und in einem Lexikon bewegen wir uns anders als in einem Buch. Dort, in wirrem Zickzackkurs wie eine Fliege; hier, methodisch, stetig und besonnen auf geradem Wege.

In gewisser Weise sind »Lexika« dieser Art heute überall zu finden. Und das vorliegende Lexikon ist vielleicht eines der letzten, die in Gestalt eines Buches daherkommen. Dank des neuen Rüstzeugs Computer und der inzwischen weltumspannenden Multimedianetze – alles schnelle, umfassende Lexika – geht unsere Zeit als Ganze von einer Ordnung zu einer anderen über. Sie geht von der deklarativen Ordnung, die seit zweitausend Jahren und bis vor kurzem als Erkenntnisgarant, als Tempel der objektiven wie auch subjektiven Vernunft galt, über zur prozeduralen Ordnung, die wir zwar ebenso lange kennen, die aber plötzlich zum Hauptmodell der objektiven, pädagogischen und kollektiven Organisation von Erkenntnis geworden ist. Das ist die Revolution, von der oben die Rede war. Sie aktualisiert und dynamisiert dieses Lexikon.

Was aber wird dabei aus der Methode?

Von der Methode zur Vernunft. Wollen Sie etwas erfahren, lernen, wissen, lehren? Sehen Sie zu, wie Sie zurechtkommen. Und zwar allein. Fliegen Sie wie eine Fliege, fahren Sie umher, blättern Sie in diesem Lexikon: Sie wissen längst, wie Sie das anstellen müssen, welche Handgriffe Sie nacheinander tun sollten, auf welche Weise Sie den Schlüssel schmieden können, der eine bestimmte Tür öffnet – oder verschließt. Wenn Wissen der Besitz von Information ist, die man weitergibt oder verkauft, mit anderen teilt oder lehrt, als handle es sich um ein kostbares, knappes Gut, was fangen wir dann mit diesem persönlichen Besitz an, wenn der Einzelne und das Kollektiv sich in einem Raum bewegen, der mit Informationen gesättigt ist? In gewisser Weise haben wir es nicht mehr nötig, Wissen zu »erwerben«. Es ist bereits da, überall um uns herum und in unserer Reichweite. Damit verkürzt sich das Problem auf die Frage, wo das Wissen, das ich suche, zu finden ist. Durch welche Handgriffe, durch welche Körperbewegungen gelange ich dahin, wo es sich befindet? Über welche Prozeduren bringe ich weniger einen bestimmten Inhalt als die Adresse dieses Inhalts in Erfahrung? Denn in der Vergangenheit bestimmte das Wissen um den Inhalt diesen seltenen, konzentrierten Ort: Bibliothek, Laboratorium, Observatorium … Heute verlangt die Flut des überall verteilten, dekonzentrierten Wissens, dass wir uns mit der Frage nach der Adresse auseinander setzen. Der Inhalt hat immer weniger Bedeutung, der Zugang wie die Validierung dafür immer mehr.

Dasselbe gilt für jene Tradition, die in der Neuzeit zunächst unter dem Titel »Pädagogik« (wörtlich: Lenkung und Leitung von Kindern beim Gehen) und dann unter »Methode« (Beschreitung eines Weges) firmiert hat, diese Reise zu den Orten, an denen das Wissen ist. Die Erfassung der Inhalte wird abgelöst durch die Ermittlung der Adressen, die Methode – zum Beispiel Descartes' berühmte gerade Linie -, durch Vorgehensweisen oder Prozeduren, die vielfach einem Zickzackkurs folgen. Deshalb werden Lexika, überquellende Enzyklopädien und die für Suche, Speicherung und Bereitstellung von Informationen bestimmten Netze bedeutsamer als Bücher oder Aufsätze. Stürzt diese Veränderung nach der Methode nun auch die so genannte Vernunft in eine Krise?

Unter all den Krisen, mit denen die westliche Welt zu kämpfen hat, scheint die Krise der Vernunft in der Tat die bedeutsamste zu sein. Was wir oben mit dem Begriff des Deklarativen bezeichnet haben, vereint sämtliche Bedeutungen in sich, die dem Wort »Vernunft« seit Platon – von Descartes über Kant, Hegel und anderen – im Bereich des Wissens und der Kultur gegeben wurden. Licht und Klarheit dieser Vernunft rühren aus ihrem erklärenden, deklarativen Charakter (wörtlich: klar wie das im Signalhorn für den Soldaten geblasene *Clairon*), klangvoll zunächst wie das Wort, dann erhellend für den Blick und den Verstand. Die wachsende Bedeutung der Prozeduren stellt heute die Herrschaft der Vernunft über jegliches authentische Wissen in Frage. Sie bedarf daher einer Überprüfung.

Die Vernunft, lateinisch *ratio*, heißt im Griechischen *logos*, weshalb in unseren Sprachen heute die Namen der Wissenschaften meist auf »-logie« enden: Geologie, Topologie, Physiologie usw. Seit dieser *logos* vor mehr als zweitausend Jahren in Griechenland auftauchte, stand es zunächst einmal für die Gleichheit zweier Proportionen: a/b = c/d, die man früher denn auch entsprechend als »Analogie« bezeichnete. Nach diesem Vorbild ersannen die ersten Geometer Maß und Messung, Analyse und Zerlegung, Vergleich und Gleichheit sowie das räumliche Bild des Gleichgewichts einer Waage, die teilt und wägt – ein Sinnbild des Denkens. Alle kognitiven Philosophien des Westens beruhen auf diesen drei Worten: *ratio*, *logos* und »Denken«, deren gemeinsame Bedeutung wir in der ersten algebraischen und statischen Sprache der griechischen Proportionen lesen können. Der Ausdruck *episteme*, der »Wissenschaft« bedeutet (*epi* – über; *steme* – Stabilität), nimmt dieses stabile Gleichgewicht zwischen den Brüchen auf. Werden wir in Zeiten, die ganz durch Prozesse geprägt sind, in denen die Zeit selbst Wissen oder Welten hervor- und andere zum Einsturz bringt, noch von solchen stabilen Verhältnissen sprechen können?

Lesen, nicht lesen oder anders lesen. Nun spricht dieser *logos* ohne Zweifel ebenso vom Lesen wie vom Sprechen, daher sein deklarativer Charakter. Kehren wir zu dem Lexikon zurück, das vor Ihnen liegt. Durch ein Lexikon führen Ihre Wege Sie kreuz und quer, bei anderen Büchern hingegen gibt es einzig den Weg, dass Sie dem erhellenden Gang seiner Deklarationen folgen.

Das lateinische *lex* (Gesetz) und das zugehörige Verb *legere* (lesen) knüpfen tatsächlich an das griechische *logos* (Wort, Wissenschaft, Erkenntnis) an und bezeichnen wie dieses zunächst eine Menge oder Ansammlung und den Ort, an dem diese sich befindet. Ebenso macht unsere Vernunft im Grunde den Zusammenhang zwischen den Elementen einer Menge ausfindig und entnimmt ihm das Konzept oder Gesetz, das es erlaubt, diese Stücke zu lesen, das heißt zu verknüpfen. Daher die Frage: Wenn wir nun anders lesen, verzichten wir dann zum Teil auf solche Verknüpfungen, oder verknüpfen wir auf andere Weise? Der *logos* verknüpfte zunächst die Teile einer »Ana-Logie« über die Gleichheit der Proportionen, aber sodann und allgemeiner verknüpfte er zwei oder mehr Elemente einer Sammlung, die das Denken oder die Praxis auswählten. Ja, lesen heißt verknüpfen, und wir lesen heute anders. Werden wir nun auch anders verknüpfen, das heißt letztlich auch anders denken? Wenn nun der *logos* – Verknüpfung, Wissen und Vernunft – seine Vorrangstellung verliert, gerät dann die griechisch-neuzeitliche Vernunft in eine Krise? Darin liegt die eigentliche Frage, die sich angesichts der Entstehung solcher netzförmiger Lexika stellt.

Doch lange vor dieser wissenschaftlichen Verknüpfung meinte der Ausdruck die ursprüngliche Tätigkeit des Sammelns und Zusammentragens: von Korn oder Gemüse durch Bauern oder Händler; oder genauer, diese Mengen kommen erst durch die Verknüpfung zustande. Wenn das eigentliche Äquivalent des griechischen *logos* sich im lateinischen *lex* (Gesetz) findet, womit die Sammlung oder das Zusammengelesene, *collectio*, im Recht und in der Politik kenntlich wird, dann erscheint die wahre kognitive Übersetzung noch in dem lateinischen und später auch neuzeitlichen Wort *cogitatio*, einem wunderbaren Ausdruck, hervorgegangen aus der Arbeit des Hirten, der die Herde zusammenhält und führt (*co-agere*), während die einzelnen Tiere sich in ihrer Aufregung (*co-agitare*) zu zerstreuen drohen. Die laute Stimme des Hirten, unterstützt vom Bellen der Hunde, hält die auf dem Hügel verstreuten Schafe und Lämmer zusammen und verknüpft sie zur Herde. So hören wir tief in unserem denkenden Verstand immer noch die ferne Stimme des Bauern und des Hirten.

Wie lesen, wie verknüpfen wir Herden, Korn oder Gemüse, also Mengen überhaupt? Wenn wir die Elemente in ihrer Zerstreuung belassen, außer dass wir sie am Anfangsbuchstaben ihres Namens erkennen, entwickeln wir Verfahren oder Prozeduren und entwerfen ein Lexikon, in dem zwei benachbarte Worte oder zwei aufeinander folgende Seiten in keinem logischen oder rationalen Zusammenhang stehen; wenn wir diese Menge als Kollektion begreifen, schreiben wir ein Buch mit einer deklarierten, inhaltlich bestimmten Ordnung … Für die Lämmer, den Hirten oder den Hund, für die Kollektion, das Gesetz oder die *cogitatio* ist Lesen, so oder anders Lesen, nicht dasselbe. Haben wir es in Zukunft mit einem anderen *logos* zu tun? Wir werden es noch sehen.

Übrigens sollten Sie nicht übersehen, dass Sie bei der Lektüre dieses Textes den geläufigen Sinn eines abgenutzten Verbs, »lesen«, mit dem *logos* der antiken Sprachen verknüpfen, also Lebende und Tote miteinander verbinden. Und das weit mehr und besser, als Sie ahnen: Unter der hohen Stele des Grabmals oder der Spitze der Pyramide dreht sich wie um den Stab einer Sonnenuhr der Schatten des Tagesgestirns, dessen Verhältnisse Thales einst ausmaß, um daraus den Satz von der Ähnlichkeit der Dreiecke oder der Gleichheit der beiden Verhältnisse abzuleiten, womit die abendländische Vernunft – wie sie es in ihrer gesamten Geschichte tun sollte – die Toten in den Gräbern, die auf den Boden gezeichnete Landschaft der Erde, die Abgrenzung der am Himmel wahrzunehmenden Ereignisse und die Abstraktion der Geometrie zu einem abstrakten Raum verknüpfte. Die Herstellung dieser majestätischen Verbindungen schuf das Universum, in dem wir seit dieser mittäglichen Stunde unter der Sonne Ägyptens leben.

Sind wir dabei, diese Welt zu verlassen? Das wird sich herausstellen.

Konzentration und Dekonzentration. Wir müssen also zu diesen ursprünglichen Mengen zurückkehren, wenn wir die Weggabelung entdecken wollen, an der sich die deklarative Vernunft (hören Sie das Rufen des Hirten auf den Bergen oder die Trompete des Herolds vor dem Gesetzgeber!) von der prozeduralen Erkenntnis trennt (lassen Sie zu, dass Lämmer und Themen sich zerstreuen). Durch die Beziehungen des *logos* oder die Verknüpfungen der *cogitatio* versammelt die deklarative Vernunft die Mengen, vereint sie die Kollektionen, synthetisiert sie das Verstreute ... in den Begriffen, in den Verben, in den Substantiven: Die Idee des Kreises vereint alles Runde und das Konzept der Angst alle Ängste. Die deklarative Vernunft konzentriert die Geometrie in den Axiomen, die Physik in den durch Induktion und Deduktion gewonnenen Gesetzen, sie zielt auf ein Zentrum, steigt zu ihm hinab ... sie liest und versteht Bücher ... sie schreibt sogar Bücher – von größtmöglicher Einheitlichkeit ... Und wie sie Bücher in Bibliotheken konzentriert, konzentriert sie, ähnlich, aber ganz anders, Schüler in Klassen, Klassen in Schulen oder Universitäten, Forscher in Laboratorien, Universitäten in Städten ...

Durch ihre Konzentration leeren diese Ansammlungen den übrigen Raum und erzeugen Knappheit. Deshalb entstanden Inseln des Wissens, und zwar nicht nur hier und da, in den Hauptstädten der Reiche und ihren Akademien, Tempeln der Weisheit, Büchereien und Universitäten, in deren Namen solch ein ausstrahlendes Zentrum bestens zum Ausdruck kommt, sondern auch und vor allem bei den vielen besonderen Einzelnen, den Gelehrten, Gurus und Magiern, den Experten und Weisen, bei Diplomierten, deren Titel ihnen eine besondere Konzentration oder ausgezeichnete Fähigkeiten bescheinigt. Das denkende Ich reflektiert oder beugt im Subjekt diese dichte Integration der vorgängigen Objekte: Das berühmte *cogito* behauptet in der Tat, dass die Hauptstadt der Vernunft sich in meinem Kopf befindet.

Die Bewegung der Verknüpfung von Mengen und Gesamtheiten mit ihrer Dynamik der Konzentration verdeutlicht also zugleich Begriff und Kognitives, wissenschaftliche Institutionen und Kollektive, Bücher, Objekte, sämtliche Akte und Zustände des Deklarativen sowie jenes griechische und neuzeitliche Subjekt, das sich in den Losungen: Erkenne dich selbst! Was weiß ich? *Cogito* ... erhöht und schließlich gekrönt wird vom Bewusstsein. Was ist der griechisch-neuzeitliche *logos*? Nichts anderes als diese Konzentration. Und gerade sie scheint sich heute aufzulösen. Wie?

Ökonomie des Gedächtnisses. Das rationale Denken – Form, Inhalt, Gleichgewicht, Teilung ... – steht im Gegensatz zum algorithmischen oder prozeduralen Denken – Ort, Position und Bewegung. Bei den Griechen dominierte das rationale Denken, heute tritt das prozedurale in den Vordergrund. Wir verlieren gegenwärtig die Vernunft nicht, insofern sie das Gegenteil zum Irrationalen darstellt, sondern im Sinne von Denkökonomie. Ideen, Konzepte und selbst noch Gesetze dienten dieser rationalen Konzentration, das heißt der

Speicherung einer unendlichen Zahl von Fällen, die in der abstrakten Gestalt eines Wortes oder Schemas gesammelt, subsumiert und in gleichsam komprimierter Form buchstäblich erfasst wurden. Diese Konzentration diente als Gedächtnis oder Speicher; auf diese Weise war das Gedächtnis, wie Platon sagte, mit der Erkenntnis verknüpft. Diese ökonomische Vernunft bleibt uns zwar erhalten, aber sie verliert ihren ausschließlichen Charakter, und gelegentlich behindert sie sogar das Erlernen der Prozesse.

Als neuer Denkökonom übernimmt der Computer heute dank seiner Speicherkapazität, seiner Rechengeschwindigkeit, seiner Algorithmen und Szenarien die Rolle dieser beiden Fähigkeiten, der Vernunft und des Gedächtnisses, sowie ihrer Verbindung; niemals wird unsere Aufnahmefähigkeit die mnemotechnische Leistung dieser Maschine erreichen. Auf den Feldern ihrer einstigen Siege herausgefordert, wird die alte Rationalität gewiss noch die Rolle eines Rahmens behalten; doch jeden einzelnen zu kennen und die Haare auf seinem Kopf zu zählen, dazu fehlte Gott, wie man einst sagte – dem *deus ordinator* der mittelalterlichen Theologie – die allgemeine Idee, und gewiss hatte er das gar nicht nötig, sein unendliches Gedächtnis reichte ihm. Unsere Maschinen bringen uns in die Nähe dieses Modells, denn ihr Gedächtnis enthebt uns jeglicher Denkökonomie. Diese Häutung folgt im Übrigen einer Entwicklung: Die Erkenntnistätigkeit geht vom Subjekt auf das Objekt (das Rüstzeug) über. Der Ausstattungswandel führt also zu Veränderungen des Subjekts: hier Vernunft und Gedächtnis.

Prozeduren und Orte. Die prozedurale Erkenntnis lässt dagegen die Zerstreuung in Raum und Zeit sowie die Überfülle der Singularitäten unangetastet; sie verlangt nicht im Voraus eine tiefgreifende inhaltliche Verbindung, sondern macht sich einfach auf den Weg und reist durch die vielgestaltige Landschaft, ohne die Einzelheiten und Einzelfälle wegzuhobeln, um sich besser an die Gesetze und die Gattungen erinnern zu können; vielmehr nimmt sie einen konventionellen Ariadnefaden auf und geht von Position zu Position, von Ort zu Ort, von *site* zu *site*, nachdem sie sich die Adressen beschafft hat, die zum ersten Mal in der Geschichte nicht mehr an bestimmte Orte der Welt gebunden sind.

Wir können uns vorstellen, dass Odysseus, solcherart ausgerüstet, Stürme und Schiffbruch, die Gefahren des Meeres, aber auch die Metamorphosen auf der Insel der Circe auf sich nimmt ...; die klassische Vernunft unterschied zwischen Wissen und Erzählung, während die neue Erkenntnis dieselbe Struktur besitzt wie diese Irrfahrt. Homer blättert im großen Lexikon oder im Atlas des Mittelmeers, der bekannten wie der unbekannten Welt. Mögen an seiner Stelle Rabelais oder Jules Verne reisen, ihre Reise wird anders verlaufen, ihr Reiseweg ein anderer sein, in derselben oder einer anderen Welt. Mögen sie die Reihenfolge der besuchten Orte umkehren, sie werden dennoch Schritt für Schritt durch einzigartige Landschaften reisen, statt Mengen und Gesamtheiten durch klare oder deklarierte Konzepte zu vereinheitlichen. Sind wir dabei, das Universum erneut zu verlieren, nachdem wir es doch gerade erst wiedergefunden zu haben glaubten?

Die Umkehrung der Lernflüsse. Da der methodische Aufbau der Bücher nach der Logik oder dem *logos* ihres Inhalts sich von den mannigfaltigen Kreuzfahrten und Labyrinthen der Lexika unterscheidet, könnte man sagen, in den Büchern werde Wissen deklariert, während von den Lexika Erkenntnis ausgeht. Definieren wir Wissen als Haben, ebenso objektiv wie das Buch und seine Aussage, und Erkenntnis als Voranschreiten, subjektiv wie der Spaziergang desjenigen, der da voranschreitet. Im Lexikon bewegt sich der Leser frei, während er sich in den Büchern hinter einem Führer abmüht: Ein Lehrer lehrt ein Wissen, dessen Autorität ein Autor garantiert; ein Vorgänger übernimmt die Führung auf einer Reise; der Erzähler, der das Ende der Geschichte bereits kennt, geleitet uns ins Abenteuer, während der Umherirrende allein mit der Erkenntnis zurechtkommen muss. Ein Vermittler übermittelt eine Botschaft, oder aber Sie lassen sich ganz auf eigene Gefahr auf eine Erfahrung ein. Dann winkt Ihnen ein Vergnügen, das nur die Abwesenheit des Pädagogen zu bieten vermag.

Allein suchen Sie im Lexikon nach irgendetwas, das Sie und nur Sie allein betrifft. Die Darstellung in einem Buch dagegen hängt von Fachkenntnis ab und von Kennern, die sie besitzen, also vom dort Gesagten, von der Geschichte, der Erzählung, der Lehre oder der Darlegung und von denen, die sie deklarieren – und plötzlich sind Sie weit weniger betroffen, es sei denn, Sie gehören zu den Einheimischen.

Seit Jahrtausenden kommt die aus der griechischen *paideia* und dem Rüstzeug Buch hervorgegangene Pädagogik auf die Kinder herab, vom Angebot zur Nachfrage, ohne dass letztere gewünscht würde. Der Wissende spricht zum Unwissenden. Da die Quellen des Wissens sich überall dicht und verstreut anbieten, kehrt der Fluss des Wissenserwerbs sich um; er geht nun von der Nachfrage zum Angebot und zwingt letzteres, sich anzupassen. Früher eilten wir zum knappen Wissen; heute kommt die Information massenhaft über das Publikum; und das Publikum kann sich folglich allein in Richtung dessen wagen, was sich da großzügig vor ihm entfaltet. Wir ahnen, welche Veränderungen dies für Ausbildung und Lehre bedeutet, wie auch für die Funktion und Rolle des Lehrers.

Wenn Lexikon und Buch zwei verschiedene Arten von Gedächtnis verkörpern, bringen sie auch zwei Arten von Leistungen oder Kompetenzen hervor: entweder Suchvorgänge – man könnte auch Entwirrungen sagen –, die eine gewisse Findigkeit erfordern, oder aber das, was man landläufig Wissenschaft nennt, also deklarierte Vernunft oder Erfahrungsprozesse. Was ist Erfahrung? Ein Ausdruck wie *experientia* hat Seltenheitswert, weil er aus zwei Präpositionen gebildet ist: *ex* und *per*, deren Etymologie den Gedanken nahelegt, dass sich hier jemand aus einer Situation herauszieht, durch die er hindurch muss. Diese Definition, die auf Strategie oder Vorgehensweise abzielt und unabhängig vom Inhalt nur eine Bewegung beschreibt, entfernt sich vom Wissen und nähert sich der Erkenntnis.

Die Wörter. Ich habe gesagt, deklaratives Wissen und inhaltliches Gedächtnis werden durch Substantive und Verben zum Ausdruck gebracht; die Substantive oder Konzepte sammeln das Verstreute, die Verben bezeichnen den Zustand oder die Tätigkeit dieser Konzentrationen; so redete in ihrer Geschichte die traditionelle Philosophie. Unberücksichtigt von diesem Denken bleiben die verstreuten Präpositionen, die alle möglichen Vorgehensweisen oder Prozeduren beschreiben; da die Algorithmen eine Anordnung von Positionen erzeugen, bereiten die Präpositionen diese Positionen vor oder bestimmen sie. Ein Buch formuliert Thesen oder Positionen, ein Lexikon verzeichnet »vor-gestellte« Orte oder »prä-Positionen«. Was ist eine Präposition? Ein Ort oder eine Position samt dem Verfahren oder der Prozedur, durch die man dorthin gelangt; hinzu kommt noch ein Sinn oder eine Richtung in einem neuen Sinn; denn entweder ist der Sinn deklarativ, das heißt semantisch, oder er ist in Raum und Zeit gerichtet. »Nach« verweist auf das Ziel am Ende des Weges, »über« oder »durch« auf die Stationen oder Hindernisse auf diesem Weg. Das Netz, das sie entfalten und untereinander knüpfen, bestimmt die apriorische oder sprachliche Form all unserer Netze. Wir denken nun nicht mehr so sehr im Rahmen eines markierten, zentrierten Raums als vielmehr entlang der Bahnen eines flexiblen, in Bewegung befindlichen, dezentrierten Raumgitters.

Verkörpert in zwei Arten von Texten, die ebenso alt sind wie Schrift und Buchdruck, und in zwei Wortgruppen, die zweifellos ebenso alt sind wie die Sprache, führen die beiden Seiten der eingangs genannten Bilanz zu zwei Arten des Erkennens und Wissens, des Denkens oder Sprechens, des Philosophierens, des gemeinsamen Lebens und des Zugangs zur Welt: zur deklarativen Vernunft und zur prozeduralen Erkenntnis. Das neue Rüstzeug bilden in der Tat die größten bekannten Lexika.

Der Verlust der Vermögen. Nicht nur die alte Vernunft gerät in eine Krise, die alles verändert, sondern auch die Gesamtheit der einst so genannten Seelenvermögen: Gedächtnis, Einbildungskraft …, die gleichfalls von Ausrüstungen abhängen. Wenn Montaigne den wohlgestalten Kopf einem wohlgefüllten vorzieht, setzt seine Pädagogik eine ganz persönliche »Buchhandlung« voraus, die nur mit den besten Autoren gefüllt ist, deren Regale aber den Platz für seine persönliche Bildung frei lassen, weil der Buchdruck Erwerb und Besitz dieser Werke möglich macht: Warum sollte man sie auswendig lernen, da sie doch jederzeit verfügbar sind? Damit verlagert sich das Gedächtnis als geistiges Vermögen vom Kopf aufs Papier, von der Abschrift über die Inkunabel zum gedruckten Buch, und wird so zu einem objekthaften Gedächtnis. Montaignes »Buchhandlung« ist voll, leer dagegen sein denkwürdiger Kopf, den zu formen nun dem Ruhestand obliegen mag. Nachdem die Last dieses Vermögens aus dem Kopf auf ein äußeres technisches Objekt verlagert ist, reist Montaigne frei zwischen ihnen umher und macht sich auf den Weg in den Süden: Er beginnt voranzuschreiten. Wie er, so verlor um dieselbe Zeit die Menschheit der Renaissance ein weiteres Mal das Gedächtnis, das solcherart von den Subjekten auf die Objekte überging. Was Wunder also, dass wir mit dem Aufkommen der neuen Hilfsmittel unsere Einbildungskraft an die Bilder und die Vernunft an die Rechner abgeben?

Die angeblichen Seelenvermögen haben sich noch stets mit ihrer Ausstattung verändert, und sie verändern sich möglicherweise so sehr, dass sie ganz verschwinden. Jede Veränderung der Kultur, der Sprache, der technischen Ausstattung … holt jene von einem Gipfel der Höchstleistung herunter, die ihn unter großen Mühen erklommen hatten, und versetzt sie zurück in das Tal, in dem an anderer Stelle ein neuer Gipfel in die Höhe wächst. Die Verlierer des letzten Wettstreits, die man im Tal sich selbst überlassen hatte, haben längst damit begonnen, den neuen Berg zu besteigen. Sie brauchen nicht erst von ihrer Höhe herabzusteigen. Zu Montaignes Zeiten verpassten die Universitätsgelehrten der Sorbonne unter dem Hohngelächter eines Rabelais die Renaissance, weil sie, dumm vor lauter Gedächtnis, allzusehr den Gipfeln des Mittelalters anhingen. Die Landschaft des weder linearen noch akkumulativen Fortschritts zwingt dazu, vom Gipfel des einst privilegierten Vermögens herabzusteigen, wenn sie unerwartet an Kraft verliert; und am stärksten trifft es die Besten, weil sie sich den realen Veränderungen am schlechtesten anzupassen vermögen. Von der Höhe des einstigen Gipfels haben sie keinen guten Blick auf jene, die sich unten im Tal anschicken, beim Sturm auf den neuen Gipfel die Vorhut zu bilden.

Seit der Erfindung der Schrift und des Buchdrucks haben wir unablässig das Gedächtnis verloren und es in die Dinge hineinverlegt; aber die Befreiung von einer drückenden Last versetzt die von ihren Pflichten befreite Funktion stets auch in die Lage, etwas Neues zu erfinden: Als die Hände uns nicht mehr zu tragen brauchten, begannen sie zu greifen; als unser Mund nicht mehr zupacken musste, begann er zu lachen und zu sprechen … Die Entstehung der Philosophie und der Geometrie in Griechenland, das Aufkommen der neuzeitlichen Wissenschaft und des Experiments in der Renaissance markieren auf positive Weise die Stadien eines fortschreitenden Verlusts des Gedächtnisses (oder besser ausgedrückt, die Stadien solch einer Befreiung und beflügelnden Erleichterung). Weil jedes rationale Konzept, jede Idee und jedes rationale Schema denkökonomische, das heißt mnemotechnische Bedeutung haben, befindet sich diese Rationalität heute – da sich das gewaltige, weltumspannend kollektive und individuell lokale Gedächtnis der Netze herausbildet – erneut in einer Krise. Auch verlieren wir heute unsere letzten Vermögen: Gedächtnis, Einbildungskraft und Vernunft, diese Erfindungen von Philosophen – zweifellos ein Beleg dafür, dass sie in Wirklichkeit niemals Teil unserer kognitiven Tätigkeit waren. Wird das denkende Ich heute zu einer Instanz ohne jedes Vermögen? Und was wird es erfinden, nachdem es in diesen unvordenklichen Zustand der Kindheit zurückgekehrt ist? Freier als in jeder anderen Zeit befreiender Erleichterung öffnet es sich für neue Entdeckungen.

In der *Legenda aurea* heißt es über das Martyrium des hl. Dionysius: Als er vom Henker enthauptet worden war, beugte er sich vor, nahm seinen zu Boden gefallen Kopf auf und hielt ihn einen Augenblick lang vor sich und den Zuschauenden in Händen. Sehen Sie es, das Subjekt, angesichts des – wenn ich so sagen darf – objektiv Kognitiven?

Wohlgefüllter Kopf, wohlgestalter Kopf, zum Objekt gemachter Kopf, in den Händen des Enthaupteten, durchsichtig und leer: Wir selbst, nachdenklich, vor unseren neuen Werkzeugen. Wir Wissenschaftler, Schriftsteller, Arbeiter legen unseren alten, mit Vernunft und Kalkülen, Bildern und Gedächtnis vollgestopften Kopf vor uns auf den Schreibtisch, damit der neue, leere, leichte Kopf frei wird fürs Erfinden.

Karten, Landschaften

Wenn die neuen Wissenschaften dazu beitragen, neue Menschen zu formen, deren Erkenntnisweisen sich verändern, dann verändern sie damit auch die Welt, wie sie sie sehen, ja sogar die Dinge selbst und das Universum als solches.

So kann man das Jahr 2000 mit dem Jahr 1543 vergleichen, das drei Donnerschläge erlebte: Das heliozentrische Weltmodell des Kopernikus veränderte das Bild der Welt, Mercators Kartenprojektion gab dem Erdball ein anderes Gesicht, und die von Vesalius in Leiden veröffentlichten anatomischen Atlanten vermittelten ein neues Bild des menschlichen Organismus. Zugleich veränderten sich – in der Darstellung wie in den Fakten – unser Körper, die Erde und der Himmel.

In den Jahrzehnten, die vergangen sind, seit die Autoren dieses Buches die Schulbank drückten, haben neue, von der Astrophysik, der Geophysik und den Wissenschaften vom Leben geprägte Bilder unsere Sicht des Universums, unseres irdischen Lebensraums und unserer Lebensfunktionen nachhaltig verändert: Erleben wir, ohne es zu bemerken, eine ähnliche Renaissance?

Die drei Phasen des Himmels: Universum und »Diversum« – Einheit und Vielfalt. Wie nehmen wir den Himmel wahr? Das hängt von der Zeit ab, von der geographischen Breite, von der Kultur, vom Einzelnen … Je nach Gebärde und Wort des babylonischen Magiers oder des ägyptischen Schreibers, des aztekischen Priesters, des Bildhauers auf Neuguinea, des chinesischen Gelehrten vor der Ankunft der Jesuiten: tausend verschiedene Modelle haben das Universum konstruiert. Die schreibenden Propheten Israels erfüllten es mit Engeln, Hesiod und Ovid mit den Gigantomachien von Göttern und Heroen. Niemals sahen wir dieselben Sterne, denselben Mond, dieselbe Sonne, weder in Griechenland noch zur Zeit der Aufklärung und nicht einmal heute, da über die Sekten und die Zeitschriftenastrologie die verrücktesten Auffassungen in der Gesellschaft zirkulieren, von der man sagt, sie sei an den Wissenschaften geschult, in der dennoch Ende März 1997 Männer und Frauen gemeinsam Selbstmord begingen, weil sie hofften, dadurch auf ein Raumschiff zu gelangen, das sich, wie sie behaupteten, hinter dem Kometen im Sternbild Kassiopeia verbarg. Jedem sein eigenes Firmament – wie jedem sein eigenes Haus. Die Vielfalt der Kulturen spiegelt sich in der Vielzahl der Universen. Was jene angeht, die ich kenne, stellt darin ein farbenprächtiger Wandteppich die Großtaten eines Königs und einer Nymphe oder die Liebe einer Göttin zu einem Krieger dar, ohne allzu viele Zusammenhänge herzustellen zwischen den einzelnen Szenen, die da auf das gestirnte Himmelsgewölbe projiziert werden wie auf eine riesige Leinwand. Ovids *Metamorphosen* lassen zuweilen ein denkbares Drehbuch für diesen Film erkennen. Stets aber projizieren hier Kollektive ihre Historie an den Himmel. Nun heißt aber das französische Adjektiv *historié* zugleich auch »mit Ornamenten verziert«. Und so sehen wir denn wahre Landschaften über uns; nicht etwa nur Schemata, nicht nur Regeln und Gesetze, sondern singuläre Dinge und mit Namen versehene Individuen. Schemata zeichnen Gesetze, aber diese Landschaft erzählt: Die Himmelslandschaft reflektiert die Wissenschaften vom Menschen und erzählt Geschichten.

Welche Geschichten? Hauptsächlich Fabeln und Mythen: im Abendland *Perseus, Andromeda, Pegasus, Kassiopeia, Cepheus* – Namen, deren Ursprung unsere Zeitgenossen längst vergessen haben und die sie dennoch in Sprachen aussprechen, deren Verbindung utopisch anmutet: Der lateinische *Sirius* steht da neben dem griechischen *Arktur* und den arabischen *Betelgeuse* und *Rigel*, als sprächen die Astronomen noch eine gemeinsame Mischsprache, die an die Zusammenarbeit der Juden, Mauren und Christen in den spanischen Observatorien des Mittelalters erinnert. In diesen seit langem unveränderten Eigennamen mischen sich Mythos und Wissenschaftsgeschichte, die Praxis der Seeleute und die der Astronomen von einst. Diese ursprüngliche Sprache bezeichnet außerdem ein interessantes Stadium der Wahrnehmung, nach der sich in der Mannigfaltigkeit des gestirnten Firmaments Sternbilder abzeichnen, die an Männer wie *Orion* und *Herkules* erinnern, an Frauen wie *Iris* und die Jungfrau, an reale und phantasierte Tiere wie die *Hydra*, die Schlange, den Bären, den Adler und den Widder und an ein paar vereinzelte Werkzeuge wie die Leier und den Becher, den Grabstichel und die Waage – wir sind geblendet von der Wirkung eines Lebensraums, den die Projektion unseres Hauses auf das größte aller Häuser noch verstärkt. Wohnung und Landschaft fallen zusammen. Wir sind in der Welt zu Hause. Jeder Kultur ihr eigener Himmel.

Das Leere tilgt diese Landschaft: Das Universum tilgt die Vielfalt. Wenn einer heute noch als Seemann oder auch nur zur Zerstreuung eine solcherart untergliederte Himmelskarte liest, dann weiß er, dass er mit der Entzifferung dieser hieroglyphenartigen Sternbilder keine Astronomie betreibt. Wieso? Weil die durchsichtige Leere des neuzeitlichen Himmels aus einem Jahrhunderte währenden Kampf gegen diese mannigfaltig ornamentierte Landschaft hervorgegangen ist. Von den vorsokratischen Physikern bis hin zum Newtonschen Gesetz am Ende des 17. Jahrhunderts und sogar noch hundert Jahre länger, bis Laplace den universellen Charakter der Anziehungskraft bewies, tat die Wissenschaft ihr Bestes, um diese Landschaft immer gründlicher zu reinigen und alles, was sie bevölkerte, entschlossen zu vertreiben, die Hieroglyphen auszulöschen und die Geographie, deren Gegebenheiten die Geschichte nachzeichnete, durch geometrische Transparenz und mechanische Einfachheit zu ersetzen.

Euklid, dann Galilei, Newton und Laplace fegten tatsächlich den Himmel leer. Plötzlich sahen wir über uns das Leere. Plötzlich erblickten wir über uns das Abstrakte. Plötzlich wohnten wir in der Geometrie, dem neuen Haus aus reinem Eis. Wir haben derart unsere Behausung gewechselt, dass es zu schwach wäre, wenn wir lediglich sagten, wir lebten in einer anderen Welt, denn als wir dieses komplexe Geflecht zerrissen und das Zerrbild der Hieroglyphen löschten, da ließ das Universelle auch diese Gestalten und ihre Waffen verlöschen. In dieser Weise sah Kant nach Laplace und Bradley die kopernikanische Revolution in seiner ersten, der Erkenntnis gewidmeten Kritik, den gestirnten Himmel in der zweiten, die der Sittlichkeit galt, und die Nebel in der dritten, in der er sich der Ästhetik zuwandte: Der Himmel war ebenso rein wie die Formen der Erkenntnis, der Sittlichkeit und des Schönen. Mit einem Male traten physikalische an die Stelle menschlicher Gesetze. Mit einem Male ersetzte die Wissenschaft die Geschichte. Mit einem Male herrschte das universelle, deduktive, jenseits der lokalen Kopie angesiedelte Gesetz. Mit einem Male eroberte das Leere das Himmelsgewölbe. Euklid und Newton verdrängten das ewigwährende Abenteuer der Jungfrau und der Plejaden. Die universelle Form ersetzte die lokalen Inhalte. Geometrie und Mechanik ließen die reich ornamentierten Landschaften vom Firmament verschwinden. Statt der Kulturen fand sich nun, in einer zweiten Himmelssphäre, die griechisch-neuzeitliche Vernunft über unsere Köpfe projiziert.

Sterne und Planeten. Seltsamerweise stammt diese Regel aus einer Ausnahme. Was soll eine Himmelskarte, wenn man die Planeten und ihre Bahnen um die Sonne darstellen möchte? Und dennoch nannte man sie so in Erinnerung an ihre erratischen Kreisbahnen, denn das griechische Verb *planao* bedeutet »sich verirren«. Doch Kepler und Newton brachten Ordnung in diese Aberrationen. Da man mit ihren Formeln jede Bahn und jede Position aus einem einfachen Gesetz ableiten kann, weshalb sollte man seine Zeit mit Reproduktion und Zeichnen vergeuden, wo doch bloße Vernunft bereits ausreicht? Wir benutzen zwar noch Karten des Sternenhimmels, wenn wir etwa den Himmelspol zwischen Polarstern und Kassiopeia ausfindig machen wollen, doch was das Sonnensystem angeht, befreit eine Ellipse samt der Wirkung einer Kraft Helios, Mars, Venus, Saturn, Neptun, Gaia und die anderen von Karten nach Art der Atlanten. Die klassische Vernunft ist in ihren Erklärungen nicht mehr angewiesen auf Darstellungen, Verzeichnisse und Listen, wie Geographie und Geschichte sie benötigen. Ihr genügen Figuren und Bewegungen und einige wenige Kräfte in einem ebenen Raum, um all die Einzelheiten vorherzusehen, die sich in Raum und Zeit zeigen mögen.

Die Existenz von Karten verweist daher auf einen Mangel an Strenge und Einfachheit. Man vergleiche einmal die deduktiven Schemata der exakten Wissenschaften mit den Atlanten und Karten der Wissenschaften, die auf so etwas angewiesen sind, zum Beispiel das Sonnensystem und seine einfache, von einem einzigen Gesetz beherrschte Ordnung mit den unzähligen Einzelheiten der Geographie und ihren kapriziösen Umrissen, mit den vom Zufall bestimmten Klimata der Meteorologie oder mit den Millionen von Galaxien, die das Universum füllen … Ihnen allen fehlt es an Logik und Ordnung. Und da kein Gesetz Ordnung in dieses Chaos bringt, kann man allenfalls ein Verzeichnis dieses Durcheinanders anlegen. Aus dieser Parallelität erwächst unser zweifaches Weltbild, das in unseren Augen eine wunderbare, unvorhersehbare, mit einer Fülle von Einzelheiten ausgestattete Landschaft neben einen leeren, glatten, von einem einzigen Gesetz beherrschten Raum stellte. Dabei galt es jedoch als ausgemacht, dass dieses Gesetz seine segensreiche Herrschaft eines Tages auch auf jenen chaotisch vielfältigen Bereich ausdehnen würde, dem es nur für eine Übergangszeit an Logik gebrechen sollte; und diese Übergangszeit sollte ihr Ende mit der Entstehung eines Modells finden, das die Kräfte der starken und der schwachen Wechselwirkung zu einer Einheit zusammenfasste.

Die von Euklid und Newton geschaffene antike und neuzeitliche Wissenschaft – von der Geburt der griechischen Geometrie bis hin zur Vollendung der klassischen Mechanik durch Laplace – erzeugt ihre Konzepte, indem sie von jedem singulären Detail absieht. Als dimensionslose Punkte in einem leeren, eigenschaftslosen Raum hatten die Sterne ihre Farbe und ihren Glanz verloren; dafür sorgten Galilei wie Descartes, dessen *Meditationen über die metaphysischen Grundlagen der Philosophie* alle sinnlichen Qualitäten austrieben und den abstrakten Raum schufen, mit dem die Wissenschaft seither arbeitet.

Die heutige Koexistenz zwischen »Diversum« und Universum. Wie sehr hat sich das Weltbild inzwischen verändert! Diese Sternbildornamente, die Bachelard hasste, weil sie einer Landschaft ähnelten, und die der Philosoph verächtlich auf die Kindheit des einzelnen wie auch der Menschheit zurückführte: Kehren sie heute zurück und bieten sie uns eine neue Heimstatt? So wie es ja auch vorkommt, dass große Erfindungen Ideen aufgreifen, die zuvor mit größter Entschiedenheit abgelehnt wurden.

Im Gegensatz zu dem unermesslichen, transparenten Haus führt die Astrophysik uns heute ein Universum vor Augen, das zwar viel riesiger ist, aber zahllose Unebenheiten aufweist. Dank der Stärke unserer Beobachtungsinstrumente, die unseren Blick in beide Richtungen erweitert haben, auf die »Nanophänomene« in der einen Richtung, auf das grandiose Schauspiel des Raumes und der Zeit in der anderen, ist der Himmel nun wieder von zahllosen Singularitäten bevölkert. Ehedem waren wir stolz darauf, uns von all diesen Leiern, Waagen, Bechern und Grabsticheln verabschiedet zu haben. Heute kehrt dieser ganze Gemischtwarenladen zurück und schafft eine buntscheckig disparate Welt aus Staubwolken und Aggregaten unterschiedlichster Konzentration: Staubkörner und Sonnenfackeln, Kerne und Klumpen, Fullerene oder neue Kohlenstoffe mit der Gestalt von Fußbällen, Schnüre, Röhren und Scheiben, Jets, Ströme und Winde, Gürtel, Zwiebeln und Hüllen, Bögen, Ringe und Balken, Auroren, Koronen, Kappen und Schweife, Fäden, Lappen, Krusten, Flecken, Haufen und Superhaufen, Löcher, koronare und schwarze, Attraktoren jeglicher Form bis hin zu jenem, den man den Großen nennt, Quasare und Pulsare, Zonen, Regionen, mit einem Wort: tausend verschiedene Singularitäten. Solch ein Katalog, von dem ich die Supernovaüberreste und andere Gammaquellen schon ausgenommen habe, ähnelt sehr einer Liste, wie man sie einst aus den Sternnamen und den Figuren der Sternbilder zusammenstellen konnte.

Wir hatten den Wissenschaften vom Menschen und den Mythen den Rücken gekehrt, um uns einer Gleichung zuzuwenden. Lassen wir nun die Gleichung hinter uns, um uns der Überfülle einer Liste oder eines Verzeichnisses, eines Wörterbuchs oder Lexikons zuzuwenden, für die wir kein Ende und keinen Abschluss absehen können? Wir hatten eine vielgestaltige Landschaft für ein glattes, homogenes Universum aufgegeben; jetzt stoßen wir im Universum wieder auf mannigfaltige Landschaften.

Die Akkretionstheorie. Wie die verschiedenen Arten von Zusammenballungen entstanden sind, erklärt die Akkretionstheorie, und sie berechnet bis an deren Grenzen die Position und Größen dieser Konkretionen. Die Sprache der Wissenschaft spricht hier auf glückliche Weise und vielleicht zum ersten Mal das Konkrete aus, in dessen Ursprung (*cum-crescere*: zusammenwachsen) die zentrale Frage der Akkretionstheorie ihren Ausdruck findet, die Frage nämlich, wie die Dinge sich durch zunehmende Zusammenballung bilden. Am Anfang steht eine Wolke aus Staub, eine Mannigfaltigkeit aus unzähligen sehr kleinen Klümpchen. J. Jeans beschrieb 1902 die Eigenschaften einer Gaswolke, in der kein Atom die nötige Geschwindigkeit erreicht, um der Anziehungskraft der übrigen Atome zu entfliehen. Sorgt nun eine zufällige Störung an einem Punkt für eine Erhöhung der Dichte, kommt es um diesen Punkt zu einem irreversiblen Kollaps, und es erscheint ein Kern. Solche Singularitäten entstehen an den verschiedensten Orten, so dass sich eine ganze Reihe von Kernen bildet: Die Welt nimmt ihren Anfang als Landschaft kontingenter Ereignisse. Dieses Szenario eines Kollapses von Gaswolken unter dem Einfluss der Schwerkraft dient heute in der wissenschaftlichen Gemeinschaft allgemein als Erklärung für die Entstehung der Galaxien aus Wasserstoffwolken, der Sterne im Innern von Nebeln und schließlich auch der Planeten im Umfeld einer Sonne. Aber Jeans' Erklärung unterscheidet sich kaum von der, die Immanuel Kant schon 1755 in seiner *Allgemeinen Naturgeschichte und Theorie des Himmels* gab, und nicht einmal von den älteren vorchristlichen Erklärungen bei Lukrez im ersten, bei Epikur im vierten oder schon bei Demokrit im fünften Jahrhundert vor unserer Zeitrechnung. In den Details mag die Naturwissenschaft manche Unterschiede zeigen, große Hypothesen gibt es nur wenige.

Der eine, leere, transparente Raum samt den zu einem Gesetz zusammengefassten Figuren und Bewegungen weicht einem merkwürdigen Kaleidoskop, in dem wir auf unseren Reisen und Spaziergängen allenthalben in den Farben des Feuers Milliarden glühender, in ständiger Veränderung begriffener Landschaften bewundern können. Jedes Objekt wird zu einer Singularität unter tausend anderen Singularitäten, deren irreduzible Originalität wir allnächtlich entdecken. So kehrt denn heute jenseits des homogenen Universums die Landschaft zurück.

Ein neues Universum? Verliert sich damit die Universalität, so dass wir nicht mehr sagen können, wir fänden immer und überall dasselbe? Dass ich stets auf das eine, *unum*, stoße, wohin ich mich auch wende, *vertere*, das ist doch wohl der Sinn des Ausdrucks »Universum«: Der freie, unverstellte Blick, eine glasklare Wohnstatt, in der die gleichen Wohnungen sich vielfach wiederholten und deren Betrachtung unserer Ästhetik der Leere wie auch unserer Vorliebe für Knappheit entsprach, sie weichen heute der überreichen Vielfalt künstlerisch überladener, barocker Landschaften. Das ist die neue Wohnstatt der Differenz, in der wir uns einrichten, inmitten schillernder, getigerter, gefleckter, moirierter, changierender, allenthalben differenzierter Mannigfaltigkeiten, denen das Feuer unendliche Variationen aufprägt. Und geradeso zeigt sich auch unser neues Wissen, dessen Inhalt gleichfalls unsere größte Wohnstatt nachahmt und dessen zentrales Konzept nun wieder »die Landschaft« als Ensemble einzigartiger Individuen ist. Wir haben nicht mehr dasselbe Haus und nicht mehr dieselbe Vernunft.

Während die Wohnstatt der Schweife und Bögen, der Quasare und Pulsare dem der alten Plejaden und Cepheiden ähnelt, steht die souveräne Logik der Ellipsen und stabilen Verhältnisse fast schon im Gegensatz zu jener Vernunft, die immerhin die Entstehung der ganzen Welt dem kontingenten, singulären Ereignis eines schwerkraftbedingten, durch zufällige Störungen ausgelösten Kollapses anvertraut. Statt dass ein universelles Gesetz seine lokalen Anwendungsfälle voraussieht, geht hier ein zufälliges lokales Ereignis der Bildung des ganzen Universums voraus. Eine Landschaft, die das Haus umgibt; eine Kontingenz, die jeder Vernunft vorausliegt. Ein größerer Gegensatz zwischen »Diversum« und Universum ist kaum vorstellbar.

Auf Erden wie im Himmel. Eine gewisse Stabilität der Himmelslandschaft rührte daher, dass wir sie, sei es mit unbewehrtem Auge, durch Galileis Fernrohr, mit dem Teleskop auf dem Mount Palomar oder mit den Radioteleskopen von Jodrell Bank, von jeher stets vom selben stabilen Standort auf der rotierenden Erdkugel aus betrachteten, bis die Astronomen in den letzten Jahrhunderten auf den Gedanken kamen, die im Abstand von jeweils sechs Monaten gemachten Beobachtungen aufeinander zu beziehen, so dass sich im Blick auf den Himmel ein Winkel öffnet, oder in jüngster Zeit sogar ein Satellitenteleskop in eine Erdumlaufbahn zu schießen.

Ganz anders die irdische Landschaft, die wir stets in veränderter Perspektive wahrnehmen. Ihre abstrakte, künstlerische oder praktische Beschreibung variiert mit dem Beobachter. Beim ekstatischen Blick aufs Gebirge sieht sie der unbewegte Betrachter anders als der Wanderer, wieder anders sieht sie der Fahrradwanderer, der Fahrer eines Wagens, der Journalist im Helikopter, der Passagier in einem gewöhnlichen Flugzeug oder in einem Überschallflugzeug, der Raumfahrer auf dem Weg zum Mond, der unbemannte Satellit ... der Geograph, der Naturforscher, der Geologe, der Plattentektoniker, der Spezialist für Erdmagnetismus, der Landvermesser und der Landschaftsgestalter ..., ganz zu schweigen von Malern, Verliebten oder Dichtern. Die Verben »sehen« oder »beobachten« setzen ein unbewegtes Subjekt voraus, während das Verb »besichtigen« dieses Subjekt in Bewegung versetzt; es sieht den Himmel, aber es besichtigt die Erde. Und neben der wechselnden Geschwindigkeit betrachtet das Subjekt die Dinge auch aus unterschiedlichen Entfernungen. Je nach Entfernung erhält es abstrakte Karten oder konkrete Bilder.

Was wir sehen und wie wir sehen. Für unsere Eltern war die Frage der Karte oder auch des Bildes keine der bloßen Kopiertechnik. Um eine Landschaft zu reproduzieren oder eine Karte zu zeichnen, musste man zwei theoretische Modelle beherrschen: hinsichtlich des Maßstabs die Geometrie der Ähnlichkeit und hinsichtlich der Form die Projektionsgeometrie, wobei eine Wahl zwischen Kegel, Zylinder oder Tangentialebene usw. zu treffen war. Die mit diesen Methoden geschaffene, gleichermaßen kontingente und gesetzmäßige Weltkarte ist sowohl durch mathematische Strenge als auch durch die Berücksichtigung der zu reproduzierenden Details gekennzeichnet. Zwar kann niemand die Form eines Flusses voraussehen, doch jeder verpflichtet sich zur Beachtung der Gesetze, die für den Übergang zwischen verschiedenen Größenordnungen und für die Transformation einer Kugel in eine ebene Fläche gelten. Wie der Anblick des Himmels, in dem die geometrische Rotation des Himmelsgewölbes die Details einer vielfältigen Landschaft mit sich nimmt, wie der Punkt im Meer, in dem die Kenntnis einzelner Sterne das Wissen um die allgemeinen Gesetze der Mechanik begleitet, so enthält das Problem der Karte eine Spannung zwischen dem ebenen, gesetzmäßigen euklidischen Raum und dem vielschichtigen, von zahlreichen Umständen geprägten Konkreten.

Was sehen wir? Wie sehen wir? Das ist zeitbedingt, denn wir sehen nicht mehr dasselbe und nicht mehr in derselben Weise wie unsere Eltern.

Produktion, Reproduktion. Anders als die Bauern, die sie produzieren, sehen die Philosophen in der Landschaft nur die Fotografie, das Bild oder die Karte – also die Reproduktion, obwohl doch auch diese Reproduktion einen Produktionsprozess erfordert. Selbst die Sprache fördert zuweilen solche Verwirrung, wenn sie, wie im englischen *sight* oder im französischen *vue* nicht zwischen »Anblick« und »Blick«, zwischen dem Objekt des Schauens und dem Schauen des Objekts, unterscheidet. Als Bild vor mir auf dem Papier, ist die Abbildung dennoch nicht mit den Feldern und Wäldern der konkreten Landschaft vor meinen Augen zu verwechseln. Auch eine Karte und selbst noch ein Gemälde produzieren ihre Abbildung nicht ohne die theoretischen Modelle der Projektion und des Maßstabs. Müssen sie als unerlässlich und als endgültig gelten? Mehrere physikalische Wissenschaften versuchen heute auf ganz andere Weise zu verstehen, wie das Bild im Auge entsteht, nämlich indem sie analysieren, welcher Behandlung die vom optischen Nervensystem empfangenen, ausgesendeten und übertragenen Signale im Gehirn unterworfen werden. Sehen wir nicht mehr mit denselben Augen wie unsere Eltern?

Dass es eine geometrische Theorie gestattet, Ansicht und Schau zu konstruieren, kann nur dem seltsam erscheinen, der vergisst, dass Theorie im Griechischen »Schau« bedeutet. Heute haben an dieser Konstruktion nicht nur die physikalische und die technische Optik ihren Anteil, sondern auch die in der Fotografie eingesetzte Chemie, die in der Physiologie benutzte Biochemie der Elemente, die Informatik, die Theorie der Signalverarbeitung usw. Das neue Wissen um die Prozesse des Sehens bei der Produktion des Bildes nutzt nahezu sämtliche Naturwissenschaften. Aber zunächst wollen wir die alten und die neuen Objekte betrachten und einem Vergleich unterziehen.

Individuelle Objekte. Und zunächst wieder im Himmel: Als Planet im Geleitzug der Planeten zog Jupiter, von Monden umgeben, in den alten Systemen ebenso seine Bahn wie in den neuen. Während die Modelle von Ptolemäus oder Kopernikus, Galilei, Newton, Einstein oder Poincaré das recht abstrakte Bild eines runden Planeten mit großer Masse zeichneten, der mit anderen Himmelskörpern vergleichbar war, hat uns vor kurzem die Raumsonde *Voyager* Nahaufnahmen einer zähflüssigen, turbulenten, bunten, gestreiften, getigerten, gefleckten, ziselierten und schraffierten Kugel übermittelt, die den großen roten Fleck wie eine Signatur trägt. Wer könnte Jupiter jemals noch mit anderen Himmelskörpern ähnlicher Art verwechseln? Während Jupiter früher nur Element einer Klasse war, ist er heute so unverwechselbar wie ein digitaler Fingerabdruck und verdient daher zum ersten Mal wirklich einen Eigennamen: früher nur Gattungselement und Begriff, heute ein Individuum mit einer Fotografie, die seine Identität verbürgt.

Dieses Beispiel ist in zweifacher Weise zu verallgemeinern. Während die Liste der im Weltraum neu entdeckten Objekte immer länger wird, zeigt jedes dieser Objekte eine eigene Identität: Keine Galaxie gleicht der anderen, kein Komet dem nächsten; jeder Stern hat sein Alter und trägt sein heißes, farbiges Bandenspektrum wie einen Balkencode. In einem Katalog hat jeder Stern seinen Namen. Wird das Vernunftprinzip durch das Prinzip der Ununterscheidbarkeit konterkariert? Das gestern noch abstrakte oder formale Firmament füllt sich mit Singularitäten und wird zu einem hochgradig differenzierten Mosaik: einst System, heute Landschaft. Diese am Himmel bereits vollzogene und gültige Individuation betrifft all unsere neuen Objekte.

Man betrachte einmal die Störung, deren Spirale sich heute morgen über die Karibik hinweg bewegt: Im vergangenen Jahrhundert hätte man sie mit Hilfe der Isobaren – stetigen Kurven, die auf der Basis der von Wetterstationen gelieferten Daten Punkt für Punkt konstruiert wurden – auf ein Blatt Papier gezeichnet; heute machen Fotografien sie als ganze sichtbar wie eine unverwechselbare Nase in einem Gesicht. Vom Flugzeug aus verfolgen wir ihre Bahn, betrachten ihre fächerförmige Schleppe und ihre verstreuten Wolken. Vergleichen Sie einmal das alte Schaubild und das neue Foto in der Zeitung, die unentschieden noch beides nebeneinander abdruckt (wie vorsichtige Schiffsbauer vor 100 Jahren Schiffe konstruiert haben, die ein Mittelding zwischen Segel- und Dampfschiff bildeten). Sie lesen die alte, glatte Darstellung in einem Raum, der ebenso homogen ist wie das leere Blatt Papier, auf dem die alten Wissenschaftler arbeiteten – in Erwartung des Prinzips, das diesem Raum Einheit zu verleihen versprach wie der Messias -, während wir diesen Wirbelsturm, der morgen Florida oder die Karibischen Inseln verwüsten oder verschonen wird, so einzigartig finden, dass wir ihn Olga oder David taufen, wie einen Menschen mit einem eigenen und natürlich nicht vorhersehbaren Schicksal.

Ebenso stellen moderne Atlanten neben die klugen, alten Zeichnungen der Kontinente und Provinzen, des Magnetfelds und der vielfältigen Reliefs heute Fotografien, die von Satelliten aufgenommen worden sind. Dieser Vergleich zwischen homogenen Papierblättern und individuierten Landschaften wird kein Ende mehr nehmen. Die schematischen Schaubilder unserer Zeit verlassen sich noch auf Segel und Dampfkraft – ein Zeichen, dass wir von den geometrischen Weltmodellen und den meteorologischen Karten zu den Porträtfotos des Jupiter oder der Antizyklone, von den anatomischen Schaubildern herkömmlicher Art zu den medizinischen Bildern der Kernspintomographie übergehen. Die Gesamtheit dieser Gegenüberstellungen spiegelt in den einzelnen Objekten die erste Begegnung von neuen und alten Wissenschaften wider – und auch für die Menschen, die an diesem Lexikon gearbeitet haben.

Diese Geschichte verdient, erzählt zu werden.

Fernaufklärer. Am 4. Oktober 1957 startete der erste sowjetische Sputnik ins All und veränderte mit einem Schlage, was man bis dahin »Erkundung« oder »Aufklärung« genannt hatte. Als die Brüder Montgolfier 1783 den ersten Heißluftballon bauten, schufen sie mit technischen Mitteln die Möglichkeit zu einem neuen Fernblick von erhöhtem Standort aus, das heißt ein Instrument der Spionage, mit dem man die feindlichen Linien überblicken und ihre Geheimnisse ausspähen konnte. Seit dem Ersten Weltkrieg dienen Flugzeuge neben ihrem Kampfauftrag der Aufklärung. Welche Technik entschied im Zweiten Weltkrieg über den Sieg im U-Boot-Krieg? Das Sonar oder die Luftaufklärung? Später dann, in den sechziger Jahren, benutzten die Amerikaner im Kalten Krieg die U2-Flugzeuge, unter deren Piloten Gary Powers einen Augenblick lang Berühmtheit erlangte. Schon zwanzig Jahre zuvor hatte E. L. Krinow für die Rote Armee eine Möglichkeit gefunden, vierhundert Objekte anhand ihrer spektralen Signatur zu erkennen.

Da war es kein Wunder, wenn die zivil genutzten Satelliten sich nur mit Mühe dem militärischen Zugriff entziehen konnten. 1959 wurde *Explorer 6*, ein recht guter Wettersatellit, in seine Umlaufbahn gebracht, und Anfang der sechziger Jahre zeichnete *Tiros* ein genaueres Bild der Wolken. Doch wären sie ohne die Spannungen des so genannten Kalten Krieges denkbar gewesen? Aus *Mercury 9* hatte Gordon Cooper die bescheidenen Dächer Tibets fotografiert, aus deren Schornsteinen man kleine Rauchfahnen aufsteigen sah. Inzwischen entgehen dem fernen Auge nicht einmal mehr die Rauchfahnen aus den Auspuffrohren der Autos … *Ariane* brachte von 1986 bis 1996 vier *Spot*-Satelliten in ihre Umlaufbahn, die ausschließlich für wissenschaftliche Zwecke bestimmt waren.

Die Fotografie. In ihrer Ähnlichkeit zu Poincarés astronomischer Karte, weil von Photonen und Wellen bombardiert, nennt die neue Karte sich »Fotografie«. Als zunächst militärische, dann zivile Kartographen Kameras in Flugzeugen und später in Satelliten installierten, wuchs das Interesse an dieser Art von Reproduktion, und zugleich veränderte sich ihre wissenschaftliche Zielsetzung. Natürlich verbesserte die ständig verfeinerte Technik der Luftaufnahmen die geographische Darstellung; aus Ozeanographen, die früher Seeleute gewesen waren, und aus Geographen wurden Flieger. Ihre Aufnahmen bestätigten den gewohnten Eindruck, wonach die Landschaft sich in eine Karte verwandelt, wenn man sich in die Höhe erhebt.

Doch die Satelliten verwandelten zugleich auch dieses Projekt. Und dies aus wenigstens drei Gründen: Der erste liegt in der Höhe, denn die Satellitenbahnen befinden sich etwa tausend Kilometer über der Erde; der zweite hat mit der Erweiterung des Wellenspektrums zu tun, das den engen Bereich des sichtbaren Lichts nach links und rechts über Infrarot und Ultraviolett hinaus ausdehnt; der dritte Grund schließlich liegt in der Ersetzung der üblichen Kamera durch einen Scanner, wobei die Signalverarbeitung auf der Erde erfolgt. In Pixel zerlegt, von Computern verarbeitet, müsste die jetzt numerische Fotografie, die zugleich Karte und Landschaft ist, eigentlich einen anderen Namen erhalten. Denn wenn man so die gewöhnliche Nachahmung des menschlichen Sehens und seiner Ergebnisse nennt, dann ist dies keine treffende Bezeichnung mehr für die Bilder, die wir mit Hilfe der *Landsat-* und *Spot*-Satelliten gewinnen. Hier wäre der Begriff der Informations- und Signalverarbeitung wohl eher angebracht.

Kamera oder Scanner? Wie eine kleine Geschichte erzählt, entbrannte vor dem Start von *Landsat* im Juli 1972 ein heftiger Streit zwischen den Befürwortern der Fernsehkamera und denen des neuen Scanners über die Frage, welches der beiden Instrumente man hinaufschicken sollte. Getreu der Devise, stets mutig und entschlossen zu handeln, beschloss die Verwaltung, keine Entscheidung zu treffen, sondern beide Instrumente an Bord des Satelliten zu installieren. Eines der beiden fiel schon bald aus, und so nahm denn die Geschichte für dieses eine Mal ihren freien Lauf. Schon vor den Geographen und Kartographen hatten sich allerdings die Astrophysiker des Scanners bedient, um die Sternenpopulationen zu erkunden.

Der Streit wiederholte auf technischem Gebiet lediglich einen Konflikt, der von jeher zwischen der Arithmetik der Zahlen und der Geometrie des Raumes stand, dieser Tochter der Anschauung, wie man sagt, oder zwischen deklarativer Klarheit und prozeduralem Vorgehen. Die Kamera liefert Fotografien im herkömmlichen Sinne. Der an Bord eines Satelliten installierte Scanner dagegen nimmt sich eine quadratische Fläche mit einer Seitenlänge von 10000 Seemeilen vor und tastet sie vertikal ab, indem er den Meridianen von links nach rechts folgt, während die Erde sich dreht, wobei er alle achtzehn Tage zur selben Tageszeit an denselben Ort zurückkehrt. Die gewonnenen Daten schickt er an Computer auf der Erde, von denen die Signale verarbeitet werden. Insofern verdienten die Ergebnisse dieses satellitengestützten Scanvorgangs eigentlich einen anderen Namen, man sollte besser von »Semographie« oder Spektrogrammen sprechen.

Die neue Technik erweitert die Aufnahme und Verarbeitung über das infrarote und das ultraviolette Ende des sichtbaren Spektrums hinaus auch auf unsichtbare Frequenzen. Auf bestimmten Wellenlängen lässt sich dann die Wasserqualität erkennen, auf anderen die Art der angebauten Feldfrüchte. Durch die Verarbeitung anderer Daten kann man die Lichtabsorption durch das Chlorophyll bestimmen, den Wassergehalt von Pflanzen oder die Biomasse. Man kann die illegale Einleitung von Abwässern aufspüren, die Entlaubung von Wäldern durch die Raupen des Spanners oder den Befall bestimmter Baumwollsorten durch einen bestimmten Wurm ermitteln und die Voraussage von Vulkanausbrüchen verbessern ... Denn jedes Ding hat seine elektromagnetische oder andersgeartete Signatur in einem bestimmten Bereich des globalen Spektrums der Wellenlängen oder Frequenzen. Ursprünglich für Sterne und Galaxien erfunden, leistet die Spektralanalyse heute nicht minder wertvolle Dienste in der Geographie. Mittels dieser Bilder, von denen wir nicht recht wissen, ob sie wie Karten zu lesen sind oder Landschaften zeigen, nähern Abstraktion und Konkretes sich einander an, auf Erden wie im Himmel.

Alles ist Zahl, hat Pythagoras gesagt: Wir gelangen zu derselben Einschätzung wie der vorsokratische Philosoph, doch wir wenden sie auch an. Jedes Phänomen trägt seinen Balkencode. Geburt der Wissenschaften im Individuellen.

Das alte, zweifache Weltbild: pagus und Papier. Haben unsere Vorfahren, wenn sie von *einer* Weltanschauung oder *einem* Weltbild sprachen, die Unwahrheit gesagt? Haben sie nicht in Wirklichkeit zwei Welten gesehen? Natürlich sind sie imstande gewesen, Dinge zu sehen und zu beobachten, sich Länder jenseits der eigenen Gemarkungen (lat.: *pagus*) zu erschließen – und zwar nicht selten besser als wir heutigen. Sie haben auch Karten und Atlanten besessen, die sie mit Hilfe von Techniken und Theorien, Winkelmessungen und Projektionsgeometrien erstellten. Doch in ihren wie in unseren Augen hatte eine Karte mit der Landschaft, die man sehen kann, kaum etwas gemein. Das von den Farben und Schatten der Landschaft trunkene Auge fand auf dem geschmack- und geruchlosen Blatt Papier, auf dem die Farben nur nach dürren topologischen Regeln verteilt sind, nichts, von dem es verwöhnt worden wäre.

Wie aber sollten wir nun behaupten können, ihr oder unser Weltbild sei einheitlich? Denn in Wirklichkeit haben wir immer angestrengt und begehrlich von der Geometrie weg aufs Konkrete geschielt, wenn wir die funkelnden Sterne am dunkel leuchtenden Firmament wiedererkannten und, bewaffnet mit dem Sextanten und den Gesetzen der theoretischen Astronomie, ihre Höhe genommen haben.

Speist nicht die Divergenz zwischen Gesehenem und Gelesenem, zwischen den vertrauten Gemarkungen der lebendigen Landschaft und dem Blatt Papier einer Karte, zwischen realer und geometrischer Kugel seit den Griechen, unseren Lehrern, jede Theorie der Abstraktion, auf der unser Denken wie auch unser Handeln beruhen? Von dieser Geistesspaltung sind Philosophie und Wissenschaft, Technik und Kultur gleichermaßen durchdrungen. Seit zweitausend Jahren sehen wir doppelt. Und genau diese doppelte, griechisch-neuzeitliche Sicht gerät heute in eine Krise. Wieso?

Das neue, einheitliche Weltbild. Betrachten wir einmal eins der von den Satelliten *Landsat* oder *Spot* aufgenommenen Kartenbilder, die einen Ausschnitt der Erdoberfläche zeigen, wie sie heute gerne in Reisebüros oder Klassenzimmern aufgehängt werden. Sehen wir dort Landschaften? Ja. Wären wir an Bord gewesen, hätten wir alles mit eigenen Augen sehen können – nur dass die »Fernsinne« des Satelliten weit besser funktionieren als unsere Sinne aus der Nähe. Aber haben wir dabei auch eine Karte vor unseren Augen? Gleichfalls ja. Und zwar eine bessere als unsere früheren. Mit denkbar größter Detailtreue reproduzieren diese Kartenbilder den gewundenen Lauf des Flusses, die zerklüftete Küstenlinie und die Färbung der Wälder, an der sich die Baumarten oder ein Schädlingsbefall ablesen lässt. Die Kartenbilder sind so abstrakt wie eine aus größter Ferne gesehene Landschaft, zugleich aber auch konkret, voll lebendiger Details und ganz »nah« – ein Bild der Welt, aus dem die Distanz zwischen Landschaft und Blatt Papier verschwunden ist. Abstraktes und Konkretes gehen ineinander über. Das Objekt ist individuiert.

Gezwungenermaßen mussten wir uns für einen Maßstab entscheiden und zwischen einer eher synoptischen Darstellung ohne Singularitäten oder einer detailreicheren Darstellung wählen; was die Karte hinzugewann, ging immer auf Kosten der Landschaft – und umgekehrt. Die eine stellte im Großen dar, was die andere im Detail zeigte; unmöglich, in die Breite zu gehen und zugleich in die Tiefe. Wir hatten uns zwischen geometrischer Abstraktion und konkreter Landschaft zu entscheiden. Wollen wir Euklid oder wollen wir Corot?

Jorge Luis Borges erzählt eine wunderbare Geschichte, in der berichtet wird, hie und da seien auf der Welt noch die Reste einer im Maßstab 1:1 angefertigten Weltkarte zu besichtigen. *Pagus* und Papier sind eins, und in einer *Reductio ad absurdum* wird die Notwendigkeit bewiesen, dass der wachsenden Größe immer mehr Details zum Opfer fallen. Im Extremfall stößt die Geometrie auf den leeren, glatten, homogenen, transparenten Raum, oder das Fraktal verliert sich in seinen sich endlos auffächernden Singularitäten. Das sind die beiden Grenzen, die die unüberbrückbare, widersprüchliche Kluft zwischen Realem und Formalem markieren. Welt und platonische Vernunft behalten wir immer beide zugleich in den Augen. Freilich nicht ohne zu schielen.

Sehen und Erkennen: Der Raum und die Zahlen. Thales hat im Schatten der Pyramiden den Satz der ähnlichen Dreiecke aufgestellt, indem er seinen und unseren Gesichtssinn im Raum der Wüste in Szene setzt: Im Angesicht der aufgereihten Pyramiden, die von derselben Form, aber von unterschiedlicher Größe sind, erfindet er einen konkreten

Maßstab und eine abstrakte Verschiebungsgruppe. Ob diese Geschichte wahr oder nur gut erfunden ist, seitdem jedenfalls heißt Erkennen, das Theater des Sehens geometrisch zu konstruieren: Die griechischen Begriffe »Theorie« und »Theorem« bringen das schon durch ihren Wortsinn zum Ausdruck, ebenso der Begriff der »Idee«. Platon lässt Thales draußen in der Sonne zurück, er projiziert die Szene auf die Höhlenwand und flacht sie so auf zwei Dimensionen ab.

Heute erleben wir die Erfindung einer neuen Urszene des Wissens und Sehens. Vom antiken Schauplatz bis heute sind an die Stelle des Raumes Zahlen und an die Stelle der reinen Geometrie Physik und Kommunikationstechniken getreten. Das Verhältnis zwischen Landschaft und Karte, zwischen Gesehenem und Theoretischem, hat der Scanner völlig umgewälzt, mehr noch als die Fotografie. Um die Distanz zwischen Fern und Nah zu überbrücken, tritt die Physik – das heißt hier: ein Ensemble aus optischen Techniken und Übertragungsverfahren – an die Stelle der Messung von Entfernungen und Winkeln. Als Strahlungsquelle jeglicher Art hat jedes Ding auf Erden seine Signatur, die vom Scanner aufgenommen und zur Verarbeitung an Computer weitergeleitet wird. Mathematisches Referenzverfahren ist nicht mehr die Messung, sondern die numerische Codierung; Algorithmen lösen das Perspektivenmodell ab. Zum Rüstzeug von Seeleuten, Ozeanographen und Geographen haben Mess- und Zielgeräte gehört, von der Alhidade bis zum Sextanten, sowie die idealen Modelle der Geometrie. Thales oder Platon blieben ständig präsent. Unsere Maschinen hingegen, die Bildschirme und Speicher bis hin zu den Pixeln, sind alle numerisch programmiert und gesteuert. Heute kommt die Karte fix und fertig aus den Kalkülen hervor.

Rücken wir dem realen Sehen damit näher? Aber was bedeutet diese Frage? Das Auge nimmt Informationen auf und leitet sie in codierter Form ans Gehirn weiter, das sie verarbeitet; ebenso fängt der Scanner Signale ein und leitet sie an einen Zentralrechner weiter, der sie in ähnlicher Weise verarbeitet; das Gesichtsfeld erweitert sich auf die Dimensionen der Satellitenumlaufbahn. Hier zeigt sich eine Parallele zur Szene des Thales: Das Theater des Schattens und der Sonne zeichnet am Ende die von den drei Pyramiden ausgehenden ähnlichen Dreiecke in den Sand; und wir glaubten, darin, symmetrisch und spiegelverkehrt, Modell und Abbild zu erkennen. Die gewaltige Konstruktion des Satelliten und der Rechner ahmt auf ähnliche, aber doch ganz andere Weise den Akt des Sehens nach.

Bilanz: Erstens, der Unterschied zwischen den beiden Welten, in dem einst unsere Idee des Abstrakten gründete, verschwindet, und die Details nehmen mit dem Maßstab zu. Zweitens, in einer Wiederholung der Urszene, diesmal jedoch mit ganz anderen Mitteln, nämlich mit Zahlen und Code, verzweigen sich wissenschaftliches und kognitives Modell und gehen andere Wege. Und Drittens, so wie der hl. Dionysius sein abgeschlagenes Haupt vom Richtblock nahm und sich auf den Weg machte, so fliegt unser Kopf durch den Raum, und unser Auge vergrößert und objektiviert sich auf die Dimensionen des Himmels. Das erkennende Subjekt wird zum Welt-Objekt.

Damit wird auch die Phänomenologie, die Art, wie die Dinge erscheinen, eine andere. Im Vergleich zu unseren Rechenverfahren entpuppt sich die antike Modell-Abbild-Geometrie als eine auf dem Kopf stehende Phänomenologie, die weniger die Erscheinung der Objekte beschreibt als vielmehr die künstliche Gestalt, nur die äußere Fassade bzw. das Dekor des Sehens. In Werkzeugen objektiviert, vergrößern sich das wahrnehmende Auge und das rechnende Gehirn auf die Dimensionen des Erdballs: Nach seiner »Pythagorisierung« schließt der Kopf des Dionysius die ganze Erde in sich ein, so dass wir alle in den gekreuzten Strahlen seines Blickes leben. Nachdem wir die Erkenntnis- und Seelenvermögen verloren haben, verlieren wir nun auch noch unsere Wahrnehmung, die so sehr objektiviert worden ist, dass sie die Dimension der Welt annimmt. Wir haben nicht mehr dieselben Darstellungen und wir haben nicht mehr dieselben Objekte.

Vor Bildern mit solch riesigen Dimensionen lässt sich die Krise der griechisch-neuzeitlichen Rationalität schlechterdings nicht mehr »übersehen«. In ihr liegt aber auch ein neuer Aufbruch.

Vom Singulären zum Singulären. Um seine Position zu bestimmen und sich auf dem Weltmeer zurechtzufinden, legte man auf eine singuläre Landschaft »das« abstrakte Modell der griechischen Geometrie und der Himmelsmechanik. Durch und durch praktisch, könnte man dieses Verfahren ohne weiteres noch platonisch nennen, da es die gesehene Erscheinung, in der wir uns zu verirren drohten, an der berechneten abstrakten Idee teilhaben ließ, wodurch wir uns wieder zurechtfanden. Wenn sich heute ein Eisbrecher in der Nordwestpassage verirrt und fürchtet, bald im erstarrenden Wasser festzusitzen, bittet er den Satelliten um eine exakte Positionsbestimmung und die aktuelle Karte des vor ihm liegenden Packeises. Auf dem Blatt mit der Real-Time-Botschaft sieht er, was dieser »Fernaufklärer« gesehen hat, und findet so den Weg, der ihn aus den Eismassen hinausführt. Die konkrete Zeichnung liefert ihm eine praktische Lösung, ohne Umweg über die antike Abstraktion.

Comte hat gesagt, Abstraktion habe sich aus dem praktischen Problem mit unzugänglichen Objekten entwickelt und sei die Hilfskonstruktion eines Umwegs; seit Thales können wir tatsächlich die Höhe eines Kirchturms anhand der Länge seines Schattens errechnen. Das abstrakte Modell ist unabdingbares Mittelstück, über das man von der praktischen Gegebenheit zur konkreten Lösung gelangt. Heute kommt die singuläre operationale Lösung eines singulären Problems ohne dieses Allgemeine aus. Die algorithmische Antwort auf die konkrete Frage lässt das deklarative antike Modell hinter sich: Die aktuelle Karte des Packeises enthebt uns jeder Berechnung. Die Numerik lässt uns die Geometrie vergessen. Gehen wir von Platon zu Pythagoras und Al-Khwarizmi über, von den griechischen Geometern zu den Rechnern, die ihnen vorausgingen und folgten? Und nähern wir uns, was das Individuum betrifft, Aristoteles?

Auch die Packeiskarte bietet nicht nur einen Blick aufs Eis, sondern auch eine Ansicht und Vision der Krise: Um die vielen einzelnen Eisschollen zu kennen, braucht der rechnende Gott keine allgemeinen Ideen. Es ist, als schriebe das Abstrakte unsere Grenzen fest.

Eine neue Landschaft: Oberfläche und Boden der Weltmeere. Ein weiteres Beispiel: Dem 1975 gestarteten Satelliten *Geos 3* (»Geodetic Earth Observing Satellite«), vor allem aber *Seasat*, der am 26. Juni 1978 seinen Betrieb aufnahm und die größte Ausbeute erbrachte, obwohl er schon drei Monate später endgültig ausfiel, sowie dem im Frühjahr 1985 in die Umlaufbahn gebrachten Vermessungssatelliten *Geosat* verdanken wir die wohl schönste, gewiss aber neueste und intelligenteste Landschaft, die das nun weltumspannende »menschliche« Auge jemals erblickt hat.

Dank enorm verfeinerter Technik – die Leistungsfähigkeit wurde mit jedem neuen Satelliten verdoppelt – gelang es, die relative Höhe des Meeresspiegels unabhängig von Wellengang, Meeresströmungen und Gezeiten zu messen. Entgegen der Anschauung spannt die Wassermasse sich nicht gleichmäßig glatt um die Erdkugel, vielmehr folgt ihre Höhe – natürlich abgesehen von Stürmen und Dünung – in stark verringerten Proportionen dem Relief des Meeresbodens. Denn die Gravitation an den verschiedenen Punkten der Erde hängt von der lokalen Masse ab. Einem Berg auf dem Meeresgrund entspricht daher proportional eine leichte Erhöhung des Meeresspiegels, während ein tiefer Graben im Meeresboden sich an der Wasseroberfläche als flache Furche bemerkbar macht – korrekte Beobachtungen, auch wenn sie von der Anschauung noch nicht eingeholt werden. Dabei beträgt der vertikale Abstand zwischen der höchsten Erhebung und der tiefsten Senke in dieser Fläche zehn Meter. Das Relief des Meeresbodens lässt sich daher aus den Variationen in der Höhe des Meeresspiegels ableiten. Da diese Variationen vielfach nur ein paar Zentimeter betragen, konnten sie nur mit den empfindlichen Radarhöhenmessern von den genannten Satelliten aus gemessen werden.

Nach einer entsprechenden Verarbeitung durch den Computer wurden die so gewonnenen Daten von William Haxby zunächst für das Meeresgebiet zwischen der Antarktis und den Südspitzen Afrikas bzw. Amerikas zu einer Karte oder Landschaft zusammengesetzt, bei deren Anblick man meint, das Wasser hätte sich plötzlich aus den Weltmeeren zurückgezogen. Der Meeresboden bot sich nackt dem unbewehrten Auge dar. Sodann erschienen neben anderen Wunderdingen die Bergkette des Mittelatlantischen Rückens, die gleichsam die vertikale Achse des Atlantiks bildet, von der Spit Bay bis hinauf nach Island; und wie in einem plötzlich angehaltenen Film, je nach Ausrichtung der parallelen Zähne mehrerer Kämme, wurden die Auswirkung und der aktuelle Stand der langsamen Bewegung der Plattentektonik sichtbar, deren Theorie fast zur selben Zeit von anderen Wissenschaften formuliert worden war. Diese Theorie war der Karte vorausgegangen, die nun deren Synopse vorlegte.

Niemals schien der Begriff des Fundaments treffender. Die Satelliten enthüllen die verborgensten Dinge, von den Fundamenten der Kontinente über den Boden der Weltmeere bis hin zu deren Entwicklung. Die gewaltige Wassermasse hatte einen dichten Schleier über die felsigen Schienen gelegt, auf denen die Geschichte der Erde seit Jahrmillionen dahingleitet. Der Höhenmesser durchstößt die transparente Schicht der Luft und die opake Schicht des Wassers und misst die Zeit, die das Feuer benötigt, um den erkalteten Boden zu bewegen: eine elementare Landschaft, die auch die ersten Physiker Ioniens entzückt hätte … eine Gemarkung im ursprünglichen Sinne des lateinischen *pagus* (»Bodenmarkierung«), die die Aufteilung des Raumes und der Geschichte sichtbar macht … ein Erdball, der sich selbst kultiviert und die Furchen seiner eigenen Landschaft gräbt …

Der Seemann, der es gewohnt war, nur auf Wellengang, Strömungen und Gezeiten zu achten, erkennt, dass er blind war und, geblendet von den salzigen Tränen des Meeres, nicht sah, dass unter dem Sichtbaren die Erklärung wartete. Hier aber besitzt die Erklärung nicht mehr den Status eines Gesetzes in einem abstrakten Raum und einer abstrakten Zeit – abgesehen allenfalls von der Gravitation -, sondern den einer Landschaft, die ebenso vielgestaltig ist wie das Land, voller Details und Umstände, mit reichen Verzweigungen, die dem Astwerk der Bäume und Büsche in nichts nachstehen, mit Kratern, die von Vulkanen oder Meteoriteneinschlägen stammen – eine Ansammlung von Singularitäten, ganz wie die Landschaften, die uns vertraut sind. Die Kontingenz des Meeresbodens zeigt, dass die Weltmeere ebenso vom Zufall zerklüftet sind wie die vom Zufall geformte Oberfläche der Kontinente. So besitzt denn jedes Meer seine eigene Individualität, wie wir sie von den Erhöhungen und Furchen eines Fingerabdrucks kennen. Wie der rote Fleck das Zeichen des Jupiter ist, sind diese Furchen die Kennmarken und Gemarkungen der Erde.

Reise zum Mittelpunkt der Erde. Je mehr Satelliten aufsteigen, desto tiefer führt uns die Reise durch die Landschaft auch in den Boden und die Erklärung hinein. Ein neuer Abstieg in die Unterwelt: Starke Erdbeben senden Signale aus, die sich durch das Innere des Erdballs fortpflanzen, so dass sie auf der anderen Seite der Erde von Computern verarbeitet werden können. Da die Wellen Gestalt und Richtung verändern, wenn sie Schichten verschiedener Dichte, Zusammensetzung und Temperatur durchqueren, lässt sich durch entsprechende Verarbeitung ein Bild des Erdinnern in gewünschter Tiefe erstellen, mit dem sich die Konvektionsströmungen ausmachen lassen, die ihrerseits das Relief des Meeresbodens erklären, da die riesigen Temperaturgefälle den Motor abgeben, der hinter den Bewegungen der Platten steckt.

Ohne näher auf die Temperaturgradienten oder die wechselnden Formen von Erdmantel und -kern einzugehen, kann man doch sagen, dass dort, im Innern der Erde, wie ein Geheimnis in der heißen, rotierenden, abkühlenden Kugel, der Keim für all die Kontingenzen und Singularitäten verborgen liegt, die unsere Landschaften formen. Die Erde, die keine Kugel ist und sich dennoch um eine Symmetrieachse dreht, bleibt asymmetrisch hinsichtlich der Verteilung und Bewegung dieser Hitze. Ist diese elementare Exzentrik, deren astronomisches Gegenstück, die Schiefe der Ekliptik, einst Theologen und Historiker, Milton und Rousseau betrübte, letztlich verantwortlich für die tatsächliche Tageslänge, die lokalen Besonderheiten, die unvorhersehbaren Veränderungen des Klimas …, die Launen der menschlichen Geschichte …, für die Vielfalt der Landschaften? Sollte ein kleines geometrisches Element am Ende all die Kontingenzen und unvorhersehbaren Umstände erklären?

Codierung des Individuums. So geht denn die globale Entwicklung der neuen – auf Landschaften ausgerichteten – Wissenschaften in Richtung des Individuellen. Wieder einmal haben wir Himmel und Erde gewechselt; doch die Wissenschaften vom Leben verkünden eine weitere Botschaft: Auch das Leben haben wir gewechselt. Denn zu Beginn des neuen Jahrtausends liefert uns die Biochemie drei Weltkarten, die aus drei übereinander geschichteten Landschaften besteht. Die Karte der DNA-Moleküle präzisiert, beschreibt und quantifiziert die Kette sämtlicher Nukleotide, deren Zahl sich beträchtlich vergrößert hat; sie zeichnet eine physikalische, eigentlich jedoch chemische Landschaft, die sich über die Gene ausschweigt, weil sie nicht sagt, welche Zusammenstellung von Nukleotiden jeweils in der Funktionsweise der Zellen wirksam wird. Eine zweite Karte markiert jene Sequenzen, welche die Gene bilden und als solche gelten, sofern sie den Code für eine RNA oder ein Protein bilden. Diese neue, im eigentlichen Sinne genetische Landschaft sagt nichts über die Vererbung aus; dazu bedarf es einer dritten, im eigentlichen Sinne genetischen Karte, die aufzeigt, auf welchen Wegen Merkmale tatsächlich vererbt werden. Diese Landschaften, die jeweils nicht aus der vorangehenden hervorgehen, sind voller Singularitäten. Doch auch das Individuum wird in so viele organische Teile zerlegt, dass sämtliche Labors der Erde jahrelang an ihrer Rekonstruktion arbeiten müssten. Auch das Individuum wird eine Landschaft.

Auf tausendfach komplexere Weise wiederholt die Biochemie für das neue Leben die Botschaft der beiden vorangegangenen Wissenschaften des neuen Himmels und der neuen Erde.

Noch niemals zuvor fand die Philosophie wie hier in der Astronomie, Geophysik und Biochemie eine gelungenere Synthese zwischen einer *mathesis universalis* und einer Metaphysik des Individuums im Sinne von Leibniz, der sowohl die Infinitesimalrechnung, die Kombinatorik und die *Analysis situs*, also die Mutterwissenschaften der oben genannten Fachgebiete, als auch die individuellen Singularitäten der Monaden erfunden hat. Das Abstrakteste findet hier zum Konkretesten zurück, das Universelle vereint sich mit dem Individuellen, die Mathematik mit der Landschaft.

Wenn wir zum Verständnis der Aktualität unserer neuen Erkenntnisweisen und ihrer neuen Objekte unsere Sichtweise neu auszurichten hätten, dann müssten wir ohne Zweifel die Entstehung eines Lukrez-Leibniz-Poincaréschen Labyrinths zeichnen und weniger dem geradlinigen Platon-Descartes-Kantschen Weg folgen, den die traditionelle Wissenschaft konstruierte und behauptete. Ohne sie aufzugeben, geht die Krise unserer Zeit doch ein wenig von dieser Methode und diesem Weg ab und leitet die angekündigte Renaissance ein. Der filigrane Reichtum und die Schönheit dieser neuen Welt bezaubern uns.

Wenn nun die vielfältigen Landschaften des Himmels und der Erde sich mit den Karten der biologischen Evolution verbinden und diese wiederum mit den ausgewählten Landschaften, welche die Individuen darstellen, und mit den Karten ihres Stoffwechsels – dann ist dies ein Weltwunder, das wir genießen und besingen sollten.

Sprache und Moral

Das Universelle: Zwei eitle Sophismen. Als wir zu Beginn über unsere Ausstattungsmittel und die von ihnen ausgelösten und veränderten körperlichen Gebärden sprachen, da haben wir gesagt, unsere Wissenschaft bewege sich offenbar auf eine neue Universalität zu.

In den Geistes- und Sozialwissenschaften kennen wir schon seit langem zwei gleichermaßen eitle Sophismen, die nun auch zunehmend in die »harten« Wissenschaften Eingang finden. Der erste behauptet, der Mensch habe zu allen Zeiten und an allen Orten stets dieselben Dinge nach derselben Logik gedacht, während der zweite meint, die vielfältigen biologischen, kulturellen, historischen, objektiven und in jedem Falle individuellen Unterschiede führten notwendig zu einem radikalen Relativismus, zu einer willkürlichen Sprache und zu Konventionen, die jeder Grundlage entbehrten. »Alles ist gleich« und »Alles ist verschieden« sind zwei so universelle wie blasiert-anmaßende Behauptungen.

Und im Übrigen widersprechen sie einander auch nur dann, wenn man sie unvermittelt nebeneinander stellt. Ausgewogen aufeinander bezogen, markiert der eine nur den Übergang zum anderen. Dass es ein Universum und ein menschlich Universelles gibt, kann man sich erst gewahr werden, nachdem man den Dschungel der Unterschiede durchstreift hat. So wie umgekehrt ein invariantes Gesetz erst aus dem Vergleich zahlreicher verschiedener Landschaften hervorgeht. So ist bei beiden Arten von Wissenschaft die Betonung der Unterschiede genau der Preis, der für das Universum gezahlt werden muss.

In den Sozialwissenschaften etwa versuchen einige Anthropologen in unterschiedlicher Weise und für verschiedene Kulturkreise, auf komparativem Wege zu weltweit gültigen Gesetzen hinsichtlich des Raumes, der gesellschaftlichen Funktionen oder des Opfers zu gelangen; mit Hilfe leistungsstarker Computer führen einige Sprachwissenschaftler die Vielfalt der Sprachen zunächst auf eine kleine Gruppe und dann auf einen universellen Hominiden zurück; und Biologen zeichnen aufgrund genetischer Forschungen an Zellen den *einen* Stammbaum nach, der die Evolution von *Homo sapiens sapiens* beschreibt. Um Plausibilität zu erlangen, müssen diese Ergebnisse einen langen Weg über Sprachen, Bräuche oder Religionen aller Art nehmen; über Variationen hinweg invariant, ist dann alles ähnlich, obwohl oder weil alles verschieden ist. Da das Universelle niemals gegeben ist, kostet es, wenn es dann in den Blick kommt, sämtliche Unterschiede.

Heute gehen auch die exakten Wissenschaften durch die üppige Landschaft des singulären Details hindurch; die verfeinerten Beobachtungsinstrumente reichen bis auf die Nanoebene hinab, und mit leistungsstarken Computern lassen sich Individuen und Fälle in beliebigen Szenarien bis in kleinste Details hinein simulieren. In manchen Fällen rückt die Geschwindigkeit der Speichermedien und Prozessoren schon fast an die Denkökonomie heran, die in den abstrakten, allgemeinen Gesetzen liegt. Die griechisch-neuzeitliche Vernunft gerät in eine Krise. Ebenso stranden der alte theoretische Universalanspruch und die alte, aus den Geistes- und Sozialwissenschaften nur zu gut bekannte Weisheit, dass eben alles verschieden sei. Das ist der Grund, weshalb das Chaos, die Fraktale – auch wenn die Operation, aus der sie abgeleitet werden, durchaus einfach ist – oder die Perkolation heute zu den beliebtesten Theorien gehören.

Aber es gibt eine für die griechisch-neuzeitliche Vernunft unvorhersehbare Gestalt des Denkens, die die unermessliche Vielfalt individueller Variation und Relativität in einem einzigen Bild zusammenbringt. In und durch die Landschaft kehrt damit das Universum zurück. Es ist das prozedurale Denken, von dem es oben hieß, seine Struktur gleiche der einer Reise oder eines Spaziergangs.

Die Universallegende. Seit die Naturwissenschaften genaue Datierungsmethoden entwickelt haben, sind fünf große – und wahrscheinlich zum ersten Mal wahre – Erzählungen möglich geworden. Die ersten beiden betreffen die Entstehung des Universums durch den Urknall und die Abkühlung der Erde in der Reihe der Planeten; die dritte berichtet von der Entstehung des Lebens und der Evolution des Pflanzen- und Tierreichs; die vierte erzählt von der Ankunft des Hominiden und seiner Evolution; die fünfte schließlich zeichnet die Anfänge der Sprache beziehungsweise Sprachen nach … Diese großen Erzählungen bahnen sich nach und nach ihren Weg durch das Gestrüpp der Verzweigungen und verzaubern überall durch die Bezüge, die sie stiften; jedes ihrer Kapitel setzt am Schnittpunkt lokaler Fachgebiete ein, und in ihrer Gesamtheit bilanzieren sie die verschiedenen Vorstöße in die Mannigfaltigkeit der Landschaften. Die Verknüpfung der vorausgegangenen Karten verwirklicht im Raum, was diese »Legende« als Drama zusammenschweißt und in ihren Einzelheiten episch ausbreitet. Gemeinsam ergeben sie ein einziges umfassendes und wahrscheinlich gleichfalls wahres Bild, das am gemeinsamen Schnittpunkt sämtlicher Wissenschaften angesiedelt ist. Da alle fünf Segmente darin enthalten sind, kann man wohl zu Recht von einer Universallegende sprechen, und in Anlehnung an die wörtliche Bedeutung des Ausdrucks »Legende« – wie zu lesen sei – könnte man »Universallegende« übersetzen mit: wie das Universelle mit Hilfe der lokalen Wissenschaften und dank ihrer wechselseitigen Zusammenarbeit zu lesen sei.

Was also ist Wissenschaft, und wie lässt sie sich darstellen? Da es keine allen Fachgebieten gemeinsame Sprache gibt, lassen sich übergreifende Zusammenhänge fachsprachlich nicht artikulieren; dazu bedarf es der Umgangssprache, die alle Wissenschaftler mit den Nichtwissenschaftlern teilen. Das Bedürfnis danach haben wir immer wieder empfunden, auch bei der Abfassung der einzelnen Artikel dieses Buches. In Unkenntnis der fernen und nahen Forschungen befinden wir uns alle ihnen gegenüber in der Position von Laien und kennen sie nur so, wie jeder sie kennt. Damit dürfte die einstmals so verachtete große »popularisierende« Erzählung zum ersten Mal mehr sagen und die Dinge besser zum Ausdruck bringen als die isolierten Einzelwissenschaften, auch wenn alles weniger präzise und streng gesagt wird. Das Ganze erzählt sich anders als die Summe aller Unterschiede. Jede einzelne Wissenschaft deduziert, experimentiert und räsonniert in ihrem eigentümlichen Dialekt; die Umgangssprache erzählt die Wissenschaft. Die Erzählung vervollständigt die Wissensbereiche.

So bietet denn die natürliche Sprache den besten Zugang zu den wissenschaftlichen Erkenntnissen; vielleicht ist sie sogar das Ideal, dem jene zustreben: Einerseits saugt die Umgangssprache immer mehr Gedanken und Begriffe aus den Wissenschaften auf, andererseits ergießen sich alle Dialekte, die in den verschiedenen Wissenschaften gesprochen werden, in den Strom der Umgangssprache. Als wachse dieser, die als bloßer Schatten der Wahrheit gegolten hat, ein überraschender neuer Status zu: Dank der Erzählung und ihrer Sprache ist die Popularisierung letztlich die Wissenschaft.

Jede lokale Errungenschaft leistet ihren Beitrag zu dieser umfassenden Erzählung, die, mit den Forschungen verflochten, auf sie verpflichtet und von ihnen kontrolliert bleibt: ständig umgeschrieben, umgeformt, ganz umgestoßen und unablässig rekonstruiert. Sie ist ein stetiger Mahlstrom, in dessen Bett sich alle Wasser und Ablagerungen aus allen Zuflüssen und Seitenarmen sammeln. Wie zur Entlastung Körperfunktionen oder seelische Fähigkeiten auf äußere Objekte ausgelagert werden, um für Neues gewappnet zu sein, so werden die Konzepte der Wissenschaft in dieser Erzählung oder diesem Lexikon deponiert und befreien den Forscher, entlasten uns alle, damit sie und wir uns neuen Anschauungen zuwenden können. Es ist so, als beschleunigte der Schriftzug seines Schweifs den Kern des Kometen auf seinem Weg in die Zukunft.

Wie wir gesehen haben, unternehmen wir erst seit einigen Jahren zwischen den Orten und *sites* der Netze Reisen und Spaziergänge, die den immer wieder von Schiffbrüchen unterbrochenen Irrfahrten des Odysseus ähneln. Einst stand die Wissenschaft in förmlichem Gegensatz zu den Erzählungen; heute übernimmt die Erkenntnis deren Form. Was Wunder, dass die Summe all dieser individuellen Reisen sich zu einer umfassenden Weltreise zusammenschließt, deren Route dem Belieben des Einzelnen überlassen ist?

Die meisten Artikel dieses Lexikons machen sich ans Erzählen, bevor sie erklären; sie verfolgen einen Strang der Erzählung oder der Geschichte, präsentieren ein Fragment dieser Universallegende, die in gewissem Sinne die Wissenschaft selbst ist, und stellen es in der Umgangssprache dar.

Die Verzauberung der Welt. Diese Universallegende antwortet als Ganze und zunächst im Rückblick auf die Frage, woher wir kommen. Sie vermag aber auch den Menschen zu konstruieren: durch die Geschichte der Welt und ihre Verzauberung. Sie verzaubert, weil die große Erzählung eine einheitliche Stimme vernehmen lässt, wie die kollektive menschliche Sprache sie noch niemals so ausdauernd, so weitreichend, mit solcher Kraft und Harmonie hervorgebracht hat. Sie lässt ein Universum erstehen, mit seinen Räumen und Zeiten, seiner Materie und seinen Energien, mit dem Leben in all seinen Formen; und was den Menschen und seine Sprachen betrifft, lässt sie Universelles hervortreten. In diesem Augenblick und auf diese Weise vollziehen wir – gleichsam in *real time* – den Übergang vom Zeitalter des lokalen Details, das mit den Dialekten der einzelnen Fachgebiete sprach, ins Zeitalter einer Globalität, die insofern neu ist, als ihre wesentlichen Inhalte in die Umgangssprache einsickern. Während wir die Frage, woher wir kommen, immer plausibler beantworten können, bringt das Universum, das wir heute durch das Netz der vielfältigen lokalen Landschaften hindurch erblicken, auch die Antwort auf die Frage hervor, was wir wissen können. Und die Antwort ist die niemals beendete Aufgabe der ständig umgearbeiteten Erzählung, die Antwort ist dieser unablässig in neue Richtungen gelenkte Fluss, die Trift zum Universellen. Denn was ist der Mensch anderes als jenes seltsame Lebewesen, das aus dieser unvorhersehbaren Legende hervorgegangen ist und seinen verschlungenen Weg zum Universellen nimmt?

Um zu zeigen, wie dieses Lexikon zu lesen sei, müsste ich dieses Vorwort jetzt eigentlich von vorn beginnen und anhand irgendeines der fachwissenschaftlichen Begriffsapparate den Faden diese Legende in gemeinverständlichen Worten aufrollen: unter ständigem Bezug auf jene große Erzählung, die sich nur unter ständigem Bezug auf die Enzyklopädie, das Lexikon, das Internet… aufrechterhalten und entziffern lässt. Ausgehend von der Geburt des Universums, unseres Planeten, des Lebens, der Sprachen…, endete ich schließlich bei jener Bilanz, die diesem Lexikon, in dem Sie sich nun ergehen werden, vorausliegt und in ihm Gestalt angenommen hat.

Die Gesellschaft schließlich. Zum Schluss die nüchterne Frage, was wir hoffen dürfen. Die Schönheit der Welt, ewiger Friede, Leistungen Einzelner, Gemeinschaftswerke, wechselseitige Liebe? So einfach und unmittelbar verständlich solche Ziele sind, das seltsame, unberechenbare Menschentier, auf dessen Gemeinschaften das Problem des Bösen lastet, macht sie prekär. Warum diese bedrohliche Undurchsichtigkeit? Genau dieses Geheimnis ist seit unseren Anfängen Gegenstand der traditionellen großen Erzählungen, die eben darin unvergesslich sind und oft – auf ihre Weise und für die Zeit, in der sie entstanden – gleichfalls die Gesamtheit der Wissenschaften umfassten.

Nun war von diesen Gemeinschaften bereits die Rede, als wir sagten, das alte Wissen, von den Konzepten bis hin zu den Universitäten, habe Konzentrationen hervorgebracht: Beispiele, Ideen, Bücher, Apparate und Menschen…, während das neue Wissen zu einer Dekonzentration führe. Diese Entwicklung entscheidet in vielen Bereichen darüber, wie die Welt in Zukunft beschaffen sein wird. Die Wissenschaft, die sich ausbreitet, indem sie die Erkenntnis reorganisiert und sich den Objekten der Welt annähert, wird zu einer totalen sozialen Tatsache. Sie bestimmt über Innovationen, also die Ökonomie, verändert Arbeitswelt, Kleidung, Nahrung, Verkehrsmittel, Gesundheit und Fortpflanzung, sie verlängert die Lebenserwartung, wälzt Architektur und Städtebau ebenso um wie die sozialen Beziehungen, das Recht und alle sozialen Institutionen, Wissenschaft selber und das Bildungswesen eingeschlossen: Nichts im sozialen Leben ist ihr fremd oder wird ihr fremd bleiben.

Und da sie je nach der Ausgestaltung des Bildungswesens über die Gleichheit oder die schreiende Ungleichheit der Verteilung des Wissens mitentscheidet, kreuzen sich in ihr alle Probleme, die uns heute in Politik und Moral beunruhigen.

Bildung. Alle Länder der Erde, auch die reichsten, erleben heute, dass der Bedarf an Bildung jährlich um mindestens zehn Prozent wächst, während die Bildungsausgaben, die öffentlichen wie die privaten, einen Sättigungspunkt erreicht haben: Die verfügbaren Mittel bleiben hinter dem wachsenden Bedarf zurück. Nun leben alle Länder der Erde, auch die ärmsten, im Zeitalter der neuen Ausstattungsmittel. Aber kaum ein Land der Erde, nicht einmal unter den reichsten, reserviert der Ausbildung und Weiterbildung einen eigenen Kommunikationskanal, obwohl ein dezentrales Netz weit billiger ist als jedes bürokratische Konglomerat. Man wird also ein Netz von Fernunterrichtsmöglichkeiten für alle Ausbildungsstufen und Altersgruppen einrichten, das ständige Weiterbildung ermöglicht, eine Bildungsbörse, Informationsdienste für die Wissenschaften, eine allgemeine Datenbank …

In diesen Zusammenhang stellen wir das vorliegende Lexikon.

Allein aus ökonomischen, technischen und sozialen Gründen wird sich Fernunterricht schon bald durchsetzen – parallel zu den Veränderungen in Wissenschaft, Erkenntnis und Weltbild. Wir erleben heute den Übergang von der Informationsgesellschaft zur Bildungsgesellschaft.

Distanz. Was heißt nun vernetzte Bildung oder Fernunterricht? Welche Ferne, welche soziale, geographische, finanzielle, sprachliche und kulturelle Distanz herrschte und herrscht noch im alten und noch bestehenden Ausbildungssystem zwischen den Anwärtern auf Bildung und den seltenen, konzentrierten Quellen des Wissens!

Informations- und Telekommunikationstechniken können lediglich räumliche Entfernungen aufheben. Weil sie weniger kosten und flexibler sind, werden sie sicher auch manche Barrieren überwinden können. Auch mag das Virtuelle über viele Ängste und manche Schüchternheit hinweghelfen … Nur den Respekt vor der Großartigkeit der Wissenschaft werden wir nicht verschwinden sehen: Ihm werden nur bestmögliche Ausbildung und begeisterter Wissensdrang gerecht. Ansonsten sollen in hemmungsloser Popularisierung Distanzen, Ängste und durch Unwissenheit verursachte Ungleichheit zwischen den Menschen abgebaut werden. Wie es einst in einem ganz wörtlichen Sinne Aufgabe der Pädagogik war, den Kindern den Weg zu weisen, so hegen wir die Hoffnung und haben uns das Recht genommen, ihnen möglichst viele Hindernisse aus diesem Weg zu räumen.

Die Konzentration von Lehre und Ausbildung hat eine Einbahnstraße etabliert, die von oben nach unten, vom Lehrer zum Schüler führte: Der Wissende erklärt dem Unwissenden ein vorgegebenes Programm. Dank des dezentralen Charakters der neuen Ausstattungsmittel und der fehlenden Steuerung fällt die Initiative nun dem Lernenden zu; er sucht, wo er will, nach dem, was er braucht. Er liest weniger Bücher oder hört weniger Vorlesungen, dafür wird er sich aber in einem Wörterbuch oder Lexikon schlau machen und nach Lust und Laune durch den Raum des Wissens surfen. Er macht sich selbst auf die Suche nach den Quellen. Damit kehrt der Weg sich um und führt nun von unten nach oben. Mit der wiedergefundenen Begeisterung schwindet auch die durch Desinteresse geschaffene Distanz. Wer seine Erfahrungen mit anderen Lernenden teilen möchte, kann leicht in Kontakt kommen – etwas, was unsere Generation so schmerzlich entbehrt hat. Wir erleben die Geburt einer neuen Bildung, deren Eigenart alle Gewohnheiten über den Haufen wirft, die sich seit der Entstehung der hellenischen *paideia* im 6.Jahrhundert v.Chr. und der Entstehung der Schrift herausgebildet haben und herrschen.

Zwei ethische Fragen. Bildung ist eine gleichermaßen technische, politische und moralische Frage. Umgekehrt betrifft das erste Problem, das die Wissenschaft aufwirft, deren Verbreitung. Wenn finanzkräftige Unternehmen wissenschaftliche Ergebnisse aufkaufen, werden sie aus Eigeninteresse mit Blick auf einen möglichen Verkauf geheim gehalten und nur noch selektiv publiziert. Alles für Profit und Ruhm, ansonsten herrschte Schweigen, Debatten wären ausgeschlossen. Die bezahlte Veröffentlichung liefe der kostenlosen den Rang ab. Das käme einer Regression auf die archaischen Zustände der vorhomerischen Definition von *aletheia* gleich, wonach Wahrheit ihr Maß an der Bekanntheit hätte. Wenn man ansieht, in welchem Maß Forschung von der Finanzierung abhängig geworden ist, welche Blüten die Publikationsbesessenheit treibt und wie die reichsten Gruppen Ergebnisse für sich behalten, scheinen wir solch einer Regression gefährlich nahe zu sein. Hier verbietet der berufliche Ehrenkodex eine Geheimhaltung, die auf kurz oder lang die gesamte Wissenschaft zersetzt und zerstört. Die egalitäre Veröffentlichung allen Wissens, die nichts zurückhält und nichts maßlos forciert und in den Vordergrund spielt, wird damit zur sittlichen Pflicht. Wissen muss öffentlich sein, davon ist nicht nur die Wissenschaft betroffen, sondern auch deren ethische Grundlage.

Das zweite ethische Problem ist allgemeinerer Natur. Die heute in allen wissenschaftlichen Fachgebieten eingesetzten Methoden der Modellbildung, der Simulation und der Szenarien verändern den Status der Erfahrung und der Realität. Die Wirklichkeit, die einst Objekt, Hindernis, Kriterium, Beweis oder Prüfstein der Wissenschaft war, findet sich heute ins Virtuelle eingebettet. Denn Wissenschaft befasst sich mit dem Möglichen. In der Biologie zum Beispiel führt der Übergang vom Phänotyp zum Genom dazu, dass man die Eingriffe dort ebenso am Möglichen wie am bereits Vorhandenen ausrichtet. Früher musste man der Natur gehorchen, wenn man ihr gebieten wollte. Werden wir ihr in Zukunft gebieten, ohne sie um Rat zu fragen? Der Aufstieg vom Wirklichen zum Möglichen eröffnet uns neue Welten, die wir immer entschiedener zu schaffen versuchen, ohne auf das Hindernis oder den Prüfstein der Wirklichkeit achten zu müssen, die einst unabweisbar und unanfechtbar waren und die wir heute über die Variation virtueller Möglichkeiten umgehen. Diese Befreiung von der ehemals notwendigen Wirklichkeit erlegt den Wissenschaftlern eine neue Verantwortung auf. Sie sind weniger als früher und weniger als andere äußeren Ereignissen ausgesetzt. Früher realisierten sie ihre Anwendungen unter der Kontrolle der Welt. Heute, da sie von solchen Zwängen relativ frei sind, erschaffen sie über die Realisierung von Möglichem eine Wirklichkeit, die sie selbst durchsetzen oder aber von anderen, Reicheren und Mächtigeren durchsetzen lassen können.

Dadurch erfährt der Status der Wahrheit einen beträchtlichen Wandel: Früher war sie dem Urteilsspruch der Realität ausgeliefert, und dieser Urteilsspruch machte sich in Manipulationen geltend, in denen die Theorie sich den praktischen Zwängen der Welt unterwarf. Heute vollziehen wir, ohne den ureigensten Bereich der Wissenschaft zu verlassen, den Übergang von der Erkenntnis zur Ethik des Handelns, weil wir nun unablässig vom Szenario zum Handeln, vom Modell zur Verwirklichung, vom Möglichen zum Wirklichen übergehen.

Die Frage nach der Wahrheit nähert sich immer mehr der Frage nach dem richtigen Handeln. Welchen tödlichen Gefahren der Gewalt, des Hungers, der Schmerzen, der Krankheiten usw. setzten diese neu geschaffenen Welten unsere heutigen Gesellschaften und die zukünftigen Generationen aus? Das erkenntnistheoretische Problem des Falschen nähert sich dem sittlichen Problem des Bösen, der Imperativ »Sage die Wahrheit« dem Gebot »Du sollst nicht töten«.

Im Übrigen vermag kein sittliches Gesetz die freie Ausübung der kollektiven Wahrheitssuche zu verbieten. Hier entsteht ein Konflikt zwischen dem Guten und der Wahrheit, wie er in dieser Schärfe noch niemals bestanden hat. Moralische Empfehlungen kommen immer zu spät; weil sie erst kommen, wenn das Mögliche bereits real geworden und das Kind in den Brunnen gefallen ist. Wie können wir erreichen, dass die Moral vor jeder Forschung wirksam wird?

Diese Frage ist zumindest einmal in unserer Geschichte gestellt worden, von Hippokrates, dem griechischen Arzt. Zu seiner Zeit trug allein die Medizin Verantwortung für Leben und Tod der Menschen, zumal sie in ihrer Treue zum immer besser verstandenen Körper erstmals wirkungsvoll eingreifen zu können schien. Kein Physiker, Chemiker, Mathematiker oder Astronom, die ja auch der wahren Erklärung und Erfahrung verpflichtet waren, hatten sich damals solchen Fragen zu stellen. Heute stehen alle vor diesem Problem.

Jeder Arzt schwört nach Abschluss seiner Ausbildung den hippokratischen Eid: der einzige Beleg dafür, dass eine Moral und ein rudimentäres Recht sich über Generationen hinweg, die vergangenen wie die zukünftigen, zu halten vermögen. Daher gilt es heute, einen Eid zu formulieren, der für alle Wissenschaften Geltung besitzt, weil alle Wissenschaftler schöpferische Verantwortung tragen. Da dieser Eid jeder wissenschaftlichen Praxis vorausgeht und da er dem Gewissen jedes einzelnen Wissenschaftlers entspringt, ist er auch frei von den beschriebenen Verspätungen. Ob er ihn ablegt, muss jeder frei für sich entscheiden.

Der Eid lautet:

Ich schwöre, dass ich meine Erkenntnisse, meine Erfindungen und die Anwendungen, die ich möglicherweise daraus ziehe, niemals in den Dienst der Gewalt, der Zerstörung oder des Todes, der Vermehrung des Elends oder der Unwissenheit, der Unterdrückung oder der Ungleichheit, sondern ausschließlich in den Dienst der Gleichheit unter den Menschen, ihres Überlebens, der Verbesserung ihrer Lebensverhältnisse und der Förderung ihrer Freiheit stellen werde.

Die Autoren des vorliegenden Buches haben diesen Eid abgelegt.

Michel Serres

THESAURUS

A

Abbildung

Zur Vertiefung: ***Bijektion; Funktion; Relation***

In der Mathematik versteht man unter der Abbildung einer Menge A in eine Menge B ein Objekt, das es gestattet, jedem Element von A ein Element von B zuzuordnen. Ein Beispiel wäre etwa die Abbildung, die jedem Land die jeweilige Hauptstadt zuordnet, also Frankreich Paris, Italien Rom, Großbritannien London usw. Eine Abbildung ist also etwa dasselbe wie eine Funktion. Den Begriff der Funktion behält man jedoch in der Regel solchen Abbildungen vor, die jedem Element einer Menge eine Zahl zuordnen; der Begriff der Abbildung ist demnach allgemeiner als der Begriff der Funktion.

In der Mengenlehre ist der Begriff der Abbildung kein Grundbegriff, das heißt, es gibt keine Axiome, die diesen Begriff definieren; Abbildungen werden dort als spezielle Mengen definiert (der einzige Grundbegriff der Mengenlehre ist der Begriff der Menge).

In der Mengenlehre ist die Abbildung einer Menge A in eine Menge B definiert als eine Relation auf A und B, die jedes Element der Menge A in eine Beziehung zu genau einem Element der Menge B bringt. Die Relation »zur Hauptstadt haben« ist daher eine Abbildung, die Relation »zur Landessprache haben« dagegen nicht. Denn jedes Land hat nur eine Hauptstadt, aber manche Länder haben mehrere Landessprachen. Eine Relation auf A und B ist ihrerseits definiert als ein Tripel (A, B, R), das aus den beiden Mengen A und B sowie einer Teilmenge R des kartesischen Produkts $A \times B$ (sprich: A kreuz B) besteht; das kartesische Produkt ist die Menge der Paare, deren erstes Element jeweils zu A und deren zweites Element zu B gehört. Eine Abbildung von A in B ist dann ein Tripel (A, B, R), bei dem R eine Teilmenge von $A \times B$ ist und für jedes Element a von A genau ein Element b von B existiert, so dass (a, b) ein Element von R ist.

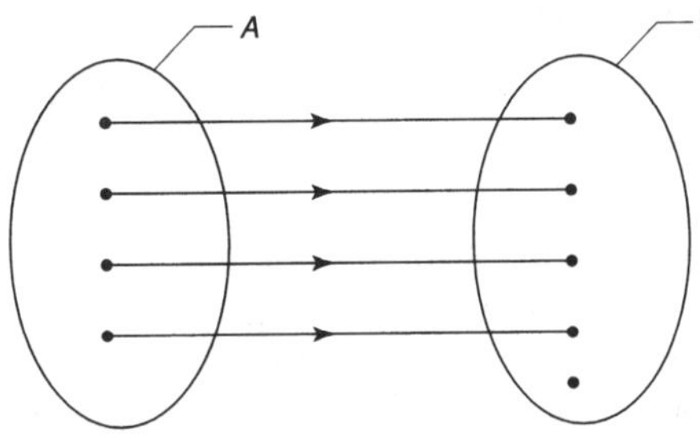

Abbildung 1 Injektion

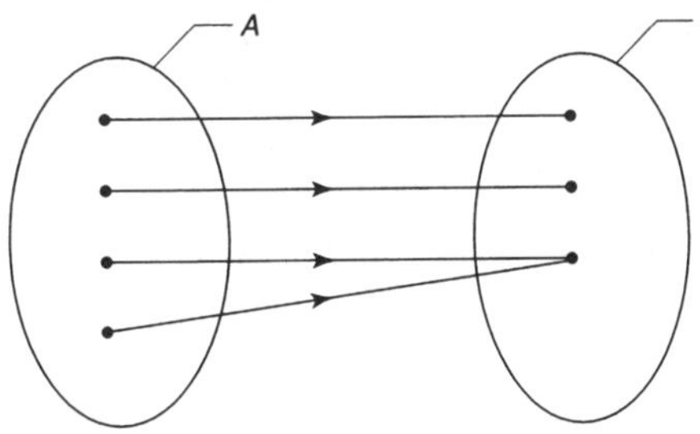

Abbildung 2 Surjektion

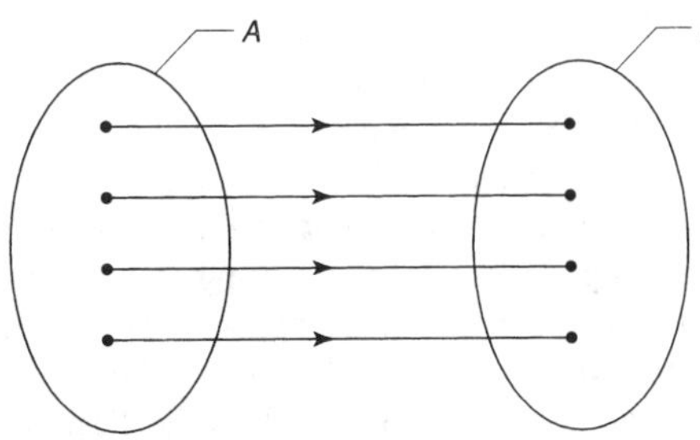

Abbildung 3 Bijektion

Eine Abbildung von A in B, bei der jedes Element von B höchstens ein Urbild in A besitzt, wird als injektive Abbildung bezeichnet (siehe *Abbildung 1*). Eine Abbildung von A in B, bei der jedes Element von B mindestens ein Urbild in A besitzt, wird surjektive Abbildung genannt (siehe *Abbildung 2*). Eine Abbildung von A in B, die zugleich injektiv und surjektiv ist, so dass jedes Element von B genau ein Urbild in A besitzt, wird als bijektive Abbildung bezeichnet; in diesem Fall spricht man auch von einer eineindeutigen Zuordnung.

Abbildung, lineare

→ ***lineare Abbildung***

Aberration

Zur Vertiefung: ***Gravitationslinse; Licht; Optik; Teleskop***

Das vom lateinischen *aberrare* (abirren, abweichen) hergeleitete Substantiv »Aberration« bezeichnet eine Abweichung von einer Norm: von einem Normalzustand oder von einem erwünschten Zustand. In der Optik bezeichnet man damit Effekte, die man nicht erwartet (Aberration des Lichts) oder die sich als störend erweisen (Aberration optischer Instrumente oder Abbildungsfehler).

Aberration des Lichts

Ein Reisender in einem fahrenden Zug beobachtet die Regentropfen, die ans Abteilfenster schlagen; er stellt fest, dass die Bahn dieser Tropfen um so stärker geneigt ist, je schneller der Zug fährt, während der Regen für einen unbewegten Beobachter senkrecht herabfällt. Dieser Effekt ergibt sich natürlich aus einer Kombination der horizontalen Bewegung des Zuges mit der vertikalen Bewegung der Regentropfen. Im Übrigen ändert die Neigung ihre Richtung, wenn der Zug in die entgegengesetzte Richtung fährt. Im Jahr 1727 bemerkte der englische Astronom James Bradley (1693–1762) bei der Beobachtung des Sternenhimmels, dass die Position eines Sterns, die er mit der Visierachse seines Fernrohrs bestimmte, sich im Jahresverlauf änderte; diese als Aberration des Lichts bezeichnete Erscheinung hat ihre Ursache in der Veränderung, welche die Ausrichtung des Geschwindigkeitsvektors $\vec{V}$ der Erde während des Umlaufs um die Sonne erfährt. Genauer gesagt (siehe *Abbildung 1*), wenn der Stern sich nahe dem Pol der Ekliptik befindet (der Nord- und der Südpol der Ekliptik stehen senkrecht über der Ebene der Ekliptik, also der Ebene der Umlaufbahn der Erde um die Sonne), fallen die Lichtstrahlen (mit der Geschwindigkeit c) senkrecht zum Vektor der Erdgeschwindigkeit $\vec{V}$ ein, aber ihre scheinbare Richtung für einen mit der Erde bewegten Beobachter bildet zu dieser Senkrechten (in Radianten ausgedrückt) einen Winkel V/c. Da die Richtung des Geschwindigkeitsvektors $\vec{V}$ sich im Jahresverlauf ständig ändert, beschreibt der Richtungsstrahl der scheinbaren Position des Sterns über das Jahr den Mantel eine Kegels, dessen halber Öffnungswinkel V/c beträgt (der Winkel ist klein und liegt im Bereich von nur 20 Winkelsekunden oder 1/3 Grad). Für den Beobachter scheint der Stern daher über das Jahr einen Kreis zu beschreiben. Dieser Kreis nimmt die Form einer immer stärker abgeplatteten Ellipse an, je mehr die Position des Sterns sich der Ebene der Ekliptik nähert. Diese Beobachtung bestätigte einerseits, dass das Licht sich mit endlicher Geschwin-

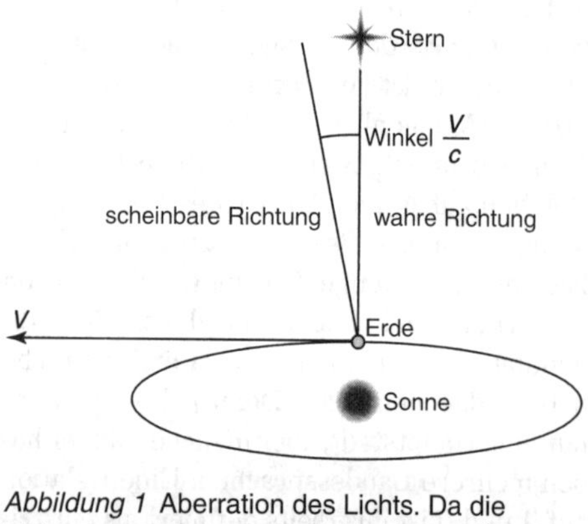

Abbildung 1 Aberration des Lichts. Da die Richtung des Geschwindigkeitsvektors $\vec{V}$ sich im Jahresverlauf ständig ändert, beschreibt die scheinbare Richtung des Sterns den Mantel eines Kegels mit dem halben Öffnungswinkel V/c.

digkeit ausbreitet, wie Olaf Römer 1675 gezeigt hatte, und lieferte andererseits einen durch direkte Beobachtung gewonnenen Beweis für die ein Jahrhundert zuvor von Galilei aufgestellte These, dass die Erde um die Sonne kreist.

Aberrationen optischer Instrumente: Abbildungsfehler

Ein vollkommen fehlerfreies optisches Instrument (ein Brillenglas, ein Feldstecher, ein TELESKOP, ein MIKROSKOP, ein Fotoapparat usw.) würde von einer punktförmigen Lichtquelle A ein gleichfalls punktförmiges Bild A' liefern und daher jeden beliebigen Gegenstand in vollkommener Weise abbilden. Die Aberrationen oder Abbildungsfehler sind Ausdruck der Tatsache, dass reale optische Instrumente das Licht nicht vollständig in Punkt A' sammeln, sondern innerhalb eines kleinen unscharfen Flecks um A' herum. Dafür gibt es verschiedene Gründe.

Die geometrischen Abbildungsfehler beruhen auf dem Umstand, dass die Form der optischen Flächen und die Position des Objekts im Verhältnis zur Achse des optischen Systems eine vollständige Konzentration des von A ausgehenden Lichts in A' nicht mehr gestatten. Die chromatischen Aberrationen oder Farbfehler haben ihre Ursache in der Tatsache, dass die Position des Abbildungspunktes A' für jede Wellenlänge des von A ausgehenden Lichts verschieden ist; das vollständige Bild ist daher verschwommen und zeigt eine Farbzerlegung. Auch die BEUGUNG, die das Licht auf dem Weg von A nach A' durch dort befindliche Hindernisse erfährt, sorgt für eine Verschmierung der Bildpunkte und verstärkt noch die oben genannten Abbildungsfehler.

Alle Konstrukteure optischer Instrumente kämpfen ständig gegen die vielfältigen Abbildungsfehler. Astronomische Fernrohre oder Refraktoren (so genannt, weil sie Linsen enthalten, die das Licht brechen) weisen beträchtliche Farbfehler auf, weil das Licht durch das Glas der Linsen hindurch muss. Bei den astronomischen Großinstrumenten wichen die Fernrohre daher Ende des 19. Jahrhunderts den Spiegelteleskopen oder Reflektoren (so genannt, weil sie ausschließlich mit Spiegeln arbeiten). Zu dieser Zeit erfand der französische Physiker Léon Foucault (1819–1868) eine einfache Methode, Hohlspiegel sehr präzise zu schleifen. So konnte man Parabolspiegel fertigen statt der bisher üblichen sphärischen Spiegel, die durch vollkommen unannehmbare geometrische Aberrationen gekennzeichnet waren. Diese technische Revolution führte zum Bau des Spiegelteleskops auf dem Mount Wilson, mit dem Edwin Powell Hubble (1889–1953) später nachwies, dass die Galaxien sich bewegen und das Universum sich ausdehnt (siehe EXPANSION).

In einem Fotoapparat, dessen Objektiv aus Linsen besteht, korrigiert man die Farbfehler durch den Einsatz mehrerer, präzise aufeinander abgestimmter Linsen und durch die Verwendung von Gläsern, deren chromatische Effekte sich wechselseitig aufheben.

Auch das menschliche Auge kann unter geometrischen Aberrationen leiden, die durch Brillengläser korrigiert werden; der Astigmatismus ist ein Sehfehler, der auf die geometrische Verformung des Augapfels zurückgeht, die Kurzsichtigkeit ist ein Brechungsfehler der im vorderen Teil des Auges befindlichen Linse.

Aberrationen zeigen sich auch bei der weiträumigen Fortpflanzung des Lichts im Universum; die Bahnen der Lichtstrahlen sind in diesen großen Maßstäben keine Geraden, sondern Kurven, deren Form von der Massenkonzentration in den vom Licht passierten Galaxien abhängt. Diese Massen wirken wie Linsen (man spricht deshalb von GRAVITATIONSLINSEN), die das Licht mehr oder weniger stark fokussieren, wobei Aberrationen auftreten.

Außer Licht lassen sich auch andere Wellen zur Erzeugung von Abbildungen verwenden, zum Beispiel die Schallwellen, die man in der akustischen oder industriellen Echographie (zur Materialprüfung) einsetzt. Auch hier können Abbildungsfehler auftreten, die man zu korrigieren versucht.

Ableitung

Zur Vorbereitung: ***Funktion***
Zur Vertiefung: ***Gradient; Integral; Stabilität, Instabilität***

Veränderungen und Ableitungen

Manche Größen lassen sich als Veränderung anderer Größen definieren. So ist die Strecke, die ein Auto seit Beginn einer Fahrt zurückgelegt hat, nicht unabhängig von der Geschwindigkeit. Die Geschwindigkeit ist umso größer, je mehr die zurückgelegte Strecke mit der Zeit zunimmt. Die Geschwindigkeit lässt sich definieren als Veränderung des zurückgelegten Weges in Abhängigkeit von der Zeit. Beschleunigung lässt sich ihrerseits definieren als Veränderung der Geschwindigkeit in Abhängigkeit von der Zeit, also als Veränderung der Veränderung des zurückgelegten Weges. In ähnlicher Weise kann man das Gefälle einer Skipiste definieren als die Veränderung der Höhe in Abhängigkeit vom Weg.

Man nennt die Geschwindigkeit die Ableitung des Weges nach der Zeit, die Beschleunigung die Ableitung der Geschwindigkeit nach der Zeit usw. Das Konzept der Ableitung findet sich in Ansätzen bereits im 17. Jahrhundert in den Arbeiten von Isaac Newton und Gottfried Wilhelm Leibniz; im 18. Jahrhundert wurde es dann vollständig ausgearbeitet.

Teilt man den Weg, den ein Auto zurücklegt, durch die dafür benötigte Zeit, erhält man die Durchschnittsgeschwindigkeit des Autos für den betreffenden Zeitraum. Diese Division ist nur möglich, wenn die Zeitdauer nicht gleich 0 ist, also wenn es sich nicht um einen Zeitpunkt, sondern um einen Zeitraum handelt. Daher ist es nicht einfach, die Geschwindigkeit des Autos für einen bestimmten Zeitpunkt zu definieren, also die Geschwindigkeit, die auf dem Tachometer erscheint. Eine Möglichkeit besteht darin, die Momentangeschwindigkeit zum Zeitpunkt t als Durchschnittsgeschwindigkeit eines sehr kleinen Zeitraums um t zu definieren, anders gesagt, als Durchschnittsgeschwindigkeit des Zeitraums zwischen t und einem Zeitpunkt $t+d$, der unendlich nah bei t liegt, so dass die Zahl d unendlich klein ist. Diese Definition hat den Nachteil, dass sie sich auf den Begriff einer »unendlich kleinen« oder »infinitesimalen« Zahl stützt, denn bis vor relativ kurzer Zeit endete jeder Versuch, diesen Begriff zu definieren, in Widersprüchen (siehe UNENDLICH). Statt dessen kann man die Momentangeschwindigkeit auch als Grenzwert der Durchschnittsgeschwindigkeit zwischen dem Zeitpunkt t und dem Zeitpunkt $t+d$ für den Fall definieren, dass d gegen 0 geht.

So legt ein Wagen in einer Beschleunigungsphase einen Weg kt^2 zurück, wobei k eine positive Zahl darstellt. Dieser Weg ist daher proportional zum Quadrat der Zeit. Zwischen dem Zeitpunkt t und dem Zeitpunkt $t+d$ legt der Wagen eine Strecke
$k(t+d)^2-kt^2$
zurück. Die Durchschnittsgeschwindigkeit erhält man, indem man diese Strecke durch den Zeitraum d teilt; sie ist gleich

$$\frac{k(t+d)^2-kt^2}{d}$$

Natürlich hat dieser Ausdruck nur dann Sinn, wenn d ungleich 0 ist. Vereinfacht man den Ausdruck, erhält man $2kt+kd$. Der Grenzwert dieser Funktion für d gegen 0 ist $2kt$. Die Geschwindigkeit zu einem Zeitpunkt t ist also $2kt$ und wächst proportional zur Zeit.

Allgemein ist die Zuwachsrate einer Funktion f zwischen einer Stelle x und einer Stelle y gleich

$$\frac{f(y)-f(x)}{y-x}$$

Die Zuwachsrate einer Funktion f zwischen einer Stelle x und einer Stelle $x+d$ ist also gleich

$$\frac{f(x+d)-f(x)}{d}$$

Die Ableitung der Funktion f an der Stelle x ist definiert als Grenzwert der Funktion

$$d \longmapsto \frac{f(x+d)-f(x)}{d}$$

für d gegen 0. Die Ableitung einer Funktion ist umso größer, je stärker die Funktion wächst; sie ist positiv, wenn die Funktion zunimmt, negativ, wenn sie abnimmt, und gleich 0, wenn die Funktion konstant ist. Und umgekehrt gilt, wenn die Ableitung einer Funktion über ein Intervall positiv ist, nimmt sie über dieses Intervall zu; ist sie negativ, nimmt sie über dieses Intervall ab; und ist die Ableitung gleich 0, ist die Funktion in dem betreffenden Intervall konstant. Für die Ableitung einer Funktion f schreibt man f' (f Strich).

Die Ableitung der Summe zweier Funktionen ist gleich der Summe ihrer Ableitungen: $(f+g)'=f'+g'$.

Die Ableitung des Produkts einer Funktion und einer Zahl ist gleich dem Produkt der Ableitung und der betreffenden Zahl: $(kf)'=kf'$.

Dagegen ist die Ableitung des Produktes zweier Funktionen nicht das Produkt ihrer Ableitungen, sondern $(fg)'=f'+g+f+g'$.

Besitzt eine Funktion f eine Ableitung, kann man die Veränderung von f zwischen den Stellen x und $x+d$ (also die Zahl $f(x+d)-f(x)$) näherungsweise bestimmen, indem man das Produkt aus dem Zuwachs d und der Ableitung $f'(x)$ bildet: $f(x+d)=f(d)+df'(x)+\varepsilon(d)$, wobei ε (*Epsilon*) eine Funktion der Art darstellt, dass $\varepsilon(d)$ gegenüber d vernachlässigbar klein wird, das heißt, der Grenzwert der Funktion $d \longmapsto \varepsilon(d)/d$ ist gleich 0, wenn d gegen 0 geht.

Ableitungen und Tangenten

Geometrisch ausgedrückt, ist die Zuwachsrate einer Funktion zwischen zwei Punkten der Anstieg der Sehne der betreffenden Kurve zwischen den beiden betrachteten Punkten. Nähert man einen der Punkte dem anderen an, nähert die Sehne sich der Tangente in diesem Punkt an. Die Steigung dieser Tangente ist die Ableitung der Funktion an der betreffenden Stelle (siehe *Abbildung 1*).

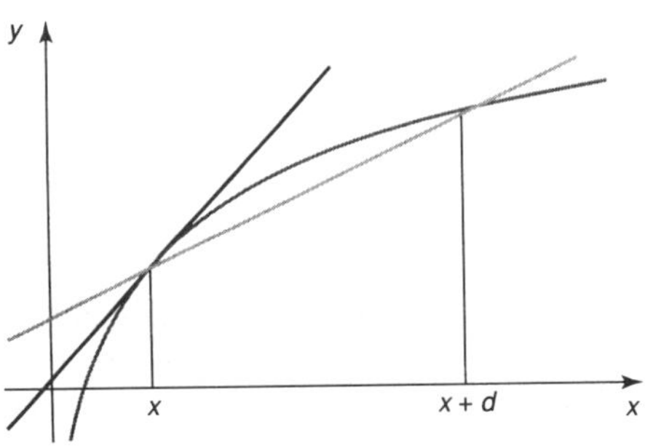

Abbildung 1

Die Entwicklung des Ableitungskonzeptes geht weit mehr auf geometrische Probleme im Zusammenhang mit der Tangente zurück als auf Probleme der Kinetik (wie der Geschwindigkeit eines Wagens). Ein weiteres, gleichfalls aus der Geometrie stammendes Motiv betrifft den Zusammenhang zwischen Ableitung und Integral. Da die Ableitung sich relativ leicht berechnen lässt, bildet sie ein wichtiges Instrument zur Berechnung von Integralen, also von Flächen und Volumina (siehe INTEGRAL).

Differenzierbarkeit

Man nennt eine Funktion an einer Stelle differenzierbar, wenn sie dort eine Ableitung besitzt. Nicht alle Funktionen sind differenzierbar, denn es kann sein, dass eine Funktion an der betrachteten Stelle keinen Grenzwert besitzt. Betrachten wir zum Beispiel die Funktion »absoluter Wert«, die einer Zahl x die Inverse zuordnet, falls x negativ, und die Zahl selbst, falls x positiv ist (siehe *Abbildung 2*). Der Zuwachs zwischen 0 und d ist gleich 1, falls d positiv ist, und er ist gleich –1, falls d negativ ist (siehe *Abbildung 3*); die Funktion besitzt also keinen Grenzwert an der Stelle 0. Man sagt, die Funktion »absoluter Wert« ist an der Stelle 0 nicht differenzierbar. Karl Weierstraß hat sogar recht sonderbare Funktionen konstruiert, die zwar in allen Punkten eines Intervalls stetig, aber an keiner Stelle differenzierbar sind (siehe STETIGKEIT).

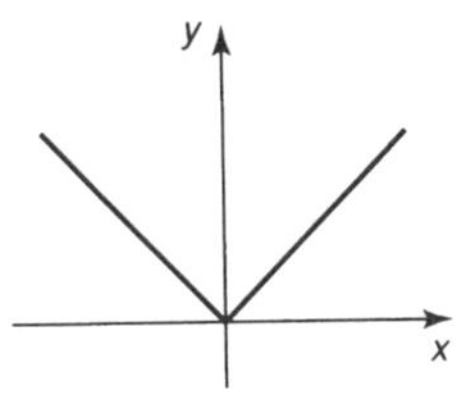

Abbildung 2

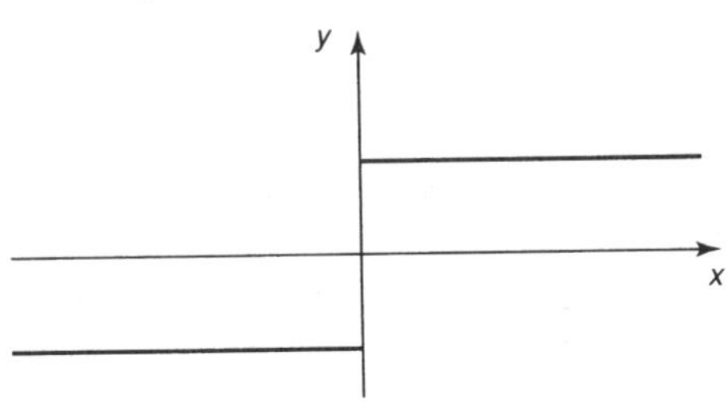

Abbildung 3

absoluter Nullpunkt

Zur Vertiefung: ***Temperatur***

Die Physik setzt der Temperatur theoretisch keine obere Grenze, doch nach ihren Gesetzen kann die Temperatur nicht unter –273,15 °C sinken. Diese Asymmetrie mag uns ein wenig verwirren, denn seit der schwedische Physiker Anders Celsius 1742 die nach ihm benannte Skala erfand, gilt eine Temperatur von 0 °C als eine banale Umgebungstemperatur, die häufig unter- und überschritten wird. Der Nullpunkt der Celsius-Skala wurde jedoch unter rein praktischen Gesichtspunkten und ansonsten vollkommen willkürlich ausgewählt.

Auf der Suche nach einer Temperaturskala, die dem wissenschaftlichen Geist eher entsprach, entwickelte der Brite William Thomson (der spätere Lord Kelvin) in den 1850er Jahren eine Skala der absoluten Temperatur, die nur positive Werte annehmen kann und deren Maßeinheit K (Kelvin) nach ihm benannt wurde. Die absolute Temperatur erhält man, indem man zum betreffenden Wert der Celsius-Skala 273,15 Grad hinzuzählt. Unsere Körpertemperatur »steigt« dadurch auf 310 K, und der absolute Nullpunkt markiert eine Temperatur, die sich unter keinen Umständen unterschreiten lässt. Die Entwicklung der kinetischen Gastheorie bestätigte später diese Grenze (siehe THERMODYNAMIK). Die Temperatur ist ein Maß für die ungeordnete mikroskopische Bewegung der Teilchen, aus denen ein Medium besteht, und der absolute Nullpunkt entspricht einem Zustand, in dem diese Teilchen sich sämtlich in vollkommener Ruhe befinden.

Zwischen hohen und tiefen Temperaturen besteht nur scheinbar eine Asymmetrie. Theoretisch betrachtet, verbirgt sich auch hinter dem absoluten Nullpunkt eine praktisch unendliche Aufgabe. Denn man kann sich wohl ein makroskopisches Gebilde vorstellen, dessen Teilchen sich sämtlich in Ruhe befinden, doch experimentell herstellen lässt sich solch ein Zustand nicht. Das verbietet der Dritte Hauptsatz der Thermodynamik, der auch als Nernstscher Satz bezeichnet wird (nach dem Physiker Walther Nernst, dem wir die Formulierung dieses Satzes verdanken). Danach ist es unmöglich, den absoluten Nullpunkt in einer endlichen Zahl von Schritten zu erreichen. Dazu müsste man in der Lage sein, gleichzeitig eine gewaltige Zahl von Teilchen zur Ruhe zu bringen und sie vollständig von der Außenwelt zu isolieren, damit sie nicht durch die Kollision mit einem einzigen von außen kommenden Teilchen wieder in Bewegung geraten. Je tiefer die Temperatur eines Körpers, desto schwieriger wird es, ihn noch weiter abzukühlen.

Dieses neue Unendliche hat die Physiker jedoch nicht abgeschreckt. Im Gegenteil, sie versuchen ständig, dieser Grenze mit immer ausgeklügelteren Methoden näher zu kommen, und stoßen dabei auf spektakuläre Phänomene. Seinen Anfang nahm der Abstieg zum absoluten Nullpunkt bereits Mitte des 19. Jahrhunderts, als die beiden Briten William Thomson und James Joule einen Effekt entdeckten, der heute als Joule-Thomson- oder Joule-Kelvin-Effekt bezeichnet wird: Danach kann man ein thermisch isoliertes Gas abkühlen, indem man es dazu bringt, sich zu entspannen, d. h. sein Volumen zu vergrößern (auf diesem Effekt beruht die Funktionsweise unserer Kühlschränke). Dank dieses Effekts war man in der Lage, Gase zu verflüssigen, deren Verflüssigung bislang als unmöglich galt: 1877 zum Beispiel Sauerstoff, dessen Siedepunkt bei 90 K (–183 °C) liegt, 1893 dann Wasserstoff, der sich bei 20 K (–253 °C) verflüssigt. 1908 gelang es dem Holländer Heike Kamerlingh Onnes, das letzte Gas zu verflüssigen, das bis dahin allen Bemühungen der Physiker erfolgreich widerstanden hatte: das Edelgas Helium, das bei 4,2 K siedet.

Durch Verdunstung von flüssigem Helium gelang es Onnes sogar, die schicksalhafte Schwelle von 1 K zu unterschreiten. Dabei entdeckte er, dass die Materie sich bei sehr niedrigen Temperaturen sehr sonderbar verhält. So kann ein elektrischer Strom unter diesen Umständen stundenlang ohne den geringsten Verlust fließen (dieses 1911 entdeckte Phänomen wird als SUPRALEITFÄHIGKEIT bezeichnet). Helium verliert bei solchen Temperaturen jegliche VISKOSITÄT, so dass es an den Gefäßwänden hinaufsteigt (man spricht hier von

Supraflüssigkeit oder Suprafluidität). Es dauerte noch mehrere Jahre und teilweise Jahrzehnte, bis diese letztlich quantenphysikalischen Phänomene befriedigend erklärt werden konnten. Das Streben nach dem absoluten Nullpunkt ist keine Marotte von Experimentalphysikern auf der Suche nach Rekorden. Die dabei gewonnenen Erkenntnisse beweisen vielmehr auf spektakuläre und zugleich unbestreitbare Weise das quantenphysikalische Verhalten der Materie (siehe Boson und Fermion), das bei normaler Umgebungstemperatur von der thermischen Bewegung der Teilchen überdeckt wird.

Das Abenteuer ist auch heute noch nicht zu Ende. Schon in den 1930er Jahren hatten Physiker eine andere Kühlmethode ersonnen, die adiabatische Entmagnetisierung. Dieses Verfahrung basiert auf der Tatsache, dass die Entmagnetisierung eines magnetisierten Stoffes eine Abkühlung bewirkt. Durch die ständige Verbesserung dieses Verfahrens ist es bis heute gelungen, Temperaturen zu erreichen, die nicht ein, sondern einige Millionstel Kelvin über dem absoluten Nullpunkt liegen. Eine weitere neue Technik, bei der Atome durch Laserstrahlen abgebremst werden, hat den Abstand zum absoluten Nullpunkt noch einmal um den Faktor 1000 verringert. Mit ihrer Hilfe ist es gelungen, eine Gruppe von Atomen auf eine Temperatur von einigen Milliardstel Kelvin zu senken.

Abstand

Zur Vertiefung: ***Entfernung; Geodäte; Skalarprodukt; Verschiebung***

In der Mathematik bezeichnet man als Abstand auf einer Menge E jede beliebige Abbildung, die dem Paar (A, B) aus $E \times E$ eine positive reelle Zahl, genannt Abstand zwischen A und B, zuordnet und folgende Bedingungen erfüllt:
- Der Abstand eines Punktes A zu sich selbst ist gleich 0;
- wenn der Abstand zwischen A und B gleich 0 ist, dann ist A gleich B;
- der Abstand zwischen A und B ist derselbe wie der Abstand zwischen B und A;
- der Abstand zwischen A und C ist kleiner oder gleich der Summe der Abstände zwischen A und B sowie zwischen B und C.

Der Abstand im üblichen physikalischen Sinne erfüllt diese Bedingungen, aber dasselbe gilt auch für viele andere Abbildungen. So kann man für die Ebene einen Abstand definieren, der dem gewöhnlichen Abstand zwischen A und B entspricht, falls A und B auf einer Geraden mit einem Punkt O liegen (siehe *Abbildung 1*), und der Summe der Abstände zwischen A und O sowie zwischen O und B, falls die beiden Punkte nicht auf einer Geraden mit O liegen (siehe *Abbildung 2*).

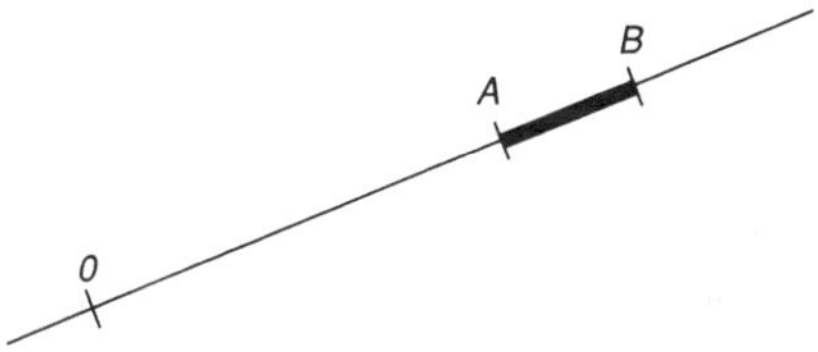

Abbildung 1

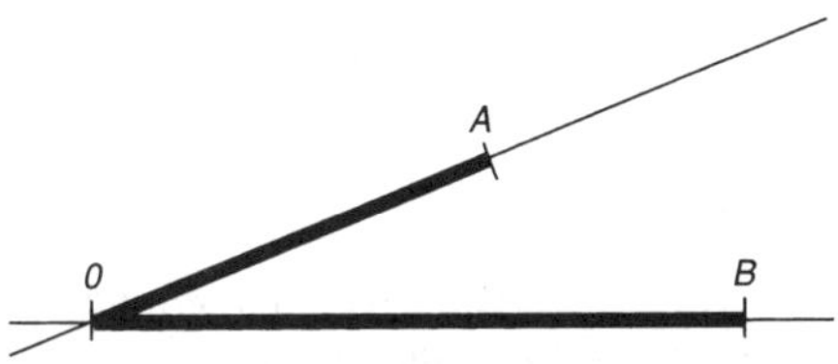

Abbildung 2

Das ist zum Beispiel der Abstand zwischen den Bahnhöfen zweier Städte A und B in einem Land mit stark zentralisiertem Eisenbahnnetz, in dem es keine direkte Verbindung zwischen den beiden Städten gibt, sondern alle Verbindungen über die Hauptstadt O laufen.

Für jede beliebige Fläche eines dreidimensionalen Raumes kann man einen Abstand definieren, der die kürzeste durch diese Fläche verlaufende Verbindung zwischen zwei Punkten A und B darstellt. Diese kürzeste Verbindung wird als Geodäte bezeichnet. Die Geodäten einer Kugelfläche sind die Bögen der Großkreise, das sind genau die Kreise, die ihren Mittelpunkt im Mittelpunkt der Kugel haben (siehe *Abbildung 3*).

Der Abstand zwischen A und B auf der Kugelfläche ist natürlich nicht gleich dem gewöhnlichen Abstand zwischen A und B im Raum. Der gewöhnliche Abstand zwischen

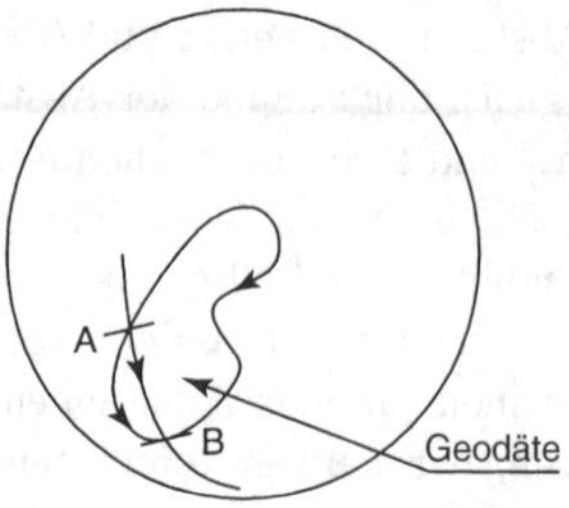

Abbildung 3

zwei diametral entgegengesetzten Punkten einer Kugelfläche ist gleich dem doppelten Radius der Kugel, während der Abstand auf der Kugelfläche gleich dem π-fachen des Radius ist.

Eine Menge, auf der ein Abstand definiert ist, bezeichnet man als »metrischen Raum«. Der Begriff des metrischen Raums eröffnet die Möglichkeit, die Begriffe des Abstands und der Umgebung völlig unabhängig von den geometrischen Eigenschaften eines Raums zu untersuchen (das heißt unabhängig von Begriffen wie Gerade, VEKTOR, PARALLELEN usw.).

Abstraktion

Zur Vertiefung: ***Datentyp; Programmierung; Semantik; Software Engineering***

In der Umgangssprache ist »abstrakt« das Gegenteil zu »konkret«; als abstrakt gilt, was nicht in den Dingen verankert und daher von ihnen losgelöst ist. Entsprechend ist Abstraktion der Vorgang, durch den das Abstrakte sich von seiner Grundlage löst. Dadurch erhält der Begriff der Abstraktion eine gewisse Zweideutigkeit: Manchmal benutzt man ihn, um Abstand zu gewinnen, alles Beiwerk beiseite zu lassen und nur das Wesentliche einer Sache herauszuarbeiten; oft jedoch lösen die Begriffe sich dann so sehr von den Dingen, dass sie vollkommen sinnentleert erscheinen – was zu mancherlei Klagen führt.

Außerdem ist Abstraktion eine relative Angelegenheit. Was der eine aufgrund seiner Wissens, seiner Tätigkeit und seines Umgangs mit bestimmten Dingen für konkret hält, das erscheint dem anderen als abstrakt. Atome, Elektronen und Teilchen sind für den Physiker konkret, nicht aber für den Mann auf der Straße. Umgekehrt sind Terminmärkte, Zinssätze und Schuldverschreibungen für die meisten Physiker abstrakt, während sie Geschäftsleuten und Vermögensberatern sehr konkret erscheinen.

Bei den Informatikern dreht sich alles um den Computer. Ihm gelten all ihre Bemühungen, er leistet ihnen Widerstand und bildet gleichsam den Grund aller Dinge; darum ist er für sie äußerst konkret. In der Anwendung erweist er sich jedoch als reichlich ermüdend, denn er hält sich ausschließlich an den Buchstaben der Programme, ohne deren Geist zu verstehen. Aber auch der Buchstabe der Programme ist nicht unproblematisch, denn es gibt zahlreiche Programmiersprachen mit jeweils unterschiedlichen Dialekten für die verschiedenen Computerfamilien. Um angesichts solcher Vielfalt noch eine Verständigung zwischen den verschiedenen Anwendungsgebieten zu ermöglichen, möchten die Informatiker sich in einer Weise ausdrücken können, die einerseits transparent und andererseits unabhängig von den jeweiligen Computern wie auch von den verwendeten Programmiersprachen ist. Daher sucht man im Bereich des Software Engineering, der ALGORITHMEN und der Programmierung nach Abstraktionsmöglichkeiten, die es gestatten, die Beschreibung der Programme von den jeweils verwendeten Computern loszulösen.

Die beiden Begriffe der abstrakten Syntax und des abstrakten Datentyps zeugen von der Realität und Intensität dieser Bemühungen. Eine abstrakte Syntax beschreibt wie jede SYNTAX Anordnung und wechselseitiges Verhältnis der elementaren Bestandteile einer Sprache. Doch dabei lässt sie praktische Details wie Kommata oder andere Satzzeichen außer Acht und befasst sich nur mit den wichtigen grammatischen Strukturen wie den BEFEHLEN, den ZUWEISUNGEN, den ITERATIONEN usw. In diesem Sinne ist sie abstrakt. In ähnlicher Weise liefern abstrakte Datentypen eine mathematische Beschreibung der Eigenschaften von Datentypen, das heißt von Entitäten, mit denen Computerprogramme umgehen, zum Beispiel ganze Zahlen oder Zeichenketten, und bei dieser Beschreibung lassen sie unberücksichtigt, wie ein bestimmter Computer diese Entitäten speichern mag.

Abstrakte Syntax und abstrakte Datentypen vereinfachen die Entwicklung von Computerprogrammen, weil es auf dieser Grundlage nicht mehr erforderlich ist, auf Besonderheiten des jeweiligen Computers oder der benutzten Programmiersprache einzugehen; außerdem erleichtern sie auch die formale Semantik der Programme, das heißt deren Beschreibung in mathematischen Begriffen.

Neben dieser sehr allgemeinen Bedeutung kommt dem Begriff der Abstraktion in Mathematik und Informatik auch noch eine spezielle Bedeutung zu, und zwar im Bereich des so genannten Lambdakalküls, der eine strenge Fassung des mathematischen Konzepts der BERECHENBARKEIT ermöglicht. In diesem Rahmen lässt eine Abstraktion einen mathematischen Ausdruck, zum Beispiel $3x^2+5x+7$, in eine Funktion übergehen, die dessen Berechnung ermöglicht, in unserem Beispiel in die Funktion f für alle Variablen x: $f(x)=3x^2+5x+7$.

Die innerhalb des Lambdakalküls dazu symmetrische Operation wird als Anwendung oder Applikation bezeichnet. Dabei werden die Werte einer Funktion ermittelt, nachdem die Variablen durch spezifische Werte ersetzt worden sind. Die Anwendung der Funktion $f(x)$ auf den Wert 3 ersetzt in dem Ausdruck für $f(x)$ die Variable x durch 3 und berechnet das Ergebnis, also $(3\times3^2)+(5\times3)+7$, und das ergibt 49. Der ursprünglich im Bereich der Mathematik entwickelte Lambdakalkül dient heute in der Informatik als Grundlage für Arbeiten über Programmiersprachen und insbesondere über deren Semantik. So basiert die 1961 von John McCarthy entwickelte Programmiersprache Lisp (eine Wortzusammenziehung aus *list processing*) weitgehend auf Anregungen, die aus dem mathematischen Konzept des Lambdakalküls stammen.

---

absurd

In der Umgangssprache ist der Satz: »Wenn $\sqrt{2}$ eine rationale Zahl ist, bin ich der Papst« gleichbedeutend mit dem Satz: »$\sqrt{2}$ ist keine rationale Zahl«. Anders gesagt, wenn eine Aussage zu absurden Konsequenzen führt, ist sie falsch. Will man in der Mathematik beweisen, dass eine Aussage falsch ist, braucht man nur zu zeigen, dass sich daraus absurde Folgerungen ergeben, wenn man die Aussage als wahr unterstellt. Dieses Beweisverfahren bezeichnet man als *reductio ad absurdum*.

Mit diesem indirekten Verfahren lässt sich zum Beispiel beweisen, dass $\sqrt{2}$ keine rationale Zahl ist. Wäre $\sqrt{2}$ eine rationale Zahl, gäbe es definitionsgemäß zwei ganze Zahlen n und p, deren nicht weiter kürzbarer Quotient n/p gleich $\sqrt{2}$ wäre (siehe ZAHL). Dann wäre auch $n^2/p^2=(\sqrt{2})^2$, also $n^2=2p^2$, und die Zahl n^2 wäre gerade. Da nur das Quadrat gerader Zahlen seinerseits gerade ist, wäre n gleichfalls gerade; es wäre also $n=2m$ und mithin $(2m)^2=2p^2$, also $p^2=2m^2$, und die Zahl p^2 wäre gleichfalls gerade. Da nur das Quadrat gerader Zahlen seinerseits gerade ist, wäre die Zahl p gleichfalls gerade. Dann wären n und p beide gerade, und das wäre absurd, weil zu Beginn unterstellt wurde, dass der Quotient n/p nicht weiter kürzbar ist. Die Zahl $\sqrt{2}$ ist daher nicht rational.

---

adiabatischer Prozess

Zur Vertiefung: ***Konvektion; Thermodynamik***

Das Wort »adiabatisch« ist aus dem griechischen Verb *diabainein* (überschreiten) und der negierenden Vorsilbe *a* zusammengesetzt. In der Physik und insbesondere in der Thermodynamik wird ein Umwandlungsprozess als adiabatisch bezeichnet, wenn er ohne einen Wärmeaustausch mit der Umgebung abläuft oder zumindest so, dass der Wärmeaustausch gegenüber den anderen Formen der Energieübertragung verschwindend gering ausfällt (siehe WÄRME und ENERGIE). In der Praxis erreicht man diese Bedingung, indem man das betreffende System durch Wände mit sehr geringer Wärmeleitfähigkeit gegenüber seiner Umgebung isoliert (wie es etwa bei Thermosflaschen geschieht). Wenn das System ARBEIT mit seiner Umgebung austauscht (etwa wenn es sich um ein Gasvolumen handelt, das mittels eines beweglichen Kolbens komprimiert wird), ist es außerdem erforderlich, mechanische Reibungskräfte, die zu einer Erwärmung führen, auf ein Mindestmaß zu beschränken. Hierzu muss man den Prozess nur möglichst langsam ausführen. Deshalb benutzen Physiker den Ausdruck »adiabatisch« vielfach auch außerhalb seines ursprünglichen Anwendungsbereichs zur Kennzeichnung »sehr langsamer« Umwandlungsprozesse.

Umgekehrt kann ein Umwandlungsprozess auch gerade wegen seiner großen Geschwindigkeit adiabatisch sein. Tatsächlich erfolgt der Austausch von Wärme niemals augenblicklich (man denke nur, wie lange es dauert, ein kaltes Zimmer mit elektrischen Heizöfen aufzuheizen). Wenn ein Umwandlungsprozess so schnell abläuft, dass aus rein zeitlichen Gründen kein Wärmeaustausch erfolgt, kann man ihn als adiabatisch bezeichnen. Ein gutes Beispiel dafür sind die Schallwellen (die Schallgeschwindigkeit in Luft beträgt etwa 340 Meter pro Sekunde, siehe SCHALL).

Die adiabatische Komprimierung eines Systems ist mit einer Erhöhung der Temperatur verbunden. Pumpt man zum Beispiel einen Fahrradschlauch kräftig mit einer Luftpumpe auf, hat die durch die Verdichtung erzeugte Wärme keine Zeit, sich zu zerstreuen, so dass die Temperatur der Luft in der Pumpe steigt. Umgekehrt führt die adiabatische Entspannung eines Gases zu einer Absenkung seiner Temperatur (wie jeder feststellen kann, der eine Sprühdose benutzt).

Bei den Konvektionsbewegungen innerhalb der Erdatmosphäre steigt warme Luft auf und entspannt sich sehr rasch; dabei sinkt die Temperatur um etwa 6°C pro Kilometer (adiabatischer Gradient). Im flüssigen Erdkern nimmt die Temperatur mit dem Druck, also mit der Tiefe zu, wobei der adiabatische Gradient dort nur lediglich einige Zehntel Grad pro Kilometer beträgt.

Adresse

Zur Vertiefung: ***Betriebssystem; Bit; Byte; Speicher***

Im allgemeinen Sprachgebrauch bezeichnet *Adresse* die »Anschrift«, also den Ort, an dem eine Person oder Institution zu finden ist.

In der technischen Informationsverarbeitung sucht man nicht nach Personen oder physikalischen Objekten, denn dort zählen nur Informationen. In solchen Systemen muss man ständig Zugriff auf sämtliche Informationen haben, und die Adresse bezeichnet den Ort, an dem sie zu finden sind, sowie den Weg, auf dem man dorthin gelangt. Die entscheidende Frage ist hier, wie Adressen aufgebaut sind.

Adressierungsarten

Wie die Erfahrung zeigt, herrschen bei Adressen in verschiedenen Ländern ganz unterschiedliche Konventionen. So kann die Postanschrift auf einer Zählung oder auf einer Ortsangabe oder auf einer Kombination beider Möglichkeiten basieren. Während in Europa innerhalb einer Stadt der Straßenname durch die Hausnummer ergänzt wird, die in der Regel der Reihenfolge der Häuser in der betreffenden Straße entspricht, sind in Amerika vielfach auch die Straßen nummeriert, so dass man sich leicht orientieren kann, sobald man das System einmal verstanden hat. In Tokio haben die Straßen keinen Namen, und die Hausnummer verweist nicht auf die Reihenfolge innerhalb der Straße, sondern auf das Baujahr; will man ein bestimmtes Haus finden, muss man sich ans Katasteramt wenden oder Menschen in der betreffenden Gegend fragen.

In der Informatik ist die Schreibweise von Adressen durch verschiedene Konventionen geregelt, die als Adressierungsarten bezeichnet werden.

Direkte Adressierung

Bei der einfachsten Adressierungsart, der direkten oder absoluten Adressierung, werden sämtliche Speicherzellen durchnummeriert. Jede Speicherzelle enthält eine bestimmte Zahl binärer Informationen, also 0 oder 1 (siehe BIT), und lässt sich von daher mit einer Wohnung vergleichen. Tatsächlich erinnern Systeme zur Informationsverarbeitung in mancherlei Hinsicht an unsere Massengesellschaft: Der Speicher eines Computers ähnelt einem großen Wohnblock mit zahlreichen Wohnungen, die alle denselben Zuschnitt und hinsichtlich der unterzubringenden Bitmenge dasselbe Fassungsvermögen besitzen. Weil nun aber jeder Wohnblock (Speicher) so viele Wohnungen (Speicherzellen) enthält und die Länge der Adresse bei einfachem Durchnummerieren mit der Zahl der Zellen wächst, würden die Adressen bald so groß werden, dass sie das Fassungsvermögen einer einzelnen Speicherzelle übersteigen.

Nehmen wir an, für die Codierung von Adressen stünden 10 Bit zur Verfügung, dann ließen sich damit maximal $2^{10}=1024$ Adressen unterscheiden, wenn man sämtliche Kombinationsmöglichkeiten ausschöpft. Nehmen wir weiter an, unser Speicher hätte eine Größe von 32 Gigabyte, also 32 Milliarden BYTE, wobei jedes Byte 8 Bit umfasst. Wenn nun jede Wohnung 4 Zimmer hätte, also jede Speicherzelle 4 Byte oder 32 Bit, hätten wir insgesamt 8 Milliarden Speicherzellen, und wir bräuchten 8 Milliarden verschiedene Adressen, um sie eindeutig voneinander unterscheiden zu können. Dazu benötigen wir mindestens 33 Bit, denn $2^{32} \leq 8$ Milliarden $\leq 2^{33}$. Die Adressen dieses Speichers hätten also eine Größe von 33 Bit, während die Speicherzellen nur 32 Bit aufnehmen können. Der Speicher wäre unfähig, seine eigenen Adressen zu speichern.

Außerdem enthalten die einzelnen Abteilungen eines Speichers, das heißt in der Regel die Speicherzellen, neben der Adresse auch eine Anweisung, etwa den Befehl, den Inhalt einer anderen Speicherzelle zu lesen oder etwas in eine andere Speicherzelle zu schreiben, denn der Speicher eines Computers hat auch die Aufgabe, die jeweiligen Programme zu speichern. Die Zahl der für die Codierung der Adressen verfügbaren Bits variiert zwar beträchtlich, liegt aber generell weit unter der Größe des betreffenden Speichers. Der für die Adressen verfügbare Platz ist also sehr begrenzt.

Andere Adressierungsarten

Um diese Schwierigkeiten zu überwinden, verwendet man Adressierungsarten, die weniger Platz beanspruchen als die direkte Adressierung, zum Beispiel die relative Adressierung oder die indirekte Adressierung oder Kombinationen dieser beiden Verfahren.

Bei der relativen Adressierung bezieht man sich auf eine implizite, an anderer Stelle bereits gespeicherte Information. Das Verfahren ähnelt einer geheimen Anweisung, in der die Lage eines Schatzes folgendermaßen beschrieben würde: »Gehe von der großen Eiche aus zehn Schritte nach Norden und drei Schritte nach Westen, bevor du anfängst zu graben.« Die implizite Information ist der Hinweis auf die große Eiche. Die Aufforderung, zehn Schritte nach Norden und drei Schritte nach Westen zu gehen, entspricht einer relativen Adresse. Technisch ausgedrückt, erhält man die absolute Adresse, also die genaue Lage innerhalb des Speichers, indem man von einer bestimmten Speicherzelle aus eine bestimmte Zahl von Speicherzellen weiterrückt; die Lage dieser Speicherzelle (der großen Eiche), also die implizite Information, ist in einer Zelle des Speichers gespeichert.

Die indirekte Adressierung verweist nicht direkt auf den Ort, an dem die gesuchte Information zu finden ist, sondern auf einen Ort, an dem man erfährt, wie man zu der gesuchten Information gelangt. Um beim Beispiel unserer Schatzsuche zu bleiben, entspräche dies einer Nachricht, in der mitgeteilt würde, wo der Hinweis versteckt ist, dass man von der großen Eiche aus zehn Schritte nach Norden und drei Schritte nach Westen gehen muss, bevor man anfängt zu graben.

Die beiden Adressierungsarten lassen sich natürlich miteinander kombinieren, wie es übrigens auch in unserem Beispiel zur Illustration der indirekten Adressierung geschieht, denn die in dem Versteck genannte Adresse ist relativ.

Neben den drei genannten Verfahren und ihren Kombinationsmöglichkeiten gibt es noch weitere, daraus abgeleitete Adressierungsarten, zum Beispiel die unmittelbare Adressierung, bei der die Adresse sich selbst bezeichnet. So kann zum Beispiel die Adresse 100 die Zahl 100 bezeichnen, was bei kleineren Zahlen sehr effizient ist, weil man keine Zeit damit verliert, den Inhalt der Speicherzelle zu lesen.

Eine weitere Adressierungsart ist die virtuelle Adressierung, bei der die Adresse auf einen virtuellen Speicher verweist, also auf einen fiktiven Speicher, der nicht vollkommen mit dem realen Speicher übereinstimmt. Wer mehr über diese Fiktion, die Motive ihrer Urheber und die damit verbundenen Intrigen erfahren möchte, sollte den Artikel SPEICHER zu Rate ziehen, in dem mehr über Aufgabe und Funktionsweise virtueller Speicher mitgeteilt wird.

Adsorption

Zur Vertiefung: ***Chromatographie; Farbstoff; Grenzfläche; Katalyse***

Als Adsorption bezeichnet man die Anlagerung chemischer Stoffe, die in einem GAS oder einer FLÜSSIGKEIT verteilt oder gelöst sind (Adsorbat), an der Oberfläche eines FESTKÖRPERS (Adsorbens). Die Fasern eines Baumwoll-T-Shirts adsorbieren die Moleküle eines Farbstoffes. In einer ersten Art der Adsorption, der so genannten Physisorption, heftet sich das adsorbierte Molekül an der Oberfläche des Festkörpers an, wobei nur die schwachen Kräfte der rein physikalischen Sorption wirksam werden, die das Gefüge des an die Oberfläche gekoppelten Moleküls nicht zerstören. Auf die gleiche Weise lagern sich Moleküle auch an mineralische Träger wie Aluminium, Kieselerde, Wachs, Metalle und Metalloxide an.

In einer zweiten Art der Adsorption, der so genannten Chemisorption, kommt es zu einem Elektronentransfer zwischen Atomen des Adsorbens und dem adsorbierten Molekül, das dabei häufig aufgespalten und in seinen Fragmenten an die Oberfläche des Festkörpers stabil angelagert wird. Dieser Vorgang ist typischerweise bei Edelmetallen wie Platin oder Palladium und ihren Oxiden zu beobachten. Die Adsorption erhöht die Lebensdauer von Molekülfragmenten wie CH oder OH und sogar von isolierten Atomen. So wird zum Beispiel das Wasserstoffmolekül H_2 in Wasserstoffatome H aufgespalten. Die Chemisorption bildet die Grundlage für Katalyseverfahren, die wirtschaftlich von großer Bedeutung sind und in fast allen Betrieben der Schwerchemie eingesetzt werden.

Doch kehren wir zurück zu den Molekülen, die durch eine einfache Physisorption an die Oberfläche eines Festkörpers angelagert sind. Um sie davon zu lösen, bedarf es einer Spülung mit einem Gas oder einer Flüssigkeit. Auf diesem Prinzip beruht das Trennverfahren der Chromatographie, da die Moleküle je nach ihrer Struktur mehr oder weniger fest an einen Festkörper gebunden sind.

Ähnlichkeit

→ ***Identität, Ähnlichkeit***

Äquivalenz

Die Äquivalenzrelation in der Mathematik

Zur Vorbereitung: ***Relation***
Zur Vertiefung: ***Vektor; Winkel; Zahlen***

In der MATHEMATIK bezeichnet man eine auf einer MENGE E definierte Relation als Äquivalenzrelation, wenn sie reflexiv, symmetrisch und transitiv ist. Das gilt zum Beispiel für die auf der Menge der ganzen Zahlen $\mathbb{Z}$ definierte Relation: a steht in Relation zu b, wenn $b-a$ ein Vielfaches von 3 ist (siehe ARITHMETIK und *Abbildung 1*).

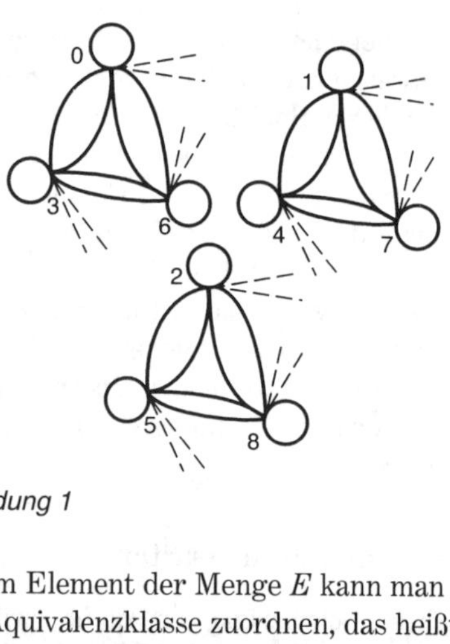

Abbildung 1

Einem Element der Menge E kann man dessen Äquivalenzklasse zuordnen, das heißt die Menge der Elemente, die mit ihm in Relation stehen. Im obigen Beispiel ist die Klasse von 0 die Menge $\{\ldots, -9, -6, -3, 0, 3, 6, 9, \ldots\}$, die Klasse von 3 ist dieselbe Menge; die Klasse von 1 ist dagegen die Menge $\{\ldots, -8, -5, -2, 1, 4, 7, 10, \ldots\}$. Nutzt man die Eigenschaften der Reflexivität, Symmetrie und Transitivität der Relation R, kann man leicht zeigen, dass zwei Elemente aus E, die in Relation zueinander stehen, derselben Äquivalenzklasse angehören und dass umgekehrt ihre Äquivalenzklassen kein Element gemeinsam haben, falls die beiden Elemente nicht in Relation stehen.

So ist es möglich, eine Klasseneinteilung (oder Klassenzerlegung) E/R der Menge E bezüglich der Relation R zu definieren. In unserem Beispiel enthält diese Menge drei Elemente: die Klasse von 0 ($\bar{0}$), die Klasse von 1 ($\bar{1}$) und die Klasse von 2 ($\bar{2}$). Die Klasse von 3 ist dieselbe wie die von 0, die Klasse von 4 dieselbe wie die von 1, die Klasse von 5 dieselbe wie die von 2 usw.

In unserem Beispiel können wir nun die Funktion betrachten, die zwei Zahlen n und p die Klasse von $n+p$ zuordnet. Diese Klasse hängt nur von der Klasse von n und der Klasse von p ab (wählt man etwa je ein Element der Klasse von 2 und der Klasse von 1, erhält man stets ein Element der Klasse von 0, zum Beispiel 2+1=3, 5+4=9 usw.). Auf dieser Grundlage lässt sich eine Funktion definieren (die Addition der Klassen), die zwei Klassen A und B die Klasse von $a+b$ zuordnet, wobei a ein beliebiges Element von A und b ein beliebiges Element von B ist. Wählt man zum Beispiel die Klassen $\bar{2}$ und $\bar{1}$, erhält man die Klasse $\bar{0}$. Die zu dieser Klasseneinteilung gehörige Additionstabelle ist in *Abbildung 2* gegeben.

+	$\bar{0}$	$\bar{1}$	$\bar{2}$
$\bar{0}$	$\bar{0}$	$\bar{1}$	$\bar{2}$
$\bar{1}$	$\bar{1}$	$\bar{2}$	$\bar{0}$
$\bar{2}$	$\bar{2}$	$\bar{0}$	$\bar{1}$

Abbildung 2

Allgemein gilt: Ist R eine Äquivalenzrelation auf einer Menge E und f eine auf E definierte Funktion der Art, dass $f(x)$ nur von der Klasse von x abhängt, lässt sich auf der Klassenzerlegung E/R eine Funktion definieren, die einer Klasse A $f(a)$ zuordnet, wobei a ein beliebiges Element von A ist.

Die Konstruktion von Klasseneinteilungen ist ein sehr nützliches Verfahren zur Definition neuer mathematischer Objekte. So ist die Menge der ganzen Zahlen definiert als die Klasseneinteilung der Menge $\mathbb{N}\times\mathbb{N}$ der Paare natürlicher Zahlen aufgrund der Relation $(n,p)\,R\,(m,q)$, genau dann, wenn $n+q=m+p$ (die ganzen Zahlen sind also definiert als Menge von Paaren natürlicher Zahlen). Die Menge der rationalen Zahlen ist definiert als Klasseneinteilung der Menge $\mathbb{Z}\times\mathbb{Z}$ der Paare ganzer Zahlen aufgrund der Relation
$(n,p)\,R\,(m,q)$,
genau dann, wenn $nq=mp$. Die Menge der reellen Zahlen ist definiert als Klasseneinteilung der Menge der Cauchy-Folgen rationaler Zahlen aufgrund der Relation $u\,R\,v$, wenn die Folge $u-v$ den Grenzwert 0 hat (siehe ZAHLEN).

Äquivalenz in der Chemie

Zur Vertiefung: ***Periodensystem; Permutation; Symmetrie; Transferierbarkeit***

Der Begriff »Äquivalenz« wird in der CHEMIE in einem ganz ähnlichen Sinne gebraucht wie in der Alltagssprache: In beiden Fällen bezeichnet man Dinge als äquivalent, die in vergleichbaren Kontexten eine sehr ähnliche Rolle spielen. Dieses Konzept macht eine chemische Wissenschaft erst möglich, da sich hiermit Ordnung in die Fülle jeweils spezifischer CHEMISCHER VERBINDUNGEN bringen lässt, die nicht viel mit ihren benachbarten Stoffen in einem Klassifikationssystem zu tun haben, und zwar unabhängig davon, ob diese KLASSIFIKATION auf dem Periodensystem oder einer anderen Basis beruht. Die Äquivalenz beherrscht die gesamte Chemie ebenso wie ihr Gegenteil, die Nicht-Äquivalenz. Sie reicht von den ATOMEN der ELEMENTE bis hin zu den größten MOLEKÜLEN.

Als ISOTOPE eines Elements bezeichnet man Atome, die sich nur in der Anzahl der NEUTRONEN ihres ATOMKERNS voneinander unterscheiden. Solche Isotope sind in den meisten ihrer chemischen Eigenschaften äquivalent. Man kann sie also gegeneinander austauschen, und zum Beispiel anstelle eines stabilen Kohlenstoffatoms C_{12} mit sechs PROTONEN und sechs Neutronen in ein Molekül ein radioaktives Kohlenstoffatom C_{14} einführen, das sechs Protonen und acht Neutronen in seinem Kern aufweist.

Eine Äquivalenz anderer Art ergibt sich aus dem Vergleich zwischen zwei oder mehr Atomen des gleichen Isotops, diesmal innerhalb eines Moleküls: So sind zum Beispiel die vier Wasserstoffatome im Methan CH_4 äquivalent. In Atomgruppen kann eine Äquivalenz auch aus einer vorhandenen Symmetrie erwachsen. So sind die beiden Methylgruppen CH_3 im Dimethylether $H_3C—O—CH_3$ äquivalent. In *Abbildung 3* ist deutlich zu sehen, dass die beiden Fluoratome F*A* und F*B* in KONFORMATION *a* äquivalent sind, nicht aber in Konformation *b*.

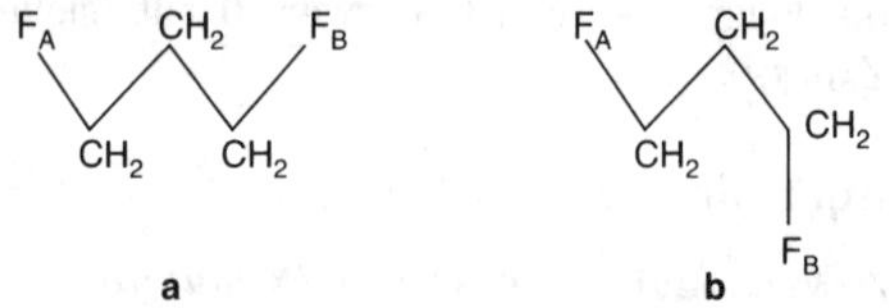

Abbildung 3 Die beiden Fluoratome F_A und F_B sind in Konformation *a* äquivalent, nicht aber in Konformation *b*.

Äquivalenz ist auch im Vergleich zwischen verschiedenen Elementen zu beobachten. Liest man zum Beispiel das Periodensystem spaltenweise, so enthalten die einzelnen Gruppen Elemente mit ähnlichen chemischen Eigenschaften, wobei die Elemente mit steigender Ordnungszahl einen größeren Atomradius aufweisen. So gehören zum Beispiel zu der Gruppe der Edelgase wenig reaktionsfähige Elemente (wie Helium, Neon oder Xenon), die in ihren chemischen Eigenschaften äquivalent sind.

Obwohl das Periodensystem (bislang) nur gut 100 Elemente umfasst, ist es von einer erstaunlichen Informationsfülle und lässt auch in seinen Reihen oder Perioden Äquivalenzen erkennen. So besteht eine große Ähnlichkeit zwischen den Elementen der Seltenen Erden (Lanthanoide), die in einer Reihe des Periodensystems stehen; ein Unterschied besteht jedoch in der Größe des Atoms, das mit zunehmender Zahl der Protonen im Kern eine Kontraktion erfährt.

Es gibt auch scheinbare Äquivalenzen nach einer internen Umorganisation des Moleküls, die ein zeitlich gemitteltes Ergebnis liefert. In solchen Fällen ist die Äquivalenz oder Nicht-Äquivalenz vom Beobachtungsinstrument abhängig: So zeigt Phosporpentafluorid PF_5 bei einem Beobachtungsverfahren, das sich auf einen gegebenen Augenblick bezieht, zwei lange und drei kurze Bindungen P—F, während die fünf Fluoratome sich bei anderen Verfahren (Kernresonanzspektroskopie) als völlig äquivalent darstellen. Tatsächlich erfährt das Molekül bei Raumtemperatur eine sehr schnelle UMLAGERUNG (siehe PERMUTATION). Hier haben wir es mit einer faktischen, also beobachteten Äquivalenz zu tun, der keine prinzipielle Äquivalenz zu Grunde liegt.

Das führt uns zu Äquivalenzen, die zwar ungenauer, dafür aber praktisch nützlicher sind. Manche durchaus unterschiedliche Moleküle werden äquivalent, wenn sie im Hinblick auf ein bestimmtes Ziel ähnliche Rollen erfüllen können, etwa wenn es darum geht, bei einer Synthese ein bestimmtes Zielmolekül zu erhalten. Hier handelt es sich nicht nur um pragmatischen Opportunismus, da sich diese Äquivalenzen, für die es unzählige Anwendungen gibt, auf klar umrissene, strenge Kriterien gründen, nach denen sich strikte Äquivalenzklassen definieren lassen. So haben zum Beispiel Moleküle mit einer Kohlenstoff-Sauerstoff-Doppelbindung C═O und solche mit zwei Kohlenstoff-Sauerstoff-Einfachbindungen O—C—O dieselbe Oxidationsstufe (siehe REDOXREAKTION); häufig erweist es sich als sinnvoll, sie einmal als äquivalent, ein andermal als nicht-äquivalent zu sehen.

Damit sind wir wieder bei unserer anfangs getroffenen Feststellung, dass der Begriff der Äquivalenz als Kriterium dient, um etwas Ordnung in eine vielschichtige Wirklichkeit zu bringen. In diesem Fall macht der Begriff der Äquivalenz es möglich, grundsätzliche oder faktische Hindernisse zu umgehen, denn die Chemie ist eine pragmatische Wissenschaft.

Affinität

Zur Vertiefung: ***Enthalpie; Enzym; Rezeptoren***

Affinität in der Mathematik

In der MATHEMATIK ist eine Affinität eine ebene geometrische Transformation, bei der man, ausgehend von einer Achse, deren Punkte sich nicht bewegen, sämtliche DIMEN-

SIONEN in einer bestimmten Richtung ausdehnt. Erfasst man die Punkte durch zwei Koordinaten, wobei x entlang der Achse gemessen wird und y in der Richtung, in der die Dehnung erfolgt, dann wird der Punkt (x,y) in den Punkt (x,my) transformiert, wobei m das Affinitätsverhältnis darstellt. Eine allgemeinere Affinität erhält man, wenn in Richtung von x eine Dehnung um l und in Richtung von y eine Dehnung um m erfolgt; aus dem Punkt (x,y) wird dann der Punkt (lx,my).

In einer Affinität werden Geraden in Geraden transformiert, aber die Abstände bleiben nicht erhalten. Da ein Kreis in eine Ellipse transformiert wird (siehe KEGELSCHNITT, QUADRIK), kann man zahlreiche Eigenschaften der Ellipse aus denen des Kreises ableiten, wenn man sich einer Affinität bedient.

Chemische Affinität

Eine Substanz ist affin zu einer anderen, wenn sie sich leicht mit ihr verbindet. Fehlt eine Affinität, so ist die Verbindung der beiden Substanzen schwierig bis unmöglich. So haben zum Beispiel Eisenfeilspäne Affinität zu Antimonblüte: Einfaches Erhitzen eines Gemischs dieser beiden Pulver führt zu einer chemischen REAKTION, die mit erheblicher Wärmeentwicklung einhergeht. Dies zeigt, dass hier eine Umwandlung stattfindet. Es ist durchaus legitim, vom Qualitativen zum Quantitativen überzugehen: Diese schlichte Beobachtung legt ein Maß der Affinität nahe, das von der Menge der frei gesetzten oder absorbierten Wärme bei einer Umwandlung ausgeht.

Die Begriff der Affinität ist bereits sehr alt. Schon die chinesische ALCHIMIE klassifizierte im 2. Jahrhundert vor Christus die Stoffe sowohl nach ihrem Yin- und Yang-Charakter als auch nach ihren gegenseitigen Sympathien und Antipathien. Im 18. Jahrhundert stellte die im Abendland aufkeimende CHEMIE Affinitätstabellen auf, die eine erste Klassifizierung bereits bekannter Stoffe ermöglichten.

Die chemische Affinität erlebte Ende des 18. Jahrhunderts eine solche Modewelle, dass sie Goethe den Stoff für die Verwicklungen seines Romans *Die Wahlverwandtschaften* lieferte: Er behandelt das, was die Chemiker als doppelte Zersetzungsreaktion bezeichnen, wenn die beiden Paare AB und CD zusammengebracht werden und der GLEICHUNG folgen: $AB+CD \rightarrow AC+BD$.

Die Funktion lebendiger Organismen beruht auf einer Vielzahl spezifischer Wechselwirkungen und variabler Affinitäten zwischen verschiedenen Arten von MOLEKÜLEN oder ZELLEN. So binden sich zum Beispiel HORMONE mit einer starken Affinität an ihre Rezeptoren, nämlich PROTEINE, die in den Zellmembranen verankert sind und daher die Signale aus der Zellumgebung auffangen können. Auf die gleiche Weise binden sich auch Enzyme, also Proteine, die alle chemischen Reaktionen des Organismus beschleunigen, mit einer Affinität, die sich den jeweiligen Umständen anpasst, an verschiedene Substanzen. Es ist auch gelungen, künstliche Moleküle herzustellen, die eine starke Affinität zu Rezeptoren oder Enzymen haben und als Arzneimittel zur Behandlung pathologischer Prozesse dienen, die auf eine Fehlfunktion dieser Rezeptoren oder Enzyme zurückgehen.

Akkretion

Zur Vertiefung: ***Galaxie; kosmischer Staub; Planet; Stern***

Allgemein bezeichnet der Begriff der Akkretion (vom lateinischen *accrescere*: anwachsen) einen Prozess der Zusammenballung, aber in der Astrophysik besitzt er eine spezielle wissenschaftliche Bedeutung. Pierre Simon de Laplace (1749–1827), der den Vorgang erstmals beschrieb, benutzte dafür den Ausdruck »Kondensation«, der heute seinerseits eine spezielle Bedeutung in der Thermodynamik hat.

Der Sternenhimmel erscheint uns als ein gewaltiger leerer Raum (siehe VAKUUM, LEERER RAUM), der mit zahlreichen mikroskopisch kleinen Inseln, den Sternen, durchsetzt ist. Daher die doppelte Frage, warum das Universum so körnig ist und ob es immer schon so war. Und tatsächlich zeigen die mehr oder weniger exotischen Objekte, die wir darin finden, ein überaus breites Spektrum unterschiedlicher Größenordnungen.

Der INTERSTELLARE RAUM ist voller mikroskopisch kleiner Staubteilchen, deren Größe bis zu einem Mikrometer reicht (1µm = 10^{-6}m). Es spricht einiges für die – allerdings durch Beobachtung noch nicht bestätigte – Vermutung, dass in der Atmosphäre der kältesten Sterne auch größere Teilchen entstehen. Bei dem im Sonnensystem zu beobachtenden angesammelten Staub (Zodiakalband) zeigt sich eine Größenverteilung, die von einem Mikrometer (10^{-6}m) bis zu einem Kilometer (und darüber hinaus) reicht; hierher gehört die Familie der Asteroiden.

Die große Familie der kosmischen »Klumpen« beschränkt sich natürlich nicht auf den kosmischen Staub und die Asteroiden; dazu gehören auch die festen Monde der ihrerseits festen oder gasförmigen Planeten (siehe SATELLITEN). Nebenbei sei angemerkt, dass kleine Himmelskörper wie der Marsmond Phobos (mit einer Größe von 20×23×28 km) unregelmäßige Formen besitzen, während unser Mond oder die Sterne nahezu kugelförmig sind.

Zur nächsten Größenordnung unter den kosmischen Klumpen gehören die Sterne, von den kleinsten (den PULSAREN) bis hin zu den größten (den Überriesensternen). Himmelskörper noch größeren Ausmaßes als die größten Sterne (bis zum Fünfzigfachen der Sonnenmasse) können nicht stabil sein. Bei den noch größeren Zusammenballungen handelt es sich daher stets um Sternsysteme, die durch die wechselseitige Massenanziehungskraft zusammengehalten werden: um offene Sternhaufen aus einigen hundert Sternen oder um Kugelsternhaufen aus mehreren Millionen Sternen (siehe HAUFEN) oder um GALAXIEN, die aus mehreren Milliarden Sternen bestehen. Die größte Zusammenballung ist natürlich das Universum selbst, aber das können wir leider nicht von außen betrachten.

Die gravitative Akkretion, gelegentlich auch als GRAVITATIONSKOLLAPS bezeichnet, ist der Mechanismus, der im gesamten Universum die Entstehung so gut wie aller Himmelskörper und sonstiger Objekte steuert; außerdem stellt sie den wichtigsten Akkretionsmechanismus dar. 1902 ging der englische Physiker und Astronom James Hopwood Jeans (1877–1946) der Frage nach, was in einer Gaswolke geschieht, deren Atome nur durch ihre wechselseitige Gravitation zusammengehalten werden (autogravitative Wolke). Er zeigte, dass eine kleine, zufallsbedingte Verdichtung in einem Punkt zu einem irreversiblen Kollaps um diesen Punkt führen müsse. Es bildet sich ein Klumpen, dessen Masse in direktem Zusammenhang mit der Ausgangstemperatur steht. Je niedriger die Ausgangstemperatur, desto größer das Ausgangsvolumen des Kollapses und desto größer entsprechend auch die Masse des entstehenden Klumpens.

Berechnung und Beschreibung dieses Vorgangs werden komplizierter, wenn die Gaswolke sich von Anfang an in Rotation befindet oder wenn darin ein Magnetfeld herrscht. Aber das Ergebnis bleibt dasselbe: Ein praktisch homogenes Milieu verwandelt sich in ein klumpiges Gebilde mit höchst ungleicher Massenverteilung. Die »Mayonnaise« gerinnt.

Der Gravitationskollaps gilt heute als Erklärung für die Entstehung von Galaxien aus dem Urwasserstoff, für die Entstehung der Sterne innerhalb der Galaxien und schließlich auch für die Entstehung der Planeten und Monde während der anfänglichen Entwicklung eines Sterns. Die zeitlichen Dimensionen dieser Prozesse reichen von mehreren Milliarden Jahren bei Galaxien bis zu mehreren Millionen Jahren bei den Monden.

Die Akkretion beschreibt allerdings nur die erste Phase der Instabilität. Bei der weiteren Anordnung der Materie in den so entstandenen Klumpen kommen andere Kräfte ins Spiel, die in der Folge immer größere Bedeutung erlangen: der Gasdruck aufgrund der Kollision der Teilchen, die VISKOSITÄT (also die Reibung zwischen den Teilchen) und der Strahlungsdruck des Lichts, das bei der Aufheizung entsteht und aus dem Kern der kollabierenden Wolkenbereiche nach außen drängt. Diese Kräfte führen schließlich dazu, dass die Akkretion zum Stillstand kommt und das entstandene Objekt einen Gleichgewichtszustand erreicht. Wenn die kollabierende Masse so groß ist, dass nichts die Akkretion zum Stillstand zu bringen vermag, entsteht ein SCHWARZES LOCH.

Nicht alle autogravitativen Systeme kollabieren endlos. Wohin würde es führen, wenn das so wäre? Dann endete alles in einem Schwarzen Loch, und das Leben hätte gar keine Chance, seinen Charme zu entfalten. Aber wie gesagt, es gibt Kräfte, die dem Akkretionsprozess Einhalt gebieten. Das aus Erde und Mond bestehende System, unser Sonnensystem, Sternhaufen und Galaxien finden vorläufig (aber dieses »vorläufig« kann Millionen oder Milliarden Jahre dauern) zu einem dynamischen Gleichgewicht, in dem die angesammelte kinetische Energie den weiteren Kollaps aufhält; so ist es beim Mond, der dank seiner Geschwindigkeit um die Erde kreist und nicht auf uns herabstürzt.

Wenn die gravitative Akkretion ein universelles Phänomen darstellt, warum sehen wir sie dann nicht in unserer unmittelbaren Umgebung auf der Erde am Werk? Der Grund liegt darin, dass die Gravitation im Vergleich zur elektromagnetischen Kraft nur sehr schwach ist. Wir sehen zwar Steine zu Boden fallen, doch die Moleküle, aus denen die Steine bestehen, werden durch elektromagnetische Kräfte zusammengehalten (siehe WECHSELWIRKUNG IN DER PHYSIK). Der interstellare Raum ist so leer, dass die über große Entfernungen wirksamen Gravitationskräfte weitaus größere Bedeutung erlangen als der elektromagnetische »Klebstoff«, der die Dinge im Kleinen zusammenhält. Und der Wirkungsbereich der elektromagnetischen Kräfte ist schon deshalb beschränkt, weil die physikalischen Objekte insgesamt elektrisch neutral sind.

Wir begegnen den elektromagnetischen Kräften übrigens bei der Entstehung der kleinsten Klumpen: des kosmischen Staubs und der Asteroiden. Auf dieselbe Weise, wie sich im Rauch Rußteilchen bilden, so ballen sich auch in den Atmosphären mancher Sterne Moleküle zu kleinen Staubteilchen zusammen, die sich ihrerseits zu größeren Brocken zusammenballen, wie wir sie etwa in den Saturnringen finden (siehe PLANETENRING). Danach kann es dann auch noch zu einer gravitationsbedingten Akkretion kommen. Die Kugelform, die Kapitän Haddocks Whisky in der Schwerelosigkeit annimmt, hat ihre Ursache nicht in der Autogravitation (des Whiskys oder des Kapitäns), sondern in der Oberflächenspannung von FLÜSSIGKEITEN, und »Oberflächenspannung« ist wiederum nur eine andere Bezeichnung für die elektromagnetischen Kräfte (die in diesem Fall auch als Van-der-Waals-Kräfte bezeichnet werden).

Aktivierung

Zur Vertiefung: ***Katalyse; Reaktionskinetik; Übergangszustand***

Jede chemische Umwandlung bringt das betreffende System von einem Ausgangszustand über eine Energiebarriere zu einem Endzustand. Ist diese Barriere groß, kommt die Umwandlung gar nicht oder nur sehr langsam zustande. Als Aktivierung bezeichnet man die Gesamtheit der Vorgänge, die diese Barriere reduzieren. Das kann zum Beispiel über eine Erhöhung der Energie des Ausgangszustands geschehen (siehe *Abbildung 1*).

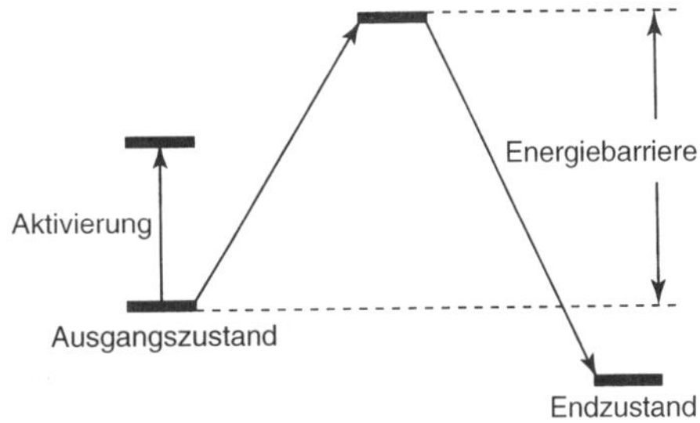

Abbildung 1 Schematische Darstellung der Energieänderungen im Laufe einer chemischen Reaktion. Dargestellt ist die (mit der relativen Position der Atome verbundene) potentielle Energie im Verlauf der Reaktion vom Ausgangszustand bis zum Endzustand. Der höchste Punkt des Diagramms wird als »Übergangszustand« bezeichnet. Hier abgebildet ist eine Senkung der zu überwindenden Energiebarriere, indem man die Energie des Ausgangszustandes erhöht.

Ein konkretes Beispiel ist das Anzünden eines Streichholzes durch Reibung: Die mechanische Energie, die dem System zugeführt wird, erhöht die Energie des Ausgangszustandes. Auf mikroskopischer Ebene aktiviert der Chemiker die Moleküle ganz ähnlich, indem er ihnen zusätzliche Energie zuführt. Das kann auf verschiedenen Wegen geschehen, indem man zum Beispiel den Bindungswinkel zwischen den Atomen eines Moleküls verrin-

ganz verschiedenen Methoden. Die Algebra schlug eine Brücke zwischen Arithmetik und Geometrie. Die dadurch geschaffene Verbindung zwischen den beiden Fachgebieten leitete eine Entwicklung ein, die Ende des 18. Jahrhunderts zu einer derartigen Ausweitung des numerischen Bereichs führte, dass man selbst stetige Größen als Zahlen interpretierte (siehe ZAHLEN); bis in die Zeit Isaac Newtons hinein hatte man das Verhältnis zweier Strecken niemals als Zahl interpretiert.

Die Generation nach Al-Khwarizmi dehnte die Methoden der Algebra auf kubische Unbekannte (x^3) und noch höhere Potenzen aus; manche Probleme, insbesondere die von der griechischen Geometrie mit Hilfe von Kegelschnitten angegangenen Fragen (Verdopplung eines Würfels, Dreiteilung eines Winkels), konnten so auf Gleichungen dritten Grades zurückgeführt werden. Die Umwandlung der Gleichungen erforderte das Rechnen mit Polynomen (Polynome sind Ausdrücke, die durch die Kombination der Potenzen einer Unbekannten oder Unbestimmten entstehen; von einer Unbestimmten spricht man, wenn es bei der Lösung nicht darum geht, den Wert einer Unbekannten zu bestimmen). Diese Art des Rechnens wurde im 10. Jahrhundert von der Schule Al-Karajis nach dem Vorbild der Dezimalarithmetik entwickelt. Denn ein Dezimalbruch ist nichts anderes als eine Kombination aus Potenzen von 10, und man braucht die 10 nur durch die Unbestimmte x zu ersetzen, um zum Rechnen mit Polynomen zu gelangen. Da die arabischen Algebraiker unsere Schreibweise noch nicht kannten, stellten sie die Polynome durch Tafeln dar, die für jeden Exponenten n den Koeffizienten der Potenz xn auswiesen, und mit Hilfe solcher Tafeln rechneten sie auch.

In diesen Tafeln konnten auch negative Koeffizienten und sogar negative Exponenten auftreten; in einem ähnlichen Zusammenhang waren auch die chinesischen und indischen Mathematiker bereits mit der Ausdehnung des Zahlenbereichs auf negative Zahlen vertraut. Wenn man bedenkt, dass die Unbestimmte x sowohl eine geometrische Größe als auch eine ganze Zahl sein kann, wird verständlich, dass Al-Karaji eine arithmetische Interpretation der irrationalen geometrischen Größen entwickelte, also solcher Größen, deren Verhältnis zu einer Grundeinheit sich nicht durch das Verhältnis zweier ganzer Zahlen ausdrücken lässt. Das zehnte Buch der Euklidschen *Elemente* befasst sich mit der geometrischen Untersuchung und der Klassifikation solcher Größen. In der Fortsetzung dieses Weges führte der italienische Mathematiker Raffaele Bombelli dann im 16. Jahrhundert die Zahlen ein, die wir heute als komplexe Zahlen bezeichnen.

Die Theorie der Gleichungen dritten Grades, die Omar al-Khayyam im 11. Jahrhundert auf geometrischem Wege mittels der Kegelschnitte löste, wie es die Griechen bereits hinsichtlich der Probleme der geometrischen Körper getan hatten, führte dazu, dass man sämtliche Ausdrücke der Gleichung als Volumina interpretierte; nach der Wahl einer Längeneinheit konnte man so das Volumen eines Prismas der Höhe 1 mit dessen Grundfläche gleichsetzen und das Volumen eines Prismas der Grundfläche 1 mit dessen Höhe, also einer Strecke. Jeder ganzen Zahl n konnte man dann die Strecke zuordnen, die dem n-fachen der Längeneinheit entsprach. Den nächsten Schritt taten Bombelli und Descartes (der den Gedanken 1637 in seiner *Geometrie* veröffentlichte). Nach der Wahl einer Längeneinheit ist man in der Lage, das Produkt zweier Strecken nicht mehr als Rechteck, sondern gleichfalls als eine Strecke zu interpretieren; daraus ergibt sich eine auf Strecken basierende Art zu rechnen, die dem Rechnen mit (ganzen oder rationalen) Zahlen vollkommen analog ist. Ende des 17. Jahrhunderts interpretierten dann Isaac Newton und Gottfried Wilhelm Leibniz das Verhältnis einer Strecke zur Längeneinheit als Zahl.

Schreibweisen

Algebraische Methoden, die allein in Worten beschrieben werden, lassen sich nur schwer nachvollziehen. Seit dem 15. Jahrhundert entwickelten die Algebraiker verschiedene Abkürzungssysteme, die mit einem Zeichen für jede Potenz der Unbekannten, einem Zeichen für die Addition und einem für die Subtraktion arbeiteten. Franciscus Vieta kam auf den

Gedanken, nicht nur die Unbekannten mit Buchstaben zu bezeichnen, sondern auch die bekannten, aber nicht explizit angegebenen Koeffizienten. Zur besseren Unterscheidung wählte er für die Unbekannten Vokale und für die bekannten Größen Konsonanten. Dank dieser Schreibweise konnte er Gleichungen in ihrer allgemeinen Form behandeln, statt sich auf Beispiele zu beschränken, wie man es bis dahin getan hatte. Doch Vietas Notation war noch kein echtes algebraisches Symbolsystem, denn die Potenzen wurden weiterhin durch Abkürzungen bezeichnet: A *quadr* für das Quadrat, A *cub* für die dritte Potenz usw. Die glückliche Verknüpfung zwischen Buchstaben und Hochzahlen verdanken wir René Descartes (er benutzte die Buchstaben vom Ende des Alphabets – x, y, z – für die Unbekannten, und die vom Anfang für die bekannten Größen); an seiner Schreibweise halten wir im Wesentlichen auch heute noch fest.

Der Fundamentalsatz der Algebra

Ein Produkt zweier Faktoren ersten Grades
$(x-a)(x-b)=x^2-(a+b)x+ab$
ergibt ein Polynom zweiten Grades, dessen Wurzeln a und b sind. Ein Produkt dreier Faktoren ersten Grades
$(x-a)(x-b)(x-c)=$
$x^3-(a+b+c)x^2+(ab+bc+ac)x-abc$
ist ein Polynom dritten Grades, dessen Wurzeln a, b und c sind. Allgemein gilt: Ein Produkt aus n Faktoren ersten Grades der Form
$x-aj\,(1\leq j\leq n)$
ergibt ein Polynom n-ten Grades, dessen Wurzeln die aj sind. Im 17. Jahrhundert nahmen Albert Girard und René Descartes an, dass umgekehrt jedes Polynom n-ten Grades sich in dieser Weise zerlegen lässt und daher n Wurzeln besitzt, deren Charakter allerdings nicht ganz bestimmt war, weil diese Wurzeln in vielen Fällen wie dem von x^2+1 nicht reell sein können. Wenn bei einem Polynom zweiten Grades der Hauptkoeffizient 1 ist, dann ist der Koeffizient von x der negative Wert der Summe $a+b$ beider Wurzeln, und das konstante Glied ist das Produkt ab der beiden Wurzeln. Wenn bei einem Polynom dritten Grades der Hauptkoeffizient 1 ist, dann ist der Koeffizient von x^2 der negative Wert der Summe $a+b+c$ der drei Wurzeln, der Koeffizient von x ist die Summe $ab+bc+ac$ der Produkte aus jeweils zwei Wurzeln, und das konstante Glied ist der negative Wert des Produkts abc aller drei Wurzeln. Diese Formeln lassen sich für beliebige Grade verallgemeinern; die Koeffizienten der Polynome sind dann bis auf das Vorzeichen die »symmetrischen Grundpolynome« der n formalen Wurzeln; diese Grundpolynome sind die Summe s_1, die Summe s_2 der Produkte aus jeweils zwei Koeffizienten, die Summe s_3 der Produkte aus jeweils drei Koeffizienten usw.; sie werden als symmetrisch bezeichnet, weil ihr Wert sich auch dann nicht ändert, wenn man die n Wurzeln, von denen sie abhängen, in beliebiger Weise permutiert. Newton hat gezeigt, dass jedes symmetrische Grundpolynom der n Wurzeln sich als Polynom der Koeffizienten der Gleichung ausdrücken lässt. Die von Girard und Descartes behauptete Zerlegungsmöglichkeit wurde erst 1887 von Leopold Kronecker bewiesen. Schon zuvor war man aufgrund von Problemen im Bereich der Integralrechnung dahin gelangt, den so genannten »Fundamentalsatz der Algebra« aufzustellen, wonach jedes Polynom mit reellen Koeffizienten sich in ein Produkt reeller Faktoren des Grades 1 oder 2 zerlegen lässt; die Wurzeln sind dann reelle oder komplexe Zahlen des Typs $p+q\sqrt{-1}$, wobei p und q reelle Zahlen sind. Die Ersten, die diesen Satz bewiesen, waren Jean le Rond d'Alembert (1746) und Carl Friedrich Gauß (1799).

Lösung durch Radikale

Al-Khwarizmi besaß eine Formel, mit deren Hilfe er die Wurzeln einer Gleichung zweiten Grades $ax^2+bx+c=0$ als Funktion ihrer Koeffizienten ausdrücken konnte; heute schreibt man sie in der Form

$$x = \frac{-b \pm \sqrt{b^2-4ac}}{2a}$$

und sie enthält die Quadratwurzel der Diskriminante b^2-4ac, die positiv sein muss, wenn die Wurzeln reell sein sollen. Diese Formel bringt lediglich in algebraischer Form das bereits den Babyloniern bekannte Lösungsverfahren zum Ausdruck, doch erst im 16. Jahrhundert entdeckte man analoge Formeln für Gleichungen dritten oder vierten Grades. In der Folgezeit versuchte man vergebens, Lösungsformeln für Gleichungen höheren als vierten Grades zu finden, bis Paolo Ruffini 1799 und Niels Henrik Abel 1824 bewiesen, dass es solche Formeln für Gleichungen fünften Grades nicht geben kann. Ihr Beweis basiert auf der Betrachtung von PERMUTATIONEN der Wurzeln, die Joseph Louis Lagrange und Alexandre Vandermonde 1770 in die Theorie eingeführt hatten. Augustin Louis Cauchy (1815) und Évariste Galois (1830) entwickelten diese Überlegungen zu einer Theorie der Permutationsgruppen weiter (siehe GRUPPE), die es gestattet, die Struktur von Gleichungen in allgemeiner Form zu untersuchen.

Algebraische Strukturen

Zu Beginn des 19. Jahrhunderts begann man mit Objekten zu rechnen, bei denen es sich nicht mehr unbedingt um Zahlen handelt; dazu zählten zunächst Permutationen, Klassen quadratischer Formen und Differentialoperatoren, dann mit William Rowan Hamilton 1843 Quaternionen und VEKTOREN und ab 1847 mit George Boole lineare Transformationen und Aussagenlogik. Diese neuen Rechenweisen führten im 20. Jahrhundert zu einem abstrakteren Verständnis der Algebra; in ihrem Rahmen behandelt man nun Strukturen, die durch Verknüpfungsgesetze definiert sind, zum Beispiel GRUPPEN, RINGE, Körper, Moduln, Vektorräume und auch »Algebren«.

Algebra, Boolesche

→ ***Boolesche Algebra***

algebraische Zahlen

Zur Vorbereitung: ***Arithmetik***

Einige irrationalen Zahlen sind Lösungen algebraischer Gleichungen mit ganzzahligen Koeffizienten; man bezeichnet sie daher als algebraische Zahlen. Sie spielen bei bestimmten Problemen der Zahlentheorie eine Rolle, die allerdings ganze und rationale Zahlen betreffen.

So lässt sich die Pell-Fermatsche Gleichung
$x^2 - Dy^2 = \pm 1,$
in der D eine positive ganze Zahl ist, die keine Quadratzahl darstellt, auch in der Form
$(x + y\sqrt{D})(x - y\sqrt{D}) = \pm 1$
schreiben, und man sucht ein Paar ganzer Zahlen (x, y), das der Gleichung genügt. Kennt man solch ein Paar, erhält man
$(x^2 - Dy^2)n = (\pm 1)n = \pm 1$
für jede ganze Zahl n, und es gilt:
$(x^2 - Dy^2)n = (x + y\sqrt{D})n\,(x - y\sqrt{D})^n.$

Man kann berechnen, dass $(x + y\sqrt{D})n$ die Form $xn + yn\sqrt{D}$ hat, wobei x_n und y_n wiederum ganze Zahlen sind. Aus dieser Rechnung folgt, dass für jeden Wert von n das Paar (x_n, y_n) eine neue Lösung ist. Schon die alten Griechen konnten dieses Problem für $D = 2$ lösen, und sie hatten den Zusammenhang mit der APPROXIMATION von $\sqrt{2}$ erkannt. Der Zusammenhang mit den Approximationen von $\sqrt{D}$ gilt allgemein.

Ein weiteres Beispiel ist die Fermatsche Gleichung
$x^3 + y^3 = z^3,$
für die man eine ganzzahlige, von 0 verschiedene Lösung (x, y, z) sucht. Das erste Glied dieser Gleichung lässt sich auch folgendermaßen schreiben:

$$\frac{1}{4}(x+y)((2x-y)^2 + 3y^2)$$
$$= (x+y)\left(x + y\frac{-1+\sqrt{-3}}{2}\right)\left(x + y\frac{-1-\sqrt{-3}}{2}\right)$$

und man kann zeigen, dass sie keine Lösung hat, sofern man aus der Gleichung ableiten kann, dass jeder ihrer Faktoren
$x + y$

$$x + y\frac{-1+\sqrt{-3}}{2}$$

$$x + y\frac{-1-\sqrt{-3}}{2}$$

eine kubische Zahl wie ihr Produkt z^3 darstellt. Diese 1770 von Leonhard Euler vorgetragene Argumentation setzt voraus, dass man die arithmetischen Eigenschaften von Zahlen der Form

$$x + y\frac{-1+\sqrt{-3}}{2}$$

für ganzzahlige x und y zu entwickeln vermag.

Körper algebraischer Zahlen

Zur Vorbereitung: ***Galois-Theorie; Ring***

Die Theorie der algebraischen Zahlen ist eine Erweiterung der ARITHMETIK der gewöhnlichen ganzen Zahlen. Statt des Körpers $\mathbb{Q}$ der rationalen Zahlen betrachtet man eine endliche Erweiterung $K = \mathbb{Q}(\alpha)$, die man erhält, indem man $\mathbb{Q}$ ein Element α hinzufügt, das eine algebraische Gleichung mit ganzzahligen Koeffizienten erfüllt und daher eine algebraische Zahl darstellt. Die »ganzen Zahlen« aus K sind jene Elemente, die einer Gleichung mit ganzzahligen Koeffizienten genügen, wobei der Koeffizient des Terms mit der höchsten Potenz gleich 1 ist. So erfüllt das Element $\alpha = \sqrt{-3}$ die Gleichung $x^2+3 = 0$, und der Körper $\mathbb{Q}(\sqrt{-3})$ besteht aus den komplexen Zahlen $a+b\sqrt{-3}$, wobei a und b rationale Zahlen sind; jede dieser Zahlen ist Lösung einer Gleichung der Form
$(x-a)^2+3b^2 = x^2-2ax+a^2+3b^2 = 0$.

Unter welchen Voraussetzungen ist $a+b\sqrt{-3}$ eine ganze Zahl? Dazu müssen $2a$ und a^2+3b^2 ganze Zahlen sein. Man kann berechnen, dass dies der Fall ist, wenn a halbzahlig und $a-b$ ganzzahlig ist. Für die allgemeine Form der ganzen Zahlen aus $\mathbb{Q}(\sqrt{-3})$ ergibt sich damit $c+d\omega$, wobei c und d ganze rationale Zahlen sind und

$$\omega = \frac{-1+\sqrt{-3}}{2}$$

(wie man sieht ist $\omega^3 = 1$).

Die Summe oder das Produkt zweier ganzer Zahlen aus einem Körper algebraischer Zahlen K ist gleichfalls eine ganze Zahl, so dass die ganzen Zahlen aus K einen Unterring o bildet, der gegenüber K dieselbe Rolle spielt wie die Menge der ganzen Zahlen $\mathbb{Z}$ gegenüber $\mathbb{Q}$.

Von zwei Elementen β und γ aus K sagt man, β sei ein Teiler von γ, wenn der Quotient γ/β eine ganze Zahl ist. Die ganzen Zahlen, die Teiler von 1 sind, werden als Einheiten von K bezeichnet; sie bilden eine Gruppe bezüglich der Multiplikation (die multiplikative Gruppe von o), und nach einem Fundamentalsatz von Peter Gustav Lejeune-Dirichlet ist diese Gruppe stets endlicher Art, das heißt, man erhält jedes Element dieser Gruppe durch die Multiplikation einer endlichen Zahl von ihnen. Zum Beispiel ist eine ganze Zahl $c+d\omega$ aus $\mathbb{Q}(\sqrt{-3})$ eine Einheit, sofern $c^2-cd+d^2 = 1$; dazu ist es erforderlich, dass $c = \pm1$, $d = 0$ oder $c = 0$, $d = \pm1$ oder $c = d = \pm1$.

Die Einheiten sind demnach ±1 und $\pm\omega$ und $\pm(1+\omega) = \pm\omega^2$; sie bilden eine endliche Gruppe mit sechs Elementen (den Potenzen von $-\omega$). Im Körper $\mathbb{Q}(\sqrt{2})$ sind die ganzen Zahlen die Zahlen $d+c\sqrt{2}$ für ganze rationale c und d, und solch eine ganze Zahl ist eine Einheit, wenn $d^2-2c^2 = \pm1$.

Das Pell-Fermatsche Problem für $D = 2$ besteht also darin, die Einheiten von $\mathbb{Q}(\sqrt{2})$ zu bestimmen; sie bilden eine unendliche Gruppe, die aus den Potenzen von $1+\sqrt{2}$ besteht.

In einem Körper wie $\mathbb{Q}(\sqrt{-1})$ oder $\mathbb{Q}(\sqrt{-3})$ besitzt die Arithmetik große Ähnlichkeit mit der gewöhnlichen Arithmetik; man kann darin Primzahlen definieren, die nur durch sich selbst und die Einheiten teilbar sind, und man kann zeigen, dass jede Zahl sich auf eine einzige Art und Weise in ein Produkt aus Primfaktoren zerlegen lässt. Das gilt nicht mehr für den Körper $\mathbb{Q}(\sqrt{-5})$ oder den Körper $\mathbb{Q}(\alpha)$, in dem α die 23. Wurzel aus 1 ist; in solchen Körpern ist die Primfaktorzerlegung nicht mehr eindeutig, und man kann dem nur abhelfen, indem man die ganzen Zahlen durch abstraktere Gebilde, die so genannten Primideale, ersetzt.

Algorithmus

Zur Vertiefung: ***Komplexität; Sprache; Programm***

»Was darf es sein?«

»Eine Baguette, bitte.«

»Das macht zwei Mark fünfzig.«

Sie reichen einen Fünfzig-Mark-Schein über die Ladentheke und rechnen im Kopf: 50 minus 2,5 gleich 47,5, während die Verkäuferin bereits beginnt, das Wechselgeld vorzuzählen.

»Drei, fünf, zehn und fünfzig. Bitte schön.« Dabei legt sie nacheinander fünfzig Pfennig, zwei Markstücke, ein Fünf-Mark-Stück und zwei Zwanzig-Mark-Scheine auf die Geldschale.

Mit einem Blick erkennen Sie, dass Ihr Wechselgeld genau 47 Mark und 50 Pfennig beträgt. Das Ergebnis beider Rechnungen ist dasselbe, obwohl die Verkäuferin ganz anders vorgegangen ist als Sie. Die Verkäuferin hat addiert, während Sie subtrahiert haben.

Beide Verfahren bezeichnet man in der Fachsprache als Algorithmen. Das Wort klingt zwar kompliziert, aber die Sache ist recht anschaulich und von Alters her verbreitet. Die ersten Algorithmen stammen aus den frühesten Zeiten der Antike. Schon im 18. Jahrhundert v. Chr. sollen die Babylonier während der Herrschaftszeit des Hammurabi (1792–1750 v. Chr.) Regeln für die Lösung von Gleichungen aufgestellt haben. Ägypter und Griechen berechneten die Länge von Kreisbögen und die Fläche regelmäßiger Vielecke mit Hilfe von Algorithmen. Euklid ersann um 300 v. Chr. einen Algorithmus, mit dessen Hilfe sich der größte gemeinsame Teiler zweier Zahlen bestimmen lässt.

Das Wort »Algorithmus« geht auf den Namen des persischen Mathematikers, Geschichtsschreibers und Geographen Al-Khwarizmi zurück; er brachte den Arabern das in Indien entwickelte Dezimalsystem und die zugehörigen Algorithmen. In der INFORMATIK sind Algorithmen allgegenwärtig, denn Computer arbeiten ausschließlich mit Kalkülen, so dass die Tätigkeit von Computern durch Algorithmen vollständig beschrieben werden kann.

Beschreibung von Algorithmen

Jeder Algorithmus besteht aus einer endlichen Folge präzise bestimmter Operationen, die im Prinzip jeder ausführen kann, sei es im Kopf oder mit Bleistift und Papier oder auch unter Zuhilfenahme von Lexika oder Logarithmentafeln.

Algorithmen müssen stets eindeutig sein, das heißt, nach jedem Schritt muss klar sein, welche Operation als nächste folgt.

Außerdem müssen Algorithmen effizient sein, das heißt, sie dürfen nur aus einer endlichen Zahl von Operationen bestehen, und jede Operation muss in endlicher Zeit ausgeführt werden können.

Algorithmen werden entweder in der Umgangssprache beschrieben oder durch Computerprogramme, die jeweils in einer bestimmten Programmiersprache geschrieben sind. Dennoch darf man Algorithmen, die lediglich Rechenverfahren sind, nicht mit den Programmen verwechseln, die jeweils in einer bestimmten Programmiersprache die Algorithmen formulieren.

Die Grenzen der Algorithmen

Wenn alle nur vorstellbaren Operationen sich mit Hilfe von Algorithmen zerlegen und alle Algorithmen auf Computern ausführen ließen, dann wären die Fähigkeiten der Algorithmen unbegrenzt. Doch das ist nicht der Fall.

In den 1930er Jahren haben Mathematiker wie Kurt Gödel, Alonzo Church, Alan Turing und Emil Post gezeigt, dass es hochgradig formale Probleme gibt, die sich nicht mit Hilfe von Algorithmen lösen lassen (siehe BERECHENBARKEIT). Eines dieser Probleme betrifft die Informatik ganz unmittelbar: Wie Alan Turing gezeigt hat, gibt es keinen Algorithmus, der anzeigen könnte, ob ein Programm nach einer endlichen Zahl von Rechenschritten zu einem Abschluss gelangt oder nicht (siehe TURINGMASCHINEN).

Neben diesen formalen gibt es auch praktische Grenzen, denn manche Algorithmen gelangen zwar nach einer endlichen Zahl von Schritten zu einem Abschluss, sind aber so lang und erfordern so viel Speicherplatz, dass kein Rechner sie jemals zum Abschluss bringen könnte (siehe KOMPLEXITÄT).

Angesichts dieser Grenzen bleiben einige Fragen: Wie kann man beweisen, dass ein bestimmter Algorithmus in endlicher Zeit zu einem Abschluss gelangt? Wie lassen sich Algorithmen charakterisieren, die effektiv auf einem Computer ausgeführt werden können? Wie kann man zwei Algorithmen miteinander vergleichen, den effektiveren bestimmen und klären, ob beide auch das tun, was sie tun sollen, zum Beispiel ob der Algorithmus der Verkäuferin und ihr Verfahren stets zum selben Ergebnis führen, so dass der Algorithmus der Verkäuferin Ihnen das richtige Wechselgeld einbringt und Sie mit Ihrem Verfahren eindeutig klären können, ob Sie den richtigen Betrag erhalten? Mit solchen Fragen befasst man sich systematisch in den Bereichen der Mathematik und der Informatik, die sich mit den Algorithmen auseinander setzen.

Algorithmus, genetischer

→ ***genetischer Algorithmus***

Alkaloide

Zur Vertiefung: ***Biosynthese; chiral pool; Verantwortung; Naturstoffe***

Als Alkaloide bezeichnet man Stoffe meist pflanzlichen Ursprungs, deren Bruttoformel (siehe chemische Formel) mindestens ein Stickstoffatom enthält. In der Regel handelt es sich bei Alkaloiden um Basen (siehe Säuren und Basen). Allerdings ist diese Definition unbefriedigend, da sie auch die Aminosäuren (Bestandteile der Proteine) und die Nukleinbasen (Bestandteile der Nukleinsäuren) umfasst. Nach der genaueren chemischen Definition besteht die Struktur eines Alkaloids aus Ketten von Kohlenstoffatomen (und Stickstoff), die zu einem oder mehreren Ringen geschlossen sind (siehe zyklische Verbindungen), wovon meistens mindestens einer ein Stickstoffring ist.

Viele Alkaloide besitzen biologische Wirkungen. So sondern Pflanzen sie gelegentlich als chemische Waffe in ihrem Kampf gegen Insekten ab. Sehr viele dieser Stoffe sind für den Menschen giftig wie Tomaten- oder Kartoffelblätter, die Alkaloide enthalten. Häufig lassen sich diese stickstoffhaltigen Basen aufgrund ihrer Wirkungen pharmazeutisch nutzen: Das ist zum Beispiel bei Morphin der Fall, jenem Alkaloid, das als Erstes 1806 von Friedrich Sertürner entdeckt wurde, sowie bei Koffein, Chinin und Strychnin.

Viele andere Alkaloide (wie Kokain, Heroin, LSD usw.) dienen einem mächtigen und korrupten Industrie- und Handelszweig. Das weltweite Handelsvolumen dieser modernen Hydra ist fünfmal so groß wie das der Pharma-Industrie. Alle Studien sind sich einig, dass der Drogenhandel aus dem Elend in den Drogen produzierenden Ländern erwächst. Daher müsse man die Not beseitigen. Doch das ist ein völlig anderes Problem!

Alkohol

Zur Vorbereitung: ***chemische Formel***
Zur Vertiefung: ***Analyse; Spektrum; Struktur***

Als Alkohol bezeichnet man sowohl eine ganze Gruppe chemischer Verbindungen als auch den Naturstoff Ethanol (chemische Formel unter anderen Schreibweisen C_2H_5OH), der bei der Destillation von Wein und zahlreichen anderen vergorenen Getränken entsteht. Dass die Umgangssprache Alkohol und Alkohole mit dem gleichen Wort belegt (wie sie auch einen Stoff der großen Familie der Zucker als »Zucker« bezeichnet), ist auf die Rolle alkoholischer Getränke in unserer Gesellschaft zurückzuführen.

Auch für die Wissenschaft geht die Wichtigkeit des Alkohols (immer im Sinne von Ethanol) über seine individuelle Bedeutung hinaus. Die Geschichte dieser Substanz ist mit der Entwicklung einiger der wichtigsten Konzepte der Chemie verbunden: mit der Extraktion einer natürlichen Substanz; der Analyse und Synthese eines Moleküls; der Entdeckung der »Radikale«; mit einem chemischen Reaktionstyp, den man als Addition bezeichnet; mit der Unterscheidung zwischen einer Nomenklatur und einer umgangssprachlichen Terminologie; und schließlich mit der Erkenntnis, dass der Entstehungsprozess eines Naturstoffes sich aus seiner Struktur ablesen lässt.

Extraktion

Bereits in der Antike faszinierten Lösungen von Alkohol in Wasser, die aus Gärung und anschließender Destillation entstanden waren, die Menschen. Lange Zeit (vom 12. bis 15. Jahrhundert) bezeichnete man Alkohol u.a. als brennendes Wasser *(aqua ardens)* oder Lebenswasser *(aqua vitae)*. Alchimisten und Ärzte nutzten diesen Stoff zu medizinischen Zwecken.

Besonders geschätzt war der Alkohol neben diversen anderen Vorzügen wegen seiner Flüchtigkeit (Feinheit) und seiner Entflammbarkeit, was auch den Namen erklärt, den Theophrastus Bombastus von Hohenheim, genannt Paracelsus (um 1493–1541), ihm gab und der so viel bedeutete wie »der feinste

Teil von allem«. Zudem betonte er mit der Benennung »Alkohol« die Analogie zu einem sehr feinen Pulver, dem Antimon, das im arabischen *al-kuhl* heißt.

Um das 14. Jahrhundert entdeckten Alchimisten um Raimundus Lullus, dass sie den Reinheitsgrad von Alkohol erhöhen konnten, indem sie seine Destillation mit einer langfristigen Lagerung in Glas verbanden und anschließend den Rückstand herausfilterten. Sie stellten fest, dass dieser gereinigte Alkohol aus den Blüten, Blättern oder Stängeln zahlreicher Pflanzen Naturstoffe zu lösen (extrahieren) vermochte, die so genannten Essenzen. Diese Entdeckung war der Lohn ihrer Suche nach der Quintessenz, jenem fünften ELEMENT neben den vier aristotelischen Elementen (Luft, Wasser, Feuer und Erde), das nach Überzeugung der Alchimisten in allen Lebewesen vorhanden war, das sie aber mittels einfacher Destillation bis dahin nicht hatten gewinnen können.

Das Verfahren der Extraktion fand vielfältige praktische Anwendungen zum Beispiel bei der Entwicklung von Arzneimitteln, deren Zusammensetzung nun reproduzierbar war, oder bei der Herstellung von Likören. Wie es in der Geschichte der Wissenschaft häufig vorkommt, erbrachte die Forschung ein anderes Resultat, als es die Alchimisten mit der letztlich illusorischen Suche nach der Quintessenz ursprünglich angestrebt hatten. Die Tatsache, dass ein Lösungsmittel wie Alkohol in Pflanzen vorhandene Substanzen extrahieren kann, bildet die Grundlage eines noch heute lebendigen Teilgebiets, nämlich der Chemie der Naturstoffe.

Analyse und Synthese

Es dauerte lange, bis die chemische Zusammensetzung von Alkohol, im Sinne von Ethanol, geklärt wurde. Noch 1778 glaubte Pierre Joseph Macquer, bei dem Öl, das dem Weingeist häufig beigemengt ist, handele es sich um eine Unreinheit und das zugrunde liegende Prinzip sei reines Phlogiston (eine mythische Substanz). Eine qualitative Analyse des Alkohols führte 1781 Antoine Laurent de Lavoisier durch, der jedoch fälschlich annahm, Ethanol bestehe lediglich aus Wasserstoff und Kohlenstoff. Als es Tobias Lowitz aus Sankt Petersburg 1796 gelang, Ethanol mit ungelöschtem Kalk (Calciumoxid) vollständig zu dehydratisieren, schloss er daraus, dass die Verbindung auch Wasser enthielt. Eine quantitative ANALYSE des Alkohols führte 1807 bis 1813 Nicolass Théodore de Saussure durch; er bestimmte die Prozentanteile des Kohlenstoffs, Sauerstoffs und Wasserstoffs und identifizierte die Zusammensetzung des Alkohols als *gaz oléfiant* (»ölbildendes Gas«, Ethylen C_2H_4), ergänzt um ein Wassermolekül.

Jean-Baptiste Dumas und sein Mitarbeiter Boullay versuchten 1828, die Eigenschaften des Alkohols korrekt als Ethylenhydrat zu erklären (Ethanol, in moderner Schreibweise: $C_2H_6O = C_2H_4 + H_2O$). Parallel dazu gelang die Synthese des Alkohols. Schon 1825 verband ein Mitarbeiter Michael Faradays Schwefelsäure mit Ethylen aus Leuchtgas oder Ölgas und präparierte damit Ethylschwefelsäure, die er mit Wasser zu Alkohol und Schwefelsäure hydrolysierte. Diese partielle Synthese, ausgehend von bestehenden einfacheren Verbindungen, wurde 1855 von Marcellin Berthelot wiederholt und zu einer Totalsynthese verbessert, also zu einer Synthese, die von Elementen (in diesem Fall H, C und O) ausging. Berthelot bildete Ethylen durch Hydrierung von Acetylen, das er aus den Elementen (Kohlenstoff und Wasserstoff) durch Synthese in einem Lichtbogen in eiförmiger Hülle gewonnen hatte.

Integrität des Radikals und Additionsreaktionen

Doch schon bald stellte sich eine Frage. Das Alkoholmolekül (Ethanol) hat die chemische Formel C_2H_6O, was durchaus der Summe aus einem Ethylenmolekül C_2H_4 und einem Wassermolekül H_2O entspricht. Lässt sich daraus schließen, dass jedes Molekül AB die Summe aus einem Molekül A und einem Molekül B ist und es genügt, A und B zusammenzubringen, um das Molekül AB zu synthetisieren? Ja und nein. Obwohl diese Vorstellung einer Chemie der Supramoleküle durchaus fruchtbar sein kann (siehe KOMPLEXVERBINDUNGEN), ist sie, auf die Moleküle selbst bezogen, meist unergiebig und manchmal sogar gefährlich.

Tatsächlich ist es häufig sinnlos, die Bruttoformel C_2H_6O in C_2H_4 und H_2O aufzuspalten, wenn man diese Aufteilung verallgemeinern möchte. Denn durch Addition von Wasser und einem Kohlenwasserstoff der Ethylenfamilie wie Propen C_3H_6 lassen sich zwar andere Alkohole, in diesem Fall Propanol C_3H_8O, gewinnen. Doch wenn man nun Aceton C_3H_6O bekommen möchte, muss man dann Wasser zu Propin $H_3C{-}C{\equiv}CH$ oder zu seinem ISOMER (Molekül der gleichen Summenformel, aber anderer Anordnung der Atome) Allen $H_2C{=}C{=}CH_2$ addieren?

Im Laufe der Bemühungen um die Alkoholsynthese (1825–1855) entspann sich eine lebhafte Debatte zwischen Justus von Liebig, Jean-Baptiste Dumas und Auguste Laurent. Die Synthese von Ethanol ging mit dem Bemühen einher, das Ethylradikal C_2H_5 zu identifizieren, wie es in der Formel des Ethanols $C_2H_5{-}OH$ zum Ausdruck kommt. Da sich durch diese Formel die meisten chemischen Eigenschaften des Ethanols wesentlich besser erklären ließen, gab die Formel C_2H_6O offenbar nur Aufschluss über die Zusammensetzung.

Zwei Ethanolmoleküle verbinden sich zum Beispiel zu einem Ethermolekül $C_2H_5{-}O{-}C_2H_5$ und einem Wassermolekül H_2O. Während also die Aufspaltung $C_2H_6O=C_2H_4+H_2O$ kaum produktiv ist, ist die Trennung $C_2H_6O=C_2H_5+OH$ überaus fruchtbar: So lassen sich zum Beispiel zwei Ethylradikale C_2H_5 zu Butan C_4H_{10} und zwei Hydroxylradikale zu Wasserstoffperoxid H_2O_2 verbinden. Es ist völlig paradox: Die Verbindungen C_2H_4 und H_2O sind nicht nur durchaus real, sondern ermöglichen auch die Herstellung von Ethanol, wenn man sie in einer Additionsreaktion verbindet. Allgemein kann sich aber das chemische Denken nur entfalten, wenn es sich von diesem naiven Realismus (wie die Philosophen ihn einstufen) freimacht zugunsten eines Idealismus, der sich in diesem Fall auf die Radikale C_2H_5 und OH stützt, jene Gebilde, die auf den ersten Blick zu einer autonomen Existenz unfähig sind.

Nomenklatur oder umgangssprachliche Terminologie?

Die Identifikation der Radikale ermöglichte den Aufbau einer chemischen Theorie und somit einer Nomenklatur, in der ein Ausdruck nur jeweils eine Bedeutung hat. Wenn man übereinkommt, die Gruppe der Moleküle, die durch eine OH-Gruppe an einem Kohlenstoffatom gekennzeichnet ist, als »Alkohole« zu bezeichnen, so kommt als erster Begriff noch vor Ethanol das Methanol CH_3OH. Das Methylradikal CH_3 trägt diesen Namen, weil es dem um ein Wasserstoffatom verringerten Methan CH_4 entspricht. Ebenso geht das Ethylradikal C_2H_5 auf Ethan C_2H_6 zurück. Eine Stärke dieses Konzepts der Radikale liegt in der Tatsache, dass es wiederum die Zerlegung des Ethylradikals C_2H_5 in ein Methylradikal CH_3 und ein so genanntes Methylenradikal CH_2 ermöglicht. Formal resultiert also das Ethanolmolekül aus der Verbindung der drei Radikale CH_3, CH_2 und OH. Und genau das ist bei einer SPEKTRALANALYSE zu erkennen: Das magnetische Kernresonanzspektrum zeigt, dass im Alkohol die drei Atomgruppierungen CH_3, CH_2 und OH vorhanden sind.

Die offizielle Nomenklatur (Methanol, Ethanol, Propanol, Butanol usw.) hat somit den Vorzug, die Moleküle als Kombination aus Radikalen auszuweisen, während die herkömmliche Terminologie (»Holzgeist« für Methanol, »Weingeist« für Ethanol) zugleich willkürlich und unsystematisch ist. Leider ist die Nomenklatur oft zu kompliziert, und so findet weiterhin die gängige, knappere Terminologie Verwendung.

Spuren des Ursprungs

Doch kehren wir zum Ursprung des Ethanols mit der Formel CH_3CH_2OH zurück, das Namen gebend für die Alkohole war. Wie allgemein bekannt ist, lässt sich der Alkoholgehalt des Weines erhöhen, indem man den Traubenmost vor der Gärung zuckert. Dieses bis zu einem gewissen Alkoholgehalt statthafte Verfahren bezeichnet man als Chaptalisieren – nach dem großen Chemiker Jean Antoine Chaptal, der es entwickelte.

Um gegen unerlaubten Einsatz dieses Verfahrens vorzugehen, müssen die Kontrollbehörden nachweisen, dass das Ethanol des Weines nicht ausschließlich aus der Traube stammt. Dazu bestimmt man anhand der magnetischen Kernresonanz die relativen Anteile an schwerem Wasserstoff ^2H oder Deuterium D und an leichtem Wasserstoff oder Protium ^1H in den CH_3- und CH_2-Gruppen des Ethanols. Dieses Verhältnis ist die isotopische Signatur für die Herkunft des Ethanols, da es beim Fruchtzucker der Traube anders ist als bei der Saccharose der Zuckerrübe. Zur Erinnerung: Zwei Isotope haben die gleiche Protonenzahl, aber nicht die gleiche Anzahl Neutronen in ihrem Kern. Zusätzlich hängt dieses Verhältnis auch vom Anbaugebiet und den Niederschlagsmengen in den Monaten vor der Weinlese ab.

Auf diese Weise lässt sich mit der kernmagnetischen Resonanzspektroskopie die Herkunftsbezeichnung und die Rebsorte eines Weines überprüfen. Mit dieser Methode kann man nicht nur die Trockenzuckerung feststellen, sondern auch, ob ein Beaujolais mit einem jugoslawischen oder algerischen Wein verschnitten wurde.

Allel

Zur Vertiefung: ***Genkartierung; Meiose; Polymorphismus; Rekombination***

Ursprünglich wurden die Allele definiert als die verschiedenen Formen, die ein Gen als Grundbaustein der Vererbung am gleichen Ort eines Chromosoms oder Genlocus annehmen kann und die das gleiche Merkmal steuern. Das AB0-Blutgruppensystem ist zum Beispiel durch die drei Allele A, B und 0 definiert. In der menschlichen Population existieren für manche Gene einige dutzend bis über hundert Allele. Diese Formenvielfalt der Allele bildet die Grundlage des so genannten genetischen Polymorphismus der Organismen.

Allele und Erblichkeit

Historisch schuf Gregor Mendel mit seinen Arbeiten über die Vererbung bei Erbsen die Grundlagen der Genetik. Mendel untersuchte beobachtbare Merkmale, die in zwei Formen vorkamen, wie die gelbe oder grüne Farbe von Erbsensamen oder ihre glatte oder runzelige Oberflächenbeschaffenheit. Er zeigte, dass diese Merkmale von Erbfaktoren gesteuert werden, die in zwei verschiedenen Formen vorkommen. Als die von Mendel aufgestellten und zunächst kaum beachteten Vererbungsgesetze Anfang des 20. Jahrhunderts wiederentdeckt wurden, bezeichnete man die Erbfaktoren als Gene und ihre verschiedenen Formen als Allele (vom griechischen *allelos*: einander entsprechend).

Mit ihren Studien zur Fruchtfliege gelang es Thomas Morgan und seinen Mitarbeitern, den Zusammenhang zwischen den Genen und dem Verhalten der Chromosomen aufzudecken: bei der Kernteilung oder Mitose, bei der Reifungsteilung oder Meiose, die zur Bildung der Keimzellen oder Gameten (Ei und Samenzellen) führt, sowie bei der Befruchtung. Dabei wies Morgan nach, dass die Allele des gleichen Gens den gleichen Platz in den beiden Chromosomen eines Paares einnehmen (siehe Chromosom).

Er beobachtete, dass die Allele der Gene, die die Augenfarbe der Fliegen steuern, zusammen mit Allelen anderer Merkmale auf dem Geschlechtschromosom X liegen. In der Regel werden Allelkombinationen von Genen, die auf demselben Chromosom liegen, zusammenhängend an die Nachkommen weitergegeben, manchmal werden sie aber auch bei der Meiose getrennt, wenn es zu Rekombinationen zwischen den Chromosomenpaaren kommt (siehe Meiose). Allele, die auf verschiedenen Chromosomen liegen, werden dagegen immer unabhängig voneinander vererbt. Das war auch bei den Genen der Fall, die Mendel bei seinen Erbsenpflanzen untersuchte. Zum Glück für ihn, denn sonst hätte er sein Gesetz der freien Kombination nicht aufstellen können, wonach verschiedene Merkmale unabhängig voneinander vererbt werden.

Allele, Phänotyp und Genotyp

Bakterien besitzen nur ein Chromosom, das von jedem Gen nur ein Exemplar oder Allel trägt (sie sind haploid). Daher entspricht bei Bakterien der Genotyp, also ihre gesamte Genausstattung, direkt ihrem Phänotyp, also den beobachtbaren Merkmalen, die von den

Genen gesteuert werden (siehe PHÄNOTYP, GENOTYP).

Bei Eukaryoten (deren Zellen einen Zellkern besitzen) enthalten die Körperzellen (oder somatischen Zellen) zwei Exemplare von jedem Chromosom und somit auch von jedem Gen, das auf diesen homologen Chromosomenpaaren liegt; sie haben also von jedem Gen zwei Allele (sie sind diploid). Ist ein Allel in seiner Wirkung stärker als das andere, so bezeichnet man es als dominant und das schwächere als rezessiv. In diesem Fall besteht keine unmittelbare Übereinstimmung zwischen Phänotyp und Genotyp. Da die Gene nicht ohne weiteres zu identifizieren sind, lässt sich der Genotyp nur anhand der Vererbung der Merkmale an die Nachkommen erschließen.

Allele und Polymorphismus

Lange Zeit untersuchte man die Allele durch das externe Studium der beobachtbaren Merkmale. Als sich die Methoden der Physiologie und Biochemie verfeinerten, ließ sich die Vererbung messbarer Merkmale mit experimentellen Methoden erforschen wie der Messung des Nährstoffverbrauchs oder der physikalisch-chemischen Eigenschaften der PROTEINE. Bei diesen Untersuchungen hat sich herausgestellt, dass von bestimmten Genen zahlreiche allele Formen existieren.

Dieser POLYMORPHISMUS ermöglicht eine Vielzahl von Paarkombinationen der Allele, die auf je einem der beiden homologen Chromosomen liegen. Sind in einer Population für ein bestimmtes Gen n Allele vorhanden, so sind n homozygote Genotypen (mit zwei gleichen Allelen) und $n(n-1)/2$ heterozygote Genotypen (mit zwei verschiedenen Allelen) möglich. Die Zahl der möglichen Genotypen beträgt also für ein einziges Gen

$n+(n(n-1)/2)$ d. h. $n(n+1)/2$.

Für eine Pflanzen- oder Tierart, deren genetisches Material oder GENOM Zehntausende Gene umfasst, ergibt sich die Zahl der möglichen Genotypen aus den Kombinationsmöglichkeiten aller Allele der einzelnen Gene (siehe KOMBINATORIK). Ihre Zahl übersteigt bei weitem die effektive Anzahl der Individuen jeder lebenden Art und selbst die Gesamtzahl der Partikel des bekannten Universums. Da demnach für jede neue Allelkombination unterschiedlicher Gene, die bei der Meiose durch REKOMBINATION entsteht, nur eine verschwindend geringe Wahrscheinlichkeit dafür besteht, dass sie mit einer bereits bestehenden Kombination identisch ist, ist jedes Individuum einzigartig.

Allelbestimmung und Genkartierung

Die Entwicklung der Molekulargenetik und der GENTECHNIK haben es möglich gemacht, die Allele der Gene unmittelbar auf der Ebene des genetischen Materials, der Desoxyribonukleinsäure oder DNA, in den Chromosomen zu identifizieren, also auf der Ebene des Genotyps.

Die DNA besteht aus Ketten von vier verschiedenen NUKLEOTID-Typen. Auf die Gesamtheit der Chromosomen bezogen, die das Genom der Individuen einer Art ausmachen, bleiben die Nukleotidketten der DNA sozusagen gleich. Andererseits ist zum Beispiel beim Menschen zu beobachten, dass durchschnittlich ein Nukleotid unter 300 von einem Individuum zum anderen variiert. In einem Gen genügt die Veränderung eines einzigen Nukleotids, um ein neues Allel zu definieren. Da ein Gen aus einer Kette von Tausenden – manchmal auch Millionen – Nukleotiden besteht, kann die Kombination von Varianten polymorpher Nukleotide zur Entstehung einer Vielzahl unterschiedlicher Allele führen.

Zahlreiche polymorphe Nukleotide finden sich in jenem überwiegenden Teil der chromosomalen DNA, der kein Gen codiert. Im menschlichen Genom, das aus drei Milliarden Nukleotiden besteht, sind es etwa zehn Millionen solcher Nukleotide.

An zahlreichen Stellen, die überall im Genom verteilt sind, variiert nicht die Zusammensetzung der einzelnen Nukleotide, sondern ihre Anzahl. An manchen Stellen wiederholen sich DNA-Sequenzen unterschiedlich oft. Je nach Anzahl der Wiederholungen bezeichnet man sie als Minisatelliten- oder Mikrosatelliten-DNA. Aufgrund dieser Beobachtungen hat man den Begriff des Allels vom Gen auf das gesamte Genom ausgeweitet und nutzt die polymorphen Stellen als Markierungspunkte oder MARKER für den Sequenz-Polymorphismus des Genoms, und zwar unabhängig davon, ob es sich dabei um Variationen einzelner Nukleotide oder repetitiver Sequenzen handelt.

Da die polymorphen Stellen in der DNA weitaus häufiger außerhalb als innerhalb der Gene zu finden sind, lassen sich die DNA-Marker im Allgemeinen nicht unmittelbar mit einem Gen oder einer biologischen Funktion in Verbindung bringen, sondern nur indirekt aufgrund ihrer Nähe zu einem Gen auf dem Chromosom. Die DNA-Marker werden bei der Kartierung des menschlichen Genoms sowie beim Studium der Genome anderer Tier- und Pflanzenarten verwendet. Mit ihrer Hilfe lassen sich leicht Regionen lokalisieren, in denen sich Gene befinden, die mit verschiedenen physiologischen oder pathologischen Zuständen in Zusammenhang stehen; dies stellt einen vorbereitenden Schritt zu ihrer Identifizierung dar.

Allelfixierung

Zur Vertiefung: ***Evolution; Mutation***

Wenn von einem Gen durch Mutation eine neue Form auftaucht, ist dieses ALLEL zunächst nur mit einem einzigen Exemplar in einem Individuum der Population vorhanden. Sein Schicksal hängt von den Folgen ab, die sein Vorhandensein für das Individuum hat. Sind diese Konsequenzen verhängnisvoll, so besteht eine hohe Wahrscheinlichkeit, dass es nicht an die nächste Generation vererbt wird oder zumindest nach einigen Generationen verschwindet, da die Träger dieses Allels nur selten das fortpflanzungsfähige Alter erreichen. Sind die Auswirkungen des mutierten Allels sehr günstig, könnte es sofort an mehrere Nachkommen weitergegeben werden und sich im Laufe der Generationen vermehren. Ist dieses neue Allel »neutral«, wirkt es sich also nicht auf die Überlebens- und Fortpflanzungsfähigkeit des Individuums aus, so hängt sein Schicksal einzig und allein vom Ergebnis der Zufallsauswahl ab, nach der die Allele in den Gameten (den geschlechtlichen Keimzellen, beim Tier Ei- und Spermazellen) an die Nachkommen weitergegeben werden.

Die von der POPULATIONSGENETIK entwickelten Modelle zeigen, dass selbst eine Mutation, die Vorteile mit sich bringt, mit größter Wahrscheinlichkeit eliminiert wird. Die Natur geht äußerst verschwenderisch mit den Chancen um, die der Zufall ihr bietet.

Soll eine Mutation im Evolutionsprozess und damit in der zunehmenden Differenzierung der Arten eine Rolle spielen, so muss das neue Allel letztlich alle bis dahin in der Population vorhandenen Allele verdrängen und dem betreffenden Merkmal eine andere Ausprägung geben. Wenn es das erreicht, hat es sich »fixiert«. Die Population besteht nun ausschließlich aus Individuen, die sich in diesem Merkmal gleichen. Die Wahrscheinlichkeit, dass dieses Ereignis eintritt, und die Zeit, die ein solcher Prozess erfordert, hängen im Wesentlichen von der Größe der Population ab.

Kommt es in einer Population von N Individuen zu einer Mutation, so entspricht ihre Anfangsfrequenz $1/(2N)$, da jedes Individuum für dieses Merkmal zwei Gene besitzt. Die Fixierung ist erreicht, wenn alle Gene das neue Allel reproduzieren, seine Frequenz also gleich eins ist. Ist das neue Allel neutral, beeinflusst es also die Überlebens- und Fortpflanzungsfähigkeit seines Trägers nicht, so entspricht die Wahrscheinlichkeit seiner Fixierung dieser Anfangsfrequenz, und die Zahl der Generationen, die es bis dahin benötigt, bewegt sich je nach den Zufällen seiner Weitergabe in einer Größenordnung von $2N$. Angesichts dieser Tatsachen kann es also nur in sehr kleinen Populationen zu einer Allelfixierung kommen. Die Aufspaltung einer Art in zwei verschiedene ergibt sich im Allgemeinen, wenn eine sehr begrenzte Gruppe isoliert von der Ursprungspopulation lebt.

---

allgemeine Zirkulation der Atmosphäre

Zur Vorbereitung: ***Corioliskraft; Konvektion***
Zur Vertiefung: ***Klima; Ozean; Passat; Tiefdruckgebiet; Wind; Wolken***

Das System Erde-Atmosphäre verliert im Mittel ebensoviel Energie durch Reflexion und Reemission im Infrarotbereich, wie es durch Sonneneinstrahlung gewinnt. Betrachtet man die verschiedenen Teile des Systems gesondert, ergeben sich allerdings keine ausgeglichenen Energiebilanzen. So nimmt die Erde im Bereich des Äquators (bis zu einer Breite von etwa 35°) mehr Energie auf, als sie abstrahlt, während in den Polargebieten ein großer Teil der eingestrahlten Energie von den Schnee- und Eisflächen reflektiert wird. Der Ausgleich der Energiebilanz insgesamt geschieht über den Austausch von Energie zwischen der Äquatorialregion und den Polargebieten.

Dieser Austausch erfolgt im Wesentlichen über großräumige Luftbewegungen innerhalb der Atmosphäre, die in ein System von »Konvektionszellen« gegliedert sind (siehe *Abbildung 1* und KONVEKTION). In den Äquatorialgebieten erwärmt sich die Luft, reichert sich durch Verdunstung von Meerwasser mit Wasserdampf an und steigt auf. Daraufhin kühlt sie sich bis zu der Temperatur ab, bei der Wasserdampf zu WOLKEN und Regen kondensiert, und setzt bei dieser Kondensation Wärme frei. Die intertropische Konvergenzzone (ITKZ) zwischen den aufwärts gerichteten Luftströmungen der beiden Hemisphären ist daher durch große Niederschlagsmengen gekennzeichnet. Diese Zone verlagert sich im Laufe des Jahres und folgt dabei der scheinbaren Bewegung der Sonne zwischen den beiden Wendekreisen, so dass in den Tropengebieten Regen- und Trockenzeiten abwechseln.

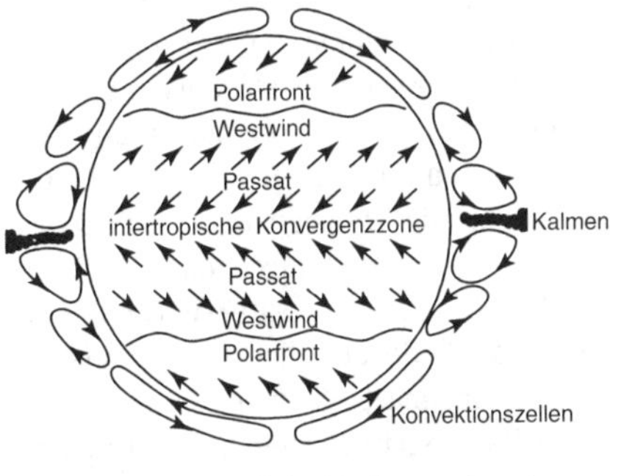

Abbildung 1 Konvektionszellen und vorherrschende Winde

In der Höhe wandert die Luft in Richtung der Pole, verliert auf ihrem Weg an Feuchtigkeit und sinkt in den subtropischen Zonen herab (daher die Trockenheit in diesen Regionen). Auf diese Weise entstehen dort Hochdruckgebiete. In niedriger Höhe strömt die Luft dann in Richtung Äquator und Pol. Durch die CORIOLISKRAFT, die auf die ERDROTATION zurückgeht, werden die Luftmassen abgelenkt. Die in Richtung Äquator strömende Luft (der PASSAT) wird nach Westen abgelenkt, so dass hier Ostwinde vorherrschen, während die zu den Polen strömende Luft nach Osten abgelenkt wird und sich daher in Form von Westwinden bemerkbar macht. In niedriger Höhe verläuft die Luftzirkulation in den mittleren Breiten deshalb hauptsächlich von Westen nach Osten, wobei TIEFDRUCKGEBIETE und Hochdruckgebiete einander abwechseln und so zum Beispiel in Westeuropa für ein veränderliches Wetter sorgen.

Auch die OZEANE sind am Energieaustausch zwischen Äquatorialzonen und Polargebieten beteiligt; ein großer Teil des äquatorialen Energieüberschusses wird von den warmen Meeresströmungen (etwa dem Golfstrom) in Richtung der Pole transportiert, während das kalte Wasser aus den Polargebieten zum Äquator zurückkehrt und dort wieder aufgeheizt wird.

Allgemeines und Besonderes

Zur Vertiefung: ***Komplexität; singulär; universell***

Das »Besondere« ist das Gegenteil des »Allgemeinen«. Man darf diese Begriffe allerdings nicht mit einem anderen Begriffspaar verwechseln, dem Universellen und dem Singulären (siehe SINGULÄR, UNIVERSELL).

Man bezeichnet einen Gegenstand als »besonders«, wenn er sich nach einigen klar umrissenen Kriterien identifizieren lässt. So kann man zum Beispiel von dieser »besonderen« Vase sprechen, wenn man genau jene Vase meint, die zu einem bestimmten Zeitpunkt an einem bestimmten Ort steht. Dieser besondere Fall unterscheidet sich vom allgemeinen Fall, in dem es um die Kategorie »Vase« geht: Die allgemeine Vorstellung von »Vase« gilt keiner bestimmten, besonderen Vase!

Zwischen Allgemeinem und Besonderem zu unterscheiden ist für die Analyse von Gegenständen interessant, die ein unterschiedliches Maß an Komplexität auszeichnet. Ein besonderes Elektron unterscheidet sich so wenig von einem anderen, dass die Erforschung des Elektrons im Allgemeinen zu einem sehr präzisen Ergebnis führen kann, und zwar im Rahmen einer mathematischen Beschreibung.

Wichtiger ist diese Unterscheidung (da die Besonderheit zunehmend spezifischer wird), wenn man zwei BAKTERIEN vergleicht, mehr noch, wenn man zwei Laborratten unterscheiden möchte, und erst recht, wenn es um zwei Menschen geht. In dem Maße, wie die Komplexität zunimmt, können Verallgemeinerungen ihre Gültigkeit nur dann behalten, wenn sie nicht die Besonderheiten auslöschen, die den Reichtum bestimmter Kollektive ausmachen (vor allem bei Menschengruppen).

Allosterie

Zur Vertiefung: ***Enzym; Konformation; Kooperativität; Protein***

Proteine sind MAKROMOLEKÜLE, die aus AMINOSÄURE-KETTEN bestehen. Proteinketten falten sich bei ihrer Synthese in eine stabile räumliche Form (oder angestammte Konformation). Unter bestimmten Umständen nehmen Proteine eine andere Konformation als ihre angestammte an. Mit diesem Vorgang befasst sich ein theoretisches Modell, die Allosterie (griechisch: *allos*, anderer, und *stereos*, starr, räumlich).

Entwickelt wurde dieses Modell, um die Eigenschaftsänderungen bestimmter Proteine, nämlich der Enzyme, zu erklären. Verbindet sich eine Proteinkette mit einem so genannten Liganden, so nimmt sie eine neue Konformation an, die zum Beispiel bewirken kann, dass sie nicht mehr mit anderen gleichartigen oder unterschiedlichen Ketten in Wechselwirkung treten kann. Mit dieser Verbindung können auch neue biologische Wirkungen auftreten, die der Struktur der Einzelkette fehlten. In einer gegebenen Menge von Enzymmolekülen, zum Beispiel in einer Zelle, lässt sich das Gleichgewicht zwischen den verschiedenen Konformationen des Enzyms als Gleichung ausdrücken. Das Modell der Allosterie liefert die begrifflichen Grundlagen, um anhand dieser Gleichungen die Funktionsweise der Enzyme und ihre Regulationsmechanismen zu verstehen. Darüber hinaus ermöglicht dieses Modell die Erforschung der hormonellen Regulation, die durch Wechselwirkungen zwischen den Hormonen und ihren Rezeptoren gesteuert wird, also jenen Proteinen, an die sie sich nach dem Schlüssel-Schloss-Prinzip binden.

Das Konzept der Allosterie lässt sich auf alle biologischen Makromoleküle ausdehnen. Im Allgemeinen erfolgen Wechselwirkungen zwischen Makromolekülen über mehrere Zustandsänderungen stabiler Konformationen, die jeweils einer bestimmten biologischen Funktion entsprechen. So wirken zum Beispiel Proteine mit der DNA zusammen, um die Steuerung der Genfunktion zu gewährleisten (siehe GEN). Im Verlauf dieser Wechselwirkungen erfahren sowohl die Proteine als auch die DNA Konformationsänderungen, ein Prozess, den man als allosterische Regulation bezeichnet (siehe GENETISCHE REGULATION).

Altern

Zur Vertiefung: ***Leben; Tod***

Definitionsgemäß versteht man unter Altern die Zunahme an Lebensjahren. Für den Biologen bedeutet dieses Vergehen der Jahre eine Leistungsabnahme der ZELLEN, der Organe und des gesamten Organismus – eine Leistungsabnahme, die er zu analysieren versucht, um ihr besser entgegenwirken zu können. Für die Demographen drückt sich der Alterungsprozess durch das Vorrücken jedes Einzelnen auf der Alterspyramide und durch die Veränderung dieser Pyramide aus. Für den Biologen ist Altern in erster Linie ein individueller Begriff, für den Demographen in erster Linie ein kollektiver.

Biologische Aspekte des Alterns

Die verschiedenen Arten der Lebewesen besitzen eine Lebensdauer, die bei bestimmten Insekten wenige Stunden beträgt, was ihnen den Namen Eintagsfliegen eingetragen hat, bei anderen Organismen bis zu mehreren hundert und sogar mehreren tausend Jahren, zum Beispiel beim Mammutbaum.

Alle Individuen sterben am Ende eines unumkehrbaren Verfallsprozesses, den man als biologisches Altern bezeichnet. Manche Schildkröten- oder Fischarten sind davon allem Anschein nach ausgenommen und sterben »bei guter Gesundheit« durch einen Unfall oder als Opfer von Raubtieren. Bei anderen wie dem Lachs setzt abrupt ein beschleunigter Alterungsprozess ein, sobald sie ihre Fortpflanzungsfunktion erfüllt haben.

Beim Menschen sind manche Stoffwechsel- oder Infektionskrankheiten wie Aids sowie bestimmte Erbkrankheiten oder Chromosomenanomalien wie das Werner-Syndrom oder das Down-Syndrom mit vorzeitigem Altern verbunden.

Altern ist gekennzeichnet durch die Tatsache, dass der Organismus den Verschleiß seiner Bestandteile zunehmend nicht mehr zu kompensieren vermag. Es häufen sich Störungen aufgrund von Mutationen des Genmaterials, die ein reibungsloses Funktionieren der Zelle verhindern. Aufbau, Lokalisation und Transport der MAKROMOLEKÜLE (NUKLEINSÄUREN, die DNA und RNA umfassen, PROTEINE und LIPIDE) innerhalb und außerhalb der Zellen vollziehen sich fehlerhaft. Die Zellbestandteile werden von äußerst reaktionsfreudigen Molekülarten wie freien Radikalen oxidiert und in ihrer Funktion gestört.

Die MITOCHONDRIEN (ORGANELLEN im Inneren der Zelle), in denen ein wesentlicher Teil der Energieproduktion der EUKARYOTEN (Zellen, deren genetisches Material in einem Kern lokalisiert ist) erfolgt, werden schadhaft, und die Zellen werden schwächer. Auf Dauer kommt es zur Überlastung der Mechanismen, die eine Korrektur solcher Störungen ermöglichen oder die Abwehr schädlicher Umwelteinflüsse sicherstellen.

Die Fähigkeit der Zellen, sich zu vermehren, entspricht der Lebensdauer der jeweiligen Art. Die Zahl der möglichen ZELLTEILUNGEN nimmt von der Entwicklung des Embryos bis zum Erwachsenenleben ab. Mit dieser Abnahme geht die Verkürzung der CHROMOSOMEN-Enden (Telomere) einher. Wenn dieses Phänomen nicht auftritt, altern die Zellen auch nicht mehr, wie es bei der bösartigen Transformation gesunder Zellen in Krebszellen der Fall ist.

Spezielle Gewebe, die wiederum aus zahlreichen differenzierten Zelltypen bestehen, übernehmen die großen biologischen Funktionen. Im Laufe des Alterungsprozesses verändert sich die Fähigkeit dieser Zellen, zahlreiche Proteine zu produzieren, die an der Gewebebildung mitwirken und sie geschmeidig, resistent oder elastisch machen.

Ob es sich nun um Änderungen in der Funktionsweise des genetisch programmierten Organismus handelt oder um Modifikationen der Umgebung als Folge unvorhergesehener Ereignisse, all diese Faktoren tragen unabwendbar zum irreversiblen Nachlassen der biologischen Funktionen bei: Abnahme der Sehkraft und des Gehörs, der Spannkraft und Elastizität der Muskeln und der Haut mit Folgen für die Atmung, den Kreislauf und die Beweglichkeit; Nachlassen der Abwehrkräfte, was Infektionskrankheiten und Krebs begünstigt; Umstellung des neuroendokrinen Systems, was zum Verlust der Fortpflanzungsfähigkeit führt; Abnahme der kognitiven Funktionen bis hin zur Demenz. Der Alterungsprozess geht mit vielfältigen Krankheiten einher, und das umso häufiger, als die Verbesserung der Lebensbedingungen zur Lebensverlängerung beiträgt. Der Organismus, der nicht mehr imstande ist, sich unbeschädigt auf die Veränderungen seiner Umgebung einzustellen, stirbt und räumt den Platz für jene, die er möglicherweise mit hervorgebracht hat: Der Zähler des Lebens ist sozusagen wieder auf null gestellt. Altern und Tod sind Folgen der eingeschränkten Betriebssicherheit der intrinsischen Mechanismen des Lebens: Irgendwann lässt sich das Hintergrundrauschen der vielfältigen Störungen nur noch durch die Vernichtung des Lebens selbst eliminieren.

Demographische Aspekte des Alterns

Das Alter eines jeden bemisst sich nach der Zahl der Jahre, die seit der Geburt vergangen sind. Altern bedeutet aber auch, dem Tod näher zu kommen. Da der Zeitpunkt des Todes jedoch unbekannt ist, lässt sich unser Abstand zu ihm nicht messen. Dieses Problem lösen die Demographen mittels eines statistischen Konzepts: der Lebenserwartung. Auch wenn sich für ein Individuum nicht sagen lässt, wie lange es noch zu leben hat, ist es möglich, für eine ausreichend große Gesamtheit von Individuen den Durchschnitt der wahrscheinlichen Lebensdauer anhand von Beobachtungen aus der Vergangenheit und aufgrund einiger Hypothesen über die Entwicklung der Lebensbedingungen zu berechnen; dieser Durchschnittswert gilt als Lebenserwartung.

Es sind also zwei Maße des Alterns möglich, je nachdem ob man sich auf den einen oder den anderen Extrempunkt des Lebens bezieht, auf seinen Anfang oder sein Ende. Allerdings ergeben diese Maße weder für das Individuum noch für ein Kollektiv die gleiche Sicht auf das Altern.

Von einem Geburtstag zum nächsten entfernt sich jedes Individuum um ein Jahr von seiner Geburt und nähert sich im gleichen Maße seinem Tod, doch seine Lebenserwartung hat sich keineswegs um ein Jahr verringert. Ein Junge, der 1930 in Frankreich zur Welt kam, hatte bei seiner Geburt eine Lebenserwartung von 54,3 Jahren, berechnet aufgrund der Sterbetafeln der damaligen Zeit. Im Alter von 50 Jahren, also 1980, betrug seine Lebenserwartung statt der ursprünglich angenommenen 4,3 Jahre noch 24,8 Jahre (bei einem statistisch zu erwartenden Tod im Durchschnittsalter von 74,8 Jahren). Seine 50 Jahre realen Lebens haben ihn seinem »statistischen Tod« nur um 29,5 Jahre näher gebracht. Zehn Jahre später, 1990, betrug seine Lebenserwartung immer noch 18,8 Jahre (bei einem statistisch vorhersehbaren Tod im Durchschnittsalter von 78,8 Jahren): Für den Demographen ist sein Tod in einem Jahrzehnt nur um sechs Jahre näher gerückt.

Diese Feststellung ist keineswegs paradox, sondern resultiert aus zwei Ursachenreihen. Zum einen ist das Individuum, solange es lebt, noch nicht tot, das heißt, es ist bislang den Risiken entgangen, die in die Sterbetafeln einfließen. Zum anderen ändern sich diese Sterbetafeln in Folge der Verbesserung der gesundheitlichen Bedingungen: Zwischen 1980 und 1990 hat sich die Lebenserwartung für einen Sechzigjährigen von 17,3 Jahren auf 18,8 Jahre erhöht. In Zeiten raschen medizinischen Fortschritts, wie ihn zum Beispiel die Einführung der Antibiotika darstellte, ist es durchaus möglich, dass den verflossenen Lebensjahren ein noch größerer Aufschub des wahrscheinlichen Todeszeitpunkts gegenübersteht.

Vom Altern einer Population ist üblicherweise dann die Rede, wenn die Alterspyramide aufgrund eines Rückgangs der Sterbe- und der Geburtenzahlen die Form eines Obelisken annimmt. In der Pyramide des 18. Jahrhunderts lag das Durchschnittsalter in Frankreich bei 30 Jahren; in der Pyramide von heute liegt es bei 41 Jahren; das Altern der Population scheint offenkundig, und viele beklagen es lautstark. Damals war jedoch die Lebenserwartung für einen Dreißigjährigen wesentlich geringer als heute für einen Einundvierzigjährigen. Die durchschnittliche Möglichkeit, die Zukunft als Abenteuer zu betrachten, das es aktiv zu gestalten und nicht zu erdulden gilt, und Projekte mit der begründeten Hoffnung in Angriff zu nehmen, sie auch realisieren zu können, statt passiv auf das Ende zu warten, ist demnach wesentlich größer. Die Population ist heute trotz ihrer Alterung dynamischer als früher.

Aminosäure

Zur Vertiefung: ***genetischer Code; Hydrophilie, Hydrophobie; Protein***

Eine Aminosäure ist ein kleines Molekül mit einer Carboxylgruppe (COOH) und einer Aminogruppe (NH_2), die an dasselbe Kohlenstoff-Atom gebunden sind. In Proteinen, die aus linearen Aminosäureketten bestehen, finden sich nur zwanzig verschiedene Aminosäuren. In ihrer allgemeinen Formel (siehe *Abbildung 1*) bezeichnet *R* einen als Seitenkette angelagerten Rest. Größe und physikalisch-chemische Eigenschaften der verschiedenen, äußerst variablen Seitenketten entscheiden über die Eigenschaften der Proteine.

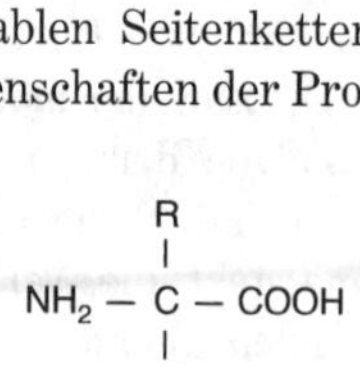

Abbildung 1

Manche Aminosäuren wie Arginin (R), Lysin (K) und Histidin (H) sind unter physiologischen Bedingungen positiv geladen, andere wie Asparaginsäure (D) und Glutaminsäure (E) negativ. Aminosäuren wie Asparagin (N), Glutamin (Q), Serin (S), Threonin (T) und Tyrosin (Y) sind in ihrer Ladung neutral und besitzen hydrophile Seitenketten, die schwache chemische Bindungen mit Wassermolekülen eingehen können (siehe HYDROPHILIE, HYDROPHOBIE). Die übrigen Aminosäuren, also Alanin (A), Cystein (C), Phenylalanin (F), Glycin (G), Isoleucin (I), Leucin (L), Methionin (M), Prolin (P), Valin (V) und Tryptophan (W) sind in ihrer Ladung ebenfalls neutral, haben aber hydrophobe Seitenketten. Neben den hier angegebenen Einbuchstabensymbolen werden für die Aminosäuren der Proteine auch Dreibuchstabensymbole verwendet, die jeweils aus den Anfangsbuchstaben ihres Namens bestehen, also Arg für Arginin.

analog

Zur Vertiefung: ***digital; Signal***

In seiner allgemeinen Bedeutung ist »analog« das Adjektiv zu »Analogie« oder zur Operation der Analogiebildung, wie man sie etwa in Analogieschlüssen findet (siehe ANALOGIE und ARGUMENTATION, BEWEISFÜHRUNG).

In den Informationswissenschaften und in der Informationstechnik spricht man von einem analogen Signal, wenn es die Botschaft, die es trägt, kontinuierlich in einem proportionalen Verhältnis übermittelt. Auf den klassischen Vinylschallplatten zum Beispiel wurde die Musik auf analogem Wege in Gestalt einer fortlaufendenRille eingraviert. Im Unterschied zu analogen Verfahren reduzieren digitale Techniken die Information auf eine Abfolge ganzer Zahlen. Aus der direkten Proportionalität zwischen der Gravur und dem ursprünglichen Signal könnte man auf eine große Treue des Phonogramms gegenüber der »Stimme seines Herrn« schließen, doch das ist keineswegs so. Analoge Signale weisen Verzerrungen auf, die sich nur schwer korrigieren lassen, während digitale Signale den Fluss der binären Informationen nahezu fehlerfrei übertragen.

Analogie

Zur Vertiefung: ***Elektromagnetismus; Induktion; Phänomen***

Der Ausdruck »Analogie« stammt vom griechischen *analogia*, das »Gleichheit von Verhältnissen« bedeutet. Möglicherweise war die erste als solche beschriebene Analogie die der ähnlichen Dreiecke. Die Ähnlichkeit beruht nämlich in diesem Fall auf einer Gleichheit von Verhältnissen.

Natürlich ging die Praxis der Analogie ihrer Erklärung voraus. Bei der Schaffung theoretischer Systeme greift man vielfach auf Analogien zurück, die es ermöglichen, Fremdes auf Vertrautes zurückzuführen oder Beziehungen zwischen verschiedenen Objekten herzustellen, und oft hat die Entdeckung interessanter Analogien den Anstoß zur Formulierung neuer Theorien gegeben.

In den Wissenschaften finden sich alle drei Zielsetzungen. Als Galilei durch sein Fernrohr die vier Jupitermonde beobachtete, schloss er daraus im Wege der Analogie, das Sonnensystem sei gleichsam ein vergrößertes Abbild dieses kleineren Systems, und bestätigte dadurch die kopernikanische These.

Als Isaac Newton den Fall eines Apfels mit der Bahn des Mondes verglich und darin analoge Phänomene erblickte, bewirkte er einen radikalen Wandel des Bildes vom UNIVERSUM und den darin herrschenden Mechanismen. Nach Aristoteles war die Welt in zwei deutlich unterschiedene Bereiche unterteilt, den sublunaren Bereich, in dem Dinge entstanden und vergingen, und den supralunaren Bereich, den vollkommenen Ort der Himmelskörper. Newton beschloss, Unvergleichliches, nämlich die Elemente dieser beiden Welten, miteinander zu vergleichen, und zeigte, dass überall dieselben Naturgesetze herrschen.

Auf eine besonders fruchtbare Analogie stieß James Clerk Maxwell, als er bemerkte, dass die Ausbreitung des Lichts sowie der elektrischen und der magnetischen Felder mit derselben Geschwindigkeit erfolgt; damit vereinte er LICHT, ELEKTRIZITÄT und MAGNETISMUS in einem einzigen theoretischen Gebilde, das als ELEKTROMAGNETISMUS bezeichnet wird.

Ein Spezialfall der Nutzung von Analogien für Zwecke der Erklärung ist die Induktion (ein Schlussverfahren, das in einer Reihe von Schritten vom Besonderen zum Allgemeinen fortschreitet). Darin wird die Analogie zu einem wichtigen Prinzip der Erkenntnis, wie es bereits die mittelalterliche Scholastik gesehen hatte. In diesem Geiste behandelte Isaac Newton in seinen *Principia* die so genannten »Analogien der Natur«. Dieses methodologische Postulat gestattete es, die an einem begrenzten Raum und einer begrenzten Zeit gewonnenen Erkenntnisse auf den gesamten Raum und die gesamte Zeit auszudehnen. In diesem Fall ähnelt die Analogie einem Ökonomieprinzip (siehe OCKHAMS RASIERMESSER). Die Vorstellung, dass die Aussagen der Physik über die GRAVITATION oder auch über den Aufbau des Kohlenstoffatoms universelle Geltung beanspruchen können, basiert also auf einem Analogieprinzip.

Die Analogie geht von Bekanntem aus, um Unbekanntes zu begreifen. Dieses Vorgehen ist jedoch nicht ganz gefahrlos. So hat es sich als unfruchtbar erwiesen, das Modell des Sonnensystems dazu heranzuziehen, Aufbau und Funktionsweise des Atoms zu erklären. Der Anthropomorphismus ist das in der Geschichte des menschlichen Denkens am weitesten verbreitete und gefährlichste Analogieverfahren. Weil der Mensch – zu Unrecht – glaubt, er kenne am besten noch sich selbst, neigt er dazu, sein Verhalten und seine Eigenschaften auf den Rest der Welt zu übertragen. Dabei läuft er Gefahr, Phänomenen und Prozessen der außermenschlichen Natur einen intentionalen, zielgerichteten Charakter zu unterstellen, der nur einem mit Verstand und Freiheit ausgestatteten Wesen zukommen kann.

Analyse

Der Begriff der Analyse bezieht sich auf zerlegbare Dinge mit gleichsam körniger Struktur. Ein Objekt analysieren heißt sowohl in der Umgangssprache als in der chemischen Fachsprache, es in seine verschiedenen Bestandteile zerlegen. Die Analyse ist die Methode, mit der diese Zerlegung erfolgt; ihr Gegenstück ist die Synthese.

Chemische Analyse

Zur Vertiefung: ***chemische Synthese; Signatur; Spektrum; Struktur***

Die Analyse ist jenes Teilgebiet der Chemie, in der die Bestandteile der MATERIE und ihre jeweiligen Mengenverhältnisse bestimmt werden. Bei diesen Bestandteilen kann es sich um die ATOME innerhalb eines MOLEKÜLS handeln (wenn man klären möchte, aus welchen chemischen Elementen ein Stoff besteht) oder um reine Stoffe innerhalb eines Gemischs (etwa wenn man die zahllosen Düfte charakterisieren möchte, aus denen das Bouquet eines bestimmten Weins besteht).

Die chemische Analyse muss präzise und empfindlich sein; sie muss die Möglichkeit bieten, die Bestandteile eines Stoffes auch dann fehlerfrei zu bestimmen, wenn sie nur in sehr geringen Mengen darin vorkommen. Durch eine chemische Analyse lässt sich zum Beispiel klären, ob ein Gemälde gefälscht ist (weil etwa ein Pigment verwendet wurde, dass zur angeblichen Entstehungszeit des Bildes noch gar nicht bekannt war); sie hilft bei der Aufklärung von Verbrechen (indem sie zum Beispiel Schmauchspuren an der Kleidung eines Mordverdächtigen identifiziert); oder sie liefert Beweise gegen ein Unternehmen, das verschmutzte Abwässer illegal in einen Fluss geleitet hat.

Die Techniken, mit denen solche Glanzleistungen vollbracht werden, basieren häufig auf der Untersuchung der Absorption oder Reemission von Strahlung durch die betreffenden Stoffe, wobei die zur Untersuchung eingesetzte Strahlung heute vielfach von LASERN stammt. Die Wechselwirkung zwischen der Strahlung (zum Beispiel Röntgenstrahlen) und bestimmten Bestandteilen einer Probe sind charakteristisch für die jeweiligen Bestandteile.

In der SPEKTRALANALYSE setzt man diverse (spektroskopische) Verfahren ein, um die Bestandteile eines Gemischs oder die verschiedenen Teile eines Moleküls zu identifizieren (siehe auch SPEKTRUM).

Nicht nur in der chemischen Industrie, sondern auch weit darüber hinaus benötigt man Chemiker, die solche Analysen durchführen; so ist es für einen Joghurthersteller sehr wichtig, den Blei- oder Dioxingehalt seiner Produkte zu überprüfen, damit die Werte dieser Schadstoffe nicht die von der Brüsseler Kommission festgelegten Grenzwerte übersteigen. Generell spielt die chemische Analyse eine wesentliche Rolle bei der Kontrolle der Umwelt und beim Umweltschutz.

Analysis und mathematische Analyse

Zur Vertiefung: ***Approximation; Differential; Funktion; Integral***

Im modernen Sinne umfasst die Analysis sämtliche Bereiche, die aus der Differential- und Integralrechnung hervorgegangen sind, aber diese Bedeutung ist relativ neuen Datums; in der frühen Neuzeit und in der Antike verstand man darunter etwas anderes.

In der griechischen Mathematik bedeutete *analysis* eine »rückschreitende Lösung«, eine Methode zur Lösung von Problemen, den »Weg, der vom Gesuchten ausgeht, dieses als gegeben annimmt, und über die Konsequenzen zu etwas durch Synthese Bekanntem führt« (Pappus, coll. VII). Ihr Gegenstück war die Synthese, bei der man genau umgekehrt verfuhr; man ging von Bekanntem aus und setzte daraus neue Objekte oder neue Eigenschaften zusammen. Die arabischen Mathematiker des 10. Jahrhunderts elaborierten diese Gedanken im Zusammenhang mit den geometrischen Problemen, der Diskussion ihrer Lösbarkeit und der Anzahl ihrer Lösungen.

Die ALGEBRA entstand als allgemeine Methode zur Behandlung arithmetischer und geometrischer Probleme; darin behandelt man eine gesuchte Größe als »Sache« und rechnet mit ihr, als wäre sie bereits bekannt, bis man sie schließlich auf der Basis der Ausgangsbedingungen bestimmen kann. Auch Franciscus Vieta (16. Jahrhundert) bezeichnete die von ihm entwickelte Algebra mit dem Kunstwort »Analytik«, weil er glaubte, die verloren gegangene Analysis der Antike rekonstruiert zu haben. Im 17. Jahrhundert war der Ausdruck »Analysis« ein Synonym für »Algebra« und »Buchstabenrechnung«.

Isaac Newton und Gottfried Wilhelm Leibniz schufen die Differential- und Integralrechnung, indem sie die Möglichkeiten der Buchstabenrechnung ausschöpften. Im 18. Jahrhundert unterschied man zwischen der gewöhnlichen Analysis oder Algebra und der »höheren« Analysis, die Differential- und Integralrechnung umfasste. Gegen Ende des Jahrhunderts stand »Analysis« für die gesamte Mathematik mit Ausnahme der GEOMETRIE. Heute umfasst die Analysis sämtliche Bereiche, die aus der Differential- und Integralrechnung hervorgegangen sind wie die Funktionalanalysis, die harmonische Analyse und die numerische Analysis; man arbeitet dort mit Ungleichungen, APPROXIMATIONEN, FUNKTIONEN und Grenzwerten und untersucht insbesondere Differential- und Integralgleichungen.

Die Funktionalanalysis befasst sich mit der Untersuchung bestimmter Klassen von Funktionen (die zuweilen generalisiert werden wie die Verteilungen). Die harmonische Analyse gestattet die Darstellung recht allgemeiner Funktionen als Überlagerung einfacher Funktionen (siehe SPEKTRALANALYSE). Bei der numerischen Analysis geht es um exakte oder approximative Rechenverfahren und um die Bestimmung von Fehlern.

In der Logik hat man im Rahmen der MODELLTHEORIE ein »nichtklassisches« Modell der reellen ZAHLEN entdeckt, das neben den üblichen Zahlen auch unendlich kleine und unendlich große Zahlen enthält (siehe UNENDLICH). Dank dieser Entdeckung konnte man die Analysis in etwas anderer Weise entwickeln, so dass man hier von einer nichtklassischen Analysis spricht.

Bei der so genannten Faktorenanalyse, der Korrelationsanalyse und der statistischen Analyse handelt es sich um statistische Methoden, mit deren Hilfe man charakteristische »Faktoren« eines Phänomens oder Korrelationen zwischen zwei beobachteten Variablen zu bestimmen versucht.

Der Einfluß der Analysis auf verschiedene Gebiete der Mathematik zeigt sich am Gebrauch des Adjektivs »analytisch« in Ausdrücken wie »analytische Funktion« oder »analytische Geometrie«. Als analytische Geometrie bezeichnete man früher die Geometrie der von René Descartes und Pierre de Fermat im 17. Jahrhundert eingeführten Koordinatensysteme; Kurven und Flächen werden darin als GLEICHUNGEN dargestellt, die mit den Mitteln der Algebra behandelt werden. Heute beschränkt man den Begriff eher auf die Theorie der analytischen RÄUME.

Analytische Funktionen sind Funktionen, die in der Umgebung jedes Punktes x_0 in eine Reihe von Potenzen von $x–x_0$ entwickelt werden können; nach den POLYNOMEN sind sie die regelmäßigsten Funktionen. Im komplexen Bereich genügt die Existenz einer komplexen Ableitung, das heißt des Grenzwerts

$$\frac{f(z+h)-f(z)}{h}$$

wobei h komplex ist und gegen 0 strebt, um sicher zu stellen, daß die Funktion f analytisch ist. Im reellen Bereich liegen die Dinge etwas anders. In der p-adischen Analysis untersucht man auch die Eigenschaften der analytischen Funktionen einer oder mehrerer p-ADISCHER ZAHLEN.

Die analytische Zahlentheorie wendet die Theorie der analytischen Funktionen auf die Erforschung arithmetischer Eigenschaften an (siehe PRIMZAHLEN).

Analyse, statistische

→ ***statistische Analyse***

Anfang, Ursprung

Zur Vertiefung: ***Leben; Prozess; Schöpfung; Urknall***

Die Frage nach dem Anfang und Ursprung aller Dinge ist natürlich keine wissenschaftliche Frage. Zwar sind viele Menschen fasziniert von den vier großen Fragen nach dem Ursprung des Universums, des Lebens, des Menschen und des Bewusstseins, doch diese Faszination beruht eher auf den religiösen Konnotationen dieser Fragen als auf einem Interesse an den Antworten, die unsere Wissenschaften darauf geben. Denn, genau gesagt, geben die Wissenschaften darauf keine Antwort. Und das hat seine Gründe. Jede dieser Entitäten – das Universum, das Leben, der Mensch, das Bewusstsein – existiert als solche auf der Ebene ihrer Entstehung nur im Rahmen der philosophischen oder religiösen Fragestellung, aber nicht im Zusammenhang einer wissenschaftlichen Realität. Was sagt die Wissenschaft darüber?

Wer vom Ursprung des Universums spricht, der meint, dass es eine Zeit gab, da das Universum seinen Anfang nahm. Dieser Ausdruck setzt voraus, dass die Zeit außerhalb des UNIVERSUMS existiert, dass es eine absolute, gleichsam göttliche Zeit gibt. Die Physik lehrt uns aber, dass Zeit, Raum und Materie untrennbar miteinander verbunden sind (siehe RELATIVITÄTSTHEORIE). Für Physiker hat es deshalb gar keinen Sinn, von einem Anfang oder Ursprung des Universums im zeitlichen Sinne zu sprechen; sie vermögen nur die Veränderungen des bereits existierenden Universums zu beschreiben (siehe URKNALL). Ein zeitlicher »Nullpunkt« ist nur eine Konvention, die aus Gründen der leichteren mathematischen Behandlung eingeführt wird (siehe SINGULARITÄT).

Die wissenschaftliche Erforschung des Ursprungs des Lebens konzentriert sich auf die Bedingungen, die dessen Entstehung ermöglicht haben. Da Leben durch die Fähigkeit definiert ist, sich zu reproduzieren, durch eine Fähigkeit also, die das Leben bereits voraussetzt, können wir uns aus dem darin enthaltenen *circulus vitiosus* nur befreien, indem wir uns den physikalischen und chemischen Eigenschaften der Grundbausteine des Lebens zuwenden. Stehen am Anfang des Lebens einfache Moleküle? Ist die Biologie letztlich auf die Chemie zurückzuführen? Falls man diese Frage bejaht, verlagert sich die Frage nach dem Ursprung des Lebens in ein anderes Fachgebiet, die Chemie. Aber hat der Begriff des Lebens dann überhaupt noch einen Sinn?

Die beiden letzten Ursprungsfragen betreffen das Wesen des Menschen. Sie hängen eng miteinander zusammen, denn letztlich geht es in beiden Fällen um die Entstehung des Bewusstseins. Wollen wir die Frage nach der Entstehung des Menschen im Rahmen der Evolution beantworten (an welchem Punkt der Entwicklung löste er sich von der Abstammungslinie unserer nahen Verwandten, der großen Primaten?), müssen wir wissen, aufgrund welchen Kriteriums wir wirklich von einem Menschen sprechen können. Die Frage nach dem Ursprung des Bewusstseins wiederum (ab welchem Punkt der individuellen Entwicklung besitzt ein menschliches Wesen ein Bewusstsein, das seine Menschlichkeit ausmacht und ihm seine Einzigartigkeit verleiht?), hat nur dann Sinn, wenn wir genau angeben können, was »Bewusstsein« bedeutet.

In vielen Fällen wird der Ausdruck »Ursprung« im selben Sinne benutzt wie die Ausdrücke »Veränderung« oder »Transformation«, etwa wenn wir vom Ursprung der Sterne sprechen. Hier handelt es sich tatsächlich um eine wissenschaftliche Fragestellung, denn die Wissenschaft hat die Veränderungen zu erforschen, die durch die AKKRETION interstellaren Gases zur Bildung jener leuchtenden Himmelskörper führten, die wir als Sterne bezeichnen. Die Naturwissenschaft ist in ihrem Element, wenn es darum geht, Veränderungen zu analysieren und zu verstehen; die Frage nach der Entstehung von Dingen aus dem Nichts, der *creatio ex nihilo*, bildet dagegen eine Grenze, jenseits derer die Wissenschaft keine Antworten zu geben vermag.

---

angeborene Merkmale

Zur Vertiefung: ***Erblichkeit; erworbene Merkmale***

Obwohl das Wort »angeboren« auf die Geburt verweist, ist es sinnvoll, sich auf ein früheres Ereignis, nämlich die Befruchtung, zu beziehen, um bei einem Individuum zwischen angeborenen und erworbenen Merkmalen zu unterscheiden. Definitionsgemäß können wir alles als angeboren betrachten, was die beiden an der Fortpflanzung beteiligten Gameten (Ei und Spermium) beigetragen haben. Alles andere ist »erworben«.

Bei gewissen Merkmalen lässt sich aus der Kenntnis des Genotyps (also der Gesamtheit der Gene) direkt auf den Phänotyp (also das tatsächliche Erscheinungsbild) schließen. In diesen Fällen ist der Phänotyp vollständig angeboren. Das gilt zum Beispiel für die Farbe Gelb oder Grün der von Gregor Mendel untersuchten Erbsen sowie für die verschiedenen Blutgruppen und für gewisse Krankheiten wie die Mukoviszidose, die auf einer angeborenen Stoffwechselstörung beruhen. Umgekehrt gilt jedoch nicht, dass sich aus der Kenntnis des Phänotyps direkte Rückschlüsse auf den Genotyp ziehen ließen, da jedes Merkmal von zwei ALLELEN, also paarweise einander zugeordneten Genen, abhängt, die in einem Verhältnis von Dominanz und Rezessivität zueinander stehen, so dass manche Gene sich nicht manifestieren.

In Wirklichkeit besteht die Korrespondenz zwischen Phänotyp und Genotyp streng genommen nur zwischen dem Genotyp und den Proteinen, deren Struktur er definiert. Auf dem Weg von diesem Protein zum sichtbaren Merkmal können andere Faktoren ins Spiel kommen. Das ist zum Beispiel bei der Phenylketonurie der Fall, einer Krankheit, die auf ein rezessives Allel zurückgeht. Bei Individuen, die zwei rezessive Allele dieses Gens besitzen, stört eine Enzymschwäche den Stoffwechsel einer Aminosäure (Phenylalanin). Diese sammelt sich im Gehirn und kann zu schweren Funktionsstörungen bis hin zu einer bestimmten Form von Schwachsinn führen. Bis vor einigen Jahrzehnten galt dieser Schwachsinn noch als vollständig angeborene Erbkrankheit. Seit seine Ursachen bekannt sind, ist es jedoch möglich geworden, seine Manifestation zu verhindern: Es genügt, ein Kind dieses Genotyps phenylalaninarm zu ernähren. Heute ist diese Krankheit durchaus nicht mehr unabwendbar, obwohl ihre Ursache angeboren ist. An diesem Fall sehen wir, dass der Unterschied zwischen angeborenen und erworbenen Merkmalen keineswegs deckungsgleich ist mit dem Unterschied zwischen »festgelegten« und »möglichen« Merkmalen. Die Definition angeborener Merkmale hängt vom jeweiligen Wissensstand ab. Angesichts der früheren Unwissenheit war es durchaus logisch, die Phenylketonurie für angeboren zu halten. Heute wissen wir, dass zwar die Enzymschwäche angeboren ist, nicht aber die Krankheit, zu der sie führt – und die sich verhindern lässt, wenn man die erforderlichen Vorkehrungen trifft. Somit ist es also nicht korrekt, von einer »genetisch bedingten Krankheit« oder einem »Krankheitsgen« zu sprechen.

In den meisten Fällen ist ein sichtbares Merkmal das Resultat eines Prozesses, an dem die Gene ebenso beteiligt sind wie die Umwelt. Das wirft die Frage nach der jeweiligen Bedeutung dieser beiden Faktoren auf: Zählt einer mehr als der andere? Welchen Anteil haben sie jeweils? So formuliert, lässt sich diese Frage nicht beantworten, da die Bedingungen nicht definierbar sind. Der Rückgriff auf das Konzept des »Anteils« geht implizit von der Annahme aus, dass sich die Auswirkungen der verschiedenen beteiligten Faktoren ergänzen. Eine solche Addition entspricht jedoch nur selten der Realität.

Ein erhellendes Beispiel hierfür ist die Ertragssteigerung beim Bohnenanbau. Die ursprünglichen Sorten, die aus Südamerika kamen, erbrachten bei mexikanischen Bauern einen Ertrag von kaum mehr als fünf Doppelzentnern pro Hektar. Im guten Boden der Beauce um Paris brachte das gleiche Saatgut einen Ertrag von 15 Doppelzentnern pro Hektar. Seit diese Bohnen im 16. Jahrhundert nach Europa eingeführt wurden, haben die Züchter sie verbessert und neue Sorten entwickelt, die unserem Klima besser angepasst sind; mit diesen Varietäten wird ein Ertrag von 30 Doppelzentnern pro Hektar erzielt. Die Differenz von 25 Doppelzentnern zwischen dem Ertrag der mexikanischen Bauern und dem der französischen Bauern geht auf zwei Ursachen zurück: auf den unterschiedlichen Boden und die genetische Verbesserung. Welchen Anteil hat jeder dieser beiden Faktoren? Die Antwort scheint auf der Hand zu liegen: Der andere Boden hat eine Ertragssteigerung von zehn Doppelzentnern erbracht, die genetische Veränderung eine Steigerung von 15 Doppelzentnern. Die jeweiligen Anteile betragen demnach 40% und 60%. Mit gutem Grund konnte man in Erwägung ziehen, die in Frankreich kultivierten Varietäten auch in Mexiko anzubauen. Da sich diese Sorten jedoch an das rauere Klima nicht anzupassen vermochten, brachten sie fast gar keinen Ertrag. Die Ertragsdifferenz von 25 Doppelzentnern lässt sich demnach in der Analyse zu »+30« auf Umweltunterschiede und zu »−5« auf genetische Differenzen zurückführen.

Eine Analyse der Differenzen hat somit keinen absoluten Sinn. Die verbesserte Sorte ist der herkömmlichen nur in der Umgebung überlegen, in der sie entstanden ist, während sie ihr in der ursprünglichen Heimat dieser Pflanze unterlegen ist. Eine solche Analyse kann für die Versuche der Züchter äußerst nützlich sein, sofern sie nicht aus dem Blick verlieren, dass die Resultate nur einen lokalen Sinn haben können, der sich auf kleine Variationen beschränkt.

Letztlich gilt es, sich mit einer Binsenweisheit zu begnügen: Jedes Merkmal eines Lebewesens resultiert aus dem Wechselspiel zwischen dem, was es bei seiner Empfängnis mitbekommen hat, und dem, was es seit der Empfängnis von der Umgebung erhalten hat. Die »Anteile« dieser Beiträge genauer festlegen zu wollen birgt die Gefahr, die begriffliche Armut mit einem mathematischen Mäntelchen zu kaschieren.

Anpassung

Anpassung von Organismen

Zur Vertiefung: ***Darwinismus; Evolution; Lamarckismus; natürliche Auslese***

Im Laufe seiner Entwicklung muss jedes Lebewesen im Kampf um seine Existenz den Besonderheiten seiner Umgebung Rechnung tragen. Es muß auf Bedrohungen reagieren und sich verändern, um angesichts der Zwänge, die seine Umgebung ihm auferlegt, zu überleben, das heißt, es muss sich anpassen. Daher stellten die »Transformisten« des 18. Jahrhunderts die Hypothese auf, die auf diese Weise neu erworbenen Merkmale würden an die Nachkommen weitergegeben. Nach ihrer Ansicht müsste die individuelle Anpassung oder Adaptation eine kollektive Anpassung nach sich ziehen. Diese Hypothese bildete den Kern des LAMARCKISMUS.

Obwohl diese Theorie durchaus einleuchtend erschien, musste sie aufgegeben werden, als sich im Gefolge der Forschungsarbeiten Gregor Mendels herausstellte, dass nicht die Individuen unmittelbar ihre Eigenschaften weitergeben, sondern die Gene, die diese Merkmale steuern. Die Veränderungen, die die Organe im Laufe der Zeit erfahren, ziehen also keine Modifikation jener Gene nach sich, die ihre Ausbildung gesteuert haben. Vielmehr werden diese Gene so weitergegeben, wie sie empfangen wurden. Neuerungen ergeben sich einzig und allein aus den Mutationen, die zufällig auftreten und nicht mit einer etwaigen Anpassung korrespondieren.

Eine Anpassung an die Umgebung kann ein Kollektiv also nur über eine Auswahl jener zufälligen Mutationen erreichen. Nach der Theorie Darwins vollzieht sich dieser Selektionsprozess unter dem Druck der natürlichen Auslese. Somit gestaltet sich der Rhythmus der Veränderungen wesentlich langsamer, als es bei einer unmittelbaren Vererbung erworbener Eigenschaften der Fall wäre.

Künstliche Anpassung

Zur Vertiefung: ***genetischer Algorithmus; künstliches Leben; Optimierung***

Ebenso wie Lebewesen sich an die Besonderheiten ihrer Umgebung anpassen, um adäquat auf die ihnen aufgezwungenen Bedingungen zu reagieren, sind manche Maschinen so konzipiert, dass sie sich mit Hilfe von so genannten adaptiven Lerntechniken an ihre Umgebung anpassen. Die Prinzipien, auf denen diese Techniken basieren, sind von der Beobachtung der natürlichen Auslese bei Lebewesen inspiriert: Unterschiedliche Programmfragmente, die sich parallel aktivieren lassen, sind dem genetischen Erbe verschiedener Individuen angeglichen, wobei diese Assimilation so weit reicht, dass sie sich durch Kreuzung und Mutation weiterentwickeln. Die Effizienz jedes einzelnen Individuums, also der Beitrag seines Programmfragments zum Gesamtverhalten, bemisst sich nach der Angemessenheit seiner Reaktionen auf die Umgebung. Die effizientesten Individuen bleiben erhalten und pflanzen sich durch die so genannte Kreuzung oder Mutation ihrer Erbanlagen fort, während die weniger effizienten beseitigt werden.

---

anthropisches Prinzip

Zur Vertiefung: ***außerirdisches Leben; Naturkonstanten***

Das anthropische Prinzip bewegt sich im Rahmen eines sehr alten Problems, des Gedankens nämlich, dass die Welt, wie wir sie beobachten, nicht das Produkt reinen Zufalls ist, sondern dass ihr eine Ordnung zugrunde liegt, an der auch der Beobachter teilhat, denn er ist zugleich Produkt und Entdecker dieser Ordnung.

Ein einfaches Beispiel mag diese Art von Gedankengang verdeutlichen: Wir existieren nur, weil es KOHLENSTOFF gibt (siehe LEBEN). Der Kohlenstoff ist in den Sternen entstanden, die sämtliche Elemente, darunter auch den Kohlenstoff (siehe ENTSTEHUNG DER ELEMENTE), in einer charakteristischen Zeit t^* erzeugen, die, wie man zeigen kann, näherungsweise (denn sie variiert mit den verschiedenen Sterntypen) von folgender Verknüpfung der vier Naturkonstanten h (Plancksches Wirkungsquantum), G (Gravitationskonstante), m (Neutronenmasse) und c (Lichtgeschwindigkeit) abhängt: $t^* = h^2/Gm^3c$. Diese Zeitspanne beträgt etwa 10^8 Jahre. Wir dürfen daher nicht erstaunt sein, dass unser Universum zumindest dieses Alter hat, denn anderenfalls gäbe es keinen Kohlenstoff, das heißt, es gäbe auch uns nicht, und wir könnten nichts darüber sagen.

Das anthropische Prinzip besagt nun in seiner schwachen Fassung, die auf Brandon Carter zurückgeht, dass die Naturkonstanten oder die kosmologischen Konstanten nicht jeden beliebigen Wert haben können; vielmehr sind nur solche Werte möglich, die die Entstehung des Lebens und eine hinreichende Zeit für dessen Evolution zulassen; so ist der Kehrwert der Hubblekonstanten eine fundamentale kosmologische Größe, die Auskunft über die Entwicklungszeit des heutigen Universums gibt. Diese Zeitspanne kann nicht kleiner als der oben bestimmte Wert für t^* sein, weil wir sonst nicht existierten.

In seiner starken und sehr viel weiter reichenden Fassung besagt das anthropische Prinzip: Das Universum besitzt notwendig die Eigenschaften, die nach einer gewissen Entwicklungszeit zur Entstehung des Lebens führen. In dieser Formulierung steckt eine finalistische Hypothese, wie man sie auch in religiösen Schöpfungsvorstellungen findet (siehe SCHÖPFUNG). Sie kann sich aber auch in der Vorstellung äußern, dass es andere Universen geben kann, in denen andere Naturgesetze herrschen und daher kein bewusstes Leben existiert. Diese Fassung ist recht paradox, wenn man an die Zerbrechlichkeit des irdischen Lebens denkt; aus der behaupteten Notwendigkeit, die gleichsam konsubstantiell mit dem Universum wäre, folgte nämlich, dass das Leben (oder zumindest eine intelligente Form der Informationsverarbeitung) sich notwendig im Universum halten müsste.

In seiner schwachen Fassung könnte das Prinzip als trivial erscheinen, doch über die Gedankengänge und Vorhersagen hinaus, zu denen es Anlass gibt, ist dieses Prinzip die Reformulierung eines sehr feinsinnigen strukturellen Prinzips der Wissenschaft: Bei der Interpretation der Beobachtungen (in unserem Fall der physikalischen oder kosmologischen Konstanten) darf man niemals die Grenzen außer Acht lassen, die uns die Stellung des Beobachters oder unsere Messgeräte setzen, denn der Beobachter kann nichts finden, das im Widerspruch zu seiner eigenen Existenz stünde. In seiner starken Fassung behauptet das Prinzip dagegen eine Notwendigkeit, die vor jeder Beobachtung liegt, und gehört daher in den Bereich reiner Spekulation.

Antibiotika

Zur Vertiefung: ***Bakterien; Gentechnik; Klonieren, Klon; Virus***

Antibiotika sind ihrem Ursprung nach natürliche Substanzen, die von bestimmten Mikroorganismen (Bakterien, Pilzen) produziert werden. Sie greifen spezifisch und tiefgreifend in die Funktion anderer Mikroorganismen ein, indem sie bestimmte Elemente ihres Zellmechanismus hemmen, ohne die Zellfunktionen komplexerer Organismen wie Tiere und Pflanzen merklich zu stören. So lassen sich Antibiotika als Medikamente gegen Infektionskrankheiten beim Menschen einsetzen, da sie selektiv die Erreger zerstören, ohne die menschlichen ZELLEN anzugreifen. Gegen Viren sind Antibiotika wirkungslos, da diese keinen eigenen Stoffwechsel haben, sondern den biochemischen Apparat der Wirtszelle für ihre Vermehrung nutzen. Daher ist es sinnlos, Antibiotika gegen Virusinfektionen wie Grippe oder Masern einzusetzen. Die Pharmaindustrie bemüht sich um die Gewinnung neuer Antibiotika aus natürlich vorkommenden Mikroorganismen oder aus großen Molekülsammlungen, die sie auf der Suche nach antibakteriellen Wirkungen durchsiebt (siehe CHEMOTHEK). Andere Antibiotika gewinnt sie auf rationelle Weise durch chemische Synthese mit Hilfe von computergestützten MOLEKULARMODELLEN.

➡ Einige Jahrzehnte intensiver Anwendung von Antibiotika haben Stämme von Mikroorganismen entstehen lassen, die gegen die gebräuchlichsten Antibiotika resistent sind (Ampicillin, Penicillin, Tetracyclin usw.). Ursache für diese Resistenz von Bakterien gegen ein Antibiotikum ist ein GEN, das die Produktion eines PROTEINS steuert, das Antibiotika unwirksam machen kann. Dieses Resistenzgen liegt im Allgemeinen auf einem kleinen ringförmigen DNA-Fragment, dem so genannten Plasmid, außerhalb des Bakterienchromosoms. Die Gentechnik nutzt solche Plasmide als Instrumente, um DNA-Fragmente in Mikroorganismen zu übertragen.

Antikörper, Antigen

Zur Vertiefung: ***Gentechnik; Klonieren, Klon; Virus***

Antikörper sind bestimmte PROTEINE, die in einem Organismus gebildet werden und die Fähigkeit besitzen, einen Fremdkörper oder ein Antigen auf spezifische Weise zu erkennen und an seiner Eliminierung mitzuwirken. Antikörper gehören zur Familie der Immunglobuline, die von Wirbeltieren in speziellen ZELLEN des Immunsystems, den B-Lymphozyten, produziert werden. Ein Antigen ist definiert als Substanz, die von Antikörpern erkannt wird und deren Bildung auszulösen vermag. Dabei kann es sich um jede beliebige natürliche oder künstliche Substanz handeln, um ein großes oder kleines MOLEKÜL, einen Virus oder eine Zelle. Jeder Antikörper tritt mit einem Teil der Antigenstruktur in eine spezifische Wechselwirkung, indem er sich aufgrund der KOMPLEMENTARITÄT ihrer Formen an das Antigen anlagert. Dadurch entstehen so genannte Antigen-Antikörper-Komplexe, die von den Makrophagen als einer Art zellulärer Müllabfuhr aufgespürt, durch Phagozytose aufgenommen, verdaut und so aus dem Organismus eliminiert werden.

Da es zu viele mögliche Antigene gibt, kann das genetische Material keine GENE mit den fertigen genetischen Codes für sämtliche Antikörpertypen enthalten. Die Gene, die die Synthese der Immunglobuline steuern, sind daher in ihrer Struktur nicht von vornherein festgelegt. Sie setzen sich vielmehr über einen Mechanismus, der eine spezifische Immunreaktion gegen die angetroffenen Antigene ermöglicht, aus verschiedenen DNA-Segmenten zusammen, die in zahlreichen Exemplaren von ähnlicher Struktur auf das DNA-Molekül verteilt sind. Die Verknüpfung dieser Segmente erfolgt in jeder Lymphozyte zufällig über eine REKOMBINATION der DNA. Wenn nun eine B-Lymphozyte, in der nur ein bestimmtes Immunglobulin gebildet wird, auf einen Fremdkörper stößt, den dieses Immunglobulin als Antigen erkennt, so reagiert es auf diese Substanz als Antikörper; dies regt die B-Lymphozyte an, sich zu einer Plasmazelle zu entwickeln, also zu einer Zelle, die einen Zellklon hervorbringt, der diese Antikörper in großer Menge zu produzieren vermag. Diesen Vorgang nennt man klonale Selektion, und die Antikörper werden als monoklonal bezeichnet.

Monoklonale Antikörper, die in Zellkulturen klonierter Plasmazellen, den Hybridomen, produziert werden, finden Verwendung als Reagenzien zum Nachweis spezifischer Antigene für Forschungs-, Diagnose- und Therapiezwecke. Impfstoffe sind Antigenpräparate, die in den Organismus injiziert werden und dort die Bildung zahlreicher Plasmazellklone anregen; die Immunreaktion auf diese Impfstoffe bezeichnet man als polyklonal und die Antikörper der geimpften Individuen als polyklonale Antikörper.

Antiteilchen, Antimaterie

Zur Vorbereitung: ***Teilchen***
Zur Vertiefung: ***Expansion; Kosmologie; Symmetrie***

Die Spiegelwelt der Antiteilchen

Ende der 1920er Jahre bemühte sich der englische Physiker Paul Dirac, die Gesetze der speziellen Relativitätstheorie Einsteins, die für Objekte mit Geschwindigkeiten in der Nähe der Lichtgeschwindigkeit gilt, mit der gerade erst entwickelten Quantenmechanik zu vereinen, zu deren Begründern er gehörte. So fand er 1927 auf rein mathematischem Wege eine Gleichung, die seither seinen Namen trägt. Sie lieferte eine vollkommene Beschreibung des Elektrons und gestattete eine sehr viel genauere Bestimmung der Energieniveaus des Wasserstoffatoms, stellte die Physiker aber vor ein schwieriges Problem: Die Hälfte ihrer Lösungen scheint negativen kinetischen Energien zu entsprechen, und das ist *a priori* absurd, denn die mit der Bewegung eines Körpers verbundene kinetische Energie ist stets positiv. Welchen Sinn sollte man diesen Lösungen zuschreiben? Nachdem Dirac einige Hypothesen erprobt hatte, äußerte er die Vermutung, in den genannten Lösungen manifestiere sich die Existenz von Teilchen, die genau dieselbe Masse besitzen wie die Elektronen, aber eine entgegengesetzte elektrische Ladung; also Antielektronen, die dann den Namen Positronen erhielten. Dirac und seine schöne Gleichung hatten Recht. Schon 1932 entdeckte der Amerikaner Carl Anderson einige positive Elektronen unter den Teilchen, die durch die Einwirkung der kosmischen Strahlung auf die Atmosphäre entstehen.

Ganz allgemein geht aus der relativistischen Quantentheorie hervor, dass jedem Teilchen notwendig ein Antiteilchen entspricht, welches dieselbe Masse, aber die entgegengesetzte elektrische Ladung besitzt und sich gewissermaßen symmetrisch zu ihm verhält. Durch die Existenz solcher Teilchen verdoppelt sich die Zahl der Elementarteilchen, das heißt der LEPTONEN und der QUARKS (die Leptonen sind für die starke Wechselwirkung unempfindlich, der die Atomkerne ihren Zusammenhalt verdanken, während die Quarks dieser Wechselwirkung unterliegen). Jedes Lepton hat sein Antilepton, jedes Quark sein Antiquark, doch einige Teilchen wie die PHOTONEN und die neutralen Pionen sind ihre eigenen Antiteilchen.

Zusammen bilden die Antiteilchen die so genannte Antimaterie. Wie Materie, so lässt sich auch Antimaterie aus Energie erzeugen, sofern nur genügend Energie vorhanden ist.

Das elektrisch negativ geladene Antiproton, das etwa 1800-mal schwerer ist als das Positron (so dass zu seiner »Erzeugung« 1800-mal so viel Energie erforderlich ist, wie aus der Äquivalenz zwischen Masse und Energie in der Gleichung $E=mc^2$ hervorgeht), wurde 1955 mit Hilfe eines starken Teilchenbeschleunigers entdeckt. Ein Jahr später folgte das Antineutron. Da die elektrische Ladung des Neutrons gleich null ist, wie schon der Name sagt, könnte man sich wundern, dass es nicht sein eigenes Antiteilchen ist. Doch die Teilchen besitzen außer der elektrischen LADUNG noch andere Formen von Ladung, die jeweils ein bestimmtes Vorzeichen haben. Da sämtliche Ladungen des Antiteilchens das entgegengesetzte Vorzeichen wie beim zugehörigen Teilchen haben, genügt es, wenn eine einzige dieser Ladungen ungleich null ist, damit sich dieses Teilchen von seinem Antiteilchen unterscheidet. Und genau das ist beim Neutron der Fall (die Baryonenzahl des Neutrons ist +1, die des Antineutrons −1).

Am 4. Januar 1996 gab das CERN (Conseil Européen pour la Recherche Nucléaire) die Erzeugung von neun Antiwasserstoffatomen bekannt. Das Proton und das Elektron, die das normale Wasserstoffatom bilden, sind darin durch ein Antiproton und ein Antielektron ersetzt. Die Erforschung solcher aus Antiteilchen zusammengesetzter Systeme ist von grundlegendem Interesse. Insbesondere lässt sich daraus ersehen, ob die Welt der Antiteilchen tatsächlich ein genaues Spiegelbild der Teilchenwelt darstellt (siehe SYMMETRIE).

Das Problem der Antimaterie in der Kosmologie

Heute nimmt man an, dass unser Universum nahezu ausschließlich aus Materie besteht. Doch obwohl um uns herum so gut wie keine Antimaterie zu finden ist, glauben die Physiker, das Universum habe in ferner Vergangenheit einmal nahezu ebenso viele Teilchen wie Antiteilchen enthalten. Da Teilchen und Antiteilchen streng symmetrische Eigenschaften besitzen, stellt sich die Frage, wie es kommt, dass unsere Welt aus Materie und nicht aus Antimaterie besteht. Diese Frage hat Astrophysiker und Kosmologen natürlich beschäftigt.

Da die Galaxien im Raum isolierte Inseln aus Materie sind, könnten manche ausschließlich aus Antimaterie bestehen. Doch diese Hypothese erweist sich rasch als unhaltbar. Bei der Kollision einer aus Materie mit einer aus Antimaterie bestehenden Galaxie müsste durch Zerstrahlung der Teilchen und ihrer Antiteilchen eine äußerst intensive und hochenergetische Gammastrahlung entstehen, die in alle Richtungen des Raumes ausstrahlte, doch solche Ereignisse wurden nirgendwo beobachtet. Außerdem hat noch niemand einen Prozess aufzeigen können, durch den Materie und Antimaterie sich in riesigen Bereichen, die größer als die Galaxienhaufen sein müssten, vollständig voneinander getrennt haben sollten. Deshalb wird man wohl davon ausgehen müssen, dass in unserem Universum insofern eine Asymmetrie herrscht, als die Materie gegenüber der Antimaterie die Vorherrschaft besitzt.

Das KOSMOLOGISCHE STANDARDMODELL beschreibt die Evolution des Universums von einer Urphase aus, in der Materie und Antimaterie sich zunächst in einem strengen Gleichgewicht befanden, wobei sie innerhalb eines aus PHOTONEN (den Lichtteilchen) bestehenden Gases ständig zerstrahlten und neuerlich materialisierten. Durch die Expansion des Universums kühlte sich dieses Medium zunehmend ab, so dass die pro Volumeneinheit verfügbare Energie sich verringerte. Die massereichsten Elementarteilchen, die aufgrund der Äquivalenz von Masse und Energie ($E=mc^2$) zu ihrer Materialisierung besonders viel Energie benötigen, verschwanden als erste, wobei andere Teilchen entstanden (siehe MATERIALISIERUNG). Die leichteren Teilchen blieben übrig, doch die Abstände zwischen ihnen nahmen wegen der Expansion des Universums ständig weiter zu. Ihre Dichte nahm entsprechend ab, und es kam immer seltener zu Kollisionen mit nachfolgender Zerstrahlung. Doch das allein vermag noch nicht zu erklären, warum das ursprüngliche Gleichgewicht zwischen Materie und Antimaterie schon in der Frühzeit des Universums zerstört wurde und einem deutlichen Übergewicht der Materie Platz machte.

1967 erkannte der russische Physiker Andrej Sacharow erstmals die Möglichkeit eines leichten Übergewichts der Materie gegenüber der Antimaterie und zeigte die notwendigen Bedingungen für die Entstehung einer solchen Asymmetrie auf. Zu diesen (insgesamt drei) Bedingungen gehört die »Verletzung der CP-Symmetrie«. In diesem Ausdruck steht *C* für die LADUNGSKONJUGATION, durch die Materie »mathematisch« in Antimaterie überführt wird und umgekehrt, während *P* für die PARITÄT steht, die das Verhalten eines Systems bei Spiegelung beschreibt.

Eine Verletzung der CP-Symmetrie bedeutet nun, dass es bei der Wechselwirkung zwischen den kleinsten Bestandteilen der Materie einen (wenn auch nur winzigen) Unterschied zwischen Teilchen und Antiteilchen gibt (siehe SYMMETRIE). Wenn die von Sacharow genannten Bedingungen erfüllt sind, wird verständlich, warum die Zahl der in der Urphase des Universums erzeugten Protonen und Neutronen (aus denen unsere heutige Materie besteht) um einen sehr geringen Betrag über der Zahl der Antiprotonen und Antineutronen lag. Als die Materie durch Zerstrahlung sämtliche Antimaterie vernichtet hatte, war die gesamte Antimaterie verschwunden, doch der geringfügige Überhang an Materie (der sich in einer Größenordnung von einem Milliardstel bewegte) war immer noch da. Er bildet die Materie, die wir heute beobachten. Sacharows elegante Hypothese wartet allerdings immer noch auf eine Bestätigung durch Laborexperimente, insbesondere in den großen TEILCHENBESCHLEUNIGERN.

Auch heute noch kommt es im Universum zu sehr heftigen lokalen Ereignissen, bei denen genug Energie freigesetzt wird, damit Antiteilchen entstehen können (man denke etwa an die SUPERNOVAE oder an die gravitative AKKRETION). Diese Antiteilchen können wir in der KOSMISCHEN STRAHLUNG beobachten, aber es handelt sich um isolierte Teilchen, die keine makroskopischen Objekte aus Antimaterie bilden. Die Chancen, dass wir irgendwo im Universum auf eine Anti-Erde stoßen, sind also zumindest nach der gegenwärtigen Einschätzung der Physik gleich null.

Apoptosis

Zur Vertiefung: ***Zelle***

Ein Kind entwickelt sich im Mutterleib schrittweise. Anfangs sind die Ansätze seiner Gliedmaßen noch recht grob und seine Hände ähneln knospenden Schaufeln. Um in dieser Phase intensiver Zellvermehrung deutlich getrennte Finger auszubilden, muss ein Prozess in Gang kommen, der in genau lokalisierten Regionen der Hände den Tod bestimmter ZELLEN bewirkt.

Noch erstaunlicher sind die Vorgänge im Kopf des Kindes, da die Entwicklung des Gehirns ebenfalls mit einer intensiven Vermehrung der Neuronen einhergeht, von denen die Mehrzahl sofort abstirbt. Nur jene, die angemessene Verknüpfungen hergestellt haben, bleiben erhalten und dienen ihm sein Leben lang. Schon die geringste zeitliche oder räumliche Verschiebung im Auslösemechanismus dieses genetisch programmierten Zelltods kann zu einer missgebildeten Hand oder einem funktionsunfähigen Gehirn führen.

Das Fallen der Blätter im Herbst (griechisch *apoptosis*) ist nur eine der vielen Facetten dieses grundlegenden Phänomens, das bei allen Lebewesen zu finden ist und unter bestimmten Bedingungen zum Zelltod führt. So löst im Herbst der Einfluss der Witterungsbedingungen beim Baum ein genetisches Programm aus, das ihn veranlasst, sich seiner Blätter zu entledigen. Dieser Vorgang beschränkt sich vorzugsweise auf jene Zellen, die sich an der Verbindung zwischen Blattstängeln und Ästen befinden, da der Baum sonst auch ohne einen Sturm umfallen könnte.

Auch bei der Entwicklung des Immunsystems und vielen anderen physiologischen Vorgängen spielt die Apoptosis eine Rolle. Störungen der Apoptosis sind maßgeblich an der Entwicklung von Aids und verschiedenen Krebsarten beteiligt. Der VIRUS HIV besitzt die Fähigkeit, über bislang erst recht lückenhaft erforschte Mechanismen den Selbstmord bestimmter weißer Blutkörperchen, der T4-Lymphozyten, auszulösen und so zur Schwächung der Immunabwehr beizutragen, wodurch sich die Infektionsanfälligkeit erhöht. Wenn umgekehrt Mutationen die Apoptosis unterbinden, hat das zur Folge, dass Zellen, die normalerweise absterben sollten, sich regellos und unkontrolliert vermehren und Krebstumoren bilden. Wenn wir den Mechanismus der Apoptosis verstünden, könnten wir möglicherweise Korrekturstrategien gegen diese unterschiedlichen Erkrankungen entwickeln.

Die Apoptosis ist gekennzeichnet durch eine Fragmentierung des genetischen Materials, der DNA; der Stoffwechsel kommt zum Stillstand, weil keine Befehle mehr vorliegen; die Zelle implodiert und zerfällt. Dieser Zelltod unterscheidet sich also von dem durch Nekrose, der einer Verwesung gleichkommt, und vom Tod durch Killerzellen oder toxische Chemikalien. Ebenso wie Tonbänder in Spionagefilmen besitzt auch das genetische Material einen Selbstzerstörungsmechanismus.

Approximation

Zur Vertiefung: ***Kalender; Spektralanalyse***

Approximation einer Zahl

Der Kehrwert von 7 – der Bruch 1/7 – lässt sich nicht vollkommen exakt als Dezimalzahl schreiben, sondern nur in Form eines unendlichen Dezimalbruchs
$(1/7)=0{,}1428571428\ldots$,
dessen Berechnung man aus praktischen Gründen stets an irgendeiner Stelle abbricht. Die so erhaltene Dezimalzahl ist daher nur ein Näherungswert für 1/7. Der Fehler beträgt im oben genannten Beispiel
$(1/7)-0{,}1428571428=0{,}00000000005714\ldots$

Sucht man eine Zahl, deren Quadrat gleich 2 ist, steht man bei einer Dezimaldarstellung vor demselben Problem eines unendlichen Dezimalbruchs
$\sqrt{2}=1{,}41421\ldots$,
den man an irgendeiner Stelle abbrechen muss, so dass ein Rundungsfehler entsteht. Ein weiteres Beispiel ist schließlich das berühmte Verhältnis zwischen Umfang und Durchmesser eines Kreises
$\pi=3{,}14159265358979\ldots$

Die Mathematiker mussten Verfahren entwickeln, mit deren Hilfe sie approximative Lösungen für ihre Probleme finden und die bei dieser Näherungsrechnung auftretenden Fehler bestimmen konnten. Die Heronsche Methode zur Berechnung der Quadratwurzel war ohne Zweifel bereits den Babyloniern bekannt. Um einen bereits bekannten groben Näherungswert α für $\sqrt{a}$ zu verbessern, nimmt man als eine neue Approximation

$$\frac{1}{2}\left(\alpha+\frac{a}{\alpha}\right)$$

Bezeichnet man den Fehler als ε, so dass $\sqrt{a}=\alpha+\varepsilon$, lässt sich leicht berechnen, dass

$$\frac{1}{2}\left(\alpha+\frac{a}{\alpha}\right)=\sqrt{a}+\frac{\varepsilon^2}{2\alpha}$$

denn $a=\alpha^2+2\alpha\varepsilon+\varepsilon^2$; der Fehler $\varepsilon^2/2\alpha$ ist kleiner als ε, sobald ε kleiner als 2α wird; für $a=2$ kann man zum Beispiel von $a=3/2=1{,}5$ (mit dem Quadrat 2,25) ausgehen und erhält

$$\frac{1}{2}\left(\frac{3}{2}+\frac{4}{3}\right)=\frac{17}{12}=1{,}41666\ldots$$

(mit dem Quadrat $289/144=2{,}0069444\ldots$). Nun kann man statt von 3/2 von diesem neuen Wert ausgehen und erhält

$$\frac{1}{2}\left(\frac{17}{12}+\frac{24}{17}\right)=\frac{577}{408}=1{,}414215686\ldots$$

statt des exakten Werts 1,41421356237…

Bekanntlich ist das Quadrat der Diagonalen δ eines Quadrates gleich dem zweifachen der Seite γ: $\delta^2-2\gamma^2=0$ (Satz des Pythagoras); aber das Verhältnis δ/γ, das nun als $\sqrt{2}$ bezeichnet wird, ist irrational, das heißt, es lässt sich nicht als Verhältnis zweier ganzer Zahlen ausdrücken. Die alten Griechen verknüpften die Approximation des Verhältnisses zwischen der Seitenlänge (c) und der Diagonalen (d) eines Quadrats mit der Suche nach zwei ganzen Zahlen c und d, für die $d^2-2c^2=\pm1$ gilt (siehe *Abbildung 1*).

Aus dieser Gleichung ergibt sich

$$\left(\frac{d}{c}\right)^2-2=\pm\frac{1}{c^2}$$

und für großes c ergibt d/c einen guten Näherungswert für $\sqrt{2}$. Man kann zum Beispiel $d=3$ und $c=2$ oder $d=17$ und $c=12$ wählen. Ist eine Lösung (c, d) bekannt, findet man eine weitere, größere Lösung, indem man $c'=c+d$

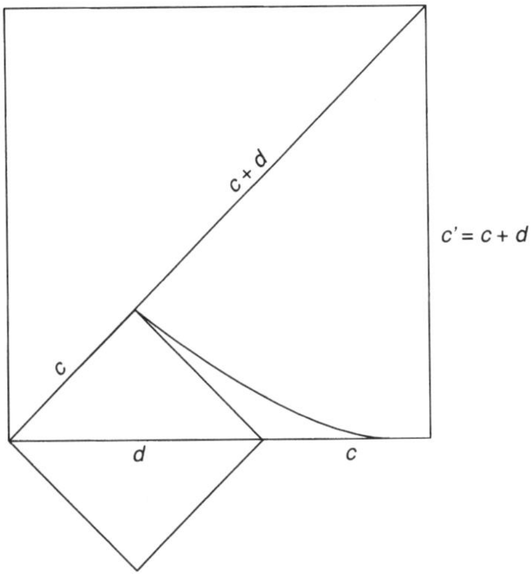

Abbildung 1

und $d'=2c+d$ setzt, denn $d'^2-2c'^2=2c^2-d^2$; die Lösung (2, 3) führt so zu (5, 7) (wie von Platon genannt), (5, 7) zu (12, 17), (12, 17) zu (29, 41) usw.

Das Rechnen mit Dezimalbrüchen setzte sich im islamischen Bereich Ende des 12. Jahrhunderts im Zusammenhang mit der näherungsweisen Berechnung von n-ten Wurzeln mit beliebigem n durch. Und man entwickelte allgemeine Methoden zur approximativen Lösung algebraischer Gleichungen.

Die Fortschritte der Infinitesimalrechnung und deren Anwendung im Bereich der Mechanik führten auch zur Entwicklung von Methoden zur approximativen Lösung von Funktionsgleichungen, bei denen die Unbekannte keine Zahl, sondern eine Funktion ist; die größte Bedeutung besitzen hier die Differentialgleichungen.

Kettenbrüche

Mit der Erforschung der Approximation irrationaler Zahlen – das heißt solcher Zahlen, die sich wie $\sqrt{2}$ nicht als Bruch darstellen lassen – mit Hilfe rationaler Zahlen befasst sich eine hoch entwickelte Theorie, die zu positiven Ergebnissen führt. Man kann schreiben

$$\sqrt{2} = 1 + \frac{1}{\alpha_1}$$

wobei α_1 eine irrationale Zahl größer als 1 ist; dann gilt

$$2 = 1 + \frac{2}{\alpha_1} + \frac{1}{\alpha_1^2}$$

also

$$\alpha_1 = 2 + \frac{1}{\alpha_1}$$

und man sieht, dass

$$\sqrt{2} = 1 + \frac{1}{\alpha_1} = 1 + \cfrac{1}{2 + \cfrac{1}{\alpha_1}} = 1 + \cfrac{1}{2 + \cfrac{1}{2 + \cfrac{1}{\alpha_1}}}$$

$$= 1 + \cfrac{1}{2 + \cfrac{1}{2 + \cfrac{1}{2 + \dots}}}$$

wobei der erhaltene Kettenbruch sich unendlich fortsetzt. Daraus ergibt sich für $\sqrt{2}$ eine Folge von Näherungswerten

$$1 + \frac{1}{2} = 1,5$$

$$1 + \cfrac{1}{2 + \cfrac{1}{2}} = \frac{7}{5} = 1,4$$

$$1 + \cfrac{1}{2 + \cfrac{1}{2 + \cfrac{1}{2}}} = \frac{17}{12} = 1,41666\dots$$

usw. Das ist genau die Folge der Brüche d/c, die man mit dem oben beschriebenen, auf dem Verhältnis zwischen der Seite und der Diagonalen eines Quadrats basierenden Verfahren erhält.

Dieses Vorgehen lässt sich verallgemeinern: Nimmt man eine beliebige reelle Zahl α und setzt $a_0=[\alpha]$ als den ganzzahligen Teil von α, das heißt als die größte ganze Zahl, die kleiner oder gleich α ist, so erhält man

$$\alpha = a_0 + \frac{1}{\alpha_1}$$

mit einer Zahl $\alpha_1>1$. Den ganzzahligen Teil von α_1 nennt man a_1 und schreibt

$$\alpha_1 = a_1 + \frac{1}{\alpha_2}$$

mit $\alpha_2>1$; nun kann man mit α_2 fortfahren und erhält auf diese Weise eine Folge von Ausdrücken

$$\alpha = a_0 + \cfrac{1}{a_1 + \cfrac{1}{a_2 + \cfrac{1}{\dots + \cfrac{1}{\alpha_n}}}}$$

mit $\alpha n>1$. Ersetzt man αn durch den jeweiligen ganzzahligen Teil an, erhält man einen Näherungswert für α, der eine rationale Zahl pn/qn darstellt. In der Regel sind die ganzen Zahlen an sämtlich verschieden, doch im Fall einer »quadratischen« Zahl (der Lösung einer Gleichung zweiten Grades mit ganzzahligen Koeffizienten) werden sie ab einer bestimmten Stelle periodisch. Wenn $\alpha=\sqrt{a}$ ist (wobei a eine nichtquadratische natürliche Zahl ist), gilt
$p_n^2-aq_n^2=\pm 1$,
wie wir für $a=2$ bereits gesehen haben. Der Kettenbruch von $\sqrt{a}$ ermöglicht also die Lösung der so genannten Pell-Fermatschen Gleichung
$x^2-ay^2=\pm 1$
für ganzzahlige x, y. Die durch die Kettenbrüche gegebenen rationalen Approximationen sind in folgendem Sinne die bestmöglichen: Wenn ein Bruch p/q näher an α herankommt als pn/qn, das heißt wenn

$$\left|\alpha - \frac{p}{q}\right| \leq \left|\alpha - \frac{p_n}{q_n}\right|,$$

dann ist $q \geq qn$. Diese Eigenschaft lässt sich selbst dann für eine gute Approximation durch eine einfachere rationale Zahl nutzen, wenn α selbst rational ist (in diesem Fall bricht der Kettenbruch ab); das geschieht zum Beispiel bei der Berechnung der verschiedenen Zahnräder in Getrieben. Ist α irrational, ist die Folge der Approximationen pn/q_n unendlich, wobei qn immer größer wird. Man kann zeigen, dass der Fehler

$$\left|\alpha - \frac{p_n}{q_n}\right|$$

höchstens $1/qn^2$ beträgt.

Dieses Ergebnis ist optimal, denn wenn α eine algebraische Zahl ist (die Wurzel einer algebraischen Gleichung mit ganzzahligen Koeffizienten), gibt es für festgelegte ε und $c>0$ nur eine endliche Zahl rationaler Näherungswerte p/q, die weniger als

$$\frac{c}{q^{2+\varepsilon}}$$

an α heranreichen (Satz von Thue-Siegel-Roth). Insgesamt ist die Geschwindigkeit der Approximation einer algebraischen Zahl durch rationale Zahlen p/q auf den Exponenten 2 beschränkt, das heißt, der Fehler ist immer größer oder gleich $1/q^2$.

Zahlen, deren Approximation durch rationale Zahlen p/q schneller erfolgt, das heißt für die der Fehler unter $1/q^{\theta}$ bleibt (wobei der Exponent θ stets größer als 2 ist), sind transzendent (das heißt, sie sind niemals die Lösung einer algebraischen Gleichung mit ganzzahligen Koeffizienten); das gilt zum Beispiel für die Basis der natürlichen Logarithmen
e=2,7182818 …

Das mag paradox erscheinen, beruht aber letztlich auf der Tatsache, dass der Abstand zwischen zwei verschiedenen ganzen Zahlen stets mindestens 1 beträgt, und das gilt nicht für den Abstand zwischen einer nichtganzen Zahl und der nächstliegenden ganzen Zahl.

Die Approximation irrationaler durch rationale Zahlen ist an die Suche nach ganzzahligen Lösungen für bestimmte Polynomgleichungen gebunden, wie wir bei der Pell-Fermatschen Gleichung $x^2-ay^2=\pm 1$ bereits gesehen haben.

Der Satz von Thue-Siegel-Roth lässt die Behauptung zu, dass eine Gleichung $f(x,y)=0$ (f Polynom) unter bestimmten Voraussetzungen nur eine endliche Anzahl von Lösungen mit ganzzahligen x, y besitzt.

Approximation einer Funktion

Für die Approximation einer Funktion f durch einfachere Funktionen gibt es mehrere Möglichkeiten. Wenn man zum Beispiel die Kurve, durch die eine Funktion dargestellt wird, durch deren Sehne ersetzt, erhält man in einem Intervall $[a, b]$ eine Approximation der betreffenden Funktion durch eine affine Funktion (ein Polynom ersten Grades); dieses Verfahren wird als lineare Interpolation bezeichnet (obwohl »affine Interpolation« eigentlich angemessener wäre). Zerlegt man das Intervall, auf dem f definiert ist, in kleine Teilintervalle, kann man in jedem dieser Intervalle linear interpolieren und erhält so eine Approximation der Funktion f durch eine »gestückelte« affine Funktion. Diese Approximation lässt sich verbessern, indem man statt der affinen Funktionen Polynome geeigneten Grades verwendet.

In jedem Fall muss geklärt werden, was man unter einer »einfachen« Funktion versteht und wie man den von der Approximation erzeugten Fehler, also den Abstand zwischen der approximierten und den approximierenden Funktionen bestimmt.

Für den allgemeinen Fall kann man einen Vektorraum E betrachten, dessen Elemente Funktionen sind und in dem der Begriff des Abstands zwischen zwei Elementen erklärt ist. Man betrachtet eine Folge (φn) von Elementen des Vektorraums E (Funktionen, die als »einfach« gelten) und sucht für ein gegebenes $f \in E$ eine Kombination $a_0\varphi_0 + a_1\varphi_1 + \ldots + an\varphi n$, die hinsichtlich des in E definierten Abstandes den geringsten Abstand zu f besitzt. Lässt das Verfahren sich ins Unendliche fortsetzen und geht der Fehler gegen 0, wenn n gegen unendlich geht, erhält man eine exakte Darstellung von f durch eine unendliche Reihe

$$\sum a_n \varphi_n$$

(die bezüglich des in E definierten Abstands konvergiert). Am häufigsten sind ganzzahlige Reihen, in denen $\varphi n = xn$ ist, und trigonometrische Reihen, in denen $\varphi n = einx$ ist (siehe SPEKTRALANALYSE).

Gelegentlich eröffnet die Bestimmung des Fehlers in einem Approximationsverfahren die Möglichkeit, eine exakte Lösung des untersuchten Problems zu finden, indem man das Verfahren unendlich iteriert und beweist, dass der Fehler gegen 0 geht. Auf diese Weise beweist man bestimmte Sätze über die Existenz von Lösungen, und zwar sowohl für numerische Gleichungen als auch für Funktionsgleichungen wie Differentialgleichungen.

Arbeit

Zur Vertiefung: ***Energie; Thermodynamik; Wärme***

Der Begriff der Arbeit ist ein Grundkonzept der Mechanik, also jenes Zweiges der Physik, der sich mit Kräften und deren Einfluss auf die Bewegung von Körpern befasst. Wissenschaftlich definiert wird die von einer äußeren KRAFT an einem Objekt verrichtete Arbeit als das Produkt aus der Kraftkomponente in Wegrichtung des Objekts und dem von dem Objekt zurückgelegten Weg. Etwas konkreter stellt sie die Veränderung der Energie des Objekts unter der Einwirkung der betreffenden Kraft dar. Wie schon die Anschauung belegt, verleiht eine Kraft einem Körper zusätzliche ENERGIE, wenn sie in der Bewegungsrichtung des Körpers wirkt, und sie entzieht ihm Energie, wenn sie in entgegengesetzter Richtung wirkt. Newtons Apfel gewinnt bei seinem Fall Energie aufgrund der Arbeit, die von der Erdanziehungskraft oder Gravitation an ihm verrichtet wird, und verliert zugleich einen Teil dieser Energie aufgrund der Arbeit, welche die Luftreibung an ihm verrichtet.

Bei der an einem System verrichteten Arbeit handelt es sich um eine algebraische Größe: Wenn die äußeren Kräfte dem System tatsächlich Arbeit zuführen (also einen Antrieb bewirken), ist diese Arbeit eine positive Größe; im umgekehrten Fall, also wenn das System Arbeit an seiner Umwelt verrichtet, weil die äußeren Kräfte als Widerstand auftreten, ist die am System verrichtete Arbeit negativ.

Das Konzept der Arbeit hat in der Geschichte der Physik eine Schlüsselrolle gespielt. Insbesondere ermöglichte es den Übergang von dem bis Mitte des 19. Jahrhunderts dominierenden Kraftbegriff zum weniger anschaulichen, aber fundamentaleren Begriff der Energie. Tatsächlich war die Arbeit die erste Form der Energieumwandlung, die von den Physikern erkannt wurde, noch vor der WÄRME oder der elektromagnetischen Strahlung.

archimedisches Prinzip

Zur Vertiefung: ***Druck; Konvektion***

»Jeder vollständig in einer Flüssigkeit untergetauchte Körper erfährt einen Auftrieb, dessen Größe dem Gewicht der verdrängten Flüssigkeitsmenge entspricht.« Wer erinnert sich nicht an diesen Lehrsatz, der mit dem Namen des griechischen Gelehrten Archimedes verknüpft ist. Nach der Legende soll Archimedes von Syrakus das Gesetz des Auftriebs im 3. Jahrhundert vor Christus erkannt haben, als er in seiner Badewanne lag. Er stellte nämlich fest, dass sein Körper ihm unter Wasser leichter erschien. Damit erkannte Archimedes eines der zentralen Gesetze der Hydrostatik, jenes Teilgebiets der Physik also, das sich mit dem Gleichgewicht von Systemen befasst, in denen Flüssigkeiten eine Rolle spielen.

Erst im 17. Jahrhundert nahm in den hydrostatischen Arbeiten des italienischen Gelehrten (und Galilei-Schülers) Evangelista Torricelli und des französischen Philosophen Blaise Pascal der Begriff des Drucks Gestalt an, der eine Erklärung für den geheimnisvollen Auftrieb ermöglichte. Auf einen in eine Flüssigkeit eingetauchten Körper wirken seitens der Bestandteile dieser Flüssigkeit bestimmte Kräfte, die aus der Flüssigkeit auf den Körper gerichtet sind. Diese Kräfte bilden den so genannten Druck. Sie sind nicht parallel, sondern stets in das betreffende Objekt hinein gerichtet, so dass sie am unteren Teil des Objekts insgesamt von unten nach oben und am oberen Teil von oben nach unten wirken. Wäre der Druck um das Objekt herum überall gleich, glichen die beiden gegenläufigen Tendenzen einander genau aus, so dass die Resultante der auf den Körper einwirkenden Kräfte gleich null würde. Doch der Druck einer Flüssigkeit wächst mit der Tiefe, wie jeder Taucher weiß. Denn je tiefer sich ein Teilchen in der Flüssigkeit befindet, desto größer die Wassermasse, die sich über ihm befindet und auf ihm lastet. Daher wirkt auf den unteren Teil eines eingetauchten Körpers eine größere Kraft ein als auf den oberen Teil, so dass der Körper insgesamt einen Auftrieb erfährt, der seinem Gewicht entgegenwirkt.

Das Gesetz des Auftriebs lässt sich auch durch eine andere Überlegung verdeutlichen, die auf einer eher makroskopischen Sicht beruht und zweifellos einfacher ist. Das Problem besteht darin, die Resultante der rundum auf den Körper einwirkenden Druckkräfte zu bestimmen. Da diese Kräfte in jedem Punkte eine andere Größe und Richtung besitzen, wäre eine Berechnung sehr kompliziert. Diese Schwierigkeit lässt sich ganz einfach umgehen, wenn man das Objekt (in einem Gedankenexperiment) durch ein Flüssigkeitsvolumen ersetzt, das genau dieselbe Beschaffenheit hat wie die umgebende Flüssigkeit. Dieses Flüssigkeitsvolumen unterliegt in erster Annäherung denselben Druckkräften wie das Objekt, das es in Gedanken ersetzen soll, also ist auch die Resultante gleich.

Umgekehrt unterscheidet es sich von dem Objekt durch die Tatsache, dass es sich anders als dieses Objekt im Gleichgewicht befindet. Das ist nur dann möglich, wenn die Resultante der Druckkräfte genau gleich dem Gewicht des betreffenden Flüssigkeitsvolumens ist. Das heißt aber, dass der Auftrieb tatsächlich von unten nach oben gerichtet und gleich dem Gewicht der verdrängten Wassermenge ist.

Das archimedische Prinzip gestattet es, die zahlreichen auf die Oberfläche eines untergetauchten Körpers einwirkenden Druckkräfte durch eine einzige Kraft zu ersetzen und die Probleme der Hydrostatik auf diese Weise beträchtlich zu vereinfachen. Insbesondere vermag es zu erklären, warum Objekte, die eine größere Dichte besitzen als die umgebende Flüssigkeit, das heißt im selben Volumen eine größere Masse versammeln, in der Flüssigkeit nach unten sinken (da ihr Gewicht größer ist als der Auftrieb), während Objekte, die eine geringere Dichte besitzen als die Flüssigkeit, an die Oberfläche aufsteigen und auf der Flüssigkeit schwimmen.

Da das archimedische Prinzip nicht nur für Flüssigkeiten, sondern auch für Gase gilt, lässt sich alles über Flüssigkeiten Gesagte auch auf die Luft übertragen. Wenn ein Objekt in der Luft aufsteigen soll, muss es eine geringere Dichte besitzen als die Luft (das ist allerdings nicht die einzige Möglichkeit). Nach diesem Prinzip funktionieren Heißluftballons und Zeppeline. Damit sie sich in die Luft erheben können, füllt man ihre Hülle mit einem Gas, das eine geringere Dichte besitzt als die umgebende Luft (mit erhitzter Luft nämlich, mit Wasserstoffgas oder mit Helium).

Argumentation, Beweisführung

Zur Vertiefung: ***Induktion; künstliche Intelligenz; Logik; nichtklassische Logiken***

Alle Argumentationen und Beweisführungen bestehen aus geordneten Argumenten und dienen dem Versuch, eine Überzeugung durchzusetzen. Doch nicht alle Argumentationen sind über jeden Zweifel erhaben oder unbestreitbar, ganz im Gegenteil: Geneviève X. wird tot aufgefunden, ein Verbrechen ist geschehen, und der Täter wird gesucht. Da es sich um einen schwerwiegenden Fall handelt, ziehen wir zu seiner Klärung drei Spezialisten hinzu: einen ehemaligen Colonel der britischen Armee, Sherlock Holmes; einen Polizisten, Kommissar Maigret; und einen jungen, exzentrischen Journalisten, Rouletabille. Jeder hat seinen eigenen Stil, der von vorneherein auch den Stil seiner Beweisführung prägt.

Sherlock Holmes untersucht mit der Lupe minutiös sämtliche Einzelheiten, vor allem die scheinbar nebensächlichsten: Schmutzspuren, Zigarettenstummel, Brotkrümel, nichts entgeht ihm, und aus allem zieht er nützliche Erkenntnisse. So stellt er zum Beispiel fest, dass eine bestimmte Zigarettenmarke geraucht wurde und dass Geneviève X. mit den Örtlichkeiten vertraut war, da einige Haare in einem der Kämme im Badezimmer ihr gehören und sich schon längere Zeit dort befanden. All diese wertvollen Indizien werden zusammengetragen, um über eine unbestreitbare Argumentationskette zur Lösung des Rätsels zu führen. Damit folgt Sherlock Holmes einem Vorgehen, das er selbst als analytisch bezeichnet. Heute würden wir sagen, er geht deduktiv vor, da seine Schlüsse sich logisch aus den gesammelten Indizien ableiten. Diese in der Theorie perfekte Methode erweist sich jedoch als fehlerhaft, wenn der Ermittelnde nicht einen ebenso scharfen Verstand hat wie Sherlock Holmes.

Das gilt zum Beispiel für seinen treuen Helfer, Dr. Watson, und die Beamten von Scotland Yard ebenso wie für Kommissar Maigret und trotz seiner hohen Intelligenz sogar für Rouletabille, da alle mit so genannten spekulativen Argumentationen arbeiten, um Hypothesen aufzustellen, die sie anschließend zu untermauern suchen.

Kommissar Maigret mit seinem melancholischen Elefantengesicht raucht nachdenklich bei einem Glas Bier seine Pfeife. Er denkt an seine Frau, an die Frau des Doktors, an Geneviève, an die Küche von Ginette Z. usw. Falls Geneviève tatsächlich die Geliebte des Doktors war, wie die Indizien vermuten lassen, warum ist sie dann gekommen, obwohl sie wusste, dass er nicht da war? Aus der Erinnerung des Kommissars tauchen Figuren und Archetypen auf; er nutzt seine früheren Erfahrungen, um sich etwas besser in die Lage anderer hineinversetzen zu können, bis er ihre Motive und Handlungsweisen versteht. Eine solche Beweisführung bezeichnet man als induktiv, da sie sich auf Lehren stützt, die aus einer Fülle von Einzelfällen gezogen werden.

Bei dem jungen Journalisten Rouletabille, der gerade erst 18 Jahre alt war, als er seinen ersten Fall *Le Mystère de la chambre jaune* (von Gaston Leroux) brillant löste, kann von Erfahrung ebenso wenig die Rede sein wie von einem deduktiven Vorgehen, das unmittelbar von Fakten ausginge, obwohl er an Klugheit und mathematischer Strenge nicht hinter Sherlock Holmes zurücksteht. Einem verblüfften Publikum erklärt er: »Ich verlange von äußeren Hinweisen nicht, dass sie mir den wahren Sachverhalt zeigen; ich erwarte lediglich, dass sie der Wahrheit nicht widersprechen, die mir mein Verstand aufzeigt.« Sein Vorgehen entspricht einer Methode, die Logiker, Philosophen und Semiotiker als abduktiv bezeichnen: Wie in der von Sherlock Holmes kritisierten synthetischen Methode entwickelt man *a priori* eine vernünftige Theorie, die man anschließend als Leitfaden nutzt, um Indizien zu finden und sie in ein zufriedenstellendes Erklärungsgeflecht einzubauen. Da das gelbe Zimmer in dem Augenblick, als man die Schreie hörte, von innen verschlossen war, konnte niemand es verlassen haben; Rouletabille entwickelt daraufhin eine elegante Theorie, nach der es tatsächlich niemand verlassen hat. Um greifbare Beweise zu beschaffen, die seine Theorie erhärten, fährt er nach Amerika und kehrt rechtzeitig zurück, um sie beim Gerichtsprozess vorzulegen.

Diese drei Vorgehensweisen wurden alle im Rahmen der künstlichen Intelligenz mit dem Ziel nachgebildet, denkfähige Maschinen zu entwickeln.

Die automatische Deduktion stützt sich in erster Linie auf die Anwendung der formalen Logik. Neben Deduktionen, die zu sicheren Aussagen führen, gibt es noch approximative Deduktionen, die sich mit plausiblen Aussagen begnügen. Auch sie hat man mit Hilfe der nichtklassischen Logiken in der Informatik zu simulieren versucht.

Die Induktion umfasst zwei Argumentationsweisen, zum einen die Verallgemeinerung, die vom Besonderen zum Allgemeinen führt, um aus Einzelbeispielen Erkenntnisse zu gewinnen, und zum anderen die Analogie, die eine Situation mit anderen, in gewisser Hinsicht ähnlich erscheinenden Situationen vergleicht. Maschinen simulieren diese beiden induktiven Verfahren mehr oder weniger gut. Die Verallgemeinerung wird weithin eingesetzt, um automatisch aus Beobachtungen eine Wissensbasis zu konstruieren (siehe SYMBOLISCHES LERNEN). Die Analogie im etymologischen Sinne bildet die Grundlage für zwei verschiedene Methoden: für die qualifizierte Vorgehensweise der wissenschaftlichen Gemeinschaft durch Analogisierung und für das Falldenken. Die Analogisierung stellt eine strukturelle Ähnlichkeit zwischen weit entfernten Realitäten fest. So ist zum Beispiel das Bohrsche Atommodell, nach dem die Elektronen um den Atomkern kreisen, von einer Analogie mit dem Sonnensystem inspiriert (siehe ATOM).

Das Falldenken geht definitionsgemäß von einer Kasuistik aus, bezieht sich also auf die Erfahrung oder das Fallrecht und nicht auf allgemeine Regeln. So stützen sich Mediziner bei einer Diagnose manchmal auf allgemeine Prinzipien, die sie während ihres Studiums gelernt haben, und manchmal auf Lehren, die sie im Laufe ihrer beruflichen Tätigkeit aus der Beobachtung ähnlicher Fälle gezogen haben. Dabei bringt die Erinnerung einen gerade untersuchten Fall mit früheren Fällen in Zusammenhang, was Lehren aus der Vergangenheit erlaubt, ohne auf allgemeine Regeln zurückzugreifen: Hier hat man es also mit einem Vorgehen zu tun, das von Einzelfällen ausgeht und sich ohne weiteres mit dem Computer nachahmen lässt. Im Unterschied zur Analogisierung vergleicht das Falldenken ähnliche Erfahrungen: Gerichtsurteile mit Gerichtsurteilen, Patienten mit Patienten usw.

Die dritte Denkmethode, die man mit künstlicher Intelligenz simuliert, ist die Abduktion, ausgehend von Hypothesen, die sich zur Erklärung ansonsten rätselhafter Tatsachen eignen. Da Krankheiten Symptome verursachen, hat man es in der Medizin häufig mit einem abduktiven Vorgehen zu tun, wenn man die Quellen für Funktionsstörungen des Organismus diagnostizieren, also die Wirkungen auf ihre Ursachen zurückführen will. Nehmen wir als Beispiel an, jemand erfährt, dass eine Bekannte an Hautkrebs erkrankt ist, und fragt sich, ob sie sich häufig und lange der Sonne ausgesetzt haben mag: Dies wäre eine Abduktion.

In der Vergangenheit haben sich Philosophen und Logiker damit begnügt, Denkmethoden, Argumentationen und Beweisführungen zu untersuchen; heute versucht man, sie mit Hilfe von Computern zu simulieren. Dieses Vorgehen hat zwei Vorzüge: Zum einen lassen sich die Anwendungsbedingungen von Denkmethoden besser begreifen, wenn man sie mechanisch, ohne menschliches Eingreifen rekonstruiert; zum anderen lassen sich diese künstlich nachgebildeten Denkprozesse in Computerprogramme integrieren, um langwierige Aufgaben zu automatisieren, die ansonsten die ständige Anwesenheit von Menschen an ihrem Arbeitsplatz erfordern würden. Die Informatiker bemühen sich eingehend, mit den Techniken der künstlichen Intelligenz das Denken zu simulieren, und greifen dabei auf uralte Typologien zurück, die die Philosophen seit der Antike aufgestellt haben. Dies zeigt wieder einmal, dass die Moderne auch in ihren extremsten Ausprägungen häufig staunend die Gesetzmäßigkeiten ihrer Vorväter wiederentdeckt.

Arithmetik

Zur Vorbereitung: ***Zahl***

Zur Vertiefung: ***algebraische Zahlen; p-adische Zahlen; Ring***

Der Begriff der Arithmetik hat in der MATHEMATIK zwei verschiedene Bedeutungen; einerseits umfasst er die elementaren Rechenverfahren für ganze und rationale Zahlen, andererseits die Zahlentheorie, die sich mit den mathematischen Eigenschaften ganzer Zahlen oder allgemeinerer, nach dem Vorbild der Zahlen konstruierter Objekte befasst (siehe ALGEBRAISCHE ZAHLEN). Die elementaren Rechenverfahren haben bei der Entwicklung der Mathematik zwar eine große Rolle gespielt, heute überlässt man sie jedoch eher der Informatik (siehe ALGORITHMUS). Deshalb werden wir uns nur mit der Arithmetik in ihrer zweiten Bedeutung befassen.

Ursprünge der Zahlentheorie

Die Zahlentheorie hat sich seit den alten Griechen in mehrere Richtungen entwickelt. Die pythagoreische Tradition bemühte sich, die Zahlen nach verschiedenen Kategorien zu klassifizieren und ihnen metaphysische Eigenschaften beizulegen; in ihrer geometrischen Darstellung der Zahlen als Anordnung von Punkten unterschied sie Dreieckzahlen, Quadratzahlen, Fünfeckzahlen usw. (siehe *Abbildungen 1–3*).

Euklids *Elemente* enthalten drei arithmetische Kapitel, in denen die Eigenschaften der Teilbarkeit ganzer Zahlen untersucht werden. Insbesondere bewies er die Existenz des größten gemeinsamen Teilers zweier ganzer Zahlen und die Unendlichkeit der PRIMZAHLEN. Die Zerlegung ganzer Zahlen in Primfaktoren wurde in der arabischen Arithmetik des 10. Jahrhunderts bewiesen, doch die Bedeutung der Eindeutigkeit dieser Zerlegung erkannte erst Carl Friedrich Gauß im 19. Jahrhundert.

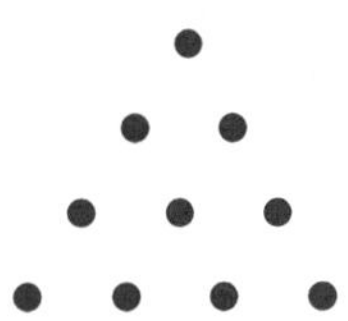

Abbildung 1 Dreieckzahl

Abbildung 2 Quadratzahl

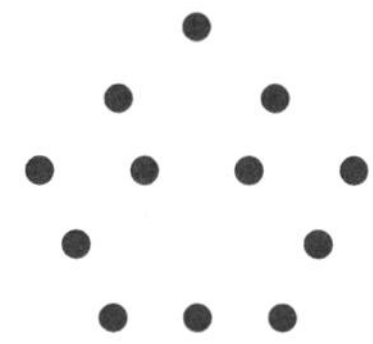

Abbildung 3 Fünfeckzahl

Eine dritte Tradition geht auf die *Arithmetica* des Diophantos von Alexandria (3. oder 4. Jahrhundert) zurück; er betrachtete bestimmte »Zahlenarten«: Quadratzahlen, Kubikzahlen usw., und versuchte, sie durch arithmetische Operationen in der Weise zu verknüpfen, dass er Zahlen der jeweiligen Zahlenart erhielt. So kann man versuchen, eine Quadratzahl in eine Summe zweier Quadratzahlen zu zerlegen, zum Beispiel $4^2=(16/5)^2+(12/5)^2$.

Wie man sieht, arbeitete Diophantos mit rationalen Zahlen. Das oben formulierte Problem entspricht der Suche nach drei rationalen Zahlen x, y, z, für die gilt: $x^2+y^2=z^2$; diese Zahlen lassen sich als die drei Seiten eines rechtwinkligen Dreiecks interpretieren (Satz des Pythagoras).

Ganz allgemein unterscheidet die Zahlentheorie bestimmte Zahlenarten nach der Teilbarkeit (gerade Zahlen, ungerade Zahlen, Primzahlen ...) oder danach, ob es sich um Potenzen (Quadrate, Kuben ...) anderer Zahlen handelt, und untersucht die Beziehungen zwischen diesen Zahlenarten. So fragt man sich, welche Zahlen die Summe zweier oder dreier ... Quadrat- oder Kubikzahlen sind; ob die geraden Zahlen die Summe zweier Primzahlen sind (Goldbachsche Vermutung); ob es unendlich viele Primzahlen in einer gegebenen arithmetischen Progression gibt (Satz von Dirichlet); ob es unendlich viele Primzahlpaare wie 5 und 7 oder 11 und 13 gibt, deren Differenz 2 beträgt (Primzahlenzwillings-Vermutung); welche Potenzen ganzer Zahlen sich nur durch 1 unterscheiden (nach der Catalanschen Vermutung gilt das nur für $8=2^3$ und $9=3^2$). Untersucht werden auch »arithmetische Funktionen« wie die Anzahl der Teiler einer ganzen Zahl n, die Summe dieser Teiler oder die Summe der k-ten Potenzen dieser Teiler (für einen festen Exponenten k).

Geht man von den ganzen zu den rationalen Zahlen über, verschwinden die Teilbarkeitseigenschaften, denn wenn x und y von 0 verschiedene rationale Zahlen sind, dann ist auch der Quotient x/y rational. Eigenschaften wie die, eine Quadratzahl oder eine Kubikzahl zu sein, behalten bei den rationalen Zahlen ihre Bedeutung, aber sie verschwinden nahezu vollkommen, wenn man sich den reellen Zahlen zuwendet, denn jede positive reelle Zahl hat eine Quadratwurzel und jede reelle Zahl hat eine Kubikwurzel; hier bleibt nur die Unterscheidung zwischen positiven und negativen Zahlen bestehen. Diese Unterscheidung verschwindet ihrerseits, wenn man zu den komplexen Zahlen übergeht. Doch auch die komplexen Zahlen sind aus arithmetischer Sicht nicht alle gleich; hier unterscheidet man zwischen den ALGEBRAISCHEN ZAHLEN, die Wurzeln algebraischer Gleichungen mit ganzzahligen Koeffizienten sind, und transzendenten Zahlen wie e und π, für die keine Gleichung dieser Art existiert.

Erneuerung der Zahlentheorie

Die moderne Zahlentheorie nahm ihren Ausgang im 17. Jahrhundert mit den Arbeiten Pierre de Fermats; zu Beginn des 19. Jahrhunderts entwickelte Gauß sie weiter und machte sie zu einem zentralen Gegenstand der Mathematik. Fermat blieb für die meisten seiner Erkenntnisse den Beweis schuldig; im 18. Jahrhundert fanden dann Leonhard Euler und Louis Lagrange Beweise für seine Ergebnisse.

Der kleine Fermatsche Satz wird in der Arithmetik ständig angewandt. Er besagt Folgendes: Wenn p eine PRIMZAHL und a eine nicht durch p teilbare ganze Zahl ist, dann ist der Rest einer Teilung von ap^{-1} durch p gleich 1. Fermat gelangte zu seinen Ergebnissen vielfach durch die Methode des unendlichen Abstiegs: Um zu zeigen, dass keine natürliche (und daher stets positive) Zahl eine Eigenschaft E besitzt, zeigte Fermat, dass man, falls eine natürliche ganze Zahl n diese Eigenschaft besitzt, ein $n'<n$ konstruieren kann, das gleichfalls E besitzt; durch Wiederholung dieses Schritts erhält man eine streng abnehmende Folge $n>n'>n''>\ldots$ und gelangt so zu einem ABSURDEN Ergebnis. Die Schlussform hat rekursiven Charakter, aber die Schwierigkeit liegt offensichtlich in der Konstruktion von n' auf der Grundlage von n. Fermat selbst hat bewiesen, dass die Fläche eines rechtwinkligen Dreiecks mit ganzzahligen Seitenlängen keine Quadratzahl sein kann; anders gesagt, wenn a, b, c von 0 verschiedene ganze Zahlen sind, so dass $a^2+b^2=c^2$, ist $(1/2)ab$ nicht das Quadrat einer ganzen Zahl. Daraus lässt sich ableiten, dass eine vierte Potenz nicht die Summe zweier Potenzen vierten Grades sein kann: $x^4+y^4=z^4$ besitzt für ganzzahlige, von 0 Verschiedene x, y, z keine Lösung.

Fermat hatte durch die Methode des unendlichen Abstiegs gezeigt, dass die ungeraden, aus der Summe zweier Quadratzahlen bestehenden Primzahlen jene sind, deren Teilung durch 4 einen Rest von 1 ergibt. Er untersuchte auch die Darstellung der Zahlen durch quadratische Formen des Typs x^2+2y^2 oder x^2+3y^2. Er wusste außerdem, dass jede ganze Zahl die Summe von vier Quadratzahlen, drei Dreieckzahlen, fünf Fünfeckzahlen usw. ist.

Lagrange untersuchte die Darstellung ganzer Zahlen durch quadratische Formen der allgemeinen Form $ax^2+bxy+cy^2$. Die Theorie der quadratischen Formen wurde dann 1801 von Gauß systematisch ausgearbeitet.

Kongruenz

Gauß entwickelte auch die Theorie der Kongruenzen: Ist m eine ganze Zahl größer oder gleich 1, so heißt eine ganze Zahl t kongruent zu u modulo m, wenn t und u bei der Teilung durch m denselben Rest ergeben, und man schreibt: $t \equiv u \pmod{m}$; es gibt m Kongruenzklassen modulo m, die Äquivalenzklassen für diese Relation, entsprechend den m Resten 0,

1, …, $m-1$, und man kann diese Klassen sowohl addieren als auch multiplizieren, denn aus $t \equiv u (\mathrm{mod}\ m)$ und $t' \equiv u' (\mathrm{mod}\ m)$
folgt
$t+t' \equiv u+u' (\mathrm{mod}\ m)$ und $tt' \equiv uu' (\mathrm{mod}\ m)$.

Die Klassen modulo m bilden daher einen Ring, der aus m Elementen besteht und als Restklassenring modulo m bezeichnet wird; man schreibt: $\mathbb{Z}/m\mathbb{Z}$. Die Restklassen modulo 7 werden vielfach hinsichtlich der Wochentage benutzt, die Restklassen modulo 9 für die »Neunerprobe« bzw. zur Prüfung der Teilbarkeit durch 9; im letzten Fall nutzt man die Tatsache, dass
$10 \equiv 1 (\mathrm{mod}\ 9)$,
also
$10k \equiv 1 (\mathrm{mod}\ 9)$ für alle k und
$a_0 + a_1 \times 10 + a_2 \times 10^2 + \ldots + an \times 10n$
$\equiv a_0 + a_1 + a_2 + \ldots + an (\mathrm{mod}\ 9)$,
das heißt, dass eine Zahl und die Summe ihrer Ziffern in Dezimalschreibweise kongruent sind; die Zahl 906180359 zum Beispiel ist kongruent zu
$9+6+1+8+3+5+9 \equiv 5 (\mathrm{mod}\ 9)$,
das heißt, wenn man sie durch 9 teilt ergibt sich ein Rest von 5.

Damit t und m teilerfremd sind (das heißt, damit t außer 1 keinen gemeinsamen Teiler mit m besitzt), genügt es nach der Bézoutschen Identität (die im 18. Jahrhundert von Gaspar Bachet de Méziriac bewiesen wurde), dass es ganze Zahlen v und w gibt, so dass $vt+wm=1$. Im Sinne der Kongruenz heißt das, »t und m sind teilerfremd« ist gleich bedeutend mit der Existenz von v, so dass $vt \equiv 1 (\mathrm{mod}\ m)$.

Die multiplikative Gruppe des Rings $\mathbb{Z}/m\mathbb{Z}$ (also die Menge der Elemente dieses Rings, für die ein inverses Element existiert) besteht daher aus den Klassen der ganzen Zahlen, für die gilt, daß t und m teilerfremd sind. Wenn $m=p$ eine Primzahl ist, handelt es sich dabei um alle Klassen mit Ausnahme von 0, und $\mathbb{Z}/p\mathbb{Z}$ ist ein Körper.

Jetzt lässt sich auch der kleine Fermatsche Satz formulieren, wonach $ap^{-1} \equiv 1 (\mathrm{mod}\ p)$, falls a nicht kongruent 0 modulo p ist. Zieht man die Quadratwurzel, lässt sich daraus ableiten, dass für p Primzahl gilt

$$a^{\frac{p-1}{2}} \equiv \pm 1 (mod.p)$$

Wenn a eine Quadratzahl modulo p ist, dann ist das Vorzeichen +, und man beweist, dass das Vorzeichen – ist, wenn es sich bei a nicht um eine Quadratzahl handelt. Setzt man $a=-1$, sieht man, dass a dann kongruent zu einer Quadratzahl modulo p ist, wenn $(p-1)/2$ gerade ist, das heißt, wenn p ein Vielfaches von 4 plus 1 ist. In diesem Fall ist p Teiler einer Zahl der Form x^2+1, und daraus folgert man, dass p selbst die Summe zweier Quadratzahlen ist. Die Bestimmung der Quadratzahlen modulo p (oder die Bestimmung ihrer Eigenschaften) ist Gegenstand des von Euler und Legendre entdeckten und von Gauß bewiesenen quadratischen Reziprozitätsgesetzes.

Diophantische Analysis

Zur Vorbereitung: ***Kurve***

Gegen Ende des 20. Jahrhunderts wurde die diophantische Analysis (eine Weiterentwicklung der aus den *Arithmetica* des Diophantos hervorgegangenen Tradition) im Sinne der algebraischen Geometrie neu interpretiert. Die Suche nach den rationalen Lösungen einer Polynomgleichung $f(x,y)=0$ etwa ist gleich bedeutend mit der Suche nach Punkten mit rationalen Koordinaten auf der ebenen Kurve mit der Gleichung $f(x,y)=0$. Dabei stellt man fest, dass die Eigenschaften dieser Kurve das Problem beträchtlich erhellen. Die Einteilung der Kurven nach ihrem Geschlecht ist für diophantische Probleme bedeutsam, weil das Geschlecht eine birationale Invariante darstellt. So haben David Hilbert und Adolf Hurwitz 1890 gezeigt, dass eine Kurve des Geschlechts 0 entweder keine rationalen Punkte besitzt (wie der Kreis $x2+y2=3$) oder unendlich viele (wie die Gerade). Die Menge der rationalen Punkte einer Kurve des Geschlechts 1 ist entweder leer, oder sie besitzt die durch eine endliche Zahl von Elementen erzeugte Struktur einer kommutativen Gruppe. Zu diesem Ergebnis gelangte Mordell 1922; er stellte die Vermutung auf, dass Kurven des Geschlechts größer oder gleich 2 nur eine endliche Zahl rationaler Punkte besitzen; diese Mordellsche Vermutung wurde 1983 von Gerd Faltings bewiesen. Die berühmte Fermatsche Vermutung, wonach die Gleichung $xn+yn=zn$ für $n \geq 3$ keine

Lösung für ganze Zahlen x, y, z ungleich 0 besitzt, wurde 1994 von Andrew Wiles bewiesen, und er stützte sich dabei auf einen Satz über Kurven des Geschlechts 1.

Aromatizität

Zur Vertiefung: ***Grenzstruktur; Hybride; Resonanz; Thermochemie***

Arbeitsdefinition

Für den Begriff »Aromatizität« gibt es keine einfache Definition. Obwohl er für die Chemiker große Bedeutung hat, ist er selbst für sie fließend und zuweilen umstritten. Hinzu kommt die Schwierigkeit, ihn hier zu beschreiben, denn dieser Begriff stützt sich auf einen theoretischen Unterbau, den wir an dieser Stelle nicht ausführlich darlegen können. Vorab sei noch angemerkt, dass der Begriff »Aromatizität« nichts mit einem Geruch oder Aroma zu tun hat; auf die historischen Gründe für diese Benennung kommen wir später zurück.

Von Aromatizität spricht man bei einer Gruppe von Molekülen, die sich durch bestimmte Eigenschaften auszeichnen und deren einfachste Vertreter die zyklischen Kohlenwasserstoffe (z. B. Benzol C_6H_6) sind. Die Kriterien für Aromatizität haben vor allem mit der STRUKTUR aromatischer Moleküle zu tun.

Das erste, negative Kriterium ist die Tatsache, dass sich ein aromatisches organisches Molekül nicht in einer einzigen Strukturformel darstellen lässt, die zwischen den Kohlenstoffatomen abwechselnd kurze Doppel- oder Mehrfachbindungen und lange Einfachbindungen zeigen würde. Aromatische Moleküle haben vielmehr eine ausgeprägte Neigung, die Bindungslängen ihrer KOHLENSTOFF-Kohlenstoff-Bindungen einander anzugleichen.

Ein zweites Kriterium ist die Tatsache, dass diese Moleküle ein Energiedefizit gegenüber den zu erwartenden Werten aufweisen, die sich als Summe der mit den einzelnen Teilen des Moleküls verbundenen Energien ermitteln (siehe THERMOCHEMIE und TRANSFERIERBARKEIT) oder nach den Methoden der QUANTENCHEMIE berechnen lassen. Da ein Molekül umso stabiler ist, je geringer seine Energie ist, sind aromatische Moleküle stabiler, als man eigentlich erwarten dürfte (siehe STABILITÄT, INSTABILITÄT). Diese größere Stabilität resultiert aus der Tatsache, dass die Elektronen in stärkere Bindungen einbezogen sind, als es üblicherweise zwischen den Atomen der Fall ist.

Das dritte Kriterium ist ein Ringstrom, der entsteht, wenn das Molekül sich in einem Magnetfeld befindet. Er ist auf die Delokalisation der Elektronen über den gesamten Umkreis des Kohlenwasserstoffrings (oder eines anderen aromatischen Moleküls) zurückzuführen, der eine Art mikroskopisch kleiner ovaler Rennstrecke darstellt. Es handelt sich hier um geringfügige elektrische Ströme, die durch die Zirkulation der so genannten π-Elektronen entstehen.

Dieser Vorgang lässt sich anhand eines Beispiels aus dem Alltagsleben gut verdeutlichen. Ein hart gekochtes Ei kann man ohne weiteres um sich selbst drehen. Dagegen wird die Drehbewegung bei einem rohen Ei sofort gebremst, da der flüssige Inhalt aufgrund seiner Trägheit sich nicht mitdreht.

Ebenso zirkulieren in einem Magnetfeld die Elektronen einer aromatischen zyklischen Verbindung in einer Richtung, entweder im oder gegen den Uhrzeigersinn, wodurch als Reaktion auf das äußere Magnetfeld ein kleines Magnetfeld entsteht, das den Einfluss des äußeren Feldes verringert. Mit Hilfe der Kernresonanzspektroskopie lässt sich ein solcher Ringstrom nachweisen.

Geschichte

Der Prototyp dieser aromatischen Verbindungen ist das Benzol C_6H_6, das Michael Faraday erstmals aus Steinkohlenteer isolierte. Seinen Namen erhielt es, weil es auch im Benzoeharzbalsam enthalten ist, dessen Bezeichnung wiederum als Handelsname aus einem arabischen Wort für »javanisch« abgeleitet ist: Arabische Seefahrer brachten diesen NATURSTOFF von einer Insel mit, die nicht genauer identifiziert ist. Um ihre Bezugsquelle geheim zu halten, behaupteten sie fälschlich, die Substanz stamme »aus Java«. Da Benzol und verwandte Verbindungen wie Toluol oder Xylole angenehm riechen, bezeichnete man sie als »aromatisch«. Ihr verlockender Duft täuscht jedoch, denn vor allem Benzol ist hochgiftig. Schon bei einem Gehalt in der Luft von nur einem Teil auf eine Million, der nicht mehr zu riechen ist, kann es gefährlich sein, Benzol einzuatmen.

Alle benzoiden aromatischen Kohlenwasserstoffe sind toxisch. Den Rekord hält offenbar ein Benzopyren, das in Autoabgasen, im Teer, der Rauchern die Lungenbläschen verklebt, und mehr noch im Holzkohlenrauch enthalten ist, der in Grillfleisch einzieht, wenn Fett in die Glut tropft und dort pyrolisiert wird.

Nutzen für Organismen

Die Aromatizität ist ein zentraler Begriff der Chemie, auch wenn eine präzise Definition, auf die alle Chemiker sich einigen könnten, utopisch ist (was übrigens für alle recht allgemeinen wissenschaftlichen Begriffe gilt wie »Energie« oder »Zufall«). Für die Lebensprozesse ist er hingegen von entscheidender Bedeutung.

Biomoleküle wie die Porphyrine (Chlorophyll, Hämoglobin, Vitamin B12, Cytochrom P-450), die Purin- und Pyrimidinbasen (Adenin, Guanin, Cytosin, Uracil und Thymin) in den Nukleinsäuren (DNA und RNA), die Seitenketten bestimmter Aminosäuren (wie Tyrosin und Tryptophan) und viele andere lebenswichtige Moleküle haben einen aromatischen Kern, der ihnen große Stabilität verleiht. Denn fest zu halten ist: Die Aromatizität geht mit einer erheblichen Stabilitätssteigerung einher.

Art

Zur Vertiefung: ***Klassifikation; phylogenetischer Stammbaum***

In der Klassifikation, die der Naturforscher Carl von Linné im 18. Jahrhundert vorgeschlagen hat, stellt die Art die feinste Kategorie dar, die die meisten gemeinsamen Merkmale erfordert. Sie ist zudem die einzige, die zumindest für geschlechtliche Lebewesen streng definiert ist: Zur selben Art gehören Lebewesen, die sich miteinander paaren und fruchtbare Nachkommen hervorbringen können.

Das Kriterium zur Abgrenzung der Arten voneinander besteht in der Kreuzung zwischen Individuen unterschiedlichen Geschlechts. Sind diese Kreuzungen unfruchtbar oder bringen sie sterile Nachkommen hervor, so gehören die Individuen unterschiedlichen Arten an. So ist zum Beispiel die Kreuzung zwischen einer Pferdestute und einem Eselhengst oder die Kreuzung zwischen einer Eselin und einem Pferdehengst durchaus möglich, aber die Nachkommen, Maultier und Maulesel, sind steril: Es handelt sich also eindeutig um zwei verschiedene Arten.

Arten, die viele gemeinsame Merkmale besitzen, fasst man zu einer »Gattung« (Genus) zusammen. Die internationale Nomenklatur verlangt für jede Art zwei Namen: den Namen der Gattung, der sie angehört, gefolgt von dem Namen der Art, die sie innerhalb dieser Gattung repräsentiert, zum Beispiel canis lupus, der Wolf, und *canis latrans*, der Kojote.

Artensterben

Zur Vertiefung: ***Evolution; Geochronologie; Meteoriten; Hot Spots***

Vor 65 Millionen Jahren, im Übergang von der Kreidezeit zum Tertiär, der das Erdmittelalter von der Erdneuzeit trennte (siehe Geochronologie), löschte eine Katastrophe mehr als die Hälfte aller Pflanzen- und Tierarten zu Lande und zu Wasser aus. Zu den zahlreichen Opfern gehörten auch die Dinosaurier, und da sich diese Großreptilien, die das Mesozoikum beherrschten, einer unbestreitbaren Popularität erfreuen, fand die wissenschaftliche Kontroverse über das Aussterben von Arten einen gewissen Widerhall in der breiten Öffentlichkeit. Alles begann 1980, als Wissenschaftler in Tonschichten aus dem Übergang von der Kreidezeit zum Tertiär Iridium fanden, ein Metall, das auf der Erde sehr selten ist, aber in Meteoriten in beträchtlicheren Mengen vorkommt. Das ließ die Idee aufkommen, ein riesiger Meteorit sei auf der Erde eingeschlagen, der durch den Aufprall aufgewirbelte Staub habe die Sonneneinstrahlung blockiert, sauren Regen, einen TREIBHAUSEFFEKT und Waldbrände ausgelöst und das Plankton absterben lassen, kurz eine große ökologische Katastrophe bewirkt, von der die Dinosaurier sich nicht wieder erholt hätten – zum großen Vorteil der überlebenden kleineren Säugetiere. Manche Wissenschaftler nahmen dagegen an, die ökologische Katastrophe sei auf einen massiven Austritt von Staub und Gas in die Atmosphäre zurückzuführen, zu dem es ebenfalls vor 65 Millionen Jahren bei einem gewaltigen Lavaausbruch kam (siehe HOT SPOTS), der einen Großteil Indiens (den Dekkan) mit einer mehrere Kilometer dicken Basaltschicht (Dekkantrapp) bedeckte. Die Meteoritentheorie wurde indes erhärtet, als sich in Quarzkörnchen Mikrostrukturen fanden, wie sie für eine starke Schockeinwirkung typisch sind, und als Forscher 1991 im Golf von Mexiko unter einer kilometerdicken Sedimentschicht einen 180 Kilometer großen Krater entdeckten, der möglicherweise die Einschlagstelle darstellt.

Damit ist die Geschichte jedoch noch nicht zu Ende! Im Laufe der geologischen Entwicklung kam es mehrfach zum Aussterben von Arten, manchmal in erheblichem Ausmaß und zwar jeweils im Übergang von einem Erdzeitalter zum anderen. Allerdings fällt es schwer, anzunehmen, dass jedes Mal ein Meteorit dafür verantwortlich gewesen sein sollte. Dagegen ließ sich kürzlich eine gute Korrelation zwischen dem massenhaften Aussterben von Arten und großen datierbaren Basaltergüssen herstellen; so fällt das massenhafte Aussterben von Arten zwischen Perm und Trias am Ende des Paläozoikums zeitlich mit der vulkanischen Aktivität zusammen, die zur Entstehung des Sibirischen Trapps führte.

Möglicherweise ist mitten in den großen Vulkanausbruch im Übergang von der Kreidezeit zum Tertiär ein Meteorit eingeschlagen, was die Lage für die Dinosaurier sicher nicht verbessert haben dürfte. Allerdings ist es durchaus auch möglich, dass das massenhafte Aussterben von Arten durch den Vulkanismus der Hot spots gesteuert wird und somit letztlich durch den inneren Rhythmus der Erde.

Assembler

Zur Vertiefung: ***Adresse; Iteration; Sprache***

Als Assemblersprache bezeichnet man eine maschinenorientierte Programmiersprache, in der die Binärcodes der Maschinensprache durch leichter zu behaltende und leichter zu handhabende Symbole ersetzt sind. Wie nützlich solche Vereinfachungen sind, sei an einem Beispiel illustriert.

Die von der Steuereinheit eines Computers auszuführenden BEFEHLE sind im Arbeitsspeicher gespeichert (siehe SPEICHER), und zwar in Form von aus den beiden Binärziffern 0 und 1 gebildeten Sequenzen mit festgelegter Länge. Der Umgang mit diesen Sequenzen ist ausgesprochen unbequem, nicht zuletzt wegen des hohen Schreibaufwands. Nehmen wir an, wir wollen die Summe $I+J+K$ für verschiedene Werte von I, J und K berechnen. Wenn wir in der Maschinensprache programmieren, müssen wir im Arbeitsspeicher drei freie Speicherplätze suchen, in denen I, J und K abgelegt werden können; die Adressen dieser Speicherplätze, zum Beispiel 0001010001, 0110010100 und 1100100011, müssen wir dann in unser Programm einfügen, das nun folgendermaßen lauten könnte:

```
1. Lies I aus 0001010001.
2. Lies J aus 0110010100.
3. Lies K aus 1100100011.
4. Lege den Inhalt von 0001010001 in
   Register R1 ab, das heißt in dem
   mit R1 bezeichneten Speicher inner-
   halb der Zentraleinheit.
5. Füge den Inhalt von 0110010100 dem
   Inhalt des Registers R1 hinzu.
6. Füge den Inhalt von 1100100011 dem
   Inhalt des Registers R1 hinzu.
7. Drucke den Inhalt des Registers R1.
```

Statt dessen möchte man einfach sagen können, dass I, J und K Symbole sind, die in unserem Fall für natürliche ganze ZAHLEN stehen, und es dann der Maschine überlassen, selbst die Adresse dreier für ganze Zahlen hinreichend großer Speicherplätze ausfindig zu machen und die drei Symbole I, J und K in unserem Programm durch die Adressen dieser Speicherplätze zu ersetzen.

Genau diese Möglichkeit bietet die Assemblersprache, die durch das Assemblerprogramm, meist einfach Assembler genannt, in die Maschinensprache übersetzt wird. In der Regel arbeitet der Assembler in zwei Phasen: Im ersten Schritt geht er sämtliche Symbole des Programms durch und weist ihnen einen Speicherplatz im Arbeitsspeicher zu; im zweiten Schritt ersetzt er diese Symbole überall dort, wo sie im Programm auftreten, durch die zugehörige Adresse im Arbeitsspeicher.

Astrologie

Zur Vertiefung: ***Astronomie; Hypothese und Theorie; Widerlegbarkeit***

Die in allen Kulturen anzutreffende Astrologie entstand mit der Beobachtung des Himmels und der Gestirne, zu deren Klassifikation und Bezeichnung sie übrigens wichtige Beiträge geleistet hat. In diesem Sinne haben Astronomie und Astrologie sich in vielen Kulturen lange Zeit gemeinsam entwickelt. Für diese Kulturen war der Gedanke bedeutsam, dass zahlreiche Götter vom Himmel aus die Welt lenkten; in Mesopotamien oder China zum Beispiel glaubte man, die Götter oder ein etwas weniger anthropomorpher Himmel übermittelten den Menschen ihre Botschaften in Gestalt von Himmelserscheinungen. Das Schicksal des Einzelnen stand also nicht in den Sternen geschrieben. In den Sternen und den Naturphänomenen zeigten sich vielmehr die Wünsche der Götter, denen der Mensch sich zu beugen hatte.

Zu einer deutlichen Trennung zwischen Astrologie und Astronomie, zumindest hinsichtlich ihrer Praxis, kam es erst zu Beginn des 17. Jahrhunderts (im Umkreis Johannes Keplers). Aber schon im 4. Jahrhundert hatte der hl. Augustinus auf die Unsinnigkeit der Astrologie hingewiesen. Er betonte die Notwendigkeit, zwischen der objektiven Erkenntnis des Kosmos und der irrigen Hypothese eines direkten kosmischen Einflusses auf die Geschicke des Einzelnen zu unterscheiden. Dennoch hat die Astrologie bis heute überlebt und den Glauben gepflegt, der Himmel teile irgend etwas mit und es bestünde ein geheimnisvoller, aber sehr realer Zusammenhang zwischen den Stellungen der Planeten und der Sternbilder einerseits und dem Schicksal oder dem Charakter oder der Geschichte der Menschen andererseits, ein ursächlicher Zusammenhang, den die Wissenschaft noch nicht ergründet habe, der aber durch empirische Erfahrung belegt sei. Der Himmel des modernen Astrologen ist übrigens immer noch der des Mittelalters, den der Mensch mit bloßem Auge zu sehen vermag. Diese Astrologie will nicht wahrhaben, wie partiell und willkürlich ihre Sicht des Universums ist, in der die unermessliche Vielzahl der Galaxien und das weite Spektrum der unsichtbaren Wellenlängen des Lichts keinen Platz haben.

Die Astrologie gründet ihren Diskurs wie die Alchimie auf eine symbolische Deutung (zum Beispiel der Namen der Sternbilder) und nicht auf den Versuch, einen möglichen Kausalzusammenhang zwischen den Gestirnen und etwa dem Charakter des Einzelnen aufzuzeigen. Darin unterscheidet sie sich grundlegend von der wissenschaftlichen Methode, die auf der Analyse und kausalen Erklärung der Phänomene basiert, auch wenn manche Astrologen hier eine ambivalente Einstellung zeigen.

Wie die Chemie es in Bezug auf die Alchimie getan hat, so hat die moderne Astronomie manchen alten astrologischen Vorstellungen eine neue Bedeutung gegeben. Dass der Mensch das Produkt des Kosmos ist, trifft durchaus zu, denn ein großer Teil der Atome im Körper jedes Menschen war einstmals in seiner jetzigen Form Bestandteil eines Sterns; diese Tatsache hat jedoch keinerlei aktuelle Bedeutung für die biologische Organisation, die neuronale Struktur oder die Entstehung des Bewusstseins.

Dass zwischen Sternen, zwischen Sonne und Erde und zwischen den Planeten Kräfte wirken, ist wichtig für die Himmelsmechanik und den Abschuss künstlicher Satelliten (siehe Gravitation). Doch da die Voraussagen der Astrologie nicht bewiesen werden können und ihre symbolischen Deutungen keine Widerlegung zulassen, kann die Wissenschaft die Astrologie nur aus ihrem Bereich verbannen.

Astrometrie

Zur Vertiefung: ***Gravitationslinse; Kalender; Masse; Sternkatalog***

Die Astrometrie hat die Aufgabe, die Position der astronomischen Objekte am Himmel zu bestimmen. Da deren Stellung sich jedoch für den Beobachter auf der Erde ständig ändert – nicht nur weil die Erde sich einmal am Tag um sich selbst und einmal im Jahr um die Sonne dreht, sondern auch weil diese Objekte (Planeten, Kometen, Sterne) sich im Verhältnis zur Sonne bewegen –, spielt die Messung der ZEIT eine ebenso wichtige Rolle wie die des Raums. Wie soll man in diesem Raum, in dem alles sich ständig bewegt und verändert, feste Orientierungspunkte finden, die es ermöglichen, Positionen miteinander zu vergleichen und Bewegungen in der Zeit zu bestimmen? In der Tat eine schwierige Aufgabe.

Was den Raum anging, boten die unveränderlichen Sternbilder zunächst ein recht gutes Bezugssystem. Die antike Astronomie unterteilte den Himmel in 54 Sternbilder, die alte chinesische Astronomie denselben Himmel sogar in 283 (entsprechend kleinere) Sternbilder, die nun die Möglichkeit boten, die Position regelmäßiger Abläufe (Mondumlauf, scheinbare Bewegung der Sonne) und unregelmäßiger Ereignisse (KOMETEN, SUPERNOVAE) recht präzise zu bestimmen – was im Übrigen die Lektüre alter Chroniken sehr erleichtert.

Heute benutzt man eine Reihe von Koordinatensystemen, deren geometrische Netze in ähnlicher Weise auf die Richtungen des Raumes angewendet werden wie die geographischen Koordinaten (terrestrische Breiten- und Längengrade) auf die Punkte der Erdoberfläche (siehe BEZUGSSYSTEM). Das geläufigste System ist das äquatoriale Koordinatensystem (siehe *Abbildung 1*). Als Bezugsgrößen dienen hier die Rotationsachse und die senkrecht dazu stehende Äquatorebene der Erde. Auf der Äquatorebene bestimmt man eine willkürlich ausgewählte, aber feststehende Richtung, und zwar die des mit γ bezeichneten Frühlingspunktes (durch den die Sonne bei der Frühlings-Tagundnachtgleiche geht). Wegen des Gesetzes der Erhaltung des Drehimpulses rotierender Objekte ist die Ausrichtung der Nordsüdachse unserer Erde zum Glück konstant bezüglich des Raumes (d.h. bezüglich der weit entfernten Sterne) oder genauer gesagt: nahezu konstant, denn wie schon Hipparchas von Nikäa im 2. Jahrhundert v. Chr. bemerkte, steht die Erdachse ähnlich der Drehachse eines Kreisels nicht still, sondern beschreibt in genau 25784 Jahren den Mantel eines Kegels (Präzession), so dass die Ausrichtung des Koordinatensystems gegenüber den Sternen sich im selben Rhythmus verändert. Da diese regelmäßige Veränderung aber bekannt ist, können wir sie bei der Positionsbestimmung berücksichtigen. Im äquatorialen Koordinatensystem wird jede Richtung im Raum und jede Sternposition durch die Werte zweier Winkel definiert (Deklination und Rektaszension), die in den Sternkatalogen zusammen mit dem Datum der Messung angegeben werden. Die Entwicklung dieser Positionen gibt Auskunft über die Eigenbewegung des betreffenden Sterns im Verhältnis zur Sonne.

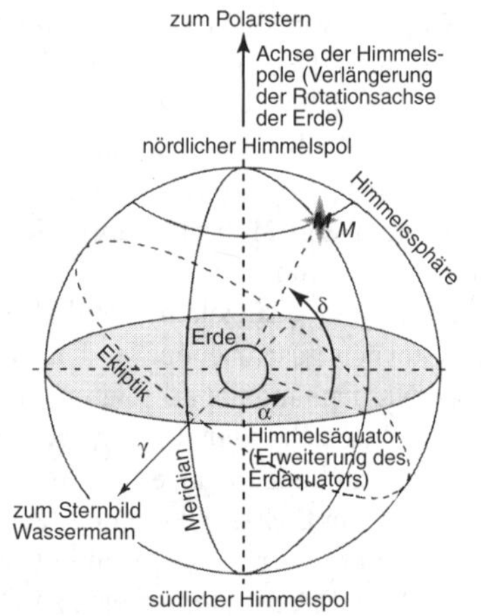

γ Frühlingspunkt (Frühlings-Tagundnachtgleiche)
M astronomisches Objekt
α Rektaszension
δ Deklination

Abbildung 1 Das äquatoriale Koordinatensystem

Wie wir sehen, ist dieses System in gewisser Weise mit der Erde verknüpft, und das hat damit zu tun, dass der menschliche Beobachter an die Erde gebunden ist. Eine Raumsonde, die um die Erde kreiste oder sogar das Sonnensystem verließe, wäre frei von solchen Einschränkungen. Deshalb hat man auch andere Bezugssysteme entwickelt, zum Beispiel das galaktische Koordinatensystem, als dessen Bezugsgrößen die galaktische Ebene und das galaktische Zentrum unserer Milchstraße dienen. Dieses galaktische Bezugssystem verknüpft man mit dem äquatorialen Koordinatensystem, indem man die wechselseitige Position beider Systeme zu irgendeinem Zeitpunkt ein für allemal festlegt.

Doch mit zunehmender Messgenauigkeit bei der Bestimmung der relativen Sternpositionen wird die Ungenauigkeit bei der Bestimmung der Achsen eines Systems immer unerträglicher. Wie soll man zum Beispiel die Richtung des Frühlingspunktes mit einer Genauigkeit von einer hunderttausendstel Winkelsekunde bestimmen (das ist nicht einmal der hundertmillionste Teil eines Grades)? Und wie lassen sich die kleinen zufälligen Abweichungen in der Ausrichtung der Erdachse korrigieren, die auf Bewegungen innerhalb des flüssigen äußeren ERDKERNS zurückgehen?

Bei einer derartigen Genauigkeit sind die einst als unbewegt geltenden Fixsterne unserer Galaxis sämtlich in Bewegung, und die der anderen Galaxien sind nicht hell genug, um ihre Position mit der erforderlichen Genauigkeit messen zu können. Zum Glück gibt es sehr ferne Objekte mit großer Leuchtkraft, die seit 1960 entdeckten QUASARE, die zugleich so hell und so weit entfernt sind, dass sie bei der heute erreichbaren Genauigkeit als feststehend gelten können. Deshalb nimmt man sie als Bezugsgrundlage für das Koordinatensystem – und man kennt bis jetzt immerhin mehrere Tausend solcher Quasare. Sie definieren das »konstanteste« Bezugssystem, das wir im Raum finden können, auch wenn sie die Positionen, die wir ihnen heute zuweisen, in Wirklichkeit vor Milliarden von Jahre einnahmen (weil die Radiowellen so lange gebraucht haben, um zu uns zu gelangen). Doch das Gedächtnis der Astronomie ist noch sehr kurz, weil es an die Maßstäbe der menschlichen Geschichte gebunden ist. Helle, im Bereich des sichtbaren oder infraroten Lichts strahlende Sterne mit bekannter Bewegung und ferne, im Bereich der Radiofrequenzen beobachtete Quasare bilden also die Fixpunkte des Rasters, mit dessen Hilfe wir die Positionen der übrigen katalogisierten Sterne bestimmen.

Die zeitliche Einordnung der Ereignisse erfolgt über den Julianischen Kalender, eine an die Bedürfnisse der Astronomie angepasste Version unseres Kalenders (die keine Jahre, sondern ausschließlich Tage zählt und nicht mit dem gleichnamigen Kalender der Römer identisch ist – siehe KALENDER). Jedes astronomische Ereignis (eine Sonnen- oder Mondfinsternis, die Explosion eines Sterns am Ende seines Lebenszyklus als Supernova, ein Gammastrahlenausbruch irgendwo im Kosmos, der von einem Observatorium auf einem Satelliten registriert wird), ob in der Vergangenheit, in der Gegenwart oder in der Zukunft, wird mit seinem Julianischen Datum verzeichnet. Die Schwierigkeit besteht darin, diesen Kalender (soweit es vergangene Ereignisse betrifft) auf den Tag und die Stunde genau mit den Kalendern der verschiedenen Kulturen in Einklang zu bringen und (für gegenwärtige oder zukünftige Ereignisse) mit den Normaluhren abzustimmen (siehe UHR).

Jeder Fortschritt in der Genauigkeit der Beobachtung von Bewegungen förderte zu seiner Zeit neue grundlegende und manchmal auch revolutionäre Elemente zutage. Dank der von Tycho Brahe (1546–1601) erreichten Beobachtungsgenauigkeit (von etwa einer Winkelminute) konnte Johannes Kepler den elliptischen Charakter der Marsumlaufbahn erkennen, obwohl Tycho Brahe in seinem Observatorium Uranienborg auf der dänischen Insel Ven noch kein Fernrohr besaß und allein mit mechanischen Visiervorrichtungen arbeitete. Als James Bradley die Messgenauigkeit bei der Bestimmung der Sternörter im Jahresverlauf auf einige Winkelsekunden verbesserte, entdeckte er 1727 die ABERRATION des Lichts, eine jährliche Variation der scheinbaren Sternpositionen, die ihre Ursache in der Bewegung der Erde auf ihrer Umlaufbahn um die Sonne hat. Und dank der angesammelten Beobachtungen zum Planeten Merkur erkannte man schließlich die fortschreitende Positionsveränderung seines Perihels (des Punktes größter Sonnennähe auf der Umlaufbahn); von der Sonne aus betrachtet, verschiebt sich dieser Punkt im Verhältnis zu den fernen Fixsternen um den kleinen, aber nicht zu vernachlässigenden Winkel von 43" pro Jahrhundert. Dieses Phänomen ließ sich mit den Mitteln der klassischen Mechanik nicht erklären; seine präzise Vorhersage war einer der ersten großen Erfolge der allgemeinen RELATIVITÄTSTHEORIE. Die mehrjährige Beobachtung und astrometrische Vermessung einiger Sterne in unmittelbarer Nähe zum Zentrum unserer Milchstraße schließlich führte 1996 zu der Hypothese, dass sich dort ein Schwarzes Loch mit einer Masse befindet, die mehreren Millionen Sonnenmassen entspricht (siehe GALAXIE).

Diese wichtige Rolle der Astrometrie hat ihre tiefere Ursache: Die von ihr gemessenen Bewegungen gehen stets auf die Anwesenheit von Massen zurück, die für die Beschleunigung der beobachteten Objekte verantwortlich sind. Durch die Messung dieser Bewegungen lassen sich die betreffenden Massen bestimmen. So bietet die Astrometrie die einzige Möglichkeit, die Massen der in einem Doppelsternsystem vereinigten Sterne zu bestimmen; es gibt keine andere brauchbare, direkte Methode, die Masse eines Sterns zu messen.

Die Astrometrie stützt sich heute auf Observatorien, die als Satelliten um die Erde kreisen; von den störenden Einflüssen der Erdatmosphäre befreit, erreicht sie eine erstaunliche Messgenauigkeit, die 1995 bei einer tausendstel Winkelsekunde lag und in den nächsten Jahrzehnten vielleicht noch einmal um das Hundertfache verbessert werden kann. Es mag seltsam erscheinen, dass der Raum in unserer unmittelbaren Umgebung bei dieser Messgenauigkeit nicht mehr die schöne Einfachheit der euklidischen Geometrie besitzt, die wir in unserem vertrauten Raum benutzen (siehe KRÜMMUNG). Auf seinem Weg zur Erde, die ihren jährlichen Umlauf um die Sonne absolviert, passiert das Licht eines Sterns in größerer oder geringerer Entfernung die Sonne, deren Masse eine Richtungsänderung der Lichtstrahlen bewirkt; bei der heute erreichten Messgenauigkeit scheint die Sternposition sich deshalb im Bezugssystem des oben beschriebenen äquatorialen Koordinatensystems zu verändern (siehe GRAVITATIONSLINSE). Der Raum wird unscharf, und zwar etwa auf dieselbe Weise, wie das Bild eines rechteckigen Musters an der Decke eines Schwimmbads sich verformt, wenn man unter Wasser ist und durch die bewegte Wasseroberfläche hinauf schaut.

Astronomie

Zur Vertiefung: ***Galaxie; interstellarer Raum; kosmologisches Standardmodell; Stern***

Die Astronomie ist eine Beobachtungswissenschaft. Sie entstand, als die Menschen den Himmel betrachteten und dort voller Staunen leuchtende Objekte von großer Vielfalt und Veränderlichkeit erkannten. Einige dieser Objekte wie Sonne und Mond, Fixsterne und Kometen zeigen in ihren Bewegungen eine nahezu vollkommene Regelmäßigkeit und boten damit die Möglichkeit zur Entwicklung von KALENDERN, während etwa die Planeten oder Wandelsterne sich auf Bahnen bewegen, deren Regelmäßigkeit nicht unmittelbar einsichtig ist, so dass es Jahrhunderte dauerte, bis man sie verstand. Obwohl die Astronomie an diesen fernen Objekten keinerlei Experimente vornehmen kann, gelang es ihr, allein durch Beobachtung und durch Überlegungen von oft bewundernswerter Kühnheit, nach und nach Ordnung in diese entrückte Mannigfaltigkeit zu bringen. Da die Menschen lange Zeit nur das am Himmel wahrnahmen, was sie mit bloßem Auge sehen konnten, katalogisierten sie zunächst die Gestirne, zeichneten alle ungewöhnlichen Erscheinungen auf und fassten sie zu Gruppen zusammen; sie erkannten die Ursachen der VERFINSTERUNGEN und lernten, deren Zeitpunkt vorauszusagen; mit großem Einfallsreichtum vermaßen sie das SONNENSYSTEM, soweit ihre Beobachtung reichte, und bestimmten die zugehörigen ENTFERNUNGEN. Sie bauten immer bessere Teleskope, befreiten sich sogar von den Einschränkungen, die unsere Erdatmosphäre der Himmelsbeobachtung auferlegt, und erkannten schließlich, daß die Erde keineswegs einzigartig im UNIVERSUM dasteht, weder hinsichtlich ihrer Position noch hinsichtlich ihrer Zusammensetzung, noch auch hinsichtlich der Gesetze, die im Bereich der PHYSIK und der CHEMIE gelten, und so dehnten sie ihr

Wissen innerhalb weniger Jahrhunderte bis an die äußersten Grenzen des Raumes aus. Sie erkannten, dass sie damit zugleich auch in die Tiefen der ZEIT vorstießen, und entwarfen sogar ein kühnes Szenario, das wenigstens in groben Umrissen die ganze Geschichte des Universums darstellt, bis zurück in jene fernsten Zeiten, bei deren Erklärung selbst die moderne Physik noch in den Kinderschuhen steckt.

Um ihre Ziele zu erreichen, setzt die Astronomie zahlreiche Bereiche der Naturwissenschaft und der Technik ein (OPTIK; INFORMATIK; Raumfahrttechnik) und bewegt sich so, zusammen mit ihren Teildisziplinen, im Schnittpunkt nahezu aller Wissensgebiete, um jenes Universum zu erforschen, zu beschreiben und zu verstehen, das uns umgibt und dessen Teil wir sind. MECHANIK und HIMMELSMECHANIK entstanden gemeinsam. Im 20. Jahrhundert wandte die Astrophysik die Physik auf das gesamte Universum an, wie es die Astrochemie seit kurzem auch mit der Chemie tut; und gerade erst beginnt die Astrobiologie (oder Exobiologie), die Biologie und die Biochemie auf das Universum anzuwenden. Die KOSMOGONIE fragt nach Entstehung und Entwicklung des SONNENSYSTEMS, die KOSMOLOGIE nach Wesen und Beschaffenheit des ganzen Universums.

Bei der Frage nach Ursprung und Zukunft des Universums gerät die Astronomie ständig an die Grenzen der Metaphysik. Da sie die räumlichen und zeitlichen Bezugssysteme bereitstellt, in denen das LEBEN der Menschen und ihre Geschichte sich bewegen, weisen alle Kulturen ihr eine wesentliche Bedeutung zu und achten sie, obwohl sie scheinbar unnütz ist. Alle bedeutenden philosophischen Veränderungen und alle großen geistigen Traditionen bewegen sich in einem Raum, den die Astronomie abgesteckt und immer wieder durch ihre Entdeckungen erschüttert und umgestürzt hat. Die ASTROLOGIE, die zusammen mit ihr entstand, hat sich bis heute neben ihr gehalten, auch wenn es uns schwerfällt, das zu akzeptieren; obwohl es nicht die geringsten Beweise dafür gibt, ist der astrologische Glaube an mechanische Einflüsse der Gestirne, die uns von der Last eigener Entscheidungen befreien sollen, bis heute nicht verschwunden (siehe ALCHIMIE).

Die Unermesslichkeit des Raumes und der Zeit und die Vielfalt der darin herrschenden Bedingungen stellen uns heute vor die Frage nach der Rolle des Lebens auf der Erde und in diesem kleinen Sonnensystem, das ihm Schutz gewährt. Eine alte Frage, die sich heute aber dank neuer Erkenntnisse der Biologie und dank der erst kürzlich erfolgten Entdeckung anderer Planetensysteme neu stellt. Nach der großartigen Veränderung der konzeptionellen Landschaft, die das 20. Jahrhundert mit der Entdeckung der EXPANSION des Universums, der kosmischen Evolution und des Urknalls gebracht hat, zeichnet sich nun ohne Zweifel eine neue Etappe ab, die auch nach einer Antwort auf diese Frage suchen wird.

Atmosphäre

Zur Vertiefung: ***allgemeine Zirkulation der Atmosphäre; Konvektion; Strahlungsdurchgang durch Medien***

Die Atmosphäre von Sternen und Planeten

Als »Atmosphäre« bezeichnet man die gasförmige Hülle, die einen flüssigen oder festen, also einen Himmelskörper mit höherer Dichte umgibt. Diese Hülle wird von der Schwerkraft des Himmelskörpers festgehalten, ihre Dicke resultiert aus einem Gleichgewicht zwischen der Schwerkraft, die auf eine Verdichtung der Gashülle hinwirkt, und dem DRUCK des Gases, der solch einer Verdichtung entgegenwirkt. Ohne die Schwerkraft würden die STERNE, unsere Sonne und selbst unsere Atmosphäre sich in den Weltraum verflüchtigen. Dieses Schicksal ereilte übrigens die Wasserstoffatome, die ursprünglich in der Erdatmosphäre enthalten waren. Angesichts der Temperatur der Atmosphäre (die in der Höhe bis zu 1000 °K bzw. 1300 °C erreichte) überschritten diese leichten Atome rasch die so genannte Fluchtgeschwindigkeit, das heißt, ihre kinetische Energie, die unmittelbar von der Geschwindigkeit und damit von der Temperatur abhängt, war groß genug, um die Wirkung der Schwerkraft zu überwinden. So konnten sich die Wasserstoffatome weit von der Erde entfernen und gingen auf diese Weise verloren, obwohl sie anfangs in großer Menge vorhanden waren (ausgenommen davon waren unter anderem die Wasserstoffatome, die sich mit Sauerstoff zu WASSER (H_2O) verbunden hatten).

Die Erde war der erste Himmelskörper, dessen Atmosphäre wir kennenlernten. Der Mond ist ein Beispiel für einen Himmelskörper, der keine Atmosphäre besitzt; das zeigt sich an dem klaren Übergang, den wir beobachten können, wenn ein Stern hinter dem Rand des Mondes verschwindet. Viele Planeten und auch einige ihrer SATELLITEN besitzen dagegen eine Atmosphäre (z. B. Mars, Venus und der Saturnmond Titan). Bei gänzlich gasförmigen Himmelskörpern wie den Fixsternen oder manchen Riesenplaneten könnte man sagen, die Atmosphäre mache den gesamten Himmelskörper aus. Es hat sich jedoch eingebürgert, die Bezeichnung »Atmosphäre« hier auf die äußeren Schichten zu beschränken, deren Dichte so gering ist, dass die dort entstehende Temperaturstrahlung oder (bei Planeten, die von der Sonne beleuchtet werden) das dort gestreute Licht zu uns gelangen können.

Die im Innern der Sterne erzeugte Energie wird über eine Serie von Absorptions- und Reemissionsprozessen nach außen transportiert und dort abgestrahlt; dadurch kommt es in der Atmosphäre zu einem von innen nach außen gerichteten Temperaturgefälle. Die oberen Schichten der Atmosphäre werden gelegentlich jedoch auch durch einen Zufluss mechanischer Energie aufgeheizt; Ursache dafür sind Konvektionsströme, die ihren Ausgang in tieferen Schichten der Gaskugel nehmen (*siehe* KONVEKTION). Das geschieht etwa in der Sonnenkorona, in der ein Anstieg der Temperatur von deren Minimum (4200 °K) auf mehrere Millionen Grad zu beobachten ist.

Die Zusammensetzung der Atmosphäre ist bei den verschiedenen Himmelskörpern unterschiedlich. Während Sterne und Riesenplaneten hauptsächlich aus Wasserstoff und Helium bestehen, findet man mit abnehmenden Temperaturen auch größere MOLEKÜLE, bei Jupiter z. B. molekularen Wasserstoff (H_2), Methan (CH_4) oder Ammoniak (NH_3), bei Mars und Venus Kohlendioxid (CO_2), in der Atmosphäre kälterer Sterne auch Kohlenmonoxid (CO) und die Radikale SiO und OH.

Betrachtet man die Sonnenscheibe mit unbewehrtem Auge oder einem Fernrohr, scheint sie einen erstaunlich klar umrissenen Rand zu besitzen, so dass der Eindruck entsteht, es handle sich um einen gegenüber dem umliegenden Raum klar abgegrenzten, festen Körper. In Wirklichkeit finden wir jedoch auch jenseits dieses »Randes« noch Materie. Der Rand der Sonnenscheibe markiert lediglich die Grenze der Abstrahlung sichtbaren Lichts (von Blau bis Rot); die in tieferen Schichten erzeugten PHOTONEN gelangen wegen der großen Dichte gar nicht erst an die Oberfläche. Nur das im äußeren Bereich entstandene Licht gelangt zu uns, und dieser Bereich ist weniger als 200 km dick (das entspricht nicht einmal einem Fünfmillionstel des Durchmessers der Sonnenscheibe). Diese Schicht und im weiteren Sinne die unmittelbar darunter und darüber gelegenen Schichten (Photosphäre und Chromosphäre) bezeichnet man als Sonnenatmosphäre. Eine SPEKTRALANALYSE des von dort stammenden Lichts gibt Auskunft über die Zusammensetzung der Sonnenatmosphäre. Als Norman Lockyer 1868 in solch einem Spektrum eine Linie bemerkte, die auf der Erde noch niemals beobachtet worden war, entdeckte er die Anwesenheit von Helium (He) in der Sonne.

Auch wenn wir bei den Fixsternen keine Scheibe und damit auch keinen Rand erkennen können, besitzen sie gleichfalls eine Atmosphäre, deren Umfang und Dichte von der Größe und der Masse des betreffenden Sterns abhängen.

Die Erdatmosphäre

Die gasförmige Hülle der Erde besteht aus Luft, einem der vier Elemente des Empedokles (die übrigen sind Erde, Feuer und Wasser). Nun ist die Luft, die wir atmen, in Wirklichkeit kein chemisches ELEMENT, sondern ein Gemisch aus mehreren Gasen, in der Hauptsache Stickstoff (78%) und SAUERSTOFF (21%); hinzu kommen noch Edelgase, vor allem Argon (0,93%), das Lord Rayleigh und

Sir William Ramsay 1894 unabhängig voneinander entdeckten (und das ihnen den Nobelpreis einbrachte), sowie Spuren von Kohlendioxid (CO_2), Wasser, Methan (CH_4) und diverse Verunreinigungen.

Nachdem der französische Meteorologe Léon Teisserenc de Bort die Technik des Wetterballons verbessert und insgesamt 236 dieser Messsonden (auf eigene Kosten) hatte aufsteigen lassen, konnte er erstmals den vertikalen Aufbau der Erdatmosphäre bestimmen; von ihm stammen auch die Bezeichnungen für die verschiedenen Regionen.

- Die Troposphäre erstreckt sich vom Erdboden bis in eine Höhe von 10 km. In diesem Bereich kommt es zu Konvektionsbewegungen (*siehe* KONVEKTION und ALLGEMEINE ZIRKULATION DER ATMOSPHÄRE), daher die Bezeichnung »Troposphäre« (vom griechischen *tropos*, »Umwälzung«). Hier finden wir die verschiedenen Wettererscheinungen: WIND, WOLKEN, Niederschläge. In dieser Zone nimmt die Temperatur – je nach Luftfeuchtigkeit – um 6 bis 10 °C pro Kilometer ab und erreicht am oberen Rand der Troposphäre (Tropopause) etwa –60 °C.
- Die Stratosphäre liegt über der Troposphäre; sie reicht bis in eine Höhe von 50 km. Teisserenc de Bort nahm (fälschlich) an, die Gase der Luft trennten sich dort in Schichten (griechisch: *stratos*) unterschiedlicher Dichte. In diesem Bereich spaltet die Ultraviolettstrahlung der Sonne den molekularen Sauerstoff auf; dabei entsteht Ozon (O_3), das seinerseits die Ultraviolettstrahlung absorbiert, wodurch sich die Stratosphäre aufheizt. Dehalb nimmt die Temperatur mit der Höhe wieder zu und erreicht an der oberen Grenze der Stratosphäre etwa 0 °C.
- Die Mesosphäre, von 50 bis 85 km, ist eine Zwischenzone, in der die Temperatur wieder mit wachsender Höhe abnimmt. An der oberen Grenze der Mesosphäre liegt sie bei etwa –90 °C, und der Luftdruck beträgt nur noch ein Hundertstel Hektopascal (hPa), während er in Bodennähe bei etwa 1000 hPa liegt.
- Als Thermosphäre oder Ionosphäre bezeichnet man die oberste Zone der Atmosphäre. Sie erstreckt sich bis in eine Höhe von etwa 500 km; dort nimmt die Temperatur mit der Höhe wieder zu und erreicht schließlich über 500 °C. Die Wärme entsteht durch die Photodissoziation der in der stark verdünnten Luft vorhandenen Moleküle, durch Sonneneinstrahlung (UV- und Röntgenstrahlung) und durch Ionisierung der Atome. In dieser Zone entstehen die Polarlichter.

Jenseits einer Höhe von 500 km liegt der Luftdruck bei weniger als einem hundertmillionstel Hektopascal; diesen Bereich, der den Übergang in den Weltraum markiert, bezeichnet man als Exosphäre.

Die Verschmutzung der Atmosphäre (siehe UMWELTVERSCHMUTZUNG) betrifft in erster Linie die Troposphäre und die Stratosphäre. Sie geht zu einem großen Teil auf die Einwirkung des Menschen zurück, aber auch auf natürliche Ursachen. Die eingebrachten Schadstoffe bestehen aus Gasen, aus Aerosolen und aus Staub. Unter den gasförmigen Schadstoffen seien hier Ozon und Stickoxid (NO_2) genannt, die aus den Motoren unserer Kraftfahrzeuge stammen. Ozon ist ein giftiges Gas, aber in der Stratosphäre schützt es uns vor der UV-Strahlung der Sonne. Die Stickoxide und die Fluorchlorkohlenwasserstoffe (FCKW) lösen chemische Reaktionen aus, die das Ozon in der Stratosphäre zerstören. Die Verringerung des Ozons in der Stratosphäre wird nicht durch den Ozonüberschuss in der unteren Atmosphäre ausgeglichen, weil dieses Ozon in der Troposphäre verbleibt.

Durch die Verbrennung von KOHLE und ERDÖL gelangen große Mengen Schwefeldioxid (SO_2) in Gestalt von Aerosolen in die Atmosphäre; sie sind unter anderem für den sauren Regen verantwortlich. Allerdings ist die Verbrennung fossiler Brennstoffe nicht die einzige Ursache; auch die Vulkane tragen in erheblichem Maße zur Schwefelbelastung der Atmosphäre bei. Den zweitgrößten Anteil an der Schwefelbelastung der Atmosphäre – nach dem vom Menschen verursachten Eintrag von Schwefeldioxid – hat übrigen das Dimethylsulfid ($H_3C—S—CH_3$), das vom Phytoplankton in den Ozeanen freigesetzt wird.

Atmosphäre, allgemeine Zirkulation der

→ ***allgemeine Zirkulation der Atmosphäre***

Atom

Zur Vertiefung: ***Heisenbergsches Unbestimmtheitsprinzip; Molekül; Quantenphysik***

Von der Philosophie zur Physik

Der Atomismus im philosophischen Sinne wurde vor 2500 Jahren an den Küsten des Mittelmeers erfunden, als Antwort auf Fragen nach Anfang und Ende des Kosmos, nach Einheit und Vielfalt der materiellen Dinge. Diese Lehre von den allerkleinsten Dingen wurde im 5. Jahrhundert vor Christus zunächst von Leukipp und dann von Demokrit in der Absicht entwickelt, ein Gedankengebäude zu errichten, das Schutz vor den Jenseitsängsten und vor den Gefahren des Aberglaubens bieten sollte. Sie erklärt die Welt durch den Rückgriff auf Atome und das Leere, wobei den Atomen keinerlei Sinnesqualitäten zukommen, so dass sie nur dem Verstand zugänglich sind. Die Atome sind danach unteilbar (*a-tomos*), ewig, voll, fest und in unbegrenzter Zahl vorhanden; sie befinden sich in ständiger rascher Bewegung und bilden, wenn sie zusammenstoßen, Aggregate, die sich nach Gestalt, Anzahl und Position der Atome unterscheiden, wie die unterschiedlichsten Worte aus denselben Buchstaben zusammengesetzt sind. Himmel und Erde, das Wasser, die Tiere und selbst die Seele werden ausschließlich aus solchen Aggregaten gebildet, denen keinerlei Zweckursache zugrunde liegt; eines Eingriffs der Götter bedarf es dazu nicht.

In der Physik ist das Atom prosaischer definiert als die kleinste Einheit der Materie, in der die chemischen Elemente ihre charakteristischen Eigenschaften bewahren. In diesem Sinne wurde seine Existenz erst zu Beginn des 20. Jahrhunderts bewiesen, mit einer Verspätung von immerhin zweitausendfünfhundert Jahren, aber mit gewaltigen Folgen für die Naturwissenschaften, denn diese Entdeckung führte zur Revolution der QUANTENPHYSIK. Dabei zeigte sich, dass die Atome komplexe Gebilde sind, die fast keine der Eigenschaften besitzen, die Demokrit und seine Schüler ihnen zugeschrieben hatten. Tatsächlich haben die Atome der antiken Philosophen mit denen der heutigen Physik allenfalls den Namen gemein, und entsprechend stellen die Physiker heute ganz andere Fragen als einst die philosophischen Atomisten.

Von der Antike bis heute, also auf dem Weg von einer vollkommen abstrakten Idee zu einem konkreten Gegenstand der Naturwissenschaft, hat das Atom immer wieder heftigen intellektuellen Streit ausgelöst. Und alle großen Denker haben sich an diesem Streit beteiligt, so dass es fast den Anschein hat, als wäre es unausweichlich gewesen, sich mit dieser Idee auseinander zu setzen.

Das Atom, ein zusammengesetztes Objekt

1897 entdeckte der britische Physiker Joseph John Thomson eines der Bestandteile des Atoms, das ELEKTRON, und dies sogar einige Jahre vor der Entdeckung des eigentlichen Atoms (siehe BROWNSCHE MOLEKULARBEWEGUNG). Damit wurde erstmals auf experimentellem Wege die Barriere überwunden, die uns von den elementaren Bestandteilen der Materie trennt. Um die Emission und Absorption von Licht durch die Materie zu verstehen, stellte Thomson sich die Atome 1904 als Kugeln vor, die mit einem elektrisch positiven Stoff angefüllt und von negativen Elektronen durchsetzt seien – etwa wie ein Kuchen von Rosinen. Einige Jahre später, 1911, zerlegte Ernest Rutherford dieses Modell in zwei Teile. Als er dünne Metallfolien mit Alphateilchen (Heliumkerne) beschoss, die von einem radioaktiven Stoff emittiert wurden, stellte er fest, dass die Atome sich wie ein gewöhnliches Sieb verhielten. Die meisten Alphateilchen passierten die Folie, als gäbe es sie gar nicht; nur einige wenige (etwa eines von zehntausend) prallten an offenbar harten Punkten ab. Aufgrund dieses Versuchs gelangte Rutherford zu dem Schluss, dass die positive elektrische Ladung und nahezu die gesamte Masse des Atoms – abweichend von

Thomsons Modell – in einem winzigen Punkt von der Größe eines Fermi (10^{-15}m) konzentriert sind. Damit hatte er den Atomkern entdeckt, dessen elektrische Ladung (bis auf das Vorzeichen) ein ganzzahliges Vielfaches der elektrischen Ladung eines Elektrons beträgt. Wenig später legte Rutherford ein Atommodell vor, das Ähnlichkeit mit einem Planetensystem besitzt: Darin kreisen die Elektronen wie Planeten in einem Miniatursonnensystem um den Atomkern, nur dass sie nicht durch die Graviation auf ihrer Bahn gehalten werden, sondern durch elektromagnetische Kräfte. Dieses klassische Atommodell verband die Mechanik (wonach die Bewegung der Korpuskeln von den Newtonschen Gesetzen beherrscht wird) mit dem Elektromagnetismus (um die Strahlung der Atome zu erklären). Darin lag ein vollständiger Bruch mit den Vorstellungen der antiken Philosophen, denn Rutherfords Atom war nicht unteilbar, sondern zusammengesetzt (in diesem Sinne verdiente es die Bezeichnung »Atom« eigentlich gar nicht), und es war auch nicht voll. Man könnte sogar sagen, es bestünde im wesentlichen aus Leere, denn der Abstand zwischen dem Kern und den Elektronen ist 10000-mal größer als der Kern selbst.

Das Versagen der klassischen Gesetze

War dieses Modell nun zutreffend? Um diese Frage zu beantworten, wollen wir es am Wasserstoffatom überprüfen, dem einfachsten und auch kleinsten Atom, zumindest soweit es die Anzahl seiner Bestandteile betrifft. Der Kern des Wasserstoffatoms besteht aus einem einzigen Proton, um das ein einziges winziges Elektron kreist; da das Proton elektrisch positiv, das Elektron elektrisch negativ geladen ist, besteht zwischen beiden eine elektromagnetische Anziehung, die das Elektron in seiner Bahn hält. Wenn Rutherford Recht hat und diese Analogie zutrifft, muss das Elektron unablässig auf einer wohldefinierten Bahn um das Proton kreisen. So jedenfalls sieht es die klassische Mechanik, die in diesem Falle einmal mit unserer alltäglichen Anschauung übereinstimmt und davon ausgeht, dass materielle Objekte sich zu jedem Zeitpunkt präzise im Raum lokalisieren lassen und Kräften unterworfen sind. In Wirklichkeit liegen die Dinge beim Elektron jedoch nicht so einfach. Da es um den Kern kreist, erfährt es – wie ein Auto in der Kurve – eine radiale Beschleunigung. Da nun aber das Elektron eine elektrische Ladung trägt, lässt sich aus den Gleichungen der elektromagnetischen Theorie ableiten, dass es unter diesen Umständen Energie verliert, indem es Licht emittiert. Das erscheint zunächst noch nicht beunruhigend, denn schließlich emittieren Atome Licht, und immerhin böte das Modell eine Grundlage für die Erklärung dieses Phänomens. Doch sieht man genauer hin, ergibt sich ein Problem: Wenn das Elektron Energie verliert, nähert es sich unvermeidlich auf einer spiralförmigen Bahn dem Atomkern, bis es schließlich hineinstürzt. Das Planetenmodell, das unser Sonnensystem so gut zu beschreiben vermag (die Planeten stürzen nicht in die Sonne, zumindest noch nicht), taugt auf etwas längere Sicht offenbar nicht zur Beschreibung des Atoms. Eine genauere Berechnung zeigt, dass schon nach Bruchteilen einer Sekunde das Elektron in das Proton stürzen müsste. Zum Glück kommt es dazu aber nicht; vielmehr erweist das Atom sich als ein äußerst stabiles Gebäude, das nicht in sich zusammenstürzt.

Das Atom, ein Quantenobjekt

Um die Stabilität des Atoms zu erklären, griff Niels Bohr 1913 zu zwei kühnen Hypothesen, die in völligem Widerspruch zu den Gesetzen der klassischen Mechanik stehen. Die erste Hypothese besagt, dass die Umlaufbahnen der Elektronen innerhalb des Atoms gequantelt sind, das heißt, dass sie nicht jeden beliebigen Wert annehmen können. Nur bestimmte Bahnen sind möglich, und jeder dieser Bahnen ist eine ganz bestimmte Energie zugeordnet (siehe Spektrum). Die zweite Hypothese betrifft die vom Atom emittierte Strahlung. Solange ein Elektron den Atomkern auf seiner Bahn umkreist, emittiert oder absorbiert es kein Licht. Das geschieht nur, wenn es von einer Bahn in eine andere wechselt, wobei die Energie des emittierten bzw. absorbierten Lichts der Energiedifferenz zwischen den jeweiligen Bahnen entspricht.

Da es nicht beliebig viele Umlaufbahnen gibt, bildet das vom Atom emittierte oder absorbierte Licht kein Kontinuum, sondern ein aus diskreten Banden bestehendes Spektrum (siehe EMISSION).

Obwohl das Bohrsche Atommodell auf manchen Gebieten überaus erfolgreich war, etwa hinsichtlich der Erklärung der bandenförmigen Struktur des von den Atomen emittierten Spektrums, fehlte es ihm doch an Kohärenz. Insbesondere zeigte sich, dass die Elektronen keine wohldefinierte Bahn besitzen, so dass es unmöglich ist, ihnen eine Umlaufbahn im üblichen Sinne des Wortes zuzuschreiben (siehe HEISENBERGSCHES UNBESTIMMTHEITSPRINZIP). Sie scheinen gar keinen bestimmten Ort im Raum einzunehmen, sofern man nicht ausdrücklich den Versuch unternimmt, ihre Position festzustellen. Letztlich bleibt von Bohrs Modell nur der Gedanke, dass die Elektronen eines Atoms nur bestimmte Zustände einnehmen können. Diese Zustände sind durch ihre Energie gekennzeichnet (weshalb man von Energieniveaus spricht) und nicht durch eine Umlaufbahn im klassischen Sinne des Wortes.

In den 1920er Jahren begann der junge Physiker Werner Heisenberg sich für die Atome zu interessieren; allerdings fragte er nicht danach, was die Atome sind, sondern danach, wie sie sich verhalten. Es gelang ihm mit Hilfe von Zahlentafeln, die Übergänge der Elektronen zwischen den verschiedenen Energieniveaus zu beschreiben. Dabei zeigte sich, dass solche Zahlentafeln oder MATRIZEN sich besser zur Beschreibung der atomaren Phänomene eignen als einfache Zahlen. Damit betrat das Atom die Welt der mathematischen Abstraktion. Schon bald wurde klar, dass man einige der am besten begründeten Gesetze der klassischen Mechanik aufgeben und manche illustren Glaubenssätze zumindest hinsichtlich ihrer Allgemeingültigkeit in Frage stellen musste, wenn man das Verhalten der Atome zutreffend beschreiben wollte. Innerhalb weniger Jahrzehnte voll schöpferischer und kühner konzeptioneller Arbeit schuf in der Folgezeit eine Handvoll Physiker die Quantenmechanik, die heute allein in der Lage ist, das Verhalten der Atome und anderer Teilchen mit bewundernswerter Präzision zu beschreiben.

Letztlich lässt sich das Atom der modernen Physik nicht mehr anschaulich fassen. Man spricht auch nicht mehr von einem Atommodell, weil eine bildliche oder auch nur bildhafte Darstellung nicht mehr möglich ist. Das Atom lässt sich nur noch mit mathematischen Symbolen fassen, für die es keine sinnvolle Veranschaulichung gibt. Ganz allgemein ist es unmöglich geworden, sich die Phänomene, von denen die Quantenphysik handelt, konkret in Raum und Zeit vorzustellen, ob es sich nun um das stetige Wellen- oder das diskrete Korpuskelbild handelt. Mit der hochabstrakten Quantenphysik haben wir zwar jedes klare Bild des Atoms verloren, aber ein beträchtliches Maß an Verständnis der physikalischen Welt gewonnen. Und obwohl sich heute jeder »Fotografien« von Atomen anschauen kann, die mit so genannten Feldeffektmikroskopen angefertigt worden sind, zeigen diese Bilder doch nur die »Realität des Symbols«, wie der Physiker Wolfgang Pauli es einmal ausgedrückt hat.

Atom- und Molekülorbitale

Zur Vertiefung: ***chemische Bindung; Darstellung; Elektronenwelle; Quantenchemie***

Da ATOME und MOLEKÜLE mikroskopisch klein sind, fällt es schwer, sie sich bildlich vorzustellen. Keine unserer Darstellungen ist voll und ganz zufrieden stellend, keine ist imstande, sämtliche Eigenschaften dieser Materieteilchen (siehe MATERIE) zu erfassen. Die CHEMIE bemüht sich, diesem Problem nicht nur durch mathematische Gleichungen, sondern auch über bildliche Darstellungen gerecht zu werden.

Eine erste Darstellungsweise sind MOLEKULARMODELLE, die ein Molekül als Objekt aus Kugeln (Atome) und Stäben (chemische Bindungen) abbilden. Sie haben den Vorzug, dass sie uns eine Vorstellung von der möglichen Form eines Moleküls vermitteln, während ihr allzu grober Realismus und ihre Starrheit von Nachteil sind, da ein Molekül, das sich in ständiger Bewegung befindet, sicher eher Ähnlichkeit mit einem Wackelpudding hat.

Eine zweite Darstellungsweise bilden die verschiedenen Schreibweisen CHEMISCHER FORMELN. Nehmen wir als Beispiel die Lewis-Formel für Ethylen C_2H_4 (siehe *Abbildung 1*).

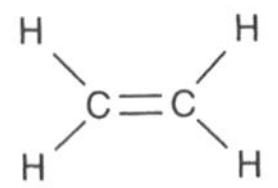

Abbildung 1 Lewis-Formel des Ethylens

Diese Schreibweise hat den Vorteil, dass sie auf Elektronenpaare zurückgreift, was durch die QUANTENPHYSIK gerechtfertigt ist; ihr Hauptmangel ist, dass sie den irrigen Eindruck (siehe HYBRIDE) vermittelt, eine einzige Formel genüge, um ein bestimmtes Molekül darzustellen. Darüber hinaus legt sie den Schluss nahe, die durch Valenzstriche dargestellten Elektronenpaare befänden sich unbeweglich zwischen den Atomen, die sie verbinden und die durch die Großbuchstaben C und H symbolisiert sind. In Wirklichkeit sind die Elektronen jedoch keineswegs unbeweglich, sondern verlagern sich in ständiger Bewegung im Molekül (siehe DELOKALISATION, LOKALISATION).

Chemiker verwenden heute fast durchweg chemische Formeln und eine dritte Darstellungsweise, die so genannten Orbitale. Nach den Erkenntnissen der Quantenphysik ist mit jedem Elektron, das um den Atomkern kreist, eine Welle verbunden. Diese ELEKTRONENWELLE befindet sich hauptsächlich in dem Bereich des dreidimensionalen Raumes, in dem sich der Atomkern befindet. Daher weist man den Bahnen, die das Elektron als TEILCHEN um den Atomkern beschreibt (und die wir nicht präzise bestimmen können), eine räumliche Region zu, das so genannte »Orbital«. Es dient zur räumlichen Darstellung der Elektronenwelle. Da jedes Elektron sich auf diese Weise beschreiben lässt, spricht man von Atomorbitalen.

Man kann auch von Molekülorbitalen sprechen. In der Darstellung durch Orbitale, die sich ausdrücklich aus der Quantenphysik herleitet, kann man sich die Bildung eines Moleküls so vorstellen, dass die Atome, aus denen es sich zusammensetzt, bestimmte Teile des Raums gemeinsam nutzen: Die Atomorbitale überschneiden und vermengen sich zu Molekülorbitalen. Dieser Vorgang ist vergleichbar mit zwei benachbarten Großstädten, die allmählich zusammenwachsen. Sobald die beiden Metropolen sich einen gemeinsamen geographischen Raum einverleibt haben, fügen sie sich zu einem einzigen Ballungsraum zusammen.

Da die Darstellungsweise durch Orbitale ebenso wie die anderen Darstellungen die Moleküle aus Atomen konstruieren, hat sie zudem den Vorzug, Komplexes (Molekül) nach einem Baukastenprinzip aus Einfacherem (Atomen) erklären zu können (siehe MODUL und TRANSFERIERBARKEIT). Sie eignet sich also dazu, den Aufbau eines Moleküls schrittweise nachzuvollziehen.

Atomkern

Zur Vertiefung: ***Atom; Kernfusion; Kernspaltung; Radioaktivität***

Der Atomkern bildet, wie der Name schon sagt, das Kernstück des Atoms. Er besteht jeweils aus positiv geladenen Protonen und elektrisch neutralen Neutronen. PROTON und NEUTRON werden als NUKLEONEN bezeichnet. Die Stabilität des Atomkerns resultiert im Wesentlichen aus dem Wettstreit zwischen der starken Wechselwirkung, die nur eine sehr kurze Reichweite besitzt und für die wechselseitige Anziehung der Nukleonen sorgt, und der elektromagnetischen Wechselwirkung, die zwar keinen Einfluss auf die Neutronen hat, wohl aber eine Abstoßung zwischen den Protonen bewirkt (siehe WECHSELWIRKUNG IN DER PHYSIK).

Die positiven Ladungen der Protonen ziehen die negativ geladenen Elektronen innerhalb des Atoms an. Die Ladungen gleichen einander aus, so dass ein insgesamt elektrisch neutrales Gebilde entsteht. Protonen und Neutronen drängen sich im Zentrum des Atoms zusammen, während die Elektronen den Kern in weitem Abstand umkreisen, denn die elektromagnetische Wechselwirkung besitzt eine große Reichweite. Der Kern ist etwa hunderttausendmal kleiner als das Atom, zu dem er gehört.

Die starke Wechselwirkung vermag zwei Neutronen nicht aneinander zu binden und erst recht nicht zwei Protonen, die einander elektrisch abstoßen. Aber sie kann Protonen und Neutronen zu einem stabilen Gebilde vereinigen. Das Deuterium enthält ein Proton und ein Neutron, also ein Nukleon mehr als das Wasserstoffatom. Mit wachsender Nukleonenzahl steigt auch der Zusammenhalt des Atomkerns. Der stabilste Atomkern ist der des Eisens, der 56 Nukleonen enthält. Da die Reichweite der starken Wechselwirkung nur einige Fermi beträgt (1 Fermi = 1 Femtometer = 10^{-15}m), wirkt sie wie ein Klebstoff, der zwei Billardkugeln nur dann miteinander verbindet, wenn sie in nahezu unmittelbaren Kontakt zueinander kommen, so dass allzu große Atomkerne nicht mehr stabil sind. Der größte stabile, natürlich vorkommende Atomkern ist der von Uranium 238, der 92 Protonen und 146 Neutronen, also insgesamt 238 Nukleonen enthält. Wenn Atomkerne stabil sein sollen, darf außerdem der Unterschied zwischen der Zahl der Protonen und der Zahl der Neutronen nicht allzu groß werden. Unter den zahlreichen Kombinationsmöglichkeiten zwischen der jeweiligen Anzahl von Protonen und Neutronen führen nur wenige zu stabilen Systemen; von den 1300 bekannten Atomkernen sind lediglich 300 stabil. Die übrigen sind radioaktiv, das heißt, sie wandeln sich über kurz oder lang spontan in andere Atomkerne um (siehe RADIOAKTIVITÄT). Entsprechend besitzt jedes chemische Element, das durch die Zahl der Protonen im Kern gekennzeichnet ist, nur eine kleine Zahl stabiler ISOTOPE, die sich allein durch die Zahl der Neutronen im Atomkern voneinander unterscheiden.

Die Elektronen sind etwa zweitausendmal leichter als die Nukleonen, so dass die Masse des Atoms nahezu vollständig im Kern konzentriert ist. Die mittlere Dichte des Atomkerns liegt in der Größenordnung von 0,15 Nukleonen pro Kubikfermi, das entspricht etwa 2×10^{17}kg.m^{-3}. Zum Vergleich: Die Dichte von Wasser beträgt gerade einmal 10^{3}kg.m^{-3}.

Wie alle quantenphysikalischen Systeme besitzen Atomkerne eine Reihe unterschiedlicher Energiezustände, die so genannten Kernniveaus. Der niedrigste Energiezustand wird als Grundzustand bezeichnet. Wenn ein Atomkern sich in einem angeregten Zustand befindet, kehrt er unter Abstrahlung der überschüssigen Energie in den Grundzustand zurück. Die abgestrahlte Energie ist eine Million Mal größer als die Energie, die ein Elektron abstrahlt, wenn es innerhalb eines Atoms von einem höheren in ein niedrigeres Energieniveau wechselt.

Jede Wechselwirkung, bei der Atomkerne eine Rolle spielen, wird als Kernreaktion bezeichnet. Bei manchen Kernreaktionen, die einen Umbau des Atomkerns bewirken, werden gewaltige Energiemengen freigesetzt. Das gilt etwa für die KERNSPALTUNG schwerer Elemente; man spricht von einer »Spaltung«, wenn ein Atomkern spontan oder unter äußerer Einwirkung in zwei leichtere Kerne zerfällt. Dieser Vorgang bildet die Grundlage für die Erzeugung von Kernenergie (siehe KERNREAKTOR). Energie wird auch freigesetzt, wenn zwei leichtere Atomkerne sich zu einem schwereren vereinigen. Dieser als KERNFUSION bezeichnete Vorgang ist gewissermaßen das Gegenstück zur Kernspaltung.

Atommüll

Zur Vertiefung: ***Atomkern; Kernreaktor; Verantwortung***

Beim Betrieb von Atomkraftwerken fallen unvermeidlich radioaktive Abfälle an, die auch als Atommüll bezeichnet werden. Nach einer Definition der Organisation für Entwicklung und internationale Zusammenarbeit (OECD) ist Atommüll »jeder Stoff, für den keine Verwendung besteht und bei dem die Konzentrationen von Radionukliden die von den zuständigen Behörden für unbeschränkt verwendbare Stoffe festgelegten Höchstwerte überschreitet«. Diese Definition verknüpft drei Begriffe: den der RADIOAKTIVITÄT (Radionuklide sind radioaktive ATOMKERNE), den des zulässigen Höchstwerts und den der fehlenden Verwendung. Das Problem der Behandlung radioaktiver Abfälle stellt sich in zahlreichen Ländern.

Quellen radioaktiver Abfälle

In einem Kernreaktor setzt man Uranium 235 einem ständigen Neutronenstrom aus, so dass die Urankerne, die 92 Protonen und 143 Neutronen enthalten, sich spalten und dabei Energie freisetzen (siehe KERNSPALTUNG). Dabei fangen die U-235-Kerne zunächst ein Neutron ein, so dass Uranium 236 entsteht, dessen Kern ein zusätzliches Neutron enthält und sich in zwei leichtere Elemente unterschiedlicher Masse spalten kann. Diese beiden Spaltprodukte nehmen die bei der Spaltung frei gesetzte Energie in Form von Bewegung mit sich. Sie streben mit großer Geschwindigkeit auseinander und werden sehr schnell in dem umgebenden Kernbrennstoff abgebremst. Die dadurch entstehende Wärme wird über ein flüssiges Kühlmittel abgeführt und zur Erzeugung von Elektrizität genutzt. Neben den beiden Spaltprodukten werden bei der Kernspaltung auch Neutronen frei gesetzt, von denen ein Teil weitere Urankerne zur Spaltung bringt und auf diese Weise eine Kettenreaktion in Gang bringt.

In gewisser Weise verwandelt die Kernenergie sich also über die Spaltprodukte in nutzbare Wärmeenergie, die dann in elektrische Energie umgewandelt wird. Die Spaltprodukte sind gleichsam das Transportmittel der Kernenergie. Nach dem Abbremsen sind sie gewissermaßen nur noch Asche, unvermeidlich, aber nutzlos im Blick auf die Energieerzeugung. Sie bilden die erste Gruppe der nuklearen Abfälle.

Eine zweite Gruppe besteht aus allen Bauteilen des Reaktorbehälters. Diese Materialien sind gleichfalls dem ständigen Neutronenstrom ausgesetzt, solange der Kernreaktor in Betrieb ist, und einige Atomkerne fangen ebenfalls Neutronen ein, so dass Isotope entstehen, die zum Teil radioaktiv sind (als Isotope bezeichnet man Atomkerne, die sich von anderen Kernen desselben Elements nur durch die Zahl der Neutronen unterscheiden). Durch eine entsprechende Auswahl der Materialien für den Reaktorbehälter kann man versuchen, diesen Teil der radioaktiven Abfälle möglichst gering zu halten.

Die dritte Quelle radioaktiver Abfälle besteht aus allen im Kernbrennstoff enthaltenen Kernen, die ein oder mehrere Neutronen eingefangen, sich aber nicht gespalten haben, so dass Isotope von Elementen entstanden sind, die schwerer als Uranium sind und in der Erdkruste so gut wie gar nicht vorkommen, die so genannten Transurane: Neptunium (Np), Plutonium (Pu, dessen Isotop 239 spaltbar ist), Americum (Am) und Curium (Cm). Ihre Halbwertszeit, also die Zeit, nach der die Hälfte der Kerne zerfallen ist, liegt zwischen Minuten und Hunderttausenden von Jahren.

Wiederaufbereitung und Lagerung

Atommüll kann wieder aufbereitet werden. Abgebrannte Brennstäbe unterzieht man einer chemischen Behandlung, bei der Uranium und Plutonium (die einzigen »Abfälle«, die wiederverwendet werden können) von den übrigen Spaltprodukten und radioaktiven Elementen getrennt werden, für die es keine weitere Verwendung gibt. Bei dieser Behandlung versucht man, die verschiedenen radioaktiven Abfälle nach ihrer Lebensdauer zu sortieren, um sie entsprechend einlagern zu können. Besonders gefährlich sind radioaktive Abfälle mit Halbwertszeiten von mehreren hundert bis zu mehreren zehntausend Jahren. Denn diese Halbwertszeiten sind zu kurz, als dass man sie vernachlässigen könnte (die Aktivität variiert mit dem Kehrwert der Halbwertszeit), und zu lang, als dass man sich mit einer gewöhnlichen Lagerung begnügen dürfte. Diese Abfälle müsse langfristig so gelagert werden, dass sie unter keinen Umständen in die Umwelt des Menschen gelangen. Man denkt dabei an eine Endlagerung in tiefen geologischen Schichten. Außerdem sucht man nach Möglichkeiten, Abfälle mit sehr langen Halbwertszeiten in Isotope kürzerer Lebensdauer oder sogar in stabile Isotope umzuwandeln.

Auflösung

Zur Vertiefung: ***Teilchenbeschleuniger; Teleskop***

Bei der Beobachtung eines Phänomens mit Hilfe eines Instruments oder bei der Messung einer Größe mit stetigem Wertebereich ist es oft erforderlich, den in einem Punkt gemessenen Wert von den Werten zu unterscheiden, die die betreffende Größe in der Umgebung dieses Punktes annimmt. Die Auflösung oder das Auflösungsvermögen ist ein qualitatives oder quantitatives Maß für die Fähigkeit eines Instruments, zwischen zwei mehr oder weniger nahe beieinander liegenden Werten der betrachteten Größe oder zwischen zwei benachbarten Ausprägungen des beobachteten Phänomens zu unterscheiden. Die Raumauflösung betrifft Abbildungen: Wenn das Instrument (Teleskop, Mikroskop) zwei benachbarte Punkte unterscheiden kann, deren Abstand δL oder deren Winkeldifferenz $\delta\alpha$ beträgt, besitzt es eine Auflösung von δL bzw. $\delta\alpha$. Das räumliche (oder optische) Auflösungsvermögen eines Spiegelteleskops wird umso größer, je größer der Durchmesser des Hauptspiegels und je kleiner die Wellenlänge des beobachteten Lichts ist. Bei einem TEILCHENBESCHLEUNIGER wächst die Raumauflösung (die Definition der Lage der Teilchen) mit der Energie der beschleunigten Teilchen.

Als Zeitauflösung bezeichnet man das kleinste Zeitintervall δt, das bei einem zeitabhängigen Signal noch unterschieden werden kann. Das spektrale Auflösungsvermögen eines Spektrometers zur Analyse elektromagnetischer Wellen der Wellenlänge λ (oder der Frequenz ν) ist das kleinste Intervall $\delta\lambda$ (oder $\delta\nu$), das sich in einem Spektrum noch unterscheiden lässt. Aufgrund der Beziehung zwischen Energie und Frequenz, die in der Gleichung $E=h\nu=hc/\lambda$ zum Ausdruck kommt, entspricht dem eine (absolute) Energieauflösung von δE, wobei h das Plancksche Wirkungsquantum ist. Für das spektrale Auflösungsvermögen gilt $\lambda/\delta\lambda=\nu/\delta\nu=E/\delta E$.

Die Massenauflösung eines Massenspektrometers zur Analyse eines Ionenstrahls auf Bestandteile unterschiedlicher Masse ist der kleinste noch unterscheidbare Massenunterschied δm.

In der Astrophysik spielt die Verbesserung des Auflösungsvermögens der eingesetzten Instrumente von jeher eine entscheidende Rolle, und in allen Bereichen des elektromagnetischen Spektrums, die für die Beobachtung des Himmels genutzt werden, hat man in dieser Hinsicht beträchtliche Fortschritte erzielen können. Als es in den 1960er Jahren gelang, die Zeitauflösung der großen Radioteleskope auf eine Größenordnung von einer Sekunde zu erhöhen, entdeckte man die kurzen »Lichtblitze«, die von den so genannten PULSAREN emittiert werden. Dank einer Verbesserung der optischen Auflösung gelang es 1919, im Andromedanebel einzelne STERNE (die Cepheiden-Veränderlichen) zu unterscheiden und M31 als GALAXIE zu identifizieren. Erst eine verbesserte spektrale Auflösung machte es möglich, die Rotverschiebung im Licht ferner Galaxien zu messen und daraus die Expansion des Universums abzuleiten. Dasselbe gilt für die um 1960 gemachte Entdeckung der globalen Schwingungen der Sonne (siehe SEISMOLOGIE), die nur deshalb möglich wurde, weil man die winzigen (nur einige Milliardstel des Normalwerts betragenden) Schwankungen einer Spektrallinie im Emissionsspektrum der Sonne messen konnte. Dank der verbesserten Auflösung des Massenspektrometers schließlich ist es heute möglich, die chemische Zusammensetzung von Meteoriten und der vom Mond oder vom Mars stammenden Gesteinsproben samt der Anteile einzelner ISOTOPE zu bestimmen und die Geschichte dieser Gesteine zu rekonstruieren.

Aufruf

Zur Vertiefung: ***Algorithmus; Prozedur; Unterprogramm; Programm; Speicher; Gedächtnis; Variable***

Prozeduren sind Teile eines Programms, also kurze Texte, die eine Folge von Rechenschritten benennen (siehe ALGORITHMUS); man gibt sie in den Arbeitsspeicher eines Rechners ein, damit sie dort abgearbeitet werden. Der Aufruf (englisch: *Call*) einer Prozedur sorgt für die Ausführung zweier Operationen: Ein Teilstück des Programms wird in den Arbeitsspeicher geladen, und die zu der betreffenden Prozedur gehörigen Anweisungen werden Schritt für Schritt ausgeführt.

Interessant an den Prozeduren ist die Tatsache, dass sie von Parametern abhängen, ihre Ausführung also auf bestimmten Eingangswerten basiert, die variieren können und beim Aufruf eingegeben werden. Nehmen wir zum Beispiel eine Prozedur, die an einer beliebigen Stelle eine beliebige geometrische Figur zeichnet, sofern man nur die betreffende Figur sowie den Ort bestimmt, an dem sie gezeichnet werden soll. Nehmen wir weiter an, die Bezeichnung der Prozedur habe die allgemeine Form »`zeichne(F: Form, O: Ort)`«, wobei *F* und *O* zwei formale Parameter darstellen, die beim Aufruf spezifiziert werden müssen. Dann lautet der Aufruf des Kleinen Prinzen, der ein Schaf auf sein Heft gezeichnet haben möchte: »`zeichne(Schaf, auf_mein_Heft)`; der Wert des Parameters *F* ist also »`Schaf`«, der des Parameters *O* »`auf_mein_Heft`«.

Formen der Parameterübergabe

Die Spezifizierung des Werts eines Parameters, also der Ersatz eines formalen Parameters innerhalb einer Prozedur durch den gewünschten aktuellen Parameter, wird als Parameterübergabe bezeichnet. Diese Übergabe kann auf unterschiedliche Weise erfolgen. Zum Beispiel durch die unmittelbare Zuweisung eines Werts: *call by value*; oder durch Bezug (englisch: *reference*) auf den Speicherplatz, an dem sich die zu übergebende Information befindet: *call by reference*.

Wenn etwa eine Prozedur »`multipliziere (A, B; C)`« zwei Zahlen *A* und *B* miteinander multipliziert und das Ergebnis dem dritten Parameter *C* zuweist, kann der Aufruf entweder über die unmittelbare Zuweisung der Werte erfolgen oder durch Bezug auf die beiden aktuellen Parameter für die formalen Parameter *A* und *B*. Im ersten Fall gibt man die gewünschten Werte für *A* und *B* beim Aufruf an, der dann zum Beispiel lautet: »`multipliziere (5, 4; E)`«; die so aufgerufene Prozedur sorgt dafür, dass dem Parameter *E* das Ergebnis der Multiplikation von 5 und 4, also 20, zugewiesen wird. Im zweiten Fall gibt man statt der aktuellen Parameter *A* und *B* die Namen der Parameter an, deren Werte multipliziert werden sollen; der zugehörige Aufruf »`multipliziere (M, N; E)`« weist dann dem Parameter *E* das Produkt der jeweiligen Werte von *M* und *N* zu.

Ob der Aufruf »`multipliziere (I, J; F)`« nun *by value* oder *by reference* erfolgt, in jedem Fall wird der Inhalt von *I* mit dem Inhalt von *J* multipliziert und das Ergebnis dem Parameter *F* zugewiesen. Es gibt jedoch Fälle, in denen der Aufruf nur *by value* bzw. nur *by reference* möglich ist. Wenn der Aufruf hinsichtlich der beiden Eingabeparameter *by value* erfolgt, weist zum Beispiel der Ausdruck »`multipliziere (4+5, 1+1; G)`« dem Parameter *G* den Wert 18 zu; ein *call by reference* ergäbe in diesem Beispiel dagegen keinen Sinn, denn 4+5 und 1+1 sind arithmetische Ausdrücke und können nicht als Namen angesehen werden.

Umgekehrt kann der Aufruf in Bezug auf das Ergebnis *F* nur *by reference* erfolgen, weil hier der Speicherplatz angegeben werden muss, an dem das Ergebnis der Multiplikation der beiden Eingangsparameter *I* und *J* nach Ausführung der Prozedur abgelegt werden soll.

Auslese, natürliche

→ ***natürliche Auslese***

Ausschließungsprinzip

Zur Vorbereitung: ***Spin***
Zur Vertiefung: ***Boson und Fermion; Quantenphysik***

Sämtliche Elektronen sind identisch (auch wenn sie sich natürlich in verschiedenen physikalischen Zuständen befinden, also z. B. verschiedene Energien besitzen können). Das heißt: Tauscht man in einem physikalischen System ein Elektron gegen ein anderes, von irgendwoher gekommenes Elektron aus, so verändert sich dennoch keine physikalische Eigenschaft des Systems. Anders gesagt, ein Elektron ist wie das andere. Dieses Merkmal stellt keine Besonderheit der Elektronen dar, sondern findet sich bei sämtlichen TEILCHEN.

Neben den grundlegenden Merkmalen, die bei allen Elektronen dieselben sind, besitzen sie auch Eigenschaften (wie die Energie), die von einem Elektron zum anderen variieren können. Die Gesamtheit dieser Eigenschaften bildet den so genannten Zustand des Teilchens. Von daher stellt sich die Frage, ob zwei gleichartige Teilchen sich im selben physikalischen Zustand befinden können, das heißt dieselbe Energie besitzen, denselben Ort einnehmen etc. Die Antwort auf diese Frage spaltet die Welt der Teilchen in zwei deutlich getrennte Lager. Auf der einen Seite stehen die Teilchen, die einander wechselseitig ausschließen, das heißt, die sich nicht gleichzeitig am selben Ort befinden und dieselben Eigenschaften besitzen können; sie werden (nach dem italienischen Physiker Enrico Fermi) als Fermionen bezeichnet. Auf der anderen Seiten befinden sich die Teilchen, die zu mehreren denselben physikalischen Zustand einnehmen können; sie werden (nach dem indischen Physiker Satyendra Nath Bose) als Bosonen bezeichnet (siehe BOSON UND FERMION).

Zwei gleichartige Fermionen können unter keinen Umständen denselben Ort einnehmen und sich im selben physikalischen Zustand befinden, der zum Beispiel durch ihre Energie, ihre Lage und die Ausrichtung ihres Spins gekennzeichnet ist (der SPIN ist eine innere Eigenschaft von Teilchen, die dem Drehimpuls ähnelt, aber nicht damit identisch ist). Dieses auch als Pauliverbot bezeichnete Ausschließungsprinzip gehört zu den Grundlagen der Quantenphysik. Es bildet das quantenphysikalische Äquivalent zur Undurchdringlichkeit der Materie. Formuliert wurde es erstmals 1925 von dem Physiker Wolfgang Pauli; es gilt für alle Teilchen mit halbzahligem Spin, das heißt insbesondere für Elektronen, QUARKS, NEUTRINOS, PROTONEN und NEUTRONEN...

Schließt man eine Population von Elektronen (oder ganz allgemein von Fermionen) auf engem Raum ein, werden sie gezwungen, sich so stark anzunähern, dass sie einander bedrängen und in den Raum des anderen einzudringen beginnen. Da sie jedoch nicht zu mehreren denselben Ort einnehmen können, stoßen sie einander mit großer Geschwindigkeit ab. Diese Abstoßung, die zu den bereits vorhandenen Kräften hinzukommt, führt zur Entstehung eines DRUCKS, der rein quantenmechanischen Ursprungs ist und zum Beispiel erklärt, warum Neutronensterne nicht vollständig unter der Einwirkung ihres eigenen Gewichts kollabieren.

Bei Bosonen existiert solch ein Druck nicht, denn sie unterliegen nicht dem Ausschließungsprinzip. Anders als die Fermionen können sie zu mehreren denselben physikalischen Zustand einnehmen. Das geschieht zum Beispiel in einem Laserstrahl (siehe LASER), der aus zahlreichen vollkommen gleichartigen Photonen besteht (die Photonen gehören zu den Bosonen).

In einem Atom mit mehreren Elektronen können zwei Elektronen sich nicht zugleich im selben physikalischen Zustand befinden, das heißt, sie können nicht gleichzeitig dieselbe Energie und denselben Spin besitzen. Daher unterscheiden sich sämtliche Elektronen eines Atom zumindest in einer physikalischen Eigenschaft. Zwei Elektronen desselben Atoms können nur dann dieselbe Energie besitzen, wenn ihre Spins verschieden sind. Das Pauliverbot bietet eine Erklärung für die schrittweise Auffüllung des PERIODENSYSTEMS der chemischen Elemente, das heißt für den Aufbau der aus Elektronen bestehenden Atomhülle (siehe SPEKTRUM). Jede Elektronenschale enthält eine bestimmte Zahl von Zuständen, die jeweils nur von einem Elektron besetzt werden können. Die Periodentafel illustriert die fortschreitende Auffüllung der Schalen durch Besetzung sämtlicher möglicher Zustände.

Das Ausschließungsprinzip ist kein Gesetz im eigentlichen Sinne des Wortes, weil es lediglich eine Folgerung aus den Grundprinzipien der Quantenphysik darstellt. In abstrakterer Formulierung besagt es, dass die (als Zustandsvektor bezeichnete) mathematische Funktion, durch die man ein System aus mehreren identischen Fermionen darstellt, das Vorzeichen wechseln muss, wenn man eines dieser Fermionen gegen ein anderes austauscht (siehe BOSON UND FERMION).

---

außerirdisches Leben

Zur Vertiefung: ***Entropie; Evolution; Leben; Molekül***

Eigentlich müsste dieses Stichwort mit einem Fragezeichen versehen sein, da bislang nicht geklärt ist, ob außer auf der Erde innerhalb oder außerhalb unseres SONNENSYSTEMS Leben existiert oder existiert hat, das dem Leben auf der Erde gleicht. Der Fortschritt der Wissenschaften, die sich mit dem Leben befassen, und die seit 1995 erfolgte Entdeckung von PLANETEN anderer Sterne als der Sonne führen zur Verlagerung einer Debatte, die bislang eher auf metaphysischer und poetischer als auf wissenschaftlicher Ebene geführt wurde.

Vergröbert dargestellt, gibt es zwei Extrempositionen. Eine weitet ein äußerst fruchtbares Prinzip, das zunächst von Nikolaus Kopernikus formuliert und später zum kosmologischen Prinzip erweitert wurde, auf das Leben aus: Die Erde, ihre Position, die physikalischen Gesetze, die wir hier am Werk finden, die chemischen ELEMENTE, die sie enthält – nichts von alledem kann als einzigartig gelten, nur weil die Erde denkende Wesen beherbergt. Nach dieser Sichtweise besteht eine extrem hohe WAHRSCHEINLICHKEIT, dass auch andernorts Leben anzutreffen ist. Die andere Position stellt fest, dass es bisher weder der Evolution noch dem menschlichen Wollen gelungen sei, aus unbelebter Materie noch einmal neues »Leben« zu schaffen. Sie schließt daraus auf die Unwahrscheinlichkeit von Leben und leitet die Folgerung ab, dass wir die einzigen existierenden Lebewesen sein könnten (siehe ANTHROPISCHES PRINZIP).

Diese Argumente fanden ihren Niederschlag in der berühmten Formel des Astronomen Frank Drake, der die Wahrscheinlichkeit aller Einzelfaktoren einzuschätzen versuchte, die notwendig wären für die Entstehung komplexer Moleküle, die Entwicklung von Lebewesen, einer Zivilisation und schließlich einer Technik, die eine Kommunikation möglich machen würde. Diese Argumentation lässt sich in alle Richtungen wenden: So könnte das Fehlen außerirdischer Besucher (wenn man nicht den zweifelhaften Berichten über »unbekannte Flugobjekte« oder UFOs Glauben schenkt) von der Unmöglichkeit zeugen, dass andere Zivilisationen existierten. Denn selbst wenn man, der erstgenannten Position folgend, einräumte, dass es in unserer Galaxie zahlreiche Zivilisationen gibt, so müsste die Wahrscheinlichkeit, dass einige einen ausreichend hohen technischen Entwicklungsstand erreicht hätten, um die Erde zu besuchen, im Bereich der Gewissheit liegen: Dieser Beweis wird gelegentlich auch als Fermi-Paradoxon bezeichnet.

Eine solche theoretische Herangehensweise ist in gewisser Weise interessant, weil sie uns zwingt, unser Wissen über die Bedingungen für die Entstehung von Leben und die Entwicklung seiner höheren Organisationsformen minutiös zu prüfen. Sie hat bewirkt, dass man die Tiefen des Weltalls mit Radioteleskopen »abhört«, die darauf programmiert sind, in dem von allen möglichen Quellen innerhalb und außerhalb unserer GALAXIE eingefangenen RAUSCHEN mögliche Spuren eines intelligenten SIGNALS zu entdecken. Diese Angelmethode, SETI (*Search for Extraterrestial Intelligence*) genannt, hat bisher keinen Erfolg gebracht. Ob das wohl daran liegen mag, dass wir rein gar nichts über den gesuchten »Fisch« wissen?

Ein systematischer Ansatz

Viele systematischere Wege sind vorstellbar und werden verfolgt. Die meisten gehen von der einfachen Hypothese aus, dass man auf anderen Planeten nach Lebensformen oder deren Vorläufern suchen sollte, wie sie die EVOLUTION auf der Erde hervorgebracht hat. Tatsächlich steht die außergewöhnliche makroskopische Vielfalt der belebten Welt in starkem Kontrast zu der tief greifenden Einheitlichkeit, die auf mikroskopischer (ZELLEN) und molekularer Ebene zu beobachten ist (die Makromoleküle der Proteine und NUKLEINSÄUREN entstehen alle aus einer äußerst begrenzten Zahl von Grundbausteinen). Diese Einheitlichkeit stützt die Idee, dass das irdische Leben auf einen gemeinsamen Ursprung (siehe ANFANG, URSPRUNG) zurückgeht, und somit auch die Möglichkeit, dieses eine Modell auch anderswo zu finden.

Die Schwierigkeit liegt natürlich darin, dass wir letztlich nicht wissen, durch welchen Prozess das Leben auf der Erde spätestens eine Milliarde Jahre nach der Bildung unseres Planeten entstanden ist. Die Grundlagen der derzeitigen Theorien entwickelten in den 1920er Jahren unabhängig voneinander der sowjetische Biochemiker Aleksandr Oparin und der britische Biologe indischer Abstammung John Haldane. Danach ermöglichte die progressive Evolution organischer Stoffe, also molekularer Verbindungen auf der Grundlage von Kohlenstoff, gemeinsam mit einer intensiven Ultraviolettstrahlung und elektrischer Entladungen in Form von Gewitterblitzen, die atmosphärische Moleküle spalteten, eine progressive Synthese von Molekülen, Makromolekülen und schließlich lebenden Zellen. Dem amerikanischen Chemiker Stanley Miller gelang 1953 die Synthese von Aminosäuren im Laboratorium nach einem Verfahren, das diese Bestandteile verwendete und so die Annahmen Oparins und Haldanes stützte.

Die präbiotische Chemie bemüht sich in ihrer Forschung um eine genaue Aufklärung der Mechanismen, die eine derart lange Entwicklungskette hervorzubringen vermochten: Wie konnte zum Beispiel das irdische Kohlendioxid (CO_2), das es in der Uratmosphäre in großen Mengen gab, seinen Sauerstoff freisetzen (was die Photosynthese leistet) und Kohlenwasserstoffmoleküle wie die Aminosäuren bilden, die als Grundbausteine der belebten Materie dienen (siehe Redoxreaktion)? Im Laboratorium ist es zwar gelungen, unter den Bedingungen, die in der Urzeit auf der Erde herrschten, Aminosäuren zu synthetisieren, nicht jedoch Nukleotide. Da die Erde in den ersten Milliarden Jahren ihrer Existenz ebenso wie andere Himmelskörper unseres Sonnensystems (siehe Satelliten) einem intensiven Bombardement durch Kometen und Meteoriten ausgesetzt war, ist es reizvoll, ihren Beitrag an organischen Stoffen zu erforschen, deren Vorhandensein auf heutigen Kometen bekannt ist und die der Erdoberfläche möglicherweise einige für bestimmte Etappen dieser Chemie notwendige Bestandteile zugeführt haben. Hier kommen wir wieder auf die alte Hypothese der Panspermie zurück, also der Befruchtung der Erde durch primitive Lebensformen aus dem All, wie sie der schwedische Chemiker Svante Arrhenius 1903 vorgeschlagen hat. Doch genau genommen verlagert diese Hypothese das Problem nur.

Es besteht auch die Möglichkeit, nach fossilen Spuren (siehe Fosslilien) von Organismen und organischen Systemen zu suchen, die den Lebewesen in der Evolution der Arten unmittelbar vorausgegangen sind. Von besonderem Interesse ist in unserem Sonnensystem der Planet Mars, der unserer Erde heute recht ähnlich ist und ihr in den ersten Milliarden Jahren ihrer Geschichte noch ähnlicher war. Und das gilt, obwohl die Viking-Raumsonden, die 1976 die Oberfläche des Mars erkundeten, dort keinerlei organische Aktivität ausmachen konnten und obwohl die 1996 bekannt gegebene Entdeckung von Fossilien in Meteoriten, die vom Mars stammten, umstritten ist. Titan, ein Mond des Planeten Saturn (siehe Satellit), besitzt eine Atmosphäre, die reich an Kohlenstoffverbindungen ist, wie man aus der Analyse des Lichts weiß, das uns von dort erreicht (siehe Spektralanalyse); es weist typische Signaturen der Blausäure (Cyanwasserstoff HCN) und des Propinnitrils (Cyanacetylen) HC_3N auf, zweier chemischer Verbindungen, die in der präbiotischen Chemie eine wichtige Rolle spielen. Im Oktober 1997 startete die amerikanisch-europäische Raumsonde Cassini zum Saturnsystem, die ab 2004 in diese mit der Uratmosphäre der Erde sicher verwandte Atmosphäre eintauchen und ihre Zusammensetzung analysieren soll.

Ebenso ist es möglich, überall im Weltraum Moleküle und chemische Prozesse zu erforschen, die möglicherweise oberhalb der Entwicklungsstufe der präbiotischen Chemie liegen könnten. Diese Suche, die durch Beobachtung spezifischer Wellenlängen (oder signaturen) einer Vielzahl von Molekülen im Infrarot- und Radiobereich der elektromagnetischen Strahlung erfolgt, war in den letzten drei Jahrzehnten überaus fruchtbar und führte zur Entdeckung von über hundert verschiedenen Molekülen in den dichten Materiewolken, die es im interstellaren Raum der Galaxien gibt (siehe Molekül). Auch wenn die extrem geringe Konzentration dieser Materie (die noch weit unter der eines Vakuums in unseren Laboratorien liegt) sich nicht für die Entwicklung komplexer Strukturen eignet, ist ihre Chemie doch hochinteressant: Ausgehend von diesem interstellaren Medium mit seinen hoch entwickelten Molekülen bilden sich durch gravitationsbedingte Kondensation (siehe Akkretion) die Scheiben, aus denen außer dem Stern auch die ihn begleitenden Planeten entstehen, von denen bereits jetzt einige beobachtet worden sind.

Die ersten Entdeckungen von Planeten anderer Sterne als der Sonne beschränken sich noch auf Himmelskörper, die eine vergleichbare Masse aufweisen wie Jupiter, da sie die einzigen sind, die man mit den heutigen TELESKOPEN beobachten kann. Alles deutet jedoch darauf hin, dass uns schon bald auch kleinere Gestirne bis hin zur Größe der Erde zugänglich sein werden. Ob es dann wohl eine unbestreitbare Signatur biologischer Prozesse geben wird, die sich erforschen lassen? Diese Frage ist noch unbeantwortet, doch es ist vorstellbar, dass die Erforschung von möglicherweise in einer Atmosphäre vorhandenem Ozon (O_3) einen interessanten Weg darstellt: Dieses Gas könnte durch die Ultraviolettstrahlung eines nahen Sterns aus Sauerstoffmolekülen (O_2) entstanden sein, die ihrerseits möglicherweise das Produkt einer biologischen PHOTOSYNTHESE in einer planetaren Atmosphäre wären.

Die Suche nach Leben in einem fernen Universum richtet sich also ganz nach der Definition des LEBENS. Resultiert der Entschluss, Lebensformen zu suchen, die mit dem Leben auf der Erde identisch sind, aus geistiger Trägheit, aus unserer Unwissenheit oder aus einer grundlegenderen Einstellung, nach der die bekannte Organisation des Lebens ebenso streng von den physikalischen Gesetzen der Welt diktiert wird, wie es für die Architektur der Atomkerne und des Elektronengefolges der verschiedenen chemischen Elemente gilt? Dann wäre die DNA für das Leben ebenso unumgänglich wie der Wasserstoff es für den Atomkern ist. Weitet man umgekehrt die Definition des Lebens auf ein Maximum aus (Zustand ohne GLEICHGEWICHT, lokale Produktion von Ordnung oder negativer ENTROPIE, STABILITÄT in einer veränderlichen Umgebung, REPRODUKTION), so sind auch andere Systeme denkbar, die nicht mehr auf der Kohlenstoffchemie basieren, sondern auf Halbleitern oder Plasma.

Die Frage des Lebens im Weltall könnte zu einer der großen Aufgaben des 21. Jahrhunderts werden.

Auswahlaxiom

Zur Vertiefung: ***Integral; Kontinuumshypothese; Maßtheorie; Modelltheorie***

Als Auswahlaxiom bezeichnet man folgende Aussage: Wenn A eine Menge nichtleerer Mengen ist (siehe *Abbildung 1*), gibt es eine Menge B, die jeweils ein und nur ein Element aus den Elementen von A enthält (siehe *Abbildung 2*).

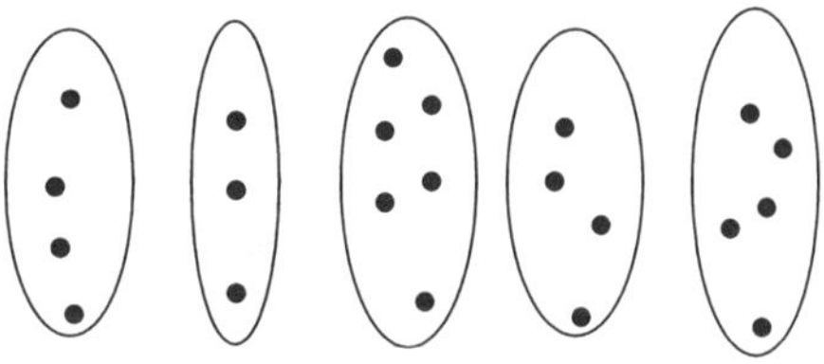

Abbildung 1 Eine Menge von Mengen

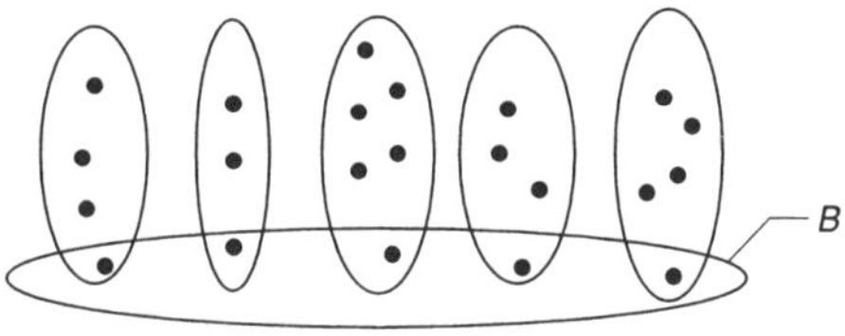

Abbildung 2

Das Auswahlaxiom leistet nützliche Dienste beim Beweis zahlreicher mathematischer Aussagen, zum Beispiel des Satzes, wonach jeder Vektorraum eine Basis hat.

Obwohl das Auswahlaxiom eine sehr einfache Aussage ist, lässt es sich nicht aus den übrigen Axiomen der Mengenlehre ableiten, wie in den 1920er Jahren Abraham Fraenkel und dann Andrzej Mostowski gezeigt haben. Will man davon Gebrauch machen, muss man es deshalb zum Axiom erheben.

Zu Beginn des 20. Jahrhunderts versuchten einige Mathematiker, ohne dieses Axiom auszukommen, das überraschende Konsequenzen hat, zum Beispiel die Existenz einer Ordnungsrelation auf den reellen Zahlen, der zufolge jeder nichtleere Abschnitt ein kleinstes Element besitzt. Möchte man beim Beweis eines Satzes auf das Auswahlaxiom verzichten, muss man es durch ein weniger abstraktes Argument ersetzen; hat man es etwa wie im obigen Beispiel mit einer Menge von Mengen A zu tun, kann man die Existenz einer Menge B nicht aufgrund des Auswahlaxioms unterstellen, sondern muss diese Menge explizit konstruieren. Ohne das Auswahlaxiom kann man auch nicht den allgemeinen Satz beweisen, wonach jeder Vektorraum eine Basis hat, aber für die meisten konkreten Vektorräume, für die man sich gerade interessiert, kann man die Existenz einer solchen Basis beweisen.

Automat

Zur Vertiefung: ***Kybernetik; Modell; neuronale Netze***

Der Ausdruck »Automat« stammt vom griechischen *automatos*: »selbst bewegend«, und bezeichnete früher jeden Apparat, der etwas von einem Lebewesen an sich hatte, oder allgemeiner jede technische Vorrichtung, die eine gewisse Autonomie besaß. Im 18. Jahrhundert baute der französische Ingenieur Jacques de Vaucanson einen Automaten, der die Gestalt eines Menschen hatte und auf einer Querflöte spielte. Zahlreiche andere Automaten sorgten damals an den Fürstenhöfen für Zerstreuung, und bis heute erfreuen sich die Kinder in aller Welt an kleinen Spielzeugautomaten. Weniger ungewöhnlich als Vaucansons Flötenspieler, aber dafür weit verbreitet und sehr viel nützlicher ist ein anderer Automat, den wir heute fast in jedem Haus finden: Der Thermostat, der die Raumtemperatur auf einer festgelegten Höhe hält und insofern als Automat gelten kann, als er eine gewisse Autonomie besitzt.

Mit der Entwicklung der Informationstechnologie wurde es erforderlich und dank des Konzepts der INFORMATION auch möglich, automatisierte Prozesse in abstrakter Weise durch mathematische MODELLE zu beschreiben und dadurch auch sehr komplexe Vorgänge zu erfassen. Danach sind Automaten letztlich Steuerungsorgane, die durch drei Parameter gekennzeichnet sind: Eingangswert, Ausgangswert und innerer Zustand. Der Eingangswert umfasst sämtliche Informationen, die der Automat aus der Außenwelt erhält, der Ausgangswert die Signale, die er an die Außenwelt abgibt, der innere Zustand schließlich die Geschichte und den aktuellen Zustand des Automaten. Bei Thermostaten zum Beispiel haben wir zwei Eingangswerte: die gewünschte Zimmertemperatur, die beliebig eingestellt werden kann, und die tatsächliche Temperatur, die über ein Thermometer gemessen wird; der innere Zustand kann zwei Werte annehmen, je nachdem, ob die gewünschte Temperatur über oder unter der tatsächlichen Temperatur liegt. Und je nachdem, welcher der beiden Zustände vorliegt, wird über den Ausgangswert der Wärmezufluss reguliert, zum Beispiel indem die Heizung an- oder abgestellt wird.

Wenn das Verhalten eines Automaten an den Takt einer UHR gekoppelt ist, spricht man von einem synchronen Automaten; in diesem Fall ist es möglich, den Zustand des Automaten im Zeitpunkt $t+1$ vollständig zu beschreiben, sofern man die Werte der Eingangssignale und seinen inneren Zustand zum Zeitpunkt t kennt.

Die Einteilung der Automaten erfolgt nach den mathematischen Eigenschaften ihrer Übergänge, das heißt der Veränderung ihrer Zustände, nach den Beziehungen zwischen Eingang, Ausgang und innerem Zustand und nach der Art der Werte, die Eingang, Ausgang und innerer Zustand annehmen können. Automaten mit diskreten Zuständen, bei denen die Werte der möglichen inneren Zustände eine abzählbare Menge bilden, besitzen besondere Bedeutung, seit Alan Turing gezeigt hat (siehe TURINGMASCHINEN), dass alle heutigen Computer dieser Gruppe angehören.

Die Vernetzung von Automaten

Automaten lassen sich auch miteinander verbinden und zu Netzen zusammenschalten, in denen die Ausgänge der einen die Eingänge der anderen bilden. Das Ergebnis solch einer Verknüpfung ist gleichfalls ein Automat, dessen innerer Zustand eine Kombination aus den inneren Zuständen der Einzelautomaten darstellt. Die Gesamtzahl der möglichen Zustände dieses Gesamtautomaten ist sehr hoch, denn sie ist gleich dem Produkt der möglichen inneren Zustände aller vernetzten Automaten. Durch die Vernetzung von Automaten hofft man ähnlich komplexe Strukturen erzeugen zu können, wie wir sie in der

Natur antreffen. In Anlehnung an das hochkomplexe Nervensystem höherer Lebewesen werden manche dieser vernetzten Automaten auch als formale NEURONALE NETZE bezeichnet.

Die Erforschung solcher Netze ist Aufgabe der KYBERNETIK, die nach dem Zweiten Weltkrieg entstand und sich das Ziel setzte, Parallelen zwischen Maschinen und den Organisationsformen des Lebens oder der Gesellschaft ausfindig zu machen; in Verbindung mit der Erforschung DYNAMISCHER SYSTEME ist sie diesem Ziel bis heute treu geblieben.

Automatentheorie

Zur Vertiefung: ***Kybernetik; Prozess; Regler; Signal***

Man zieht die Ruderpinne leicht nach links, damit das Boot nach rechts schwenkt und auf den Hafen zuhält, aber das Boot dreht sich zu weit nach rechts. Man drückt die Ruderpinne zurück, die Achse des Bootes stabilisiert sich, dreht in die Gegenrichtung und schwenkt über den Kurs hinaus nach links. Man zieht die Ruderpinne wieder nach links und das Spiel wiederholt sich. Es bedarf großer Erfahrung, ein Boot richtig zu steuern und die Bewegung des Bootes so genau vorherzusehen, dass die Auslenkung der Ruderpinne angesichts der Dünung, des Windes und der Trägheit des Bootes genau der gewünschten Wirkung entspricht.

Mit der nötigen Erfahrung steuert der Rudergänger ein Boot wie ein Autofahrer seinen Wagen: er muss dabei nicht nachdenken. Ingenieure haben sogar automatische Steuerungen, so genannte Autopiloten, entwickelt, die unmittelbar auf das Ruder einwirken und den Kurs trotz Wind und Wellen halten. So kann der Steuermann gelegentlich sogar einnicken, ohne dass sein Schiff vom Kurs abkäme. In ähnlicher Weise hat man auch die Steuerung von Heizungsanlagen, Erdölraffinerien und Hochöfen automatisiert, und zwar durch REGLER, die die Steuerungsbefehle an die Vorgaben (Führungsgrößen) anpassen: die »Umgebungstemperatur« bei der Heizanlage, den »Durchsatz an Erdöl und den Anteil an Benzin, Gas und sonstigen Kohlenwasserstoffen in den Rückständen« bei der Raffinerie, die »Stahlqualität« beim Hochofen.

So unterschiedlich die Steuerungs- und Regelungsvorgänge im Einzelnen sein mögen, sie alle gehorchen wenigen allgemeinen Prinzipien, die von der Automatentheorie formuliert werden, von jener Wissenschaft also, die sich mit Steuerungsvorgängen und automatische Prozessen befasst; durch einige elektronische SCHALTUNGEN lassen sich diese Prinzipien problemlos realisieren.

Zu diesem Zweck reduziert die Automatentheorie konkrete physikalische Systeme – wie das Schiff, die Heizungsanlage, den Destillationsturm – auf einen analogen AUTOMATEN, der in der Fachsprache als PROZESS bezeichnet wird und durch zeitabhängige Eingänge oder Reize oder auch Steuerbefehle und durch gleichfalls zeitabhängige Ausgänge oder Reaktionen charakterisiert ist. So bilden die je nach Erfahrung des Steuermanns mehr oder weniger heftigen Bewegungen am Steuerruder die Eingangsgröße eines Prozesses, während der am Kompass abzulesende Winkel der Schiffsachse gegenüber der Nordrichtung die Ausgangsgröße desselben Prozesses darstellt. Das Verhältnis zwischen Eingang und Ausgang wird im Modell durch eine Übertragungsfunktion H, zum Beispiel

`H (Eingang) = Ausgang`

dargestellt, wobei Eingangs- und Ausgangsgrößen, wie gesagt, von der Zeit abhängen.

Nun sind Prozesse vielfach Störungen ausgesetzt, die im Fall des Schiffs zum Beispiel auf Wind, Strömungen und Wellen zurückgehen. Bei der Automatisierung geht es darum, den Steuermann durch einen Autopiloten zu ersetzen. Er stellt durch geeignete Steuerbefehle an die Rudermaschine sicher, dass der Weg, den das Schiff tatsächlich nimmt, trotz zufallsbedingter Störungen der Vorgabe (hier dem festgelegten Kurs) bestmöglich entspricht. Das Steuerungsorgan wird als Regler bezeichnet; er stimuliert den Prozess durch geeignete Eingangswerte. Der Regler ist ein dem Prozess vorgeschalteter Automat, der Steuerbefehle erzeugt und selbst zwei Eingangsgrößen erhält: eine Führungsgröße, in unserem Beispiel den Kurs, und die Aus-

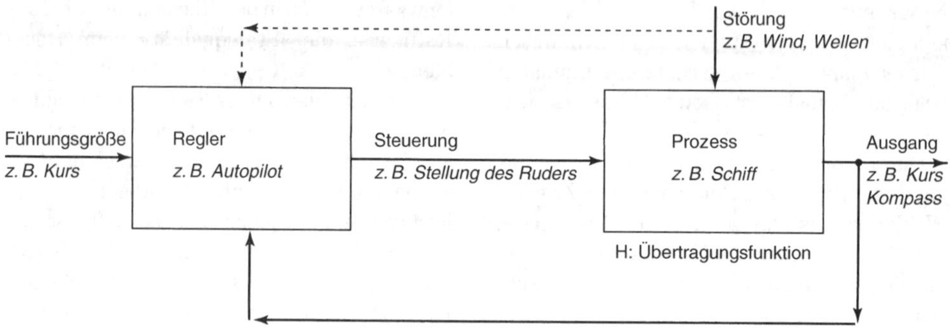

Abbildung 1 Schema eines Steuerungsprozesses

gangsgröße des Prozesses, also den aktuellen Winkel der Schiffsachse gegenüber der Nordrichtung. Die Abweichung der Ausgangs- von der Führungsgröße muss zu einem angemessenen Steuerbefehl führen, der natürlich die Eigenschaften des betreffenden Prozesses berücksichtigt, nämlich die Übertragungsfunktion und die Störungen, die das Verhalten des Schiffs beeinflussen (siehe *Abbildung 1*).

Der Gegenstand der Automatentheorie lässt sich demnach in drei Punkten zusammenfassen:

- Schaffung eines Modells, das mittels eines Prozesses die Wirkung der Eingangsgrößen des zu automatisierenden Systems auf dessen Ausgangsgrößen bestmöglich abbildet.
- Kennzeichnung der Störungen, die den Prozess aus dem Gleichgewicht bringen können, durch Zufallsvariablen (siehe WAHRSCHEINLICHKEIT).
- Konstruktion eines Reglers, dessen Steuerbefehle die Abweichungen der Ausgangsgröße von der Steuergröße so gut und so schnell wie möglich unter Berücksichtigung eventueller Störungen zu verringern vermögen.

Dank der Fortschritte in den Informationswissenschaften (siehe INFORMATIK) und insbesondere in der ELEKTRONIK ist die heute stark mathematisch ausgerichtete Automatentheorie vollkommen abstrakt, denn sämtliche Steuersignale und Prozessreaktionen werden als Informationsströme behandelt. Die Regler werden mit mathematischen Funktionen gleich gesetzt, die sich durch elektronische Schaltungen leicht realisieren lassen. Um für eine Steuerung geeignete Regler zu finden, sucht die Automatentheorie jeweils nach Funktionen, die dem betreffenden Regelungsprozess unter Berücksichtigung der Übertragungsfunktion H, der möglichen Störungen und der ihrerseits zeitlich variablen Führungsgrößen adäquat sind. Diese Regelungsfunktionen müssen optimal in dem Sinne sein, dass sie das Gleichgewicht zwischen Führungsgröße und Ausgang des Prozesses so gut und so schnell wie möglich wiederherstellen. Außerdem sollen sie stabil sein, das heißt, ganz unabhängig von Eingangsgröße, Führungsgröße und Störungen soll der Regler allzu große Ausschläge vermeiden, wie wir sie bei dem unerfahrenen Bootsführer zu Beginn des Artikels erlebt haben.

automatisches Beweisen

Beweisverfahren

Durch geeignete Programme kann man Computer befähigen, selbsttätig Beweise durchzuführen (siehe LOGIK). Zum Beispiel könnte solch ein Programm die Aussage: »Karl Martell ist der Großvater Karls des Großen«, aus folgenden als bekannt unterstellten Aussagen ableiten:

- Karl Martell ist der Vater Pippins des Jüngeren;
- Pippin der Jüngere ist der Vater Karls des Großen;
- wenn *X* der Vater von *Y* und *Y* der Vater von *Z* ist, dann ist *X* der Großvater von *Z*.

Unter Verwendung dieser drei Axiome konstruiert das Programm nun zum Beispiel folgenden Beweis:

(1) Karl Martell ist der Vater Pippins des Jüngeren, und Pippin der Jüngeren ist der Vater Karls des Großen.

(2) Wenn Karl Martell der Vater Pippins des Jüngeren und Pippin der Jüngere der Vater Karls des Großen ist, dann ist Karl Martell der Großvater Karls des Großen.

(3) Karl Martell ist der Großvater Karls des Großen.

Dieser Beweis ist eine Folge von Aussagen, die jeweils durch eine Deduktionsregel entweder aus einem Axiom oder aus einer bereits bewiesenen Aussage abgeleitet werden. Die erste Aussage ergibt sich aus der Regel, wonach die Aussage »*A* und *B*« aus den Aussagen »*A*« und »*B*« folgt. Die zweite aus der Regel, wonach die Variablen in einer allgemeinen Aussage durch beliebige Namen ersetzt werden können. Die dritte schließlich aus der Regel, wonach die Aussage »*B*« aus den Aussagen »wenn *A*, dann *B*« und »*A*« abgeleitet werden kann.

Mythos und Realität des automatischen Beweisens

Die Pioniere, die Ende der 1950er Jahre die ersten Programme für automatisches Beweisen schufen, verfolgten äußerst ehrgeizige Ziele. Einige von ihnen glaubten, in wenigen Jahren seien solche Programme in der Lage, nicht nur einfache Beweise wie den oben beschriebenen, sondern auch sehr komplizierte Beweise zu konstruieren, so dass sie auf diesem Gebiet dem Menschen sogar überlegen wären. Solche Projekte sind inzwischen aufgegeben worden, zumindest vorläufig. Selbst wenn einige Programme theoretisch in der Lage sind, komplizierte Beweise zu finden, brauchen sie dafür unglaublich viel Zeit, da die Zahl der zu prüfenden Möglichkeiten mit der Komplexität der Beweise exorbitant ansteigt (siehe KOMBINATORIK). Und wenn die benötigte Zeit das Alter des Universums (oder auch nur einige Wochen) übersteigt, sind solche Programme ohne jedes praktische Interesse.

Paradoxerweise sagt uns dieser Fehlschlag einiges über die Funktionsweise unseres eigenen Verstandes. Wir sind dem Computer nicht etwa deshalb beim Beweisen überlegen, weil wir die Deduktionsregeln besser anzuwenden vermögen, sondern weil wir aus der Vielzahl der möglichen Ableitungen einige wenige auswählen und die Übrigen unberücksichtigt lassen, so dass die Zahl der zu prüfenden Möglichkeiten sich in Grenzen hält. Die Methoden, mit denen wir diese Auswahl vornehmen, sind noch weitgehend unbekannt; im Bereich der KÜNSTLICHEN INTELLIGENZ versuchten die Wissenschaftler – mit wechselhaftem Erfolg –, sie nachzuahmen.

Auch wenn schwierige Probleme sich mit solchen Programmen nicht lösen lassen, haben sie doch in anderen Bereichen Anwendung gefunden, etwa in COMPILERN für logische Programmiersprachen (wie Prolog) oder in deduktiven DATENBANKSYSTEMEN. Richtet man im Rahmen eines deduktiven Datenbanksystems zum Beispiel eine Datenbank mit Informationen über die fränkischen und französischen Könige ein, braucht man dort als Information nur einzugeben, dass Karl Martell der Vater Pippins des Jüngeren und Pippin der Jüngere der Vater Karls des Großen ist. Fragt man nun, wer der Großvater Karls des Großen ist, erhält man die Antwort »Karl Martell«, obwohl diese Information nicht explizit eingegeben worden ist; das Programm deduziert diese Information vielmehr selbsttätig aus den eingegebenen Daten. Und für solche Deduktionen reichen auch Programme, die nur relativ einfache Beweise durchführen können.

Vereinheitlichung

Der Beweis eines Satzes ist in dem Satz selbst nicht enthalten; und es können dabei ganz andere Begriffe auftauchen, als sie in dem betreffenden Satz vorkommen. Will man einen Satz beweisen, ist es daher am einfachsten, schrittweise vorzugehen und sich bei jedem Schritt zu fragen, welche Deduktionsregeln infrage kommen, um dann sämtliche Möglichkeiten durchzuprüfen. Je nachdem, ob man den Beweis von den Axiomen oder von der Schlussfolgerung her aufbaut, spricht man von einem aufsteigenden oder absteigenden Verfahren.

Für eine derart naive Aufzählung benötigt man selbst bei sehr einfachen Beweisen natürlich unerhört viel Zeit. Oben war zum Beispiel von der Regel die Rede, wonach die Variablen in einer allgemeinen Aussage durch beliebige Namen ersetzt werden dürfen. In dem Satz: »wenn *X* der Vater von *Y* und *Y* der Vater von *Z* ist, dann ist *X* der Großvater von *Z*«, können wir *X*, *Y* und *Z* also durch beliebige Namen ersetzen, das heißt, wir müssen zahlreiche (und möglicherweise unendlich viele) Möglichkeiten prüfen, obwohl doch von vornherein klar ist, dass irgendein Fritz oder Franz mit unserem Problem gar nichts zu tun hat. Um erkennen zu können, dass wir in dem obigen Satz *X* durch den Namen »Karl Martell« und *Z* durch den Namen »Karl der Große« zu ersetzen haben, müssen wir von der Tatsache Gebrauch machen, dass es hier um den Beweis geht, dass Karl Martell der Großvater Karls des Großen ist. Wir müssen also den Satz »*X* ist der Großvater von *Z*« mit dem Satz »Karl Martell ist der Großvater Karls des Großen« vergleichen.

Diese beiden Sätze sind nur dann identisch, wenn wir die Variable *X* durch den Namen Karl Martell und die Variable *Z* durch den Namen Karl der Große ersetzen. Alle übrigen Ersetzungsmöglichkeiten können wir beiseite lassen. Diesen Schritt des Vergleichs der verschiedenen Aussagen bezeichnet man als Vereinheitlichung.

Die Entdeckung der Vereinheitlichung Anfang der 60er Jahre machte es möglich, die Leistung von Programmen im Bereich des automatischen Beweisens beträchtlich zu verbessern. Doch auch wenn die Vereinheitlichung die Überprüfung zahlloser zum Scheitern verurteilter Möglichkeiten vermeidet, löst sie dennoch nicht das Problem der »Kurzsichtigkeit« dieser Verfahren, denn die verbleibenden Möglichkeiten werden ohne jede Präferenz überprüft, und es gibt keinen Gesamtplan, der den Beweisgang im Blick auf das Ziel im Vorhinein festlegte. Trotz einer leichten Verringerung bleibt die Zahl der überprüften Möglichkeiten so gewaltig, dass die Methoden des automatischen Beweisens auch weiterhin nur bei einfachen Problemen anwendbar sind.

Avogadro-Konstante

Zur Vertiefung: ***Gas; Größenordnung; Molekül***

Die Avogadro-Konstante leitet sich aus dem 1811 aufgestellten Avogadro-Gesetz her: »Gleiche Volumina beliebiger Gase enthalten bei gleichem Druck und gleicher Temperatur die gleiche Anzahl von Molekülen.« Diese Anzahl ist enorm hoch: In 22,41 eines Gases wie Wasserstoff oder Sauerstoff sind unter normalem Druck (10 Pa) bei einer Temperatur von 0 °C etwa 6×10^{23} Moleküle enthalten. Wechselt man von Litern oder Kubikdezimetern zu Kubik-Ångström, also in die Größenordnung, in der sich das Volumen mikroskopischer Materie (wie der Moleküle) bewegt, so ändert sich der Maßstab um einen Faktor von 10^{27}. Die Größe der Avogadro-Konstanten erklärt, weshalb es uns ebenso schwer fällt, uns die unendlich kleinen Moleküle vorzustellen wie die unendlich großen intergalaktischen Entfernungen des Universums.

Der Forscher Amedeo Avogadro (1776–1856), nach dem diese Konstante benannt ist, stieß bei italienischen Chemikern seiner Zeit auf Ablehnung, da sie ihm vorwarfen, er mathematisiere die Prinzipien, die Antoine Laurent de Lavoisier (1743–1794) für die Bildung chemischer Verbindungen durch die Kombination von Elementen aufgestellt hatte. Entgegen reduktionistischen Kritiken wagte es Avogadro jedoch, die Eigenständigkeit der Chemie zu behaupten: Seine Arbeiten zu den relativen Molekülmassen waren für ihn integraler Bestandteil der Chemie. Man kann ihn daher zu den Vorläufern der physikalischen Chemie rechnen, die sich Ende des 19. Jahrhunderts herausbildete.

Axiom

Zur Vertiefung: ***Logik; Modelltheorie; Theorem; Vermutung***

Wer ein Theorem auf deduktivem Wege beweisen möchte, muss sich auf Aussagen stützen, die ohne weiteren Beweis als wahr gelten und die als Ausgangspunkt für den Beweis dienen können. Solche Aussagen bezeichnet man als Axiome, nach einem griechischen Wort, das »Wertachtung« oder »Geltung« bedeutet. So stützt sich die euklidische Geometrie u.a. auf die beiden folgenden Axiome:

- Zu zwei verschiedenen Punkten gibt es stets genau eine Gerade, die durch beide Punkte führt.
- Zu einem Punkt, der außerhalb einer Geraden liegt, gibt es innerhalb der von dem Punkt und der Geraden aufgespannten Ebene höchstens eine Gerade, die durch diesen Punkt geht und die andere Geraden nicht schneidet.

Axiome und Postulate

In der antiken Mathematik unterteilte man die solcherart als beweislos gültig unterstellten Sätze in zwei Kategorien, und zwar in solche, die nur in einem bestimmten Bereich des Denkens Geltung besitzen (die beiden oben genannten Axiome etwa in der Geometrie), und solche, die für alle Bereiche des Denkens Geltung beanspruchen können, zum Beispiel das Identitätsprinzip, wonach ein Gegenstand mit sich selbst identisch ist. Die Bezeichnung »Axiom« behielt man der zweiten Kategorie vor, während die Sätze der ersten Kategorie als Postulate bezeichnet wurden. Diese Unterscheidung findet sich heute noch im Gegensatz zwischen Logik und Theorie (wobei die Logik unabhängig von den jeweiligen Gegenständen ist, während Theorien sich stets auf spezifische Gegenstände beziehen).

Dieser Gegensatz muss allerdings relativiert werden, denn manche Begriffe wie der Begriff der MENGE können einerseits als universell gelten (so spricht man in der Geometrie von Punktmengen, in der Arithmetik von Zahlenmengen usw.) und andererseits als Bestandteile einer speziellen Theorie angesehen werden, in unserem Beispiel der Mengenlehre. Andere Gedankengänge sind zwar nicht universell gültig, können aber auf diversen Gebieten angewendet werden. Für solche Gedankengänge interessieren sich zum Beispiel die Theorien der abstrakten Strukturen (Gruppen, Ringe, Körper, Vektorräume, affine Räume, topologische Räume usw.). So gelten die in der Gruppentheorie entwickelten Schlussfolgerungen für sämtliche Gruppen, also sowohl für die Menge der ganzen Zahlen als auch für die Menge der PERMUTATIONEN dreier Elemente usw.

Evidenz und Konvention

Warum erhebt man bestimmte Aussagen zu Axiomen und andere nicht? Und warum glaubt man an die Geltung der zu Axiomen erhobenen Sätze? Bis ins 19. Jahrhundert hinein galten die Axiome als »evidente« Eigenschaften mathematischer Objekte (ob es sich dabei nun um abstrakte Objekte handelte oder um solche, die auf der sinnlichen Erfahrung basierten). Nach diesem Kriterium unterschied man Sätze, die zu Axiomen erhoben werden konnten, von Aussagen, die eines Beweises bedurften, und so erklärte man, warum man die zu Axiomen erhobenen Aussagen für wahr hielt.

Diese Rechtfertigung der Axiome ließ sich mit dem Erscheinen der nichteuklidischen Geometrien im 19. Jahrhundert nicht länger aufrecht erhalten. Das so genannte Parallelenaxiom, wonach durch einen Punkt außerhalb einer Geraden höchstens eine Gerade führt, die diese Gerade nicht schneidet, ähnelt nicht den übrigen Axiomen der Geometrie, sondern eher einem Satz, der eines Beweises bedarf. Daher hatten schon seit der Antike zahlreiche Mathematiker versucht, das Parallelenaxiom aus den übrigen Axiomen der Geometrie abzuleiten. Da all diese Versuche erfolglos blieben, gelangte man zu dem Schluss, dass dieses Axiom sich nicht aus den übrigen Axiomen ableiten lässt und daher durch seine Negation ersetzt werden kann, ohne dass sich daraus ein Widerspruch ergäbe. In der Folgezeit entwickelten Carl Friedrich Gauß, Nikolai Lobatschewski, Janos Bolyai und Georg Friedrich Bernhard Riemann andere Geometrien, in denen das Parallelenaxiom durch seine Negation ersetzt ist: die nichteuklidischen Geometrien. Wenig später bewiesen Christian Felix und Henri Poincaré, dass diese Theorien tatsächlich konsistent sind, das heißt, dass man das Parallelenaxiom in der Tat nicht aus den übrigen Axiomen der Geometrie ableiten kann (siehe PARALLELEN, LOGIK und MODELLTHEORIE). Natürlich können diese Theorien nicht den Anspruch erheben, den Raum unserer Anschauung zu beschreiben; sie beschreiben vielmehr imaginäre Räume, für die ganz andere Gesetze gelten.

Diese Räume sind in Wirklichkeit recht banal. Die physikalische Raum-Zeit etwa, in der man die Linien des Gravitationsfeldes als »Geraden« zu bezeichnen beschließt, gehorcht den Gesetzen der Riemannschen Geometrie (siehe GEODÄTE). Versetzt man sich auf eine Scheibe und beschließt, die Sehnen als »Geraden« zu bezeichnen, erhält man einen Raum, der den Gesetzen der Lobatschewski-Bolyai-Geometrie gehorcht. Denn durch einen Punkt außerhalb einer Geraden gehen hier mehrere Geraden, die zur ersten Geraden parallel sind, weil sie keinen Schnittpunkt mit ihr besitzen (siehe *Abbildung 1*).

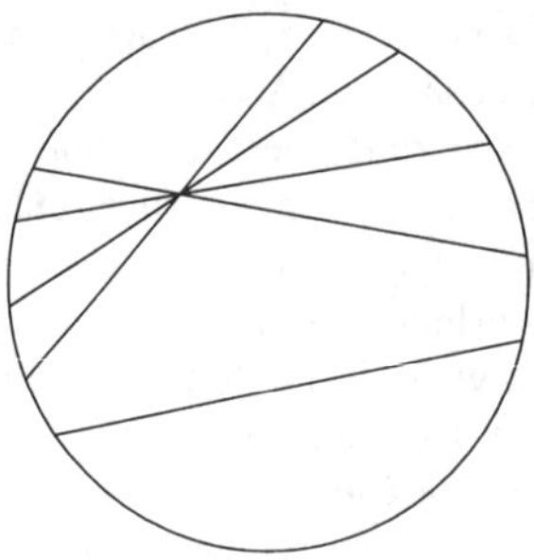

Abbildung 1

Das Parallelenaxiom erweist sich also keineswegs als evident, so dass man es nicht notwendig für wahr halten muss, sondern als eine Konvention begreifen kann, die man je nach dem Raum, von dem man sprechen möchte, akzeptieren oder ablehnen kann. Nach Poincaré sind die Axiome lediglich »verkleidete DEFINITIONEN« des jeweiligen Raumes, das heißt des Begriffs der »Geraden«, des »Punktes«, der »Ebene« usw. Und die Axiome der Arithmetik definieren die dort gebräuchlichen Begriffe wie »Zahl«, »Null« oder »Addition«.

Axiome und Modelle

Die Vorstellung, wonach die Mathematik aus mehreren unabhängigen Theorien (Geometrie, Arithmetik usw.) mit jeweils eigenen Axiomen besteht, entspricht nicht mehr der modernen Praxis. Sämtliche Teilgebiete der Mathematik sind heute in einer einheitlichen Grundlagentheorie, der Mengenlehre, vereint, und die einzelnen Theorien (Geometrie, Arithmetik usw.) behandeln lediglich verschiedene Klassen von Mengen. Die Geometrie etwa untersucht die affinen Räume. Und während die axiomatische Geometrie auf der Grundlage der euklidischen Axiome beweist, dass »die Mittelsenkrechten eines Dreiecks einen gemeinsamen Schnittpunkt haben«, beweist die moderne Geometrie auf der Grundlage der Axiome der Mengenlehre, dass »in einem affinen Raum die Mittelsenkrechten eines Dreiecks einen gemeinsamen Schnittpunkt haben« (siehe MODELL).

Euklids Axiome werden in der Definition des affinen Raumes wiederverwendet. Nach dem Gödelschen Vollständigkeitssatz können die Axiome einer Theorie stets bei der Definition einer Klasse von Strukturen (der Klasse von Modellen dieser Theorie) wiederverwendet werden, so dass die Sätze der betreffenden Theorie in Sätze der Mengenlehre bezüglich dieser Modelle übersetzt werden. Auch hier zeigt sich der Zusammenhang zwischen dem Begriff des Axioms und dem der Definition. Diese Modelle sind nichts anderes als abstrakte Strukturen wie die oben erwähnten Gruppen, Ringe, Körper usw. Die Bedingungen, die eine Gruppe definieren (Assoziativität, Existenz eines neutralen Elements usw.) werden umgekehrt als Axiome der Gruppentheorie bezeichnet.

B

Backtracking-Verfahren

Zur Vorbereitung: ***Hypothese***

Zur Vertiefung: ***Argumentation, Beweisführung; künstliche Intelligenz; Lösung von Problemen***

Trotz ihres Rufs als gewissenhafte und überaus ordentliche Schüler streichen und korrigieren Computer während der Arbeit in ihren Texten ständig herum. Im Bereich der künstlichen Intelligenz ist diese Praxis so verbreitet, dass man sie in den Rang eines eigenständigen Verfahrens erhoben und mit einem eigenen Namen versehen hat, der aus dem Englischen übernommenen Bezeichnung »Backtracking«.

Wenn wir ein kompliziertes Problem zu lösen haben, schreiben wir uns die Hypothesen auf, von denen wir ausgehen, und notieren dann die Folgerungen, die sich daraus ergeben. Falls sich zeigt, dass eine unserer Hypothesen zu Widersprüchen führt, dann streichen wir sie und probieren andere Möglichkeiten aus.

Das Backtracking-Verfahren geht genauso vor, nur eben automatisch. Wenn eine Hypothese in eine Sackgasse führt, streicht der Computer sie und ihre Folgerungen und wendet sich anderen Hypothesen zu, bis er sämtliche Möglichkeiten geprüft hat, ohne sich jemals zu wiederholen. Beim Backtracking-Verfahren arbeitet der Computer gleichsam mit einem Schmierzettel, auf dem er systematisch alle Möglichkeiten durchgeht.

Bakterien

Zur Vertiefung: ***Eukaryoten, Prokaryoten; Gentechnik; Stoffwechsel; Virus***

Bakterien sind Mikroorganismen, also Lebewesen von sehr geringer Größe (einigen Mikrometern oder Tausendstel Millimetern), die nur unter dem MIKROSKOP sichtbar sind. Ihr Name stammt vom griechischen *bakteria*, was so viel heißt wie Stab und sich auf eine der Formen bezieht, die sie annehmen können. Andere sind kugelförmig, spiralförmig gedreht usw.

Struktur und Genetik der Bakterien

Eine Bakterie (siehe *Abbildung 1*) besteht aus einer einzelnen ZELLE, umgeben von einer MEMBRAN und im Allgemeinen von einer Zellwand, die vorwiegend komplexe ZUCKER enthält. Bakterien sind Prokaryoten, besitzen also im Gegensatz zu Eukaryoten keinen Zellkern. Ihr genetisches Material oder GENOM enthält einige Tausend GENE und besteht aus einem ringförmigen CHROMOSOM, das sich aus mehreren Hunderttausend bis einigen Millionen NUKLEOTIDEN, den Grundbausteinen der DNA, zusammensetzt. Der gesamte Prozess, bei dem die GENETISCHE INFORMATION über die TRANSKRIPTION der DNA in RNA und die TRANSLATION der RNA in PROTEINE für das Funktionieren der Zelle genutzt wird, vollzieht sich im ZYTOPLASMA, das anders als die Zellen der Eukaryoten keine gesonderten Kammern oder Kompartimente besitzt. Eine Bakterie reproduziert sich durch einfache Teilung (MITOSE) der Mutterbakterie in zwei Tochterbakterien, nachdem sie durch REPLI-

KATION der DNA ihr Genom verdoppelt hat. Diese Art der Vermehrung wird als ungeschlechtliche (oder vegetative) Fortpflanzung bezeichnet.

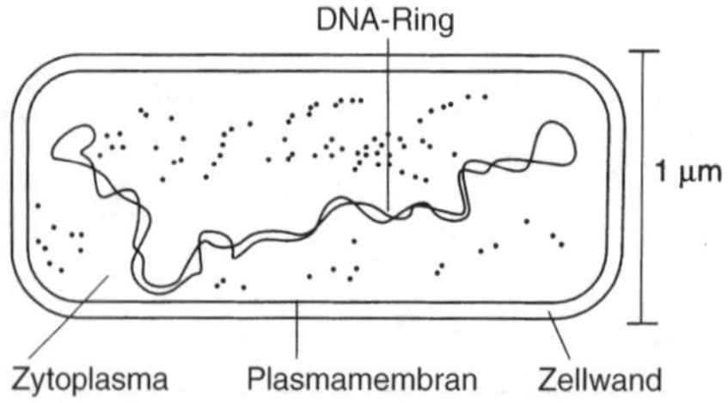

Abbildung 1

Allerdings gibt es bei Bakterien auch eine Vorstufe der geschlechtlichen Fortpflanzung, die zu einem Austausch und Transfer genetischen Materials führt. Häufig sind davon kleine extrachromosomale ringförmige DNA-Segmente betroffen, die Plasmiden, auf denen sich Gene befinden, die Bakterien resistent gegen ANTIBIOTIKA anderer Mikroorganismen machen. Manchmal werden sie durch Viren, die Bakterien befallen (Bakteriophagen), übertragen. Die GENTECHNIK hat diese Eigenschaften von Viren und Bakteriophagen genutzt, um Methoden des Gentransfers und KLONIERENS zu entwickeln.

Die verschiedenen Bakterienarten haben einen kurzen Lebenszyklus, der zwischen einigen Dutzend Minuten und einigen Stunden liegt. Unter günstigen Umweltbedingungen können sie sich durch sukzessive Verdoppelung sehr schnell vermehren.

Anpassung und Stoffwechsel der Bakterien

Bakterien sind schon sehr früh in der EVOLUTION entstanden. Sie besiedeln seit etwa 3,5 Milliarden Jahren äußerst unterschiedliche Lebensräume, da sie sich dank verschiedener Stoffwechselprozesse an die extremsten Lebensbedingungen anzupassen vermochten. Sie finden sich in Salinen, wo sie den alkalischen Charakter von Natronlauge aushalten, und in schwefeligen Vulkanquellen mit einem Säuregehalt, der an den der Salzsäure heranreicht. Einige der ungewöhnlichsten Bakterien leben in der Nähe von Thermalquellen vulkanischen Ursprungs am Meeresgrund, manchmal mehrere Tausend Meter unter dem Meeresspiegel, unter extremen Druckverhältnissen, ohne Licht bei Temperaturen von über 100 oder 110 °C!

Manche Bakterien brauchen für ihre Entwicklung nur einfache mineralische Elemente wie Nitrate und Sulfate. Andere binden den Stickstoff der Atmosphäre oder nutzen Kohlendioxid und Licht zur PHOTOSYNTHESE.

Um bei Hitze, Kälte oder Trockenheit zu überleben, verwandeln sich manche Bakterien in Sporen mit extrem resistenten Hüllen, die unter günstigen Bedingungen manchmal viele Jahre später reaktiviert werden und die Bakterie wieder in ihren Primärzustand zurückkehren lassen.

Schädliche und nützliche Bakterien

Häufig bringt man Bakterien mit Infektionskrankheiten bei Pflanzen, Tieren und Menschen in Verbindung. Jeder denkt an Epidemien wie Pest und Cholera, Syphilis und Tuberkulose, die in der Vergangenheit ganze Bevölkerungen dezimiert haben und noch heute in Ländern mit wenig entwickelter Gesundheitsversorgung grassieren. Salmonellen und Staphylokokken der Art *Staphylococcus aureus* verursachen Lebensmittelvergiftungen, wenn bei der Zubereitung von Nahrungsmitteln bestimmte hygienische Bedingungen nicht erfüllt sind.

Aber die meisten Bakterien sind keine Krankheitserreger, sondern für den Menschen nützlich und sogar unverzichtbar. Es gibt Bakterien in unseren Eingeweiden, die uns lebenswichtige Nährstoffe zuführen wie bestimmte AMINOSÄUREN, die wir als Grundbausteine der PROTEINE brauchen, aber in unseren Zellen nicht selbst produzieren. Ohne sie könnten wir gar nicht leben. Bakterien sind auch äußerst aktiv an der Verdauung der Nahrung beteiligt. Im menschlichen Körper, der aus annähernd hundert Millionen Zellen besteht, gibt es bis zu hundertmal mehr Bakterien.

Zahlreiche Fermentationsprozesse erfolgen mit Hilfe von Bakterien, die verschiedene Substrate wie Fettsäuren, Alkohol, Zucker und sogar Kohlenwasserstoffe als Energiequelle nutzen. Die Anpassungsfähigkeit und die spezifischen Stoffwechselfähigkeiten der Bakterien nutzt man für industrielle Verfahren zur Herstellung von Medikamenten und Nährstoffen oder zur Wasseraufbereitung und Bekämpfung der Umweltverschmutzung.

Baryon

Zur Vertiefung: ***Hadron; Quark; Teilchen***

Das griechische Wort *barys* bedeutet »schwer«. Als Baryonen werden in der Teilchenphysik alle Teilchen bezeichnet, die einerseits HADRONEN sind, das heißt der starken Wechselwirkung unterliegen (die für den Zusammenhalt der Atomkerne verantwortlich ist) und andererseits Fermionen, das heißt dem AUSSCHLIESSUNGSPRINZIP oder Pauliverbot gehorchen, wonach zwei identische Baryonen einander nicht durchdringen können.

Die bekanntesten – und zugleich leichtesten – Baryonen sind das Proton und das Neutron, aus denen die Atomkerne bestehen. Das Proton ist das einzige stabile Baryon. Freie Neutronen (das heißt solche, die sich außerhalb eines Atomkerns befinden) besitzen eine mittlere Lebensdauer von etwa einer Viertelstunde (im Atomkern dagegen sind sie stabil).

Die meisten Baryonen sind jedoch keine NUKLEONEN, das heißt Bestandteile der Atomkerne. Wir kennen heute mehrere Dutzend solcher Baryonen, die fast alle bei Hochenergie-Experimenten in großen Teilchenbeschleunigern entdeckt worden sind. Sie werden mit Symbolen wie Λ (Lambda), Σ (Sigma), Σ^* oder Ω (Omega) bezeichnet. Manche tragen eine elektrische Ladung, andere nicht. Die meisten sind instabil, mit teilweise sehr kurzer mittlerer Lebensdauer (die bei einigen in der Größenordnung von 10^{-20} Sekunden oder weniger liegt).

Die Baryonen sind eigentlich keine Elementarteilchen, denn sie sind zusammengesetzt. Jedes Baryon ist aus drei QUARKS zusammengesetzt. Das Proton etwa besteht aus zwei *u*-Quarks (*u* für *up*) und einem *d*-Quark (*d* für *down*); das Neutron ist aus einem *u*-Quark und zwei *d*-Quarks zusammengesetzt (siehe HADRON und FLAVOUR).

Basen

→ ***Säuren und Basen***

Befehl

Zur Vertiefung: ***Einheit; Programm; Sprache; Rechnerarchitektur***

In der Informatik bezeichnet man als Befehl den kleinsten, in einer maschinenorientierten Programmiersprache nicht weiter zerlegbaren Arbeitsschritt, und wie in der Armee dulden diese Befehle keinen Widerspruch. Die Ausführung eines Programms ist stets die Ausführung einer Sequenz aus solchen Befehlen, die der Zentraleinheit, also dem eigentlichen Gehirn des Computers (siehe RECHNERARCHITEKTUR), in der jeweiligen Maschinensprache erteilt werden. Da es jedoch schwierig und ermüdend ist, jeden Arbeitsgang in seine einzelnen Arbeitsschritte oder Befehle zu zerlegen, hat man so genannte höhere Programmiersprachen geschaffen, in denen man nur die verschiedenen Arbeitsgänge anzugeben braucht. Der Computer übersetzt die in diesen Sprachen geschriebenen Programme automatisch in die Maschinensprache, das heißt in Befehlsfolgen, die er dann ausführt. In den höheren Programmiersprachen spricht man daher nicht mehr von Befehlen, sondern von Anweisungen. Programmiersprachen, die im Wesentlichen auf Befehlen oder Anweisungen basieren, bezeichnet man als imperative Programmiersprachen.

Belastung, erbliche

→ ***erbliche Belastung***

Beobachtung

→ ***Experiment und Beobachtung***

Berechenbarkeit

Zur Vertiefung: ***Algorithmus; Logik; rekursive Definition; Turingmaschinen***

Kalkül

Schon seit der Antike, aber vor allem seit der Erfindung des Computers versucht man systematische Rechenverfahren zur Lösung bestimmter Probleme zu entwickeln. Will man zum Beispiel wissen, ob eine natürliche Zahl eine Primzahl ist, braucht man nur zu versuchen, sie durch alle kleineren Zahlen zu teilen, bis man einen Teiler findet oder die Liste all dieser kleineren Zahlen erfolglos durchgeprüft hat (siehe PRIMZAHLEN). Die Entwicklung systematischer Rechenverfahren zur Ausführung elementarer Operationen (Addition, Multiplikation usw.) und dann auch zur Lösung bestimmter Typen von Gleichungen ist die Grundlage für die Entwicklung der Mathematik.

Bei manchen Problemen scheint es jedoch schwieriger zu sein, eine Lösung zu finden. So wissen wir, dass die Gleichung $x^2+y^2=z^2$ in der Menge der natürlichen Zahlen mindestens eine Lösung besitzt, denn $3^2+4^2=5^2$. Wir wissen auch, dass $x^2=2$ keine Lösung innerhalb dieser Menge besitzt. Dennoch scheint es nicht leicht zu sein, ein Verfahren zu entwickeln, das anzeigt, ob für eine beliebige algebraische Gleichung eine Lösung in der Menge der natürlichen Zahlen existiert oder nicht. Tatsächlich wissen wir heute, dass es ein solches Verfahren nicht geben kann.

Die Theorie der Berechenbarkeit hat die Aufgabe, dem Begriff des »systematischen Rechenverfahrens« oder des Algorithmus eine präzise Bedeutung zu geben und zu zeigen, dass bestimmte Probleme durch solch ein Verfahren gelöst oder nicht gelöst werden können. Will man zeigen, dass ein Problem auf diese Weise gelöst werden kann, braucht man nur ein Verfahren anzugeben und zu zeigen, dass es das betreffende Problem löst. Dazu bedarf es keiner Theorie der Berechenbarkeit. Will man dagegen zeigen, dass ein Problem sich (wie im obigen Beispiel) nicht durch einen Kalkül lösen lässt, ist solch eine Theorie unerlässlich.

Die Theorie der Berechenbarkeit hat ihren Ursprung in einem Problem, das David Hilbert in den 1920er Jahren formulierte; er suchte eine Rechenmethode, die anzeigt, ob eine beliebige mathematische Aussage wahr oder falsch ist. Die Lösung dieses Problems gaben 1936 Alonzo Church und Alan Turing: Ein derartiges Verfahren kann es nicht geben. Aber dazu mussten sie zunächst einmal klären, was unter einem »Rechenverfahren« zu verstehen ist.

Berechenbare Funktionen

Ein Rechenverfahren ist ein Prozess, der eine endliche Informationsmenge in eine andere endliche Informationsmenge transformiert. Eine endliche Informationsmenge lässt sich stets durch eine natürliche Zahl ausdrücken, zum Beispiel das Wort »Wort« durch die Zahl 23151820, wenn man jeden Buchstaben des Alphabets durch eine Zahl mit zwei Ziffern codiert: a durch 01, b durch 02, ..., o durch 15, r durch 18, t durch 20, w durch 23 usw. Diese Umformung verändert nicht den Inhalt der Information, sondern lediglich deren Darstellung. Auf diese Weise lässt sich das Problem auf die Frage reduzieren, welche Funktionen der Menge der natürlichen Zahlen in sich selbst berechnet werden können (man spricht von berechenbaren Funktionen) und welche nicht. Die berechenbaren Funktionen werden auch als rekursiv bezeichnet. Wir möchten diesen Ausdruck lieber den REKURSIVEN DEFINITIONEN vorbehalten.

Eine auf Stephen Kleene zurückgehende Definition der Berechenbarkeit setzt zunächst eine kleine Anzahl berechenbarer Funktionen: die Nullfunktionen (zum Beispiel die Funktion, die den Zahlen $n_1 \dots np$ stets die 0 zuordnet), die Projektionen (zum Beispiel die Funktion, die den Zahlen $n_1 \dots np$ die Zahl n_1 zuordnet) und die »Nachfolgerfunktion«, die der Zahl n die Zahl $n+1$ zuordnet. Diese Definition gestattet es, neue berechenbare Funktionen zu konstruieren, indem man berechenbare Funktionen nacheinander ausführt, eine berechenbare Funktion n Mal wiederholt oder den kleinsten Wert sucht, für den eine berechenbare Funktion 0 wird, also das kleinste n, für das $f(n)=0$ gilt. So ist die

Funktion, die den Zahlen n und p die Zahl $n+1$ zuordnet, berechenbar, weil sie durch Zusammensetzung der Nachfolgerfunktion und einer Projektion entstanden ist.

Eine andere Definition stützt sich auf den Begriff der TURINGMASCHINE. Turingmaschinen sind gleichsam ideale Computer (als Gedankengebilde existierten sie bereits vor den ersten realen Computern und inspirierten deren Konstruktion). Diese imaginäre Maschine besteht aus einem Band mit einer unendlichen Anzahl von Feldern, die jeweils einen Buchstaben eines endlichen Alphabets enthalten. Über das Band wandert ein Lese- und Schreibkopf, der die Felder liest und beschreibt, wobei die Bewegung des Kopfes und das Beschreiben des Bandes von den auf dem Band enthaltenen Informationen gesteuert werden. Eine ganze Zahl n wird durch n Striche | in n aufeinander folgenden Feldern dargestellt. Eine Funktion der Menge der ganzen Zahlen in sich selbst ist berechenbar, wenn es eine Turingmaschine gibt, die jeweils von den auf dem Band befindlichen Argumenten der Funktion ausgeht und anhält, nachdem sie den zugehörigen Wert auf das Band geschrieben hat.

Die Funktion zum Beispiel, die einer Zahl n die Zahl $n+1$ zuordnet, ist nach dieser Definition berechenbar, denn man kann sich eine Turingmaschine vorstellen, die folgendermaßen verfährt: Sobald sie ein | findet, bewegt sie sich weiter nach rechts, bis sie dieses Symbol nicht mehr findet, schreibt ein derartiges Symbol und hält dann an. Liest sie auf diese Weise zum Beispiel die Zahl ||||, rückt der Kopf noch ein Feld weiter, gibt dort einen fünften Strich ein und hält an, so dass nun die Zahl ||||| auf dem Band steht.

Weitere Definitionen sind möglich. Seit der Erfindung des Computers bringt jede neue Programmiersprache eine neue Definition der Berechenbarkeit hervor. Doch all diese Definitionen sind äquivalent; welche Definition man auch wählt, die so erhaltenen berechenbaren Funktionen sind stets dieselben. Alle seit der Antike ersonnenen Rechenverfahren berechnen Funktionen, die im Sinne dieser Definitionen berechenbar sind. Diese These, die als Church-These bezeichnet wird, lässt sich durch einige plausible Hypothesen über die Funktionsweise des menschlichen Verstandes oder physikalischer Maschinen begründen (endliche Informationsdichte, endliche Verbreitungsgeschwindigkeit usw.).

Entscheidbarkeit, Unentscheidbarkeit

Ist E eine Eigenschaft von natürlichen Zahlen, so ist die charakteristische Funktion von E jene Funktion, die jeder Zahl n entweder die Zahl 1 oder die Zahl 0 zuordnet, je nachdem, ob diese Zahl die Eigenschaft E besitzt oder nicht. Die charakteristische Funktion der Eigenschaft »eine gerade Zahl sein« ordnet den Zahlen 0, 2, 4 … die Zahl 1 und den Zahlen 1, 3, 5 … die Zahl 0 zu.

Eine Eigenschaft heißt entscheidbar, wenn ihre charakteristische Funktion berechenbar ist. Die Eigenschaften »eine gerade Zahl sein« und »eine Primzahl sein« sind entscheidbar.

Das Stoppproblem

Das erste Problem, von dem man zeigen konnte, dass es sich nicht durch Rechenverfahren lösen lässt, ist die Frage, ob eine Turingmaschine endlos weiter arbeitet oder ob sie nach endlich vielen Schritten anhält und ein Ergebnis ausgibt. Tatsächlich ist es unmöglich, eine Turingmaschine zu konstruieren, die andere Turingmaschinen im Hinblick auf diese Frage analysiert. Gäbe es solch eine Maschine, könnte man leicht bewirken, dass sie endlos in ihren Berechnungen fortfährt, falls die analysierte Maschine anhält, und dass sie anhält, falls die analysierte Maschine ihre Berechnungen endlos fortführt. Was würde diese Maschine tun, wenn sie sich selbst analysieren müsste? Sie könnte weder nach einer endlichen Anzahl von Arbeitsschritten anhalten, denn das hieße, dass sie in ihren Berechnungen endlos fortführe; noch könnte sie endlos fortfahren, denn das hieße, dass sie nach einer endlichen Anzahl von Schritten anhielte. Man kann also keine Maschine konstruieren, die eine Antwort auf die Frage gibt, ob eine Maschine m anhält.

Dies ist das erste Ergebnis hinsichtlich der Nichtberechenbarkeit, und darauf basieren alle übrigen. Wenn man keine Maschine konstruieren kann, die Antwort auf die Frage gibt, ob die Berechnungen einer Maschine m

zu einem Ende gelangen, kann man auch keine Maschine bauen, die alle mathematisch formulierbaren Fragen beantwortet, das heißt, die angibt, ob eine beliebige mathematische Aussage wahr oder falsch ist. Damit ist die von Hilbert gestellte Frage nach der Existenz solch eines Verfahrens beantwortet. Yuri Matiyasevich hat 1970 gezeigt, dass man für jede Turingmaschine eine algebraische Gleichung angeben kann, die eine Lösung in der Menge der natürlichen Zahlen besitzt, falls die Maschine zu einem Ende gelangt, und die keine Lösung in diesem Bereich besitzt, falls die Maschine nicht zu einem Abschluss gelangt. Gäbe es ein Rechenverfahren, das anzeigt, ob eine Gleichung eine natürliche Zahl als Lösung besitzt oder nicht, könnte man daraus ein Verfahren entwickeln, das angibt, ob eine Turingmaschine anhält oder nicht, und solch ein Verfahren kann es nicht geben. Daher kann es auch kein Rechenverfahren geben, das anzeigt, ob eine algebraische Gleichung eine Lösung in der Menge der natürlichen Zahlen besitzt oder nicht.

Beschleunigung

→ ***Geschwindigkeit und Beschleunigung***

Beschreibung

Zur Vertiefung: ***Experiment und Beobachtung; Methode; Positivismus***

Lange Zeit hat man geglaubt, es sei möglich, eine reine Beschreibung der Welt zu liefern, das heißt, der Mensch könne sich selbst gleichsam zurücknehmen und die Welt um ihn her auf vollkommen passive (objektive) Weise beschreiben. In der Philosophie gab und gibt es Bestrebungen, im Blick auf die Wissenschaften jegliche metaphysische Hypothese zu eliminieren und nur das zuzulassen, was die Natur uns über sich selbst lehrt. Diese Denkschule, wonach der Wissenschaftler die Welt beschreibt, ohne etwas hinzuzufügen, bezeichnet man als Positivismus.

Andere philosophische Richtungen bestreiten im Anschluss an Immanuel Kant, dass solch ein Vorgehen möglich sei. In den Augen ihrer Anhänger kann die Wissenschaft sich nicht auf reine Beschreibung beschränken, weil selbst die elementarste Beschreibung bereits Vorgaben enthält, deren Möglichkeit oder Wirklichkeit nicht bewiesen werden kann. Nach dieser Auffassung geht die Wissenschaft von gänzlich unbeweisbaren Postulaten aus und konstruiert Hypothesen, die sie dann durch Beobachtung und Experiment überprüft.

Diese beiden Denkrichtungen unterscheiden sich durch ihre Vorstellungen über den menschlichen Verstand und sein Erkenntnisvermögen. Für die einen ist das Erkenntnisvermögen gleichsam eine *Tabula rasa*, eine leere Tafel, die passiv mit Informationen aus der Außenwelt gefüllt werden kann; für die anderen befolgt das Erkenntnisvermögen seine eigenen Regeln, und die Außenwelt lässt sich nur insofern verstehen und begrifflich erfassen, als sie diesen Regeln entspricht. Im zweiten Fall ist klar, dass eine Beschreibung der Welt letztlich davon abhängt, wie der Mensch die Welt zu einem bestimmten Zeitpunkt sieht, mit all seinen Glaubensvorstellungen, ästhetischen Vorlieben und philosophischen Konzepten. Zwei Beschreibungen des Himmels, die eines Babyloniers des 10. vorchristlichen Jahrhunderts und die eines modernen Astrophysikers, haben deshalb nur wenig miteinander gemein.

Trotz solcher unterschiedlichen Grundauffassungen ist die Beschreibung ein fundamentales Element wissenschaftlicher Forschung, und sei es nur, weil in jede Beschreibung bereits ein analytischer Ansatz eingeht: Was sieht man darin? Welches scheinen die wichtigsten Bestandteile zu sein? Warum hält man eine bestimmte Ansammlung von Wahrnehmungen oder Phänomenen für eine eigenständige Entität? All diese Elemente sind für eine Beschreibung von tragender Bedeutung und legen die Grundlagen für das jeweilige Wissen, ob dieses Wissen nun den Sternenhimmel betrifft, die Blüten und Blätter einer Pflanze oder die Bahnen eines Teilchens, die man mit Hilfe eines Computers analysiert.

Besonderes

→ ***Allgemeines und Besonderes***

Betriebssystem

Zur Vertiefung: ***Computer; Prozess; Rechnerarchitektur; Speicher, Gedächtnis***

Der nackte Computer, wie er dasteht, wenn alle Bauteile zusammengesetzt sind, riecht gleichsam noch sehr nach Farbe. Selbst jemand, der sich mit Computern auskennt, vermag in dieser Form kaum etwas mit ihm anzufangen. Man könnte ihn mit einem neu gebauten Mietshaus vergleichen, in das die Bewohner erst noch einziehen müssen, und die Bewohner sind in diesem Fall Prozesse, das heißt die Ausführung von Programmen. Das Betriebssystem übernimmt hier gewissermaßen die Aufgabe der Hausverwaltung, die eine Reihe unsichtbarer, undankbarer, aber unerlässlicher Aufgaben übernimmt, denen die Wohnungseigentümer und die Mieter sich nicht widmen können oder wollen: den Betrieb des Aufzugs, die Treppenreinigung, notwendige Renovierungsarbeiten an der Fassade, die Müllabfuhr, die Schädlingsbekämpfung im Keller, die Bewachung des Gebäudes usw. Manchen mag dieser Vergleich etwas gewagt erscheinen, aber auch Rechner haben heute vielfach mehrere Benutzer, die ihn jeweils für sich allein beanspruchen und keine Rücksicht auf andere Benutzer nehmen möchten, so dass mehrere Programme gleichzeitig laufen müssen, zum Beispiel ein Schreibprogramm, eine Tabellenkalkulation, ein Zeichenprogramm, eine Uhr, ein Mailprogramm. Außerdem startet jedes von einem Benutzer aufgerufene Programm mehrere Prozesse, die bei Berechnungen, beim Drucken usw. Ressourcen im Arbeitsspeicher belegen.

Der Rechner muss sich der Bedürfnisse all dieser zeitweiligen Bewohner der Maschine, das heißt der einzelnen Prozesse, annehmen. Er muss den nötigen Speicherplatz bereitstellen, für die Ausführung der Prozesse entsprechende Zeiten in der Zentraleinheit reservieren (siehe EINHEIT) und einzelne Prozesse bei Bedarf auch unterbrechen, um dringendere Aufgaben zu erledigen und anschließend weiterzumachen, als wäre nichts geschehen. Ist ein Prozess dann beendet, müssen die frei werdenden Ressourcen auf andere Prozesse verteilt werden. Dies sind einige der Aufgaben, die das Betriebssystem des Computers erledigt.

Zu den wichtigsten Aufgaben des Betriebssystems gehört die Speicherverwaltung. Wenn ein Programm ausgeführt werden soll, müssen die zugehörigen Befehle zunächst in den Arbeitsspeicher geladen werden; außerdem ist dort genügend Platz für die Speicherung von Zwischenergebnissen zu reservieren. Das Betriebssystem nimmt diese Reservierung vor, verhindert, dass andere Prozesse diesen Platz für sich belegen, und gibt ihn schließlich wieder frei, wenn er nicht mehr benötigt wird.

Eine weitere wichtige Aufgabe des Betriebssystems ist die Aufteilung der Rechenzeit. Die Leistungsfähigkeit der Zentraleinheit ist begrenzt, und so warten meist mehrere Prozesse in der so genannten WARTESCHLANGE. Das Betriebssystem entscheidet nun, in welcher Reihenfolge die einzelnen Aufgaben, der Zugriff auf Daten, die Übertragung von Daten an den Drucker usw., abgearbeitet werden und berücksichtigt dabei sowohl die vorgegebenen Prioritäten als auch Unterbrechungen, die durch das Programm oder durch den Benutzer erfolgen. Damit jeder Benutzer das Gefühl hat, er sei der Einzige und alle seine Programme liefen tatsächlich parallel, unterbricht das Betriebssystem die einzelnen Prozesse regelmäßig in kurzen Abständen und schiebt andere dazwischen, bevor es die unterbrochenen Prozesse weiterlaufen lässt.

Das Betriebssystem kümmert sich auch um den Zugang zur Peripherie: Tastatur, Bildschirm, Drucker, Laufwerke usw. Es sorgt für die Abspeicherung der Daten jedes einzelnen Benutzers und hält die gemeinsam benutzten Programme bereit. Außerdem verwaltet es die Codes und Passwörter, die es den Benutzern ermöglichen, ihre Daten vor dem Zugriff durch andere zu schützen.

Sollte es einmal zu einem »Absturz« des Systems oder zu einem Stromausfall kommen, bemüht sich das Betriebssystem, den Schaden in Grenzen zu halten. Diesem Zweck dient etwa die regelmäßige automatische Speicherung geöffneter Dateien oder die nachträgliche Rekonstruktion verloren gegangener Daten. Das Betriebssystem ist also nicht nur der Hausverwalter, sondern zugleich auch die Notrufzentrale des Computers.

Betrug

Zur Vertiefung: ***Datensicherheit, Datenschutz; Kryptographie; Software***

Betrug in der Wissenschaft

Es kommt vor, dass Wissenschaftler Versuchsergebnisse fälschen oder unbequeme Erkenntnisse unterdrücken, um sich einen persönlichen Vorteil zu verschaffen: um Karriere zu machen, öffentliches Aufsehen zu erregen oder finanzielle Vorteile zu erlangen. Bei dieser Art von Betrug handelt es sich um einen Mangel an Moral, der zuweilen gegen staatliche Gesetze, mit Sicherheit aber gegen die ungeschriebenen Gesetze der wissenschaftlichen Gemeinschaft verstößt.

Betrug liegt nur dann vor, wenn eine entsprechende Absicht besteht. Bloße Irrtümer sind noch kein Betrug, selbst wenn der Betreffende daran festhält; aber die Aneignung fremder Forschungsergebnisse ist geistiger Diebstahl.

Wenn ein Betrüger entlarvt wird, kennt die wissenschaftliche Gemeinschaft keine Gnade, denn der Betrüger gefährdet die Glaubwürdigkeit der gesamten Zunft und wird deshalb ausgestoßen. Manchmal lässt sich jedoch nur schwer entscheiden, ob es sich bei einem bestimmten Verhalten um wissentlichen Betrug handelt oder um Nachlässigkeit, um einen verständlichen Irrtum, um Unfähigkeit, um eine optische Täuschung oder auch um eine falsche Interpretation, die ihre Ursache letztlich in bestimmten Hypothesen oder Modellen hat. Eine gewisse Rolle spielen auch die Umstände, unter denen ein (wirklicher oder angeblicher) Betrug als solcher entlarvt wird; desgleichen die hierarchische Stellung oder das Ansehen des Anklägers wie auch des Beschuldigten und die wissenschaftliche oder finanzielle Bedeutung des betreffenden Problems. In den meisten Fällen sind die Vorgänge rechtlich nicht fassbar und bleiben daher ohne juristische Folgen.

Gelegentlich kommt es in diesem Bereich jedoch auch zu »Justizirrtümern«. So gelangte der Leiter des geologischen Dienstes in Indochina, ein brillanter junger Geologe namens Jacques Deprat, 1919 zu der Überzeugung, in Asien Fossilien von Arten gefunden zu haben, die aus Europa stammten. In der Wissenschaft seiner Zeit galt es jedoch als höchst unwahrscheinlich, dass man fossile Exemplare der betreffenden Tierart in Asien finden könne. Deprat wurde seines Postens enthoben und aus der Geologischen Gesellschaft Frankreichs ausgestoßen. Damals waren Plattentektonik und Kontinentaldrift noch unbekannt; später stellte man fest, dass Südostasien und Mitteleuropa einander einmal sehr viel näher gewesen waren, so dass die Fauna in beiden Gebieten durchaus Ähnlichkeiten aufweisen konnte. 1991 wurde Deprat feierlich (wenn auch leider erst posthum) von der Geologischen Gesellschaft Frankreichs rehabilitiert.

Hacker und andere Computerbetrüger

In der Informatik gibt es keine Mogelei, denn die Ergebnisse werden am Erfolg gemessen. Doch allzu oft gelten Betrüger als moderne Nachfahren eines Zorro oder Arsène Lupin und Betrügereien als heilsam-subversive Glanztaten.

Welchen Ruhm ernten Hacker, die durch die weltweiten Computernetze surfen, Passwörter und Verschlüsselungen knacken, alle Schutzvorrichtungen überlisten und in die Computersysteme privater Großbanken einbrechen oder besser noch in die geheimen, sorgfältig abgeschotteten Rechner gefürchteter staatlicher Institutionen wie etwa des Pentagon in den Vereinigten Staaten …? Da der Hacker gegen Gesetze verstößt, riskiert er Geld- oder Gefängnisstrafen, vor allem wenn er seine Fähigkeiten dazu nutzt, vertrauliche Dokumente oder Geld zu entwenden. Aber zugleich kann er auch größtes Ansehen erwerben, wenn er sich mit seinen Großtaten vor Journalisten und anderen Schreibern brüstet, die seine Virtuosität und sein Talent preisen; er hat die Lacher auf seiner Seite.

Ruhm ernten auch jene, die Software kopieren und Hardware nachbauen; sie bringen den Riesen auf seinen tönernen Füßen ins

Wanken, befreien die vielen von der Bevormundung durch die wenigen Mächtigen, lassen die Satten erzittern und geben den armen kleinen Leuten Arbeit.

Es lebe der Betrug! Jedenfalls solange die Eindringlinge nicht gerade von meinem Konto unbefugt Geld abheben und nicht meine Kreditkarte fälschen. Und was ist, wenn sie ihr Wissen einer Terroristengruppe zur Verfügung stellen, wenn sie die Ergebnisse jahrelanger Mühen stehlen oder wenn ihre Kopien so billig sind, dass die Originale sich nicht mehr absetzen lassen?

Beugung

Zur Vertiefung: ***Auflösung; Licht; Optik; Teleskop***

Wenn Lichtwellen auf ein Hindernis stoßen, werden sie gestreut. Betrachten wir zum Beispiel die Öffnung der Pupille im menschlichen Auge oder die Öffnung des Objektivs eines Mikroskops (einige Millimeter Durchmesser) oder eines Feldstechers (einige Zentimeter) oder eines Spiegelteleskops (mehrere Meter Durchmesser). Diese Öffnung begrenzt in jedem Fall die einfallende, etwa von einer punktförmigen Lichtquelle oder einer Landschaft stammende Welle. Die durch die Beugung bewirkte Streuung des Lichts sorgt dafür, dass das Bild der punktförmigen Lichtquelle sich zu einer Scheibe vergrößert oder das Bild der Landschaft verschwimmt. Es wäre ganz zwecklos, die »Vergrößerung« durch geeignete optische Mittel zu erhöhen; die Beugung lässt sich nur durch eine Vergrößerung der Öffnung oder durch eine Verkürzung der Wellenlänge verringern (siehe MIKROSKOP).

Die wellentheoretische Deutung der Beugung

Wenn ein Lichtbündel auf einen undurchsichtigen Schirm trifft, in dem sich eine kleine kreisförmige Öffnung befindet (deren Durchmesser sich in der Größenordnung der Wellenlänge des betreffenden Lichts bewegt), entsteht auf einem in der Verlängerung des Lichtbündels gelegenen Schirm nicht einfach ein Bild dieser Öffnung; vielmehr zeigt sich dort eine relativ komplexe Struktur aus abwechselnd hellen und dunklen Ringen, die Ähnlichkeit mit einer Interferenzfigur besitzt (siehe INTERFERENZ). Je kleiner die Öffnung, desto ausgedehnter diese Ringstruktur. Erstmals untersucht wurde diese Beugungserscheinung 1665 von dem italienischen Mathematiker, Physiker und Astronomen Francesco Maria Grimaldi, der damit den Wellencharakter des Lichts entdeckte, denn es lässt sich kaum nachvollziehen, wie ein Teilchenstrahl solch eine Figur erzeugen sollte, selbst wenn man Reflexionen an den Rändern der Öffnung unterstellt. Tatsächlich wird dieses Phänomen nur im Rahmen einer wellentheoretischen Deutung verständlich.

Die erste qualitative Interpretation des Phänomens stammt aus dem Jahr 1673. Damals kam der holländische Gelehrte Christiaan Huygens auf den (zu seiner Zeit kühnen) Gedanken, dass es sich beim Licht um ein Wellenphänomen handelt, und er stellte die These auf, dass jeder Punkt des Raumes, der von einer Lichtwelle getroffen wird, sich seinerseits wie eine Lichtquelle verhält. Auf diese Weise konnte er erklären, warum eine Welle sich nach dem Durchgang durch eine Öffnung in nahezu jede beliebige Richtung fortzupflanzen vermag. Doch da Huygens den Gedanken nicht wirklich zu Ende dachte, konnte er das Phänomen nur qualitativ, nicht aber quantitativ erfassen.

Mehr als 140 Jahre später griff der Franzose Augustin Fresnel die Arbeiten Christiaan Huygens' auf. Erst kurz zuvor, im Jahr 1802, hatte der Engländer Thomas Young die Interferenz des Lichts entdeckt, und auf der Grundlage dieser Entdeckung erweiterte nun Fresnel das Huygenssche Prinzip. Die verschiedenen Punkte der die Beugungserscheinung hervorrufenden Öffnung verhalten sich danach wie ebenso viele Sekundärlichtquellen; die Wellen, die sie aussenden, interferieren miteinander, und die Beugungsfigur ist nichts anderes als das Ergebnis dieser vielfältigen Interferenzen. Dieses später nach Huygens und Fresnel benannte Prinzip war so fruchtbar, dass es die letzten Anhänger einer Korpuskeltheorie des Lichts zur Wellentheorie bekehrte. Noch heute bildet es die Grundlage für die Berechnung der Beugungsfiguren.

Das Beugungsphänomen illustriert die Unmöglichkeit, sämtliche optischen Erscheinungen auf die einfache Ausbreitung unabhängiger Lichtstrahlen zurückzuführen. Es beweist damit den approximativen Charakter der geometrischen Optik, jenes Zweiges der Optik also, der die Entstehung des Bildes in Spiegeln, Linsen, Prismen und anderen optischen Elementen, die in gebräuchlichen optischen Instrumenten wie astronomischen Fernrohren oder Fotoapparaten Anwendung finden, einfach dadurch erklärt, dass er den Weg der Lichtstrahlen durch diese Elemente aufzeigt. Insbesondere bietet die Beugung eine Erklärung für die Tatsache, dass das mit den genannten Mitteln erzeugte Bild niemals ein vollkommen getreues Abbild des beobachteten Objekts ist. Da jedes dieser Instrumente begrenzt ist und eine endliche Öffnung besitzt, kann das Bild verschwommen erscheinen und aus Beugungsringen bestehen, die die Leistung des Instruments beschränken (insbesondere sein Auflösungsvermögen, das heißt die Dimension des kleinsten damit noch wahrnehmbaren Objekts. Umgekehrt ist die Beobachtung dieser feinen Beugungsmuster nur möglich, wenn keine weitere Anomalie zum Beugungsphänomen hinzukommt. Die Beugungsmuster bilden daher einen strengen Test für die Qualität optischer Instrumente.

Anwendungsmöglichkeiten

Wie wir gesehen haben, hängen Beugungsmuster nicht nur von der geometrischen Form des beugenden Objekts ab, sondern auch von der Wellenlänge der benutzten Strahlung. Vor allem wenn das beugende Objekt eine periodische Struktur aufweist, zeigt die Beugungsfigur ausgeprägte und daher gut erkennbare Minima und Maxima der Helligkeit, deren Position direkt von der Wellenlänge abhängt. Diese Beobachtung brachte den deutschen Physiker Joseph von Fraunhofer Anfang des 19. Jahrhunderts auf den Gedanken, die ersten Beugungsgitter herzustellen, die aus einer Reihe in regelmäßigen Abständen angeordneter Spalten bestehen. Solche Beugungsgitter werden heute vielfach benutzt, um das Spektrum eines zu untersuchenden Lichts, das heißt seine Verteilung auf verschiedene Wellenlängen, zu analysieren.

Da Beugungserscheinungen nur dann deutlich zutage treten, wenn die Größe des beugenden Objekts annähernd der Wellenlänge der betreffenden Strahlung entspricht, kann man mit mikroskopisch kleinen Beugungsgittern, wie sie zum Beispiel die Atome eines KRISTALLS bieten, sogar sehr viel kürzere Wellenlängen messen, als das sichtbare Licht sie besitzt, etwa die von Röntgenstrahlen. Kennt man umgekehrt die Wellenlänge der Röntgenstrahlung, mit der man ein Kristallgitter beleuchtet, lassen sich aus der beobachteten Beugungsfigur (auf mathematischem Wege) Rückschlüsse auf die mikroskopische Struktur des Kristalls ziehen. Dieses Verfahren wurde Anfang des 20. Jahrhunderts von dem Deutschen Max von Laue sowie den Engländern William Henry Bragg und William Lawrence Bragg entwickelt und bildet die Grundlage für eine Vielzahl einander ergänzender Forschungstechniken, die sämtlich auf dem Phänomen der Beugung basieren. Dazu gehört auch die Beugung von Neutronen- oder Elektronenstrahlen, den Strahlen jener beiden materiellen Teilchen also, von denen wir wissen, dass sie sich unter bestimmten Umständen wie Wellen verhalten (siehe NEUTRON, ELEKTRON und QUANTENPHYSIK).

Beweisen, automatisches

→ ***automatisches Beweisen***

Beweisführung

→ ***Argumentation, Beweisführung***

Bezugssystem

Zur Vertiefung: ***Kraft; Raum; Raum-Zeit; Relativitätstheorie***

Bezugs- und Koordinatensysteme

Ein Bezugssystem ist ein Darstellungsmittel, das es gestattet, die Lage eines Punktes im Raum eindeutig und quantitativ, das heißt durch Zahlen oder algebraische Größen, die so genannten Koordinaten, zu bestimmen. Das cartesische Bezugssystem und das zugehörige Koordinatensystem sind uns vertraut. Im dreidimensionalen Raum lässt sich solch ein Bezugssystem leicht veranschaulichen durch drei senkrecht aufeinander stehende Achsen, die sich in einem Punkt O, dem Ursprung oder Nullpunkt des Koordinatensystems, kreuzen, so dass jedem Punkt M drei Koordinaten x, y und z zugeordnet werden können (siehe *Abbildung 1*). Dem Bezugssystem sind auf den Achsen drei Einheitsvektoren $\vec{i}, \vec{j}, \vec{k}$ (der Länge 1) zugeordnet, so dass die Lage eines Punktes M eindeutig durch den Vektor

$\overrightarrow{OM} = x\vec{i} + y\vec{j} + z\vec{k}$

definiert ist. Ursprung und Richtung der Achsen sind willkürlich gewählt. Außerdem kann man das Bezugssystem wechseln und die neuen Koordinaten x', y' und z' aus den alten ableiten.

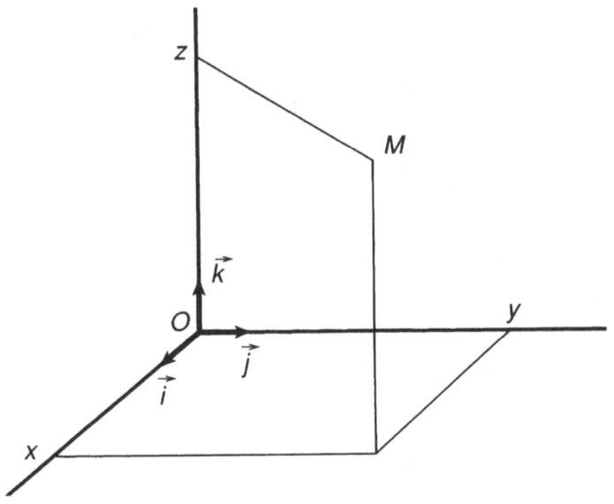

Abbildung 1 Cartesisches Koordinatensystem

Auf der Erde ist es offensichtlich recht einfach, Richtungen (und damit ein Bezugssystem) festzulegen; bei Tag können wir dafür die Sonne benutzen, bei Nacht den Polarstern, bei bedecktem Himmel den Kompass, außerdem den freien Fall eines Steins (falls wir von einer Lawine verschüttet worden sein sollten, genügt auch ein wenig Speichel). Zur Erleichterung der Navigation haben die Kartographen die Oberfläche der Erde mit einem Netz regelmäßiger imaginärer Linien überzogen, den Längen- und Breitengraden, die es gestatten, jeden Punkt durch die Angabe zweier Zahlen (Länge und Breite) präzise zu bestimmen. Nimmt man noch das Geoid hinzu, eine konventionell, aber präzise definierte Niveaufläche, die sämtliche Punkte der Höhe null miteinander verbindet (siehe ERDGESTALT), lässt sich auch die Höhe jedes Punktes eindeutig bestimmen. Länge, Breite und Höhe eignen sich gut als Koordinaten für eine Kugelfläche wie die Oberfläche der Erde.

Es gibt noch zahlreiche andere Möglichkeiten, Bezugs- und Koordinatensysteme zu schaffen, die zur Geometrie des jeweils betrachteten Systems passen.

Bezugssysteme für Bewegungen

Mit dem satellitengestützten *Global Positioning System* (GPS) lassen sich heute für jeden Punkt der Erde geographische Länge und Breite mit einer Genauigkeit von einigen Metern ermitteln, wobei die zugehörige Höhe noch gesondert bestimmt werden muss. Verfolgt man die Veränderung der drei Koordinaten dieses erdumspannenden Bezugssystems, kann man jede Bewegung präzise erfassen, ob es sich nun um einen Fußgänger, ein Schiff, ein Flugzeug oder ein Unterseeboot handelt.

Die Bewegung eines Objekts hängt bekanntlich von dem Bezugssystem ab, in dem man sie beobachtet und beschreibt. Während die Passagiere eines Zuges sich gegenüber ihrem Waggon und dem damit verbundenen Bezugssystem R in Ruhe befinden, bewegen sie sich im Verhältnis zu einem entgegenkommenden Zug und dem damit verbundenen Bezugssystem R'. Galileis berühmtes Experiment, bei dem ein Stein von der Mastspitze eines Schiffs (Bezugssystem R) herabfällt, welches sich gegenüber der Küste (Bezugssystem R') in Bewegung befindet, nimmt der Stein in beiden Bezugssystemen nicht dieselbe Bahn. In R fällt der Stein parallel zum Mast geradlinig herunter, während er in R' eine Parabel beschreibt. Von Galilei bis Einstein hat das Nachdenken über einen derartigen Wechsel des Bezugssystems die Mechanik befruchtet, und der entsprechende Wechsel im Verhalten von Magneten und elektrischen Strömen je nach Wahl der Bezugssysteme (siehe ELEKTROMAGNETISMUS) führte zu den revolutionären Erkenntnissen der speziellen RELATIVITÄTSTHEORIE. Im Verlauf dieser Revolution wurde der ursprünglich für den Raum entwickelte Gedanke des Bezugssystems auch auf die ZEIT ausgedehnt (siehe UHR).

Insgesamt gibt es vier fundamentale Wechselwirkungen (Gravitation, elektromagnetische, starke und schwache Wechselwirkung – siehe WECHSELWIRKUNG IN DER PHYSIK), doch in manchen Bezugssystemen treten neue, unerwartete »Kräfte« auf, die nicht als fundamental gelten können, weil sie nur auf der Wahl des betreffenden Bezugssystems basieren. Das gilt zum Beispiel für die ZENTRIFUGALKRAFT oder auch für die CORIOLISKRAFT, die in der Meteorologie große Bedeutung für das Verständnis der Luftbewegungen innerhalb der ATMOSPHÄRE unseres rotierenden Erdballs besitzt. »Gute« Bezugssysteme sind solche, in denen nur die fundamentalen Wechselwirkungen eine Rolle spielen; sie werden als Inertialsysteme bezeichnet, und die Bewegungsgleichungen sind dort einfacher als in anderen, willkürlich ausgewählten Bezugssystemen. Die allgemeine Relativitätstheorie sieht sogar die Möglichkeit, auch die Gravitation noch zu eliminieren, weil sie gleichfalls auf der Wahl des Bezugssystems basiert, wie man aus der Tatsache ersieht, dass sie in einem in freiem Fall befindlichen Bezugssystem verschwindet (das erklärt die Schwerelosigkeit in einem Raumschiff, siehe MASSE).

Das oben beschriebene irdische Bezugssystem (mit Längen, Breiten und Höhen) eignet sich bestens zur Beschreibung einer Seereise oder einer Klettertour im Gebirge, nicht aber zur Darstellung der Bewegung eines Kometen oder Sterns oder zur Vermessung des Universums. Die Astronomen haben daher andere Bezugssysteme geschaffen, die nicht mit der Erde verbunden sind, sondern mit der Sonne (heliozentrisches Bezugssystem) oder mit der Milchstraße (galaktisches Bezugssystem). Aber alles ist Bewegung; auch unsere Milchstraße bewegt sich im Verhältnis zu den benachbarten Galaxien, und der Galaxienhaufen, zu dem sie gehört, bewegt sich seinerseits gegenüber anderen Galaxienhaufen. In welchem Bezugssystem soll man diese Bewegungen beschreiben? Als Bezugspunkte dienen hier QUASARE, sehr lichtstarke und sehr ferne Objekte, die trotz ihrer großen Entfernung noch gut erkennbar sind. Sie sind so weit entfernt, dass ihre Bewegung unterhalb der gegenwärtigen Messgenauigkeit bleibt. Eine Familie dieser Objekte dient als Bezugspunkt für ein Bezugssystem, in dem die Bewegung aller übrigen, näher gelegenen Objekte, Sterne oder Galaxien, sehr präzise dargestellt werden kann. Die Quasare haben heute also dieselbe Funktion wie einst die »Fixsterne«, die seit der Antike als Bezugspunkt für die Bewegung der Planeten dienten.

Man könnte fragen, ob es nicht ein noch fundamentaleres Bezugssystem gibt, das mit dem Universum als ganzem verbunden ist und in dem sich die Bewegungen aller kosmischen Objekte einschließlich der Quasare beschreiben ließen. Der Erste, der über solch ein Bezugssystem nachdachte, war der Physiker Ernst Mach (1838–1916), der den Gedanken der Relativität der Bewegungen und ihrer Effekte hinsichtlich der jeweiligen Bezugssysteme zu Ende zu denken versuchte.

Misst man die kosmische Hintergrundstrahlung, die in einer sehr frühen, heißen Phase des Universums entstand und heute noch zu uns kommt (siehe SCHWARZER KÖRPER), so zeigt sich, dass sie in alle Richtungen des Raumes gleichmäßig verteilt ist; es scheint daher, dass die Wasserstoffatome, die diese Strahlung emittiert haben, mit einem universellen Bezugssystem »verbunden« waren, gegenüber dem sie sich in Ruhe befanden – jedenfalls im Durchschnitt ihrer ungeordneten thermischen Bewegung, die einer Temperatur von 3000 Kelvin entspricht. Dass die Erde sich gegenüber diesem Bezugssystem bewegt, beweist eine geringfügige Abweichung im beobachteten Spektrum (der Verteilung des Lichts auf die verschiedenen Wellenlängen), die je nach Richtung eine Verschiebung zum blauen bzw. zum roten Ende hin erkennen lässt. Diese Rot- bzw. Blauverschiebung führt man im Sinne des Dopplereffekts darauf zurück, dass die Erde zusammen mit dem Sonnensystem, der Milchstraße und sogar dem gesamten lokalen Haufen in Richtung einer gewaltigen, irgendwo da draußen im Raum gelegenen Massenkonzentration fällt, die als der Große Attraktor bezeichnet wird.

Bijektion

Zur Vertiefung: ***Abbildung; Kardinalzahlen, Ordinalzahlen***

Die Abbildung f einer Menge E in eine Menge F wird als Bijektion oder als bijektive Abbildung von E in F bezeichnet, wenn für jedes Element y aus F ein und nur ein Element x aus E existiert, so dass $f(x)=y$. Die Mengen E und F haben dann definitionsgemäß dieselbe KARDINALZAHL oder Mächtigkeit.

Wenn für jedes Element y aus F wenigstens ein Element x aus E existiert, so dass $f(x)=y$, bezeichnet man f als surjektive Abbildung. In diesem Fall ist die Kardinalzahl von F kleiner oder gleich der von E.

Wenn aus $f(x)=f(x')$ folgt, dass $x=x'$, dann nennt man f eine injektive Abbildung. In diesem Fall ist die Kardinalzahl von E kleiner oder gleich der von F.

Bild

Zur Vertiefung: ***Erkennen von Formen; Signal***

In seiner primären Bedeutung ist ein Bild jede visuelle Darstellung materieller oder auch mentaler Art, ob sie sich nun auf eine konkrete Realität der physikalischen Welt oder auf abstrakte Gegenstände unseres Denkens bezieht. In Frankreichs Amtsstuben thront als Sinnbild der Freiheit eine Büste der Marianne neben einer Fotografie des jeweils amtierenden Staatspräsidenten. Und in unserem Gedächtnis finden sich zahlreiche Bilder wie das des Einhorns, der Sphinx oder anderer Schimären, die aus der kollektiven Phantasie stammen.

Der Begriff des Bildes hat eine zunehmende Verallgemeinerung und Abstraktion erfahren, so dass er auf jegliche Empfindung und alle Darstellungsmedien Anwendung findet; so spricht man etwa von akustischen, elektrischen oder Radiobildern, um die Transkription eines Objekts in akustische Schwingungen, elektrische Potentiale oder Radiosignale zu bezeichnen (siehe SIGNAL).

In unserer Zeit hat die Zahl der Bilder derart zugenommen, und sie wechseln derart rasch auf den Bildschirmen, auf den Plakatwänden unserer Städte und in den Köpfen unserer Zeitgenossen, dass die Klage über die Herrschaft der Bilder fast schon zum Gemeinplatz geworden ist. Doch über die physikalische Realität der Bilder, unabhängig von ihrer Wahrnehmung und Interpretation, wissen nur wenige genau Bescheid, allenfalls ein paar Physiker, die sich auf das Fachgebiet der Optik spezialisiert haben, und ein paar Informatiker, die sich mit Problemen der Bearbeitung und Erzeugung von Bildern befassen.

Das Bild in der Optik

Zur Vertiefung: ***Beugung; Licht; Optik***

In der Optik ist das von einem optischen Instrument erzeugte Bild eines Punktes dann gleichfalls ein Punkt, wenn alle vom Objektpunkt ausgehenden Lichtstrahlen nach dem Durchgang durch das Instrument in seinem Bild konvergieren. Das von einem optischen Instrument erzeugte Bild eines Objekts setzt sich demnach aus allen Bildpunkten zusammen, die in der oben beschriebenen Weise entstanden sind. Stimmt das so gewonnene Bild mit dem Original überein? Finden sich die geometrischen Verhältnisse und Proportionen, die Farben und alle übrigen für die visuelle Erscheinung verantwortlichen Komponenten des Objekts in seinem Bild unverändert wieder? Solche Fragen werden in der Optik gestellt, wenn es um die Konstruktion optischer Instrumente geht.

Trotz aller Anstrengungen liefert die optische Abbildung vielfach kein getreues Bild des abgebildeten Objekts, schon weil das Bild des einzelnen Objektpunkts kein echter Punkt (keine punktförmige oder stigmatische Abbildung) ist, sondern ein mehr oder weniger ausgedehnter Fleck. Das hat drei Gründe.

Erstens: Wendet man die Gesetze der Lichtbrechung und Reflexion streng an, konvergiert das von einem Punkt ausgehende Strahlenbündel nur sehr selten in ein und demselben Punkt. Das Strahlenbündel zeichnet vielmehr eine komplexe Fläche, die so genannte Kaustik, die in aller Regel eine gewisse Ausdehnung besitzt. Die Abweichung der tatsächlichen Abbildung eines Objektpunkts von der idealen punktförmigen (stigmatischen) Abbildung bezeichnet man als

Abbildungsfehler (oder Aberration) und genauer als geometrischen Abbildungsfehler, wenn er allein auf die Geometrie des optischen Systems zurückgeht.

Zweitens: Da der Brechungsindex der meisten Medien mit der Wellenlänge des Lichts variiert (siehe OPTIK) – dieser Umstand ist für die Entstehung des Regenbogens und die Zerlegung des Lichts durch Prismen verantwortlich –, gehören zu ein und demselben Objektpunkt mehrere Bildpunkte, die den verschiedenen Farben (also Wellenlängen) des von dem Objektpunkt ausgehenden Lichts entsprechen. Die dadurch entstehende Abweichung der tatsächlichen von der idealen punktförmigen Abbildung wird als chromatischer Abbildungsfehler (auch einfach: Farbfehler) oder als chromatische Aberration bezeichnet.

Drittens: Da es sich beim Licht um ein Wellenphänomen handelt, unterliegt es beim Durchgang durch ein optisches Instrument einer BEUGUNG, deren Stärke von der Öffnung des Instruments abhängt. Auch diese Beugung führt zu einer Abweichung des Bildpunkts von der idealen punktförmigen Abbildung.

In der Optik versucht man, die Stärke dieser Abbildungsfehler auf ein Maß zu reduzieren, das den jeweiligen Zweck nicht beeinträchtigt. Nun handelt es sich bei optischen Instrumenten immer um Rezeptoren – lichtempfindliche Zellen in der Netzhaut des Auges, lichtempfindliche Kristalle in der Emulsion eines Films, photoelektrische Elemente in einer Fernsehkamera –, und diese Rezeptoren besitzen stets nur ein begrenztes Auflösungsvermögen, können also nur Details oberhalb einer bestimmten Mindestgröße unterscheiden. Daher genügt es, wenn die fleckenförmig erweiterten Bildpunkte, die auf die Rezeptoren projiziert werden, diese Mindestgröße nicht überschreiten; in diesem Fall bleiben die Abbildungsfehler unterhalb des Auflösungsvermögens der Rezeptoren und werden nicht als störend wahrgenommen.

Doch auch wenn ein Bild eine vollkommen stigmatische Abbildung sämtlicher Objektpunkte lieferte, könnte es dennoch eine Deformation aufweisen, so dass es kein vollkommen getreues Abbild des betreffenden Objekts darstellt. Die meisten optischen Instrumente – Kameras, Mikroskope, Fernrohre, Spiegelteleskope – erzeugen zweidimensionale Bilder dreidimensionaler Objekte, und das widerspricht unvermeidlich der Hypothese einer Übereinstimmung zwischen Bild und abgebildetem Objekt. Aber wenn Sie zum Beispiel Cyrano de Bergeracs Gesicht von vorn fotografieren, möchten Sie natürlich, dass seine große Nase auf dem Foto überall scharf ist, obwohl sie so weit vorspringt. Die Deformation ist in diesem Fall also durchaus erwünscht.

Es kommt jedoch auch vor, dass solche Deformationen als störend empfunden werden. Dann spricht man von einer Verzerrung, die daraus resultiert, dass der Abbildungsmaßstab (die Vergrößerung oder Verkleinerung) nicht für sämtliche Objektpunkte derselbe ist. So kann es sein, dass die Vergrößerung eines Bildes in der Mitte stärker ist und nach den Rändern hin abnimmt. Ein Schachbrett erschiene dann in der Mitte kissenförmig aufgewölbt.

Das Bild in der Informatik

Abgesehen von solchen störenden Aufwölbungen und obwohl es durchaus Versuche gibt, räumliche Abbildungen zu schaffen (Stereoskopie und HOLOGRAPHIE), bleiben die Bilder, die sich heute mit solcher Geschwindigkeit in aller Welt ausbreiten, im Wesentlichen zweidimensional; Graphiken, Gemälde, Plakate, Fotografien und Fernsehbildschirme sind mehr oder weniger eben. Und da die meisten Bilder eben sind, haben die Spezialisten es sich angewöhnt, jedes visuelle Bild mit einem ebenen Bild gleichzusetzen und jedes ebene Bild mit einem Schachbrettmuster aus farbigen Lichtpunkten, deren Helligkeit durch eine Zahl angegeben wird. Das solcherart auf ein schachbrettartiges Zahlenmuster reduzierte Bild wird als digital oder digitalisiert bezeichnet. Jedes Feld des Schachbretts ist ein so genanntes PIXEL (wörtlich: picture element oder Bildelement) und bildet gleichsam das nicht weiter reduzierbare Korn des digitalisierten Bildes, dessen Herrschaft sich unter unseren Augen und über unsere Köpfe hinweg Tag für Tag erweitert. In digitalisierter

Form lässt es sich als bloße Folge von Pixeln über die weltweiten Telekommunikationsnetze an jeden Ort der Erde übertragen.

Die Entwicklung der Datenverarbeitung hat dazu geführt, dass solche Bilder mit Hilfe von Computern verändert, interpretiert und sogar maschinell erzeugt werden können. Im Einzelnen spricht man hier von automatischer Bildbearbeitung, Bildanalyse und Bilderzeugung.

Die Bildbearbeitung

Für eine automatische Bearbeitung enthält das in ein farbiges Schachbrettmuster verwandelte Bild immer noch zu viele nutzlose Informationen, um die wesentlichen Aspekte herauszugreifen: Wie lassen sich Konturen hervorheben, homogene Regionen erkennen, bekannte Objekte identifizieren, zum Beispiel das Gesicht eines Freundes oder Bauwerke oder Straßen oder Schornsteine?

Die Extraktion der Konturen erfolgt über die Bestimmung abrupter Helligkeitsschwankungen zwischen homogenen Regionen, die sich mathematisch als Helligkeitsgradienten fassen lassen (siehe GRADIENT). Andere mathematische Operationen isolieren Regionen mit ähnlicher Textur oder Bildteile mit der charakteristischen geometrischen Form eines Bauwerks, eines Schornsteins, eines Flusses oder einer Straße.

Sehende Computer

Eine Bildbearbeitung dieser Art nimmt jedoch nur lokale Veränderungen an einer Reihe von Pixeln vor, die alle zu demselben, mit Pixeln übersäten ebenen Rechteck gehören, das unser digitalisiertes Bild darstellt. Untersuchungen zum menschlichen Gesichtssinn haben jedoch gezeigt, dass wir den Winkel zwischen den Sehachsen unserer beiden Augen zur Entfernungsbestimmung und die Schattenbildung, also die unterschiedliche Helligkeit von Oberflächen, zur Rekonstruktion des dreidimensionalen Raumes benutzen, in dem wir uns bewegen. Auch sind die Bilder, die wir mit unseren Augen wahrnehmen, niemals isoliert, sondern bilden einen ununterbrochenen Strom. Außerdem greifen wir stets auch auf den Kontext zurück, wenn wir Bilder interpretieren. So sind Kämme in der Regel kleiner als Tische, es sei denn, wir haben es mit einem Bild des Malers René Magritte oder mit einer Puppenstube zu tun.

Und schließlich hilft uns die Kenntnis einfacher geometrischer Körper wie eines Kubus oder einer Kugel und der vertrauten Gegenstände in unserer Umgebung, verdeckte Teile der wahrgenommenen Objekte zu rekonstruieren und perspektivische Verzerrungen zu korrigieren, zum Beispiel einen Tisch zu erkennen, obwohl die Beine von unserem Standort aus nicht zu sehen sind. Kurz gesagt, bei der optischen Wahrnehmung kommen zahlreiche mentale Operationen ins Spiel, die man in irgendeiner Weise simulieren muss, wenn man dem Computer das Sehen beibringen will.

Bilderzeugung

Da sich Bilder auf Zahlenfolgen reduzieren lassen, braucht man auch weder Pinsel noch Palette und nicht einmal lichtempfindliche Emulsionen, um Bilder zu erzeugen: Es genügt, Zahlen zu erzeugen. Doch wenn die so geschaffenen Bilder einen Sinn haben sollen, muss die Bilderzeugung gleichsam das Gegenstück zur Bildanalyse darstellen; während man bei der Bildanalyse von den vorhandenen Pixeln zur Beschreibung des Bildinhalts übergeht, muss die Bilderzeugung von einem Bildinhalt ausgehen und entsprechende Pixel erzeugen.

Zunächst einmal sind Linien, Konturen, Flächen durch entsprechende Zahlenfolgen zu charakterisieren. Mit deren Hilfe kann die Maschine dann Linien zeichnen oder ein ganzes Schaf oder ein Flugzeug, die dann in einem nächsten Schritt koloriert werden. Möchte man jedoch, dass die Maschine das Schaf auf eine Wiese, das Flugzeug an den Himmel oder auf ein Rollfeld setzt, muss man ihr auch eine dreidimensionale Darstellung der betreffenden Objekte liefern, damit sie das Bild auf der Basis einer geometrischen Projektion selbsttätig auf einer ebenen Fläche zu konstruieren vermag.

Neben dieser rein geometrischen Beschreibung bedarf es auch einer Kennzeichnung der optischen Eigenschaften der Oberflächen und

Lichtquellen, damit der Computer das Reflexionsverhalten des Schaffells, der Wiese oder des von der Sonne beschienenen Flugzeugs jeweils in Abhängigkeit von der Farbe, der Textur, der Form und der Position der betreffenden Objekte gegenüber der jeweiligen Lichtquelle berechnen kann.

Und schließlich möchte man solche Einzelbilder auch zu Videosequenzen zusammenfügen, die zeigen, wie ein Flugzeug sich in den Himmel hebt, wie Straßenlaternen aufleuchten, Blüten sich öffnen und verblühen oder das Gesicht eines kleinen Jungen in einem freudigen Lächeln erstrahlt. Um solche Animationen möglich zu machen, benötigt man MODELLE für das Flugverhalten von Flugzeugen, den Wechsel der Beleuchtung, das Wachstum von Pflanzen oder die Bewegung der Gesichtsmuskeln, und eines Tages wird man Filme vielleicht nicht mehr mit Kameras und Schauspielern an einem ausgesuchten oder eigens hergestellten Set drehen, sondern im Computer erzeugen.

Jahrhundertelang galt der Gesichtssinn den Philosophen als der erste unter den fünf menschlichen Sinnen, weil er, wie etwa René Descartes meinte, die unmittelbarste und zuverlässigste Wahrnehmung der Realität ermöglicht, auch wenn Sinnestäuschungen keineswegs ausgeschlossen sind. Mit der Entwicklung der oben beschriebenen Techniken zur Bildbearbeitung und Bilderzeugung wird der Gesichtssinn diese Vorrangstellung wohl einbüßen, denn Bilder können nun nach Belieben gefälscht werden. Es gibt bereits Programme, mit denen sich die Bandenwerbung zum Beispiel bei der Direktübertragung eines Autorennens in Echtzeit in alle Sprachen der Welt übersetzen und so an das Publikum in den verschiedensten Ländern anpassen lässt. Schon bisher war es möglich, Fotografien durch eine geschickte Retusche zu fälschen, und nicht nur Diktatoren haben von diesen Möglichkeiten ausgiebig Gebrauch gemacht. Der Augenschein, der doch als Inbegriff der Verlässlichkeit galt, dürfte dadurch in Zukunft noch mehr an Glaubwürdigkeit verlieren, und wir werden lernen müssen, auch dem, was wir mit eigenen Augen zu sehen glauben, nicht unbedingt zu vertrauen.

Binärzahlen

Zur Vertiefung: ***Boolesche Algebra; Code; Codierung; Telekommunikationsnetz***

Binär- oder Dualzahlen sind nichts anderes als die Zahlen des auf der Grundzahl 2 aufbauenden ZAHLENSYSTEMS. Deshalb benötigt man zu ihrer Darstellung zur zwei Symbole: 0 und 1 oder »+« und »–« oder auch ».« und »–«. Alle Signalfolgen, die nur aus zwei verschiedenen Signalen bestehen, lassen sich deshalb als Binärzahlen interpretieren und umgekehrt. Die Nachrichtentechnik bedient sich mit dem Morsealphabet bereits seit langem der Binärzahlen, denn mit nur zwei Grundsignalen, einem langen und einem kurzen zum Beispiel, die man zu beliebig langen Ketten verbindet, kann man jede beliebige Zahl übertragen, und codiert man die Buchstaben des Alphabets durch Zahlen, kann man Buchstaben und damit auch jeden beliebigen Text übertragen.

Auch der Computer arbeitet mit Binärzahlen, denn diese Zahlen lassen sich leicht mit Hilfe einfacher elektronischer Bauteile speichern (siehe BISTABILE ELEMENTE); solche Bauelemente können abwechselnd und bei Bedarf zwei elektrische oder magnetische Zustände einnehmen, die sich unter anderem auch als 0 und 1 interpretieren lassen.

Bindung, chemische

→ ***chemische Bindung***

Biomineralien

Zur Vertiefung: ***Bakterien; Gesteine; Magnet; Mineralien; Treibhauseffekt***

Kalkgestein ist in der überwiegenden Mehrheit das Werk von Lebewesen: von Foraminiferen, einzelligen Mikroorganismen im Plankton, deren Kalkschalen (Calciumcarbonat) von den Mikropaläontologen zur Datierung mariner Sedimente genutzt werden; von einzelligen, mikroskopisch kleinen Kalkalgen, den Coccolithen, die von kugelförmigen Kalkgehäusen umgeben sind und sich in der Kreidezeit in beeindruckenden Mengen am Meeresboden abgelagert haben, woraus unter anderem die Kreidefelsen an den Küsten des Ärmelkanals entstanden sind; und schließlich von Korallen, deren Skelette aus Calciumcarbonat ebenfalls Kalkgesteine bilden. Diesen Tierchen ist es zu verdanken, dass auf unserer Erde ein insgesamt annehmbares Klima herrscht: Wenn das gesamte Kohlendioxid, das im Kalkgestein eingeschlossen ist, sich in der ATMOSPHÄRE befände, resultierte daraus ein Treibhauseffekt, der die Durchschnittstemperatur um einige Hundert Grad ansteigen ließe – eine Situation, die dem Leben auf der Erde wenig zuträglich wäre.

Zahlreiche Lebewesen bilden mineralische Strukturen: schützende Schalen und Panzer sowie Knochen, die als stützendes Skelett und als Speicher mineralischer Salze dienen; und nicht zu vergessen jene krankhaften Mineralablagerungen in Organen (wie Nierensteine), die zu schmerzhaften Koliken führen.

Derzeit sind mehr als 60 verschiedene Biomineralien bekannt, von denen mehr als die Hälfte Calcium enthalten, meist Calciumcarbonat, aber auch Phosphate; dazu kommen Siliciumverbindungen, häufig in nichtkristalliner Form, sowie Eisenoxide.

Bislang sind die Prozesse der Mineralbildung durch Lebewesen (Biomineralisation) noch wenig erforscht. Marine (im Allgemeinen einzellige) Mikroorganismen nutzen die im Meerwasser gelösten Mineralsalze im Laufe ihres Lebens direkt und fällen die Mineralien des umgebenden Meerwassers rund um die ZELLE oder in den Poren aus. Bei den meisten Tieren stammen die Mineralsalze dagegen im Wesentlichen aus der Nahrung; die Mineralien bilden sich mit Hilfe von PROTEINEN, deren Charakter und Struktur genetisch gesteuert ist.

So setzen sich die Schalen der Weichtiere aus schuppigen Gebilden zusammen, deren Mineralschichten unterschiedlich gerichtete KRISTALLE aufweisen und von feinen Schichten aus Proteinen getrennt sind, die an ihrem Wachstum beteiligt waren. Die Schichten von Perlmutt bestehen aus winzigen kristallinen Calciumcarbonatplättchen mit einer Dicke von etwa einem Tausendstel Millimeter. Da das Licht, das sie reflektieren, etwa die gleiche Wellenlänge hat, kommt es zu INTERFERENZEN, die für die irisierende Wirkung von Perlmutt und Perlen verantwortlich sind. Bis gegen Ende des Mittelalters glaubten die Menschen, Perlen entstünden aus dem Himmelsrot, das die Austern an der Meeresoberfläche tränken; tatsächlich wachsen sie wesentlich prosaischer als Ablagerung von Perlmutt rund um einen kleinen Fremdkörper.

Die Knochen der Wirbeltiere bestehen aus einem Material, das sich aus dünnen Kollagenfasern und mikroskopisch kleinen Kristallen eines Calciumphosphats, des Hydroxylapatits, zusammensetzt. Diese Kristalle sind so winzig, dass ein Stapel von 500 000 erst eine Dicke von einem Millimeter hätte!

Bestimmte so genannte magnetotaktische Bakterien, die in Brackwasserlagunen leben, schwimmen immer nach Norden. Sie haben in ihrem Inneren mikroskopisch kleine Magnetitkristalle (F_3O_4), die wie viele kleine Magneten kettenförmig aneinander gereiht sind und sie zwingen, in diese Richtung zu schwimmen. Diesen anaeroben Bakterien ist die Himmelsrichtung an sich völlig egal, sie sind lediglich daran interessiert, Oberflächenwasser zu meiden, das stark sauerstoffhaltig und daher für sie tödlich ist. So folgen sie den Kraftlinien des Erdmagnetfeldes, deren Inklination im Verhältnis zur Horizontale auf der Nordhalbkugel nach Norden und auf der Südhalbkugel nach Süden hin zunimmt. Indem sie also nach Norden oder Süden schwimmen, je nachdem, auf welcher Halbkugel sie leben, orientieren sie sich immer in Richtung auf die Tiefe.

Nach dieser Entdeckung suchte man bei Wandertierarten ebenfalls nach Magnetit und fand es vor allem bei bestimmten Meeresschildkröten und Brieftauben. Doch anscheinend benutzen diese Arten den »Magnetkompass« lediglich als ein Orientierungsmittel unter anderen. Auch im menschlichen Gehirn fand sich Magnetit, allerdings ist noch nicht bekannt, welchen Zweck es dort erfüllt.

Biosynthese

Zur Vertiefung: ***Makromolekül; Reaktionsmechanismus; Stoffwechsel; Steroide***

Wie der Name schon sagt, bezeichnet Biosynthese die Synthese von Biomolekülen, also die Herstellung dieser MOLEKÜLE durch Prozesse, die in Organismen ablaufen, ob es sich nun um Kolibakterien, Edelweiß oder Pferde handelt. Beispiele hierfür sind die Biosynthese von Cholesterin, VITAMIN B12 oder Hämoglobin.

Die Vorgänge der Biosynthese (oder des Anabolismus) gehören ebenso wie die Abbauprozesse (der Katabolismus) zur Gesamtheit der Transformationsvorgänge von Materie und Energie im Inneren der ZELLEN, die man als STOFFWECHSEL oder Metabolismus bezeichnet.

Die Biosynthese großer Moleküle (Makromoleküle), die für Struktur und Funktion der Zellen wichtig sind, wie NUKLEINSÄUREN (DNA und RNA), PROTEINE, LIPIDE und ZUCKER erfolgt durch Verkettung kleinerer Moleküle. Hierbei handelt es sich um NUKLEOTIDE, AMINOSÄUREN, Fettsäuren und elementare Zucker, entstanden aus noch kleineren Molekülen, die ihrerseits in einer Phase des Zwischenstoffwechsels zwischen Anabolismus und Katabolismus oder durch Abbau von Makromolekülen bei der Verdauung von Nahrung produziert werden (siehe STOFFWECHSEL).

Die Energie, die für diese biosynthetischen Prozesse erforderlich ist, entsteht großenteils bei der Spaltung energiereicher chemischer Bindungen in einem Nukleotid: dem Adenosintriphosphat oder ATP. Ein anderes Nukleotid, das Nicotinamid-Adenin-Dinucleotid oder NAD, transportiert Wasserstoffatome als Träger von Elektronen, die wiederum die Energie für die chemischen Reaktionen bei der Biosynthese von Biomolekülen liefern. Bei diesen Reaktionen handelt es sich um Reduktions-Reaktionen (Anlagerung von Elektronen oder Wasserstoffatomen oder Abspaltung von Sauerstoffatomen) im Gegensatz zu den Abbaureaktionen, die Energie freisetzen und Oxidations-Reaktionen sind (Abspaltung von Elektronen oder Wasserstoffatomen oder Anlagerung von Sauerstoffatomen). Die Energie verbrauchenden Prozesse der Biosynthese sind immer mit Abbauprozessen gekoppelt, die diese Energie liefern (siehe REDOXREAKTION).

Bei der Biosynthese eines Makromoleküls laufen zahlreiche elementare chemische Reaktionen ab, erleichtert (beschleunigt) durch bestimmte Proteine, die ENZYME, die als biologische Katalysatoren wirken. Diese Reaktionen unterliegen einer präzisen Steuerung, die es ermöglicht, sie den jeweiligen Bedürfnissen der Zelle und des Organismus anzupassen.

Bei der Erforschung der Biosynthese geht es um die Klärung, welche Moleküle als Rohstoffe für einen bestimmten Organismus dienen und welche REAKTIONSMECHANISMEN zu der jeweiligen produzierten Substanz führen. Dabei gilt es, so genau wie möglich herauszufinden, welche Rolle jedes Enzym bei dem jeweiligen Reaktionsschritt spielt, an dem es mitwirkt.

Die Forscher befinden sich dabei in einer merkwürdigen Lage: Mehr als bei anderen wissenschaftlichen Phänomenen müssen sie sich mit der Rolle eines möglichst neutralen Beobachters begnügen, um den natürlichen Ablauf keinesfalls durch die Anwesenheit des Forschungsinstrumentariums zu beeinträchtigen.

Ein weiteres Ziel dieser Forschungen besteht darin, den gesamten Erfindungsreichtum zu erfassen, den die Natur an den Tag legt, um mit äußerst begrenzten Mitteln – verglichen mit den Möglichkeiten, die einem Chemie- oder Biochemielabor heutzutage zur Verfügung stehen – zu bewundernswerten Ergebnissen zu gelangen (Selektivität und Ausbeute liegen oft bei fast 100%). Aufgrund solcher Studien lässt sich eine biomimetische Chemie entwickeln, die sich an natürlichen Prozessen orientiert, um Laborverfahren zu verbessern.

---

bistabiles Element

Zur Vertiefung: ***Register; Speicher, Gedächtnis***

Bistabile Elemente sind AUTOMATEN, die genau zwei stabile innere Zustände besitzen und von einem Zustand in den anderen wechseln, sobald der Eingang aktiviert wird; sie lassen sich durch synchrone logische SCHALTUNGEN realisieren. Wenn der Eingang auf 0 steht, geschieht nichts; springt die Eingangsgröße dagegen auf 1, wechselt der innere Zustand von 0 zu 1 bzw. von 1 zu 0. Aufgrund dieser Eigenschaften sind bistabile Elemente elementare Speicher, die jeweils ein Bit Information zu speichern vermögen; schaltet man sie hintereinander, können sie Sequenzen aus mehreren Bits speichern und auf diese Weise große Speicher bilden.

Bit

Zur Vertiefung: ***Binärzahlen; Byte; Information***

Gerade im Bereich der Informationstechnologie und der Computertechnik gibt es zahlreiche Kunstworte, die entweder aus den Anfangsbuchstaben mehrerer Worte oder durch die Zusammenziehung von Wortbestandteilen entstanden sind. Beispiele für Wortschöpfungen, die aus Anfangsbuchstaben bestehen, sind ROM (*read only memory* – ein reiner Lesespeicher) und RAM (*random access memory* – ein Schreib-Lese-Speicher). Ein bekanntes Beispiel für eine Wortzusammenziehung ist die Bezeichnung »Transistor« als Kurzform für *transfer resistor* (Übertragungswiderstand).

Der Ausdruck »Bit« ist aus der Zusammenziehung von Wortbestandteilen des englischen *binary digit* (Binärzahl) entstanden. Unter einem Bit versteht man die kleinste Informationseinheit, meist ausgedrückt in den Symbolen 1 oder 0, die Anwesenheit oder Abwesenheit, ja oder nein bedeuten. Im Englischen gibt es den Ausdruck *bit* von jeher auch in der Umgangssprache; dieses *bit* ist mit dem deutschen »bisschen« verwandt und bedeutet auch dasselbe.

Um jede Verwechslung auszuschließen, sei darauf hingewiesen, dass Bit und Byte verschiedene Dinge sind. Als Byte bezeichnet man allgemein eine Sequenz aus acht Bit; das Byte ist die kleinste Informationseinheit, die im Speicher eines Computers adressierbar ist.

Black Box

Zur Vertiefung: ***Expertensystem; kognitive Wissenschaften; Kybernetik; Simulation***

Als Black Box bezeichnet man Systeme, deren innere Funktionsweise unbekannt ist oder in den jeweiligen Zusammenhängen nicht berücksichtigt werden muss. Sie ähneln darin einem schwarzen Kasten mit undurchsichtigen Wänden, der keinerlei Einblick in sein Inneres gestattet: Man weiß zwar, was hineingeht und was herauskommt, das heißt, man kennt In- und Output des Systems und kann sogar präzise vorhersagen, wie der Output bei verschiedenen Inputs beschaffen sein wird, doch was im Innern des Kastens vor sich geht, weiß man nicht oder braucht es zumindest bei seinen Überlegungen nicht weiter zu berücksichtigen.

Elektronische Bauteile werden vielfach als Black Box behandelt, weil es bei ihrer Integration in elektronische Schaltungen nicht darauf ankommt, auf welche Weise ihre Funktion im Einzelnen realisiert wird; es genügt, ihre äußeren Merkmale zu kennen, also die Beziehungen zwischen den Eingangs- und Ausgangsgrößen. Erst diese Eigenschaft elektronischer Bauteile macht es möglich, elektronische Schaltungen modular, das heißt aus fertigen Bausteinen mit festgelegten Funktionen aufzubauen.

Auch in der Kybernetik spielt die Black Box eine große Rolle, weil sie die Simulation komplizierter Gebilde wie des Gehirns oder zusammengesetzter Systeme wie des Immunsystems oder auch eines Ameisenhaufens gestatten, ohne deren inneren Aufbau genauer kennen zu müssen.

Chemische Umwandlungen sind oft so kompliziert, dass sich auch hier vielfach der Einsatz der Black-Box-Methode empfiehlt. So charakterisiert man eine chemische Reaktion durch ihre Ausbeute oder ihre Selektivität und berechnet das Mengenverhältnis zwischen den Ausgangsstoffen und den Reaktionsprodukten, ohne auf die verschiedenen Reaktionsschritte näher einzugehen. Und in der chemischen Verfahrenstechnik behandelt man Reaktionsapparate – also die Behälter, in denen chemische Reaktionen ablaufen – gleichfalls als eine Black Box, deren In- und Output aus Stoffen und Wärme besteht.

Die Black Box, die man in Flugzeuge einbaut, ist übrigens rot, damit man sie nach einem Unfall besser findet. Sie enthält den Flugschreiber, der alle wichtigen Betriebsdaten aufzeichnet, so dass man nach einem Unfall daraus Rückschlüsse auf die möglichen

Ursachen ziehen kann. Als Black Box, das heißt als hermetisch abgeschlossener Kasten, ist der Flugschreiber deshalb ausgelegt, damit er einerseits auch einen Absturz des Flugzeugs unbeschadet übersteht und andererseits die Aufzeichnungen nicht manipuliert werden können.

Blitz

Zur Vertiefung: ***Elektrizität; Plasma; Wolke***

Alle Mythologien sahen in dem himmlischen Feuer und seinen eindrucksvollen, hör- und sichtbaren Manifestationen Donner und Blitz Attribute mächtiger Gottheiten wie Baal, Indra, Zeus oder Thor.

Mitte des 18. Jahrhunderts demonstrierten Benjamin Franklin in Philadelphia und Jacques de Romass im französischen Nérac zeitgleich die elektrische Natur des Gewitters, indem sie aus dem Ende eines Drahts, der mit einem Drachen verbunden war, elektrische Funken zogen.

Die kleinen Eiskristalle im oberen Teil einer Gewitterwolke (Cumulonimbus) sind elektrisch positiv geladen, während die Wassertröpfchen im unteren Bereich dieser Wolken negativ geladen sind. Wie es genau zu dieser Ladungstrennung kommt, ist noch nicht vollständig geklärt. Jedenfalls zieht der untere, negativ geladene Teil der Wolke positive Ladungen an die Erdoberfläche, so dass es zum Aufbau einer Potentialdifferenz in der Größenordnung von hundert Millionen Volt zwischen dem Erdboden und der Wolke kommt. Die elektrische Entladung erfolgt in zwei Phasen. Ein nicht sonderlich heller, von der Wolke zum Erdboden gerichteter Vorläufer ionisiert die Luft bei seinem Durchgang. Den so geschaffenen Leitungskanal benutzt dann die vom Erdboden zur Wolke verlaufende Hauptentladung, der eigentliche Blitz, der Stromstärken von mehreren zehntausend Ampere und eine Leistung von mehreren Millionen Megawatt erreichen kann. Der durch die Entladung hervorgerufene Lichtbogen erhitzt die Luft des Leitungskanals auf mehrere Tausend Grad und erzeugt dadurch ein hell leuchtendes Plasma. Der Blitz ist deshalb mit einer sprunghaften Druckerhöhung verbunden, die den Leitungskanal gleichsam explodieren lässt und eine Stoßwelle auslöst (ähnlich dem Überschallknall, der entsteht, wenn ein Flugzeug die Schallmauer durchbricht). Das Geräusch des Donners – ein trockener Knall oder ein dumpfes Rollen – hängt im Wesentlichen von der Entfernung zwischen dem Blitz und dem Beobachter ab.

Die Wirkungen des Blitzes sind gelegentlich erstaunlich. Es gibt zahlreiche Berichte von Menschen, die ihre Kleider verloren, aber ansonsten unverletzt blieben, während metallische Gegenstände ihnen aus den Händen gerissen wurden oder in ihren Taschen schmolzen. Am längsten genarrt hat uns jedoch der Kugelblitz, der lange Zeit als Produkt einer allzu lebhaften Phantasie galt. Heute lässt sich an seiner Existenz nicht mehr zweifeln, doch es fehlt immer noch an einer befriedigenden wissenschaftlichen Erklärung, und so bleibt der Kugelblitz auch weiterhin ein Rätsel.

Boden

Zur Vertiefung: ***Bakterien; Erosion; Gesteine; Wasser***

Der Boden ist die dünne Verwitterungsschicht zwischen Erdkruste und Atmosphäre. Für den Bauern ist die Bodenkrume der Teil des Landes, der sich für den Anbau von Pflanzen eignet. Für den Bodenkundler oder Pedologen (vom griechischen *pedos*: Boden) ist sie ein hochkomplexes biogeochemisches System, das aus verschiedenen Schichten oder Horizonten aufgebaut ist. Die Vielfalt der Bodenarten hängt ab von dem darunter befindlichen Gestein, von der Topographie, vom Klima, von der Vegetation, von der Fauna … und von den Zeitspannen, in denen all die Faktoren jeweils am Werk waren.

Die Entstehung eines Bodens beginnt mit der Verwitterung des Muttergesteins, das durch mechanische Erosionsfaktoren bereits mehr oder weniger stark zerklüftet und zerlegt worden ist. Lösung, Oxidation und Hydrierung der Mineralien lassen ein ganzes Spektrum wenig kristallisierter Tone, Eisenoxide und Aluminiumhydrate entstehen. Darauf können sich nun Pflanzen ansiedeln; wenn sie absterben, werden die pflanzlichen Überreste von Bodenbakterien, Würmern und der ganzen Mikrofauna der oberen Bodenschichten in Humus verwandelt. Beim biologischen Abbau organischen Materials entstehen Humin- und Fulvosäuren. Die gelösten Stoffe werden vom Wasser in die unteren Bodenschichten geschwemmt, wo sie ausgefällt werden oder ausflocken.

Gärtner wissen, dass manche Pflanzen saure Böden benötigen, während andere nur auf kalkhaltigen Böden gedeihen. Die Art des Bodens, seine thermischen Eigenschaften und vor allem seine Durchlässigkeit entscheiden darüber, welche Rebsorte sich in einem Weinberg am besten anbauen lässt. Ein Cabernet-Sauvignon etwa erreicht unter den klimatischen Bedingungen der Region um Bordeaux seine größte Vollkommenheit in Kiesböden, die dem Rebstock dank ihrer Durchlässigkeit und angesichts der Temperaturverhältnisse gerade soviel Wasser zuführen, dass die Traube genau zu dem Zeitpunkt ihren optimalen Zuckergehalt erreicht, wenn die für das Bouquet verantwortlichen Aromastoffe zur vollen Reife gelangt sind.

a \ b	0	1
0	0	0
1	0	1

Abbildung 1 Produkt (*a.b*) der Booleschen Variablen *a* und *b*

a \ b	0	1
0	0	1
1	1	1

Abbildung 2 Summe (*a+b*) der Booleschen Variablen *a* und *b*

a	$\bar{a}$
1	0
0	1

Abbildung 3 Die Bildung des Komplements zur Booleschen Variablen *a*

Boolesche Algebra

Zur Vertiefung: ***Einheit; Rechnerarchitektur***

Nach dem englischen Mathematiker George Boole (1815–1864) bezeichnet man zweiwertige Variablen, also solche, die nur zwei Werte annehmen können, zum Beispiel »wahr« oder »falsch«, 0 oder 1, als Boolesche Variablen. Neben ihrer Zweiwertigkeit besitzen die Booleschen Variablen jedoch noch weitere Eigenschaften, denn sie lassen drei Operationen zu: Multiplikation, Addition und Komplementbildung (siehe *Abbildungen 1–3*).

Durch diese drei Operationen erhält die Menge der Booleschen Variablen eine mathematische Struktur, die als Boolesche Algebra bezeichnet wird, denn man kann sie mit den elementaren logischen Begriffen der Konjunktion (logisches »und«), der Disjunktion (logisches »oder«) und der Negation (Schreibweise $\neg$) gleichsetzen. Sind a und b zwei elementare Aussagen, die jeweils wahr oder falsch sein können, zum Beispiel »er hat den Abzug gedrückt« und »der Schuss ist losgegangen«, dann entspricht ihr Produkt $a \cdot b$ der Konjunktion »a und b«, also dem Satz »er hat den Abzug gedrückt, und der Schuss ist losgegangen«; ihre Summe $a+b$ entspricht der Disjunktion »a oder b«, also »er hat den Abzug gedrückt, oder der Schuss ist losgegangen«; und die Bildung des Komplements $\bar{b}$ zu b der Negation von b, also »der Schuss ist nicht losgegangen«. Außerdem gestattet es die Struktur der Booleschen Algebra, aus Prämissen durch eine einfache Rechnung logische Schlussfolgerungen abzuleiten. So lässt sich leicht zeigen, dass

$a \cdot (\bar{a}+b)=a \cdot b$

Da $(\bar{a}+b)$ äquivalent mit $(a \Rightarrow b)$ ist, folgt b ganz automatisch, wenn a und $(a \Rightarrow b)$ beide wahr sind, wie es auch unserer Intuition entspricht.

Um die Bedeutung der Booleschen Algebra zu verstehen, müssen wir wissen, dass die logische Analyse eines Schlusses früher auf der Übereinstimmung mit bestimmten, als Syllogismen bezeichneten Grundfiguren beruhte, die es ermöglichten, von zwei Aussagen im Wege eines Schlussverfahrens Schritt für Schritt zu einer dritten Aussage zu gelangen. So hatten die stoischen Philosophen einen als *Modus ponens* bezeichneten Syllogismen eingeführt, mit dessen Hilfe man aus zwei Sätzen »a« und »wenn a, dann b« den Satz »b« folgern kann. Alle gültigen Syllogismen wurden in der Antike von Philosophen entwickelt; in der Folgezeit sammelte man sie in logischen Traktaten und lehrte sie an den Schulen. Erst mit Gottfried Wilhelm Leibniz kam der Gedanke auf, die Gedächtnisleistung durch einen Kalkül zu ersetzen. George Boole konkretisierte diese Idee und konzipierte einen mathematischen Formalismus, der es gestattet, sämtliche Syllogismen auf einfache Weise durch arithmetische Operationen und einen Kalkül nachzuvollziehen.

Ihre größte Bedeutung erlangte die Boolesche Algebra jedoch erst in der Informatik bei der Konzipierung von Computern, denn mit ihrer Hilfe lassen sich die komplexesten logischen Operationen vollständig automatisieren.

Boson und Fermion

Zur Vorbereitung: ***Spin; Zustand***

Zur Vertiefung: ***Hadron; Suprafluüssigkeit; Supraleitfähigkeit; Wechselwirkung in der Physik***

Makroskopische Objekte sind niemals vollkommen identisch. Selbst zwei Billardkugeln derselben Farbe weisen stets irgendwelche Unterschiede auf (eine winzige Schramme oder eine Delle), die weder ihre sonstigen Eigenschaften noch ihr Verhalten beeinflussen. Anders gesagt, sie lassen sich stets voneinander unterscheiden. Und wenn die bestehenden Unterschiede nicht ausreichen, kann man sie immer noch mit einem Filzstift markieren. Doch auch ohne solche Markierungen lässt sich das weitere Schicksal einer einzelnen Billardkugel vollständig verfolgen, indem man ihre Bahn im Auge behält.

Bei submikroskopisch kleinen Teilchen im weitesten Sinne (wie Atomen, Atomkernen, zusammengesetzten Teilchen oder Elementarteilchen) ist das nicht möglich, und zwar aus zwei Gründen: Erstens lassen gleiche Teilchen sich nicht voneinander unterscheiden; ein Elektron unterscheidet sich in nichts von einem anderen Elektron; ersetzt man in einem Atom ein Elektron durch ein anderes, bleiben die Eigenschaften des Atoms vollkommen unverändert; außerdem kann man diese Teilchen nicht markieren, etwa indem man sie mit einer bestimmten Farbe bemalt. Zweitens hat der Begriff der Bahn in der QUANTENPHYSIK keinen Sinn. Hat man es mit mehreren Teilchen derselben Art zu tun, kann man sie und ihr weiteres Schicksal nicht einzeln verfolgen. Gleiche Teilchen sind ununterscheidbar.

Die Quantenphysik löst das Problem der Identität der Teilchen, indem sie diese in zwei große Gruppen einteilt. Die Teilchen der ersten Gruppe werden als Fermionen bezeichnet (nach dem italienischen Physiker Enrico Fermi), die der zweiten Gruppe als Bosonen (nach dem indischen Physiker Satyendra Nath Bose). Eine dritte Möglichkeit gibt es nicht, jedes Teilchen ist entweder ein Fermion oder ein Boson. Elektronen, Protonen und Neutronen zum Beispiel sind Fermionen; die Photonen dagegen, die gleichsam die Lichtteilchen darstellen, sind Bosonen.

Worin besteht nun der Unterschied zwischen Fermionen und Bosonen? Nach der Quantentheorie lässt sich jedes physikalische System durch eine mathematische Größe darstellen, die den ZUSTAND des Systems beschreibt. Diese Größe wird als Zustandsvektor bezeichnet. Auf der Basis dieser Darstellungsweise lässt sich nun der Unterschied zwischen Fermionen und Bosonen sehr einfach bestimmen: Betrachten wir ein System, das aus zwei gleichen Teilchen besteht und durch einen bestimmten Zustandsvektor beschrieben ist; nun vertauschen wir die Teilchen und sehen, was mit dem Zustandsvektor geschieht. Wenn es sich bei den beiden Teilchen um Bosonen handelt, bleibt der Zustandsvektor, der das System beschreibt, unverändert; wenn es sich um Fermionen handelt, wechselt der Zustandsvektor das Vorzeichen.

Dieser Unterschied im Verhalten bei einem Rollentausch innerhalb eines Systems mag recht unwesentlich erscheinen, hat aber bedeutsame Folgen. Er steht im Zusammenhang mit dem so genannten SPIN der Teilchen (der Spin eines Teilchens ist die quantenmechanische Übersetzung des aus der Mechanik bekannten Konzepts der Rotation um die eigene Achse). Tatsächlich kann man zeigen, dass Teilchen mit halbzahligem Spin (1/2, 3/2 usw.) notwendig Fermionen (im Sinne der oben beschriebenen Definition) sind, während Teilchen mit ganzzahligem Spin (0, 1, 2 usw.) Bosonen sein müssen.

Radikale Unterschiede im Verhalten

Fermionen und Bosonen verhalten sich vor allem bei sehr niedrigen Temperaturen radikal verschieden. Das Verhalten der Fermionen ist eher »individualistisch« und entspricht dem so genannten AUSSCHLIESSUNGSPRINZIP oder Pauliverbot (das sich aus dem oben beschriebenen Verhalten bei Vertauschung ableiten lässt). Danach können zwei Fermionen derselben Art sich nicht im selben Quantenzustand befinden, das heißt, sie können nicht zur selben Zeit dieselbe Energie, dieselbe Position, dieselben Spinkomponenten usw. haben. Ein Kollektivzustand von Fermionen derselben Art ist daher aus ganz unterschiedlichen Individualzuständen aufgebaut. Deponiert man Fermionen, zum Beispiel Elektronen, in einem Kasten, kann man diesen Kasten füllen, bis alle verfügbaren Zustände besetzt sind, danach lassen sich keine weiteren Elektronen mehr in dem Kasten unterbringen, selbst wenn man sie übereinander zu stapeln versuchte.

Bosonen dagegen lassen sich leicht zusammenbringen. Sie haben gleichsam eine Vorliebe für Kollektivzustände, die aus identischen Individualzuständen zusammengesetzt sind. Wenn wir Bosonen, zum Beispiel Photonen, in einen Kasten füllen, wird darin immer noch Platz für weitere Photonen sein, denn sie dürfen sich im selben Quantenzustand befinden. Der Kasten wird gewissermaßen niemals voll.

Diese beiden unterschiedlichen Verhaltensweisen lassen sich auch in makroskopischen Systemen wiederfinden. Ein aus Bosonen bestehendes System besitzt Kohärenz. Als Beispiel wollen wir das Heliumatom (^{4}He) betrachten; es besteht aus zwei Elektronen und einem Atomkern, der seinerseits aus zwei Protonen und zwei Neutronen besteht (Protonen, Neutronen und Elektronen sind sämtlich Fermionen). Da Heliumatome die genannten Fermionen jeweils paarweise enthalten, sind sie als Atome Bosonen (siehe SPIN). Helium wird bei einer Temperatur von 4,2 K (–269 °C) und normalem Druck flüssig. Senkt man die Temperatur noch weiter, erfolgt unterhalb von 2,17 K (–271 °C) ein radikaler Umschlag des Verhaltens. Das Helium vermag nun durch die feinsten Kapillaren zu dringen und steigt an den Wänden des Gefäßes hoch. Die Erklärung liegt in der Tatsache, dass es sich bei den ^{4}He-Atomen um Bosonen handelt. Bei niedriger Temperatur hindert sie nichts mehr daran, alle den niedrigsten Energiezustand einzunehmen, während die höheren Energiezustände ihnen wegen der geringen thermischen Erregung verschlossen sind. Man sagt, die ^{4}He-Atome kondensieren. Ein weiterer Energieverlust der Heliumatome ist nicht mehr möglich, da sie sich alle im niedrigsten Energiezustand befinden, so dass sie durch Zusammenstöße mit den Wänden des Gefäßes individuell nicht mehr weiter verlangsamt werden können. Das Helium strömt daher ohne jeden Widerstand und erzeugt ein merkwürdiges Phänomen: die SUPRAFLÜSSIGKEIT. In ähnlicher Weise drängen die Photonen, eine weitere bekannte Bosonenart, sich in denselben Energiezustand und bilden den Laserstrahl, der für das Licht etwa dasselbe ist wie die Supraflüssigkeit für das flüssige Helium (siehe LASER).

Ganz anders bei einem aus Fermionen bestehenden System: Wegen des Ausschließungsprinzips kondensieren die Fermionen nicht bei niedriger Temperatur. Kühlt man eine Population von Elektronen (also Fermionen) ab und komprimiert sie, so werden die Elektronen gezwungen, sich einander zu nähern. Da sie sich aber nicht im selben Quantenzustand befinden können (sie können sich wechselseitig nicht durchdringen), stoßen sie sich wechselseitig ab und entfernen sich sehr schnell voneinander. Diese Abstoßung, die zu den bereits vorhandenen Kräften hinzukommt, führt zur Entstehung eines Drucks, der rein quantenmechanischen Ursprungs ist (siehe DRUCK).

Elementare Bosonen und Fermionen

Wie wir oben am Beispiel des ^{4}He-Atoms gesehen haben, bestehen Bosonen, die keine Elementarteilchen sind, aus einer Reihe von Fermionenpaaren. Die für die starke Wechselwirkung empfindlichen Bosonen (die starke Wechselwirkung ist vor allem für den starken Zusammenhalt der Atomkerne verantwortlich) sind ebenfalls zusammengesetzte Teilchen, die aus einem Quark-Antiquark-Paar bestehen und als Mesonen bezeichnet werden. Die Fermionen, die keine Elementarteilchen sind, bestehen dagegen aus einer ungeraden Anzahl elementarer Fermionen. Ein Beispiel dafür sind die Baryonen, die aus drei Quarks zusammengesetzt sind.

Es gibt jedoch auch Bosonen und Fermionen, die Elementarteilchen sind. Wie die Teilchenphysik zeigt, erfolgen die elementaren Wechselwirkungen zwischen zwei Teilchen (die gravitative, die elektromagnetische, die starke und die schwache Wechselwirkung) stets durch »Vermittlung« eines dritten Teilchens (siehe WECHSELWIRKUNG IN DER PHYSIK). Und diese »Vermittler« sind elementare, also nicht zusammengesetzte Bosonen: das Graviton (dessen Existenz noch nicht durch Beobachtung gesichert ist) für die Gravitation, das Photon für die elektromagnetische Wechselwirkung, das Z^0-, das W^+- und das W^--Boson für die schwache Wechselwirkung (die für den Betazerfall verantwortlich ist, bei dem ein Neutron in ein Proton, ein Elektron und ein drittes, als Antineutrino bezeichnetes Teilchen, zerfällt) und schließlich acht Gluonen für die starke Wechselwirkung (die für den Zusammenhalt der Atomkerne sorgt).

Die »Elementarbausteine« der Materie bestehen alle aus Fermionen, und zwar einerseits aus den Quarks (den für die starke Wechselwirkung empfindlichen Fermionen), die entweder als Quark-Antiquark-Paare auftreten (und dann Bosonen bilden) oder sich zu Tripletts vereinigen (und dann zusammengesetzte Fermionen bilden); andererseits aus den Leptonen, die wie das Elektron unempfindlich für die starke Wechselwirkung sind.

Fermionen und Bosonen scheinen zwei voneinander vollkommen unabhängige Teilchengruppen zu bilden. Einige Theorien, die sich um eine Vereinheitlichung der vier elementaren Wechselwirkungen bemühen, stellen allerdings gewisse Zusammenhänge zwischen Fermionen und Bosonen her.

Brownsche Molekularbewegung

Zur Vertiefung: ***Flüssigkeit; Molekül; Avogadro-Konstante***

Die Brownsche Molekularbewegung, benannt nach dem Botaniker Robert Brown, der sie 1827 entdeckte, bezeichnet die scheinbar zufällige Bewegung, die zahlreiche Teilchen in einer Flüssigkeit an den Tag legen. Streut man zum Beispiel winzige Pollen (von einigen hundert Mikrometer Größe) in einen Wassertropfen, so ist unter dem Mikroskop zu beobachten, dass sie völlig verrückte Bahnen beschreiben, die anscheinend nur vom Zufall bestimmt sind. In seinem berühmten Artikel von 1905 konnte Albert Einstein jedoch durch theoretische Argumente zeigen, dass die Dynamik der Pollen in Wahrheit einem Gesetz folgt und weder ihre Geschwindigkeit noch ihre Richtung willkürlich sind. Die Erscheinungsbilder der Brownschen Molekularbewegung lassen sich präzise aus kinetischen Modellen ableiten, die auf jedes Wassermolekül anwendbar sind. Die Pollen verhalten sich wie sichtbare Bojen, an denen Wellenbewegungen erkennbar werden, die selbst unsichtbar bleiben. Bei dieser verborgenen, unregelmäßigen Bewegung handelt es sich um die Bewegungen der Wassermoleküle, die die Pollen in alle Richtungen stoßen und zwingen, ständig ihre Richtung zu ändern.

Jean Perrin erforschte 1908 die Brownsche Molekularbewegung mit sehr feinen Versuchen, die es ihm ermöglichten, Einsteins Annahmen zu verifizieren und den Wert der Avogadro-Konstante anhand einer neuen Methode zu messen (das 1811 veröffentlichte Avogadrosche Gesetz besagt, dass alle Gase bei gleichem Druck und gleicher Temperatur im gleichen Volumen dieselbe Zahl N_A an Molekülen enthalten). Das von Jean Perrin erzielte Ergebnis, das mit dem auf anderen Wegen erhaltenen Resultat übereinstimmte, bestätigte, dass die Avogadro-Konstante eine grundlegende Konstante der Physik ist, und bewies indirekt die Existenz der Moleküle, die zu Anfang des 20. Jahrhunderts noch bestritten wurde.

Die scheinbar unbedeutende Brownsche Molekularbewegung enthält also einen doppelten Beweis: den der Existenz der Moleküle und den der thermischen Bewegung, die, wie der Name schon sagt, mit steigender Temperatur zunimmt.

Bürde, genetische

→ genetische Bürde

Bug

Zur Vertiefung: ***Fehlerfreiheit von Programmen; Programmierung; Software Engineering***

Wenn Dinge nicht recht funktionieren, weil irgendein Fehler sich unerkannt eingeschlichen hat, sagt man gerne, da sei der Wurm drin. Bei elektrischen Anlagen spricht man bei ungeklärten Fehlfunktionen sogar ausdrücklich vom »Kupferwurm«. In der Computertechnik hat es sich eingebürgert, für solches Ungemach ein anderes Tier verantwortlich zu machen: die Wanze (englisch: *bug*). Und so bezeichnet man jede Fehlfunktion im Bereich der Hardware und der Software als Bug, den aufzuspüren und zu beseitigen ähnlich aufreibend und nervtötend sein kann wie die Säuberung einer verwanzten Wohnung. Möglichst von vornherein zu verhindern, dass solche Bugs auftreten, ist eine der wichtigsten Aufgaben des SOFTWARE ENGINEERING.

Bus

Zur Vertiefung: ***Speicher, Gedächtnis; Einheit***

In der Computertechnik ist der Bus kein bewegliches Transportmittel, sondern eine fest verdrahtete Sammelleitung, zur Übertragung von Informationen – Daten, Befehlen, Adressen – zwischen der Steuereinheit, dem Rechenwerk, den Registern der Zentraleinheit, dem Arbeitsspeicher und der Peripherie (Festspeicher, Laufwerke, Bildschirm, Tastatur). Statt jede dieser Komponenten durch eine eigene Leitung mit allen übrigen zu verbinden, sofern ein Informationsaustausch zwischen ihnen stattfinden soll, legt man eine einzige Sammelleitung, den Bus, an den man alle Komponenten anschließt und über den die gesamte Kommunikation zwischen den Komponenten abgewickelt wird.

Byte

Zur Vertiefung: ***Bit; Code; Parität; Speicher, Gedächtnis***

Als Byte bezeichnet man eine Folge von acht Binärziffern oder Bit, wie man in der Sprache der Informatik sagt. Diese Bitfolgen spielen in der Informationstechnik eine wichtige Rolle. In einem Computer etwa werden die gespeicherten Daten meist in Bytes untergliedert, die sich ihrerseits zu Zeichenketten oder »Wörtern« aus 16, 32 oder 64 Bit, also 2, 4 oder 8 Byte zusammenfassen lassen.

Das Byte ist derart typisch für die Organisation von Datenspeichern, dass man deren Kapazität in Kilo-, Mega- oder Gigabyte angibt, das heißt in tausend, Millionen oder Milliarden Byte.

Es fragt sich nun, weshalb die Zahl Acht in der Informatik eine so überragende Bedeutung hat, dass man sie sogar zur Grundeinheit erhoben hat. Obwohl es zutrifft, dass acht die dritte Potenz von zwei ist ($8=2^3$) und die Zwei eine bedeutende Rolle in der Informatik spielt, liegen die Gründe doch anderswo. Um das zu verstehen, müssen wir einen kleinen Umweg machen.

Rechner arbeiten im Wesentlichen mit Texten, Formeln oder Zahlen, die sämtlich als Ketten aus Buchstaben und Ziffern ausgedrückt werden. Bevor diese Zeichen zu Worten und Texten zusammengefügt und als solche gespeichert werden können, müssen sie zunächst selbst dargestellt werden. Nun hat sich das lateinische Alphabet mit seinen Groß- und Kleinbuchstaben und seinen sonstigen Zeichen in der Welt weitgehend durchgesetzt; dasselbe gilt für die arabischen Zahlzeichen. Stellen wir nun alle dazu gehörigen Zeichen zusammen, so kommen wir auf 26 Kleinbuchstaben (ohne Umlaute), 26 Großbuchstaben, 6 Satzzeichen (,;.:?!), 10 Ziffern und 4 arithmetische Operatoren (+−×/). Das sind zusammen 72 verschiedene Symbole, für deren Codierung 7 Bit erforderlich sind. Ein Bit gestattet es, höchstens zwei Informationen (0 oder 1) zu unterscheiden. Betrachtet man jeweils alle möglichen Kombinationen von 0 und 1, so kann man mit 2 Bit höchsten vier verschiedene Informationen (00, 01, 10, 11) und allgemein mit n Bit höchsten $2n$ verschiedene Informationen unterscheiden. Da nun 72 zwischen $2^6=64$ und $2^7=128$ liegt, braucht man mindestens 7 Bit, um die 72 Buchstaben, Ziffern und sonstigen Zeichen darzustellen. Und genau diese Bitzahl benötigt auch der so genannte ASCII-Code, der für die Übertragung alphanumerischer Zeichen am weitesten verbreitete CODE.

Da nun aber ein Byte aus 8 Bit besteht, bleibt noch ein Bit frei. Dieses Bit bezeichnet man technisch als Paritätsbit; es dient dazu, Fehler zu erkennen und eventuell zu korrigieren, die bei der Übertragung entstehen. Dabei berechnet der Sender aus den 7 Bit eine Zahl, deren Kennzeichen (zum Beispiel gerade oder ungerade) er in dem achten Bit mitteilt; der Empfänger stellt dieselbe Berechnung an und vergleicht das Ergebnis mit dem Inhalt des achten Bits, das deshalb auch als Prüfbit bezeichnet wird. Die Sonderstellung der Zahl Acht in der Informationstechnologie hat ihren Grund also gleichermaßen in der Arithmetik und in der Vorrangstellung, die das lateinische Alphabet und das Dezimalsystem in den westlichen Gesellschaften genießen.

C

Chaos

Zur Vorbereitung: ***dynamisches System***
Zur Vertiefung: ***Determinismus; Inflation; Turbulenz***

Fehlermargen

Kennt man den Anfangszustand eines dynamischen Systems und sein Entwicklungsgesetz, so ist seine Zukunft vollständig determiniert. Der Anfangszustand eines Systems wird in der Regel durch eine oder mehrere reelle Zahlen beschrieben (siehe ZAHL). Eine reelle Zahl wird durch eine Cauchyfolge definiert, man könnte auch sagen: durch die Folge ihrer Dezimalstellen, und das heißt durch eine unendliche Anzahl von Informationen. So ist die Zahl π definiert als die Ziffernfolge 3,141 592 653 589 793 …

Was bedeutet solch eine Zahl? Bei der Zahl π kennt man einen ALGORITHMUS, mit dessen Hilfe man eine Dezimalstelle nach der anderen berechnen kann. In diesem Sinne kann man also sagen, die Zahl π sei vollständig bekannt. Die Zahlen, die physikalische Systeme beschreiben, gehen in der Regel jedoch auf eine MESSUNG zurück. Messungen stellen keinen Algorithmus zur Berechnung der Dezimalstellen der betreffenden Zahlen zur Verfügung, sondern geben in der Regel nur einige dieser Dezimalstellen an (ob nun zwei, zehn oder hundert, in jedem Fall sind alle weiteren Dezimalstellen unbekannt). Die Zahlen sind also nur näherungsweise bekannt. Daher stellt sich natürlich die Frage, ob die approximative Kenntnis des Anfangszustands eines Systems ausreicht, um seine Entwicklung wenigstens in groben Zügen abschätzen zu können.

Das ist durchaus nicht immer der Fall, wie folgendes Beispiel zeigt. Bei der Herstellung von Blätterteig rollt man den Teig aus und zerschneidet ihn in mehrere (z. B. zehn) Teile, die man dann übereinander legt und neuerlich ausrollt (siehe *Abbildung 1*).

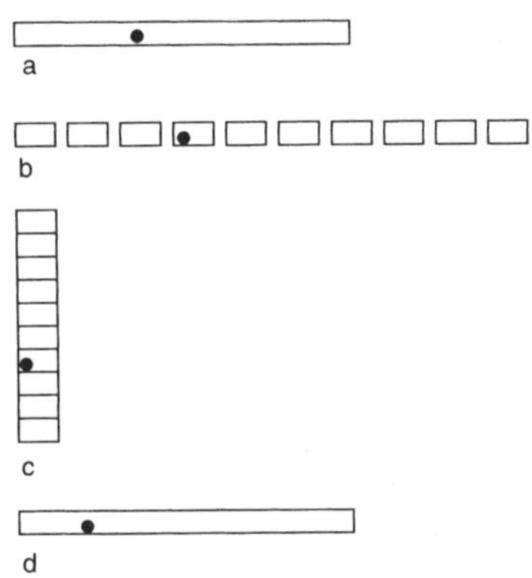

Abbildung 1 Der Teig wird ausgerollt (a), in zehn Stücke geschnitten (b), übereinander geschichtet (c) und neuerlich ausgerollt (d).

Interessiert man sich nun für das Schicksal eines Mehlteilchens (in der Abbildung schwarz markiert), das zu Beginn der Operation den Abszissenwert 0,312 751 … besitzt, so findet man es nach dem Zerschneiden im vierten Stück mit dem Abszissenwert 0,012 751 … Legt man die Stücke übereinander, bleibt der Abszissenwert unverändert, und rollt man den Teigstapel aus, wird der Abszissenwert mit zehn multipliziert und lautet nun 0,127 51 … Bei jeder Transformation verschieben sich die Werte der einzelnen Dezimalstellen um eine Stelle nach links, während die erste fallen gelassen wird. Wiederholt man den Vorgang mehrere Male, hat unser Mehlteilchen nacheinander folgende Abszissenwerte:

0,312751 ...
0,12751 ...
0,2751 ...
0,751 ...
0,51 ...
0,1 ...
...

Kennt man in solch einem dynamischen System, das als Bernoullisystem bezeichnet wird, die Anfangsposition mit einer Genauigkeit von sechs Dezimalstellen, kann man den zweiten Ausdruck mit einer Genauigkeit von fünf Stellen, den dritten mit einer Genauigkeit von vier Stellen berechnen usw. Die ersten sechs Ausdrücke kann man also mit einer gewissen Genauigkeit berechnen. Aber wie ist es mit dem siebten Ausdruck? Wollte man ihn auf eine Stelle genau berechnen, müsste man den ersten Ausdruck mit einer Genauigkeit von sieben Stellen kennen. Anders gesagt, bei diesem unendlichen Zoomvorgang ist die Information, die bei einer auf sechs Dezimalstellen genauen Approximation des Anfangszustands verloren geht, genau gleich der Information, die wir benötigten, um das siebte Glied der Folge zu bestimmen.

Solch ein dynamisches System, bei dem die Ungenauigkeit, mit der man das n-te Glied der Folge kennt, mit wachsendem n gegen unendlich geht, bezeichnet man als chaotisch. Die Zeit, in der die Ungenauigkeit sich verzehnfacht, nennt man die charakteristische Zeit. In unserem Beispiel ist die charakteristische Zeit gleich einer Einheit, das heißt der Zeit, die man benötigt, um die in *Abbildung 1* beschriebene Operation einmal auszuführen.

Verhalten im Unendlichen

Wenn kleine Ursachen großen Wirkungen haben können, nennt man das betreffende Phänomen diskontinuierlich (siehe KONTINUUM). In unserem Beispiel ist die Funktion, die jedem Anfangswert z. B. das tausendste Glied der Folge zuordnet, dennoch an der Stelle 0,312751 ... stetig. Um den Wert des tausendsten Glieds der Folge mit einer Fehlermarge von ε (Epsilon) bei hinreichend kleinem ε zu kennen, braucht man den Wert des ersten Glieds nur mit einer Fehlermarge von $\varepsilon/10^{1000}$ zu kennen, und diese Zahl ist sehr viel kleiner als ε. Umgekehrt lässt sich leicht zeigen, dass in unserem Beispiel der Grenzwert der Folge, falls er existiert, eine nichtstetige Funktion des Anfangszustands ist. Denn wenn man den Anfangswert der Folge in einem beliebig kleinen Intervall variieren lässt, kann man eine Folge erhalten, die einen bestimmten Grenzwert besitzt, eine andere Folge, die gegen einen anderen Grenzwert konvergiert, und eine dritte Folge, die gar keinen Grenzwert besitzt. Geht man zum Beispiel von dem Wert 0,0001111 ... aus, erhält man nach einigen Gliedern, die keine Rolle spielen, eine konstante Folge mit dem Wert 0,1111 ...; geht man von 0,0002222 ... aus, erhält man gleichfalls eine konstante Folge, diesmal mit dem Wert 0,2222 ...; und geht man schließlich von 0,0001212 ... aus, erhält man eine Folge, deren Glieder abwechselnd die Werte 0,1212 ... und 0,2121 ... annehmen. Die ersten beiden Folgen konvergieren (gegen 0,111 ... bzw. 0,222 ...), während die dritte Folge keinen Grenzwert hat. Die drei Anfangswerte

0,0001111 ...
0,0002222 ...
0,0001212 ...

liegen zwischen 0 und 0,001, also in einem Intervall der Länge 0,001. Erhöht man die Zahl der Nullen, kann man das Intervall beliebig klein machen. Das Verhalten solch eines dynamischen Systems im Unendlichen ist also eine nichtstetige Funktion des Anfangszustands.

Deterministisch und unvorhersehbar

Bei solch einem System lässt sich also das Verhalten im Unendlichen nicht abschätzen, wenn man den Ausgangszustand nur näherungsweise kennt. Selbst bei einem endlichen Zeithorizont muss man den Anfangszustand umso genauer kennen, je größer der Zeithorizont ist, in dem man das Verhalten des Systems voraussehen möchte (was Voraussagen praktisch sehr schnell unmöglich macht).

Chaotische dynamische Systeme sind also deterministisch (siehe DETERMINISMUS), aber das bedeutet hier nicht »praktisch vorhersehbar« (also auf Grund einer endlichen Menge an Information vorhersehbar). Schon Henri Poincaré hatte dieses Phänomen verstanden, das man gerne mit einem von dem Meteorologen Edward Lorentz geprägten Bild charakterisiert: Der Flügelschlag eines Schmetterlings in Brasilien kann in Texas einen Tornado auslösen.

Seltsame Attraktoren

Der chaotische Charakter eines dynamischen Systems macht jedoch nicht jede Voraussage unmöglich. Man kann immer noch jene Verhaltensweisen im Unendlichen klassifizieren (Grenzwerte, periodische Umlaufbahnen ...), die als »seltsame Attraktoren« bezeichnet werden, und ihnen möglicherweise sogar Wahrscheinlichkeiten zuordnen. In unserem Beispiel sind wir drei seltsamen Attraktoren begegnet: der Grenzposition 0,111 ..., der Grenzposition 0,111 ... und der periodischen Umlaufbahn mit der Periode 2: 0,1212 ..., 0,2121 ...

Auch wenn die Bewegung eines Würfels sehr empfindlich auf die beim Werfen gegebenen Anfangsbedingungen reagiert, weiß man, dass er im Unendlichen (und sogar sobald er sich stabilisiert) auf einer seiner sechs Flächen liegen wird; diese sechs Positionen sind die seltsamen Attraktoren des Systems. Und man kann jeder dieser Positionen sogar eine WAHRSCHEINLICHKEIT von 1/6 zuordnen.

Das Chaos im astronomischen Universum

In der Astrophysik begegnet man zahlreichen potentiell chaotischen Situationen, denn dort finden sich viele System mit zahlreichen Freiheitsgraden und einer schwachen wechselseitigen Kopplung durch die Gravitation. So wird die Ausrichtung der Achse eines leicht ellipsoiden Satelliten von der Anziehungskraft des nahen Planeten beeinflusst, der die Bewegung dieses Satelliten bestimmt, aber zugleich auch von der sehr viel schwächeren Wirkung ferner Planeten. Die beiden Freiheitsgrade, die Oszillation der Achse und die Bewegung des Satelliten auf seiner Umlaufbahn, sind nicht vollständig unabhängig voneinander.

Die klassische Mechanik vermag die wechselseitigen Umlaufbahnen zweier in gravitativer Wechselwirkung stehender Körper (Erde und Mond, Erde und Sonne, Doppelsterne) vollständig zu beschreiben. Man berechnet die Gesamtenergie des Systems, die aus der Summe der kinetischen und der potentiellen Energie der beiden Körper besteht (die kinetische Energie ist mit der Bewegung der Körper verbunden und sorgt dafür, dass sie auseinander streben; die potentielle Energie beruht auf der wechselseitigen Massenanziehung der beiden Körper und hat entgegengesetztes Vorzeichen). Ist die Gesamtenergie positiv, bleiben die beiden Körper in der Zeit miteinander verbunden, und ihre (kreisförmigen oder elliptischen) Umlaufbahnen sind stabil (siehe KEPLERSCHE GESETZE). Schon bei drei Körpern lässt sich diese Berechnung nicht mehr exakt durchführen; dann kann man die Bewegung der Körper nur noch näherungsweise und durch den Einsatz von Computern für einige tausend Jahre oder auch etwas länger vorausberechnen. Und bei Systemen wie den alten Kugelsternhaufen, die im äußeren Bereich der Galaxien zu Hunderten anzutreffen sind und jeweils aus mehreren Millionen Sternen bestehen, ist der Einsatz von Computern unerlässlich. In all diesen Fällen geht es darum, die Anfangsbedingungen (Position und Geschwindigkeit) der Körper zu ermitteln und die weitere Entwicklung des Systems vollständig zu bestimmen.

Doch schon bevor die dafür erforderlichen numerischen Methoden zur Verfügung standen, erkannte Henri Poincaré Anfang des 20. Jahrhunderts, dass im Sonnensystem chaotisches Verhalten auftreten kann, dass heißt, in recht großen Zeiträumen kann die wechselseitige Massenanziehung zwischen den Planeten, die im Vergleich zur Anziehungskraft der Sonne nur gering ist, eine sehr langfristige Vorausberechnung der Planetenbahnen unmöglich machen. Erst Ende der 80er Jahre wurde Poincarés Voraussage numerisch bestätigt. Die charakteristische Zeit, nach der das Verhalten der inneren Planeten (Venus, Erde und Mars) chaotisch erscheint, liegt angesichts der elliptischen Umlaufbahnen in einer Größenordnung von 10 bis

100 Millionen Jahren. Eine Variation der Anfangsgeschwindigkeiten um ein Zehnmilliardstel führt zu zwei Lösungen, die nach 10 Millionen Jahren um ein Milliardstel, nach 100 Millionen Jahren aber um 100% voneinander abweichen. Das ist typisch für chaotische Systeme. Auch die Verteilung der Asteroiden, die sich im Wesentlichen zwischen den Umlaufbahnen des Mars und des Jupiter bewegen, scheint sich auf besonderen Umlaufbahnen zu stabilisieren, die aus der Existenz von Attraktoren resultieren: In manchen Zonen sind die Asteroiden gleichmäßig verteilt, während sie in anderen gar nicht anzutreffen sind.

Der Saturnmond Hyperion ist ein großer Felsbrocken annähernd ellipsoidaler Form (200×250×350 km), der den Saturn in 21 Tagen umkreist. Position und räumliche Ausrichtung des Hyperion werden von der Massenanziehungskraft des Saturn und der übrigen Saturnmonde bestimmt (drei Positionskoordinaten und drei Orientierungswinkel machen zusammen sechs Freiheitsgrade). Man kann nun leicht erkennen, dass die Orientierung dieses Felsbrockens chaotisch ist, wobei die charakteristische Zeit hier in der Größenordnung der Umlaufperiode von etwa drei Wochen liegt.

Die Gravitation ist nicht die einzige Kopplungsgröße, die Chaos hervorrufen kann. So beobachtet man bei der Sonne alle elf Jahre eine Umkehrung der magnetischen Polarität, das heißt, magnetischer Nord- und Südpol werden vertauscht; entsprechend verkehrt sich auch die magnetische Polarität der Sonnenflecken, deren jeder sich wie ein kleiner Magnet verhält. Dieser elfjährige Sonnenzyklus ist mit einer Wanderungsbewegung der Sonnenflecken und einer regelmäßigen Variation ihrer Zahl verbunden. Dieses Muster wird jedoch von einer sehr großen Variabilität in der Struktur des Magnetfeldes überlagert, die aus der Bewegung von Materie im Innern der Sonne resultiert (siehe DYNAMO). Die bei den Sonnenflecken zu beobachtenden Regelmäßigkeiten könnten auf einen Attraktor verweisen, während die chaotische Entwicklung des Magnetfeldes aus der Komplexität zahlreicher magnetischer und hydrodynamischer Kopplungen im Sonneninnern resultiert. Das Problem ist jedenfalls weitaus schwieriger als bei der Gravitation und lässt sich nicht so leicht berechnen.

Man glaubt auch, dass die Entwicklung des Universums in einer sehr frühen Phase exponentieller EXPANSION (siehe INFLATION) möglicherweise chaotisch gewesen ist. Minimale Variationen der Kopplungskräfte zwischen den Teilchen könnten zu ganz verschiedenen Entwicklungen geführt haben. Aus einer chaotischen Entwicklung dieser Art, die wahrscheinlich nicht durch Beobachtung bestätigt werden kann, ließe sich der Schluss ziehen, dass unser von einem Horizont begrenztes Universum, wie wir es heute beobachten, nur eine lokale Struktur darstellt, die von anderen, jenseits dieses Horizonts liegenden Universen vollständig unabhängig wäre.

Voraussicht und Steuerung

Wie es unmöglich ist, die Entwicklung eines chaotischen Systems aus seinem Anfangszustand abzuleiten, so ist es auch unmöglich, diese Entwicklung durch eine Festlegung der Anfangsbedingungen zu steuern (es sei denn, man könnte diese Bedingungen mit absoluter Genauigkeit festlegen, was praktisch unmöglich ist).

Doch obwohl manche meinen, mit Hilfe der Chaostheorie zeigen zu können, dass wir nicht in der Lage seien, unser individuelles und kollektives Schicksal zu bestimmen, weil die Folgen unserer Entscheidungen stets durch den Flügelschlag eines Schmetterlings in unbeabsichtigte Richtungen gelenkt werden können, ist es durchaus möglich, ein chaotisches System zu steuern, indem man andere Zustände als den Anfangszustand beeinflusst. Wenn jemand mit einem Würfel unbedingt eine Sechs würfeln möchte, hindert ihn die Chaostheorie nicht, den Wurf mehrmals zu wiederholen.

Chemie

Zur Vertiefung: ***Kombinatorik; Laboratorium; Molekül; platonische Körper***

Silber putzen: Mit einem Tuch, das mit einem Reinigungsmittel getränkt ist, lässt sich die oxidierte Metallschicht, die sich gebildet und dem Metall seinen Glanz genommen hat, lösen oder entfernen. Eine solche Oxidation an der Luft, die dann beim Putzen von Silber beseitigt wird, gehört in den Bereich der Chemie.

Ebenso lässt sich der Glanz einer Münze wiederherstellen, indem man sie eine Weile in eine Säure legt. Auch für diese Beobachtung kann die Chemie eine Erklärung liefern.

Wenn ich mir versehentlich meine mit Butter bestrichene Scheibe Brot auf die Hose fallen lasse, erhalte ich sie von der chemischen Reinigung gesäubert zurück: Dort hat man sie mit Lösungsmitteln behandelt, die Butter lösen. Ohne hier im Einzelnen auf die mikroskopischen Wechselwirkungen zwischen Butter und Lösungsmittel eingehen zu wollen, erklärt die Chemie dieses recht nützliche Verfahren.

Füllt man schmutzige Wäsche mit Waschmittel und Weichspüler in eine Waschmaschine, so erklärt die Chemie, warum und wie sie sauber und weich wieder herauskommt. Die Chemie liefert auch Erklärungen, warum man das Wasser, das in eine Geschirrspülmaschine läuft, enthärten oder mit Kochsalz den Kunstharz-Ionenaustauscher regenerieren muss, der einen Großteil der für die Wasserhärte verantwortlichen Calciumionen herausfiltert.

Demnach wäre die Chemie also jenes Wissensgebiet, das uns die Stichhaltigkeit zahlreicher Handgriffe unseres Alltagslebens erklärte? Ja, aber vor allem ist sie eine Wissenschaft, und aus der Entwicklung neuer wissenschaftlicher Konzepte gehen oftmals nützliche praktische Dinge hervor, von der Seife bis hin zu Medikamenten.

Der Gegenstand der Chemie

»Die Chemie schafft sich ihren Gegenstand selbst«, sagte der französische Chemiker Marcellin Berthelot. Die chemische Wissenschaft ist von Geisteshaltungen geprägt, die sie in die REALITÄT projiziert und die sich meist in diese Wirklichkeit einfügen. Die Objekte der Chemie liegen irgendwo zwischen Imaginärem und Realem. Sie verabscheut große Einheitstheorien, besitzt einen Hang zu eklektizistischen Herangehensweisen und fasst chemische Verbindungen begrifflich wie HYBRIDEN aus verschiedenen Formen auf, ist dabei aber selbst von Grund auf hybrid, zugleich Geisteswissenschaft und Wissenschaft von der MATERIE.

Nehmen wir einige Beispiele. Aufgrund einer Fülle unterschiedlicher, aber immer indirekter Beobachtungen und verschiedener Experimente begriffen die Chemiker seit etwa 1870 das Benzolmolekül, ohne es je gesehen zu haben, als regelmäßiges, flächiges Sechseck, bei dem sechs ELEKTRONEN den Umfang umkreisen. Für sie war diese Darstellung des MOLEKÜLS ideal und stellte einen Archetypus dar. Mittlerweile können wir dieses Benzolmolekül mittels der Raster-Tunnelmikroskopie (siehe TUNNELEFFEKT) sichtbar machen und stellen fest, dass die Wirklichkeit in allen wesentlichen Punkten der Vorstellung entspricht.

Ebenso erschien C_{60} (Fulleren) als traumhaft perfekt, da dieses Riesenmolekül in seiner Form einem Zwanzigflächner nahe kommt (siehe MOLEKÜLFORM und PLATONISCHE KÖRPER), also einem Fußball mit seinen zwanzig Seiten ähnelt: Und diese Molekülform existiert tatsächlich wie der Fußball, dessen mikroskopisches Ebenbild sie darstellt.

In diesen beiden Fällen bestätigt die Beobachtung das geistige Konstrukt. Doch auch der umgekehrte Weg kommt vor. Ständig korrigiert die Beobachtung theoretische Modelle und stellt sie infrage. So hat sich zum Beispiel die Suche nach einem Prinzip der kleinsten Bewegung, angewandt auf Atome bei der chemischen Umwandlung, als unfruchtbar erwiesen.

Der Zeitfaktor

In einem unablässigen Hin und Her legt die Chemie den Schwerpunkt mal auf statische, mal auf dynamische Aspekte der Transformation. Manchmal muss sie eine flüchtige Realität fest halten, um ihr ein erkennbares Gesicht zu geben. Das ist etwa beim ÜBERGANGSZUSTAND der Fall, einem Begriff, der eine flüchtige Erscheinungsform mit einer Dauer von nicht mehr als 10^{-14} Sekunden im Verlauf chemischer Reaktionen bezeichnet, die man sich dennoch wie ein dauerhaftes Molekül vorstellt. Andere Male interessiert sich die Chemie nicht für die Struktur, sondern legt den Schwerpunkt auf die Dynamik, die den zeitlichen Ablauf von Umwandlungen in mikroskopischem Maßstab untersucht. Das geschieht zum Beispiel in der REAKTIONSKINETIK, die sich mit der Geschwindigkeit chemischer Reaktionen befasst, gemessen am Verschwinden der Reaktionspartner und dem Auftauchen der Endprodukte; sie ermittelt also die Geschwindigkeiten chemischer Reaktionen über das Lösen von Differentialgleichungen.

Soll das nun bedeuten, die Chemie hege dauerhafte und enge Beziehungen zur Mathematik? Gewiss nicht. Die Chemie unterscheidet sich von der PHYSIK – das ist übrigens einer ihrer unüberwindbaren Unterschiede – gerade durch den Umstand, dass sie relativ wenig mathematisch ist. Die chemische Mathematik, falls dies kein Widerspruch an sich sein sollte, ist noch vergleichsweise wenig entwickelt.

Chemische Kombinatorik

Die Chemie war gleich von Beginn an auch Kombinatorik. Nach dem Vorbild einer natürlichen Sprache, die ständig ausgehend von einer geringen Anzahl an Lauten (Phonemen) neue Ausdrücke schafft, produziert die Chemie unablässig in geordneter und systematischer Weise neue Moleküle, ausgehend von einer begrenzten Zahl an Radikalen. So sind zum Beispiel Radikale wie Hydroxyl OH, Methyl CH_3 und Carbonyl CO (siehe ALKOHOL) an Verbindungen wie Methanol (CH_3OH), Wasserstoffperoxid (HOOH), Essigsäure (CH_3COOH) und Aceton (H_3CCOCH_3) beteiligt.

Diese Kreativität der Chemiker, die ihre Inspiration aus der Überfülle der NATURSTOFFE beziehen, finden wir bereits vor Antoine Laurent de Lavoisier. Eine chemische Abhandlung wie die des französischen Pharmazeuten Antoine Baumé (1728–1804) führte systematisch die diversen Paarkombinationen von Elementen auf, und zwar unabhängig davon, ob diese Verbindungen bereits bekannt waren. Nach wie vor verfolgt die zeitgenössische Chemie den gleichen Weg, systematisch Möglichkeiten zu erforschen und Verfahren zur Synthese unzähliger, bislang unbekannter Moleküle zu entwickeln. Dies ist vor allem die Aufgabe eines Teilgebiets, die sich kombinatorische Chemie nennt und der Pharma-Industrie als Instrument dient, neue Moleküle zu produzieren, die sich zu pharmazeutischen Zwecken eignen und patentfähig sind.

Die Tatsache, dass die Chemie kombinatorisch geblieben ist, grenzt sie von den anderen Naturwissenschaften wie der Physik ab. Nach einer konventionellen, häufig institutionalisierten Sicht, die auf die Klassifizierung der Wissenschaften durch Auguste Comte zurückgeht, ordnet sich die Chemie zwischen Physik und Biologie ein. Demnach wäre sie auf die Konzepte und Instrumente der Physik einerseits und auf die Fragestellungen der Biologie andererseits angewiesen. Da hier nicht Raum genug ist, einen Disput zu entwickeln, sei lediglich angemerkt, dass Gabriel Venel bereits in der *Encyclopédie* von Denis Diderot und Jean Le Rond d'Alembert unter dem Stichwort »Chemie« ausführte, sie sei im Grunde nicht auf die Physik reduzierbar. Ebenso wie die Physik die Existenz punktförmiger, in Ruhe oder Bewegung befindlicher Massen zum Prinzip erhoben hat, geht die Chemie von dem Axiom aus, dass zwischen ATOMEN verschiedener ELEMENTE spezifische AFFINITÄTEN bestehen.

Eine Wissenschaft der Komplexität

Jede chemische Reaktion, ob man sie nun in der Natur oder im LABORATORIUM beobachtet, stellt ein System mit vielen Parametern dar. Das Wesen der verschiedenen Bestandteile, die Effektivität ihrer mechanischen Vermischung, ihre jeweiligen Konzentrationen, Lösungsmittel, Druck, Temperatur, Lichteinwirkung, das Vorhandensein oder Fehlen eines Katalysators – all das sind Determinanten des Resultats, nämlich eines auf mehr oder weniger selektive Weise und mit mehr oder weniger guter Ausbeute gewonnenen Reaktionsprodukts. Da die Phänomene, die den Untersuchungsgegenstand der Chemie bilden, von vielfältigen Größen abhängig sind, übt sie zwangsläufig auch eine Kontrolle aus über die experimentellen Bedingungen, die zu den besten Ergebnissen führen (siehe SELEKTIVITÄT).

Doch nicht nur ihrem Gegenstand nach ist die Chemie eine Wissenschaft des Komplexen, sondern auch und vielleicht noch mehr in ihren Methoden. Jede chemische Substanz, jedes chemische Phänomen lässt sich auf unterschiedlichen Ebenen begreifen, auf die man sich nacheinander oder häufig auch gleichzeitig konzentriert. Sicher, die Bruttoformel eines Wassermoleküls ist H_2O, es lässt sich aber auch sehen als eine Orange mit zwei angehängten Kirschen, als gleichschenkliges Dreieck, Kreisel, Säure, Base, Elektronendonator oder als Akzeptor schwacher Bindungen, die man als Wasserstoffbindungen bezeichnet usw. Diese Vielfalt der Darstellungsweisen, die uns für jede beliebige chemische Substanz zur Verfügung stehen, erwächst aus unserer großen Schwierigkeit, uns mikroskopisch kleine Einheiten und ihre Umwandlung bildlich vorzustellen.

Umgekehrt hat die Gliederung der Chemie in zahlreiche Teilgebiete – anorganische Chemie, organische Chemie, physikalische Chemie, analytische Chemie, organometallische Chemie, Festkörperchemie, Geochemie, Kosmochemie, Photochemie, Polymerchemie, Werkstoffchemie usw. – lediglich den historischen Sinn einer Arbeitsteilung und Institutionalisierung, die der Schaffung und dem Schutz diverser Glaubensrichtungen dient. Diese Untergliederung wird zwar durch die Anforderungen der Lehre aufrechterhalten, doch ebenso, wie die Einheit der katholischen Kirche durch die Ordensgemeinschaften, die sie umfasst, nicht bedroht wird, zerschlägt auch diese Fragmentierung die Einheit der Chemie nicht.

Eine experimentelle Wissenschaft

Die Chemie ist eine experimentelle Disziplin – und Disziplin ist hier in der militärischen Bedeutung des Wortes zu verstehen. Schon lange vor den Physikern entwickelten die Chemiker das Laboratorium. Den Alchimisten kommt das große Verdienst zu, dass sie all ihre Behältnisse, Destillationsapparate, Röhrchen, Kolben, Retorten und andere Gerätschaften zu Mikrokosmen machten, in denen sie die Phänomene, die sich in der Natur, also dem Makrokosmos, abspielten, in minutiös beschriebenen Operationen simulierten.

Den Alchimisten haben wir es auch zu verdanken, dass sie für die Chemie die Reproduzierbarkeit entwickelten: z. B. bei der Reinigung von Substanzen mittels Destillation und Kristallisation (auch unter Verwendung von Tau, der ein reineres Wasser liefert als Oberflächenwasser). Sie hatten auch schon die Fähigkeit, den Grad von Verunreinigungen zu kontrollieren, selbst wenn es sich nur um Spuren handelte, die für ihre Rolle als Katalysatoren so wichtig sind; dabei setzten sie Pflanzen als Filter ein, in denen die relativen Anteile der verschiedenen Elemente nur in sehr engen Grenzen variieren.

Methoden der Chemie

Das Vorgehen der Chemie, die eine sehr alte Wissenschaft ist, war in ihren praktischen Operationen wie auch in ihren Konzepten immer von Verfahren der Trennung und Verbindung geprägt (siehe ANALYSE und CHEMISCHE SYNTHESE). Es gibt sehr unterschiedliche Trennverfahren. So müssen die Bestandteile eines Gemischs getrennt werden, wenn man einen seiner Bestandteile rein darstellen will: Auf diese Weise versucht man ihn homogen zu machen, um Zusammensetzung und Eigenschaften dieses Stoffes in dieser Form zu stabilisieren. Die Reinheit ist das letztendliche Ziel der Trennung, der nie erreichte Horizont.

Eine Trennung erfolgt auch, wenn man die Produkte eines Reaktionsgemischs extrahiert (siehe REAKTION). Sie tritt jedoch auch in zahlreichen anderen Zusammenhängen und Masken auf und kommt in Verfahren und Konzepten zum Ausdruck, die sich hinter so unterschiedlichen Begriffen verbergen wie Dissoziation, Zersetzung, Spaltung, Homolyse (wenn man eine Verbindung A—B zwischen zwei Elektronen in zwei Radikale A. und B. spaltet) und Heterolyse (wenn man die gleiche Verbindung A—B in zwei Ionen A^+ und B^- spaltet).

Umgekehrt findet auch die Verbindung von Stoffen Ausdruck in zahlreichen Begriffen wie Komplex, Kondensation, Kopplung, Addition, Selbstorganisation, Anlagerung, CHEMISCHE BINDUNG, Assoziation, Aggregation, Koagulation, Rezeptor, Synthese usw.

Die Chemie geht immer so vor, dass sie Stoffe oder begriffliche Einheiten trennt, um sie zu isolieren und zu reinigen, bevor sie diese Stoffe wieder in neuen Konfigurationen oder Mengenverhältnissen zusammensetzt, um sie zu rekombinieren und neue Formen mit neuen Eigenschaften hervorzubringen.

Die chemische Industrie

Die Chemie ist nicht nur eine Wissenschaft, sondern auch ein Industriezweig, übrigens einer der wenigen, in denen Europa auch heute noch führend ist. Dieser Industriezweig stützt sich auf vier Hauptpfeiler: die Petrochemie (einerseits Herstellung von Treibstoffen, andererseits Herstellung von Monomeren für die Kunststoffindustrie), die Schwerchemie (zum Beispiel Herstellung von Grundchemikalien wie Soda und Methanol), die Feinchemie (Herstellung von Chemikalien verschiedener Reinheitsgrade wie Aromastoffe für Lebensmittel) und die pharmazeutische Chemie.

Ein Unternehmen der Schwerchemie stellt Hunderte bis Tausende verschiedener Produkte her, während ein Pharma-Unternehmen sich auf einen engeren Ausschnitt beschränkt: Ein großer, selbst weltweit operierender Pharmakonzern nutzt vielleicht ein oder zwei Dutzend verschiedene Moleküle. Dieser strukturelle Unterschied in der Produktpalette erklärt die hohe Rentabilität der Pharma-Industrie, die in der Lage ist, weltweit Profite aus Monopolen zu ziehen. Es erklärt auch die gegenwärtige Tendenz, diese beiden komplementären Tätigkeitsfelder (Pharma-Industrie und Schwerchemie) voneinander zu trennen.

Die Produktvielfalt der Schwerchemie belastet sie mit kostspieligen Zwängen, da aus ihr eine wirtschaftliche Zyklizität erwächst: In Zeiten des Wirtschaftswachstums schafft die chemische Industrie Überkapazitäten und wird in schweren Rezessionen stark in Mitleidenschaft gezogen. Da sie andererseits als echte Drehscheibe fungiert (»die Industrie für die Industrie«), ist ihre langfristige Entwicklung durchaus günstig: Über einen Zeitraum von ein oder mehreren Jahrzehnten betrachtet, folgt die Ertragssteigerung der chemischen Industrie recht genau dem Wachstum des Bruttosozialprodukts der jeweiligen Länder.

Die Chemie stellt also zugleich ein vielfältiges Wissensgebiet und einen wichtigen Produktionszweig unserer Zivilisation dar: Wir leben in einer nährenden und schützenden, vom Menschen geschaffenen Chemosphäre, die in selteneren Fällen auch bedrohlich und giftig sein kann. Nachdem die Chemie sich zunächst ihren Gegenstand geschaffen hat (Berthelot), hat sie mittlerweile eine zweite Natur hervorgebracht.

---

chemische Bindung

Zur Vertiefung: ***chemische Formel; Molekülmechanik; Molekularmodell; Quantenchemie***

Chemische Bindungen stellen uns einerseits vor das theoretische Problem, sie zu verstehen, anderseits vor das praktische Problem, sie zu bilden oder aufzubrechen. Mit beiden Aspekten wollen wir uns hier befassen.

Geschichtliches

Zwei miteinander verbundene Atome teilen sich einige ihrer ELEKTRONEN. Als die Chemiker Anfang des 19. Jahrhunderts die Zusammensetzung einfacher Substanzen in gasförmigem Zustand bestimmten, fanden sie heraus, dass bestimmte MOLEKÜLE wie Wasserstoff H_2, Sauerstoff O_2 oder Chlor Cl_2 sich aus zwei gleichen Atomen zusammensetzen. Die Existenz solcher Gebilde wirft ein theoretisches Problem auf: Welche Kräfte sind für die Verbindung zweier Atome zu einem solchen Molekül verantwortlich? Wie ist eine Verbindung gleicher Atome überhaupt möglich? Widerspricht sie nicht dem elektrochemischen Dualismus, jener von Jöns Jacob Berzelius geprägten Vorstellung, nach der die MATERIE aus der Vereinigung von Teilchen mit entgegengesetzter elektrischer LADUNG hervorgeht, also von positiv geladenen Teilchen wie den Natriumionen Na^+, die sich mit negativ geladenen Teilchen wie den Chlorionen Cl^- zusammentun?

Das Geheimnis der chemischen Bindung spaltete von etwa 1860 bis 1930 Chemiker und Physiker. Während dieser Zeit entwickelten die Chemiker ein zunehmend feineres Gespür für den Umstand, dass Elektronenpaare eine entscheidende Rolle bei chemischen Bindungen spielten, während die Physiker skeptisch blieben.

Die Chemiker gewöhnten sich an das ungeklärte Rätsel und bevorzugten ein praxisbezogenes Konzept der chemischen Bindung: In einem Molekül wie H_2 existiert eine wie auch immer geartete Bindung zwischen den beiden Atomen. Ab Mitte des 19. Jahrhunderts folgten sie August Kekulé von Stradonitz, Archibald Scott Couper und anderen und schrieben H—H, indem sie die Bindung zwischen den beiden Atomen durch einen Strich darstellten. Sie systematisierten also die Schreibweise der chemischen Bindungen in bekannten Molekülen, verknüpften sie mit den Regeln zur Wertigkeit der Atome (siehe Valenz) und erkannten, dass sie das Wasserstoffmolekül H_2 mit einer Einfachbindung, das Sauerstoffmolekül O_2 mit einer Doppelbindung $O{=}O$ und das Stickstoffmolekül N_2 mit einer Dreifachbindung $N{\equiv}N$ darstellen mussten.

Diese empirische Darstellungsweise herrschte über ein halbes Jahrhundert hinweg vor, bis Gilbert N. Lewis sie theoretisch untermauerte und 1916 eine schematische Schreibweise vorschlug, die bis heute gebräuchlich ist: Diese Lewis-Formeln stellen die chemische Bindung durch ein gemeinsames Elektronenpaar zwischen den beiden Atomkernen dar, das dem Valenzstrich entspricht, der in der früheren empirischen Schreibweise für die chemische Bindung stand. Als Beispiele für beide Schreibweisen sind in *Abbildung 1* Methan CH_4 und Wasser H_2O angeführt.

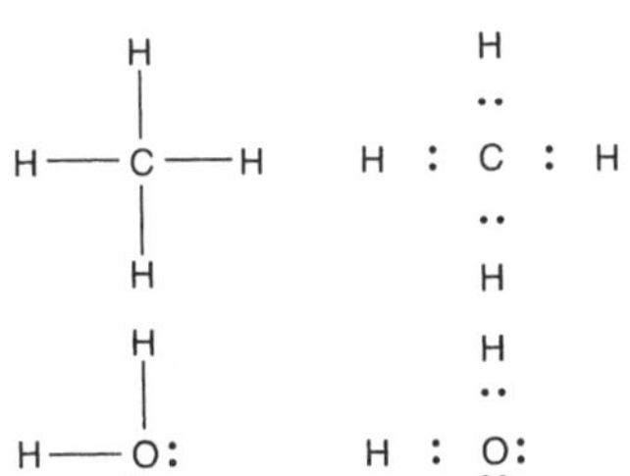

Abbildung 1 Valenzstrichformel (links) und Lewis-Formel (rechts) für Methan CH_4 und Wasser H_2O

Stickstoff-, Kohlenstoff- und Sauerstoffatome können sich maximal mit vier Elektronenpaaren umgeben (Oktettregel). Die Lewis-Formel für das Stickstoffmolekül lautet demnach :N:::N:. Da jedes Atom sich mit insgesamt acht Elektronen umgibt, zwei eigenen und sechs gemeinsamen, genügt diese Schreibweise der Oktettregel. Streng gilt diese Oktettregel zwar nur für die Elemente in der zweiten Periode des Periodensystems, da diese jedoch die Elemente Kohlenstoff, Stickstoff und Sauerstoff enthält, gilt sie weitgehend für die meisten Verbindungen der organischen Chemie. Gut ein Jahrzehnt später, um 1930, wurde die Quantenphysik entwickelt. Einen ihrer ersten Triumphe feierte sie, als sie die chemische Bindung im einfachsten Fall, dem des Wasserstoffmoleküls, erklärte. Entsprechend der früheren Intuition der Chemiker wird das Molekül auch hier als Ergebnis der Atome gesehen, die es enthält.

Da jedem Elektron eine Welle zugeordnet ist, entspricht jedem Elektron eines Atoms eine Elektronenwelle. Wenn zwei Atome eine chemische Bindung eingehen, so dringt die Elektronenwelle, die ursprünglich nur zu einem der beiden Atome gehörte, auf das Territorium des anderen Atoms vor und umgekehrt. So vermengen sich die atomaren Elektronenwellen und bilden molekulare Elektronenwellen (siehe Atom- und Molekülorbitale).

Dadurch entsteht zwischen den Atomkernen eine höhere Elektronendichte, von der elektrische Anziehungskräfte (siehe Kraft) zwischen Elektronen und Atomkernen ausgehen, die die elektrischen Abstoßungskräfte zwischen den Atomkernen und zwischen den Elektronen mehr als aufwiegen.

Durch diesen Mechanismus erinnert der Zustand der Atome in einer chemischen Bindung an diplomatische Beziehungen. Die Elektronen schieben sich zwischen die Atomkerne und schirmen ihre Abstoßung ab. Ein anschauliches Bild für die chemische Bindung ist ein Vermittler, der zwischen zwei feindlichen Lagern hin und her pendelt.

Praktische Aspekte chemischer Bindungen

Chemiker manipulieren chemische Bindungen. Wie können sie etwas so mikroskopisch Kleines verändern? Sie wirken auf diese Bindungen ein wie ein Klempner, der Rohre schneidet und neu zusammenfügt, oder wie

Chirurgen und Schneiderinnen, die etwas auftrennen und wieder zusammennähen.

Eine chemische Bindung lässt sich mit Hilfe chemischer Agenzien aufbrechen. So löst zum Beispiel Ozon O_3 die Kohlenstoffdoppelbindung C=C. Aus diesem Grund haben Autoreifen (siehe KAUTSCHUK) in Südkalifornien nur eine mäßige Lebensdauer, da hier die Luftverschmutzung durch Auspuffgase zusammen mit der intensiven Sonnenstrahlung zu hohen Ozonkonzentrationen führt.

Nach dem Schneiden kommt das Zusammenfügen. Neue chemische Verbindungen herzustellen macht das Wesen der CHEMISCHEN SYNTHESE aus. Einen komplexen NATURSTOFF setzt man schrittweise aus einfacheren Substanzen (ihren Vorstufen) zusammen, indem man Atome und Atomgruppen miteinander verknüpft, bis ein räumliches Gebilde entsteht, das mit dem in der Natur vorkommenden identisch ist: Das geschieht, indem man chemische Bindungen zwischen ihnen herstellt.

Da organische Moleküle Kohlenstoffverbindungen enthalten, ist es überaus wichtig, neue Kohlenstoffbindungen C—C bilden zu können. Unter den REAKTIONEN, die Chemiker als Kondensation bezeichnen, gibt es etwa ein halbes Dutzend, die in dieser Hinsicht von großer praktischer Bedeutung sind. Eine dieser Reaktionen entdeckte der russische Komponist und Chemiker Alexander Borodin, der in Sankt Petersburg einen Lehrstuhl für organische Chemie innehatte (die Chemie-Historiker klagen: »Ach, hätte er sich doch ausschließlich auf die Chemie konzentriert«, während die Musikwissenschaftler klagen: »Wie schade, dass er sich nicht ausschließlich der Musik gewidmet hat«).

Die Erforschung chemischer Bindungen bleibt eines der ergiebigsten Teilgebiete der Chemie, und zwar sowohl in der Grundlagenforschung als auch in ihren Anwendungen.

---

chemische Formel

Zur Vertiefung: ***Alkohol; Darstellung; Elektronenverteilung; Hybride***

Maler bieten uns in ihren Gemälden sehr verschiedenartige Darstellungen der Welt, die mehr oder weniger realistisch, mehr oder weniger abstrakt sind. Die Chemie macht es ebenso und bedient sich vielfältiger Darstellungsweisen.

»Schwefelsäure hat die Formel H_2SO_4«, derartige Formeln haben wir sicher alle auswendig gelernt. Es wäre jedoch ein großer Irrtum zu glauben, dass eine Bruttoformel, die alle an einer CHEMISCHEN VERBINDUNG beteiligten Elemente in ihren Mengenverhältnissen wiedergibt, schon den Kern chemischen Wissens enthalte.

Chemische Formeln sind eine Sprache wie Englisch oder Französisch. Jede Darstellung in der Chemie erfüllt die Aufgabe, die man ihr zugewiesen hat, und nur diese. Das gilt unter anderem auch für chemische Formeln. Es wäre eine Illusion, anzunehmen, eine Formel bezeichne eine chemische Spezies, wie eine Visitenkarte ein Individuum vorstellt.

Beginnen wir mit einer Kritik der gängigen Formeln. Zahlreiche chemische Verbindungen haben mit der Schwefelsäure die Zusammensetzung H_2SO_4 gemeinsam, sind aber ansonsten von ihr verschieden. Es sind ISOMERE, deren aufgelöste Summenformel zum Beispiel HSOOOOH, HOSOOOH, HOOSOOH oder OS(OOH)(OH) lautet, während sie bei Schwefelsäure die Schreibweise $O_2S(OH)_2$ hat. Es gibt keinen eindeutigen Zusammenhang zwischen der Summenformel H_2SO_4 und der Zusammensetzung eines Moleküls. Eine solche Summenformel muss durch Angaben über die Anordnung oder Verkettung der Atome (siehe CHEMISCHE VERBINDUNG) vervollständigt werden, die jede Verbindung kennzeichnet, also durch Angaben über die nächsten Nachbarn eines jeden Atoms: So ist die Anordnung der Atome in der Schwefelsäure $O_2S(OH)_2$ und nicht zum Beispiel OS(OOH)(OH).

Wie hat sich die irrige Meinung verbreiten können, eine chemische Formel fasse alle wesentlichen Eigenschaften eines chemischen Stoffes zusammen? Dazu haben mindestens drei Gründe beigetragen: eine Pädagogik, die den Schwerpunkt auf das »Auswendiglernen« legt; die Illusion, dass zwischen einem Ding und seinem Namen eine magische Identität bestünde; und das Festhalten an Gemeinplätzen, die das Denken in eingefahrenen Bahnen halten.

Es gibt noch eine andere Art chemischer Formel, die mehr Informationen liefert: die Strukturformel, die nur einen einzigen chemischen Stoff wie zum Beispiel Schwefelsäure kennzeichnet (siehe *Abbildung 1*).

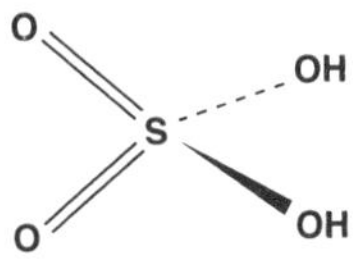

Abbildung 1 Strukturformel der Schwefelsäure

Einfache Striche stehen für Einfachbindungen, Doppelstriche für Doppelbindungen, wobei die zweite Bindung der ersten hinzugefügt, aber schwächer ist und den Abstand zwischen den Atomen verkürzt. Die räumlichen Verhältnisse sind durch gestrichelte Linien für Atome hinter der Bildebene und durch fett gedruckte, keilförmige Linien für Atome vor der Bildebene wiedergegeben.

Statt hier näher auf diese Darstellungsweise einzugehen, betrachten wir ein einfacheres Beispiel, an dem weniger Atome beteiligt sind: das Wassermolekül. Sicher, »Wasser ist H_2O«. Doch die Informationen, die uns allein diese Elementarzusammensetzung liefert, sind unzureichend und müssen um Angaben zur Verkettung der Atome vervollständigt werden. Im Wassermolekül befindet sich der Sauerstoff O zwischen den beiden Wasserstoff-Atomen H, was sich in der aufgelösten Formel HOH ausdrückt. Dies weiß man durch Untersuchungsverfahren wie die Röntgenbeugung an Kristallen (siehe Molekül), in diesem Fall also Eis.

Welche geometrische Form (siehe Geometrie) verbindet sich nun mit dieser Verkettung? Die Atome des Wassermoleküls HOH könnten linear oder aber winklig angeordnet sein. Da die Röntgenbeugung zeigt, dass sie winklig angeordnet sind, stellen wir das Wassermolekül in seiner tatsächlichen Anordnung mit einem Winkel von etwa 105° zwischen den beiden Sauerstoff-Wasserstoff-Bindungen dar (siehe *Abbildung 2*). Diese Bindungen werden durch einen Strich symbolisiert und durch jeweils zwei Elektronen zwischen den verbundenen Atomen gewährleistet.

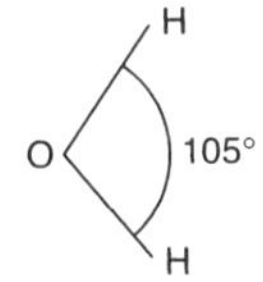

Abbildung 2 Darstellung des winklig angeordneten Wassermoleküls

Für bestimmte Zwecke ist jedoch auch diese Strukturformel noch nicht ausreichend. Manchmal ist es hilfreich, alle so genannten Valenzelektronen abzubilden, also die Elektronen der Außenschale der Atome (deren Anzahl sich aus der Gruppennummer im Periodensystem ergibt). *Abbildung 2* zeigt nur vier Valenzelektronen, die an den Bindungen zwischen Sauerstoff und Wasserstoff beteiligt sind (zwei für jede Bindung), obwohl das Wassermolekül insgesamt acht aufweist, sechs vom Sauerstoff (Hauptgruppe 6) und zwei von den beiden Wasserstoffatomen (Hauptgruppe 1). Um die Angaben zu vervollständigen, sind daher auch die beiden freien Elektronenpaare des Sauerstoffs in die Formel aufzunehmen (die für die Eigenschaften des Wassers als Base verantwortlich sind). Dies geschieht in den überaus nützlichen Lewis-Formeln, die Gilbert N. Lewis Anfang des 20. Jahrhunderts eingeführt hat (siehe *Abbildung 3*).

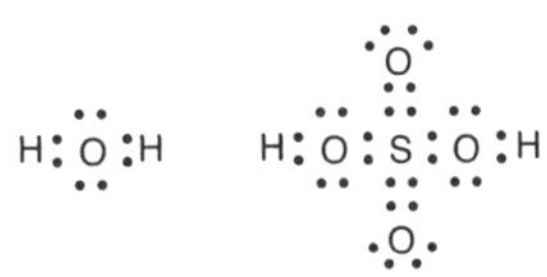

Abbildung 3 Lewis-Formel für Wasser und Schwefelsäure

Die jeweils paarweise angeordneten Elektronen sind in den Lewis-Formeln als Punkte dargestellt. In der Formel des Wassers ist das zentrale Sauerstoffatom von vier Elektronenpaaren umgeben, die den acht Elektronen dieses Moleküls (6+1+1) entsprechen. Zwei Elektronenpaare sind an der Bindung des Sauerstoffs mit den beiden Wasserstoffatomen beteiligt, man bezeichnet sie als bindende Elektronenpaare. Die beiden anderen, nicht bindenden Elektronenpaare nennt man einsame oder freie Elektronenpaare. In der

Lewis-Formel der Schwefelsäure ist zu erkennen, dass zwei der Sauerstoffatome durch jeweils vier Elektronen mit dem zentralen Schwefelatom verbunden sind: Hier handelt es sich um Doppelbindungen, die in den äquivalenten Strukturformeln als Doppelstriche dargestellt werden (siehe *Abbildung 1*). Unpraktisch ist an den Lewis-Formeln ihre allzu schematische Darstellungsweise: Sie geben nicht das Molekül, sondern eine überaus rudimentäre Vorstellung wieder, die sich auf eine zweidimensionale Darstellung beschränkt. Wir können nun dem Wassermolekül eine neue Konfiguration zuordnen (siehe *Abbildung 4*).

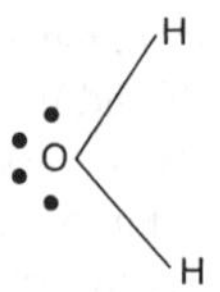

Abbildung 4

Doch auch diese neue Formel ist in gewisser Hinsicht unzureichend. Unser theoretisches Wissen über die Molekülstruktur macht es erforderlich, das Sauerstoffatom als Zentrum eines Tetraeders (siehe PLATONISCHE KÖRPER) darzustellen, an dessen vier Eckpunkte sich die vier Elektronenpaare dieses Moleküls befinden, also zwei bindende und zwei einsame Elektronenpaare (siehe *Abbildung 5*).

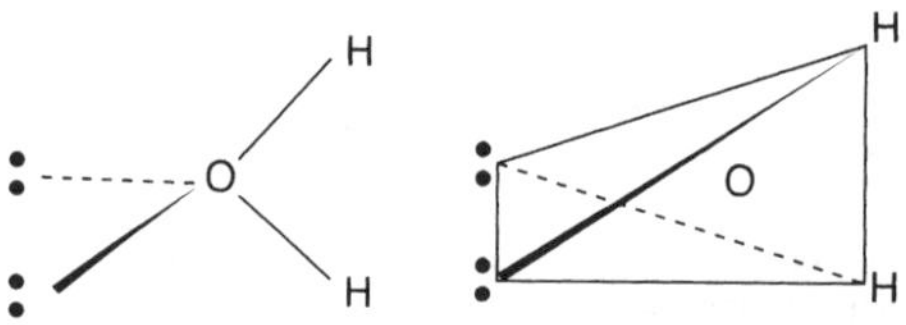

Abbildung 5 Die linke Figur zeigt die übliche Darstellungsweise, die rechte verdeutlicht noch einmal die Tetraederform.

Eine solche Darstellung hat den Vorzug, dass sie das Molekül als dreidimensionales Gebilde wiedergibt. Betrachtet man das Wassermolekül nur anhand der Position seiner Atomkerne, so ist es flächig. Seine chemischen Eigenschaften sind jedoch von der räumlichen Verteilung seiner Elektronen bestimmt, die für dieses Molekül spezifisch und charakteristisch ist.

Damit haben wir das Ende unserer Bemühungen jedoch noch nicht unbedingt erreicht. Gegen alle oben angeführten Formeln ließe sich einwenden, dass ihre schematische Darstellung auf Kosten des REALISMUS geht: Atome haben ein Volumen, das man zum Ausdruck bringen müsste, zum Beispiel durch Kugeln, die üblicherweise 95 % des Raumes umfassen, den die Elektronen einnehmen. Statt uns mit den oben beschriebenen Strukturformeln zu begnügen, würden wir das Wassermolekül als Orange (Sauerstoff) darstellen, die mit zwei Aprikosen (den Wasserstoffatomen) verbunden ist.

Eine chemische Formel ist also eine bestimmte Darstellungsweise, die von der jeweils verfolgten Zielsetzung abhängt. Keine dieser Darstellungsweisen deckt die Eigenschaften des gedanklichen – und schon gar nicht die des realen – Gegenstandes umfassend ab.

---

chemische Geodynamik

Zur Vertiefung: ***Erdaufbaue; Isotop; Geowissenschaften; Gesteine***

Die chemischen Elemente, aus denen sich die Erde zusammensetzt, unterteilt man in Hauptelemente (Sauerstoff, Silicium, Eisen, Magnesium usw.) und Spurenelemente (Rubidium, Strontium, Samarium, Neodymium usw.), die nur in Spuren vorhanden sind. Obwohl die Spurenelemente nur in sehr geringen Mengen vorkommen, sind sie für die Geochemie überaus wichtig, da man sie als »Tracer« für geochemische Prozesse nutzen kann, die im Laufe der Erdevolution am Werk waren. Dies ist der Forschungsbereich der chemischen Geodynamik.

Ein chemisches Element besitzt in der Regel mehrere Isotope, die sich durch die Neutronenzahl ihres Atomkerns unterscheiden. Mit Hilfe der Massenspektroskopie lässt sich die Konzentration der Isotope von Spurenelementen sehr genau messen. Manche dieser Isotope stammen aus dem Zerfall eines radioaktiven Elements. Strontium 87 (^{87}Sr) ist zum Beispiel ein Zerfallsprodukt des Rubidium 87 (^{87}Rb) und Neodymium 143 (^{143}Nd) ein Zerfallsprodukt des Samarium 147 (^{147}Sm).

Das Verhältnis der Konzentration eines Isotops, das durch radioaktiven Zerfall entsteht, zu einem anderen Isotop desselben Elements (zum Beispiel $^{87}Sr/^{86}Sr$ und $^{143}Nd/^{144}Nd$) liefert Geochemikern Informationen über geodynamische Prozesse wie die Entstehung der kontinentalen Erdkruste und die Konvektion im Erdmantel.

Die Mengenverhältnisse der verschiedenen Isotope eines Elements, die in den Mineralien eines Gesteins vorhanden sind, hängen von der Isotopzusammensetzung in der Entstehungsregion dieses Gesteins, aber auch von seinem Entstehungsprozess und seiner Geschichte ab.

chemische Kommunikation

Zur Vertiefung: ***Geschmack; Hormon; Rezeptoren***

Als chemische Kommunikation bezeichnet man die Sekretion einer Botschaft, die aus Molekülen besteht, durch einen Organismus oder einen seiner Teile an die Umgebung, in der er lebt, im Wesentlichen also an das Wasser oder die Luft. Diese Botschaft kann sich (wie im Fall der HORMONE) an einen anderen Teil desselben Organismus, an einen anderen Organismus derselben Art (Pheromone) oder auch an einen Organismus einer anderen Spezies richten.

Die chemische Kommunikation ist eine universelle Charakteristik aller Lebewesen, die unzählige Funktionen erfüllt: vom Anreiz zur Befruchtung (blühende Pflanzen, die Duftstoffe verströmen, um Insekten anzulocken) oder zum Koitus (STEROIDE im Speichel des Ebers), über die Markierung eines Weges zu einer Nahrungsquelle (Ameisen) bis hin zur Differenzierung der Zellen (bei der Embryonalentwicklung) oder Individuen (Gelee Royale der Bienen); von der Verteidigung gegen Raubtiere (Chrysanthemensäure, ein natürliches Insektizid, das Pflanzen der Familie der Korbblütler vor Blattläusen schützt), über das Auslegen von Ködern bis hin zur Schaffung ökologischer Nischen, in denen Arten gedeihen können, weil sie ihr Territorium mit bestimmten Stoffen abgrenzen.

Sehen wir uns einige dieser Funktionen genauer an: Die vermittelte Botschaft kann, wie gesagt, dazu dienen, das andere Geschlecht anzulocken. Der Urin des männlichen Neunauges enthält Pheromone, darunter auch Testosteron, wovon ein Milligramm auf 30 Kubikmeter Wasser genügt, um Weibchen anzulocken.

Die chemische Botschaft kann eine Synchronisation lebenswichtiger Funktionen zwischen mehreren Individuen auslösen und das Leben in Gesellschaft unterstützen. Es mag auch dazu dienen, eine Person zu identifizieren, wie beim Neugeborenen, das schon nach wenigen Tagen seine Mutter am Geruch erkennt. So trägt die chemische Botschaft zu einer dauerhaften psychologischen Prägung und zur Ausbildung des Geruchssinns bei.

In anderen Fällen besteht eine Anziehung oder Abstoßung gegenüber Molekülen, die Träger einer bestimmten chemischen Botschaft sind: So schwimmen Kolibakterien (siehe BAKTERIEN) mittels ihrer Flagellen in Richtung auf eine Quelle, die L-Asparaginsäure (eine AMINOSÄURE) enthält, während sie Nickelionen Ni^{2+} meiden, die für sie giftig sind. Das bezeichnet man als bakterielle Chemotaxis. Hier hat die chemische Kommunikation eine duale Form, die gute und schlechte Nahrung zu unterscheiden hilft.

Die Botschaft kann eine Zusammenballung von Individuen auslösen. So geben zum Beispiel die Amöben *Dictyostelium discoïdeum*, wenn die Bakterien fehlen, von denen sie sich ernähren, ein Notsignal in Form einer chemischen Botschaft ab. Diese besteht aus cyclischem Adenosin-monophosphat (cAMP), einem Nukleotid, das in sehr vielen Organismen eine Rolle spielt. Wird es periodisch (etwa alle sechs Minuten) ausgesandt, so veranlasst es Zehntausende Amöben, sich zu einer Kugel zusammenzuballen, die sich nach der Emission einer weiteren chemischen Botschaft (eines Dichlorderivats des Benzols) differenziert und anschließend Sporen bildet, die resistenter gegen Mangelversorgung sind. Bei diesem Verhalten löst die chemische Botschaft eine kollektive Überlebensreaktion aus.

Manchmal sind Botschaften noch komplexer. In einem Maisfeld, das von bestimmten Raupen befallen ist, legen Wespen ihre Eier in Raupen ab, die sie vorher gelähmt haben, und wirken somit als lebende Pflanzenschutzmittel. Sie spüren die Raupen über deren Ausscheidungen und über die Ausdünstungen der befallenen Maisblätter auf: Hier besteht die Botschaft aus einer doppelten SIGNATUR, nämlich den Ausscheidungen zweier biologischer Arten.

Beim Menschen erfüllt die chemische Kommunikation ebenfalls äußerst unterschiedliche Funktionen. Die menschlichen Sexualpheromone sind noch nicht eindeutig bekannt, mittlerweile gewinnt man jedoch erste Erkenntnisse über die feinen Mechanismen des Geruchs- und Geschmackssinnes, die ebenfalls Systeme der externen chemischen Kommunikation darstellen.

Auch in unserem Nervensystem und unserem Gehirn findet durch Moleküle wie Neurotransmitter (zum Beispiel Acetylcholin) und Analgetika (zum Beispiel Enkephaline) eine intensive interne chemische Kommunikation statt, die äußerst diversifiziert und umfassend erfolgt. Selbst das Denken ist nach Ansicht mancher Wissenschaftler eine Form der internen und externen chemischen Kommunikation.

Betrachten wir den einfachsten Fall chemischer Kommunikation. Ein Organismus produziert Moleküle eines bestimmten Typs. Sind sie erst einmal an die Umgebung abgegeben, verteilen sie sich dort, bis einige von ihnen sich an REZEPTOREN (in der Regel PROTEINE) eines anderen Organismus anlagern. Hier hat durchaus eine Kommunikation in Form einer ausgesandten und empfangenen chemischen Botschaft stattgefunden.

Auf Seiten des Empfängers löst der Empfang dieser Botschaft eine spezifische Antwort aus. Nehmen wir zum Beispiel ein Schmetterlingsweibchen, das Sexualpherome an die Luft abgibt. Wenn das Männchen sie aufnimmt, veranlassen diese Moleküle es, das Weibchen zu lokalisieren, um sich mit ihm zu vereinigen; dazu fliegt es in die Richtung, in der die Menge der einzelnen Moleküle, die es jeweils empfängt, und damit die Intensität des Signals, zunimmt.

Im Allgemeinen erfolgt die chemische Kommunikation nicht nur über einen einzigen Molekültyp, sondern über ein Gemisch verschiedener Moleküle. Die ausgesandte Botschaft ist durch die STRUKTUR eines jeden dieser Molekültypen (siehe SPEKTRUM) und durch ihre relativen Mengen (siehe CHROMATOGRAPHIE) definiert: Es sind Arten bekannt, die Gemische aus den gleichen Molekülen in unterschiedlichen Mengenanteilen verwenden. In diesem Fall dient die Menge der Moleküle, die sich an die Rezeptoren binden, als Information, wie wir auch im Fall des Schmetterlingspheromons gesehen haben.

Ein weiteres Beispiel ist Baumwolle. Wenn Raupen sich über die Blätter hermachen, um sie zu fressen, steigert die Baumwollpflanze ihren Ausstoß an flüchtigen Molekülen um das Zehn- bis Hundertfache und verströmt neue Moleküle, die wahre chemische Waffen sind und die räuberischen Larven entfernen, zugleich aber auch benachbarte Pflanzen warnen sollen.

chemische Synthese

Zur Vertiefung: ***Retrosynthese***

Synthese von Molekülen

Unter Synthese versteht man in der Chemie die Herstellung eines MOLEKÜLS aus einfacheren Ausgangsstoffen. Sie erhöht die Komplexität und verringert die Seltenheit des angestrebten Syntheseproduktes (zum Wohle der Menschheit, wie man hofft).

Eine der ersten Synthesen war die des Ethanols C_2H_5OH, die Anfang des 19. Jahrhunderts gelang, nachdem die Analyse ergeben hatte, dass es sich als Summe aus einem Ethylenmolekül C_2H_4 und einem Wassermolekül H_2O darstellen ließ (siehe ALKOHOL). Mit der Synthese von Harnstoff widerlegte Friedrich Wöhler 1828 den Vitalismus, der in der »Lebenskraft« einen wesentlichen Unterschied zwischen den von Organismen gebildeten Naturstoffen und SYNTHETISCHEN ERZEUGNISSEN erblickte. Um 1880 erlangte Marcellin Berthelot Berühmtheit, als er aus ELEMENTEN wie KOHLENSTOFF und WASSERSTOFF so einfache, aber wichtige Moleküle wie Acetylen C_2H_2 synthetisierte: Es bildet das Anfangsglied der Alkine, die daher auch Acetylide genannt werden. Berthelot stellte auch die Anfangsglieder anderer Verbindungsgruppen der organischen Chemie her (siehe FUNKTION). Etwa um die gleiche Zeit entdeckte man, dass sich Farbstoffe synthetisieren ließen, was die Entwicklung der chemischen Industrie beförderte.

Bis 1940 bestand die Hauptrolle der chemischen Synthese paradoxerweise in der Strukturbestimmung von NATURSTOFFEN: Ausgehend von bekannten Syntheseverfahren rekonstruierte man die angenommene STRUKTUR des zu untersuchenden Stoffes. War das Syntheseprodukt in seinen Eigenschaften mit dem Naturstoff identisch, so war die Strukturbestimmung gelungen. Von 1940 bis etwa 1970, als die Spektralanalyse die bisherigen Verfahren zur Strukturbestimmung ablöste, nahm Robert B. Woodward mit der Herstellung von Verbindungen wie Cholesterin, Strychnin und VITAMIN B12 eine Spitzenstellung in der Synthese von Naturstoffen ein. Mittlerweile sind Chemiker in der Lage, jedes Molekül künstlich herzustellen (darunter auch die der belebten Welt, zu denen Wöhler 1828 mit der Synthese von Harnstoff den Weg ebnete).

Komplexe Gebilde

Was soll man synthetisieren? Wie soll man ein Zielmolekül auswählen? Die Tendenz der Chemie, sich der Biologie anzunähern, veranlasst sie, bevorzugt komplexe Naturstoffe zu synthetisieren, die sie vor allem wegen ihrer biologischen Wirkungen auswählt, um sie z. B. als Medikamente einzusetzen. Die Schwierigkeit einer Synthese liegt in dem Risiko, dass das hergestellte Produkt nicht genau dem gewünschten entspricht oder dass unerwünschte Nebenprodukte entstehen. Häufig geht es darum, aus zahlreichen ISOMEREN (Molekülen von gleicher Zusammensetzung, aber unterschiedlicher Anordnung der Atome) das gewünschte auszusuchen. Allerdings wächst die Zahl der Isomere ins Unermessliche, sobald die Moleküle aus mehr als zehn Atomen bestehen.

Handwerkliche Aspekte

In der Synthese kommt der nach wie vor handwerkliche Charakter der Chemie zum Ausdruck. Zu Zeiten der Wandergesellen beurteilte man einen Lehrling nach seinem Augenmaß (der Fähigkeit, ein Stück zu beurteilen und seine Abmessungen zu schätzen) und nach seinem Vermögen, eine Lösung für ein neues Problem zu finden. Auf ähnliche Weise muss ein Chemiker, der ein Syntheseverfahren sucht, die Nachbarschaftsbeziehungen und Wechselwirkungen zwischen den verschiedenen Bestandteilen eines Moleküls erkennen und einen originellen Syntheseweg für ein komplexes Molekül entwickeln können. Ebenso wie im Handwerk ist auch die Synthese eines Stoffes ein »Meisterwerk«, das sich am Ertrag (dem prozentualen Verhältnis von Endprodukt zu eingesetztem Ausgangsmaterial) und an der Selektivität jeder ihrer Etappen messen lässt.

Industrie

Heißt das, die chemische Synthese würde um ihrer selbst willen betrieben wie die Kunst? Ja und nein: Die Chemie ist gleichermaßen eine Wissenschaft und ein Industriezweig. Ihre Arbeit ist von starken praktischen Beweggründen geprägt – so die Suche nach einem Medikament gegen den Aids-Virus. Der industrielle Aspekt beherrscht die Arbeit an sämtlichen Syntheseverfahren, vor allem in der pharmazeutischen Industrie (auch in der Ausbildung der Forscher).

Die Synthese erhöht, wie bereits gesagt, die Komplexität. Das gilt nicht nur für die Architektur eines Moleküls, sondern auch für die Rezeptur. Die industrielle Synthese ist untrennbar mit einer Wertsteigerung verbunden. Jede Etappe einer Synthese verdoppelt etwa den Marktwert des Produkts. So geht zum Beispiel die Synthese eines pharmazeutischen Erzeugnisses von Ausgangsstoffen aus, die pro Gramm nur ein paar Groschen kosten, während die Endprodukte diesen Preis pro Milligramm erzielen. Gewinnbringend nutzt die Industrie auch die Verbesserung bestehender Rezepturen oder schlicht die Umgehung des Patentschutzes.

Denn die Rezepturen, die in der Regel Dutzende von Bestandteilen umfassen, werden vom Waschmittel bis zum Motoröl, vom Reifen bis zum Sonnenschutzmittel immer ausgeklügelter. Finanzielle Anreize und technische Innovationen führen zur Verbesserung bestehender industrieller Verfahren und zur Synthese immer neuer Moleküle mit wünschenswerten Eigenschaften. Die Feinchemie und die pharmazeutische Chemie sind ein überaus lukrativer Wirtschaftszweig, der häufig zweistellige Zuwachsraten aufweist. Und die Verlockung des Geldes darf man als Triebkraft wissenschaftlichen Handelns nicht unterschätzen. Das gilt auch für die Entwicklung neuer Konzepte.

Erfindungen

Wenn ein Chemiker eine neue Reaktion, also eine bislang nicht realisierbare oder auch nur wenig bekannte Umwandlung, entwickelt und durchführt, so kann er möglicherweise ein bis dahin nur schwer zugängliches Molekül synthetisieren; diese Synthese dient ihm zum einen als Prüfstein und zum anderen als Ausgangspunkt für neue Erkenntnisse.

Die Phantasie entwirft ungewöhnliche, völlig neue Molekülgebilde, deren bizarre Formen alles übertreffen, was die Natur in ihrer doch bereits fabelhaften Fülle und Vielfalt zu bieten hat. Der Fortschritt der chemischen Wissenschaft verläuft über die Erfindung seltsamer Moleküle. So entwarf zum Beispiel Orville L. Chapman in den 1970er Jahren eine in vielen Teilschritten verlaufende Synthese von C60, einer Molekülform des Elements Kohlenstoff, die 60 Atome umfasst und in ihrer Form an einen Fußball erinnert; der Nachweis dieses Prototyps der so genannten Fullerene gelang Richard Smalley und Harold Kroto erst später durch Zufall.

Es genügt nicht zu träumen, man muss solche Phantasien auch umsetzen: Völlig neue Strukturen hervorzubringen ist die fruchtbarste Form der Synthese. Ein Syntheseverfahren theoretisch zu entwickeln ist wesentlich schwieriger, als es praktisch zu realisieren, so mühsam das auch sein mag. Die Entwicklung neuer Synthesen stützt sich heute auf die INFORMATIK. Systematisch untersucht man auf dem Papier oder Monitor alle Moleküle, die in ihrem Aufbau einfacher sind als das Zielmolekül und die man erhalten kann, indem man verschiedene Bindungen zwischen den Atomen des Zielmoleküls aufbricht. Mit diesem Verfahren lassen sich einfachere Zielmoleküle bestimmen und die verschiedenen vorstellbaren Wege abstecken, die zu diesen führen könnten.

chemische Verbindung

Zur Vertiefung: ***chemische Formel; Isomere; Konformation; Reaktion; Spektrum***

Jede chemische Verbindung, ob sie nun auf natürlichem Wege oder synthetisch zustande kommt, besteht aus mindestens zwei ELEMENTEN, deren Mengenverhältnis sich bei jedem Stoff in der so genannten Bruttoformel ausdrückt: 1:1 beim Meersalz NaCl (ein Natriumatom Na auf ein Chloratom Cl), 1:1:1 bei der Blausäure HCN und ein Verhältnis von einem Sauerstoffatom auf zwei Kohlenstoffatome und sechs Wasserstoffatome beim gewöhnlichen ALKOHOL oder Ethanol C_2H_6O. Oft besitzt diese Bruttoformel jedoch nur wenig Aussagekraft, weil sich in chemischen Verbindungen, die aus sehr vielen Atomen bestehen, die mögliche Bedeutung dieser Zusammensetzung extrem vervielfacht. Hier steht die Bruttoformel dann für zahlreiche ISOMERE, also für chemische Stoffe der gleichen Zusammensetzung, deren Atome jedoch unterschiedlich angeordnet sind. Die entwickelten chemischen Strukturformeln enthalten dagegen wesentlich mehr Informationen, da sie neben der Zusammensetzung auch die Verkettung der Atome erkennen lassen: HCN für Cyanwasserstoff oder Blausäure ist nicht dasselbe wie HNC, eine Formel, die für Isoblausäure steht; $H_3C—CH(OH)_2$ bezeichnet Acetaldehydhydrat und nicht das Frostschutzmittel Ethylenglykol $HO—CH_2—CH_2—OH$.

Als Verkettung bezeichnet man hierbei die Anordnung der Atome in einem Molekül, unabhängig von ihrer Distanz zueinander. So sind in den beiden Molekülen HCN und HNC die drei Atome linear angeordnet, unterscheiden sich aber durch ihre Reihenfolge. In einem steht das Kohlenstoffatom in der Mitte, in dem anderen das Stickstoffatom.

Eindeutig feststellen lässt sich die Verkettung der Atome in einem Molekül durch SPEKTRALANALYSE, die selbst auf so komplexe Verbindungen wie PROTEINE mit ihren Tausenden von Atomen anwendbar ist. In schwierigen Fällen klärt man zunächst die Verkettung eines Teils des Moleküls und erschließt nach und nach wie bei einem gigantischen Puzzle die Gesamtstruktur.

Entstehung chemischer Verbindungen

Zur Vertiefung: ***Stabilität, Instabilität***

Chemische Verbindungen sind Reaktionsprodukte, die, wie der Name schon sagt, nicht aus dem Nichts entstehen, sondern sich aus anderen Stoffen bilden. Aus welchen? Es ist unmöglich, für ein bestimmtes Reaktionsprodukt auf diese recht einfache Frage nur eine einzige Antwort zu geben: Denn zu jedem Reaktionsprodukt führen viele Wege, auch wenn es nur eine kleine Zahl von Atomen in sich vereinigt.

Ein Beispiel, das aufgrund seiner Allgemeingültigkeit von Wert ist, sind drei Entstehungsformen von Methanol CH_3OH, dem einfachsten Vertreter der ALKOHOLE: Ein Weg führt über die Reduktion von Formaldehyd:
$HCHO + H_2 \longmapsto CH_3OH$;
ein Weg führt über die Oxidation von Methan:
$CH_4 + 1/2 O_2 \longmapsto 1 CH_3OH$;
und ein dritter Weg führt über die Hydrolyse eines Methylesters (also eines Reaktionsprodukts aus Methanol und einer Carbonsäure der allgemeinen Formel RCOOH):
$RCOOCH_3 + H_2O \longmapsto RCOOH + CH_3OH$.
Obwohl Methanol ein sehr einfaches Molekül ist, ließe sich die Liste der möglichen Synthesewege beliebig verlängern. In der Praxis hängt die Wahl des Verfahrens von Verfügbarkeit und Kosten der Ausgangsstoffe und von der Ergiebigkeit und SELEKTIVITÄT ihrer Umwandlung ab.

Zahlreiche Verbindungen lassen sich auf den oben genannten Wegen der Reduktion, Oxidation (siehe REDOXREAKTION) oder Hydrolyse herstellen. Beim Methanol ist durchaus denkbar, dass es im INTERSTELLAREN RAUM und auf der Erde in ihrer Urform vor Entstehung des Lebens auf dem oben beschriebenen Weg der Reduktion entstanden ist (siehe MOLEKULAREVOLUTION).

Ein Formalismus

Zur Vertiefung: ***Thermodynamik***

Die allgemeinen wechselseitigen Beziehungen zwischen den chemischen Verbindungen bilden ein unüberschaubares Geflecht, weil jede einzelne Verbindung zu zahlreichen anderen in Beziehung steht. Da jede chemische Verbindung aus vielfältigen Ursprüngen hervorgegangen sein kann, hat man sich angesichts dieser Komplexität konventionell auf die nützliche Fiktion geeinigt, jede Verbindung so zu betrachten, als sei sie unmittelbar aus den ELEMENTEN entstanden, aus denen sie sich zusammensetzt. Auf diese Weise lassen sich bestimmte Verbindungen unter dem Aspekt ihrer STABILITÄT vergleichen. Und bei den Elementen geht man von ihrem natürlichen (festen, flüssigen oder gasförmigen) Zustand unter normalen Temperatur- und Druckverhältnissen der Umgebung aus. In dem oben genannten Beispiel besteht das Methanol CH_3OH aus einem Kohlenstoffatom C in Form von Graphit, zwei gasförmigen Wasserstoffmolekülen H_2 und einem gasförmigen Halbmolekül $1/2 O_2$. Aus Tabellen (deren Zustandekommen zu erklären hier zu weit führen würde) lassen sich die thermodynamischen Zustandsfunktionen entnehmen, also die Reaktionsenthalpie (die mit dem Entstehen der chemischen Verbindung aus ihren Elementen verbundene Energie) und die Reaktionsentropie (die mit diesem Prozess verbundene Änderung der Unordnung auf mikroskopischer Ebene) bei der Bildung des Methanols, ausgehend von den Elementen, aus denen es besteht. Anhand dieser Zustandsfunktionen lassen sich die ISOMERE untereinander vergleichen. Methanol ist eine zu einfache Verbindung, als dass ein solcher Vergleich sinnvoll wäre. Doch schon für Ethanol, einen weiteren Vertreter der Alkohole mit der Formel C_2H_5OH, ist es hilfreich, es mit dem Isomer Dimethylether der Formel $H_3C—O—CH_3$ vergleichen zu können. So erweist sich die Fiktion, dass solche Verbindungen sich ausgehend von den Elementen bilden, als unverzichtbare Vergleichsbasis.

---

chemische Verfahrenstechnik

Zur Vertiefung: ***Reaktionsapparat; Simulation; Thermodynamik; Wärme***

Aufgabe der chemischen Verfahrenstechnik ist es, chemische Reaktionen in industriellem Maßstab durchzuführen und zu steuern, wobei zahlreiche Parameter zu überwachen und regulieren sind. Um die REAKTION in Gang zu halten, müssen zum einen REAKTANDEN, REAGENZIEN und Katalysatoren zugeführt und die Reaktionsprodukte abgeführt werden. Zum anderen ist die TEMPERATUR innerhalb bestimmter Grenzen zu halten, was bei exothermen Reaktionen, die Hitze freisetzen (im industriellen Maßstab handelt es sich meist um große Wärmemengen), effektive Kühlvorrichtungen erfordert. Auch der Druck im Inneren des REAKTIONSAPPARATES darf bestimmte Richtwerte nicht über- oder unterschreiten.

Heute überwacht und steuert man solche Reaktionen mit Hilfe von Computern. Der Chemie-Ingenieur hat an seinem Schaltpult zahlreiche Parameter im Blick, die von verschiedenen Messgeräten kontinuierlich geliefert werden: Konzentration, Viskosität, Temperatur, Druck usw.

Bevor ein Verfahren industriell genutzt wird, ist es Aufgabe der Verfahrenstechnik, dieses überaus komplexe, von zahlreichen Parametern abhängige System unter allen denkbaren Betriebsbedingungen, normalen wie auch katastrophalen, zu analysieren, das Risiko eines unkontrollierten Reaktionsverlaufs, der zum Beispiel zur Explosion des Reaktionsbehälters führen könnte, im Voraus abzuschätzen und allen Unwägbarkeiten vorzubeugen. Die damit verbundenen Sicherheitsmaßnahmen sind ähnlich wie bei einem Kernreaktor.

Thomas Alva Edison schrieb, Genie bestehe zu 99 % aus Schweiß, und rechtfertigte damit eine mühselige empirische Forschung, die lange durch einen Raum mit zahlreichen Parametern treibe, bevor sie zur Definition der geeigneten Werte führe. Diese Beschreibung trifft auch auf die Verfahrenstechnik zu.

Chemotaxonomie

Zur Vertiefung: ***Biosynthese; Klassifikation; Naturstoffe; Stoffwechsel***

Dieses Anwendungsgebiet der Chemie der Naturstoffe untersucht organische Stoffe, die von einer Gruppe verwandter Lebewesen produziert werden, zum Beispiel von Schimmelpilzen, Algen oder höheren Pflanzen. Die Chemotaxonomie geht von dem Axiom aus, dass die Moleküle, die ein Lebewesen erzeugen, und ihre relativen Mengenverhältnisse (oder ihre Verteilung) für jede Art charakteristisch sind. Auf diese Weise lässt sich jede Pflanzenart anhand der Struktur und der relativen Mengenverhältnisse der von ihr produzierten Moleküle charakterisieren. Somit unterstützt die Chemotaxonomie den Naturforscher in seinen Klassifikationen.

In Kalifornien finden sich zum Beispiel zwei äußerlich sehr unterschiedliche Varianten einer Baumart, die zur Familie der Lorbeergewächse gehört, *Umbellularia california*. Die eine ist sehr groß und in den Küstenwäldern zu finden; die andere, ein kümmerlicher buschiger Strauch, wächst in den Halbwüsten des Landesinneren. Doch diese beiden Formen weisen die gleiche Verteilung an Flavonoiden auf, also an aromatischen Molekülen, die eine Oxygruppe enthalten. Diese charakteristischen Flavonoide finden sich in den Blattvakuolen und werden mit Methanol herausgelöst (siehe LÖSUNG).

Eine solche Beobachtung bestätigt einerseits die Zugehörigkeit dieser Pflanze zur Familie der Lorbeergewächse und zeigt andererseits, dass die Verteilung der Flavonoide bereits vor der divergenten Entwicklung der beiden Varianten in Halbwüsten- und Küstenpflanzen zum genetischen Erbe dieser Pflanze gehörte. Die Erkenntnisse der Chemotaxonomie sind also für Botaniker wie für Ökologen gleichermaßen wertvoll.

Chemothek

Zur Vertiefung: ***Aminosäure; Kombinatorik; Modul***

Eine Chemothek besteht aus einer großen Sammlung SYNTHETISCHER ERZEUGNISSE, jeweils hergestellt in kleinen Mengen, die gerade ausreichen, um ihre biologische Wirkung zu testen. Pharmazeutische Unternehmen greifen auf diese Ressourcen zurück, um auf empirischem Wege neue Wirkstoffe zu entdecken.

Da die unzähligen chemischen Verbindungen aus Kombinationen einer kleinen Zahl von Grundmodulen bestehen, ist es verlockend, in automatisierten Verfahren viele Varianten einer STRUKTUR, deren biologische Wirkung bekannt ist, zu synthetisieren; diese Varianten bilden die Chemothek.

Ausgehend von einem bestehenden Molekül, dessen therapeutische Wirkung bekannt ist, entwickelt man systematisch Varianten, indem man die eine oder andere Atomgruppe austauscht: In der Gruppe COOR steht zum Beispiel das R für einen Rest (der unter anderem Kohlenstoff- und Wasserstoffatome enthält), dessen Struktur man nun systematisch variiert. So hofft man die pharmazeutische Wirkung im Vergleich zum Ausgangsstoff zu verbessern und alle Moleküle zu erfassen, die eine gleichartige Wirkung haben.

Ein weiteres Beispiel sind Tetrapeptide, also Ketten aus vier AMINOSÄUREN (den Grundbausteinen der PROTEINE), die durch so genannte Peptidbindungen verknüpft sind, der allgemeinen Formel A—B—C—D entsprechen und verschiedene biologische Wirkungen haben: als Neurotransmitter, Analgetika, HORMONE usw. Daher stellt man systematisch alle denkbaren Tetrapeptide her, indem man jede der zwanzig natürlichen Aminosäuren an jeder der vier Positionen einsetzt. Auf diese Weise werden $20^4 = 160\,000$ Tetrapeptide in Nanogramm-Mengen (10^{-9}g) gebildet, die man anschließend verschiedenen biologischen Tests unterzieht. Die wenigen Tetrapeptide, die sich als vielversprechend erweisen, braucht man nur noch in größeren Mengen zu synthetisieren, um weitere (zum Beispiel toxikologische) Tests vorzunehmen und ihre Nutzung zu planen.

Es handelt sich um Forschungen im Geiste Thomas Edisons, der Hunderte von Materialien prüfte, um daraus den Glühfaden der ersten elektrischen Glühbirnen herzustellen (»99% Schweiß«), also um eine systematische Empirie, die sich als erschöpfend versteht.

Doch kann sie tatsächlich erschöpfend sein, angesichts der Überfülle potentiell möglicher chemischer Verbindungen, deren Zahl die der bestehenden Stoffe unendlich übersteigt?

Das Erstellen von Chemotheken, die auf einer umfassenden Kombinatorik basieren, dürfte allein schon aufgrund der dafür erforderlichen Zeit undurchführbar sein. Im Fall von Medikamenten haben die meisten der gegenwärtig kommerziell genutzten Moleküle, die weltweit einen Umsatz in einer Größenordnung von Milliarden Dollar erzielen, eine Molekülmasse von weniger als 750 (siehe MASSE). Es erscheint daher äußerst verlockend, eine Chemothek aufzubauen, die sämtliche Moleküle dieses Typs umfasst. Sie dürfte etwa 10^{200} verschiedene Moleküle enthalten. Da es selbst mit modernsten Mitteln mindestens eine Woche erfordert, 10000 Moleküle zu synthetisieren, bräuchte man dazu 10^{196} Wochen, das sind etwa 10^{194} Jahre; zum Vergleich: Das Alter des Universums liegt in einer Größenordnung von 10^{10} Jahren. Dieses Unterfangen, so erstrebenswert es auch erscheinen mag, ist also nicht zu realisieren.

Dagegen ist es durchaus machbar, einen beträchtlichen Teil der möglichen Kombinationen gezielt anhand von Methoden zu erforschen, die eine effektive Synthese und Sichtung von Chemotheken ermöglichen. Mit derartigen Strategien steigt die Zahl der zu realisierenden Synthesen und Tests linear, während die Komplexität geometrisch anwächst.

Chip

Zur Vertiefung: ***Elektronik; Halbleiter; Integration; Schaltung***

Chips (das englische Wort für »Span« oder »Schnittchen«) oder Mikrochips sind Siliciumplättchen, auf denen integrierte Schaltungen untergebracht sind. Die leistungsfähigsten Chips vereinen heute mehrere Millionen TRANSISTOREN auf einer quadratischen Fläche, deren Seitenlänge nicht einmal 10mm beträgt. Mikrochips bilden gleichsam das Gehirn des Computers, denn dort werden die Rechenoperationen ausgeführt, die den Kern der Tätigkeiten eines Computers ausmachen. Früher enthielt ein Computer nur einen oder einige wenige Chips. Heute geht die Tendenz zu einer verstärkten Nutzung der PARALLELVERARBEITUNG, bei der mehrere Mikroprozessoren innerhalb desselben Computers oder mehrere getrennte Computer gleichzeitig an derselben Aufgabe arbeiten. Dabei bemüht man sich, die Rechenkapazität von mehreren zehntausend oder sogar Millionen Mikrochips gleichzeitig für die Bewältigung rechenintensiver und daher zeitaufwendiger Arbeiten einzusetzen.

chiral pool

Zur Vorbereitung: ***Chiralität***
Zur Vertiefung: ***Isomere; Naturstoffe; Verunreinigungen***

Als *chiral pool* bezeichnet man einen Vorrat an kostengünstigen chiralen Naturstoffen, die sich mit ihrem Spiegelbild nicht zur Deckung bringen lassen (Moleküle, die sich wie Bild und Spiegelbild zueinander verhalten, bezeichnet man als Enantiomere). Solche Substanzen müssen von hoher enantiomerischer Reinheit sein (also möglichst wenig durch ihre Enantiomere verunreinigt sein) und können dann als Rohstoff für die Synthese von Medikamenten dienen, die häufig aus komplexen Naturstoffen bestehen. Meist ist es effektiver, als Ausgangsstoff ein MOLEKÜL zu verwenden, das bereits ein asymmetrisches Atom in der richtigen Konformation an genau der Stelle besitzt, an der es auch im Endprodukt sein soll, als das gewünschte Molekül aus einem Gemisch beider Enantiomere zu isolieren.

Der *chiral pool* besteht aus einigen Dutzend einfacher chiraler Bausteine, von denen wir hier nur einige nennen können: die Pinene, die in den ätherischen Ölen von Nadelhölzern vorkommen und den Hauptbestandteil von Terpentinöl bilden; Limonen (in den Schalen von Zitrusfrüchten); Verbenol (in Eisenkrautgewächsen).

Allerdings sollten wir unsere Begeisterung für alles Natürliche etwas dämpfen, denn die Natur liefert uns nicht alle Moleküle des *chiral pool* in hundertprozentiger enantiomerischer Reinheit: Häufig sind sie durch das andere Enantiomer verunreinigt. In diesem Fall kann es von Vorteil sein, sie aus anderen Molekülen des *chiral pool*, die einen höheren enantiomerischen Reinheitsgrad besitzen, neu in ausreichender Reinheit herzustellen.

Chiralität

Zur Vertiefung: ***Kohlenstoff; Rezeptoren; Symmetrie; Uhr***

Gegenstände lassen sich in zwei Kategorien einteilen: in solche, die ihrem Spiegelbild gleich sind, und andere, die von ihrem Spiegelbild verschieden sind. Die zweite Gruppe bezeichnet man als chiral, nach *cheiron*, dem griechischen Wort für Hand. Im Deutschen spricht auch von Händigkeit. Die erste Gruppe nennt man achiral. Chirale Gegenstände, die sich wie Bild und Spiegelbild, also wie die rechte zur linken Hand, zueinander verhalten, nennt man Enantiomere und kennzeichnet sie ebenfalls nach ihrem Erscheinungsbild als Rechts- oder Links-Konfigurationen.

Ein einfaches, zweidimensionales Beispiel sind Großbuchstaben. Manche Buchstaben sind mit ihrem Spiegelbild deckungsgleich, also achiral wie A, T oder U. Andere lassen sich mit ihrem Spiegelbild nicht zur Deckung bringen (sie haben eine »Richtung«, »schauen« nach links oder rechts), sind also chiral wie B, C oder S.

Auch viele dreidimensionale Gebrauchsgegenstände sind chiral: Autos (Wagen mit Linkssteuerung verhalten sich entantiomer zu Wagen mit Rechtssteuerung), Wendeltreppen, Korkenzieher. Dagegen sind Besen, Gabeln oder ein Blatt Papier achiral.

Symmetrieverhältnisse

Wie das Beispiel der Großbuchstaben zeigt, entscheidet die mehr oder weniger große Symmetrie eines Gegenstandes über seine Chiralität oder Achiralität. Alle dreidimensionalen Objekte mit einer Symmetrie-Ebene sind achiral, während alle dreidimensionalen Gegenstände ohne Symmetrie-Ebene chiral sind, auch wenn sie eine Symmetrieachse haben. Chirale Gegenstände lassen sich in zwei Gruppen einteilen: in solche ohne Symmetrie, also asymmetrische wie ein Dudelsack, und in solche mit einem Symmetrie-Element wie eine Gartenschere. Zerlegt man aber die Gartenschere in zwei Teile, so stellt man fest, dass beide asymmetrisch und chiral sind.

Asymmetrische Atome

Die meisten MOLEKÜLE der belebten Welt sind chiral, weil sie mindestens ein so genanntes asymmetrisches Atom enthalten: Das ist zum Beispiel bei einem Kohlenstoffatom der Fall, das vier verschiedene Atomgruppen *a, b, c, d* trägt (siehe *Abbildung 1*), oder auch bei einem Stickstoffatom mit drei verschiedenen Atomgruppen *e, f, g* (siehe *Abbildung 2*).

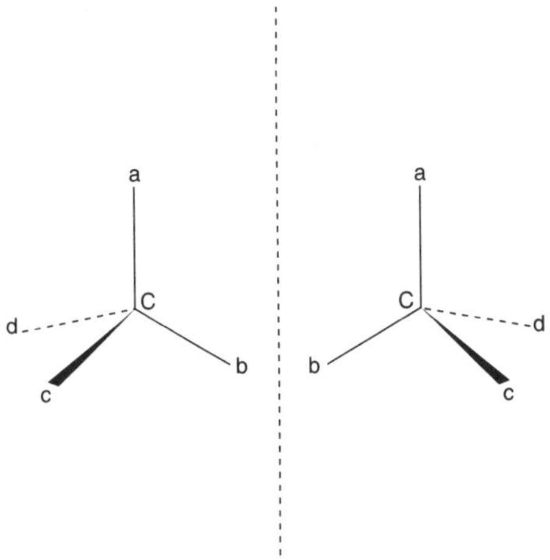

Abbildung 1 Asymmetrisches Kohlenstoffatom, das sich mit seinem Spiegelbild (rechts der gestrichelten Linie) nicht zur Deckung bringen lässt.

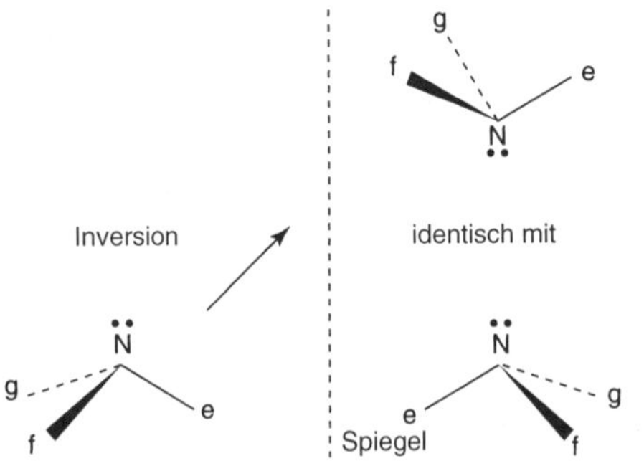

Abbildung 2 Konfigurationsumkehr am asymmetrischen Stickstoffatom

Als erster erforschte Louis Pasteur systematisch die Chiralität organischer Moleküle. In seiner Arbeit über die Weinsäure zeigte er, dass sich ein Gemisch trennen lässt, das zu gleichen Teilen aus rechten und linken Formen besteht (je nach Fall kommen diese Formen gemischt oder rein vor).

Mit einem Polarisator kann man Licht, das normalerweise in allen Richtungen von 0 bis 360° schwingt, dazu zwingen, nur in einer Richtung zu schwingen: Man bezeichnet es dann als polarisiertes Licht. Unabhängig voneinander sahen 1874 der Franzose Achille le Bel und der Niederländer Jacobus Henricus van't Hoff im asymmetrischen Kohlenstoffatom die Erklärung für die Tatsache, dass organische Verbindungen derselben Zusammensetzung, aber enantiomerer Konfiguration die Ebene des polarisierten Lichts nach links beziehungsweise rechts drehen (siehe POLARISATION). Diese Eigenschaft wird weithin genutzt, um die relativen Mengenanteile der beiden Enantiomere in einem Gemisch zu bestimmen.

In einem Molekül mit drei verschiedenen Atomgruppen *e, f, g* an einem zentralen Stickstoffatom N bezeichnet man es als Konfigurationsumkehr, wenn das Stickstoffatom die Ebene (*e, f, g*) durchquert (siehe *Abbildung 2*). Durch diese Inversion wandelt sich das Enantiomer in einem beständigen Rhythmus in sein spiegelbildliches Äquivalent und umgekehrt um. Derselbe Prozess lässt sich im Fall des (achiralen) Ammoniakmoleküls NH_3 ($e=f=g=$H) zur Zeitmessung nutzen (Ammoniakuhr), wie es für jede rhythmisch erfolgende Umwandlung gilt.

Biomoleküle

Von wenigen Ausnahmen abgesehen, sind alle Moleküle der belebten Welt chiral. Die 20 Typen der natürlichen AMINOSÄUREN, aus denen sich die PROTEINE zusammensetzen, gehören zur Gruppe der Enantiomere mit Links-Konfiguration, die natürlichen ZUCKER zur Gruppe mit Rechts-Konfiguration. Die Zuordnung zu den linken bzw. rechten Serien erfolgt anhand der Molekülstruktur, die man am kristallinen Zustand durch Röntgenbeugung ermittelt. Der Ursprung dieser Chiralität der Biomoleküle gehört zu den großen ungeklärten Fragen der Chemie.

Da Proteine POLYMERE sind, die aus chiralen Aminosäureketten bestehen, sind sie ebenfalls chiral. Auch biologische Rezeptoren, die aus Proteinen bestehen, sind in der Regel chiral. Ebenso weisen die biologisch aktiven Moleküle (zum Beispiel HORMONE und Medikamente), die sich an diese Rezeptoren anlagern, eine Links- bzw. Rechts-Chiralität auf. Ihre Enantiomere sind dagegen meist biologisch unwirksam.

Es kann aber auch sein, dass die beiden Enantiomere sich an verschiedene Rezeptoren anlagern und somit unterschiedliche physiologische Wirkungen haben. So riecht eines der Enantiomere von Carvon nach Minze, das andere nach Kümmel. Eines der

Enantiomere von Thalidomid verhindert bei schwangeren Frauen Übelkeit, das andere kann beim Fötus zu Missbildungen führen, so dass die Kinder mit verkümmerten Ärmchen geboren werden.

Chloroplast

Zur Vertiefung: ***Mitochondrien; Organellen; Photosynthese***

Chloroplasten sind kleine, eiförmige Körperchen oder Organellen, die von einer Doppelmembran (siehe Membran) umgrenzt sind und in großer Menge im Zytoplasma pflanzlicher Zellen vorkommen. In ihnen findet die Photosynthese statt, ein wichtiger Stoffwechselprozess (siehe Stoffwechsel), der Lichtenergie, Wasser und Kohlendioxid in organische Stoffe und Sauerstoff umwandelt. In Form und Größe erinnern die Chloroplasten an Bakterien und besitzen ganz ähnlich wie sie ein Plastiden-Genom, das aus einem kleinen ringförmigen DNA-Molekül besteht (siehe Genom). Die Ribosomen – Korpuskeln, die an der Synthese von Proteinen mitwirken – sind in den Chloroplasten kleiner als im Zytoplasma und ähneln in ihrer Größe eher den Ribosomen der Bakterien. Diese Beobachtungen sprechen für einen bakteriellen Ursprung der Chloroplasten (wie es auch bei den Mitochondrien der Fall ist, anderen Zellorganellen, in denen die Zellatmung stattfindet).

chlororganische Verbindungen

Zur Vertiefung: ***Chemie; Naturstoffe; synthetische Erzeugnisse; Umweltverschmutzung***

Wie der Name schon sagt, handelt es sich bei chlororganischen Verbindungen (oder organischen Chlorverbindungen) um organische Moleküle, also um Verbindungen aus Kohlenstoff, Wasserstoff, Sauerstoff und Stickstoff, die ein Chloratom enthalten. Die Familie dieser Verbindungen ist sehr umfangreich. Man hat empirisch festgestellt, dass die Anwesenheit eines Chloratoms eine etwaige biologische Wirkung eines Moleküls verstärkt, wofür es bislang noch keine wissenschaftliche Erklärung gibt. Die extensive Anwendung solcher Verbindungen bedeutet für die einen ein wahres Füllhorn, für andere dagegen eine Büchse der Pandora (insbesondere für die Ökologen von Greenpeace). Wem soll man Glauben schenken? Bedroht die chemische Industrie die verschiedenen Formen des Lebens auf der Erde? Oder sind wir umgekehrt Opfer einer kollektiven Anti-Chlor-Hysterie?

Nützliche Verbindungen

Die meisten Arzneimittel enthalten chlorierte Moleküle: das Malariamittel Chloroquin; das Breitbandantibiotikum Chloramphenicol; Epibatidin, eine 1992 entdeckte natürliche Substanz, die von einem Baumfrosch der Äquatorregion stammt und als Schmerzmittel 200-mal stärker wirkt als Morphium; Diabinese, ein orales Mittel gegen Diabetes; und verschiedene Psychopharmaka, die dazu beigetragen haben, dass die psychiatrischen Kliniken leerer wurden, wie Haldol, Chlorpromazin, Librium oder Valium. Etwa ein Fünftel der meist verordneten Medikamente enthält Chlor, das aus diesem Grund für die Gesundheit unverzichtbar ist.

Schädliche Verbindungen

Chlor hat jedoch noch ein anderes, weniger wohlwollendes Gesicht. Manche der giftigsten chemischen Produkte sind ebenfalls chlororganische Verbindungen. DDT, das die Ausrottung der Malaria in vielen Regionen der Welt ermöglichte, wurde verboten, weil es sich in der Umwelt ansammelte und über die Insekten hinaus auch andere Arten schädigte; insbesondere beeinträchtigte es die Fruchtbarkeit bestimmter Raubvögel. Weitere chlorierte Insektizide wurden verboten, weil sie für zahlreiche Formen tierischen Lebens zu toxisch waren. Die polychlorierten Biphenyle (PCB), die einige Jahrzehnte lang als Isolierflüssigkeit in Transformatoren eingesetzt wurden, sind leicht Krebs erregend und werden von unserem Stoffwechsel nur langsam abgebaut. Die Familie der Dioxine ist sehr gefährlich; das giftigste unter ihnen, 2,3,7,8-Tetrachlordibenzoldioxin – wir bitten die schwerfällige Terminologie zu entschuldigen –, ist schon in so schwachen Dosierungen hochgiftig, dass nur ein Gramm genügen würde, alle sechs Milliarden Menschen der Erde ein Jahr lang der nach den geltenden Bestimmungen zulässigen Höchstdosis pro Tag auszusetzen! Bei einem Störfall 1976 in einer Fabrik in der italienischen Ortschaft Seveso wurden nicht einige Gramm, sondern zwei Kilogramm dieses Stoffes freigesetzt. Eine feinstatistische Untersuchung bewies dennoch, dass dieser Unfall keine Menschenleben gefordert hat. Demnach ist dieses Molekül also für den Menschen weniger gefährlich, als Tierversuche befürchten ließen. Dioxine entstehen im Wesentlichen bei der VERBRENNUNG salzhaltiger (NaCl) Abfälle und chlorhaltiger organischer Stoffe (zum Beispiel Polyvinylchlorid oder PVC) in Müllverbrennungsanlagen für Hausmüll, in der Eisen- und Stahlverarbeitung und in der Papierindustrie, wenn sie Chlor zum Bleichen der Papiermasse einsetzt.

Annehmbare und unannehmbare Risiken

Was ist aus dieser Gegenüberstellung zu schließen? Sollte man Chlor aus unserem Leben verbannen? Das dürfte kaum zu realisieren sein, da Hunderte natürlicher Substanzen chlororganische Verbindungen sind. Sicher müssen wir PCB und Dioxine fürchten, und wir sollten vermeiden, sie bewusst oder versehentlich zu produzieren. Aber Panik ist nicht angebracht: Seit unvordenklichen Zeiten hat der Mensch Helligkeit und Wärme durch Holzfeuer erzeugt, die Dioxine an die Umgebung abgeben. Unser Organismus hat sicher gelernt, diese Gifte zu tolerieren.

Von zwei Übeln das geringere zu wählen ist sicher eine gute Maxime. So wird das Trinkwasser seit Ende des 19. Jahrhunderts durch Chlorung von Krankheitskeimen befreit. Auf diese Weise hat man die Stadtbevölkerung vor den Epidemien früherer Zeiten geschützt, die vom Trinkwasser übertragen wurden, wie Cholera, Ruhr und Typhus. Vor 1900 starben jährlich von einer Million Menschen 360 an Typhus. Bis 1989 sank die Zahl der Todesopfer durch Typhus auf 2 von einer Million (zum Vergleich: Von einer Million Rauchern sterben 200000 an den Folgen ihrer Nikotinvergiftung – wenn auch nicht im Jahr). Doch alles hat seinen Preis, und wir bezahlen auch die verbesserte Hygiene durch Chlorung des Wassers: Wenn das Grundwasser durch organische Stoffe kontaminiert ist, bilden sich bei der Chlorung des Wassers Spuren von Dioxin, die zu einer ganz leichten Vermehrung der Krebserkrankungen bestimmter Wasser speichernder Organe wie Blase und Rektum führt.
Ein weiteres Beispiel: Es ist besser, nicht chlorierte Fluorkohlenstoffe (HCF) als Chlorfluorkohlenstoffe (CFC) zu verwenden, da sie die Ozonschicht der Stratosphäre zerstören, die uns vor ultravioletter Strahlung schützt: Ein einziges Chloratom kann durch Kettenreaktion (siehe KETTE) bis zu 10000 Ozonmoleküle zerstören.

Chromatographie

Zur Vertiefung: ***Adsorption; Heterogenität; Lösung; Reinheit***

Die Chromatographie ist ein Verfahren, die in einem Stoffgemisch enthaltenen chemischen Verbindungen zu trennen, also zu isolieren und zu reinigen. So lassen sich zum Beispiel mit Hilfe eines Lösungsmittels wie Methanol (siehe ALKOHOL) die verschiedenen FARBSTOFFE aus Spinatblättern extrahieren. Bei der chromatographischen Trennung gibt man das Farbstoffgemisch auf eine Säule, die aus Körnchen eines Festkörpers besteht (die so genannte stationäre Phase). Anschließend lässt man durch die Säule der stationären Phase ein Lösungsmittel (die mobile Phase) rieseln, das die gelösten Moleküle mitnimmt, bis sie in einer bestimmten Verteilung am Fuß der Säule austreten. Nach dieser PERKOLATION haben sich die verschiedenen Molekültypen voneinander getrennt.

Bei Spinatblättern erfolgt die Trennung der Farbstoffe auf ZUCKER- oder Sandkörnchen (Kieselerde) in einem Glaszylinder von 30 bis 50 cm Höhe. Sie zeigt, dass das Spinatblatt Carotine enthält, also jene gelben Farbstoffe, die der Karotte ihre Farbe verleihen, sowie verschiedene Arten von Chlorophyll, das für die grüne Farbe der Pflanzenblätter verantwortlich ist.

Dieses Trennverfahren hat folgende Erklärung: Die MOLEKÜLE lagern sich auf mikroskopischer Ebene an die festen Teilchen, zum Beispiel Sand, an (siehe ADSORPTION), und zwar je nach ihrer Struktur mehr oder weniger stark. Spült man nun dieses Gemisch mit einer Flüssigkeit oder einem Gas (der so genannten mobilen Phase) durch, werden Moleküle eines bestimmten Typs, die sich weniger stark anlagern, früher herausgelöst als die eines anderen Typs, die sich fester anlagern.

Für das Funktionieren der chromatographischen Trennung ist wichtig, dass die Adsorption der Moleküle durch die stationäre Phase im gleichen Rhythmus erfolgt wie ihre Loslösung. So stellt sich ein dynamisches Gleichgewicht zwischen Anlagerung und Ablösung ein. Die Chromatographie ist für die Moleküle eine Art gigantischer Hindernislauf, ein Marathon, der das Hauptfeld auf einem erzwungenen Parcours in die schnellsten und die langsamsten teilt.

Die verschiedenen chromatographischen Trennverfahren werden oft nach Beschaffenheit der verwendeten mobilen Phase unterschieden: Angeführt sei hier die Flüssigkeits-Chromatographie, bei der man oft ein Lösungsmittel unter Druck einsetzt, um die Moleküle aus der Retention zu lösen, und die Gas-Chromatographie, bei der man ein Gas wie Helium oder Argon einsetzt, um die Moleküle des zu trennenden Gemischs an die feste Phase anzulagern und von ihr zu lösen.

Statt einer Säule kann die feste Phase zum Beispiel auch eine dünne Schicht auf einer Glasplatte oder ein Blatt Papier sein. Die Papier-Chromatographie, die im Zweiten Weltkrieg durch Zufall entdeckt wurde, erleichterte die Entwicklung der Molekularbiologie, die damals gerade entstand.

Die Chromatographie dient dazu, die in einem Gemisch enthaltenen Stoffe einerseits zu erfassen und zu identifizieren und andererseits getrennt aufzufangen.

Chromosom

Zur Vorbereitung: ***Zelle***
Zur Vertiefung: ***DNA; genetische Information; Meiose; Mitose***

Entdeckung der Chromosomen

Anfang des 19. Jahrhunderts zeigte sich unter dem Mikroskop, dass tierische und pflanzliche Zellen, die mit bestimmten Farbstoffen behandelt waren, im ZELLKERN farbige Körperchen aufwiesen, die man als Chromosomen bezeichnete (griechisch *chroma*, Farbe, und *soma*, Körper). Bei vielzelligen Organismen unterscheiden sich die einzelnen Zellen in Form, Funktion und biologischer Aktivität stark voneinander. Innerhalb einer Spezies besitzen jedoch alle die gleiche Anzahl an Chromosomen, die für diese Art charakteristisch ist.

Da sich bei bestimmten Insekten wie der Fruchtfliege oder *Drosophila* die Details der Chromosomenstruktur leicht an den Zellen der Speicheldrüsen beobachten lassen, nutzte man sie zu Beginn des 20. Jahrhunderts mit Erfolg für genetische Studien. Biochemische Untersuchungen aus dieser Zeit ergaben, dass die Chromosomen hauptsächlich aus Desoxyribonukleinsäure oder DNA als Träger der genetischen Information bestehen. Sie ist mit zahlreichen PROTEINEN verbunden, vorwiegend mit Histonen, die starke Bindungen mit der DNA-Doppelhelix eingehen. Sie bilden den Kern einer kugelförmigen Struktur, des so genannten Nukleosoms, um das sich die DNA-Doppelhelix etwa zweimal herumwindet (siehe *Abbildung 1*). Jeweils zwei dieser Nukleosomketten verdrillen sich zu den Chromatinfasern und tragen somit zur Verdichtung der DNA und der Chromosomen bei. Diese Verdichtung ist notwendig, damit alle Chromosomen im engen Zellkern Platz finden.

Bei einzelligen Eukaryoten (Organismen, deren Zellen einen Kern haben) wie Hefepilzen ist die DNA im Vergleich zu Tier- und Pflanzenzellen sehr wenig kondensiert und daher unter dem optischen Mikroskop nicht sichtbar. Das Gleiche gilt für den kleinen einzelnen DNA-Ring prokaryotischer BAKTERIEN (deren Zellen keinen Kern haben), der erst nach Entwicklung des Elektronenmikroskops entdeckt wurde. Dennoch spricht man auch bei Hefepilzen und Bakterien von Chromosomen, um zu verdeutlichen, dass sie bei den verschiedenen Organismentypen die gleiche Rolle spielen: nämlich als Träger der genetischen Information zu dienen und die Vererbung zu gewährleisten (siehe EUKARYOTEN, PROKARYOTEN).

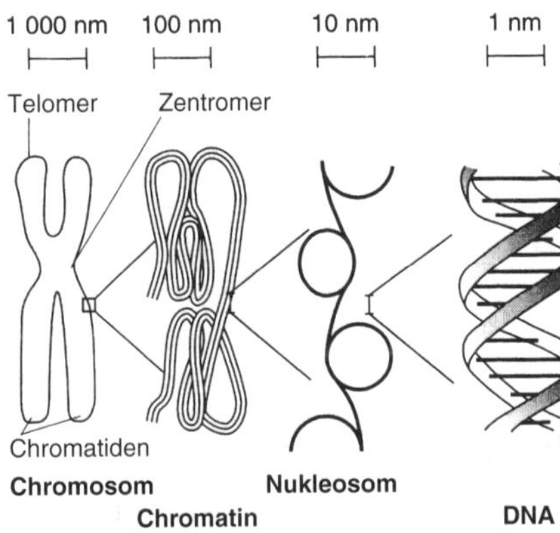

Abbildung 1 Aufbau des Chromosoms. Jede Detailabbildung ist jeweils um den Faktor zehn vergrößert. Die DNA-Doppelhelix windet sich etwa zweimal um jede aus Histonen bestehende Nukleosom-Perle. Jede Chromatinfaser besteht aus zwei verdrillten Nukleosomenketten.

Morphologie der Chromosomen

Die Zytogenetik, die sich mit der Morphologie von Chromosomen befasst, vermag bestimmte allgemeine und besondere Merkmale eines jeden Chromosoms festzustellen und für jede Spezies den Karyotyp, das heißt die Zahl und Form der Chromosomen zu bestimmen. Anhand der Entdeckung zahlenmäßiger oder morphologischer Chromosomenanomalien lassen sich bestimmte Erbkrankheiten und bestimmte Krebserkrankungen diagnostizieren.

Während der Zellteilungsphase (siehe ZELLTEILUNG) ist die DNA weniger stark verdichtet, und die Chromosomen nehmen eine typische Stäbchenform an (siehe *Abbildung 1*). Sie weisen nun charakteristische Einschnürungen auf, besonders ausgeprägt am Zentromer, das bei ihrer Verdoppelung während der MITOSE als Ansatzstelle für die Zugfasern der Teilungsspindel dient. Mit Hilfe verfeinerter Färbemethoden war es möglich, jedes Chromosom anhand eines Bandenmusters aus abwechselnd hellen und dunklen Bändern zu charakterisieren, die in groben Zügen die Variationen der Gendichte widerspiegeln. An den Enden oder Telomeren mündet jedes Chromosom in eine DNA-Sequenz, die als Einzelstrang ausläuft; er gewährleistet die Stabilität der Chromosomen im Laufe der sukzessiven Zellteilungen und verhindert, dass Chromosomen sich regellos verknüpfen.

Mitose

Bei Eukaryoten sind die meisten Zellen diploid, das heißt, sie besitzen jedes Chromosom als homologes Paar, also in zwei Exemplaren. Nur die Keimzellen (GAMETEN), Ei- und Spermazellen, sind haploid, weisen also von jedem Chromosom nur ein Exemplar auf. Bei der normalen Zellteilung oder Mitose verdoppeln sich zunächst die Chromosomen, wobei sie sich so stark verdichten oder kondensieren, dass sie unter dem optischen MIKROSKOP sichtbar werden. Wenn sich im nächsten Schritt die Chromosomen teilen, wandert je ein Exemplar in die beiden Tochterzellen. Während der so genannten Interphase zwischen zwei Mitosen sind die Chromosomen dekondensiert, allerdings ist diese Auflockerung relativ, da die Gesamtlänge der DNA einer Zelle, wollte man sie entrollen, über einen Meter misst und sie im Zellkern auf einem Raum von nur wenigen Mikrometern Durchmesser verdichtet ist.

Meiose

Die Meiose ist die besondere Form der Zellteilung, die bei geschlechtlichen Organismen zur Bildung der Keimzellen, also Ei- und Spermazellen, führt. Sie geht mit einer Reduzierung der Chromosomenzahl auf die Hälfte einher, wobei in diesen Zellen von jedem homologen Paar nur ein Chromosom erhalten bleibt. Allerdings gibt es bei männlichen Organismen ein Chromosomenpaar, das nicht homolog ist, nämlich die Chromosomen X und Y (während weibliche

Organismen zwei X-Chromosomen haben). Diese Chromosomen bezeichnet man als Geschlechtschromosomen und alle Übrigen als autosome Chromosomen. Somit können sich also zwei Arten von Spermien bilden, eine mit einem X-Chromosom und die andere mit einem Y-Chromosom. Sobald bei der Befruchtung der Zellkern des Eis mit dem des Spermiums verschmilzt, entsteht ein befruchtetes Ei – eine ZYGOTE – mit einem kompletten diploiden Chromosomensatz. Das Geschlecht des Individuums wird dabei vom Geschlechtschromosom des Spermiums bestimmt.

Code

Zur Vertiefung: ***Codierung; Kryptographie***

Bei einer Abbildung werden den Elementen einer Urmenge jeweils bestimmte Elemente einer Bildmenge zugeordnet; die Gesamtheit der Vorschriften, nach der diese Zuordnung erfolgt, bezeichnet man als Code oder Schlüssel; der Code gibt Auskunft, wie die Elemente der Urmenge in die Elemente der Bildmenge überführt (übersetzt oder transkribiert) werden müssen (diesen Vorgang bezeichnet man als CODIERUNG oder Verschlüsselung) und wie die Elemente der Bildmenge wieder in Elemente der Urmenge rückübersetzt werden können (diesen Vorgang bezeichnet man als Decodierung oder Entschlüsselung). Im Bereich der Nachrichtentechnik und der Datenverarbeitung werden solche Codes durch Konvention festgelegt; ein bekanntes Beispiel ist der Morse-Code, der den Buchstaben des Alphabets (Urmenge) bestimmte Signalfolgen (Bildmenge) zuordnet, die sich funktechnisch sehr einfach übermitteln lassen. Der genetische Code ist dagegen keine Konvention, sondern eine empirisch ermittelte Gesetzmäßigkeit für die Transkription der DNA in PROTEINE.

Im Bereich der Informatik bestehen die auszutauschenden Daten meist aus Texten, Zahlenreihen, stehenden oder bewegten Bildern sowie aus Tönen. Für jede dieser Datenarten hat man Codes entwickelt, die sicherstellen, dass Sender und Empfänger einer Nachricht einander verstehen können.

Der ASCII-Code

Da sich im internationalen Bereich (vor allem über die englische Sprache) weitgehend das lateinische Alphabet und die arabischen Ziffern durchgesetzt haben, konnte sich auf dem Gebiet der Datenverarbeitung und des Datenaustauschs ein Code durchsetzen, der die Bezeichnung ASCII trägt (*American Standard Code for Information Exchange*). Er übersetzt im Wesentlichen die 26 Buchstaben des Alphabets, jeweils Groß und Klein, die Satzzeichen (!?,;.:...), die zehn arabischen Ziffern des Zehnersystems und die Zeichen für die vier elementaren Rechenoperationen (+ – × /) in BINÄRZAHLEN. Einige andere Zeichen werden gleichfalls toleriert – wenn auch wegen der amerikanischen Herkunft des Codes eher widerwillig –, zum Beispiel diakritische Zeichen wie die verschiedenen Akzente.

Fehlertolerante Codes

Da die Datenübertragung gelegentlich Störungen ausgesetzt ist und binäre Signale sich dabei ineinander verkehren können, hat man nach Mitteln gesucht, solche Fehler automatisch aufzuspüren. Eine Möglichkeit ist die Einführung so genannter Prüfbits, die jeweils zusätzlich zu den die eigentliche Nachricht enthaltenen Bits übertragen werden. Die Prüfbits enthalten Informationen über mathematische Eigenschaften der zugehörigen Bitfolge; ihre Werte werden vom Empfänger seinerseits berechnet und mit den übertragenen Prüfbits verglichen. Das einfachste Prüfbit ist das Paritätsbit (siehe PARITÄT). Dabei wird für jedes BYTE gezählt, wie oft die 1 darin vorkommt; handelt es sich dabei um eine gerade Zahl, erhält das Paritätsbit den Wert 1, sonst den Wert 0. Beim Empfänger wird jedes Byte auf diese Eigenschaft hin überprüft und das Ergebnis mit dem Wert des übermittelten Paritätsbits verglichen. Durch dieses Verfahren lassen sich allerdings nur ungeradzahlige Fehler ermitteln, das heißt die ein-, drei-, fünf- oder siebenfache Vertauschung einer 1 durch eine 0 oder einer 0 durch eine 1. Bei einer geraden Zahl von Fehlern stimmt das Ergebnis der Nachprüfung dagegen mit dem Wert des übermittelten Prüfbits überein, und die Fehler bleiben unerkannt. Durch die Einführung mehrerer Prüfbits (meist auf der Basis längerer Bitfolgen) lässt sich die Fähigkeit der Fehlererkennung weiter verbessern. Bei hinreichender Redundanz der übermittelten Nachricht (siehe FEHLER) ist es sogar möglich, Fehler automatisch zu korrigieren. Codes, in die solche Prüfverfahren integriert sind, werden als fehlertolerante und im Einzelnen als fehlererkennende oder fehlerkorrigierende Codes bezeichnet.

Codes im Sprachgebrauch der Informatik

Im engeren Bereich der Informatik bezeichnet man als Code vielfach auch die Zeichenfolge, aus der ein PROGRAMM besteht. Danach ist der Code einfach ein vom COMPILER in Maschinensprache übersetztes Programm, während das in einer höheren Programmiersprache gleichsam von Hand geschriebene Programm als Quellprogramm und gelegentlich auch als Quellcode bezeichnet wird.

Code, genetischer

→ ***genetischer Code***

Codierung

Zur Vertiefung: ***Code; Information; Kryptographie; Telekommunikationsnetz***

Bei der Codierung oder Verschlüsselung wird eine Zeichenfolge mit Hilfe eines Schlüssels oder CODES in eine andere Zeichenfolge übersetzt, und zwar entweder zum Zweck der Geheimhaltung (siehe KRYPTOGRAPHIE) oder – wie heute in den meisten Fällen –, um die Zeichenfolge (etwa einen Text) in eine Form zu bringen, in der sie auf technischem Wege übertragen oder von Computern verarbeitet werden kann. Der gegenteilige Vorgang, also die Rückübersetzung einer verschlüsselten Nachricht, wird als Decodierung oder Entschlüsselung bezeichnet. Während die der Geheimhaltung dienende Verschlüsselung und Entschlüsselung früher mühsam von Hand erfolgte, werden Codierungen heute weitestgehend automatisch von Computern erledigt.

Collider

Zur Vertiefung: ***Relativitätstheorie; Teilchenbeschleuniger***

Collider (nach dem englischen Verb *collide*: zusammenstoßen) sind ringförmige Teilchenbeschleuniger, in denen zwei Teilchenstrahlen in entgegengesetzter Richtung kreisen und zur Kollision gebracht werden können. Es liegt auf der Hand, dass dies ein äußerst schwieriges Unterfangen ist, doch die Technik ist inzwischen ausgereift: Zwei Teilchenstrahlen kleinsten Querschnitts stoßen mit nahezu Lichtgeschwindigkeit an einem vorher bestimmten Ort frontal aufeinander – größere Präzision lässt sich kaum vorstellen.

In einem Collider kann die gesamte Energie der aufeinander treffenden Teilchen gemäß der Äquivalenz von Masse und Energie ($E=mc^2$) in Energie umgewandelt werden, die sich dann ihrerseits wieder vollständig in andere Teilchen umzuwandeln vermag.

Compiler

Zur Vertiefung: ***Interpreter; Semantik; Sprache; Syntax***

Computerprogramme werden in verschiedenen Programmiersprachen geschrieben: in einer Maschinensprache, in maschinennahen Assemblersprachen, in höheren Programmiersprachen (siehe SPRACHE und PROGRAMMIERUNG). Der Compiler (auch Übersetzer genannt) ist ein Übersetzungsprogramm, das Computerprogramme aus einer Programmiersprache in eine andere übersetzt. Die Sprache, aus der übersetzt wird, heißt Quellsprache, das darin geschrieben Programm entsprechend Quellprogramm; die Sprache, in die der Compiler übersetzt, wird als Zielsprache bezeichnet, das Programm entsprechend als Zielprogramm.

Wozu übersetzen?

Warum genügt nicht eine einzige Sprache? Ist es wirklich nötig, sich mit der Schaffung verschiedener künstlicher Sprachen dieselben Schwierigkeiten einzuhandeln, die wir aus dem Bereich der natürlichen Sprachen kennen? Es ist nötig, denn die Maschinensprachen sind für den Menschen nur schwer verständlich, und ihre Anwendung ist äußerst zeitraubend; sie bestehen nämlich aus endlosen Folgen von BINÄRZAHLEN, denen der Uneingeweihte keinerlei Sinn abzugewinnen vermag; außerdem benötigen verschiedene Computer je nach ihrer Struktur unterschiedliche Maschinensprachen. Eine erste Vereinfachung für den Benutzer bringen die Assemblersprachen, denn sie gestatten die Verwendung von Symbolen (siehe ASSEMBLER). Dadurch wird das Programm leichter lesbar, aber nur unwesentlich kürzer; das Lesen und Schreiben eines Programms bleibt eine ermüdende Angelegenheit. Darum wurden Programmiersprachen entwickelt (die so genannten höheren Programmiersprachen), mit denen sich Programme dank einer besseren Verständlichkeit leichter schreiben, lesen und korrigieren lassen; allerdings müssen die darin geschriebenen Programme anschließend in eine Assembler- oder Maschinensprache übersetzt werden, und zwar, wenn möglich, automatisch. Diese automatische Übersetzung besorgt ein eigens dafür bestimmtes Computerprogramm: der Compiler.

Die erste höhere Programmiersprache – sie trug den Namen Fortran (eine Wortzusammenziehung aus dem englischen *formula translator*: Formelübersetzer) – hatte ursprünglich die Aufgabe, arithmetische Ausdrücke automatisch in Maschinensprache zu übersetzen. 1957 schrieb eine Gruppe von Programmieren unter Leitung von John Backus, der als Pionier auf diesem Gebiet gilt, einen Compiler für diese Sprache. Seither sind Tausende von Programmiersprachen entstanden, und jede von ihnen benötigt einen Compiler, so dass die Herstellung von Compilern systematisiert wurde und heute einen eigenständigen Zweig der Informatik bildet, den jeder Informatikstudent erlernen muss.

Compilertechniken

Bei der Übersetzung beginnt der Compiler mit einer grammatischen Analyse, bei der er prüft, ob der in der Quellsprache geschriebene Text mit der Grammatik dieser Programmiersprache übereinstimmt. In der Regel erfolgt die grammatische Analyse in zwei Phasen: Bei der lexikalischen Analyse werden die verwendeten Ausdrücke identifiziert, nach ihrer Zugehörigkeit zu den verschiedenen grammatischen Kategorien klassifiziert und in einer Datenstruktur gespeichert, die als Symboltafel bezeichnet wird. Anschließend folgt eine syntaktische Analyse, bei der die Ordnung der Ausdrücke untereinander und damit letztlich die gesamte Struktur des Programms überprüft wird. Die Programmstruktur wird dann in einer mathematischen Form ausgedrückt, die man allgemein als Baum und in diesem speziellen Fall als Ableitungsbaum bezeichnet. Die dabei entdeckten Syntaxfehler verweisen vielfach auf Denkfehler bei der Erstellung des Programms und müssen auch dann unbedingt korrigiert werden, wenn sie auf bloße Gedankenlosigkeit zurückgehen.

Nach Abschluss der grammatischen Analyse wird der erstellte Ableitungsbaum auf die vollständige und korrekte DEKLARATION aller Variablen sowie auf Redundanzen und sonstige Mängel überprüft, die der Effizienz des Programms abträglich sein können. Diese Phase stellt in Ansätzen eine semantische Analyse dar (siehe SEMANTIK): Eine partielle Interpretation des Programms berechtigt zu einer Veränderung seiner Struktur. Der Ableitungsbaum wird in Teilen umgeschrieben und in einer letzten Phase mit Hilfe eines Codegenerators in die Zielsprache übersetzt.

Da die vom Compiler vorgenommene Übersetzung auf einer lexikalischen, einer syntaktischen und einer semantischen Analyse des Quellprogramms basiert, vermag sie dem Programmierer Hinweise auf mögliche Fehler zu geben und nach deren Beseitigung ein effizientes Maschinenprogramm zu erzeugen. Sie gleicht insofern einer klassischen Übersetzung zwischen verschiedenen natürlichen Sprachen, als sie die einzelnen Ausdrücke des Programms nicht vollkommen mechanisch, sondern unter Berücksichtigung ihres jeweiligen Kontextes übersetzt. Programme, die nur eine syntaktische Prüfung des in einer anderen Sprache geschriebenen Programms vornehmen und die dortigen Anweisungen ohne eine semantische Prüfung (das heißt ohne eine Übersetzung im eigentliche Sinne) unmittelbar ausführen, werden als Interpreter (englisch für »Dolmetscher«) bezeichnet.

Computer

Zur Vertiefung: ***Elektronik; Halbleiter; Rechnerarchitektur***

Der Computer gehört heute zu unserem Alltag. Wir alle haben ständig mit ihm zu tun, auch wenn wir es nicht immer bemerken. Viele kennen ihn aus eigener Anschauung und Praxis, und jeder hat zumindest von ihm gehört. Manche beten ihn an, andere hassen ihn. Man wirft ihm vor, für mancherlei Unannehmlichkeiten verantwortlich zu sein: für Zugverspätungen und Fehlbuchungen, für das Durcheinander auf den Flughäfen und in den Bankgeschäften, für Börsenkräche und überzogene, gesichtslose Automatisierung, für die Arbeitslosigkeit der Jugendlichen wie auch der Älteren ... Und da Kinder gerne mit ihm spielen, hält man ihn zwar für außergewöhnlich begabt, aber auch für lustig, kindisch und dilettantisch.

Aber in Wirklichkeit hat er keinerlei Phantasie, er ist nicht sonderlich jung, seine unendlich servile Art macht ihn zu einem perfekten Diener, und wenn Begabung etwas ist, das man bei seiner Geburt mit bekommt, dann ist er keineswegs sonderlich begabt. Darin liegt im Übrigen gerade ein Großteil seiner Originalität. Davon zeugt sein Name ebenso wie seine Geschichte, seine Grundstruktur und selbst sein Daseinsgrund.

Der Name

Die Bezeichnung »Rechner« oder »Rechenanlage« entspricht eigentlich nicht ganz den Gegebenheiten, denn Computer führen nicht nur arithmetische Operationen – Addition, Subtraktion, Multiplikation, Division – aus wie eine einfache Rechenmaschine. Sie können diese Operationen auch nach den Vorgaben des Benutzers auf vielfältige Weise miteinander verknüpfen. Gerade bei größeren Anlagen spricht man daher vielfach von EDV-Anlagen (EDV: Elektronische Datenverarbeitung). Seit dem Siegeszug des Personal Computers (PC) hat sich jedoch im allgemeinen Sprachgebrauch der englische Ausdruck »Computer« weitgehend durchgesetzt, auch wenn das englische Verb *compute* wie sein lateinischer Ursprung *computare* wiederum nichts anderes bedeutet als »berechnen«.

Geschichte

Über den Ursprung des Computers herrscht Uneinigkeit. Manche führen die Idee auf Blaise Pascal zurück, auch wenn es damals im Grunde nur um Rechenmaschinen ging. Andere sehen in Gottfried Wilhelm Leibniz den geistigen Vater des Computers; aber in jedem Falle beschränkten beide sich auf reine Spekulationen. Anfang des 19. Jahrhunderts war man bereits deutlich weiter: Der englische Exzentriker Charles Babbage entwarf eine Rechenmaschine, die Ausdrücke der analytischen Arithmetik wie $5x^3+2x^2+1$ nach einer Zerlegung in Additionen und Subtraktionen für die jeweils gewünschten Werte der Variablen x berechnen können sollte. Damit waren die Prinzipien gefunden, nach denen auch heute noch unsere Computer arbeiten. Die vergeblichen Versuche, eine derartige Rechenmaschine aus mechanischen Teilen zu bauen, kosteten Babbage sein gesamtes Vermögen.

Erst Dank der Fortschritte der Elektrotechnik und der Elektronik entstanden in den 1940er Jahren die ersten Computer: 1944 der mit Relais arbeitende MARK 1 an der Harvard University, 1946 der mit Vakuumröhren und anderen elektronischen Bauteilen arbeitende ENIAC an der University of Pennsylvania und schließlich 1947 an der Princeton University der so genannte EDVAC, der erste Computer mit einem aufgezeichneten Programm.

Grundstruktur und Daseinsgrund des Computers

Die Besonderheit des Computers und seine Leistungsfähigkeit basieren auf dem völligen

Fehlen von »Begabungen«. Anders als die meisten Maschinen, die uns umgeben und die jeweils für einen ganz bestimmten Zweck konstruiert sind – Orangen auszupressen, Wäsche zu waschen, Radiowellen zu empfangen –, wissen Computer von sich aus gar nichts zu tun. Man muss ihnen alles sagen und alles in ihren SPEICHER eingeben. Deshalb unterscheidet man beim Computer zwischen den materiellen Bestandteilen der Maschine, der so genannten Hardware, und den in einem PROGRAMM niedergelegten Anweisungen, die in ihrer Gesamtheit als SOFTWARE bezeichnet werden.

Diese Unterscheidung realisierte der aus Ungarn stammende amerikanische Mathematiker John von Neumann 1947 in dem ersten Computer, der über ein aufgezeichnetes Programm verfügte, und noch heute prägt sie die Struktur unserer Computer.

Insgesamt basiert der Erfolg der Computer auf zwei zentralen Eigenschaften: einerseits auf der vollständigen Unterwerfung unter die ihnen erteilten Befehle, also ihrer absoluten Servilität, und andererseits auf dem Fehlen jeglicher »Begabung«. Sie sind nicht von vornherein auf bestimmte Aufgaben festgelegt, sondern können die unterschiedlichsten Arbeiten erledigen, sofern man die Programme entsprechend ausgestaltet.

Seit dem Ende der 40er Jahre haben sich die Zahl der Computer, ihre Speicherkapazität und ihre Arbeitsgeschwindigkeit rasant erhöht, während ihre Größe und ihr Preis sich in ähnlichem Maße verringerten. Dennoch sind die Prinzipien, auf denen sie basieren, im Wesentlichen dieselben geblieben und stützen sich nach wie vor auf die Rechnerarchitektur, die John von Neumann in den 40er Jahren eingeführt hat. Zwar hat es Versuche gegeben, neue Architekturen zu entwickeln, die zum Beispiel den Gedanken der PARALLELVERARBEITUNG in den Vordergrund stellen; aber trotz einiger Prototypen haben diese Versuche die in sie gesetzten Hoffnungen bislang nicht erfüllen können. Andere Versuche zielen darauf ab, die elektronischen Bauteile durch biologische Makromoleküle zu ersetzen, doch diese Bemühungen sind über erste prospektive Studien noch nicht hinaus gelangt.

Constraint

Zur Vertiefung: ***Lösung von Problemen; Kombinatorik; künstliche Intelligenz; Programmierung***

Das englische Substantiv *constraint* bedeutet ursprünglich »Zwang« oder »Einschränkung«; in der Mathematik bezeichnet es Restriktionen oder Nebenbedingungen. In der Informatik steht der Begriff für eine besondere Form der Programmierung, die so genannte Constraint-Programmierung, die den Computer bei der Lösung eines Problems wie einen Blinden mittels eines Seils oder eines Geländers zu führen versucht, so dass er nicht in Sackgassen gerät, sondern seine Tätigkeit auf nützliche Arbeiten beschränkt.

Das Prinzip ist recht einfach: Statt die Folge der auszuführenden Befehle niederzuschreiben wie bei einer klassischen PROZEDUR, zählt man Bedingungen in Form von Zusammenhängen zwischen Variablen auf, die zu beachten sind und als Richtschnur dienen sollen.

Zur Veranschaulichung wollen wir ein Problem formulieren und im Geiste nachvollziehen, wie ein Computer bei der Lösung dieses Problems vorgeht. Nehmen wir an, jedem der Buchstaben S, E, N, D, M, O, R und Y solle eine Ziffer des Zehnersystems (0 bis 9) zugeordnet werden, so dass folgend Addition zutrifft:

$$\begin{array}{r} \text{SEND} \\ \underline{+\text{MORE}} \\ \text{MONEY} \end{array}$$

Die Prozedur »Kombinatorik« würde alle Möglichkeiten einer Zuordnung der zehn Ziffern zu den acht Buchstaben ausprobieren und für jede dieser Möglichkeiten prüfen, ob die oben angeführte Addition korrekt ist. Für den ersten Buchstaben, sagen wir S, gibt es zehn Zuordnungsmöglichkeiten; für den zweiten, sagen wir E, bleiben dann noch neun, weil die Zuordnung eindeutig sein muss und eine Ziffer bereits vergeben ist. Insgesamt ergeben sich so $10 \times 9 \times 8 \times 7 \times 6 \times 5 \times 4 \times 3$, das sind etwa zwei Millionen Zuordnungsmöglichkeiten, die sämtlich zu überprüfen sehr viel Arbeit machen würde.

Wer gerne Rätsel löst, weiß natürlich, dass man dieses Problem möglicherweise auch anders lösen kann. So muss M entweder 0 oder 1 sein, denn in dem Wort MONEY ist M der Übertrag aus der Addition zweier Ziffern, und bei der Addition zweier Ziffern kann der Übertrag nicht größer als 1 sein, weil die Summe maximal 19 beträgt (9+9+ eventuell einen Übertrag von maximal 1). Wenn M=1, kann S in der vierten Spalte von rechts nur 8 oder 9 sein, sonst würde die Summe aus S und M und eventuell einem Übertrag aus der dritten Spalte keinen Übertrag ergeben. Da die Zuordnung der Ziffern zu den Zahlen eindeutig ist, muss O von M verschieden sein, kann also nicht 1 betragen, sondern muss 0 sein. Auf diese Weise ermittelt man immer weitere Bedingungen oder Constraints, also Zusammenhänge zwischen Variablen, und verfolgt, welche Konsequenzen sich daraus ergeben. Diese Prüfung erfolgt mit solcher Strenge, dass auch ein Computer sie ausführen kann.

Wer Lust hat, kann unser Beispiel mit Bleistift und Papier bis zur endgültigen Lösung durchspielen. Wer das nicht möchte, mag sich damit begnügen, unsere Lösung, nämlich S=9, E=5, N=6, D=7, M=1, O=0, R=8 und Y=2, durch Einsetzen der Zahlen in die Gleichung SEND+MORE=MONEY zu überprüfen:

$$\begin{array}{r} 9567 \\ \underline{+1085} \\ 10652 \end{array}$$

Die an diesem Beispiel entwickelte Methode lässt sich verallgemeinern, so dass ein Satz beliebiger, als Gleichheit oder Ungleichheit zwischen Variablen ausgedrückter Constraints automatisch gelöst und sämtliche Lösungen aufgezählt werden. Aus diesem Verfahren entstand die so genannte Constraint-Programmierung, bei der nur die Zusammenhänge zwischen den Variablen und deren Verknüpfung mit bestimmten Werten ausgedrückt werden. Der Programmierer braucht sich nicht um die Frage zu kümmern, wie die einzelnen Constraints benutzt werden oder in welcher Reihenfolge er sie in sein Programm einführen soll. Die Constraints sind für die Maschine bindend und entlasten den Programmierer von zahlreichen ermüdenden Aufgaben.

Corioliskraft

Zur Vorbereitung: ***Geschwindigkeit und Beschleunigung***

Zur Vertiefung: ***allgemeine Zirkulation der Atmosphäre; Erdrotation; Wind; Wirbelsturm***

Im März 1918 beschoss die unter dem Namen »Paris-Geschütz« bekannte deutsche Kanone Paris von einem Standort aus, der mehr als 100 Kilometer nordöstlich der französischen Hauptstadt lag. Die ersten Granaten schlugen einen Kilometer zu weit westlich ein. Die Kanoniere hatten nicht bedacht, dass die Erde sich dreht und dass sie die Corioliskraft berücksichtigen mussten. Sie korrigierten den Abschusswinkel, und am Karfreitag wurde die Kirche Saint-Gervais getroffen.

Gaspard de Coriolis, Professor für Mechanik an der École polytechnique in Paris, hatte 1835 gezeigt, dass die Beschleunigung eines Körpers, der sich gegenüber einem rotierenden Bezugssystem in Bewegung befindet, einen zu dieser Relativgeschwindigkeit proportionalen Anteil enthält, der nicht existiert, wenn man die Bewegung in einem ruhenden oder gleichförmig-geradlinig bewegten Bezugssystem betrachtet. Multipliziert man diese Beschleunigung mit der Masse, so erhält man eine fiktive Kraft, durch die eine Bahn, die in einem ruhenden Bezugssystem gerade wäre, in dem rotierenden Bezugssystem eine Krümmung erfährt.

Diesen Effekt kann man durch ein einfaches Experiment veranschaulichen: Dazu befestigt man auf einer sich drehenden Scheibe ein Blatt Papier und führt einen Stift mit konstanter Geschwindigkeit von der Mitte der Scheibe bis an den Rand (siehe *Abbildung 1*). Der Stift folgt gegenüber dem Tisch, auf dem die Drehscheibe steht, einer geraden Bahn, doch auf dem Papier beschreibt er eine Kurve, die nach rechts gekrümmt ist, wenn die Drehscheibe sich im Gegenuhrzeigersinn dreht. Wenn die Drehscheibe sich mit der Winkelgeschwindigkeit W (in Umdrehungen pro Sekunde) dreht, verhält sich die Bahngeschwindigkeit V (in Metern pro Sekunde) proportional zu W (und zu deren Abstand r vom Mittelpunkt). Gegenüber dem Tisch bewegt der Stift sich mit konstanter Geschwindigkeit, das heißt, in dem ruhenden Bezugssystem des Tischs ist seine Beschleunigung null. Je weiter er sich vom Mittelpunkt der Drehscheibe entfernt, desto schneller bewegen sich unter ihm die Punkte der Drehscheibe nach links. Die Linie, die der Stift auf das Papier zeichnet, krümmt sich entsprechend nach rechts.

Ein mit dem rotierenden Bezugssystem verbundener Beobachter, dem die Drehscheibe als ruhend erscheint, würde die Krümmung der auf das Papier gezeichneten Linie durch eine nach rechts gerichtete Beschleunigung erklären. Ein Masseteilchen, das sich gegenüber dem rotierenden Bezugssystem in Bewegung befände, erführe die Wirkung einer fiktiven Kraft, der Corioliskraft, die gleich dem Produkt aus der Masse und der Coriolisbeschleunigung ist. Diese Kraft wirkt senkrecht zur Relativgeschwindigkeit des Teilchens gegenüber dem rotierenden Bezugssystem und verhält sich proportional zu dieser Geschwindigkeit.

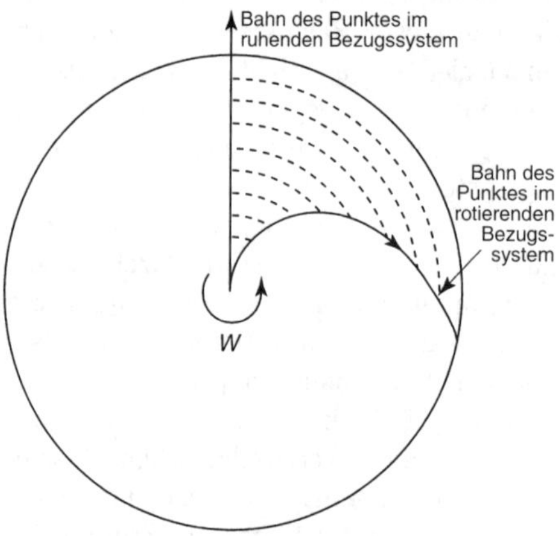

Abbildung 1: Ein Massepunkt, der sich in geradlinig-gleichförmiger Bewegung gegenüber einem ruhenden Bezugssystem befindet, ist keinerlei Kräften ausgesetzt. Bezüglich eines rotierenden Bezugssystems ist seine Bahn dagegen gekrümmt, als wirkte eine Kraft auf ihn ein. Diese Kraft bezeichnet man als Corioliskraft.

Auf der Erdoberfläche bewegen wir uns mit der Erdkugel (im Gegenuhrzeigersinn) um deren Achse, und wir nehmen Bewegungen von Flüssigkeiten oder Gasen (Wind und Meeresströmungen) relativ zu dieser Oberfläche wahr. Die Bahngeschwindigkeit eines Punktes auf der Erdoberfläche verringert sich mit wachsendem Abstand zum Äquator und wird an den Polen gleich null. Durch die Corioliskraft werden in Bewegung befindliche Flüssigkeiten oder Gase auf der Nordhalbkugel relativ zur Bewegungsrichtung nach rechts (auf der Südhalbkugel nach links) abgelenkt. Bewegen sie sich zum Beispiel auf einem Meridian Richtung Äquator, werden sie nach Westen abgelenkt; und bewegen sie sich auf einem Parallelkreis Richtung Westen, werden sie nach unten abgelenkt (das heißt, Corioliskraft und Schwerkraft wirken in dieselbe Richtung und addieren sich entsprechend). Wenn ein Körper Richtung Erdmittelpunkt fällt, erfährt er eine Ablenkung nach Osten, und zwar in beiden Hemisphären.

Die Corioliskraft ist dafür verantwortlich, dass in Wirbelstürmen der Wind sich auf der Südhalbkugel im Uhrzeigersinn, auf der Nordhalbkugel im Gegenuhrzeigersinn um ein Tiefdruckgebiet herum bewegt. Auch die Ausrichtung der Konvektionsbewegungen im flüssigen Erdkern, die das Magnetfeld der Erde erzeugen, geht auf die Corioliskraft zurück. Falsch ist dagegen die verbreitete Ansicht, sie hätte etwas mit der Drehrichtung auslaufenden Wassers in einer Badewanne zu tun. Tatsächlich beeinflusst die Corioliskraft die Bewegung von Flüssigkeiten und Gasen nur im Bereich von Größenordnungen über etwa zehn Kilometer. Die Drehrichtung des auslaufenden Wassers ist dagegen ein Zufallsereignis, das allein von der Bewegung des Wassers in der Badewanne abhängt.

D

Darstellung

Die Welt der Darstellungen

In der Wissenschaft kommt es häufig vor, dass sie bei besonders abstrakten oder schwer fassbaren Gegenständen mehrere Darstellungsweisen verwendet, um die verschiedenen Facetten ihrer Untersuchungsgegenstände zu erfassen. Diese Darstellungen können unterschiedliche Formen annehmen, angefangen beim Zeichen, das für eine Sache steht, ohne Ähnlichkeit mit ihr zu haben (H_2O steht für die Zusammensetzung von Wasser), bis hin zur mathematischen Formel, die auf einen Blick die zugrunde liegenden Konzepte und ihre wechselseitigen Beziehungen erkennen lässt, wie es zum Beispiel bei den Zustandsvektoren in der Physik der Fall ist. Manche Darstellungen sind abstrakt, andere schematisch; die einen ermöglichen es, die Welt gleichsam zu lesen, die anderen sind wertvolle Hilfsmittel, um sich eine Vorstellung von Nichtbeobachtbarem zu machen. Ein Beispiel ist die chemische Darstellung von Molekülen.

Darstellung und Physik

Zur Vertiefung: ***Quantenphysik***

Die Wissenschaft entsteht keineswegs von vorneherein ausgerüstet mit Beobachtungs- und Versuchsdaten; es gibt keine Rohfakten, die unmittelbar und ohne Umweg die Struktur der Dinge offenbaren könnten. Die Fakten sind immer verfälscht, wenn nicht durch Theorien, dann zumindest doch durch Darstellungsraster, die den Rahmen für ihre Auslegung bilden. Großenteils geht es in der Wissenschaft also um die Darstellung.

Bis ins 19. Jahrhundert glaubten die Physiker, die »große Weltmaschine« zu beobachten, und verfolgten das Ziel, ihren Aufbau und ihre Funktion möglichst genau zu erforschen. Die Phänomene, die sie aufdeckten, entsprachen zwar nicht immer den wahrnehmbaren Erscheinungen (so haben wir keinen angeborenen Sinn für MAGNETISMUS), schienen aber doch geeignet, sie in eine kohärente intellektuelle Darstellung zu fassen. Selbst so mathematisierte Begriffe wie GESCHWINDIGKEIT UND BESCHLEUNIGUNG oder TEMPERATUR konnte der gesunde Menschenverstand mit allen natürlichen Erscheinungen in Verbindung bringen, so dass sich ein unmittelbarer Zusammenhang zwischen der Welt und ihrer Darstellung herstellen ließ.

Anfang des 20. Jahrhunderts machten die Entdeckung des Atoms und die Entwicklung der Quantenphysik diese bequeme Beschreibungsweise zunichte. Denn die Quantenphysik ordnet physikalischen Systemen sehr abstrakte mathematische Größen zu, so dass sich die physikalischen Objekte, mit denen sie sich befasst, nicht mehr direkt im dreidimensionalen physikalischen Raum darstellen lassen, in dem die Phänomene auftreten (siehe ZUSTAND). Die Welt der Quantenphysik entzieht sich somit allzu expliziten bildlichen und schematischen Darstellungen. Man kann zum Beispiel ein Atom oder die Bahnen der in ihm enthaltenen Elektronen nicht zeichnen (Elektronen beschreiben keine Bahnen im eigentlichen Sinne des Wortes).

Da die Formelsprache der Quantenphysik sich vom Visuellen und Intuitiven so weit entfernt, sind wir gezwungen, das Verhältnis zwischen den Dingen und dem Bild, das die Wissenschaft von ihnen entwirft, erneut infrage zu stellen. Wie soll man sich die Verknüpfung zwischen der Welt und ihrer Darstellung vorstellen? Und was heißt »verstehen«, wenn es keine richtigen Bilder mehr gibt (siehe DEUTUNGEN DER QUANTENPHYSIK)?

Darstellung von Molekülen

Zur Vertiefung: ***chemische Formel; intermolekulare Wechselwirkungen; Komplexverbindungen; Polarität***

Die Chemie kennt viele Darstellungsweisen (einer STRUKTUR, einer Wechselwirkung, einer Umformung usw.), die sich alle auf die chemische Formel stützen. Diese Darstellungen helfen, sich eine MATERIE bildlich vorzustellen, die selbst mit Hilfe von Instrumenten für das Auge unsichtbar, weil mikroskopisch klein ist. Zudem bilden sie die Struktur eines Moleküls in einer fiktiven starren MOLEKÜLFORM ab (während sie in Wirklichkeit durch Rotation, Translationen und Schwingungen ständig in Bewegung ist), die an einem Beispiel eine umfangreiche Gesamtheit repräsentiert. Das Ethylenmolekül $H_2C{=}CH_2$ (siehe *Abbildung 1*) wird zum Beispiel in einer halb symbolischen (zwei Striche für die Doppelbindung) und halb realistischen (Bindungswinkel HCH und HCC von etwa 120°) Kurzform dargestellt. Aufgrund von Regeln, die durch Konvention festgelegt wurden, lassen sich so die Atomketten in Molekülen abbilden.

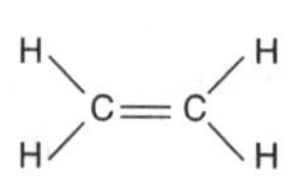

Abbildung 1 Ethylenmolekül

Diese erste Darstellungsweise ist statisch und behandelt die Moleküle, als seien sie unbeweglich und unveränderlich. Um auch Umformungen der Moleküle im Verlauf chemischer Reaktionen darstellen zu können, muss man eine veränderte Darstellungsweise wählen.

Die Wechselwirkung des Ethylenmoleküls mit einem anderen Molekül, zum Beispiel mit Chlor, lässt sich durch eine weitere Vereinfachung darstellen (siehe *Abbildung 2*). Dabei nimmt man aus der Vielzahl möglicher Konfigurationen nur eine heraus, die in ihrer schematischen Darstellung auf alle anderen zutrifft und sie zusammenfasst.

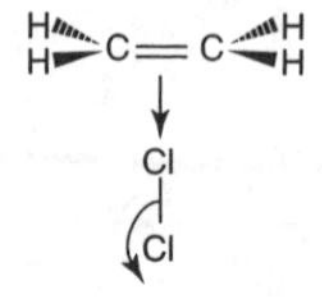

Abbildung 2 Schematische Darstellung der Reaktion von Ethylen mit Chlor. Die Pfeile symbolisieren die Wanderung von Elektronenpaaren.

Die Darstellung zeigt, dass die Achsen der beiden Moleküle rechtwinklig angeordnet sind, und bildet das Ethylenmolekül perspektivisch in seiner räumlichen Anordnung ab. Die Wechselwirkung zwischen den beiden Molekülen ist durch Pfeile symbolisiert: Durch die Nähe zu der Elektronendichte in der Doppelbindung C=C wird das Chlormolekül Cl_2 polarisiert, das heißt, bindende Elektronen des Chlormoleküls wandern an das vom Ethylenmolekül weiter entfernte Chloratom (schematisch durch den gebogenen Pfeil dargestellt).

Abbildung 2 gibt jedoch nur einen flüchtigen Augenblick wieder, denn schon im nächsten Moment wird die Bindung Cl—Cl aufgebrochen, und es entsteht eine Struktur oder Komplexverbindung (siehe *Abbildung 3*) aus Ethylen und einem positiv geladenen Chlor-Ion (während das »verwaiste« Chlor-Ion negativ geladen ist).

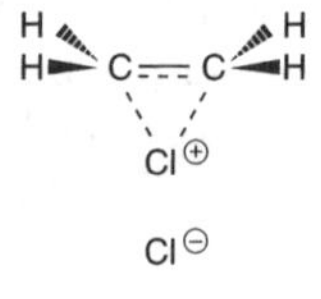

Abbildung 3

In diesem neuen Zustand binden die beiden Elektronen der (früheren) zweiten Kohlenstoffdoppelbindung nun auch das positiv geladene Chlor-Ion (gestrichelte Linien), während das zweite Chloratom in Form eines negativen Chlor-Ions freigesetzt wird: Es hat sich also ein Ionenpaar gebildet (siehe ION, IONISIERUNG).

In diesem Beispiel werden ungemein schnell ablaufende Ereignisse stark vereinfacht in einer Bilderfolge dargestellt, die eine komplexe Realität symbolisieren.

In einer Darstellung, die sich an die Verpflichtung zu scheinbarer Einfachheit hält, überlagern sich also Gegenstände, Ereignisse und Ideen.

Darstellung in der Mathematik

→ ***Gruppe***

Darstellung von Wissen, Repräsentation

Zur Vertiefung: ***Objekt; Prozedur; Semantik; Wissen und Maschine***

Malerei, Plastik, Kino, Oper, Literatur bieten mit ihren jeweiligen Mitteln Darstellungen der Welt, ihrer Geschichte, ihrer Gegenwart und ihrer Wahrnehmung durch den Menschen und helfen uns damit, diese Welt und uns selbst zu verstehen. Auch COMPUTER gleichen Theatern, in denen man unablässig die Welt darstellt, um sie besser zu verstehen. Welche Autoren, Stücke, Rollen finden sich auf den Bühnen der modernen Maschinen? Und mit welchen technischen Hilfsmitteln arbeitet dort die Darstellung? Mit diesen beiden Fragenkomplexen befasst man sich heute in der Informatik und insbesondere im Bereich der künstlichen Intelligenz, wenn es um die Darstellung oder (wie man dort häufig sagt) die Repräsentation von Wissen geht.

Quellen der Darstellung

Zum ersten Fragenkomplex sei zunächst darauf hingewiesen, dass die Zahl der möglichen Inspirationsquellen unbegrenzt ist. Da die Informatiker in dieser Hinsicht selbst keine Ambitionen hegen, lassen sie sich von Philosophen, Psychologen und anderen Wissenschaftlern Wege aufzeigen, die sie in MODELLE und schließlich in Computersimulationen umsetzen (siehe SIMULATION). So versuchen manche Informatiker, die Funktionsweise der Neuronen nachzuahmen und auf diese Weise eine Analogie zwischen Maschine und Gehirn herzustellen (siehe NEURONALE NETZE). Da eine Simulation dieser Art sich als ausgesprochen schwierig erweist, beobachten andere nach dem Vorbild der Psychologen die Ideen, die den Menschen im Kopf umhergehen, zum Beispiel die Idee des Bettes, des Flusses oder der Zahl, um sie auf den Computer zu übertragen. Wieder andere begeistern sich für die Gene und deren Rolle in der Evolution (siehe GENETISCHER ALGORITHMUS) oder für das Verhalten von Insekten, die wie Bienen oder Ameisen große Gemeinschaften bilden, oder auch für das Wachstum der Kristalle und die spontane Entstehung von Ordnung aus Unordnung. All diese merkwürdigen Phänomene hat man auf der Bühne des Computers inszeniert, und zwar in Gestalt kleiner Geschichten, wie sie die ALGORITHMEN erzählen, das heißt als Folgen elementarer Ereignisse, die dann mit Hilfe von Kalkülen auf der Basis von Binärzahlenfolgen nachgeahmt und zu Computerprogrammen zusammengefasst werden.

Techniken der Darstellung

Die Antwort auf den zweiten Fragenkomplex ergibt sich ganz von selbst aus dem oben Gesagten: Die auf der Bühne des Computers eingesetzten Mittel lassen sich auf die Verarbeitung von Sequenzen aus Binärzahlen reduzieren. Doch wenn man die Kulissen und Schauspieler der Pariser Theater in ihre Atome zerlegte, sagte das noch lange nichts aus über die Qualität der Bühnenbilder und das Talent der einzelnen Schauspieler oder über den Reiz, den sie auf das Publikum ausüben. Ganz Ähnliches gilt für die Zerlegung von Computerprogrammen in Binärzahlenfolgen: Wer die Dinge aus allzu großer Nähe betrachtet, läuft Gefahr, vor lauter Bäumen den Wald nicht zu sehen.

Die Schnüre, an denen in der Informatik die Kulissen vom Schnürboden, dem SPEICHER des Computers, auf die Bühne herabgelassen werden, heißen Zeiger (englisch: *pointer*). Die Kulissen selbst, die Möbel und die übrigen Teile des Bühnenbilds sind Zeichenfolgen, Wörter und Texte ... Und an diesen festen Teilen greifen die Prozeduren an, bewegen und verändern sie in einer Weise, die den von ihnen repräsentierten Objekten entspricht. Bei der Darstellung oder Repräsentation von Wissen greift man in der Informatik auf eigenständige Techniken zurück, die zum Teil auf der mathematischen LOGIK basieren, zum Teil auf einer Speicherorganisation, die sich an der menschlichen Psyche orientiert.

Die auf der Logik basierenden Techniken stellen Beziehungen zwischen Entitäten her, und zwar mit Hilfe von Sätzen und Prädikaten, das heißt mathematischen Funktionen, deren Wertebereich sich auf zwei Werte beschränkt: wahr oder falsch.

Ganz anders der psychologische Ansatz. Er gründet in einer genauen Untersuchung des menschlichen Gedächtnisses und fasst die Merkmale natürlicher Objekte wie Bäume, Tische oder Nashörner zu Informationsentitäten zusammen, die je nach Schule als Datensätze, semantische Netze, Prototypen, Szenarien, Fälle oder Objekte bezeichnet werden. In diesem Rahmen erfolgt die Repräsentation eines Objekts, zum Beispiel eines Hauses, über eine Informationsentität, die aus einer Reihe von Attributen besteht, im Fall des Hauses zum Beispiel Adresse, Zahl der Türen und Fenster, Zahl der Geschosse, Art der Heizung usw. Jedem dieser Attribute ist entweder ein Wert zugeordnet, zum Beispiel eine Zahl oder ein Wort, oder eine andere Entität mit ihren jeweiligen Attributen. Außerdem sind den einzelnen Attributen verschiedene Prozeduren zugeordnet, die zum Beispiel angeben, wie man einen Wert findet, der nicht explizit angegeben ist, oder wie die Information weitergegeben werden soll, wenn einem Attribut ein Wert zugeordnet ist, oder auch wie die Konsistenz der Daten geprüft werden kann.

Die Nutzung psychologischer Erkenntnisse für die Repräsentation von Wissen hat in den 70er Jahren bei der Entwicklung der künstlichen Intelligenz eine bedeutsame Rolle gespielt. Dabei ließen sich Vertreter der Informatik, der Psychologie und der Semantik – ein Teilgebiet der Sprachwissenschaft – auf eine enge, fachübergreifende Zusammenarbeit ein, aus der dann die KOGNITIVEN WISSENSCHAFTEN hervorgingen.

Der Nutzen einer Repräsentation von Wissen

Auch wenn die Gleichheit der Begriffe diesen Schluss nahe legen könnte, versteht die Repräsentation von Wissen sich keineswegs als Nachäffung menschlichen Wissens durch Maschinen oder gar als Ersatz menschlichen Wissens; es handelt sich weder um eine repräsentative Erhebung von Daten noch um eine diplomatische Vertretung. Der Wert des repräsentierten Wissens liegt nicht in ihm selbst, sondern allein in den Bildern, die es im Geist des Betrachters auslöst.

Darwinismus

Zur Vertiefung: ***Evolution; Lamarckismus***

Wer den wissenschaftlichen Beitrag Charles Darwins bewerten möchte, sollte unterscheiden zwischen den entscheidenden Argumenten einerseits, die er für die Evolutionstheorie geliefert hat, und der These andererseits, die er zur Erklärung dieser Evolution vorgeschlagen hat.

Als er 1859 sein Hauptwerk *Über die Entstehung der Arten durch natürliche Auslese* veröffentlichte, hatten bereits einige andere die These vorgebracht, dass die Arten sich verändern und auf einen gemeinsamen Ursprung zurückgehen, namentlich Montesquieu und Diderot in Frankreich und sein eigener Großvater, Erasmus Darwin, in Großbritannien. Anfang des 19. Jahrhunderts hatte Jean-Baptiste de Lamarck daraus ein kohärentes System entwickelt: den Transformismus. Diese Theorie widersprach jedoch dem Dogma der Unveränderlichkeit der Arten, die der christlichen Tradition zufolge lediglich den Zustand perpetuieren könnten, den der Schöpfer ihnen bei der Schöpfung gegeben habe. Die Kirche widersetzte sich jeglicher Infragestellung dieser »offenbarten Wahrheit« und gestand der Erde lediglich ein Alter von einigen tausend, maximal einigen zehntausend Jahren zu, eine Zeit, die für so radikale Veränderungen wie den Übergang von einer Art zur anderen nicht ausreichte.

Darwins erstes Verdienst war es, mit den Beobachtungen, die er während seiner fünfjährigen Weltreise auf der *Beagle* gemacht hatte, so überzeugende Beweise für die Transformation der Arten zu liefern, dass sie als beste Erklärung für den aktuellen Zustand der lebenden Welt erschienen. So zeigte sich zum Beispiel eindeutig, dass die verschiedenen Vogelarten, die er auf den Galapagosinseln beobachtete, Differenzierungen sind, die sich auf einen gemeinsamen Ursprung zurückführen lassen.

Doch über die Feststellung dieser Transformation hinaus, deren Geschichte sich rekonstruieren ließ, galt es, ihre Triebkraft genau zu bestimmen. Nach zwanzigjährigen Überlegungen kam Darwin zu dem Schluss, dass diese Triebkraft in der natürlichen Auslese zu suchen sei. Die meisten Arten bringen wesentlich mehr Nachkommen hervor, als ihre Umwelt ernähren kann. Nur jene überleben und erreichen das fortpflanzungsfähige Alter, die durch Zufall Eigenschaften mitbringen, die es ihnen ermöglichen, den Umweltbedingungen besser stand zu halten. Die Merkmale, die sie in die Lage versetzen, viele Nachkommen hervorzubringen, geben sie durch Vererbung an ihre Jungen weiter. Nach und nach breiten sich diese Eigenschaften in der Population aus, was eine Anpassung des Kollektivs an seine Umgebung nach sich zieht. Die Natur handelt somit wie die Züchter, die sich bemühen, bestimmte Eigenschaften ihrer Tiere zu fördern, allerdings mit einem entscheidenden Unterschied: Züchter verfolgen ein Ziel, während die Natur nicht zukunftsorientiert handelt, denn für sie existiert die Zukunft nicht. Sie zieht lediglich die Konsequenzen aus der Gegenwart. Indem Darwin den Ablauf des Geschehens auf materialistische Weise durch das Zusammenspiel der Naturgesetze und nicht in Abhängigkeit von einem göttlichen Plan erklärte, legte er an die so genannte belebte Natur Maßstäbe an, die auch für die unbelebte Natur Geltung besaßen. Damit vereinheitlichte er unsere Sicht der Entstehungsgeschichte der Welt, ob es sich nun um Steine, Tiere oder Menschen handelte.

Der Schwachpunkt seiner Theorie lag im Fehlen einer realistischen Erklärung für die Vererbung zwischen den Generationen. Diese ergab sich um 1900 aus der Wiederentdeckung der Ideen, die Gregor Mendel bereits 1865 formuliert hatte, die aber bis dahin unverstanden geblieben waren (siehe MENDELSCHE REGELN). Daraus konnte sich nunmehr eine so genannte »synthetische« Evolutionstheorie, der Neodarwinismus, entwickeln. Sie hielt an den grundlegenden Ideen Darwins fest und wies der natürlichen Auslese eine Hauptrolle zu, trug jedoch dem Zufallsmoment in der Vererbung der Gene Rechnung, das die Wirkung der Selektion abschwächt.

Seit einigen Jahrzehnten entwickeln Forscher Modelle, wonach das Auftreten und die Fixierung von Mutationen dagegen hauptsächlich vom Zufall bestimmt sind. Mit diesen Modellen lässt sich manches Paradox vermeiden, das sich aus einer allzu streng darwinistischen Sicht ergibt, und eine bessere Übereinstimmung zwischen Theorie und Beobachtung erzielen. Weil diese Modelle die natürliche Auslese in den Hintergrund rücken, bezeichnen manche sie fälschlicherweise als nichtdarwinistisch (siehe NEUTRALITÄTSTHEORIE).

Daten

Zur Vertiefung: ***Compiler; Datentyp; Programm; Struktur***

Bei einem COMPUTER kommt am Ende natürlich etwas anders heraus, als man zuvor in ihn eingegeben hat. Aber Computer besitzen keine Erfindungsgabe, man muss ihnen alles sagen. Unter den Dingen, die man ihnen sagt, bestimmt das PROGRAMM den Ablauf des Geschehens. Doch wenn es nur das Programm gäbe, wäre das Geschehen reichlich monoton. Bei jedem Lauf geschähe stets dasselbe, und die Ergebnisse wären gleichfalls stets dieselben.

Alle INFORMATIONEN, die Einfluss auf das Geschehen im Computer nehmen, werden als Daten bezeichnet, und zwar unabhängig davon, ob sie vor der Ausführung des Programms bereits vorhanden sind oder ob sie erst während der Programmausführung entstehen.

Der Datenbegriff und der Begriff des Programms stehen in einem dualen Verhältnis zueinander: Daten sind all die Dinge, die nicht Programm sind und das Verhalten des Computers bei der Ausführung des Programms beeinflussen. Bildlich gesprochen verhalten Programm und Daten sich zueinander wie Raubtier und Beute: Die Beutetiere dienen dazu, den Hunger des Raubtiers (also des Programms, das sie verarbeitet) zu stillen, und das Raubtier kann nur überleben, wenn es genügend Beutetiere gibt (also Daten, an denen das Programm sich abarbeitet). Ohne Daten hätten die Programme nichts zu tun, weil sie keinen Gegenstand besäßen.

Neben diesem begrifflichen Unterschied gibt es auch noch einen Unterschied hinsichtlich der Zeitdimension. Die Daten wechseln und werden ständig erneuert; das Programm dagegen bleibt – zumindest im Wesentlichen – dasselbe.

Allerdings können Programme ihrerseits zum Gegenstand anderer Programme werden, denn sie bestehen lediglich aus Zeichenfolgen. In diesem Fall werden sie selbst zu Daten.

Das geschieht zum Beispiel in Übersetzungsprogrammen wie den COMPILERN oder auch im Bereich der KÜNSTLICHEN INTELLIGENZ, wenn Programme reflexive Lernprozesse simulieren und sich selbst verändern.

Datenbank

Zur Vertiefung: ***Datenbanksystem***

Wenn Sie in Ihrer Bank Schmuck, Kaufverträge, Zeugnisse, Schuldscheine oder andere wertvolle Dinge deponieren, möchten Sie dafür keinerlei Begründung abgeben und keine Beschränkungen außer der Größe Ihres Schließfachs beachten müssen. Dasselbe gilt für Datenbanken, in denen beliebige Daten deponiert werden können, sofern nur genügend Speicherplatz zur Verfügung steht. Die aufgenommenen Informationen bei einem DATENBANKSYSTEM werden niemals kontrolliert; die Daten werden nicht auf ihre Übereinstimmung mit einem bestimmten Schema überprüft; Sie brauchen lediglich Ihren Namen sowie Datum und Uhrzeit der Eingabe in ein Verzeichnis einzutragen.

Datenbanken besitzen in der modernen Welt große Bedeutung für die Forschung. So gibt es in der Molekularbiologie Datenbanken, die Angaben über sämtliche weltweit von Biologen gefundenen Sequenzen biologischer Makromoleküle enthalten. Und in der Neurobiologie gibt es »Hirnbanken« mit Bildern des Gehirns, die dessen Aktivitäten mittels unterschiedlicher bildgebender Verfahren sichtbar machen.

Datenbanksystem

Zur Vertiefung: ***Expertensystem; Kryptographie; Multimedia***

Datenbanksysteme, gelegentlich verkürzt auch Datenbanken genannt, sind Systeme zur Beschreibung, Speicherung und Verarbeitung von Daten aller Art, die sich insbesondere für den Umgang mit großen Datenmengen eignen. Sie bestehen einerseits aus den aufgenommenen Daten, die den Datenbestand oder die so genannte Datenbasis bilden, und andererseits einem Programm oder Programmpaket zur Verwaltung der Daten (Eingabe, Speicherung, Ausgabe, Suchen, Ordnen, Verknüpfungen und sonstige Operationen); sie werden deshalb auch als Datenverwaltungs- oder Datenbankverwaltungssysteme bezeichnet (englisch: *data base management system*). Bekannte Beispiele einer derartigen Datenbanksoftware sind dBase, Access, Paradox oder Filemaker.

Damit die Daten auch dann erhalten bleiben, wenn der Computer abgeschaltet wird, müssen sie auf einem physikalischen Träger gespeichert werden, der von dem Computer, auf dem das Datenverwaltungssystem läuft, unabhängig ist. Da die internen Festplatten unserer PCs heute einen guten Kompromiss zwischen Speicherkapazität und Zugriffsgeschwindigkeit bieten, werden sie meist für diesen Zweck eingesetzt.

Damit die Daten leicht zugänglich sind, muss man die Organisation der zugehörigen Informationen beschreiben; dazu werden bestimmte Schemata festgelegt. Die Datenbank einer Bibliothek etwa muss Informationen über alle dort befindlichen Bücher enthalten. Jedem Buch wird daher in der Datenbank ein Datensatz zugeordnet, der den Namen des Autors, den Titel des Werkes, weitere Informationen über das Buch und Hinweise auf den jeweiligen Ausleiher enthält. Und jedem Ausleiher wiederum wird ein Datensatz zugeordnet, der u.a. auch seine Adresse enthält, damit man ihm Mahnungen samt der Liste der von ihm ausgeliehenen Bücher zuschicken kann.

Unter den Programmen, die den Umgang mit großen Datenmengen ermöglichen, beschränken sich manche auf die bloße Speicherung und Wiedergewinnung der aufgenommenen Daten. Echte Datenbanksysteme bieten dagegen auch die Möglichkeit, den Datenbestand oder Teile davon nach diversen Kriterien zu ordnen und Daten durch komplexe Abfragen miteinander zu verknüpfen. Bei einem derartigen Programm könnte die oben genannte Bibliothek zum Beispiel eine Liste sämtlicher Werke eines bestimmten Autors erstellen oder auch eine Liste aller Ausleiher, die mindestens zwei Werke ein und desselben Autors ausgeliehen haben, obwohl diese Informationen niemals eigens eingegeben worden sind.

Außerdem prüfen Datenbankverwaltungssysteme die Datenbasis auf die Konsistenz und Plausibilität der eingegebenen Informationen. So kann das Alter der Leser nicht unter fünf und nicht über einhundertfünf Jahren liegen. Liegt das eingegebene Alter außerhalb dieses Intervalls, sind Fragen angebracht. Solch eine Konsistenzprüfung kann auch das Verhältnis mehrerer Werte berücksichtigen, etwa die Tatsache, dass ein Buch nicht gleichzeitig an mehrere Benutzer ausgeliehen sein kann.

Datenbankverwaltungssysteme

Datenbankverwaltungssysteme unterscheiden sich nach der Art des Zugriffs auf die jeweiligen Daten. Die ersten Generationen dieser Programme wurden als hierarchisch bezeichnet. Die Schemata, über die man auf die Datenbasis zugreift, die so genannten externen Schemata, sind in diesem Fall mit den internen Schemata identisch, das heißt mit der Organisation der Daten auf dem physikalischen Träger. Am Beispiel unserer Bibliothek bedeutet das etwa, dass jedem Buch ein Abschnitt des Speichers zugeordnet ist, der seinerseits ebenso viele Unterteilungen aufweist, wie Rubriken für die Angaben über das einzelne Buch angelegt worden sind: Autor, Titel, Ausleiher usw. Und jeder dieser Unterabschnitte kann seinerseits wieder unterteilt sein, bis hinab zu den elementaren Informationen, die als Sequenzen der Binärziffern 0 und 1 abgespeichert werden.

Auf die hierarchischen Datenbanksysteme folgten die so genannten relationalen Datenbanken, bei denen die Informationen durch eine Reihe von Relationen repräsentiert werden, im Fall unserer Bibliothek die Bücher zum Beispiel durch Relationen vom Typ »`Werk (Autor, Titel, Ausleiher)`«, die Ausleiher durch Relationen vom Typ »`Ausleiher (Name, Vorname, Adresse)`«. Der Benutzer kann hier den Abruf von Daten auf die Informationen beschränken, die ihn im Augenblick interessieren; zum Beispiel kann er eine Liste aller in der Bibliothek vorhanden Bücher erstellen lassen, auf der die Ausleiher nicht erscheinen.

Entscheidend für relationale Datenbanksysteme ist die Tatsache, dass dort zwischen drei Schemata unterschieden wird: einem internen Schema, das die Organisation der Daten auf dem physikalischen Träger, zum Beispiel der Festplatte des Computers, beschreibt und das für den Benutzer nicht zugänglich ist; einem konzeptuellen Schema, das beim Anlegen der betreffenden Datenbank erstellt wird und das die logische Organisation der Daten bestimmt; sowie einer Reihe externer Schemata, die dem Benutzer die Informationen gibt, die er benötigt und zu denen er Zugang hat. Auf diese Weise kann der Benutzer eines Datenbanksystems die in den zugehörigen Datenbanken enthaltenen Informationen nutzen, ohne sich Gedanken darüber zu machen, wie diese Daten nun im Einzelnen intern organisiert und auf dem physikalischen Träger angeordnet sind. So weiß der Bahnangestellte, der einen Sitzplatz in einem Zug reserviert, nicht, wie und wo die von ihm vorgenommene Reservierung nun tatsächlich gespeichert wird. Seit Anfang der 1980er Jahre arbeiten die meisten Datenbanksysteme nach diesem Modell.

Nach der bisherigen Darstellung sind die Daten im Wesentlichen inaktiv. Bei den meisten Anwendungen sollen sie jedoch von anderen Programmen weiterverarbeitet werden. Das Datenbanksystem einer Bibliothek etwa soll die Möglichkeit bieten, automatisch Mahnbriefe an Benutzer zu verschicken, die »vergessen« haben, Bücher fristgerecht zurückzugeben.

In einer dritten Phase hat man daher versucht, die Programme zur Verwaltung von Datenbanksystemen mit den Programmiersprachen zu verknüpfen, auf denen diese Datenbankprogramme selbst basieren.

Ein Datenbanksystem etwa, das Informationen über direkte Verwandtschaftsbeziehungen (z. B. Eltern/Kind) und das Geschlecht enthält, sollte in der Lage sein, daraus automatisch auch entferntere Verwandtschaftsbeziehungen (z. B. Vettern und Kusinen) abzuleiten. Durch die Verknüpfung der Datenbanksysteme mit den Prinzipien der logischen Programmierung entstanden die so genannten deduktiven Datenbanksysteme, die es gestatten, implizit in der Datenbasis enthaltene Informationen auf logischem Wege aus dem Datenbestand abzuleiten.

Multimediale Datenbanksysteme

Heute sind Datenbanksysteme in der Lage, Informationen unterschiedlichster Art (Zahlen, Texte, Bilder, Töne) aufzunehmen und dem Benutzer auf Wunsch zur Verfügung zu stellen. So können wir uns gleichzeitig ein Foto oder eine Filmsequenz anschauen, ein Musikstück oder die Rede eines Politikers anhören und einen Text dazu lesen. Dieses Nebeneinander verschiedener Medien ist mit der Wortschöpfung MULTIMEDIA gemeint. Über Laserdisks – die so genannten CD-ROMs (siehe SPEICHER, GEDÄCHTNIS) –, die sehr große Datenmengen speichern können, und über das Internet hat heute jedermann Zugang zu solchen multimedialen Datenbanken.

In diesem Zusammenhang sei angemerkt, dass es immer noch sehr viel schwieriger ist, sich in visuellen oder auditiven Datenbeständen zurechtzufinden als in Texten; so wäre es ausgesprochen schwierig, alle Filme herauszufinden, in denen Brigitte Bardot jemals mitgespielt hat, wenn man bei dieser Suche nicht auf beigefügte Texte zurückgreifen könnte. Wir können Gesichter und Gestalten leicht erkennen, doch bei Maschinen ist diese Fähigkeit erst in Ansätzen entwickelt; deshalb kann Bild- und Tonmaterial bislang nur über angehängte Texterklärungen erschlossen werden.

Das könnte in der Zukunft zu einem Problem werden, denn unser kollektives Gedächtnis besteht in zunehmendem Maße aus Film- und Tonaufzeichnungen, und zwar in solchen Mengen, dass sich in ein paar Jahrzehnten wohl niemand mehr darin zurechtfinden wird.

Freiheit und Sicherheit

Neben solchen Fragen der Erschließung von Informationen spielen in der technischen Entwicklung auch Fragen der Verteilung von Informationen – wie lassen sich verschiedene Datenbestände miteinander verknüpfen? – und der Datensicherheit eine wichtige Rolle, wobei die Datensicherheit einerseits den möglichen Verlust von Daten durch technische Pannen und andererseits den unerlaubten Zugriff durch Dritte betrifft. Die Lösung der damit verbundenen Probleme ist umso drängender, als die moderne Welt immer stärker von elektronisch gespeicherten und verwalteten Datenbeständen abhängt, so dass Fehler nicht nur dem Einzelnen, sondern auch der Gesellschaft beträchtlichen Schaden zufügen können.

Neben diesen technischen Fragen gewinnen auch ethische Fragen zunehmend an Bedeutung. Wir bezahlen mit der Kreditkarte, unsere Arztbesuche werden über Chipkarten abgerechnet, zahlreiche Aktivitäten unseres alltäglichen Lebens hinterlassen ihre Spuren in irgendwelchen Datenbanken. Für einen totalitären Staat wäre es gar nicht schwierig, all diese Daten zusammenzuführen und seine Bürger auf diese Weise nahezu lückenlos zu kontrollieren. In den meisten Demokratien gibt es Gesetze, die einen staatlichen Missbrauch persönlicher Daten verhindern sollen. Aber diese Gesetze haben nur so lange Bestand wie die demokratischen Gesellschaften, und die technische Möglichkeit staatlichen Missbrauchs bleibt eine ständige Gefahr.

Außerdem gehen moderne Piraten nicht mehr auf dem Meer auf Beutejagd, sondern in den Telekommunikationsnetzen (siehe BETRUG). Wie lässt sich verhindern, dass Unbefugte Zugang zu fremden Daten erhalten und sie eventuell nach ihren Bedürfnissen verändern? Manche Staaten verbieten die Verschlüsselung von Daten oder verlangen bei einer Verschlüsselung die Hinterlegung des betreffenden Schlüssels, um zu verhindern, dass Verbrecher oder verbrecherische Organisation sich ungehindert dieser Kommunikationsmittel bedienen (siehe KRYPTOGRAPHIE). Doch was für den Staat durchsichtig ist, das ist auch für potentielle Verbrecher durchsichtig.

Datenkompression

Zur Vertiefung: ***Bild; Codierung***

Die Ökonomie der modernen Gesellschaft beruht in so starkem Maße auf Informationen und deren Zirkulation, dass man vielfach sogar von einer Informationsgesellschaft spricht. Die ständig wachsenden Informationsmengen verstopfen die Übertragungskanäle und verlangen eine ständig erneuerte, immer kostspieligere Infrastruktur. Bevor dieses Wachstum zu einem sozialen Phänomen und möglicherweise auch zu einer Form politischer Herrschaft wird, stellt es uns vor technische Probleme: Wie lässt sich die erforderliche Informationsmenge verringern, so dass Texte, Bilder und Töne möglichst effizient gespeichert und übertragen werden können?

Die Lösung dieses Problems liegt in der Verdichtung der zu speichernden oder zu übertragenden Daten. Dabei lassen sich grundsätzlich zwei Ansätze unterscheiden: Entweder komprimiert man die Daten so, dass keinerlei Information verloren geht (Kompression), oder man lässt zu, dass der Informationsgehalt sich verringert, sofern der eigentliche Zweck der Nachricht und deren Verständnis dadurch nicht beeinträchtigt wird (Kompaktierung).

Das Kantenverfahren

Wegen der großen Datenmengen besitzen Verfahren zur Datenkompression bei Bildern besondere Bedeutung. Betrachten wir einmal die Codierung eines Schwarzweißbildes mit Hilfe eines Rasters aus 256×256 quadratischen Feldern gleicher Größe (siehe *Abbildung 1*). Zur Darstellung könnte man für jedes der Felder festhalten, ob es schwarz oder weiß ist; dazu benötigte man jeweils 1 Bit pro Feld, also insgesamt 256×256=65536 Bit (das BIT ist die elementare Informationseinheit). Statt dessen könnte man nur die Stellen bestimmen, an denen ein Wechsel von Schwarz nach Weiß bzw. von Weiß nach Schwarz erfolgt, also die Grenzen zwischen schwarzen und weißen Bereichen. In diesem Fall bräuchte man lediglich festzuhalten, dass zum Beispiel in Reihe 136 von links nach rechts 64 weiße, 16 schwarze, 64 weiße und 24 schwarze Felder aufeinander folgen, während die restlichen Felder weiß bleiben. Statt der 256 Bit, die für die gesonderte Kennzeichnung sämtlicher Felder in Reihe 136 erforderlich wären, genügte hier die Angabe von 4 ganzen Zahlen zwischen 1 und 256.

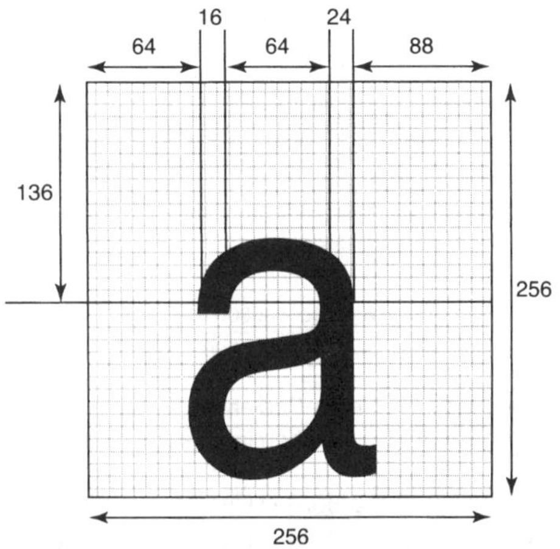

Abbildung 1 Codierung eines Schwarzweißbildes aufgrund eines Rasters aus 256×256 Feldern

Zur Berechnung der so erzielten Einsparung sei daran erinnert, dass ein Bit zwei Informationen codiert, nämlich 0 und 1, dass 2 Bit 2×2 = 4 Informationen codieren können, nämlich (0, 0), (0, 1), (1, 0), (1, 1), und dass sich allgemein mit N Bit insgesamt 2^N Informationen darstellen lassen, denn für das erste Bit gibt es höchstens zwei Möglichkeiten, für das zweite ebenfalls und für alle weiteren ebenso. Will man nun eine Zahl zwischen 1 und 256 codieren, benötigt man mindestens 8 Bit, denn $256=2^8$, und um vier solcher Zahlen zu codieren, braucht man 4×8=32 Bit, also deutlich weniger als die 256 Bit, die erforderlich wären, wenn man die Eigenschaft, schwarz oder weiß zu sein, für jedes Feld der Reihe gesondert festhalten wollte.

Dasselbe Verfahren eignet sich auch für zeitlich geordnete Bildfolgen, wie sie bei einem Film vorliegen; in diesem Fall hält man nur die Veränderungen von einem Bild zum nächsten fest, also letztlich die Bewegungen, und auch hier ist die Einsparung beträchtlich.

Die Huffman-Codierung

Ein weiteres Verfahren zur Datenverdichtung, das bei Texten Anwendung findet, stammt von David Albert Huffman und ist seit den 1950er Jahren in Gebrauch; es arbeitet mit Codes unterschiedlicher Länge.

e	1
s	01
a	001
r	0001
t	00001
i	000001
n	0000001
u	00000001
l	000000001
o	0000000001
...	0000000000...

Abbildung 2 Huffman-Codierung für die relative Häufigkeit der Buchstaben im Französischen

Den Ausgangspunkt der Codierung bildet die relative Häufigkeit der betreffenden Zeichen in den Texten einer bestimmten Sprache. Als Beispiel sei hier die französische Sprache gewählt. Dort ist *e* der häufigste Buchstabe, und ihm wird das erste Bit zugeordnet, das gleich 1 ist, falls der jeweils betrachtete Buchstabe *e* ist, und ansonsten gleich 0. Ist nun das erste Bit gleich 0, wird das zweite Bit dem zweithäufigsten Buchstaben vorbehalten, nämlich dem *s*, und so weiter in der Reihenfolge der Häufigkeit der einzelnen Buchstaben: *e, s, a, r, t, i, n, u, l, o* (siehe *Abbildung 2*). Da der häufigste Buchstabe mit lediglich 1 Bit codiert wird, der zweithäufigste mit 2 Bit usw., ergibt sich angesichts der relativen Häufigkeit der einzelnen Buchstaben eine beträchtliche Einsparung, die allerdings nur dann realisiert werden kann, wenn der betreffende Code auch für die Sprache entwickelt wurde, in der der Text geschrieben ist. Die Höhe der Einsparung variiert außerdem mit der Art des Textes sowie der Anzahl der Leerstellen und der Satzzeichen, die von der Länge der Wörter und der Sätze abhängen.

Die Verwendung von Wortlisten

Ein drittes Verfahren zur Datenkompression, das in den 1970er Jahren entstanden ist und gleichfalls bei Texten Anwendung findet, arbeitet mit Wortlisten, die eigens für die Codierung erstellt werden. Statt die einzelnen Buchstaben zu codieren, erstellt man eine Liste der Wörter und hält lediglich ihre Stellung innerhalb des Textes mit Hilfe zweier Zahlen fest, der Seitenzahl und einer weiteren Zahl, die angibt, an welcher Stelle auf der betreffenden Seite das Wort zu finden ist, z. B. 3 für das dritte Wort, 50 für das fünfzigste Wort auf der Seite.

Für die Codierung von Buchstaben werden jeweils 7 Bit benötigt. Wenn die Wörter im Durchschnitt eine Länge von fünf Buchstaben besitzen, braucht man für die Codierung eines Wortes durchschnittlich $5 \times 7 = 35$ Bit. Für die Codierung eines Buches von 500 Seiten Länge mit im Durchschnitt 100 Wörtern pro Seite sind demnach $500 \times 100 \times 35$ Bit erforderlich. Bei der oben beschriebenen Kompressionsmethode braucht man dagegen nur die Stelle anzugeben, an der ein Wort in dem betreffenden Buch vorkommt. Für die Codierung der Seitenzahlen sind 9 Bit erforderlich, denn das Buch in unserem Beispiel hat 500 Seiten; für die zweite Zahl, die Ordnungsnummer auf der betreffenden Seite, sind 7 Bit erforderlich, denn auf jeder Seite stehen im Schnitt 100 Wörter. Für die Codierung des gesamten Buches braucht man demnach $500 \times 100 \times (9+7)$ Bit, die Einsparung beträgt also mehr als die Hälfte.

Datenkompression mit Verlusten

Bild- und Tondateien umfassen solche Datenmengen, dass hier eine Komprimierung auch dann angebracht ist, wenn dadurch einige Informationen verloren gehen. Das gilt insbesondere für Videoaufzeichnungen, die aus zahlreichen Einzelbildern bestehen. Da vor allem die Übertragung so umfangreicher Dateien äußerst lange dauern würde, nimmt man hier auch gewisse Qualitätsverluste in Kauf.

Bei Bildern verfährt man nach dem Grundsatz, in Bildbereichen mit wenigen Details nur wenig Information und in Bereichen mit vielen Details entsprechend viel Information festzuhalten. An diesem Prinzip orientiert sich etwa der 1992 entwickelte Standard für die Komprimierung von Standbildern, der nach seinen Entwicklern JPEG (Joint Photographic Expert Group) genannt wird. Bei der Komprimierung von Tondateien konzentriert man sich darauf, solche Töne wegzulassen, die das menschliche Gehör nicht wahrzunehmen vermag. Mit den heute benutzten Komprimierungsverfahren lassen sich Bild- und Tondateien maximal um einen Faktor von etwa 100 verdichten. Für das Fernsehen und die Telekommunikation besitzt die Datenkompression beträchtliche wirtschaftliche Bedeutung.

Datensicherheit, Datenschutz

Zur Vertiefung: ***Betriebssystem; Betrug; Datenbanksystem; Kryptographie***

Ein Katastrophenszenario

22. März 20…, Roiters meldet: Kurssturz an der Tokioter Börse; massive Verkäufe führen zu starken Kursverlusten bei Autobull und Nikasho.

23. März 20…, Roiters meldet: Der gestrige Kurssturz an der Tokioter Börse wurde vermutlich durch irrtümliche Verkaufsaufträge ausgelöst, die ein fehlerhaftes Computersystem gegeben hatte; eine Untersuchungskommission hat ihre Arbeit aufgenommen.

24. März 20…, Roiters meldet: Eine bislang unbekannte Gruppe namens »Schwarze Elektronen« hat die Verantwortung für die unbeabsichtigten Verkäufe an der Tokioter Börse übernommen. In ihrem Bekennerschreiben behauptet die Gruppe, sich die Zugangscodes für sämtliche Bankkonten beschaffen zu können, so dass die Weltwirtschaft ihr nun auf Gedeih und Verderb ausgeliefert sei. Der Börsenvorstand hat dieser Darstellung entschieden widersprochen …

28. März 20…, Roiters meldet: Die *Washington Roast* veröffentlicht Unterlagen über den Gesundheitszustand von fünf Ministern der amerikanischen Regierung; danach leiden zwei von ihnen an schweren kardiovaskulären Störungen, einer an Rückenmarksentzündung, einer am Äskulapsyndrom, und der fünfte ist wegen eines bösartigen Rückenmarkstumors in Behandlung. Diese mit allem Vorbehalt veröffentlichten Informationen stammen gleichfalls von der Gruppe »Schwarze Elektronen«, die sie über die Datennetze aus den Computersystemen verschiedener Kliniken beschafft haben will.

30. März 20…, Roiters meldet: Die Vereinigten Staaten beteiligen sich an der Vorbereitung eines Staatsstreichs gegen die bolivianische Regierung. Die »Schwarzen Elektronen« berichten von der Existenz entsprechender Geheimakten. Das Weiße Haus hat noch nicht offiziell Stellung bezogen; dort heißt es lediglich, man bemühe sich weiterhin intensiv, die Gruppe aufzuspüren.

2. April 20…, Roiters meldet: Das Weiße Haus dementiert Gerüchte, wonach man mit den »Schwarzen Elektronen« in Verhandlung stehe. »Wir haben alle Maßnahmen getroffen, diese Verbrecher schnell dingfest zu machen«, erklärte der Präsident gestern im Nachrichtensender CMM.

6. April 20…, Roiters meldet: Paris, Kommuniqué des Innenministeriums: »Alle Personen, die ihren Führerschein im französischen Staatsgebiet zwischen dem 3.12.1986 und dem 5.6.1992 erworben haben, sollen sich schnellstmöglich mit dem Innenministerium in Verbindung setzen.«

7. April 20…, Roiters meldet: Die »Schwarzen Elektronen« behaupten, eine Reihe personenbezogener Datenbestände des französischen Innenministerium vernichtet zu haben, und zwar sämtliche Unterlagen über Führerscheine, Personalausweise und Pässe, die zwischen dem 3.12.1986 und dem 5.6.1992 ausgestellt worden sind.

9. April 20…, Roiters meldet: Aufgrund der Proteste im Zusammenhang mit der Vernichtung von Datenbeständen im Innenministerium hat der französische Innenminister seinen Rücktritt erklärt. Nach gewöhnlich gut unterrichtet Quellen führte ein Kurzschluss zu einem Brand im Rechenzentrum des Ministeriums und zerstörte Teile der gespeicherten Daten.

Prävention

Undurchsichtige Aktienverkäufe, geplünderte Bankkonten, entwendete medizinische Unterlagen, aufgedeckte staatliche Machenschaften, zerstörte Datenbestände, Turbulenzen in der Staatsführung, ganz zu schweigen von ganz gewöhnlichen Störungen bei der Buchung von Reservierungen für Hotels, Zug- oder Flugreisen usw. Welch ein Chaos können einzelne Böswillige oder auch nur Störungen in unseren Computersystemen auslösen!

Die Betriebssysteme bieten dem Benutzer gewisse Möglichkeiten, solche Unannehmlichkeiten zu vermeiden. Passwörter gestatten es, Daten vor dem Zugriff unbefugter Dritter zu schützen; durch automatisches Speichern in selbst gewählten Zeitabständen und durch eine regelmäßig durchgeführte Sicherung der gesamten Datenbestände (Backup) sorgen sie dafür, dass Daten auch bei einem Ausfall des Computers oder bei einem Brand nicht verloren gehen.

Auch die Kryptographie kann eine große Hilfe sein, sofern sie nicht (wie in Frankreich) aus Gründen der so genannten Staatsräson verboten ist, denn sie verringert die jeder Datenübertragung innewohnenden Gefahr eines fremden Zugriffs auf die übermittelten Daten.

Obwohl es viele Möglichkeiten gibt, seine Daten vor Kriminellen oder vor der eigenen Nachlässigkeit zu schützen, können Datensicherheit und Datenschutz jedoch niemals vollständig sein.

Datentyp

Zur Vertiefung: ***Abstraktion; Daten; Struktur***

Wenn man nicht aufpasst, könnte der Speicher eines Computers rasch wie die Wohnung eines Junggesellen aussehen, der keine Lust hat, sich dem Haushalt zu widmen, so dass sich in der Küche Teller und Töpfe stapeln, das Schlafzimmer von schmutziger Wäsche überquillt und das Wohnzimmer im Chaos versinkt. Solch eine Situation könnte sich auch im Speicher eines Computers sehr schnell einstellen, wenn man nicht größte Sorgfalt darauf verwendete, Ordnung unter den Daten zu halten. Schon bald würde niemand mehr etwas wiederfinden. Für Ordnung unter den Daten sorgen die Datentypen, aber zu diesem Zweck erlegen sie dem Programmierer Beschränkungen auf, die dem Regime einer manischen Hausfrau ähneln und seine Freiheit einschränken.

Datentypen sind Organisationsprinzipien, an die man sich bei der Erstellung von Computerprogrammen halten soll. Diese Prinzipien basieren zunächst einmal auf der Existenz von Abteilungen, in die man die Daten einordnen kann, wie man Hemden in Schränke, Kommoden oder Schubladen räumt. Die Anordnung dieser Abteilungen bezeichnet man als Datenstrukturen.

Zu den Datenstrukturen gehören jeweils Vorschriften über die beim Ein- und Ausräumen zulässigen Operationen. Nehmen wir an, in einer Schublade seien Hemden gestapelt; dann könnte eine Vorschrift lauten, bei der Durchsicht des Stapels stets zunächst das oberste Hemd zu nehmen, und es beiseite zu legen, ohne es auseinander zu falten, weil es sonst zerknitterte usw., bis man das gesuchte Hemd gefunden hat. Die mit den Datentypen verknüpften Vorschriften haben dieselbe Funktion; sie beschränken die Bewegungen auf einige wenige zulässige Operationen. Für einen Stapel Hemden (siehe KELLER, STAPEL) ließen sich die vier zulässigen Operationen folgendermaßen formulieren: »`Prüfen, ob der Stapel leer ist`«, »`das oberste Hemd des Stapels betrachten`«, »`dem Stapel ein Hemd hinzufügen, indem man ein Hemd auf den Stapel legt`«, »`das oberste Hemd wegnehmen`«. Falls Sie nun Ihr gelbes, kurzärmeliges Hemd suchen, nehmen Sie, nachdem Sie die Schublade mit den Hemden geöffnet haben, das oberste Hemd heraus, sehen es sich an und legen es auf einem Tisch ab; Sie nehmen das zweite Hemd heraus, das sich nun oben auf dem Stapel befindet, sehen es sich an und legen es auf dem ersten Hemd ab, so dass auf dem Tisch ein neuer Stapel entsteht; diesen Vorgang wiederholen Sie so lange, bis Sie das gelbe Hemd gefunden haben.

Durch solche auf Datenstrukturen bezogenen Operationen sind Datentypen definiert; dieser Zusammenhang lässt sich durch die

Formel ausdrücken: »`Datentyp = Datenstruktur + Operationen`«.

Abstrakte Datentypen

Datentypen sind ausgesprochen praktisch, wenn man ein Programm beschreiben möchte. Sobald die Datenstrukturen und die zugehörigen Operationen definiert sind, braucht man sich um die Verbindungen zwischen den von den Datenstrukturen belegten Speicherplätzen ebenso wenig zu kümmern wie um die elementaren Arbeitsschritte, aus denen die zugehörigen Operationen bestehen. Es genügt, die zu den jeweiligen Datentypen gehörigen Operationen aufzurufen.

Da die Datentypen auf den Datenstrukturen basieren, also auf Abteilungen, Schränken Schubladen, hängen sie von den Besonderheiten des Rechners ab, auf dem diese Datenstrukturen eingerichtet sind. Von diesen Beschränkungen möchte man sich gerne frei machen, um allgemeine Programme erstellen zu können, die von bestimmten Rechnern oder auch bestimmten SPRACHEN unabhängig sind. Auf diese Weise möchte man eine formale SEMANTIK schaffen, das heißt eine Äquivalenz zwischen Computerprogrammen und mathematischen Formeln herstellen. Diese Zielsetzung hat zur Entwicklung einer Theorie abstrakter Datentypen geführt, in der die Datentypen ohne Bezug auf die zugehörigen Datenstrukturen allein durch die algebraischen Eigenschaften ihrer Operationen definiert sind. Für den Datentyp Keller oder Stapel lassen sich die vier Operationen »`Prüfen, ob der Keller oder Stapel leer ist`«, »`das oberste Element des Stapels betrachten`«, »`das oberste Element des Stapels wegnehmen`«, »`dem Stapel ein Element hinzufügen`« vollständig durch die Eigenschaften der vier mathematischen Funktionen »`Prüfen_ob_leer`«, »`oberstes Element`«, »`hinzufügen`«, »`entfernen`« beschreiben, ohne dass dazu jeweils ein Programm geschrieben werden müsste.

Als abstrakt bezeichnet man solche Datentypen, weil sie aus den konkreten Datentypen durch einen Abstraktionsprozess hervorgegangen sind, der die Begriffe der Informatik von den konkreten Maschinen unabhängig macht, in deren Zusammenhang sie ursprünglich entstanden sind.

Datierung

Zur Vorbereitung: ***Isotop***
Zur Vertiefung: ***Erdalter; Evolution; Geochronologie; Kalender***

Ereignisse der Vergangenheit datiert man gewöhnlich, indem man von heute aus zurück rechnet. Diese Methode resultiert aus der Verwendung von Kalendern; diese basieren vielfach auf einem Ausgangsereignis wie der Gründung Roms, der Geburt Christi oder der Hedschra der Moslems. Ein Ereignis datieren, zum Beispiel die Entstehung einer Gesteinsformation, des Sonnensystems oder des Universums, heißt ihm ein Alter (in Jahren) zuweisen, das dann meist noch mit einer Unsicherheitsmarge versehen wird.

Die Datierung geologischer Ereignisse

Lange Zeit konnte man die geologischen Schichten nur nach ihrem relativen Alter einordnen, von den ältesten (meist ganz unten) bis hin zu den jüngsten. Die Erforschung der in den einzelnen Schichten enthaltenen FOSSILIEN gestattete nur eine relative Chronologie, das absolute Alter blieb unbekannt (siehe GEOCHRONOLOGIE).

Eine absolute Altersbestimmung wurde theoretisch erst nach der Entdeckung der Radioaktivität möglich, und praktisch, als Alfred Nier 1939 die Methode der massenspektrographischen Isotopenanalyse entwickelte. Die Verfahren zur absoluten Altersbestimmung basieren sämtlich auf dem Zerfall radioaktiver Isotope.

Das radioaktive Isotop eines Elements, hier als »Muttersubstanz« bezeichnet, verwandelt sich mit der Zeit in die so genannte »Tochtersubstanz«. Damit nimmt die Konzentration der Muttersubstanz ab, während die der Tochtersubstanz zunimmt. Wie Ernest Rutherford und Frederick Soddy 1902 gezeigt haben, verhält sich die Geschwindigkeit, mit der die Zahl der Atome der Muttersubstanz abnimmt, proportional zur Zahl der verbleibenden Atome, das heißt, die Zahl der Atome eines radioaktiven Isotops erfährt mit der Zeit eine exponentielle Abnahme. Die Halbwertszeit des Isotops ist gleich der Zeit, in der die ursprünglich vorhandene Menge des Isotops sich auf die Hälfte verringert hat; sie ist charakteristisch für das betreffende Isotop. Misst man nun in einem Gestein den Gehalt an einem bestimmten Isotop, dessen Halbwertszeit bekannt ist, so lässt sich daraus die Entstehungszeit des Gesteins erschließen. Diese Methode bezeichnet man als radiometrische Zeitmessung oder Radiochronologie.

Die Altersbestimmung mittels des radioaktiven Kohlenstoffisotops ^{14}C, auch Radiokarbonmethode genannt, beruht auf der Messung der Radioaktivität biologischer Substanzen (Holz, Knochen, Muschelschalen usw.). ^{14}C entsteht in der oberen Atmosphäre durch Einwirkung der Höhenstrahlung auf ^{14}N (Stickstoff); das Kohlenstoffisotop verbindet sich sehr schnell mit Sauerstoff zu $^{14}CO_2$ und vermischt sich mit dem gewöhnlichen, nichtradioaktiven Kohlendioxid $^{12}CO_2$, das den größten Teil des Kohlendioxids in der Atmosphäre ausmacht. Das im Kohlendioxid enthaltene ^{14}C wird durch die Photosynthese in den Pflanzen fixiert, anschließend über die Nahrungskette auch in den Knochen und im Gewebe der Pflanzen- und Fleischfresser. Das Kohlendioxid der Luft löst sich im Meerwasser und gelangt von dort auch in die Skelette und Schalen der Meeresorganismen. Nach dem Tod der Pflanzen oder Tiere kann ihr ^{14}C-Gehalt nicht mehr wachsen, sondern nimmt durch radioaktiven Zerfall ständig ab. Der ^{14}C-Anteil in den Überresten von Pflanzen und Tieren gestattet es, den Zeitpunkt ihres Todes und damit auch das Alter der mit ihnen aufgefundenen Objekte zu bestimmen. Bevorzugte Anwendung findet dieses Verfahren in der Archäologie (etwa bei der Altersbestimmung des Turiner Grabtuchs oder der Stoffhüllen der Qumran-Rollen), in der Paläontologie des Quartärs und in der Vulkanologie (dort bestimmt man den Zeitpunkt von Lavaaustritten aufgrund des Alters der darin enthaltenen verkohlten Baumstämme). Die Halbwertszeit von ^{14}C beträgt 5730 ± 30 Jahre; das Verfahren eignet sich nur für Vorgänge, die nicht länger als 40000 Jahre zurückliegen. Außerdem war der ^{14}C-Gehalt der Atmosphäre in der Vergangenheit nicht immer gleich, so dass man das Verfahren mit Hilfe der Dendro- oder Jahresringchronologie kalibrieren musste, die zur Altersbestimmung die Jahresringe langlebiger Bäume heranzieht.

Statt die Abnahme eines mit der Zeit zerfallenden Isotops zu messen, kann man auch die Zunahme eines Tochterisotops beobachten. Auf diese Weise bestimmt man das Alter diverser Schichten der Erdkruste. Zu den meistgenutzten radioaktiven Uhren gehört die Kalium-Argon-Uhr: Das in den meisten Schichten der Erdkruste vorkommende ^{40}K verwandelt sich in ^{40}Ar, das Verhältnis von ^{40}K und ^{40}Ar dient zur Altersbestimmung.

Die Radiochronologie benutzt noch zahlreiche andere Mutter-Tochter-Systeme; zu nennen wäre hier insbesondere die Rubidium-Strontium-Uhr: Rubidium 87 verwandelt sich in Strontium 87, das sich mit dem nichtradiogenen Strontium 86 mischt.

Die beiden Isotope des Uraniums ^{238}U und ^{235}U zerfallen auf verschiedenen Wegen und jeweils in mehreren Schritten (den so genannten Zerfallsreihen) zu Blei: ^{238}U zu ^{206}Pb und ^{235}U zu ^{207}Pb (das nichtradiogene Blei ist ^{204}Pb). Die Uran-Blei-Methoden werden zur Altersbestimmung sehr alter Gesteine eingesetzt. Mit solchen Verfahren hat man zum Beispiel festgestellt, dass die Meteoriten ebenso alt sind wie die Erde, nämlich etwa 4,55 Milliarden Jahre (siehe ERDALTER).

Die Datierung astronomischer Ereignisse

Die Datierung astronomischer Ereignisse erfolgt gleichfalls nach Jahren, die von heute aus zurückgerechnet werden. So ist die kosmische Evolution durch die beständige Umwandlung der Materie gekennzeichnet: In der Frühzeit des Universums verbanden sich die ersten Teilchen, von denen wir wissen, die QUARKS, zu PROTONEN und NEUTRONEN, den beiden Bestandteilen des ATOMKERNS. Dann entstanden die ersten leichten Atome: Wasserstoff, Helium und die leichten Elemente (Lithium, Beryllium und Bor). Dieses noch homogene Gasgemisch verdichtete sich schließlich zu GALAXIEN und STERNEN; in den Sternen entstanden dann die schwereren chemischen Elemente, darunter auch einige radioaktive. Wie lassen sich all diese Entwicklungen in der Geschichte des Universums zeitlich einordnen?

Die erste Datierungsmethode basiert auf den radioaktiven Elementen oder deren Abkömmlingen; dazu ist es natürlich erforderlich, dass diese Atome vorkommen und beobachtbar sind. Die Sterne, die sie erzeugt haben, müssen so nah und so hell sein, dass wir den Anteil dieser Elemente im Verhältnis zum Wasserstoff mittels spektrometrischer Verfahren bestimmen können (d.h. durch die Analyse der Wellenlängen, die im SPEKTRUM des von dort empfangenen Lichts enthalten sind). Eine präzise Altersbestimmung ist mit diesem Verfahren nur für die Sterne unserer Galaxie möglich. Außerdem folgen Generationen von Sternen einander, und im Laufe dieser Generationen verändert sich auch die Menge der erzeugten Elemente. Es wäre daher eine allzu starke Vereinfachung, wenn man davon ausginge, die zur Altersbestimmung herangezogenen Elemente wären auf einen Schlag entstanden, ganz so, als hätte man eine Stoppuhr auf Null gestellt und man bräuchte sie nur noch abzulesen; vielmehr benötigen wir ein Szenario für Entstehung und Abfolge der verschiedenen Sternengenerationen. Aufgrund eines solchen Verfahrens weist man der ersten Sternengeneration unserer GALAXIE ein Alter von 10 Milliarden Jahren zu, mit einer Fehlermarge von plus/minus 1,5 Milliarden Jahren. Doch dieses Ergebnis hängt von dem gewählten Szenario ab; andere Szenarien kommen auf ein Alter von 9 bis 14 Milliarden Jahren.

Die EXPANSION des Universums liefert eine weitere Datierungsmethode, die von der empirisch ermittelten Hubble-Konstanten ausgeht (siehe NATURKONSTANTEN). Je nach dem errechneten Wert dieser Konstanten und nach den Annahmen hinsichtlich ihrer Veränderung ergibt sich für das Universum ein Alter zwischen 9,5 und 19 Milliarden Jahren (siehe URKNALL, SINGULARITÄT). Zu dieser Zeit war die Materie derart dicht im Raum konzentriert, dass es weder Galaxien noch Sterne gab.

Es gibt noch eine dritte Datierungsmethode, die auf einer Abschätzung der kernenergetischen Prozesse im Innern der Sterne basiert, aus denen sie ihre Strahlungsenergie beziehen. Auf dieselbe Weise, wie Physiker die Abläufe im Innern eines zur Stromerzeugung bestimmten Kernreaktors berechnen, indem sie die Reaktionsraten des spaltbaren Materials zur Menge des eingesetzten Kernbrennstoffs ins Verhältnis setzen, so kann man auch ein detailliertes Modell der in den Sternen ablaufenden Prozesse entwickeln. Mit spektroskopischen Verfahren (siehe SPEKTRALANALYSE) ermittelt man die Zusammensetzung des Sterns oder des interstellaren Milieus, aus dem er entstanden ist; man misst seine Energieabstrahlung (seine Helligkeit) und stützt das Modell, also die mathematische Darstellung der inneren Funktionsweise von Sternen, auf konkrete empirische Daten, die charakteristisch für den betreffenden Stern sind (z.B. seine Masse). Auf diese Weise kann man dann seine Lebensdauer berechnen oder den Zeitpunkt seiner Entstehung erschließen. Für unsere SONNE gelangen wir nach diesem Verfahren zu einem Alter von 4,5 Milliarden Jahren. Allerdings muss man sich noch darauf verständigen, welcher Augenblick in ihrer Entwicklung als Geburt der Sonne gelten soll, denn sie ist aus der langsamen Verdichtung interstellarer Materie unter dem Einfluss der Schwerkraft entstanden (siehe AKKRETION). Als Geburtsstunde der Sonne wählt man den Augenblick, als gegen Ende des Akkretionsprozesses die ersten Kernreaktionen in ihrem Innern in Gang kamen.

Zum Glück stehen die drei genannten Datierungsmethoden – aufgrund der Umwandlung radioaktiver Isotope, aufgrund der Hubble-Konstanten und aufgrund des kernenergetischen Modells der Sonne oder anderer Sterne – nicht im Widerspruch zueinander: man stelle sich vor, welche Probleme sich ergäben, wenn das erste oder dritte Verfahren die Entstehung der Sterne in eine Zeit verlegte, als es aufgrund der Hubble-Konstanten noch keine Sterne gab.

Die kosmische Zeit

Gibt es im Kalender des Universums einen Anfang, für den nur ein Danach, aber kein Davor vorstellbar ist? Ein direkter Zugang zu diesem Augenblick ist nicht möglich, nur ein kosmologisches Szenario kann ihn uns bieten: die kosmische SINGULARITÄT, die Stunde Null der kosmologischen Modelle (eine hypothetische Darstellung der kosmischen Abläufe) und der URKNALL. Die Datierung der nachfolgenden Ereignisse orientiert sich an diesem hypothetischen Anfang. In den ersten Augenblicken, bis zur Planck-Zeit, die bei 10^{-43} Sekunden liegt (siehe NATURKONSTANTEN), sei der Raum von Quanteneffekten beherrscht worden, oder hunderttausend Jahre nach dem Urknall sei das bis dahin undurchsichtige, weil allzu dichte Universum lichtdurchlässig geworden. Natürlich hängen solche Zeitangaben von dem gewählten kosmologischen Modell ab, auf dessen Grundlage sich für jeden Zeitpunkt die Temperatur des Universums berechnen lässt. Deshalb kann man auch die Temperatur dazu benutzen, die Zeit von der kosmischen Uhr »abzulesen«.

Definition

Zur Vertiefung: ***Axiom; formales System***

Seit Aristoteles ist die Definition Gegenstand philosophischer Debatten. In der Mathematik wird dieser Begriff nicht in derselben Weise verwendet wie in einem Wörterbuch oder Lexikon; aber seine Verwendung hat sich mit der Mathematik entwickelt.

In Euklids *Elementen* gibt es Definitionen, die das Wesen eines durch Anschauung gegebenen und als existent unterstellten Objekts beschreiben, zum Beispiel: »Der Punkt ist etwas, was keine Teile hat«, oder: »Eine Linie ist Länge ohne Breite«, oder auch: »Die Eins ist das, vermöge dessen Seiendes als eines bezeichnet wird«. Solche Definitionen werden natürlich niemals bei Beweisen benutzt. Andere Definitionen dienen der Abgrenzung bestimmter Objekte innerhalb eines bekannten Oberbegriffs. So definiert Euklid den Kreis als eine »ebene, von einer Linie derart umschlossen Figur, dass alle von einem Punkt innerhalb der Figur zu dieser Linie führenden Strecken dieselbe Länge haben«; eine gerade Zahl definiert er als eine Zahl, »die sich in zwei gleiche Teile teilen lässt«, und eine Gerade als eine »Linie, die gleichauf mit allen auf ihr befindlichen Punkten liegt«. Diese besonders dunkle Definition ist gleichfalls in einem Beweis nicht verwendbar. Die Existenz der so definierten Objekte wird entweder in Postulaten gesetzt (wie bei der Geraden und beim Kreis) oder bewiesen (wie bei den Parallelen).

Seit Blaise Pascal und seiner Abhandlung *De l'esprit géométrique et de l'art de persuader* haben Definitionen eine andere Aufgabe: »Sie sollen die Rede klären und abkürzen, indem sie in einem Wort ausdrücken, was man sonst nur mit mehreren Worten sagen könnte, und zwar so, dass der neue Name keine andere Bedeutung hat oder, falls er eine besitzt, keine andere Bedeutung mehr besitzt als diejenige, die man dafür bestimmt hat. Ein Beispiel: Jede Zahl, die sich in zwei gleiche Teile aufteilen lässt, nenne ich gerade.« Auch für Beweise formuliert Pascal eine entsprechende Regel: »Ersetze im Geiste die definierten Gegenstände stets durch ihre Definition, damit dich die Mehrdeutigkeit der durch die Definitionen eingeschränkten Ausdrücke nicht täuscht.«

So verstanden, sind Definitionen Abkürzungen; aber zugleich formulieren sie Konzepte und haben daher eine schöpferische Funktion. Heute können Definitionen auch Axiome enthalten. So ist eine Gruppe definiert als eine Menge, auf der eine interne Verknüpfung $G \times G \to G$ definiert ist, welche drei Axiome erfüllt: Die Verknüpfung ist assoziativ; es gibt ein neutrales Element; und zu jedem Element gibt es ein inverses Element (siehe GRUPPE). Axiomensysteme können sogar als verkleidete Definitionen fungieren, etwa die Peano-Axiome für die ganzen Zahlen oder die Zermelo-Fraenkel-Axiome für die Mengenlehre.

Es besteht ein enger Zusammenhang zwischen der Strenge der Mathematik und der Funktionsweise der Definitionen. Solange die Definitionen für bekannte Objekte stehen, bezieht man sich ganz natürlich auf diese Objekte und benutzt bei Beweisen auch dann deren Eigenschaften, wenn sie nicht ausdrücklich in der Definition oder einem Axiom genannt sind. Nach heutigem Verständnis dagegen bezieht eine akzeptierte Definition sich auf alle Objekte, die sie erfüllen, auch wenn das Überraschungen mit sich bringen sollte. So sind die meisten stetigen Funktionen, die also der Definition der Stetigkeit genügen, entgegen der Anschauung an keiner Stelle differenzierbar. In einem Beweis darf man nur die explizit genannten Eigenschaften verwenden.

Definition, rekursive

→ ***rekursive Definition***

Deklaration

Zur Vertiefung: ***Bit; Register; Speicher; Variable***

Im COMPUTER werden Daten abwechselnd verarbeitet und auf Speicherplätzen abgelegt; als VARIABLE bezeichnet man in diesem Zusammenhang Wörter, die das Auffinden des jeweiligen Speicherplatzes erleichtern sollen. Damit der Zugriff auf die Daten und ihre Abspeicherung problemlos erfolgen kann, reserviert der Computer in seinem Arbeitsspeicher vorsorglich genügend Speicherplatz, damit die Speicherzellen die gewünschten Inhalte aufnehmen können (siehe SPEICHER). Die meist zu Beginn eines Programms aufgelisteten Deklarationen erleichtern diese Reservierung; sie geben für jede Variable an, welche Art von Objekten (welcher Datentyp) in den zugehörigen Speicherzellen enthalten sein soll, zum Beispiel ob es sich um ganze oder reelle Zahlen, um Buchstaben oder Buchstabenfolgen handelt. Zugleich bestimmen sie Größe und Organisation der betreffenden Register im Hinblick auf den dort zu speichernden Datentyp.

Delokalisation, Lokalisation

Zur Vertiefung: ***Aromatizität; Elektronenverteilung; Hybride; Resonanz***

Jedes ELEKTRON, das man gleichzeitig als Teilchen und als Welle (siehe ELEKTRONENWELLE) sehen muss, vibriert in einem Molekül durch den gesamten Raum, den dieses Molekül einnimmt, und bleibt dabei der Anziehungskraft aller darin enthaltenen Atomkerne unterworfen. Im Prinzip ist es also unmöglich, die Position eines beliebigen Elektrons zu bestimmen. Daher bezeichnet man es als in jedem Augenblick im gesamten Molekül delokalisiert (siehe HEISENBERGSCHES UNBESTIMMTHEITSPRINZIP).

Bei dieser Delokalisation der Elektronen handelt es sich nicht um eine Sichtweise, sondern um ein echtes physikalisches Prinzip. So hat z. B. ein positiv geladenes Kohlenwasserstoffmolekül der Formel $H_2C{=}CH{-}CH_2^+$ aufgrund dieser Delokalisation Kohlenstoff-Kohlenstoff-Bindungen von gleicher Bindungslänge. Es ist unmöglich, die ständig in Bewegung befindlichen Elektronen der Doppelbindung nur zwischen den Kohlenstoffatomen 1 und 2 zu lokalisieren, wie in *Abbildung 1.a* gezeigt, oder zwischen den Kohlenstoffatomen 2 und 3, wie in *Abbildung 1.b* gezeigt, da sie sich unterschiedslos an beiden Positionen befinden.

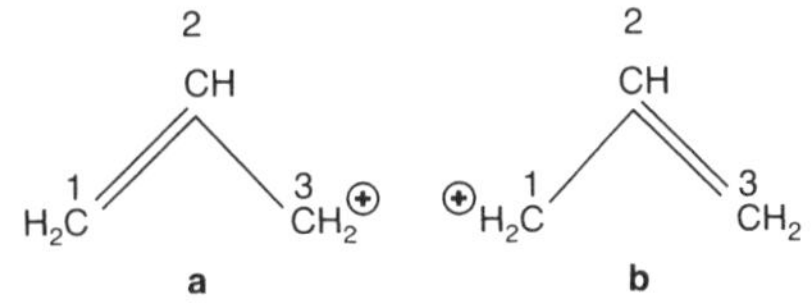

Abbildung 1

In der Regel sind Doppelbindungen kürzer als Einfachbindungen. Da sich in diesem Fall die Bindungen 1—2 und 2—3 angleichen, lässt sich dieses Molekül mit keiner der beiden Strukturformeln 1a und 1b ausreichend beschreiben. Zutreffend dargestellt wird es nur durch eine Kreuzung der Formeln 1a und 1b, wie Linus Pauling 1930 erstmals vorschlug.

Die Delokalisation ist die Regel. Umgekehrt ist die Lokalisation keineswegs die Ausnahme oder auch nur das Gegenteil der Delokalisation, da Ausnahmen von dieser Delokalisationsregel nicht existieren. Dennoch gibt es Fälle, in denen die ständig auf ein Atom stoßenden Elektronenwellen dort eine Akkumulation oder umgekehrt ein Fehlen von Elektronenladung bewirken. Folglich erweckt es den Eindruck, als sei dieses Atom positiv oder negativ geladen. So trägt zum Beispiel das Sauerstoffatom im Wasser

H_2O einen Überschuss an negativer elektrischer Ladung, weil sein Atomkern mit acht positiv geladenen PROTONEN Elektronen stärker anzieht als die Atomkerne der Wasserstoffatome, die jeweils nur ein Proton besitzen.

Destillation

Zur Vertiefung: ***Alkohol; Lösung; Reinheit; Trennverfahren***

Als Destillation bezeichnet man ein Verfahren, bei dem eine FLÜSSIGKEIT im Allgemeinen durch Erhitzung verdampft wird und anschließend das so gebildete Gas durch Abkühlung kondensiert wird. Dieses Verfahren hat den Vorzug, eine reine Flüssigkeit zu liefern: So handelt es sich beim Tau und dem Schmelzwasser des Eisbelags eines Kühlschranks um destilliertes Wasser.

Diese Technik und ihre Apparaturen, besonders den Destillierkolben, verdanken wir den Alchimisten (siehe ALCHIMIE), die sie einsetzten, um den »Geist« eines natürlichen Stoffes, seine Quintessenz, zu isolieren. Sie unterzogen alle möglichen organischen Rohstoffe von Pflanzen bis hin zu Eiern der Destillation.

Ihre Entdeckung eines wirkungsvollen Verfahrens, Alkohol durch Destillation zu reinigen, und die Verwendung dieses Alkohols als Lösungsmittel, um die Quintessenz zu extrahieren, bildeten die Grundlage eines leistungsfähigen Analysemittels. Ab dem 18. Jahrhundert setzten die Chemiker verschiedene selektive Lösungsmittel ein, die jeweils nur bestimmte Stoffe lösen konnten, um die Zusammensetzung eines Gemischs zu bestimmen. Aus diesem Grund wird die Destillation, deren Hauptaufgabe früher im Nachweis flüchtiger Bestandteile lag, heute fast nur noch zur Herstellung von Alkoholen und Branntweinen verwendet. Aus epistemologischer Sicht hat sich die Destillation von einem Trennverfahren für flüchtige Bestandteile zu einem Reinigungsverfahren von Flüssigkeiten entwickelt. Heutzutage wird die Destillation im Laboratorium hauptsächlich zur Reinigung von Lösungsmitteln eingesetzt.

Detektoren

Zur Vertiefung: ***Information; Licht; Rauschen; Signal***

Wir erfahren die Welt über unsere Sinneorgane. Licht, Gerüche, Druck werden von ihnen in elektrische Signale umgewandelt, die dann in unserem Gehirn weiterverarbeitet werden. Bei den Sinnesorganen handelt es sich um physiologische Systeme, die im Auge, im Ohr, in der Haut angebracht sind.

Zahlreiche Phänomene sind unseren Sinnesorganen jedoch nicht unmittelbar zugänglich; dazu gehören etwa die Radiowellen, das aus den Auspuffrohren unserer Autos dringende Kohlenmonoxid, die von den Fledermäusen ausgesendeten Ultraschallsignale oder der elektrische Strom, der im Leitungsnetz unserer Häuser fließt. In anderen Fällen signalisieren uns die Sinnesorgane zwar die Existenz des Phänomens, geben aber keine genauere Auskunft über dessen Umfang oder Stärke: etwa über die genaue Frequenz eines Tons, die Wellenlänge des mit einer bestimmten FARBE verbundenen Lichts oder die Moleküle, die den Duft einer Rose ausmachen. Um solche den Sinnen nicht oder nur unzulänglich zugängliche Phänomene aufzuspüren und quantitativ zu erfassen, hat man physikalische Systeme geschaffen, die als Detektoren, Sensoren, Rezeptoren oder in einem umfassenderen Sinne als Messgeräte bezeichnet werden, je nachdem, ob das Aufspüren, die Erfassung oder die Verarbeitung von Informationen im Vordergrund steht. Vielfach können diese physikalischen Systeme, ohne den Umweg über die menschlichen Sinne zu nehmen, das von ihnen beobachtete Phänomen in einer Rückkopplungsschleife beeinflussen: So lässt man heute bereits Sensoren in vielbefahrene Straßen ein, die den Verkehrsfluss beobachten und über zwischengeschaltete Computer die Geschwindigkeitsbegrenzungen oder die Ampelschaltungen steuern.

Schon die semantische Verwandtschaft zwischen »Detektor« und »Detektiv« zeigt an, dass es hier um die Beschaffung verborgener Informationen geht. Die Detektoren erweitern und ergänzen unsere beschränkten Sinnesorgane, die nur einen winzigen Teil der vielfach sehr feinen Signale in unserer Umwelt zu erfassen vermögen.

Diese Instrumente spielen in den Naturwissenschaften eine fundamentale Rolle, denn sie gestatten es, Phänomene festzustellen und dann auch zu messen, so dass es möglich wird, sie zueinander in Beziehung zu setzen, sie zu klassifizieren und sie mit den Ergebnissen von Berechnungen zu vergleichen. Doch auch im alltäglichen Leben spielen sie eine bedeutende Rolle. Detektoren und Sensoren finden sich überall: Sie warnen Piloten vor Hindernissen, informieren die Polizei über das unerlaubte Eindringen von Personen in Wohnungen oder Banken, melden ungewöhnliche Hitzeentwicklungen an die Feuerwehr oder signalisieren dem Autofahrer, dass die Bremsbeläge seines Autos abgenutzt sind.

Als technische Systeme sind sie nicht den Zufällen individueller Subjektivität unterworfen. Als quantifizierende Systeme liefern sie numerische Daten, die sich leicht von Computern lesen, speichern und mit anderen Signalen vergleichen lassen. Und ihre Zuverlässigkeit sorgt dafür, dass ihre Daten über die Zeit vergleichbar sind. Da von unseren fünf Sinnen der reichste ohne Zweifel der Gesichtssinn ist, bieten Detektoren und Messgeräte ihre Signale und Messergebnisse vielfach in optischer Form dar, zum Beispiel als Stellung eines Zeigers auf einer linearen oder kreisförmigen Skala, als Zahlenwert oder in Gestalt von Linien oder Kurven, manchmal jedoch auch in akustischer Form (Alarmsignale). Das SIGNAL ist gleichsam die Übersetzung des betreffenden Phänomens durch den Detektor oder Sensor.

Detektoren arbeiten nach den unterschiedlichsten physikalischen Prinzipien; darin entspricht ihre Vielfalt ganz der Vielfalt der von ihnen sichtbar gemachten Phänomene. Betrachten wir zum Beispiel das LICHT: Unmittelbar erfassen unsere Sinne nur einen kleinen Ausschnitt des gesamten Spektrums (der Verteilung der Wellenlängen oder Energien), der vom Ultraviolett bis zum Infrarot reicht (etwa 0,3 bis 0,7 Mikrometer), und auch dies nur in einer Weise, die keine sonderlich genaue Quantifizierung erlaubt. Für alle übrigen Bereiche (Infrarot, Ultraviolett, Röntgenstrahlung usw.) benötigen wir Detektoren, die meist den photoelektrischen Effekt nutzen (siehe PHOTON): Das Licht entreißt einem Atom ein Elektron und erzeugt so einen elektrischen Strom, zum Beispiel in einem Halbleiterkristall, der in geeigneter Weise gepolt ist. So wird etwa der photoelektrische Effekt des Siliciums in Ladungstransferdetektoren (CCD oder *Charge Coupled Device*) benutzt, die in Videokameras und Fotoapparaten zur Lichtmessung eingesetzt werden.

Wenn Physiker die Anwesenheit hochenergetischer Elementarteilchen nachweisen wollen, nutzen sie die Tatsache, dass diese Teilchen in gesättigtem Wasserdampf ähnlich wie Flugzeuge in der Atmosphäre eine Kondensspur hinterlassen (Nebel- oder Wilson-Kammer) oder das Gas beim Durchgang ionisieren (Ionisationskammer).

Als Empfindlichkeit eines Detektors bezeichnet man den kleinsten Wert des beobachteten Phänomens, der ein Ausgangssignal zu erzeugen vermag. Tatsächlich wird die Messung jedes Signals von einem RAUSCHEN, d.h. von nicht kontrollierbaren Zufallsschwankungen des Signals, beeinträchtigt, das dessen wirklichen Wert verdeckt. Wenn ein Signal zu schwach ist, verschwindet es gewissermaßen hinter dem Rauschen und kann nicht mehr gemessen werden. Um die Empfindlichkeit von Detektoren zu erhöhen, kann man sie abschirmen oder auf tiefe Temperaturen abkühlen; man kann aber auch nach neuen physikalischen Effekten suchen, die mit einem geringeren Rauschen verbunden sind. Die Astronomen gehören auf diesem Gebiet zu den anspruchsvollsten Kunden; ihr Wunsch, immer fernere Lichtquellen zu messen, lässt sich nur mit Detektoren verwirklichen, die eine immer größere Empfindlichkeit für die wenigen verfügbaren Photonen besitzen. Den Empfindlichkeitsrekord halten die Detektoren zum Aufspüren von Gravitationswellen, die emittiert werden, wenn zwei Massen einander zum Beispiel in einem Doppelsternsystem umkreisen. Die Wirkung solch einer Welle auf ein irdisches Objekt besteht in einer Veränderung der Länge dieses Objekts, die sich in der Größenordnung des hundertmilliardsten Teils eines Milliardstels bewegt.

Um die in den Ausgangssignalen eines Detektors enthaltene Information zu verarbeiten, hat man Verfahren entwickelt, für die das Telefon ein einfaches Beispiel liefert: Die von einem Schalldetektor (Mikrophon) aufgenommenen Signale werden durch analoge oder digitale Filter sorgfältig von allen Störungen befreit, denen sie auf dem Weg zu uns ausgesetzt sein mögen. Auch die hohe Qualität der Tonwiedergabe bei einer CD etwa beruht auf den ausgezeichneten Möglichkeiten der Signalbearbeitung, die uns die Digitalisierung der Signale bietet.

Determinante

Zur Vorbereitung: ***lineare Abbildung; Vektor***

Basen

Drei Vektoren $\vec{u}$, $\vec{v}$ und $\vec{w}$ des Raumes bilden eine Basis, wenn jeder Vektor $\vec{a}$ sich in eindeutiger Weise in eine Summe

$\vec{a} = x\vec{u} + y\vec{v} + z\vec{w}$

zerlegen lässt. Die Zahlen x, y und z bezeichnet man als die Koordinaten des Vektors bezüglich dieser Basis. Drei Vektoren des Raumes bilden nicht in jedem Fall eine Basis. Falls alle drei in derselben Ebene liegen, kann man die Vektoren, die außerhalb dieser Ebene liegen (wie Vektor $\vec{a}$ in *Abbildung 1*), nicht in eine Summe $x\vec{u} + y\vec{v} + z\vec{w}$ zerlegen; und die Vektoren, die innerhalb der betreffenden Ebene liegen, lassen sich auf mehrere Arten zerlegen. Drei Vektoren, die nicht in derselben Ebene liegen, bilden dagegen stets eine Basis des Raumes.

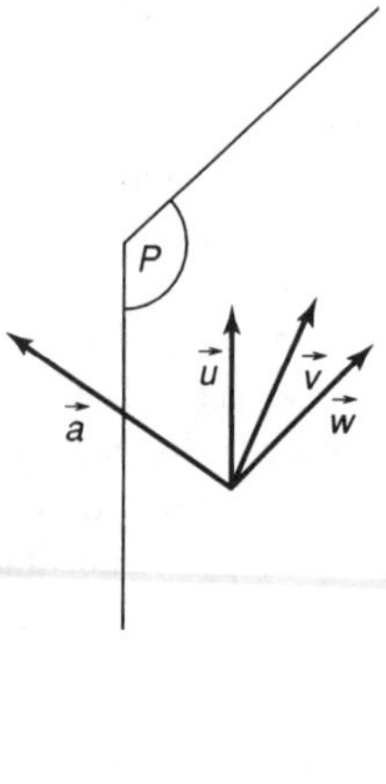

Abbildung 1

Kennt man die Koordinaten dreier Vektoren $\vec{u}$, $\vec{v}$ und $\vec{w}$ bezüglich einer Basis $\vec{i}$, $\vec{j}$, $\vec{k}$, kann man mit Hilfe der Determinante bestimmen, ob diese drei Vektoren eine Basis bilden. Denn die Determinante der drei Vektoren wird aus deren Koordinaten errechnet; sie ist ungleich 0, wenn die drei Vektoren $\vec{u}$, $\vec{v}$, $\vec{w}$ eine Basis bilden; ansonsten ist sie gleich 0.

Volumen

Die Determinante dreier Vektoren des Raumes $\vec{u}$, $\vec{v}$ und $\vec{w}$ lässt sich definieren als Volumen des von den drei Vektoren begrenzten Parallelepipeds (siehe *Abbildung 2*).

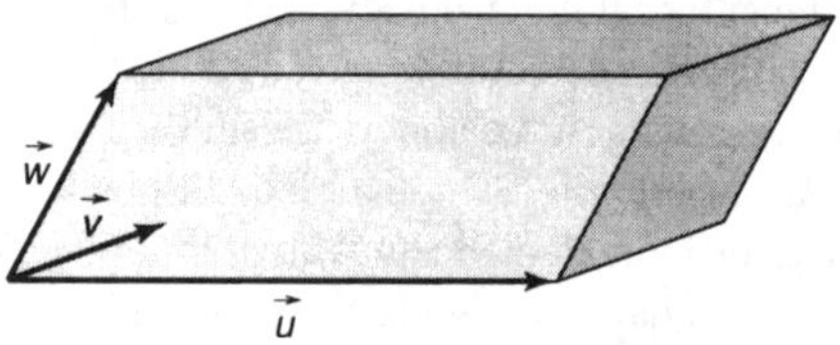

Abbildung 2

Genauer gesagt, ist die Determinante dieses Volumen, wenn das Vektorentripel $\vec{u}$, $\vec{v}$, $\vec{w}$ positiv gerichtet ist (das heißt, sieht man in der Richtung von $\vec{w}$, so erreicht man $\vec{u}$ und $\vec{v}$, indem man sich im Uhrzeigersinn dreht); im anderen Fall ist sie das Negative dieses Volumens.

Es liegt auf der Hand, dass diese Determinante gleich 0 ist, falls $\vec{u}$, $\vec{v}$ und $\vec{w}$ in derselben Ebene liegen; und falls sie eine Basis bilden, ist sie ungleich 0.

Zur Definition des Volumens bedarf es der Festlegung einer Einheit. Die Determinante der Vektoren $\vec{u}$, $\vec{v}$ und $\vec{w}$ hängt daher von der Wahl einer Basis $\vec{i}$, $\vec{j}$, $\vec{k}$ ab, die ein »Einheitsparallelepiped« begrenzt. Für die Determinante der Vektoren $\vec{u}$, $\vec{v}$, $\vec{w}$ bezüglich der Basis $\vec{i}, \vec{j}, \vec{k}$ schreibt man:

$\det_{\vec{i},\vec{j},\vec{k}} (\vec{u}, \vec{v}, \vec{w})$.

Sind x_1, y_1, z_1 die Koordinaten des Vektors $\vec{u}$ bezüglich der Basis $\vec{i}$, $\vec{j}$, $\vec{k}$, x_2, y_2, z_2 die des Vektors $\vec{v}$ und x_3, y_3, z_3 die Koordinaten des Vektors $\vec{w}$, so ist die Determinante der Vektoren $\vec{u}$, $\vec{v}$, $\vec{w}$ bezüglich der Basis $\vec{i}$, $\vec{j}$, $\vec{k}$ gleich

$\det_{\vec{i},\vec{j},\vec{k}} (\vec{u}, \vec{v}, \vec{w}) = x_1y_2z_3 - y_1x_2z_3 - z_1y_2x_3$
$- x_1z_2y_3 + y_1z_2x_3 + z_1x_2y_3$.

Alternierende Trilinearformen

Diese Formel lässt sich sehr leicht mit Hilfe einfacher Eigenschaften des Volumens beweisen. Zerlegt man einen Vektor $\vec{u}$ in eine Summe zweier Vektoren $\vec{u}_1$ und $\vec{u}_2$, ist die Determinante der Vektoren $\vec{u}$, $\vec{v}$, $\vec{w}$ die Summe aus der Summe der Vektoren $\vec{u}_1$, $\vec{v}$, $\vec{w}$ und der Summe der Vektoren $\vec{u}_2$, $\vec{v}$ und $\vec{w}$ (siehe *Abbildung 3*). Zu einem ähnlichen Ergebnis gelangt man natürlich, wenn man die Vektoren $\vec{v}$ oder $\vec{w}$ zerlegt.

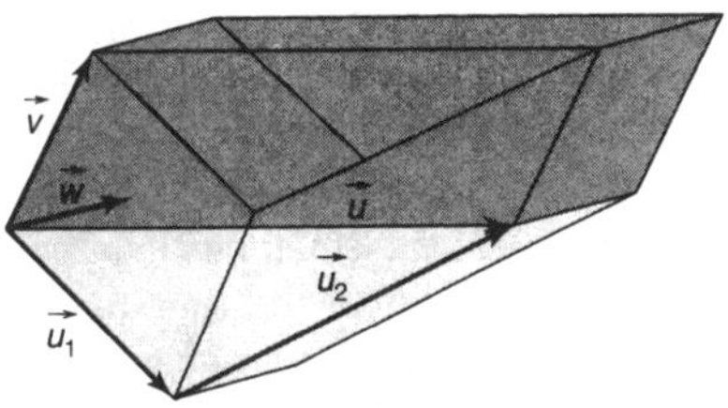

Abbildung 3 Das hellgrau markierte, aus zwei Parallelepipeden zusammengesetzte Volumen ist gleich dem Volumen des dunkelgrauen Parallelepipeds.

Zerlegt man einen Vektor $\vec{u}$ in ein Produkt aus einer Zahl k und einem Vektor $\vec{u}_1$, ist die Determinante der Vektoren $\vec{u}$, $\vec{v}$ und $\vec{w}$ gleich dem k-fachen der Determinante der Vektoren $\vec{u}_1$, $\vec{v}$ und $\vec{w}$. Auch hier gelangt man zu einem ähnlichen Ergebnis, wenn man die Vektoren $\vec{v}$ oder $\vec{w}$ entsprechend zerlegt.

Sind zwei der Vektoren $\vec{u}$, $\vec{v}$ und $\vec{w}$ identisch, ist die Determinante von $\vec{u}$, $\vec{v}$ und $\vec{w}$ gleich 0. Und vertauscht man zwei der Vektoren $\vec{u}$, $\vec{v}$ und $\vec{w}$, verändert sich nur das Vorzeichen der Determinante. So ist die Determinante der Vektoren $\vec{u}$, $\vec{w}$ und $\vec{v}$ das Negative der Determinante von $\vec{u}$, $\vec{v}$ und $\vec{w}$. Eine Abbildung, die drei Vektoren eine Zahl zuordnet und alle genannten Eigenschaften besitzt, wird als »alternierende Trilinearform« bezeichnet.

Sind $\vec{u}$, $\vec{v}$ und $\vec{w}$ drei Vektoren mit den Koordinaten x_1, y_1, z_1 bzw. x_2, y_2, z_2 bzw. x_3, y_3, z_3, so ist ihre Determinante bezüglich der Basis $\vec{i}, \vec{j}, \vec{k}$

$\det_{\vec{i},\vec{j},\vec{k}}(x_1\vec{i} + y_1\vec{j} + z_1\vec{k},\ x_2\vec{i} + y_2\vec{j} + z_2\vec{k},\ x_3\vec{i} + y_3\vec{j} + z_3\vec{k})$.

Nutzt man die Eigenschaften einer Summe von Vektoren sowie des Produkts eines Vektors und einer Zahl, kann man die Determinante

$\det_{\vec{i},\vec{j},\vec{k}}(x_1\vec{i} + y_1\vec{j} + z_1\vec{k},\ x_2\vec{i} + y_2\vec{j} + z_2\vec{k},\ x_3\vec{i} + y_3\vec{j} + z_3\vec{k})$

in eine Summe mit drei, dann neun, dann 27 Summanden zerlegen:

$x_1x_2x_3 \det_{\vec{i},\vec{j},\vec{k}}(\vec{i}, \vec{i}, \vec{i}) + x_1,x_2,y_3 \det_{\vec{i},\vec{j},\vec{k}}(\vec{i},\vec{i},\vec{j}) + x_1x_2z_3 \det_{\vec{i},\vec{j},\vec{k}}(\vec{i}, \vec{i}, \vec{k}) + \ldots$

Erscheint derselbe Vektor mehrmals unter den Argumenten der Determinante, so ist diese gleich 0. Die Zahlen $\det_{\vec{i},\vec{j},\vec{k}}(\vec{i},\vec{i},\vec{i})$, $\det_{\vec{i},\vec{j},\vec{k}}(\vec{i},\vec{i},\vec{j})$ … sind daher alle gleich 0, und unter den 27 Termen können nur sechs von 0 verschieden sein, jene nämlich, die den sechs Permutationen der Vektoren $\vec{i}$, $\vec{j}$, $\vec{k}$ entsprechen. Die Determinante der Vektoren $\vec{i}, \vec{j}, \vec{k}$ ist definitionsgemäß gleich 1, die der Vektoren $(\vec{j}, \vec{i}, \vec{k})$, $(\vec{k}, \vec{j}, \vec{i})$ und $(\vec{i}, \vec{k}, \vec{j})$ also gleich –1 und die der Vektoren $(\vec{j}, \vec{k}, \vec{i})$ und $(\vec{k}, \vec{i}, \vec{j})$ gleich 1. Daraus folgt für die Determinante der Vektoren $\vec{u}$, $\vec{v}$, $\vec{w}$: $\det_{\vec{i},\vec{j},\vec{k}}(\vec{u}, \vec{v}, \vec{w}) = x_1y_2z_3 - y_1x_2z_3 - z_1y_2x_3 - x_1z_2y_3 + y_1z_2x_3 + z_1x_2y_3$.

Die Determinante einer linearen Abbildung

Ist f eine lineare Abbildung eines Raumes A in einen Raum B und ist $\vec{a}$, $\vec{b}$, $\vec{c}$ eine Basis von A sowie $\vec{i}, \vec{j}, \vec{k}$ eine Basis von B, so ist die Determinante von f bezüglich der Basen $\vec{a}$, $\vec{b}$, $\vec{c}$ und $\vec{i}$, $\vec{j}$, $\vec{k}$ die Determinante der Vektoren $f(\vec{a})$, $f(\vec{b})$ und $f(\vec{c})$ bezüglich der Basis $\vec{i}$, $\vec{j}$, $\vec{k}$. Sie ist gleich der Zahl, mit der die Abbildung f die Volumina multipliziert (wobei man als Einheitsparallelepiped in A die Basis $\vec{a}$, $\vec{b}$, $\vec{c}$ und in B die Basis $\vec{i}$, $\vec{j}$, $\vec{k}$ wählt). Diese Zahl ist von 0 verschieden, falls die lineare Abbildung f bijektiv ist (also jedem Vektor des Raumes umkehrbar eindeutig einen Vektor zuordnet); anderenfalls ist sie gleich 0.

Sind Ursprungs- und Bildraum der Abbildung f identisch, kann man dieselbe Basis wählen. Die Determinante von f ist dann bezüglich aller Basen dieselbe und entspricht der Zahl, mit der die Abbildung die Volumina multipliziert.

Räume beliebiger Dimension

Zur Vorbereitung: ***Permutation***

Der Begriff der Determinante ist natürlich nicht auf dreidimensionale Räume beschränkt. In einem Vektorraum beliebiger endlicher Dimension erweitert sich der Begriff der alternierenden Trilinearform zu dem der alternierenden Multilinearform. Ist $\vec{i}_1, \ldots, \vec{i}_n$ eine Basis dieses Raums, gibt es eine einzige alternierende Multilinearform, die bezüglich der Basis $\vec{i}_1, \ldots, \vec{i}_n$ gleich 1 ist, und man bezeichnet sie als Determinante bezüglich der Basis $\vec{i}_1, \ldots, \vec{i}_n$. Die Determinante der n Vektoren $\vec{u}_1, \ldots, \vec{u}_n$ ist ungleich 0, wenn diese Vektoren eine Basis bilden; anderenfalls ist sie gleich 0.

Sind $\vec{u}_1, \ldots, \vec{u}_n$ Vektoren mit den Koordinaten $x_{1,1}, \ldots, x_{1,n}$ bzw. $x_{2,1}, \ldots, x_{2,n}$ bzw. $x_{n,1}, \ldots, x_{n,n}$, so lässt sich die Determinante dieser Vektoren als Summe aus n^n Summanden berechnen:

$$\det_{\vec{i}_1 \ldots \vec{i}_n}(x_{1,1}\vec{i}_1 + \ldots + x_{1,n}\vec{i}_n, \ldots, x_{n,1}\vec{i}_1 + \ldots + x_{n,n}\vec{i}_n)$$

Unter diesen n^n Summanden können nur jene von 0 verschieden sein, die den $n!$ (n-Fakultät, d. h. $1 \times 2 \times \ldots \times n$) Permutationen der Basisvektoren entsprechen. Jede dieser Permutationen lässt sich in ein Produkt aus Transpositionen zerlegen. Die Determinante der Vektoren $\vec{i}_{s(1)} \ldots \vec{i}_{s(n)}$ ist gleich 1, falls die Permutation s sich in eine gerade Anzahl von Transpositionen zerlegen lässt, und gleich –1, falls sie sich in eine ungerade Anzahl von Transpositionen zerlegen lässt. Als »Signatur der Permutation s« ($sign(s)$) bezeichnet man die Zahl, die in Abhängigkeit von der Gerad- oder Ungeradzahligkeit der Permutation s gleich 1 oder –1 ist. Die Determinante ist daher gleich der Summe aus $n!$ Termen der Form $sign(s) x_{1,s(1)} \ldots x_{n,s(n)}$.

Determinismus

Determinismus in der Philosophie

Zur Vertiefung: ***Deutungen der Quantenphysik; Realität***

Ein System wird als deterministisch bezeichnet, wenn der Zustand, in dem es sich zu einem bestimmten Zeitpunkt befindet, sämtliche zukünftigen Zustande vollständig festlegt. Von daher wird verständlich, dass in der Philosophie ein langer Streit über die Frage geführt worden ist, ob menschliches Handeln determiniert ist oder ob der Mensch Willensfreiheit besitzt. Weniger heftig ist der Streit, wenn es um natürliche Ereignisse geht. Die These, wonach das Universum insgesamt determiniert sei, besagt lediglich, dass es einen kontinuierlichen Zusammenhang zwischen sämtlichen Ereignisfolgen gibt. Die berühmteste Formulierung dieser These stammt von Pierre Simon de Laplace. Er stellte sich einen Dämon vor, der für sämtliche Teilchen im Universum Position und Geschwindigkeit kenne. Dieser Dämon sei dann in der Lage, Position und Geschwindigkeit jedes beliebigen Teilchens für jeden Zeitpunkt in der Vergangenheit wie auch in der Zukunft zu berechnen. Da die Laplacesche Welt nur aus Teilchen bestand, die sich mit einer bestimmten Geschwindigkeit auf einer bestimmten Bahn bewegten, setzten die beschriebenen Fähigkeiten des Dämons einen absoluten Determinismus voraus, der Natur und Mensch gleichermaßen betraf.

Ein deterministisches System kann vorhersehbar oder unvorhersehbar sein (siehe CHAOS); und auch ein unvorhersehbares System ist nicht notwendig indeterminiert.

Determinismus und Mathematik

Zur Vertiefung: ***Approximation; Chaos; Wahrscheinlichkeit***

In der klassischen Mechanik werden Position und Geschwindigkeit eines Teilchens durch reelle Zahlen beschrieben. In der Regel bestehen reelle Zahlen aus einer unendlichen Folge von Ziffern (Ausnahmen bilden hier die ganzen und die rationalen Zahlen und solche, die durch ein besonderes Symbol wie π gekennzeichnet werden). Was heißt es, eine reelle Zahl zu kennen? Physikalische Messungen erbringen stets nur Annäherungen an reelle Zahlen. Wirft man zum Beispiel einen Würfel, so hängt das Ergebnis unter anderem von dessen Anfangsgeschwindigkeit ab. Kennt man diese Geschwindigkeit v nur mit einer Genauigkeit a (das heißt, die »tatsächliche« Geschwindigkeit liegt zwischen $v-a$ und $v+a$), kann es sein, dass manche Geschwindigkeiten innerhalb dieses Intervalls zu einer 5 führen, während andere eine 6 ergeben. Dann lässt sich keine sichere Voraussage machen, obwohl das System in der Theorie durchaus deterministisch ist. Durch Verbesserung der Messgenauigkeit kann man das Intervall verkleinern und so zu einer genaueren Vorhersage gelangen, doch wenn die »tatsächliche« Geschwindigkeit in der Nähe des Werts liegt, der den Umschlag von 5 nach 6 bewirkt, übersteigt die erforderliche Messgenauigkeit jedes realistische Maß. Bei diskontinuierlichen Phänomenen wie dem Werfen eines Würfels (siehe STETIGKEIT, KONTINUITÄT) reicht eine nur näherungsweise Kenntnis der Anfangsbedingungen manchmal nicht aus, um die weitere Entwicklung vorherzusehen.

Selbst bei recht einfachen Systemen, deren Zustand zu jedem Zeitpunkt eine stetige Funktion des Anfangszustands ist, kann es sein, dass der für die Kenntnis des Zustands zum Zeitpunkt t mit einer Genauigkeit e zugelassene Irrtum a mit der Zeit t immer kleiner wird. Will man zum Beispiel das Wetter von morgen mit hinreichender Genauigkeit vorhersagen, genügt es, den heutigen Zustand der Atmosphäre einigermaßen genau zu kennen. Will man jedoch das Wetter von übermorgen vorhersagen, muss man den heutigen Zustand schon genauer kennen, und für eine noch längerfristige Wettervorhersage bedarf es einer äußerst genauen Kenntnis des heutigen Zustands. Will man gar das Wetter für jeden beliebigen Zeitpunkt der Zukunft vorhersagen, benötigt man ein absolutes Wissen, das es natürlich nicht geben kann. Obwohl solch ein chaotisches System in der Theorie durchaus deterministisch ist und ein kontinuierliches Phänomen darstellt, lässt sich seine weitere Entwicklung in der Praxis nicht vorhersagen.

Kann man den Zustand eines Systems nicht vorhersagen (weil die nötigen Informationen über seinen Anfangszustand fehlen oder weil es nicht deterministisch ist), bietet die Wahrscheinlichkeitstheorie die Möglichkeit, bestimmte Zustände anzugeben, die wahrscheinlicher sind als andere. Weiß man beim Werfen zweier Würfel zum Beispiel nichts über Anfangsgeschwindigkeit und Ausgangslage der Würfel, ist dennoch klar, dass die Wahrscheinlichkeit, eine 7 zu erhalten, 1/6 beträgt, während die Wahrscheinlichkeit einer 12 bei 1/36 liegt.

Determinismus in der Informatik

Zur Vertiefung: ***Automatentheorie; Beweis; Logik; Programmierung***

Computer sind insofern vollkommen deterministisch, als jede Eingabe innerhalb desselben Programms auf demselben Computer stets denselben PROZESS auslöst. Dennoch sagt man von gewissen Programmiersprachen, sie seien nichtdeterministisch. Das gilt zum Beispiel für die Programmiersprache Prolog (eine Wortzusammenziehung aus *Programming in Logic*). In dieser Sprache reduziert sich ein Programm auf eine mathematische Formel, und die Ausführung eines Programms gleicht dem automatischen Beweis eines Satzes (siehe AUTOMATISCHES BEWEISEN und THEOREM). Nun kann es sein, dass ein Ausdruck, den man in der Programmiersprache Prolog formuliert, kein Satz ist; in diesem Fall gibt es keine Lösung. Es kann auch sein, dass dem Ausdruck mehrere Sätze entsprechen, also mehrere mögliche Beweise. Da man die Zahl der Lösungen nicht von vornherein kennt (obwohl sie auch hier für die einzelne Eingabe stets dieselbe ist), bezeichnet man Prolog als nichtdeterministische Programmiersprache.

Deutungen der Quantenphysik

Zur Vorbereitung: ***Quantenphysik***
Zur Vertiefung: ***Heisenbergsches Unbestimmtheitsprinzip; Realität***

Die Quantenphysik, die in der ersten Hälfte des 20. Jahrhunderts entwickelt wurde, zwingt zu einer ganz neuen Sicht der Materie. Sie erschließt sich uns letztlich nur noch über eine extrem mathematisierte Theorie, die der sinnlichen Anschauung in weiten Teilen unzugänglich ist.

Bei den Objekten der Quantentheorie handelt es sich weder um Korpuskeln noch um Wellen, sondern um »etwas anderes«. Vor allem das Bild, das sie sich von den mikroskopisch kleinen Objekten macht, lässt nicht mehr die Vorstellung zu, dass diese Objekte stets einen wohl bestimmten Ort im Raum einnähmen und eine ebenso wohl bestimmte Bahn besäßen (siehe HEISENBERGSCHES UNBESTIMMTHEITSPRINZIP).

Die gesamte Quantenphysik stützt sich auf einen Formalismus, das heißt auf ein System von Gesetzen, mathematischen Konzepten, Gleichungen und präzise definierten Regeln. Dieser Formalismus führt dazu, sämtliche physikalischen Systeme ganz unabhängig von der Frage, ob man ihnen Wellen- oder Korpuskelcharakter zuschreibt, durch mathematische Entitäten darzustellen, die als Zustandsvektoren bezeichnet werden. Diese Größen verhalten sich additiv, das heißt, die Summe zweier möglicher Zustände eines physikalischen Systems ist gleichfalls ein möglicher Zustand des Systems. Dieses so genannte Superpositions- oder Überlagerungsprinzip ist der Grund für die bemerkenswerte Leistungsfähigkeit der Quantenphysik, aber auch für die Schwierigkeiten ihrer Deutung.

Zunächst einmal ist die Interpretation physikalischer Phänomene im Rahmen der Quantentheorie schon deshalb problematisch, weil ihr Formalismus sich so weit von jeder Anschaulichkeit oder Intuition entfernt. Welche Realität soll man etwa den Zustandsvektoren zuordnen, die sich in den abstrakten mathematischen Räumen entwickeln, in denen die physikalischen Systeme dargestellt werden? Noch im 19. Jahrhundert konnten die Physiker ihrer Arbeit nachgehen, ohne allzu sehr nach der Bedeutung ihrer Entdeckungen zu fragen. Sie beobachteten einfach die »große Maschine des Universums« und versuchten deren Aufbau zu entschlüsseln. Die Phänomene, die sie entdeckten, entsprachen zwar nicht immer der sinnlichen Wahrnehmung, doch im Allgemeinen ließen sie sich mit dem gewöhnlichen Verstand erfassen.

Diese Möglichkeit bietet die Quantenphysik nicht mehr, weil bei ihr eine beträchtliche Distanz zwischen dem mathematischen Formalismus und den physikalischen Phänomenen besteht. Hier hat sich eine Kluft aufgetan, die Raum für zahlreiche schwierige Fragen gibt. Wie steht es um das Verhältnis zwischen dem physikalischen Objekt und dem Bild, das die Wissenschaft davon zeichnet? Welcher Zusammenhang besteht zwischen der Welt und ihrer Darstellung? Auslöser für die Diskussion solcher Fragen war das Problem der MESSUNG. Bei einer Messung kann es geschehen, dass der Zustandsvektor sich allein schon wegen der Messung verändert. Kommt es dabei zu einer, wie man sagt, Reduktion des Wellenpakets, die eine rein zufällige Auswahl zwischen den *a priori* möglichen Messergebnissen trifft? Daraus ergeben sich philosophische Fragen, die noch keineswegs gelöst sind. Welche Rolle spielt der Beobachter bei der Wahrnehmung der Wirklichkeit? Sollen wissenschaftliche Theorien lediglich die Ergebnisse möglicher realer Experimente voraussagen, oder müssen sie auch eine Erklärung dafür liefern? Kann wissenschaftliche Theorie den Anspruch erheben, zu den Wurzeln der Dinge vorzudringen, oder vermag sie nur begrenzte Aspekte zu erfassen? Die Quantenphysik zwingt uns, über die Zugänglichkeit der Realität nachzudenken.

Was lässt sich über die nicht beobachtete Realität sagen? Auf diese Frage können wir alle übrigen letztlich zurückführen. In der philosophischen Tradition lassen sich die Antworten auf diese Frage zwei großen Denkrichtungen zuordnen. Die erste ist der REALISMUS, für den die Physik die Realität erforscht und enthüllt, wie sie unabhängig von uns existiert. Die Anhänger dieser Denkrichtung, zu denen auch Albert Einstein gehörte, sind der Auffassung, dass die Objekte dem erkennenden Subjekt zugänglich sind und dass die Physik letztlich zu einer authentischen Sicht der objektiven Realität gelangen soll. Die zweite Denkrichtung ist der POSITIVISMUS, für den das Wesen der Wissenschaft darin liegt, korrekt vorauszusagen, was man beobachten wird, während alles andere (der Diskurs über die Wirklichkeit, die metaphysischen Fragen usw.) in seinen Augen nur eine sprachliche und ästhetische Spielerei darstellt. Nach dieser Auffassung hat das Wort »Realität« gar keine Bedeutung, so dass es unsinnig ist, über das wahre Wesen der Dinge zu diskutieren. Für den Positivisten reduziert Wissenschaft sich auf Effizienz. Eine Auffassung, die dem Denken der Positivisten recht nahe kommt, vertraten auch einige Gründungsväter der Quantenphysik, die im Anschluss an den dänischen Physiker Niels Bohr eine orthodoxe

Deutung der Quantenphysik vorschlugen; man spricht hier auch von der Kopenhagener Schule.

Die Reaktionen auf die Quantenphysik lassen sich schematisch in mehrere Gruppen einteilen. Die erste ist die Ansicht der oben genannten Kopenhagener Schule. Da das Wort »Realität« für deren Vertreter keine Bedeutung hat, lehnen sie es ab, sich auf eine Diskussion der damit verbunden Fragen einzulassen, die in ihren Augen nur unsinnig wäre. Die Quantenphysik sei effizient, und mehr dürfe man nicht erwarten. Tiefer reichende kognitive Ansprüche seien verfehlt.

Die zweite Auffassung ist durch konstruktives Unbehagen gekennzeichnet. Für eine Reihe von Physikern beweisen die Probleme, vor die uns die Quantenphysik stellt, dass diese Theorie noch mit Mängeln behaftet ist. Das Problem der Messung, die Reduktion des Wellenpakets und der Verzicht auf einen strengen Determinismus sind in ihren Augen denn doch zu viele bittere Pillen. Daher müsse man die Theorie verändern. Die Erfolge, die der quantentheoretische Formalismus vorweisen kann, sind allerdings beträchtlich und verschaffen ihm einen Vorsprung, den eine veränderte Theorie erst einmal einholen müsste. Und das ist keine geringe Aufgabe, vor allem seit sich gezeigt hat, dass man die Quantenphysik nicht durch eine Theorie der so genannten verborgenen lokalen Variablen ersetzen kann (siehe QUANTENMECHANISCHE UNUNTERSCHEIDBARKEIT). Jede Gegenposition muss der Nichtlokalität oder Ununterscheidbarkeit in irgendeiner Weise Rechnung tragen, wenn sie glaubwürdig sein soll. Das gilt etwa für David Bohms Theorie, die als Paradigma dieser Art von Theorien angesehen werden kann. Aufgrund bestimmter Modifikationen gelingt es ihr, wieder einen strengen Determinismus einzuführen. Dennoch bleiben viele Physiker skeptisch, weil auch Bohms Theorie nicht frei von Schwierigkeiten ist.

Die dritte Reaktion bemüht sich um eine andere Deutung der Quantenphysik. Manche Physiker akzeptieren zwar den quantentheoretischen Formalismus, teilen aber nicht die Interpretation der Kopenhagener Schule, die ihnen allzu minimalistisch erscheint. Eugene Wigner zum Beispiel meinte 1962, aus der Reduktion des Wellenpakets bei einer Messung folge ein aktiver Einfluß des Bewusstseins auf die physikalische Realität, weil erst der Erkenntnisakt eines mit Bewusstsein begabten Beobachters die Reduktion der Wellenfunktion hervorrufe. Diese spiritualistische These bleibt allerdings recht vage. Vor allem fehlt es ihr an einer strengen Theorie des Bewusstseins, und solch eine Theorie ist noch nicht in Sicht.

Ein weiterer, recht seltsamer Deutungsansatz stützt sich auf die Idee der parallelen Universen. Die erste Version stammt von Hugh Everett, der sie 1957 vorlegte. Bei einer Messung, die zwei verschiedene Resultate ergeben kann, teilt sich danach das aus der Messapparatur und dem gemessenen Objekt bestehende Gebilde in zwei Ensembles auf (das heißt, es werden zwei parallele Welten geschaffen), eines, in dem das erste, und eines, in dem das zweite Messergebnis realisiert wird. Beide möglichen Ergebnisse einer Messung werden also gleichzeitig realisiert, allerdings um den Preis einer Verdopplung der Welt. Diese Theorie erscheint recht extravagant, aber sie ist ebenso schwer zu widerlegen wie zu bestätigen. Dass sie überhaupt vorgebracht worden ist, nur um den Problemen der Messung in der Quantenphysik gerecht zu werden, zeigt, in welche Verlegenheit diese Probleme manche Geister bringen.

In Wirklichkeit ist die Grenze zwischen Befürwortern und Gegnern des quantentheoretischen Formalismus fließend. Im Übergangsbereich zwischen beiden Positionen finden sich Forscher, die zu zeigen versuchen, dass die Reduktion des Wellenpakets keinen von außen kommenden, gleichsam transzendenten Zusatz darstellt, sondern einen Mechanismus, den die Physik durchaus zu beschreiben vermag. In diesem Übergangsbereich bewegt sich zum Beispiel die so genannten Theorie der Dekohärenz, die von Autoren wie Wojciech Zureck, James B. Hartle, Roland Omnès oder Murray Gell-Man vertreten wird. Diese Theorie versucht zu erklären, warum makroskopische Objekte ein klassisches, mikroskopische Objekte wie Atome und andere Teilchen dagegen ein quantenphysikalisches Verhalten zeigen. Danach liegt der entscheidende Unterschied in der Umgebung der Objekte, zum Beispiel in der Luft oder, beim Vakuum, in der Strahlung, von der die Objekte umgeben sind. Anders als bei mikroskopischen Objekten ist die Wechselwirkung mit dieser Umgebung bei makroskopischen Objekten bedeutsam, so dass man dort das aus dem betreffenden Objekt und seiner Umgebung bestehende Gesamtsystem betrachten muss. Die Umgebung sorgt sehr rasch dafür, dass makroskopische Objekte ihre quantenphysikalischen Eigenschaften verlieren (die Umgebung fungiert in gewisser Weise als Beobachter). Insbesondere ihre Bewegung erhält dadurch klassischen Charakter. Wie die übrigen Theorien, so hat auch diese ihre Anhänger und ihre Gegner.

Wir können hier nicht entscheiden, welche der genannten Deutungen die angemessenste ist, zumal gerade in jüngster Zeit durch Experimente zahlreiche Tatsachen aufgedeckt wurden, deren theoretische Aufarbeitung längst noch nicht abgeschlossen ist. Bis dahin kann man nur sagen: Es lebe der Pluralismus! Allerdings sollten die Anhänger eines entschiedenen Realismus die Auffassung, wonach die Realität vollkommen intelligibel ist, nicht zu einem absoluten Dogma erheben. Und die Anhänger eines radikalen Positivismus sollten den Gedanken, dass es sinnvoll ist, sich mit der Realität auseinander setzen, nicht rundheraus als metaphysischen Unsinn abtun.

Diamant

Zur Vertiefung: ***Kohlenstoff; Kristall; Magnet; Mineralien***

Das Wort Diamant leitet sich aus dem griechischen *adamas* ab, was so viel heißt wie »der Unbezwingbare«. Dieser Name war wegen der großen Härte durchaus gerechtfertigt, spiegelt aber auch die irrige Vorstellung wider, man könne Diamanten nicht zerbrechen. Das Wort *adamas* bezeichnete auch den Magnetit oder Magnetstein. Bis gegen Ende des Mittelalters herrschte große Verwirrung um Diamanten und Magnetiten, vielleicht weil Diamanten im Naturzustand oft in Form kleiner Oktaeder vorkommen, wie sie auch der ebenfalls sehr harte, aber nicht so leicht spaltbare Magnetit aufweist.

Der Diamant ist die unter hohem Druck entstandene kristalline Form des Kohlenstoffs (seine unter normalem Umgebungsdruck stabile Kristallform ist Graphit). Verbrennt man Diamant bei hohen Temperaturen, so entsteht ausschließlich Kohlendioxid. Die Kohlenstoffatome sind zu einem dreidimensionalen kubischen Gerüst angeordnet, in dem jedes Atom an die vier benachbarten Atome gebunden ist. Interessant ist, dass dieselbe Struktur bei einer Eisform von niedriger Temperatur und einer Form von Silicium bei hoher Temperatur zu finden ist, in denen die Gruppen H_2O und SiO_2 wie die Kohlenstoffatome im Diamant angeordnet sind.

Diamanten entstanden im Erdmantel in einer Tiefe von etwa 200 Kilometern, möglicherweise aus Stoffen aus dem organischen Kreislauf. An die Erdoberfläche gelangten sie durch ganz besondere vulkanische Eruptionen. Diese haben mit ihren Explosionen die alten Kontinentalsockel (Südafrika, Brasilien, Indien, Sibirien usw.) durchbrochen und enge Schlote voller kohlenstoffhaltiger Lava, dem so genannten Kimberlit (so benannt nach Kimberley, dem Ort der ersten Diamantminen in Südafrika), hinterlassen, in dem Diamanten zu finden sind. In METEORITEN kommen ebenfalls Diamanten vor und in mikroskopisch kleiner Form auch im interstellaren Staub.

Der Diamant ist der härteste Festkörper, der alle anderen Festkörper ritzt und von keinem anderen geritzt werden kann. Seine Härte beruht auf der Festigkeit der chemischen Bindungen zwischen den Kohlenstoffatomen im dreidimensionalen Kristallgitter. Man nutzt diese Eigenschaft, um die Härte anderer Festkörper anhand der Ritztiefe zu messen, mit der eine Diamantspitze in sie eindringt. Graphit besteht im Gegensatz zum Diamant aus einzelnen Schichten, die leicht übereinander gleiten, und eignet sich daher gut als Schmiermittel.

Trotz aller Bemühungen bedeutender Chemiker war es lange Zeit unmöglich, Diamanten künstlich herzustellen. Erst 1955 gelang es Forschern von General Electric, mit Metallen als Katalysatoren unter hohem Druck die ersten Diamanten zu produzieren (siehe KATALYSE). Heute kann man winzige Diamantschichten durch Spaltung von kohlenstoffhaltigen Gasen auch unter niedrigem Druck herstellen.

Neben seiner Härte besitzt Diamant noch zahlreiche außergewöhnliche Eigenschaften. Vor allem ist er der beste Wärmeleiter, den man kennt, aber auch ein hervorragender Isolator für elektrischen Strom. Sein Brechungsindex und sein hohes Streuungsvermögen bewirken den vielfarbigen Glanz, den ein kunstvoll geschliffener Diamant besitzt. Und schließlich ist ein reiner Diamant in einem sehr großen Spektrum durchlässig für elektromagnetische Strahlung.

Man nutzt die Härte und Transparenz von Diamanten, um in physikalischen Laboratorien die Eigenschaften der Hochdruckmodifikationen von Festkörpern zu untersuchen und in geophysikalischen Laboratorien die unter Hochdruck im Erdinneren entstehenden Mineralien zu erforschen und synthetisch herzustellen (siehe ERDAUFBAU). Dazu verwendet man eine »Diamantzelle«, die im Wesentlichen aus zwei Diamanten besteht, zwischen denen man den Festkörper komprimiert, den man in seine Hochdruckmodifikation umformen möchte. Der dabei erzielte Druck kann über eine Million bar erreichen. Die für die Umwandlung erforderlichen hohen Temperaturen werden mit einem infraroten Laserstrahl (siehe LASER) erzeugt, der durch die Diamanten auf die Probe gerichtet wird. Würde man Wasserstoff bei niedrigen Temperaturen unter einem Druck von mehreren Millionen bar komprimieren, so gelänge es sicher bald, molekularen Wasserstoff in metallischen Wasserstoff umzuwandeln (siehe CHEMISCHE BINDUNG), also in jene Form, die er vermutlich im Zentrum des Jupiter hat.

Dichte

Zur Vertiefung: ***Druck; Temperatur; Zustandsgleichung***

Eigentlich ist die Dichte eines festen Körpers, einer Flüssigkeit oder eines Gases das Verhältnis zwischen der Masse eines bestimmten Volumens dieses Körpers und demselben Volumen Wasser. Es handelt sich also um eine dimensionslose Zahl, die keine Einheit mit sich führt. Allerdings wird der Ausdruck »Dichte« immer häufiger zur Bezeichnung der Masse einer Volumeneinheit des betreffenden Körpers benutzt, also für die spezifische Masse, die in Kilogramm pro Kubikmeter ausgedrückt wird.

Die Dichte steigt mit dem Druck. Das Verhältnis zwischen Druck und Dichte konstituiert eine Zustandsgleichung, das heißt eine Beziehung zwischen mehreren makroskopischen Variablen.

Die Dichte der im Universum anzutreffenden Objekte variiert ganz beträchtlich; sie reicht von der äußerst geringen Dichte des stark verdünnten intergalaktischen oder interstellaren Gases bis hin zu der unvorstellbaren Dichte der Materie in den Neutronensternen (die bei 10^{17}kg/m^3 liegt).

Differential

Zur Vorbereitung: ***Ableitung***
Zur Vertiefung: ***Katastrophe; Singularität***

Gottfried Wilhelm Leibniz ordnete einer Größe y, Funktion einer Variablen x, ein Differential dy zu und verstand darunter den unendlich kleinen Zuwachs von y bei einem unendlichen kleinen Zuwachs dx von x. Präziser ausgedrückt, ist das Differential einer Funktion $y=f(x)$ der Teil des Zuwachses oder Inkrements von y, der in linearer Abhängigkeit zum Zuwachs h von x steht. Für einen festen Wert t von x versucht man also, $f(t+h)-f(t)$ in eine Summe zu zerlegen, die aus einem in h linearen Anteil ah, dem Differential von f, und einem nichtlinearen Anteil $r(h)$ besteht, der jedoch gegenüber h vernachlässigt werden kann, wenn h gegen 0 geht. Dass dieser Anteil vernachlässigt werden kann, heißt, für jedes $\varepsilon>0$ gibt es eine Zahl η (Eta) mit $\eta>0$, so dass $|r(h)|\leq\varepsilon|h|$ für $|h|\leq\eta$.

In der Umgebung des Punktes $(t,f(t))$ wird die durch die Funktion f definierte Kurve durch die Gerade approximiert, die der affinen Funktion

$x\longmapsto f(t)+a(x-t)$

entspricht. Diese Gerade ist die Tangente an die Kurve im Punkt $(t,f(t))$.

Wenn $h \neq 0$, gilt:

$$\frac{f(t+h)-f(t)}{h} = a + \frac{r(h)}{h}$$

und dieser Ausdruck strebt gegen a, wenn h gegen 0 geht. Wie man sieht, muss a die Ableitung von f an der Stelle t sein, und umgekehrt gilt, wenn f differenzierbar ist, kann man schreiben

$f(t+h)=f(t)+f'(t)h+r(h)$,

mit einem Rest $r(h)$, der gegenüber h vernachlässigt werden kann. Das Differential

$df_t(h)=f'(t)h$

hängt von den beiden Variablen t und h ab und ist in h linear.

Für den speziellen Fall, dass $f(x)$ affin ist, also die Form $ax+b$ besitzt, erhält man

$f(t+h)-f(t)=ah=df(h)$,

und das Differential ist unabhängig von t. Insbesondere erhält man $dx(h)=h$, wenn x die durch $x(t)=t$ für alle t definierte identische Abbildung ist. Allgemein kann man daher auch schreiben:

$df=f'(x)dx$.

All das lässt sich problemlos auf den Fall ausdehnen, dass f eine Funktion mehrerer Variablen ist, zum Beispiel zweier Variablen x und y. Man sagt, f ist in (a,b) differenzierbar, wenn es eine lineare Funktion $l(h,k)=\alpha h+\beta k$ gibt, so dass

$r(h,k)=f(a+h,b+k)-f(a,b)-l(h,k)$

gegenüber (h,k) vernachlässigt werden kann, wenn (h,k) gegen $(0,0)$ strebt. Der letztgenannte Ausdruck bedeutet, dass es für jedes $\varepsilon>0$ ein $\eta>0$ gibt, so dass

$|r(h,k)|\leq\varepsilon|h|+|k|)$,

wenn $|h|+|k|\leq\eta$.

Die Differenzierbarkeit von f bedeutet, dass f der affinen Funktion

$(h,k)\longmapsto f(a,b)+\alpha h+\beta k$

nahe kommt, wenn (h,k) hinreichend klein ist. Die lineare Funktion

$l(h,k)=\alpha h+\beta k$

ist eindeutig bestimmt und wird als Differential von f an der Stelle (a,b) bezeichnet. Der Graph der affinen Funktion

$(x,y)\longmapsto f(a,b)+\alpha(x-a)+\beta(y-b)$

ist die Tangentialebene in (a,b) an die durch die Funktion f definierte Fläche.

Das Differential von f in (a,b) ist daher der lineare Anteil des Zuwachses von f; man schreibt $df_{(a,b)}$, und die Koeffizienten α und β werden als die partiellen Ableitungen von f an der Stelle (a,b) bezeichnet. Setzt man $k=0$, erhält man

$f(a+h,b)=f(a,b)+\alpha h+r(h,0)$,

woraus man ersehen kann, dass α die partielle Ableitung der Funktion in einer Variablen

$x\longmapsto f(x,b)$

an der Stelle a ist.

Ebenso ist β die Ableitung von

$y\longmapsto f(a,y)$

an der Stelle b, und man schreibt

$$\alpha = \frac{\partial f}{\partial x}(a,b)$$

$$\beta = \frac{\partial f}{\partial y}(a,b)$$

Bezeichnet man die beiden Koordinatenfunktionen mit x und y, das heißt

$x(t,u)=t$

und $y(t,u)=u$,

erhält man

$dx(h,k)=h$

und $dy(h,k)=k$,

so dass man das Differential von f auch folgendermaßen schreiben kann:

$$df = \frac{\partial f}{\partial x}dx + \frac{\partial f}{\partial y}dy$$

Differenzierbare Funktionen in affinen Räumen

Zur Vorbereitung: ***Vektor***

Entsprechendes gilt für Funktionen beliebig vieler Variablen. So entspricht ein Punkt x eines affinen Raumes n Koordinaten eines festgelegten Koordinatensystems, so dass eine Funktion von x sich als Funktion von n Variablen darstellt. Man kann das Differential einer Funktion von x jedoch auch ohne Bezug auf ein bestimmtes Koordinatensystem definieren.

Dazu genügt es, ein Maß für die Länge der Vektoren des mit dem affinen Raum verbundenen Vektorraums E anzugeben. Die Struktur des Vektorraums sagt nichts über ein derartiges Maß; es verdankt sich vielmehr einer zusätzlichen Entscheidung und spielt dieselbe Rolle wie der Betrag bei den Zahlen. Dieses Maß bezeichnet man als Norm; sie ordnet jedem Vektor h eine reelle Zahl größer oder gleich 0 zu, die man zum Beispiel $\|h\|$ schreibt, und es gelten folgende Axiome:

1) Wenn $\|h\|=0$, dann $h=0$;

2) $\|h+h'\| \leq \|h\|+\|h'\|$ für $h, h' \in E$;

3) $\|\lambda h\|=|\lambda| \times \|h\|$ für $h \in E$ und $\lambda \in \mathbb{R}$.

Im Raum $\mathbb{R}^2$ zum Beispiel kann man die Norm

$\|(h,k)\|_1=|h|+|k|$

oder die Norm

$$\|(h,k)\|_2 = \sqrt{|h|^2+|k|^2}$$

oder auch die Norm $\|(h,k)\|_\infty$ (nehmen, die jeweils die größere der beiden Zahlen $|h|$, $|k|$ ($h,k \in \mathbb{R}$) ist; alle diese Normen sind äquivalent, das heißt, jede von ihnen verbleibt zwischen zwei konstanten Vielfachen der jeweils anderen.

Grundsätzlich sind alle auf einem Vektorraum endlicher Dimension definierten Normen äquivalent; das gilt jedoch nicht, wenn es sich um unendlich dimensionale Räume, zum Beispiel um Funktionenräume handelt.

Bisher haben wir nur numerische Funktionen betrachtet. Im Blick auf die Weiterentwicklung der GEOMETRIE interessiert man sich jedoch auch für Funktionen, deren Werte in einem affinen Raum liegen. Hat man etwa eine Abbildung f eines affinen Raums E in einen affinen Raum F, möchte man das Differential an einem Punkt a von E definieren; dabei muss es sich um den linearen Anteil $df_a(h)$ des Inkrements $f(a+h)-f(a)$ handeln, wobei h ein Vektor des Vektorraums E ist. Um der Bedingung zu genügen, dass der Rest

$r(h)=f(a+h)-f(a)-df_a(h)$

gegenüber h vernachlässigt werden kann, wenn h in E gegen 0 geht, bedient man sich der auf $\vec{E}$ und $\vec{F}$ definierten Normen; außerdem verlangt man, dass das Differential df_a für diese Normen stetig ist (was bei endlich dimensionalen Vektorräumen automatisch der Fall ist). Unter diesen Voraussetzungen ist dann das Differential eindeutig bestimmt. Natürlich hängt die Differenzierbarkeit der Funktion f an der Stelle a im Allgemeinen von der Wahl der auf $\vec{E}$ und $\vec{F}$ definierten Normen ab, doch bei endlicher Dimension verschwindet diese Abhängigkeit, weil alle diese Normen äquivalent sind.

Haben E und F die endlichen Dimensionen m bzw. n und wählt man Koordinatensysteme in diesen beiden Räumen, so lassen sich die Punkte in E durch m Koordinaten $x_1, x_2, \ldots, x_m$ und die in F durch n Koordinaten $y_1, y_2, \ldots, y_n$ darstellen, die Funktion f durch die n Funktionen $f_1, f_2, \ldots, f_n$ von m reellen Variablen $x_1, x_2, \ldots, x_m$, und ihr Differential an einer Stelle a durch eine MATRIX mit n Zeilen und m Spalten. Das Element dieser Matrix, das sich in der Zeile mit dem Index i und der Spalte mit dem Index j befindet, ist die partielle Ableitung

$$\frac{\partial f_i}{\partial x_j}(a)$$

und die so definierte Matrix wird als Jacobimatrix von f an der Stelle a bezeichnet.

Differentialrechnung

Die Differentialrechnung basiert auf ähnlichen Eigenschaften wie das Rechnen mit Ableitungen; insbesondere hängt das Differential der Funktion f linear von f ab. Das Differential eines Produkts fg zweier numerischer Funktionen ist gegeben durch die Formel

$d(fg)=df \times g+f \times dg$,

und das gilt auch für den Fall, dass die Werte von f und g Vektoren sind und das Produkt durch eine stetige bilineare Funktion von f und g ersetzt wird (zum Beispiel ein Skalarprodukt oder eine algebraische Verknüpfung wie das Matrizenprodukt; siehe MATRIX).

Die wichtigsten Eigenschaften des Rechnens mit Differentialen betreffen die Komposition und Inversion von Abbildungen: Die Komposition $g \circ f$: $x \longmapsto g(f(x))$ zweier differenzierbarer Funktionen f und g ist ihrerseits differenzierbar, und es gilt:

$d(g \circ f)=dg \circ df$.

Differentiale lassen sich also in derselben Weise komponieren wie die Funktionen, deren lineare Anteile sie sind. Wenn nun f und g bijektive und reziproke Abbildungen sind und f an der Stelle a differenzierbar ist, darf man erwarten, dass g an der Stelle $b=f(a)$ ebenso differenzierbar ist und dass $dg_b=(df_a)^{-1}$. Natürlich muss df_a invertierbar und die Umkehrabbildung $(df_a)^{-1}$ stetig sein, und man kann beweisen, dass diese Bedingung ausreicht, wenn g an der Stelle $b=f(a)$ stetig ist.

Es gibt jedoch noch einen sehr viel stärkeren Lehrsatz, der es gestattet, von den Eigenschaften des Differentials auf die der Funktion selbst zu schließen: Ist f zum Beispiel in der Umgebung von a differenzierbar und ist $x \longmapsto df_x$ an der Stelle a stetig, so folgt aus der Umkehrbarkeit von df_a die lokale Existenz einer Umkehrabbildung g von f. Dieser Satz ist für die Differentialrechnung von allergrößter Bedeutung; er gestattet es, die Untersuchung mancher nichtlinearen Probleme lokal auf die Untersuchung linearer Probleme zurückzuführen. Im Fall einer einzigen Variablen resultiert der Satz aus der Tatsache, dass f für $f' \neq 0$ in der Umgebung von a streng monoton ist, das heißt, f wächst, wenn $f' > 0$, und fällt, wenn $f' < 0$. Für den allgemeinen Fall gibt es zahlreiche Korollarien wie den Hauptsatz über implizite Funktionen, der es gestattet, eine Gleichung $f(x,y)=0$ nach y zu lösen, sofern man voraussetzt, dass die partielle Ableitung
$\partial f/\partial y$
umkehrbar ist (siehe *Abbildung 1*).

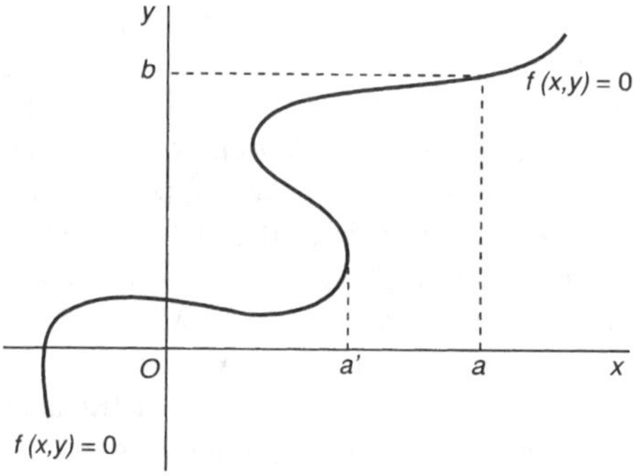

Abbildung 1 An der Stelle a ist $\partial f/\partial y \neq 0$, und y kann lokal als Funktion von x definiert werden; das gilt nicht für a', wo $\partial f/\partial y=0$.

Die Taylorformel

Wie bei Funktionen einer numerischen Variablen kann man auch bei Funktionen vektorieller Variablen genauere Näherungswerte einer Funktion in der Umgebung eines Punktes durch die so genannte Taylorformel erhalten.

Bei der Taylorformel kommen Differentiale höherer Ordnung $d^n f$ ins Spiel:

$$f(a+h) = f(a) + df_a(h) + \frac{1}{2}d^2 f_a(h,h) + \ldots + \frac{1}{n!}d^n f_a(h,h,\ldots,h) + r_n(h)$$

wobei $r_n(h)$ gegenüber $\|h\|^n$ vernachlässigt werden kann; außerdem ist $d^k f_a$ für jedes k eine symmetrische – das heißt bei Vertauschung der Variablen unveränderte – Funktion von k Variablen, die zugleich gegenüber jeder dieser Variablen linear und stetig ist. Mit Hilfe der Taylorformel kann man das Verhalten einer numerischen Funktion f in der Umgebung eines Punktes a untersuchen, an dem das Differential df_a gleich 0 ist. Solch ein Punkt wird als kritischer Punkt bezeichnet, und f ähnelt dort keiner affinen Funktion mehr. Den Hauptanteil des Zuwachses bildet die quadratische Form $(1/2)d^2 f_a$; die übrigen Glieder lassen sich dem gegenüber vernachlässigen. Ist diese Form nicht entartet (das heißt, ist ihre Diskriminante ungleich 0), verhält f sich in der Umgebung von a ähnlich wie $(1/2)d^2 f_a$. Komplizierter wird es, wenn die quadratische Form entartet ist. Die Katastrophentheorie untersucht die Singularitäten der differenzierbaren Abbildungen und bietet eine Klassifikation jener Fälle, in denen die Zahl der Variablen nicht allzu groß ist (siehe KATASTROPHE und SINGULARITÄT).

Diffusion

Zur Vertiefung: ***Thermodynamik; Wärme***

Ein Floh möge jede Sekunde einen Sprung in eine dem Zufall überlassene Richtung vollführen. Nach Ablauf der Zeit t befindet sich das Tierchen dann im Abstand L von seinem Ausgangspunkt. Hätte der Floh sich in gerader Linie fortbewegt, wäre der Abstand L proportional zur Zeit ($L=Vt$), und der Proportionalitätsfaktor V wäre die Geschwindigkeit des Tiers. Doch der Floh hat einen zufallsbestimmten Zickzackkurs hinter sich gebracht. Deshalb ist das Quadrat der erreichten Entfernung vom Ausgangspunkt im Mittel proportional zur Zeit ($L^2=Dt$). Bringt man zahlreiche Flöhe an einem Punkt zusammen und lässt sie frei, so werden sie sich über die beschriebenen Zufallssprünge tendenziell gleichförmig im Raum verteilen; sie »diffundieren«. Solche Zufallsbewegungen sind typisch für die Diffusion zahlreicher physikalischer Größen. Der Proportionalitätsfaktor *D* wird als Diffusionskoeffizient bezeichnet.

Auf diese Weise breiten sich Moleküle in einem Gas, einer Flüssigkeit oder einem Festkörper aus; sie vollführen Zufallssprünge. Die Materie diffundiert aus Gebieten mit hoher Konzentration in solche mit geringerer Konzentration. Ein Beispiel dafür ist ein Tropfen Tinte, der sich in einem Glas Wasser ausbreitet.

Wenn man einen Körper erhitzt, erhöht man damit die »thermische Erregung« der Atome (das heißt deren ungeordnete Bewegung in einem Gas oder einer Flüssigkeit bzw. deren Schwingung um die Gleichgewichtsposition in einem Festkörper). Der Wärmetransport durch Wärmeleitung ist gleichfalls ein Diffusionsvorgang, diesmal ein Prozess der thermischen Erregung. Die Wärme diffundiert aus den wärmeren Regionen mit starker thermischer Erregung in kältere Gebiete mit schwächerer thermischer Erregung.

Der Diffusionsvorgang gehorcht stets denselben Gesetzen, und zwar unabhängig von der physikalischen Größe (Materie, Wärme usw.), die auf diese Weise transportiert wird. Insbesondere besagt das erste Gesetz der Diffusion, dass Ursache und Wirkung sich proportional zueinander verhalten. Die Ursache für die Diffusion einer Größe liegt in dem Umstand, dass die betreffende Größe nicht gleichmäßig im Raum verteilt ist (zum Beispiel ist die Konzentration der Materie nicht an jedem Punkt gleich); diese ungleichmäßige Verteilung äußert sich zunächst einmal in der Existenz eines GRADIENTEN; im Fall der Diffusion von Materie etwa entspricht der Gradient dem Verhältnis zwischen der Konzentrationsdifferenz an zwei Punkten und dem Abstand der beiden Punkte. Die Wirkung wird ausgedrückt durch die Menge der diffundierenden Größe, die jeweils eine Flächeneinheit pro Sekunde in der betrachteten Richtung durchquert. Nach dem Diffusionsgesetz verhält sich diese Menge proportional zum Gradienten der diffundierenden Größe. Der Proportionalitätsfaktor entspricht dem für die diffundierende Größe und das jeweilige Medium charakteristischen Diffusionskoeffizienten.

Die Diffusion sorgt tendenziell für eine Gleichverteilung der diffundierenden Größe im Raum und ist mit Energieverlusten verbunden. Es handelt sich um einen irreversiblen Vorgang, das heißt, das umgekehrte Phänomen, nämlich die Herstellung einer ungleichen Verteilung, stellt sich nicht spontan ein. Man wird also nicht erleben, dass ein Tropfen Tinte, der sich in einem Glas Wasser ausgebreitet hat, sich von selbst wieder zu einem Tropfen vereinigt (siehe IRREVERSIBILITÄT).

---

digital

Zur Vertiefung: ***analog; Code; Codierung; Rauschen***

Als digital bezeichnet man SIGNALE, also Träger von INFORMATION, deren Codierung ausschließlich über natürliche ganze Zahlen erfolgt. Dadurch unterscheiden sich digitale Signale, wie sie auf einer CD eingraviert sind, von den analogen Signalen, die man etwa auf einer Vinylschallplatte findet und die in einem proportionalen Verhältnis zum jeweiligen Träger stehen.

Auf den ersten Blick scheint die Verwendung ganzer Zahlen, die ja diskret sind und gleichsam Abstände aufweisen, die Realität nur sehr viel gröber und ungenauer wiedergeben zu können als ein auf Ähnlichkeit basierendes analoges Signal. Doch das Gegenteil ist der Fall, denn für die Qualität eines Signals sind Übertragungsfehler sehr viel entscheidender als der oben genannte Unterschied zwischen einer digitalen und einer analogen Codierung. Zahlen lassen sich präziser übertragen als analoge Signale, weil man Übertragungsfehler hier durch geeignete Codierungsverfahren leichter aufspüren und korrigieren kann (siehe PARITÄT), während analoge Signale durch das so genannte Rauschen, also durch unvorhersehbare Zufallsschwankungen des Signals, stets in einer Weise beeinträchtigt werden, die keine vollständige Korrektur zulässt. Insgesamt lassen ganze Zahlen sich gerade deshalb leichter übertragen als kontinuierliche Größen, weil sie einfacher und gröber sind.

Man könnte nun annehmen, dass sehr feine Details sich einer Codierung durch ganze Zahlen entziehen. Manche konstruierten daher einen Gegensatz zwischen digital und analog und sahen darin zwei Welten, die sich nicht aufeinander zurückführen lassen. Die Digitalisierung bildete danach die Grundlage für Rechner und die Simulation logischer Schlussfolgerungen, während das Analoge eher dem stetigen Charakter der Materie und der Realität entsprach. Seit den grundlegenden Arbeiten das amerikanischen Mathematikers Claude Shannon und insbesondere seit dem Beweis seines so genannten Abtasttheorems wissen wir, dass dies nicht der Fall ist. Das Abtasttheorem stellt einen strengen Zusammenhang zwischen analogen und digitalen Signalen her; im Kern besagt es Folgendes: Will man Details der Größe T auf einem Signal erkennen, genügt es, den Wert des Signals in Abständen abzutasten, die kleiner als $T/2$ sind. Den zeitlichen Abstand zwischen zwei Abtastvorgängen bezeichnet man als Abtastperiode, deren Kehrwert als Abtastfrequenz. In der Praxis gestattet es dieser Zusammenhang, Informationen verlustfrei und nahezu vollkommen zuverlässig zu übertragen, indem man die Übertragungskanäle entsprechend auslegt.

Dimension

Zur Vertiefung: ***Raum-Zeit; Vektor***

Geometrische Dimension

In einem Raum der Dimension n bestehen Koordinatensysteme aus n Vektoren; man benötigt also n Koordinaten, um einen Punkt in solch einem Raum zu erfassen; daher hat die Gerade die Dimension 1, die Ebene die Dimension 2 usw.

Dieser mit Vektoren arbeitende Dimensionsbegriff lässt sich nur schwer auf geometrische Objekte ausdehnen, die stärker gekrümmt sind wie ein gewundener Weg oder eine Wiese mit einer Senke. Dennoch erkennt man intuitiv, dass der Weg die Dimension 1 und die Wiese die Dimension 2 hat, obwohl die Begriffe des Koordinatensystems und der Koordinaten sich auf diese Objekte nicht anwenden lassen.

Kardinalzahlen

Ein Koordinatensystem ordnet jedem Punkt der Ebene zwei Koordinaten zu und umgekehrt jedem Koordinatenpaar einen Punkt der Ebene. Dadurch entsteht eine eindeutige Abbildung oder Zuordnung zwischen der Ebene und der Menge $\mathbb{R} \times \mathbb{R}$ ($\mathbb{R}$ kreuz $\mathbb{R}$), also der Menge aller Paare reeller Zahlen. Bei der Geraden haben wir es entsprechend mit einer Abbildung zwischen den Punkten und den Elementen der Menge $\mathbb{R}$ zu tun usw. Anders gesagt, ein Raum der Dimension 1 hat ebenso viele Elemente wie die Menge $\mathbb{R}$, ein Raum der Dimension 2 ebenso viele Elemente wie die Menge $\mathbb{R} \times \mathbb{R}$ usw.

Man könnte nun versucht sein, dieses Prinzip zu verallgemeinern und zu sagen, ein Objekt habe die Dimension 1, wenn es ebenso viele Elemente besitzt wie die Menge $\mathbb{R}$, die Dimension 2, falls es ebenso viele Elemente besitzt wie die Menge $\mathbb{R} \times \mathbb{R}$ usw. Doch diese Hoffnung wird durch einen von Georg Cantor stammenden Lehrsatz (siehe MENGE) vereitelt, wonach die Menge $\mathbb{R}$ ebenso viele Elemente besitzt wie die Menge $\mathbb{R} \times \mathbb{R}$, weil sie in eineindeutiger Weise aufeinander abgebildet werden können. Daher lässt sich die Ebene nicht nur eineindeutig auf die Menge $\mathbb{R} \times \mathbb{R}$ abbilden, sondern auch auf die Menge $\mathbb{R}$ oder die Menge $\mathbb{R} \times \mathbb{R} \times \mathbb{R}$.

Metrische Dimension

Da man bei gekrümmten Objekten weder auf die geometrischen Begriffe (Koordinatensystem, Vektoren …) noch auf die Anzahl der Elemente zurückgreifen kann, stützt man sich stattdessen auf den Begriff des ABSTANDS. Versucht man, den Weg in *Abbildung 1* mit kreisrunden Fliesen zu überdecken, so benötigt man dafür fünf Fliesen.

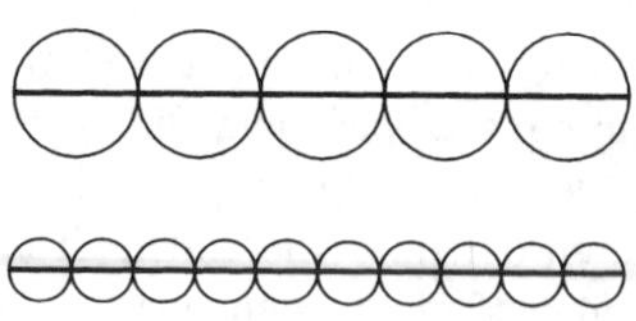

Abbildung 1

Halbiert man den Durchmesser der Fliesen, benötigt man die doppelte Anzahl, also zehn. Allgemein entspricht die Anzahl der erforderlichen Fliesen dem Quotienten aus der Länge des Weges und dem Durchmesser der Fliesen, sie ist also dem Kehrwert $1/r$ des Fliesendurchmessers r proportional. Das gilt auch für den Fall, dass der Weg gewunden ist (siehe *Abbildung 2*).

Abbildung 2

Bedeckt man dagegen eine rechteckige Fläche in dieser Weise, benötigt man bei einer Halbierung des Fliesendurchmessers nicht die doppelte, sondern die vierfache Anzahl an Fliesen (siehe *Abbildung 3*).

Abbildung 3

Allgemein ist die Anzahl der Fliesen proportional zu $1/r^2$.

Nach einer von Felix Hausdorff stammenden Definition der Dimension hat ein Objekt die Dimension n, wenn die Anzahl der zu seiner Überdeckung erforderlichen Fliesen proportional zu $1/r^n$ ist, wenn der Fliesendurchmesser r gegen 0 geht.

Manche »fraktalen« Objekte haben eine Hausdorffdimension, die keine ganze Zahl darstellt. Das gilt etwa für die nach Helge von Koch benannte Kochsche Schneeflockenkurve. Bei ihrer Konstruktion unterteilt man eine Strecke in drei gleiche Teile, nimmt das mittlere Stück heraus und ersetzt es durch zwei Seiten eines gleichseitigen Dreiecks, wie in *Abbildung 4* dargestellt. Denselben Vorgang wiederholt man nun an jeder der so entstanden Teilstücke usw. bis ins Unendliche.

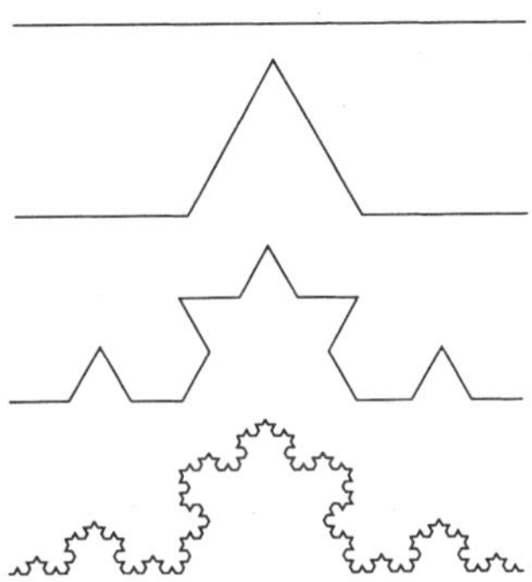

Abbildung 4

Wie man leicht erkennt, verlängert sich die Kurve bei jedem Schritt um den Faktor 4/3, das heißt, die Gesamtlänge der Kurve wächst ins Unendliche. Anders als bei dem gewundenen Weg lässt sich die Anzahl der zur Überdeckung einer Kochschen Schneeflockenkurve erforderlichen Fliesen nicht berechnen, indem man die Gesamtlänge der Kurve durch den Durchmesser der Fliesen teilt.

Ähnlich einer russischen Puppe enthält die Schneeflockenkurve ein verkleinertes Modell ihrer selbst. Ein Viertel des in *Abbildung 5* dargestellten Objekts, etwa das Teilstück A oder das Teilstück B, ist das verkleinerte Modell eines Drittels dieses Objekts.

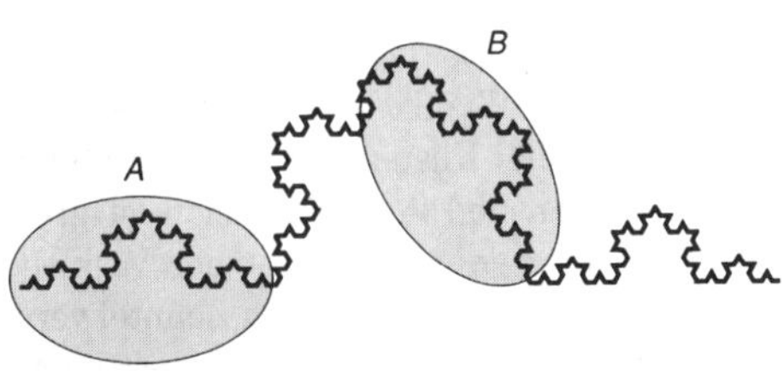

Abbildung 5

Versucht man, dieses Objekt mit Fliesen zu überdecken, und verkleinert man den Durchmesser der Fliesen auf ein Drittel, so kann man damit nur noch ein Viertel (zum Beispiel Teilstück A) überdecken; zur Überdeckung des gesamten Objekts braucht man daher die vierfache Anzahl an Fliesen. Man kann zeigen, dass die Anzahl der Fliesen sich wie $1/r^n$ verändert, wobei n der Quotient des Logarithmus von 4 und des Logarithmus von 3 ist (siehe EXPONENTIALFUNKTION):

$$n = \frac{\ln(4)}{\ln(3)} = 1{,}26\ldots$$

Ein weiteres Beispiel für ein fraktales Objekt ist eine zerklüftete Küstenlinie wie die der Bretagne. Misst man die Länge der Küstenlinie, indem man alle zehn Kilometer einen Leuchtturm aufstellt (und zwar bezogen auf die Luftlinie zwischen zwei Türmen), erhält man eine Gesamtlänge von einigen hundert Kilometern. Misst man jedoch genauer, indem man zwischen den Leuchttürmen jeweils im Abstand von einem Kilometer Luftlinie Signalmasten aufstellt, ergibt sich eine längere Gesamtstrecke (siehe *Abbildung 6*).

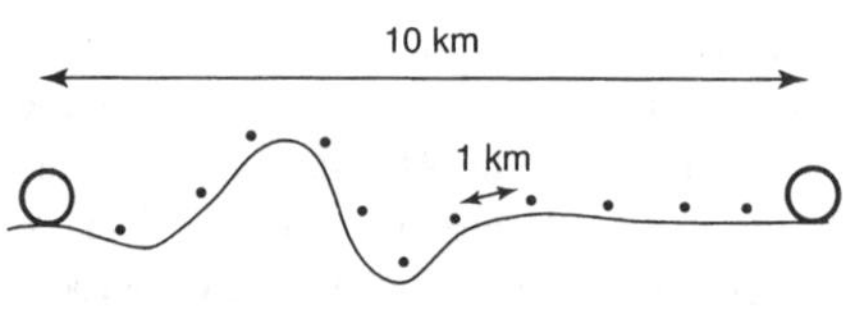

Abbildung 6 Der Abstand zwischen den Leuchttürmen beträgt 10 km Luftlinie; folgt man jedoch der Küste, ergibt sich eine Strecke von 12 mal 1 km.

Verkleinert man die Messschritte weiter, erhält man eine immer längere Gesamtstrecke; misst man zum Beispiel in Schritten von jeweils einem Zentimeter, muss man um jede Felskante und jeden Kieselstein herumgehen … Wie die Schneeflockenkurve, so ist auch die Küstenlinie der Bretagne unendlich lang, und ihre Dimension ist größer als 1. Nehmen wir an, bei einer Verkleinerung der Messschritte auf ein Zehntel vergrößert sich die Anzahl der Messschritte um den Faktor zwölf, so ist die Dimension des Objekts

$$n = \frac{\ln(12)}{\ln(10)} = 1{,}079\ldots$$

Topologische Dimension

Die Hausdorffdimension basiert auf dem Begriff des Fliesendurchmessers, also des ABSTANDS. Bläst man jedoch einen Luftballon auf, sieht man zwar, dass die Abstände auf der Oberfläche sich verändern, aber die Dimension der Fläche bleibt 2. Anders gesagt, es muss möglich sein, die Dimension eines Objekts ohne Bezug auf den Begriff des Abstands zu definieren.

Solch einen Dimensionsbegriff hat Henri Poincaré vorgeschlagen; ausgearbeitet wurde er von Luitzen Brouwer. Diese Definition basiert auf der Feststellung, dass der Rand eines Objekts der Dimension n die Dimension $n-1$ besitzt. So wird eine (dreidimensionale) Kugel von einer (zweidimensionalen) Kugelfläche umrandet; eine Orange ist ein dreidimensionales Objekt, aber ihre Schale ist zweidimensional. Eine Scheibe (der Dimension 2) wird von einem Kreis (Dimension 1) umrandet, der Rand eines Segments (Dimension 1) besteht aus zwei Punkten (Dimension 0); der Rand einer endlichen Punktemenge (der Dimension 0) ist die leere Menge. Brouwer setzte nun in seiner Definition die Dimension der leeren Menge gleich –1 und definierte Objekte der Dimension 0 als solche, deren Rand die Dimension –1 hat, Objekte der Dimension 1 als solche, deren Rand die Dimension 0 hat usw.

Dennoch gibt es hier eine Schwierigkeit: Manche Objekte wie der Kreis haben die Dimension 1, aber ihr Rand ist dennoch leer. Daher arbeitet Brouwers Definition nicht mit dem Rand der Objekte selbst, sondern mit dem Rand bestimmter Teilmengen. Ein Objekt hat die Dimension n, wenn jeder Punkt eine beliebig kleine Umgebung besitzt, deren Rand die Dimension n–1 hat (siehe *Abbildung 7*).

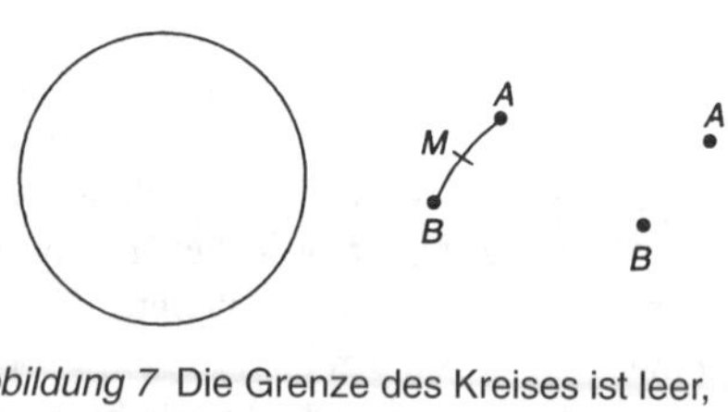

Abbildung 7 Die Grenze des Kreises ist leer, aber der Punkt *M* besitzt eine Umgebung, deren Grenze von zwei Punkten gebildet wird.

Dieser Dimensionsbegriff eröffnet die Möglichkeit, den Gedanken wieder aufzugreifen, wonach ein Objekt der Dimension n ein Objekt ist, das eine eineindeutige Zuordnung zu $\mathbb{R} \times \mathbb{R} \times \ldots \times \mathbb{R}$ (n mal) gestattet. Zwar gibt es solch eine eineindeutige Zuordnung nicht nur zwischen der Ebene und der Menge $\mathbb{R} \times \mathbb{R}$, sondern auch zwischen der Ebene und der Menge $\mathbb{R}$ oder der Menge $\mathbb{R} \times \mathbb{R} \times \mathbb{R}$, doch schon Richard Dedekind hatte bemerkt, dass die von Cantor vorgeschlagene eineindeutige Zuordnung nicht stetig ist (siehe STETIGKEIT). Wenn man nun verlangt, dass diese Zuordnung ebenso wie ihre Umkehrfunktion stetig ist, gibt es keine eineindeutige Zuordnung mehr zwischen der Ebene und $\mathbb{R}$ oder $\mathbb{R} \times \mathbb{R} \times \mathbb{R}$, denn wie Brouwer gezeigt hat, gibt es keine eineindeutige und stetige Zuordnung zwischen Mengen und $\mathbb{R} \times \mathbb{R} \times \ldots \times \mathbb{R}$ (n mal) und $\mathbb{R} \times \mathbb{R} \times \ldots \times \mathbb{R}$ (m mal), wenn n und m verschieden sind. Eine letzte, von Henri Lebesgue stammende Definition der Dimension stützt sich auf den Begriff der Überdeckung. Versucht man, ein Objekt der Dimension 1 mit offenen Mengen (die ihre Ränder nicht mit enthalten) zu überdecken, müssen diese Mengen einander überschneiden (siehe *Abbildung 8*).

Dagegen ist es nicht erforderlich, dass es Zonen gibt, in denen sich drei Mengen überschneiden. Diese Eigenschaft (die Notwendigkeit der Überschneidung zweier, nicht aber dreier Mengen) ist charakteristisch für Objekte der Dimension 1.

Bei Objekten der Dimension 2 ist es erforderlich, dass drei, nicht aber vier Mengen sich überschneiden (siehe *Abbildung 9*), usw. Die Definitionen von Brouwer und Lebesgue benötigen weder geometrische Begriffe (Vektor, Koordinatensystem …) noch metrische Begriffe (Abstand …). Sie benutzen ausschließlich topologische Eigenschaften (Ränder, Überdeckungen …).

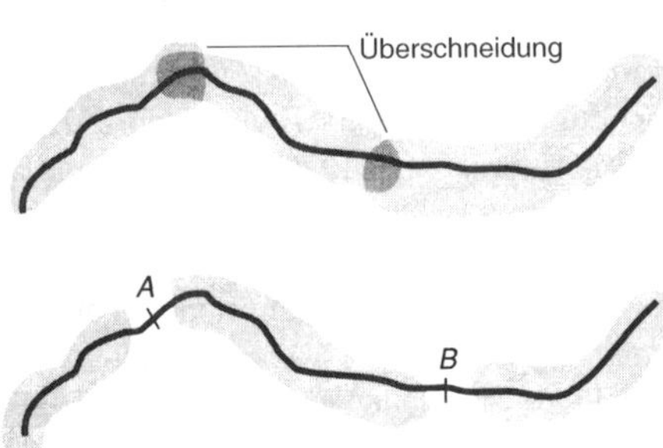

Abbildung 8 Ohne Überschneidung sind die Punkte *A* und *B* nicht überdeckt.

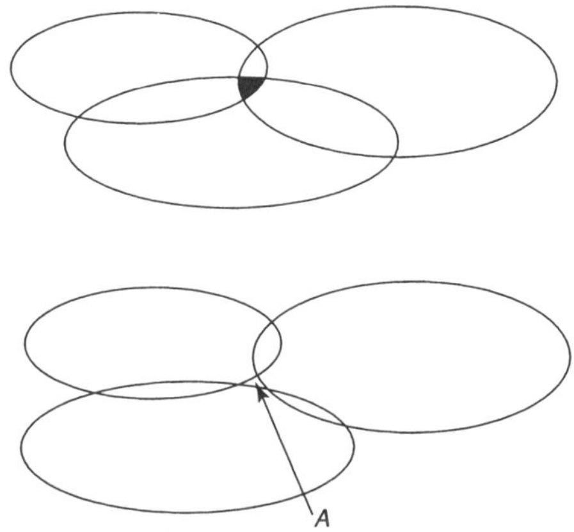

Abbildung 9 Wenn sich jeweils nur zwei Mengen überschneiden, ist Punkt *A* nicht überdeckt.

Für metrische Räume sind die Definitionen von Brouwer und Lebesgue äquivalent, das heißt, wenn ein Objekt nach der einen Definition die Dimension n hat, dann hat es auch nach der anderen Definition die Dimension n. Das Verhältnis zur Hausdorffdimension ist komplizierter: Je nach Wahl des Abstands auf dem Objekt kann die Hausdorffdimension variieren, aber die untere Grenze dieser verschiedenen Dimensionen ist die Brouwer- und Lebesgue-Dimension des betreffenden Objekts.

Dimensionsanalyse

Zur Vertiefung: ***Naturkonstanten***

Masse, Länge und Zeit sind fundamentale physikalische Größen, die sich nicht aufeinander zurückführen lassen, das heißt, der Begriff der Masse kann nicht aus dem der Zeit abgeleitet werden und der Begriff der Länge nicht aus dem der Masse. Das Kilogramm hat nichts mit der Sekunde zu tun (Waagen sind keine Uhren) und ebenso wenig mit dem Meter. Von diesen drei Basisgrößen sind andere grundlegende physikalische Größen abgeleitet. Jede abgeleitete Größe besitzt daher eine

»Dimension«, die anzeigt, zu welchen Anteilen die drei Basisgrößen in ihre Definition eingehen. Geschwindigkeit etwa hat die Dimension eines Quotienten aus Länge und Zeit, abgekürzt L/T; Beschleunigung hat die Dimension eines Quotienten aus der Länge und dem Quadrat der Zeit, abgekürzt L/T^2; Kraft hat die Dimension eines Produkts aus Masse und Beschleunigung, das heißt des Produkts von Masse und Länge, geteilt durch das Quadrat der Zeit: ML/T^2. Die Dimensionsanalyse einer Größe durchzuführen heißt nichts anderes, als ihre Dimension zu bestimmen.

Diese Übung ist durchaus kein nutzloses Spiel. Denn ein physikalisches Gesetz, das man in gehöriger Weise in die Form einer mathematischen Gleichung gebracht hat, bringt eine Beziehung zwischen physikalischen Größen zum Ausdruck, die dieselbe Dimension besitzen müssen. Nehmen wir zum Beispiel das Gravitationsgesetz, wonach die zwischen zwei Massen wirkende Kraft $\vec{F}$ dem Produkt der beiden Massen m und m' proportional und dem Quadrat ihres Abstands d umgekehrt proportional ist. Will man dieses Gesetz in eine mathematische Form bringen, muss man eine Gleichung aufstellen. Gleichungen behaupten die Gleichheit der beiden Ausdrücke, die links und rechts des Gleichheitszeichens stehen. Der Kraft auf der linken Seite der Gleichung entspricht das Produkt der beiden Massen, geteilt durch das Quadrat ihres Abstands. Die beiden Seiten der Gleichung haben also zunächst keineswegs dieselbe Dimension, das heißt, auf beiden Seiten stehen keine äquivalenten Größen. Die Kraft hat die Dimension eines Produkts aus Masse und Länge, geteilt durch das Quadrat der Zeit (ML/T^2). Der Ausdruck auf der rechten Seite der Gleichung erweist sich dagegen als Produkt zweier Massen, geteilt durch das Quadrat einer Länge (M^2/L^2). Hinsichtlich der Dimensionen stimmen die beiden Seiten der Gleichung nicht überein. Es fehlen sowohl Masse, als auch Länge und Zeit. Um dieses Ungleichgewicht zu beheben, führt man die Gravitationskonstante G ein, die man Isaac Newton zuschreibt, obwohl der sie niemals explizit formuliert hat. Diese Konstante hat eine recht ungewöhnliche Dimension, nämlich die einer Länge hoch 3, geteilt durch das Produkt der Masse und des Quadrats der Zeit: L^3/MT^2, oder genauer gesagt: $G=6{,}67\times10^{-11}\text{m}^3.\text{kg}^{-1}.\text{s}^{-2}$.

Diese Konstante sorgt für die dimensionale Gleichheit der linken und rechten Seite jener Gleichung, die nun endgültig das bekannte Gravitationsgesetz zum Ausdruck bringt: $F=Gmm'/d^2$.

---

diskret

Zur Vertiefung: ***Kontinuum***

Eine Menge von Punkten wird als »diskret« bezeichnet, wenn diese Punkte sämtlich voneinander isoliert sind. So ist die Menge der ganzen Zahlen diskret (siehe *Abbildung 1*), während die Menge der reellen Zahlen stetig ist (siehe *Abbildung 2*).

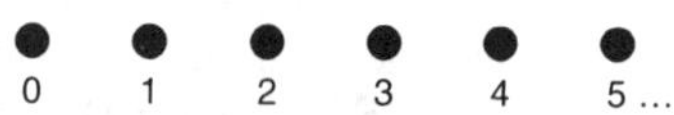

Abbildung 1 diskrete Menge

Abbildung 2 stetige Menge

In einem metrischen Raum (das heißt in einem Raum, auf dem ein ABSTAND definiert ist), sagt man, ein Punkt M ist isoliert, wenn es eine streng positive reelle Zahl r der Art gibt, dass alle übrigen Punkte mindestens einen Abstand r zu M besitzen. Eine äquivalente, aber einfachere Definition arbeitet mit dem Begriff der »Kugel«. Die Kugel mit dem Mittelpunkt M und dem Radius r ist die Menge aller Punkte, deren Abstand zu M kleiner als r ist. Je nachdem, ob man die Punkte, deren Abstand zu M gleich r ist (also die Punkte der Sphäre mit dem Mittelpunkt M und dem Radius r), hinzunimmt oder nicht, spricht man von einer »geschlossenen« oder einer »offenen Kugel«. Auf dieser Grundlage kann man nun sagen, ein Punkt M ist isoliert, wenn es eine offene Kugel gibt, die nur diesen Punkt enthält (siehe *Abbildung 3*); die Beschränkung auf eine offene Kugel ist deshalb wichtig, weil die geschlossene Kugel mit dem Mittelpunkt

M und dem Radius 0 in jedem Fall nur den Punkt M enthält, ob M nun isoliert ist oder nicht. Anders gesagt, ein Punkt M ist isoliert, wenn die Menge, die nur den Punkt M enthält, eine offene Kugel ist. Eine Menge ist daher diskret, wenn alle Einermengen (also alle Mengen, die nur ein Element enthalten) offene Kugeln sind.

Abbildung 3

Ein topologischer Raum (siehe TOPOLOGIE) ist ein Raum, auf dem nicht notwendig ein Abstand definiert ist, wohl aber statt dessen der Begriff einer offenen Menge. Da der Begriff des Abstands in solch einem Raum fehlt, lässt sich auch der Begriff der offenen Kugel nicht verwenden. Man sagt dann, ein Punkt M ist isoliert, wenn es eine offene Menge gibt, die nur diesen Punkt enthält, oder wenn die Menge, die nur den Punkt M enthält, eine offene Menge ist. Eine Menge ist also diskret, wenn alle Einermengen offene Mengen sind.

Man kann jede beliebige Menge mit einer topologischen Struktur ausstatten, die als »diskrete Topologie« bezeichnet wird, indem man alle ihre Teilmengen als offene Mengen nimmt. Diese Menge ist dann diskret für diese Topologie, denn alle Einermengen sind offene Mengen.

Diskretisierungsverfahren

Zur Vertiefung: ***Approximation***

Diskretisierungsverfahren liefern Methoden, mit deren Hilfe man Näherungslösungen für Funktionsgleichungen finden kann, indem man sie auf einfache numerische Gleichungen zurückführt.

Möchte man zum Beispiel die Temperatur in jedem Punkt eines Metallstabs der Länge l bestimmen, dessen Enden bei einer Temperatur von T_1 bzw. T_2 gehalten werden (siehe *Abbildung 1*), muss man die Funktion finden, die der Zahl x die Temperatur im Abszissenpunkt x zuordnet.

Abbildung 1

Die Gesetze der Wärmeausbreitung legen den Gedanken nahe, dass diese Funktion eine bestimmte Differentialgleichung erfüllt (also eine Gleichung, die den Wert der Funktion mit den Werten ihrer Ableitungen verknüpft), in diesem Fall die Differentialgleichung

$$\begin{cases} f''(x) = 0 \\ f(0) = T_1 \\ f(l) = T_2 \end{cases}$$

in der die Funktion f'' die zweite Ableitung der Funktion f ist, das heißt die Ableitung der Ableitung. Man sucht also eine Funktion, deren zweite Ableitung gleich 0 ist und deren Wert an der Stelle 0 gleich T_1, an der Stelle l gleich T_2 ist.

In diesem einfachen Beispiel lässt sich eine exakte Lösung der Gleichung finden. In komplizierteren Fällen, etwa wenn man die Wärmeausbreitung in einem zweidimensionalen Objekt (einer Metallplatte) oder in einem dreidimensionalen Objekt (einem Kubus) untersucht, erhält man Gleichungen, für die man keine exakten Lösungen mehr findet. Auf ähnliche Probleme stößt man zum Beispiel in der Akustik, der Elektrostatik, der Kontinuumsmechanik oder der Hydrodynamik.

Hier bieten die Diskretisierungsverfahren die Möglichkeit, Näherungslösungen zu finden. Zu diesem Zweck zerlegt man zunächst den Definitionsbereich der gesuchten Funktion (den Stab, die Platte oder den Kubus) in kleine Stücke und sucht dann für jedes dieser Stücke nach konstanten approximativen Lösungen (siehe *Abbildung 2*) oder nach Näherungslösungen ersten Grades (siehe *Abbildung 3*) oder auch nach solchen zweiten oder dritten Grades. Generell sucht man eine approximative Lösung in einer Menge A von im Voraus festgelegten Funktionen (eine Menge von konstanten Funktionen, auf jedem der Teilstücke, eine Menge von Funktionen ersten Grades auf jedem der Teilstücke …), wobei die Wahl der Menge A von der zu lösenden Gleichung abhängt.

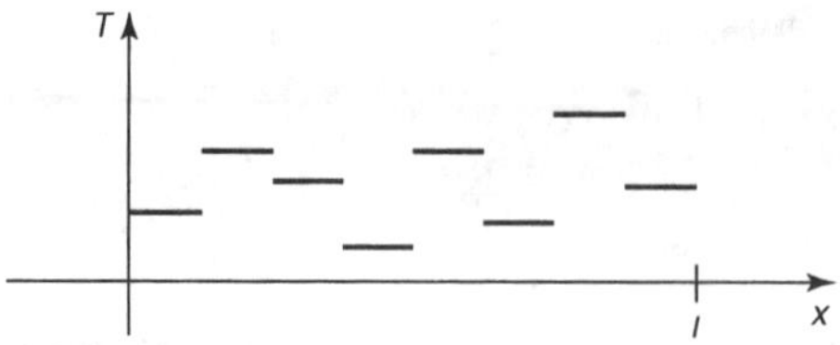

Abbildung 2

Abbildung 3

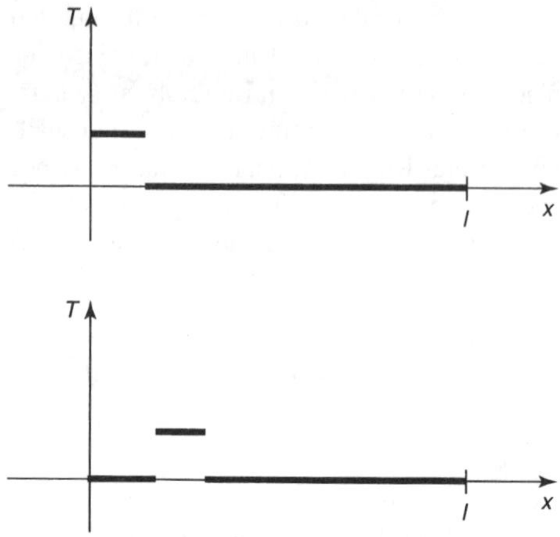

Abbildung 4

Die Gleichung, auf die sich die Funktion f bezieht, verwandelt sich dann in ein System aus n Gleichungen mit n Unbekannten, wobei n von der Zahl der Teilstücke abhängt, in die man den gesamten Bereich zerlegt hat. Diese n Unbekannten sind zum Beispiel die Werte der Funktion auf jedem der Teilstücke, wenn es sich bei der Menge A um die Menge der Funktionen handelt, die auf jedem der Teilstücke konstant sind (*Abbildung 2*), oder die Koeffizienten der Funktion auf jedem dieser Teilstücke, wenn es sich bei der Menge A um die Menge der Funktionen ersten Grades auf jedem der Teilstücke handelt (*Abbildung 3*).

Diese Methode zeigt zahlreiche Analogien zu den Verfahren, bei denen man Lösungen für Differentialgleichungen sucht, indem man die gesuchten Lösungen als ganzzahlige oder trigonometrische Reihen entwickelt (siehe Reihe und Spektralanalyse). Bei all diesen Methoden führt man Funktionsgleichungen auf ein numerisches Gleichungssystem zurück. Dabei sucht man stets nach einer Lösung der Form $a_1f_1 + a_2f_2 + \dots + a_nf_n$, wobei die Funktionen $f_1, f_2, \dots f_n$ (die endlich oder unendlich sein können) im Voraus festgelegt sind. Sucht man zum Beispiel nach konstanten Lösungen auf jedem der Teilstücke (*Abbildung 2*), handelt es sich bei den Funktionen f_1, $f_2, \dots f_n$ um die Funktionen, die auf einem der Teilstücke gleich 1 und ansonsten gleich 0 sind (*Abbildung 4* zeigt zwei Beispiele für solche Funktionen).

Die Funktion etwa, die auf dem ersten Teilstück gleich 1, auf dem zweiten gleich 2, auf dem dritten gleich 5 ist usw., lässt sich als Summe $3f_1 + 2f_2 + 5f_3 \dots$ ausdrücken; dabei ist f_1 die Funktion, die auf dem ersten Teilstück gleich 1 und ansonsten gleich 0 ist; f_2 ist die Funktion, die auf dem zweiten Teilstück gleich 1 und ansonsten gleich 0 ist, usw.

Bei einer Entwicklung als ganzzahlige Reihe sind die Funktionen f_1, f_2, … f_n die Funktionen $x \longmapsto 1$, $x \longmapsto x$, $x \longmapsto x^2$ …, bei einer Entwicklung als trigonometrische Reihen die Funktionen $x \longmapsto \sin x$, $x \longmapsto \sin 2x$, $x \longmapsto \sin 3x$. In allen drei Fällen verwandelt man die Ausgangsgleichung in eine Gleichung mit den Koeffizienten a_1, a_2, …, a_n, …, bei denen es sich um die Koordinaten der gesuchten Funktion in der Basis f_1, f_2, … f_n handelt (siehe Vektor).

Im Allgemeinen ist keine Funktion der gewählten Menge A eine Lösung der Ausgangsfunktion, aber man sucht die bestmögliche Approximation. Dazu verwandelt man die Ausgangsgleichung in eine andere approximierte Gleichung, die eine Lösung in A hat. Diese Gleichung kann man auf mehreren Wegen finden. Bei dem Differenzverfahren ersetzt man die Ableitungen durch endliche Zuwachsraten. Bei der Methode der finiten Elemente, die in der Regel bessere Ergebnisse liefert, multipliziert man jedes Glied der Ausgangsgleichung mit einer beliebigen Funktion in der Basis $f_1, f_2, \dots f_n$ der Menge A und bildet das Integral des Produkts. So verwandelt sich die Gleichung $f''(x)=0$ in die Näherungsgleichung i

$$\int_0^l f''(x) f_i(x)\,\mathrm{d}x = 0$$

(die mehr Lösungen hat und insbesondere auch eine in A).

Je größer die Zahl der Teilstücke ist, in die man den gesamten Definitionsbereich zerlegt, desto näher kommt die Näherungslösung der exakten Lösung (siehe *Abbildung 5*), aber damit wächst auch der numerische Aufwand. Die Wahl der Diskretierungsabstände ist stets ein Kompromiss zwischen der gewünschten Genauigkeit und dem Umfang der numerischen Gleichungssysteme, die man mit den verfügbaren Mitteln zu lösen hat.

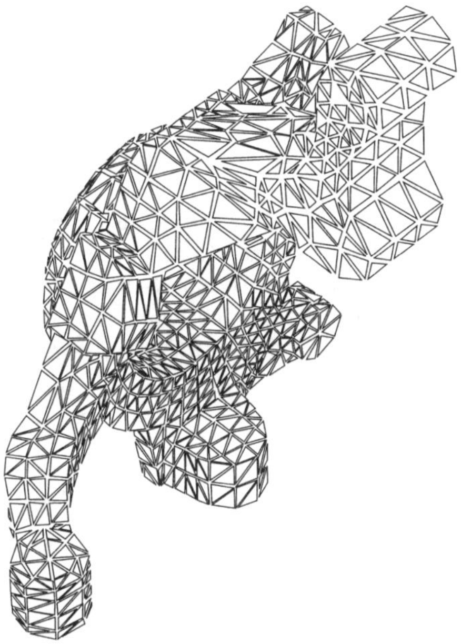

Abbildung 5 Quelle: Institut national de recherche en informatique et automatique

Distanz, genetische

→ ***genetische Distanz***

DNA

Zur Vertiefung: ***Nukleinsäuren; RNA***

Die Desoxyribonukleinsäure oder DNA ist ein MAKROMOLEKÜL, das für die belebte Natur spezifisch ist. Sie gehört zu den Nukleinsäuren, die aus Ketten von vier Arten von NUKLEOTIDEN bestehen. Die DNA hat eine Doppelhelixstruktur, die es ihr ermöglicht, eine GENETISCHE INFORMATION zu speichern und weiterzugeben: Somit ist sie der materielle Träger der Erbanlagen, also des GENOMS eines Lebewesens. Die DNA bildet den Hauptbestandteil der CHROMOSOMEN, die bei EUKARYOTEN im Zellkern liegen (siehe ZELLE). Bei der TRANSKRIPTION dient sie als Vorlage oder Matrize für die Synthese verschiedener Arten von Ribonukleinsäuren (RNA).

DNA-Fragmente, Verknüpfung von

→ ***Verknüpfung von DNA-Fragmenten***

Dominanz, Rezessivität

Zur Vorbereitung: ***Gen***
Zur Vertiefung: ***Allel; Mendelsche Regeln; Phänotyp, Genotyp***

Gregor Mendel führte die Begriffe Dominanz und Rezessivität ein, um das Paradox zu lösen, zu dem seine Beobachtungen geführt hatten: Die Kreuzung zweier Erbsenpflanzen mit gelben Erbsen konnte Pflanzen mit grünen Erbsen hervorbringen. Demnach musste die Fähigkeit, die Farbe Grün hervorzubringen, auf gewisse Weise, wenn auch kaschiert, bei den gelben Erbsen vorhanden sein. Das führte zu der Hypothese einer doppelten Steuerung dieses Merkmals: Die Farbe ist offensichtlich die gleiche, aber die Erbfaktoren oder Gene, die sie steuern, sind in zwei Varianten vorhanden, den ALLELEN, wie man die verschiedenen Formen nennt, die ein Gen am gleichen Ort eines Chromosoms (siehe GENLOCUS) annehmen kann und die das gleiche Merkmal codieren. Wenn die beiden Allele in ihrer Wirkung unterschiedlich sind, kann das eine die Manifestation des anderen verhindern: Das dominante Allel kaschiert das rezessive. Wenn beide sich trotz ihrer Unterschiedlichkeit manifestieren können, sind sie kodominant. Demnach ist bei Mendels Erbsen das Allel für die »Farbe Gelb« dominant und das Allel für die »Farbe Grün« rezessiv.

Beispielhaft lässt sich dieses Konzept anhand der Vererbung der Blutgruppen des AB0-Systems verdeutlichen. Dieses erste beobachtete Blutgruppensystem wurde 1900 entdeckt, also in jenem Jahr, als die von Mendel aufgestellten Regeln endlich Anerkennung fanden. Der österreichische Biologe Karl Landsteiner untersuchte die Agglutinationsreaktionen, die auftraten, wenn er Blut verschiedener Individuen mischte, und konnte seine Beobachtungen anhand der Annahme erklären, dass auf den roten Blutkörperchen zwei verschiedene Arten von Substanzen, nämlich die Antigene A und B vorhanden sind. Je nach Phänotyp (also nach nachweisbaren Merkmalen) lassen sich die Individuen in vier Gruppen einteilen:

- Blutgruppe »AB«, deren rote Blutkörperchen die Antigene beider Typen aufweisen;
- Blutgruppe »A«, die nur die Antigene A aufweist;
- Blutgruppe »B«, die nur die Antigene B aufweist;
- Blutgruppe »0«, die gar keine Antigene aufweist.

Die beobachtete Agglutination beruht auf der Wirkung anderer Substanzen, der Antikörper, die im Blutserum vorhanden sind. Jedes Individuum bildet Antikörper gegen jene Antigene aus, die in seinen eigenen Zellen nicht vorhanden sind: Somit enthält das Serum der Blutgruppe »AB« keine Antikörper, das der Blutgruppe »A« Antikörper Anti-B, Blutgruppe »B« Antikörper Anti-A und Blutgruppe »0« Antikörper Anti-A und Anti-B.

Bei Bluttransfusionen zerstören die Antikörper des Empfängers die roten Blutkörperchen des Spenderblutes, wenn es die entsprechenden Antigene enthält. Daher ist die Blutgruppe »AB«, die keine Antikörper enthält, als Empfänger für alle anderen Gruppen geeignet und die Blutgruppe »0«, die keine Antigene enthält, als Spender für alle anderen Gruppen.

Die Vererbung dieses Merkmals erklärt sich aus dem Vorhandensein eines Gens, das auf dem Chromosom 9 liegt und in drei Formen oder Allelen vorkommt, nämlich A, B und 0. Die Allele A und B sind dominant gegenüber 0 und kodominant zueinander, da sie beide die Bildung eines Antigens auslösen. Das Allel 0 ist rezessiv, da es keine Antikörperbildung auslöst. Die Zweierkombinationen dieser Allele ergeben somit sechs Genotypen mit folgender Entsprechung zu den vier Phänotypen:

- (00) ~ »0«;
- (AA) und (A0) ~ »A«;
- (BB) und (B0) ~ »B«;
- (AB) ~ »AB«.

Ein weiteres Beispiel für das Verhältnis von Dominanz und Rezessivität zwischen den Allelen des gleichen Gens sind Krankheiten wie die Mukoviszidose. Nur Individuen, die das verantwortliche Allel m doppelt erhalten haben, sind von dieser Krankheit befallen, während schon ein normales Allel N dieses Gens genügt, um ihr zu entgehen. Das Verhältnis zwischen diesen drei Genotypen und den beiden Phänotypen ist also: (NN) und (Nm) ~ gesund; (mm) ~ krank.

Doppler-Effekt

Zur Vorbereitung: ***Welle***

Zur Vertiefung: ***Expansion; Spektrum***

Wenn ein Rennwagen mit hoher Geschwindigkeit vorüberfährt, hat man als Zuschauer den Eindruck, die Tonlage des Motorengeräuschs sei beim Näherkommen des Wagens höher als beim Entfernen. Dieses Phänomen resultiert aus dem so genannten Doppler-Effekt, den der österreichische Physiker Christian Doppler (1803–1853) 1842 erstmals aufzeigte. Die Erklärung für diesen Effekt liegt in der Tatsache, dass eine Welle, wie sie von einer Quelle ausgesendet wird, sich in ihrer Frequenz von der Welle unterscheidet, die ein gegenüber der Quelle bewegter Beobachter aufnimmt. Genauer gesagt, die empfangene Frequenz ist höher als die ausgesendete, wenn der Beobachter sich auf die Quelle zubewegt, und sie ist niedriger, wenn der Beobachter sich von der Quelle entfernt. Deshalb klingt das Motorengeräusch höher, wenn der Wagen sich nähert, und niedriger, wenn er sich entfernt (die Schallwellen haben im ersten Fall eine höhere, im zweiten eine niedrigere Frequenz).

Eine periodische Welle resultiert aus der Ausbreitung einer in regelmäßigen Intervallen von einer Quelle emittierten Schwingung. Ein einfaches Beispiel sind die konzentrischen Wellen auf der Wasseroberfläche, die eine im Wasser schwingende Quelle erzeugt. Falls die Quelle gegenüber dem Beobachter ruht, ist der zeitliche Abstand zwischen dem Durchgang zweier Wellenberge beim Beobachter gleich dem zeitlichen Abstand zwischen der Erzeugung zweier Wellenberge durch die Quelle. Die Periode der empfangenen Schwingung ist gleich der Periode der ausgesendeten Schwingung. Wenn nun der Beobachter sich auf die Quelle zubewegt, verkürzt sich für ihn der zeitliche Abstand zwischen dem Durchgang zweier Wellenberge, das heißt, die Frequenz der von ihm empfangenen Schwingung erhöht sich. Und umgekehrt verlängert sich der zeitliche Abstand zwischen dem Durchgang zweier Wellenberge, wenn er sich von der Quelle entfernt, das heißt, die Frequenz der von ihm empfangenen Schwingung wird geringer. Gleiches gilt natürlich für den Fall, dass die Quelle sich auf den Beobachter zubewegt oder sich von ihm entfernt; entscheidend ist die Relativbewegung zwischen Beobachter und Quelle.

Der beschriebene Gedankengang hält sich vollständig im Rahmen der klassischen Raum- und Zeitauffassung, wonach die Zeit für Beobachter und Quelle in genau derselben Weise vergeht. Für einen Rennwagen, dessen Geschwindigkeit im Vergleich zur Lichtgeschwindigkeit äußerst gering ist, behält er auch weiterhin seine Gültigkeit. Wenn die Geschwindigkeit der beteiligten Objekte jedoch in die Nähe der Lichtgeschwindigkeit kommt, sind Effekte zu berücksichtigen, wie die spezielle RELATIVITÄTSTHEORIE sie beschreibt, insbesondere die so genannte Dilatation (Dehnung) der Zeit. Wenn Quelle und Beobachter sich relativ zueinander bewegen, ist der Fluss der Zeit (also auch deren Messung) für Sender und Empfänger nicht mehr derselbe. In diesem Falle wächst die Bedeutung des Doppler-Effekts gegenüber dem klassischen Fall.

Der Doppler-Effekt ist unabhängig von den Dimensionen der emittierenden Quelle. Auf mikroskopischer Ebene ist er mitverantwortlich für die Spreizung der von den Atomen emittierten Spektrallinien. Aufgrund der thermischen Erregung befinden die Atome sich ständig in ungeordneter Bewegung, und ihre Geschwindigkeiten variieren sowohl hinsichtlich ihres Betrages als auch hinsichtlich ihrer Richtung. Man sagt, die Geschwindigkeiten streuen. Misst man nun die Frequenz der elektromagnetischen Wellen, die von den Atomen emittiert werden, wenn die ELEKTRONEN darin von einem Energieniveau in ein anderes wechseln, ergeben sich für die verschiedenen Geschwindigkeiten aufgrund des Doppler-Effekts unterschiedliche Werte, und die gemessenen Frequenzen streuen um die charakteristische Frequenz des für die Emission verantwortlichen inneratomaren Vorgangs (das heißt um die Frequenz, die man messen würde, wenn emittierendes Atom und Beobachter sich zueinander in Ruhe befänden). Die daraus resultierende Spreizung der Spektrallinien wächst mit der thermischen Erregung, also der TEMPERATUR.

Im Bereich unserer menschlichen Größenordnung wird der Doppler-Effekt in der Medizin zur Messung der Geschwindigkeit der Blutzirkulation benutzt. Dazu bestrahlt man ein Blutgefäß mit Ultraschall bekannter Frequenz. Aus der gemessenen Frequenz der von den Blutkörperchen reflektierten Wellen lässt sich dann die Durchschnittsgeschwindigkeit der Blutkörperchen errechnen.

In der Astronomie macht sich der Doppler-Effekt in einer generellen Verschiebung der von den Sternen emittierten Spektrallinien bemerkbar, die aus der Relativbewegung zwischen den Sternen und der Erde resultiert. Die Messung dieser Spektralverschiebung liefert wertvolle Aufschlüsse über die Bewegung der Sterne. Die Auswirkung des

Doppler-Effekts auf das Spektrum des von den Galaxien emittierten Lichts spielte eine maßgebliche Rolle bei Entdeckung und Nachweis der EXPANSION des Universums.

Drift, genetische

→ ***genetische Drift***

Druck

Zur Vertiefung: ***Temperatur; Thermodynamik; Zustandsgleichung***

Das Konzept des Drucks ist uns auch aus dem Alltag vertraut. Die Meteorologen stützen sich bei ihrer täglichen Wettervorhersage auf den gemessenen Luftdruck, und Sportler klagen vor einem Wettkampf gern über den psychischen Druck, unter dem sie stehen. In der Physik ist der Druck, den ein (festes, flüssiges oder gasförmiges) System auf ein anderes ausübt, gleich der Kraft pro Flächeneinheit, mit der eines der beiden Systeme an der gemeinsamen Grenzfläche auf das andere einwirkt. Sorgt diese Kraft dafür, dass die beiden Systeme auseinander streben, spricht man von einem positiven, im umgekehrten Fall von einem negativen Druck.

Der Luftdruck, also der Druck der uns umgebenden Atmosphäre, beträgt etwa ein Bar und entspricht dem Druck, den eine Masse von etwa einem Kilogramm auf jeden Quadratzentimeter Haut unseres Körpers ausüben würde. Unser Körper trägt demnach, ohne dass wir es bemerken, eine Last von mehr als zehn Tonnen. Das ist jedoch noch gar nichts im Vergleich zu dem Druck, der den Taucher erwartet, wenn er sich in die Tiefen des Ozeans vorwagt. Dort muss er das Gewicht der gesamten über ihm befindlichen Wassermasse tragen. In zehn Metern Tiefe ist der Druck bereits doppelt so hoch wie an der Wasseroberfläche. Aber auch das ist noch sehr wenig im Vergleich zu dem Druck, der im Erdmittelpunkt herrscht, denn dieser Druck entspricht dem Gewicht einer Gesteinssäule von 6371 km Höhe (dem Radius der Erde), deren Dichte mit der Tiefe zunimmt; mit 3,5 Megabar ist der Druck im Erdmittelpunkt 3,5 Millionen Mal so hoch wie der Luftdruck in Meereshöhe.

In einem GAS sind die einzelnen Bestandteile (Atome oder Moleküle) dagegen so weit voneinander entfernt, dass sie von den über ihnen liegenden Teilchen nicht »zerdrückt« werden.

Woher stammt nun der Gasdruck, der keineswegs vernachlässigbar gering ist, wie wir am Luftdruck bemerken können? Um das zu verstehen, müssen wir unseren Blick auf die mikroskopische Ebene richten. Dort weicht das scheinbar ruhige Verhalten des Gases einer äußerst heftigen, ungeordneten Bewegung der einzelnen ATOME oder MOLEKÜLE, aus denen das Gas besteht, denn in dieser verdünnten Welt haben diese Teilchen genügend Platz, um sich in alle Richtungen zu bewegen. Legt man nun eine Wand um das Gas und trennt es auf diese Weise von dem als leer unterstellten Raum, stoßen ständig zahllose Teilchen von innen gegen die Wand und drücken sie nach außen, als wirkte eine Kraft auf die Wand ein. Der Druck ist nichts anderes als der Ausdruck dieser Kraft. Für ein Gas gegebener Masse wird der Druck umso höher, je kleiner das Volumen und je höher die Temperatur ist: In einem Autoreifen erhöht sich der Druck, wenn man mehr Luft hineinpumpt; in einem Schnellkochtopf dagegen, wenn man die Temperatur erhöht.

Neben dieser kinetischen Komponente des Drucks gibt es noch eine weitere, als dynamisch bezeichnete Komponente, in der die vielfältigen Wechselwirkungen zwischen den Elementen des betreffenden Mediums zum Ausdruck kommen. Anders als der kinetische Druck, der stets positiv ist, kann der dynamische Druck sowohl positiv als auch negativ sein, je nachdem, ob es sich bei den Wechselwirkungen um abstoßende oder um anziehende Kräfte handelt.

In einem Gas, in dem die Wechselwirkungen nur schwach und hauptsächlich anziehenden Charakters sind, ist der dynamische Druck negativ und gegenüber dem kinetischen Druck vernachlässigbar klein, so dass der Gesamtdruck des Gases im Wesentlichen gleich dem kinetischen Druck ist. In einer

Flüssigkeit, die eine sehr viel höhere Dichte besitzt als ein Gas, sind die Bestandteile einander relativ nah, so dass der (positive) kinetische und der (negative) dynamische Druck etwa tausendmal so hoch sind wie in einem Gas, aber einander ausgleichen. Paradoxerweise führt dieser Wettstreit zwischen zwei Drücken mit entgegengesetztem Vorzeichen in der Flüssigkeit zu einem ähnlichen Gesamtdruck, wie er auch in einem Gas herrscht.

Druck und Temperatur definieren den so genannten thermodynamischen Zustand eines (festen, flüssigen oder gasförmigen) Systems gegebener Zusammensetzung. Die Beziehung zwischen Druck, Volumen (oder Dichte) und Temperatur wird als ZUSTANDSGLEICHUNG bezeichnet.

Dualitätsprinzip

Zur Vertiefung: ***projektive Ebene***

Dualität in der axiomatischen Geometrie

Der Satz von Pappos lautet folgendermaßen: Gegeben seien zwei Geraden D_1 und D_2 sowie drei Punkte A_1, B_1, C_1, die auf der Geraden D_1 liegen, und drei Punkte A_2, B_2, C_2, die auf der Geraden D_2 liegen; mit a sei die Gerade bezeichnet, die A_1 und B_2 verbindet; mit b die Gerade, die B_1 und A_2 verbindet; mit c die Gerade, die A_1 und C_2 verbindet; mit d die Gerade, die C_1 und A_2 verbindet; mit e die Gerade, die B_1 und C_2 verbindet; und mit f die Gerade, die C_1 und B_2 verbindet. Der Punkt, in dem a und b sich schneiden, heiße M_1; der Punkt, in dem c und d sich schneiden, M_2; und der Punkt, in dem e und f sich schneiden, M_3. Dann liegen die Punkte M_1, M_2 und M_3 auf einer Geraden (siehe *Abbildung 1*).

Wir wollen nun in diesem Lehrsatz bestimmte Ausdrücke vertauschen; statt »Punkt« sagen wir »Gerade« und statt »Gerade« »Punkt; statt »liegen auf« sagen wir »gehen durch« und statt »gehen durch« »liegen auf«; statt »verbinden« sagen wir »schneiden« und statt »schneiden« »verbinden«. Dann erhalten wir folgenden Satz (siehe *Abbildung 2*): Gegeben seien zwei Punkte D_1 und D_2 sowie drei Geraden A_1, B_1, C_1, die durch D_1 gehen, und drei Geraden A_2, B_2, C_2, die durch D_2 gehen; mit a sei der Punkt bezeichnet, in dem A_1 und B_2 sich schneiden; mit b der Punkt, in dem B_1 und A_2 sich schneiden; mit c der Punkt, in dem A_1 und C_2 sich schneiden; mit d der Punkt, in dem C_1 und A_2 sich schneiden; mit e der Punkt, in dem B_1 und C_2 sich schneiden; und mit f der Punkt, in dem C_1 und B_2 sich schneiden. Die Gerade, die a und b verbindet, heiße M_1; die Gerade, die c und d verbindet, M_2 und die Gerade, die e und f verbindet, M_3. Dann gehen die Geraden M_1, M_2 und M_3 durch einen gemeinsamen Punkt (das heißt, sie haben einen gemeinsamen Schnittpunkt). Auch dieser Satz ist ein Lehrsatz der Geometrie.

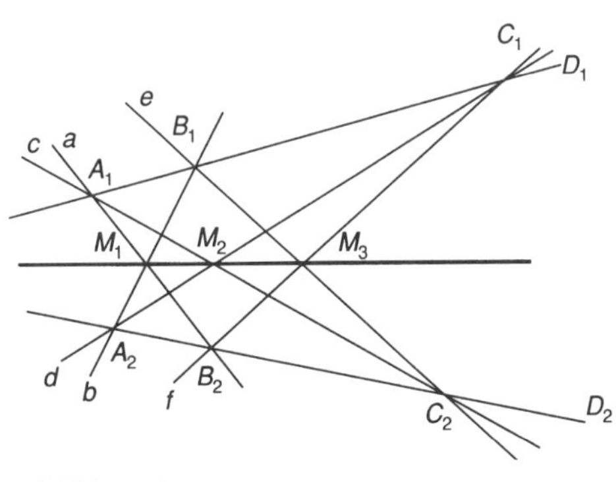

Abbildung 1

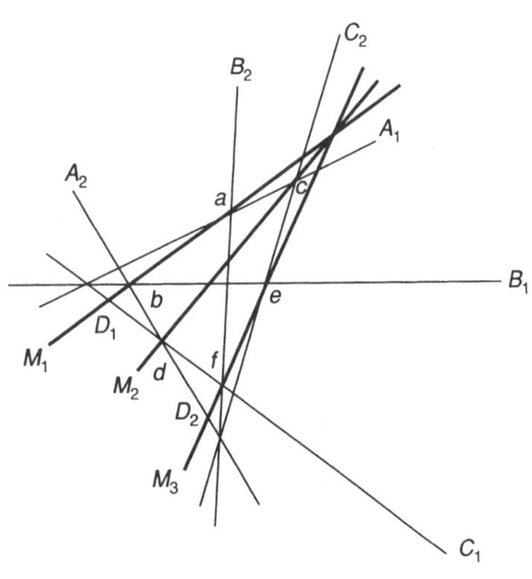

Abbildung 2

Generell sagt man, zwei Sätze der ebenen GEOMETRIE sind dual zueinander, wenn man sie ineinander überführen kann, indem man die Ausdrücke »Punkt«, »Gerade«, »liegt auf«, »geht durch«, »verbinden« und »schneiden« durch die Ausdrücke »Gerade«, »Punkt«, »geht durch«, »liegt auf«, »schneiden« und »verbinden« ersetzt. Voraussetzung ist allerdings, dass der Ausgangssatz außer den genannten Begriffen nur noch logische und arithmetische Begriffe enthält. Wenn einer der beiden Sätze ein Lehrsatz der ebenen Geometrie ist, dann ist auch der durch die beschriebene Vertauschung entstandenen duale Satz eine Lehrsatz der ebenen Geometrie. Wendet man die Vertauschung auf den so entstandenen dualen Satz an, ergibt sich natürlich wieder der Ausgangssatz.

Betrachtet man die Geometrie als unabhängiges axiomatisches System, lässt sich dieses Phänomen durch die Tatsache erklären, dass das zu einem Axiom der Geometrie duale Axiom gleichfalls ein Axiom dieser Theorie ist. Für das Axiom, wonach zwei verschiedene Punkte stets von einer und nur einer Geraden verbunden werden, lautet das duale Axiom, dass zwei verschiedene Geraden sich stets in einem und nur einem Punkt schneiden (siehe *Abbildung 3*).

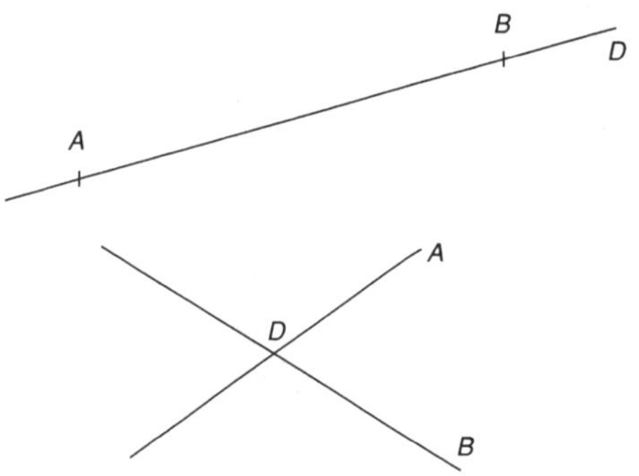

Abbildung 3

Kann man einen Satz im Rahmen der Axiome der Geometrie beweisen, so kann man daher auch den dazu dualen Satz beweisen.

Allerdings trifft der Satz, wonach zwei verschiedene Geraden sich stets in einem Punkt schneiden, für die gewöhnliche Geometrie nicht ganz zu, denn die beiden Geraden können auch parallel sein. Das Dualitätsprinzip gilt daher im vollen Sinne erst für die projektive Geometrie (siehe PROJEKTIVE EBENE), denn dort fügt man dem Raum fiktive Punkte »im Unendlichen« hinzu, in denen die Parallelen sich schneiden. In der gewöhnlichen affinen Geometrie ist das Dualitätsprinzip etwas komplizierter; dort muss man »verbinden« nicht durch »schneiden«, sondern durch »schneiden oder parallel verlaufen« ersetzen.

Auch für den dreidimensionalen Raum gilt das Dualitätsprinzip, wenn man Punkte durch Ebenen ersetzt und umgekehrt. So sind jeweils zwei der Platonischen Körper zueinander dual: Kubus und Oktaeder sind dual zueinander (siehe *Abbildung 4*), desgleichen Dodekaeder und Ikosaeder; und das Tetraeder ist zu sich selbst dual.

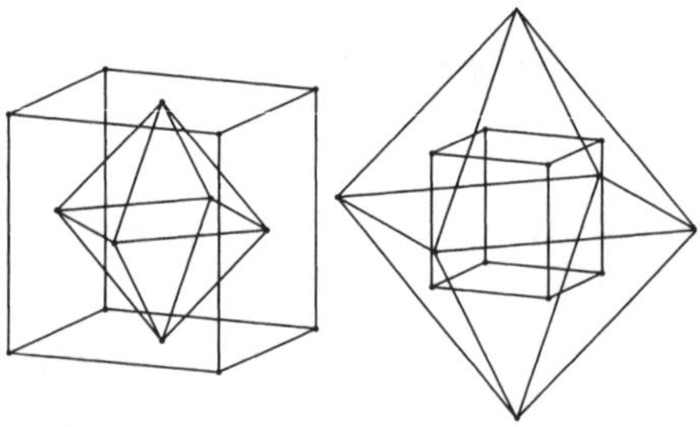

Abbildung 4 Ersetzt man jeden Eckpunkt durch eine Ebene, verwandelt der Kubus sich in ein Oktaeder und umgekehrt.

Dualitätsprinzip und Modell

Zur Vorbereitung: ***Vektor***

Nach moderner Auffassung besteht die Mathematik nicht aus einer Reihe disparater Theorien (Geometrie, Arithmetik usw.) mit je eigenen Axiomen. Vielmehr haben alle Zweige der Mathematik ihre gemeinsame Grundlage in einer einzigen axiomatischen Theorie, der Mengenlehre (siehe MENGE). Aus Sätzen der Geometrie werden daher Sätze der Mengenlehre über affine Räume (siehe VEKTOR). Und allgemein werden aus Sätzen einer axiomatischen Theorie Sätze der Mengenlehre über die Modelle dieser Theorie (siehe MODELL). Aus der projektiven Geometrie wird so die Untersuchung der affinen projektiven Räume.

Das Dualitätsprinzip erklärt sich dann durch die Tatsache, dass die Geraden eines affinen projektiven Raums E ihrerseits einen zu E dualen affinen projektiven Raum E^* bilden, dessen Geraden den Punkten in E äquivalent sind.

Wendet man die Transformation nochmals auf E^* an, erhält man den zu E bidualen Raum E^{**}, der dem Ausgangsraum äquivalent ist. Die beiden Räume E und E^* sind daher dual zueinander.

Das Dualitätsprinzip gilt auch für Vektorräume: Die linearen Formen eines n-dimensionalen Vektorraums E (das heißt die linearen Abbildungen des Raums E in die Menge der reellen Zahlen), die den Gleichungen der Geraden in E entsprechen, bilden einen gleichfalls n-dimensionalen Vektorraum E^*, der zu E dual ist (allgemein bilden die linearen Abbildungen eines Vektorraums E der Dimension n in einen Vektorraum F der Dimension p einen Vektorraum der Dimension np, und falls es sich bei F um die Menge der reellen Zahlen handelt, ist p gleich 1). Bei Vektoren liegen die Dinge einfacher als bei Punkten, denn zwei verschiedene Vektorgeraden sind niemals parallel, so dass man bei Vektoren keine Objekte im Unendlichen hinzufügen muss.

Das Prinzip lässt sich für Räume beliebiger Dimension verallgemeinern. Bei einem unendlich dimensionalen Vektorraum E ist der dazu biduale Raum E^{**} allerdings nicht mehr notwendig äquivalent zum Ausgangsraum E.

Dünung

Zur Vertiefung: ***Ozean; Welle; Wind***

Die Dünung ist eine sinusförmige Schwingung der Meeresoberfläche, die nicht mit einer Gesamtbewegung des Wassers verbunden ist. Ihre Kennzeichen sind die Höhe (der vertikale Abstand zwischen der Spitze eines Wellenbergs und der Sohle eines Wellentals), die Wellenlänge (der Abstand zwischen den Spitzen zweier aufeinanderfolgender Wellenberge) und die Periode (die Zeit, die zwischen den Durchgängen zweier Wellenberge durch denselben Punkt vergeht). Die Ausbreitungsgeschwindigkeit – das Verhältnis zwischen Wellenlänge und Periode – entspricht der Fortpflanzungsgeschwindigkeit eines Wellenbergs.

Bei einer Dünung in tiefen Gewässern (mit einer Wassertiefe, die größer ist als die halbe Wellenlänge) verhält sich die Fortpflanzungsgeschwindigkeit proportional zur Quadratwurzel der Wellenlänge (die Dünung ist in diesem Fall eine so genannte »Schwerewelle«, nicht zu verwechseln mit den Gravitationswellen der Astrophysiker): Je größer die Wellenlänge, desto größer die Fortpflanzungsgeschwindigkeit. Wenn auf dem Meer Wellen auftreten, die der Überlagerung von Wellen unterschiedlicher Wellenlänge entsprechen, überholt daher die Welle mit der größten Wellenlänge die übrigen, und sie ist die einzige, die man fern des Einwirkungsbereichs von Winden beobachtet. Das erklärt die langgezogene Dünung, die an den Küsten großer Meere anzutreffen ist. Wenn die Dünung sich der Küste nähert und die Wassertiefe abnimmt, verformen sich die Wellen und brechen.

Durchlassbereich

Zur Vertiefung: ***Filter; Signal; Telekommunikationsnetz***

Jedes Signal wird bei der Übertragung über eine gewisse Entfernung abgeschwächt, ob es sich nun um einen Strom von Elektronen in einem Kupferkabel, um eine Radiowelle in der Atmosphäre oder um einen Lichtstrahl in einem Glasfaserbündel handelt. Die Kanäle, über die das Signal sich ausbreitet – Kupferkabel, Glasfaserbündel usw. – verhalten sich wie ein Filter, der manche Bereiche des Signals stärker zurückhält als andere. Ganz unabhängig von ihrer Form sind Signale stets Funktionen der Zeit, die sich in eine Summe periodischer Funktionen zerlegen lassen, deren jede durch ihre Frequenz, das heißt den Kehrwert ihrer Periode, charakterisiert ist. Da die Absorption eines Filters von der Frequenz des Signals abhängt, charakterisiert man Filter durch den Frequenzbereich, den sie mit einer Abschwächung von weniger als 50% durchlassen; diesen Frequenzbereich nennt man den Durchlassbereich des Filters (siehe *Abbildung 1*).

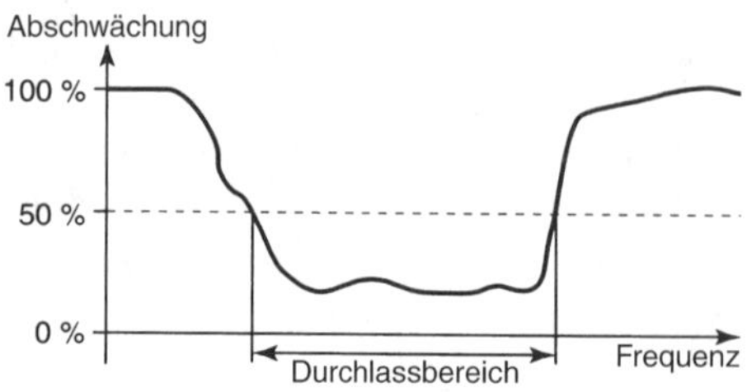

Abbildung 1 Durchlassbereich

dynamisches System

Zur Vertiefung: ***Chaos; Katastrophe***

Als dynamisch bezeichnet man ein System, dessen Zustand sich mit der Zeit verändert. Je nachdem, ob man von einer stetigen oder diskreten Sicht der Zeit ausgeht (das heißt, ob man sich für den Zustand des Systems zu jedem Zeitpunkt oder aber in regelmäßigen Abständen von z.B. einer Minute interessiert), beschreibt man solch ein System durch eine Funktion, die jeder reellen Zahl einen Zustand zuordnet, oder durch eine Funktion, die jeder natürlichen ganzen Zahl solch einen Zustand zuordnet (also eine FOLGE von Zuständen). Im ersten Fall lässt sich das Entwicklungsgesetz des Systems durch eine oder mehrere Differentialgleichungen ausdrücken, im zweiten Fall durch eine rekursive Relation, die anzeigt, wie man den Zustand für einen gegebenen Zeitpunkt aus dem Zustand für den vorangegangenen Zeitpunkt errechnet. Interessiert man sich zum Beispiel für die Lage eines Tennisballs, der allein der Schwerkraft unterworfen ist, ergibt sich das Bewegungsgesetz aus den Differentialgleichungen

$x'(t)=0$

$y'(t)=-g,$

wobei x und y Funktionen der Zeit, x' bzw. y' deren erste Ableitung und x'' bzw. y'' deren zweite Ableitung (also die Ableitung der Ableitung) sind.

Bei einem so einfachen Beispiel kann man die Gleichungen lösen und die Funktionen folgendermaßen ausdrücken:

$x(t)=at+b$

$y(t)=-(1/2)gt^2+ct+d,$

wobei a und c die Koordinaten der Anfangsgeschwindigkeit des Balls, b und d die Koordinaten seiner Anfangsposition sind (g ist die Erdbeschleunigung). Aus diesen Gleichungen lässt sich die Position des Balls für jeden Zeitpunkt t berechnen.

Betrachtet man statt der Bewegung des Balls unter dem Einfluss der Erdanziehung die Bewegung zweier in gravitativer Wechselwirkung befindlicher Körper (zum Beispiel Erde und Mond), lassen sich die zugehörigen Bewegungsgleichungen ebenfalls lösen.

Nimmt man nun das Problem dreier in gravitativer Wechselwirkung stehender Körper (zum Beispiel Sonne, Erde und Mond), kann man immer noch die zugehörigen Bewegungsgleichungen aufstellen und zeigen, dass diese Gleichungen eine einzige Lösung haben, aber wie Henri Poincaré Ende des 19. Jahrhunderts bewiesen hat, lassen sich diese Differentialgleichungen nicht mit Hilfe der üblichen Operationen darstellen (wie im obigen Beispiel mit Hilfe von Addition und Multiplikation). Genauer gesagt, die Lösung dieser Differentialgleichungen lässt sich nicht als Folge entwickeln. Außerdem ist dieses System chaotisch. Die Theorie der dynamischen Systeme gestattet es, die Lösung solcher nichtintegrierbaren Differentialgleichungen qualitativ zu beschreiben, und zwar insbesondere die geometrische Form der Kurven dieser Lösungen.

Dynamo

Zur Vorbereitung: ***Elektromagnetismus; Feld***
Zur Vertiefung: ***Erdkern; Magnetismus; Stern***

Das Prinzip des Dynamos

Der erste Dynamo, also eine Maschine zur Erzeugung eines kontinuierlichen elektrischen Stroms aus Bewegung, wurde 1871 von Zénobe Gramme (1826–1901) gebaut. Dieses Gerät, das jeder Radfahrer gut kennt, wandelt mechanische in elektrische Energie um.

Nach dem Induktionsgesetz entsteht zwischen den Enden eines elektrischen Leiters (meist eines Metalldrahts), der in einem Magnetfeld bewegt wird, eine elektrische Spannung, die proportional zur Feldstärke und zur Geschwindigkeit des bewegten Leiters ist. Und umgekehrt erzeugt ein elektrischer Strom (letztlich also elektrische Ladungen, die sich in einem Leiter bewegen) in der Umgebung des elektrischen Leiters ein Magnetfeld (das Prinzip des Elektromagneten).

Der Dynamo enthält einen MAGNETEN, der ein permanentes Magnetfeld erzeugt. Bewegt man den Leiter (meist eine Drahtspule) durch das Magnetfeld, wird ein Strom induziert, der seinerseits das Magnetfeld verstärkt, was wiederum den induzierten Strom vergrößert usw., bis sich ein Gleichgewicht einstellt.

Die Erde, die übrigen Planeten, die Sonne, die STERNE, die Milchstraße – all diese astronomischen Objekte sind rotierende elektrische Leiter. Entsprechend kann man bei den meisten von ihnen ein Magnetfeld beobachten, dass aus dem Dynamoeffekt resultiert. Im Unterschied zu unserem Fahrraddynamo enthalten diese Objekte jedoch keinen Permanentmagneten. Ein erster kleiner »Keim« eines Feldes entsteht lokal in einer rotierenden Flüssigkeit oder einem Gas aufgrund eines geringfügigen Ungleichgewichts zwischen den elektrischen Ladungen entgegengesetzten Vorzeichens. Unter günstigen geometrischen Bedingungen induziert die Bewegung der Flüssigkeit oder des Gases gegenüber diesem Keim einen elektrischen Strom, der das ursprüngliche Feld verstärkt usw. Eine Instabilität führt hier also über eine positive Rückkopplung zu einer Verstärkung des Feldes. Die so entstehenden Magnetfelder können von beträchtlicher Stärke sein. Bei der Sonne kehrt sich die Polarität des Magnetfeldes alle elf Jahre um (Sonnenzyklus), woraus wir ersehen, dass die Instabilität ihrerseits zeitliche Schwankungen auslösen kann.

Der Erddynamo

Das Magnetfeld der Erde hat seinen Ursprung im Erdinnern, resultiert aber nicht aus etwa dort vorhandener magnetisierter Materie, denn es verändert sich mit der Zeit. Die Geophysiker sind daher einhellig der Ansicht, dass im Erdkern zirkulierende elektrische Ströme das Magnetfeld der Erde über den Dynamoeffekt erzeugen – der Erdkern besteht aus einer flüssigen Eisenlegierung, die einen sehr guten elektrischen Leiter darstellt. Diese Ströme bedürfen eines ständigen Energienachschubs, denn ohne eine elektromotorische Kraft verschwänden sie innerhalb von einigen zehntausend Jahren, weil ihre Energie sich in Form von Wärme verflüchtigte. Wie wir aus der Erforschung der Magnetisierung unserer Gesteine wissen, existiert das Erdmagnetfeld jedoch bereits seit mehreren Milliarden Jahren und hat seine Polarität in dieser Zeit mehrfach umgekehrt.

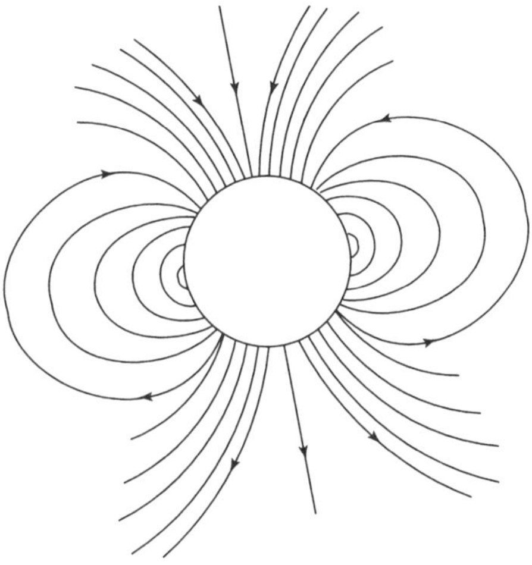

Abbildung 1 Der äußere (polare) Teil des Erdmagnetfelds in schematisierter Form

Die Bewegungen im Erdkern, die den Erddynamo speisen, gehen auf geringfügige Dichteunterschiede zurück, die ihrerseits wahrscheinlich mit der Freisetzung leichterer Elemente bei der Kristallisation des inneren festen Kerns zusammenhängen.

Das vom Erddynamo erzeugte Magnetfeld besteht aus einem polaren Teil (siehe *Abbildung 1*), dessen Feldlinien aus der Erde hervorkommen und dorthin zurückkehren (diesen Teil kennen wir), sowie aus einem toroidalen Teil, dessen Feldlinien innerhalb des Kerns verbleiben und daher unzugänglich für uns sind. Wir wissen nicht, ob das toroidale

Magnetfeld stark oder schwach ist. Über die Geometrie der Bewegungen der den Erdkern bildenden Flüssigkeit wissen wir ebenfalls nur wenig. Wahrscheinlich gibt es im Erdkern (ebenso wie in der Atmosphäre) Wirbelstürme, die eine wichtige Rolle bei der Entstehung des Erdmagnetfelds spielen dürften.

Die Berechnung des Erddynamos ist äußerst schwierig; dazu bedarf es der Lösung eines recht komplizierten Gleichungssystems, wobei wir die Anfangsbedingungen nur unzureichend kennen. Es gibt mehrere »Dynamotheorien«, die jeweils von unterschiedlichen, aber stets vereinfachenden Hypothesen ausgehen, um dieses schwierige, aber dennoch wichtige Problem zu lösen. Im Augenblick sind diese Theorien jedoch alle noch so fern von der komplexen Realität, dass keine von ihnen alle Eigenschaften des Erdmagnetfelds einschließlich der Polumkehrungen zu erklären vermag.

E

Ebene, projektive

→ ***projektive Ebene***

Einheit

Zur Vertiefung: ***Parallelverarbeitung; Rechnerarchitektur; Schaltung; Speicher, Gedächtnis***

Einheiten in der Computertechnik

Wie Soldaten in einer Armee, so sind die elektronischen Bauteile im Computer zu Einheiten zusammengefasst: Zentraleinheit, Steuereinheit, Recheneinheit, die jeweils eine bestimmte Funktion ausüben.

Beginnen wir mit der Steuereinheit, auch Steuerwerk genannt. Die Aufgabe des Steuerwerks ähnelt der des Vormanns auf einer Galeere, der die Befehle ausgibt und den Takt schlägt für die unermüdlichen Arbeitssklaven, als die man die Schaltungen des Computers ansehen könnte. Dazu bedarf es keiner besonderen Qualifikation, denn es handelt sich um Routinetätigkeiten: Das Steuerwerk lässt sich aus dem Arbeitsspeicher einen Befehl geben, sorgt für die Ausführung dieses Befehls, sucht die Adresse des nachfolgenden Befehls im REGISTER heraus und fährt unermüdlich fort, bis es zum Stopp-Befehl gelangt, der ihm ein wenig Ruhe verschafft.

Unter seinen Untergebenen gibt es einen, der mit Hilfe synchroner logischer Schaltungen Rechenoperationen wie Addition, Multiplikation oder Division ausführt: die Recheneinheit, die das Rechenwerk des Computers bildet. Steuerwerk, Rechenwerk und die ihnen unmittelbar zugeordneten Register sowie deren ständige elektrische Verbindung, der BUS, bilden gemeinsam die Zentraleinheit, die gleichsam das Gehirn des Computers darstellt.

Die Zentraleinheit könnte die Abstimmung der Operationen auch auf mehrere Steuerwerke verteilen. Eine umfangreiche wissenschaftliche Bewegung bemüht sich, die zentralisierten Rechnerarchitekturen, in denen ein einziges Steuerwerk sämtliche Prozesse beherrscht, durch »demokratischere« Rechnerarchitekturen zu ersetzen, in denen zahlreiche, mit denselben Rechten ausgestattete Steuereinheiten parallel zueinander arbeiten.

Einheit in der Mathematik

→ ***algebraische Zahlen***

Eis

Zur Vertiefung: ***Kristall; Polymorphie; Wasser***

Aus dem griechischen Wort für Eis, *krystallos*, ist unser Wort »Kristall« abgeleitet. Die Menschen der Antike glaubten, Bergkristall sei durch starken Frost gehärtetes Eis (in Wirklichkeit handelt es sich um Siliciumoxid). Ebenso wie das WASSER, dessen feste Phase es ist, besitzt auch Eis viele ungewöhnliche Eigenschaften, die es den WASSERSTOFFBINDUNGEN zwischen den Wasserstoffatomen und Sauerstoffatomen benachbarter Wassermoleküle H_2O verdankt. Im Gegensatz zu den meisten Festkörpern verringert Eis bei der Schmelze sein Volumen. Es hat also eine geringere Dichte als Wasser, auf dem es daher schwimmt. Der Schmelzpunkt von Eis verringert sich mit steigendem Druck (siehe

Schmelzen). Die Energiemenge, die das Eis bei der Schmelze aufnimmt, ist sehr hoch (80 Kalorien pro Gramm), daher eignen sich Eisstückchen auch so gut zum Kühlen von Getränken.

Eis gibt es in gut einem Dutzend verschiedenen Varietäten von unterschiedlicher Struktur in unterschiedlichen Temperatur- und Druckbereichen. Die gängige Art von Eis, die an der Erdoberfläche vorkommt, hat eine hexagonale Struktur, wie an einem Schneekristall leicht zu erkennen ist; bei niedrigeren Temperaturen (–73 °C) nimmt es eine kubische Kristallstruktur an. Die in ihrer Struktur komplexeren Hochdruckmodifikationen von Eis sind dichter als Wasser. Wahrscheinlich kommen sie im Inneren der Eismonde des Jupiter (Europa, Ganymed und Callisto) vor (siehe Satelliten).

Die »wärmeren« Gletscher, in denen das Eis (wie in den Alpen) seinem Schmelzpunkt nahe ist, entstehen aus Schnee-Ansammlungen. Durch Druck, Schmelzen und erneutes Gefrieren entwickelt sich aus diesen Schneemassen Firn und anschließend Eis. Durch viskoelastische Deformation (Kriechen) des Eises und Gleiten auf der Grundschicht wird der Gletscher beweglich und fließt.

Die mehrere Kilometer dicken kontinentalen Eiskappen (Antarktis, Grönland) haben sich durch eine Ansammlung von Schnee über Hunderttausende von Jahren hinweg gebildet. Anhand einer Analyse der Isotopzusammensetzung des Eises je nach Tiefe lässt sich die Temperaturentwicklung im Laufe der Zeit nachvollziehen (siehe Klima).

Das Packeis der Arktis ist durch Gefrieren des Meerwassers entstanden und enthält praktisch kein Salz, da dieses bei der Kristallisation abgeschieden wird.

El Niño

Zur Vertiefung: ***allgemeine Zirkulation der Atmosphäre; Klima; Monsun; Ozean***

Um die Weihnachtszeit (El Niño ist der spanische Name für das Jesuskind) strömt etwa alle fünf bis zehn Jahre das warme Oberflächenwasser des Pazifischen Ozeans in Richtung Osten und an den Küsten Perus und Chiles entlang Richtung Süden. Dort verhindert es den sonst üblichen Aufstieg des kalten, an Plankton und Fischen reichen Wassers – mit verheerenden Folgen für den Fischfang in diesen Gewässern. Verantwortlich für diese Erscheinung ist die zeitweilige Abschwächung der Passate – die sonst die kalten Wassermassen nach Westen strömen lassen – und die Verlagerung der Tiefdruckzonen zwischen dem Osten und dem Westen des Südpazifiks (südpazifische Oszillation). El Niño ist ein sehr gutes Beispiel für die enge Wechselwirkung zwischen Atmosphäre und Ozean, die auch Einfluss auf das Großklima hat: Abschwächung des Monsuns in Indien, Trockenheit in Australien und Nordostbrasilien, sintflutartige Regenfälle in Peru, China oder Südkalifornien usw.

Elastizität

Zur Vertiefung: ***Kautschuk; Kristall; Plastizität; Festkörper***

Im 17. Jahrhundert verbargen die Gelehrten ihre Entdeckungen aus Argwohn gegen ihre Kollegen und in dem eifersüchtigen Bestreben, den Vorrang ihrer Erkenntnisse zu wahren, häufig in sibyllinischen Kryptogrammen. So fasste Robert Hooke das Gesetz der elastischen Deformation, das heute nach ihm benannt ist, in die Formulierung: »ceiiinosssttuu«; das sind die aufgezählten Vokale und Konsonanten der lateinischen Formulierung: *Ut tensio, sic vis*, was etwa heißt: »Wie die Dehnung, so die Kraft.«

In moderner Sprache bedeutet das Hookesche Gesetz, dass eine äußere Krafteinwirkung auf einen Festkörper, also eine Kraft pro Flächeneinheit, eine Deformation, also eine messbare Veränderung der Form oder Dimensionen, bewirkt, die proportional zu dieser Kraft ist. Das konstante Verhältnis von Krafteinwirkung zu Deformation bezeichnet man als Elastizitätsmodul, der für jedes Material charakteristisch ist.

Im einfachen Fall einer Ausdehnung oder einer einachsigen Kompression nimmt ein kleines, ursprünglich kubisches Element die Form eines Quaders mit quadratischer Grundfläche an (siehe *Abbildung 1*); die Deformation besteht in einer relativen Verlängerung (im Fall der Kompression einer Verkürzung), die in Prozentanteilen ausgedrückt wird. Wenn ein kleines, kubisches Element aufgrund einer seitlichen Druckeinwirkung die Form eines Parallelepipeds annimmt (Scherung), misst man die Deformation an der Differenz (in Radianten) zwischen dem rechten Winkel des Würfels und dem Winkel der Seitenflächen des Parallelepipeds (siehe *Abbildung 2*).

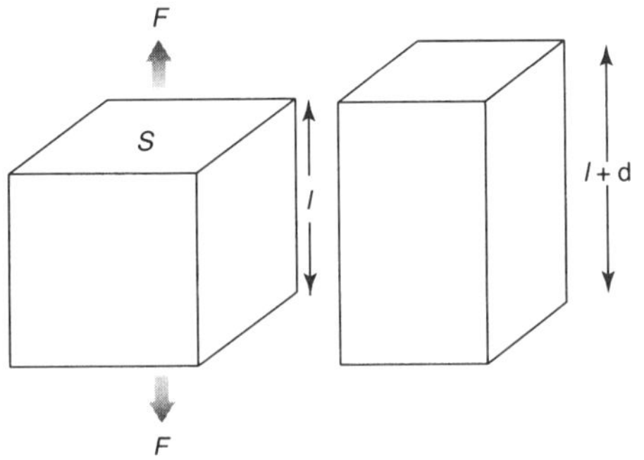

Abbildung 1 Die Krafteinwirkung $\sigma = F/S$ bewirkt eine Deformation dl/l, die proportional zur Krafteinwirkung ist.

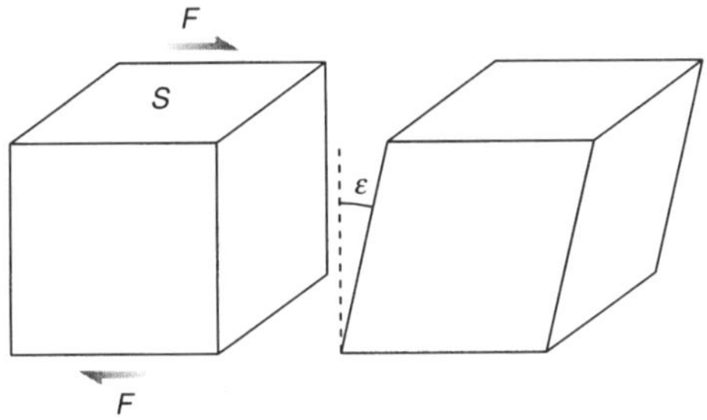

Abbildung 2 Die Krafteinwirkung $\sigma = F/S$ bewirkt eine Deformation ε, die proportional zur Krafteinwirkung ist.

Wenn ein Festkörper sein Volumen unter Druckeinwirkung verringert, handelt es sich um eine elastische Deformation. Das Verhältnis zwischen dem DRUCK und der relativen Volumenverringerung, das die Inkompressibilität des Körpers ausdrückt, ist ebenfalls ein Elastizitätsmodul.

Auf mikroskopischer Ebene geht die elastische Deformation von kristallinen Festkörpern auf eine Veränderung der Entfernungen zwischen den Atomen unter äußerer Krafteinwirkung zurück. Wenn diese Krafteinwirkung aufhört, kehren die Atome in ihre Ruhelage zurück und geben die bei der Deformation gespeicherte Energie wieder ab. Der Körper nimmt wieder seine ursprüngliche Form an. Die elastische Deformation ist also ihrem Wesen nach umkehrbar; sie ist aber nur als schwache Deformation (im Allgemeinen unter 1 %), also bei schwacher äußerer Krafteinwirkung möglich. Wenn die Krafteinwirkung die dem Material eigene »Elastizitätsgrenze« überschreitet, kommt es zu einer plastischen Deformation des Körpers: einer permanenten Verformung, die auch anhält, wenn die äußere Krafteinwirkung nachlässt.

Eine Spiralfeder ist elastisch; aufgrund ihrer Spiralform ist die Gesamtverlängerung durch Ausdehnung der Wendeln wesentlich größer als die elastische Deformation des Federdrahtes. Eine Stahlkugel, die auf eine Steinplatte fällt, erfährt beim Aufprall auf den Stein eine elastische Deformation, kehrt aber sehr schnell wieder in ihre Kugelform zurück, was sie hochspringen lässt.

Die Elastizität von Kautschuk unterscheidet sich von der kristalliner Festkörper: Kautschuk besteht aus langen Makromolekülen, die wie Knäuel ineinander verwickelt sind. Diese Moleküle lassen sich unter Kraftanwendung ausdehnen, aber sie ordnen und verknäueln sich wieder, sobald die äußere Kraft nachlässt. Die Deformationen sind wesentlich stärker als bei Kristallen, ohne permanent zu sein.

Elektrizität

Zur Vertiefung: ***Elektromagnetismus; Magnetismus; Halbleiter; Supraleitfähigkeit***

Die Elektrizität ist für uns inzwischen alltäglich geworden, fast so selbstverständlich wie fließendes Wasser. Und wenn die Elektrizitätsversorgung einmal bedroht ist, gerät die ganze moderne Gesellschaft ins Wanken. Geschichtlich gesehen, nutzt der Mensch die Elektrizität jedoch erst seit sehr kurzer Zeit. Ende des 16. Jahrhunderts begann die Erforschung der Elektrizität (im Sinne der Gesamtheit aller beobachtbaren elektrischen Phänomene); für das breitere Publikum blieb sie jedoch noch lange ein bloßes Objekt der

Belustigung und des Staunens, bis dann im Laufe des 19. Jahrhunderts ihre praktischen Anwendungsmöglichkeiten sichtbar wurden. Inzwischen hat sie alle Bereiche des menschlichen Lebens durchdrungen, und ihr Erfolg hat viel zum Ansehen der Wissenschaft beigetragen.

Die Anfänge der Elektrostatik

Bis Ende des 18. Jahrhunderts blieb die Bezeichnung »Elektrizität« den Phänomenen der Anziehung und Abstoßung zwischen Objekten vorbehalten, die durch Reibung elektrisch aufgeladen worden sind. Diesen Bereich der »statischen« Elektrizität bezeichnet man heute entsprechend als Elektrostatik. Dass leichte Körper von Objekten angezogen werden, die zuvor durch Reibung elektrisiert worden sind, wusste man schon in der Antike, doch die genauere Erforschung dieses Phänomens begann erst Ende des 16. Jahrhunderts mit den Arbeiten des englischen Gelehrten William Gilbert, dessen 1600 erschienenes Traktat *De magnete* die erste bekannte Abhandlung über diese Phänomene darstellt. Auf ihn geht die Bezeichnung »elektrisch« für die mysteriösen Anziehungskräfte zurück (von griechisch *elektron*, Bernstein, eines der ersten Materialien, die durch Reibung elektrisch aufgeladen wurden). Der Deutsche Otto von Guericke griff Gilberts Experimente Mitte des 17. Jahrhunderts auf. Er konnte die Qualität der Beobachtungen verbessern, als er die erste Vakuumpumpe erfand (die Anziehung zwischen elektrisierten Körpern zeigt sich deutlicher, wenn die Luft ihre Annäherung nicht behindert). Er konstruierte die erste elektrostatische Maschine. Ihr Kernstück war eine große Schwefelkugel, die der Experimentator elektrisierte, indem er sie mit den Händen rieb. Mit diesen rudimentären Instrumenten entdeckte er das Phänomen der elektrischen Leitung, also das geheimnisvolle elektrische Vermögen, sich an bestimmten Körpern entlang zu bewegen und von einem zum anderen Körper überzugehen, sowie die besondere Bedeutung von Spitzen im Bereich der elektrischen Phänomene. Praktischen Nutzen aus der Entdeckung, dass elektrische Phänomene an Spitzen besonders deutlich hervortreten, zog erst ein Jahrhundert später Benjamin Franklin. Nachdem er 1752 gezeigt hatte, dass es sich beim Blitz um ein elektrisches Phänomen, nämlich einen elektrischen Funken riesigen Ausmaßes handelte, griff er auf diesen Spitzeneffekt zurück und erfand den Blitzableiter, eine einfache, mit dem Erdboden verbundene Metallspitze, die das Haus, auf dem sie angebracht ist, vor dem Einschlag eines Blitzes schützen soll.

Zwei Arten von Elektrizität

Im 18. Jahrhundert beschleunigten sich die im vorangegangenen Jahrhundert begonnenen experimentellen Arbeiten. Schon bald wurden neue Effekte entdeckt, neue Instrumente erfunden, neue begriffliche Unterscheidungen eingeführt, die den ersten Schritt zu einer Formalisierung der elektrostatischen Phänomene darstellten. Der Engländer Stephen Gray entdeckte die Elektrisierung durch Influenz, das heißt die Möglichkeit, einen Körper ohne unmittelbaren Kontakt zu elektrisieren, und er führte die Unterscheidung zwischen Leitern und Isolatoren ein, also zwischen Stoffen, die die Elektrizität weiterleiten, und solchen, die eine Weiterleitung verhindern. Eine weitere wichtige Unterscheidung geht auf den Franzosen Charles Dufay zurück. Er entdeckte 1733, dass es zwei verschiedene Arten von »Elektrizität« gibt (wir würden heute sagen, zwei verschiedene Arten elektrischer Ladung): eine »Glaselektrizität«, die sich durch Reiben von Glas erzeugen ließ, und eine »Harzelektrizität«, die beim Reiben von Gegenständen aus Harz entstand. Zwei Körper, die Träger derselben Art von »Elektrizität« waren, stießen einander ab, während zwei Körper mit unterschiedlicher »Elektrizität« sich wechselseitig anzogen. Deshalb gab Benjamin Franklin ihnen neue Namen und bezeichnete sie als positive bzw. negative Elektrizität. Er lieferte auch erstmals eine Erklärung für das Phänomen der Elektrisierung, wobei er sich auf einen ERHALTUNGSSATZ stützte, den der englische Physiker William Watson einige Jahre zuvor bewiesen hatte: die Erhaltung der elektrischen LADUNG. Danach resultierte die Elektrisierung aus der Trennung der positiven und negativen Ladungen in einem insgesamt neutralen Körper.

In der nachfolgenden Etappe ging es um die Bestimmung der elektrischen Kraft, die der Träger einer elektrischen Ladung auf einen anderen ausübte. Die Physiker brauchten nicht weit zu suchen; sie ließen sich vom Gesetz der GRAVITATION inspirieren, das Isaac Newton ein Jahrhundert zuvor formuliert hatte. Sie stellten die Hypothese auf, dass die elektrische Kraft sich proportional zur elektrischen Ladung der in Wechselwirkung tretenden Körper und umgekehrt proportional zum Quadrat ihres Abstands verhalte. Dieses Gesetz wurde 1785 von dem Franzosen Charles Augustin de Coulomb experimentell bestätigt (die internationale Einheit der elektrischen Ladung trägt daher seinen Namen). Die letzten Bausteine zu einer Theorie der Wechselwirkungen zwischen ruhenden elektrischen Ladungen folgten in den nächsten Jahren. Angesichts der großen Ähnlichkeit zwischen dem Coulombschen Gesetz und dem Gravitationsgesetz übertrug man die in der Mechanik entwickelten Formalismen und Konzepte auf den Bereich der Elektrostatik. In diesem Zusammenhang übernahm Pierre Simon de Laplace auch das 1772 von Joseph Louis de Lagrange für den Bereich der Gravitation entwickelte Konzept des POTENTIALS, um den elektrischen Zustand zu beschreiben, den ein Ensemble elektrischer Ladungen an jedem beliebigen Punkt des Raumes hervorbringt.

Von der Säule zum elektrischen Strom

Gerade hatte die elektrostatische Theorie eine gewisse Reife erreicht, da wurde sie von einem Erdbeben erfasst. Und die Revolution ging von einer Seite aus, von der man sie am wenigstens erwartet hatte: den Arbeiten des italienischen Anatomen Luigi Galvani über die Schenkelmuskel des Froschs. Er entdeckte 1791, dass diese Muskeln seltsame elektrische Eigenschaften zeigten, wenn man sie mit zwei verschiedenen Metallen in Berührung brachte.

Zur Interpretation dieser Phänomene verglich er sie mit einer Vorrichtung, deren Entwicklung einige Jahre zuvor von dem Deutschen Ewald Jürgen von Kleist eingeleitet worden war: der Leidener Flasche. Dabei handelte es sich um eine einfache Flasche, die innen und außen mit Metallfolie ausgekleidet war und sich nach Aufladung schlagartig entlud, sobald man die beiden Metalle mit einem elektrischen Leiter verband (damit war sie der erste elektrische Kondensator). In Galvanis Augen war der Frosch gleichsam eine natürliche Leidener Flasche, deren geheimnisvolle tierische Elektrizität sich bei der Berührung mit zwei metallischen Leitern entlud.

Mit einiger Skepsis gegenüber den Ergebnissen seines Landsmanns wiederholte der italienische Physiker Alessandro Volta Galvanis Experimente und zeigte, dass der Frosch darin nur eine untergeordnete Rolle spielte: Der eigentliche elektrische Effekt resultierte aus dem Umstand, dass zwei verschiedene metallische Leiter über ein feuchtes tierisches Gewebe miteinander in Kontakt gebracht wurden. Aufgrund dieser Erkenntnis baute er 1800 die erste elektrische Säule, einen Stapel übereinander geschichteter Kupfer- und Zinkplatten, zwischen die er jeweils ein Stück säuregetränktes Tuch legte.

Diese Erfindung revolutionierte die Elektrizitätslehre. Anders als die elektrostatischen Maschinen, die durch Reibung aufgeladen wurden und sich dann innerhalb eines sehr kurzen Zeitraums entluden, sorgte Voltas Säule auf chemischem Wege für eine kontinuierliche Entladung, der dann der französische Physiker André Marie Ampère 1820 die Bezeichnung »elektrischer Strom« gab. Ein elektrischer Strom ist nichts anderes als eine globale Verschiebung elektrischer Ladungen in einem elektrischen Leiter. Zu Ehren Ampères trägt die internationale Einheit für die Stromstärke, das heißt die pro Zeiteinheit durch den Querschnitt eines Leiters hindurchfließende Ladungsmenge, seinen Namen. Allessandro Volta ehrte man, indem man die Größe nach ihm benannte, mit der er das Vermögen seiner Säule charakterisierte, elektrischen Strom zu erzeugen.

Dank der beträchtlichen Verlängerung der Entladungszeiten (durch den Bau immer leistungsstärkerer galvanischer Elemente) gelang es, die Auswirkungen eines längeren Stromdurchgangs durch eine Vielzahl von Körpern zu beobachten. Man erkannte schon bald, dass man Wasser oder allgemein wässrige Lösungen in ihre Bestandteile zerlegen kann (Elektrolyse), wenn man zwei mit einer Stromquelle verbundene Platten (zwei Elektroden also, wie man die beiden Platten nach der später von Michael Faraday eingeführten Terminologie nennt) in die betreffende Lösung tauchte.

Dank dieses Verfahrens entdeckte der englische Chemiker Humphry Davy zu Beginn des 19. Jahrhunderts mehrere bis dahin unbekannte chemische Elemente, darunter Natrium, Kalium, Calcium, Magnesium, Barium und Strontium. Indem man die wässrige Lösung durch ein Gas ersetzte, das in einem Glasgefäß eingeschlossen war, realisierte man die ersten dauerhaften elektrischen Entladungen, mit deren Hilfe man in der zweiten Hälfte des Jahrhunderts den elektrischen Strom auch erstmals für Beleuchtungszwecke einsetzen konnten. Schließlich beobachtete der Engländer James Prescott Joule 1841, dass beim Durchgang eines elektrischen Stroms durch einen Leiter Wärme entsteht. Dieser Effekt (Joule-Gesetz) bildet die Grundlage für zahlreiche Anwendungen der Elektrizität, unter anderem auch für das Bügeleisen.

Die magnetischen Effekte der Elektrizität

Eine zweite Revolution nahm ihren Ausgang in Nordeuropa. 1820 beobachtete Hans Christian Ørsted, Physikprofessor an der Universität Kopenhagen, dass ein stromdurchflossener elektrischer Leiter eine in der Nähe befindliche Magnetnadel ablenkte. Diese Beobachtung enthüllte erstmals, dass auch magnetische Effekte mit der Elektrizität verbunden sind, und eröffnete damit die Erforschung der Wechselwirkungen zwischen Magneten und stromdurchflossenen elektrischen Leitern.

Diese Forschungen hatten beträchtliche theoretische Folgen. Dank der Arbeiten Ampères führten sie zur Gleichsetzung des Magneten mit einer elektrischen Spule und zur Reduktion sämtlicher magnetischen Phänomene auf eine Wechselwirkung zwischen elektrischen Leitern. Sie zeigten auch, dass ein Magnet einen stromdurchflossenen elektrischen Leiter in Bewegung versetzen kann. Faraday nutzte diesen Effekt 1821, um einen elektrischen Stromkreis in Drehung zu versetzen, und schuf damit gleichsam den allerersten Vorläufer des Elektromotors. Doch dabei blieb er nicht stehen. Bei dem Versuch, den von Ørsted beobachteten Effekt umzukehren, das heißt, durch Magnetismus einen elektrischen Strom hervorzurufen, gelang es ihm 1831 zu zeigen, dass in einem Stromkreis spontan ein elektrischer Strom auftritt, wenn man den Stromkreis an einem Magneten vorbei bewegt (oder, was auf dasselbe hinausläuft, wenn sich das Magnetfeld in der Nähe des Leiters sich ändert). Dank dieses als elektromagnetische Induktion bezeichneten Phänomens gelang es ihm, den ersten Generator zu schaffen, das heißt die erste Stromquelle, die nicht auf einer chemischen Reaktion basierte, sondern auf mechanischer Bewegung, und zugleich auch den ersten Transformator zu bauen, mit dessen Hilfe sich die Spannung erhöhen oder verringern lässt. Diese drei Elemente: Motor, Generator und Transformator, bildeten dann die drei großen Säulen der Elektroindustrie.

Die Gesetze des Stromkreises

Die zweite Hälfte des 19. Jahrhunderts war durch zwei Entwicklungen gekennzeichnet: Während die Elektrotechnik einen spektakulären Aufstieg erlebte, bemühten sich die Physiker um eine Vereinheitlichung der von ihren Vorgängern beobachteten elektrischen Phänomene.

Einen ersten wesentlichen Erfolg in diesem Bemühen verzeichnete der deutsche Physiker Gustav Kirchhoff, als ihm der Nachweis gelang, dass die mit den elektrischen Strömen verbundenen Phänomene, die heute unter dem Begriff der Elektrodynamik zusammengefasst werden, von derselben Art sind wie die elektrostatischen Phänomene (unter anderem zeigte er, dass die ursprünglich rein elektrodynamisch verstandene elektrische Spannung mit der elektrostatischen Potentialdifferenz identisch ist). Damit gab Kirchhoff der Elektrodynamik ihre heute noch gültige Form, in der sie die Grundlage für die weitere Erforschung der elektrischen Ströme bildete.

Zwei ihrer wichtigsten Gesetze tragen seinen Namen. Nach der ersten Kirchhoffschen Regel, auch Knotenregel oder Verzweigungssatz genannt, ist die Summe der einem Knoten oder Verzweigungspunkt zufließenden Ströme gleich der Summe der abfließenden Ströme. Nach der zweiten Kirchhoffschen Regel, auch Maschenregel genannt, ist in einer Masche (einem geschlossenen Stromkreis innerhalb eines Netzwerks) die Summe der Urspannungen (der einzelnen Stromquellen in der Masche) gleich der Summe der Spannungsabfälle (an den Widerständen dieser Masche). Kennt man das Verhalten der verschiedenen Elemente eines Stromkreises, erlauben diese beiden Regeln eine genau Kennzeichnung und Berechnung des betreffenden Stromkreises (der Stromstärken in den einzelnen Zweigen, der Spannungen an den Ein- und Ausgängen der einzelnen Elemente).

Eine einheitliche Theorie der Elektrizität und des Magnetismus

Ørsteds Experiment hatte gezeigt, dass zwischen Elektrizität und Magnetismus Zusammenhänge bestehen. Der Schotte James Clerk Maxwell fasste beide Bereiche 1864 zu einer einheitlichen Theorie des ELEKTROMAGNETISMUS zusammen. Für die Elektrizitätslehre bestand die wichtigste Folge dieser neuen Theorie in der Feststellung, dass die Fortpflanzungsgeschwindigkeit elektrischer Phänomene, die man bis dahin vergeblich zu messen versuchte, der Ausbreitungsgeschwindigkeit des Lichts entspricht. Diese Erkenntnis war übrigens nicht wirklich neu, denn Kirchhoff hatte ihre Geltung schon sieben Jahre vorher auf rein elektrodynamischem Wege für den speziellen Fall der Fortpflanzung elektrischer Signale in Telegrafenleitungen bewiesen (die Gleichung, zu der er dabei gelangte, wird als Telegrafengleichung bezeichnet).

Die Elektrotechnik

Die zweite Hälfte des 19. Jahrhunderts erlebte einen spektakulären Aufstieg der Elektrotechnik und der zugehörigen Elektroindustrie. Die Voltasche Säule wurde durch leistungsfähigere galvanische Elemente wie das Daniell-Element (1836), das Bunsen-Element (1841) oder das Leclanché-Element (1864) ersetzt. 1859 baute Gaston Planté das erste wiederaufladbare galvanische Element, also den ersten Akkumulator. Eine ähnliche Entwicklung erfuhren die Generatoren. Auf die Erfindung des Dynamo in den 1870er Jahren durch Zénobe Gramme folgte die Erfindung und ständige Weiterentwicklung des Wechselstromgenerators. Eine wesentliche Rolle spielten dabei die Arbeiten des kroatisch-amerikanischen Ingenieurs Nikola Tesla (die internationale Einheit der magnetischen Flussdichte trägt seinen Namen). Die von gewaltigen Turbinen angetriebenen Generatoren in den Wärme-, Wasser- und Kernkraftwerken bilden das Kernstück unserer Elektrizitätsversorgung. Im natürlichen Gleichklang mit der Entwicklung des Generators erfolgte auch die seines Gegenstücks, des Elektromotors.

Aufgrund dieser Fortschritte erlebte auch die Anwendung der Elektrizität während des ganzen 19. Jahrhunderts einen ständigen Aufschwung. 1837 bauten die beiden Ingenieure William Cooke und Charles Wheatstone in England einen auf der drahtgebundenen Übertragung elektrischer Signale basierenden Telegrafen. 1876 benutzte der Amerikaner Graham Bell erstmals elektrische Signale zur Übertragung der menschliche Stimme; damit war das Telefon geboren. Als Nächstes wurden die Verkehrsmittel elektrifiziert; die erste elektrische Straßenbahn der deutschen Ingenieure Werner von Siemens und Johann Halske stammt aus dem Jahr 1879; die erste elektrische Lokomotive baute 1880 Thomas Edison. Dank der Entwicklung der Transformatoren in den 1880er Jahren und der damit erreichbaren hohen Spannungen ließ sich Elektrizität nun über sehr viel größere Entfernungen – von den Elektrizitätswerken bis in die Innenstädte hinein – transportieren (die in einer Leitung auftretenden elektrischen

Verluste sind bei hohen Spannungen sehr viel geringer als bei niedrigen). Das deutlichste Zeichen dieser zunehmenden Durchdringung des menschlichen Alltags durch die Elektrizität war jedoch ohne Zweifel die Ausbreitung der elektrischen Beleuchtung in den Städten, die durch Edisons Erfindung einer neuartigen Lampe, der Glühbirne, möglich wurde (sie basiert auf der Emission einer starken sichtbaren Strahlung durch einen elektrisch erhitzten Glühfaden).

Die Träger der elektrischen Ladung

Wie die rasche Revolution der Elektrotechnik im 19. Jahrhundert beweist, war es keineswegs notwendig, die Träger der elektrischen Ladung genauer zu kennen, um deren Eigenschaften zu nutzen. Näheren Aufschluss darüber gab erst Ende des 19. und Anfang des 20. Jahrhunderts die Entdeckung des ELEKTRONS und des Aufbaus der Materie aus ATOMEN. Dabei zeigte sich, dass die elektrischen Phänomene nicht auf ein geheimnisvolles, von der Materie unabhängiges elektrisches Fluidum zurückgehen, wie man noch zu Anfang des 19. Jahrhunderts angenommen hatte, sondern unmittelbar in der Struktur der Materie gründen, denn zwei der drei elementaren »Bausteine« des Atoms (Elektron und PROTON) sind Träger einer elektrischen Ladung. Und es zeigte sich sogar, dass die elektrischen Kräfte nicht nur für den Zusammenhalt der Atome, sondern auch der MOLEKÜLE und der FESTKÖRPER verantwortlich sind.

Was die Natur des elektrischen Stroms angeht, so hängt sie vom jeweiligen Aggregatzustand ab. In einem metallischen Festkörper resultiert der Strom allein aus der Verschiebung jener Elektronen, die am geringsten in die Kristallstruktur eingebunden sind (in einem HALBLEITER liegen die Dinge etwas anders). Ein Teil eines Festkörpers hat also nur dann eine positive elektrische Ladung, wenn dort ein Mangel an Elektronen herrscht. In einer FLÜSSIGKEIT basieren elektrische Ströme auf der Anwesenheit und Verlagerung von Ionen (das heißt von Atomen, die wenigstens ein Elektron mehr oder eins weniger haben als im neutralen Zustand); die positiv geladene Kationen und die negativ geladenen Anionen wandern dabei in entgegengesetzter Richtung. In einem GAS, dessen Teilchen (Atome oder Moleküle) ursprünglich neutral sind, läuft der Prozess in zwei Phasen ab. Legt man an zwei Elektroden eine elektrische Spannung an, kommt es zunächst zu einer partiellen Ionisierung des Gases, das heißt zu einer Aufspaltung von Teilchen in positive Ionen und Elektronen (streng genommen spricht man dann nicht mehr von einem Gas, sondern von einem PLASMA). Die nachfolgende Bewegung der geladenen Teilchen in Richtung der beiden Elektroden bildet dann in einer zweiten Phase den elektrischen Strom.

Elektromagnetismus

Zur Vertiefung: ***Licht; Relativitätstheorie; Spektrum; Wechselwirkung in der Physik***

Elektrizität und Elektromagnetismus

Als der Kopenhagener Physikprofessor Christian Ørsted 1820 seine Beobachtung mitteilte, wonach eine Magnetnadel eine Ablenkung erfährt, wenn man sie in die Nähe eines stromdurchflossenen elektrischen Leiters bringt, dürfte er kaum geahnt haben, dass er damit die Tür zu einem Fachgebiet öffnete, das zu den tragenden Pfeilern der Physik des 19. Jahrhunderts gehören sollte: zum Elektromagnetismus. Zwar ahnte man damals durchaus, dass zwischen elektrischen und magnetischen Phänomenen eine gewisse Verwandtschaft besteht, denn immerhin wusste man, dass Kompassnadeln bei Gewitter unzuverlässig reagieren, und Benjamin Franklin hatte bereits einige Zeit zuvor gezeigt, dass es sich beim Blitz um ein elektrisches Phänomen handelt. Doch es war nie gelungen, die Einflüsse präzise und reproduzierbar zu messen.

Zu Beginn des 19. Jahrhunderts ruhte das theoretische Gebäude dieses Zweiges der Physik auf zwei vollkommen getrennten Säulen, der Elektrostatik und der Magnetostatik. Die Elektrostatik beschrieb die Wechselwirkungen zwischen elektrisch geladenen

Körpern, die Magnetostatik die zwischen magnetisierten Körpern. Beide Bereiche zeigten gewisse Ähnlichkeiten, zum Beispiel die Fähigkeit der untersuchten Objekte, sich wechselseitig anzuziehen oder abzustoßen, aber dabei schien es sich um Phänomene unterschiedlicher Art zu handeln: Ein MAGNET und ein elektrisierter Körper ziehen einander nicht an; und während elektrisierte Körper entweder positiv oder negativ geladen sind, enthält ein Magnet stets beide Pole und behält sie selbst dann, wenn man ihn teilt.

Eine Woche nach Ørsteds Bericht gab André Marie Ampère eine Erklärung für das beobachtete Phänomen. Er wählte den stromdurchflossenen elektrischen Leiter (oder genauer: einen sehr kleinen Teil davon) als Grundelement und führte das Problem des MAGNETISMUS auf das einer Wechselwirkung zwischen stromdurchflossenen Leitern zurück. Wenn ein stromdurchflossener Draht auf einen Magneten einwirken kann, dann deshalb, weil ein Magnet letztlich einer Vielzahl kleiner elektrischer Stromkreise ähnelt, die gleichsam Elementarmagneten bilden. Damit fand Ampère den Schlüssel zu sämtlichen beobachteten magnetischen Erscheinungen und enthüllte den gemeinsamen Ursprung der magnetischen und elektrischen Phänomene: Der Magnetismus resultiert aus der Bewegung elektrischer Ladung.

Vertieft wurde das Verständnis dieser Zusammenhänge zwischen ELEKTRIZITÄT und Magnetismus schon bald durch die Arbeiten Michael Faradays. Fasziniert von Ørsteds Experiment, bemühte er sich, auch den entgegengesetzten Effekt nachzuweisen, das heißt die Induktion eines elektrischen Stroms durch einen Magneten. Das gelang ihm 1831, als er entdeckte, dass der Effekt sich nur dann einstellt, wenn der Magnet gegenüber dem elektrischen Leiter bewegt wird. Dieses neuartige Phänomen, die elektromagnetische Induktion, sollte eine zentrale Rolle bei der Entwicklung der Elektrotechnik spielen.

Faradays Intuition

Faraday rührte einen alten Streit in der Physik wieder auf: das Problem der augenblicklichen Fernwirkung. Der Gedanke, dass die Wechselwirkung zwischen zwei Körpern ausschließlich von deren Beschaffenheit und von ihrem wechselseitigen Abstand abhängt, nicht aber vom Medium, das sie trennt, widerspricht eigentlich dem gesunden Menschenverstand, weil keine Aussage darüber gemacht wird, wie die Wechselwirkung sich zwischen den Körpern ausbreitet. Sowohl Isaac Newtons Gravitation als auch die Elektrostatik von Charles Coulomb und Siméon Poisson sowie die von Ampère erneuerte Magnetostatik folgten diesem Ansatz. Faraday dagegen setzte auf die Idee einer Nahwirkung. In dieser Auffassung bestärkte ihn ein Versuchsergebnis, zu dessen Erklärung er einen wichtigen Beitrag leistete: Die elektrischen Ladungen, die sich an der Oberfläche zweier durch ein dielektrisches, also isolierendes Medium getrennter Leiter sammeln, hängen in ihrer Menge nicht nur vom Abstand der beiden Leiter, sondern auch von der Beschaffenheit des zwischen ihnen befindlichen Mediums ab.

Maxwell und die elektromagnetischen Wellen

Da Faraday sich in der Mathematik nicht sonderlich gut auskannte, vermochte er seinen Gedanken nicht streng zu formalisieren. Diese Aufgabe übernahmen William Thomson (der spätere Lord Kelvin) und vor allem James Clerk Maxwell. Zur Beschreibung des Einflusses, den ruhende oder bewegte elektrische Ladungen im umgebenden Raum ausüben, präzisierte Maxwell die Konzepte des elektrischen und des magnetischen Feldes, die gewissermaßen den »elektromagnetischen Zustand« jedes Punktes im Raum charakterisieren. Gestützt auf einen mathematischen Formalismus, der die Ausbreitung von Nahwirkungseffekten mit Hilfe partieller Ableitungen beschreibt (und den der Franzose Jean Fourier Anfang des 19. Jahrhunderts zur Beschreibung der Ausbreitung von Wärme benutzt hatte), modernisierte und vervollständigte er die bekannten elektromagnetischen Gesetze. 1864 formulierte er neun Grundgleichungen (die in der Folgezeit auf vier reduziert wurden). Seine ausgesprochen elegante Theorie bot unter anderem die

Möglichkeit, erstmals die Fortpflanzungsgeschwindigkeit elektrischer und magnetischer Phänomene zu berechnen, die man wegen ihrer gewaltigen Größe noch nicht hatte messen können. Tatsächlich konnte Maxwell aus seinen Gleichungen ableiten, dass diese Fortpflanzungsgeschwindigkeit mit der Ausbreitungsgeschwindigkeit eines ganz anderen Phänomens übereinstimmt, nämlich der des Lichts. Er tat jedoch nicht den letzten Schritt, der darin bestanden hätte, das Licht als elektromagnetische Welle zu identifizieren. Statt dessen begnügte er sich mit dem Schluss, die Ausbreitung der elektromagnetischen Phänomene und des Lichts basierten auf der Schwingung eines geheimnisvollen Mediums, von dem er bei der Aufstellung seiner Gleichungen ausgiebig Gebrauch gemacht hatte, eines so genannten Äthers, der so fein war, dass man ihn nicht beobachten konnte.

Erst ein junger deutscher Physiker, Heinrich Hertz, Schüler von Hermann von Helmholtz, einem der großen Physiker dieser Zeit, vollendete den Triumph der Maxwellschen Theorie. Er befreite sie zunächst von ihren anfechtbaren mechanischen Grundlagen, eliminierte den Äther und behielt nur die elektrischen und magnetischen Felder bei, die damit von bloßen (mathematischen) Hilfskonstruktionen zu echten physikalischen Objekten aufstiegen. Als Nächstes bestätigte er auf experimentellem Wege die fundamentale Voraussage der Maxwellschen Theorie, wonach elektromagnetische Wellen sich mit Lichtgeschwindigkeit ausbreiten. Mit Hilfe eines eigens zu diesem Zweck konstruierten elektrischen Geräts erzeugte er 1887 sehr langwellige elektromagnetische Wellen, die so genannten Hertzschen Wellen, deren Geschwindigkeit er messen konnte; damit bewies er, dass sie sich tatsächlich mit Lichtgeschwindigkeit ausbreiten. Als er auch noch experimentell zeigen konnte, dass diese Wellen sich in derselben Weise reflektieren und beugen lassen wie das Licht, war klar, dass es gar keinen Unterschied zwischen den beiden Phänomenen gab. Damit war die elektromagnetische Natur des Lichts bewiesen, und diese Erkenntnis warf ein ganz neues Licht auf die Maxwellschen Gleichungen. Mit nur vier relativ einfachen Gleichungen hatte man nicht nur Elektrizität und Magnetismus zu einer Einheit zusammengefasst, sondern im selben Zuge auch noch die gesamte Optik auf den neuen Wissenschaftszweig zurückgeführt. Noch niemals in der Geschichte der Physik hatte eine so geringe Zahl von Gesetzen ausgereicht, um so vielfältige Erscheinungen zu erklären.

1895 sorgte der holländische Physiker Hendrik Antoon Lorentz für eine weitere Verbesserung der Theorie, nachdem man den Träger der (negativen) elektrischen Ladung, das Elektron, entdeckt hatte. Durch die Berücksichtigung dieses Elementarteilchens gelang es ihm, den mikroskopischen Ausdruck wichtiger Parameter der Maxwellschen Gleichungen (Dielektrizitätskonstante, magnetische Permeabilität usw.) zu ermitteln, bestimmte optische Phänomene zu erklären und auf diesem Gebiet sogar ein neues Phänomen, den Zeemann-Effekt, voraussagen, der in der Folge dann experimentell bestätigt wurde (siehe Spektrum).

Doch gerade auf experimentellem Gebiet stieß die Theorie schon bald an ihre Grenzen. So zeigte sich, dass der Zeemann-Effekt sehr viel subtiler war, als man erwartet hatte, und in Teilen nicht den von Lorentz gemachten Voraussagen entsprach. Andererseits erwies sich die Theorie auf mehreren Gebieten als unzulänglich. Das galt etwa für das Verständnis der Struktur der Emissionsspektren bestimmter chemischer Elemente, für die Deutung der von einem Schwarzen Körper emittierten Strahlung oder auch für die Erklärung der Funkenbildung auf bestimmten Metallen, die man mit Ultraviolettlicht bestrahlte (dieses als photoelektrischer Effekt bezeichnete Phänomen hatte Hertz 1887 entdeckt). Die Experimente schließlich, die der Amerikaner Albert Michelson ab 1881 durchführte, um zu klären, in welchem Bezugssystem (das heißt in Bezug auf welches als ruhend aufgefasste Objekt) die Lichtgeschwindigkeit den von der Theorie vorgesehenen Wert annahm, zeitigten Ergebnisse, die sich nur sehr schwer interpretieren ließen. Letztlich gelang es erst Albert Einstein 1905 mit seiner speziellen Relativitätstheorie, diese Ergebnisse zufrieden stellend zu deuten. Die übrigen oben genannten Rätsel wurden erst im Rahmen der QUANTENPHYSIK gelöst.

Die Quantenelektrodynamik

Die Maxwell-Lorentzsche Theorie des Elektromagnetismus verlor trotz dieser Schwierigkeiten um die Jahrhundertwende nichts von ihrer Bedeutung. Im Gegenteil, sie diente der jungen relativistischen Mechanik als Grundlage. Dafür wurde sie allerdings von der quantenmechanischen Revolution erschüttert. Die rätselhafte Strahlung des Schwarzen Körpers veranlasste Einstein zu dem Gedanken, das elektromagnetische Feld sei keineswegs so kontinuierlich, wie Maxwell unterstellt hatte. Vielmehr zeige es eine körnige Struktur, und die »Körner« oder Quanten würden von Teilchen mit der Ruhemasse null gebildet, die später den Namen »Photonen« erhielten (siehe PHOTON). Zu einer strengeren Formulierung der »Quantelung« des elektromagnetischen Feldes gelangte 1927 der englische Physiker Paul Dirac. Zwei Jahre später begannen der Deutsche Werner Heisenberg und der Schweizer Wolfgang Pauli mit der quantenmechanischen Erforschung der Wechselwirkung zwischen elektrisch geladenen Teilchen und dem elektromagnetischen Feld, die schließlich zur Begründung der so genannten Quantenelektrodynamik führte.

1946 gelang es dem Amerikaner Willis Eugene Lamb, eine wichtige, das Wasserstoffatom betreffende Größe auf experimentellem Wege zu bestimmen, die seither als Lamb-Shift (Lambsche Verschiebung) bezeichnet wird. Alle Versuche, den Wert dieser Größe auf der Grundlage der Quantenelektrodynamik zu berechnen, hatten bis dahin zu unendlichen Ergebnissen geführt. Damit ergab sich die Notwendigkeit, diese beunruhigende Diskrepanz zwischen einer experimentellen Messung und einer theoretischen Vorhersage genauer zu untersuchen. Nach zwei Jahren intensiver Bemühungen gelang es den Theoretikern, vor allem dem Japaner Shinichiro Tomonaga und den Amerikanern Julian Schwinger und Richard Feynman, ein kompliziertes mathematisches Verfahren zu ersinnen, das es erlaubte, die unendlichen Größen, die in ihren Berechnungen auftauchten, zu eliminieren und zu theoretischen Voraussagen zu gelangen, die mit den gemessenen Ergebnissen übereinstimmten. Dieses als RENORMIERUNG bezeichnete Verfahren verlieh der Quantenelektrodynamik eine außergewöhnliche Kohärenz und Erklärungskraft.

Die einheitliche Theorie der elektroschwachen Wechselwirkung

Die Quantenelektrodynamik vermag experimentelle Messungen mit solcher Präzision zu erklären, dass sie hinsichtlich der Beschreibung der so genannten starken und der schwachen Wechselwirkungen zur Bezugswissenschaft avancierte. Nach ihrem Vorbild gelang es den beiden Amerikanern Steven Weinberg und Sheldon Glashow zusammen mit dem Pakistani Abdus Salam 1967, eine einheitliche Theorie für die elektromagnetische und die schwache Wechselwirkung zu schaffen (die schwache Wechselwirkung ist für den Betazerfall verantwortlich, bei dem ein Neutron in ein Proton, ein Elektron und ein Antineutrino zerfällt). Diese einheitliche Theorie der elektroschwachen Wechselwirkung bestand dann auch erfolgreich den Test durch das Experiment, als eine Gruppe unter Leitung des Italieners Carlo Rubbia am CERN die von der Theorie vorausgesagten Teilchen W^-, W^+ und Z^0 entdeckte, die diese schwache Wechselwirkung vermitteln.

Die praktische Anwendung der elektromagnetischen Phänomene

Die moderne Quantenelektrodynamik hat zwar einen sehr viel weiteren Geltungsbereich als die gute alte Maxwellsche Theorie, doch reichen deren Möglichkeiten weitgehend aus, um eine Vielzahl geläufiger elektromagnetischer Phänomene präzise zu beschreiben und zu erklären. Insbesondere bleibt sie auch weiterhin die Grundlagentheorie für das fruchtbarste Anwendungsfeld, das sie eröffnet hat: die Telekommunikation mittels Hertzscher Wellen. Schon kurz nach der Entdeckung dieser Wellen durch Heinrich Hertz erlebte dieser Bereich bereits Ende des 19. Jahrhunderts dank der Entwicklung immer besserer Sender und Empfänger einen raschen Aufschwung. 1895 gelang dem Russen Alexander Popow im Labor die erste Übertragung von Morsesignalen mittels Hertzscher Wellen; damit war die drahtlose Telegrafie geboren. Sechs Jahre später stellte der Italiener Guglielmo Marconi auf diesem Wege erstmals eine Verbindung zwischen Europa und Amerika her. Dank weiterer technischer Fortschritte in der ersten Hälfte des 20. Jahrhunderts (insbesondere dank der Erfindung und Weiterentwicklung der elektronischen Röhre) war es schon bald möglich, zunächst Ton und später auch Bilder über große Entfernungen zu übermitteln. Die von Hertz bereits erkannte Tatsache, dass die Hertzschen Wellen wie Licht von Gegenständen reflektiert werden, führte Mitte der 1930er Jahre zur Erfindung eines wirksamen Instruments zur Fernaufklärung: des Radars.

Elektron

Zur Vertiefung: ***Quantenphysik; Teilchenbeschleuniger***

Wenn man von Elementarteilchen spricht, kommt einem sogleich das Elektron in den Sinn. Seine Entdeckung wird dem englischen Physiker Joseph John Thomson zugeschrieben (1897), doch sie war das Ergebnis einer langen Geschichte, denn die Idee des Elektrons lag bereits lange in der Luft. Genährt worden war sie von all jenen, die wie Charles Coulomb oder Michael Faraday glaubten, der elektrische Strom werde durch die Bewegung von elektrisch geladenen Teilchen gebildet. Seinen Namen erhielt das Elektron übrigens schon lange vor seiner Entdeckung: Der irische Physiker George Johnstone Stoney prägte den Ausdruck zur Bezeichnung der elektrischen Ladungseinheit, die ein (elektrisch neutrales) Atom verliert, wenn es zu einem (positiv geladenen) Ion wird. Später zeigte sich, dass die Elektronen tatsächlich am Aufbau des Atoms beteiligt sind und eine Art elektrischer Wolke bilden, die den Atomkern umgibt.

In Wirklichkeit ist das Elektron jedoch wie alle heute bekannten Teilchen keine Korpuskel im vollen Sinne des Wortes, aber auch keine Welle, denn weder die Newtonsche Mechanik noch eine reine Wellentheorie vermögen das Elektron vollkommen zutreffend zu beschreiben. Die hier zuständige Quantenphysik lässt die Vorstellung nicht zu, dass es sich um eine kleine, mit Elektrizität beladene Kugel handelt, die um den Atomkern kreist. Vom Elektron besitzen wir weder eine Fotografie noch eine andere bildliche Darstellung.

Die Masse des Elektrons beträgt $9{,}10953 \times 10^{-31}$ kg, das ist gerade einmal der 1836ste Teil der Masse des Wasserstoffatoms. Das Elektron ist das leichteste Objekt, das wir kennen – abgesehen vom Photon, das keine Masse hat, und von dem häufigsten, aber zugleich auch diskretesten Teilchen des Universums, dem Neutrino, dessen Masse zwar nicht gleich null, aber doch sehr viel kleiner ist als beim Elektron. Alles deutet darauf hin, dass es sich beim Elektron um ein echtes Elementarteilchen handelt, das heißt, dass es nicht aus anderen, noch kleineren Entitäten zusammengesetzt ist. In den heutigen Teilchenbeschleunigern können wir das Elektron mit einer gewaltigen Energie beschießen, die hunderttausendmal größer ist als das Äquivalent seiner eigenen Masse, doch noch nie ist es gelungen, das Elektron in Teile zu zerlegen oder auch nur in Ansätzen eine körnige Struktur sichtbar zu machen, die sich in seinem Innern verbergen könnte.

Das Elektron verhält sich wie ein winziger Magnet. Diese Eigenschaft ist eng mit der Tatsache verbunden, dass es einen Spin besitzt, das heißt einen Eigendrehimpuls, der sein Rotationsverhalten im Raum bestimmt.

Das Elektron ist für alle fundamentalen Wechselwirkungen empfindlich, mit Ausnahme der starken Wechselwirkung, die für den Zusammenhalt des Atomkerns verantwortlich ist. Es ist empfindlich für die Gravitation, weil es eine Masse hat; für die elektromagnetische Wechselwirkung, weil es eine elektrische Ladung trägt; und für die schwache Wechselwirkung, die für den so genannten Betazerfall verantwortlich ist, denn es ist an der Wechselwirkung beteiligt, bei der ein Neutron in ein Proton, ein Elektron und ein Neutrino zerfällt. Da es für die starke Wechselwirkung unempfindlich ist, gehört es zur Familie der LEPTONEN.

Das Elektron ist zwar gewiss ein winzig kleines Objekt, doch von einer »Größe« kann man in diesem Zusammenhang eigentlich gar nicht sprechen. Aufgrund eines 1923 von Louis de Broglie entdeckten quantenphysikalischen Gesetzes kann man ihm allenfalls eine Wellenlänge zuordnen, die mit zunehmender Energie immer kürzer wird. Das gilt im Übrigen für alle Teilchen.

Das Elektron ist Träger einer negativen elektrischen Ladung ($e^- = -1{,}602\ldots \times 10^{-19}$C), die als die elektrische Elementarladung gilt: Die Ladungen aller in der Natur beobachtbaren Teilchen wie auch der elektrisch geladenen makroskopischen Objekte sind ihrem Betrag nach stets ganzzahlige Vielfache der Ladung des Elektrons (die Quarks besitzen zwar nur einen Bruchteil der Elementarladung, sind aber nicht als freie Teilchen beobachtbar).

Warum die Ladung des Elektrons – oder die der übrigen Elementarteilchen – den festgestellten Wert hat, wissen wir nicht.

Elektronenverteilung

Zur Vertiefung: ***Atom- und Molekülorbitale; chemische Bindung; Elektronenwelle; Quantenchemie***

Ein MOLEKÜL setzt sich aus mehreren Atomen zusammen. Da ein ATOM aus einem ATOMKERN besteht, der von einem oder mehreren Elektronen umgeben ist, lässt sich jedes Molekül als Gebilde aus Atomkernen mit festen Positionen sehen, die von einer Elektronenwolke umhüllt sind. Es handelt sich hier tatsächlich um eine Wolke, denn die Elektronen bewegen sich unablässig; ihre Bewegung erstreckt sich über das gesamte Molekül (siehe DELOKALISATION, LOKALISATION). Ein Elektron ist nicht nur ein TEILCHEN, sondern hat nach den Prinzipien der QUANTENPHYSIK auch die Eigenschaften einer Welle, daher kann man seinen Aufenthalt an einem bestimmten Punkt des Raumes jeweils nur mit einer gewissen Wahrscheinlichkeit angeben.

Diese Wahrscheinlichkeit bezeichnet man als Elektronendichte, die allerdings in der Elektronenwolke nicht gleichmäßig verteilt ist. Ebenso wie man aus einem Flugzeug oder von einem Satelliten aus auf der Erde mehr oder weniger dicht besiedelte Gebiete erkennt, besitzen auch Moleküle Bereiche mit hoher und solche mit weniger hoher Elektronendichte. Beeinflusst wird diese Elektronenverteilung durch Atome, die abhängig von der Anzahl der PROTONEN in ihrem Atomkern Elektronen anziehen. So zeigt zum Beispiel die Elektronenverteilung im Wassermolekül HOH (siehe WASSER) eine hohe Elektronendichte um das Sauerstoffatom, das über eine größere Anzahl von Protonen verfügt.

Die Elektronenverteilung, von der eine Fülle von Moleküleigenschaften abhängen, lässt sich mit Verfahren der QUANTENCHEMIE computergestützt berechnen.

Elektronenwelle

Zur Vertiefung: ***chemische Bindung; Photochemie***

Das ELEKTRON ist eine mikroskopisch kleine Partikel, die von der QUANTENPHYSIK als TEILCHEN mit Welleneigenschaften (siehe WELLE) definiert wird. Anhand des Begriffs »Elektronenwelle« erklärt die Chemie die Existenz der MOLEKÜLE und die Tatsache, dass es in ihnen diskontinuierliche Energieniveaus gibt, die wie bei einer Treppe Stufen bilden. So ist festzustellen, dass Moleküle Licht nur in sehr präzisen Werten absorbieren, die den Schwellen zwischen diesen Energieniveaus entsprechen.

Entstehung von Molekülen

Betrachten wir ein WASSERSTOFF-Atom, das nur ein negativ geladenes Elektron und in seinem ATOMKERN nur ein positiv geladenes PROTON hat. Das Elektron (das immer der Anziehungskraft des Atomkerns ausgesetzt bleibt) verlagert sich ständig ohne bevorzugte Bewegungsrichtung innerhalb einer Sphäre, deren Zentrum der Atomkern bildet. Räumlich darstellen lässt es sich also in Form einer Kugel.

Gehen wir von einer Kugel aus, bei der die Wahrscheinlichkeit, dass das Elektron sich innerhalb dieser Kugel aufhält, 0,95 beträgt (man bezeichnet diese Wahrscheinlichkeit als Elektronendichte). Diese Kugel enthält also 95 % der gesamten negativen Energie des Elektrons.

Nehmen wir nun zwei Wasserstoffatome, die wir zu einem Wasserstoffmolekül H_2 verbinden möchten.

Die beiden Einzelatome lassen sich zunächst als separate Kugeln mit jeweils einem Proton und einem Elektron darstellen (siehe *Abbildung 1.a*), die sich gegenseitig abstoßen (da die Abstoßungskräfte zwischen den beiden positiv geladenen Atomkernen und den beiden negativ geladenen Elektronen dominieren). Das Diagramm der Aufenthaltswahrscheinlichkeit *P* hat die Form von zwei exzentrischen Kugeln, da die Elektronen sich eher auf der dem gegenüberliegenden Atom abgewandten Seite als zwischen den beiden Atomkernen aufhalten. Man bezeichnet dies als antibindende Abstoßung.

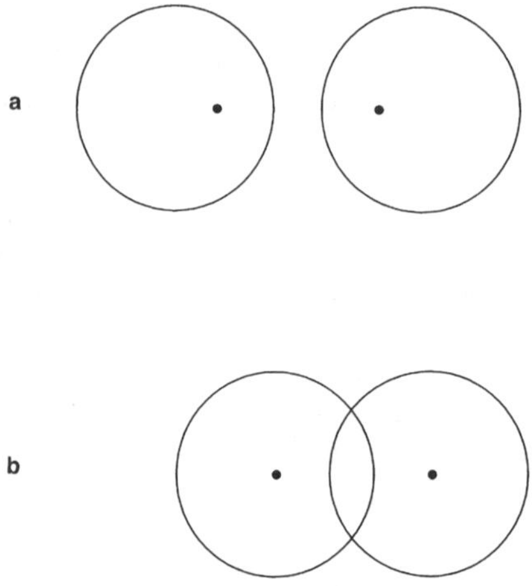

Abbildung 1 Schematische Darstellung der Elektronendichte P für zwei Wasserstoffatome, deren Wechselwirkung in antibindender Abstoßung (a) bzw. bindender Anziehung (b) besteht.

Wenn die Anziehung zwischen Elektronen und Atomkernen in ihrem absoluten Wert die Summe der Abstoßungskräfte zwischen Elektronen und Elektronen sowie Protonen und Protonen übersteigt, ziehen die beiden Wasserstoffatome sich gegenseitig an (siehe *Abbildung 1.b*). Durch die Wechselwirkung H H schiebt sich mehr Elektronenladung zwischen die Atomkerne, wo sie gleichzeitig durch die Protonen angezogen wird und nun die Abstoßung zwischen den Protonen besser abschirmen kann. Man spricht hier von einer bindenden Anziehung.

Wenn zwei beliebige Atome in Wechselwirkung treten, kommt es entweder zu einer konstruktiven Interferenz zwischen ihren Elektronenwellen, die sich gegenseitig verstärken (bindende Anziehung b), oder es entsteht eine destruktive Interferenz, die von einer antibindenden Abstoßung (a) geprägt ist.

Es gibt noch eine zweite, äquivalente Möglichkeit, das Elektron darzustellen, die wir hier nur anführen, weil sie den Vergleich mit periodischen Phänomenen erlaubt, wie sie insbesondere bei Musikinstrumenten zu finden sind. Die positive oder negative Quadratwurzel der Elektronendichte $\pm\sqrt{P}$ wollen wir als Wellenfunktion Ψ (Psi) bezeichnen. *Abbildung 2* zeigt nun das Verhalten dieser Größe, abhängig von der Distanz zwischen Elektron und Atomkern, für die antibindende Abstoßung (destruktive Interferenz; oben) und für die bindende Anziehung (konstruktive Interferenz; unten).

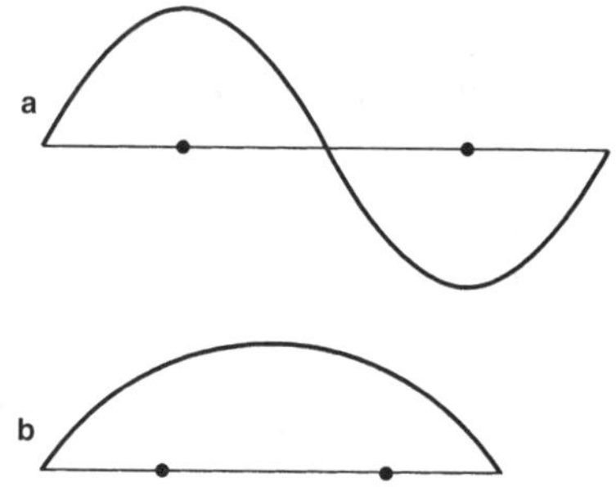

Abbildung 2 Wellenfunktion Ψ des Wasserstoffmoleküls H_2 für die antibindende (oben) und die bindende (unten) Wechselwirkung der beiden Atome

Es drängt sich ein Vergleich mit anderen Wellen auf, die uns vertrauter sind: Die bindende Wellenfunktion *(Abbildung 2.b)* ähnelt einer schwingenden Cellosaite in einem bestimmten Augenblick, wenn der Bogen den Grundton gestrichen hat; die antibindende Wellenfunktion *(Abbildung 2.a)* ähnelt derselben Saite, wenn der Bogen den Ton gestrichen hat, der dem ersten harmonischen Oberton entspricht, dessen Nulldurchgang in der Saitenmitte liegt.

Diese tief greifende Analogie mit anderen Schwingungsphänomenen (schwingenden Flächen wie einem Trommelfell oder Interferenzen) findet sich auch in der mathematischen Beschreibung der Elektronenwelle.

Ebenso wie die Energie einer schwingenden Saite sich beim ersten harmonischen Oberton gegenüber dem Grundton erhöht, hat auch das Molekül H_2 im Zustand der antibindenden Abstoßung eine höhere Energie als im Zustand der bindenden Anziehung. Da jedes materielle System umso stabiler ist, je niedriger seine Energie ist, weist der bindende Zustand eine größere Stabilität auf als der nicht bindende (siehe PHOTOCHEMIE).

Abstufung der Energieniveaus

Das von den beiden Wasserstoffatomen H + H gebildete System kann in zwei Energiezuständen existieren: einem bindenden Zustand geringerer Energie (siehe *Abbildung 3.1*) und einem nicht bindenden Zustand höherer Energie (*Abbildung 3.2*). Diese Energiezustände sind den beiden Elektronen eigen, die der doppelten Anziehung der beiden Atomkerne ausgesetzt sind. Im bindenden Zustand verschiebt sich die Elektronendichte in den Raum, in dem ein Elektron gleichzeitig von den beiden positiv geladenen Atomkernen angezogen wird. Umgekehrt wird die Elektronendichte im nicht bindenden Zustand aus der Region zwischen den beiden Atomkernen verdrängt, was die Abstoßung der (positiv geladenen) Kerne verstärkt.

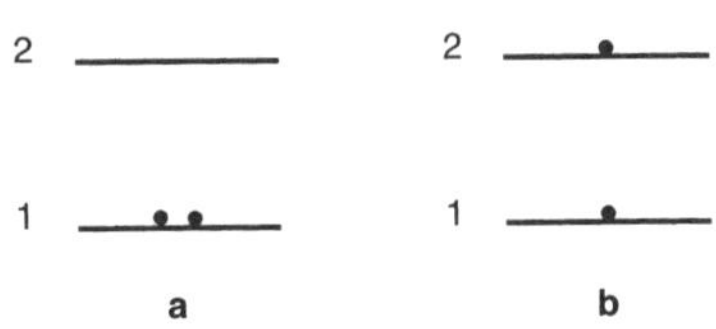

Abbildung 3 Energiezustände der Elektronen im Wasserstoffmolekül H_2: im Ruhezustand (a) und im Anregungszustand (b) nach Absorption eines Photons der Energie $h\nu = E_2 - E_1$

In jedem Molekül sind die Elektronen in separaten Energiezuständen vorzufinden, die den Stufen einer Treppe entsprechen. Im normalen, gebundenen Zustand befinden sich beide Elektronen des Wasserstoffmoleküls auf der niedrigsten Energiestufe 1. Das Molekül ist jedoch in der Lage, ultraviolettes Licht zu absorbieren. Dabei nimmt es Photonen auf, also Lichtenergiekorpuskeln mit einer Frequenz ν (ny) mit $h\nu = E_2 - E_1$, wobei h das Plancksche Wirkungsquantum (siehe NATURKONSTANTEN) und E_1 und E_2 die jeweilige Energie des bindenden beziehungsweise nicht bindenden Zustands ist. Durch die Absorption dieser Photonen werden ein oder beide Elektronen in den Anregungszustand versetzt.

Wenn ein Photon mit einer Energie von $E = E_2 - E_1$ absorbiert wird, dann besitzt das Wasserstoffmolekül keine höhere Stabilität mehr als die beiden isolierten Wasserstoffatome, da der Stabilitätsbeitrag durch ein Elektron im bindenden Grundzustand von dem Elektron im nicht bindenden Anregungszustand aufgehoben wird. Aus Gründen, auf die wir hier nicht näher eingehen können, bleibt der bindende Zustand dennoch dominant.

Wenn ein Wasserstoffmolekül zwei Photonen absorbiert, die jeweils eine Energie von $E_2 - E_1$ haben, so zerfällt es sofort in zwei Wasserstoffatome: Durch die Absorption von Licht wurde eine chemische Bindung aufgebrochen. Dieses Phänomen gilt allgemein für jede chemische Bindung, zum Beispiel wenn man ein Molekül mit einem LASER bestrahlt: Das ultraviolette Licht, das aus einer Höhensonne stammen kann, wird hierbei durch eine kohärente Lichtquelle im Ultraviolettbereich und in jedem anderen Bereich des Spektrums, den Laser, ersetzt.

Elektronik

Zur Vertiefung: ***Elektrizität; Informatik; Physik; Signal***

Der von dem Wort »Elektron« abgeleitete Ausdruck »Elektronik« bezeichnet ursprünglich und im engeren Sinne den Teil der Elektrotechnik, der sich mit Bauelementen befasst, in denen die Bewegung von Elektronen im Vakuum, in Gasen oder Festkörpern in irgendeiner Weise gesteuert werden. Im weiteren Sinne umfasst dieser Bereich auch die Schaltungen, in die solche Bauteile integriert sind, zumal die Unterscheidung zwischen Bauelementen und Schaltungen durch die Entwicklung der so genannten integrierten Schaltungen an Trennschärfe verloren hat. Mit dem Fortschritt und der Verbreitung dieser Techniken insbesondere auf dem Gebiet der Nachrichtentechnik (Telefon, Radio, Fernsehen) und der Datenverarbeitung (Computer) hat das Adjektiv »elektronisch« eine gewaltige Inflation erfahren und wird mit zahllosen Dingen verbunden, die das moderne Leben kennzeichnen, von der elektronischen Post über die elektronische Motorsteuerung in unseren Autos bis hin zum elektronischen Buch.

Element

Zur Vertiefung: ***Isotop; Entstehung der Elemente; Radioaktivität***

Bis ins 18. Jahrhundert hinein hielt sich die auf Empedokles (5. Jahrhundert v. Chr.) zurückgehende Vorstellung, dass alle Materie sich in unterschiedlichen Anteilen aus vier Elementen zusammensetze – Feuer, Luft, Wasser und Erde. Doch dann wies Antoine de Lavoisier nach, dass die Luft nicht ein einfacher Stoff ist, sondern aus zwei elementaren Stoffen besteht: Stickstoff und SAUERSTOFF. Seitdem verstand man unter einem Element einen Stoff, der sich nicht weiter zerlegen ließ. Zahlreiche chemische Verbindungen galten weiterhin als Elemente, bis der Fortschritt der chemischen Verfahrenstechnik ihre Trennung möglich machte. So glaubte man bis 1841, Uranpechblende UO_2 sei ein Element. Im 19. Jahrhundert lagen die Dinge also recht einfach: Ein Element war ein Stoff, der sich allen Versuchen der Aufspaltung und Umwandlung widersetzte und durch alle chemischen Reaktionen hindurch erhalten blieb. Ab 1860 ermöglichte der Einsatz der Spektroskopie die Entdeckung zahlreicher Elemente; insbesondere Helium entdeckte man durch seine Strahlen im Spektrum des Sonnenlichts und identifizierte es in der Sonne, bevor man es auf der Erde ausmachte (siehe SPEKTRALANALYSE).

Dmitri Mendelejew konnte 1871, gestützt auf die Beziehungen zwischen der Atommasse, der VALENZ (Anzahl der Bindungen, die ein Atom eingehen kann), und den physikalischen und chemischen Eigenschaften der bekannten Elemente, das nach ihm benannte Periodensystem aufstellen. Damit konnte er mit erstaunlicher Genauigkeit die Eigenschaften noch unbekannter Elemente vorhersagen, die in die leeren Felder der Tafel gehören mussten: Scandium, Gallium, Germanium, Technetium, Rhenium und Polonium.

Alles war in Ordnung, bis Antoine Becquerel 1896 die RADIOAKTIVITÄT entdeckte und die Curies das Radium isolierten. Offensichtlich konnte ein Element sich in ein anderes umwandeln. Man musste die Definition ändern und spezifizieren, dass ein Element sich nicht künstlich in ein anderes umwandeln ließe. Doch auch die neue Definition war nicht von langer Dauer: Die Entdeckung der künstlichen Radioaktivität und der Kernspaltung raubten ihr bald jeglichen Wert. Man musste sich auf die Ebene der Atomstruktur begeben (siehe STRUKTUR).

Heute definiert sich das Element über die Kernladungs- oder Ordnungszahl, also die Anzahl der Elektronen eines Atoms, die der Anzahl der (positiv geladenen) Protonen des ATOMKERNS entspricht. Ein chemisches Element ist danach ein Stoff, der ausschließlich aus Atomen derselben Kernladungszahl besteht (die ISOTOPE des Elements unterscheiden sich lediglich in der Anzahl der Neutronen, die seine Kernladung nicht verändern). Die Kernladungszahl verleiht der Periodentafel Mendelejews eine klare physikalische Basis; sie umfasst heute über hundert Elemente, von denen die letzten durch Teilchenbeschuss mit zunehmend schwereren IONEN in TEILCHENBESCHLEUNIGERN hergestellt werden und spontan zerfallen (Element 109 hat zum Beispiel eine Halbwertzeit von 3,4 Millisekunden, das heißt, dass eine gegebene Menge sich in dieser Zeit durch Zerfall halbiert).

Die alte Definition eines Elements als Stoff, der nicht in einen anderen umwandelbar ist, verliert jegliche Gültigkeit, wenn man bedenkt, dass fast alle in der Natur vorhandenen Elemente durch Umwandlung entstanden sind. Doch dazu bedurfte es wesentlich stärkerer Schmelzöfen, als die Alchimisten sie besaßen, nämlich des Sterneninneren, wo die Kernsynthese stattfindet (siehe STERN).

Element in der Mathematik

→ ***Menge***

Element, bistabiles

→ ***bistabiles Element***

Elemente, Entstehung der

→ ***Entstehung der Elemente***

Elementhäufigkeit

Zur Vertiefung: ***Element; Entstehung der Elemente; Wasserstoff***

Unter der Elementhäufigkeit versteht man in der Astrophysik die relative Häufigkeit der verschiedenen chemischen Elemente in einem bestimmten Bereich des Universums, zum Beispiel in einem Planeten, in der Sonne, in einem Stern oder im interstellaren Raum. Da Wasserstoff (H) das häufigste Element im Universum ist, hat man sich darauf geeinigt, den Anteil aller übrigen Elemente im Verhältnis zum Wasserstoff auszudrücken. Betrachtet man ein bestimmtes Volumen V, so ist die Häufigkeit des Elements X das Verhältnis zwischen der Anzahl der Atome dieses Elements und der Anzahl der Wasserstoffatome, die jeweils in dem betreffenden Volumen enthalten sind. Dieses Verhältnis bezeichnet man als die relative Häufigkeit oder einfach als die Häufigkeit des Elements X in V. Die Häufigkeit des Elements Wasserstoff ist definitionsgemäß stets gleich 1. Neben der Häufigkeit nach der Zahl der Atome kann man auch die relative Häufigkeit der einzelnen Elemente nach dem Verhältnis ihrer jeweiligen Masse bestimmen.

Abgesehen von einigen lokalen Anomalien und in erster Annäherung ist die chemische Zusammensetzung des Universums, soweit unsere Beobachtung reicht, erstaunlich homogen; die relativen Häufigkeiten der einfachen chemischen Elemente sind fast überall gleich. So liegt die Häufigkeit des Heliums (He) bei 0,085, die des Kohlenstoffs (C) bei $3{,}3 \times 10^{-4}$ usw. Auf diese Weise kann man eine Tabelle der kosmischen Häufigkeit aller chemischen Elemente erstellen. Dabei zeigt sich, dass sämtliche chemischen Elemente mit Ausnahme des Wasserstoffs (Häufigkeit 1) und des Heliums (Häufigkeit 0,085) eine sehr niedrige relative Häufigkeit (unter 0,001) aufweisen. Natürlich kann ein chemisches Element X in einem bestimmten Gebiet (etwa in der Atmosphäre des Planeten Jupiter) in verschiedenen Formen vorkommen, zum Beispiel in atomarer Form und zugleich als Bestandteil diverser chemischer Verbindungen; in diesem Fall muss man sämtliche Formen berücksichtigen, wenn man die lokale Häufigkeit ermitteln und mit der kosmischen Häufigkeit vergleichen möchte.

Durch die Erkundung des Mondes und der Planeten und durch die Analyse von METEORITEN hat man lokale Häufigkeiten ermitteln können, die uns sehr geholfen haben, die Geschichte des Sonnensystems zu verstehen. Da wir für die Gebiete jenseits unseres Sonnensystems keine Proben besitzen, sind wir dort auf eine SPEKTRALANALYSE des von den Himmelsobjekten ausgesendeten Lichts angewiesen, wenn wir klären wollen, ob und in welchen Anteilen bestimmte Elemente vorkommen. Dabei stößt man immer wieder auf Anomalien hinsichtlich der kosmischen Elementhäufigkeit. Manche Sterne oder Galaxien weisen einen deutlich geringeren Anteil an Metallen auf. Die starke elektromagnetische Strahlung (Licht oder Gammastrahlung), die bei der Explosion eines Sterns am Ende seines Lebenszyklus entsteht (SUPERNOVA), erzeugt radioaktive Elemente (siehe RADIOAKTIVITÄT), die für eine Abweichung der lokalen von der kosmischen Elementhäufigkeit sorgen und auf diese Weise anzeigen, dass wahrscheinlich solch eine Explosion stattgefunden hat. Die Erde hat einen vergleichsweise geringen Anteil an Wasserstoff, weil sie bei ihrer Entstehung nicht genügend Gravitation besaß, um dieses Element festzuhalten; dadurch erhöht sich die relative Häufigkeit der übrigen Elemente. Die Erforschung der Häufigkeitsanomalien liefert wertvolle Informationen über das Objekt, das diese Anomalien aufweist.

Entscheidend ist dabei stets die Frage nach dem Ursprung der nahezu universellen Standardwerte und ihrer lokalen Abweichungen. Da die chemischen Elemente alle auf die Entstehung der ersten leichten Atomkerne aus den Urprotonen und Urelektronen zurückgehen (siehe ENTSTEHUNG DER ELEMENTE), muss erklärt werden, wie sich daraus die beobachteten relativen Häufigkeiten der verschiedenen Elemente im Universum ergeben haben. Manche Elemente (wie Helium oder Lithium) entstanden bereits in der heißen, homogenen Phase des Uruniversums, die meisten anderen dagegen erst später durch Kernfusion im Innern der Sterne und einige schließlich durch Kernzertrümmerung (oder Spallation) bei der Kollision mit KOSMISCHER STRAHLUNG im interstellaren Raum. Über all diese Prozesse gelingt es schließlich, die universelle Gleichförmigkeit der Elementhäufigkeit und deren jeweilige Werte zu erklären.

Emission

Zur Vorbereitung: ***Elektromagnetismus***
Zur Vertiefung: ***Detektor; Laser; Schwarzer Körper; Spektrum***

Das Phänomen der Emission

»Emittieren« bedeutet – wie das lateinische Verb *emittere*, von dem es abgeleitet ist – »aussenden« oder »senden«. Eine Radio- oder Fernsehsendung ist ein Ereignis, bei dem ein Sender, das Studio mit seinen Mikrofonen und Kameras, eine (in diesem Falle elektromagnetische) Welle erzeugt, die sich im Raum ausbreitet. Wer über ein geeignetes Empfangsgerät verfügt, kann mit einem derartigen Gerät diese Welle auffangen und in ein Signal zurückverwandeln, das unseren Sinnen zugänglich ist. Ein Atomkern, ein Atom, ein Molekül oder größere, daraus zusammengesetzte Einheiten, die Licht emittieren, zum Beispiel die Sterne, funktionieren im Prinzip ganz genauso: In einem bestimmten Augenblick oder manchmal auch kontinuierlich erfüllt dieses Objekt den Raum mit seiner elektromagnetischen Strahlung, das heißt mit einer Energie, die sich im Raum ausbreitet. Doch anders als bei der Fernsehsendung transportiert diese Welle keine Botschaft, die von Programmdirektoren erdacht worden ist, sondern eine Energie und ein Signal, die von den für die betreffende Emissionsquelle geltenden Naturgesetzen diktiert sind.

Was für elektromagnetische Wellen gilt, das gilt auch für andere natürlich vorkommende Wellenarten wie Schall- oder Gravitationswellen (siehe GRAVITATION), die sämtlich durch Emissionsprozesse ausgelöst werden. Da es nach Auffassung der modernen Physik keine augenblickliche (mit unendlicher Geschwindigkeit erfolgende) Ausbreitung von Wellen gibt, erfüllen die Wellen fortschreitend den umliegenden Raum und breiten sich mit der Geschwindigkeit aus, die für sie in dem betreffenden Medium (Wasser, Luft, Vakuum) charakteristisch ist. Wenn die Emission zum Stillstand kommt, breiten sich die bereits erzeugten Wellen weiterhin im Raum aus. Allerdings können sie ihre Energie durch Reibung oder Absorption mit der Zeit verlieren, wenn der Raum nicht leer ist. Wenn es zum Beispiel an der chilenischen Küste zu einem Erdbeben kommt, können dadurch im Wasser des Pazifischen Ozeans Oberflächenwellen entstehen, die gewaltige Energiemengen transportieren und erst sehr viel später, wenn das Erdbeben längst aufgehört hat, an die japanische Küste schlagen.

Die Emission von Teilchen

Bei der mit der Radioaktivität verbundenen Emission von Teilchen verliert gleichfalls ein materielles System Energie. So wird beim so genannten Alphazerfall radioaktiver Elemente ein aus zwei Protonen und zwei Neutronen (einem Heliumkern) bestehendes Teilchen freigesetzt. Außerdem kommt es dabei zur Emission von Gammastrahlen (einer hoch energetischen elektromagnetischen Strahlung, die in der Medizin für bildgebende Verfahren eingesetzt wird). Der radioaktive Zerfall des Nickelisotops ^{56}Ni (dessen Kern aus 28 Protonen und 28 Neutronen besteht) bei der Explosion einer SUPERNOVA (der Endphase in der Entwicklung großer Sterne) führt zur Emission von Positronen (den Antiteilchen des Elektrons) und schließlich zur Entstehung des stabilen Eisenisotops ^{56}Fe, dessen Kern aus 26 Protonen und 30 Neutronen besteht.

Emittierte Alphateilchen oder Positronen breiten sich gleichfalls im umgebenden Raum aus, doch ihre Energie ist in dem kleinen Volumen des Teilchens konzentriert. Damit nähern wir uns einer weiteren, neuerdings häufig gebrauchten Bedeutung des Ausdrucks »Emission«, etwa wenn von den Schadstoffemissionen eines Autos die Rede ist (Rußteilchen und Moleküle bestimmter chemischer Verbindungen, die durch den Auspuff in die Umgebung entlassen werden) oder wenn weibliche Schmetterlinge zur Paarungszeit bestimmte Duftstoffe, so genannte Pheromone, emittieren.

Die Emission von Licht durch Atome

Atome können sich in verschiedenen Anregungszuständen befinden, denen unterschiedliche Energieniveaus zugeordnet sind. Die möglichen Energieniveaus verteilen sich nicht kontinuierlich, sondern sind aufgrund des quantenmechanischen Charakters dieser winzigen Systeme diskret (siehe QUANT). Wenn ein Atom sich auf dem niedrigsten Energieniveau befindet, im so genannten Grundzustand, der hier mit E_0 bezeichnet sei, verharrt es in diesem Zustand, sofern es keinen äußeren Einwirkungen ausgesetzt ist. Wurde es dagegen durch äußere Einflüsse in einen höheren Anregungszustand E_n versetzt, kehrt es spontan in den Zustand E_0 zurück; die überschüssige Energie $E_n–E_0$ wird durch Emission eines einzelnen Photons freigesetzt, dessen Frequenz ν (Ny) durch die Formel $\nu=(E_n–E_0)/h$ gegeben ist (wobei h das Plancksche Wirkungsquantum ist; siehe NATURKONSTANTEN).

In einem Aggregat vollkommen gleichartiger, angeregter Atome lässt sich nicht vorhersagen, in welchem Augenblick eines von ihnen unter Emission eines Photons von einem höheren in einen niedrigeren Anregungszustand zurückkehrt (siehe DEUTUNGEN DER QUANTENPHYSIK). Genau vorhersagen läßt sich nur die Wahrscheinlichkeit der Emission oder deren Kehrwert, die Lebensdauer t_n des Energieniveaus E_n. Bei verschiedenen chemischen Elementen kann diese Lebensdauer je nach den betrachteten Energieniveaus E_n zwischen einigen Milliardstel Sekunden und mehreren Stunden variieren. Gleiches gilt auch für den Zerfall radioaktiver Teilchen unter Emission von Gammastrahlen oder Teilchen, nur dass die Lebensdauer hier von Milliardstel Sekunden bis hin zu Milliarden von Jahren reicht (siehe DATIERUNG).

Die Emission von Licht durch einen erhitzten Körper (den Glühfaden einer Glühbirne, die Sonnenatmosphäre) resultiert aus der thermischen Bewegung der Atome (siehe TEMPERATUR). Durch die zahllosen Zusammenstöße zwischen den Atomen wird deren kinetische Energie in Anregungsenergie umgewandelt, die sich auf die verschiedenen Energieniveaus E_n verteilt. Diese Energie wird dann durch Abgabe von Licht der jeweiligen Frequenzen oder Wellenlängen wieder freigesetzt. Die beobachteten Wellenlängen sind dabei auch von Geschwindigkeit und Richtung der bewegten Atome abhängig (siehe DOPPLER-EFFEKT). Die Addition all dieser diskreten Emissionen führt zu einem kontinuierlichen Lichtstrom, der als thermische Strahlung bezeichnet wird. Bei sehr heißen Körpern (mehrere Millionen Grad) ist die Strahlung weiß; bei geringeren Temperaturen verlagert sich ihre Farbe in den roten Bereich des Spektrums, und bei noch niedrigeren Temperaturen wird sie für das menschliche Auge unsichtbar, weil die Netzhaut dafür nicht empfindlich ist (das gilt für den Infrarotbereich oder für die Strahlung im Millimeterbereich, wie sie vom kosmischen SCHWARZEN KÖRPER mit seinen 2,7 Kelvin oder –270 °C ausgeht).

Nichtthermische Emissionen

Es gibt auch elektromagnetische Strahlung, die nicht durch Erhitzung eines Körpers erzeugt wird. So unterscheidet sich die Emission eines Lasers deutlich von der thermischen Emission, denn sie ist mehrere

Millionen Mal stärker, als es der Temperatur des emittierenden Gases entspräche. In anderen Fällen wird die Strahlung von einer elektrischen Ladung (z.B. einem Elektron) emittiert, die sich in einem Magnetfeld auf einer spiralförmigen (Synchrotron- oder Zyklotron-) Bahn bewegt und daher eine zentripetale Beschleunigung erfährt (siehe TEILCHENBESCHLEUNIGER); Periode und Radius des Umlaufs werden von der Stärke des Magnetfelds bestimmt. Hinsichtlich der Verteilung der Energie auf verschiedene Wellenlängen, also hinsichtlich ihres Spektrums, unterscheidet sich die so genannte Synchrotronstrahlung grundlegend von der thermischen Strahlung.

Mit den heute erreichbaren gewaltigen Beschleunigungsenergien für Elektronen, die sich im Bereich einiger zehntausend Elektronenvolt bewegen (und durch Spannungen von mehreren zehntausend Volt erzeugt werden) ist so eine äußerst starke Röntgenstrahlenquelle gegeben. Sie kann zum Beispiel dazu benutzt werden, die kristalline oder amorphe Struktur der Materie zu erforschen, Objekte im Nanometerbereich herzustellen (Nanotechnologien) oder spezifische biologische Reaktionen auf minimalem Raum auszulösen. Derartige Strahlenquellen werden im Umfeld der großen Teilchenbeschleuniger entwickelt.

Die Verbindung aus schnellen Elektronen und sehr starken Magnetfeldern findet sich auch bei äußerst energiereichen astronomischen Großereignissen wie der Explosion eines Sterns (SUPERNOVA) oder der AKKRETION von Materie (das heißt, deren gravitationsbedingter Zusammenballung) in den äußerst lichtstarken und sehr fernen Objekten, die als QUASARE bezeichnet werden.

Am 27. August 1054 explodierte im Sternbild Krebs ein Stern; das Ereignis wurde von dem chinesischen Astrologen Yang Wei-te sorgfältig aufgezeichnet und samt der Position des Sterns dokumentiert. Im 18. Jahrhundert entdeckte man dann mit dem Fernrohr im Umkreis der beschriebenen Stelle einen unscharfen, nebelartigen Fleck, doch erst nach der Entdeckung der Synchrotronstrahlung (1956) in den Teilchenbeschleunigern der physikalischen Grundlagenforschung erkannte man, dass es sich bei dem Licht dieses nebelartigen Gebildes um die Emission von Elektronen handelt, die bei der Explosion des Sterns freigesetzt und in einem starken lokalen Magnetfeld beschleunigt worden waren.

Empirismus

Zur Vertiefung: ***Rationalismus***

Als Empirismus bezeichnet man jene Denkrichtung, wonach alles Wissen seinen Ursprung in der äußeren Welt hat. Der berühmteste Empirist der neuzeitlichen Philosophie ist John Locke (1632–1704), ein Zeitgenosse Isaac Newtons. Für Locke ist das menschliche Erkenntnisvermögen oder der Verstand eine leere Tafel (*Tabula rasa*), die erst über die Sinnesorgane mit Informationen aus der Außenwelt gefüllt wird.

Erst wenn auf diese Weise eine solide Verbindung zur Außenwelt hergestellt ist, vermag der Verstand jene metaphysischen, mathematischen und sonstigen Entitäten daraus zu abstrahieren, die dann den Eindruck erwecken, keine Verbindung zur wahrgenommenen Welt zu haben.

Darin steht der Empirismus im Gegensatz zum Rationalismus und insbesondere zur Theorie René Descartes', wonach unser Verstand unabhängig von der Außenwelt und aus sich selbst heraus Begriffe wie die mathematischen Konzepte oder abstrakte Ideen wie den Begriff der Substanz zu konstruieren vermag.

Immanuel Kant versöhnte die beiden gegensätzlichen Positionen miteinander. Ohne Konzepte wäre die wahrgenommene Welt unverständlich, und ohne die wahrgenommene Welt blieben die Konzepte leere Hüllen.

Emulation

Zur Vertiefung: ***Simulation; Turingmaschinen***

»Emulation« und »Simulation« bedeuten beide »Nachbildung«. Bei einer Computersimulation werden Vorgänge, Mechanismen oder Systeme unterschiedlichster Art mit Hilfe eines Modells im Computer nachgebildet. Bei der Emulation wird ein Computer *B* auf einem Computer *A* nachgebildet, so dass Programme, die ursprünglich auf die Rechnerarchitektur von *B* zugeschnitten waren, nun auch auf dem mit einer anderen Architektur ausgestatteten Computer *A* ausgeführt werden können. Man sagt in diesem Fall, der Computer *A* emuliere den Computer *B*.

Die Emulation erfolgt über ein Programm, das so genannte Emulationsprogramm, und sorgt dafür, dass der emulierende Computer die Befehle der für den emulierten Computer bestimmten Programme so abarbeitet, als wäre er selbst ein Computer dieser Bauart.

Unter der theoretischen Voraussetzung unbegrenzter Zeit und unbegrenzter Speicherkapazität sind alle heutigen Computer Universalmaschinen in dem Sinne, den Alan Turing diesem Begriff gegeben hat (siehe Turingmaschinen). Daher kann jeder Computer nicht nur jeden Computer, sondern jede beliebige numerische Maschine emulieren, vorausgesetzt, es gibt ein Emulationsprogramm und man achtet weder auf die Ausführungsgeschwindigkeit noch auf den Speicherbedarf.

endoplasmatisches Retikulum (ER)

Zur Vertiefung: ***Lipide; Organellen; Protein; Translation***

Das endoplasmatische Retikulum ist ein spezielles System oder Organell im Zytoplasma von Eukaryotenzellen (Zellen mit einem Zellkern, der das genetische Material oder Genom enthält; siehe Eukaryoten). Es besteht aus einem komplexen Doppelmembrangeflecht (siehe Membran), das sich wie ein Labyrinth aus Kanälchen (Mikrotubuli) und flachen Hohlräumen (Zisternen) zusammensetzt und fast die Hälfte der inneren Zellmembranen ausmacht. Seine Existenz ließ sich erst mit Hilfe des Elektronenmikroskops (siehe Mikroskop) aufzeigen, das zwei Arten von endoplasmatischem Retikulum erkennen lässt, ein glattes und ein raues.

Das glatte oder agranuläre endoplasmatische Retikulum wirkt an der Synthese der Lipide mit. In Muskelzellen dient es als Speicher für Calciumionen (Ca^{2+}) und ist an der Steuerung der Muskelkontraktion beteiligt.

Im rauen oder granulären endoplasmatischen Retikulum findet die Synthese von Proteinen statt, die in die Zellmembranen integriert oder als Sekretprodukte von der Zelle ausgeschieden werden. Es ist an der Außenseite mit zahlreichen Ribosomen besetzt, die mit dem wässrigen Milieu des Zytoplasmas, dem Grundplasma oder Zytosol, in Kontakt stehen. Ribosomen sind Korpuskeln, die an der Proteinsynthese durch Translation der genetischen Information mitwirken. Besonders stark entwickelt ist das raue endoplasmatische Retikulum in Zellen, die viele Proteine als Sekretprodukte synthetisieren wie Plasmazellen, weiße Blutkörperchen, die Antikörper bilden, oder endokrine Drüsenzellen, die Hormone produzieren.

Die Membranen des endoplasmatischen Retikulums trennen das Innere (Lumen) des Retikulums vom Zytosol und ermöglichen den selektiven Transport von Makromolekülen (Proteinen und Lipiden) von und in die so gebildeten Kammern oder Kompartimente. Sie sind mit den Membranen der Zellkernhülle und des Golgi-Apparates verbunden, jenes Organells, das die vom endoplasmatischen Retikulum synthetisierten Proteine transformiert und an ihren Bestimmungsort transportiert.

Das endoplasmatische Retikulum spielt eine zentrale Rolle bei der Biosynthese von Proteinen und Lipiden und somit direkt oder indirekt bei der Entstehung sämtlicher Zellmembranen: der Plasmamembran und der Organellmembranen – also des endoplasmatischen Retikulums selbst, des Golgi-Apparates, der Lysosomen, die an Abbauprozessen beteiligt sind, der Sekretvesikel, der Mitochondrien, in denen die Zellatmung stattfindet, und der Chloroplasten pflanzlicher Zellen, in denen die Photosynthese erfolgt.

Energie

Zur Vertiefung: ***Licht; Masse; Temperatur; Thermodynamik***

Sucht man im Lexikon nach einer Definition von »Energie«, wird man wahrscheinlich erstaunt sein, wie abstrakt die dortigen Erklärungen bleiben. So heißt es im *Petit Larousse*, die Energie sei eine »Größe, die ein System charakterisiert und dessen Fähigkeit bezeichnet, den Zustand anderer Systeme zu verändern«. Doch was ist diese nur vage umrissene Größe, die in Joule ausgedrückt wird und offenbar in zahlreichen unterschiedlichen Formen auftreten kann: als potentielle oder kinetische, als nukleare, chemische oder elektrische und sogar als psychische Energie?

Die Energie scheint eine wichtige, aber hoch abstrakte Eigenschaft materieller Objekte zu sein. Sie ist nicht direkt greifbar, obwohl ihre Wirkungen allenthalben zu spüren sind. Trotz des abstrakten Begriffs können wir uns ihre Existenz an einfachen Beispielen vor Augen führen und nachvollziehen, in welcher Weise sie von den jeweiligen Umständen abhängt. Ein in Bewegung befindliches Objekt besitzt eine Energie, die als kinetische Energie bezeichnet wird und mit der Geschwindigkeit zunimmt; bei gleicher GESCHWINDIGKEIT ist diese Energie umso größer, je größer die Masse des Objekts ist. Die so genannte Wärmeenergie eines mit Wasser gefüllten Topfs erhöht sich mit der Temperatur. Eine Feder hat in gespanntem Zustand mehr elastische Energie als in entspanntem Zustand. Die elektrische Energie einer geladenen Batterie ist größer als die derselben Batterie im entladenen Zustand.

Die Energie erscheint also in ganz unterschiedlichen Formen. Wie die angeführten Beispiele zeigen, hängt die Energie eines physikalischen Systems von dessen Zustand ab. Dieser Zustand ist bei einem Fahrzeug durch Geschwindigkeit und Masse charakterisiert, bei einem Topf Wasser durch die Temperatur, bei einer Feder durch die Verformung, bei der Batterie durch die Ladung. Die Energie der betreffenden Systeme variiert mit den jeweiligen Größen.

Eine nomadisierende Erhaltungsgröße

Die verschiedenen Formen von Energie lassen sich – zumindest teilweise – ineinander umwandeln. Nur deshalb war es möglich, dieselbe Größe in so unterschiedlichen Erscheinungsformen wiederzufinden, wie sie etwa ein Wasserfall, der Wind, ein Faustschlag ins Gesicht, die Arbeit eines Zugpferds oder die Verbrennung von Öl darstellen.

Die Energie ist eine nomadisierende Größe. Sie kann von einem System auf ein anderes übergehen: In ihrer thermischen Form geht sie vom Heizkörper in die Luft eines Zimmers über; in ihrer kinetischen Form wird sie beim Zusammenstoß zweier Billardkugeln von der einen an die andere weitergegeben. Sie kann aber auch radikal ihre Form wechseln; darin zeigt sich ihr polymorpher Charakter. Die Bewegungsenergie eines Fahrrads verwandelt sich beim Bremsen durch die Reibung zwischen den Bremsbacken und der Felge in WÄRME. In einem Kraftwerk wird die in Kohle oder Öl gespeicherte chemische Energie oder die im Uran enthaltene Kernenergie zunächst durch Verbrennung oder Kernreaktionen in Wärme, dann über Turbinen in mechanische Energie und schließlich von den Generatoren in elektrische Energie umgewandelt.

All das sagt uns aber noch nicht, was denn Energie nun eigentlich ist. Tatsächlich liegt das bemerkenswerteste Kennzeichen der Energie in dem Umstand, dass sie zwar ihre Form ändert, doch der Größe nach stets erhalten bleibt (siehe ERHALTUNGSSATZ). Dieses Kennzeichen ist ihre beste Definition und macht das Konzept der Energie so interessant. Stellen wir uns einen Behälter mit Milliarden von Atomen vor, die sich in schneller Bewegung befinden und ständig gegen die Wände des Behälters stoßen und miteinander kollidieren. Aufgrund dieser Zusammenstöße gewinnen manche Atome Energie, während andere sie verlieren. Doch die gesamte Energiemenge bleibt stets dieselbe.

Die Erhaltung der Energie folgt aus dem für die Physik grundlegenden und noch viel tiefer ansetzenden Prinzip der INVARIANZ gegenüber zeitlichen Translationen. Danach hängen die Gesetze der Physik nicht von dem Zeitpunkt ab, zu dem man die zugehörigen

Phänomen experimentell beobachtet. Aus der Sicht der Physik ist jeder Zeitpunkt so gut wie der andere. Aus dieser einfachen Aussage folgt unmittelbar der Satz von der Erhaltung der Energie: Stellen wir uns eine Welt vor, in der die Gesetze der Gravitation nicht konstant wären. Zum Beispiel wäre die Erdanziehungskraft nachts schwächer als am Tag. Dann könnte man nachts einen schweren Block auf einen hohen Turm schaffen und ihn am nächsten Tag hinabwerfen, damit bei seinem Fall mehr Energie freigesetzt wird, als man in der Nacht hat aufbringen müssen, um ihn auf den Turm zu schaffen. Der Satz von der Erhaltung der Energie hätte dann keine Gültigkeit, und es wäre möglich, einen alten Traum zu verwirklichen (dem etwa auch Leonardo da Vinci anhing): das Perpetuum mobile. Der Satz von der Erhaltung der Energie bringt also lediglich die Unveränderlichkeit der Geltung physikalischer Gesetze zum Ausdruck, das heißt deren zeitliche Invarianz.

Aber wie äußert sich die Erhaltung der Energie in der Realität? Energie entsteht niemals neu oder verschwindet einfach, wenn sie von einem System auf ein anderes übertragen oder von einer Form in eine andere umgewandelt wird. Anders gesagt: Wenn ein System Energie verloren hat, muss ein anderes, mit ihm in Verbindung stehendes System notwendig dieselbe Menge Energie hinzugewonnen haben. Und ebenso ist die Energiebilanz stets ausgeglichen, wenn Energie von einer Form in eine andere umgewandelt wird; insgesamt gibt es weder Gewinne noch Verluste.

Daher ist es nicht (oder nur in einem eingeschränkten oder übertragenen Sinne) korrekt, wenn man von »Energieerzeugung« oder »Energieverlusten« spricht. In einem Kernreaktor wird keine Energie erzeugt; dort wird lediglich die in den Atomkernen enthaltene Kernenergie in thermische und elektrische Energie umgewandelt.

Die Wärme, eine »degenerierte« Form von Energie

Zwar bleibt die Energie stets erhalten, doch ihre verschiedenen Formen sind nicht gleichwertig, denn nicht alle vorstellbaren Umwandlungen sind auch realisierbar. Es kann zu einem Qualitätsverlust kommen. In Systemen, die sich selbst überlassen bleiben, wächst tendenziell die Unordnung bzw. die ENTROPIE. Unter den verschiedenen Energieformen entspricht die Wärme einer ungeordneten Bewegung der Atome und Moleküle. Die anderen Formen, die man deshalb gern als »hochwertig« bezeichnet, zeigen dagegen auf mikroskopischer Ebene ein hohes Maß an Ordnung (wobei die Krone dem LASER gebührt, dessen Licht aus einem Gemisch hochgradig geordneter elektromagnetischer Wellen besteht und daher als kohärent bezeichnet wird). Diese hochwertigen Formen haben die Tendenz, sich in Wärme umzuwandeln. Im Sinne zahlreicher praktischer Anwendungen erscheint diese Umwandlung als »Vergeudung« von Energie, und im übertragenen Sinne sagt man auch, die Wärme sei eine »degenerierte« Form von Energie.

Es ist leicht, Wärme aus einer äquivalenten Menge anderer Energieformen zu »erzeugen«. Das geschieht zum Beispiel in einem Bügeleisen, das elektrische Energie in Wärme umwandelt. Doch es ist unmöglich, diesen Prozess vollständig umzukehren. Eine bestimmte Wärmemenge lässt sich nicht restlos in mechanische, elektrische oder chemische Energie umwandeln, etwa durch einen Apparat, der einen geschlossenen Kreislauf aufweist und periodisch in seinen Ausgangszustand zurückkehrt. Das ist der Kerngedanke des Zweiten Hauptsatzes der Thermodynamik (des Wissenschaftszweigs also, der sich mit dem Austausch von Energie in ihren verschiedenen Formen befasst). Er ist durch zahllose Beobachtungen und Experimente bestätigt: Wir können nur jeweils einen Teil der vorhandenen Wärme in andere Energieformen überführen, und dieser Teil kann einen bestimmten Maximalwert nicht überschreiten, der sich aufgrund der Gesetze der Thermodynamik sehr genau berechnen lässt. Dieses Prinzip setzt der Leistung aller Wärmemaschinen eine Grenze, also aller Maschinen, die wie die Dampfmaschine oder der Verbrennungsmotor thermische in mechanische Energie umwandeln.

Die ÄQUIVALENZ der verschiedenen Energieformen lässt sich mit der Äquivalenz verschiedener Währungen vergleichen. Der Schwund in Form von Wärme entspräche dann den Umtauschkosten, die verhindern, dass wir beim Hin- und Rücktausch einer Währung am Ende jemals wieder denselben Betrag in Händen haben wie zuvor. Der Gesamtwert bleibt bei der Währung wie bei der Energie erhalten, wenn auch nicht für uns. Aus dieser Sicht erscheinen Banken als Schwund-Institutionen, jedenfalls aus der Perspektive der Thermodynamik.

Die Äquivalenz von Masse und Energie

Nach unserem alltäglichen Verständnis ist der Begriff der Energie sehr abstrakt und eng mit den Begriffen der Bewegung und der Kraft verbunden, während der Begriff der Masse uns sehr konkret und greifbar erscheint. Nach der 1905 von Albert Einstein entwickelten RELATIVITÄTSTHEORIE müssen wir jeder Masse jedoch eine Energie zuordnen, und zwar auch dann, wenn sie sich in Ruhe befindet, so dass letztlich gar kein Unterschied zwischen Masse und Energie besteht. Das ist der Sinn der berühmten Formel $E=mc^2$, in der m für die Masse des betreffenden ruhenden Körpers steht, E für dessen Energie und c für die Geschwindigkeit des Lichts im Vakuum. Zum Leidwesen unseres Alltagsverstandes erscheinen Masse und Energie als äquivalente Größen: Reine Energie kann in Masse umgewandelt werden, das heißt, sich in Gestalt von Masseteilchen materialisieren (siehe MATERIALISIERUNG), und umgekehrt lässt Masse sich in Energie umwandeln, wie es insbesondere bei Kernreaktionen geschieht (siehe KERNSPALTUNG und KERNFUSION). Die heutige Physik hat bei der Erhaltung der Energie auch die Masse zu berücksichtigen.

Die Energie im Universum

Die Himmelskörper und deren Bewegungen sind für uns nur aufgrund des von ihnen ausgehenden Lichts wahrnehmbar, das heißt aufgrund der Licht- oder Strahlungsenergie, die sie emittieren. Da das Universum aus kleinen Materieinseln (STERNEN und GALAXIEN) besteht, die durch unendlich weite, nahezu leere und durchsichtige Räume getrennt sind, kann die Energie sich dort in Form von Strahlung leicht ausbreiten. Doch das Licht ist nur eine von vielen Energieformen im Universum, und diese Formen wandeln sich ständig ineinander um.

Dem Phänomen der Newtonschen Anziehungskraft ist eine Gravitationsenergie zugeordnet, die immer dann vorhanden ist, wenn Massen miteinander in Wechselwirkung treten. Gaswolken, Sterne, Sternsysteme oder Galaxien (siehe HAUFEN) sind riesige Energiereservoirs. Häufig kommt es zu einem Austausch zwischen Gravitations- und Bewegungsenergie, etwa beim Fall eines Steins auf der Erde oder bei den Planeten im Sonnensystem (siehe KEPLERSCHE GESETZE); diese beiden Energieformen wandeln sich ineinander um. Da es in dem nahezu leeren Raum zwischen den Galaxien so gut wie gar keine Reibung gibt, verläuft der Austausch zwischen Gravitations- und Bewegungsenergie über Zeiträume von Milliarden Jahren ohne erkennbare Störungen.

Bei einem Gravitationskollaps dagegen (siehe AKKRETION) kommt es zwischen den Atomen zu Kollisionen, so dass die Temperatur des in sich zusammenstürzenden Körpers ansteigt. Dabei wird Gravitationsenergie in thermische Energie umgewandelt, bei der es sich gleichfalls um kinetische Energie handelt, die sich jetzt als ungeordnete Bewegung der Atome äußert. Die thermische Energie ihrerseits verwandelt sich in Strahlungsenergie; daher strahlen Sterne, die sich gerade in Entstehung befinden, sehr stark im infraroten Bereich des Spektrums.

Die Energiequelle in den Sternen ist kein Verbrennungsprozess. Würde unsere Sonne ihre Energie durch Verbrennung freisetzen, könnte sie allenfalls einige Hundert Millionen Jahre leuchten, also nicht einmal so lange, wie auf der Erde bereits Leben existiert. Die Antwort auf die Frage nach der wirklichen Energiequelle gab Hans Albrecht Bethe 1937: Wenn ein Stern entstanden ist, wird in seinem Innern durch Kernfusion Kernenergie freigesetzt, die sich dann in thermische Energie umwandelt und den Stern auf mehrere zehn Millionen Grad aufheizt. Die thermische

Energie verwandelt sich dann in Strahlungsenergie, die den Stern als solchen erst sichtbar werden lässt.

Wenn die Temperatur solche Größenordnungen erreicht, wird das Gas, aus dem der Stern besteht, ionisiert und bildet ein elektrisch leitfähiges Plasma, in dem sehr starke Magnetfelder auftreten können (siehe DYNAMO). Mit diesen Feldern ist eine neue Form von Energie verbunden, die magnetische Energie, deren Größe proportional zum Quadrat der magnetischen Feldstärke ist. Die Sonnenflecken und zahlreiche andere astronomische Objekte bilden daher riesige Reservoirs magnetischer Energie. Wenn nun Elektronen durch diese magnetische Energie beschleunigt werden, emittieren sie eine intensive Strahlung (siehe EMISSION). Deshalb gehören die sehr fernen quasistellaren Objekte, die als QUASARE bezeichnet werden, zu den stärksten bekannten Strahlungsquellen des Universums.

Die elektromagnetische Strahlung (das Licht) ist nicht die einzige Energieform, die sich im Weltraum ausbreiten kann. Eine weitere Form bilden die Gravitationswellen – ein Ausbreitungsphänomen, das in der Einsteinschen Konzeption der GRAVITATION eine Rolle spielt. Doppelsternsysteme strahlen solche Wellen ab, und der dadurch bedingte Energieverlust führt dazu, dass die beiden Sterne sich einander sehr langsam annähern und ihre Umlaufzeit sich zunehmend verkürzt, ähnlich wie es bei einem künstlichen Satelliten geschieht, der durch die oberen Schichten der Erdatmosphäre zunehmend abgebremst wird und schließlich zur Erde stürzt. Den Beweis für die Existenz derartiger Wellen lieferten Russell Hulse und Joseph Taylor in den 1980er Jahren aufgrund ihrer Beobachtungen an dem Pulsar PSR 1913+16; 1993 erhielten sie dafür den Nobelpreis.

Engineering, Knowledge

→ ***Knowledge Engineering***

Engineering, Software

→ ***Software Engineering***

Entdeckung, wissenschaftliche

→ ***wissenschaftliche Entdeckung***

Entfernung

Zur Vorbereitung: ***Abstand***

Zur Vertiefung: ***Astrometrie; Gravitationslinse; Haufen; Schwarzer Körper***

Der Himmel scheint keinerlei Tiefe zu besitzen, wie es ja auch der Begriff der Himmelssphäre und die bildhafte Umschreibung als Himmelsgewölbe suggerieren. Zur Bestimmung eines Sternorts als scheinbare Projektion auf diese Sphäre genügen zwei Winkel. Dennoch hat man bereits in der Antike auch nach der Entfernung der Himmelskörper von der Erde gefragt und erste Versuche zur Messung dieser Entfernung unternommen, auch wenn es noch lange Zeit unmöglich schien, jemals dorthin reisen zu können.

Die auf Thales von Milet zurückgehende Geometrie stellt in der Tat einen Zusammenhang zwischen Winkeln und Abständen her. In einem Dreieck, für das die Basis und zwei Winkel bekannt sind, lassen sich die übrigen Seiten leicht berechnen. Nun darf man annehmen, dass sich das Licht, das von den Sternen zu uns kommt, (zumindest näherungsweise) geradlinig ausbreitet. Misst man die Basis solch eines Dreiecks auf der Erde (siehe *Abbildung 1*) und die beiden zugehörigen Winkel, so lässt sich daraus die Entfernung des Objekts errechnen. Dies ist die so genannte Triangulations- oder Parallaxenmethode. Aristarch von Samos benutzte sie schon 260 vor unserer Zeit, um die Entfernung des Mondes und der Sonne zu bestimmen; in den Jahren 1761 und 1769 veranlassten die Möglichkeiten dieser Methode zahlreiche Astronomen zu berühmt gewordenen Expeditionen, um an jeweils zwei weit voneinander entfernt liegenden Orten der Erde einen Durchgang der Venus vor der Sonnenscheibe zu beobachten und bei dieser Gelegenheit die Entfernung dieses Planeten von der Erde zu bestimmen.

Noch heute wird dieses Verfahren benutzt, um die Entfernung von Sternen aufgrund der PARALLAXE zu bestimmen, d.h. aufgrund der scheinbaren Verschiebung eines nahen Sterns gegenüber den fernen Fixsternen, wenn man ihn von zwei entgegengesetzten Punkten auf der Umlaufbahn der Erde um die Sonne betrachtet. Die erste Parallaxe wurde 1838 von dem deutschen Astronomen Friedrich Bessel an dem nahen Stern 61 Cygni gemessen.

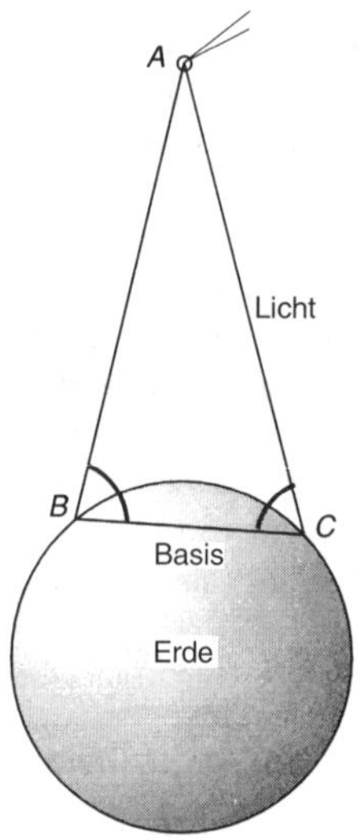

Abbildung 1

Auf diese Weise wurden die Entfernungen innerhalb des Sonnensystems und bis hin zu den nähergelegenen Sternen ermittelt. Als Maßeinheit verwendet man hier das Parsec (pc), das einer Strecke von etwa 3×10^{16}m oder 3,26 Lichtjahren entspricht (also dem Weg, den das Licht in 3,26 Jahren zurücklegt). Diese von den Astronomen häufig gebrauchte Einheit verweist schon in ihrem Namen auf das Triangulationsverfahren, denn ein Parsec (Abkürzung für Parallaxensekunde) ist die Entfernung, für die der mittlere Radius der Erdumlaufbahn die Basis eines Winkels von fast genau einer Winkelsekunde bildet. Dieser Winkel ist zwar sehr klein, aber mit Teleskopen noch zu messen. Beobachtet man einen Stern, dessen Entfernung zur Erde ein Parsec beträgt, im Abstand von einem halben Jahr, so zeigt er eine Parallaxe von zwei Winkelsekunden.

Für Objekte, die sich nicht in vergleichsweise naher Umgebung des Sonnensystems befinden, gestaltet sich die Entfernungsmessung schwieriger, und den dort eingesetzten Verfahren fehlt es sowohl an der Strenge als auch an der Genauigkeit des beschriebenen geometrischen Verfahrens.

Das nächste Verfahren, auf das man bei zunehmender Entfernung des Objekts zurückgreift, ist die photometrische Methode. Sie basiert auf der geläufigen Erfahrung, wonach die scheinbare Helligkeit einer Lichtquelle (einer Laterne oder eines Autoscheinwerfers) uns Auskunft über deren Entfernung gibt. Da für die Ausbreitung des Lichts das Gesetz der Erhaltung der Energie gilt, nimmt die wahrgenommene Helligkeit einer Lichtquelle mit dem Quadrat der Entfernung zwischen Beobachter und Objekt ab (sofern Dunst oder Nebel die Sicht nicht trüben). Die Sterne zeigen sehr unterschiedliche Helligkeiten, wie jeder sogleich erkennt, wenn er zum Himmel hinaufschaut. Daraus lässt sich aber noch kein unmittelbarer Schluss auf ihre Entfernungen ziehen, denn die Sterne strahlen nicht alle dieselbe Lichtmenge ab. Zum Glück ist die Natur großzügig. Es besteht nämlich ein unmittelbarer Zusammenhang zwischen der Intensität des abgestrahlten Lichts (der Leuchtkraft des Sterns) und dem SPEKTRUM, wobei das Spektrum eines Sterns Auskunft über die Verteilung seines Lichts auf die verschiedenen Wellenlängen gibt und ein charakteristisches Merkmal des betreffenden Sterns darstellt (siehe STERN).

Die Analyse des Spektrums ist nicht schwer, und sie ist unabhängig von der Entfernung. Dank des Zusammenhangs zwischen Leuchtkraft und Spektrum lassen sich aus dem beobachteten Spektrum eines Sterns Rückschlüsse auf dessen Leuchtkraft oder tatsächliche Helligkeit ziehen, und die Entfernung ergibt sich dann unmittelbar aus dem Vergleich zwischen dieser ursprünglichen Leuchtkraft und der scheinbaren Helligkeit des Sterns für den irdischen Beobachter. Allerdings kann auch hier die Sicht durch »Dunst«, das heißt durch den Staub im INTERSTELLAREN RAUM, getrübt sein. In diesem Falle ist der Stern näher, als sein getrübtes Bild es erscheinen lässt, und wir müssen entsprechende Korrekturen vornehmen. Sämtliche Entfernungen innerhalb der Galaxis sind nach dem photometrischen Verfahren bestimmt worden; dasselbe gilt für die Entfernungen innerhalb der benachbarten Galaxien, deren Sterne sich noch einzeln beobachten lassen. Das Verfahren lässt sich auch auf ganze GALAXIEN übertragen, weil man ihnen eine Gesamtleuchtkraft zuordnen kann.

Bis zum Beginn des 20. Jahrhunderts wusste niemand, ob die Grenzen unserer Milchstraße, deren Größe bereits bekannt war (etwa 10^{21}m, das sind 30000 Parsec oder etwa 100000 Lichtjahre), auch die Grenze der messbaren Entfernungen darstellte. Unter den Nebeln – eine Sammelbezeichnung für allerlei Objekte, die im Unterschied zu den Sternen mit bloßem Auge oder dem Fernrohr nur verschwommen wahrgenommen werden können – gab es allerdings einige, die eine spiralförmige Gestalt erkennen ließen. Diese Objekte waren 1920 in Kalifornien Anlass einer heftigen Debatte zwischen den Astronomen Harlow Shapley und Heber D. Curtis. Shapley vertrat das (mehr als ein Jahrhundert zuvor von Immanuel Kant ohne empirischen Rückhalt eingeführte) Konzept eines aus zahlreichen Inseln bestehenden Universums und erblickte daher in diesen spiralförmigen Gebilden sehr weit entfernte Galaxien, während Curtis glaubte, dass sie sich innerhalb unserer Galaxis befänden. Der Streit wurde schließlich durch ein neues Verfahren zur Messung astronomischer Entfernungen entschieden, das Edwin Hubble 1925 einführte. Es basiert auf den veränderlichen Sternen vom Typ Delta Cephei (die daher Cepheiden-Veränderliche oder einfach Cepheiden genannt werden). Dass es solche Sterne gab, wusste man seit 1912, und soweit sie sich in unserer Galaxis befinden, hatte man ihre Entfernung und Leuchtkraft mit Hilfe der klassischen Verfahren bestimmt. Diese Sterne verändern ihre Helligkeit mit großer Regelmäßigkeit, und es besteht ein direkter Zusammenhang zwischen ihrer Leuchtkraft und der Periode, mit der diese Leuchtkraft sich verändert. Hubble entdeckte nun solch einen Cepheiden im Andromedanebel. Er bestimmte die Periode dieses Sterns, leitete daraus die Leuchtkraft ab und gelangte aufgrund des Vergleichs mit der scheinbaren Helligkeit zu einer Entfernung von 300000 pc, das entspricht einer Million Lichtjahre oder dem Zehnfachen des Durchmessers unserer Galaxis. Der Andromedanebel konnte sich nicht innerhalb der Milchstraße befinden, sondern war eine andere, weit entfernte Galaxie.

Als dank der Verbesserung der Teleskope immer mehr Sterne in fernen Galaxien erkennbar wurden, bot die Beobachtung der Cepheiden die Möglichkeit, die Entfernung der Galaxien in der Lokalen Gruppe zu bestimmen (die Lokale Gruppe ist der Galaxienhaufen, zu dem auch die Milchstraße gehört). Mit dem im Weltall stationierten Hubbleteleskop werden seit 1993 Cepheiden beobachtet, die bis zu 20 Mpc (Megaparsec oder Millionen Parsec, $1\,\text{Mpc} = 3 \times 10^{22}$m) entfernt sind und Galaxien des Galaxienhaufens im Sternbild Jungfrau angehören. Erst 1955 hatte man bemerkt, dass es zwei verschiedene Arten von Cepheiden gibt, mit der Folge, dass sämtliche Entfernungen im fernen Bereich des Universums verdoppelt werden mussten. Seither wissen wir, dass etwa der Andromedanebel nicht 300000, sondern 670000 pc entfernt ist, also mehr als zwei Millionen Lichtjahre.

Auch die Methode zur Bestimmung noch weiter entfernter Objekte verdanken wir Edwin Hubble. Er entdeckte 1929, dass unser Universum sich ausdehnt (siehe EXPANSION) und die Galaxien (deren Entfernung D er mit Hilfe der darin zu findenden Cepheiden bestimmte) sich mit einer scheinbaren Geschwindigkeit $\vec{V}$ entfernen, wobei Geschwindigkeit und Entfernung nach der Formel $\vec{V} = H_0 D$ in einem einfachen proportionalen Verhältnis stehen. Der Proportionalitätsfaktor H_0 ist eine NATURKONSTANTE, die in der Kosmologie eine fundamentale Rolle spielt und als Hubblekonstante bezeichnet wird. Durch die Beobachtung von Cepheiden in nahen Galaxien hat man sie näherungsweise bestimmen können; sie liegt zwischen 50 und 100 Kilometern pro Sekunde und Megaparsec. Die festgestellte Beziehung zwischen Geschwindigkeit V und Entfernung D kann man nun benutzen, um die Entfernung zu bestimmen, denn V lässt sich direkt messen, indem man die Spektrallinien chemischer Elemente betrachtet, die in der betreffenden Galaxie vorkommen. Aus Laboruntersuchungen wissen wir, dass ein bestimmtes Element, z. B. Wasserstoff, Licht der Wellenlänge λ_0 (Lambda null) emittiert. Unterzieht man das von einer Galaxie ausgehende Gesamtlicht einer Spektralanalyse (wobei es nicht erforderlich ist, einzelne Sterne voneinander zu trennen), beobachtet man bei einer von λ_0 verschiedenen Wellenlänge λ eine Spektrallinie, die sich zum Beispiel aufgrund ihrer Intensität dennoch dem betreffenden Element (etwa dem Wasserstoff) zuordnen lässt. Hubble führte nun diese Verschiebung oder Differenz $(\lambda-\lambda_0)$, die nach seinen Beobachtungen an weit entfernten Galaxien stets positiv ausfiel (d. h. sich als Verschiebung in Richtung des roten Bereichs des Spektrums bemerkbar machte), auf den so genannten Dopplereffekt zurück. Danach sind die Wellenlängen des von einer Lichtquelle emittierten und des von einem Beobachter aufgenommenen Lichts verschieden, wenn Lichtquelle und Beobachter sich im Verhältnis zueinander bewegen. Daraus schloss er, dass die Galaxien sich von der Erde entfernten, und zwar mit einer Geschwindigkeit $V=c(\lambda-\lambda_0)/\lambda_0$, wobei c die Lichtgeschwindigkeit ist (die Formel gilt allerdings nur für Geschwindigkeiten V, die klein gegenüber der Lichtgeschwindigkeit c sind).

Diese gemessene Größe bezeichnet man heute als Rotverschiebung $z=(\lambda-\lambda_0)/\lambda_0$.

Für den Andromedanebel liegt der Wert von z bei 0,0002. Für manche Galaxien erreicht er fast den Wert von 5; nach dem Hubbleschen Gesetz sind dies die fernsten Galaxien. Bisher hat man noch kein Objekt beobachtet, bei dem z größer als 5 wäre – abgesehen von schwachen Fluktuationen der kosmischen Hintergrundstrahlung (siehe SCHWARZER KÖRPER). Die Rotverschiebung ist also eine empirische Größe, die sich aus einer einfachen Spektralanalyse des Lichts ferner Galaxien ergibt, sofern man dem Hubbleschen Gesetz universelle Geltung einräumt. Die Größe des beobachtbaren Universums liegt danach bei 15 Gpc (Gigaparsec, 1 Gpc= 3×10^{25}m).

Hubbles einfache Deutung im Sinne des Dopplereffekts ist operational. Man kann das Phänomen der Flucht sämtlicher Galaxien jedoch auch im Rahmen der allgemeinen RELATIVITÄTSTHEORIE interpretieren (siehe KOSMOLOGISCHES STANDARDMODELL). Dann resultiert die Rotverschiebung $z=(\lambda-\lambda_0)/\lambda_0$ nicht aus einer Geschwindigkeit, sondern aus einer im ganzen Raum anzutreffenden Dilatation (Dehnung) der Strecken in der Zeit.

Die allgemeine Relativitätstheorie hat den elementaren Entfernungsbegriff weiterentwickelt, der historisch im Rahmen der euklidischen Geometrie ausgearbeitet worden ist und für die uns vertraute Welt auch weiterhin anwendbar bleibt. Das Universum insgesamt ist jedoch nicht euklidisch; das Licht pflanzt sich darin nicht geradlinig fort, sondern auf gekrümmten Linien, die in diesem Raum die kürzeste Verbindnung zwischen zwei Punkten darstellen (wie ein Großkreis auf der Oberfläche einer Kugel). So kann man die Entfernung einer Galaxie entweder aufgrund ihrer Helligkeit (nach der oben beschriebenen photometrischen Methode) bestimmen oder durch die Messung ihres scheinbaren Durchmessers, den man dann mit der anderweitig ermittelten tatsächlichen Größe dieses Objekts vergleicht. Dabei gelangt man zu zwei verschiedenen Werten, und keiner dieser Werte ist »wahrer« als der andere. In diesem Paradoxon kommt lediglich die Tatsache zum Ausdruck, dass unsere Vorstellungen von Entfernung und Entfernungsmessung sich in einem gekrümmten Raum nicht mehr ohne weiteres anwenden lassen.

Wenn man die »heutige« Entfernung eines astronomischen Objekts zum Beispiel in Parsec angibt, so spielt dabei auch die Zeit eine Rolle, die das Licht benötigt hat, um aus der Tiefe eines in ständiger Ausdehnung befindlichen Raumes zu uns zu gelangen. Paradoxerweise lässt sich die einzige empirische Größe für die Messung der Entfernung einer Galaxie – die aus der Beobachtung so leicht abzuleitende Rotverschiebung z – nur dann in unsere Längeneinheiten (Meter, Parsec) übersetzen, wenn wir dazu auf Modelle des Universums zurückgreifen, die ihrerseits auf mehr oder weniger gesicherten Hypothesen beruhen.

Die Längenmaße, die dem von Protagoras überlieferten Spruch entsprachen, wonach der Mensch das Maß aller Dinge ist: Fuß, Elle, Spanne, Schritt wichen einem durch ein Objekt definierten Maß, dem Meter. Um 1970 löste sich die Längeneinheit vollends auf und wich der Lichtgeschwindigkeit *c* oder genauer der Strecke, die das Licht in einer Sekunde zurücklegt, einer unveränderlichen, universellen Größe. Bei der Messung von Entfernungen im Universum stützen Geometrie und Photometrie die periodische Veränderlichkeit von Vergleichssternen und das Gesetz der universellen Expansion einander gegenseitig. Doch unversehens verliert sich dabei die scheinbar sichere und vertraute Vorstellung der Entfernung in den Tiefen des Raumes und verkürzt sich auf ein Konzept, das sich nur noch in Formeln ausdrücken lässt.

Enthalpie

Zur Vertiefung: ***Chemie; Reaktion***

Die Enthalpie lässt sich kaum verstehen, wenn man nicht weiß, was in der THERMODYNAMIK unter der inneren Energie eines makroskopischen Systems verstanden wird. Diese setzt sich zusammen aus der kinetischen Energie, die mit der unablässigen Bewegung der mikroskopisch kleinen Bestandteile (ATOME und MOLEKÜLE) des Systems verbunden ist, und der potentiellen Wechselwirkungsenergie, in die sich die Abstoßungs- und Anziehungskräfte zwischen diesen Bestandteilen umsetzen. Einfacher ausgedrückt ist die innere Energie die Energiereserve, die auf mikroskopischer Ebene in einem System enthalten ist, auch wenn es sich im Ruhezustand zu befinden scheint. Sie spielt in der Thermodynamik eine wichtige Rolle und ist definiert im Ersten Hauptsatz der Thermodynamik, der besagt, dass die Änderung der inneren Energie ΔU gleich der Summe der mechanischen Arbeit W und der Wärmemenge Q ist, die dem System zugeführt wurden; kurz: $\Delta U = W + Q$. Der Erste Hauptsatz legt also dar, wie eine Energiezufuhr in Form von Arbeit oder Wärme den inneren Zustand eines Systems beeinflusst.

Die Enthalpie (H) eines Systems ist nun definiert als die Summe aus seiner inneren Energie U und dem Produkt von DRUCK P und Volumen V, also $H = U + PV$. Auch wenn diese Größe keine unmittelbare Bedeutung hat, macht sie es möglich, für eine bestimmte Gruppe von Umwandlungen die Gleichung des Ersten Hauptsatzes der Thermodynamik zu vereinfachen. Erfolgt eine Umwandlung bei konstantem Druck (was für viele gängige chemische Reaktionen zutrifft), reduziert sich der Erste Hauptsatz auf die Aussage: Die Enthalpie-Änderung ist gleich der dem System zugeführten Wärmemenge, also $\Delta H = Q$. Hier läßt sich auch die Herkunft des Wortes Enthalpie nachvollziehen, das von dem griechischen Wort *thalpein*: erwärmen abgeleitet ist. Diese Gesetzmäßigkeit spielt in der Chemie eine große Rolle, denn sie bedeutet, dass sich aus der Enthalpie der Reaktionspartner und der Endprodukte einer chemischen Reaktion, die bei konstantem Druck erfolgt, die Wärmemenge errechnen lässt, die diese Reaktion aufnehmen muss, um zustande zu kommen, oder die sie in ihrem Ablauf freisetzt.

Entropie

Zur Vertiefung: ***Information; Irreversibilität; Signal; Thermodynamik***

Der Zweite Hauptsatz der Thermodynamik

Das Konzept der Entropie steht in engem Zusammenhang mit dem Zweiten Hauptsatz der Thermodynamik, den erstmals der englische Physiker Lord Kelvin Mitte des 19. Jahrhunderts im Anschluss an Beobachtungen des Franzosen Sadi Carnot zur Funktionsweise von Dampfmaschinen formulierte. Danach ist es unmöglich, WÄRME vollständig in ARBEIT umzuwandeln. In einer zweiten Fassung, die von dem Deutschen Rudolf Clausius stammt und, wie man zeigen kann, mit der von Lord Kelvin vollkommen äquivalent ist, besagt der Satz, dass der Wärmeübergang spontan nur in einer Richtung erfolgt: vom Warmen zum Kalten.

Nach dem Zweiten Hauptsatz der Thermodynamik besitzen bestimmte Umwandlungsprozesse, die im Übrigen der Erhaltung der

Energie genügen, eine privilegierte Richtung. Ein Stück Zucker löst sich in einer Tasse Kaffee auf, aber es wird niemals mehr spontan die Form eines Würfels annehmen und auch seine weiße Farbe nicht wieder zurück erlangen. Und dem Kaffee in der Tasse bleibt keine andere Wahl, als süß zu bleiben. Von daher erklärt der Zweite Hauptsatz die offenkundige Irreversibilität der meisten physikalischen Phänomene.

Die notwendige Zunahme der Entropie

Das Konzept der Entropie, die Definition wie auch der Ausdruck, wurde 1854 von Clausius in die Thermodynamik eingeführt. Es handelt sich um eine Größe, die makroskopischen Systemen zukommt. Sie ist extensiv, das heißt, die Entropie eines Systems ist gleich der Summe der Entropien seiner Teile. Mit Hilfe des Entropiebegriffs lässt sich der Zweite Hauptsatz folgendermaßen formulieren: Die in einem von der restlichen Welt isolierten System enthaltene Entropie kann bei einem beliebigen physikalischen Ereignis nur zunehmen. Da die Gesamtentropie eines Liters lauwarmen Wassers größer ist als die Summe der Entropien eines halben Liters kochenden und eines halben Liters eiskalten Wassers, brauchen wir, wenn wir ein Bad nehmen, nicht zu befürchten, dass plötzlich die eine Hälfte des Badewassers gefriert, während die andere Hälfte zu kochen beginnt. Der Zweite Hauptsatz der Thermodynamik ist der Hygiene offenbar sehr förderlich.

Die Bedeutung des Zweiten Hauptsatzes geht über den engeren Rahmen der Thermodynamik hinaus und bestimmt die Entwicklung jedes Systems, das sich selbst überlassen bleibt. Bei einem Umwandlungsprozess, dessen Anfangs- und Endzustand mit A bzw. B bezeichnet seien, genügt ein Vergleich zwischen den Entropien der Zustände A und B, um zu klären, welcher der beiden Umwandlungen (von A nach B oder von B nach A) tatsächlich stattfindet. Aus dem Zweiten Hauptsatz folgt unter anderem, dass die Entropie eines isolierten physikalischen Systems nur dann im Verlauf eines Umwandlungsprozesses konstant bleiben kann, wenn diese Umwandlung reversibel ist, also in beiden Richtungen ablaufen kann.

Aufgrund des Zweiten Hauptsatzes ist der Gleichgewichtszustand, dem ein System zustrebt, der Zustand maximaler Entropie. Dieser Zustand ist im Allgemeinen durch eine Gleichförmigkeit gekennzeichnet, die von einer vollständigen Degradation zeugt. Daher der häufig formulierte Gedanke, wonach die Entropie ein Maß für die »Unordnung« oder »Desorganisation« sei – ein sehr qualitatives Konzept, dem, wie wir noch sehen werden, erst die mikroskopische Analyse der Systeme eine präzisere Bedeutung verleiht.

Von der Ordnung zur Unordnung

Das Konzept der Entropie, dessen Einführung das im Ersten Hauptsatz der Thermodynamik formulierte Prinzip der Erhaltung der Energie präzisierte, sagt nichts über die Gründe für solch eine Asymmetrie im Ablauf physikalischer Prozesse. Erst der Österreicher Ludwig Boltzmann legte 1877 eine mikroskopische Interpretation der Entropie vor, die deren wahre Bedeutung verständlich machte. Er zeigte, dass die Entropie S eines Systems durch eine relativ einfache Formel mit der Zahl W zusammenhängt, die angibt, auf wie viele verschiedene Weisen die Energie eines Systems auf dessen verschiedene Bestandteile (Atome oder Moleküle) verteilt sein kann. Die Formel lautet $S = k \log W$, wobei k eine positive Konstante ist, die als Boltzmann-Konstante bezeichnet wird (siehe Naturkonstanten). Da die Logarithmusfunktion log eine wachsende Funktion ist, nimmt auch die Entropie mit wachsendem W zu.

Bei einem makroskopischen System gegebener Energie, das aus einer großen Zahl von Atomen besteht, ist auch die Zahl der verschiedenen möglichen Verteilungen der Energie auf die verschiedenen Atome, aus denen das System besteht, sehr groß. Jede dieser Möglichkeiten entspricht einem besonderen mikroskopischen Zustand. Ein Beobachter erkennt jedoch nur einige große Klassen möglicher Verteilungen, die man als makroskopische Zustände bezeichnet. Die größte Realisierungschance hat natürlich der Zustand, der die größte Zahl möglicher Verteilungen umfasst, also dem größten Wert von W entspricht. Nach der Boltzmannschen Formel entspricht dieser Zustand der maximalen Entropie des Systems. Die natürliche Entwicklung der Entropie lässt sich daher als jene Entwicklung interpretieren, die unter dem Einfluss der Zusammenstöße zwischen Atomen oder Molekülen zum wahrscheinlichsten Zustand führt, und das ist vielfach der Zustand, der in unseren Augen die größte Unordnung besitzt, weil er die größtmögliche Vielfalt verschiedener mikroskopischer Zustände umfasst.

Der makroskopische Zustand eines Systems lässt sich zwar mit einem Maß kennzeichnen, dieses bietet jedoch keinen Zugang zur genauen mikroskopischen Verteilung der Energie. Da das System sich in Richtung maximaler Entropie bewegt, umfasst es eine wachsende Zahl mikroskopischer Möglichkeiten. Die Hoffnung, den genauen mikroskopischen Zustand des Systems erfassen zu können, wird daher mit der Zeit immer geringer, denn je mehr Zeit vergeht, desto größer wird die Entropie, also auch die Unordnung des Systems, und desto geringer wird die Information, die man über diesen Zustand erlangen kann. Wir wollen nun versuchen, den in Wirklichkeit sehr tiefgründigen Zusammenhang zwischen Entropie und Information ein wenig zu erhellen.

Die Informationsentropie

Je größer die Ordnung eines Systems, desto leichter seine Beschreibung. Der Begriff der Informationsentropie ergibt sich ganz natürlich aus dieser Feststellung. Je mehr man über ein System weiß, desto genauer kann man seine Entwicklung voraussagen, und desto geringer ist seine Entropie. Der unmittelbar aus seinem thermodynamischen Gegenstück hervorgegangene Begriff der Informationsentropie (der vor allem auf der Boltzmannschen Formulierung basiert) bezeichnet gleichsam den »Gewinn«, den eine Information darstellt. Neben seiner Funktion als Grundbegriff der Informationswissenschaften findet der Begriff zahlreiche Anwendungen im Bereich der CODIERUNG, der Telekommunikation, der Statistik und der STATISTISCHEN ANALYSE. Der Gedanke, der sich hinter der trockenen mathematischen Formulierung verbirgt, ist einfach, aber zunächst müssen einige Dinge geklärt werden.

Wie viele unabhängige binäre Informationen benötigt man, um ein Objekt unter N ähnlichen, aber verschiedenen Objekten zu unterscheiden, zum Beispiel eine Kugel in einem Beutel mit N ganz verschiedenen Kugeln? Die von dem amerikanischen Mathematiker Claude Shannon begründete statistische Informationstheorie antwortet auf diese Frage ganz unzweideutig: $\lg_2 N$ (Logarithmus von N zur Basis 2). Dieses Maß entspricht einer Informationsmenge und wird als »Logon« oder zu Ehren seines Erfinders gelegentlich auch als »Shannon« bezeichnet. Wie ist man zu diesem Maß gelangt? Sehr einfach. Man braucht lediglich alle Kombinationen von p BITS – den binären Informationseinheiten – zu betrachten. Ein Bit kann bekanntlich zwei verschiedene Werte annehmen, 0 oder 1; zwei Bits können vier Werte annehmen, (00), (01), (10) oder (11); und p Bits können $N = 2^p$ Werte annehmen. Hat man N Objekte zu klassifizieren, benötigt man also mindestens p Bits mit $2^p \geq N$, um ihnen allen verschiedene Werte zuordnen zu können. Nun ist $\lg_2 N$ definitionsgemäß die Inverse der Funktion 2^p; daher ist $2^p \geq N$ äquivalent mit $p \geq \lg_2 N$, und das entspricht der Informationsmenge, die zur Klassifikation von N Objekten erforderlich ist.

Zur Illustration wollen wir uns eine Urne mit 500 Kugeln vorstellen. Die Informationsmenge, die nötig ist, um eine von 500 Kugeln zu kennzeichnen, das heißt die Zahl der Bits, die wir benötigen, um sie eindeutig von allen übrigen Kugeln zu unterscheiden, beträgt mithin $\lg_2 500$ Logon. Stellen wir uns nun vor, 100 Kugeln seien rot und 400 blau. Welchen Informationsgewinn bedeutet diese Information? Auf Anhieb lässt sich diese Frage nur schwer beantworten; das zeigt die Informationsentropie. Bevor wir die Formel angeben, mit der sich der Informationsgewinn berechnen lässt, wollen wir die Zusammenhänge an unserem Beispiel Schritt für Schritt nachvollziehen.

Die für die Kennzeichnung einer der 100 roten Kugeln erforderliche Informationsmenge beträgt $lg_2 100$, für eine der 400 blauen Kugeln entsprechend $lg_2 400$. Die Wahrscheinlichkeit, bei einer Zufallsziehung eine rote Kugel zu erhalten, beträgt 100/500, also 1/5; die Wahrscheinlichkeit, eine blaue zu erhalten, 400/500, also 4/5. Im Durchschnitt beträgt daher die zur Kennzeichnung einer zufällig gezogenen Kugel nötige Informationsmenge $(1/5 \times lg_2 100) + 4/5 \times lg_2 400$.

Der Informationsgewinn, den die Auskunft bringt, dass 100 Kugeln rot und 400 blau sind, ist daher gleich der Differenz zwischen der Informationsmenge, die zur Kennzeichnung einer Kugel erforderlich ist, wenn man nichts über das Verhältnis zwischen roten und blauen Kugeln weiß, und der Informationsmenge, die man zur Kennzeichnung einer Kugel benötigt, wenn man diese Information besitzt, also

$lg_2 500 - [(1/5 \times lg_2 100) + 4/5 \times lg_2 400]$,

und da

$lg_2 A - lg_2 B = -lg_2(B/A)$,

kann man dafür auch schreiben:

$-[(1/5 \times lg_2(1/5)) + (4/5 \times lg_2(4/5))]$.

Weiß man also, dass eine Kugel entweder blau oder rot ist, beträgt der Informationsgewinn dieses Wissens

$-[P_{rot} lg_2 P_{rot} + P_{blau} lg_2 P_{blau}]$,

wobei P_{rot} und P_{blau} jeweils die Wahrscheinlichkeit ist, bei einer Zufallsziehung eine rote bzw. eine blaue Kugel zu erhalten.

Dieser barbarische Formel lässt sich noch weiter verallgemeinern für den Informationsgewinn jeder beliebigen Wahrscheinlichkeitsverteilung; sie lautet

$$-\sum_k P_k \times lg_2 P_k$$

und bedeutet, dass man über alle Klassen k die Menge $-P_k \times lg_2 P_k$ summiert, wobei P_k die Wahrscheinlichkeit der Klasse k bezeichnet.

Wie schon gesagt, hat diese Formel große Ähnlichkeit mit der im 19. Jahrhundert von Boltzmann angegebenen Formel für die thermodynamische Entropie. Diese Ähnlichkeit veranlasste Claude Shannon in den 1930er Jahren, eine Parallele zwischen Thermodynamik und Informationstheorie herzustellen.

Entstehung der Elemente

Zur Vorbereitung: ***Element***

Zur Vertiefung: ***Elementhäufigkeit; kosmologisches Standardmodell; Sonne; Stern***

Ein gelöstes Rätsel

Auf der Erde gibt es 83 verschiedene chemische Elemente, die jeweils in mehreren, als ISOTOPE bezeichneten Formen vorkommen können. Die Isotope eines chemischen Elements besitzen in ihrem Atomkern dieselbe Zahl an PROTONEN, unterscheiden sich aber in der Zahl der NEUTRONEN. Woher stammen die chemischen Elemente? An die Beantwortung dieser Frage konnte man sich erst machen, als die Chemiker im 19. Jahrhundert bei der Analyse des von der SONNE, von den STERNEN und von den PLANETEN unseres SONNENSYSTEMS stammenden Lichts eine wichtige Entdeckung machten: Das von den Himmelskörpern ausgehende Licht und das von den Atomen in den Laborexperimenten emittierte Licht waren so vollständig identisch, dass man auf der Grundlage dieser Gleichheit eine chemische Fernanalyse der Sonne und der übrigen Himmelskörper vornehmen konnte (siehe SPEKTRALANALYSE). Damit war die Herkunft der chemischen Elemente zwar noch nicht geklärt, aber die Frage verschob sich auf das UNIVERSUM als Ganzes. Als man die chemische Zusammensetzung der Sterne im Wege einer Spektralanalyse des von ihnen emittierten Lichts untersuchte, stellte man fest, dass Wasserstoff den Hauptbestandteil des beobachtbaren Universums bildet, während alle übrigen Elemente mit Ausnahme des Heliums nur in Spuren zu finden sind, das heißt in Anteilen, die unter einem Tausendstel liegen.

Der englische Astronom Arthur Eddington hatte schon zu Beginn des 20. Jahrhunderts die Vermutung geäußert, dass die Strahlung der Sterne auf die Fusion von Wasserstoffatomen im Innern der Sterne zurückgeht; endgültig bestätigt wurde diese Vermutung dann dreißig Jahre später von den Physikern Hans Bethe und Carl Friedrich von Weizsäcker. Wie die Abläufe in den nach Vorstellungen der Kernphysik gebauten Kernreaktoren beweisen, können durch solche Kernreaktionen immer schwerere Elemente entstehen, und zwar in Anteilen, die sich genau berechnen lassen. Damit waren die Grundlagen für ein Verständnis der Entstehung der chemischen Elemente aus dem Element Wasserstoff gelegt. Schon in den 1950er Jahren zeigte sich dann allerdings ein Problem: Der Anteil an Helium, der heute in den Sternen anzutreffen ist, wie auch der Anteil einiger anderer leichter Elemente oder Isotope wie Lithium, ließ sich unmöglich allein auf die Fusionsvorgänge im Innern der Sterne zurückführen. Deshalb musste die Kosmologie nach einer Erklärung für die ursprüngliche Entstehung dieser Elemente wie auch des allgegenwärtigen Wasserstoffs suchen.

Die Entstehung der Elemente in den Sternen

In den Sternen entstehen durch Kernreaktionen ständig neue chemische Elemente, ausgehend hauptsächlich vom Wasserstoff, dessen Elementhäufigkeit im Verhältnis zu ihm selbst definitionsgemäß gleich 1 ist, und vom Helium, dessen Häufigkeit (nach der Anzahl der Kerne) 0,06 beträgt. Die Kernreaktionen sind hochgradig abhängig von der Temperatur, und die ist im Innern eines Sterns um so höher, je größer die Masse des Sterns ist. Sterne mit einer Masse, die in der Nähe der Masse unserer Sonne liegt ($1 M_{\odot} = 2 \times 10^{30}$kg), produzieren hauptsächlich die leichteren Elemente bis hin zum Kohlenstoff (^{12}C) und seinen Isotopen oder auch bis hin zum Sauerstoff (^{16}O) und seinen Isotopen, während Sterne, die deutlich größer als die Sonne sind, sämtliche Elemente bis hin zum Eisen und darüber hinaus erzeugen.

Die Komplexität der möglichen Reaktionen ist beträchtlich. Um eine Vorstellung von diesen Prozessen zu geben, sei hier die bekannteste Sequenz beschrieben, der Kohlenstoff-Sauerstoff-Stickstoff-Zyklus (auch Bethe-Weizsäcker-Zyklus genannt), der in Sternen anzutreffen ist, deren Masse das Doppelte bis Dreifache der Sonnenmasse beträgt. Insgesamt entsteht bei diesem Zyklus aus vier Protonen (Wasserstoffkernen) ein Heliumkern; dabei werden zwei Positronen (die Antiteilchen des Elektrons, siehe ANTITEILCHEN, ANTIMATERIE) sowie Neutrinos und sehr energiereiche γ-Photonen (Gammastrahlung) freigesetzt, die das Innere des Sterns aufheizen. Bei dieser Reaktionssequenz wirkt unter anderem Kohlenstoff wie ein nuklearer Katalysator (siehe KATALYSE), der die Reaktion erleichtert, selbst letztlich aber unverändert bleibt. Drei Heliumkerne verschmelzen ihrerseits zu einem Kohlenstoffkern und erweitern damit den Zyklus.

Die so entstandenen Elemente akkumulieren sich im Innern des Sterns, wobei sie sich je nach Masse und nach dem Umfang der thermischen Konvektion innerhalb des Sterns verteilen. Von der Oberfläche des Sterns gelangen sie durch den Sonnenwind auch in den interstellaren Raum (siehe WIND); dabei verliert der Stern – vor allem in der Phase des Roten Riesen (siehe RIESENSTERN), bei der sich die Atmosphäre kleinerer Sterne wie unserer Sonne beträchtlich ausdehnt – zunehmend Materie an den umgebenden Raum.

Die meiste Materie gelangt allerdings bei der Explosion von Sternen in den interstellaren Raum; bei diesem Vorgang, der als SUPERNOVA bezeichnet wird und Sterne mit mehr als 1,4 Sonnenmassen betrifft, verliert der Stern mehr als die Hälfte seiner Masse an den umgebenden Raum. Der GRAVITATIONSKOLLAPS, der dieser Explosion vorausgeht und nur wenige Sekunden dauert, sorgt für eine beträchtliche Erhöhung der Temperatur im Innern des Sterns und damit für eine explosionsartige Ausweitung der Kernreaktionen; dabei kann Materie bis zum Umfang einer ganzen Sonnenmasse von den Reaktionsprozessen erfasst werden. Bei den so entstandenen Elementen (z. B. Kobalt) handelt es sich um stark radioaktive Isotope, die schrittweise zerfallen, bis der Prozess bei stabilen Atomkernen (vor allem Eisen) zum Stillstand kommt.

Durch eine Spektralanalyse des von einer Supernova emittierten Lichts lässt sich bestimmen, welche chemischen Elemente dort anzutreffen sind und wie sie einst innerhalb des Sterns verteilt waren. Derartige Ergebnisse hat zum Beispiel die Beobachtung von Cassiopeia A erbracht, den Überresten einer Supernova, deren Explosion vor etwa

350 Jahren erfolgte und deren Teile noch mit Geschwindigkeiten bis zu 6000 km/sec auseinanderstreben.

Während der chemischen Evolution einer Galaxie sorgt die Abfolge der Sterngenerationen für eine ständige Anreicherung an schwereren Elementen, während der Anteil der leichteren Elemente stetig abnimmt, da die schweren Elemente daraus aufgebaut werden. Dabei handelt es sich um einen recht komplexen Vorgang, denn der Zeitraum, in dem die Sterne chemische Elemente durch Kernreaktionen erzeugen, ist sehr variabel und reicht von einer Million bis hin zu mehreren Milliarden Jahren; die Menge der dabei erzeugten Elemente hängt natürlich auch von der Masse des jeweiligen Sterns ab und für die gesamte Galaxie von Art und Umfang der Entstehung neuer Sterne. Auch wenn unser Wissen über die grundlegenden Vorgänge der Entstehung chemischer Elemente als gesichert gelten kann, resultiert etwa die Tatsache, dass in unserer Milchstraße der Anteil des Kohlenstoffs ein Tausendstel und der des Sauerstoffs ein Fünfhundertstel des Wasserstoffanteils beträgt, der Sauerstoffanteil aber über dessen durchschnittlichem Anteil an der Gesamtmasse im Universum liegt, aus dieser Vielzahl der Erscheinungen und Prozesse, die sich seit zehn Milliarden Jahren in unserer Galaxie überlagern.

Die Urentstehung der leichten Atomkerne

Ab 1948 bewiesen Ralph Alpher, George Gamow und Robert Herman in den Vereinigten Staaten, dass die heute im Kosmos anzutreffenden leichten Elemente nicht aus Prozessen innerhalb der Sterne hervorgegangen sein können; dabei handelt es sich hauptsächlich um Deuterium, ein Wasserstoffisotop, dessen Kern aus einem Proton und einem Neutron besteht; um Tritium, das ein Neutron mehr besitzt; um Helium (^{4}He) und um Lithium (^{7}Li). Nach ihren Berechnungen konnten diese Elemente nur in einer Phase entstanden sein, in der das Universum eine sehr viel höhere Temperatur und Dichte besaß, als man sie im Innern der Sterne antrifft.

Andere Elemente wie das Lithiumisotop ^{6}Li oder Bor (^{10}B) wurden in der Milchstraße mit Anteilen gemessen, die sich mit diesen Berechnungen nicht vereinbaren ließen. Das Problem fand eine rasche Lösung, als man begriff, dass diese beiden Elemente durch den Zusammenstoß zwischen der KOSMISCHEN STRAHLUNG (Elementarteilchen und Atomkerne, die sich mit großer Geschwindigkeit durch eine Galaxie bewegen) und Atomen im interstellaren Raum entstehen.

Bei solchen Zusammenstößen zerfallen schwere Atomkerne in mehrere Teile (man spricht hier von Spallation oder Kernzertrümmerung), und unter den Zerfallsprodukten befinden sich auch die genannten leichteren Kerne.

Nach dem KOSMOLOGISCHEN STANDARDMODELL gab es eine auch als URKNALL bezeichnete Phase in der Entwicklung des Universums, in der die Temperatur zwischen 10^{12} und 10^9 K (Kelvin) lag, und in dieser Phase sollen die leichten Kerne (He, Li, B) entstanden sein. Die dazu erforderlichen Reaktionen kamen zum Stillstand, als die Temperatur des Kosmos unter 2×10^8K sank; danach erhöhte sich der Anteil der genannten Elemente nicht weiter. Der Prozess ähnelt dem bekannten Vorgang des Härtens von Stahl, bei dem man den Stahl plötzlich abkühlt, um den Anteil der darin enthaltenen Kohlenstoffkristalle zu fixieren.

Zum Schluss sei noch auf einen bemerkenswerten Zufall hingewiesen: Die beschriebene Urentstehung chemischer Elemente fand in einem expandierenden Universum statt, dessen Temperatur und Dichte sehr schnell absanken.

Wenn die Kernreaktionen, aus denen zum Beispiel das Helium hervorgeht, nur langsam im Vergleich zur Abkühlung und Verdünnung des Kosmos verliefen, hätte der Kosmos sich zu schnell abgekühlt und verdünnt, als dass der Heliumvorrat hätte entstehen können, aus dem dann in den Sternen die schwereren Elemente aufgebaut wurden. Das ANTHROPISCHE PRINZIP resultiert aus dem Erstaunen über unsere Existenz als Lebewesen im Kosmos und über den zufälligen Charakter der kosmischen Evolution wie auch der Entstehung des Lebens.

Enzym

Zur Vertiefung: ***Gentechnik; Katalyse; Stoffwechsel; Protein***

Enzyme und Katalyse

Anfangs bezeichnete man die aktiven Wirkstoffe der Fermentationsprozesse, die es uns ermöglichen, Brot, Wein, Bier und Käse herzustellen und Nahrung zu verdauen, als »Fermente«, später als »Diastasen« (vom griechischen *diastasis,* »Spaltung«). 1867 nannte der deutsche Physiologe Wilhelm Kühne sie Enzyme (aus dem griechischen *en zyme*, was so viel heißt wie »das, was in der Hefe ist«).

Ein Enzym ist eine Substanz – meist ein Protein, manchmal auch eine Ribonukleinsäure oder RNA, dann als Ribozym bezeichnet –, die als Katalysator an den biochemischen Reaktionen der Organismen, also am Stoffwechsel, mitwirkt. Enzyme beschleunigen biochemische Reaktionen, die ohne sie sehr langsam ablaufen würden und mit ihnen bis zu einer Million Mal schneller erfolgen. Vor allem machen sie es möglich, dass diese biochemischen Reaktionen unter Temperatur-, Druck- und Säureverhältnissen stattfinden, die mit dem Überleben der Organismen vereinbar sind.

Enzyme wirken an diesen Reaktionen mit, indem sie in spezifische Wechselwirkungen mit den zu transformierenden MOLEKÜLEN, Substrate genannt, sowie mit den daraus resultierenden Produkten treten. Diese Wechselwirkungen sind vorübergehend, der Katalysator regeneriert sich und geht unbeschadet aus der Reaktion hervor. Die Wirkung der Enzyme ist umkehrbar: Sie katalysieren die Transformation eines Substrats in ein Produkt, aber auch die umgekehrte Reaktion (siehe KATALYSE).

Enzyme und Coenzyme

Enzyme sind hoch spezifisch und katalysieren nur eine oder einige wenige verwandte biochemische Reaktionen. Zu ihrer Klassifizierung bezeichnet man sie häufig nach der Reaktion, die sie katalysieren, und versieht sie mit der Endung *-ase* (von »Diastase« entlehnt): Die Polymerasen sind demnach Enzyme, die eine Verkettung oder Polymerisation der NUKLEOTIDE, also der Grundbausteine der DNA und RNA, bei der REPLIKATION und TRANSKRIPTION des genetischen Materials katalysieren; die Hydrolasen sind Enzyme, die Spaltreaktionen durch Wasser, also die Hydrolyse, katalysieren. Restriktionsenzyme oder Restriktionsendonukleasen (siehe RESTRIKTION) spalten die DNA auf spezifische Weise; Ligasen verknüpfen DNA-Moleküle miteinander. Diese beiden letztgenannten Enzyme sind wichtige Instrumente der Gentechnik.

Ein Enzym besteht wie jedes Protein aus einer Aminosäurekette (siehe AMINOSÄUREN). An verschiedenen Stellen der Proteinkette bilden manche dieser Aminosäuren eine räumliche Struktur, die aufgrund ihrer KOMPLEMENTARITÄT wie Schloss und Schlüssel zum Substrat passt. Diese Struktur ist das Aktivitätszentrum des Enzyms, das ihm seine Besonderheit verleiht. Die Wechselwirkung zwischen Substrat und Enzym kommt über schwache chemische Bindungen, vor allem über WASSERSTOFFBINDUNGEN, zustande (siehe INTERMOLEKULARE WECHSELWIRKUNGEN).

Zahlreiche Enzyme werden erst in Verbindung mit anderen kleinen Molekülen aktiv, den so genannten Coenzymen oder Cofaktoren. Dabei kann es sich um Metallionen wie Magnesium Mg^{2+}, Mangan Mn^{2+} oder Cobalt Co^{2+} handeln oder um kleine Moleküle unterschiedlicher Struktur. Der Organismus braucht diese Coenzyme in geringen Mengen, um zu funktionieren. Manche verhalten sich wie VITAMINE oder Spurenelemente. Da der Körper sie nicht selbst produziert, ruft ihr Fehlen in der Nahrung Mangelerscheinungen im Stoffwechsel hervor.

Enzymregulation

Die Aktivität der Enzyme unterliegt verschiedenen Arten der Regulation, die sie steigern oder hemmen. Bestimmte Moleküle lagern sich aufgrund ihrer Komplementärstruktur an das Aktivitätszentrum des Enzyms oder in seiner unmittelbaren Nachbarschaft an und hemmen seine Aktivität, indem sie es für das Substrat blockieren (siehe STERISCHE HINDERUNG). Solche Inhibitoren werden vom Enzym nicht transformiert und lassen sich als Medikamente gegen Stoffwechselstörungen einsetzen.

In anderen Fällen wird das Enzym in inaktiver Form synthetisiert, zum Beispiel als Proteinkette, die erst durch Spaltung aktiviert wird. Das ist bei den meisten Verdauungsenzymen der Fall.

Die Aktivität vieler Enzyme wird durch andere Enzyme reguliert, durch Phosphorylasen und Phosphatasen; durch Hinzufügen oder Abspaltung von Phosphatgruppen an bestimmten Aminosäuren des Aktivitätszentrums verändern sie dessen Zugänglichkeit und aktivieren oder desaktivieren so das Enzym (siehe STERISCHE HINDERUNG).

Da viele Enzyme aus mehreren gleichen oder verschiedenen Proteinketten bestehen, lässt sich ihre Aktivität über kooperative Effekte zwischen diesen Ketten feiner steuern: Die Verbindung des Substrats oder eines Effektors (ein Molekül mit aktivierender oder hemmender Wirkung) mit einer dieser Ketten beeinflusst die Fähigkeit der anderen, ihrerseits in Wechselwirkung mit dem Substrat oder dem Effektor zu treten (siehe KOOPERATIVITÄT). Meist wirken solche Regulationsmechanismen über subtile Modifikationen in der KONFORMATION des Enzyms (also seiner räumlichen Anordnung), die seine Aktivität verändern (siehe ALLOSTERIE).

Ein weiterer Regulationsmechanismus ist die so genannte Endprodukthemmung oder Rückkopplungshemmung (englisch: *feedback inhibition)*. Am Zellstoffwechsel sind Enzymgruppen beteiligt, die nacheinander aktiv werden; das Produkt der ersten Reaktion wird zum Substrat der nächsten und so fort. Das Enzym, das die erste Etappe katalysiert, gilt als Regulatorenzym, da es in der Regel als einziges vom Endprodukt der Reaktionskette gehemmt wird, sobald dieses Produkt in ausreichender Menge vorhanden ist. Mit der Hemmung des ersten Enzyms der Synthesekette wird verhindert, dass sich die Zwischenprodukte und das Endprodukt unnötig ansammeln. So passt sich jeder Stoffwechselprozess den jeweiligen Erfordernissen der Zelle an.

erbliche Belastung

Zur Vertiefung: ***Dominanz, Rezessivität; Mendelsche Regeln; Phänotyp, Genotyp***

In einem medizinischen Kontext bezeichnet der Begriff »erbliche Belastung« einen mehr oder weniger schwerwiegenden erblichen Defekt. Ein Individuum gilt als erblich belastet, wenn dieser Fehler sich bei ihm manifestiert, eine Familie, wenn er bei einem ihrer Mitglieder auftritt. Diese Auslegung wirft das Problem auf, wie das betreffende Merkmal weitergegeben wird: Alles hängt von der Bedeutung des Begriffes »erblich« ab.

Wenn diese Weitergabe einzig und allein das Ergebnis des Zusammenlebens und der gemeinsamen Erziehung ist, wie es bei Verhaltensweisen der Fall ist, wäre es durchaus nicht unlogisch, eine Feststellung, die man über ein Familienmitglied trifft, unter den gebotenen Vorbehalten auf die gesamte Familie auszuweiten. Völlig anders liegt der Fall bei Merkmalen, die durch den Zeugungsprozess weitergegeben werden.

1865 hat Gregor Mendel diesen Vorgang erstmals verstanden, seine Erkenntnisse fanden jedoch erst nach ihrer Wiederentdeckung 1900 Anerkennung. Es ist nicht verwunderlich, dass so relativ junge Erkenntnisse sich auf vorgefasste Ideen noch nicht ausgewirkt haben. Tatsächlich muss dazu das Konzept der »familiären erblichen Belastung« infrage gestellt werden.

Die meisten Erbkrankheiten, insbesondere angeborene Stoffwechselstörungen, gehen auf rezessive ALLELE von Genen zurück, die nur bei Homozygoten zum Ausdruck kommen, also bei Individuen, die das für diese Krankheit verantwortliche mutierte Allel sowohl vom Vater als auch von der Mutter erhalten haben. Das ist zum Beispiel bei der Mukoviszidose der Fall, an der in Europa durchschnittlich ein Kind von 2500 leidet. Die Erkrankten haben zwei Exemplare des nachteiligen Gens m erhalten und besitzen daher den Genotyp (mm). Da das Allel N, das eine in dieser Hinsicht normale Stoffwechselfunktion ermöglicht, dominant ist, sind Heterozygoten mit dem Genotyp (Nm) völlig gesund.

Die Populationsgenetik zeigt, dass in einer beliebigen Gemeinschaft die Häufigkeit von Homozygoten gleich dem Quadrat der Häufigkeit des betreffenden Allels ist und die Häufigkeit von Heterozygoten dem doppelten Produkt der Häufigkeiten beider Allele entspricht. Danach lässt sich berechnen, dass die Frequenz der Individuen, die das nachteilige Allel für Mukoviszidose in sich tragen, ohne es zu manifestieren, bei 4% liegt, also hundert Mal höher als die Häufigkeit der erkrankten Individuen.

Familien, die hinsichtlich dieses Merkmals »erblich belastet« sind, hatten das Pech, dass es bei ihnen manifest wurde. Der größte Teil dieser nachteiligen Allele, etwa 98%, sind jedoch Teil der Erbanlagen angeblich gesunder Familien, denen der Zufall der genetischen Lotterie die Geburt eines Homozygoten erspart hat.

Diese Feststellung zeigt, wie sehr eugenische Vorhaben, die darauf zielen, nachteilige Formen einiger Gene auszumerzen, auch unabhängig von ihrer ethischen Fragwürdigkeit praktisch zum Scheitern verurteilt sind, zumindest solange diese nachteiligen Allele sich bei gesunden Trägern nicht nachweisen lassen. Vor allem zeigt sie jedoch, dass nur eine geringe Wahrscheinlichkeit besteht, keines dieser verschiedenen nachteiligen Allele erhalten zu haben. Bei jedem von uns besteht eine Chance von eins zu 25, das für Mukoviszidose verantwortliche Allel zu besitzen, ohne es zu merken, und eine Chance von eins zu 50, das Allel eines Gens in sich zu tragen, das zur Phenylketonurie führt. Die Zahl solcher Krankheiten ist so groß, dass die Wahrscheinlichkeit, keines dieser Gene in Form eines »gesunden« Allelpaares zu besitzen, praktisch gegen null geht. Wir sind also alle potentiell »erblich belastet« und sogar »mehrfach erblich belastet«: Schätzungsweise tragen wir drei oder vier nachteilige Allele in uns, die unsere Kinder töten könnten, falls unser Zeugungspartner das gleiche Allel vererben sollte. Dieser Partner ist nicht mehr oder weniger »erblich belastet« als wir, allerdings meist für andere Merkmale. In der großen Mehrzahl der Fälle sind unsere Kinder daher heterozygot und entgehen der Krankheit.

Erblichkeit

Zur Vertiefung: ***angeborene Merkmale; Gentechnik***

Mit dem Adjektiv »erblich« bezeichnen Biologen beobachtbare Merkmale, die von einer Generation an die nächste weitergegeben werden, wie Größe, Lebensdauer oder Verhaltensweisen. Diese Weitergabe läßt sich nur mit Konzepten und Instrumenten der STATISTIK anhand großer Mengen von Individuen untersuchen. Zur Erblichkeit lassen sich zwei Fragen stellen, die ihrem Wesen nach recht verschieden sind: Was ist das Maß für Erblichkeit? Welche Mechanismen liegen ihr zugrunde?

Das Maß der Erblichkeit

Ein biologisches Merkmal gilt als »erblich«, wenn zwischen den Erzeugern und ihren Nachkommen in Bezug auf dieses Merkmal im Allgemeinen eine Ähnlichkeit besteht. Die Erblichkeit zu messen bedeutet, ein Maß für den Grad dieser Ähnlichkeit vorzuschlagen. Ein solches Maß läßt sich nur gewinnen, indem man Beobachtungen innerhalb einer definierten Population mit statistischen Mitteln untersucht.

Sinnvoll ist das Konzept der Ähnlichkeit nur, wenn es auf eine genau spezifizierte Population bezogen ist. Zwischen zwei Menschen, von denen einer 1,50 m und der andere 1,60 m groß ist, besteht in Frankreich eine Ähnlichkeit, weil beide unter der Durchschnittsgröße liegen. Bei den Pygmäen besteht zwischen ihnen keine Ähnlichkeit, weil einer kleiner und der andere größer ist als der Durchschnitt.

Zur Beantwortung der Frage: »Ist die Körpergröße in einer bestimmten Gesamtheit von Individuen erblich?« empfiehlt es sich, die Messdaten der Eltern und Kinder durch Punkte darzustellen, deren Abszisse die Durchschnittsgröße des Elternpaares und deren Ordinate die Körpergröße des Kindes ist (siehe *Abbildung 1*). Das ergibt eine Punktwolke, die in der Regel die Form einer Ellipse annimmt. Verläuft die Längsachse dieser Ellipse fast horizontal, so ist die Körpergröße des Kindes kaum von der seiner Eltern beeinflusst: Sie weist einen geringen »Erblichkeitsgrad« auf. Verläuft sie dagegen steigend, so haben große Eltern im Schnitt große Kinder: Die Körpergröße ist also erblich.

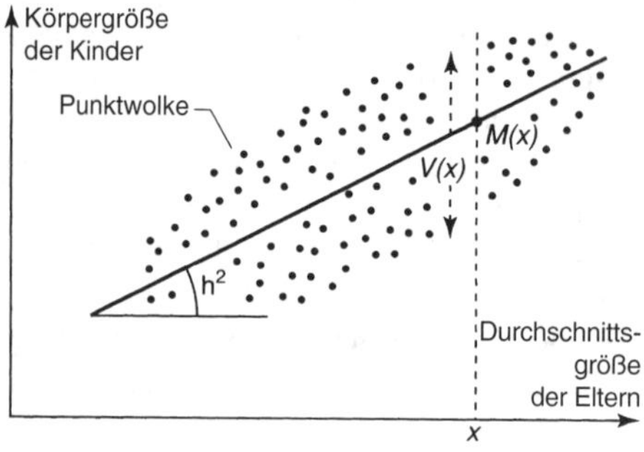

Abbildung 1

Definitionsgemäß gilt als Erblichkeitsgrad oder Heritabilität, dargestellt durch das Symbol h^2, ein Steigungsmaß der Längsachse dieser Ellipse, nämlich der Winkel, den sie mit der Abszisse bildet. Diese Kennzeichnung ist willkürlich; die Ziffer 2 steht hier nicht für einen Exponenten.

Eine genauere Analyse lässt sich folgendermaßen erzielen: Wir betrachten alle Elternpaare mit der Durchschnittsgröße x; ihre Kinder sind von unterschiedlicher Körpergröße, gestreut um einen Mittelwert $M(x)$ mit einer Variationsbreite $V(x)$, der so genannten »Restvariation«, die für einen gegebenen Wert x der Durchschnittsgröße der Elternpaare die Streuung der Kindergröße misst (sie misst also die Streuung der Kindergröße unter Eliminierung der Streuungsquelle, die in der Größe der Eltern besteht). Die Information: »Das Elternpaar hat die durchschnittliche Körpergröße x« liefert umso mehr Informationen über die Größe seiner Kinder, je kleiner die Restvariation $V(x)$ ist (im Grenzfall, in dem diese Restvariation gleich null ist, gibt die Körpergröße der Eltern zugleich Aufschluss über die des Kindes). Für die Gesamtpopulation ist die Eltern-Kind-Verknüpfung umso ausgeprägter, je kleiner der Mittelwert $M(V(x))$, berechnet für die Gesamtheit aller Größen x, (also die mittlere Restvariation) ist. Der Koeffizient für die Determination der Kindergröße durch die Elterngröße ist definiert als mittlere Abweichung zwischen der Gesamtvariation dieser Größe und der mittleren Restvariation in der Gesamtpopulation.

Ursachenanalyse

Jedes Merkmal ist das Ergebnis eines Prozesses, in den einerseits die bei der Empfängnis erhaltenen genetischen Informationen und andererseits die Einflüsse der Umgebung im Laufe der Entwicklung einfließen, oder anders gesagt, die Natur und das Abenteuer oder das Angeborene und das Erworbene. Wenn eine Eltern-Kind-Ähnlichkeit festgestellt wird, resultiert sie also aus zwei Kategorien von Faktoren: aus der Weitergabe des Genoms und aus der Beibehaltung der Umgebung von einer Generation zur nächsten.

In dem Bemühen, die jeweiligen Einflüsse dieser beiden Ursachenkategorien genauer zu bestimmen, wird häufig versucht, ihnen jeweils einen »Anteil« zuzuweisen. Implizit liegt dem die Hypothese zugrunde, Angeborenes und Erworbenes agierten unabhängig voneinander und trügen ihre jeweiligen Einflüsse bei. Nach dieser Hypothese lässt sich die Gesamtstreuung des untersuchten Merkmals, gemessen anhand seiner Varianz V, analysieren als abhängig von der Streuung der Genotypen V_G (genotypabhängige Varianz) einerseits und von der unterschiedlichen Umgebung V_M (milieu-abhängige Varianz) andererseits: $V=V_G+V_M$. Der »Anteil« des Angeborenen an der Ausprägung des Merkmals wird dann definiert als Verhältnis V_G/V.

Dieses Verhältnis wird häufig als Erblichkeitsgrad des untersuchten Merkmals präsentiert. Somit erhält die Erblichkeit folgende Definition: Heritabilität ist jener Anteil an der Varianz, der auf die Gene zurückzuführen ist – eine Definition, die stark von der oben dargelegten abweicht, was zu Verwirrungen führen kann. Vor allem aber ergibt diese Definition nur aufgrund von Hypothesen einen Sinn, die selten mit der Realität übereinstimmen.

In Wirklichkeit sind die Einflüsse der Gene und der Umgebung im Allgemeinen nicht voneinander unabhängig. Eine bestimmte Umgebung kann günstig für einen bestimmten Genotyp sein, aber ungünstig für einen anderen. Darüber hinaus ist die Verteilung verschiedener Genotypen in den verschiedenen Umgebungen nicht gleich. Die Gesamtvarianz ist also nicht in zwei, sondern in vier Kategorien zu unterteilen: Zu den beiden Varianzen V_G und V_M kommt einerseits die Varianz hinzu, die von der Wechselwirkung zwischen Genotyp und Umgebung abhängig ist, und andererseits die Kovarianz, die den Zusammenhang zwischen der Verteilung der Genotypen und der Verteilung der Milieus misst. Daher lässt sich die durch das Verhältnis V_G/V definierte Heritabilität zwar immer berechnen, ergibt aber praktisch keinen Sinn.

Erdalter

Zur Vertiefung: ***Datierung; Geochronologie; Radioaktivität***

»Die hl. Dreifaltigkeit schuf Himmel und Erde [...] am 26. Oktober des Jahres 4004 vor Christus, um neun Uhr morgens«, schrieb 1654 der Vizekanzler der Universität Cambridge John Lightfoot. Lange Zeit gehörte die Berechnung des Erdalters aufgrund der Deutung biblischer Hinweise zu den Lieblingsbeschäftigungen vieler Gelehrter.

Im Jahre 1779 maß Georges Louis Leclerc de Buffon, deutlich wissenschaftlicher ausgerichtet, die Zeit, die bis zur Rotglut erhitzte Kanonenkugeln verschiedener Größe benötigten, um auf die Umgebungstemperatur abzukühlen. Kühn extrapolierte er seine Ergebnisse auf eine Kugel von der Größe der Erde und behauptete, die Erde habe für ihre Abkühlung 75000 Jahre benötigt.

Die Frage nach dem Alter der Erde verflüchtigte sich gewissermaßen, als in der ersten Hälfte des 19. Jahrhunderts Sir Charles Lyell, einer der Gründerväter der wissenschaftlichen Geologie, das Dogma des »Aktualismus« aufstellte; danach hatten die auch heute noch wirkenden Ursachen die gegenwärtige Gestalt der Erde in einem unendlich langsamen Prozess hervorgebracht. Die Erde befand sich gleichsam in einem stationären Zustand, und zwar seit unvordenklichen Zeiten, die unsere Vorstellungskraft überstiegen und sich gar nicht ermessen ließen. Gegen dieses Dogma wandte sich schließlich Lord William Kelvin. Aufgrund der von Joseph Fourier entwickelten Theorie der Wärmeleitung berechnete er die Zeit, die erforderlich war, damit der Wärmefluss aus dem Erdinnern den heutigen, durch Beobachtung ermittelten Wert erreichte. 1863 gelangte er auf diese Weise zu einem Alter von 100 Millionen Jahren, eine durchaus endliche Spanne, mit der Geologen und Evolutionstheoretiker einigermaßen zufrieden sein konnten; das galt allerdings nicht mehr für Kelvins spätere Schätzungen, die sich bis Ende des Jahrhunderts auf 20 Millionen Jahre verringerten. Kelvins Berechnungen hingen von zahlreichen Hypothesen ab; insbesondere ließen sie den Wärmetransport durch KONVEKTION unberücksichtigt.

Zu Beginn des 20. Jahrhunderts entdeckten Pierre Curie und Albert Laborde, dass RADIOAKTIVITÄT Wärme erzeugt. Schon bald erkannte man, dass die Gesteine radioaktive Elemente enthalten. Der Zerfall dieser radioaktiven Elemente bot eine Möglichkeit, das Alter der Erde zu bestimmen (siehe DATIERUNG). Nach ersten tastenden Versuchen durch Bertram Boltwood und Arthur Holmes zeigte Clair Patterson 1953 anhand der radiogenen Bleiisotope, dass die Erde und die METEORITEN sowie das gesamte Sonnensystem etwa gleich alt sind, nämlich 4,55 Milliarden Jahre.

Damit kennen wir das Alter der Erde mit einer Fehlermarge von lediglich einem Prozent.

Erdaufbau

Zur Vertiefung: ***Erdkern, Erdmodelle; Mineralien; Plattentektonik***

Seismologische Erdmodelle

Für Lukrez war die Erde im Innern wie an der Oberfläche voller Hohlräume, durch die der Wind blies. Im 18. Jahrhundert glaubte Georges Louis Leclerc de Buffon, die ursprünglich flüssige Erde sei inzwischen vollkommen erkaltet, doch zu Beginn des 19. Jahrhunderts war der Gedanke weithin verbreitet, die Erde sei im Innern noch flüssig, und diese heiße, geschmolzene Masse sei von einer nur ein paar Dutzend Kilometer dicken Kruste umgeben. Dieses Erdmodell schien mit der Tatsache übereinzustimmen, dass die VULKANE brennend heiße Lava ausstießen. Allerdings wandte André Marie Ampère ein, die Wirkung des Mondes auf die gewaltige schmelzflüssige Masse im Innern der Erde müsse Gezeitenbewegungen solchen Ausmaßes hervorbringen (siehe GEZEITEN), dass die dünne Erdkruste sie unmöglich aushalten könne, sondern zerbersten würde.

Überlegungen zu den Gezeiten und zu den Bewegungen der Erde veranlassten Lord Kelvin, zu dem Gedanken zurückzukehren, die Erde sei nicht nur fest, sondern auch so starr wie Stahl. In seinem Roman *Reise zum Mittelpunkt der Erde* verweist Jules Verne auf den Streit zwischen den »Fluidisten«, den Anhängern des »Zentralfeuers«, und den »Solidisten«, den Vertretern einer erkalteten, erstarrten Erde. Zu Beginn des 20. Jahrhunderts war dann das Modell einer vollständig festen Erde allgemein akzeptiert. Gleichfalls als gesichert galt die Existenz eines sehr dichten ERDKERNS aus Eisen, die 1912 durch die Entdeckung einer Geschwindigkeitsänderung seismischer Wellen in 2900 km Tiefe bestätigt wurde. Erst 1926 bewies Sir Harold Jeffreys, dass der Kern flüssig sein musste. Zehn Jahre später entdeckte die dänische Seismologin Inge Lehmann innerhalb des Kerns einen inneren Kern (der, wie sich später erwies, fest ist).

Der heutige »Kenntnisstand« zum inneren Aufbau der Erde – der Gegenstand der Geophysik – lässt sich in ERDMODELLEN zusammenfassen, bei denen entweder die seismologische, die mineralogische oder die thermische Perspektive im Vordergrund steht.

Heute gehen wir davon aus, dass die Erde aus konzentrischen Kugelschalen unterschiedlicher Dichte und Elastizität aufgebaut ist. Sie sind durch Grenzflächen oder Diskontinuitäten getrennt, an denen sich die Geschwindigkeit seismischer Wellen sprunghaft ändert. Alle seismologischen Modelle unterteilen die Erde, von außen nach innen gesehen, in die Kruste, den Mantel und den Kern (siehe *Abbildung 1*). Die Kruste hat eine Dicke von 30 bis 50 km unter den Kontinenten und von 6 km unter den Ozeanen. Der feste Mantel reicht bis zur Grenze zwischen Mantel und Kern in 2900 km Tiefe; durch eine in 670 km Tiefe gelegene Grenzschicht, an der sich die Geschwindigkeit seismischer Wellen ändert, wird er in zwei Bereiche geteilt, den oberen und den unteren Mantel. Der Kern (oder genauer: der äußere Kern) ist von der unteren Grenze des Mantels bis in eine Tiefe von 5150 km flüssig; von dort bis zum Mittelpunkt der Erde in 6371 km Tiefe ist er fest (innerer Kern); am Erdmittelpunkt herrscht ein Druck von 3,6 Millionen Atmosphären.

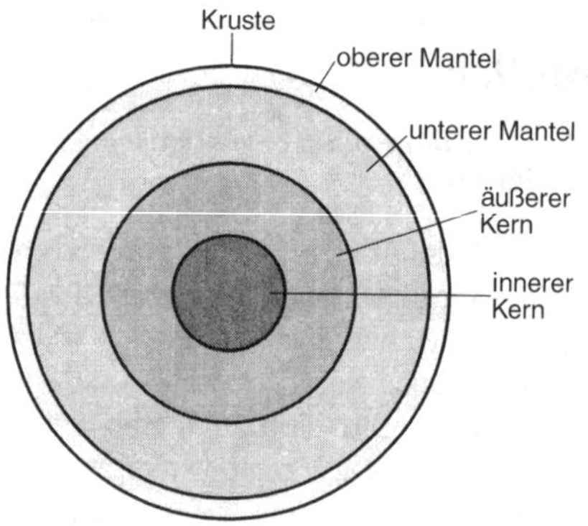

Abbildung 1 Erdquerschnitt mit den Hauptzonen; im Maßstab der Abbildung hat die Kruste die Dicke des Strichs.

Mineralogische Erdmodelle

Zur Schaffung eines mineralogischen Modells der Erde muss man zunächst Hypothesen hinsichtlich ihrer globalen chemischen Zusammensetzung aufstellen. Diese lässt sich in Gewichtsanteilen der Oxide unserer häufigsten Elemente ausdrücken: Silicium, Magnesium, Eisen, Aluminium, Calcium ... Danach ist zu klären, welche Mineralien diese Oxide bilden können und in welchen Mengenverhältnissen; hier handelt es sich um chemische Formeln und es geht noch um eine einfache Bilanz. Aber Mineralien einer bestimmten chemischen Zusammensetzung verändern mit dem Druck und der Temperatur vielfach ihre Struktur. Die experimentelle Petrologie gestattet es, die Mineralien zu identifizieren, die bei hohem Druck stabil sind und daher den Erdmantel bilden können. Im Labor bestimmt man außerdem die ZUSTANDSGLEICHUNG dieser Mineralien (d.h. die Dichte in Abhängigkeit von Druck und Temperatur).

Mit diesen Informationen kann man sich dann an den letzten Schritt wagen, der darin besteht, die Dichte und die elastischen Eigenschaften von Mineraliengemischen bei den im Erdinnern herrschenden Temperaturen und Druckverhältnissen zu berechnen (wobei wir über die Temperaturen nur sehr wenig wissen) und die Gemische auszuwählen, deren Eigenschaften am ehesten mit den seismologischen Erdmodellen in Einklang zu bringen sind.

Dabei gibt es zahlreiche Unsicherheiten: Unabhängig von einer gewissen Willkür bei der Wahl der globalen chemischen Zusammensetzung der Erde, müssen die Zustandsgleichungen für Temperaturen und Druckverhältnisse extrapoliert werden, die weit jenseits unserer experimentellen Möglichkeiten liegen; insbesondere wissen wir nur wenig über die druck- und temperaturbedingte Veränderung des thermischen Ausdehnungskoeffizienten bei Mineralien, die unter hohem Druck stehen.

Schließlich können durchaus mehrere mineralogische Modelle mit den ihrerseits nicht fehlerfreien seismologischen Modellen in Einklang stehen, so dass sich nicht eindeutig klären lässt, welches Modell das beste ist. So besteht denn letztlich nur hinsichtlich folgender wesentlicher Punkte Übereinstimmung:

Die ozeanische Kruste besteht im Wesentlichen aus Basalt, der an den Tiefseerücken, den Grenzen zweier divergenter Platten, als Lava austritt (siehe PLATTENTEKTONIK).

Die kontinentale Kruste besteht aus Erstarrungsgesteinen, in der Hauptsache granitischer Zusammensetzung, aus Sedimentgesteinen meist marinen Ursprungs und aus metamorphen Gesteinen, die unter Einwirkung von Temperatur und Druck aus abgesunkenen Sedimentschichten hervorgegangen sind.

Der obere Mantel besteht aus Magnesium- und Eisensilicaten, die eine höhere Dichte besitzen als die Mineralien der Erdkruste. Das vorherrschende Mineral des Gesteins im oberen Mantel (Peridotit) ist der Olivin, der sich im Bereich des unteren Mantels, d.h. unterhalb von 670 km Tiefe, in Mineralien höherer Dichte umwandelt, in ein Magnesium- und Eisenoxid und ein sehr kompaktes Silicat mit einer Struktur wie Perowskit. Dieses so genannte Silicat-Perowskit ist mengenmäßig das wichtigste Mineral der Erde, denn es umfasst mehr als die Hälfte des Erdvolumens.

Der äußere Kern besteht aus einer flüssigen Eisenlegierung. Während kaum noch bezweifelt wird, dass der Kern im Wesentlichen aus Eisen mit einem Gewichtsanteil von 5% Nickel besteht, herrscht noch einige Ungewissheit hinsichtlich der leichten Elemente mit einem Gewichtsanteil von 10–15%, die sowohl die Dichte als auch den Schmelzpunkt der Legierung senken. Dabei handelt es sich möglicherweise um Schwefel, Silicium, Sauerstoff, vielleicht auch Kohlenstoff und Wasserstoff – oder am ehesten noch um eine Mischung aus all diesen Elementen.

In der Mitte der Erde befindet sich der feste innere Kern, der einen Radius von 1220 km besitzt. Er besteht gleichfalls aus Eisen, ist aber fest. Der Schmelzpunkt der Eisenlegierung steigt mit dem Druck, also mit zunehmender Tiefe. Auch die Temperatur steigt mit der Tiefe, allerdings nicht so schnell wie der Schmelzpunkt (siehe *Abbildung 2*). Ab einer Tiefe von 5150 km bleibt die Temperatur hinter dem Schmelzpunkt zurück, so dass der Kern von dort bis zum Mittelpunkt der Erde fest ist.

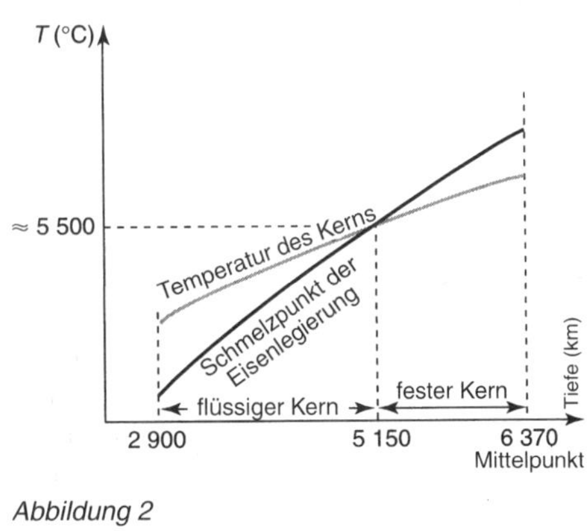

Abbildung 2

Thermische Erdmodelle

Über die Temperaturen im Innern der Erde wissen wir eigentlich recht wenig. Das Temperaturprofil in Abhängigkeit von der Tiefe hängt von den Wärmequellen ab und vom Wärmetransport zwischen den verschiedenen Teilen des Erdballs (siehe WÄRME). Der Wärmetransport hängt seinerseits von den Eigenschaften (Wärmeleitfähigkeit, Viskosität usw.) der Mineralien ab, aus denen die Erde besteht. Aber das mineralogische Erdmodell basiert seinerseits auf dem thermischen Profil des Erdinnern, weil die Mineralien aufgrund der Temperatur strukturelle Veränderungen erfahren. Das kompliziert die Dinge erheblich, und wir können nur in groben Umrissen skizzieren, auf welchen Wegen man hier zu – gelegentlich divergierenden – Ergebnissen gelangt.

In der Kruste steigt die Temperatur pro Kilometer Tiefe um etwa 30 °C (geothermischer Gradient). Extrapoliert man diesen Befund bis zum Erdmittelpunkt, käme man zu dem Ergebnis, dass dort eine Temperatur von 200 000 °C herrscht – die Erde wäre gasförmig. In Wirklichkeit kann man zeigen, dass die Wärme, die aus der Abkühlung der Erde und aus dem Zerfall radioaktiver Elemente im Erdmantel stammt, offenbar durch KONVEKTION abtransportiert wird, dass also eine Bewegung von Materie stattfindet. Nun mag es auf den ersten Blick verwunderlich erscheinen, dass es im Erdmantel, der doch aus festem Gestein besteht, Konvektionsströmungen geben soll. Aber im Maßstab geologischer Zeiten – d. h. von mehreren hundert Millionen Jahren –, die man für die Konvektionsbewegungen ansetzt, verformen die festen Gesteine sich tatsächlich ganz langsam, und der Mantel verhält sich praktisch wie eine extrem zähe Flüssigkeit (wobei man sich allerdings keinesfalls vorstellen darf, dass er dort geschmolzen wäre). Die Konvektion ist für die Ableitung der Wärme sehr viel wichtiger als die Wärmeleitung, und insgesamt nimmt die Temperatur mit der Tiefe nur sehr geringfügig zu; die Temperatursteigerung bewegt sich in einer Größenordnung von 0,2 °C pro Kilometer. Nur in einer vergleichsweise dünnen Schicht, in der Kruste und im obersten Teil des Mantels, erfolgt die Ableitung der Wärme durch Wärmeleitung und nimmt die Temperatur mit der Tiefe stark zu.

Noch keine Einigkeit herrscht unter den Geophysikern hinsichtlich der Frage, ob die Konvektion den gesamten Mantel erfasst oder ob oberer und unterer Mantel getrennte Konvektionssysteme besitzen. Für, aber auch gegen beide Auffassungen lassen sich Argumente ins Feld führen, und die beiden Schulen vertreten ihre gegensätzlichen Standpunkte recht entschieden, ohne die jeweils andere Schule überzeugen zu können. Bei diesem Streit geht es um eine wichtige Frage, die mit dem Temperaturprofil der Erde zusammenhängt.

Wenn nämlich der untere und der obere Mantel getrennte Konvektionssysteme besitzen und sich nicht miteinander vermischen, muss es zwischen beiden eine thermische Grenzschicht geben, in der die Wärme nur durch Wärmeleitung transportiert wird. Daraus würde ein beträchtlicher Temperatursprung von mehreren hundert Grad in einer Tiefe von etwa 670 km folgen und entsprechend ein geringerer Temperatursprung an der Grenze zwischen äußerem Kern und Mantel. Trotz dieser Meinungsverschiedenheiten lässt sich das Temperaturprofil für bestimmte Tiefen näherungsweise aufgrund experimenteller Befunde bestimmen. So entspricht die Temperatur an der Grenze zwischen dem flüssigen äußeren und dem festen inneren Kern der Kristallisationstemperatur (oder dem Schmelzpunkt) der Eisenlegierung, und die liegt unter den dort herrschenden Druckbedingungen wahrscheinlich bei etwa 5500 °C.

Erdbeben

Zur Vertiefung: ***Magnitude; Plattentektonik; Verwerfung***

Seismische Geographie

Die »feste« Erde ist ein Sinnbild der Beständigkeit und Stabilität. In vielen Kulturen galten Erdbeben lange Zeit als Wunder oder als göttliche Schickungen. Die Bibel sieht in den Erdbeben Zeichen für die Gegenwart Gottes, und die 99. Sure des Korans beschreibt das Ende der Welt als ein gewaltiges Erdbeben. Für die Chinesen waren Erdbeben die Folge einer Verkehrung der natürlichen Ordnung und belegten, dass der Kaiser das Mandat des Himmels verloren hatte.

Dass Erdbeben als Vorzeichen oder göttliche Strafen galten, hinderte die Philosophen natürlich nicht, nach einer natürlichen Erklärung zu suchen. Im Anschluss an Aristoteles führte Lukrez die Erdbeben auf Stürme in den unterirdischen Hohlräumen zurück. Es ist nicht einmal hundert Jahre her, dass man die wirkliche Ursache der Erdbeben verstand: Aufgrund von Spannungen, die durch die Bewegung der tektonischen Platten entstehen (siehe PLATTENTEKTONIK), bricht die Erdkruste an den so genannten VERWERFUNGEN; dabei werden Erdbebenwellen ausgesendet, die sich durch den gesamten Erdball fortpflanzen. Der Herd des Erdbebens, also der Ort, an dem der Bruch erfolgt, kann an der Oberfläche (in wenigen Kilometern Tiefe) liegen oder tief im Erdmantel (bis zu einer Tiefe von 650 km), wo die ozeanischen Platten sich unter die Kontinentalplatten schieben (Subduktionszonen). Das Epizentrum ist das Gebiet an der Erdoberfläche, das sich unmittelbar über dem Erdbebenherd befindet.

Die geographische Verteilung der Erdbeben ist ein wesentliches und grundlegendes Element der PLATTENTEKTONIK und wird erst in ihrem Rahmen verständlich. Auf einer Weltkarte, in der die Epizentren der Erdbeben weltweit eingezeichnet sind, erkennt man deutlich die Plattengrenzen, an denen sich die Mehrzahl der Erdbeben konzentriert. So ist der so genannte »Erdbebengürtel«, der den Pazifischen Ozean umgibt, sowohl seismisch als auch vulkanisch extrem aktiv. Auch Gebiete, in denen zwei Kontinentalplatten aufeinanderstoßen und dabei Gebirge (wie den Himalaya) auffalten, weisen eine hohe Erdbebenhäufigkeit auf.

Das heißt allerdings nicht, dass es im Binnenbereich kontinentaler Platten niemals Erdbeben gäbe. Ganz im Gegenteil. Zwar sind manche kontinentalen Blöcke wie Afrika oder der Kanadische Schild ausgesprochen stabil, doch China zum Beispiel ist von großräumigen Bruchsystemen durchzogen, an denen es oft zu sehr starken Erdbeben kommt.

Bei einem Erdbeben geht die Zerstörung von Gebäuden in der Nähe des Epizentrums auf die Bewegungen des Bodens beim Eintreffen der Erdbebenwellen zurück. Der Boden hebt und senkt sich und oszilliert auch in seitlicher Richtung. Dem Hauptstoß gehen manchmal (aber keineswegs immer) Vorbeben voraus, und fast immer folgen ihm Nachbeben, die bei schweren Erdbeben über Monate und sogar Jahre anhalten können.

Magnitude und seismische Intensität

Die Amplitude der Bodenerschütterungen, wie sie von Seismographen aufgezeichnet wird, dient zur Bestimmung der MAGNITUDE eines Erdbebens. Es gibt mehrere Magnitudenskalen, die zwar unterschiedlich definiert sind, aber sämtlich mit einem logarithmischen Maßstab arbeiten: Eine Erhöhung der Magnitude um einen Punkt entspricht dabei einer Erhöhung der Amplitude der seismischen Wellen um den Faktor 10. Die Richter-Magnitude ist eine lokale Skala, die ursprünglich für Südkalifornien entwickelt wurde. Zwischen der Magnitude eines Erdbebens und der dabei freigesetzten Energie lässt sich ein empirischer Zusammenhang herstellen: Eine Erhöhung der Magnitude um einen Punkt entspricht einer Verdreißigfachung der freigesetzten Energie; bei einer Erhöhung um zwei Punkte beträgt die freigesetzte Energie das 900fache usw. Das größte jemals gemessene Erdbeben ereignete sich 1960 in Chile; dabei wurde innerhalb weniger Sekunden eine seismische Energie von 2,8 Milliarden Megawattstunden freigesetzt – eine Menge, für deren Erzeugung ein großes Kraftwerk mit einer Leistung von 1000 Megawatt 320 Jahre benötigen würde.

Die sichtbaren materiellen Folgen eines Erdbebens (Beschädigungen an Bauwerken, Bergstürze, Spalten und Risse im Boden usw.) kennzeichnen die seismische Intensität eines Bebens, die auf einer Skala von I bis XII (römische Ziffern) gemessen wird. Die Grade dieser Skala werden durch typisch qualitative Merkmale definiert; zusammengestürzte

Schornsteine, Minarette oder Kirchtürme entsprechen zum Beispiel der seismischen Intensität VIII. Die Intensität hängt von der Magnitude ab, aber auch von der Entfernung zum Epizentrum wie auch zum Erdbebenherd (Flachbeben, deren Herd nahe der Erdoberfläche liegt, richten meist größere Zerstörungen an als Tiefbeben). Auch die geologischen Verhältnisse der betreffenden Region spielen eine wichtige Rolle. Aufgeschüttete und schlecht verfestigte Gelände, die man dem Meer oder einem See abgewonnen hat, können sich selbst in großer Entfernung vom Epizentrum beim Durchgang seismischer Wellen verflüssigen, so dass die darauf errichteten Bauwerke zerstört werden. In erdbebengefährdeten Gebieten ist es ratsam, nicht auf Sand zu bauen.

Erdbebenvorhersage

Das Problem der Erdbebenvorhersage beschäftigt schon lange die Seismologen – und alle für den Katastrophenschutz Verantwortlichen. Seit der Spätantike ist bekannt, dass vielen Erdbeben gewisse Vorzeichen vorausgehen. Zum Beispiel kann es Störungen im Grundwassersystem geben (Quellen versiegen, Brunnenwasser wird trüb): Diogenes Laertios erzählt, der griechische Philosoph Pherekydes von Syros, der im 6. Jahrhundert vor Christus lebte, habe, »nachdem er Wasser aus einem Brunnen getrunken hatte, vorausgesagt, dass es in drei Tagen ein Erbeben geben werde, und so sei es eingetroffen«. Die Seismologen suchen nach brauchbaren Vorzeichen, die eine Vorhersage von Erdbeben gestatten. In einigen Industrieländern (vor allem in Japan und in Kalifornien) werden die stark erdbebengefährdeten Gebiete ständig überwacht. Mit zahlreichen Instrumenten misst man dort die Deformationen des Bodens und die Radonkonzentration im Wasser (Radon ist ein Edelgas, das beim Zerfall von Uranium entsteht); man zeichnet die kleinen Vorbeben auf und registriert die Veränderungen des Magnetfeldes und der elektrischen Signale. Doch leider hat sich bis heute keines der bei einzelnen Erdbeben beobachteten Vorzeichen als brauchbarer Indikator erwiesen, aus dem man erschließen könnte, wann und wo ein Erdbeben auftreten und welche Stärke es haben wird.

Erdenergiebilanz

Der an der Erdoberfläche gemessene Wärmefluss aus dem Innern der Erde liegt im Durchschnitt bei etwa 80 Milliwatt pro Quadratmeter (und ist damit gut 10000mal geringer als der von der Sonne stammende Energiestrom). Doch auf die gesamte Erdoberfläche bezogen, erreicht der Wärmestrom aus dem Erdinnern den ganz beträchtlichen Wert von 42 TW (Terawatt, 1 TW=10^{12}W=1 Billion Watt).

Dieser Wärmestrom stammt aus mehreren Quellen, deren jeweiliger Anteil sich nur in grober Annäherung bestimmen lässt. Allgemein nimmt man an, dass von den 42 TW der größte Teil aus dem Zerfall radioaktiver Elemente in der Erdkruste und im Erdmantel stammt (Uranium-235 und -238, Thorium-232 und Kalium-40). Etwa ein Zehntel soll aus dem Kern stammen; dabei handelt es sich um die Wärme, die bei der Abkühlung des flüssigen Teils des Kerns durch Kristallisation freigesetzt wird (siehe Erdkern).

Erdgestalt

Zur Vertiefung: ***Ozean; Zentrifugalkraft***

Die Teilchen, aus denen die Erde besteht, sind der universellen Gravitation unterworfen und ziehen sich wechselseitig an; fasst man all diese Kräfte zusammen, werden sämtliche Teilchen zum Erdmittelpunkt hingezogen. Aus Symmetriegründen müsste die Erde daher eine Kugel sein – wenn sie sich nicht drehte. Da sie sich aber um ihre eigene Achse dreht, ist auch die Zentrifugalkraft zu berücksichtigen. Die Zentrifugalkraft, die an den Polen gleich Null ist und am Äquator ihren größten Wert erreicht, verringert die auf den Erdmittelpunkt gerichtete Gravitation entsprechend. Die Teile der Erde, die sich im Bereich des Äquators befinden, werden nicht so stark zum Erdmittelpunkt hingezogen und sind deshalb weiter vom Zentrum entfernt als die Gebiete um die Pole; im Vergleich mit einer Kugel ist die Erde an den Polen abgeplattet und am Äquator aufgebläht.

Auf der Grundlage dieses Gedankens errechnete Isaac Newton, dass die Erde die Form eines an den Polen abgeplatteten Ellipsoids haben müsste. Über diese Frage entbrannte im 18. Jahrhundert ein heftiger Streit, denn in Frankreich behauptete Jacques Cassini, es verhalte sich genau umgekehrt und die Erde sei am Äquator abgeplattet. Wenn man die Länge eines Meridianbogens von einem Grad geographischer Breite in der Nähe der Pole und in der Nähe des Äquators maß, musste die Streitfrage geklärt werden können; denn auf einer Kugel ist der Abstand zwischen zwei Breitengraden überall derselbe, während er auf einem Ellipsoid in der Nähe der Pole größer sein muss als in der Nähe des Äquators. Deshalb beschloss die Pariser Académie des sciences 1736, zwei Expeditionen auszusenden, die eine nach Lappland, mit Pierre Louis Moreau de Maupertuis und Alexis Clairaut, die andere nach Peru, mit Pierre Bouguer und Charles Marie de La Condamine. Die Ergebnisse, zu denen man gelangte, waren trotz schlechtester Arbeitsbedingungen äußerst präzise und gaben Newton recht (siehe *Abbildung 1*).

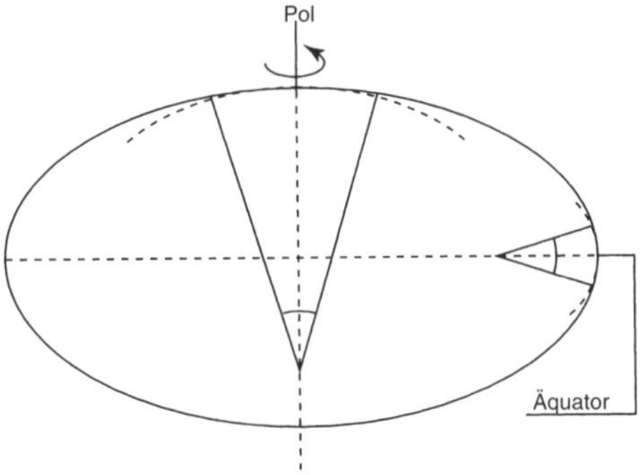

Abbildung 1 Ein Meridianbogen über demselben Winkel ist an den Polen länger als am Äquator, denn der Radius der Tangentialfläche ist dort größer.

In erster Annäherung hat die Erde also die Gestalt eines abgeplatteten Ellipsoids; das Abplattungsverhältnis beträgt etwa 1/300. Dieser Wert entspricht dem Quotienten aus der Differenz zwischen den Erdradien am Äquator sowie am Pol (die Differenz beträgt etwa 21 km) und dem durchschnittlichen Erdradius von 6370 km.

Für die Bewohner der rotierenden Erde muss die auf den Erdmittelpunkt gerichtete Massenanziehungskraft oder Gravitation $\vec{F}_g$ stets in Verbindung mit der Zentrifugalkraft $\vec{F}_c$ gesehen werden, die senkrecht zur Polachse steht (siehe *Abbildung 2*). Die Resultante ist die Schwere $\vec{g}$, die am Äquator geringer ist als an den Polen. Die Richtung der Schwere, also das Lot, das die Vertikale definiert, weist nur am Äqutor und an den Polen zum Erdmittelpunkt.

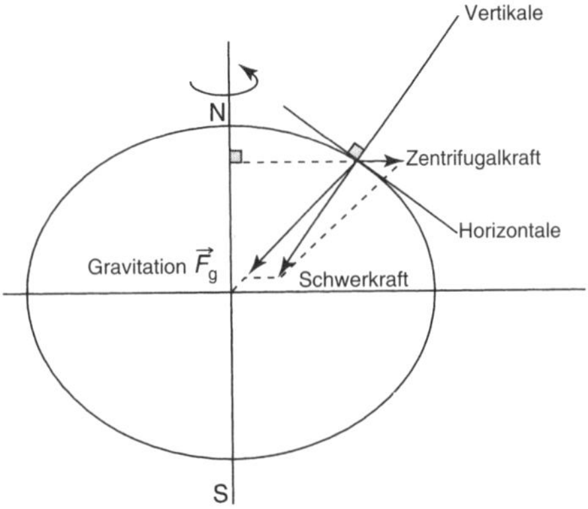

Abbildung 2 Die ellipsoidale Gestalt der Erde ist stark überzogen dargestellt.

Wäre die Erde gleichmäßig mit Wasser bedeckt, fiele der – an jedem Punkt zur Vertikalen rechtwinklige – Meeresspiegel etwa mit der Oberfläche des Ellipsoids zusammen. Bei genauerem Hinsehen sind die Dinge komplizierter, denn die Erdmasse ist nicht vollkommen gleichmäßig im Erdkörper verteilt. Daher kann die Senkrechte (das Lot) örtlich aufgrund eines Überschusses oder Defizits an Masse eine Auslenkung erfahren. Über Tausende von Kilometern gesehen, weist der Meeresspiegel dieses vorgestellten weltumspannenden Meeres daher Dellen und Ausbeulungen auf, deren Niveaudifferenz mehr als zehn Meter betragen kann; diese (nur in der Vorstellung existierende) Niveaufläche bezeichnet man als Geoid. Das Geoid, das an jedem Punkt rechtwinklig zur Schwerkraft steht, ist eine Fläche konstanter potentieller Energie. Anders gesagt, man kann von einer Ausbeulung des Geoids nicht in eine der Dellen »fallen«. Im großen Maßstab basiert die Kartographie des Geoids auf der Messung von Bahnstörungen künstlicher SATELLITEN (die auf Veränderungen des Gravitationsfeldes zurückgehen). In kleineren Maßstäben ermittelt man die Unregelmäßigkeiten in der Fläche des Geoids durch die lokale Messung der Schwerkraft und spricht hier von Gravitationsanomalien. Aus solchen Gravitationsanomalien kann man in der Tiefe auf das Vorhandensein von Gesteinsmassen schließen, die sich hinsichtlich der Dichte von ihrer Umgebung unterscheiden.

Erdkern

Zur Vertiefung: ***Dynamo; Erdaufbau***

In 2900 km Tiefe beginnt der so genannte Erdkern und erstreckt sich bis zum Mittelpunkt der Erde in 6371 km Tiefe. Natürlich ist er unerreichbar für uns; wir besitzen über ihn nur indirekt gewonnenes Wissen, das auf ERDMODELLEN basiert. Der Kern der Erde besteht aus einer Metallegierung, hauptsächlich Eisen, mit 5% Nickel und 10% leichten Elementen, bei denen es sich wahrscheinlich um Schwefel, Silicium und Sauerstoff handelt, aber zu welchen Anteilen, wissen wir nicht genau. Der äußere Teil des Kerns, von 2900 bis 5150 km Tiefe, ist flüssig, der innerste Teil ist fest.

Dass der Kern im Wesentlichen aus Eisen besteht, kann als sicher gelten. Nur dieses Element, das im SONNENSYSTEM in großen Mengen vorkommt, ermöglicht bei dem Druck, der dort herrscht (zwischen 1,3 und 3,5 Millionen Atmosphären), die Dichte, die wir im Kern antreffen. Außerdem legen Eisenmeteoriten, die von auseinander gebrochenen planetenähnlichen Himmelskörpern stammen, die Vermutung nahe, dass die Planeten einen Eisenkern besitzen (siehe METEORIT). Und schließlich weiß man seit Carl Friedrich Gauß (19. Jh.), dass das Magnetfeld der Erde inneren Ursprungs ist (siehe FELD); das heißt, dass es dort elektrische Ströme geben muss und damit auch ein elektrisch leitendes Gebiet.

Der Harvard-Professor Francis Birch, dem wir die Argumente verdanken, die schließlich die Geophysiker endgültig davon überzeugten, dass der Erdkern im Wesentlichen aus Eisen bestehen muss, schrieb 1952 einmal scherzhaft in einem für die Geophysik des Erdinneren grundlegenden Artikel (*Journal of Geophysical Research* 57, 227): »Der uneingeweihte Leser muss wissen, dass die Umgangssprache einer Hochdruckbehandlung unterzogen wird, wenn es um das Erdinnere geht. Wie die dort verwendeten Ausdrücke zu lesen sind, sei an einigen Beispielen verdeutlicht:

- *gewiss* heißt *zweifelhaft*
- *unbezweifelbar* heißt *vielleicht*
- *positiver Beweis* heißt *vager Vorschlag*
- *unschlagbares Argument* heißt *trivialer Einwand*
- *reines Eisen* heißt *unbekanntes Gemisch aus allen Elementen.*«

Die Lektion wurde verstanden, und obwohl man in der Erforschung des Erdkerns Fortschritte gemacht hat, hüten sich die Geophysiker heute vor allzu entschiedenen Behauptungen.

Der Gedanke, wonach der äußere Kern flüssig ist, beruht auf der Beobachtung, dass die durch die GEZEITEN bewirkte Verformung der Erde so beschaffen ist, wie man es erwarten sollte, wenn sich in der Nähe des Mittelpunkts eine flüssige Zone befindet. Hinzu kommt noch, dass die transversalen seismischen WELLEN (S-Wellen), die sich in einer Flüssigkeit nicht fortpflanzen können, tatsächlich nicht durch den Kern laufen. Der äußere Kern ist flüssig, weil die TEMPERATUR dort über dem Schmelzpunkt der Eisenlegierung liegt (siehe SCHMELZEN). Der Schmelzpunkt steigt jedoch mit dem Druck, also mit der Tiefe, und er steigt schneller an als die Temperatur im Kern, bis er diese schließlich in einer Tiefe von 5150 km erreicht. Von dort bis zum Mittelpunkt der Erde liegt der Schmelzpunkt der Eisenlegierung aufgrund des hohen Drucks über der Temperatur des Kerns, die dort wahrscheinlich von 5000 bis 6000 °C reicht. In diesem Bereich kristallisiert daher die Flüssigkeit, so dass der innere Kern fest ist.

Der Wärmestrom von innen nach außen hat mehrere Ursachen. Einerseits gibt der flüssige äußere Kern ständig Wärme nach außen ab. Andererseits wird bei der Kristallisation des inneren Kerns Wärme frei. Die gesamte Wärme wird durch Wärmeleitung und durch KONVEKTION innerhalb des Mantels abgeführt. Wie gefrorenes Meerwasser einen geringeren Salzgehalt aufweist als Meerwasser im flüssigen Zustand, so besteht auch der feste innere Kern aus reinerem Eisen als der flüssige äußere Kern; in der Nähe des inneren Kerns reichert der flüssige äußere Kern sich daher mit leichteren Elementen an, die aufsteigen und dadurch Konvektionsströme auslösen.

Der flüssige Kern ist der Sitz des »Erddynamos«, der den größten Teil des Erdmagnetfeldes erzeugt (siehe DYNAMO).

Die Grenze zwischen äußerem Kern und Mantel ist für die Geophysiker besonders interessant. Sie trennt zwei Gebiete mit völlig verschiedenen physikalischen Eigenschaften: Der Mantel ist fest, er hat eine Dichte von etwa 5,5, er ist kein guter elektrischer Leiter und kein guter Wärmeleiter. Der äußere Kern dagegen ist flüssig, seine Viskosität kommt der des Wassers nahe, seine Dichte liegt bei 10, er ist ein guter elektrischer Leiter und ein guter Wärmeleiter. Diese Unterschiede sind vergleichbar mit den Unterschieden jener anderen bedeutsamen Grenze, an der wir selbst leben: der Grenze zwischen der festen Erdkruste und der gasförmigen Atmosphäre oder den flüssigen Weltmeeren. An der Grenze zwischen Kern und Mantel kommt es zu einem Austausch von Materie, Wärme und Drehimpuls.

Erdmodelle

Zur Vertiefung: ***Erdaufbau, Geowissenschaften; Welle***

Jules Verne schrieb 1864 in seinem Roman *Reise zum Mittelpunkt der Erde*: »Niemand weiß mit Gewissheit zu sagen, was im Innern der Erde geschieht, zumal wir nicht einmal den zwölfmillionsten Teil ihres Halbmessers kennen.« Hundertdreißig Jahre später erreicht die tiefste Bohrung gerade einmal zwölf Kilometer, das entspricht einem Fünfhundertstel des Erdradius, und wir wissen immer noch nicht »mit Gewissheit« zu sagen, was alles in der Tiefe des Erdinnern geschieht.

Damit soll allerdings nicht gesagt sein, dass wir gar nichts wüssten. Wir hören die Erde gewissermaßen mit Hilfe seismischer Wellen ab, die von ERDBEBEN ausgehen; wir messen den Wärmestrom; wir analysieren Lava und Gesteinsfragmente, die aus dem Innern der Erde stammen. Mit Hilfe künstlicher Satelliten vermessen wir sehr genau die Deformationen der Erdoberfläche und kartographieren das Schwerefeld. Wir erforschen die kurz- und langfristigen Veränderungen des im Erdinnern erzeugten Magnetfeldes. Und in Laborexperimenten erforschen wir die Umwandlung von Mineralien unter den hohen Drücken und Temperaturen, die im Innern der Erde herrschen.

Da das Erdinnere uns nicht unmittelbar zugänglich ist, konstruieren wir »Erdmodelle«, die das mit diversen Forschungsmethoden gewonnene Wissen in sich vereinigen und so den jeweiligen Kenntnisstand repräsentieren. Die Konstruktion von Erdmodellen kann als das oberste Ziel der Geophysik gelten, soweit sie sich mit dem inneren Aufbau der Erde befasst. Diese Modelle haben sich mit der Zeit entwickelt, von einfachsten Vorstellungen zu Beginn bis hin zu den heutigen Modellen, die immer besser und immer komplexer werden, je mehr Daten wir sammeln und darin aufnehmen. Auch zeitgleiche Modelle unterscheiden sich geringfügig von einem Geophysiker zum anderen, doch bei diesen Unterschieden handelt es sich oft nur um Feinheiten, und insgesamt lässt sich ein Grundmodell formulieren, über das man sich weitgehend einig ist und das gewissermaßen zusammenfasst, was man zur jeweiligen Zeit über die Erde weiß (siehe ERDAUFBAU). Jedes Modell, das in grundlegenden Aspekten nicht im Einklang mit diesem Grundmodell steht und im wissenschaftlichen Wettstreit unterliegt, muss dann als unrealistisch gelten.

Die seismologischen Erdmodelle, die auf den unterschiedlichen Fortpflanzungsgeschwindigkeiten seismischer Wellen und den Eigenschwingungen der Erde basieren, gestatten eine Abgrenzung der wichtigsten Regionen im Innern der Erde. In den Grundzügen herrscht hier weitgehend Einigkeit, und wir können sagen, dass wir über die Lage der wichtigsten Grenzschichten sowie über die Dichte, den Druck und die elastischen Eigenschaften der verschiedenen Regionen recht gut Bescheid wissen.

Auf dieser Grundlage sucht man nach einer mineralogischen Zusammensetzung der verschiedenen Regionen des Erdinnern, die mit den Hypothesen über die Gesamtzusammensetzung der Erde und mit Laborversuchen vereinbar ist, in denen man die Stabilität verschiedener Mineralien bei hohem Druck und hohen Temperaturen erforscht. Die experimentelle Erforschung der elastischen Eigenschaften von Mineralien bei hohem Druck und hohen Temperaturen bietet die Möglichkeit, die Gültigkeit von Modellen zu überprüfen, indem man die vorhergesagten Dichteverhältnisse und seismischen Fortpflanzungsgeschwindigkeiten mit denen der seismologischen Modelle vergleicht. Es bleiben immer noch Divergenzen zwischen den verschiedenen mineralogischen Modellen, aber insgesamt sind diese Divergenzen nicht grundlegender Natur.

Die größten Unterschiede bestehen immer noch zwischen den verschiedenen thermischen und dynamischen Modellen des Erdaufbaus. Zur Zeit ist es kaum möglich, sich auf der Basis unwiderlegbarer Argumente für eines der Modelle zu entscheiden und die übrigen zu verwerfen. Trotz seiner Bedeutung wissen wir immer noch recht wenig über das Temperaturprofil in Abhängigkeit von der Tiefe. Die Ansichten darüber schwanken je nach dem Bild, das man sich aufgrund mehrdeutiger geophysikalischer Beobachtungen und voraussetzungsvoller Computersimulationen von der KONVEKTION innerhalb des Erdmantels macht.

Erdöl

Zur Vertiefung: ***Polymere***

In einer sauerstoffarmen Umgebung, zum Beispiel in Binnenmeeren (Schwarzes Meer, Kaspisches Meer), verwandeln anaerobe Bakterien (die ohne Sauerstoff leben) organische Materie wie abgestorbene Bakterien und mikroskopisch kleines Plankton in Kerogen (nicht Kerosin!), dessen Temperatur sich unter Deckschichten erhöht. Durch Zerfall entstehen aus dem Kerogen Methan und Erdöl, das im Muttergestein produziert wird und anschließend in poröses Speichergestein (in der Regel Sand- oder Kalkstein) wandert und sich in »Fallen« (VERWERFUNGEN, Falten oder Salzstöcken) sammelt. Entdeckt werden die Lagerstätten durch seismische und elektrische Prospektion und Bohrungen.

In Raffinerien verarbeitet man dieses Erdöl durch DESTILLATION und Kracken (Spaltung größerer Moleküle in kleinere) mittels Katalysatoren weiter zu Bitumen für Straßenbeläge, Kraftstoffen, Heizöl, Kerosin (nicht zu verwechseln mit Kerogen!) und Benzinen. Mit ähnlichen Verfahren werden dort auch Rohstoffe für die Petrochemie hergestellt wie Ethylen, Propylen, Butadien und Benzol. Zwei der wichtigsten Zwischenprodukte sind Ethylen und Ethylbenzol. Ethylen wird zu diversen Polyethylenen polymerisiert, zu Ethylenoxid (dem Grundstoff für das Frostschutzmittel Ethylenglykol) oxidiert oder zu Ethanol hydratisiert. Ethylbenzol wird über die Addition von Ethylen an Benzol gewonnen und dann weiter zu Styrol und Polystrol verarbeitet.

➠ Die weltweiten Erdölreserven sind enorm und werden von den Erdölunternehmen nur je nach Bedarf und Preisentwicklung ermittelt. Dennoch stellt sich das Problem ihrer Bewahrung. Wäre es nicht besser, das Erdöl der Verarbeitung in nützliche Produkte vorzubehalten, statt es zu verbrennen?

Erdrotation

Zur Vertiefung: ***Corioliskraft; Gezeiten; Kräftepaar***

»Und sie bewegt sich doch«, soll Galilei gemurmelt haben. Die Erde bewegt sich auf ihrer Umlaufbahn in einem Jahr um die Sonne (zu sagen, sie »drehe« sich um die Sonne, ist insofern nicht ganz korrekt, als es sich um eine kreisförmige Translationsbewegung handelt). Dagegen rotiert die Erde an einem Tag um ihre eigene Achse, und zwar, vom Nordpol aus gesehen, entgegen dem Uhrzeigersinn; diese Drehbewegung, die mit einer Winkelgeschwindigkeit von 15° pro Stunde erfolgt, ist für den Wechsel von Tag und Nacht verantwortlich. Darüber wäre nur wenig zu sagen, gäbe es nicht eine Reihe von Unregelmäßigkeiten und Störungen: Variationen der Winkelgeschwindigkeit, d.h. der Länge des Tages, und Veränderungen in der Ausrichtung der Rotationsachse in Bezug auf die Fixsterne und hinsichtlich eines irdischen Bezugssystems.

Die Unregelmäßigkeiten in der Drehbewegung, die der normale Sterbliche gar nicht wahrzunehmen vermag, sind Ausdruck bedeutsamer geophysikalischer Erscheinungen; daher werden sie intensiv erforscht, und der Service international de la rotation terrestre mit Sitz am Pariser Observatorium sammelt die Ergebnisse sämtlicher Messungen zur Tageslänge und zur Bewegung der Pole.

Das Wachstum der Korallen hängt vom Licht und damit von der Länge des Tages ab. Die Erforschung der jährlichen Wachstumsringe fossiler Korallen hat gezeigt, dass der Tag vor 350 Millionen Jahren nur 22 Stunden lang war, das Jahr also 400 Tage hatte: Die Winkelgeschwindigkeit der Erdrotation nimmt ab, die Erde dreht sich also immer langsamer, und der Tag wird länger. Die Gezeiten der Weltmeere und des Erdkörpers – periodische Verformungen der festen Erde und der Ozeane unter der Einwirkung der Anziehungskraft von Sonne und Mond – führen zu internen Reibungen, die gleichsam die Rotationsenergie der Erde aufzehren und den Tag um etwa 2 Millisekunden pro Jahrhundert verlängern.

Weitere saisonale Schwankungen der Tageslänge in der Größenordnung von Millisekunden resultieren aus einem Austausch von Drehimpuls zwischen der Atmosphäre und dem festen Erdkörper. Außer diesen säkularen und saisonalen Veränderungen der Tageslänge gibt es noch solche, die im Zeitraum von Jahrzehnten schwanken (gleichfalls in der Größenordnung von Millisekunden) und auf den Austausch von Drehimpuls zwischen dem flüssigen Kern und dem festen Erdmantel zurückgeführt werden; davon zeugt der enge Zusammenhang zwischen diesen Schwankungen und den Veränderungen der magnetischen Deklination (siehe MAGNETISMUS), die auf die Bewegungen des Erdkerns zurückgehen.

Die Rotationsachse der Erde beschreibt innerhalb von 26000 Jahren im Raum den Mantel eines Kegels, dessen halber Öffnungswinkel 23°27" beträgt (siehe *Abbildung 1*); der Polarstern, also der Stern, auf den die Rotationsachse zeigt, ändert daher seine Position im Laufe der Jahrhunderte.

Diese als Präzession bezeichnete Bewegung der Rotationsachse hat, wie bei einem Kreisel, ihre Ursache im Wirken eines KRÄFTEPAARS und in der Erhaltung des Drehimpulses. Im Fall der an den Polen abgeplatteten und am Äquator gleichsam verdickten Erde wird das Kräftepaar von der Anziehungskraft der Sonne und des Mondes auf die äquatoriale Verdickung gebildet. Auch die Präzession ist nicht vollkommen gleichförmig, sondern wird von kleineren Schwankungen unterschiedlicher Periode überlagert, die man als Nutation bezeichnet.

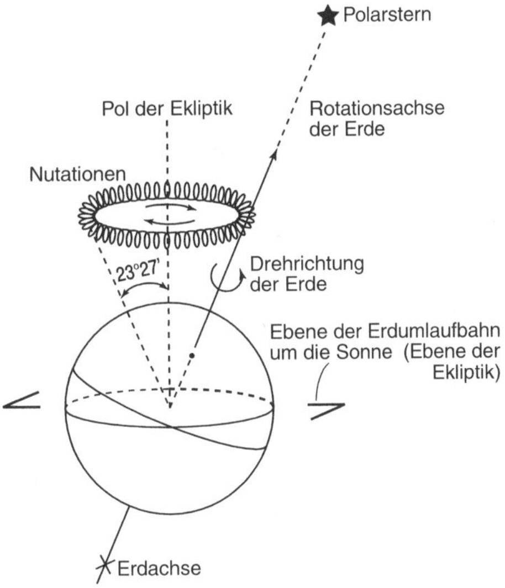

Abbildung 1 Präzession: Die Rotationsachse beschreibt eine kegelförmige Bewegung um den Pol der Ekliptik. Auf die Einwirkung der Sonne und des Mondes zurückgehende Störungen verursachen kleine Schwankungen der Achse (Nutation).

Erhaltungssatz

Zur Vertiefung: ***Energie; Invarianz; Ladung; Symmetrie***

In der Physik bleiben gewisse Größen unter allen Umständen erhalten. Insbesondere kann man sie nicht aus dem Nichts heraus erzeugen oder spurlos verschwinden lassen. Diese Größen bezeichnet man als Erhaltungsgrößen, und die Gesetze über die zeitliche Konstanz der Werte dieser physikalischen Größen heißen Erhaltungssätze. Solch ein Erhaltungssatz gilt zum Beispiel für die elektrische Ladung. Bei einer Wechselwirkung zwischen Teilchen stehen am Ende oft andere Teilchen als am Anfang (und nicht einmal ihre Zahl muss dieselbe sein), doch die Summe der elektrischen Ladungen der in die Wechselwirkung eintretenden Teilchen ist stets genau gleich der Summe der elektrischen Ladungen der aus ihr hervorgehenden Teilchen. Da noch niemals Ausnahmen von dieser Regel beobachtet worden sind, bietet sie einen wichtigen Anhaltspunkt, wenn man beurteilen möchte, ob eine bestimmte Reaktion zwischen Teilchen theoretisch überhaupt möglich ist. So kann ein (elektrisch negativ geladenes) ELEKTRON unmöglich in zwei (elektrisch neutrale) NEUTRINOS zerfallen, weil dadurch der für die elektrische Ladung geltende Erhaltungssatz verletzt würde.

Die Energie ist gleichfalls eine Erhaltungsgröße. Zwar kann sich ihre Form ändern (etwa wenn in einem Bügeleisen elektrische Energie in Wärme umgewandelt wird), aber die Gesamtmenge der Energie bleibt stets dieselbe. Wenn ein System Energie verliert, entspricht diesem Verlust stets eine Zunahme der Energie in einem anderen, damit verbundenen System; und wenn die Form der Energie sich ändert, ist die Bilanz dennoch stets ausgeglichen; für die Gesamtenergie gibt es weder Verluste noch Gewinne.

Nehmen wir als Beispiel einen Behälter, der mit Milliarden von Atomen gefüllt ist; die Atome stoßen unablässig gegen die Wand des Behälters und gegeneinander; bei diesen Zusammenstößen gewinnen manche Atome Energie, während andere einen Teil ihrer Energie verlieren. Doch die Gesamtenergie des aus dem Behälter und den darin befindlichen Atomen bestehenden Systems bleibt unverändert. Dasselbe gilt auch für den Gesamtimpuls, dessen Betrag auch als Bewegungsgröße bezeichnet wird.

Wer sich mit der Bedeutung der Wörter ein wenig auskennt, wird bemerken, dass der Begriff der Erhaltung dem der INVARIANZ nahekommt: Wenn eine Größe erhalten bleiben soll, muss dann nicht etwas invariant bleiben? Tatsächlich kann man ganz formal zeigen, dass jeder Erhaltungssatz die explizite Folge eines Invarianzprinzips ist. Nach dem 1918 von der deutschen Mathematikerin Emmy Noether formulierten Noethertheorem ist jede Invarianz notwendig mit einer Erhaltungsgröße, also mit einem Erhaltungssatz verknüpft.

Postulieren wir zum Beispiel, dass die Gesetze der Physik invariant gegenüber zeitlichen Translationen sind. Das heißt, wenn wir den (die Zeit bezeichnenden) Parameter t überall dort, wo er auftaucht, durch $t+\tau$ ersetzen, wobei τ eine beliebige Zahl sein mag, dann bleiben sämtliche Gleichungen der Physik unverändert. Daraus folgt etwa, dass die Gesetze, die ein physikalisches Experiment beherrschen, unabhängig vom gewählten Zeitpunkt sind; jeder Zeitpunkt ist in dieser Hinsicht so gut wie der andere. Die Anwendung des Noethertheorems besagt übrigens, dass solch ein Invarianzpostulat ein unmittelbares Korrelat im Bereich der Erhaltungssätze hat, und im Falle der zeitlichen Invarianz der physikalischen Gesetze ist dieses Korrelat die Erhaltung der Energie. Dieser Erhaltungssatz garantiert also letztlich die Zeitlosigkeit der physikalischen Gesetze, das heißt ihre Invarianz gegenüber der Zeit.

In gleicher Weise folgt aus der Invarianz der physikalischen Gesetze gegenüber räumlichen Translationen (wonach diese Gesetze überall dieselben sind) die Erhaltung des Impulses. Dieser Erhaltungssatz schließt insbesondere jede spontane Veränderung der Bewegung aus, wie es auch dem so genannten TRÄGHEITSGESETZ entspricht. Dies läuft auf die Aussage hinaus, dass der Raum homogen ist, das heißt, dass seine Eigenschaften unverändert bleiben, wenn man von einem Punkt des Raumes zu einem anderen übergeht.

Erkennen von Formen

Zur Vertiefung: ***Bild; Kommunikation zwischen Mensch und Maschine; Signal; Spracherkennung und Spracherzeugung***

Ein Arzt stellt mit unleserlicher Handschrift ein Rezept aus, doch Buchstabe für Buchstabe und Wort für Wort entziffern Sie es, auch wenn es große Mühe bereitet. Auf der Straße grüßt Sie ein Mann, den Sie seit zehn Jahren nicht gesehen haben; er hat sich einen Bart wachsen und sein Haar kurz schneiden lassen, und sein Gesicht zeigt inzwischen viele Falten, aber dennoch erkennen Sie sein Gesicht und seine Stimme wieder. Am Telefon sagt eine Hostess mit unnahbarer Stimme: »Die Raumschiffe zum Merkur sind in Port Hermes stationiert.« Sie haben weder diese Stimme noch diesen Satz jemals gehört; Sie wussten nicht, dass es Raumschiffe gibt, die zum Merkur fliegen, oder eine Stadt, die den Namen Port Hermes trägt. Aber Sie haben die Wörter, aus denen die Nachricht besteht, und selbst deren Bedeutung verstanden, auch wenn diese Bedeutung Ihnen ein wenig rätselhaft erscheinen mag.

In all diesen Fällen haben Sie Formen wiedererkannt. Obwohl wir die Operation des Erkennens, mit deren Hilfe wir uns in der Welt orientieren, tagtäglich viele Male wiederholen, ohne es überhaupt zu bemerken, ist sie uns dennoch weitgehend ein Rätsel geblieben. Welche Aspekte einer akustischen Schwingung machen ein Wort, einen Akzent oder das Timbre einer Stimme aus? Welche Aspekte der Verteilung heller und dunkler Punkte auf einer Fotografie, einem Bildschirm oder einem Gemälde bewirken, dass wir ein Gesicht, einen Tisch oder einen Braunbären sehen? Diese Fragen, mit denen sich Philosophen, Psychologen und Künstler schon seit langem befassen, hat die Informatik aufgegriffen, um Wahrnehmungsphänomene besser zu verstehen und Maschinen zu bauen, die unsere Wahrnehmungsfähigkeiten mindestens teilweise automatisch reproduzieren.

In der Praxis umfasst das Erkennen von Formen durch Maschinen zwei Bereiche: Identifizieren und Lernen. Bei der Identifizierung von Objekten wird ein Signal, zum Beispiel ein Lichtstrom oder eine akustische Schwingung, mit einer Form assoziiert, die in einem Formenkatalog bereits vorhanden ist. Damit solch eine Zuordnung möglich ist, muss vorher ein Zusammenhang zwischen den möglichen Signalen und dem Formenrepertoire hergestellt worden sein. Anders gesagt, es muss eine FUNKTION im mathematischen Sinne geben, die es gestattet, von einem Signal zu einer Form überzugehen. Bei der Erzeugung dieser Funktion kommt nun der zweite oben genannte Bereich ins Spiel: das Lernen. Tatsächlich werden Funktionen dieser Art meist automatisch erstellt, und zwar mit Hilfe von Induktionsalgorithmen, denen Beispiele für die verschiedenen Formen des Repertoires vorgeführt werden (siehe SYMBOLISCHES LERNEN, GENETISCHER ALGORITHMUS und NEURONALE NETZE). Im Wege der Verallgemeinerung bestimmen diese Algorithmen die wesentlichen Merkmale der jeweiligen Formen. Diese Lernphase ist für das Erkennen der Formen von entscheidender Bedeutung, denn von der Qualität der Merkmalsbestimmung hängt letztlich die Verlässlichkeit der Identifizierung ab.

Wenn eine Nachricht, zum Beispiel ein Bild, aus mehreren Formen besteht, unterzieht man das physikalische Signal, also die Bildpunkte oder PIXEL, aus denen das Bild besteht, sowohl im Blick auf die Lernphase als auch im Blick auf die Identifizierung zunächst einer rein quantitativen Behandlung, um leicht erkennbare Teilmengen zu isolieren. Diese als Segmentierung bezeichnete Phase erleichtert den Lernvorgang und die spätere Identifizierung beträchtlich.

Wenn nach erfolgreicher Segmentierung Formen isoliert und erkannt worden sind, folgt eine Behandlung auf der Symbolebene, die deshalb so genannt wird, weil hier bereits konstituierte, bedeutungstragende Entitäten ins Spiel kommen, die es gestatten, zum Beispiel einen Tisch auch dann zu rekonstruieren, wenn auf dem Bild zwei oder drei Tischbeine verdeckt sind. Auf diese Weise kann man bei einem Erkennungsprozess sogar mehrere Ebenen ineinander verschachteln, die jeweils aus einer Identifizierungs- und einer Lernphase bestehen. So lassen sich bei der Spracherkennung verschiedene Ebenen unterscheiden: die Ebene der Phoneme oder Laute, die ein erstes Erkennen ermöglichen; die Ebene der Lexeme oder Wörter, zu denen die Laute in der betreffenden Sprache zusammengefasst werden; und schließlich die Ebene der Sätze, der Satzgefüge oder übergeordneter Bedeutungseinheiten.

Die Unterscheidung zwischen verschiedenen Phasen der Wahrnehmung und des Schließens ist zwar auf technischer Ebene gerechtfertigt, weil die Simulation der Sinneswahrnehmung, zum Beispiel des Hörens, in den Bereich der Signalverarbeitung gehört, während die Erforschung von Schlussweisen und deren Automatisierung eher der KÜNSTLICHEN INTELLIGENZ zuzuordnen ist. Aber die strikte Trennung zwischen verschiedenen aufeinander folgenden Phasen, die einerseits in den Bereich der Wahrnehmung und andererseits in den Bereich des Denkens gehören, ist letztlich doch vollkommen künstlich. Das Problem besteht gerade in der Verbindung dieser beiden Ebenen des Erkennungsvorgangs, zumal ja die Zerlegung eines Signals in unterscheidbare Objekte, zum Beispiel eines Wortes in Phoneme, offensichtlich bereits von einem Verständnis der daraus zusammengesetzten Wörter und Sätze abhängt. Erkennen lässt sich daher nicht auf die bloße Abfolge der beiden elementaren Operationen Segmentierung und Erkennen reduzieren, weil beide Phasen untrennbar ineinander verschachtelt sind.

➡ Unabhängig von philosophischen Bedenken hinsichtlich der Trennung zwischen Wahrnehmung und Denken haben die Techniken des Erkennens von Formen zahlreiche praktische Anwendungen gefunden. So erleichtern sie die KOMMUNIKATION ZWISCHEN MENSCH UND MASCHINE, ermöglichen aber auch eine Kontrolle des Menschen durch die Maschine: zu seinem Vorteil, wenn auf der Intensivstation eines Krankenhauses Instrumente lebenswichtige Funktionen des Patienten überwachen und bei Gefahr das Pflegepersonal alarmieren; zu seinem Nachteil, wenn ein Polizeistaat sich solcher Mittel bedient, um seine Bürger zur angeblichen Aufrechterhaltung der inneren Sicherheit effektiv bespitzeln zu können.

Erosion

Zur Vertiefung: ***Fluss; Gesteine; Wasser; Wind***

Die Erosion verleiht der Landschaft ihre Gestalt. Über die chemischen und mechanischen Wirkungen des Regens, der fließenden Gewässer, der Gletscher und des Windes zersetzt und zerlegt sie die GESTEINE und liefert damit das Ausgangsmaterial für die SEDIMENTATION.

Die Erosion ebnet die Gebirge ein (siehe GEBIRGSBILDUNG). Ihre Geschwindigkeit liegt im Bereich von einigen Millimetern pro Jahrhundert, doch je nach Topographie, KLIMA und Art der Gesteine kann sie auch langsamer oder sehr viel schneller verlaufen. Kämme und Spitzen in der Landschaft bestehen meist aus widerstandsfähigen Gesteinen, die von der Erosion freigelegt worden sind.

Die Erosion der Küsten geht auf die Wirkung der Wellen und der Brandung zurück (siehe OZEAN); wenn die Wellen gegen Felsen schlagen, komprimiert sich die Luft in den Spalten und Rissen; außerdem bewirkten Sand und Steine, die von den Wellen mitgeführt werden, einen mechanischen Abrieb (Abrasion). Steilküsten aus weichem Gestein können auf diese Weise im Jahr um mehrere Meter zurückverlegt werden.

---

erworbene Merkmale

Zur Vertiefung: ***angeborene Merkmale; Erblichkeit***

Die verschiedenen Eigenschaften eines Individuums lassen sich nach ihrem Ursprung in zwei Kategorien unterteilen: in angeborene und erworbene Merkmale. Die Grenze zwischen beiden ist noch zu präzisieren.

Aus dem Begriff »angeboren«, der auf das Ereignis der Geburt verweist, ergeben sich einige Schwierigkeiten, da das Individuum in diesem Stadium bereits vielfältige Eigenschaften besitzt, die zu seinen »erworbenen Merkmalen« gehören. Sinnvoller ist es, sich auf ein früheres Ereignis zu beziehen, das zeitlich leichter zu lokalisieren ist und eine grundsätzliche Grenze auf dem Weg darstellt, der mit dem Tod endet: die Empfängnis.

Somit sind die angeborenen Merkmale als Gesamtheit jener biologischen Informationen definiert, die in den beiden Gameten (Ei und Spermium bei den Tierarten) enthalten waren, aus deren Verschmelzung das Individuum hervorgegangen ist. Umgekehrt sind die »erworbenen Merkmale« definiert als »alles, was nicht angeboren ist« und umfassen somit sowohl die Anteile, die ein Lebewesen vor seiner Geburt während der Schwangerschaft erhält, als auch sämtliche Anteile, die es im Laufe seiner Entwicklung von der Umgebung annimmt.

Erzeugnisse, synthetische

→ ***synthetische Erzeugnisse***

Eukaryoten, Prokaryoten

Zur Vertiefung: ***Bakterien; Stoffwechsel; Zellteilung***

Mit Kern oder ohne? Von der Antwort auf diese Frage hängt es ab, ob eine unter dem Mikroskop betrachtete ZELLE zum Organismus eines Eukaryoten (mit) oder eines Prokaryoten (ohne) gehört.

Prokaryoten, zu denen eine Vielzahl von Bakterien zählt, bestehen im Allgemeinen nur aus einer einzelnen Zelle von einfacher Struktur und begrenzter Größe. Eine Lipidmembran, die zuweilen von einer Zellwand aus ZUCKERN umhüllt ist, umgibt das ZYTOPLASMA, das die (meist ringförmige) DNA, RNA und PROTEINE enthält. Der gesamte Stoffwechsel findet in diesem nicht weiter unterteilten Zellinneren statt, von der REPLIKATION der DNA über die TRANSKRIPTION der DNA in RNA und die Synthese der Proteine durch TRANSLATION der GENETISCHEN INFORMATION bis hin zur Energieproduktion und so fort. Bei der Reproduktion teilen sich diese Zellen in zwei Tochterzellen, nachdem sich die ringförmige DNA verdoppelt und an der Plasmamembran fixiert hat.

Eukaryoten gibt es als Einzeller wie bestimmte Hefepilze, als Zellkolonien wie manche Grünalgen oder als komplexe Vielzeller wie Pflanzen und Tiere. Das Hauptmerkmal der Eukaryotenzellen besteht in der Aufgliederung oder Kompartimentierung der Stoffwechselprozesse. Der ZELLKERN ist von einer Kernhülle aus einer lipidhaltigen Doppelmembran umgrenzt (siehe LIPIDE), die sich von der Plasmamembran, der Hülle des Zytoplasmas, unterscheidet. Im Zellkern befindet sich die Genausstattung des Organismus (siehe GENOM), die wesentlich mehr DNA enthält als bei Prokaryoten. Diese stark verdichtete DNA verteilt sich auf mehrere CHROMOSOMEN, die in bestimmten Phasen der Zellteilung unter dem Mikroskop zu erkennen sind. Während der Zellteilung erfolgt im Zellkern die Replikation der DNA sowie der erste Schritt der Genexpression, die Transkription der DNA in RNA. Der nächste Schritt, die Proteinsynthese, findet während der Translation der RNA in den RIBOSOMEN statt, Korpuskeln, die sich im Zytoplasma befinden. Auch einige grundlegende Prozesse des Energiestoffwechsels vollziehen sich im Zytoplasma in speziellen ORGANELLEN, die jeweils von einer eigenen Membran umgrenzt sind, z. B. MITOCHONDRIEN und CHLOROPLASTEN. Das Zytoplasma der Eukaryotenzellen enthält darüber hinaus ein komplexes Geflecht aus Kanälchen (Mikrotubuli) und miteinander verbundenen Membranen, die dem Transport von Molekülen innerhalb der Zelle und dem Austausch mit der Zellumgebung dienen. Dieses Geflecht besteht aus dem ENDOPLASMATISCHEN RETIKULUM (ER) und dem GOLGI-APPARAT.

Ein weiteres komplexes Geflecht aus Fasern (Filamenten) und Röhrchen (Tubuli), das so genannte Zytoskelett, bildet eine Art Gerüst im Zellinneren. Es wirkt an der Bewegung und Verlagerung der Zellen in ihrer Umgebung mit.

In der Entwicklung des Lebens auf der Erde gingen die Prokaryoten den Eukaryoten voraus. Sie existieren in äußerst unterschiedlichen Formen, da jede Spezies dank ihres einfachen Lebenszyklus und ihrer hohen Fortpflanzungsgeschwindigkeit die Fähigkeit besitzt, sich in besonders unwirtlichen Umgebungen gesondert fortzuentwickeln. Hierbei nutzt sie die wenigen verfügbaren Substanzen effektiv für ihr Überleben. Selbst unter extremen Temperaturverhältnissen, stark salzigen oder verschmutzten Umweltbedingungen wie beispielsweise in Thermalquellen oder Kohlenwasserstoffschichten finden sich noch Bakterien.

Eukaryoten entwickelten sich erst später. Da ihre Stoffwechselprozesse sich durch die Kompartimentierung feiner steuern lassen, können sie ein vitales Gleichgewicht aufrechterhalten, das weniger unmittelbar den äußeren Bedingungen unterworfen ist. Gleichzeitig mit der zunehmend komplexeren Differenzierung ihres Organismus in spezifische Zelltypen entstanden auch neue biologische Funktionen und Fähigkeiten, die es den Arten möglich machten, sich an eine große Bandbreite von Lebensräumen und -bedingungen anzupassen und darin zu überleben; allerdings nicht an solche Extremverhältnisse, die manche Prokaryoten erstaunlich gut aushalten.

euklidisch

Zur Vertiefung: ***Parallelen; Skalarprodukt***

In der Arithmetik ist die euklidische Division im Gegensatz zur exakten Division die Division mit Rest. So ergibt die euklidische Division von 19 durch 7 das Resultat 2 mit Rest 5, während die exakte Division von 19 durch 7 den Wert 2,71428 … ergibt.

In der Geometrie besitzt das Adjektiv »euklidisch« zwei Bedeutungen.

Einerseits bezeichnet man jene Geometrie als euklidisch, in der das Parallelenaxiom Geltung besitzt (siehe PARALLELEN), wonach es zu einer Geraden g und einem nicht auf ihr gelegenen Punkt P nur eine Gerade gibt, die durch P führt und g nicht schneidet. Die nichteuklidischen Geometrien (die Riemannsche und die Lobatschewski-Bolyai-Geometrie) arbeiten ohne das Parallelenaxiom.

Andererseits bezeichnet man einen Vektorraum oder einen affinen Raum dann als euklidisch, wenn in ihm ein SKALARPRODUKT (das heißt der Begriff des Abstands und der Orthogonalität) definiert ist.

Evolution

Kosmische Evolution

Offenbar bleibt im Universum im Laufe der Zeit nichts, wie es ist, weder die Sterne und Galaxien noch die Organisation der Materie in Partikel oder chemische Elemente. Die Zeiträume sind hierbei beträchtlich: über zehn Milliarden Jahre (siehe NATURKONSTANTEN).

Da die Überlieferung der Astronomie jedoch bestenfalls die Geschichte der letzten 4000 Jahre umfasst, ist für ein Verständnis der Veränderungen, die sich über wesentlich größere Zeiträume hinweg ergeben haben, ein deduktives Vorgehen unerlässlich, selbst wenn einige Phänomene wie Explosionen von Supernovae (siehe STERN) so kurz sind, dass man die Veränderungen manchmal direkt beobachten kann.

Im Universum findet zwischen den Objekten, aus denen es sich zusammensetzt, ständig ein Austausch von Energie in ihren verschiedenen Formen statt (atomar, kinetisch, gravitationsbedingt, strahlenförmig, chemisch). Dieser Energieaustausch bewirkt Veränderungen in den physikalischen oder chemischen Zustandsformen dieser Objekte wie Änderungen der Form, der Masse oder der Ausdehnung.

Der Begriff der Evolution umfasst jedoch mehr als die schlichte Vorstellung von Austausch oder Veränderung, denn er verweist auf eine IRREVERSIBILITÄT der Transformationen, auf einen einseitig gerichteten Zeitfluss (was zur Entstehung des Begriffs »Zeitpfeil« führen konnte), in dem sich neue, in den vorhergehenden Phasen unbekannte Eigenschaften herausbilden.

Die THERMODYNAMIK, also jener Zweig der Physik, der sich mit den Beziehungen zwischen Wärme und Bewegung befasst, zeigt, dass jedes geschlossene System sich spontan in Richtung auf einen Zustand wachsender Unordnung (siehe ENTROPIE) entwickelt. Ende des 19. Jahrhunderts führte die unterschiedslose Anwendung dieses Gesetzes auf das Weltall als Ganzes zu der Vorstellung vom »Wärmetod« des Universums, da alle in ihm enthaltenen Dinge sich letzten Endes bei einer TEMPERATUR von 0 K (ABSOLUTER NULLPUNKT, also –273,15 °C) in einem vollkommen statischen Zustand verdichten müssten. Die Beobachtung hat gezeigt, dass die Evolution nicht ganz so einfach verläuft. Sie ist allerdings noch nicht vollständig verstanden, sofern das überhaupt eines Tages möglich sein sollte!

Die Entdeckung der Expansion des Universums (1929) führte sehr bald zu der Erkenntnis, dass in seiner globalen Organisation ein Zeitpfeil existiert (siehe ZEIT). Das in groben Zügen bis heute anerkannte KOSMOLOGISCHE STANDARDMODELL geht davon aus, dass sich das Universum voller Galaxien, wie wir es heute beobachten, aus einem dichten, heißen Urkosmos entwickelt hat.

Am besten erforscht ist die Evolution der STERNE, teils weil sie relativ einfach ist, teils weil es sehr viele beobachtbare Sterne gibt. Diese Vielzahl ermöglicht es, alle in unterschiedlichen Epochen realisierten Möglichkeiten festzustellen, zu vergleichen und daraus ein allgemeines Szenario abzuleiten.

Die Entstehung eines Sterns, sein stationärer Zustand bei stabiler Leuchtkraft, sein Masseverlust an den interstellaren Raum, seine letztendliche Entwicklung hin zu Objekten wie PULSAREN oder SCHWARZEN LÖCHERN resultieren aus der Tatsache, dass sich die Kombination aus Gravitationsanziehung einerseits und der bei der Kernfusion freigesetzten Energie andererseits im Laufe der Zeit ändert. Der irreversible Charakter dieses Phänomens (siehe IRREVERSIBILITÄT) ergibt sich aus dem Energieverlust durch Strahlung und aus der unumkehrbaren Transformation des ursprünglichen Materials, WASSERSTOFF, in chemische Elemente höherer Ordnung (siehe ENTSTEHUNG DER ELEMENTE).

Leicht zu beobachten ist die morphologische Differenzierung der GALAXIEN, die sich nach ihren Erscheinungsformen als spiralförmige, elliptische oder irreguläre Galaxien einstufen lassen. Ohne Zweifel sind sie das Ergebnis einer zeitlichen Evolution, was jedoch noch nicht stichhaltig bewiesen ist. Tatsächlich ist eine Galaxie ein sehr viel massereicheres System als ein Stern (bis zu 10^{12} mal mehr) und ihre Evolutionszeit, die wesentlich länger ist als die der Sterne, entspricht den größten bekannten Zeiträumen, die über eine Milliarde Jahre hinausgehen. Daher ist über die Evolution der Galaxien weitaus weniger bekannt, und unsere Annahmen beruhen eher auf physikalischen Modellen (theoretischen Szenarien, die sich auf die beobachteten Indizien stützen) als auf einer unmittelbaren Beobachtung von Galaxien in unterschiedlichen Entwicklungsstadien.

Wahrscheinlich entstanden die Galaxien als Zusammenballungen aufgrund anfänglicher Dichteschwankungen (siehe AKKRETION) in einem sehr homogenen Uruniversum, das fast ausschließlich aus einem Wasserstoffgemisch bestand. Seit kurzem ist uns diese Urphase (siehe KOSMOLOGISCHES STANDARDMODELL) mit Hilfe von starken TELESKOPEN zugänglich, da wir bei der Beobachtung von weit entfernten und somit schwach leuchtenden Objekten in eine ferne Vergangenheit schauen. Andere Evolutionsfaktoren im Inneren der Galaxien sind leichter zu beobachten: die Modifikation von Sternpopulationen im Laufe von Sterngenerationen, die sich gebildet haben; die relativen Anteile von interstellarem Gas und Sternen; die chemische Zusammensetzung; die Evolution großformatiger Strukturen wie der Spiralkerne und -arme; schwerkraftbedingte Wechselwirkungen zwischen Galaxien, die tief greifende Änderungen ihrer Form oder ihrer Bewegung bewirken. Viele Galaxien besitzen offenbar in ihrem Zentrum eine extreme Materiekonzentration, die man auf ein SCHWARZES LOCH zurückführt. Dieses schwarze Loch durchläuft Phasen der gravitationsbedingten AKKRETION, in deren Verlauf es irreversibel Gas und Sterne absorbiert und intensive Strahlung abgibt: Diese Phase des »Verschlingens« könnte sich im Lauf der Evolution einer Galaxie mehrfach wiederholen.

Chemische Evolution des Universums

Zur Vorbereitung: ***Entstehung der Elemente***

Bei der chemischen Evolution verändern sich die verschiedenen chemischen Elemente, die im Universum vorhanden sind (siehe ELE-

ELEMENTHÄUFIGKEIT), in ihren relativen Häufigkeiten zunehmend zugunsten schwerer Elemente. Zum Teil geht diese Verschiebung auf die Sterne zurück, die diese Elemente durch stellare Kernfusion in explosiven Nova- oder SUPERNOVA-Stadien (siehe STERN) hervorbringen, bei denen sehr hohe, für Kernreaktionen günstige Temperaturen entstehen. Die chemische Evolution hat jedoch schon lange vor der Entstehung von Sternen im Uruniversum begonnen. Nach dem Standardmodell des Urknalls hat eine homogene, undifferenzierte Uratmosphäre aus Quarks zunehmend PROTONEN und NEUTRONEN entstehen lassen, die sich wiederum zu leichten Atomkernen verbanden, hauptsächlich zu Wasserstoff, Helium und leichten Elemente wie Lithium, Beryllium und Bor. Die heute zu beobachtenden Anteile dieser Elemente (siehe ELEMENTHÄUFIGKEIT) gelten als fossile Zeugen dieser Urentstehung der chemischen Elemente.

Global gesehen zeichnet sich die chemische Evolution also durch eine zunehmende Anreicherung des Universums mit schweren ATOMEN aus. Atome sind jedoch nicht die einzigen organisierten Formen von Materie. Auch in ihrer Kombination zu MOLEKÜLEN zeigt sich eine Evolution hin zur KOMPLEXITÄT. Die innere Bindungsenergie von Molekülen (Energie, die benötigt würde, um sie aufzubrechen) ist nicht sehr hoch, zudem halten sie sich nur bei niedrigen Temperaturen (unter einigen Tausend Grad Kelvin beim Kohlenmonoxid, einem der resistentesten Moleküle, das mit am häufigsten vorkommt) und wenn sie vor intensiver ultravioletter Strahlung geschützt sind, die sie zerstören kann.

Dass es an so privilegierten Orten wie auf den PLANETEN und KOMETEN des Sonnensystems Moleküle gibt, ist seit langem bekannt. Beobachtungen haben darüber hinaus gezeigt, dass auch zahlreiche Moleküle in den Wolken im INTERSTELLAREN RAUM vorhanden sind, in denen komplexe chemische Prozesse ablaufen.

Die traditionelle Bedeutung des Wortes »Evolution« als Entwicklung der Lebewesen lässt sich nur schwer in das allgemeine Schema der Evolution des Universums integrieren. Außer Zweifel steht, dass zu den Minimalvoraussetzungen für die Evolution des Lebens zumindest in der Form, wie wir sie kennen, das Vorhandensein flüssigen WASSERS gehört, also eine komplexe Molekularchemie und Temperaturverhältnisse, die auf einem Planeten wie der Erde vorhanden sind. Außerdem sind Zeiträume der Evolution erforderlich, die sich über einen erheblichen Teil des Alters des Universums erstrecken. In diesem Sinne hat die allgemeine kosmische Evolution die Bedingungen geschaffen, die nach unserem Wissen für die Entstehung von Leben notwendig sind. Doch erst wenn wir die Natur des Lebens tief greifender verstehen und vielleicht eines Tages außerhalb der Erde Spuren oder Formen von Leben entdecken, dürften wir imstande sein, die Evolution des Kosmos und der Lebensformen richtig zu begreifen (siehe AUSSERIRDISCHES LEBEN).

Evolution des Lebens

Zur Vorbereitung: ***Genetik***

Zur Vertiefung: ***Darwinismus; Lamarckismus; natürliche Auslese; phylogenetischer Stammbaum***

Lebewesen lassen sich in mehrere Millionen Arten klassifizieren, deren Vielfalt unbegrenzt scheint. Die mittlerweile fast uneingeschränkt anerkannte Evolutionstheorie behauptet jedoch, dass alle Arten auf einen gemeinsamen Ursprung zurückgehen. Der Prozess, durch den sich diese Differenzierung vollzogen hat, ist einer der wichtigsten Forschungs- und Streitgegenstände der Biologen.

Für Jean-Baptiste de Lamarck lieferte Anfang des 19. Jahrhunderts die Theorie von der Vererbung erworbener Eigenschaften, die heute gänzlich infrage gestellt wird, den Kern der Erklärung. Nach dieser Theorie mussten die Tiere bestimmte Merkmale entwickeln, um in ihrer jeweiligen Umgebung überleben und sich fortpflanzen zu können (so reckte die Giraffe den Hals, um die hohen Äste zu erreichen und sich von ihren Blättern zu ernähren). Diese modifizierten Eigenschaften und die durch den jeweiligen Gebrauch veränderten Organe vererbten sie an ihre Nachkommen, und so veränderte sich die

Art von Generation zu Generation (siehe Lamarckismus).

Ein halbes Jahrhundert später sah Charles Darwin den entscheidenden Faktor in der natürlichen Auslese – einem Selektionsprozess aufgrund der unterschiedlichen Merkmale, die verschiedene Individuen von Geburt an aufweisen. Individuen mit zufälligen Eigenschaften, die es ihnen erlauben, die Schwierigkeiten der Umgebung besser zu meistern oder im Kampf ums Dasein besser gegen die diversen Konkurrenten abzuschneiden (wie junge Giraffen, die zufällig mit einem längeren Hals geboren werden), überleben und vererben diese in einer bestimmten Umgebung günstigen Merkmale an ihre Nachkommen. Im Laufe von Generationen breiten diese Eigenschaften sich in der Population aus, die sich nach und nach verändert. Auf lange Sicht kann diese Differenzierung dazu führen, dass sich aus dieser Population eine eigene Art herausbildet.

Doch weder Lamarck noch Darwin kannten die Mechanismen, durch die sich Merkmale von den Eltern auf die Nachkommen vererben. Erst die Wiederentdeckung der Ideen, die Gregor Mendel bereits dreißig Jahre zuvor entwickelt hatte, führte 1900 zur Einführung der grundlegenden Unterscheidung zwischen Phänotypen und Genotypen, also zwischen manifestierten Eigenschaften und der tieferen Ursache dieser Merkmale, nämlich den Genen, in denen sie codiert sind, wobei die Vererbung von Phänotypen nur dem äußeren Anschein entspricht.

Der Genotyp eines jeden Individuums setzt sich aus zwei Exemplaren eines jeden Gens zusammen. Jedes Exemplar stammt von einem der beiden Eltern dieses Individuums. Die Vererbung vollzieht sich mittels der Gameten, Eizellen und Spermien, die jeweils nur eines der beiden Exemplare eines jeden Gens enthalten, das der Erzeuger selbst von seinen Eltern empfangen hat. Die Auswahl aus den in jedem Gameten vorhandenen Genexemplaren erfolgt zufällig bei der Meiose, der Zellteilung, in deren Verlauf von jedem Chromosom, und damit auch von jedem Gen, nur ein Exemplar erhalten bleibt.

Nachdem diese verschiedenen Prozesse einmal erhellt waren, verschob sich die Fragestellung. Es ging nun nicht mehr darum, die Ursachen der progressiven Transformation dieses oder jenes Merkmals innerhalb einer Population zu erforschen, sondern die Ursachen für die Veränderung der genetischen Ausstattung dieser Population zu finden, die sich in bestimmte Merkmale übersetzt. Eine neue Disziplin war geboren, die Populationsgenetik.

In der ersten Zeit entwickelte sich diese Disziplin weniger nach ihrer eigenen Logik als anhand der Reflexionsachsen früherer Lehren. In dieser Entwicklung kam dem Darwinismus erhebliches Gewicht zu: Die Populationsgenetik verfolgte das Ziel, die Konzepte des Darwinismus, vor allem den Begriff der natürlichen Auslese, mit möglichst geringen Änderungen so zu modifizieren, dass sie dem von Mendel vorgeschlagenen genetischen Vererbungsmechanismus Rechnung trugen. Das Ergebnis dieser Bemühungen präsentierte sich Mitte des 20. Jahrhunderts als Neodarwinismus oder pompöser als synthetische Evolutionstheorie.

Dank der Entdeckungen der Biochemie ist die Entwicklung seither in ein neues Stadium eingetreten. Gegenstand der Untersuchung ist nun nicht mehr die Evolution der Organismen, sondern die der Proteine, die aus Ketten von Aminosäuren bestehen. Von den Aminosäuren, die in den Proteinen im Gewebe der Lebewesen zu finden sind, gibt es nur zwanzig Typen. Ein Protein zu beschreiben, heißt die Typen von Aminosäuren aufzuzählen, aus denen es sich zusammensetzt. So besteht die α-Kette des Hämoglobins beim Menschen aus 148 Aminosäurebausteinen. An 123 dieser 148 Positionen sind die Aminosäurebausteine beim Menschen die gleichen wie beim Pferd, an 125 die gleichen wie bei der Maus, an 73 die gleichen wie beim Karpfen. Die Evolution und die progressive Divergenz der Arten zu untersuchen, bedeutet die Verzweigungen dieser Differenzierung von einem gemeinsamen Ursprung her aufzuzeigen und ihre Ursachen zu präzisieren (siehe phylogenetischer Stammbaum).

Auf diese Weise lässt sich für viele Proteine, die bei zahlreichen Arten vorhanden sind (unter anderem Cytochrom C, Fibrinopeptide und Histone), nachweisen, dass der Evolutionsrhythmus eines jeden im Laufe der Erdzeitalter relativ konstant geblieben ist. Allerdings variiert er von einer Proteinkette zur anderen erheblich: So haben die Histone – Proteine, die für den Schutz der DNA-Stränge notwendig sind – sich praktisch gar nicht weiterentwickelt, während die Fibrinopeptide, die an der Blutgerinnung mitwirken, wesentlich variabler waren. Mit der Entwicklung der Molekulargenetik und der GENTECHNIK ist es möglich geworden, die Gene, die die Proteinsynthese steuern, unmittelbar zu analysieren. Durch Bestimmung und Vergleich der Anordnung der vier Typen von Nukleotiden, den Grundeinheiten der DNA, ließen sich zahlreiche Beobachtungen sammeln, die die biochemischen Daten erhärten. Diese Feststellungen stützen die so genannte NEUTRALITÄTSTHEORIE, die MUTATIONEN, also Veränderungen in der Struktur der DNA und das Auftauchen neuer Genformen, der ALLELE, einzig und allein dem Zufall zuschreibt und der natürlichen Auslese lediglich die Auswahl jener Mutationen überlässt, die in der Population erhalten und fixiert werden. Nach dieser Sicht erfüllt die Evolution indes nicht mehr die Aufgabe, zu einer besseren ANPASSUNG zu führen, die der Darwinismus ihr zuschrieb. Die Trennung zweier Arten ist demnach nicht das Resultat eines langen Anpassungsprozesses an Umwelteinflüsse, sondern nur die Folge eines ursprünglich bedeutungslosen Zufalls.

Ein anschauliches Beispiel, das jedoch auf reiner Spekulation beruht, ist die Erklärung für die Trennung von Mensch und Schimpanse unter Verweis auf den Verlust des *baculum* beim Menschen. Dieses *baculum* ist ein Penisknochen, den alle Primaten mit Ausnahme des *homo* besitzen. Die Tatsache, dass es sich um ein anatomisches Merkmal der Fortpflanzungsorgane handelt, erlaubt die Hypothese, dass eine Mutation, die den Verlust dieses Knochens zur Folge hatte, vor etwa sechs Millionen Jahren am Anfang der Trennung gestanden haben könnte, aus der sich einerseits die Linie der Schimpansen und andererseits die der Menschen entwickelt hat. Eine sexuelle Isolation aufgrund dieser Besonderheit dürfte genügt haben, um zu verhindern, dass die Mutationen der einen Linie mit der anderen ausgetauscht wurden. Jede Linie hätte somit ihre eigenen Mutationen akkumuliert; auf Dauer hätten sich dann die beiden Arten getrennt, und zwar ausschließlich aufgrund zufälliger Vererbungsfehler.

Abschließend ist zu betonen, wie schwierig es ist, einen Prozess zu rekonstruieren, wenn er sich nur ein einziges Mal vollzogen hat und nicht wiederholbar ist. Das ist bei der Evolution der Fall. Wir können nur Hypothesen aufstellen ohne Hoffnung auf eine empirische Bestätigung, die uns eine Entscheidung für die eine oder andere ermöglichen könnte.

Existenz

Die Existenz der Welt

Zur Vertiefung: ***Atom; Deutungen der Quantenphysik; Realität***

Der so genannte Solipsismus bestreitet, dass die Außenwelt überhaupt existiert. Sie sei nur eine Idee im Geist des Subjekts, das diese Außenwelt denkt.

Die Wissenschaften können kaum eine derart radikale Einstellung zu jener Welt einnehmen, die sie beobachten, bearbeiten, beschreiben usw. Dennoch kann auch für sie die Existenz bestimmter Objekte zum Problem werden. In der Wissenschaftsgeschichte gibt es dafür diverse Beispiele. Man postulierte die Existenz einer Entität und musste später feststellen, dass diese Hypothese keine Grundlage in den Dingen hatte, weil die betreffende Entität gar nicht existierte. Das gilt etwa für das Phlogiston als Träger der Wärme oder für den Äther, ein kosmisches Fluidum, das die GRAVITATION zwischen der SONNE und den PLANETEN vermitteln sollte (siehe PHYSIK).

Es ist äußerst schwierig, die Existenz einer Entität zu begründen, die sich nicht beobachten lässt, und zwar auch dann, wenn die ihr zugeschriebenen Eigenschaften eine gute Erklärung für bestimmte Phänomene bieten. In solch einer Situation streitet man über die Existenz verschiedener möglicher Entitäten, bis die Konsequenzen aus der Existenz einer dieser Entitäten unabweisbar sind, so dass man ihr den Vorzug geben muss. Einen derartigen Streit führte man bereits in der Antike um die Frage nach der Existenz der Atome; er wurde dann im 17. Jahrhundert wieder aufgegriffen und schließlich entschieden.

Anders als in der Mathematik ist die Existenz eines Objekts in der äußeren Welt niemals eine logische Notwendigkeit (siehe NOTWENDIGKEIT, KONTINGENZ). Auch lässt sich die Existenz solcher Objekte nicht im strengen Sinne beweisen. Abgesehen von der unmittelbaren Beobachtung bleibt hier nur die Möglichkeit, dass die für seine Existenz ins Feld geführten Annahmen insofern nur schwer abzuweisen sind, als das POSTULAT seiner Existenz zu sehr fruchtbaren Ergebnissen führt. Das galt zum Beispiel für die Atome, bevor ihre Existenz durch eine annähernd unmittelbare Beobachtung bestätigt werden konnte. Solange ein Objekt nicht direkt beobachtet werden kann, bleibt seine Existenz eine widerlegbare Hypothese.

Die Existenz mathematischer Objekte

Zur Vertiefung: ***Auswahlaxiom; Axiom; Vektor***

Unter der Existenz mathematischer Objekte kann man Verschiedenes verstehen. Am überzeugendsten und befriedigendsten beweist man die Existenz eines mathematischen Objekts, indem man eine Methode angibt, mit der dieses Objekt sich aus bereits bekannten Objekten erzeugen lässt. Dabei genügt es, dass diese Methode in der Theorie funktioniert, auch wenn sie praktisch nicht realisiert werden kann. Dann haben wir es mit einer Idealisierung zu tun wie bei der Einführung der Zahl

$$10^{(10)^{10}}$$

Bei zahlreichen Methoden zum Beweis der Existenz mathematischer Objekte bedient man sich eines rekursiven Verfahrens. Das gilt etwa für den euklidischen ALGORITHMUS, mit dem sich der größte gemeinsame Teiler zweier ganzer Zahlen berechnen lässt.

Andere Existenzbeweise verfahren nichtkonstruktivistisch. Sie stützen sich auf Axiome, die die Existenz von Objekten wie unendlichen Mengen behaupten und eventuell bestimmte Eigenschaften begründen. Solche Beweisverfahren benutzt man seit dem Ende des 19. Jahrhunderts. Sie stoßen bei manchen Mathematikern auf Ablehnung, aber sie eröffnen die Möglichkeit, hinreichend allgemeine Existenzsätze aufzustellen, etwa hinsichtlich der Existenz einer Basis in einem Vektorraum, eines maximalen Ideals in einem RING oder einer abzählbaren Teilmenge in einer unendlichen Menge.

Exon

→ ***Intron, Exon***

Expansion

Zur Vertiefung: ***Gravitation; Naturkonstanten; Raum; Schwarzer Körper***

Die Expansion des Universums wurde 1929 von Edwin Hubble entdeckt, als er beobachtete, dass eine Reihe näher gelegener Galaxien sich von der Erde weg bewegt, und zwar mit zunehmender Entfernung immer schneller. Obwohl sich diese Beobachtung nicht von anderen Standorten aus (etwa einer anderen Galaxie) überprüfen lässt, wagten die Kosmologen eine kühne Verallgemeinerung, nach der die Expansion von jedem beliebigen Standort aus zu beobachten sein sollte (siehe KOSMOLOGIE). Diese Generalisierung findet heute allgemeine Anerkennung, weil die Folgerungen, die sich daraus ergeben, kohärent sind und den gemachten Beobachtungen entsprechen.

Veranschaulicht wird der Sachverhalt gewöhnlich mit dem Bild eines Luftballons, auf den die Galaxien als Punkte aufgemalt sind: Wenn man den Luftballon aufbläst, entfernen sich sämtliche Galaxien voneinander (das Bild veranschaulicht den Sachverhalt allerdings nur zweidimensional, während das Universum natürlich drei Dimensionen besitzt). Seit Hubble hat man sehr viel weiter entfernte Galaxien beobachtet, ihre Entfernung gemessen und das Phänomen der Expansion vollauf bestätigt gefunden. Beweise für die Expansion des Universums finden sich außerdem auch in der sehr alten Strahlung, die von den Wasserstoffatomen emittiert wurde, lange bevor die Galaxien entstanden, und die wir heute beobachten können.

Schon bevor Hubble die Expansion des Universums entdeckte, wurde sie von einigen Weltmodellen vorausgesagt: Wenn Inseln aus Materie (als die man die Galaxien ansah) unter dem Einfluss der Gravitation in Wechselwirkung miteinander treten, können sie sich in ihrem wechselseitigen Verhältnis nicht in einem stabilen Zustand befinden. Doch erst Hubbles Entdeckung legte die Grundlage für die moderne Kosmologie.

Experiment und Beobachtung

Zur Vertiefung: ***Astronomie; Chemie; Molekularbiologie; Physik***

Was heißt experimentieren?

In ihrer unmittelbarsten Bedeutung ist Beobachtung der Akt, in dem unsere Sinne uns Auskunft über die Welt geben. Aber in ihrer Rohform ist Beobachtung inhaltsleer; interessant wird sie erst, wenn wir unsere Intelligenz nutzen, um mit ihrer Hilfe zu einer DARSTELLUNG der beobachteten Welt zu gelangen. An dieser Darstellung kann sich dann der Verstand abarbeiten. So dachte René Descartes, der nur Papier, Feder und Tinte benötigte, um die Bewegung von Körpern zu erklären. Galilei dagegen ließ Kugeln eine schiefe Ebene hinabrollen, warf sie vom schiefen Turm in Pisa und maß die Zeit, die sie benötigten, bis sie auf dem Boden ankamen. Mit diesem Vorgehen unterzog er das untersuchte Phänomen einem Experiment und handelte als Experimentator.

Experimente reiben sich an der von ihnen befragten Realität. Sie sind gleichsam Fragen, die unsere Wissenschaft an die Natur stellt. In diesem Sinne gibt es in der Regel kein Experiment ohne eine vorgängige Idee, eine Intention, einen »Zwang«, den der Experimentator auf den natürlichen Lauf der Dinge ausübt, um ihn aus der Richtung zu bringen. Es kommt jedoch auch vor, dass man experimentiert, um einfach nur zu sehen, was geschieht (ein Vorgehen, das als heuristisch bezeichnet wird, nach dem griechischen *heuriskein*: finden). Die eigentliche Frage ist dann noch nicht formuliert; es handelt sich gleichsam um eine freie Improvisation. Für Experimente benötigt man ein LABORATORIUM und geeignete Apparate, von der schiefen Ebene über Schalen mit Gelatine, in denen man Bakterienkulturen anlegt, bis hin zu den großen TEILCHENBESCHLEUNIGERN und TELESKOPEN. Diese Geräte werden erdacht und gebaut, um die betreffende Frage präzise stellen zu können. Die Beobachtung der Versuchsergebnisse erweitert die Möglichkeiten der bloß passiven Beobachtung; die Instrumente sind gleichsam Verlängerungen unserer Sinne.

Allerdings spielen auch GEDANKENEXPERIMENTE eine wichtige Rolle. Dieser Ausdruck, dessen beide Teile einander zu widersprechen scheinen, bezeichnet ein rein geistiges, aber dennoch sehr fruchtbares Vorgehen, das darin besteht, sich in Gedanken in eine praktisch nicht realisierbare Situation zu versetzen. So stellte Albert Einstein sich vor, in einem Aufzug zu sein, der sich in freiem Fall befand (die Geburtsstunde der allgemeinen RELATIVITÄTSTHEORIE), oder den Kamm einer elektromagnetischen Welle wie eine Möwe zu begleiten, die über den Wogen des Meeres schwebt (die Geburtsstunde der speziellen Relativitätstheorie). Dann versucht man, Bedeutung und Konsequenzen einer vorgestellten Situation zu Ende zu denken und mit den gewohnten Vorstellungen zu vergleichen.

Auf Experiment und Beobachtung folgt stets eine Deutung, die sich im Rahmen der vorhandenen Darstellungen und Theorien bewegt. Die nicht ganz ernst gemeinte Geschichte vom »tauben« Floh zeigt indessen, dass man sehr vorsichtig mit allzu schnellen Deutungen sein sollte: Ein Floh, dem man sagt, er soll springen, springt, und das selbst dann, wenn man ihm zunächst ein, dann zwei und schließlich sogar fünf Beine abschneidet. Die Tatsache, dass er nicht mehr springt, wenn man ihm auch das sechste Bein abgeschnitten hat, beweist jedoch keineswegs, dass er taub geworden wäre.

Das alles bedeutet nun keineswegs, dass Experiment und Theorie in einem Gegensatz stünden; im Gegenteil, Experimente bedürfen der Theorie und bilden deren unverzichtbare Ergänzung. Experimente, hinter denen keine theoretische Bemühung steht, sind inhaltsleer, und Theorien, die nicht durch Experimente – oder, wo dies nicht möglich ist, durch Beobachtung – bestätigt werden, bleiben bloße Spekulation. Abgesehen von der Metaphysik auf der einen und den mathematischen Beweisen auf der anderen Seite sind Beobachtung und Experiment die einzigen Mittel, die uns zur wissenschaftlichen Erkenntnis führen – wenn auch gelegentlich auf verschlungenen Pfaden.

Die Anfänge des Experiments

Als Kinder haben wir wohl alle schon einmal mit einer Kerze gespielt. Wir konnten feststellen, dass Papier sich an der Flamme entzündet, ein Nagel dagegen heiß wird, ohne zu verbrennen. In der Schule haben wir unsere Beobachtung noch erweitern können. Hält man einen kalten Teller über die Flamme, bilden sich nach einiger Zeit Wassertröpfchen daran. Wie lässt sich das erklären? Man könnte sich vorstellen, dass die Flamme in ihrer Umgebung den in der Luft befindlichen Wasserdampf zur Kondensation bringt. Trifft diese Hypothese zu? Man könnte sie testen, indem man zum Beispiel die Menge des in gleichen Zeiten kondensierten Wassers bei geringer und bei hoher Luftfeuchtigkeit misst. Dabei zeigt sich jedoch, dass in beiden Fälle dieselbe Menge Wasser kondensiert. Man sieht sich also nach einer anderen Hypothese um, die man gleichfalls testet, und gelangt schließlich zu dem korrekten Ergebnis: Bei der Verbrennung verbindet sich der Luftsauerstoff mit dem im Stearin der Kerze enthaltenen Wasserstoff, und es entsteht Wasser.

Zwischen dem 10. und dem 17. Jahrhundert gewann das Experiment im Westen schrittweise an Bedeutung, wobei die optischen Arbeiten des arabischen Gelehrten Al-Aitham eine wichtige Vorbildfunktion erfüllten. Männer wie Bernard Palissy in Frankreich und Robert Boyle in England setzten ihre praktischen Fähigkeiten und das Können der Handwerker gegen die abstrakten Argumentationen und das dogmatische Wissen der Scholastiker. Es entwickelte sich der revolutionäre Gedanke, in allen Bereichen, von der ALCHIMIE bis hin zur ASTROLOGIE, auf das aus der Antike überkommene Wissen zu verzichten und an seiner Stelle ein neues, möglicherweise weniger umfassendes, aber am Ende doch sichereres Wissen zu schaffen. So entstand ein neues, an Erfahrung und Beobachtung orientiertes Verfahren zur Befragung der Realität, das wir als wissenschaftlich bezeichnen.

Kann man ohne Messung und Quantifizierung experimentieren, also ohne eine gewisse mathematische Formalisierung der Ergebnisse unserer Erfahrung? Der enge Zusammenhang zwischen der meist mathematisierten oder zumindest nach logischen Kategorien strukturierten Theorie und dem Experiment zwingt uns in der Regel, die darin gestellten Fragen und die Antworten der Instrumente in Zahlen, Funktionen oder logische Beweisführungen zu übersetzen. Daher ist die Messung die nahezu unvermeidliche Begleiterin des Experiments. Allerdings können Versuchsergebnisse auch Ereignisse sein, deren Eintritt oder Nichteintritt von der Theorie vorausgesagt werden (ein Niederschlag oder eine Explosion in der Chemie, der Tod einer Zelle oder eines Meerschweinchens in der Biologie).

Schlüsselbeobachtungen und Schlüsselexperimente

Gibt es Beobachtungen oder Experimente, die von entscheidender Bedeutung sind? Selbst wenn die Frage sinnvoll gestellt und der Versuchsablauf genau geklärt ist, erweist sich die »Antwort« vielfach als unscharf und gestattet mehrere Interpretationen, die Anlass zu neuen Experimenten geben. Dennoch kommt es vor, dass eine Theorie in einem Experiment tatsächlich voll und ganz auf den Prüfstand kommt, und in diesem Falle entscheidet eine negative Antwort endgültig über deren Schicksal, denn eine positive Antwort bedeutet nur eine partielle Bestätigung, während ein negatives Ergebnis dazu zwingt, die Theorie zu verwerfen (sofern der Versuch ordentlich ausgeführt wurde und keine versteckten Parameter oder Variablen enthält). Arthur Eddingtons Beobachtung der totalen Sonnenfinsternis im Jahr 1919 diente als solch ein Prüfstein für die allgemeine Relativitätstheorie. Nach Einsteins Relativitätstheorie sollte der Ablenkungswinkel der scheinbaren Positionen der Sterne in unmittelbarer Nähe der Sonnenscheibe 1,9 Winkelsekunden betragen, nach Newtons Mechanik dagegen nur die Hälfte. Das Ergebnis der Beobachtung musste über Einsteins Theorie entscheiden, und es bestätigte seine Voraussage.

Böse Zungen behaupten, Theoretiker hätten stets eine Theorie in Reserve, wenn sie eines ihrer Konstrukte aufgeben müssen. Aber das spricht nur für ihre Produktivität. Außerdem antwortet die Erfahrung nur selten auf Fragen, die mit einem eindeutigen Ja oder Nein zu beantworten wären, sondern eher auf ein Geflecht mehr oder weniger akzeptierter Thesen und Hypothesen. Nur die Diskussion innerhalb der wissenschaftlichen Gemeinschaft, die Prüfung der verschiedenen Standpunkt und der kritische Austausch gestatten es, einen (zumindest vorläufigen) Konsens herzustellen, auf dem die weitere Arbeit aufbaut. Obwohl Thomas Young sein genial einfaches Experiment zur Beugung von Licht an schmalen Spalten bereits 1802 vorlegte, dauerte es noch das ganze 19. Jahrhundert, bis ein Konsens über die Existenz der elektromagnetischen Wellen hergestellt war.

Um die Geltung von Experimenten sicherzustellen, müssen einige Kriterien erfüllt sein: die Kontrolle der Versuchsbedingungen, die Reproduzierbarkeit des Experiments und seine tatsächliche Überprüfung durch Wiederholung. Die Kontrolle der Versuchsbedingungen eröffnet die Möglichkeit, ein Experiment oder eine Beobachtung zu wiederholen und einzelne Bedingungen im Bedarfsfall abzuwandeln. Phänomene, die nur ein einziges Mal auftreten (wie unsere individuelle Erfahrung oder unsere Empfindungen), sind zwar existent und unbestreitbar legitim, gehören aber, zumindest im strengen Sinne, nicht in den Bereich der Wissenschaft. Physikalische, chemische oder biologische Experimente dienen der Erforschung allgemeiner, reproduzierbarer Phänomene. Bei den Körpern, Molekülen oder Zellen, die einem Experiment unterworfen werden, handelt es sich im Prinzip um Stichproben völlig gleichartiger und daher ununterscheidbarer Elemente. Im Laboratorium stellt man ein System her, das man für repräsentativ hält, aber man kann niemals vollkommen sicher sein, dass nicht irgendein unbemerkter Faktor die Ergebnisse verfälscht.

Die Erde – ein einzigartiges Objekt

Die Erde ist einzigartig, und ihre Entwicklung hängt nicht von uns Menschen ab. Daher scheint es zunächst, als wären in den Geowissenschaften Experimente prinzipiell unmöglich. Doch auch wenn sich die Erde als ganze nicht zum Objekt von Experimenten machen lässt, kann man bestimmte physikalische, chemische oder mechanische Prozesse experimentell erforschen, die in oder auf der Erde ablaufen; außerdem mag die Erde zwar einzigartig sein, aber sie ist auch einer von mehreren Planeten, die wir kennen und erforschen.

Gelegentlich experimentiert man auch mit Stoffen, die denen ähneln, die man eigentlich erforschen möchte. Die Auswahl muss sehr sorgfältig erfolgen, wenn man das an diesen Stoffen beobachtete Verhalten unter Beachtung der unterschiedlichen Größenordnungen auf die Erde übertragen möchte. So untersucht man im Labor die Konvektion in Behältern, die mit Sirup gefüllt sind, um Aufschluss über die Bedeutung verschiedener Faktoren bei der Konvektion innerhalb des Erdmantels zu erhalten. Auch die Faltungsmechanik von Gesteinen lässt sich an Modellen aus verschiedenen plastischen Materialien erforschen. In beiden Fällen versucht man im Labor auf analogem Wege Prozesse nachzuvollziehen, die in der Natur viel zu langsam ablaufen, als dass man im Verlauf eines menschlichen Lebens bereits nachhaltige Veränderungen wahrnehmen könnte (siehe Analogie). Dabei ist allerdings sicherzustellen, dass der Übergang zwischen den verschiedenen Größenordnungen tatsächlich möglich ist, und das ist nicht immer leicht zu beurteilen. So maß Georges Buffon im 18. Jahrhundert zur Altersbestimmung der Erde die Zeit, die Kanonenkugeln verschiedenen Durchmessers zur Abkühlung benötigten, und übertrug die gewonnenen Ergebnisse auf eine Kugel von der Größe der

Erde. Das Experiment war von hoher Qualität, aber die Gesetze der Wärmeleitung, die Buffon nicht kannte, machten seine Extrapolation wertlos.

Auch die physikalischen und chemischen Eigenschaften von Stoffen, aus denen die Erde besteht, werden experimentell erforscht. Diese Experimente unterscheiden sich nicht von anderen Versuchen, die in physikalischen oder chemischen Labors durchgeführt werden. Zum Beispiel bestimmt man den Einfluss der Temperatur und des Drucks auf die elastischen oder elektrischen Eigenschaften der Mineralien, die im Erdinnern hohen Druckbelastungen ausgesetzt sind. Da man keine Proben aus großen Tiefen holen kann, erzeugt, identifiziert und erforscht man diese Stoffe im Labor, indem man gewöhnliche Mineralien zwischen Diamantspitzen sehr hohem Druck aussetzt und mit einem LASER erhitzt, so dass es zu einem Phasenübergang kommt (siehe PHASE).

Wenn nur die Beobachtung bleibt

In der Astrophysik sind Experimente nur auf Umwegen möglich, weil man nicht auf die Forschungsobjekte (Sterne, Galaxien) einwirken kann. Dabei geht man in zwei Schritten vor: Zunächst sammelt man durch Beobachtung möglichst viele INFORMATIONEN und beschafft sich im Laboratorium wie bei der Erforschung des Erdinnern möglichst genaue physikalische und chemische Kenntnisse der zugehörigen Prozesse. Unter der Annahme, dass diese Erkenntnisse überall im Universum gültig sind, konstruiert man dann ein Szenario oder (theoretisches) MODELL, in dem man die erforderlichen Veränderungen vornimmt, um den andersartigen Temperatur- und Druckbedingungen gerecht zu werden, die sich im Laboratorium nicht herstellen lassen. So ist es auf der Erde unmöglich, die 10^{12} Kelvin, die bei der Explosion einer Supernova entstehen, oder den gewaltigen Druck, der in Neutronensternen herrscht, zu erzeugen (siehe PULSAR). Dagegen ist es durchaus möglich, auf der Basis der hier ermittelten Gesetze Voraussagen zu machen, die dann an den betreffenden fernen Objekten verifiziert werden.

Gelegentlich bezeichnet man das ganze Universum als ein Laboratorium, obwohl niemand sich darin im weißen Laborkittel zu schaffen machen kann. Damit möchte man andeuten, dass die kosmischen Objekte insgesamt eine Vielfalt von Bedingungen (Temperatur, Dichte, Zeiträume) und eine Vielzahl von Fällen (Milliarden von Sternen) bieten, wie sie in keinem Laboratorium anzutreffen sind. An die Stelle des Experiments tritt hier die Beobachtung, und die Entscheidung des Physikers über die Versuchsbedingungen und die darin angelegten Vereinfachungen wird ersetzt durch die Vielfalt der natürlichen Gegebenheiten. So bot die Sonne das Beispiel eines Fusionsreaktors, lange bevor die erste Wasserstoffbombe gebaut wurde (1949), und eine kontrollierte Energieerzeugung durch Kernfusion liegt immer noch in weiter Ferne. Da wir Gravitationsstrahlung nicht im Laboratorium erzeugen können (siehe GRAVITATIONSLINSE), sind wir bei ihrer Erforschung auf die Strahlung angewiesen, die aus unserer Milchstraße oder aus nahe gelegenen Galaxien zu uns gelangt.

Experiment und Reprogrammierung in der Genetik

Mit den Mitteln der GENTECHNIK ist es möglich geworden, GENE zu isolieren und von einer Art auf eine andere zu übertragen. Ein Gen, das ein bestimmtes Merkmal steuert, wird in einen anderen Organismus verpflanzt und überträgt das betreffende Merkmal auf diesen Organismus. Gene aus komplexen GENOMEN lassen sich durch deren individuellen Transfer in Bakterien und die Identifizierung der Bakterienklone, die das neue Merkmal erworben haben, isolieren. Der Transfer eines Gens in die Keimbahn einer Pflanze oder eines Tiers (siehe TRANSGENESE) oder umgekehrt dessen gezielte Inaktivierung gestatten es, die Funktion des Gens in seinem physiologischen Kontext (*in vivo*) zu erforschen, während die Geltung *in vitro* durchgeführter Versuche vielfach nicht über die speziellen Versuchsbedingungen hinaus reicht. Der Transfer spezifischer Gene in somatische Zellen (Körperzellen) ist ein experimentelles Verfahren, das immer häufiger eingesetzt wird, um gentherapeutische Möglichkeiten der Behandlung von Krebs, Aids oder Erbkrankheiten zu finden. Die genetische Reprogrammierung von Mikroorganismen wird in der biotechnischen Industrie zur Produktion rekombinanter Proteine für medizinische oder landwirtschaftliche Zwecke eingesetzt.

Experiment und Informatik

Neben den Techniken der Simulation leistet die Informatik auch in anderer Hinsicht Hilfestellung, wenn es um die Prüfung von Theorien geht. In vielen Bereichen und insbesondere in der Biologie fallen große Datenmengen an, die man im Rahmen neuer Theorien interpretieren möchte. Dazu benutzt man COMPUTER, die allerdings nicht, wie manche glauben machen möchten, neue Theorien erfinden. Der Computer simuliert neue Theorien, indem er sie an Beobachtungsdaten überprüft, die zuvor in Form von DATENBANKEN und DATENBANKSYSTEMEN gespeichert worden sind.

In der Molekularbiologie, die gewaltige, aus Experimenten und Sequenzanalysen stammende Datenmengen zu verarbeiten hat (siehe SEQUENZ), ist die Verwendung des Computers heute eine so gängige Praxis, dass man schon von Experimenten *in silicio* spricht (nach dem Grundstoff Silicium, aus dem Computerchips bestehen), um sie von den klassischen Experimenten *in vitro* oder *in vivo* zu unterscheiden.

Expertensystem

Zur Vertiefung: ***Argumentation, Beweisführung; Knowledge Engineering; Produktionsregel; Wissen und Maschine***

Die Experten – graue Eminenzen und Bannerträger der Moderne – haben weder Gesicht noch Herz, und was sie sagen, klingt so nüchtern und anonym, dass man geradeso gut eine Maschine dahinter vermuten könnte. Von diesem Bild bis zu der Vorstellung, Maschinen könnten das Denken von Experten nachahmen, ist nur ein kleiner Schritt. Einige Fachleute auf dem Gebiet der KÜNSTLICHEN INTELLIGENZ haben diesen Schritt getan und unter dem Begriff »Expertensystem« hochspezialisierte Fach- und Anwendungsprogramme geschaffen.

Lob der Fachkompetenz

Dabei ließen sie sich jedoch keineswegs von polemischen Hintergedanken leiten. Im Gegenteil. Gerade die bemerkenswerte Effizienz der Experten auf ihrem jeweiligen Fachgebiet veranlasste sie, deren Wissen und Fertigkeiten zu nutzen. Aus pragmatischen Gründen verzichteten die Vertreter der künstlichen Intelligenz zumindest vorläufig darauf, nach einem Generalschlüssel für die menschliche Intelligenz zu suchen; sie strebten nicht mehr nach einer vollkommenen Maschine, die wie ein allwissender Gott die Welt mit vollkommener Präzision zu berechnen vermöchte. Statt dessen bemühten sie sich, fachkundige Köpfe zu finden, deren Denken sie mit Hilfe von Maschinen nachahmen zu können hofften. Bei ihrer Suche stießen sie auf Menschen, die nichts mit dem Bild des kalten Experten gemein haben: auf Ärzte mit sicherem Blick für die Diagnose von Krankheiten; auf Geologen, die Mineralien schon auf große Entfernung gleichsam zu riechen vermögen; auf Mechaniker, die einen Motor nur zu hören brauchen, um einen Fehler zu erkennen; auf Juristen, die jede Schwachstelle eines Vertrags auf Anhieb entdecken. Auf Fachleute also, die in ihrem jeweiligen Fachgebiet über bemerkenswerte Fähigkeiten verfügen.

Empirische psychologische Untersuchungen bestätigen diesen Eindruck: Die angesammelte Erfahrung verändert das Urteilsvermögen. Wo Anfänger eine vielfach zerstückelte Realität wahrnehmen, erkennen erfahrene Fachleute allgemeine Merkmale; Anfänger halten sich an oberflächliche Details, während Fachleute das Gesamtbild im Auge haben. Anfänger verlieren sich daher in fruchtlosen Vermutungen; ihr Vorgehen ist unstet, weil jede Beobachtung Anlass zu neuen Überlegungen gibt. Fachleute gehen dagegen geradewegs und ohne Umwege auf das Ziel zu, sie stellen präzise Fragen, und ihre Schlussfolgerungen beruhen auf klar durchdachten Gedankengängen. Außerdem werden ihre Reaktionen mit der Zeit so automatisch, dass sie fast wie Reflexe erscheinen und keiner langwierigen Überlegungen mehr bedürfen.

Diese Reaktionen ähneln formalisierten Wenn-dann-Regeln von der Art: »`Wenn diese Konfiguration sich zeigt, ist das zu tun`«, und lassen sich wirkungsvoll zu komplexeren Schlussformen verketten.

Die Struktur eines Expertensystems

Will man das von Experten benutzte Wissen beschreiben und in ein informationstechnisches Systems einbringen, muss man zunächst die Wörter aufzählen, mit deren Hilfe dieses Wissen ausgedrückt wird. Ein geologisches Expertensystem muss die Bezeichnungen der Gesteine und Mineralien und ihrer Entstehungsprinzipien enthalten, ein medizinisches Expertensystem die Bezeichnungen der Krankheiten, der Anatomie, der Symptome und Syndrome. Diese Bezeichnungen bilden zusammen das Grundvokabular des betreffenden Expertensystems. Man spricht gelegentlich auch von der »Ontologie« des jeweiligen Fachgebiets, meint damit aber nicht den philosophischen Begriff der Ontologie (der Lehre vom Sein), sondern lediglich ein Inventar.

Ist das Grundvokabular erstellt, setzt man die fragmentarischen Wenn-dann-Regeln der Experten unter Verwendung dieses Grundvokabulars in PRODUKTIONSREGELN um. Die Ausdrücke »Sediment«, »Ablagerung« und »glazial« zum Beispiel gehören zum Grundvokabular der Geologie. Mit ihrer Hilfe formuliert man Produktionsregeln wie die folgende, die Bestandteil eines steinkundlichen Expertensystems sein könnte: »`Wenn ein Sediment fossile Überreste von Korallen enthält, erfolgte die Ablagerung höchstwahrscheinlich im Bereich eines Korallenriffs oder im Küstenbereich und mit Sicherheit nicht in einer glazialen Umgebung.`« Die Gesamtheit solcher Tatsachen und Regeln bildet die so genannte Wissensbasis des Expertensystems.

Soll nun ein Problem gelöst werden, zum Beispiel die geologische Bestimmung eines homogenen Teils aus einem Bohrkern, sucht der Rechner nach einschlägigen Daten, aktiviert die zugehörigen Regeln und fragt, sofern er nicht fündig wird, den Benutzer. Der Teil des Programms, der diesen Vorgang steuert, der Daten sucht, Fragen formuliert, Regeln anwendet und Lösungen für das betreffende Problem vorschlägt, wird als Inferenzsystem bezeichnet.

Die bei der Bearbeitung des Problems anfallenden Daten werden in einem Arbeitsspeicher gespeichert, dessen Inhalt als Faktenbasis bezeichnet wird, um ihn deutlich von der Wissensbasis zu unterscheiden, in der das von Experten in ihrer beruflichen Praxis gesammelte Wissen in Form von Tatsachen und Produktionsregeln gespeichert ist.

Die Unterscheidung zwischen Faktenbasis und Wissensbasis entspricht der aus der Psychologie bekannten Unterscheidung zwischen dem Kurzzeitgedächtnis, in dem maximal sieben bis zehn elementare, für die gegenwärtige Situation relevante Informationen gespeichert sind, und dem Langzeitgedächtnis, das die Erfahrung eines ganzen Lebens enthält.

Prädikative Programmierung

Neben der Nutzung des Fachwissens von Experten sind Expertensysteme durch Techniken charakterisiert, die es gestatten, Wissen zu sammeln und damit zu arbeiten. Diese Techniken basieren auf einem Programmierstil, der als prädikativ bezeichnet wird, weil das Programmieren darin dem Vorbild des Beweisens auf der Grundlage von Fakten und Schlussfolgerungen folgt (siehe PROGRAMMIERUNG). Und aus solchen Wissenselementen besteht die Wissensbasis der Expertensysteme.

Da die in der Wissensbasis enthaltenen Regeln unabhängig voneinander sind, ist ihre Verknüpfung mit einer Beweisführung vergleichbar, auf die die Maschine zur Begründung ihrer Wahlentscheidungen und Schlussfolgerungen verweisen kann. Für den Experten sind Expertensysteme daher vollkommen transparent; er kann das darin enthaltene Wissen verändern und sowohl die Ergebnisse als auch die Wege, auf denen die Maschine zu diesen Ergebnissen gelangt, auf ihrer Richtigkeit und Konsistenz überprüfen. Insofern kann ein Expertensystem als gläserne Box angesehen werden, im Unterschied zur BLACK BOX der KYBERNETIK, die nur logische oder mathematische Relationen zwischen Ein- und Ausgabe kennt, ohne dass die Relation selbst jemals auf den Prüfstand gestellt würde.

Der Erfolg der Expertensysteme

Der plötzliche Popularitätsanstieg, den die Expertensysteme in den 80er Jahren erlebten, hat zu zahlreichen Missverständnissen geführt. Man glaubte, wenn Experten allzu überlastet seien, könne ein Expertensystem ihnen unter die Arme greifen und sie entlasten; oder man stellte sich vor, ein Expertensystem könne die Lücke schließen, wenn es gar keine Fachleute gebe, weil die betreffende Aufgabe für einen Menschen zu schwierig sei.

Expertensysteme ahmen die Arbeit von Fachleuten jedoch nur im Bereich von Routinetätigkeiten nach, zum Beispiel bei der Überwachung eines Kernreaktors, der medizinischen Versorgung oder der Aufdeckung betrügerischer Transaktionen im Bankbereich, ohne die Experten jemals vollständig zu ersetzen. Will man ein Expertensystem mit einiger Aussicht auf Erfolg entwickeln, müssen die damit zu simulierenden intellektuellen Aufgaben so repetitiv sein, dass die allgemeinen und recht starren Regeln tatsächlich überall anwendbar sind, und es muss Experten geben, die bereit sind, sich beobachten zu lassen und an der Entwicklung des Systems mitzuwirken.

Kurz gesagt, Expertensysteme sind auf Menschen angewiesen, deren Wissen und praktische Erfahrung sie sammeln und nachahmen können. Sie verwandeln diese Menschen nicht in gesichtslose Maschinen, sondern verbeugen sich gleichsam vor ihrer fachlichen Kompetenz, ohne sie obsolet zu machen, wie manche modernen Humanisten gerne argwöhnen.

Exponentialfunktion

Zur Vertiefung: ***pi; Trigonometrie; Winkel***

Potenzieren

Das Potenzieren war den arabischen Algebraikern bereits im 10. Jahrhundert bekannt, desgleichen dessen einfachste Eigenschaften: $a^{n+p} = a^n a^p$ sowie $a^{np} = (a^n)^p$.

Diese Definition ist nur dann sinnvoll, wenn es sich bei dem Exponenten n um eine von 0 verschiedene natürliche ganze Zahl handelt. Zwischen dem 12. und dem 14. Jahrhundert erweiterte man die Definition auch auf Fälle, in denen

- der Exponent gleich 0 ist, indem man $a^0 = 1$ setzte, denn dies ist der einzige Wert, der die Bedingung $a^{n+p} = a^n a^p$ erfüllt, weil $a^n = a^{n+0}$ gleich $a^n a^0$ sein muss;
- der Exponent negativ ist, indem man $a^n = 1/a^n$ setzte, denn dies ist der einzige Wert, der die Bedingung $a^{n+p} = a^n a^p$ erfüllt;
- der Exponent rational ist, indem man $\iota^{n/p} = (\sqrt[p]{a})^n$ setzte, denn dies ist der einzige Wert, der die Bedingung $a^{np} = (a^n)^p$ erfüllt. In diesem Fall muss allerdings a positiv sein, weil sonst die Wurzel nicht existiert.

Fälle schließlich, in denen n eine reelle Zahl ist, lassen sich durch eine Folge von Näherungswerten definieren, die Zahl 2^π zum Beispiel als Grenzwert der Folge 2^3; $2^{3,1}$; $2^{3,14}$; $2^{3,141}$ …

Die Exponentialfunktion

Zur Vertiefung: ***Ableitung***

Mit der Infinitesimalrechnung entdeckte man im 17. Jahrhundert auch, dass die Ableitung der Funktion $x \longmapsto a^x$ (siehe *Abbildung 1*) gleich der Funktion $x \longmapsto ka^x$ und daher auch der Funktion selbst proportional ist, wobei der Proportionalitätsfaktor k von dem Parameter a abhängt. Tatsächlich ist diese Ableitung der GRENZWERT des Ausdrucks $(a^{x+h} - a^x)/h$, wenn h gegen 0 geht. Diese Zahl ist aber nichts anderes als $a^x(a^h - 1)/h$; und wenn h gegen 0 geht, dann geht diese Zahl gegen ka^x, wobei k der Grenzwert von $(a^h - 1)/h$ ist, wenn h gegen 0 geht.

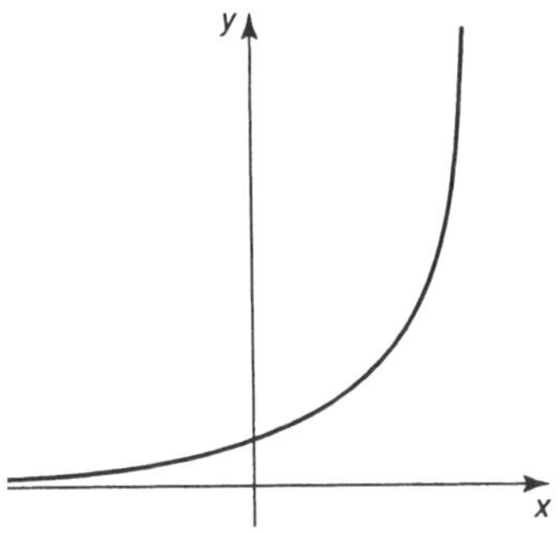

Abbildung 1 Die Funktion $x \longmapsto a^x$

Man beweist nun, dass es eine Zahl e gibt (auch Eulersche Zahl genannt), für die die Ableitung der Funktion $x \longmapsto e^x$ gleich der Funktion selbst ist. In der Hitparade der berühmten Zahlen nimmt die Eulersche Zahl zweifellos den zweiten Platz ein, nach der Zahl π. Die Funktion $x \longmapsto e^x$ wird als Exponentialfunktion bezeichnet. Die Ableitung der Exponentialfunktion ist also die Exponentialfunktion selbst. Dasselbe gilt für die Ableitung der Ableitung und so weiter bis ins Unendliche.

Diese Eigenschaft legt eine andere Definition der Exponentialfunktion nahe, die Jose Anastacio da Cunha 1790 vorlegte: Die Zahl e^x lässt sich auch als unendliche Reihe (siehe REIHE) definieren:

$$e^x = 1 + x + \frac{1}{1 \times 2}x^2 + \frac{1}{1 \times 2 \times 3}x^3 + \ldots$$

Ersetzt man in dieser Definition x durch 1, erhält man die Zahl e, und zwar als Grenzwert der unendlichen Reihe

$$e = 1 + 1 + \frac{1}{1 \times 2} + \frac{1}{1 \times 2 \times 3} + \ldots$$

Sie ist gleich 2,718281 …

Die Logarithmusfunktion

Die Exponentialfunktion ist eine bijektive Abbildung der Menge der reellen Zahlen $\mathbb{R}$ in die Menge der streng positiven reellen Zahlen $\mathbb{R}^{+*}$. Das heißt, sie ordnet jeder reellen Zahl x eine streng positive reelle Zahl $y = e^x$ zu und umgekehrt jeder streng positiven reellen Zahl y eine und nur eine Zahl x der Art, dass $y = e^x$. Diese Zahl x wird als natürlicher Logarithmus der Zahl y bezeichnet. Da die Exponentialfunktion der Zahl 1 die Zahl e zuordnet, ist der natürliche Logarithmus von e gleich 1 usw. Die Logarithmusfunktion (ln) ist *per definitionem* die Umkehrfunktion der Exponentialfunktion.

Die Ableitung der Exponentialfunktion ist die Exponentialfunktion selbst. Daraus lässt sich schließen, dass die Ableitung der Logarithmusfunktion die Funktion $x \longmapsto (1/x)$ ist. Die Logarithmusfunktion ist daher die Stammfunktion (siehe INTEGRAL) der Funktion $x \longmapsto (1/x)$.

Aus der Eigenschaft $e^{x+y} = e^x \times e^y$ folgt: $\ln(xy) = \ln(x) + \ln(y)$.

Daraus wird deutlich, warum die Logarithmusfunktion (bis zur Erfindung des Computers) für das Rechnen mit Zahlen sehr interessant war, denn sie gestattet es, die Multiplikation durch die sehr viel einfachere Addition zu ersetzen.

Komplexe Hochzahlen

Zur Vertiefung: ***Trigonometrie; Winkel; Zahl***

Die Darstellung der Exponentialfunktion als unendliche Reihe erinnert an die Darstellung der Sinus- und Kosinusfunktion (siehe WINKEL und TRIGONOMETRIE):

$\sin(x) =$

$$x - \frac{1}{1 \times 2 \times 3}x^3 + \frac{1}{1 \times 2 \times 3 \times 4 \times 5}x^5 - \ldots$$

und $\cos(x) =$

$$1 - \frac{1}{1 \times 2}x^2 + \frac{1}{1 \times 2 \times 3 \times 4}x^4 - \ldots$$

Tatsächlich lässt sich die Zahl $\cos(x) + i\sin(x)$ (wobei i die komplexe Zahl darstellt, deren Quadrat gleich –1 ist) als unendliche Summe ausdrücken:

$\cos(x) + i\sin(x) =$

$$1 + ix - \frac{1}{1 \times 2}x^2 - \frac{1}{1 \times 2 \times 3}ix^3 + \ldots$$

also

$\cos(x) + i\sin(x) =$

$$1 + ix + \frac{1}{1 \times 2}(ix)^2 + \frac{1}{1 \times 2 \times 3}(ix)^3 + \ldots$$

Erweitert man die Definition der Exponentialfunktion auch auf komplexe Hochzahlen, erkennt man, dass diese unendliche Reihe dieselbe ist wie die der Exponentialfunktion für ix, also $\cos(x) + i\sin(x) = e^{ix}$.

Diese Beziehung zwischen den trigonometrischen Funktionen und der Exponentialfunktion entdeckten Jean Bernoulli und Abraham de Moivre bereits im 18. Jahrhundert, also vor der Definition der Exponentialfunktion durch eine unendliche Reihe; unter anderem lässt sich daraus schließen, dass $e^{i\pi} = -1$.

Tatsächlich gilt: $e^{i\pi} = \cos(\pi) + i\sin(\pi)$, und der Kosinus bzw. der Sinus von π ist gleich -1 bzw. 0. Daraus folgt wiederum die berühmte Eulergleichung $e^{2i\pi} = 1$.

Die Exponentialfunktion, die eine Verbindung zwischen der Analysis (dem Begriff der Ableitung), der Algebra (den komplexen Zahlen) und der Geometrie (Trigonometrie) herstellt, ist von großer Bedeutung für die Einheit der Mathematik.

F

Fällung

Zur Vorbereitung: ***Lösung***
Zur Vertiefung: ***Analyse; Filter; Isolierung; Reinheit***

In der Chemie bezeichnet man als »Fällung« (auch Ausfällen oder Präzipitation genannt) ein meist unerwartet auftretendes Phänomen, das man aber auch bewusst herbeiführen kann: Wenn sich bei einer chemischen REAKTION eine neue Verbindung bildet, die in dem verwendeten Lösungsmittel nicht löslich ist, so sinkt der mehr oder weniger gut kristallisierte Feststoff auf den Grund der Lösung, er »fällt aus«.

Seit jeher benutzte man die Fällung, um Verbindungen aus einer Lösung zu isolieren und zu identifizieren. Vor Entwicklung der Spektroskopie war die Fällung ein wichtiges Mittel zur qualitativen und quantitativen Analyse.

Vermutet man etwa in einer Lösung Bariumionen Ba^{2+}, braucht man dieser Lösung nur einige Tropfen Schwefelsäure zuzusetzen, und es kommt augenblicklich zu einer spektakulären Fällung von Bariumsulfat $BaSO_4$. Wenn man dieses weiße Pulver trocknet und wiegt, so kann man, da der Gewichtsanteil der zugefügten Sulfationen SO_4 bekannt ist, die Menge der ursprünglich in der Lösung verteilten Bariumionen durch eine einfache Dreisatzrechnung ermitteln.

Farbe

Zur Vorbereitung: ***Licht***
Zur Vertiefung: ***Farbstoff; Photochemie; Schwarzer Körper; Spektrum***

Woher kommen die Farben der Dinge?

Ohne Licht gibt es keine Farbe, doch die Farbe im üblichen Sinne des Wortes ist weder eine Eigenschaft des Lichts noch eine Eigenschaft der Objekte. Sie resultiert vielmehr aus unserer Wahrnehmung, aus der Verbindung einer speziellen Empfindlichkeit der in der Retina unseres Auges angeordneten Nervenzellen mit einer bestimmten Art der Verarbeitung der von diesen Zellen ausgehenden Reize durch unser Gehirn. Nach manchen Schädelverletzungen werden die von der Netzhaut immer noch ganz normal abgehenden Farbsignale vom Gehirn nicht mehr verarbeitet, so dass der Betroffene die Welt wie in einem Schwarzweißfilm wahrnimmt.

Die Farbe, die wir einem Körper beilegen, hängt unter anderem davon ab, ob es sich um einen Körper handelt, der selbst Licht emittiert (wie ein Stern, eine Lampe oder ein Glühwürmchen), oder ob er lediglich Licht remittiert, das von einer anderen Lichtquelle (zum Beispiel der Sonne) auf ihn fällt.

Drei Faktoren sind für die Farbwahrnehmung von wesentlicher Bedeutung: die Wellenlänge(n) des emittierten oder remittierten Lichts; die Oberflächenbeschaffenheit des betreffenden Körpers und die Eigenschaften der Retina, die von Person zu Person, aber auch je nach Lichtstärke variieren können (etwa beim Purkinje-Phänomen, das uns das schwache, eigentlich gelbe Mondlicht als bläulich erscheinen lässt). Zu diesen Faktoren kommen noch die Eigenheiten des Gehirnbereichs hinzu, der die von der Retina kommenden Informationen verarbeitet und benennt: Die Farbe erscheint nicht passiv auf der Netzhaut wie ein fotografisches Bild auf dem Film während der Entwicklung, und wir können niemals sicher sein, ob wir van Goghs Sonnenblumen oder Vermeers Blautöne wirklich so sehen, wie diese Maler sie gesehen haben.

Ob ein Körper nun selbst leuchtet oder ob er das Licht nur remittiert oder streut, das Spektrum seines Lichts ist in jedem Falle eine präzise, vom Auge unabhängige physikalische Größe. Es lässt sich durch eine Funktion darstellen, die für jede Wellenlänge die jeweils anzutreffende Lichtstärke angibt. Das Auge liefert letztlich eine Interpretation dieses objektiv messbaren Spektrums, die von den oben genannten Eigenheiten des gesamten optischen Wahrnehmungsapparats abhängt. Wird unsere Netzhaut von Licht ganz bestimmter Wellenlänge getroffen, das innerhalb des Empfindlichkeitsbereichs unseres Auges liegt, verbinden wir mit der Wahrnehmung dieses Lichts eine ganz bestimmte Farbe. Der Regenbogen entsteht durch Dispersion des weißen Sonnenlichts; seine sieben Hauptfarben (Rot, Orange, Gelb, Grün, Blau, Indigo, Violett) definieren sieben voneinander abgrenzbare Farbempfindungen. Licht, das sich auf eine bestimmte Wellenlänge oder einen schmalen Wellenlängenbereich beschränkt, wird als monochromatisch bezeichnet (vom griechischen *chroma*: Farbe). Aber man muss kein Maler sein, um zu wissen, dass es weit mehr als nur sieben verschiedene Farbempfindungen gibt, wie es ja auch unendlich viele Wellenlängen gibt: Nur das Spektrum enthält eine objektive Information, die es gestattet, die von dem betreffenden Licht ausgelösten Farbempfindungen mehr oder weniger genau vorherzusagen, sofern die Eigenschaften der Netzhaut bekannt sind.

Da die Retina für Infrarotstrahlung unempfindlich ist, erzeugt Licht, dessen Spektrum vollständig im Infrarotbereich liegt, keine Empfindung im Auge – allenfalls (durch Erwärmung) ein Brennen oder sogar eine Verbrennung, falls das Licht zu stark ist, wie bei einem Infrarotlaser. Da der Regenbogen, der von den als kleine Prismen wirkenden Regentropfen erzeugt wird, das Licht nach seinen verschiedenen Wellenlängen (zwischen 0,4 und 0,7 Mikrometern) anordnet, kann man jeder Wellenlänge eine Farbe zuordnen und dann auch in einem erweiterten Sinne Infrarot bzw. Ultraviolett als Farben bezeichnen, obwohl Licht der zugehörigen Wellenlängen keine Farbwahrnehmung hervorruft.

Eine Rotempfindung etwa kann auch aus einem Gemisch verschiedener monochromatischer Wellen resultieren; in diesem Falle sagt man, die Farbe sei nicht gesättigt (das nahezu monochromatische Gelb der als Straßenlaternen eingesetzten Natriumdampflampen ist dagegen gesättigt, während das Blau des Himmels, das durch die Abschwächung der längerwelligen Anteile des Sonnenlichts zustande kommt, alles andere als gesättigt ist). Als weiß wird Licht wahrgenommen, wenn es die verschiedenen Wellenlängen, für die unsere Netzhaut empfindlich ist (von 0,38 bis 0,78 Mikrometer), etwa zu gleichen Teilen enthält. Tatsächlich benötigt man nur drei Wellenlängen (oder drei schmale Wellenlängenbereiche) als Grundfarben, um sämtliche Farbempfindungen einschließlich der Weißempfindung zu erzeugen, während die Sprachen der Welt offenbar mindestens vier Farbwörter benötigen (für Gelb, Rot, Grün und Blau), um die Vielzahl der Farbempfindungen zu benennen. Die als additive Farbmischung bezeichnete Möglichkeit, jede beliebige Farbe aus den drei Farbpigmenten Magenta, Gelb und Cyan zu erzeugen, findet im Dreifarbendruck Anwendung, aber auch in den Farbröhren von Fernsehgeräten und Computerbildschirmen.

Falschfarben

Wegen des Reichtums der Farbwahrnehmung werden Informationen in der Kartographie vielfach durch »Falschfarben« vermittelt. Dabei wird der Wert einer beliebigen Variablen – zum Beispiel Art oder Umfang der landwirtschaftlichen Produktion in einem bestimmten Gebiet – durch Farben ausgedrückt, über deren Bedeutung die Kartenlegende Aufschluss gibt. Auch Wellenlängen, die das menschliche Auge nicht wahrzunehmen vermag (Infrarot, Ultraviolett), werden auf Abbildungen gelegentlich durch andere Farben wiedergegeben, nachdem man sie mit photoelektrischen Mitteln oder auf anderem Wege gemessen hat. Beispiele dafür findet man in der Medizin, aber auch in der Astronomie, denn die Himmelsobjekte emittieren Strahlung, deren Wellenlängen sich auf den gesamten Bereich des elektromagnetischen Spektrums verteilen, und weite Teile dieses Spektrums sind dem menschlichen Auge nicht zugänglich.

Körperfarben

Die Farbe eines Körpers hängt zum Teil davon ab, wie er mit dem Licht umgeht, das auf ihn fällt (soweit dessen Wellenlänge sich in dem für das menschliche Auge wahrnehmbaren Bereich von 0,38 bis 0,78 Mikrometern bewegt). Ein Körper, der die kurze Wellenlänge (Blau) absorbiert und das längerwellige Licht durchlässt oder remittiert (streut), erscheint rot. Wird er dagegen mit einem monochromatischen kurzwelligen Licht beleuchtet, erscheint er schwarz oder dunkelblau, weil er nur sehr wenig Blau remittiert.

Das Absorptions- und Streuungsverhalten eines Körpers wird zunächst einmal von seiner chemischen Zusammensetzung bestimmt. Die Elektronen der Moleküle, aus denen der Körper besteht, absorbieren die Lichtenergie in ganz bestimmten Frequenzbereichen, die durch die Struktur dieser Moleküle festgelegt sind, und bestimmen so über den Bereich des Spektrums, der absorbiert wird. So verleiht das Chlorophyll den Blättern unserer Pflanzen ihre grüne Farbe. Durch chemische Reaktionen, die für eine andere Anordnung der Atome sorgen, lässt sich die Farbe von Gegenständen vollständig verändern. Auf diese Weise stellen die Chemiker aus teilweise farblosen Grundstoffen Pigmente mit wunderschönen Farben her.

Die Elektronen des in der Luft enthaltenen Sauerstoffs und Stickstoffs werden vom Sonnenlicht angeregt, und da sie kürzere Wellenlängen stärker streuen als die längeren, sinkt der Anteil des Rots und der Himmel erscheint uns blau.

Gelegentlich geht die Färbung von Objekten auch auf ein anderes Phänomen zurück, die Interferenz. Das gilt etwa für die schönen Farben, die man auf Seifenblasen, auf dünnen Ölfilmen, auf den Panzern mancher Käfer, auf dem Perlmuttüberzug von Muschelschalen und auf den Flügeln tropischer Schmetterlinge beobachten kann. Diese Farben gehen auf die mehrfache Reflexion des weißen Lichts zurück, das auf eine sehr dünne transparente Schicht fällt (wobei die Dicke der Schichte etwa der Wellenlänge des Lichts entspricht). Einige der reflektierten Wellenlängen werden dabei durch Interferenz ausgelöscht, so dass jeweils die Komplementärfarbe sichtbar wird. Nach diesem Prinzip entwickelte Gabriel Lippmann 1891 ein (nach ihm benanntes) Verfahren zur Farbfotografie, das äußerst farbtreue Bilder liefert, aber wegen der komplizierten Technik kaum Anwendung fand.

Die Farbe der Quarks

Die QUARKS sind Elementarteilchen, die mit einer Reihe von Eigenschaften charakterisiert werden, zu denen unter anderem auch »Farbe« *(colour)* und »FLAVOUR« gehören. (*Flavour* wird in teilchenphysikalischen Zusammenhängen nur sehr selten ins Deutsche übersetzt und wäre am besten mit »Aroma« wiedergegeben). Allerdings besitzen diese Ausdrücke in der Teilchenphysik sehr spezielle Bedeutungen, die kaum etwas (oder auch gar nichts) mit ihrer umgangssprachlichen Bedeutung zu tun haben. Wenn es dort heißt, dass die Quarks eine Farbe besitzen, so ist damit keineswegs gemeint, dass es sich um farbige Teilchen handelt. Der Ausdruck »Farbe« dient nur der bildhaften Bezeichnung eines Etiketts oder einer bestimmten Art von Ladung, die sie tragen. Dabei liegt die Farbe der starken Wechselwirkung zugrunde (die Protonen und Neutronen im Atomkern zusammenhält), wie die elektrische

Ladung der elektromagnetischen Wechselwirkung zugrunde liegt (siehe WECHSELWIRKUNG IN DER PHYSIK). Insgesamt unterscheidet man bei den Quarks drei Farben, die im übrigen willkürlich gewählt sind: Rot, Blau und Grün. Die drei Quarks eines Protons haben alle verschiedene Farben: ein rotes, ein blaues und ein grünes Quark. Im Mittel und analog zur Farbentheorie ist das Proton daher »weiß«, denn in der visuellen Farbwahrnehmung kann das Weiß als Addition sämtlicher Farben verstanden werden.

Farbstoff

Zur Vertiefung: ***Atom- und Molekülorbitale; Farbe; Photochemie; Spektrum***

Molekulare Beschaffenheit der Farbstoffe

Ein Farbstoff ist eine chemische Verbindung, die sich sowohl in einer Flüssigkeit lösen als auch an einen festen Trägerstoff wie Textilien binden kann; dabei verleiht der Farbstoff dem Trägerstoff seine Farbe, ohne sie selbst zu verlieren.

Färbetechniken, sei es für Gewebe oder Metalle, wurden schon vor mehreren Jahrtausenden in China, Indien und Ägypten angewandt – Stoffe färbte man bereits vor 4000 Jahren.

Unklar ist jedoch, ob damals schon die Verbindung zwischen einer Farbe und dem NATURSTOFF, der ihr zugrunde lag, bekannt war. Man weiß lediglich, dass Alchimisten und die Vorläufer der Chemiker im Mittelalter und in der Renaissance Verfahren zur Extraktion von Farbstoffen mit Lösungsmitteln wie ALKOHOL oder durch DESTILLATION entwickelten und verbesserten. So gelang ihnen die Isolierung farbiger und färbender Naturstoffe aus Pflanzen oder Tieren (zum Beispiel Karmin aus Koschenilleschildläusen).

Der Begriff »Farbstoff« ist einer der wenigen in der Chemie, der die gesamte Bandbreite von mikroskopischer und makroskopischer Ebene ohne sonderliche Abwandlungen abdeckt: Ob bei einem isolierten Molekül oder für eine große Menge gleicher Moleküle, ob in einer Lösung oder auf einer natürlichen oder synthetischen Faser – die Farbe bleibt mehr oder weniger gleich.

Als die Chemiker anfingen, künstliche Farbstoffe herzustellen, die mit den natürlichen identisch und preiswerter waren, fiel es schwer, den künstlichen nicht den Vorzug zu geben. Als es der Chemischen Industrie Ende des 19. Jahrhunderts gelang, Alizarin zu synthetisieren, jenen Farbstoff, mit dem die Hosen der französischen Soldaten rot gefärbt wurden und der bis dahin aus den Wurzeln der Färberröte gewonnen wurde, bedeutete das den Ruin für die Bauern des Mittelmeergebietes, die diese Pflanze angebaut hatten. Indigo, ein Farbstoff, mit dem noch heute Bluejeans gefärbt werden, ist ein weiteres Beispiel für ein landwirtschaftliches Produkt, das durch die chemische Industrie verdrängt wurde.

Ob die Moleküle eines synthetischen und eines natürlichen Farbstoffes identisch sind, lässt sich durch Spektralanalyse (siehe SPEKTRUM) nachweisen. Wenn man die Molekülstruktur eines Farbstoffes kennt, kann man nicht nur seine Synthese ableiten, sondern auch Varianten entwickeln, um andere Farbtöne zu erzielen und die Farbpalette zu komplettieren. Diesen Beitrag leistete die Farbenindustrie, die um 1850 herum in Großbritannien entstand und hauptsächlich in Deutschland ihre Blüte erfuhr, wo sie den Beginn der Chemischen Großindustrie markierte.

Vorhersehbare Eigenschaften

Als die Farbenindustrie entstand, stellte man alsbald fest, dass viele Farbstoffmoleküle neben ihrer Fähigkeit, ein Gewebe zu färben, ein allgemeines Strukturmerkmal gemeinsam haben: ihre große Stabilität. Wenn ein Molekül Licht absorbiert, so genügt die von den einfallenden Photonen (siehe PHOTOCHEMIE) zugeführte Energie im Prinzip, chemische Bindungen aufzubrechen. Nun soll im Fall der Farbstoffe die Färbung von Dauer sein, also muss man einen sehr stabilen Molekültyp verwenden. Aus diesem Grund sind die meisten verwendeten Farbstoffmoleküle aromatisch (siehe AROMATIZITÄT), da diese eine außergewöhnliche Stabilität besitzen.

Dies erklärt ihre Resistenz gegen einen Zerfall durch Lichteinwirkung, also gegen ein Ausbleichen.

Der nächste, konzeptionellere Schritt bestand in einer Systematisierung der Farbstoffe in große Strukturtypen, gegliedert in ein Dutzend Gruppen mit so unhandlichen Namen wie Xanthen-, Indanthren- oder Thiazol-Farbstoffe. Neben dieser deskriptiven wissenschaftlichen Erfassung der Farbstoffe wuchs in der Zeit von 1880 bis 1950 ein empirisches Wissen über die Beziehungen zwischen Struktur und Farbe: Man fand heraus, welche Atomgruppen in einem Molekül in Wechselwirkung treten müssen, um diese oder jene Farbe zu erzielen. Somit standen die Farbstoffe am Anfang der Frage nach der Beziehung zwischen Struktur und Wirkung, die unter anderem auch für die pharmazeutische Wirkung von Molekülen von Bedeutung ist.

Erst die QUANTENCHEMIE brachte schließlich Aufschluss über den Ursprung der Farben von Molekülen, der von der Beschaffenheit ihrer Atome abhängig ist. Ausgehend von der ELEKTRONENVERTEILUNG, also von der Verteilung der Elektronenwolke auf die verschiedenen Atome, ist es heute möglich, im Voraus die Wellenlänge zu berechnen, die das Molekül am besten absorbiert, und somit auch seine Farbe zu bestimmen. Auf diese Weise lassen sich auch Farbänderungen erklären, die seit langem bei bestimmten Naturstoffen bekannt sind: Zum Beispiel werden Äpfel oder grüne Walnussschalen, wenn man sie aufschneidet, an der Luft durch Oxidation schnell braun. Andere Naturstoffe wie die Anthocyane, die für die Farbe von Rotkohl oder Hortensien verantwortlich sind, ändern ihre Farbe je nach Säuregehalt des Bodens: in den genannten Fällen von Blau nach Rot. Sie sind also Farbindikatoren, die ein ungefähres Maß des Säuregehalts liefern.

Fehler

Von einem Fehler sprechen wir, wenn es eine bestimmte Norm gibt und wir ein Verhalten beobachten, das von dieser Norm abweicht. Dabei kann dasselbe Verhalten im Blick auf eine andere Norm durchaus als fehlerfrei gelten. Fehlerhaftes Verhalten findet sich in der Natur, bei Maschinen und beim Menschen.

Fehler der Natur

Zur Vertiefung: ***Evolution; Mutation***

Da die Moleküle der DNS bei deren REPLIKATION normalerweise identisch reproduziert werden, sehen die Genetiker in jeder Abweichung von diesem Muster einen Fehler der Natur, der allerdings meist vom Organismus selbsttätig behoben wird. In manchen Fällen bleibt der Fehler jedoch bestehen.

Fehler dieser Art sind die Ursache bestimmter Krankheiten, sie bilden aber auch den Motor der EVOLUTION. Wenn solche Fehler bei einer MITOSE auftreten, überträgt sich die fehlerhafte Information auf sämtliche Zellen, die aus den nachfolgenden Zellteilungen hervorgehen (siehe KLONIEREN, KLON), und führt möglicherweise zur Entstehung von Krebs. Wenn das betreffende Individuum eines Tages stirbt, verschwindet mit ihm auch der Fehler. Tritt der Fehler jedoch im Verlauf einer MEIOSE auf, also bei der Produktion von GAMETEN (Eizellen oder Spermatozoen), reproduziert das daraus entstehende Individuum den Fehler nicht nur in seinen eigenen, sondern auch in jenen Zellen, die es an seine Nachkommen weitergibt. Solche Fehler oder Mutationen können die Ursache von Erbkrankheiten sein. Der Organismus besitzt einen gewissen Schutz vor den schädlichen Folgen solcher Fehler, weil viele biologische Funktionen mehrfach angelegt sind, etwa in mehreren gleichartigen Genen. Wenn der Fehler nicht zum vorzeitigen Tod des betreffenden Individuums führt, kann er von einer Generation an die nächste weitergegeben werden und sogar die übrigen, auf dasselbe Merkmal einwirkenden Gene verdrängen und damit unter Umständen eine Veränderung der gesamten biologischen Art bewirken (siehe MUTATION).

Zu den »Fehlern der Natur« könnte man auch chemische Reaktionen rechnen, bei denen nicht die von den Chemikern erwarteten Moleküle entstehen. Nach ihrem Verständnis chemischer Reaktionen bemühen Chemiker sich meist, ein einziges Reaktionsprodukt zu erhalten; doch häufig finden sich neben dem erwarteten Produkt auch unerwünschte Nebenprodukte, die man als Fehler bezeichnen könnte. Um solche Fehler zu vermeiden, suchen Chemiker nach stärker selektiven Reaktionen, bei denen weniger Nebenprodukte entstehen.

Messfehler

Zur Vertiefung: ***Statistik; Wahrscheinlichkeit***

Von einem Fehler spricht man auch bei den Näherungswerten, die wir bei konkreten Messungen ermitteln. Wenn man eine Größe mehrfach misst, wäre es eigentlich »normal«, stets denselben Wert zu erhalten. Doch leider gelingt uns das nie, denn Messgeräte haben stets nur eine endliche Genauigkeit. Jede Messung ist mit einem Fehler behaftet, und Messergebnisse haben nur dann einen Sinn, wenn wir die Fehlermarge kennen. Mit Hilfe der Wahrscheinlichkeitstheorie lassen sich diese Fehlermargen berechnen, und tatsächlich gehörte das Problem der Berechnung von Messfehlern zu den wichtigsten Triebkräften bei der Entwicklung dieser Theorie im 18. Jahrhundert.

Den Messfehlern ähneln die statistischen Fehler. Sie resultieren aus der Tatsache, dass die Ergebnisse einer Stichprobe niemals vollkommen gleich dem Ergebnis sind, das man an der zugehörigen (und möglicherweise unendlich großen) Grundgesamtheit gewonnen hätte. Das Ergebnis einer Stichprobe hat also nur Sinn, wenn man zugleich einen Konfidenzbereich (ein Vertrauensintervall) angibt, das heißt ein Intervall, in dem der reale Wert sich mit einer hohen (und bekannten) Wahrscheinlichkeit befindet (siehe STATISTIK).

Maschinenfehler

Zur Vertiefung: ***Rauschen***

Bei der Übertragung von Daten über ein Netz, zum Beispiel das Internet, kann es vorkommen, dass die übertragenen Daten durch Rauschen verändert und verfälscht werden. Durch Methoden, die auf der Redundanz von Informationen basieren, lassen sich solche Fehler in Grenzen halten; so kann man dieselben Daten mehrfach übertragen, und der Empfänger fordert sie nochmals an, falls er eine Abweichung zwischen den verschiedenen Übertragungen feststellt. Andere Methoden kommen mit einer geringeren Redundanz aus; dabei werden zur Kontrolle nur wenige zusätzliche Bits (so genannte Paritätsbits) gesendet, die nach einem bestimmten Schema aus der zugehörigen Bitfolge errechnet werden (siehe CODIERUNG); tritt bei der Übertragung der zugehörigen Bitfolge ein Fehler auf, errechnet der Empfänger andere Paritätsbits, als der Nachricht beigegeben sind, und kann die Bitfolge nochmals anfordern. Bei hinreichender Redundanz ist es sogar möglich, fehlerhaft übertragene Nachrichten ohne Rückfrage zu korrigieren.

Eine weitere Fehlerquelle bei Computern ist die Beschränkung der Darstellung reeller ZAHLEN auf eine bestimmte Zahl von Dezimalstellen. So wird die Zahl 1/3 durch die Zahl 0,333333 dargestellt. Multipliziert man diese Zahl mit 3, erhält man nicht 1, sondern 0,999999. Solche Fehler, deren Existenz ja bekannt ist, können und müssen im Voraus berücksichtigt werden; numerische Ergebnisse, die ein Computer liefert, haben nur dann einen Sinn, wenn die jeweilige Fehlermarge bekannt ist. Bei der Prüfung der numerischen Qualität eines Programms werden diese Fehlermargen bestimmt.

Maschinen können defekt sein oder im Laufe ihrer Arbeit defekt werden. Zum Schutz vor solchen Fehlern bedient man sich mehrerer Techniken. Dazu gehört etwa die Durchführung von Tests, auf deren Grundlage das betreffende System abgeändert wird, um seine Fehleranfälligkeit zu verringern (an den Herstellungs- und Entwicklungskosten eines Autos, eines Flugzeugs oder eines Computerprogramms haben solche Tests einen beträchtlichen Anteil). Bei sehr komplexen Maschinen und Anlagen sind wichtige Komponenten oft mehrfach vorhanden (Redundanz), so dass bei einem Ausfall automatisch auf das Ersatzaggregat zurückgegriffen werden kann. Baut man zum Beispiel zwei identische Komponenten ein und die Ausfälle dieser Komponenten sind unabhängige Ereignisse (was allerdings leider nur selten der Fall ist), dann entspricht die Wahrscheinlichkeit eines Ausfalls beider Komponenten dem Quadrat der Wahrscheinlichkeit des Ausfalls einer einzelnen Komponente, und das heißt, sie ist geringer, denn die Wahrscheinlichkeit wird durch eine Zahl zwischen 0 und 1 ausgedrückt.

Menschliche Fehler und Irrtümer

Zur Vertiefung: ***Bug***

Menschen machen Fehler, wenn sie sich nicht so verhalten, wie man es von ihnen erwartet. (Bei Fehlern, denen falsche Informationen oder eine falsche Einschätzung zugrunde liegt, spricht man auch von einem Irrtum.) So macht ein Gepäckfahrer auf dem Flughafen einen Fehler, wenn er eine Ladung Gepäck, die nach New York soll, an das Flugzeug nach Paris bringt. Computer vergrößern vielfach noch die Folgen solcher Fehler ganz beträchtlich (ein Gepäckfahrer mag sich bei einer Gepäckladung irren, ein falsch programmierter Computer kann Tausende von Gepäckstücken in alle Winde zerstreuen). Oft liegt die Ursache solcher Fehler darin, dass die Menschen durch Maschinen den unmittelbaren Kontakt mit den Dingen verlieren. Fehler in Computerprogrammen (so genannte BUGS) gehören zu den menschlichen Fehlern, deren Folgen durch Maschinen noch beträchtlich vergrößert werden können; so führte 1990 ein Programmfehler in der Zentrale einer amerikanischen Telefongesellschaft dazu, dass Tausende von Amerikanern mehrere Stunden lang nicht telefonieren konnten.

Gegen solche Fehler schützt man sich gleichfalls durch Tests und Redundanz sowie durch eine strenge Kontrolle der Entwicklungsarbeit. So gestatten bestimmte Programmiersprachen nur die Entwicklung von Programmen, die ganz bestimmten Vorgaben entsprechen und die Einhaltung dieser Vorgaben selbsttätig überprüfen.

Die Irrtümer im Bereich der Wissenschaften sind nicht zu zählen. Mehr als ein Dutzend falscher Beweise wurden im Laufe der Jahrhunderte für die Fermatsche Vermutung vorgelegt, bevor es Andrew Wiles 1994 gelang, sie wirklich zu beweisen. Oft führten solche Irrtümer oder ihre Analyse jedoch auch zu wichtigen Entdeckungen. So glaubte Henry Perkin, Chinin synthetisch herzustellen, entdeckte aber in Wirklichkeit das Mauvein. Und als Michail Souslin einen Fehler in einem Lehrsatz von Lebesgue entdeckte, begründete er damit einen vollkommen neuen Zweig der Mengenlehre.

Fehlerfreiheit von Programmen

Zur Vertiefung: ***automatisches Beweisen; Beweis; Programmierung; Prozedur; Software Engineering***

PROGRAMME sind Texte, in denen die Rechenschritte der vom Menschen erdachten und vom COMPUTER auszuführenden ALGORITHMEN niedergelegt sind. Für den Computer haben Programme daher gleichsam unbedingte Gesetzeskraft. Wie staatliche Gesetze, so werden auch Programme von Menschen geschaffen, die deren Folgen und Nebenfolgen nicht vollständig überschauen können. In beiden Fällen hält die SPRACHE gelegentlich unerwartete Fallstricke bereit, denn zuweilen bringen die Worte Dinge zum Ausdruck, die von ihren Autoren gar nicht gemeint waren, so dass Buchstabe und Geist des Textes in Widerspruch zueinander geraten. Daher kommt es immer wieder vor, dass Gesetze in einer Weise ausgelegt und angewendet werden, die den ursprünglichen Absichten ihrer Schöpfer widerspricht. Auch Programme tun nicht immer das, was man von ihnen erwartet. Gelegentlich drehen sie sich sogar im Kreise und wiederholen endlos dieselben Arbeitsschritte, ohne dass jemals ersichtlich würde, warum.

Die Qualität von Programmen basiert daher wie die Qualität von Gesetzen zunächst einmal auf Vermutungen. Man hofft, dass sie so funktionieren, wie man es von ihnen erwartet. Doch während Menschen unverhoffte Gelegenheiten gerne ausnutzen und Gesetze zu ihren Gunsten auslegen, gehorchen Maschinen den ihnen erteilten Befehlen aufs Wort. Im Prinzip ist es daher möglich, die Wirkung eines Programms zweifelsfrei zu bestimmen und folglich auch zu beweisen, dass ein Programm die ihm gestellte Aufgabe tatsächlich immer innerhalb einer endlichen Zeit erledigen wird. Das heißt, dass die Fehlerfreiheit eines Programms grundsätzlich beweisbar ist und keine bloße Vermutung bleiben muss.

Wenn es auch praktisch möglich wäre, die Fehlerfreiheit jedes Programms zu beweisen, wäre die Programmierung eine strenge Wissenschaft. Leider ist dieser Beweis bei großen Programmen jedoch äußerst aufwendig. Und der Beweisgang wäre so lang, dass die Wahrscheinlichkeit eines Fehlers innerhalb dieses Beweisganges schon sehr bald höher wäre als die Fehlerwahrscheinlichkeit des zu prüfenden Programms.

Aber die Informatiker geben nicht vollständig auf: Die jüngsten Fortschritte auf dem Gebiet des automatischen Beweisens geben Anlass zu der Hoffnung, dass es bald Programme geben wird, mit deren Hilfe man die Fehlerfreiheit von Programmen beweisen kann.

Bis dahin begnügt man sich mit sorgfältig ausgewählten Tests zur Überprüfung einzelner Programme. Die dafür geschaffenen Testprogramme analysieren zunächst die Struktur des betreffenden Programms und erzeugen dann selbsttätig Tests, mit denen das Programm für bestimmte Schlüsselwerte überprüft wird. Ein Programm »`Produkt (A, B; C)`« zum Beispiel, das jeweils zwei ganze Zahlen A und B miteinander multiplizieren soll, wird zunächst für die Extremwerte 0 und 1, die in der Multiplikation eine besondere Rolle spielen, und dann für eine Reihe zufällig ausgewählter Werte überprüft.

Trotz der absehbaren Fortschritte auf dem Gebiet des automatischen Beweisens und der Softwareprüfung gilt auch hier der Grundsatz, dass Vorbeugen besser als Heilen, also als die nachträgliche Prüfung und Korrektur der ersten Version eines neuen Programms, ist. Diesem Ziel hat sich das SOFTWARE ENGINEERING verschrieben.

Feld

Zur Vertiefung: ***Elektromagnetismus; Gravitation; Potential; Wechselwirkung in der Physik***

Das physikalische Konzept des Feldes hat nur wenig gemeinsam mit dem ländlich friedlichen Stück Boden, den die Umgangssprache damit assoziiert. In der Physik wurde der Feldbegriff eingeführt, um den Einfluss einer (gravitativen, elektrischen, magnetischen oder sonstigen) Kraft in einem Bereich des Raumes zu beschreiben.

Nehmen wir als Beispiel die GRAVITATION. Seit Newton wissen wir, dass ein Körper A der Masse M (etwa ein Planet) jeden Körper B der Masse m (etwa einen Satelliten) mit einer Kraft $\vec{F}$ anzieht, deren Stärke sich umgekehrt proportional zum Quadrat der Entfernung d zwischen beiden Körpern verhält. Mathematisch lässt sich dieser Zusammenhang in der Formel $F=GmM/d^2$ ausdrücken, wobei G die allgemeine Gravitationskonstante ist (siehe NATURKONSTANTEN). Diese klassische Ausdrucksweise, die sich an Kräften orientiert, verknüpft symmetrisch das anziehende mit dem angezogenen Objekt. Man kann jedoch auch die Perspektive wechseln und gleichsam als Mittelglied eine Größe g einführen, die als Gravitationsfeld bezeichnet wird. Dieses Feld ist in jedem Punkt des Raumes definiert, sein Wert ist gegeben durch die Formel $g=GM/d^2$ (so dass $F=mg$). Die Massenanziehung zwischen A und B lässt sich nun auch in der Weise interpretieren, dass man sagt, das Objekt A erzeuge im umgebenden Raum ein Gravitationsfeld g, das allein von der Masse des Objekts A und dem jeweils betrachteten Punkt im Raum abhängt; dieses Feld wirkt nun auf jedes Objekt B der Masse m mit einer Kraft $F=mg$ ein. Man sagt also nicht länger, B sei einer anziehenden Kraft seitens A ausgesetzt, sondern dem von A erzeugten Gravitationsfeld. Der Unterschied ist wichtig, denn er bedeutet einen Wechsel der Perspektive. Das durch eine bestimmte Position gekennzeichnete Objekt A wird in gewisser Weise durch das von ihm erzeugte Feld g ersetzt, dem keine bestimmte Position zukommt.

Dieser Wechsel der Perspektive erlangt seine volle Bedeutung erst in Situationen, in denen das betrachtete Objekt B dem Einfluss mehrerer Körper ausgesetzt ist. Während die Zahl der auf B einwirkenden Kräfte mit der Zahl der anziehenden Körper zunimmt, bleibt es bei einem einzigen Gravitationsfeld, denn dieses Feld ist die Summe der von den einzelnen Objekten erzeugten Felder. Situationen, bei denen mehrere Objekte im Spiel sind, lassen sich so auf stärker synthetische Weise erfassen. Und wenn die Überlagerung mehrerer Felder allzu komplex wird, so dass sich das Gesamtfeld nur noch schwer berechnen lässt, kann man immer noch zu Näherungswerten greifen und ein mittleres Feld konzipieren. Dieses Konzept hat den Physikern auf so disparaten Gebieten wie dem MAGNETISMUS (bei dem es nicht mehr um die gravitative, sondern um die elektromagnetische Wechselwirkung geht) oder der Kernphysik große Dienste erwiesen (siehe WECHSELWIRKUNG IN DER PHYSIK).

Der Feldbegriff hat auch unser Verständnis der Wechselwirkung zwischen physikalischen Systemen revolutioniert. Die Newtonsche Physik sah in den Wechselwirkungen das Ergebnis punktueller, augenblicklicher Fernwirkungen zwischen genau lokalisierten Körpern. In der ersten Hälfte des 19. Jahrhunderts machte der englische Physiker Michael Faraday jedoch für die magnetischen und elektrischen Kräfte den Vorschlag, sie eher mit der Idee einer Nahwirkung über ein in diesem Falle elektromagnetisches Feld zu assoziieren (siehe ELEKTROMAGNETISMUS).

Diese Auffassung, die das Feld zur Grundlage der Wechselwirkungen macht, wurde schrittweise verallgemeinert, und man ging von einem Modell der Fernwirkungen zwischen Körpern oder Teilchen zu einer echten »Feldtheorie« über, in der das Konzept des Feldes eine grundlegende Rolle spielt.

Gelegentlich lassen sich die Wirkungen eines Feldes unmittelbar beobachten. So kann man das von einem Magneten in einer bestimmten Ebene erzeugte Feld sichtbar machen, indem man Eisenfeilspäne auf eine Platte streut. Die Eisenfeilspäne richten sich dann von selbst an den so genannten Feldlinien aus, so dass die geometrische Gestalt des Feldes erkennbar wird. Auch das LICHT ist aus der Sicht der Physik nur ein spezielles elektromagnetisches Feld. Und nach der modernen Theorie der Gravitation, der allgemeinen Relativitätstheorie, verformt das von einem Stern erzeugte Gravitationsfeld die RAUM-ZEIT in seiner Umgebung in der Weise, dass die Bahnen von Objekten dort eine Ablenkung erfahren (siehe GRAVITATION).

Zu jeder Wechselwirkung gehört ein charakteristisches Feld: zur gravitativen Wechselwirkung das Gravitationsfeld, zur magnetischen Wechselwirkung das Magnetfeld, zur elektrischen Wechselwirkung das elektrische Feld und so weiter. Der Feldbegriff geht sogar noch über den der Wechselwirkung hinaus. Man verwendet ihn überall dort, wo eine Größe sich für jeden Punkt des Raumes oder zumindest eines Raumbereichs definieren lässt. So spricht man auch von einem Druckfeld oder einem Temperaturfeld, wenn man die räumliche Verteilung des DRUCKS oder der TEMPERATUR kennzeichnen möchte.

Man kann sich leicht vorstellen, wie viele physikalische Größen sich als Feld darstellen lassen. Insgesamt lassen sie sich jedoch drei Gruppen zuordnen. Die einfachsten Felder sind durch einen einzigen Parameter gekennzeichnet, das heißt durch eine einzige Zahl, die die Stärke des Feldes in jedem Punkt angibt. In diesem Fall spricht man von skalaren Feldern. Hierher gehören etwa die Temperaturfelder (denn die Temperatur ist eine Variable, die nur eine Dimension besitzt). Vektorfelder dagegen sind nicht allein durch eine bestimmte Stärke oder Größe bestimmt, sondern auch durch die jeweilige Richtung der Wirkung. Das gilt zum Beispiel für das elektrische Feld, das darin befindliche elektrisch geladene Teilchen in eine bestimmte Richtung bewegt. Schließlich gibt es Felder mit noch komplexerer Struktur, die man als Tensorfelder bezeichnet. Sie können sehr viele Dimensionen besitzen. Ein Beispiel für ein Tensorfeld ist das Gravitationsfeld der allgemeinen Relativitätstheorie.

Fermion

→ ***Boson und Fermion***

Festkörper

Zur Vertiefung: ***Elastizität; Flüssigkeit; Gas; Kristall; Plastizität***

Verglichen mit dem gasförmigen und flüssigen Aggregatzustand ist die feste Phase der am stärksten verdichtete Zustand der Materie, in dem also das Volumen eines jeden ATOMS am geringsten ist. In einem Festkörper entspricht der Abstand zwischen den Atomen annähernd ihrem eigenen Durchmesser und bewegt sich in einer Größenordnung von Zehntel Nanometern ($1\,nm = 10^{-9} m$). In diesem Aggregatzustand spielen demnach die Wechselwirkungen zwischen Atomen eine entscheidende Rolle.

In einer ersten Näherung lässt sich ein Festkörper als nicht verformbarer Gegenstand beschreiben. Ausgehend von dieser Vorstellung entwickelte sich im Laufe des 18. Jahrhunderts ein überaus fruchtbarer Zweig der MECHANIK, die Festkörpermechanik. Sie beschreibt, gestützt auf die allgemeinen Prinzipien der Mechanik, die Bewegungen von Systemen, die wie die alten Uhren aus miteinander verbundenen Festkörpern bestehen.

Festkörper als Kontinuum

Ist ein Festkörper starken äußeren Kräften ausgesetzt, verformt er sich jedoch. Nimmt er seine ursprüngliche Form wieder an, sobald die Kraft nachlässt, so bezeichnet man ihn als elastisch. Ist die Deformation dauerhaft, dann wurde die Elastizitätsgrenze überschritten und man spricht von PLASTIZITÄT. Mit diesen Phänomenen befasst sich die Kontinuumsmechanik, die den Festkörper als deformierbares Kontinuum sieht und das Ziel verfolgt, in einer gegebenen Situation die Deformationen und Spannungen an jedem Punkt des Festkörpers zu bestimmen. Die Kontinuumsmechanik ist insofern eine makroskopische Theorie, als sie von einem genügend großen Maßstab ausgeht, um von der Atomstruktur des Festkörpers abstrahieren zu können. Tatsächlich lassen sich die Parameter der Kohäsion und Elastizität eines Materials nicht allein anhand grundlegender physikalischer Größen berechnen, die für die Bestandteile des Mediums kennzeichnend sind. Sie lassen sich nur empirisch ermitteln.

Das Gleiche gilt für die Parameter der im 19. Jahrhundert entwickelten Theorien zum Transport von WÄRME und ELEKTRIZITÄT in Festkörpern. Die erste Theorie der Wärmeleitung, die der französische Wissenschaftler Joseph Fourier 1822 entwickelte, charakterisiert die Fähigkeit eines Materials, Wärme zu transportieren, anhand einer empirisch gewonnenen Größe: der Wärmeleitfähigkeit. In Anlehnung an die von Fourier eingeführte Formel entwickelte der deutsche Physiker Georg Simon Ohm 1827 die Theorie des Transports elektrischen Stroms, die das Vermögen eines Körpers, elektrischen Strom zu leiten, auf die gleiche Weise durch einen empirisch gewonnenen Parameter charakterisierte: die elektrische Leitfähigkeit (nach Ohm ist eine physikalische Einheit benannt, die unmittelbar mit der elektrischen Leitfähigkeit zusammenhängt: der elektrische Widerstand). Zwischen diesen beiden Arten der Leitfähigkeit besteht mehr als nur ein rein formaler Zusammenhang: 1853 wiesen die Deutschen Gustav Heinrich Wiedemann und Rudolph Franz experimentell nach, dass das Verhältnis von elektrischer und thermischer Leitfähigkeit bei gleicher Temperatur für alle Materialien gleich ist. Anders ausgedrückt: Gute elektrische Leiter sind auch gute Wärmeleiter. Dieses ursprünglich empirisch aufgestellte Wiedemann-Franz-Gesetz wurde Anfang des 20. Jahrhunderts im Bereich der Atomphysik theoretisch untermauert: Wie sich herausstellte, beruht der Zusammenhang zwischen diesen beiden Phänomenen auf der Tatsache, dass die elektrische Ladung und die Energie in einem Festkörper von denselben Elementarteilchen transportiert werden: den ELEKTRONEN.

Amorphe Festkörper, kristalline Festkörper

Im 19. Jahrhundert brachte die Mineralogie einige Fortschritte in den Erkenntnissen über die Struktur von Festkörpern. Ihr Hauptverdienst ist, dass sie aufgrund rein makroskopischer Beobachtungen Festkörper in zwei große Klassen einteilte: die amorphen Festkörper einerseits (damals nannte man sie »glasartig«, da Glas das bekannteste Beispiel für sie ist), in denen die Atome nicht regelmäßig angeordnet sind und die sich in dieser Hinsicht mit einer Flüssigkeit von hoher VISKOSITÄT vergleichen lassen; und die kristallinen Festkörper oder Kristalle andererseits, deren regelmäßige Anordnung der Bausteine auf mikroskopischer Ebene sich gelegentlich auch auf makroskopischer Ebene widerspiegelt und bemerkenswerte geometrische Strukturen hervorbringt, wie leicht an einer Schneeflocke oder manchen Bergkristallen zu beobachten ist. Ende des 19. Jahrhunderts kam man nach genaueren Untersuchungen der kristallinen Festkörper zu dem Schluss, dass der kristalline Zustand auf einer periodischen dreidimensionalen geometrischen Struktur beruht, die als Bravais-Gitter bezeichnet wird (nach dem französischen Kristallographen Auguste Bravais, der diesen Gedanken 1848 vorbrachte). Sie entsteht durch die dreidimensionale Wiederholung eines räumlichen Grundbausteins, der so genannten Elementarzelle. An jedem Gitterpunkt befindet sich ein Atom oder eine Atomgruppe, die das so genannte Kristallmotiv bilden. Anfang des 20. Jahrhunderts bestätigte die BEUGUNG von Röntgenstrahlen diese Vorstellung von der Kristallstruktur.

Die Atom- und Molekularphysik konnte schließlich den Zusammenhalt dieser Kristallgebilde erklären und ermöglichte vor allem, die Gitter nach der Beschaffenheit ihrer chemischen Bindungen in mehrere Arten einzuteilen.

In einem Atomgitter, dessen Motiv aus einem Edelgas besteht (also einem Element der 8. Hauptgruppe des PERIODENSYSTEMS), und in Molekülkristallen sichert eine schwache Bindung durch zwischenmolekulare Kräfte wie die van-der-Waals-Kräfte (siehe GAS und INTERMOLEKULARE WECHSELWIRKUNGEN) den Zusammenhalt zwischen den Atomen bzw. Molekülen. Ein Ionenkristall wie Natriumchlorid mit der chemischen Formel NaCl (Kochsalz) setzt sich aus IONEN positiver und negativer Ladung zusammen, in diesem Fall aus Na^+ und Cl^-, wobei Cl die Elektronen aufnimmt, die Na abgibt. Hier sind es elektrostatische Anziehungskräfte zwischen den entgegengesetzt geladenen Ionen, die das Kristallgitter zusammenhalten. In so genannten Valenzgittern beruht der Zusammenhalt auf Elektronenpaaren, die den benachbarten Atomen gemeinsam angehören – so zum Beispiel beim Diamanten, der für Physiker lediglich ein Gebilde aus Kohlenstoffatomen ist, in dem jedes Atom jeweils ein Elektronenpaar mit jedem seiner vier Nachbaratome teilt.

In den drei genannten Kristalltypen bleiben die Elektronen in unmittelbarer Umgebung ihres Ursprungsatoms, so dass es schwierig ist, sie in Bewegung zu versetzen und am Transport eines elektrischen Stroms zu beteiligen. Daher sind diese Stoffe in der Regel gute elektrische Isolatoren. Es gibt jedoch noch eine letzte Kategorie kristalliner Festkörper, die Metalle, die sich durch gute Leitfähigkeit und starke Lichtreflexion auszeichnen. In einem Metallgitter setzen die Atome ihre äußeren Elektronen frei und werden so zu positiv geladenen Ionen. Diese so genannten Valenz- oder Leitungselektronen sind im Inneren des Festkörpers relativ frei beweglich und übernehmen eine doppelte Rolle: Zum einen halten sie durch elektrostatische Anziehungskräfte die positiv geladenen Ionen zusammen und bilden so das Bindemittel des Kristallgitters; zum anderen macht ihre große Beweglichkeit sie zu guten Trägern für elektrische Ladung und Energie, mittels deren diese den Festkörper durchqueren können. Sie sind also für die hohe elektrische und thermische Leitfähigkeit der Metalle verantwortlich.

Quantenphänomene

Eine zufrieden stellende quantitative Erklärung für die Phänomene der Leitfähigkeit lieferte erst zu Beginn des 20. Jahrhunderts die neu entwickelte QUANTENPHYSIK. Sie ermöglichte es zunächst, die Bandenstruktur des Energiespektrums der Elektronen in einem Kristall zu bestimmen (siehe HALBLEITER) und anhand dieser Struktur eine elegante Erklärung für den Unterschied zwischen Isolatoren und Leitern zu entwickeln. Als Nächstes vermochte sie die Schwingungen der Kristallatome um ihre Gleichgewichtslage zu erforschen. Von Albert Einstein über den niederländischen Physiker Petrus Debye und den Deutschen Max Born bis hin zu dem Ungarn Theodore von Karman führten diese Forschungen zu dem Schluss, dass die mit der Schwingung der Atome verbundene Energie gequantelt ist, also nur eine begrenzte

Zahl bestimmter Werte annehmen kann. Ein Energieaustausch ist einem Kristall somit nur durch Elementaranregungen möglich, die Teilchen vergleichbar sind und als Phononen bezeichnet werden. Dieser Begriff geht auf die Tatsache zurück, dass SCHALL sich in einem Kristall ausbreitet, indem die Atome des Gitters nacheinander in Schwingung versetzt werden. Im weiteren Sinne bezeichnet er auch die nach der Quantentheorie bevorzugten Schwingungszustände.

Die Quantelung der Schwingungsenergie von Atomen spielt eine grundlegende Rolle in der Festkörperphysik.

Zum einen liefert sie eine Erklärung für eine experimentelle Tatsache, die im Rahmen der klassischen Physik nicht zu erklären ist: die Temperaturabhängigkeit der spezifischen Wärmekapazität von Festkörpern. Die spezifische Wärmekapazität misst den inneren Energiezuwachs eines Systems, wenn man seine Temperatur um ein Grad erhöht. Im Gegensatz zur klassischen Physik, die für die spezifische Wärmekapazität von Festkörpern einen konstanten, temperaturunabhängigen Wert annahm, kam die Quantenphysik anhand des Phononenkonzepts auf einen Rückgang der Wärmekapazität bei abnehmenden Temperaturen, wie es den experimentellen Beobachtungen entspricht.

Zum anderen konnte sie durch die Phononen eine durchweg zufrieden stellende Erklärung für die elektrische Leitfähigkeit von Metallen und insbesondere für deren Abnahme bei steigender Temperatur liefern: Eine Erhöhung der Temperatur führt bei den Atomen, aus denen der Festkörper besteht, zu einer Verstärkung der ungeordneten thermischen Bewegung; damit steigt die Zahl der Kollisionen zwischen diesen Atomen und den Leitungselektronen, was deren Bewegung verlangsamt.

Die Rolle der Kristallbaufehler

Während die Quantenphysik die thermischen, elektrischen und magnetischen (siehe MAGNETISMUS) Eigenschaften von Festkörpern erhellt, rückt durch die Erforschung ihrer mechanischen und chemischen Eigenschaften die Bedeutung von Fehlern und Verunreinigungen in der Kristallstruktur ins Licht. Um die Leichtigkeit zu erklären, mit der in einer metallischen Legierung eine DIFFUSION (also eine Wanderung) von Atomen erfolgt, entwickelte man Anfang des 20. Jahrhunderts das Konzept der Gitterfehlstellen, wonach zufälligerweise an bestimmten Gitterpunkten Atome fehlen. Solche Fehlstellen erleichtern einen Platzwechsel von Gitterbausteinen innerhalb des Kristalls. In den 1950er Jahren bestätigten Beobachtungen mit so genannten Feldelektronenmikroskopen die Existenz solcher Fehlstellen. Die niedrigen Werte der gemessenen Elastizitätsgrenzen erklären die Physiker durch Versetzungen, die auf das Fehlen einer Halbebene im Kristallgitter hindeuten. Durch diesen Fehler kann eine atomare Ebene Atom für Atom über eine andere Ebene gleiten, was wesentlich weniger Energie erfordert, als wenn sie als ganzes verschoben werden müsste. Abschließend sei noch angemerkt, dass Verunreinigungen im Kristallgitter eine wichtige Rolle in der HALBLEITER-Technologie spielen.

Filter

Signalverarbeitung

In seiner üblichen technischen Verwendung reinigt ein Filter Flüssigkeiten oder Gase von größeren Schwebeteilchen, die darin enthalten sein mögen. Bei der Signalverarbeitung leisten Filter ähnliche Dienste; sie halten das RAUSCHEN, also die unkontrollierbaren, zufälligen Störungen, zurück und lassen den Teil, der die eigentliche Nachricht enthält, in reiner Form hervortreten. So filtern elektrische Filter in Radiogeräten die Störungen heraus, die bei der Übertragung des Signals entstanden sind, und mit Hilfe von Bildfiltern kann man etwa die störende Wirkung eines Schimmelbelags auf einem Gemälde oder einem alten Manuskript beheben, ohne das Gemälde oder Manuskript selbst anzutasten.

Filter dieser Art eliminieren jeweils bestimmte FREQUENZEN. Sie basieren auf den Prinzipien der Fouriertransformation (siehe SPEKTRALANALYSE), wonach jedes Signal sich in umkehrbarer Weise in eine Reihe von Sinusschwingungen unterschiedlicher Frequenz und Amplitude zerlegen lässt. Durch elektrische Filter kann man bestimmte Frequenzen zurückhalten, während die übrigen den Filter je nach Frequenz in mehr oder weniger abgeschwächter Form passieren und das gefilterte Signal bilden.

In der Elektronik unterscheidet man bei solchen Filtern (auch Siebschaltung genannt) zwischen vier Grundformen; Tiefpassfilter lassen nur tiefe, Hochpassfilter nur hohe Frequenzen durch (das heißt Frequenzen unterhalb bzw. oberhalb einer bestimmten Frequenz); Bandpassfilter lassen nur einen bestimmten, nach oben und unten abgegrenzten Frequenzbereich (ein bestimmtes Frequenzband) passieren, während Bandsperren solch einen beidseitig abgegrenzten Frequenzbereich eliminieren und nur Frequenzen oberhalb und unterhalb dieses Bandes durchlassen. Der Frequenzbereich, den ein Filter passieren lässt, wird als DURCHLASSBEREICH bezeichnet.

Künstliche Intelligenz

Zur Vertiefung: ***künstliche Intelligenz; Rauschen; Signal; Vereinheitlichung***

Eine ganz andere Bedeutung besitzt der Begriff des Filters samt der zugehörigen Operation des Filtrierens im Bereich der künstlichen Intelligenz; man spricht hier auch von »Mustervergleich« (englisch: *pattern matching*). Die beim Mustervergleich vorgenommenen Filtervorgänge lassen sich am ehesten mit einem Leisten beim Schuhmacher oder mit einer Schablone vergleichen. Ein Ausdruck A stellt einen Filter gegenüber einem Ausdruck B dar, wenn B als Schablone für A fungiert. So ist die Lösungsmenge der arithmetischen Gleichung $A=(3+4)(5/(6+a))$ ein Filter gegenüber der Lösungsmenge der Gleichung $B=(x+y)z$, denn A ist gleichsam nach der Schablone von B geschaffen, und zwar über die mathematische Operation der Einsetzung. Das heißt im vorliegenden Beispiel, dass man Ausdruck A erhält, indem man für die Variablen x, y und z in B die Ausdrücke 3, 4 und $(5/(6+a))$ einsetzt. Die Operation des Einsetzens, die B in A überführt, ist ein Filter und der Vorgang selbst eine Filtrierung.

Filter und Filtrierung sind wesentliche Elemente der künstlichen Intelligenz, denn die Automatisierung deduktiver Schlussformen besteht in weiten Teilen aus der Anwendung allgemeiner Regeln auf besondere Fälle. Dazu bedarf es automatischer Prozesse, die in der Lage sind, die Anwendungsfälle einer allgemeinen Regel zuverlässig ausfindig zu machen, und genau dies ist die Aufgabe des Filters. Nehmen wir zum Beispiel an, wir wollen das aus der elementaren Arithmetik bekannte Distributivgesetz der Addition und Multiplikation durch eine Klammerregel zum Ausdruck bringen, wonach Ausdrücke der Form $(x+y)z$ in Ausdrücke der Form $xz+yz$ überführt werden. Diese Regel ließe sich folgendermaßen schreiben:

$(x+y)z \longmapsto xz+yz.$

Die Filteroperation zeigt, dass die Regel sich auf $A=(3+4)(5/(6+a))$ anwenden lässt, oder anders gesagt, dass $(3+4)(5/(6+a))$ nach der Schablone $(x+y)z$ konstruiert ist; der Filter, also die Einsetzung der Ausdrücke 3, 4 und $(5/(6+a))$ für die Variablen x, y und z, erleichtert die Anwendung der oben genannten Klammerregel, die sich auf eine bloße Ersetzung der Ausdrücke x, y und z in dem Ausdruck $xz+yz$ reduziert, woraus sich am Ende $3(5/(6+a))+4(5/(6+a))$ ergibt.

Filter in der Chemie

Zur Vertiefung: ***Chromatographie; Heterogenität; Lösung***

In der Chemie verwendet man Filter, wie sie uns vom Kaffee- oder Zigarettenfilter her vertraut sind. Durch Filter werden hier die beiden Komponenten einer Suspension voneinander getrennt. Suspensionen bestehen aus einem Gas oder einer Flüssigkeit, die von – meist sehr kleinen – Feststoffen durchsetzt sind. Beim Durchgang durch den Filter, meist ein mehr oder weniger feinporiges Papier, werden die Feststoffe zurückgehalten, während die Moleküle der Flüssigkeit oder des Gases den Filter passieren.

Chemische Reaktionen finden meist in einer homogenen, gasförmigen oder flüssigen LÖSUNG statt. Nach Abschluss der Reaktion muss man daher das Reaktionsprodukt aus der Lösung extrahieren und von den Reagenzien trennen, die sich gleichfalls noch in der Lösung befinden.

Heute verwendet man für Reagenzien (und Katalysatoren) vielfach unlösliche Träger aus mineralischen Feststoffen oder Kunstharzen, die man nach Abschluss der Reaktion aus der Lösung herausfiltern kann. Bei diesem Verfahren ist es sehr viel leichter, die nicht verbrauchten Reagenzien wiederzugewinnen und die Reaktionsprodukte zu isolieren.

Gleiches gilt auch für Katalysatoren. Deshalb arbeitet man in der chemischen Industrie nahezu ausschließlich mit der heterogenen Katalyse, bei der die Katalysatoren sich in einem festen Zustand befinden, während Reaktanden und Reagenzien flüssig oder gasförmig sind.

Fitness

Zur Vertiefung: ***Dominanz, Rezessivität; Heterosis***

Für den Genetiker besteht die entscheidende Rolle des Individuums in der Weitergabe der bei der Zeugung erhaltenen Gene an die nächste Generation. Diese Weitergabe gilt nur dann als effektiv, wenn es den gezeugten Individuen gelingt, selbst das fortpflanzungsfähige Alter zu erreichen. Zur Charakterisierung dieser Effektivität lässt sich eine Zahl nutzen, die proportional zum Anteil der »nützlichen« (also am Vererbungsprozess teilnehmenden) Nachkommen eines Individuums ist: Diese Zahl bezeichnet seine Fitness oder seinen Selektionswert.

Nachdem dieser Wert für ein Individuum definiert ist, lässt er sich auf eine Gesamtheit von Individuen ausweiten, zum Beispiel auf alle Träger eines Allels (also einer varianten Ausprägung, die ein Gen am gleichen Genort annehmen kann und die das gleiche Merkmal steuert) oder einer Gruppe von Allelen verschiedener spezifischer Gene. Die Fitness dieser Gesamtheit entspricht der durchschnittlichen Fitness der betreffenden Individuen.

Nach diesem Konzept entwickelt die Populationsgenetik Modelle, die es ermöglichen, die Evolution der Allelfrequenzen verschiedener Gene in Abhängigkeit von der Fitness der verschiedenen Genotypen (also der verschiedenen Genpaare) vorherzusagen.

In den meisten Fällen tendiert die natürliche Auslese bei einem bestimmten Merkmal zu einer Homogenisierung des genetischen Bestandes innerhalb der Population: Ein einziger Gentyp, ein einziges Allel, setzt sich durch und existiert in einem Gleichgewichtszustand. Dagegen stellt sich ein polymorphes Gleichgewicht ein (das mehrere Allele bestehen lässt), wenn die Heterozygoten (Individuen mit zwei verschiedenen Allelen eines Gens) den Homozygoten (mit zwei gleichen Allelen eines Gens) in ihrer Fitness überlegen sind. Das bekannteste Beispiel für dieses Heterosis genannte Phänomen ist die Sichelzellenanämie (siehe Heterosis).

Modelle sind jedoch häufig weit davon entfernt, die beobachtbare Wirklichkeit zu erklären. So ist es auch bei den Blutgruppeneigenschaften des Rhesus-Systems, von denen bekannt ist, dass sie bei einer Unverträglichkeit zwischen Mutter und Kind beim Neugeborenen eine schwere hämolytische Fetus-Erkrankung nach sich ziehen kann. Unter dem Aspekt dieser Unverträglichkeit und der daraus resultierenden Selektionswirkungen kann der Rhesus-Faktor als von nur zwei Allelen definiert gelten, einem dominanten Allel R und einem rezessiven Allel r. Die Genotypen (RR) und (Rr) entsprechen dem als Rh-positiv (Symbol »Rh«) definierten ausgeprägten Merkmal und der Genotyp (rr) dem als rh-negativ (»rh«) definierten nicht ausgeprägten Merkmal.

Wenn eine rh-negative Frau ein Rh-positives Kind austrägt, produziert sie Antikörper, die bei einer späteren Schwangerschaft die roten Blutkörperchen eines RH-positiven Fötus verklumpen lassen (Agglutination) und nach der Geburt zur hämolytischen Fetus-Erkrankung führen können, einer Erkrankung, die früher manchmal tödlich verlief.

Die betreffenden Allele sind also die Ursache eines Selektionseffekts, der eine geringere Fitness der Kinder mit den Allelen (Rr) von Müttern mit den Allelen (rr) nach sich zieht. In einer Population, in der das Allel r eine Frequenz f hat, variiert die Häufigkeit von Generation zu Generation. Ist die Frequenz *f* größer als 1/2, steigt sie an und tendiert gegen 1; letzten Endes ist nur noch das Allel r vorhanden. Ist die Häufigkeit *f* dagegen kleiner als 1/2, nimmt sie ab und tendiert gegen null; schließlich gibt es nur noch das Allel R. Nach diesem Modell müssten also alle Populationen für diesen Genort zu einer Homogenität tendieren.

In Wirklichkeit sind die meisten Populationen polymorph, weisen also beide Allele auf. Ihre genetische Struktur entspricht nicht dem Zustand, dem sie aufgrund der natürlichen Auslese zustreben müssten. Hier sind andere Faktoren am Werk, und zwar vornehmlich die Mischung der Populationen durch Migrationsbewegungen.

Flavour

Zur Vertiefung: ***Farbe; Ladung; Radioaktivität; Wechselwirkung in der Physik***

Teilchen sind weder schmackhaft noch geschmacklos, Atome weder salzig noch süß. Dennoch besitzt das englische *flavour*, das im Deutschen »Geschmack« oder »Aroma« bedeutet, in der Physik eine spezielle Bedeutung, denn man hat diesen Ausdruck (eher willkürlich) ausgewählt, um eine Eigenschaft zu bezeichnen, in der bestimmte Elementarteilchen, die QUARKS, sich voneinander unterscheiden können. Jedes Quark ist durch eine bestimmte Flavour-Quantenzahl gekennzeichnet. Insgesamt gibt es sechs verschiedene Flavours: *u* (*up*), *d* (*down*), *s* (*strangeness* oder Seltsamkeit), *c* (*charm*), *b* (*beauty* oder *bottomness*) und *t* (*truth* oder *topness*). Durch die Verwendung eines Begriffs aus einem ganz anderen, aber sehr vertrauten Kontext, versuchen die Physiker möglicherweise, mit der wachsenden Abstraktheit ihres Fachgebiets fertig zu werden; gerade für die abstraktesten Konzepte wählen sie gerne Begriffe, die deutliche Anklänge an die vertraute Wirklichkeit bieten.

Mit Flavour ist jedoch keineswegs nur ein Etikett gemeint, das als zierendes Beiwerk abzutun wäre. Die Flavour-Quantenzahl kennzeichnet eine LADUNG, auf deren Grundlage sich genau angeben lässt, wie die Quarks auf die schwache Wechselwirkung reagieren (die insbesondere für den Betazerfall verantwortlich ist, bei dem ein Neutron in ein Proton, ein Elektron und ein Antineutrino zerfällt). In ähnlicher Weise bestimmt die elektrische Ladung die elektromagnetische Wechselwirkung und die FARBE der Quarks die starke Wechselwirkung. Die schwache Wechselwirkung vermag die Flavour-Quantenzahl eines Quarks zu verändern. So kann sie die Umwandlung eines *c*-Quarks in ein *s*-Quark, oder eines *u*-Quarks in ein *d*-Quark bewirken (das geschieht etwa beim Betazerfall). In der Eigenschaft, die zugehörige Ladung zu verändern, unterscheidet sich die schwache Wechselwirkung von der elektromagnetischen, die ja die elektrische Ladung der von ihr erfassten Objekte unverändert lässt.

Flüssigkeit

Zur Vertiefung: ***Gas; Festkörper; Plasma; Suprafluüssigkeit; Wasser***

Der flüssige Zustand eines Stoffes, der zwischen der festen und der gasförmigen Phase liegt, weist Merkmale auf, die ihn mal in die Nähe der einen, mal in die der anderen Phase rückt. Mit der festen Phase hat er hauptsächlich eine hohe Dichte und eine geringe Kompressibilität gemeinsam. Mit der gasförmigen Phase verbindet ihn ein gewisses Maß an Unordnung und Freiheit.

Bewegungsfreiheit

Am einfachsten lässt sich die flüssige Zustandsform begreifen, wenn man sich in die atomare Ebene hineindenkt und als Ausgangspunkt einen stärker strukturierten Zustand, die feste Phase, nimmt, genauer gesagt, kristalline Festkörper (siehe KRISTALL). In diesem Zustand finden wir eine regelmäßige Ansammlung aus ATOMEN, IONEN oder MOLEKÜLEN, die sehr dicht aneinander gelagert sind und daher in starker Wechselwirkung zueinander stehen. Diese Wechselwirkung ist in erster Linie die Ursache der Kohäsion und der Regelmäßigkeit dieses Gebildes, das sich mit einem regelmäßigen Stapel magnetisierter Kugeln vergleichen lässt. In der festen Phase herrscht Ordnung, sie erscheint friedlich und starr, zumindest fast, denn in Wirklichkeit machen die Atome Schwingungsbewegungen um ihre Ruhelage, deren Amplitude mit steigender TEMPERATUR größer wird. Allerdings genügt diese innere Bewegung nicht, die regelmäßige, geordnete Struktur des Gebildes zu gefährden.

Was geschieht nun, wenn man die Temperatur des Systems erhöht? Es kommt ein Moment, in dem die Vibration der Teilchen so stark wird, dass sie den geordneten Zusammenhalt der Struktur zerstört. Die feste Phase geht in die flüssige über (siehe SCHMELZEN). In diesem neuen Zustand verfügen die Teilchen über eine Freiheit der thermischen Bewegung, die sie in der festen Phase nicht besaßen und die Flüssigkeiten ihre charakteristische Fließfähigkeit verleiht. Auf mikroskopischer Ebene drückt sich diese Bewegungsfreiheit in der so genannten BROWNSCHEN MOLEKULARBEWEGUNG aus: Setzt man ein winziges Körnchen eines Stoffes auf die Oberfläche einer scheinbar ruhigen Flüssigkeit und beobachtet es unter dem Mikroskop, so stellt man fest, dass es in Wirklichkeit keineswegs reglos bleibt, sondern sich ständig unregelmäßig in der Flüssigkeit bewegt, da es ununterbrochen mit den Molekülen der Flüssigkeit zusammenstößt.

Wechselwirkungen zwischen engen Nachbarn

In einer Flüssigkeit sind die Atome oder Moleküle nie sehr weit voneinander entfernt, im Gegensatz zu den Vorgängen in einem GAS. Diese wechselseitige Nähe manifestiert sich auf makroskopischer Ebene in der Tatsache, dass die Dichte einer Flüssigkeit nur geringfügig niedriger ist als die des entsprechenden Festkörpers. Beim WASSER ist es umgekehrt: Dieser Stoff besitzt die Besonderheit, dass er in flüssiger Form weniger Platz beansprucht als in fester Form (was für Wasserleitungen gefährlich wird, wenn es friert: Die eingeschlossene Flüssigkeit dehnt bei der Kristallisation ihr Volumen aus und kann das Rohr sprengen). Die Nähe der Atome in der Flüssigkeit erklärt auch ihre geringe Kompressibilität, also ihre geringe Neigung, unter Druck ihr Volumen zu verringern. Vor allem bewirkt sie, dass die Moleküle, die eine Flüssigkeit bilden, in ständiger Wechselwirkung miteinander stehen.

Diese Wechselwirkung ist recht schwierig zu erfassen, da sie aufs engste mit dem Aufbau der elementaren Bestandteile (Atome oder Moleküle) der Flüssigkeit zusammenhängt. Bei sehr kleinen Distanzen, die geringer sind als die Eigengröße der Bestandteile, handelt es sich um eine Abstoßung, die eine gegenseitige Durchdringung dieser Teilchen verhindert. Nach dem AUSSCHLIESSUNGSPRINZIP können die Elektronenbahnen zweier verschiedener Atome oder Moleküle nicht übereinstimmen, was sich in eine abstoßende Kraft übersetzt. Bei größeren Distanzen tritt dagegen eine Wechselwirkung in Form einer Anziehung ein, durch die sich die Bestandteile einander annähern. Sie hat elektromagnetische Ursachen und geht in erster Linie auf die Existenz der Van-der-Waals-Kräfte zurück (deren Ursprung recht komplex ist), aus denen sich eine Anziehung der Teilchen ergibt, die umgekehrt proportional zur siebten Potenz ihrer Entfernung voneinander ist. Ein zweiter Anziehungsfaktor, der Wasser und allgemein allen wässrigen Lösungen eigen ist, resultiert aus der Existenz der Wasserstoffbindungen. Diese Bindungen beruhen auf der Tatsache, dass in einem Wassermolekül, das aus einem Sauerstoffatom O und zwei Wasserstoffatomen H besteht, die elektrischen Ladungen nicht gleichmäßig verteilt sind und das Sauerstoffatom zu Lasten der Wasserstoffatome eine negative Teilladung trägt. Aus dieser Heterogenität folgt, dass dieses Sauerstoffatom mit der negativen Teilladung die Tendenz hat, die Wasserstoffatome benachbarter Wassermoleküle, die eine leichte positive Ladung tragen, anzuziehen.

Verhalten von Flüssigkeiten

Solche Wechselwirkungen hemmen natürlich die freie Beweglichkeit der Moleküle in einer Flüssigkeit, was sich auf makroskopischer Ebene in einem Widerstand gegen ein Abfließen zeigt, den man als VISKOSITÄT bezeichnet. Diese Eigenschaft spielt eine grundlegende Rolle in großen Bereichen der Dynamik von Flüssigkeiten. Angesichts der Tatsache, dass die Struktur der Wechselwirkungen in einer Flüssigkeit eng mit der Beschaffenheit ihrer Bestandteile zusammenhängt, kann die Viskosität von einer Flüssigkeit zur anderen stark variieren.

Die Anziehungskräfte zwischen den Bestandteilen kommen auch im kompakten, verdichteten Charakter von Flüssigkeiten zum Ausdruck. Diese Neigung zur Kompaktheit bewirkt, dass eine Flüssigkeit immer bestrebt ist, nach außen die kleinstmögliche Oberfläche zu bilden. Folglich muss man ihr Energie zuführen, wenn man die Berührungsfläche vergrößern will. Die Energiemenge, die pro zusätzlicher Oberflächeneinheit zuzuführen ist, bezeichnet man als Oberflächenspannung. Ebenso wie die Viskosität hängt auch die Oberflächenspannung eng mit der Beschaffenheit der beteiligten Moleküle zusammen. Aus der Oberflächenspannung erklärt sich letztlich auch die Kugelform von Wassertropfen, denn bei gegebenen Volumen besitzt die Kugel von allen Formen die kleinste Oberfläche. Die Oberflächenspannung ist außerdem die Ursache eines spektakulären Phänomens, das der Schwerkraft zu trotzen scheint: der so genannten Kapillarität, einer Erscheinung, bei der bestimmte Flüssigkeiten wie Wasser in dünnen Röhren, den so genannten Kapillaren, nach oben steigen.

Flüssigkristall

Zur Vorbereitung: ***Kristall***
Zur Vertiefung: ***Feld; Flüssigkeit; Molekül; Lösung***

Definition

Wie der Name schon sagt, ist Flüssigkristall ein Aggregatzustand der Materie, der zwischen der flüssigen und der festen kristallinen Phase liegt. Im Unterschied zu Flüssigkeiten können die Moleküle eines Flüssigkristalls, die häufig eine Stäbchenform haben, sich in großen Bereichen entlang ihrer Längsachsen parallel ausrichten. Die Position der Moleküle ist jedoch nicht fixiert wie bei einem Kristall: Sie lassen sich zueinander verschieben wie in einer Flüssigkeit. Während in einem Kristall die Atome oder Moleküle dreidimensional regelmäßig angeordnet sind, ist die Anordnung im Flüssigkristall lediglich zweidimensional gerichtet; daher besitzt es eine Fluidität, zu der ein Festkörper aufgrund seiner Struktur nicht imstande ist.

Struktur der Moleküle

Um beobachten zu können, dass der Aggregatzustand des Flüssigkristalls, die so genannte mesomorphe Phase, auftritt, wenn man einen kristallinen Festkörper schmilzt (siehe SCHMELZEN) oder in einer LÖSUNG auflöst, müssen die Längsachsen der vorhandenen Moleküle wesentlich länger sein als die Querachsen. Häufig neigen längliche, zum Beispiel stäbchenförmige Moleküle dazu, sich unter der Einwirkung eines äußeren Ordnungsfaktors (oft eines elektrischen oder magnetischen Feldes) entlang ihrer Längsachsen parallel zueinander auszurichten (siehe *Abbildung 1*).

Zur Herstellung von Flüssigkristallen genügt es oft, Moleküle zu konstruieren, deren Längsachse deutlich größer ist als die Querachse: Das lässt sich zum Beispiel durch lineare Aneinanderreihung fester Module erreichen, wie sie in zahlreichen Kohlenstoff-Kohlenstoff-Verbindungen, Stickstoff-Stickstoff-Verbindungen, Benzolringen usw. verfügbar sind, oder über POLYMERE, die sich zu Helices verdrillen und feste Stäbchen bilden, wie es bei diversen Polyglutamaten der Fall ist.

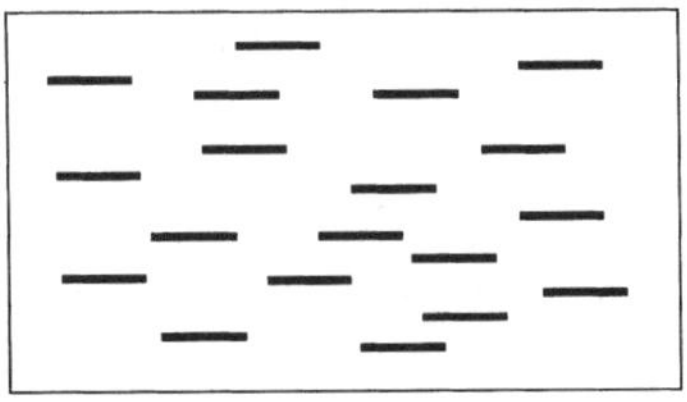

Abbildung 1 Schematische Darstellung eines Flüssigkristalls; jeder Strich steht für ein Molekül (zur Vereinfachung ist der dreidimensionale Flüssigkristall hier zweidimensional abgebildet).

Anwendungsbereiche

Die Hauptanwendung von Flüssigkristallen liegt im Bereich von Digitalanzeigen für Uhren, Taschenrechner oder Flachbildschirme.

Diese so genannten LCDs (engl.: *liquid cristal displays)* arbeiten nach einem überaus einfachen Prinzip: Auf die Zellen, die den Flüssigkristall enthalten, wirkt ein elektrisches Feld ein, das für eine gleichmäßige Ausrichtung der darin enthaltenen Moleküle sorgt. Für Anzeigegeräte verwendet man häufig Flüssigkristalle aus Molekülen, die einen elektrischen Dipol besitzen, bei denen also die ELEKTRONENVERTEILUNG des Moleküls durch eine Trennung zwischen positiver und negativer Ladung geprägt ist. Man wählt die Moleküle so aus, dass jede Flüssigkristall-Komponente (die eines der PIXEL des darzustellenden Bildes ausmacht) entweder transparent oder opak ist, je nachdem, ob ein elektrisches Feld vorhanden ist, das die Moleküle parallel ausrichtet.

Um diese Ausrichtung zu erzwingen, kommen die flüssigen Kristalle zwischen zwei Glasscheiben, die jeweils mit einer dünnen, transparenten und leitfähigen Schicht versehen sind. Über eine Potentialdifferenz zwischen diesen beiden Scheiben kann man die Moleküle nun beliebig parallel ausrichten oder in thermischer Unordnung belassen. Zu diesem Zweck lassen sich auch andere Felder nutzen, zum Beispiel Magnetfelder.

fluid

Zur Vertiefung: ***Gas; Flüssigkeit***

Als fluid bezeichnet man zusammenfassend alle Zustandsformen der Materie, in denen die Teilchen keine festen Positionen einnehmen, sondern sich unter der Einwirkung ihrer kinetischen Energie (thermische Anregung; siehe TEMPERATUR) ständig verlagern. Je nach dem mittleren Abstand zwischen den Partikeln (die von der mehr oder weniger großen Dichte des untersuchten Fluids abhängt) verhält sich eine fluide Substanz wie eine Flüssigkeit oder wie ein Gas (bei Flüssigkeiten liegt der Abstand in der Größenordnung der Partikel, und die Kräfte zwischen ihnen wirken sich stark aus, bei Gasen sind die Abstände sehr groß und die Wechselwirkungen zwischen den Teilchen so schwach, dass man sie vernachlässigen kann, wenn sie sich nicht gerade durch ihre ständige Bewegung einander annähern oder zusammenstoßen).

Es kann Zwischenstufen geben, in denen sich eine fluide Substanz nur schwer als Flüssigkeit oder Gas einordnen lässt. Wasser befindet sich zum Beispiel unter hohem Druck (dem 200-fachen Atmosphärendruck) und bei einer Temperatur von annähernd 170 °C in einem solchen Zwischenzustand (dem so genannten kritischen Zustand; siehe PHASE), in dem es gleichzeitig dem gasförmigen und dem flüssigen Zustand nahe ist. Es gibt auch Fluide mit einer Fernordnung, also einer Organisation, die ihnen bestimmte Eigenschaften verleiht (zum Beispiel Wärmeleitfähigkeit oder POLARISATION des Lichts), wie sie auf den ersten Blick nur Festkörpern vorbehalten scheinen: Dies gilt zum Beispiel bei FLÜSSIGKRISTALLEN, die für Digitalanzeigen verwendet werden, und bei HELIUM unter sehr niedrigen Temperaturen (siehe SUPRAFLÜSSIGKEIT).

Andererseits gibt es Festkörper, die gewisse Eigenschaften einer Flüssigkeit beibehalten: Glas wird viskos, wenn man es erhitzt, und kann bei zunehmender Wärme zu fließen anfangen (siehe KRISTALL). Treibsand, wie er an manchen Flachküsten zu finden ist, erscheint fest, fließt aber wie eine fluide Substanz, sobald er erschüttert wird.

Die Teilchen eines fluiden Stoffes können äußerst unterschiedlich beschaffen sein. Manche Fluide bestehen aus Molekülen, wie es bei Wasser der Fall ist, andere aus Atomen, zum Beispiel das Gas Helium, und wieder andere aus einem stark komprimierten Gemisch aus Elektronen und Protonen (wie bei bestimmten Sternen; siehe WEISSER ZWERG). Auf submikroskopischer Ebene setzt sich der Atomkern bei den schwersten chemischen Elementen aus über 200 Nukleonen (Neutronen und Protonen) zusammen. Das Verhalten dieser Gebilde lässt sich mit Hilfe der Physik fluider Stoffe beschreiben, in der jeder Atomkern als fluider »Tropfen« betrachtet wird.

Die Bewegungen von Fluiden unter der Einwirkung äußerer Kräfte erforscht die Mechanik mit den Teilgebieten der Aeromechanik und Hydromechanik (Bezeichnungen, die historisch für die Lehre von Gleichgewicht und Bewegung der Luft und des Wassers als den beiden häufigsten Fluiden stehen). Wenn ein Fluid elektrisch geladen ist, muss die Erforschung seiner Bewegung auch jenen Kräften Rechnung tragen, die auf ein mögliches Magnetfeld zurückgehen: Mit diesem Bereich beschäftigt sich die Magnetohydrodynamik. Das ist zum Beispiel bei den Bewegungen der äußeren Erdatmosphäre und bei der Atmosphäre anderer Planeten der Fall (siehe MAGNETOSPHÄRE). Diesem Phänomen begegnet man jedoch auch bei sehr heißen elektrisch leitenden Gasen (PLASMA), die man im Labor in der Hoffnung produziert, die KERNFUSION als Energiequelle nutzen zu können.

Fluss

Zur Vertiefung: ***Erosion; Sedimentation; Wasser***

Die Flüsse sind wesentliche Elemente der physikalischen wie auch der menschlichen Geographie; vielfach wurden sie auch zu göttlichen Wesen stilisiert. Die großen Ströme der Erde – der Nil, der Gelbe Fluß, der Amazonas, der Mississippi ... – sorgen durch ihre Ablagerungen für die Fruchtbarkeit der anliegenden Gebiete und ermöglichen den Transport von Menschen und Gütern über weite Entfernungen; die von ihnen ausgelösten Überschwemmungen sind manchmal segensreich, aber oft auch verheerend.

Im Englischen bezeichnet man alle Flussläufe als *river*; im Französischen heißen die Flüsse, die ins Meer münden, *fleuve*, deren Nebenflüsse dagegen *rivière*; im Deutschen nennt man die großen Flüsse auch *Ströme*. Flüsse und Ströme spielen eine erstrangige Rolle im Kreislauf des Wassers, bei der Erosion, beim Transport und bei der Formung der Topographie.

Am Oberlauf, wo Gefälle und Strömung noch stark sind, graben Flüsse Erosionstäler (Schlucht, Klamm) oder V-förmige Kerbtäler; hebt sich der Boden, schneidet sich der Fluss immer tiefer ein und gräbt einen Canyon. Das Wasser transportiert gelöste Salze und tonige Schwebstoffe flussabwärts. Sand und Steine werden in der Regel sehr bald im Flussbett abgelagert, denn Wasser besitzt nur eine geringe VISKOSITÄT; von Zeit zu Zeit werden diese Ablagerungen ein Stück weiter transportiert.

An seinem Mittellauf erreicht der Fluss ein dynamisches Gleichgewicht; Gefälle und Strömungsgeschwindigkeit reichen gerade aus, um die vom Oberlauf und den Nebenflüssen kommenden Sedimente zu transportieren. Der Fluss nimmt einen gewundenen Lauf, und es entstehen Flussschlingen (Mäander). Das Flussbett wird nicht mehr vertieft, sondern durch Seitenerosion an den konkaven Uferwindungen verbreitert.

Große Ströme enden meist in einem Flussdelta, in dem die Arme sich teilen, weiträumig mäandrieren und sich wieder vereinigen, bis sie ins Meer münden und ihre Sedimentfracht in einem Schwemmkegel ablagern.

Folge

Zur Vertiefung: ***Reihe***

Eine Folge ist eine ABBILDUNG, deren Ausgangsmenge die Menge der natürlichen ganzen Zahlen ist. Folgen sind deshalb interessant, weil sie eine REKURSIVE DEFINITION erlauben, indem man das erste Glied der Folge benennt und angibt, wie man daraus den Nachfolger bestimmt. Man kann zum Beispiel eine Folge definieren, indem man angibt, dass ihr erstes Glied 1 und jedes nachfolgende Glied die Hälfte des vorangegangenen Gliedes ist. Auf diese Weise erhält man die Folge: 1, 1/2, 1/4, 1/8, 1/16, 1/32 ..., also die Abbildung, die der Zahl 0 (der ersten natürlichen ganzen Zahl) die Zahl 1 zuordnet, der Zahl 1 die Zahl 1/2, der Zahl 2 die Zahl 1/4 usw.

formaler Kalkül

Zur Vertiefung: ***Ableitung; Computer; Integral; Zahlen***

Spricht man von einem Kalkül, so denkt man im Allgemeinen an numerische Operationen wie Addition, Subtraktion, Multiplikation oder Division und an deren Ausführung im Kopf oder auf Papier oder mit Hilfe einer Rechenmaschine. Auch Computer führen solche Rechenoperationen aus, doch bei ihnen kommt eine neue Dimension hinzu: Sie verarbeiten nicht nur Zahlen, sondern beliebige Zeichenketten und können daher auch mit mathematischen Formeln arbeiten, zum Beispiel mit Polynomen des Typs

$P(x)=14x^2+11x-15$,

die sich automatisch in ihre Faktoren zerlegen:

$P(x)=(2x+3)(7x-5)$,

oder differenzieren:

$P'(x)=28x+11$,

oder integrieren lassen (siehe ABLEITUNG und INTEGRAL).

Um Kalküle, die mit beliebigen Ausdrücken arbeiten, von numerischen Kalkülen zu unterscheiden, bezeichnet man sie als formale Kalküle. Heute sind Computerprogramme auf dem Markt, die mit solchen formalen Kalkülen mit einer Geschwindigkeit und einer Sicherheit arbeiten, mit der die besten Schüler und ihre Lehrer und selbst Berufsmathematiker nicht mitzuhalten vermögen. Dadurch hat sich die Arbeit von Wissenschaftlern, Ingenieuren und Forschern, die viel mit Gleichungen arbeiten, nachhaltig verändert.

formales System

Zur Vertiefung: ***automatisches Beweisen; künstliche Intelligenz; Turingmaschinen***

Schon seit sehr langer Zeit beweisen Mathematiker unverrückbare Wahrheiten nach den zwingenden Regeln der Logik aus einigen unbezweifelbaren Axiomen. Bereits im antiken Griechenland formulierte Euklid die Grundsätze, auf denen alle mathematischen Beweise basieren.

Zu Beginn des 20. Jahrhunderts entdeckte man eine Reihe von Paradoxa, die wie das antike Paradoxon des Lügners, der »ich lüge« sagt, gar nicht recht zur mathematischen Anschauung passen wollten und die Logiker in einige Verwirrung stürzten: Das stolze Bauwerk, das alle solide in der unbeugsamen Vernunft der Mathematiker begründet sahen, zeigte gefährliche Risse. Um es wieder auf feste Fundamente zu stellen, bemühte sich die Schule des mathematischen Formalismus, deren bekanntester Vertreter David Hilbert war, die für die Tätigkeit der Mathematiker erforderlichen Begriffe ihrerseits streng mathematisch zu fassen. Die mathematischen Beweise im Sinne Euklids wurden nun selbst mit mathematischen Ausdrücken beschrieben, und zwar mit Hilfe formaler Systeme.

Formale Systeme bestehen aus drei Grundbestandteilen: aus einer formalen Sprache, aus Axiomen und aus Schlussregeln.

Die formale SPRACHE wird mit Hilfe eines Alphabets, das zum Beispiel die drei Buchstaben I, O und M umfasst, und einer Sammlung grammatischer Regeln erzeugt (siehe GRAMMATIK). Die grammatischen Regeln legen fest, welche unter den zahlreichen möglichen Buchstabenfolgen des betreffende Alphabets eine Bedeutung haben und als Ausdrücke bezeichnet werden, weil sie etwas ausdrücken. In unserem Beispiel könnten die grammatischen Regeln etwa festlegen, dass Ausdrücke jeweils ein und nur ein O und M enthalten. MO, MOI, MOII oder OIMIII wären danach Ausdrücke dieser Sprache, nicht dagegen die Buchstabenfolgen OOMI, O, oder MIII. Die grammatischen Regeln sagen übrigens nichts über die Bedeutung der einzelnen Ausdrücke; sie beschreiben lediglich eine Menge von Formeln, die eine Bedeutung haben, ohne diese Bedeutung zu explizieren.

Nachdem solch eine formale Sprache geschaffen ist, können Ausdrücke dieser Sprache – zum Beispiel OM und MO – als Axiome ausgewählt und Schlussregeln formuliert werden, das heißt Verfahren, mit deren Hilfe man aus vorhandenen Ausdrücken neue Ausdrücke abzuleiten vermag. Wenn x und y beliebige Buchstabenfolgen bezeichnen, lassen sich zum Beispiel die beiden folgenden Schlussregeln vorstellen:

R1: $x\mathrm{M}y \longmapsto x\mathrm{IM}y\mathrm{I}$ und

R2: $x\mathrm{M}y \longmapsto \mathrm{I}x\mathrm{MI}y$.

Aus Ausdrücken des Typs $x\mathrm{M}y$, zum Beispiel OIMI, wenn man x=OI und y=I setzt, oder MOI, wenn man $x=\varepsilon$ (die leere Zeichenfolge) und y=OI setzt, erzeugt Regel R1 Worte des Typs $x\mathrm{IM}y\mathrm{I}$; aus OIMI erzeugt sie also OIIMII und aus MOI das Wort IMOII. Regel R2 erzeugt Worte des Typs $\mathrm{I}x\mathrm{MI}y$; aus OIMI also IOIMII und aus MOI das Wort IMIOI.

Alle aus den Axiomen durch wiederholte Anwendung der Schlussregeln erzeugten

Formeln werden als »Theoreme« bezeichnet, ähnlich den von den Mathematikern bewiesenen Lehrsätzen. Die wiederholte Anwendung der Regel R1 auf OM ergibt OIMI, OIIMII, OIIIMIII, OIIIIMIIII, die jeweils als »Theoreme« gelten können. Und die Folge der Schlussregeln, die das »Theorem« aus den betreffenden Axiomen erzeugt hat, dient als Beweis für dieses »Theorem«.

Formale Systeme ahmen also mathematische Beweise nach. Da man außerdem zeigen kann, dass jeder mathematische Beweis sich in einem formalen System beschreiben lässt, das die einzelnen Beweisschritte präzise als Folge elementarer Operationen darstellt, wird jeder mathematische Beweis selbst zu einem mathematischen Objekt. Wie Kurt Gödel in den 1930er Jahren gezeigt hat, wäre die Suche nach einem einzigen formalen System, in dem sämtliche mathematischen Beweise formuliert werden könnten, allerdings fruchtlos, denn dieses System gehört zu den wenigen mathematisch Unmöglichkeiten, die sich streng beweisen lassen.

Formel, chemische

→ ***chemische Formel***

Formen, Erkennen von

→ ***Erkennen von Formen***

Fossilien

Zur Vertiefung: ***Erdöl; Geochronologie; Kohle***

Das Wort »Fossil« ist von dem lateinischen Adjektiv *fossilis* abgeleitet, mit dem man alles bezeichnete, was aus der Erde ausgegraben worden ist. Die ursprüngliche Bedeutung des Wortes begegnet uns heute noch, wenn wir etwa KOHLE und ERDÖL als »fossile Brennstoffe« bezeichnen. Fossilien im üblichen Sinne des Wortes sind dagegen die erkennbaren Überreste oder Abdrücke von Tieren und Pflanzen aus vorgeschichtlicher Zeit, die in Sedimentgesteinen erhalten geblieben sind. Der Knochen eines Dinosauriers ist ein Fossil, der Knochen, den ein Hund vergraben hat, dagegen nicht. Wird ein Tier entdeckt, das einer als ausgestorben geltenden Tierart angehört oder Ähnlichkeiten mit einer ausgestorbenen Spezies besitzt, schreiben die Zeitungen gerne von einem »lebenden Fossil«, aber dieser Ausdruck ist vollkommen unsinnig.

Die Tatsache, dass man Schalen von Seemuscheln und versteinerte Fische auch hoch im Gebirge finden kann, führte zu einer der ersten geologischen Kontroversen: Verdankten sich diese Objekte einer Laune der Natur und besaßen sie nur zufällig Ähnlichkeit mit lebenden Tieren? Waren sie von der biblischen Sintflut dorthin geschwemmt worden? Oder handelte es sich, wie andere behaupteten, darunter auch Leonardo da Vinci, um die Überreste verschwundener Lebewesen, die einst dort gelebt hatten, wo man sie nun fand?

Wir wissen heute, dass die Fossilien aus der Zeit stammen, in der die Sedimente entstanden, in denen wir sie heute finden, und dass diese Sedimentschichten in der Zwischenzeit vielfach gehoben und aufgefaltet worden sind. Durch die Identifizierung fossiler Tiere in den verschiedenen, übereinander gelagerten Schichten war es möglich, einerseits eine relative Chronologie für die Geologie zu schaffen (siehe GEOCHRONOLOGIE) und andererseits die EVOLUTION der Lebewesen in ihren verschieden Phasen und Stadien zu verfolgen.

Frequenz

Zur Vertiefung: ***Periode, Spektrum; Wellenlänge***

Die Frequenz ist ein Kennzeichen regelmäßiger, das heißt streng periodischer Prozesse. Definitionsgemäß gibt sie an, wie oft ein bestimmtes Phänomen sich pro Zeiteinheit identisch wiederholt. Gemessen wird die Frequenz gewöhnlich in Hertz (Hz), wobei ein Hertz einer Schwingung pro Sekunde entspricht. Die Frequenz f lässt sich auch aus der (in Sekunden gemessenen) Periode T eines Phänomens herleiten, das heißt aus der Zeit, die verstreicht, bis das Phänomen sich identisch wiederholt, und zwar nach der Formel $f=1/T$. Die Frequenz ist also – mathematisch gesehen – der Kehrwert der Periode, und es gilt: je kürzer die Periode, desto höher die Frequenz.

Die bedeutende Stellung periodischer Phänomene in der Natur, aber auch in technischen Prozessen macht verständlich, warum die Frequenz in der Physik eine wichtige Rolle spielt; zum Beispiel in der Elektrizitätslehre und in der Elektrotechnik, weil zahlreiche Prozesse dort durch periodische Potentialschwankungen gekennzeichnet sind, oder in der MECHANIK, weil Objekte aller Art eine Reihe charakteristischer Eigenschwingungen mit entsprechenden Eigenfrequenzen aufweisen (eine fundamentale Rolle spielen solche Vorgänge beim Phänomen der RESONANZ). Ebenso bedeutsam ist der Begriff der Frequenz für die Beschreibung von Wellenphänomenen, die ja generell durch die periodische Schwingung einer Quelle ausgelöst werden. Das gilt gleichermaßen für die Akustik (siehe SCHALL) und für die Beschreibung elektromagnetischer Wellen (siehe LICHT). Nach einer auf Albert Einstein zurückgehenden Formel besteht bei den elektromagnetischen Wellen ein sehr direkter Zusammenhang zwischen der Frequenz der Strahlung und der von den PHOTONEN transportierten Energie (die Photonen sind die Elementarteilchen, aus denen diese Strahlung besteht). Die Formel lautet $E=h\nu$, wobei h eine Naturkonstante (das Plancksche Wirkungsquantum) und ν die Frequenz der Strahlung ist. Die Frequenzen der von einem Körper emittierten elektromagnetischen Wellen geben Auskunft über dessen Energieniveaus (siehe SPEKTRUM).

Anders als ihre Kusine, die Geschwindigkeit (die ihre Grenze in der Lichtgeschwindigkeit findet), kennt die Frequenz keine theoretische Obergrenze. Auch in der Natur lässt sich ein äußerst breites Spektrum von Frequenzen beobachten. So hat die Umlaufbahn der Erde um die Sonne eine Frequenz von $2{,}3\times10^{-8}$Hz (ein 32-milliardstel Hertz), während die Frequenz der bei Kernreaktionen emittierten Gammastrahlen 10^{19}Hz (10 Milliarden Milliarden Hertz) übersteigen kann. Und in der kosmischen Strahlung hat man Photonen entdeckt, deren Frequenz mehr als 10^{26} Hertz beträgt.

Funktion

Der Begriff der Funktion hat in verschiedenen Fachgebieten unterschiedliche Bedeutung. Er stammt ursprünglich aus der Mathematik, fand aber unter anderem auch bald schon Anwendung in der Chemie und in der Informatik.

Der mathematische Funktionsbegriff

Zur Vertiefung: ***Ableitung; Differential; Singularität***

Seit der Mitte des 18. Jahrhunderts spielt der Funktionsbegriff in der Mathematik eine grundlegende Rolle, aber er ist keineswegs einfach oder aus sich selbst heraus verständlich. Drei Formen mathematischer Praxis laufen darin zusammen: die Zahlentabellen, die sich bereits in den mathematischen Schriften der alten Ägypter und Babylonier finden; die algebraischen Formeln, in denen eine »variable« Größe unterschiedliche Werte annehmen kann; und die Verknüpfung zweier variabler Größen, zwischen denen eine Verbindung bestehen soll (zum Beispiel auf Grund eines physikalischen Gesetzes) und die man durch einen Graphen darstellt, in-dem man die Werte der beiden Variablen auf den Achsen eines KOORDINATENSYSTEMS abträgt. Ohne eine Analyse dieser drei Aspekte lässt sich der Funktionsbegriff nicht verstehen.

Auf babylonischen Tontafeln finden sich zweispaltige Zahlentabellen, die den ganzen Zahlen jeweils ihre Quadrat- oder Kubikzahl oder auch ihren Kehrwert zuordnen. Bei der Untersuchung von Naturerscheinungen, zum Beispiel durch die Messung einer in der Zeit veränderlichen Größe wie der Stellung eines Sterns, bedient man sich vielfach einer zweispaltigen Tabelle, in der die Zeitpunkte und die zugehörigen Zahlenwerte der untersuchten Größe einander gegenüber gestellt werden. Seit der Erfindung des COMPUTERS werden solche Funktionstabellen weitaus seltener eingesetzt, aber bis dahin waren sie unverzichtbar, etwa in der ASTRONOMIE oder bei der Navigation (Ephemeriden); auch die Ingenieure kamen nicht ohne Logarithmentafeln aus oder ohne Tafeln für die Werte der trigonometrischen Funktionen, der elliptischen Funktionen, der Besselfunktionen usw. (siehe LOGARITHMUS und TRIGONOMETRIE).

Der formale Funktionsbegriff

Eine klassische Definition der Funktion stammt aus dem 18. Jahrhundert; für Jean Bernoulli und Leonhard Euler handelte es sich um einen analytischen Ausdruck, der in beliebiger Weise aus der Variablen und aus Zahlen oder konstanten Elementen zusammengesetzt ist. Diese Definition verweist auf Funktionen im Sinne algebraischer Formeln. Danach ist die Variable eine »unbestimmte« Größe, für die man die jeweils bestimmten Zahlenwerte einsetzen kann. Für den Aufbau eines solchen Ausdrucks benutzt man die üblichen Operationen der ALGEBRA: Addition und Subtraktion, Multiplikation und Division, Potenzieren und Radizieren oder allgemeiner die Lösung algebraischer GLEICHUNGEN. Das bedeutet der Ausdruck »analytisch« in der oben angeführten, von Euler stammenden Definition. Außerdem kommen auch transzendente Operationen in Frage: EXPONENTIALFUNKTION, LOGARITHMUS, Sinus und Kosinus oder andere, aus der Integralrechnung abgeleitete Operationen. Eine Funktion heißt algebraisch, wenn die Variable ausschließlich algebraischen Operationen unterworfen wird; sie heißt transzendent, wenn darin eine transzendente Operation zum Zuge kommt.

Eine algebraische Funktion wird als rational bezeichnet, wenn sie durch Addition, Subtraktion, Multiplikation, Division und Potenzieren (mit ganzzahligen Exponenten) zusammengesetzt wird, nicht aber durch Radizieren oder die Lösung algebraischer Gleichungen mindestens 2. Grades. Kommen auch die letztgenannten Operationen zum Zuge, spricht man von irrationalen Funktionen.

Eine rationale Funktion wird als Polynomfunktion bezeichnet, wenn die Variable keiner Division unterworfen ist; die Exponenten der Variablen sind stets natürliche ganze Zahlen, und die Funktion ist eine Summe aus eingliedrigen Ausdrücken oder Monomen, das heißt aus Ausdrücken der Art x^n mit numerischen Koeffizienten. Jede rationale Funktion ist der Quotient zweier Polynomfunktionen.

Ein effizientes Mittel zur Untersuchung von Funktionen ist deren Darstellung als unendliche REIHE (Reihenentwicklung), das heißt als Summe unendlich vieler Ausdrücke, die aus einfacheren Funktionen bestehen; die Potenzreihen etwa sind unendliche Summen von Monomen, also letzten Endes unendliche Polynome.

Beliebige Funktionen

Zahlentabellen sind für die Darstellung einer kontinuierlichen Veränderung der Variablen nicht geeignet, weil sie jeweils nur isolierte, diskrete Werte der Funktion verzeichnen. Die kontinuierliche Veränderung einer Variablen x kann man sich auch so vorstellen, dass x eine unendliche Achse durchläuft. Jedem Wert von x entspricht dann ein Wert $f(x)$ der betrachteten Funktion f, und man trägt diesen Funktionswert senkrecht zur x-Achse ab, so dass dem Wertepaar $(x,f(x))$ ein Punkt in der durch die Koordinaten aufgespannten Ebene entspricht. Auf diese Weise erhält man eine graphische Darstellung der Funktion f durch eine KURVE, also die Menge aller Punkte $(x,f(x))$.

Die Anwendung der Analysis auf physikalische Probleme veranlasste Euler, seinen Funktionsbegriff beträchtlich zu erweitern. Bei der Untersuchung der Schwingungen gespannter Saiten hatte Jean Le Rond d'Alembert 1746 »beliebige« Funktionen eingeführt, die durch den Anfangszustand der Saite bestimmt werden können. Es gibt jedoch keinen Grund, weshalb dieser Anfangszustand sich durch eine Funktion im oben angeführten, eingeschränkten Sinne eines analytischen Ausdrucks bestimmen lassen sollte. Euler schlug daher vor, die allgemeinsten Funktionen durch ihre graphische Darstellung, das heißt durch eine »freihändig« gezeichnete Kurve zu definieren; für jeden Wert der Variablen x ist der Ordinatenwert des zu x gehörigen Kurvenpunkts der Wert der Funktion; dabei wird nicht länger verlangt, dass dieser Wert sich durch eine explizite Formel berechnen lässt.

In seinen Arbeiten über die Ausbreitung der WÄRME gelangte Joseph Fourier 1807 zu der Erkenntnis, dass die allgemeinsten beliebigen Funktionen sich durch trigonometrische REIHEN darstellen lassen (siehe SPEKTRALANALYSE). Zu den Grundproblemen der

Funktionentheorie gehörte im 19. Jahrhundert die Frage, inwieweit diese Feststellung begründet war; die Arbeit an diesem Problem führte zu einer Präzisierung des Funktionsbegriffs und des Begriffs des Integrals. Ein weiteres Problem war die Erweiterung der Methoden der Differential- und Integralrechnung auf neue Funktionen, die sich aus elementaren Funktionen zusammensetzen lassen. Diese neuen Funktionen wurden durch unendliche Prozesse definiert: durch Reihen, unendliche Produkte, Integrale oder allgemeiner durch die Lösungen von Differentialgleichungen.

Bei Bernhard Riemann (Mitte des 19. Jahrhunderts) ist dann der Funktionsbegriff nicht mehr konstruktiv (im Form eines analytischen Ausdrucks), sondern deskriptiv im Sinne allgemeiner Eigenschaften, die Klassen von Funktionen definieren: stetige Funktionen, differenzierbare Funktionen einer reellen Variablen, holomorphe Funktionen einer komplexen Variablen usw. Man entdeckte den Gegensatz zwischen dem reellen und dem komplexen Bereich. Während Funktionen einer reellen Variablen stetig und dennoch an keiner Stelle differenzierbar oder r Mal, aber nicht $r+1$ Mal differenzierbar sein können, setzt Differenzierbarkeit im komplexen Sinne analytischen Charakter voraus, das heißt die lokale Darstellbarkeit der Funktion durch eine Potenzreihe. Die reelle Analysis trifft auf eine ganze Hierarchie von Bedingungen für Regelmäßigkeit, von den »messbaren« Funktionen bis hin zu den beliebig oft differenzierbaren und den analytischen Funktionen; die komplexe Analysis arbeitet ausschließlich mit analytischen (das heißt als Summen von Potenzreihen darstellbaren) Funktionen; und nach Riemanns Vorstellung kann man sie auf Grund ihres Verhaltens am Rand ihres Existenzbereichs untersuchen (insbesondere in der Umgebung singulärer Punkte – siehe SINGULARITÄT).

Verteilungen

Zur Vorbereitung: ***Gleichung***

Es ist nicht leicht zu verstehen, wie die allgemeinsten beliebigen Funktionen die Lösung einer Gleichung wie der einer schwingenden Saite zum Ausdruck bringen sollen. Diese Funktionen sind nicht *a priori* differenzierbar, und bei der Gleichung kommen ihre zweiten Ableitungen ins Spiel. Daher sah man sich veranlasst, Lösungen in einem schwächeren Sinne zu definieren, die diese Schwierigkeit umgehen. Die so eingeführten schwachen Lösungen können noch unregelmäßiger sein als die eigentlichen Funktionen; sie haben nicht für jeden Wert der Variablen einen präzisen Funktionswert; man kann ihnen lediglich auf Grund irgendeines durch eine (beliebig oft differenzierbare) regelmäßige Dichte gegebenen Wahrscheinlichkeitsgesetzes einen Durchschnittswert zuordnen, gleichsam einen unscharfen, ausgedehnten Punkt. Für diese generalisierten Funktionen oder »Verteilungen« lassen sich stets die Ableitungen definieren, aber die Unregelmäßigkeit nimmt mit der Ableitung zu. Eine stetige Funktion hat als Ableitung eine Verteilung, die nicht notwendig wiederum eine Funktion ist, und umgekehrt ist eine Verteilung lokal stets die n-te Ableitung einer stetigen Funktion.

Die Heavisidefunktion Y, die für $x<0$ den Wert 0 und für $x \geq 0$ den Wert 1 besitzt, hat als Ableitung die berühmte Diracsche Deltaverteilung, die jenseits von 0 mit der Nullfunktion zusammenfällt, dem Wert 0 selbst aber keinen Wert zuordnet. Ihr Durchschnittswert für eine Wahrscheinlichkeitsdichte φ ist $\varphi(0)$ (siehe ZUFALLSVARIABLE).

Diverse Probleme gaben Anlass, auch Funktionen mehrerer (reeller oder komplexer) Variablen zu betrachten. Ihre Theorie hat stärker geometrischen Charakter, denn die Singularitäten von Funktionen mehrerer Variablen sind keine Punkte mehr, sondern Kurven oder Flächen, deren Geometrie eine wesentliche Rolle spielt.

Funktionen in der Informatik

Zur Vertiefung: ***Programm; Programmierung; Prozedur***

In der Informatik ist eine Funktion eine PROZEDUR, die an der Stelle, an der sie aufgerufen wird, einen Wert erzeugt. Da jedem Wert des Eingabeparameters ein Ausgabewert zugeordnet wird, ähneln diese Prozeduren den mathematischen Funktionen, die eine Zuordnung zwischen einer Menge von Eingangs- und einer Menge von Ausgangswerten herstellen.

Diese Parallele zwischen mathematischen Funktionen und Funktionen im Sinne der Informatik haben die Informatiker genutzt, um bestimmten Programmiersprachen eine mathematische Bedeutung zu verleihen (die, technisch ausgedrückt, eine formale Semantik erzeugen). Außerdem kennzeichnet der systematische Einsatz von Funktionen beim Schreiben von Programmen einen eigenen Programmierstil, der als funktionale Programmierung bezeichnet wird.

Funktionelle Gruppen in der Chemie: ein denkökonomischer Ansatz

Zur Vertiefung: ***Alkohol; Analyse; Spektrum; chemische Synthese***

Chemiker bezeichnen als funktionelle (oder charakteristische) Gruppen bestimmte Atomgruppierungen mit charakteristischen Reaktionsfähigkeiten. Der Ausdruck wird hauptsächlich in der organischen Chemie verwendet. Beispiele sind etwa die Hydroxylgruppe OH und die Carboxylgruppe COOH, die in Verbindung mit einem Radikal R jeweils Alkohole (R—OH) oder organische Säuren (R—COOH) ergeben (siehe ALKOHOL).

Die funktionelle Gruppe bildet also das Komplement zum Radikal. Radikale sind fiktive Einheiten, wie ja auch die Wurzel (Radix) eines Wortes eine fiktive Einheit darstellt. Viele chemische Gebilde bestehen aus einem Radikal und einer funktionellen Gruppe, das Ethanolmolekül C_2H_5OH zum Beispiel aus dem Radikal C_2H_5 und der funktionellen Hydroxylgruppe OH. Man kann hier eine Analogie zu einem Wort wie »Bildung« ziehen, das aus der Wurzel »Bild« und der Endung »-ung« besteht.

Wenn ein Chemiker zum Beispiel Aspirin betrachtet, vernachlässigt er zunächst das Radikal oder Skelett (in diesem Falle einen Benzolring) und richtet seine Aufmerksamkeit auf die funktionellen Gruppen (die Carboylgruppe COOH und die Acetylgruppe $CO—CH_3$). Und das ist durchaus kein Zufall, denn jede dieser Gruppen ist durch eine Reihe typischer chemischer Reaktionen charakterisiert. So reagieren die Alkohole R—OH mit den organischen Säuren R—COOH, und es entstehen Esther; außerdem können sie durch Chlor ersetzt werden usw. Die Ausbildung in der organischen Chemie geht die verschiedenen funktionellen Gruppen der Reihe nach durch und widmet jeder von ihnen ein eigenes Kapitel.

Nach unserer sprachlichen Analogie ähneln die funktionellen Gruppen den Endsilben, die Auskunft über die grammatische Kategorie geben. Das so vielfältige und umfangreiche Wissen der Chemie bedarf einer enzyklopädischen Ordnung, damit man nicht den Überblick verliert. Und die einzige Möglichkeit, eine Fokussierung auf die zahllosen Einzelsubstanzen zu vermeiden (1996 verzeichnete man 15 Millionen verschiedenartige Moleküle), ist die Gliederung nach funktionellen Gruppen.

Der Begriff der funktionellen Gruppe ist auch bei der Synthese komplexer Naturstoffe bedeutsam, die unter anderem als Arzneimittel Verwendung finden. Es bedarf zahlreicher Schritte, bis das Endprodukt erreicht ist. Das sorgfältig konstruierte PROTOKOLL, das den Weg vom Rohstoff zum Endprodukt weist, bemüht sich, bei jedem Schritt stets nur eine funktionelle Gruppe zu verändern. Das mag nicht immer der eleganteste Weg einer Synthese sein, aber gewiss ist es der logischste, ganz im Sinne einer kartesischen Reduktion von Komplexität.

G

Galaxien

Zur Vertiefung: ***Akkretion; Entfernung; Evolution; kosmologisches Standardmodell***

Galaxien sind riesige, abgrenzbare, im Raum isolierte Inseln aus Materie, die – soweit beobachtbar – aus massiven Objekten, den Sternen, und dem INTERSTELLAREN RAUM bestehen, in dem die Sterne sich bewegen; der interstellare Raum ist mit Gas und Staubteilchen gefüllt und besitzt nur eine sehr geringe Dichte. Sowohl die Sterne als auch die Gase und Staubpartikel des interstellaren Raums können wir unmittelbar über die Strahlung wahrnehmen, die sie im gesamten Bereich des elektromagnetischen Spektrums (von Röntgenstrahlen bis hin zu Radiowellen) emittieren; hinzu kommt jedoch noch eine »dunkle Materie« oder »dunkle MASSE«, deren Umfang sich nur schwer bestimmen lässt, weil wir sie nur aus der Gravitationswirkung erschließen können, die sie auf die Sterne, das interstellare Gas oder das Licht ausübt (siehe GRAVITATIONSLINSE). Diese verborgene, dunkle Materie, über deren Beschaffenheit wir wenig wissen, macht ohne Zweifel mehr als 80% der Gesamtmasse einer Galaxie aus.

Sterne, Gas, Staubteilchen und dunkle Materie werden durch die Gravitation zusammengehalten, die dafür sorgt, dass Galaxien eine Einheit bilden – eine dynamische Einheit, denn alles ist dort in ständiger Bewegung. Diese Einheit macht die Galaxien zu isolierten, geschmeidigen und deformierbaren Systemen, in deren Rahmen sich Geburt und Entwicklung der Sterne vollziehen. So zeichnet sich die Geschichte des Universums seit jenen frühen Zeiten, in denen die Galaxien Gestalt annahmen, in jeder einzelnen Galaxie ab, zumindest aber die Geschichte der Sterne und ihrer Planeten. In ihrem Gang durch zahlreiche Sterngenerationen veränderte sich langsam die Zusammensetzung der Materie; aus dem ursprünglich vorhandenen Wasserstoff entstanden nach und nach chemische Elemente mit größerem Atomgewicht und komplizierterem Kernaufbau, so dass man hier von einer chemischen EVOLUTION sprechen kann.

Unsere Galaxis

Nach der griechischen Mythologie vergoss Hera einige Tropfen ihrer Milch, die sich über den Himmel verstreuten und so die Milchstraße bildeten; der Ausdruck »Galaxis« stammt vom griechischen *galaktos* (Milch) und wurde erstmals im 16. Jahrhundert zur Bezeichnung des milchigen Lichtbandes benutzt, das sich über den gesamten Himmel zieht und gleichsam eine Brücke bildet, die nach chinesischen Legenden ein unglücklich getrenntes Paar endlich wieder vereint. Dass es sich dabei um Myriaden von Sternen handelt, ahnte man bereits in der Antike, doch der Beweis ließ noch bis zu Galilei und seinem Fernrohr auf sich warten.

Wilhelm Herschel (1738–1822) kartographierte erstmals in groben Zügen unsere Milchstraße, schätzte aufgrund der Helligkeit der Sterne ihre Größe ab und bezeichnete die Stelle innerhalb der Galaxis, an der er die Erde vermutete. Heute wissen wir, dass die Galaxis etwa hundert Milliarden Sterne umfasst, die sich auf verschiedene Gebiete verteilen: eine kleine, kugelförmige Verdickung im Zentrum, eine flache Scheibe mit einem Durchmesser von etwa 30 Kiloparsec oder etwa 100 Lichtjahren (1 Parsec = 3×10^{16}m = 3,26 Lichtjahre) und einer Dicke von einigen hundert Parsec sowie auf einen riesigen sphärischen Halo, der das ganze umgibt. Die Sonne, ein Stern von nur geringer Masse und Temperatur, liegt innerhalb der Scheibe, etwa 8,5 Parsec vom Zentrum entfernt. Von der Erde aus bietet die Milchstraße einen sehr speziellen Anblick: verformt, weil wir uns innerhalb der Galaxis befinden, und getrübt, weil die Scheibe Staub enthält, der die sichtbare Strahlung der Sterne absorbiert. Erst als wir den Himmel im Bereich der Radiowellen (ab 1945) und der Infrarotstrahlung (ab 1970) beobachten konnten, die auch die von Staub erfüllten Regionen relativ ungestört durchqueren, erschloss sich uns die wirkliche Struktur unserer Milchstraße.

Der Halo enthält die ältesten Sterne (man spricht hier von der Population II); sie sind zehn bis fünfzehn Milliarden Jahre alt und vielfach zu mehreren Millionen in spektakulären Kugelsternhaufen versammelt. Der Zentralbereich enthält gleichfalls sehr alte Sterne; außerdem befindet sich dort das galaktische Rotationszentrum – ein faszinierendes Gebiet, das sich jedoch nur schwer beobachten lässt, weil wir durch die ganze Tiefe der Scheibe davon getrennt sind. In diesem kleinen Kern, der jedoch eine sehr hohe Sterndichte aufweist (etwa 10% der gesamten Sternenmasse der Milchstraße), befindet sich eine starke Radioquelle, möglicherweise sogar ein Schwarzes Loch. Dieses Schwarze Loch ist im Augenblick inaktiv – das heißt, es befindet sich nicht in einer Akkretionsphase (in der es durch seine Schwerkraft Materie akkumuliert) –, aber seine Masse dürfte der von einer Million Sonnenmassen entsprechen.

In der Scheibe ist der Hauptteil des Gases zu finden, hauptsächlich Wasserstoff, in atomarer oder molekularer Form (H bzw. H_2, siehe MOLEKÜL); außerdem die Hauptmasse des Staubs und schließlich auch eine weitere, jüngere Sternpopulation (Population I), der viele große und daher leuchtstarke Sterne angehören. All diese Bestandteile sind nicht gleichmäßig in der Scheibe verteilt, sondern treten an manchen Stellen gehäuft als Wolken auf, die ihrerseits eine spiralförmige Struktur aufweisen. Die Milchstraße dreht sich langsam um sich selbst, wobei unsere Sonne für einen vollständigen Umlauf etwa 220 Millionen Jahre benötigt; die Galaxis rotiert jedoch nicht wie ein festes Rad, sondern eher wie eine Flüssigkeit oder ein Gas. Die Arme verhalten sich allerdings nicht wie ein Wasserstrahl oder wie ein Wirbel; sie sind vielmehr mit Dichtewellen zu vergleichen, wie jeder Autofahrer sie von einer Autobahn kennt, die an der Grenze ihres Fassungsvermögens angelangt ist; dort wechseln dann Strecken großer Verkehrsdichte und geringer Fahrgeschwindigkeit mit solchen geringerer Verkehrsdichte und höherer Fahrgeschwindigkeit ab. In den dichteren Armen entstehen aus dem interstellaren Gas neue STERNE.

Wie sich die Masse der Sonne aus der Bewegung der Erde errechnen lässt, so kann man auch die Gesamtmasse der Milchstraße (etwa 130 Milliarden Sonnenmassen) aus der Bahngeschwindigkeit der zugehörigen Sterne errechnen, die wir ihrerseits aus der Wellenlänge des von ihnen emittierten Lichts ableiten können (siehe SPEKTRALANALYSE).

Die Vielfalt der Galaxien

Immanuel Kant (1724–1804) äußerte als erster den Gedanken, das Universum bestehe aus isolierten Materieinseln, die sich durch den Raum bewegen. Doch erst mit Hilfe des 2,5-Meter-Spiegelteleskops auf dem Mt. Wilson in Kalifornien und den damit gemachten Aufnahmen des Andromedanebels konnte der Streit über dessen Natur und ENTFERNUNG entschieden werden: Bei diesem mit bloßem Auge sichtbaren milchigen Objekt handelt es sich tatsächlich um eine eigene Galaxie, die etwa 600000 Parsec (ungefähr zwei Millionen Lichtjahre) von unserer Milchstraße entfernt ist. Edwin Hubble (gefolgt u.a. von dem Franzosen Gérard de Vaucouleurs) konnte dieses große Spiegelteleskop einsetzen, um mehrere hundert Galaxien zu fotografieren, die er dann nach morphologischen Typen klassifizierte: Danach gibt es spiralförmige Galaxien wie Andromeda oder unsere Milchstraße, die je nach Blickwinkel wie eine Scheibe aussehen; es gibt elliptische

Galaxien, die einem Rugbyball ähneln; und es gibt schließlich noch irreguläre oder unregelmäßige Galaxien wie die beiden Magellanwolken, diese Zwillingsgalaxien, die unsere Milchstraße begleiten und mit bloßem Auge am Südhimmel erkennbar sind (sie wurden nach dem Seefahrer Magellan benannt, weil er sie erstmals beschrieben hat).

Diese Objekte sind tatsächlich sehr verschieden. Ihre Unterschiede betreffen das Alter der Sternpopulationen, den Gehalt an Gas und Staub, den Umfang der Neubildung von Sternen und die Gesamtmasse, die von 10^8 bis 10^{12} Sonnenmassen (2×10^{30}kg) reicht, und in dieser Größenordnung bewegt sich auch die Gesamtzahl der Sterne. Für die Einheit all dieser Objekte sorgt die wechselseitige Massenanziehung ihrer Bestandteile; sie alle sind gleichsam Gefangene des Potentialtopfs, den die Materie im Raum erzeugt (siehe KRÜMMUNG). Unter all diesen Objekten machen die Sterne den größten Teil der leuchtenden Materie aus.

Manche als aktiv bezeichnete Galaxien zeichnen sich dadurch aus, dass von ihrem Kern eine besondere, sehr intensive Strahlung ausgeht (eine nichtthermische Strahlung, siehe EMISSION). Je nach Art dieser Strahlung haben wir es mit verschiedenen Galaxientypen zu tun, die man als Seyfertgalaxien, Radiogalaxien und QUASARE bezeichnet; in allen Fällen nimmt man jedoch an, dass die betreffende Strahlung beim Sturz der galaktischen Materie in ein Schwarzes Loch entsteht, welches sich im Zentrum der jeweiligen Galaxie befindet und mehrere Millionen Sonnenmassen in sich vereinigt. Nur die freigesetzte Gravitationsenergie vermag eine derartige Leuchtkraft zu erklären, die weit über der gesamten Leuchtkraft liegt, wie sie von den Milliarden Sternen einer Galaxie durch Kernfusion hervorgebracht wird.

Die Galaxien im Raum

Das uns bekannte Universum enthält mehrere Milliarden Galaxien, und so weit unsere großen Spiegelteleskope auch in die Tiefen des Raumes, und damit auch in die Tiefen der Vergangenheit, hineinzublicken vermögen, sind wir doch noch nicht auf die Grenze gestoßen, jenseits derer keine Galaxien mehr anzutreffen sind. Aber weshalb sollte es solch eine Grenze geben? Der Grund liegt in der EVOLUTION des Universums, wie die kosmologischen Modelle sie beschreiben. Die Galaxien haben danach nicht schon immer existiert. Sie sind erst nach einer homogenen, heißen Anfangsphase des Universums entstanden, von der die kosmische Hintergrundstrahlung heute noch zeugt (siehe SCHWARZER KÖRPER). In einigen Jahrzehnten, daran zweifelt niemand, werden wir mit weiter verbesserten Teleskopen in Gebiete vordringen, in denen die Galaxien immer spärlicher werden und zugleich neue Galaxien entstehen.

Auf welche Weise sind die Galaxien entstanden? Wie die Sterne, die später entstanden, wenn auch im Bereich ganz anderer Größenordnungen, verdanken auch die Galaxien ihre Entstehung der Verdichtung von Materie unter dem Einfluss der Gravitation (siehe AKKRETION), wobei es sich im Wesentlichen um ein homogenes Wasserstoffgas handelte. Da wir diese Phase jedoch nicht unmittelbar beobachten können, sind hier noch viele Fragen offen.

Ein wichtiger Hinweis, der die Wahl zwischen verschiedenen denkbaren Szenarien (oder Modellen) erleichtern könnte, liegt in der beobachteten Verteilung der Galaxien innerhalb des Raumes. In einer Größenordnung von mehreren Millionen Lichtjahren weist diese Verteilung ihrerseits eine Klumpenbildung auf, das heißt, die Galaxien gruppieren sich zu Galaxienhaufen, die auf Fotografien des tiefen Weltraums gut zu erkennen sind und in denen es zu Kollisionen zwischen Galaxien kommen kann – ein Ereignis, das zu einer weiteren gravitationsbedingten Verdichtung der Materie führt und für uns nur an seinem Ergebnis erkennbar ist, der Bildung neuer Sterne. Auch in noch größeren Maßstäben von mehreren zehntausend Galaxien, deren Entfernung gemessen werden konnte – eine langwierige, mühsame Arbeit –, lässt der Raum gewisse Strukturen erkennen: leere Blasen, die von galaxienreichen Gebieten umgeben sind. Gleicht diese Verteilung einer fraktalen Struktur, also einer Hierarche von Strukturen, die sich, wie Karl Charlier schon

1908 bemerkt hat, ins Große (oder Kleine) hinein ständig wiederholen? Oder zeigt der Raum, im ganz großen Maßstab betrachtet, denn doch eine gleichmäßige Verteilung von Galaxien, Sternen und Materie, weil die Fluktuationen sich in diesen Größenordnungen letztlich ausgleichen? Um diese Frage beantworten zu können, werden wir unsere Kataloge der astronomischen Objekte weiter vervollständigen und unsere Vorstellungen von der Entstehung der Galaxien mit der Verteilung dieser Milliarden von Materieinseln innerhalb des Raumes in Einklang bringen müssen.

Galois-Theorie

Zur Vorbereitung: ***Gruppe; Permutation; Polynom***
Zur Vertiefung: ***algebraische Zahlen***

Die Galois-Theorie analysiert die Struktur algebraischer Gleichungen und deren Umwandlung in Gleichungen einfacheren Typs. Zu diesem Zweck ordnet sie jeder Gleichung eine Gruppe von Permutationen der Lösungen dieser Gleichungen in der Weise zu, dass die Struktur der Gleichung sich in der Struktur der Gruppe widerspiegelt.

Die untersuchte Gleichung $P(x) = 0$ (P Polynom) ist auf einem Basiskörper K definiert, der die Koeffizienten dieser Gleichung enthält, zum Beispiel auf dem von diesen Koeffizienten erzeugten Körper, also der Menge der Elemente, die man durch wiederholte Addition, Multiplikation, Division oder Subtraktion der Koeffizienten erhält.

Adjunktion

Ist $P = P_1P_2$ ein Produkt zweier Polynome mit Koeffizienten aus K, so lässt sich die Gleichung in zwei Gleichungen $P_1 = 0$ und $P_2 = 0$ zerlegen. Interessant ist jedoch nur der Fall, in dem die Gleichung auf K irreduzibel ist, das heißt, in dem das Polynom P sich nicht in ein Produkt nicht konstanter Polynome mit Koeffizienten aus K zerlegen lässt.

Eine auf K irreduzible Gleichung ist jedoch möglicherweise über einem Körper K' zerlegbar, der größer als K ist. Solch einen Körper bezeichnet man als Erweiterung von K.

So lässt sich $x^4+1=0$ nicht über dem Körper $\mathbb{Q}$ der rationalen Zahlen zerlegen; betrachtet man jedoch den Körper $\mathbb{Q}(\sqrt{2})$, der aus den Zahlen $a+b\sqrt{2}$ für rationale Zahlen a und b besteht, ist die Gleichung nicht mehr irreduzibel, denn
$x^4+1=(x^2+x\sqrt{2}+1)(x^2-x\sqrt{2}+1)$.

Man sagt in diesem Fall, der Körper $\mathbb{Q}(\sqrt{2})$ sei durch Adjunktion von $\sqrt{2}$ zu $\mathbb{Q}$ entstanden.

Generell erhält man eine Körpererweiterung von K durch Adjunktion eines Elements, das nicht in K enthalten ist. Der Körper $K' = K(\alpha)$ ist definitionsgemäß der kleinste Körper, der K und α enthält; er besteht also aus allen Elementen, die man durch wiederholte Addition, Subtraktion, Multiplikation oder Division aus den Elementen von K und von α erzeugen kann.

Bei der Lösung der Gleichung sucht man nach einer Folge immer größerer Körpererweiterungen
$K_1 \subset K_2 \subset \ldots \subset K_r$
von K, die durch Adjunktion eines Elements zum jeweils vorangehenden Körper erzeugt werden, bis der letzte Körper K_r alle Lösungen $x_1, x_2, \ldots x_n$ der Gleichung n-ten Grades enthält. Auf dem Körper K_r lässt sich dann das Polynom P in n Faktoren $x-x_j$ ersten Grades zerlegen.

Am befriedigendsten ist es, wenn man jede Zwischenerweiterung K_i erhält, indem man dem vorangehenden Körper K_{i-1} die Wurzel einer Gleichung der einfachsten Art $x^s = a$, mit $a \in K_i$, hinzufügt; man sagt dann, man löst die Gleichung durch Wurzeln, denn bei den hinzugefügten Elementen handelt es sich um s-te Wurzeln aus a.

Die Galois-Gruppe

Mit L wollen wir den Körper $K(x_1, x_2, \ldots x_n)$ bezeichnen, den man durch Adjunktion aller Lösungen der Gleichung zum Basiskörper erhält. Jede Permutation der Lösungen x_1, $x_2, \ldots x_n$ definiert eine bijektive Abbildung von L in sich selbst. Diese Bijektion respektiert Addition und Multiplikation (man bezeichnet sie als Automorphismus von L). Die Galois-Gruppe G der untersuchten Gleichung ist dann die Menge der Permutationen der Lösungen, für die der zugehörige Automorphismus von L jedes Element von K unverändert lässt, also K in sich selbst transformiert.

Die Galois-Gruppe G hängt offensichtlich von K ab und kann kleiner werden (sie kann eine Untergruppe werden), wenn man K durch einen Erweiterungskörper K' ersetzt. Die Galois-Theorie zeigt nun, in welcher Weise die Galois-Gruppe kleiner wird, wenn man zu K die Lösung einer Hilfsgleichung adjungiert, zum Beispiel die Lösung einer einfachen Gleichung $x^s = a$. Gelangt man durch eine Folge von Adjunktionen (zum Beispiel Wurzeln) zu einer Erweiterungskörper K_r, der L umfasst, reduziert sich die Galois-Gruppe auf das neutrale Element; die Möglichkeit solch einer Konstruktion lässt sich an der Struktur von G erkennen.

Die allgemeine Gleichung n-ten Grades

Den allgemeinen Fall bildet die Gleichung
$a_0x^n + a_1x^{n-1} + \ldots + a_n = 0$,
deren Koeffizienten $a_0, a_1, \ldots, a_n$ unbestimmt sind. Der kleinste mögliche Basiskörper ist hier der Körper der rationalen Funktionen in $a_0, a_1, \ldots, a_n$. Man kann zeigen, dass es sich bei diesen Funktionen um die rationalen Funktionen jener Lösungen $x_0, x_1, \ldots, x_n$ handelt, die bei sämtlichen Permutationen dieser Lösungen invariant bleiben (siehe ALGEBRA). In diesem Fall ist die Galois-Gruppe der Gleichung auf K die Gruppe S aller möglichen Permutationen von n Lösungen.

Sind die Koeffizienten der Gleichung nicht unabhängig voneinander, wie im Fall der allgemeinen Gleichung, sondern durch Relationen miteinander verknüpft, müssen die Elemente der Galois-Gruppe diese Relationen bewahren; die Gruppe ist daher eine Untergruppe der Gruppe S_n aller Permutationen. Sie ist unter Umständen schwer zu bestimmen, wenn man die Lösungen der Gleichung nicht kennt.

Gameten

Zur Vertiefung: ***Zeugung; Zygote***

Beim Zeugungsvorgang bringen zwei Individuen ein neues hervor, wobei jeder der beiden Erzeuger nur die Hälfte seiner genetischen Informationen weitergibt. Konkret erfolgt die Weitergabe dieser Hälfte des genetischen Materials der beiden Erzeuger über die Keimzellen oder Gameten, also Eizellen und Spermium bei Tieren und Eiapparat und Pollen bei Pflanzen. Diese Gameten sind ebenso wie die Erzeuger und ihre Nachkommen eigenständige Organismen. Doch während die Körperzellen eines geschlechtlichen Lebewesens jeweils einen doppelten Chromosomensatz enthalten, haben die Keimzellen nur einen einfachen Chromosomensatz. Die verschiedenen Funktionen der Körperzellen sind diploid, also von einer »doppelten Steuerung« abhängig, während die Gameten nur haploid sind, also eine »einfache Steuerung« besitzen.

In dieser Hinsicht lassen sie sich mit den ersten auf der Erde entstandenen Lebewesen wie den Bakterien vergleichen. Ihre entscheidende Fähigkeit bestand darin, sich zu reproduzieren, also einen mit ihnen identischen Organismus hervorzubringen. Doch diese Fähigkeit ist den Gameten im Unterschied zu ihren fernen Vorfahren abhanden gekommen: Sie können nur vergehen oder gemeinsam mit einem Gameten des anderen Geschlechts zu einer Zygote verschmelzen.

Wenn zwei Gameten desselben Individuums die Möglichkeit hätten, miteinander zu verschmelzen, könnte das so entstehende Lebewesen für jedes seiner Merkmale zwei identische Exemplare oder ALLELE des gleichen Gens erben (und zwar mit einer Wahrscheinlichkeit von 1/2). Dann wäre es für dieses Gen reinerbig oder homozygot, was eine Verarmung gegenüber Mischerbigen oder Heterozygoten darstellt, die zwei verschiedene Allele dieses Gens besitzen. Im Allgemeinen ist eine solche Selbstbefruchtung nicht möglich. Bei den Tierarten resultiert die Unmöglichkeit aus der Trennung der Individuen in zwei Geschlechter: Weibchen und Männchen. Sie bringen geschlechtliche Gameten hervor, die nur mit einem Gameten des anderen Geschlechts verschmelzen können. Die Aufteilung der Individuen einer Art in zwei verschiedene Geschlechter hat also im Wesentlichen zur Folge, dass die Verschiedenheit der Individuen innerhalb eines Kollektivs und die Verschiedenheit der Allele innerhalb eines Individuums erhalten bleibt.

Bei Pflanzen gibt es je nach Art auch zwittrige Individuen, die beide Typen von Gameten hervorzubringen vermögen, und eingeschlechtliche Individuen, die jeweils nur einen Typus produzieren. Bei zwittrigen Pflanzen wird eine Selbstbefruchtung häufig durch Unverträglichkeitsmechanismen verhindert.

Gas

Zur Vertiefung: ***Festkörper; Flüssigkeit; Plasma***

Als Gas bezeichnet man einen Aggregatzustand (siehe Zustand) von geringer Dichte, in dem die relativ frei beweglichen Moleküle (oder bei einatomigen Gasen die Atome) sich auf den ganzen ihr zur Verfügung stehenden Raum verteilen, so dass große Zwischenräume entstehen. Der Gaszustand lässt sich von allen Aggregatzuständen am einfachsten untersuchen, da die Eigenschaften der Gase sich im Prinzip unmittelbar aus den Eigenschaften der in ihnen enthaltenen Moleküle ableiten.

Die Energie eines makroskopischen Systems aus Atomen oder Molekülen setzt sich aus zwei Komponenten zusammen: einerseits der kinetischen Energie, die der unablässigen Bewegung seiner Bestandteile auf mikroskopischer Ebene entspringt, und andererseits der potenziellen Wechselwirkungsenergie, in die sich die Anziehungs- und Abstoßungskräfte zwischen diesen Bestandteilen umsetzen. Die kinetische Energie ist eng mit der Temperatur des Systems verknüpft: Sie spiegelt seine thermische Anregung wider. Die Wechselwirkungsenergie manifestiert sich umso stärker, je größer die Dichte der Systembestandteile ist.

Aus dem Verhältnis dieser beiden Energieformen zueinander lässt sich eine klare Unterscheidung zwischen den drei klassischen Aggregatzuständen der Stoffe ableiten, die als Gas, Flüssigkeit oder Festkörper auftreten können. Von Gasen spricht man, wenn die kinetische Energie (Bewegung) die Wechselwirkungsenergie (Anziehung oder Abstoßung) weit übersteigt. Im umgekehrten Fall spricht man von Festkörpern, während bei Flüssigkeiten die beiden Energieformen ausgewogen sind.

Aus dieser Unterscheidung folgt, dass der gasförmige Zustand seinem Wesen nach dem Bereich hoher Temperaturen oder geringer Dichte zugeordnet ist. Im Allgemeinen erzielt man diesen Zustand, indem man das System erhitzt (zum Beispiel, indem man Wasser kocht) oder ihm ein erhebliches Volumen verleiht, zum Beispiel durch ein Vakuum über der Oberfläche einer Flüssigkeit. Aus der geringen Dichte erklären sich zwei wesentliche Eigenschaften der Gase: ihre offenkundige Leichtigkeit (das Wort Gas ist vom griechischen *chaos*: »leerer Raum« abgleitet) und ihre beträchtliche Kompressibilität. Jedes Gas lässt eine Verringerung seines Volumens zu, tendiert jedoch immer dazu, den gesamten verfügbaren Raum auszufüllen. Ein Gas zu komprimieren oder auszudehnen bedeutet schlicht, den Zwischenraum zwischen den Molekülen zu variieren.

Diese verschiedenen Merkmale besagen, dass ein Gas in einer ersten Annäherung aus Molekülen besteht, die relativ weit voneinander entfernt sind und sich schnell bewegen (ein Wasserstoffmolekül hat bei Raumtemperatur eine Geschwindigkeit von mehr als 1800 m/s^{-1}). Jedes einzelne folgt einer Bahn, die eine gebrochene Linie aus geraden Segmenten bildet: Bei jeder Kollision des Moleküls mit einem anderen Molekül oder mit der Gefäßwand, die das Gas umgibt, wird es abgelenkt. So scheinen alle Moleküle sich völlig regellos zu bewegen.

Daraus lässt sich jedoch nicht ableiten, dass Gase in ihrem Verhalten unberechenbar seien. Im Gegenteil, der Gaszustand ist bei weitem am einfachsten zu erfassen, da die scheinbar willkürlichen Bewegungen der Moleküle in einem Gas sich statistisch leicht berechnen lassen. Die ersten theoretischen Ansätze zum Gaszustand brachten spektakuläre Erfolge. Die Physiker des 19. Jahrhunderts kamen auf die glänzende Idee, das Problem zu vereinfachen, indem sie das Modell eines »idealen Gases« einführten, bei dem die Wechselwirkungen zwischen den Molekülen verschwindend gering und somit vernachlässigbar sind. Dies entspricht einem Grenzzustand, dem sich jedes Gas annähert, wenn seine Dichte oder sein

DRUCK gegen null geht. Wenn man ein solches Gas untersucht, kann man das heikle Problem der zwischenmolekularen Wechselwirkungen unter den Teppich kehren. So lassen sich sowohl die Frage nach der exakten Beschaffenheit dieser Wechselwirkungen (die eine genaue Kenntnis der mikroskopischen Realität erfordern würde) als auch das knifflige Problem umgehen, ihre unzähligen Auswirkungen theoretisch zu erfassen.

Auf diese Weise konnten die Physiker des 19. Jahrhunderts das Verhalten von Gasen in groben Zügen erhellen, ohne etwas über die mikroskopische Struktur der Materie zu wissen. Um 1850 stellten sie anhand von Beobachtungen die ZUSTANDSGLEICHUNG eines idealen Gases auf, die seine verschiedenen makroskopischen Parameter in Beziehung setzt. Schon bald wurde sie mit statistischen Mitteln interpretiert, und die Ära der kinetischen Gastheorie begann. Innerhalb weniger Jahre entwickelten Physiker wie Rudolf Clausius, James Clerk Maxwell und Ludwig Boltzmann die kinetische Gastheorie weiter, die nie widerlegt wurde, außer bei sehr niedrigen Temperaturen, wo ein Rückgriff auf die Quantenphysik notwendig ist. Diese Theorie lieferte eine erste Annäherung an das Verhalten realer Gase, bei denen sich die zwischenmolekularen Kräfte nicht vernachlässigen lassen, da sie messbare, wenn auch schwache Effekte produzieren.

Dem niederländischen Physiker Johannes van der Waals verdanken wir den ersten Versuch, das Verhalten realer Gase zu beschreiben. Er entdeckte, dass ein Molekül auf sehr geringe Distanz die Tendenz hat, benachbarte Moleküle abzustoßen, während es sie auf große Entfernung mit einer Kraft anzieht, die umgekehrt proportional zur siebten Potenz des Molekülabstandes ist (diese Kräfte, die aus einer anziehenden und einer abstoßenden Komponente bestehen, bezeichnet man seither als Van-der-Waals-Kräfte).

Bislang haben wir uns nur mit gewöhnlichen Gasen beschäftigt, also mit solchen, deren Atome oder Moleküle sich frei in einem leeren Raum bewegen können. In Wirklichkeit ist die Definition eines Gases weniger einschränkend und bezeichnet lediglich das Fehlen von Wechselwirkungen zwischen den Partikeln einer bestimmten Umgebung. So können die Physiker bei den Leitungselektronen eines METALLS von einem Elektronengas sprechen. Ein Metall besteht aus einem Geflecht von Atomen, die zu positiv geladenen IONEN geworden sind, nachdem sie weniger stark gebundene Elektronen verloren haben. Diese Elektronen sind für die elektrische Leitfähigkeit des Metalls verantwortlich, also für seine Fähigkeit, elektrischen Strom zu leiten. Da sich die Anziehungskräfte des Atomgeflechts auf sie kaum auswirken, können sie sich fast frei im Inneren des Metalls bewegen wie die Bestandteile eines Gases im leeren Raum.

Gattenwahl

Zur Vertiefung: ***Evolution; Panmixie; Phänotyp, Genotyp***

Populationsgenetikern stellt sich das Problem, die Häufigkeit verschiedener Genformen oder ALLELE, die in der Gesamtheit einer Population vorhanden sind, in einen Zusammenhang mit der Häufigkeit der paarweisen Verbindungen dieser Allele zu stellen, die aus dem Fortpflanzungsprozess resultieren können (siehe ZEUGUNG). Diese paarweisen Verbindungen machen den Genotyp eines Individuums aus. Um die Häufigkeit dieser Genotypen in der Population anhand einfacher Formeln mit der Häufigkeit der Gene zu verknüpfen, entwickeln die Genetiker theoretische Modelle, denen bestimmte Hypothesen zugrunde liegen. Das derzeit geläufigste Modell ist das der PANMIXIE, das vor allem von der Annahme ausgeht, dass Kreuzungen zwischen den Erzeugern dem Zufall überlassen bleiben, oder anders gesagt, dass sich aus der Kenntnis des Genoms des einen keinerlei Information über das Genom des anderen ableiten lässt. Es liegt auf der Hand, dass diese Hypothese für die Menschen (und für viele Tierarten) nicht der Realität entspricht. Weniger stark vereinfachende Modelle bemühen sich, dieser Tatsache besser gerecht zu werden, indem sie den Einfluss berücksichtigen, den die verschiedenen Gene der beiden Partner auf die Wahrscheinlichkeit ihrer Begegnung haben.

Zwei Hauptmodalitäten der Gattenwahl lassen sich in Betracht ziehen:

- die Gattenwahl, die auf einer Verwandtschaft der Eltern beruht;
- die Gattenwahl, die auf den manifestierten Merkmalen eines jeden, also auf dem Phänotyp beruht.

Existiert eine Verwandtschaft zwischen den Erzeugern, erhöht sich für jedes elementare Merkmal die Wahrscheinlichkeit, dass das Kind in Bezug auf ein bestimmtes Gen homozygot ist, das heißt zwei identische Allele erhält.

Wenn die Regeln der Gattenwahl diesen Paarungstyp begünstigen (wie es bei menschlichen Populationen der Fall ist, wenn Vettern-Basen-Ehen bevorzugt werden), nimmt die Häufigkeit von Homozygoten zu. Damit treten auch häufiger Krankheiten auf, die mit rezessiven Allelen bestimmter Gene zusammenhängen (sich also nur bei Individuen manifestieren, die zwei dieser Allele besitzen). Wenn die Gesellschaft jedoch gegen Heiraten innerhalb der Familie ist (zum Beispiel aufgrund des Inzestverbots), kommen Homozygoten weniger häufig vor.

Mit Berechnungen lässt sich feststellen, wie sich diese kollektiven Verhaltensweisen theoretisch auf die Häufigkeiten der verschiedenen Genotypen innerhalb der Population auswirken. Außer in Extremfällen sind diese Konsequenzen allerdings von einer so geringen Größenordnung, dass sie sich in einer realen Population nicht nachweisen lassen. Das Gleiche gilt für die Gattenwahl, die auf sichtbaren Merkmalen wie Hautfarbe oder Beschaffenheit der Haare beruht.

Nach der Verteilung der Genotypen zu urteilen, hat es den Anschein, als sei die Hypothese der Zufallspaarung verifiziert!

Gebirgsbildung

Zur Vertiefung: ***Erosion; Isostasie; Plattentektonik***

Es heißt, die Erde türme die Gebirge auf, und die Sonne ebne sie wieder ein. Tatsächlich entstehen die Gebirge durch den Zusammenstoß der tektonischen Platten (siehe PLATTENTEKTONIK), die durch die KONVEKTION im Erdmantel in Bewegung gesetzt werden, während Regen und Wind, deren Motor die von der Sonne kommende Energie ist, die Gebirge durch EROSION abtragen und schließlich vollständig einebnen.

Bis Ende des 19. Jahrhunderts glaubten die meisten Theoretiker, die Gebirge entstünden, weil die Erde sich beim Abkühlen zusammenziehe; die feste Außenhaut lege sich dabei in Falten wie die Haut eines Apfels oder einer Erbse beim Austrocknen. Alfred Wegener war der erste, der um 1912 die Gebirgsbildung auf die Bewegung der Kontinente (die so genannte Kontinentaldrift) zurückführte.

Die Gebirge entstehen an den Plattenrändern. Küstengebirge wie die Anden türmen sich auf, wenn eine ozeanische Platte sich unter eine Kontinentalplatte schiebt. Stoßen zwei Kontinentalplatten zusammen, entstehen Gebirge wie die Alpen (Zusammenstoß zwischen Afrika und Europa) oder der Himalaya (Zusammenstoß zwischen Indien und Asien).

Neben solchen jungen Gebirgen, die immer noch wachsen, weil die beteiligten Platten gegeneinander driften, gibt es auch alte Gebirge, die fern der gegenwärtigen Plattengrenzen und manchmal sogar inmitten der heutigen Kontinentalplatten liegen (ein Beispiel ist der Ural). Diese bereits weitgehend abgetragenen Gebirge gehen auf frühere Plattenbewegungen zurück. Bei ihrer Entstehung lagen auch sie an der Grenze zweier tektonischer Platten, doch im Verlauf ihrer Bewegung verschmolzen diese Platten zu einem einzigen Kontinent, dem man den Namen Pangäa gegeben hat; dieser Superkontinent, der dann wieder zerbrach, steht am Anfang des heutigen Zyklus der Kontinentaldrift.

Von den großen Phasen vergangener Gebirgsbildung (Orogenese) seien hier die wichtigsten genannt: die kaledonische Orogenese (Schottland, Norwegen) vor etwa 400 Millionen Jahren, die herzynische Orogenese (Bretagne, Zentralmassiv, Vogesen, Appalachen) vor etwa 300 Millionen Jahren und die alpine Orogenese (Alpen, Himalaya), die vor etwa 80 Millionen Jahren begann und sich bis heute fortsetzt.

Gedächtnis

→ ***Speicher, Gedächtnis***

Gedankenexperiment

Zur Vertiefung: ***Entropie; Masse; Thermodynamik***

Wie der Name schon sagt, werden Gedankenexperimente ausschließlich im Kopf ausgeführt. Man entwickelt gleichsam ein Szenario, das sich unmöglich realisieren lässt, und geht in Gedanken die verschiedenen Schritte durch, als wären sie realisierbar.

Aus der Wissenschaftsgeschichte kennen wir zahlreiche Gedankenexperimente. So benutzte Albert Einstein den Gedanken eines fiktiven, endlos fallenden Aufzugs, um die Äquivalenz zwischen der GRAVITATION und dem Fall eines Körpers zu erklären (siehe RELATIVITÄTSTHEORIE).

Ein weiteres Gedankenexperiment ist Maxwells Dämon, den James Clerk Maxwell 1871 ersann, um aufzuzeigen, dass Wärme (im Widerspruch zum Zweiten Hauptsatz der Thermodynamik) von einem kalten auf einen warmen Körper übergehen kann.

Gen

Zur Vertiefung: ***Allel; genetische Information; Nukleinsäuren; Phänotyp, Genotyp***

Der Mönch Gregor Mendel, der in seinem Kloster in Mähren die Vererbung bei Erbsenpflanzen untersuchte, schrieb die verschiedenen Formen, die ein sichtbares Merkmal wie Farbe oder Aussehen der Erbsensamen annehmen konnten, Erbfaktoren in den Zellen der Pflanzen zu (1865). Da er von der Existenz der CHROMOSOMEN nichts wusste, konnte er sich das Wesen des materiellen Trägers dieser Faktoren nicht vorstellen. Als Botaniker Anfang des 20. Jahrhunderts die MENDELSCHEN REGELN wiederentdeckten, führte der Däne Wilhelm Johannsen 1909 als Bezeichnung für Mendels Erbfaktoren den Begriff Gen ein. Im gleichen Jahr begannen der amerikanische Embryologe Thomas Morgan und sein Team an der University of Columbia mit ihren Arbeiten über die Fruchtfliege oder *Drosophila* und schufen damit die Grundlagen für die Entwicklung einer Chromosomentheorie der Vererbung, wonach ein Gen ein Fragment des Chromosoms ist, das ein elementares Merkmal steuert.

Nachdem der Mikrobiologe Fred Griffith 1928 die Übertragung von Merkmalen (und somit Genen) zwischen BAKTERIEN beschrieben hatte, gelang es 1944 Oswald Rockefeller und seinen Mitarbeitern am Rockefeller Institute Hospital, den materiellen Träger der Gene zu identifizieren: die Desoxyribonukleinsäure oder DNA (siehe NUKLEINSÄUREN), den Hauptbestandteil der Chromosomen. Gene bestehen somit aus DNA-Molekülen, die sich wiederum aus Ketten von vier Typen von Grundbausteinen, den NUKLEOTIDEN, zusammensetzen. Als es den Briten Francis Crick, Rosalind Franklin und Maurice Wilkins und dem Amerikaner James Watson 1953 an der University of Cambridge gelang, die Doppelhelixstruktur der DNA nachzuweisen, bedeutete dies den Schlüssel zum Verständnis, wie das DNA-Molekül die GENETISCHE INFORMATION transportiert, die für das Funktionieren der Zelle gebraucht wird.

Nach dem Mendelschen Vererbungsmodell hängt jedes Merkmal bei jedem Individuum von zwei Exemplaren (von Johannsen Allele genannt) des gleichen Gens ab, die seinen GENOTYP ausmachen und jeweils auf einem der beiden homologen Chromosomen liegen, die bei Pflanzen und Tieren zu finden sind. Die sichtbare Manifestation dieses Merkmals, der PHÄNOTYP, hängt vom Wechselspiel dieser beiden Allele ab, die identisch oder verschieden sein können: Wird nur eines der Allele manifest, so nennt man es dominant gegenüber dem anderen, das als rezessiv gilt; manifestieren sich alle beide, so bezeichnet man sie als kodominant. Bei der Bildung der GAMETEN, also der Ei- und Samenzellen, die bei der Befruchtung zusammenwirken, erhält jeder Gamet nur einen einfachen (haploiden) Chromosomensatz, also von jedem Gen nur eines der beiden Allele, wobei die Wahrscheinlichkeit der Weitergabe für jedes Allel 1/2 beträgt.

Die Gene sind auf verschiedene Chromosomen verteilt, getrennt durch DNA-Segmente, deren Funktion noch nicht genau geklärt ist.

Anfangs verwendeten die Genetiker einen Großteil ihrer Arbeit darauf, die Gene im Verhältnis zueinander zu lokalisieren, um Chromosomenkarten zu erstellen. So wurde seit den 20er Jahren die Position von über 2000 Genen in der Genkarte der Chromosomen der *Drosophila* erfasst. Beim Menschen beträgt die Zahl der Gene schätzungsweise 60000 bis 80000; ihre Kartierung stellt ein Hauptziel des Human-Genom-Projekts dar, eines internationalen Forschungsprojektes zur Analyse des menschlichen Genoms, das 1990 seine Arbeit aufgenommen hat (siehe GENKARTIERUNG).

Generation

Zur Vertiefung: ***Panmixie***

Der Begriff der Generation erscheint innerhalb einer Familie durchaus klar: Wenn die Eltern der Generation g angehören, gehören ihre Kinder der Generation $g+1$ und die Großeltern der Generation $g-1$ an. Doch manche Verbindungen sprengen diesen Rahmen: Welcher Generation gehören die Kinder eines Paares an, das aus einem Onkel und seiner Nichte besteht? Die Antwort kann nur eine willkürliche Festlegung sein.

Innerhalb einer Population ist der so häufig verwendete Begriff der Generation so gut wie undefinierbar. Er ergibt nur einen Sinn, wenn er sich auf ein historisch markantes Ereignis bezieht: die Generation, die am Ersten Weltkrieg teilgenommen hat; die Generation, die 1968 zwanzig Jahre alt war. Weit davon entfernt, eine Beschreibung der Realität zu ermöglichen, vermittelt der Begriff der Generation die Illusion zeitlich getrennter Abschnitte, während sich der Ersatz der Verstorbenen durch Lebende doch kontinuierlich vollzieht.

Um diesen Begriff wieder fruchtbar zu machen, grenzen Demographen die aufeinander folgenden Generationen als Gruppen voneinander ab, die durch das durchschnittliche Zeitintervall zwischen der Geburt der Mütter (seltener der Väter) und der Geburt der Kinder definiert sind. Um genauere statistische Daten zu erhalten, ersetzen sie jedoch den Begriff der Generation durch den der Kohorte, definiert als Gesamtheit von Individuen, die im selben Jahr oder im selben Zeitraum von fünf oder zehn Jahren geboren wurden.

Genetik

Zur Vertiefung: ***Gentechnik; Replikation; Transkription; Translation***

Die Genetik ist das Ergebnis einer Synthese aus den von Gregor Mendel aufgestellten Vererbungsregeln (klassische Genetik) mit Zellforschung und Biochemie. Anfangs handelte es sich hierbei um getrennte Forschungsgebiete, deren Verknüpfung es ermöglichte, ausgehend von der Erforschung von Molekülen die Genetik zu begründen.

Klassische Genetik: Mendel und Morgan

Mit den Arbeiten, die Gregor Mendel in der zweiten Hälfte des 19. Jahrhunderts an Erbsenpflanzen und -samen durchführte, entwickelte sich die Erforschung der Vererbung zu einer veritablen wissenschaftlichen Disziplin. Wiederentdeckt und weiterentwickelt wurden seine Arbeiten Anfang des 20. Jahrhunderts, vor allem durch die Forschungen von Thomas Morgan zur Fruchtfliege *Drosophila*. Einen wesentlichen Bestandteil ihrer Arbeit machte das Studium der Vererbung beobachtbarer Merkmale aus (Farbe der Pflanzen und Samenkörner bei Mendel, Farbe der Fliegenaugen bei Morgan). Aus diesen Beobachtungen ging der Begriff des GENS hervor, eines abstrakten Elements, das damals als grundlegende, unteilbare Einheit der Vererbung definiert war, die die Erscheinungsform beobachtbarer Merkmale steuert.

Zelltheorie

Der Begriff der Zelle, der uns heute so vertraut ist, entstand erst Anfang des 19. Jahrhunderts und stellte eine große vereinheitlichende Vereinfachung für die gesamte Biologie dar. Die Zelltheorie ermöglichte zwei entscheidende Fortschritte: zum einen die Erkenntnis, dass neue Zellen nur aus der Teilung bereits bestehender Zellen entstehen, und zum anderen die Entdeckung, dass alle Organismen, ob es sich nun um Ein- oder Vielzeller handelt, sich in zwei Gruppen untergliedern, nämlich in die Eukaryoten, deren Zellen einen Kern besitzen, und die Prokaryoten, deren Zellen keinen Kern haben. Unter dem Mikroskop ließen sich im Kern tierischer und pflanzlicher Zellen Farbstoffe bindende Korpuskeln nachweisen, die so genannten Chromosomen. In den Körperzellen oder somatischen Zellen sind jeweils zwei Sätze paarweise angeordneter homologer Chromosomen (diploider Satz) vorhanden, während die Keimzellen oder Gameten (Ei- und Samenzellen), die an der geschlechtlichen Fortpflanzung beteiligt sind, nur einen einfachen (haploiden) Satz aufweisen. Untersuchungen über das Verhalten der Chromosomen während der Zellteilung (oder Mitose) somatischer Zellen, im Laufe der Reduktionsteilung (oder meiose), die zur Bildung der Keimzellen führt, und bei der Befruchtung zeigten überraschenderweise, dass sie alle Merkmale besitzen, um die Gene weiterzugeben. Die Arbeiten Thomas Morgans führten schließlich zu der Idee, dass jedes Chromosom zahlreiche Gene trägt und die Gene auf den Chromosomen in einer bestimmten, stabilen Ordnung angeordnet sind. So ließ sich die erste Genkarte erstellen (siehe Genkartierung).

Biochemie

Ebenfalls im 19. Jahrhundert setzte sich die Erkenntnis durch, dass Zellen komplexe Systeme sind, deren Bestandteile und Aktivitäten sich mit physikalischen und chemischen Methoden untersuchen lassen, ohne auf ein »Lebensprinzip« zurückgreifen zu müssen, das der lebenden Natur eigen sei. Diese Studien ergaben, dass viele biologische Moleküle Makromoleküle sind; genauer erforscht wurden als erste von ihnen die Proteine, lineare Ketten unterschiedlicher Länge, die sich aus zwanzig Typen von Grundbausteinen, den Aminosäuren, zusammensetzen. Viele Proteine, die so genannten Enzyme, wirken als Katalysatoren, beschleunigen also biochemische Reaktionen (siehe Katalyse). Nahm man ursprünglich an, dass biochemische Reaktionen nur in intakten lebenden Zellen ablaufen könnten, so machte man später die anfangs erstaunliche Feststellung, dass die Enzyme ihre biologische Wirkung auch nach der Extraktion aus den Zellen in gelöster Form behalten.

Anfang des 20. Jahrhunderts entdeckte man, dass Enzymdefekte in menschlichen Familien erblich sind. Diese Beobachtung legte den Schluss nahe, dass zwischen Genen und Enzymen ein Informationsaustausch stattfindet. Anfang der 40er Jahre brachten Studien über Nährstoffmerkmale bestimmter Pilzarten genaueren Aufschluss über diesen Austausch.

Bereits 1869 hatte der deutsche Biochemiker Johannes Friedrich Miescher Nukleinsäuren in Zellkernen nachgewiesen. Es handelte sich um einen neuen Typ von Makromolekülen, die sich von den Proteinen unterschieden: die Desoxyribonukleinsäure (DNA) und die Ribonukleinsäure (RNA), die sich in der Folge in allen Organismen nachweisen ließen, sei es in Eukaryoten oder Prokaryoten wie den Bakterien. Die chemische Analyse dieser Nukleinsäuren zeigte, dass auch sie aus linearen Ketten bestehen, die sich aus vier Typen von Grundbausteinen zusammensetzen: den Nukleotiden. Die vier verschiedenen Nukleotide sind in der DNA in Anteilen vorhanden, die für jede Art charakteristisch ist. Im Laufe der ersten Hälfte des 20. Jahrhunderts belegten Untersuchungen an Bakterien, dass allein die DNA Träger der genetischen Information ist. Diese Arbeiten gipfelten 1953 in der Entdeckung der Doppelhelixstruktur der DNA durch den amerikanischen Biochemiker James Watson und die britischen Kristallographen Francis Crick, Rosalind Franklin und Maurice Wilkins. Sie zeigten, wie die paarweise Verknüpfung komplementärer Nukleotidbasen (siehe Komplementarität) und ihre lineare Verkettung oder Sequenz den Träger der genetischen Information und ihrer Weitergabe an die Nachkommen bilden konnten (siehe Nukleinsäuren).

Molekularbiologie

Die Feinanalyse der Mechanismen, die die Bildung und Stabilität der DNA und die Nutzung der in den Genen codierten genetischen Information durch die Zelle gewährleisten (siehe *Abbildung 1*), war zunächst nur anhand von Untersuchungen an Mikroorganismen wie den Darmbakterien *Escherichia coli* möglich. Da Bakterien die für genetische Studien äußerst nützliche Eigenschaft besitzen, sich sehr schnell und in großer Zahl zu vermehren, lassen sich an ihnen genetische Merkmale leicht in großen Populationen über viele Generationen hinweg untersuchen und Mutationen untersuchter Merkmale entdecken und verfolgen. In den 20 Jahren nach Entdeckung der DNA-Struktur führten diese Untersuchungen in der zweiten Hälfte des 20. Jahrhunderts zu einer ganzen Serie grundlegender Erkenntnisse. Letzten Endes bestätigte sich, dass die bei Bakterien nachgewiesenen Mechanismen allgemein gelten und sich auch auf die komplexesten Organismen wie Pflanzen und Tiere übertragen lassen.

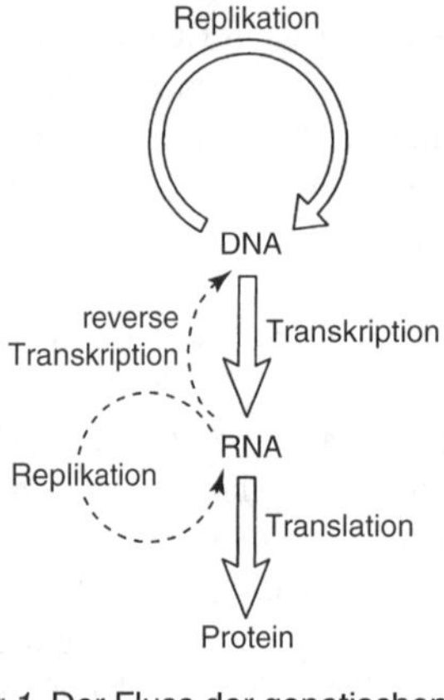

Abbildung 1 Der Fluss der genetischen Information. Die durchgehenden Pfeile zeigen die Hauptprozesse, die gestrichelten Pfeile weniger häufige Prozesse.

Im Verlauf der Zellteilung gewährleistet der Prozess der DNA-Replikation (siehe Replikation), der die Verdoppelung beider Stränge der Doppelhelix ermöglicht, dass das genetische Material dauerhaft fortbesteht und an die nächste Generation weitergegeben wird.

Mittlerweile konnten die verschiedenen Etappen präzisiert werden, die zur Expression der genetischen Information in Form von RNA und Proteinen mit ihren verschiedenen physiologischen Funktionen führen. Die erste Phase der Genexpression ist die Transkription durch die Synthese eines RNA-Stranges, der komplementär zu einem Strang der DNA-Doppelhelix ist, die das Gen ausmacht. Diese so genannte Messenger-RNA (mRNA) dient in einer zweiten Phase, der Translation, ihrerseits als Vorlage für die Synthese eines Proteins. Die Translation findet mit Hilfe eines komplexen Ensembles von Proteinen und RNA an den Ribosomen statt, Korpuskeln, die sich im Zytoplasma der Zellen befinden. Dieser Prozess führt zur Bildung einer linearen Proteinkette mit einer charakteristischen räumlichen Struktur, die für ihre biologische Aktivität unerlässlich ist. Verschiedene Modifikationen der Proteine wie das Abschneiden oder Anfügen ergänzender Gruppierungen finden nach der Translation statt und ändern ihre Wirkungsweise. Diese Modifikationen sind zwar in der genetischen Information festgelegt, werden aber nur realisiert, wenn das Protein über die zur Aktivierung erforderlichen Enzyme verfügt.

Im Laufe dieses Prozesses wird die genetische Information, repräsentiert durch die Anordnung der Nukleotide in der DNA, bei der Transkription vom Gen an die RNA und anschließend bei der Translation an das Protein weitergegeben. Der Schlüssel für diesen Prozess, der so genannte genetische Code, besteht in den Nukleinsäuren DNA und mRNA aus Dreierfolgen von Nukleotiden, den Tripletts oder Codons. Diese Codons legen die in den Proteinen enthaltenen Aminosäuren fest.

Die Expression ganzer Gengruppen unterliegt qualitativen und quantitativen Variationen, die von physiologischen Bedingungen abhängen. Diese Variationen werden ihrerseits von einem komplexen Wechselspiel zwischen Proteinen und Nukleinsäuren gesteuert (siehe Genetische Regulation).

Gentechnik

Seit etwa 1970 ist es durch die Entwicklung der Gentechnik möglich, Gene gleich welcher Tier- oder Pflanzenart unabhängig von der Größe oder Komplexität ihres Genoms zu isolieren, um ihre Struktur und Funktionsweise zu untersuchen. Damit war es möglich, die Universalität der grundlegenden Mechanismen zu bestätigen, die anhand von Bakterien entdeckt wurden. Dabei konnten auch wichtige Differenzen in Struktur und Funktionsweise der Gene zwischen Eukaryoten wie Pilzen, Pflanzen oder Tieren und Prokaryoten wie Bakterien aufgezeigt werden. Vor allem hat diese Entwicklung jedoch Möglichkeiten eröffnet, Gene durch Synthese zu manipulieren und nach Belieben in eine Form und in eine Umgebung zu übertragen, die sich für ihre Nutzung zu Analysezwecken oder zur genetischen Diagnose eignet (siehe Gentest). Es ist inzwischen möglich, Gene von Eukaryoten zu entnehmen und in Bakterien zu übertragen und diese so für die Produktion von Proteinen zu programmieren, die sich sonst nur schwer in großen Mengen gewinnen lassen wie das Wachstumshormon des Menschen. Diese Verfahren werden vielfältig in der Agronomie und Medizin verwendet.

Der Gentransfer in vielzellige Organismen (siehe auch Transgenese) führt zur Bildung von transgenen Pflanzen und Tieren, an denen sich physiologische oder pathologische Auswirkungen dieser Gene untersuchen lassen. Sie ebnen den Weg, gestützt auf genetische Kenntnisse Therapien zur Behandlung menschlicher Erkrankungen zu entwickeln, sei es durch den Einsatz von gentechnisch hergestellten Proteinen, von kleinen Molekülen, die biologische Aktivitäten aktivieren oder hemmen, oder durch die Verwendung der DNA eines Gens als Medikament zur Behandlung von Erbkrankheiten (siehe Gentherapie).

(Gen-)Ethik

Getrieben von Neugier haben die Genetiker in weniger als einem Jahrhundert dank kühner und fruchtbarer konzeptueller und methodologischer Fortschritte eine Vielzahl grundlegender Mechanismen der Vererbung entdeckt, indem sie einfache biologische Systeme studierten, die sich für eine genetische Analyse eigneten. Auf diesem Wege schufen sie sich und den modernen Gesellschaften neue Mittel, in die Natur und den Menschen einzugreifen. Mittlerweile ist es möglich, Individuen durch Gentests zu identifizieren und in ihrem Genotyp das Vorhandensein oder Fehlen von Allelen (verschiedenen Formen, die ein Gen an einem Ort des Chromosoms annehmen kann) festzustellen, von denen manche mit der Prädisposition oder Entwicklung von Erbkrankheiten in Zusammenhang stehen. Diese Methoden lassen sich ebenso für die Erforschung der ungeheuren Vielfalt der lebenden Natur einsetzen und stellen neue Mittel zur Zucht von Pflanzen und Tieren bereit. Es werden leistungsfähige Mikroorganismen entwickelt, um die herkömmlichen Fermentationsverfahren in der Nahrungsmittelindustrie zu verbessern oder neue Medikamente mit gentechnischen Methoden herzustellen. Für die Zukunft wird die therapeutische Korrektur unserer eigenen Gene durch DNA-Medikamente angestrebt.

Der Fortschritt der Genetik stellt die Gesellschaft vor neue ethische, juristische und soziale Herausforderungen: Würde und Integrität des Menschen zu achten, Diskriminierungen in Beschäftigungsverhältnissen und Sozialversicherungen zu vermeiden und Gleichheit beim Zugang zur Gesundheitsversorgung sicherzustellen. Es ist Aufgabe der gesamten Menschheit, diese Fortschritte umsichtig zu nutzen, damit wir unseren Nachkommen gebändigte Kenntnisse und domestizierte Instrumente von ebenso großem Wert weitergeben können, wie unsere Vorfahren sie uns mit Fermentationsverfahren zur Herstellung von Käse, Wein, Bier und Brot oder der Impfstoffproduktion zur Vorbeugung gegen Infektionskrankheiten hinterlassen haben.

genetische Bürde

Zur Vorbereitung: ***Evolution***
Zur Vertiefung: ***Darwinismus; Mutation; Polymorphismus***

Im genetischen Erbe einer Art kann es unter dem Einfluss der natürlichen Auslese nach dem von Charles Darwin vorgeschlagenen Modell nur dann zu einer Evolution kommen, wenn die Individuen nicht alle den gleichen Selektionswert oder die gleiche Fitness besitzen, also die gleiche Fähigkeit zu überleben und sich fortzupflanzen. Nicht alle sind mit optimalen genetischen Anlagen ausgestattet. Die genetische Bürde einer Population ist definiert als Differenz zwischen der durchschnittlichen Fitness und der Fitness der Genotypen, die dem Optimum entsprechen. Aus der Tatsache, dass in einem Kollektiv von Individuen unterschiedliche Genotypen vorhanden sind, erwächst eine »Bürde«, die umso größer ist, je stärker diese Unterschiede oder dieser Polymorphismus ausgeprägt ist.

Nach dem Grundmodell des Neodarwinismus besteht dieser Polymorphismus für jedes Grundmerkmal nur vorübergehend. Die Veränderung des Genpools einer Art verläuft folgendermaßen: Es kommt zu einer Genmutation; wenn diese neue Form des Gens oder dieses Allel nachteilige Auswirkungen hat, wird es recht bald eliminiert; wirkt es sich vorteilhaft aus, so tritt es nach und nach an die Stelle des Gens in seiner ursprünglichen Form; es stellt sich ein neues Gleichgewicht ein, in dem die Population wieder »homogen« wird. Dieser Selektionsprozess wirkt im Wesentlichen »reinigend«. Ebenso wie den Wirtschaftswissenschaftlern zufolge »das schlechte Geld vom guten vertrieben wird«, werden auch die schlechten Allele von den guten vertrieben. Demnach tendiert die genetische Bürde dazu, auf natürliche Weise zu verschwinden.

Diese Sicht des Selektionsprozesses wurde durch neue Forschungsmethoden infrage gestellt, die das wahre Ausmaß des Polymorphismus erkennen ließen, vor allem als in den sechziger Jahren elektrophoretische Untersuchungsverfahren es möglich machten, Strukturunterschiede scheinbar gleichartiger Substanzen aufzuzeigen. Um zu erklären, wieso sich verschiedene Allele des gleichen Gens, die das gleiche Merkmal steuern, aber unterschiedliche Auswirkungen haben, dauerhaft in einer Population halten können, ist die Frage nach der »vorteilhaften« und »nachteiligen« Wirkung nicht nur für die einzelnen Allele der Gene zu stellen, sondern auch für ihre möglichen Paarverbindungen, die Genotypen, die für die Fitness letztlich entscheidend sind. So lässt sich erklären, warum sich das Allel, das die Sichelzellenanämie auslöst, in Malariagebieten dauerhaft hält: Individuen mit einem nachteiligen und einem »normalen« Allel, also Heterozygoten oder Mischerbige, sind widerstandsfähiger gegen Malaria und somit im Vorteil. Dem Kollektiv verlangt die Erhaltung des nachteiligen Allels jedoch einen hohen Preis ab, denn 13% der Kinder sterben entweder, weil sie zwei »normale« Allele haben und Opfer der Malaria werden oder weil sie zwei nachteilige Allele haben und Opfer der Sichelzellenanämie werden (Segregationsbürde). Es liegt auf der Hand, dass dieser Mechanismus nur für eine sehr begrenzte Zahl polymorpher Merkmale zutrifft (siehe Heterosis). Hier sind noch weitere Klärungen erforderlich.

Ein Beispiel hierfür ist die Gruppenselektion, die nicht nur die Konkurrenz zwischen Individuen einer Population berücksichtigt, sondern auch die Konkurrenz zwischen verschiedenen Populationen einer Art. Dieser Ansatz ermöglicht es, eine Lösung für das bereits von Darwin erkannte Problem des Altruismus vorzuschlagen. Bei vielen Arten sind systematisch altruistische Verhaltensweisen zu beobachten; Individuen setzen ihr Leben aufs Spiel oder opfern es, um das Kollektiv zu verteidigen. Wenn dieses Verhalten genetisch angelegt ist, hätten die Allele des für dieses Merkmal verantwortlichen Gens im Laufe der Evolution verschwinden müssen. Diese Überlegung zieht jedoch ausschließlich die Auswirkungen in Betracht, die diese Allele letztlich auf die Überlebenschancen der Individuen haben, lässt aber ihre Folgen für die Gruppen, in denen sie sich manifestieren, außer Acht.

Innerhalb einer Art ist die Fähigkeit jeder Population, im Kampf gegen die anderen die Oberhand zu gewinnen, umso größer, je mehr altruistische Individuen ihr angehören, die ihr Eigeninteresse zugunsten der Interessen des Kollektivs zu vergessen vermögen. Die Allele, die den Altruismus begünstigen, sind demnach zwei entgegengesetzten Effekten ausgesetzt: Die natürliche Auslese verringert einerseits ihre Häufigkeit innerhalb jeder Population, gewährleistet aber andererseits die Entwicklung jener Populationen, in denen sie am häufigsten vorkommen. Daraus resultiert insgesamt, dass diese Allele sich innerhalb einer Art auf einem gewissen Niveau halten. Die genetische Bürde, die sie innerhalb jeder Gruppe darstellen, wird durch den günstigen Effekt kompensiert, den sie auf der übergeordneten Organisationsebene der Art besitzen.

Die Feststellung, dass ein Allel nachteilig ist, bezieht sich immer auf eine bestimmte Umgebung, die sich jedoch ändern und damit eine Umkehrung der Selektionsvorteile bewirken kann. Die Mutationen, die unsere Vorfahren vor einigen Millionen Jahren ihrer Fähigkeit beraubten, sich von Ast zu Ast zu hangeln, brachten für sie eine schwere genetische Bürde mit sich, die sich in einen Vorteil verwandelte, als klimatische Veränderungen den Busch fruchtbar machten. Ihre Geschicklichkeit im Gehen, die im tropischen Regenwald ohne Belang war, erschloss ihnen ein Gebiet, in dem sie sich der Konkurrenz anderer PRIMATEN nicht mehr stellen mussten.

genetische Distanz

Zur Vertiefung: ***Klassifikation; phylogenetischer Stammbaum; Rasse; Verwandtschaft***

Wenn wir einen Gegenstand charakterisieren wollen, zählen wir eine Reihe von quantitativen und qualitativen Merkmalen auf. Der Gegenstand kann ein Individuum oder eine Population sein. Die Merkmale können in Größe, Gesamtstärke, Frequenz, Farbe oder Blutgruppe bestehen. Die Gesamtheit dieser Merkmale lässt sich durch eine Zahlenmenge darstellen, also durch Maße für die quantitativen Merkmale oder Codes (zum Beispiel 1 für Vorhandensein, 0 für Fehlen) für die qualitativen Merkmale.

Vergleichen lassen sich zwei Objekte, die durch den gleichen Satz von Merkmalen charakterisiert sind, durch Ermittlung der Differenzen zwischen den Zahlen, die diese Merkmale messen oder darstellen. Sind jedoch viele Differenzen vorhanden, sind wir kaum imstande, die Frage zu beantworten: Ist Objekt a näher an Objekt b oder an Objekt c? In diesem Fall bedarf es eines Verfahrens, sämtliche Differenzen, die der paarweise Vergleich dieser Objekte ergeben hat, in einer einzigen Zahl zusammenzufassen, die für die »Distanz« dieser Gegenstände steht.

Nun kann dieser Begriff ein Fallstrick sein, da er uns an eine Vorstellung unseres Alltagslebens erinnert: an die geographische Distanz zweier Punkte im Universum. Seit Pythagoras wissen wir, dass das Quadrat der Entfernung zweier Punkte gleich der Summe der Quadrate der Differenzen zwischen den Koordinaten dieser beiden Punkte ist (zwei Koordinaten in der Fläche, drei im Raum).

Wenn wir Populationen vergleichen, die durch die Frequenzen multipler Genformen oder ALLELE charakterisiert sind, befinden wir uns in einem Raum von wesentlich mehr als zwei oder drei Dimensionen, für den dieser Satz des Pythagoras nicht mehr gilt. Hier bedarf es einer neuen Definition der Distanz. Mathematiker schlagen Folgendes vor: Angenommen sei eine Menge mit den Elementen $\{a, b, c \ldots\}$; die Distanz zwischen a und b, geschrieben $d(ab)$, ist eine Zahl, die in folgender Weise mit diesem Elementenpaar verknüpft sein soll:

- $d(ab) > 0$ wenn $a \neq b$;
- $d(aa) = 0$;
- $d(ab) = d(ba)$;
- $d(ab) < d(ac) + d(cb)$.

Die ersten drei Bedingungen entsprechen unserer Intuition: Die Distanz zwischen zwei Objekten hängt nicht von der Richtung ab, in der wir uns von einem zum anderen bewegen, und ist nur dann null, wenn beide am gleichen Ort sind. Die letzte steht für die wohl bekannte Dreiecksungleichung: In einem Dreieck ist jede Seite kleiner als die Summe der beiden anderen Seiten, oder anders ausgedrückt: Der kürzeste Weg zwischen zwei Punkten ist die Gerade.

Als Distanz bezeichnen wir jede Zahl, die ausgehend von den Merkmalen zweier Objekte nach einem Verfahren berechnet wurde, das diese Bedingungen erfüllt. So können wir die genetischen Distanzen zwischen zwei Individuen oder Populationen definieren. Es liegt auf der Hand, dass sie nur willkürlich sein können, da ihre Auswahl von der beabsichtigten Verwendung abhängt.

Allerdings sind nicht alle Messwerte, die einen Vergleich zweier Individuen ermöglichen, für die Definition einer Distanz zu gebrauchen. So lässt sich anhand von Ahnentafeln die Verwandtschaft zweier Individuen mit dem Verwandtschaftskoeffizienten messen (siehe VERWANDTSCHAFT), doch dieser Koeffizient ist so definiert, dass er für zwei Individuen ohne gemeinsame Vorfahren null und für ein Individuum mit sich selbst 1/2 beträgt. Er erfüllt also nicht die Bedingung $d(aa)=0$ und die Bedingung $d(ab)>0$ wenn $a \neq b$.

Es gibt noch andere Wege, insbesondere das Maß der Distanz zwischen Verwandten, dargestellt durch die Wahrscheinlichkeit, dass eine Transplantation abgestoßen wird oder, anders gesagt, dass beim Empfänger Antikörper vorhanden sind, die beim Spender fehlen. Aufgrund einiger Hypothesen über die Häufigkeit verschiedener Antikörpertypen in der Population ergeben sich folgende Distanzen:

- *d*(nicht Verwandte)=0,59;
- *d*(Eltern-Kind)=0,44;
- *d*(Halbgeschwister)=0,52;
- *d*(Geschwister)=0,37;
- *d*(Vettern)=0,55;
- *d*(Doppelvettern)=0,49.

Für das Geschwisterpaar gilt also die bei weitem geringste Distanz, obwohl der Verwandtschaftskoeffizient für Eltern und Kinder der gleiche ist wie für Geschwister.

Auch für die Differenzen zwischen den Genpools zweier Populationen, die einer Art angehören, lassen sich Distanzen definieren und berechnen. Zahlreiche Formeln wurden hierfür vorgeschlagen, die es ermöglichen, alle gesammelten Daten über die genetischen Strukturen in einer Distanzgraphik zu erfassen, die es anschließend zu interpretieren gilt. Die einfachste Methode stellt die verschiedenen Populationen durch Punkte in einer Ebene so dar, dass der Abstand zwischen jeweils zwei Punkten so weit wie möglich proportional zur genetischen Distanz der Populationen ist, für die sie stehen. Dank moderner Rechner ist dieses Ziel im Allgemeinen leicht zu erreichen.

Mit ähnlichen Methoden lassen sich die Distanzen zwischen Arten berechnen, vorausgesetzt man besitzt Daten über Merkmale, die für alle Arten auf die gleiche Weise definiert wurden. Versuche, PHYLOGENETISCHE STAMMBÄUME zu rekonstruieren, gehen von diesen Distanzen aus.

genetische Drift

Zur Vertiefung: ***Evolution; Inzucht; Mutation; Populationsgenetik***

Die Gene, die ein bestimmtes Merkmal steuern, befinden sich immer genau an derselben Stelle eines Chromosoms, dem GENLOCUS oder Genort. Individuen einer Art mit geschlechtlicher Fortpflanzung besitzen an jedem Genort ein Gen in zwei Exemplaren, die sie jeweils von einem Elternteil geerbt haben. Wenn beide Exemplare oder ALLELE die gleiche Wirkung haben, ist das Individuum reinerbig oder homozygot, andernfalls mischerbig oder heterozygot.

Bei jeder ZEUGUNG gibt also der Erzeuger eines der beiden Allele, die er für ein bestimmtes Merkmal besitzt, nicht weiter. Für jedes Allel besteht eine Wahrscheinlichkeit von 1/2, nicht vererbt zu werden (siehe MENDELSCHE REGELN). Wenn ein Erzeuger sich n-mal fortpflanzt, ist demnach die Wahrscheinlichkeit, dass er ein bestimmtes Allel an keinen seiner Nachkommen weitergibt $(1/2)^n$, bei zwei Kindern also 1/4, bei zehn Kindern 1/1000. Selbst wenn ein Individuum viele Nachkommen hat, gibt es von seinem gesamten Genbestand, der beim Menschen etwa 100 000 Gene umfasst, einen nicht zu vernachlässigenden Anteil nicht weiter. Ein Individuum mit zwei Kindern gibt also von 25 000 Genen eines seiner beiden Allele nicht weiter $(100\,000 \times (1/2)^2)$, ein Individuum mit fünf Kindern gibt von 3000 Genen eines der beiden Allele nicht weiter $(100\,000 \times (1/2)^5)$.

In einer Population hat dieses rein zufällige Verschwinden bestimmter Allele eine Evolution der Allelfrequenzen zur Folge. Und da dieser Prozess nicht auf biologische Faktoren zurückgeht, die die Weitergabe bestimmter Allele begünstigen, sondern auf rein zufällige Variationen ohne Ursache, bezeichnet man ihn als »genetische Zufallsdrift« oder »genetische Drift«. Diese Evolution erfolgt umso schneller, je kleiner eine Population ist. Bei einer hohen Zahl solcher »Stichprobenziehungen« der Allele tendieren die zufälligen Variationen nach dem GESETZ DER GROSSEN ZAHLEN dazu, sich gegenseitig auszugleichen. Eine Population muss also schon sehr klein sein, damit der Effekt der genetischen Drift unmittelbar messbar wird. Doch auch wenn sie sich in jeder Generation nur sehr schwach bemerkbar macht, kann die genetische Drift langfristig den Genpool der Gruppe verändern. Empirisch bestätigte Berechnungen zeigen, dass die Auswirkungen der genetischen Drift nach einer Anzahl von Generationen spürbar werden, die der effektiven Größe der Population entspricht.

Im Laufe dieses Prozesses treten keinerlei Gegenkräfte auf, die die Frequenzen der verschiedenen Allele wieder auf ihren Ausgangswert zurückbrächten. Er ist seinem Wesen nach erratisch. In jeder Generation entwickelt sich die Frequenz eines bestimmten Allels abhängig vom aktuellen Stand und nicht von früheren Zuständen. Es mag so aussehen, als würden diese Frequenzen zwischen allen möglichen Werten schwanken, ohne sich asymptotisch einem Wert anzunähern. Paradoxerweise führt die genetische Drift jedoch zu einem klar definierten Zustand: zu einem homogenen Genpool mit nur einem Allel an jedem Genort.

Im Verlauf der genetischen Drift kann die Frequenz eines Allels sehr geringe Werte annehmen, bis nur noch wenige Individuen es besitzen. Die Wahrscheinlichkeit, dass dieses Allel nicht an die nächste Generation weitergegeben wird, ist somit erheblich. Wenn dieses Ereignis eintritt, ist das Allel endgültig nicht mehr in der Population vorhanden. Führt die genetische Drift umgekehrt dazu, dass die Frequenz eines Allels sich dem Wert eins nähert, besitzen fast alle Individuen es in zweifacher Ausführung und sind für dieses Allel homozygot. Die Population nähert sich einem homogenen Zustand, in dem es nur noch Individuen eines homozygoten Genotyps gibt.

Der Rhythmus dieses Homogenitätsstrebens lässt sich auch auf einem völlig anderen Weg erklären, der sich auf die zwangsläufige Zunahme der Inzucht in einer Population von begrenzter Größe stützt. Die Wahrscheinlichkeit, dass bei einem Individuum an einem zufällig ausgewählten Genort die beiden vorhandenen Allele identisch, also ererbte Kopien desselben Gens eines Vorfahren sind, tendiert in einer kleinen isolierten Population gegen eins. Es lässt sich zeigen, dass die Differenz dieser Wahrscheinlichkeit zu eins mit zunehmender Generationenzahl gegen null strebt.

Eines der wenigen Beispiele für die Auswirkungen der genetischen Drift in unserer Art sind die Indianer. Ihre Vorfahren, die wahrscheinlich von Asien über die Behringstraße kamen und den amerikanischen Kontinent besiedelten, dürften sicher die drei Allele des AB0-Blutgruppensystems besessen haben. Heute gibt es bei den Indianern Nordamerikas das Allel B nicht mehr und bei den Indianern Südamerikas weder das Allel A noch das Allel B. Da diese Allele offenbar keinem Selektionsdruck unterliegen, ist ihr Verschwinden auf die Auswirkungen der genetischen Drift in den zahlenmäßig kleinen, isolierten Gruppen zurückzuführen, die auf weite Gebiete verstreut lebten.

Die theoretisch postulierten Resultate der genetischen Drift gehen von der völligen Isolation einer Population aus. Im Fall von Menschen entspricht diese Hypothese jedoch nur selten der Realität. Tatsächlich hebt schon ein sehr geringer Migrationsfluss sehr bald die Homogenisierung auf, die viele Generationen der Isolation bewirkt haben. Die einzig wirklich isolierte Population ist somit die gesamte Erdbevölkerung. Sie ist jedoch von einer Größe, in der die genetische Vielfalt aufgrund von Mutationen die Homogenisierung durch genetische Drift bei weitem überwiegt.

genetische Information

Zur Vertiefung: ***Genetik; Genom; Intron, Exon; Zelle***

Lebewesen besitzen genetisches Material, das aus Nukleinsäure besteht, und zwar meist in Form von DNA, bei manchen Viren auch in Form von RNA. Dieses genetische Material (siehe Genom) enthält die Information für die Spezifikation ihrer erblichen Merkmale, die sie an ihre Nachkommen weitergeben. Ihre Zellen verfügen über einen Mechanismus, diese Information zu lesen und auf präzise festgelegte Weise in Proteine umzusetzen, die zu den wichtigsten Bestandteilen ihres Organismus gehören. Das DNA-Molekül, das sich aus Ketten von vier verschiedenen Grundbausteinen, den NUKLEOTIDEN, zusammensetzt, bestimmt die Struktur der Proteine, die wiederum aus linearen Ketten von zwanzig verschiedenen Grundbausteinen, den AMINOSÄUREN, bestehen.

Die Synthese der Proteine erfolgt über das komplexe Zusammenspiel verschiedener RNA-Arten – einsträngige Nukleinsäuremoleküle –, die sich von der DNA nur durch subtile Variationen in der Zusammensetzung ihrer Grundbausteine, der Nukleotiden, unterscheiden (siehe NUKLEINSÄUREN).

Bei EUKARYOTEN (Organismen, deren Zellen einen Zellkern besitzen) haben die meisten GENE eine gestückelte Struktur, zusammengesetzt aus Exons – DNA-Segmenten, die RNA und Zellproteine codieren – und Introns – DNA-Segmenten, deren Funktion noch nicht vollständig geklärt ist (siehe INTRON, EXON). Bei der Umsetzung der genetischen Information wird zunächst im Zellkern die gesamte DNA eines jeden Gens in einen fortlaufenden RNA-Einzelstrang transkribiert (siehe TRANSKRIPTION); als Nächstes werden aus dieser Vorläufer-mRNA die Introns in einem Vorgang herausgeschnitten, den man als SPLEISSEN (englisch *splicing*) oder Prozessieren bezeichnet, und anschließend wird die reife Messenger-RNA (mRNA) in das ZYTOPLASMA transportiert.

Hier dient sie als Vorlage oder Matrize für den komplexen Prozess der TRANSLATION, die mit Hilfe der RIBOSOMEN – Korpuskeln aus einem speziellen RNA-Typ, der ribosomalen RNA (rRNA) – die Messenger-RNA in ein Protein umwandelt. Die Übersetzung der Nukleotidketten der mRNA in die entsprechenden Aminosäureketten des Proteins erfolgt nach einem bestimmten Schlüssel, dem GENETISCHEN CODE, der mit einigen wenigen Ausnahmen universell ist: Er findet sich unverändert bei allen Lebewesen, ob Tier oder Pflanze, von der BAKTERIE bis zum Menschen. Ein stichhaltigerer Beweis für den gemeinsamen Ursprung aller Lebewesen auf der Erde ist kaum vorstellbar.

Bevor das so entstandene Protein seine biologische Funktion erfüllen kann, muss es sich auf spezifische Weise im Raum falten und wird zuweilen abschließend noch einer ganzen Reihe von Modifikationen unterzogen, die während und nach der Translation stattfinden und vom jeweiligen zellulären Kontext abhängen (siehe PROTEIN).

Die Übermittlung der Information von der DNA an die Proteine erfolgt in einem gerichteten Fluss, dessen letzte Etappe, der Übergang von Nukleinsäuren zu Proteinen, aufgrund des irreversiblen Charakters der Translation nicht umkehrbar ist (siehe *Abbildung 1*). Es stellt sich daher die Frage, wie sich ein solcher Prozess im Laufe der Evolution herausgebildet hat und was zuerst vorhanden war, die Nukleinsäuren oder die Proteine (falls nicht beide gleichzeitig entstanden sind; siehe ANFANG, URSPRUNG).

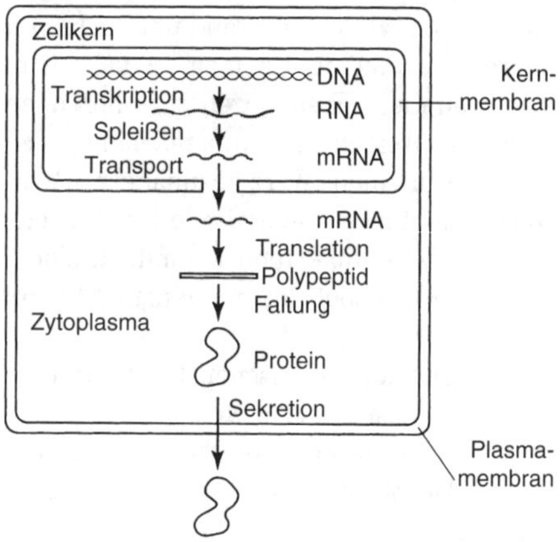

Abbildung 1

genetische Regulation

Zur Vertiefung: ***Operon; Transkription***

Das genetische »Steuerungssystem«

In der GENETIK versteht man unter dem Begriff »Regulation« sämtliche Mechanismen, die gewährleisten, dass die GENE zum richtigen Zeitpunkt und bei vielzelligen Organismen auch am richtigen Ort aktiv werden. Das genetische Material oder GENOM besteht meist aus DNA-Molekülen, bei manchen Viren aus RNA (siehe NUKLEINSÄUREN). Die Gene steuern die Zellfunktionen nicht unmittelbar, sondern vermittelt über die Transkription der DNA in die so genannte Messenger-RNA (mRNA), die anschließend bei der

Translation in Proteine übersetzt wird. Die Regulierung dieser Prozesse, also die Variationen ihrer Intensität, ermöglichen es der Zelle und somit dem Organismus, präzise und effektiv auf die jeweiligen Erfordernisse zu reagieren.

Die Proteine, die in einem Genom codiert sind, werden nicht alle zur gleichen Zeit oder am selben Ort in gleichen Mengen synthetisiert. Manche Proteine werden nur in bestimmten Zellen, zum Beispiel den Muskel- oder Nervenzellen, produziert. Andere werden nur in bestimmten Phasen des Zellzyklus gebraucht. So müssen zum Beispiel die DNA-Polymerasen, also jene Enzyme, die für die Replikation der DNA benötigt werden, während einer Zellteilung in erheblich größeren Mengen produziert werden als während der Ruhephase einer Zelle. Manche Proteine werden nur in bestimmten Stadien der Embryonalentwicklung und Zelldifferenzierung hergestellt. So sind zum Beispiel in den roten Blutkörperchen nacheinander mehrere Arten von Hämoglobin zu beobachten: ein embryonales Hämoglobin, ein fötales Hämoglobin und ein normales, so genanntes »adultes« Hämoglobin des Erwachsenen. Die Synthese dieser drei Proteintypen erfolgt nacheinander, gesteuert von drei verschiedenen Genen.

Organismen reagieren auf Veränderungen ihrer Umgebung, indem sie die Produktion bestimmter Proteine regulieren. Eine Darmbakterie wie *Escherichia coli* ernährt sich von Glucose. Führt die Nahrungsaufnahme von Milch dem Darm Lactose zu, so muss die Bakterie sich auf dieses neue Nahrungsmittel einstellen und die Enzyme produzieren, die für seine Verarbeitung notwendig sind.

Regulationsmechanismen der Transkription

Die Transkription in RNA ist nur möglich, wenn das entsprechende DNA-Segment für den Mechanismus der Transkription erreichbar ist. In Eukaryotenzellen (die einen Zellkern enthalten) bildet die DNA zusammen mit bestimmten Proteinen einen so genannten Chromatinfaden, der in zwei verschiedenen Kondensationsformen vorkommen kann. DNA-Segmente, die in stark verdichtetes Chromatin eingebunden sind, gelten als genetisch inaktiv, können also nicht transkribiert werden; die wenig verdichteten Chromatinregionen bilden dagegen den genetisch aktiven Teil, in dem eine Transkription stattfinden kann. Bei weiblichen Säugetieren ist zum Beispiel in jeder Zelle jeweils nur eines der beiden X-Chromosomen genetisch aktiv. Das andere ist stark verdichtet und steht für eine Transkription nicht zur Verfügung.

Die Regulation der Transkription von DNA in RNA erfolgt vorwiegend an der Startregion. Die Regulationsvorgänge der Transkription, die mittlerweile gut erforscht sind, unterscheiden sich danach, ob sie auf die Genaktivität eine negative oder positive Kontrolle ausüben.

Im Fall einer negativen Kontrolle, die bei Prokaryoten (deren Zellen keinen Zellkern haben) wie Bakterien am häufigsten vorkommt, erfolgt die Regulation über bestimmte Proteine, die so genannten Repressoren, die sich in der Nähe der Startregion, des so genannten Promotors, anlagern. Bei einer positiven Kontrolle, die bei Eukaryoten (Tiere und Pflanzen) üblich ist, ist die Transkription nur möglich, wenn bestimmte Proteine intervenieren, die sich ebenfalls in der Nähe der Startposition anlagern (siehe *Abbildung 2*).

Regulation der Transkription bei Prokaryoten

Bakterien verfügen über Regulationsmechanismen der Gentranskription, die es ihnen ermöglichen, sich schnell an Veränderungen ihrer Umgebung anzupassen. So codiert zum Beispiel bei den Darmbakterien *Escherichia coli* eine Gruppe aus drei Genen die Synthese von Enzymen, durch die sie Lactose (Milchzucker) verarbeiten können, die aus Glucose und Galactose zusammengesetzt ist. Das erste Gen codiert ein Protein, das den Transport der Lactose in die Bakterie gewährleistet; das zweite codiert das Enzym Beta-Galactosidase, das die Lactose in Glucose und Galactose spaltet; das dritte codiert ein Enzym, das diese Zucker modifiziert und so für die Stoffwechselprozesse nutzbar

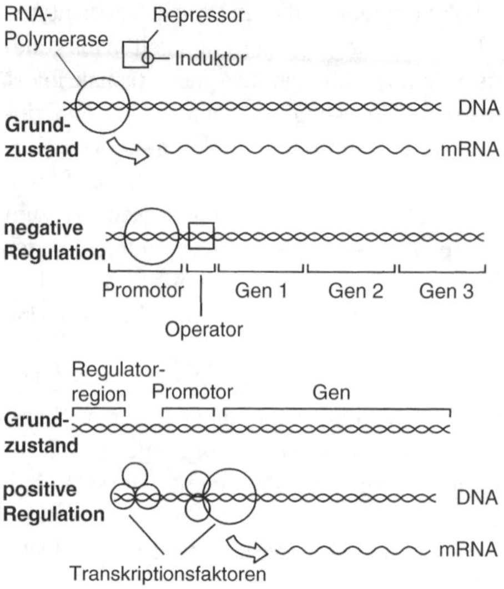

Abbildung 2 Beispiele für die negative Regulation der Transkription (oben) eines bakteriellen Operons (eines Clusters von Strukturgenen, die bei der Biosynthese zusammenwirken) und für die positive Regulation eines Gens bei Eukaryoten (unten).

macht. Diese drei Gene liegen als Gruppe auf demselben DNA-Abschnitt des Bakterienchromosoms, der gemeinsam transkribiert wird; sie bilden eine Transkriptionseinheit oder ein Operon.

In diesem so genannten Lactose-Operon sind den drei Strukturgenen zwei DNA-Segmente vorangestellt, der Promotor und der Operator, die eine regulatorische Funktion bei der Transkription erfüllen: An den Promotor lagert sich das Enzym an, das die RNA synthetisiert, indem es die Ribonukleotide (die Grundbausteine der RNA) über die so genannte Polymerisation miteinander zu einem POLYMER verkettet; daher bezeichnet man es als RNA-Polymerase. Wenn keine Lactose vorhanden ist, lagert sich an den Operator, der neben dem Promotor liegt, ein Protein an, der Repressor, der ein Fortschreiten der Polymerase verhindert und so die Transkription blockiert. Ist keine Lactose vorhanden, arbeitet der Operator also nicht, da der angelagerte Repressor ihn inaktiviert, wodurch die Transkription blockiert ist. Sobald Lactose vorhanden ist, verbindet sie sich mit dem Repressor und verändert seine Struktur, so dass er nun nicht mehr an den Operator passt und sich von ihm löst (siehe ALLOSTERIE). Damit ist die Hemmung des Operons aufgehoben, die Transkription kann erfolgen und die Lactose genutzt werden. Ist die vorhandene Lactose verarbeitet, wird der Repressor wieder aktiviert und die Transkription blockiert. Da die transkribierte RNA recht instabil ist, hört die Synthese der drei Enzyme sehr bald auf. Die Transkription des Lactose-Operons unterliegt also einer negativen Kontrolle. Diese Art der Regulation ist für die Zelle besonders ökonomisch, da sie eine unnötige Proteinsynthese verhindert.

Bei Prokaryoten gibt es noch weitere Operons, bei denen die negative Regulation auf etwas andere Weise abläuft als im Fall des Lactose-Operons. Andere Operons haben Promotoren, an die sich die RNA-Polymerase sehr schlecht anlagern kann; sie unterliegen einer positiven Kontrolle der Transkription, die auf einer Strukturänderung ihres Promotors beruht.

Regulation der Transkription bei Eukaryoten

Bei Eukaryoten wird die Transkription von DNA in RNA in der Regel positiv reguliert. Dabei treten zahlreiche Proteine in Wechselwirkungen mit der DNA: auf der Ebene des Promotors oder im Inneren der Gene, oft aber auch in Regionen des DNA-Moleküls, die außerhalb der Gene liegen. Zusätzlich finden zwischen diesen Proteinen, die als Transkriptionsfaktoren bezeichnet werden, komplexe Wechselwirkungen statt. Das Zusammenspiel all dieser Regulationsmechanismen bestimmt über Zeitpunkt und Dauer der Transkription eines jeden Gens.

In jedem Zelltyp, sei es eine Nerven-, Muskel-, Blutzelle usw., sind zahlreiche Gene durch Methylgruppen (CH_3) an bestimmten Nukleotiden (den Grundbausteinen der DNA) in ihrer Aktivität blockiert. Durch diese Modifikation sind sie für die RNA-Polymerase und die Transkriptionsfaktoren nicht zugänglich. Methylgruppen an Gene anzuhängen oder zu entfernen, ist der Regulationsprozeß, der bestimmt, welche Gene transkribiert werden können.

Regulationsvorgänge nach der Transkription

Auch die Prozesse, die nach der Transkription zur Synthese einer funktionstüchtigen RNA oder eines Proteins führen, sind qualitativ und quantitativ reguliert.

Bevor zum Beispiel bei Eukaryoten eine mRNA die Synthese des von einem Gen codierten Proteins steuern kann, müssen aus der Vorläufer-mRNA, die aus diesem Gen transkribiert wurde, bestimmte Segmente (die so genannten INTRONS) herausgeschnitten werden (siehe SPLEISSEN). Aus diesem regulierten Prozess können verschiedene Arten von mRNA mit unterschiedlicher Struktur hervorgehen, die zum Teil unterschiedliche Proteine mit verschiedenen biologischen Eigenschaften codieren.

Auch in den späteren Stadien sorgen zahlreiche Regulationsvorgänge für die Stabilität der funktionstüchtigen RNA und für ihre reibungslose Translation in ein Protein. Je länger die Lebensdauer einer mRNA ist, umso größer ist die Proteinmenge, die aus ihr durch Translation synthetisiert werden kann. Auch die Stabilität des produzierten Proteins wird reguliert.

Der in den Eizellen gespeicherten mRNA fehlt am 5'-Ende die so genannte Kappe aus einer Methylgruppe, die in der Nähe des Initiationspunktes sitzt und für den Beginn einer Translation erforderlich ist. Bei der Befruchtung des Eis wird die mRNA durch Hinzufügen der Methylgruppe aktiviert, um in den Frühstadien der Embryonalentwicklung die grundlegenden Funktionen zu gewährleisten, bevor die Transkription des Embryogenoms initiiert wird.

Viele Proteine werden zunächst in desaktivierter Form synthetisiert. Nach der Translation müssen sie noch verschiedene Veränderungen erfahren, um funktionsfähig zu werden, zum Beispiel indem aktive Gruppen an bestimmten Stellen hinzugefügt oder entfernt werden. Diese Modifikationen sind notwendig, damit die Proteine in die entsprechenden Zellkompartimente transportiert werden können. Reguliert werden die einzelnen Etappen entweder durch Faktoren, die in der Zelle selbst vorhanden sind, oder durch Stimulationen, die von außerhalb der Zelle oder des Organismus kommen.

---

genetischer Algorithmus

Zur Vertiefung: ***künstliches Leben; Optimierung; Simulation***

Genetische Algorithmen stellen ein Verfahren dar, dessen Vertreter für sich beanspruchen, mit Hilfe einiger ALGORITHMEN, das heißt durch systematische Wiederholung kleiner Rechenvorgänge, die Evolution sämtlicher lebender Arten und ihre ANPASSUNG an die Umwelt auf einem winzigen Stückchen Silicium nachvollziehen zu können, indem sie sich auf die Grundprinzipien der GENETIK stützen und die NATÜRLICHE AUSLESE nachahmen. Dieses Fachgebiet ist noch nicht sehr alt: Die ersten genetischen Algorithmen entstanden Ende der 1960er Jahre und wurden vor allem im Laufe der 80er Jahre weiterentwickelt. Offensichtlich handelt es sich hier um eine grobe Schematisierung, die niemandem schadet, aber sehr hilfreich ist, um lernfähige Maschinen zu entwickeln und bestimmte Evolutionsphänomene nach dem Vorbild der natürlichen Auslese zu simulieren.

Zunächst fasst man die Anpassung an die äußeren Bedingungen in einer numerischen Funktion zusammen, die als Bewertungsfunktion bezeichnet wird, da sie die mehr oder weniger große Tauglichkeit des Individuums für seine Umgebung nach seinem genetischen Erbe bewertet.

Als zweites stellt man eine Anfangspopulation aus künstlichen Individuen ein und derselben Spezies zusammen, die jeweils mit einer unterschiedlichen Gensequenz ausgestattet sind, die alle ihre Handlungen und Reaktionen auf die Umwelt bestimmt.

Als drittes und letztes simuliert man künstlich die erbarmungslose und ach so grausame Vorgehensweise von Mutter Natur. Die am wenigsten angepassten Individuen der Population verschwinden spurlos, also all jene, die hinsichtlich der numerischen Bewertungsfunktion, die ihre Anpassung an die Umgebung misst, weniger günstig auf die Anforderungen ihrer Umwelt reagieren.

Die besser angepassten paaren sich und bringen Nachkommen hervor, deren genetisches Erbe aus der Kreuzung der genetischen Ausstattung ihrer Eltern hervorgeht.

Nach vielen Rechenschritten, die eine Evolution über viele Generationen hinweg simulieren, sind alle diejenigen künstlichen Individuen verschwunden, deren Ausstattung weniger gut auf die Umgebung reagiert. Durch einen Mechanismus, der der natürlichen Auslese entspricht, sind nur noch Individuen vorhanden, die perfekt an ihre Umgebung angepasst sind – genauer gesagt: die perfekt der numerischen Funktion angeglichen sind, die ihre Anpassung an die Umwelt misst. In der Praxis stellt sich die Bewertungsfunktion als definierte Kurve über die gesamte Spanne möglicher Größen dar, also über alle vorstellbaren Genotypen, und gibt für jeden den entsprechenden Anpassungswert an. In jeder Generation sind von der großen Zahl vorstellbarer Genotypen jeweils nur einige tatsächlich bei den künstlichen Individuen ausgeprägt, die in *Abbildung 1* durch schwarze Punkte gekennzeichnet sind. In der Anfangsphase, die einer Konfrontation mit neuen Umweltbedingungen entspricht, scheinen sich die Individuen zufällig auf die Spanne möglicher Genotypen zu verteilen. Nach vielen Generationen selektiert der in den genetischen Algorithmen enthaltene Evolutionsmechanismus jene Individuen, die in der Bewertungsfunktion die höchsten Werte erzielen; sie befinden sich nun gehäuft an den Scheitelpunkten dieser Funktion. Es kann auch an niedrigeren Scheitelpunkten der Kurve zu einer Häufung von Individuen kommen; in diesem Fall spricht man in Analogie zu Vorgängen in der Natur von »ökologischen Nischen«.

Genetische Algorithmen ahmen also Phänomene der biologischen Evolution (siehe KÜNSTLICHES LEBEN) und allgemeiner Phänomene der Populationsstatistik nach. Da sie automatisch die Maxima jeder beliebigen numerischen Funktion finden, die die Anpassung an die Umgebung misst, verwendet man sie auch für die OPTIMIERUNG numerischer Funktionen in Bereichen, die mit einer Simulation der natürlichen Auslese nichts zu tun haben. So benutzen zum Beispiel auch Flugzeugkonstrukteure genetische Algorithmen, um das Profil der aerodynamisch günstigsten Tragflächen zu berechnen.

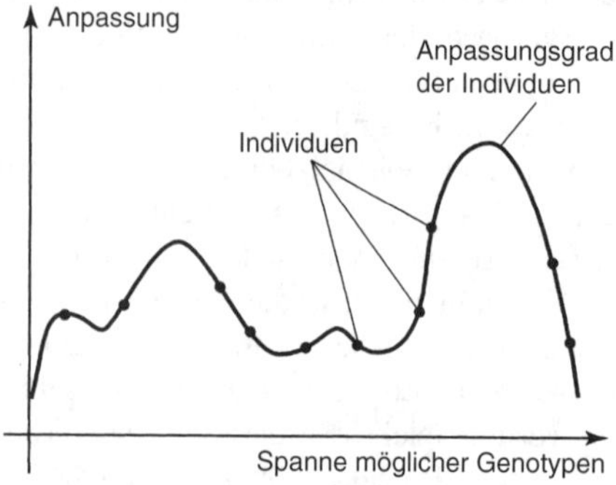

Anfangsverteilung der Individuen

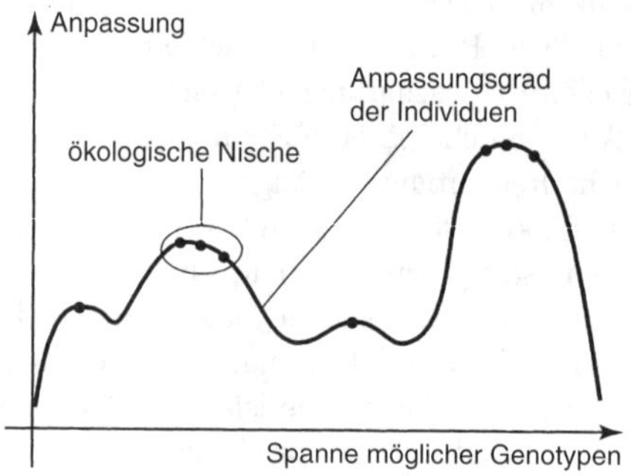

Verteilung nach Anpassungsprozess

Abbildung 1 Verteilung künstlicher Individuen auf der Bandbreite möglicher Genotypen nach ihrem Anpassungsniveau vor und nach einer Evolution

genetischer Code

Zur Vorbereitung: ***Nukleinsäuren***
Zur Vertiefung: ***Translation***

Die im genetischen Material der Lebewesen enthaltene GENETISCHE INFORMATION (siehe GENOM) wird bei der TRANSLATION für die Synthese von PROTEINEN genutzt. Diese Übersetzung erfolgt nach einem bestimmten Schlüssel, der die Entsprechungen zwischen den NUKLEINSÄUREN – DNA und RNA – und den Proteinen festlegt: dem genetischen Code.

Da in den Proteinen zwanzig verschiedene Aminosäuren vorkommen, muss dieser Code bei den Nukleinsäuren mindestens zwanzig Elemente oder Codons umfassen. Die Nukleinsäuren bestehen aus Ketten von NUKLEOTIDEN, die sich durch ihre vier verschiedenen Nukleinbasen unterscheiden: Adenin (A), Cytosin (C), Guanin (G) und Thymin (T) in der DNA sowie Adenin, Cytosin, Guanin und Uracil (U) in der RNA. Bei zwei aufeinander folgenden Nukleotiden beträgt die Anzahl der möglichen Kombinationen $4^2=16$, was nicht ausreicht, um die zwanzig verschiedenen Aminosäuretypen zu codieren. Daher besteht der genetische Code aus der Kombination (siehe KOMBINATORIK) der vier verschiedenen Nukleotide an drei aufeinander folgenden Positionen der DNA- und RNA-Ketten; daraus ergeben sich $4^3=64$ mögliche Dreiergruppen oder Tripletts, die ebenso viele Codons bilden, über die sich die zwanzig Aminosäuren sowie Start- und Stopcodons für den Ablauf der Translation spezifizieren lassen (siehe *Abbildung 1*). Es stehen also mehr Codons zur Verfügung, als erforderlich sind. Mit Ausnahme von Methionin (M) und Tryptophan (W) sind die meisten Aminosäuren (in der Abbildung durch ein Kürzel von einem oder drei Buchstaben dargestellt) durch mehrere synonyme Codons spezifiziert: Zwei sind es bei Cystein (C), Asparaginsäure (D), Glutaminsäure (E), Phenylalanin (F), Histidin (H), Lysin (K), Asparagin (N), Glutamin (Q) und Tyrosin (Y); drei sind es bei Isoleucin (I); vier bei Alanin (A), Glycin (G), Prolin (P), Threonin (T) und Valin (V); sechs bei Leucin (L), Arginin (R) und Serin (S).

Die Entschlüsselung des genetischen Codes gelang Anfang der 1960er Jahre anhand von Studien über Bakterien. Als diese Untersuchungen später auf Pflanzen und Tiere ausgedehnt werden konnten, stellte sich heraus, dass der genetische Code bei fast allen Organismen gleich ist, Parasiten wie VIREN eingeschlossen. Kleinere Variationen sind bei den MITOCHONDRIEN und bei manchen einfachen Urtierchen wie Amöben zu beobachten. Diese Universalität bildet eines der stichhaltigsten Argumente für einen gemeinsamen Ursprung allen Lebens.

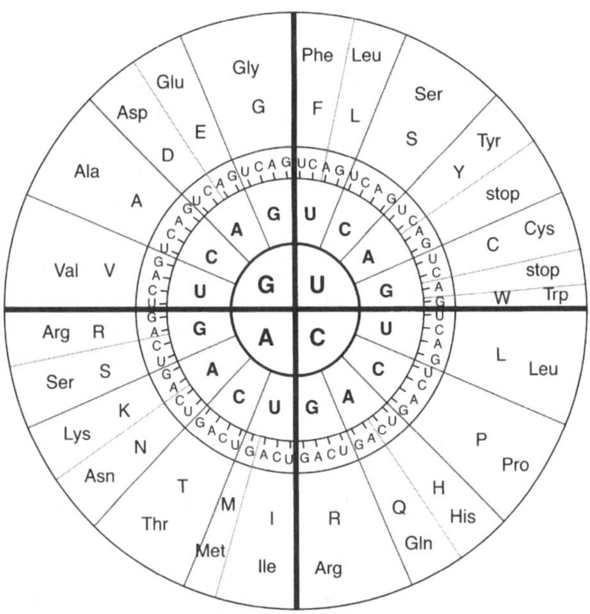

Abbildung 1 Der genetische Code wird in Radform dargestellt (hier der Code der Messenger-RNA). Jedes Codon ergibt sich aus einer Dreierkombination aus vier möglichen Nukleotiden; die erste Position ist im mittleren Kreis dargestellt, die zweite und dritte jeweils auf den beiden folgenden Ringen. Somit ergeben sich 64 Nukleotid-Tripletts oder Codons, die die 20 Aminosäuren codieren. Quelle: V.A. Ratner

Genkartierung

Zur Vertiefung: ***Allel; Genom; Gentechnik; Marker; Polymorphismus***

Das Genom der Lebewesen umfasst die Gesamtheit ihres genetischen Materials. Es gewährleistet sowohl die Funktion der Zellen als auch die Weitergabe der Erbanlagen über die Generationen hinweg. Es setzt sich aus NUKLEINSÄURE-Molekülen (DNA und RNA) zusammen, Ketten, deren Grundbausteine die NUKLEOTIDE sind. Meist besteht das Genom aus DNA, lediglich bei bestimmten VIREN aus RNA. Bestimmte Teile der DNA, die so genannten GENE, enthalten eine GENETISCHE INFORMATION und bilden die Grundbausteine der Vererbung.

Bei Viren umfasst das Genom einige Dutzend Gene und mehrere tausend Nukleotide. Prokaryoten wie BAKTERIEN, deren ZELLEN keinen ZELLKERN enthalten, haben tausend bis einige tausend Gene, die aus mehreren Millionen Nukleotiden bestehen. Bei komplexeren Organismen (EUKARYOTEN) wie Tieren und Pflanzen besitzen die Zellen einen Kern, der das Genom enthält. Hier umfasst das Genom zehn- bis hunderttausend Gene mit Milliarden Nukleotiden, verteilt auf zahlreiche CHROMOSOMEN.

Bei Bakterien und Viren bestehen die Gene aus fortlaufenden DNA-Segmenten und nehmen fast die gesamte DNA ein, unterbrochen nur von sehr kurzen DNA-Segmenten, die zur Regulierung der Genfunktion dienen. Bei eukaryotischen Organismen machen die Gene dagegen nur einen kleinen Teil der DNA in den Chromosomen aus. Von den DNA-Segmenten zwischen den Genen ist bekannt, dass sie an der Strukturierung der Chromosomen, an ihrer Verdoppelung bei der Zellteilung und an der Regulierung der Genfunktion bei der TRANSKRIPTION der DNA in RNA mitwirken (siehe REPLIKATION, TRANSKRIPTION und GENETISCHE REGULATION). Großenteils bleibt ihre Rolle jedoch noch zu klären. Jedes Gen besitzt eine Mosaikstruktur und setzt sich aus verschiedenen DNA-Abschnitten zusammen, einerseits den Exons, die sich nach der Transkription der DNA des Gens in der entsprechenden RNA wiederfinden, und andererseits den INTRONS, die zwischen den Exons liegen und beim SPLEISSEN aus der RNA entfernt werden. Die Gene der Eukaryoten gleichen also Inselarchipelen (Exons), die in einem DNA-Meer (den Chromosomen) verteilt sind.

Physikalische Genkartierung und Sequenzierung

Um sich im Genom zurechtzufinden, hat man Methoden der physikalischen Genkartierung entwickelt, die auf der Erforschung der physikalischen Struktur von der Ebene des Chromosoms bis hin zur Sequenz der einzelnen Nukleotide beruhen.

In der Zellgenetik oder Zytogenetik gibt es Verfahren, die es ermöglichen, die Position eines DNA-Abschnitts, der auf gentechnischem Wege (siehe GENTECHNIK) isoliert wurde, mit einem MIKROSKOP auf einem kondensierten Chromosom sichtbar zu machen. Auf diese Weise lässt sich die Position des untersuchten DNA-Abschnitts in einem Intervall von 2 bis 20 Millionen Nukleotiden bestimmen, also mit einer Auflösung, die dem unter dem Mikroskop sichtbaren farbigen Bandenmuster entspricht. Die Lage mehrerer DNA-Fragmente zueinander lässt sich auf dekondensierten Chromosomen in der Interphase zwischen den ZELLTEILUNGEN in Segmenten von weniger als 100000 Nukleotiden präzisieren, in der vollständig dekondensierten DNA, die aus Zellen extrahiert wurde, sogar in einer Größenordnung von mehreren tausend Nukleotiden.

Die Lokalisierung von DNA-Fragmenten des menschlichen Genoms kann ebenso auf indirektem Wege erfolgen, indem man Zellen untersucht, die nur einzelne oder wenige menschliche Chromosomen oder deren Fragmente enthalten. Dies geschieht mit Hilfe von Zellkulturen, die aus der Verschmelzung menschlicher Zellen mit Nagetierzellen gewonnen werden. Nach der Fusion enthalten solche Zellen nur noch einen Teil des menschlichen Genoms. Da sie aus Körperzellen oder somatischen Zellen gewonnen werden, bezeichnet man sie als somatische Hybriden. In ihnen sind ein oder mehrere menschliche Chromosomen enthalten, und zwar entweder in ihrer natürlichen Form oder modifiziert durch zufällige Chromosomenbrüche, aber auch als Fragmente des menschlichen Genoms, die experimentell durch Bestrahlung mit Röntgenstrahlen herausgespalten wurden.

Die Lokalisierung beruht auf dem Prinzip, dass verschiedene DNA-Segmente, die in der Regel auf den gleichen somatischen Hybriden entdeckt werden, zwangsläufig in der DNA eng beieinander liegen und daher physikalisch verknüpft sein müssen. Sind sie dagegen meist in verschiedenen Hybriden zu finden, so liegen sie in weit voneinander entfernten Regionen des Genoms, eventuell sogar auf verschiedenen Chromosomen.

Mit den bislang beschriebenen Methoden ist zwar eine Lokalisierung von DNA-Abschnitten möglich, nicht aber ihre Manipulation. Dazu bedarf es der GENTECHNIK, deren Verfahren es zulassen, die DNA eines Genoms auf unterschiedliche Weise zu fragmentieren und Klone von Mikroorganismen (Bakterien, Hefe) zu produzieren, die jeweils eines dieser DNA-Fragmente enthalten (siehe KLONIEREN, KLON). Die Erforschung solcher Sammlungen klonierter DNA-Fragmente macht es möglich, nach und nach die Struktur des Genoms zu rekonstruieren, das in Form benachbarter DNA-Segmente mit einigen zehntausend bis einigen Millionen Nukleotiden untersucht wird.

Ihren Höchstgrad an Genauigkeit erreicht die Analyse der physikalischen Struktur eines Genoms mit der Sequenzierung, also der genauen Bestimmung der Nukleotidfolge im DNA-Molekül. Derzeit gibt es zwei Hauptmethoden, die Reihenfolge der vier Nukleotidarten zu bestimmen, aus denen die DNA besteht (siehe SEQUENZ). Die erste beruht auf Abbaureaktionen der DNA-Moleküle durch spezifische chemische Reaktionen der verschiedenen Nukleotide. Die zweite besteht in der Synthese komplementärer DNA-Stränge zu dem jeweils untersuchten DNA-Molekül (siehe SEQUENZ). Mit diesen Verfahren lassen sich pro Reaktion die Sequenzen einiger hundert Nukleotide bestimmen.

Für eine zuverlässige Sequenzierung ist es notwendig, die Nukleotidfolge mehrmals auf jedem der komplementären DNA-Stränge zu bestimmen. Die Zahl der Sequenzierungsreaktionen, die zur Aufklärung eines Genoms notwendig sind, wächst mit seiner Größe: Bei einem Virus-Genom sind es einige hundert, bei einem Bakterien-Genom bereits einige zehntausend. Auf diese Weise hat man bislang die vollständige Genomstruktur von einigen Dutzend Viren und Bakterien sowie das Genom eines Eukaryoten, nämlich der Bierhefe, bestimmt.

Um die vollständige Sequenz des menschlichen Genoms zu analysieren, müssen zunächst klonierte und geordnete DNA-Fragmente für das gesamte Genom zur Verfügung stehen, die anschließend mit Millionen Sequenzierungsreaktionen bestimmt werden. Der Umfang dieser Aufgabe erklärt, weshalb 1997 erst 2 % der 3 Milliarden Nukleotide bekannt waren.

Genetische Kartierung

Ohne abzuwarten, bis derart genaue physikalische Genkarten zur Verfügung stehen, kann man sich für ein bestimmtes physiologisches oder pathologisches Merkmal interessieren. In diesem Fall lässt sich die Identifizierung des oder der Gene, die dieses Merkmal steuern, mit den Verfahren der genetischen oder biologischen Kartierung beschleunigen. Diese Methoden beruhen auf der Untersuchung, wie sich Merkmale von einer Generation an die nächste vererben.

Kurz vor dem Ersten Weltkrieg analysierte ein Student im Laboratorium des Embryologen Thomas Morgan, der die MENDELSCHEN REGELN wiederentdeckt hatte, die verschiedenen sichtbaren Merkmale seiner Fruchtfliegenzucht, also ihren PHÄNOTYP, und entdeckte in einer Population von Fliegen mit roten Augen einen Mutanten mit weißen Augen. Durch Kreuzung dieser mutierten Fliege mit einem Individuum von normalem Phänotyp ließ sich im Laboratorium der Werdegang dieses Merkmals verfolgen, das gemeinsam mit Variationen anderer Merkmale wie der Flügeladerung vererbt wurde. Die genetische Verknüpfung dieser beiden Merkmale deutete darauf hin, dass sie auf dem gleichen Chromosom lagen. Anhand der Frequenz, mit der die verschiedenen Ausprägungen eines jeden Merkmals aufgrund der Rekombination zwischen den beiden homologen Chromosomenpaaren gemeinsam oder getrennt weitergegeben werden, lässt sich mit statistischen Methoden die wahrscheinlichste Lokalisierung der Gene zueinander ermitteln (siehe Rekombination). Damit waren die Grundlagen zu einer genetischen Kartierung oder Kopplungsanalyse gelegt. Mit Forschungen an zahlreichen Modellorganismen, vor allem an Mäusen, perfektionierte man im Laufe der nächsten Jahrzehnte die genetische Kartierung, die eine Lokalisierung korrespondierender Gene im Genom, gestützt auf die Untersuchung von Phänotypen, ermöglicht. Untersucht wurden polymorphe morphologische, biochemische und physiologische Merkmale, die in verschiedenen Ausprägungen vorkommen, wie Größe, Augenfarbe oder die Fähigkeit, Nährstoffe zu nutzen.

Seit der Entdeckung der DNA als Trägermolekül der Vererbung ist es möglich, den Polymorphismus unmittelbar auf der Ebene der DNA, also des Genotyps, zu erkennen und nun eine Verknüpfung zwischen genetischen und physikalischen Genkarten herzustellen, gestützt auf polymorphe DNA-Segmente, so genannte Marker, durch die sich die beiden Exemplare eines Chromosoms unterscheiden lassen. Dieser Polymorphismus der DNA, der auf das Vorhandensein oder Fehlen bestimmter Nukleotidsequenzen zurückgeht, wird von Enzymen, den so genannten Restriktionsendonukleasen, erkannt, also von Proteinen, die imstande sind, die DNA auf ganz spezifische Weise zu zertrennen. Mit ihrer Hilfe konnte man eine erste Generation von Genkarten des menschlichen Genoms erstellen, die mit recht ungenauen Schwarz-weiß-Karten vergleichbar waren. Mit ihnen lassen sich Regionen des Genoms, die an genetisch bedingten Krankheiten beteiligt sind, grob lokalisieren, indem man bevorzugte Verknüpfungen zwischen diesen Krankheiten und dem Vorhandensein bestimmter Allele von Markierungsgenen im Genom erkrankter Individuen nachweist.

Die Entdeckung hoch polymorpher Genorte, die auf dem gesamten Genom verteilt sind, öffnete den Weg zu einer zweiten Generation von Genkarten: Sie nutzen bestimmte DNA-Abschnitte, die aus unterschiedlich häufigen Wiederholungen der gleichen Nukleotidfolge bestehen, als genetische Marker. Manche dieser mehrere hundert Nukleotide langen Ketten, die man als Minisatelliten-DNA bezeichnet, finden bei Gentests zur Identifizierung in der Kriminaltechnik und zur Feststellung der Vaterschaft Verwendung.

In anderen DNA-Segmenten, der Mikrosatelliten-DNA, wiederholen sich Folgen aus zwei, drei oder vier Nukleotiden. Mit etwa zehntausend solcher Mikrosatelliten als genetischer Markern hat man eine zweite Generation genetischer Karten entwickelt, die von besserer Qualität sind als jene der ersten Generation, da Anzahl und Formenvielfalt der verwendeten Marker wesentlich größer war: In gewisser Weise lassen sie sich mit farbigen Karten von hoher Auflösung vergleichen. Auf diesem Weg konnte man eine erhebliche Zahl von Genen, die an Erbkrankheiten beteiligt sind, in wesentlich genaueren Intervallen lokalisieren, als es mit den früheren Karten möglich war. Die Größe der DNA-Abschnitte, die man analysieren muss, um die pathogene Mutation eines Gens zu erkennen, »beschränkt« sich auf etwa eine Million Nukleotide.

Mit den Fortschritten der Methoden zur DNA-Sequenzierung ließen sich Polymorphismen nachweisen, die Variationen von nur einem einzigen Nukleotid auf einen DNA-Segment von 300 bis 1000 Nukleotiden entsprachen. Potentiell stehen somit Millionen polymorphe genetische Marker zur Verfügung, um eine dritte Generation genetischer Karten zu erstellen. Durch Untersuchungen großer Populationen könnte man auf diese Weise Gene genau lokalisieren, die gemeinsam mit anderen Genen und Umweltfaktoren (Übergewicht, Bluthochdruck, Allergien usw.) die Ursache häufiger Erkrankungen bilden.

Als Markierungen dienen in physikalischen und genetischen Karten des menschlichen Genoms DNA-Marker. Würde man für die Erstellung beider Kartenarten die gleichen Marker verwenden, so wäre es möglich, sie miteinander zu verknüpfen. Aufgrund der Struktur des Genoms und der Gene von Eukaryoten liegen die meisten Marker jedoch außerhalb der Gene. Und selbst wenn man die vollständige Sequenz einer solchen Region hat bestimmen können, ist es oft schwierig, die Struktur der darin enthaltenen Gene aufzuklären, da die Gene eukaryotischer Organismen in Exons gestückelt vorliegen, die durch Introns getrennt sind.

Um Position und Struktur der Gene selbst genau zu bestimmen, gibt es Methoden der Genkartierung, die Kopien der aus diesen Genen transkribierten RNA verwenden.

Genkartierung und cDNA

Mit Hilfe eines Enzyms, der reversen Transkriptase, ist es möglich, Messenger-RNA (mRNA) in die jeweils komplementäre DNA, die so genannte cDNA (*complementary DNA)* umzuschreiben (siehe TRANSKRIPTION). Anschließend lässt sich die cDNA einzeln mit gentechnischen Verfahren in Bakterien klonieren. Wenn die Nukleotidsequenz einer klonierten cDNA bestimmt ist, kann man die Struktur des Gens, aus dem sie hervorgegangen ist, mit seinen Exons und Introns aufklären und die Struktur des Proteins, das in der entsprechenden mRNA codiert ist, ableiten. Dies geschieht anhand des GENETISCHEN CODES, der die verschiedenen Nukleotidtripletts der Nukleinsäuren den verschiedenen Typen von AMINOSÄUREN zuordnet, die als Grundbausteine der Proteinketten dienen.

Die cDNA dient als genetischer Marker, um die Position der Gene in den physikalischen und genetischen Karten des Genoms zu bestimmen. Eine systematische Erforschung von cDNA-Bibliotheken ermöglicht auch eine Untersuchung jener Gene, deren Wirkung in jedem Zelltyp je nach physiologischen oder pathologischen Bedingungen variiert. Lange, bevor die vollständige Struktur des menschlichen Genoms geklärt ist, stehen auf diese Weise mittlerweile fragmentarische, aber sehr nützliche Informationen über die Mehrzahl der mehreren hunderttausend Gene zur Verfügung, vor allem über solche, die in bestimmten Formen am Auftreten von Krankheiten beteiligt sind.

Die Kartierung und Sequenzierung der Genome erfolgt wegen der großen Menge der notwendigen Operationen weitgehend mit automatisierten Techniken (siehe ROBOTIK) und erfordert den Einsatz von umfangreichen Mitteln aus dem Bereich der INFORMATIK, um die produzierten Daten zu erfassen, zu speichern und zu analysieren.

Genlocus

Zur Vertiefung: ***Allel; Mendelsche Regeln***

Die GENE verteilen sich der Länge nach auf den CHROMOSOMEN, langen Filamenten, die zusammengefaltet im Inneren des ZELLKERNS liegen und im Wesentlichen aus langen DNA-Molekülen bestehen. Der Genlocus oder Genort bezeichnet den Teil eines Chromosoms, an dem sich ein DNA-Segment befindet, das ein Mendelsches Merkmal steuert (wie das AB0-Blutgruppensystem), also ein Merkmal, das nach den Mendelschen Regeln von einer Generation an die nächste vererbt wird.

Zahlreiche Merkmale erwachsen aus der Wechselwirkung mehrerer Gene, die an verschiedenen Genorten liegen. Ihre Weitergabe entspricht daher nicht dem einfachen Schema, das Gregor Mendel für die Farbe der Erbsensamen beobachtete und das später z. B. für bestimmte Blutgruppensysteme bestätigt wurde.

Genom

Zur Vorbereitung: ***Gen; Genetik***
Zur Vertiefung: ***Genkartierung; Gentechnik; Gentherapie***

Der Begriff des Genoms bezeichnet im engeren Sinne die Summe aller im einfachen Chromosomensatz einer Zelle vorhandenen Gene, im weiteren Sinne die gesamte DNA einer Zelle, die neben den chromosomalen auch alle extrachromosomalen oder plasmatischen Gene umfasst.

Die Gesamtheit der chromosomalen Genome, die in jeder Zelle eines Lebewesens vorhanden sind, bezeichnet man als Genotyp, die Gesamtheit seiner chromosomalen und plasmatischen Erbanlagen als Idiotyp. Die einzelnen Genome unterscheiden sich geringfügig, zum einen aufgrund von Unvollkommenheiten im Prozess der REPLIKATION der DNA, der zur Verdoppelung des Genoms bei der ZELLTEILUNG führt, zum anderen durch Veränderungen bei der REKOMBINATION, bei der bewegliche Elemente ihren Ort im Genom ändern.

Das Genom einer Art besteht aus sämtlichen Genomen, die in jeder ZELLE eines jeden Individuums dieser Art vorhanden sind. Wenn wir also vom menschlichen Genom sprechen, so meinen wir damit das Genom unserer Art als Sammlung der Genome aller Menschen und zugleich die Darstellung, was diese Genome gemeinsam haben und was sie von den Genomen anderer Arten unterscheidet.

Genom und Gene

Die Gene steuern die Ausprägung festgelegter erblicher Merkmale und ihre Weitergabe an die nächste Generation. Sie liegen auf den CHROMOSOMEN, jenen Korpuskeln, die eingefärbt unter dem MIKROSKOP des Biologen bei der Zellteilung von EUKARYOTEN (Zellen, die einen Kern haben) als stäbchenförmige Gebilde zu sehen sind. Zahl und Form der Chromosomen sind für jede Art charakteristisch. In den Keimzellen, also Ei- und Samenzellen, die an der Fortpflanzung beteiligt sind, befindet sich von jedem Chromosom jeweils ein Exemplar. Da diese Zellen nur einen Chromosomensatz enthalten, nennt man sie haploid. In den Körperzellen oder somatischen Zellen ist jedes Chromosom in zwei Exemplaren vorhanden, diese Zellen enthalten also zwei Chromosomensätze und heißen diploid.

Die Gene bestehen aus Molekülen der Desoxyribonukleinsäure oder DNA, linearen Ketten von NUKLEOTIDEN (den Grundbausteinen der DNA), die sich aufgrund ihrer Komplementärstruktur (siehe KOMPLEMENTARITÄT) zu einer Doppelhelix verbinden. Im Verlauf der Replikation dient jeder Strang der DNA-Doppelhelix als Matrix für die Synthese eines komplementären Stranges, was zur Bildung von zwei identischen Doppelhelices führt.

Größe und Komplexität des Genoms

Die Größe des Genoms und die Zahl der Gene, die es enthält, stehen in einem Verhältnis zur zunehmenden Komplexität der verschiedenen Organismentypen: Bei VIREN sind es tausende Nukleotide und dutzende Gene, bei BAKTERIEN Millionen Nukleotide und tausende Gene, bei Pflanzen und Tieren Milliarden Nukleotide und zehntausende Gene.

Bei eukaryotischen Organismen tragen verschiedene Faktoren dazu bei, Größe und Komplexität des Genoms zu erhöhen. Im ZYTOPLASMA der Zelle befinden sich organisierte Strukturen oder ORGANELLEN. Zu ihnen gehören unter anderem die MITOCHONDRIEN, die die Zellatmung und die Energieproduktion in allen tierischen und pflanzlichen Zellen gewährleisten, sowie die CHLOROPLASTEN, in denen bei bestimmten pflanzlichen Zellen die PHOTOSYNTHESE stattfindet. Jede dieser Organellen, von denen in einer Zelle einige dutzend bis hin zu einigen Tausend vorhanden sind, enthält ein größenmäßig reduziertes DNA-Molekül, das in seiner vereinfachten Struktur den Genomen der Bakterien ähnelt. Das plasmatische Genom oder Plasmon steuert mit seinen Genen zusätzliche Merkmale, die für die Zellfunktion wichtig sind. Gemeinsam mit den chromosomalen Genomen, also den DNA-Molekülen des Zellkerns, nimmt es an der Fortpflanzung teil und bildet mit ihnen zusammen den Idiotyp, also die Gesamtheit aller in der Zelle enthaltenen Erbanlagen.

Die Größe der Gene kann bei Eukaryoten aufgrund ihrer Segmentierung manchmal sehr stark zunehmen: Während die Gene der Prokaryoten (Zellen ohne Kern) eine einzige Funktionseinheit bilden, sind sie bei Eukaryoten in verschiedene DNA-Segmente fragmentiert, die man als Exons und Introns bezeichnet (siehe INTRON, EXON). Bei der Transkription des gesamten Gens entsteht als primäres Produkt die so genannte Vorläufer-mRNA, die sich in einem anschließenden Reifungsprozess zerlegt, die Introns eliminiert und die Exons aneinander reiht (siehe SPLEISSEN). Bei den Genen, die Proteine codieren, verwandelt sich das primäre Transkriptionsprodukt Vorläufer-mRNA in die Messenger-

RNA (mRNA), die bei der Translation die Proteinsynthese steuert.

Es gibt noch weitere Mechanismen, die die Größe des Genoms erheblich beeinflussen. So trägt im Laufe der Evolution der Arten die Verdoppelung ganzer DNA-Segmente, die Gene enthalten, zur Vermehrung der Genzahl bei. Zudem besteht bei eukaryotischen Organismen ein erheblicher Teil des Genoms, manchmal mehr als die Hälfte, aus kurzen repetetiven DNA-Sequenzen mit einer Länge von einigen wenigen bis zu mehreren Hundert Nukleotiden, die sich einige Hundert bis zu einige Millionen Mal wiederholen. Diese repetetiven Sequenzen enthalten keine Gene, und über ihre Funktion ist noch wenig bekannt.

Aufgrund all dieser Merkmale war die Analyse komplexer Genome bis zur Entwicklung der Verfahren der Gentechnik so gut wie unmöglich.

Stabilität und Vererbung des Genoms

Dank der Tatsache, dass die DNA im Verlauf der Zellteilung im Allgemeinen zuverlässig repliziert wird, bleiben Struktur und Anordnung der Gene in der DNA der Chromosomen und Organellen der verschiedenen Zellen eines jeden Individuums einer Art stabil. Die Keimzellen oder Gameten, die an der Fortpflanzung beteiligt sind, werden in einem speziellen Teilungszyklus, der Meiose, gebildet. Von jedem Chromosomenpaar diploider Zellen bleibt nur ein Chromosom in der Ei- oder Samenzelle erhalten, die somit einen kompletten einfachen (haploiden) Chromosomensatz besitzt. Bei der Befruchtung kommen die Genome der beiden Gameten zusammen und kombinieren sich wieder zum doppelten Chromosomensatz. Da das Mitochondrien-Genom mit dem Zytoplasma der Eizelle weitergegeben wird, vererben sich die Merkmale, die es steuert, nur in der weiblichen Linie einer Art. Die Rekombination, die bei der Meiose zwischen den beiden Exemplaren jedes Chromosomentyps stattfindet, und das zufällige Zusammenkommen verschiedener Chromosomen bei der Befruchtung bewirken, dass aus den Genomen der beiden Gameten im befruchteten Ei und folglich in dem Individuum, das aus ihm hervorgeht, eine neue Verbindung von Merkmalen entsteht, die in den Genomen der vorhergehenden Generationen vorhanden sind.

Flexibilität und Evolution des Genoms

Die Genome einer Zelle, eines Individuums oder einer Art sind nicht unveränderlich, sondern können sich im Laufe der Zeit und abhängig von Umweltfaktoren entwickeln: Unser Genom verändert sich im Laufe unseres Lebens durch die Akkumulation punktueller Mutationen in zahlreichen Zellen so sehr, dass wir im Erwachsenenalter ein zusammengewürfeltes Mosaik verschiedener Zell-Genome besitzen, das von den Genomen abweicht, die wir von unseren Eltern erhalten haben. Mutationen, die bei der Bildung der Keimzellen auftauchen, können wir auch an unsere Nachkommen vererben.

Das Eindringen eines Virus-Genoms oder erhebliche Schädigungen der DNA durch physikalische oder chemische Stoffe können zu beträchtlichen Veränderungen des Genoms führen, die manchmal bei der Analyse der Chromosomen unter dem Mikroskop festzustellen sind. Mögliche Folgen solcher Veränderungen sind Verlagerung, Vervielfachung, Aktivierung oder Verlust bestimmter Gene. Ergeben sich diese Veränderungen in den Körperzellen eines Individuums, so können sie schwerwiegende Konsequenzen wie die Entwicklung von Krebserkrankungen nach sich ziehen.

Treten diese Veränderungen in den Keimzellen oder während der ersten Zellteilungen des Embryos nach der Befruchtung auf, so können sie neue Erbmerkmale verursachen. Es ist jedoch möglich, dass die so entstandenen Gameten mit einer normalen Entwicklung des Organismus unvereinbar sind, was zu einer spontanen Fehlgeburt oder zu Erbkrankheiten führen kann, die im Laufe der Kindheit oder des Erwachsenenlebens auftreten.

In seltenen Fällen sind Genomveränderungen bestimmter Zellen für die Entwicklung eines wichtigen physiologischen Prozesses unverzichtbar. Das ist zum Beispiel bei denjenigen Zellen des Immunsystems der Fall, die die Immunglobuline produzieren: Auf den Chromosomen gibt es eine Vielzahl von DNA-Segmenten, die sich durch zufällige Rekombination zu funktionellen Genen verbinden können, die eines dieser Proteine codieren. Wenn eine dieser immunkompetenten Zellen auf einen Fremdkörper stößt, den das von ihr synthetisierte Immunglobulin als Antigen erkennt, führt dies zu ihrer Teilung und zur Produktion großer Mengen des Immunglobulins, das zur Beseitigung des Fremdkörpers beiträgt. Aus diesem Grund bezeichnet man dieses Immunglobulin als ANTIKÖRPER.

Forschungsprogramme zur Genomanalyse

Zur Entschlüsselung und Analyse der Genome verschiedener Arten laufen Genkartierungsprogramme mit dem Ziel, ihre Struktur und ihre Rolle bei der Steuerung verschiedener Mechanismen wie Fortpflanzung, Wachstum, Krankheiten und Tod besser zu verstehen und ihre Entstehung im Laufe der EVOLUTION zu erforschen. Da wir mit allen Lebewesen molekulare Mechanismen gemeinsam haben, ist das »Human-Genom-Projekt« untrennbar mit der Genomanalyse der Mikroorganismen, Pflanzen und Tiere verknüpft (siehe GENKARTIERUNG). Diese Forschungsprogramme nutzen intensiv die Verfahren der GENTECHNIK, der Robotertechnik und der INFORMATIK, um die gewaltigen Datenmengen zu erfassen, zu speichern, zu analysieren und zu interpretieren. Sie beziehen sich auf die Vererbung von Merkmalen (Genkarte), die Beschreibung und Manipulation von DNA-Molekülen (physikalische Karten) sowie auf die Untersuchung der Expression dieser Merkmale (Gen-Bibliotheken).

Genom und Gesellschaft

Die explosionsartige Entwicklung neuer Erkenntnisse über das Genom wirft neue Probleme auf, bei denen es um Organisation und Finanzierung der Forschung geht und um ihr Verhältnis zur Industrie, die landwirtschaftliche und medizinische Anwendungen entwickelt. Diese Fortschritte könnten einzelnen Menschen und betroffenen Populationen erheblichen Nutzen bringen. Gleichzeitig birgt jedoch die Möglichkeit, sie im Bereich von Versicherungen, Beschäftigungsverhältnissen und Kriminologie zur Identifikation von Personen anhand von Merkmalen ihres Genoms zu missbrauchen, die Gefahr von Diskriminierungen in sich (siehe GENTEST). Das Risiko eines solchen Missbrauchs erwächst aus der Tendenz, den Menschen und das Individuum auf sein Genom zu reduzieren. Die Analyse des Genoms kann lediglich dazu dienen, Kataloge von Möglichkeiten zu erstellen, und darf nicht als schicksalhafte Determinante für die Zukunft von Lebewesen gelten. Unter diesen Bedingungen würde die Entschlüsselung unseres Genoms keineswegs genügen, um unsere Menschlichkeit oder unser individuelles Schicksal zu definieren. Denn allem Anschein zum Trotz macht das Bandenmuster seiner Chromosomen nicht den ganzen Menschen aus.

Genotyp

→ ***Phänotyp, Genotyp***

Gentechnik

Zur Vertiefung: ***Genkartierung; Gentherapie; Transgenese; gezielte Mutagenese***

Die Gentechnik stützt sich auf Verfahren der MOLEKULARBIOLOGIE, um das genetische Material von Organismen, also die Desoxyribonukleinsäure oder DNA (siehe NUKLEINSÄUREN) zu isolieren, zu erforschen, zu modifizieren und einer kontrollierten Nutzung zuzuführen. Anfang der 1970er Jahre entwickelte sie sich auf der Basis grundlegender Erkenntnisse der Molekulargenetik, die man im Laufe der vorhergehenden 20 Jahre gesammelt hatte: über die Doppelhelixstruktur der DNA, den GENETISCHEN CODE und die Funktionsmechanismen der GENE als Grundbausteine der Vererbung.

Gene isolieren

Die Gentechnik basiert auf der Möglichkeit, die DNA-Moleküle, die sich in den CHROMOSO-

MEN gleich welcher Spezies (Mikroorganismen, Tiere oder Pflanzen) finden, in kleinere Fragmente definierter Struktur zu zerteilen und diese Stücke unabhängig von ihrer Herkunft wieder zusammenzufügen.

Die großen DNA-Moleküle, die sich aus Ketten von Millionen NUKLEOTIDEN als Grundbausteinen zusammensetzen, sind recht empfindlich. Allein schon die mechanische Einwirkung von Schneidwerkzeugen, mit denen man die DNA aus den Zellen extrahiert, genügt, um sie in Fragmente von einigen tausend oder zehntausend Nukleotiden zerfallen zu lassen. In diesem Fall erfolgt die Fragmentierung jedoch zufällig, unabhängig von der Nukleotidfolge.

Mikroorganismen wie BAKTERIEN und Pilze schützen sich gegen VIRUS-Infektionen durch spezielle ENZYME, die Restriktionsenzyme, die imstande sind, die DNA an spezifischen Stellen zu durchtrennen (sie schützen sich vor den Viren, indem sie deren DNA zerstückeln).

Jedes Restriktionsenzym erkennt eine bestimmte DNA-Sequenz aus einigen (vier bis acht) Nukleotiden und spaltet die DNA meist an dieser Stelle. Von der Größe der Erkennungssequenz eines Restriktionsenzyms hängt die Häufigkeit ab, mit der solche Stellen in den DNA-Molekülen vorkommen, und daher auch die Größe der von diesem Enzym produzierten Fragmente. Angenommen, die Erkennungssequenz umfasst eine bestimmte Folge aus vier Nukleotiden. Da die DNA sich aus vier verschiedenen Nukleotidtypen zusammensetzt, sind $4^4 = 256$ Sequenzen aus vier Nukleotiden möglich. In einem genügend großen DNA-Molekül, das zum Beispiel Zehntausende oder Millionen von Nukleotiden enthält, findet sich eine solche Spaltstelle im Durchschnitt alle 256 Nukleotide. Enthält die Erkennungssequenz eine Folge von acht Nukleotiden, gibt es weitaus weniger Spaltstellen und die produzierten DNA-Fragmente umfassen durchschnittlich $4^8 = 65\,536$ Nukleotide.

Andere Enzyme, die so genannten Ligasen, die sich in allen Zellen finden, sind imstande, zwei DNA-Moleküle miteinander zu verknüpfen. Mit ihrer Hilfe lassen sich DNA-Fragmente *in vitro* (im Reagenzglas) rekombinieren, und zwar unabhängig davon, ob sie auf mechanischem oder enzymatischem Wege gespalten wurden und demselben Organismus oder verschiedenen Organismen entstammen.

Wenn man das genetische Material (oder GENOM) eines Organismus mit Restriktionsenzymen spaltet, entstehen Tausende oder Millionen Bruchstücke, auf denen die Gene verteilt vorliegen. Um die einzelnen Gene zu isolieren und zu erforschen, kloniert man sie in einem nächsten Schritt in Mikroorganismen (siehe KLONIEREN, KLON). In jedem Klon befindet sich ein DNA-Bruchstück, das aus der Ausgangs-DNA isoliert wurde und ein oder mehrere Gene oder auch nur ein Genfragment enthält. Über eine Kultur dieser Klone lassen sich die so isolierten Bruchstücke in großer Menge herstellen und einzeln detailliert analysieren, um die Nukleotidfolge im DNA-Molekül (Sequenz) zu bestimmen oder die biologischen Eigenschaften zu erforschen, die von den Genen dieser Fragmente gesteuert werden.

Gene entdecken und modifizieren

Sobald die Struktur eines klonierten DNA-Fragments bestimmt ist, lässt es sich chemisch synthetisieren. Auf diese Weise kann man mittlerweile Moleküle herstellen, deren Größe einige Hundert Nukleotide umfasst. Ein synthetischer DNA-Strang (ein so genanntes Oligonukleotid) lässt sich einsetzen wie eine Sonde, die in einem Molekülgebilde das komplementäre DNA-Fragment aufspürt und mit ihm eine Doppelhelix bildet. Solche synthetischen Oligonukleotide dienen zudem als Ausgangsmaterial, um im Labor bestimmte DNA-Bruchstücke durch die enzymatische POLYMERASE-KETTENREAKTION (PCR, *polymerase chain reaction*) zu synthetisieren. Die mit solchen Methoden isolierten Gene sind wichtige Instrumente zur Analyse und Kartierung des Genoms und zur Entwicklung von GENTESTS, die vielfältige Anwendungsmöglichkeiten in Landwirtschaft, Umwelttechnik und Medizin bieten.

Mit denselben Methoden lassen sich die isolierten Gene modifizieren und kontrolliert neue DNA-Moleküle konstruieren, die bestimmte gewünschte Eigenschaften aufweisen. So kann man zum Beispiel gezielte Mutationen, also Veränderungen in der DNA-Struktur, produzieren und ihre Auswirkungen auf die Funktion der Gene untersuchen (siehe gezielte Mutagenese). Es lassen sich auch DNA-Fragmente unterschiedlicher Herkunft so miteinander verknüpfen, dass das rekombinierte DNA-Molekül in einem oder mehreren Organismen, unter bestimmten physiologischen Temperatur- oder Lichtverhältnissen oder in Gegenwart bestimmter Nährstoffe oder Medikamente funktionsfähig ist.

Gentransfer und transgene Organismen

Die Möglichkeiten der Gentechnik lassen sich großenteils nur realisieren, wenn man imstande ist, isolierte Gene in einen neuen Kontext zu verpflanzen, in dem sie funktionsfähig sind, um so ihre Eigenschaften zu erforschen oder sie zur Herstellung von Proteinen zu nutzen. Proteine, die auf gentechnischem Wege durch DNA-Rekombination produziert werden, bezeichnet man als rekombinante Proteine.

Zum Klonieren verwendet man so genannte Vektoren, bestimmte DNA-Moleküle, durch die sich Gene in Mikroorganismen übertragen lassen. Sie werden aus genetischen Elementen entwickelt, die einen Transfer genetischen Materials gewährleisten, zum Beispiel aus Bakterienplasmiden, also kleinen ringförmigen DNA-Molekülen, die unabhängig vom Bakterienchromosom repliziert werden und von Natur aus Resistenzgene gegen Antibiotika und Schwermetalle enthalten, oder aus Bakteriophagen, also Viren der Bakterien, die ihr genetisches Material äußerst wirkungsvoll in Bakterien einpflanzen.

Die Gentechnik verfügt so über ein Arsenal verschiedener Vektoren, durch die sich Gene in Körperzellen (somatische Zellen) von Eukaryoten (deren Zellen einen Zellkern besitzen, in dem sich die DNA befindet) übertragen lassen. Dies gilt sowohl für einfachste Organismen wie Hefe als auch für die Zellen komplexer Lebewesen wie Pflanzen oder Tiere. Die DNA lässt sich auch in Zellen einführen, indem man sie an Moleküle bindet, die sie leichter durch die Zellmembran (siehe Membran) schleusen, oder indem man sie an einen Antikörper koppelt und sie so gezielt in Zellen mit einem Rezeptorprotein bringt, das von diesem Antikörper erkannt wird. Und schließlich kann man die DNA auf mikroskopisch kleinen Gold- oder Platinpartikeln mit einer »DNA-Kanone« in die Zellen schießen oder mit einer sehr feinen Nadel injizieren.

Für jede gentechnische Anwendung werden verschiedene genetische Elemente unterschiedlicher Herkunft mit einer dem Forschungsziel angemessenen Transfermethode kombiniert. Eine der am weitesten entwickelten Anwendungen besteht in der industriellen Produktion rekombinanter Proteine in Kulturen von Mikroorganismen oder Eukaryotenzellen. Derzeit befasst sich die gentherapeutische Forschung mit den Möglichkeiten, die Methoden des Gentransfers in Körperzellen zur Behandlung von Krankheiten einzusetzen, die auf die Mutation eines Gens zurückgehen.

Wird ein Gen in das Genom der Keimzellen (Ei- oder Samenzellen) einer Tier- oder Pflanzenart eingeführt, so kann es permanent an die Nachkommen weitergegeben werden. Ein solches Gen bezeichnet man als Transgen und die Individuen, die es geerbt haben, als transgene Tiere oder Pflanzen. In der Regel wird das Transgen zufällig in das Genom integriert, ohne dass man die Anzahl oder den genauen Ort ihres Einbaus steuern könnte. Mittlerweile gibt es jedoch Methoden, transgene Organismen durch Rekombination zwischen so genannten homologen DNA-Segmenten zu erzeugen, die eine sehr ähnliche Struktur aufweisen. Der DNA-Transfer durch homologe Rekombination – die so genannte Transgenese – ermöglicht wesentlich präzisere und kontrolliertere Eingriffe, durch die man ein bestimmtes Gen ersetzen oder inaktiv machen kann, und ist derzeit bei Mikroorganismen aber auch bei Mäusen praktisch durchführbar.

Immer häufiger nutzt man transgene Tiere und Pflanzen, um die Funktion von Genen zu erforschen oder in industriellem Maßstab rekombinante Proteine für pharmazeutische Zwecke herzustellen, zum Beispiel Hämoglobin im Tabak und Hormone in Kuh- und Schafsmilch.

Beherrschung der biologischen Risiken

Die Entwicklung der Gentechnik ist von intensiven gesellschaftlichen Debatten begleitet, gespeist von den Hoffnungen und Befürchtungen, die sich an die Nutzung und die potentiellen Risiken der neuen Techniken zur Beherrschung des Lebens durch den Menschen knüpfen. Auf Initiative von Wissenschaftlern, die 1975 an einer Tagung in Asilomar, Kalifornien, teilnahmen, wurde beschlossen, bestimmte Forschungen auszusetzen und einen gesetzlichen und regulatorischen Rahmen für ihre Weiterentwicklung zu schaffen, der unkontrollierbare Fehlentwicklungen vermeiden sollte. In dem Maße, wie die Wissenschaft mehr experimentelle Daten sammelte, konnten die anfänglichen Befürchtungen, die sich großenteils auf Unsicherheit und Unwissenheit gründeten, abgeschwächt und die Vorschriften gelockert werden, was eine allgemeinere Nutzung der Gentechnik in Forschung und Industrie und erhebliche Fortschritte sowohl in der Grundlagenforschung als auch in der Wirtschaft möglich machte. Dagegen wurden bei Verfahren, die objektive Risiken beinhalten, wie Manipulationen an Genomen und Organismen, die Krankheiten auslösen (pathogene Organismen), strengste physikalische und biologische Einschränkungen und Vorschriften beibehalten oder verschärft und bestimmte Verfahren sogar verboten. Die Verbreitung genetisch modifizierter Organismen in der Umwelt und ihre direkte oder indirekte Einbringung in die Nahrungskette werfen neue Probleme der Reglementierung und gesetzlichen Regelung, aber auch der öffentlichen Information und gesellschaftlichen Akzeptanz auf.

Die Anwendung der Gentechnik auf den Menschen selbst wird problematisch, sobald die Gefahr besteht, dass seine Integrität und Würde infrage gestellt wird, wie es in der Vergangenheit mit der Entwicklung der Eugenik der Fall war, die sich die Verbesserung der menschlichen Spezies zum Ziel gesetzt hatte. Ausgehend von den Methoden der Zuchtwahl, glaubte man die Vererbung beeinflussen und die Evolution einer Gesellschaft steuern zu können. Das führte in den USA zu diskriminierenden Einwanderungsgesetzen und zur organisierten Sterilisation von Individuen, die als erblich belastet galten. Gestützt auf den Begriff der RASSE, der bekanntermaßen auf die menschliche Spezies nicht anwendbar ist, lag diese Logik auch den Maßnahmen zugrunde, die die Nazis zum Schutz des deutschenVolkes vor einer »Verunreinigung« durch Juden, Zigeuner oder Slawen ergriffen, die sie als »minderwertige Rassen« einstuften. Sie gipfelten im Holocaust, der nach nationalsozialistischer Terminologie als »Endlösung der Judenfrage« die »Reinheit der »Herrenrasse« herbeiführen sollte.

Die Bio-Ethik-Bewegung bemüht sich, einer Wiederkehr derartiger Fehlentwicklungen vorzubeugen, indem sie alle gesellschaftlichen Kräfte aufruft, einen Rahmen für die Entwicklung und Anwendung der Gentechnik zu schaffen. Juristen, Industrielle, Politiker, Forscher, Mediziner, Philosophen, Vertreter der Kirchen und gesellschaftlicher Verbände beteiligen sich an der Bio-Ethik-Debatte nach ihren jeweiligen Kompetenzen oder Interessenbereichen, vor allem aber als Staatsbürger.

Indem die Gentechnik uns wachsende Möglichkeiten an die Hand gibt, die belebte Welt und uns selbst zu beherrschen, stellt sie uns vor die Aufgabe, die Frage nach unserer Identität und unserer Zukunft neu zu überdenken.

Gentest

Zur Vertiefung: ***Allel; Genkartierung; Marker; Polymorphismus***

Die Millionen ARTEN, die unsere Erdoberfläche bevölkern, von den einzelligen BAKTERIEN bis hin zu organisierten Gesellschaften, wie sie bei Insekten oder Säugetieren zu finden sind, unterscheiden sich durch die Verschiedenheit ihrer biologischen Eigenschaften. Innerhalb einer Spezies haben alle Individuen gemeinsame ähnliche Merkmale, definiert einerseits durch das genetische Material oder GENOM, das die Funktion der Zellen und die Vererbung der biologischen Merkmale steuert, und andererseits durch die Umweltbedingungen (siehe UMWELT), in denen der Organismus sich entwickelt. Doch der Anschein der Uniformität trügt, denn jedes genetische oder biologische Merkmal existiert bei verschiedenen Individuen in unterschiedlichen Ausprägungen. Zieht man diese individuelle Verschiedenheit der Formen, also diesen POLYMORPHISMUS, den es bei zahlreichen Merkmalen gibt, in Betracht, so ist jedes Individuum einzigartig.

Früher unterschied man die Individuen anhand leicht erkennbarer morphologischer Merkmale wie Körpergröße und Gewicht oder anhand präziserer Unterscheidungskriterien wie der Fingerabdrücke. Dann lieferten Biochemie und Hämatologie (Teilgebiet der Medizin, das sich mit dem Blut befasst) eine Fülle neuer Instrumente, um biologische Merkmale und ihre Variationen, die man als MARKER bezeichnet, zu erkennen und zu verfolgen. Seit bekannt war, dass zahlreiche kurze DNA-Abschnitte, verteilt auf die menschlichen Chromosomen, in der Bevölkerung in vielen verschiedenen Formen oder ALLELEN vorkommen (man bezeichnet sie als hoch polymorph), konnte man so genannte genetische Marker entwickeln, an denen solche Polymorphismen zu erkennen sind. Mit Hilfe solcher Marker ist es prinzipiell möglich, jedes Individuum in der Gesamtbevölkerung eindeutig zu identifizieren. Gentests finden daher Verwendung in Kriminalfällen, bei der Vaterschaftsfeststellung und zur Identifizierung gefallener Soldaten.

Vor allem hat man Gentests jedoch zur Kartierung des menschlichen Genoms eingesetzt, um die Position der GENE, die in bestimmten Formen an der Entwicklung von Erbkrankheiten beteiligt sind, auf den Chromosomen zu bestimmen. In Familien, in denen eine Erbkrankheit vorkommt, untersucht man bei Individuen aus mehreren Generationen zahlreiche Marker dieser genetischen Polymorphismen. Wird ein genetischer Marker in einer bestimmten Form bevorzugt gemeinsam mit dieser Krankheit vererbt, lässt sich daraus schließen, dass das Krankheitsgen in der Nähe dieses Markers liegt. Das ermöglicht die Entwicklung eines Gentests, um Individuen zu erkennen, die wahrscheinlich Träger dieses veränderten Gens sind, noch bevor man das fragliche Gen genau charakterisiert, den Grund für seine Fehlfunktion verstanden und ein Heilmittel gefunden hat.

Meist decken Gentests keinen Kausalzusammenhang zwischen einem Gen und einer Krankheit auf, sondern lediglich Faktoren einer Prädisposition: Das Auftreten der Krankheit hängt sowohl von komplexen Wechselwirkungen zwischen mehreren Formen vieler Gene ab, von denen nicht eines allein pathogen ist, als auch von Umweltfaktoren (Ernährung, Klima, Infektionskrankheiten). Die relative Bedeutung der verschiedenen Prädispositionsfaktoren lässt sich umso besser einkreisen, je größer die Population ist, die man mit Gentests erfasst.

Gentests beziehen sich also je nach Verwendungszweck auf Individuen, Familien oder die gesamte Gesellschaft. Ihre Resultate können unzweideutig sein oder bloß einen relativen Vorhersagewert bieten, der sehr stark vom allgemeinen Kontext abhängt. Wichtig ist vor allem, eine Qualitätskontrolle der Gentests, den vertraulichen Umgang mit den erhaltenen Daten und die Achtung der Würde der betroffenen Personen zu gewährleisten sowie einen Missbrauch der Ergebnisse zu diskriminierenden Zwecken in Fragen des Versicherungsschutzes, der Gesundheitsversorgung und der Beschäftigung zu verhindern. Die Gestaltung und Ausweitung der nationalen und internationalen Gesetzesgrundlagen, die eine Anwendung von Gentests und die Nutzung ihrer Ergebnisse regeln, sind ständig Gegenstand von Debatten, die den jeweiligen Entwicklungsstand dieser Technologie widerspiegeln.

Gentherapie

Zur Vertiefung: ***Gentechnik; Gentransfer; Mutation; Rekombination***

Der Begriff »Gentherapie« bezeichnet experimentelle genetische Verfahren zur Behandlung von Krankheiten, die auf Veränderungen eines GENS zurückgehen; dieser Defekt wird kompensiert, indem entweder ein zusätzliches, funktionstüchtiges Gen ungezielt in den Zellkern eingeschleust oder das defekte Gen gezielt durch das funktionstüchtige ersetzt wird.

Mutationen und Pathologien

Entwickelt wurde die Gentherapie Mitte der 1970er Jahre, also über ein Jahrhundert nach der Entdeckung der grundlegenden Vererbungsgesetze durch Gregor Mendel. In der Zwischenzeit waren aufgrund der Entwicklung der GENETIK die Vererbungsmechanismen der von den Genen gesteuerten Merkmale und der Anteil der Gene an der Funktion der Zellen und Organismen erforscht worden.

Bei EUKARYOTEN enthalten die Zellen einen Zellkern, in dem das genetische Material oder GENOM, das aus DNA-Molekülen besteht, auf CHROMOSOMEN verteilt ist. Da jedes Chromosom in zwei Exemplaren vorhanden ist, enthalten Eukaryotenzellen jeweils zwei vollständige Sätze aller Gene. Die beiden Exemplare eines jeden Gens, ALLELE genannt, können in ihrer Struktur und Funktionsweise gleich oder leicht unterschiedlich sein und sich somit auf das von ihnen gesteuerte Merkmal (zum Beispiel Augenfarbe oder Stoffwechselmerkmal) verschieden auswirken. Manche Allele sind dominant, das heißt, es genügt ein Exemplar dieses Gens zur Ausprägung des von ihm gesteuerten Merkmals, andere sind rezessiv und setzen sich in der Merkmalsausprägung nur durch, wenn in der Zelle zwei Exemplare dieses Allels vorhanden sind.

Durch die Erforschung dieser Mechanismen konnte man Funktionsstörungen nachweisen, die durch MUTATIONEN, also Strukturänderungen der DNA, in einer der zahlreichen Etappen der genetischen Prozesse auftreten können. Kommt es in der DNA von Körperzellen oder somatischen Zellen zu Mutationen, so können sie Erkrankungen wie Krebs hervorrufen. Tritt bei der Bildung der Keimzellen oder GAMETEN, also der Ei- und Samenzellen, die eine geschlechtliche Fortpflanzung ermöglichen, eine Mutation auf, so wird diese an die Nachkommen weitergegeben und kann schwerwiegende gesundheitliche Folgen für die Träger dieser Mutation haben.

Ist für eine Erbkrankheit nur ein mutiertes Gen verantwortlich (monogene Erbkrankheiten), wie es bei der Hämophilie, den Myopathien oder der Mukoviszidose der Fall ist, so liegt der Gedanke nahe, den nachteiligen Auswirkungen dieser Mutation entgegenzuwirken, indem man dem Betroffenen das Gen in nicht mutierter Form zuführt. Bei Krebserkrankungen wird angestrebt, in die unkontrolliert wuchernden Zellen Gene einzuschleusen, die zum Selbstmord dieser Zellen führen oder sie für das Immunsystem besser erkennbar machen (was ihre Eliminierung vereinfacht) oder wieder ein kontrolliertes Gleichgewicht des Zellteilungszyklus (siehe ZELLTEILUNG) herstellen.

Mit den zurzeit erprobten Verfahren lässt sich ein funktionstüchtiges Allel in eine Zelle einschleusen, um die Fehlfunktion rezessiver Allele zu kompensieren, ohne dass man im Voraus bestimmen könnte, wie viele Exemplare dieses Gens an welche Stellen des Genoms integriert werden. Unter diesen Bedingungen ist es schwierig, die Wirkung eines dominanten Allels zu kompensieren, da die mutierte Version weiterhin in der Zelle vorhanden ist.

Gentransfer

Die Gentechnik hat mittlerweile verschiedene Verfahren entwickelt, Korrekturgene in somatische Zellen einzuschleusen. Die Gene können auf physikalischem oder chemischem Wege in die Zellen transferiert werden: durch direkte Injektion, durch Transport über die Fettgefäße, die sich mit den Zellmembranen verbinden können, über Liposome usw. Bislang verwendete man als Vektoren vor allem Viren, da sie die Fähigkeit besitzen, ihr Genom wirkungsvoll in die Zellen einzuschleusen. Ein erster Vektortyp, verwendbar für den Gentransfer in Zellen, die sich regelmäßig teilen wie die Blutzellen, wird aus so genannten Retroviren entwickelt, deren Genom aus RNA besteht. Da sie jedoch ihr Genom dauerhaft in die Chromosomen der Wirtszelle integrieren, ist ihre Verwendung mit einem Sicherheitsrisiko behaftet: Sie können letztlich die Funktion der Gene an jenem Genort stören, an dem sie sich einnisten, und unerwünschte Nebenwirkungen hervorrufen, die schwer vorhersehbar und kontrollierbar sind. Andere Vektoren, abgeleitet aus Adenoviren (Erreger verschiedener Atemwegserkrankungen), deren Genom aus DNA besteht, haben den Vorteil, dass sie sich nicht in das Genom der Wirtszelle integrieren und damit auch nicht bei der Zellteilung auf die Tochterzellen verteilt werden. Da ihr Anteil pro Zelle im Laufe der Teilungszyklen ständig abnimmt, muss die Behandlung in regelmäßigen Abständen wiederholt werden. Ein weiterer Vorteil dieses zweiten Vektortyps ist, dass man ihn auch für den Gentransfer in Zellen nutzen kann, die sich nicht teilen, zum Beispiel in die Nervenzellen.

Die Wirksamkeit solcher Eingriffe hängt von der Lösung zahlreicher Probleme ab: Das Fremdgen muss in alle befallenen Zellen eingeschleust werden; man muss sicherstellen, dass es seine Funktion dort angemessen und dauerhaft erfüllt, ohne Störungen hervorzurufen, und man muss vermeiden, dass es das Immunsystem aktiviert, was zu seiner Eliminierung führen würde. Die laufenden klinischen Versuchsreihen konzentrieren sich in der Mehrzahl auf die Behandlung von Krebserkrankungen und Infektionskrankheiten wie Aids, und zu einem kleineren Teil auf die Behandlung monogener Erbkrankheiten, deren Häufigkeit in der Bevölkerung recht gering ist. Weitaus größere Probleme wirft die gentherapeutische Behandlung von Krankheiten auf, die auf mehrere Gendefekte zurückzuführen sind (polygen bedingte Krankheiten) wie Fettleibigkeit, Bluthochdruck oder Atherosklerose und die in der Bevölkerung wesentlich häufiger vorkommen.

Das DNA-Medikament

Der Begriff »Gentherapie« ist erst dann wirklich gerechtfertigt, wenn es möglich sein wird, mit den Methoden des Gentransfers den Gesundheitszustand Kranker zu verbessern oder sie definitiv zu heilen.

Wie jede medizinische Behandlungsmethode muss auch die Gentherapie einen langen Weg zurücklegen, bevor DNA als Medikament eingesetzt werden kann: Zuvor muss nachgewiesen sein, dass sie im Vergleich zu bestehenden Behandlungsmethoden wirksam, unschädlich und ohne langfristige Nebenwirkungen ist. Jede dieser Etappen, die Voraussetzung für ihre Zulassung durch die Gesundheitsbehörden sind, erfordert langjährige Forschungs- und Entwicklungsarbeit und klinische Versuche. Öffentliche Hand, Stiftungen, Verbände, Industrie und Financiers müssen erhebliche Investitionen tätigen, um die nötigen Fortschritte der Grundlagenforschung und die Entwicklung ihrer Anwendung zu ermöglichen.

Die ersten klinischen Versuche verlaufen offenbar vielversprechend und wecken Hoffnungen. Allerdings sind Wissenschaftler, Mediziner und Krankenverbände geteilter Ansicht über ihre Erfolgsaussichten. Die extremen Optimisten sprechen von einer Revolution der gesamten Medizin des 21. Jahrhunderts, die alle gegenwärtigen Behandlungsmethoden verdrängen wird. Die extremen Kritiker sehen keinerlei Hoffnung, auf diesem Wege die menschlichen Krankheiten behandeln zu können. Wie so oft in Fragen der Biologie und Medizin lässt sich wohl mit Sicherheit annehmen, dass es auch in Zukunft nicht nur einen therapeutischen Weg zur wirksamen Behandlung von Krankheiten aller Art geben wird. Auch weiterhin wird man Medikamente einsetzen, die wie die meisten heutigen Arzneimittel aus kleinen Molekülen bestehen. Allerdings wird man eine wachsende Zahl dieser kleinen Moleküle rationeller entwickeln, da man immer genauere Erkenntnisse über Struktur und Funktionsweise der Genome, Gene und Proteine der Organismen gewinnen wird (siehe GENKARTIERUNG). Es werden zunehmend so genannte rekombinante Proteine zum Einsatz kommen, die auf gentechnischem Wege in Mikroorganismen oder in transgenen Tieren und Pflanzen produziert wurden, wie es bereits heute bei Koagulationsfaktoren oder HORMONEN der Fall ist. Manche dieser kleinen Moleküle und rekombinanten Proteine wird der Organismus selbst produzieren, nachdem man die Gene, die ihre Synthese steuern, entweder direkt in die zu behandelnden Körperzellen eingeschleust hat (In-vivo-Verfahren) oder in Zellen überträgt, die dem Organismus entnommen und anschließend wieder eingepflanzt werden (Ex-vivo-Verfahren).

Die Debatte sollte sich demnach eigentlich auf die Frage konzentrieren, welchen relativen Anteil jedem dieser komplementären therapeutischen Ansätze zukommt, welche Schwierigkeiten zu bewältigen und welche Investitionen zur Verbesserung der menschlichen Gesundheit aufzubringen sind.

Genetische Chirurgie

Ideal wäre es, das defekte Gen entfernen und präzise durch das funktionstüchtige ersetzen zu können. Zurzeit lässt sich eine solche genetische Operation nur bei bestimmten Mikroorganismen wie Bakterien oder Hefen durchführen (siehe Rekombination). Auch bei Kulturen von Embryozellen der Maus ist sie möglich, allerdings noch wenig effektiv: Das defekte Gen wird nur in einer äußerst geringen Anzahl von Zellen korrigiert.

Da sich die Zellen zu Beginn der Embryonalentwicklung, unmittelbar nach der Befruchtung, noch nicht differenziert haben, können aus ihnen durch sukzessive Zellteilung alle Zelltypen hervorgehen, die einen ausgewachsenen Organismus bilden: Man bezeichnet sie als totipotent. Ein Gen, das unmittelbar nach der Befruchtung oder im Frühstadium der Entwicklung in ein Ei eingeschleust wird, hat gute Chancen, an die Nachkommen des Individuums vererbt zu werden, das aus diesem Embryo hervorgeht. Auf diese Weise wurden transgene Tiere und Pflanzen mit neuen Merkmalen erzielt.

Doch wie beim Gentransfer in Körperzellen wird auch hier das Fremdgen zufällig in das Genom integriert mit allen problematischen Folgen, die dies mit sich bringt. Um diese Schwierigkeit zu umgehen, wählt man eine der wenigen Zellen aus, in denen die Substitution des defekten Gens durch das funktionstüchtige Gen erfolgreich stattgefunden hat, pflanzt sie einem Embryo in einem Stadium ein, in dem er aus nur wenigen Zellen besteht, und hofft, dass diese modifizierte Zelle an der Bildung der Keimzellen beteiligt sein wird.

Auf diese Weise ist es bereits gelungen, gezielt bestimmte Gene zu inaktivieren oder zu ersetzen und transgene Modelltiere zu erzeugen, an denen sich die Wirkung dieser Gene und die mit ihren mutierten Formen verknüpften Pathologien experimentell erforschen lassen. So hofft man, weitere Erkenntnisse über die Mechanismen dieser Erkrankungen zu gewinnen und Fortschritte in ihren Behandlungsmöglichkeiten zu erzielen.

Keimbahntherapie und Klonieren

Ist es in diesem Zusammenhang legitim, die Korrektur eines mutierten Gens in den Keimzellen von Menschen und die Weitergabe des korrigierten Gens an die Nachkommen als Keimbahntherapie zu bezeichnen? Das hieße, die Keimlinie als »krank« und heilungsbedürftig einzustufen. Gewisse Mutationen sind mit der Entwicklung eines Individuums unvereinbar oder führen zu schweren Behinderungen. Die Wirkung vieler Mutationen hängt jedoch weitgehend vom Kontext ab, in dem das Individuum lebt. Eine Mutation, die in einer bestimmten geographischen oder soziokulturellen Umgebung ungünstig ist, kann ihre Träger in einer anderen Menschengruppe vor einer Infektionskrankheit schützen.

Die meisten Mutationen stellen lediglich natürliche Variationen dar, die den Polymorphismus der menschlichen Spezies und ihre Geschichte widerspiegeln. Der Zufall der Vererbung lässt Mutationen plötzlich in einer verwandtschaftlichen Linie auftauchen oder verschwinden. In vielen Fällen spiegelt der Wert, der diesen Variationen beigemessen wird, Ideologien, Überzeugungen und Wertvorstellungen wider, die jeder Menschengruppe eigen sind. Daher wirft die Definition, welche Genvariationen eine Begünstigung oder Eliminierung in den Keimzellen »verdienen«, komplexe ethische, soziale und rechtliche Probleme auf.

Im Jahr 1997 gelang es, mit dem Zellkern einer differenzierten Körperzelle eines ausgewachsenen Säugetieres eine Eizelle umzuprogrammieren und ein neues Individuum zu erzeugen: Das von den Medien äußerst interessiert aufgenommene Schaf Dolly besaß dasselbe Chromosomen-Genom wie die Körperzelle des ausgewachsenen Säugetieres, dem der Spenderzellkern entnommen war; dies war bereits Jahrzehnte zuvor bei Fröschen und einige Jahre zuvor mit wesentlich weniger differenzierten Embryozellen gelungen (siehe Klonieren, Klon). Dolly ist jedoch kein echter Klon, sondern eine Chimäre aus der Zelle, die den Zellkern geliefert hat, und der Eizelle, in die er verpflanzt wurde, ganz zu schweigen von den beiden Müttern, die sie nacheinander ausgetragen haben. Denn das Genom jeder Körperzelle enthält Mutationen, deren Zahl sich im Laufe des Zellteilungszyklus erhöht. Zudem hat die Eizelle höchstwahrscheinlich ein anderes Mitochondrien-Genom (also das Genom jener Organellen im Zytoplasma, in denen ein Teil der Energieproduktion stattfindet) als die Körperzelle, aus der der Zellkern (mit oder ohne einige restliche Mitochondrien) entnommen wurde.

Da diesem ersten gelungenen Versuch mittlerweile weitere gefolgt sind und eine Ausweitung dieser Methode auf andere Spezies möglich erscheint, wäre es durchaus vorstellbar, sie zur Modifikation menschlicher Keimzellen zu nutzen: Dabei würde zunächst durch einen chirurgischen genetischen Eingriff in einer menschlichen Körperzelle ein defektes Gen ersetzt und der veränderte Zellkern anschließend in eine entkernte Eizelle eingesetzt.

Die neuen Möglichkeiten, die sich ergeben, wenn die Methoden des Gentransfers weiterentwickelt werden und eine künstliche Befruchtung beherrschbar ist, sind an sich moralisch weder gut noch schlecht. In den (kategorischen und vorschnellen) Stellungnahmen für ihren Einsatz oder ihr Verbot spiegelt sich lediglich die Sichtweise wider, die Individuen und gesellschaftliche Organisationen vom Menschen haben. Der Mensch ist keineswegs von vornherein dazu berufen, alle sich ihm bietenden Möglichkeiten auszuloten, ohne Rücksicht auf die Risiken zu nehmen, die sie für ihn oder seine Umwelt bergen. Darf man jedoch ihre Erforschung prinzipiell verbieten, wenn einige dieser Möglichkeiten zum Wohle Kranker beitragen können? Wie zu Beginn der Gentechnik sollten solche Entscheidungen, die die Zukunft der Spezies Mensch betreffen, erst nach tief greifender Reflexion und umfassender Information aller gesellschaftlichen Handlungsträger gefällt werden. Der Respekt vor kommenden Generationen erfordert ein Moratorium, also eine bewusste Aussetzung der Forschungen, um diese Überlegungen in aller Ruhe zu Ende führen zu können.

Gentransfer

Zur Vertiefung: ***Gentherapie; Transgenese***

Wie die Gene eines Eukaryoten (dessen genetisches Material oder Genom im Zellkern verwaltet wird) funktionieren, lässt sich unter anderem erforschen, indem man ein Gen *in vitro* in eine homogene Zellpopulation einschleust und seine Entwicklung über sukzessive Zellteilungen im künstlichen Milieu der Zellkultur verfolgt. Als Wirtszellen können Körperzellen (somatische Zellen) aus verschiedenen Geweben oder Organen des untersuchten Organismus dienen oder Zellen eines anderen Organismus, der nicht unbedingt mit dem ersten verwandt sein muss.

Ein solcher Gentransfer, der als Transfektion bezeichnet wird, zielt darauf ab, eine vorübergehende Genexpression zu erreichen, um die Wirkungsweise des Gens festzustellen. Für diese transiente Expression genügt es, dass Exemplare dieses Gens in großer Menge in zahlreiche Zellen eindringen, in den Zellkern gelangen und dort für eine begrenzte Zeit ihre Funktion wirkungsvoll entfalten, ohne dass sie sich dauerhaft in die Chromosomen dieser Zelle integrieren müssten. Da sich auf diese Weise experimentelle Ergebnisse innerhalb einiger Stunden oder Tage erzielen lassen, eignet sich dieses Verfahren zur Erforschung zahlreicher Gene und ihrer verschiedenen Varianten oder Allele.

Um eine Zelllinie zu erhalten, in die das Fremdgen dauerhaft integriert ist, fügt man dem zu untersuchenden Gen ein Resistenzgen gegen ein Medikament hinzu; setzt man nun die Zellkulturen diesem Medikament aus, so lassen sich im Laufe der Zellteilungen jene Zellen selektieren, die beide Gene in ihr Genom aufgenommen haben. In diesem Fall spricht man von einer stabilen Transfektion.

Sobald es gelingt, gezielt Gene in Zellkulturen zu übertragen und ihre Funktion zu steuern, wird ein Transfer in bestimmte Körperzellen eines Organismus denkbar, zum Beispiel, um dort die Fehlfunktion eines Gens zu kompensieren. Damit könnte man die mangelnde Produktion eines Proteins ausgleichen, die durch eine Mutation bedingt ist und eine Erbkrankheit hervorruft, oder die Überfunktion eines Gens beheben, die zur Krebsentwicklung führt, oder eine Infektionskrankheit bekämpfen.

Die Gene müssen dabei gezielt in Zelltypen transferiert werden, deren Funktion gestört ist, und müssen auf das betroffene Individuum abgestimmt werden. In diesem Fall wird die DNA als Medikament zur Gentherapie somatischer Zellen eingesetzt. Seit Mitte der 1970er Jahre wird in diesem Bereich der experimentellen Medizin, der große Hoffnungen weckt, intensiv geforscht. In jüngster Zeit sind zahlreiche Unternehmen der Biotechnologie entstanden, die Anwendungsmöglichkeiten des Gentransfers zu therapeutischen Zwecken zu entwickeln suchen.

Erst wenn ein Gen dauerhaft in das Genom eines Organismus integriert ist und an die Nachkommen vererbt wird, trägt es seinen Namen zu Recht und in dem Sinne, in dem Gregor Mendel ihn ursprünglich definierte: als Grundeinheit der Vererbung. Zu diesem Zweck muss das Gen in die Keimzellen, also Ei- oder Samenzellen, integriert sein (siehe TRANSGENESE).

Geochronologie

Zur Vertiefung: ***Artensterben; Datierung; Fossilien***

Die Einteilung der Erdzeitalter und die Gliederung der stratigraphischen Tabelle basieren auf der Abfolge der Sedimentschichten, die jeweils an den darin enthaltenen FOSSILIEN erkennbar sind; die Anwesenheit bestimmter typischer Fossilien (Leitfossilien) gestattet es, selbst weit voneinander entfernt liegende Ablagerungen derselben Zeit zuzuordnen. Inzwischen hat man die so gewonnene Unterteilung der stratigraphischen Tabelle auch mit den Mitteln der Radiochronologie überprüft, und für die ältesten Schichten (aus dem Archaikum), die keine Fossilien enthalten, bieten diese Methoden die einzige Möglichkeit einer Altersbestimmung.

Die ersten Lebewesen, die schon eine Milliarde Jahre nach der Entstehung der Erde auftraten, also vor mehr als 3,5 Milliarden Jahren, waren einzellige Algen, deren Existenz durch knollige oder schalige Kalkniederschläge (Stromatolithen) belegt wird, wie sie ähnlich heute noch von Blaualgen produziert werden.

Vor 540 Millionen Jahren erschienen die ersten Lebewesen mit harten Teilen (Schalen, Panzern, Skeletten), die zu Fossilien werden konnten. Sie bilden den Ausgangspunkt für die traditionelle Gliederung der Geochronologie. Man unterscheidet drei große Zeitalter, die jeweils in Perioden untergliedert werden, welche ihrerseits in Epochen eingeteilt sind. Die zeitliche Grenze zwischen den Zeitaltern markiert jeweils ein größeres ARTENSTERBEN (siehe *Abbildung 2*, Seite 326).

Das Primärzeitalter oder Paläozoikum (vor 540 bis 250 Millionen Jahren) begann mit der »Explosion« des Lebens im Kambrium (der ersten Periode); Weichtiere, Krusten- oder Krebstiere – vor allem die für das Primär typischen Trilobiten (siehe *Abbildung 1*) – und Fische beherrschten die Szene.

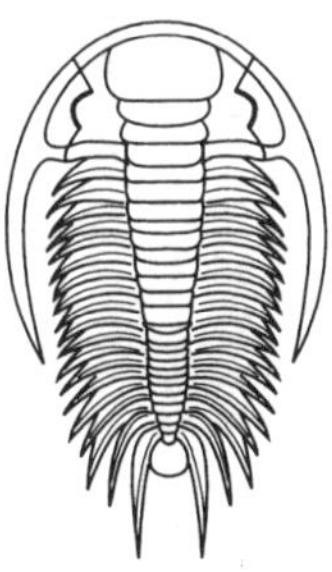

Abbildung 1 Trilobit, typisches Fossil des Paläozoikums

Das Sekundär oder Mesozoikum (vor 250 bis 65 Millionen Jahren) begann mit dem großen Artensterben in Perm und Trias, dem zahlreiche Arten, darunter auch die Trilobiten, zum Opfer fielen (das Perm ist die letzte Periode des Paläozoikums, die Trias die erste des Mesozoikums, gefolgt von Jura und Kreide). Dies ist das Zeitalter der großen Reptilien

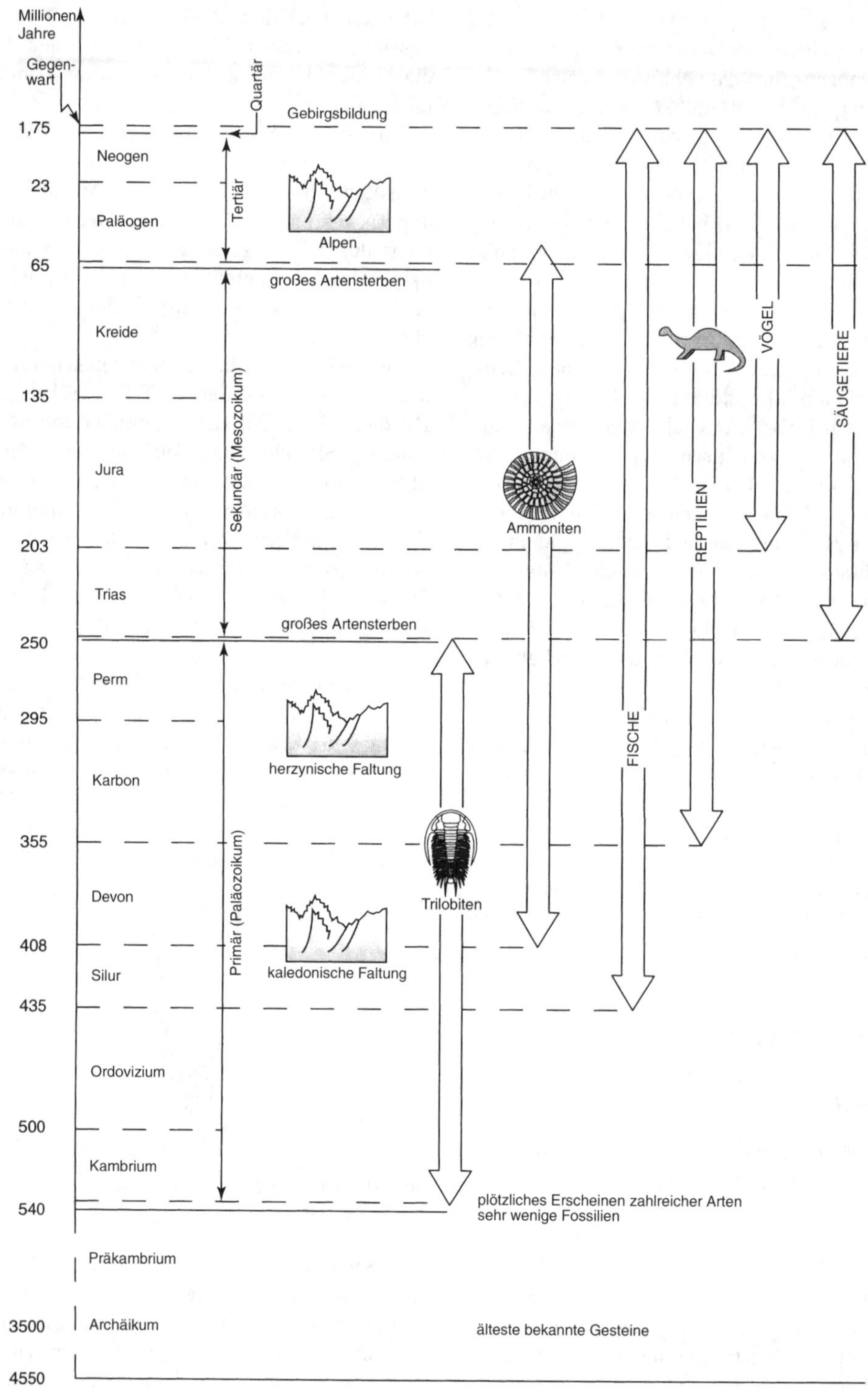
Millionen Jahre
Gegenwart
1,75
Quartär
Gebirgsbildung
Neogen
23
Tertiär
Paläogen
Alpen
65
großes Artensterben
Kreide
135
Sekundär (Mesozoikum)
Jura
Ammoniten
203
Trias
großes Artensterben
250
Perm
295
herzynische Faltung
Karbon
355
Primär (Paläozoikum)
Devon
Trilobiten
408
Silur
kaledonische Faltung
435
Ordovizium
500
Kambrium
540
plötzliches Erscheinen zahlreicher Arten
sehr wenige Fossilien
Präkambrium
3500
Archäikum
älteste bekannte Gesteine
4550
FISCHE
REPTILIEN
VÖGEL
SÄUGETIERE

Abbildung 2

und der ersten Vögel; das Meer wird von der Familie der Ammoniten beherrscht (Weichtiere, die dem heutigen Nautilus oder Perlboot nahestehen – siehe *Abbildung 3*).

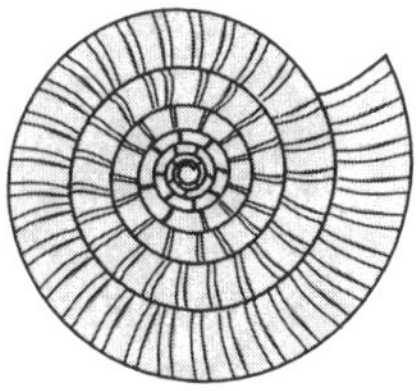

Abbildung 3 Ammonit, typisches Fossil des Mesozoikums

Das Tertiär oder Neozoikum (auch Känozoikum genannt) begann mit dem berühmten Artensterben, dem (unter anderem!) die Dinosaurier zum Opfer fielen; damit war der Weg frei für den Aufstieg der Säugetiere.

Heute befinden wir uns im Quartär, das ausnahmsweise nicht mit einem Artensterben begann, sondern mit dem Erscheinen einer Art: des Menschen.

Geodäte

Zur Vertiefung: ***Krümmung; Raum-Zeit; Relativitätstheorie***

Die kürzeste Verbindung zwischen zwei Punkten

Eine Geodäte ist die kürzeste Verbindung zwischen zwei Punkten A und B. In der Ebene sind Geodäten natürlich Abschnitte einer Geraden. Betrachtet man jedoch nur einen Teil der Ebene, ist das nicht mehr unbedingt der Fall. In *Abbildung 1* zum Beispiel führt der kürzeste Weg von A nach B über die dick eingezeichnete Kurve.

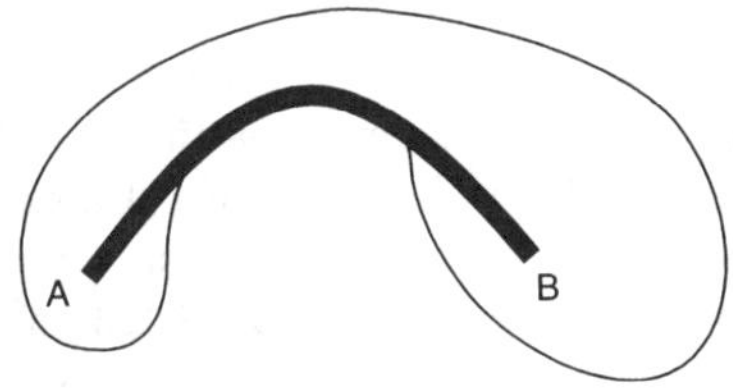

Abbildung 1

Unter solchen Umständen kann es auch sein, dass gar keine Geodäte existiert. Schließt man zum Beispiel den Rand der Punktmenge in *Abbildung 1* aus, ist der dargestellte Weg keine Geodäte mehr, weil er die Menge verlässt; und tatsächlich gibt es gar keine Geodäte, weil man für jeden Weg einen kürzeren finden, kann, der sich enger an den Rand anschmiegt.

Eine weitere Abwandlung ergibt sich aus der Definition dessen, was man unter der »kürzesten« Verbindung versteht (siehe ABSTAND). In einer verstopften Großstadt ist der gerade Weg von A nach B nur selten auch der schnellste; der zeitlich kürzeste Weg ist hier meist eine Verbindung, die über weniger belastete Nebenstrecken führt und daher in räumlicher Hinsicht länger ist. Neben dem üblichen Abstand kann man also auch eine Entfernung definieren, die mit der benötigten Zeit zusammenhängt, und für diese Entfernung ergeben sich andere Geodäten als für den räumlichen Abstand.

Auf einer Kugel sind die Geodäten im Sinne des üblichen Abstands jeweils Abschnitte von Großkreisen, das heißt jener Kreise, deren Mittelpunkt mit dem Mittelpunkt der Kugel zusammenfällt (siehe *Abbildung 2*).

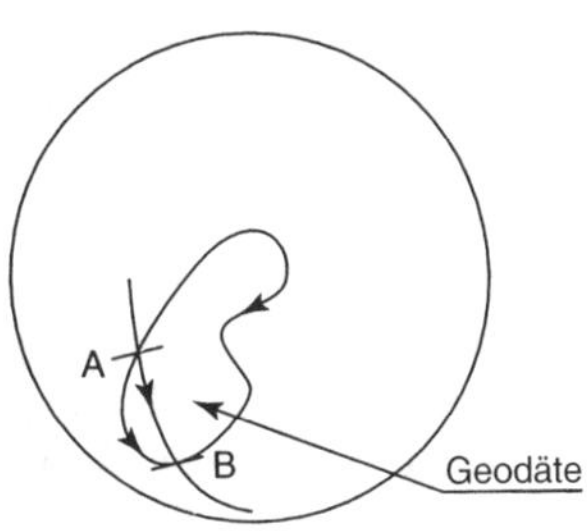

Abbildung 2

Auf der Basis der Kugel und ihrer Geodäten kann man ein MODELL der Riemannschen Geometrie erstellen, für die durch einen Punkt außerhalb einer Geraden gar keine Gerade führt, die diese Gerade nicht schneidet, das heißt einen Raum, der den Gesetzen dieser Geometrie gehorcht (siehe PARALLELEN). Ersetzt man »Gerade« durch »Großkreis«, wird ohne weiteres klar, dass durch einen Punkt außerhalb einer »Geraden« keine »Gerade« führt, die diese »Gerade« nicht schneidet (denn zwei Großkreise schneiden sich stets). Die übrigen Axiome der Riemannschen Geometrie lassen sich in diesem Modell ebenfalls verifizieren, zum Beispiel das Axiom, dass durch zwei Punkte stets nur eine »Gerade« führt.

Ein Hyperboloid und seine Geodäten bilden ein Modell der Lobatschwewski-Bolyai-Geometrie, für die durch einen Punkt außerhalb einer Geraden unendlich viele Geraden führen, die diese Gerade nicht schneiden (aber im Unterschied zur Kugel ist die Länge einer Strecke auf dem Hyperboloid nicht die üblichen Länge, sondern muss etwas komplizierter definiert werden).

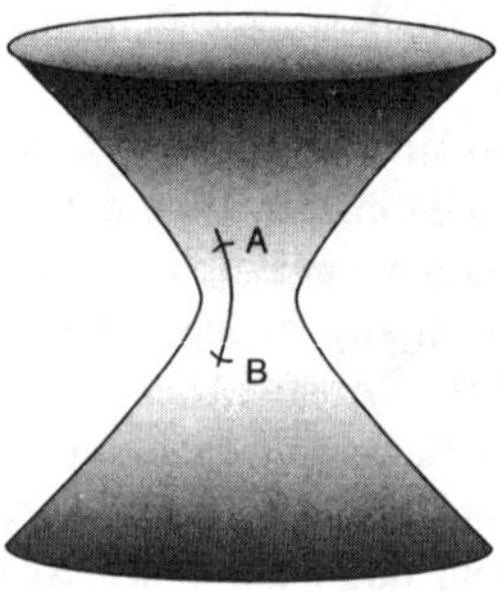

Abbildung 3

Jedem Punkt einer Fläche kann man eine Zahl zuordnen: die Krümmung der Fläche in diesem Punkt. In der Ebene ist die Krümmung in jedem Punkt gleich null. In allen Punkten der Sphäre ist die Krümmung positiv und gleich dem Kehrwert des Quadrats des Kugelradius. Auch bei einem Hyperboloid ist die Krümmung in allen Punkten gleich, allerdings negativ. Bei manchen weniger regelmäßigen Flächen variiert die Krümmung dagegen. Bezeichnet man die Geodäten dieser Flächen als »Geraden«, erhält man einen Raum, der in manchen Bereichen der euklidischen Geometrie zu gehorchen scheint (Krümmung null), in manchen der Riemannschen Geometrie (positive Krümmung) und in manchen der Lobatschewski-Bolyai-Geometrie (negative Krümmung).

Geodäten und Gravitation

In der klassischen Mechanik bewegen Objekte sich geradlinig fort, das heißt auf einer Geodäte der RAUM-ZEIT. Nähert sich ein Objekt einem anderen Objekt, erfährt es aufgrund der Gravitation eine Anziehung, und diese Kraft sorgt dafür, dass die Bahn des Objekts keine Geodäte mehr ist (siehe *Abbildung 4*).

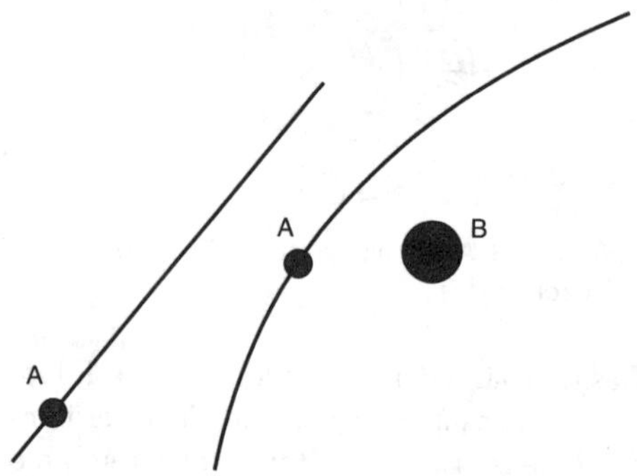

Abbildung 4

In der allgemeinen RELATIVITÄTSTHEORIE beschreibt man die Wirkung des Objekts *B* nicht im Sinne einer auf *A* einwirkenden Kraft, sondern als Veränderung der Krümmung der Raum-Zeit. Objekt *A* folgt danach stets den Geodäten der Raum-Zeit, aber diese Geodäten sind gekrümmt.

Die Geodäten des Universums

Die Oberfläche der Erde vermittelt uns eine anschauliche Vorstellung von einem Raum, in dem man ständig geradeaus gehen kann und schließlich dennoch an seinen Ausgangspunkt zurückkehrt (der Weg führt in diesem Fall über einen Großkreis der Erdkugel). Nicht so leicht können wir uns dagegen vorstellen, dass der Weltraum mit seinen Sternen und Galaxien eine ähnliche Eigenschaft besitzt. Wenn der Raum Massen enthält, die sich möglicherweise noch bewegen, hängt seine geometrische Struktur samt den dafür charakteristischen Geodäten nach der allgemeinen Relativitätstheorie von der Position und der Größe dieser Massen ab, und das Licht folgt den dadurch bestimmten Geodäten der Raum-Zeit. Falls das Universum »geschlossen« ist (siehe KOSMOLOGISCHES STANDARDMODELL), kehren die Geodäten in sich selbst zurück (wie die Großkreise einer Sphäre). Ein Lichtstrahl, der sich auf »geradem« Weg fortpflanzt, kehrt dann, nachdem er das Universum durchquert hat, an seinen Ausgangspunkt zurück (und das Universum kennt kein »außen«, so schockierend dieser Gedanke dem gesunden Menschenverstand auch erscheinen mag; siehe UNIVERSUM).

An der Oberfläche eines SCHWARZEN LOCHS, das bei einem Radius von weniger als einem Kilometer die Massen Dutzender von Sonnen in sich vereinigt, laufen die Geodäten auf Grund der extremen KRÜMMUNG der Raum-Zeit auf sehr kleinem Raum in sich selbst zurück; deshalb vermag das Licht einem Schwarzen Loch nicht zu entrinnen.

Geodynamik, chemische

→ ***chemische Geodynamik***

geographische Länge

Zur Vertiefung: ***Satelliten; Zeit***

Die Lage eines Punktes auf dem Erdball lässt sich durch seine geographischen Koordinaten, Länge und Breite, eindeutig bestimmen. Die beiden Begriffe scheinen untrennbar miteinander verbunden, und es mag verwundern, dass sich in diesem Lexikon nicht auch die *geographische Breite* als Stichwort findet. Der Grund liegt darin, dass die geographische Breite sich leicht durch die Messung der Höhe der Sonne um die Mittagszeit feststellen lässt, während sich Wissenschaftler und Erfinder über die Bestimmung der geographischen Länge lange Zeit den Kopf zerbrochen haben. Das Londoner Parlament und die Pariser Académie des sciences setzten für die Lösung dieses Problems mehrfach Preise aus, und 1795 schuf der französische Nationalkonvent eigens ein Bureau des longitudes (ein Amt für die Vermessung der geographischen Längen), das auch heute noch existiert (während es ein entsprechendes Amt für die geographischen Breiten niemals gegeben hat). Das Problem war in der Tat von entscheidender Bedeutung für die Anfertigung präziser Land- und vor allem Seekarten.

Die geographische Länge ist der Winkelabstand in Grad oder Stunden ($1\,h=15°$) zwischen dem Meridian des betreffenden Ortes und einem willkürlich festgelegten Bezugs- oder Nullmeridian (lange Zeit der von Paris). Im Prinzip genügt es, die Differenz zwischen der Ortszeit und der Zeit des Nullmeridians zu bilden, um die geographische Länge eines Ortes zu bestimmen. Die Ortszeit stellte kein Problem dar, doch wie sollte man auf dem Meer die Pariser Zeit feststellen? Eine Möglichkeit bestand in der Nutzung eines Phänomens, das sich überall auf der Erde beobachten ließ und aus dem man die Pariser Zeit berechnen konnte. Die häufige Verfinsterung der vier von Galilei entdeckten Jupitermonde erfüllte lange Zeit diese Aufgabe, doch die Präzision reichte nicht aus.

Eine offenkundige Lösung lag darin, eine Uhr mit an Bord zu nehmen, auf der man die Pariser Zeit festhielt, aber man kann sich leicht ausmalen, welche verheerende Wirkung der Seegang auf eine Pendeluhr haben musste. Letztlich waren es dann doch Uhrmacher, die sich die ausgesetzten Preise verdienten, indem sie zwischen 1760 und 1770 die modernen Schiffschronometer schufen und verbesserten. Der Einsatz von Schiffschronometern, deren Gang durch regelmäßige Radiosignale korrigiert wurde, hielt sich bis in die jüngste Zeit. Heute kann jeder Freizeitsegler seine exakte Position mit Hilfe der Signale bestimmen, die er von den SATELLITEN des *Global Positioning System* (GPS) erhält.

Geometrie

Zur Vorbereitung: ***Kurve; projektive Ebene***
Zur Vertiefung: ***Invarianz; Krümmung; Symmetrie; Topologie***

Die Anfänge der Geometrie

Der Ausdruck »Geometrie« stammt von einem griechischen Wort, das »Landvermessung« bedeutet. Nach Herodot verdanken wir die Geometrie den altägyptischen Landvermessern, die nach jeder Überschwemmung die Felder an den Ufern des Nil neu vermessen mussten, um die Steuern festzusetzen. Die ägyptische Geometrie bestand im Wesentlichen aus Regeln, mit deren Hilfe sie (zum Teil nur näherungsweise) die Fläche von Dreiecken, Vierecken und Kreisen sowie das Volumen bestimmter Körper und die Neigung von Pyramiden bestimmen konnten. In Mesopotamien war die Geometrie bereits etwas weiter fortgeschritten; die Babylonier kannten schon den Satz des Pythagoras und vermochten die Fläche einiger regelmäßiger POLYGONE zu berechnen. Ab dem 5. vorchristlichen Jahrhundert finden sich auch in indischen Schriften über den Bau von Opferaltären Hinweise auf angewandte Geometrie; bei der Konstruktion von Rechtecken benutzte man den Satz des Pythagoras. Die älteste chinesische Quelle zur Mathematik stammt vom Beginn des christlichen Zeitalters und enthält elaborierte geometrische Kenntnisse, darunter ein ganzes Kapitel über rechtwinklige Dreiecke.

Ab dem 5. Jahrhundert v. Chr. machten die griechischen Mathematiker sich an eine vollständige Erneuerung der Geometrie; sie führten den BEWEIS ein, mit dessen Hilfe sich vollkommen exakte, universelle Eigenschaften aus einer kleinen Zahl anerkannter, in so genannten AXIOMEN niedergelegter Eigenschaften ableiten lassen. Die Elemente des Euklid, die um 300 v. Chr. entstanden, bieten eine systematische, am Beweis orientierte Darstellung der mathematischen Grundlagen der Zeit, wobei die Geometrie eine beherrschende Rolle spielt. Auch weitere große Werke zur Geometrie sind aus dieser Zeit erhalten geblieben, etwa die Schriften des Archimedes (3. Jahrhundert v. Chr.), in denen von Kurven begrenzte Flächen mit geradlinig begrenzten sowie verschiedene Volumen von Körpern miteinander verglichen werden (siehe INTEGRATION); zu erwähnen sind hier auch die Abhandlungen des Appollonius über Kegelschnitte (Ende des 3. Jahrhundert v. Chr.).

Ab dem 9. Jahrhundert griffen arabische Mathematiker die griechische Tradition auf und entwickelten die von Archimedes übernommenen Methoden weiter. Sie führten den neuen Gedanken der geometrischen Transformation ein (AFFINITÄT, Projektion), der die Geometrie revolutionierte und sie bis zum 17. Jahrhundert aus einer Wissenschaft der Figuren zu einer Wissenschaft des Raumes machte.

Im 17. Jahrhundert erkannte René Descartes, dass die Wahl einer Längeneinheit die Möglichkeit eröffnet, das Produkt zweier Strecken als Strecke zu verstehen; bis dahin hatte man solch ein Produkt stets nur als Rechteck begreifen können. So konnte er mit Strecken ebenso rechnen wie mit Zahlen beliebiger Potenz und jene Klasse von Kurven in die Geometrie einführen, die wir heute als algebraische Kurven bezeichnen. Diese sind durch eine algebraische Gleichung charakterisiert, welche die beiden Koordinaten eines beliebigen Kurvenpunktes miteinander verknüpft. Unabhängig von Descartes hatte Pierre de Fermat die Analyse von Kurven mit Hilfe von Koordinaten und Gleichungen entwickelt.

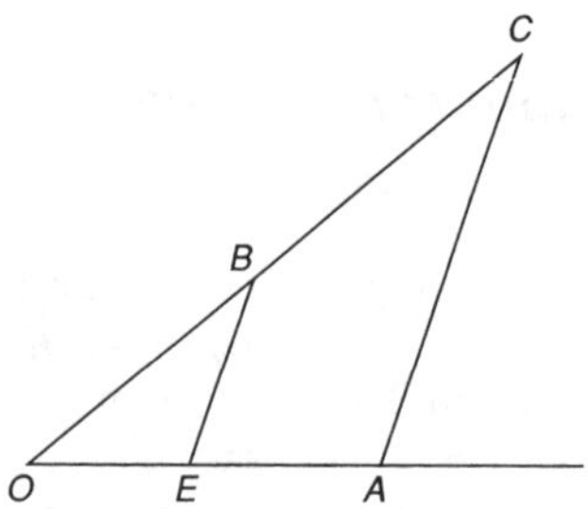

Abbildung 1 Die Strecke *OE* repräsentiert die Einheit, die Strecke *OC* das Produkt der Strecken *OA* und *OB*.

Gleichfalls im 17. Jahrhundert entwickelte Girard Desargues die Grundgedanken der projektiven Geometrie. Danach haben zwei parallele Geraden einen unendlich fernen Punkt gemeinsam (siehe PARALLELEN); die Ebene wird daher durch unendlich ferne Punkte ergänzt, die den verschiedenen Richtungen der Geraden entsprechen; und diese Punkte befinden sich auf einer unendlich fernen Geraden. Desargues ging es bei seiner Arbeit um eine einheitliche Theorie der KEGELSCHNITTE; in der projektiven Ebene unterscheiden Ellipse, Parabel und Hyperbel sich voneinander nur durch ihre Lage gegenüber der unendlich fernen Geraden (siehe *Abbildung 2*). Erst im 19. Jahrhundert erlebte die projektive Geometrie einen weiteren Entwicklungsschub.

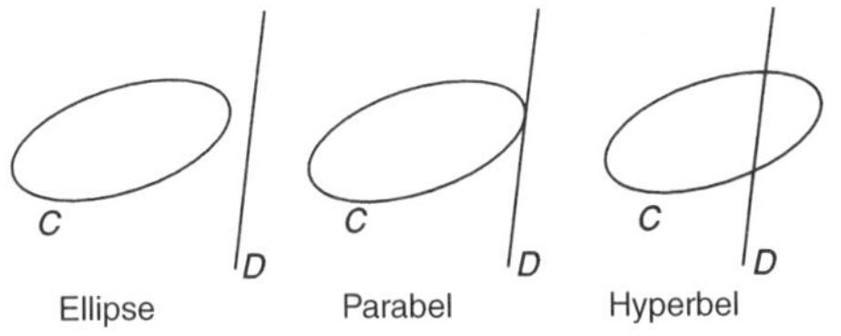

Abbildung 2 Ellipse, Parabel und Hyperbel. *D* ist die unendlich ferne Gerade, *C* ein Kegelschnitt.

Die Erforschung der lokalen Eigenschaften ebener KURVEN (Konstruktion der Tangente, KRÜMMUNG usw.) öffnete den Weg für die Differentialrechnung. Daneben untersuchte die Integralrechnung (siehe INTEGRATION) die Quadratur der Kurven (Berechnung der von ihnen begrenzten Flächen) oder ihre Rektifizierung (Berechnung der Länge eines Kurvenstücks). Im 18. Jahrhundert untersuchte man mit denselben Techniken (Koordinaten und Differentialrechnung) auch räumliche Kurven (die nicht in einer Ebene liegen) und Flächen.

Einen neuerlichen Aufschwung erlebte die Geometrie Ende des 18. Jahrhunderts mit neuen Methoden auf der Basis von Koordinatensystemen (synthetische Geometrie). Die Neuerer dieser Zeit, darunter Gaspard Monge, Lazare Carnot und Victor Poncelet, standen sämtlich den Ingenieurwissenschaften nahe.

Die Geometrie im 19. Jahrhundert

Im 19. Jahrhundert erlebte die Geometrie eine explosionsartige Entwicklung, die zahlreiche Bereiche betraf: projektive Geometrie und synthetische Methoden, die Entdeckung der nichteuklidischen Geometrie, die Schaffung einer inneren Differentialgeometrie, die Geometrie von Räumen beliebiger Dimension, Vektormethoden, die Anwendung der Gruppentheorie auf die Geometrie und die algebraische Geometrie.

Die nichteuklidische Geometrie ist das Ergebnis einer mehr als zweitausendjährigen Auseinandersetzung mit der Theorie der PARALLELEN. Euklids fünftes Postulat, das Parallelität auf eine Winkeleigenschaft zurückführen sollte (und gleichbedeutend mit der Tatsache ist, dass die Summe der Winkel in einem Dreieck zwei rechte Winkel beträgt), erschien den Mathematikern wenig natürlich; daher suchten sie nach einem Beweis für dieses Postulat. Schon im 10. Jahrhundert nahmen diese Versuche die Form einer *reductio ad absurdum* an, das heißt, man versuchte, aus dem logischen Gegenteil der Hypothese einen Widerspruch abzuleiten (siehe ABSURD). Anfang des 19. Jahrhunderts gelangten dann manche Mathematiker zu der Überzeugung, dass solche Versuche vergebens sind und dass sich aus der Negation des Euklidschen Postulats eine Geometrie entwickeln lässt, die ebenso widerspruchsfrei ist wie die euklidische. Dabei kam ihnen die Analogie dieser neuen Geometrie mit der sphärischen Geometrie zu Hilfe (in der die Winkelsumme eines Dreiecks größer als zwei rechte Winkel ist). Diese Entdeckung ist deshalb sehr wichtig, weil sie die absolute Begründung der Geometrie in Frage stellte; von nun an konnte man dagegen fragen, welche Geometrie sich für die Darstellung des physikalischen Raumes am besten eignet, und diese Frage lässt sich nur empirisch beantworten.

Die Differentialgeometrie wendet die Instrumente der Differential- und Integralrechnung auf Kurven und Flächen an. Carl Friedrich Gauß kam auf die Idee, eine innere Differentialgeometrie der Flächen zu entwickeln, und zwar möglicherweise im Anschluss an eigene Arbeiten auf dem Gebiet der Geodäsie, in der die Oberfläche der Erde untersucht wird. In solch einer Geometrie achtet man nicht darauf, wie eine Fläche in den Raum eingebettet ist, sondern berücksichtigt lediglich Messungen, die innerhalb der Fläche vorgenommen werden (darum spricht man von einer »inneren« Geometrie). Die wichtigste Entdeckung besagt, dass es ein inneres Maß für die KRÜMMUNG einer Fläche gibt. Die innere Differentialgeometrie wurde in der Folgezeit von Bernhard Riemann auf alle Dimensionen erweitert.

Um diese Erweiterung zu verstehen, müssen wir höhere Dimensionen betrachten. Der Gedanke, eine Geometrie für mehr als dreidimensionale Räume zu schaffen, entstand im 19. Jahrhundert und setzte sich schon bald durch. Die Idee liegt recht nahe, wenn man bedenkt, dass man bei vielen mechanischen Systemen eine große Zahl von Parametern benötigt, um den Ausgangszustand zu erfassen. Ein System, das aus n Punkten im Raum besteht, lässt sich durch $3n$ Koordinaten erfassen, und man benötigt bereits $6n$ Koordinaten, wenn man Position und Impuls jedes Punktes erfassen will (das geometrische Objekt, in dem man Position und Impuls gleichzeitig darstellt, wird als Phasenraum bezeichnet). Weisen die Punkte r unabhängige Verbindungen auf, lässt jede Verbindung die Zahl der Parameter um 1 sinken, so dass die Dimension der Teilmenge S von $\mathbb{R}^{3n}$, die es gestattet, die Lage des Systems darzustellen, lediglich $3n-r$ beträgt. Ebenso wird die Position einer aus Hebeln und Rädern bestehenden Maschine durch einen Punkt einer bestimmten Mannigfaltigkeit dargestellt, deren Geometrie die möglichen Bewegungen der Maschine bestimmt; praktische Bedeutung kommt solchen Vorstellungen im Bereich der Robotik zu. Weitere Beispiele stammen aus der Geometrie selbst: Eine Gerade des projektiven Raums (das heißt des gewöhnlichen, um unendlich ferne Punkte erweiterten Raums) lässt sich durch sechs homogene Koordinaten erfassen, zwischen denen eine Relation zweiten Grades besteht. Das heißt, eine Gerade wird durch einen Punkt einer Quadrik G in einem projektiven Raum der Dimension 5 dargestellt; die Quadrik G ist vierdimensional und wird als Grassmannsche Quadrik bezeichnet.

Riemann schlug als Rahmen für die Geometrie den Begriff einer n-dimensionalen Mannigfaltigkeit vor. Lokal handelt es sich dabei um einen Bereich aus $\mathbb{R}^n$; die globale Struktur erhält man, indem man Stücke dieses lokalen Typs in geeigneter Weise zusammenfügt. Für die Zwecke der Geometrie stattet man diese Mannigfaltigkeit mit einer METRIK aus, die es erlaubt, den Tangentialvektoren und den Kurven innerhalb dieser Mannigfaltigkeit eine Länge zuzuordnen und den Winkel zwischen zwei Tangentialvektoren in ein und demselben Punkt zu messen. Die Länge eines Tangentialvektors in einem Punkt ist bezüglich dieses Vektors eine quadratische Form, das heißt, drückt man sie durch Koordinaten aus, erhält man ein homogenes Polynom zweiten Grades. Mannigfaltigkeiten, die mit solch einer Metrik ausgestattet sind, werden als Riemannsche Mannigfaltigkeiten bezeichnet.

Die nichteuklidische Geometrie ist die Geometrie einer dreidimensionalen Riemannschen Mannigfaltigkeit mit konstanter negativer Krümmung. Die Riemannsche Geometrie ist im 20. Jahrhundert beträchtlich weiterentwickelt worden; sie besitzt bedeutende Anwendungen in der Mechanik und in der allgemeinen RELATIVITÄTSTHEORIE.

Ein großer Teil der geometrischen Eigenschaften basiert auf dem Gedanken der Symmetrie; dieser Gedanke wurde im 19. Jahrhundert im Rahmen der Gruppentheorie mathematisiert. In einer berühmten Schrift aus dem Jahr 1872 (die zwei Jahrzehnte später weithin Aufmerksamkeit fand) entwickelte Felix Klein seine Konzeption der Geometrie als Menge der Eigenschaften, die bei der Anwendung einer bestimmten Gruppe von Transformationen auf die Punkte eines Raumes invariant bleiben. So ist die ebene projektive Geometrie definiert durch die Anwendung der Gruppe der projektiven Transformationen auf die PROJEKTIVE EBENE.

Die affine Geometrie , also die Geometrie des affinen Raumes (siehe VEKTOR), lässt sich aus der projektiven Geometrie ableiten, indem man in der Ebene eine unendlich ferne Gerade D wählt; die affine Gruppe besteht aus den projektiven Transformationen, die D invariant lassen, das heißt, die jeden unendlich fernen Punkt in einen unendlich fernen Punkt transformieren. In der affinen Geometrie kann man daher von der Parallelität zweier Geraden sprechen (aber es handelt sich nicht um eine projektive Eigenschaft). Die metrische Geometrie erhält man, indem man die Gruppe auf die Ähnlichkeitstransformationen beschränkt: Man bestimmt eine Orthogonalitätsrelation zwischen den Richtungen der Geraden, und die Ähnlichkeitstransformationen sind dann jene, bei denen die Orthogonalität erhalten bleibt.

Man kann die ebene nichteuklidische Geometrie auch als Ableitung der projektiven Geometrie betrachten; die Punkte liegen dann sämtlich innerhalb eines Kegelschnitts Ω der projektiven Ebene, und die Gruppe ist die der projektiven Transformationen, bei denen Ω invariant bleibt. In der Riemannschen Geometrie ist die Gruppe der globalen Transformationen, bei denen die Metrik erhalten bleibt, in der Regel zu klein, das heißt, es gibt keine Transformationen, die es gestatten, von einem beliebigen Punkt zu jedem beliebigen anderen überzugehen; bei zwei Dimensionen etwa besitzt eine beliebige Fläche keinerlei Symmetrie. Es gibt lediglich eine infinitesimale Symmetrie, und zwar in jedem Tangentialraum zur betrachteten Riemannschen Mannigfaltigkeit; die Tangentialräume selbst haben eine euklidische Struktur.

Die algebraische Geometrie ist aus der Erforschung ebener algebraischer KURVEN hervorgegangen. Neuen Auftrieb erhielt diese Forschung durch Riemanns Arbeiten zu den algebraischen Funktionen einer Variablen und den Integralen dieser Funktionen (die auch als Abelsche Integrale bezeichnet werden). Ende des 19. Jahrhunderts machte man sich mit denselben Methoden auch an die Erforschung der algebraischen Funktionen zweier Variablen und der zugehörigen Integrale; diese Untersuchungen sind eng mit der Erforschung der algebraischen Flächen verbunden. Die Geometrie dieser Flächen hat sich als äußerst reich und kompliziert erwiesen.

Die Geometrie im 20. Jahrhundert

In den letzten Jahren des 19. Jahrhunderts entstand ein neuer Zweig der Geometrie, der auf Arbeiten Henri Poincarés zurückging: die TOPOLOGIE, deren erste Begriffe Riemann bei seiner Untersuchung algebraischer Funktionen einer Variablen eingeführt hatte. In der Topologie gelten zwei geometrische Objekte als äquivalent, wenn man eine bijektive Zuordnung zwischen ihnen herstellen kann, die außerdem benachbarte Punkte miteinander verknüpft. So sind ein Kubus und eine Kugel äquivalent (man sagt auch »homöomorph«), aber ein Torus ist nicht mit einer Kugel äquivalent (siehe *Abbildung 3*). Die Entwicklung der Topologie war eine der wichtigsten Aufgaben der Mathematiker im 20. Jahrhundert.

Abbildung 3

Ein weiterer neuer Zweig, der gleichfalls auf Henri Poincaré zurückgeht, ist die Theorie DYNAMISCHER SYSTEME, in der man auf qualitative und globale Weise die Geometrie der Lösungen von Differentialgleichungen untersucht (siehe GLEICHUNG). Die Theorie der Singularitäten differenzierbarer Abbildungen und die Katastrophentheorie sind benachbarte Zweige der Geometrie (siehe SINGULARITÄT und KATASTROPHE).

Neben dem topologischen Begriff der DIMENSION, die ganzzahlige Werte annimmt, definierte Felix Haussdorff 1919 auch eine Dimension metrischen Charakters (siehe METRIK), die jeden beliebigen reellen Wert annehmen kann. Die metrischen Räume, deren Hausdorff-Dimension nicht gleich der topologischen Dimension ist, haben kürzlich unter der Bezeichnung »Fraktale« (siehe DIMENSION) erneutes Interesse gefunden; auf Grund ihres unebenen Charakters eignen sie sich gut zur Darstellung bestimmter physikalischer Objekte.

Auch die algebraische Geometrie hat sich in verschiedene Richtung intensiv weiterentwickelt. Italienische Mathematiker erarbeiteten eine Klassifikation der algebraischen Flächen, die in den 1950er Jahren von Kodaira Kunihiko präzisiert und auf analytische Flächen ausgedehnt wurde. In der Zwischenzeit war neben der algebraischen auch eine »analytische Geometrie« entstanden; ihre Objekte sind zum Beispiel Kurven oder Flächen, die durch analytische Gleichungen definiert werden, bei denen die Polynome durch analytische Funktionen ersetzt sind (siehe ANALYSIS).

In einer Denkschrift interpretierte Poincaré 1901 bestimmte diophantische Gleichungen (siehe ARITHMETIK) mit Hilfe der Geometrie der so genannten elliptischen Kurven (vom Geschlecht 1); das war der Beginn einer fruchtbaren Wechselwirkung zwischen der Arithmetik und der algebraischen Geometrie. Sie führte zur Schaffung einer »abstrakten« algebraischen Geometrie, in der die Koeffizienten der Gleichungen und die Koordinatenwerte keine (reellen oder komplexen) ZAHLEN mehr sind, sondern Elemente beliebigen Körpers. Anfang der 1960er Jahre legte Alexandre Grothendieck sogar die Grundlagen einer noch allgemeineren Geometrie, in der die Koeffizienten der Gleichungen einem beliebigen kommutativen RING angehören; diese Geometrie umfasst einen großen Teil der algebraischen Zahlentheorie als Spezialfall.

In den gewöhnlichen Räumen, die aus Punktemengen bestehen, ist jede Koordinate die Funktion eines Punktes, die bestimmte Zahlenwerte annimmt. Da die Multiplikation der Zahlen kommutativ ist, gilt dasselbe auch für die Koordinaten. Anfang der 80er Jahre entdeckte Alain Connes, dass es bestimmte Situationen gibt, in denen man keine Koordinatenfunktionen benutzen kann (weil sie notwendig konstant sind), deren Geometrie man aber trotzdem untersuchen kann. Zu diesem Zweck entwickelte er nichtkommutative Koordinatenalgebren. Bei dieser Methode kann man Koordinaten nicht mehr als Funktionen von Punkten und Räume nicht mehr als Mengen von Punkten begreifen; aber man kann dennoch für diese »nichtkommutativen Räume« eine Theorie der INTEGRATION und eine Differentialgeometrie entwickeln. Die nichtkommutative Geometrie eignet sich besonders gut für die QUANTENPHYSIK, in der die beobachtbaren Größen eine nichtkommutative Algebra bilden; kürzlich hat man sie um den Begriff der Quantengruppe erweitert, der die Symmetrieeigenschaften berücksichtigt.

Gegenwärtig ist die Geometrie der beherrschende Zweig der Mathematik; die aktivsten Bereiche der Mathematik sind sämtlich mehr oder weniger tiefgreifend geometrisiert.

Geowissenschaften

Zur Vertiefung: ***Erdalter; Erdaufbau; Erdmodelle; Plattentektonik***

Physik und Chemie erforschen allgemeine Phänomene, die sich im Prinzip überall und jederzeit reproduzieren lassen. Uranium zerfällt auf dem Mars in absolut derselben Weise wie auf der Erde und wird auch in einer Milliarde Jahren auf dieselbe Weise zerfallen wie vor einer Milliarde Jahren. Wasser als Verbindung aus Wasserstoff und Sauerstoff hat stets dieselben Eigenschaften, ganz gleich unter welchen Bedingungen die Verbindung entstanden ist. Die Wissenschaften vom Leben erforschen bleibende Merkmale, und selbst wenn es keine zwei vollkommen identischen Stubenfliegen gibt, sind sie einander doch so ähnlich, dass man bei ihrer Erforschung zu reproduzierbaren Ergebnissen gelangen kann.

Ganz anders stehen die Dinge in den Geowissenschaften. Zunächst einmal gibt es nur eine Erde, und auch wenn die vergleichende Erforschung der Planeten interessante Erkenntnisse beizusteuern vermag, haben diese Erkenntnisse doch denselben Status wie Informationen über die chinesische Sprache, die man aus einer vergleichenden Erforschung der übrigen asiatischen Sprachen gewinnen könnte: Sie ersetzen nicht die Kenntnis des Chinesischen. Des weiteren ist die Erde ein System, das sich in Entwicklung befindet und nicht schon immer existiert hat; deshalb sind die Geowissenschaften notwendig historische Wissenschaften, oder zumindest müssen sie die Entwicklung ihres Forschungsgegenstandes stets im Auge behalten. Schließlich besteht die Erde aus festen, flüssigen und gasförmigen Schalen (siehe ERDAUFBAU), die in ständiger Wechselwirkung miteinander stehen und untereinander sowohl ENERGIE als auch Drehimpuls austauschen. Das hat zur Folge, dass die verschiedenen Geowissenschaften nicht unabhängig voneinander sind. Streng genommen könnte man sagen, dass es nur eine Geowissenschaft gibt, die aus zahlreichen Fachgebieten und Teildisziplinen besteht.

Es wäre mühsam und auch kaum sinnvoll, sämtliche Fachgebiete und Teildisziplinen der Geowissenschaften aufzulisten (dabei liefe man nur Gefahr, die eine oder andere zu vergessen und damit die betreffenden Fachwissenschaftler vor den Kopf zu stoßen). Wir wollen daher lediglich versuchen, die wichtigsten Geowissenschaften zu nennen und ihre wesentlichen Merkmale aufzuzeigen.

Geologie und Geochemie

Ehre, wem Ehre gebührt; deshalb wollen wir mit der Geologie beginnen, der ältesten unter den Erdwissenschaften und der Mutter aller übrigen (ihre Anhänger behaupten übrigens gerne, sie sei »die« Geowissenschaft schlechthin). Die Geologie ist eine historische Disziplin, die sich mit der Abfolge der Schichten (Stratigraphie), der Beschreibung der Strukturen (strukturelle Geologie), den MINERALIEN (Mineralogie), den GESTEINEN (Petrologie), der GEBIRGSBILDUNG und den Deformationen der Erdkruste (Tektonik) befasst. Die Geologie, die lange Zeit ausschließlich deskriptiv arbeitete, erlebte in den 1960er Jahren einen Umbruch, als die Theorie der Plattentektonik sich als globaler Rahmen durchsetzte, in den die Probleme dieser Wissenschaft eingefügt werden müssen. Seither greift sie auf alle physikalischen und chemischen Fachgebiete zurück. Vor allem die Geochemie ist für Geologen heute unerlässlich, wenn sie Schichten und Gesteine zeitlich einordnen (siehe DATIERUNG) oder die Zusammensetzung der Oberflächengewässer untersuchen oder die Prozesse der EROSION, des Transports und der Ablagerung erforschen wollen. Petrologie und Lagerstättenkunde benötigen die Geochemie, um die Entstehung von Gesteinen und Erzlagerstätten zu verstehen; die Bodenkunde ist auf sie angewiesen, wenn sie die Entwicklung von Böden nachvollziehen möchte. Aber die Geochemie hat auch ihren eigenen Gegenstandsbereich, insbesondere soweit es die Bildung der Erde, der Erdkruste und des Erdkerns (siehe CHEMISCHE GEODYNAMIK) oder die Kreisläufe der chemischen Elemente zwischen den verschiedenen Schalen des Erdkörpers betrifft.

Paläontologie

Die Paläontologie war lange Zeit die Königin der Geologie. Denn durch die Erforschung der FOSSILIEN konnte man die verschiedenen Schichten nach ihrem Alter ordnen. Da sie in dieser Funktion heute weitgehend durch physikalische Datierungsverfahren verdrängt worden ist (siehe DATIERUNG), wendet sie sich verstärkt den biologischen Wissenschaften und den Problemen der biologischen EVOLUTION zu.

Geophysik und Geodäsie

Was ihr Alter angeht, kann die Geodäsie es mit der Geologie durchaus aufnehmen. Die Geodäsie befasst sich mit der Vermessung der Erde. Schon im 3. Jahrhundert vor Christus hatte Eratosthenes den Erdumfang recht genau berechnet. Große Mathematiker (wie Isaac Newton, Alexis Clairaut und Pierre Louis Moreau de Maupertuis) interessierten sich für die Form (oder Gestalt) der Erde (siehe ERDGESTALT). Dank der Raumfahrt haben sich der Geodäsie ganz neue Möglichkeiten eröffnet, denn heute kann sie auf Daten (etwa zu den Höhenverhältnissen oder zum Gravitationsfeld) zurückgreifen, die mit Beobachtungs- und Messsatelliten gesammelt werden.

Die Geophysik des Erdinneren nutzt die Errungenschaften der Physik und der Mathematik für das Verständnis des Aufbaus und der Funktionsweise unserer Erde. Die Seismologie untersucht die Ausbreitung der seismischen WELLEN im Erdinnern und zieht daraus Schlüsse über den inneren Aufbau der Erde (siehe ERDAUFBAU und ERDMODELLE). Zusammen mit der Tektonik (Seismotektonik) erforscht sie auch die ERDBEBEN. Die Geomagnetik befasst sich mit dem Erdmagnetismus und der schwierigen Frage nach der Entstehung des Erdmagnetfeldes im Erdkern (siehe MAGNETISMUS und DYNAMO). Die Paläomagnetik (siehe PALÄOMAGNETISMUS) unterstützt die Geologen bei der Klärung der Frage, wie die verschiedenen tektonischen Platten der Erdkruste sich in der Vergangenheit verschoben haben; den Spezialisten für die Erforschung des Erddynamos liefert sie Informationen über das Verhalten des Erdmagnetfeldes bei dessen Umkehrungen. Die Physik des Erdaufbaus ist ein jüngeres Fachgebiet, das die Physik der Mineralien zur Verfeinerung der mineralogischen und thermischen Erdmodelle einsetzt; sie stützt sich in weiten Teilen auf Laborversuche, bei denen es sich vielfach um Hochdruckexperimente handelt (experimentelle Petrologie). Die moderne Vulkanologie verbindet die geologische Erforschung der VULKANE einerseits mit der Beschreibung ihrer Ausbrüche und Eruptionsprodukte, andererseits mit der Physik der Eruptionsprozesse.

Ein weiterer Teil der Geophysik befasst sich mit den beiden äußeren Hüllen der Erde (Wasser und Atmosphäre); die zugehörigen Teildisziplinen haben es mit sehr viel kürzeren Zeiträumen zu tun als die Geophysik des Erdinnern, und ihre Forschungsobjekte sind den Menschen unmittelbarer zugänglich. Zu diesen Teilgebieten der Geophysik gehören unter anderem: die Meteorologie und die Klimatologie, die sich mit der Physik der ATMOSPHÄRE befassen (siehe WETTERVORHERSAGE und KLIMA), die Glaziologie oder Gletscherkunde (siehe EIS), die Hydrologie oder Gewässerkunde (siehe FLUSS) und die Ozeanographie oder Meereskunde (siehe OZEAN).

Geschlecht

Zur Vertiefung: ***Gameten; Reproduktion; Zeugung; Zygote***

Als sich vor vermutlich weniger als einer Milliarde Jahren neben dem Reproduktionsprozess, durch den ein Organismus ein ihm identisches Wesen hervorbringt, die geschlechtlichen Fortpflanzung entwickelte, bei der zwei Individuen ein drittes, von ihnen beiden verschiedenes Lebewesen zeugen, machte dies zwar den Mechanismus der Vermehrung erheblich komplizierter, hatte aber den Vorteil, immer neue Individuen hervorzubringen. Dank der geschlechtlichen Fortpflanzung konnten Populationen ihre Diversität erhöhen, die ihren Hauptreichtum darstellt. Denn durch diese Vielfalt verfügt das Kollektiv über eine Reserve an Merkmalen, die ihm seine ständige Anpassung an veränderte Umweltbedingungen erleichtern. Unter diesen Merkmalen mag es manche geben, die anfangs für die Art scheinbar untauglich sind, ihr aber dennoch eine neue Ausrichtung verleihen und helfen können, eine Schwelle in der Geschichte ihrer Evolution zu überwinden. So stellte zum Beispiel für unsere fernen Vorfahren unter den Primaten der Verlust der Fähigkeit, sich von Baum zu Baum zu hangeln, ein schweres Handicap für das Leben im tropischen Urwald dar, erwies sich aber als Vorteil, sobald klimatische Veränderungen die Savanne zum wirtlichen Lebensraum machten.

Die Verschiedenheit der Individuen erwächst aus der Tatsache, dass sich bei der geschlechtlichen Fortpflanzung in den Vererbungsprozess der biologischen Informationen zwischen die Erzeuger und ihre Nachkommen Vermittler einschalten: die Gameten, nämlich Ei- und Spermazellen. Bei der Bildung der Gameten wird das genetische Material des Individuums nach einer Zufallsauswahl auf die Hälfte reduziert. Daher enthalten zwei Gameten desselben Individuums unterschiedliche genetische Informationen. Aufgrund dieser Zufallsauswahl ist das Resultat unvorhersehbar. In einer Spezies wie der unseren hat jedes Individuum für mindestens tausend Merkmale jedes Gen in zwei verschiedenen Exemplaren oder ALLELEN von seinen Eltern geerbt. Die Zahl der verschiedenen Gameten, die es produzieren könnte, beträgt mehr als 2^{1000} (ca. 10^{300}), also erstaunlicherweise mehr als die theoretische Zahl aller Atome des Universums, die auf 10^{70} geschätzt wird.

Ein Teil dieser Kombinationsmöglichkeiten ginge verloren, wenn die beiden Gameten, die bei der Zeugung verschmelzen, vom selben Individuum stammten. Diese Möglichkeit wird jedoch durch die Aufteilung der Population in männlich und weiblich verhindert, wobei sich nur zwei Gameten vereinigen können, die von Individuen unterschiedlichen Geschlechts stammen. In dieser Trennung besteht die wesentliche Funktion des Geschlechts, das jedem Individuum zugewiesen ist.

Allerdings gilt diese Untergliederung nicht für alle Arten; bei manchen sind zwar die Gameten unterschiedlichen Geschlechts, nicht aber die Individuen: Sie sind Hermaphroditen oder Zwitter. So gibt es zwittrige Pflanzen, bei denen ein Teil der Blüten weibliche, ein anderer Teil männliche Keimzellen trägt, was eine Selbstbefruchtung möglich macht. Bei zwittrigen Tieren wie Schnecken bilden sich Ei- und Samenzellen in unterschiedlichen Organen aus, deren Anordnung eine Selbstbefruchtung ausschließt. In diesem Fall bleibt die Diversität gewährleistet, die jedes Individuum einzigartig sein läßt (außer bei eineiigen Zwillingen).

Über die Zugehörigkeit eines Individuums zu einem der beiden Geschlechter entscheidet bei entwickelten Arten ein Chromosomenpaar, das mit den Buchstaben X und Y bezeichnet wird. Wenn das Individuum zwei X-Chromosomen erhält, gehört es dem einen der beiden Geschlechter an (beim Menschen und bei den meisten Tierarten dem weiblichen). Erbt es ein X- und ein Y-Chromosom, gehört es dem anderen Geschlecht an (beim Menschen dem männlichen). Bei der Befruchtung tragen die Gameten eines Individuums mit dem GENOTYP (XX) alle ein X-Chromosom, das aus der Rekombination der beiden mütterlichen X-Chromosomen hervorgegangen ist. Bei Individuen mit dem Genotyp (XY) trägt dagegen die Hälfte der produzierten Gameten ein X-Chromosom und die andere Hälfte ein Y-Chromosom, das jeweils eine vollständige Reproduktion des väterlichen X- beziehungsweise Y-Chromosoms darstellt. Bei Arten wie der unseren entscheidet somit das Spermium über das Geschlecht des gezeugten Individuums.

Das X-Chromosom des Menschen ähnelt den größten der übrigen (so genannten autosomen) Chromosomen, die bei Männern wie Frauen paarweise vorkommen. Dagegen ist das Y-Chromosom, das nur Männer besitzen (und zwar als Einzelexemplar), besonders klein. Da der Chromosomenunterschied zwischen den Geschlechtern es wesentlich erleichtert, die Lage der Gene auf dem X-Chromosom zu erforschen, war die »Genkarte« dieses Chromosoms als erste recht weitgehend erstellt.

Das ALLEL eines Gens gilt als rezessiv, wenn es sich nur dann in einem sichtbaren Merkmal ausdrückt, sobald es in zwei Exemplaren, also auf beiden homologen Chromosomen eines Paares, vorkommt. Aufgrund der chromosomalen Asymmetrie zwischen Männern und Frauen ist die Häufigkeit von so genannten geschlechtsgekoppelten Merkmalen, die von Allelen der Gene auf dem X-Chromosom codiert werden, bei Männern wesentlich höher als bei Frauen. Bei einem Mann genügt es, ein rezessives Allel auf seinem einzelnen X-Chromosom zu haben, um das entsprechende Merkmal auszuprägen, während Frauen dieses Allel auf beiden X-Chromosomen aufweisen müssen. Die Wahrscheinlichkeit, dass dieses Merkmal bei einem Mann auftritt, entspricht somit der Frequenz des entsprechenden Allels in der Population, während die Wahrscheinlichkeit bei Frauen gleich dem Quadrat dieser Frequenz ist.

Das ist zum Beispiel der Fall bei der Hämophilie (Bluterkrankheit), ausgelöst von dem rezessiven Allel eines Gens, das einen Blutgerinnungsfaktor codiert und auf dem X-Chromosom liegt. Dieses Allel, das wir hier mit dem Buchstaben h bezeichnen wollen, kommt in der europäischen Bevölkerung mit einer Häufigkeit von 1/10000 vor. Um an Hämophilie zu leiden, muss eine Frau dieses Allel h in zwei Exemplaren erhalten haben, also den Genotyp (hh) aufweisen. Die Wahrscheinlichkeit für dieses Ereignis ergibt sich aus dem Hardy-Weinberg-Gesetz (siehe PANMIXIE): Sie entspricht dem Quadrat der Frequenz dieses Allels h und beträgt demnach 1/100000000. Die Häufigkeit hämophiler Frauen geht also praktisch gegen null. Ein Mann leidet dagegen bereits an der Bluterkrankheit, wenn er das Allel h nur auf seinem einzelnen X-Chromosom hat: Daher ist einer von 10000 Männern hämophil. Ein ähnliches Ungleichgewicht ist bei anderen Merkmalen festzustellen, die an das Geschlechtschromosom gebunden sind, z. B. die Rot-Grün-Blindheit.

Die Vererbung geschlechtsgekoppelter Merkmale erscheint etwas paradox: In der Nachkommenschaft eines hämophilen Mannes leidet keines seiner Kinder an dieser Krankheit (sofern die Mutter dieser Kinder nicht Trägerin des Allels h ist); bei den Söhnen seiner Töchter kann sie jedoch wieder auftreten, während die Söhne seiner Söhne gesund sind (sofern ihre Mutter nicht heterozygot für dieses Gen ist).

Manche Merkmale sind zwar nicht unmittelbar von den Genen des X-Chromosoms gesteuert, kommen aber je nach Geschlecht bei Individuen unterschiedlich zum Ausdruck. Das gilt zum Beispiel für die Gicht, ausgelöst von bestimmten Allelen verschiedener Gene, die auf autosomalen Chromosomen liegen.

Ohne eine Erklärung dafür zu haben, ist festzustellen, dass das Risiko einer Gichterkrankung bei Männern mit diesen Allelen siebenmal höher ist als bei Frauen, die diese Allele aufweisen. Solche Merkmale bezeichnet man als geschlechtskontrolliert.

Nicht immer erfolgt die Vererbung der Chromosomen reibungslos. Es kann zu Anomalien kommen, beim Menschen zum Beispiel in Form des »Mongolismus« (Trisomie 21), bei dem das betroffene Individuum das Chromosom 21 nicht in zwei, sondern in drei Exemplaren besitzt. Solche Anomalien kommen häufig bei dem XY-Chromosomenpaar vor, das in einem Viertel aller beobachteten Fälle betroffen war. Folgende Chromosomenfehler sind die häufigsten:

- Es ist nur ein X-Chromosom vorhanden, ein zweites Geschlechtschromosom fehlt: Der Genotyp wird als (X–) bezeichnet, die betroffenen Frauen haben das »Ullrich-Turner-Syndrom«.
- Es ist ein Y-Chromosom neben zwei X-Chromosomen vorhanden: Der Genotyp ist (XXY) und bringt Männer mit »Klinefelter-Syndrom« hervor.
- Es ist ein X-Chromosom neben zwei Y-Chromosomen vorhanden: Die Anomalie des Genotyps (XYY) hat Anlass zu der Vermutung gegeben, bei diesen »Supermännern« handele es sich um Gewaltverbrecher und bei dem überzähligen Chromosom um ein »Kriminalitätschromosom«. Eingehendere Untersuchungen haben jedoch gezeigt, dass diese Behauptung übertrieben wäre. Allenfalls lässt sich feststellen, dass diese Anomalie manchmal (aber nicht immer) mit einer geistigen Retardierung einhergeht, die in Gesellschaften wie der unseren eine Orientierung zur Kriminalität wahrscheinlicher macht.

Geschmack

Zur Vertiefung: ***Molekularerkennung***

Traditionell unterscheidet man nur etwa ein halbes Dutzend verschiedene Geschmacksqualitäten (süß, salzig, bitter, sauer usw.). Inzwischen hat die wissenschaftliche Forschung die Gültigkeit dieser Einteilung zwar widerlegt, aber noch nicht durch neue Konzepte ersetzt. Daher wollen wir hier einerseits die wissenschaftliche Entwicklung nachzeichnen, andererseits aber auch diesen überaus flüchtigen und empfindlichen Bereich unserer Wahrnehmung der Welt abstecken.

Der kulinarische Geschmack

Chemie und Kochkunst haben insofern einiges gemeinsam, als die Chemie Erklärungen für die Kochkunst liefert: Wie schon Anthelme Brillat-Savarin (1755–1826) in seiner *Physiologie des Geschmacks* darlegte, sind Nahrungsmittel, die in Wasser gekocht werden, fader als solche, die in Öl oder Butter, also bei höheren Temperaturen, gebraten werden. Dabei sollte man meinen, dass der Geschmack von Nahrungsmitteln umso mehr leidet, je stärker man sie erhitzt, da dies zu einer Denaturierung der in ihnen enthaltenen Zucker, Lipide und Proteine führt. Dieses Paradox fand Anfang des 20. Jahrhunderts eine Erklärung, als nachgewiesen wurde, dass bestimmte chemische Reaktionen Substanzen mit göttlichen Ausdünstungen, köstlichen Düften und Wohlgeschmäcken bilden, die uns das Wasser im Munde zusammenlaufen lassen, sobald wir an einer Küche vorübergehen oder uns an einen gut gedeckten Tisch setzen. Moleküle eines so genannten Geschmacksstoffes gelangen aus der Nahrung in den Speichel und vermitteln uns eine angenehme Sinneswahrnehmung.

Mechanismen der Geschmackswahrnehmung

Die Wahrnehmung eines Geschmacks setzt eine komplexe Abfolge von Vorgängen voraus, die bislang erst in Ansätzen geklärt sind.

Sie beginnt, wenn Moleküle eines Geschmacksstoffes die Zungenpapillen erreichen, und endet, sobald die Information über Nervenimpulse zum Gehirn gelangt.

Die Wahrnehmung eines salzigen oder sauren Geschmacks scheint noch recht einfach nachvollziehbar zu sein: Ein Proton H^+ (sauer) oder ein Kation Na^+ (salzig) lagert sich an einen Rezeptor an der Oberfläche einer Zellmembran an und löst eine Änderung in ihrem elektrischen Potential aus. Bei dem Rezeptor handelt es sich mit Sicherheit um ein Protein.

Offenbar gibt es mindestens einige Dutzend verschiedener Rezeptoren für die Wahrnehmung von bekannten und unbekannten Geschmacksstoffen. Jedes dieser Rezeptorproteine ist mit einem intrazellulär wandernden Protein verbunden, dem so genannten Gustducin, das die Produktion eines zweiten Botenstoffes auslöst, des zyklischen AMP (Adenosinmonophosphat). Dieser gibt die Erregung an die neuronale Synapse weiter, die sich am anderen Ende der erregten Geschmackszelle befindet.

Die hier beschriebenen Vorgänge haben große Ähnlichkeit mit dem Sehvorgang (siehe PHOTOCHEMIE). Das Gustducin ähnelt dem Transducin in den Zäpfchen und Stäbchen der Retina; beide Proteine erfüllen ganz ähnliche Aufgaben bei der Weiterleitung von Sinnesreizen.

Jede Geschmackswahrnehmung, auch wenn sie uns noch so einfach erscheint, besteht also aus einer komplexen Abfolge von Vorgängen, noch bevor ein Nervenimpuls sie als Sinneseindruck an das Gehirn übermittelt.

Von der Molekülstruktur zum Geschmack

Chemiker bemühen sich, den Zusammenhang zwischen der Struktur eines Moleküls und seinem Geschmack aufzuklären. Allerdings verzichten sie längst darauf, systematisch jedes neue Molekül zu kosten, da man den frühen Tod mancher Chemiker des 19. Jahrhunderts auf diese Praxis zurückführt.

Nehmen wir als Beispiel den süßen Geschmack, der eingehend untersucht wurde. In den 1960er Jahren gab Lemont Kier als Kriterium für den süßen Geschmack an, dass in dem süßen Molekül ein Dreieck vorhanden sei, an dessen Spitzen sich ein Stickstoff- oder Sauerstoffatom befinde, das einen Abstand von 550 pm (Pikometer, pm = 10^{-12}m) zu einer Kohlenwasserstoffgruppe habe, die wiederum 350 pm von einer NH- oder OH-Gruppe entfernt sei. Diese Erklärung erwies sich als falsch, da sie nicht zu erklären vermag, warum strukturell so unterschiedliche Moleküle wie (das von den Römern sehr geschätzte, aber giftige) Bleiacetat, Glucose, Saccharin und Aspartame alle süß schmecken, obwohl manche das Kier-Dreieck nicht aufweisen. Offenbar muss man einerseits die Molekülform und anderseits die ELEKTRONENVERTEILUNG an der Oberfläche des Moleküls in Betracht ziehen.

Geschwindigkeit und Beschleunigung

Zur Vertiefung: ***Corioliskraft; Keplersche Gesetze; Kraft***

Im Unterschied zur Dynamik befasst sich die Kinetik mit der Bewegung von Körpern, ohne nach den Ursachen dieser Bewegung zu fragen. Ein ausgedehnter Körper lässt sich in der Kinetik mit einem einzigen Punkt P (dem Massenschwerpunkt des Körpers) gleichsetzen. Die Lage von P ist für jeden Zeitpunkt t durch einen Ortsvektor $\vec{r}\,(t)$ gegeben, der einen (willkürlich gewählten) Ursprung O mit P verbindet. Mit der Zeit beschreibt P im Raum eine bestimmte Bahn. Zum Zeitpunkt $t+\delta t$ ist der Ortsvektor $\vec{r}\,(t+\delta t)=\vec{r}\,(t)+\vec{r}\,(\delta t)$. Der Geschwindigkeitsvektor $\vec{v}\,(r;t)$ des Körpers ist definiert als erste Ableitung des Ortsvektors nach der Zeit, das heißt als Grenzwert des Quotienten $\delta\vec{r}/\delta t$, wenn δt gegen null geht. Man schreibt: $\vec{v}=\delta\vec{r}/\delta t$. Der Geschwindigkeitsvektor liegt auf einer Tangente, die an der Bahnkurve anliegt, und weist in Richtung der Bewegung (siehe *Abbildung 1*).

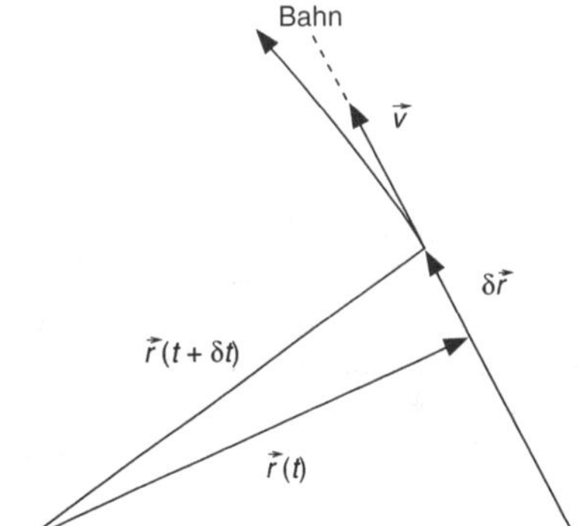

Abbildung 1

Wie der Geschwindigkeitsvektor als erste Ableitung des Ortsvektors nach der Zeit definiert ist, so ist der Beschleunigungsvektor als erste Ableitung des Geschwindigkeitsvektors nach der Zeit definiert: $\vec{\gamma}=\mathrm{d}\vec{v}/\mathrm{d}t$.

Kennt man die Beschleunigung in Abhängigkeit von Ort und Zeit, also $\vec{\gamma}(r,t)$, sowie Geschwindigkeit und Ort zum Ausgangszeitpunkt, kann man daraus durch Integration die Geschwindigkeit $\vec{v}(t)$ und die Bahn $\vec{r}(t)$ berechnen. Die Masse des Körpers spielt dabei keine Rolle, und die Kraft $\vec{F}=m\vec{\gamma}$ braucht nicht berücksichtigt zu werden. Lässt man im Vakuum zum Beispiel eine Feder oder eine Bleikugel fallen, deren Anfangsgeschwindigkeit gleich null ist, so ist die Beschleunigung konstant gleich der Schwerkraft $\vec{g}$, die Geschwindigkeit $\vec{v}$ ist gleich $\vec{g}\,t$, und der in der Zeit t zurückgelegte Fallweg r ist gleich $(gt^2)/2$.

Ein Teilchen, dessen Geschwindigkeit konstant ist, befindet sich notwendig in geradlinig-gleichförmiger Bewegung, das heißt, weder Betrag noch Richtung des Geschwindigkeitsvektors verändern sich. Die Beschleunigung ist daher gleich null.

Beschreibt ein Teilchen eine kreisförmige Bahn und wählt man als Ursprung O den Mittelpunkt dieses Kreises, so bleibt der Ortsvektor dem Betrag nach konstant und überstreicht in der Zeit t einen Winkel $\theta(t)$.

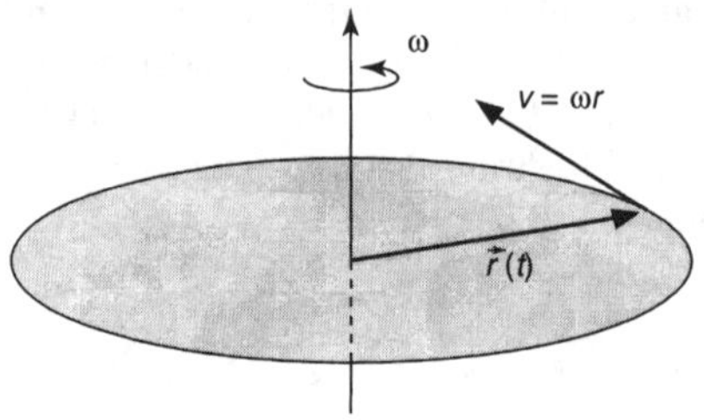

Abbildung 2 Winkelgeschwindigkeit

Die Winkelgeschwindigkeit $\vec{\omega}$ ist bei solch einer Kreisbewegung als erste Ableitung des Winkels $\theta(t)$ nach der Zeit definiert: $\vec{\omega}=\mathrm{d}\theta/\mathrm{d}t$; der zugehörige Vektor fällt mit der Rotationsachse zusammen. Die Bahngeschwindigkeit v ist gleich dem Produkt aus dem Betrag der Winkelgeschwindigkeit ω und dem Betrag des Ortsvektors r, also $v=\omega r$; der zugehörige Vektor fällt mit der an der Kreisbahn anliegende Tangente zusammen (siehe *Abbildung 2*). Bei konstanter Winkelgeschwindigkeit ist die Bahngeschwindigkeit dem Betrag nach gleichfalls konstant, doch der zugehörige Geschwindigkeitsvektor ändert ständig seine Richtung. Die Geschwindigkeit ist also nicht konstant, und es gibt eine zum Mittelpunkt des Kreises gerichtete Beschleunigung, die als Zentripetalbeschleunigung bezeichnet wird. Für den Betrag des Beschleunigungsvektors gilt in diesem Fall: $\gamma=v^2/r=\omega^2 r$ (weil $v=\omega r$).

Die Kreisbewegung mit konstanter Winkelgeschwindigkeit ist ein Sonderfall der Zentralbewegung, bei der die Beschleunigung stets auf einen festen Punkt gerichtet ist. Dieser Bewegungstyp ist deshalb bedeutsam, weil er der Bewegung der Planeten unter dem anziehenden Einfluss der Sonne entspricht. Man kann zeigen, dass die Bahn eben ist und der Radiusvektor in gleichen Zeiten gleiche Flächen überstreicht. Dies ist die Aussage des 2. Keplerschen Gesetzes, das vollständig im Bereich der Kinetik verbleibt.

geschwindigkeitsbestimmender Reaktionsschritt

Zur Vertiefung: ***Reaktion; Reaktionskinetik; Reaktionsmechanismus; Übergangszustand***

In der Regel verläuft jede chemische Reaktion in mehreren Etappen. Ihren Reaktionsmechanismus zu bestimmen bedeutet, die Abfolge dieser Schritte präzise zu ermitteln. Dieses Wissen ist eine wichtige Voraussetzung, um die Reaktion zu steuern und das erwünschte Produkt und nicht ein anderes zu erhalten. Das Prinzip lässt sich an einem einfachen Beispiel demonstrieren.

Ein Ausgangsstoff kann sich bei einer chemischen Reaktion zunächst in einen Zwischenstoff A und anschließend in einen Zwischenstoff B umwandeln, bevor sich das Endprodukt bildet. Zwischen all diesen Reaktionsschritten liegen Energiebarrieren, die es zu überwinden gilt. Da jeder Schritt umso langsamer abläuft, je höher die zu überwindende Energiebarriere ist, erfordert die Überwindung der höchsten Energiebarriere die längste Zeit. *Abbildung 1* zeigt die Änderungen der (mit der Position der Atome in den Molekülen verknüpften) potentiellen Energie E, abhängig vom Fortschritt der Reaktion, zwischen Ausgangszustand und Endzustand. Der langsamste Reaktionsschritt ist hierbei der Übergang von A nach B.

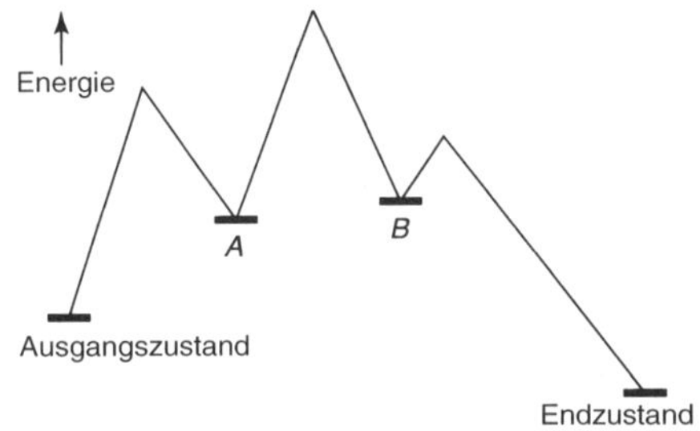

Abbildung 1 Schematische Darstellung des geschwindigkeitsbestimmenden Reaktionsschritts

Die Gesamtzeit der Reaktion ist durch diesen langsamsten Schritt festgelegt, den man daher als geschwindigkeitsbestimmend bezeichnet. Die Geschwindigkeit der gesamten Umwandlung sagt somit nur etwas über diesen Schritt aus. Um auch über die anderen Schritte etwas zu erfahren, die ebenfalls vorhanden und unerlässlich sind, bedarf es einiger Mühen. Einerseits vereinfacht der Begriff des geschwindigkeitsbestimmenden Reaktionsschritts die Untersuchung eines Umwandlungsprozesses, andererseits schränkt er jedoch das unverzichtbare Verständnis des gesamten Reaktionsmechanismus ein: Denn wenn man diesen Prozess steuern will, muss man ihn zunächst umfassend verstehen.

Gesetz der großen Zahlen

Zur Vertiefung: ***Statistik; Wahrscheinlichkeit***

Wir ziehen eine Kugel aus einer Urne, über deren Inhalt wir lediglich wissen, dass die Häufigkeit der roten Kugeln gleich f ist. Aufgrund dieser Information darf man unterstellen, dass die Wahrscheinlichkeit, eine rote Kugel zu ziehen, f beträgt. Wir legen die Kugel zurück und wiederholen den Vorgang n-mal. Die Zahl der dabei gezogenen roten Kugeln ist eine Zufallszahl r zwischen 0 und n. Wie eine einfache Überlegung zeigt, kommt die Häufigkeit der roten Kugeln in der Stichprobe deren Häufigkeit in der Urne umso näher, je größer die Zahl der Ziehungen n wird, und genau das besagt das Gesetz der großen Zahlen. Bei großem n darf man annehmen, dass die Stichprobe repräsentativ ist, das heißt dass man die Beobachtungen, die man an der Stichprobe macht, auf den unbekannten Inhalt der Urne extrapolieren darf.

Der Unterschied zwischen der realen Häufigkeit f in der Urne und der in der Stichprobe beobachteten Häufigkeit p ist seinerseits eine Zufallszahl. Man kann zeigen, dass diese Zahl eine Verteilung besitzt, die der bekannten »Glockenkurve« oder Gaußschen Normalverteilung entspricht (siehe STATISTIK). Diese Verteilung findet sich immer dann, wenn man für eine große Zahl von Individuen den Durchschnitt einer großen Zahl unabhängiger Ergebnissen berechnet. Auf scheinbar paradoxe Weise führt die Akkumulation zufälliger Ereignisse zu einer gänzlich vorhersehbaren Verteilung der möglichen Ergebnisse. Der Zufall ist nur im Einzelfall unvorhersehbar. Mit wachsender Zahl der Fälle bringt er nach und nach eine Ordnung hervor oder zumindest eine Unordnung, die so viel Ordnung aufweist, dass man sie durch eine mathematische Formel beschreiben kann.

Gesetze

→ ***Prinzipien und Gesetze***

Gesetze, Keplersche

→ ***Keplersche Gesetze***

Gesteine

Zur Vertiefung: ***Gesteinsmetamorphose; Kristall; Mineralien; Sedimentation***

Gesteine sind Ansammlungen von Mineralien; sie variieren hinsichtlich ihrer Entstehungsbedingungen. Man unterscheidet grundsätzlich drei Arten von Gesteinen:

Erstarrungsgesteine, Sedimentgesteine und metamorphe Gesteine.

Die Erstarrungsgesteine sind durch die Abkühlung und Erstarrung von Magma entstanden. Zu den wichtigsten Erstarrungsgesteinen gehören die Basalte, aus denen die ozeanische Erdkruste besteht und die auch auf den Kontinenten ausgedehnte Plateaus bilden, sowie die Granite, die charakteristisch für die kontinentale Kruste sind.

Basalt besteht im Wesentlichen aus mikroskopisch kleinen Pyroxenkristallen (das sind Magnesium-, Calcium- und Eisensilicate) und aus Feldspaten (das sind Calciumaluminium- und Natriumaluminiumsilicate) (siehe SILICIUM), die durch die Erstarrung basischen Magmas entstehen (siehe VULKAN). Das Magma, das man als Lava bezeichnet, wenn es an der Erdoberfläche austritt, stammt aus der partiellen Schmelze des Gesteins im oberen Erdmantel, das Peridotit genannt wird und im wesentlichen aus Magnesium-, Eisen- und Calciumsilicaten (Olivin und Pyroxen) besteht. Der Meeresboden besteht aus Basalt, der einst als Lava an den Tiefseerücken austrat und erkaltete (dort driften zwei tektonische Platten auseinander – siehe PLATTENTEKTONIK). Die Basalte der großen kontinentalen Plateaus (Dekkan-Trapp in Indien, sibirischer Trapp) und der Vulkaninseln (Hawaii, Réunion) stammen von den HOT SPOTS und besitzen eine etwas andere chemische Zusammensetzung als die ozeanischen Basalte.

Granit ist ein körniges Gestein, das aus Quarz, Glimmer und Feldspat besteht. Die meisten Granite sind durch langsame unterirdische KRISTALLISATION magmatischer Schmelzen entstanden, in denen einstige Sedimentschichten aufgegangen sind.

Sedimente wie Ton, Schiefer, Sand oder Sandstein (durch Kieselsäure oder Kalkspat zusammengebackener Sand) entstehen, wenn Teilchen, die aus der Verwitterung und EROSION der kontinentalen Gesteine stammen, auf dem Meeresboden abgelagert werden und sich dort verfestigen. Manche Sedimente gehen auch auf die Verfrachtung von Teilchen durch den Wind zurück (Löß) oder auf die Ablagerung von Vulkanasche. Kalksteine schließlich sind Sedimentgesteine, die zum größten Teil aus den kalkhaltigen (Calciumcarbonat) Bestandteilen von Kleinlebewesen oder mikroskopisch kleinen Planktonalgen bestehen und auf dem Meeresboden abgelagert wurden (siehe BIOMINERAL).

Die metamorphen Gesteine gehen auf Sediment- oder Erstarrungsgesteine zurück, deren Gefüge oder mineralogische Zusammensetzung unter hohen Temperaturen oder hohem Druck umgewandelt wurden. Marmor, ein unter hohem Druck und hohen Temperaturen rekristallisierter Kalkstein, ist ein metamorphes Gestein (siehe GESTEINSMETAMORPHOSE).

Im Verlauf geologischer Zeitspannen sind die Gesteine in einen beständigen Kreislauf eingebunden. Sedimentgesteine verwandeln sich in metamorphe Gesteine oder schmelzen und werden zu Erstarrungsgesteinen, aus denen dann durch Verwitterung, Erosion, Verfrachtung, Ablagerung und Verfestigung wieder Sedimentgesteine werden – und so weiter.

Für die Geologen müssen Gesteine nicht unbedingt fest sein; in ihren Augen gelten auch Wasser und Erdöl als Gesteine.

Gesteinsmetamorphose

Zur Vertiefung: ***Gesteine; Polymorphie***

Gesteine entstehen entweder bei niedrigen Temperaturen durch SEDIMENTATION oder bei hohen Temperaturen durch Erstarrung einer magmatischen Schmelze. Wenn sie einmal entstanden sind, können sie im Verlauf ihrer Geschichte in Temperatur- und Druckverhältnisse geraten, die sich von den bei ihrer Entstehung herrschenden Bedingungen erheblich unterscheiden. Dann erfährt das Gestein eine Metamorphose, das heißt eine mineralogische und strukturelle Umformung. Das Ergebnis dieser nachträglichen Umformung bezeichnet man als metamorphes Gestein.

So kann ein Sedimentgestein unter kilometerdicken Schichten jüngerer Ablagerungen begraben werden, oder eine ozeanische Platte taucht Hunderte von Kilometern in den Erdmantel hinab (siehe PLATTENTEKTONIK). In beiden Fällen erhöhen sich Druck und Temperatur beträchtlich (fortschreitende oder progressive Metamorphose). Umgekehrt können Gesteine infolge von tektonischen Bewegungen aus der Tiefe in Zonen geringeren Drucks und niedrigerer Temperatur aufsteigen (rückschreitende oder retrograde Metamorphose). Wenn Magma von unten in Sedimentgesteine eindringt (magmatische Intrusion), kommt es lokal zu einer Erhöhung der Temperatur, und das umliegende Gestein kann umgeschmolzen werden (Kontaktmetamorphose).

Bei der Metamorphose kommt es zu einer Veränderung der (meist im wesentlichen chemisch konstanten) mineralogischen Zusammensetzung des Gesteins sowie der Kristallstruktur der Mineralien (siehe POLYMORPHIE), die zur Herstellung eines thermodynamischen Gleichgewichts für die neuen Temperatur- und Druckverhältnisse führen. Die experimentelle Erforschung der Stabilitätsbereiche für die verschiedenen Varianten eines Minerals gestattet es, Leitminerale zu definieren, die für bestimmte Druck- und Temperaturverhältnisse typisch sind. So gibt es drei Leitminerale unterschiedlicher Kristallstruktur, aber gleicher chemischer Zusammensetzung (Al_2SiO_5): Andalusit ist bei niedrigem Druck und geringer Temperatur stabil, Sillimanit bei hoher Temperatur und Disthen bei hohem Druck. Gemeinschaften (Paragenesen) von Leitmineralen gestatten es, metamorphe Fazies zu bestimmen, die den verschiedenen Druck- und Temperaturbereichen entsprechen (siehe *Abbildung 1*) und nach typischen Gesteinen benannt werden. Erwähnt sei hier nur der Eklogit, ein schöner, sehr dichter, aus einem grünen Pyroxen bestehender, kaliumreicher Stein mit Einschlüssen von rotem Granat; er ist das Ergebnis der unter hohem Druck erfolgten Umwandlung des Basalts ozeanischer Platten, die in den Erdmantel hinabgedrückt worden sind.

Schließlich ist die Gesteinsmetamorphose auch mit strukturellen Veränderungen verbunden: mit einer Rekristallisation der Minerale zu größeren oder regelmäßigeren Kristallen, mit dem Erwerb einer schiefrigen Struktur usw. Aus Kalkstein wird Marmor; aus Ton wird zunächst Schieferton, dann Tonschiefer; aus Granit wird Gneis.

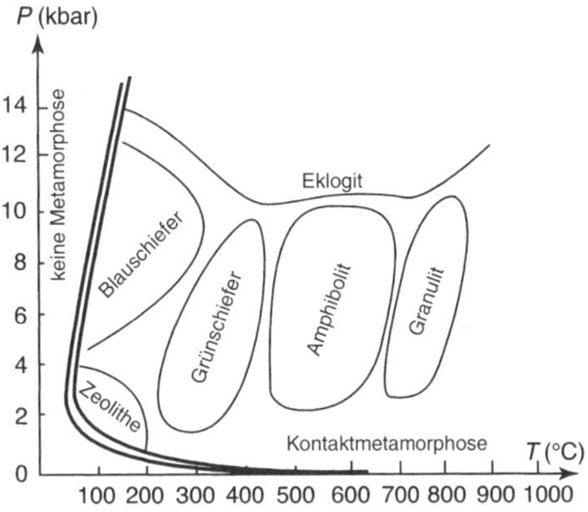

Abbildung 1

Gezeiten

Zur Vertiefung: ***Erdrotation; Galaxie; Planetenring; Satelliten***

Die Gezeitenkräfte

Gezeitenwirkungen lassen sich immer dann beobachten, wenn ein nicht vollkommen starrer Körper *A* der Massenanziehungskraft (GRAVITATION) eines Körpers *B* ausgesetzt ist. Die ausgeübte Kraft ist nicht in jedem Punkt von *A* dieselbe, so dass in *A* Spannungen auftreten, falls es sich um einen Festkörper handelt, und Bewegungen, falls *A* flüssig oder gasförmig ist. Die für uns sichtbarste Wirkung der Gezeitenkräfte ist die regelmäßige Bewegung der Weltmeere unter dem Einfluss der Anziehungskraft des Mondes und der Sonne.

Durch die von Gezeitenkräften ausgelösten Spannungen können SATELLITEN von Planeten in kleine Teile (von manchmal weniger als einem Kilometer Durchmesser) zerspringen, wenn sie dem Planeten zu nahe kommen; die Grenze, jenseits deren es zu diesem Ereignis kommt, bezeichnet man als Roche-Grenze. Die Ringe der Riesenplaneten (Saturn, Uranus, Neptun) stammen ohne Zweifel aus solchen Ereignissen (siehe PLANETENRING). Oberhalb der Roche-Grenze führen die Spannungen zur Verformung des Himmelskörpers, und die Reibung zwischen den Materialien, aus denen er besteht, kann ihn aufheizen. Diese Erwärmung ist die Ursache für den spektakulären Vulkanismus auf dem Jupitermond Io, der dem gewaltigen Gravitationsfeld des Jupiter in unmittelbarer Nähe ausgesetzt ist (siehe VULKAN).

Besonders stark können die Gezeitenkräfte, die auf das Gas eines Sterns oder einer Galaxie einwirken, in Doppel- oder Mehrfachsternsystemen bzw. in Doppelgalaxien werden, vor allem wenn die beteiligten Himmelskörper einander sehr nahe kommen. Sie deformieren die Objekte, bewirken einen Austausch von Materie zwischen ihnen, rufen Stoßwellen hervor und sorgen für Energieverluste durch viskose Reibung.

Die Gezeiten im System Erde–Mond

Auf den ersten Blick kreist der Mond um die Erde. Sieht man jedoch genauer hin, so drehen Mond und Erde sich beide um den gemeinsamen Schwerpunkt des aus Erde und Mond bestehenden Systems, und dieser Schwerpunkt befindet sich in 1630 km Tiefe im Innern der Erde. Die Erde dreht sich um diesen Schwerpunkt, als wäre ihre gesamte Masse in ihrem Mittelpunkt konzentriert, wobei ein Gleichgewicht zwischen der ZENTRIFUGALKRAFT und der Massenanziehungskraft des Mondes besteht. Aber die Erde ist kein dimensionsloser Punkt, sondern besitzt eine endliche Ausdehnung, und die Punkte, die sich auf der dem Mond zugewandten Seite befinden, erfahren eine stärkere Anziehung als die Punkte auf der mondabgewandten Seite; außerdem liegen sie dem Schwerpunkt des Systems Erde–Mond näher und sind deshalb einer geringeren Zentrifugalkraft ausgesetzt als die Punkte auf der gegenüberliegenden Seite. Daraus folgt, dass die Punkte auf der dem Mond zugewandten Seite dahin tendieren, sich in Richtung auf den Mond zu bewegen, während die Punkte auf der anderen Seite in die entgegengesetzte Richtung streben. Nun ist die Erde zwar ein Festkörper, aber sie kann sich dennoch elastisch verformen und zieht sich daher entlang der Achse Erde–Mond in die Länge, so dass gleichsam ein »Gezeitenwulst« entsteht (siehe *Abbildung 1*). In Wirklichkeit sind die Dinge noch etwas komplizierter, denn außerdem sind auch noch die Verformungen zu berücksichtigen, die auf die Gezeitenwirkung der Sonne zurückgehen. Die Gezeiten hängen also von der jeweiligen Stellung des Mondes und der Sonne ab. An jedem Punkt des Erdballs hebt und senkt sich der Boden beim periodischen Durchgang des Gezeitenwulstes mit einer Amplitude, die sich in der Größenordnung mehrerer Dezimeter bewegt. Auf dem Land machen sich die Gezeiten durch Veränderungen der SCHWERE bemerkbar, die mit empfindlichen Gravimetern gemessen werden können.

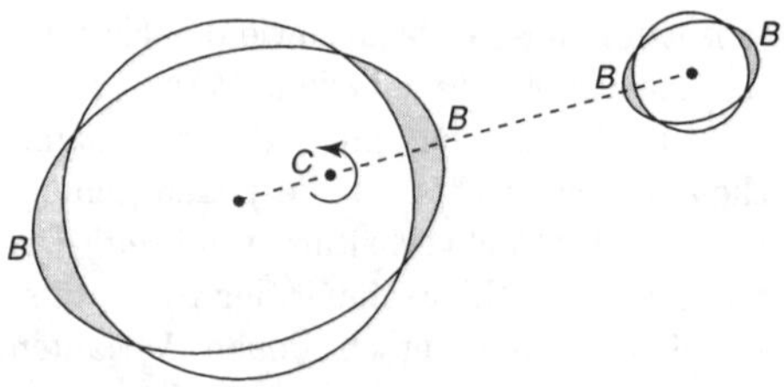

Abbildung 1 B ist der zum Mittelpunkt des Himmelskörpers symmetrische Gezeitenwulst, C der Schwerpunkt des Systems Erde–Mond.

Größere Ausmaße als im Erdkörper nehmen die Gezeiten naturgemäß auf den Weltmeeren an. Die Amplitude der Gezeiten (der Tidenhub) ist am größten (Springflut), wenn sich die Einflüsse des Mondes und der Sonne einander bei deren Konjunktion (Neumond) und Opposition (Vollmond) verstärken. Wenn dagegen die Einflüsse der Sonne und des Mondes sich während des ersten und letzten Viertels gegenseitig teilweise aufheben, ist der Tidenhub am geringsten (Nippflut). Je nachdem, ob der Einfluss der Sonne oder der des Mondes vorherrscht, unterscheidet man verschiedene Meeresgezeiten. Bei den halbtägigen lunaren Gezeiten an den französischen Küsten (Brest) wechseln Ebbe und Flut einander an einem Mondtag (24 h 50 min) zweimal ab, so dass es gegenüber dem Sonnentag zu einer täglichen Verzögerung von 50 Minuten kommt, während wir in Tahiti halbtägige solare Gezeiten haben, so dass Ebbe und Flut jeden Tag zur selben Zeit eintreten.

Die durch die Gezeiten bewirkten Wasserstandsschwankungen breiten sich auf dem Meer wie eine Welle aus (die Flut von Dünkirchen ist gegenüber Brest etwa acht Stunden verschoben). An manchen Stellen (den Amphidromien) nehmen die Gezeitenströme die Form von Drehwellen an; an diesen Punkten ist der Tidenhub gleich Null (siehe *Abbildung 3*).

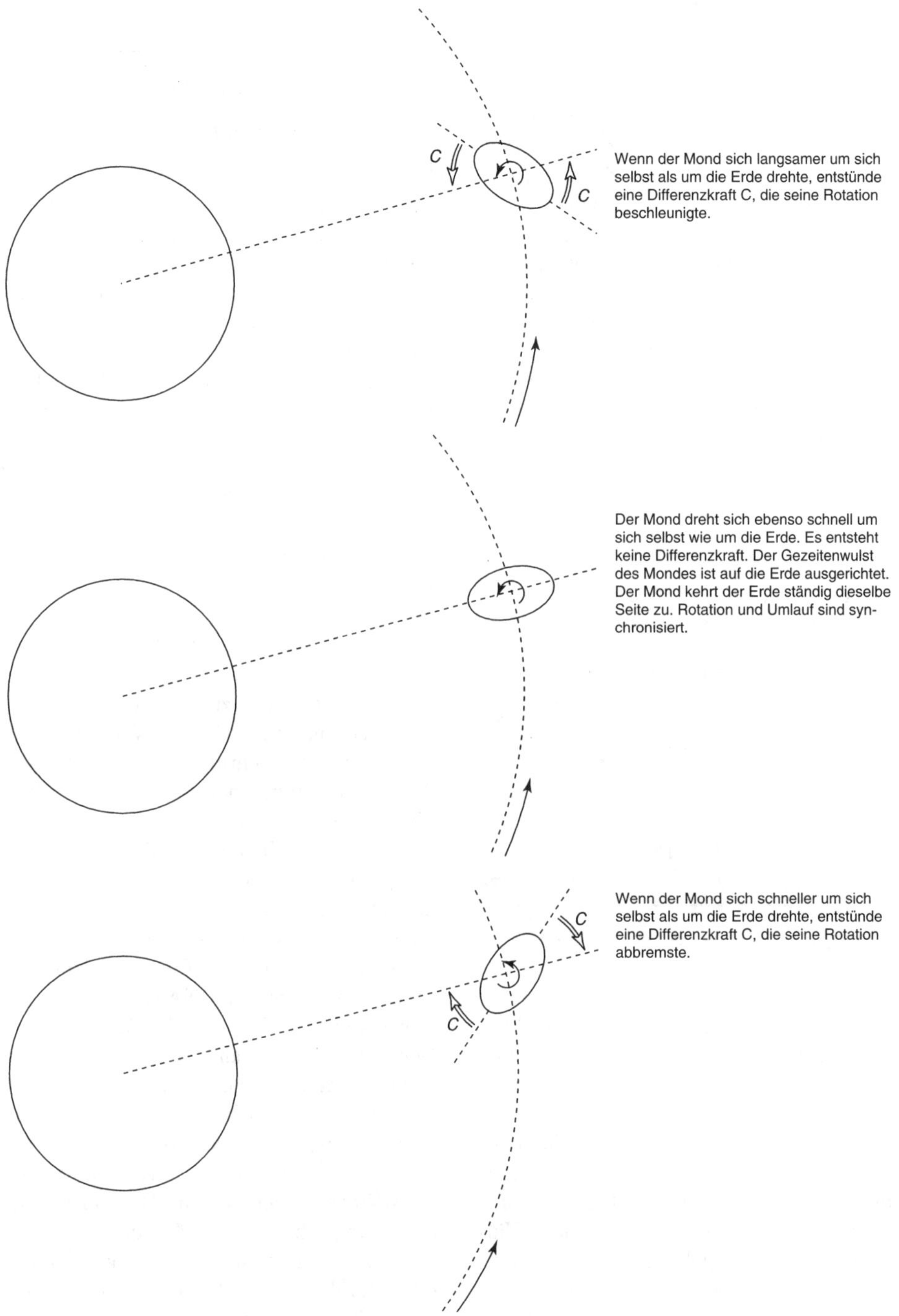

Abbildung 2 Der Mond kehrt der Erde stets dieselbe Seite zu.

Die periodischen Gezeitenbewegungen der Ozeane und des Erdkörpers verbrauchen Energie und verlangsamen die Erdrotation, was langfristig zu einer Verlängerung des Tages führt: Vor 365 Millionen Jahren war ein Tag nur 22 Stunden lang, und das Jahr hatte entsprechend 400 Tage. Nach einem fundamentalen Gesetz der Mechanik muss nun aber der Gesamtdrehimpuls des als abgeschlossen angenommenen Systems Erde–Mond konstant bleiben; der Rückgang des zur Rotationsgeschwindigkeit proportionalen Drehimpulses der Erde wird daher ausgeglichen durch eine Zunahme des Bahndrehimpulses des Mondes. Dies wiederum äußert sich in einer Vergrößerung des Abstandes zwischen Mond und Erde, und zwar um 3,7 cm pro Jahr, wie man durch Messung mit Laserimpulsen feststellen konnte; diese Laserimpulse werden von Spiegeln reflektiert, die bei den Apollomissionen auf den Mond gebracht wurden.

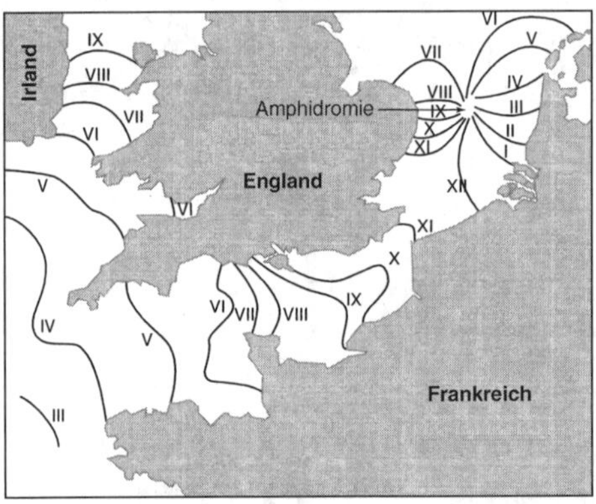

Abbildung 3 Aus: Gilles Bouteloup, *Vagues, marées, courants marins*, Paris

Die von der Erde auf den Mond ausgeübten Gezeitenkräfte sind natürlich sehr viel stärker. Sie verformen den Mond und erzeugen einen Gezeitenwulst auf der erdzugewandten und erdabgewandten Seite des Mondes. Wenn der Mond sich schneller oder langsamer um die eigene Achse drehte, als er sich um die Erde dreht, würde die auf diese Wülste einwirkende Anziehungskraft der Erde die Rotation des Mondes abbremsen oder beschleunigen (siehe *Abbildung 2*). Dieser Umstand hat zu einer Synchronisation der Mondrotation geführt, so dass der Mond sich in einem Mondmonat von 28 Tagen sowohl einmal um sich selbst als auch um die Erde dreht. Und deshalb kehrt der Mond der Erde immer dieselbe Seite zu.

gezielte Mutagenese

Zur Vertiefung: ***Gentechnik; Mutation***

Wenn ein Lebewesen, zum Beispiel eine Bakterie, ein Tier oder eine Pflanze, Strahlung (ultravioletter Sonnenstrahlung oder Röntgenstrahlen) oder chemischen Substanzen ausgesetzt ist, kann es zu Mutationen kommen, also zu Veränderungen in der Struktur des genetischen Materials oder Genoms, das aus DNA besteht. Solche Mutationen können in verschiedenen Formen auftreten: als punktuelle Veränderung einzelner Nukleotide, also der Grundbausteine der DNA; als Addition oder Suppression mehr oder weniger großer DNA-Segmente oder als Brüche und Umgruppierungen von Chromosomen. Die Entstehung solcher Mutationen, die so genannte Mutagenese, erfolgt zufällig, das heißt, sie können an jedem Ort des Genoms auftreten.

Bevor Methoden zur chemischen DNA-Synthese und gentechnische Verfahren entwickelt waren, identifizierten Biologen das Wesen von Mutationen, die durch zufällige Mutagenese entstanden waren, anhand ihrer Auswirkungen. Heute ist es möglich, Mutationen gezielt herbeizuführen, um ihre Auswirkungen zu untersuchen. Dieses Verfahren bezeichnet man als gezielte Mutagenese.

So lassen sich zum Beispiel planmäßig Mutationen in einem DNA-Segment provozieren, um seine Rolle für die Funktion eines Gens bei der Transkription der DNA in RNA zu bestimmen (siehe genetische Regulation). Mittlerweile lässt sich ein Gen so genau modifizieren, dass sich in dem von ihm codierten Protein nur eine oder mehrere bestimmte Aminosäuren ändern, also die Grundbausteine dieses Proteins. Solche Mutationen können entweder völlig ohne Auswirkungen bleiben oder aber die entscheidende Rolle bestimmter Aminosäuren für die Funktion des Proteins aufdecken.

Gleichgewicht

Zur Vertiefung: ***Energie; genetische Regulation; Potential; Stabilität, Instabilität***

Das Symbol des Gleichgewichts ist die Waage. Die Kraft, die auf der einen Seite des Waagbalkens angreift, ist genau gleich der Kraft, die an der anderen Seite des Waagbalkens wirkt. Tippt man die Waage auf einer Seite kurz an, gerät sie aus dem Gleichgewicht. Doch dieser Zustand währt nur kurz, die Waage schwingt einige Male hin und her und kehrt schließlich in ihre Ausgangslage zurück.

Von beliebigen Systemen sagt man, sie befinden sich in einem stabilen statischen Gleichgewicht, wenn alle ihre Elemente sich in einer Ruheposition befinden, in die sie spontan zurückkehren, wenn sie durch eine noch so kleine Störung aus ihrer Lage gebracht wurden. Es gibt auch ein labiles statisches Gleichgewicht, bei dem die kleinste Störung das System endgültig aus seiner scheinbaren Gleichgewichtsposition bringt. Die Energie eines Systems hängt generell von der Lage seiner Elemente ab. Der stabilen Gleichgewichtslage entspricht jeweils ein Energieminimum; in *Abbildung 1* gilt das für die Punkte M_1, M_2, M_3 und für die stabilste Lage M_m, die das niedrigste relative, also das absolute Minimum darstellt (und auch als Basisniveau bezeichnet werden kann). Das darin zum Ausdruck kommende Prinzip wird verständlich, wenn man sich vorstellt, dass es sich um ein isoliertes System handelt, das spontan keine Energie finden kann, um das Minimum zu verlassen. Einem labilen Gleichgewicht entspricht jeweils ein Maximum der inneren Energie (M_0); dort vergrößert sich jede Abweichung, weil die Energie abnimmt. Von einem indifferenten Gleichgewicht spricht man schließlich in solchen Bereichen, in denen die Energie nicht von der Lage abhängt (M_i).

Es gibt indessen noch einen subtileren Gleichgewichtsbegriff, den des dynamischen Gleichgewichts. Aus der Ökologie kennen wir das klassische Beispiel eines Gleichgewichts zwischen einer Luchs- und einer Schneehasenpopulation. Das Gleichgewicht stellt

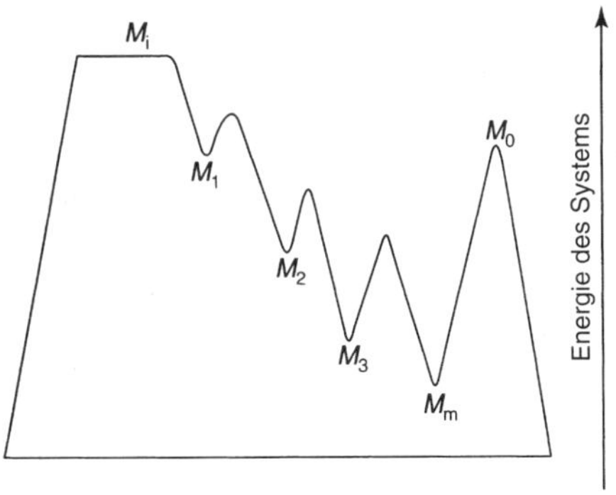

Abbildung 1 Verschiedene Gleichgewichtspunkte eines Systems

sich ein, wenn genügend Luchse da sind, die Jagd auf Schneehasen machen, aber nicht zu viele Luchse, um noch genügend Schneehasen zur Ernährung zu finden. Es gibt auch dynamische Gleichgewichte statistischen Charakters: Der Druck des Heliumgases in einem Luftballon, der stets gleich dem Druck der umgebenden Luft ist, hat einen genau definierten Wert, obwohl er durch die Kollision unzähliger Heliumatome mit der Wand des Luftballons zustande kommt. Das Gleichgewicht resultiert hier aus einer exakten Kompensation der ungeordneten Bewegungen der um die 10^{23} Atome, die der Ballon enthält. Das Gleichgewicht zwischen Druck, Volumen und Temperatur eines Gases, das man als thermodynamisches Gleichgewicht bezeichnet, ist von dieser Art (siehe ZUSTANDSGLEICHUNG).

Ein dynamisches Gleichgewicht kann – wie das gerade beschriebene – passiv, aber auch aktiv sein. Der aufrechte Gang des Menschen ist ein Beispiel für ein aktives dynamisches Gleichgewicht, denn über ein eigens dazu bestimmtes Organ im Innenohr und zahlreiche Muskelbewegungen halten wir unseren Körper ständig in aufrechter Position. Das Gleichgewicht resultiert hier aus einem Rückkopplungs- oder Feedbackmechanismus (siehe RÜCKKOPPLUNG).

Ein weiteres Beispiel für ein dynamisches Gleichgewicht ist der Organismus, der durch zahlreiche Rückkopplungsmechanismen stabilisiert wird. Obwohl innerhalb des Organismus ständig Bewegungen ablaufen (die Zirkulation des Blutes oder anderer Körperflüssigkeiten) und obwohl zahlreiche Stoffumwandlungen stattfinden, lässt sich bei vielen Lebewesen zum Beispiel eine konstante Körpertemperatur (beim Menschen 37 °C) oder eine gleich bleibende Konzentration von Zucker im Blut beobachten (siehe STOFFWECHSEL). Dennoch sind Lebewesen stets auch in Teilen durch Ungleichgewichte gekennzeichnet: einerseits gegenüber der Umwelt, weil sie von dort Energie und Ordnung beziehen (siehe ENTROPIE), und andererseits hinsichtlich ihrer eigenen EVOLUTION (Wachstum, Altersabbau) – beides übrigens Definitionsmerkmale des Lebendigen (siehe LEBEN). Man könnte sich auch vorstellen, dass ein gewisses Ungleichgewicht die Voraussetzung für Kreativität ist.

Dank des Kriteriums, wonach die Energie im Gleichgewichtszustand ein Minimum erreicht, lassen sich Gleichgewichtssysteme sehr viel leichter erforschen und mathematisch beschreiben als Systeme, die sich in einer Entwicklung und damit im Ungleichgewicht befinden. Das erklärt zum Teil, warum mathematische Instrumente bei der Beschreibung lebender Systeme so schwer einzusetzen sind.

Gleichung

Zur Vorbereitung: ***Algebra; Analyse***
Zur Vertiefung: ***Lösung von Gleichungen; Reihe***

Das Konzept der Gleichung wurde zur selben Zeit erfunden wie die Algebra, nämlich im 9. Jahrhundert; es bietet die Möglichkeit, bestimmte PROBLEME zu formulieren. Anfangs bestanden diese Probleme darin, eine Zahl oder eine geometrische Größe (Segment) zu finden, die bestimmten Bedingungen genügte und sich als Verhältnis zwischen Potenzen der gesuchten Größe ausdrücken ließ, so dass man sie mit den Methoden der Analysis berechnen konnte. So formulierte Leonardo von Pisa Anfang des 13. Jahrhunderts folgende Aufgabe: Man teilt einen Betrag von 60 unter einer bestimmten Zahl von Menschen, dann nimmt man zwei Menschen hinzu und teilt denselben Betrag noch einmal unter dieser Zahl von Menschen; man weiß, dass jeder Einzelne beim zweiten Mal 2,5 (zweieinhalb) weniger erhält als beim ersten Mal, und möchte nun wissen, auf wie viele Menschen der Betrag beim ersten Mal verteilt wurde.

Man bezeichnet diese unbekannte Zahl mit x und übersetzt die Aussage in folgenden Ausdruck: $60/(x+2) = (60/x) - (5/2)$; durch Umformung erhält man den Ausdruck $(5/2)x + (5/4)x^2 = 60$.

Bei diesem Ausdruck handelt es sich um eine Gleichung 2. Grades, denn sie umfasst die Potenzen $x^0 = 1$, x und x^2 der unbekannten Größe. Seit dem 10. Jahrhundert arbeitete man auch mit den größeren Potenzen x^3, x^4 usw.; die Erfordernisse des Umgangs mit Gleichungen, in denen solche Potenzen vorkommen, das heißt mit algebraischen Gleichungen, führte zur Entwicklung der Polynomrechnung (siehe POLYNOM).

Zur Lösung einer Gleichung sucht man den Wert der unbekannten Größe, der den in der Gleichung formulierten Bedingungen genügt. Die oben genannte Gleichung lässt sich umformen zu $x^2 + 2x = 48$ oder $(x+1)^2 = 49$, und das ergibt $x+1 = \pm 7$, das heißt $x = 6$, denn die andere Lösung $x = -8$ wäre mit der ursprünglichen Problemstellung nicht vereinbar.

Leonardo von Pisa formulierte ein weiteres Problem, bei dem es darum geht, 10 in zwei Teile zu teilen, jeden Teil durch den anderen zu teilen, den so gewonnen Ausdruck mit sich selbst zu multiplizieren und die Differenz der beiden Quadrate zu bilden, und all dies so, dass die Differenz gleich 2 ist. Bezeichnet man den kleineren der beiden Teile mit x, ergibt sich folgende Gleichung:

$$\left(\frac{10-x}{x}\right)^2 - \left(\frac{x}{10-x}\right)^2 = 2$$

Setzt man nun

$$y^2 = \left(\frac{10-x}{x}\right)^2$$

erhält man $y^4 - 2y^2 = 1$ und durch weitere Umformung $(y^2-1)^2 = 2$. Dieser Ausdruck lässt sich lösen, indem man die Größe $\sqrt{2}$ einführt, deren Quadrat 2 ist.

So erhält man $y^2 = \sqrt{2} + 1$, und y ist die Quadratwurzel des Ausdrucks $\sqrt{2} + 1$.

Dieser Ausdruck lässt sich näherungsweise sowohl geometrisch als auch numerisch bestimmen, man kann ihn aber auch selbst als exakte Darstellung der Lösung ansehen. Darstellungen dieser Art bezeichnet man als Wurzellösungen. Wie das Beispiel zeigt, muss geklärt werden, welche Mittel zum Ausdruck oder zur Darstellung der gesuchten Unbekannten jeweils erlaubt sein sollen.

Als Wurzeln lassen sich allgemeine Gleichungen bis maximal 4. Grades ausdrücken. In solchen Gleichungen sind die Koeffizienten unbestimmt und werden als unabhängige (durch Buchstaben dargestellte) Variablen angesehen. Für allgemeine Gleichungen 5. oder höheren Grades ist solch eine Lösung UNMÖGLICH.

Es gibt noch weitere Lösungsverfahren: die numerische Lösung durch APPROXIMATION; die geometrische Lösung, bei der die Unbekannte als Abszisse des Schnittpunkts zweier algebraischer KURVEN konstruiert wird; und die Lösung durch kompliziertere FUNKTIONEN, zum Beispiel trigonometrische oder elliptische Funktionen.

Gleichungssysteme mit mehreren Unbekannten

Das untersuchte Problem enthält gelegentlich mehrere unbekannte Größen, zwischen denen bestimmte Relationen bestehen, zum Beispiel zwei Unbekannte x und y und zwei lineare Relationen $ax+by=c$, $a'x+b'y=c'$ (wobei die Koeffizienten a, b, c, a', b' und c' gegeben sind).

Solche Gleichungssysteme löst man, indem man eine der Unbekannten eliminiert, um eine Gleichung zur Bestimmung der zweiten Unbekannten zu erhalten. Die lineare Algebra untersucht systematisch die Lösung linearer Gleichungssysteme mit beliebig vielen Unbekannten (siehe VEKTOR).

Die Theorie nichtlinearer Gleichungssysteme ist etwas komplizierter. Zum Beispiel lassen sich zwei Polynomgleichungen in zwei Unbekannten x und y

$f(x,y)=0$ und $g(x,y)=0$

als Gleichungen zweier algebraischer Kurven interpretieren. In diesem Fall reduziert sich das Problem darauf, die Schnittpunkte dieser beiden Kurven zu finden. Man löst die Gleichungen, indem man eine der beiden Unbekannten eliminiert.

Funktionalgleichungen

Bei anderen Problemen ist die Unbekannte keine numerische Größe oder ein System aus einer endlichen Anzahl solcher Größen mehr, sondern eine Funktion. Zum Beispiel kann man eine Funktion f suchen, so dass für beliebige x und y

$f(x+y)=f(x)+f(y)$.

Setzt man $x=y$, erhält man $f(2x)=2f(x)$, und durch vollständige Induktion kann man zeigen, dass für jede ganze Zahl n

$f(nx)=nf(x)$.

Wie man leicht sieht, ist auch für jede rationale Zahl r

$f(rx)=rf(x)$.

Nimmt man an, dass f stetig ist, gilt die obige Beziehung auch für reelle r, und setzt man $x=1$, sieht man, dass $f(r)=rf(1)=ar$, wenn $a=f(1)$.

Damit sind die stetigen Lösungen unserer Gleichung die linearen Funktionen (siehe STETIGKEIT und LINEARE ABBILDUNG), aber es kann auch nichtstetige Lösungen geben. Die stetigen Lösungen der Funktionalgleichung

$f(x+y)=f(x)f(y)$

haben die Form $f(x)=a^x$ (siehe EXPONENTIALFUNKTION).

Differentialgleichungen sind Funktionalgleichungen, in denen die unbekannte Funktion $y=f(x)$ und deren ABLEITUNGEN y', y'' usw. einer Relation unterliegen, zum Beispiel der Relation $\phi(x,y,y',y'')=0$, wobei ϕ (Phi) eine Funktion von vier Variablen und eine Differentialgleichung 2. Grades ist. In der Dynamik unterliegt die Bewegung eines Punktes auf einer Geraden solch einer Gleichung, in der x die Zeit und y die Abszisse des Punktes darstellt. Hier gilt $my''=F(x,y,y')$, wobei m die Masse des Punktes und F die einwirkende Kraft ist (y' ist die Geschwindigkeit und y'' die Beschleunigung). Allgemein ist die Bewegung des Punktes bestimmt durch den Ausgangsort und die Anfangsgeschwindigkeit, aber die Lösung y lässt sich nicht mit Hilfe elementarer Funktionen ausdrücken. Gibt es mehr als einen Freiheitsgrad (zum Beispiel im Raum), kann die Bewegung nur durch ein System aus mehreren Differentialgleichungen mit mehreren unbekannten Funktionen beschrieben werden.

In der Mechanik kontinuierlicher Medien, im Elektromagnetismus und in der Wärmelehre kommen Gleichungen zum Zuge, in denen die Unbekannte eine Funktion mehrerer Variablen darstellt und an ihre partiellen Ableitungen gebunden ist (partielle Ableitungen sind Ableitungen nach einer Variablen, wobei den anderen Variablen jeweils ein fester Wert zugeordnet wird; siehe DIFFERENTIAL). So muss die Gleichgewichtstemperatur T eines Festkörpers, der an seiner Oberfläche einer (möglicherweise örtlich variierenden, aber zeitlich konstanten) Temperatur τ (Tau) ausgesetzt ist, der so genannten Laplaceschen Differentialgleichung

$$\Delta T = \frac{\partial^2 T}{\partial x^2} + \frac{\partial^2 T}{\partial y^2} + \frac{\partial^2 T}{\partial z^2} = 0$$

genügen, in der x, y, z die Koordinaten eines beliebigen Punktes des Körpers darstellen. Es geht darum, die Temperatur T zu bestimmen, die diese Gleichung erfüllt und mit der vorgegebenen Funktion τ an der Oberfläche übereinstimmt (Diricheletsches Problem; siehe PROBLEM). Der lineare Operator Δ, der T in ΔT transformiert, wird als Laplaceoperator bezeichnet.

Gleichungen, Lösung von

→ ***Lösung von Gleichungen***

Goldener Schnitt

Die Zahl ϕ (Phi):

$$\Phi = \frac{1+\sqrt{5}}{2} = 1{,}618\ldots$$

wird als Goldener Schnitt bezeichnet.

Wie eine einfache Rechnung zeigt, ist ϕ^2 gleich $\phi+1$; anders gesagt, ϕ ist eine der Lösungen der Gleichung zweiten Grades $x^2-x-1=0$.

Deshalb findet man ϕ in zahlreichen Situationen, in denen diese Gleichung zum Zuge kommt. So ist ϕ der Grenzwert der Folge

$$1,\ 1+\frac{1}{1},\ 1+\frac{1}{1+\frac{1}{1}},\ \ldots$$

und man schreibt gewöhnlich

$$\Phi = 1+\cfrac{1}{1+\cfrac{1}{1+\cfrac{1}{1+\ldots}}}$$

Fügt man ein Rechteck, dessen Seiten dem Goldenen Schnitt entsprechen, das heißt, deren Seitenverhältnis gleich F ist, einem Quadrat hinzu, erhält man wiederum ein Rechteck, dessen Seiten dem Goldenen Schnitt entsprechen, wie das in *Abbildung 1* dargestellt ist.

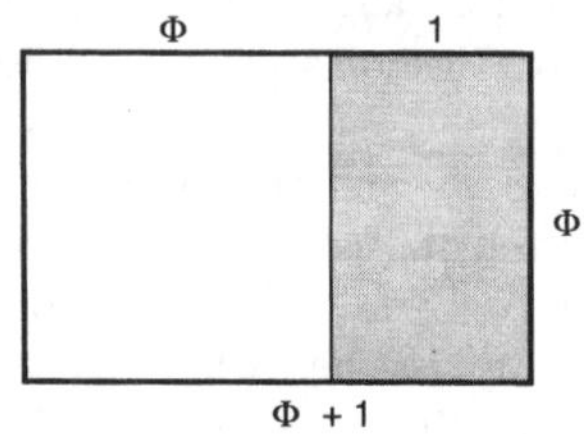

Abbildung 1

Tatsächlich ist das Seitenverhältnis hier

$$\frac{\Phi+1}{\Phi} = \frac{\Phi^2}{\Phi} = \Phi$$

Diese Eigenschaft bewirkt, dass Rechtecke, deren Seitenverhältnis dem Goldenen Schnitt entsprechen, besonders harmonisch wirken; Psychologen wie Gustav Fechner haben versucht, diesen Eindruck experimentell zu bestätigen; ob ihnen das gelungen ist, ist zweifelhaft.

Golgi-Apparat

Zur Vertiefung: ***endoplasmatisches Retikulum; Organellen; Protein; Zelle;***

Der Golgi-Apparat ist eine eigene Struktur oder Organelle im Inneren des ZYTOPLASMAS der Eukaryotenzellen (siehe EUKARYOTEN), also jener Zellen, die einen ZELLKERN enthalten, in dem das genetische Material oder GENOM verwaltet wird. Der italienische Mediziner Camillo Golgi, nach dem diese Organelle benannt ist, beobachtete ihn erstmals 1898, als er Nervenzellen minutiös unter dem MIKROSKOP studierte.

Seine Struktur wurde ebenso wie die anderer Zellorganellen erst in den 1950er Jahren aufgeklärt, als Elektronenmikroskope zur Verfügung standen, die eine weitaus höhere

Auflösung haben als die optischen Mikroskope (siehe MIKROSKOP).

Der Golgi-Apparat besteht aus Stapeln von MEMBRANEN in Form kleiner, flacher Säckchen (Zisternen), die übereinander liegen. Bei Pflanzen und Wirbellosen sind diese Stapel im Zytoplasma verstreut, während bei Wirbeltieren mehrere solcher Stapel einen Komplex bilden.

Er ist ein dynamisches Gebilde, das sich im Laufe des Zellzyklus ständig verändert und im Wesentlichen als eine Art »Verschiebebahnhof« und Speicher für bestimmte Proteine dient, die für die Anlagerung an die Membranen oder zur Sekretion aus der Zelle bestimmt sind. Nachdem das endoplasmatische Retikulum, ein weiteres Membrangeflecht in der Zelle, diese Proteine gebildet hat, werden sie im Golgi-Apparat zusammengesetzt, modifiziert, gekennzeichnet, geordnet und aufbewahrt, um sie anschließend in andere Organellen zu bringen oder über die Sekretionsvesikel aus der Zelle auszuscheiden.

Diese Prozesse der so genannten Proteinreifung vollziehen sich im Golgi-Apparat nach einer räumlich wohlgeordneten biochemischen Abfolge, und auch der Proteinfluss erfolgt nur in einer Richtung.

Aus Abschnürungen bei den Zisternen des Golgi-Apparates entstehen Vesikel, unter anderem auch die Lysosomen. Diese Organellen enthalten zahlreiche ENZYME, also Proteine, die als Katalysatoren mitwirken, verschiedene Makromoleküle aus der Nahrung oder innerzellulären Erneuerungsprozessen abzubauen und in kleine, für die Zelle verwertbare Moleküle aufzuspalten. Das Innere der Lysosomen ist erheblich saurer als das Zytoplasma, das einen annähernd neutralen pH-Wert hat. Diese Kompartimentierung fördert den Abbauprozess und schützt die anderen Zellbestandteile.

Die Lysosomen verschmelzen zunächst mit Vesikeln, die sich durch Invagination (Einstülpung) der Plasmamembran bilden und Stoffe von außerhalb der Zelle transportieren (Endozytose-Vesikel oder Endosome); anschließend verdauen sie deren Inhalt. Die daraus resultierenden Moleküle – AMINOSÄUREN, NUKLEOTIDE, Fettsäuren, einfache ZUCKER – werden durch die Membran des Lysosoms weitergeleitet und dienen als Grundbausteine zur Synthese von MAKROMOLEKÜLEN. Und schließlich verbinden sich die Lysosomen mit der Plasmamembran und scheiden die Abfallprodukte über die so genannte Exozytose aus der Zelle aus.

Gonade

Zur Vertiefung: ***Gameten; Meiose; Zygote***

Bei Tieren bezeichnet man diejenigen Organe, die Gameten (geschlechtliche Keimzellen) produzieren, als Keimdrüsen oder Gonaden. Sie sind bei Männchen als Hoden ausgebildet, die Spermien produzieren, und bei Weibchen als Eierstöcke, die Eizellen produzieren.

In den Zellen der Gonaden wird im Laufe des Teilungsprozesses die GENETISCHE INFORMATION auf die Hälfte reduziert. Für jedes elementare Merkmal verfügt ein Individuum über zwei Exemplare oder ALLELE des gleichen Gens: Das eine stammt von seinem Vater, das andere von seiner Mutter. Nur jeweils eines dieser beiden Exemplare wird nach einer Zufallsauswahl an den Gameten weitergegeben und zwar durch einen komplexen Mechanismus, bei dem sich die Chromosomen zunächst verdoppeln: die Meiose.

Bei den meisten Wirbeltieren sind die Gonaden in zwei Exemplaren vorhanden. Allerdings besitzen manche Arten jeweils nur eine: zum Beispiel die meisten Vogelweibchen, die weiblichen Krokodile und bestimmte männliche Eidechsen.

Je nachdem, ob die Gonaden eines Individuums Spermien oder Eizellen produzieren, bezeichnet man es als männlich oder weiblich. Es gibt jedoch Arten wie Regenwürmer und Schnecken, bei denen jedes Individuum beide Gonadentypen aufweist: Jedes produziert Ei- und Spermazellen, was eine gegenseitige Befruchtung, aber keine Selbstbefruchtung ermöglicht.

Die Fähigkeit, Gameten des einen oder anderen Geschlechts zu produzieren, kann sich auch im Laufe des Lebenszyklus verändern. So sind zum Beispiel bei den Weichtieren junge Napfschnecken im Allgemeinen männlich, entwickeln sich aber über kurz oder lang zu Weibchen.

Gradient

Zur Vorbereitung: ***Ableitung***
Zur Vertiefung: ***Diffusion; Optimierung; Populationsgenetik***

Ist f eine Funktion, die jeder reellen Zahl eine reelle Zahl zuordnet, so gibt die Ableitung f' ein Maß für die Veränderung der Funktion f. Der Begriff des Gradienten dehnt diesen Gedanken auf Funktionen aus, die jedem Punkt der Ebene oder des Raumes eine reelle Zahl zuordnen.

Ordnet etwa die Funktion f jedem Punkt einer Waldlichtung, in deren Mitte ein Holzfeuer brennt, die jeweilige Temperatur zu, ist die Veränderung von f in einem Punkt nicht nur durch die Temperatur gegeben, die zum Beispiel um ein Grad pro Meter steigt, sondern auch durch die Richtung, in der die Temperatur am stärksten wächst. Die Veränderung der Funktion wird daher durch einen Vektor angegeben, der als Gradient der Funktion in dem betreffenden Punkt bezeichnet wird; die Richtung dieses Vektors gibt die Richtung der stärksten Veränderung an, die Länge jeweils die Stärke der Veränderung.

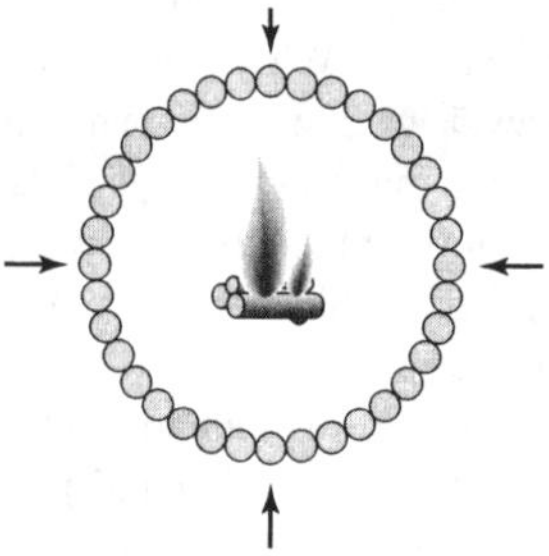

Abbildung 1 Temperaturgradient in der Umgebung eines Holzfeuers

Besitzt eine Funktion f, die jeder reellen Zahl eine reelle Zahl zuordnet, eine Ableitung in einem Punkt x, kann man den Wert, den f zwischen x und $x+d$ annimmt, also die Zahl $f(x+d)-f(x)$, näherungsweise durch das Differential von f in x bestimmen, das heißt durch das Produkt der Ableitung f' und des Werts d (siehe Ableitung). Ersetzt man nun die reellen Zahlen als Ausgangsmenge der Funktion durch die Punkte der Ebene oder des Raums, den Begriff der Ableitung durch den des Gradienten und den Begriff des Produkts durch den des Skalarprodukts, so gilt entsprechend: Ist f eine Funktion, die jedem Punkt der Ebene oder des Raumes eine Zahl zuordnet und deren Gradient in Punkt A der Vektor $\vec{u}$ ist, kann man die Veränderung von f zwischen A und B, also $f(B)-f(A)$, bestimmen durch das Differential von f in A bezüglich des Vektors $\overrightarrow{AB}$, also durch das Skalarprodukt des Vektors $\vec{u}$ (der für $f'(x)$ steht) und des Vektors $\overrightarrow{AB}$ (der für d steht).

Im oben genannten Beispiel ist dieses Produkt positiv, wenn man sich dem Feuer nähert (und wird umso größer, je mehr die Bewegungsrichtung sich dem Gradienten annähert); sie ist negativ, wenn man sich vom Feuer entfernt, und gleich null, wenn man sich senkrecht zum Gradienten bewegt.

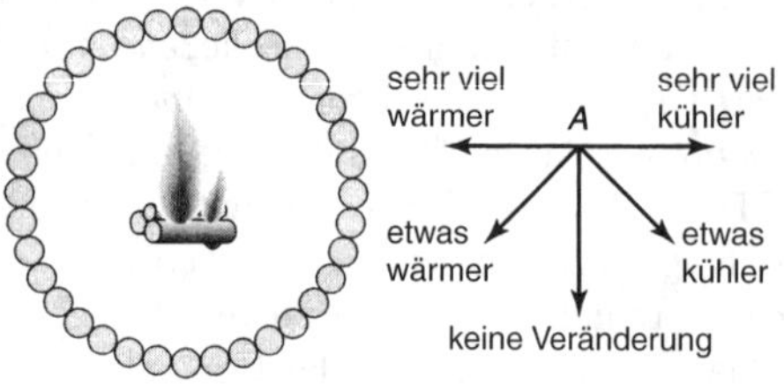

Abbildung 2 Veränderung der Temperatur in der Umgebung eines Punktes in Abhängigkeit von der Bewegungsrichtung

In einem orthonormierten Bezugssystem, dessen Basisvektoren die Länge 1 haben und jeweils paarweise orthogonal zueinander sind, sei $g(x,y)$ eine Funktion, die jeweils einem Punkt mit den Koordinaten (x,y) eine Temperatur zuordnet. Dann kann man die Koordinaten des Gradientenvektors in einem Punkt mit den Koordinaten (a,b) berechnen. Es handelt sich jeweils um die Ableitung der Funktion $x \longmapsto g(x,b)$ in a und um die Ableitung der Funktion $y \longmapsto g(a,y)$ in b.

Das Konzept des Gradienten findet auf zahlreichen Gebieten Anwendung. In der Populationsgenetik etwa nutzt man es zur Beschreibung der geographischen Variation des gemeinsamen genetischen Erbes, wie sie in der wechselnden Häufigkeit der Allele zum Ausdruck kommt, die elementare Merkmale steuern (die Allele sind die verschiedenen Formen, die ein Gen an derselben Stelle eines

Chromosoms annehmen kann und die dasselbe Merkmal betreffen).

Beim Blutgruppensystem AB0 etwa sind hauptsächlich drei Allele in der Bevölkerung verbreitet. Das Allel B findet sich besonders häufig in Mittelasien, wo es einen Anteil von 30% erreicht; dieser Anteil verringert sich, je weiter man nach Westen geht: 15–20% in Russland, 10–15% in Mitteleuropa, 5–10% in Frankreich und weniger als 5% im Baskenland. In Europa und Westasien ist der Gradient der Häufigkeit dieses Allels nahezu überall gleich; er ist von Osten nach Westen gerichtet und besitzt eine Stärke von etwa 2,5% pro tausend Kilometer. Der Gradient des Rhesusfaktorsystems ist dagegen in Europa und Afrika nicht von Osten nach Westen, sondern von Norden nach Süden gerichtet.

Grammatik

Zur Vertiefung: ***Compiler; Informatik; Semantik; Sprache; Syntax***

Für viele gehört die Grammatik zu den schlimmsten Schulerinnerungen; sie sehen darin lediglich eine normative Disziplin, die Regeln für gutes Schreiben und Sprechen vorgibt. Doch darin liegt nicht der eigentliche Kern der Grammatik. Vielmehr beobachtet sie die Sprache in ihrem ständigen Wandel, um herauszufinden, was darin sinnvoll ist und was nicht. Der Satz zum Beispiel: »Ich habe eine Nixe umgebracht«, ist sinnvoll, wenn auch durchaus ein wenig dunkel. Von dem Satz: »Icha baine Nichtse um gebrakt«, kann man das dagegen nicht behaupten.

Auch in den künstlichen Sprachen, wie sie von Logikern und Informatikern benutzt werden, unterscheidet die Grammatik »Ausdrücke«, also sprachliche Einheiten, die etwas ausdrücken und daher einen Sinn haben, von solchen, die keinen Sinn haben. Welche Bedeutung die einzelnen Ausdrücke haben, interessiert die Grammatik nicht; damit befasst sich die Semantik.

In der Grammatik unterscheidet man zwei Bereiche, den lexikalischen oder morphologischen, der sich auf die Form der Wörter bezieht, und den syntaktischen, der die Organisation der Wörter zu übergeordneten Einheiten betrifft. Wortneuschöpfungen, die Pluralbildung oder Konjugationen gehören in den Bereich der Morphologie, während die Bildung von Sätzen Gegenstand der Syntax ist.

Die Grammatik künstlicher Sprachen arbeitet häufig mit einem Alphabet, das als Lexikon fungiert, und Konstruktionsregeln, die angeben, wie aus den Elementen dieses Alphabets zusammengesetzte Ausdrücke erzeugt werden. Stellen wir uns eine künstliche Sprache vor, die aus dem Alphabet {( ) + × a b c d} und folgenden drei Konstruktionsregeln besteht:

1. a, b, c und d sind Ausdrücke;
2. Wenn U und V Ausdrücke sind, dann ist auch $(U+V)$ ein Ausdruck;
3. Wenn U und V Ausdrücke sind, dann ist auch $(U\times V)$ ein Ausdruck.

In dieser formalen Sprache sind
(a+((a×b)+(b×c))),
d,
((c+d)×a)
Ausdrücke, während
(a),
(a–b),
((b oder (a+()
keine Ausdrücke sind.

Für viele Bereiche der Informatik sind Grammatiken von großer Bedeutung, weil nur sie eine präzise Beschreibung der künstlichen Sprachen ermöglichen, die für die Programmierung eines Computers erforderlich sind. Das gilt in besonderem Maße für Compiler, für die PROGRAMMIERUNG und für die KÜNSTLICHE INTELLIGENZ.

Graph

Zur Vertiefung: ***Kategorie; Operations Research***

Das Königsberger Brückenproblem

Die Graphentheorie hat ihren Ursprung in einem Problem, das darin bestand, einen Spazierweg durch Königsberg zu finden, der genau einmal über jede der sieben Brücken führt, wie das in der folgenden *Abbildung 1* dargestellt ist.

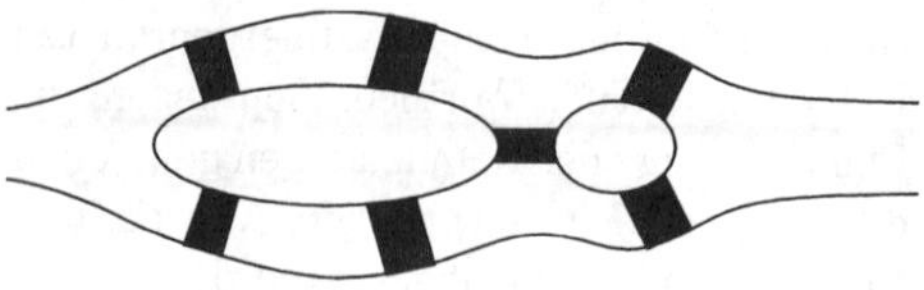

Abbildung 1 Die Königsberger Brücken

Das Problem wurde 1736 von Leonhard Euler gelöst; er zeigte, dass es UNMÖGLICH ist, solch einen Spazierweg zu finden.

Zahlreiche Einzelheiten der räumlichen Gegebenheiten in Königsberg sind ohne jede Bedeutung für das Problem, etwa der Abstand zwischen den Flüssen, die Länge der Brücken, die Winkel der verschiedenen Brücken zueinander usw. Es zählt allein die Zahl der verschiedenen Orte (die zwei Flüsse und die zwei Inseln) und deren wechselseitige Verbindung. Anders gesagt, es kommt nicht auf die Geometrie der Stadt an, sondern auf ihre TOPOLOGIE. Abstrahiert man von all diesen Details, lässt sich der Stadtplan von Königsberg wie in *Abbildung 2* darstellen. Jeder der Flüsse und Inseln ist durch einen Punkt (Knoten) dargestellt, jede Brücke durch einen Linie (Kante), die zwei Punkte miteinander verbindet.

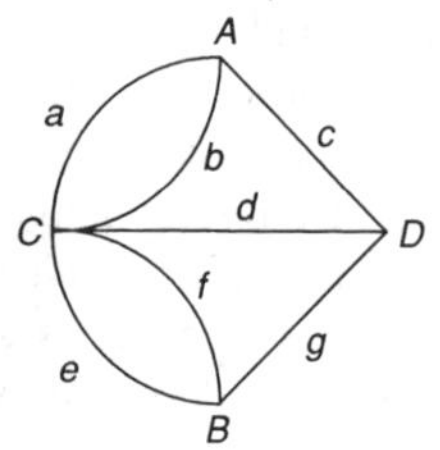

Abbildung 2 Die Königsberger Brücken in abstrakterer Darstellung

Das Problem lässt sich dann folgendermaßen formulieren: Es gilt, eine endliche Folge von Knoten s_1, s_2 … s_n zu finden, so dass der Graph, der die Verbindungslinien zwischen jeweils zwei aufeinander folgenden Knoten zeigt, dem Graphen in *Abbildung 2* entspricht. Man erkennt leicht, dass der Graph, wenn das Problem lösbar sein soll, an jedem Knoten eine gerade Zahl von Kanten aufweisen muss (abgesehen möglicherweise vom Anfangs- und vom Endpunkt), denn wenn man an einen Knoten gelangt ist, muss man ihn stets auch wieder verlassen können. Der Graph in *Abbildung 2* hat vier Knoten mit jeweils einer ungeraden Zahl von Kanten; darum ist das Problem nicht lösbar.

Graphen

Ein Graph ist durch eine beliebige Menge gegeben, deren Elemente als Knoten bezeichnet werden, und durch eine weitere beliebige Menge, deren Elemente Kanten genannt werden, sowie durch eine Funktion, die jeder Kante zwei Knoten (ihre Endpunkte) zuordnet. Verschiedene Probleme erfordern unterschiedliche Arten von Graphen. In den einfachsten Graphen können zwei Knoten höchstens durch eine Kante verbunden sein (die einzige Information besagt hier, ob eine Verbindung besteht oder nicht). In anderen Graphen wie dem in *Abbildung 2* dargestellten können zwei Knoten durch mehrere Kanten miteinander verbunden sein. In manchen Graphen unterscheidet man auch Kanten, die von Knoten A nach Knoten B laufen, von solchen, die von B nach A laufen, also gerichtete Kanten (beim Königsberger Brückenproblem müsste man solch einen Graphen benutzen, wenn manche Brücken Einbahnstraßen wären). Schließlich kann man die Kanten auch gewichten (zum Beispiel, wenn an manchen Brücken eine Brückenmaut erhoben würde und man den kostengünstigsten Weg von einem Punkt zu einem anderen suchte).

In der Graphentheorie gibt es eine Reihe klassischer Probleme; man möchte zum Beispiel wissen, ob zwischen zwei Punkten eines Graphen eine Verbindung besteht oder nicht (etwa um den Weg aus einem Labyrinth zu finden); man möchte den kürzesten Weg zwischen zwei Punkten finden (wie es computergestützte Routenplaner tun); man möchte einen Weg finden, der durch alle Punkte des Graphen (Problem des Handlungsreisenden) oder über alle Verbindungslinien führt (wie beim Königsberger Brückenproblem); man möchte wissen, ob sämtliche Punkte eines Graphen miteinander verbunden sind (Zusammenhang) und ob man stets von einem Punkt zum anderen gelangen kann, obwohl manche Verbindungen nur in einer Richtung zu nutzen sind (starker Zusammenhang) usw.

Solche Probleme wurden besonders intensiv im Zweiten Weltkrieg untersucht, um den militärischen Nachschub besser zu organisieren (zum Beispiel den Weg, den die Versorgungstransporte nehmen sollten). Ähnliche Problemstellungen des so genannten OPERATIONS RESEARCH gibt es in Speditionsunternehmen oder in der Energieversorgung, wo die Kosten möglichst niedrig gehalten werden sollen. Graphen werden außerdem in der künstlichen Intelligenz, der Chemie und in vielen anderen Bereichen angewendet.

Das Vierfarbenproblem

In der TOPOLOGIE klassifiziert man die Graphen nach den Flächen, in die sie eingezeichnet werden können. In der Ebene zum Beispiel ist es unmöglich, einen Graphen zu zeichnen, dessen fünf Knoten sämtlich durch Kanten verbunden sind, ohne dass wenigstens zwei Kanten sich schneiden (siehe *Abbildung 3*).

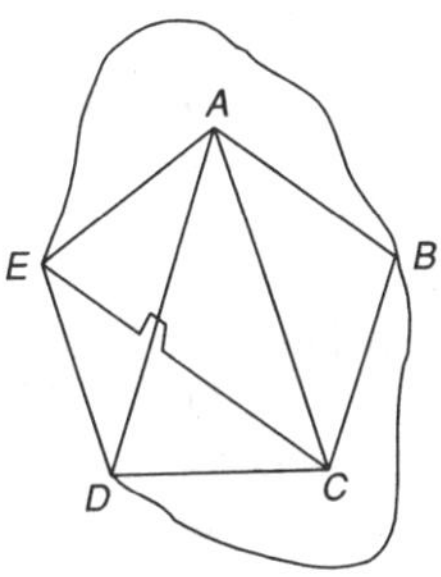

Abbildung 3

Auf einem Torus dagegen ist das durchaus möglich, wie *Abbildung 4* zeigt (ein Beispiel für einen Torus ist die Oberfläche eines Fahrradschlauchs).

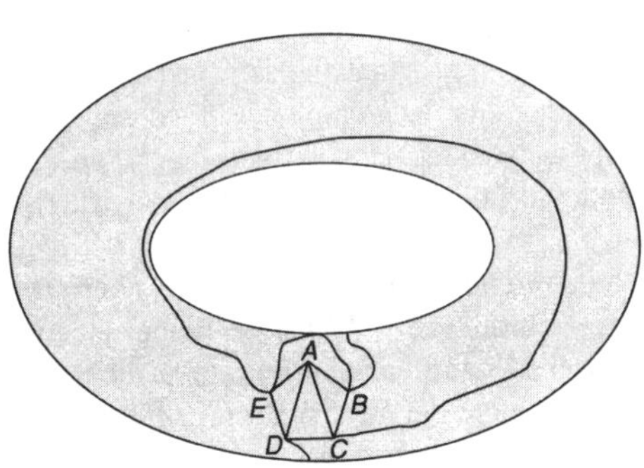

Abbildung 4

Graphen, die sich in einer Ebene zeichnen lassen, werden als »planar« bezeichnet. Ein scheinbar einfaches Problem, das jedoch erst 1976 von Kenneth Appel und Wolfgang Haken gelöst wurde, ist der Beweis, dass man zur Einfärbung planarer Graphen stets nur vier Farben benötigt. Das heißt, man kann jedem Knoten des Graphen eine von vier Farben in der Weise zuordnen, dass zwei durch eine Kante verbundene Knoten niemals dieselbe Farbe haben (bei dem Graphen in *Abbildung 3* ist das unmöglich, weil alle fünf Knoten verschiedene Farben haben müssten). Aus diesem allgemeinen Beweis folgt, dass zur Einfärbung von Landkarten lediglich vier Farben benötigt werden, wenn man sicherstellen will, dass zwei Länder mit gemeinsamer Grenze stets verschieden eingefärbt sind.

Gravitation

Zur Vertiefung: ***Akkretion; Keplersche Gesetze; Raum; Relativitätstheorie***

Kinder ängstigt der Gedanke, dass die Erde eine Kugel ist. Nach ihrer Vorstellung müssten die Menschen auf der anderen Seite der Erde, also etwa die Bewohner Australiens, »herunterfallen«. Die Idee, dass es eine Kraft gibt, die von allen Punkten der Erdoberfläche zum Erdmittelpunkt gerichtet ist, drängt sich also offenbar unserem Verstand nicht spontan auf. Dennoch erleben wir ständig, dass Körper zu Boden fallen (siehe SCHWERE). Isaac Newton kam auf den genialen Gedanken, dass die Dinge sich bei allen Objekten gleich verhalten, ob es sich nun um einen Stein und die Erde oder den Mond und die Erde handelt oder um zwei beliebige Körper A und B. Er postulierte, dass zwischen den Masse- (oder Gravitations-)Zentren der beiden Körper eine wechselseitige Anziehung erfolgt, die von der MASSE beider Körper, von ihrer Entfernung und von einer Konstanten G abhängt (die seither als Gravitationskonstante bezeichnet wird, siehe NATURKONSTANTEN). Die Erde zieht den Stein an, aber ebenso der Stein die Erde (und die Erde fällt in Richtung des Steins; nur ist dieser Anteil der Bewegung wegen der im Vergleich zur

Erde winzigen Masse des Steins unendlich gering). Diese anziehende Kraft bezeichnet man als Gravitation (vom lateinischen *gravis*: schwer). Es war durchaus kühn, diesem Gesetz universelle Geltung zu unterstellen, basierte es doch ausschließlich auf der Beobachtung der Bewegung des Mondes um die Erde sowie des Mars und der Erde um die Sonne und auf der Beobachtung fallender Körper.

Im Laufe des 18. Jahrhunderts konnte der Chemiker Henry Cavendish (und nach ihm noch zahlreiche andere) die Geltung des Newtonschen Gravitationsgesetzes im Experiment nachweisen. Das war keine leichte Aufgabe, denn die Gravitation ist eine äußerst schwache Kraft. Im Aufbau der Atomkerne, der Atome, der Moleküle und der Objekte in unserer Umgebung spielt diese schwache Kraft keine Rolle. Auf dieser Ebene kommt sie nur bei einer extrem hohen Dichte zum Zuge, wie sie in einer ganz frühen Phase des Universums bestand und heute allenfalls in SCHWARZEN LÖCHERN realisiert sein dürfte.

Die ganz überwiegende Mehrzahl der Bewegungen der Himmelskörper dagegen wird von der Gravitation beherrscht. Der Grund für diesen scheinbar paradoxen Sachverhalt liegt in der Tatsache, dass die Gravitation im Bereich kosmischer Größenordnung gleichsam konkurrenzlos dasteht. Die elektromagnetische Kraft fällt aus, weil die Himmelskörper elektrisch neutral sind (sie enthalten ebenso viele positiv wie negativ geladene Teilchen), und die übrigen Kräfte entfalten ihre Wirkung nur über eine ganz geringe Distanz, die sich im Bereich der Größenordnung von Atomkernen bewegt. Trotz ihrer geringen Stärke gewinnt die Gravitation im kosmischen Maßstab die Oberhand, weil es sich dort um so gewaltige Massen handelt. Sie bestimmt den Lauf der Planeten und Kometen, der natürlichen wie der künstlichen Satelliten, die unsere Sonne oder die Planeten umkreisen. Und die Keplerschen Gesetze, mit deren Hilfe wir die Umlaufzeiten der Himmelskörper berechnen können, lassen sich unmittelbar aus dem Newtonschen Gravitationsgesetz und den Gesetzen der MECHANIK ableiten. Und was für das Sonnensystem gilt, das gilt auch für andere Planetensysteme, für Doppel- und Mehrfachsternsysteme, für Sternhaufen und Galaxien. Dort wird eine Berechnung der einzelnen Bahnen wegen der Vielzahl der in Wechselwirkung stehenden Objekte natürlich sehr viel schwieriger (siehe *N*-KÖRPERPROBLEM). Doch angesichts des Triumphs der Newtonschen Mechanik konnte Pierre Simon de Laplace behaupten, es sei – zumindest im Prinzip – möglich, für jeden Zeitpunkt die Position sämtlicher Objekte des Universums aufgrund des Gravitationsgesetzes zu berechnen, sofern man nur die Ausgangspositionen und Ausgangsgeschwindigkeiten kenne (siehe DETERMINISMUS). Die neueren Erkenntnisse über das CHAOS haben diesen Ehrgeiz ein wenig gedämpft, denn für manche Bewegungen ist eine längerfristige Voraussage nicht möglich.

Die Gravitation sorgt auch für den Zusammenhalt der Himmelskörper, falls ihre Masse so groß ist, dass die Massenanziehungskraft wichtiger wird als die übrigen Kohäsionskräfte (elektromagnetischen Ursprungs), die etwa einen Stein »zusammenhalten«. Unter dem Einfluss der Gravitation werden solche Körper mehr oder weniger flüssig und nehmen eine kugelförmige – oder wenn sie rotieren, eine nahezu kugelförmige – Gestalt an. Das gilt nicht nur für die Sterne und die großen Planeten, sondern auch für die kleinen Planeten, die Erde und den Mond, die zunächst flüssig waren, bevor sie erkalteten und erstarrten.

Im Unterschied zu den elektrischen Kräften ist die Gravitation eine ausschließlich anziehende Kraft; alle Massen haben dasselbe Vorzeichen. Massen, die sich frei im Raum bewegen und in einer gravitativen Wechselwirkung mit anderen Massen stehen, sind deshalb gewissermaßen dazu verdammt, sich immer näher zu kommen, sofern sie nicht über eine kinetische ENERGIE verfügen, die einer solchen Annäherung entgegenwirkt. So bleibt etwa beim Mond oder bei künstlichen Satelliten deren Abstand zur Erde über sehr lange Zeiten stabil. Wenn ein Planet eine elliptische Umlaufbahn besitzt, wobei die Sonne sich in einem der beiden Brennpunkte befindet, verändert sich seine Geschwindigkeit ständig; in der Nähe dieses Brennpunkts erreicht sie ihr Maximum, während sie fern vom Brennpunkt am geringsten ist. Dabei kommt es zu einem ständigen Austausch zwischen der kinetischen und der gravitativen (oder potentiellen) Energie des Planeten (siehe POTENTIAL). Wenn dagegen ein Teil der Bewegungsenergie in Wärme umgewandelt wird (etwa durch Reibung, wie es bei einem künstlichen Satelliten geschieht, der in die oberen Bereiche der Erd- oder Marsatmosphäre gerät), führt die Massenanziehungskraft unweigerlich zu einer Annäherung.

In ähnlicher Weise resultiert die durch Beobachtung bestätigte EXPANSION des Universums aus einer Vorherrschaft der globalen kinetischen Energie gegenüber der gravitativen Energie, die eine Anziehung zwischen den GALAXIEN bewirkt. Dieser Zustand könnte sich auf sehr lange Sicht (das heißt in vielen Milliarden Jahren) auch einmal umkehren, so dass auf die Ausdehnung eine Phase der Zusammenziehung folgte, also ein Kollaps des Universums (siehe KOSMOLOGISCHES STANDARDMODELL).

Die Tendenz zur Konzentration und Zusammenballung der Materie findet sich auf allen Ebenen. In den Galaxien sorgt die gravitationsbedingte Akkretion ständig für die Entstehung neuer STERNE aus den Gaswolken des interstellaren Mediums. Im Mittelpunkt aktiver Galaxien nährt die Gravitation das zentralgalaktische Schwarze Loch, diesen unersättlichen Moloch, der Sterne verschlingt. Bei der Entstehung des SONNENSYSTEMS sammelte sie die verstreuten Atome und Staubteilchen und vereinte sie zu den Planetesimalen, aus deren Zusammenballung dann die Planeten entstanden.

Nach dem von Albert Einstein formulierten Prinzip der ÄQUIVALENZ von Masse und Energie stellt der Begriff der Gravitation lediglich eine bequeme, aber keineswegs notwendige Möglichkeit dar, sich Raum und Zeit vorzustellen. Aus diesem Gedanken entstand die allgemeine RELATIVITÄTSTHEORIE, die seither die Grundlage für die Behandlung der Gravitation in der Physik bildet. Nach dieser Theorie bewirken Massen eine KRÜMMUNG des Raumes. Außerdem pflanzt sich die Wirkung der Gravitation nur mit endlicher Geschwindigkeit fort, nämlich mit der Lichtgeschwindigkeit c (siehe NATURKONSTANTEN), während die Newtonsche Physik noch davon ausgegangen war, dass die Gravitationswirkung ohne jeden Zeitverzug den gesamten Raum erfüllt. Newtons Sicht der Gravitation behält jedoch samt all ihren Konsequenzen überall dort ihre praktische Geltung, wo die Gravitationsfelder nur relativ schwach ausgebildet sind wie auf der Erde oder auch an der Oberfläche der Sonne.

Über das Wesen der Gravitation wissen die Physiker also nichts zu sagen; sie begnügen sich mit der Feststellung, dass es sie gibt. Alle Versuche, eine einheitliche Theorie zu schaffen, in der die Gravitation sich mit den übrigen Kräften vereinen ließe, sind bis auf den heutigen Tag gescheitert (siehe VEREINHEITLICHUNG).

Bei diesen Versuchen hat man sich auch gefragt, was mit der gravitativen Wechselwirkung geschieht, wenn der Abstand zwischen den Teilchen extrem klein wird und sich in der Größenordnung der so genannten Planckschen Länge l_P bewegt. Die Plancksche Länge ergibt sich aus der Kombination dreier Naturkonstanten, die in dieser Konstellation eine Länge ergeben (siehe DIMENSION). Dabei handelt es sich um die Lichtgeschwindigkeit c, das Plancksche Wirkungsquantum h und die Gravitationskonstante G; sie beträgt
$l_P=(Gh/2\pi c^3)^{1/2}=1{,}6\times10^{-35}$m.

Das ist zwar eine unendlich kleine Strecke, doch in einer ganz frühen Phase des Universums (siehe URKNALL und INFLATION) waren die Teilchen tatsächlich einmal so dicht zusammengedrängt. Auf dieser Ebene muss auch das Gravitationsfeld in der Weise behandelt werden, wie die QUANTENPHYSIK mit den übrigen Kräften umgeht. Möglicherweise liegt hier eine Chance für die angestrebte Vereinheitlichung.

Die Zeit $t_P=l_P/c$, die das Licht benötigt, um die Plancksche Länge zu durchlaufen, wird als Planckzeit bezeichnet und beträgt $5{,}3\times10^{-44}$s.

In der Beschreibung der zeitlichen Evolution des Universums bildet diese Zeit eine Grenze, jenseits deren unsere Zeitauffassung möglicherweise nicht mehr der Realität entspricht.

Gravitationskollaps

Zur Vorbereitung: ***Gravitation***
Zur Vertiefung: ***Akkretion; Potential; Schwarzes Loch; Weißer Zwerg***

Die Gravitation ist eine ständig wirkende anziehende KRAFT, die zwischen sämtlichen Massen wirksam wird, ob es sich dabei um Erde und Mond oder zwei winzige Materieteilchen (Moleküle oder Sandkörner) handelt. Dennoch kollabieren die Dinge in unserer Umgebung nicht unter dem Einfluss dieser Massenanziehungskraft. Der Grund ist sehr einfach, auch wenn die Physik lange gebraucht hat, um die Zusammenhänge im Detail zu klären. Bei einem Stein, einem Molekül, einem ATOM oder einem Atomkern ist die Gravitation vernachlässigbar gering gegenüber anderen anziehenden oder abstoßenden Kräften (siehe WECHSELWIRKUNG IN DER PHYSIK). Die zwischen einem Elektron und einem Proton wirksame elektrische Kraft ist anziehender Natur, die zwischen zwei Elektronen wirkende elektrische Kraft ist abstoßender Natur. Die Kombination gegensätzlicher Wirkungen ermöglicht hier ein GLEICHGEWICHT. Das Nachdenken über dieses Gleichgewicht hat sich in der Physik übrigens als äußerst fruchtbar erwiesen, insbesondere im Zusammenhang mit Konzepten, die der Physiker Niels Bohr entwickelt hat. Im Bereich der Größenordnung unserer Erde können die Massenanziehungskräfte nicht mehr vernachlässigt werden, doch hier hat sich ein Gleichgewicht zwischen der Gravitation und den elektromagnetischen Kräften eingestellt, das den Zusammenhalt der Materie (der Gesteine) sichert und einen Kollaps verhindert. In der Sonne bildet der nach außen gerichtete Gasdruck ein Gegengewicht zu den nach innen gerichteten Kräften der Gravitation, so dass auch hier ein Gleichgewicht herrscht.

Auch das Sonnensystem, das aus der Sonne und den umlaufenden Planeten besteht, oder größere Systeme wie die Sternhaufen und die aus zahllosen Sternen und interstellaren Gasen bestehenden Galaxien stürzen nicht in sich zusammen. Hier sorgt die Bewegungsenergie (auch kinetische Energie genannt; siehe KEPLERSCHE GESETZE) unter dem Einfluss jener »Scheinkraft«, die wir als ZENTRIFUGALKRAFT bezeichnen (siehe auch BEZUGSSYSTEM), für ein Gegengewicht zur Gravitation und wirkt so dem Kollaps entgegen. So wird deutlich, dass es zu einem Kollaps nur dann kommen kann, wenn die Bewegungsenergie aus irgendeinem Grunde zu schwach wird, um der Gravitation entgegenzuwirken. Den Prozess, in dem Materie sich unter dem Einfluss der Gravitation zusammenballt und ineinander stürzt, so dass ihre Dichte ständig zunimmt, bezeichnet man als Akkretion; sie bildet die Grundlage für die Entstehung der Galaxien, der Sterne und der Planeten. Diese Objekte stabilisieren sich, sobald abstoßende Kräfte wie der Gasdruck ein neues Gleichgewicht herstellen. Bei den kollabierten Sternen, die man als Weiße Zwerge bezeichnet, reicht der Gasdruck nicht aus, und der Kollaps geht weiter, bis eine neue, stärkere Form von Druck auftritt, der darauf zurückzuführen ist, dass Elektronen sich nicht über ein bestimmtes Maß hinaus komprimieren lassen (siehe BOSON UND FERMION). Die so genannten Neutronensterne oder PULSARE kollabieren gleichfalls und erreichen sogar eine noch höhere Dichte, bei der Protonen und Elektronen sich in Neutronen umwandeln, die dann jedoch für die Entstehung eines noch stärkeren Drucks sorgen.

Wenn schließlich keine bekannte Kraft mehr ein ausreichendes Gegengewicht zur Gravitation zu bilden vermag, geht der Kollaps noch weiter, und es entsteht ein Schwarzes Loch. Unter anderen Hypothesen sieht das KOSMOLOGISCHE STANDARDMODELL auch die Möglichkeit vor, dass dieses Schicksal eines Tages das ganze Universum ereilen könnte, dass also dem Big Bang (URKNALL) möglicherweise irgendwann einmal der Big Crunch (der vollständige Kollaps) folgt.

Gravitationslinse

Zur Vorbereitung: ***Krümmung***
Zur Vertiefung: ***Masse***

Die Expedition, die Arthur Stanley Eddington 1919 ins Innere der Vereinigten Staaten unternahm, um eine totale Sonnenfinsternis zu beobachten, führte zweifellos zu einer der Beobachtungen, die den stärksten Rückhalt für Albert Einsteins Relativitätstheorie boten. Die Frage war, ob die Bahn des Lichts eines Sterns, der sich zurzeit der totalen Verfinsterung unmittelbar am Rand der Sonnenscheibe befand und der nur wegen der Verfinsterung beobachtet werden konnte, durch die Sonnenmasse tatsächlich gekrümmt wurde, wie die allgemeine RELATIVITÄTSTHEORIE behauptete. Eddingtons Messung der Sternposition bestätigte nicht nur die Existenz des Effekts, sondern auch die Größe der Ablenkung, die Einstein vorausgesagt hatte. Eine Masse vermag also die Bahn eines Lichtstrahls ebenso zu krümmen, wie es eine Linse aufgrund ihres Brechungsindex tut; daher der Ausdruck »Gravitationslinse«. Da die Gravitation jedoch eine äußerst schwache Wechselwirkung ist (siehe NATURKONSTANTEN), vermögen nur die gewaltigen Massen von Galaxien oder Sternen einen beobachtbaren Effekt dieser Art auszulösen; es wäre also unsinnig, beim Augenoptiker Brillengläser zu bestellen, die auf diesem Effekt beruhen.

Wie Einstein in der Folgezeit ausführte, hat dieses Phänomen seltsame Konsequenzen (siehe *Abbildung 1*): Zwischen einem punktförmigen leuchtenden Objekt *S* und der Erde befinde sich ein massives kugelförmiges Objekt *M*, und zwar derart, dass *S*, der Mittelpunkt von *M* und der irdische Beobachter *B* sich genau auf einer Linie befinden. Dann erscheint das Bild, das ein Teleskop von *S* zeichnet, als ein leuchtender Ring um *M* (Einsteinring), der außerdem heller ist, als das Bild von *S* wäre, wenn *M* nicht dazwischen läge. *M* wirkt hier als Gravitationslinse, die das Licht von *S* zum irdischen Beobachter lenkt. Natürlich ist die Verstärkung nur gering, und es bedarf immer noch eines leistungsstarken Teleskops, um solche Ringe zu beobachten und zu fotografieren, die übrigens gelegentlich auch als Geisterbilder bezeichnet und mit den irdischen Luftspiegelungen verglichen werden, weil sie ein stark verzerrtes Bild der Lichtquelle bieten. Für den Beobachter ist es jedoch so, als verfügte er dank der Anwesenheit von *M* über ein »Gravitationsteleskop«, denn die Wirkung der von *M* ausgehenden Gravitation tritt zur Wirkung seines eigenen Teleskops hinzu und verstärkt es gewissermaßen.

Es kommt natürlich vor, dass *S*, *M* und *B* nicht vollkommen auf einer Linie liegen oder dass *S* oder *M* nicht kugelförmig sind. Dann wird aus dem Ring eine kompliziertere Figur, die jedoch Informationen über *M* und *S* enthält. Wenn *S* eine sehr ferne und sehr lichtschwache Galaxie ist, wird sie erst durch die von *M* bewirkte Konzentration des Lichts sichtbar. Das Bild gibt auch Aufschluss über die Masse von *M* und über die Verteilung der Materie im Umkreis dieses Objekts. Wenn sich dort zum Beispiel Materie befindet, die nicht leuchtet (dunkle Materie), kann sie über ihre Gravitationswirkung aufgespürt werden.

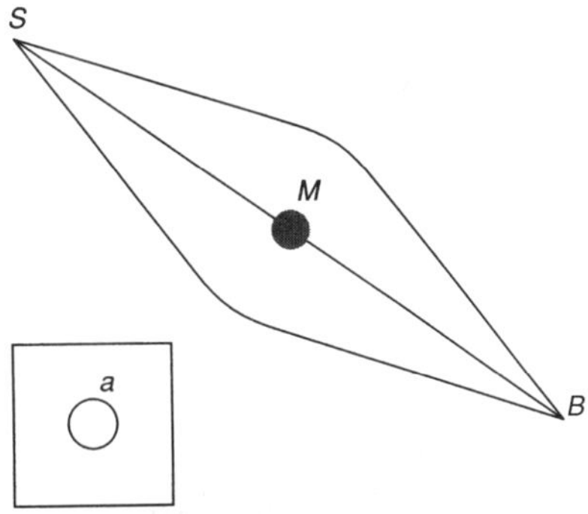

Abbildung 1 Der (im Rahmen abgebildete) Ring *a* zeigt das Bild, das der Beobachter *B* von *S* erhält, weil die Lichtstrahlen von *M* abgelenkt worden sind.

Da *S* sehr weit entfernt ist (möglicherweise mehrere Milliarden Lichtjahre), war das Licht auf dem Weg von *S* zum Beobachter der Wirkung der EXPANSION und der Gesamtkrümmung des Universums unterworfen (siehe DOPPLEREFFEKT und KRÜMMUNG); das schlägt sich auch im Bild von *S* nieder, zum Beispiel in der Tatsache, dass dessen Dimensionen von charakteristischen kosmologischen Größen abhängen (von der Hubblekonstanten und der kosmologischen Konstanten, siehe NATURKONSTANTEN). Dank der modernen, starken Teleskope ergibt sich daraus eine neue Möglichkeit, diese grundlegenden, aber nur schwer zugänglichen Konstanten zu messen.

Auch innerhalb unserer eigenen Milchstraße kann es geschehen, dass ein Stern *S* und ein Objekt *M* sich mit dem irdischen Beobachter genau auf einer Linie befinden. Die Wahrscheinlichkeit ist zwar für ein einzelnes Objekt nur gering, doch angesichts der vielen Millionen Sterne in der Milchstraße dürfte solch ein Ereignis sich mehrere hundert Mal im Jahr einstellen. Wegen der Eigenbewegung der Sterne innerhalb der Milchstraße dauert solch eine Konstellation nur einige Stunden oder Tage; sie äußert sich in einer deutlichen (bis zu 100% betragenden) Erhöhung der Helligkeit des betreffenden Sterns, aus der sich dann die Masse des Objekts *M* ableiten lässt. Heute sucht man mit diesem Verfahren in der Milchstraße nach lichtschwachen Objekten geringer Masse, zum Beispiel nach braunen Zwergen oder Riesenplaneten (siehe STERN und PLANET). Nur mit modernen CCD-Sensoren und einer computergestützten Verarbeitung der aufgezeichneten Signale lassen sich Helligkeitsschwankungen von Millionen Sternen Nacht für Nacht aufzeichnen und verfolgen.

Gravitationswellen

Zur Vorbereitung: ***Relativitätstheorie***
Zur Vertiefung: ***Gravitation; Schwarzes Loch; Stern; Welle***

Stellen wir uns zwei Körper *A* und *B* vor, die einander umkreisen, zum Beispiel ein Doppelsternsystem. Die Gravitation, die sie in einem Punkt *M* mit dem Abstand *D* zu dem Paar *A–B* erzeugen, ist die Summe der von *A* und von *B* ausgeübten Massenanziehungskraft und hängt daher von der Position dieser beiden Körper ab. Nach der allgemeinen Relativitätstheorie kann die Information über die Position der beiden Körper höchstens mit der Lichtgeschwindigkeit *c* nach *M* gelangen, also mit einer zeitlichen Verzögerung von D/c gegenüber den Bewegungen der Körper *A* und *B*. Anders gesagt, die Geometrie der Raum-Zeit in *M* (Metrik genannt), die von der Größe und Position sämtlicher Massen, also insbesondere der Körper *A* und *B* abhängt, verändert sich durch die Ausbreitung einer als Gravitationswelle bezeichneten Welle von dem Paar *A–B* hin zu Punkt *M*. Wenn *A* und *B* einander mit einer Periode *T* umkreisen, hat auch die zugehörige Welle die Periode *T*, und die Wellenlänge beträgt cT.

Wie eine elektrische Ladung bei einer Beschleunigung eine elektromagnetische Welle aussendet, so emittiert eine Masse bei Beschleunigung eine Gravitationswelle. Dem elektrischen und dem magnetischen Feld, die durch die in dem elektromagnetischen Feld schwingende Ladung erzeugt werden, entspricht das Gravitationsfeld, das durch die in diesem Feld schwingende Masse erzeugt wird. Allerdings hat die gleichzeitige Existenz positiver und negativer elektrischer Ladungen (die zum insgesamt elektrisch neutralen Charakter der makroskopischen Materie führt) in der Gravitation keine Entsprechung. Dort lässt sich Masse stets durch eine positive Zahl ausdrücken, wodurch sich der Charakter der Gravitationswellen ein wenig kompliziert.

Um den Durchgang einer elektromagnetischen Welle aufzuspüren, genügt es, die Bewegung zu beobachten, die sie einer positiven oder negativen elektrischen Ladung mitteilt (zum Beispiel den Elektronen im Metall einer Fernsehantenne). Bei einer Gravitationswelle muss man die lokale Deformation der Raum-Zeit beobachten. *Abbildung 1* zeigt die Deformation eines Ringes aus Materie beim Durchgang der Gravitatioswelle. Um alle sonstigen äußeren Einwirkungen auszuschließen, wird dabei unterstellt, dass der Ring sich im freien Fall durch den leeren Raum befindet. Der Ring verformt sich im Rhythmus der Periode *T* der Welle in eine Richtung, die von der Ausrichtung der Welle abhängt (man spricht hier von ihrer POLARISATION); in den Zeitpunkten 0, $T/2$ und *T* erfährt er keine Deformation, im Zeitpunkt $T/4$ wird er in die eine, im Zeitpunkt $3T/4$ in die andere Richtung verformt.

Vergleicht man die Stärke der von beiden Wellenarten ausgehenden Wirkung, so zeigt sich, dass die Gravitationswellen aufgrund der im Vergleich zur elektromagnetischen Wechselwirkung nur geringen gravitativen Wechselwirkung (die ihren Ausdruck

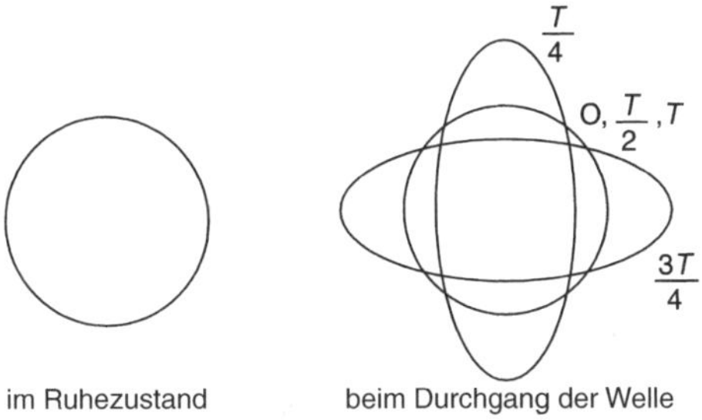

Abbildung 1 Wirkung des Durchgangs einer Gravitationswelle auf einen Ring aus Materie. Die Deformationen sind überzeichnet dargestellt.

in dem geringen Wert der Gravitations- oder Newtonkonstanten *G* findet) nur recht wenig Energie transportieren, nämlich Beträge, deren Größenordnung um den Faktor 10^{-40} kleiner sind als bei den elektromagnetischen Wellen. Um sie aufzuspüren, bedarf es sehr großer Massen in der Größenordnung von Sternen, die überdies noch einer beträchtlichen Beschleunigung unterworfen sein müssen. Deshalb ist es nicht möglich, beobachtbare Wellen dieser Art im Labor zu erzeugen.

Die allgemeine Relativitätstheorie stellt mit ihren Gleichungen die Mittel zur Verfügung, mit deren Hilfe sich die Stärke einer Gravitationswelle, wie sie etwa von einem Doppelsternsystem (einem gravitativen OSZILLATOR) erzeugt wird, und die von ihr transportierte Energie berechnen lassen. Über die gesamten 1980er Jahre hinweg haben Russel Hulse und Joseph Taylor, die 1993 den Nobelpreis für Physik erhielten, die Periode solch eines Systems sehr genau verfolgt; dabei handelte es sich um ein Doppelsternsystem, das sich in unserer Milchstraße befindet und aus einem normalen Stern sowie dem PULSAR PSR 1913+16 besteht.

Dabei stellten sie eine leichte Abnahme der Periode fest (diese liegt bei etwa acht Stunden, weil der Abstand zwischen beiden Objekten sehr gering ist). Wenn die Periode sich verringert, stürzen die beiden Objekte langsam aufeinander zu (siehe KEPLERSCHE GESETZE), wie ein künstlicher SATELLIT, der von den oberen Schichten der Atmosphäre abgebremst wird, in Richtung Erde fällt.

Die Berechnungen zeigen nun, dass die Energie, die das Doppelsternsystem verliert, genau gleich der Energie der Gravitationswellen ist, die diese von den beiden einander umkreisenden Massen verursachte lokale Störung der Raum-Zeit erzeugt.

Dieser indirekte, aber dennoch strenge und mit den Grundsätzen der allgemeinen Relativitätstheorie übereinstimmende Beweis für die Existenz von Gravitationswellen reicht den Physikern oder Astronomen natürlich nicht aus.

Daher baut man heute Detektoren, die empfindlich genug sind, um etwa die Veränderung des Abstands zweier mehrere Kilometer voneinander entfernter Punkte *O* und *O'* mit einer Genauigkeit von 10^{-20} oder mehr zu messen (das ist der hundertmilliardste Teil eines Milliardstels).

Später wird man solche Detektoren im Weltall installieren, weil sie dort vor den auf der Erde unvermeidlichen seismischen Störungen geschützt sind. Diese Detektoren funktionieren nach einem hochempfindlichen Messprinzip, das auf der INTERFERENZ basiert; dabei verhalten die Punkte *O* und *O'* sich wie Spiegel, die das Licht eines Lasers reflektieren können.

Die in unserer Milchstraße oder in deren Nachbargalaxien emittierten Gravitationswellen (etwa in dem im gleichnamigen Sternbild gelegenen Virgohaufen) transportieren so wenig Energie, dass sie allenfalls Deformationen in der oben genannten Größenordnung (10^{-20}) auszulösen vermöchten. Anfang des 21. Jahrhunderts werden mehrere solcher Detektoren in Betrieb sein und nach den gravitativen Signalen suchen, die von Doppelsternsystemen wie PSR 1913+16 oder von einem Gravitationskollaps wenige Sekunden vor der Explosion einer SUPERNOVA ausgehen.

Abgesehen von einer interessanten, wenn auch eigentlich fast schon überflüssigen Bestätigung der allgemeinen Relativitätstheorie, wird die Beobachtung dieser Wellen vor allem wichtige Informationen über die dichtesten Zustände der Materie im Universum erbringen; denn gerade weil die gravitative Wechselwirkung so schwach ist, sind die Gravitationswellen die einzigen, die diesen dichten Zuständen entkommen und zu uns gelangen können.

Grenze, Grenzwert

Zur Vorbereitung: ***Funktion***
Zur Vertiefung: ***Ableitung; Folge; Reihe; Stetigkeit, Kontinuität***

Die Definition von Begriffen wie STETIGKEIT, ABLEITUNG oder INTEGRAL basieren auf dem Konzept einer »unendlich kleinen« oder »infinitesimalen« Zahl.

Ist zum Beispiel f eine Funktion, die jedem Zeitpunkt die von einem Fahrzeug seit Beginn der Fahrt zurückgelegte Strecke zuordnet, ist die mittlere Geschwindigkeit des Fahrzeugs gleich dem Quotienten aus der zwischen den Zeitpunkten t und $t+d$ zurückgelegten Strecke $f(t+d)-f(t)$ und der dafür benötigten Zeit d; sie beträgt also

$$\frac{f(t+d)-f(t)}{d}$$

Nun möchte man die Momentangeschwindigkeit des Fahrzeugs definieren, wie sie ein Tachometer anzeigt. Und man würde sie gerne definieren als die mittlere Geschwindigkeit in einem sehr kurzen Zeitraum um den Zeitpunkt t, das heißt als die Zahl

$$\frac{f(t+d)-f(t)}{d}$$

für unendlich kleines d.

Doch leider haben sich alle Versuche, den Begriff einer unendlich kleinen Zahl zu definieren, bis vor relativ kurzer Zeit als widersprüchlich erwiesen (siehe UNENDLICH). Der Begriff des Grenzwerts oder Limes bietet nun die Möglichkeit, bei der Definition solcher Begriffe ohne den Begriff einer unendlich kleinen Zahl auszukommen. So lässt sich die Momentangeschwindigkeit des Fahrzeugs zum Zeitpunkt t definieren als Grenzwert der mittleren Geschwindigkeit für d gegen 0, das heißt als Grenzwert der Funktion

$$d \longmapsto \frac{f(t+d)-f(t)}{d}$$

an der Stelle 0. Nun muss jedoch noch der Begriff des Grenzwerts definiert werden. Die Funktion $g: x \longmapsto x\sin(1/x)$ ist an der Stelle 0 nicht definiert (siehe *Abbildung 1*). Aber für sehr kleine x ist auch $g(x)$ sehr klein. Man sagt, 0 ist der Grenzwert von g an der Stelle 0.

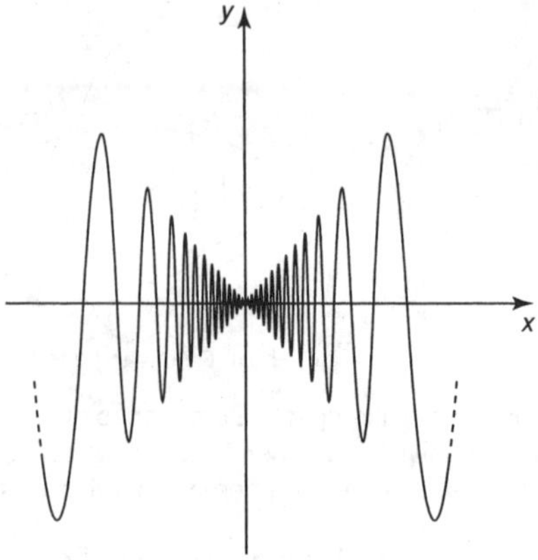

Abbildung 1

Die Funktion $h: x \longmapsto \sin(1/x)$, die gleichfalls an der Stelle 0 nicht definiert ist, hat dagegen keinen Grenzwert an der Stelle 0, denn für x gegen 0 nähert sich $h(x)$ keiner bestimmten Zahl.

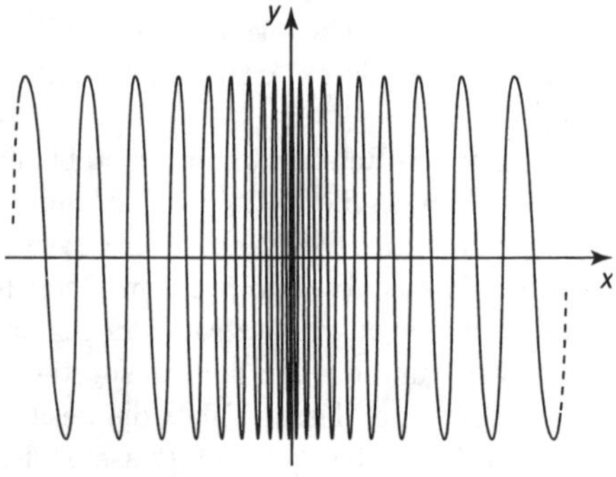

Abbildung 2

Um den Grenzwert zu definieren, wäre es am einfachsten, wenn man sagte, b ist der Grenzwert einer Funktion f an der Stelle a, falls $f(x)-b$ immer dann unendlich klein wird, wenn $x-a$ eine unendlich kleine Zahl ist. Aber es geht ja gerade darum, ohne den Begriff einer unendlich kleinen Zahl auszukommen. Das kann man erreichen, indem man sagt, b ist der Grenzwert von f an der Stelle a, wenn die Zahl $f(x)$ sich b beliebig nahe annähert, falls x hinreichend nahe bei a liegt. So kann man den Wert von $g(x)$ zwischen −0,001 und 0,001 halten, falls x selbst zwischen −0,001 und 0,001 bleibt. Umgekehrt kann man den Wert von $h(x)$ unmöglich zwischen −0,001 und 0,001 halten, weil $h(x)$ in allen Intervallen um

0 den Wert 1 annimmt, so klein die Intervalle auch sein mögen. So gelangt man denn zu folgender Definition: Die Zahl b ist der Grenzwert einer Funktion f an der Stelle a, wenn es für jede streng positive Zahl ε (Epsilon) eine Zahl α gibt, für die gilt: wenn x im Intervall $[a-\alpha, a+\alpha]$ liegt, dann liegt $f(x)$ im Intervall $[b-\varepsilon, b+\varepsilon]$. Diese Definition kommt ganz ohne den Begriff einer unendlich kleinen Zahl aus.

Dieser Grenzwertbegriff lässt sich auch für Fälle verallgemeinern, in denen a und b unendlich sind. Wenn zum Beispiel x sich 0 nähert, wird die Zahl $1/x^2$ immer größer (siehe *Abbildung 3*). Man sagt, $+\infty$ ist der Grenzwert der Funktion $x \longmapsto 1/x^2$ an der Stelle 0. Wenn x dagegen immer größer wird, nähert $1/x^2$ sich 0, und man sagt, der Grenzwert der Funktion sei 0, wenn x gegen $+\infty$ geht.

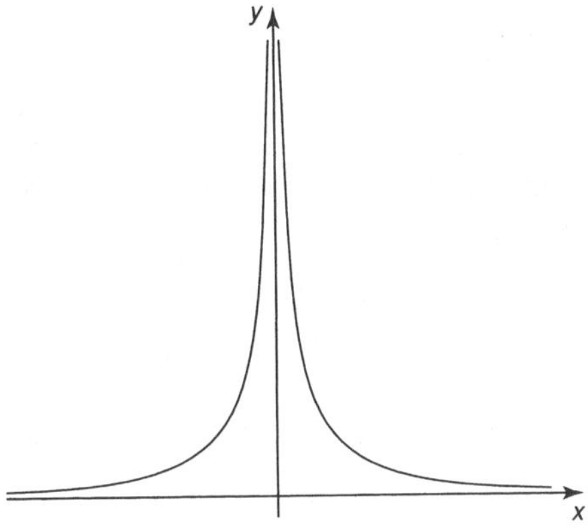

Abbildung 3

Man kann auch vom Grenzwert einer Folge sprechen (das heißt einer auf den natürlichen Zahlen definierten Funktion). So konvergiert die Folge $n \longmapsto 1/2^n$: 1, 1/2, 1/4, 1/8 … gegen den Grenzwert 0. Der Begriff des Grenzwerts lässt sich außerdem auf Fälle ausdehnen, in denen Ursprungs- und Bildmenge keine Zahlenmengen sind, sofern man auf den betreffenden Mengen einen Abstand (oder eine TOPOLOGIE) definiert.

Grenzfläche

Zur Vertiefung: ***chemische Verfahrenstechnik; Chromatographie; Katalyse***

Als Grenzfläche bezeichnet man in Physik und Chemie die geometrische Grenze zwischen zwei nicht miteinander vermischbaren PHASEN, also zwischen einem Festkörper und einem Gas, einem Festkörper und einer Flüssigkeit oder einem Gas und einer Flüssigkeit. An diesen Grenzflächen lassen sich besondere Phänomene beobachten wie die Adhäsion bei Klebstoffen oder die Anlagerung von Gasmolekülen an einen metallischen Festkörper (siehe KATALYSE), außerdem Vorgänge, bei denen Energie oder Materie durch die Grenzfläche hindurch transportiert wird.

Zu interessanten Phänomenen kommt es auch, wenn die Grenzfläche gewisse Unregelmäßigkeiten aufweist, etwa aufgrund fehlender oder überschüssiger Atome. So nutzt man in der Chemie die Rauheit von Grenzflächen für die Trennung oder Reinigung chemischer Produkte (siehe CHROMATOGRAPHIE); dabei bleiben Moleküle, die in einem Flüssigkeits- oder Gasstrom an einem Festkörper vorbei geführt werden, zeitweilig an »vorstehenden« Atomen oder Atomgruppen hängen, wie Äste in einem Gebirgsbach an Felskanten oder Gesteinsbrocken hängen bleiben.

Grenzstruktur

Zur Vertiefung: ***Atom- und Molekülorbitale; chemische Formel; Darstellung; Hybride***

Als Grenzstrukturen (mesomere Grenzstrukturen oder auch Resonanzstrukturen) bezeichnet man Formelschreibweisen für ein MOLEKÜL, das sich in seinen wesentlichen Merkmalen nicht ausreichend in nur einer Formel darstellen lässt. Um ein solches Molekül hinreichend zu beschreiben, sind gleichzeitig mehrere Grenzstrukturen notwendig.

Die gebräuchlichsten Strukturformeln sind die Lewis-Formeln, die eine chemische Bindung zwischen zwei Atomen durch einen Valenzstrich und freie, also nicht bindende

Elektronenpaare durch einen Doppelpunkt darstellen.

Nehmen wir als Beispiel Kohlenmonoxid CO. Die Bindungslänge der Kohlenstoff-Sauerstoff-Bindung liegt bei diesem Molekül zwischen den Standardlängen einer Doppelbindung und einer Dreifachbindung (die kürzer ist als die Doppelbindung) zwischen diesen beiden Atomen. Aus diesem Grund kann und muss man CO als eine Resonanzhybride schreiben, die halb Fisch, halb Fleisch ist (siehe *Abbildung 1*).

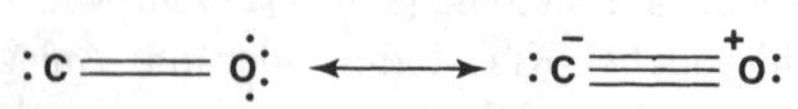

Abbildung 1 Schreibweise des Kohlenmonoxids CO in seinen beiden hauptsächlichen Grenzstrukturen. Der Doppelpfeil zeigt an, dass das Molekül in jedem Augenblick gleichzeitig in beiden Formen existiert. In der rechten Form tragen die beiden Atome eine elektrische Ladung, da das Sauerstoffatom, das hier nur noch von fünf Elektronen umgeben ist, eines seiner sechs Elektronen an das Kohlenstoffatom verloren hat.

Eine solche Schreibweise berücksichtigt auch andere Eigenschaften dieses Moleküls, zum Beispiel das geringe Dipolmoment, auf das wir hier nicht näher eingehen können.

Ein Molekül in mehreren Grenzstrukturen darzustellen ist also in erster Linie ein Eingeständnis von Unfähigkeit (da eine Formel allein nicht ausreicht) und ein Zeichen für Kompromissbereitschaft (man schreibt die Formeln, die am wahrscheinlichsten erscheinen, und geht von ihrer Koexistenz aus). Aber es bedeutet noch mehr.

Neben einem schlichten Kunstgriff ist es vor allem eine wirkungsvolle theoretische Methode, die Aspekte der QUANTENPHYSIK in die Untersuchung der Molekülstruktur einführt. Linus Pauling veröffentlichte 1931/32 einige Artikel über die Beschaffenheit der chemischen Bindung. Darin zeigte er die außergewöhnliche Fruchtbarkeit des RESONANZ-Begriffs auf, den Walter Heitler und Fritz London im Rahmen der noch jungen Quantenmechanik auf das Wasserstoffmolekül H_2 angewandt hatten und der eine Erklärung ermöglichte, weshalb ein Wasserstoffmolekül existiert, nicht aber zum Beispiel ein Heliummolekül He_2. Pauling stellte das Wasserstoffmolekül in den Grenzstrukturen dar, in denen es hauptsächlich koexistiert (H.H., H^+H^- und H^-H^+; die Punkte stehen jeweils für ein Elektron) und gelangte zu vergleichbaren Ergebnissen wie Heitler und London (die zu erklären hier zu weit führen würde).

Die übliche Schreibweise chemischer Formeln stieß im Übrigen schon lange auf das Problem des Benzolmoleküls C_6H_6, in dessen Strukturformel sich kurze Doppelbindungen und lange Einfachbindungen abwechseln. Experimentelle Beobachtungen zeigen jedoch, dass die sechs Kohlenstoff-Kohlenstoff-Bindungen des Benzolrings alle gleich lang sind. Der Benzolring hat die Form eines gleichseitigen Sechsecks, an dessen Eckpunkten sich jeweils ein Kohlenstoffatom mit einem Wasserstoffatom befindet. Diesen gordischen Knoten löste August Kekulé mit phantasievollem Schwung: Um die Kohärenz der Strukturchemie zu bewahren, schlug er für Benzol eine Struktur vor, die nicht einer, sondern zwei Formeln in der modernen Schreibweise entspricht, die man gleichzeitig und zusammen sehen muss (siehe *Abbildung 2*).

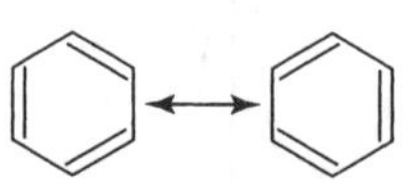

Abbildung 2 Zwei Grenzstrukturen des Benzolmoleküls in ihrer modernen Schreibweise, die von der nicht mehr gängigen Kekulé-Formel leicht abweicht.

Dieses Benzolmolekül ist besonders stabil, da seine Gesamtenergie gesenkt ist (siehe AROMATIZITÄT). Das Benzol lässt sich also nicht in nur einer Lewis-Formel darstellen. Pauling zeigte, dass sich das Strukturproblem des Benzolmoleküls anhand des Resonanzbegriffs lösen lässt. Man muss es als »Resonanzzustand« zwischen vielen Formeln sehen, und zwar in erster Linie zwischen den beiden Kekulé-Formen. Diese Resonanz zwischen verschiedenen Grenzstrukturen, dargestellt durch einen Doppelpfeil $\longleftrightarrow$, senkt die Energie des Systems, in diesem Fall des Benzols, und ist daher für seine Aromatizität verantwortlich.

Viele wissenschaftliche Theorien, darunter auch Einsteins Relativitätstheorie, verwerfen eine frühere Theorie nicht, sondern nehmen sie als Sonderfall auf (in unserem Beispiel die Newtonsche Mechanik). Das gilt auch hier: Das Schöne an dieser von Pauling als »Mesomerie« bezeichneten Theorie ist, dass sie die frühere Theorie von Lewis einschließt. Jede der Grenzstrukturen gehorcht den Regeln der Lewis-Formeln.

So hat sich die Resonanztheorie (oder Mesomerie) ebenso wie die äquivalente Theorie der Molekülorbitale (siehe ATOM- UND MOLEKÜLORBITALE) zu einem Königsweg der heutigen Chemie entwickelt. Ihr Vorzug liegt in der Tatsache, dass sich aus der Formelschreibweise unmittelbare Rückschlüsse auf verschiedene Größen ziehen lassen: Somit ist die Vielfalt der Darstellungsweisen für denselben Gegenstand nicht mehr nur ein Eingeständnis von Unfähigkeit, sondern wird zur konstruktiven Methode, die zudem recht allgemein anwendbar ist.

Die Resonanz findet zwischen den Grenzstrukturen als gedanklichen Objekten (oder Archetypen) statt, die als physikalische Objekte nicht existieren. Obwohl die Elektronen in Wirklichkeit im gesamten Molekül delokalisiert sind, geht jede chemische Formel implizit von ihrer Lokalisation an spezifischen Orten aus, was sich in jeder herkömmlichen chemischen Formel ausdrückt. Auf dem erzwungenen Weg über Grenzstrukturen, die nur im Denken existieren, ermöglicht es der Resonanzbegriff, diese DELOKALISATION darzustellen. Eine Zeit lang wurde er von stalinistischen Materialisten als degenerierte Form bourgeoisen Denkens vehement abgelehnt. In Wirklichkeit könnte man die Wissenschaft ganz im Gegenteil als das nicht Selbstverständliche definieren, das dem gesunden Menschenverstand und den üblichen Wahrnehmungen zuwiderläuft.

Grenzwert

→ Grenze, Grenzwert

Größenklassen

Zur Vertiefung: ***Exponentialfunktion***

Der griechische Astronom Hipparchos von Nikäa (2. Jh. v. Chr.) teilte die Sterne nach ihrer scheinbaren Größe in sechs Größenklassen ein, die von den hellsten (1. Ordnung) bis zu den gerade noch mit bloßem Augen erkennbaren Sternen (6. Ordnung) reichte (also in Wirklichkeit mit ihrer scheinbaren Helligkeit zusammenhing und nur sehr bedingt mit ihrer tatsächlichen Größe). Diese Einteilung ist der Ursprung des modernen Systems der Größenklassen. Sie beruht auf der Tatsache, dass die Empfindlichkeit des Auges (wie auch des Ohrs) in einem logarithmischen Verhältnis zur Intensität des Reizes steht; einer geometrischen Progression der Reizintensität (10, 100, 1000 ...) steht auf seiten des Auges eine arithmetische Progression der wahrgenommenen Reizintensität gegenüber (1=log10, 2=log100, 3=log1000 ...). Einer Verzehnfachung der Reizintensität (von 10 auf 100) entspricht also eine Verdopplung der wahrgenommenen Stärke (2=log100), einer Verhundertfachung der Reizintensität (von 10 auf 1000) eine Verdreifachung der wahrgenommenen Stärke (3=log1000). Diesen Zusammenhang erkannte im 19. Jahrhundert der Physiologe Gustav Fechner.

Um die Vergleichbarkeit des modernen Systems der Größenklassen mit der alten Einteilung der scheinbaren Helligkeiten zu gewährleisten, wurden die Größenklassen so festgelegt, dass die Differenz von 5 (zwischen den Sternen 1. und 6. Größe) etwa einem Intensitätsverhältnis von 1:100 entspricht. Das Intensitätsverhältnis zwischen zwei aufeinander folgenden Größenklassen beträgt entsprechend 2,5 ($2{,}5^5 \approx 100$). Die mit bloßem Auge sichtbaren Sterne habe danach immer noch die Größenklassen 1 bis 6, während die schwächsten Sterne, die wir mit unseren stärksten Teleskopen noch erkennen können, etwa 30. Größe sind. Im Vergleich zu einem Stern 1. Größe beträgt ihre Helligkeit nur den tausendsten Teil eines Milliardstels.

Da die Astronomie ihre Beobachtungen auf sämtliche Wellenlängen des elektromagnetischen Spektrums ausgedehnt hat (siehe

LICHT), musste der Begriff der scheinbaren Größe oder Helligkeit auch für diese Bereiche erweitert werden, denn ein Objekt kann in einem Frequenzbereich sehr hell leuchten, während er in einem anderen sehr dunkel erscheint; daher kann ein Stern zwei oder noch mehr verschiedene Größen besitzen. Entsprechend unterscheiden die Astronomen heute u. a. zwischen visuellen Helligkeiten, solchen im Infrarot- oder Ultraviolettbereich und bolometrischen Helligkeiten (in denen die Helligkeit über sämtliche Bereiche des Spektrums zusammengefasst ist).

Größenordnung

Zur Vertiefung: ***Dimension; Messung; Einheit***

Die Größenordnung lässt sich als der Bereich definieren, über den eine Größe bei der Erforschung eines bestimmten Phänomens variiert. Bei Abbildungen, zum Beispiel Landkarten, findet die jeweils betrachtete Größenordnung ihren Ausdruck im so genannten Abbildungsverhältnis oder Maßstab; Karten gleicher Größe stehen je nach Maßstab für kleine oder große Ausschnitte der betrachteten Fläche.

Nehmen wir als Beispiel die Größenordnungen im Bereich der Länge (also der Abstände oder der Strecken): Die Teilchenphysik hat es mit Objekten zu tun, deren Größe sich im Bereich von Picometern bewegen (1pm= 10^{-12}m); die Objekte der Nanoelektronik (und der zugehörigen Mikroskopie) liegen im Nanometerbereich (1nm=10^{-9}m), die der klassischen Mikroskopie, etwa der biologischen Zellen, im Mikrometerbereich (1µm= 10^{-6}m); der Bereich der menschlichen Größenordnung reicht von Bruchteilen eines Millimeters (1mm=10^{-3}m) bis in den Kilometerbereich, der Bereich der terrestrischen Größenordnungen bis zu etwa 40000 km (Erdumfang), der des Sonnensystems bis zu mehreren Lichtstunden und der des heute bekannten Universums bis zu mehreren Milliarden Lichtjahren. Die Zehnerpotenzen (also die Verwendung einer logarithmischen Skala; siehe LOGARITHMUS) erleichtern den Umgang mit diesen äußerst unhandlichen Zahlen. Der Größenunterschied zwischen den Quarks und den fernsten Galaxien bewegt sich in einer Größenordnung von 10^{42}.

Zu den wesentlichen Eigenschaften der physikalischen Welt gehört die Tatsache, dass sie in Struktur und Entwicklung Organisationsformen zeigt, die im Bereich der verschiedenen Größenordnungen ganz verschiedene Ausprägungen besitzen. So findet sich das von der QUANTENPHYSIK beschriebene Verhalten der Materie nahezu ausschließlich im submikroskopischen Bereich, wo die ausgetauschten Wirkungen (nach der MECHANIK ist Wirkung das Produkt aus Energie und Zeit) in der Größenordnung einer sehr kleinen NATURKONSTANTEN, des Planckschen Wirkungsquantums, liegen. Lebende Strukturen finden sich weder oberhalb des Hektometerbereich (die größten Lebewesen sind die Mammutbäume, die bis zu 110 Metern hoch werden) noch unterhalb einer Größenordnung von etwa 10 Nanometern (Viren). Diese Beobachtungen stehen im Widerspruch zu einer anderen Vorstellung, wonach sich dieselben Strukturen in allen Größenordnungen wiederholen. So glaubte Blaise Pascal, dass die Atome gleichsam verkleinerte Welten darstellten, mit ihrem eigenen Firmament, ihren Planeten, ihrer Erde – doch diese Hypothese muss heute als widerlegt gelten.

Allerdings lassen sich in der Natur gelegentlich Phänomene beobachten, die zumindest in gewissen Grenzen invariant gegenüber den Größenordnungen sind (siehe INVARIANZ), das heißt, sie zeigen unabhängig von ihrer räumlichen oder zeitlichen Größenordnung ähnliche Ausprägungen und gehorchen denselben Gesetzen. Das gilt zum Beispiel für das Phänomen der TURBULENZ und generell für die Fraktale.

Offensichtlich sind Größenordnungen relativen Charakters. Zeitspannen werden stets mit Bezug auf eine willkürlich festgesetzte Zeiteinheit gemessen: die Periode der durch die RESONANZ eines Cäsiumatoms (Cs) emittierten elektromagnetischen Welle. Multiplizierte man alle Zeitspannen einschließlich der Zeiteinheit mit einem beliebigen Faktor, würde niemand etwas davon bemerken. Anders liegen die Dinge allerdings in der RELATIVITÄTSTHEORIE: Aufgrund der Expansion des Universums erfahren Längen in der Zeit eine

Dilatation, doch die endliche Ausbreitungsgeschwindigkeit des Lichts macht es möglich, heutige Längen mit zeitlich sehr weit zurückliegenden Längen zu vergleichen (etwa die Wellenlänge eines bestimmten Lichts) und auf diese Weise die allgemeine Dilatation des Raumes einschließlich der Längeneinheit selbst sichtbar zu machen (wobei man diese Längeneinheit zum Beispiel auf die Wellenlänge des bereits für die Zeitmessung herangezogenen Cäsiumatoms oder ein Vielfaches davon festlegen kann).

Unser ständig wachsendes Wissen über das Universum hat zu einer ebenso ständigen Revision und Erweiterung der räumlichen und zeitlichen Größenordnungen geführt. Dasselbe gilt für die Größenordnungen im Bereich der Temperatur (oder der Energie), der Dichte (oder des Drucks), der Magnetfelder und zahlreicher anderer physikalischer Größen. So bietet die Astronomie uns die Möglichkeit, die Natur im Bereich von Größenordnungen zu denken und zu beobachten, die dem Laborexperiment verschlossen bleiben, da uns dort nur ein kleiner Ausschnitt der räumlichen, zeitlichen und sonstigen physikalischen Bedingungen zugänglich ist. Das hatte schon Archimedes erkannt, als er den Versuch unternahm, die Entfernung der Fixsterne abzuschätzen. Und die Astrophysik bestätigt diese Erfahrung. So variiert die Temperatur (also die Energie) je nach den beobachteten Phänomenen oder Orten um einen Faktor von mindestens 10^{27}, die zeitliche Dauer von Prozessen um einen Faktor von mehr als 10^{20}.

Zu den schwierigsten Problemen im Zusammenhang mit dieser Erweiterung der Größenordnungen gehört ihr wechselseitiges Verhältnis. Jedes Messverfahren führt nur innerhalb bestimmter Größenordnungen zu präzisen Ergebnissen. Mit einem Bandmaß etwa kann man die Länge eines Kleidersaums oder die Größe eines Kindes oder die Abmessungen einer Wohnung bestimmen, nicht aber die Größe eines Bakteriums oder die Entfernung des Mondes. Die Anwendung dieses Verfahrens ist auf einen Bereich beschränkt, der etwa von einem Millimeter bis zu zehn Metern reicht (was einem Faktor von 10^4 entspricht, siehe *Abbildung 1*). Selbst wenn man ein Urmaß definiert – eine Einheit, mit der alle Längen verglichen werden müssen –, wird es aus praktischen Gründen erforderlich sein, sekundäre Maßeinheiten für verschiedene Größenordnungen festzulegen, die in einem präzise bestimmbaren Verhältnis zum Urmaß stehen.

Dabei können sich allerdings gelegentlich gigantische Fehler einschleichen. So besteht bei bestimmten Sternen, den Cepheiden-Veränderlichen, ein sehr konstantes Verhältnis zwischen der Pulsationsperiode und der Leuchtkraft oder Helligkeit; man kann sie daher zur Bestimmung der Entfernung von Galaxien einsetzen. Von 1920 bis 1950 wusste man jedoch noch nicht, dass es zwei verschiedene Arten von Cepheiden-Veränderlichen gibt, deren Verwechslung zu einer Abweichung der Entfernungsbestimmung um den Faktor 2 führt. Als man den Irrtum bemerkte, musste man das Volumen des da-

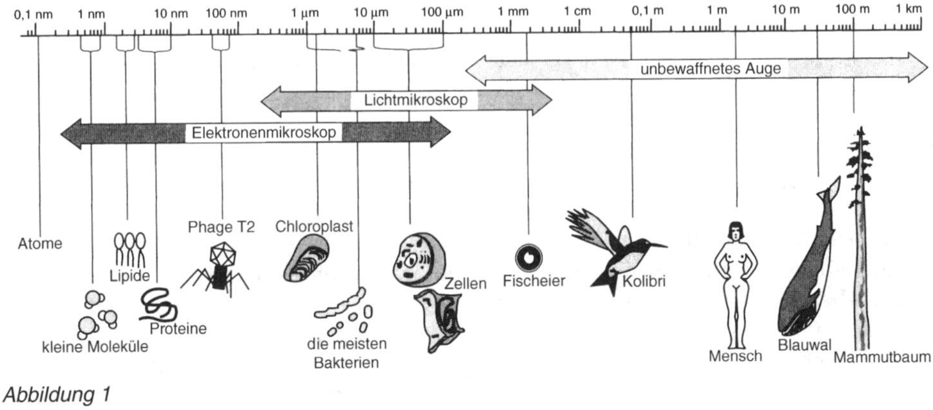

Abbildung 1

mals bekannten Universums um den Faktor 8 (2^3) erhöhen.

Größenordnungen in der Chemie

Auch die Chemie deckt hinsichtlich der räumlichen und zeitlichen Dimensionen wie auch hinsichtlich der Mengen einen breiten Bereich von Größenordnungen ab. Die Chemiker haben es sowohl mit einzelnen Molekülen als auch mit so genannten Molen zu tun, das sind jeweils bestimmte Mengen, deren Molekülzahl ein Vielfaches der Avogadro-Zahl $N_A=6{,}023\times10^{23}$ ausmacht (siehe ANALYSE). Doch die Zahl der Isomere (das sind Moleküle mit derselben chemischen Formel, aber unterschiedlichem Aufbau) ist noch weitaus eindrucksvoller, denn sie reicht von eins (CH_4 zum Beispiel existiert nur in einer einzigen Form, als Methan) bis hin zu 10^{200} allein schon bei organischen Molekülen unterhalb einer Molekülmasse von 750.

Die Größe der einzelnen Moleküle reicht von Nanometern bis hin zu einem Meter bei manchen Makromolekülen; so kann ein Autoreifen aus einem einzigen riesigen Molekül bestehen. In zeitlicher Hinsicht reichen die Größenordnungen von einer Reaktionsdauer, die sich nur in Femtosekunden (10^{-15}s) messen lässt, bis hin zu Gigasekunden (10^9s, etwa ein Vierteljahrhundert). Sie variiert also um den Faktor 10^{24} zwischen der Schwingungsdauer eines Atoms in einem Molekül und der Zeit, die erforderlich ist, damit eine linksdrehende sich in eine rechtsdrehende Aminosäure umwandelt (siehe CHIRALITÄT). Bei Atomen und Molekülen im interstellaren Raum sind die chemischen Reaktionszeiten noch sehr viel länger und zählen nach Millionen von Jahren.

Ein Wechsel der Größenordnung in der Zahl der beteiligten Moleküle führt auch zu einem Wechsel der Größenordnung in den zeitlichen Dimensionen der jeweiligen Prozesse. Eine chemische Reaktion, die beim einzelnen Molekül nur eine Femtosekunde dauert, benötigt vielleicht sogar eine ganze Sekunde bei einem Mol des betreffenden Stoffes. Die Ursache liegt in der Anarchie der Moleküle; sie finden sich erst dann zu einem gemeinsamen Verhalten zusammen, wenn alle sich umgewandelt haben.

Größenordnungen in der Biologie

In der Biologie unterscheidet man hinsichtlich der strukturellen Organisation gewöhnlich drei Ebenen, denen unterschiedlichen Größenordnungen zugeordnet werden: die molekulare Ebene (Nanometer bis Mikrometer), die Ebene der Zelle (Mikrometer bis Millimeter) und die Ebene des Organismus (Millimeter bis Meter). Diese Abgrenzung gilt nur näherungsweise, und es gibt sowohl Übergänge – makromolekulare Gebilde, Organellen, ein- und mehrzellige Organismen – als auch Ausnahmen – Riesenmoleküle und Riesenzellen (auseinander gefaltete DNA-Moleküle oder Neuronen können eine Länge von mehr als einem Meter erreichen).

Auch in zeitlicher Hinsicht zeigen die Lebenszyklen der Lebewesen eine beträchtliche Vielfalt. Bakterien, manche Insekten und einige Wüstenpflanzen leben nur wenige Minuten oder Tage, andere Lebewesen (wie die Schildkröte) leben länger als hundert und manche (wie der Mammutbaum) sogar länger als tausend Jahre. Die Evolution der Lebewesen schließlich bemisst sich nach Millionen oder sogar Milliarden Jahren und erreicht damit die Dimension geologischer Prozesse.

Die Nukleinsäuren (RNA und DNA), Ketten aus elementaren Einheiten, den Nukleotiden, umfassen mehrere tausend Einheiten bei den Genen (Kilobasen), mehrere Millionen Einheiten bei den Chromosomen (Megabasen) und mehrere Milliarden Einheiten bei den komplexen Genomen der Pflanzen und Tiere (Gigabasen).

Grundwasser

Zur Vertiefung: ***Gesteine; Wasser***

Aus dem Grundwasser beziehen wir – über die Brunnen der Wasserwerke – den größten Teil unseres Trinkwassers. Gespeist wird das Grundwasserreservoir durch die im Boden versickernden Niederschläge. Wenn im Winter oder Frühjahr zu wenig Regen oder Schnee fällt, sinkt der Grundwasserspiegel – mit unangenehmen Folgen für das Pflanzenwachstum im Sommer. Der Sommerregen, sofern er denn fällt, kann dieses Defizit nicht ausgleichen; da Bäume, Sträucher und andere Pflanzen ihr Blattwerk bereits vollständig entwickelt haben, verdunsten sie den größten Teil des Wassers, so dass nur wenig davon ins Grundwasser gelangt.

Grundwasseradern und Grundwasserseen sind keine unterirdischen Flüsse oder Seen, sondern Schichten aus durchlässigem Material (z. B. Sand), die über einer wasserundurchlässigen Schicht (z. B. Ton) liegen und sich mit Wasser vollsaugen. Wenn das Wasser durch die darüberliegenden Schichten sickert, wird es gefiltert. Dennoch ist das Grundwasser empfindlich gegen Verschmutzung durch Düngemittel oder ungeklärte Abwässer.

Gelegentlich finden sich Grundwasserseen auch in größerer Tiefe zwischen zwei undurchlässigen Schichten. Man kann sie durch Tiefbrunnen erschließen, und zuweilen bilden sie Reservoirs beträchtlicher Größe, aus denen manche Länder in Wüstenregionen (z. B. Libyen und Saudiarabien) einen Großteil ihres Süßwassers beziehen. Diese Wasservorräte sind jedoch nicht erneuerbar und sollten daher nur mit größter Umsicht genutzt werden.

Gruppe

Zur Vertiefung: ***Galois-Theorie; Ring***

Vom Symmetriebegriff zum Gruppenbegriff

Die Zeichnung in *Abbildung 1* ist symmetrisch. Das heißt, die rechte Hälfte ist mit der linken identisch. Genauer gesagt, man erhält die rechte Hälfte aus der linken durch Anwendung der Abbildung s, die jedem Punkt der Ebene den bezüglich der Achse D in *Abbildung 1* symmetrischen Punkt zuordnet. Da die rechte Hälfte durch dieselbe Abbildung aus der linken hervorgeht, ist das durch die Abbildung s erzeugte Bild gleich dem ursprünglichen Bild (die linke wird zur rechten Hälfte und umgekehrt). Statt zu sagen, die Zeichnung sei symmetrisch, kann man auch sagen, sie sei invariant gegenüber Abbildung s.

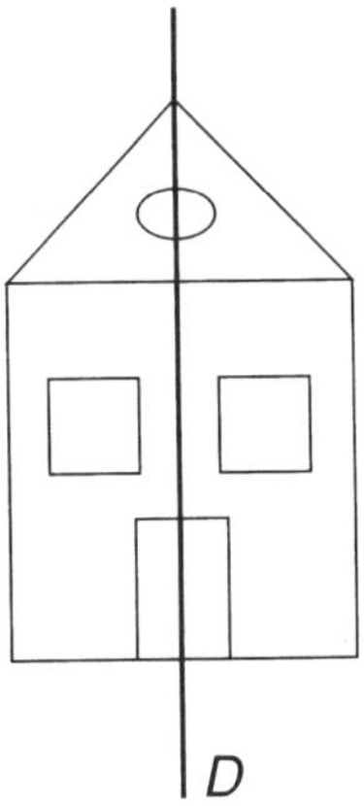

Abbildung 1

Nur zwei Isometrien (Abbildungen, bei denen die Abstände erhalten bleiben) lassen die Zeichnung unverändert, nämlich Abbildung s und die so genannte identische Abbildung, die jedem Punkt M den Punkt M zuordnet. Dagegen lassen zahlreiche Abbildungen die in *Abbildung 2* dargestellte Zeichnung unverändert: die identische Abbildung, eine Vierteldrehung in beiden Richtungen oder eine halbe Drehung sowie die vier Symmetrien bezüglich der horizontalen oder der vertikalen Achse und bezüglich der beiden diagonalen Achsen.

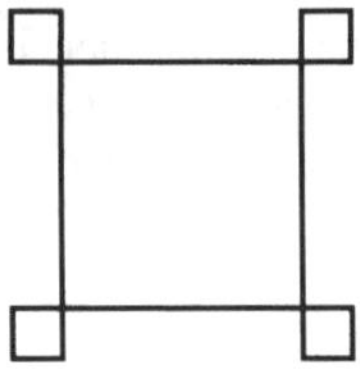
Abbildung 2

Sind f und g zwei Isometrien, die eine bestimmte Figur unverändert lassen, dann ergibt deren Verkettung, das heißt das nacheinander Ausführen der beiden Isometrien, wieder eine Isometrie, die diese Figur unverändert lässt. Außerdem ist die Verkettung assoziativ, das heißt, die Abbildungen $(f \circ g) \circ h$ und $f \circ (g \circ h)$ sind gleich. Die identische Abbildung ist eine Isometrie, die diese Figur unverändert lässt. Wenn f eine Isometrie ist, die diese Figur unverändert lässt, gibt es eine weitere Isometrie g, die Inverse von f genannt, die die Figur unverändert lässt und verknüpft mit f die identische Abbildung ergibt. Zum Beispiel ist eine Vierteldrehung im Gegenuhrzeigersinn die Inverse einer Vierteldrehung im Uhrzeigersinn.

Diese Eigenschaften definieren den Begriff der Gruppe. Eine Menge G bildet bezüglich der Operation $*$ eine Gruppe, wenn folgende Bedingungen erfüllt sind:

1. Wenn x und y Elemente aus G, dann auch $x*y$.
2. $(x*y)*z = x*(y*z)$.
3. Es gibt ein Element e aus G, neutrales Element genannt, so dass $x*e = e*x = x$.
4. Für jedes Element x aus G gibt es ein Element y aus G, das zu x inverse Element genannt, so dass $x*y = y*x = e$.

Die Menge der Isometrien, die eine Figur unverändert lassen, bildet demnach eine Gruppe bezüglich der Verkettung. Je mehr Symmetrien eine Figur enthält, desto mehr Elemente enthält die Gruppe der Isometrien dieser Figur. Die Gruppe der Isometrien einer Figur beschreibt deren Symmetrieeigenschaften.

Man sagt, eine Gruppe G operiert auf einer Menge E, wenn man eine Operation definieren kann, die jedem Paar (f,M), mit $f \in G$ und $M \in E$, ein Element $f.M$ aus E zuordnet, so dass

1. $f.(g.M) = (f*g).M$;
2. $e.M = M$.

So operiert die Gruppe der Isometrien der in *Abbildung 2* dargestellten Figur auf der Ebene, wenn man den Punkt $f.M$ als $f(M)$ definiert.

Permutationsgruppen

Wie geometrische Figuren, so besitzen auch Funktionen Symmetrieeigenschaften. In der Funktion $(x,y,z) \longmapsto x(y+z)$ zum Beispiel spielen die Variablen y und z dieselbe Rolle, das heißt, wenn man sie vertauscht, erhält man dieselbe Funktion. Vertauscht man dagegen x und y, erhält man die ganz andere Funktion $(x,y,z) \longmapsto y(x+z)$.

Die PERMUTATIONEN der aus den drei Elementen x, y und z bestehenden Menge, die diese Funktion unverändert lassen, bilden eine aus zwei Elementen bestehende Gruppe bezüglich der Verkettung. Diese Gruppe operiert auf der Menge der drei Variablen x, y und z.

Die Gruppe sämtlicher Permutationen einer Menge aus drei Elementen ist ein Beispiel für eine nichtkommutative Gruppe, in der $f*g$ nicht immer gleich $g*f$ ist (siehe PERMUTATION).

Der Begriff der Gruppe hat seinen Ursprung in der Untersuchung der Permutationsgruppen der Lösungen algebraischer Gleichungen. Durch die Erforschung der Permutationsgruppen, das heißt der Symmetrieeigenschaften dieser Lösungen kann man zeigen, dass algebraische Gleichungen 5. oder höheren Grades nicht mehr durch Wurzeln gelöst werden können, das heißt, dass die Lösungen dieser Gleichungen sich nicht mit Hilfe der üblichen Operationen (Addieren, Subtrahieren, Multiplizieren, Dividieren und Radizieren) darstellen lassen (siehe GALOIS-THEORIE).

Mit Hilfe dieses Gruppenbegriffs kann man auch die Symmetrieeigenschaften der Lösungen von Differentialgleichungen untersuchen (deren Unbekannte Funktionen sind). Die Symmetrieeigenschaften werden in diesem Fall mit Hilfe der so genannten Lie-Gruppen beschrieben.

Endliche und unendliche Gruppen

Weitere Beispiele für Gruppen sind die ganzen Zahlen bezüglich der Addition (neutrales Element ist 0, das inverse Element ist die betreffende Zahl mit entgegengesetztem Vorzeichen), die rationalen Zahlen bezüglich der Addition, die von 0 verschiedenen rationalen Zahlen bezüglich der Multiplikation (neutrales Element ist 1, das symmetrische Element ist jeweils der Kehrwert), die reellen Zahlen, die komplexen Zahlen usw. Definitionsgemäß bilden die Vektoren eines Vektorraums eine Gruppe bezüglich der Addition. All diese Gruppen kann man für sich betrachten oder ihre Operation auf einer Menge. So ist die Menge der ganzen Zahlen identisch mit der Gruppe der Isometrien, die die Figur in *Abbildung 3* unverändert lassen.

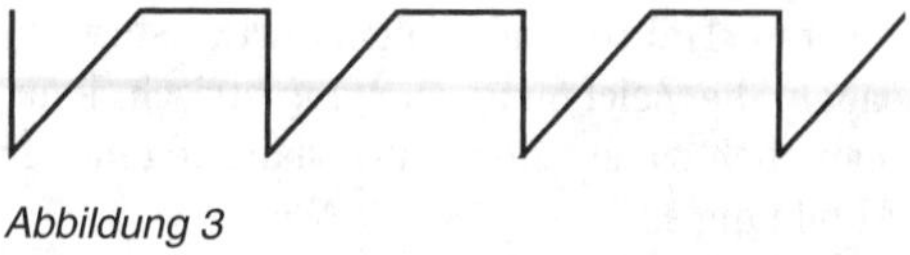

Abbildung 3

Die einzigen Isometrien, die diese Figur unverändert lassen, sind ganzzahlige Verschiebungen des Motivs nach links oder nach rechts.

Grundsätzlich kann man jede Gruppe als eine Gruppe auffassen, die auf einem Vektorraum operiert; dazu zeigt man, dass diese endliche oder unendliche Gruppe identifizierbar ist mit einer Untergruppe der Gruppe der umkehrbaren linearen Abbildungen eines Vektorraums. Ebenso kann man von einer endlichen Gruppe stets sagen, dass sie auf einer endlichen Menge operiert: Jede endliche Gruppe ist identifizierbar mit einer Untergruppe der Permutationsgruppe einer endlichen Menge.

Eine weitere Möglichkeit der Klassifikation endlicher Gruppen ist deren Zerlegung in einfache Gruppen. Die einfachen endlichen Gruppen sind die Grundbausteine, aus denen man alle endlichen Gruppen zusammensetzen kann (wie die Primzahlen die Grundbausteine sind, aus denen sich alle ganzen Zahlen konstruieren lassen). Die einfachen Gruppen verteilen sich auf regelmäßige Folgen (die Gruppen der geraden Permutationen einer endlichen Menge usw.) und auf 26 Ausnahmen, die als »sporadische Gruppen« bezeichnet werden. Der äußerst umfangreiche Beweis dieses Satzes gelang erst in den 1980er Jahren.

H

Hacker

Zur Vertiefung: ***Betriebssystem; Computer; Informatik; Programmierung***

Ursprünglich waren Hacker (vom englischen *hack*: Mietpferd, Tagelöhner) die Leute, die in mühseliger und langweiliger Kleinarbeit Zeile für Zeile Computerprogramme niederschrieben. Da sie mit der Zeit alle Tricks und Kniffe lernten, waren sie bald unverzichtbar. Heute sind die Hacker im Sprachgebrauch der Informatiker die Computerfreaks, die den Umgang mit dem Computer zwar virtuos beherrschen, zugleich aber Sklaven der Maschine sind; sie kennen sich bestens aus mit Betriebssystemen und Schutzvorrichtungen und verstehen es, sich unbefugt in jedes noch so sorgfältig abgeschottete Computersystem einzuschleichen.

Hadron

Zur Vertiefung: ***Baryon; Meson; Quark; Wechselwirkung in der Physik***

Der Ausdruck »Hadron« gehört zum Wortschatz der Teilchenphysik; als Hadron bezeichnet man jedes Teilchen, das der starken Wechselwirkung unterliegt, die insbesondere für den Zusammenhalt der Atomkerne verantwortlich ist. Die bekanntesten Hadronen sind das Proton und das Neutron, aus denen der Atomkern und damit die gewöhnliche Materie besteht, sowie das Pion, auch π-Meson genannt, das Protonen und Neutronen im Kern ständig miteinander austauschen.

Wir kennen mehr als 350 Hadronen; sie wurden entweder in der kosmischen Strahlung oder bei Hochenergieexperimenten in den Teilchenbeschleunigern entdeckt. Manche Hadronen sind elektrisch geladen, andere nicht. Alle sind instabil, das heißt, nach einer gewissen Zeit zerfallen sie (eine Ausnahme bildet hier möglicherweise das Proton). Die mittlere Lebensdauer kann äußerst kurz sein; bei manchen liegt sie in einer Größenordnung von 10^{-20} Sekunden oder darunter.

Nach ihrem SPIN (einer inneren Eigenschaft der Teilchen, die dem vertrauten Konzept der Eigenrotation vergleichbar, aber nicht damit identisch ist) werden die Hadronen in zwei große Gruppen eingeteilt. Der Spin eines Teilchens kann nur ganzzahlige (0, 1, 2, 3 ...) oder halbzahlige Werte (1/2, 3/2 ...) annehmen. Hadronen mit halbzahligem Spin wie Proton und Neutron bezeichnet man als Baryonen, solche mit ganzzahligem Spin oder mit dem Spin 0 wie das Pion als Mesonen.

In den 1960er Jahren herrschte in der Teilchenphysik ein ziemliches Durcheinander, weil dank der immer stärkeren Teilchenbeschleuniger ständig neue Hadronen entdeckt wurden, so dass die Theorie mit der Einordnung dieser neuen Teilchen gar nicht nachkam. Angesichts ihrer Schwierigkeiten waren die Theoretiker keineswegs sicher, das Verständnis dieser Teilchen eines Tages in einer kohärenten Synthese zusammenfassen zu können. Seither ist viel geschehen. Die Theorie der Quarks, die Murray Gell-Mann und George Zweig 1964 unabhängig voneinander formulierten, gestattet es, die Struktur sämtlicher für die starke Wechselwirkung empfindlichen Teilchen zu verstehen. Danach wissen wir nun, dass die Hadronen keine echten Elementarteilchen sind; anders gesagt, es handelt sich um zusammengesetzte Teilchen.

Die Baryonen sind aus drei Quarks zusammengesetzt. Das Proton zum Beispiel besteht aus zwei *u*-Quarks (*up*) und einem *d*-Quark (*down*), das Neutron aus einem *u*-Quark und zwei *d*-Quarks (siehe FLAVOUR). Die Mesonen dagegen bestehen aus einem Quark und einem Antiquark (siehe *Abbildung 1*).

Hadronen	
halbzahliger Spin	ganzzahliger Spin
Baryonen 3 Quarks	Mesonen 1 Quark + 1 Antiquark

Abbildung 1 Einteilung der Hadronen

Sämtliche Quarks sind Träger einer so genannten FARBE. Aber Vorsicht! In der Teilchenphysik hat der Ausdruck »Farbe« eine ganz andere Bedeutung als in der Umgangssprache. Wenn es dort heißt, die Quarks besäßen eine Farbe, so heißt das keineswegs, dass sie bunt wären. Dieser bildhafte Ausdruck bezeichnet lediglich ein Etikett, eine LADUNG, die das Hadron trägt: Wie die elektromagnetische Wechselwirkung auf der elektrischen Ladung beruht, so basiert die starke Wechselwirkung auf der Farbe.

Von den drei Quarks, aus denen die Baryonen bestehen, trägt jedes eine Grundfarbe (Rot, Blau oder Grün), so dass man bildhaft sagen kann, die Baryonen seien »weiß« oder farblos. Da die Mesonen aus einem farbigen Quark und einem mit der jeweiligen Komplementärfarbe versehenen Antiquark bestehen, sind auch sie »weiß«. Nach der Theorie der starken Wechselwirkung lassen sich nur weiße Teilchen aufspüren, während farbige Teilchen wie die Quarks isoliert nicht nachweisbar sind. Es lassen sich also nur Hadronen finden, nicht aber einzelne Quarks.

Halbleiter

Zur Vertiefung: ***Elektronik; Schaltung; Transistor***

In elektrischen Leitern wie Metallen können Elektronen sich nahezu frei bewegen, während Nichtleiter oder Isolatoren wie Keramik oder Glas den Fluss der Elektronen hemmen; auch wenn wir keine Elektriker sind, haben wir das wohl alle schon einmal – schmerzhaft – erfahren. Zwischen Leitern und Nichtleitern liegen einige Stoffe wie Germanium oder Silicium, die ganz besondere Eigenschaften besitzen und als Halbleiter bezeichnet werden. Bei diesen Stoffen stellen sich die Dinge recht kompliziert dar. Um ihr Verhalten zu beschreiben, wollen wir uns zunächst eines Bildes aus dem Straßenverkehr bedienen.

Verkehrsstau

Bei Halbleitern sieht es so aus, als steckten die Elektronen in einem riesigen Stau. Unter dem Einfluss eines elektrischen Feldes E gelingt es einigen jedoch manchmal durchzuschlüpfen. In diesem Fall spricht man von einem Überschusshalbleiter, auch N-Typ genannt (N für »negativ«). In anderen Fällen ist der Elektronenfluss vollständig blockiert, und die Elektronen versuchen nur, einen freien Parkplatz in der Nähe zu finden; dadurch wird der zuvor besetzte Platz frei, und andere Elektronen rücken nach. So entsteht der Eindruck, dass nicht die Elektronen sich bewegen, sondern die Parkplätze, und zwar in der zur Elektronenbewegung entgegengesetzten Richtung. In diesem Fall spricht man von einem Mangelhalbleiter, auch P-Typ genannt (P für »positiv«), denn hier bewegen sich die »Parkplätze« (Elektronenlücken), an denen sich keine Elektronen, also keine negativen Ladungen befinden und die daher positiv sind.

Setzt man nun einen P-Typ-Halbleiter und einen N-Typ-Halbleiter zusammen, entsteht gewissermaßen eine Einbahnstraße. Geht die Richtung des elektrischen Feldes von P nach N, wandern die Elektronenlücken (Parkplätze) in P den negativ geladenen Elektronen in N entgegen, und der Verkehr fließt, weil die Elektronen freie Parkplätze finden (siehe die folgende *Abbildung 1*). Geht die Richtung des elektrischen Feldes dagegen von N nach P, können die Elektronen sich nicht von ihren Parkplätzen lösen und der Verkehr kommt zum Stillstand.

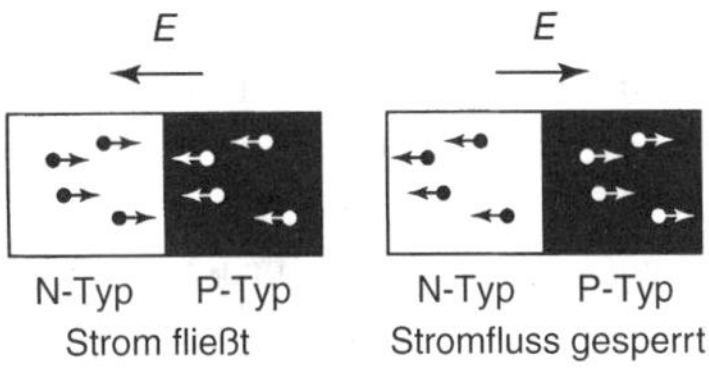

Abbildung 1

Die physikalische Erklärung des Halbleiterphänomens

Die Energie der an Atome gebundenen Elektronen ist gequantelt, das heißt, sie kann nur bestimmte Werte annehmen; das Energiespektrum der Elektronen ähnelt daher einer »Leiter«, deren Sprossen (zulässige Energieniveaus) unregelmäßige Abstände besitzen. Wird nun eine große Zahl gleichartiger Atome (deren Elektronen zunächst dasselbe Energiespektrum aufweisen) zu einem kristallinen FESTKÖRPER zusammengefügt, spaltet sich jedes einzelne der ursprünglichen Energieniveaus des Spektrums in eine derart große Zahl extrem verengter Energieniveaus auf, dass dieses neue Spektrum in der Regel ein kontinuierliches Band bildet. Es ist, als hätten die einzelnen Sprossen des zum isolierten Atom gehörenden Spektrums sich in eine sehr große Zahl eng beieinander liegender Sprossen aufgelöst. Die den Elektronen zugänglichen Energieniveaus nehmen dadurch eine Bandstruktur an, das heißt eine Struktur aus erlaubten Energiebändern, die durch verbotene Zonen voneinander getrennt sind (siehe *Abbildung 2*).

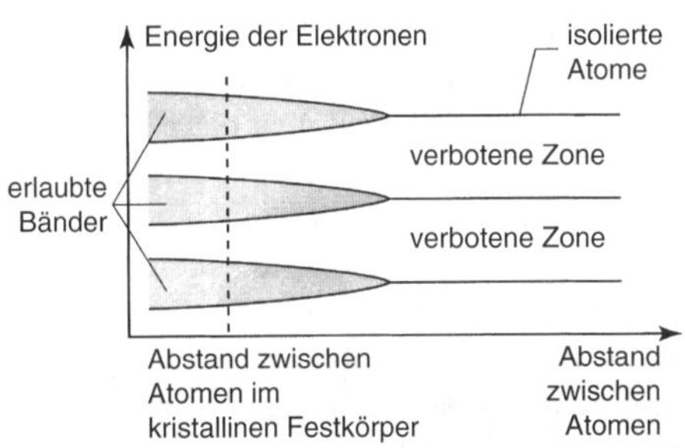

Abbildung 2

In einem isolierten Atom (großer Abstand zwischen den Atomen) besteht das Energiespektrum der Elektronen aus sehr schmalen Niveaus. Nähern sich die Atome einander, verwandeln die Wechselwirkungen zwischen den Niveaus jedes Niveau des ursprünglichen Spektrums in eine große Zahl von Niveaus, die einander sehr nahe liegen und ein bänderformiges Spektrum bilden.

Die Elektronen verteilen sich nicht beliebig auf diese Bänder. Aufgrund des AUSSCHLIESSUNGSPRINZIPS (wonach zwei Elektronen mit denselben physikalischen Eigenschaften nicht dasselbe Energieniveau einnehmen können) besetzen sie die verschiedenen zulässigen Niveaus in der Reihenfolge zunehmender Energie, wobei sie mit dem Zustand niedrigster Energie, dem so genannten Grundzustand, beginnen. Die Energie des höchsten erreichten Niveaus wird als Fermi-Energie bezeichnet, das höchste vollständig besetzte Band als Valenzband, das unmittelbar darüber liegende erlaubte Band als Leitungsband. Das Leitungsband ist vom Valenzband durch eine verbotene Zone getrennt.

Diese Bandstruktur liefert eine einfache Erklärung für die elektrische Leitung in kristallinen Festkörpern und insbesondere für die Eigenschaften von Halbleitern. Die Elektronen, die sich im Valenzband oder in den darunter gelegenen Bändern befinden, können kleine Energiebeträge nicht aufnehmen, weil die Energiezustände, die sie dadurch erreichen würden, entweder schon besetzt sind oder aber innerhalb der verbotenen Zone liegen. Da sie durch solch eine Energiezufuhr nicht in Bewegung gesetzt werden können, nehmen sie nicht am Transport des elektrischen Stroms teil; sie stecken gleichsam im Stau fest. Nur die im Leitungsband befindlichen Elektronen besitzen diese Bewegungsfreiheit (daher auch die Bezeichnung des Bandes).

Festkörper, deren Leitungsband nicht leer ist, sind daher Leiter, während Festkörper, deren Leitungsband leer ist, Nichtleiter sind.

Ein vollkommener Isolator müsste jedoch eine weitere Bedingung erfüllen: Die letzte verbotene Zone, also jene, die zwischen dem Valenzband und dem Leitungsband liegt, darf nicht zu schmal sein. Da der Isolator wie jeder Stoff eine bestimmte Temperatur besitzt, können die Elektronen des Valenzbandes die mit der thermischen Bewegung verbundene Energie nutzen, um in das Leitungsband zu springen, sofern die verbotene Zone nicht zu breit ist. Falls ein derartiger Sprung möglich ist, haben wir es nicht mehr mit einem echten Nichtleiter, sondern mit einem Halbleiter zu tun.

Wenn ein Valenzelektron in das Leitungsband springt, hinterlässt es eine Lücke (einen »Parkplatz«), der für die Elektronen in der Umgebung die Rolle eines anziehenden Potentials übernimmt. Diese Lücke verhält sich wie ein fiktives, positiv geladenes Teilchen; sie wird als Elektronenlücke, Defektelektron oder Loch bezeichnet und trägt ebenso wie das negativ geladene Elektron zum Durchgang des elektrischen Stroms bei.

Nun wird auch verständlich, warum die Leitfähigkeit von Halbleitern im Unterschied zu den Metallen mit der Temperatur zunimmt (siehe FESTKÖRPER). Jede Temperaturerhöhung erhöht die thermische Bewegungsenergie innerhalb des Kristalls und verlängert gleichsam den Stab, mit dessen Hilfe das Elektron die verbotene Zone überspringt, so dass bei höherer Temperatur mehr Paare aus Elektronen und Elektronenlücken entstehen. Die temperaturbedingte Leitfähigkeit eines Halbleiters lässt sich noch weiter erhöhen, wenn man Verunreinigungen in Gestalt von Fremdatomen in das Kristallgefüge einbaut. Dieser Vorgang wird als Dotieren bezeichnet. Dabei gibt es zwei Möglichkeiten. Entweder fügt man Atome in das Kristall ein, die jeweils ein zusätzliches Leitungselektron beitragen; in diesem Fall erhält man einen N-Typ-Halbleiter. Oder man fügt Atome ein, die dem Kristall jeweils ein Leitungselektron entziehen, also eine Elektronenlücke hinzufügen; in diesem Fall erhält man einen P-Typ-Halbleiter.

Wie oben bereits angemerkt, lässt ein aus einem N- und einem P-Typ-Halbleiter zusammengesetzter Halbleiter den elektrischen Strom nur in einer Richtung passieren. Durch die geschickte Anordnung solcher Einbahnstraßen kann man den Fluss der Elektronen nach Belieben steuern. Das ermöglicht die Herstellung elektronischer Bauteile (siehe TRANSISTOR) und deren Zusammenfügung zu integrierten Schaltungen, auf denen die gesamte moderne ELEKTRONIK beruht und mit ihr die gesamte Technik der Signalverarbeitung; dasselbe gilt für die INFORMATIK.

Halbleiter besitzen interessante optische Eigenschaften. Wenn PHOTONEN auf einen Halbleiter treffen, kann die dadurch zugeführte Energie den Übergang eines Valenzelektrons in das Leitungsband auslösen, wodurch sich die Leitfähigkeit des Stoffs erhöht. Dieses Phänomen, die so genannte Photoleitung, wird für die Messung der Lichtintensität oder Helligkeit genutzt. Fällt das Photon nicht auf einen P- oder N-Typ-Halbleiter, sondern auf einen aus diesen beiden Elementen zusammengesetzten Halbleiter, erzeugt es einen elektrischen Strom. Dieses Phänomen, das als Photoeffekt bezeichnet wird, nutzt man in den Solarzellen.

Hash-Verfahren

Zur Vertiefung: ***Algorithmus, Hypertext; Speicher, Gedächtnis***

Das Hash-Verfahren, auch »gestreute Speicherung« genannt, ist eine Speicherungs- und Suchmethode für DATEN. Das englische *hash* bedeutet »zerhacken« oder »zerstückeln« und verweist darauf, dass die in Worten zusammengefasste Information bei diesem Verfahren in gewisser Weise zerlegt wird.

Doch zunächst sei das Bedürfnis beschrieben, auf das dieses Verfahren reagiert. Stellen wir uns eine Kaserne mit tausend Soldaten vor, die sämtlich ein eigenes Postfach haben sollen. Jeden Monat verlassen Soldaten die Einheit und neue kommen hinzu. Jeden Tag verteilt ein Soldat die eingegangene Post auf die Postfächer. Wie soll man die Fächer nun den verschiedenen Soldaten zuordnen, so dass sowohl die Verteilung der Briefe als auch die Suche nach dem eigenen Fach die geringste Zeit in Anspruch nehmen? Man könnte dem Alphabet folgen, aber dann müssten jeden Monat sämtliche Namensschilder ausgewechselt werden, weil einige Soldaten weggegangen und andere neu hinzugekommen sind; außerdem lässt sich die Lage eines Postfachs aus dem Alphabet nicht direkt ableiten. Ideal wäre es, wenn man die Lage eines

Postfachs durch eine einfache Rechnung aus dem Namen des betreffenden Soldaten herleiten könnte. Etwa in folgender Weise: Soldat *A* hat Postfach 1, Soldat *B* Postfach 2, Soldat *Z* Postfach 26, Soldat *AA* Postfach 27, Soldat *BA* Postfach 28 usw. Das Postfach des Soldaten Dupond fände sich dann unter Nr. 54198174 und wäre nicht mit dem Postfach des Soldaten Dupont zu verwechseln, das die Nummer 244300190 trägt. Falls kein Name länger als zehn Buchstaben wäre, bräuchte man bei diesem Verfahren $26 \times 26 \times 26 \ldots$, insgesamt zehn mal den Faktor 26, also 26^{10} Postfächer, damit die Post schnell und eindeutig verteilt und gefunden werden kann. Die Zahl ist allerdings recht groß, höher noch als die Zahl sämtlicher Einwohner Europas, einschließlich der Frauen und Kinder, und höher sogar als die Zahl aller Menschen, die heute auf der Erde leben und jemals, seit den Uranfängen der Menschheit, gelebt haben. Diese Lösung wäre also recht unpraktisch.

Dennoch möchten die Informatiker nicht darauf verzichten, die Lage der Speicherplätze über eine Berechnung zu bestimmen; aber sie beschränken sich auf eine grobe Lagebestimmung, indem sie den verfügbaren Platz über ein Hash-Verfahren in Abschnitte zerlegen. So genügte bei der Kaserne ein Regal mit 26×26 Fächern, wobei die »Reihen« nach dem Anfangsbuchstaben der Namen, die »Spalten« nach dem zweiten Buchstaben des Namen geordnet wären. Der Soldat Duchesne fände seine Post dann in der 4. Reihe (für D) und dort in der 21. Spalte (für U).

Obwohl die Verteilung der Post nach diesem Verfahren sehr einfach wäre, könnten bei der Suche doch gewisse Probleme auftreten, dann nämlich, wenn es zu so genannten Kollisionen kommt, etwa weil neben dem Soldat Duchesne zur selben Zeit auch die Soldaten Dupond und Dupont dort Dienst tun. Falls jedoch nicht allzu viele Namen zusammenkommen, die in den beiden ersten Buchstaben übereinstimmen, dürften diese Probleme durch eine Verständigung unter den Betroffenen zu lösen sein.

Um die Zahl solcher Kollisionen zu begrenzen und zugleich die Zahl der unbenutzten Abteile möglichst gering zu halten, muss man dafür sorgen, dass die einzuordnenden Namen sich möglichst gleichmäßig über die gewählte Zerlegung verteilen. Es gibt etwa kaum Namen, die mit zwei gleichen Konsonanten wie XX, MM oder RR beginnen, so dass man dafür gar keine Fächer vorzusehen braucht. Die Berücksichtigung solcher Kenntnisse über die statistische Verteilung der zu erwartenden Daten verbessern die Effizienz der Hash-Verfahren beträchtlich.

Im Bereich der Informationstechnologie macht man heute umfangreichen Gebrauch von Hash-Verfahren. Das gilt insbesondere für digitale Wörterbücher oder Hypermedia-Enzyklopädien (siehe HYPERTEXT), in denen man in Sekundenschnelle nach dem Vorkommen einzelner Wörter suchen kann, obwohl diese Werke mehrere zehn Millionen Wörter umfassen.

Haufen

Zur Vertiefung: ***Akkretion; Galaxie; Masse***

In Winternächten kann der Beobachter an den Plejaden im Sternbild Stier prüfen, wie gut seine Augen sind. Dieser kleine Sternhaufen, der aus einem Dutzend heller Sterne besteht, trägt seinen Namen zu Recht, denn er ist von dem griechischen Wort für »mehrere« abgeleitet.

Eine Masse erzeugt in ihrem Umkreis einen so genannten Potentialtopf, das heißt, sie zieht jede Masse in ihrer Umgebung an. Die beiden Massen können direkt aufeinander zustürzen (AKKRETION) oder gemeinsam ein System bilden, in dem sie einander umkreisen (siehe KEPLERSCHE GESETZE). Der Potentialtopf dieser beiden Körper kann seinerseits einen dritten Körper einfangen usw. Bei den astronomischen Haufen handelt es sich also um Systeme, die durch Gravitation zusammengehalten werden und ein paar Dutzend oder auch ein paar Millionen Objekte in den Potentialtopf einbinden können, der aus der Massenkonzentration in dieser Region des Raumes resultiert.

Wenn ein Objekt des Systems die übrigen Objekte an Masse weit übertrifft (wie die

Sonne in unserem Sonnensystem), zwingt es all diese Objekte in Umlaufbahnen, die durch die Wechselwirkungen zwischen den kleineren Objekten kaum gestört werden. Wenn die Objekte dagegen vergleichbare Massen besitzen wie im Fall der Sternhaufen, entwickeln sich stark gekrümmte, komplizierte Bahnen, die sich meist nicht weit vom Zentrum des Potentialtopfes entfernen. In einem derartigen Sternhaufen ist die Summe aus der doppelten kinetischen Energie aller Systemkomponenten E_{kin} und der gesamten potentiellen Gravitationsenergie des Systems E_{pot} gleich Null, wobei die beiden Energiegrößen jeweils als zeitliche Mittelwerte zu nehmen sind (dafür steht das Zeichen in der folgenden Formel):

$$2 < E_{kin} > + < E_{pot} > = 0$$

Dieser Zusammenhang folgt aus dem so genannten Virialsatz der Mechanik und erlaubt es zum Beispiel, die Gesamtmasse eines Sternhaufens aus den gemessenen Geschwindigkeiten der einzelnen Objekte zu berechnen, selbst wenn ein Teil dieser MASSE kein Licht emittiert; auf diese Weise schloss der Schweizer Astrophysiker Fritz Zwicky 1932 erstmals auf die Existenz dunkler Materie, die zwar nicht leuchtet, aber Gravitationskräfte entfaltet (und die heute als dunkle Masse bezeichnet wird).

Abgesehen von den Schwarzen Löchern, sind die Sterne die massenreichsten Himmelskörper, die für sich allein existieren können, ohne zu zerfallen. Bei allen Massenansammlungen, die größer sind als die massenreichsten Sterne (mit maximal etwa der fünfzigfachen Sonnenmasse), handelt es sich um Haufen aus einzelnen Objekten, die durch Gravitationskräfte zusammengehalten werden. In unserer Milchstraße wie auch in anderen Galaxien gibt es junge Sternhaufen mit einigen Dutzend oder einigen hundert Sternen, deren identisches Alter und Einbindung in denselben Sternhaufen belegen, dass sie zur selben Zeit entstanden sind. Wir kennen auch so genannte Kugelsternhaufen, die mehrere Millionen sehr alte Sterne umfassen und in denen die Sterndichte so hoch ist, dass es gelegentlich zu Kollisionen und zur Entstehung Schwarzer Löcher kommt, die ihre Existenz durch starke Röntgenstrahlung verraten. Diese Kugelsternhaufen sind gleichfalls im Potentialtopf ihrer jeweiligen Galaxie gefangen und bewegen sich an deren Rändern. Es gibt auch Galaxienhaufen aus Hunderten oder Tausenden von Galaxien und Superhaufen von Galaxien, deren Ausdehnung eine Größenordnung von 100 Mpc (Megaparsec) erreichen, das entspricht 3×10^{24} Metern oder 326 Millionen Lichtjahren; sie wurden in den 1950er Jahren von George Abell im Gefolge einer sehr aufwendigen Katalogisierung der Galaxien und Sternhaufen entdeckt. Auch die Galaxie könnte als ein Haufen verstanden werden, der durch Gravitationskräfte verbundene Sterne, Gas und Staub umfasst. Allerdings verzichtet man wegen dieser heterogenen Zusammensetzung darauf, sie als Haufen zu bezeichnen.

Wir können also beobachten, dass die Galaxien sich im Raum zu Haufen vereinigen, und das legt die Frage nahe, ob diese körnige Struktur sich vielleicht in immer größerem Maßstab wiederholt. Folgen auf die Haufen Superhaufen und auf diese wiederum Haufen von Superhaufen, so dass sich eine hierarchische Struktur von der Art der Fraktale ergibt? Oder verlieren die Dichteunterschiede in den obersten Größenordnungen des Universums an Bedeutung? Die Frage ist noch offen, aber sie ist wichtig, denn sie hängt eng mit den noch ungeklärten Entstehungsbedingungen der Galaxien zusammen, deren theoretische Durchdringung durch die Grenzen eingeschränkt wird, die der Beobachtung der Organisation von Materie in diesen gewaltigen Größenordnungen gesetzt sind.

Heisenbergsches Unbestimmtheitsprinzip

Zur Vertiefung: ***Deutungen der Quantenphysik; Naturkonstanten; Quantenphysik***

Der gesunde Menschenverstand sagt uns, dass man jedem Objekt einen Ort und eine Geschwindigkeit zuordnen kann; dass diese Größen unter allen Umständen wohl bestimmte Werte besitzen, auch wenn wir sie nicht immer kennen mögen; dass schon die Idee der Bahn auf der Existenz solcher Werte basiert und dass diese Größen daher objektiven Eigenschaften der Objekte entsprechen. Diese intuitive Vorstellung wird nun auf mikroskopischer Ebene durch das Unbestimmtheitsprinzip infrage gestellt, das erstmals in den 1920er Jahren von dem deutschen Physiker Werner Heisenberg im Zusammenhang mit der damals noch ganz neuen QUANTENPHYSIK formuliert wurde.

Das Heisenbergsche Unbestimmtheitsprinzip, das gelegentlich auch als Unsicherheits- oder Unschärferelation bezeichnet wird, ist seither vielfältig kommentiert und gelegentlich auch karikiert worden. Und es scheint seinen diversen Bezeichnungen alle Ehre zu machen, versteckt es sich doch allzu oft hinter ritualisierten und ihrerseits unscharfen Definitionen. Insbesondere setzt das Unbestimmtheitsprinzip – anders als häufig behauptet wird – einer präzisen Messung der Lage und der Geschwindigkeit nur in einem sehr speziellen Sinne Grenzen, der von der üblichen Bedeutung dieses Wortes weit entfernt ist.

Eine bildhafte Darstellung des Unbestimmtheitsprinzips

In einem ersten Schritt kann man das Heisenbergsche Unbestimmtheitsprinzip in einer Weise darstellen, die zwar nicht streng ist, aber immerhin deren verwirrende Aspekte verdeutlicht. Stellen wir uns vor, ein Physiker möchte ein Objekt mit einem Geschoss treffen. Zu diesem Zweck muss er die Bahn des Geschosses bestimmen; die Bahn des Geschosses setzt sich aus sämtlichen Positionen zusammen, die das Geschoss nacheinander einnimmt. Das Objekt wird getroffen, wenn eine Bahnposition des Geschosses mit der Position des Objekts zusammenfällt. Wer eine Bahn messen will, muss das Geschoss sehen, das diese Bahn nimmt. Dazu muss das Geschoss beleuchtet werden. Licht wirkt aber auf beleuchtete Objekte etwa in derselben Weise ein wie der Wind auf ein Segel. Diese Einwirkung bezeichnet man als Strahlungsdruck. Bei makroskopischen Objekten wie Ballons, Steinen oder auch Staubkörnern fällt der Strahlungsdruck nicht ins Gewicht, aber bei einem Teilchen kann er gigantische Ausmaße erreichen. Daraus ergibt sich ein Dilemma: Entweder beleuchtet man das Teilchen und stört dadurch seine Bahn, oder man beleuchtet es nicht und verzichtet so darauf, etwas über seine Bahn zu erfahren.

Der Physiker denkt nach und gelangt zu dem Schluss, dass er etwas sanfter vorgehen sollte, das heißt, er beleuchtet das Teilchen nicht ständig, sondern nur für kurze Augenblicke. Soll die Messung jedoch präzise sein (und Physiker streben stets nach hoher Präzision), muss er möglichst viele Punkte der Bahn ermitteln, also auch zahlreiche Lichtblitze aussenden, die das Teilchen aus der Bahn bringen. Er könnte nun die Intensität der Lichtblitze so weit reduzieren, dass die Summe der dadurch ausgelösten Störungen unterhalb der gewählten Messgenauigkeit bleibt. Aber das hilft ihm nicht weiter, denn die Intensität der einzelnen Lichtblitze lässt sich nicht so weit reduzieren, wie er es gerne möchte. Es gibt nämlich ein elementares Strahlungsquantum, das PHOTON, das die untere Grenze für die Stärke eines Lichtblitzes ist. Die Energie eines Blitzes kann nicht unter einen bestimmten Schwellenwert sinken, dessen Existenz das deutlichste Zeichen für den Korpuskelcharakter des Lichts darstellt. Jede Beobachtung bewirkt daher eine minimale Störung, die jeder Messung eine unvermeidliche Unschärfe oder Unbestimmtheit verleiht. Bei Atomen und anderen Teilchen ist diese Unbestimmtheit so groß, dass der für die Objekte der klassischen Physik so wesentliche Begriff der Bahn jede Bedeutung verliert.

Je genauer man die Position eines Geschosses ermitteln möchte, desto mehr Messungen muss man vornehmen. Zu diesem Zweck muss man Lichtblitze aussenden, die dem Teilchen einen Impuls verleihen, der niemals gleich null ist und der den bisherigen Impuls des Teilchens verändert. Es gibt jedoch noch einen weiteren Punkt: Nach den Gesetzen der Optik interagiert LICHT nur mit Objekten, die größer sind als die Wellenlänge des betreffenden Lichts. Dieses Gesetz gilt für alle Wellenphänomene. So vermag ein Schwimmer die Wellen im Meer nicht zu beeinflussen, weil er im Verhältnis zum Abstand zwischen zwei Wellenbergen viel zu klein ist; ein großes

Schiff dagegen kann durchaus Einfluss auf Meereswellen haben. Die Wellen »sehen« gewissermaßen das Schiff, nicht aber den Schwimmer. Anders gesagt: Wenn das Teilchen, das wir als Ziel ausgewählt haben, klein ist, muss das Licht, das es beleuchten soll, eine kurze Wellenlänge besitzen. Anderenfalls »sieht« es das Teilchen nicht. Für das Licht gilt nun: je kürzer die WELLENLÄNGE, desto größer die Energie. Bestrahlt man das Teilchen mit Licht kurzer Wellenlänge (also hoher Energie), wird ein entsprechend großer Impuls übertragen. Wenn wir also die Unbestimmtheit der Lage eines Teilchens verringern wollen, vergrößern wir unvermeidlich die Unbestimmtheit seines Impulses, das heißt letztlich seiner Geschwindigkeit.

Das beschriebene Verfahren ist nur eine von mehreren Möglichkeiten, die Bahn eines Teilchens zu verfolgen. Doch jedes andere Verfahren hätte mit denselben Schwierigkeiten zu kämpfen. Diese Erkenntnis fasst man meist in dem Satz zusammen, dass wir Lage und Geschwindigkeit eines quantenphysikalischen Teilchens nicht gleichzeitig kennen können. Doch diese Formulierung, die im Übrigen von unserem Beispiel durchaus gestützt wird, ist in zweierlei Hinsicht anfechtbar: Einerseits setzt sie voraus, dass jedes Teilchen eine Korpuskel sei, die eine wohl definierte Bahn besitze, und das ist eindeutig falsch (siehe TEILCHEN); andererseits unterstellt sie, das betreffende Teilchen besäße eine genaue Position und eine genaue Geschwindigkeit, nur könnten wir beides nicht gleichzeitig feststellen, und das ist ebenso falsch.

In Wirklichkeit behauptet das Heisenbergsche Unbestimmtheitsprinzip in seiner modernen Deutung nicht, dass wir Position und Impuls eines Teilchens nicht gleichzeitig bestimmen könnten, sondern dass es diese beiden Eigenschaften nicht gleichzeitig besitze. Genauer gesagt, die in der Quantenphysik gebräuchliche mathematische Darstellung weist den Teilchen diese beiden Eigenschaften niemals gleichzeitig zu. Zusammengenommen haben diese beiden Konzepte keinen Sinn. Und für die Idee der Bahn, die ja auf beiden Konzepten aufbaut, gilt dasselbe.

Ein Grundprinzip der Quantenphysik

Unsere vereinfachte bildliche Erklärung des Unbestimmtheitsprinzips darf nicht darüber hinwegtäuschen, dass es sich durchaus auch streng formulieren lässt, und zwar über eine bestimmte Eigenschaft der OPERATOREN, die der quantenphysikalische Formalismus den verschiedenen Arten von Messung zuweist. Diese Operatoren sind nichtkommutativ, was zur Folge hat, dass die Ergebnisse eines Experiments von der Reihenfolge der ausgeführten Messungen abhängen. Zunächst die Lage und dann die Geschwindigkeit eines Teilchens zu messen ist nicht dasselbe wie das umgekehrte Vorgehen.

Es ist also nicht zulässig, quantenphysikalische Objekte mit den Eigenschaften klassischer Korpuskeln beschreiben zu wollen. Teilchen haben absolut nichts mit den kleinen Kugeln zu tun, mit denen man sie gerne aus Bequemlichkeit und in allzu simplifizierender Weise vergleicht. Das Heisenbergsche Unbestimmtheitsprinzip lässt sich übrigens auch als eine Beschränkung der korpuskularen Darstellung quantenphysikalischer Objekte begreifen. Es zeigt an, wo man zu weit geht, wenn man die Konzepte der klassischen Physik auf Teilchen anwendet.

Anders als vielfach behauptet wird, markiert das Unbestimmtheitsprinzip also keine prinzipielle Grenze unseres Erkenntnisvermögens, denn es besagt lediglich, dass unsere vertrauten Konzepte auf der Ebene der Quantenphysik versagen. Insbesondere darf man nicht meinen, die behauptete Unbestimmtheit gehe auf die technische Unvollkommenheit unserer Versuchsanordnungen zurück. Unbestimmtheit und Ungenauigkeit sind zwei ganz verschiedene Dinge. Es gibt keine typisch quantenphysikalische Ungenauigkeit, denn Lage und Impuls eines Teilchen können in der Quantenphysik mit derselben Genauigkeit gemessen werden wie in der klassischen Physik. In der Quantenphysik führen solche Messungen lediglich nicht alle zu denselben Ergebnissen, obwohl die betreffenden Systeme unter denselben Bedingungen betrachtet (das heißt in derselben Weise beschrieben) werden. Die Ergebnisse sind sämtlich wohl definiert, variieren aber von System zu System und verteilen sich beiderseits eines Mittelwerts. Man sagt, die Ergebnisse »streuen«. Stellen wir uns vor, wir betrachten eine große Zahl gleichartiger Systeme. Bei der einen Hälfte messen wir die Lage. Die Messergebnisse sind nicht sämtlich dieselben; sie streuen vielmehr um einen bestimmten Mittelwert. Bei der anderen Hälfte messen wir den Impuls. Auch hier zeigen die Ergebnisse eine Streuung. Für diese Situation behauptet nun das Unbestimmtheitsprinzip, das Produkt aus der Streuung der Messwerte der Lage und der Streuung der Messwerte des Impulses könne nicht gleich null sein. Genauer gesagt, dieses Produkt ist stets größer oder gleich einer bestimmten Zahl, geteilt durch 4π. Diese Zahl, die der klassischen Physik und ihrer korpuskularen Darstellung eine Grenze setzt, ist das Plancksche Wirkungsquantum h, das gleichsam das Emblem der quantenphysikalischen Welt darstellt.

Helium

Zur Vertiefung: ***Entstehung der Elemente; kosmologisches Standardmodell; Stern***

Helium (^{4}He) ist das zweite Element des PERIODENSYSTEMS unmittelbar nach Wasserstoff. Sein Atomkern, auch als Alpha-Teilchen bezeichnet, besteht aus zwei Protonen und zwei Neutronen. Die beiden Elektronen, die ihn umgeben, bilden ein Paar, das fest mit dem Atomkern verbunden ist (siehe SPIN). Helium ist der Prototyp des Edelgases, das eine extrem geringe chemische Affinität hat. Es besitzt ein natürliches ISOTOP ^{3}He, dessen Kern nur ein Neutron enthält. Bei sehr niedrigen Temperaturen (um –270 °C) zeigt flüssiges Helium bemerkenswerte Eigenschaften, die man als Suprafluidität oder SUPRAFLÜSSIGKEIT bezeichnet.

Helium im Universum

Helium ist das Element, das nach WASSERSTOFF im Universum am häufigsten vorkommt. Es besitzt eine höhere Masse als Wasserstoff und macht etwa 25 % der im Universum unmittelbar beobachtbaren Gesamtmasse aus. Die Häufigkeit seines Vorkommens (siehe ELEMENTHÄUFIGKEIT) wird durch Beobachtungen des von den Sternen emittierten Spektrums (Verteilung der Lichtenergie nach Wellenlängen) bestimmt, in dem sich Strahlenanteile befinden, die dem Helium eigen sind und sich im Laboratorium identifizieren lassen (siehe SPEKTRALANALYSE).

Dieses den Chemikern damals noch unbekannte Element wurde 1868 von dem Engländer Norman Lockyer bei einer Sonnenfinsternis entdeckt, als er auf den Fotoaufnahmen des Sonnenspektrums unbekannte Linien beobachtete und sie einem neuen chemischen Element zuordnete, das er nach diesem Himmelskörper benannte (*helios* bedeutet im Griechischen Sonne).

Bei derselben Sonnenfinsternis beobachtete auch der Franzose Jules Janssen diese unbekannten Linien, zog jedoch keine Schlüsse daraus. Erst wesentlich später entdeckte man Helium auch auf der Erde, wo es selten vorkommt, und nutzte seine Eigenschaften in der Physik und beim Verkauf von Luftballons.

Wieso enthält das Universum soviel Helium, obwohl die Sterne es nur in geringen Mengen produzieren? Kaum 4 % des bekannten Heliumvorkommens stammen aus der Kernsynthese im Sterneninneren (siehe ENTSTEHUNG DER ELEMENTE), so weit unsere inzwischen vertieften Erkenntnisse über die dort ablaufenden Kernreaktionen reichen. Dieses »Heliumproblem«, wie man es lange Zeit nannte, fand 1946 eine Lösung, als der amerikanische Physiker George Gamow die Annahme aufstellte, es habe eine Frühphase des Universums mit ausreichend hohen Temperaturen (zehn Milliarden Grad) gegeben, in der sich Heliumatomkerne in großer Menge aus vorhandenen Protonen spontan zu bilden vermochten. Ausgehend von den im Laboratorium gemessenen oder berechneten Kernreaktionsraten kommt das kosmologische Standardmodell, das diese Frühphase in der EXPANSION des Universums beschreibt, exakt auf die heute im Weltall beobachtete Häufigkeit des Heliums: Somit stellt Helium einen Prüfstein für jedes kosmologische Modell dar.

Heterogenität

Zur Vertiefung: ***Chromatographie; Filter; Katalyse***

Eine Population gilt als heterogen, wenn sie aus Individuen besteht, die nicht alle gleich sind. In der Chemie bezieht sich der Begriff der Heterogenität vor allem auf die Zustandsformen der Stoffe. Eine Lösung ist homogen, wenn sie in all ihren Teilen die gleichen Eigenschaften besitzt (was, wohlgemerkt, vom Maßstab der Betrachtung abhängt). Wenn zum Beispiel eine Flüssigkeit Tropfen einer anderen Flüssigkeit enthält, bezeichnet man die Lösung als heterogen.

Filter

In der Praxis kommt es häufig vor, dass eine Lösung schwebende Festpartikel enthält, die man herausfiltern muss, um eine homogene Lösung zu erhalten. Ein Sieb fängt alle Partikel auf, die größer sind als seine Öffnungen. Ebenso lässt ein Tuch oder Papier, das als Filter dient, eine Flüssigkeit durch seine Poren abfließen, während es die festen Partikel zurückhält. Auf mikroskopischer Ebene beschränkt sich die Filtration jedoch nicht auf Feststoffteilchen, sondern kann auch Moleküle in flüssigem oder gasförmigem Zustand zurückhalten, wie sich zum Beispiel der stark Krebs erregende Kohlenwasserstoffe enthaltende Teer in einem Zigarettenfilter absetzt. Diese Moleküle lagern sich an Feststoffpartikel an. Eine solche Filtration ist jedoch niemals vollständig. Selbst wenn ein Festkörper, der in einen Gas- oder Flüssigkeitsstrom gestellt wird, bestimmte Moleküle, die dieser Strom mitführt, nur verlangsamt, so geschieht dies selektiv, abhängig von den verschiedenen Merkmalen wie Molekülform oder Elektronenverteilung: Nach diesem Prinzip arbeitet die Chromatographie.

Transformationen an der Oberfläche

Betrachten wir einen Festkörper, der in eine Flüssigkeit gelegt wird, und die Grenzfläche zwischen diesen beiden Phasen. Nicht selten sind an dieser Grenzfläche Austauschprozesse zu beobachten. So fügt das Schmelzen eines Eiswürfels in einem Aperitif der Flüssigkeit weitere Wassermoleküle hinzu.

Auch überraschendere Phänomene sind hier zu beobachten. Auf noch kleinerer Ebene können sich Feststoffpartikel, die selbst in sehr geringen Mengen in einer Flüssigkeit schweben, an einen Festkörper anheften, der sie in winzigen Furchen seiner Oberfläche einfängt. Nach diesem Prinzip benutzt man zum Beispiel Holzkohle, um Nahrungsmittel, Wein und Spirituosen zu entfärben und zu reinigen.

Allgemeiner lässt sich sagen, dass die Oberfläche von Feststoffen – insbesondere von Metallen und Metalloxiden – Moleküle fest halten kann: Diesen Vorgang, der ein molekulares Gefüge völlig verändern kann, bezeichnet man als Adsorption. Wenn zum Beispiel gasförmiger Wasserstoff H_2 über ein Goldplättchen (oder ein anderes Edelmetall wie Platin, Iridium oder Rhodium) gleitet, lagern sich bestimmte Moleküle an das Metall an und zerfallen in zwei Wasserstoffatome H. Die Wasserstoffatome gehen sogar mit den Goldatomen an der Oberfläche des Festkörpers stärkere Bindungen ein als untereinander.

Bringt man nun auf die Oberfläche des Metalls, an der sich zuvor Wasserstoffmoleküle gespalten haben, Moleküle mit Doppelbindungen wie Ethylen $H_2C{=}CH_2$ auf, indem man dieses Gas daran vorbeiströmen lässt, so wandern die beiden Wasserstoffatome an der Oberfläche des Metalls, bis sie sich einzeln durch Addition jeweils mit einem der beiden Kohlenstoffatome des Ethylens verbinden und so Ethan $H_3C{-}CH_3$ produzieren. Bei dieser Hydrierung wirkt das Edelmetall als Katalysator. Hier spricht man von einem heterogenen Katalysator, da der metallische Festkörper in diesen Gasen nicht löslich ist (siehe Katalyse). Die heterogene Katalyse ist ein zentrales Verfahren in der chemischen Industrie und wird in praktisch allen Prozessen eingesetzt.

Die Oberflächenchemie hat eine starke Weiterentwicklung erfahren, und zwar sowohl in Bezug auf die grundlegenden Fragen, die sie aufwirft, als auch hinsichtlich ihrer praktischen Anwendungen, zu denen unter anderem die Verwendung von Klebstoffen und Lacken gehört.

Heterosis

Zur Vertiefung: ***Evolution; Fitness; genetische Bürde; natürliche Auslese***

Lebewesen mit geschlechtlicher Fortpflanzung haben die Besonderheit, dass jedes Merkmal (Größe, Blutgruppe usw.) von zwei Sätzen genetischer Informationen abhängt, die jeweils von einem der beiden Erzeuger stammen. Diese doppelte Steuerung, die Gregor Mendel 1865 entdeckte, löste das von Platon aufgestellte Paradox: Wie kann ein definitionsgemäß unteilbares Individuum zwei Ursprünge haben? Die Antwort lautet, dass jeder dieser Ursprünge nur die Hälfte der Erbfaktoren – heute Gene genannt -, die er selbst erhalten hat, weitergibt.

Wenn ein Individuum für ein bestimmtes Merkmal von seinen Erzeugern zwei Gene mit der gleichen Information, also das gleiche Allel, erhalten hat, nennen wir es reinerbig oder homozygot und seinen Genotyp (aa). Wenn es zwei verschiedene Allele erhalten hat, ist es mischerbig oder heterozygot und sein Genotyp (ab).

Bei qualitativen Merkmalen wie der Farbe der von Mendel untersuchten Erbsen ist häufig zu beobachten, dass Heterozygoten das gleiche Merkmal manifestieren wie eine der beiden Homozygoten: Der Genotyp (ab) hat das gleiche Erscheinungsbild (Phänotyp) wie der Genotyp (aa). Das Allel a gilt in diesem Fall als dominant gegenüber dem Allel b, das rezessiv ist.

Bei quantitativen Merkmalen wie Größe und Gewicht ist die Analyse schwieriger, da das manifeste Merkmal sowohl von den erhaltenen Allelen als auch von Umwelteinflüssen abhängt. Vergleiche sind nur durch Beobachtungen anhand einer großen Zahl von Individuen mit statistischen Mitteln möglich. Bei einem Vergleich von Heterozygoten mit den verschiedenen Homozygoten sind drei Fälle denkbar: Die quantitative Ausprägung des Merkmals ist bei Heterozygoten gegenüber Homozygoten im Durchschnitt stärker, geringer oder gleich. In den ersten beiden Fällen ist die Wechselwirkung zwischen den beiden Allelen stärker als die Einzelwirkung jedes der beiden.

Diese Wechselwirkung kann sich insbesondere bei der Fähigkeit des Individuums zeigen, bis zum fortpflanzungsfähigen Alter zu überleben und Nachkommen hervorzubringen. Diese Fitness lässt sich an der Zahl der Nachkommen messen. Ist sie bei den Heterozygoten größer, so gilt diese Überlegenheit als Ausdruck des Phänomens der Heterosis. Der Begriff Heterosis bezeichnet somit die Fähigkeit heterozygoter Individuen, durchschnittlich mehr Nachkommen hervorzubringen als Homozygoten. Nachweislich bewirkt in einem solchen Fall die natürliche Auslese, dass für ein Merkmal dauerhaft mehrere Allele des betreffenden Gens in der Population und damit auch dessen Polymorphismus erhalten bleiben.

Über diesen Mechanismus ließ sich vor allem die erhöhte Frequenz einer Erbkrankheit, der Sichelzellenanämie, in Populationen erklären, die in Malariagebieten leben. Scheinbar widersprach diese Frequenz den normalen Vorgängen der natürlichen Auslese, die die für nachteilige Merkmale verantwortlichen Allele eliminiert. Die Sichelzellenanämie geht auf eine Mutation zurück, die die roten Blutkörperchen verändert und Kinder und Jugendliche vor Erreichen der Fortpflanzungsfähigkeit sterben lässt; wieso wurde diese Mutation auf Dauer nicht ausgemerzt? Die Krankheit manifestiert sich nur bei Individuen, die zwei gleiche Allele des betreffenden Gens besitzen, also homozygot (SS) sind. Bei Heterozygoten (AS) wirken sich zwar beide Allele dieses Gens aus, aber die daraus resultierende Sichelzellenanämie bleibt sehr begrenzt und wird oft vom Träger gar nicht bemerkt: Bei diesen gesunden Trägern verringert sich die Lebenserwartung nicht, sondern verbessert sich unter bestimmten Bedingungen sogar.

Beobachtungen haben gezeigt, dass das Allel S nur in Malariagebieten in erhöhter Frequenz vorkommt. Daraus ließ sich die Hypothese ableiten, dass dieses Allel den Heterozygoten einen Selektionsvorteil bringt. Versuchsreihen, bei denen zwei Gruppen von Freiwilligen – eine mit den Allelen (AA), die andere mit den Allelen (AS) – mit Malaria-Erregern infiziert wurden, bestätigten diese Hypothese. Die Heterozygoten wehrten den

Malaria-Erreger *Plasmodium falciparum* leichter ab, weil dieser Parasit sich in den Blutkörperchen des Typs S offenbar schlecht entwickelt.

Die Sichelzellenanämie ist das am besten erforschte Beispiel für die Erhaltung der genetischen Vielfalt durch Heterosis: Die natürliche Auslese eliminiert praktisch alle Individuen des Genotyps (SS) und in Malariagebieten einen Teil der Individuen des Genotyps (AA), die nicht vom Allel (S) geschützt sind. So kann sich ein Gleichgewicht einstellen.

In einem solchen Fall wirkt die natürliche Auslese also nicht vereinheitlichend, sondern erhält auf Dauer den Polymorphismus. Allerdings vermag dieser Mechanismus nicht die Gesamtheit der zahlreichen Polymorphismen zu erklären, da er der Population einen hohen Preis abverlangt. Im Fall der Sichelzellenanämie kostet er fast alle Individuen des Genotyps (SS) und einen Teil der Individuen des Genotyps (AA) das Leben. Diese genetische Bürde wäre global nicht zu verkraften, wenn ein solcher Mechanismus bei vielen Polymorphismen aufträte.

Heuristik

Zur Vertiefung: ***Expertensystem; Kombinatorik; künstliche Intelligenz; Spiel***

Wer an die bekannte Legende denkt, wonach Archimedes einst in seiner Badewanne »heureka!« ausgerufen habe, als er das Prinzip des hydrostatischen Auftriebs entdeckte, der kann gut nachvollziehen, was »Heuristik« bedeutet: Das Wort stammt vom griechischen *heuristike*, »Kunst des Findens«, und steht für Techniken, die bei Entdeckungen helfen sollen. In den verschiedenen Fachgebieten spielt die Heuristik jedoch ganz unterschiedliche Rollen. Bei Philosophen, Philologen und Historikern bezieht sie sich auf vorläufige Hypothesen, für die es nun nach Tatsachen zu suchen gilt, die diese Hypothesen stützen oder widerlegen. Für den Pädagogen ist eine Methode heuristisch, wenn sie die Schüler dazu bringt, die zu vermittelnden Lehrinhalte selbst zu entdecken. In der Informatik sollen Heuristiken durch ein paar kluge Vorschläge die endlose Litanei erschöpfender Aufzählungen abkürzen und dem Computer Irrwege ersparen, auch auf die Gefahr hin, dass dadurch gelegentlich sinnvolle Wege abgeschnitten werden. Vor allem in der künstlichen Intelligenz spielen Heuristiken eine wichtige Rolle, wenn die Formulierung der Probleme allzu unscharf bleibt, als dass ein ALGORITHMUS, also eine geordnete Folge elementarer Rechenschritte, in vertretbarer Zeit eine Lösung finden könnte.

Mathematische Lehrsätze beweisen, Schach spielen, die Bewegungsabläufe eines Roboters planen, Texte übersetzen – von dieser Art sind die Probleme, mit denen man sich im Bereich der künstlichen Intelligenz befasst und die sich nicht ohne Heuristiken auf systematische Weise mit Hilfe eines Computers lösen lassen. Das Haupthindernis für eine systematische Lösung liegt nicht im Fehlen einer logischen Formulierung. Die FORMALEN SYSTEME bieten definitionsgemäß eine vollkommene Umschreibung aller in einem gegebenen Axiomensystem beweisbaren mathematischen Sätze; sämtliche unter Beachtung der Spielregeln vorstellbaren Schachpartien sind im mathematischen Ausdruck dieser Regeln potentiell enthalten. Das Haupthindernis liegt auch nicht in einer mangelnden Leistungsfähigkeit der heutigen Computer, sondern ist tiefer begründet, nämlich in der KOMBINATORIK: Die gewaltige Zahl der möglichen mathematischen Sätze oder der möglichen Schachpartien übersteigt jede Vorstellungskraft und erst recht die Kapazität jedes Computers.

Stellen wir uns vor, ein Staatschef fasste in einem manischen Anfall den Beschluss, ein genaues Inventar sämtlicher Bodenschätze seines Landes erstellen zu lassen. Da er keine weiteren Vorstellungen hat und auch über keine Heuristik verfügt, lässt er eine Armee von Bohrfachleuten anheuern, die jeden Meter Boden des Landes absuchen soll, indem sie Bohrungen niederbringt. Die Methode erwiese sich als äußerst kostspielig; für ein Land von der Größe Frankreichs wären 500 Milliarden Bohrungen erforderlich. Und diese Zahl ist noch winzig im Vergleich zur Zahl der möglichen Schachpartien, die größer ist als die Gesamtzahl aller Teilchen im Universum, nämlich 10^{50}.

Angesichts solcher Zahlen wird deutlich, dass es ganz ausgeschlossen ist, sämtliche Möglichkeiten durchzugehen. Aber niemand spielt Schach nach dem Zufallsprinzip, mathematische Lehrsätze werden nicht blind von irren Mathematikern aufgestellt, und Bücher werden nicht von Affen geschrieben, die ohne Sinn und Verstand auf die Tastatur einer Schreibmaschine einhämmerten. Niemand kreuzt ziellos im Meer der Möglichkeiten – von metaphysischen Romanen einmal abgesehen. Wenn wir dieses Meer befahren, kommen wir im Alltag gar nicht umhin, uns ein Ziel zu setzen und wie mit Scheuklappen darauf zuzuhalten, auch um den Preis, diese oder jene Gelegenheit zu verpassen.

In aller Regel bringen Prospektoren nur dort Bohrungen nieder, wo sie sich Erfolg davon versprechen, und um das zu beurteilen, bedienen sie sich des geologischen Wissens und versuchen die Prozesse zu rekonstruieren, die zur Bildung der betreffenden Gesteine geführt haben. Auch Archäologen halten sich bei ihrer Suche an die bekannten Gewohnheiten unserer Vorfahren. Und Schatzsucher wissen, dass Schätze zwar vor den Unbilden der Witterung geschützt liegen, aber dennoch zugänglich bleiben, weil sie so versteckt worden sind, dass man sie eines Tages wieder heben kann. Die Spezialisten der künstlichen Intelligenz lassen sich vom gesunden Menschenverstand und der Erfahrung einschlägiger Experten inspirieren, um Heuristiken zu schaffen, die den Computer bei seiner Sucharbeit auf vielversprechende Wege zu lenken vermögen. Der Einsatz solcher Heuristiken hat sich als unerlässlich erwiesen, wenn man den Computer für geistige Tätigkeiten einsetzen möchte. Man kann sogar sagen, dass der Einsatz von Heuristiken das Merkmal darstellt, das die Eigenständigkeit der künstlichen Intelligenz als Teilbereich der INFORMATIK begründet. Dieser Zusammenhang ist so eng, dass manche statt von künstlicher Intelligenz von heuristischer PROGRAMMIERUNG sprechen. Aus der systematischen Nutzung von Heuristiken hinsichtlich des beruflichen Wissens und Könnens von Fachleuten ist der Begriff des Expertensystems entstanden, der gleichsam deren natürliche Fortsetzung bildet.

Himmel

Zur Vertiefung: ***Erdmodelle; Universum***

Die moderne Astronomie und der Vorstoß des Menschen in den Weltraum scheinen die alte Unterscheidung zwischen Himmel und Erde endgültig aufgehoben zu haben. Die Erde war einst das Reich des Menschen, der seiner Erfahrung zugänglichen Erscheinungen, der veränderlichen und dem Verfall preisgegebenen Dinge. Der unzugängliche Himmel dagegen war der Ort der mythischen Gottheiten und der ewig unveränderlichen Kreisläufe der Sonne, des Mondes und der Sterne. Obwohl wir sehr vieles nicht wissen, postulieren wir (und wissen wir heute?), dass Himmel und Erde gemeinsam Teil desselben Universums sind, dass die Gesetze der Physik überall gelten, dass es auch andere Planetensysteme gibt und dass das Leben auf der Erde wahrscheinlich nicht einzigartig dasteht (siehe AUSSERIRDISCHES LEBEN). Und mit Shakespeares Hamlet wissen wir, dass es mehr Dinge unter dem Himmel gibt, als unsere Schulweisheit sich träumen lässt.

Der Himmel der spirituellen Wirklichkeit, dem die chinesische Tradition die Fähigkeit zuschreibt, die Unordnung der Welt durch seine Ordnung zu lenken, und in dem religiöse Menschen den Ort der Transzendenz gegenüber der Immanenz der sinnlichen Welt erblicken, dieser Himmel ist der Wissenschaft – im Unterschied zu unserem physikalischen Himmel – nicht zugänglich.

Himmelsmechanik

Zur Vorbereitung: ***Masse***
Zur Vertiefung: ***Astrometrie; Differential; Keplersche Gesetze; Relativitätstheorie***

Die Himmelsmechanik erforscht die Bewegungen der Himmelskörper, der Planeten und sonstigen Objekte in unserem SONNENSYSTEM sowie der STERNE, vor allem innerhalb der Milchstraße (siehe GALAXIEN). Diese Bewegungen resultieren nahezu ausschließlich aus der Massenanziehung zwischen den betreffenden Objekten (GRAVITATION), die bei den hier ins Spiel kommenden Entfernungen (von Tausenden, Millionen oder Milliarden Kilometern) die vorherrschende Kraft ist und ihren Ausdruck in den Keplerschen Gesetzen findet. Zu den Grundpfeilern der Newtonschen Mechanik gehört das Trägheitsgesetz ($\vec{F}=m_t\vec{a}$), das die auf einen Körper einwirkende Kraft $\vec{F}$ mit der daraus resultierenden Beschleunigung $\vec{a}$ verknüpft, und zwar über eine Konstante m_t, die als träge MASSE bezeichnet wird und gleichsam für den Widerstand steht, den der betreffende Körper seiner Beschleunigung entgegensetzt. Dabei hängt die Bahn eines Körpers innerhalb des Gravitationsfelds mehrerer Körper nicht mehr von seiner Masse ab, da zwischen der trägen Masse m_t und der so genannten schweren Masse m_s nach dem Newtonschen Gesetz eine vollkommene Identität besteht (denn für die Kraft $\vec{F}$ zwischen zwei Massen m_s und m'_s mit dem Abstand d gilt: $\vec{F}=Gm_sm'_s\vec{u}/d^2$, wobei $\vec{u}$ ein sie verbindender Einheitsvektor und G die Gravitationskonstante ist). Schreibt man nämlich $Gm_sm'_s\vec{u}/D^2=m_t\vec{a}$ und setzt $m_t=m_s$, so erhält man $Gm'_s\vec{u}/D^2=\vec{a}$ und sieht, dass die Beschleunigung $\vec{a}$ nicht mehr von der schweren Masse m_s des betreffenden Körpers abhängt. So erklärt es sich, dass der tote Hund, den die Mondfahrer in Jules Vernes *Reise zum Mond* unterwegs aussetzten, die Rakete getreulich bis auf den Mond begleitete.

Die Gleichungen aufzustellen, mit denen sich die Bewegungen der Himmelskörper beschreiben lassen, ist eine Sache; eine ganz andere Sache ist es jedoch, diese Gleichungen für den konkreten Fall zu lösen, also die Positionen der verschiedenen Objekte im Zeitablauf zu berechnen und damit ihre Bahn vorauszusagen. Um dieses Ziel zu erreichen, musste das mathematische Instrumentarium beträchtlich verfeinert werden, und insbesondere bedurfte es dazu der Differentialrechnung, deren Grundlagen Newton legte. Dank der Schnelligkeit und Präzision moderner Rechenanlagen sind die ehemals buchstäblich astronomischen Berechnungen im Bereich der Himmelsmechanik heute keine derart ermüdende und zeitraubende Aufgabe mehr.

Mit Hilfe sehr präziser Teleskope kann man heute die Positionen der Himmelsobjekte (Planeten, Sterne usw.) im Zeitverlauf, also ihre Bewegung, sehr genau bestimmen. Danach versucht man, diese Bewegungen auf der Grundlage des Gravitationsfelds, in dem das betreffende Objekt sich bewegt, zu verstehen und zu interpretieren. In diesem Rahmen ist es dann vielfach möglich, die Massen der jeweiligen Körper (der Sterne oder Galaxien) und ihre wechselseitigen Abstände zu bestimmen oder auch auf die Existenz weiterer Kräfte zu schließen, die zu den Gravitationskräften hinzukommen. So hat man mit Hilfe von Lasern den Abstand zwischen Mond und Erde sehr genau bestimmen können und dabei festgestellt, dass der Mond sich ständig ein wenig weiter von der Erde entfernt (um ein paar Meter pro Jahr), und zwar wegen der Reibung zwischen der Erdkruste und den vom Mond hervorgerufenen Gezeitenbewegungen innerhalb der Weltmeere. Die dabei in Wärme umgewandelte Energie geht der Gesamtenergie des von Erde und Mond gebildeten Systems verloren, so dass der Abstand zwischen den beiden Himmelskörpern sich vergrößert.

1845 schlossen Urbain Le Verrier und John Adams aus Differenzen zwischen der berechneten und der beobachteten Bahn des Uranus auf die Existenz eines weiteren Planeten, des Neptun. Ein Jahr später entdeckte der deutsche Astronom Johann Galle den Neptun genau an der Stelle, an der er sich nach den Berechnungen befinden musste: ein großartiger Triumph der Himmelsmechanik. Aufgrund ähnlicher Störungen in den Bahnen sonnennaher Sterne schließt man heute auf die Existenz von Begleitern, also auf die Existenz von Planetensystemen außerhalb unseres Sonnensystems.

Ende des 19. Jahrhunderts waren die Messverfahren der Astrometrie bereits so genau, dass man eine Anomalie in der Bewegung des Merkur beobachten konnte, genauer gesagt, eine Abweichung zwischen dem berechneten und der beobachteten Position dieses Planeten gegenüber den Fixsternen beim Durchgang durch das Perihel, das heißt den sonnennächsten Punkt seiner Bahn. Zunächst fand man keinerlei Möglichkeit, die Kluft zwischen Berechnung und Beobachtung zu schließen.

Diese Erscheinung ließ sich neben vielen anderen erst korrekt berechnen, als die allgemeine Relativitätstheorie den begrifflichen Rahmen der Himmelsmechanik revolutioniert hatte. Die relativistischen Korrekturen der nach den Gesetzen der klassischen Himmelsmechanik angestellten Berechnungen werden umso bedeutsamer, je stärker die Gravitationsfelder sind, in denen die betrachteten Körper sich bewegen, und je höher die Anforderungen an die Genauigkeit der Ergebnisse geschraubt werden. Obwohl das Gravitationsfeld der Erde relativ schwach ist, müssen die von der Relativitätstheorie geforderten Korrekturen zum Beispiel bei Rendezvousmanövern zwischen künstlichen Satelliten im erdnahen Raum berücksichtigt werden.

Ein interessanter Fall ist die Bewegung der beiden Sterne eines Doppelsternsystems, wenn der Abstand zwischen den beiden Sternen nur gering ist und es sich bei einem der beiden um einen kollabierten, das heißt extrem dichten Stern handelt (um einen PULSAR oder ein SCHWARZES LOCH).

Unter diesen Umständen ist das Gravitationsfeld extrem stark, so dass die ganz beträchtlichen relativistischen Effekte sich bei der Bewegung des Begleiters eines solchen Pulsars oder Schwarzen Lochs nicht mehr vernachlässigen lassen. Bei solch einer Berechnung muss die Himmelsmechanik auf das gesamte mathematische Instrumentarium der allgemeinen Relativitätstheorie zurückgreifen, und das ist recht schwierig, weil zahlreiche Größen, die in der klassischen Mechanik als Skalare (das heißt als einfache Zahlen) oder als Vektoren auftreten (als Größen, die drei oder vier Komponenten enthalten), nun als Tensoren behandelt werden müssen, das heißt als mathematische Entitäten, die häufig mehr als zehn Komponenten enthalten.

Hinderung, sterische

→ ***sterische Hinderung***

Holographie

Zur Vertiefung: ***Laser***

Wenn das von einem Objekt gestreute Licht auf das Korn eines fotografischen Films trifft, hängt die Schwärzung des Films an dieser Stelle von der Stärke des einfallenden Lichts ab. Nach der Belichtung gibt der Film zwar recht getreu die Verteilung der Lichtintensität wieder, doch er enthält keineswegs alle von dem Objekt ausgegangenen Informationen. Sonst fiele es uns nicht so leicht, eine Fotografie auch als solche zu erkennen und nicht mit dem abgebildeten Objekt zu verwechseln.

Was ist eine Lichtwelle?

Wenn wir verstehen wollen, welche Informationen der Film nicht fest hält, müssen wir uns klar machen, was eine Lichtwelle ist. Eine WELLE ist eine Schwingung, die auf jeden räumlichen Punkt einwirkt. Die Welle, die zum Beispiel ein ins Wasser geworfener Stein auslöst, resultiert aus der auf- und abwärts gerichteten Bewegung der Moleküle an der Wasseroberfläche. An jedem Punkt des Raumes ist die Schwingung durch zwei Parameter charakterisiert: durch die Amplitude, also den maximalen Wert, den die Schwingung erreicht (bei dem ins Wasser geworfenen Stein nimmt die Amplitude der ausgelösten Welle mit wachsender Entfernung von der Auftreffstelle des Steins ab), und durch die Phase, also die zeitliche Verschiebung der Schwingung gegenüber einer Bezugsschwingung (im genannten Beispiel wird die Phase mit wachsender Entfernung vom Auftreffpunkt des Steins immer größer). Wenn ein Detektor wie der fotografische Film nur für die Lichtstärke empfindlich ist, die allein von der Amplitude der Lichtwelle an der betreffenden Stelle abhängt, gehen sämtliche Informationen über die Phase der Lichtwelle unwiederbringlich verloren. Daher ist das vom Film aufgezeichnete Bild nur ein partieller Reflex der von dem Objekt ausgehenden Welle, und es ist unmöglich, die ursprüngliche Welle auf der Grundlage des Bildes vollständig zu rekonstruieren.

Wie lässt sich die Phase festhalten?

Die Grundidee der Holographie verdanken wir dem aus Ungarn stammenden englischen Physiker Dennis Gabor (sie brachte ihm 1971 den Nobelpreis ein). Bei der Holographie wird nicht nur die Amplitude, sondern auch die Phase der vom Objekt ausgehenden Lichtwelle festgehalten (der Ausdruck »Holographie« ist aus den beiden griechischen Wörtern *holos*: »ganz«, und *graphein*: »schreiben«, zusammengesetzt). Da Detektoren nur die Amplitude festhalten (oder genauer gesagt: das Quadrat der Amplitude), kam Gabor auf den Gedanken, das Phänomen der INTERFERENZ zu nutzen, um das Phasenprofil der Lichtwelle in eine Amplitude zu übersetzen. Zu diesem Zweck brachte er die von dem Objekt ausgehende Welle mit einer genau definierten Bezugswelle, dem Referenzstrahl, zur Interferenz (in der Praxis stammen beide Wellen von derselben Lichtquelle). Wenn man nun eine fotografische Platte in den Bereich bringt, in dem die beiden Wellen sich überlagern, erhält man ein Bild: das Hologramm. In diesem sind nicht nur Informationen über die Amplitude des vom Objekt gestreuten Lichts enthalten, sondern auch über dessen Phase.

Dem Gewinn an Information entspricht allerdings ein Verlust an unmittelbarer Erkennbarkeit. Da das Hologramm eine Interferenzfigur festhält, kann der Betrachter darauf zunächst kein Bild erkennen. Erst wenn man es mit der Referenzwelle beleuchtet, erhält man ein sichtbares Bild. Diese Referenzwelle rekonstruiert die gesamte, ursprünglich von dem Objekt ausgegangene Welle, so dass es in all seinen Aspekten dreidimensional erscheint, obwohl es gar nicht mehr da ist.

Anwendungsmöglichkeiten

Obwohl die Idee der Holographie schon 1948 geboren wurde, konnte sie erst 1962 im Experiment realisiert werden. Diese Verzögerung erklärt sich aus der Tatsache, dass es zur Erzeugung eines qualitativ hinreichenden Interferenzbildes einer Lichtquelle bedarf, die ein sehr kohärentes, das heißt reines Licht erzeugt. Die Holographie konnte sich erst entwickeln, als mit dem Laser eine derartige Lichtquelle zur Verfügung stand. Seither hat die Holographie zahlreiche Anwendungen gefunden. Dazu gehört die Erzeugung spektakulärer dreidimensionaler Bilder, die in ihrer einfachsten Form als Aufsicht- oder Reflexionshologramme sogar bei gewöhnlichem Tageslicht betrachtet werden können. Vor allem aber hat sich die Holographie zu einem erstrangigen Instrument wissenschaftlicher Analyse entwickelt.

Eines der fruchtbarsten Anwendungsgebiete ist die so genannte Interferometrie, das heißt die Nutzung der Interferenz zur Messung physikalischer Größen. Durch die holographische Aufzeichnung eines Objekts erhält man eine perfekte Kopie des betreffenden Objekts im Augenblick der holographischen Aufnahme – allerdings keine materielle, sondern eine rein optische Kopie. Bringt man nun zwei zu unterschiedlichen Zeitpunkten aufgenommene Hologramme ein und desselben Objekts zur Interferenz, kann man kleinste Veränderungen des Objekts, zum Beispiel mechanische Verformungen, sichtbar machen und analysieren.

Im mikroskopischen Bereich lassen sich mit der Holographie zum Beispiel Kleinstlebewesen, die in ständiger Bewegung sind, dreidimensional erfassen, so dass man sie anschließend in aller Ruhe und Genauigkeit untersuchen kann. Die Holographie lässt sich jedoch auch unmittelbar zur Vergrößerung einsetzen, denn wenn man ein Hologramm mit einem längerwelligen Licht beleuchtet, erhält man eine starke Vergrößerung des abgebildeten Objekts. Und wenn man bei der Aufzeichnung Röntgenstrahlen benutzt, deren Wellenlänge nur einige Zehntel Nanometer ($1 nm = 10^{-9} m$), also etwa ein Tausendstel der Wellenlänge des sichtbaren Lichts beträgt, besitzt das damit erzeugte Hologramm eine sehr viel höhere Auflösung als die mit einem klassischen Lichtmikroskop erzeugten Bilder, vergleichbar der Auflösung eines Elektronenmikroskops (und eigentlich hatte Gabor solche Anwendungsmöglichkeiten im Sinn, als er die Holographie erfand). Allerdings sind der Realisierung dieser Möglichkeiten im Augenblick noch Grenzen gesetzt, weil keine hinreichend kohärenten Röntgenquellen zur Verfügung stehen.

Homo

Zur Vertiefung: ***Evolution; Primaten***

Vor fünf oder sechs Millionen Jahren vollzog sich innerhalb der Ordnung der Primaten eine Spaltung, aus der sich einerseits die heutigen Schimpansen, andererseits der Mensch entwickelte. Anfangs waren sich die Vertreter dieser beiden Abstammungslinien sehr ähnlich, allerdings machte irgendein Merkmal eine wechselseitige Befruchtung unmöglich. Da Mutationen, die durch Zufall in einer der Linien auftraten, nicht an die andere weitergegeben wurden, entwickelten sie sich unterschiedlich. Was war dieses Merkmal, das eine Barriere zwischen den beiden Arten errichtete? Wir wissen es nicht: Es kann immunologischer oder auch anatomischer Natur gewesen sein. Entscheidend ist, dass es eine Vermischung der Mutationen verhinderte.

Können wir diese ersten Vorfahren des Menschen zur Gattung *Homo* rechnen? Sicher nicht, wenn wir ihr Erscheinungsbild (ihren Phänotyp) und ihre genetische Ausstattung (ihren Genotyp) betrachten, die jenen der anderen Gattungen in der Ordnung der Primaten noch sehr nahe sind. Aber sie sind die Vorläufer eines Abenteuers der Evolution, das zu unserem Entstehen geführt hat. Somit lassen sie sich zwar nicht von ihrer damaligen Realität her, wohl aber aufgrund des Prozesses, den sie ausgelöst haben, in die Gattung *Homo* einstufen.

Über die ersten Millionen Jahre dieser Evolution besitzen wir lediglich Informationen aufgrund von fossilen Funden der *Australopithecinen*, die erstmals 1924 in Südafrika entdeckt wurden. Das Merkmal, das diese Gattung am deutlichsten von den anderen Primaten unterscheidet, ist nicht ihre Schädelkapazität (die mit etwa 500 cm^3 kaum größer ist als die von Schimpansen und kaum mehr als ein Drittel der Schädelkapazität des heutigen Menschen beträgt), sondern die Beckenstruktur, die mit einer aufrechten Haltung vereinbar ist. Anhand der entdeckten Überreste lassen sich zwei Arten unterscheiden, eine »robustere« und größere (mit einer Größe von etwa 1,50 m) und eine »zierlichere« und kleinere (etwa 1,20 m). Beide sind offenbar vor mindestens 1,5 Millionen Jahren verschwunden. Waren sie imstande, Werkzeug zu benutzen? Allem Anschein nach wussten sie sich einiger Gegenstände zu bedienen, die sie in ihrer Umgebung fanden: große Knochen ihrer Beute, die sie als Keulen verwendeten, Gazellenhörner, die sie als Gefäß nutzten. Doch ob sie auch in der Lage waren, Werkzeuge zu fertigen, ist bislang noch nicht geklärt.

Eben diese Fähigkeit zeichnet die Art *Homo habilis* aus, die vor etwa drei Millionen Jahren auftauchte und deren Überreste bis in eine Zeit vor 700000 Jahren reichen. Die ersten Funde wurden in den 1960er Jahren in der Olduvai-Schlucht in Tansania gemacht. Der *Homo habilis* hatte bereits eine Schädelkapazität von 800 cm^3, konnte Kieselsteine zu Werkzeugen bearbeiten, die seinen Bedürfnissen besser angepasst waren, und er konnte vor allem Hütten errichten. Diese Leistungen zeigen, dass er imstande war, nach einem Plan zu handeln, der seine zukünftigen Bedürfnisse vorwegnahm. Dies setzt ein Minimum an sozialer Organisation und somit Kommunikation voraus und lässt vermuten, dass er über die Anfänge einer Sprache verfügte. Hierin liegt der entscheidende Unterschied zu den anderen Primaten, die zwar geschickt einen Zweig benutzen können, um eine Frucht heranzuziehen, aber nicht dafür sorgen, dass sie diesen Zweig im gegebenen Moment zur Hand haben; sie sehen ihre zukünftigen Bedürfnisse nicht voraus. Die Gattung *Homo* zeichnet sich durch diese Fähigkeit aus, sich ihre Bedürfnisse vorzustellen, die Zukunft in die Gegenwart zu projizieren und kollektiv darauf zu reagieren oder, wie André Leroi-Gourhan es 1980 in seinem Buch *Hand und Wort* ausdrückte: »Die Soziologie tritt die Nachfolge der Zoologie an.«

Der *Homo erectus* (Urmensch oder *Pithecanthropus*), von dem 1891 erstmals Fossilienfunde auf Java entdeckt wurden, tauchte vor mehr als 1,5 Millionen Jahren auf. Im Gegensatz zum *Homo habilis*, der seine afrikanische Wiege offenbar nie verlassen hat, breitete er sich in Afrika, Asien und Europa aus. Die Unterschiede zwischen den einzelnen

Fossilienfunden sind bemerkenswert. Die Schädelkapazität variiert zwischen $800\,cm^3$ und $1200\,cm^3$. Die Bezeichnung *Homo erectus*, die mangels genauerer Informationen eine einzige Art benennt, umfasst sehr unterschiedliche Gruppen. Da die Populationen sehr klein waren und über weite Gebiete verstreut lebten, konnte ihre Entwicklung so weit auseinander gehen, dass sie verschiedene Rassen bildeten.

Der entscheidende Beitrag des *Homo erectus* bestand in der Zähmung des Feuers, das er von einem gefürchteten Feind in ein nützliches Werkzeug und einen Verbündeten verwandelte. Dank des Feuers vervielfachten sich seine Nahrungsquellen und erschlossen sich ihm Klimagebiete, die bis dahin für ihn zu unwirtlich waren. Dieser Erfolg änderte die *conditio humana* grundlegend. Er setzte eine außerordentliche Reaktionsfähigkeit angesichts eines feindlichen Ereignisses voraus, eine Leistung, die das Erscheinen der Dinge durch eine im Geist gebildete Vorstellung ersetzte: Er kündigte den *Homo sapiens* an.

Diesen *Homo sapiens* kennen wir gut: Das sind wir. Er entstand wahrscheinlich vor 150000 oder 200000 Jahren in Ostafrika und unterschied sich von seinen Vorläufern der Gattung *Homo* nur durch eine Kleinigkeit: Seine Schädelkapazität erreichte $1400\,cm^3$. Der Rest seines Skeletts gleicht dem anderer *Homo*-Arten. Doch im Inneren seines Schädels entwickelte sich ein Gehirn von solcher Leistungsfähigkeit, dass der *Homo sapiens* die anderen Arten seiner Familie verdrängen konnte. Er breitete sich auf der ganzen Erde aus, erreichte vor 50000 Jahren Südostasien, vor 35000 Jahren Europa und vor 15000 Jahren Amerika. Die Vertreter des *Homo erectus*, die ihm vorausgingen, haben keine Nachkommen hinterlassen. Sie wurden ausgeschaltet von Menschen, die die Kunst, sich an eine veränderte Umwelt anzupassen, besser beherrschten als sie.

Da die Populationen des *Homo sapiens* auf allen Kontinenten verstreut lebten, waren sie einem Selektionsdruck verschiedener Art ausgesetzt, der hier bestimmte Merkmale förderte und dort andere. Sie differenzierten sich in Unterarten, die sich langfristig genetisch so weit voneinander entfernen konnten, dass separate Arten entstanden. Das war ohne Zweifel beim Neandertaler der Fall, dessen Überreste erstmals Mitte des 19. Jahrhunderts im Neandertal bei Düsseldorf entdeckt wurden. Mit seinem kräftigen Kiefer und dem Überaugenwulst ist er dem *Homo erectus* noch recht nahe. Doch seine Schädelkapazität übersteigt sogar die des *Homo sapiens*. Zudem erlaubt die Breite des weiblichen Beckens die Geburt von Kindern mit voll entwickeltem Kopf. Somit stellt er den Höhepunkt einer kohärenteren Evolution dar, als der *Homo sapiens* sie zeigt, bei dem das Schädelvolumen des Fötus und die Beckenform der Mutter Schwierigkeiten bei der Geburt bereiten. War der Neandertaler, wie manche behauptet haben, eine Zwischenform zwischen *Homo erectus* und *Homo sapiens*? Diese Hypothese ist wenig wahrscheinlich. Er ist wohl weniger ein Vorfahre als ein Vetter, dessen Seitenlinie offenbar vor 30000 Jahren abrupt ausgestorben ist. Vielleicht haben unsere Vorfahren dazu beigetragen, indem sie sein Verschwinden beschleunigten oder das genetische Erbe des Neandertalers mit ihrem eigenen verschmolzen.

Homogamie

Wenn wir das genetische Erbe einer Population für ein bestimmtes Merkmal beschreiben wollen, können wir entweder die Frequenzen der verschiedenen Allele oder Formen des Gens bestimmen, das dieses Merkmal steuert, oder die Frequenzen der verschiedenen Allelpaare, die den jeweiligen Genotyp ausmachen. Die Populationsgenetik hat unter anderem das Problem, den Zusammenhang zwischen diesen beiden Frequenzen zu präzisieren. Diese Verknüpfung hängt von den Bedingungen ab, unter denen diese Gene weitergegeben werden. Nach dem einfachsten Modell erfolgt die Weitergabe dieses Gens durch einen Erzeuger unabhängig von der Weitergabe durch den anderen. Ausgehend von der Hypothese, dass beide Ereignisse voneinander unabhängig sind, lässt sich nun die Wahrscheinlichkeit berechnen, dass ein Individuum für ein bestimmtes Merkmal zwei gleiche Allele eines Gens besitzt, sein

Genotyp also homozygot ist und die Form (aa) aufweist.

Dieser Genotyp resultiert daraus, dass das Individuum von beiden Erzeugern das gleiche Allel eines Gens geerbt hat. Sind beide Ereignisse voneinander unabhängig, so ist die Wahrscheinlichkeit dieses Zusammentreffens gleich dem Produkt der Wahrscheinlichkeiten jedes Einzelereignisses, die jeweils der Frequenz *f*a dieses Allels in der Population entsprechen. Demnach gilt $f(\mathrm{aa}) = f(\mathrm{a})^2$.

Die Unabhängigkeit der Weitergabe setzt voraus, dass Paarungen völlig zufällig erfolgen. Es liegt auf der Hand, dass dieses Schema im Allgemeinen nicht der Realität entspricht, insbesondere in menschlichen Populationen, in denen oftmals Überlegungen mit ins Spiel kommen, die Herkunft oder Erscheinungsbild der Individuen (ihren PHÄNOTYP) betreffen. Wenn die Gattenwahl vom Phänotyp abhängt, nennt man sie homogam. Die Homogamie wird als positiv definiert, wenn Individuen ähnlichen Typs sich suchen, und als negativ, wenn ihre Vorliebe sich jenen zuwendet, die ihnen nicht ähneln. In dem Maße, wie diese Phänotypen mit Genotypen verknüpft sind, kann sich die Verteilung der Gene in der Population ändern.

Die einfachsten Modelle beziehen sich auf Merkmale, die nur von einem Gen mit zwei verschiedenen Formen oder Allelen gesteuert werden. Betrachten wir ein solches Gen, das als dominantes Allel A und als rezessives Allel a vorkommt, so wissen wir, dass Allel a sich nicht manifestiert, wenn es mit Allel A gepaart ist; die Genotypen (AA) und (Aa) bringen also den gleichen Phänotyp hervor, der sich vom Phänotyp des Genotyps (aa) unterscheidet. Wenn Paarungen nur zwischen Individuen des gleichen Phänotyps zustande kommen, also eine vollständige positive Homogamie herrscht, spaltet sich die Population in zwei Gruppen, eine mit Individuen der Genotypen (AA) und (Aa) und eine andere mit Individuen des Genotyps (aa). In der ersten Gruppe entstehen in jeder Generation wieder Individuen des Genotyps (aa), die in die andere Gruppe emigrieren; ihre Häufigkeit nimmt jedoch zwangsläufig ab, da sie nur ein Viertel der Nachkommen jener Paare ausmachen, die beide dem Genotyp (Aa) angehören. Langfristig verschwindet das Gen a aus dieser Gruppe. Letzten Endes besteht die Population aus zwei Gruppen, den Genotypen (AA) einerseits und den Genotypen (aa) andererseits, die sich getrennt fortpflanzen. Wie eine einfache Rechnung zeigt, verändert ein solches Paarungsverhalten die Frequenzen dieser Allele in der Gesamtpopulation nicht, hat allerdings zur Folge, dass das sichtbare Merkmal, das dem Genotyp (aa) entspricht, vermehrt auftritt.

Ein rezessives Allel, das eine Erbkrankheit bewirkt und mit einer Häufigkeit von einem Prozent in der Bevölkerung vorkommt, manifestiert sich im Fall der Zufallspaarung bei einem von 10 000 Individuen und im Fall absoluter positiver Homogamie bei einem von 100. In realen Populationen kommt positive Homogamie immer nur partiell vor, was diesen Effekt abschwächt. Das ist zum Beispiel bei bestimmten Merkmalen wie der Taubstummheit der Fall, die eine gemeinsame Erziehung der betroffenen Kinder und Jugendlichen in gesonderten Einrichtungen nach sich zieht. In dem Maße, wie bei einem solchen Merkmal rezessive Allele im Spiel sind, trägt die partielle Homogamie, die durch diese gemeinsame Erziehung gefördert werden kann, zu einer vermehrten Frequenz des manifestierten Merkmals bei, ohne indes die Frequenz dieses Allels im Genpool der Population zu verändern.

Eine negative Homogamie, also eine Abneigung gegen den eigenen Phänotyp, wirkt sich völlig anders aus als eine positive Homogamie. Sie bringt eine Änderung der Allelfrequenzen mit sich und kann zu stabilen polymorphen Gleichgewichten führen. Mit diesen Auswirkungen beschäftigen sich zahlreiche theoretische Modelle, die sie anhand von Simulationen untersuchen. Allerdings ist ein solches Verhalten allem Anschein nach nicht sonderlich verbreitet, insbesondere nicht beim Menschen.

Homogenität

Ein Medium gilt als homogen, wenn es in jedem seiner Punkte exakt dieselben physikalischen Eigenschaften aufweist. Da in diesem

Fall die Betrachtung aus jedem Blickwinkel immer gleich bleibt, sind präzise Angaben zum gewählten Blickwinkel nicht mehr erforderlich.

Homogenität des Raumes

Zur Vertiefung: ***Erhaltungssatz; Invarianz; Kosmologie; Symmetrie***

Ein wichtiges Postulat der Physik ist die Homogenität des RAUMES, in dem keine Stelle bevorzugt ist. Die physikalischen Gesetze kennen also keine absolute Position. Die elektrische Kraft zum Beispiel, die PROTON und ELEKTRON in einem isolierten Wasserstoffatom verbindet, verändert sich nicht, wenn das ATOM sich im Raum verlagert. Aus der Homogenität des Raumes folgt unmittelbar, dass die physikalischen Gesetze gegenüber räumlichen Translationen invariant sind, woraus, dem Erhaltungssatz zufolge, wiederum die Erhaltung des IMPULSES folgt.

Der Unterschied zwischen homogener und heterogener Materie

Zur Vertiefung: ***Filter; Heterogenität; Laboratorium***

Löst man Salz in Wasser, so erhält man Salzwasser. Sobald das Salz sich aufgelöst hat und die Lösung gut durchmischt ist, entsteht eine homogene Flüssigkeit. Jeder Volumenanteil weist die gleiche Konzentration an Natriumchlorid NaCl, die gleiche Dichte, Viskosität, Lichtdurchlässigkeit usw. auf. Fügt man der Lösung über eine gewisse Konzentration hinaus weiteres Salz zu, so löst sich der Feststoff nicht mehr auf, sondern setzt sich am Boden des Gefäßes ab. Jenseits dieser Konzentrationsgrenze wird das System heterogen, da ihn ihm eine feste PHASE neben einer flüssigen besteht. Wenn der Feststoff nicht vollständig gelöst wird, unterscheiden sich Volumenanteile mit ungelöstem Salz in ihren Eigenschaften erheblich von der übrigen Lösung. In diesem Fall genügt es, die aufschwimmende Flüssigkeit zu filtern, um eine vollständige Homogenität zu erzielen.

Gibt man das Salz nicht in Wasser, wo es in gewissem Maße löslich ist, sondern in Öl, wo es nicht löslich ist, so erhält man auf Anhieb ein heterogenes Medium. In solchen Fällen spricht man von einer Suspension fester Partikel, besonders wenn es sich um einen leichten Feststoff handelt (der eine geringere Dichte aufweist als die Flüssigkeit) und beide mechanisch verrührt werden.

Zwischen homogenen und heterogenen Stoffsystemen zu unterscheiden ist wichtig für die REAKTIONSFÄHIGKEIT chemischer Spezies, also für ihre mehr oder weniger ausgeprägte Fähigkeit, sich mit anderen Stoffen zu verbinden.

Häufig bilden die Reaktionspartner anfangs eine homogene Lösung. Wenn es dann zu einer Trübung und Ausfällung kommt, zeigt dies an, dass eine REAKTION stattgefunden hat.

Der Unterschied zwischen einer homogenen Lösung und einer heterogenen Suspension ist von grundlegender Bedeutung, weil es nur in homogenen Lösungen zu einer ungehinderten Diffusion kommt: Bei zwei löslichen REAKTANDEN A und B erfolgt eine Diffusion nach bekannten Gesetzmäßigkeiten, wodurch sich die Zahl der Kollisionen zwischen den Molekülen pro Zeiteinheit berechnen lässt, und diese Zahl ist sehr hoch.

In einer heterogenen Suspension, in der nur A löslich ist, B dagegen weiter in fester Form vorliegt, ist B wesentlich unbeweglicher als A, und somit besteht eine geringere Wahrscheinlichkeit, dass A und B kollidieren.

Alles bisher Gesagte entspricht dem gesunden Menschenverstand und der alltäglichen Beobachtung: So unterscheidet sich zum Beispiel (homogener) Filterkaffee offensichtlich von (heterogenem) türkischem oder griechischem Mokka. Nun bleibt noch das Anwendungsgebiet für den Begriff »Homogenität« zu definieren, indem man seine Grenzen absteckt.

Nehmen wir eine reine Flüssigkeit, zum Beispiel Wasser. Eine Probe von einem Liter relativ reinen Wassers bei Raumtemperatur ist sicher homogen. Dennoch gilt diese Behauptung nur für ausreichend große Stichproben (in einer Größenordnung oberhalb von Nanometern 10^{-9}), deren Eigenschaften durch thermische Anregung (über einen Zeitraum von mehr als einer Nanosekunde) zeitlich gemittelt wurden. Untersucht man eine

Wasserprobe unterhalb der genannten Werte, so ist sie in jedem gegebenen Augenblick vom Verhalten einzelner Wassermoleküle geprägt, die sich unablässig in regelloser Bewegung befinden (siehe BROWNSCHE MOLEKULARBEWEGUNG). Eine Homogenität ist nicht mehr erkennbar: Denn eine lokale, momentane Konfiguration ist räumlich wie auch zeitlich ein einmaliges Ereignis.

Eine weitere Grenze zeigt sich in Zustandsformen der Materie, die Homogenität und Heterogenität kombinieren. Solche so genannten kolloiden Zustände sind uns allen vertraut: Salatsoße und Mayonnaise sind Beispiele für scheinbar homogene Stoffe, die in Wirklichkeit heterogen sind.

Horizont

Zur Vertiefung: ***Krümmung; Raum; Schwarzer Körper; Schwarzes Loch***

Auf der Erde bezeichnet der Horizont die Grenze zwischen Himmel und Erde, jenseits derer das Licht eines Leuchtturms, eines Gewitters oder der untergehenden Sonne nicht mehr zu uns gelangen kann. Für den Archäologen sind Horizonte Schichten im stratigraphischen Profil einer Fundstätte, die durch ein bestimmtes Kulturinventar gekennzeichnet sind. Auch der Tod kann als Horizont unseres Lebens angesehen werden. Der Horizont bezeichnet also eine Grenze, die durch die Natur der Dinge vorgegeben ist und anscheinend nicht überschritten werden kann.

Ein SCHWARZES LOCH ist ein astronomisches Objekt von solcher Dichte, dass Lichtstrahlen nicht mehr von dort entweichen können, weil sie in der lokalen Krümmung des Raumes gefangen sind: Die Gravitation ist so stark, dass die Strahlung in das Objekt zurückfällt wie ein Stein zur Erde. Das Licht von Materie, die sich in größerer Entfernung von dem Schwarzen Loch befindet, gelangt jedoch zu uns, wobei es allerdings einen großen Teil seiner Energie verliert. Die Grenze zwischen den beiden Gebieten bezeichnet man als den Horizont des Schwarzen Lochs. Ist das Schwarze Loch kugelsymmetrisch aufgebaut (d.h. in alle Richtungen gleichmäßig ausgedehnt), bildet diese Grenze die Fläche einer Kugel, deren Radius R_S sich leicht berechnen lässt; diesen Radius bezeichnet man nach dem deutschen Astrophysiker Karl Schwarzschild (1873–1916) als Schwarzschildradius. Die Formel für seine Berechnung lautet: $R_S=2GM/c^2$, wobei M die in dem Schwarzen Loch eingeschlossene Masse, G die Gravitationskonstante und c die Lichtgeschwindigkeit ist. Wenn M zum Beispiel der zehnfachen Sonnenmasse entspricht (die bei 2×10^{30}kg liegt), ergibt sich für R_S ein Wert von 30 km.

Als kosmische Hintergrundstrahlung bezeichnet man die Strahlung, die in frühen Zeiten des Universums, noch bevor die Galaxien entstanden, emittiert wurde. Sie entstand, als die PROTONEN und ELEKTRONEN, die das Universum erfüllten, sich zu dem elementaren Wasserstoff verbanden, der auch heute noch den größten Teil der im Universum anzutreffenden Materie ausmacht (siehe ENTSTEHUNG DER ELEMENTE). Den Bereich des Raumes und der Zeit, aus dem diese Strahlung kommt, bezeichnet man als den kosmologischen Horizont des Lichts; von jenseits dieses Horizonts vermag kein Photon direkt zu uns zu gelangen, und alles, was wir über diesen Bereich, der schon Vergangenheit ist, wissen, stammt aus indirekten Schlussfolgerungen. Andere Teilchen wie die Neutronen, mit denen Materie sehr viel weniger in Wechselwirkung tritt als mit den Protonen, können dagegen auch von einem ferneren Horizont als dem des Lichts zu uns gelangen. Und der Horizont der Neutrinos, die bei der Urentstehung der chemischen Elemente gebildet wurden, liegt noch sehr viel weiter entfernt als der Horizont der kosmischen Hintergrundstrahlung, aber die extrem schwachen Signale, die man von diesen Neutrinos erwartet, sind bisher noch nicht entdeckt worden.

Hormon

Zur Vertiefung: ***chemische Kommunikation; Enzym; genetische Regulation; Steroide***

Endokrinologie

Der Begriff Hormon (griechisch *horman*, anregen) bezeichnet verschiedene Substanzen, die in kleinen Mengen von Geweben oder

Organen eines Lebewesens produziert werden und eine spezifische, manchmal lokal begrenzte Wirkung meist auf einen anderen Teil des Organismus ausüben.

Diese Wirkung kann in einer physiologischen oder zellulären Regulation oder in einer Anpassung des Verhaltens an die Umgebung bestehen. Hormone sind Mittler dieser Regulationsmechanismen und gewährleisten eine chemische Kommunikation zwischen den verschiedenen Teilen des Organismus. Bei Pflanzen finden sich Hormone wie Pflanzenwuchsstoffe und Gibberelline, die an Wachstum und Blüte mitwirken, bei Insekten Hormone wie Ecdyson, das die Verpuppung und Häutung in ihren verschiedenen Stadien reguliert. Vor allem sind Hormone bei Tieren und beim Menschen erforscht worden. Hier sind sie an allen wichtigen physiologischen Funktionen und Prozessen beteiligt: an Wachstum, STOFFWECHSEL, Sexualität und Fortpflanzung sowie an Funktionen des Nerven- und Immunsystems usw.

Natürliche und synthetische Hormone, die auf chemischem oder gentechnischem Wege hergestellt werden, dienen als Medikamente zur Behandlung von Krankheiten, die auf Hormonstörungen zurückgehen wie Diabetes, oder von hormonbedingten Krebserkrankungen wie Brust- und Prostatakrebs. Auch zur Entzündungsbekämpfung und als harntreibende Mittel werden sie eingesetzt. Häufig werden sie jedoch auch missbräuchlich zu Dopingzwecken verwendet, um die Leistung von Sportlern zu verbessern, obwohl strenge Regelungen und zahlreiche Kontrollen der Sportverbände dies zu unterbinden suchen.

Produziert werden Hormone von bestimmten Gewebezellen wie dem Zwölffingerdarm oder der Plazenta und vor allem von speziellen Drüsen wie Hirnanhangdrüse, Schilddrüse, Bauchspeicheldrüse, Nebennieren, Eierstöcken und Hoden. Diese Drüsen geben die Hormone als Sekret an den Interzellulärraum ab, von wo sie zu den Organen oder Geweben transportiert werden, auf die sie ihre spezifische Wirkung ausüben. Das Fachgebiet, das sich mit den Hormonen und ihren Wirkungen befasst, ist die Endokrinologie.

Steroidhormone und genetische Regulation

Bestimmte Hormone wie Androgene und Östrogene gehören zu den Steroiden, Derivaten des Cholesterins. Da Steroide zur Familie der LIPIDE zählen, mögen sie kein Wasser (sie sind hydrophob). Allerdings durchdringen sie leicht die MEMBRANEN der ZELLEN, die vorwiegend aus Lipiden bestehen (siehe HYDROPHILIE, HYDROPHOBIE). Sind sie erst einmal in das ZYTOPLASMA der Zielzellen gelangt, verbinden sich die Steroidhormone mit spezifischen REZEPTOREN, mit PROTEINEN, die sie in den ZELLKERN mit dem genetischen Material, der DNA, transportieren. Hier lagert sich der Komplex aus Steroidhormon und Rezeptor auf spezifische Weise an bestimmte DNA-Segmente an, die so genannten Promotoren, die vor bestimmten GENEN, den Grundeinheiten der Vererbung, liegen; diese Verknüpfung aktiviert die Funktion der Gene und modifiziert die Aktivität der Zelle.

Polypeptidhormone und Signalübersetzung

Andere Hormone wie das in der Bauchspeicheldrüse produzierte Insulin oder das Wachstumshormon, das in der kleinen Hirnanhangdrüse gebildet wird, sind Proteine, die aus einer oder mehreren Ketten von Hunderten AMINOSÄUREN bestehen. Es kann sich dabei aber auch um Peptide handeln, die aus kurzen Ketten weniger Aminosäuren bestehen, wie es bei zahlreichen Hormonen des Nervensystems der Fall ist. Manche Hormone sind modifizierte Derivate einer Aminosäure – so z. B. das Adrenalin, ein Tyrosinderivat, das bei Erregung oder Kälte in den Nebennieren, kleinen Drüsen oberhalb der Nieren, gebildet wird. Ein Adrenalinausstoß bewirkt eine Erhöhung der Herzfrequenz und des Blutdrucks durch Kontraktion der Blutgefäße und mobilisiert Glucose durch Abbau der Glykogen- und Fettreserven; diese Reaktionen begünstigen bei Gefahr eine Flucht oder erhalten die innere Körpertemperatur bei großer Kälte. Das von der Zirbeldrüse, einer weiteren Hirndrüse, produzierte Melatonin ist ebenfalls ein Tyrosinderivat und wirkt an der Regulation biologischer Tagesrhythmen mit; manche Menschen, die viel mit dem Flugzeug reisen, benutzen es gegen die Auswirkungen der Zeitverschiebung (englisch *jet lag*), um ihre biologische Uhr wieder auf Ortszeit einzustellen.

Polypeptidhormone entfalten ihre Wirkung auf andere Weise als Steroidhormone, und zwar über einen Doppelmechanismus, der teils für die Zielzelle oder das Zielorgan spezifisch ist, teils aber auch allgemeine Verstärkungsmechanismen der Zellen nutzt. Zunächst wirkt das Hormon als erster Bote (*first messenger*), der sich an einen spezifischen Rezeptor, ein Protein in der Membran der Zielzelle, anlagert. Dieser Bindung folgt eine Strukturänderung des Rezeptors, die entweder in einer Modifikation seiner Konformation, also seiner Geometrie, oder in seiner Verbindung mit anderen Rezeptormolekülen besteht. Diese Veränderungen lösen eine Kette biochemischer Reaktionen im Zellinneren aus, die über die Mobilisierung so genannter zweiter Boten (*second messengers*) erfolgen.

Diese zweiten Boten bestehen vorwiegend aus cyclischem Adenosinmonophosphat oder cAMP – einem ringförmigen Nukleotid – und aus Derivaten bestimmter Membranbestandteile, den Phospholipiden. Das cAMP ist bei allen Lebewesen zu finden und lässt sich daher als universeller Regulator biochemischer Reaktionen einstufen. Insbesondere reguliert es die Funktion der Gene bei Bakterien (siehe genetische Regulation).

Die zweiten Boten sind an der Regulation aller sukzessiven biochemischen Reaktionen beteiligt, die man unter dem Begriff der intrazellulären Signaltransduktion zusammenfasst. Jede dieser Reaktionen wird durch ein Protein oder Enzym katalysiert (erleichtert und beschleunigt). Verschiedenen Molekülen im Zytoplasma, darunter auch zahlreichen Enzymen, werden im Laufe der Transduktion Phosphatgruppen entzogen oder hinzugefügt (Phosphorylierung). Das Signal, das jedes Rezeptormolekül durch die Bindung mit einem Hormonmolekül erhält, wird dabei erheblich verstärkt, da diese Reaktionen sich sehr oft wiederholen können. Die Zweitboten und die Enzyme, die sie regulieren, dienen als Katalysatoren, die sich nach jeder Reaktion regenerieren und unversehrt aus ihr hervorgehen. So bewirkt schon eine geringe Anzahl von Hormonmolekülen eine spezifische Zellreaktion.

Hormonregulation

Die Wirkung der Hormone unterliegt komplexen Steuerungsmechanismen, in denen die Hypophyse (oder Hirnanhangdrüse) eine zentrale Rolle spielt. Ebenso wie bei der genetischen Regulation (die die Funktion der Gene steuert) und der allosterischen Regulation (die sich auf die Funktion der Enzyme auswirkt; siehe Allosterie) handelt es sich auch hier häufig um positive oder negative Rückkopplungsmechanismen (englisch *feedback*): Das von einer endokrinen Drüse produzierte Hormon stimuliert ein Organ oder eine andere endokrine Drüse zur Bildung eines weiteren Hormons, das wiederum die Produktion des ersten Hormons hemmt. Diese funktionellen Regulationsschleifen, die ein dynamisches Gleichgewicht steuern, sind äußerst komplex und aufs engste ineinander vermascht. Sie tragen zur Erhaltung biologischer Parameter bei, die für die Stabilität oder Homöostase des Organismus unerlässlich sind, da sie die innere Beständigkeit gegenüber den fließenden Veränderungen der Umgebung und die Erneuerung der Zellen und Moleküle des Organismus gewährleisten. Eine Störung der Rückkopplungsmechanismen zwischen Hirnanhangdrüse und Nebennieren begünstigt das Altern.

Hot Spot

Zur Vertiefung: ***Artensterben; Erdaufbau; Plattentektonik; Vulkan***

Die so genannten Hot Spots (englisch für »heiße Flecke«) gehören zu den größten Problemen der Erddynamik, über die noch keine Einigkeit erzielt ist. Diese Aufschmelzungszonen manifestieren sich in Vulkanen, die im Innern kontinentaler Platten (z.B. Kilimandscharo) oder ozeanischer Platten (Hawaii, La Réunion) oder auch auf Tiefseerücken (Is-

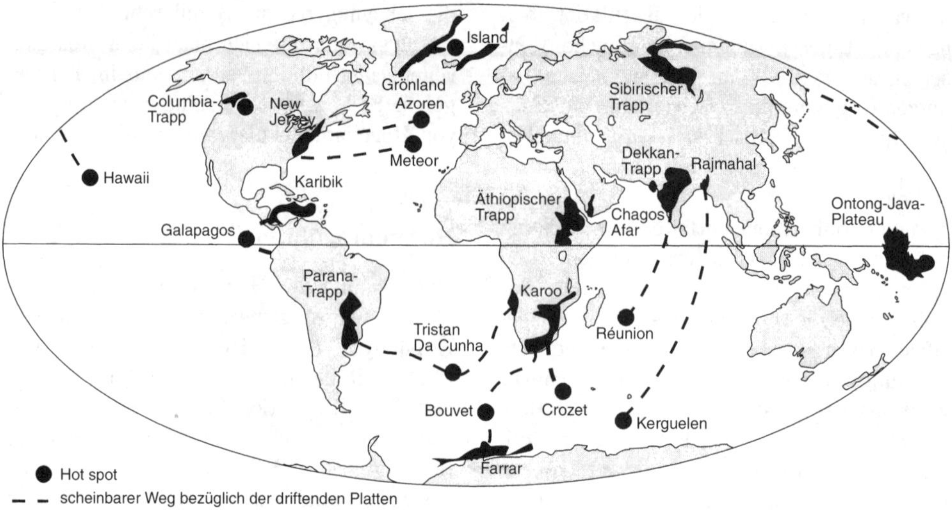

Abbildung 1 Aus: V. Courtillot, *La Vie en catastrope*, Paris 1995

land) liegen. Die Hot Spots sind ortsfest gegenüber dem Erdmantel und hinterlassen auf den tektonischen Platten, die über sie hinwegdriften, gleichsam als Spur eine Kette von Vulkanen; so markiert die Kette der Hawaii-Inseln, deren südlichste als einzige heute noch vulkanisch aktiv ist, gewissermaßen den Weg, den die Pazifische Platte genommen hat (siehe PLATTENTEKTONIK).

Man nimmt an, dass Hot Spots für die mächtigen basaltischen Flächenergüsse verantwortlich waren, die heute an verschiedenen Stellen der Erde (Sibirien, Indien, Nordamerika) als Plateaus von mehreren Kilometern Dicke (Trapp-Plateaus) anzutreffen sind (siehe *Abbildung 1*). So hat man zeigen können, dass die Basaltplateaus von Dekkan, die einen großen Teil Mittelindiens bedecken, entstanden sind, als der Indische Subkontinent bei seiner Wanderung Richtung Norden vor 65 Millionen Jahren über den Hot Spot bei der heutigen Insel Réunion driftete.

Der Basalt (siehe GESTEINE) der Hot Spots hat eine andere Zusammensetzung als der Basalt, der an den Tiefseerücken austritt (insbesondere ist er nicht so reich an Siliciumdioxid), und er besitzt andere geochemische Eigenschaften.

Man nimmt an, dass unter den Hot Spots heißes Magma aus dem Erdinnern aufsteigt, aber die Fachleute streiten sich um die Frage, welche Rolle diesen Aufwärtsströmungen (auch *plume* genannt) innerhalb der Konvektion des Erdmantels zukommt und wo sie ihren Ursprung haben. Die Frage ist, sind sie an der Grenze zwischen dem unteren und dem oberen Mantel zu lokalisieren oder an der Grenze zwischen ERDKERN und Erdmantel?

Hybride

Zur Vorbereitung: ***Art***

Zur Vertiefung: ***Chromosom; Grenzstruktur; Meiose; Rasse***

Artübergreifende Hybriden

Oft gelten Hybriden oder Bastarde als »degenerierte« Formen »edler« Varietäten, die sich in »reinen« Rassen erhalten haben. Bereits seit langem haben Landwirte dagegen festgestellt, dass aus Kreuzungen zwischen zwei Pflanzensorten Bastarde mit intermediären Merkmalen hervorgehen, die häufig resistenter gegen verschiedene Gefährdungen wie Krankheiten oder schwierige klimatische Bedingungen sind. Daher stammt auch der Begriff der »Bastardwüchsigkeit« (siehe HETEROSIS).

Ursprünglich bezeichnete man als »Hybride« das Kreuzungsergebnis zwischen Erzeugern, die verschiedenen Arten angehörten. In Anbetracht der Definition des Artbegriffes als Gesamtheit der Individuen, die potentiell gemeinsame Nachkommen zeugen können, müssten solche Kreuzungen eigentlich unmöglich sein. Zwischen eng verwandten Spezies wie Pferd und Esel gibt es jedoch Ausnahmen. Die Ergebnisse dieser Kreuzungen – Maulesel aus der Kreuzung von Pferdehengst und Eselstute, Maultier aus der umgekehrten Kreuzung – sind lebensfähig, aber sowohl untereinander als auch mit einer der Arten, aus der sie hervorgegangen sind, meist unfruchtbar.

Hybriden, Gene und geschlechtliche Fortpflanzung

Als Wissenschaftler die Verbindung zwischen den sichtbaren Merkmalen (dem PHÄNOTYP) und den GENEN (dem GENOTYP) entdeckten, erfuhr der Begriff »Hybride« einen Bedeutungswandel. Er bezeichnet nun bei Tieren und Pflanzen ein Individuum, das hervorgegangen ist aus der Kreuzung zwischen zwei Erzeugern, die sich in einem oder mehreren Merkmalen wie Farbe und Form der Samen oder Blätter unterscheiden. Je nach Anzahl der unterschiedlichen Merkmale ist das Individuum monohybrid oder polyhybrid.

In den berühmten Experimenten Gregor Mendels ergaben Kreuzungen zweier reinerbiger Erbsensorten Hybridpflanzen. Die reinerbigen Pflanzen waren homozygot, wiesen also jeweils für ein bestimmtes Merkmal zwei identische Formen (oder ALLELE) eines Gens auf: eine Sorte die Allele (aa), die andere die Allele (bb). Die Kreuzungsergebnisse, die so genannten Hybriden, waren heterozygot (ab). In diesem Sinne lässt sich jedes Individuum, das für ein bestimmtes Merkmal mischerbig ist, als Hybride einstufen. Und da diese Heterozygotie, abgesehen von seltenen Ausnahmefällen, bei vielen Merkmalen festzustellen ist, sind praktisch alle Individuen Hybriden.

Dieses Phänomen ist eine Folge der geschlechtlichen Fortpflanzung. Die Zellen der EUKARYOTEN (die einen Zellkern besitzen) enthalten zwei vollständige Chromosomensätze und somit jedes Gen in zwei Exemplaren. Einen Chromosomensatz bekommen sie bei der Befruchtung von der Eizelle, den anderen vom Spermium. Bei der Bildung der Gameten (Ei- und Spermazellen) bewirkt eine besondere Form der Zellteilung, die MEIOSE, in den Keimzellen eine Reduzierung der Chromosomenzahl auf die Hälfte. Daher besitzen die Gameten von jedem Chromosomentyp und folglich auch von jedem Gen nur ein Exemplar.

Betrachten wir die Mechanismen, die zur Bildung der Chromosomen in den Gameten führen, auf der Ebene des DNA-Moleküls, so erhält der Begriff Hybride eine völlig neue Bedeutung, die auch die bisher angeführten weiter erhellt.

Auf jedem Chromosom sind die Gene linear angeordnet und entsprechen einer bestimmten Zusammenstellung von Allelen. Bei der somatischen Zellteilung, der MITOSE, werden diese Allelgruppen mit jedem Chromosom als Einheit an die Tochterzellen weitergegeben. Bei der Bildung der Gameten kommt es jedoch zwischen einzelnen Segmenten der Chromosomenpaare, die in der Mutterzelle vorhanden sind, zu einer Rekombination, aus der neue Allelkombinationen hervorgehen. Der Chromosomensatz oder das GENOM, das in jeder Eizelle und jedem Spermium vorhanden ist, stellt somit eine Hybride dar, zusammengesetzt aus Kombinationen jener Allele, die das Individuum von seinen Eltern geerbt hat. Wenn nun der Zellkern des Eis bei der Befruchtung mit dem Zellkern des Spermiums verschmilzt, entsteht ein neues Individuum mit einem Genotyp, der doppelt hybrid und einzigartig ist: Er besteht aus zwei vollständigen Sätzen genetischer Informationen, die jeweils über die Gameten der Eltern die von früheren Generationen ererbten Merkmale in einer genetisch durchmischten Form enthalten.

Molekulare Hybriden

In den Chromosomen hat die DNA den dauerhaften Fortbestand des genetischen Materials und zugleich seine Evolution im Laufe der Zeit. Allerdings lässt sich die DNA selbst als eine molekulare Hybride sehen, da sie sich aus zwei komplementären Ketten von Grundbausteinen, den NUKLEOTIDEN, zusammensetzt, die eine Doppelhelixstruktur bilden. Jeder Strang dient bei der REPLIKATION, die im Laufe der Zellteilung zur Verdoppelung der Chromosomen führt, als Matrize für die Synthese des komplementären Stranges. Auf diese Weise gibt die Mutterzelle eine vollständige, vorlagengetreue Kopie ihrer Genausstattung an jede der beiden Tochterzellen weiter. Die Bildung molekularer Hybriden aus komplementären Nukleinsäureketten liegt allen Prozessen zugrunde, die die Funktion der Gene in den Zellen sicherstellen. Sie bildet auch die Grundlage für eine Vielzahl von Techniken der Molekularbiologie, die in der GENTECHNIK und Genomanalyse (siehe GENKARTIERUNG) weithin Verwendung finden.

Im Grunde sind wir also dank der geschlechtlichen Fortpflanzung und der Struktur unseres genetischen Materials alle Hybriden.

Hybriden in der Chemie

In der Chemie hat der Begriff »Hybride« eine völlig andere Bedeutung als in der Biologie oder im allgemeinen Sprachgebrauch, wo er häufig eine »widernatürliche Verbindung« von zwei Elementen unterschiedlichen Ursprungs bezeichnet, die als anomal oder außergewöhnlich empfunden wird. Molekulare Hybriden sind mehr als die bloße Verbindung zweier Elemente und stellen die Regel, nicht die Ausnahme dar.

In der Chemie dient das Konzept der Hybriden als Kunstgriff, um die Unzulänglichkeit CHEMISCHER FORMELN auszugleichen, durch die sich die unablässige Bewegung der ELEKTRONEN um den ATOMKERN nicht ausdrücken lässt. Für das einfachste MOLEKÜL, das des Wasserstoffs H_2, gelten zum Beispiel auch folgende Schreibweisen als legitim: H–H oder H:H, $(H:)^{-}H^{+}$.

Da ein und dasselbe Molekül eine Vielzahl von Darstellungsweisen zulässt, stellt es für das Denken keinen einfachen Gegenstand dar. Der amerikanische Chemiker und Friedensnobelpreisträger Linus Pauling entwickelte eine Theorie, die diese Feststellung zu einer aussagekräftigen Beschreibung nutzte: Demnach ist jedes Molekül nicht nur gleichzeitig durch mehrere Formeln beschreibbar, sondern vereint sie alle in sich. Keine dieser Formeln allein genügt zur Charakterisierung des betreffenden Moleküls: Nur die Gesamtheit all dieser Formeln (also ihre »Hybride«) liefert eine adäquate Darstellung.

Hydrophilie, Hydrophobie

Zur Vorbereitung: ***Wasserstoffbindung***

Zur Vertiefung: ***Nukleinsäuren; Membran; Protein; Wasser***

Wasser wird vielfältig als Lösungsmittel verwendet. Eines seiner Merkmale besteht in einer ausgeprägten Strukturierung durch Wasserstoffbindungen zwischen seinen Molekülen. Bei diesen Bindungen spielen schwache elektrische Kräfte zwischen positiven und negativen Ladungen eine Rolle. Aus diesem Grund sind manche Moleküle in Wasser nicht löslich, weil sie das Geflecht der Wasserstoffbindungen zerstören. Das ist zum Beispiel bei Kohlenwasserstoffen wie Methan CH_4 oder Propan C_3H_8 der Fall. Solche Stoffe bezeichnet man als hydrophob (aus dem griechischen *hydro*: Wasser und *phobia*: Angst, also Wasser abstoßend).

Umgekehrt lösen sich Moleküle, die an bestimmten Atomen elektrische Ladungen aufweisen (siehe POLARITÄT) wie ALKOHOL (C_2H_5OH) oder Essigsäure (CH_3COOH), leicht in Wasser, da sie das Geflecht der Wasserstoffbindungen nicht stören; es kommt sogar vor, dass sie es stärken. Solche Stoffe bezeichnet man als hydrophil (Wasser liebend).

Allgemeiner lassen sich Reste (Atomgruppen, die als Grundbausteine von Molekülen dienen; siehe CHEMISCHE FORMEL) nach ihrem hydrophilen oder hydrophoben Charakter einteilen. Atomgruppen wie OH (Hydroxyl-Gruppe) und COOH (Carboxyl-Gruppe) sind hydrophil, während Kohlenwasserstoffgruppen wie CH_3, C_3H_7 usw. hydrophob sind.

Wasser bildet den Hauptbestandteil aller Lebewesen. Ihre übrigen Komponenten wie Proteine und LIPIDE bestehen aus Grundelementen, den Aminosäuren bzw. Fettsäuren, die hydrophile oder hydrophobe Gruppen besitzen. In den Proteinen bilden die hydrophoben Aminosäuren in der Regel im Inneren einen Wasser abweisenden Bereich, während die hydrophilen Aminosäuren außen in direktem Kontakt mit Wasser stehen und mit anderen Molekülen in Wechselwirkung treten.

Nach dem gleichen Prinzip befindet sich der hydrophobe Teil der Lipide im Inneren der Zellmembranen, während der hydrophile Teil an den Oberfläche sitzt und Kontakt mit dem ZYTOPLASMA im Zellinneren einerseits und mit der äußeren Zellumgebung andererseits hat. Die ZUCKER enthalten viele Hydroxyl-Gruppen und Alkoholfunktionen und sind daher hydrophil; das gilt auch für Makromoleküle, in denen sie enthalten sind, also auch für die NUKLEOTIDE, die Grundbausteine der NUKLEINSÄUREN (DNA und RNA), die das Trägermaterial der GENETISCHEN INFORMATION bilden.

Hypertext

Zur Vertiefung: ***Multimedia***

Das Stichwort- und Namensverzeichnis eines Buches führt einzelne Wörter oder Namen auf und dazu die Seitenzahlen der Seiten, auf denen das betreffende Wort zu finden ist. Solch ein Index oder Register erleichtert eine klassische Operation in der hermeneutischen Tradition (der Wissenschaft von der Textinterpretation), die sich mit der Zusammenstellung der unterschiedlichen Verwendungsweisen eines Wortes in spezifischen Zusammenhängen befasst. Der Sinn eines Wortes ist danach nicht allein durch seine Definition bestimmt, sondern auch durch seine tatsächliche Verwendung.

Der Ende der 1940er Jahre erfundene Hypertext verallgemeinert dieses Vorgehen; er gestattet es, über einen Verweis (Link), der als Hypertextverweis bezeichnet wird, von einem Wort zu den übrigen Stellen im Text zu gelangen, an denen das betreffende Wort vorkommt. Genauer gesagt, vereint Hypertext eine Reihe unabhängiger, als Knoten bezeichneter Module, die jeweils ein Wort oder einen Text enthalten, mit einer Reihe von Hypertextverweisen, die es möglich machen, schnell und mühelos von jedem beliebigen Knoten zu einem anderen, damit verknüpften Knoten überzugehen. So kann man von jedem beliebigen Text aus den unterschiedlichsten Hypertextlinks folgen: zu anderen Stellen, an denen das Wort gleichfalls vorkommt, zu einer Definition des Wortes, zu dessen Entsprechung in einer anderen Sprache, zu Synonymen, zu dem betreffenden Wort in phonetischer Schreibweise und so weiter; die Möglichkeiten sind unbegrenzt.

Die Träger, auf denen Texte seit den 1970er Jahren gespeichert werden, eignen sich sehr gut für die inzwischen generalisierten Indexierungsoperationen. Die Hypertextverweise können entweder direkt formuliert oder dynamisch über eine Prozedur berechnet werden; auf diese Weise ist es etwa möglich, von einem Wort zu den anderen Textstellen zu gelangen, an denen dieses Wort gleichfalls vorkommt. Andererseits entstehen durch die Verknüpfung von Hypertext mit MULTIMEDIA-Systemen so genannte Hypermedia-Systeme, deren Knoten zugleich Texte, Graphiken, Fotografien, Film- und Tonsequenzen enthalten.

Dank Hypertext sind Texte nicht länger auf den Seiten eines Buches gefangen; vielmehr bestehen zahlreiche Zugangswege und Querverweise, die zugleich zu den Fußnoten auf der Seite und zu Anmerkungen am Ende des Buches führen, zum Register und zu den Abbildungen, zu einem Vergleich der unterschiedlichen Verwendungsweisen eines Wortes, zu seiner Aussprache usw. Es ist sogar denkbar, dass bestimmte Formen der Lektüre nur über solche Verknüpfungen erfolgen; das gilt etwa für die Benutzung einer Gebrauchsanleitung oder technischen Dokumentation, die man niemals von vorne bis hinten liest wie einen Roman, sondern nur im Bedarfsfall und sehr selektiv zu Rate zieht.

Dennoch bleibt die Frage zu bedenken, welche Hypertextlinks für eine bestimmte Anwendung relevant sind und wie man sicherstellt, dass diese Links den Leser nicht von der Lektüre abhalten, weil er als Sklave seiner Neugier und Unentschlossenheit wie ein Schmetterling von einer Textstelle zur anderen wechselt.

Hypothese, Theorie

Zur Vertiefung: ***Paradigma; unmöglich; Widerlegbarkeit; wissenschaftliche Revolution***

Es ist nicht leicht, zwischen Hypothese und Theorie zu unterscheiden; allenfalls könnte man sagen, dass Theorien aus einer Reihe zusammenhängender Hypothesen bestehen.

Die großen Umwälzungen in der Geschichte der Wissenschaft zwingen die Forscher, sehr vorsichtig mit dem Begriff der Wahrheit umzugehen. Da der Aufbau der Welt sich ihnen nicht *a priori* erschließt, müssen sie eingestehen, dass der wissenschaftliche Diskurs über die Welt bestenfalls eine theoretische Erklärung liefert, die für den Augenblick Geltung beansprucht, aber jederzeit durch neue Beobachtungen und EXPERIMENTE widerlegt werden kann.

Auch wenn eine Theorie in diesem Fall ein allgemeines Weltbild darstellt, in dessen Rahmen wissenschaftliche Methoden Anwendung finden, handelt es sich dennoch um eine Hypothese, die man in den Rang einer Theorie erhoben hat, weil sie so umfassend ist und so viele Fachgebiete sich in ihrem Rahmen bewegen können. Zu diesen umfassenden Theorien gehören etwa die Darwinsche Evolutionstheorie (siehe EVOLUTION), die Theorie des expandierenden UNIVERSUMS und das STANDARDMODELL der Quantenphysik.

Eine bescheidenere Version der Hypothese ist die Arbeitshypothese, auf deren Grundlage zum Beispiel Experimente ausgeführt werden. Diese Ausgangshypothese bestimmt die Modalitäten des Versuchs, der darin vorgenommenen Messungen und der Interpretation der Versuchsergebnisse. Hypothesen werden entweder bestätigt (verifiziert) oder widerlegt (falsifiziert). Die so gewonnene Information kommt in beiden Fällen dem mühsamen Fortschritt des Wissens zugute. Es kommt auch vor, dass eine Hypothese weder bestätigt noch widerlegt wird, entweder weil das Problem schlecht formuliert ist oder weil es nicht zu jenen Problemen gehört, die von der Wissenschaft gelöst werden können.

I

Identität, Ähnlichkeit

Zur Vertiefung: ***Evolution; Gentest; Polymorphismus; Verwandtschaft***

Identität und Ähnlichkeit biologischer Moleküle

Identität ist eine unteilbare Eigenschaft, die sich nicht quantitativ messen lässt. Zwei Organismen sind identisch oder nicht. Dagegen ist Ähnlichkeit zwischen Individuen eine graduelle Frage (siehe ERBLICHKEIT); sie lässt sich objektiv auf molekularer Ebene messen, indem man die Übereinstimmung zwischen den verschiedenen Nukleinsäuremolekülen bestimmt, der DNA, die die Gene bildet, der RNA, die an der Übertragung der GENETISCHEN INFORMATION beteiligt ist, oder zwischen den verschiedenen PROTEINEN, die von den Genen codiert werden.

Bei den Nukleinsäuren, die aus Ketten von vier Bausteintypen, den NUKLEOTIDEN, bestehen, erfasst man die Zahl der Positionen, an denen die Nukleotide in beiden Molekülen identisch sind, um den Prozentsatz der Übereinstimmung zu berechnen. Nach dem gleichen Verfahren vergleicht man Proteine, die sich aus linearen Ketten von zwanzig Bausteintypen, den AMINOSÄUREN, zusammensetzen. In einem ersten Schritt erhält man den Prozentsatz der identischen Positionen (zu Unrecht Prozentsatz der Identität genannt); und im zweiten Schritt kann man die Positionen erfassen, an denen die Aminosäuren beider Moleküle unterschiedlich sind, aber Gruppen angehören, die verwandte strukturelle oder physikalisch-chemische Eigenschaften besitzen: Größe, elektrische Ladung, Hydrophilie oder Hydrophobie usw., woraus sich der Prozentsatz der Verwandtschaft ergibt. Aus der Summe der Prozentsätze identischer und verwandter Positionen errechnet sich der Prozentsatz der Ähnlichkeit.

Da solche Maße den GENETISCHEN CODE sowie Position, Art und Frequenz von MUTATIONEN berücksichtigen, stellen sie ein Instrument zur molekularen Klassifikation dar, das weithin Verwendung findet, um die Evolutionsgeschichte der Arten zu rekonstruieren und ihre Verwandtschaft in einem PHYLOGENETISCHEN STAMMBAUM darzustellen. In diesen Stammbäumen hat der Prozentsatz der Ähnlichkeit inzwischen den Verwandtschaftsgrad als Maßzahl abgelöst.

Identität und Ähnlichkeit bei Individuen

Wir haben das tief verwurzelte Gefühl, mehr oder weniger großen sozialen Gemeinschaften anzugehören, die vom Individuum und seiner Familie über Föderationen von Nationen bis hin zur ganzen Erde reichen können. Dieses Gefühl der Identität beruht auf historischen, geographischen, sprachlichen und kulturellen Gruppierungen. Gemäß dem Sprichwort: »Gleich und Gleich gesellt sich gern«, bestätigen wir uns unsere Identität aufgrund unserer Übereinstimmungen, um uns besser gegen die Wechselfälle der Umwelt zu schützen. Doch unsere Identität, die uns als Individuen charakterisiert, wird nicht mehr nur bei einer Ausweiskontrolle oder beim Bezahlen mit Kreditkarte festgestellt. Biochemie und GENETIK haben der Medizin unzählige Stoffe geliefert, die eine Bestimmung unserer biologischen Identität ermöglichen. So achtet man zum Beispiel bei Bluttransfusionen auf die Identität der Blutgruppen, die als Marker genutzt werden, um die Verträglichkeit zwischen dem Blut des Empfängers und dem des Spenders sicherzustellen. Markierungsgene der DNA ermöglichen es, die Veranlagung zu einer Erbkrankheit zu erkennen.

Vor Gericht lässt sich die Identität des Angeklagten anhand seines genetischen Fingerabdrucks belegen, also eines wissenschaftlichen Instruments, dessen sich die Ermittlungsbehörden bedienen, um festzustellen, ob die genetische Struktur eines Beschuldigten mit der übereinstimmt, die der Täter am Tatort in Form einiger Körperzellen hinterlassen hat, oder anders gesagt, um festzustellen, ob der Beschuldigte tatsächlich der Täter ist.

Wie groß ist jedoch die Wahrscheinlichkeit, dass zwei Individuen identisch sind? Angesichts der ungeheuren Diversität der Menschheit (siehe Polymorphismus) ist sie praktisch null, sofern man eine ausreichende Zahl von Markern in Betracht zieht. Lediglich eineiige Zwillinge, hervorgegangen aus der Teilung desselben Eis, sind anfangs identisch. Später unterscheiden sie sich geringfügig durch Mutationen, die sich im Laufe ihrer Entwicklung in ihren Körperzellen häufen.

Entdeckt man bei verschiedenen Individuen gemeinsame Merkmale wie Blutgruppe oder Augenfarbe, so deutet dieser Umstand darauf hin, dass diese Merkmale von Genen gesteuert werden, die im Genotyp dieser Individuen in der gleichen Form (Allel) vorliegen. Doch allein aus der Übereinstimmung in den Allelen dieser Gene lässt sich nicht entscheiden, ob diese Individuen sie von einem gemeinsamen Vorfahren geerbt haben. Das Konzept der Identität ist nur von Interesse, um die biologischen Schlussfolgerungen aus den Informationen zu ziehen, die ihre jeweiligen Stammbäume liefern. Es kann jedoch nur auf Wahrscheinlichkeiten hinauslaufen, da die Kenntnis der Vorfahren eines jeden Individuums zwangsläufig lückenhaft ist. Auch ohne den mythischen Urvater Adam heraufzubeschwören, wächst die theoretische Zahl unserer Vorfahren, je weiter wir in den Generationen zurückgehen, so rapide, dass letztlich alle Menschen verwandt sind. Die Verwandtschaft zweier Individuen ist somit vor allem ein Merkmal der genealogischen Information, die zugänglich war.

Auch wenn die genetische Analyse mithilfe der Gentechnik eine Identifikation von Individuen ermöglicht, vermag sie die menschliche Identität doch nur reduziert auf die Struktur seines Genoms zu definieren. Diese reduktionistische und deterministische Sicht des Menschen, die sich ab dem 19. Jahrhundert entwickelte, liegt auch der Eugenik zugrunde, die in ihrer Logik die Grundlagen der Freiheit infrage stellt, wie die Ideologie der Nazis es bis ins Extrem tat, und zu einer Negation der Menschheit selbst führt.

Ikone, Icon

Zur Vertiefung: ***Interaktion zwischen Mensch und Maschine; Zeichen und Symbol***

Im Land der Popen bieten die Ikonen als Kultbilder einen Zugang zum Heiligen. Bei den Linguisten und Informatikern des 20. Jahrhunderts haben sie ihre Aura eingebüßt, aber der Bezug zum Bild ist erhalten geblieben; Ikon verweist hier auf eine besondere Bezeichnungsmodalität, die auf einem visuellen oder akustischen Bild basiert, das heißt auf einer Analogiebeziehung zwischen dem Zeichen und dem Bezeichneten.

Darin unterscheidet sich das Ikon von einer rein konventionellen Notation, die einem Zeichen eine Bedeutung zuweist, ohne dass diese Zuweisung durch eine Analogie gerechtfertigt würde. Um solch ein Ikon handelt es sich zum Beispiel bei den Verkehrsschildern, die eine Kreuzung oder eine Straßenverengung anzeigen, denn die darauf abgebildeten schematischen Darstellungen sind durchaus suggestiv; dagegen beruht der Zusammenhang zwischen dem Laut »Aaah« und dem Buchstaben »A« ausschließlich auf einer von allen akzeptierten Konvention.

In der Informatik spielt das Ikon überall dort eine wichtige Rolle, wo Menschen mit Computern interagieren, etwa bei der Überwachung eines Atomkraftwerks, beim Einsatz eines Autopiloten oder auch schon beim Kauf einer Fahrkarte am Fahrscheinautomaten. Gerade in ungewohnten Situationen bieten Suggestivität und unmittelbare Verständlichkeit solcher bildhaften Zeichen Vorteile gegenüber Zeichen, deren Bedeutung allein auf Konvention beruht. Aus diesem Grund verwendet man in Displays und graphischen Benutzeroberflächen heute bildhafte Zeichen, so genannte *icons*, die der Benutzer leicht verstehen kann, und zwar sowohl in der üblichen, durch Zeitknappheit geprägten Situation, als auch in Ausnahmesituationen, wenn ihm kaum Zeit bleibt, länger nachzudenken. Neben visuellen Icons wie dem Papierkorb in graphischen Benutzeroberflächen verwendet man auch akustische Icons, die mit Musik oder der menschlichen Stimme arbeiten.

Implementierung

Zur Vertiefung: ***Software***

Bei der Softwareentwicklung (und vor allem bei der Entwicklung großer Softwarepakete) unterscheidet man mehrere Phasen: Analyse, Spezifikation, Entwurf, Implementierung, Integration und Installation. In der Phase der Implementierung (nach dem englischen *implementation*: Durchführung, Ausführung) werden die einzelnen im Entwurf festgelegten Programmteile (Module) unter Verwendung der gewählten Programmiersprache in lauffähige Programme umgesetzt und anschließend getestet, das heißt auf ihre Fehlerfreiheit überprüft. In der Integrationsphase werden die fertigen Programmteile zusammengeführt und nach den Vorgaben des Entwurfs zu einem Gesamtprogramm oder Programmpaket zusammengefügt, das dann auf der Rechenanlage des Anwenders installiert werden kann. Gelegentlich wird auch die Installation eines Programms als Implementierung bezeichnet.

Impuls

Zur Vertiefung: ***Erhaltungssatz; Heisenbergsches Unbestimmtheitsprinzip; Kraft; Trägheitsgesetz***

Der Impuls $\vec{p}$ eines Objekts mit der Masse m ist das Produkt aus der Masse und der Geschwindigkeit $\vec{v}$ des Objekts, und man schreibt: $\vec{p}=m\vec{v}$. Es handelt sich um einen Vektor, der durch einen Betrag und eine Richtung gekennzeichnet ist, wobei die Richtung des Impulses mit der Richtung des Geschwindigkeitsvektors zusammenfällt. Der Betrag des Impulses wird auch als Bewegungsgröße bezeichnet.

Der Impuls ist insofern eine bemerkenswerte Größe, als er einem strengen Erhaltungsgesetz unterliegt: Wenn zwei Billardkugeln zusammenstoßen, verändern sich ihre jeweiligen Geschwindigkeiten und Impulse. Aber der Gesamtimpuls des von ihnen gebildeten Systems, definiert als Summe der beiden Einzelimpulse, bleibt erhalten, und zwar sowohl hinsichtlich des Betrages als auch hinsichtlich der Richtung. Der Gesamtimpuls ist nach dem Zusammenstoß derselbe wie zuvor.

Der Satz von der Erhaltung des Impulses folgt unmittelbar aus dem Prinzip, wonach die Gesetze der Physik an allen Punkten des Raumes dieselben sind. Man sagt, die Gesetze der Physik seien invariant gegenüber räumlichen Translationen (siehe Invarianz). In Übereinstimmung mit dem Trägheitsgesetz untersagt der Satz von der Erhaltung des Impulses insbesondere jede spontane Veränderung der Bewegung. Der Impuls eines Objekts kann sich nur dann ändern, wenn eine Kraft auf das Objekt einwirkt.

Manche Teilchen haben eine Masse, deren Wert null beträgt. Das gilt zum Beispiel für die Photonen, die gewissermaßen die Lichtteilchen darstellen. Aus der Formel $\vec{p}=m\vec{v}$ folgte eigentlich, dass auch ihr Impuls gleich null sein muss, doch diese Formel gilt nur für Geschwindigkeiten, die klein gegenüber der Lichtgeschwindigkeit c sind. In Wirklichkeit haben auch Teilchen mit der Masse null einen von null verschiedenen Impuls. Nach der Relativitätstheorie ist der Betrag des Impulses eines sich mit Lichtgeschwindigkeit bewegenden Teilchens mit der Masse null gleich dem Quotienten aus seiner Energie E und der Lichtgeschwindigkeit c, also $p=E/c$.

Nach der Quantenphysik, die das Verhalten von Teilchen auf atomarer Ebene beschreibt, kann man den Teilchen nicht unter allen Umständen einen wohlbestimmten Impuls zuordnen. Das folgt aus dem so genannten Heisenbergschen Unbestimmtheitsprinzip.

Induktion

Zur Vertiefung: ***Argumentation, Beweisführung; symbolisches Lernen; Wissen und Maschine***

Definition der Induktion

Nach dem Verständnis der Philosophen befasst sich die Logik mit der WAHRHEIT, mit Schluss- und Beweisformen sowie mit Fragen der Gewissheit. Die Induktion betrifft den Übergang »vom Besonderen zum Allgemeinen«.

In dem Lehrbuch der Logik, das Antoine Arnauld und Pierre Nicole im 17. Jahrhundert verfassten und das den Titel *La Logique, ou L'art de Penser* trägt, heißt es dazu: »Man nennt es Induktion, wenn die Erforschung mehrerer besonderer Dinge uns zur Kenntnis einer allgemeinen Wahrheit führt. Wenn man auf diese Weise in vielen Meeren festgestellt hat, dass das Wasser dort salzig ist, und in vielen Flüssen, dass das Wasser in ihnen süß ist, schließt man allgemein, dass das Wasser der Meere salzig und das der Flüsse süß ist.«

Die Induktion befasst sich also mit Erfahrungswissen. Daraus ergibt sich im Denken des Philosophen hinsichtlich der Induktion ganz von selbst eine prinzipielle Frage: Wie lässt sich empirisches, also durch Sinne und Erfahrung vermitteltes Wissen legitimieren? Wodurch erlangt die Induktion das Bürgerrecht im Reich des Geistes? Die philosophische Tradition stützt sich ganz auf die Grundlagen allgemeiner Erkenntnis, und diese Grundlagen finden sich im Bewusstsein, in der Seele, im Reich der Ideen oder in der physischen Welt. In der Philosophie über Induktion reden heißt daher, nach den Grundlagen der Induktion zu suchen, also zu erkennen, worin diese Operation ihre Rechtfertigung findet, die wir alle mehrmals am Tag ausführen und die es uns gestattet, bei der Lösung aktueller Probleme auf frühere Erfahrungen zurückzugreifen. Die Induktion begründen heißt aufzeigen, warum und unter welchen Umständen wir von der unmittelbaren, sinnlichen Erfahrung der Welt zu allgemeinen Gesetzen, also Erkenntnissen übergehen können.

Wenn ein Philosoph die Induktion in den Mittelpunkt seines Denkens stellt, so ist dies keine neutrale Entscheidung; vielmehr zeigt sich darin eine gewisse philosophische Haltung, eine bestimmte Einstellung zur Erkenntnis und ihren Ursprüngen, die eine Verwurzelung des Denkens in der Welt der sinnlichen Erfahrung verrät und folglich im Gegensatz zu einem Idealismus steht, für den die Realität der Ideen ihren Ursprung in einer idealen, von jeder sinnlichen Realität unabhängigen Welt besitzt. In seinem Buch *A System of Logic* behandelt John Stuart Mill die Induktion als zentrales Denkmuster der Philosophie und verdeutlicht damit beispielhaft die Einstellung, die der Induktion eine wesentliche Rolle zumisst: »Jeder Schluss hinsichtlich einer nicht aus sich selbst heraus evidenten Wahrheit und folglich jeder Beweis oder jede Entdeckung solch einer Wahrheit beruht auf Induktionen und induktiven Deutungen; [...] unser gesamtes nichtintuitives Wissen stammt aus dieser Quelle. Die Frage nach der Natur der Induktion und ihren Geltungsbedingungen bildet daher zweifellos die Grundfrage der Logik, die alle übrigen umfasst.«

Kritik der Induktion

Allerdings besteht keineswegs Einigkeit hinsichtlich der Funktion der Induktion für die Erkenntnis im Allgemeinen und die wissenschaftliche Forschung im Besonderen. Im 20. Jahrhundert haben zahlreiche Philosophen, darunter Karl Popper, die Funktion der Induktion für das Streben nach Erkenntnis infrage gestellt. Popper geht davon aus, dass Erkenntnisse nur dann als induktiv gelten können, wenn sie vollständig aus der Außenwelt hervorgehen, was eine vollkommene Passivität unseres Erkenntnisvermögens voraussetzt. In seinen Augen gibt es diese Passivität jedoch nicht; und daher sei reine Induktion ein Mythos.

Erkenntnis beruht danach nicht auf einer Folge von Erfahrungen, die dann verallgemeinert würde. Für Popper handelt es sich vielmehr um eine ständige Wechselwirkung zwischen unserem Erkenntnisvermögen und der Welt, gleichsam um ein Spiel, das auf Versuch und Irrtum basiert. Dabei wenden wir Schemata, die wir mit unserem Verstand konstruieren, auf die äußere Welt an, und falls die Welt sie verwirft (widerlegt), konstruieren wir neue.

Gerade weil Popper der Induktion jeden Wert abspricht, ist wahre Wissenschaft für ihn in der Lage, aus sich selbst heraus Kriterien der Falsifizierbarkeit oder Widerlegbarkeit zu entwickeln, das heißt dem Forscher Mittel an die Hand zu geben, mit deren Hilfe er seine Theorien durch EXPERIMENT oder Beobachtung zu überprüfen vermag. Nur in der Auseinandersetzung mit einer Welt, die Nein sagen kann, ist wissenschaftlicher Fortschritt möglich.

Angesichts solcher Kritik stellt sich die Frage, wie es um die Induktion bestellt ist. Die Antwort liegt wie so oft wahrscheinlich in der Mitte: zwischen der kategorischen Behauptung, jede Welterkenntnis sei induktiv, und der entgegengesetzten kategorischen Behauptung, die der Induktion jede Daseinsberechtigung abspricht.

Induktionsprinzip

Zur Vorbereitung: ***Zahlen***

Die natürlichen Zahlen lassen sich auf mehrere äquivalente Arten konstruieren. Doch welche Konstruktionsweise man auch wählt, in jedem Fall muss man eine besondere Zahl 0 und eine Funktion definieren, die jeder Zahl ihren Nachfolger zuordnet (siehe *Abbildung 1*).

Abbildung 1

Dann beweist man, dass zwei verschiedene Zahlen niemals denselben Nachfolger haben und dass es keine Zahl gibt, deren Nachfolger 0 ist. Und schließlich beweist man, dass es keine anderen Zahlen als 0 und deren Nachfolger gibt. Diese Eigenschaft, das so genannte Induktionsprinzip (auch: vollständige Induktion), lässt sich folgendermaßen formulieren: »Enthält eine Menge das Element 0 und, falls sie n enthält, stets auch den Nachfolger von n, so enthält sie alle natürlichen Zahlen.«

Danach gibt es in der Menge $\mathbb{N}$ der natürlichen Zahlen keine anderen Zahlen als 0 und deren Nachfolger. Denn gäbe es eine andere Zahl a, enthielte die Teilmenge E in *Abbildung 2* sowohl 0 als auch den Nachfolger von n, falls sie n enthält, aber sie enthielte nicht alle natürlichen Zahlen, was im Widerspruch zum Induktionsprinzip steht.

Die Eigenschaften:

- Es gibt ein Zahl 0;
- jede Zahl hat einen Nachfolger;
- zwei verschiedene Zahlen haben nicht denselben Nachfolger;
- es gibt keine Zahl, deren Nachfolger 0 ist;
- enthält eine Menge das Element 0 und, falls sie n enthält, stets auch den Nachfolger von n, so enthält sie alle natürlichen Zahlen;

diese Eigenschaften sind charakteristisch für die Menge der natürlichen Zahlen, das heißt, jede Menge, die diese Eigenschaften besitzt, ist mit der Menge $\mathbb{N}$ äquivalent. Wählt man den Begriff der natürlichen Zahl als Grundbegriff, setzt man diese Eigenschaften als Axiome (die so genannten Peano-Axiome).

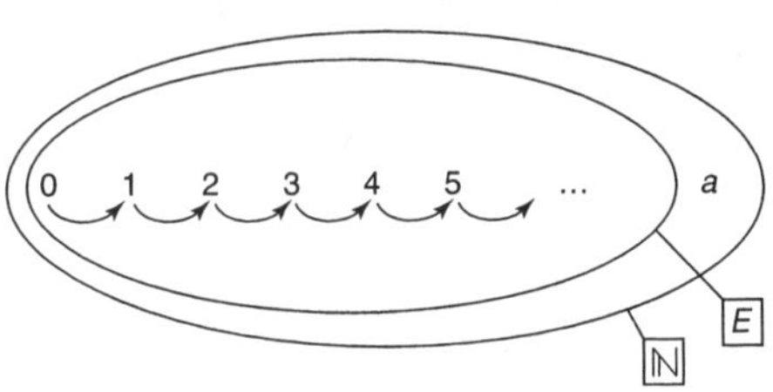

Abbildung 2

Das Induktionsprinzip ist ein wichtiges Hilfsmittel zum Beweis bestimmter Eigenschaften der natürlichen Zahlen. Will man zum Beispiel beweisen, dass jede natürliche Zahl entweder gerade oder ungerade ist, betrachtet man die Menge der natürlichen Zahlen, die gerade oder ungerade sind. Diese Menge enthält das Element 0 (das gerade ist) und, falls sie n enthält, auch den Nachfolger von n (ist n gerade, so ist der Nachfolger von n ungerade, und umgekehrt). Nach dem Induktionsprinzip enthält diese Menge alle natürlichen Zahlen, und daher ist jede natürliche Zahl entweder gerade oder ungerade. Allgemein gilt: Will man zeigen, dass die natürlichen Zahlen eine bestimmte Eigenschaft haben, braucht man nur zu zeigen, dass die Zahl 0 sie besitzt und dass die betreffende Eigenschaft erblich ist, das heißt, dass sie von einer Zahl an ihren Nachfolger gleichsam weitergegeben wird. Das Induktionsprinzip stellt dann sicher, dass sie an alle natürlichen Zahlen weitergegeben wird.

Dank des Induktionsprinzips und der übrigen Eigenschaften der natürlichen Zahlen kann man auch eine Funktion der natürlichen Zahlen in eine beliebige Menge definieren, indem man lediglich den Funktionswert von 0 benennt und angibt, wie man den Funktionswert des Nachfolgers von n berechnet, wenn der Funktionswert von n bekannt ist. Dann kann man zeigen, dass es eine einzige Funktion gibt, die diese Bedingungen erfüllt. So lässt sich die Addition durch Rekursion auf ihr erstes Argument definieren:

$0 + y = y$

$Nachfolger(x) + y = Nachfolger(x + y)$.

inert, labil

Zur Vertiefung: ***chemische Verbindung; Stabilität, Instabilität***

Wie so häufig in den Naturwissenschaften werden die Begriffe »inert« und »labil« in der Chemie in einem etwas anderen Sinne als üblich benutzt. Sie gehören zur gleichen Familie wie »stabil« und »instabil«, durch die man die Energiezustände vergleicht, die ein untersuchtes System aufweisen kann, also zum Beispiel den Ausgangszustand und den Endzustand einer chemischen Reaktion: Weist der Endzustand eine geringere Energie auf als der Anfangszustand, so bezeichnet man ihn als stabil gegenüber dem Ausgangszustand, da diese Begriffe immer relativ sind.

Jedes Molekül und jede chemische Spezies, die sich aus Atomen zusammensetzt – und daher ein System materieller Punkte darstellt –, ist durch eine Energie gekennzeichnet. Jedes Molekül, ob stabil oder instabil, besitzt eine potentielle Energie, die von der relativen Position seiner Atome abhängt. Bevor dieses Molekül eine wie auch immer geartete Umwandlung erfahren kann, muss es eine Energiebarriere überwinden. Ist diese Energiebarriere hoch, so ist die Umwandlung erschwert und vollzieht sich nur langsam; daher bezeichnet man eine solche chemische Spezies als inert oder reaktionsträge. Steht der Umwandlung nur eine niedrige Energiebarriere entgegen, erfolgt sie leicht und schnell, und man bezeichnet die chemische Spezies als labil. Doch auch hier gelten die Begriffe nur relativ, bezogen auf vergleichbare Prozesse, die allerdings Energiebarrieren von äußerst unterschiedlicher Höhe beinhalten können. Da die Umwandlung über eine hohe Energiebarriere schwerer erfolgt als über eine leichte, bezeichnet man ein chemisches System, das eine hohe Energiebarriere zu überwinden hat, als inert im Vergleich zu einem System, das eine niedrige Energiebarriere zu überwinden hat und als labil eingestuft wird (siehe *Abbildung 1*).

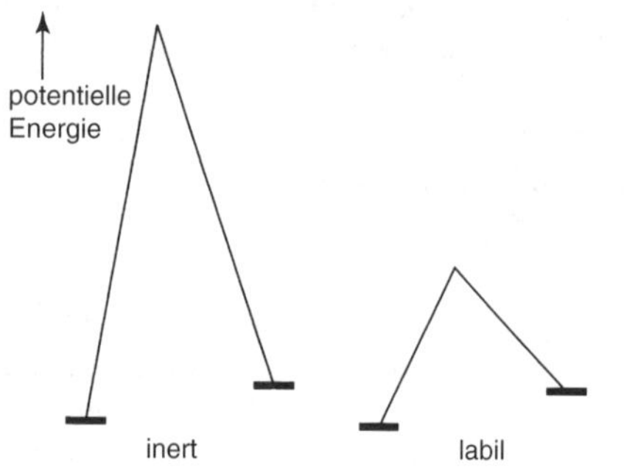

Abbildung 1 Im Vergleich der beiden dargestellten Systeme ist das linke inert, das rechte labil.

Nehmen wir als Beispiel ein Stück Zucker, das wie jeder organische Stoff brennbar ist. Und wie jede organische Verbindung aus Kohlenstoff, Wasserstoff und Sauerstoff wandelt Zucker sich, wenn er an der Luft verbrennt, in Kohlendioxid CO_2 und Wasser H_2O um, die den stabilen Zustand des Systems »Zuckerstück + Luft« bilden. Aber Zucker entzündet sich nicht spontan an der Luft. Müssen wir ihn daher als inert bezeichnen? Es genügt jedoch, ihn mit etwas Zigarettenasche zu bestreuen, dann lässt er sich mit einer Feuerzeugflamme entzünden. Ist er demnach als labil zu bezeichnen?

Er ist beides, wie *Abbildung 2* zeigt: Links sieht man, dass Zucker instabil ist, da der Ausgangszustand eine höhere potentielle Energie hat als der Endzustand, gleichzeitig ist er aber gegenüber seiner Verbrennung inert, wenn keine Zigarettenasche vorhanden ist.

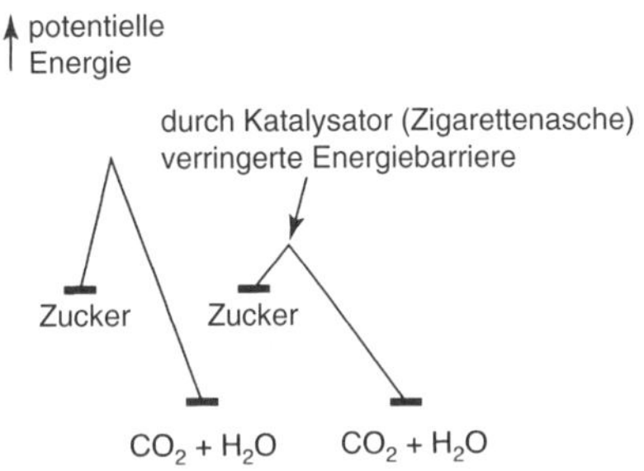

Abbildung 2 Die Verbrennung von Zucker erfolgt unendlich langsam oder schnell, je nach Anwesenheit eine Katalysators, der die Energiebarriere zwischen Ausgangszustand (»Zucker«) und Endzustand (CO_2+H_2O) senkt.

Rechts ist zu erkennen, dass der Zucker nach wie vor instabil und zudem gegenüber seiner Verbrennung labil geworden ist, da die Zigarettenasche als Katalysator wirkt, der die Energiebarriere senkt.

Ebenso wie das Stück Zucker sind organische Stoffe allgemein zugleich instabil und inert gegen ihre Verbrennung. Nun unterscheiden wir gewöhnlich nicht zwischen Energiezustand und Energiebarriere. Doch die Wissenschaft zwingt uns zu einer Klarstellung: Organismen können brennen (sie sind instabil), aber dazu müssen sie trocken sein, und die Verbrennung muss eingeleitet werden (sie sind inert). Greifen wir auf eine schlichte Abstraktion zurück.

Nach diesem Muster gibt es auch zahlreiche Beispiele für die drei übrigen logischen Kombinationen: stabil und inert, stabil und labil, instabil und labil. Edelgase (Helium, Neon, Argon, Krypton, Xenon, Radon) sind stabil und inert. Aus diesem Grund führt man viele Reaktionen, die an der Luft durch den häufig instabilen und labilen Sauerstoff gestört würden, in einer Atmosphäre aus Argon durch. Ethylen $H_2C{=}CH_2$ ist stabil und labil zum Beispiel gegenüber der Anlagerung eines Wasserstoffmoleküls.

Die Chemie beschäftigte sich in ihrer Entwicklung zunächst mit stabilen und inerten Spezies wie dem Gold und erst später mit instabilen und labilen Stoffen wie Methylen $:CH_2$ (der Doppelpunkt steht für ein freies Elektronenpaar; siehe CHEMISCHE FORMEL). In der Antike galten Metalle und natürliche Pigmente als quasi unwandelbare Stoffe mit einer Lebensdauer von Jahren oder Jahrhunderten. Mit der gleichen Präzision wie diese langlebigen Stoffe erforscht die Chemie mittlerweile auch Atomgebilde mit einer Lebensdauer von weniger als einer Billionstel Sekunde. Damit deckt ihre Forschung eine Zeitspanne von Jahrtausenden (3×10^{10}s) bis hin zu billiardstel Sekunden (10^{-15}s) ab.

Inflation

Zur Vorbereitung: ***kosmologisches Standardmodell***

Zur Vertiefung: ***Vereinheitlichung***

Von der Expansion des Universums wissen wir heute aufgrund der Beobachtung, dass sämtliche GALAXIEN sich voneinander entfernen. Interpretiert wird die kosmische Expansion im Rahmen der modernen Theorie des Raumes und der Zeit, die zusammen mit dem Konzept der RAUM-ZEIT aus der allgemeinen RELATIVITÄTSTHEORIE hervorgegangen ist. Detailliert ausformuliert ist diese Interpretation im kosmologischen Standardmodell, das heute eine gute Erklärung für die beobachteten Erscheinungen wie auch für die gleichfalls beobachteten Spuren eines früheren Zustands des Universums bereitstellt (siehe auch URKNALL). Dennoch stößt das Standardmodell auf einige Schwierigkeiten.

Die erste Schwierigkeit betrifft die Krümmung des Raumes. Je nach dem Wert, der für die mittlere Materie- und Energiedichte des Universums angenommen wird, sieht das Modell ein Universum vor, dessen Raum gekrümmt ist. Dieses Universum ist entweder offen oder geschlossen, oder es nimmt die sehr spezielle Zwischenposition eine Raumes mit der Krümmung null ein, das heißt eines ebenen, euklidischen Raumes. Die Beobachtungen zeigen nun, dass wir uns sehr nahe an diesem Spezialfall des euklidischen Raumes befinden, und das scheint manchen Physikern zu wenig allgemein, als dass sie es akzeptieren möchten.

Die zweite Schwierigkeit ist noch fundamentalerer Natur: Wenn man im Bereich der Radiofrequenzen die sehr kalte Strahlung (2,7 Kelvin, also etwa –270 °C) beobachtet, die das Universum erfüllt und die in dessen Frühzeit, noch vor der Entstehung der Galaxien, von den Wasserstoffatomen emittiert worden ist (siehe WASSERSTOFF und SCHWARZER KÖRPER), dann erscheint diese Strahlung bemerkenswert gleichmäßig verteilt, ganz gleich, in welche Richtung der Himmelssphäre man blickt. Diese Gleichförmigkeit legt den Schluss nahe, dass alle Regionen, in denen diese Strahlung während der genannten Urphase emittiert wurde, sich untereinander in Bezug auf den Energieaustausch in einem Gleichgewicht befanden. Angesichts der endlichen Lichtgeschwindigkeit zeigt nun aber eine einfache Rechnung, dass der Raum damals bereits zu groß oder die Zeit zu kurz war, als dass solch ein Austausch möglich gewesen wäre. Der HORIZONT der einzelnen Regionen (als die größte Entfernung, aus der Informationen empfangen werden können) berührte nicht die Horizonte aller übrigen Regionen; anders gesagt, es konnte keine kausale Verbindung zwischen sämtlichen Regionen bestehen. Wie aber konnte es dann zu solch einer Gleichförmigkeit kommen?

Die Inflation ist das Konzept, das die beiden genannten Schwierigkeiten beheben soll. Sie bezeichnet eine hypothetische Phase sehr rascher Expansion, die das Universum innerhalb eines sehr kurzen Zeitraums durchlaufen haben soll, bevor sich die heute an den Galaxien zu beobachtenden Expansionsverhältnisse einstellten. Je nach den physikalischen Theoriebestandteilen, die in die Rechnung eingehen, gelangt man zu unterschiedlichen Modellen, die als Inflationsmodelle bezeichnet werden. All diesen Modellen gemeinsam ist eine exponentielle, dem Aufblasen (Inflation) eines Ballons vergleichbare Ausdehnung, das heißt eine sehr rasche Zunahme des so genannten Expansionsfaktors $R(t)$. Zu dieser Inflation des Universums kam es kurz nach der SINGULARITÄT des »Anfangszeitpunkts« $t=0$, unmittelbar nach der so genannten Planck-Zeit, jener zeitlichen Schwelle, jenseits deren unser Verständnis von Raum, Zeit und GRAVITATION ins Wanken gerät, einer Zeit, in der die Temperatur des Universums 10^{32} K betragen haben soll. Die inflationäre Phase soll um $t=10^{-36}$ s, bei einer Temperatur von 10^{28} K begonnen und bis $t=10^{-33}$ s gedauert haben, um dann in eine gemäßigtere Expansion von den gegenwärtigen Ausmaßen überzugehen.

Eine derart extreme Expansion setzt eine gewaltige abstoßende Kraft voraus, die der Massenanziehungskraft entgegenwirkt, gemeinsam mit dem Druck des Mediums, der aus dessen immerhin ganz beträchtlicher Temperatur resultiert. Die Physik der Elementarteilchen beschreibt die dazu erforderlichen physikalischen Eigenschaften (zum Beispiel den Druck), darunter auch eine spezifische Konstellation von Wechselwirkungen zwischen TEILCHEN, die bei den heute sehr viel niedrigeren Temperaturen nicht mehr auftritt und die zu einer starken abstoßenden Kraft innerhalb der Materie führt. Die kosmologische Konstante – der Parameter, den Albert Einstein mehr oder weniger willkürlich in die Gleichungen seiner allgemeinen Relativitätstheorie einführte – bringt die Existenz solch einer Kraft zum Ausdruck, wenn ihr Wert ungleich null ist und ein negatives Vorzeichen hat (siehe NATURKONSTANTEN). Möglicherweise stammte die Energie, die in der Inflationsphase zutage trat, aus einer latenten Energie, die aus der Trennung der starken und schwachen Kernkraft von der elektromagnetischen Wechselwirkung zum Zeitpunkt $t=10^{-36}$ s resultierte. In gewisser Weise handelt es sich dabei um den historischen Prozess, den die Physiker seit langem schon in der Theorie umzukehren versuchen, indem sie nach einer VEREINHEITLICHUNG sämtlicher fundamentalen Wechselwirkungen streben. Danach kam es zu dem genannten Zeitpunkt zu einem Phasenübergang (siehe PHASE), das heißt, in dem betreffenden Medium entstanden neue, mit der Struktur der Elementarteilchen verbundene Eigenschaften.

Die Tatsache, dass im Maßstab des Universums keine Antimaterie zu beobachten ist (also die zur gewöhnlichen Materie symmetrische Materie, die bei einem Kontakt gemeinsam mit ihr zerstrahlt – siehe ZERSTRAHLUNG), wird in diesem Zusammenhang folgendermaßen erklärt: Während der Inflationsphase soll die im Universum vorhandene Antimaterie in Bereiche jenseits unseres heutigen Beobachtungshorizonts verdrängt worden sein. Von diesen Grenzen zwischen Regionen mit Materie und solchen mit Antimaterie könnte kein Licht zu uns gelangen. Wo Gebiete mit Materie und solche mit Antimaterie einander berühren, müsste durch die Zerstrahlung eine sehr starke Gammastrahlung entstehen, aber davon ist nichts zu bemerken.

Die Inflation hat weitaus spekulativeren Charakter als das kosmologische Standardmodell, denn anders als beim Standardmodell basieren die physikalischen Bestandteile des Inflationsmodells nicht auf direkten Messungen; die für solche Messungen erforderlichen Energien lassen sich nicht im LABORATORIUM und nicht einmal in den leistungsfähigsten TEILCHENBESCHLEUNIGERN erzeugen. Es handelt sich also lediglich um ein plausibles theoretisches Szenario, das eine Situation zu erklären vermag, die sich allein mit dem Standardmodell nicht deuten lässt.

Informatik

Informatik, die Wissenschaft der Information

Zur Vertiefung: ***Algorithmus; Information; kognitive Wissenschaften; Software***

Die Geldströme erreichen ungeahnte Geschwindigkeiten; an allen Börsen der Welt erlebt der Index der Edelmetallpreise eine Hausse; ein in London erteilter Kaufauftrag wird zehn Sekunden später in Tokyo ausgeführt; auf den überfüllten Flughäfen in aller Welt starten und landen ständig Flugzeuge voller Geschäftsleute; eine Weltraumsonde startet mit wissenschaftlichen Robotern an Bord zum Mars; die Wettervorhersage kündigt für das Pariser Becken Gewitter mit Hagelschauern an; ein Wagen informiert seinen Fahrer mit menschlicher Stimme über den Straßenzustand; mitten im Pazifischen Ozean nimmt ein einsamer Mann auf einem Tretboot Kurs auf die Tuamotu-Inseln… So geht die Welt ihren Gang, und niemand wundert sich.

Hinter all diesen Herausforderungen an Entfernung, Zeit, Schwerkraft, Wetter, menschliche Stimme und Naturgewalten stecken Computer, die uns die einst von Menschen verrichteten Tätigkeiten abgenommen haben. Auf den ersten Blick ist nichts wirklich Blendendes oder radikal Neues festzustellen: nur die ungeahnten Möglichkeiten, die Unermüdlichkeit und die Schnelligkeit von Berechnungen, die früher zu viel Zeit und zu viele fähige Leute in Anspruch genommen hätten, als dass sie sinnvoll hätten durchgeführt werden können… Auf den ersten Blick also nichts anderes als Fähigkeiten und Fertigkeiten, die man der Bequemlichkeit halber unter einer gemeinsamen Überschrift namens Informatik zusammenfasst.

Doch die Informatik hat nicht nur die Herrschaft über die gesamte moderne Technik, das Bankwesen, den Flugverkehr, die Hochseeschifffahrt oder die Erforschung des Universums übernommen, sie beherrscht nicht nur jenen Bereich der Technik, von der Herstellung elektronischer Bauteile über Rechnerarchitektur und Algorithmen bis hin zur Entwicklung von Software, sondern sie verkörpert auch eine neue, bislang unbekannte Form wissenschaftlicher Rationalität.

Als Wissenschaft der INFORMATION befasst die Informatik sich bekanntlich in erster Linie mit technischen Objekten: den COMPUTERN. Doch obwohl Computer ausschließlich aus Materie bestehen, beschränkt sich Information keineswegs auf materielle Transportvorgänge, die von den Wissenschaften der Materie interpretiert werden können. Außerdem versuchen die Informatiker seit langem, sich von den Besonderheiten einzelner Maschinen frei zu machen, und das veranlasst sie, sich auch – so weit es eben geht – vom Joch der physikalischen Gesetze und der konkreten Objekte zu befreien; die große Bedeutung, die sie dem Begriff der ABSTRAKTION beimessen, zeugt von diesem Bestreben. Die Rationalität der Informatik basiert also nicht auf einer physikalischen Rationalität, obwohl die Physik die Grundlage für die Konstruktion der Computer bildet. Sie basiert ebenso wenig auf einer biologischen Rationalität, obwohl es durchaus Projekte für den Bau biologischer Computer gibt und das Leben den Konstrukteuren von Maschinen vielfach faszinierende Vorbilder liefert, auch wenn die Formen von Intelligenz, die das Leben bislang hervorgebracht hat, kaum Ähnlichkeit mit Maschinen besitzen.

Die Informationsverarbeitung basiert auf Operationen an Bitfolgen, also an Sequenzen elementarer binärer Informationseinheiten, die, zu Ketten von jeweils acht Elementen (Bytes) zusammengefasst, ein Alphabet bilden, aus dessen Buchstaben Wörter und Texte zusammengesetzt werden (siehe INFORMATION, BIT und BYTE). Und die Informatik unterzieht diese Wörter und Texte streng definierten Operationen, die sich leicht in mathematischer Form beschreiben lassen. Daher könnte die Informatik zwar nicht unbedingt als Teil, wohl aber als ein neuer Zweig der Mathematik gelten; so greift man bei der Korrektur von Programmen auf mathematische Beweisverfahren zurück (siehe PROGRAMM), und es gibt noch eine Reihe weiterer Argumente, die für diese These sprechen.

Doch wenn wir die Informatik einfach als Zweig der Mathematik begreifen wollten, übersähen wir gerade jenes Moment, das dem Computer solche Bedeutung in unserer modernen Welt verleiht: die SIMULATION. Computer imitieren und reproduzieren präzise und schnell Prozesse, die auf diese Weise verständlich werden. Dazu bedarf es einer vollständigen, vollkommenen und fehlerfreien Übereinstimmung zwischen der mathematischen Beschreibung und deren idealen Objekten; der Beweis ist Garant dieser Übereinstimmung. Die in der Informatik benutzten Modelle sind stets partiell und verbesserungsbedürftig, die Simulationen stellen jeweils nur Annäherungen dar. Die Mathematik ist deskriptiv, während die Informatik Prozesse hervorbringt.

Dieser Unterschied lässt sich sehr gut am SPIEL aufzeigen. Im Anschluss an Émile Borel legte John von Neumann, ein Mathematiker von großem Talent, der außerdem noch Informatiker war, die Grundlagen einer mathematischen Spieltheorie, mit deren Hilfe er unter anderem zeigte, dass eine bestimmte Klasse von Spielen, zu der auch Schach und Dame gehören, eine Gleichgewichtssituation kennt, in der alle Spieler ihre Verluste minimieren. Selbst unter Einsatz der leistungsfähigsten Computer ist es jedoch nicht gelungen, zum Beispiel im Schachspiel eine Strategie zu finden, die unfehlbar zu diesem Gleichgewichtspunkt führt. Trotzdem haben die Informatiker nicht darauf verzichtet, besiegbare und verbesserungsfähige Maschinen zu entwickeln, die gegen den Menschen antreten, ihn amüsieren, ihn täglich herausfordern und die inzwischen sogar mit den besten Spielern mithalten können.

Aus dieser Perspektive erscheint die Informatik als rationale Erforschung der unterschiedlichsten Prozesse – im Bereich der Ökonomie, der menschlichen Zusammenarbeit, der Konkurrenz, des Spiels, der Psychologie, der Ethologie, der Linguistik usw. – mit den Mitteln der Simulation; so erscheint sie als eine neue Wissenschaft, die, wie viele andere auch, Erfahrung, Experiment und Formalisierung miteinander verbindet. Dennoch unterscheidet sie sich von den Wissenschaften der Materie und des Lebens, den Erfahrungswissenschaften *par excellence*, wie auch von der Mathematik, deren Wesen die Formalisierung ist.

Die Informatik befasst sich mit einem einzigartigen Gegenstand, der Information, deren Eigenschaften, Transformationen und Gebrauchsweisen sie seit einem halben Jahrhundert untersucht, um die Herrschaft darüber bestmöglich auszudehnen. Dazu benötigt die Informatik zunächst einmal korrekte, brauchbare Rechensequenzen, das heißt ALGORITHMEN (siehe KOMPLEXITÄT). Sie muss erforschen, wie diese Algorithmen in verschiedenen Programmiersprachen und auf verschiedenen Rechnertypen (siehe RECHNERARCHITEKTUR) realisiert werden können. Und schließlich versucht sie zu klären, wie das menschliche Denken und dessen Schlussweisen, das Gedächtnis sowie die Wahrnehmung von Sprache, Bildern und Gebärden und all der Dinge, die uns umgeben und für die unsere Sinne empfänglich sind, sich auf Prozesse der Informationsverarbeitung reduzieren lassen.

Informatik und Biologie

Zur Vertiefung: ***Genkartierung; Molekularmodell; phylogenetischer Stammbaum***

Auf zahlreichen Wissenschaftsgebieten spielt die Informatik eine immer bedeutsamere Rolle, ob nun bei der Steuerung der zur Sammlung von Versuchsergebnissen dienenden Apparaturen oder bei der Auswertung und Archivierung dieser Ergebnisse. In besonderem Maße gilt das für die Biologie, die mehr und mehr den Charakter einer Informationswissenschaft annimmt.

In der strukturellen Biologie, deren Aufgabe es ist, die Struktur biologischer Moleküle wie der PROTEINE oder der NUKLEINSÄUREN RNA und DNA zu bestimmen, werden Computer zur Sammlung der physikalisch-chemischen Analysedaten (BEUGUNG von Röntgenstrahlen oder magnetische Kernresonanz zum Beispiel), zur Modellbildung und zur graphischen Darstellung der Daten eingesetzt.

In der Genetik gestattet es die Analyse der Weitergabe polymorpher Merkmale wie der Körpergröße, der Augenfarbe oder der Blutgruppe, die in verschiedenen Ausprägungen vorkommen, die Position der für diese Merkmale verantwortlichen Gene auf den CHROMOSOMEN zu bestimmen, und zwar mit Hilfe von MARKERN, die mit den betreffenden Merkmalen verknüpft sind. Will man die wahrscheinlichste Reihenfolge dieser Marker bestimmen (siehe POLYMORPHISMUS), benötigt man leistungsfähige Algorithmen, die ihrerseits beträchtlichen Rechenaufwand erfordern (siehe GENKARTIERUNG).

Im Rahmen der Genomprojekte sammelt man gewaltige Datenmengen zur Sequenzierung der NUKLEOTIDE, also der elementaren Struktureinheiten der Nukleinsäuren, die den materiellen Träger der genetischen Information darstellen und die Funktion der ZELLEN wie auch die Weitergabe dieser Information durch Vererbung sicherstellen. Entschlüsselt werden diese Informationen durch einen systematischen, auf speziellen Algorithmen basierenden Vergleich jeder neu bestimmten SEQUENZ mit allen übrigen bei der gleichen oder auch bei anderen Arten bekannten Sequenzen. Diese Sequenzen werden dann in Datenbanken archiviert. So ist es insbesondere möglich, PHYLOGENETISCHE STAMMBÄUME zu erstellen, in denen die Verwandtschaftsbeziehungen zwischen den untersuchten Strukturen und Organismen dargestellt werden und die als Modelle für die Rekonstruktion ihrer EVOLUTION dienen.

Bei BAKTERIEN lässt sich die Struktur der Gene und der darin enthaltenen Informationen für die Synthese von Proteinen relativ leicht klären, weil die Gene nahezu die gesamte DNA einnehmen und nicht zerstückelt sind. Bei Tieren und Pflanzen dagegen sind die Gene in mehrere Segmente unterteilt, die auf dem DNA-Molekül nicht unbedingt nebeneinander liegen (siehe INTRON, EXON), so dass die Klärung der Strukturen dort sehr viel schwieriger ist. Die Erforschung der komplexen Struktur der Gene stützt sich auf lernfähige informationstechnische Systeme, die von formalen NEURONALEN NETZEN Gebrauch machen.

Information

Zur Vertiefung: ***Bit; Codierung; Entropie; Informatik***

Stellen Sie sich einen schweren Hammer vor, der nur darauf wartet, ergriffen und geschwungen zu werden. Und stellen Sie sich einen kräftigen, gelenkigen Mann vor, der nur darauf wartet, den Hammer zu ergreifen, ihn zu schwingen und damit auf eine schwere Metallplatte zu schlagen, die nun ihrerseits kräftig zu schwingen beginnt. Diese Szene könnte zum Beispiel in einem dunklen Schuppen irgendwo in einem Hinterhof der Stadt spielen, die ansonsten in der Hitze eines sommerlichen Nachmittags vor sich hin döst. Zur selben Zeit gehen Sie ganz in der Nähe durch eine Straße und hören den Hammerschlag, der wie ein Gong ertönt: Das ist eine Information, und alles Weitere mag daraus erschlossen werden.

Wenig später kommt Ihnen ein Auto entgegen und gibt Ihnen ein Zeichen mit der Lichthupe. Will da ein unverschämter Autofahrer Sie auf den Bürgersteig zurücktreiben, oder grüßt Sie auf diese Weise lediglich ein höflicher Bekannter? Die Lichthupe erregt Ihre

Aufmerksamkeit: Das ist eine Information, und zwar unabhängig von der Deutung, die Sie dem Lichthupensignal letztlich geben mögen.

Zwischen dem physikalischen Träger des lauten Geräuschs, das Sie als Hammerschlag interpretieren, und dem des Lichthupensignals lässt sich kein direkter Zusammenhang herstellen; sowohl die physikalischen Prinzipien (Luftschwingung oder elektromagnetische Welle) als auch die freigesetzte bzw. aufgenommene Energie beider Phänomene sind verscheidene. Dasselbe gilt für die möglichen Interpretationen, deren Zahl unbegrenzt ist. Dennoch haben Sie in beiden Fällen zumindest eine Information aufgenommen. Als von jeder Substanz und jeder Bedeutung freies Zeichen bedarf eine Information zu ihrer Übertragung stets eines physischen Substrats, auch wenn sie im Prinzip unabhängig von der Beschaffenheit dieses Substrats bleibt. Und ebenso bedarf eine Information stets einer Interpretation, wenn sie irgendeinen Nutzen haben soll.

Der moderne Informationsbegriff, der um die Mitte des 20. Jahrhunderts ursprünglich als technisches Konzept für die Zwecke der Nachrichtentechnik entwickelt wurde, spielt für die Übertragung von Nachrichten etwa dieselbe Rolle wie das Atom für die Materie: Eine Information ist nicht weiter zerlegbar und beschränkt sich auf das elementarste Zeichen, das man sich vorstellen kann: auf Ja oder Nein, Anwesenheit oder Abwesenheit. Kurz, sie ist das einfachste Element, das sich übertragen lässt.

Um die Rolle des Informationskonzepts in der Theorie der Nachrichtenübermittlung (oder Telekommunikation) genau zu verstehen, stellen wir uns vor, eine Person *A* möchte einer Person *B* etwas geben oder mitteilen. Zu diesem Zweck könnte *A* die Person *B* aufsuchen und ihr das Geschenk eigenhändig überreichen bzw. ihr direkt sagen, was sie mitteilen möchte. *A* kann sich aber auch an eine dritte Person *C* wenden, die das Geschenk oder die Nachricht an *B* übermitteln soll (siehe *Abbildung 1*). Diese Situation einer »Fernübermittlung« entspricht der eigentlichen Bedeutung des Ausdrucks »Telekommunikation«, denn die griechische Vorsilbe *tele* bedeutet »fern« oder »aus der Ferne«.

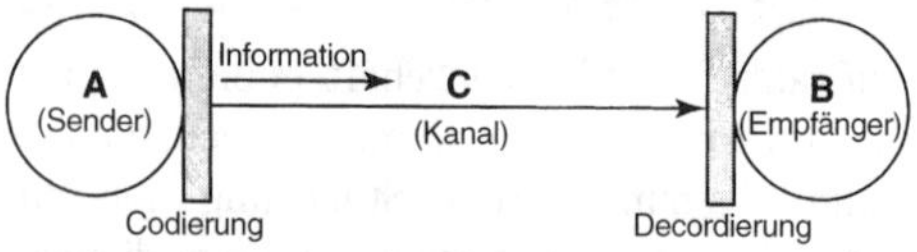

Abbildung 1

Die Fachleute der Telekommunikation haben sich in diese Situation eingeschaltet und das Schema so weit verallgemeinert, dass *C* ein beliebiges Mittel ist, um möglichst viele Dinge – Texte, Töne, Stimmen, Bilder – möglichst schnell zu übermitteln. Zu diesem Zweck gehen sie davon aus, dass die »Sache«, die *A* an *B* übermitteln möchte, sich in eine Folge kleiner elementarer Einheiten – Informationen – zerlegen lässt, die dann von *C* weitertransportiert und schließlich wieder zu einem Ganzen zusammengesetzt werden, das dann gemäß dem Wunsch von *A* an *B* übergeben wird. Natürlich lässt sich nicht alles auf diese Weise übertragen; es ist kaum vorstellbar, dass etwas so Empfindliches wie eine Erdbeertorte solch eine Behandlung unbeschadet überstehen würde. Aber neben Tönen und Bildern ist man heute bereits in der Lage, auch kinästhetische Empfindungen (Bewegungsempfindungen) zu übertragen, wie sie ein Chirurg etwa bei der Ausführung einer Operation wahrnimmt (siehe VIRTUELLE REALITÄT).

Drei grundlegende Operationen kommen bei diesem Informationskonzept ins Spiel:

- Die CODIERUNG – oder Verschlüsselung – zerlegt das Geschenk, das *A* an *B* übermitteln möchte, in kleine, gleichförmige Einheiten, die jeweils einer binären Information entsprechen.
- Die Übertragung sorgt dafür, dass alle von *A* ausgehenden Informationen über *C* an *B* übermittelt werden. Diese Informationen können mit unterschiedlichen Geschwindigkeiten und mehr oder weniger getreu übertragen werden (siehe RAUSCHEN); die Geschwindigkeit bemisst sich nach der pro Zeiteinheit übertragenen Informationsmenge; die übliche Einheit ist ein Baud (eine Information, d. h. ein BIT, pro Sekunde). Auf

vielfältigen Wegen bemüht man sich, Übertragungsfehler aufzuspüren und fehlerhaft übertragene Informationen zu korrigieren (siehe FEHLER und CODE).
- Nach der Übertragung werden die Informationen wieder zusammengesetzt, damit das von A abgesendete Geschenk in der rechten Form an B übergeben werden kann; diese Phase bezeichnet man als Decodierung oder Entschlüsselung.

Auf der Basis des Informationskonzepts befassen sich die Theorien der Nachrichtenübertragung mit der Codierung von Texten, Tönen, Bildern und Gebärden usw. (siehe ENTROPIE) sowie mit Fragen der Übertragung, das heißt mit der Beschleunigung des Datentransfers, mit Möglichkeiten einer verbesserten Nutzung von Kanälen und mit der Korrektur von Fehlern sowie schließlich auch mit Fragen der Decodierung.

Nach der Umwandlung in Informationssequenzen lassen sich die Objekte der Welt nicht nur übertragen, sondern auch mit Computern bearbeiten und nach Belieben umformen; aus solchen Bestrebungen ist die INFORMATIK hervorgegangen, die sich, wie der Name schon andeutet, mit der automatischen Verarbeitung von Informationen befasst.

Da Menschen immer mehr durch technische Mittel der Informationsübertragung miteinander in Kontakt treten und da die menschliche Arbeit sich immer mehr auf Erzeugung und Verarbeitung von Informationen beschränkt, glauben manche, dass die hoch entwickelten Gesellschaften unserer Zeit gegenwärtig in ein neues Zeitalter, das Informationszeitalter, eintreten, während ein anderes, seit unvordenklichen Zeiten herrschendes Zeitalter seinem Ende entgegengeht, das Zeitalter der Energie nämlich, in dem das menschliche Tun sich hauptsächlich an der physischen Leistung bemaß, also an der Menge der verausgabten Energie. In jedem Fall spiegelt sich darin die herausragende Rolle, die man der Information in der heutigen Welt beimisst – ob zu Recht oder zu Unrecht, sei dahingestellt.

Information, genetische

→ ***genetische Information***

Informationssystem

Zur Vorbereitung: ***Information***

Zur Vertiefung: ***Datenbank; Datenbanksystem; Hypertext***

Alle Organisationen haben das Bedürfnis, Informationen und Fachwissen zentral zu sammeln, um sie ihren einzelnen Gliedern zugänglich zu machen. Datenbanken und Datenbanksysteme, Multimedia, Interaktivität, Telekommunikationsnetze und die gesamte Informationstechnologie haben hier neue Lösungen ermöglicht. Die Gesamtheit dieser Lösungen fasst man unter dem Begriff des Informationssystems zusammen. Solche Systeme sind natürlich niemals umfassend, sondern stets auf bestimmte Bereiche zugeschnitten: Krankenhausinformationssysteme fassen sämtliche Daten zusammen, die in einem Krankenhaus zirkulieren; geographische Informationssysteme verwalten Informationen, die den geographischen Raum betreffen, usw.

Bei großen industriellen Projekten wie Satelliten, Flugzeugen oder Kernreaktoren kommt oft nach mehreren Jahrzehnten, wenn die Initiatoren längst in Ruhestand gegangen sind, die Frage auf, was sie wohl zu dieser oder jener Konstruktionsentscheidung bewegt hat, weil man bestimmte Details verändern möchte. Das Bedürfnis, das Wissen über technische Verfahren, praktisches Know-how und frühere Entscheidungen zugänglich zu halten, hat zur Entwicklung von Unternehmensinformationssystemen geführt, die gleichsam das Gedächtnis eines Unternehmens darstellen und den Unternehmen eine größere Unabhängigkeit vom aktuellen Kenntnisstand ihrer Mitarbeiter verschaffen sollen.

Instabilität

→ ***Stabilität, Instabilität***

Integral

Zur Vorbereitung: ***Funktion***

Flächeninhalt und Integral

Der Begriff des Integrals eröffnet die Möglichkeit, von Kurven begrenzte ebene Flächen, Volumina, den Schwerpunkt von Festkörpern, die Länge von Kurvenabschnitten, den Flächeninhalt gekrümmter Flächen und vieles andere zu berechnen. Zum Beispiel kann man damit die Fläche zwischen der vertikalen Achse und dem Parabelast mit der Gleichung $y = x^2$ berechnen (die in *Abbildung 1* dunkelgrau eingefärbt ist). Der Flächeninhalt beträgt 2/3.

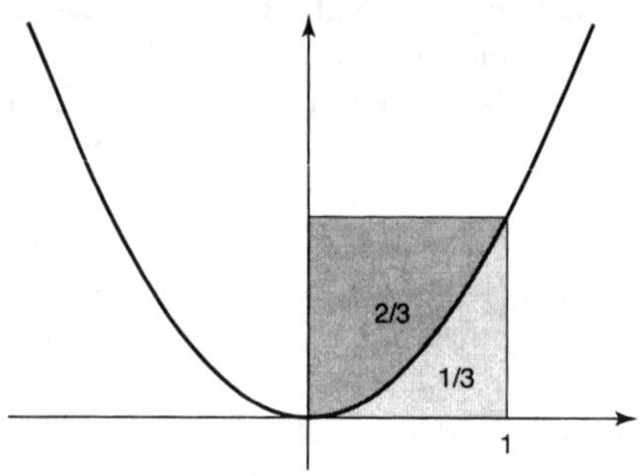

Abbildung 1

Der Flächeninhalt der Fläche zwischen dem Parabelast und der horizontalen Achse ist gleich 1/3.

Allgemein ist das Integral einer auf einem Intervall $[a, b]$ definierten Funktion der Flächeninhalt der zwischen dem Graphen der Funktion und der horizontalen Achse gelegenen Fläche (siehe *Abbildung 2*).

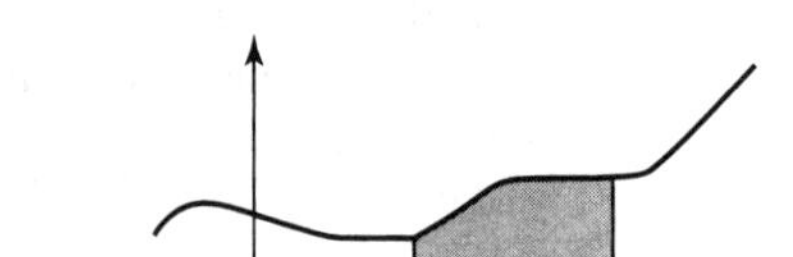

Abbildung 2

Nimmt die Funktion negative Werte an, wird der Flächeninhalt der unter der horizontalen Achse gelegene Fläche negativ gezählt (siehe *Abbildung 3*).

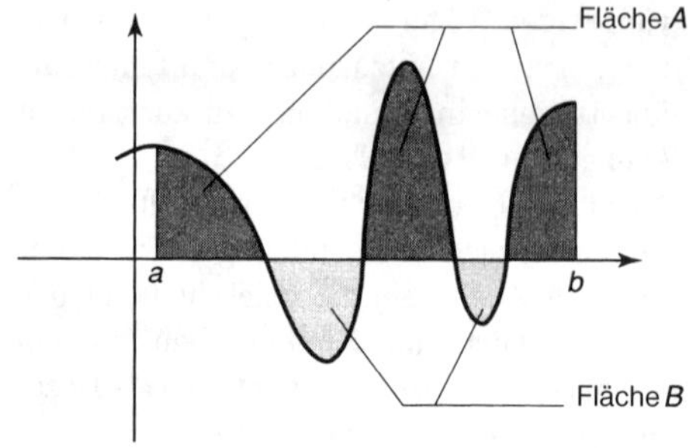

Abbildung 3 Das Integral der Funktion in den Grenzen von *a* bis *b* ist die Differenz der Flächeninhalte *A*−*B* der dunkel- und der hellgrauen Flächen.

Diese Zahl bezeichnet man mit dem Ausdruck

$$\int_a^b f$$

und man sagt: »Summe oder Integral von f in den Grenzen von a bis b«, oder auch

$$\int_a^b f(x)\mathrm{d}x$$

und man sagt: »Summe oder Integral von $f(x)\mathrm{d}x$ in den Grenzen von a bis b«. Für den Flächeninhalt der hellgrauen Flächen in *Abbildung 1* schreibt man entsprechend

$$\int_0^1 (x \longmapsto x^2)$$

oder

$$\int_0^1 x^2\mathrm{d}x$$

Von der Antike bis zum 16. Jahrhundert

Die ersten Erkenntnisse über den Inhalt von Flächen und Körpern, die auf die Antike zurückgehen, wurden im Rahmen der Proportionenlehre gewonnen. In diesem Rahmen kann man die Länge von Strecken und den Inhalt von Flächen oder Körpern nicht durch Zahlen ausdrücken, sondern nur durch die Tatsache, dass zwei solcher Größen im selben Verhältnis zueinander stehen wie zwei andere. Auf diese Weise erhält man Aussagen von der Art: »Die Flächeninhalte zweier Kreise verhalten sich zueinander wie die Quadrate der Durchmesser« oder: »Die Volumina zweier Pyramiden gleicher Höhe, deren Basen aus

Polygonen bestehen, verhalten sich zueinander wie die Flächen der Basen« (Euklid). In Euklids *Elementen* finden sich außerdem Aussagen über Kegel und Kugeln (deren Volumen sich proportional zur dritten Potenz des Durchmessers verhält).

Im 3. Jahrhundert vor Christus bereicherte Archimedes die Proportionenlehre um zahlreiche Erkenntnisse. Er konnte zum Beispiel zeigen, dass der Flächeninhalt eines Kreis gleich dem eines Dreiecks ist, dessen Höhe dem Radius und dessen Basis dem Kreisumfang entspricht, wobei das Verhältnis zwischen Durchmesser und Umfang des Kreises zwischen 3+(10/71) und 3+(1/7) liegt – ein erster Näherungswert für unsere Zahl π (siehe PI).

Außerdem konnte er zeigen, dass die Oberfläche einer Kugel gleich dem vierfachen Flächeninhalt eines Kreise mit demselben Radius ist, ihr Volumen 2/3 des Volumens des umschriebenen Zylinders beträgt und dass der Flächeninhalt eines Parabelsegments gleich 4/3 der Fläche des einbeschriebenen Dreiecks ist (siehe *Abbildung 4*). Weiter Erkenntnisse betrafen das Volumen von Quadriken (siehe KEGELSCHNITT) und den Flächeninhalt von Spiralen.

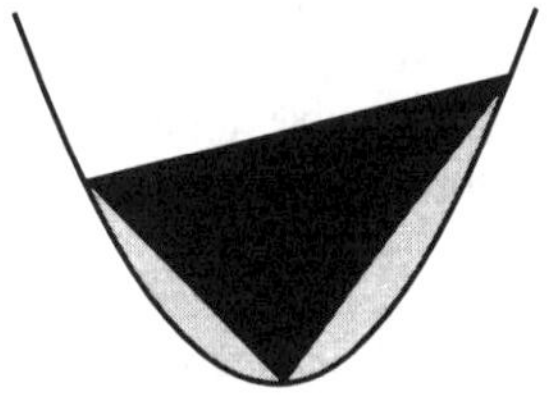

Abbildung 4

All diese Sätze bewies man durch eine *reductio ad absurdum* (siehe ABSURD). So beruhte der Beweis des oben genannten Satzes über den Flächeninhalt eines Parabelsegments auf folgendem Gedankengang: Durch zwei Seiten des einbeschriebenen Dreiecks werden zwei

Abbildung 5

Flächen abgetrennt, in die sich ihrerseits jeweils ein Dreieck einschreiben lässt (siehe *Abbildung 5*).

Man kann nun zeigen, dass die Summe der Flächeninhalte dieser beiden Dreiecke 1/4 des Flächeninhalts des großen Dreiecks beträgt. Wiederholt man diesen Vorgang n-mal, erhält man ein einbeschriebenes Polygon, dessen Flächeninhalt

$$T + \frac{1}{4}T + \ldots + \frac{1}{4^n}T$$

oder

$$\frac{4}{3}T\left(1 - \frac{1}{4^{n+1}}\right)$$

beträgt. In moderner Sprache würde man sagen, der Flächeninhalt strebe gegen $(4/3)T$, wenn n gegen unendlich geht, aber Archimedes verfügte noch nicht über das Konzept des Grenzwerts, und so zeigte er, dass die beiden Hypothesen $P<(4/3)T$ und $P<(4/3)T$ zu einem Widerspruch führen. Wenn zum Beispiel $P<(4/3)T$, wird

$$\frac{4}{3}T\left(1 - \frac{1}{4^n}\right)$$

bei hinreichend großem n größer als P, was absurd wäre, weil das einbeschriebene Polygon nicht größer sein kann als die Fläche, in die es einbeschrieben ist. Daher kann P nur gleich $(4/3)T$ sein.

Die unendlichen Summen unendlich kleiner Flächen

Um solche schwerfälligen Beweise zu vermeiden, bei denen man außerdem das Ergebnis bereits kennen muss, bevor man sich an den Beweis macht, entwickelten die Mathematiker die Methode der unteilbaren Strecken oder Flächen. Dazu zerlegt man die Fläche (zum Beispiel in *Abbildung 2*) in unendlich viele Segmente (siehe *Abbildung 6*) und setzt das Abszissensegment x einem Rechteck mit der Länge $f(x)$ und einer unendlich kleinen Breite gleich (siehe UNENDLICH).

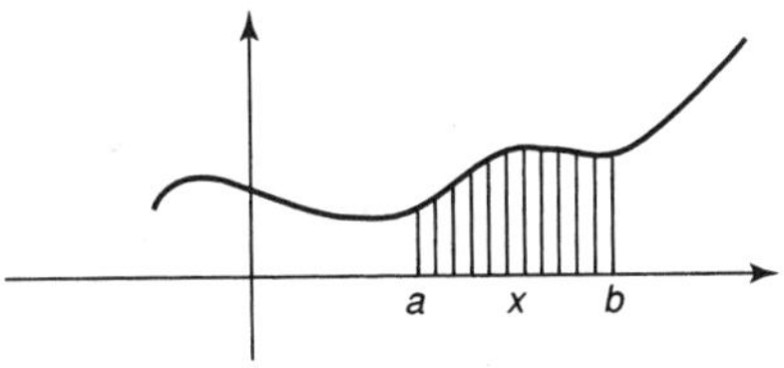

Abbildung 6

Bezeichnet man diese unendlich kleine Breite mit dx, so hat das Rechteck den Flächeninhalt $f(x)dx$. Das Integral ist nun definiert als die Summe dieser unendlich kleinen Flächeninhalte, und man schreibt

$$\int_a^b f(x)\,dx$$

Das Integralzeichen $\int$, ein gestrecktes S, ist der Anfangsbuchstabe des lateinischen Ausdrucks *summa integralis* (Gesamtsumme).

Integral und Ableitung

Zur Vorbereitung: ***Ableitung***

Ist f eine Funktion, kann man eine weitere Funktion F konstruieren, die dem Wert x das Integral der Funktion f zwischen einer im Voraus festgelegten Grenze (zum Beispiel 0) und x zuordnet. Diese Funktion nennt man das unbestimmte Integral von f (unbestimmt, weil die obere Grenze eine Variable ist). Die Begriffe des Integrals und der Ableitung sind durch folgenden Satz miteinander verknüpft, der für die Berechnung von Integralen große praktische Bedeutung besitzt: Ist die Funktion f stetig, so ist die Ableitung von F die Funktion f. Definiert man die Ableitung von F an der Stelle x als die Zahl

$$\frac{F(x+dx)-F(x)}{dx}$$

wobei dx eine unendlich kleine Zahl darstellt, ist die Zahl $F(x)$ die hellgraue Fläche in *Abbildung 7*, und die Zahl $F(x+dx)$ ist die gesamte eingefärbte Fläche. Die Differenz $F(x+dx)-F(x)$ ist die dunkelgraue Fläche. Dabei handelt es sich um ein Rechteck mit der Länge $f(x)$ und der unendlich kleinen Breite dx, dessen Flächeninhalt $f(x)dx$ beträgt; teilt man diesen Ausdruck durch dx, erhält man $f(x)$.

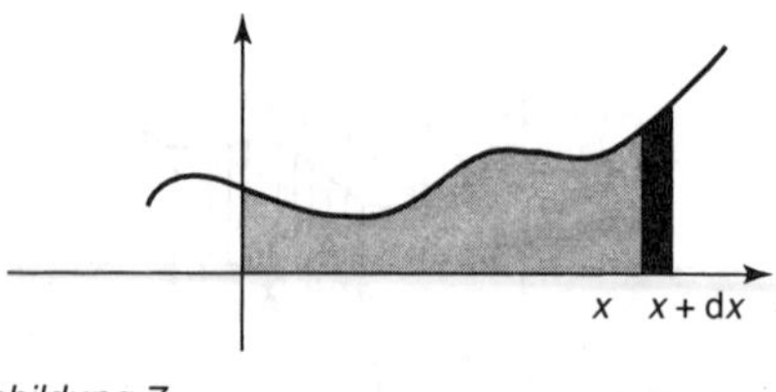

Abbildung 7

Moderner ausgedrückt, ist die Ableitung der Funktion F an der Stelle x definiert als der Grenzwert der Funktion

$$d \longmapsto \frac{F(x+d)-F(x)}{d}$$

an der Stelle 0.

Die Differenz $F(x+d)-F(x)$ besteht aus einem Rechteck der Breite d und der Länge $f(x)$ sowie einem kleinen Rest (siehe *Abbildung 8*).

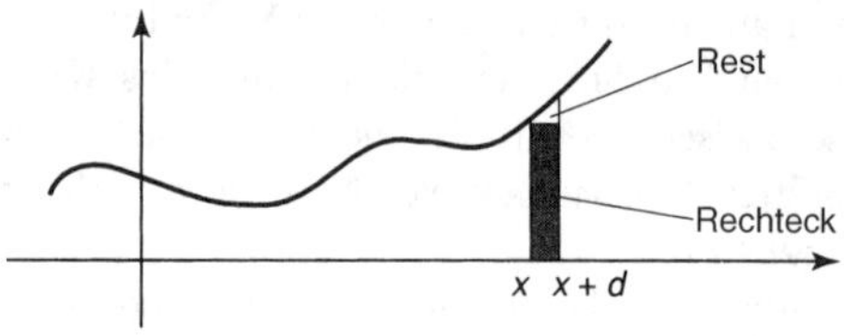

Abbildung 8

Teilt man diese Fläche durch die Zahl d, erhält man $f(x)$ plus die durch d geteilten Fläche des Rests. Da die Funktion f stetig ist, kann man zeigen, dass dieser zweite Ausdruck gegen 0 strebt, wenn d gegen 0 strebt, dass also die Ableitung von F an der Stelle x die Zahl $f(x)$ ist.

Eine derartige Funktion F, deren Ableitung die Funktion f ist, wird als Stammfunktion von f bezeichnet. Das unbestimmte Integral einer stetigen Funktion ist also eine Stammfunktion dieser Funktion. Man kann zeigen, dass alle stetigen Funktionen eine Stammfunktion besitzen (das ist keineswegs selbstverständlich, wenn man bedenkt, dass diese Funktionen nicht alle eine Ableitung besitzen). Außerdem kann man zeigen, dass man sämtliche Stammfunktionen von f erhalten kann, indem man ihrem unbestimmten Integral F eine Konstante hinzufügt. Wenn f eine stetige Funktion und F eine ihrer Stammfunktionen ist, gilt:

$$\int_a^b f = F(b) - F(a)$$

Mit Hilfe dieses Ausdrucks lässt sich die hellgraue Fläche in *Abbildung 1* berechnen. Wie eine einfache Rechnung zeigt, ist die Ableitung der Funktion

$$x \longmapsto \frac{1}{3}x^3$$

die Funktion

$$x \longmapsto x^2$$

Daher ist die Funktion

$$x \longmapsto \frac{1}{3}x^3$$

eine Stammfunktion der Funktion

$$x \longmapsto x^2$$

und

$$\int_a^b (x \longmapsto x^2) = \frac{1}{3}b^3 - \frac{1}{3}a^3$$

insbesondere

$$\int_0^1 (x \longmapsto x^2) = \frac{1}{3}$$

Will man das Integral einer Funktion f berechnen, braucht man also lediglich eine Stammfunktion zu finden. Allerdings ist das nicht immer ganz einfach. Die Ableitung einer Funktion lässt sich durch die Anwendung einer systematischen Methode bestimmen, denn wir kennen die Ableitungen der elementaren Funktionen (Sinus, Kosinus, Exponentialfunktion usw.), und die Ableitung einer Summe, eines Produkts usw. von zwei Funktionen lässt sich aus den Ableitungen der Funktionen selbst errechnen. Mit Hilfe dieser Regeln kann man zum Beispiel leicht die Ableitung der Funktion $x \longmapsto x \sin x + \cos x$ berechnen. Diese Ableitung ist die Funktion $x \longmapsto x \cos x$ (siehe ABLEITUNG und WINKEL). Für die Bestimmung der Stammfunktionen gibt es dagegen keine systematische Methode; oft muss man sie erraten, bevor man sie ableitet. Bei diesen Vermutungen kann man sich von einigen Regeln leiten lassen (Austausch der Variablen, partielle Integration), doch diese Regeln bieten keine Gewähr für einen Erfolg. Heute verwendet man diese Methoden in Computerprogrammen (siehe FORMALER KALKÜL).

In manchen Fällen, zum Beispiel bei rationalen Funktionen (das heißt dem Quotienten zweier Polynome), kann man die Stammfunktionen, die sich als rationale Funktionen ausdrücken lassen, aus der Logarithmus- und der Arkustangensfunktion berechnen. Der nächste Komplexitätsgrad ist der der elliptischen Integrale, in denen die Quadratwurzel eines Polynoms vierten Grades auftritt; man kann sie nicht durch gewöhnliche Funktionen ausdrücken, aber auf diesem Gebiet gibt es eine reichhaltige Theorie.

Vom Riemann-Integral zum Lebesgue-Integral

Die Definition des Integrals als unendliche Summe unendlich kleiner Zahlen verwendet den Begriff der »unendlich kleinen Zahl«. Aber alle Versuche, diesen Begriff zu definieren, führten bis vor relativ kurzer Zeit stets zu Widersprüchen (siehe UNENDLICH). Im 19. Jahrhundert gaben Augustin Cauchy und Bernhard Riemann eine Definition des Integrals und allgemeiner des Flächeninhalts, die ganz ohne diesen Begriff auskommt. Dabei zerlegt man die Fläche unter der Kurve in eine Vereinigung von Rechtecken. Der Flächeninhalt eines Rechtecks ist das Produkt der Länge und der Breite, und der Flächeninhalt der vereinigten Rechtecke ergibt sich aus der Summe der einzelnen Flächeninhalte. Natürlich lässt sich die Fläche unter einer Kurve im Normalfall nicht in endlich viele Rechtecke zerlegen. Daher approximiert man die Fläche durch die Vereinigung immer schmalerer Rechtecke und nimmt den Grenzwert der so erhaltenen Approximationen des Flächeninhalts (siehe *Abbildung 9*).

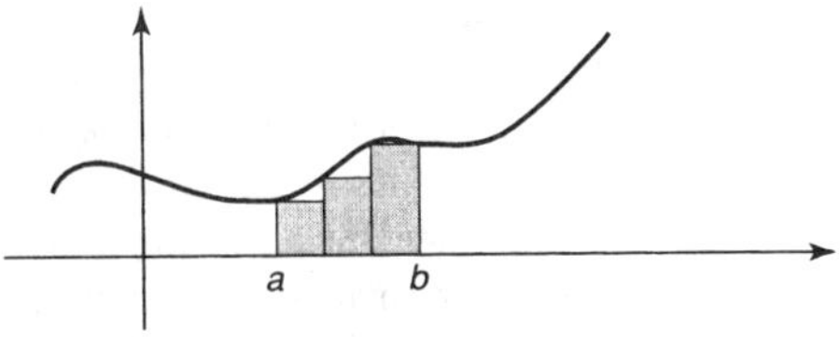

Abbildung 9 Die Fläche der drei Rechtecke ist ein Näherungswert für das Integral.

Genauer gesagt, approximiert man die zu integrierende Funktion durch Treppenfunktionen, das heißt durch Funktionen, die in bestimmten Intervallen jeweils konstant sind und deren Integral sich daher leicht bestimmen lässt. Das Integral der Funktion f kann dann definiert werden als obere Schranke sämtlicher Approximationen des Integrals durch das Integral von Treppenfunktionen, die unterhalb von *f* bleiben.

Man kann die Funktion *f* auch durch Treppenfunktionen approximieren, die oberhalb von f bleiben, und dann entsprechend die untere Schranke all dieser Approximationen nehmen.

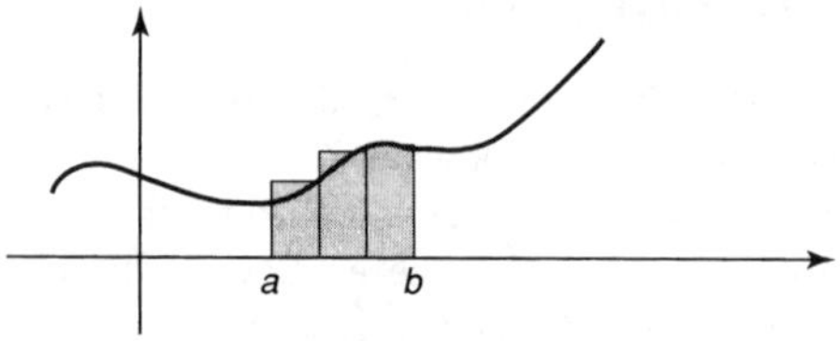

Abbildung 10

Die beiden Definitionen führen bei stetigen Funktionen zum selben Ergebnis; das gilt jedoch nicht für Funktionen, die nicht stetig sind. Als Beispiel sei hier die Funktion K genannt, die den rationalen Zahlen die Zahl 1 und den irrationalen Zahlen die Zahl 0 zuordnet, also etwa $K(1/3) = 1$ und $K(\sqrt{2}) = 0$. Da es zwischen zwei reellen Zahlen stets rationale und irrationale Zahlen gibt, nimmt die Funktion K in allen Intervallen sowohl den Wert 1 als auch den Wert 0 an. Eine untere Treppenfunktion muss daher stets unterhalb von 0 bleiben und eine obere stets oberhalb von 1. Berechnet man das Integral dieser Funktion zwischen 0 und 1 durch eine Approximation von unten, erhält man 0; berechnet man es durch eine Approximation von oben, erhält man dagegen 1. In Wirklichkeit sagt Riemanns Theorie zu solchen Funktionen gar nichts. Nach seiner Theorie hat eine Funktion nur dann ein Integral, wenn die beiden Definitionen (über Treppenfunktionen mit einer Approximation von unten bzw. von oben) zusammenfallen. Die Funktion K ist im Riemannschen Sinne nicht integrierbar.

Beim Riemann-Integral approximiert man also die zu messende Fläche, indem man sie in eine endliche Zahl von Rechtecken zerlegt. Um die Beschränkungen dieser Definition zu überwinden, kann man versuchen, die Fläche in eine unendliche Zahl von Rechtecken zu zerlegen (siehe *Abbildung 11*) und deren Flächeninhalt dann zu addieren.

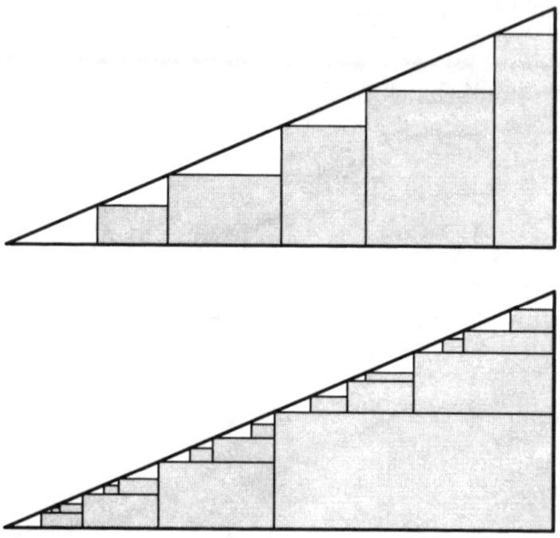

Abbildung 11 Approximationen eines in eine endliche und eine unendliche Zahl von Rechtecken zerlegten Dreiecks

Dabei ergibt sich ein Problem: Jede Fläche lässt sich in eine unendliche Zahl von Rechtecken zerlegen, die jeweils aus einem einzigen Punkt bestehen. Der Flächeninhalt jedes dieser Rechtecke ist gleich 0; die Summe dieser Flächeninhalte ist also ebenfalls gleich 0. Die Lösung des Problems bringt die Mengenlehre. Denn dort kann man zeigen, dass es auch im Unendlichen noch Unterschiede gibt und dass insbesondere die Menge der reellen Zahlen eine größere Mächtigkeit besitzt als etwa die Menge der natürlichen Zahlen: Die Menge der natürlichen Zahlen ist abzählbar unendlich, während die der reellen Zahlen überabzählbar unendlich ist (siehe MENGE und UNENDLICH). Die Definition, die Henri Lebesgue 1902 für das Integral vorschlug, hält sich genau in der Mitte zwischen der Riemannschen Definition, die nur die Zerlegung in eine endliche Zahl von Rechtecken erlaubt, und einer Definition, die eine Zerlegung in eine beliebige unendliche Zahl von Rechtecken zulässt. Das Lebesgue-Integral erlaubt eine Zerlegung in eine abzählbar unendliche Zahl von Rechtecken.

Damit verschwindet das Paradoxon einer Zerlegung in punktförmige Rechtecke, denn die Zahl dieser Rechtecke ist überabzählbar. Umgekehrt ist es möglich, das Dreieck in *Abbildung 11* in eine abzählbar unendliche Zahl von Rechtecken zu zerlegen. Desgleichen ist es möglich, die Fläche zwischen der

Parabel und der horizontalen Achse in *Abbildung 1* oder generell zwischen dem Graphen jeder im Riemannschen Sinne integrierbaren Funktion und der horizontalen Achse in eine abzählbar unendliche Zahl von Rechtecken zu zerlegen. Alle Funktionen, die ein Riemann-Integral besitzen, haben also auch ein Lebesgue-Integral. Und da die Menge der Punkte, die zwischen der horizontalen Achse und dem Graphen der oben definierten Funktion K liegen, gleichfalls in eine abzählbar unendliche Zahl von Rechtecken zerlegt werden kann, besitzt diese Funktion, die kein Riemann-Integral hat, dennoch ein Lebesgue-Integral (dessen Wert 0 ist).

Dennoch gibt es Funktionen, die kein Lebesgue-Integral besitzen (bei denen sich also die Fläche zwischen der horizontalen Achse und dem Graphen der Funktion nicht in eine abzählbar unendliche Zahl von Rechtecken zerlegen lässt), aber solche Funktionen lassen sich nur schwer konstruieren. Robert Solvay hat in den 1960er Jahren gezeigt, dass man sich bei dieser Konstruktion in jedem Fall auf das AUSWAHLAXIOM stützen muss. Außerdem hat die Menge der Funktionen, die ein Lebesgue-Integral besitzen, weitaus interessantere Eigenschaften als die Menge der Funktionen, die ein Riemann-Integral besitzen. Wenn zum Beispiel alle Funktionen einer Folge f_1, f_2, f_3 ... ein Lebesgue-Integral besitzen und für jede Zahl x die Folge der Bilder von x: $f_1(x), f_2(x), f_3(x)$ ... den Grenzwert $f(x)$ hat, dann besitzt die Funktion f ein Lebesgue-Integral, sofern all diese Funktionen unterhalb einer integrierbaren Funktion bleiben, was für das Riemann-Integral nicht zutrifft.

Integration

Integration in der Informatik

Zur Vertiefung: ***Chip; Programm; Software; Transistor***

Der Begriff der Integration bezieht sich in der Informatik sowohl auf Hardware als auch auf Software: Wie lassen sich auf kleinstem Raum möglichst viele elektronische Bauelemente unterbringen, die dann gemeinsam die Zentraleinheit eines Computers bilden können? Wie müssen Programme beschaffen sein, damit sie nebeneinander arbeiten und der Benutzer zwischen ihnen wechseln kann, als handelte es sich lediglich um verschiedene Funktionseinheiten ein und desselben Programms?

Während die Fragen für beide Bereiche einander gleichen, unterscheiden die Antworten sich beträchtlich. Die Integration von elektronischen Schaltungen hat inzwischen ein beachtliches Ausmaß erreicht; das gilt insbesondere für die VLSI-Technik (*Very Large Scale Integration*), bei der Millionen von TRANSISTOREN und anderen Halbleiterelementen auf einer Fläche von wenigen Quadratmillimetern zu leistungsfähigen CHIPS zusammengefasst werden. Die Integration der Software bereitet dagegen immer noch Schwierigkeiten, denn dazu ist es erforderlich, dass unabhängige Programme zu komplexen Gebilden zusammengefügt werden. Die meisten Computerprogramme, die jeweils unabhängig voneinander entwickelt werden, sind nicht kompatibel; es gibt daher keine Softwareintegration im eigentlichen Sinne, sondern lediglich eine Verknüpfung der Funktionen unterschiedlicher Programme.

Integration in der Mathematik

→ ***Integral***

Intelligenz, künstliche

→ ***künstliche Intelligenz***

Interaktion zwischen Mensch und Maschine

Zur Vertiefung: ***Bild; kognitive Wissenschaften; Kommunikation zwischen Mensch und Maschine; virtuelle Realität***

Es ist heute schon trivial, wenn man auf die Allgegenwart der Maschinen im Leben der modernen Menschen des Westens hinweist: Eisenbahn, Automobil, Flugzeug, Satelliten, Radio, Fernsehen, Telefon, Stechuhr, Toaster; wir sind von zahllosen Robotern umgeben, die wir in der Banalität unseres Alltags kaum noch wahrnehmen. Einige dieser Maschinen, die uns eigentlich dienen sollen, bleiben uns allerdings fremd oder erscheinen sogar feindselig: Wie viele Videorecorder bleiben unbenutzt, weil ihre Bedienung zu kompliziert ist, und wie viele elektrische Zahnbürsten altern in unseren Badezimmerschränken still vor sich hin? Mit den Fahrkartenautomaten im öffentlichen Nahverkehr tun manche sich sehr schwer; und auch die Programmiermöglichkeiten moderner Elektroherde bleiben weitgehend ungenutzt. Andere »großartige« Erfindungen landen gleich nach ihrem Erscheinen auf dem Friedhof der Illusionen. Und das erscheint nicht weiter schlimm; die Werbung hat den Mund zu voll genommen, und ein paar unkritische Zeitgenossen haben sich davon täuschen lassen. Doch neben solcher Verschwendung kommt es auch vor, dass die Technik den Menschen gefährliche Fallen stellt. So sollen die meisten Flugzeug- und Eisenbahnunglücke durch menschliches Versagen verursacht sein, bei dem die Technik eine bedeutende Rolle spielt: Informationen, die das technische System liefert, werden übersehen oder falsch interpretiert und führen dadurch zu Fehlverhalten. Bei der Überwachung des Luftraums und in Kernkraftwerken ergeben sich ähnliche Probleme.

Um das Verhältnis zwischen Mensch und Maschine zu erforschen und nach Möglichkeit unter ganz praktischen Gesichtspunkten zu verbessern, ist an der Grenze zwischen den KOGNITIVEN WISSENSCHAFTEN und der INFORMATIK ein Fachgebiet entstanden, das sich mit der Interaktion, also der Wechselwirkung zwischen Mensch und Maschine befasst, insbesondere mit ihrer wechselseitigen Wahrnehmung und deren Folgen. Das Konzept der Interaktion ist jedoch kein unbeschriebenes Blatt; es besitzt bereits eine Geschichte, die zunächst kurz zusammengefasst werden soll.

Der Dialog zwischen Mensch und Maschine

Die ersten Versuche, den Austausch zwischen Mensch und Maschine zu steuern, stützten sich auf das Bild der Kommunikation (siehe KOMMUNIKATION ZWISCHEN MENSCH UND MASCHINE); dabei ging es um die Fähigkeit von Maschinen, optische, akustische und taktile Wahrnehmungen zu analysieren und synthetisch zu erzeugen. Diese Bestrebungen erstrecken sich auf den Bereich der Bearbeitung und Auswertung von Bildern (Fotografien, Zeichnungen) und handschriftlichen Aufzeichnungen, auf die Spracherkennung, die ein inhaltliches Verständnis gesprochener Sprache ermöglicht, sowie auf die Auswertung taktiler und kinästhetischer Wahrnehmungen, also des Tastsinns und der Bewegungsempfindungen. Umgekehrt versucht man, auf synthetischem Wege optische und akustische Informationen sowie Gebärden zu erzeugen, um eine virtuelle Realität herzustellen. Im Wesentlichen ahmt man also die wichtigsten Sinnesorgane nach, und inzwischen gibt es sogar eine künstliche »Nase«, die einige Gerüche erkennen kann.

Vom Dialog zur Interaktion

All diese Simulationsversuche führen zu drei Schlussfolgerungen, die für die Interaktion zwischen Mensch und Maschine von grundlegender Bedeutung sind.

Erstens lassen sich die Schwierigkeiten in der Kommunikation zwischen Mensch und Maschine teilweise durch Techniken der automatischen Informationsverarbeitung beheben, das heißt durch den Einsatz von Computern, die in der Lage sind, Gesicht, Stimme, Fingerabdrücke, Handschrift oder Sprache eines Menschen automatisch zu erkennen. Bei der Interaktion zwischen Mensch und Maschine, ob nun Waschmaschine oder Flugzeug, handelt es sich daher immer häufiger um eine Interaktion zwischen Mensch und Computer, das heißt, der Austausch zwischen Mensch und Maschine erfolgt nahezu ausschließlich über einen Rechner.

Zweitens bleibt die technische Simulation von Wahrnehmungsprozessen unvollkommen, solange man sich jeweils auf einzelne Sinne beschränkt. Daher kombiniert man nach Möglichkeit mehrere Zugangswege, schafft auf diese Weise eine gewisse Redundanz und wählt schließlich den Weg aus, der am zuverlässigsten oder im jeweiligen Kontext am geeignetsten erscheint, zum Beispiel eine Zeichnung oder die Eingabe auf der Tastatur oder auch die Stimme, wenn die Hände gerade anderweitig beschäftigt sind. Dasselbe gilt für die Darstellung von Informationen, die gleichzeitig optisch und akustisch erfolgen kann, wobei die graphische Darstellung (als Text oder Bild) detaillierte Informationen ermöglicht, während die akustische Darstellung eher zur Warnung eingesetzt wird.

Drittens erweist sich ein am Vorbild des Dialogs orientiertes Kommunikationsmodell als unzureichend, weil es bei der Interaktion zwischen Mensch und Maschine nicht darum geht, den Menschen oder gar die Maschine zu überzeugen. Daher scheint der Begriff der Interaktion besser das Wesen eines Prozesses zu erfassen, in dem Mensch und Maschine eng miteinander kooperieren: der Mensch, indem er die Maschine steuert, die Maschine, indem sie auf den Menschen durch die von ihr gelieferten Informationen einwirkt. Wir haben es also in einem durchaus wörtlichen Sinne mit einer Interaktion, also einer wechselseitigen Einwirkung zu tun.

Von der Interaktion zur Vernetzung

Die neuesten Fortschritte in der Interaktion zwischen Mensch und Maschine haben unser Verhältnis zu den Maschinen vollkommen verändert, zumal auch die Präsenz der Maschinen in unserem alltäglichen Leben weiterhin zunimmt. Außerdem kann man über einen Computer und ein Mobiltelefon überall Verbindung zum weltumspannenden Telekommunikationsnetz herstellen und sich alle möglichen Informationen aus dem Internet holen, von der Straßenkarte und Staumeldungen bis hin zu technischen Dokumentationen, Gesetzestexten oder ganzen Büchern der Weltliteratur. Schon nach wenigen Augenblicken erscheinen die gewünschten Informationen auf dem kleinen, in den Medienhelm integrierten Bildschirm. Und für all das braucht man nur laut und klar verständlich in das gleichfalls integrierte Mikrophon zu sagen, was man sehen oder hören möchte.

Interaktivität

Zur Vertiefung: ***Hypertext; Interaktion zwischen Mensch und Maschine; Multimedia; Schnittstelle***

Interaktivität, wörtlich: wechselseitige Einwirkung, erscheint heute, wenn man sie auf den Geist und die Verbreitung geistiger Inhalte bezieht, als einer der Leuchttürme der Moderne.

Eine Skulptur aus Bronze oder Gips, ein Mahnmal auf dem Dorfplatz, ein naturalistisches Gemälde haben nichts Interaktives; der Betrachter verändert sie nicht; er beschränkt sich darauf, den Blick auf sie zu richten und sie auf sich einwirken zu lassen, ohne sie zu berühren.

Das herkömmliche Buch bietet insofern eine rudimentäre Form von Interaktivität, als es auf den Geist des Lesers einwirkt und der Leser umgekehrt zumindest die räumliche Konfiguration des Buches verändert, wenn er die Seiten umblättert. Diese Interaktivität ist jedoch nur sehr beschränkt, weil der gedruckte Text einen linearen Charakter besitzt, an den der Leser zwar nicht gebunden ist, wie die Benutzung eines Lexikons oder einer Gebrauchsanweisung zeigt, der aber den Raum des Textes strukturiert und eingrenzt.

In seinem Gedichtband *Cent mille milliards de poèmes (Hunderttausend Milliarden Gedichte)* hat Raymond Queneau das Wesen der Interaktivität auf Papier realisiert. Die einzelnen Seiten seines Buches bestehen aus je vierzehn Papierstreifen, auf denen jeweils ein Alexandriner steht, so dass sich Myriaden verschiedener Sonette daraus bilden lassen, die alle dasselbe Reimmuster besitzen. Kein Leser wird jemals sämtliche Kombinationsmöglichkeiten der vierzehn Verszeilen erschöpfen, weil deren Zahl viel zu groß ist; jeder wählt seinen eigenen Weg und stellt sich sein eigenes Buch zusammen. In diesem Fall besteht insofern Interaktivität, als der Leser an der Schaffung des individuellen Werkes selbst aktiv teilnimmt.

Die Fortschritte der Informationstechnologien lassen eine stark erweiterte Interaktivität erwarten, die es jedem erlaubt, selbst auszuwählen und zusammenzustellen, was er lesen, hören oder ansehen möchte. Die steigende Übertragungskapazität moderner Telekommunikationssysteme legt außerdem eine Verknüpfung von Computer, Fernseher und Videothek nahe, dank deren die Fernsehzuschauer sich von ihrer erzwungenen Passivität befreien und sich ihr eigenes Programm zusammenstellen können.

Für diese generalisierte Interaktitivität werden heute zwei alternative Modelle diskutiert: eine schwache und eine starke Version. Nach der schwachen Version beschränkt der Nutzer sich darauf, seinen eigenen Weg durch die »Hunderttausend Milliarden« Angebote zu suchen, die in fertiger Form vorliegen; das »Werk«, das diese Angebote bilden, bleibt unverändert; der Einfluss der Leser (Nutzer) beschränkt sich auf das »Zappen«, das wir vom gegenwärtigen Fernsehen kennen. Nach der starken Version verändern die Leser (Nutzer) das Werk durch eigene Hinzufügungen und machen es dadurch zu einem Gemeinschaftswerk. Manche denken zum Beispiel an eine Universalenzyklopädie, an deren Erstellung sich jeder beteiligen könnte, der guten Willens ist, so dass sie sich mit der Zeit entwickelte, ohne dass es dazu eines Herausgebers bedürfte.

Trotz der Begeisterung, mit der manche die Interaktivität als Zukunft des Buches, des Fernsehens, des Computers und der Telekommunikation in ihrer wechselseitigen Verbindung propagieren, sind doch einige Zweifel angebracht. Bei der schwachen Version kann man sich fragen, wo denn im Kaleidoskop der möglichen Wege noch so etwas wie ein roter Faden zu finden wäre, der die Episoden miteinander verknüpft, Intrigen spinnt, den Leser oder Zuschauer in Atem hält und ihn gar durch unvorhergesehene Wendungen überrascht, wenn er selbst der Autor des Buches oder Films wird. Außerdem könnte die ihm gewährte Freiheit sich als Illusion erweisen, weil sie sich an vorgefertigten Elementen betätigt. Und bei der starken Version, wonach verschiedene Zuschauer-Leser-Autoren ohne jede Hierarchie und übergeordnete Autorität ein Gemeinschaftswerk hervorbringen sollen, fragt sich, wie es möglich sein soll, die Konsistenz des Gesamtwerks zu gewährleisten, Fehler und Irrtümer zu korrigieren oder böswillige Mitautoren in die Schranken zu weisen.

Interferenz

Zur Vertiefung: ***Beugung; Spektrum***

Die Interferenz ist eine der spektakulärsten Wellenerscheinungen. Der Versuch, mit dem der Engländer Thomas Young die Bedeutung dieses Phänomens Anfang des 19. Jahrhunderts aufwies, gehört zu den großen Experimenten in der Geschichte der Naturwissenschaften. Er stach zwei kleine Löcher in einen undurchsichtigen Schirm, bestrahlte den Schirm mit einer Lichtquelle und beobachtete das Bild, das sich auf einem zweiten, hinter den beiden Öffnungen aufgestellten Schirm ergab. Wer den Versuch nicht kennt, erwartet eigentlich, zwei Lichtpunkte auf dem zweiten Schirm zu sehen, die gleichsam das Abbild der beiden Öffnungen darstellen. Wer einen ähnlichen Versuch schon einmal mit einer einzelnen Öffnung durchgeführt hat, der weiß, dass es an der Öffnung zu einer Beugung des Lichts kommt, so dass sich auf dem zweiten Schirm kein scharf umrissener Punkt, sondern ein vergrößerter Fleck abzeichnet. Wenn sich nun zwei Öffnungen im ersten Schirm befinden, dürfte er entsprechend zwei solche Flecke erwarten, deren Helligkeit sich in dem Bereich, in dem sie sich überlappen, einfach additiv verstärkt. Doch das Bild, das sich ihm bietet, sieht ganz anders aus. In dem Bereich, in dem die beiden Lichtflecken einander überlappen, zeigt sich ein Muster aus abwechselnd hellen und dunklen Streifen. Diesem durch eine seltsame Arithmetik gekennzeichneten Phänomen, aus dem hervorgeht, dass die Addition von Licht durchaus auch Dunkelheit ergeben kann, gab Thomas Young die Bezeichnung »Interferenz«.

Das Phänomen tritt zwar beim Licht am spektakulärsten zutage, zu seiner Erklärung greift man jedoch besser auf die Wellen zurück, die sich im Wasser bilden. Wenn man die Wasseroberfläche an zwei Punkten gleichzeitig in Schwingung versetzt, entsteht an jedem dieser beiden Punkte eine Serie von

Wellen, die sich kreisförmig ausbreiten, wobei die einzelnen Wellenzüge jeweils durch einen Abstand voneinander getrennt sind, der als Wellenlänge bezeichnet wird. Anders als man beim Anblick einer Welle glauben könnte, resultiert die Fortpflanzung der Welle nicht aus einer echten Horizontalbewegung der Wassermoleküle; vielmehr bewegt das Wasser sich jeweils nur in vertikaler Richtung aufwärts und abwärts.

An einem Punkt, der sich im gleichen Abstand zum Ursprung der beiden Wellen befindet, treffen die beiden Wellen jeweils gleichzeitig ein (man sagt, die beiden Wellen sind gleichphasig). In diesem Fall ist die vertikale Bewegung an diesem Punkt doppelt so groß wie beim Durchgang einer einzelnen Welle; die beiden Teilwellen verstärken sich gegenseitig (konstruktive Interferenz). Es gibt jedoch auch Punkte, an denen die beiden Wellen mit einer Verzögerung eintreffen, zum Beispiel in der Weise, dass dort ein Wellenberg der einen Welle gleichzeitig mit einem Wellental der anderen Welle durchgeht (in diesem Fall sagt man, die beiden Wellen sind gegenphasig). Dann schwächen die beiden Teilwellen sich gegenseitig ab, und die Vertikalbewegung an diesem Punkt ist gleich null (destruktive Interferenz). Generell gilt, dass die Punkte, an denen die Amplitude der beiden einander überlagernden Wellen ihr Maximum erreicht (die Schwingungsbäuche), dadurch gekennzeichnet sind, dass die Differenz der jeweiligen Abstände zu den beiden Schwingungsquellen, auch Gangunterschied genannt, einem ganzzahligen Vielfachen der Wellenlänge entspricht. Schwingungsknoten dagegen (an denen die Bewegung gleich null wird) treten überall dort auf, wo die Differenz der Abstände zu den beiden Schwingungsquellen einem halbzahligen Vielfachen der Wellenlänge entspricht (statt »halbzahlig« kann man auch schreiben: $n+(1/2)$, wobei n eine ganze Zahl ist). Das Ergebnis der Überlagerung beider Wellen ist eine Serie von Schwingungsknoten und Schwingungsbäuchen, die kontinuierlich ineinander übergehen. Dieser Mechanismus erklärt die beobachtete Interferenzfigur.

Ersetzen wir nun die beiden Schwingungsquellen durch die beiden Öffnungen in Youngs erstem Schirm und die Wasserwelle durch das Licht, so können wir das Muster, das sich auf dem zweiten Schirm abzeichnet, über genau denselben Mechanismus erklären, und zugleich erschließt sich uns der Wellencharakter des Lichts.

Thomas Young ist nicht nur der Vater des Interferenzbegriffs, sondern auch der Begründer der Interferometrie, das heißt der Nutzung der Interferenz für die Messung physikalischer Größen. Tatsächlich konnte er aufgrund der Tatsache, dass die Interferenzfigur eng mit der Wellenlänge zusammenhängt, erstmals eine Schätzung für die Wellenlänge des sichtbaren Lichts abgeben. Seither ist dieser Zweig der Interferometrie, die so genannte Interferenzspektrometrie, ständig weiterentwickelt worden. Ihr Gegenstandsbereich ist die Messung von Wellenlängen und die Analyse von Spektren (das heißt der Zusammensetzung einfallender Wellen aus Elementarwellen bestimmter Wellenlänge).

Wie wir gesehen haben, braucht der Gangunterschied sich nur um eine halbe Wellenlänge zu verändern (das heißt beim sichtbaren Licht um einige Zehntel Mikron, was einer minimalen Verschiebung der Lichtquelle entspricht), und schon verändert sich das Interferenzmuster radikal. Die Interferenz bietet daher eine Möglichkeit, Verschiebungen (und Längen generell) sehr genau zu messen und zugleich auch deutlich sichtbar zu machen (sofern die Wellenlänge der einfallenden Strahlung bekannt ist). Die Interferometrie wird sowohl im Bereich des unendlich Kleinen eingesetzt, etwa zur Kontrolle der Oberfläche von Gegenständen oder zur Messung der Dicke transparenter mikroskopischer Objekte (vor allem in der Biologie), als auch im Bereich des unendlich Großen, etwa zur Messung der Größe astronomischer Objekte (die von der Erde aus allerdings ebenfalls winzig erscheinen).

Auch das Phänomen der Auslöschung in den Schwingungsknoten lässt sich nutzen, zum Beispiel zur Herstellung von Interferenzfiltern, die nur noch Licht bestimmter Wellenlängen passieren lassen, oder zur Erzeugung reflexionsarmer optischer Gläser, die den größten Teil des reflektierten Lichts eliminieren.

intermediäre Verbindungen

Zur Vertiefung: ***Reaktion; Reaktionsmechanismus***

Intermediäre Verbindungen sind chemische Stoffe, die sich im Verlauf einer chemischen oder biochemischen Reaktion vorübergehend bilden und wieder verschwinden, aber für den Ablauf der Reaktion unverzichtbar sind. Wie der Name schon sagt, treten intermediäre Verbindungen oder Zwischenstufen zeitlich zwischen den REAKTANDEN, also den zu Beginn einer Reaktion vorhandenen Reaktionspartnern, und den Endprodukten auf: zum Beispiel A (Reaktand) $\rightarrow B$ (Intermediärverbindung) $\rightarrow C$ (Endprodukt). Die Intermediärverbindung taucht auf, um sofort wieder zu verschwinden, ähnlich wie das Geld im Portemonnaie.

Um nachzuweisen, dass sich ein Molekül tatsächlich, wie man vermutet, als Zwischenstufe in einer bestimmten Reaktion bildet, braucht man es lediglich einem Reaktionsmilieu auszusetzen, das dem untersuchten so ähnlich wie möglich ist: Wenn es sich in dieser neuen Reaktion in die gleichen Endprodukte umwandelt und die Proportionen dieser Produkte gleich sind wie in der ursprünglichen Reaktion, so handelt es sich wahrscheinlich um eine intermediäre Verbindung.

Man kann auch den Ablauf der Reaktion verfolgen, indem man die jeweiligen Mengen der Reaktionspartner, Intermediärverbindungen und Endprodukte entsprechend dosiert. Untersucht man zum Beispiel die Reaktion A (Reaktand) $\rightarrow B$ (Intermediärverbindung) $\rightarrow C$ (Endprodukt) und stellt die Stoffmengen (oder KONZENTRATIONEN im Fall von LÖSUNGEN) abhängig von der Zeit dar, so erhält man Graphen wie in *Abbildung 1* und *Abbildung 2*.

Der in *Abbildung 1* dargestellte Fall kommt selten vor. Meist lässt sich eine intermediäre Verbindung B (siehe *Abbildung 2*) schwer nachweisen. Man geht daher von der Hypothese aus, dass ihre Konzentration während der gesamten Reaktion gleich bleibend gering ist, da sie sich fortlaufend ebenso schnell in das Endprodukt C umwandelt, wie sie sich aus A bildet.

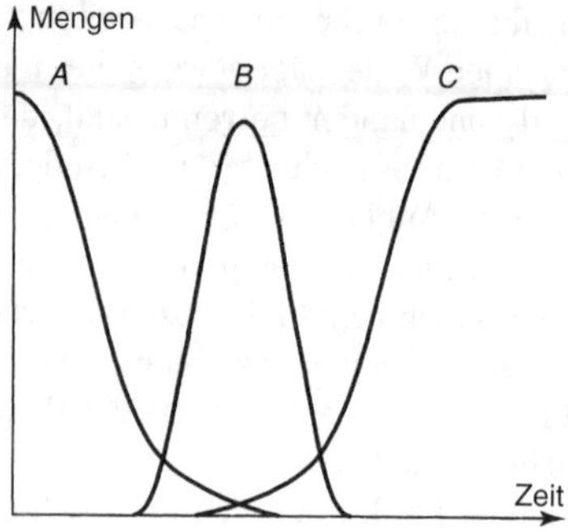

Abbildung 1 Reaktionsprofil der Umwandlung A → B → C für den Fall, dass B sich vor der Umwandlung in C ansammelt (zur Verdeutlichung ist die Menge übertrieben dargestellt).

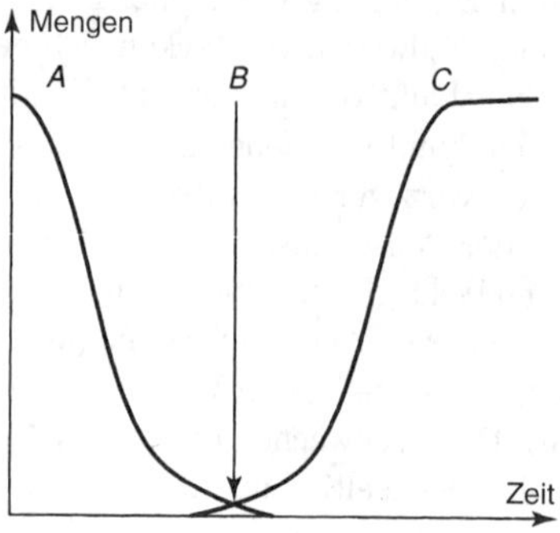

Abbildung 2 Reaktionsprofil der Umwandlung A → B → C für den Fall, dass B zu keiner Zeit in erheblichen Mengen auftritt.

Die Identifikation intermediärer Verbindungen ermöglicht es, einen REAKTIONSMECHANISMUS aufzuklären oder besser zu verstehen, und das ist eine Vorbedingung, um diese Reaktion zum Beispiel in Hinblick auf ihre Ausbeute zu verbessern.

intermolekulare Wechselwirkungen

Zur Vertiefung: ***Hydrophilie, Hydrophobie; Komplementarität; Konformation; Makromolekül***

Zwischen zwei Objekten A und B besteht eine Wechselwirkung, wenn ihre Verbindung von der einfachen Summe $A+B$ abweicht, wobei diese Abweichung sich auf die Energie, das Magnetfeld oder jedes andere Kriterium beziehen kann. Eine Wechselwirkung zu untersuchen bedeutet auch, sie zu messen.

Die Chemie ist die Wissenschaft der Wechselwirkungen, die sie unter ihrem statischen Aspekt untersucht, wenn zwischen Molekularteilchen im Ruhezustand Kräfte wirksam sind, aber auch unter ihrem dynamischen Aspekt, wenn sich diese Kräfte im Laufe einer Umwandlung ändern.

Statische Aspekte

Nehmen wir als Beispiel (siehe *Abbildung 1*) die Wechselwirkung zwischen zwei identischen Ameisensäuremolekülen HCOOH (so genannt, weil sie in Ameisen zu finden ist). Die beiden Moleküle können auf einer Ebene unterschiedlich angeordnet sein: Figur *b* zeigt die stabilere Anordnung, da hier zweimal zwischen drei linear angeordneten Atomen OHO eine anziehende Wechselwirkung besteht, die man als WASSERSTOFFBINDUNG bezeichnet. Diese punktsymmetrische Anordnung begünstigt die paarweise Ausrichtung der elektrischen Ladungen verschiedener Atome in Molekülen, die paarweise seitenverkehrt miteinander verbunden sind.

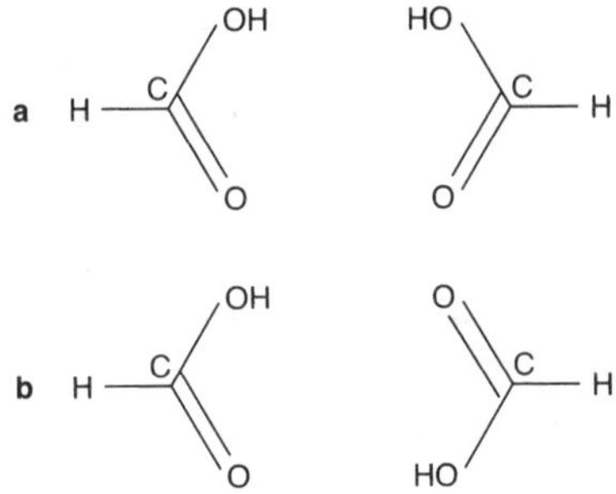

Abbildung 1 Wechselwirkung zwischen zwei Ameisensäuremolekülen HCOOH in zwei unterschiedlichen Konfigurationen. Figur b zeigt die Anordnung mit der geringeren Energie (also die stabilere).

Wenn man die Wechselwirkungen einzelner Ameisensäuremoleküle in der festen oder gasförmigen PHASE untersucht, ergibt sich, dass Anordnung *b* häufiger anzutreffen ist als Anordnung *a*.

Wie dieses Beispiel belegt, existieren starke und schwache Wechselwirkungen in der Chemie (und in der Biologie) allgemein nebeneinander. Wenn man sich mit der Chemie auseinander setzen will, muss man eine wahre Grammatik der Wechselwirkungen beherrschen, in der die schwachen Wechselwirkungen durchaus von Bedeutung und daher gegenüber den dominanten Wechselwirkungen nicht zu vernachlässigen sind.

Eine starke Anziehung zwischen gleichen oder ungleichen Atomen bezeichnet man als kovalent. Die üblichen chemischen Bindungen, die in chemischen Formeln durch (einfache oder mehrfache) Striche dargestellt sind, stehen für kovalente und somit starke Bindungen. In der Ameisensäure HCOOH bestehen solche Bindungen zwischen den beiden Sauerstoffatomen und dem Kohlenstoffatom.

Als Nebenvalenz bezeichnet man eine schwache Anziehungskraft, die meist auf der elektrischen Kraft zwischen entgegengesetzten Ladungen beruht. So werden zum Beispiel die beiden Ameisensäuremoleküle in Figur b durch die schwache Wechselwirkung der Wasserstoffbindung (oder Wasserstoffbrückenbindung) zusammen gehalten.

Bei dieser Art chemischer Bindung teilen sich zwei Atome (im Beispiel zwei Sauerstoffatome) ein Wasserstoffatom. Wasserstoffbindungen spielen eine entscheidende Rolle in der Doppelhelixstruktur der Desoxyribonukleinsäure (DNA), dem Trägermaterial der Erbinformation, denn sie verknüpfen die NUKLEOTIDE der beiden DNA-Stränge miteinander.

Wasserstoffbindungen tragen auch dazu bei, in PROTEINEN (Makromolekülen aus linearen Aminosäureketten) eine bestimmte Konformation zu stabilisieren. Allerdings wirken hier auch Van-der-Waals-Kräfte mit, die bei zu großer Annäherung der Atome durch Abstoßung verhindern, dass sie sich gegenseitig durchdringen, und so die Zahl der möglichen Konformationen des Moleküls begrenzen.

Bei bestimmten hydrophoben (Wasser abstoßenden) AMINOSÄUREN gruppieren sich chemische Gruppen an einer Stelle und entwickeln eine hydrophobe Wechselwirkung, die auf der Abstoßung von Wasser beruht (siehe HYDROPHILIE).

Dynamik molekularer Wechselwirkungen

Verfolgen wir weiter die Wechselwirkung zwischen zwei Ameisensäuremolekülen HCOOH (siehe *Abbildung 2*). Wenn man diesen Stoff erhitzt, bilden sich ein Wassermolekül und ein Molekül Ameisensäureanhydrid der Formel $(HC{=}O)_2O$. Betrachtet man diese REAKTION näher, so stellt sich die Frage nach dem REAKTIONSMECHANISMUS. Ohne hier näher darauf eingehen zu können, lässt sich stark vereinfachend sagen: Bei dieser Reaktion kommt es zu einer Wechselwirkung zwischen zwei Ameisensäuremolekülen, die angeordnet sind wie in Figur *a* und nach einer Kollision der Reaktionspartner ein Wassermolekül freisetzen.

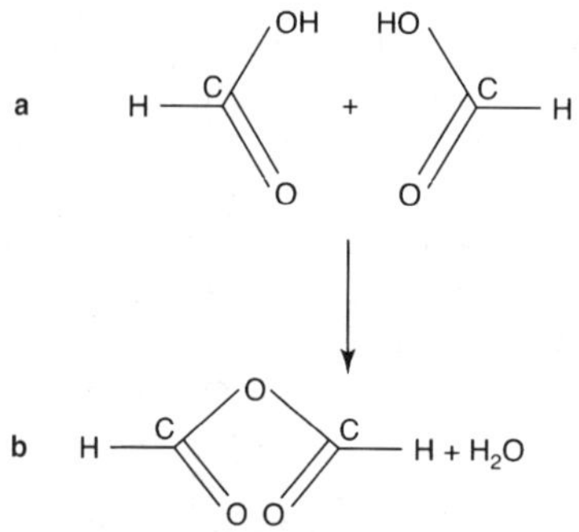

Abbildung 2 Wechselwirkung zwischen zwei Ameisensäuremolekülen

Wie dieses Beispiel zeigt, rücken jeweils andere Wechselwirkungen in den Mittelpunkt des Interesses, je nachdem, ob man sich mit den statischen Aspekten, also den STRUKTUREN, oder mit den dynamischen Aspekten, also der REAKTIONSFÄHIGKEIT, befasst.

---

interne Rotation

Zur Vertiefung: ***chemische Bindung; Molekülmechanik; Photochemie; Protein***

Moleküle ähneln in mancherlei Hinsicht Dingen, mit denen wir tagtäglich umgehen. So kann ein Teil eines MOLEKÜLS sich wie die Rotorblätter eines Ventilators um den Rest des Moleküls drehen: Diese Bewegung bezeichnet man als interne Rotation in Molekülen.

Ein erstes Beispiel ist das Molekül $XCH_2{—}CH_2Y$ (siehe *Abbildung 1*). Die beiden durch Einfachbindung verknüpften Kohlenstoffatome C—C tragen die Atomgruppen *X* und *Y*. *Abbildung 1b* zeigt dieses Molekül in einer Projektion entlang der Achse *CC*. Die Atomgruppe *Y* kann, wie gut zu sehen ist, die mit 1, 2 und 3 gekennzeichneten Positionen einnehmen, die jeweils stabil sind und einem Winkel von 180°, 300° und 60° zwischen *X* und *Y* entsprechen. Die Rotation 180°→300°, 300°→60° und 60°→180° erfolgt sehr leicht. Man könnte also von einem »Windmühlenmolekül« sprechen.

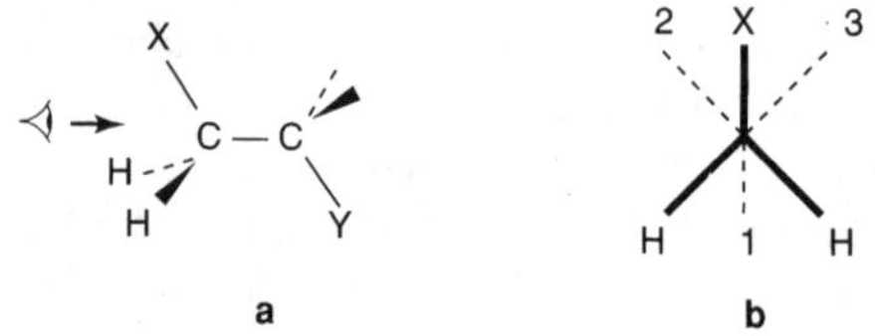

Abbildung 1

Ein zweites Beispiel liefern zwei Kohlenstoffatome mit Doppelbindung C=C in einem Molekül XHC=CHY (siehe *Abbildung 2*). Es hat zwei stabile Positionen mit Winkeln von 0° und 180° in Form eines Dieders (*XCC, CCY*). In diesem Fall behindert eine Energiebarriere die Rotation von einer Position zur anderen. Thermische ENERGIE allein genügt nicht, diese Barriere zu überwinden, dazu bedarf es der Lichtenergie (siehe PHOTOCHEMIE). Eine derartige Transformation erfolgt zum Beispiel in Retinal, einem lichtempfindlichen Molekül im Augenhintergrund: Wenn es ein PHOTON empfängt und absorbiert, löst diese

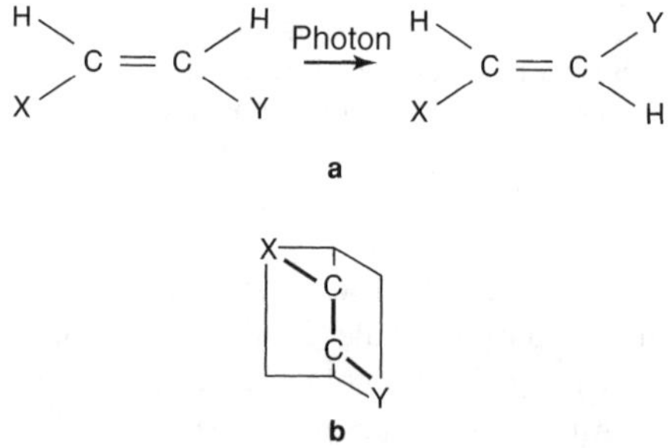

Abbildung 2 Abbildung b zeigt einen beliebigen Diederwinkel, den der Rotor vorübergehend zwischen 0° und 180° annehmen kann.

Anregung durch Energiezufuhr eine interne Rotation aus, gefolgt von einer Kette chemischer Reaktionen, die schließlich zur Anregung eines Sehnervs führen.

Ein drittes Beispiel (siehe *Abbildung 3*) weist eine mäßige Energiebarriere auf, wie sie unter anderem in den so genannten Peptidbindungen zwischen AMINOSÄUREN, den Grundbausteinen der Proteine, vorkommt.

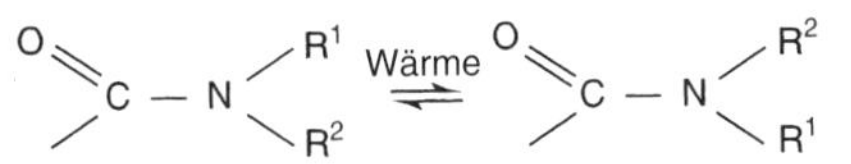

Abbildung 3

Rotationen sind nicht die einzigen internen Bewegungen in Molekülen. Sie sind zudem einer Vielzahl verschiedener Schwingungen unterworfen. All diese Bewegungen, die man mittlerweile recht gut erforscht hat, lassen sich mit Hilfe der Molekülmechanik simulieren.

Interpreter

Zur Vertiefung: ***Befehl; Compiler; Sprache***

Interpreter (englisch für »Dolmetscher«) sind spezielle Programme, die dafür sorgen, dass Anweisungen (siehe BEFEHL) und DEKLARATIONEN eines in einer höheren Programmiersprache geschriebenen Programms vom Computer ausgeführt werden können, ohne dass dieses Programm zuvor insgesamt in die betreffende Maschinensprache übersetzt werden muss, wie es bei einem Compiler geschieht. Der Interpreter übersetzt also jede Anweisung gesondert und gleichsam Wort für Wort in einen maschinensprachlichen Befehl, der von der Zentraleinheit, dem Gehirn des Computers (siehe EINHEIT), direkt ausgeführt werden kann.

Der Ausdruck »Interpretation« lässt eigentlich an eine Übersetzung denken, die bei der Deutung eines Ausdrucks stets auch dessen Kontext berücksichtigt. Doch genau dies tut der Interpreter nicht. Er übersetzt Wort für Wort. Anders dagegen der Compiler. Er übersetzt das gesamte, in einer höheren Programmiersprache geschriebene Programm zunächst in die Maschinensprache, bevor dieses übersetzte Programm dann vom Computer ausgeführt wird. Bei der Übersetzung der einzelnen Ausdrücke kann er daher auch den Kontext berücksichtigen, das heißt, er kann denselben Ausdruck in unterschiedlichen Zusammenhängen anders übersetzen, wie es für eine echte Übersetzung typisch ist.

interstellarer Raum

Zur Vertiefung: ***Evolution; kosmischer Staub; Molekül; Vakuum***

Als interstellaren Raum bezeichnet man den gewaltigen Raum zwischen den Sternen einer Galaxie. Dieser Raum ist nicht leer, sondern mit stark verdünnter Materie gefüllt, die in verschiedenen Formen auftritt: als Elementarteilchen (siehe KOSMISCHE STRAHLUNG), als Atome und Ionen (das sind Atome, die ihre elektrische Neutralität verloren haben), als MOLEKÜLE und als Staubteilchen (siehe KOSMISCHER STAUB). Wie die Sterne, so sind auch diese Materieteilchen in der Massenanziehungskraft gefangen, die sämtliche Teile einer Galaxie umfasst. Als intergalaktischen Raum bezeichnet man den Raum zwischen den Galaxien; er ist gleichfalls mit Materie erfüllt, die allerdings noch stärker verdünnt ist als im interstellaren Raum (um den Faktor hundert oder mehr). Als interplanetaren Raum schließlich bezeichnet man den Raum zwischen der Sonne und den Planeten, der ebenfalls mit verdünnter Materie (aus Gas und Staub) gefüllt ist (siehe SONNENSYSTEM). Da all diese Räume nicht leer sind, spricht man auch von einem interstellaren bzw. intergalaktischen oder interplanetaren Medium.

Der interstellare Raum unserer Milchstraße war aufgrund seiner Nähe der erste, der entdeckt und erforscht wurde, und noch heute wissen wir über ihn am meisten. Die diffusen, leuchtenden oder das Licht absorbierenden Gaswolken (die als galaktische Nebel bezeichnet werden und in klaren Sommernächten gut im Band der Milchstraße erkennbar sind) lieferten den ersten Hinweis darauf, dass der Raum zwischen den Sternen keineswegs leer ist. Da überall im interstellaren Raum atomarer Wasserstoff (H) verteilt ist, dessen Emissionslinie bei einer Wellenlänge von 21 cm (im Bereich der Radiofrequenzen) bestens bekannt ist, lassen sich über die Kartographie dieses Elements die Umrisse unserer Milchstraße (als abgeplatteter Scheibe) samt ihrer Rotation und dem Aufbau der Spiralarme bestimmen (siehe GALAXIE). Auch die Infrarotstrahlung, die selbst in den kältesten Regionen emittiert wird und problemlos Gebiete mit relativ hoher Staubdichte durchdringt, ist dank der im Weltraum stationierten TELESKOPE zu einem bevorzugten Mittel der Erforschung des interstellaren Raumes geworden.

Das interstellare Medium ist äußerst heterogen. Die Materiedichte reicht von einigen wenigen Atomen pro Kubikzentimeter bis hin zu 10^9 Atomen pro Kubikzentimeter oder mehr in den durch gravitative Verdichtung entstandenen, aus Molekülen bestehenden Wolken. Auch die Temperatur schwankt zwischen extremen Werten und reicht von wenigen Kelvin (etwa –270 °C) bis zu mehreren Millionen Kelvin in Gebieten, die durch eine Sternexplosion (Supernova) aufgeheizt worden sind. Der Hauptbestandteil WASSERSTOFF kommt deshalb in verschiedenen Formen vor: in ionisierter Form (H^+, d. h. als einzelnes Proton), wo ein in der Nähe befindlicher Stern die für die Ionisierung erforderliche Energie bereitstellt oder eine Sternexplosion ausreichend starke Stoßwellen erzeugt; als neutrales Wasserstoffatom (H) in weiten Bereichen, die etwa die Hälfte des interstellaren Raums ausmachen; als molekularer Wasserstoff (H_2) in den Wolken, die nahezu die Hälfte der interstellaren Masse in sich vereinigen. Die THERMODYNAMIK, die sich mit Prozessen des Energieaustauschs befasst, leistet bei der Erforschung der komplexen Vorgänge innerhalb des interstellaren Raumes wertvolle Dienste. So lassen sich für die einzelnen homogenen Bestandteile, die auch als PHASEN bezeichnet werden (gasförmig neutral, ionisiert oder PLASMA, molekular usw.), Temperatur, Druck und Ionisationszustand zumindest in groben Zügen mit Hilfe der so genannten ZUSTANDSGLEICHUNG voraussagen, die diese Größen miteinander verknüpft.

Untersucht man diese komplexen Vorgänge genauer, so wird sehr deutlich, dass die Sterne und der interstellare Raum innerhalb einer Galaxie ständig in einer engen Austauschbeziehung stehen. Sie bilden sich innerhalb des interstellaren Raumes aufgrund eines gravitativen Kollapses der Molekülwolken (siehe AKKRETION und STERN) und geben umgekehrt während ihrer Evolution ständig Materie und Energie an den interstellaren Raum ab: durch Bestrahlung (Ionisierung von H, Aufheizung der Wolken), durch Verdunstung der Sternatmosphäre (Sternwinde), durch eruptivere Formen des Ausstoßes von Materie (Protuberanzen, die teilweise an beiden Polen der Rotationsachse eines Sterns zugleich erfolgen) und durch Explosion (SUPERNOVA).

Über sehr lange Zeiträume von Milliarden Jahren ändert sich die chemische Zusammensetzung der im interstellaren Raum anzutreffenden Materie (siehe EVOLUTION). Es kommt zu einer Anreicherung der schweren Elemente, die bei der Kernfusion im Innern der Sterne entstehen (siehe ENTSTEHUNG DER ELEMENTE) und sich in den Sternwinden teilweise zu mikroskopisch kleinen Staubpartikeln (mit einem Durchmesser von Bruchteilen eines Mikrometers) verdichten; an ihrer Oberfläche katalysieren sie vielfach die Bildung komplexer Moleküle, die recht zahlreich im interstellaren Raum vorkommen (siehe KATALYSE). Die im Raum umherirrenden Moleküle werden von der Oberfläche der Staubteilchen eingefangen und wandern so weiter durch den Raum, bis sie auf andere Moleküle stoßen und mit ihnen reagieren.

Der interstellare Raum aller Galaxien ist von Materie erfüllt, doch der Anteil dieser Materie an der Gesamtmasse der Galaxie schwankt beträchtlich. Für die leuchtende Materie, deren Strahlung gemessen werden kann, reicht dieser Anteil von etwa 25% in den unregelmäßigen Galaxien über 10% in unserer Milchstraße, die als typische Vertreterin der Spiralgalaxien gelten kann (siehe GALAXIE), bis hin zu weniger als 1% in den sehr alten elliptischen Galaxien, in denen zahlreiche Sterngenerationen das interstellare Gas weitgehend »aufgebraucht« haben und die Sterne nun in Ruhe altern. Die diffuse Verteilung im interstellaren Raum ist zwar ein weniger bekannter und weniger spektakulärer Zustand der Materie als deren Verdichtung zu Sternen und Planeten, aber angesichts der darin ablaufenden Prozesse ist dieser Zustand genauso wichtig.

Intron, Exon

Zur Vertiefung: ***Eukaryoten, Prokaryoten; Spleißen; Transkription***

Aus den Genen entstehen durch Transkription der DNA die verschiedenen Arten von RNA, darunter auch die Messenger-RNA (mRNA), die anschließend die Proteinsynthese steuert.

Bei Prokaryoten – Organismen, deren Zellen keinen Zellkern haben – enthält eine Transkriptionseinheit, ein so genanntes Cistron, ein oder mehrere linear in der DNA des Chromosoms angeordnete Gene, die von Anfang bis Ende kontinuierlich transkribiert werden: Die produzierte mRNA ist also vollständig kolinear zur DNA.

Für Eukaryoten – Organismen, deren Zellen einen Kern enthalten – gilt das nicht: Ein Cistron entspricht nur einem einzelnen Gen. Bei ihnen bestehen die meisten Gene aus einer Folge von so genannten Exons, also DNA-Segmenten, deren Äquivalent später in der mRNA zu finden ist. Doch zwischen ihnen liegen die so genannten Introns (Wortbildung aus »intra« und »Cistron«), DNA-Segmente, die in der reifen mRNA keine Entsprechung finden. Die Gene werden zunächst in eine Vorläufer-mRNA transkribiert, die noch die Sequenzen der Exons und der Introns enthält. In einem nächsten Schritt, dem Spleißen (englisch *splicing*) werden die Introns herausgeschnitten und die Exons zur mRNA zusammengefügt. Der gleiche Prozess erfolgt auch bei anderen RNA-Arten (siehe Nukleinsäuren).

Invarianz

Zur Vertiefung: ***Alkohol; Störung; Thermochemie***

Was ist Invarianz?

Man bezeichnet eine Sache als invariant, wenn sie unverändert bleibt, nachdem man sie einer bestimmten Wirkung ausgesetzt hat. Bei der Einwirkung kann es sich auch um den bloßen Ablauf der Zeit handeln. Die betreffende Sache kann ein Objekt, eine Form oder ein Konzept sein, zum Beispiel ein Gesetz oder eine Gleichung. So lässt sich eine Kugel in jede beliebige Richtung um jeden beliebigen Winkel drehen, ohne dass sie sich veränderte. Man kann die Wirkung solcher Rotationen mathematisch erfassen und die Kugel durch eine Gleichung beschreiben. Die vollkommene Symmetrie der Kugel äußert sich in der Tatsache, dass ihre Gleichung nach jeder beliebigen Drehung dieselbe ist wie zuvor. Insbesondere kommt der Rotationswinkel darin nicht vor. Man sagt, dass die Gleichungen einer Kugel gegenüber der Drehung invariant sind.

Das Beispiel zeigt, dass es einen engen Zusammenhang zwischen dem Begriff der Invarianz und dem der Symmetrie gibt. Dieser Zusammenhang wurde 1918 in einem Fundamentalsatz formalisiert, der auf die deutsche Mathematikerin Emmy Noether zurückgeht. Er besagt, dass jede Invarianz bezüglich einer Symmetriegruppe mit einer Erhaltungsgröße, also mit einem Erhaltungssatz, verbunden sein muss.

Eichinvarianz

Zur Vorbereitung: ***kosmologisches Standardmodell; Wechselwirkung in der Physik***

Da die modernen physikalischen Theorien einen sehr engen Zusammenhang zwischen dem Verhalten von Teilchen und bestimmten, mit Invarianzgesetzen verbundenen mathematischen Symmetrien herstellen, müssen wir hier kurz erläutern, was man in der Physik unter »Eichinvarianz« versteht.

Als James Clerk Maxwell 1864 die berühmten Gleichungen veröffentlichte, die heute seinen Namen tragen, wusste er, dass er damit die Beschreibung der Elektrizität und des Magnetismus in ein und demselben Gleichungssystem vereinigte, und das allein war schon ein Fortschritt; aber er wusste nicht, dass die von ihm entdeckte mathematische Struktur die Physiker späterer Zeiten noch sehr viel weiter führen würde: zu dem heute grundlegenden Begriff der Eichinvarianz.

Die Maxwellschen Gleichungen arbeiten mit mathematischen Größen, die als Potentiale bezeichnet werden: Funktionen des

Raumes und der Zeit, mit deren Hilfe sich im Rahmen der klassischen Physik elektrische und magnetische Felder berechnen lassen. Diese Potentiale lassen sich nicht direkt beobachten, denn die Maxwellschen Gleichungen bestimmen sie nicht in absoluter Weise, sondern arbeiten ausschließlich mit Potentialdifferenzen. Daher kann man die Bezugsgröße dieser Potentiale, also ihren »Nullpunkt«, beliebig verändern, ohne dadurch die Gesetze der Physik zu verändern. Solche Veränderungen von Potentialen bezeichnet man als »Eichtransformationen«, und man sagt, die Maxwellschen Gleichungen sind »eichinvariant«, weil sie durch solche Transformationen nicht verändert werden.

Zur Illustration wollen wir die Quantenelektrodynamik betrachten, also die quantenphysikalische Fassung des Elektromagnetismus, die mit sehr großer Genauigkeit Phänomene beschreibt, bei denen zum Beispiel ELEKTRONEN, deren ANTITEILCHEN (Positronen) und PHOTONEN im Spiel sind. Die zugehörigen Gleichungen besitzen eine Eigenschaft, die an das Verfahren erinnert, mit dem man einen Punkt auf der Erdoberfläche erfasst. Dazu bestimmt man zunächst einen »Nullpunkt«, einen Ursprung, von dem aus alle Positionen gemessen werden. Genau dasselbe müssen die Teilchenphysiker auch in ihren Gleichungen tun; sie beschreiben die Teilchen, zum Beispiel ein Elektron, mathematisch durch ein so genanntes Quantenfeld, dem sie willkürlich eine Phase zuordnen müssen (Quantenfelder sind komplexe Funktionen, die ähnlich den Wellen eine Amplitude und eine Phase besitzen).

Wie die von Geographen gemessene Entfernung zwischen zwei Städten nicht von der Wahl des Nullpunktes abhängt, so möchten auch die Physiker, dass die Voraussagen ihrer Theorie nicht von der Phase abhängen, die sie für jeden Punkt des Raumes und der Zeit willkürlich gewählt haben. Hier liegt der Kern des Prinzips der Eichinvarianz. Doch wenn sie sich damit begnügen, lediglich freie (das heißt nicht in Wechselwirkung stehende) Elektronen und Positronen zu beschreiben, bleibt dieser Wunsch unerfüllt, denn die Ergebnisse ihrer Berechnungen hängen dann sehr wohl von ihrer Wahlentscheidung ab. Wie befreit man sich von dieser lästigen Abhängigkeit? Man braucht lediglich ein zusätzliches Element in die Gleichungen einzuführen, das als Eichfeld bezeichnet wird und das die Wirkung der willkürlichen Wahlentscheidung hinsichtlich der Phase kompensiert, das heißt global aufhebt. Und es zeigt sich, dass dieses Eichfeld nichts anderes ist als das elektromagnetische Feld selbst. Dadurch erhält das Konzept der Wechselwirkung eine unerwartete Interpretation: Das Feld, das man gleichsam von Hand hinzufügt, um den Voraussagen der Theorie jede Willkür zu nehmen, erweist sich als das Feld, das den Ursprung der elektromagnetischen Kraft darstellt, durch die Elektronen und Positronen gekoppelt sind. Außerdem zeigt sich, dass diese Kraft durch den Austausch charakteristischer Teilchen des elektromagnetischen Feldes übertragen wird, durch die Photonen nämlich, und dass deren Masse nur gleich null sein kann.

Aus diesem Beispiel lässt sich ersehen, dass die Struktur einer Wechselwirkung unmittelbar von der Art der gewählten Eichinvarianz abhängt. Dann muss man für jede Wechselwirkung nur noch die Art von Eichtransformation finden, die diese Wechselwirkung bestimmt. In unserem Beispiel handelt es sich um den Elektromagnetismus, aber ganz ähnlich verfährt man bei den übrigen fundamentalen Wechselwirkungen der Physik, insbesondere bei der schwachen Wechselwirkung (die für den Zerfall des Neutrons verantwortlich ist) und bei der starken Wechselwirkung (die für den starken Zusammenhalt der ATOMKERNE sorgt): Man verlangt, dass die Gleichungen, mit deren Hilfe diese Wechselwirkungen beschrieben werden, invariant bleiben, wenn man eine bestimmte Art von Transformation, die von Raum und Zeit abhängt, darauf anwendet, und man stellt fest, dass diese Bedingung wie im Fall der Quantenelektrodynamik nicht nur die Form der betreffenden Wechselwirkung bestimmt, sondern auch die Teilchen, die sie übertragen (W^+-, W^-- und Z^0-Bosonen bei der schwachen, Gluonen (siehe QUARKS) bei der starken Wechselwirkung).

Das Prinzip der Eichinvarianz ist ein extrem fruchtbares, dynamisches Prinzip. In den 1970er Jahren gelang mit seiner Hilfe die spektakuläre Vereinigung der elektromagnetischen und der schwachen Wechselwirkung im Rahmen ein und derselben Theorie (siehe Wechselwirkung in der Physik).

Invarianz in der Chemie

Auch in der Chemie wendet man Invarianzgesetze wie die Invarianz der Masse (die kein universelles Gesetz darstellt, siehe Masse) oder die der Energie (die universell gilt) auf chemische Reaktionen an. Bei der unter Zufuhr von Sauerstoff O_2 erfolgenden Umwandlung (Verbrennung) von Methan CH_4 in CO_2 und H_2O: $CH_4 + 2O_2 \rightarrow CO_2 + 2H_2O$, ist die Gesamtmasse auf der rechten Seite der Gleichung gleich der Gesamtmasse auf der linken, nämlich 80 g für in Mol ausgedrückte Mengen (wobei ein Mol jeweils 6×10^{23} Moleküle umfasst und jeweils 1 Mol von H, C und O gleich 1, 12 bzw. 16 g beträgt).

In diesem Beispiel handelt es sich um eine globale Invarianz, die nur die Gesamtreaktion betrifft; die Chemie befasst sich aber auch mit lokalen Invarianzen, bei denen es sich vor allem um solche der Energie und der Geometrie handelt.

Als Beispiel sei hier das Alkoholmolekül mit der Formel CH_3CH_2OH angeführt.

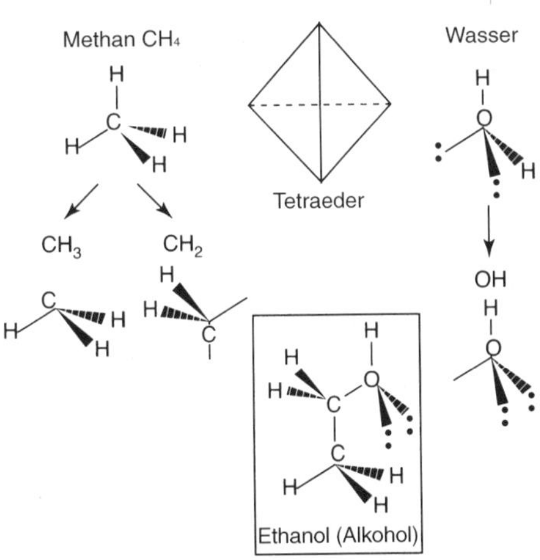

Abbildung 1 Um die Überlagerung der Teilmoleküle OH und CH_2 sichtbar zu machen, tragen sie bereits die Bindungen, die sie zum Molekül vereinigen. Die nichtbindenden Elektronenpaare sind durch zwei Punkte dargestellt.

Man kann jedem der drei Radikale CH_3, CH_2 und OH (siehe Alkohol) eine charakteristische Energiemenge zuordnen, die man als Inkrement bezeichnet. Man verwendet ein und dasselbe Energieinkrement, um das CH_3 in den unterschiedlichsten Molekülen zu charakterisieren, zum Bei-spiel im oben genannten Alkohol, in Butan $CH_3CH_2CH_2CH_3$, Propan $CH_3CH{=}CH_2$ oder Aceton $(CH_3)_2CH{=}O$. Durch einfache Addition der charakteristischen Inkremente der verschiedenen Radikale kann man die Gesamtenergie der jeweiligen Moleküle bestimmen (siehe Thermochemie).

Aufgrund von Invarianzprinzipien für die Geometrie innerhalb der Atomgruppen lassen sich für jedes der drei Radikale des Alkoholmoleküls CH_3CH_2OH lokale tetraedrische Geometrien ausmachen (siehe *Abbildung 1*). Dadurch wird es möglich, das Molekül auf der Basis der für die drei Teilmoleküle jeweils angemessenen Geometrien zu konstruieren.

Solche lokalen Invarianzen sind wertvoll, weil man mit ihrer Hilfe die Bindungslängen, die Winkel, die Bindungsenergien oder die bei der Reaktion aufgenommene oder frei gesetzte Wärme bestimmen kann, also die Transferierbarkeit zahlreicher messbarer Größen, so dass sich die Vielfalt der Erfahrungstatsachen auf eine kleine Zahl von Regeln zurückführen lässt.

Inzucht

Zur Vertiefung: ***erbliche Belastung; Isolate; Verwandtschaft***

Der Begriff Inzucht bezeichnet die Paarung von Individuen, die enger verwandt sind, als es bei einem Paar der Fall wäre, das zufallsmäßig aus einer Population ausgewählt wurde. Der Grad der Abweichung vom Idealfall der Panmixie bemisst sich für ein Individuum nach dem Inzuchtkoeffizienten, der dem Verwandtschaftskoeffizienten seiner Eltern entspricht. Definiert ist er als Wahrscheinlichkeit, dass bei einem Individuum beide von den Eltern erhaltenen Allele an einem zufällig ausgewählten Genlocus Kopien des gleichen Gens sind, das bei einem gemeinsamen Vorfahren der Eltern vorhanden war (identisch homozygot). Diese Wahrscheinlichkeit (siehe Verwandtschaft) ist:

- 1/4 bei Kindern aus Geschwister-Paarungen oder Eltern-Kind-Paarungen;
- 1/8 für Kinder aus Halbgeschwister-Paarungen, Paarungen zwischen Onkel und Nichte oder Tante und Neffe und Paarungen zwischen Doppelvettern;
- 1/16 für Kinder aus Vettern-Paarungen.

Biologisch verändert Inzucht die Wahrscheinlichkeiten der verschiedenen Genotypen, also der diversen Paarungen der Allele. Bei zwei Individuen, die nicht in einem bekannten Verwandtschaftsverhältnis stehen, ist die Wahrscheinlichkeit, einen für das Allel a homozygoten Nachkommen zu zeugen, also ein Individuum des Genotyps (aa), gleich dem Quadrat der Häufigkeit dieses Allels in der Population. Verwandtschaft erhöht nachweislich diese Wahrscheinlichkeit umso mehr, je seltener das betreffende Allel ist.

Dieser Effekt lässt sich insbesondere anhand der Häufigkeit von Krankheiten in einer Population beobachten, die durch ein rezessives Gen ausgelöst werden, sich also nur bei Individuen manifestieren, die von jedem Erzeuger ein Exemplar dieses Gens erhalten haben. Das ist in menschlichen Gesellschaften bei zahlreichen Krankheiten der Fall, die auf angeborene Stoffwechselstörungen zurückgehen wie die Mukoviszidose. Da die Frequenz des verantwortlichen Allels in Frankreich bei etwa 2% liegt, beträgt die Wahrscheinlichkeit eines homozygoten Nachkommen $(2/100)^2 = 4/10000$. Für eine Vetternehe lässt sich berechnen, dass die Wahrscheinlichkeit, ein von dieser Krankheit befallenes Kind zu zeugen, bei 16/10000 liegt, das Risiko ist also viermal höher. Bei einer Geschwisterehe ist es 13-mal höher, bei einer Ehe zwischen den Kindern von Vettern nur 1,7-mal.

Der Grad der Inzucht, der sich in Stammbäumen zeigt, macht indes nur einen Teil der genetischen Verbindungen aus, die zwischen den Individuen einer Gruppe bestehen. In einer Population, die zwangsläufig zahlenmäßig begrenzt ist, stellt sich aufgrund dieser Beschränkung auf Dauer eine diffuse Inzucht ein. Jedes Individuum hat zwei Erzeuger. Wenn alle Vorfahren nicht verwandt wären, hätte jedes Individuum nach g Generationen 2^g Vorfahren. Sobald g etwas größer wird, übersteigt diese Zahl die reale Populationsgröße bei weitem (bei 30 Generationen beträgt diese Gesamtheit schon über eine Milliarde!). Die Verwandtschaftsverhältnisse, die uns die Stammbäume aufzeigen, machen daher nur einen Teil der Verbindungen aus, die unsere Vorfahren geknüpft haben. Wenn wir weit genug in die Vergangenheit zurückgehen, sind wir mit allen Mitgliedern unserer Gemeinschaft verwandt.

Um diese implizite Inzucht einzuschätzen, lässt sich ein durchschnittlicher Inzuchtkoeffizient definieren, dessen Entwicklung sich von Generation zu Generation untersuchen lässt:

$$1-(1-\frac{1}{2N})^g$$

Je kleiner die Grundgesamtheit N ist, umso schneller nähert er sich dem Wert 1: Ausgehend von null, erreicht er nach einer Generationenzahl (g) von annähernd $1{,}4N$ einen Wert von 0,5, also für eine Gemeinschaft von hundert Individuen nach über drei Jahrtausenden. Dieser Effekt kann sich also konkret nur in kleinen isolierten Populationen manifestieren: in Isolaten.

Ion, Ionisierung

Zur Vertiefung: ***Atomkern; Proton; Säuren und Basen; Teilchenbeschleuniger***

Ionen

Jedes Atom besteht aus einem elektrisch positiv geladenen Kern, der von einer Wolke elektrisch negativ geladener Elektronen umgeben ist, wobei der Zusammenhalt diesen beiden Elemente auf der elektrischen Anziehung gegensätzlicher Ladungen basiert. Der Atomkern selbst besteht aus Nukleonen – das heißt aus positiv geladenen Protonen und elektrisch neutralen Neutronen. Die Zahl der Protonen im Kern ist gleich der Anzahl der Elektronen in der Hülle, so dass deren elektrische Ladungen sich gegenseitig ausgleichen; insgesamt sind Atome daher elektrisch neutral. Gewinnt oder verliert ein Atom nun ein oder mehrere Elektronen, verliert es seine elektrische Neutralität und wird zu einem Ion: zu einem Anion, wenn es negativ, zu einem Kation, wenn es positiv geladen ist. Das Phänomen der Ionisierung spielt auch bei den Molekülen eine Rolle; sie können gleichfalls ihre natürliche elektrische Neutralität verlieren.

Manche KRISTALLE – die deshalb als Ionenkristalle bezeichnet werden – bestehen aus einer einfachen geometrischen Anordnung negativer und positiver Ionen. Dazu gehört zum Beispiel das Kochsalz oder Natriumchlorid (Na^+Cl^-). Der Zusammenhalt solcher Gebilde ist im Wesentlichen elektrostatischer Natur; Anionen und Kationen ziehen sich aufgrund ihrer gegensätzlichen elektrischen Ladung gegenseitig an.

Ionisierung

Die Ionisierung ist, wie der Name schon sagt, der Prozess, durch den Ionen entstehen. Sie bewirkt, dass aus einem elektrisch neutralen Atom oder Molekül ein elektrisch positives oder negatives Atom oder Molekül wird. Löst man SALZ in WASSER, trennen sich die positiven Natriumatome von den negativen Chloratomen, doch in diesem Falle waren beide Ionenarten schon vorher vorhanden. Wenn jedoch ein hochenergetischer Elektronenstrahl zum Beispiel auf ein – nach Minze riechendes – Carvonmolekül trifft, wird dieses elektrisch neutrale Molekül mit der Formel $C_{10}H_{14}O$ zu einem Kation mit der Formel $C_{10}H_{14}O^+$ ionisiert, weil der Elektronenstrahl ihm ein Elektron entreißt.

Die Erdatmosphäre ist rund um den Erdball ab einer Höhe von etwa 60 km ionisiert. Unterhalb dieser als Ionosphäre bezeichneten Zone ist die Ionisierung zu vernachlässigen. Die Ionen in der Ionosphäre stammen aus der Wechselwirkung zwischen der Sonnenstrahlung und den Molekülen der elektrisch neutralen Atmosphäre. Photonen hinreichender Energie können diesen Molekülen ein Elektron entreißen und sie so zu positiven Ionen machen.

Es gibt zahlreiche Verfahren zur Ionisierung elektrisch neutraler Moleküle. Dabei werden Moleküle der allgemeinen Form XY in ionisierte Fragmente X^+ und Y^- (oder X^- und Y^+) zerlegt. Der Einsatz von Lösungsmitteln, die die Bindung zwischen positiven und negativen Ionen schwächen, begünstigen solche Dissoziationsprozesse (siehe POLARITÄT).

Durch die Anlagerung eines Protons H^+ an ein elektronenreiches Atom, das daher elektrisch negativ wirkt (man spricht hier auch von einer Protonisierung), lassen sich Ionen in allen drei Aggregatzuständen der Materie erzeugen. So wird das oben genannte Carvonmolekül $C_{10}H_{14}O$ durch eine starke Säure, z. B. Schwefelsäure, oder durch eine Supersäure zu seiner konjugierten Säure $C_{10}H_{15}O^+$ protonisiert, das heißt in ein elektrisch positives Gebilde umgewandelt. Im interstellaren Raum können Wasserstoffmoleküle H_2 zu einem Gebilde H_3^+ protonisiert werden, in dem die drei Wasserstoffatome sich jeweils an den Ecken eines gleichseitigen Dreiecks befinden.

Die Photoionisation ist ein weiteres Verfahren zur Erzeugung von Ionen. Dabei wird ein neutrales Molekül durch die Absorption eines Photons in ein Anion oder ein Kation umgewandelt. Die Elektronen befinden sich innerhalb eines Moleküls in verschiedenen Schalen, die als Energieniveaus bezeichnet werden. Bei der Photoionisation hebt nun das Photon das Elektron zunächst von einem niedrigeren in ein höheres Energieniveau (siehe PHOTOCHEMIE). Von dort aus kann das Elektron nun zu einem anderen Molekül überwechseln. Ein Wasserstoffmolekül H_2 absorbiert zum Beispiel ein Photon, gibt ein Elektron an einen Elektronakzeptor ab und wird damit zu H_2^+.

Anwendungsmöglichkeiten in der Kernphysik

In der Kernphysik werden positive Ionen zur Erforschung der Struktur und des Verhaltens von Atomkernen eingesetzt. Atome, die ein oder mehrere oder sogar alle ihre Elektronen verloren haben, werden in einem Teilchenbeschleuniger zu Strahlen gebündelt, beschleunigt und dann auf ein Ziel (Target) gerichtet, das seinerseits aus Atomkernen besteht. Alle Ionen, vom Wasserstoff bis hin zum Uranium, lassen sich in dieser Weise benutzen. Die kinetische Energie dieser »Geschosse« hängt einerseits von ihrer Masse ab, die sehr viel größer sein kann als die eines

Protons oder Elektrons, andererseits von ihrer Geschwindigkeit, die durch den Teilchenbeschleuniger vergrößert wird. Dank ihrer hohen kinetischen Energie vermögen diese Ionen die elektrische Abstoßung zu überwinden, die jeder (positiv geladene) Atomkern auf andere Atomkerne ausübt.

Die auf andere Atomkerne geschossenen schweren Ionen vermögen deren Struktur grundlegend zu verändern. So kann es bei einem Zusammenstoß zu einer Fusion des Geschosses mit dem Targetteilchen kommen; dann entsteht ein neuer Atomkern. Die Temperatur der Nukleonen kann dabei auf mehrere hundert Millionen Grad steigen. Schließlich haben die Schwerionen die Möglichkeit eröffnet, chemische Elemente zu erzeugen, die in der Natur nicht vorkommen. Dabei wird die Zahl der Nukleonen des schwersten Elements, ^{238}Uranium, das 92 Protonen enthält, um mehr als 30 weitere Nukleonen übertroffen. So entstanden zum Beispiel die (instabilen) künstlichen chemischen Elemente 107 bis 112, deren letztes im November 1996 in Darmstadt entdeckt wurde. Mit Hilfe der Schwerionenbeschleuniger konnte inzwischen die Periodentafel der chemischen Elemente um mehr als zwanzig künstliche Elemente verlängert werden. Das schwerste gegenwärtig (1999) bekannte Element hat die Ordnungszahl 118.

Ionenpaare

Aufgrund der Erhaltung der elektrischen Ladung bleibt ein abgeschlossenes System, das ursprünglich elektrisch neutral war, auch weiterhin elektrisch neutral. Daher sind die Ionen, mit denen Chemiker und Biochemiker es zu tun haben, stets von einem Gegenion (mit der entgegengesetzten Ladung) begleitet. Zu jedem Anion A^- gehört ein Kation C^+. Aber wo und in welcher Entfernung?

Hier sind zwei Extremfälle zu unterscheiden. Wenn A^- und C^+ in einer Lösung eng beieinander bleiben, bewegen sie sich auch weiterhin wie ein einziges Teilchen. Wenn sich dagegen zahlreiche Moleküle eines Lösungsmittels zwischen A^- und C^+ schieben (man spricht hier von Dissoziation), bewegen sich die beiden Teilchen unabhängig voneinander. Es kommt auch vor, dass sich nur ein einziges Molekül des Lösungsmittels zwischen die beiden Teile des Ionenpaars schiebt. Dann bleiben ihre Bewegungen miteinander verbunden, und jeder der beiden Partner beeinflusst auch weiterhin das chemische Verhalten des jeweils anderen Partners.

Irreversibilität

Zur Vertiefung: ***Entropie; Relativitätstheorie; Thermodynamik; Zeit***

In der Antike verglich man die Zeit mit einem Strom. Dieses Bild lässt einerseits an Fließen denken, andererseits an Unumkehrbarkeit. »Niemand steigt zwei Mal in denselben Fluss«, sagte Heraklit, und meinte damit, dass beim zweiten Mal nichts mehr so ist wie zuvor, weder der Fluss noch der Badende.

Nach unserem Zeitverständnis hat die Zeit eine eindeutige Richtung. Sie fließt von der Vergangenheit in die Zukunft, und niemals kehrt sie um. Was gestern war, wird niemals wiederkehren. Aber gilt das auch für physikalische Phänomene? Unterscheiden auch sie zwischen Vergangenheit und Zukunft? Können sie in entgegengesetzter Richtung ablaufen? Die Frage nach der Reversibilität – oder Irreversibilität – der physikalischen Gesetze wird auch als das Problem des Zeitpfeils bezeichnet.

Galilei führte die Zeit erstmals als fundamentale physikalische Größe ein. Er untersuchte den Fall von Körpern und erkannte durch die genaue Beobachtung des Verhaltens von Körpern auf einer schiefen Ebene, dass deren Bewegung, wenn man nicht die durchlaufene Strecke, sondern die Zeit als Grundparameter wählt, einem einfachen Gesetz gehorcht: Die erreichte Geschwindigkeit verhält sich proportional zur Dauer des Falls. Damit war die moderne Dynamik geboren.

Isaac Newton gab der Zeit in der Mechanik erstmals eine Definition. Danach fließt die Zeit gleichförmig dahin, sie ist universell und absolut. Auf dieser Vorstellung basiert die außergewöhnliche Leistungsfähigkeit der mechanischen Gesetze. Die Bewegung von Körpern im Raum wird beschrieben, indem man ihre Positionen für aufeinander folgende

Zeitpunkte angibt. Bei der Berechnung der Bahn erscheint die Zeit als ein äußerer Parameter, für den Newton das Postulat aufstellte, dass er von der Vergangenheit in die Zukunft fließt und seinen Gang nicht umkehrt. Doch Newtons Gleichungen sind so beschaffen, dass man mit Hilfe derselben mathematischen Methoden sowohl die Vergangenheit als auch die Zukunft erforschen kann. Tatsächlich bleibt das Grundgesetz der Dynamik unverändert, wenn man die Richtung der Zeit umkehrt. Jeder aus der Vergangenheit in die Zukunft gerichteten Entwicklung ordnet es eine symmetrische, aus der Zukunft in die Vergangenheit gerichtete Entwicklung zu. Anders gesagt, alles, was die Natur hervorbringt, könnte sie über dieselben Prozesse auch wieder rückgängig machen. Die Newtonschen Phänomene sind umkehrbar – zumindest für den idealen Fall, dass es keinerlei Reibung gibt.

Die Reversibilität der Newtonschen Gesetze galt manchen Wissenschaftlern des 19. Jahrhunderts als Skandalon. Zu ihnen gehörten zum Beispiel Ludwig Boltzmann, Josiah Willard Gibbs, Ernst Zermelo und Joseph Loschmidt. In jüngerer Zeit hat Ilya Prigogine (der 1977 den Nobelpreis für Chemie erhielt) dieses Problem wieder aufgegriffen. Sind nicht die meisten Phänomene, mit denen wir es alltäglich zu tun haben, irreversibel? Eine Tasse heißen Kaffees kann nur kalt werden (sofern man ihr keine Energie zuführt), und wenn wir einen Film rückwärts laufen lassen (also gleichsam die Zeit umkehren), erkennen wir dies sogleich und meist mit einer gewissen Belustigung.

Wie lässt sich diese Irreversibilität in den Gesetzen der Physik berücksichtigen? Zu Beginn des 19. Jahrhunderts zeigte Nicolas Carnot, dass die Umwandlung von Wärme in mechanische Energie begrenzt wird durch die Einseitigkeit des Wärmetransfers (vom Warmen zum Kalten), ganz so, als besäße die Wärme eine Eigenschaft, die mit der Irreversibilität zusammenhängt. Diese Überlegungen gehörten zu den Prämissen des Zweiten Hauptsatzes der Thermodynamik, dem Rudolf Clausius 1865 seine endgültige Form gab. Dieses Gesetz postuliert zunächst für jedes physikalische System die Existenz einer Größe, die als Entropie bezeichnet wird und durch den physikalischen Zustand des Systems bestimmt ist. Diese Größe steht für das Maß an Unordnung, das in dem betreffenden System herrscht. Der Zweite Hauptsatz der Thermodynamik besagt nun, dass die in einem abgeschlossenen System enthaltene Entropie bei allen physikalischen Prozessen stets nur zunehmen kann. Und das scheint auch ganz unserer Wahrnehmung zu entsprechen, wonach die Phänomene eine ganz bestimmte Richtung haben. Zumindest auf den ersten Blick ...

Denn wie stets lohnt es sich, genauer hinzuschauen. Unter den Gleichungen der Physik gibt es solche, die insofern von grundlegender Bedeutung sind, als sie das Grundverhalten der Materie beschreiben und in diesem Sinne allen weiteren Erklärungen zugrunde liegen. Man bezeichnet sie als mikroskopisch, weil sie im Wesentlichen die »Grundbausteine« der Materie, die Atome und Moleküle, betreffen, aus denen die gesamte Materie aufgebaut sein soll. Alle mikroskopischen Gleichungen der Physik sind reversibel. Lässt man den Parameter Zeit von der Vergangenheit in die Zukunft laufen, beschreiben die Gleichungen eine bestimmte Bewegung der Teilchen. Kehrt man die Zeit um, ergibt sich aus den Gleichungen dieselbe Bewegung, nur in umgekehrter Richtung. Keine dieser beiden Bewegungen kann für sich in Anspruch nehmen, »physikalischer« zu sein als die andere.

Neben diesen mikroskopischen Gleichungen gibt es noch andere, mit deren Hilfe ein globaleres Verhalten der Materie zusammengefasst wird. Diese makroskopischen Gleichungen beschreiben Phänomene in Bereichen, die unseren Größenordnungen näher liegen. Und sie sind irreversibel. Ein Beispiel ist die Gleichung, die Jan Fourier 1811 für die Wärme aufstellte.

Wenn man davon ausgeht, dass globales Verhalten sich stets aus einer Vielzahl elementarer Ereignisse zusammensetzt, müsste man eigentlich in der Lage sein, die makroskopischen Gleichungen aus den mikroskopischen abzuleiten. Aber die einen sind reversibel, die anderen nicht. Wie lassen sich die beiden Enden dieser Kette miteinander verbinden? Um diese Frage zu klären, suchte

Ludwig Boltzmann nach einer Verbindung zwischen der Newtonschen Mechanik und dem Zweiten Hauptsatz der Thermodynamik. Da es unmöglich ist, das Verhalten einer sehr großen Zahl von Teilchen zu integrieren, bediente Boltzmann sich der Gesetze der mathematischen Statistik, das heißt, er verzichtete darauf, die Bahn jedes einzelnen Teilchens zu berechnen, sondern benutzte die Wahrscheinlichkeitsrechnung. 1872 stellte er fest, dass man eine mathematische Größe konstruieren kann, die von der Lage und der Geschwindigkeit der Moleküle eines Gases abhängt und bemerkenswerte Eigenschaften aufweist: Unter dem Einfluss der Zusammenstöße zwischen den Molekülen kann diese mathematische Größe auf dem Weg zu einem Gleichgewicht stets nur kleiner werden – oder aber konstant bleiben, falls das Gas sich bereits im Gleichgewicht befindet; in diesem Fall ist es so, als ob die Zeit stillstünde. Diese mathematische Größe (die meist mit H bezeichnet wird) ist die Inverse der Entropie: $H=-S$. Auf diese Weise führt die statistische Zusammenfassung der reversiblen Gleichungen, mit denen die Dynamik der Teilchen auf mikroskopischer Ebene erfasst wird, zu einer makroskopischen Gleichung, die irreversibel ist. Die Zunahme der Entropie eines abgeschlossenen Systems bringt danach nur die Tendenz des Systems zum Ausdruck, auf der Ebene der Moleküle einem Zustand zuzustreben, der eine größere Wahrscheinlichkeit besitzt. Sie entspricht dem so genannten thermodynamischen Zeitpfeil.

Das Problem liegt darin, dass diese Kalküle die Irreversibilität als eine statistische Eigenschaft interpretieren, die den makroskopischen Systemen innewohnt, das heißt solchen Systemen, die aus einer großen Zahl mikroskopischer Elemente bestehen. Damit wäre die Irreversibilität eine emergente Eigenschaft komplexer Systeme, also nicht grundsätzlich, sondern nur faktisch gegeben.

Von dort bis zu der Behauptung, dass die Zeit eine Illusion sei, ist nur ein kleiner Schritt, und so mancher hat diesen Schritt getan – unter ihnen kein geringerer als Albert Einstein. Er schrieb in einem privaten Brief, für überzeugte Physiker sei die Unterscheidung zwischen Vergangenheit, Gegenwart und Zukunft nur eine, wenn auch zähe, Illusion. Er hoffte, den Begriff der Irreversibilität eliminieren zu können, indem er die Physik auf eine reine Geometrie zurückführte, das heißt auf eine zeitlose Form.

Andere Gelehrte wie Ilya Prigogine halten es für ausgeschlossen, dass die Irreversibilität das Ergebnis unserer Unwissenheit oder unserer menschlichen Subjektivität sei, und meinen stattdessen, dass der Physik irgendein wesentlicher Punkt bisher entgangen sein müsse. Für Prigogine ist die makroskopische Irreversibilität Ausdruck eines Zufallscharakters mikroskopischer Prozesse. Sie sei keine bloße Frage der Perspektive, sondern eine der Natur innewohnende Eigenschaft. Statt zu sagen, der Zeitpfeil existiere gar nicht, und die makroskopische Ebene erzeuge lediglich die Illusion seiner Existenz, könne man ebenso gut sagen, der Zeitpfeil existiere sehr wohl, aber die mikroskopische Ebene erzeuge die Illusion, dass es ihn nicht gebe. Um diese Fragen ist viel gestritten worden. Es bleibt insbesondere noch genau zu klären, warum der Zeitpfeil, obwohl er das Zeichen der Irreversibilität trägt, das harmonische Gebäude der klassischen Physik zu durchdringen vermag, das sich doch so gleichgültig gegenüber ebendieser Irreversibilität verhält. Die Debatte wird noch durch die Tatsache kompliziert, dass die klassische Physik hier nicht als Einzige im Rennen ist. Die moderne Physik besteht auch aus der (allgemeinen und speziellen) RELATIVITÄTSTHEORIE, der QUANTENPHYSIK, der Teilchenphysik, der Kosmologie, kurz: aus zahlreichen Fachgebieten, die einander nicht immer harmonisch ergänzen.

Irreversibilität in der Chemie

→ ***Reversibilität***

Isolate

Zur Vertiefung: ***Allelfixierung; Inzucht; Populationsgenetik***

Die Weitergabe des genetischen Erbes einer Population von einer Generation an die nächste erfolgt nach einem Prozess, der im

Wesentlichen auf Zufall beruht. Aus der Kenntnis der genetischen Zusammensetzung einer Generation lassen sich lediglich Wahrscheinlichkeiten ableiten, wie die genetische Realität der nächsten Generation aussehen wird. Ausgehend von einigen Hypothesen lässt sich jedoch ein Modell entwickeln, das es ermöglicht, die langfristige Entwicklung der genetischen Ausstattung einer Gemeinschaft, ihres Genpools, zu untersuchen. Legt man unter anderem die Hypothese zugrunde, dass die Gesamtheit der Population in ihrer Größe gegen unendlich geht, kann man nach dem Gesetz der grossen Zahl Häufigkeit und Wahrscheinlichkeit gleichsetzen und zeigen, dass der Genpool der Art in seiner Vielfalt im Laufe der Generationen konstant bleibt.

In Wirklichkeit ist eine Population nie von unendlicher Größe. Die Auswirkungen dieser Endlichkeit lassen sich anhand eines Modells verdeutlichen, das von der Hypothese ausgeht, dass die Population kein Allel (alternative Genform, die das gleiche Merkmal steuert) von außen erhält, also genetisch isoliert ist und somit ein Isolat bildet. Von hier aus kann die Untersuchung auf zwei Wegen erfolgen.

Isolate und Inzucht

Einer dieser Wege bemüht sich, die Folgen der Isolierung für die durchschnittliche Inzucht der Population zu messen, definiert als Wahrscheinlichkeit, dass zwei zufällig ausgewählte Gene am gleichen Genlocus, also der gleichen Stelle des Chromosoms, bei zwei Individuen identisch, also Kopien des gleichen Gens eines gemeinsamen Vorfahren sind. Es lässt sich zeigen, dass diese Wahrscheinlichkeit in dem Maße gegen 1 tendiert, wie die Zahl g der Generationen zunimmt, und dass die Differenz zu 1 für eine Population von N Individuen annähernd $(1-1/(2N))^g$ ist (siehe Inzucht). Im Grenzfall sind demnach alle Gene an diesem Genort Kopien desselben Gens eines gemeinsamen Vorfahren, also identisch. In der Population wären also nur noch Gene vorhanden, die alle die gleiche Wirkung haben und das gleiche Allel repräsentieren: Es hätte eine »Fixierung« stattgefunden, die nicht auf Überlegenheit beruhte, sondern allein auf dem Zufall der genetischen Weitergabe. Die Fixierung eines neuen Gens erfordert lange Zeit (eine Generationenzahl, die in der Größenordnung der Gesamtgröße der Gruppe liegt).

Die Begrenztheit der Gesamtgröße ist folglich einer der Faktoren für die Veränderung des Genpools einer Art und somit auf Dauer auch ihrer Evolution. Diese Feststellung ist der Ausgangspunkt von Entwicklungen, die zum Entstehen neutralistischer Evolutionstheorien beigetragen haben (siehe Neutralitätstheorie). Angenommen, in einer isolierten Population von N Individuen kommt es zu einer Mutation. Ihre Anfangshäufigkeit ist $1/(2N)$. Wenn diese Mutation keinerlei Auswirkungen auf die Überlebensfähigkeit und Fruchtbarkeit ihres Trägers hat, also seine Fitness nicht beeinflusst, wird sie Bestandteil der genetischen Drift, also der Veränderung des kollektiven genetischen Bestandes aufgrund der Zufälligkeit der Fortpflanzung. Mit größter Wahrscheinlichkeit wird die Mutation eliminiert, aber mit einer Wahrscheinlichkeit von $1/(2N)$ fixiert sie sich in der Population.

Da die Zahl der Mutationen, die in jeder Generation auftauchen, proportional zur effektiven Populationsgröße N und die Wahrscheinlichkeit ihrer Fixierung jeweils proportional zu ihrem Kehrwert ist $(1/N)$, muss der Rhythmus der Fixierung neuer Allele und somit der Evolution von dieser effektiven Populationsgröße unabhängig sein. Dieses Ergebnis deckt sich mit den Beobachtungen der Molekulargenetik über die Evolution der Proteinstrukturen (siehe Evolution).

Isolate und Evolution der Allelfrequenzen

Ein zweiter, leichter zugänglicher Forschungsweg beschäftigt sich mit den Änderungen der verschiedenen Allelfrequenzen. Es gibt zahlreiche Untersuchungen über menschliche Isolate, deren genetische Strukturen sich vor allem dank der Arbeiten von Hämatologen vergleichen ließen. Als wichtigste Erkenntnis zeigten diese Studien, dass die Folgen der Isolation nur geringe Bedeutung haben, wenn sie nicht vollständig ist oder nur über begrenzte Zeit besteht. Die Einflüsse selbst einer geringen Immigration sind weitaus größer als die der Isolation: Unabhängig von der effektiven Größe der Population genügt ein Einwanderer pro Generation, damit der durchschnittliche Inzuchtkoeffizient nicht mehr gegen 1 tendiert wie im Fall vollständiger Isolation, sondern gegen 0,2.

Und schließlich ist anzumerken, dass in einer geschlossenen Population Paarungen, wenn sie zufällig zustande kommen, gelegentlich verwandte Individuen betreffen. Ausgehend von einigen Hypothesen lässt sich zeigen, dass in einer Population von *N* Personen, die keinerlei Auswahl ihrer Zeugungspartner treffen, die Häufigkeit der Vetternehen bei 8/*N* liegt (siehe PANMIXIE). In Frankreich lag sie in den 1920er Jahren bei 9,1/1000 und fiel in den 1950er Jahren auf 2,1/1000. Alles verlief demnach, als hätten die Franzosen ihre Gattenwahl im ersten Zeitraum in einem Isolat von 900 Personen und im zweiten Zeitraum aus einem Isolat von 4000 Personen getroffen. Dabei handelt es sich offensichtlich nur um ein fiktives Isolat, das lediglich die Beschreibung eines gesellschaftlichen Verhaltens ermöglicht. Die angeführten Werte zeigen, wie sehr in diesem Zeitraum die Isolate aufgebrochen und Populationen vom Land und aus den Kleinstädten in die Ballungsräume gezogen sind.

Isolierung

Zur Vertiefung: ***Laboratorium; Lösung; Quantenchemie***

Eine chemische Reaktion führt zu einem Gemisch von Reaktionsprodukten, die meist in LÖSUNG vorliegen. Zunächst bestimmt man die Zusammensetzung dieses Gemischs mithilfe der CHROMATOGRAPHIE. Bei diesem Trennverfahren führt man das Gemisch in einem flüssigen oder gasförmigen Strom durch eine stationäre Phase, die die jeweiligen Substanzen unterschiedlich lange adsorbiert (schwach anlagert), und trennt es in einem zweiten Schritt in seine Bestandteile. Erst anschließend kann man einzelne Stoffe isolieren.

Eine einzige Substanz zu isolieren ist eine Vorbedingung, um ein völlig neues MOLEKÜL aus der Natur oder dem Labor auf seine Struktur (siehe SPEKTRUM) und seine Eigenschaften hin zu untersuchen. Die Isolierung ist umso notwendiger, als die Wechselwirkungen zwischen verschiedenen chemischen Spezies die Lage noch komplizierter machen. Die unzähligen Möglichkeiten solcher Wechselwirkungen verdeutlicht allein schon die gigantische Größe der AVOGADRO-KONSTANTE (6×10^{23} Einzelmoleküle auf ein Mol einer Substanz). Da man zudem die meisten Experimente und Messungen in Lösung durchführt, wirkt sich auch das Lösungsmittel störend aus.

Die Notwendigkeit, einen Stoff zu isolieren, ist umso größer, als die Berechnungen der Quantenchemie sich in der Regel auf Einzelmoleküle beziehen, wie sie im gasförmigen Zustand unter niedrigem Druck existieren. So ist zum Beispiel die Acidität in einer Gruppe verwandter Moleküle wie den Alkoholen der allgemeinen Formel R—OH in der gasförmigen Phase ein recht einfaches Phänomen. Wesentlich komplizierter und sogar undurchführbar gestaltet es sich, wenn man diese Gruppe in Lösung untersucht, das heißt so, wie sie in den meisten Anwendungen vorkommt. Die Isolierung eines Stoffes, die als logischer Imperativ der Einfachheit erscheint, scheitert häufig an solchen praktischen Unmöglichkeiten.

Isomere

Zur Vorbereitung: ***chemische Formel***

Zur Vertiefung: ***Chiralität; Elektronenverteilung; Molekül; Reaktion***

Zwei Moleküle von gleicher Zusammensetzung, aber unterschiedlicher Anordnung ihrer ATOME bezeichnet man als Isomere. Ein Beispiel sind Blausäure HCN und Isoblausäure HNC. Die chemischen Formeln unterscheiden sich zwar nur wenig (wie die Namen »Tokio« und »Kioto«), aber mit der unterschiedlichen Anordnung der Atomkerne zueinander, nach der entweder der Kohlenstoff C oder der Stickstoff N das Zentralatom bildet, ist auch eine unterschiedliche

Elektronenverteilung verbunden (siehe *Abbildung 1*).

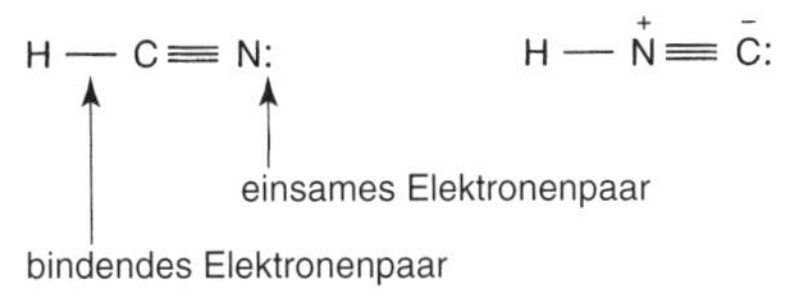

Abbildung 1 Lewis-Formeln für HCN und HNC

Bei der Isoblausäure HNC tragen das Kohlenstoff- und das Stickstoffatom eine elektrische Ladung, und das Stickstoffatom hat eine fast symmetrische Elektronenumgebung, wie die QUANTENCHEMIE anhand von Berechnungen belegen kann. Es ist von vier bindenden Elektronenpaaren umgeben (während es in der Blausäure HCN drei bindende und ein nicht bindendes Elektronenpaar sind). Da ein neutrales Stickstoffatom fünf Außenelektronen aufweist und das Kohlenstoffatom eines davon an sich gerissen hat, ist der Stickstoff in der Isoblausäure positiv und der Kohlenstoff negativ geladen.

Isomerisierung

Bei einem anderen Isomerenpaar (siehe *Abbildung 2*) beruht der Unterschied auf verschiedenen Positionen des Wasserstoffatoms H.

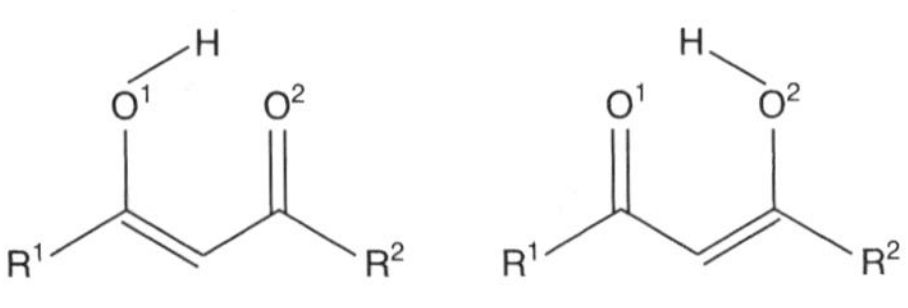

Abbildung 2 Je nach Bindung des Wasserstoffatoms an das eine oder andere Sauerstoffatom ergibt sich eine unterschiedliche Elektronenverteilung.

Das Wasserstoffatom H kann sich an Sauerstoffatom 1 oder an Sauerstoffatom 2 binden, wobei sich die gesamte Elektronenverteilung an die jeweilige Lage des Wasserstoffkerns nahe O^1 oder O^2 anpasst. Aufgrund der Wanderung des Wasserstoffatoms und einiger Elektronen verändert sich die Form des Moleküls.

Da beide Isomere nebeneinander existieren und wie bei einem Pendelverkehr zwischen Paris und London in einem ständigen Hin und Her zwischen beiden Formen wechseln, stellt sich zwischen ihnen ein chemisches Gleichgewicht ein.

Abbildung 3 zeigt die Kurve der potentiellen Energie, die von der relativen Position der Atome in jenem System abhängt, das diese beiden Moleküle im chemischen Gleichgewicht bilden.

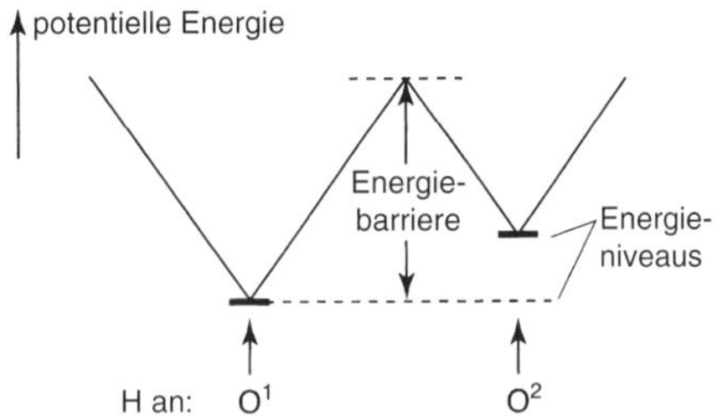

Abbildung 3 Änderungen der mit der Position der Teilchen verknüpften potentiellen Energie (Ordinate) in Abhängigkeit von der Position des Wasserstoffatoms an O^1 oder O^2 (Abszisse)

Die beiden Energieminima, die jeweils den Energieniveaus der in *Abbildung 2* dargestellten Formeln entsprechen, sind die einzigen stabilen Positionen dieses Systems, wie Paris und London in unserem Pendelverkehr. Um von einer Form zur anderen zu wechseln, muss das System eine Energiebarriere überwinden: Durch Energiezufuhr ist eine Isomerisierung (der Übergang von einem Isomer zum anderen) möglich. Wie *Abbildung 3* zeigt, liegt das Minimum bei dem Isomer, in dem H an O^1 gebunden ist, niedriger als bei dem Isomer, bei dem H an O^2 gebunden ist; daraus lässt sich schließen, dass das erste Isomer häufiger vorkommt. Durch Zufuhr thermischer Energie kann jedoch die Energiebarriere in beiden Richtungen, von links nach rechts und von rechts nach links, überwunden und ein Isomer in das andere umgewandelt werden.

Die Vielfalt der Isomere

Das augenfälligste Merkmal der Isomere ist ihre Vielzahl, die wir beispielhaft an einigen Isomeren der Formel C_6H_6 verdeutlichen möchten (siehe *Abbildung 4*).

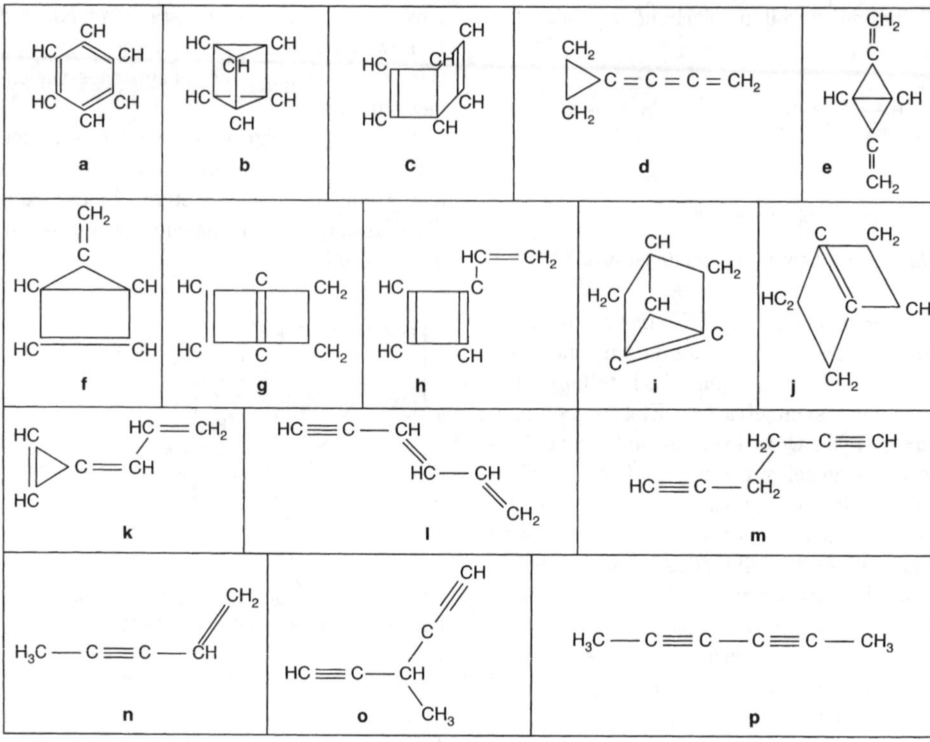

Abbildung 4 Eine kleine Auswahl aus den Isomeren der Formel C_6H_6

Beim Übergang von einem Isomer zum anderen ändert sich die potentielle Energie des Systems. In unserem ersten Beispiel (siehe *Abbildung 2*) liegt der Unterschied zwischen zwei Isomeren lediglich in der Position des Wasserstoffatoms. In der Regel ändert sich jedoch die Position aller Atome: So wechseln beim Übergang zwischen den Isomeren a und b der Formel C_6H_6 (*Abbildung 4*) alle sechs CH-Gruppen ihre relative Anordnung. Die Änderungen der potentiellen Energie für die C_6H_6-Isomere, in die viele mit der Position der einzelnen Atome verknüpfte Parameter einfließen, lässt sich nur in einer so genannten Hyperfläche darstellen, die durch einen Raum mit zahlreichen Dimensionen definiert ist.

Für jede Darstellung der Isomerisierung ist es notwendig, die Hyperfläche der potentiellen Energie zu bestimmen, die all diesen Isomeren gemeinsam ist. Diese überaus umfangreiche Aufgabe wird entweder über quantenchemische Berechnungen erledigt, die zeitsparend mit dem Computer erfolgen, oder indem man die einzelnen Moleküle (von denen allerdings nur ein geringer Teil bekannt ist) herstellt, um die Energiedifferenzen und -barrieren zwischen ihnen zu messen.

Grenzstrukturen und Isomere

Bislang sind wir von der Voraussetzung ausgegangen, dass für ein bestimmtes Isomer eine einzige Strukturformel gilt. Das ist jedoch nicht immer der Fall. Betrachten wir aus der großen Familie der Moleküle mit der Bruttoformel C_6H_6 das Isomer a (siehe *Abbildung 4*): Benzol. Die hier angegebene Strukturformel ist unzureichend, da sich aus ihr für eines der Derivate des Benzols, das Dichlorbenzol-1,2 der Bruttoformel $C_6H_4Cl_2$, zwei Isomere vorhersagen lassen, in denen zwei benachbarte Kohlenstoffatome jeweils ein Chloratom tragen (siehe *Abbildung 5*).

Es ist jedoch nur ein Molekül dieser Art bekannt. Diese und andere Tatsachen, auf die wir hier nicht näher eingehen können, veranlassten August Kekulé von Stradonitz in der zweiten Hälfte des 19. Jahrhunderts zu einer Schreibweise, nach der das Benzol

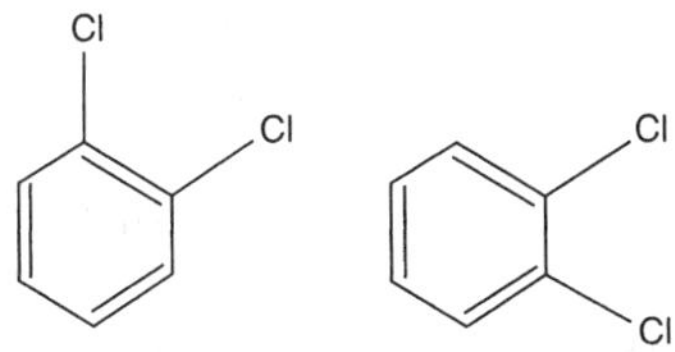

Abbildung 5 Die beiden hypothetisch angenommenen Dichlorbenzole

ständig zwischen den beiden Grenzstrukturen A und A' oszilliert (siehe *Abbildung 6*): Historisch ist Benzol das erste Molekül, das sich nicht auf eine einzige Strukturformel reduzieren lässt (man braucht mindestens zwei Formeln, um es in seinen verschiedenen Merkmalen darzustellen).

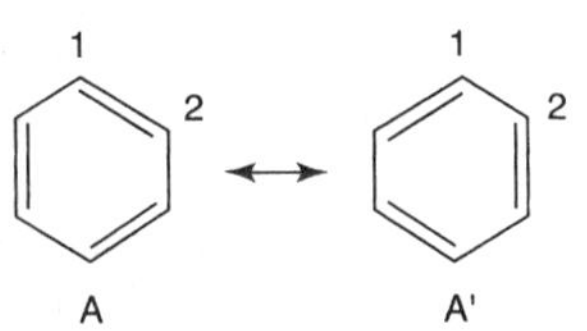

Abbildung 6 Symbolisierung der beiden Formen des Benzols. Um sich zu verdeutlichen, dass beide Formen tatsächlich unterschiedlich sind, kann man sich anstelle der Kohlenstoffatome 1 und 2 zwei Kohlenstoffisotope 3 und 4 vorstellen, deren Atomkerne dieselbe Anzahl Protonen, aber unterschiedlich viele Neutronen enthalten.

Das scheint zwar die Sache zusätzlich kompliziert zu machen, zumindest was die Schreibweise angeht, aber es ist die einzige Möglichkeit, die mit der beobachtbaren Tatsache vereinbar ist, dass die sechs Seiten des Benzolringes immer gleich sind, obwohl Doppelbindungen (durch Doppelstrich dargestellt) gewöhnlich eine kürzere Bindungslänge haben als Einfachbindungen (durch Einfachstrich dargestellt). Auf die weiteren Auswirkungen dieser Schreibweise, die eine Symbolisierung von A und A' enthält, gehen wir weiter unten ein.

Nicht existente Isomere

Eine weitere Schwierigkeit erwächst aus der Tatsache, dass die Zahl der bekannten Isomere (die bereits isoliert und erforscht wurden) gegenüber den unbekannten recht gering ist. Darüber hinaus ist die Menge der denkbaren Isomere wesentlich größer als die der vorhandenen, zumindest so weit sie uns bekannt sind. In der Teilauswahl von Molekülen der Bruttoformel C_6H_6 (siehe *Abbildung 4*), in die wir sowohl existierende als auch denkbare Isomere aufgenommen haben, bilden die möglichen Formen eine schweigende Mehrheit. In den Schränken von LABORATORIEN kommen sie nicht vor, teilweise weil sie aus verschiedenen Gründen manchmal sehr instabil sind: Selbst wenn es gelänge, sie zu synthetisieren, wäre es überaus schwierig, sie zu konservieren, da sie in stabilere Formen (wie das Benzol A) isomerisieren würden.

Manche Isomere wurden noch nicht hergestellt, weil dazu (noch) keine Notwendigkeit bestand. Andere lassen sich nach unserem derzeitigen Wissensstand nicht synthetisieren. Greifen wir aus der Gruppe der Isomere, die nicht existieren, weil sie sich bislang nicht herstellen oder konservieren lassen, als Beispiel Cyclohexatrien heraus (siehe *Abbildung 7*).

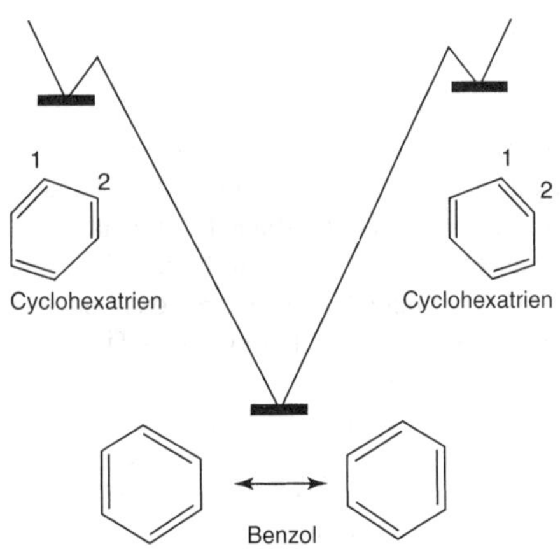

Abbildung 7 Cyclohexatrien und Benzol in ihren beiden Strukturformen, die durch Doppel- oder Einfachbindung zwischen den Kohlenstoffatomen 1 und 2 unterschieden sind.

Das Benzol liegt mit seiner räumlichen Anordnung in einem regelmäßigen Sechseck auf einem Tiefpunkt potentieller Energie. Sein mögliches Isomer Cyclohexatrien ist bislang unbekannt. Falls es existieren sollte, würde es einen Wechsel zwischen kurzen Doppelbindungen und langen Einfachbindungen aufweisen (in *Abbildung 7* beispielhaft zwischen den Kohlenstoffatomen 1 und 2 gezeigt). Aber

Cyclohexatrien hat viel zu gewinnen, wenn es eine RELAXATION erfährt, dabei Energie verliert, auf das Energieminimum absinkt und in Benzol isomerisiert. Auch der umgekehrte Fall ist bekannt: das Cyclooktatetraen, dessen zwei stabile Isomere ein chemisches Gleichgewicht bilden, getrennt durch ein instabiles Isomer (siehe *Abbildung 8*).

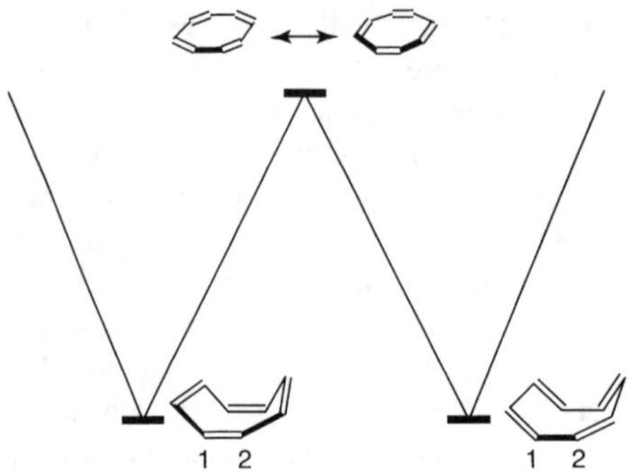

Abbildung 8 Cyclooktatetraen in seinen beiden stabilen Konformationen in Wannenform. Die ebene Konformation ist nicht dauerhaft existenzfähig.

In diesem Fall zeichnet sich die stabile KONFORMATION durch einen Wechsel von langen Einfachbindungen und kurzen Doppelbindungen aus, während die ebene Konformation mit ihren acht gleich langen Kohlenstoff-Kohlenstoff-Bindungen instabil ist. Sie existiert nicht als isolierbares Molekül in einem Tief potentieller Energie.

Während beim Benzol die ebene Konformation in Form eines regelmäßigen Sechsecks einem Minimum potentieller Energie entspricht, liegt die ebene Konformation des Cyclooktatetraen in Form eines regelmäßigen Achtecks auf einem Maximum potentieller Energie. Dies ist ein grundlegender Unterschied, der auf die Zahl der an den Doppelbindungen beteiligten Elektronenpaare in den jeweiligen ebenen Konformationen zurückzuführen ist: Beim Benzol sind es drei und beim Cyclooktatetraen vier. Drei Paare stabilisieren die ebene Form und senken ihre potentielle Energie, während vier die ebene Form destabilisieren und ihre potentielle Energie erhöhen. Im ersten Fall spricht man von AROMATIZITÄT, im zweiten von Antiaromatizität.

Durch die Erforschung der Hyperflächen lassen sich also grundlegende chemische Phänomene klären. Ebenso wie der Mathematiker stellt sich auch der Chemiker fiktive geometrische Figuren vor und denkt über ihre wechselseitigen Konversionen (relativen Transformationen) und alle Wege nach, die sie verbinden. Erst nach dieser Analyse des Möglichen entschließt er sich, manche dieser virtuellen Verbindungen praktisch herzustellen. Aus Zeit- und Geldgründen verbietet es sich, alle nur denkbaren Isomere selbst einer so (relativ) kleinen Familie wie C_6H_6 zu synthetisieren. Die Auswahl, welche Isomere man realisieren möchte, richtet sich nach der Frage, ob sie die ständige Theorie-Praxis-Debatte voranbringen, also ob sie eine Theorie zu widerlegen vermögen, oder ob für ein unbekanntes Isomer völlig neue Eigenschaften vorausgesagt sind. Es kann aber auch sein, dass andere Anreize bestehen, wie es in der chemischen Industrie oft der Fall ist, wenn sie kranken, leidenden Menschen hilft – gegen ein Entgelt.

Enantiomere und Racemisierung

Eine besondere Kategorie bilden Paare chiraler Isomere, die so genannten Enantiomere, die sich wie Bild und Spiegelbild zueinander verhalten (siehe CHIRALITÄT). Organische Moleküle wie die Proteine bestehen aus chiralen Modulen, die entweder eine »Links-Konfiguration« (AMINOSÄUREN) oder eine »Rechts-Konfiguration« (ZUCKER) aufweisen. Die Isomerisierung eines Moleküls mit Links-Konfiguration in sein Enantiomer mit Rechts-Konfiguration – ein Vorgang, den man als Racemisierung bezeichnet – hat Ähnlichkeit mit dem Durchgang durch einen Spiegel, wie Lewis Carroll ihn beschreibt. Da sie in einer für jedes Entantiomerenpaar charakteristischen Zeit erfolgt, kann man sie zur DATIERUNG nutzen (zum Beispiel anhand der Asparaginsäure in einem menschlichen Oberkiefer).

Bei vielen chemischen Reaktionen entstehen racemische Gemische aus gleichen Anteilen der beiden Enantiomere. Meist ist nur eines der beiden Enantiomere für den Menschen von Nutzen, zum Beispiel als Medikament, während das andere keinen Nutzen bringt oder sogar störend wirkt. Dies war unter anderem bei Thalidomid der Fall, das wegen seiner Nebenwirkungen in trauriger Erinnerung geblieben ist (da es bei schwangeren Frauen zu Missbildungen der Embryos führte). Nach dem Vorbild von Lebewesen, in deren Organismen die ENZYME spezifisch die nützlichen Enantiomere produzieren, haben Chemiker ausgeklügelte Verfahren entwickelt, selektiv nur das gewünschte Enantiomer herzustellen.

Isostasie

Zur Vertiefung: ***Gebirgsbildung; Klima; Schwere; Viskosität***

Es ist zu erwarten, dass ein Lot in der Nähe von Gebirgen durch deren Massenanziehungskraft aus der Vertikalen abgelenkt wird. Das ist auch durchaus der Fall, allerdings nicht in dem Maße, wie man annehmen sollte, wenn man davon ausgeht, dass es sich bei einem Gebirge um eine große, auf dem Boden ruhende Masse handelt. Diese Beobachtung wurde zuerst im 18. Jahrhundert von Pierre Bouguer in den Anden gemacht und dann um 1850 von Sir George Everest, dem Leiter des indischen Vermessungsamtes, im Himalaya bestätigt.

Die Erklärung für diese Erscheinung lieferte der britische Astronom Sir George Airy. Die Gebirge bestehen aus Krustengesteinen, die eine geringere Dichte besitzen als die Gesteine des Erdmantels. Und wie sich bei einem schwimmenden Eisberg ein Teil unterhalb der Wasserlinie befindet, so besitzen auch Gebirge unterhalb des sichtbaren Teils gleichsam eine »Wurzel« aus leichtem Gestein, die in den Erdmantel hinabreicht (siehe *Abbildung 1*). Deshalb wird das Lot nicht so stark abgelenkt, wie es der Fall wäre, wenn das Gebirge flach auf dem Mantel ruhte. Der Gedanke, wonach die Masse des sichtbaren Teils eines Gebirges durch ein entsprechendes Massendefizit unterhalb des Gebirges ausgeglichen wird, bildet die Grundlage der Theorie der Isostasie.

Nach dieser Theorie bildet sich ein Gleichgewichtszustand zwischen der Schwere und Dichte von Teilstücken der Erdrinde und der

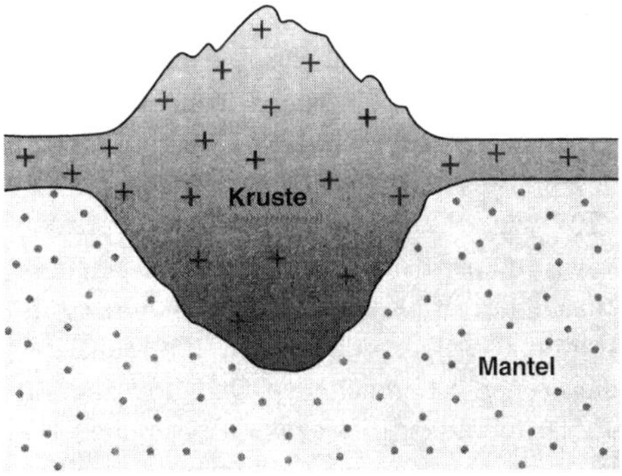

Abbildung 1

Dichte der darunter liegenden Erdschicht (Sima).

Während der letzten Eiszeit (siehe KLIMA) drückte das Gewicht der Eiskappen über dem Nordteil des europäischen und amerikanischen Kontinents die Erdkruste ein, so dass sie dort in den viskosen Erdmantel einsank. Am Ende der Eiszeit, vor etwa 10000 Jahren, schmolzen die Eiskappen relativ schnell zusammen. Der vom Gewicht des Eises entlastete Kontinentalsockel begann sich daraufhin in einer »isostatischen Reaktion« wieder langsam zu heben, mit der Folge, dass der Meeresspiegel an den vom Eis befreiten Küsten Skandinaviens und Kanadas sank. Dieser Vorgang hält heute noch an; die Geschwindigkeit bewegt sich in einer Größenordnung von einem Zentimeter pro Jahr. Aus der Hebegeschwindigkeit lassen sich Rückschlüsse auf die Viskosität des Mantels ziehen.

Isotop

Zur Vertiefung: ***Atomkern; Datierung; Nukleon; Radioaktivität***

Jedes ATOM besteht aus einem elektrisch positiv geladenen Kern, der von einer Wolke aus elektrisch negativ geladenen Elektronen umgeben ist. Der Kern und die Elektronen werden durch elektrische Kräfte (Coulomb-Anziehung) zusammengehalten.

Die Atomkerne bestehen ihrerseits aus Nukleonen, das heißt aus elektrisch positiv geladenen Protonen und aus Neutronen, deren elektrische Ladung gleich null ist. Die Anzahl Z der im Kern enthaltenen Protonen wird als

Ordnungszahl (oder auch Kernladungszahl) bezeichnet, die Summe aus der Zahl der Protonen *Z* und der Neutronen *N* als Massezahl *A*. Die Massezahl gibt also die Anzahl sämtlicher im Kern enthaltenen Nukleonen an.

Im von Natur aus elektrisch neutralen Atom entspricht die Zahl der Protonen der Anzahl der Elektronen, die zusammen die Atomhülle bilden, das heißt, die Zahl der Elektronen ist gleich der Ordnungszahl *Z*. Die Ordnungszahl ist deshalb besonders bedeutsam, weil sämtliche Atome mit derselben Ordnungszahl, also der gleichen Anzahl Protonen im Kern, praktisch dieselben chemischen Eigenschaften zeigen. Sie bilden daher die so genannten chemischen Elemente. Zum chemischen Element Wasserstoff gehören alle Atome, die ein einziges Proton haben, Atome mit 16 Protonen gehören zum chemischen Element Schwefel, solche mit 92 Protonen zum Element Uranium. Jedes chemische Element hat seinen Platz im PERIODENSYSTEM, das nach der Ordnungs- oder Kernladungszahl aufgebaut ist.

Doch nicht alle Atome eines chemischen Elements haben notwendigerweise auch dieselbe Anzahl Neutronen. Der Kern des Wasserstoffatoms zum Beispiel besteht aus einem einzigen Proton. Er kann jedoch kein oder ein oder zwei Neutronen enthalten. Da all diese Atome im Periodensystem denselben Ort einnehmen (der durch die Ordnungszahl bestimmt ist, die in unserem Fall 1 beträgt), bezeichnet man sie als Isotope des Wasserstoffs (nach dem griechischen *isos*: »gleich«, und *topos*: »Ort«).

Die Isotope eines chemischen Elements zeigen im Wesentlichen dieselben chemischen Eigenschaften, weil das chemische Verhalten eines Atoms von der Elektronenhülle bestimmt wird, die bei allen Atomen mit derselben Ordnungszahl praktisch identisch ist (die Elektronenhüllen verschiedener Isotope eines Elements können leichte Unterschiede aufweisen, weil die Struktur des Atomkerns, an den sie durch Coulomb-Anziehung gebunden sind, sich mit der Anzahl der Neutronen verändert). Da die Isotope eines Elements nicht dieselbe Anzahl von Neutronen haben, haben sie nicht dieselbe Massezahl und auch nicht ganz dieselben physikalischen Eigenschaften (zum Beispiel Dichte, Siedepunkt). Besonders hinsichtlich des radioaktiven Zerfalls bestehen erhebliche Unterschiede zwischen den Isotopen ein und desselben chemischen Elements. Wenn es um Atomkerne geht, ist es daher wichtig, genau anzugeben, von welchem Isotop die Rede ist. Meist fügt man deshalb dem chemischen Namen des betreffenden Elements, zum Beispiel Uranium, die Massezahl, also die Gesamtzahl der im Kern enthaltenen Nukleonen, hinzu: Uranium 235, Uranium 236, Uranium 238 … Das Uran besitzt mindestens sieben Isotope, von denen zwei auf der Erde in größeren Mengen vorkommen: Uranium 235 (92 Protonen, 143 Neutronen) und Uranium 238 (92 Protonen, 146 Neutronen).

Von den heute bekannten Isotopen sind nur ganz wenige stabil, das heißt zerfallen nicht spontan, wenn man sie im Vakuum sich selbst überlässt. Die allermeisten sind instabil, das heißt radioaktiv; sie wandeln sich nach einer gewissen Zeit in andere Elemente um. Ein bekanntes Beispiel ist der Kohlenstoff. Der aus sechs Protonen und sechs Neutronen bestehende Kohlenstoff 12 ist stabil; Kohlenstoff 14 dagegen, dessen Kern zwei zusätzliche Neutronen enthält, ist radioaktiv (siehe DATIERUNG).

Ein weiteres Beispiel für das unterschiedliche Verhalten verschiedener Isotope liefert das Uran: Das Isotop Uranium 235 ist spaltbar, das heißt, es kann – unter Freisetzung von Energie – in zwei leichtere Atomkerne zerfallen, wenn es von einem Neutron getroffen wird (siehe KERNSPALTUNG). Uranium 238, dessen Kern drei zusätzliche Neutronen enthält, hat diese Eigenschaft dagegen nicht.

Isotropie

Zur Vertiefung: ***Erhaltungssatz; Invarianz; Kosmologie; Symmetrie***

Ein Medium wird als isotrop bezeichnet, wenn physikalische Eigenschaften darin in allen Richtungen gleich sind. Da keine Richtung bevorzugt ist, braucht man in diesem Fall nicht anzugeben, welche Richtung man gerade betrachtet. FLÜSSIGKEITEN sind im Allgemeinen isotrop, während KRISTALLE, die ihre Ausrichtung einem äußeren, meist elektrischen oder magnetischen Feld verdanken, niemals isotrop sind (sie sind anisotrop).

Ist der Raum isotrop?

Ein wichtiges Postulat der Physik besagt, dass der Raum isotrop ist, das heißt, dass darin keine Richtung in irgendeiner Weise privilegiert ist. Die Gesetze der Physik kennen daher keine absolute Richtung. So erfährt die elektrische Kraft, die das PROTON und das ELEKTRON innerhalb des Wasserstoffatoms aneinander bindet, keinerlei Veränderung, wenn das ATOM eine Drehung um sich selbst vollführt. Man sagt, die Gesetze der Physik seien invariant gegenüber einer Rotation. Diese Aussage folgt unmittelbar aus der Isotropie des Raumes. Und aus der genannten Invarianz folgt wiederum unmittelbar die Erhaltung des Drehimpulses.

In Wirklichkeit ist die Isotropie des Raumes keineswegs offenkundig. Sie scheint sogar widerlegt, wenn wir etwa den senkrechten Fall eines Steins oder die ständige Ausrichtung der Magnetnadel nach Norden betrachten. Tatsächlich gibt es in unserer Umgebung durchaus privilegierte Richtungen, die je nach dem betrachteten Phänomen (Fall des Steins, Ausrichtung der Magnetnadel) unterschiedlich sind. Die Begriffe des FELDES und des Vektors wurden eingeführt, um dieser unsichtbaren Ausrichtung des Raumes gerecht zu werden, die aus der Anwesenheit von Objekten mit bestimmten Eigenschaften resultiert: aus der Masse des Steins oder dem magnetischen Moment des Eisens. Gilt das für den Raum auch im allergrößten Maßstab, im Bereich der Galaxien oder sogar der Galaxienhaufen? Auf dieser Ebene haben die von den einzelnen Objekten erzeugten Gravitations- und Magnetfelder keine privilegierte Richtung mehr. Besteht auch dort noch eine Differenz zur Isotropie, das heißt, ist der Raum auch auf dieser Ebene anisotrop?

Um die Isotropie des Weltraums zu prüfen, kann man die Galaxien zählen, die sich von der Erde aus in alle Richtungen bis zu einer bestimmten Entfernung (z. B. hundert Millionen Lichtjahre) beobachten lassen. Dabei stellt man fest, dass die Zahl der beobachtbaren Galaxien in allen Richtungen dieselbe ist. In dem durch unsere Beobachtungsmöglichkeiten und die festgelegte Entfernung definierten Maßstab ist der Raum also von Galaxien gefüllt, ohne dass sich dabei eine privilegierte Richtung ausmachen ließe. Auch die Expansion des Universums ist in allen Richtungen, in die wir schauen, dieselbe. Die kosmische Strahlung des SCHWARZEN KÖRPERS – das Licht also, das einst von einem noch heißen Universum lange vor der Entstehung der Galaxien emittiert wurde und das heute zu uns gelangt – zeigt gleichfalls keinerlei erkennbare Unterschiede, wenn wir in verschiedene Richtungen blicken. Wenn es darum geht, eine möglichst einfache mathematische Darstellung des Universums zu finden (siehe KOSMOLOGISCHES STANDARDMODELL und KOSMOLOGIE), hält man es daher für gerechtfertigt, von der Isotropie des Raumes auszugehen, auch wenn ein strenger positiver Beweis dafür nicht erbracht werden konnte. So ist es denn auch nicht ausgeschlossen, dass wir dieses Postulat eines Tages werden aufgeben müssen.

Iteration

Zur Vertiefung: ***Befehl; Programm; Programmierung; Sprache***

Die Iteration ist ein Grundelement zahlreicher Programmiersprachen und wird auch als Zählschleife oder als bedingte Schleife bezeichnet. Sie besteht im wiederholten Durchlaufen einer Anweisung oder in der wiederholten Ausführung einer Funktion, bis eine bestimmte Zahl von Wiederholungen erreicht oder eine vorgegebene Abbruchbedingung erfüllt ist. So ist zum Beispiel die Anweisung:

```
»Solange I≠0, ersetze die Variable I durch den Wert I-1, und ersetze dann N durch den Wert N×I«,
```

eine Iteration, die jeweils nacheinander die Anweisung

```
»ersetze die Variable I durch den Wert I-1«
```

und die Anweisung

```
»ersetze N durch den Wert N×I«
```

so oft wiederholt, bis die Bedingung

```
»I≠0«
```

nicht mehr erfüllt ist.

K

Kalender

Zur Vertiefung: ***Datierung; Uhr; Zeit***

Ein Kalender (vom lateinischen *calendae*, dem ersten Tag des römischen Monats) ist ein Hilfsmittel zur zeitlichen Einordnung von Ereignissen, das es gestattet, sich über den Zeitpunkt von Ereignissen und deren zeitliche Abfolge zu verständigen, sie also über ein gemeinschaftlich festgelegtes Bezugssystem zu datieren. Dazu bedarf es einer materiellen Uhr, deren Kreisläufe gezählt werden. Universalität und regelmäßiger Gang der Uhr sind wesentliche Voraussetzungen dafür, dass der Kalender von allen genutzt werden kann und eine präzise Zuordnung gestattet. Als gleichsam natürliche Uhren boten sich den verschiedenen Kulturen die großen astronomischen Zyklen an, zum Beispiel die tägliche Umdrehung der Erde um sich selbst, die Mondphasen oder die mit dem Umlauf der Erde um die Sonne verbundene Abfolge der Jahreszeiten, und auf diesen Grundlagen entstanden diverse Tages-, Mond-, Sonnen- oder Lunisolar-Kalender. Neben großen historischen Ereignissen (Schlachten) und auffälligen Naturerscheinungen (Erdbeben, Vulkanausbrüche) bieten auch astronomische Ereignisse (vor allem Sonnen- und Mondfinsternisse) die Möglichkeit, die verschiedenen Kalender miteinander zu vergleichen.

Der Sonnentag entspricht der Zeitspanne zwischen zwei aufeinanderfolgenden Durchgängen der Sonne durch den Meridian (d.h. die jeweilige örtliche Südrichtung) an einem gegebenen, aber beliebigen Punkt der Erde. Seit den Babyloniern wird diese Zeitspanne in 24 Stunden zu jeweils 60 Minuten mit ihrerseits jeweils 60 Sekunden unterteilt, so dass der Tag die Sekunde (als den 86400sten Teil des Sonnentages) definierte, bis man die Atomzeit einführte, die von einer genaueren Uhr geliefert wird (siehe Zeit und Uhr). Aber der Tag ist eine allzu kleine Einheit, wenn es darum geht, längere Zeiträume abzuzählen, insbesondere in der Landwirtschaft, in der es auf die Jahreszeiten, also das Jahr ankommt. Benutzt man als Uhr die jährliche Wiederkehr des Sonnendurchgangs durch ein und dieselbe Position im Verhältnis zu den Fixsternen – z.B. durch den Frühlingspunkt zur Zeit der Frühlings-Tagundnachtgleiche –, so umfasst das »tropische Jahr« (nach dem griechischen *tropos*: Bewegung) 365,24219879 Tage. In den Kalendern, die das Jahr ständig unverändert mit 365 Tagen berechneten, zum Beispiel in denen der mittelamerikanischen Kulturen, verschoben sich daher die Jahreszeiten nach und nach immer stärker. Deshalb führten die Chinesen der Shang-Dynastie im 16. Jahrhundert vor unserer Zeit und die Römer im Jahr 45 vor Christus einen Kalender ein, in dem das Jahr 365,25 Tage umfasste. Dieser römische Kalender wird nach Julius Caesar als Julianischer Kalender bezeichnet; ihm verdanken wir die Einführung der Schaltjahre, die alle vier Jahre einen zusätzlichen Tag einschalten. Der Julianische Kalender blieb bis ins 16. Jahrhundert in Gebrauch. Um eine noch bessere Annäherung an den genauen Wert des tropischen Jahres zu erreichen, kann man auf Kettenbrüche zurückgreifen, aus denen sich die besten Näherungswerte einer gegebenen Rationalzahl, hier des genauen Werts der Länge des tropischen Jahres, ergeben. Dieser Wert lässt sich in folgender Weise als Kettenbruch schreiben:

$$365+\cfrac{1}{4+\cfrac{1}{7+\cfrac{1}{1+\cfrac{1}{3+\dots}}}}$$
$$= 365+\frac{1}{4}-\frac{1}{4\times 29}+\frac{1}{29\times 33}-\frac{1}{33\times 128}+$$

Daraus ergibt sich der Julianische Näherungswert 365+(1/4); der dem 3. Näherungsbruch entsprechende Näherungswert
365+(1/4)−(1/116)
wurde der besseren Handhabung wegen ersetzt durch
365+(1/4)−(1/100),
was darauf hinausläuft, jeweils am Ende des Jahrhunderts den zusätzlichen Tag wegfallen zu lassen. Der 4. Näherungswert
365+(1/4)−(1/116)+(1/957)
übersteigt den Wert von
365+(1/4)−(1/100) um (1/400)−(1/13200).

Der 1582 von Papst Gregor XIII. eingeführte Gregorianische Kalender musste zehn Tage überspringen, um den Kalender wieder in Einklang mit den Jahreszeiten zu bringen, und setzte das Jahr auf
365+(1/4)−(1/100)+(1/400) = 365,2425
Tage fest, indem er alle 400 Jahre auch das Jahr der Jahrhundertwende zum Schaltjahr machte (so war 1900 kein Schaltjahr, aber das Jahr 2000 ist eines). Über lange Zeiträume hinweg addieren sich jedoch auch die verbleibenden kleinen Abweichungen, und hinsichtlich sehr langer Zeiträume jenseits der historischen Zeit muss man auch die Veränderungen in der Periode der Erdrotation und den chaotischen Charakter der Umlaufbahn unserer Erde um die Sonne berücksichtigen.

Die (etwa im Judentum und im Islam gebräuchlichen) Mondkalender basieren auf einem Mondzyklus von 29,531 Tagen (dem synodischen Monat), das ist die Zeitspanne zwischen zwei aufeinanderfolgenden identischen Mondphasen (etwa dem ersten Viertel, das sich ohne großen Aufwand präzise messen lässt). Da sich zwölf synodische Monate zu 354,372 Tagen addieren, ist dieses Mondjahr 10,87 Tage zu kurz; deshalb griff der Astronom Meton von Athen im 5. Jahrhundert vor unserer Zeit auf ein gemeinsames Vielfaches zwischen dem Näherungswert von 365,25 Tagen für das tropische Jahr und dem synodischen Monat zurück und gelangte so zu dem nach ihm benannten Metonischen Zyklus von 235 synodischen Monaten, der es gestattet, den Mondkalender an die Jahreszeiten anzupassen.

Seit die Sekunde auf atomarer Basis und nicht mehr auf der Grundlage der Erdrotation definiert ist, sorgen die Unregelmäßigkeiten der Erdrotation dafür, dass der Tag nicht stets 86400 Sekunden dauert; von Zeit zu Zeit muss man daher am Ende eines Jahres eine Sekunde hinzufügen (oder auch weglassen), damit keine Unstimmigkeiten auftreten.

Inzwischen gibt es einen Kalender, der – von einem willkürlich ausgewählten, aber weltweit gültigen Datum aus – nur noch Tage (von jeweils 86400 Sekunden Länge) zählt. Dieses System ist unabhängig von den verschiedenen Kalendern, aber sie alle können sich darauf beziehen. Und so ist es sehr nützlich für die Herstellung einer Konkordanz von historischen Ereignissen, aber auch zur Datierung astronomischer Ereignisse (wie Verfinsterungen, Supernovae, Kometen usw.). Die Julianische Zeitrechnung, die der französische Altphilologe Joseph Scaliger 1606 einführte und nach seinem Vater Jules César Scaliger benannte, beginnt am 1. Januar −4712 (das entspricht dem Jahr 4713 vor unserer Zeit, weil es das Jahr Null nicht gibt); die Festsetzung erfolgte willkürlich, aber im Gedanken an den ungefähren Beginn der historischen Zeiten. Jeder Tag hat in dieser Zeitrechnung seine eigene Ordnungszahl; der 1. Januar 2000, 12 Uhr mittags, trägt zum Beispiel das Julianische Datum 2451545,0; das heißt, es ist der 2451545. Tag der Julianischen Zeitrechnung.

Alle diese Kalender beziehen sich auf historische Zeiten. Prähistorische oder noch ältere Ereignisse, die der Erdgeschichte oder der Geschichte des Universums angehören, lassen sich nicht mit ähnlicher Genauigkeit datieren (siehe DATIERUNG). Allerdings können wir auch in diesen fernen Zeiten gelegentlich noch die Wirkung jährlicher Zyklen ausmachen (etwa die Jahresringe fossiler Bäume, die Aerosolablagerungen in aufeinanderfolgenden Schichten der polaren Eiskappen oder die Sedimente, die durch jahreszeitlich bedingte Überschwemmungen abgelagert worden sind). Sie liefern uns selbst für diese Zeiten, aus denen uns keinerlei schriftliche Zeugnisse überliefert sind, noch gewisse kalendarische Anhaltspunkte.

Kalkül, formaler

→ *formaler Kalkül*

Kardinalzahlen, Ordinalzahlen

Zur Vorbereitung: *Menge; Zahlen*

Finite Kardinal- und Ordinalzahlen

In der Umgangssprache unterscheidet man zwischen den Kardinalzahlen »eins«, »zwei«, »drei« etc. und den Ordinalzahlen »der Erste«, »der Zweite«, »der Dritte« usw. Die Kardinalzahlen dienen zum Zählen von Objekten, die Ordinal- oder Ordnungszahlen bezeichnen die Stellung eines Objekts innerhalb einer wohlgeordneten Menge, das heißt innerhalb einer Menge, in der eine (reflexive, antisymmetrische und transitive) ORDNUNGSRELATION definiert ist, so dass jede nicht leere Teilmenge ein kleinstes Element besitzt.

Die finiten Kardinalzahlen, das heißt jene, die dazu dienen, endliche Mengen abzuzählen, sind die natürlichen Zahlen. Ihre Definition basiert auf der Relation »gleich viele Elemente besitzen wie«, die als Gleichmächtigkeit bezeichnet wird: Zwei Mengen sind gleichmächtig (oder besitzen ebenso viele Elemente), wenn man zwischen ihren Elementen eine eineindeutige Zuordnung herstellen kann, das heißt, wenn es eine Abbildung gibt, die jedem Element der einen Menge ein und nur ein Element der anderen Menge zuordnet. Man würde die natürlichen Zahlen gerne als Äquivalenzklassen hinsichtlich dieser Relation definieren (siehe ÄQUIVALENZ); dann wäre die natürliche Zahl n die Menge aller Mengen mit n Elementen. Da diese Definition jedoch zu Widersprüchen führt, definiert man nach John von Neumann die Zahl n als eine Menge aus n besonderen Elementen, nämlich $\{0, 1, \ldots, n-1\}$ (siehe ZAHLEN). Die Kardinalzahl (oder Mächtigkeit) einer endlichen Menge ist dann die einzige natürliche Zahl, die ebenso viele Elemente besitzt wie diese Menge.

Finite Ordinal- und finite Kardinalzahlen entsprechen einander: Die Stellung eines Elements innerhalb einer wohlgeordneten Menge ist bestimmt durch die Menge all jener Objekte, die im weiteren Sinne vor ihm stehen, das heißt einschließlich des Objekts selbst. Der April ist der vierte Monat des Jahres, denn die Menge der vor April liegenden Monate {Januar, Februar, März, April} enthält vier Elemente.

Transfinite Kardinal- und Ordinalzahlen

Bei den transfiniten Kardinalzahlen (die dazu dienen, die Elemente unendlicher Mengen zu zählen) und den transfiniten Ordinalzahlen (die dazu dienen, in einer wohlgeordneten Menge die Stellung eines Objekts zu bezeichnen, das unendlich viele andere Objekte vor sich hat) besteht diese Übereinstimmung zwischen Kardinal- und Ordinalzahl nicht mehr: Die Stellung eines Elements in einer wohlgeordneten Menge ist hier nicht mehr allein durch die Anzahl der vor ihm stehenden Elemente bestimmt.

In der Menge etwa, die alle natürlichen Zahlen sowie zwei weitere Elemente a und b enthält, erweitert man die gewohnte Reihenfolge der natürlichen Zahlen in der Weise, dass a und b größer als alle natürlichen Zahlen sind, während b größer als a ist:

$0\ 1\ 2\ 3 \ldots 1000 \ldots a\ b$

Obwohl a kleiner als b ist, hat die Menge der Objekte, die kleiner oder gleich a sind: $\{0, 1, \ldots, 1000, \ldots, a\}$, ebenso viele Elemente wie die Menge der Objekte, die kleiner oder gleich b sind: $\{0, 1, \ldots, 1000, \ldots, a, b\}$, denn man kann eine eineindeutige Zuordnung zwischen den Elementen beider Mengen herstellen:

a zu a
b zu 0
0 zu 1
1 zu 2 usw.

Nun gibt es zwar eine eineindeutige Zuordnung zwischen diesen beiden Mengen, aber es gibt keine eineindeutige Zuordnung, die auch die Reihenfolge der Elemente unverändert ließe (in unserem Beispiel ist *b* größer als 1, und den beiden Objekten werden die 0 bzw. die 2 zugeordnet, aber 0 ist kleiner als 2).

Bei unendlichen Mengen muss man also zwischen der Kardinalzahl einer Menge und ihrer Ordinalzahl unterscheiden. Während die Definition der Ordinalzahl die Existenz einer eineindeutigen Zuordnung unter Beibehaltung der Reihenfolge zur Voraussetzung macht, basiert die Definition der Kardinalzahl weiterhin auf der Existenz einer eineindeutigen Zuordnung ohne weitere Einschränkungen. Die Stellung eines Objekts in einer wohlgeordneten Menge ist also durch die Ordinalzahl (und nicht durch die Kardinalzahl) der Menge der vor ihm stehenden Objekte bestimmt.

Die Ordinalzahl einer wohlgeordneten Menge sagt mehr aus als deren Kardinalzahl: Zwei Mengen mit derselben Ordinalzahl haben auch dieselbe Kardinalzahl; umgekehrt haben zwei Mengen mit derselben Kardinalzahl nicht notwendig auch dieselbe Ordinalzahl. So haben die Mengen $\{0, 1, \ldots, 1000, \ldots, a\}$ und $\{0, 1, \ldots, 1000, \ldots, a, b\}$ zwar dieselbe Kardinalzahl, nicht aber dieselbe Ordinalzahl. Deshalb besitzt die Ordinalzahl im Fall unendlicher Mengen größere Bedeutung als die Kardinalzahl.

Die Ordinalzahl der Menge $\{0, 1, \ldots, 1000, \ldots, a\}$ bezeichnet man mit $\omega+1$, die der Menge $\{0, 1, \ldots, 1000, \ldots, a, b\}$ mit $\omega+2$. Die Ordinalzahl ω (omega) ist die der Menge der natürlichen Zahlen $\{0, 1, \ldots, 1000, \ldots\}$.

John von Neumanns Definition

Sowohl im endlichen als auch im unendlichen Fall gelangt man zu einem Widerspruch, wenn man versucht, Kardinal- und Ordinalzahlen als Äquivalenzklassen für jene Relationen zu definieren, die durch die Existenz einer eineindeutigen Zuordnung bzw. die Existenz einer eineindeutigen Zuordnung unter Beibehaltung der Reihenfolge definiert sind.

Um diesen Widerspruch zu vermeiden, definiert man die Zahl *n* als eine Menge aus *n* besonderen Elementen, nämlich als die Menge $\{0, 1, \ldots, n-1\}$ der Zahlen, die im strengen Sinne kleiner als *n* sind (siehe ZAHLEN). In derselben Weise definiert man die kleinste unendliche Zahl ω als die Menge aller Zahlen, die kleiner sind, das heißt als die Menge der natürlichen Zahlen $\{0, 1, 2, \ldots\}$. Die nächstfolgende Zahl $\omega+1$ erhält man, indem man zu dieser Menge ω hinzufügt: $\{0, 1, 2, \ldots, \omega\}$, usw.

Definiert man die Zahlen in dieser Weise und sind *a* und *b* zwei Zahlen, so ist *a* kleiner als *b*, wenn *a* ein Element von b ist. Es gilt dann: Die Zugehörigkeitsrelation ist eine Ordnungsrelation auf den Elementen einer Zahl; jede nicht leere Teilmenge einer Zahl besitzt ein kleinstes Element; und die Elemente der Elemente einer Zahl sind ihrerseits Elemente dieser Zahl. Ganz allgemein kann man nun eine Zahl definieren als eine Menge, die diese drei Eigenschaften besitzt.

Bei den so konstruierten Zahlen handelt es sich um Ordinalzahlen, denn man kann zeigen, dass sich zwischen jeder wohlgeordneten Menge und genau einer dieser Zahlen eine eineindeutige Zuordnung herstellen lässt, bei der die Reihenfolge erhalten bleibt. Als Ordinalzahl einer wohlgeordneten Menge definiert man daher jene einzige Zahl, mit der eine solche Zuordnung möglich ist.

Bleiben noch die Kardinalzahlen zu definieren. Kardinalzahlen sind jene Ordinalzahlen, die mit keiner Ordinalzahl gleichmächtig sind, welche kleiner als sie selbst ist. So ist die Ordinalzahl ω eine Kardinalzahl, nicht aber $\omega+1$ (denn $\omega+1$ hat gleich viele Elemente wie ω). Jeder Menge lässt sich eineindeutig eine einzige Kardinalzahl zuordnen, die man als Kardinalzahl (oder Mächtigkeit) dieser Menge bezeichnet. Die Ordinalzahl der Menge $\{0, 1, \ldots, 1000, \ldots, a\}$ ist $\omega+1$, ihre Kardinalzahl ist ω.

Katalyse

Zur Vertiefung: ***Aktivierung; Enzym; Komplementarität***

Die Katalyse ist ein merkwürdiges Phänomen, das wir hier aus verschiedenen Blickwinkeln beschreiben wollen, um zugleich ihre Nützlichkeit und ihre Merkwürdigkeit aufzuzeigen. Der Begriff »Katalyse« bezeichnet die Beschleunigung einer chemischen REAKTION durch Hinzufügen minimaler Mengen eines Stoffes, der nach Beendigung der Reaktion unverändert erscheint: des Katalysators. Das Paradox beruht auf der Tatsache, dass der Katalysator die Umwandlung beeinflusst, die er katalysiert, ohne selbst beeinflusst zu werden.

Darüber hinaus ist der Katalysator in gewisser Weise ein mikroskopisch kleiner Roboter, der immer die gleiche Operation ausführt wie eine Werkzeugmaschine in einer Montagekette: Er spaltet eine bestimmte chemische Bindung eines bestimmten Moleküls, wirft die Produkte aus und beginnt den gleichen Vorgang aufs Neue an einem anderen Einzelmolekül, das dem vorhergehenden gleich ist.

Von homogener Katalyse spricht man, wenn der Katalysator in einer Flüssigkeit gelöst ist (siehe HOMOGENITÄT), von heterogener Katalyse, wenn er in fester Form vorliegt, während die Reaktionspartner oder REAKTANDEN in einer Flüssigkeit gelöst sind (siehe HETEROGENITÄT).

Jeder Katalysator senkt die Energie des Übergangszustandes (dieser wirkt wie eine Passhöhe, die eine chemische Reaktion zwischen zwei Talsohlen, dem Anfangszustand und dem Endzustand, überwinden muss), ohne die Energie der Reaktionspartner oder der REAKTIONSPRODUKTE zu verändern (siehe *Abbildung 1*). Der Übergangszustand mit erhöhter potentieller Energie kann nur auf einen niedrigeren Energiezustand zurückfallen, sei es auf den der Ausgangsstoffe oder den der Endprodukte.

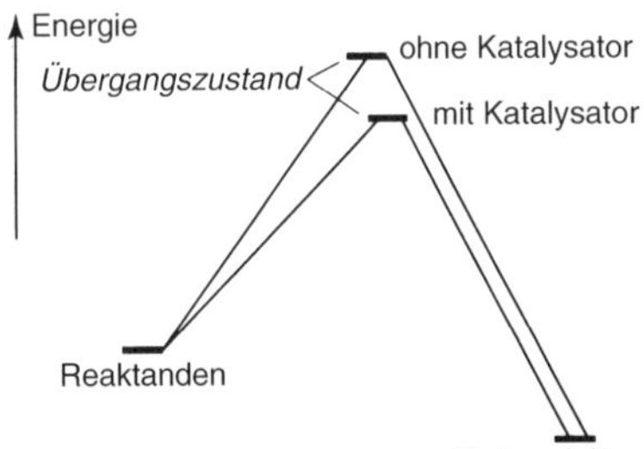

Abbildung 1 Diagramm der Energie-Änderungen im Laufe einer chemischen Reaktion mit und ohne Katalysator

Dass der Katalysator ausschließlich die Energie des Übergangszustandes verändern kann – übrigens ein extrem flüchtiger chemischer Zustand mit einer Lebensdauer von weniger als 10^{-14}s) –, ohne die Energie des Anfangs- und Endzustandes zu verändern, die wesentlich dauerhafter sind, ist überaus merkwürdig. Die Anordnung der Atome unterscheidet den Übergangszustand vom Anfangs- und Endzustand. Der Katalysator passt sich überaus genau ausschließlich der Geometrie des Übergangszustandes an wie ein Strumpf dem Fuß oder ein Handschuh der Hand. Anders ausgedrückt, der Katalysator bindet sich ausschließlich an den Übergangszustand (siehe KOMPLEXVERBINDUNGEN), senkt damit dessen Energie und erleichtert so den Übergang über dieses flüchtige Gebilde.

Die Katalyse ist eines von vielen Beispielen für den chemischen Voluntarismus: »Hauptsache, es funktioniert« (in diesem Fall der Sprung über die Energiebarriere). Die Komplexverbindung, die zwischen dem Übergangszustand einer gegebenen Reaktion und ihrem Katalysator entsteht, besitzt – ebenso wie die Energie – spezifische Eigenschaften, die sie von den separaten Bestandteilen unterscheiden (siehe SUPRAMOLEKÜL).

Nebenbei sei auf die wirtschaftliche Bedeutung der Katalyse hingewiesen, die ein für die chemische Industrie unverzichtbares Verfahren darstellt. Vor allem nutzt sie die heterogene Katalyse bei Reaktionen, die bei Temperaturen von einigen hundert Grad ablaufen, und zwar meist bei gasförmigen Reaktionsgemischen.

Die Automobilindustrie hat die heterogene Katalyse zur Entwicklung von Katalysatoren genutzt, in denen Edelmetalle wie Platin den Abbau von Motorabgasen begünstigen und zur Verbesserung der Luftqualität beitragen.

Anzumerken bleibt noch, dass die Katalyse etwas mit einem chemischen Wunder zu tun hat. Der alchimistische Stein der Weisen hatte letztlich Ähnlichkeit mit einem Katalysator, da man von ihm glaubte, er könne nur durch Kontakt einen großen Block niederen Metalls wie Eisen oder Blei in Gold verwandeln. Tatsächlich kann die Wissenschaft es gelegentlich mit manchen magischen Kräften aufnehmen.

Biologische Katalysatoren

Ohne Katalysatoren würden die meisten biochemischen Reaktionen, die in den ZELLEN der Lebewesen erfolgen, so langsam ablaufen, dass die Organismen sich nicht entwickeln oder an ihre Umgebung anpassen könnten. Mit anderen Worten, sie könnten nicht leben! Tatsächlich erleichtern ENZYME oder allgemeiner PROTEINE diese Reaktionen. Im Gegensatz zu bestimmten chemischen Katalysatoren, die ein breites Wirkungsspektrum besitzen und eine ganze Klasse von Reaktionen erleichtern, sind die Enzyme in ihrer Wirkung sehr spezifisch. Sie beruht auf der strukturellen KOMPLEMENTARITÄT zwischen dem Enzym und den so genannten Substraten, also jenen Molekülen, mit denen es in Wechselwirkung tritt, um mit ihnen vorübergehend einen stabilen Komplex zu bilden.

Bestimmte Proteine, die von den Zellen des Immunsystems produziert werden, sind imstande, Fremdkörper auf spezifische Weise zu erkennen und an ihrer Beseitigung aus dem Organismus mitzuwirken. Manche dieser ANTIKÖRPER, wie man sie nennt, erkennen flüchtige Übergangszustände, stabilisieren sie und wirken somit als Katalysatoren; man nennt sie Abzyme. Dank einer Kombination von Verfahren der GENTECHNIK, der Immunologie und der Enzymologie ist es mittlerweile möglich, diese neuartigen Katalysatortypen synthetisch herzustellen.

Manchmal ist ein Katalysator an seiner eigenen Umwandlung beteiligt. In solchen Fällen spricht man von Autokatalyse. Thomas Cech und Sidney Altmann entdeckten gleichzeitig in den 1980er Jahren, dass bestimmte RNA-Moleküle (Ribonukleinsäure) der Süßwasserhydra, eines sehr einfachen Tierchens, das in Flüssen zu finden ist, autokatalytische Eigenschaften besitzen (also ihre eigene Fragmentierung erleichtern). Damit eröffneten sie neue Perspektiven für die Erforschung der Entwicklung von Lebensprozessen und für die Entwicklung vielversprechender Anwendungen in der Biotechnologie und Pharmazie. Sie nannten diese neuen Katalysatortypen, die keine Proteine, sondern NUKLEINSÄUREN sind, Ribozyme. Im Jahr 1996 entdeckte man sogar DNA-Moleküle (Desoxyribonukleinsäure, Träger der Erbinformation), die imstande sind, bestimmte Reaktionen zu katalysieren, wenn auch wesentlich weniger effektiv als Ribozyme oder Enzyme.

Katastrophe

Zur Vorbereitung: ***dynamisches System***

Regen geht auf ein Gebirge nieder, das Wasser teilt sich in Bäche, die auf den verschiedenen Seiten des Gebirges hinab strömen und die in den Tälern gelegenen Seen speisen. An einem Gebirgszug kann man die Seen zählen, in denen das Wasser sich sammelt. Die Bewegung des Terrains und die Erosion, die das Relief des Gebirges in langen Zeiträumen prägen, ändern in der Regel nur wenig an dieser Situation: Veränderungen beschränken sich meist auf eine Verlagerung der Seen und der Wasserscheide. Manchmal jedoch ändert sich die Zahl der Seen. So sinkt gelegentlich der Kamm eines Bergzugs zwischen zwei Seen unter die Höhe eines der beiden Seen, so dass nun alles Wasser der Region in denselben See fließt (siehe *Abbildung 1*).

Abbildung 1

In der Mathematik bezeichnet man solch eine qualitative Veränderung, bei der die Zahl der Seen sich ändert, als Katastrophe. Seine allgemeine Definition findet der Begriff der Katastrophe im Rahmen der dynamischen Systeme. In unserem Beispiel ist das dynamische System die Gleichung, die die Bewegung eines Regentropfens beschreibt. Aber ein dynamisches System allein genügt noch nicht zur Definition des Katastrophenbegriffs; das dynamische System muss außerdem noch von veränderlichen Parametern abhängen (in unserem Beispiel vom Relief des Gebirges).

Man betrachtet also ein dynamisches System, das von einem oder mehreren Parametern abhängt. Als stabil bezeichnet man in solch einem System einen Zustand, von dem aus das System sich nicht verändert. Ein Regentropfen erreicht einen stabilen Zustand, wenn er in einen der Talseen gelangt ist. Jedem Wert der Parameter des Systems kann man die Anzahl der zugehörigen stabilen Zustände zuordnen. Eine Katastrophe oder Verzweigung ist dann ein Parameterwert, bei dem diese Zahl stabiler Zustände sich ändert (auch wenn solch eine Veränderung in der Regel nichts von einer Katastrophe im üblichen Sinne an sich hat).

Nehmen wir ein anderes Beispiel: Christopher Zeeman hat eine sehr einfache Maschine erfunden (siehe *Abbildung 2*); sie besteht aus einer drehbaren hölzernen Scheibe, die mit ihrer Achse horizontal auf einem Brett angebracht ist. An einem exzentrischen Punkt der Scheibe sind zwei Gummibänder befestigt, deren anderes Ende auf dem Grundbrett an beliebigen Stellen befestigt werden kann. Man kann nun zeigen, dass dieses System je nach dem Punkt, an dem man das obere Band in *Abbildung 2* befestigt, entweder einen oder zwei stabile Zustände besitzt. Befestigt man das obere Band innerhalb des kleinen Vierecks, besitzt das System zwei stabile Zustände; befestigt man es innerhalb des Vierecks, besitzt das System nur einen stabilen Zustand. Dieses System wird also von den Koordinaten des Befestigungspunktes des (in unserem Beispiel) oberen Gummibandes parametrisiert, und die Katastrophenpunkte sind alle Punkte, die den Rand der viereckigen Fläche bilden.

Die Katastrophentheorie stützt sich auf die Theorie der SINGULARITÄTEN von Funktionen, um die geometrischen Formen zu klassifizieren, die die Menge der Katastrophenpunkte in der großen Gruppe der so genannten konservativen dynamischen Systeme annehmen kann. Die in *Abbildung 2* gezeigte Form ist charakteristisch für Systeme mit zwei Parametern; diese Figur wird von einer Kurve begrenzt, die Singularitäten umfasst, welche man als »Falten« bezeichnet (hier die vier Ecken des Vierecks). Die Mengen der Katastrophenpunkte von Systemen mit drei Parametern können drei Formen annehmen, die als »Schwalbenschwanz«, als »hyperbolischer

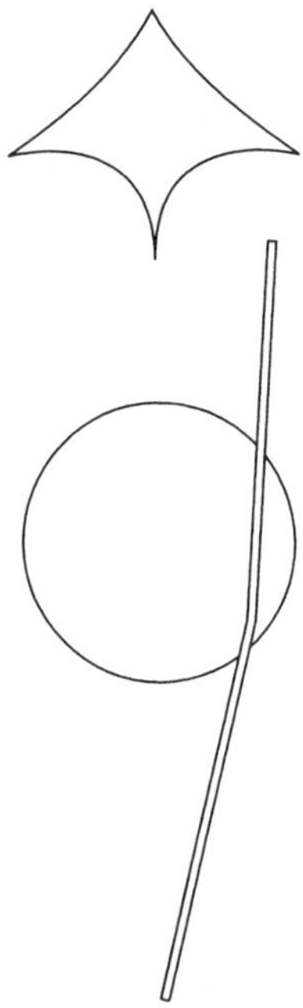

Abbildung 2

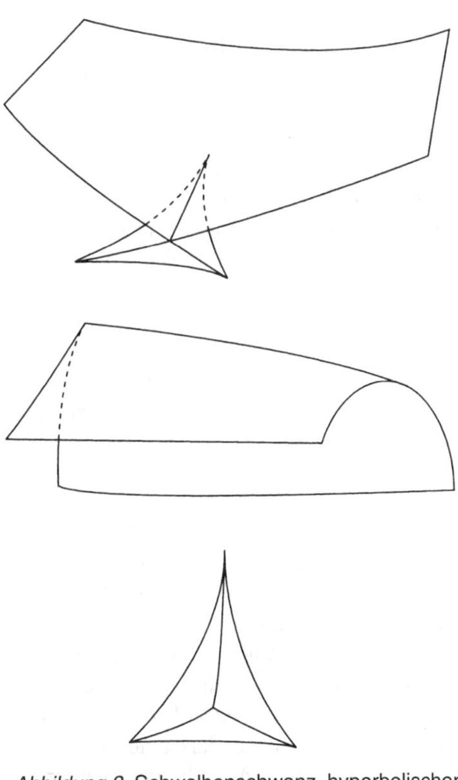

Abbildung 3 Schwalbenschwanz, hyperbolischer und elliptischer Nabel, aus: Ivar Ekeland, *Le Calcul, l'imprévu*, Paris 1984

Nabel« und als »elliptischer Nabel« bezeichnet werden (siehe *Abbildung 3*). Bislang kennt man die Formen, die diese Figuren bei konservativen Systemen mit bis zu sieben Parametern annehmen. Über die Form der Figuren bei Systemen mit mehr als sieben Parametern und bei nichtkonservativen Systemen weiß man erst sehr wenig.

Manche glauben, diese neuen, aus der Katastrophentheorie hervorgegangenen Formen bilden die Grundfiguren der modernen Geometrie, wie einst die fünf Platonischen Körper (Tetraeder, Kubus, Oktaeder, Dodekaeder und Ikosaeder) die Grundfiguren der klassischen Geometrie bildeten.

Kategorie

Zur Vorbereitung: ***Abbildung***

Der Grundgedanke

Die »Identität« auf einer Menge A ist eine Abbildung f, die jedem Element x aus A dieses selbe Element x zuordnet: $f(x)=x$.

Verkettet man diese Abbildung mit einer anderen Abbildung g der Menge A in eine beliebige Menge B, so ist die komponierte Abbildung $g \circ f$ die jedem Element von A das Element $g(f(x))$ aus B zuordnet, nichts anderes als die Abbildung g selbst. Denn für jedes Element x aus A gilt:

$g \circ f(x) = g(f(x)) = g(x)$.

Und daher gilt:

$g \circ f = g$.

Es lässt sich leicht zeigen, dass eine Abbildung, die diese Eigenschaft besitzt, eine Identität ist. Daher kann diese Eigenschaft auch zur Definition der Identität benutzt werden.

Im Unterschied zur ersten Definition kommen die Elemente von A in dieser zweiten Definition nicht vor. Die identische Abbildung wird hier nicht durch ihre inneren Eigenschaften charakterisiert (also durch die Art und Weise, wie sie auf die Elemente von A wirkt), sondern ausschließlich durch ihre äußeren Eigenschaften (durch die Art, wie sie sich mit den übrigen Abbildungen verkettet). Auch die Begriffe der injektiven und der surjektiven Abbildung (siehe BIJEKTION) oder der Begriff des kartesischen Produkts lassen sich ohne Bezug auf Elemente definieren.

Es ist typisch für die Kategorientheorie in der Mathematik, Abbildungen zu behandeln, ohne dabei auf die Elemente einzugehen, auf die sie wirken, sondern ausschließlich, indem ihr Verhalten bei Verkettung mit anderen Abbildungen betrachtet wird.

Der Begriff des Elements bleibt hier im Hintergrund, aber er ist dennoch nicht ganz verschwunden. Denn wenn S eine einelementige Menge $\{e\}$ ist, das heißt eine Menge, die nur ein einziges Element e enthält, und A eine beliebige Menge, dann bestimmt jede Abbildung f von S in A ein und nur ein Element aus A, nämlich das Element $f(e)$, und jedes Element a aus A bestimmt eine und nur eine Abbildung von S in A, nämlich jene, die a mit e verknüpft (siehe *Abbildung 1*).

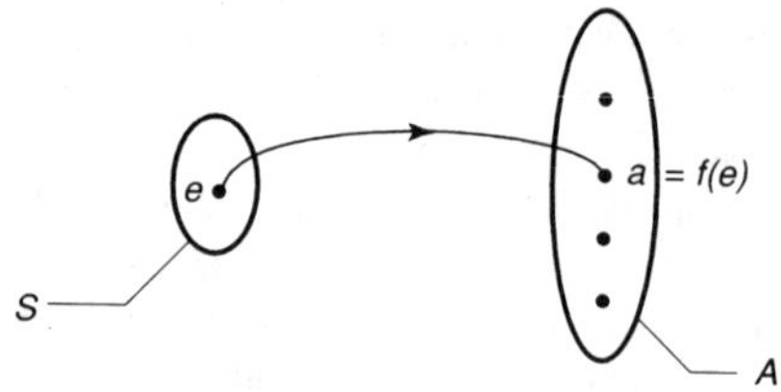

Abbildung 1

Die Elemente aus A sind dann im Wesentlichen die Abbildungen von S in A. Gewöhnlich steht der Begriff des Elements einer Menge am Anfang, und auf dieser Grundlage definiert man den Begriff der Abbildung zwischen Mengen. Die Kategorientheorie kehrt dieses Vorgehen um; sie geht vom Begriff der Abbildung aus und definiert von daher den Begriff des Elements.

Kategorie, Kategorien

Die Kategorientheorie macht nur von wenigen Eigenschaften der Mengen und Abbildungen Gebrauch, nämlich lediglich von der Tatsache, dass Abbildungen von einer Menge in eine andere führen und mit anderen Abbildungen verkettet werden können. Man kann also vergessen, dass Mengen Elemente besitzen und Abbildungen sich auf diese Elemente beziehen. Daher kann man auch vergessen, dass A, B, C … Mengen sind (man spricht stattdessen von Objekten) und dass es sich bei f, g, h … um Abbildungen handelt (man spricht stattdessen von Morphismen).

Eine Kategorie lässt sich daher abstrakt definieren, indem man einerseits Objekte A, B, C … vorgibt und andererseits Morphismen f, g, h …, die jeweils ein Ausgangsobjekt und ein Zielobjekt besitzen, sowie eine Kompositionsoperation »$\circ$«, die den Morphismen f von A in B und g von B in C einen Morphismus $g \circ f$ von A in C zuordnet und jedem Objekt aus A einen Morphismus von A in A, der »Identität von A« genannt und id_A geschrieben wird. Das durch diese Vorgaben beschriebene Gebilde ist eine Kategorie, wenn die Komposition assoziativ und die Identität ein neutrales Element für diese Komposition ist (siehe GRUPPE).

Wenn man den Begriff der Kategorie so abstrakt definiert, kann man diese Theorie auch auf andere Situationen anwenden, in denen die Objekte keine Mengen, sondern zum Beispiel Vektorräume sind (siehe VEKTOR) und die Morphismen keine Abbildungen, sondern LINEARE ABBILDUNGEN zwischen diesen Vektorräumen.

Der Begriff der einelementigen Menge, der es gestattet, von Elementen zu sprechen, lässt sich auf beliebige Kategorien verallgemeinern: Ein Objekt S wird als erzeugendes Objekt bezeichnet, wenn für jedes Objekt A die Morphismen von S in A als Elemente von A dienen können, das heißt, sind f und g zwei Morphismen von A in B, so gilt $f=g$, falls für jeden Morphismus h von S in A $f \circ h = g \circ h$.

Im Fall der Kategorie der Vektorräume ist der Vektorraum $\mathbb{R}$ ein erzeugendes Objekt. Der Vektor $\vec{u}$ aus A wird dargestellt durch die lineare Abbildung $k \longmapsto ku$ von $\mathbb{R}$ in A (siehe MATRIX).

Die Kategorientheorie ist also eine weitere Abstraktion gegenüber den Theorien abstrakter Strukturen (Gruppentheorie, Theorie der Vektorräume, Theorie der topologischen Räume …). Die Theorie der Vektorräume etwa ermöglicht die Formulierung und den Beweis von Aussagen, die für alle Vektorräume gültig sind (sowohl für die Menge der Vektoren in der Ebene als auch für die Menge der Funktionen der reellen Zahlen in die reellen Zahlen). Dazu braucht man nicht zu wissen, welcher Art die Elemente der Vektorräume sind (die Gültigkeit der Aussagen ist unabhängig davon, ob es sich um Vektoren oder Funktionen handelt). Man braucht nicht ein Mal zu wissen, welcher Art die Objekte (Mengen, Vektorräume, topologische Räume …) und die Morphismen (Abbildungen, lineare Abbildungen, stetige Abbildungen …) sind, über die man in der Kategorientheorie spricht. Stattdessen benutzt man Superstrukturen (Kategorien), deren Elemente ihrerseits Strukturen (Gruppen, Vektorräume …) sind.

Mit diesen Superstrukturen arbeitet man in zahlreichen Gebieten der Mathematik. In der algebraischen TOPOLOGIE etwa versucht man, topologische Räume zu klassifizieren, indem man ihnen eine algebraische Struktur, zum Beispiel eine GRUPPE, zuordnet. Dann betrachtet man keinen speziellen topologischen Raum mehr (Ebene, Kugel, Torus …), sondern sämtliche topologischen Räume und sämtliche Gruppen. Man interessiert sich nicht mehr für die Punkte eines speziellen Raumes und deren Verhältnis zueinander, sondern für die Räume und die Beziehungen zwischen diesen Räumen.

Abbildungen zwischen Vektorräumen, bei denen die Vektorraumeigenschaften erhalten bleiben, werden als lineare Abbildungen bezeichnet. Abbildungen zwischen topologischen Räumen, bei denen die topologischen Eigenschaften erhalten bleiben, heißen stetige Abbildungen. Abbildungen zwischen Kategorien schließlich, bei denen die für Kategorien typischen Eigenschaften erhalten bleiben, werden als Funktoren bezeichnet. Ein Funktor einer Kategorie C_1 in eine Kategorie C_2 ist eine Abbildung F, die jedem Objekt aus C_1 ein Objekt aus C_2, jedem Morphismus von A nach B einen Morphismus $F(A)$ nach $F(B)$ in C_2 zuordnet, und zwar so, dass das Bild einer Komposition von Morphismus C_1 gleich der Komposition der Bilder dieser Morphismen in C_2 und das Bild der Identität von A gleich der Identität von $F(A)$ in C_2 ist.

Die Kategorientheorie hat dazu beigetragen, zumindest zwei Gedanken in der Mathematik zu verbreiten. Zum Ersten den Gedanken, dass man gegenüber den Theorien der abstrakten Strukturen noch einen weiteren Abstraktionsschritt vollziehen und auf allgemeinster Ebene über Strukturen sprechen kann, ohne wissen zu müssen, um welche Strukturen es sich dabei handelt; dazu braucht man lediglich Strukturen von Strukturen, das heißt Kategorien zu betrachten. Zum Zweiten den Gedanken, dass Objekte nicht allein durch ihre inneren Eigenschaften definiert sind, sondern auch und vor allem durch ihre Beziehungen zu anderen Objekten oder, was auf dasselbe hinausläuft, dass es in einer Theorie weniger auf die Elemente als auf die Abbildungen ankommt. In der Theorie der Vektorräume zum Beispiel kommt es weniger auf die Vektoren als auf die linearen Abbildungen an. Auf die Theorie der Kategorien angewendet, bedeutet dieser Grundsatz, dass es auch hier nicht so sehr auf die Objekte und Morphismen, sondern vor allem auf die Funktoren ankommt.

Kausalität

Zur Vertiefung: ***Determinismus; Quantenphysik; Relativitätstheorie; Symmetrie***

Die Kausalität der Philosophen

Die Kausalität gehört zu den wenigen, Naturwissenschaft und Philosophie gemeinsamen Regeln, deren Bedeutung sich im Laufe der Jahrhunderte so sehr verändert hat, dass man sich schon fragen muss, ob der Kausalgedanke sich den Veränderungen der in ständiger Entwicklung begriffenen Naturwissenschaften angepasst hat oder ob wissenschaftliche Theorien jeweils auf der Basis bestimmter Definitionen von Kausalität entwickelt werden.

Die erste philosophische Analyse der Kausalität stammt von Aristoteles. Er glaubte, zur genauen Definition eines Objekts genüge es, dessen vier Ursachen zu bestimmen, die *causa materialis* (den Stoff, aus dem es besteht), die *causa formalis* (seine Form), die *causa efficiens* (die Wirkursache, aus der es hervorgegangen ist) und die *causa finalis* (seine Zweckursache oder Bestimmung).

In diesem Kausalitätsbegriff sind implizit zahlreiche Vorstellungen enthalten, die von der neuzeitlichen Naturwissenschaft seit der Renaissance ausgeschieden worden sind. Das gilt insbesondere für den Begriff der Zweckursache (denn die Naturwissenschaft fragt grundsätzlich nicht nach dem letzten Zweck der Dinge). Es blieben also Stoff, Form und Ursprung der Dinge, über die man in den Naturwissenschaften bis heute streitet.

Die zweite Phase in der Entwicklung des Kausalitätsbegriffs begann in der Philosophie des 18. Jahrhunderts. Dort trennte man sich von der Aristotelischen Auffassung und beschränkte die Definition von Ursache und Wirkung auf einen linearen Zusammenhang, den Leibniz in Form des Prinzips des zureichenden Grundes formulierte: a ist Ursache von b (und b entsprechend Wirkung von a), falls das Auftreten von a notwendig das Auftreten von b mit sich bringt; das heißt, b tritt genau dann auf, wenn a bereits aufgetreten ist.

Gegen diese Auffassung von Kausalität, deren Ähnlichkeit mit der »notwendigen und hinreichenden Bedingung« in der Mathematik offenkundig ist, wandte sich David Hume. In seinen Augen findet sich in der Welt der Phänomene, also der äußeren Welt, deren Logik nicht die unsrige ist, kein einziger notwendiger (das heißt bewiesener) Kausalzusammenhang zwischen zwei Phänomenen.

Nehmen wir ein Beispiel aus Immanuel Kants *Kritik der reinen Vernunft*. Die getrennte Beobachtung eines Kissens und einer Kugel führt niemals notwendig zu der Feststellung, eine Einbuchtung in dem Kissen sei von der Kugel verursacht worden. Woher weiß man, dass die Kugel (Ursache) für die Einbuchtung im Kissen (Wirkung) verantwortlich ist? Darauf gibt es nach Hume nur eine Antwort: durch Induktion. Nachdem man viele Male gesehen hat, dass eine Kugel auf einem Kissen solch eine Einbuchtung hinterlässt, zieht man durch Induktion, das heißt durch die Verallgemeinerung besonderer Fälle, den Schluss, dass die Einbuchtung im Kissen auf die Kugel zurückgeht. Für Hume war das Verhältnis zwischen Ursache und Wirkung daher lediglich eine Verallgemeinerung besonderer Fälle zu einer universellen Regel. Man könne eine Kausalbeziehung niemals in derselben Art beweisen wie einen mathematischen Satz. Das heißt, die beiden Seiten einer Kausalbeziehung treten zwar ständig gemeinsam auf, aber ein notwendiger Zusammenhang zwischen ihnen lässt sich nicht herstellen.

Kant argumentiert nun, wenn jede besondere Kausalregel aus der Erfahrung stammt, hindert nichts daran, dass der Kausalgedanke zur inneren Struktur der Erkenntnis gehört. Kausalität – als allgemeine Regel oder Kategorie – ist notwendig, weil man die Welt sonst gar nicht verstehen könnte, auch wenn wir gelegentlich in Experiment und Beobachtung nach besonderen Kausalbeziehungen suchen.

Für Kant liegt der Beweis für die Notwendigkeit der Kausalität in der zugleich logischen und chronologischen Abfolge der Zeit: Man kann logisch von der Kugel (als Ursache) zur Einbuchtung im Kissen (als Wirkung) übergehen, während der gegenteilige Weg (von der Einbuchtung im Kissen als Ursache zur Kugel als Wirkung) absurd wäre.

Diese lineare, irreversible Kausalität ist bis heute das in den meisten Naturwissenschaften vorherrschende Konzept. Als grundlegendes Instrument wissenschaftlicher Erfahrung (siehe EXPERIMENT UND BEOBACHTUNG) gestattet es, Ursache und Wirkung zu identifizieren, wenn die Variation eines Faktors zur Variation eines anderen führt. Dieser einfache Fall zeigt aber auch, dass die Kausalanalyse natürlicher Ereignisse sehr kompliziert sein kann, denn wenn es zahlreiche »ursächliche Faktoren« und zahlreiche »Wirkungsfaktoren« gibt, ist die präzise, quantifizierbare Bestimmung all dieser Faktoren eine sehr schwieriges und fehleranfälliges Unterfangen.

Kausalität und Physik

Die heutige Physik hat die Kantsche Definition der Kausalität weitgehend bestätigt und als Postulat in ihre wichtigsten Theorien aufgenommen. In der RELATIVITÄTSTHEORIE, die dort gilt, wo die Geschwindigkeiten nicht mehr vernachlässigbar klein gegenüber der Lichtgeschwindigkeit sind, und die den Umstand berücksichtigt, dass es keine augenblickliche Fernwirkung geben kann, erfährt der Begriff der zeitlichen Dauer eine Relativierung, und der Begriff der Gleichzeitigkeit verschwindet, aber das Kausalitätsprinzip wird beibehalten: Ist ein Ereignis A für einen Beobachter früher als ein Ereignis B, so gilt das auch für jeden anderen Beobachter. Vergangenheit und Zukunft besitzen auch in der Relativitätstheorie absoluten Charakter. Durch den Wechsel des Bezugssystems kann man den Gang der Zeit zwar verändern, nicht aber umkehren. Dazu bedürfte es einer Geschwindigkeit, die größer ist als die Lichtgeschwindigkeit, und genau das ist nach der Relativitätstheorie ausgeschlossen. Kausalität im Sinne der zeitlichen Folge bleibt erhalten.

Die Qantenfeldtheorie bildet den theoretischen Rahmen für die Beschreibung der Elementarteilchen und ihrer Wechselwirkungen. In ihr vereinigen sich QUANTENPHYSIK, Relativitätstheorie und Kausalitätsprinzip. Zu ihren grundlegenden Eigenschaften, deren Verletzung die gesamte Dynamik in Frage stellen würde, gehört die Tatsache, dass die Gesetze der Physik invariant gegenüber einer Operation sind, die mit den Buchstaben CPT bezeichnet wird (siehe SYMMETRIE). Die Ladungskonjugation C ist eine Umwandlung von Teilchen in Antiteilchen und umgekehrt; die Parität P besteht in einer Spiegelung, bei der wie im Spiegel Rechts und Links vertauscht werden; T ist die Operation, bei der die Richtung der Zeit verkehrt wird. Bildhaft ausgedrückt, bedeutet die CTP-Invarianz, dass die physikalischen Gesetze, die in unserer Welt herrschen, auch in einer dazu spiegelbildlichen Welt aus Antimaterie herrschen, in der die Zeit in umgekehrter Richtung »fließt«. Tritt man in solch eine Spiegelwelt ein, in der alle Teilchen durch ihre Antiteilchen ersetzt sind, haben alle zu beobachtenden Phänomene dieselbe Wahrscheinlichkeit wie in unserer Welt. Diese Invarianz hat zur Folge, dass die Antiteilchen genau dieselbe Masse und Lebensdauer besitzen wie die jeweiligen Teilchen. Letztlich ist selbst der Begriff der Antimaterie in einer quantenphysikalisch-relativistischen Welt eine notwendige Konsequenz des Kausalitätsprinzips.

Kautschuk

Zur Vertiefung: ***Erdöl; Polymere***

Elastizität

Kautschuk ist ein natürliches oder künstliches elastisches Material. Er ist ein Polymer, ähnelt also einer Perlenkette, in der jede Perle oder jedes Monomer die Zusammensetzung C_5H_8 hat. Er ist zudem ein Kohlenwasserstoff, das heißt er besteht nur aus Kohlenstoff und Wasserstoff.

Woher kommt die Elastizität des Kautschuks? Die Polymerketten sind ineinander verschlungen wie ein Teller Spaghetti, nur noch unordentlicher. Jedes dieser Riesenmoleküle ist in sich und mit den Strängen anderer Moleküle verknäuelt. Dehnt man ein Stück Kautschuk, so werden die Moleküle auf mikroskopischer Ebene ordentlicher, was ihre ENTROPIE (den Grad der Unordnung des Systems) verringert. Da die Entropie eines jeden isolierten Systems tendenziell zunimmt, fallen die Kohlenwasserstoffketten, sobald die Spannung nachlässt, wieder in eine ähnliche Unordnung zurück, wie sie anfangs bestand, und das Stück Kautschuk ist wieder so klein wie vorher.

Eine Anleihe bei den Indianern

Schon bald nach ihrem Eintreffen in Amerika brachten die Konquistadoren Kautschuk und seinen indianischen Namen nach Europa. Zwei Jahrhunderte lang spielte man am Hofe Spaniens mit Kautschukbällen und beließ es bei dieser Nutzung. In der zweiten Hälfte des 18. Jahrhunderts entdeckte Charles de La Condamine (1701–1774) den Kautschuk bei seiner Erkundung des Amazonasgebietes wieder. Er sah, wie die Indianer ihn aus dem Saft oder Latex eines Baumes, *Hevea brasiliensis*, gewannen, berichtete darüber nach Frankreich und schilderte unter anderem, wie die Indianer sich mithilfe von Kautschukbällchen Einläufe machten, um bei Festgelagen besser schlemmen zu können. Erst wesentlich später fand man noch viele andere Verwendungsmöglichkeiten für dieses elastische Material: Radiergummis, Handschuhe, Federungen, Dichtungen usw.

Weitere Eigenschaften

Dass Kautschuk wasserundurchlässig ist, entdeckte der Brite Charles Macintosh, nach dem ein Regenmantel benannt ist. Diese Eigenschaft erklärt sich aus der mikroskopischen Struktur des Kautschuks: Anziehungskräfte von geringer Reichweite bewirken, dass die Polymermoleküle sich zusammenballen und die Bindungen C—C und C—H so eng wie möglich zusammenrücken; aus ihrer Nähe schließen sie alle Moleküle aus, die keine Kohlenwasserstoffe sind, so auch das Wasser mit seinen Bindungen von O—H.

Bald darauf wurde die Löslichkeit von Kautschuk entdeckt und genutzt. Schon kurze Zeit, nachdem La Condamine diesen elastischen Stoff der Akademie der Wissenschaften vorgestellt hatte, fand der Chemiker Pierre Joseph Macquer (1718–1784) ein Lösungsmittel. Durch Verdampfen dieser Lösung ließen sich Kautschukschichten als Rückstand auf beliebigen Trägermaterialien aufbringen. Nach diesem Verfahren entstanden die ersten Gummistiefel der Geschichte, hergestellt auf Anregung von Friedrich Wilhelm II. von Preußen (1744–1797).

Neben seiner Elastizität, Wasserundurchlässigkeit und Löslichkeit besitzt Kautschuk eine hervorragende Isolationsfähigkeit für elektrischen Strom, da seine Moleküle keine Träger elektrischer Ladung enthalten. Durch Einschluss elektrisch neutraler Farbstoffmoleküle in die Polymerketten lässt er sich auch färben.

Naturkautschuk ist jedoch kein Wundermaterial. Er ist zwar elastisch, aber es mangelt ihm an Härte, während andere Materialien wie Holz oder Stahl beide Eigenschaften verbinden. Seine Weichheit machte den Kautschuk für bestimmte Anwendungszwecke ungeeignet, zum Beispiel als Beschichtung für die Radfelgen von Postkutschen. Zufällig machte der Amerikaner Charles Goodyear 1839 die einträgliche Entdeckung, dass Kautschuk sich mit Schwefel vulkanisieren ließ. So wie die Sprossen einer Leiter ihr Stabilität verleihen, erhöhen die Brücken, die zwei Schwefelatome zwischen einigen Polymerketten bilden, die Härte des Materials, ohne seine Elastizität allzu sehr zu beeinträchtigen, da die Kohlenwasserstoffketten in ihrer Mehrzahl ungeordnet bleiben. Das Hauptanwendungsgebiet dieser Modifikation von Naturkautschuk war die Herstellung von Reifen, die zum Aufschwung des Fahrrads und zur Entwicklung des Automobils beitrugen.

Ersatzstoffe

Kautschuk wurde zum unverzichtbaren Rohstoff für die Wirtschaft entwickelter Länder. Im Zweiten Weltkrieg trieben die Schwierigkeiten der Deutschen, Naturkautschuk aus Brasilien oder Malaysia zu beschaffen, die Entwicklung künstlichen Kautschuks durch Polymerisation des Monomers C_5H_8, Isopren genannt, erheblich voran. Seit dieser (kriegsbedingt) beschleunigten technologischen Entwicklung sind wir in das Zeitalter der Elastomere eingetreten – ein Name, der mikroskopische Struktur (Polymer) und makroskopische Eigenschaft (Elastizität des Materials) verbindet. Mittlerweile haben die Elastomere den Naturkautschuk fast völlig verdrängt. Sie bestehen aus verschiedenen Monomeren, die als Copolymere kombiniert sind wie eine Kette aus einer Abfolge verschieden farbiger Perlen, und zwar vornehmlich aus den petrochemischen Produkten Butadien, Acrylnitril und Styrol. Auf diese Weise lassen sich die mechanischen Eigenschaften dieser Elastomere den jeweiligen Verwendungszwecken anpassen, die von Dichtungsgummis für Einmachgläser bis hin zu Autoreifen für Bulldozer und Formel-1-Rennwagen reichen.

Kegelschnitt, Quadrik

Zur Vertiefung: ***Gravitation; Kurve***

Nach der Geraden und dem Kreis sind die einfachsten KURVEN der klassischen GEOMETRIE die Kegelschnitte, die sich ergeben, wenn eine Ebene einen Rotationskegel schneidet. Je nachdem, ob der WINKEL zwischen der Ebene und der Kegelachse größer als der Halbwinkel an der Spitze, gleich diesem Winkel oder kleiner als dieser Winkel ist, erhält man eine Ellipse (*Abbildung 1*), eine Parabel (*Abbildung 2*) oder eine Hyperbel (*Abbildung 3*).

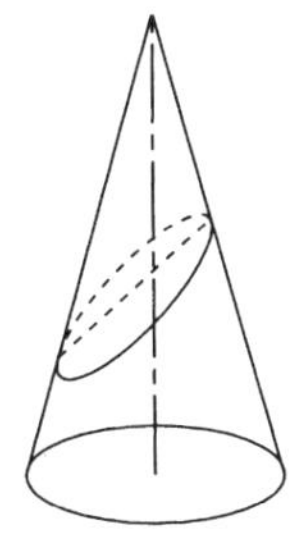

Abbildung 1 Ellipse

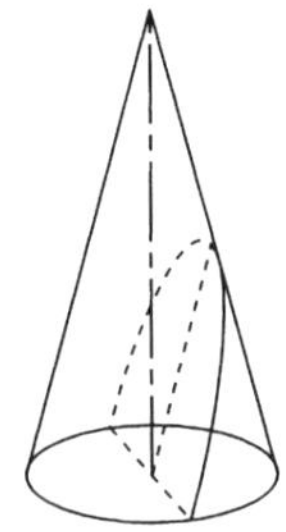

Abbildung 2 Parabel

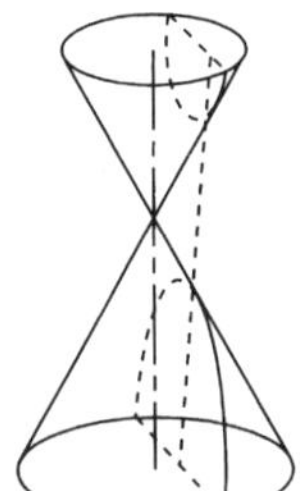

Abbildung 3 Hyperbel

Eine Ellipse ist eine geschlossen Kurve, während Parabel und Hyperbel sich ins Unendliche erstrecken. Ellipse und Hyperbel besitzen ein Symmetriezentrum (siehe SYMMETRIE); eine Gerade, die durch dieses Zentrum führt, wird als Durchmesser bezeichnet.

Ein Durchmesser D der Ellipse schneidet die Kurve in zwei Punkten, in denen die Tangenten parallel zueinander sind; die Richtung dieser Tangenten nennt man zu D konjugiert. Der Durchmesser D schneidet sämtliche Sehnen konjugierter Richtung in deren Mitte, und der Durchmesser D', der dieselbe Richtung hat, hat als konjugierte Richtung die von D (siehe *Abbildung 4*). Der Kreis ist ein Spezialfall der Ellipse, bei dem konjugierte Richtungen stets orthogonal zueinander sind.

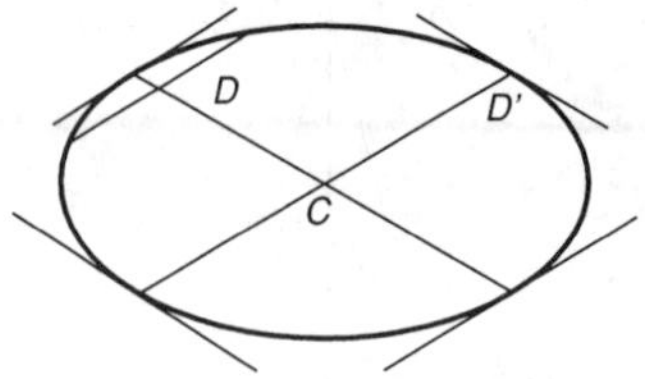

Abbildung 4 Ellipse mit Mittelpunkt *C* und zwei konjugierten Durchmessern *D* und *D'*

Die Durchmesser der Hyperbel können die Kurve in zwei Punkten schneiden (Hauptdurchmesser) oder gar nicht (siehe *Abbildung 5*). Diese beiden Arten von Durchmessern werden durch zwei spezielle Durchmesser geteilt, die Asymptoten der Hyperbel: Jeder der beiden Äste, aus denen die Hyperbel besteht, nähert sich den Asymptoten unendlich nah an, das heißt der Abstand zwischen einem Punkt *M* der Kurve und einer Asymptote strebt gegen null, wenn *M* sich auf der Hyperbel ins Unendliche entfernt. Die nichtasymptotischen Durchmesser sind paarig, und zwar derart, dass die Mitte der zu einem Durchmesser parallelen Sehnen sich jeweils auf dem anderen Durchmesser befindet. Von solch einem Paar schneidet stets genau einer der beiden Durchmesser die Kurve. Man sagt, die beiden Durchmesser sind konjugiert. Jede Asymptote ist ihre eigene Konjugierte, und Parallelen zu einer Asymptote schneiden die Kurve in genau einem Punkt.

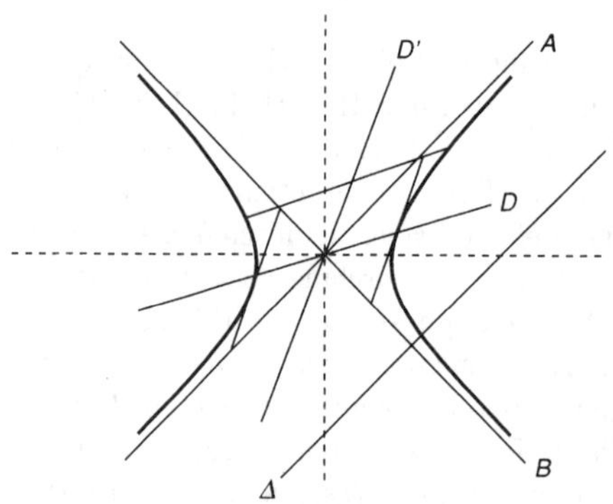

Abbildung 5 Hyperbel mit den konjugierten Durchmessern *D* und *D'* und ihren Asymptoten *A* und *B*; Δ ist parallel zu *A*.

Ellipsen (sofern sie kein Kreis sind) und Hyperbeln besitzen ein und nur ein Paar konjugierter Durchmesser, die orthogonal zueinander sind (siehe SKALARPRODUKT). Es handelt sich um Symmetrieachsen des Kegelschnittes, und man bezeichnet sie als Achsen der Ellipse bzw. Hyperbel.

Die Parabel besitzt eine asymptotische Richtung, in der sie sich ins Unendliche entfernt; die Geraden dieser Richtung werden als Durchmesser bezeichnet. Jede dieser Geraden schneidet die Kurve in einem einzigen Punkt, und die Richtung der Tangente in diesem Punkt wird als zur Richtung des Durchmessers konjugiert bezeichnet; der Durchmesser schneidet die Sehnen konjugierter Richtung in deren Mitte (siehe *Abbildung 6*).

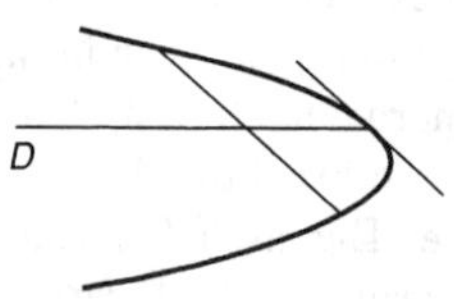

Abbildung 6 Parabel mit einem Durchmesser *D* und einer Sehne konjugierter Richtung

Die Parabel besitzt einen zu ihrer konjugierten Richtung orthogonalen Durchmesser; er ist eine Symmetrieachse und wird als Achse der Parabel bezeichnet.

Die Kegelschnitte können auch als ebene Schnitte eines schiefen Kegels interpretiert werden, das heißt als Projektionen von Kreisen (siehe *Abbildung 7*).

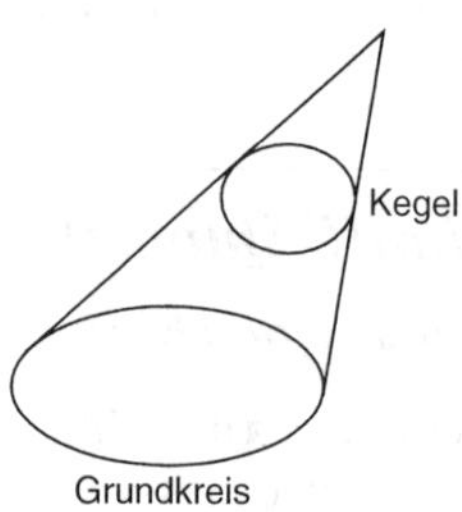

Abbildung 7 Schiefer Kreiskegel

Brennpunkte und Leitgeraden

Man kann Kegelschnitte auch beschreiben, indem man sie als geometrischen Ort (oder Punktmenge) aller Punkte *M* auffasst, für die das Verhältnis der Abstände zu einem festen Punkt F (Brennpunkt) und zu einer festen Geraden D (Leitgerade) konstant ist: $MF/MP=e$ (Exzentrizität), wobei P die Projektion von M auf D ist. Für $e<1$ ist dieser geometrische Ort eine Ellipse, für $e=1$ eine Parabel und für $e>1$ eine Hyperbel (siehe *Abbildung 8*). Beim Kreis befindet sich der Brennpunkt in der Mitte, die Leitgerade ist ins Unendliche verschoben, und die Exzentrizität ist null.

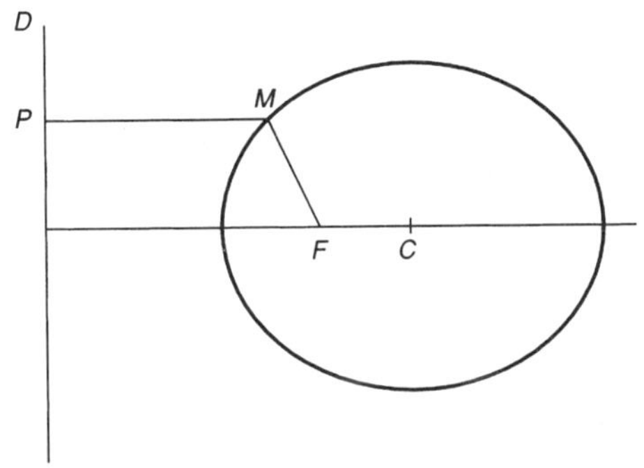

Abbildung 8 Ellipse mit der Exzentrizität 1/2

Ellipse und Hyperbel besitzen einen zweiten Brennpunkt F', den man durch Symmetrie erhält. Auf der Ellipse ist die Summe der Abstände MF und MF' zwischen einem Punkt M und den beiden Brennpunkten konstant; auf der Hyperbel gilt dasselbe für deren Differenz $|MF-MF'|$. Die Eigenschaft der Ellipse ist die Grundlage für die so genannte Gärtnerkonstruktion, mit dem sich auch große Ellipsen zeichnen oder markieren lassen. Wenn man ein elliptisches Beet anlegen möchte, dann schlägt man in den beiden Brennpunkten jeweils einen Pflock in den Boden und befestigt ein Seil daran; dann spannt man das Seil mit Hilfe eines Markierstabs und führt diesen um die beiden Brennpunkte herum.

Die Tangente in M ist übrigens eine Winkelhalbierende der beiden Geraden MF und MF' (eine äußere bei der Ellipse, eine innere bei der Hyperbel); die Tangente an die Parabel in einem Punkt M halbiert den Winkel zwischen MF und dem durch M laufenden Durchmesser. Daraus resultieren bemerkenswerte optische Eigenschaften der Kegelschnitte: Ein Lichtstrahl, der von einem Brennpunkt einer Ellipse oder Hyperbel ausgeht, wird an der Kurve auf eine Gerade reflektiert, die durch den anderen Brennpunkt geht. Das durch Reflexion an der Kurve erzeugte Bild von F ist daher F' (und zwar ein reelles Bild im Fall der Ellipse, ein virtuelles Bild im Fall der Hyperbel). Ein Lichtstrahl, der auf einem Durchmesser einer Parabel einfällt, wird an der Kurve in den Brennpunkt F reflektiert, und umgekehrt wird ein von F ausgehender Lichtstrahl so reflektiert, dass er einem Durchmesser der Parabel folgt. Eben wegen dieser Eigenschaften spricht man von einem »Brennpunkt«; sie bilden die Grundlage für die Konstruktion von »Brennspiegeln«, für die sich die Geometer bereits im 3. Jahrhundert vor Christus interessierten. Ebenso bedeutsam sind sie für die Konstruktion von Parabolspiegeln und Parabolantennen, die Lichtstrahlen bzw. Radiowellen im Brennpunkt konzentrieren (siehe *Abbildungen 9–11*).

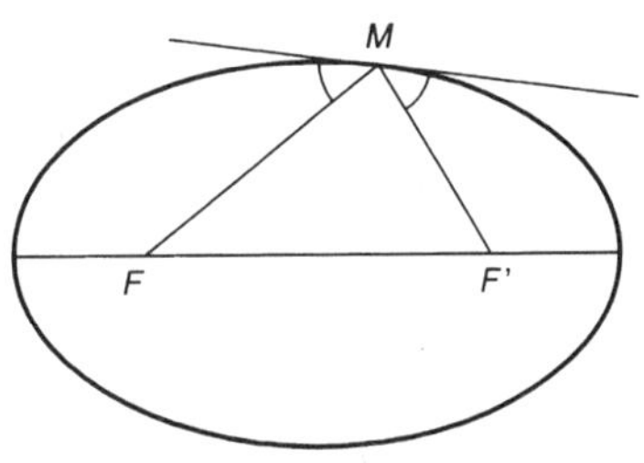

Abbildung 9 Ellipse

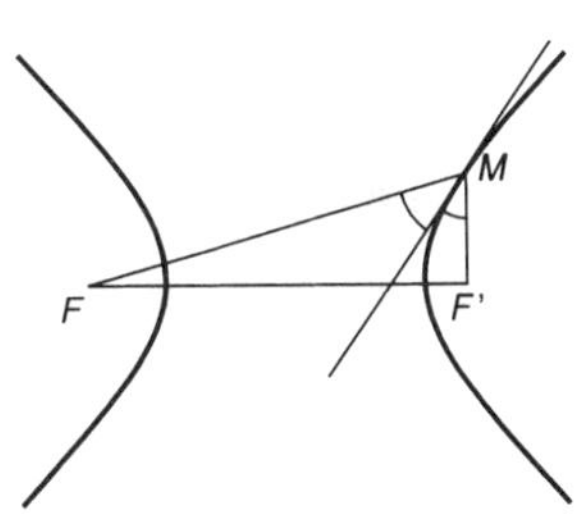

Abbildung 10 Hyperbel

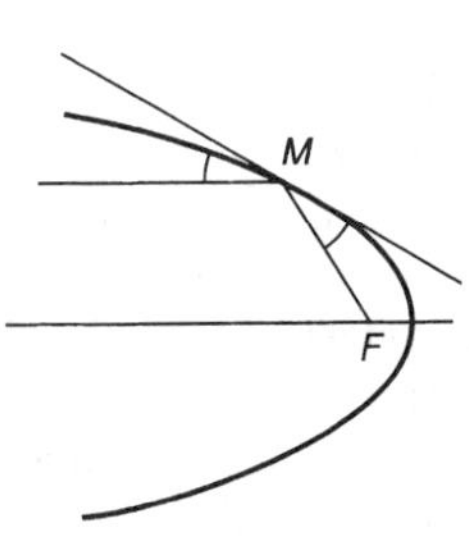

Abbildung 11 Parabel

Die Quadriken

Parabolspiegel sind »Rotationsparaboloide«, deren Fläche man erhält, wenn man eine Parabel um ihre Achse dreht; sie gehören zu jenen Flächen, die man als Quadriken bezeichnet. Durch die Rotation einer Ellipse um eine ihrer Achsen entsteht ein Rotationsellipsoid, das bei Rotation um die kleine Achse stärker abgeplattet ist als bei Rotation um die große Achse. Die Planeten haben etwa die Form eines an den Polen abgeplatteten Rotationsellipsoids. Dreht man eine Hyperbel um ihre Hauptachse, erhält man eine konvexe Hyperfläche, die als zweischaliges Rotationshyperboloid bezeichnet wird (siehe *Abbildung 12*); erfolgt die Rotation um die Nebenachse, erhält man ein einschaliges Rotationshyperboloid (siehe *Abbildung 13*). Einschalige Hyperboloide sind Regelflächen, das sind Flächen, die durch eine Schar von Geraden erzeugt werden. Ein einschaliges Rotationshyperboloid erhält man auch, wenn man eine Gerade um eine windschief zu ihr liegenden Achse dreht, das heißt um eine Gerade, die nicht in derselben Ebene liegt. Diese Form besitzen etwa die Kühltürme von Atomkraftwerken; man findet sie jedoch auch gelegentlich bei Korbmöbeln. Neben den Rotationshyperflächen gibt es noch weitere Quadriken; sie werden durch ihre Gleichung charakterisiert, wobei es sich um eine Gleichung zweiten Grades bezüglich der Koordinaten x, y und z handelt.

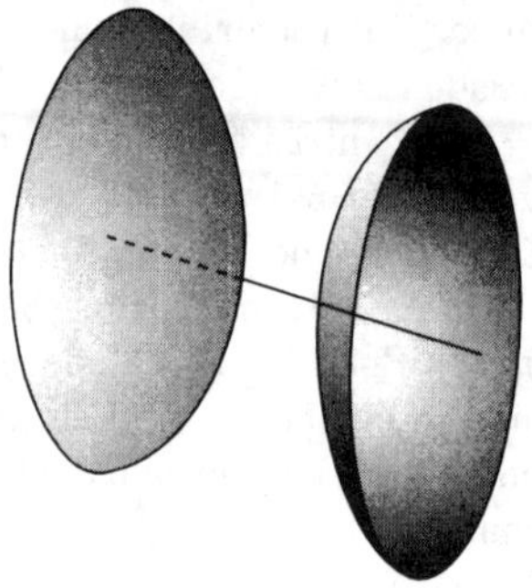

Abbildung 12 Zweischaliges Hyperboloid

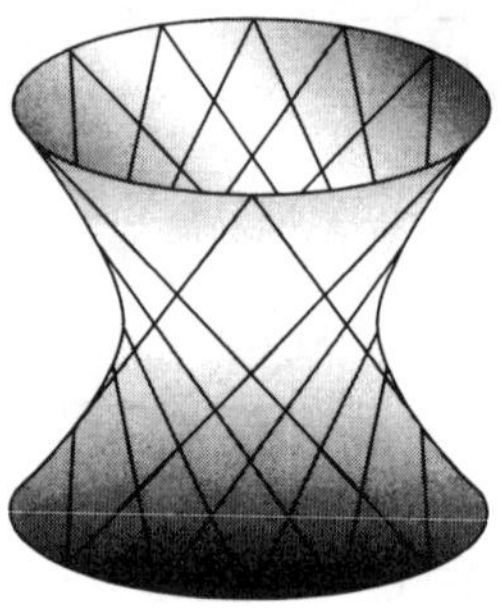

Abbildung 13 Einschaliges Hyperboloid

Koordinaten und Gleichungen

Schon in der griechischen Antike kennzeichnete man die Kegelschnitte durch Eigenschaften, die man als »Symptome« bezeichnete. Die Ordinate MQ eines Punktes M ist die Strecke, die M auf einen Durchmesser AQ parallel zu dessen konjugierter Richtung projiziert, und die Abszisse ist das Segment AQ (siehe *Abbildung 14*). Die Koordinaten werden nun als Maßzahlen der betreffenden Strecken interpretiert. Auf diese Weise lassen sich die »Symptome« in die Termen von Gleichungen übersetzen, die die Koordinaten miteinander verknüpfen. Diese Eigenschaften kann man mit Hilfe eines festen Segments AL ausdrücken, das Appolonius (262–190 v. Chr.) »rechte Seite« nannte.

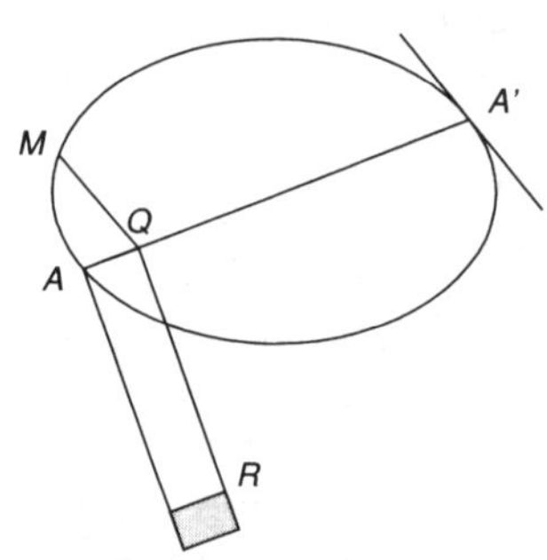

Abbildung 14 Ellipse. Das Quadrat über *MQ* ist gleich dem Rechteck *AQ·AL* vermindert um ein Rechteck *(RL)*.

Bei der Parabel hat das Quadrat der Ordinate dieselbe Fläche wie das Rechteck mit den Seiten AQ und AL. Bezeichnet man die Seite AL mit p, lässt sich dieser Sachverhalt durch die Gleichung $y^2=px$ zum Ausdruck bringen. Man kann dies so interpretieren, dass sich dieses Quadrat entlang der »rechten Seite« mit der Breite AQ auftragen läßt. Darauf verweist die Bezeichnung »Parabel«, die wörtlich ein Nebeneinanderwerfen bezeichnet. Bei der

Ellipse hat das Quadrat der Ordinate dieselbe Fläche wie das Rechteck mit den Seiten AQ und AL, vermindert um ein Rechteck der Breite AQ und gegebener Form (algebraisch drückt man diesen Sachverhalt durch die Formel $y^2=px-\lambda x^2$ aus); auf diese Verminderung verweist die Bezeichnung »Ellipse«, die im Griechischen »Mangel« bedeutet. Bei der Hyperbel schließlich hat das Ordinatenquadrat dieselbe Fläche wie das Rechteck mit den Seiten AQ und AL, vermehrt um ein Rechteck gegebener Form (algebraisch: $y^2=px+\lambda x^2$), und auf diese Vergrößerung verweist die Bezeichnung »Hyperbel«, die im Griechischen »Überschuss« bedeutet.

In allen Fällen handelt es sich bei den Gleichungen der Kegelschnitte um Gleichungen 2. Grades bezüglich der Koordinaten x und y; deshalb benutzt man die Kegelschnitte zur Lösung von Problemen wie der Würfelverdopplung, der Dreiteilung von Winkeln oder der Konstruktion regelmäßiger Fünfecke, die sich auf algebraische Gleichungen 3. Grades zurückführen lassen. Wählt man bei den Kegelschnitten mit Mittelpunkt (Ellipse und Hyperbel) als Koordinatenachsen zwei konjugierte Durchmesser (wobei der Ursprung im Mittelpunkt liegt), lauten die Gleichungen für die Ellipse

$$\frac{x^2}{a^2}+\frac{y^2}{b^2}=1$$

und für die Hyperbel

$$\frac{x^2}{a^2}-\frac{y^2}{b^2}=1$$

Umgekehrt zeigt sich, dass es sich bei Kurven, die durch Gleichungen 2. Grades bezüglich x und y definiert sind, um Kegelschnitte handelt. Die Gleichung für die Abszissenwerte der Schnittpunkte einer Geraden mit einem Kegelschnitt ist 2. Grades, und es gibt zwei solcher Schnittpunkte, wenn die Wurzeln dieser Gleichungen reell sind; fallen beide Punkte zusammen, handelt es sich um eine Tangente an den Kegelschnitt.

Auch im Raum mit drei Koordinaten x, y, z sind Quadriken definiert als Flächen; ihre Gleichung ist 2. Grades. So ist die Fläche mit der Gleichung

$$\frac{x^2}{a^2}+\frac{y^2}{b^2}+\frac{z^2}{c^2}=1$$

ein Ellipsoid, dessen Mittelpunkt im Ursprung liegt; die Fläche mit der Gleichung

$$\frac{x^2}{a^2}+\frac{y^2}{b^2}-\frac{z^2}{c^2}=1$$

ist ein einschaliges Hyperboloid (also eine Regelfläche, die auch als Regelquadrik bezeichnet wird); und die Fläche mit der Gleichung

$$\frac{x^2}{a^2}-\frac{y^2}{b^2}-\frac{z^2}{c^2}=1$$

ist ein zweischaliges Hyperboloid (eine konvexe Fläche, auch als konvexe Quadrik bezeichnet).

Die Fläche mit der Gleichung

$$z=\frac{x^2}{a^2}+\frac{y^2}{b^2}$$

ist ein konvexes Paraboloid, während die mit der Gleichung $z=xy$ ein hyperbolisches Paraboloid (eine Regelfläche) darstellt (siehe *Abbildungen 15* und *16*). Wird eine Quadrik von einer Ebene geschnitten, ergibt sich in der Regel ein Kegelschnitt, sofern der Schnitt nicht leer ist. Im Grenzfall einer Tangentialebene reduziert sich der Schnitt bei konvexen Quadriken auf einen Punkt, bei Regelquadriken besteht er aus zwei Geraden.

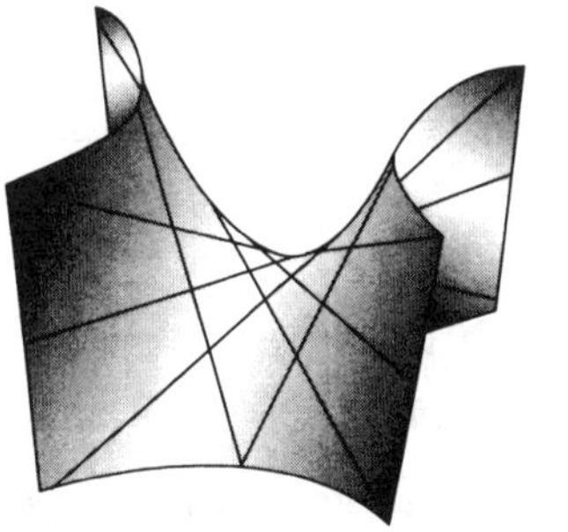

Abbildung 15 Hyperbolisches Paraboloid

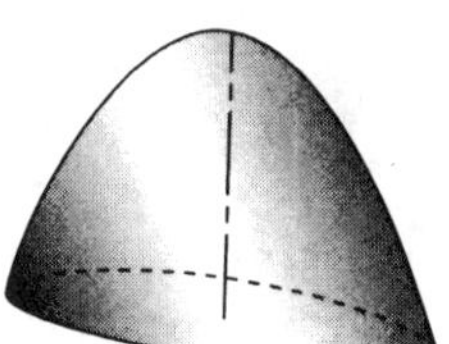

Abbildung 16 Elliptisches Paraboloid

Die Theorie der Kegelschnitte wird verständlicher, wenn man sich in die projektive Ebene versetzt, die neben den gewöhnlichen Punkten auch »Punkte im Unendlichen« enthält, die auf einer unendlich fernen Geraden aufgereiht sind. In dieser Ebene besitzen Parallelen einen gemeinsamen Punkt im Unendlichen; die drei Arten von Kegelschnitten unterscheiden sich durch ihre Lage bezüglich der unendlich fernen Geraden. Die Ellipse schneidet oder berührt die unendlich ferne Gerade nicht, die Parabel berührt sie, und die Hyperbel schneidet sie in zwei Punkten. Ähnliches gilt für die Quadriken in einem projektiven Raum mit unendlich ferner Ebene; Ellipsoide schneiden oder berühren diese Ebene nicht, Paraboloide berühren sie, und Hyperboloide schneiden sie in Form eines Kegelschnitts.

Im 17. Jahrhundert entdeckte man einen neuen Zusammenhang zwischen den Kegelschnitten und der Physik, als Galilei erkannte, dass die Bahn eines Massepunktes im Vakuum die Form einer Parabel annimmt, und Johannes Kepler sein erstes Gesetz formulierte, wonach die Planeten sich auf elliptischen Bahnen um die Sonne bewegen und die Sonne sich in einem der Brennpunkte dieser Ellipsen befindet. Aus dem von Isaac Newton formulierten Gravitationsgesetz lässt sich ableiten, dass die Bahn eines Himmelskörpers, der sich aufgrund der Gravitation um einen anziehenden Körper S bewegt, die Form eines Kegelschnitts besitzt, in dessen einem Brennpunkt sich S befindet.

Keller, Stapel

Zur Vorbereitung: **Datentyp**

Als Keller oder Stapel (englisch: *stack*) bezeichnet man in der Informatik Folgen von Elementen eines Datentyps. Diese Datenorganisation ist durch vier Operationen gekennzeichnet: »`Prüfen, ob der Keller oder Stapel leer ist`«; »`das oberste Element des Stapels betrachten`«; »`das oberste Element des Stapels wegnehmen`«; »`dem Stapel ein Element hinzufügen`«. Charakteristisch für diese Datenorganisation ist das Prinzip, dass wie bei einem Stapel Hemden oder Ziegelsteinen stets das oberste Element weggenommen oder hinzugefügt, zeitlich betrachtet also jeweils das zuletzt hinzugefügte Element auch als Erstes wieder entfernt wird. Die Operation des Hinzufügens bezeichnet man als *push*, die des Wegnehmens als *pop*.

Keplersche Gesetze

Zur Vertiefung: **Gravitation; Himmelsmechanik; n-Körperproblem**

In Prag kann man noch heute das Haus sehen, in dem der deutsche Astronom Johannes Kepler ab 1598 im Dienste Kaiser Rudolfs II. lebte und arbeitete. Nicht weit davon findet man das Grab des dänischen Astronomen Tycho Brahe, der in Prag lehrte und dort 1601 starb. Für kurze Zeit kreuzten sich in Prag die Lebenswege zweier Männer, die das Gesicht der mittelalterlichen Astronomie grundlegend verändern und dem Genie Isaac Newtons den Weg bereiten sollten.

In seinem Observatorium auf der (heute schwedischen) Insel Ven hatte Tycho Brahe Daten zur Position des Planeten Mars gesammelt, wie sie mit solcher Genauigkeit noch nie zuvor ermittelt worden waren. Auf der Grundlage dieser empirischen Daten formulierte Kepler 1609 in seiner *Astronomia nova* das erste der Gesetze, die heute seinen Namen tragen: Die Planeten beschreiben auf ihrer Umlaufbahn eine Ellipse, in deren einem Brennpunkt die Sonne steht (siehe Kegelschnitt, Quadrik). Newton zeigte später, dass die Bewegung aus der Massenanziehungskraft und der von ihr verursachten Beschleunigung resultiert.

Das zweite Gesetz bezieht sich auf die Umlaufgeschwindigkeit und besagt, dass der Radiusvektor von der Sonne zum Planeten in gleichen Zeiten gleiche Flächen überstreicht (Flächensatz); daraus folgt, dass die Geschwindigkeit eines Planeten im Punkt größter Sonnennähe (Perihel) ihr Maximum und im Punkt größter Sonnenferne (Aphel) ihr Minimum erreicht. Auch dieses zweite Gesetz der Himmelsmechanik resultiert aus der Wirkung der Newtonschen Gravitation.

Nach dem dritten Gesetz (auch das harmonische genannt, in Anlehnung an die harmonische Bewegung der Himmelssphären, von der Kepler sich bei seiner Erforschung der kosmischen Regelmäßigkeiten hatte leiten lassen) ist das Verhältnis zwischen dem Quadrat der Umlaufzeit (der Dauer eines vollständigen Umlaufs um die Sonne) und der dritten Potenz des mittleren Abstands zur Sonne eine Konstante, die für alle Planeten gleich ist. Newton berechnete diese Konstante und zeigte, dass sie gleich $4\pi G/(m_P+m_S)$ ist, wobei G die Gravitationskonstante und m_P bzw. m_S die Masse des Planeten bzw. der Sonne ist. Da m_P sehr klein gegenüber m_S ist, reduziert der Ausdruck sich praktisch auf $4\pi G/m_S$ und wird dadurch von dem betrachteten Planeten unabhängig.

Die Keplerschen Gesetze berücksichtigen nicht die kleinen Störungen, denen das aus der Sonne und jeweils einem Planeten bestehende System aufgrund der Anwesenheit der übrigen Planeten ausgesetzt ist. In ihrer weiteren Entwicklung vermochte die Himmelsmechanik auch die Feinheiten der beobachteten Bewegungen zu erklären.

Die Keplerschen Gesetze, die ursprünglich nur die Bewegungen der Planeten um die Sonne darstellen sollten, lassen sich auch für Paare anderer Himmelskörper verallgemeinern, die sich aufgrund der wechselseitigen Massenanziehung umeinander drehen, zum Beispiel für die beiden Komponenten eines Doppelsternsystems.

Kernfusion

Zur Vertiefung: ***Atomkern; Kernspaltung; Stern***

Zwei Atomkerne können miteinander verschmelzen und einen neuen Kern bilden. Die Kernfusion ist in gewisser Weise das Gegenstück zur Kernspaltung. Sie betrifft in erster Linie die leichten Kerne wie zum Beispiel Wasserstoff und Deuterium. Bei der Fusion zweier Kerne hat das Fusionsprodukt eine geringere Masse als die beiden Ausgangskerne (die Protonen und Neutronen sind nicht verschwunden, doch ihre Wechselwirkung verringert die Gesamtmasse des neu entstandenen Gebildes). Wegen der in Einsteins Gleichung $E=mc^2$ zum Ausdruck gebrachten Äquivalenz von Masse und Energie äußert sich dieser »Massendefekt« in einer Freisetzung von Energie, die im Übrigen größer ist als bei der Spaltung schwerer Atomkerne. Die Fusionsreaktionen erfolgen zwischen positiv geladenen Atomkernen. Voraussetzung dafür ist die Überwindung der elektrostatischen Abstoßung zwischen den beiden beteiligten Kernen, was seinerseits sehr hohe Temperaturen in dem Medium voraussetzt, in dem die Fusion erfolgt. Deshalb spricht man hier auch von einer thermonuklearen Reaktion.

Solche thermonuklearen Reaktionen finden in gewaltigem Umfang in den Sternen statt und bilden dort die Quelle der abgestrahlten Energie. Auch die außergewöhnliche Sprengkraft der Wasserstoffbombe basiert auf diesen Reaktionen.

Die Kernfusion stellt potentiell eine unerschöpfliche Energiequelle für den Menschen dar. Doch während die Spaltung schwerer Urankerne längst das Stadium industrieller Nutzung erreicht hat, steckt die sehr viel schwerer zu beherrschende kontrollierte Kernfusion immer noch in den Kinderschuhen. Die Hoffnungen für eine künftige Energieerzeugung ruhen auf der Fusion von Deuterium und Tritium (der Deuteriumkern besteht aus einem Proton und einem Neutron, der Tritiumkern aus einem Proton und zwei Neutronen). Durch die Verschmelzung entsteht ein Heliumkern, der aus zwei Protonen und zwei Neutronen besteht, wobei ein Neutron freigesetzt wird. Die Reaktionsprodukte nehmen die überschüssige Energie in Form von kinetischer Energie mit sich, die dann als thermische Energie genutzt werden kann.

Um auf der Erde durch Kernfusion Energie zu erzeugen, muss man das Gemisch aus Deuterium und Tritium bei einer Temperatur von etwa hundert Millionen Grad halten. Bei diesen Temperaturen sind die Elektronen nicht mehr an die Atomkerne gebunden und die Materie befindet sich im Zustand eines Gases aus Atomkernen und freien Elektronen, das als PLASMA bezeichnet wird. Um solch ein Plasma zu erzeugen und auf den erforderlichen Temperaturen zu halten, muss man Energie zuführen. Und wenn der Prozess *per saldo* Energie liefern soll, muss die durch Kernfusion im Plasma freigesetzte Energie größer sein als die zum Aufbau und zur

Aufrechterhaltung des Plasmas zugeführte Energie. Um dieses Problem geht es heute in erster Linie bei den Arbeiten auf dem Gebiet der kontrollierten Kernfusion.

Auch wenn die Kernfusion sich auf der Erde nur schwer beherrschen lässt, ist sie im Universum doch allgegenwärtig, und dies seit den frühesten »Anfängen«. Tatsächlich gab es im Uruniversum nur Wasserstoff. Damals entstanden durch Kernfusion Helium und einige andere leichte Elemente, zum Beispiel Lithium. In den Sternen, die erst später entstanden, bildet die Fusion von Wasserstoff die Quelle der in Form von Licht abgestrahlten Energie. Durch ähnliche Prozesse entstehen dort auch all die übrigen chemischen Elemente, die wir kennen (siehe ENTSTEHUNG DER ELEMENTE).

Kernreaktor

Zur Vorbereitung: ***Isotop***
Zur Vertiefung: ***Atomkern; Atommüll; Kernspaltung***

Im Innern eines Atomkraftwerks

Der Reaktor bildet das Kernstück eines Atomkraftwerks, denn dort wird die Energie erzeugt. Die Energie stammt aus der Spaltung von Uranium 235, dessen Atomkern 92 Protonen und 153 Neutronen enthält. Das Uran liegt, meist in Form von Brennstäben aus Uranoxid vor. Unter dem Einfluss eines ständigen Neutronenstroms spalten sich die Uranium-235-Kerne in zwei leichtere Atomkerne unterschiedlicher Masse. Diese »Spaltprodukte« tragen die bei der Kernspaltung freigesetzte Energie mit sich fort; sie streben mit hoher Geschwindigkeit auseinander und werden sogleich in dem umgebenden Brennstoff abgebremst, wobei sich ihre Energie in Wärme umsetzt. Die so entstandene Wärme wird durch ein Kühlmittel (z. B. Wasser) abgeführt.

Neben den Spaltprodukten werden bei der Kernspaltung auch Neutronen freigesetzt. Ein Teil von ihnen stößt mit anderen Uranium-235-Kernen zusammen und sorgt so für eine Weiterführung der Kettenreaktion. Deren Fortsetzung ist nur möglich, wenn das vorhandene spaltbare Material eine bestimmte Masse, die als kritische Masse bezeichnet wird, übersteigt. Wenn die Kettenreaktion gleichmäßig ablaufen soll, darf nur eines der bei jeder Spaltung emittierten Neutronen eine weitere Spaltung auslösen (sonst verstärkt sich die Kettenreaktion). Die Kettenreaktion innerhalb eines Kernreaktors wird über das Ein- oder Ausfahren so genannter Steuerstäbe, die aus einem neutronenabsorbierenden Material (z. B. Bor) bestehen; fährt man diese Stäbe in den Reaktorkern ein, verlangsamt sich die Kettenreaktion, zieht man sie heraus, verstärkt sie sich; auf diese Weise ist es möglich, die Kettenreaktion sehr genau zu steuern (siehe *Abbildung 1*). Die Kühlflüssigkeit transportiert die im Reaktorkern erzeugte Wärme in einen Dampferzeuger; der dort erzeugte Dampf wird mit hohem Druck durch eine Turbine geleitet, die einen Generator antreibt. So wird die Kernenergie auf dem Umweg über Wärme und mechanische Energie in Elektrizität umgewandelt.

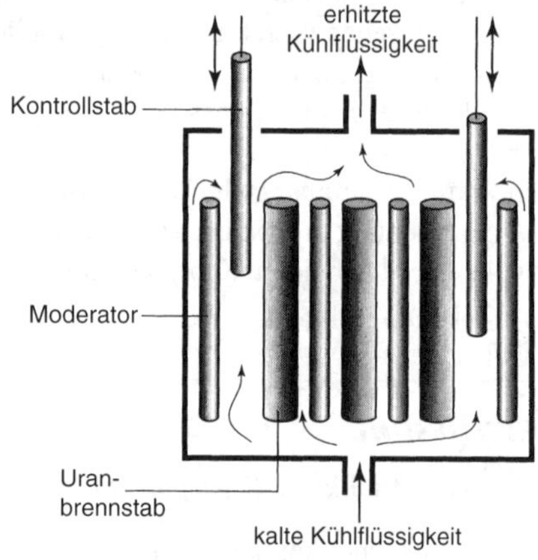

Abbildung 1 Reaktorkern eines Kernreaktors

Eine Frage der Geschwindigkeit

Die meisten Kernreaktoren arbeiten mit Neutronen, deren Geschwindigkeit in der Größenordnung von einigen Kilometern pro Sekunde liegt, wenn sie die Kernspaltung auslösen (man spricht hier von langsamen Neutronen). Die bei der Kernspaltung emittierten Neutronen sind jedoch zu schnell; ihre Geschwindigkeit liegt bei etwa 20000 Kilometern pro Sekunde. Sollen diese Neutronen weitere Kernspaltungen auslösen, müssen sie zunächst abgebremst werden. Zu diesem Zweck umgibt man die Brennstäbe mit einem so genannten Moderator. Er besteht aus leichten Atomen, die nur wenige Neutronen absorbieren, aber durch eine Serie von Stößen für eine Abbremsung der schnellen Neutronen sorgen. Der effizienteste Moderator, der jedoch den Nachteil hat, sehr teuer zu sein, ist schweres Wasser, das statt des Wasserstoffs Deuterium enthält (Deuterium, dessen Kern aus einem Proton und einem Neutron besteht, besitzt eine etwa doppelt so große Masse wie Wasserstoff, dessen Kern nur von einem Proton gebildet wird); als Nächstes folgen Graphit hohen Reinheitsgrads und gewöhnliches Wasser. Schwerwasser- und Graphitreaktoren können mit Natururan betrieben werden (wie es in Bergwerken abgebaut wird); Natururan besteht zu 0,7% aus (spaltbarem) Uranium 235 und zu 99,3% aus (nicht spaltbarem) Uranium 238, dessen Kern drei Neutronen mehr enthält als der Uranium-235-Kern. Verwendet man gewöhnliches Wasser als Moderator, muss das Uran in den Brennstäben leicht angereichert werden. Über eine Isotopentrennung erhöht man zu diesem Zweck den Uranium-235-Gehalt des Kernbrennstoffs auf etwa 3%.

Es gibt auch Reaktoren, die keinen Moderator einsetzen und mit schnellen Neutronen arbeiten. Ihr Brennstoff, im wesentlichen Uranium 238, muss auf einen Anteil von 15 bis 20% an spaltbaren Kernen angereichert werden. Handelt es sich bei diesen spaltbaren Kernen um Plutonium 239, haben wir es mit einem Brutreaktor zu tun, der mehr Uranium 238 in Plutonium 239 umwandelt, als er Plutonium bei den Spaltreaktionen verbraucht. Wie kann aus Uranium 238 Plutonium 239 werden? Ganz einfach durch das Einfangen eines Neutrons. Fängt ein Uranium-238-Kern ein Neutron ein, wird er zu Uranium 239, dessen Kern 92 Protonen und 147 Neutronen enthält. Eines dieser Neutronen verwandelt sich durch Betazerfall (siehe Neutron) sehr rasch in ein Proton, so dass ein Neptunium-239-Kern entsteht, der 93 Protonen und 146 Neutronen enthält. Durch den Betazerfall eines weiteren Neutrons verwandelt sich der Neptunium-239-Kern sodann in Plutonium 239, dessen Kern aus 94 Protonen und 145 Neutronen besteht.

Solche Reaktoren haben den Vorzug, dass man sie mit Uranium 238 betreiben kann, welches bei weitem den größten Anteil des in der Natur vorkommenden Urans ausmacht. Das in ihnen erzeugte Plutonium lässt sich außerdem in den mit langsamen Neutronen arbeitenden Reaktoren verwenden, nachdem man es in einer Wiederaufbereitungsanlage von dem abgebrannten Kernbrennstoff getrennt hat.

Ein fossiler Kernreaktor

Im Juni 1972 stieß man bei einer Routinekontrolle in der Wiederaufbereitungsanlage im französischen Pierrelatte auf eine Probe Natururan, die 0,7171% Uranium 235 enthielt. Man nahm damals an, dass der Anteil von Uranium 235 in Uranmineralien konstant bei 0,7202% lag. Obwohl der Unterschied geringfügig erschien und gerade einmal ein Atom auf zehntausend ausmachte, löste die Entdeckung einige Aufregung aus. Nachdem man einen Messfehler ausgeschlossen hatte, glaubte man zunächst an eine Verschmutzung der Probe durch Uran, das bereits eine Spaltung erfahren hatte und daher einen geringeren Anteil an spaltbarem Uranium 235 aufwies. Die Analysen zeigten jedoch, dass diese Erklärung nicht zutraf. Nachforschungen am Ursprung der Probe, der Oklo-Grube in Gabun, ergaben dann, dass der niedrigere Uranium-235-Anteil dort normal war. Schließlich fand man folgende Erklärung: Vor etwa zwei Milliarden Jahren sammelten sich dort im Boden Uransalze, die damals noch einen höheren Uranium-235-Anteil enthielten, und konzentrierten sich, bis die kritische Masse erreicht wurde, bei der eine Kettenreaktion einsetzt. So entstand ein natürlicher Kernreaktor, dem die unterirdischen Wasserströme als Moderator dienten; er blieb mehrere hunderttausend Jahre lang »in Betrieb« und erzeugte eine Energiemenge von schätzungsweise 15000 Megawattjahren (zum Vergleich: das Kernkraftwerk im französischen Paluel erzeugt 5200 Megawattjahre). Und der »fossile« Kernreaktor von Oklo steht wahrscheinlich in der Erdgeschichte nicht allein da.

Jedenfalls scheint die Natur bereits vor zwei Milliarden Jahren sehr erfolgreich und in großem Maßstab jenen ersten Kernreaktor vorweggenommen zu haben, den Enrico Fermi unter den Tribünen des Chicagoer Stadions baute. Immerhin jedoch lässt sich aus dieser Geschichte eine Lehre ziehen: Die Bürokratie ist pedantisch, und auch Routinekontrollen haben manchmal ihren Nutzen.

Kernspaltung

Die Kernenergie ist in den Atomkernen lokalisiert. Diese Kerne, die hunderttausendmal kleiner sind als das gesamte Atom, setzen sich aus Protonen und Neutronen zusammen, zwischen denen eine sehr starke Bindung besteht. Wie die Bindung zwischen den Atomen in den Molekülen die Quelle der chemischen Energie darstellt, so bildet die durch sehr starke Kräfte geschaffene Bindung zwischen Protonen und Neutronen im Atomkern die Quelle der Kernenergie. Bei Kernreaktionen, die den Bau des Atomkerns verändern, kann es zur Freisetzung von Wärme kommen. Die Kernreaktion, die in den Kernkraftwerken genutzt wird, ist die Kernspaltung. Sie betrifft in erster Linie die schweren Kerne. Von einer Kernspaltung spricht man, wenn ein Atomkern sich spontan oder unter gezielter Einwirkung in zwei leichtere Kerne aufspaltet (siehe *Abbildung 1*). Nehmen wir als Beispiel einen Kern des Uranisotops 235. Wenn er ein langsames Neutron (geringer Energie) einfängt, zerfällt er sogleich in zwei kleinere Atomkerne. Entscheidend ist dabei, dass die Summe der Massen der beiden Spaltprodukte stets kleiner ist als die Masse des Ausgangsatomkerns. Aufgrund der 1905 von Albert Einstein erkannten Äquivalenz von Masse und Energie ($E=mc^2$) äußert sich dieser Massendefekt in der Freisetzung von Energie.

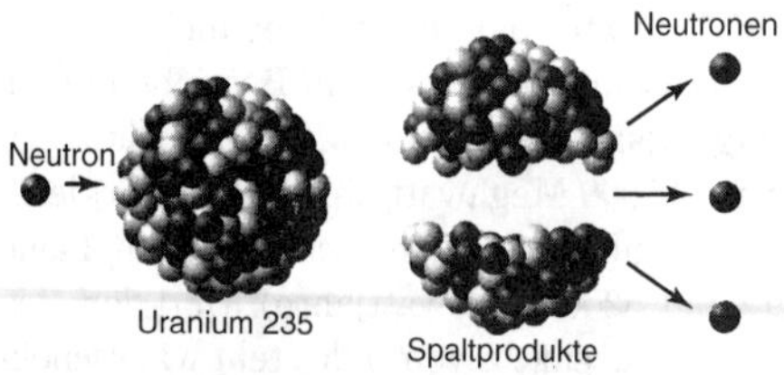

Abbildung 1 Der Mechanismus der Kernspaltung

Das Phänomen der Kernspaltung lässt sich durch die Tatsache erklären, dass solch ein Urankern sich wie ein Tropfen Flüssigkeit verhält: Die Energie, die das eingefangene Neutron mitbringt, verformt den Tropfen; die abstoßenden Kräfte zwischen den gleich geladenen Protonen gewinnen die Oberhand gegenüber den durch eine sehr geringe Reichweite gekennzeichneten anziehenden Kernkräften und führen dadurch die Spaltung herbei. Bei diesem Vorgang werden zwei oder drei neue Neutronen emittiert, und es wird Energie freigesetzt. Diese Neutronen können die Spaltung weiterer Urankerne auslösen, bei der wiederum Neutronen freigesetzt werden, die ihrerseits die Spaltung von Urankernen bewirken und so weiter. Durch diese Vervielfachung kommt es zu einer Kettenreaktion, bei der zahlreiche Kerne gespalten werden können. Die dabei freigesetzte Energie ist erheblich größer als etwa jene, die bei einer chemischen Reaktion freigesetzt wird. Die Spaltprodukte nehmen diese Energie in Form von kinetischer Energie mit sich, und da sie innerhalb des Kernbrennstoffs sogleich abgebremst werden, erhitzen sie die Umgebung. In Kernkraftwerken nutzt man diese Wärme zur Erzeugung von Dampf, der dann über Dampfturbinen Generatoren antreibt. Die Kettenreaktion verläuft dort kontrolliert, das heißt, sie wird auf einem bestimmten Niveau stabilisiert. In den auf Kernspaltung basierenden Atombomben sucht man die Kettenreaktion dagegen möglichst zu verstärken. Die Spaltung eines Kilogramms Uran ergibt so viel Energie wie die Verbrennung von 2500 Tonnen Kohle.

Kette

Zur Vertiefung: ***zyklische Verbindungen; Polymere***

In der Chemie bezeichnet der Begriff »Kette«, abgeleitet vom üblichen Wortsinn, zum einen die räumliche Aneinanderreihung einzelner Bausteine (Atomgruppen), zum anderen auch die zeitliche Abfolge einzelner Reaktionsstufen (siehe Reaktion).

Im räumlichen Sinne handelt es sich um allgegenwärtige Ketten aus gleichartigen Gliedern, wie sie bei vielen Molekülen zu finden sind. Eine Kohlenwasserstoffkette wie Butan oder Hexan besteht aus aneinander gereihten CH_2-Gliedern mit Methylgruppen (CH_3) an beiden Kettenenden. Ein PROTEIN ist eine Polypeptidkette, deren Glieder aus einzelnen AMINOSÄUREN bestehen. Die Anzahl der Glieder liegt bei den Kohlenwasserstoffen oft bei mehreren Dutzend und reicht bei den Proteinen ohne weiteres bis zu einigen zehntausend.

Bei der zeitlichen Abfolge handelt es sich um eine Kettenreaktion, also um chemische Umwandlungen, in deren Verlauf jede Etappe eine weitere, gleichartige Etappe auslöst. Nach der Startreaktion setzt sich die Umwandlung fort (Kettenfortpflanzungsreaktion), bis der verfügbare Ausgangsstoff vollständig verbraucht ist oder, was häufiger vorkommt, bis ein Zwischenprodukt, das als Kettenträger fungiert, zerstört wird (Kettenabbruch oder Termination). Bei der Oxidation, der Polymerisation und bei Explosionen handelt es sich häufig um Kettenreaktionen.

Kettenreaktion, Polymerase-

→ ***Polymerase-Kettenreaktion***

Klassifikation

Zur Vertiefung: ***statistische Analyse; Modell***

Wie klassifizieren die Wissenschaften die Welt?

Der Lernprozess, der uns am Ende befähigt, Dinge zu klassifizieren, und der seinerseits aus Beobachtung, Auswahl und der Bildung von Kategorien besteht, beginnt bereits im zartesten Kindesalter, begleitet die gesamte Entwicklung des Kindes und führt schließlich zum Vollbesitz der Wahrnehmungsmöglichkeiten (man denke etwa an die Farbwahrnehmung) und der geistigen Fähigkeiten (Identifikation von Objekten, Erkennen von Formen usw.). Gleichfalls in dieser Phase entwickelt sich die Fähigkeit, Gegenstände zu benennen. Dabei versieht die Sprache nicht nur jede Kategorie mit einem Etikett, sondern eröffnet auch die Möglichkeit, Relationen zwischen den Kategorien zu bezeichnen (»kleiner als«, »dunkler als«) und dadurch Beziehungen zwischen den Objekten der Welt herzustellen.

Wissenschaft gründet in der Beobachtung der Vielfalt, doch ihr scharfer Blick versucht, in dieser Vielfalt eine ihr innewohnende Ordnung zu erkennen oder ihr solch eine Ordnung aufzuprägen. Genau darin besteht das große Abenteuer der Klassifikation, eines der fundamentalen Elemente des wissenschaftlichen Vorgehens. Nach der symbolischen Aneignung und der Abgrenzung von Teilgebieten setzt sich der Prozess des Klassifizierens fort in der möglichst vollständigen Sammlung von Objekten (Mineralien, Insekten u. a.) und der Erstellung von Katalogen (zum Beispiel von Sternkatalogen im alten China und im antiken Griechenland). Und nicht zuletzt zeigt sich dieser Prozess in der Ausgestaltung von Bibliotheken und der Erstellung der zugehörigen Kataloge.

Schon einige Jahrhunderte vor Christus hatte die chinesische Alchimie begonnen, die chemischen Stoffe nach ihren »Sympathien« und »Antipathien« zu unterteilen und übergreifenden Kategorien wie dem Yin und Yang zuzuordnen. Auch in Europa stützte sich die Chemie in ihren Anfängen während des 17. und 18. Jahrhunderts auf Affinitätstafeln, in denen sie die Prinzipien (oder Elemente) der Stoffe nach ihrer mehr oder weniger starken Anziehung oder Bindungsbereitschaft klassifizierte. Aristoteles unterschied zwischen den (ihrerseits in zahlreiche Teilklassen unterteilten) Elementen der durch Werden und Vergehen gekennzeichneten sublunaren Welt und den Elementen der supralunaren Welt (des Himmels), die gleichfalls in mehrere Teilklassen (Planeten, Fixsterne) unterteilt waren.

Schon daraus wird ersichtlich, dass es für die Wissenschaft »gute« Klassifikationen gibt, die etwas über die Natur der Dinge aussagen, und weniger gute, die in eine Sackgasse führen. Aber das zeigt sich gewöhnlich erst im Nachhinein. Anfangs erfolgt die Auswahl der Klassifikationskriterien (Form, Farbe, Spektrum, Geschlecht) eher willkürlich oder lässt sich bestenfalls von einer glücklichen Intuition leiten. Die von dem Schweden Carl von Linné eingeführte Klassifikation der Pflanzen nach den Geschlechtsmerkmalen hat überlebt und die ebenso logische, aber weniger operationale Klassifikation von Joseph de Tournefort verdrängt.

Auf diese Weise führten die ersten Klassifikationen der chemischen Elemente über eine Reihe von Versuchen schließlich in der zweiten Hälfte des 19. Jahrhunderts zum Periodensystem des russischen Chemikers Dmitri Mendelejew, einem genialen System zur Ordnung der chemischen Elemente, das sogar für noch nicht entdeckte Elemente Plätze frei ließ und sich bestens bewährte. So fand z. B. 1996 das künstliche radioaktive Element 112 seinen Platz in dieser Systematik (siehe *Abbildung 1*). Erst ein halbes Jahrhundert nach Mendelejew lieferte die QUANTENPHYSIK die theoretische Begründung für das Ordnungsschema des Periodensystems, das auf der Anzahl und der Anordnung der Elektronen um die Atomkerne der jeweiligen chemischen Elemente basiert.

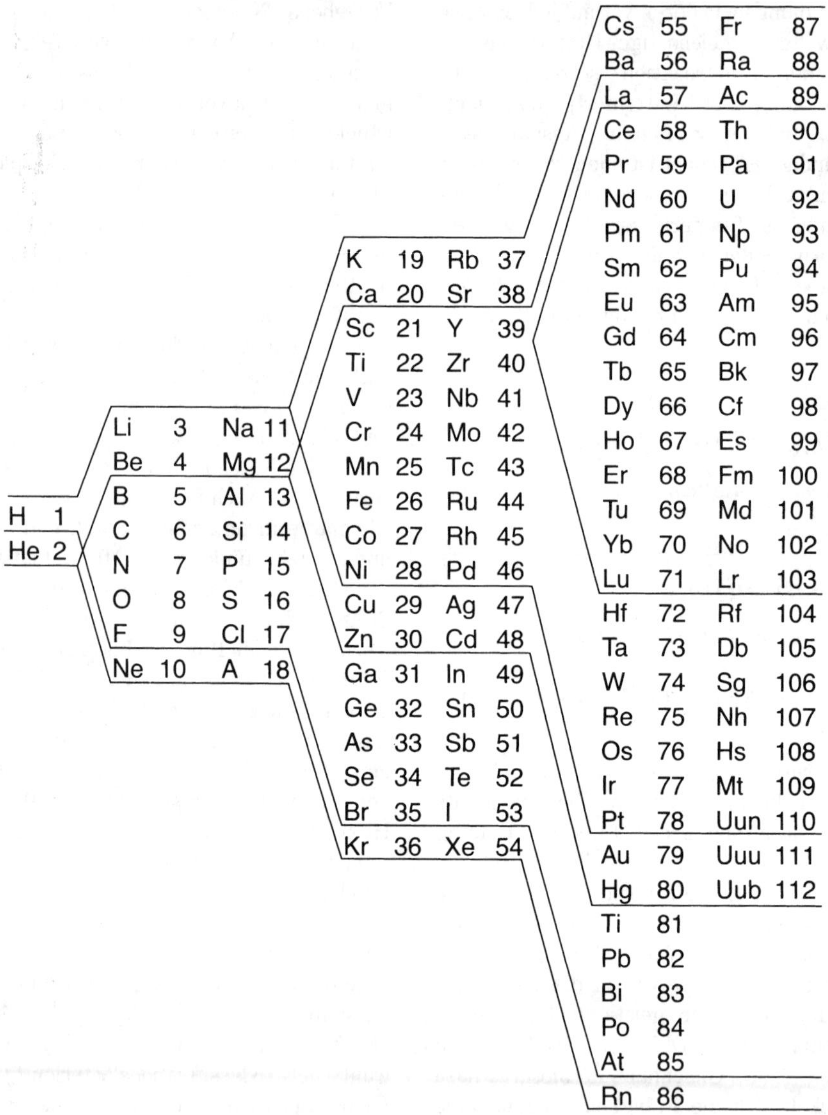

Abbildung 1

Zur Entwicklung einer Klassifikation bedarf es eines MODELLS, so einfach es zunächst auch sein mag, also einer Vorstellung über die Ordnung der Dinge. Auf dieser Grundlage versucht man, Gesetze zu formulieren, die dann die von einer geglückten Klassifikation aufgezeigte Ordnung explizit und vielfach in mathematisch-quantitativer Form zum Ausdruck bringen. Der anfangs meist empirische Charakter der Klassifikation weicht einem geordneten, deduktiven Ergebnis, aus dem die Klassifikation sich herzuleiten scheint. Daher entsteht der Eindruck, dass man diese Klassifikation nicht mehr benötigt, doch abgesehen von der Tatsache, dass die zugehörigen Kategorien (in der Chemie etwa die der Metalle, der Edelgase oder der alkalischen Erden) auch weiterhin funktionieren, hat die betreffende Klassifikation gleichsam nebenbei eine Nomenklatur begründet, an der man im alltäglichen Gebrauch fest hält. Anders als Theorien werden Klassifikationen nicht widerlegt, sondern lediglich aufgegeben, falls sie sich als unfruchtbar erweisen.

In der Physik hat man durch die Klassifikation der Elementarteilchen, in der Astrophysik durch die Klassifikation der Sterne im 19. und der Galaxien im 20. Jahrhundert, in der Biologie durch die Klassifikation der Individuen nach morphologischen Merkmalen oder nach der Zugehörigkeit zu Arten und Gattungen jeweils eine zugrunde liegende Ordnung enthüllt, die dann in der Folgezeit und gelegentlich auch nahezu zeitgleich durch entsprechende Theorien untermauert wurde. Das gilt etwa für die Theorie der SYMMETRIEN im Bereich der KRISTALLE oder der Elementarteilchen (siehe TEILCHEN), für die Entwicklung der STERNE oder auch für den gemeinsamen Ursprung aller Lebewesen, ihre Entstehung und ihre Evolution.

Für den Umgang mit einer großen Zahl von Objekten oder verschiedenen Individuen bietet die INFORMATIK interessante Möglichkeiten, die gleichermaßen als PROZEDUREN und als Ergebnisse angesehen werden können. Sie gestattet es, Objekte zu Gruppen zusammenzufassen (siehe DATENANALYSE und SYMBOLISCHES LERNEN) und zu beschreiben (Taxonomien), aber sie lässt auch solche Objekte hervortreten, die sich nicht einordnen lassen, weil sie in keine »Schublade« passen, und die oft gerade deshalb besonders interessant sind, weil sie auf einen verborgenen Parameter oder eine neue Familie hindeuten. Auch vermag man mit den Mitteln der Informatik die Distanz zwischen Familien zu bestimmen. So hat man zeigen können, dass dem Begriff der menschlichen Rasse keine biologische Realität entspricht und dass die Menschen, ganz gleich, welches Merkmal man zur Gruppierung heranzieht, ein Kontinuum bilden.

Klassifikation in der Mathematik

Seit der griechischen Antike spielt die Klassifikation in der Mathematik eine wichtige Rolle. Die Pythagoreer unterteilten die ganzen ZAHLEN in gerade und ungerade. In der Geometrie unterschied man drei Arten von KEGELSCHNITTEN: Ellipse, Parabel und Hyperbel. Im 19. Jahrhundert erkannte man, dass die mathematische Klassifikation neue Objekte hervorzubringen vermag: die so genannten Klassen. Zu diesem Zweck gründete man die Klassifikation zunächst einmal auf der Äquivalenz der betrachteten Objekte hinsichtlich bestimmter Transformationen. Ziel dieser Klassifikationen ist es, im Voraus sämtliche möglichen Fälle innerhalb einer Theorie erfassen zu können. Im Fall des Kalküls *modulo* m für ganzzahlige m zum Beispiel betrachtet man die Transformationen, die darin bestehen, ein beliebiges Vielfaches von m hinzuzufügen. In der zugehörigen Klassifikation entsprechen die Klassen ganzer Zahlen dann den bei der Teilung durch m entstehenden Resten: $0, 1, \ldots, m-1$.

In der algebraischen Topologie versucht man, Räume mit Invarianten zu verknüpfen, mit deren Hilfe man erkennen kann, ob zwei Räume homöomorph sind (dieselbe Form haben). So gibt es Klassen von Flächen, die durch eine einzige numerische Invariante gekennzeichnet sind, das topologische Geschlecht, das der Anzahl der Öffnungen der betreffende Fläche entspricht. Nach der Poincaréschen Vermutung ist die Klasse, der die Sphäre der Dimension 3 zugehört, durch bestimmte Invarianten gekennzeichnet; für Dimensionen größer oder gleich 4 hat man diese Vermutung bereits bewiesen, nicht jedoch für die Dimension 3.

Die Klassifikation der Wissenschaften

Die Frage nach der Klassifikation der Wissensgebiete stellt sich, sobald man verschiedene Erkenntnisgegenstände voneinander abgrenzt, für deren Behandlung man spezifische Fragestellungen und Methoden entwickelt. Auf diese Weise entstanden die wissenschaftlichen Fachgebiete und mit ihnen die Notwendigkeit einer Klassifikation (Hierarchisierung).

Die erste große Einteilung der Wissensgebiete, die wir kennen, stammt von Aristoteles, und in Teilen hat er diese Klassifikation selbst geschaffen (etwa die Einteilung der Logik in verschiedene Fachgebiete). In dieser Klassifikation ist zum Beispiel die *Metaphysik* ein Buch, das der *Physik* folgt und das Aristoteles selbst als »erste Philosophie« bezeichnete.

Im Laufe der Geschichte hat man in den verschiedenen Kulturen immer wieder das Bedürfnis empfunden, Ordnung in die wachsende Zahl der Wissensgebiete zu bringen. Die Klassifikationen der Araber finden sich in den Werken von Philosophen wie Al-Farabi und Al-Ghasali. Die Renaissance fand ihren Ausdruck in der von René Descartes geschaffenen Klassifikation, das Denken des ausgehenden 19. Jahrhunderts in Auguste Comtes Sicht der Naturwissenschaften und ihres Verhältnisses zu den übrigen Fachgebieten.

Die Klassifikation der als wissenschaftlich angesehenen Fachgebiete gewann in den letzten 300 Jahren aus zwei Gründen an Bedeutung. Der eine liegt in den Bedürfnissen der Bibliotheken, die ihre Bestände ordnen möchten, der andere und wichtigere in institutionellen, also rein administrativen Erfordernissen. Gerade auf administrativer Ebene stellt sich immer wieder das Problem einer Einteilung der Wissenschaften.

Zur Verdeutlichung sei hier die bekannte Klassifikation von Auguste Comte kurz rekapituliert, die auf der obersten Ebene eine Unterteilung zwischen Mathematik und Naturphilosophie vornimmt; die Naturphilosophie ist ihrerseits unterteilt in die anorganische Physik (geometrische bzw. mechanische Physik des Himmels oder Astronomie und mechanische bzw. chemische Physik der Erde) und die (in Physiologie und soziale Physik unterteilte) organische Physik. Heute unterscheidet man vielfach zwischen den Wissenschaften der Materie, der Natur und des Lebens – eine Klassifikation, von der man kaum behaupten kann, dass sie besonders hilfreich wäre.

Mit der Definition ihrer Kategorien führen Klassifikationen unvermeidlich und durchaus sinnvoll zur Abgrenzung von Teilgebieten, in der Astronomie etwa zur Herausbildung von Spezialdisziplinen, die sich mit der Sonne, den Sternen, den Galaxien oder den Planeten befassen. Dabei darf man die soziale Bedeutung von Klassifikationen nicht unterschätzen. Sie können sehr fruchtbar sein, aber auch rasch zu einem sterilen Ressortdenken führen, wenn jeder eifersüchtig über sein Territorium wacht und dabei vergisst, dass es nur eine Wirklichkeit gibt und dass Entdeckungen oft aus unerwarteten Verknüpfungen resultieren.

Klima

Zur Vertiefung: ***allgemeine Zirkulation der Atmosphäre; Biomineral; Eis; Treibhauseffekt***

Die Veränderungen des Klimas

Bezogen auf die menschliche Lebensspanne ist das Klima in den verschiedenen Regionen der Erde weitgehend stabil; die Schwankungen sind im wesentlichen Ausdruck von Veränderungen der ALLGEMEINEN ZIRKULATION DER ATMOSPHÄRE und der Ozeane. Globale Entwicklungen des Erdklimas sind im Bereich von Jahrhunderten zu verzeichnen (etwa die »Kleine Eiszeit« vom 16. bis zum 19. Jahrhundert), in Zeitspannen von hundert Millionen Jahren (die Eiszeiten und Zwischeneiszeiten) sowie in geologischen Zeitspannen.

Ein wesentliches Problem besteht darin, die Entwicklungstendenzen der natürlichen Klimaveränderungen zu erkennen und sie einerseits von den kurzfristigen Zufallsschwankungen, andererseits von den Effekten zu unterscheiden, die auf die Umweltverschmutzung durch den Menschen zurückgehen. Wenn etwa in Europa mehrere Jahre hintereinander heiße Sommer zu verzeichnen sind, fragt es sich, ob wir diese Tatsache einzig dem chaotischen Charakter der Wetterentwicklung zuschreiben müssen oder ob diese Serie Teil eines kurzen natürlichen Zyklus ist oder ob darin erste Anzeichen einer globalen Erwärmung der Atmosphäre zu sehen sind, die auf den vom Menschen zu verantwortenden TREIBHAUSEFFEKT zurückgeht. Gibt es klimatische Zyklen, deren Überlagerung zu einer allgemeinen Tendenz führt? Lässt sich die zukünftige Entwicklung des Klimas voraussehen?

Die Identifizierung meteorologischer Zyklen basiert auf der statistischen Analyse von Wetterbeobachtungen (Temperaturen, Niederschläge usw.) aus den letzten zweihundert Jahren. Wollen wir noch weiter in die Vergangenheit zurückgehen, müssen wir auf die Mittel der Geochemie zurückgreifen.

In den Eiskappen der Antarktis oder Grönlands zeigt der Anteil des schweren Sauerstoffisotops ^{18}O (das in seinem Kern zwei Neutronen mehr besitzt als das häufiger vorkommende ^{16}O) eine gute Korrelation zu der Lufttemperatur, die zur Zeit des Schneefalls herrschte. Eine Isotopenanalyse der Bohrkerne, die das komprimierte Eis aus mehreren Zehntausend Jahren enthalten, kann daher Aufschluss über die durchschnittlichen Lufttemperaturen in der Vergangenheit geben.

Durch eine Isotopenanalyse der fossilen Foraminiferen in Bohrkernen aus Meeressedimenten lassen sich auch die Veränderungen der durchschnittlichen Wassertemperatur in den Ozeanen ermitteln. Die Foraminiferen des Meeresplanktons (siehe BIOMINERAL) erzeugen das Calciumcarbonat ihrer Schalen aus dem Sauerstoff des Meerwassers. Die Schalen enthalten einen etwas höheren Anteil an ^{18}O als das Wasser, und dieser Anteil ist um so größer, je niedriger die Wassertemperatur bei der Entstehung der Schalen war.

Die Geschichte des Klimas deutet auf beträchtliche Veränderungen hin, die zweifellos nicht auf menschliche Einwirkung zurückgehen können. Von 800 bis 1250 unserer Zeit herrschte in Europa und den angrenzenden Regionen ein klimatisches Optimum: In England wurde Wein angebaut, und Grönland bot seinen Entdeckern den Anblick einer grünen Insel (daher der Name). Anfang des 14. Jahrhunderts wurde das Klima dann kalt und feucht. In der Zeit von 1550 bis etwa 1850, die man auch die »Kleine Eiszeit« nennt, lag die Durchschnittstemperatur 2 bis 4 °C unter dem klimatischen Optimum, und in den Alpen wuchsen die Gletscher. Seit mehr als einem Jahrhundert steigen die durchschnittlichen Temperaturen, und die Gletscher ziehen sich wieder zurück. Die Ursache für die Veränderungen ist nicht ganz klar; allerdings zeigt sich eine erstaunliche zeitliche Übereinstimmung zwischen der »Kleinen Eiszeit« und der Periode des so genannten »Maunder-Minimums«, einer Phase, in der die Sonnenflecken praktisch verschwunden waren. Die Sonnenaktivität war in dieser Zeit etwas schwächer, und es ist nicht ausgeschlossen, dass eine leichte Abschwächung der Sonneneinstrahlung die Ursache für die Abkühlung war.

Eiszeiten und Zwischeneiszeiten

Die einander abwechselnden Eiszeiten und Zwischeneiszeiten bilden die ausgeprägtesten klimatischen Veränderungen mit der längsten Periode. Für die letzten 2,4 Millionen Jahre hat man vier Eiszeiten identifiziert, und zwar aufgrund der Spuren, die sie in der Geologie hinterlassen haben. Die letzte Eiszeit erreichte ihren Höhepunkt vor 18000 Jahren. Es war die Zeit der Mammuts und des Cro-Magnon-Menschen, und die Durchschnittstemperatur lag etwa 5 °C unter der heutigen. Ganz Kanada, Nordeuropa und Sibirien waren von gewaltigen Eismassen bedeckt, und da ein großer Teil des Wassers in diesem Eis gebunden war, lag der Meeresspiegel gut hundert Meter tiefer als heute (die ersten Menschen, die nach Amerika einwanderten, sollen damals die Beringstraße trockenen Fußes überquert haben). Seit etwa 10000 Jahren befinden wir uns in einer Zwischeneiszeit, und die Eiskappen sind zu einem großen Teil abgeschmolzen. Inzwischen sind wir wieder auf dem Weg in eine neue Eiszeit.

Anders als für die kurzfristigen Klimaschwankungen besitzen wir für den Wechsel der Eiszeiten heute eine recht gute theoretische Erklärung, die auf astronomischen Zusammenhängen basiert. Die Theorie wurde 1920 von Milutin Milankovic vorgeschlagen. Der Wechsel zwischen Eiszeiten und Zwischeneiszeiten hängt danach von den periodischen Veränderungen dreier Parameter der Erdbewegung ab, deren Kombination die Intensität der sommerlichen Sonneneinstrahlung beeinflusst. Die Neigung der Rotationsachse der Erde gegenüber der Ebene ihrer Umlaufbahn um die Sonne (Ekliptik) bewegt sich mit einer Periode von 41000 Jahren zwischen 21,5° und 24,5° (der augenblickliche Wert beträgt 23,5°); je stärker die Neigung, desto ausgeprägter die Unterschiede zwischen den Jahreszeiten. Auch die Exzentrizität unserer Umlaufbahn um die Sonne verändert sich; ein Zyklus dauert 100000 Jahre, der Abstand zwischen Erde und Sonne variiert dabei um 12%. Schließlich verändert sich auch das Datum, an dem die Erde das Perihel erreicht, d. h. den Punkt auf der jährlichen Umlaufbahn, an dem die Erde der Sonne am nächsten kommt; dieses Datum läuft mit einer Periode von 21000 Jahren durch das Jahr (gegenwärtig erreicht die Erde das Perihel im Januar).

Klimamodelle

Die Vorhersage klimatischer Veränderungen für die kommenden Jahrzehnte oder Jahrhunderte hängt von der Qualität der eingesetzten globalen Klimamodelle ab (siehe MODELL). Die Modelle zur Entwicklung des Klimas, die den Einsatz immer leistungsfähigerer Computer erfordern, müssen komplexe Wechselwirkungen zwischen Atmosphäre, Ozeanen und Eiskappen sowie Rückkopplungsschleifen zwischen den verschiedenen Parametern berücksichtigen, und das macht die Sache äußerst schwierig. Eine Erhöhung des Kohlendioxidgehalts der Atmosphäre etwa, die über den Treibhauseffekt zu einer Erhöhung der Temperatur führt, sorgt für eine stärkere Verdunstung aus den Weltmeeren und damit für eine verstärkte Wolkenbildung, was entweder (wegen der Abschirmung) zu einer Temperaturerhöhung oder aber (wegen der verstärkten Reflexion der Sonneneinstrahlung) zu einer Temperatursenkung führen kann; außerdem begünstigt eine Erhöhung des Kohlendioxidgehalts der Atmosphäre das Pflanzenwachstum, mit gleichfalls widersprüchlichen Folgen für das Klima.

Trotz beträchtlicher Fortschritte bei den Klimamodellen ist es immer noch unmöglich vorauszusagen, ob die wahrscheinliche Aufheizung der Atmosphäre aufgrund des durch den Einsatz fossiler Brennstoffe vermehrten Kohlendioxideintrags nicht doch von einer allgemeinen Abkühlungstendenz ausgeglichen wird, die aus der Tatsache resultiert, dass wir uns auf dem Weg in eine neue Eiszeit befinden.

Klonieren, Klon

Zur Vertiefung: ***Gentechnik; Meiose; Restriktion; Zygote***

Klonieren von Mikroorganismen

Ein einzelliger Mikroorganismus, zum Beispiel eine BAKTERIE, deren genetisches Material oder GENOM aus DNA besteht, vermehrt sich vegetativ, indem er sich in zwei identische Tochterzellen teilt, deren DNA exakte Kopien der Mutter-DNA sind. Aus diesem Teilungsprozess, der sich so lange fortsetzt, wie die Umgebung die notwendigen Nährstoffe liefert, gehen völlig identische Zellen hervor, die einen »Klon« der Ausgangszelle darstellen.

Bis auf den äußerst seltenen Fall, dass es bei der REPLIKATION zu Kopierfehlern der DNA, also zu MUTATIONEN, kommt, haben alle Zellen eines Klons völlig identische Genome. Praktisch ist somit die GENETISCHE INFORMATION jeder Zelle unzerstörbar, da sie in vielen Exemplaren kopiert vorliegt.

Die Mikrobengenetik nutzt diese Fähigkeit zur identischen Reproduktion, um Stämme von Mikroorganismen (Bakterien, Pilze, Hefe) mit speziellen Eigenschaften zu isolieren, zum Beispiel mit der Fähigkeit, natürliche Substanzen wie VITAMINE oder ANTIBIOTIKA herzustellen, die für die Nahrungsmittelindustrie oder die pharmazeutische Industrie interessant sind. Solche Stämme isoliert man aus natürlich vorkommenden Mikroorganismen oder stellt sie künstlich als Mutanten eines bestehenden Stammes her, dessen Eigenschaften man verbessern möchte.

Klonieren und Gentechnik

Die Gentechnik kloniert Mikroorganismen, um DNA-Segmente zu isolieren, die Gene aus dem Genom diverser Organismen enthalten, von den einfachsten bis hin zu den komplexesten. In *Abbildung 1* sind die verschiedenen Operationen dargestellt, über die man aus einem Genom, das zahlreiche Gene umfasst, einzelne isoliert, um ihre Struktur und Funktion zu erforschen.

Zunächst spaltet man die DNA des zu untersuchenden Genoms mit so genannten Restriktionsenzymen in Tausende bis Millionen Bruchstücke, die jeweils ein oder mehrere Gene oder auch nur Genfragmente enthalten. Bei den Restriktionsenzymen handelt es sich um PROTEINE, die bestimmte Mikroorganismen natürlich produzieren, um sich vor einer Infektion durch Viren zu schützen, indem sie deren DNA aufspalten.

In einem zweiten Schritt rekombiniert man diese komplexe Mischung aus DNA-Bruchstücken *in vitro* mit einem DNA-Molekül, das als Transportvehikel oder Vektor dient. Zur Rekombination setzt man ebenfalls Enzyme ein, die so genannten DNA-Ligasen. Als Vektor kann zum Beispiel ein Plasmid dienen – ein kleines ringförmiges DNA-Molekül, das Bakterien außerhalb des Chromosoms aufweisen. In der Regel enthält es ein Resistenzgen gegen ein Antibiotikum, das sich als MARKER zur Selektion dieser Bakterien nutzen lässt. Das Plasmid wird so ausgewählt, dass das Restriktionsenzym es an nur einer Stelle spaltet und ein lineares Molekül schafft, dessen Enden mit den Schnittstellen des zu rekombinierenden DNA-Fragments kompatibel sind. Daneben gibt es noch andere Vektoren, die zum Beispiel aus dem Genom von Bakterienviren (Phagen) abgeleitet sind.

In einem dritten Schritt werden diese rekombinierten Moleküle so in einen Wirtsorganismus, in diesem Fall eine Bakterie, eingeführt, dass höchstens ein rekombiniertes Molekül in jede Wirtszelle gelangt. Da die Population der transformierten Zellen eine

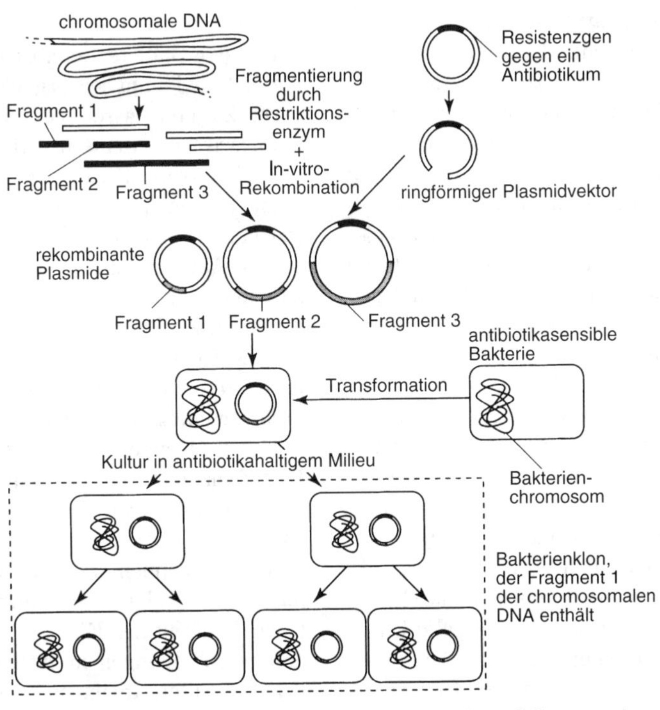

Abbildung 1 Teilschritte beim Klonieren eines DNA-Fragments in einem Mikroorganismus

Antibiotikaresistenz erwirbt, lässt sie sich von den nicht transformierten Zellen trennen, die absterben, sobald man die Zellkultur mit diesem Antibiotikum behandelt. Anschließend setzt man die antibiotikaresistenten Zellen einzeln in ein geleeartiges Milieu, wo jede Einzelzelle im Laufe sukzessiver Zellteilungen eine separate Kolonie (Klone) bildet.

Während der Zellteilung der transformierten Bakterien verdoppelt sich jedes vom Vektor transportierte DNA-Fragment mit jedem Replikationszyklus des Plasmids. Durch Klonieren der Zellpopulation lassen sich also die verschiedenen Bruchstücke des ursprünglichen komplexen DNA-Gebildes in separaten Kolonien vermehren, die man reproduzieren und bei niedrigen Temperaturen dauerhaft aufbewahren kann (Klonbanken oder -bibliotheken). Klonieren ist folglich ein Verfahren, Gene oder Genfragmente zu vermehren, zu sortieren und zu konservieren.

Klonieren von Organismen mit geschlechtlicher Fortpflanzung

Bei vielzelligen Organismen können sich die Keimzellen oder GAMETEN (Ei- und Samenzellen) nicht vegetativ fortpflanzen wie die Bakterien. Da in jeder Keimzelle von allen Genen jeweils nur ein Exemplar vorhanden ist, können sie ihre genetische Information nur weitergeben, wenn sie sich mit einem anderen Gameten zu einem befruchteten Ei oder einer Zygote verbinden, die wiederum einen doppelten Gensatz aufweist: Jedes elementare Merkmal (zum Beispiel Augenfarbe oder Blutgruppe) wird von zwei Exemplaren oder ALLELEN eines Gens gesteuert. Aus dieser Zygote entwickelt sich ein neuer vielzelliger Organismus, der in jeder seiner Zellen diesen doppelten Satz genetischer Information enthält. Bestimmte Zellen, die so genannten Geschlechtszellen, produzieren wiederum Gameten, an die sie nur eine Hälfte ihrer genetischen Information weitergeben.

Die Gameten werden durch eine spezielle Form der Zellteilung gebildet, durch die Meiose, in deren Verlauf der doppelte Chromosomensatz auf einen einfachen Satz reduziert wird; dabei wird von jedem Chromosomentyp ein Exemplar entweder unverändert übernommen oder durch REKOMBINATION zwischen den beiden Exemplaren eines homologen Chromosomenpaares produziert, die DNA-Fragmente und Allele austauschen. Somit besteht das Genom der Gameten aus einer einzigartigen Mischung jener Allele, die der sie bildende Organismus von seinen beiden ursprünglichen Keimzellen erhalten hat.

Beim Menschen kommt es bei jeder Meiose zu etwa 50 Rekombinationen, also zur Teilung eines jeden Chromosoms in durchschnittlich drei Teile. Die jeweils dreigeteilten homologen Chromosomenpaare können sich auf acht verschiedene Weisen neu zusammensetzen, wobei nur zwei Zusammensetzungen mit den beiden ursprünglichen Chromosomen identisch sind. Die Auswahl, welche »Hälfte« aus den 23 Chromosomenpaaren jeweils in die Keimzelle gelangt, erfolgt zufällig. Bei jeder Meiose sind demnach 2^{23} verschiedene Chromosomenkombinationen möglich, also mehr als acht Millionen unterschiedliche Gameten (siehe KOMBINATORIK).

Aus diesem Grund ist die Wahrscheinlichkeit äußerst gering, dass der Chromosomensatz und die in ihm enthaltene Allelkombination in dem von einem bestimmten Individuum produzierten Gameten mit einem der beiden Gameten identisch ist, aus denen dieses Individuum hervorgegangen ist.

Die Zygoten lassen sich als Zwischenstadium zwischen zwei Generationen von Gameten sehen (was allerdings nicht der üblichen Sichtweise entspricht, da wir selbst aus Zygoten hervorgegangen sind und dazu neigen, unsere Aufmerksamkeit auf dieses Stadium zu konzentrieren). Nach dieser Sicht hätten sie im Wesentlichen die Aufgabe, den Gameten die Bildung neuer Gameten zu ermöglichen, die sich in ihrer genetischen Ausstattung von ihnen unterscheiden.

Dieser Mechanismus der geschlechtlichen Fortpflanzung macht die Bildung eines Klons unmöglich, auch wenn sich aus einer Zygote zwei oder mehrere identische Individuen entwickeln können, wie es bei eineiigen Zwillingen der Fall ist. Sie entstehen aus nur einem befruchteten Ei, das sich bei einer der ersten Zellteilungen in zwei separate Individuen spaltet. In ihnen kann man jeweils den Klon des anderen sehen, da sie von ihrem

Ursprung her dasselbe genetische Material besitzen. Bei Zuchttieren kloniert man Embryos, die durch In-vitro-Befruchtung entstanden sind, indem man sie nach wenigen Zellteilungen fragmentiert und in Ammentiere implantiert.

Da Pflanzen die Fähigkeit haben, sich ungeschlechtlich durch Teilung der Körperzellen oder somatischen Zellen fortzupflanzen, ziehen Gärtner, Gemüsebauern, Land- und Forstwirte aus Stecklingen oder Ablegern Klone.

Sobald man den Mechanismus der ungeschlechtlichen Fortpflanzung verstanden hatte, war es möglich, Methoden zu entwickeln, den Klon eines Individuums nicht mehr wie in der Natur aus einem befruchteten Ei oder Embryo, sondern aus einer seiner entwickelten Körperzellen herzustellen. Dazu genügt es im Prinzip, den Kern einer seiner Zellen zu verwenden, um eine Zygote zu schaffen, die sich zum Embryo und zum ausgewachsenen Organismus entwickelt. Dieser Vorgang erfordert folgende Einzelschritte: Zunächst entnimmt man einem Weibchen eine Eizelle, entfernt ihren Zellkern, der einen einfachen Chromosomensatz enthält, und ersetzt ihn durch den Kern der Körperzelle eines beliebigen Individuums, der einen doppelten Chromosomensatz besitzt; anschließend pflanzt man die modifizierte Eizelle in ein Ammentier ein und leitet die Entwicklung des Embryos ein.

Dieser Prozess beruht auf der Tatsache, dass der Kern einer differenzierten Körperzelle in der Lage ist, die frühen Entwicklungsstadien des Embryos zu steuern, wie es bei Pflanzen üblicherweise zu beobachten ist und in den 1960er Jahren bei Fröschen und 1997 mit dem von den Medien viel beachteten Schaf Dolly demonstriert wurde (siehe GENTHERAPIE).

Menschen klonieren?

Falls es sich eines Tages als machbar erweisen sollte, Menschen zu klonieren, sei es durch Teilung eines Embryos in einem frühen Entwicklungsstadium oder durch Transfer des Kerns einer Körperzelle, könnte man künstlich eineiige Mehrlinge unterschiedlichen Alters erzielen. Da ihre Immunsysteme identisch wären, könnte jeder als Organspender für den anderen dienen, vorzugsweise der jüngere für den älteren. Es ist notwendig, schon jetzt über Argumente nachzudenken, solche Projekte im Namen unseres Menschenbildes abzulehnen.

Knoten

Einen Knoten im landläufigen Sinne erhält man, wenn man einen Faden in sich selbst verschlingt. In der Mathematik interessiert man sich nur für solche Fälle, in denen die freien Enden des Fadens miteinander verbunden sind. In der Chemie verwendet man den Begriff des Knotens in einem von der Mathematik etwas abweichenden Sinne, der jedoch der umgangssprachlichen Bedeutung näher kommt.

Knoten in der Mathematik

Zur Vorbereitung: ***Gruppe; Topologie***

Ein Knoten im mathematischen Sinne ist eine geschlossene Kurve im gewöhnlichen (dreidimensionalen) Raum der Geometrie, die keine Mehrfachpunkte besitzt (also Punkte im Raum, die von der Kurve mehrfach durchlaufen würden). Die Theorie der Knoten versucht zu bestimmen, wann zwei Konten äquivalent sind, das heißt, wann man den einen in den anderen überführen kann, ohne dass man den geschlossen Kurvenzug öffnen müsste. Für sich betrachtet und ohne Rücksicht auf seine Lage im Raum lässt ein Knoten sich stets mit einem Kreis gleichsetzen; erst seine Einbettung in den Raum macht ihn zu einem Knoten.

Die Klassifikation der Knoten ist ein Teilgebiet der TOPOLOGIE; man versucht, jedem Knotentyp »Invarianten« zuzuordnen, also mathematische Objekte, die bei allen äquivalenten Knoten dieselben sind; zwei Knoten sind dann verschieden, wenn diese Invarianten verschieden sind.

Ein Knoten ist vollständig charakterisiert durch die Topologie seines Komplements im Raum (also des Teils des Raumes, der übrig bleibt, wenn man die Kurve wegnimmt). Man kann zeigen, dass die Äquivalenz zweier Knoten letztlich nichts anderes ist als der Isomorphismus der Fundamentalgruppe ihrer Komplemente (der Isomorphismus ist eine bijektive Zuordnung zwischen den beiden Gruppen, die das Verknüpfungsgesetz respektiert).

Die Fundamentalgruppe des Komplements eines Knotens lässt sich anhand der Projektion des Knotens auf die Ebene beschreiben, sofern man für jeden Kreuzungspunkt fest hält, welcher Teil der Schlinge oben und welcher unten liegt (siehe *Abbildung 1*); aber man kann nur schwer erkennen, wann zwei so beschriebene Gruppen isomorph sind.

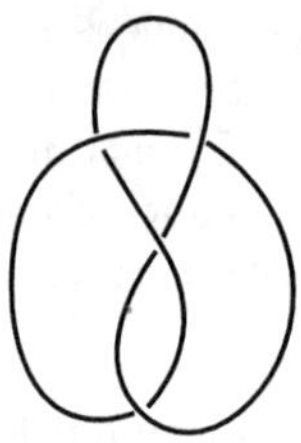

Abbildung 1

1928 führte James Alexander ein durch die Fundamentalgruppe bestimmtes Polynom ein, das es gestattet, Knoten in bestimmten Fällen zu unterscheiden. Zwei äquivalente Knoten haben danach dasselbe Alexander-Polynom, aber die Umkehrung dieses Satzes trifft leider nicht zu (so haben die rechts- und die linkshändige Kleeblattschlinge in *Abbildung 2* zwar dasselbe Alexander-Polynom, aber sie sind nicht äquivalent). Inzwischen verfügen wir über weitere Invarianten zur Klassifizierung der Knoten. Die bemerkenswerteste entdeckte Vaugham Jones 1984 bei Forschungen zu von Neumannschen Algebren, die in der Begründung der Quantenphysik eine Rolle spielen. Damit entdeckte er einen bislang geheimnisvollen Zusammenhang zwischen der Knotentheorie und den Methoden der statistischen Mechanik (siehe THERMODYNAMIK).

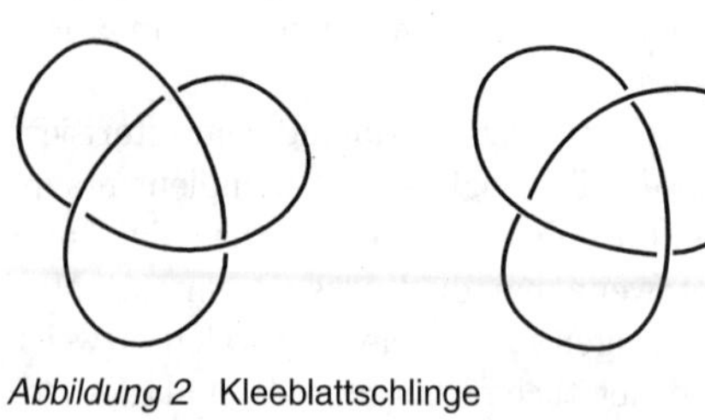

Abbildung 2 Kleeblattschlinge

Neben Knoten interessiert man sich auch für Figuren, die aus mehreren ineinander verschlungen geschlossenen Kurven bestehen (siehe *Abbildung 3*), und für verflochtene Strukturen, zum Beispiel mehrere Fäden, die einander zwischen zwei Ebenen überkreuzen (siehe *Abbildung 4*); verflochtene Strukturen mit gleicher Kurvenzahl lassen sich miteinander verknüpfen (indem man sie an den Enden zusammenfügt); auf diese Weise erhält man eine GRUPPE. Fügt man die beiden Enden jeder einzelnen Kurve zusammen, entsteht aus dem Geflecht eine Figur aus ineinander verschlungenen geschlossenen Kurven.

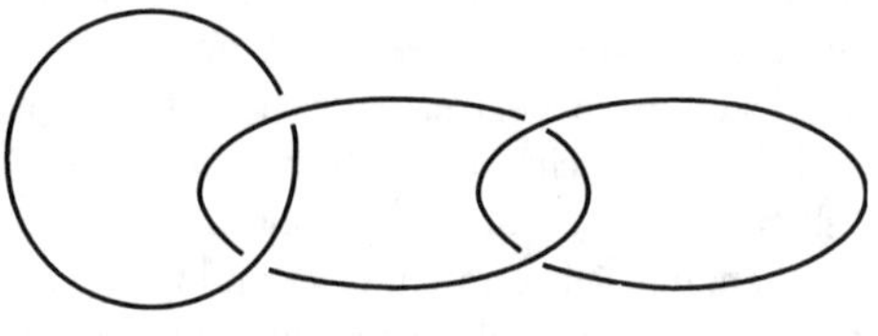

Abbildung 3 Ineinander verschlungene geschlossene Kurven

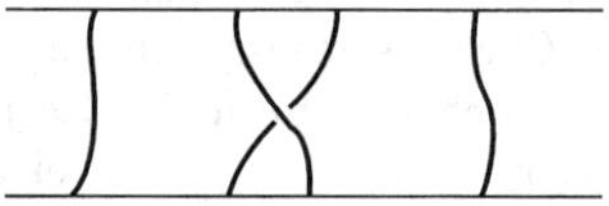

Abbildung 4 Verflochtene Strukturen

Knoten in der Chemie

Zur Vertiefung: ***Chiralität; zyklische Verbindungen; chemische Synthese***

Ein Knoten ist ein Molekül mit einem nichtebenen Graphen, das heißt, dessen ebene Formel Verbindungen aufweist, die einander kreuzen (siehe GRAPH). Der einfachste Knoten ist die in *Abbildung 5* dargestellte Kleeblattschlinge. 1990 hat man Moleküle synthetisiert, die diese Form besitzen. Sie können

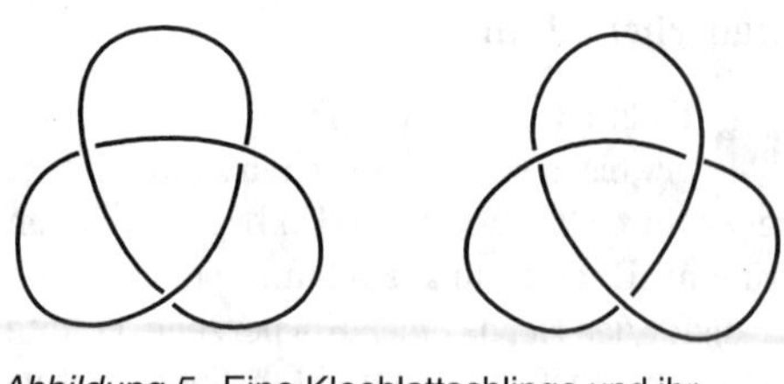

Abbildung 5 Eine Kleeblattschlinge und ihr Spiegelbild

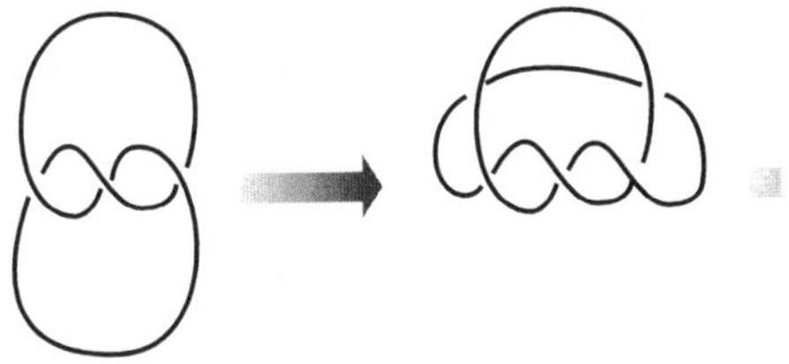

Abbildung 6 Verfahren zur Synthese eines Moleküls, das die Form einer Kleeblattschlinge besitzt

als Paare von Enantiomeren vorkommen, das heißt als molekulare Formen, die sich spiegelbildlich zueinander verhalten (siehe *Abbildung 5*). Die Synthese folgte dem in *Abbildung 6* schematisch dargestellten Prozess.

Knowledge Engineering

Zur Vorbereitung: ***Expertensystem; Rationalitätsmodell***
Zur Vertiefung: ***künstliche Intelligenz; Software Engineering; Wissen und Maschine***

Was das SOFTWARE ENGINEERING für die SOFTWARE, die CHEMISCHE VERFAHRENSTECHNIK für die Chemie oder die GENTECHNIK für die Genetik ist, das ist das Knowledge Engineering für die EXPERTENSYSTEME, nämlich ein Korpus von Hilfstechniken für die industrielle Produktion. Während Software Engineering, Gentechnik und chemische Verfahrenstechnik sich auf präzise bestimmbare und mehr oder weniger formalisierte Verfahren stützen, basiert das Knowledge Engineering auf dem Wissen, der Denkweise und der für viele unverständlichen Sprache jener sonderbaren und manchmal ein wenig beunruhigenden Leute, die gemeinhin als Experten bezeichnet werden und in der modernen Gesellschaft ein wenig die Rolle grauer Eminenzen spielen.

Auf der Basis des so genannten RATIONALITÄTSMODELLS und einer Theorie des Wissens befasst das Knowledge Engineering sich mit den Möglichkeiten einer maschinellen Aufbereitung, Pflege und Verarbeitung von Wissen, wie sie in konkreten Expertensystemen für konkrete Wissensbereiche realisiert werden.

Körper, platonische

→ ***platonische Körper***

Körper, Schwarzer

→ ***Schwarzer Körper***

kognitive Wissenschaften

Zur Vertiefung: ***künstliche Intelligenz; Kybernetik; neuronale Netze***

Der Begriff »kognitiv« (lateinisch: *cognoscere*, erkennen) bezeichnet alles, was mit Erkenntnis und ihrer Entstehung, Bewahrung und Anwendung sowie mit ihren Trägern und ihrer Weitergabe zusammenhängt. »Kognition« ist gleichsam ein Sammelbegriff für alles, was mit Erkenntnis und kognitiven Wahrnehmungsphänomenen, Wiedererkennen, Aufmerksamkeit, Erinnerung, Schreiben, Lesen und Handeln zu tun hat.

Vorgeschichte der kognitiven Wissenschaften

Schon seit langem denken Philosophen über den Menschen und seine Stellung in der Welt nach und befassen sich eingehend mit der Erkenntnis als Frucht und bevorzugtem Ansatzpunkt für das Verhältnis zwischen Mensch und Welt. Dass die Wissenschaften immer umfangreichere Wissensgebiete abdecken und dabei ein unvergleichlich hohes Maß an Gewissheit erreichen, enthebt die Philosophen nicht der Frage, ob sich alle Rätsel, die den Menschen umtreiben, von der Wissenschaft lösen lassen. Schon in der Antike wollte Aristoteles die menschliche Seele begreifen, indem er sie einer aufmerksamen und geduldigen Beobachtung unterzog; uns zeitlich näher entstand im 18., 19. und Anfang des 20. Jahrhunderts die Psychologie als Wissenschaft aus dem gleichen Bestreben, psychische Phänomene mit Methoden, die den Naturwissenschaften, vor allem der experimentellen Physik, entlehnt waren, systematisch und genau zu beobachten.

Parallel dazu gelang es der Physiologie, also der Erforschung der Organismen, im Gehirn und im übrigen Körper das Trägermaterial von kognitiven Fähigkeiten (Denken, Wahrnehmung und Erinnerung) zu lokalisieren und in einigen Teilschritten zu erhellen. Und da die Sprache das natürliche Vehikel ist, Erkenntnisse von Mensch zu Mensch weiterzugeben, versuchten Sprachstudien zu erklären, warum und wie diese Weitergabe erfolgt. Seither haben zahlreiche Wissenschaftler sich bemüht, die Erforschung psychischer Phänomene, der Sprache und der biologischen Grundlagen gesprochener Sprache, ihrer Produktion, ihrer Erkennung und ihres Verständnisses miteinander zu verknüpfen. Dass Paul Broca im 19. Jahrhundert die Hirnteile identifizierte, die für sprachliche Funktionen zuständig sind, geht auf dieses Bemühen zurück, die Erforschung der psychischen, physiologischen und linguistischen Aspekte der Kognition zu vereinen.

Entstehung der kognitiven Wissenschaften

Sehr bald erhofften sich Philosophen, die die Grundlagen der Erkenntnis umfassend zu verstehen suchten, weitere Aufschlüsse von den Ergebnissen dieser wissenschaftlichen Forschungen. Denn die Erkenntnis hatte nicht nur die Wissenschaft seit langem beschäftigt, sondern immer auch einige Philosophen, die sich gemeinsam mit Wissenschaftlern unterschiedlicher Fachgebiete Gedanken machten, welche Perspektiven die Wissenschaften eröffneten. Allerdings sprach man noch nicht von kognitiven Wissenschaften (oder auch Kognitionswissenschaften), die mehr umfassen als nur eine interdisziplinäre Zusammenarbeit von Spezialisten, die sich wissenschaftlich mit Erkenntnis befassen: Mit dem Mitte des 20. Jahrhunderts entwickelten COMPUTER verfügen sie über ein radikal neues Hilfsmittel, das kognitive Phänomene mit Mechanismen der Datenverarbeitung mehr oder weniger zuverlässig zu simulieren vermag. Seitdem lassen sich kognitive Verhaltensweisen erforschen, indem man sie künstlich reproduziert, das Ergebnis dieser Simulation mit ihnen vergleicht und daraus Aufschlüsse über ihre verborgenen Triebfedern bezieht.

In den 1970er Jahren bildeten sich an den Schnittstellen von Sprachwissenschaften, Psychologie, Neurowissenschaften, statistischer Physik und künstlicher Intelligenz die kognitiven Wissenschaften heraus, die das Erbe der in den 1940er Jahren, unmittelbar nach Entwicklung der ersten Computer, entstandenen Kybernetik antraten. Seither haben sie sich erheblich weiterentwickelt, unterstützt von neuen Simulationstechniken aus den Bereichen der künstlichen Intelligenz, der neuronalen Netze und der GENETISCHEN ALGORITHMEN.

Pluralität der kognitiven Wissenschaften

Entgegen gängigen Kritiken beschränken sich die kognitiven Wissenschaften nicht auf eine mechanistische Sicht, in der die Psyche auf ihre biologischen Determinanten reduziert würde. Im Grunde sind die kognitiven Wissenschaften pluralistisch und verfolgen, von jeglicher Dogmatik weit entfernt, verschiedene Ansätze: Manche haben die Erforschung der Hirnphysiologie und ihrer Auswirkungen auf die Kognition zur Grundlage, andere befassen sich unmittelbar mit den kognitiven Funktionen (Gedächtnis, Wahrnehmung, Konzentration usw.) und ihrer informationstechnischen Simulation (siehe KONNEKTIONISMUS), und wieder andere stützen sich auf eine künstliche Kognition, die aus der Erforschung der allgemeinen Eigenschaften von Simulationsinstrumenten erwächst. Daher lassen sich die kognitiven Wissenschaften nicht mit einer einheitlichen, kompromisslosen Sichtweise gleichsetzen, sondern sind im Gegenteil als wissenschaftliches Betätigungsfeld stets offen für eine Debatte, in der alle Hypothesen ständig diskutiert und einer experimentellen Erprobung unterzogen werden. Insofern reduzieren die kognitiven Wissenschaften den Menschen und seine Determinationen durchaus nicht auf eine simple Gleichung und zwingen auch der Philosophie keine einheitliche Sicht auf, auch wenn das Streben nach Einheit wie bei jedem rationalen Vorgehen ein regulatives Ideal der Reflexion bleibt.

Praktische Beiträge der kognitiven Wissenschaften

Unabhängig von den wissenschaftlichen Fortschritten, die die kognitiven Wissenschaften im Verständnis der Kognition erzielt haben, werden unsere kognitiven Fähigkeiten in der tagtäglichen Konfrontation von Mensch und Maschine in all unseren Alltagsverrichtungen immer stärker gefordert, ob wir nun eine Bahnfahrkarte kaufen, Auto fahren, in eine Bank gehen, eine Telefonnummer suchen, einen Videorecorder anschließen oder uns über das Theater- und Kinoprogramm informieren. Während die menschliche Arbeit seit Anbeginn der Menschheit zum größten Teil mit anhaltender körperlicher Anstrengung verbunden war, werden heute die meisten manuellen Tätigkeiten des Menschen bei der Arbeit, im Verkehr und in der Freizeit durch informationstechnische Systeme vermittelt, seit es die heutigen Computer als universelle, allgegenwärtige Vermittler gibt. An die Stelle eines Energie-Austauschs, der jedes menschliche Wirtschaften regierte, ist nun ein unablässiger Informationsaustausch getreten, der uns alle überflutet.

➡ Dieser Informationsaustausch mobilisiert und überschreitet zuweilen unsere kognitiven Fähigkeiten der Wahrnehmung, des Lesens, der Konzentration usw. Damit der Mensch nicht die Herrschaft über die von ihm gebauten Maschinen verliert, müssen sie auf seine eigenen kognitiven Fähigkeiten abgestimmt sein. Den kognitiven Wissenschaften kommt die Aufgabe zu, diese Fähigkeiten einzuschätzen, für die nötige Abstimmung der Maschinen zu sorgen und neben technischen Erwägungen, die bislang allzu oft im Vordergrund standen, auch Überlegungen einzubringen, die die kognitiven Fähigkeiten zukünftiger Benutzer in den Mittelpunkt rücken.

Neben ihrer theoretischen Bedeutung sind die kognitiven Wissenschaften also auch in praktischer Hinsicht für den Menschen unverzichtbar, wenn er nicht in die Falle jener Artefakte geraten soll, die er erfunden und hergestellt hat, damit sie ihm dienen.

Kohle

Zur Vertiefung: ***Bakterien; Erdöl; Gesteine***

Im Erdzeitalter des Karbon vor 345 bis 280 Millionen Jahren herrschte in den Regionen, in denen sich heute Steinkohlebecken befinden, ein tropisches Klima. Sumpfmoorwälder mit üppiger Vegetation produzierten eine Fülle welken Laubes und anderer pflanzlicher Überreste, die nicht durch Oxidation abgebaut wurden, da sie sehr schnell im Moor versanken. Anaerobe Bakterien machten sich über die Zellulose und das Lignin (ein Polymer, das die Zellulose umgibt) her und produzierten Torf unter Freisetzung von Wasser, Kohlendioxid und Methan. Mit fortschreitender Absenkung des Torfs stiegen Druck und Temperatur, die flüchtigen Bestandteile entwichen und es entstanden nacheinander Braunkohle, Steinkohle und Anthrazit mit zunehmendem Kohlenstoffgehalt und wachsendem Heizwert. Kohle war die Energiequelle, die im Abendland die industrielle Revolution möglich machte.

Kohlenstoff

Zur Vorbereitung: ***chemische Formel; Säuren und Basen***
Zur Vertiefung: ***Chiralität; Kohle; Sauerstoff; Wasserstoff***

Die drei Formen des Elements Kohlenstoff

Kohlenstoff, das Element mit der Ordnungszahl 6 (es steht an sechster Stelle des Periodensystems), ist in drei Formen bekannt: als Graphit, Diamant und Fullerene. Während man die ersten beiden Formen bereits seit der Antike kennt, wurden die Fullerene, eine Molekülform des Kohlenstoffs, deren bekanntester Vertreter das C_{60} ist, erst 1987 entdeckt.

Graphit, wie man ihn aus Bleistiftminen und Schmiermitteln kennt, ist kristallin. Die Atome sind zu sehr stabilen (siehe AROMATIZITÄT) Sechsecken verbunden (Benzolringe), die sich zweidimensional zu einem endlosen Schichtengitter zusammensetzen und an einen Kaninchendraht oder ein Fliesenmuster erinnern. Da diese Gitterflächen übereinander gestapelt und durch eine schwache chemische Bindung miteinander verknüpft sind (siehe INTERMOLEKULARE WECHSELWIRKUNGEN), gleiten die Schichten leicht aufeinander, was die Schmierfähigkeit des Graphits erklärt.

Graphit baut sich aus Kohlenstoffatomen auf, die jeweils in einer Ebene Bindungen zu den benachbarten drei Atomen eingehen (siehe *Abbildung 1*).

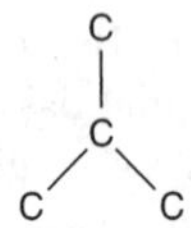

Abbildung 1 Beim Graphit bildet ein Kohlenstoffatom in einer Ebene Bindungen zu drei benachbarten Atomen.

Der Diamant, die zweite kristalline Form des Kohlenstoffs, besteht aus Kohlenstoffatomen, die sich zu einem Tetraeder zusammenfügen und vom Kohlenstoffatom im gedachten Mittelpunkt dieses Vierflächners Bindungen zu den benachbarten vier Kohlenstoffatomen an den Tetraederecken bilden (siehe *Abbildung 2*).

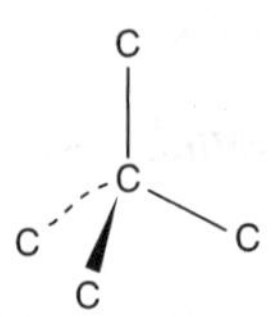

Abbildung 2 Beim Diamant bildet ein Kohlenstoffatom Bindungen zu vier benachbarten Atomen.

Unter Hochdruck lässt sich Graphit in Diamant umwandeln. Dieses aufwendige Verfahren eignet sich jedoch nur zur Herstellung kleiner Industriediamanten.

Fullerene bestehen wie Graphit aus Kohlenstoffatomen, die Bindungen zu jeweils drei benachbarten Atomen bilden, sich in diesem Fall aber zu einem Gitternetz zusammenfügen, das eine Kugeloberfläche bildet. Dieses Merkmal findet sich auch bei den geodätischen Kuppeln des Architekten R. Buckminster Fuller (z.B. La Géode, Paris). Ein solches Sphäroid muss sich zwangsläufig aus einer Abfolge von Fünfecken und Sechsecken zusammensetzen. Auf diese Weise ergibt C_{60} recht genau die Form eines Fußballs, weshalb man es auch als »Fußballmolekül« bezeichnet (siehe *Abbildung 3*).

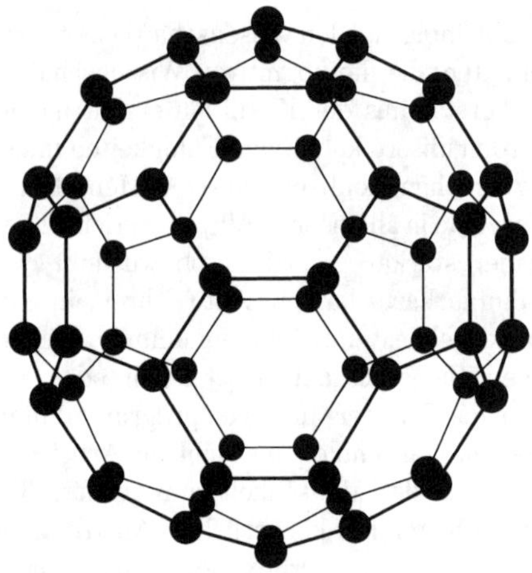

Abbildung 3 Modell eines C60-Moleküls, auch »Fußballmolekül« genannt

Die Tatsache, dass die Fullerene in Molekülform statt als endlose Aneinanderreihung von Atomen existieren wie ein KRISTALL, hat der Chemie neue, überaus fruchtbare Bereiche erschlossen. Manche ihrer Derivate leiten bei tiefen Temperaturen Elektrizität mit einem Widerstand von null (Supraleitfähigkeit); andere besitzen bemerkenswerte magnetische Eigenschaften, die vielversprechende Anwendungsmöglichkeiten für Transportwesen und medizinische Zwecke bieten.

Organische Chemie

Kohlenstoff ist das organische Element *par excellence*. Warum ist das LEBEN ausgehend von Kohlenstoff entstanden, statt zum Beispiel ausgehend von Silicium? Warum nimmt die PHOTOSYNTHESE als Ausgangsstoff Kohlendioxid CO_2 und nicht Stickstoffmonoxid NO? Warum ist die GENETISCHE INFORMATION in den Kohlenstoffringen der Nukleinbasen der NUKLEOTIDE (Bausteine der DNA und RNA) fest gehalten statt auf kleinen Tonplättchen? So viele Fragen, von denen zwar nicht ganz sicher ist, ob sie wissenschaftlich sind, auf die wir jedoch bislang nur Anfänge von Antworten haben. Dennoch wollen wir einige Trümpfe der Kohlenstoffchemie erwähnen, die eine Art Propädeutik der MOLEKÜLE des Lebens bilden.

Kohlenstoff ist eines der am häufigsten vorkommenden Elemente der belebten Materie, an der er einen Masseanteil von etwa 20 % hat. Im Periodensystem gehört Kohlenstoff zur Hauptgruppe 4, das Kohlenstoffatom besitzt also vier ELEKTRONEN, die chemische Bindungen mit anderen Kohlenstoffatomen oder den Atomen anderer Elemente wie Stickstoff, Wasserstoff oder Sauerstoff eingehen können. Man bezeichnet ihn daher als vierwertig.

Kohlenstoff ist zu einer großen Strukturvielfalt fähig. Mit nicht weniger als fünf aufeinander folgenden Oxidationsstufen (siehe REDOXREAKTION) untergliedern sich die Kohlenstoffverbindungen in fünf große Gruppen: die des Methans CH_4, des Methanols CH_3OH, des Formaldehyds H_2CO, die der Ameisensäure HCO_2H und die des Kohlendioxids CO_2.

Zudem können Kohlenstoffatome miteinander eine Einfachbindung eingehen (wie im Ethan $H_3C—CH_3$), eine Doppelbindung (wie im Ethylen $H_2C{=}CH_2$) oder eine Dreifachbindung wie im Acetylen $HC{\equiv}CH$). Und sie können KETTEN oder zyklische Verbindungen bilden.

Diese extreme PLASTIZITÄT der Kohlenstoffchemie drückt sich in einer überaus hohen Zahl von ISOMEREN aus (Molekülen der gleichen Zusammensetzung, aber mit unterschiedlicher Anordnung der Atome). Um die vollständige Liste aller möglichen Isomere, sagen wir, des Cholesterins (eines für Kohlenstoffverbindungen bezeichnenden Moleküls), nach ihren Formel sortiert, aufzuführen, würde nicht einmal ein Buch von der Dicke des Telefonbuchs von Paris ausreichen! Eine vage Vorstellung von dieser Formenvielfalt mögen die Formeln der schon zahlreichen Isomere der »kleinen« Grundformel C_3H_6O vermitteln (siehe *Abbildung 4*).

Wenn ein Kohlenstoffatom sich mit vier völlig verschiedenen chemischen Gruppen verbindet, können diese sich auf zwei Arten im Raum verteilen. Die daraus resultierenden Moleküle sind asymmetrisch und lassen sich mit ihrem Spiegelbild räumlich nicht zur Deckung bringen. Man bezeichnet sie als chiral.

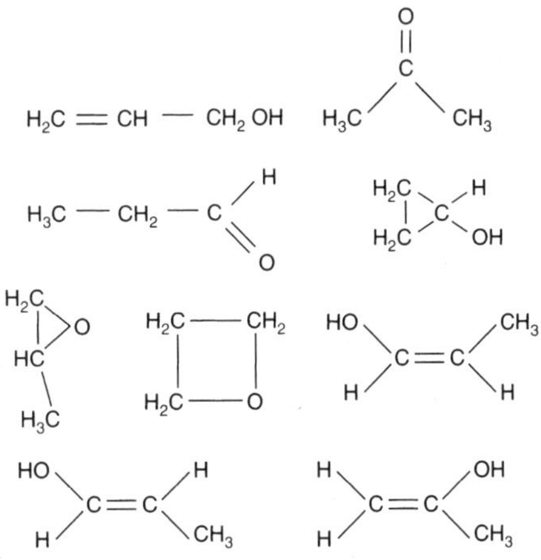

Abbildung 4 Kleiner Auszug aus einer Liste der Isomere einer Kohlenstoffverbindung

Wenn die Vierwertigkeit des Kohlenstoffs mit seiner Chiralität oder Händigkeit einhergeht, bildet diese Dualität die Ursache für spezifische Eigenschaften zahlreicher Biomoleküle.

Die Kohlenstoffchemie oder organische Chemie zeichnet sich nicht nur durch die Formenvielfalt aus, die sie hervorbringt, sondern auch durch die Dauerhaftigkeit ihrer Verbindungen. Es dauert Dutzende bis Hunderte Millionen Jahre, bis es zu einer signifikanten Inversion der KONFIGURATION asymmetrischer Kohlenstoffatome kommt, sie sich also in ihr Spiegelbild verkehren. Dieses Phänomen wird für Altersbestimmungen genutzt (siehe DATIERUNG).

Die Biomoleküle (Moleküle von Organismen) wie die Porphyrine (Chlorophyll, Hämoglobin), die Nukleinbasen (Adenin, Guanin usw.), die AMINOSÄUREN (Tyrosin, Tryptophan usw.) zeichnen sich durch große Stabilität und große Resistenz gegen spontanen Zerfall sowie durch ihre Widerstandsfähigkeit gegen Polymerisation und Oxidation aus. All diese Eigenschaften verdanken sie ihrer AROMATIZITÄT.

ISOTOPE sind Atome, deren Kerne dieselbe Anzahl PROTONEN, aber eine unterschiedliche Anzahl Neutronen aufweisen. Das gängigste Kohlenstoffisotop ist ^{12}C, dessen Atomkern sechs Protonen und sechs NEUTRONEN besitzt. Das radioaktive Isotop ^{14}C mit acht Neutronen und sechs Protonen, das in Spuren in lebenden Organismen zu finden ist, wird bei der Altersbestimmung genutzt. Da sich ein Kohlenstoffatom in einem Molekül markieren lässt, indem man es durch das radioaktive Isotop ^{14}C ersetzt, findet es auch als MARKER Verwendung, um biochemische Stoffwechselreaktionen zu erforschen (Atmung, Verdauung, usw.; siehe STOFFWECHSEL).

Der Kohlenstoffzyklus

Kohlenstoff ist auf der Erde allgegenwärtig und zirkluliert in einem bio-geochemischen Kreislauf (Umwandlung von organischem Kohlenstoff in mineralisierten Kohlenstoff nach dem Absterben von Organismen und umgekehrt) zwischen den Kontinenten, den Ozeanen, der ATMOSPHÄRE und der Biosphäre. Die Erdkruste enthält etwa 60 Billiarden Tonnen Kohlenstoff in Form von Calciumcarbonat im Kalkgestein; zudem sind erhebliche Mengen Kohlenstoff in Form von KOHLE und ERDÖL vorhanden. Der Gasausstoß vulkanischer Magma aus dem Erdmantel produziert im wesentlichen Kohlendioxid CO_2. Und schließlich spielen die Atmosphäre und die OZEANE, deren Kohlendioxidgehalt im jeweiligen Augenblick relativ gering ist, in den Austauschprozessen des Kohlenstoffzyklus eine wichtige Rolle: Fast 100 Milliarden Tonnen Kohlenstoff werden jährlich in Form von CO_2 durch die Atmosphäre und die Meere transportiert! Einen Teil des im Meerwasser gelösten Kohlendioxids nutzt das Plankton zur Produktion der Schalen, die sich am Meeresboden ablagern und dort Kalkgestein bilden. Die Tiere, aber auch die Vegetation an Land und das Plankton der Meere atmen CO_2 aus und geben es in die Atmosphäre ab. Umgekehrt entzieht die auf Chlorophyll gestützte PHOTOSYNTHESE der Pflanzen der Atmosphäre CO_2, wobei Kohlenstoff u. a. in Form von Zellulose, gespeichert wird. Nach dem Absterben der Pflanzen zersetzen BAKTERIEN diese Zellulose und CO_2 gelangt wieder in die Atmosphäre. Dieser Prozess kann sich um hunderte Millionen Jahre verzögern, wenn sich aus Pflanzenteilen brennbare Fossilien bilden, aber letzlich ist er anscheinend unausweichlich: Der Mensch fördert und verbrennt Erdöl und Kohle, das CO_2 kehrt in die Atmosphäre zurück, und der Kohlenstoffzyklus geht weiter.

Der Mensch und das Leben

Selbst instabile Kohlenstoffverbindungen sind inert, also sehr inaktiv, da sie von hohen Energiebarrieren geschützt sind. Wenn zum Beispiel ein Beobachter die Erde vom Sirius aus betrachten würde, so könnte er mit dem Spektrographen, der mit seinem TELESKOP verbunden wäre, in der Atmosphäre des Planeten Erde Methan CH_4 und Sauerstoff O_2 entdecken. Er würde daraus unmittelbar auf die Existenz von Leben auf der Erde schließen, sei es in Form Methan produzierender Bakterien oder in Gestalt von Wiederkäuern. Methan oder Grubengas ist ein Kohlenwasserstoff, der leicht brennbar, also gegenüber seiner VERBRENNUNG instabil ist (siehe STABILITÄT, INSTABILITÄT).

In der Gleichung $CH_4 + 2O_2 \rightarrow CO_2 + 2H_2O$ ist der Endzustand (rechts vom Pfeil) der stabilere. Dass CH_4 sich in Gegenwart von Sauerstoff nicht spontan in seine Verbrennungsprodukte umwandelt, beweist zwei Dinge: die chemische Trägheit und die ständig neue Produktion von Methan durch die Lebewesen.

Der implizite Optimismus der bisherigen Darstellung bedarf jedoch eines Dämpfers. Der Mensch – eines der zahllosen Produkte der organischen Chemie, das unzählige organische Verbindungen enthält – bedroht seine Mutter Erde. Er ist imstande, nicht nur sich selbst zu zerstören, sondern auch die Biosphäre zu verändern. Zum Beweis sei hier die globale Erwärmung unserer Atmosphäre angeführt: Wie der schwedische Physikochemiker Svante Arrhenius bereits 1895 zeigte, absorbiert das Kohlendioxidmolekül CO_2 das Sonnenlicht im Infrarotbereich sehr stark. Durch das in unserer Atmosphäre vorhandene Kohlendioxid bleibt ein Teil der Sonnenstrahlung, die von der Erde reflektiert wird, in der Atmosphäre gefangen. Das ist der TREIBHAUSEFFEKT, den Joseph Fourier bereits 1827 beschrieb. Jede Erhöhung des Kohlendioxidgehalts der Atmosphäre bewirkt eine Temperaturerhöhung (und CO_2 macht etwa 56% der Emissionen von Industrie und Autoverkehr aus). Ob wir auch ohne die Polkappen auskommen können, bleibt abzuwarten.

Kombinatorik

Das Abzählen

Eine Menge von Objekten wird jeweils durch eine typische Eigenschaft ihrer Elemente definiert, zum Beispiel die Menge der Primzahlen (durch die Eigenschaft »eine Primzahl sein«), die Menge der Zahlen kleiner als 4 oder die Menge der Folgen von p Objekten aus einer Menge mit n Elementen usw. Ist eine derartige Menge endlich, kann man nach der Anzahl ihrer Elemente fragen. Man spricht hier vom Abzählen endlicher Mengen.

Die geläufigsten Beispiele für Abzählprobleme betreffen Mengen von endlichen Folgen, Anordnungen, Permutationen und Kombinationen.

Die Anzahl der Folgen von p Objekten aus einer Menge mit n Elementen ist, falls eine Wiederholung desselben Elements zugelassen wird, gleich

$n^p = n \times n \times \ldots \times n$ (insgesamt p mal).

Diese Folgen heißen auch Variationen mit Wiederholung.

Will man eine Folge bestimmen, gibt es nämlich n Möglichkeiten für das erste Element, weitere n Möglichkeiten für das zweite und so weiter bis hin zum letzten Element. So ist die Anzahl der aus acht Buchstaben des lateinischen Alphabets bestehenden Wörter gleich

$26^8 = 208\,827\,064\,576$,

auch wenn viele dieser Wörter wie beispielsweise »xxxxxxxx« natürlich keinen Sinn haben. Die NUKLEINSÄUREN RNA und DNA, die bekanntlich die genetische Grundlage der Lebewesen bilden, sind Ketten aus vier Grundbausteinen, den Nukleotiden. Aus n Nukleotiden lassen sich demnach 4^n verschiedene Nukleinsäuren zusammensetzen. Die Proteine, Träger der biologischen Funktionen, sind Ketten aus zwanzig verschiedenen Aminosäuren. Potentiell gibt es daher 20^{100} verschiedene Proteine, die aus 100 Aminosäuren bestehen.

Wenn die Wiederholung eines Elements innerhalb der Folge ausgeschlossen ist, spricht man von Variationen ohne Wiederholung oder von Anordnungen; ein Beispiel wäre die Reihenfolge, in der Pferde bei einem Pferderennen ins Ziel kommen, denn ein Pferd kann nicht gleichzeitig als Erstes und als Zweites durchs Ziel laufen. Die Anzahl möglicher Anordnungen von p Objekten aus einer Menge von n Elementen ist gleich

$n(n-1)(n-2) \ldots (n-p+1)$,

denn es gibt n Möglichkeiten für das erste Element, aber nur noch $n-1$ Möglichkeiten für das zweite, $n-2$ für das dritte usw. Sind 15 Pferde im Rennen, gibt es $15 \times 14 \times 13$ mögliche Anordnungen für die ersten drei Pferde, die ins Ziel kommen. Die Chance, bei einer Dreierwette zu gewinnen, beträgt daher 1:2730, falls man die Auswahl dem ZUFALL überlässt.

Die Zahl

$n(n-1)(n-2) \ldots (n-p+1)$

ist auch gleich

$$\frac{n \times (n-1) \times \ldots \times 2 \times 1}{(n-p) \times (n-p-1) \times \ldots \times 2 \times 1}$$

Die Zahl

$n \times (n-1) \times \ldots \times 2 \times 1$

wird als n-Fakultät bezeichnet, und man schreibt $n!$. Die Anzahl der Anordnungen (Variationen ohne Wiederholung) von p Objekten aus einer Menge von n Elementen ist daher

$$\frac{n!}{(n-p)!}$$

Wenn n gleich p ist, das heißt, wenn alle n Elemente einer Menge angeordnet werden müssen, gibt es $n!$ Möglichkeiten. In diesem Fall spricht man von einer Permutation. So ist die Anzahl der Permutationen von drei Elementen

$3! = 3 \times 2 \times 1 = 6$.

Bei einem Pferderennen, an dem nur drei Pferde teilnehmen, gibt es sechs verschiedene Möglichkeiten für den Zieleinlauf.

Spielt die Reihenfolge der Objekte p keine Rolle, spricht man von einer Kombination. Ein Beispiel wäre eine Dreierwette auf die ersten drei Pferde ohne Berücksichtigung der Reihenfolge ihres Zieleinlaufs. Wettet man zum Beispiel auf die Pferde 2, 3 und 5, gewinnt man, falls die Pferde in folgenden Reihenfolgen durchs Ziel laufen: 2–3–5, 2–5–3, 3–2–5, 3–5–2, 5–2–3 oder 5–3–2. Diese sechs Anordnungen ergeben dieselbe Kombination. Generell gibt es in diesem Fall für jede Kombination sechs Anordnungen, also sechsmal mehr Anordnungen als Kombinationen. Da die Anzahl der Permutationen von p Elementen, allgemein ausgedrückt, gleich $p!$ ist, gibt es für jede Kombination $p!$ Anordnungen; die Zahl der Anordnungen ist also $p!$-mal so groß wie die der Kombinationen. Die Anzahl der Kombinationen von p Objekten aus einer Menge von n Elementen ist demnach gleich $n!/(n–p)!$ geteilt durch $p!$, also

$$\frac{n!}{(n-p)!\,p!}$$

Die Chance, in der Dreierwette ohne Berücksichtigung der Reihenfolge zu gewinnen, beträgt also 1 zu 15!/(12!×3!), das heißt 1:455. Beim Lotto gibt es für sechs Richtige insgesamt 49!/(43!×6!), das heißt 13983816 Möglichkeiten. Bei zehn Spielen pro Woche darf man also hoffen, ein Mal in 26800 Jahren das große Los zu ziehen.

Solche zuweilen sehr komplexen Abzählprobleme stellen sich auf zahlreichen Gebieten. In der Chemie zum Beispiel versucht man die Anzahl der verschiedenen ISOMERE zu bestimmen, das heißt der möglichen räumlichen Konfigurationen ein und desselben Moleküls.

So gibt es sechs Isomere des in *Abbildung 1* dargestellten zyklischen Systems; man erhält sie, indem man jeweils ein Chloratom durch ein Wasserstoffatom ersetzt: drei Möglichkeiten für das Kohlenstoffatom, mit dem das Chloratom sich verbindet, und dann in jedem dieser Fälle zwei Möglichkeiten für die Position des Chloratoms, und zwar je nach der Position des von ihm ersetzten Wasserstoffatoms.

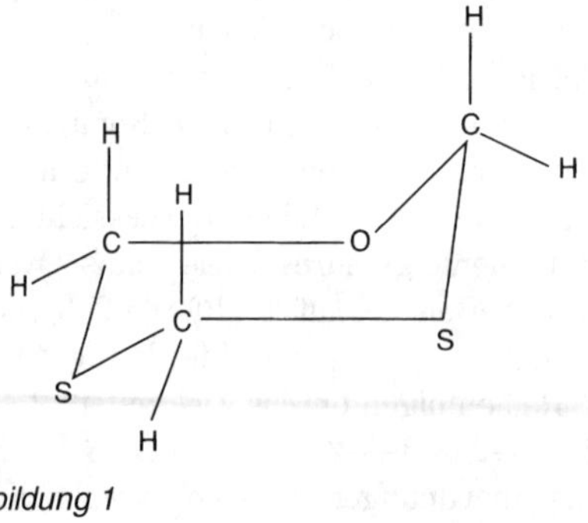

Abbildung 1

Die Kombinatorik in der Informatik

In der Informatik besteht die kombinatorische Behandlung eines Problems im Aufzählen sämtlicher möglichen Lösungen. Will man zum Beispiel ein Stück Käse, ein Brot und eine Flasche Wein kaufen, gibt es sechs Möglichkeiten, die drei Geschäfte aufzusuchen, und wenn man die Wegstrecken zwischen den Geschäften kennt, kann man den kürzesten Weg bestimmen. Man geht alle Möglichkeiten durch, bestimmt jeweils die gesamte Wegstrecke und kann nun entscheiden, welche Anordnung mit dem kürzesten Weg verbunden ist. Verallgemeinert man die Fragestellung für n Geschäfte, erhält man ein Problem, das gemeinhin als das Problem des Handlungsreisenden bezeichnet wird. Angesichts der vielfältigen Möglichkeiten, das heißt der KOMPLEXITÄT des ALGORITHMUS, greift man auch hier zu aufzählenden Methoden dieser Art.

In der pharmazeutischen Forschung und anderen Bereichen der Chemie synthetisiert man systematisch Moleküle einer bestimmten Gruppe in sehr kleinen Mengen (vielfach handelt es sich um mehrere Tausend verschiedene Moleküle) und prüft ihre Wirksamkeit, bevor man einige wenige auswählt und in größeren Mengen produziert (siehe CHEMOTHEK).

Explosion der kombinatorischen Möglichkeiten

Beim Problem des Handlungsreisenden wird die Zahl der Möglichkeiten bei großem n so groß, dass selbst ein sehr leistungsfähiger Computer sie nicht mehr bewältigen kann. Die Anzahl der möglichen Permutationen explodiert gleichsam. So ist die Anzahl der möglichen Permutationen von 1000 Buchstaben größer als die Gesamtzahl der Teilchen im Universum. Zur Lösung solcher Probleme bedarf es anderer Methoden. Im OPERATIONS RESEARCH arbeitet man mit vereinfachten Hypothesen, um die Zahl der Möglichkeiten zu verringern. In Bereich der KÜNSTLICHEN INTELLIGENZ benutzt man zu diesem Zweck HEURISTIKEN, mit denen sich die erzeugten Lösungen durch die Einführung von Präferenzkriterien ordnen lassen, oder *constraint-*

orientierte Methoden (siehe CONSTRAINT), die eine Vielzahl potentieller Lösungen schon bei ihrer Konstruktion eliminieren und nur noch partielle Lösungen prüfen.

Einer Explosion der kombinatorischen Möglichkeiten begegnet man auch in der Chemie, denn selbst sehr kleine Moleküle können zahlreiche Isomere besitzen, so dass sich das oben beschriebene Verfahren einer schrittweise selektiven Prüfung empfiehlt.

Eine ähnliche Situation findet sich bei den makromolekularen Strukturen, die als Träger der genetischen Information dienen (siehe MAKROMOLEKÜL). Bei komplexen Genomen wie dem des Menschen, das drei Milliarden NUKLEOTIDE enthält (die Nukleotide sind kleine Moleküle vier verschiedener Arten, die, zu Ketten zusammengeschlossen, die DNA und RNA bilden), gibt es etwa $10^{1\,000\,000\,000}$ mögliche GENOME derselben Größe. In der Natur trifft man natürlich nur einen winzigen Teil dieser möglichen Genome an, und selbst für geologische Zeiträume gilt, dass nur ein Bruchteil dieser Möglichkeiten jemals realisiert worden ist.

Bei höheren Organismen werden die Erbmerkmale in Form von Ketten weitergegeben, die bei der MEIOSE, das heißt der Bildung der Gameten (Samen- und Eizellen) rekombiniert werden. Jede meiotische Teilung ist von etwa fünfzig Rekombinationsereignissen begleitet. Jeder Gamet stellt daher eine neue und einzigartige Kombination von Merkmalen dar, die in den homologen Genpaaren angelegt sind und ihrerseits von den Vorfahren stammen.

Die Explosion der kombinatorischen Möglichkeiten ist für die Vielfalt des Lebendigen verantwortlich, zugleich aber auch für die Unmöglichkeit, viele der damit verbundenen Probleme erschöpfend zu behandeln.

Komet

Zur Vertiefung: ***interstellarer Raum; kosmischer Staub; Sonnensystem***

Kometen haben oft Anlass zur Bildung von Legenden gegeben und immer wieder Ängste ausgelöst, da sie auch dem unbewehrten Auge vielfach einen spektakulären Anblick bieten. Diese nebelartigen Objekte können so hell leuchten wie die hellsten Sterne und ihre Position gegenüber den Fixsternen von einer Nacht zur nächsten beträchtlich verändern; außerdem besitzen viele von ihnen einen leuchtenden Schweif, der sich über mehrere Dutzend Winkelgrade erstrecken kann; einige erscheinen in regelmäßigen Abständen (der Halleysche Komet alle 76 Jahre, zuletzt 1910 und 1985, das nächste Mal im Jahr 2062), andere tauchen unerwartet am Himmel auf (wie die Kometen Hyakutake 1996 und Hale-Bopp 1997). Lange Zeit hielt man sie für atmosphärische Erscheinungen; erst 1577 zeigte der dänische Astronom Tycho Brahe durch eine genaue Bestimmung ihrer PARALLAXE, dass sie sich jenseits der Mondbahn befinden (die Parallaxe ist die Winkelabweichung, unter der ein Punkt von zwei verschiedenen Punkten aus erscheint). Und auf die Arbeiten Isaac Newtons gestützt, zeigte Edmond Halley (1656–1742) ein Jahrhundert später, dass sie sich aufgrund der Anziehungskraft der Sonne auf elliptischen Bahnen um das Zentralgestirn bewegen (siehe KEPLERSCHE GESETZE). Er sah Kometenberichte in alten Chroniken durch und stieß dabei auf gewisse Regelmäßigkeiten ihres Erscheinens; so erkannte er auch, dass es sich bei bestimmten Kometendurchgängen um ein und dasselbe Objekt handelte, das heute seinen Namen trägt. Die elliptische Umlaufbahn und die festgestellte Periode von 76 Jahren gestatteten es ihm, die nächste Wiederkehr dieses Kometen korrekt für das Jahr 1758 vorherzusagen.

Natur und Ursprung der Kometen

Die physikalische Beschaffenheit der Kometen blieb rätselhaft, bis der amerikanische Astronom Fred Whipple Mitte des 20. Jahrhunderts die Hypothese des Kerns aus »schmutzigem Eis« aufstellte: Ein unregelmäßig geformter fester Kern von mehreren Kilometern Größe, der aus Eis (H_2O, aber auch Kohlenmonoxid CO, Kohlendioxid CO_2 sowie Dicyan $(CN)_2$) und festen Staubteilchen besteht, heizt sich bei der Annäherung an die Sonne auf und verdunstet teilweise; dabei wird eine Wolke aus gasförmigen Molekülen und Staubteilchen freigesetzt, die sich im interplanetaren Raum um den Kern herum ausbreitet und sich dabei chemisch verändert. Diese Hülle streut das Sonnenlicht und bildet einerseits die so genannte Koma (die diffuse Gashülle, die den Kern umgibt), andererseits den Schweif oder die Schweife, die den Kometen ihr charakteristisches Aussehen verleihen. Diese Abstoßung von Materie hat ihrerseits Rückwirkungen auf den Kern und übt verschiedene Kräfte auf ihn aus, die zur Anziehungskraft der Sonne hinzukommen.

Abgesehen von der Vielfalt der Schweifformen und ihrer Veränderlichkeit, lässt sich auch beobachten, dass der Schweif stets von der Sonne abgewandt ist. Der weiträumig gekrümmte Schweif erhält seine Ausrichtung durch den Strahlungsdruck des Sonnenlichts, das heißt durch den Zusammenstoß zwischen den Photonen des Sonnenlichts und den Staubteilchen des Schweifs. Der Schweif wird von der Sonne beleuchtet und reflektiert das gestreute Sonnenlicht, so dass wir ihn sehen können (siehe STREUUNG). Die Analyse des gestreuten Licht gibt Auskunft über die Beschaffenheit und die Entwicklung des vom Kern ausgestoßenen Materials.

Insgesamt sind mehr als 1400 Kometendurchgänge bekannt; die meisten dieser Kometen sind erst in jüngerer Zeit entdeckt worden. Jedes Jahr beobachten wir die Wiederkehr mehrerer Dutzend regelmäßiger Kometen, und etwa ebenso viele neue Kometen werden alljährlich entdeckt. Die Beobachtung eines Kometen gestattet es, seine UMLAUFBAHN und seine Umlaufzeit oder PERIODE zu bestimmen; die Umlaufzeit kann von einigen Jahren bis hin zu mehreren tausend Jahren reichen, und manche Kometenbahnen bilden keine geschlossene Kurve, sondern eine Hyperbel; in diesem Fall kehrt der Komet niemals wieder in die Nähe der Sonne zurück. Die Riesenplaneten können durch ihre vergleichsweise geringe Anziehungskraft dennoch Bahnstörungen bewirken, die einen Kometen näher an die Sonne heranführen.

Aufgrund einer Analyse der bekannten Kometenbahnen nimmt man an, dass es gleichsam ein Kometenreservoir gibt, die sogenannte Oortsche Wolke (nach dem holländischen Astronomen Jan Hendrik Oort (1900–1992)). Diese befindet sich an der Grenze des Sonnensystems, etwa ein Lichtjahr oder 50 000 AE von der Sonne entfernt (eine astronomische Einheit (AE) entspricht der mittleren Entfernung zwischen Sonne und Erde und beträgt 150 Millionen Kilometer). Diese Wolke enthält möglicherweise bis zu einer Billion (10^{12}) Kometen, die sich auf kreisförmigen Bahnen bewegen; sie sind der dort sehr schwachen Anziehungskraft der Sonne, aber auch der Massenanziehungskraft der benachbarten Sterne ausgesetzt. Unter dem Einfluss der Nachbarsterne verlassen manche Kometen das Sonnensystem, während andere auf elliptische Bahnen gelangen, die sie in die Nähe der Sonne führen, so dass sie zu Kometen mit sehr großer Periode (Jahrtausende) werden. Aufgrund der Anziehungskraft der Riesenplaneten verändern einige von ihnen nochmals ihre Umlaufbahn, und ihre Umlaufzeit verkürzt sich auf einige Jahre oder Jahrzehnte (Kometen der Jupiter- oder Halley-Familie).

Die Existenz der Oortschen Wolke wirft die Frage auf, wie die Kometen in einer Region entstehen konnten, die wegen ihrer großen Sonnenferne von jeher stark verdünnt war. Heute nimmt man an, dass die Kometen ursprünglich zusammen mit den größeren Körpern des Sonnensystems entstanden, und zwar im sehr viel näher zur Sonne gelegenen, nach dem holländisch-amerikanischen Astronomen Gerard Kuiper (1905–1973) benannten Kuipergürtel, der sich in der Nähe der Umlaufbahn des Planeten Pluto befindet. Durch die gravitative Wechselwirkung mit den Riesenplaneten sollen sie von dort vertrieben und in die sehr viel höheren Umlaufbahnen der Oortschen Wolke gezwungen worden sein. Gestärkt wird diese Hypothese durch die in jüngerer Zeit erfolgte Entdeckung kleiner Objekte von einigen hundert Kilometern Durchmesser jenseits des Planeten Pluto, die zwar nur schwach leuchten, aber mit sehr großen Spiegelteleskopen noch wahrzunehmen sind.

Der Kometenkern

Die Erforschung der Zusammensetzung der Kometenkerne gilt deshalb als bedeutsam, weil diese Zusammensetzung auf die Entstehungszeit des Sonnensystems zurückgeht, denn die Kometen entstanden wahrscheinlich etwa eine Milliarde Jahre nach den Planeten. Der nur einige Kilometer große Kometenkern schützt zwar die darin enthaltenen Stoffe vor dem Sonnenwind (den von der Sonne ausgestoßenen Elektronen und Protonen) und vor Kollisionen, ist aber so klein, dass der im Kern herrschende (autogravitative) Druck diese Stoffe nicht verändern kann, wie es in den Planeten geschieht. Die Kometenkerne, die bei jedem Perihel (dem Durchgang durch den Punkt größter Annäherung an die Sonne) teilweise erodieren und verdampfen, sind also in gewisser Weise besonders gut erhaltene »Fossilien«.

In der zweiten Hälfte des 20. Jahrhunderts kam der Fortschritt der Beobachtungstechnik auch der Erforschung der Kometen zugute und vervollständigte die Ergebnisse, zu denen man im Bereich des sichtbaren Lichts gelangt war und die vor allem das Vorhandensein molekularer Radikale erwiesen hatten; das sind relativ instabile Moleküle, die sich im Labor nur schwer untersuchen lassen, zum Beispiel das Radikal OH, das auch im INTERSTELLAREN RAUM anzutreffen ist. So können wir denn heute die Zusammensetzung der Kometenkerne bestimmen und die in der Koma ablaufenden chemischen Umwandlungen rekonstruieren.

Die Analyse des Kerns des Kometen Halley, die während des Durchgangs 1985 von Raumsonden aus nächster Nähe im Infrarotbereich vorgenommen wurde, hat gezeigt, dass seine Oberfläche sehr dunkel ist und eine Albedo (ein Reflexionsvermögen) von lediglich 4% besitzt, weniger als irgendein auf der Erde bekanntes Material. Dieses »schmutzige« Erscheinungsbild hat seine Ursache offenbar in der Anwesenheit von Kohlenwasserstoffen (nachgewiesen wurde Naphtalin $C_{10}H_8$); sie bilden eine Kruste, durch die das Eis im Innern an manchen Stellen sublimiert (als Sublimation bezeichnet man den direkten Übergang vom festen in den gasförmigen Zustand). Auch darin bestätigt sich die Verwandtschaft zwischen den Kometen und der Materie des interstellaren Raums, denn dort wurden gleichfalls Kohlenwasserstoffe entdeckt.

Die Aktivität eines Kometen, d. h. die Menge der in Sonnennähe freigesetzten Materie, die seine spektakuläre Erscheinung ausmacht, lässt sich nur schwer vorhersagen, weil die Kometenkerne sehr unterschiedlich sind; insbesondere unterscheiden sie sich hinsichtlich der Dicke ihrer Kruste und damit auch hinsichtlich der Sonnenenergie, die aufgenommen wird und für den Sublimationsprozess zur Verfügung steht. Sehr aktive Kometen erodieren bei jedem Sonnendurchgang und können mit der Zeit verschwinden. Der Kern ist sehr zerbrechlich, weil das Eis nur eine geringe Kohäsion besitzt und wegen der geringen Größe kaum von Gravitationskräften unterstützt wird; er kann daher auch zerbrechen (der Komet West zerbrach 1976 in vier Teile), vor allem wenn er in der Nähe des Jupiter oder der Sonne starken Gezeitenkräften ausgesetzt ist (siehe GEZEITEN); so zerbrach der Komet Shoemaker-Levy SL-9 in 23 Bruchstücke, die im Juli 1994 auf den Planeten Jupiter stürzten.

Eine Raumsonde (Rosetta), deren Start für 2003 vorgesehen ist, soll im Jahr 2011 ein automatisches Labor auf dem Kern des periodischen Kometen Wirtanen absetzen, das physikalische und chemische Analysen durchführen und dadurch ein weitaus vollständigeres Bild liefern soll, als wir es durch die Beobachtung aus der Ferne gewinnen können. Tatsächlich zeigen detaillierte Analysen der Zusammensetzung verschiedener Kometenkerne, dass es keinen typischen Kometen gibt. Wir wissen noch nicht, ob diese Tatsache auf einem Entwicklungsmuster, also auf dem Alter der betreffenden Kometen beruht oder ob darin unterschiedliche Entstehungs- bzw. Entwicklungsbedingungen zum Ausdruck kommen.

Die kleinen Körper der Sonnensystems

Die Kometen sind wahrscheinlich die spektakulärsten, aber keineswegs die einzigen kleinen Himmelskörper des Sonnensystems; zur Familie der Asteroiden (oder Kleinplaneten) gehören Gesteinsbrocken von einem bis 900 Kilometern Größe, die im sogenannten Asteroidengürtel konzentriert sind. Manche von ihnen können auch Eis enthalten und nähern sich damit den Kometenkernen (man spricht dann von schlafenden oder erloschenen Kometen). Die Meteoriten sind noch kleinere Objekte (ihre Größe bewegt sich im Bereich von km bis m); wir kennen sie in erster Linie aufgrund ihrer Wechselwirkung mit der Erdatmosphäre, denn wenn sie in die Erdatmosphäre eintauchen, verglühen sie und werden dann als Sternschnuppen sichtbar. Falls sie bis zum Erdboden gelangen, können wir ihre Zusammensetzung untersuchen. Die Meteore bilden eine Gruppe noch kleinerer Objekte (im Zentimeter- und Millimeterbereich); sie werden gleichfalls als Sternschnuppen sichtbar, und ihre Bahnen ähneln denen der Kometen. Tatsächlich handelt es sich um Staubteilchen, die von Kometen auf ihrer Bahn zurückgelassen worden sind. Wenn die Erde solch eine Kometenbahn kreuzt, kann es zu Meteorschauern kommen (ein bekanntes Beispiel sind die sogenannten Perseiden in der Nacht vom 10. auf den 11. August jeden Jahres). Die Bezeichnungen »Meteorit« und »Meteor« werden nicht ganz einheitlich gebraucht; manche bezeichnen nur die Leuchterscheinung, die der Durchgang solcher kleinen Objekte durch die Erdatmosphäre auslöst, als Meteor, während das Objekt selbst als Meteoroid bezeichnet wird. Andererseits werden gelegentlich nur solche Objekte Meteoriten genannt, die den Weg durch die Erdatmosphäre überstehen und auf dem Erdboden aufschlagen. In jedem Falle aber gelten die meisten dieser Objekte den Forschern ähnlich wie die Kometen als wertvolle »fossile« Überreste aus der Entstehungszeit des Sonnensystems.

Komma

Zur Vertiefung: ***Binärzahlen; Bit; Speicher, Gedächtnis; Register***

Als Satzzeichen markiert das Komma Sinntrennungen innerhalb eines geschriebenen Satzes oder zwischen mehreren aneinander gefügten Sätzen, die in der gesprochenen Sprache durch kurze Pausen gekennzeichnet werden können. Trotz teilweise strenger Regeln für die Kommasetzung hängt sein Gebrauch doch auch vom Kontext ab und bleibt in gewissem Umfang dem Gutdünken des Schreibenden überlassen.

Ganz anders in der Arithmetik, wo das Komma eine ganz präzise Bedeutung besitzt; dort trennt es den ganzzahligen Teil einer rationalen Zahl von dem Teil, der einen Bruchteil von 1 darstellt. Der Gebrauch des Kommas ist hier so geläufig, dass niemand mehr Notiz davon nimmt, abgesehen von Schulkindern, die gerade den Umgang mit Kommazahlen erlernen. Zahlt man für fünf Meter Stoff 12,65 Euro, so heißt das, fünf Meter kosten zwölf ganze, sechs Zehntel und fünf Hundertstel Euro oder einfach gesagt: zwölf Euro fünfundsechzig. Zählt man im üblichen Zehnersystem (siehe ZAHLENSYSTEME), steht 36,5 für die rationale Zahl 365/10 oder anders gesagt für 36 und 5 Zehntel; 36,53 steht für 3653/100 oder 36 und fünf Zehntel und 3 Hundertstel … Diese Schreibweise lässt sich offensichtlich auch auf andere Zahlensysteme übertragen, zum Beispiel auf das in der INFORMATIK benutzte binäre System (siehe BINÄRZAHLEN). So ist die Binärzahl 101,101, im Zehnersystem ausgedrückt, gleich

$$1\times 2^2 + 0\times 2^1 + 1\times 2^0 + 1\times 2^{-1} + 0\times 2^{-2} + 1\times 2^{-3}$$
$$= 1\times 4 + 0\times 2 + 1 + 1\times(1/2) + 0\times(1/4) + 1\times(1/8)$$
$$= 4 + 1 + 0{,}5 + 0{,}125 = 5{,}625.$$

In der Informatik besitzt das Komma dieselbe Bedeutung wie in der Arithmetik; es trennt den ganzzahligen Teil einer Rationalzahl von dem Teil, der einen Bruchteil von 1 darstellt. Da im Reich der Computer jedoch alles auf Ketten von BITS reduziert wird, die entweder gleich 0 oder gleich 1 sind, können auch die Zahlen nur in dieser Weise dargestellt werden. Diese Ketten festgelegter Länge werden in so genannten REGISTERN gespeichert, in denen man auch die Stellung des Kommas fest halten muss. Zunächst denkt man vielleicht daran, ein eigenes Zeichen für das Komma einzuführen. Aber in einem Computer gibt es keine anderen Zeichen als 0 und 1, die jeweils zu Paketen zusammengefasst werden. Folglich ist dieser Vorschlag undurchführbar. Statt dessen benutzt man Konventionen, um die Stellung des Kommas zu markieren und so den ganzzahligen Teil einer rationalen Zahl von dem Teil zu unterscheiden, der einen Bruchteil der Einheit darstellt.

Die ältesten und rudimentärsten Konventionen dieser Art legen die Stellung des Kommas in den aus 0 und 1 bestehenden Ketten grundsätzlich fest. Daher spricht man hier von einem Festkomma. Umfassen die verwendeten Register zum Beispiel 20 Bits, kann man festlegen, dass die ersten zehn Bits der Codierung des ganzzahligen Teils, die folgenden zehn der Codierung des Bruchteils vorbehalten sind.

Es kommt jedoch häufig vor, dass man mit sehr großen Zahlen wie A = 3653400 arbeiten muss und zugleich eine sehr hohe Genauigkeit bei kleinen Zahlen gewährleisten, also zum Beispiel alle signifikanten Ziffern der Zahl B = 0,000036534 berücksichtigen möchte. Die Konvention, wonach das Festkomma sich an der zehnten Stelle der 20 Bits befindet, muss in diesem Fall versagen, denn dadurch lassen sich nur rationale Zahlen darstellen, die kleiner als 2^{10}, also kleiner als 1024 sind, und dies mit einer Genauigkeit von $1/2^{10}$, also etwa einem Tausendstel. Zum Glück kann man jedoch sagen, dass die Anforderungen an die Genauigkeit abnehmen, je größer die Zahl wird. Wesentlich ist die Gesamtzahl der signifikanten Ziffern innerhalb einer Zahl.

Um nun die signifikanten Ziffern gleichmäßig auf alle 20 für die Darstellung von Zahlen reservierten Bits zu verteilen, erstellt man eine neue Konvention für die Platzierung des Kommas. Danach variieren die für den ganzzahligen Teil einer rationalen Zahl und die für den Bruchteil vorgesehenen Bits je nach Bedarf; anders gesagt, die Stellung des Kommas ist gleitend, und entsprechend spricht man hier von einem Gleitkomma bzw. von Gleitkommazahlen.

Zu diesem Zweck gibt man den Zahlen die Form $M \times 10^E$, wobei die Rationalzahl M, Mantisse genannt, streng kleiner als 1 und größer als 0,1 ist, während der Exponent E eine beliebige ganze Zahl ist. In dieser Schreibweise erhalten die oben genannten Beispielszahlen folgende Form: A = $0{,}36534 \times 10^7$ und B = $0{,}36534 \times 10^{-4}$. In binärer Darstellung reserviert man einige Bits für den Exponenten E und kann die restlichen Bits für die Mantisse verwenden. Stehen zum Beispiel 20 Bits zur Verfügung, kann man die ersten vier Bits für den Exponenten reservieren, darunter eines für das Vorzeichen der Hochzahl; bei Zahlen, die größer als 1 sind, ist dieses Vorzeichen positiv; bei Zahlen, die kleiner als 1 sind, negativ. Die 16 verbleibenden Bits können für die Darstellung der Mantisse benutzt werden. Die gemeinsame Mantisse unserer Beispielszahlen A und B, nämlich 0,36534, ergibt in binärer Schreibweise bei 16 Bits
0,0101110110000110,
und bei 20 Bits ergibt sich für die Zahlen A und B
A = 11110101110110000110 und
B = 01000101110110000110.

Diese Schreibweise gestattet es, die rationalen Zahlen zwischen zehn Millionen (10^7) und einem Hundertmillionstel (10^{-8}) mit einer Genauigkeit von $1/2^{16}$, also von 0,00015, darzustellen. Der Vorteil des Gleitkommas gegenüber dem Festkomma liegt also auf der Hand.

Kommensalismus

Zur Vertiefung: ***Parasitismus***

Kommensalismus (wörtlich: »Tischgemeinschaft«) bezeichnet ein Zusammenleben von zwei oder mehr Arten, aus dem eine Art großen Nutzen zieht, ohne der anderen sonderlich zu schaden. Es handelt sich also weder um ein reziprokes Verhältnis wie bei der Symbiose oder dem Mutualismus, wo beide Arten aus dem Zusammenleben einen Nutzen ziehen, noch um eine einseitige Schädigung einer Art wie beim Parasitismus, wo eine sich auf Kosten der anderen entwickelt.

Ein häufig angeführtes Beispiel für Kommensalismus ist der Küstensauger, ein kleiner Fisch, der sich an Haien festsaugt, ihnen überallhin folgt und sich von ihren Resten ernährt.

Kommunikation, chemische

→ ***chemische Kommunikation***

Kommunikation zwischen Mensch und Maschine

Zur Vertiefung: ***Bild; Interaktion zwischen Mensch und Maschine; Spracherkennung und Spracherzeugung; virtuelle Realität***

Kommunikation ist der Austausch von Informationen, und nach der Herkunft des Wortes vom lateinischen *communis* (gemeinsam) stellt Kommunikation gleichsam eine Gemeinschaft zwischen den verschiedenen Seiten dieses Informationsaustausches her. Aber welche Geschichten haben Mensch und Maschine einander zu erzählen, dass man dafür ein eigenes Fachgebiet schaffen musste? Die Antwort liegt natürlich in der fortschreitenden Entwicklung der Maschinen. Sie werden immer autonomer und nur dann unsere treuen Diener bleiben, wenn wir ihnen unsere Wünsche verständlich mitteilen und ihre Reaktionen korrekt deuten können. Anderenfalls agieren sie auf ihre eigene ungestüme Art und stiften möglicherweise einige Unordnung.

Jahrtausendelang war der Mensch vollkommen eins mit seinen Werkzeugen: dem Hammer, dem Ruder, dem Bogen; sie bildeten eine derartige Einheit mit seinen Gliedern, dass sie als deren Verlängerung erschienen und im Verlaufe einer langen Koexistenz sogar eine gewisse Modifikation der Hand bewirkten. Das Informationszeitalter hat all das mit einem Schlage verändert; in weniger als einer Generation verschwand der körperliche Kontakt mit dem Werkzeug nahezu vollständig oder reduzierte sich auf das kontrollierte Spiel der Fingerspitzen, die über eine Tastatur gleiten oder mit sanftem Druck die Tasten einer Computermaus drücken. An die Stelle der physischen Erschöpfung, die das natürliche Ergebnis des körperlichen Miteinanders von Mensch und Maschine war, trat die geistige und psychische Erschöpfung.

Menschen können sich besser durch Sprechen oder Schreiben, durch Zeichnen oder durch Gebärden als durch das freie Spiel der Finger ausdrücken. Daher bemüht man sich, die Kommunikation zwischen Mensch und Maschine dadurch zu erleichtern, dass sie nicht in der Sprache der Maschinen erfolgt, sondern in Ausdrucksformen, die dem Menschen vertrauter sind. Da es bei der Kommunikation zwischen Mensch und Maschine um eine Vermittlung zwischen beiden geht, stützen sich die Fortschritte auf diesem Gebiet auf beides zugleich: auf die Analyse der Befehle, die Menschen spontan in Richtung Maschine senden, und auf für den Menschen unmittelbar verständliche Informationen, die von der Maschine erzeugt oder synthetisiert werden.

Diese Analyse erstreckt sich auf die Sprachverarbeitung, also die graphische Transkription der vom Menschen erzeugten Töne und deren anschließende Interpretation mit Hilfe von Techniken der Spracherkennung. Dabei werden die Töne zunächst in einen geschriebenen Text und dann in einem zweiten Schritt in eine Serie von Befehlen umgewandelt, die für die Maschine verständlich sind. Außerdem befaßt die Analyse sich mit der automatischen Texterkennung, also dem maschinellen Lesen gedruckter oder handschriftlicher Texte, die nicht als Bilder, sondern als Texte gespeichert und weiterverarbeitet werden können. Und schließlich gehört auch die Verarbeitung von Bildern in diesen Bereich (siehe Bild); bei diesen Bestrebungen geht es darum, dass Zeichnungen und Fotografien auch im Blick auf Bedeutungen verarbeitet und von der Maschine nicht mehr nur als bloße Variation von hellen und dunklen Bildpunkten in Form von Zahlenreihen gespeichert werden.

Bei der Synthese geht es um die gleichen Modalitäten, nämlich Text und Sprache, die gleichfalls nach Belieben umgeformt und moduliert werden. Maschinen können inzwischen schreiben und sogar sprechen, wobei die Aussprache durch eine verbesserte Angleichung an menschliche Vorbilder immer natürlicher wirkt. Durch vom Computer selbst erzeugte Schaubilder und graphische Darstellungen lassen sich große Informationsmengen in kürzester Zeit anschaulich zusammenfassen.

Auch das letzte Medium der Kommunikation zwischen Mensch und Maschine, die Gebärde und insbesondere die Bewegung der menschlichen Hand, wird zunehmend über Information vermittelt; dazu ist es erforderlich, einerseits Bewegungen zu analysieren und andererseits taktile und kinästhetische Empfindungen zu synthetisieren. Die enge Verbindung zwischen Körper und Werkzeug, wie sie etwa in den Bewegungen zum Ausdruck kommt, die der Chirurg bei einer Operation mit dem Skalpell ausführt, wird zunächst zerlegt und anschließend unter Berücksichtigung eines umfangreichen Informationsstroms reproduziert, der ständig Auskunft gibt über den Widerstand, auf den das Skalpell trifft, über die ausgelösten Empfindungen und über den veränderten Zustand des behandelten Objekts. Aus der vollkommen künstlichen Herstellung solcher mit optischen und akustischen Eindrücken verknüpften Empfindungen ist der Gedanke einer VIRTUELLEN REALITÄT entstanden, die den Menschen in eine gänzlich fiktive Welt versetzt.

Trotz gegenteiliger Assoziationen, die mit dem Begriff der Kommunikation verbunden sein mögen, setzt die Kommunikation zwischen Mensch und Maschine keinerlei Gemeinschaft oder Teilhabe zwischen den beiden Seiten dieses Prozesses voraus. Sie zielt vielmehr auf die vollkommene Unterwerfung der Maschine unter den Menschen und seine Wünsche, die er der Maschine durch Sprache, Zeichen und Gebärden zu verstehen gibt.
Wir können nur hoffen, dass die Einseitigkeit, die der Begriff der Kommunikation im Verhältnis zwischen Mensch und Maschine annimmt, nicht auch die Kommunikation zwischen den Menschen prägen wird, etwa in Gestalt einer Unterwerfung der stummen Masse unter die wenigen, die sprechen und sich in der so genannten Kommunikationsgesellschaft ständig vor Kameras und Mikrophonen produzieren.

Komplementarität

Die Naturwissenschaften verwenden den Begriff der Komplementarität in zwei Bedeutungen, die einander jedoch nicht vollkommen ausschließen. Wir werden zunächst die Komplementarität in der Teilchenphysik vorstellen und anschließend die Komplementarität zwischen Molekülen in der Chemie sowie in der Biologie.

Komplementarität in der Quantenphysik

Zur Vertiefung: ***Quantenphysik; Teilchen; Überlagerungsprinzip; Welle***

Wenn man sagt, zwei Menschen verhalten sich komplementär zueinander, so meint man damit, dass sie gemeinsam ein harmonisches Ganzes bilden, bei dem die Schwächen des einen durch die Stärken des anderen ausgeglichen werden. In der Physik erhält das Wort eine etwas andere Bedeutung. Dort betrifft es den Wellen- oder Korpuskelcharakter, den das Verhalten der TEILCHEN zeigt, ob es sich nun um Licht oder um Materie handelt.

Die klassische Physik unterscheidet eindeutig zwischen Welle und Korpuskel, die ihr gleichsam als gegensätzliche Objekte erscheinen. Korpuskeln sind punktförmige Objekte, das heißt, sie sind auf einen eng umgrenzten Bereich des Raumes beschränkt wie Sandkörner, deren Größe man in Gedanken gegen null gehen lässt; sie beschreiben Bahnen, auf denen ihr Ort und ihre Geschwindigkeit jederzeit genau bestimmt sind. Wellen sind dagegen nicht präzise lokalisiert; sie nehmen den ganzen Raum ein oder haben zumindest eine gewisse räumliche Ausdehnung und besitzen ebenso wenig eine Bahn wie die Dünung des Atlantik.

Es gibt noch weitere Unterschiede zwischen Wellen und Korpuskeln. Wellen transportieren nichts; sie übertragen lediglich Energie oder Information. Das können wir uns an einigen Beispielen leicht veranschaulichen. Wenn wir ein Seil spannen und es an einem Ende mit der Hand auf und ab bewegen, sehen wir eine Welle, die sich entlang des Seils fortpflanzt, aber das Ende des Seils folgt nicht der Welle, sondern bleibt weiterhin fest in unserer Hand. Wenn Windböen über ein Weizenfeld streichen, neigt sich jeder einzelne Halm mit dem Wind und schwingt zurück, aber (abgesehen von einer heftigen Sturmbö) keiner von ihnen wird herausgerissen und ans andere Ende des Feldes verweht. Wenn eine Welle sich auf dem Meer ausbreitet, bewegt das Wasser sich nicht horizontal, sondern zunächst von oben nach unten und dann von unten nach oben; nur die Wellenberge und Wellentäler pflanzen sich horizontal fort, so dass wir den Eindruck haben, auch das Wasser nähme diesen Weg. Objekte, die auf dem Wasser schwimmen, lassen sich von diesem Eindruck nicht täuschen. Sie heben und senken sich mit jeder Welle, aber sie bewegen sich nicht seitwärts fort.

Die Revolution der QUANTENPHYSIK basiert auf der Erkenntnis, dass die Teilchen weder Wellen noch Korpuskeln sind, dass man aber beide Begriffe verwenden muss, wenn man ihr Verhalten verstehen will. Diesen Gedanken meinte Niels Bohr, als er 1927 sagte, der Wellen- und der Korpuskelcharakter der Teilchen seien »komplementär«. Damit wollte er zum Ausdruck bringen, dass sie widersprüchlich und dennoch unlösbar miteinander verbunden seien.

Der Gedanke der Komplementarität vermag zu erklären, warum Wellen- und Teilchendarstellung zwar logisch nicht miteinander vereinbar sind, aber dennoch unterschiedlichen empirischen Situationen entsprechen. Je nach Versuchsanordnung zeigt ein Teilchen entweder Wellen- oder Korpuskelcharakter. Die Konzepte der Welle und der Korpuskel haben daher nur im Rahmen der jeweiligen Versuchsanordnung einen Sinn. Die Bedeutung des Konzepts wird jeweils durch das konkrete Experiment festgelegt. Nur im konkreten Experiment lässt sich entscheiden, ob man das Konzept der Welle oder das der Korpuskel zur Beschreibung der gewonnen Daten benutzen kann. Anders gesagt, wir können ein durch ein konkretes Experiment definiertes Konzept nicht ohne weiteres auf andere Experimente übertragen. Wir dürfen das untersuchte System daher nicht ausschließlich als Welle oder als Korpuskel begreifen; vielmehr bleiben beide Konzepte der klassischen Physik auch weiterhin unerlässlich, um alle Daten zu berücksichtigen, die wir mit verschiedenen Messinstrumenten erlangen können.

Der Gedanke der Komplementarität macht außerdem deutlich, warum es sinnlos ist, Wellen- und Teilchenbild zu einem einzigen Bild verschmelzen (also gleichzeitig den Wellen- und Korpuskelcharakter im Verhalten eines Teilchens aufzeigen) zu wollen. Das ist ebenso vergeblich, als wollte man ohne Hilfe eines Spiegels gleichzeitig nach vorn und nach hinten schauen. Sobald wir uns umdrehen, um nach hinten zu blicken, sehen wir nicht mehr, was vor uns ist. Wir müssen eine Wahl treffen, und das heißt verzichten. Diese Regel gilt auch in der Welt der Quantenphysik.

Komplementarität von Molekülen

Zur Vertiefung: ***intermolekulare Wechselwirkungen; Nukleinsäuren; Reaktion***

Ebenso wie die Physik verwendet auch die Chemie komplementäre Beschreibungen für denselben Gegenstand. In erster Linie gilt dies für die Darstellung von MOLEKÜLEN durch Formeln. Kein Molekül lässt sich allein durch eine chemische Formel ausdrücken, da es unmöglich ist, der Verteilung der Elektronendichte (siehe ELEKTRONENVERTEILUNG) nur durch die Symbole »—« und »:« gerecht zu werden, die für zwei bindende ELEKTRONEN zwischen zwei ATOMKERNEN bzw. für zwei einsame Elektronen stehen.

Und selbst wenn die gebräuchlichen Lewis-Formeln, die Gilbert N. Lewis Anfang des 20. Jahrhunderts entwickelte, für ein Molekül wie Ethylen $H_2C{=}CH_2$ gerade noch ausreichen, scheitern sie an Phänomenen wie der AROMATIZITÄT: Eigentlich müssten sich beim Benzol (Lewis-Formel siehe *Abbildung 1*) lange Kohlenstoff-Kohlenstoff-Einfachbindungen mit kurzen Kohlenstoff-Kohlenstoff-Doppelbindungen abwechseln.

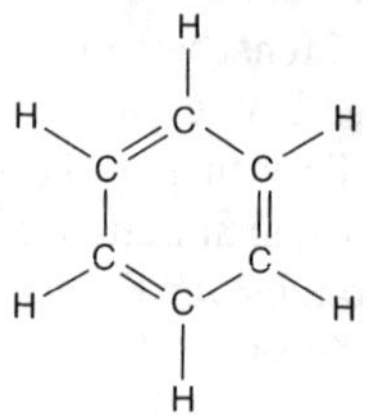

Abbildung 1 Lewis-Formel für Benzol C_6H_6

Im Benzolring, der die Form eines regelmäßigen Sechsecks hat, sind die Bindungslängen jedoch alle gleich. Daher setzten sich unter Chemikern schließlich die von August Kekulé (um 1870) und Linus Pauling (um 1930) entwickelten Vorstellungen durch, das Benzolmolekül durch zwei so genannte Kekulé-Formeln in seinen beiden möglichen Strukturen darzustellen, zwischen denen es ständig oszilliert (siehe *Abbildung 2*).

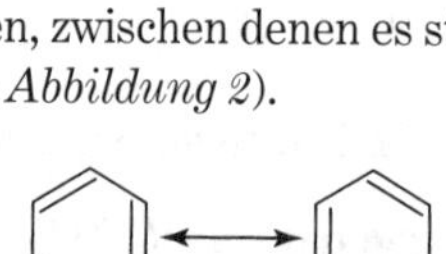

Abbildung 2 Eine Möglichkeit, der geometrischen Struktur des Benzolrings (regelmäßiges Sechseck) gerecht zu werden, besteht in einer Schreibweise, die beide Kekulé-Formeln als koexistent darstellt.

Auf Grund der Sachzwänge (der komplexen Realität) gibt es in der Chemie viele komplementäre Beschreibungen, die dem Untersuchungsgegenstand äußerlich sind. Darüber hinaus sind diese komplementären Beschreibungen häufig kontextabhängig: Wasser H_2O ist zum Beispiel je nach den Umständen eine Säure oder eine Base; auch Salpetersäure HNO_3 ist je nach Beschaffenheit der Moleküle, mit denen sie in Berührung kommt, einmal eine Säure, ein andermal ein Oxidationsmittel. Diese Komplementaritäten sind halb extrinsisch und halb intrinsisch, also dem Untersuchungsgegenstand eigen. Im Übrigen gibt es für die ihnen zu Grunde liegenden Konzepte keine absolute Definition: Eine Säure kann zur Base werden und umgekehrt (siehe Säuren und Basen).

Das Gleiche gilt in der Biologie. Ein Antigen ist definiert als molekulare Einheit, die von einem Antikörper erkannt wird, also von einem in den Zellen des Immunsystems produzierten Protein, das den Organismus vor eindringenden Fremdkörpern schützen soll. Der Antikörper wiederum ist definiert als etwas, wodurch ein Antigen erkannt wird (siehe Antikörper, Antigen). Auch das Paar Enzym-Substrat lässt sich hier anführen: Ein Substrat ist ein Molekül, das von einem Enzym verändert wird, Enzym und Substrat treten durch reziproke Komplementarität in Wechselwirkung miteinander. Bei dem Paar Rezeptor-Ligand (zum Beispiel einem Hormon) lagert sich der Ligand aufgrund seiner Komplementärstruktur an seinen Rezeptor an und umgekehrt.

Nicht zu vergessen sind all die Komplementaritäten, die dem untersuchten Phänomen eigen sind. Im Wesentlichen handelt es sich zum einen um Komplementärstrukturen, wie sie in *Abbildung 3* schematisch dargestellt sind; solche Strukturen nutzen biologische Rezeptoren zur Selbstorganisation (*self assembly*) in Molekülgebilde mit Eigenschaften, die ihre Einzelmoleküle nicht besitzen, und zur Bildung von Supramolekülen (die sich zu Molekülen verhalten wie diese zu Atomen). Zum anderen spielen komplementäre elektrische Ladungen eine Rolle, da

Abbildung 3 Molekülgebilde aus einem gebogenen und einem kugelförmigen Molekül

Atome mit entgegengesetzter Ladung sich stark anziehen.

Jöns Jacob Berzelius schlug um 1820 bis 1830 im so genannten elektrochemischem Dualismus vor, die gesamte Chemie auf diese Weise zu erklären. Dieser Versuch einer globalen Theorie wurde sehr bald aufgegeben, da sie zum Beispiel am Problem der Bindung zwischen gleichen Atomen ohne elektrische Ladung wie dem Kohlenstoff im Acetylen C_2H_2 scheiterte.

All das kann kein Zufall sein. Angesichts der komplexen Wirklichkeit dürfte die Chemie ja wohl eine gezielte Strategie entwickelt haben, sich komplementäre Darstellungsweisen zunutze zu machen. Ständig muss die Zeichensprache der Chemie in ihrer Bezeichnung verschiedener Objekte das Bezeichnende an das Bezeichnete anpassen, da die Dinge nicht in einem einfachen, ein eindeutigen Verhältnis zu den Ausdrücken stehen, die zu ihrer Bezeichnung dienen. Die Gegenstände, von denen die Chemie spricht, haben je nach Blickwinkel eine unterschiedliche Bedeutung.

Ein Molekül wie der Alkohol oder Ethanol C_2H_5OH lässt sich als Verbindung aus Ethylen C_2H_4 und Wasser H_2O sehen oder als Verbindung aus dem Ethyl-Radikal C_2H_5 und einer OH-Gruppe; man kann es aber auch als Säure, Base, Kohlenwasserstoff usw. sehen (siehe Alkohol).

Diesen grundlegenden Dualismus verdankt die Chemie der Alchimie, die alle Metamorphosen der Materie als Ergebnis des Widerstreits und der Vereinigung zwischen komplementären Prinzipien, zwischen männlicher und weiblicher Essenz sah. Die Konjunktion, ein Stadium des alchimistischen Werkes, wurde entweder als Vereinigung des Königs und der Königin oder als Hermaphrodit oder auch als Löwe dargestellt, der einer Löwin gegenübersteht: Diese Bilder standen für die Vereinigung von Quecksilber und Schwefel. Die Wurzeln eines solchen Dualismus liegen in der chinesischen Alchimie, die bereits einige Jahrhunderte vor unserer Zeit Substanzen nach ihrem Yin- oder Yang-Charakter, ihrem männlichen oder weiblichen Wesen klassifizierte.

Moleküle können aufgrund der Komplementarität ihrer Formen miteinander in

Wechselwirkung treten. Diese Komplementarität wirkt über schwache chemische Bindungen, und zwar in erster Linie über WASSERSTOFFBINDUNGEN, bei denen ein Wasserstoffatom eine Brücke zwischen zwei ATOMEN bildet, die Elektronen aufgrund einer elektrischen Kraft zwischen positiver und negativer Ladung stark anziehen. Daneben gibt es noch eine Fülle anderer schwacher chemischer Bindungen, die in unterschiedlichem Maße eine Rolle bei der Komplementarität spielen: Salzbrücken, Van-der-Waals-Kräfte, hydrophobe Wechselwirkungen (siehe INTERMOLEKULARE WECHSELWIRKUNGEN).

Auf Grund der Anordnung ihrer Atome können die NUKLEOTIDE, die mit vier verschiedenen Typen (A, T, C, G) die Grundbausteine der DNA als Trägermaterial der GENETISCHEN INFORMATION bilden, zwischen den beiden Strängen der DNA-Doppelhelix ein Geflecht von Wasserstoffbindungen aufbauen, die den Basenpaarungen zwischen A und T einerseits und G und C andererseits eine besondere energetische Stabilität verleihen.

Die Basenpaarung der Nukleotide erfolgt über ihre Komplementärstruktur, die die Stabilität der Doppelhelix gewährleistet. Diese Komplementarität bildet auch die Grundlage für die REPLIKATION des genetischen Materials, der DNA, und für ihre TRANSKRIPTION in Messenger-RNA (mRNA); dabei dient jeweils ein Strang der Doppelhelix als Matrize für die Synthese eines komplementären DNA- bzw. RNA-Stranges (siehe *Abbildung 4*). Ganz ähnlich gewährleistet die komplementäre Paarung von Transfer-RNA (tRNA) und mRNA die Synthese von Proteinen, bei der die genetische Information in den RIBOSOMEN mittels des GENETISCHEN CODES übersetzt wird.

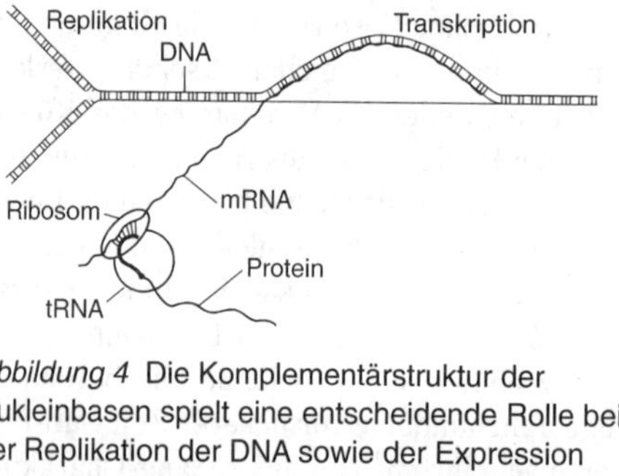

Abbildung 4 Die Komplementärstruktur der Nukleinbasen spielt eine entscheidende Rolle bei der Replikation der DNA sowie der Expression der genetischen Information in RNA und Proteine. Die Wasserstoffbindungen zwischen den Nukleinbasen sind durch zwei (Basenpaar A–T oder A–U) bzw. drei (Basenpaar G–C) gestrichelte Linien gekennzeichnet

Die schwachen chemischen Wechselwirkungen, die bei der komplementären Basenpaarung der Nukleotide zum Tragen kommen, sind reversibel und lassen sich durch eine begrenzte Energiezufuhr aufbrechen (siehe WASSERSTOFFBINDUNG).

Diese REVERSIBILITÄT bildet die Grundlage von Nachweisverfahren für Nukleinsäuren, die in der GENTECHNIK häufig genutzt werden. Sie gehören zum gängigen Rüstzeug molekulargenetischer Forschungslabors und finden vielfältige Verwendung in Medizin, Nahrungsmittelindustrie und Kriminaltechnik (siehe GENTEST).

Die STRUKTUR der Proteine wird durch komplementäre Verknüpfungen zwischen verschiedenen Teilen einer oder mehrerer Aminosäureketten stabilisiert, aus denen sie sich zusammensetzen.

Diese Komplementärstrukturen spielen eine Rolle, sobald ein Protein bei seiner Synthese seine spezifische Faltung erfährt. Verschiedene Teile der Aminosäurekette werden durch komplementäre Verknüpfung auf spezifische Weise gefaltet (siehe PROTEIN). Häufig verbinden sich mehrere Proteinketten durch komplementäre Verschachtelung ihrer Oberflächen zu einer noch komplexeren Struktur.

Die meisten Proteine üben die spezielle biologische Wirkung, die sie in Aufbau oder Funktion der sie produzierenden Zellen und Organismen erfüllen, erst dann aus, wenn sie mit anderen Proteinen oder Biomolekülen unterschiedlicher Größe und Zusammensetzung in eine spezifische Wechselwirkung treten. In allen Fällen beruhen diese Wechselwirkungen jedoch auf der Komplementarität zwischen kleineren oder größeren Teilen der jeweiligen Proteine und der Moleküle, die sich an sie binden (Liganden). Wie bei den Nukleinsäuren sind auch diese Wechselwirkungen reversibel und können von vorübergehender Wirkung sein.

Das gilt zum Beispiel für die Wechselwirkung zwischen Enzymen und Substraten (Molekülen, die von ihnen umgewandelt werden) oder Effektoren (die die Aktivität der Enzyme beeinflussen) sowie für die Erkennung von Antigenen durch Antikörper. Wenn HORMONE oder Wachstumsfaktoren sich an Rezeptoren der Zellen anlagern, spielen Wechselwirkungen zwischen komplementären Oberflächen eine Rolle. Viren nutzen diesen biologischen Mechanismus aus und dringen über ein Protein, das eine ähnliche Oberfläche aufweist wie der Ligand eines Rezeptors, in Wirtszellen ein, die diese Rezeptoren aufweisen. So lagert sich zum Beispiel der HIV-Virus an den Rezeptor CD4 der Zellen des Immunsystems an, stört ihre Funktion oder zerstört sie und löst damit Aids aus.

In allen Prozessen, die an der Erhaltung und Weitergabe des genetischen Materials beteiligt sind, kommt es zu Wechselwirkungen zwischen bestimmten Proteinen und den Nukleinsäuren (DNA und RNA). Das gilt für die Histone, die eine Verdichtung der DNA in den CHROMOSOMEN gewährleisten, ebenso wie für andere Proteine, die an der GENETISCHEN REGULATION beteiligt sind, sich in der Nähe der Gene an spezifische Nukleotidsequenzen anlagern und so ihre Funktion verändern.

Die Komplementarität zwischen Molekülen setzt sich in eine präzise, modulierbare biologische Wirkung um. Ändert sich nur ein Nukleotid in der DNA-Kette, so kann dies die Weitergabe der genetischen Information gefährden, weil die Komplementarität zum anderen Strang der Doppelhelix nicht mehr gegeben ist und es zu einer MUTATION kommen kann. Betrifft eine solche Mutation den Teil eines Gens, der eine für die Komplementarität eines Proteins mit einem anderen Molekül wichtige Aminosäure codiert, so kann sie die Struktur und folglich auch die Funktion des Proteins ändern und eine Krankheit verursachen. Das ist bei der Sichelzellenanämie der Fall, bei der eine Aminosäure des Hämoglobins aufgrund eines veränderten Nukleotids im codierenden Gen verändert ist, so dass sie nicht die normale Faltung annehmen und keinen Sauerstoff binden kann.

Wenn man die Grundlagen der Komplementarität versteht, lassen sich Strategien für therapeutische Eingriffe erforschen. So hat man im Kampf gegen den HIV-Virus Moleküle entwickelt, die bestimmte, von diesem Virus produzierte Enzyme hemmen, indem sie sich auf Grund ihrer Komplementärstruktur an sie binden. Durch Therapien mit einer Kombination verschiedener Hemmstoffe ist es kürzlich gelungen, den Virusbefall unter die Nachweisgrenze zu reduzieren, die Entwicklung von Aids zu bremsen und HIV-positiven Patienten neue Hoffnung zu geben.

Komplexität

Die Komplexität der Natur

Zur Vertiefung: ***Entropie; Evolution; Thermodynamik***

Die Geschichte des Universums seit seinem als Explosion beschriebenen Anfang (siehe URKNALL) lässt sich als ständige Entwicklung immer komplexerer Strukturen begreifen. Für einige hunderttausend Jahre nach dem Urknall war das Universum ein undifferenziertes Gemisch aus Teilchen, in dem sich, soweit wir heute wissen, keinerlei Ordnung erkennen ließ. Doch aufgrund der Wechselwirkungen zwischen den Teilchen entstanden Strukturen, die sich mit immer mehr Elementen anreicherten. Die Elemente fanden sich zu immer verschiedenartigeren Teilstrukturen zusammen, deren Wechselwirkungen sich gleichfalls vervielfältigten, so dass immer komplexere Strukturen entstanden.

Auch die Geschichte unseres Planeten begann in einem chaotischen Gemisch aus Elementen, die sich nach und nach zu komplexeren Strukturen zusammenfanden, so dass mit der Zeit immer komplexere Prozesse und Fähigkeiten auftreten konnten. Im Verlaufe von Jahrmilliarden entstand so die Reproduktionsfähigkeit des DNA-Moleküls; das Reaktionsvermögen von Wesen mit so seltsamen Eigenschaften, dass man sie als Lebewesen bezeichnet; die Fortpflanzungsfähigkeit der auf dieser DNA aufbauenden Lebewesen; das Auffassungs- und Denkvermögen des Objekts mit der größten, bisher realisierten Komplexität: des menschlichen Gehirns; und schließlich das Bewusstsein, das aus der Kommunikation zwischen den Menschen hervorgeht.

Diese Darstellung stützt sich ganz wesentlich auf den Begriff der Komplexität, den es hier zu definieren gilt.

Eine materielle Struktur wird als komplex bezeichnet, wenn sie gleichzeitig folgende Bedingungen erfüllt:
- Sie besteht aus zahlreichen Elementen unterschiedlichster Art;
- diese Elemente sind in hierarchisch angeordneten Teilstrukturen organisiert;
- und zwischen den Teilstrukturen bestehen zahlreiche Wechselwirkungen unterschiedlichster Art.

Will man jedoch für zwei Strukturen entscheiden, welche von beiden die komplexere ist, reicht die genannte Definition nicht aus; es bedarf vielmehr eines Maßes für Komplexität.

Die Bestimmung eines Maßes für Komplexität ist deshalb schwierig, weil so viele Kriterien berücksichtigt werden müssen, dass jedes konkrete Maß nur eine willkürliche Setzung sein kann. Manche Physiker (wie Peter Winiwarter) stützen sich bei der Formulierung solch eines Maßes einerseits auf die Verteilung der verschiedenen Arten von Elementen in der betreffenden materiellen Struktur und andererseits auf die Differenz zwischen der Ruheenergie der gesamten Struktur und der Summe der Ruheenergien der beteiligten Elemente. Die lokale Entwicklung hin zu größerer Komplexität widerspricht übrigens keineswegs dem aus der THERMODYNAMIK bekannten Gesetz einer globalen Zunahme der ENTROPIE.

Die Komplexität eines Algorithmus

Zur Vertiefung: ***Algorithmus; Daten; Kombinatorik; Programm***

In der Informatik verwendet man den Begriff der Komplexität in einem anderen Sinne als in der Biologie oder der Physik; dort wird er nicht als Maß für Unordnung verstanden, sondern als Maß für die Effizienz einer Folge von Rechenschritten, also eines Algorithmus.

Ein Algorithmus ist eine endliche Folge eindeutig definierter Operationen: Algorithmen gelangen daher stets nach einer gewissen Zeit zu einem Abschluss. Das heißt jedoch nicht, dass jeder Algorithmus auf einem Computer ausgeführt werden könnte, denn die Zahl der Rechenoperationen ist möglicherweise so groß, dass kein Computer sie jemals bewältigen könnte.

Das lässt sich leicht an einem Beispiel verdeutlichen: Nehmen wir an, wir wollten n Elemente einer Menge, zum Beispiel n Wörter, in der klassischen lexikographischen Reihenfolge sortieren, um ein Wörterbuch zusammenzustellen, und dazu formulierten wir folgenden Algorithmus:
- Erzeuge sämtliche Permutationen der n Wörter des Wörterbuchs und speichere sie in l.
- Prüfe sämtliche Listen in l, bis sich eine findet, die der üblichen lexikographischen Reihenfolge entspricht.

Da die Anzahl der Permutationen von n Elementen, nämlich
$1 \times 2 \times \ldots \times (n-1) \times n = n!$,
eine endliche Zahl ist (siehe KOMBINATORIK), wird der Algorithmus nach einer endlichen Zeit zum Abschluss gelangen. Außerdem ist es möglich, alle Wörter paarweise hinsichtlich der lexikographischen Reihenfolge zu überprüfen, so dass sich unter den Permutationen der n Wörter notwendig eine finden läßt, die der lexikographischen Reihenfolge entspricht. Der Algorithmus ist also endlich und in dem Sinne korrekt, dass er stets zu der erwarteten Lösung führt. Aber er braucht Zeit und Speicherplatz, viel zu viel Zeit und viel zu viel Speicherplatz. Bei 7 Wörtern im Wörterbuch hätten wir 5040 Permutationen, bei 8 Wörtern 40320, bei 9 Wörtern 362880 und bei 10 Wörtern 3628800 Permutationen. Bei 1000 Wörter, und das wäre immer noch wenig für ein Wörterbuch, überstiege die Zahl der Permutationen bereits die Gesamtzahl der Teilchen im Universum. Kein Computer könnte diese Zahl jemals bewältigen, denn selbst wenn der Speicher die ganze Milchstraße umfasste, so dass wir kaum noch Platz hätten, uns zu bewegen, und selbst wenn er zur Speicherung einer Permutation nur ein Teilchen benötigte, wäre er immer noch viel zu klein. Und wir alle wären längst tot, bevor er die wenigen Wörter des Wörterbuchs sortiert hätte, weil er eben so viel Zeit dafür braucht.

Der beschriebene Algorithmus übersteigt also die Grenzen unserer Endlichkeit; man spricht in diesem Zusammenhang von einer Explosion der kombinatorischen Möglichkeiten (siehe KOMBINATORIK).

Neben der Endlichkeit und der Korrektheit eines Algorithmus kommt es also auch auf seine Effizienz an, das heißt, es ist zu prüfen, ob ein realer Computer ihn zu einem Abschluss bringen kann, und dabei spielt die Komplexität des Algorithmus eine wesentliche Rolle. Hat man zwei Algorithmen, die zum gleichen Ergebnis führen, bietet deren Komplexität ein strenges Kriterium zum Vergleich ihrer Effizienz.

Zu diesem Zweck bestimmt man zunächst einmal die Anzahl der Operationen und Speicherzellen, die erforderlich ist, damit der Algorithmus ohne Störung zu seinem natürlichen Abschluss gelangt. Die Anzahl der Operationen (die Laufzeit) bezeichnet man als zeitliche Komplexität, denn davon hängt es ab, wie lange ein Computer für die Ausführung des Algorithmus braucht, während die Anzahl der erforderlichen Speicherzellen (der Speicherplatzbedarf) die räumliche Komplexität bestimmt.

Allerdings variiert die so definierte Komplexität bei ein und demselben Algorithmus. Algorithmen verarbeiten DATEN, und diese Daten sind nicht in jedem Fall dieselben. Sortiert man zum Beispiel Wörter in lexikographischer Reihenfolge, hängt die Zahl der Operationen von der Zahl der zu sortierenden Wörter ab. Gewöhnlich erfasst man die zeitliche oder räumliche Komplexität eines Algorithmus durch eine Funktion f eines oder mehrerer Parameter n der Eingabewerte; der Informatiker muss dann klären, welchen Verlauf die Funktion $f(n)$ mit wachsendem n nimmt.

Dieses Wachstum kann linear sein, das heißt, wird n mit 2 multipliziert, wird auch $f(n)$ mit 2 multipliziert; in diesem Fall sagt man, f hat die Ordnung von n, und man schreibt $f(n)=O(n)$.

Das Wachstum kann auch quadratisch sein, das heißt, wird n mit 2 multipliziert, so wird $f(n)$ mit 4 multipliziert; in diesem Fall sagt man, f hat die Ordnung von n^2, und man schreibt $f(n)=O(n^2)$. Dies läßt sich verallgemeinern: wenn n mit x multipliziert wird, gibt das Wachstum von $f(x.n)/f(n)$ eine Vorstellung von der Komplexität der Funktion f, denn wenn

$f(x.n)/f(n) \approx x^P$,

hat die Funktion die Ordnung von n^P; in diesem Fall spricht man von einer polynomialen Komplexität.

Die Ordnung von f bietet einen Bewertungsmaßstab für die Effizienz der Algorithmen: Haben zwei Algorithmen polynomialer Komplexität die Ordnung $O(n^P)$ bzw. $O(n^Q)$, ist der erste Algorithmus effizienter als der zweite, falls P kleiner als Q ist. Ganz unabhängig von ihrer jeweiligen Effizienz gelangen polynomiale Algorithmen auf leistungsfähigen Computern stets in einer mit der Lebenszeit des Menschen vereinbaren Zeit zu einem Abschluss. Wie wir oben gesehen haben, gibt es jedoch »letale« Algorithmen, die so genannt werden, weil sie nicht in überschaubaren Zeiten zu einem Abschluss gelangen. Das Maß für die Komplexität eines Algorithmus gestattet es, solche Algorithmen zu erkennen. Es handelt sich um jene Algorithmen, deren Ordnung man als exponentiell bezeichnet, denn wenn man den Parameter n um 1 erhöht, wird ihre Komplexität $f(n)$ mit einem Faktor n multipliziert, der größer als 1 ist, also

$f(n+1) \geq Xf(n)$,

das heißt, ihre Ordnung ist größer als $O(X^n)$.

Wie wir gesehen haben, ist die Komplexität eines Algorithmus ein strenges quantitatives Maß für dessen Effizienz. In der Praxis gibt es jedoch für einen festen Wert n des für die betreffenden Daten charakteristischen Parameters durchaus unterschiedliche Datenmengen, und je nach Datenmenge verhält der Algorithmus sich anders. Gewöhnlich berechnet man die Anzahl der Rechenschritte und den Speicherplatzbedarf für den ungünstigsten oder »schlimmsten« Fall; man spricht hier von der *worst case complexity*. Aber nicht immer muss man gleich mit dem Schlimmsten rechnen. So kann es geschehen, dass ein Algorithmus zwar im *worst case* schlechter, in den meisten übrigen Fällen jedoch besser ist als ein anderer. Um ein Maß zu erhalten, das den praktischen Bedürfnissen besser entspricht, berechnen manche eine mittlere Komplexität (*average case complexity*); andere ermitteln die Komplexität eines Algorithmus jeweils unter bestimmten Voraussetzungen, etwa indem sie die Komplexität eines Sortieralgorithmus für »annähernd geordnete« Listen berechnen. Auch wenn die Komplexität ein strenges

Maß für die zur Ausführung eines Algorithmus erforderlichen Ressourcen bietet, stellt sie dennoch kein absolutes Maß dar, denn sie gilt jeweils nur in einem bestimmten Zusammenhang und für eine ganz bestimmte Verwendung.

Komplexverbindungen

Zur Vertiefung: ***Katalyse; Koordination, Koordinationszahl; platonische Körper; Zeit***

Der Begriff »Komplex« umfasst in der Chemie einen weiten Bereich und verweist auf eine Vielzahl anderer Begriffe wie SÄUREN UND BASEN, Koordination, CHEMISCHE BINDUNG, MOLEKÜL oder ION. Eingeführt wurde er von Alfred Werner, der für seine Arbeiten zu Komplexverbindungen 1913 den Nobelpreis erhielt. Doch wie so vielen zentralen Begriffen der Chemie ist auch dem des Komplexes eine gewisse Unschärfe eigen (die in der Natur der Sache liegt und keineswegs einer Unfähigkeit der Chemiker zuzuschreiben ist).

Trotz dieser Unschärfe lässt sich mit dem Begriff arbeiten, sofern man eine Komplexverbindung als flüchtige oder dauerhafte Verbindung von mindestens zwei Einheiten definiert, die unabhängig voneinander existenzfähig sind. So ist Hämoglobin eine stabile Komplexverbindung aus Eisen und einem kugelförmigen Protein, das man als Globin bezeichnet. Andere Komplexverbindungen sind weniger stabil wie Dichlorethylen $C_2H_4.Cl_2$ aus Ethylen C_2H_4 und Chlor Cl_2.

Eine wichtige Untergruppe innerhalb der Komplexverbindungen bilden die Koordinationsverbindungen (siehe KOORDINATION), in denen ein oder mehrere metallische Zentralatome von Liganden (Ionen oder neutrale Moleküle) umgeben sind. Ein Beispiel ist $[Co(NH_3)_4(H_2O)_2]^{3+}$, ein dreifach positiv geladenes Kobaltkation, das von vier Ammoniak-Liganden NH_3 und zwei WASSER-Liganden umgeben ist. Jede Komplexverbindung dieser Art vereint mehrere Moleküle in sich und ist daher ein Supramolekül. Die Erforschung von Komplexverbindungen befasst sich mit ihrer STRUKTUR und Lebensdauer.

Anwendungen

Was ist an solchen supramolekularen Gebilden interessant? In der Beziehung zwischen einem Satz und den Wörtern, aus denen er sich zusammensetzt, weist man dem Satzgebilde einen eigenen Sinn zu; ähnlich verhält es sich bei einem Komplex, also einem chemischen Stoff, der andere unabhängig existenzfähige Moleküle enthält.

Um der praktischen Bedeutung der Komplexverbindungen gerecht zu werden, bedürfte es einer ganzen Abhandlung. Vor allem stabilisieren sie allzu reaktionsfähige Verbindungen, die so unabhängig zu existieren vermögen. Das Boran BH_3 kommt nicht in freier Form vor, sondern nur in seiner dimeren Form B_2H_6. Möchte ein Chemiker dennoch BH_3 verwenden, so nimmt er eine Komplexverbindung, wie Boran sie zum Beispiel mit Ether eingeht ($H_3B.O(C_2H_5)_2$), die den Liganden BH_3 leicht freigibt.

Komplexverbindungen sind für unsere Lebensprozesse unerlässlich. So lagert sich in unseren Lungen SAUERSTOFF O_2 als Ligand an das Eisenatom des Hämoglobins an, das ihn mit dem Blut in den gesamten Organismus transportiert.

Komplexverbindungen können aber auch tödlich sein. Kohlenmonoxid CO geht mit dem gleichen Eisenatom des Hämoglobins eine wesentlich stabilere und dauerhaftere Komplexverbindung ein als Sauerstoff. Wenn bei einer Kohlenmonoxid-Vergiftung ein erheblicher Teil des Hämoglobins im Blut blockiert ist und keinen Sauerstoff mehr binden kann, tritt der Tod ein.

Komplexverbindungen verschiedener Art dienen häufig als Katalysatoren. Dabei kommt es zu einer Reaktion zwischen den Liganden eines Koordinationskomplexes: Zwei Liganden A und B desselben metallischen Zentralatoms M werden räumlich einander angenähert und verbinden sich zu einem Molekül AB. Das Zentralatom M, das seine Liganden A und B verloren hat, kann nun zwei weitere binden und so weiter.

Nach dieser Methode arbeitet das Monsanto-Verfahren zur Herstellung von L-Dopa, einem Medikament, das bei der Parkinson-Krankheit eingesetzt und aus dem Aromastoff Vanillin gewonnen wird. In der Schlüsseletappe (siehe *Abbildung 1*) lagert sich ein Wasserstoffmolekül H_2, das die Rolle von *AB* spielt und in seine Atome H_A und H_B aufgespalten wurde, an nur eine der beiden Seiten einer Kohlenstoff-Doppelbindung C=C an, die ebenfalls ein Ligand des Zentralatoms *M*, in diesem Fall eines Rhodiumatoms, ist. Das entspricht auf mikroskopischer Ebene dem Kunststück, nur eine Seite einer Messerklinge mit Butter zu versehen.

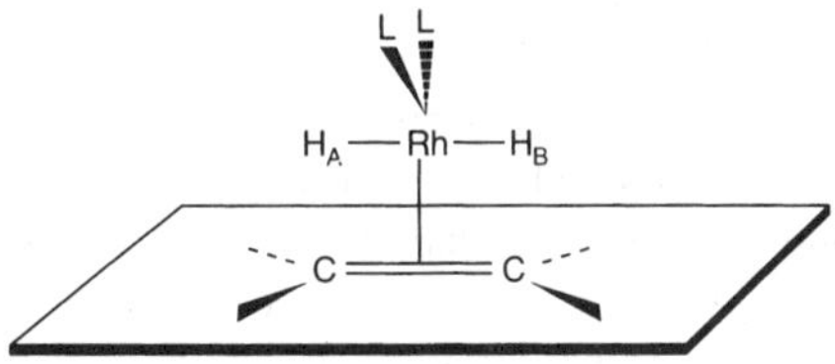

Abbildung 1 Schematische Darstellung des Schlüsselkomplexes im Monsanto-Verfahren: Das Molekül H_2 hat sich in zwei Atome gespalten, die den Nord- und Südpol des Komplexes besetzen. Die Buchstaben L stehen für zwei weitere Liganden. Zur Vereinfachung sind die Atome der Ethylenverbindung C=C nicht spezifiziert.

Beschaffenheit der Liganden

Häufig, aber nicht immer, besteht das Zentralatom einer Komplexverbindung aus einem Metallion, während die Liganden von kleineren Molekülen wie Sauerstoff O_2, Stickstoff N_2, Kohlenmonoxid CO, Wasser H_2O oder Ammoniak NH_3 gebildet werden. Weitere häufige Liganden sind Distickstoff-, Disauerstoff- und Diphosphor-Verbindungen (siehe *Abbildung 2*; die fett gedruckten Bögen stehen für flexible KETTEN der Zusammensetzung $(CH_2)_n$). Solche Liganden mit zwei Bindungsstellen gehen mit dem Zentralatom eine stärkere Bindung ein – wie Krabben, die ihre Beute in die Zange nehmen.

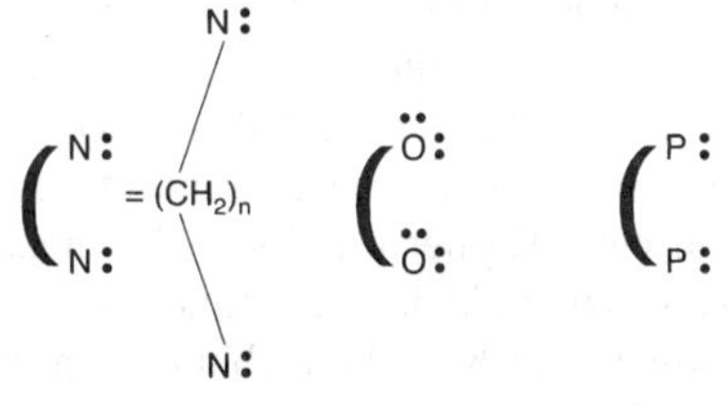

Abbildung 2 Schematische Darstellung von Distickstoff-, Disauerstoff- und Diphosphor-Liganden

Erforschung von Komplexverbindungen

Anhand eines Beispiels lässt sich zeigen, wie man Komplexverbindungen erkennt, bestimmt und die Fragen klärt, die sie aufwerfen: $BrCl.C_2H_4$ ist eine Komplexverbindung aus Ethylen $H_2C{=}CH_2$ und Br—Cl (Br: Brom; Cl: Chlor), die sich beide im gasförmigen Zustand befinden. Verschiedene indirekte Daten, die man seit Ende des 19. Jahrhunderts gesammelt hatte, sprachen für eine rechtwinklige Anordnung des BrCl-Segments zur Ebene der Ethylenatome, die jedoch noch zu beweisen war, da man die Geometrie dieser flüchtigen Komplexverbindung nicht hatte bestimmen können.

Zur Herstellung dieser Komplexverbindung injiziert man die beiden GASE mit Überschallgeschwindigkeit in ein Vakuum. Sobald sich die Komplexverbindung gebildet hat, kann man sie untersuchen, indem man das Gemisch, das sich durch die Expansion der Gase abgekühlt hat, im Mikrowellenbereich bestrahlt. Nun kann man die Absorption der Mikrowellen verfolgen, die sich in nichts von jenen in einem Mikrowellengerät in der Küche unterscheiden. Es ist zu beobachten, dass diese Strahlen in einem bestimmten Frequenzbereich absorbiert werden.

Wieso? Im Mikrowellenherd erhitzen die Mikrowellen die Wassermoleküle sehr stark, weil sie einen elektrischen Dipol besitzen (siehe CHEMISCHE FORMEL); die Eigenrotation eines jeden Moleküls wird beschleunigt wie bei einem Kreisel. Ebenso absorbieren in unserem Beispiel nur die Moleküle mit elektrischem Dipol die Mikrowellen, also einerseits BrCl und andererseits der Komplex $BrCl.C_2H_4$. Aus der quantitativen Analyse der Mikrowellen, die je nach Frequenz absorbiert werden, lässt sich die räumliche Anordnung (siehe GEOMETRIE) dieser Komplexverbindung ableiten, die in diesem Fall T-förmig ist (siehe *Abbildung 3*).

Interessant ist an dieser Untersuchung, dass sie den direkten Nachweis für eine flüchtige INTERMEDIÄRE VERBINDUNG liefert, in der sich ein Molekül aus zwei Atomen der 7. Hauptgruppe des Periodensystems (BrCl, Cl_2, I_2 usw.) mit Molekülen verbindet, die eine

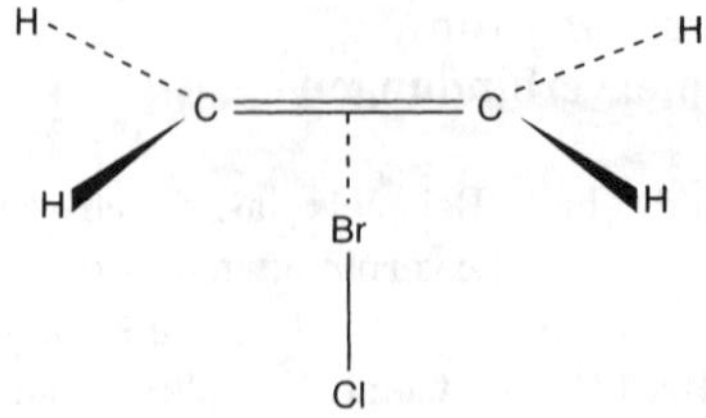

Abbildung 3 Räumliche Anordnung der Komplexverbindung $BrCl.C_2H_4$

Kohlenstoff-Doppelbindung C=C aufweisen. Eine ganze Familie von Komplexverbindungen, deren Existenz seit langem angenommen wurde, ist damit nachgewiesen.

Ungeklärte Fragen

Komplexverbindungen werfen ähnliche Fragen auf wie MOLEKÜLE.

Als Erstes stellt sich das Problem, ob ihre Existenz von der ihrer Bestandteile unabhängig ist. Löst man zum Beispiel Kochsalz NaCl in Wasser, so spaltet sich dieser kristalline Festkörper in Natriumkationen Na^+ und Chloranionen Cl^- (siehe LÖSUNG). Verschiedene Verfahren zeigen, dass die Natriumkationen Na^+ in Salzwasser Komplexverbindungen bilden, in denen sechs Wassermoleküle ihre nächsten Nachbarn sind (siehe *Abbildung 4*).

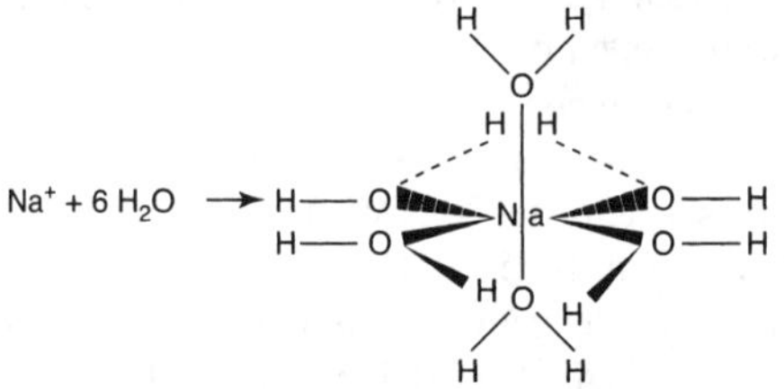

Abbildung 4 Komplexverbindung mit einem Natriumkation Na^+ als Zentralatom und sechs Wassermolekülen als Liganden

Muss man sie nun in die Formel $Na^+(H_2O)_6$ fassen, obwohl die sechs Wasserliganden von weiteren Wassermolekülen umgeben sind und mit ihnen in rascher Folge den Platz wechseln?

Ein zweites Problem liegt in der mehr oder weniger großen Stabilität der Komplexverbindungen, also in ihrem Energieniveau, verglichen mit dem Energieniveau, das ihre Bestandteile aufweisen, wenn die Liganden sich vom metallischen Zentralatom abgespalten haben. Es gibt verschiedene Möglichkeiten der Einschätzung. Im oben angeführten Beispiel $Na^+(H_2O)_6$ lässt sich nach bestimmten Verfahren erschließen, dass diese Komplexverbindung stabil ist, was ihre Existenz gewährleistet.

Ein drittes Problem liegt in der räumlichen Anordnung einer Komplexverbindung. Nach einer ersten Annäherung hängt sie allein von der Zahl der Elektronenpaare des Zentralatoms ab. Da die Elektronen die gleiche elektrische Ladung aufweisen, stoßen sie sich elektrostatisch ab. In dem Komplex $Li(H_2O)_4^+$ bindet das Lithiumkation Li^+ vier Wassermoleküle jeweils über ein freies Elektronenpaar des Sauerstoffs (siehe CHEMISCHE FORMEL). Es ist also von vier Elektronenpaaren umgeben. Unter der Voraussetzung, dass diese vier Elektronenpaare als Teilchen mit gleicher elektrischer Ladung sich gegenseitig so weit wie möglich abstoßen, lässt sich ableiten, dass die Koordinationsgeometrie dieser Verbindung die Form eines Tetraeders annehmen muss (siehe *Abbildung 5*).

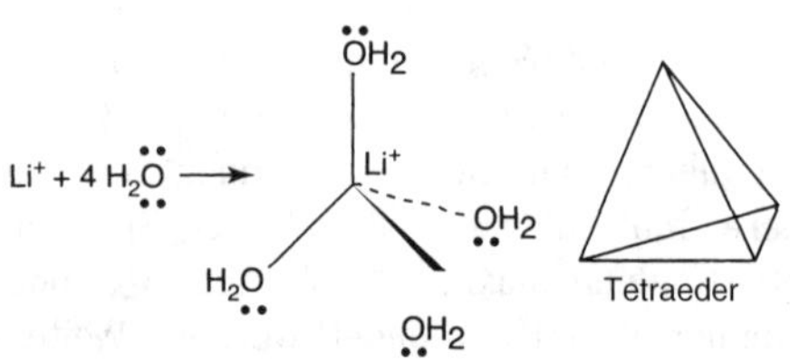

Abbildung 5 Die vier Wasserliganden H_2O lagern sich jeweils mit einem der beiden freien Elektronenpaare des Sauerstoffs an das Zentralatom an.

Ebenso diktieren in dem Komplex $Co(NH_3)_6^{3+}$, den Alfred Werner untersuchte, die sechs Bindungen zwischen dem Kobaltatom und den Liganden NH_3 die geometrische Form eines Oktaeders, die sich mit den Erfahrungswerten deckt (siehe *Abbildung 6*).

Tetraeder und Oktaeder gehören zu den platonischen Körpern und sind Formen, die in der Chemie häufig vorkommen, sei es bei Molekülen oder Komplexverbindungen.

Ein viertes Problem besteht darin, die Lebensdauer einer Komplexverbindung zu bestimmen, die sich in einem Zeitraum von

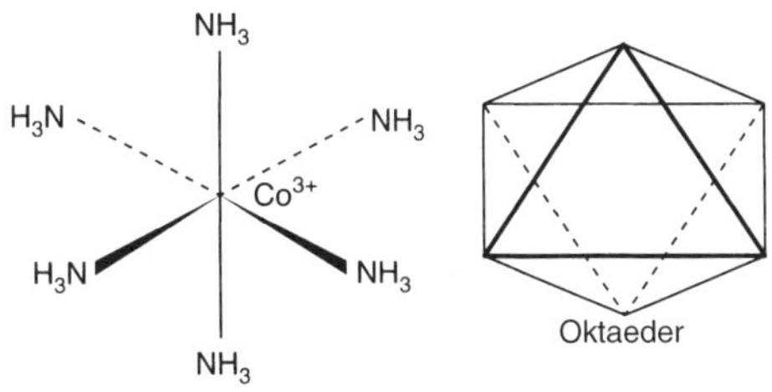

Abbildung 6 Beispiel für eine Komplexverbindung in Oktaederform

einigen billiardstel Sekunden (10^{-15}s) bis hin zu Jahrhunderten (10^{10}s) bewegen kann. Es gibt verschiedene Methoden, die Lebensdauer von Komplexverbindungen zu messen, insbesondere die Kernresonanzspektroskopie (siehe MAGNETISMUS). Zudem lässt sie sich nach bestimmten Verfahren im Voraus schätzen.

Konfiguration und Konfigurationsumkehr

Zur Vertiefung: ***Chiralität; Kohlenstoff; Stabilität, Instabilität; Uhr***

Kennzeichnung der Konfiguration

Ein chiraler Gegenstand ist definiert als Objekt, das sich von seinem Spiegelbild unterscheidet wie eine linke Hand von der rechten. Betrachten wir unsere linke Hand im Spiegel, so erscheint sie als rechte Hand: Sie hat die »Konfiguration« verändert. Bei Molekülen, die mikroskopisch kleine chirale Objekte sind, stellt sich das heiklere Problem, ihnen eine Konfiguration zuzuordnen, die man als »Links-Konfiguration« oder »Rechts-Konfiguration« kennzeichnet, was umso wichtiger ist, als die meisten Moleküle der belebten Welt chiral sind.

Chiralen Objekten aus dem Bereich unserer Größenordnung eine solche Konfiguration zuzuordnen ist nicht schwer: Wenn man zum Beispiel eine Wendeltreppe hinaufgeht, sieht man, ob sie links- oder rechtsdrehend ist. Wenn man eine Schraube oder einen Korkenzieher betrachtet, sieht man je nach Blickrichtung ein links- oder rechtsdrehendes Gewinde. Um eine Konfiguration zu bestimmen, muss man also zuvor die Stellung des Betrachters zu dem chiralen Objekt kennen.

Nehmen wir als Beispiel für die Vorgehensweise bei Molekülen einen Spielwürfel. Wenn ich mir nun eine vertikale Achse durch die »Eins« und die »Sechs« denke, die sich auf entgegengesetzten Seiten befinden, und die »Eins« nach oben nehme, so sehe ich, dass die durch »Zwei« und »Drei« gekennzeichneten Seiten mit der Seite der »Eins« einen Ausschnitt aus einer links- beziehungsweise rechtsdrehenden Helix bilden (siehe *Abbildung 1*).

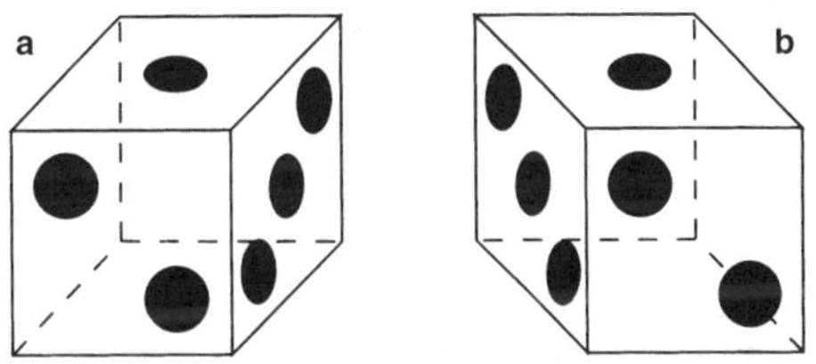

Abbildung 1 Spielwürfel mit linksdrehender (a) und rechtsdrehender (b) Spirale

Nach der gleichen Vorstellung können wir nun einem Atom eine Konfiguration zuordnen. Bestimmte Moleküle sind chiral, weil sie ein Chiralitätszentrum haben, das häufig aus einem Kohlenstoffatom besteht, welches asymmetrisch ist, weil es vier verschiedene Atome oder Atomgruppen trägt (siehe *Abbildung 2*).

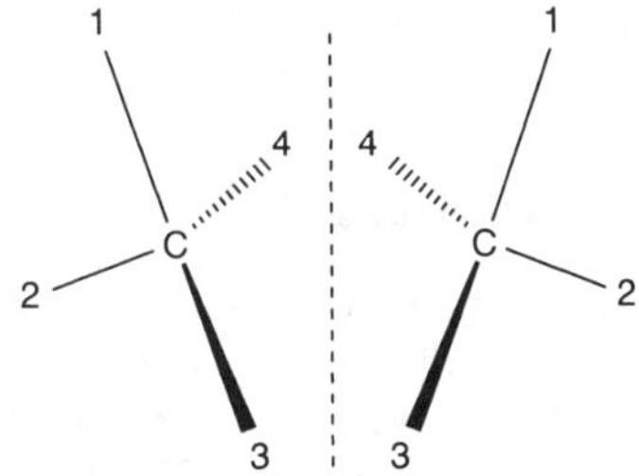

Abbildung 2 Asymmetrische Kohlenstoffverbindung mit ihrem Spiegelbild

Nun lassen sich Regeln aufstellen, wonach man diesen Atomgruppen willkürlich eine PRIORITÄT zuordnen kann, ausgedrückt in Nummern von 1 bis 4: So erhält zum Beispiel ein Atom 1 mit der höchsten Kernladungszahl Vorrang vor einem Atom 2 mit niedrigerer

Kernladungszahl. Wenn man die asymmetrische Kohlenstoffverbindung aus *Abbildung 2* auf diese Weise als C1, 2, 3, 4 kennzeichnet und sie in Richtung der Achse betrachtet, die aus der Bindung zwischen dem Kohlenstoffatom und der Atomgruppe 4 mit der geringsten Priorität besteht, liegt diese Gruppe hinter der Bildebene mit den Gruppen 1, 2, 3 (siehe *Abbildung 3*).

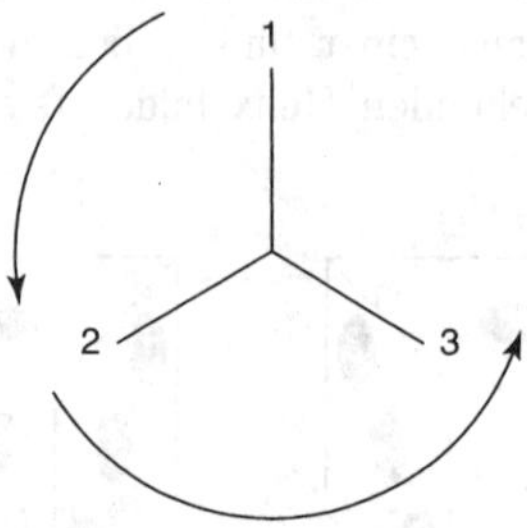

Abbildung 3 Die asymmetrische Kohlenstoffverbindung aus Abbildung 2 in einer S-Konfiguration

Nun sehen wir die Folge der Atomgruppen 1, 2, 3 entweder im Uhrzeigersinn oder gegen den Uhrzeigersinn angeordnet und bezeichnen sie entsprechend mit den Buchstaben R (lateinisch: *rectus*, rechts) oder S (lateinisch: *sinister*, links). Diese Kennzeichnung von Konfigurationen wendet man verallgemeinert auch auf Koordinationen mit mehr oder weniger als vier Liganden an. So geht man zum Beispiel bei einer Koordination mit sechs Liganden ganz ähnlich vor wie bei den Spielwürfeln (die ebenfalls eine Sechser-Koordination haben).

Konfigurationsumkehr

Als Konfigurationsumkehr oder Inversion bezeichnet man die Umwandlung eines Moleküls mit R-Konfiguration in ein Molekül mit S-Konfiguration. Diese Konfigurationsumkehr vollzieht sich in der Regel an einem Stickstoffatom mit den Gruppen 1, 2, 3 schneller als an einem asymmetrischen Kohlenstoffatom, da im ersten Fall die Energiebarriere niedriger ist als im zweiten. Auch diese Stickstoffverbindung ist asymmetrisch (siehe *Abbildung 4*), und das mit »:« gekennzeichnete einsame Elektronenpaar entspricht hier der Gruppe mit der geringsten Priorität.

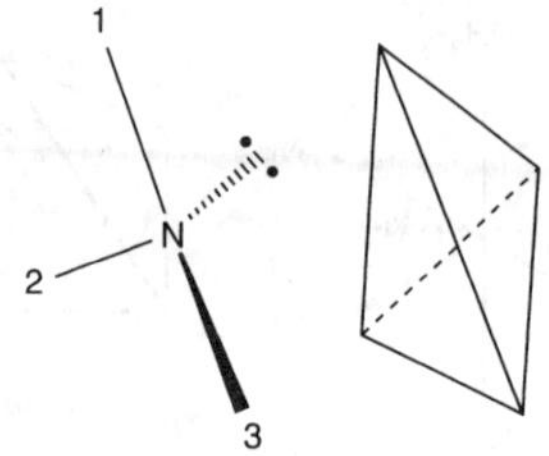

Abbildung 4 Asymmetrische Stickstoffverbindung

Das Molekül N123 hat die Form einer Pyramide (siehe MOLEKÜLFORM), in der sich das Stickstoffatom auf der einen oder anderen Seite der durch die Atomgruppen 1, 2, 3 definierten Ebene befindet. Bei der Konfigurationsumkehr durchquert das Stickstoffatom die Ebene 123.

Ein Beispiel für die zahlreichen praktischen Anwendungen der Konfigurationsumkehr ist die Zeitmessung (siehe UHR). Dass die Konfigurationsumkehr beim Kohlenstoff an eine wesentlich höhere Energiebarriere stößt als beim Stickstoff, ist vielleicht mit einer der Gründe, weshalb der Kohlenstoff an der Entstehung des Lebens beteiligt war: Wenn das Element Kohlenstoff überall in den Molekülen der belebten Welt vorkommt, so liegt das möglicherweise an der Tatsache, dass seine Konfigurationsumkehr so schwierig ist. Denn für die organischen Moleküle ist es wichtig, dass sie unauslöschliche Informationsträger sind.

Konformation

Zur Vertiefung: ***Makromolekül; Molekularmodell; Molekülform; Struktur***

Konformation eines Moleküls

Als Konformation eines Moleküls bezeichnet man die genaue räumliche Anordnung, die es vorübergehend oder dauerhaft annimmt. Nehmen wir als Beispiel Wasserstoffperoxid HOOH, das in kristalliner Form ein Molekülgitter bildet (siehe KRISTALL). Durch Röntgenbeugung ist erkennbar, dass die vier Atome nicht auf einer Ebene liegen. Da drei Punkte eine Fläche definieren, bilden die Atome $H^1O^1O^2$ und die Atome $O^1O^2H^2$ zwei Ebenen eines Dieders (siehe *Abbildung 1*).

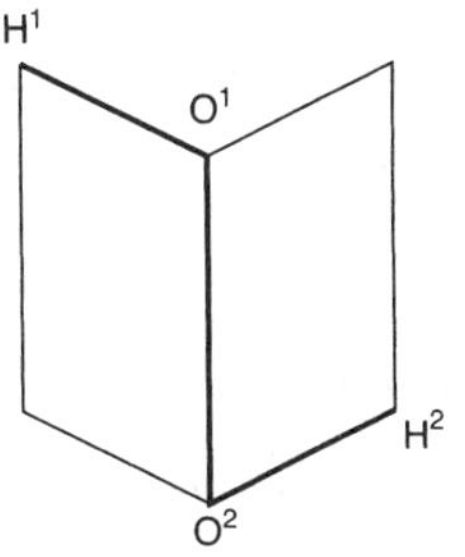

Abbildung 1 Dieder, gebildet aus den Atomen des Wasserstoffperoxids HOOH

Wenn man die Konformation des Wasserstoffperoxids bestimmen will, muss man also neben den Bindungslängen (zum Beispiel $H^1—O^1$) und den Bindungswinkeln (zum Beispiel $H^1O^1O^2$) auch den Winkel dieses Dieders ($H^1O^1O^2$, $O^1O^2H^2$) bestimmen. Ein anderer wichtiger Fall, der häufig in Naturstoffen vorkommt (siehe ALKALOIDE und STEROIDE), sind zyklische Verbindungen aus sechs Kohlenstoffatomen, also Ketten, in denen eine chemische Bindung auch zwischen den »Endatomen« C^1 und C^6 besteht.

Im Allgemeinen nehmen diese zyklischen Ketten eine Konformation in »Sesselform« an, wie sie in *Abbildung 2* am Beispiel Cyclohexan der Bruttoformel C_6H_{12} gezeigt ist.

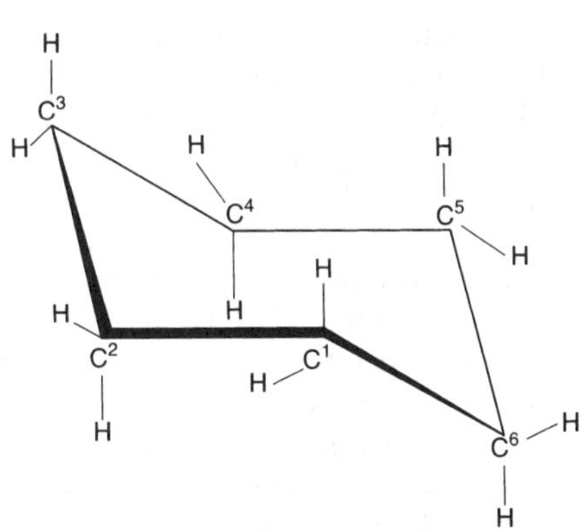

Abbildung 2 Sesselkonformation des Cyclohexan. Zu beachten ist, dass die Atome 1, 2, 4 und 5 in einer Ebene liegen (Coplanarität).

Um sich voll und ganz auf die Konformation konzentrieren zu können, lässt man häufig die Bezeichnung der einzelnen Atome weg (siehe *Abbildung 3*).

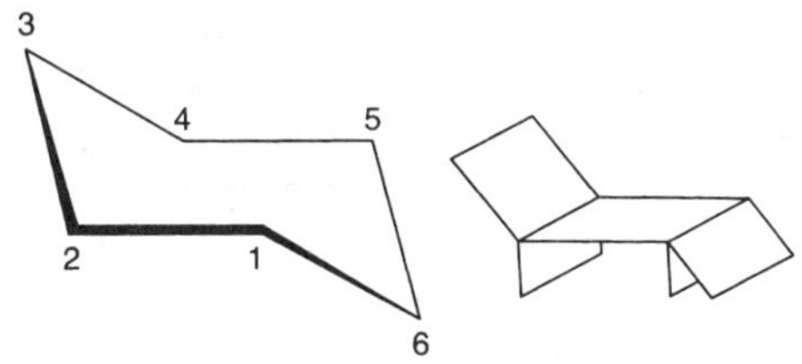

Abbildung 3 Sesselkonformation des Cyclohexan in vereinfachter Darstellung

Bestimmung der Konformation

Wie erkennt oder bestimmt man die Konformation eines Moleküls oder einzelner seiner Teile? Durch Röntgenbeugung an einem Kristall des Moleküls kann man wie bei Wasserstoffperoxid seine Konformation im festen Zustand bestimmen. Wenn das Molekül nicht kristallisiert oder man seine Konformation im flüssigen oder gasförmigen Zustand erhalten möchte, verwendet man andere physikalische Methoden, insbesondere die Kernresonanzspektroskopie. Statt experimentell lässt sich die Konformation jedoch auch rechnerisch nach den Methoden der QUANTENCHEMIE bestimmen, sofern dies nicht übermäßig langwierige Computerberechnungen erfordert. Andernfalls kann man die Antwort auch durch molekülmechanische Computerprogramme finden, die das Molekül nach einer empirischen Methode mit Massepunkten gleichsetzen, die durch Federn verbunden sind. In der Regel ist festzustellen, dass einerseits eine gute Übereinstimmung zwischen diesen verschiedenen Konformationsbestimmungen besteht und andererseits die räumliche Anordnung des Moleküls sich von einer PHASE zur anderen minimal ändert (von der gasförmigen zu einer verdichteten, flüssigen oder festen Phase).

Konformationsänderungen

Wie hält die Konformation eines Moleküls dem Zahn der Zeit stand, der nach allgemeiner Volksweisheit doch an allem nagt? Häufig kommt ein Molekül in mehreren Konformationen vor. Nehmen wir noch einmal das Beispiel Cyclohexan, das wir bislang nur in seiner Sesselform betrachtet haben, in der die Kohlenstoffatome 3 und 6 sich ober- bzw.

unterhalb der durch die Kohlenstoffatome 1, 2, 4 und 5 gebildeten Ebene befinden (siehe *Abbildung 3*). Man könnte dafür auch einen Sessel mit den gleichen Energieverhältnissen zeichnen, in dem sich das Atom 3 unterhalb und das Atom 6 oberhalb der Horizontalebene (1, 2, 4, 5) befindet (siehe *Abbildung 4*).

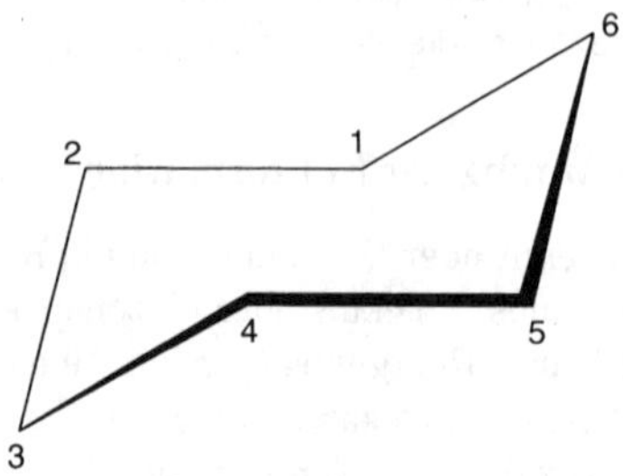

Abbildung 4 Konformation des Cyclohexan in einer anderen Sesselform

Betrachtet man eine Menge von Cyclohexan-Molekülen, so verteilen sie sich zufällig auf diese beiden Konformationen mit gleichen Energieverhältnissen. Jedes Einzelmolekül kann in jedem Augenblick die eine oder die andere Konformation annehmen, die sich miteinander im GLEICHGEWICHT befinden. Diesen Prozess bezeichnet man als »Sessel-Sessel-Umkehr«.

Konformation von Proteinen

Proteine sind biologische Makromoleküle aus linearen Ketten, deren Grundbausteine die AMINOSÄUREN bilden. Jeder Proteintyp wird durch TRANSLATION der in den GENEN enthaltenen GENETISCHEN INFORMATION synthetisiert. Nach seiner Synthese nimmt jedes Protein eine bestimmte räumliche Konformation aus unzähligen möglichen Anordnungen an. Diese Konformation ist stabil und bei allen Molekülen desselben Proteins gleich. Fixiert wird diese Konformation durch zahlreiche INTERMOLEKULARE WECHSELWIRKUNGEN, die schwache chemische Bindungen zwischen den Atomgruppen der Aminosäuren herstellen. Die jeweilige Konformation bestimmt die biologische Wirkung des Proteins als ENZYM, Hormon, Gerüstsubstanz, Rezeptor usw. Änderungen der Konformation, die durch Anlagerung anderer Moleküle oder durch Umgebungsänderungen zustande kommen, verändern die Molekülform des Proteins und somit auch seine biologische Wirkung (siehe ALLOSTERIE).

Konkurrenz

Zur Vertiefung: ***Darwinismus***

Aus darwinistischer Sicht der Evolution hängt das Schicksal eines jeden Merkmals eines Lebewesens und folglich das Geschick des Gens oder der Gene, die es steuern, von der Fähigkeit dieses Individuums ab, zu überleben und sich zu vermehren, also in jenem Kampf, den es gegen die Natur und die anderen Lebewesen zu führen hat, die Oberhand zu gewinnen. Häufig wurde vertreten, dass der Konkurrenzgedanke den Kern dieser Argumentation bilde, besonders bei den Kämpfen der Männchen um den Zugang zu den Weibchen. Es ist verlockend, daraus abzuleiten, die Konkurrenz als Triebkraft der Evolution der Arten müsse auch die Triebkraft der gesellschaftlichen Evolution bilden.

Die Ideen Charles Darwins so zu interpretieren ist in Wirklichkeit eine allzu starke Vereinfachung. Er selbst hat die logischen Probleme angesprochen, die eine Anwendung der Selektionstheorie auf bestimmte Eigenschaften wie den »Altruismus« aufwirft, der manche Individuen veranlasst, ihr Leben zugunsten der Gruppe aufzuopfern. Die Paradoxa, in die das führen kann, lassen sich nur lösen, wenn man verschiedene Ebenen der Konkurrenz betrachtet, eine zwischen den Individuen innerhalb einer Gruppe, die andere zwischen den Gruppen innerhalb einer Art. Darüber hinaus lässt sich diese Konkurrenz nicht heranziehen, um die zahlreichen POLYMORPHISMEN zu erklären, also die Tatsache, dass innerhalb einer Population dauerhaft eine Vielzahl von Genen vorhanden ist, die das gleiche Merkmal steuern, aber unterschiedliche Ausprägungen haben.

Zwangsläufig ist also in den Evolutionsprozess ein gewisses Maß an Zufälligkeit einzuführen und einzuräumen, dass die Zukunft von Genen teilweise unabhängig ist von den Folgen, die sie für die Leistung der Individuen haben. Eben dieser Zufall spielt im

Vererbungsprozess von einer Generation zur nächsten eine entscheidende Rolle: Der Beitrag Gregor Mendels muss den Darwins ergänzen.

Unser Verständnis der Mechanismen, die in der Natur am Werk sind, in dieser Richtung zu revidieren ist umso notwendiger, als die darwinistische Sicht zur Begründung des »Sozialdarwinismus« missbraucht wurde: Nach dieser Theorie galt es als notwendig, die menschlichen Gesellschaften zu ihrer Verbesserung einer natürlichen Auslese zu unterziehen, also die Schwächsten durch Konkurrenz zu eliminieren. Unter Verweis auf Vorgänge in der Natur zu definieren, was in menschlichen Gesellschaften geschehen sollte, vernachlässigt die Besonderheit dieser Gesellschaften. Die Natur hat keinen Plan: Sie konstruiert das Morgen ausgehend vom Heute ohne Zielsetzung. Die Menschen, seien es nun Individuen oder Gesellschaften, haben dagegen die Fähigkeit, über das Morgen nachzudenken und es nach ihren Wünschen zu gestalten. Auf Konkurrenz zurückzugreifen, um dorthin zu gelangen, wäre ein Verzicht auf die wichtigsten menschlichen Möglichkeiten. Den größtmöglichen Beitrag für seine Gemeinschaft kann der Einzelne nicht leisten, wenn er gegen jeden steht, sondern nur, wenn es ihm möglich ist, aufgrund seiner Bindungen zu diesen anderen sein Bestes zu geben.

Konnektionismus

Zur Vertiefung: ***kognitive Wissenschaften; künstliche Intelligenz; Kybernetik; neuronale Netze***

Untersucht man unser Gehirn, den vermuteten Sitz unseres Verstandes, mit dem Mikroskop, so erkennt man zahlreiche kleine Zellen, die so genannten Neuronen, die durch kleine, im Laufe der Entwicklung des Gehirns entstandene Übertragungskanäle, die Synapsen, miteinander verbunden sind.

Die Atome im Bereich der physikalischen Materie führen, isoliert betrachtet, ungeordnete Bewegungen aus. In der Gesamtschau erscheint ihr Verhalten jedoch vielfach geordnet, etwa bei Phänomenen spontaner Selbstorganisation wie dem Wachstum der Kristalle oder großräumigen Wärmebewegungen in Flüssigkeiten und Gasen (siehe Konvektion).

So weit wir wissen, verfolgen Termiten, Bienen oder Ameisen bei ihren täglichen Sammel- oder Jagdaktivitäten jeweils eigene Ziele; kein übergeordneter Verstand diktiert den Mitgliedern der Gemeinschaft seine Befehle; nirgendwo im Termitenbau, im Bienenkorb oder im Ameisenhaufen lässt sich ein gemeinsames Bewusstsein lokalisieren; und eine offizielle Planung ist nicht erkennbar. Dennoch zeugt das Gesamtverhalten dieser sozialen Insekten von einer kollektiven Intelligenz (gelegentlich auch als Schwarmintelligenz bezeichnet), die gemeinsame Ziele und eine Koordinierung der einzelnen Aktivitäten im Sinne dieser Ziele voraussetzt. Auch in den menschlichen Gesellschaften strebt der Einzelne mehr oder weniger nach egoistischer Befriedigung, während die Bewegungen der Geschichte große kollektive Zielsetzungen erkennen lassen, die zwar möglicherweise nicht von einer Logik, aber zumindest von Entwicklungsgesetzen bestimmt zu sein scheinen.

Die Beobachtung der Natur und der Welt lässt also auf die Existenz kollektiver Phänomene schließen, die durch die Koordination kleiner, gänzlich autonomer Einheiten zustande kommen, denen jedes Bewusstsein von der übergeordneten Gesamtheit fehlt. Ist es möglich, solche Phänomene einer Selbstorganisation künstlich mit Hilfe eines Computers nachzuahmen? Dieser Frage gehen die so genannten Konnektionisten nach. Zu diesem Zweck konzipieren sie kleine autonome Entitäten, also Automaten, die als lebendige Maschinen begriffen und mathematisch als formale Automaten beschrieben werden. Mit der Zeit bilden sich Verbindungen zwischen diesen kleinen Maschinen heraus; es entstehen gleichsam Automatengesellschaften mit einer Aufgabenteilung zwischen den verschiedenen Gliedern; und deren Koordination lässt ein Verhalten erkennen, das über ein bloßes Nebeneinander individuellen Verhaltens hinausgeht.

Seit Mitte der 1940er Jahre, als der Konnektionismus im Rahmen der Kybernetik entstand, bemüht er sich um eine rationale Rekonstruktion natürlicher Prozesse mit Hilfe informationsverarbeitender Systeme. Darin steht er im Gegensatz und zugleich in einem komplementären Verhältnis zum analytischen wissenschaftlichen Vorgehen, das sämtliche Phänomene, auch solche sozialer, psychischer, physiologischer oder biologischer Art, in physikalische Tatsachen zu zerlegen versucht. Und wie die analytische Naturwissenschaft gelegentlich in einen karikaturenhaften Reduktionismus verfällt, der alles vorschnell auf einige wenige elementare physikalische Mechanismen zurückführt, so erliegt der Konnektionismus zuweilen der Versuchung eines anderen Reduktionismus, der das Denken zwar nicht in elementare materielle Bestandteile zerlegt, wohl aber den Geist aus der spontanen Koordination elementarer Mechanismen hervorgehen sieht.

Wie Venus in ihrer ganzen Schönheit aus dem Schaum des Meeres geboren wurde, so soll das Denken mit all seinen Fähigkeiten aus Automatennetzwerken hervorgegangen sein. Dieses Märchen erzählen uns einige militante Verfechter des Konnektionismus und stützen sich dabei auf einige erfolgreiche, aber insgesamt eher summarische Realisierungen und ein altes Bild, das die formalen Neuronen mit den Neuronen unseres Gehirns gleichsetzt. Und je obskurer ihre Argumentationen sind, desto verführerischer erscheinen sie, denn sie versprechen Licht in einen Bereich zu bringen, der noch weitgehend im Dunkeln liegt.

Dabei handelt es sich jedoch nur um eine kleine lautstarke Minderheit, die uns nicht den Blick auf die ernsthafte Arbeit anderer Konnektionisten und auf deren quantifizierbare und verifizierbare Ergebnisse verstellen sollte, zu denen sie in der Erforschung, Formulierung und Überprüfung konnektionistischer Modelle gelangt sind.

Konstruktivismus

Zur Vertiefung: ***Existenz***

Man kann die Existenz einer geraden Zahl beweisen, indem man ein Beispiel angibt, etwa die Zahl 4, und beweist, dass diese Zahl gerade ist. Ein Existenzbeweis, der von einem Beispiel ausgeht und für dieses Beispiel den Nachweis erbringt, dass es die behauptete Eigenschaft besitzt, wird als konstruktivistisch bezeichnet. Umgekehrt nennt man einen Beweis, der kein Beispiel angibt, nichtkonstruktivistisch. So kann man auf nichtkonstruktivistische Weise die Existenz einer irrationalen Zahl x beweisen, die, mit $\sqrt{2}$ potenziert, eine rationale Zahl ergibt.

Der Beweis geht folgendermaßen:
- Die Zahl $(\sqrt{2})^{\sqrt{2}}$ ist entweder rational oder irrational;
- ist die Zahl $(\sqrt{2})^{\sqrt{2}}$ rational, setzt man $x=\sqrt{2}$;
- ist die Zahl $(\sqrt{2})^{\sqrt{2}}$ irrational, setzt man $x=(\sqrt{2})^{\sqrt{2}}$.

In beiden Fällen ist die Zahl x irrational (im ersten Fall, weil $\sqrt{2}$ irrational ist, im zweiten Fall der Annahme gemäß), und $x^{\sqrt{2}}$ ist rational (im ersten Fall der Annahme gemäß, im zweiten Fall, weil $(\sqrt{2})^{\sqrt{2}}$, mit $\sqrt{2}$ potenziert, gleich 2 ist, und 2 ist rational). Dieser Beweis ist nichtkonstruktivistisch, weil er kein Beispiel für eine Zahl x angibt, die mit $\sqrt{2}$ potenziert, eine rationale Zahl ergibt. Außerdem sagt der Beweis nur, dass eine der beiden Zahlen $\sqrt{2}$ und $(\sqrt{2})^{\sqrt{2}}$ die behauptete Eigenschaft besitzt, nicht aber, welche von beiden rational ist.

Der nichtkonstruktivistische Charakter dieser Beweisführung beruht auf der Verwendung einer Schlussregel, die als Satz vom ausgeschlossenen Dritten (*tertium non datur* – ein Drittes gibt es nicht) bezeichnet wird. Diese Regel gestattet es, die Geltung einer Aussage der Form »A oder nicht A« zu behaupten, ohne die Geltung von »A« oder von »nicht A« beweisen zu müssen. Obwohl wir nicht wissen, ob es am 25. Dezember 3000 in Paris schneien wird, können wir mit Hilfe des Satzes vom ausgeschlossenen Dritten mit Sicherheit behaupten, dass der Satz »Entweder wird es am 25. Dezember 3000 in Paris schneien, oder es wird am 25. Dezember 3000 in Paris nicht schneien« wahr ist. Im obigen Beispiel kommt das *tertium non datur* in der ersten Zeile zum Zuge: »Die Zahl $(\sqrt{2})^{\sqrt{2}}$ ist entweder rational oder irrational.«

Als man im 19. Jahrhundert nichtkonstruktivistische Beweise in die Mathematik einführte, kamen mancherlei Bedenken auf. So bewies Georg Cantor die Existenz transzendenter Zahlen, ohne ein Beispiel geben zu können (transzendente Zahlen sind reelle Zahlen, die nicht die Lösung einer algebraischen Gleichung mit ganzzahligen Koeffizienten darstellen). Daher fragten sich manche, was sie davon hätten, zwar um die Existenz dieser Zahlen zu wissen, aber kein einziges Beispiel zu kennen, und hielten sich lieber an den komplizierteren, aber konstruktivistischen Beweis von Joseph Liouville. Diese Bedenken veranlassten einige Mathematiker Anfang des 20. Jahrhunderts, nichtkonstruktivistische Beweise und die Schlussregel des *tertium non datur* grundsätzlich abzulehnen. Auf der Grundlage einer gegen den »Platonismus« in der Mathematik gerichteten Philosophie, wonach Aussagen nicht an sich wahr oder falsch sind, sondern nur insofern, als man sie beweisen kann, sprachen die so genannten Intuitionisten um Luitzen Brouwer dem Satz vom ausgeschlossenen Dritten und damit dem nichtkonstruktivistischen Beweis jegliche Geltung ab.

Der einstmals recht heftige Streit zwischen Anhängern und Gegnern des *tertium non datur* hat sich inzwischen weitgehend gelegt. Schlussregeln sind keine Offenbarungen, die man glauben oder verwerfen muss. Und wie die Axiome einer Theorie seit Henri Poincaré als Definitionen der in dieser Theorie verwendeten Symbole verstanden werden können, so lassen sich auch die Schlussregeln als Definitionen der logischen Symbole »und«, »oder«, »nicht«, »es gibt« usw. begreifen. Wenn Anhänger und Gegner des *tertium non datur* unterschiedliche Schlussregeln verwenden, unterscheiden sie sich vor allem in der Bedeutung, die sie diesen Symbolen beilegen. So verwenden die Intuitionisten den Ausdruck »es gibt« nicht in derselben Bedeutung wie die Anhänger des *tertium non datur*. Die einen wollen damit sagen, dass wir das betreffende Objekt kennen, die anderen, dass dieses Objekt unmöglich nicht existieren kann, auch wenn wir es nicht kennen. Aber die beiden Bedeutungen schließen einander keineswegs aus. Konstruktivistische und nichtkonstruktivistische Beweise bestehen in der heutigen Mathematik ebenso friedlich nebeneinander wie euklidische und nichteuklidische Geometrien (siehe Parallele).

Kontingenz

→ ***Notwendigkeit, Kontingenz***

Kontinuität

→ ***Stetigkeit, Kontinuität***

Kontinuum

Zur Vertiefung: ***Zahlen***

Die intuitive Vorstellung eines Kontinuums, die man illustrieren könnte, indem man eine Linie zeichnet, ohne den Stift abzusetzen, lässt sich nur schwer analysieren. Das Bild der in einem Zug gezeichneten Linie verweist auf die Idee der Bewegung, und tatsächlich hat diese Vorstellung dem mathematischen Begriff des Kontinuums lange Zeit als Grundlage gedient.

Es ist allerdings denkbar, dass die Griechen sich das Kontinuum als eine aus unendlich vielen »unteilbaren« Elementen zusammengesetzte Entität vorgestellt haben, denn Zenons Argumente (z.B. Achill und die Schildkröte) zielten offenbar darauf ab, solche Vorstellungen zu widerlegen.

Auf einer kontinuierlichen oder stetigen Kurve befinden sich zwischen je zwei Punkten stets weitere Punkte. Aber diese Eigenschaft der »Dichte« reicht nicht aus, um das Kontinuum zu charakterisieren; auch die Menge der Punkte der Geraden mit rationaler Abszisse besitzt diese Eigenschaft, aber diese Menge ist kein Kontinuum (siehe Zahlen). Erst in der zweiten Hälfte des 19. Jahrhunderts gelang es zu erklären, was die Zahlengerade, also die Menge der reellen Zahlen, zu einem Kontinuum macht. Jede nichtleere, nach oben beschränkte Menge reeller Zahlen besitzt eine »obere Schranke«. Um das zu verstehen, muss man wissen, was die »Majorante« einer Menge E ist; es handelt sich um eine Zahl M, die größer oder gleich jedem Element von E ist; man nennt E nach oben beschränkt, wenn es eine derartige Majorante gibt. Die obere Grenze ist (falls sie existiert) die kleinste Majorante.

Aus dieser Eigenschaft kann man folgern, dass eine Folge (I_n) ineinander verschachtelter Intervalle reeller Zahlen
$I_n=[a_n,b_n]$, $(I_n\supset I_{n+1})$
stets eine nichtleere Schnittmenge besitzt. Wenn darüber hinaus die Länge der Intervalle I_n gegen 0 strebt, besteht die Schnittmenge aus einer einzigen Zahl. Das entspricht dem Gedanken einer Folge immer genauerer Messungen, denn eine physikalische Messung ergibt keine präzise Zahl, sondern ein Intervall, das mit wachsender Genauigkeit immer kleiner wird. Eine reelle Zahl entspricht daher dem Idealfall einer unendlich genauen Messung.

Umgekehrt folgt aus dieser Eigenschaft ineinander verschachtelter Intervalle, deren Länge gegen 0 strebt (ihre Schittmenge besteht aus einer Zahl), und dem Archimedes-Axiom (wenn a und b reelle Zahlen sind und $a>0$, dann gibt es eine ganze Zahl n, so dass $na\geq b$) die Existenz der oberen Schranken.

Lange Zeit wurde der Begriff des Kontinuums mit dem der zusammenhängenden Menge verwechselt. Ein topologischer Raum wird als zusammenhängend bezeichnet, wenn er nichtleer ist und nicht in zwei disjunkte, offene und nichtleere Teilräume zerlegt werden kann. Das Bild eines zusammenhängenden Raumes unter einer stetigen Abbildung ist seinerseits wieder zusammenhängend. Die zusammenhängenden Teilmengen der Zahlengerade $\mathbb{R}$ sind die nichtleeren beschränkten Intervalle, die Halbgeraden oder die gesamte Gerade. Ist f eine stetige Funktion von einem Intervall I aus $\mathbb{R}$ in einem Raum E, so ist das Bild $f(I)$ eine zusammenhängende Teilmenge von E. Insbesonere ist $f(I)$ ein Intervall, wenn $E=\mathbb{R}$ (Zwischenwertsatz).

Kontinuumshypothese

Zur Vorbereitung: ***Kardinalzahlen, Ordinalzahlen; Menge***
Zur Vertiefung: ***Modelltheorie***

Nach dem Satz von Cantor (siehe MENGE) gibt es mehr reelle als natürliche ZAHLEN, das heißt, es gibt reelle Zahlen, die keine natürlichen Zahlen sind, und vor allem gibt es keine eineindeutige Zuordnung zwischen den reellen und den natürlichen Zahlen, also keine Abbildung, die jeder natürlichen Zahl eindeutig eine reelle Zahl zuordnet und umgekehrt, so dass die Menge der natürlichen Zahlen und die Menge der reellen Zahlen nicht dieselbe Kardinalzahl haben.

Die Kardinalzahl der Menge der natürlichen Zahlen wird mit dem ersten Buchstaben des hebräischen Alphabets als $\aleph_0$ (Aleph null) bezeichnet und heißt »das Abzählbare«. Nach John von Neumanns Definition ist diese Kardinalzahl nichts anderes als die Ordinalzahl ω (Omega), das heißt die Menge $\mathbb{N}$ der natürlichen Zahlen. Man kann leicht zeigen, dass diese Kardinalzahl die kleinste unendliche Kardinalzahl ist, das heißt dass alle transfiniten Kardinalzahlen größer oder gleich $\aleph_0$ sind.

Die Kardinalzahl der Menge der reellen Zahlen wird als »Kontinuum« bezeichnet, und man schreibt $2^{\aleph_0}$, denn es handelt sich um die Zahl, die man erhält, wenn man 2 mit $\aleph_0$ potenziert. Die Kontinuumshypothese besagt nun, dass $2^{\aleph_0}$ die kleinste Kardinalzahl nach $\aleph_0$ ist, oder anders gesagt, dass es keine Menge gibt, die mehr Elemente enthält als die Menge der natürlichen Zahlen, aber weniger als die Menge der reellen Zahlen; oder noch einmal anders gesagt, dass die unendlichen Mengen sich in zwei Klassen einteilen lassen; die eine umfasst alle Mengen, die ebenso viele Elemente besitzen wie die Menge der natürlichen Zahlen (zum Beispiel die Menge der rationalen Zahlen, die der algebraischen Zahlen und die der Paare natürlicher Zahlen), die andere umfasst jene Mengen, die mindestens ebenso viele Elemente besitzen wie die Menge der reellen Zahlen (zum Beispiel die Menge der irrationalen Zahlen und die Menge der Mengen natürlicher Zahlen).

Georg Cantor hat vergeblich versucht, diese Hypothese zu beweisen, aber es gelang ihm ebenso wenig, das Gegenteil zu beweisen, also eine Kardinalzahl zwischen $\aleph_0$ und $2^{\aleph_0}$ zu finden. Heute weiß man, dass dieser Satz in der Mengenlehre unabhängig ist, das heißt, er lässt sich innerhalb dieser Theorie ebenso wenig beweisen wie seine Negation. Zunächst bewies Kurt Gödel 1938, dass man die Negation der Kontinuumshypothese nicht beweisen kann, weil alle unendlichen Mengen, die sich mit Hilfe der Axiome der Mengenlehre konstruieren lassen, die Kardinalzahl $\aleph_0$ oder eine Kardinalzahl größer/gleich $2^{\aleph_0}$ haben, nicht jedoch eine Kardinalzahl, die zwischen $\aleph_0$ und $2^{\aleph_0}$ liegt. 1963 bewies dann Paul Cohen, dass auch die Kontinuumshypothese selbst sich nicht beweisen lässt, das heißt, dass man die Existenz einer Menge, deren Kardinalzahl zwischen $\aleph_0$ und $2^{\aleph_0}$ liegt, durch ein Axiom postulieren kann, ohne dass dadurch ein WIDERSPRUCH in der Mengenlehre entsteht.

Wie man mehrere widerspruchsfreie Geometrien konstruieren kann, indem man das Parallelenaxiom akzeptiert oder verwirft (wonach es zu einem Punkt P außerhalb einer Geraden g genau eine Gerade durch P gibt, die g nicht schneidet; siehe PARALLELEN), so lassen sich auch mehrere Mengenlehren konstruieren, in denen die Kontinuumshypothese akzeptiert oder verworfen wird.

Konvektion

Zur Vertiefung: ***allgemeine Zirkulation der Atmosphäre; Dynamo; Sonne; Stern***

Wärmetransport durch Konvektion

Stellt man einen Topf mit Wasser auf eine Herdplatte, so erwärmt sich zunächst das Wasser am Boden des Topfes; von dort breitet sich die Wärme durch Wärmeleitung weiter aus, das heißt, sie verbreitet sich innerhalb der unbewegten Flüssigkeit von den wärmeren in die noch kälteren Bereiche, bis sie schließlich an der Oberfläche entweicht.

Heizt man das Wasser noch weiter auf, entsteht eine Situation, in der die Wärmeleitung nicht mehr ausreicht, um die am Boden des Topfes zugeführte Wärme abzuleiten. Hier kommt ein Mechanismus ins Spiel, der einen effizienteren Wärmetransport ermöglicht. Die Wärme wird nicht mehr durch die ruhende Flüssigkeit geleitet, vielmehr setzt die Flüssigkeit sich in Bewegung und sorgt auf diese Weise für einen Transport der Wärme. Diesen Mechanismus bezeichnet man als Konvektion. Das Wasser am Boden des Topfes dehnt sich aufgrund der Erwärmung aus, verliert dadurch an Dichte und erfährt einen Auftrieb. Es steigt auf und nimmt die Wärme mit an die Oberfläche; dort kühlt das Wasser ab und sinkt wieder zu Boden, wo es wiederum aufgeheizt wird, so dass es aufsteigt, und so weiter. Aufstieg und Abstieg des Wassers erfolgen natürlich nicht an denselben Stellen, sondern verteilen sich jeweils auf getrennte Bereiche der Flüssigkeit; die wärmebedingte Zirkulation der Flüssigkeit erfolgt in so genannten Konvektionszellen (siehe *Abbildung 1*).

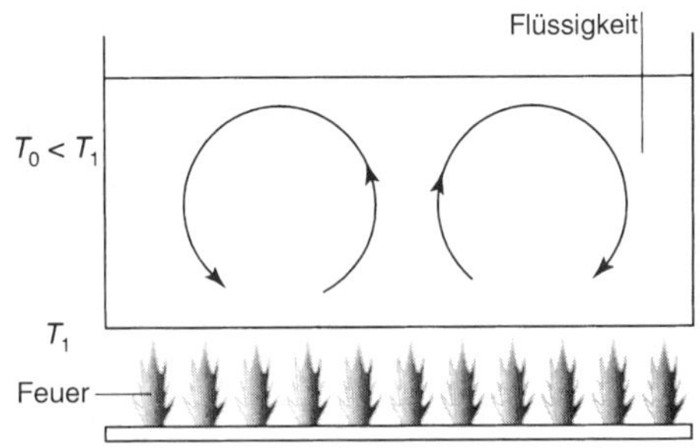

Abbildung 1 Konvektionszellen

Da die Konvektion auf dem Auftrieb erwärmter Flüssigkeiten oder Gase basiert, setzt sie die Existenz eines Schwerefeldes voraus; in der Schwerelosigkeit eines Raumlabors könnte es also keine Konvektion geben.

Die Konvektion ist von großer Bedeutung für den Wärmetransport in der Atmosphäre und den Weltmeeren, aber auch im ERDKERN und im Erdmantel oder in den Sternen und den Riesenplaneten.

Konvektion in astronomischen Objekten

Astronomische Objekte wie STERNE und PLANETEN bieten besonders günstige Bedingungen für die Entstehung von Konvektionsströmungen, da die Hauptwärmequelle dort meist in den zentralen Regionen lokalisiert ist. Ausgelöst werden kann die Konvektion durch die Kernfusion (auf der Basis von Wasserstoff oder Helium) im Innern der Sterne, durch die vermehrten Zusammenstöße zwischen den Atomen, die aus der noch nicht abgeschlossenen gravitationsbedingten Kontraktion einiger Riesenplaneten wie Jupiter oder Saturn resultieren (siehe AKKRETION) oder auch durch die von der Entstehung des Objekts herrührende Restenergie. Die Gravitation ist auf das Zentrum gerichtet, und ein Teil der Flüssigkeit oder des Gases im Innern, der heißer ist als die äußeren Teile und daher geringere Dichte besitzt, setzt sich in Bewegung und drängt nach außen. Die Bedingungen für die Entstehung von Konvektionsströmungen sind erfüllt, falls die Flüssigkeit oder das Gas, aus denen das betreffende astronomische Objekt besteht, nicht genügend Wärmeleitfähigkeit besitzt, um die im Innern erzeugte Wärme schnell genug nach außen abzuführen.

Auf diese Weise entstehen gewaltige Konvektionsströmungen, die den gesamten Stern umfassen und für eine ständige Durchmischung der flüssigen oder gasförmigen Materie sorgen; sie steigen an die Oberfläche auf und sinken wieder ab, nachdem sie sich durch die Abstrahlung von Licht abgekühlt haben. Die Bereiche des Sterns, in denen dies geschieht, werden als Konvektionszonen bezeichnet. Die Konvektion ist also ein effizientes Mittel zur Ableitung der im Innern von Sternen erzeugten Wärme, vor allem wenn es sich um strahlungsintensivere Sterne als die Sonne handelt, bei denen die im Innern erzeugte Energie nicht allein durch Strahlung nach außen geleitet werden kann. Auf der Oberfläche der Sonne führen die in der Tiefe gelegenen Konvektionsbewegungen zu einer gleichsam körnigen, die gesamte Sonne überziehenden Struktur aus helleren und dunkleren, also wärmeren und kälteren Bereichen, die ohne weiteres die Größe Frankreichs erreichen können und auf Fotografien gut zu erkennen sind. Unter dem Einfluss von Konvektionsbewegungen entstehen diese körnigen Gebilde ständig neu, ihre Lebensdauer beträgt oft nur wenige Minuten.

Die Sonnenflecken, die man auch auf der Oberfläche anderer Sterne beobachtet hat, sind große dunklere Bereiche, die oft einen beträchtlichen Teil der Sonnenoberfläche einnehmen. Dabei handelt es sich um Zonen, in denen die Temperatur deutlich unterhalb der in der Umgebung zu messenden Temperaturen liegt (bei der Sonne bis zu 1500 K); verursacht werden sie durch sehr starke lokale Magnetfelder, die den Auftriebskräften entgegenwirken und die darunter aufsteigenden Konvektionsströmungen blockieren, so dass sie nicht an die Oberfläche gelangen können.

Zwischen der Konvektion und dem Magnetfeld besteht noch ein weiterer Zusammenhang, denn erst die Konvektion innerhalb der Sterne sorgt über den Dynamoeffekt für die Entstehung eines Magnetfeldes. Schon eine geringfügige lokale Fluktuation in der Neutralität des PLASMAS (eines Gases aus elektrisch geladenen Teilchen), aus dem der Stern besteht, lässt ein Magnetfeld entstehen, das durch die kombinierte Bewegung der Konvektion und der Rotation des Sterns verstärkt wird.

Die Konvektion sorgt für eine ständige Durchmischung der tieferen Schichten und transportiert eine gewaltige Menge mechanischer (kinetischer) Energie an die Oberfläche. Diese Energie erzeugt Schallwellen (Lärm), Oberflächenwellen und Turbulenzen; die Schall- oder Stoßwellen heizen die äußeren Gasschichten auf und sorgen für die Entstehung der Koronen unserer SONNE und anderer Sterne. Die Oberflächenwellen schwingen relativ lange und schwächen sich nach und nach ab; aus ihrer Erforschung ist die Helio- und Asteroseismologie hervorgegangen, die wertvolle Aufschlüsse über den inneren Aufbau der Sonne und der Sterne liefert.

Konzentration, Verdünnung

Zur Vertiefung: ***Lösung***

In der Chemie bezeichnet »Konzentration« zugleich einen Zustand und den Prozess, der dorthin führt. Dieser Prozess ist bekannt: Durch Verdunstung wird eine Zuckerlösung konzentriert, also süßer. Ebenso hat konzentrierte Milch einen Großteil ihres Wassers verloren. Als Konzentration bezeichnet man jedoch auch die Anzahl chemischer Teilchen (Ionen oder Moleküle) pro Volumeneinheit, meist ausgedrückt in Mol pro Liter oder M. Ein Mol ist die Stoffmenge, deren Anzahl an einzelnen Teilchen gleich der Avogadroschen Zahl $N_A=6\times10^{23}$ ist (siehe AVOGADRO-KONSTANTE). Demnach ist ein Mol die Menge eines chemischen Stoffes, die seiner relativen Atom- oder Molekülmasse in Gramm entspricht. Blut ist eine Salzlösung mit einer dezimolaren Konzentration, das heißt seine Konzentration entspricht etwa 10^{-1} Mol. Viele Medikamente wirken auf verschiedene Organe bei mikromolaren (10^{-6}M) oder nanomolaren (10^{-9}M) Konzentrationen im Blut.

Die Bestimmung der Konzentrationen gehört unter anderem zu den Aufgaben der chemischen Analyse. Da das Volumen der zu analysierenden Lösung leicht zu messen ist, lässt sich über die Konzentration auch die Gesamtstoffmenge ermitteln, die gelöst vorliegt. Wenn es sich um Moleküle handelt, kann man ihre Menge anhand der Absorption des Lichtes bestimmen, gemessen mit einem Photometer. Diese Absorption ist proportional zur Konzentration des gelösten Stoffes.

Wenn es sich um Ionen in wässriger Lösung handelt, lässt sich ihre Konzentration an der Stärke des elektrischen Stromes messen, den diese leitfähige Lösung leitet. Ein Beispiel ist der pH-Wert, der die Wasserstoffionenkonzentration einer sauren Lösung misst.

Die Position eines jeden chemischen Gleichgewichts zwischen dem Ausgangs- und Endzustand einer Reaktion hängt von der Konzentration der vorhandenen Stoffe ab. Ebenso sind in den Zellen von Lebewesen die Konzentrationsunterschiede eines Stoffes, ob er nun aus Ionen oder Molekülen besteht, auf beiden Seiten einer Zellmembran für grundlegende Phänomene wie die Erregungsleitung der Nerven oder die Muskelkontraktion verantwortlich.

Kooperativität

Zur Vertiefung: ***Allosterie; Enzym; genetische Regulation; Säuren und Basen***

Als Kooperativität bezeichnet man das Phänomen, dass verschiedene Teile eines Moleküls durch Wechselwirkungen ihre jeweiligen Eigenschaften gegenseitig verändern und damit auch die Eigenschaften des gesamten Moleküls beeinflussen.

Ein einfaches Beispiel hierfür ist die Schwefelsäure SO_4H_2 mit zwei funktionellen Gruppen, die jeweils ein Proton H^+ abgeben können: Dies sind die beiden Gruppen O—H (siehe Säuren und Basen). Der in zwei Stufen erfolgende Prozess lässt sich folgendermaßen darstellen: $SO_4H_2 \rightarrow SO_4H^- + H^+$ und $SO_4H^- \rightarrow SO_4^{2-} + H^+$.

Die Acidität des Säurerests SO_4H^- ist weniger ausgeprägt, da es durch die Anziehungskraft zwischen positiver und negativer Ladung schwieriger ist, einem negativ geladenen Rest ein Proton H^+ zu entreißen als einem neutralen Molekül (SO_4H_2). Wie dieses Beispiel zeigt, bezieht sich der Begriff der Kooperativität auf einen Prozess, der aus einer geordneten zeitlichen Abfolge von wechselseitig sich beeinflussenden Ereignissen besteht. Im genannten Beispiel ist die kooperative Wirkung negativ, da das erste Ereignis das zweite erschwert.

Die Kooperativität kann jedoch auch positiv wirken, wie es zum Beispiel bei der Bindung von Sauerstoff durch Hämoglobin der Fall ist. Dieses Protein besteht aus vier aneinander gereihten Ketten, die jeweils ein Sauerstoffmolekül binden können. Sobald eine Kette des Hämoglobinmoleküls ein Sauerstoffmolekül gebunden hat, ist die Bindung eines zweiten Sauerstoffmoleküls erleichtert, das wiederum die Bindung eines dritten Sauerstoffmoleküls erleichtert usw. Statt also eine gleichwertige Rolle zu spielen, hat jede Kette auf die anderen einen positiv kooperativen Effekt, der die Sauerstoffbindung vereinfacht. Er kommt zustande, weil eine Kette, die ein Sauerstoffmolekül gebunden hat, ihre Konformation ändert und damit auch Änderungen in der Konformation der benachbarten Ketten auslöst, die bei ihnen die Bindung eines Sauerstoffatoms erleichtern (siehe Allosterie). Ein solcher Effekt fehlt zum Beispiel bei Myoglobin, einem anderen Protein, das aus nur einer Kette besteht.

Effekte der positiven oder negativen Kooperativität sind an der Regulation der Enzymfunktion beteiligt, also jener Proteine, die biochemische Reaktionen katalysieren, sowie an den Prozessen, die genetische Informationen in die verschiedenen Funktionen der Zellen umsetzen (siehe genetische Regulation).

Koordination, Koordinationszahl

Zur Vertiefung: ***Katalyse; Komplexverbindungen; Valenz***

In einem Molekül tendieren die Atome dazu, sich unter der Einwirkung von Anziehungskräften (siehe Kraft und chemische Bindung) zusammenzutun. Die Verknüpfungen, die sie verbinden, bringen Strukturen hervor, die in ihrer räumlichen Anordnung der idealen Geometrie eines platonischen Körpers (zum Beispiel eines Würfels oder Oktaeders) nahe kommen. Als Koordination eines bestimmten Atoms in einem chemischen Stoff bezeichnet man sowohl die Anzahl (Koordinationszahl) als auch die räumliche Anordnung der Atome und Atomgruppen, von denen dieses Zentralatom umgeben ist. Der Begriff der Koordination hat also sowohl einen arithmetischen als auch einen geometrischen Aspekt. Phosphor hat zum Beispiel in Triphenylphosphin $P(C_6H_5)_3$ die Koordinationszahl 3 und bildet mit seinen Liganden eine Pyramide mit dreieckiger Grundfläche; in Phosphorpentafluorid PF_5 hat er dagegen die Koordinationszahl 5, da er fünf Fluoratome trägt, und bildet mit seinen Liganden zwei dreiseitige Pyramiden mit gemeinsamer Grundfläche.

Die Koordinationszahl eines Atoms gibt also die Anzahl seiner nächsten Nachbarn an. Kohlenstoff hat in Methan CH_4 die Koordinationszahl 4 (in anderen Kohlenstoffderivaten jedoch 3, 5 oder 6); das Natriumkation in Natriumhydrat $Na^+(H_2O)_6$ die Koordinationszahl 6. Als Begriff ist die Koordinationszahl weniger streng und daher auch besser anwendbar als die Valenz, die sich als normative Regel verstand; die normale Koordinationszahl ist dagegen eine Regel, die lediglich gängige Beobachtungen widerspiegelt, ohne verbindlichen Charakter zu haben.

Die Begriffe »Koordinationszahl« und »Koordination« hängen zwar eng zusammen, sind aber keineswegs deckungsgleich, wie ein Beispiel zeigt: Die Koordinationszahl 4 kann einer Koordination in Form eines Quadrats, aber auch in Form eines Tetraeders entsprechen. Ebenso wie man für jedes Element seine normale, also gängige Koordinationszahl bestimmen kann, lässt sich für jede Koordinationszahl die zu erwartende räumliche Anordnung vorhersehen. So ist bei der Koordinationszahl 4 das Tetraeder fast immer die Regel.

In den vergangenen Jahrzehnten hat die Koordinationschemie einen ähnlichen Aufschwung erlebt wie die organische Chemie im 19. Jahrhundert. Ihre Zielsetzung ist es, die Zusammenhänge zwischen Koordinationszahl und geometrischer Anordnung und die Ausnahmen von der Regel zu erklären. Ihren Aufschwung verdankt sie den Beobachtungen, die durch die Kernresonanzspektroskopie möglich wurden. Dieses Verfahren eignet sich hervorragend, um Nachbarschaftsbeziehungen zwischen Atomen zu bestimmen und die Lebensdauer von Verbindungen in verschiedenen geometrischen Anordnungen festzustellen. Darüber hinaus ist die Koordinationschemie an der Entwicklung zahlreicher neuer Verbindungen beteiligt.

Gegenstand der Koordinationschemie sind neutrale oder elektrisch geladene Koordinationsverbindungen. Diese Komplexverbindungen bestehen aus einem meist metallischen Zentralatom, um das sich organische (zum Beispiel Triphenylphosphin $P(C_6H_5)_3$) oder anorganische Moleküle oder Ionen gruppieren, die auch eigenständig existenzfähig sind, zum Beispiel Cyanidionen. Bei vielen Katalysatoren und Biomolekülen wie Chlorophyll, Hämoglobin, Cytochrom P450 und Vitamin B12 handelt es sich um Koordinationsverbindungen.

In der Koordinationschemie ist die Verlockung groß, die Flucht nach vorn anzutreten und mit aller Kraft eine Fülle neuer Stoffe zu synthetisieren, statt unsere Erkenntnisse über Struktur und Dynamik der zahlreichen bestehenden Komplexverbindungen zu vertiefen.

kosmische Strahlung

Zur Vertiefung: ***Antiteilchen, Antimaterie; Elementhäufigkeit; Entstehung der Elemente; Teilchenbeschleuniger***

Nachdem Antoine Henri Becquerel 1896 die Radioaktivität entdeckt und die vom Uran ausgehende »ionisierende Strahlung« beobachtet hatte, stellten die Physiker fest, dass unsere Luft eine natürliche Ionisierung aufweist, das heißt, dass sich darin freie positive und negative elektrische Ladungen auffinden lassen. 1910 stieg der Jesuitenpater Theodor Wulf mit einem Elektroskop auf den Eiffelturm und erkannte mit Hilfe dieses einfachen Instruments zur Messung elektrischer Ladungen, dass die Ionisierung der Luft mit der Höhe zunimmt. Wenig später ließ der österreichische Physiker Victor Hess einen Detektor für ionisiernde Strahlung mit einem Ballon aufsteigen, und da die Ioniserung mit wachsender Höhe immer weiter zunahm, gelangte er zu dem Schluss, dass diese ionisierenden Strahlen, denen der Physiker Robert Millikan 1925 den Namen »kosmische Strahlung« gab, von außerhalb der Erde stammen und von den unteren Schichten der Atmosphäre absorbiert werden.

Ein Bombardement von unvergleichlicher Stärke

Da sich die Natur dieser »Strahlung« mit den damaligen Mitteln nicht genauer klären ließ, dauerte es noch zwei Jahrzehnte, bis man erkannte, dass es sich nicht um eine hochenergetische, dem LICHT vergleichbare Strahlung (Röntgen- oder Gammastrahlung) handelte, sondern um einen Strom sehr schneller Materieteilchen, nämlich Elektronen, Protonen, Heliumkerne und andere ionisierte Atome aller erdenklichen chemischen Elemente (das heißt Atome, die einen Teil ihr Elektronen verloren haben und daher elektrisch positiv geladen sind). Es zeigte sich schon bald, dass diese Teilchen mit Ausnahme eines kleinen Teils, der den Sonnenwind bildet (siehe WIND), angesichts ihrer Energie – und da sie aus allen Richtungen des Raumes kommen – nicht von der Sonne stammen können. Es handelt sich zwar durchaus um ein kosmisches Phänomen, nicht aber um eine dem Licht vergleichbare Strahlung. Die Bezeichnung »kosmische Strahlung« wurde dennoch beibehalten. Man unterscheidet zwei Komponenten: einerseits die Primärstrahlung, die aus den Tiefen des Weltraums zu uns gelangt, von unseren Raumsonden gemessen wird und gelegentlich die Astronauten auf dem Weg zum Mond oder zum Mars behelligen kann; andererseits die Sekundärstrahlung, die durch den Zusammenstoß der Primärstrahlung mit den Atomen unserer Erdatmosphäre entsteht.

Die Energie E der Elementarteilchen und Atome, aus denen die Primärstrahlung besteht, wird in Millionen Elektronenvolt (MeV) pro Nukleon angegeben (Nukleonen sind die Kernbauteile des Atoms, also PROTONEN und NEUTRONEN). Diese Einheit entspricht der Energie, die ein Elektron erhält, wenn es durch eine Potentialdifferenz von einer Million Volt beschleunigt wird, und entspricht $1{,}6 \times 10^{-13}$ J (Joule). Die für E gemessenen Werte reichen von wenigen MeV bis zu 10^{13} MeV in manchen besonders hochenergetischen Fällen, von denen in den 1980er Jahren einige beobachtet wurden (in solch einem Fall transportiert ein einziges Teilchen eine Energie von fast einem Joule). Zum weitaus überwiegenden Teil steht das Teilchenbombardement aus Teilchen mit niedrigeren Energien. Um so hohe kinetische Energien zu erreichen, muss die Bewegung eines Teilchens extrem nahe an die Lichtgeschwindigkeit heranreichen (siehe RELATIVITÄTSTHEORIE).

Die Analyse der Primärstrahlung und vor allem der zahlreichen Teilchen der Sekundärstrahlung bot den Physikern lange Zeit die einzige Möglichkeit, die Wechselwirkungen zwischen den Teilchen zu erforschen und neue Teilchen zu entdecken, so etwa die Mesonen, die Pionen und die Myonen; dieses himmlische Trommelfeuer sorgte für die hochenergetischen Zusammenstöße, die erforderlich sind, damit die betreffenden Teilchen entstehen und miteinander in Wechselwirkung treten (siehe TEILCHEN). Erst in den 1950er Jahren baute man Teilchenbeschleuniger, durch die man Elektronen oder Protonen dann schrittweise mit ähnlich großen Energien versehen konnte, wie wir sie in der kosmischen Strahlung antreffen.

Natürlich stellte sich schon bald die Frage nach den natürlichen Teilchenbeschleunigern, die so hohe Energien zu erzeugen vermögen. Schon 1934 äußerten die beiden Astrophysiker Walter Baade und Fritz Zwicky die Vermutung, dass in unserer Milchstraße die Explosion sehr großer Sterne (die so genannten

Supernovae) dafür verantwortlich seien. Allerdings war damit noch nicht der Mechanismus gefunden, durch den sich die Explosionsenergie als beobachtbare Bewegungsenergie auf die Teilchen übertrug. Die ersten Gedanken hierzu formulierte 1949 der Physiker Enrico Fermi, und heute nimmt man gemeinhin an, dass eine Stoßwelle für die Beschleunigung der Teilchen verantwortlich ist (ähnlich wie bei der Akkumulation akustischer Energie, wenn ein Flugzeug in unserer Atmosphäre die Schallmauer durchbricht). Diese Stoßwelle resultiert aus der explosionsartigen Ausdehnung der Supernova in den umgebenden interstellaren Raum hinein, in dem es ein Magnetfeld gibt, das eine Kraft auf elektrisch geladene Teilchen ausüben (siehe MAGNETISMUS) und deshalb als natürlicher Teilchenbeschleuniger fungieren kann.

Die Zusammensetzung der kosmischen Strahlung

In der kosmischen Strahlung findet sich so ziemlich alles, und ihre Zusammensetzung gibt uns ohne weitere Anstrengungen ein recht genaues Bild der bei der Explosion einer Supernova herausgeschleuderten Materie, die wir natürlich unmöglich an Ort und Stelle untersuchen könnten. Auf diese Weise lässt sich die relative Häufigkeit der einzelnen Elemente in den Sternen bestimmen, insbesondere die Häufigkeit des HELIUMS, das eine wichtige Rolle in der Kosmologie spielt. So bietet uns die kosmische Strahlung einen direkten Zugang zu den Produkten der in den Sternen ablaufenden Kernreaktionen und damit zur ENTSTEHUNG DER ELEMENTE.

Natürlich hat man in der kosmischen Strahlung auch nach Antimaterie gesucht (das ist eine zu unsere Materie symmetrische Materie, die bei einer Begegnung mit unserer Materie zusammen mit dieser zerstrahlt; da sowohl Materie als auch Antimaterie dabei als solche vernichtet werden, spricht man hier auch von Annihilation). Tatsächlich hat man Antielektronen (die als Positronen bezeichnet werden) und Antiprotonen gefunden, deren Ursprung man auf Zusammenstöße im interstellaren Raum zurückführt, wie wir sie auch in unseren Teilchenbeschleunigern künstlich herbeiführen. Nicht gefunden hat man dagegen die symmetrischen Ausprägungen sonstiger Atomkerne (Antisauerstoff, Antikohlenstoff usw.); wenn man sie fände, bewiese dies die heute noch umstrittene Existenz von Inseln aus Antimaterie in unserem Universum.

Die Erde als Detektor

Die direkteste und wohl auch kostengünstigste Methode zur Erforschung der kosmischen Strahlung ist die Installation geeigneter Detektoren an Bord künstlicher Satelliten. Solche Detektoren bieten uns jedoch keinen Zugang zu den besonders hochenergetischen Ereignissen (oberhalb von einer Milliarde Elektronenvolt), deren Ursprung immer noch ein Rätsel darstellt. Um diese Ereignisse sichtbar zu machen, benutzt man nun die Erdatmosphäre. Die Lichtgeschwindigkeit in Luft (v) liegt ein wenig unter der Lichtgeschwindigkeit im Vakuum (c), und diese Teilchen besitzen so viel Energie, dass ihre Geschwindigkeit zwar nicht die Lichtgeschwindigkeit c erreicht, wohl aber die Lichtgeschwindigkeit in Luft v übersteigen kann.

Der sowjetische Physiker Pawel Tscherenkow entdeckte 1934, dass die Teilchen in diesem Fall Energie verlieren und eine recht intensive Strahlung emittieren (Tscherenkow-Effekt; der Entdecker erhielt 1958 zusammen mit zwei Kollegen den Nobelpreis für Physik). Die Strahlung ist zwar für unsere Augen zu schwach und vor allem zu flüchtig, doch mit sehr großen Spiegeln kann man sie sammeln. Auf diese Weise lässt sich die Energie und sogar die Richtung der einfallenden hochenergetischen Teilchen bestimmen. Ende der 1990er Jahre wurde in den USA das nach dem französischen Physiker Pierre Auger benannte Auger-Observatorium fertiggestellt, das nicht mit Spiegelteleskopen ausgerüstet ist, sondern mit riesigen Spiegeln, deren Gesamtfläche mehrere tausend Quadratmeter beträgt; diese Spiegel sammeln die Lichtblitze der hochenergetischen Teilchen und lenken sie auf geeignete Detektoren.

kosmischer Staub

Zur Vorbereitung: ***interstellarer Raum***
Zur Vertiefung: ***Komet; Molekül; Planetenring; Wind***

Warum sollte man den mikroskopisch kleinen Staubteilchen überhaupt Beachtung schenken, die im interstellaren Raum der Galaxien umherirren und gerade einmal ein Tausendstel der Gesamtmasse einer Galaxie ausmachen? Die Astronomen brauchten einige Zeit, bis ihnen die Bedeutung dieser Materieteilchen klar wurde, und erst in den 1970er Jahren verstanden sie deren Herkunft und Rolle aufgrund einer (damals gerade erst möglich gewordenen) systematischen Erfassung der von diesen Staubteilchen ausgehenden Infrarotstrahlung.

Es handelt sich um winzige feste Partikel, die kleiner als ein Mikrometer sind ($1\mu m = 10^{-6} m$) und die zusammen mit Gasen (vor allem Wasserstoff) die interstellaren Wolken bilden. Sie absorbieren oder streuen das Licht naher Sterne (siehe STREUUNG). Durch die absorbierte Energie werden sie auf Temperaturen von einigen Kelvin (etwa –270 °C) bis zu einigen hundert Kelvin (–200 bis +200 °C) aufgeheizt und emittieren eine intensive Infrarotstrahlung, deren Umfang in manchen Galaxien die Summe der von den Sternen ausgehenden Strahlung übersteigt.

Dieser Staub schwächt für uns im sichtbaren Bereich das Licht der Sterne, die sich hinter den Staubwolken befinden, und erschwert die Beobachtung mancher Regionen unserer Milchstraße ganz beträchtlich. Doch dieser Effekt gestattet es zugleich, die Größe der Staubteilchen aufgrund der Gesetze der Lichtstreuung zu ermitteln. Durch eine SPEKTRALANALYSE der von den Staubteilchen emittierten Infrarotstrahlung lässt sich auch deren chemische Zusammensetzung feststellen; sie bestehen aus Aluminium-, Magnesium- und Eisensilicaten, die von einer dünnen eisförmigen Schicht flüchtiger Verbindungen wie Wasser, Ammoniak und Methan umgeben sind. Auch Kohlenstoffverbindungen sind gefunden worden, entweder Graphit oder kleine Molekülketten aus Benzolringen.

Die dichten interstellaren Wolken enthalten eine große Zahl von MOLEKÜLEN, darunter molekularen Wasserstoff H_2, aber auch über hundert andere, teils recht komplexe Verbindungen. Ihre Anwesenheit ist ein wichtiges Element bei der Erforschung der Möglichkeit AUSSERIRDISCHEN LEBENS. Ohne den kosmischen Staub gäbe es diese Moleküle gar nicht, und dies gleich aus zwei Gründen. Einerseits erleichtern die Staubteilchen die Bildung solcher Verbindungen, weil ihre Oberfläche als Katalysator wirken kann; es ist leichter für zwei im interstellaren Raum umherirrende Atome, sich an ein Staubteilchen zu heften, über dessen Oberfläche zu wandern und sich miteinander zu verbinden als im Raum selbst aufeinander zu stoßen und ein Molekül zu bilden (siehe KATALYSE). Andererseits sind die Moleküle auf den Staubteilchen besser vor der zerstörerischen Ultraviolettstrahlung heißer Sterne geschützt, weil der Staub diese Strahlung absorbiert.

Der Staub in den interstellaren Wolken ist wahrscheinlich zum größten Teil aus den stellaren Winden kalter Sterne entstanden; deren Atmosphäre entweicht langsam in den interstellaren Raum, und die Gase verdichten sich teilweise zu festen Partikeln, die je nach der vorherrschenden chemischen Zusammensetzung des betreffenden Sterns (Sauerstoff oder Kohlenstoff) aus Silicaten oder aus Graphit bestehen.

Die KOMETEN unseres SONNENSYSTEMS verbringen einen großen Teil ihres Daseins an den Grenzen des Sonnensystems, wo sie mit interstellarem Staub in Berührung kommen. Außerdem spiegelt sich in ihrer Zusammensetzung ohne Zweifel auch die Zusammensetzung des Sonnensystems in seiner Frühzeit, als es aus dem interstellaren Medium hervorging.

Die Kometenkerne sind Zusammenballungen von Staubteilchen, deren Zusammensetzung offensichtlich große Ähnlichkeit mit der des interstellaren Staubs zeigt. Wenn sie in die Nähe der Sonne geraten, verdampft regelmäßig ein Teil ihres Kerns und zerstreut sich in den Raum; dadurch reichert sich der interplanetare Raum dort mit Staub an, der eine abgeplattete Wolke im Umfeld der Sonne bildet und gelegentlich von der Erde aus als diffuser Halo erkennbar ist (Zodiakalwolke); diese Teilchen können auch in die Erdatmosphäre eindringen und lösen dort Meteorschauer aus.

Als unser Sonnensystem sich herausbildete, entstanden durch Zusammenballung oder AKKRETION mikroskopisch kleiner Staubteilchen Körner oder Brocken unterschiedlicher Größe (Planetesimale), von denen ein Teil noch heute im Sonnensystem umherirrt (man bezeichnet sie als Asteroiden) oder im Gravitationsfeld der Riesenplaneten gefangen ist (siehe PLANETENRING), während andere durch Akkretion zu den heutigen Planeten zusammenwuchsen.

Kosmogonie

Zur Vertiefung: ***Astrologie; Kosmologie***

Die Kosmogonie (vom griechischen *kosmos*: Welt) vermittelt zunächst einmal ein Bild der Welt und ihrer Entstehung. Die meisten Kulturen haben versucht, die Entstehung der Welt in einer Geschichte darzustellen, die objektive Elemente und Beobachtungstatsachen (die strahlende Sonne, den Wechsel von Tag und Nacht, die Sonnen- und Mondfinsternisse) mit mythischen Elementen (Göttern, Dämonen) oder vorwissenschaftlichen Fragen verbindet (so fragten die Chinesen sich nach dem Reisebericht des Li Chih ebenso wie die Gallier, ob der Himmel zusammenstürzen könne).

Da die Welt der Gestirne unserer Anschauung eher zugänglich ist als die Grundbausteine der Materie oder des Lebens, kann es kaum verwundern, dass diese Geschichten von Himmelskörpern und von der Erde handelten.

Die moderne Wissenschaft spricht lieber von »Kosmologie«, wenn es um die Vergangenheit und die Entwicklung des gesamten Universums geht. Der Ausdruck »Kosmogonie« bezieht sich dann auf mythologische Darstellungen (z.B. in den Mythen der Dogon), und zwar entweder in einem (willkürlich) auf die Entstehung unseres Sonnensystems beschränkten Sinne oder in einem allgemeineren, die Entstehung jeglichen Systems dieser Art umfassenden Sinne.

Kosmologie

Zur Vertiefung: ***Expansion; Inflation; Urknall***

Die Kosmologie befasst sich mit dem UNIVERSUM als Ganzem und nicht mit den einzelnen Objekten, die sich darin befinden. Sie fragt nach dem Wesen der MATERIE, des RAUMES und der ZEIT, nach deren Zusammenhang mit dem Begriff des Universums als der alles Seiende umfassenden Realität sowie nach der Vergangenheit und der Zukunft des Universums. Die Gedankenwelt der schon sehr alten Kosmologie gründete früher meist auf metaphysischen Spekulationen oder auf Vorstellungen, die sich nicht beweisen ließen, weil die dafür erforderlichen Daten durch Beobachtung oder Experiment nicht zu beschaffen waren. Als Giordano Bruno die Behauptung aufstellte, das Universum sei unendlich, und für diese These im Jahr 1600 auf dem Scheiterhaufen verbrannt wurde, da formulierte er eine Erkenntnis, die bei den Physikern heute als sinnvolle Hypothese gilt, für die sie allerdings auch einen Beobachtungstest anbieten können (siehe KOSMOLOGISCHES STANDARDMODELL). Solche Tests gehören in den Bereich der »beobachtenden Kosmologie«.

Das heißt jedoch nicht, dass der Diskurs der heutigen Kosmologie sich ausschließlich auf verifizierte Tatsachen stützte: Ihre Theorien arbeiten meist noch mit Postulaten, die insofern als die »vernünftigsten« gelten, als sie am wenigsten willkürlich erscheinen (siehe AXIOM). So geht die Kosmologie u.a. davon aus, dass die Erde keine privilegierte Stellung im Universum einnimmt, dass also die Materie hier dieselben Eigenschaften besitzt wie überall. Diese These lässt sich natürlich niemals vollständig verifizieren. Dennoch ermöglicht diese Annahme beträchtliche Fortschritte (siehe SPEKTRALANALYSE) und ist sehr viel fruchtbarer als die von Aristoteles aufgestellte Gegenthese, wonach die irdische Materie sich grundlegend von der himmlischen Materie unterscheiden sollte.

Weil die Kosmologie sich mit dem Universum befasst – das man seines umfassenden Charakters wegen eigentlich kaum als »Objekt« bezeichnen kann –, bewegt sie sich oft an der Grenze zur Metaphysik, etwa wenn es um die Frage des ANFANGS oder Ursprungs geht. Es kann durchaus mehrere Kosmologien geben, aber jede Kosmologie muss ein Szenario erstellen, das einerseits mit dem heute zu beobachtenden Zustand des Universums und andererseits mit den bekannten Gesetzen der Physik übereinstimmt. Dennoch herrscht in der heutigen Kosmologie eine ganz beträchtliche Einhelligkeit (eine für die Wissenschaft durchaus gefährliche Übereinstimmung, die schon oft der Vorbote einer Revolution war). Diese Übereinstimmung findet ihren Ausdruck im KOSMOLOGISCHEN STANDARDMODELL. Fred Hoyle, Hermann Bondi und Thomas Gold schlugen zwar 1948 eine Kosmologie vor, die von einem stationären Universum ausgeht, doch dieses Modell ließ sich bisher nicht durch Beobachtungen bestätigen.

Jede Kosmologie hat auch ihre weißen Flecken, entweder weil für die betreffenden Bereiche keine physikalischen Theorien vorliegen oder weil es an den nötigen Beobachtungsdaten fehlt. So wird die Bestimmung der Natur der dunklen MASSE, die mehr als 90% der Gesamtmasse des Universums betragen soll, noch eine wichtige Rolle in der weiteren Entwicklung der Kosmologie spielen. Ähnliches gilt für das Bestreben, die GRAVITATION mit den übrigen Grundkräften der Natur zu vereinen, d. h. eine einheitliche Theorie für sämtliche WECHSELWIRKUNGEN IN DER PHYSIK zu finden.

Diese weißen Flecken geben viel Raum für Spekulationen. Das Konzept von parallelen Universen, die neben unserem eigenen existieren und ihre eigene Geschichte haben, mag die Phantasie der Science-fiction-Autoren nähren, bis vielleicht irgendwann einmal Beobachtungen vorliegen, die es bestätigen oder widerlegen (siehe DEUTUNGEN DER QUANTENPHYSIK).

kosmologisches Standardmodell

Zur Vertiefung: ***Expansion; Inflation; Relativitätstheorie; Singularität; Urknall***

Das kosmologische Standardmodell ist eine mathematisch-physikalische Darstellung des Kosmos in seiner Entwicklung und seinem gegenwärtigen Zustand, so weit wir heute darüber Bescheid wissen. Diese Darstellung stammt in ihren wesentlichen Teilen aus der ersten Hälfte des 20. Jahrhunderts und fasst nahezu sämtliche astronomischen Beobachtungen mit einem Großteil unseres physikalischen Wissens zu einer kohärenten Einheit zusammen, deren Voraussagen seitdem im Wesentlichen verifiziert werden konnten. Auch wenn andere Modelle durchaus denkbar wären (siehe KOSMOLOGIE), hat doch keines von ihnen die Kohärenz erreicht, die das kosmologische Standardmodell eben zum anerkannten Standard gemacht hat. Das von diesem Modell entworfene Szenario funktioniert bemerkenswert gut – zu gut, wie manche meinen, die ihm eine übergroße Hegemonie vorwerfen. Die Zukunft wird zeigen, ob die weitere Erforschung des Universums zu Beobachtungen führt, die das Standardmodell radikal infrage stellen.

Das kosmologische Standardmodell beschreibt das Universum vornehmlich in sehr großem Maßstab. Phänomene geringerer Größenordnung wie der innere Aufbau der GALAXIEN, der STERNE und der möglicherweise vorhandenen PLANETEN bleiben zumindest in einem ersten Schritt unberücksichtigt. Nach dem Standardmodell ist der Kosmos homogen und sowohl von MATERIE als auch von ENERGIE in Form von LICHT und sonstiger Strahlung erfüllt. Die Dichte der Materie und der Energie wird als gleichförmig unterstellt – wie in einer Flüssigkeit oder einem Gas, dessen einzelne Moleküle man außer Acht lässt, um sie als homogenes Medium zu betrachten.

Das Modell soll drei wichtige Phänomene erklären, die sich aus der Beobachtung ergeben: die Expansion des Universums (oder die ständig wachsende Entfernung zwischen den Galaxien) und deren Veränderung im Laufe der Zeit; das Vorkommen leichter chemischer Elemente wie HELIUM in der Materie des Sonnensystems und der Sterne, die im heute beobachteten Ausmaß nicht allein in den Sternen erzeugt worden sein können; und das Vorhandensein einer schwachen Strahlung mit Wellenlängen im Umfeld von einem Millimeter, also im Bereich der Radiowellen und des Submillimeterbereichs, die den gesamten

Kosmos erfüllt und sich von der Strahlung der Sterne oder Galaxien unterscheidet (siehe SCHWARZER KÖRPER). Darüber hinaus soll und kann das Modell auch einige andere Phänomene erklären, deren Beobachtung noch nicht so weit fortgeschritten ist, etwa die Verteilung der Galaxien im Raum und deren hierarchische Anordnung zu HAUFEN, die wie russische Puppen ineinander verschachtelt sind, oder auch die Existenz der geheimnisvollen dunklen MASSE in den Galaxien.

Innerhalb der Physik fügt sich das Modell zwanglos in den mathematischen Begriffsrahmen der allgemeinen Relativitätstheorie ein, denn in den dort betrachteten Größenordnungen spielt die GRAVITATION eine zentrale Rolle. Auch Kern- und Teilchenphysik haben große Bedeutung, weil das Modell beschreibt, wie die PROTONEN und NEUTRONEN, aus denen die Kerne aller chemischen Elemente aufgebaut sind, und im weiteren Verlauf die chemischen Elemente selbst entstehen (siehe ENTSTEHUNG DER ELEMENTE).

Das Modell in seinem zeitlichen Ablauf

Ein von Materie und Energie erfülltes Universum kann nicht stabil sein; es stürzt entweder in sich zusammen oder expandiert (siehe GRAVITATIONSKOLLAPS). Die Relativitätstheorie bestätigt diese Auffassung und geht davon aus, dass die Dimensionen des Raums sich mit der Zeit verändern, und zwar mit der so genannten kosmischen Zeit, die unabhängig von dem Ort ist, an dem man sich gerade befindet; und an dieser Zeit orientiert man sich bei der Abfolge der kosmischen Ereignisse.

Betrachten wir eine beliebige Länge $a(t)$, so ist die Veränderung, die diese Länge in der Zeit erfährt, durch den Ausdruck $a(t)=a(t_0)R(t)$ gegeben, wobei $a(t_0)$ den Wert dieser Größe zu einem Zeitpunkt t_0, dem Bezugszeitpunkt, und $R(t)$ den Expansionskoeffizienten bezeichnet, eine universelle, das heißt an jedem Ort und zu jedem Zeitpunkt anwendbare Größe, die mit der Zeit t zunimmt und in der die Expansion des Universums zum Ausdruck kommt. Setzen wir t_0 für $R(t_0)=1$, dann war $R(t)$ nach dem obigen Ausdruck in der Vergangenheit kleiner als 1 und wird in der Zukunft größer als 1 sein.

Auf der Grundlage der allgemeinen Relativitätstheorie, die das Newtonsche Verständnis der Gravitation in einen ganz neuen Rahmen setzt (nämlich in den der RAUM-ZEIT), stellt das kosmologische Standardmodell Gleichungen zur Verfügung, mit denen sich die Funktion $R(t)$ vollständig bestimmen lässt, sofern man bestimmte Größen oder Parameter spezifiziert, die man aus der Beobachtung ableiten zu können hofft.

In erster Linie handelt es sich dabei um die Expansionsgeschwindigkeit (oder Expansionsrate), wie sie heute festzustellen ist. Leider ergibt diese Messung nicht den Wert von $R(t)$, sondern eine mit dessen Veränderung (oder Ableitung) verbundene Größe $H(t)$, die folgendermaßen definiert ist:
$H(t)=[1/R(t)]\{dR(t)/dt\}$.

Heute ($t=t_0$) entspricht diese Größe genau der Hubble-Konstanten $H(t_0)$ oder einfach H_0 (siehe EXPANSION und NATURKONSTANTEN).

Hinzu kommt als zweites die Materiedichte ρ_m (Rho, gemessen in kg/m^3) im gegenwärtigen Universum, die aus der MASSE aller bekannten Galaxien und der Ausdehnung des bekannten Universums errechnet wird.

Die dritte Größe ist die Energiedichte ρ_l, die mit der im heutigen Universum anzutreffenden elektromagnetischen Strahlung zusammenhängt, hauptsächlich mit der Strahlung des SCHWARZEN KÖRPERS, denn die Sterne sind in diesen Größenordnungen nur schwache lokale Leuchten (siehe PARADOXON DES DUNKLEN NACHTHIMMELS).

Möglicherweise kommt noch eine vierte Größe hinzu, die kosmologische Konstante, und die die ganze Sache komplizieren würde, doch wir wollen sie hier außer Acht lassen (siehe NATURKONSTANTEN).

Rechnet man das Modell durch, ergeben sich mehrere grundlegende Möglichkeiten, je nachdem, von welcher Gesamtdichte (Materie + Energie) man ausgeht. Wenn diese Dichte sehr gering ist, dehnt sich das Universum bis in alle Ewigkeit weiter aus, und seine Raum-Zeit hat dann eine Geometrie, die man als »offen« bezeichnet (siehe KRÜMMUNG und UNENDLICH). Im umgekehrten Fall wechseln Phasen der Expansion und der Kontraktion (Gravitationskollaps) einander ab und die Geometrie der Raum-Zeit ist »geschlossen«. Die Grenze zwischen beiden Möglichkeiten ist durch die so genannte kritische Gesamtdichte ρ_k markiert, und der Bequemlichkeit halber drückt man die gemessenen Dichten sogar im Verhältnis zu dieser kritischen Dichte aus und schreibt: $\Omega_m=\rho_m/\rho_k$ und $\Omega_l=\rho_l/\rho_k$. Wenn die Dichte genau der kritischen Dichte entspricht, dehnt sich das Universum immer noch endlos aus.

In beiden Fällen ergibt sich aus dem Modell die zeitliche Entwicklung der Größen $H(t)$, $\Omega_m(t)$, $\Omega_l(t)$ sowie $R(t)$. Auf der Grundlage der heute gemessenen Werte für $\Omega_m(t)$ und $\Omega_l(t)$ lässt sich diese Entwicklung auch in die Vergangenheit zurückverfolgen, so dass man die Ausdehnung des Universums (über $H(t)$), den Umfang der jeweils vorhandenen Materie (über $\Omega_m(t)$) und der Strahlung (über $\Omega_l(t)$) sowie in groben Zügen auch die Phänomene bestimmen kann, die für bestimmte Phasen der bisherigen Entwicklung des Universums charakteristisch waren.

In allen Fällen führt das Modell für den Anfangszeitpunkt $t=0$ (den man als kosmische SINGULARITÄT bezeichnet) zu einer unendlichen Dichte. Dieser Wert hat keine physikalische Bedeutung, sondern markiert die Grenze der in das Modell eingebrachten Hypothesen. Was damals in unmittelbarer zeitlicher Nähe zur Singularität geschah, wird vielfach als URKNALL bezeichnet, aber es ist angebracht, diesen Gedanken eines Anfangs des Universums nur mit Vorsicht zu formulieren (siehe dazu auch SCHÖPFUNG).

Durch die Expansion des Universums verändert sich die Wellenlänge des Lichts zwischen dem Zeitpunkt seiner Emission und dem Zeitpunkt t_0, in dem wir es empfangen, denn die Expansion hat Auswirkungen auf $R(t)$, also auf den Raum, in dem das Licht sich ausbreitet. Da wir davon ausgehen, dass bestimmte Atome (zum Beispiel ein Wasserstoffatom) unabhängig von Zeit und Ort stets Licht derselben Wellenlänge λ_0 emittieren, bietet uns die Messung der empfangenen Wellenlänge λ einen direkten Zugang zur Expansion des Universums, und auf diesem Wege wurde sie auch 1929 von Edwin Hubble entdeckt.

Die relative Veränderung der empfangenen Wellenlänge λ gegenüber der emittierten Wellenlänge λ_0 bezeichnet man als Rotverschiebung z des Lichts im Universum und schreibt: $z=(\lambda-\lambda_0)/\lambda_0$.

Für den jeweiligen Expansionskoeffizienten $R(t)$ zum Zeitpunkt t der Emission des Lichts ergibt sich die Rotverschiebung z aus der Formel $z(t)=[R(t_0)/R(t)]-1$.

Wenn wir nun die Rotverschiebung des mit unseren Spiegelteleskopen aufgefangenen Lichts bestimmen (siehe SPEKTRUM), können wir auch den Wert von $R(t)$ für den Zeitpunkt bestimmen, zu dem das betreffende Licht emittiert wurde. Die größte an identifizierten Objekte (GALAXIEN und QUASAREN) beobachtete Rotverschiebung bleibt unterhalb des Werts von $z=5$. Weiter ins All hineinzuschauen übersteigt gegenwärtig noch die Lichtstärke und das Auflösungsvermögen unserer TELESKOPE.

Durch die Beobachtung von Objekten, deren Licht immer größere Rotverschiebung aufweist, können wir $R(t)$ bestimmen und immer weiter zurück in die Vergangenheit des Universums schauen.

Materie und Strahlung

Heute spielt die Strahlung nur noch eine untergeordnete Rolle im Universum, dessen dynamische Entwicklung vor allem durch die darin enthaltene Materie bestimmt wird. Die Strahlungsdichte ist um den Faktor 1000 geringer als die Materiedichte; außerdem ist die Strahlung weitgehend von der Materie abgekoppelt, und die Wechselwirkung zwischen beiden ist praktisch vernachlässigbar. Unsere größte Unsicherheit resultiert aus der Tatsache, dass wir nicht genau wissen, wie viel Materie das Universum gegenwärtig enthält. Wenn die Gesamtmasse sich auf die der heute beobachtbaren Sterne und Galaxien beschränkt, bleibt die Materiedichte weit unterhalb der kritischen Dichte (und zwar um einen Faktor von 20 bis 50), und wir haben es mit einem offenen Universum zu tun, das sich bis in alle Ewigkeit weiter ausdehnt.

Wenn wir die an lokalen Gravitationseffekten erkennbare dunkle MASSE berücksichtigen, kommen wir der kritischen Dichte schon näher, bleiben aber immer noch um den Faktor 5 darunter. Andere Beobachtungen (zum Beispiel Veränderungen der Expansionsgeschwindigkeit in ferner Vergangenheit, das heißt für Rotverschiebungen oberhalb des Wertes 1) rechtfertigen jedoch die Vermutung, dass die Dichte fast genau der kritischen Dichte entspricht.

Bevor die Sterne entstanden und die Kernfusion im Innern der Sterne Energie freizusetzen begann, sollen Strahlung und Materie in einem GLEICHGEWICHT gestanden haben. Solch ein statistisches Gleichgewicht (siehe THERMODYNAMIK) findet seinen Ausdruck in einer für Materie und Strahlung identischen TEMPERATUR T. Die Strahlungstemperatur steht in einem direkten Zusammenhang mit der Verteilung des Lichts auf die verschiedenen Wellenlängen (siehe SPEKTRUM und SCHWARZER KÖRPER). Das kosmologische Standardmodell geht davon, dass diese Temperatur $T(t)$ sich mit der Zeit verändert, oder genauer: dass sie mit der Zeit immer kleiner wird, so dass wir zu immer höheren Temperaturen von Tausenden, Millionen oder sogar Milliarden Kelvin gelangen, je weiter wir in der Zeit zurückgehen.

Diese Werte sind Ausdruck der im Raum anzutreffenden Energiedichte, also einerseits einer im Rückblick immer stärkeren thermischen Bewegung von Materieteilchen oder andererseits einer Strahlung, deren Energie immer weiter zunimmt, je weiter wir in die Vergangenheit zurückgehen (wobei der Schwerpunkt der Wellenlängen sich mit wachsender Temperatur vom Infrarotbereich über das sichtbare und ultraviolette Licht bis hin zu Röntgen- und Gammastrahlung verlagert).

Da das Modell so extreme Temperaturen vorsieht und da sich für die Materiedichte $\Omega_m(t)$ und die Strahlungsdichte $\Omega_l(t)$ ganz unterschiedliche Entwicklungen ergeben, muss das Universum in der Vergangenheit ganz anders beschaffen gewesen sein als heute, und daraus folgt, dass es eine EVOLUTION erfahren hat. Darin liegt ohne Zweifel eine der fundamentalsten Aussagen des kosmologischen Standardmodells. Heute entwickeln Strahlung und Materie sich unabhängig voneinander. Es gab jedoch eine Zeit – nennen wir sie t_R –, da waren beide Dichtewerte gleich. Und vor t_R besaß die Strahlung weitaus größere Bedeutung als die Materie.

Welche Situation bestand nun zu dieser Zeit t_R? Damals war die thermische Bewegung der Teilchen so gering (entspricht einer Temperatur von etwa 3000 Kelvin), dass die noch recht homogen im Raum verteilten Protonen und Elektronen sich zu neutralen Wasserstoffatomen verbinden konnten. Diese als Rekombination bezeichnete Verbindung erfolgte im Gleichgewicht mit einer Strahlung, deren vorherrschende Wellenlänge durch die damals herrschende Temperatur bestimmt wurde.

Nach den Gesetzen des Schwarzen Körpers dürfte diese Wellenlänge bei etwa einem Mikrometer ($\lambda_0 = 10^{-6}$m) gelegen haben. Das mit neutralen Wasserstoffatomen erfüllte Universum wurde plötzlich vollkommen durchsichtig für die PHOTONEN, die ihren Weg nun ungehindert fortsetzen konnten. Doch aufgrund der Expansion des Universum erfuhr diese Wellenlänge eine beständige Dilatation und liegt heute im Bereich von etwa einem Millimeter (10^{-3}m).

Die Rotverschiebung z gegenüber dem Zeitpunkt der Emission beträgt demnach $z_R = (\lambda - \lambda_0)/\lambda_0 \approx 1000$, wobei der Index R auf die Zeit der Rekombination verweist. Diese Strahlung ist also sehr viel älter als das Licht, das heute von den entferntesten bekannten Galaxien zu uns gelangt, denn für dieses Licht ist $z \leq 5$.

Vor der Rekombination des Wasserstoffs

Das Modell gestattet es also, die Entwicklung der Dichte und der Temperatur des Universums bis in die fernste Vergangenheit zurückzuverfolgen. Da wir die Gesetze kennen, die das Verhalten der Materie bei solchen Dichte- und Temperaturverhältnissen beherrschen (siehe ZUSTANDSGLEICHUNG), können wir uns vorstellen, was in diesen fernen Zeiten geschehen sein könnte.

Daher suchen die Astrophysiker in unserem heutigen Universum nach »fossilen« Spuren der damaligen Ereignisse. Im Einzelnen ergibt sich für die Abfolge der Phänomene mit abnehmender Temperatur des Universums folgendes Bild: Zunächst entstanden die Elementarteilchen, die man als QUARKS bezeichnet, und aus ihnen wiederum Protonen und Neutronen; diese zerstrahlten gemeinsam mit ihren jeweiligen ANTITEILCHEN, so dass nur ein kleiner Rest an Nukleonen (unsere Materie) übrig blieb; diese Nukleonen verbanden sich dann zu Heliumkernen und anderen leichten chemischen Elementen (siehe ENTSTEHUNG DER ELEMENTE); und schließlich bildete sich der Wasserstoff, das im heutigen Universum häufigste Element, aus der Verbindung der restlichen Protonen und Elektronen.

Aber was geschah vor alledem? Dass die Dichte im Universum heute ausgerechnet einen Wert hat, der praktisch der kritischen Dichte entspricht, stört die Physiker, die das Allgemeingültige lieben und Zufälle hassen. Daher haben sie einen Mechanismus erdacht, der unmittelbar vor den oben beschriebenen Phasen abgelaufen sein soll und das Universum, wie immer es beschaffen gewesen mag, unter möglichst vielen denkbaren Umständen doch stets auf den Weg zu seinem heutigen Zustand gebracht haben könnte, also genau an die Grenze zwischen einem »offenen« und einem »geschlossenen« Universum. Dieser Mechanismus ist eine extrem starke Expansion, die als INFLATION bezeichnet wird.

Und was war davor? Mit der Inflation erreichen wir die Grenzen der Physik, auf der das Standardmodell aufbaut. Von entscheidender Bedeutung ist dabei das Bild, das die Physiker sich von der Gravitation in einem Zustand der Materie und der Energie machen, in dem der quantenphysikalische Charakter der an der gravitativen Wechselwirkung beteiligten Austauschprozesse nicht mehr vernachlässigt werden kann (siehe QUANTENPHYSIK). Der Wert der kosmischen Zeit t, in der diese Situation eingetreten sein dürfte, ist unvorstellbar klein. Er liegt in der Größenordnung von 10^{-44}s nach der Singularität (t=0) und wird als Planck-Zeit bezeichnet (siehe GRAVITATION). Über alles, was davor geschehen sein mag, weiß das Modell nichts zu sagen.

Kräftepaar

Zur Vorbereitung: ***Kraft***

Zur Vertiefung: ***Erdrotation; Geschwindigkeit und Beschleunigung***

Will man einen Körper in Bewegung setzen, muss man eine Kraft auf ihn einwirken lassen. Will man einen Körper in Drehung versetzen, so dass er wie ein Kreisel um seine Achse rotiert, muss man zwei gleich große, aber entgegengesetzte Kräfte $\vec{F}$ und $-\vec{F}$ auf ihn einwirken lassen, die an zwei symmetrisch zur Achse liegenden Punkten ansetzen (siehe *Abbildung 1*).

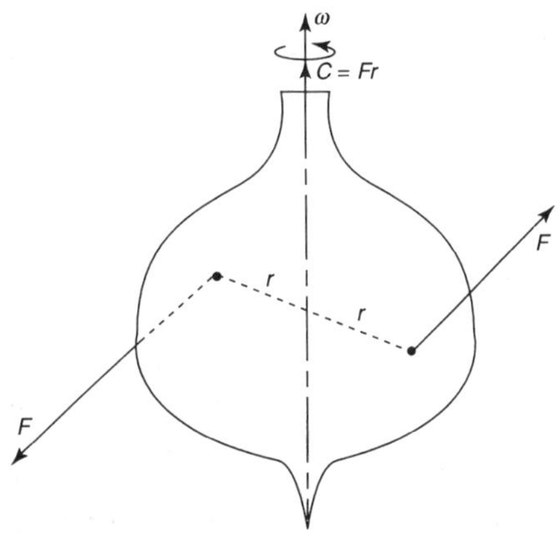

Abbildung 1

Bei gleicher Kraft ist es umso leichter, den Körper in Bewegung zu versetzen, je größer der Abstand r zwischen dem Angriffspunkt der Kraft und der Rotationsachse ist. Das Kräftepaar $\vec{C}$ ist ein von der Rotationsachse getragener Vektor, dessen Betrag gleich dem Produkt aus der Kraft und dem Abstand von der Achse ist: $C = Fr$.

Für die Rotationsbewegung eines Körpers spielt das Kräftepaar dieselbe Rolle wie die Kraft für die Translationsbewegung eines Körpers. Die Rolle, die der Impuls $\vec{p} = m\vec{v}$ (das Produkt aus MASSE und Geschwindigkeit) bei Translationsbewegungen spielt, übernimmt hier der Drehimpuls $\vec{L} = I\vec{\omega}$ (das Produkt aus dem Trägheitsmoment I und der Winkelgeschwindigkeit $\vec{\omega}$). Das Trägheitsmoment spielt dieselbe Rolle wie die Masse, nur dass es die Verteilung der Masse hinsichtlich des Abstands von der Drehachse berücksichtigt.

Bei einer Translationsbewegung ist die Kraft gleich der ersten Ableitung des Impulses nach der Zeit: $F = \mathrm{d}(mv)/\mathrm{d}t$.

Bei der Rotation ist das Kräftepaar gleich der ersten Ableitung des Drehimpulses nach der Zeit: $\vec{C} = \mathrm{d}(I\vec{\omega})/\mathrm{d}t$.

Wie für ein Teilchen der Masse m, das sich im Abstand r von der Rotationsachse befindet, das Kräftepaar $\vec{C}$ das Moment der Kraft $\vec{F}$ mit dem Betrag $C = Fr$ ist, so ist der Drehimpuls das Moment des Impulses $\vec{p} = m\vec{v}$. Denn das Trägheitsmoment ist $I = mr^2$ und die Bahngeschwindigkeit des Teilchens tangential zur kreisförmigen Bahn ist $v = rw$, so dass:
$L = I\omega = mr^2\omega = r(mr\omega) = r(mv)$.

Der Drehimpuls eines isolierten Systems ist ebenso wie der Impuls eine Erhaltungsgröße, dass heißt, er bleibt konstant: Wenn I abnimmt, wächst ω entsprechend und umgekehrt. Eine Veränderung des Drehimpulses, die aus einer Veränderung der Massenverteilung innerhalb des rotierenden Systems resultiert, führt daher zu einer Änderung der Rotationsgeschwindigkeit. Ein gutes Beispiel für die Erhaltung des Drehmoments bietet eine Eiskunstläuferin, deren Drehbewegung bei einer Pirouette sich verlangsamt, wenn sie die Arme ausstreckt, und beschleunigt, wenn sie die Arme an den Körper zieht. Streckt sie die Arme aus, entfernt sich ein Teil der rotierenden Masse von der Rotationsachse; dadurch erhöht sich das Trägheitsmoment, und die Rotation verlangsamt sich. Zieht sie dagegen die Arme an den Körper, verringert sie für einen Teil der Masse den Abstand zur Rotationsachse; das Trägheitsmoment wird geringer, und die Rotationsgeschwindigkeit erhöht sich.

Kraft

Zur Vertiefung: ***Geschwindigkeit und Beschleunigung; Kräftepaar; Zentrifugalkraft***

Obwohl der Begriff der Kraft recht einfach erscheint, gehörte er doch zu den Konzepten, die den Physikern und Philosophen bis zum 19. Jahrhundert am meisten Kopfzerbrechen bereiteten.

Nach dem von Galilei formulierten Trägheitsgesetz bleibt ein Körper, der sich selbst überlassen und keiner äußeren Einwirkung ausgesetzt ist, in Ruhe, sofern er bereits ruht, oder setzt seine Bewegung unverändert fort, falls er sich in gleichförmig geradliniger Bewegung befindet (dies ist zugleich das erste Newtonsche Axiom). Um ihn in Bewegung zu versetzen oder seine Geschwindigkeit der Richtung oder dem Betrag nach zu verändern (also ihn aus seiner Bahn zu bringen), bedarf es einer Kraft. Für den Zusammenhang zwischen der Kraft und der daraus resultierenden Beschleunigung gilt die Newtonsche Bewegungsgleichung (das zweite Newtonsche Axiom), wonach $\vec{F}=m\vec{\gamma}$.

An dieser Stelle ist es sinnvoll, eine wichtige dynamische Größe einzuführen, den Impuls, dessen Betrag auch als Bewegungsgröße bezeichnet wird. Der Impuls eines Körpers ist das Produkt aus seiner Masse und seiner Geschwindigkeit, also der Vektor $\vec{p}=m\vec{v}$. Danach wird nun Kraft definiert als die Geschwindigkeit der Veränderung des Impulses (also als dessen erste Ableitung nach der Zeit): $\vec{F}=\mathrm{d}\vec{p}/\mathrm{d}t=\mathrm{d}(m\vec{v})/\mathrm{d}t$. Wenn die Masse konstant ist (wie bei einem Festkörper), kann man auch schreiben: $\vec{F}=\mathrm{d}(m\vec{v})/\mathrm{d}t=m\mathrm{d}\vec{v}/\mathrm{d}t$, oder auch, da die Beschleunigung $\vec{\gamma}$ die erste Ableitung der Geschwindigkeit nach der Zeit ist: $\vec{F}=m\vec{\gamma}$. Und genau dies ist wiederum die Newtonsche Bewegungsgleichung.

Die Bedeutung des Impulses liegt darin, dass es sich um eine Größe handelt, die einem Erhaltungsgesetz unterworfen ist. Was auch immer geschieht, der Gesamtimpuls eines isolierten Systems bleibt stets unverändert; mathematisch ausgedrückt: $\mathrm{d}\vec{p}/\mathrm{d}t=0$. Im einfachsten Fall zweier miteinander in Wechselwirkung befindlicher Massepunkte mit den Impulsen $\vec{p}_1$ und $\vec{p}_2$ lässt sich die zeitliche Invarianz des Gesamtimpulses folgendermaßen formulieren: $\mathrm{d}(\vec{p}_1+\vec{p}_2)/\mathrm{d}t=0$. Durch Umformung erhält man: $\mathrm{d}\vec{p}_1/\mathrm{d}t=-\mathrm{d}\vec{p}_2/\mathrm{d}t$ oder $\vec{F}_1=-\vec{F}_2$, das heißt, die von den beiden Massen 1 und 2 aufeinander ausgeübten Wirkungen sind gleich groß und entgegengesetzt gerichtet. Das dritte Newtonsche Axiom (auch das Gesetz von Wirkung und Gegenwirkung oder Wechselwirkungsprinzip genannt) folgt also unmittelbar aus dem allgemeineren Satz von der Erhaltung des Impulses.

Betrachtet man ein System, das Masse verliert, zum Beispiel eine Rakete, die an einem Ende heiße Gase ausstößt, muss die zeitliche Veränderung der Masse berücksichtigt werden. Aufgrund der Erhaltung des Impulses wird die Rakete zu jedem Zeitpunkt mit dem gleichen Impuls nach vorne gestoßen, mit dem das Gas die Rakete nach hinten verlässt.

Krater

Zur Vertiefung: ***Meteorit; Vulkan***

In Anlehnung an den »Krater«, das Gefäß, in dem die alten Griechen ihren Wein verdünnten, bezeichnet man als Krater eine Reihe geologischer Objekte, die außer ihrer hohlen Form kaum etwas miteinander gemein haben.

Der Auswurfkrater eines VULKANS ist die Öffnung, aus der Lava und Asche ausgeworfen werden. In manchen Vulkankratern findet man einen Lavasee; in den Kratern erloschener Vulkane sammelt sich häufig Wasser (Beispiele dafür sind die so genannten Maare in der Eifel).

Einschlagskrater dagegen verdanken ihre Entstehung dem Einschlag eines METEORITEN (z.B. Meteor Crater in Arizona oder das Nördlinger Ries). Die Krater auf dem Mond, die lange Zeit als vulkanischen Ursprungs galten, sind in Wirklichkeit durch den Einschlag großer Meteoriten entstanden, die gegen Ende der Akkretionsphase unseres Sonnensystems noch in großer Zahl vorhanden waren (siehe AKKRETION).

Kristall

Zur Vertiefung: ***Beugung; Katalyse; Mineralien; Festkörper***

Das Wort »Kristall« stammt von dem griechischen Wort *krystallos*: Eis. Für Plinius den Älteren stand außer Zweifel, dass der Bergkristall aus Wasser bestünde, das der starke Frost der Berge gehärtet habe. Diese Verwirrung herrschte in der wissenschaftlichen Literatur bis ins 17. Jahrhundert hinein.

Die Kristallographie im eigentlichen Sinne entstand Ende des 17. Jahrhunderts mit den Arbeiten von René Just Haüy (1743–1822), der die Anfänge seiner Studien in einer Anekdote schilderte. Eines Tages fiel ihm ein großer Calciumcarbonatkristall ($CaCO_3$) aus der Hand und zerbrach beim Aufprall auf dem Boden in viele kleine Stücke, die alle die gleiche Rhomboederform (Parallelepiped mit rautenförmigen Seiten) aufwiesen. Erstaunt spaltete Haüy diese Rhomboeder nun unter der Lupe: Jedes Mal erhielt er kleinere Stücke, die wieder die Form eines Rhomboeders hatten. Aus dieser Beobachtung schloss er, dass die unveränderlichen äußeren Formen Folge einer regelmäßigen Anordnung der Materie in den Festkörpern sei, eine Hypothese, die sich später noch bestätigen sollte.

In der Wissenschaft kann Ungeschicklichkeit sich also durchaus lohnen, wenn sie mit Neugier einhergeht.

Kristallstrukturen

Kristalle sind periodische Muster aus ATOMEN oder Atomgruppen, die die Knotenpunkte eines dreidimensionalen Gitters bilden. Ihre Stabilität beruht auf der periodischen räumlichen Anordnung der Atome, die eine Verschiebung verhindert: Der »Festkörper« der Physiker ist ein Kristall. Dagegen ist Kristallglas kein Kristall, sondern ein Glas, das heißt, eine Flüssigkeit von hoher Viskosität, in der die Atome regellos angeordnet sind. Und um die Sache noch komplizierter zu machen, handelt es sich bei den Flüssigkristallen, die zum Beispiel in Armbanduhren mit Digitalanzeige zu finden sind, nicht um Glas. Sie bestehen vielmehr aus organischen Molekülen, die fadenartige, in eine Richtung ausgerichtete (im Gegensatz zur dreidimensionalen Ausrichtung eines Kristalls) Strukturen bilden und in Längsrichtung leicht gegeneinander verschiebbar sind, was die Fluidität der Flüssigkristalle erklärt. Es gibt auch Flüssigkristalle, in denen die Moleküle zweidimensional in Schichten angeordnet sind, die sich leicht parallel zueinander bewegen lassen. Das ist zum Beispiel bei Seifen und bei Cholesterin der Fall.

Durch die Anordnung seiner Atome erhält ein Kristall bestimmte Symmetrie-Merkmale, die sich auf mikroskopischer Ebene beschreiben lassen. Sie spiegeln sich in der äußeren Gestalt des Einzelkristalls wider und kommen auf makroskopischer Ebene in bestimmten physikalischen Eigenschaften zum Ausdruck.

Form und Größe des Kristallgitters, also des kleinsten Motivs in Gestalt eines Parallelepipeds, das sich periodisch wiederholt und so den gesamten Kristall bildet, lassen sich anhand der Beugung von Röntgen-, Elektronen- oder Neutronenstrahlen bestimmen. Mit diesen Verfahren kann man auch die genaue Anordnung der Atome oder Moleküle im Inneren des Kristallgitters feststellen.

Wertvolle Kristallbaufehler

Im Idealfall einer streng regelmäßigen Anordnung besäße ein Kristall eine unendliche Ausdehnung, in der Realität wird diese vollkommene Periodizität jedoch nie erreicht. Die meisten kristallinen Festkörper (Mineralien, Metalle usw.) kommen in Gestalt von Polykristallen vor, also als Aggregate aus mehr oder weniger groben Mikrokristallen. Zudem weist die periodische Anordnung im so genannten Einkristall meist gewisse Baufehler auf: Punktfehlstellen, bei denen ein Atom an einer normalerweise besetzten Stelle im Kristallgitter fehlt oder sich an einem Zwischengitterplatz befindet und so eine Lücke im Gitter hinterlässt; Substitutionsdefekte, bei denen Gitterplätze durch ein Fremdatom besetzt sind; Versetzungen oder Stapelfehler. Diese »Baufehler« sind für viele der Eigenschaften realer Kristalle verantwortlich.

Punktfehlstellen sind die Ursache zahlreicher physikalischer Eigenschaften. Ihre Verschiebung im Kristall, also ihre thermisch angeregte Diffusion, entscheidet unter anderem über eine Deformation unter hohen Temperaturen.

Bei den Versetzungen handelt es sich um lineare Defekte, die eine Atomreihe betreffen und die plastische Deformation von Kristallen ermöglichen. Wenn eine Versetzung sich im Kristall verschiebt, brechen die atomaren Bindungen eine nach der anderen auf, und gleichzeitig werden neue hergestellt; daher erfordert eine solche Verschiebung einen geringeren Energieaufwand, als wenn alle Bindungen auf einer Ebene gleichzeitig gelöst werden müssten. (Zum Vergleich: Wenn man einen schweren Teppich verschieben möchte, ist es einfacher, eine Falte im Teppich zu verschieben, als ihn als Ganzes über den Boden zu ziehen.) Ohne Versetzungen gäbe es keine Schmiede!

Mineralien sind Kristalle. Die experimentelle Erforschung der elastischen Eigenschaften und des Transports von Mineralien, die Bestandteil der Erde sind, ist in der Entwicklung von Erdmodellen von großer Bedeutung.

Kristalle aller Art

Für Chemiker stellen Kristalle eine Art Gral dar. Wenn ein Chemiker einen Kristall herstellt und nach mehreren aufeinander folgenden Kristallisationen die Schmelztemperatur mit jener zusammenfällt, die man für ein bekanntes Molekül erwartet, so weiß er, dass er einen ausreichenden Reinheitsgrad erreicht hat. Wenn er aus einer neuen Substanz Kristalle gewinnen möchte, kann er die Mutterlauge mit einem »Keim« impfen und so das »Kristallwachstum« fördern (dieses naturalistische Vokabular verdanken wir der Alchimie).

In einem molekularen Kristall besteht das Kristallgitter aus Molekülen einer Art oder mehrerer Arten, die eine Struktur haben, die der im isolierten Zustand in einem Gas sehr ähnlich ist. Die zwischen den Molekülen wirksamen Kräfte verformen sie sehr wenig, da sie wesentlich schwächer sind als die Bindungskräfte zwischen den Atomen. Es ist jedoch interessant, die Beziehungen zwischen diesen Molekülen zu untersuchen, da sie Ähnlichkeit mit jenen Kräften haben, die während einer chemischen Reaktion vorübergehend zwischen zwei Molekülen wirksam sind.

Wenn ein Kristall ein asymmetrisches Erscheinungsbild besitzt, spiegelt sich darin möglicherweise in verstärkter Form eine molekulare Asymmetrie wider (siehe CHIRALITÄT). So gelang es Louis Pasteur, Kristalle von Weinsäuresalzen unter dem Mikroskop zu teilen, wobei ihm erstmals die Zerlegung von Enantiomeren gelang, also von Atomanordnungen, die sich wie Bild und Spiegelbild zueinander verhalten.

Nicht alle Kristalle bestehen aus Molekülen. In einem Kristall mit Ionengitter sind die Atome nicht in Molekülen strukturiert, die auf die Gitterpunkte verteilt sind, sondern in Reihen, die der dreidimensionalen Ausdehnung des Kristalls folgen: So setzt sich Kochsalz (NaCL) aus unendlichen Ionenreihen Na^+ und Cl^- zusammen, die vom Scheitelpunkt eines Würfels in alle drei Richtungen ausgehen.

In Metallkristallen können Atome sich zu kompakten Gebilden vereinen, die Ähnlichkeit mit aufgeschichteten Orangen an einem Obststand haben (das ist zum Beispiel bei Kupfer, Gold und Platin der Fall). Die Erforschung der Grenzflächen zwischen metallischen und ionischen Kristallen stößt auf lebhaftes Interesse, da an diesen Grenzflächen leicht Bindungen zwischen unterschiedlichen Atomen zustande kommen, zum Beispiel mit Atomen aus kleinen Molekülen, die sich an die Oberfläche dieser Kristalle angelagert haben. Dieser Mechanismus liegt der heterogenen Katalyse zugrunde, einem Verfahren, das die chemische Industrie bei zahlreichen Prozessen einsetzt.

Kristallisation

Zur Vorbereitung: ***Kristall***
Zur Vertiefung: ***Naturstoffe; Nukleinsäuren; Protein; Reinheit***

Als Kristallisation bezeichnet man das Wachstum und die Züchtung von Kristallen. Bei Frost sieht man Reif auf den Wiesen: Das WASSER der Atmosphäre hat sich als Eis auf dem Boden abgesetzt, der kälter ist als die Luft. Ebenso schlägt sich in einem Kühlschrank das Wasser, das aus Obst und Gemüse verdunstet (siehe DESTILLATION), als Eis an den kältesten Wänden nieder. Die Kristallisation bezeichnet also den Übergang eines reinen Stoffes, in diesem Fall des Wassers, vom gasförmigen oder flüssigen Zustand in den festen kristallinen Zustand.

Bei diesem Vorgang kann es zu Verzögerungen kommen, zu einer so genannten Unterkühlung: Die flüssige Phase hält bis unter die Umwandlungstemperatur an (beim Wasser 0 °C unter normalem Umgebungsdruck). Unter diesen Bedingungen genügt die kleinste STÖRUNG, um die Kristallisation auszulösen. In Jules Vernes Roman *Die Abenteuer des Kapitäns Hatteras* genügt ein geworfener Stein, um den Ozean, so weit das Auge blickt, in Eis zu verwandeln (was durchaus möglich ist, wenn auch in geringerem Maße).

Als Kristallisation bezeichnet man auch den Niederschlag eines kristallinen Feststoffes am Grund einer LÖSUNG: Zucker in einem Marmeladenglas; Weinstein in einer Flasche Wein; Calciumcarbonat in einem Gefäß, in dem man häufig hartes Wasser gekocht hat; Calciumoxalat und Calciumphosphat bilden Harnstein. Die Kristallisation ist ein erstaunliches Ordnungsphänomen. Sie bringt Objekte mit bewundernswert regelmäßigen geometrischen Formen hervor (zum Beispiel Alaunkristalle, eine chemische Verbindung, die früher als Beizmittel in der Färberei verwendet wurde).

Kristallisation als Reinigungsverfahren

Kristallisierte Stoffe sind oft von großer Reinheit, wie das Eis im Kühlschrank es beispielhaft zeigt. So verwenden Chemiker die Kristallisation häufig als Reinigungsverfahren und seltener auch als TRENNVERFAHREN. Die Lösung, in der sich der zu kristallisierende Stoff befindet, trägt noch heute den von den Alchimisten überlieferten poetischen Namen »Mutterlauge«. Manchmal genügt es, sie abzukühlen, um eine spontane Kristallisation einzuleiten. In anderen Fällen löst ein Glasstäbchen, das man in die Lösung taucht und an den Gefäßwänden reibt, die Kristallisation aus. Genügt dies nicht, so führt man der Lösung einen kleinen Kristall des zu kristallisierenden Stoffes oder einer Substanz von genügend ähnlicher Struktur zu, der die Kristallisation in Gang setzt (solche »Kristallisationskeime« führen z. B. zur Kondensation von Eiskristallen in Wolken, die zu Niederschlag werden).

Ist die Kristallisation abgeschlossen, gießt man die restliche Flüssigkeit ab (Filtration) und wäscht und trocknet die Kristalle. Theoretisch haben sie einen hohen Reinheitsgrad, praktisch enthalten sie jedoch immer einige VERUNREINIGUNGEN. Daher löst man sie erneut in einer Lösung auf und wiederholt die Kristallisation, wobei die meisten Verunreinigungen in der Lösung zurückbleiben. Die Kristallisation dient also als Reinigungsverfahren, das nach einigen Wiederholungen einen Stoff von hohem Reinheitsgrad liefert.

Kristallisation und Molekülstruktur

Die so gewonnenen Kristalle dienen vielfältigen Verwendungszwecken. Louis Pasteur gelang es unter dem Mikroskop, in einer Mischung aus Weinsäurekristallen, die polarisiertes Licht nach rechts bzw. links ablenkten, die beiden zu gleichen Teilen enthaltenen Sorten mit der Pinzette zu trennen (siehe CHIRALITÄT).

Jeder Kristall hat einen für die jeweilige chemische Verbindung charakteristischen Schmelzpunkt (Schmelztemperatur). Die STRUKTUR dieser Verbindung lässt sich am kristallisierten Stoff durch Beugung von Röntgenstrahlen bestimmen.

So wurde zum Beispiel die Doppelhelixstruktur der Nukleinsäure DNA (des Trägermaterials der Vererbung) 1953 durch Kristallisation aufgedeckt. Ab Mitte der 1960er Jahre eröffnete die Kristallisation von Proteinen, angefangen bei ENZYMEN, Zugang zum Verständnis ihrer räumlichen Struktur und ermöglichte damit bessere Einblicke in ihre Funktionsweise. Es handelt sich um komplexe MAKROMOLEKÜLE, die jeweils spezifische physikalische, chemische und biologische Eigenschaften besitzen. Seit man sie auf gentechnischem Wege (siehe GENTECHNIK) in großen Mengen herstellen kann, ist es leichter geworden, sie zu reinigen. Allerdings ist ihre Kristallisation nach wie vor ein Zufallsprodukt, das spezifische »Rezepte«, eine erfahrene Hand und biochemisches Können verlangt.

Unter dem Mikroskop betrachtet, fällt die große Schönheit der Kristalle ins Auge, deren Ästhetik auch an der Literatur nicht spurlos vorübergegangen ist. So verglich Stendhal eine aufkeimende Liebe mit einer Kristallisation, nachdem er beobachtet hatte, dass ein Ast in den Tiefen einer verlassenen Salzmine in Salzburg nach einigen Monate mit winzigen Kristallen überzogen war.

Kristallsysteme

Zur Vertiefung: ***Kristall***

Ein Kristall ist eine regelmäßige Anordnung von Atomen, die sich räumlich unbegrenzt fortsetzt. Für einen gegebenen Kristall lässt sich ein Grundmodul bestimmen, die so genannte Elementarzelle, die sich in allen drei Translationsrichtungen des Raumes wiederholt und so das Kristallgitter ergibt. Diese Elementarzelle bildet ein Parallelepiped, das durch die drei Grundvektoren $\vec{a}$, $\vec{b}$ und $\vec{c}$ und somit durch die drei Winkel α, β und γ definiert ist (siehe *Abbildung 1*).

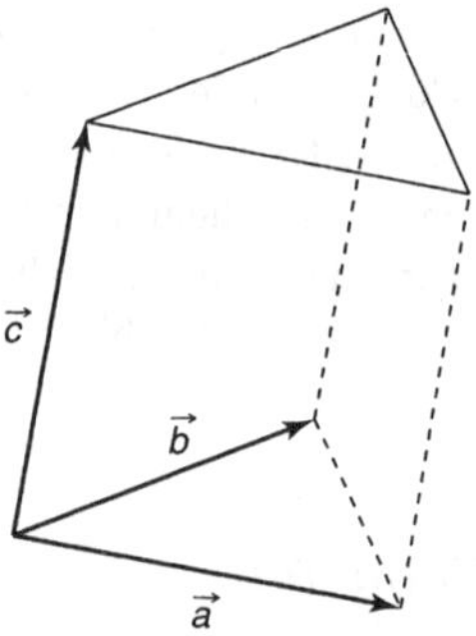

Abbildung 1 Elementarzelle eines Kristalls mit den Winkeln $\alpha=(a,b)$, $\beta=(a,c)$ und $\gamma=(b,c)$

Nach den geometrischen Merkmalen der Elementarzelle lassen sich sieben Kristallsysteme definieren. So entspricht zum Beispiel das kubische System den Gleichungen $\vec{a}=\vec{b}=\vec{c}$ und $\alpha=\beta=\gamma=90°$; das so genannte rhomboedrische System entspricht den Gleichungen $\vec{a}=\vec{b}=\vec{c}$ und $\alpha=\beta=\gamma=90°$.

Anhand dieser Kristallsysteme lässt sich jedem kristallinen FESTKÖRPER das System zuordnen, dem er angehört. Dies ist der erste Schritt zur Bestimmung seiner STRUKTUR, die man im Allgemeinen durch Röntgenbeugung ermittelt.

kritische Phänomene

Zur Vorbereitung: ***Phase***

Zur Vertiefung: ***Festkörper; Flüssigkeit; Gas; Schmelzen***

Bei einer Phasenumwandlung wie dem Übergang von der flüssigen in die gasförmige Phase zeigen bestimmte physikalische Größen, vor allem die Dichte, eine Diskontinuität. Bei genauerem Hinsehen lässt sich feststellen, dass die beiden Phasen sich auf allen Maßstabsebenen sprunghaft gegenseitig durchdringen. Bei welcher Vergrößerung man es auch betrachten mag, man sieht Dampfbläschen, durchsetzt mit flüssigen Tropfen, die wiederum Dampfbläschen mit eingeschlossenen Tropfen enthalten usw. Da das System auf allen Größenebenen Fluktuationen unterliegt (zum Beispiel raschen Änderungen der Dichte), entzieht es sich einer einfachen Beschreibung.

Phasenumwandlungen gehören zu den so genannten kritischen Phänomenen, die sich durch die Tatsache auszeichnen, dass sich bestimmte makroskopische Größen, die ein physikalisches System kennzeichnen, bei einer bestimmten Temperatur sprunghaft ändern. Die Erforschung kritischer Phänomene stellte eines der schwierigsten theoretischen Probleme dar, die im 20. Jahrhundert gelöst wurden.

Die Magnetisierung ist ein häufig angeführtes Beispiel für ein kritisches Phänomen. Bestimmte Materialien sind magnetisch (siehe MAGNET), allerdings nur bei nicht allzu hohen Temperaturen. Oberhalb einer so genannten kritischen Temperatur, auch Curie-Temperatur genannt, verliert sich die magnetische Eigenschaft sprunghaft.

Theoretisch lassen sich Phasenübergänge wie zum Beispiel die Magnetisierung anhand eines einfachen Modells, des so genannten Ising-Modells, erforschen. Es geht von der Hypothese aus, dass die Atome des Mediums, die jeweils ein mit ihrem SPIN verknüpftes magnetisches Moment aufweisen, die Gitterpunkte eines völlig regelmäßigen Gitters besetzen (siehe KRISTALL). Dabei kann das magnetische Moment nur zwei mögliche Ausrichtungen haben: entweder nach oben oder entgegengesetzt. Die gegebene Ausrichtung des Spins aller Atome bezeichnet man als Konfiguration. Jeder Spin steht außerdem in Wechselwirkung mit dem seiner unmittelbaren Nachbarn.

Jeder Konfiguration entspricht eine bestimmte Energie. Betrachtet man es ausschließlich unter energetischen Aspekten, so ist eine Konfiguration am günstigsten, in der zwei benachbarte Spins die gleiche Ausrichtung haben, da das System in dieser Situation die geringste Energie aufweist und sich in einem stabilen Zustand befindet. Dieser Tendenz zu einer gleichen Ausrichtung wirkt jedoch die thermische Anregung des Mediums entgegen, die bei jedem Spin mit einer gewissen Wahrscheinlichkeit dazu führt, dass er sich nach oben oder unten ausrichtet. Bei hohen Temperaturen überwiegt die thermische Anregung, also die »Unordnung«, gegenüber den Wechselwirkungen und setzt sich durch. Unter diesen Bedingungen ist die Ausrichtung eines jeden Spins von der seiner Nachbarn unabhängig. Da jetzt die Ausrichtung der magnetischen Momente völlig unkorreliert ist, beträgt die mittlere (makroskopische) Magnetisierung null. Bei niedrigen Temperaturen überwiegen dagegen die Wechselwirkungen zwischen den Spins gegenüber der thermischen Anregung. Im Schnitt tendieren die Spins zu einer gleichen Ausrichtung, die bewirkt, dass das System makroskopisch eine spontane Magnetisierung nach oben oder unten aufweist. Zum Übergang von der Magnetisierungsphase null zur Magnetisierungsphase ungleich null kommt es bei einer klar definierten Temperatur, die man als »kritischen Punkt« bezeichnet.

Wie lassen sich kritische Phänomene präzise beschreiben? In den 1970er Jahren entwickelte der amerikanische Physiker Kenneth Wilson (der 1982 den Nobelpreis erhielt) ein theoretisches Analyseverfahren, das sich als überaus fruchtbar erwies. Diese so genannte Renormierungsgruppentheorie lehnt sich an die Quantenfeldtheorie an, die den Rahmen für die Physik der Elementarteilchen liefert. Wie oben gesagt, fließen bei der Übergangstemperatur alle Maßstabsebenen in die Beschreibung des Problems ein. Mit der

Renormierungsgruppentheorie ist es nun möglich, all diese Maßstäbe präzise zu integrieren. Durch dieses Verfahren konnte man die kritischen Exponenten zahlreicher Phasenübergänge bestimmen, das heißt, das Verhalten bestimmter Größen (wie Dichte oder Magnetisierung), die sich temperaturabhängig in der Nähe des kritischen Wertes sprunghaft verändern. Dies hat zu einem besseren Verständnis geführt, warum die untersuchten Systeme trotz ihrer immensen mikroskopischen Vielfalt universelle Eigenschaften besitzen. Tatsächlich haben physikalisch sehr verschiedene Systeme die gleichen kritischen Exponenten. Diese Universalität ist mittlerweile gut erforscht. Sie hängt mit der Tatsache zusammen, dass im kritischen Punkt die Korrelationen zwischen den verschiedenen Teilen des Systems unendlich weitreichend sind. Alles verläuft, als wenn das Einzelverhalten der Teile, aus denen das System besteht, nur eine allgemeine Tendenz bestätigte, die über sie hinausgeht. In einer derartigen Situation verlieren die mikroskopischen Wechselwirkungen, die dem jeweiligen System eigen sind, ihre Bedeutung.

Krümmung

Zur Vorbereitung: ***Parallelen***
Zur Vertiefung: ***Gravitationslinse; Invarianz; kosmologisches Standardmodell***

Die Krümmung einer ebenen KURVE C misst die Geschwindigkeit, mit der sich die Richtung der Tangente an C ändert. Man setzt voraus, dass die Kurve hinreichend glatt ist, und drückt die Position jedes Punktes von C durch die »krummlinige Abszisse« s aus: Die krummlinige Abszisse eines Punktes M auf C ist, von einem Ursprung A (einem festen Punkt auf C) aus gerechnet, die Länge des Bogens AM, die man auf der einen Seite von A positiv, auf der anderen negativ nimmt. Wenn die Tangente in M (in Richtung wachsenden s) einen Winkel α mit einer frei gewählten Ursprungsachse bildet, ist die Krümmung in M gleich der Ableitung $d\alpha/ds$, also gleich dem Grenzwert des Verhältnisses zwischen dem Winkel β der Tangenten in M und M' und der Länge des Bogens MM', wenn M' auf C gegen M strebt. Je nach Drehrichtung der Tangente für wachsendes s ist die Krümmung positiv oder negativ. Ist γ ein Kreis, der durch M und M' geht und in M tangential an C ist, dann sind die Bögen MM' auf C und auf γ äquivalent. Ist r der Radius des Kreises γ, dann ist der Bogen MM' zugleich äquivalent mit $r\beta$, denn γ ist fast tangential an C in M' (siehe *Abbildung 1*). Daher ist die Krümmung der Grenzwert von $1/r$, wenn M' gegen M strebt. Der Mittelpunkt von γ strebt dabei gegen einen festen Punkt Ω, der auf der Normalen zu M (der Senkrechten zur Tangente) liegt, und $\Omega M = R$ ist der Grenzwert von r; man nennt R den Krümmungsradius, Ω das Krümmungszentrum von C in M und den Kreis mit dem Mittelpunkt Ω und dem Radius R den Krümmungs- oder Schmiegkreis an C in M. Dieser Kreis liefert eine geometrische Darstellung der Krümmung.

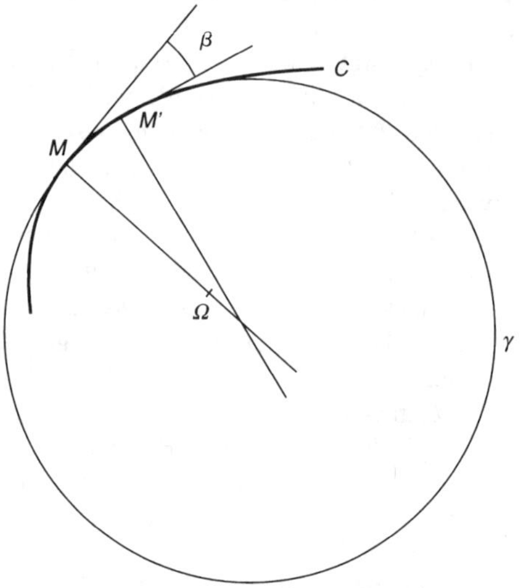

Abbildung 1 Krümmung

Die Krümmung ist $1/R$, und Ω ist die Grenzposition der Schnittpunkte zwischen den Normalen an C in M und M'. Der Krümmung 0 entspricht ein unendlicher Krümmungsradius; an die Stelle des Schmiegkreises tritt in diesem Fall die Tangente in M, und M ist in der Regel ein Wendepunkt von C.

Als windschiefe Kurven bezeichnet man Raumkurven, die nicht in einer Ebene liegen. Um die Krümmung einer windschiefen Kurve in einem Punkt M zu bestimmen, bedient man sich der Schmiegebene in diesem Punkt; gegen diese Ebene strebt die Ebene, die durch die Tangente in M und einen Punkt M' auf C geht, wenn M' gegen M strebt. In einer Umgebung von M ist C einer Kurve C' in deren Schmiegebene asymptotisch nah (siehe *Abbildung 2*). Neben der Krümmung (die durch die Krümmung dieser ebenen Kurve gemessen wird) weist C noch eine Torsion auf, die die Rotationsgeschwindigkeit der Schmiegebene um die Tangente misst.

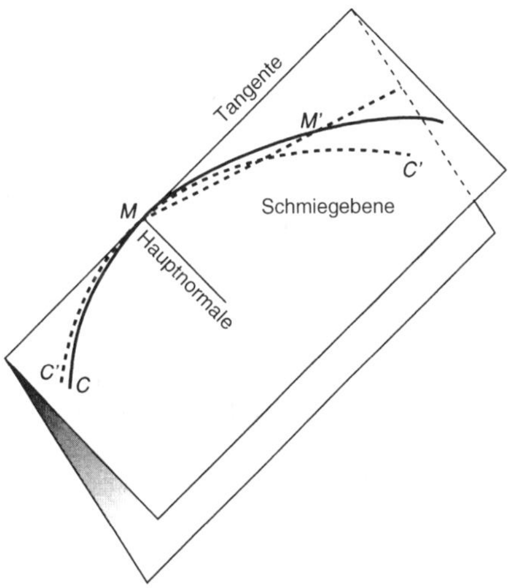

Abbildung 2

Die Krümmung von Flächen

Will man die Krümmung einer Fläche S in einem Punkt M untersuchen (siehe *Abbildung 3*), betrachtet man die Kurven, die sich ergeben, wenn S von Ebenen geschnitten wird, die durch die Normale an S in M laufen (das ist die Senkrechte zur Tangentialebene); auf der einen Seite der Tangentialebene wird

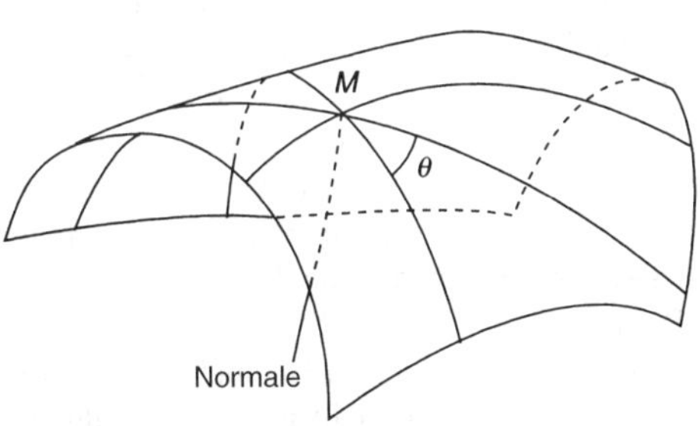

Abbildung 3

die Krümmung des Flächenschnitts positiv, auf der anderen negativ gemessen. Dreht sich die Ebene solch eines Flächenschnitts um die Normale, verläuft die Krümmung des Flächenschnitts zwischen einem Maximum $1/R_1$ und einem Minimum $1/R_2$. Diese Extremalpunkte bezeichnet man als Hauptkrümmungen der Fläche in M, und man kann zeigen, dass sie zwei orthogonalen Positionen der Normalenschnittebenen entsprechen. Für eine Normalenebene, die einen Winkel Θ (*Theta*) mit der Schnittebene maximaler Krümmung bildet, ergibt sich die Krümmung durch die Eulersche Formel

$$\frac{1}{R} = \frac{\cos^2\theta}{R_1} + \frac{\sin^2\theta}{R_2}$$

Carl Friedrich Gauß beschrieb 1827 eine bemerkenswerte Eigenschaft des Produktes der Hauptkrümmungen $1/(R_1R_2)$, das heute als Gaußsche Krümmung bezeichnet wird: Sie ist vollständig bestimmt, wenn man die Länge der auf S markierten Kurven kennt. Anders gesagt, deformiert man die Fläche S, ohne die Bogenlänge der darauf befindlichen Kurven zu verändern, so bleibt die Gaußsche Krümmung dieselbe. Da die Gaußsche Krümmung einer Ebene gleich 0 ist, hat eine Fläche, die auf einer Ebene so abgebildet werden kann, dass die Längen unverändert bleiben, notwendig in jedem Punkt die Gaußsche Krümmung 0. Umgekehrt kann man auch zeigen, dass eine Fläche mit der Gaußschen Krümmung 0 längentreu auf eine Ebene abgebildet werden kann.

Da die Gaußsche Krümmung einer Sphäre vom Radius R offensichtlich $1/R^2$ beträgt, lässt sich solch eine Sphäre nicht längentreu auf eine Ebene abbilden; deshalb ist es unmöglich, Erdkarten zu zeichnen, bei denen sämtliche Entfernungen genau dem Maßstab entsprechen. Flächen mit konstanter negativer Krümmung oder »Pseudosphären« besitzen eine nichteuklidische Geometrie (siehe PARALLELEN).

Krümmung und Parallelverschiebung

Zur Vorbereitung: ***Kurve; Parallelen***

Die Krümmung eines durch eine Kurve C begrenzten Ausschnitts der Fläche S lässt sich durch Integration der Gaußschen Krümmung über diesen Ausschnitt ermitteln (es handelt sich um ein Doppelintegral). Nach dem Satz von Gauß-Bonnet ist dieses Maß gleich dem Winkel, um den sich die Tangente in einem Punkt A an die den betreffenden Ausschnitt begrenzende Kurve C dreht, wenn man diese Tangente parallel zu sich selbst entlang von C auf der Fläche S verschiebt (siehe *Abbildung 4*).

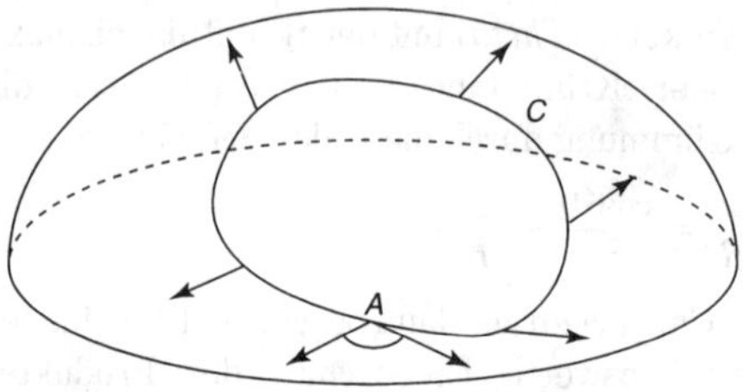

Abbildung 4

Wird dieses Integral auf ganz S genommen (wobei vorausgesetzt wird, dass S kompakt ist, sich also in sich selbst schließt), erhält man eine wichtige topologische Invariante, denn dieses Integral ist gleich 2π multipliziert mit der »Euler-Poincaréschen Charakteristik« von S, einer ganzen Zahl, die unabhängig von der Topologie der betrachteten Fläche ist. Für eine orientierbare Fläche vom Geschlecht g (die also g Löcher aufweist) ist die Euler-Poincarésche Charakteristik gleich $2–2g$. Bemerkenswert ist die Tatsache, dass man kompakte orientierbare Flächen stets mit Metriken konstanter Krümmung ausstatten kann. So hat die Kugelfläche ($g=0$) eine Metrik konstanter positiver Krümmung (die gewöhnliche Metrik), der Torus ($g=1$) hat Metriken der Krümmung 0, und Flächen vom Geschlecht $g \geq 2$ haben Metriken konstanter negativer Krümmung.

Krümmung in höherdimensionalen Räumen

Bernhard Riemann erweiterte 1854 den Begriff der Krümmung auf drei- und höherdimensionale Räume; dadurch wird dieser Begriff natürlich sehr viel komplizierter. Verschiebt man einen Vektor u, der eine Tangente des betrachteten Raums darstellt, parallel zu sich selbst entlang einer Raumkurve, die von M ausgeht und nach M zurückkehrt, so kehrt u in der Regel in einer anderen Position an den Ausgangspunkt zurück, die linear von u abhängt; die Krümmung bringt den infinitesimalen Aspekt dieses Phänomens zum Ausdruck. Legt man ein Vektorpaar (v,w) von Tangenten in M fest und betrachtet ein unendlich kleines Parallelogramm des Raums, das durch εv, εw (ε gegen 0) erzeugt wird, sowie die infinitesimale Transformation r_ε, die u bei der Parallelverschiebung entlang dieses Parallelogramms erfährt, dann ist die Krümmung in M ist durch den Grenzwert $r_\varepsilon/\varepsilon^2$ gegeben; es handelt sich also um eine lineare Transformation $R(v,w)$ des Tangentialraums.

Zur Definition der Krümmung genügt die Definition der Parallelverschiebung; ein Rückgriff auf die Metrik ist nicht erforderlich. Die Eichtheorien, in denen die fundamentalen Wechselwirkungen der Physik zu Gleichungssystemen zusammengefasst werden, stützen sich auf eine derartige Parallelverschiebung, die unabhängig von einer Metrik definiert wird. Die Wechselwirkung wird durch die zugehörige Krümmung gemessen.

Krümmung und Gravitation

Als Nikolai Lobatschewski 1829 erstmals nichteuklidische Räume einführte, mochte dies als eine rein mathematische Spielerei ohne jeden Zusammenhang mit der physikalischen Realität erscheinen. Doch schon die Oberfläche einer Kugel bot ein anschauliches Beispiel für einen Raum, in dem etwa die Summe der Winkel eines Dreiecks nicht gleich 180° ist. Aber diese Kugelflächen, zu denen auch die Erdoberfläche gehört, waren weiterhin in den vertrauten dreidimensionalen euklidischen Raum eingebettet. Dass der Raum, in dem sich Sterne und Galaxien befinden, nicht euklidisch sein soll, können wir uns nur mit Mühe vorstellen, und dennoch liefert die Beobachtung zahlreiche unabweisbare Belege für die Krümmung dieses Raumes.

Die nichteuklidischen Geometrien sind daher zu einem unverzichtbaren Darstellungsinstrument geworden.

Die Raum-Zeit ist vierdimensional, das heißt, wir benötigen vier Koordinaten, um die Position eines punktförmigen Ereignisses zu bestimmen (drei Raumdimensionen und eine Zeitdimension). Die lokale Krümmung dieser Raum-Zeit in einem Punkt M ist eine infinitesimale Größe, das heißt, sie wird durch eine sehr kleine Umgebung von M definiert. Die geodätischen Linien dieses Raumes sind besondere Linien, die den kürzesten Weg zwischen je zwei Punkten markieren. Diesem Weg folgt das Licht, wenn es zwei Punkte miteinander verbindet. Nach der allgemeinen RELATIVITÄTSTHEORIE ist die Krümmung in jedem Punkt der Raum-Zeit vollständig bestimmt durch die vergangene und gegenwärtige Position der in diesem Raum enthaltenen Massen. Ein Raum, der insofern vollkommen leer wäre, als er keinerlei Masse enthielte (und den wir uns allenfalls als mathematische Abstraktion vorstellen könnten), wäre euklidisch und hätte die Krümmung 0; ein Raum, der nur eine einzige Masse in einem Punkt O enthielte, besäße eine Krümmung, deren Symmetrie der einer Sphäre entspräche, und die Krümmung in einem Punkt M wäre umso stärker, je näher M bei O liegt.

Die lokale Krümmung im Universum

Wie lässt sich diese Krümmung physikalisch messen? Die allgemeine Relativitätstheorie eliminiert das von Isaac Newton eingeführte Konzept der Massenanziehungskraft zugunsten des so genannten Äquivalenzprinzips (siehe MASSE): Im freien Fall ist ein Körper nicht mehr einer Massenanziehungskraft ausgesetzt, seine (kreisförmige, elliptische usw.) Bahn ist vielmehr durch die lokale Krümmung des Raumes bestimmt und natürlich durch seine Anfangsgeschwindigkeit. Man könnte daher sagen, die Bewegung des Mondes um die Erde ist ein unmittelbarer Beweis für die Krümmung. Das Äquivalenzprinzip reicht jedoch noch nicht aus, denn es besagt lediglich, dass die klassische und die relativistische Beschreibung äquivalent, also ununterscheidbar sind. Andererseits sind die Bahnen der Photonen, deren Ruhemasse gleich null ist, nicht in beiden Fällen gleich; nur mit Hilfe der allgemeinen Relativitätstheorie lassen sich die Bahnen des Lichts exakt berechnen, sofern man die Verteilung der Massen im Raum kennt.

Dank solch einer Vorhersage bei der Beobachtung der Sonnenfinsternis des Jahres 1919 durch Arthur Eddington gelang es erstmals, die allgemeine Relativitätstheorie empirisch zu bestätigen (siehe *Abbildung 5*). Ende des 20. Jahrhunderts lag die Messgenauigkeit für die Positionsbestimmung heller Sterne in unserer näheren Umgebung bei etwa einer Tausendstel Winkelsekunde (siehe ASTROMETRIE); unter diesen Umständen ist die Ablenkung des Lichts durch die Sonnenmasse messbar, weil die scheinbare Position sich im laufe eines Jahres verändert (siehe *Abbildung 6*). Die Gravitationsoptik untersucht die Wirkung großer Massen auf das Licht sehr ferner Sterne, das auf dem Weg zu uns zum Beispiel eine Galaxie passiert hat; diese Optik stützt sich gänzlich auf die lokale Krümmung des Raumes, die durch

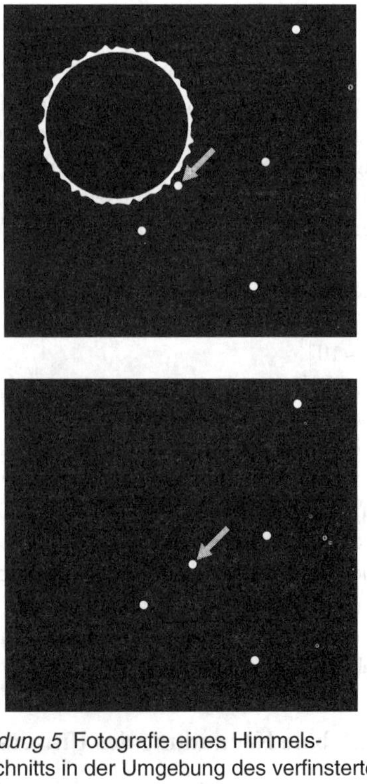

Abbildung 5 Fotografie eines Himmelsausschnitts in der Umgebung des verfinsterten Sonnenrandes (oben); derselbe Ausschnitt sechs Monate später (unten).

solche Massen verursacht wird (siehe GRAVITATIONSLINSE).

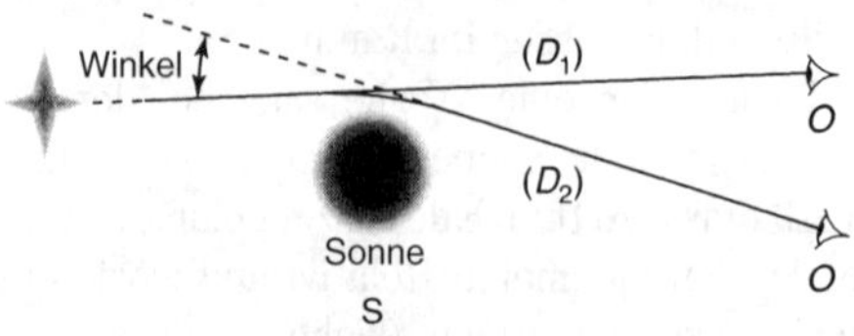

Abbildung 6 Veränderung der scheinbaren Richtung eines Sterns für den Beobachter *O*, wenn die Sonne sich in *S* befindet (D_2) statt (D_1)

In unserer Alltagserfahrung merken wir nichts von der Krümmung der Raum-Zeit, weil sie nur sehr schwach ist. Wie lässt sich ihre Stärke abschätzen? Betrachten wir eine einzelne Masse im Innern einer Kugel mit dem Radius R, und bilden wir die Größe $\alpha = 2GM/Rc^2$, die eine dimensionslose Zahl ist (siehe DIMENSION). Sie misst das Verhältnis zwischen der Geschwindigkeit, die ein Objekt unter dem Einfluss der Massenanziehungskraft einer Masse M annimmt und der Lichtgeschwindigkeit c, wobei G die Gravitationskonstante ist. Der Wert von α gibt uns annähernd eine Vorstellung von der Größe der relativistischen Effekte und von der Krümmung in der Umgebung von M, oder anders gesagt, vom mehr oder weniger ebenen Charakter der Raum-Zeit in diesem Bereich des Raums: Die Krümmung wächst in dem Maße, wie α sich 1 nähert. Setzt man für M und R nacheinander Masse und Radius der Erde, der Sonne oder eines PULSARS ein, erhält man:

$\alpha_{\mathrm{Erde}} \approx 10^{-6}$

$\alpha_{\mathrm{Sonne}} \approx 10^{-4}$

$\alpha_{\mathrm{Pulsar}} \approx 0{,}1.$

Wie man sieht, ist die Wirkung der Krümmung in der Umgebung der Erde nur sehr klein, während sie bei Objekten größerer Dichte sehr viel stärker ausfällt. Spektakuläre Auswirkungen auf den umgebenden Raum darf man bei Pulsaren erwarten und erst recht in der Umgebung noch dichterer Objekte wie der SCHWARZEN LÖCHER.

Die globale Krümmung des Universums

Die Materie ist im Universum heute gleichsam körnig in Gestalt von Sternen, Galaxien und Galaxienhaufen verteilt. In sehr großem Maßstab (über eine Milliarde Lichtjahre) kann man diesen körnigen Charakter jedoch vernachlässigen und von einer glatten, gleichförmigen Struktur ausgehen. Obwohl Sand aus Körnern besteht, kann man ihn als kontinuierliches Medium nach Art einer Flüssigkeit behandeln, wenn der Maßstab der Betrachtung weit über der Korngröße liegt. Solch eine glatte Struktur stellt zwar für den heutigen Zustand des Universums keine sonderlich gute Annäherung dar, wohl aber für frühere Zustände vor der Entstehung der Galaxien.

Wie groß ist nun die Krümmung in solch einem Universum? Aus der gleichmäßigen Verteilung der Massen folgt, dass die Krümmung in allen Punkten dieselbe ist, aber der Wert der Krümmung ist beliebig, das heißt, Räume mit beliebiger positiver oder negativer Krümmung sind gleichermaßen möglich. Die Beobachtung lehrt uns, dass die Krümmung des Universums sehr klein ist; wenn die Raum-Zeit in sich selbst zurückläuft (also bei positiver Krümmung), dann in gewaltigen Größenordnungen (der Krümmungsradius liegt mindestens im Bereich von Gigaparsec, bei 3×10^{25}m oder sogar noch weit darüber). Wir müssen daher sehr ferne Objekte an den Grenzen unserer Beobachtungsmöglichkeiten beobachten, wenn wir die Stärke der globalen Krümmung bestimmen wollen. Nach unseren gegenwärtigen Beobachtungen ist die Krümmung so schwach, dass sie durchaus auch bei 0 liegen kann, also dem euklischen Raum entspräche; dann wäre unser Universum ein sehr spezieller Fall unter allen theoretisch denkbaren Möglichkeiten. Solche ganz besonderen Eigenschaften sind den Physikern nicht sympathisch. Aus diesem und einigen anderen Gründen stellt man sich vor, das Universum habe in seiner Anfangszeit eine Phase der Inflation durchgemacht, in der eine sehr rasche Expansion ein Universum hervorbrachte, dessen Krümmung nahe bei 0 liegt, wie immer sie vor der Inflation beschaffen gewesen sein mag. Auf diese Weise rettet man das Allgemeine gegenüber dem Besonderen.

Natürlich hat unser gewöhnlicher Verstand seine Schwierigkeiten mit dem Gedanken eines gekrümmten, in sich selbst zurücklaufenden Universums und versucht sich verzweifelt vorzustellen, wovon denn solch ein Universum umgeben wäre. Hier kann uns vielleicht ein Gedankenexperiment weiterhelfen: Schicken wir einen Lichtstrahl in gerader Richtung aus. Falls der Raum eine positive Krümmung besitzt, wird er, nachdem er das Universum durchlaufen hat, von der anderen Seite zu uns zurückkehren. Er hat das Universum niemals verlassen und kehrt dennoch zurück, wie Phileas Fogg in dem Roman *In achtzig Tagen um die Erde.*

Kryptographie

Zur Vertiefung: ***Code; Codierung; Primzahlen***

Beim Austausch von Informationen per Telefon, über ein Computernetz oder auch einfach per Brief möchten manche sicherstellen, dass der Inhalt der Mitteilungen auch dann vertraulich bleibt, wenn die Leitung von Dritten angezapft oder der Brief von einem Unbefugten geöffnet wird. Zu diesem Zweck muss der Sender seine Nachricht vor dem Absenden verschlüsseln, und der Empfänger muss sie wieder entschlüsseln, bevor er deren Inhalt hören oder lesen kann. Das Bedürfnis nach einer Verschlüsselung von Nachrichten haben von jeher alle, die bei ihrer Kommunikation auf Geheimhaltung angewiesen sind: das Militär vor allem, Diplomaten, aber auch Verbrecher und Verschwörer, inzwischen jedoch auch viele andere: Bankiers, Unternehmer, Ärzte.

Die Kryptographie bemüht sich, Verschlüsselungsmethoden zu entwickeln, die es zumindest praktisch unmöglich machen, dass ein Unbefugter die damit verschlüsselten Daten ohne Kenntnis des zugehörigen Schlüssels lesen kann.

Eine einfache Methode besteht darin, die Buchstaben eines Textes nach einem bestimmten Schema gegen andere Buchstaben auszutauschen. So würde zum Beispiel aus dem Wort »geheim« das verschlüsselte Wort »tfdful«. Doch diese Methode ist allzu naiv, denn die einzelnen Buchstaben kommen in jeder Sprache mit einer bestimmten relativen Häufigkeit vor. Wer das Schema der Buchstabenvertauschung ermitteln, also den Code »knacken« will, braucht nur die Häufigkeit der einzelnen Buchstaben im verschlüsselten Text zu bestimmen und mit der bekannten Häufigkeitsverteilung in der betreffenden Sprache zu vergleichen. Im Deutschen etwa ist der häufigste Buchstabe das e, und es wäre sehr bald klar, dass in unserem verschlüsselten Text der Buchstabe f dafür steht. Und sind erst die häufigsten Buchstaben geklärt, lassen sich die übrigen problemlos erschließen, wie jeder weiß, der einmal ein Buchstabenrätsel gelöst hat. Man muss sich also nach besseren Verschlüsselungsverfahren umsehen.

Die wichtigsten Verschlüsselungsmethoden (man spricht hier auch von Kryptosystemen) basieren heute auf folgender Beobachtung: Es ist einfach, auch große Zahlen aus einigen hundert Ziffern zu multiplizieren oder zu dividieren, aber es ist sehr schwer, für solche großen Zahlen sämtliche Teiler zu finden. Daraus ergibt sich die Möglichkeit, folgendes Verfahren festzulegen: Der Sender fasst seine Nachricht (den Klartext) in Form einer Zahl n zusammen; er multipliziert diese Zahl mit einer sehr großen Zahl c (dem Schlüssel), die er mit dem Empfänger vereinbart hat. Der Empfänger braucht die empfangene Zahl nur durch c zu teilen und erhält als Klartext die Zahl n. Gelangt dagegen ein Unbefugter in den Besitz der Nachricht, muss er sämtliche möglichen Teiler des übermittelten Produkts suchen, und das ist sehr viel schwieriger als die Teilung durch eine bekannte Zahl. Theoretisch ist es zwar nicht ausgeschlossen, dass er den Schlüssel c und damit den Klartext n findet. Letzten Endes lässt sich jeder Schlüssel »knacken«. Aber entscheidend ist die Zeit, die man dafür benötigt. Ein Verschlüsselungsverfahren ist brauchbar, wenn es in der Praxis zu lange dauern würde, den zugehörigen Code zu »knacken«.

Problematisch an dem beschriebenen Verfahren ist allerdings der Umstand, dass Sender und Empfänger der Nachricht sich vorher über den Schlüssel verständigen müssen. Und das heißt in der Praxis, sie müssten ihn häufig wechseln. Aber wie könnten sie sicherstellen, dass der Schlüssel bei der Übermittlung nicht seinerseits abgefangen wird, so dass nun Unbefugte alle damit verschlüsselten Daten entschlüsseln könnten? Das lässt sich nur verhindern, wenn der Schlüssel gar nicht übermittelt wird, das heißt, wenn nur der Empfänger ihn kennt und ihn für sich behält. Anders gesagt, der Empfänger muss den Schlüssel bestimmen und darf ihn an niemanden weitergeben. Doch wie soll der Sender seine Nachricht verschlüsseln, wenn der Empfänger ihm den gewünschten Schlüssel nicht übermittelt? Dafür gibt es eine einfache Lösung: Der Empfänger übermittelt dem Sender nur einen Teil des Schlüssels, der zwar ausreicht, um die Nachricht zu verschlüsseln, nicht aber, um sie wieder zu entschlüsseln. Dieser Teil des Kryptosystems, der nur der Verschlüsselung dient, wird als Verschlüsselungsschlüssel bezeichnet. Da eine verschlüsselte Nachricht sich damit nicht auch entschlüsseln lässt, besteht für den Empfänger gar keine Notwendigkeit, ihn geheim zu halten; er kann ihn sogar veröffentlichen, damit jeder ihn benutzen kann, der ihm eine geheime Nachricht zukommen lassen möchte. Man spricht in diesem Fall von einem öffentlichen Schlüssel (Englisch: *public key*). Bei dem bekanntesten Public-key-Kryptosystem, dem 1978 entwickelten und nach seinen Erfindern Ronald Rivest, Adi Shamir und Leonard Adleman benannten RSA-System, besteht der vollständige Schlüssel (der vom Empfänger bestimmt wird und nur ihm bekannt ist) aus zwei Primzahlen c und d, während der vom Empfänger veröffentlichte Public-key aus dem Produkt $p=cd$ und einer Zahl q besteht, die keinen gemeinsamen Teiler mit $(c-1)(d-1)$ besitzt. Aus p und q allein lässt sich der vollständige Schlüssel nur äußerst schwer berechnen. Die Sicherheit der Kommunikation ist damit gewährleistet.

Solche Public-key-Systeme gestatten es dem Sender sogar, seiner Nachricht gleichsam als Unterschrift eine Zahl beizugeben, die er aufgrund eines selbst gewählten vollständigen Schlüssels berechnet, so dass niemand seine Unterschrift fälschen, aber jeder ihre Echtheit mit Hilfe des Verschlüsselungsschlüssels überprüfen kann.

Geheimdienste versuchen, jeden noch so komplizierten Geheimcode zu »knacken«. Dazu benötigen sie heute gewaltige Rechnerkapazitäten. Im Zweiten Weltkrieg hatte dieses Bestreben insofern fruchtbare Folgen, als es die Alliierten veranlasste, die ersten elektronischen Rechenanlagen zu bauen, etwa den in England von einer Gruppe um Alan Turing entwickelten Rechner Colossus. In der Folgezeit wurde die Entwicklung von Kryptosystemen für militärische und zivile Zwecke zu einer wichtigen Triebkraft für die Forschung im Bereich der Arithmetik. Die Arithmetik wird daher heute gerne als Beispiel einer Wissenschaft angeführt, die ursprünglich frei von außerwissenschaftlichen Interessen betrieben wurde, dann aber – über ihre Anwendung im Bereich der Kryptographie – ins Blickfeld wichtiger militärischer und wirtschaftlicher Interessen rückte.

Von jeher sehen die Staaten in der Kryptographie ein wichtiges Moment ihrer inneren und äußeren Sicherheit. Daher gibt es Bestrebungen, die Entwicklung auf diesem Gebiet einer staatlichen Kontrolle zu unterwerfen und zum Beispiel alle privaten Benutzer kryptographischer Verfahren per Gesetz zu verpflichten, den verwendeten Schlüssel bei staatlichen Stellen zu hinterlegen. In einigen Staaten sind solche Gesetze bereits erlassen worden. Der Staat möchte die Möglichkeit behalten, die Kommunikation unter seinen Bürgern bei Bedarf zu kontrollieren.

künstliche Intelligenz

Zur Vertiefung: ***Konnektionismus; Lösung von Problemen; Rationalitätsmodell; Wissen und Maschine***

Manchmal schlägt der Geist Funken, wenn zwei gegensätzliche Ausdrücke zusammentreffen. Die ebenso leidenschaftlichen wie subtilen Rhetoriker des Barockzeitalters wussten das sehr wohl und machten davon glänzend Gebrauch; und auch unsere Informatiker, die sich von Syllogismen und Hamburgern ernähren, haben es nicht vergessen. Die Erfolge, die den Streit um die künstliche Intelligenz ständig neu entfachen, geben ihnen Recht: Die Verbindung der beiden Wörter »künstlich« und »Intelligenz«

wird immer noch als Skandal empfunden, statt dass man etwas daraus lernte.

Genau besehen, sind beide Ausdrücke vollkommen angemessen. Im etymologischen Sinne ist die künstliche Intelligenz tatsächlich eine Illusionskunst, die ganz bewusst den Eindruck erweckt, die Maschinen wären intelligent, ohne uns allerdings wirklich zu täuschen.

Wenn eine Maschine die Anweisungen interpretiert, die wir ihr in der Umgangssprache mündlich oder schriftlich erteilen, und sie anschließend getreulich ausführt; wenn sie einschlägige Fragen stellt, bevor sie eine medizinische Diagnose vorschlägt; wenn sie bei einem stotternden Motor selbsttätig die defekten Teile lokalisiert; wenn sie bislang unbewiesene mathematische Lehrsätze beweist; wenn sie mit Hilfe eines Mikroskops gefährliche Zellen in einer Zellkultur erkennt; wenn sie einen Roboter lenkt, bis der sich in dem Labyrinth zurechtfindet, in dem er eingeschlossen ist; wenn sie Schach spielt und ein Turnier gegen den amtierenden Weltmeister gewinnt – dann haben wir es mit künstlicher Intelligenz zu tun, und alle sind beeindruckt. Sollten die Maschinen nach endlosen Berechnungen tatsächlich Intelligenz erworben haben? Sollten sie gar Geist haben? Ist es vorstellbar, dass die Ingenieure ihnen ein Bewusstsein mitgegeben haben? So weit brauchen wir gar nicht zu gehen. Und im Übrigen lässt sich niemand wirklich täuschen. Es genügt, wenn ein von den Informatikern geschaffenes Ensemble von Techniken bestimmte kognitive Fähigkeiten simuliert: das Erkennen von Wörtern und das Verständnis der natürlichen Sprache, das Beweisen, das Lösen von Problemen, optische Wahrnehmung, PLANUNG, SPIEL.

Diese Techniken wenden die aus den übrigen Bereichen der Informatik bekannten Operationen auf Zeichenfolgen, das heißt auf Wörter oder genauer: auf Texte an, die Töne, Bilder, Empfindungen, geistige Zustände symbolisieren. Und wie die übrigen Techniken der INFORMATIK stützen sie sich dabei auf LOGIK, diskrete Mathematik, ALGORITHMEN und die Prinzipien der PROGRAMMIERUNG.

Die künstliche Intelligenz unterscheidet sich jedoch insofern von den übrigen Zweigen der Informatik, als sie sich mit Problemen befasst, die noch nicht präzise formuliert sind und für die es keine allgemein anerkannten Lösungen gibt. Daher sind ihre Grenzen fließend und ihre Problemfelder entwickeln sich ständig weiter. Fragen, die ursprünglich im Rahmen der künstlichen Intelligenz behandelt wurden, zum Beispiel das AUTOMATISCHE BEWEISEN, wandern aus und machen sich selbständig, wenn die zugehörigen Probleme klarer gefasst werden und die Techniken zur Lösung dieser Probleme sich verfeinern. Solange die Problemstellung sich nur unscharf formulieren lässt und für ihre Bearbeitung keine Algorithmen zur Verfügung stehen (also Sequenzen aus elementaren Rechenschritten, deren systematische Anwendung in vertretbaren Zeiträumen zu sicheren Lösungen führt), ordnet man sie dem Bereich der künstlichen Intelligenz zu. Sobald die Unsicherheit beseitigt ist, fällt die jeweilige Problemstellung aus diesem Bereich heraus.

Als Beispiel wollen wir das Komponieren von Musik betrachten. Dabei handelt es sich um eine geistige Tätigkeit, die als solche durchaus auf einem Computer simuliert werden kann. Tatsächlich hindert uns nichts, ein Programm zu schreiben, das einen kontinuierlichen Strom von Noten erzeugt und dabei sämtliche Regeln der Harmonielehre und der Kontrapunktik, wie man sie an Musikhochschulen lehrt, genauestens beachtet. Aber solch ein komponierender Computer wäre kaum besser als ein Affe, der ohne Sinn und Verstand auf die Tasten einer Schreibmaschine einhämmert; und die kakophone Phonothek, die sämtliche Werke dieses Computers enthielte, ließe den Musikliebhaber ebenso ratlos wie die Bibliothek von Babel den Leser, den der argentinische Schriftsteller Jorge Luis Borges beschrieben hat; denn die Chance, in den Computerkompositionen die *Fünfte Symphonie* von Beethoven zu finden, wäre ebenso gering wie die Chance, dass unter den Fingern eines Schreibmaschine schreibenden Affen der Shakespearsche *Hamlet* entstünde.

Verfügte man jedoch neben den Regeln der Harmonielehre und der Kontrapunktik auch über verlässliche ästhetische Kriterien und präzise Regeln, deren strenge Anwendung in jedem Falle qualitativ hochwertige Musik hervorbrächte, gehörte das automatische Komponieren in den Bereich der klassischen Informatik, und man befasste sich nur noch mit Fragen der Durchführung, der Programmierung und der Effizienz. Doch zum Glück sind wir von solchen Verhältnissen noch sehr weit entfernt.

Da Kriterien und Verfahren dieser Art nicht existieren, ahmt man im Bereich der künstlichen Intelligenz die Wahlentscheidungen von Komponisten durch unvollkommene, approximative Regeln nach, die als heuristisch bezeichnet werden (siehe HEURISTIK), weil sie zwar hilfreich sind, aber keine absolute Gewissheit bieten. So bilden manche Programme die Arbeit eines Komponisten mit Hilfe eines Gedächtnismodells nach, das zwei heuristische Mechanismen miteinander kombiniert: einen Vorstellungsmechanismus zur Simulation von Erinnerungsvorgängen, in denen ein Kontext früher Erlebtes in Erinnerung ruft, wie das berühmte Sandplätzchen, das Marcel Proust in seinen Tee tauchte, und einen Rekombinationsmechanismus, der die im Gedächtnis aufsteigenden Bruchstücke nach den Regeln der Harmonie zusammenfügt. Natürlich handelt es sich hier lediglich um eine Arbeitshypothese über die Funktionsweise der Phantasie; sie ist partiell und approximativ, also heuristisch, und muss daher erprobt und mit anderen Hypothesen verglichen werden.

Entwicklung, Simulation und Überprüfung solcher heuristischen Kriterien ist der eigentliche Arbeitsbereich der künstlichen Intelligenz. In der Vergangenheit hat man zu diesem Zweck auf die unterschiedlichsten Quellen zurückgegriffen, im Bereich der LÖSUNG VON PROBLEMEN und im Bereich der Produktions- oder Regelsysteme (siehe PRODUKTIONSREGEL) zum Beispiel auf psychologische Modelle. Die Regeln selbst basieren auf dem Wissen, das die Experten des betreffenden Gebiets angesammelt haben, weshalb man hier auch von EXPERTENSYSTEMEN spricht. Andere psychologische Modelle dienten dazu, die Speicherung von Informationen in technischen SPEICHERN nach dem Vorbild des menschlichen Gedächtnisses zu organisieren; daraus entstanden zahlreiche Arbeiten zur Repräsentation oder DARSTELLUNG VON WISSEN.

Linguistische Modelle waren Grundlage für die automatische ÜBERSETZUNG und insbesondere für das Verstehen der natürlichen Sprache. Mit Hilfe genetischer Modelle versucht man, die Phänomene der für die Evolution der Arten verantwortlichen natürlichen Selektion zu reproduzieren (siehe GENETISCHER ALGORITHMUS). Mit epistemologischen Modellen, die auf summarischen Theorien der WISSENSCHAFTLICHEN ENTDECKUNG basieren, hat man alte wissenschaftliche Theorien rekonstruieren können. Und damit ist die Vielzahl der Inspirationsquellen noch keineswegs ausgeschöpft.

Mit der Entwicklung und Erprobung ihrer Heuristiken tastet die künstliche Intelligenz sich vorsichtig über Versuche und fortschreitende Verfeinerungen voran, ohne den Anspruch zu erheben, eines Tages endgültig ans Ziel zu gelangen. Darin unterscheidet sie sich grundlegend vom KONNEKTIONISMUS oder zumindest von dessen militanten Vertretern, die den gesamten Lebensprozess reproduzieren möchten und den Schlüssel dafür in den Phänomenen der Selbstorganisation erblicken, wie wir sie in den Gegenstandsbereichen der Physik, der Biologie, der Ethologie und der Soziologie antreffen.

Obwohl also die Verbindung der beiden Ausdrücke »künstlich« und »Intelligenz« an längst vergangene Mythen und Legenden wie die des Golem denken lässt, sieht die Wirklichkeit ganz anders aus. Die künstliche Intelligenz bietet keine allumfassende Theorie, die das Denken auf einige wenige Mechanismen zurückzuführen versucht. Sie verfolgt nicht das Ziel, dem Menschen das Privileg des Denkens zu nehmen und eine denkende Maschine an seine Stelle zu setzen. Sie schafft lediglich imaginäre Schauplätze, an denen sich schimärenhafte Gestalten mit ganz partiellen Fähigkeiten bewegen. Sie ist eine mit Hilfe von Informationstechniken hergestellte, im wahrsten Sinne des Wortes »artifizielle« Intelligenz.

künstliches Leben

Zur Vertiefung: ***Automat; genetischer Algorithmus; Kybernetik***

Überall sprudelt das Leben, bewegt sich hierhin und dorthin, sucht einen Durchschlupf und findet ihn. Dennoch glaubte man, es sei bestens verwahrt, gleichsam mit mehreren Schlössern, deren Schlüssel gut versteckt seien. Prionen, Spirillen, Bazillen, Viren und Vibrionen haben die meisten unserer Schutzwälle längst überwunden. Keine Abwehr ist auf Dauer erfolgreich; immer wieder überraschen sie uns mit ihrem Listenreichtum. Dabei handelt es sich nur um winzige Gebilde aus relativ wenigen Molekülen, die für sich genommen so zerbrechlich sind, dass man sie eigentlich für ungefährlich halten sollte. Was auf dieser elementarsten Ebene des Lebens für Kohäsion, Ordnung und eine von Generation zu Generation fortschreitende Vervollkommnung sorgt, die sogar die sichersten Barrieren zu überwinden vermag, ist eine faszinierende Frage und wartet geradezu auf Klärung. Gibt es eine Formel, die diese Prozesse auf einige wenige elementare Mechanismen zurückführen kann und sich auf einem COMPUTER ausführen lässt? Mit diesem Problem befasst sich das Fachgebiet, das man mit dem Begriff »künstliches Leben« umschreibt.

Manche glauben, diese Lebenskraft basiere hauptsächlich auf der Reproduktion und der daraus resultierenden Evolution der biologischen Arten. Für andere steht eher die Koordination getrennter, autonomer Individuen im Vordergrund. Beide Hypothesen gestatten es, Mechanismen zu isolieren und auf dem Computer zu simulieren, um die so gewonnenen Ergebnisse mit unserem empirischen Wissen zu vergleichen und bessere Automaten zu bauen, die man als »Animats« bezeichnet – eine Wortzusammenziehung aus *animal* (Tier) und *robot*.

Bei ihrem Vorgehen stützen sich die Forscher auf unterschiedliche Ansätze. Manche bevorzugen Hypothesen aus dem Bereich der GENETIK, andere die Prinzipien der Kybernetik, der Automatennetze oder der formalen NEURONALEN NETZE; wieder andere konzentrieren sich auf die simulierte Kooperation von Animats. Aber alle nehmen sich in ihrer Arbeit Theorien des Lebens zum Vorbild und bemühen sich, die darauf basierenden Simulationstechniken zu verbessern, um das Phänomen des Lebens besser zu verstehen. Die im Bereich des künstlichen Lebens entwickelten Simulationstechniken lassen sich auch in anderen Bereichen der Biologie nutzbringend anwenden, etwa in der Verhaltensforschung, der Immunologie und der Hirnforschung.

Letztlich ist hier also kein Doktor Frankenstein am Werk, denn das auf Siliciumplättchen nachgebildete Leben ist natürlich kein Leben im eigentlichen Sinne – und erhebt im Übrigen auch keineswegs diesen Anspruch. Vielmehr verhält das künstliche Leben sich zum Leben wie die KÜNSTLICHE INTELLIGENZ zur Intelligenz, nämlich im Sinne einer List unseres Verstandes, mit der wir Lebensprozesse nachbilden, indem wir sie auf partielle und stets nur approximative Weise simulieren.

Kurve

Zur Vertiefung: ***Arithmetik; Krümmung; Topologie***

Der Ausdruck »Kurve« bezeichnet eine »gekrümmte Linie«; in der griechischen Geometrie definierte man die Linie als »Länge ohne Breite« oder als Begrenzung einer Fläche. In der Umgangssprache steht die Kurve im Gegensatz zur Geraden, in der Geometrie jedoch ist die Gerade lediglich ein Spezialfall der Kurve.

Gerade und Kreis sind die Linien der ältesten ebenen Geometrie; man konstruiert sie mit Lineal und Zirkel, deren Verwendung in den ersten drei Postulaten der Euklidschen *Elemente* genau festgelegt sind. Neben diesen beiden Linien führten die Griechen auch die KEGELSCHNITTE ein, die entstehen, wenn eine Ebene den Mantel eines Kegels schneidet. Sie dienten zur Lösung bestimmter Probleme, die sich als Gleichungen 3. Grades ausdrücken lassen; dazu gehören etwa die Verdopplung des Würfels (bei der auf der Basis eines gegebenen Würfels ein Würfel mit doppeltem Volumen konstruiert werden soll) und die Dreiteilung eines Winkels (bei der ein

Winkel in drei gleiche Teile zerlegt wird). Die arabischen Algebraiker des 11. Jahrhunderts konnten zeigen, dass alle Gleichungen 3. Grades sich durch den Schnitt zweier Kegelschnitte lösen lassen.

Man kannte auch einige kompliziertere Kurven, darunter zwei, die durch die Konjugation einer geradlinig gleichförmigen Bewegung und einer gleichförmigen Kreisbewegung entstehen und im Zusammenhang mit dem Problem der Quadratur des Kreises stehen. Es handelt sich um die Quadratrix, die man auf Deinostratos (4. Jahrh. v. Chr.) zurückführt, und um die Spiralen, denen Archimedes (3. Jahrh. v. Chr.) eine Abhandlung widmete.

Die Quadratrix erhält man, wenn man ein Quadrat *ABCD* und einen Viertelkreis mit dem Mittelpunkt in *A* betrachtet, der durch *B* und *D* führt (siehe *Abbildung 1*). Ein Punkt *P* bewegt sich auf der Seite des Quadrats mit gleichförmiger Geschwindigkeit von *D* nach *A*, und gleichzeitig bewegt sich ein Punkt *Q* auf dem Viertelkreis mit gleichförmiger Geschwindigkeit von *D* nach *B*. Die Kurve besteht aus den Schnittpunkten zwischen einer durch *P* laufenden Parallelen zu *AB* und dem Radius *AQ*.

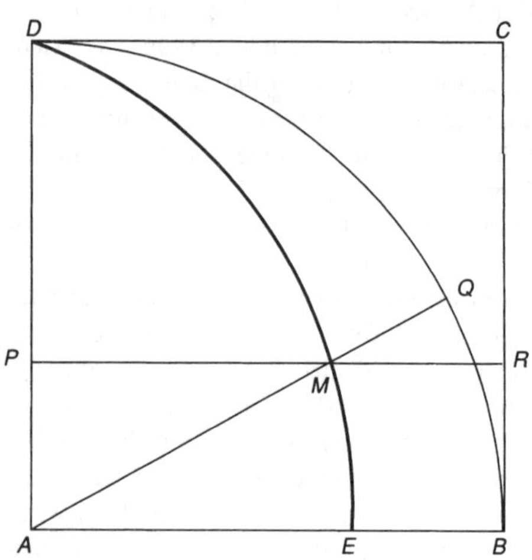

Abbildung 1 Die Kurve beginnt in *D* und endet in *E*, so daß $AB/AE = \pi/2$.

Eine Archimedische Spirale erhält man, wenn man einen Radius *OM* betrachtet, der sich gleichförmig um einen festgelegten Punkt *O* dreht, während *M* sich auf diesem Radius mit gleichförmiger Geschwindigkeit von *O* entfernt (siehe *Abbildung 2*). Der Abstand *OM* wächst proportional zum Winkel *AOM*, dessen Schenkel sich aus seiner Ausgangsposition *OA* dreht. Wenn die durch *M* verlaufende Tangente an die Spirale die zu *OM* senkrechte Gerade durch *O* im Punkt *T* schneidet, dann ist die Strecke *MT* gleich dem Kreisbogen *A'M*, wobei *A'* der Schnittpunkt von *OA* mit dem durch *M* führenden Kreis um *O* ist; insbesondere ist die Länge der Tangente *MT* nach einer vollständigen Umdrehung des Radius *OM* gleich dem Umfang des Kreises mit dem Radius $OM = OA'$, und man sieht, dass der Kreis sich mit Hilfe der Spirale »rektifizieren« lässt, das heißt, man kann mit ihrer Hilfe eine Strecke konstruieren, die genauso lang ist wie der Kreisbogen.

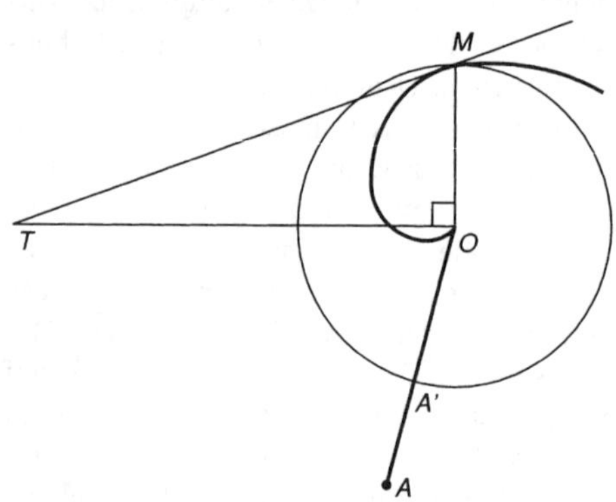

Abbildung 2 Archimedische Spirale

Die übrigen speziellen Kurven, die bereits den Griechen bekannt waren, sind die Konchoide des Nikomedes (3. Jahrh. v. Chr.) und die Zissoide des Diokles (2. Jahrh. v. Chr.); sie stehen im Zusammenhang mit der Dreiteilung des Winkels.

Zur Konstruktion einer Konchoiden nimmt man einen Punkt *A*, eine Gerade *d* und eine Strecke *L* (siehe *Abbildung 3*); zu jedem Punkt *P* trägt man $L = PM$ auf der Geraden *AP* ab und erhält eine Kurve, die aus allen so erhaltenen Punkten *M* besteht. Die Gerade *d* teilt die Ebene in zwei Halbebenen, und man kann *M* in beiden Halbebenen ansetzen; die Kurve setzt sich also aus zwei Ästen zusammen. Wenn *L* größer ist als der Abstand zwischen *A* und *d*, geht der Ast, der in derselben Halbebene liegt wie *A*, zwei Mal durch *A* (ein

Doppelpunkt) und bildet eine Schleife; ist *L* gleich dem Abstand zwischen *A* und *d*, besitzt dieser Ast eine »Spitze« in *A*; und ist *L* kleiner als der Abstand zwischen *A* und *d*, geht der Ast gar nicht durch *A*. Konchoiden lassen sich mit einem Instrument erzeugen, das aus gegeneinander verschiebbaren Linealen besteht.

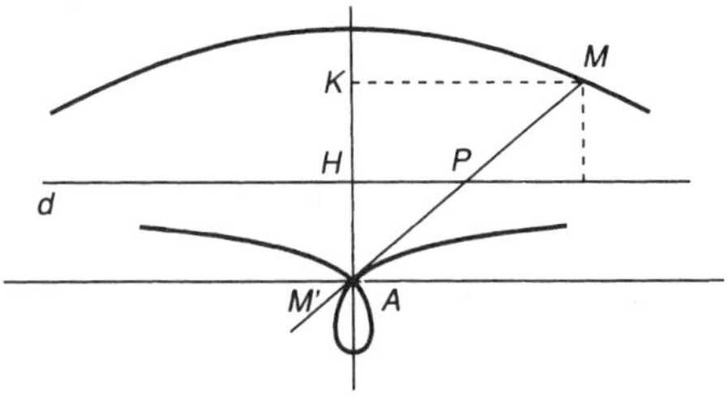

Abbildung 3 Konchoide des Nikomedes

Die Zissoide erhält man, indem man einen Kreis *ACBD* betrachtet (siehe *Abbildung 4*); man verbindet jeden Punkt *P* des Durchmessers *CD* mit *A* und verlängert die Gerade in der anderen Richtung, bis sie den Kreis in *Q* schneidet; dann trägt man auf *AP* eine Strecke *PM* ab, die gleich der Strecke *PQ* ist. Die Zissoide ist der geometrische Ort aller so entstandenen Punkte *M*; sie besitzt eine Spitze in *A*, und verlängert man sie über den Kreis hinaus, nähert sie sich asymptotisch der in *B* an den Kreis angelegte Tangente.

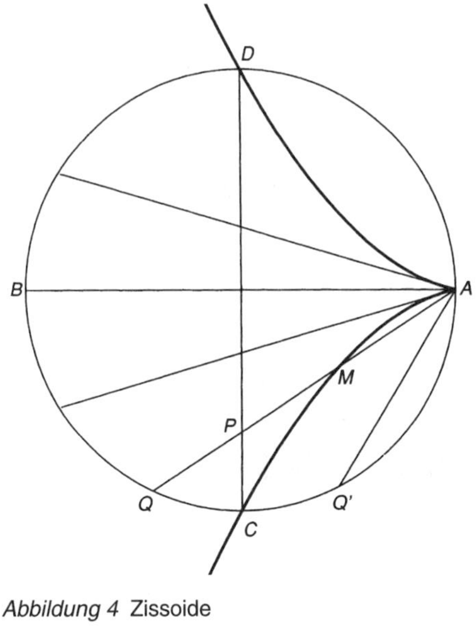

Abbildung 4 Zissoide

Schließlich kannten die Griechen noch einige »windschiefe« Kurven, das heißt Raumkurven, die nicht in einer Ebene liegen. Dazu gehört etwa die Schraubenlinie, die man erhält, wenn ein Radius *PM* sich mit gleichmäßiger Geschwindigkeit um die Achse eines Zylinders dreht, während der Punkt *M* sich gleichförmig entlang dieser Achse bewegt (siehe *Abbildung 5*).

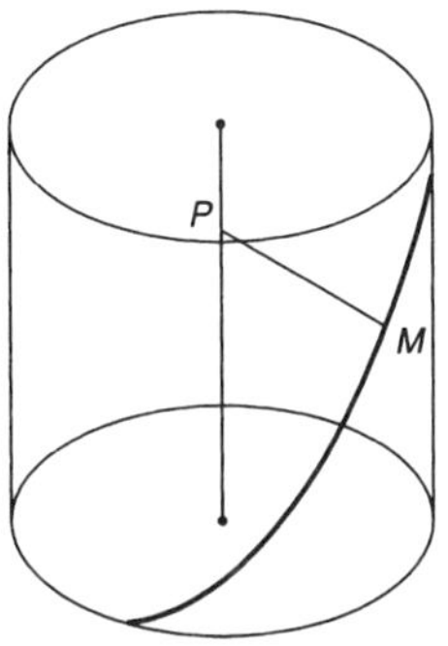

Abbildung 5 Schraubenlinie

Ein weiteres Beispiel ist die Hippopede, der Schnitt zwischen einer Sphäre und einem Zylinder, der die Sphäre von innen berührt (siehe *Abbildung 6*); diese Kurve erhält man auch, wenn man die gleichmäßige Rotation zweier konzentrischer Sphären (um unterschiedliche Achsen) kombiniert; Eudoxos (4. Jahrh. v. Chr.) hatte sie zur Darstellung der Planetenbewegungen eingeführt.

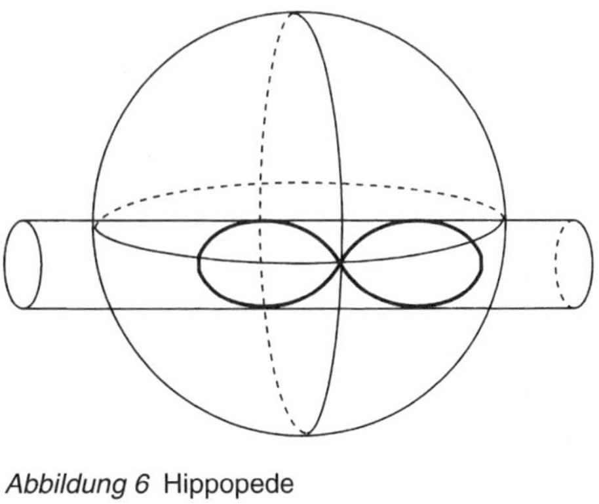

Abbildung 6 Hippopede

Algebraische und transzendente Kurven

In seiner *Geometrie* (1637) führte René Descartes systematisch eine große Gruppe von Kurven ein, die er als geometrische Kurven bezeichnete. Heute sprechen wir hier von algebraischen Kurven, weil sie sich durch eine algebraische Gleichung definieren lassen, die die KOORDINATEN x und y des laufenden Punktes M miteinander verknüpfen. Die Kegelschnitte sind algebraische Kurven, die durch eine Gleichung 2. Grades definiert sind. Auch die Konchoide ist algebraisch; wählt man als Koordinatenachsen die durch A verlaufende Parallele zu d und die Verlängerung des von A auf d gefällten Lots AH, so erhält man

$$\frac{AM}{AK} = \frac{PM}{HK}$$

wobei K die Projektion von M auf AH ist. Quadriert man diesen Ausdruck, erhält man

$$\frac{x^2 + y^2}{y^2} = \frac{l^2}{(y-a)^2}$$

wobei l die Länge der Strecke L ist und a der Abstand AH zwischen A und d. Die Gleichung der Konchoide lautet daher
$(x^2+y^2)(y-a)^2-l^2y^2=0.$

Es handelt sich insgesamt um eine Gleichung 4. Grades; daher sagt man, die Konchoide sei eine Kurve 4. Ordnung. Die Gleichung der Zissoide lautet
$y^2(x+2a)+x^3=0;$
sie ist 3. Grades, und als Koordinatenachsen fungieren der Durchmesser AB (von B nach A gerichtet und die Tangente in A an den Kreis (dessen Radius mit a bezeichnet wird). Bei der Zissoiden handelt es sich daher um eine Kurve 3. Ordnung.

Descartes zeigte, dass man jede algebraische Gleichung mit einer Unbekannten durch den Schnitt einer algebraischen Kurve mit einem Kreis lösen kann; so löst man eine Gleichung 5. oder 6. Grades mit Hilfe einer Kurve 3. Ordnung. Die Konstruktion eines beliebigen Punktes auf dieser Kurve erfordert die Lösung einer Gleichung 3. Grades, die mit Hilfe von Kegelschnitten erfolgen kann. Generell kommen bei der Lösung von Gleichungen vom Grad $2n-1$ und $2n$ Kurven n-ter Ordnung zum Zuge, deren Punkte sich mit Hilfe von Gleichungen geringeren Grades konstruieren lassen, welche ihrerseits mit Hilfe weniger komplizierter Kurven gelöst werden können. Auf diese Weise lassen sich diese Kurven vollständig beherrschen. Im 17. Jahrhundert wurden zahlreiche neue algebraische Kurven erfunden, darunter die Pascalsche Schnecke, das Kartesische Blatt (siehe *Abbildung 7*), die von Descartes in der Dioptrik verwendeten verallgemeinerten Ovale, Parabeln und Hyperbeln der allgemeinen Gleichung $y=kx^{m/n}$ (mit ganzzahligen m und n) oder die Lemniskate von Bernoulli, eine Projektion der Hippopede auf eine Ebene (siehe *Abbildung 8*). 1704 schlug Isaac Newton eine Klassifikation der ebenen Kurven 3. Ordnung vor, die sich an deren singulären Punkten (siehe weiter unten) und an ihrem Verhalten im Unendlichen orientierte. Die algebraischen Kurven sind jene, die sich mit einem aus beweglichen, gegeneinander verschiebbaren Stäben bestehenden Instrument erzeugen lassen (Satz von Kempe, 1876).

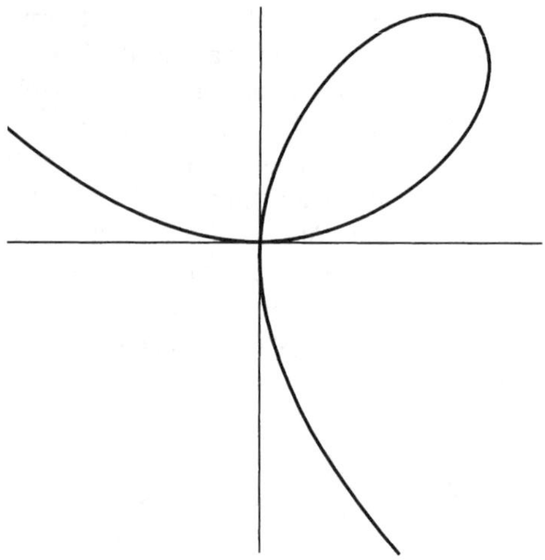

Abbildung 7 Kartesisches Blatt

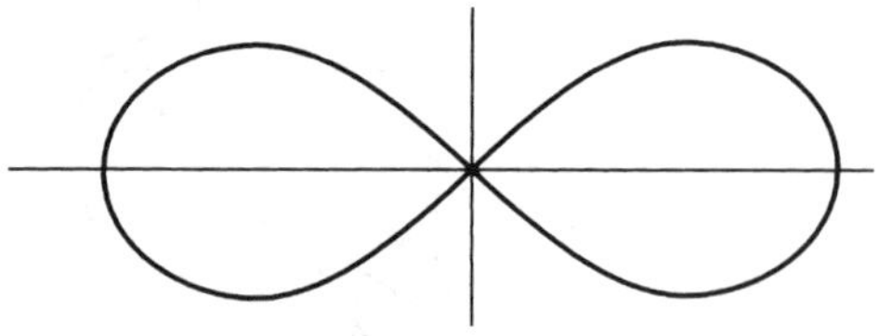

Abbildung 8 Lemniskate

Kurven wie die Quadratrix oder die Spiralen, die sich nicht durch eine algebraische Gleichung definieren lassen, verwarf Descartes, weil man nur bei ihnen einige Punkte exakt konstruieren kann; sie werden als transzendente Kurven bezeichnet. Im 17. Jahrhundert führte man neuen transzendente Kurven ein, zum Beispiel die Zykloide (die auch als Radkurve bezeichnet wird); sie ist die Bahnkurve eines Punktes *M* auf einem Kreis, der auf einer Geraden abrollt (siehe *Abbildung 9*). Diese Kurve besitzt zahlreiche bemerkenswerte Eigenschaften wie die Tautochronie (die Dauer des Abstiegs entlang der Kurve unter dem Einfluss der Schwere – der mit gleichförmiger Beschleunigung erfolgt – ist unabhängig vom Ausgangspunkt; siehe *Abbildung 10*) oder die Brachistochronie (auf der Zykloide benötigt der unter dem Einfluss der Schwere erfolgende Abstieg von einer bestimmten Höhe weniger Zeit als auf jeder anderen Kurve mit demselben Ausgangs- und Endpunkt). Weitere transzendente Kurven sind die Sinuskurve (siehe WINKEL), die logarithmische Spirale, die einen konstanten Winkel mit dem Radius *OM* bildet (siehe *Abbildung 11*) und einem Ammonshorn ähnelt; die logarithmische Kurve, deren Subtangente *PT* konstant ist (siehe *Abbildung 12*); die Kettenlinie (Gleichgewichtsfigur einer an beiden Enden aufgehängten Kette) und die Elastizitätslinie (Gleichgewichtsfigur einer an einem Ende befestigten elastischen Klinge, die am anderen Ende einer Kraft unterworfen wird).

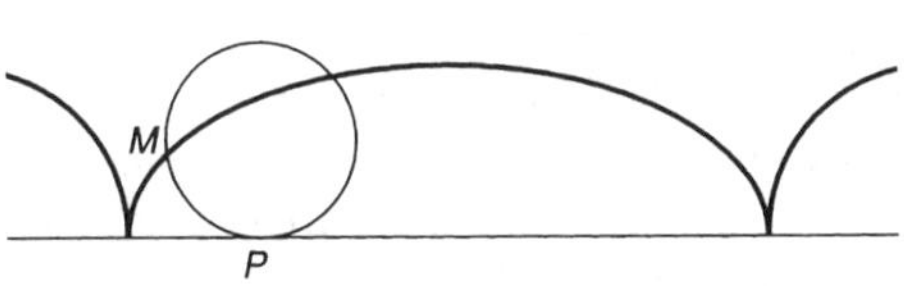

Abbildung 9 Zykloide

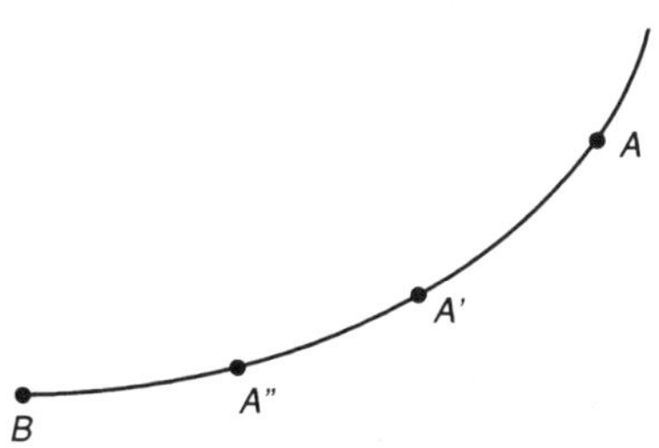

Abbildung 10 Eine Kugel braucht für den Abstieg von *A* nach *B* dieselbe Zeit wie für den Abstieg von *A*' oder *A*" nach *B*.

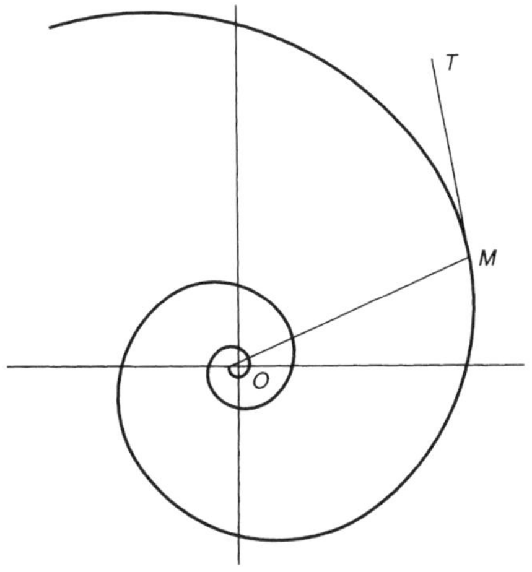

Abbildung 11 Logarithmische Spirale (der Winkel *OMT* ist konstant)

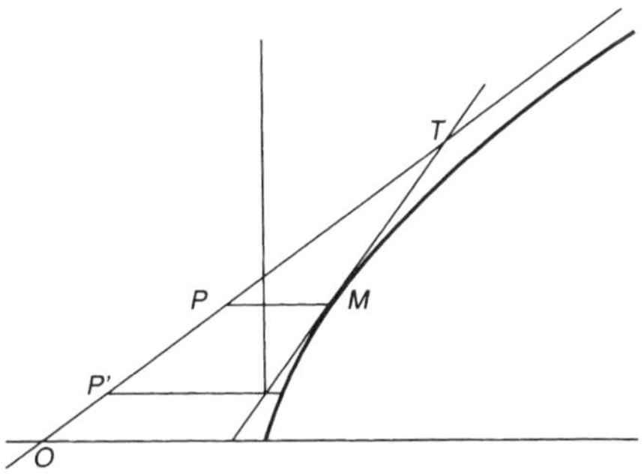

Abbildung 12 Logarithmische Kurve (*PT* ist konstant)

Die Kurven waren das erste Anwendungsfeld der Differentialrechnung. Die Konstruktion der Tangenten entspricht der Berechnung der ABLEITUNGEN. Dem folgte die Analyse der Krümmung und des Schmieg- oder Krümmungskreises (für jeden Punkt einer Kurve ist dies der Kreis, der sich der Kurve in diesem Punkt am besten anpasst, und die Krümmung wird durch den Kehrwert des Radius dieses Krümmungskreises gemessen). Der Mittelpunkt *O* des Krümmungskreises einer Kurve *C* in einem Punkt *M* ist der Grenzwert des Schnittpunkts der Normalen in *M* mit der Normalen in einem Punkt *M'*, der auf *C* gegen *M* strebt; die Mittelpunkte *O* bilden eine Kurve, die als Evolute von *C* bezeichnet wird und tangential zu allen Normalen von *C* verläuft (siehe *Abbildung 13*). Die als Evolute einer Zykloide ist eine gleichartige Zykloide.

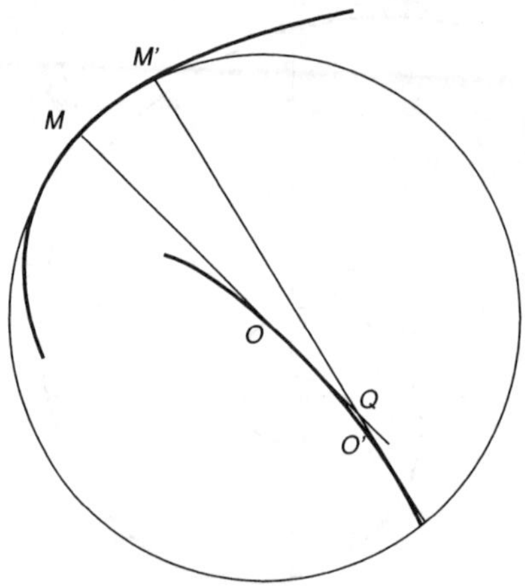

Abbildung 13 Schmiegkreis und Abwicklungslinie

Grad

Zur Vorbereitung: ***projektive Ebene; Zahlen***

Die systematische Untersuchung algebraischer Kurven bildet die Grundlage der algebraischen GEOMETRIE. In Koordinaten x, y lassen sich diese Kurven durch Gleichungen der Form $f(x,y)=0$ definieren, wobei f ein Polynom ist; das Polynom $f(x,y)$ lässt sich auf eindeutige Weise in Faktoren zerlegen, die ihrerseits nicht weiter zerlegt werden können; dem entspricht eine Zerlegung der Kurve in eine Vereinigung irreduzibler Kurven. Der Grad des Polynoms f hängt nicht vom gewählten Koordinatensystem ab und wird daher als der Grad der Kurve bezeichnet. Da man eine beliebige Gerade durch Gleichungen der Form

$x=at+p,\ y=bt+q$

definieren kann, sind die Schnittpunkte solch einer Geraden mit der Kurve der Gleichung $f(x,y)=0$ gegeben durch die Gleichung

$f(at+p,\ bt+q)=0,$

deren Grad n in der Regel dem von f entspricht. Diese Gleichung besitzt n Wurzeln, die nicht notwendig verschieden und unter Umständen komplex sind. Der Grad n der Kurve lässt sich daher interpretieren als Anzahl der Schnittpunkte dieser Kurve mit einer beliebigen Geraden, sofern man jeden Punkt mit seiner Vielfachheit zählt und auch die komplexen Wurzeln berücksichtigt, die Schnittpunkte mit komplexen Koordinaten ergeben. Wenn (a,b) den homogenen Teil n-ten Grades von f (die Summe der Monome n-ten Grades) zu null werden läßt, verschwindet t^n aus der Gleichung, und es handelt sich um eine Gleichung niedrigeren Grades als n; man stellt die Anzahl n der Schnittpunkte wieder her, indem man Schnittpunkte im Unendlichen der asymptotischen Richtungen der Kurve zählt. Die geometrische Interpretation des Grades macht es also erforderlich, sich in die PROJEKTIVE EBENE (mit Punkten im Unendlichen) zu versetzen und mit komplexen Koordinaten zu arbeiten.

Singuläre Punkte

Ist (p,q) ein beliebiger Punkt der Kurve, so dass die Ausdrücke niedrigsten Grades von (h,k) in $f(p+h,q+k)$ r-ten Grades sind, sagt man, die Vielfachheit des Punktes (p,q) auf der Kurve ist gleich r; im Allgemeinen ist $r=1$ und der Punkt (p,q) ein »regulärer« Punkt der Kurve. Entwickelt man $f(p+h,q+k)$ nur bis zu Termen 1. Grades, erhält man das erste Glied der Gleichung der Tangente an die Kurve im Punkt (p,q).

Ist r dagegen mindestens gleich 2, bezeichnet man den Punkt (p,q) als singulären Punkt der Kurve. Auf der Konchoide mit der Gleichung

$(x^2+y^2)(y-a)-l^2y^2=0$

ist der Punkt $A=(0,0)$ ein Doppelpunkt, denn die Termen niedrigsten Grades

$a^2(x^2+y^2)-l^2y^2=a^2x^2-(l^2-a^2)y^2$

sind 2. Grades. Sucht man den Schnittpunkt der Konchoide mit einer von A ausgehenden Geraden, indem man in der Gleichung $x=mt$ und $y=nt$ setzt, erhält man

$t^2[(m^2+n^2)(nt-a)^2-l^2n^2]=0;$

aus der Doppelwurzel $t=0$ wird eine Dreifachwurzel, wenn

$(m^2+n^2)a^2-l^2n^2=0.$

Für $l>a$ gibt es daher zwei Tangenten in A, bestimmt durch

$a^2m^2=(l^2-a^2)n^2,$

also

$$m = \pm\sqrt{l^2-a^2}$$

und $n=a$; für $l=a$ gibt es eine einzige Tangente, $m=0$, und A ist eine Spitze. Der Fall $l<a$ ist interessant, denn A ist weiter ein Dop-

pelpunkt der Konchoiden, aber es gibt keine Tangente in diesem Punkt, und kein Ast der Kurve führt hindurch; daher bezeichnet man A als isolierten Punkt.

Ebenso hat der Schnitt einer Kurve der Gleichung $f(x,y)=0$ mit einer beliebigen Geraden, die durch einen Punkt (p,q) der Kurve mit der Vielfachheit r geht, eine Mehrfachwurzel mindestens r-ter Ordnung, das heißt, (p,q) ist ein Mehrfachschnittpunkt mindestens r-ter Ordnung. Ist die Vielfachheit der Wurzel $t=0$ größer als r, bezeichnet man die Gerade als Tangente an die Kurve.

Schnittpunkte zweier Kurven

Der Satz von Bézout bietet die Möglichkeit, die Anzahl der Schnittpunkte zweier algebraischer Kurven zu bestimmen. Bei zwei Kurven m-ten bzw. n-ten Grades ist die Gleichung für x, die man durch Eliminierung der Unbekannten y erhält, mn-ten Grades (der Schnitt zweier Kegelschnitte zum Beispiel führt zu einer Gleichung 4. Grades). Diese Gleichung stellt die Bedingung für x her, unter der die zwei als Gleichungen für y verstandenen Kurven eine gemeinsame Wurzel besitzen; die Wurzeln dieser Gleichung sind dann die Abszissen der Schnittpunkte beider Kurven. Bei geeigneter Zählung haben die Kurven dann mn Punkte gemeinsam; bei dieser Zählung muss man auch komplexe oder unendliche Lösungen berücksichtigen und auf die Vielfachheit der einzelnen Wurzeln achten; dabei ist die Berechnung der Vielfachheit des Schnitts zweier Kurven in einem Punkt allerdings nicht einfach.

Birationale Äquivalenz

Man kann die Gleichung $f(x,y)=0$ jedoch auch anders interpretieren: Sie definiert y als algebraische Funktion von x. Die Theorie dieser Funktionen und ihrer Integration wurde 1851 von Bernhard Riemann systematisch ausgearbeitet, und sie revolutionierte die Theorie algebraischer Kurven. Insbesondere führte Riemann den Begriff der birationalen Äquivalenz zwischen zwei Kurven ein: Zwei algebraische Kurven C und C' sind birational äquivalent, wenn man sie durch rationale Transformationen der Koordinaten ineinander überführen kann. Setzen wir zum Beispiel $y=tx$ in die Gleichung der Zissoiden $y^2(x+2a)+x^3=0$ ein, dann erhalten wir:

$$x=-\frac{2at^2}{1+t^2}$$

also

$$y=-\frac{2at^3}{1+t^2}$$

Da umgekehrt $t=y/x$, zeigt sich hier eine birationale Entsprechung zwischen der Zissoiden und der Geraden, auf der die Koordinate eines veränderlichen Punktes mit t bezeichnet wird.

Geschlecht

Man sagt, eine Kurve sei unikursal, wenn sie birational äquivalent zu einer Geraden ist; das gilt etwa für Kegelschnitte oder Kurven 3. Ordnung mit singulärem Punkt (wie die Zissoide oder das Kartesische Blatt). Im Allgemeinen sind algebraische Kurven jedoch nicht unikursal; das erkennt man an einer birationalen Invarianten, die jeder algebraischen Kurve zukommt und die als Geschlecht bezeichnet wird. Es handelt sich um eine natürliche Zahl, die für unikursale Kurven gleich 0 ist und für eine irreduzble Kurve n-ten Grades mit d regulären Doppelpunkten den Wert

$$\frac{(n-1)(n-2)}{2}-d$$

annimmt. Für eine Kurve 3. Ordnung ohne Singularität ist $d=0$ und das Geschlecht

$$\frac{(3-1)(3-2)}{2}=1$$

Solch eine Kurve 3. Ordnung ist also nicht unikursal. Kurven vom Geschlecht 1, auch elliptische Kurven genannt, sind birational äquivalent zu einer Kurve 3. Ordnung ohne Singularität; sie spielen in der Zahlentheorie eine wichtige Rolle. Durch die Wahl eines Ursprungs, der als neutrales Element fungiert, kann man eine Kurve vom Geschlecht 1 mit einer Struktur einer kommutativen GRUPPE versehen. Dass drei Punkte der Kurve auf einer Linie liegen, heißt dann, dass die Summe der drei Punkte (für die definierte Verknüpfung) gleich null ist.

Algebraische Kurven sind stets birational äquivalent zu einer Kurve ohne Singularität.

Topologie

Zur Vorbereitung: ***projektive Ebene; Zahlen***

Die komplexen Zahlen $x+iy$ werden bekanntlich durch die Punkte einer reellen Ebene repräsentiert, die komplexe projektive Gerade entsprechend durch eine Sphäre (die Riemannsche Zahlenkugel oder die zu einem Punkt im Unendlichen kompaktifizierte Ebene). Eine Kurve vom Geschlecht g mit ihren imaginären Punkten und ihren Punkten im Unendlichen ist eine Kugel mit g Henkeln. So hat eine elliptische Kurve dieselbe Form wie ein Torus (das heißt, sie ist zu einem Torus homöomorph; siehe *Abbildung 14*).

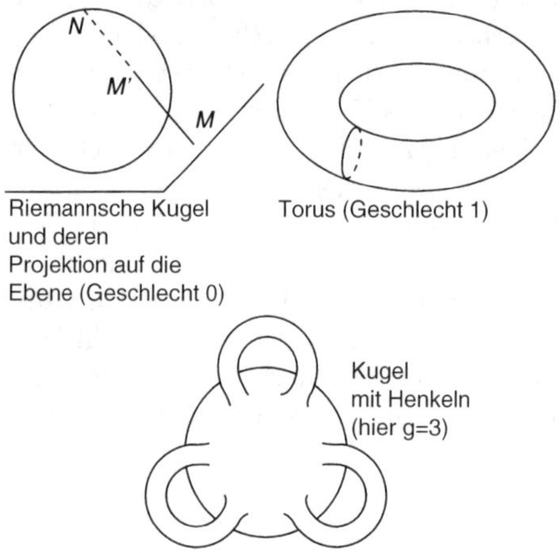

Abbildung 14 Riemannsche Flächen

Kybernetik

Zur Vorbereitung: ***Rückkopplung***
Zur Vertiefung: ***Automatentheorie; Informatik; kognitive Wissenschaften; Konnektionismus***

Von »Cyberspace« bis »Cybersex«, der Ausdruck »Cyber« ist in Mode gekommen, ohne dass man wüsste, was er eigentlich bedeutet; allenfalls verbindet sich damit die vage Vorstellung einer allumfassenden, absoluten, vollkommenen Simulation, Ausgeburt der ebenso befremdlichen wie beunruhigenden Phantasie von Wissenschaftlern in weißen Kitteln, die geradewegs einem Science-Fiction-Roman entsprungen zu sein scheinen. Den Ausgangspunkt all dieser Wortschöpfungen bildet der Begriff der Kybernetik in seiner englischen Fassung *cybernetics*, der selbst schon im kollektiven Gedächtnis versunken zu sein scheint und manche an den Kalten Krieg und an gleichermaßen kalte, stahlgraue Träume wahnsinniger Wissenschaftler denken lässt. Andere wiederum denken bei diesem Wort an den hygienischen Wirbelsturm der Toilettenspülung, die, zum Prinzip der RÜCKKOPPLUNG verallgemeinert, am Ende akademische Würden erlangte. Doch das Projekt der Kybernetik beschränkt sich weder auf ein einziges Wort noch auf einen einzigen Gegenstand, noch auf ein einzelnes Konzept. Vielmehr bildete es in seiner Anfangszeit von 1946 bis etwa 1953 den Ausgangspunkt einer hoch gestimmten intellektuellen Bewegung, in der sich Wissenschaftler ersten Ranges aus den unterschiedlichsten Fachgebieten zusammenfanden, etwa die Mathematiker John von Neumann, Norbert Wiener und Claude Shannon, der Neuropsychiater Warren McCulloch oder die Anthropologen Margaret Mead und Gregory Bateson, um nur einige von ihnen zu nennen. Sie alle waren von humanistischem Gedankengut durchdrungen und dachten gar nicht daran, die Menschen durch Roboter ersetzen oder reinen Tisch mit der Vergangenheit machen zu wollen; vielmehr strebten sie danach, die Trennung der wissenschaftlichen Fachgebiete und der geistigen Aktivitäten zu überwinden, um ein besseres Verständnis der Natur, des Menschen und der Gesellschaft zu erlangen.

Das Projekt der Kybernetik

Die während des Zweiten Weltkriegs entstandene Kybernetik fand schon bald großen Anklang bei Biologen, Soziologen, Physikern, Ökonomen, Elektronikern, Psychologen und Mathematikern, die darin Chancen für einen Neuanfang in ihren jeweiligen Fachgebieten erblickten. In all diesen Fachgebieten hat man seit langem schon Elemente isoliert: die

Zellen in der Biologie, das Individuum in der Soziologie, das Atom in der Physik … Und überall verbinden sich diese Einheiten zu größeren Gebilden, die als solche identifizierbar sind und eine eigene Dynamik besitzen: Gehirn, Nervensystem und Psyche; gesellschaftliche Organisationen, Gewerkschaften und Gesellschaften; Festkörper, Kristalle, Flüssigkeiten und Gase usw. Die Kybernetik nahm nun an, dass es im Verhältnis des Elements zum übergeordneten Ganzen etwas Generalisierbares gebe; darauf setzte sie ihre Hoffnungen. Sie suchte nach Mustern und Ähnlichkeiten im Übergang von den Organen zum Organismus; von den Bestandteilen des Nervensystems zu den psychischen Phänomenen, zum Denken und zu den Ideen; von den freien, egoistischen Individuen zu den gesellschaftlichen Organisationen und zur Gesellschaft usw. Durch die Erforschung dieser Ähnlichkeiten hoffte sie Gesetzmäßigkeiten der Organisation und Steuerung zu finden, die es gestatteten, das Verhalten eines zusammengesetzten Gebildes aufgrund des Verhaltens seiner Bestandteile vorherzusagen. Darin lag das Credo der Kybernetik, das im Übrigen auch in ihrem Namen zum Ausdruck kommt. Das altgriechische *kybernetikes* (der Steuermann, übertragen auch: der Regierende) lässt an die Kunst des Regierens denken, die dazu dient, durch minimale Eingriffe eine ganze Gesellschaft zu koordinieren, ohne deren Mitglieder einer vollkommenen Knechtschaft zu unterwerfen.

In einem noch allgemeineren Sinne versuchte die Kybernetik jene Organisationsprinzipien zu ermitteln, nach denen sich ein Ganzes aus dem ungeordneten Verhalten seiner Teile entwickelt. Die Ergebnisse dieser Forschung wären für die Naturwissenschaften ebenso bedeutsam wie für die Konstruktion künstlicher Systeme (Roboter, Computer usw.) oder für die Wirtschafts- und Sozialwissenschaften, die damit auf eine sichere Grundlage gestellt würden.

Information und Simulation

Den Ursprung der Kybernetik markieren zwei zentrale Begriffe, die in den 40er und 50er Jahren des 20. Jahrhunderts zahlreiche Forschungen anregten: Information und Simulation.

Dank des Informationsbegriffs lassen sich ganz unterschiedliche physikalische Mechanismen wie die zu Beginn dieses Artikels genannte Wasserspülung und der Druckregler einer Dampfmaschine insofern als gleichartig ansehen, als ihre Funktionsweise einzig im Blick auf die Übertragung und Umwandlung von Signalen analysiert wird, ohne dabei auf den Fluss von Energie oder Materie einzugehen. Der Informationsbegriff bietet daher die Möglichkeit, die unterschiedlichsten Wirklichkeitsbereiche zu verbinden, wie sie von den verschiedenen Fachgebieten behandelt werden, die in der Kybernetik zusammenfanden und sie in einer interdisziplinären Anstrengung entwickelten.

Simulation bedeutet Nachahmung. In der Informatik und in der Informationstechnologie ahmt man den Austausch von Informationen mit Hilfe informationsverarbeitender Systeme nach. Dank des Informationsbegriffs erscheinen die in der Natur anzutreffenden Organisationsphänomene als virtuell äquivalent; dank der Computer und der Entwicklung computergestützter Simulationstechniken lassen sie sich auch künstlich reproduzieren. So kann man zum Beispiel die Regulation der menschlichen Körpertemperatur mit einem Computer simulieren. Die dabei gewonnenen Ergebnisse lassen sich mit den Werten der verschiedenen physikalischen und physiologischen Signale vergleichen, von denen man annimmt, dass sie diesen Mechanismus bei warmblütigen Lebewesen steuern. Auf diese Weise ist es möglich, informationstheoretische Modelle experimentell zu überprüfen.

Die Entwicklung der Kybernetik

In den 1950er Jahren begeisterten sich zahlreiche Wissenschaftler für dieses Programm, bis schließlich deutlich wurde, dass es keineswegs möglich ist, sämtliche komplexen Vorgänge mit Hilfe eines Computers zu simulieren. Wollte man zum Beispiel die Organisation einer Gesellschaft als Resultante der Zellorganisation im Nervensystem ihrer Mitglieder simulieren, wären dafür so lange Berechnungen und so große Speicherkapazitäten erforderlich, dass man niemals an eine Ende gelangte (siehe KOMPLEXITÄT). Die Kybernetik stützte sich zunächst auf die ersten informationsverarbeitenden Systeme und die ersten Computer, um zahlreiche wissenschaftliche Fragestellungen neu aufzurollen. Die wissenschaftliche Erforschung der Informationsverarbeitung, also die INFORMATIK, zeigte dann jedoch schon bald, dass viele ihrer Ansätze zum Scheitern verurteilt waren. Seither hat das Projekt der Kybernetik, wie es ursprünglich formuliert wurde, an Aktualität verloren und ist fast schon in Vergessenheit geraten; in vermittelter und mehr oder weniger bewusster Form findet man es heute nur noch in der Erforschung formaler NEURONALER NETZE und in den KOGNITIVEN WISSENSCHAFTEN.

Doch auch wenn das globale Projekt der Kybernetik gescheitert ist, wirken ihre Ergebnisse auch heute noch auf zahlreichen Gebieten fort: In der Physik ermöglichte sie die Konstruktion von Modellen für das Wachstum von Kristallen oder auch für die Dynamik von Flüssigkeiten und Gasen; in der Immunologie half sie, die Reaktionen des Immunsystems besser zu verstehen; in der Sozialpsychologie stand sie bei der Entwicklung der Kommunikationstheorie Pate. Auch zahlreiche Momente im heutigen Verständnis der Komplexität gehen auf die Kybernetik zurück. Und die von ihr formulierten technischen Prinzipien erfuhren in den 80er Jahren eine durchaus erfolgreiche Vertiefung durch den KONNEKTIONISMUS, der wiederum den kognitiven Wissenschaften und der Modellbildung in der Neurobiologie Aufschwung verlieh.

➡ In der Sowjetunion sah man zuzeiten Stalins und des Stalinismus in der Kybernetik eine Gefahr für den Staat. Der Gedanke, die Gesellschaft basiere auf Gesetzen der Selbstorganisation, die eine autoritäre zentrale Planung und allgemeinen Zwang unnötig machten, galt als Ausfluss eines gefährlichen bürgerlichen Denkens. Darum wurde die Kybernetik gnadenlos verfolgt; zahlreiche Wissenschaftler, die ihr anhingen, wurden deportiert und einige von ihnen sogar hingerichtet.

L

labil

→ ***inert, labil***

Laboratorium

Zur Vertiefung: ***Chromatographie; Destillation; Spektrum***

Eine Wissenschaft, die ohne Laboratorium undenkbar wäre

Ein Laboratorium ist ein Raum, der für die Arbeit mit der MATERIE unter gut kontrollierten Bedingungen eingerichtet ist. Winzige Veränderungen im Aussehen des Inhalts eines Gefäßes, ob es sich nun um eine klare LÖSUNG handelt, die trüb wird, um das Erreichen des Siedepunktes oder eine Freisetzung von Gas usw., erlangen hier eine Bedeutung, die in Zusammenhang mit einer Theorie interpretiert wird. Dieses Hin und Her zwischen Theorie und Praxis wird nachweislich seit langem praktiziert (der arabische Alchimist Geber im 8. Jahrhundert, Bernard Palissy im 16. Jahrhundert). Es führt zu einem Experiment: HYPOTHESEN werden formuliert, die man anhand von gezielten Erfahrungen zu widerlegen oder zu erhärten sucht.

Bei einem Laboratorium muss es sich aber nicht unbedingt um einen Arbeitsraum handeln, in dem sich Menschen in weißen Kitteln an Instrumenten zu schaffen machen: Ein Komet wie Hale-Bopp 1997 ist ein traumhaftes Laboratorium für Astronomen, um anhand der ausgesandten Radiowellen die Moleküle zu identifizieren, die sich in ihm befinden. Eine Bakterie wie die Colibakterie, mit biologischem Namen *Escherichia coli*, kann ebenfalls als Laboratorium dienen: Spezialisten der Gentechnik programmieren die DNA dieser Bakterien so um, dass sie völlig neue Proteine produzieren, die für bestimmte Anwendungen modifiziert sind. So kann man zum Beispiel Colibakterien dazu veranlassen, das menschliche Wachstumshormon zu produzieren, und damit dem Zwergwuchs vorbeugen.

Im Laboratorium hat die Beobachtung Vorrang. Theoretische Überlegungen können aus der Verallgemeinerung eines einzelnen Vorgangs erwachsen. So schloss Louis Pasteur, nachdem er mit der Pinzette unter der Lupe asymmetrische Kristalle des Weinsteins getrennt hatte, auf die allgemeinere theoretische Möglichkeit, Populationen asymmetrischer Moleküle zu teilen (siehe CHIRALITÄT).

Theoretische Konzepte erwachsen auch aus der Entschlüsselung zufälliger Wahrnehmungen; so zum Beispiel, als Archer J.P. Martin und Richard L.M. Synge die Papierchromatographie erfanden. Sie hatten die Wanderung der Farben auf einer Papierserviette beobachtet, mit der zuerst Wein und anschließend Tee aufgetupft wurde. In einem kontrollierten Experiment im Laboratorium konnten sie anschließend die Hauptmerkmale dieses Phänomens bestimmen.

Die Konfrontation von Theorie und Erfahrung kann polemischen Charakter annehmen, wenn die eine der anderen widerspricht. So vermag zum Beispiel die formale Schönheit einer Theorie die Überzeugung zu stärken, dass sie trotz einer entgegengesetzten Beobachtung zutreffend sein müsse. Umgekehrt kann auch die Erfahrung unwiderlegbar erscheinen. In jedem Fall ist es nach guten methodologischen Grundsätzen wichtig, das Konzept, das durch den Konflikt mit der Beobachtung ins Wanken geraten ist, nicht sogleich aufzugeben. Doch auch das Experiment kann von eigener Schönheit sein: Man ist ohne weiteres bereit, völlig auf eine Theorie zu verzichten, wenn die Beobachtung sie widerlegt.

Ein Beispiel hierfür liefert die Chemie: Die zu Beginn des 20. Jahrhunderts von Gilbert N. Lewis aufgestellte Behauptung, dass an jeder CHEMISCHEN BINDUNG ein Elektronenpaar beteiligt sei, wurde wegen der Abstoßung zwischen den ELEKTRONEN gleicher Ladung verworfen. Es dauerte drei Jahrzehnte, bis die Entdeckung des SPIN Lewis' Intuition bestätigte, die von zahlreichen empirischen Beobachtungen gestützt wurde.

Mit den Händen denken

Das Experiment im Laboratorium prüft eine Idee, und sein Ergebnis liefert eine häufig kategorische Antwort: »Das geht« oder »das geht nicht«. Allerdings begünstigt das Laboratorium auch ein weniger überlegtes, gröberes und intuitiveres Vorgehen, das etwas Tastendes an sich hat. Es handelt sich um ein Ausprobieren oder Spielen, in dessen Verlauf sich der Experimentierende von den Zufälligkeiten des Systems leiten lässt, das er untersucht. Wie ein Mediziner nach Symptomen Ausschau hält, die ihm helfen können, eine Krankheit zu erkennen, so prüft der Experimentierende das untersuchte System mit scharfem Blick. Und wenn es von seinen Erwartungen abweicht, ändert er ohne Zögern die Arbeitshypothesen, die er formuliert hat.

In diesem Fall ist das Handeln nicht von gesichertem Wissen, sondern von Intuition und Vorahnungen bestimmt wie die Handgriffe eines Handwerkers, der einem Stück den letzten Schliff gibt, lange bevor ein Ingenieur diese Bewegungen untersucht und ihre rationale Grundlage analysiert hat. Ebenso begreift ein Forscher in seinem Laboratorium die Komplexität der Materie zunächst nonverbal und unbegründet.

Das Laboratorium ist also ein Ort vielfältiger Experimente. Hier finden Versuche statt, in deren Verlauf jeweils nur ein Parameter auf einmal verändert wird, neben solchen mit zahlreichen Variablen, die auf dieses »Denken der Hand« zurückgehen. Erst dann kommt ein Stück Theorie ins Spiel, das eine Vereinfachung der Versuchsanordnung erzwingt, was schließlich die Entwicklung einer Beweisführung (siehe ARGUMENTATION, BEWEISFÜHRUNG) ermöglicht.

Denn im Laboratorium herrscht Anarchie. Das Unerwartete und Zufällige ist die Regel. Nicht alles, was dort geschieht, ist auf Anhieb logisch und unmittelbar zu erklären. Zudem haben Experimentierende manchmal eine Schwäche dafür, sich der Tyrannei der nackten Tatsachen zu unterwerfen, ohne nach einer theoretischen Begründung zu suchen. Der umgekehrte Fehler, an dem die Scholastik im Mittelalter krankte, besteht in einer Art Verbalismus, der allein durch wirklichkeitsfremde Reflexion die Wahrheit eines Phänomens zu finden sucht. Die Geburt wissenschaftlicher Konzepte beruht jedoch auf einer unauflöslichen Verbindung von Hand und Kopf.

Laboratorien von heute

Heutzutage erinnert in einem chemischem Laboratorium nur noch ein Teil der Glasgefäße an sein alchimistisches Erbe. Elektronik und Informatik haben die Labortische erobert. Chromatographen (siehe CHROMATOGRAPHIE) trennen Stoffgemische in ihre Bestandteile, die durch Spektralanalyse identifiziert werden.

Durch die Ausstattung mit immer neuen Instrumenten ist der Wirkungskreis des Laboratoriums allmählich erweitert worden. In den 1940er und 50er Jahren leistete der Amerikaner Robert B. Woodward in Harvard Pionierarbeit beim Einsatz der Spektroskopie, die von Physikern damals nach und nach entwickelt wurde (Spektroskopie im sichtbaren, UV- und IR-Bereich); in den 60er Jahren folgten die kernmagnetische Resonanzspektroskopie, die Massenspektroskopie und die Röntgenspektroskopie.

Ohne großes Risiko lässt sich vorhersagen, dass die Entwicklung hin zu einer immer aufwendigeren und kostspieligeren Ausstattung mit Geräten weitergeht. Schon jetzt gehen die Kosten für die Einrichtung eines Laborplatzes für einen jungen Chemiker, der seine Universitätslaufbahn beginnt, in die Millionen. Die Physik hat gezeigt, wohin der Weg führt, und ihre Laboratorien sind derzeit in erster Linie riesige TEILCHENBESCHLEUNIGER, die so teuer sind, dass die Industrieländer sich zusammentun müssen, um ihren Bau und ihre Unterhaltung zu finanzieren (zum Beispiel CERN in Genf).

Abschließend bleibt noch, das Laboratorium zu entmystifizieren. Jeder Raum kann als Laboratorium dienen: Es genügt, seine Größe und seinen Inhalt zu kontrollieren. Ein neugieriges, zielstrebiges Kind kann sich mit geringem Aufwand ein Laboratorium einrichten. Wenn es in ein Glas mehr oder weniger warmen Wassers einen Tropfen Tinte gibt, kann es eine Diffusion beobachten. Wenn es eine Flasche Mineralwasser mit Kohlensäure nimmt und sie mehr oder weniger lange und heftig schüttelt, bis das Gas austritt, kann es den Gasdruck untersuchen. Solche Vorschläge ließen sich beliebig fortsetzen. Die Beobachtung der Realität und kontrolliertes Experimentieren sind die beste Erziehung zum wissenschaftlichen Denken. Das ist übrigens auch die Philosophie, der das Exploratorium von San Francisco folgt, das derzeit als Vorbild auf dem Gebiet naturwissenschaftlicher Museen für junge Menschen von 7 bis 77 Jahren gilt.

Ladung

Zur Vertiefung: ***Elektrizität; Erhaltungssatz; Teilchen; Wechselwirkung in der Physik***

Die elektrische Ladung

In der Umgangssprache assoziieren wir mit dem Ausdruck »Ladung« eine Last oder Fracht, die ein Transportmittel aufgenommen hat. Die Physik verwendet den Begriff ein wenig anders, etwa wenn dort von elektrischer Ladung die Rede ist. Die elektrische Ladung ist eine Eigenschaft bestimmter TEILCHEN; andere, als elektrisch neutral bezeichnete Teilchen tragen dagegen keine elektrische Ladung. Den Ausdruck »elektrische Ladung« prägte Mitte des 18. Jahrhunderts Benjamin Franklin, nachdem er bemerkt hatte, dass es zwei Arten von ELEKTRIZITÄT gibt: positive und negative.

In einem elektrischen Feld sind elektrisch geladene Teilchen einer Kraft ausgesetzt, die sich proportional zu dieser Ladung verhält. Mit der elektrischen Ladung sind wir einigermaßen vertraut, weil sie zahlreiche Auswirkungen auf unser alltägliches Leben hat, insbesondere im Bereich der Elektrizität. Und diese Bekanntheit ist keineswegs ungerechtfertigt, denn die elektrische Ladung ist ein fundamentales Konzept der Physik: Bei einer Wechselwirkung zwischen Teilchen stehen am Ende oft andere Teilchen als am Anfang (und nicht einmal ihre Zahl muss dieselbe sein), doch die Summe der elektrischen Ladungen der in die Wechselwirkung eintretenden Teilchen ist stets genau gleich der Summe der elektrischen Ladungen der aus ihr hervorgehenden Teilchen. Man sagt, die elektrische Ladung bleibe erhalten, und das ist in der Physik gleichsam ein Adelstitel. Aufgrund solcher ERHALTUNGSSÄTZE lässt sich im Voraus bestimmen, ob eine bestimmte Reaktion zwischen Teilchen überhaupt möglich ist. So kann ein (elektrisch negativ geladenes) Elektron unmöglich in zwei (elektrisch neutrale) Neutrinos zerfallen, weil dieser Vorgang der Erhaltung der elektrischen Ladung widerspräche.

Die Verallgemeinerung des Ladungskonzepts

Die Teilchen besitzen auch andere Ladungen subtileren Charakters, bei denen es sich um Verallgemeinerungen des Konzepts der elektrischen Ladung handelt. Diese Ladungen sind gleichsam Etiketten, mit denen man das mögliche Verhalten der Teilchen zum Beispiel bei ihrem ZERFALL beschreibt.

Manche denkbaren Zerfallsprozesse finden tatsächlich statt, andere lassen sich dagegen nicht beobachten, obwohl die Gesetze der Physik (Erhaltung der Energie, des Impulses oder der elektrischen Ladung) sie keineswegs ausschließen. Aus guten Gründen glauben die Teilchenphysiker, dass alles, was nicht (aufgrund der bekannten Gesetze) verboten ist, tatsächlich eintreten muss. Wenn ein grundsätzlich möglicher Zerfallsprozess bei einem bestimmten Teilchen nicht anzutreffen ist, glauben sie daher, dass irgend etwas diesen Zerfall verhindert. Dabei liegt es nahe zu postulieren, dass es sich bei diesem »Etwas« um ein neues Gesetz handelt, das eine neue Art von Ladung ins Spiel bringt, die verhindert, dass ein ansonsten zu erwartender Zerfall stattfindet. Dann prüft man, ob diese Hypothese mit allen verfügbaren experimentellen Daten im Einklang steht, und wenn kein Widerspruch zu finden ist, nimmt man an, dass die neue Ladung ein brauchbares Konzept darstellt.

Zum Vergleich könnte man fast sagen, dass jedes Teilchen eine Brieftasche mit Geldscheinen verschiedener Währungen mit sich herumträgt. Bei den Wechselwirkungen zwischen den Teilchen findet ein Austausch statt, und es entstehen neue Teilchen, die jeweils eine eigene Brieftasche bei sich tragen. Zieht man am Ende Bilanz, so zeigt sich, dass die jeweiligen Devisenbestände der aus der Wechselwirkung hervorgegangenen Teilchen in der Summe genau gleich den jeweiligen Devisenbeständen der in die Wechselwirkung eingegangenen Teilchen sind.

Aufgrund einer genauen Analyse der bei der Wechselwirkung zwischen den Teilchen erlaubten und verbotenen Vorgänge legen die Physiker den Teilchen eine bestimmte Menge von Ladungen bei, die sich letztlich auf – positive oder negative – Zahlen reduzieren und teilweise mit merkwürdigen Namen versehen sind: Leptonenzahl, Baryonenzahl, Strangeness, Farbe usw. Diese Zahlen lassen sich algebraisch addieren. Und sie bleiben entweder (wie die elektrische Ladung) bei allen vier elementaren Wechselwirkungen oder bei einem Teil davon erhalten. So bleibt die als Strangeness (Fremdheit) bezeichnete Ladung bei der starken Wechselwirkung erhalten, die für den Zusammenhalt der Atomkerne sorgt, nicht aber bei der schwachen Wechselwirkung, die insbesondere für den Betazerfall verantwortlich ist; dabei zerfällt ein Neutron in ein Proton, ein Elektron und ein Antineutrino. In manchen Fällen hat der Begriff der Ladung also nur bezüglich einer bestimmten Wechselwirkung Bedeutung.

Der eigentliche Ursprung der den Teilchen eigenen Ladung ist ungeklärt. Ihre Erhaltung im Verlauf bestimmter Wechselwirkungen folgt aus hochabstrakten (nicht unbedingt geometrischen) Symmetrien, auf denen die betreffenden Theorien basieren. Damit verlagert sich die Frage nach dem Ursprung der Ladungen auf die ebenso ungeklärte Frage nach dem Ursprung der Symmetrien.

Ladungskonjugation

Zur Vorbereitung: ***Ladung***
Zur Vertiefung: ***Invarianz; Symmetrie***

Jedem Teilchen ist ein Antiteilchen zugeordnet, das dieselbe Masse besitzt, aber hinsichtlich sämtlicher Ladungen, insbesondere der elektrischen, das entgegengesetzte Vorzeichen aufweist.

Die Ladungskonjugation ist die Operation, die darin besteht, ein Teilchen (auf dem Papier) in sein Antiteilchen zu überführen und umgekehrt. Sie verwandelt zum Beispiel das Elektron in ein Positron und das Positron in ein Elektron oder das Proton in ein Antiproton und das Antiproton in ein Proton. Diese Operation wird mit dem Buchstaben C (für *charge*: Ladung) bezeichnet, weil sie die Ladungsverhältnisse zwischen Teilchen und Antiteilchen umkehrt.

Um diese Operation besser zu verstehen, wollen wir von einem realen Experiment ausgehen, bei dem Teilchen zur Kollision gebracht werden. Geschwindigkeiten und Positionen der beteiligten Teilchen werden für den gesamten Ablauf des Experiments sorgfältig aufgezeichnet. Nun wenden wir die Operation C an, das heißt, überall, wo wir einem Teilchen begegnen, ersetzen wir es durch sein Antiteilchen und lassen es genau dieselbe Bahn verfolgen wie zuvor das Teilchen. Betrachtet man zum Beispiel die Kollision zwischen einem Proton und einem Neutron, so ergibt sich nach Anwendung der Operation C »dieselbe« Kollision auf denselben Bahnen, nur diesmal zwischen einem Antiproton und einem Antineutron.

Es stellt sich natürlich die Frage, ob das Experiment nach Anwendung der Operation noch realisiert werden kann, das heißt, ob es sich nur um eine erdachte oder auch um eine physikalische Möglichkeit handelt. Ist diese Frage mit ja zu beantworten, sagt man, das Experiment respektiere die Symmetrie *C*. Anderenfalls spricht man von einer Verletzung der Symmetrie.

Die Ladungskonjugation spielt eine fundamentale Rolle innerhalb des Formalismus der Teilchenphysik, vor allem im Zusammenhang mit der so genannten CPT-Invarianz (siehe SYMMETRIE). Dabei handelt es sich um das Produkt der drei Operationen C, P und T. T ist die Operation, die die Richtung der Zeit umkehrt; P, die so genannte Parität, besteht in einer Spiegelung, vertauscht also links und rechts; und C ist natürlich die Ladungskonjugation. Bildhaft könnte man sagen, die CPT-Invarianz bringe zum Ausdruck, dass die Gesetze, die unsere Welt beherrschen, identisch mit den Gesetzen einer aus Antimaterie bestehenden Welt sind, die man in einem Spiegel betrachtet und in der die Zeit rückwärts läuft. Außerdem hat sie die Konsequenz, dass die Teilchen genau dieselbe Masse und Lebensdauer besitzen wie ihre jeweiligen Antiteilchen.

Manche Teilchen wie das Photon oder das π^0-Meson fallen mit ihrem Antiteilchen zusammen. Das bedeutet, dass sämtliche Ladungen gleich null sind (dass die elektrische Ladung gleich null sein muss, ist in diesem Zusammenhang eine notwendige, aber keine hinreichende Bedingung). Wendet man die Operation der Ladungskonjugation auf solche Teilchen an, ändert sich gar nichts. Daher bezeichnet man diese Teilchen auch als Eigenzustände der Ladungskonjugation.

Länge, geographische

→ ***geographische Länge***

Lamarckismus

Zur Vertiefung: ***Darwinismus; Evolution; natürliche Auslese***

Eine Theorie nach einem ihrer geistigen Urheber zu benennen ist zwangsläufig eine Reduktion. Die Beiträge, die Neuerer wie Charles Darwin oder Karl Marx geleistet haben, sind wesentlich umfassender und vielseitiger als der Inhalt jener Lehren, die man als Darwinismus oder Marxismus bezeichnet und die das Ziel heftiger Polemik bilden. Das gleiche Missgeschick ist Jean-Baptiste de Lamarck widerfahren, noch erschwert durch den Umstand, dass der Lamarckismus an einen wissenschaftlichen Irrtum erinnert: den Glauben an die Erblichkeit erworbener Eigenschaften.

Doch abgesehen von diesem Irrtum, der in Anbetracht des damaligen Wissensstandes eine durchaus vernünftige Hypothese angesichts unerklärbarer Tatsachen darstellte, bewirkte Lamarck zahlreiche Fortschritte in der Biologie – ein Begriff, den er 1802 für diesen Wissenschaftszweig vorschlug. Seine eigenen Forschungsarbeiten beschäftigten sich vornehmlich mit den wirbellosen Tieren, denen Carl von Linné in seiner Klassifikation wenig Beachtung geschenkt hatte. Lamarck stellte ein System der Wirbellosen auf, das bis heute in Gebrauch ist. Darüber hinaus knüpfte er eine Verbindung zwischen Fossilien und lebenden Arten. Er nahm an, dass die geologischen Erdzeitalter sich über sehr lange Zeit erstreckt hätten, was in Widerspruch zu den Vorstellungen seiner Epoche stand. Vor allem zeigte er jedoch, dass die Evolution aus einer Abfolge verschiedener Stadien bestand, in deren Verlauf die Lebewesen immer mehr an Komplexität gewannen.

Um dieses natürliches Fortschreiten hin zu komplexeren Organismen zu erklären, schlug er zwei »Gesetze« vor: die Verbesserung der Organe durch ihren Gebrauch und die Vererbung dieser Verbesserung an die Nachkommen. Dieses zweite Gesetz steht offenkundig in Widerspruch zu den heutigen Lehren der Genetik. Allzu oft wird der Lamarckismus auf diesen Irrtum reduziert, während seine nach wie vor wertvollen Beiträge in Vergessenheit geraten.

Zu allem Überfluss baute der viel zu berühmt gewordene Trofim Lyssenko in den 1930er Jahren noch auf dieser Theorie auf, als er gegen die »bourgeoise« Mendelsche Vererbungslehre die »marxistische« Theorie der Vererbung erworbener Eigenschaften entwickelte: Über drei Jahrzehnte hinweg gelang es ihm, die sowjetische Staatsführung zu überzeugen, die ihm die politische Leitung für Verbesserungsmaßnahmen der landwirtschaftlichen Techniken übertrug – wie sich herausstellen sollte, mit katastrophalen Ergebnissen. Wer Lamarck mit Lyssenko in einen Topf wirft, der tut diesem von wissenschaftlicher Strenge besessenen Menschen zutiefst unrecht.

Laser

Zur Vertiefung: ***Atom; Elektromagnetismus; Licht***

Ein äußerst vielseitiges Werkzeug

Der Laser ist inzwischen ein vertrauter Gegenstand, und die Bezeichnung hat längst Eingang in die Umgangssprache gefunden. Für den Laser gibt es so viele Anwendungsmöglichkeiten, dass man ihn fast einen Alleskönner nennen müsste. In der Industrie wird er zum Trennen, Zuschneiden, Bohren, Kontrollieren, Schweißen und Reinigen von Werkstücken eingesetzt; in der Telekommunikation sorgt er für den Transport von Informationen durch Glasfaserkabel; in der Bürotechnik wird er zum Einlesen und Ausdrucken von Daten benutzt; in der Medizin dient er als Skalpell, zum Anheften abgelöster Netzhäute und zur Zerkleinerung von Nierensteinen. Hinzu kommen zahlreiche Anwendungen im Bereich der Messtechnik und der Prüfverfahren: Im Supermarkt hilft er beim Einlesen der Balkencodes; bei der Füllung von Talsperren überwacht man mit seiner Hilfe die Bewegungen der Staumauer; in der Zementindustrie prüft ein Laser ständig die Körnung des Zements, in der Mikroelektronik misst er die Dicke feinster Schichten.

Laser eignen sich überall dort besonders gut, wo es um feine Arbeiten geht, die eine hohe Präzision erfordern. Weil Laserstrahlen alle dieselbe Richtung haben, können sie eine hohe Lichtenergie streuungsfrei übertragen. Diese Energie lässt sich auf einem sehr kleinen Punkt konzentrieren, so dass dort für kurze Zeit sehr viel mehr Energie zusammenkommt, als man es auf andere Weise erreichen könnte. In der Medizin zum Beispiel läßt sich die Wirkung eines Laserstrahls allein auf das von dem Strahl getroffenen Gewebe beschränken, so dass man den medizinischen Eingriff auf ein Minimum reduzieren kann (man spricht deshalb von nicht- oder minimal-invasiven Verfahren). Beim Schweißen von Werkstücken zieht man den Laser dann vor, wenn man den thermischen Schock, den die Erhitzung in der Schmelzzone bewirkt, auf möglichst kleine Bereiche beschränken möchte. Ein weiteres Beispiel für die technische Feinheit lasergestützter Verfahren ist der Ersatz des Diamanten im Abnahmekopf eines Schallplattenspielers durch den Laser. Da zwischen Laser und CD kein physischer Kontakt stattfindet, entfällt jede mechanische Abnutzung, so dass eine CD theoretisch eine unendliche (nur durch die natürliche Alterung des Materials begrenzte) Lebensdauer hat und die gute alte Schallplatte inzwischen der Vergangenheit angehört.

Der Prozess der induzierten Emission

Wenn ein Atom sich in einem angeregten Zustand befindet (das heißt außerhalb seines durch eine geringere Energie gekennzeichneten Grundzustands), kehrt es schließlich unter Emission eines Photons in einen Zustand geringerer Energie zurück. Dieses PHOTON kann in jede Richtung emittiert werden, wobei seine Energie genau gleich der Energiedifferenz zwischen dem Ausgangs- und dem Endzustand des Atoms ist. Dieses Phänomen, das sich ohne jede äußere Einwirkung vollzieht, bezeichnet man als spontane Emission. Wenn jedoch ein Photon, dessen Energie der bei einem solchen Prozess freigesetzten Energie entspricht, auf ein schon angeregtes Atom trifft, löst es den beschriebenen Vorgang aus, also die Rückkehr des Atoms in einen Zustand niedrigerer Energie unter Aussendung eines Photons. In diesem Fall spricht man daher von einer induzierten oder stimulierten Emission. Solch eine induzierte Emission, die Albert Einstein 1917 voraussagte, ist die Grundlage der Lasertechnik. Das zweite Photon, dessen Emission durch das erste stimuliert wird, ist nämlich gleichsam eine genaue Kopie des ersten, das heißt, es besitzt genau dieselbe Energie, dieselbe Phase und dieselbe Richtung. Aufgrund der Übereinstimmung zwischen den an der induzierten Emission beteiligten Photonen kommt es zu einer deutlichen Verstärkung der einfallenden Strahlung und zugleich zu der charakteristischen einheitlichen Ausrichtung des erzeugten Lichtstrahls.

Räumliche und zeitliche Kohärenz

Neben der oben beschriebenen räumlichen Kohärenz ist das Laserlicht auch zeitlich kohärent, das heißt, die Schwingung des elektromagnetischen Feldes an einem Punkt des Laserstrahls steht in einem wohldefinierten (nichtzufälligen) Phasenverhältnis zu dessen Schwingung an einem anderen Punkt, selbst wenn die beiden Punkte sehr weit (einige Meter oder einige Kilometer) auseinander liegen. Dank dieser Kohärenz lassen sich mehrere, aus demselben Laser stammende Lichtstrahlen zur Interferenz bringen, nachdem sie unterschiedliche optische Strahlengänge durchlaufen haben. Das Licht herkömmlicher Lichtquellen, die auf spontaner Emission beruhen (zum Beispiel das Licht einer Leuchtstoffröhre), hat diese Eigenschaft nicht. Aufgrund des ständigen, rein zufälligen Phasenwechsels sind die spontan emittierten Wellen selbst für nah beieinander liegende Punkte (oder auch Zeitpunkte) inkohärent.

Eine Inversion der natürlichen Besetzungsdichte

Wenn es zu einer Verstärkung der induzierten Lichtemission kommen soll, müssen die Atome sich in ihrer Mehrzahl in einem bestimmten Anregungszustand befinden. In einer Population aus Atomen, die sich im Gleichgewicht befindet, sind die niedrigen Energieniveaus am stärksten besetzt. Will man nun erreichen, dass ein bestimmter angeregter Zustand die höchste Besetzungsdichte aufweist, bedarf es einer Inversion oder Umkehrung der Besetzungsdichte gegenüber dem natürliche Zustand (Besetzungsinversion). Man muss also durch irgendeinen Kunstgriff (z. B. durch Bestrahlung mit einem intensiven Lichtbündel) dafür sorgen, dass in der betreffenden Population mehr angeregte als nichtangeregte Atome anzutreffen sind. Dieser Vorgang läßt sich mit einer Pumpe vergleichen, die eine bestimmte Menge Wasser von einem niedrigen auf ein höheres Niveau befördert und dadurch deren potentielle Energie erhöht. Die 1949 entwickelte Technik des »optischen Pumpens« brachte ihrem Erfinder Alfred Kastler 1966 den Nobelpreis für Physik ein. Ein Teil der Pumpenergie wird innerhalb einer optischen Vorrichtung (dem Resonator) zurückgewonnen, die in Resonanz gerät und dem Laserstrahl Richtung und Energie vermittelt.

Fasst man all diese Elemente zusammen, wird auch der Ursprung der Bezeichnung »Laser« verständlich. Der Ausdruck ist die Abkürzung des (englischen) *Light Amplification by Stimulated Emission of Radiation*, und das heißt: Lichtverstärkung durch induzierte Strahlungsemission. Die ersten Laser wurden Anfang der 1960er Jahre gebaut.

Wissenschaftliche Anwendungsmöglichkeiten

Zur Zeit seiner Erfindung galt der Laser noch als wissenschaftliche Kuriosität, doch schon bald eröffnete er den Forschern ungeahnte Forschungsmöglichkeiten und ganz neue Forschungsfelder, so dass in der Folgezeit ganz verschiedene Lasertypen entwickelt wurden. Die Spektroskopie, mit deren Hilfe man die Zusammensetzung von Substanzen auf der Basis der optischen Eigenschaften ihrer Bestandteile bestimmt, macht umfangreichen Gebrauch von den technischen Möglichkeiten des Lasers. Dank seiner spektralen Reinheit und seiner Präzision eignet der Laser sich auch bestens für Messzwecke aller Art, zumal seine Messgenauigkeit deutlich unterhalb der Wellenlänge des benutzten Lichts liegt, die beim grünen Licht eines Argonionenlasers zum Beispiel 0,5145 Mikrometer beträgt. Mit einem Laser lassen sich zahlreiche Dinge messen, von der Lichtgeschwindigkeit bis hin zur Entfernung zwischen Erde und Mond. Auch im Bereich der MOLEKULAREN REAKTIONSDYNAMIK bietet er zahlreiche Anwendungsmöglichkeiten: Mit seiner

Hilfe kann man bei Molekülen selektiv bestimmte Anregungszustände erzeugen; Moleküle, die sich an die Oberfläche eines Festkörpers angelagert haben (siehe ADSORPTION), lassen sich auf gezielte Weise in Schwingung versetzen; man kann bestimmte ausgewählte chemische Bindungen auflösen. Aber all diese Anwendungsmöglichkeiten sind nur einige wenige Beispiele aus einer sehr viel umfangreicheren Palette.

Veränderbare Laser

Die meisten Laser können nur Licht einer oder mehrerer ganz bestimmter Wellenlängen emittieren, die unmittelbar von dem gewählten Verstärkermedium abhängen. So emittiert der CO_2-Laser (Kohlendioxid) eine Strahlung, die im Infrarotbereich liegt und eine Wellenlänge von 10,6 µm hat; der Kupferdampf-Laser emittiert zwei verschiedene Wellenlängen, die bei 0,5106 µm (Grün) und 0,5782 (Gelb) liegen; der so genannte YAG-Laser erzeugt ein Licht, das gleichfalls zum nahen Infrarotbereich gehört und bei 1,060 µm liegt. Es gibt jedoch auch Laser, deren Wellenlängen sich innerhalb gewisser Grenzen verändern lassen. Ihr Verstärkermedium besteht aus einer Flüssigkeit, die Farbstoffmoleküle enthält. Diese Moleküle können ein Licht emittieren, dessen Wellenlängen sich über ein bestimmtes Intervall erstrecken. Eine optische Vorrichtung (der Resonator) ermöglicht dann die Selektion der gewünschten Wellenlänge. Wenn man solche Laser auf ein bestimmtes chemisches Element einstellt, kann man dieses Element in einer Flüssigkeit oder einem Gas selbst dann noch aufspüren, wenn es darin nur in winzigen Mengen vorkommt.

Die Laser, die auf atomarer oder molekularer Grundlage arbeiten, decken nicht das gesamte Spektrum der Wellenlängen ab, auch wenn man die Möglichkeiten der veränderlichen Laser ausschöpft. Inzwischen kann man jedoch auch Laser bauen, die mit freien Elektronen arbeiten und sehr flexibel hinsichtlich der emittierten Wellenlängen sind. Es existieren bereits mehrere Prototypen. Ihr Prinzip beruht auf der Verstärkung des von freien (das heißt nicht an Atome oder Moleküle gebundenen) Elektronen emittierten Lichts. Die Elektronen werden hierzu auf sehr hohe Energien (von mehreren Megaelektronenvolt) beschleunigt, wobei sie ein Magnetfeld durchqueren, das sie in eine Bahn zwingt, die dem Wedeln beim Skilauf ähnelt.

In der ganzen Welt sind auf diesem Gebiet derzeit umfangreiche Forschungen im Gange, die noch manche technische Revolution erwarten lassen. Man denke nur an die Entwicklung der Diodenlaser, die nur noch die Größe eines Fingernagels haben, aber eine Leistung besitzen, wie sie früher ein Laser erzeugte, der eine optische Bank von mehreren Metern Länge einnahm.

Leben

Zur Vertiefung: ***Anfang, Ursprung; Reproduktion; Tod***

Anfang 1995 verkündeten amerikanische Wissenschaftler, sie hätten ein Bakterium »wieder zum Leben erweckt«, nachdem es über mehrere zehn Millionen Jahre wie tot in einer Umgebung eingeschlossen war, die seinem Stoffwechsel (also die diversen chemischen Reaktionen, die das Leben erhalten) blockiert habe. In diesem Zusammenhang von Wiederbelebung und Tod zu sprechen, zeugt von mangelndem Nachdenken über das Grundkonzept des Lebens.

Spontan ordnen wir die Dinge unserer Umgebung zwei klar unterschiedenen Kategorien zu: den Lebewesen und der unbelebten Materie. Ist die Grenze zwischen beiden jedoch tatsächlich so klar definiert, wie wir meinen?

Es genügt der Hinweis auf die Viren, um eine Schwierigkeit aufzuzeigen. Sie bestehen entweder aus einem DNA- oder einem RNA-Molekül, das von einer Proteinhülle umgeben ist, und haben keinen eigenen Stoffwechsel. Isoliert zeigen sie keinerlei Leben; in einer Wirtszelle kann ein Virus jedoch praktisch deren Selbstmord provozieren. Er benutzt das Material der Wirtszelle, um mehrere dutzend Kopien des ursprünglichen Virus hervorzubringen. In diesem Prozess stellt die infizierte Zelle die gesamte erforderliche Energie bereit, während der Virus passiv bleibt. Lebt der Virus also oder ist er lediglich eine Art Droge, die den Zelltod hervorruft?

Die Definitionen, die in Lexika zu finden sind, spiegeln diese Schwierigkeit wider: Für manche ist das Leben die Spanne zwischen Geburt und Tod; für andere manifestiert es sich in bestimmten Vorgängen wie Atmung, Verdauung und Fortpflanzung. Im Allgemeinen scheint das Leben, bezeugt durch eine materielle Struktur, implizit als eine zusätzliche Gabe zu gelten, die sich den von der Natur empfangenen stofflichen Elementen hinzugesellt.

So formuliert mündet die Frage, was das Leben sei, in andere, häufig gestellte Fragen: Wie, wann und wo ist es auf der Erde entstanden? Die Antworten hierauf sind genau so zahlreich wie die Mythen, die die Erschaffung der Welt erklären. Statt Antworten auf diese Fragen zu suchen, ist es auch möglich, ihre Bedeutung zu bestreiten, indem man einen fließenden Übergang zwischen den Kategorien der belebten und der unbelebten Natur annimmt. Damit ist die Entstehung des Lebens kein punktuelles Ereignis mehr, das in Zeit und Raum lokalisierbar wäre. Vielmehr ist sie Ergebnis eines kontinuierlichen Prozesses, der zunehmend komplexere und daher mit immer weitreichenderen Möglichkeiten ausgestattete Strukturen hervorbringt.

Das Wesen dieses Prozesses besteht im Auftauchen unvorhersehbarer Fähigkeiten, wenn mehrere Elemente sich zu einem integrierten Ganzen zusammentun, das sich nicht als Summe seiner Bestandteile beschreiben lässt. Die Natur kennt keine Addition: Sobald sie etwas zusammensetzt, bringt sie etwas völlig Neues hervor. Dieses Phänomen ist festzustellen, wenn Quarks sich zu einem Nukleon zusammentun, Nukleonen zu einem Atomkern, Atome zu einem Molekül. Dieses sukzessive, zunehmend reichhaltigere Zusammensetzspiel von interaktiven Elementen vollzieht sich bis hin zur Bildung von Zellen, die sich zusammentun und einen Organismus bilden, oder bis hin zu den Individuen, die ein Kollektiv bilden. In jedem Stadium manifestieren sich Eigenschaften, die umso unerwarteter sind, je stärker die Merkmale jeder Untereinheit durch ihre Zugehörigkeit zum Ganzen modifiziert werden.

Dieses Fortschreiten zu immer größerer Komplexität und somit zu neuen Leistungen ist ein Merkmal unseres Universums. Allerdings ist einzuräumen, dass es sich überaus langsam vollzieht, da eine materielle Struktur, die durch Zufall mit bemerkenswerten Fähigkeiten ausgestattet ist, per Unglück eines Tages auch wieder zerstört werden kann. Die Zeit zerstört das, was sie hat entstehen lassen. Jeder Fortschritt ist provisorisch.

Auf unserem Planeten hat sich ein Molekül als fähig erwiesen, diesem Schicksal zu entgehen: die DNA. Da sie dank ihrer Doppelhelixstruktur die Fähigkeit besitzt, ein Duplikat ihrer selbst hervorzubringen, macht sie die Information, die sie in sich trägt, unzerstörbar. Somit spielt sie eine ähnliche Rolle wie eine Sperre, die eine Rückwärtsbewegung verhindert: Die Zeit wirkt also nicht mehr destruktiv. Im Laufe der Zeit konnten die DNA-Moleküle neue Fähigkeiten akkumulieren: Dank der Informationen, die in den Nukleotidsequenzen (den Molekülen, die ihre Doppelhelix bilden) enthalten sind, steuern sie die Produktion anderer Moleküle wie der Proteine, die wiederum miteinander in Wechselwirkung treten. Aus diesen Wechselwirkungen sind Stoffwechselprozesse und so bemerkenswerte Vorgänge wie Atmung, Verdauung, Wachstum und Fortpflanzung hervorgegangen.

Zu Recht fasziniert von solchen Mechanismen, bezeichnen wir die materiellen Strukturen, in denen derartige Prozesse ablaufen, als lebendig. Doch dieser Begriff definiert keine objektive Realität, sondern übersetzt lediglich unsere Bewunderung. Aus dieser Sicht haben die Fragen zu Natur oder Ursprung des Lebens keine Bedeutung mehr. Das eigentliche Mysterium liegt nicht im Entstehen des Lebens, sondern im Vermögen unseres Universums, offenbar seit seinen Anfängen Komplexität zu erzeugen.

Leben, außerirdisches

→ ***außerirdisches Leben***

Leben, künstliches

→ ***künstliches Leben***

Lebenserwartung

Zur Vertiefung: ***Altern; Wahrscheinlichkeit***

In der Wahrscheinlichkeitstheorie ist der Begriff der »Zufallsvariablen« als Parameter definiert, dessen Wert vom Ergebnis einer Stichprobe abhängt. Besteht eine Stichprobe zum Beispiel aus einem männlichen Individuum, das nach dem Zufallsprinzip auf einer Straße ausgesucht wird, so verkörpert jeder dort anwesende Mann ein mögliches Ergebnis einer Stichprobenziehung; Größe und Alter dieses Individuums sind Zufallsvariablen, die von diesem Resultat abhängen. Eine Stichprobe ist durch die Gesamtheit aller möglichen Resultate definiert, die jeweils eine gewisse Wahrscheinlichkeit besitzen. In unserem Beispiel ist die Wahrscheinlichkeit, dass die Körpergröße den Wert X hat, proportional zur Zahl der Individuen mit dieser Größe. Aus dem Mittelwert der verschiedenen möglichen Werte, jeweils gewichtet nach ihrer Wahrscheinlichkeit, errechnet sich die »Erwartung« dieser Variablen.

Nach diesem Konzept berechnen Demographen die Lebenserwartung eines Individuums, wobei die Variable die Zahl der Jahre ist, die es noch leben wird. Es liegt auf der Hand, dass der Zeitpunkt seines Todes unbekannt ist. Seine Zugehörigkeit zu dieser oder jener Personengruppe ermöglicht jedoch eine Einschätzung seiner zukünftigen Lebensdauer. Dazu genügt es, demographische Daten über die Sterblichkeit in der Personengruppe zu sammeln, der das Individuum angehört. Diese Daten zeigen zum Beispiel, dass im vergangenen Jahr ein Anteil Sx der Individuen, die am 1. Januar das Alter x hatten, am 31. Dezember noch lebten. Angenommen, die Sterblichkeitsrate für jede Altersgruppe bleibt in den folgenden Jahren gleich der des vergangenen Jahres, lässt sich daraus für das Durchschnittsindividuum die Sterbewahrscheinlichkeit für jedes der kommenden Jahre ableiten und somit seine Lebenserwartung berechnen.

Anzumerken ist allerdings, dass im Laufe des Lebens diese Lebenserwartung nicht alljährlich um ein Jahr abnimmt. Für Personen zum Beispiel, die heute 60 Jahre alt sind, hat sich das Risiko, zwischen 50 und 60 zu sterben, das sich aus den Berechnungen von vor zehn Jahren ergab, nicht realisiert: 60 Jahre alt zu sein, bedeutet, bislang dem Risiko zu sterben entgangen zu sein. Zurzeit beträgt die Lebenserwartung für einen Mann, der in Frankreich lebt, mit 50 Jahren 24,8 Jahre und mit 60 Jahren 18,8 Jahre. Im Laufe des letzten Jahrzehnts hat er sich von seiner Geburt um zehn Jahre entfernt, sich aber seinem »statistisch wahrscheinlichen Tod« nur um sechs Jahre genähert.

Leere

→ ***Vakuum, leerer Raum, Leere***

Leistung

Zur Vertiefung: ***Energie***

In der Physik werden Energiequellen oder Motoren durch ihre Leistung charakterisiert, das heißt durch die pro Zeiteinheit gelieferte Energie. Die Einheit der Leistung ist das Watt (W); ein Watt ist gleich einem Joule pro Sekunde. Die in der Technik aus praktischen Gründen benutzte Kilowattstunde (kWh) bezeichnet keine Leistung, sondern eine Energie: die Energie nämlich, die eine Quelle mit einem Kilowatt Leistung in einer Stunde liefert ($1\,\text{kWh} = 3600\text{kJ} = 3{,}6\times10^6\text{J}$).

Lepton

Zur Vertiefung: ***Antiteilchen, Antimaterie; Hadron; Teilchenbeschleuniger; Wechselwirkung in der Physik***

Als Leptonen (vom griechischen *leptos*: klein, leicht) bezeichnet man alle Elementarteilchen, die nicht für die starke Wechselwirkung (die innerhalb des Atomkerns wirkt) empfindlich sind. Die Leptonen werden in zwei Gruppen eingeteilt. Zur ersten Gruppe gehören drei Leptonen mit der elektrischen Ladung null und einer sehr geringen Masse, die ausschließlich der schwachen Wechselwirkung unterliegen (welche vor allem für den Betazerfall verantwortlich ist, bei dem ein Neutron in ein Proton und ein Elektron zerfällt);

diese drei Leptonen werden als NEUTRINOS bezeichnet. Die zweite Gruppe besteht aus drei Leptonen mit einer von Null verschiedenen Masse und einer negativen elektrischen Ladung $e=-1{,}602\times10^{-19}$C (Coulomb). Das bekannteste unter diesen drei Leptonen ist das ELEKTRON (e), die beiden übrigen sind das Myon (μ) und das Tauon (τ). Diese drei Leptonen unterscheiden sich ausschließlich durch ihre Masse und ihre Lebensdauer. Nur das Elektron ist stabil, das heißt, es zerfällt nicht in andere Teilchen. Das Myon, das 206-mal schwerer ist als das Elektron, zerfällt über die schwache Wechselwirkung nach wenigen Mikrosekunden in ein Elektron, ein Neutrino und ein Antineutrino. Die mittlere Lebensdauer des Tauons liegt in einer Größenordnung von 10^{-13} Sekunden.

Die drei elektrisch geladenen Leptonen unterliegen der Gravitation (weil sie eine Masse besitzen), der elektromagnetischen Wechselwirkung (weil sie elektrisch geladen sind) und der schwachen Wechselwirkung. Die heutige Theorie der Teilchenphysik stellt jeweils zwischen einem dieser Leptonen und einem Neutrino aus der ersten Gruppe eine Korrespondenz her, die sich in der Bezeichnung für die Neutrinos niederschlägt: ν_e, ν_μ und ν_τ (Ny).

Aufgrund der Arbeiten am *Large Electron Positron Ring* (LEP), dem großen Teilchenbeschleuniger des CERN, wissen wir seit 1989, dass es außer den sechs genannten keine weiteren Leptonen gibt. Oder genauer gesagt: Wenn es weitere Leptonen gäbe, müßte ihre Masse mehr als das Fünfzigfache der Protonenmasse betragen, sie müssten also sehr viel schwerer sein als die heute bekannten Leptonen.

Alles deutet darauf hin, dass es sich bei den Leptonen tatsächlich um Elementarteilchen handelt, das heißt um Teilchen, die nicht aus noch kleineren Entitäten zusammengesetzt sind. Mit den modernen Teilchenbeschleunigern können wir Elektronen mit einer hunderttausendfach größeren Energie, als es ihren eigenen Masse entspricht, zur Kollision bringen, und dennoch ist es noch niemals gelungen, ein Elektron in mehrere Teile zu zerlegen oder auch nur die körnige Struktur sichtbar zu machen, die sich möglicherweise darin verbirgt.

Wie jedes Teilchen, so hat auch jedes Lepton sein Antiteilchen, in diesem Falle also ein Antilepton mit derselben Masse, aber der entgegengesetzten Ladung. Das Antiteilchen des Elektrons heißt Positron und ist, wie der Name schon sagt, elektrisch positiv geladen. Entsprechend gibt es auch ein Antimyon, ein Antitauon und drei Arten von Antineutrinos.

Lernen, Lernfähigkeit von Maschinen

Zur Vertiefung: ***symbolisches Lernen; Kryptographie***

Man hat zahlreiche Versuche unternommen, Maschinen mit Lernfähigkeit auszustatten, denn es ist ausgesprochen ermüdend, ihnen alles sagen zu müssen, noch dazu in ihrer eigenen Sprache, zumal die getreuliche Wiederholung derselben Irrtümer und derselben Dummheiten ihnen jeglichen Charme raubt. Kurz, damit Maschinen den Bedürfnissen der Menschen entsprechen, sollten sie wie Kinder in der Lage sein, durch Beobachtung der Welt, der anderen und ihrer selbst sowie durch Nachahmung selbständig zu lernen.

Mehrere Zweige der INFORMATIK, die mit den Stichworten SYMBOLISCHES LERNEN, NEURONALE NETZE und GENETISCHER ALGORITHMUS umschrieben sind, haben sich mit dieser schwierigen Frage beschäftigt. Trotz der Vielzahl der dort entwickelten Ansätze scheinen der Lernfähigkeit von Maschinen jedoch bestimmte Grenzen gesetzt zu sein. Die formalen Lerntheorien versuchen, diese Grenzen zu bestimmen, indem sie sich die verschiedenen Formen der INDUKTION, die bei allen Lernprozessen anzutreffen sind, sehr genau ansehen.

Die Induktion ist eine geistige Operation, die von Einzeltatsachen zu den dahinter stehenden allgemeinen Gesetzen übergeht oder allgemeiner gesagt: von der Erfahrung zum systematischen Wissen. Für den Gegenstandsbereich der Informatik bedeutet dies, dass man von der Beschreibung einfacher Beispiele ausgehen und automatisch eine mathematische Funktion erzeugen möchte, aus denen sich die Eigenschaften der betrachteten Beispiele erklären lassen.

Zur Illustration wollen wir einmal annehmen, man legt Ihnen, wie es bei bestimmten Intelligenztests geschieht, die Zahlenfolge (3, 5, 7, 11, 13) vor, und Sie sollen diese Folge fortsetzen. Sie können nun antworten: 17, 19, 23 …, weil Sie annehmen, dass es sich um die Primzahlen größer als 2 handelt, aber ebenso gut können Sie antworten: 15, 17, 19, 21 …, wenn Sie annehmen, dass alle ungeraden Zahlen gemeint sind, die nicht zugleich Quadratzahlen sind. In beiden Fällen haben wir es mit einer Induktion zu tun, und beide sind legitim. Nur durch die Vorgabe weiterer Elemente der Folge ließe sich entscheiden, welche von beiden Möglichkeiten gemeint ist.

Nehmen wir nun an, man hätte eine bestimmte Funktion im Kopf und gäbe dem Computer so viele Beispiele dieser Funktion, wie er nur möchte. Wäre der Computer nach der Eingabe einer sehr großen Zahl von Beispielen in der Lage, die Funktion zu erkennen? Im Rahmen seiner Überlegungen zur formalen Theorie der Induktion hat Thomas Gold 1967 gezeigt, dass eine derartige Herleitung einer Funktion aus Beispielen nur bei bestimmten mathematischen Funktionen möglich ist. Daraus ergibt sich eine erste Grenze für die Lernfähigkeit von Maschinen.

Weitere Grenzen werden sichtbar, wenn man die physikalischen Beschränkungen betrachtet, denen Mensch und Maschine gleichermaßen ausgesetzt sind: Was hätten wir von einem Computer, der die gesuchte Lösung zwar mit Sicherheit, aber erst nach Zehntausenden von Jahren fände und dessen Speicher mehr Zellen enthalten müsste, als unser ganzes Universum an Atomen aufzuweisen hat? Will man Funktionen wirklich mit Hilfe von Computern auf induktivem Wege finden, muss man auch die praktischen und technischen Aspekte der betreffenden Induktionsprozeduren berücksichtigen, insbesondere die Laufzeiten und den Speicherplatzbedarf; in der Informatik spricht man hier von der zeitlichen und räumlichen KOMPLEXITÄT der betreffenden Funktion.

Inzwischen gibt es auch Ansätze, die nicht mehr mit einer exakten, sondern einer näherungsweisen Induktion arbeiten. In dieser Theorie untersucht man die Komplexität von ALGORITHMEN, mit deren Hilfe man auf induktivem Wege Funktionen erzeugen kann, die der gesuchten Funktion nicht exakt entsprechen, sondern ihr lediglich sehr nahe kommen, oder genauer gesagt: deren Werte sich von den Werten der gesuchten Funktion nur mit sehr geringer Wahrscheinlichkeit unterscheiden.

Durch eine Flut neuer theoretischer Ergebnisse haben die formalen Lerntheorien einen beträchtlichen Aufschwung erfahren; sie konnten aufzeigen, dass den Induktionsverfahren, die in formalen neuronalen Netzen, im Bereich der KÜNSTLICHEN INTELLIGENZ, der KRYPTOGRAPHIE oder der DATENANALYSE angewandt werden, ganz bestimmte Grenzen gesetzt sind; dadurch haben sie Verbindungen zwischen Fachgebieten hergestellt, die bis dahin als getrennt galten.

Lernen, symbolisches

→ ***symbolisches Lernen***

Licht

Zur Vertiefung: ***Emission; Farbe; Photon; Relativitätstheorie***

Unsere Sinnesorgane empfangen INFORMATIONEN aus der Außenwelt und leiten sie zur weiteren Verarbeitung an unser Nervensystem weiter. Von unseren fünf Sinnen ist der Gesichtssinn wohl der wichtigste Vermittler zwischen uns und unserer Umwelt. Hinsichtlich der grundsätzlichen Funktionsweise konkurrierten lange Zeit zwei gegensätzliche Auffassungen miteinander. Für die eine warf das Auge einen Blick auf die Dinge, für die andere sendeten die leuchtenden Dinge gleichsam verkleinerte »Abbilder« aus, die das Auge lediglich aufnahm (die Idee der kleinen Abbilder geht auf den griechischen Philosophen Demokrit zurück). Die zweite Auffassung übernahm der arabische Gelehrte Ibn al-Haitham (965–1039, auch Alhazen oder der »Zweite Ptolemäus« genannt) und später dann René Descartes (1596–1650), der die moderne Theorie des Lichts begründete.

Die herausragende Rolle des menschlichen Auges reduzierte das Licht lange Zeit auf den sichtbaren Teil des elektromagnetischen

Spektrum, für den die Rezeptoren (Zäpfchen und Stäbchen) in unserer Netzhaut empfindlich sind. Seit Friedrich Wilhelm Herschel (1738–1822) die Infrarotstrahlung im Sonnenlicht entdeckte und James Clerk Maxwell Ende des 19. Jahrhunderts Elektrizität, Magnetismus und die Ausbreitung von Lichtwellen zu einer Einheit zusammenfasste, wissen wir, dass wir es hier mit einem ganzen Spektrum elektromagnetischer Wellen zu tun haben, die im Vakuum sämtlich dieselbe Ausbreitungsgeschwindigkeit c besitzen (siehe NATURKONSTANTEN) und sich durch ihre Wellenlänge λ voneinander unterscheiden. Das sichtbare Licht zeigt in dieser Hinsicht keinerlei Besonderheiten (siehe PHOTON). Nur das Auge hat die besondere Eigenschaft, dass es aus dem gesamten Spektrum der elektromagnetischen Wellen einen kleinen Ausschnitt von etwa 0,4 Mikrometern (Violett) bis 0,8 Mikrometer (Rot) auswählt, der dann über unser Nervensystem mit speziellen Farbempfindungen verknüpft wird. Diese selektive Empfindlichkeit ist das Ergebnis der biologischen EVOLUTION. Die Empfindlichkeit des Auges liegt in dem Bereich, in dem die Strahlung unserer Sonne ihr Maximum erreicht. Wäre unsere Sonne ein kalter rötlicher Stern, hätte die Evolution dafür gesorgt, dass unser Auge im Bereich des blauen Lichts unempfindlich und dafür im Bereich der nahen Infrarotstrahlung empfindlich wäre – zum Leidwesen eines Jan Vermeer van Delft.

Das SPEKTRUM eines bestimmten Lichts bringt die Verteilung der mit den verschiedenen Wellenlängen transportierten Gesamtenergie zum Ausdruck. In der SPEKTRALANALYSE nutzen wir die im Spektrum enthaltenen Informationen, um möglichst viel über die Eigenschaften der Lichtquelle oder des Mediums zu erfahren, das dieses Licht auf dem Weg zu uns durchquert hat.

Moderne Lichtsensoren oder DETEKTOREN werden heute für die jeweils interessierende Wellenlänge konstruiert, von den Gammastrahlen (deren Wellenlänge ein Millionstel Mikrometer beträgt) über die Röntgenstrahlen, den Ultraviolettbereich, das sichtbare Licht und den Infrarotbereich bis hin zu den Radiowellen (deren Wellenlänge sich im Meter- bis Kilometerbereich bewegt). Das Bild, das diese Sensoren zum Beispiel im Infrarotbereich von der Temperaturverteilung in den Weltmeeren oder in den Wolken zeichnen, lässt sich dann für das menschliche Auge in so genannte Falschfarben übersetzen.

---

lineare Abbildung

Zur Vorbereitung: ***Vektor***

Zur Vertiefung: ***Determinante; Matrix; Operator; Spektralanalyse***

Lineare Abbildung auf Zahlen

Eine Abbildung f der Menge der reellen Zahlen in sich selbst wird linear genannt, wenn es eine reelle Zahl a gibt, für die man $f(x)$ erhält, indem man die Zahl x mit der Zahl a multipliziert, so dass $f(x)=ax$. Legt man zum Beispiel einen bestimmten Geldbetrag auf einem Sparkonto mit 5% Zinsen im Jahr an, werden die Zinsen berechnet, indem man den angelegten Geldbetrag mit 5/100 multipliziert. Die Abbildung, die unterschiedliche Geldbeträge mit den jeweils erzielten Zinsen verknüpft, ist linear. Die Bezeichnung »linear« verweist darauf, dass der Graph dieser Abbildung eine Gerade ist (siehe *Abbildung 1*).

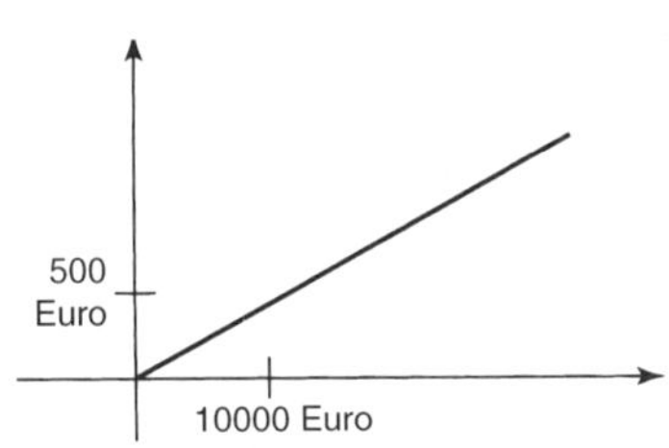

Abbildung 1 Zinsen in Abhängigkeit vom Sparbetrag

Die Abbildung, die den Zusammenhang zwischen den erzielten Zinsen und der Dauer der Anlage darstellt, ist dagegen nicht linear. Legt man 10000 Euro ein Jahr lang auf das Sparkonto, erhält man 500 Euro Zinsen; legt man dieselbe Summe zwei Jahre lang an, erhält man 1025 Euro Zinsen. Die erzielten Zinsen sind der Anlagedauer nicht proportional.

Für lineare Abbildungen gilt: Zerlegt man die Zahl x in eine Summe $u+v$, ist die Zahl $f(x)$ gleich der Summe der Zahlen $f(u)$ und $f(v)$: $f(u+v)=f(u)+f(v)$.

Legt man zum Beispiel 15000 Euro auf einem und 5000 Euro auf einem anderen Sparkonto an, so sind die dort erzielten Zinsen (750+250=1000 Euro) gleich den Zinsen, die man erhielte, wenn man 20000 Euro auf einem einzigen Konto anlegte. Es ist also gleichgültig, ob man das Geld auf einem oder mehreren Konten anlegt, denn in gewisser Weise erzielt jeder Euro seine Zinsen unabhängig vom anderen. In gleicher Weise gilt: Zerlegt man die Zahl x in ein Produkt ku, ist die Zahl $f(u)$ gleich dem Produkt aus k und $f(u)$, also

$f(ku)=kf(u)$.

Dreisatz

Kennt man bei einer linearen Abbildung eine Zahl x und deren Bild $f(x)$ sowie eine Zahl y, so lässt sich die Zahl $f(y)$ durch einen einfachen Dreisatz berechnen:

$$f(y) = \frac{yf(x)}{x}$$

Zu diesem Ergebnis kann man auf zahlreichen Wegen gelangen. Ein Weg besteht in dem Nachweis, dass für den Koeffizienten, mit dem die Abbildung f ihr Argument multipliziert, gilt:

$$a = \frac{f(x)}{x}$$

und mithin ist

$$f(y) = \frac{f(x)}{x}y = \frac{yf(x)}{x}$$

Ein weiterer Weg nutzt die Tatsache, dass

$$y = \frac{y}{x}x$$

und da $f(kx)=kf(x)$ gilt auch

$$f(y) = \frac{y}{x}f(x) = \frac{yf(x)}{x}$$

Ein dritter Weg schließlich nutzt den Umstand, dass $f(x)=xf(1)$, also

$$f(1) = \frac{f(x)}{x}$$

und

$$f(y) = yf(1) = y\frac{f(x)}{x} = \frac{yf(x)}{x}\ldots$$

Lineare Abbildungen auf Vektoren

Ebenso wie die Zahlen lassen sich auch Vektoren addieren und mit einer Zahl multiplizieren. Der Begriff der linearen Abbildung kann daher auch auf Abbildungen zwischen Vektorräumen angewendet werden (siehe VEKTOR). Eine lineare Abbildung eines Vektorraums A in einen Vektorraum B ist eine Abbildung, die jedem Vektor aus A einen Vektor aus B zuordnet und folgende Bedingungen erfüllt:

$f(\vec{u}+\vec{v})=f(\vec{u})+f(\vec{v})$

$f(k\vec{u})=kf(\vec{u})$,

wobei $\vec{u}$ und $\vec{v}$ beliebige Vektoren aus A sind und k eine beliebige Zahl sein kann.

Die Symmetrie s zum Beispiel, die jedem Vektor der Ebene sein »Spiegelbild« zuordnet, ist eine lineare Abbildung (siehe *Abbildung 2*).

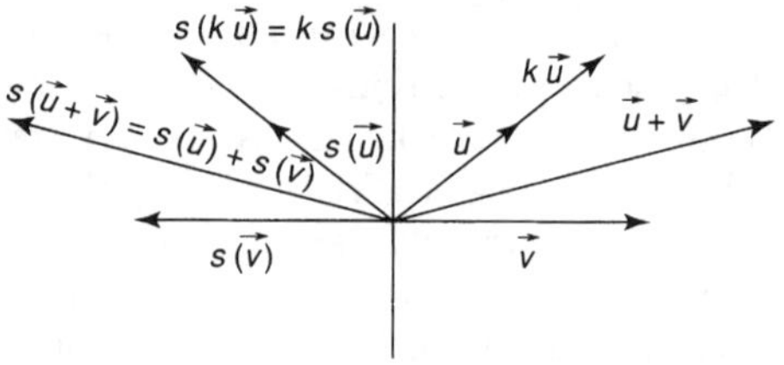

Abbildung 2

Im Vektorraum der beliebig oft differenzierbaren Funktionen (für deren Ableitung eine Ableitung existiert, die ihrerseits eine Ableitung besitzt und so weiter bis ins Unendliche) ist die Abbildung, die jeder Funktion ihre Ableitung zuordnet, gleichfalls eine lineare Abbildung. Denn die Ableitung der Funktion $g+h$ ist die Summe der Ableitungen von g und von h, und die Ableitung der Funktion kg ist gleich dem k-fachen der Ableitung von g, also

$(g+h)'=g'+h'$

$(kg)'=kg'$

Die Matrix einer linearen Abbildung

Wenn man im Fall einer linearen Abbildung der reellen Zahlen in sich selbst das Bild einer beliebigen, von 0 verschiedenen Zahl kennt, kann man, wie wir gesehen haben, über einen Dreisatz das Bild jeder beliebigen Zahl berechnen. Dasselbe gilt für lineare Abbildungen zwischen Vektorräumen; kennt man das durch f gegebene Bild einer Basis des Vektorraums A, kann man das Bild jedes beliebigen Vektors aus A berechnen.

So bilden die beiden Vektoren $\vec{i}$ und $\vec{j}$ in *Abbildung 3* eine Basis der Ebene, das heißt, jeder Vektor lässt sich in eine Summe $x\vec{i}+y\vec{j}$ zerlegen, wobei x und y die Koordinaten dieses Vektors bezüglich der betreffenden Basis sind. Die Symmetrie aus *Abbildung 2* verknüpft den Vektor $\vec{i}$ mit dem Vektor $\vec{j}$ und umgekehrt; es gilt also $s(\vec{i})=\vec{j}$ und $s(\vec{j})=\vec{i}$. Das genügt, um das Bild jedes beliebigen Vektors der Ebene zu berechnen. In *Abbildung 3* hat der Vektor $\vec{w}$ bezüglich der Basis $\vec{i}$, $\vec{j}$ die Koordinaten (2,1); er ist also gleich $2\vec{i}+\vec{j}$. Für den Vektor $s(\vec{w})$ gilt daher:
$s(2\vec{i}+\vec{j})=s(2\vec{i})+s(\vec{j})=2s(\vec{i})+s(\vec{j})$
$=2\vec{j}+\vec{i}=\vec{i}+2\vec{j}$.
Seine Koordinaten sind also (1,2).

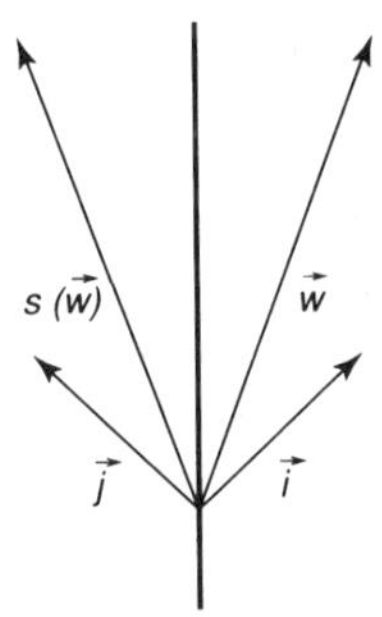

Abbildung 3

Ist f eine lineare Abbildung der Ebene in sich selbst, hat jeder der Vektoren $f(\vec{i})$ und $f(\vec{j})$ bezüglich der Basis $\vec{i}$, $\vec{j}$ zwei Koordinaten. Diese vier Koordinaten lassen sich auch in einer Tabelle mit zwei Zeilen und zwei Spalten darstellen; die erste Spalte enthält die Koordinaten des Vektors $f(\vec{i})$ und die zweite die des Vektors $f(\vec{j})$. Diese Tabelle bezeichnet man als Matrix der linearen Abbildung f bezüglich der Basis $\vec{i}$, $\vec{j}$. Die Matrix der Symmetrie s bezüglich der Basis $\vec{i}$, $\vec{j}$ zum Beispiel ist

$$\begin{pmatrix} 0 & 1 \\ 1 & 0 \end{pmatrix}$$

Die erste Spalte enthält die Koordinaten des Vektors $s(\vec{i})=\vec{j}$, die zweite Spalte die des Vektors $s(\vec{j})=\vec{i}$. Kennt man die Matrix einer Abbildung und die Koordinaten eines Vektors $\vec{u}$, kann man die Koordinaten des Vektors $f(\vec{u})$ berechnen.

Allgemeiner gilt, wenn die Vektorräume A und B endlicher Dimension sind, das heißt, wenn sie endliche Basen $\vec{a}_1, \ldots, \vec{a}_n$ und $\vec{b}_1, \ldots, \vec{b}_p$ besitzen, braucht man nur die Koordinaten der Vektoren $f(\vec{a}_1), \ldots, f(\vec{a}_n)$ bezüglich der Basis $\vec{b}_1, \ldots, \vec{b}_p$ und die Koordinaten $x_1, \ldots, x_n$ eines Vektors $\vec{u}$ bezüglich der Basis $\vec{a}_1, \ldots, \vec{a}_n$ zu kennen, um die Koordinaten des durch die Abbildung f erzeugten Bildes $f(\vec{u})$ dieses Vektors bezüglich der Basis $\vec{b}_1, \ldots, \vec{b}_p$ zu berechnen. Denn
$\vec{u} = x_1\vec{a}_1 + \ldots + x_n\vec{a}_n$,
also
$f(\vec{u}) = x_1 f(\vec{a}_1) + \ldots + x_n f(\vec{a}_n)$.
Drückt man die Vektoren $f(\vec{a}_1), \ldots, f(\vec{a}_n)$ bezüglich der Basis $\vec{b}_1, \ldots, \vec{b}_p$ aus, erhält man die Koordinaten des Vektors $f(\vec{u})$ bezüglich dieser Basis. Die aus p Zeilen und n Spalten bestehende Tabelle, deren Spalten die Koordinaten der Vektoren $f(\vec{a}_1), \ldots, f(\vec{a}_n)$ bezüglich der Basis $\vec{b}_1, \ldots, \vec{b}_p$ enthalten, wird als Matrix der linearen Abbildung f bezüglich der Basen $\vec{a}_1, \ldots, \vec{a}_n$ und $\vec{b}_1, \ldots, \vec{b}_p$ bezeichnet (sind beide Basen identisch, sagt man: Matrix von f bezüglich der Basis $\vec{a}_1, \ldots, \vec{a}_n$).

Eigenvektor, Eigenwert, Spektralwert

Ist f eine lineare Abbildung eines Vektorraums in sich selbst, bezeichnet man als Eigenvektor der linearen Abbildung f einen Vektor $\vec{u}$, dessen Bild $f(\vec{u})$ sich proportional zum Vektor selbst verhält, so dass $f(\vec{u})=k\vec{u}$. Die Vektoren $\vec{I}$ und $\vec{J}$ in *Abbildung 4* zum Beispiel sind Eigenvektoren der Symmetrie s. Denn der Vektor $s(\vec{I})$ ist der Vektor $-\vec{I}$, und der Vektor $s(\vec{J})$ ist nichts anderes als der Vektor $\vec{J}$. Die Zahl, mit der man einen von 0 verschiedenen Eigenvektor multiplizieren muss, um dessen Bild zu erhalten, wird als Eigenwert der linearen Abbildung bezeichnet. So besitzt die Symmetrie s zwei Eigenwerte: –1 für den Vektor $\vec{I}$ und 1 für den Vektor $\vec{J}$.

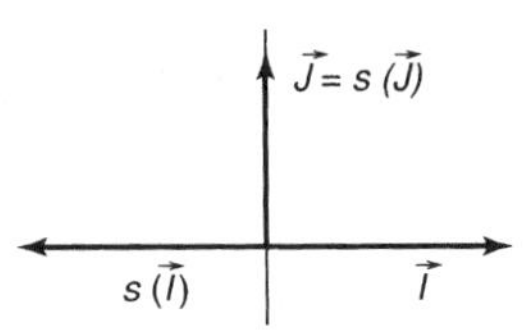

Abbildung 4

Die EXPONENTIALFUNKTION $x \longmapsto e^x$ hat die Eigenschaft, dass ihre Ableitung wieder sie selbst ist. Im Vektorraum der beliebig oft differenzierbaren Funktionen ist diese Funktion ein Eigenvektor der linearen Abbildung, die jeder Funktion ihre Ableitung zuordnet, und der zugehörige Eigenwert ist die Zahl 1. Die Funktion $x \longmapsto e^{3x}$, deren Ableitung $x \longmapsto 3e^{3x}$ das Dreifache der Funktion beträgt, ist Eigenvektor derselben linearen Abbildung, und zwar mit dem Eigenwert 3.

Wenn ein Vektorraum A eine Basis besitzt, deren sämtliche Vektoren Eigenvektoren für eine lineare Abbildung f sind, bezeichnet man diese lineare Abbildung als diagonalisierbar. So ist die Symmetrie s diagonalisierbar, weil die Basis $(\vec{I}, \vec{J})$ nur aus Eigenvektoren von s besteht. Ist die Basis endlich, enthält die Matrix der linearen Abbildung bezüglich dieser Basis mit Ausnahme der Diagonalen ausschließlich Nullen. So ist die Matrix der Symmetrie s bezüglich der Basis $\vec{I}, \vec{J}$

$$\begin{pmatrix} -1 & 0 \\ 0 & 1 \end{pmatrix}$$

Will man die Koordinaten des Bildes eines Vektors $\vec{u}$ bezüglich einer Basis von Eigenvektoren berechnen, braucht man die Koordinaten des Vektors $\vec{u}$ lediglich mit dem Eigenwert des zur jeweiligen Koordinate gehörigen Basisvektors zu multiplizieren. So ist das durch die Symmetrie s erzeugte Bild eines Koordinatenvektors x, y bezüglich der Basis $\vec{I}$, $\vec{J}$ der Kordinatenvektor $-x$, y, den man erhält, indem man die erste Koordinate mit –1 und die zweite mit 1 multipliziert.

Der Begriff der Eigenvektorbasis wird in der SPEKTRALANALYSE angewandt. Sucht man Funktionen, die gewisse Eigenschaften erfüllen (zum Beispiel eine Differentialgleichung), zerlegt man diese Funktion in unendliche Reihen von Funktionen der Form $x \longmapsto e^{iax}$, und zwar deshalb, weil es sich bei diesen Funktionen um Eigenvektoren jener linearen Abbildung handelt, die einer Funktion deren Ableitung zuordnet, so dass man die Ableitung erhält, indem man die Funktion mit einer Zahl multipliziert.

Eine Methode, die Eigenwerte und Eigenvektoren einer linearen Abbildung zu bestimmen, nutzt folgende Tatsache: Wenn eine Zahl a Eigenwert einer linearen Abbildung f für einen Eigenvektor $\vec{v}$ ist, dann ist die lineare Abbildung
$g{:}\vec{u} \longmapsto f(\vec{u}) - a\vec{u}$,
die den Vektor $f(\vec{u}) - a\vec{u}$ mit dem Vektor $\vec{u}$ verknüpft, nicht umkehrbar (weil sie sowohl für den Nullvektor $\vec{0}$ als auch für den Vektor $\vec{v}$ den Wert $\vec{0}$ annimmt). Diesen Sachverhalt kann man auch ausdrücken, indem man sagt, ihre Determinante sei gleich 0. Berechnet man diese Determinante, erhält man eine Gleichung, für die die Eigenwerte von f Lösungen darstellen (siehe DETERMINANTE).

Eine Zahl a, für die gilt, dass die lineare Abbildung $\vec{u} \longmapsto f(\vec{u}) - a\vec{u}$ nicht umkehrbar ist, wird als Spektralwert der linearen Abbildung f bezeichnet. Die Eigenwerte einer linearen Abbildung sind also sämtlich Spektralwerte. Umgekehrt sind sämtliche Spektralwerte der linearen Abbildungen von Vektorräumen endlicher Dimension Eigenwerte, aber die linearen Abbildungen der Vektorräume unendlicher Dimension (solche Abbildungen werden auch als lineare OPERATOREN bezeichnet) können mehr Spektralwerte als Eigenwerte besitzen.

Linearität

Zur Vertiefung: ***Konformation; Spektrum; Struktur***

Linearität in der Chemie

In der Chemie spielt es eine große Rolle, ob drei Atome linear angeordnet sind oder nicht. Ein MOLEKÜL, das aus drei Atomen besteht, kann linear (wie beim Kohlendioxid CO_2) oder winklig (wie beim Stickstoffoxid NO_2) angeordnet sein.

Nehmen wir als Beispiel das Wassermolekül HOH. Es ist winklig, also nicht linear. Diese Feststellung stützt sich auf sehr unterschiedliche Beobachtungsverfahren wie die Röntgenbeugung, die Mikrowellenspektroskopie, die im gleichen Wellenbereich arbeitet wie ein Mikrowellenherd, oder auf die Absorption elektromagnetischer Strahlung mit einer Wellenlänge von Zentimetern und Millimetern, die durch mehr oder weniger schnelle Rotation gasförmiger Wassermoleküle zustande kommt, die sich wie Kreisel um sich selbst drehen.

Die überaus symmetrische Form von Schneeflocken (der Johannes Kepler im 16. Jahrhundert die kleine Abhandlung *De nive sexangula* widmete) veranlasste René Just Haüy (1743–1822) zu der Annahme, dass die Wassermoleküle, aus denen sie bestehen, zwangsläufig winklig angeordnet sein müssten: eine in ihrer Einfachheit geniale Überlegung (siehe *Abbildung 1*).

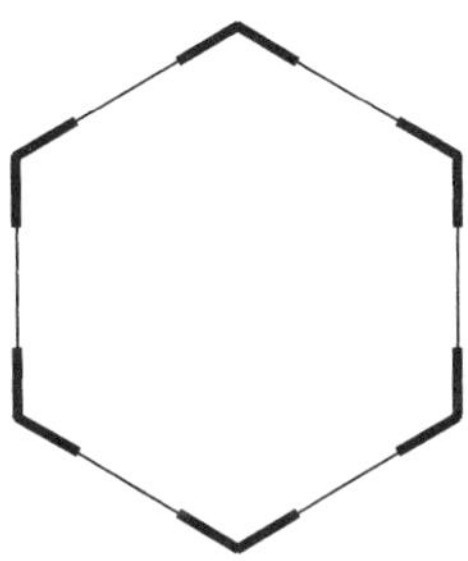

Abbildung 1 Eiskristalle, wie sie in Schneeflocken vorhanden sind, haben eine Sechseckform, die nur mit winkligen Wassermolekülen (fett gedruckt) möglich ist.

Die winklige Anordnung des Wassermoleküls ist nicht nur empirisch belegt, sondern lässt sich auch aus den Beschreibungen der Moleküle durch die Quantenchemie ableiten. So kann man aus der Anzahl der Elektronen des Sauerstoffatoms (8) im Wassermolekül HOH auf einen Winkel von etwa 109° schließen (auf die Herleitung kann hier nicht im Einzelnen eingegangen werden).

Und wenn das Wassermolekül linear wäre? Dann hätte es völlig andere physikalische Eigenschaften, insbesondere andere Spektrallinien. Auf diese Annahme ließe sich eine ganze Science-Fiction-Literatur gründen, da es dann keine Wassertropfen, Schneeflocken, Eisschollen, Wolken, Gletscher und Meere gäbe, wie wir sie kennen.

Die Chemie verwendet den Begriff »linear« auch noch in einem anderen Sinne, nämlich bezogen auf mathematische Differentialgleichungen, mit denen Stoffkonzentrationen und ihre zeitlichen Ableitungen berechnet werden. Damit lassen sich die Änderungen dieser Stoffkonzentrationen, wie sie bei Umwandlungen auftreten, abhängig von der Zeit darstellen. Die Lösung dieser Gleichungen ergibt die Reaktionsgeschwindigkeit (siehe REAKTIONSKINETIK).

In der Regel verläuft die Änderung der Stoffkonzentrationen monoton, das heißt, sie nehmen mit der Zeit allmählich zu oder ab, was sich in einer (im mathematischen Sinne) linearen Gleichung niederschlägt. Manchmal ist jedoch das Gegenteil festzustellen, dass nämlich die Konzentrationen sich im Laufe der Zeit periodisch ändern, was einer nichtlinearen Gleichung entspricht (siehe CHAOS).

Linearität in der Mathematik

*→ **lineare Abbildung***

Lipide

Zur Vertiefung: ***Hormon; Membran; Säuren und Basen; Stoffwechsel; Vitamine***

Lipide sind ölige oder fettige organische Substanzen, die nicht wasserlöslich, also hydrophob sind (siehe HYDROPHILIE). Sie stellen die wichtigste Speicherform chemischer Energie dar und bilden den Hauptbrennstoff der meisten Organismen. Bestimmte Lipide dienen als Grundbestandteile der Zellmembranen. Andere wie Carotionide und STEROIDE sind als Hormone an der Weitergabe von Signalen zwischen den Zellen beteiligt.

Fettsäuren

Fettsäuren sind Bestandteile der meisten Lipide; sie enthalten eine Carboxylgruppe COOH, die für ihren Säurecharakter verantwortlich ist, sowie eine Kette von Kohlenwasserstoffgruppen. Die Ölsäure, eine Fettsäure aus Pflanzenölen ölhaltiger Pflanzen wie der Sonnenblume, hat die Formel $CH_3—(CH_2)_7—CH{=}CH—(CH_2)_7—COOH$. Sie ist eine ungesättigte Fettsäure, da die beiden Kohlenstoffatome im Zentrum der Kohlenwasserstoffkette eine Doppelbindung aufweisen und jeweils nur ein Wasserstoffatom binden. Säugetiere können gesättigte und einfach ungesättigte Fettsäuren, die nur eine Doppelbindung enthalten, synthetisieren, nicht aber mehrfach ungesättigte Fettsäuren (mit mehreren Doppelbindungen). Da sie aber bestimmte mehrfach ungesättigte Fettsäuren unbedingt benötigen, müssen sie diese über die Nahrung, vor allem über Pflanzenöle, aufnehmen.

Triglyceride

Die einfachsten und häufigsten Lipide sind die Glyceride oder neutralen Fette, die aus Glycerin und Fettsäuren bestehen. Glycerin ist ein Molekül mit drei funktionellen Alkoholgruppen (OH) der Formel $CH_2OH—CHOH—CH_2OH$. Die drei funktionellen Alkoholgruppen des Glycerinmoleküls können sich über die so genannte Veresterung mit den funktionellen Säuregruppen der drei Fettsäuren zu einem Triglycerid (auch als »Triacylglycerin« bezeichnet) verbinden.

Die meisten natürlichen Fette wie Olivenöl, Butter und andere Lebensmittelfette sind Gemische komplexer Triglyceride, die eine große Bandbreite von Fettsäuren enthalten, unterschieden durch die Länge ihrer Kohlenwasserstoffkette und den Sättigungsgrad an Wasserstoff.

Die der Veresterung entgegengesetzte chemische Reaktion, die so genannte Verseifung, die mit Pottasche (Kaliumcarbonat, K_2CO_3) erfolgt, führt zu einem Gemisch aus Seifen und Glycerin und wird unter anderem bei der Herstellung von Haushaltsseife eingesetzt.

Sind Triglyceride mit stark ungesättigten Fettsäuren dem SAUERSTOFF der Luft ausgesetzt, so durchlaufen sie einen Oxidationsprozess, der den Produkten, die sie enthalten, den Geschmack von ranzigem Fett verleiht.

Triglyceride werden in großen Mengen in Form von Fetttröpfchen in den Adipocyten gespeichert, speziellen Zellen des Fettgewebes bei Tieren. Sie enthalten ENZYME, also PROTEINE, die gespeicherte Triglyceride spalten, um die Fettsäuren freizusetzen und in andere Gewebezellen zu transportieren, wo sie als Brennstoff gebraucht werden.

Membranlipide und Steroide

Die Membranen der Zellen enthalten verschiedene Lipide; am häufigsten sind die Phospholipide, die aus Veresterung einer funktionellen Alkoholgruppe (OH) des Glycerins mit Phosphorsäure entstehen. In erster Linie sind sie Strukturelemente, die nicht in großen Mengen gespeichert werden.

In den Zellen gibt es auch Lipide, die keine Fettsäuren enthalten; zu ihnen gehören die STEROIDE mit dem Cholesterin als Hauptvertreter. Cholesterin – oder Cholesterol, wie die internationale Bezeichnung lautet – stabilisiert die biologischen Membranen, indem es allzu starre Strukturen verflüssigt und allzu flüssige verfestigt. Aus den Cholesterinmolekülen werden Steroidhormone wie Cortison und Testosteron gebildet, aber auch Vitamin D, das im Rahmen des Stoffwechsels eine wichtige Rolle in der Steuerung des Calcium- und Phosphorhaushalts spielt. Auch die Gallensäuren, die dazu beitragen, mit der Nahrung aufgenommene Lipide während der Verdauung löslich zu machen, werden in der Leber aus Cholesterin gebildet.

Carotin ist ein Lipid, das, wie sein Name schon sagt, reichlich in Karotten enthalten ist und ihnen ihre Farbe verleiht. Es ist ein Pigment, das bei Pflanzen mitwirkt, die Lichtenergie bei der Photosynthese einzufangen. Bei Tieren ist es eine Vorstufe des Vitamins A, das an der Pigmentbildung der Augen und an Sehprozessen beteiligt ist.

Loch, Schwarzes

→ ***Schwarzes Loch***

Lösung

Zur Vertiefung: ***Alkohol; Wasser***

Als Lösung bezeichnet man in der Chemie ein Gemisch, das aus wenigen Molekülen A (dem gelösten Stoff) und vielen Molekülen B (dem Lösungsmittel) besteht. Die Menge des Lösungsmittels muss so groß sein, dass jedes Molekül A nur von Molekülen B umgeben ist. Um in Timbuktu die gleiche Lösung herzustellen wie in Straßburg, muss man lediglich die Konzentration kennen, also das Mengenverhältnis von Stoff A zu Stoff B. Als Lösungsmittel verwendet man meist Flüssigkeiten, die mit geringem Kostenaufwand in großen Mengen verfügbar, genügend rein oder leicht zu reinigen und bei Raumtemperatur flüssig sind.

Lösungsvermögen

Wasser ist bei Chemikern wie auch in der Natur ein bevorzugtes Lösungsmittel, aber es ist keineswegs das einzige. Seit die Alchimisten im 13. oder 14. Jahrhundert in der Nachfolge von Raimundus Lullus entdeckten, dass sich Alkohol als Lösungsmittel einsetzen ließ, um Pflanzenextrakte aus Heilkräutern herzustellen, wandten sie dieses Verfahren in verallgemeinerter Form auch mit anderen Lösungsmitteln aus der Gruppe des Wassers und des Alkohols wie Methanol oder Butanol an.

Doch auch andere Flüssigkeiten, die sich in ihrer Molekülstruktur stark voneinander unterscheiden, zeichnen sich durch ein gutes Lösungsvermögen aus: Kohlenwasserstoffe wie Hexan oder Benzol, CHLORORGANISCHE VERBINDUNGEN (organische Moleküle, die mindestens ein Chloratom enthalten) wie Methylenchlorid oder Dichlorethylen und stark polare Moleküle (die ein negativ und ein positiv geladenes Ende besitzen) wie Aceton.

Diese große Vielfalt an Lösungsmitteln hängt mit der extremen Verschiedenheit der zu lösenden Stoffe zusammen. In der Regel löst eine Flüssigkeit B einen Stoff A, wenn beide eine ähnliche Molekülstruktur haben. Sehr unterschiedliche Molekülstrukturen mischen sich nicht und bilden keine Lösungen: Trinkwasser löst die Kunststoffflasche, in die es abgefüllt ist, nicht (oder zumindest nur sehr langsam). Dieses Prinzip ist seit langem bekannt. Im Übrigen galt es bis zu Beginn des 20. Jahrhunderts als bevorzugtes Instrument der chemischen Analyse.

Wässrige Lösungen

Das Wasser des Morgentaus ist ebenso wie Schmelzwasser aus Schnee oder aus dem Eis, das sich in einem Kühlschrank bildet, sehr rein und als Trinkwasser nicht tauglich, da es für Lebewesen ungeeignet ist. Erst wenn in diesem Wasser Mineralsalze wie Kochsalz gelöst sind, wird diese Lösung trinkbar (sofern sie keine giftigen Keime enthält): In chemisch reiner Form getrunken, löst Wasser die Mineralsalze aus den Zellen des Organismus und wirkt daher toxisch. Leitungswasser ist ebenso wie jedes handelsübliche Tafelwasser ein Mineralwasser.

Zahlreiche homogene, also in all ihren Bestandteilen gleichartige (siehe HOMOGENITÄT) wässrige Lösungen sind im Alltag gebräuchlich. Essig ist eine Lösung von Essigsäure in Wasser. Wodka ist eine Lösung von Alkohol in Wasser. Wein ist eine wässrige Lösung, die neben Alkohol Hunderte verschiedener Moleküle enthält. Liköre sind ähnlich komplexe Lösungen in einem Lösungsmittel, das aus Wasser und Alkohol besteht. Das Gleiche gilt für Eaux de Toilette und Parfüms, die sich aus Hunderten von Duftstoffen in einer Lösung aus Wasser und Alkohol zusammensetzen.

Zuckerwasser und Salzwasser sind wässrige Lösungen. Zuckerwasser enthält Zuckermoleküle (Stoff A), die jeweils von Wassermolekülen (Lösungsmittel B) umgeben sind. Die Lösung verändert die Struktur des Zuckers nicht. Die gelösten Zuckermoleküle haben die gleiche Struktur wie die Moleküle des festen Ausgangsstoffes, ob es sich nun um einen Zuckerhut, Kandiszucker, Würfelzucker oder Puderzucker handelt. Dagegen werden die Kristalle des Kochsalzes (NaCl) völlig zerstört, sobald sie sich in Wasser lösen und Salzwasser bilden. Das Kristallgebilde bezieht seine Stabilität aus den Anziehungskräften zwischen den Natriumkationen und den Chloridanionen, die sich über eine endlose räumliche Folge des Grundbausteins (Na^+, Cl^-) erstrecken. Sobald das Salz in Wasser gelöst wird, verschwindet dieses Kristallgitter. Das Wasser löst das Salz nicht nur, sondern spaltet es: Jeder der beiden chemischen Stoffe Na^+ und Cl^- ist nun separat nur noch von Wassermolekülen umgeben.

Wie hat man die Struktur dieser Lösungen bestimmt? Wenn man die Senkung des Schmelzpunktes einer Lösung misst und mit dem Schmelzpunkt des reinen Lösungsmittels vergleicht, lässt sich die Anzahl der beteiligten Stoffe bestimmen; im Fall des Zuckers, eines molekularen Kristalls, ist es nur einer, beim Salz, einem ionischen Kristall, sind es zwei. Ein weiteres Kriterium ist die Tatsache, dass Zuckerwasser elektrischen Strom nicht leitet, während Salzwasser leitend ist.

Chemische Reaktionen in Lösungen

Im Labor wie auch bei industriellen Verfahren führt man die meisten chemischen Reaktionen in Lösungen durch. Dieses Vorgehen bietet viele Vorteile. Häufiger als im Gaszustand, der geringere Teilchenmengen aufweist, kommt es zu Kollisionen zwischen den Reaktionspartnern, die sich durch thermische Anregung vermischen. Der Ablauf der Reaktion lässt sich einfacher durch Beobachtung überprüfen (Auftreten von Trübungen oder Niederschlag, Farbänderungen) und möglicherweise entstehende Wärme besser ableiten.

Durch Messung der BEUGUNG von Röntgenstrahlen und der DIFFUSION von Neutronen und Laserstrahlen lässt sich die mikroskopische Struktur der Lösungen und ihre Dynamik in Zeiträumen von billiardstel (10^{-15}) bis billionstel Sekunden (10^{-12}) bestimmen.

Der britische Biologe Sir Peter B. Medawar gab einem seiner Bücher den Titel *Die Kunst des Lösbaren*, denn ein Problem zu lösen, bedeutet seine Lösung zu finden und es damit aufzulösen, also verschwinden zu lassen. Die Chemie ist dagegen die Kunst der Lösungen: Einen Stoff zu lösen kann ihn scheinbar verschwinden lassen (zum Beispiel den Zucker, der im Wasser »schmilzt«), um ihn auf mikroskopischer Ebene in Gestalt einzelner Moleküle wiedererscheinen zu lassen, die meist reaktionsfähiger sind als im festen Zustand.

Lösung von Gleichungen

Zur Vorbereitung: ***Spektralanalyse; Spektrum***

Die Lösung mathematischer Probleme

Ein wichtiger Teil der mathematischen Arbeit gilt der Entwicklung von Methoden, mit deren Hilfe man Gleichungen lösen kann. Ein einfaches Beispiel ist die Lösung algebraischer Gleichungen.

Im Bereich der reellen Zahlen lassen sich Gleichungen ersten Grades der Form $ax + b = 0$ durch eine einfache Division lösen. Sie besitzen eine einzige Lösung $x = -b/a$, wenn $a \neq 0$; für $a = 0$ haben sie keine Lösung, sofern $b \neq 0$, und alle reellen Zahlen sind eine Lösung dieser Gleichung, falls $b = 0$.

Gleichungen zweiten Grades der Form
$ax^2 + bx + c = 0$
haben zwei Lösungen

$$\frac{-b-\sqrt{\Delta}}{2a}$$

und

$$\frac{-b+\sqrt{\Delta}}{2a}$$

falls die Diskriminante Δ(delta) $= b^2-4ac$ positiv ist. Ist die Determinante gleich 0, haben sie eine einzige Lösung $-b/2a$, und ist die Diskriminante negativ, haben sie gar keine Lösung.

Kann man sagen, man kenne die Lösung der Gleichung $x^2-x-1=0$, wenn man weiß, dass diese Lösungen

$$\frac{1-\sqrt{5}}{2}$$

und

$$\frac{1+\sqrt{5}}{2}$$

sind? Manchmal ist es nützlich, zu wissen, dass die Näherungswerte dieser Lösungen −0,618 bzw. 1,618 sind. Denn wie sollte man die Zahl $\sqrt{5}$ anders definieren denn als die einzige positive Zahl, deren Quadrat gleich 5 ist, also als die positive Lösung der Gleichung $y^2 = 5$? Diese Lösungsmethode gestattet es, eine Gleichung auf eine andere zurückzuführen, nämlich die Gleichung $x^2-x-1=0$ auf das Gleichungssystem $x = (1+y)/2$, $y^2 = 5$.

Dieses System bezeichnet man als »aufgelöste Form« der ursprünglichen Gleichung. Die aufgelöste Form besitzt gegenüber der ursprünglichen Gleichung einige Vorzüge: Man weiß, dass sie Lösungen hat, und kann die Quadratwurzel von 5 mit einem Rechner ausrechnen. Die Menge der aufgelösten Formen ist eine von vornherein festgelegte Menge von Gleichungen oder Gleichungssystemen, die stets Lösungen haben, deren Näherungswerte man berechnen kann. Eine Gleichung ersten Grades zu lösen heißt streng genommen, sie in die aufgelöste Form umzuwandeln, denn wie könnte man die Zahl $-b/a$ anders definieren denn als die Zahl, die mit a multipliziert, $-b$ ergibt?

Eine ähnliche Situation findet sich bei Systemen aus n Gleichungen ersten Grades mit n Unbekannten. Das Gaußsche Austauschverfahren bietet in der Regel die Möglichkeit, eine einzige Lösung zu finden. So hat das Gleichungssystem

$$\begin{cases} x + y = 5 \\ x - y = 1 \end{cases}$$

eine einzige Lösung: $x = 3$ und $y = 2$. Unter bestimmten Umständen hat eine derartige Gleichung jedoch mehrere Lösungen. So hat das Gleichungssystem

$$\begin{cases} x + y = 5 \\ 2x + 2y = 10 \end{cases}$$

unendlich viele Lösungen, die man durch die aufgelöste Form $x + y = 5$ darstellen kann.

Eine weitere Möglichkeit zur Beschreibung der Lösungsmenge ist die Wahl eines Parameters t, wobei man x und y als Funktion von t ausdrückt: $x = t$, $y = 5 - t$. Gibt man dem Parameter t einen beliebigen Wert, erhält man eine Lösung der Gleichung, für $t = 1$ zum Beispiel $x = 1$, $y = 4$.

Der Versuch, algebraische Gleichungen höheren als zweiten Grades durch Wurzeln zu lösen, sie also auf Gleichungen der Form $x^n = a$ zurückzuführen und die Lösungen durch Funktionen wie +, –, ×, / und $\sqrt[n]{\;}$ (n-te Wurzel ...) auszudrücken, gehörte in der Renaissance zu den wichtigsten Zielen italienischer Algebraiker wie Raffaele Bombelli, Geronimo Cardano oder Ludovico Ferrari, die das Problem Mitte des 16. Jahrhunderts für Gleichungen dritten Grades der Form $ax^3 + bx^2 + cx + d = 0$ und für Gleichungen vierten Grades der Form $ax^4 + bx^3 + cx^2 + dx + e = 0$ lösten.

Im 19. Jahrhundert bewiesen dann Paolo Ruffini, Niels Abel und Évariste Galois, dass solch eine allgemeine Methode für Gleichungen höheren als vierten Grades unmöglich ist und dass die Lösungen nicht immer mit Hilfe der genannten Funktionen ausgedrückt werden können (siehe GALOIS-THEORIE). Dagegen kann man die Lösungen von Gleichungen fünftes Grades stets mit Hilfe so genannter »elliptischer Funktionen« ausdrücken.

Ein weiterer Lösungsbegriff betrifft numerische Lösungen. Hier geht es nicht mehr darum, Lösungen mit Hilfe der Symbole +, –, ×, / und $\sqrt[n]{\;}$ auszudrücken, sondern darum, Näherungswerte für die Lösungen zu finden, die als Kommazahlen mit einer endlichen Anzahl von Zahlen hinter dem Komma ausgedrückt werden (siehe APPROXIMATION und ZAHLENSYSTEME). Kennt man bei einer Gleichung der Form $f(x) = 0$, wobei f eine stetige Funktion ist, zwei Punkte a und b, deren Funktionswerte $f(a)$ und $f(b)$ entgegengesetzte Vorzeichen haben (was bei allen algebraischen Gleichungen ungeraden Grades der Fall ist), so hat diese Gleichung nach dem Zwischenwertsatz eine Lösung zwischen a und b (siehe *Abbildung 1*).

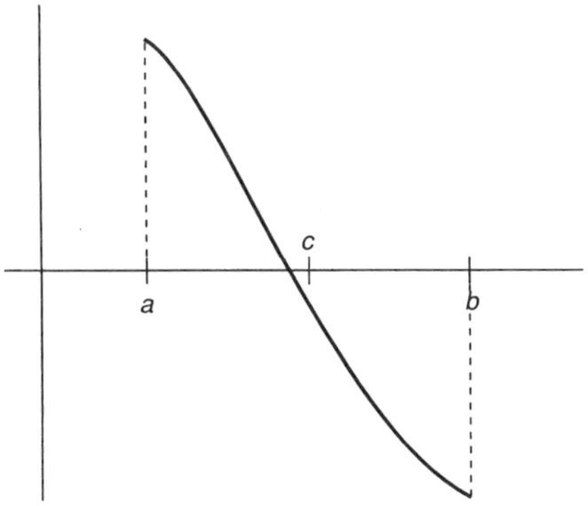

Abbildung 1

Man kann sich dann der Lösung nähern, indem man das Intervall in zwei Hälften $[a,c]$ und $[c,b]$ zerlegt und jenes Intervall auswählt, an dessen Grenzen die Funktionswerte entgegengesetzte Vorzeichen haben (in *Abbildung 1* Intervall $[a,c]$); dieses Verfahren wiederholt man so oft, bis man einen hinreichend genauen Näherungswert für die Lösung erreicht hat (Halbierungsverfahren). Das Verfahren lässt sich noch verbessern, wenn man für c nicht die Mitte von $[a,b]$ wählt, sondern einen Punkt, der von vornherein näher an der gesuchten Lösung liegt (Sekantenverfahren, Newtonsches Tangentenverfahren usw.). Bei algebraischen Gleichungen geraden Grades zeigt die Sturmsche Methode an, ob eine algebraische Gleichung innerhalb eines bestimmten Intervalls eine Lösung hat oder nicht, und so kann man auch in diesem Fall das Halbierungsverfahren anwenden.

Schließlich kann man auch mit Hilfe geometrischer Verfahren Punkte konstruieren, deren Abszisse oder Ordinate die gesuchte Lösung darstellt. So lässt sich jede Gleichung dritten Grades als Schnitt zweier KEGELSCHNITTE auflösen.

Ganzzahlige Lösungen

Leichter ist es, die ganzzahligen Lösungen algebraischer Gleichungen mit ganzzahligen Koeffizienten zu finden. Bei algebraischen Gleichungen beliebigen Grades, aber mit einer einzigen Variablen, kann man schon seit dem 18. Jahrhundert die Grenzen berechnen, zwischen denen die Lösungen liegen. Dann braucht man nur noch alle ganzen Zahlen innerhalb des betreffenden Intervalls der Reihe nach durchzugehen und zu prüfen, ob sie eine Lösung sind. Ist die Zahl x zum Beispiel eine Lösung der Gleichung

$x^4-15x^3+58x^2-31x-45=0$,

dann ist sie auch eine Lösung der Gleichung

$$1-15\frac{1}{x}+58\frac{1}{x^2}-31\frac{1}{x^3}-45\frac{1}{x^4}=0$$

die man erhält, indem man die erste Gleichung durch x^4 teilt, und damit auch der Gleichung

$$15\frac{1}{x}-58\frac{1}{x^2}+31\frac{1}{x^3}+45\frac{1}{x^4}=1$$

Ist nun k eine ganze Zahl, deren Betrag größer ist als $58\times4=232$ (58 ist der größte Koeffizient und 4 der Grad der Gleichung), so erkennt man ohne weiteres, dass der absolute Betrag der Zahlen

$$15\frac{1}{x}, 58\frac{1}{x^2}, 31\frac{1}{x^3}, 45\frac{1}{x^4}$$

stets kleiner als 1/4 ist. Darum kann ihre Summe nicht gleich 1 sein, und k ist keine Lösung der Gleichung. Man braucht also lediglich die 465 potentiellen Lösungen (von –232 bis 232) durchzuprüfen, um sämtliche ganzzahligen Lösungen zu finden, nämlich 5 und 9.

Leider hat Yuri Matyasevich 1970 bei der Lösung eines von David Hilbert um 1900 formulierten Problems gezeigt, dass dieses Verfahren sich nicht auf algebraische Gleichungen mit mehreren Variablen ausdehnen lässt (siehe BERECHENBARKEIT und UNMÖGLICH).

Differentialgleichungen

Eine Differentialgleichung ist eine Gleichung, in der das gesuchte Objekt keine Zahl, sondern eine Funktion ist. Die Gleichung drückt eine Eigenschaft aus, die von der gesuchten Funktion und ihrer Ableitung oder ihren Ableitungen erfüllt werden muss. Sucht man zum Beispiel die Lösung der Gleichung $f' = 2f$, muss man eine Funktion f finden, deren Ableitung gleich dem Zweifachen der Funktion selbst ist.

Es gibt Verfahren, mit deren Hilfe man exakte Lösungen solcher Gleichungen finden kann, also Funktionen, die sich durch die Funktionen $+$, $-$, $\times$, $/$, durch Exponentialfunktionen, Logarithmusfunktion und trigonometrische Funktionen ausdrücken lassen (siehe TRIGONOMETRIE). Die Gleichung $f' = 2f$ hat als Lösung die Funktion $x \longmapsto e^{2x}$.

Andere Verfahren ermöglichen eine Rückführung auf eine aufgelöste Form der Form $f' = g$, wobei g eine stetige Funktion ist. Sie gestatten es also, eine Lösung

$$f = \int_0^x g$$

zu finden (siehe INTEGRAL). Die übrigen Lösungen erhält man, indem man dieser Funktion eine Konstante hinzufügt. In diesem Fall drückt man die Lösung mit Hilfe von Integralen aus (wie man die Lösung aufgelöster Gleichungen der Form $x^n = a$ mit Hilfe der n-ten Wurzeln ausdrückt).

Wieder andere Verfahren gestatten es, Lösungen in Form von Potenzreihen oder trigonometrischer REIHEN zu suchen oder Näherungswerte für solche Lösungen zu bestimmen.

Eine Lösungsregel in der Informatik

1965 führte Alan Robinson eine Rechenregel zum automatischen Beweisen von Sätzen ein. Diese Technik basiert auf einer Gleichsetzung, das heißt einer Operation, die zwei Ausdrücke, zum Beispiel $x(y-3)$ und $(u+1)$t gleichsetzt und die Variablen in einem der Ausdrücke durch die des anderen Ausdrucks ersetzt; in unserem Beispiel braucht man lediglich x durch $(u+1)$ und t durch $(y-3)$ zu ersetzen. Diese Lösungsregel bildet heute den Kern zahlreicher Verfahren zum automatischen Beweisen von Sätzen, insbesondere innerhalb der logischen Programmierung, die in der Ausführung eines Programms als AUTOMATISCHES BEWEISEN eines Satzes verstanden wird.

Lösung von Problemen

Zur Vertiefung: ***Constraint; Heuristik; Kombinatorik***

Alle Schüler müssen Probleme lösen, manche machen ihren Eltern Probleme, und wenn sie später erwachsen sind, haben sie ihre eigenen Probleme. Kurz, Probleme gehören zu den am weitesten verbreiteten Phänomenen der Welt, die sich jedoch sehr schlecht teilen lassen; und falls dennoch jemand einmal keine Probleme mehr haben sollte, bieten die Sonntagszeitungen oder auch Lexika ihm zur Zerstreuung neue an. Zum Beweis sei hier das Problem der Missionare und der Kannibalen vorgestellt, das jeder lösen mag, der keine anderen Probleme im Kopf hat: »Drei Missionare und drei Kannibalen befinden sich am Ufer eines Flusses in Amazonien. Das Boot kann jeweils nur zwei Passagiere tragen, und die Zahl der Missionare muss immer und überall größer oder mindestens gleich groß sein wie die der Kannibalen, um Dramen zu verhindern. Wie lassen sich alle ohne Verluste über den Fluss bringen?«

Könnten moderne Maschinen, die einen Intelligenztest (siehe TEST) bestehen müssten, dieses oder ähnliche Probleme lösen, die wir unseren Mitmenschen gelegentlich aufgeben, um ihre Klugheit auf die Probe zu stellen? Das ist die Frage, mit der sich Problemlösungsspezialisten auf dem Gebiet künstlicher Intelligenz befassen. Von Zerstreuung und Neugier einmal abgesehen, könnte eine automatische Lösung von Problemen einen dreifachen Vorteil bieten. Zunächst könnten Maschinen uns den Alltag erleichtern, indem sie selbsttätig lästige Probleme lösen, die sich uns tagtäglich stellen, wie die Organisation einer Versammlung und die Planung einer Tagesordnung. Auf theoretischer Ebene würde dies den Maschinen einen hohen Intelligenzgrad zuweisen, falls man an den Bildungskriterien festhält. Und auf pädagogischer Ebene könnten wir dadurch mehr über den Ursprung schulischer Leistungsunterschiede erfahren, was uns letztlich Mittel zur Abhilfe an die Hand geben könnte.

Bevor wir dahin gelangen, läuft es jedoch umgekehrt: Statt die Pädagogen zu beeinflussen, stützt sich die künstliche Intelligenz zunächst auf ihre Forschungen und vor allem auf die Erkenntnisse des ungarischen Mathematikers G. Polya. Um seine Schüler an die Lösung von Problemen heranzuführen, ließ er sich im weitesten Sinne von den *Regeln zur Leitung des Geistes* von René Descartes inspirieren und entwickelte eine auf vier Schritten basierende Methode:

- Als Erstes muss man das Problem verstehen, indem man die Ausgangsbedingungen und die Zielsetzung genau erfasst.
- Als Nächstes ist das Problem mit Hilfe von Zeichnungen oder Graphiken so umzuformulieren, dass es mit bekannten, bereits gelösten Problemen vergleichbar wird, um einen Lösungsplan aufzustellen.
- Als Drittes ist dieser Plan in allen Einzelheiten auszuführen, bis die Lösung vollständig konstruiert ist.
- Und schließlich ist die Lösung zu verifizieren und zu verallgemeinern, um die Lehre aus der gewonnenen Erfahrung zu ziehen.

Der erste Schritt, den Gegenstand des Problems zu verstehen, ist der wichtigste; die Erfahrung zeigt, dass ein gut gestelltes Problem bereits zu einem Großteil gelöst ist. Nach dem derzeitigen Entwicklungsstand ist dieser erste Schritt noch nicht automatisiert, obwohl die Spezialisten auf dem Gebiet des Sprachverständnisses bereits Fortschritte erzielt haben. Bislang gibt man den Computern die Probleme, die sie lösen sollen, größtenteils bereits mathematisch formuliert, also vorverdaut, ein, was ihre Verdienste erheblich schmälert. Wie wir sehen werden, ist die Arbeit damit jedoch noch lange nicht getan, und die Computer haben noch viel zu leisten, um sie gut auszuführen.

Die Formulierung der Probleme besteht in groben Zügen darin, die Ausgangssituation zusammenzufassen, die Zielsetzung zu beschreiben und die möglichen Lösungswege zu erfassen. Diese Ausgangssituation kann man als Punkt in einem vieldimensionalen Raum der Möglichkeiten ansehen. Die zu erreichenden Ziele bilden in diesem Raum eine Punktmenge, die wir uns als Punktwolke vorstellen wollen, auch wenn dieses Bild eine wesentlich komplexere Wirklichkeit nur unvollständig wiedergibt (siehe *Abbildung 1*). Die Problemstellung präzisiert sämtliche Transformationen, die erlaubt sind, um den jeweiligen Zustand dem gesetzten Ziel näher zu bringen.

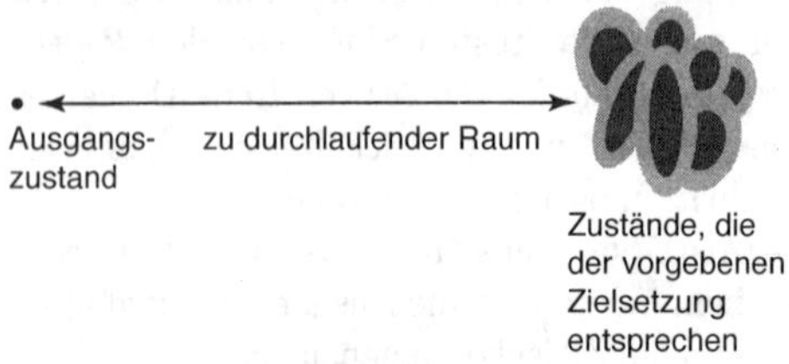

Abbildung 1 Räumliche Darstellung der Problemlösung

Die umgeformte Aufgabenstellung des Missionars-Kannibalen-Problems muss also gleichzeitig den Ausgangszustand angeben, in dem alle Missionare und Kannibalen sich an einem Flussufer befinden, sagen wir am linken, und den Endzustand, der als einziger den Anforderungen an das gesetzte Ziel genügt und in dem sich alle am gegenüberliegenden Ufer befinden. Darüber hinaus muss sie die Übergangszustände enthalten, die von einem Zustand des Problems zum anderen führen – also die diversen Bootsfahrten –, und schließlich muss sie die Einschränkungen angeben, die *constraints*, in diesem Fall also, dass die Missionare nie in der Minderzahl sein dürfen. Es zeigt sich, dass alle Zustände des Problems (siehe *Abbildung 2*) sich durch eine Folge aus drei ganzen Zahlen darstellen lassen, von denen die erste die Anzahl der Missionare am linken Ufer angibt, die zweite die Anzahl der Kannibalen am linken Ufer und die dritte den Standort des Bootes, also zum Beispiel 0, wenn es sich am linken Ufer befindet, und 1, wenn es sich am rechten Ufer befindet, wobei man die Positionen dazwischen außer Acht lassen kann. Der Ausgangszustand ließe sich demnach durch die Zahlenfolge 3, 3, 0 beschreiben, der Endzustand durch die Zahlenfolge 0, 0, 1. Diese drei Informationen reichen aus, um die Nebenbedingungen zu formulieren, die sich auf jeden Zustand des Problems beziehen, da die Anzahl der Missionare und Kannibalen am rechten Ufer sich mühelos aus der Anzahl der Missionare und Kannibalen am linken Ufer und im Boot ableiten lässt, jedenfalls dann, wenn keiner von ihnen per Unglück verloren geht.

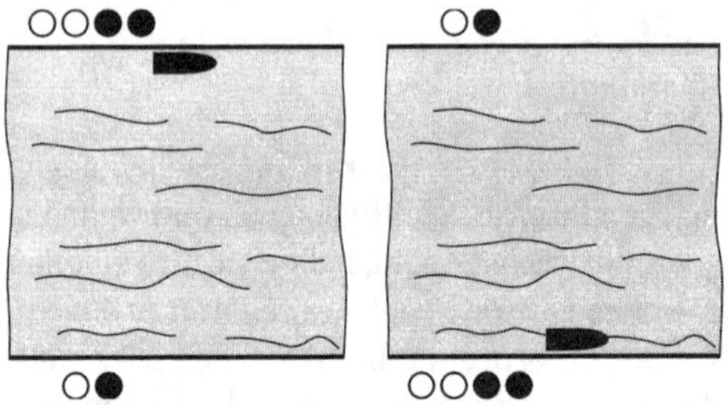

Abbildung 2 Überfahrt der Missionare und/oder Kannibalen

Sobald diese Formulierung gefunden ist, gilt es, einen tragfähigen Weg zu finden, der vom Ausgangszustand zu einem der Punkte führt, die den vorgegebenen Zielsetzungen entsprechen. Eine Schwierigkeit bilden die zahlreichen Sackgassen, die man erkunden muss, bevor man den richtigen Weg entdeckt. Die Stärke von Computern liegt in ihrer fast grenzenlosen Unermüdlichkeit, während ihre Schwäche aus der Kombinatorik erwächst, also aus der gigantischen Multiplikation der Möglichkeiten, die sich jenseits einer gewissen Schwelle als unüberwindbares Hindernis erweist.

Die ersten Problemlösungsmethoden zählten aus Umsicht alle Zustände auf, die vom Ausgangszustand aus erreichbar waren, ohne auch nur einen auszulassen, bis einer von ihnen den Zielsetzungen der Problemstellung entsprach. Diese Methoden nach dem *trial-and-error*-Prinzip entsprechen dem »Museumsalgorithmus«: Wenn ein Besucher im Louvre nach diesem Algorithmus die *Mona Lisa* sucht, muss er systematisch durch sämtliche Ausstellungsräume gehen und alle Gemälde anschauen, bis er die *Mona Lisa* findet. Wer Hühneraugen hat, dürfte diese Vorgehensweise allzu beschwerlich finden, und dies zu Recht. Denn wenn man dieses erschöpfende Forschungsprinzip auf kombinatorische Probleme wie das Schachspiel anwenden wollte, würden selbst die leistungsstärksten Computer, die vorstellbar sind, diese Aufgabe nicht bewältigen, da die Zahl der möglichen Zustände die Anzahl der im Universum enthaltenen Partikel weit übersteigt.

Man muss also gezielt suchen, und das geschieht bei der künstlichen Intelligenz durch Einführung approximativer Anweisungen, die man in der Fachsprache als Heuristiken bezeichnet (griechisch: *heuriskein*, finden), da sie zur Lösungsfindung beitragen. Manche dieser Heuristiken stützen sich auf ein numerisches Maß: So könnten Besucher des Louvre, die die *Mona Lisa* suchen, sich an der Häufung japanischer Touristen orientieren. Andere Heuristiken beruhen auf Erfahrungsregeln: Da die Gemälde in Museen im Allgemeinen nach Epochen und Ländern geordnet sind, wird der bewanderte Besucher die Abteilung für italienische Renaissancemalerei im Louvre suchen, um sich der *Mona Lisa* zu nähern.

Außer den Heuristiken gibt es noch Verfahren, die den Raum der Möglichkeiten in seiner Größe einschränken, sei es, indem sie ihn durch eine veränderte DARSTELLUNG des Problems umwandeln oder indem sie Beschränkungen einführen, die die Verknüpfungen zwischen den Variablen des Problems ausdrücken. Solche Verfahren wurden genutzt, um die Problemstellung der Missionare und der Kannibalen auf die Beschreibung jeden Zustands durch drei Zahlen zu reduzieren. Und schließlich gehen manche Problemlösungsverfahren sparsam vor wie Zeichentrickfilme, bei denen man nicht alle Details eines jeden Bildes neu zeichnet, sondern verschiedene Ebenen gegeneinander verschiebt, um Entwicklungen zu simulieren.

Nach und nach wurden zahlreiche Vereinfachungen eingeführt, um Probleme zuverlässig von Computern lösen zu lassen. Dadurch sind mittlerweile unzählige Lösungsverfahren für Probleme entstanden, die jeweils auf die Lösung eines bestimmten Problemtyps spezialisiert sind. Um sie zu nutzen, muss man jedes neue Problem in bekannte Unterprobleme zerlegen und für jedes das geeignete Lösungsverfahren erkennen. Allerdings gibt es bislang noch keine Methode, ein Problem automatisch in Unterprobleme zu zerlegen und diese mit bekannten Problemen zu vergleichen, für die bereits ein Repertoire an Lösungswegen existiert.

Wir sind also noch weit davon entfernt, dass Computer die schwierigsten Rätsel lösen könnten. Und das ist wohl auch gut so, denn wie die Geschichte des Ödipus zeigt, müssten wir das Schlimmste befürchten, wenn die von uns erzeugten Maschinen alle Rätsel, und vor allem das der Sphinx, lückenlos aufklären würden.

Logik

Zur Vertiefung: ***Axiom; Berechenbarkeit; Modelltheorie; Theorem***

Die mathematische Logik ist die Erforschung logischen Denkens mit mathematischen Mitteln, wie die Arithmetik die Erforschung der Zahlen und die elementare Geometrie die Untersuchung der Kreise und Dreiecke ist. Die Besonderheit der Logik gegenüber diesen beiden anderen Zweigen der Mathematik liegt in der Tatsache, dass ihr Objekt, das logische Denken und die Schlussformen, auch die Methode der Mathematik ist. Wenn die Logik gewisse Eigenschaften deduktiver Schlussweisen entdeckt, gelangt sie damit zugleich zu metamathematischen Erkenntissen, das heißt, sie sagt auch etwas über die Mathematik aus. Die Erkenntnis der Logik etwa, wonach die Kontinuumshypothese sich nicht innerhalb der Mengenlehre beweisen lässt, lehrt uns, dass dieser Satz nicht mit den üblichen mathematischen Argumentationsweisen bewiesen werden kann, denn diese Argumentationsweisen lassen sich sämtlich mit mengentheoretischen Mitteln zum Ausdruck bringen.

Die Beschreibung von Beweisführungen

Will man Argumentationsweisen oder Beweisführungen untersuchen, muss man sie erst einmal beschreiben. Dazu definiert man die Grammatik der betreffenden Sprache, also die Form der benutzten Sätze, sowie die Axiome und die Schlussregeln, mit denen die Beweisführung arbeitet. Ein Beweis ist eine endliche Folge von Sätzen der Art, dass jeder Satz entweder ein Axiom ist oder aufgrund einer Schlussregel aus vorangegangenen Sätzen der Folge hervorgeht. Die Gesamtheit solch einer Beschreibung bezeichnet man als FORMALES SYSTEM.

Die Schlussregeln sind einfache Regeln, die angeben, wie die Symbolfolgen, aus denen die Sätze bestehen, in andere Symbolfolgen umgewandelt werden. So besagt eine Deduktionsregel, dass man aus zwei Sätzen, »$A \Rightarrow B$« und »A«, den Satz »B« ableiten kann. Nach dieser Regel kann man einen Satz R aus zwei Sätzen P und Q ableiten, wenn P der Satz $Q \Rightarrow R$ ist, das heißt, wenn P aus den Symbolen des Satzes Q besteht, gefolgt von dem Symbol $\Rightarrow$, gefolgt von den Symbolen des Satzes R. Ob das zutrifft, lässt sich ganz mechanisch überprüfen. Betrachtet man einen Beweis, kann man daher Schritt für Schritt und vollkommen mechanisch klären, ob er korrekt ist; deshalb ist die Korrektheit eines Beweises eine entscheidbare Eigenschaft (siehe BERECHENBARKEIT).

Die Formalisierung der Sprache und der Beweisführung (das heißt deren Reduktion auf einen Satz Regeln für die Umwandlung von Symbolfolgen) zielt keineswegs darauf ab, die Umgangssprache zu ersetzen. Aber die Definition des Beweises ist eine notwendige Voraussetzung für dessen Untersuchung.

Formale Systeme können ganz unterschiedlichen Charakters sein; so ist es durchaus möglich, ein formales System zu konstruieren, das die Beweisführung eines Sherlock Holmes zum Ausdruck bringt. Zu den formalen Systemen, die in besonderem Maße untersucht werden, gehören jene, die es gestatten, die für einen ganzen Zweig der Mathematik typischen Beweisführungen darzustellen. So ist die elementare Geometrie ein formales System, dessen Sprache auf den Worten »Punkt«, »Gerade« und »liegen auf« basiert und Axiome enthält, wonach durch zwei beliebige Punkte stets eine Gerade geht usw. Gleichfalls umfassend untersucht werden jene formalen Systeme, die es gestatten, sämtliche mathematischen Beweisführungen darzustellen, zum Beispiel die Mengenlehre (siehe MENGE).

Eigenschaften formaler Systeme

Die einfachste Frage, die man hinsichtlich eines formalen Systems stellen kann, betrifft das Problem, ob ein Satz darin bewiesen werden kann oder nicht.

Weitere, weniger unmittelbare Fragen betreffen die Widerspruchsfreiheit, die Vollständigkeit und die Entscheidbarkeit eines formalen Systems. Ein formales System ist widerspruchsfrei, wenn man darin niemals zugleich einen Satz und dessen Negation beweisen kann. Es ist vollständig, wenn man darin jeweils entweder einen Satz oder dessen Negation beweisen kann, das heißt, wenn alle Fragen, die sich in der Sprache des Systems formulieren lassen, darin auch geklärt werden können. Von Entscheidbarkeit spricht man, wenn es ein Rechenverfahren gibt, mit dessen Hilfe sich entscheiden lässt, ob ein Satz innerhalb des Systems beweisbar ist oder nicht.

Die elementare Geometrie zum Beispiel ist widerspruchsfrei, vollständig und entscheidbar. Aber diese Konstellation findet sich nur selten. Nach dem ersten Gödelschen Unvollständigkeitssatz (1931) sind widerspruchsfreie formale Systeme, abgesehen von einigen sehr simplen Systemen wie der elementaren Geometrie, niemals vollständig. Nach dem Satz von Church und Turing (1936) sind solche Systeme nicht entscheidbar. Und nach dem zweiten Gödelschen Unvollständigkeitssatz (1931) lässt sich die Widerspruchsfreiheit eines formalen Systems nicht innerhalb dieses Systems beweisen.

Nach dem ersten Gödelschen Unvollständigkeitssatz lässt die Mengenlehre, also die formale Grundlage der gesamten mathematischen Beweisführung, manche Fragen offen. Sätze, die sich innerhalb eines formalen Systems ebenso wenig wie ihre Negation beweisen lassen, werden als »unbestimmt« oder »unentscheidbar« bezeichnet, wobei man das letztgenannte Adjektiv meist unentscheidbaren Eigenschaften vorbehält (siehe BERECHENBARKEIT). Bei solchen Fragen handelt es sich keineswegs nur um künstlich konstruierte Probleme, sondern auch um solche, mit denen die Mathematik sich lange Zeit befasst hatte, bevor man bemerkte, dass sie sich im Rahmen der Mengenlehre nicht beantworten lassen (Beispiele dafür sind etwa das Auswahlaxiom und die Kontinuumshypothese).

Nach dem zweiten Gödelschen Unvollständigkeitssatz lässt sich die Widerspruchsfreiheit der Mengenlehre nicht innerhalb dieser Theorie beweisen. Dagegen gibt es zahlreiche Theorien, deren Widerspruchsfreiheit bewiesen werden kann (zum Beispiel die nichteuklidischen Geometrien, siehe Modell). Und geht man von der Annahme aus, dass die Mengenlehre widerspruchsfrei ist, kann man beweisen, dass auch einige ihrer Varianten widerspruchsfrei sind (so etwa die Theorien, die man erhält, wenn man die Kontinuumshypothese oder deren Negation unterstellt).

Logiken, nichtklassische

→ ***nichtklassische Logiken***

Lokalisation

→ ***Delokalisation, Lokalisation***

Luftspiegelung

Zur Vorbereitung: ***Optik***
Zur Vertiefung: ***Licht***

Wenn die Sonne den Boden im Sommer so stark aufheizt, dass man sich die Füße verbrennen kann, sieht man gelegentlich Luftspiegelungen; zum Beispiel glaubt man, in einiger Entfernung eine Wasserfläche zu sehen. Diese Erscheinungen sind weder flüchtige Halluzinationen noch die Wirkung eines Hitzschlags, sondern ein optisches Phänomen, über dessen Zustandekommen seit der Mitte des 18. Jahrhunderts Klarheit herrscht. Davor wurden die Luftspiegelungen mit diversen Glaubensvorstellungen in Zusammenhang gebracht und bildeten die Grundlage für mancherlei Legenden, zum Beispiel die des Fliegenden Holländers, der dazu verdammt sein sollte, bis zum Jüngsten Gericht über die Meere zu segeln.

In homogenen Medien wie Wasser, Luft, Glas oder dem Vakuum breitet Licht sich bekanntlich geradlinig aus, zumindest gilt das in Annäherung nach den Gesetzen der geometrischen Optik. Um sich davon zu überzeugen, braucht man sich lediglich den Schatten anzusehen, den ein Gegenstand auf eine Wand wirft; die Umrisse sind scharf. Doch wenn ein Lichtstrahl von einem durchsichtigen Medium in ein anderes übertritt (zum Beispiel von Luft in Wasser oder Glas), wird er abgelenkt. Dieses als Lichtbrechung bezeichnete Phänomen kann jeder beobachten, der einen Stab ins Wasser hält; an der Grenzfläche zwischen Wasser und Luft erscheint der Stab geknickt. Das Brechungsgesetz wurde erstmals um 1620 von dem holländischen Gelehrten Willebrord Snel van Royen (Snellius) erkannt und präzise formuliert; es wird daher auch als das Snelliussche Gesetz bezeichnet. Danach ist jedes Medium durch eine Zahl, den so genannten Brechungsindex, charakterisiert: je größer die Differenz zwischen den Brechungsindizes zweier Medien, desto stärker die Ablenkung des Lichtstrahls beim Übergang von einem Medium ins andere.

Erst sehr viel später, nämlich im 19. Jahrhundert, erkannte man aufgrund der Arbeiten von James Clerk Maxwell, dass der Brechungsindex eines Mediums nichts anderes ist als das Verhältnis der unterschiedlichen Lichtgeschwindigkeiten im Vakuum und in dem betreffenden Medium. Je langsamer das Licht in einem Medium, desto größer der zugehörige Brechungsindex. Der Index für das Vakuum ist nach dieser Definition natürlich der niedrigste und beträgt 1.

Was geschieht nun mit einem Lichtstrahl, wenn er sich in einem Medium ausbreitet, dessen Brechungsindex sich kontinuierlich ändert und nicht plötzlich wie an der Grenzfläche zwischen zwei verschiedenen Medien? Diesen Fall kann man sich so vorstellen, dass der Lichtstrahl in jedem Augenblick von einem Medium in ein anderes übergeht, wobei die Brechungsindizes der beiden Medien sich nur sehr geringfügig unterscheiden. Bei jedem dieser Übergänge wird der Lichtstrahl geringfügig und kaum merkliche abgelenkt, doch da dieser Vorgang sich ständig wiederholt, zeigt die Bahn des Lichtstrahls schließlich eine erkennbare Krümmung.

Da der Brechungsindex der Luft im Wesentlichen von deren Dichte abhängt, können wir die beschriebene Situation in unserer Erdatmosphäre antreffen. Je dünner die Luft, desto geringer der Brechungsindex. Da die Dichte der Luft mit der Höhe ständig abnimmt, sinkt der Brechungsindex der Erdatmosphäre mit der Höhe und nähert sich dem des Vakuums. Aufgrund der kontinuierlichen Abnahme des Brechungsindex erfahren Lichtstrahlen auf ihrem Weg in Richtung Erdoberfläche eine gewisse Ablenkung, die natürlich nur sehr gering ausfällt, aber auf einer Strecke von fünfzig oder hundert Kilometern durchaus feststellbar ist. Die Brechung erfolgt dabei stets in Richtung des Bereichs größerer Dichte (die durch einen höheren Brechungsindex gekennzeichnet ist). In unserer alltäglichen Lebenswelt breitet Licht sich jedoch praktisch geradlinig aus.

Der Brechungsindex der Luft hängt außerdem von der Temperatur ab. Wenn der Asphalt einer Straße oder der Sand in der Wüste von der Sonne extrem aufgeheizt wird, erreicht auch die unmittelbar darüber gelegene Luftschicht eine hohe Temperatur (die durchaus 60 °C überschreiten kann). Diese überhitzte Schicht ist jedoch sehr dünn; schon einen Zentimeter über dem Boden kann die Temperatur wieder auf rund dreißig Grad abgekühlt sein. Dieses abrupte Temperaturgefälle auf kleinstem Raum führt zu einer ebenso abrupten Veränderung des Brechungsindex, so dass die Lichtstrahlen, die in diese Schicht eindringen, stark abgelenkt werden. Ein Teil der vom Himmel einfallenden Lichtstrahlen kann dabei so stark abgelenkt werden, dass sie ins Auge des Beobachters fallen, als wären sie am Boden reflektiert worden. Der Boden erscheint dann wie ein Spiegel, und es entsteht der Eindruck einer Wasserfläche, obwohl sich an der betreffenden Stelle kein Wasser befindet. Tatsächlich sieht man nur das Spiegelbild des Himmels, doch da es sich an einer ungewöhnlichen Stelle, nämlich am Boden, befindet, interpretiert unser Gehirn diese Erscheinung als Wasserfläche. Denn unser Gehirn »weiß«, dass wir, wenn wir auf einen See schauen, nicht das Wasser sehen, das ja durchsichtig ist, sondern den Himmel, der sich darin spiegelt.

Auf diese Weise entstehen die gewöhnlichen, häufiger zu beobachtenden Luftspiegelungen. Man bezeichnet sie auch als untere Luftspiegelungen, im Unterschied zu den oberen Luftspiegelungen, die unter entgegengesetzten atmosphärischen Bedingungen auftreten, das heißt, wenn eine kältere Luftschicht unter einer wärmeren liegt; man spricht hier von einer Temperaturinversion, denn normalerweise nimmt die Temperatur mit der Höhe ab. In diesem Fall schwächt die Temperaturveränderung die Wirkung der Dichteveränderung nicht ab, sondern verstärkt sie noch, so dass die Lichtstrahlen ungewöhnlich stark abgelenkt werden. Über sehr kalten Böden oder über einem sehr kalten Meer kann die Krümmung so stark sein, dass Lichtstrahlen, die der Boden zum Himmel reflektiert, wieder zum Boden zurückkehren und ins Auge eines dort befindlichen Beobachters fallen. Dann sieht zum Beispiel ein Seemann im Eismeer am Himmel ein Schiff, das sich in Wirklichkeit jenseits des Horizonts befindet, und da es durch den Himmel zu fahren scheint, spricht er von einem »Geisterschiff«, wie wir es aus der Legende vom Fliegenden Holländer kennen (zu ähnlichen Erscheinungen in der Astrophysik siehe GRAVITATIONSLINSE).

M

Magnet

Zur Vertiefung: ***Elektromagnetismus; kritische Phänomene; Magnetismus; Teilchenbeschleuniger***

Schon in der Antike hatte man beobachtet, dass der so genannte Magnetstein die außergewöhnliche Eigenschaft besitzt, Eisen anzuziehen. Lange Zeit wurde er mit dem DIAMANT verwechselt, wahrscheinlich wegen seiner großen Härte. Die eigentliche Erforschung des Magneten begann jedoch erst im Mittelalter, als man den Kompass einführte und erkannte, dass magnetisierte Objekte, die sich spontan nach Norden ausrichten, von großem praktischen Nutzen sein konnten. Im 13. Jahrhundert führte der Militäringenieur Pierre de Maricourt (auch Petrus Peregrinus genannt) die Bezeichnung »Pole« für die beiden Enden des Magneten ein, in Analogie zu den Polen der Erde; zugleich zeigte er, dass entgegengesetzte Pole einander anziehen, gleiche Pole einander dagegen abstoßen. Einen weiteren Schritt machte rund 300 Jahre später der Engländer William Gilbert, als er im Jahr 1600 entdeckte, dass die Erde sich wie ein riesiger Magnet verhält; auf diese Weise konnte er erklären, warum Magnetnadeln sich stets nach Norden ausrichten. Die geheimnisvolle anziehende Kraft der Magnete führte man auf ebenso rätselhafte Emanationen oder Ausflüsse des Magnetsteins oder magnetisierter Objekte zurück.

Es vergingen weitere 200 Jahre, bis der französische Physiker André Marie Ampère im Anschluss an ein Experiment des dänischen Chemikers und Physiker Hans Christian Ørsted weitere wesentliche Aspekte des MAGNETISMUS erkannte. 1820 hatte Ørsted beobachtet, dass ein von Strom durchflossener Draht eine in seiner Nähe befindliche Magnetnadel ablenkte, was auf eine Analogie zwischen der Wirkung des elektrischen Stroms und der des Magneten hinwies. Ampère zeigte nun 1827, dass ein Magnet sich tatsächlich wie eine zylinderförmig aufgewickelte, stromdurchflossene Spule verhält, und er gab dieser Spulenform die heute noch übliche Bezeichnung Solenoid. Daher führte er den Magnetismus von Magneten auf die Existenz mikroskopisch kleiner Stromkreise innerhalb des magnetisierten Materials zurück. Diese Auffassung wurde ein Jahrhundert später dann auch durch die Entdeckung des Elektronenspins bestätigt (siehe SPIN), das heißt (vereinfacht ausgedrückt) der Rotation der Elektronen und des durch diese mikroskopisch feine Rotation induzierten elementaren Stromes.

Damit war jedoch erst ein Teil des Schleiers gelüftet. Damit die Wirkungen dieser mikroskopisch kleinen Stromkreise sich addieren und einen erkennbaren makroskopischen Effekt hervorrufen, müssen sie alle (oder zumindest der größte Teil von ihnen) dieselbe Ausrichtung besitzen. Es gibt jedoch keinen Grund, weshalb das so sein sollte, zumal die thermische Erregung dahin tendiert, den elementaren Stromkreisen eine zufällige Ausrichtung zu verleihen. Um diese Unordnung zu überwinden und eine kohärente Gesamtwirkung zu erzielen, bedarf es einer starken Wechselwirkung zwischen den verschiedenen elementaren Stromkreisen, die sich allein im Rahmen der Quantenphysik erklären lässt. Diese Wechselwirkung, die als Austauschwechselwirkung bezeichnet wird, beruht auf der Kombination zweier Effekte: der elektrischen Abstoßung zwischen den Elektronen (die ja sämtlich negativ geladen sind) und des so genannten AUSSCHLIESSUNGSPRINZIPS oder Pauliverbots, wonach zwei Elektronen niemals denselben Quantenzustand einnehmen können. Diese Wechselwirkung kommt nur bei einigen wenigen Metallen zum Zuge (im wesentlichen bei Eisen, Kobalt, Nickel und den zugehörigen Legierungen), sofern die Temperatur nicht zu hoch ist. Jenseits einer bestimmten Temperatur, die als Curiepunkt (bei Eisen 770 °C) bezeichnet wird, verschwindet die Magnetisierung. Die Erforschung dieser Übergangsphase war eines der dornigsten Probleme, die im 20. Jahrhundert gelöst worden sind (siehe KRITISCHE PHÄNOMENE).

Es gibt noch eine andere Möglichkeit, Magnete herzustellen, die gleich den zweifachen Vorzug besitzt, dass sie sehr vielseitig ist und die Herstellung sehr viel stärkerer Magnete erlaubt. Sie stützt sich auf die oben erwähnte Analogie zwischen einem Magneten und einem Solenoid, also einer elektrischen Spule. Tatsächlich braucht man nur aus einem elektrischen Leiter (z. B. Kupferdraht) eine Spule zu wickeln und einen Strom hindurchzuleiten, schon hat man einen Elektromagneten. Durch die bloße Variation der Stromstärke kann man die Stärke des Magneten verändern; vor allem aber lassen sich auf diese Weise Magnetfelder erzeugen, die sehr viel stärker sind als die der natürlichen Magnete. Die stärksten heute realisierten Magnete arbeiten mit Spulen, die aus Supraleitern bestehen (siehe SUPRALEITFÄHIGKEIT).

Magnetismus

Zur Vertiefung: ***Akkretion; Elektromagnetismus; Paläomagnetismus***

Als Magnetismus bezeichnet man die seltsame Neigung des Eisens, sich einem Magneten anzunähern, die erstaunliche Fähigkeit der Magnetnadel, sich stets nach Norden auszurichten, und im übertragenen Sinne auch die unverständliche Anziehungskraft, die manche Menschen auf andere Menschen ausüben. Tatsächlich blieb das Phänomen des Magnetismus lange Zeit rätselhaft und gab seine Geheimnisse erst im 20. Jahrhundert preis.

Der Magnetismus in der Physik

Zur Vertiefung: ***Elektron; Magnet; Spin***

Die erste bekannte Beobachtung des Magnetismus, also der Anziehung von Eisen durch den Magnetstein, der heute als Magnetit bezeichnet wird (das Wort »Magnetismus« geht auf das griechische *magnes*: »Magnet« zurück), wird dem griechischen Philosophen Thales von Milet zugeschrieben (dem Vater des gleichnamigen Lehrsatzes, den jeder Gymnasiast kennt). Diese Beobachtung enthielt im Keim bereits die beiden Grundprobleme, die sich im Zusammenhang mit dem Magnetismus ergaben, nämlich einerseits die Frage der Wechselwirkung zwischen zwei Magneten und andererseits die Frage der eigentlichen Magnetisierung, bei der ein zuvor nicht magnetisches Material unter der Einwirkung eines Magneten selbst magnetisch wird (denn wenn ein Magnet ein Material wie Eisen anzieht, so deshalb, weil er es zuvor magnetisiert hat). Lange Zeit befassten die Gelehrten sich hauptsächlich mit der ersten Frage; die Lösung des zweiten Problems blieb den Physikern des 20. Jahrhunderts überlassen.

Die erste Formulierung der zwischen zwei Magneten wirkenden Kraft geht auf den Franzosen Charles de Coulomb zurück. Und er brauchte nicht einmal weit zu suchen. Vielmehr ließ er sich von Newtons berühmtem Gravitationsgesetz inspirieren und erklärte 1785, die magnetische Kraft verhalte sich proportional zum Quadrat der Entfernung, wie er es auch schon bei seinen Forschungen auf dem Gebiet der Elektrostatik für die Wechselwirkung zwischen elektrischen Ladungen herausgefunden hatte.

Es glich fast einem Elektroschock, als der Däne Hans Christian Ørsted 1820 in einem Versuch zeigte, dass ein von einem elektrischen Strom durchflossener Leiter eine in seiner Nähe befindliche Magnetnadel abzulenken vermag. Bis dahin hatten elektrische und magnetische Phänomene als getrennte Erscheinungen gegolten. Als weitere Experimente den wechselseitigen Einfluss zwischen elektrischen Strömen und Magneten bestätigten, musste man nicht nur neue Gesetze zur Beschreibung dieser Wechselwirkungen finden (das Biot-Savartsche Gesetz für die Wirkung des Stroms auf einen Magneten, das Laplacesche Gesetz für die wechselseitige Wirkung), sondern auch dem offenbar magnetischen Charakter des elektrischen Stroms Rechnung tragen. Nachdem Versuche, diesen neuen Magnetismus oder ELEKTROMAGNETISMUS auf den guten alten Magnetismus der Magneten zurückzuführen, sich als fruchtlos erwiesen hatten, kam der Franzose André Marie Ampère auf den Gedanken, den Ansatz umzukehren und das Ganze auf den elektrischen Strom zurückzuführen. Er formulierte ein allgemeines Gesetz zur Beschreibung der Wechselwirkung zwischen zwei stromdurchflossenen Leitern und zeigte, dass die zwischen den beiden Leitern wirkende Kraft proportional zum Quadrat ihres Abstands ist. Durch die Gleichsetzung eines Magneten mit einer stromdurchflossenen Spule konnte er sodann beweisen, dass alle bekannten Gesetze des Magnetismus sich aus seinem Gesetz ableiten lassen. Damit vereinigte er nicht nur die magnetischen Wechselwirkungen in ein und demselben Gesetz, sondern zeigte außerdem, dass der Magnetismus aus der Existenz eines elektrischen Strom resultiert, das heißt aus der Bewegung elektrischer Ladungen. Es war also gar nicht erforderlich, für die magnetischen Phänomene eine geheimnisvolle magnetische Ladung ähnlich der elektrischen Ladung einzuführen; vielmehr vermochte dieselbe Größe sowohl die Elektrizität als auch den Magnetismus zu beschreiben. Damit machte er einen großen Schritt in Richtung einer Vereinheitlichung beider Phänomene, die dann 1864 von dem Schotten James Clerk Maxwell vollendet wurde (der in Ampère den »Newton der Elektrizität« erblickte).

Das zweite Problem, die Frage nach der Magnetisierung, wurde erst im Laufe des 20. Jahrhunderts gelöst. Will man verstehen, wie das von einem Magneten erzeugte Magnetfeld ein anderes Material zu magnetisieren vermag, muss man die mikroskopische Struktur der Materie betrachten, die erst Ende des 19. Jahrhunderts näher erforscht wurde (das Magnetfeld ist eine Größe, die den Einfluss eines Magneten oder allgemeiner eines elektrischen Stroms auf den umgebenden Raum zum Ausdruck bringt).

Anders als man nach dem bisher Gesagten meinen könnte, wird bei der Magnetisierung eines Stoffes nicht ein elektrischer Strom innerhalb dieses Stoffes ausgelöst. Denn solche Ströme gibt es dort auf mikroskopischer Ebene bereits von Natur aus. Sie haben ihren Ursprung hauptsächlich in zwei Phänomenen: einerseits in der Bewegung der Elektronen um den Atomkern, ihrer Orbitalbewegung, und andererseits in der Rotation der Elektronen um ihre eigene Achse, dem so genannten Spin. Da die Elektronen elektrisch geladen sind, gleicht jede Rotation, ob nun Orbitalbewegung oder Spin, einem kleinen Elementarstromkreis und damit einem Elementarmagneten.

Bringt man ein Stück MATERIE in die Nähe eines Magneten, können unterschiedliche Verhaltensweisen auftreten, die auf unterschiedliche Formen von Magnetismus deuten. Am häufigsten lässt sich eine leichte Abstoßung feststellen; das ist der Diamagnetismus, dessen Existenz Michael Faraday 1845 experimentell bewies. Und manchmal wird das Stück Materie von dem Magneten leicht angezogen; in diesem Fall spricht man von Paramagnetismus.

Nur einige wenige Stoffe (hauptsächlich Eisen, Nickel und Kobalt) behalten ihre Magnetisierung, auch wenn kein äußeres Magnetfeld vorhanden ist. Bei diesen Stoffen sorgt eine kräftige Wechselwirkung zwischen den elementaren atomaren Stromkreisen dafür, dass diese »Elementarmagneten« sich in einer Richtung ausrichten. Ganze Bereiche innerhalb des Kristalls erhalten dadurch eine einheitliche Ausrichtung gegenüber dem äußeren Magnetfeld (siehe KOOPERATIVITÄT). Dieses als Ferromagnetismus bezeichnete und 1906 von dem Franzosen Pierre Weiss erklärte Phänomen sorgt für die stärkste Magnetisierung. Wie der Franzose Louis Néel später zeigen konnte, gibt es daneben noch schwächere Formen, den Antiferromagnetismus und den Ferrimagnetismus.

Magnetismus und Chemie

Zahlreiche Moleküle sind diamagnetisch, zum Beispiel Stickstoff, Äthanol (siehe ALKOHOL) und Benzol. Der SAUERSTOFF ist ein Beispiel für ein paramagnetisches Molekül. Aus Gründen, die hier nicht weiter erläutert werden können, sind all jene Moleküle paramagnetisch, die ein unpaariges Elektron enthalten, das heißt ein Elektron, dem kein anderes zugeordnet ist.

Die Chemie ermöglicht nicht nur ein besseres Verständnis, sondern auch eine erweiterte Nutzung des Magnetismus. Ausgehend von der QUANTENCHEMIE entwickelt sie neue magnetische Stoffe. So erzeugt sie vornehmlich aus paramagnetischen Molekülen organische Magnete, das heißt, Verbindungen aus Kohlenstoff und Wasserstoff, die im festen Zustand ferromagnetische Eigenschaften aufweisen. Sie entdeckt neue magnetische Verbindungen wie die neue molekulare Form des Kohlenstoffs, deren verschiedene Ausprägungen als Fullerene bezeichnet werden (es gibt eine ganze Familie von Fullerenen). Eine weitere große Entdeckung aus jüngster Zeit ist die der supraleitenden synthetisch-keramischen Werkstoffe durch Bernard Raveau in Caen, von denen Georg Bednorz und Alex Müller in Zürich gezeigt haben, dass sie ihre Supraleitfähigkeit auch bei relativ hohen Temperaturen behalten. Mit solchen Supraleitern lassen sich sehr starke Magnetfelder erzeugen, wie sie etwa für den Betrieb von Magnetschwebebahnen erforderlich sind.

Auch innerhalb der Chemie bietet der Magnetismus zahlreiche Anwendungsmöglichkeiten. Die wichtigste ist ohne Zweifel die magnetische Kernresonanz (siehe RESONANZ), mit deren Hilfe sich die Struktur von Molekülen und KOMPLEXVERBINDUNGEN bestimmen lässt (siehe SPEKTRALANALYSE).

Der Erdmagnetismus

Zur Vertiefung: ***Dynamo; Magnetosphäre***

William Gilbert, Leibarzt Elisabeths I. von England, zeigte zu Beginn des 17. Jahrhunderts, dass die Erde sich wie ein Magnet verhält, und erklärte auf diese Weise, warum Kompassnadeln nach Norden weisen. Die Erde hat also ebenso wie die übrigen Planeten (und die Sterne) ein Magnetfeld.

Das an der Erdoberfläche zu messende Magnetfeld besteht aus zwei Teilen äußeren und inneren Ursprungs. Der Teil, der äußeren Ursprungs ist, wird von den elektrischen Strömen erzeugt, die in der Ionosphäre und der Magnetosphäre die Erde umlaufen. Er ist durch abrupte Veränderungen gekennzeichnet (magnetische Stürme, die unsere Kompassnadeln tanzen lassen und den Funkverkehr stören), zeigt aber auch tägliche Schwankungen und noch längerfristige Veränderungen, die mit dem elfjährigen Zyklus der Sonnenaktivität zusammenhängen.

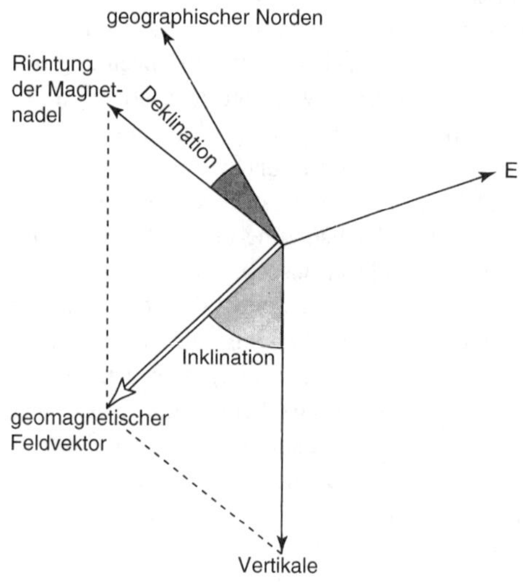

Abbildung 1

Der Teil, der inneren Ursprungs ist, das so genannte Hauptfeld, hat eine Form, wie sie ein kleiner Stabmagnet erzeugen würde, der sich im Mittelpunkt der Erde befände und eine Neigung von etwa 11° gegenüber der Rotationsachse besäße. Das ist natürlich nur ein Bild, denn im Mittelpunkt der Erde befindet sich kein Stabmagnet.

Das Erdmagnetfeld wird vielmehr vom so genannten Erddynamo im metallischen Kern der Erde erzeugt. Der geomagnetische Feldvektor (an den die Kompassnadel sich anlegt) ist bestimmt durch die Stärke des Magnetfelds (siehe *Abbildung 1*), durch den Winkel gegenüber der geographischen Nordrichtung (seine Deklination) und durch den Winkel gegenüber der Horizontalen (die Inklination, die an den magnetischen Polen 90° beträgt; siehe *Abbildung 2*). In mittleren Breiten liegt die Stärke des Magnetfelds bei etwa 50000 nT (Nanotesla), das sind 5×10^{-5}T. Zum Vergleich: In der Nähe unserer stärksten Magneten ist das Magnetfeld mehr als zehntausendmal stärker als das Erdmagnetfeld.

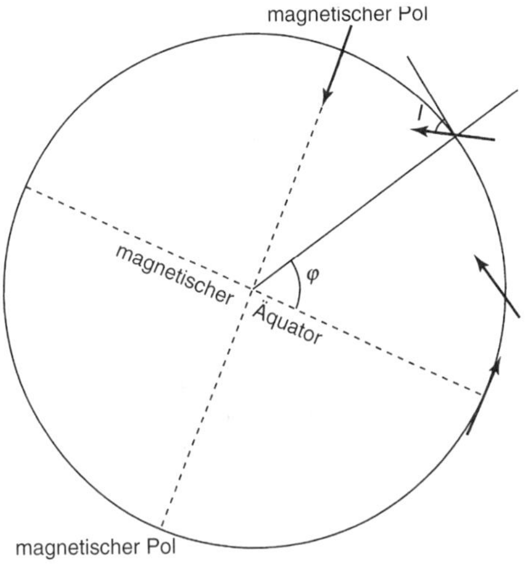

Abbildung 2 Die Inklination der Magnetnadel I ist am magnetischen Äquator gleich null und beträgt an den magnetischen Polen 90°.

Die Eigenschaften des Erdmagnetfelds verändern sich mit der Zeit. Eine Untersuchung der Ziegel antiker Brennöfen hat gezeigt, dass die Stärke des Hauptfeldes sich im Verlauf der letzten 2000 Jahre um 40 % verringert hat, nachdem sie etwa 4000 Jahre lang zugenommen hatte (siehe PALÄOMAGNETISMUS). Dieser langfristigen Veränderung sind »säkulare Schwankungen« überlagert, deren Wirkung sich auch im Bereich der menschlichen Lebensspanne bemerkbar machen. So variiert die magnetische Deklination mit der Zeit. Ihre Kenntnis ist wichtig, wenn wir uns mit dem Kompass orientieren wollen (ihr jeweiliger Wert wird daher am Rand der Seekarten vermerkt).

Die im Laufe der Jahrhunderte gemachten Beobachtungen zeigen, dass die Deklination in Nordeuropa im 16. Jahrhundert positiv war (das heißt, der magnetische Nordpol lag östlich des geographischen Nordpols); sie war jedoch von abnehmender Tendenz und erreichte schließlich 1666 den Wert null. Danach verschob sich die magnetische gegenüber der geographischen Nordrichtung in westlicher Richtung. Gegenwärtig nähert sie sich wieder dem geographischen Norden an, und im Jahr 2020 wird die Deklination wieder den Wert null erreichen.

Die säkularen Veränderungen des Erdmagnetfelds resultieren aus Bewegungen im flüssigen Teil des Erdkerns, der das Erdmagnetfeld erzeugt. Die Erforschung des Magnetfelds liefert daher wertvolle Aufschlüsse über diese Bewegungen.

In unregelmäßigen Abständen kommt es zu einer Umkehrung der Richtung des geomagnetischen Hauptfelds, das heißt, aus dem magnetischen Nordpol wird der Südpol und umgekehrt. Man kann daher »normale« Perioden, in denen das Magnetfeld die heutige Ausrichtung besitzt, von inversen Perioden unterscheiden, in denen es die entgegengesetzte Ausrichtung aufweist. Die Dauer dieser Perioden kann sehr unterschiedlich sein und von weniger als einer Million bis hin zu mehreren Millionen oder sogar mehreren zehn Millionen Jahren reichen. Da die Richtung des Erdmagnetfelds von den magnetischen Mineralien im basaltischen Boden der Ozeane bei dessen Erstarrung fest gehalten wird, lassen sich auch die Polumkehrungen aus den so genannten magnetischen Anomalien ablesen, die außerdem auch die Spreizung des Meeresbodens belegen (siehe PLATTENTEKTONIK).

Aufgrund radiochronologischer Methoden hat man für die letzten 160 Millionen Jahre eine recht genaue Chronologie der Polumkehrungen erstellen können. Die Umkehrung selbst erfolgt innerhalb von einigen tausend Jahren, doch der Mechanismus ist noch nicht geklärt.

Der Magnetismus der astronomischen Objekte

Zur Vertiefung: ***Dynamo; Emission; Magnetosphäre; Sonnenflecken***

Das Magnetfeld der Erde ist seit mindestens 500 Jahren bekannt, das der Sonne wurde erst 1908 von George Hale entdeckt. Beide lassen sich durch einen Dynamoeffekt erklären, der auf drei Elementen beruht: auf einem flüssigen Medium, das durch eine zumindest partielle Ionisierung der Atome elektrisch leitfähig wird (es handelt sich also um ein Plasma); auf einer Rotationsbewegung des gesamten Flüssigkeitskörpers (bei der Erde in 24 Stunden, bei der Sonne in 27 Tagen); und schließlich auf Konvektionsbewegungen innerhalb dieser Flüssigkeit – Materie verlagert sich vom Kern in Richtung Oberfläche, weil Temperaturunterschiede zwischen diesen beiden Bereichen für einen Auftrieb sorgen (siehe Konvektion). Sind solche Magnetfelder ein universelles Phänomen?

Die Frage muss mit ja beantwortet werden; der Magnetismus spielt im Bereich aller Größenordnungen, von den Planeten unseres Sonnensystems bis hin zu ganzen Galaxien, eine fundamentale Rolle. Dieser kosmische Magnetismus (dem im Übrigen nichts Parapsychologisches anhaftet) hat seine Ursache allerdings niemals in irgendwelchen Permanentmagneten, wie wir sie benutzen, um einen Zettel an eine Magnettafel zu heften. Er resultiert vielmehr stets aus der Kombination einer Ionisierung (also der Anwesenheit freier elektrischer Ladungen in einer Flüssigkeit oder einem Gas) mit einer Bewegung der betreffenden Flüssigkeit oder des betreffenden Gases.

Die Stärke der dergestalt zeugten Magnetfelder variiert ganz extrem; sie reicht von einem Millionstel der Stärke unseres Erdmagnetfelds im interstellaren Raum bis hin zum Milliardenfachen dieses Wertes in jenen Sternen, die nahezu ausschließlich aus einem Neutronengas bestehen (siehe Pulsar). Die Kräfte, die diese Magnetfelder auf das Gas oder die Flüssigkeit ausüben und deren Erforschung in den Arbeitsbereich der Magnetohydrodynamik fällt, sind nur selten zu vernachlässigen, denn auf jedes geladene Teilchen, das sich in einem Magnetfeld bewegt, wirkt dort eine Kraft ein (die so genannte Lorentz-Kraft), die es auf eine spiralförmige Bahn um die Feldlinien dieses Feldes zwingt. Diese Kraft versetzt auch den rotierenden Teil eines Elektromotors in Bewegung.

Die Einwirkung der Magnetfelder auf elektrisch geladene Teilchen wird in unseren Teilchenbeschleunigern genutzt, um die Bahn der Teilchen zu steuern und sie auf einen bestimmten Raum zu beschränken. Genau dies geschieht auch mit den Teilchen des Sonnenwinds, wenn sie auf die Magnetosphäre der Erde treffen, oder mit der kosmischen Strahlung in unserer Milchstraße. Die sehr leichten Elektronen des Gases geraten in eine sehr schnelle Rotation (also eine beschleunigte Bewegung), deren Frequenz sich proportional zur Stärke des Magnetfelds verhält. Wie jede beschleunigte elektrische Ladung emittieren sie dabei Licht, die so genannte Synchrotronstrahlung, die sich hinsichtlich der Verteilung auf die verschiedenen Wellenlängen (das Spektrum) wie auch hinsichtlich der Polarisation (der bevorzugte Ausrichtung) grundlegend von der Strahlung eines heißen Körpers, der thermischen Strahlung des Schwarzen Körpers, unterscheidet (siehe Emission). Aufgrund dieses Unterschieds lassen sich Anwesenheit und Stärke eines Magnetfelds im Spektrum der von einem Objekt emittierten Strahlung leicht erkennen.

Anwesenheit, Stärke und Ausrichtung eines Magnetfelds lassen sich auch aus gewissen Verschiebungen der für ein bestimmtes chemisches Element typischen Spektrallinien erschließen, denn die von diesem Element emittierte Strahlung verändert sich leicht, wenn das betreffende Element der Einwirkung eines Magnetfelds ausgesetzt ist (diese Erscheinung bezeichnet man als Zeeman-Effekt).

Aufgrund des Zeeman-Effekts kann man eine genaue Karte des Magnetfelds an der Sonnenoberfläche erstellen und auch dessen Veränderungen (Entstehung und Verschwinden von Sonnenflecken) verfolgen oder die Stärke der Magnetfelder an der Oberfläche von Sternen bestimmen.

Wenn in einem ionisierten Gas oder Plasma (also einem Gas, das zumindest zum Teil aus positiv geladenen Atomen und freien, negativ geladenen Elektronen zusammengesetzt ist) ein Magnetfeld vorhanden ist, sagt man, das Magnetfeld sei in dem Plasma »eingefroren«, um damit anzuzeigen, dass es eine merwürdige Eigenschaft hat: Die mit dem Magnetfeld verbundene Energie (die sich proportional zum Quadrat der Feldstärke und zu dem von dem Feld eingenommenen Volumen verhält) bleibt nämlich konstant, wenn man das

Plasma komprimiert, kann aber aus dem betreffenden Objekt nicht entweichen. Da nun das Volumen, das dem Plasma zur Verfügung steht, durch die Verdichtung verkleinert wird, vergrößert sich das Quadrat der Feldstärke im umgekehrten Verhältnis zur Verkleinerung des Volumens.

Zu solch einer Verdichtung kommt es bei der AKKRETION (also der gravitationsbedingten Verdichtung der Materie, wie sie für die Entstehung der Sterne oder des dichten Kerns aktiver Galaxien charakteristisch ist). Noch sehr viel schneller läuft dieser Vorgang beim GRAVITATIONSKOLLAPS ab, der zur Entstehung extrem dichter Objekte wie der Neutronensterne (siehe PULSAR) oder jener vollständig in sich selbst zusammengestürzten Objekte führt, die als SCHWARZE LÖCHER bezeichnet werden. In all diesen Fällen verstärkt sich das Magnetfeld ganz beträchtlich und erreicht das Millionen- oder Milliardenfache des ursprünglichen Werts, und in manchen Fällen ist die Steigerung sogar noch größer.

Auf diese Weise verstärkt sich das äußerst schwache Magnetfeld im interstellaren Medium, in dem durch gravitationsbedingte Verdichtung ein Stern entsteht. Die Materie sammelt sich in Form einer Scheibe um den jungen Stern, der aufgrund der Verdichtung über ein starkes Magnetfeld verfügt. Dieses Magnetfeld steuert auch die Ausstoßung von Materieströmen, die bei jungen Sternen zu beobachten ist (und entlang den Feldlinien des Magnetfelds bipolar erfolgt, siehe WIND und STERN). Ähnliche Prozesse finden sich auch im Zentrum von Galaxien, nur dass die daran beteiligten Massen nicht lediglich einer Sonnenmasse entsprechen (die etwa 10^{30}kg beträgt), sondern mehrere Millionen Mal so groß sind.

Das Magnetfeld eines Sterns verstärkt sich gleichfalls, wenn der Stern in sich zusammenstürzt und dadurch zu einem Neutronenstern wird. Das extrem starke Magnetfeld und die sehr schnelle Rotation, die beide aus dem Kollaps des Objekts resultieren, führen zu einer ganz besonderen Art von Strahlung: zu kurzen, periodisch wiederkehrenden Lichtemissionen, die diesen Sternen den Namen »Pulsare« eingetragen haben.

Magnetosphäre

Zur Vertiefung: ***Magnetismus***

Das Magnetfeld der Erde verhindert, dass die kosmische Strahlung und die energiereichen Teilchen des Sonnenwinds (siehe WIND) bis zu den Lebewesen auf der Erdoberfläche vordringen und deren Zellen oder Erbmaterial schädigen können.

Der Materiestrom des Sonnenwinds, der ständig von der Sonne ausgeht, besteht im Wesentlichen aus Wasserstoffkernen und Elektronen. Da er elektrisch leitend ist, wird ein Teil des Sonnenmagnetfeldes gleichsam darin »eingefroren« und in den interplanetaren Raum hinausgetragen. In der Nähe der Erde trifft der Sonnenwind auf deren eigenes Magnetfeld und wird von ihm abgestoßen. In einer Entfernung von etwa zehn Erdradien gleichen der Druck des Sonnenwindes und die abstoßende Kraft des Erdmagnetfeldes einander aus. Die Grenzschicht zwischen dem Sonnenwind und dem von ihm umströmten Erdmagnetfeld bezeichnet man als Magnetopause. Bei den Eruptionen der Sonnenkorona kommt es kurzfristig zu einer heftigen Verstärkung des Sonnenwindes; wenn diese Böen auf das Erdmagnetfeld treffen, lösen sie dort magnetische Stürme aus; dann spielen auf der Erde die Kompassnadeln verrückt, der Funkverkehr wird gestört und im Bereich der Pole kommt es zu Polarlichtern.

Magnitude

Zur Vertiefung: ***Erdbeben***

Es liegt nahe, die Stärke von Erdbeben nach der Amplitude der Bodenerschütterungen beim Eintreffen seismischer, von Seismometern aufgezeichneter Wellen zu klassifizieren. Und angesichts der sehr großen Variationsbreite dieser Amplitude, von den ständig auftretenden Mikrobeben bis hin zu den verheerenden Großbeben, ist es angebracht, einen logarithmischen Maßstab zu verwenden. Die Magnitude eines Erdbebens ist daher proportional zum Logarithmus der Amplitude der zugehörigen seismischen Wellen. Je größer die Magnitude, desto stärker das Erdbeben.

Da die Erschütterung des Bodens um so stärker ausfällt, je geringer die Entfernung zum Herd des Erdbebens ist, spielt auch die Entfernung eine Rolle bei der Bestimmung der Magnitude.

Anders als die häufige Nennung in Presse und Fernsehen suggerieren mag, verwenden Seismologen nur selten die Richterskala, bei der es sich um eine »lokale« Magnitude handelt, die ursprünglich für Südkalifornien entwickelt wurde. Tatsächlich gibt es mehrere Magnituden (mit allerdings recht ähnlichen Werten), die unterschiedlich definiert sind, aber stets einen logarithmischen Maßstab verwenden: Die Erhöhung der Magnitude um einen Punkt entspricht dabei einer zehnfach größeren Bodenverschiebung beim Eintreffen der seismischen Wellen (weil $1 = \log 10$, $2 = \log 100$, $3 = \log 1000$ ...).

Es gibt keine obere Grenze für die vorstellbare Magnitude, doch Erdbeben der Magnitude 8 oder darüber sind zum Glück sehr selten. Das verheerende Oberflächenbeben von Kobe (Japan) am 17. Januar 1995 hatte eine Stärke von 7,2; das stärkste jemals verzeichnete Erdbeben, das am 9. Juni 1994 Bolivien erschütterte, hatte die Magnitude 8,2, doch es blieb von der Weltöffentlichkeit weitgehend unbeachtet. Auch nach unten gibt es keine Grenze, aber unterhalb einer gewissen Magnitude (in der Gegend von 2 oder 3) werden Erdbeben, je nach geologischer Beschaffenheit der Region und der Tiefe des Herdes, gar nicht bemerkt, nicht einmal im Epizentrum.

Zwischen der Magnitude eines Erdbebens und der dabei freigesetzten Energie lässt sich ein empirischer Zusammenhang herstellen: eine Erhöhung der Magnitude um einen Punkt entspricht einer Verdreißigfachung der freigesetzten Energie; bei einer Erhöhung um zwei Punkte beträgt die freigesetzte Energie das 900fache (30^2) usw.

Makromolekül

Zur Vertiefung: ***Nukleinsäuren; Polymere; Protein; Zucker***

Ein Makromolekül ist ein Riesenmolekül, das bis zu mehreren hundert Atomen umfassen kann. Kleinere Moleküle haben eine relative Gesamtmasse zwischen 2 und 1000 (in Gramm ist das die Masse von 6×10^{23} Einzelmolekülen) – so zum Beispiel beim Aspirin (einem Medikament), beim Cholesterin (einem Bestandteil der Zellmembranen) und bei STEROIDEN.

Die Molekülmasse oder das Molekulargewicht entspricht der Masse eines Mols (siehe AVOGADRO-KONSTANTE) einer beliebigen chemischen Verbindungen. Sie lässt sich durch einfache Addition der Atomgewichte berechnen. So hat Wasser eine Molekülmasse von 18. Die Molekülmasse von Makromolekülen reicht dagegen in die Millionen.

Der deutsche Chemiker Hermann Staudinger hatte in den 1930er Jahren erhebliche Schwierigkeiten, den Begriff des Makromoleküls einzuführen. Dass ein Molekül größer als das Grundgitter eines KRISTALLS sein könnte, überstieg das Vorstellungsvermögen.

Im Allgemeinen wird der Begriff »Makromolekül« gleich bedeutend mit Polymer verwendet. Ein Makromolekül besteht aus einer Kette gleichartiger Grundbausteine oder Module, den Monomeren, die sich jeweils aus einigen Dutzend Atomen zusammensetzen. Die Zahl der Monomere eines Makromoleküls kann sehr groß sein: Makromolekulare Gebilde können bis zu Millionen Atomen umfassen. In ihren geometrischen Dimensionen sind Makromoleküle also wesentlich größer als übliche Moleküle und können Werte erreichen, die nicht im mikroskopischen Bereich, sondern bei Millimetern und Metern liegen. Beispiele dafür sind künstliche Polymere wie Nylon, Polyethylen, Polyacrylverbindungen und Elastomere (siehe KAUTSCHUK). Es gilt ebenso für die wichtigsten biologischen Makromoleküle wie die Nukleinsäuren und Proteine, die aus linearen Ketten von NUKLEOTIDEN bzw. AMINOSÄUREN bestehen, und für die makromolekularen Kohlenhydrate, die häufig verzweigte Strukturen aus Zuckern sind.

Die KRISTALLISATION der Makromoleküle ist wesentlich schwieriger zu erreichen als bei kleineren Molekülen. Wenn diese vom Zufall abhängige Übung, die einem Kunsthandwerk gleichkommt, gelingt, lässt sich mit Röntgenstrahlen die räumliche Struktur des Makromoleküls bestimmen, also die Anordnung der zahlreichen Atome zueinander.

Malthusianismus, Neomalthusianismus

Zur Vertiefung: ***Population***

Wie alle »Ismen«, die sich von einem Personennamen ableiten, reduziert auch der Malthusianismus das Denken von Thomas Robert Malthus auf einige vereinfachte Ideen. Durchdrungen von Sorge um das Schicksal der Menschheit, entwickelte Malthus eine ausgesprochen pessimistische Sicht. Als Ausgangspunkt diente ihm die für ihn offenkundige Feststellung, dass die Menschheit mit einer geometrischen Progression wachse (ihr jährliches Wachstum also proportional zur jeweils erreichten Gesamtgröße sei), während die Ressourcen lediglich eine arithmetische Progression (also ein konstantes Wachstum) hätten. Nach dieser Überlegung müsste der Bedarf schließlich zwangsläufig die Ressourcen übersteigen. Ein Gleichgewicht stelle sich durch Hungersnöte, Epidemien und Kriege wieder ein. Solche Katastrophen seien zwar immer bedauerlich, aber laut Malthus unvermeidlich: Sie zu bekämpfen verzögere ihr Eintreten lediglich und mache das Drama nur noch bitterer. Wichtig sei vor allem, die Menschen zu Arbeit und Produktion anzuhalten und ihnen in schwierigen Lagen nicht allzu viel Hilfe zukommen zu lassen.

Diese Ansichten veröffentlichte Malthus 1798 in seiner Schrift *Versuch über das Bevölkerungsgesetz und seine Auswirkungen auf die künftige Verbesserung der Gesellschaft.* Darin kommt im Wesentlichen ein politisches Denken zum Ausdruck, das sich auf die Überzeugung stützt, es sei notwendig, die Armen in ihrem Zustand zu belassen, um sie nicht zu Müßiggang zu verleiten und in ihrer Fruchtbarkeit zu ermuntern. Malthus ging es vor allem um Opposition gegen die »gefährlichen« Ideen der Revolutionäre von 1789, die die Gleichheit aller Menschen predigten.

Von diesen Theorien ist im Begriff des Malthusianismus, wie er heute verwendet wird, nur noch die Sorge um ein zu schnelles Bevölkerungswachstum und die Notwendigkeit zur Einschränkung der Geburtenzahlen geblieben. Mit der glücklicherweise recht generellen Ablehnung der sozialen Ansichten von Malthus geht zu Unrecht auch die Zurückweisung seiner Ansichten zur Demographie einher. »Malthusianistisch« ist heute gleich bedeutend mit »pessimistisch«.

Jenseits jeder Polemik ist festzustellen, dass die Weltbevölkerung, die zu Malthus' Zeiten weniger als eine Milliarde Menschen zählte, heute sechs Mal so groß ist und sich innerhalb eines Jahrhunderts verdoppeln wird. Entgegen den Voraussagen von Malthus haben sich jedoch die Ressourcen noch schneller vergrößert. Doch dieses Wachstum wird zwangsläufig ein Ende finden: »Die Endzeit der Welt hat begonnen«, sah schon Paul Valéry voraus. Wo immer die Obergrenze der Bevölkerungszahlen liegen mag, die unser Planet verkraftet, es gibt diese Grenze, und es ist wahrscheinlich, dass wir uns ihr nähern. Wir vertreten also keineswegs die Malthussche Sozialphilosophie, sondern stellen lediglich das Offensichtliche fest, wenn wir sagen: Es ist Aufgabe der Menschheit, ihre Gesamtgröße zu kontrollieren.

Doch nicht diese Selbstverständlichkeit stand im Mittelpunkt, als Anfang des zwanzigsten Jahrhunderts die Lehren des so genannten »Neomalthusianismus« vor allem in Frankreich Verbreitung fanden, propagiert unter anderem von Paul Robin (1837–1912) und Nelly Roussel (1878–1923). Eines ihrer Kernthemen war vielmehr das Recht der Frauen, selbst über ihre Fruchtbarkeit zu bestimmen. Während der anglikanische Pfarrer Malthus zu dem Schluss kam, dass Geburtenkontrolle Enthaltsamkeit erfordere, traten die Neomalthusianisten für die Befreiung der Frauen ein, die nicht länger Sklavinnen ihrer Gebärfähigkeit sein sollten. In Frankreich verbreiteten die *Ligue de la régénération humaine* und die Zeitschrift *Régénération* von 1902 bis nach dem Ersten Weltkrieg eine feministische Lehre, die gegen die offizielle Geburtenpropaganda kämpfte. Geburtenkontrolle war für sie kein Selbstzweck, sondern eine Konsequenz aus der Herrschaft der Frau über ihre Fortpflanzung. Die Bewegung trat für empfängnisverhütende Mittel ein, insbesondere für Präservative. Da die Liga und die Zeitschrift *Régénération* den Schikanen des Staates ausgesetzt waren, der damals besessen die »Wiederbevölkerung« der Nation betrieb, mussten sie ihre Aktivitäten einstellen, als 1920 ein Gesetz verabschiedet wurde, das jede Propaganda gegen die Geburtenförderung verbot.

Dieser Bewegung ging ein ähnlicher Versuch in Großbritannien voraus, der sich jedoch stärker an den Malthusschen Ideen orientierte. Die 1877 gegründete *Malthusian League* setzte den Schwerpunkt vor allem auf die Begrenzung der Familiengröße und bemühte sich, empfängnisverhütende Mittel zu verbreiten. Ihre Philosophie blieb jedoch den viktorianischen Wertvorstellungen einer vernünftigen Familienplanung verhaftet, ohne die Befreiung der Frau sonderlich zu betonen.

Marker

Zur Vertiefung: ***Allel; Genkartierung; Polymorphismus; Stoffwechsel***

In der Biologie bezieht sich der Begriff »Marker« auf jedes Mittel, das es ermöglicht, ein strukturelles oder funktionelles Element in einem Organismus zu lokalisieren und seine Entwicklung im Laufe der Zeit zu verfolgen. Im weiteren Sinne wird auch das so aufgespürte Element als Marker bezeichnet. Allgemeiner gefasst kann jedes Merkmal, das eine Unterscheidung der Individuen einer Spezies oder die Untersuchung der Funktionsweise eines Organismus im Verhältnis zu seiner Umwelt ermöglicht, als Marker fungieren.

Marker in der Biochemie und Zellbiologie

Ein Atom, eine chemische Gruppe oder ein Molekül können als Marker dienen, wenn sie sich in ihrer Struktur von den üblicherweise in der belebten Materie vorkommenden Strukturen unterscheiden lassen. Als gängige Marker werden radioaktive Formen der Hauptatome verwendet, aus denen sich die belebte Materie aufbaut (Stickstoff, Kohlenstoff, Wasserstoff, Sauerstoff, Schwefel, Phosphor usw.), entweder direkt oder indirekt als Bestandteil kleiner Moleküle, die ihrerseits als Bausteine von Makromolekülen dienen. Diese Marker, auch *tracer* genannt, werden als Spuren in eine biochemische Reaktion, eine Zelle oder einen Organismus eingeführt und zum Beispiel eingesetzt, um die Reihenfolge biochemischer Reaktionen und ihre Lokalisation innerhalb der Zelle zu bestimmen (siehe Stoffwechsel).

Es gibt zahlreiche Marker, die Licht als Lumineszenz, Fluoreszenz oder Phosphoreszenz abgeben, sei es spontan oder nach Beleuchtung mit einem Lichtstrahl der entsprechenden Wellenlänge, zum Beispiel einem Laser. Marker dieser Art finden in der Biologie vielfache Verwendung: um den Calciumfluss zu untersuchen, der die Aktivität der Zellen widerspiegelt; um die Wanderung der Zellen in einem Organismus im Laufe seiner Entwicklung zu verfolgen oder um Populationen von Blut- oder Tumorzellen zu diagnostischen Zwecken aufzuspüren und ihre Verteilung zu sichten.

Marker in der Genetik

Die Individuen einer Art lassen sich anhand sichtbarer Merkmale unterscheiden, die man als polymorph bezeichnet, weil sie in einer Population in verschiedenen Ausprägungen vorkommen. Dabei kann es sich um morphologische Merkmale wie Größe oder Körperumfang handeln oder um biochemische wie Blutgruppe und Augenfarbe. Die Gesamtheit der sichtbaren Merkmale, die zugleich biologische Marker sind, machen den Phänotyp aus. Um die Struktur der Gene, die diese Merkmale steuern, also den Genotyp, zu begreifen und die Vererbung dieser Gene von einer Generation auf die nächste sowie ihre Funktionsweise im Organismus zu untersuchen, verwendet die Genetik als Marker Segmente der DNA, also des Trägermaterials der Vererbung.

Bei diesen genetischen Markern handelt es sich um polymorphe DNA-Segmente, die in verschiedenen Formen vorkommen und manchmal innerhalb der Gene, meist aber außerhalb in den DNA-Segmenten liegen, die keinem Gen entsprechen. Anhand der Vererbung der genetischen Marker lassen sich

Karten des genetischen Materials oder GENOMS erstellen, die man als Genkarten bezeichnet: Diese statistischen Karten zeigen die wahrscheinlichsten relativen Positionen der genetischen Marker nach der Frequenz, mit der ihre verschiedenen Formen gemeinsam oder aufgrund einer REKOMBINATION bei der Bildung der GAMETEN (Ei- und Spermazellen) getrennt vererbt werden (siehe GENKARTIERUNG und MEIOSE). Anhand solcher Genkarten und der genetischen Marker lassen sich Genomregionen bestimmen, in denen sich Gene befinden, die physiologische oder pathologische Merkmale steuern, ein Verfahren, das zur Diagnostik von Erbkrankheiten und zur Identifikation von Individuen eingesetzt wird (siehe GENTEST).

Neben den genetischen Markern verwendet man als Marker auch DNA-Segmente, die nicht polymorph sind, um ihre eigene Position in den Chromosomen oder dem Genom als ganzem zu markieren und so genannte physikalische Genkarten zu erstellen.

Marker, die Genen entsprechen und als Markierungsgene bezeichnet werden, ermöglichen eine genaue Positionsbestimmung der Gene und somit das Erstellen von genetischen Karten. Zudem verwendet man sie, um die Funktionsweise der Gene in den Zellen zu erforschen, wenn die DNA der Gene in RNA transkribiert wird, also in jene Nukleinsäure, die die Proteinsynthese steuert (siehe PROTEIN).

Maschine

→ ***Interaktion zwischen Mensch und Maschine***

→ ***Kommunikation zwischen Mensch und Maschine***

→ ***Wissen und Maschine***

Maschinen

→ ***Lernen, Lernfähigkeit von Maschinen***

Masse

Schwere Masse, träge Masse

Zur Vertiefung: ***Gravitation***

Seit Isaac Newton ist die Masse eines Objekts ein Maß für die darin enthaltene Materiemenge. Es handelt sich also um ein statisches Konzept, mit dem wir die Objekte charakterisieren und nicht ihre Bewegung. Aufgrund der universellen Gravitation sind Massen der Anziehung anderer Massen unterworfen, zum Beispiel der Anziehung unserer Erde, so dass die Masse für den Fall von Körpern sorgt. Man sagt, die Masse sei schwer. Diese schwere Masse m_s geht in die Gleichung ein, mit der das Verhältnis zwischen dem Gewicht $\vec{G}$ eines beliebigen Körpers und der lokalen Fallbeschleunigung $\vec{g}$ bestimmt wird: $\vec{G}=m_s\vec{g}$.

Als physikalische Größe hat die Masse jedoch noch eine zweite Funktion. Sie ist ein Maß für den Widerstand, den ein Körper einer Veränderung seiner Bewegung entgegensetzt, also seine Trägheit. Man spricht hier von der trägen Masse und schreibt m_t. Die träge Masse verhindert, dass ein Körper, der keiner äußeren Kraft ausgesetzt ist, seine Geschwindigkeit hinsichtlich des Betrags oder der Richtung verändert. Die träge Masse geht in die Gleichung ein, mit der Isaac Newton die Proportionalität zwischen der Kraft $\vec{F}$, die auf einen Körper ausgeübt wird, und der dadurch bewirkten Beschleunigung $\vec{a}$ zum Ausdruck brachte: $\vec{F}=m_t\vec{a}$.

Auf dieser grundlegenden Beziehung errichtete Newton das gesamte Gebäude der klassischen Mechanik, mit der das Konzept der trägen Masse als charakteristisches Merkmal jedes materiellen Körpers auf diese Weise engstens verbunden ist.

Das Konzept der Masse hat also zwei verschiedene Bedeutungen, eine statische und eine dynamische. Dabei lässt sich nicht *a priori* behaupten, dass träge und schwere Masse ein und dasselbe seien, auch wenn die Erfahrung uns lehrt, dass beide miteinander zusammenhängen, weil schwere Körper sich auch schwerer in Bewegung setzen (oder zum Stillstand bringen) lassen. Wie Newton zeigen konnte, ist das Verhältnis m_s/m_t unter den verschiedensten Umständen unabhängig von den betrachteten Körpern. Wählt man geeignete Einheiten, kann man m_s und m_t aufgrund dieser Proportionalität zwischen schwerer und träger Masse einen gemeinsamen Wert m zuordnen. Doch diese Übereinstimmung zwischen zwei Größen ganz verschiedenen Ursprungs, deren eine das Verhalten eines Körpers gegenüber der Gravitation ausdrückt, während die andere den Widerstand des Körpers gegen Bewegungsänderungen betrifft, lässt sich im Rahmen der Newtonschen Mechanik nicht erklären. Dieser Umstand war der Ausgangspunkt für Überlegungen, die Albert Einstein 1916 zur Entwicklung der allgemeinen Relativitätstheorie führten, und dieses Lehrgebäude gilt heute als die korrekte Theorie der Gravitation.

Die Äquivalenz von Masse und Energie

Zur Vertiefung: ***Energie; Relativitätstheorie***

Zu den Konsequenzen der 1905 von Albert Einstein entwickelten speziellen Relativitätstheorie gehörte die berühmte Formel $E=mc^2$, in der m die Masse des betrachteten Körpers und c die als absolute Grenze möglicher Geschwindigkeiten geltenden Geschwindigkeit des Lichts im Vakuum bezeichnet. Eine erste Interpretation dieser Formel besteht in der Feststellung, dass es, anders als man es nach der Newtonschen Gleichung erwarten würde, keinen grundlegenden Unterschied zwischen träger Masse und Energie gibt. Es ist unmöglich, einen Körper bis zur Lichtgeschwindigkeit c zu beschleunigen, weil er der Veränderung seiner Bewegung mit wachsender Geschwindigkeit und wachsender Energie einen immer größeren Widerstand entgegensetzt. Der Körper widersetzt sich immer stärker dem Versuch, ihn zu beschleunigen; und je größer seine Geschwindigkeit bereits ist, desto schwieriger wird es, ihn weiter zu beschleunigen. Seine Trägheit ist also nicht unabhängig von der Bewegung (der Geschwindigkeit). Einsteins Formel besagt vielmehr, dass die Trägheit nicht mit der Masse gleichzusetzen ist, sondern mit dem Quotienten aus der Energie und dem Quadrat der Lichtgeschwindigkeit E/c^2 (beide Größen fallen bei kleinen Geschwindigkeiten zusammen).

Aus Einsteins Formel ergibt sich weiterhin, dass der Energiegehalt eines Körpers – entgegen der allgemeinen Anschauung – mit dessen Masse verbunden ist, so dass selbst ein ruhender Körper eine innere Energie besitzt, die direkt proportional zur Menge der darin enthaltenen Materie ist. Ruhemasse und innere Energie sind also äquivalente Größen. Folglich kann Masse sich auch in andere Energieformen umwandeln. Das geschieht zum Beispiel bei Kernreaktionen (siehe KERNSPALTUNG und KERNFUSION). Umgekehrt kann kinetische Energie (also die mit der Bewegung eines Körpers verbundene Energie) in Masse umgewandelt werden, das heißt sich zu Teilchen materialisieren, die eine Masse besitzen (siehe MATERIALISIERUNG).

Auf einer ganz anderen Ebene wollen wir nun untersuchen, wie sich bestimmte, unmittelbar mit der Masse verbundenen Probleme in der Astronomie, der Astrophysik und der Chemie darstellen.

Die Masse astronomischer Objekte

Zur Vertiefung: ***Galaxien***

Die Masse des Mondes, der Erde, der Sonne oder gänzlich unerreichbarer Sterne zu bestimmen, mag zunächst als ein aussichtsloses Unterfangen erscheinen. Die Astronomie vermag dieses Problem jedoch immer dann zu lösen, wenn ein Himmelskörper in einer gravitativen Beziehung zu einem anderen Himmelskörper steht, zum Beispiel durch den Rückgriff auf die KEPLERSCHEN GESETZE: Wenn ein Körper B einen anderen, mit sehr viel größerer Masse ausgestatteten Körper A umkreist (etwa der Mond die Erde oder unsere Erde die Sonne), dann hängt die Umlaufzeit von B um A ausschließlich ab von der Masse des Körpers A (die des Körpers B gilt als vernachlässigbar klein), von der unabhängig messbaren ENTFERNUNG zwischen A und B sowie von der universellen Gravitationskonstante (siehe NATURKONSTANTEN).

Wenn A und B vergleichbare Massen haben (wie bei Doppelsternsystemen), muss man die Umlaufzeit für jeden der beiden Körper bestimmen, doch am Prinzip ändert sich dadurch nichts. Glücklicherweise ist ein großer Teil der Sterne in Doppelsternsysteme eingebunden, in denen eine Messung der einzelnen Massen möglich ist. Jeder speziellen Sternart, die an ihrer Helligkeit, ihrer Farbe oder ihrem SPEKTRUM erkennbar ist (das Spektrum eines Sterns ist die Verteilung seines Lichts auf die verschiedenen Wellenlängen), lässt sich eine bestimmte Masse zuordnen, sofern ein Stern dieses Typs in ein Doppelsternsystem eingebunden ist. Auf diese Weise kann man dann Schritt für Schritt auch die Masse riesiger Sternsysteme bestimmen, die aus Millionen oder Milliarden von Sternen bestehen (siehe HAUFEN).

Die verborgene Masse im Universum

Zur Vertiefung: ***Expansion; Kosmologie***

Die Objekte, die das Universum bevölkern, kennen wir hauptsächlich aufgrund der von ihnen emittierten elektromagnetischen Strahlung, die wir mit unserem Auge oder mit Teleskopen sammeln. Seit die Teleskope der verschiedenen Bauarten sämtliche Wellenlängen des elektromagnetischen Spektrums abdecken, haben wir zahlreiche neue Objekte entdeckt, darunter Sterne, deren Emission im Bereich der Röntgenstrahlen erfolgt, und Galaxien, die im Infrarotbereich strahlen. Die Gesamtmasse dieser unzähligen Objekte lässt sich auf der Basis der jeweiligen Helligkeit für das gesamte Universum abschätzen. Daraus wiederum lässt sich die Dichte des Universums ableiten (als Verhältnis zwischen der Gesamtmasse und dem gesamten Volumen des Universums), und diese Größe spielt eine wichtige Rolle bei der Formulierung kosmologischer Modelle (siehe KOSMOLOGISCHES STANDARDMODELL).

Nun ist es aber keineswegs sicher, dass man auf diese Weise tatsächlich die gesamte im Universum anzutreffende Masse ermitteln kann, denn es ist durchaus denkbar, dass dabei zahlreiche Objekte unberücksichtigt bleiben, weil sie gar nicht leuchten oder weil die von ihnen emittierte Strahlung so schwach ist, dass wir sie nicht bemerken. Beobachtet man zum Beispiel die Bewegung von Sternen oder Gaswolken an den äußeren Grenzen rotierender Spiralgalaxien, so stellt man fest, dass diese Bewegung sich nur dann mit den Keplerschen Gesetzen in Einklang bringen lässt, wenn die Gesamtmasse der betreffenden Galaxien sehr viel größer ist als die nach dem oben beschriebenen Verfahren ermittelte »leuchtende« Masse. Zu dieser erstaunlichen Feststellung gelangten erstmals in den 1930er Jahren die Astronomen Jan Hendrick Oort und Fritz Zwicky. Seither ist sie durch ganz unterschiedliche Verfahren bestätigt worden. So hat man die Ablenkung gemessen, die Lichtstrahlen aufgrund des Gravitationsfeldes in der Nähe von Galaxien erfahren (siehe GRAVITATIONSLINSE) und aus den Ergebnissen auf die Existenz eines riesigen Halos aus Materie im Umkreis dieser Galaxien geschlossen (dessen Radius bis zu 300 000 Lichtjahre betragen kann). Diese geheimnisvolle Masse, die auch als schwarze (weil nicht leuchtende) Masse bezeichnet wird, aber nichts mit dem Schwarzen Körper oder mit den Schwarzen Löchern zu tun hat, soll die Galaxien umgeben und müsste, falls es sie tatsächlich gibt, die geschätzte Gesamtmasse des Universums um den Faktor 10 vergrößern.

Über die genauere Beschaffenheit dieser Materie wissen wir noch gar nichts. Handelt es sich um verdichtete Objekte nach Art der Braunen Zwerge, die eine Zwischenstellung zwischen STERNEN und Planeten einnehmen und wegen ihrer geringen Helligkeit nicht beobachtet werden können, oder um WEISSE ZWERGE, die Überreste von Sternen geringer Masse? Alle Versuche, solche Objekte aufzuspüren, sind bislang weit hinter den Anforderungen zurückgeblieben, die eine Erklärung dieser gewaltigen Masse stellt. Oder handelt es sich möglicherweise um »exotische« Teilchen, um Überreste des Uruniversums, deren Existenz die Physiker zwar akzeptieren könnten, die aufzuspüren jedoch äußerst schwierig wäre?

Die Dichte des Universums (das Verhältnis zwischen Gesamtmasse und Gesamtvolumen), zu der die kosmologischen Modelle gelangen, die sich auf die Beobachtung der Auseinanderbewegung der Galaxien und der EXPANSION des Universums stützen, ist außerdem nicht mit der Gesamtmasse (der Summe der leuchtenden und der verborgenen Masse) vereinbar, die man für das Volumen des bekannten

Universums herleitet: Diese Gesamtmasse könnte nur ein Fünftel der kosmischen Dichte erklären, die als die wahrscheinlichste gilt. Wo die restlichen vier Fünftel sich befinden und wie sie beschaffen sein könnten, ist zur Zeit noch völlig unklar.

Die Molekularmasse in der Chemie

Zur Vertiefung: ***Avogadro-Konstante; chemische Formel***

In der Chemie bezeichnet man mit dem Begriff der Molekularmasse (der häufig benutzte Ausdruck »Molekulargewicht« ist nicht ganz korrekt) die Masse eines Mols eines bestimmten Stoffes, das heißt die Masse von $6{,}023 \times 10^{23}$ Teilchen dieses Stoffes (siehe AVOGADRO-KONSTANTE). Als Bezugsgröße dient das Kohlenstoffisotop ^{12}C (die ISOTOPE ein und desselben chemischen Elements besitzen im Atomkern dieselbe Anzahl an Protonen, aber unterschiedlich viele Neutronen; jedes Element besteht aus einem Gemisch verschiedener Isotope). Definitionsgemäß haben $6{,}023 \times 10^{23}$ Atome dieses Isotops eine Masse von 12 Gramm.

Alle übrigen Molekularmassen, auch die der chemischen Verbindungen, lassen sich daraus herleiten. So beträgt die Molekularmasse von Aspirin ($C_9H_8O_4$) 180,15 g.

Die Dezimalstellen werden der Einfachheit halber vielfach weggelassen; so beträgt die Molekularmasse von Wasser (H_2O) fast genau 18 g. Wasser besteht zum ganz überwiegenden Teil aus dem Wasserstoffisotop ^1H und dem Sauerstoffisotop ^{16}O. Das Wasserstoffisotop ^1H besteht aus einem Proton und einem Elektron, dessen Masse vernachlässigt werden kann, und hat daher die Massezahl 1. Das Sauerstoffisotop ^{16}O besteht aus acht Protonen und acht Neutronen und hat daher die Massezahl 16. Da die Massen sich summieren, beträgt die Molekularmasse von Wasser $(2 \times 1) + 16 = 18$ g.

Dabei handelt es sich wie gesagt um einen Näherungswert, weil manche Wassermoleküle auch das Wasserstoffisotop mit der Massezahl 2 (Deuterium) oder die Sauerstoffisotope mit den Massezahlen 17 und 18 enthalten.

Da das natürliche Vorkommen der Isotope der verschiedenen Elemente bekannt ist und in Tabellen bzw. Datenbanken fest gehalten ist, lässt sich aufgrund der genauen Molekularmasse die Zusammensetzung chemischer Verbindungen klären – als erster Schritt zur Bestimmung der zugehörigen chemischen Formel. So beträgt die Molekularmasse des Cholesterins 386,64 g (mit den modernen Instrumenten lässt sich der Wert noch um zahlreiche Dezimalstellen genauer fassen, so dass die Formel mit nahezu absoluter Sicherheit ermittelt werden kann); und daraus ergibt sich das Mengenverhältnis der beteiligten chemischen Elemente, das in der Formel $C_{27}H_{46}O$ zum Ausdruck kommt. Gemessen werden diese Molekularmassen mit Hilfe einer hochauflösenden Massenspektrometrie; dabei wird ein Strahl aus ionisierten Molekülen (denen ein Elektron entrissen worden ist) nacheinander starken elektrischen und magnetischen Feldern ausgesetzt, die den Strahl von seiner Bahn ablenken. Aus der Größe der Ablenkung kann man dann auf die Masse der verschiedenen, in dem Strahl enthaltenen Moleküle schließen. Die Massenspektrometrie gleicht einer mikroskopisch kleinen Waage für einzelne Moleküle.

Maßtheorie

Zur Vertiefung: ***Integral; Wahrscheinlichkeit***

Das Lebesguesche Maß

Das erste Ziel der Maßtheorie ist die Definition der Länge, des Flächeninhalts und des Volumens. Zur Definition der Länge definiert man eine Funktion, die bestimmten Teilmengen der Geraden eine Zahl zuordnet: ihre Länge. Zur Definition des Flächeninhalts oder des Volumens definiert man jeweils eine Funktion, die einer Teilmenge der Ebene bzw. des Raumes eine Zahl zuordnet. Diese Funktionen bezeichnet man als Lebesguesches Maß der Geraden, der Ebene bzw. des Raumes.

Die Funktion l, die bestimmten Teilmengen der Geraden ihre Länge zuordnet, muss wenigstens folgende Eigenschaften besitzen:

- Einer Strecke AB muss sie den ABSTAND zwischen den Punkten A und B zuordnen;
- sie muss additiv sein, das heißt, sind E und F zwei disjunkte Mengen, muss gelten: $l(E \cup F) = l(E) + l(F)$.

Unter Verwendung dieser Eigenschaften kann man die Länge aller endlichen Vereinigungen von Strecken definieren, zum Beispiel die Länge der Menge in *Abbildung 1*:

Abbildung 1

In der Ebene definiert man in gleicher Weise den Flächeninhalt aller endlichen Vereinigungen von Rechtecken und im Raum das Volumen der endlichen Vereinigungen rechtwinkliger Parallelepipede.

Die beiden Eigenschaften reichen jedoch nicht aus, um die Länge sämtlicher Punktemengen zu definieren. Man kann leicht eine Menge konstruieren, die keine endliche Vereinigung von Strecken darstellt. Man geht von der Strecke AB aus, die von Punkt A mit dem Abszissenwert 0 bis zu Punkt B mit dem Abszissenwert 1 reicht; die erste Hälfte bezeichnet man mit s_1 (sie reicht von A bis zu dem Punkt mit dem Abszissenwert 1/2), die erste Hälfte der restlichen Strecke (von 1/2 bis 3/4) mit s_2, die erste Hälfte der dann noch verbleibenden Strecke mit s_3 usw. (siehe *Abbildung 2*).

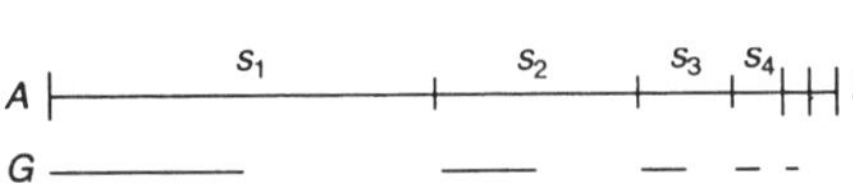

Abbildung 2

Auf diese Weise unterteilt man die Strecke in unendlich viele Teilstrecken. Die Menge G, die aus der ersten Hälfte jeder dieser Strecken besteht, ist keine endliche Vereinigung von Strecken, und dennoch möchte man ihre Länge definieren. Auch in der Ebene lässt sich die Fläche eines Kreises oder eines Dreiecks nicht in eine endliche Zahl von Rechtecken zerlegen.

Man könnte nun versucht sein, zur Definition der Menge das Prinzip der Additivität zu erweitern und die Länge einer unendlichen Vereinigung von Strecken als unendliche Summe der jeweiligen Längen zu definieren. Das ist jedoch problematisch, denn jede Punktemenge der Geraden lässt sich in eine unendliche Zahl von Strecken zerlegen, die jeweils aus einem einzigen Punkt bestehen. Die Länge jeder dieser Strecken ist gleich 0, und für ihre Summe gilt dasselbe.

Die Lösung dieses Problems findet sich in der Mengenlehre. Dort kann man nämlich zeigen, dass es mehrere verschiedene Arten von Unendlichkeit gibt. Insbesondere gibt es mehr reelle als ganze Zahlen; die Menge der ganzen Zahlen ist abzählbar unendlich, die der reellen Zahlen überabzählbar (siehe MENGE und UNENDLICH). Bei dem zu Beginn des 20. Jahrhunderts von Henri Lebesgue vorgeschlagenen Längenbegriff definiert man nun die Länge einer Vereinigung disjunkter Strecken nur dann als Summe der Längen dieser Strecken, wenn die Anzahl der Strecken endlich oder abzählbar ist, nicht jedoch, wenn sie überabzählbar ist. Dadurch verschwindet das Paradoxon der Zerlegung beliebiger Punktemengen in eine Vereinigung von Strecken der Länge 0, denn diese Strecken sind nicht abzählbar. Umgekehrt ist es möglich, die Menge G aus *Abbildung 2* in eine abzählbare Zahl von Strecken zu zerlegen; ihre Länge beträgt dann

$$\frac{1}{4} + \frac{1}{8} + \frac{1}{16} + \ldots = \frac{1}{2}$$

(siehe REIHE).

Man könnte meinen, damit habe man allen Teilstücken der Geraden eine Länge zugeordnet. Doch das ist nicht der Fall. Die gesamte Gerade zum Beispiel hat keine endliche Länge, denn sie lässt sich in eine abzählbar unendliche Zahl von Strecken der Länge 1 zerlegen. Aber selbst innerhalb einer Strecke endlicher Länge kann man Punktemengen konstruieren, die kein Maß besitzen. Die Konstruktion solch einer Menge ist allerdings schwierig, weil dazu der Einsatz des Auswahlaxioms erforderlich ist, wie Robert Solovay in den 1960er Jahren bewiesen hat (siehe AUSWAHLAXIOM). Umgekehrt besitzen alle Mengen, die man ohne das Auswahlaxiom konstruieren kann, ein Lebesguesches Maß.

Der Begriff des Flächeninhalts ist ein wesentliches Hilfsmittel zur Definition des

Integrals. Das Lebesguesche Integral einer Funktion f im Intervall $[a,b]$

$$\int_a^b f$$

ist definiert als das Lebesguesche Maß aller Punkte, die zwischen dem Graphen von f und der x-Achse liegen (siehe INTEGRAL und *Abbildung 3*).

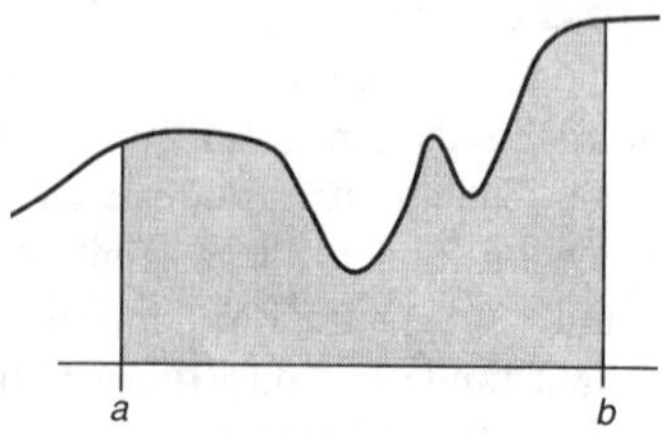

Abbildung 1

Maße

Allgemein bezeichnet man als »Maß« eine Abbildung, die bestimmten Teilmengen einer Menge eine positive Zahl zuordnet und folgende Bedingungen erfüllt:

- Für disjunkte Mengen E und F gilt: $f(E \cup F) = f(E) + f(F)$;
- sind $E_1, \ldots, E_n \ldots$ disjunkte Mengen und besitzt die unendliche Summe $f(E_1) + f(E_2) + \ldots + f(E_n) + \ldots$ einen Wert, das heißt, konvergiert die zu der Folge $f(E_1) \ldots f(E_n) \ldots$ gehörige REIHE gegen einen Grenzwert, so gilt: $f(E_1 \cup \ldots \cup E_n \cup \ldots) = f(E_1) + \ldots + f(E_n) + \ldots$

Auf der Geraden ist das Lebesguesche Maß durch die Tatsache charakterisiert, dass das Maß einer Strecke AB der Abstand zwischen den Punkten A und B ist. Äquivalent dazu ist die Feststellung, dass sich das Maß einer Menge bei deren Verschiebung nicht verändert (siehe *Abbildung 4*).

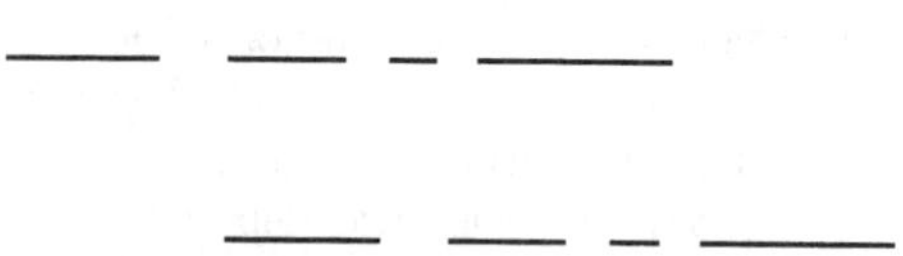

Abbildung 4 Die zweite Menge ist durch Verschiebung aus der ersten hervorgegangen und hat dasselbe Maß.

Man kann zahlreiche Beispiele für Maße konstruieren, wenn man sich die Gerade als Metallstange vorstellt und das Maß einer Menge als die Masse des Teils der Stange definiert, der dieser Menge entspricht. Ist die Metallstange homogen, erhält man das Lebesguesche Maß; variiert dagegen die Dichte, erhält man andere Maße. Weitere Beispiele ergeben sich, wenn man sich vorstellt, dass die Dichte unendlich sein kann. Denkt man sich zum Beispiel eine punktförmige Masse von 1 kg in einem Punkt O der Geraden (die Dichte ist an diesem Punkt dann unendlich), definiert man ein Maß für eine Menge, das gleich 1 ist, falls der Punkt O zu der Menge gehört, und ansonsten gleich 0.

Auch die WAHRSCHEINLICHKEIT ist ein Beispiel für ein Maß. Sind E und F zwei nicht miteinander vereinbare Ereignisse (die folglich nicht gleichzeitig eintreten können), ist die Wahrscheinlichkeit, dass eines der beiden Ereignisse eintritt, gleich der Summe der Wahrscheinlichkeiten, dass das eine und dass das andere eintritt. Wirft man zum Beispiel zwei Würfel, beträgt die Wahrscheinlichkeit, elf Augen zu erhalten, 1/18, die Wahrscheinlichkeit, zwölf Augen zu erzielen, 1/36, und da die Augenzahl nicht gleichzeitig elf und zwölf betragen kann, ist die Wahrscheinlichkeit, dass sie entweder elf oder zwölf beträgt, gleich

$$\frac{1}{18} + \frac{1}{36} = \frac{1}{12}$$

In der Wahrscheinlichkeitstheorie wird ein Ereignis durch eine Menge dargestellt, und zwar durch die Menge der möglichen Fälle, in denen das Ereignis eintritt. Zwei nicht miteinander vereinbare Ereignisse werden daher durch disjunkte Mengen dargestellt. Die Tatsache, dass eines der beiden Ereignisse stattfindet, wird dann durch die Vereinigung der beiden Mengen dargestellt. Die Tatsache, dass bei zwei nicht miteinander vereinbaren Ereignissen die Wahrscheinlichkeit, dass eines von beiden stattfindet, gleich der Summe ihrer Wahrscheinlichkeiten ist, lässt sich daher auch folgendermaßen ausdrücken: Sind E und F disjunkte Mengen, so gilt:

$w(E \cup F) = w(E) + w(F)$.

Ein ähnlicher Gedanke zeigt, dass die Wahrscheinlichkeiten die Bedingung der Additivität für abzählbare Mengen erfüllen.

Auf der Geraden, die der Menge ℝ der reellen Zahlen entspricht, ist das Lebesguesche Maß durch die Tatsache gekennzeichnet, dass es gegenüber einer Translation, das heißt einer Abbildung der Form $x \longmapsto a + x$, invariant ist. Dieser Invarianzbegriff lässt sich für bestimmte Gruppen verallgemeinern. Maße, die dieser Bedingung genügen, bezeichnet man als Haarsche Maße.

Materialisierung

Zur Vertiefung: ***Kernfusion; Kernspaltung; Teilchenbeschleuniger; Zerstrahlung***

Wenn zwei Gegenstände im Bereich unserer menschlichen Größenordnung (zum Beispiel zwei Gläser) zusammenstoßen, dann kann es geschehen, dass sie zerbrechen. Die Bruchstücke bestehen dann ausschließlich aus Teilen der ursprünglichen Objekte. Insbesondere ist keinerlei Materie hinzugekommen, die nicht auch zuvor schon da gewesen wäre. In der Welt der Elementarteilchen sind die Dinge ein wenig anders. Dort zerbrechen Teilchen nicht in dem Sinne, wie wir ihn aus unserer Alltagswelt kennen. Selbst von Stücken oder Teilen eines Teilchens zu sprechen, hat kaum Sinn, so dass auch das häufig benutzte Bild der russischen Puppe seine Grenzen hat.

Wenn zwei Teilchen mit hoher Energie zusammenstoßen, können zwar durchaus mehrere Teilchen entstehen, doch diese neuen Teilchen waren vor dem Zusammenstoß noch gar nicht vorhanden. Sie können daher nicht als Bruchstücke der ursprünglichen Teilchen angesehen werden. Kann man dann sagen, sie seien bei dem Zusammenstoß entstanden? In gewisser Weise ja. Aber woher sind sie gekommen? Und wie lässt sich ihre plötzliche Entstehung erklären? Ganz einfach, indem man sagt, dass die Energie des Zusammenstoßes sich letztlich in diese neuen Teilchen umgewandelt hat. Und das ist tatsächlich möglich, da zwischen Masse (m) und Energie (E) nach Albert Einsteins spezieller Relativitätstheorie eine Äquivalenz besteht. Die mit der Bewegung der Teilchen verbundene kinetische Energie kann sich nach sehr präzise bestimmbaren Regeln zu materiellen Teilchen »materialisieren«, die im Allgemeinen eine Masse haben. Das ist die eigentliche Bedeutung der Formel $E = mc^2$, in der c für die Geschwindigkeit des Lichts im Vakuum steht. Sie besagt, dass reine Energie sich – entgegen unserer alltäglichen Anschauung – in Masse umwandeln kann. Umgekehrt kann auch Masse sich in Energie umwandeln, insbesondere bei Kernreaktionen.

Bei einem Zusammenstoß kann also nur dann ein Teilchen entstehen, wenn genügend Energie zur Verfügung steht, die sich teilweise zu dem neuen Teilchen materialisiert. Je schwerer das neue Teilchen sein soll, desto größer muss die Energie sein, mit der die ursprünglichen Teilchen zusammenstoßen. Einige der Teilchen, die durch solche, mit hoher Energie erfolgenden Zusammenstöße entstehen, sind ganz »gewöhnliche« Teilchen wie die Protonen, Neutronen und Elektronen, die es ständig und überall in der Natur gibt; andere entstehen und verschwinden schon im nächsten Augenblick wieder. Diese flüchtigen, instabilen Teilchen wandeln sich sehr rasch in andere Teilchen um, die sich oft ihrerseits in wiederum andere Teilchen umwandeln, bis die Kette bei stabilen Teilchen endet. Daraus ergeben sich die kaskadenförmigen Verzweigungen auf den Fotografien, mit deren Hilfe die Teilchendetektoren an den Teilchenbeschleunigern die Spuren solcher Umwandlungsprozesse fest halten.

Materie

Die Materie als Entität, die einen Raum einnimmt und sich nur schwer definieren lässt, ist zunächst einmal das, woraus alles zusammengesetzt ist: Wasser für Thales, Atome für Demokrit. Empedokles unterteilte sie im 5. Jahrhundert vor Christus in vier Elemente, die er auch als »Wurzeln« bezeichnete: Wasser, Erde, Luft und Feuer. Um dieselbe Zeit glaubten die Atomisten, dass die Materie sich nicht unendlich teilen lasse. In ihren Augen bestand die Materie aus Atomen, aus getrennten, nicht weiter teilbaren Entitäten, durch das Leere getrennt. Diese Entitäten besaßen jeweils eine Form, die den von unseren Sinnen beobachteten Qualitäten entsprach: Der Honig bestand aus runden Atomen, der Essig aus scharfen usw.

In den Augen der Alchimisten (siehe ALCHIMIE) war die Materie belebt und kommunizierte mit dem übrigen Kosmos (so sorgte die Ausstrahlung des Mars für die Entstehung der Erzadern in der Erde). Als lebendige, mit spiritueller Energie ausgestattete Wesenheit bildete sie neben dem Geist eine der beiden Erscheinungsformen, in denen das Göttliche sich in der Welt manifestierte.

Stück für Stück gelang es, die Bestandteile der Materie genauer zu bestimmen, so dass dieses Konzept seinen globalen Charakter verlor.

Die Materie der Physiker

Zur Vertiefung: ***Quantenphysik; Standardmodell der Teilchenphysik; Teilchen***

Da die Physik sich gerne als Wissenschaft von der Materie präsentiert, darf man von den Physikern eigentlich eine präzise Definition ihres Forschungsgegenstandes erwarten. Doch das Wort »Materie« hat in den letzten hundert Jahren für die Wissenschaftler den selbstverständlichen Sinn verloren, den es in der Umgangssprache noch zu haben scheint. So ist die Suche nach dem Objekt oder Konzept, das man mit dem Ausdruck »Materie« belegen könnte, zu einer schwierigen Angelegenheit geworden.

Vielfach wird gesagt, die Materie sei das, was Bestand hat. Das ist der Sinn des bekannten Wortes von Antoine Laurent de Lavoisier, wonach nichts entsteht und nichts verschwindet, sondern alles nur eine Umwandlung erfährt. Doch diese Aussage gilt nun gerade nicht für die Materie, zumindest nicht auf mikroskopischer Ebene. Wenn im Bereich unserer menschlichen Größenordnung zwei Gegenstände (zum Beispiel zwei Gläser) zusammenstoßen, kann es geschehen, dass sie zerbrechen. Die Bruchstücke bestehen dann ausschließlich aus Teilen der ursprünglichen Objekte. Es ist keinerlei Materie hinzugekommen, die nicht auch zuvor schon da gewesen wäre.

Doch in der Welt der Elementarteilchen sind die Dinge ein wenig anders. Dort zerbrechen Teilchen nicht in dem Sinne, wie wir ihn aus unserer Alltagswelt kennen. Selbst von Stücken oder Teilen eines Teilchens zu sprechen, hat kaum Sinn, so dass auch das häufig benutzte Bild der russischen Puppe seine Grenzen hat. Wenn zwei Teilchen mit hoher Energie zusammenstoßen, können zwar durchaus mehrere Teilchen entstehen, doch diese neuen Teilchen waren vor dem Zusammenstoß noch gar nicht vorhanden. Sie können daher nicht als Bruchstücke der ursprünglichen Teilchen angesehen werden. Kann man dann sagen, sie seien bei dem Zusammenstoß entstanden? In gewisser Weise ja. Aber woher sind sie gekommen? Und wie lässt sich ihre plötzliche Entstehung erklären? Ganz einfach indem man sagt, dass die Energie des Zusammenstoßes sich letztlich in diese neuen Teilchen umgewandelt hat – was deshalb möglich ist, weil zwischen Masse (m) und Energie (E) nach Albert Einsteins spezieller RELATIVITÄTSTHEORIE eine Äquivalenz besteht. Die mit der Bewegung der Teilchen verbundene kinetische Energie kann sich nach sehr präzise bestimmbaren Regeln zu materiellen Teilchen »materialisieren«, die im Allgemeinen eine Masse haben. Das ist die eigentliche Bedeutung der Formel $E=mc^2$, in der c für die Geschwindigkeit des Lichts im Vakuum steht. Sie besagt, dass reine ENERGIE sich – entgegen unserer alltäglichen Anschauung – in MASSE umwandeln kann. Umgekehrt kann auch Masse sich in Energie umwandeln, insbesondere bei Kernreaktionen (siehe KERNSPALTUNG und KERNFUSION).

Bei all diesen Prozessen bleibt die Materie (die Masse) nicht erhalten. Unverändert bleibt lediglich die Energie. Und was ist Energie? Etwas Immaterielles. Ganz grob gesagt: Für die Physiker ist die Materie eine Komponente eines so genannten Vierervektors (eines aus vier Komponenten bestehenden Vektors), das heißt etwas hoch Abstraktes (vor allem wenn die zugehörige Raum-Zeit noch aufgrund der Gravitation gekrümmt ist, wie es die allgemeine Relativitätstheorie behauptet). Der Begriff der Materie verflüchtigt sich damit in den Begriff einer ganz speziellen mathematischen Entität. Die doch so konkret erscheinende Materie verschwindet in der Abstraktion, wenn unser Verstand sie zu erfassen versucht.

Eine weitere einfache Vorstellung setzt die Materie mit dem Stofflichen gleich, mit der Substanz, das heißt mit dem, was in Raum und Zeit Bestand hat. Nun gibt es aber zahlreiche Teilchen, die nicht spontan da sind. Sie können nur dann bei einem Zusammenstoß zwischen zwei Teilchen entstehen, wenn genügend Energie zur Verfügung steht, die sich teilweise zu dem neuen Teilchen materialisiert, das heißt, wenn die Energie jeweils einen bestimmten Schwellenwert überschreitet. Je schwerer das neue Teilchen sein soll, desto größer muss die Energie sein, mit der die ursprünglichen Teilchen zusammenstoßen. Einige der Teilchen, die durch solche, mit hoher Energie erfolgenden Zusammenstöße entstehen, sind ganz »gewöhnliche« Teilchen wie die PROTONEN, NEUTRONEN und ELEKTRONEN, die es ständig und überall in der Natur gibt; die meisten jedoch sind schon im nächsten Augenblick wieder verschwunden. Diese flüchtigen, instabilen Teilchen wandeln sich sehr rasch in andere Teilchen um, die sich oft ihrerseits in wiederum andere Teilchen umwandeln, bis die Kette bei stabilen Teilchen endet. Sie besitzen also offenbar nicht die Beständigkeit, die wir der Materie in unserem alltäglichen Denken zuweisen. Die meisten Teilchen, die von den Physikern entdeckt worden sind, existieren nur für ein paar kurze Augenblicke.

Bei der Materie kommt einem jedoch sogleich noch ein weiteres Bild in den Sinn, das die Materie mit der Masse verknüpft (die Wörter »Materie« und »Masse« haben übrigens dieselbe lateinische Wurzel). Danach muss Materie schwer sein. Die Physiker kennen jedoch eine Ausnahme von dieser Regel: das NEUTRINO. Dieses zweifellos materielle Teilchen besitzt möglicherweise keine Masse (zumindest zeigen die Messungen, dass diese Masse äußerst klein sein muss, falls es sie dennoch geben sollte). Die übliche Gleichsetzung von Materie und Masse wäre dann eine Illusion.

Schon Ende des 19. Jahrhunderts war das Konzept der Materie unter Beschuss geraten. Der Physiker Ernst Mach hielt sie für einen blinden Fleck des wissenschaftlichen Denkens. Unter Hinweis auf die psychologischen Motive der Gleichsetzung von Materie und Masse erklärte er den Begriff der Materie zu einem metaphysischen Phantom.

Die letzte, gleichfalls problematische Vorstellung sieht in der Materie etwas Greifbares, als wäre die Festigkeit das einzige brauchbare Maß für die Realität materieller Dinge. Bei Teilchen denkt man gerne an kleine, nahezu punktförmige Objekte, winzigen harten Billardkugeln vergleichbar, die einen ganz bestimmten Ort im Raum einnehmen, also an so genannte Korpuskeln. Doch diese Sicht ist von der Quantenphysik widerlegt worden, die allein das Verhalten von Teilchen zu erklären vermag. Sie beschreibt die Teilchen mit Konzepten, die im Wesentlichen mathematischen Charakters sind und die es verbieten, sich die Teilchen wie gewöhnliche Dinge vorzustellen, die einer wohlbestimmten Geometrie unterliegen. Es handelt sich weder um Wellen noch um Korpuskeln, und selbst der Gedanke, dass sie eine bestimmte Form oder Textur besäßen, hat kaum einen Sinn. Es fällt schwer, zu sagen, was die Teilchen denn nun »wirklich« sind. In der Quantenphysik ist die Materie gleichsam »entdinglicht«.

Unter dem Skalpell der Physiker hat die Materie also nach und nach all die Eigenschaften verloren, die wir gemeinhin mit ihr verbinden. Dennoch bringt dieser alte Begriff – selbst innerhalb der modernen Physik – auch heute noch Phantome hervor. Sie eignet sich, wie Gaston Bachelard einmal sagte, auch weiterhin bestens als Vorlage für Träumereien.

Die Materie in der Chemie

Zur Vertiefung: ***Atom; Photochemie; Reaktion***

Im Unterschied zu den Physikern mit ihrer Äquivalenz von Materie und Energie halten die Chemiker gerne an einem Gegensatz zwischen diesen beiden Seiten derselben Medaille fest, insofern Veränderungen auf einer Seite zu Umwandlungen auf der anderen Seite führen. In der Photochemie zum Beispiel werden durch die Absorption von Lichtenergie chemische Reaktionen ausgelöst.

Da die Chemie sich definitionsgemäß auf einer anderen Ebene bewegt als die Physik, gilt dort der Atomkern als eine Größe, die bei den betrachteten Umwandlungsprozessen unverändert bleibt. Für die Chemie ist Materie ein Gewebe aus Atomen: Feste Körper bestehen aus Atomen, die in ein dreidimensionales Gitter eingebunden sind, und die Moleküle sind Ansammlungen von Atomen, die einen wohlbestimmten Teil des Raumes einnehmen.

Mathematik

Zur Vertiefung: ***Analyse; Arithmetik; Geometrie; Singularität; Topologie; Wahrscheinlichkeit***

Historischer Abriss

Der Ausdruck »Mathematik« ist von einem griechischen Wort abgleitet, das »Ausbildung, Lehre« bedeutet; in der Antike rechnete man zur Mathematik nicht nur Arithmetik und Geometrie, sondern auch Astronomie und Musik. Die Mathematik entstand bereits zu Beginn des 2. Jahrtausends vor unserer Zeitrechnung in den alten Kulturen Babyloniens und Ägyptens. Zur Verwaltung der zentralisierten Staaten dieser Kulturen war es erforderlich, mit größeren Zahlen rechnen und den Inhalt von Flächen oder Körpern berechnen zu können. In den Schreiberschulen entwickelten sich diese Fähigkeiten schon bald in einem Maße, das die praktischen Erfordernisse überstieg.

Ähnliche Entwicklungen fanden sich zweifellos auch in anderen Kulturen. Aus China kennen wir Zeugnisse vom Beginn unserer Zeitrechnung, aber leider keine älteren.

Die Griechen übernahmen die Mathematik zunächst von ihren Nachbarn. Im 6. oder 5. vorchristlichen Jahrhundert begannen sie, die Idee des Beweises zu systematisieren, die es gestattet, exakte Lehrsätze zu gewinnen, die überall dort gelten, wo die jeweiligen Hypothesen oder Axiome zutreffen.

Auf dieser Ebene sind die Objekte der Mathematik ideeller Natur und relativ abgehoben von der sinnlichen Welt. Es handelt sich übrigens nicht um Abstraktionen wahrnehmbarer Objekte, sondern um Konstruktionen auf der Grundlage des praktischen Umgangs mit der Welt: Die Praxis des Zählens bildet die Grundlage der Zahlen, während die Praxis der Landvermesser, Baumeister und Töpfer Grundlage der geometrischen Figuren ist.

Die Mathematik der Pythagoreer maß den ganzen Zahlen überragende Bedeutung bei; sie galten ihnen als das Wesen aller Dinge. Aber sie selbst mussten entdecken, dass das Verhältnis zwischen der Diagonalen und den Seiten eines Quadrats sich nicht als Verhältnis zweier ganzer Zahlen ausdrücken lässt. Die auf ganzen Zahlen basierende Proportionenlehre reicht daher für die Geometrie nicht aus. Eine Proportionenlehre für kontinuierliche Größen (für geometrische Größen, aber auch für die Zeit, für Gewichte usw.) wurde unabhängig von der Arithmetik bereits im 4. Jahrhundert vor unserer Zeit entwickelt. Sie ist im fünften Buch der Euklidschen *Elemente* dargestellt. Dadurch gewann die Geometrie in der griechischen Mathematik eine herausragende Stellung.

Im 6. Jahrhundert unserer Zeitrechnung befand die griechische Mathematik sich im Niedergang, doch schon Ende des 8. Jahrhunderts übernahmen arabische Mathematiker die Fackel und trugen sie weiter. Anders als vielfach behauptet, arbeiteten sie in allen Bereichen der Mathematik, die vor ihnen von den Griechen gepflegt worden waren. Sie entwickelten sowohl die Zahlentheorie als auch die Geometrie beträchtlich weiter. Und sie schufen ein neues Fachgebiet, die Algebra, die eine Brücke zwischen Arithmetik und Geometrie schlägt. Zu Beginn des 12. Jahrhunderts begannen die Europäer, die wichtigsten philosophischen und wissenschaftlichen Texte aus dem Arabischen ins Lateinische zu übersetzen. Dabei handelte es sich sowohl um arabische Übersetzungen griechischer Schriften als auch um arabische Originaltexte. Dennoch kam die Erneuerung der Naturwissenschaften in Europa nur langsam voran; erst im 16. und 17. Jahrhundert steuerten europäische Mathematiker wirklich neue Entdeckungen bei, zum Beispiel die komplexen Zahlen.

Im 17. Jahrhundert entstand dann der eigentliche algebraische Kalkül und der Begriff der algebraischen Kurve bei René Descartes. Bonaventura Cavalieri, Evangelista Torricelli, Pierre Fermat, Blaise Pascal und John Wallis entwickelten neue Methoden der Infinitesimalrechnung (siehe Integration und Ableitung). Die gegen Ende des Jahrhunderts entstandene Differential- und Integralrechnung, die Isaac Newton und Gottfried Wilhelm Leibniz unabhängig voneinander entwickelten, bildete den Abschluss dieser Arbeiten. Fermat erneuerte die Zahlentheorie von Grund auf, und Pascal formulierte die Grundprobleme der Wahrscheinlichkeitsrechnung, die dann von Christiaan Huygens und Jacques Bernoulli ausgearbeitet wurde.

Im 18. Jahrhundert bauten Mathematiker wie Leonhard Euler, Jean Le Rond d'Alembert und Joseph Louis Lagrange die Differential- und Integralrechnung samt ihrer Anwendung im Bereich der Geometrie und der Mechanik beträchtlich aus und legten dabei das Schwergewicht auf deren algebraischen Charakter. Als Hauptinstrument für diese Algebraisierung diente der von Euler eingeführte Funktionsbegriff. Euler und Lagrange befassten sich jedoch auch mit Zahlentheorie; es gelang ihnen, die meisten der von Fermat behaupteten Eigenschaften zu beweisen (Fermat hatte seine Beweise nicht niedergeschrieben).

Das 19. Jahrhundert begann mit der Veröffentlichung eines monumentalen Werkes zur Zahlentheorie, der *Untersuchungen über höhere Arithmetik* von Carl Friedrich Gauß. Seither ist die Zahlentheorie ein zentraler Bereich der gesamten Mathematik, die Königin unter den mathematischen Wissenschaften (wie Gauß selbst sie genannt hat). Die geometrische Forschung entwickelt sich explosionsartig in mehrere Richtungen. Differential- und Integralrechnung fallen nun weitgehend mit der Theorie der Funktionen und der Differentialgleichungen zusammen (siehe FUNKTION und DIFFERENTIAL). Sehr schnell wird das Konzept der Funktion präzisiert und generalisiert, während man zwischen den reellen und den komplexen Zahlen zu unterscheiden lernt. In der Algebra zeigt Évariste Galois, wie die Struktur einer algebraischen Gleichung und deren mögliche Umwandlungen sich in einer Permutationsgruppe der Lösungen dieser Gleichung spiegeln (siehe GRUPPE, PERMUTATION und GALOIS-THEORIE), so dass nun auch das Problem der Lösung von Gleichungen durch Wurzeln verständlich wird.

Differential- und Integralrechnung, Zahlentheorie, Geometrie und Logik hatten inzwischen Kalküle mit Objekten eingeführt, bei denen es sich nicht um Zahlen handelt (siehe OPERATOR und ARITHMETIK); der Grundgedanke der algebraischen Struktur stammt aus dieser Erweiterung des Kalküls (siehe RING, GRUPPE und VEKTOR). Ende des 19. Jahrhunderts führten Richard Dedekind und Georg Cantor den allgemeinen Begriff der MENGE ein, der wenige Jahre später die Grundlage für eine Vereinheitlichung der Mathematik bildete.

Seit dem Beginn des 20. Jahrhunderts entwickelt die Mathematik sich so schnell wie noch niemals zuvor. Wissenschaftler aus allen Ländern der Erde beteiligen sich an ihrer Fortentwicklung, und die Zahl der Mathematiker nimmt ständig zu. Sie untersuchen keine einzelnen Objekte mehr, sondern bedienen sich der axiomatischen Methode, bei der man mit Hilfe von Axiomen abstrakte Strukturen definiert, zum Beispiel Gruppen, Ringe, Vektorräume oder topologische Räume (siehe TOPOLOGIE); jede dieser Strukturen lässt sich auf verschiedene Weisen realisieren, und die axiomatische Methode gestattet es, Ideen und Ergebnisse aus einer dieser Realisierungen auf andere zu übertragen. Im 20. Jahrhundert entstanden zahlreiche neue Teilgebiete der Mathematik, zum Beispiel die TOPOLOGIE, die Theorie DYNAMISCHER SYSTEME, die algebraische GEOMETRIE, die Differentialgeometrie, die Theorie der Darstellung von GRUPPEN, die Funktionentheorie (siehe ANALYSE) und die mathematische LOGIK. Nachdem eine Zeit lang die Algebra die Mathematik beherrscht hatte, ist diese Rolle heute der Geometrie zugefallen; dieser Wechsel hängt mit der Tatsache zusammen, dass man sich im 20. Jahrhundert mathematischen Problemen mit mehreren Variablen zuwandte, während man im 19. Jahrhundert meist nur mit einer Variablen gearbeitet hatte.

Die heutige Mathematik

Die Mathematik besitzt einen ausgeprägten Hang zur Einheit. Der Grund liegt nicht allein in der Tatsache, dass die Mathematik heute auf der Mengenlehre basiert, sondern mehr noch in dem Umstand, dass die lebendigsten Teilbereiche in ständiger Wechselwirkung miteinander stehen. Darum ist es nicht leicht, Ordnung in eine Gesamtdarstellung der Mathematik zu bringen. Wir wollen versuchen, in groben Zügen ein Bild zu zeichnen, das sechs Hauptbereiche vorsieht, die allerdings nicht auf einer Ebene stehen und bei der Behandlung einzelner Probleme auch gleichzeitig zum Zuge kommen können.

Die Eigenschaften der ganzen Zahlen bilden auch weiterhin einen zentralen Gegenstand der Mathematik. In der Zahlentheorie benutzt man fast alle Techniken, die in anderen mathematischen Teilgebieten (Geometrie, Analysis, Wahrscheinlichkeitsrechnung, Kombinatorik ...) entwickelt worden sind. Von den sensationellsten Ergebnissen des letzten Vierteljahrhunderts gehören drei in den Bereich der Zahlentheorie: der Beweis der Weilschen Vermutung durch Pierre Deligne 1973, der Beweis der Mordellschen Vermutung durch Gerd Faltings 1983 und der Beweis der Fermatschen Vermutung durch Andrew Wiles 1994. Bei diesen Beweisen kommt der gesamte Apparat der algebraischen Geometrie zum Einsatz.

Seit dem Ende des 18. Jahrhunderts spielt die Differential- und Integralrechnung eine herausragende Rolle in der Mathematik und ihrer Anwendung im Bereich der Physik; diesen Bereich bezeichnet man nach heutigem Verständnis als Analysis. Zentrales Konzept der Analysis ist der Begriff der Funktion, und Funktionen werden meist durch Differentialgleichungen bestimmt. Für die Probleme der Analysis lassen sich nicht immer Lösungen finden, die exakt durch Funktionen ausgedrückt werden können. In diesen Fällen arbeitet man mit APPROXIMATIONEN. Führt man Approximationen weit genug fort, gelangt man jedoch (im Idealfall) zu einer exakten Lösung und konstruiert neue Funktionen, die das Gebiet der Analysis bereichern.

Eine intuitive Idee, die zunächst nur schwer zu mathematisieren schien, erwies sich als äußerst fruchtbar, als schließlich ihre Mathematisierung gelang; gemeint ist hier die Idee der SYMMETRIE, die den Gegenstand der Gruppentheorie bildet. Ihre mathematische Form wurde zunächst im Zusammenhang mit algebraischen Gleichungen eingeführt, dann jedoch auf die Geometrie übertragen, wo sie eine fundamentale Rolle spielt. Heute findet man Gruppen in fast allen mathematischen Theorien. Die wichtigsten Gesetze der Physik sind mit Symmetrien verbunden, die als Grundprinzipien gelten können.

Die Geometrie ist heute weitgehend nach den verschiedenen Symmetrietypen geordnet, die man sich vorstellen kann. Sie geht jedoch über die Theorie der Transformationsgruppen hinaus. Besitzt ein Raum eine Transformationsgruppe, die jene Strukturen respektiert, welche den Raum definieren (zum Beispiel die Metrik im Fall einer Riemannschen Mannigfaltigkeit) und die es gestattet, einen gegebenen Punkt in einen beliebigen anderen zu transformieren, bezeichnet man diesen Raum als homogen. Topologische Räume und differenzierbare oder algebraische Mannigfaltigkeiten sind jedoch in der Regel nicht homogen.

In enger Verbindung zur Geometrie stehen auch die DYNAMISCHEN SYSTEME; dasselbe gilt für die Theorie der SINGULARITÄTEN und für die Katastrophentheorie (siehe KATASTROPHE).

Die Wahrscheinlichkeitsrechnung ist im 20. Jahrhundert beträchtlich weiterentwickelt worden, hauptsächlich auf dem Gebiet der STOCHASTISCHEN PROZESSE. Heute benutzt man sie in der Theorie der POTENTIALE und in der Differentialgeometrie. Ihre Anwendung im Bereich der STATISTIK ist ein weites Feld.

Die mathematische Logik ist eine Neuschöpfung des 20. Jahrhunderts. Sie wurde im Zusammenhang mit dem Problem einer Grundlegung der Mathematik entwickelt und von David Hilbert in den 20er Jahren präzisiert. Zusammen mit der KOMBINATORIK spielt die Logik heute eine große Rolle in der INFORMATIK.

Angewandte Mathematik

Manche Leser haben vielleicht bemerkt, dass wir die Mathematik nicht in »reine« und »angewandte« Mathematik unterteilt haben, wie sie möglicherweise erwartet hätten. Diese Einteilung ist historisch recht jungen Datums und allenfalls von soziologischer Bedeutung.

Die Anwendung der Mathematik ist so alt wie die Mathematik selbst. Es wäre ganz unsinnig, wenn man der These einiger antiker Philosophen glaubte, wonach die griechischen Mathematiker eine Anwendung der Mathematik ablehnten. Und ebenso unsinnig ist die zur stärkeren Abgrenzung gegen die Griechen aufgestellte Behauptung, die arabischen Mathematiker hätten sich nur für praktische Fragen interessiert. Die Geschichte zeigt, dass die Mathematik stets in äußerst vielfältiger Weise Anwendung gefunden hat. Die Mathematik kann als technisches Hilfsmittel eingesetzt werden, etwa bei der Entwicklung von Buchführungsmethoden oder bei der Herstellung von Brennspiegeln mit Hilfe von KEGELSCHNITTEN. Auch andere Wissenschaften können die Mathematik einsetzen, etwa zur Konstruktion ihrer Objekte, wie es in der OPTIK des Alhazen oder in Newtons Mechanik geschieht.

In früheren Jahrhunderten lag die Anwendung der Mathematik meist in den Händen von Mathematikern, die sich ansonsten mit Zahlentheorie, Geometrie oder Funktionentheorie beschäftigten. Seit ein oder zwei Generationen erleben wir eine gewisse soziale Aufspaltung, bei der manche Mathematiker sich als Spezialisten für die Anwendung der Mathematik verstehen. Der Ursprung dieser Aufspaltung ist ohne Zweifel in der Tatsache zu suchen, dass in der Zeit von 1935 bis 1965 die wesentlichen Anstrengungen der Mathematiker sich auf die Konstruktion großer, abstrakter, theoretischer Apparate konzentrierten, wie sie die damaligen Probleme erforderten. Zur selben Zeit erforderten Krieg und Rüstung erhebliche Anstrengungen im Bereich mathematischer Anwendungen, die von Spezialisten übernommen wurden.

Viele glauben, die Probleme, die sich den Mathematikern stellen, könnten nur aus dem Bereich der Anwendung kommen. Es trifft zwar zu, dass manche Anwendungsprobleme zu bedeutsamen Entdeckungen und neuen Konzepten führten. So entdeckte Huygens die Tautochronie der Zykloiden (siehe KURVE), als er eine zuverlässige UHR zu bauen versuchte, mit der sich das für die Seefahrt bedeutsame Problem der Längenbestimmung lösen ließ (siehe GEOGRAPHISCHE LÄNGE). Bei dieser Gelegenheit erfand er das Konzept der Umhüllenden einer Kurve. Ähnliches gilt für das Konzept der partiellen Differentialgleichung (siehe GLEICHUNG), das d'Alembert erfand, um die kleinen Schwingungen einer Saite untersuchen zu können. Aber die Mathematik besitzt auch ihre eigene Dynamik; sie bringt allein durch ihre interne Entwicklung äußerst tiefgründige und schwierige Probleme hervor, und die zur Lösung dieser Probleme gefundenen Methoden erweisen sich auch im Bereich der Anwendung als fruchtbar. So zeigt sich häufig (aber keineswegs immer), dass ein zur Entwicklung einer physikalischen Theorie erforderliches mathematisches Instrument von den Mathematikern bereits geschaffen worden ist, wenn die Physiker es benötigen.

Manche meinen, die Mathematik habe keine eigenständige Bedeutung, sie sei eine leere Sprache, die ihren jeweiligen Sinngehalt erst in der Anwendung finde. Diese Vorstellung hängt mit dem Gedanken zusammen, wonach die Mathematik kein Objekt besitzt, weil sie sich nicht mit der sinnlichen Welt befasst. Man kann aber auch behaupten, die Mathematik habe die denkbar realsten Objekte, zum Beispiel die ZAHLEN. Diese ideellen Objekte sind insofern real, als sie Widerstand leisten; man kann mit ihnen keineswegs tun, was man will, und sie haben zahlreiche verborgene Eigenschaften. Die Sätze, die diese Eigenschaften beschreiben, besitzen im Übrigen eine Stabilität, wie man sie in keiner anderen Wissenschaft erreicht.

Physikalische Theorien vermögen Phänomene deshalb zu erklären, weil sie eine Verbindung zwischen Beobachtung und Mathematik herstellen, und erst durch diese Verbindung erhalten sie ihre Bedeutung. Oft wird gefragt, warum die Mathematik diese erstaunliche Fähigkeit besitzt. Eine mögliche Antwort könnte lauten: Wo die gewöhnliche Anschauung nicht mehr zur Erfassung der untersuchten Phänomene ausreicht, ist die Mathematik das einzige geistige Instrument, das uns weiterhilft.

Matrix

Zur Vorbereitung: ***lineare Abbildung; Vektor***
Zur Vertiefung: ***Operator***

Der Begriff der Matrix gestattet es, Operationen die auf linearen Abbildungen definiert sind, auf Operationen zurückzuführen, die auf Zahlentafeln definiert sind, wie die Begriffe der Basis und der Koordinaten es ermöglichen, Operationen, die auf Vektoren definiert sind, auf Operationen zurückzuführen, die auf Zahlen definiert sind.

Ist f eine lineare Abbildung und kennt man das durch f erzeugte Bild einer Basis des zugehörigen Ursprungsraums, so kennt man damit das durch f erzeugte Bild jedes beliebigen Vektors.

Ist f zum Beispiel eine lineare Abbildung der Ebene in sich selbst und bilden $\vec{i}$ und $\vec{j}$ eine Basis der Ebene und kennt man die Koordinaten a, b und c, d der Vektoren $f(\vec{i})$ und $f(\vec{j})$, so kann man das Bild jedes beliebigen Vektors der Ebene berechnen. Ist $\vec{u}$ ein Vektor mit den Koordinaten (x,y), so ist der Vektor $\vec{u}$ gleich $x\vec{i}+y\vec{j}$. Da es sich bei f um eine lineare Abbildung handelt, ist der Vektor $f(\vec{u})$ gleich

$xf(\vec{i})+yf(\vec{j}) = x(a\vec{i}+b\vec{j})+y(c\vec{i}+d\vec{j})$
$= (ax+cy)\vec{i}+(bx+dy)\vec{j}.$

Seine Koordinaten sind also
$ax+cy$ und $bx+dy$.

Die Koordinaten a, b und c, d der Vektoren $f(\vec{i})$ und $f(\vec{j})$ lassen sich auch durch eine Tafel mit zwei Zeilen und zwei Spalten darstellen:

$$\begin{pmatrix} a & c \\ b & d \end{pmatrix}$$

Die erste Spalte enthält die Koordinaten des Vektors $f(\vec{i})$, die zweite die Koordinaten des Vektors $f(\vec{j})$. Man bezeichnet diese Tafel als Matrix der linearen Abbildung f in der Basis $\vec{i}$, $\vec{j}$. Die Koordinaten des Vektors $\vec{u}$ lassen sich in einer Tafel mit zwei Zeilen und einer Spalte darstellen:

$$\begin{pmatrix} x \\ y \end{pmatrix}$$

die als Matrix des Vektors $\vec{u}$ bezeichnet wird.

Das Ziel des Rechnens mit Matrizen ist es, auf solchen Matrizen Operation so zu definieren, dass man sämtliche auf linearen Abbildungen definierten Operationen (Addition und Multiplikation mit einem Skalar, Abbildung, Verkettung, Determinantenrechnung, Bestimmung von Eigenwerten und Eigenvektoren usw.) auf das Rechnen mit Matrizen zurückführen kann. So definiert man die Operation einer Multiplikation von Matrizen in der Weise, dass man durch die Multiplikation der Matrix

$$M = \begin{pmatrix} a & c \\ b & d \end{pmatrix}$$

mit der Matrix

$$C = \begin{pmatrix} x \\ y \end{pmatrix}$$

die Matrix

$$MC = \begin{pmatrix} ax+cy \\ bx+dy \end{pmatrix}$$

erhält. Ist M die Matrix einer linearen Abbildung f und C die Matrix eines Vektors $\vec{u}$, so ist also die Matrix des Vektors $f(\vec{u})$ die Matrix MC.

Allgemein gilt: Sind E und F Vektorräume endlicher Dimension, das heißt, haben sie endliche Basen $\vec{a}_1, \ldots, \vec{a}_n$ und $\vec{b}_1, \ldots, \vec{b}_p$, und ist des Weiteren f eine lineare Abbildung von E in F, dann ist die Matrix der linearen Abbildung f in den Basen $\vec{a}_1, \ldots, \vec{a}_n$ und $\vec{b}_1, \ldots, \vec{b}_p$ die aus p Zeilen und n Spalten bestehende Tafel, deren Spalten die Koordinaten der Vektoren $f(\vec{a}_1), \ldots, f(\vec{a}_n)$ in der Basis $\vec{b}_1, \ldots, \vec{b}_p$ enthalten (sind die beiden Basen identisch, sagt man einfach: Matrix von f in der Basis $\vec{a}_1, \ldots, \vec{a}_n$). Die Matrix eines Vektors $\vec{u}$ aus E in der Basis $\vec{a}_1, \ldots, \vec{a}_n$ ist die aus n Zeilen und einer Spalte bestehende Tafel, die die Koordinaten des Vektors $\vec{u}$ in dieser Basis enthält. Diese Matrix ist zugleich die Matrix der linearen Abbildung von $\mathbb{R}$ in E, $k \longmapsto k\vec{u}$, wobei man in $\mathbb{R}$ die Basis 1 und in E die Basis $\vec{a}_1, \ldots, \vec{a}_n$ nimmt. Das Bild, das diese Abbildung von dem Vektor mit der Basis 1 erzeugt, ist tatsächlich der Vektor $\vec{u}$ (siehe KATEGORIE).

Das Produkt MN einer aus n Zeilen und p Spalten bestehenden Matrix M und einer aus p Zeilen und q Spalten bestehenden Matrix N ist eine aus n Zeilen und q Spalten bestehende Matrix. In der i-ten Zeile und der j-ten Spalte steht die Zahl $x_1y_1+ \ldots +x_py_p$, wobei $x_1, \ldots, x_p$

die i-te Zeile der Matrix M und $y_1, \ldots, y_p$ die j-te Spalte der Matrix N ist. Ist M die Matrix einer linearen Abbildung f und C die Matrix eines Vektors $\vec{u}$, so ist die Matrix des Vektors $f(\vec{u})$ das Produkt MC; und sind M und N die Matrizen zweier linearer Abbildungen f und g, so ist die Matrix der durch Verkettung der beiden linearen Abbildungen entstanden Abbildung $f(\vec{g})$das Produkt MN.

Die Multiplikation von Matrizen ist ein Beispiel für eine nichtkommutative Operation, das heißt, die Matrix MN ist nicht notwendig gleich der Matrix NM.

Mechanik

Zur Vertiefung: ***Chaos; Geschwindigkeit und Beschleunigung; Kraft; Quantenphysik***

Anders als der Ausdruck nach seiner umgangssprachlichen Verwendung nahe legt, beschränkt das physikalische Teilgebiet der Mechanik sich nicht auf die Erforschung von Maschinen und sonstigen mechanischen Vorrichtungen, sondern befasst sich ganz allgemein mit der Bewegung von Körpern, unter anderem auch von Himmelskörpern.

Das erste Teilgebiet der Physik

Die Mechanik entstand Anfang des 17. Jahrhunderts mit Galileis Arbeiten über fallende Körper und spielte in der Geschichte der Naturwissenschaften eine bedeutende Rolle, weil sie sehr bald zum Vorbild für andere Disziplinen wurde. Galileis Vorgehen enthielt bereits die wesentlichen Prinzipien, auf denen die neuzeitliche Naturwissenschaft basiert: die Suche nach möglichst allgemeinen Gesetzen, die Nutzung der Mathematik zur Formulierung dieser Gesetze, den systematischen Rückgriff auf Erfahrung, Experiment und Messung.

Galilei entdeckte das erste Gesetz der Mechanik: das Trägheitsgesetz. Danach behält ein Körper Richtung und Geschwindigkeit seiner Bewegung bei, solange keine äußere Kraft auf ihn einwirkt. Stellen wir uns einen Reisenden vor, der in einem Zug steht. Wenn der Zug plötzlich bremst, behält der Reisende seine ursprüngliche Bewegung bei und scheint nun in dem Zug nach vorne geschleudert zu werden.

Einige Jahrzehnte später formulierte Isaac Newton das zweite fundamentale Gesetz der Mechanik. Danach verhält sich die Beschleunigung $\vec{a}$ eines Körpers proportional zu der auf ihn einwirkenden Kraft $\vec{F}$, wobei der Proportionalitätsfaktor gleich dem Kehrwert der Masse m des betreffenden Körpers ist, also $\vec{a}=\vec{F}/m$. Das heißt, die Beschleunigung eines Körpers wächst mit der auf ihn ausgeübten Kraft, und die durch diese Kraft bewirkte Beschleunigung fällt umso geringer aus, je größer die Masse des betreffenden Körpers ist. Das Trägheitsgesetz ist übrigens nur ein Sonderfall dieses zweiten Gesetzes: Wenn keine Kraft einwirkt ($\vec{F}=0$), gibt es auch keine Beschleunigung ($\vec{a}=0$), und die Geschwindigkeit bleibt konstant.

Das dritte und letzte fundamentale Gesetz der Mechanik (auch das Gesetz der Gleichheit von Wirkung und Gegenwirkung oder von *actio* und *reactio* genannt) besagt Folgendes: Wenn ein Körper A eine bestimmte Kraft auf einen Körper B ausübt, dann übt B eine gleich große, aber entgegengesetzte Kraft auf A aus. Wenn also eine Person A von einer Person B mit einem Faustschlag traktiert wird, darf Person A diesen Sachverhalt ein wenig relativieren, indem sie sich denkt, dass auch sie eine gleich große, aber in der Richtung entgegengesetzte Kraft auf den Angreifer B ausgeübt hat (woraus wir allerdings bereits ersehen können, dass die Kraft allein nicht ausreicht, um die Schäden zu bestimmen, die ein Objekt beim Zusammenstoß mit einem anderen Objekt auslöst).

Zusammen mit dem Gravitationsgesetz gestatteten es diese drei einfachen Gesetze Newton, zahlreiche Phänomen zu erklären: den Fall eines Apfels, die elliptische Bewegung der Planeten, die Gezeiten in den Weltmeeren aufgrund der wechselseitigen Anziehung zwischen Mond und Erde. Außerdem eröffneten sie die Möglichkeit, Voraussagen zu machen. Wenn man die Positionen und Geschwindigkeiten mehrerer Körper sowie die zwischen ihnen wirkenden Kräfte für einen bestimmten Augenblick kennt, lassen sich daraus im Prinzip ihre jeweiligen Bewegungen für beliebige Zeiträume sowohl in der

Vergangenheit als auch in der Zukunft berechnen.

Aus all diesen Gründen bildeten die von Newton formulierten Gesetze der Mechanik lange Zeit einen Bezugsrahmen, der fast schon als ideal gelten konnte und, wie wir noch sehen werden, erst zu Beginn des 20. Jahrhunderts infrage gestellt wurde.

Die fortschreitende Generalisierung der Mechanik

Aufgrund der Arbeiten zahlreicher Physiker und Mathematiker, von denen hier nur Joseph de Lagrange, William Rowan Hamilton und Carl Jacobi genannt sein sollen, machte die Mechanik Ende des 18. und Anfang des 19. Jahrhunderts große Fortschritte. Diese Gelehrten legten die Grundlagen für die so genannte analytische Mechanik. Neue mathematische Instrumente, die Lagrangeschen und die Hamiltonschen Bewegungsgleichungen, verliehen den Gesetzen der Mechanik eine Reichweite, die über die von Newton geschaffenen Möglichkeiten noch weit hinaus gingen. Als Ausgangspunkt dient diesen mathematischen Instrumenten das Prinzip der kleinsten Wirkung, das es erlaubt, die Bewegung eines Massepunktes in einem Kräftefeld zu bestimmen. Die Mechanik erhält dadurch eine sehr abstrakte Form, die dem Bild materieller, von Kräften gezogener Körper oder Massepunkte keinen Raum mehr lässt, sondern die Bewegung als ganze in den Blick nimmt: Jede *a priori* mögliche Bewegung wird durch einen Punkt des »Bewegungsraums« dargestellt, so dass all diese »virtuellen« Bewegungen mit allen übrigen nach einem bestimmten Kriterium verglichen werden können, das es erlaubt, die reale Bewegung des jeweils betrachteten Massepunkts zu bestimmen. In dieser Form passt die analytische Mechanik auch sehr viel besser zu Theorien, die wie die Quantenphysik nicht mehr einzelne reale, sondern zahlreiche mögliche Bewegungen betrachten.

Im 18. Jahrhundert führte Leonhard Euler eine Unterscheidung zwischen der Mechanik der Massepunkte und einer Mechanik starrer Körper ein. Die Mechanik der starren Körper untersucht die Bewegungen von Festkörpern oder, genauer gesagt, von ausgedehnten, nicht deformierbaren Körpern, wobei der Schwerpunkt des Interesses auf der Rotation um die eigene Achse liegt, während die Mechanik der Massepunkte die Körper zu punktförmigen materiellen Gebilden idealisiert, die eine von null verschiedene Masse besitzen.

Nun gibt es eigentlich keine absolut undeformierbaren Körper, so dass auch die Mechanik der starren Körper nur eine Annäherung darstellt. Um die Deformation von Festkörpern zu beschreiben, die irgendwelchen Kräften ausgesetzt sind, erweiterten einige Physiker des 19. Jahrhunderts, vor allem Augustin Cauchy und Gabriel Lamé, die Prinzipien der Mechanik auf deformierbare Medien und begründeten damit die Mechanik der deformierbaren Kontinua. Aus einer entsprechenden Erweiterung der Mechanik auf die Erforschung von Flüssigkeiten und Gasen entstand die Mechanik der Flüssigkeiten und der Gase.

Angesichts der Fruchtbarkeit der Mechanik schien es verlockend, in ihr die »Grundlagentheorie« zu erblicken, die eine Erklärung aller physikalischer Phänomene gestattete. In der zweiten Hälfte des 19. Jahrhunderts wandte Ludwig Boltzmann die Gesetze der Mechanik auf Systeme an, die aus einer sehr großen Zahl von Teilchen bestehen, und leitete daraus die Prinzipien der Thermodynamik her, also jenes Teilgebiets der Physik, das sich mit der Umwandlung von Energie in deren verschiedene Formen befasst. Auch die Versuche zur Beschreibung des Elektromagnetismus standen anfangs im Zeichen der Mechanik. So folgte James Clerk Maxwell 1864 bei der Entwicklung des Modells, auf dem das Gebäude des modernen Elektromagnetismus beruht, zunächst einem mechanischen Ansatz.

Das Ende des mechanischen Denkens

Wenn die oben beschriebenen Gesetze der Mechanik universelle Geltung beanspruchen könnten, wäre das physikalische Universum eine deterministische Welt aus kleinen örtlich festgelegten Objekten, von Kräften zusammengehalten, die ohne jede zeitliche Verzögerung aus der Ferne wirken und die sich zusammensetzen lassen wie die Elemente eines Baukastens. Dieser (inzwischen als klassisch bezeichneten) Auffassung haben im 20. Jahrhundert zwei Revolutionen den Garaus gemacht, die Revolution der RELATIVITÄTSTHEORIE und die der QUANTENPHYSIK.

Die 1905 von Albert Einstein formulierte spezielle Relativitätstheorie basiert auf der Erkenntnis, dass es unmöglich ist, ein gemeinsamen Bezugssystem zu bestimmen, in dem die Gesetze der Mechanik und die Gesetze des Elektromagnetismus gleichzeitig respektiert würden. Der dafür zu zahlende Preis ist der Verzicht auf die Newtonsche Auffassung von Raum und Zeit und deren Ersatz durch eine relativistische »RAUM-ZEIT«, in der beide Strukturen eng miteinander verflochten sind.

Zur gleichen Zeit wurde deutlich, dass die Gesetze, die in der Welt der mikroskopisch kleinen Teilchen herrschen, nicht zu dem Bild kleiner, starrer Billardkugeln passen, auf die sich die Gesetze der Mechanik anwenden ließen. Diese Teilchen zeigen vielmehr eine Doppelnatur, sie haben zugleich Korpuskel- und Wellencharakter, so dass ihr Verhalten nicht dem klassischen Determinismus gehorcht und daher auch nicht mit den Mitteln der klassischen Mechanik beschrieben werden kann.

Medien, Strahlungsdurchgang durch

→ ***Strahlungsdurchgang durch Medien***

Meiose

Zur Vorbereitung: ***Mitose***
Zur Vertiefung: ***Chromosom; Rekombination; Zelldifferenzierung***

Die ZELLEN von EUKARYOTEN enthalten einen Zellkern, in dem das aus DNA bestehende genetische Material (siehe GENOM) liegt. Die Teilung der Zellen bringt zwei identische Zellen hervor; sie geht mit einer Verdoppelung der DNA einher, gefolgt von einer Kernteilung, der so genannten Mitose, durch die jede Tochterzelle die gleichen Chromosomen erhält wie die Mutterzelle. Die Mitose ist die Form der ZELLTEILUNG, die bei den Körperzellen oder somatischen Zellen der Eukaryoten am häufigsten vorkommt.

Es gibt jedoch noch eine andere Art der Zellteilung, die so genannte Meiose, die ausschließlich Zellen betrifft, die in den Geschlechtsorganen zu finden sind. Diese Zellen sind diploid, besitzen also von jedem Chromosomentyp zwei Exemplare, und verwandeln sich bei der Meiose in Keimzellen (GAMETEN), die haploid sind und von jedem Chromosom nur ein Exemplar aufweisen. Die Meiose reduziert die Chromosomenzahl in den Tochterzellen auf die Hälfte und bildet somit einen grundlegenden Mechanismus der geschlechtlichen Fortpflanzung, der zur Bildung haploider Keimzellen (Ei- und Spermazellen) führt. Bei der Befruchtung verschmelzen Ei und Spermium zu einem befruchteten Ei oder einer ZYGOTE, die aufgrund der Addition der beiden haploiden Genome wieder diploid ist. Die sukzessiven Zellteilungen der Zygote, die wieder durch Mitose erfolgen, gehen mit einem Differenzierungsprozess einher, aus dem die verschiedenen Zelltypen des Embryos und später des ausgewachsenen Organismus hervorgehen (siehe ZELLDIFFERENZIERUNG).

Die Meiose umfasst zwei aufeinander folgende Zellteilungen, die sich in einigen Stadien von der normalen Mitose unterscheiden (siehe *Abbildung 1*).

Wie bei der Mitose verdoppelt sich zunächst die DNA, die in jedem der beiden Chromosomen eines jeden Paares vorhanden ist. Jedes Chromosom enthält also zwei identische DNA-Moleküle oder Chromatiden, die miteinander an einer Einschnürung des Chromosoms, am so genannten Zentromer, verbunden sind. Bei der ersten meiotischen Zellteilung bleiben die homologen Chromosomen jedes Paares nicht wie bei der Mitose getrennt, sondern lagern sich der Länge nach eng aneinander und tauschen über REKOMBINATION DNA-Segmente zwischen ihren Chromatiden aus. Unter dem MIKROSKOP ist dieser Austausch als Chiasma oder Kreuzfigur zu erkennen, in der die Chromosomen sich überkreuzen. Diesen Prozess bezeichnet man als

Crossing-over. Meist sind pro Chromosom ein oder mehrere Crossing-over zu beobachten.

Anschließend verteilen sich die beiden rekombinierten Chromosomen jedes homologen Paares zufällig auf die beiden Tochterzellen. Dabei bleiben jedoch die Chromatiden eines jeden Chromosoms am Zentromer verbunden, das sich anders als bei der Mitose nicht teilt. Die erste meiotische Teilung führt somit zur Bildung von zwei Zellen, deren Kern von jedem Chromosom nur ein Exemplar enthält, jedoch mit doppelten Chromatiden.

Die zweite meiotische Teilung beginnt ohne erneute DNA-Synthese und verläuft ähn-

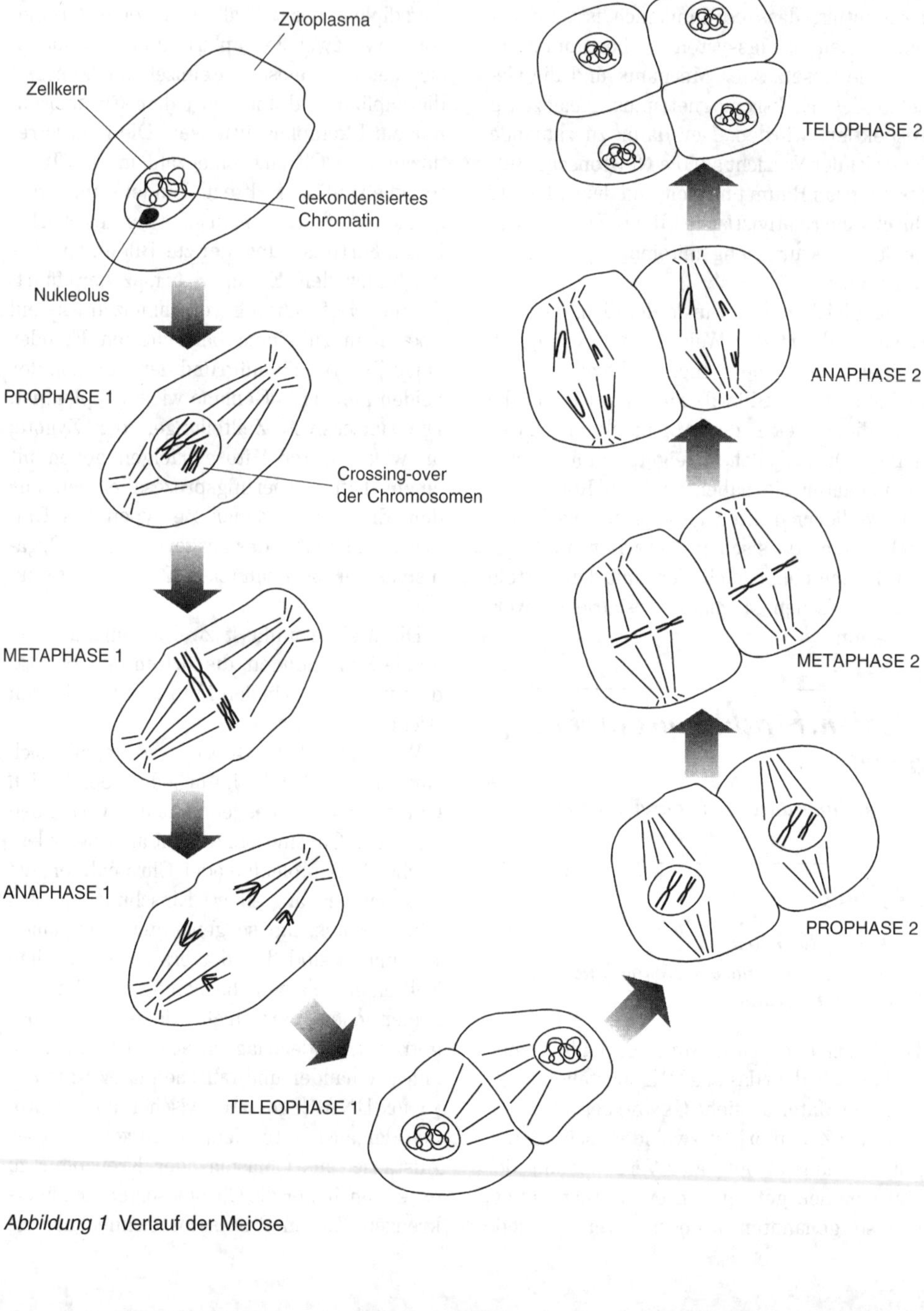

Abbildung 1 Verlauf der Meiose

lich wie eine normale Mitose. Die Teilung des Zentromers führt zur Trennung der Chromatiden und endet mit der Bildung von zwei haploiden Zellen, deren Kern jeweils einen kompletten haploiden Chromosomensatz enthält.

Insgesamt sind dergestalt am Ende der Meiose aus einer diploiden Mutterzelle vier haploide Tochterzellen entstanden. Jede enthält einen einzigartigen Chromosomensatz, hervorgegangen aus einer zufälligen Verteilung von Chromosomen, die gegenüber den Chromosomen der Mutterzelle durch die Rekombinationen bei der ersten meiotischen Teilung verändert wurden (siehe REKOMBINATION). Die genetische Durchmischung, die bei der Meiose stattfindet, stellt den Ursprung für die Diversität der Organismen mit geschlechtlicher Fortpflanzung dar, die im Gegensatz steht zu Organismen, die sich wie Amöben über einfache Mitosen fortpflanzen und, von MUTATIONEN abgesehen, nur Klone identischer Individuen hervorbringen (siehe KLONIEREN, KLON).

Während der Meiose kann es zu Fehlern kommen, etwa indem sich bei der ersten meiotischen Teilung die homologen Chromosomen nicht trennen oder Brüche und Umbildungen erfahren oder indem die Chromatiden sich bei der zweiten meiotischen Teilung nicht trennen. Das führt zur Bildung von Gameten, die ein Chromosom zu viel (Trisomie) oder zu wenig (Monosomie) oder ein umgebildetes Chromosom enthalten.

Beim Menschen sind die meisten Zygoten, die aus solchen Gameten hervorgehen, nicht lebensfähig und werden spontan abgestoßen. In manchen Fällen können solche Veränderungen Krankheiten auslösen wie das Down-Syndrom bei der Trisomie des Chromosoms 21.

Bei Pilzen und Pflanzen dient die Meiose nicht ausschließlich der Produktion von Gameten. Viele Organismen bilden bei der Meiose haploide Sporen aus, deren Vermehrung durch Mitose vollständige Organismen mit zahlreichen haploiden Zellen ergibt. Für die geschlechtliche Fortpflanzung, die wieder zum diploiden Zustand zurückführt, produzieren solche Organismen die Gameten durch einfache Mitosen.

Membran

Zur Vertiefung: ***Hydrophilie, Hydrophobie; Lipide; Organellen; Rezeptoren***

Struktur der Biomembranen

Membranen sind universelle Komponenten aller Lebewesen. Sie umhüllen die ZELLEN (Plasmamembran) und die Organellen, die sich in ihrem Inneren befinden. Im Wesentlichen bestehen sie aus Lipiden und PROTEINEN sowie einem geringen Anteil ZUCKER. Sie trennen zwei wässrige Kammern oder Kompartimente, im Fall der Plasmamembran also das Zellinnere (siehe ZYTOPLASMA) von der äußeren Umgebung.

Eine Membran besteht aus einer doppelten Lipidschicht (siehe *Abbildung 1*). Die Membranlipide sind größtenteils Phospholipide mit einem Kopf aus Phosphatgruppen, die eine positive oder negative Ladung tragen. Dieser Kopf ist hydrophil (Wasser liebend), reagiert also leicht mit WASSER, wenn die beiden Außenseiten der Membran damit in Berührung kommen. Der Schwanz der Phospholipide besteht aus langen Fettsäure-Kohlenwasserstoffketten (siehe KOHLENSTOFF und WASSERSTOFF). Sie sind hydrophob, scheuen also jeglichen Kontakt mit Wasser. Zwischen den hydrophoben Enden der Phospholipide der beiden Lipidschichten kommt es im Inneren der Membranen, wo es kein Wasser gibt, zu bestimmten Wechselwirkungen.

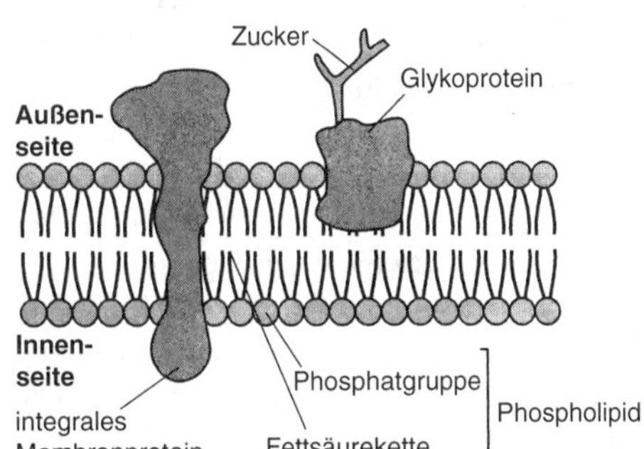

Abbildung 1

Da eine Lipidmembran nur eine Dicke von weniger als 10 nm (Nanometer $1nm=10^{-9}m$) hat, ist ihre Struktur nur mit dem Elektronenmikroskop zu erkennen (siehe MIKROSKOP). Membranen sind flüssige Strukturen, deren Festigkeit mit dem variablen Anteil anderer Moleküle wie Cholesterin steigt.

In Biomembranen finden sich zahlreiche Proteine, die bis zur Hälfte der Gesamtmasse ausmachen können. Einige Proteine sind an einer der Außenflächen der Membran verankert, manchmal durch eine starke chemische Bindung mit einem Lipid; andere durchsetzen sie völlig, manchmal mehrfach, und stehen über Ketten bestimmter AMINOSÄUREN (die Grundbausteine der Proteine) in hydrophoben Wechselwirkungen mit dem Inneren der Membran. Proteine an der Außenseite der Zellen sind häufig mit Zuckern verbunden, es sind Glykoproteine. Auch in den Membranen finden sich an Lipide gebundene Zucker oder Glykolipide.

Die Plasmamembran

Die Plasmamembran oder Zellmembran umhüllt die Zellen. Bei BAKTERIEN und Pflanzen ist sie häufig von einer Zellwand umgeben, die vorwiegend aus Verbindungen komplexer Zucker mit Proteinen besteht. Eine solche Zellwand gibt es bei den Zellmembranen der Tierorgane nicht. Im wässrigen Milieu, das die Zelle umgibt, findet sich ein Geflecht aus Faserproteinen wie Kollagen und Zuckern, die so genannte extrazelluläre Matrix oder Interzellularsubstanz. Die Wechselwirkungen zwischen den Zellen und der extrazellulären Matrix steuern die Zellbewegungen im Organismus zum Beispiel bei der Embryonalentwicklung oder der Immunabwehr. In bestimmten Geweben liegen die Zellmembranen mehr oder weniger dicht beieinander und bilden Brücken, über die sie bestimmte Substanzen austauschen können.

Die Plasmamembran ist in erster Linie eine Barriere zwischen der äußeren Umgebung der Zelle und dem ZYTOPLASMA, die den Austausch von Stoffen über die Mechanismen ihrer selektiven Durchlässigkeit steuert. Bestimmte kleine Moleküle wie Wasser gelangen über einfache DIFFUSION ungehindert durch die Membran. Bei anderen Stoffen, zum Beispiel positiv oder negativ geladenen IONEN (Kationen oder Anionen), sowie etwas größeren Molekülen wie Aminosäuren oder einfachen Zuckern, erfolgt der Transport über Proteine, die in der Membran verankert sind und sie durchdringen. Diese Proteine transportieren die Stoffe aus dem Zellinneren nach außen oder umgekehrt, je nach Konzentration der jeweiligen Bestandteile in der Zelle und ihrer Umgebung. Da es sich um einen aktiven Transport handelt, verbraucht er Energie (siehe STOFFWECHSEL) und führt zu Ladungsdifferenzen zwischen den beiden Außenflächen der Membran, die im Fall der Nervenzellen an der Erregungsleitung mitwirken.

Andere Proteine, die in der Plasmamembran verankert sind, wirken als REZEPTOREN, die Signale wie hormonelle Botschaften von außerhalb der Zelle aufnehmen. Die so erhaltene Information geben sie an das Zellinnere weiter. Jeder Zelltyp verfügt über einen charakteristischen Satz an Rezeptoren, also Proteinen, die sich auf spezifische Weise mit Botenstoffen wie Neurotransmittern oder HORMONEN verbinden. VIREN nutzen manche dieser Membranrezeptoren, um über sie in die Zellen einzudringen.

Organellmembranen

In Eukaryotenzellen (die einen Zellkern enthalten) sind auch die Hauptorganellen innerhalb der Zelle von Membranen umgeben. Der ZELLKERN, in dem die CHROMOSOMEN, die Träger der GENETISCHEN INFORMATION, liegen, ist von einer Doppelmembran umhüllt. Die äußere Membran dieser Kernhülle ist mit der des ENDOPLASMATISCHEN RETIKULUMS verbunden, einem Geflecht aus Kanälchen, in dem vor allem Lipide und bestimmte Proteine synthetisiert werden. Ein Teil der Membranen des endoplasmatischen Retikulums ist an der Außenseite mit RIBOSOMEN besetzt, Korpuskeln, die an der Synthese jener Proteine beteiligt sind, die für den Transport zur Plasmamembran oder zur Sekretion aus der Zelle bestimmt sind. Diese Proteine enthalten ein hydrophobes Segment, über das sie sich an die Membranen des endoplasmatischen Retikulums anlagern und in sie eindringen können, um sich dort mit Zuckern zu verbinden. Anschließend gelangen sie in den GOLGI-APPARAT, ein weiteres Membrangeflecht in Form abgeflachter Zisternen, wo sie modifiziert, sortiert und an ihren endgültigen Bestimmungsort innerhalb oder außerhalb der Zelle transportiert werden. An den Außenflächen der Membranen des Golgi-Apparates bilden sich durch Abschnürung Sekretvesikel, die Proteine zur Plasmamembran transportieren und sich mit ihr verbinden – ein Prozess, den man als Exocytose bezeichnet. Über den umgekehrten Vorgang, die Endocytose, werden Substanzen und Partikel aus der Zellumgebung ins Zellinnere transportiert. Die Endocytose-Vesikel oder Endosomen bilden sich durch Invagination (Einstülpung) der Plasmamembran und verschmelzen mit anderen Organellen, die von einer einfachen Membran umhüllt sind wie die Lysosomen, in denen die transportierten Substanzen von Enzymen in einem sauren Milieu abgebaut werden, um die Zelle mit den Grundbausteinen für bestimmte biochemische Reaktionen des Stoffwechsels zu versorgen.

In pflanzlichen und tierischen Zellen findet die Zellatmung in den MITOCHONDRIEN statt, Organellen, die von einer Doppelmembran umhüllt sind. Die innere Membran dient als Träger der REDOXREAKTIONEN und zur Energieproduktion (siehe STOFFWECHSEL). Auf ähnliche Weise binden die Membranen der CHLOROPLASTEN – Organellen pflanzlicher Zellen und bestimmter Einzeller – Pigmente wie Chlorophyll, das die Nutzung der Lichtenergie für die Zuckersynthese aus Kohlendioxid durch PHOTOSYNTHESE ermöglicht.

Mendelsche Regeln

Zur Vertiefung: ***Gen; Genetik; Populationsgenetik***

Als wesentlicher Beitrag Gregor Mendels zum Verständnis des Vererbungsprozesses gilt traditionell die Entdeckung von »Gesetzmäßigkeiten« wie der Spaltungsregel und der Regel der freien Kombination der Erbanlagen. Die Spaltungsregel geht auf die Beobachtung zurück, dass die Nachkommen von Hybriderbsen, die aus der Kreuzung einer gelbsamigen und einer grünsamigen Erbsenpflanze hervorgegangen sind, zu drei Vierteln gelbe und zu einem Viertel grüne Erbsensamen hervorbringen. Die Regel der freien Kombination beruht auf der Tatsache, dass die Weitergabe eines Merkmals unabhängig von der Weitergabe eines anderen ist.

Um die Spaltungsregel zu belegen, hat Mendel höchstwahrscheinlich etwas nachgeholfen: Von 8023 beobachteten Erbsensamen waren 2006 grün, eine Zahl, die der theoretisch ermittelten zu nahe kommt, um durch reale Beobachtung erzielt worden zu sein. Doch wie er selbst darlegte, eliminierte er einige schlecht entwickelte Pflanzen, die das erwartete Resultat verfälscht hätten. Das Gesetz der unabhängigen Weitergabe verschiedener Merkmale ist schlicht ungenau: Die erklärte Unabhängigkeit besteht in Wirklichkeit nur für Merkmale, die von Genen auf unterschiedlichen Chromosomen gesteuert sind. Mendel untersuchte sieben Merkmale, er hatte das Glück, dass die betreffenden Gene tatsächlich jeweils auf einem der sieben Chromosomen lokalisiert sind, die die Erbse besitzt. Wahrscheinlich studierte er auch andere Merkmale, veröffentlichte aber nur einen Teil seiner Beobachtungen, nämlich jene, deren Resultate seiner Erwartung entsprachen.

Diese Anmerkungen schmälern indes seinen Ruhm nicht. Sein Beitrag geht in seiner Bedeutung weit über die Entdeckung einiger Gesetzmäßigkeiten hinaus. Er schlug ein Konzept vor, das erstmals das Paradox der Zeugung löste: Wie kann ein definitionsgemäß unteilbares Individuum zwei Ursprünge haben? Vor Mendel lag die Lösung dieser Frage in der Verneinung des doppelten Ursprungs: Nur einer der Erzeuger galt als Ursprung des gezeugten Wesens. Mendel kehrte diese Logik um, indem er den doppelten Ursprung akzeptierte und die Unteilbarkeit verneinte. Sein Beitrag ließe sich also auf den Nenner bringen, dass er geschlechtliche Lebewesen als »dividus« (geteilt) ansah, deren verschiedene Merkmale von einer doppelten Ausstattung an Erbfaktoren gesteuert werden. Die Zeugung besteht demnach in der Weitergabe der Hälfte dieser doppelten Ausstattung, einer Weitergabe, die mittels der Gameten, also bei Tierarten über Ei und Spermium erfolgt. Die Mendelschen Regeln sind lediglich Konsequenzen dieses Konzepts.

Menge

Zur Vertiefung: ***Widerspruch***

Die naive Mengenlehre

Hat man irgendeine Eigenschaft (zum Beispiel die, eine gerade Zahl zu sein), kann man ein Objekt konstruieren, das die Menge (oder Sammlung oder Liste) aller Objekte mit dieser Eigenschaft umfasst – in unserem Beispiel die Menge der geraden Zahlen. Dafür schreibt man: $\{n \mid n$ ist eine gerade Zahl$\}$, und man sagt: »die Menge aller n, für die gilt: n ist eine gerade Zahl«.

Anders als die Eigenschaft »eine gerade Zahl sein«, ist die Menge der geraden Zahlen ein Objekt. Daher kann man über dieses Objekt sprechen und zum Beispiel sagen: »Die Menge der geraden Zahlen ist unendlich.«

Man schreibt $a \in B$ (a Element aus B), wenn man sagen möchte, dass das Objekt a ein Element der Menge B ist, und $A \subset B$ (A Teilmenge von B), wenn man sagen möchte, dass die Menge A in der Menge B enthalten oder dass sie ein Teil oder eine Teilmenge der Menge B ist, das heißt, dass alle Elemente von A auch Elemente von B sind.

Zwei Mengen sind gleich, wenn sie dieselben Elemente haben. Eine Menge ist leer, wenn sie kein Element enthält. Da es keine Zahlen gibt, die zugleich gerade und ungerade sind, ist die Menge der zugleich geraden und ungeraden Zahlen leer. Ebenfalls leer ist die Menge der reellen Zahlen, deren Quadrat gleich –1 ist. Da beide Mengen dieselben Elemente besitzen, sind sie gleich. Alle leeren Mengen sind gleich. Das heißt, es gibt nur eine einzige leere Menge, und ihr Zeichen ist $\emptyset$.

Hat man zwei Objekte a und b, kann man mit der Eigenschaft »entweder gleich a oder gleich b sein« eine Menge $\{a,b\}$ definieren, die einzig die Objekte a und b enthält. Ebenso kann man für eine endliche Zahl von Objekten stets auch die Menge bilden, die diese Objekte enthält.

Ein weiteres, häufig verwendetes Verfahren zur Bildung von Mengen besteht darin, den Durchschnitt $A \cap B$ oder die Vereinigung $A \cup B$ zweier Mengen A und B zu bilden. Der Durchschnitt zweier Mengen A und B ist die Menge der Objekte, die zugleich A und B angehören, die Vereinigung zweier Mengen A und B ist die Menge der Objekte, die zu A oder zu B gehören. Allgemein gilt, wenn A eine Menge von Mengen ist, kann man den Durchschnitt und die Vereinigung der Elemente von A bilden.

Ein letztes Beispiel: Hat man eine Menge A, kann man die Menge der Teilmengen von A bilden. So besitzt die Menge $\{1,2,3\}$ insgesamt 8 Teilmengen:

$\emptyset$, $\{1\},\{2\},\{3\},\{1,2\},\{1,3\},\{2,3\},\{1,2,3\}$.

Die Menge dieser Teilmengen ist daher die aus 8 Elementen bestehende Menge

$\{\emptyset, \{1\},\{2\},\{3\},\{1,2\},\{1,3\},\{2,3\},\{1,2,3\}\}$.

Die Mengen und das Unendliche

Dieser recht banale Mengenbegriff verdankt seine Bedeutung unter anderem der Tatsache, dass er ein wichtiges Hilfsmittel zur Klärung des Konzepts der unendlichen Anzahl darstellt. Dieses Konzept, das etwa für die Untersuchung der reellen Zahlen nützlich ist, gab Anfang des 19. Jahrhunderts den Anlass zur Entwicklung der Mengenlehre.

Man sagt, zwei Mengen enthalten gleich viele Elemente oder sind »gleich mächtig«, wenn man zwischen ihnen eine eineindeutige Zuordnung herstellen kann, das heißt, wenn es eine Abbildung gibt, die jedem Element der einen Menge ein Element der anderen Menge zuordnet und umgekehrt. Zum Beispiel gibt es ebenso viele »kleine Schweinchen« wie Musketiere, denn man kann folgende Zuordnung herstellen:

- Schweinchen Schlau zu Porthos;
- Schweinchen Dick zu Athos;
- Schweinchen Fiedel zu Aramis.

Dieses Konzept lässt sich auch auf unendliche Mengen ausdehnen. So hat die Menge der ungeraden Zahlen ebenso viele Elemente wie die Menge der geraden Zahlen, denn man kann folgende Zuordnung herstellen:

0 zu 1
2 zu 3
4 zu 5 …

Eine endliche Menge kann nicht ebenso viele Elemente besitzen wie eine ihrer Teilmengen, es sei denn, die Teilmenge ist sie selbst. So gibt es keine eineindeutige Zuordnung zwischen der Menge {Schlau, Dick, Fiedel} und deren Teilmenge {Schlau, Dick}. Das gilt jedoch nicht für unendliche Mengen, wie Bernard Bolzano im 19. Jahrhundert bemerkte (im Keim ist dieser Gedanke allerdings bereits zwei Jahrhunderte vorher in Galileis Arbeiten angelegt, und man kann ihn sogar bei einigen arabischen Mathematikern des Mittelalters finden). Obwohl die Menge der ganzen Zahlen uns größer erscheinen mag als die Menge der geraden Zahlen, weil sie neben den geraden noch die ungeraden Zahlen umfasst, besitzen beide Mengen doch dieselbe Zahl von Elementen, denn man kann folgende eineindeutige Zuordnung zwischen ihnen herstellen:

0 zu 0
1 zu 2
2 zu 4 …

Ein noch frappierenderes Beispiel ist die Tatsache, dass es ebenso viele Paare ganzer Zahlen wie ganze Zahlen gibt (also ebenso viele rationale Zahlen wie ganze Zahlen). Zum Beweis füllt man eine Tabelle der ganzen Zahlen Diagonale für Diagonale mit ganzen Zahlen (siehe *Abbildung 1*), so dass in der ersten Diagonalen 0 steht, in der zweiten folgen 2 und 3, in der dritten 4, 5 und 6 usw.

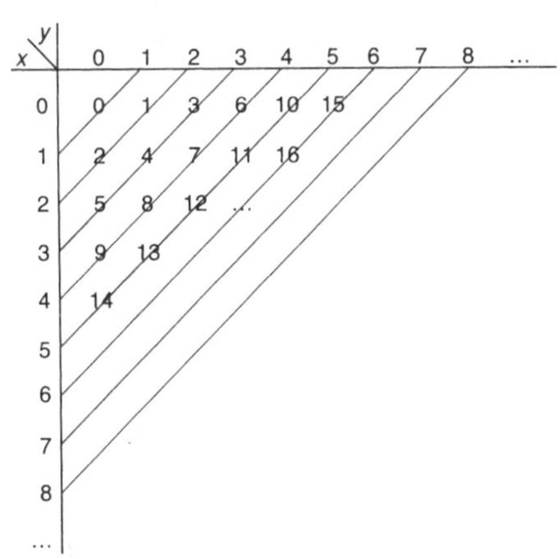

Abbildung 1

Dem Paar (x,y) ordnet man die Zahl zu, die sich in Reihe x und Spalte y befindet, dem Paar (2,1) also die Zahl 8. Desgleichen gibt es ebenso viele algebraische Zahlen (das sind die Lösungen algebraischer Gleichungen mit ganzzahligen Koeffizienten) wie ganze Zahlen.

Und es gibt ebenso viele Paare reeller Zahlen wie reelle Zahlen, also ebenso viele Punkte auf einer Geraden wie in einer Ebene. Diese Erkenntnis hat viele Mathematiker überrascht, und das galt selbst für ihren Entdecker Georg Cantor; nachdem er den Beweis gefunden hatte, schrieb er an Richard Dedekind, er sehe es, könne es aber nicht glauben. Der Beweis basiert auf dem Gedanken, einem reellen Zahlenpaar jeweils die Zahl zuzuordnen, die man erhält, wenn man die Dezimalstellen ineinander verschachtelt. Dem Zahlenpaar (0,55555 …, 0,77777 …) ordnet man danach die Zahl 0,5757575757 … zu. Ein wenig mehr Aufwand erfordern lediglich die Zahlen mit einer endlichen Anzahl von Dezimalstellen, die sich auf zwei verschiedene Arten schreiben lassen, zum Beispiel die Zahl 1 als 1,00000 … oder 0,99999 … (siehe ZAHLENSYSTEME).

Bei unendlichen Mengen ist das Ganze also nicht immer größer als die einzelnen Teile, und diese Eigenschaft kann sogar als Definition der unendlichen Menge dienen.

Nun könnte man annehmen, alle unendlichen Mengen besäßen gleich viele Elemente. Doch das ist nicht der Fall. So hat Cantor gezeigt, dass es mehr reelle Zahlen gibt als ganze Zahlen, denn es ist nicht möglich, eine eineindeutige Zuordnung zwischen den reellen und den ganzen Zahlen herzustellen. Meint man, solch eine Zuordnung hergestellt zu haben, lässt sich, wie Cantor gezeigt hat, stets eine reelle Zahl finden, die man »vergessen« hat, der also keine ganze Zahl zugeordnet worden ist. Hat man zum Beispiel folgende Zuordnung:

0 zu 4,1267814 …
1 zu 3,1415926 …
2 zu 0,1111111 …
3 zu 1,4142135 …
4 zu 0,9876543 …
usw.,

kann man eine »vergessene« reelle Zahl folgendermaßen konstruieren. Zunächst konstruiert man eine Zahl, die aus dem ganzzahligen Anteil der 0 zugeordneten Zahl besteht, sowie aus der ersten Dezimalstelle der 1 zugeordneten Zahl, der zweiten Dezimalstelle der 2 zugeordneten Zahl, der dritten Dezimalstelle der 3 zugeordneten Zahl usw.

In unserem Beispiel erhält man so die Zahl 4,1146 … Dann ersetzt man willkürlich jede Ziffer durch eine andere, zum Beispiel sämtliche Ziffern außer der 1 durch 1 und die 1 durch 5; auf diese Weise erhält man 1,5511 …

Die so erhaltene Zahl ist keiner ganzen Zahl zugeordnet, denn wäre sie der Zahl n zugeordnet, wäre ihre n-te Dezimalstelle gleich der n-ten Dezimalstelle der n zugeordneten Zahl, aber die n-te Dezimalstelle wurde ja gerade so gewählt, dass sie nicht mit der n-ten Dezimalstelle der n zugeordneten Zahl übereinstimmt. Wie im Bereich der endlichen Mengen gibt es also auch im Bereich der unendlichen Mengen solche, die größer sind als andere.

Vereinheitlichung der mathematischen Sprache

Gleichfalls in der zweiten Hälfte des 19. Jahrhunderts und parallel zu den Überlegungen hinsichtlich des Unendlichen veranlasste das Bedürfnis nach größerer Strenge der Beweisführung die Mathematiker zu dem Versuch, geläufige mathematische Begriffe wie den der Zahl, der Funktion, der Menge, des Punktes, der Geraden usw. zu definieren. Da es nicht möglich ist, sämtliche Begriffe zu definieren, muss man sich für bestimmte Grundbegriffe entscheiden, mit deren Hilfe man die übrigen Begriffe definiert. Die Grundbegriffe selbst werden nicht definiert, sondern axiomatisiert, das heißt, man formuliert Axiome, in denen ihr Verhalten festgelegt wird.

Der zweite Grund für den Erfolg des Mengenbegriffs liegt in der Tatsache, dass man sämtliche Begriffe der Mathematik mit seiner Hilfe definieren kann, wenn man ihn zum Grundbegriff erhebt. Der Begriff der ganzen Zahl etwa lässt sich auf der Basis der Gleichmächtigkeit von Mengen definieren. Die Mengenlehre eröffnete daher die Möglichkeit, die Sprache der Mathematik zu vereinheitlichen.

Die Axiomatisierung der Mengenlehre

Da der Mengenbegriff als Grundbegriff dienen sollte, musste man Axiome formulieren, die sein Verhalten festlegen. Die ersten Versuche zur Axiomatisierung der Mengenlehre formulierten ein Axiom, wonach man für jede Eigenschaft, zum Beispiel die, eine gerade Zahl zu sein, die Menge der Objekte konstruieren kann, die diese Eigenschaft besitzen, in unserem Beispiel also die Menge der geraden Zahlen. Dieses Axiom lässt durchaus zu, dass auch die konstruierte Menge selbst die definierende Eigenschaft besitzt. Zwar ist die Menge der geraden Zahlen nicht selbst eine gerade Zahl, aber über die Eigenschaft »eine unendliche Menge sein« kann man die Menge aller unendlichen Mengen bilden, die selbst eine unendliche Menge ist und sich daher selbst als Element enthält.

Man erkannte jedoch bald, dass diese Mengenlehre zu einem WIDERSPRUCH führt, das heißt, dass sich damit zugleich eine Sache und ihr Gegenteil beweisen lässt. Im Rahmen dieser Theorie kann man nämlich die Menge R der Mengen bilden, die sich nicht selbst als Element enthalten; *per definitionem* ist eine Menge A dann Element von R, wenn sie sich nicht selbst als Element enthält. Wenn nun R sich nicht selbst als Element enthält, gehört sie zu den Mengen, die sich nicht selbst als Element enthalten, und müsste sich folglich selbst enthalten. Enthält R sich dagegen selbst, gehört sie nicht zu den Mengen, die sich nicht selbst enthalten, und dürfte sich folglich auch nicht selbst enthalten. Aus der Definition von R folgt also, dass R sich zugleich enthält und nicht enthält. Dieses von Russell gefundene Paradoxon zeigt, dass die Mengenlehre in der beschriebenen Form nicht haltbar ist und dass nicht alle Eigenschaften zur Bildung von Mengen zugelassen werden können; insbesondere gilt es, sich vor der Eigenschaft »sich selbst als Element enthalten« zu hüten.

Das führt zur Zermelo-Fraenkelschen Mengenlehre, die die Bildung einer Menge von Objekten mit bestimmten Eigenschaften an vier Voraussetzungen knüpft: das Zweiermengenaxiom, wonach man, wenn man zwei Objekte a und b hat, die aus diesen beiden Objekten bestehende Menge bilden kann, deren Elemente die Eigenschaft »gleich a oder gleich b sein« besitzen; das Vereinigungsaxiom gestattet es, bei einer Menge von Mengen A die Vereinigungsmenge der Elemente von A zu bilden;

das Teilmengenaxiom gestattet es, für eine Menge A die Menge ihrer Teilmengen zu bilden, und das Untermengenaxiom schließlich gestattet es, für eine Menge A und eine Eigenschaft P die Menge derjenigen Elemente von A zu bilden, die die Eigenschaft P besitzen. Nach dieser Theorie ist die Menge R nicht definierbar, weil sie zu keiner der vier Kategorien gehört.

Zusammen mit einigen anderen Axiomen wie dem Unendlichkeitsaxiom, das die Existenz einer unendlichen Menge postuliert, bilden diese Axiome eine Theorie, in der man keine Widersprüche entdeckt hat und die daher die Möglichkeit eröffnet, alle mathematischen Objekte, die man benötigt, zu konstruieren.

Mensch und Maschine, Interaktion zwischen

→ ***Interaktion zwischen Mensch und Maschine***

Mensch und Maschine, Kommunikation zwischen

→ ***Kommunikation zwischen Mensch und Maschine***

Merkmale, angeborene

→ ***angeborene Merkmale***

Merkmale, erworbene

→ ***erworbene Merkmale***

Meson

Zur Vertiefung: ***Hadron; Quark; Wechselwirkung in der Physik***

Die Mesonen (nach dem griechischen *meson*: »mittel«) verdanken ihren Namen der Tatsache, dass die Masse der ersten entdeckten Vertreter dieser Teilchengruppe zwischen der des leichten Elektrons und der des schweren Protons bzw. des Neutrons lag, der einzigen Teilchen, die damals in den 1940er Jahren bereits bekannt waren. Etwas genauer formuliert, gehören die Mesonen einerseits zu den HADRONEN, das heißt, sie unterliegen der starken Wechselwirkung, von der die Bestandteile des Atomkerns zusammengehalten werden (siehe WECHSELWIRKUNG IN DER PHYSIK), und andererseits zu den Bosonen, das heißt, zwei Mesonen können am selben Ort denselben Quantenzustand einnehmen (siehe AUSSCHLIESSUNGSPRINZIP).

Die Mesonen werden mit griechischen Buchstaben wie π (Pi), κ (Kappa), ρ (Rho), ω (Omega) oder J/Ψ (J/Psi) bezeichnet. Einige sind elektrisch geladen, andere nicht. Alle sind instabil, das heißt, sie zerfallen nach einer gewissen Zeit spontan zu anderen Teilchen (siehe ZERFALL). Die Lebensdauer der Mesonen bewegt sich zwischen einigen Zehntel Nanosekunden ($1 ns = 10^{-9} s$) und 10^{-23} Sekunden. Das bekannteste Meson ist das π-Meson, das auch Pion genannt wird. Es kommt in drei elektrischen Ladungszuständen vor (π^-, π^0, π^+). Die Existenz und die Masse des Mesons (sie beträgt das 270fache der Elektronenmasse und etwa ein Sechstel der Protonenmasse) wurde 1934 von dem japanischen Physiker Hideki Yukawa zur Erklärung der starken Wechselwirkung vorausgesagt; die für den äußerst starken Zusammenhalt der Atomkerne verantwortlichen Pionen sind die Teilchen, die innerhalb des Atomkerns zwischen Protonen und Neutronen ausgetauscht werden. Nach zahlreichen Fehlversuchen wurde das Pion dann 1947 in der kosmischen Strahlung entdeckt, und zwar mit Hilfe fotografischer Platten, die man auf einem hohen Berg deponiert hatte (in der oberen Atmosphäre werden zahlreiche Pionen erzeugt, doch die meisten zerfallen, bevor sie in Meereshöhe anlangen).

Als Murray Gell-Mann und George Zweig in den sechziger und siebziger Jahren unabhängig voneinander die Theorie der Quarks entwickelten, wurde die Struktur aller Teilchen verständlich, die der starken Wechselwirkung unterliegen, und insbesondere auch die Struktur der Mesonen. Seither wissen wir, dass die Mesonen keine echten Elementarteilchen sind, sondern dass es sich um zusammengesetzte Teilchen handelt. Jedes Meson besteht aus einem Quark und einem Antiquark, π^- zum Beispiel aus einem d-Quark und einem u-Quark (d steht für *down*, u für *up*, siehe FLAVOUR).

Messung

Was heißt Messen?

Zur Vertiefung: ***Größenordnung; Naturkonstanten; Signal***

Um 420 vor Christus behauptete Protagoras, der zweifellos zu den Lehrern des Sokrates gehörte: »Der Mensch ist das Maß aller Dinge.« Diese Auffassung findet sich ganz buchstäblich in den ersten Maßeinheiten wieder, die sich am Finger, an der Handspanne, der Hand, dem Fuß, dem Daumen, der Elle, der Spannweite der Arme orientierten. Die Zeiteinheit der Sekunde, die auf die babylonische Sexagesimalteilung des Sonnentages zurückgeht, liegt ganz in der Nähe unseres Pulsschlags. Die Worte der Flammenschrift, die nach der biblischen Überlieferung beim Gastmahl des Belsazar an der Wand erschien: *mene mene tekel u-pharsin* (gewogen, gezählt, geteilt), enthalten sämtliche Elemente der Messung: das Instrument der Waage, die Übersetzung in die Zahl, die Entsprechung zwischen genauem, also richtigem Wiegen und Gerechtigkeit.

Die quantifizierende Beobachtung der in der Wirklichkeit anzutreffenden Regelmäßigkeiten ist die eigentliche Grundlage der Naturwissenschaft, und diese Auffassung zieht sich durch ihre ganze Geschichte. »Die Zahlen sind die Vorbilder der Dinge«, soll Pythagoras im 6. Jahrhundert vor Christus gesagt haben. »Das Messen ist der Schlüssel zur Natur und die eigentliche Tätigkeit der Vernunft in der Naturerkenntnis«, schrieb Nikolaus von Kues im 15. Jahrhundert. »Die Welt ist in mathematischen Zeichen geschrieben«, meinte Galilei Anfang des 17. Jahrhunderts. »Durch die quantitative Bestimmung des Verhältnisses zwischen einer Wirkung und einer Ursache lässt sich das Gesetz des betreffenden Phänomens ermitteln«, schrieb Claude Bernard schließlich im 19. Jahrhundert.

In seiner üblichen Wortbedeutung bezeichnet »Messung« die Operation, die darin besteht, mit einer geeigneten Vorrichtung den Wert einer bestimmten physikalischen Größe für ein gegebenes System zu bestimmen. Genauer gesagt: Man vergleicht beim Messen den Wert einer Größe A der physikalischen Welt mit einer Vergleichsgröße A_0, die als Einheit gewählt worden ist und als zeitlich stabil gilt; dieser Vergleich findet seinen Ausdruck in dem Wert A/A_0, der als das Messergebnis bezeichnet wird. Außerdem gehört zur Messung noch eine Einschätzung der Messunsicherheit (oder Genauigkeit) der betreffenden Messoperation.

Ein Phänomen kann natürlich nur dann gemessen werden, wenn es zuvor als solches identifiziert und in den Bereich der Wissenschaft integriert worden ist. Es muss sich hinreichend präzise und wiederholbar quantifizieren lassen, damit man ihm eine Größe zuordnen kann. Auf diese Weise hat das Phänomen dann Anteil an der Quantifizierung der Realität, die uns über den Bereich der qualitativen Wahrnehmung hinaus hebt. Dies ist die erste, fundamentale Aufgabe des Messens.

Da wir ausschließlich durch unsere Sinne Informationen über die physikalische Welt erlangen, die dann vom Gehirn oder seinen Verlängerungen (etwa der Netzhaut) verarbeitet werden, und da unsere Sinne ausschließlich auf der Basis elektromagnetischer Wechselwirkungen arbeiten, muss jedes zu messende Phänomen letztlich in ein elektromagnetisches Signal übersetzt werden.

Die Messverfahren haben sich in zwei Richtungen entwickelt. Einerseits betreffen sie verstärkt Größen, die den Sinnen nicht zugänglich sind. Die Geschwindigkeit, die uns aufgrund des Tachometers im Auto recht vertraut ist, bildet eine abstraktere Größe als die Länge; die Beschleunigung ist noch abstrakter als die Geschwindigkeit, und noch weniger zugänglich sind uns das Magnetfeld und die elektrische Ladung. Andererseits entfernt sich das Messen immer mehr aus dem Bereich unserer alltäglichen Größenordnungen und wendet sich sowohl dem mikroskopisch Kleinen (Messung der Eigenschaften von Teilchen) als auch den astronomischen

Größenordnungen zu (Messung der Hubblekonstanten, die im Zusammenhang mit der EXPANSION des Universums steht). Dabei bedarf es einer schwierigen Abgleichung zwischen den verschiedenen GRÖSSENORDNUNGEN.

Letztlich können wir nur messen, weil es Konstanten gibt (siehe NATURKONSTANTEN). Wenn wir in einer zufallsbedingt deformierbaren und deformierten Gummiwelt lebten, wäre es schwierig oder sogar sinnlos, irgendetwas messen zu wollen. Die Periode einer bestimmten, von Cäsium 133 emittierten elektromagnetischen Welle (auf der die Zeiteinheit basiert), die Lichtgeschwindigkeit im Vakuum oder die Masse des Wasserstoffatoms sind echte Konstanten, die bis zum Beweis des Gegenteils als absolut unveränderlich gelten, das heißt, an jedem Punkt des Universums und zu jedem Zeitpunkt seiner Geschichte haben sie denselben Wert.

Die Metrologie oder Maßkunde stellt einen international und möglichst weltweit anerkannten Zusammenhang zwischen diesen fundamentalen Konstanten der physikalischen Welt und den verwendeten Maßeinheiten her. Dabei folgt sie bis heute dem 1795 von der französischen Nationalversammlung gefassten Beschluss, die Maßeinheiten nicht mehr am Menschen, sondern an Naturphänomenen auszurichten.

Auch Zufallsprozesse lassen sich präzise erfassen. So ist der Druck eines Gases eine wohl definierte Größe, obwohl die Geschwindigkeit der zahllosen Moleküle, aus denen das Gas besteht, sich ständig zufallsbedingt verändert. Bei den Experimenten zur Entdeckung der Gravitationswellen misst man Längenveränderungen $\delta L/L$ eines mehrere Meter langen Metallstabs, die sich in der Größenordnung von 10^{-17} bewegen, also kleiner als ein Atomkern sind. Erst der statistische Charakter einer durchschnittlichen Länge, die auf der Basis einer sehr großen Zahl von Atomen in diesem Metallstab (in der Größenordnung von 10^{23}) definiert ist, ermöglicht die unglaubliche Präzision solch einer Messung. Umgekehrt stoßen Messungen im Bereich des mikroskopisch Kleinen auf die schwierigen Probleme der QUANTENPHYSIK, von denen weiter unten noch die Rede sein soll.

Messungen lassen sich stets nur im Rahmen eines Modells oder einer Theorie des gemessenen Phänomens interpretieren. Jede Messung muss in eine allgemeine Beschreibung des Phänomens eingebettet sein; erst dadurch erhält die Messung einen Sinn, und das Phänomen wird quantifizierbar. Was eine Messung besagt, hängt daher von der Theorie ab, auf die man sich bei der Interpretation der Messung stützt. Die Messung der (durch zwei Winkel gegebenen) Position einer fernen Galaxie lässt sich einerseits auf der Basis eines euklidischen (d.h. flachen, nicht gekrümmten) Raumes oder unter Berücksichtigung der lokalen Krümmung der RAUM-ZEIT interpretieren, wie die allgemeine RELATIVITÄTSTHEORIE sie vorsieht; in beiden Fällen ergeben sich unterschiedliche Positionen für das betreffende Himmelsobjekt.

Die Messunsicherheit hat mehrere Ursachen; dazu gehören Unvollkommenheiten des Messinstruments, Störungen, die sich nicht ausschalten lassen, oder der statistische Charakter der zu messenden makroskopischen Größe (etwa des Drucks eines Gases). Daher lässt sich einer Messung nur dann eine objektive Bedeutung beilegen, wenn man zuvor die Messgenauigkeit des Messinstruments und die gesamte Unsicherheitsmarge des betreffenden Messverfahrens bestimmt hat. Die Bestimmung der Messunsicherheit hat zwangsläufig statistischen Charakter; man bestimmt die Wahrscheinlichkeit p, dass die gemessene Größe im Intervall $[x-\varepsilon, x+\varepsilon]$ liegt, wobei x das Messergebnis und ε eine Abweichung von zum Beispiel 10% oder 1% ist. Wenn ein Zufallsphänomen durch die Überlagerung zahlreicher unabhängiger Wirkungen zustande kommt, wie es in der physikalischen Welt häufig geschieht, zeigen die Messergebnisse eine Zufallsverteilung, die sich mit wachsender Zahl von Messungen der Gaußschen Normalverteilung annähert (siehe STATISTIK). Bei gleicher Wahrscheinlichkeit p gilt, je kleiner ε desto größer die Messgenauigkeit. Die Empfindlichkeit s eines Messgeräts ist eine sehr relative Größe, denn damit wird lediglich ausgedrückt, dass ein Messinstrument gerade noch einen Wert x von einem Wert $x+s$ unterscheiden kann.

Streng genommen gelten all diese Aussagen nur für die Messung makroskopischer Größen. Bei mikroskopischen Größen liegen die Dinge teilweise etwas anders. Einerseits ist es schwieriger, für diesen Bereich geeignete Messinstrumente zu konstruieren; andererseits aber gibt es nach Aussage der QUANTENPHYSIK in diesem Bereich Situationen, in denen das System, an dem die Messung vorgenommen wird (oder zumindest dessen mathematische Darstellung), sich durch den Messvorgang verändert (siehe HEISENBERGSCHES UNBESTIMMTHEITSPRINZIP).

Vielfach werden Messungen aus der Entfernung durchgeführt. Das gilt etwa für die Astronomie. Weitere Beispiele sind die seismische Erforschung des ERDKERNS oder die Radarvermessung der Erdoberfläche oder auch der Einsatz von Ultraschall als bildgebendes Verfahren in der Medizin. In all diesen Fällen kommt der Signalverarbeitung besonderes Gewicht zu (siehe SIGNAL).

Das Problem der Messung in der Quantenphysik

Zur Vorbereitung: ***Quantenphysik; Überlagerungsprinzip***

Zur Vertiefung: ***Deutungen der Quantenphysik; quantenmechanische Ununterscheidbarkeit***

Jede Messung soll neutral und zumindest im Prinzip zuverlässig sein. Sie zeichnet etwas auf, »das bereits da ist«, ohne das betreffende Phänomen zu stören. Nach dieser Vorstellung verhält das Messen sich im Wesentlichen passiv gegenüber der Realität und liefert lediglich ein partielles Abbild.

Solch eine Vorstellung herrschte etwa in der traditionellen Physik, bis die Quantenphysik sie erschütterte; bis dahin glaubten die Physiker, es sei stets möglich, Messvorrichtungen zu konstruieren, deren Einfluss auf das betreffende System vernachlässigbar gering oder zumindest berechenbar ist. Wenn man ein kaltes Thermometer in eine warme Flüssigkeit taucht, kühlt die Flüssigkeit sich ein wenig ab; ihre Temperatur ist nach der Messung niedriger als davor. Aber da man diese Veränderung im Prinzip berechnen kann, lässt sie sich auch durch einfache Subtraktion berücksichtigen und daher ausschalten.

Die Quantenphysik, die sich mit der mikroskopisch kleinen Welt befasst, hat die Physiker gezwungen, die Vorstellung von einer Neutralität des Messvorgangs zu revidieren, so dass Messen zum Problem wurde.

Ein physikalisches System, zum Beispiel ein Teilchen, ist durch eine bestimmte Zahl charakteristischer Eigenschaften definiert, die bei allen Systemen derselben Art dieselben sind. So besitzen alle ELEKTRONEN dieselbe Masse und dieselbe elektrische Ladung. Neben diesen universellen Eigenschaften lassen sich den einzelnen Elektronen auch Größen zuordnen (zum Beispiel Position oder Geschwindigkeit), die sie von anderen Elektronen unterscheiden. In der klassischen Physik bildet die Gesamtheit dieser Eigenschaften den so genannten ZUSTAND des Teilchens. Das hier am Beispiel eines einfachen Teilchens definierte Konzept des Zustands lässt sich für alle physikalischen Systeme verallgemeinern.

In der Quantenphysik wird der Zustand eines Systems durch eine mathematische Entität repräsentiert, von der man annimmt, dass sie dem ÜBERLAGERUNGSPRINZIP unterworfen ist: Wenn a und b zwei mögliche Zustände des betrachteten physikalischen Systems darstellen, dann ist auch $(a+b)$ ein möglicher Zustand des Systems. Bei den mathematischen Entitäten, die die Zustände physikalischer Systeme repräsentieren, handelt es sich um Vektoren, die so genannten Zustandsvektoren.

Stellen wir uns nun ein Elementarteilchen, zum Beispiel ein Elektron vor, das in zwei verschiedenen Zuständen existieren kann, denen wir jeweils die Zustandsvektoren a und b zuordnen. Diese Zustandsvektoren spezifizieren den inneren Zustand des Teilchens, zum Beispiel seinen SPIN (der Spin ist eine innere Eigenschaft von Teilchen, die dem Konzept der Eigenrotation ähnelt, aber nicht damit identisch ist). Nehmen wir weiter an, dass jede Messung des inneren Zustands des Teilchens das Ergebnis $+1$ erbringt, wenn das Teilchen sich in Zustand a befindet, und das Ergebnis -1, wenn Zustand b vorliegt.

Aufgrund des Überlagerungsprinzips kann das betreffende Teilchen dann auch in den

Zustand $(a+b)$ versetzt werden (oder sich darin befinden). Welche Bedeutung soll man diesem Ausdruck beilegen? Und welches Ergebnis erbringt in diesem Fall eine an dem betreffenden System vorgenommene Messung? Auf den ersten Blick könnte man meinen, Zustand $(a+b)$ sei eine Mischung oder ein Nebeneinander der Zustände a und b. Das Ergebnis einer an dem Teilchen vorgenommenen Messung entspräche dann dem Durchschnitt aus dem Ergebnis, das man erhielte, wenn das Teilchen sich in Zustand a befände (also +1), und dem Ergebnis, das man erhielte, wenn das Teilchen sich in Zustand b befände (also –1), und das heißt 0. Dieser Schluss ist jedoch falsch. Die Überlagerung der beiden Zustände hat nichts mit einer Mischung gemein. Die Quantenphysik behauptet lediglich Folgendes: Wenn man den Zustand einer großen Zahl von Teilchen misst, die sich im Zustand $(a+b)$ befinden, wird man in etwa der Hälfte der Fälle das Ergebnis +1 und in der anderen Hälfte der Fälle das Ergebnis –1 erhalten.

Die Quantenphysik hat uns also allenfalls Wahrscheinlichkeiten anzubieten. Sie sagt lediglich, dass man bei einer bestimmten Messung mit einer bestimmten Wahrscheinlichkeit bestimmte Ergebnisse erwarten darf. Doch solange die Messung nicht wirklich durchgeführt ist, kann die Größe, mit der die betreffende physikalische Eigenschaft quantitativ erfasst werden soll, nicht als eindeutig bestimmt gelten, zumindest falls es sich bei dem Zustandsvektor des Teilchens um die Summe mehrerer Zustände handelt.

Unmittelbar vor der Messung war das oben angenommene Teilchen durch den Zustandsvektor $(a+b)$ charakterisiert. Wenn die Messung das Ergebnis +1 erbringt, muss man davon ausgehen, dass unmittelbar nach der Messung nun a zum Zustandsvektor des Teilchens geworden ist, womit der Wert dieser inneren Eigenschaft eindeutig bestimmt wäre. Die quantenphysikalische Überlagerung ist also durch die Messoperation aufgehoben worden. Die mathematische Darstellung des Teilchens hat sich verändert: Statt einer aus zwei Termen bestehenden Summe $(a+b)$ haben wir nun einen einzigen Term (in unserem Fall a). Die Messung hat gewissermaßen dafür gesorgt, dass der Zustandsvektor einen seiner Terme verliert. Man spricht hier von der »Reduktion des Wellenpakets« (dieser Ausdruck wurde erstmals 1927 von Werner Heisenberg verwendet). Die beschriebene Regel stellt einen Zusammenhang her zwischen dem abstrakten Raum, in dem die Zustandsvektoren sich entwickeln, und dem gewöhnlichen physikalischen Raum, in dem wir die Phänomene beobachten.

Führt die Messung dagegen zu dem Ergebnis –1, ist der Zustandsvektor des Teilchens unmittelbar nach der Messung b. Auch hier liegt eine Reduktion des Wellenpakets vor. Der Zustandsvektor unmittelbar vor der Messung gibt also Auskunft über sämtliche möglichen Messergebnisse (und deren jeweilige Wahrscheinlichkeit). Er umfasst sämtliche Möglichkeiten des Systems, von denen jeweils eine bei einem Experiment realisiert wird.

Wenn eine Messung den Wert +1 ergibt, der dem Zustandsvektor a entspricht, ist die Versuchung groß oder gar unwiderstehlich, nun auch zu unterstellen, dass der Zustandsvektor bereits vor der Messung a gewesen sei, so dass die Messung lediglich einen bereits bestehenden Zustand aufgedeckt habe. Wenn man sich jedoch auf solch ein Bild einlässt, verwickelt man sich in unlösbare Widersprüche. Das heißt, man kann nicht behaupten, das Teilchen, das man in einem bestimmten Zustand antrifft, habe sich schon vor der Messung in diesem Zustand befunden und besitze die gemessene Eigenschaft daher unabhängig von der Messung. Wenn ein Teilchen durch den Zustandsvektor $(a+b)$ charakterisiert ist, sind seine physikalischen Eigenschaften vielmehr insofern indeterminiert, als man ihnen keinen eindeutigen, wohl definierten Wert zuordnen kann.

Nach der gängigen Deutung der Quantenmechanik ist die Reduktion des Wellenpakets ein vollkommen zufälliger Prozess (siehe DEUTUNGEN DER QUANTENPHYSIK). Der dem Messvorgang vorausgehende Zustandsvektor enthält sämtliche Möglichkeiten des Systems, aber er gibt lediglich die Wahrscheinlichkeit an, mit der ein bestimmter Wert ausgewählt wird. Deshalb sagt man, die Messung »definiert« das gemessene System. Aber wie soll man ein Teilchen als etwas begreifen, das aus sich heraus existiert, wenn seine Eigenschaften erst durch Messungen definiert werden? Haben wir dann überhaupt noch das Recht, dem Phänomen oder dem Beobachtungsinstrument eine eigenständige physikalische Realität im üblichen Sinne des Wortes zuzuschreiben? Das Problem der Messung in der Quantenphysik steht also in unmittelbarem Zusammenhang mit der Frage, was wir unter REALITÄT verstehen.

Die Reduktion des Wellenpakets erscheint wie eine empirische Regel, die man der Quantentheorie überstülpt, um einen Zusammenhang zwischen der Darstellung physikalischer Systeme und den Versuchsergebnissen herzustellen. Sie besitzt einen gewaltigen Vorzug, der sie aus praktischer Sicht rechtfertigt: Sie »funktioniert«, das heißt, die Voraussagen, die sich mit ihrer Hilfe machen lassen, entsprechen den Versuchsergebnissen. Allerdings wirft sie auch beträchtliche Probleme philosophischer Art auf (siehe QUANTENMECHANISCHE UNUNTERSCHEIDBARKEIT).

So stellt sich die Frage, worauf denn die Reduktion des Wellenpakets basiert. Ist sie lediglich ein Rezept, oder geht sie auf einen tatsächlichen physikalischen Effekt zurück, der aus der Wechselwirkung zwischen dem gemessenen Objekt und der Messvorrichtung resultiert? Physiker, die sich mit der zur Gesetzmäßigkeit erhobenen Reduktion des Wellenpakets nicht abfinden möchten, führen zahlreiche Fälle an, in denen sie zu paradoxen oder absurden Situationen führt. Das berühmteste Beispiel eines solchen Paradoxons ist SCHRÖDINGERS KATZE, deren missliche Lage der deutsche Physiker Erwin Schrödinger 1935 ersann.

Metall

Zur Vertiefung: ***Element; Katalyse; Komplexverbindungen; Kristall***

Im landläufigen Sinne versteht man unter einem Metall einen lichtundurchlässigen Stoff von »metallischem Glanz« (er reflektiert Licht), guter Leitfähigkeit für Elektrizität und Wärme, Streckbarkeit (er dehnt sich aus wie Kaugummi, ohne zu brechen) und Formbarkeit (er lässt sich leicht warm und oft auch kalt verformen).

Metalle in der Physik

Für den Physiker ist Metall ein Kristall aus Atomen desselben Elements, die ihre ELEKTRONEN der äußeren Schale zusammenlegen. Demnach kann man sich ein Metall wie ein Kristallgebilde aus positiven Ionen (Atomkern mit den inneren Elektronenschalen) vorstellen, die in ein »Meer« freier Elektronen getaucht sind. Aus der Existenz dieses Meeres von Elektronen, die mit den Ionen nur eine sehr geringe Verbindung haben und daher leicht beweglich sind, erklären sich die meisten physikalischen Eigenschaften der Metalle. In diesem Elektronenmeer können sich elektromagnetische Wellen nicht fortpflanzen (was die Reflexion des Lichts an der Oberfläche eines Metalls erklärt). Unter der Einwirkung einer Potentialdifferenz bewegen sich die Elektronen sehr leicht (was die elektrische Leitfähigkeit der Metalle erklärt). Da der ERDKERN aus Eisen besteht und somit ein elektrischer Leiter ist, kann der Geodynamo funktionieren, der das Magnetfeld der Erde erzeugt (siehe DYNAMO). Der Wärmetransport der Elektronen erklärt die gute Wärmeleitfähigkeit der Metalle. Und schließlich ist eine plastische Deformation von Metallen relativ einfach, weil die CHEMISCHE BINDUNG zwischen den Ionen des Metallgitters, die durch die Elektronen gewährleistet wird, nicht allzu schwierig aufzubrechen ist.

Sehr hoher Druck begünstigt häufig die Umwandlung isolierter Kristalle in Metalle. So verwandelt sich Wasserstoff, das bei niedriger Temperatur als molekularer Feststoff vorliegt, unter einem Druck von mehr als 3 Millionen Atmosphären in Metall: Möglicherweise ist er in dieser Form im Inneren des Riesenplaneten Jupiter vorhanden.

Metalle in der Chemie

Bei der Mehrzahl der Elemente des PERIODENSYSTEMS handelt es sich um Metalle, die dazu neigen, Elektronen der äußeren Schale leicht abzugeben. Häufig sind sie Bestandteil von organischen Komplexverbindungen, in denen ein Metallatom an ein organisches Molekül gebunden ist.

Der chemische Begriff des »Metalls« unterscheidet sich also vom gängigen Wortsinn (»ein dichter Feststoff mit glänzendem Aussehen, der bei hoher Temperatur schmilzt und häufig zur Herstellung mechanischer Teile verwendet wird«) ebenso wie von der physikalischen Bedeutung. Der Chemiker kann sich mit dem allgemeinen und zu vagen Begriff des Metalls nicht zufrieden geben. Er muss die spezifischen Eigenschaften eines jeden Metalls und sogar jeder Oxidationsstufe eines Metalles definieren. Bewusst spricht er von Kobalt III (Co^{3+}), unabhängig davon, ob es frei oder gebunden ist, und von Titan IV (Ti^{4+}). Jede dieser Oxidationsstufen eines Elements, die der Anzahl der Elektronen entspricht, die das Atom gegenüber dem elektrisch neutralen Zustand verloren hat, hat seine eigenen chemischen Eigenschaften, die sich von jenen des ursprünglichen Elements unterscheiden (siehe REDOXREAKTION). So weist Eisen III (Fe^{3+}) andere chemische Eigenschaften auf als die übrigen Oxidationsstufen des Eisens (Fe^{0}, Fe^{2+}, Fe^{6+} usw.).

Metallatome absorbieren und reemittieren Strahlen verschiedener Wellenlängen und bilden so ein für jede Oxidationsstufe eines Metalls charakteristisches Absorptions- und Emissionsspektrum. Da jede Oxidationsstufe ihre eigene spektrale SIGNATUR besitzt, lässt sich zum Beispiel Eisen an der Oberfläche des Mars, in einem Erz, einer laterithaltigen afrikanischen Erde, den Ockersteinbrüchen der Provence, in Pigmenten der Höhlenmalereien von Lascaux oder auch im Hämoglobin identifizieren.

Mythologie

Um den Bedeutungswandel nachzuvollziehen, der zum chemischen Begriff des Metalls geführt hat, muss man weit in die Vergangenheit zurückgreifen. Die meisten Kosmogonien, also die mythischen Schilderungen unserer Ursprünge, enthalten auch eine Geschichte der Metalle. In der von Hesiod überlieferten griechischen Mythologie, die sich in unserer kollektiven Vorstellung erhalten hat, gab es früher ein goldenes Zeitalter, dem ein silbernes und ein eisernes Zeitalter folgten.

In der Antike kannte man sieben Metalle, neben den oben bereits genannten waren das Kupfer, Zinn, Quecksilber und Blei. Nach vorwissenschaftlichem Denken wuchsen und vermehrten sich die Metalle im Boden wie Pflanzen aus Samen, die aus den Strahlen ihres zugehörigen Planeten hervorgingen. Mit dieser Vorstellung vom Wachstum der Metalle ging die Überzeugung einher, dass sie sich ineinander umwandeln könnten, da jedes der sieben Metalle nur eine mehr oder weniger unvollkommene Form der gleichen ihnen zugrunde liegenden Materie sei.

Die chinesische ALCHIMIE, die im 8. oder 7. Jahrhundert vor Christus entstand, verfolgte die doppelte Zielsetzung, Metalle in Gold umzuwandeln und das unwandelbare edle Metall Gold in eine trinkbare Form zu bringen, die dem, der es in sich aufnähme, Unsterblichkeit verleihen sollte.

Die arabische Alchimie war vor allem während des Kalifats von Bagdad und insbesondere mit Jabir ibn Hayyan (721?–815?) unter Harun Ar Raschid von einem ähnlichen Dualismus geprägt wie die chinesische Alchimie (Yin und Yang). Aus diesem Dualismus entwickelte sie eine Klassifikation der Metalle. Darin spielte Quecksilber, das als Gegensatz und Komplement (siehe KOMPLEMENTARITÄT) des Schwefels galt, eine zentrale Rolle. Ab dem 13. Jahrhundert griff die abendländische Alchimie die Thematik einer Komplementarität von Schwefel und Quecksilber auf und verfolgte den doppelten Traum, unedle Metalle umzuwandeln und ein Allheilmittel zu finden. Lag es an der Fülle der Goldvorkommen in Amerika, dass ab dem 16. Jahrhundert das Interesse an der Transmutation nachließ? Jedenfalls gab Paracelsus in dieser Zeit der Alchimie eine stärkere Ausrichtung auf die Herstellung von Arzneien.

Metallurgie

Im 16. Jahrhundert fand die Metallurgie einen weisen Beobachter in Gestalt des deutschen Georg Bauer, genannt Agricola, der 1556 eine Schrift mit dem Titel *De re metallica* veröffentlichte. Darin legte er dar, dass die

Verfahren der Metallbearbeitung über Jahrhunderte hinweg die gleichen geblieben seien. Anfang des 19. Jahrhunderts leitete der Chemiker Humphry Davy eine Wende in der Geschichte der Metalle ein, als er mit Hilfe des elektrischen Stroms, den die völlig neue Voltasche Säule von Alessandro Volta lieferte, neue Metalle herstellte, nämlich Natrium und Kalium. Bis dahin hatte sich die Metallurgie damit begnügt, das Element, also das Metall, aus der chemischen Verbindung, in der es in Erzen (unter anderem Oxide und Schwefelverbindungen) gefangen war, mit Hilfe von Kohle zu extrahieren. Die großen Stahlwerke der industriellen Revolution arbeiteten auf der Grundlage von Eisenerz und Kohle.

Davy, ein Zeitgenosse der industriellen Revolution, war mit seiner Entdeckung von Natrium und Kalium durch Elektrolyse (ein Verfahren, bei dem elektrischer Strom durch eine chemische Verbindung in gelöster oder geschmolzener Form geleitet wird) Wegbereiter einer praktischen und theoretischen Revolution. Praktisch, da bis heute Aluminium durch Elektrolyse aus einer Mischung von geschmolzenen Mineralien (Bauxit mit Kryolith) hergestellt wird. Theoretisch, weil Davy eine neue operative Definition des Metalls lieferte: Ein Metall ist ein Element, das sich am negativen Pol (Kathode) einer elektrischen Zelle sammelt. Das führte Jöns Jacob Berzelius zu seinem elektrochemischen Dualismus: Um 1830 wich der alchimistische Dualismus von Schwefel und Quecksilber dem neuen Paradigma, das im Dualismus zwischen positiv geladenen metallischen Stoffen und negativ geladenen Stoffen wie Chloridionen bestand. Als Symbol für die Wertschätzung des Metalls im industriellen Aufschwung entstand 1889 der Eiffelturm, eine Hommage an Metallkonstruktionen.

Metalle heute und morgen

Die Katalyse an der Oberfläche von Metallen oder Metalloxiden ist ein Grenzbereich heutigen Wissens. Die Reorganisation der Atome an der Oberfläche des Katalysators, ihr Tanz, der sich unablässig auslöschenden und neu entstehenden Spiralen folgt, scheint von grundlegender Bedeutung für die aktiven Zentren des Katalysators zu sein, der häufig aus einem Edelmetall wie Rhodium oder Platin besteht.

Metalle finden vielfältige praktische Verwendung. Als Beispiel sei hier Titan angeführt, dessen Hauptproduzent die Demokratische Republik Kongo ist. Titan ist leicht, widerstandsfähig und findet Verwendung im Flugzeugbau und für Brillengestelle. Die Titandioxide TiO_2 Anatas und Rutil (sie unterscheiden sich in ihrer Kristallstruktur) sind opake glänzende Weißpigmente, die unter anderem zum Weißfärben von Papier verwendet werden, farbige Fasern verdecken und es so ermöglichen, auf ein allzu starkes Bleichen der Papiermasse mit Chlor zu verzichten.

Metalle gehen häufig Verbindungen mit organischen Stoffen ein. Ende des 19. Jahrhunderts stellte Ludwig Mond aus einer Kombination von Nickel und Kohlenmonoxid Nickeltetracarbonyl her und legte so den Grundstein zu einer Chemie der metallorganischen Verbindungen (siehe Komplexverbindungen und Koordination, Koordinationszahl), die nach wie vor erstaunlich kreativ ist.

Man könnte glauben, die Chemie der Gegenwart wende sich in ihrer Begeisterung für Kunststoffe von den Metallen ab. Es stimmt zwar, dass die Automobilherstellung mit gleich bleibenden Zuwachsraten zu Materialien der Polymerchemie übergeht (Molekülen aus sehr langen Ketten, in denen sich der gleiche Grundbaustein unendlich wiederholt, siehe Polymere). Ein weiteres Beispiel ist der Flugzeugbau, wo die nach wie vor aus Metall bestehenden Tragflächenteile nicht mehr genietet, sondern geklebt werden. Dennoch bleiben die Metalle für Chemiker ein Gebiet mit Zukunft. Der »metallisch-organische Leiter« eröffnet der heutigen Chemie neue Perspektiven: Man denkt ihn sich als eine Wolke aus Elektronen, die nicht bestimmten Atomkernen zugeordnet sind und sich frei in der gesamten Masse des metallischen Festkörpers bewegen können, um Wärme oder elektrischen Strom zu leiten.

Doch lassen sich organische Stoffe tatsächlich metallisch machen? Könnte man nicht aus Erdöl, das der chemischen Industrie als Energiequelle und Hauptrohstoff dient, unmittelbar Metalle gewinnen? Und wieder taucht der alte Traum der Alchimisten auf, einen »unedlen« Stoff in einen edleren umzuwandeln. Schon jetzt stellt die Petrochemie Polymere wie Polyethylen oder Polystyrol aus Monomeren her, die aus Raffinerien stammen. Die QUANTENCHEMIE zeigt: Wenn es uns gelänge, die Elektronen durch die gesamte Ausdehnung eines Polymerstückes fließen zu lassen, hätten wir ein Metall geschaffen. Und genau das gelingt! Schon jetzt werden Polymere wie Polyacetylen oder Polyanilin hergestellt, deren elektrische Leitfähigkeit der von Kupfer nahe kommt. Doch was das Gold betrifft, so behält es seine Faszination! Im Jahr 1995 wurden 450 000 Tonnen Natriumcyanid verbraucht, ein organisches Produkt, das zur Extraktion von Gold aus Erz dient.

Meteorit

Zur Vertiefung: ***Akkretion; Artensterben; Krater; Planet***

Ein Meteorit ist ein mineralisches Objekt, das vom Himmel auf die Erdoberfläche fällt. Als Meteor bezeichnet man die Leuchterscheinung, die ein Meteorit beim Durchgang durch die Erdatmosphäre erzeugt. Die so genannten Sternschnuppen sind also Meteore, während Jules Vernes *Die Jagd nach dem Meteor* in Wirklichkeit von einem Meteoriten handelt (zum schwankenden Gebrauch der Begriffe »Meteor« und »Meteorit« siehe KOMET).

Schon die Antike zweifelte nicht am himmlischen Ursprung der Meteoriten; die Steine, die vom Himmel fielen, wurden zu Objekten der Verehrung und galten als göttliche Botschaften. Man nimmt an, dass es sich bei dem schwarzen Stein der Kaaba in Mekka um einen Meteoriten handelt. 1492 deutete Kaiser Maximilian den Niedergang eines Meteoriten im elsässischen Ensisheim als Zeichen, dass der Allmächtige ihm in seinem Kampf gegen die Türken beistand. Da mutet es schon paradox an, wenn ausgerechnet im 18. Jahrhundert, dem Zeitalter der Aufklärung, erstmals der extraterrestrische Ursprung der Meteoriten von den Gelehrten in das Reich der Märchen und Fabeln verbannt wurde.

Als in L'Aigle im französischen Departement Orne 1803 ein Meteoritenschauer niederging, schickte das Institut de France den Physiker Jean-Baptiste Biot dorthin, damit er das Phänomen untersuche. Sein Bericht überzeugte die wissenschaftliche Gemeinschaft davon, dass tatsächlich Steine vom Himmel fielen. Ihre Herkunft aber war damit noch keineswegs geklärt. Wie die Wissenschaftler Pierre Simon de Laplace und Siméon Denis Poisson gezeigt hatten, war es mathematisch durchaus möglich, dass diese Steine von Vulkanen auf dem Mond ausgeworfen worden waren. In diesem Zusammenhang ist es interessant, dass man vor kurzem in der Antarktis Meteoriten gefunden hat, die höchstwahrscheinlich vom Mond stammen, wie ein Vergleich mit den bei den Apollomissionen gewonnenen Proben beweist, doch von Vulkanen können sie nicht ausgeworfen worden sein, weil es auf dem Mond keine Vulkane gibt. Bei diesen Meteoriten handelt es sich um Bruchstücke von Mondgestein, das beim Einschlag großer Meteoriten auf dem Mond weggeschleudert wurde, und solche Einschläge kamen gegen Ende der Akkretionsphase recht häufig vor, wie die zahlreichen Einschlagskrater auf dem Mond belegen (siehe AKKRETION). Auf ähnliche Weise gelangten wahrscheinlich auch Meteoriten zur Erde, die ursprünglich vom Mars stammten.

Bei den meisten Meteoriten handelt es sich um Bruchstücke von Kleinplaneten oder Asteroiden, die die Bahn der Erde kreuzen. Sie werden in zwei Haupttypen unterteilt, in Metall- und Steinmeteoriten.

Die Metallmeteoriten bestehen im Wesentlichen aus einer Eisen-Nickel-Legierung. Es sind Bruchstücke von Asteroidenkernen, die bei Zusammenstößen auseinander brachen. Beim Durchgang durch die Erdatmosphäre schmelzen diese Metallbrocken an der Oberfläche, aber sie sind nicht zerbrechlich und gelangen nahezu unversehrt mit großer Geschwindigkeit bis zur Erdoberfläche. Dort erzeugen sie Einschlagskrater wie den berühmten »Meteor Crater« in Arizona, der einen Durchmesser von 1,3 km besitzt. Zum Glück sind so gewaltige Einschläge sehr selten. Das Eisen der Eisenmeteoriten wurde schon in der frühesten Antike benutzt, als man das

Metall noch nicht aus Eisenerz zu gewinnen verstand – und meist wurden Waffen daraus hergestellt.

Steinmeteorite bestehen in der Hauptsache aus Silikaten; sie sind zerbrechlich, und da sie beim Durchgang durch die Atmosphäre meist in mehrere Teile zerfallen, richten sie bei ihrem Einschlag im Allgemeinen nur geringen Schaden an.

Die für den Kosmochemiker interessantesten Steinmeteoriten sind die Chondriten; sie stammen von kleinen Himmelskörpern, die keine Akkretion zu Planeten erfahren haben und so klein geblieben sind, dass es in ihnen nicht zur Ausbildung eines metallischen Kerns kommen konnte. Manche Kohlenstoffchondriten zeigen, wie man glaubt, die chemische Zusammensetzung der Urmaterie, aus der unser Sonnensystem entstanden ist. 1969 ging in der Nähe des mexikanischen Dorfes Allende ein Chondrit nieder; der Allende-Chondrit (Meteoriten werden nach ihrem Fundort benannt) war und ist Gegenstand zahlreicher Forschungen. So fand man darin für manche Isotope der chemischen Elemente Sauerstoff und Magnesium Konzentrationen, die von der durchschnittlichen Konzentration im Sonnensystem abweichen, aber mit den Bedingungen vereinbar wären, wie man sie bei der Explosion eines großen Sterns (Supernova) erwarten könnte (die Isotope eines Elements unterscheiden sich voneinander durch die Zahl der Neutronen im Atomkern). Diese Anomalien der Isotopenkonzentration lassen die Vermutung zu, dass sich eine derartige Explosion in der Nähe des protosolaren Nebels ereignet haben könnte und möglicherweise den Anstoß zur Entwicklung unseres Sonnensystems gegeben hat.

Methode

Zur Vertiefung: ***Hypothese, Theorie; Induktion***

In den Wissenschaften wird eine endlose Debatte über die Methode geführt. Oft hat man versucht, auf theoretischem Wege eine Methode zu entwickeln, die ideale Möglichkeiten für die Gewinnung wissenschaftlicher Erkenntnisse bieten sollte. Zu den berühmtesten und gelegentlich schon zum Dogma erhobenen Methoden dieser Art gehört die experimentelle Methode, wie sie von Claude Bernard formuliert wurde.

Die grundlegende wissenschaftliche Methode, an die man denkt, wenn man nicht sonderlich tief nachdenken möchte, vertraut einzig auf Beobachtung und Experiment, auf Messung, auf die Extrapolation der Ergebnisse durch Generalisierung (siehe Induktion) und auf die prinzipiell niemals abzuschließende Bestätigung dieser Ergebnisse durch eine Vielzahl von Verifikationsversuchen.

Fasst man den Begriff nicht allzu weit, könnte man sagen, dass die Naturwissenschaften sich tatsächlich einer Methode bedienen, die diesem Bild entspricht oder doch zumindest nahe kommt. In Wirklichkeit sind die Dinge allerdings etwas komplizierter. Die Induktion als wissenschaftliche Methode wurde einer tief greifenden Kritik unterzogen, zunächst von den Vertretern des Rationalismus und im 20. Jahrhundert dann von Karl Popper. Der zeigte, dass eine wissenschaftliche Theorie niemals eine bloße Verallgemeinerung auf der Basis beobachtbarer Einzelfälle, sondern eine konsistente Konstruktion oder gleichsam ein Modell darstellt, das zunächst in den Köpfen der Wissenschaftler Gestalt annimmt, bevor es dann in einem zweiten Schritt durch Experiment und Beobachtung verifiziert oder bevorzugt auch falsifiziert wird, so dass man es durch ein anderes Modell ersetzen muss (siehe Widerlegbarkeit).

Diese Definition der wissenschaftlichen Methode ist weniger naiv und entfernt sich weiter von dem Gedanken, wonach der Mensch die Welt passiv zu erkennen vermag und das menschliche Wissen ein getreues Abbild der Welt liefert (siehe Darstellung).

Jede Definition einer wissenschaftlichen Methode muss versuchen, die wissenschaftliche Erkenntnis von der menschlichen Natur abzugrenzen, die diese Erkenntnis hervorbringt. Es spricht einiges dafür, dass die Welt auch dann existierte, wenn es keine Menschen gäbe, aber Erkenntnis gäbe es dann nicht. Trotz aller Versuche, immer bessere und effizientere wissenschaftliche Methoden zu entwickeln und trotz der Akkumulation wissenschaftlicher Erkenntnisse, deren Geltung nicht zu bestreiten ist, müssen wir bei jedem wissenschaftlichen Konstrukt stets auch menschliche Faktoren berücksichtigen, die ein großes Maß an Unordnung erzeugen, zum Beispiel die menschliche Kreativität, die vorherrschenden Ideologien oder den ständigen Streit zwischen verschiedenen Schulen. Paul Feyerabend hat darüber ein Buch geschrieben, das in der jüngeren Wissenschaftsgeschichte Furore gemacht hat und den Titel trägt: *Wider den Methodenzwang*.

Migration

Zur Vertiefung: ***Allelfixierung; genetische Distanz; Isolate***

Der Begriff »Migration« bezeichnet sowohl regelmäßige Wanderungsbewegungen mancher Tiere, die im Allgemeinen im jahreszeitlichen Rhythmus erfolgen, als auch dauerhafte Standortverlagerungen. Beide Phänomene, die einzelne Individuen, aber auch große Gruppen betreffen können, haben offenkundig völlig unterschiedliche Folgen für die weitere Entwicklung der betroffenen Population und sind daher getrennt zu untersuchen.

Wir befassen uns hier lediglich mit den Folgen, die diese Wanderungsbewegungen für das kollektive genetische Erbe, den Genpool einer Population oder Art, haben, ohne die sozialen oder kulturellen Auswirkungen zu berücksichtigen, die sie mit sich bringen, wenn es sich um Menschen handelt.

Periodische Wanderungen

Der Wechsel der Jahreszeiten zwingt zahlreiche Arten zu Ortswechseln in Gebiete, die ihnen bessere Überlebenschancen bieten. Das ist zum Beispiel bei Marienkäfern der Fall, deren Larven im Frühling in den Tälern schlüpfen; einen Monat später sind sie bereits ausgewachsen. Zu Beginn des Sommers wandern sie auf die Berghöhen und ziehen im Herbst in die tiefer gelegenen Wälder, um dort zu überwintern. Im Frühling kehren sie in die Täler zurück, um sich zu paaren und Eier zu legen.

Spektakulärer sind die Wanderungen der Störche, die die warme Jahreszeit in Europa und die kalte Jahreszeit südlich der Sahara verbringen. Sie nehmen zwei Wanderrouten, um den langen Flug über das Mittelmeer zu vermeiden, eine über die Meerenge von Gibraltar, die andere über den Bosporus und den Nahen Osten.

Derartige periodische Wanderungen können in ihrem Rhythmus statt von den Jahreszeiten auch durch den Lebenszyklus bestimmt sein. Das ist unter anderem bei den Aalen der Fall, die nur in einem recht begrenzten Gebiet im Atlantik, dem Sargassomeer, laichen und schlüpfen. Von dort bringt der Golfstrom sie an die europäischen Küsten. Im Alter von zwei oder drei Jahren, in denen sie eine Größe von weniger als zehn Zentimetern erreicht haben, häuten sie sich und wandern die Süßwasserflüsse hinauf. Dort erreichen sie ihre ausgewachsene Größe und leben um die zehn Jahre, bis sie nach einer weiteren Häutung ins Meer zurückkehren, um im Sargassomeer zu laichen und zu sterben.

Eines des seltsamsten Beispiele ist das der männlichen See-Elefanten, die zweimal jährlich die kalifornische Küste verlassen, um sich auf dem Umweg über die Aleuten zu den Weibchen mitten im Pazifik zu gesellen. Auf diese Weise legen sie alljährlich eine Strecke von 30000 Kilometern zurück.

Diese Wanderungsbewegungen werfen die große Frage nach den Orientierungstechniken dieser Tiere auf. Wie findet ein Tier den Ort wieder, an dem es zur Welt gekommen ist? Es gibt zahlreiche Theorien, die vor allem bei Vögeln zur Erklärung die Position der Sonne oder das im Hirn vorhandene Magnetit heranziehen.

So spektakulär diese periodischen Wanderungen auch sein mögen, so bleiben sie doch langfristig ohne Konsequenzen für die biologische Realität der Art, also für ihren Genpool. Völlig anders sind dagegen die Auswirkungen der dauerhaften Migration.

Dauerhafte Migration

Zur Definition einer Population ist es erforderlich, ein Kriterium der Zugehörigkeit festzulegen, das biologisch, geographisch und beim Menschen auch religiös oder kulturell sein kann. Ein solches Kriterium ermöglicht es, die Individuen, die als einer Population zugehörig gelten, von den Außenstehenden abzugrenzen. Allerdings lässt sich mit dieser Definition nur arbeiten, wenn sie auf Dauer, also von einer Generation zur nächsten, gleich bleibt. Am einfachsten ist die geographische Definition: Die Population definiert sich über ihren Lebensraum, etwa die Gesamtheit der Schnecken eines Parks oder die Gesamtheit der Menschen einer Region. Mit dieser Definition wollen wir uns hier begnügen.

Wenn diese Population streng isoliert ist, hängt ihre biologische Entwicklung von der Weitergabe ihres Genpools ab. Als eines ihrer entscheidenden Ergebnisse hat die Populationsgenetik aufgrund einiger Hypothesen, die der Realität recht nahe kommen, bewiesen, dass dieser Genpool konstant bleibt. Die Auswirkungen von GATTENWAHL, MUTATIONEN, NATÜRLICHER AUSLESE und Zufall bei der Auswahl der verschiedenen Genformen oder ALLELE ist meist zu vernachlässigen. ISOLATE behalten ihre genetische Struktur auf Dauer bei.

Echte Isolate sind jedoch selten. In Wirklichkeit mischt sich in jeder Generation ein Zufluss von Allelen benachbarter Populationen in den heimischen Genpool. So kann sich die genetische Struktur innerhalb weniger Generationen verändern. Hervorzuheben ist, dass diese Veränderung aus dem Zustrom neuer Allele resultiert, was nicht unbedingt den Zuzug von Individuen in die Population voraussetzt. Individuen, die sich auf dem Durchzug mit Einheimischen paaren, können genetisch ebenso großen Einfluss haben wie Immigranten, die sich in einer Population niederlassen und Nachkommen zeugen.

Ein Schulbeispiel ist die schwarze Bevölkerung der Vereinigten Staaten, die vor etwa zehn Generationen aus Afrika eingeführt wurde. Die Definition dieser Gemeinschaft hat in Wirklichkeit nur wenig mit der Hautfarbe zu tun: Als ihr zugehörig gilt jedes Individuum, dessen Mutter (oder in einigen Fällen der Vater) ihr angehörte. Der Zustrom neuer Allele aus der externen Population der so genannten »Weißen« (der vor allem auf die Tatsache zurückgeht, dass eine junge Sklavin nicht das Recht hatte, sich ihrem Herrn zu verweigern) lässt sich auf etwa 4% für jede Generation schätzen. Heute setzt sich der Genpool dieser »schwarzen« Population demnach zu $0{,}96^{10} = 66\%$ aus ursprünglich afrikanischen Allelen und zu 34% aus ursprünglich europäischen Allelen zusammen. Obwohl kein als »weiß« eingestuftes Individuum dauerhaft in die so genannte »schwarze« Population gewechselt ist, war die biologische Migration erheblich.

Von allen Faktoren, die den Genpool verändern, wirken Migrationen sich mit Abstand am schnellsten aus und erhalten somit die Vielfalt des genetischen Bestandes. In einer völlig isolierten Gruppe führt der Zufallscharakter der Vererbung nach und nach zum Verlust bestimmter Allele und somit zu einer genetischen Homogenisierung, die eine Quelle geringerer Vitalität ist und zwar vor allem durch die Verarmung der Immunabwehr (die wirkungsvoller ist, wenn sie von verschiedenen Allelen gesichert wird). Glücklicherweise wird diese Homogenität jedoch nur in Ausnahmefällen erreicht: Schon ein Immigrant pro Generation genügt, die Vielfalt im Wesentlichen zu erhalten.

Mikroskop

Zur Vertiefung: ***Makromolekül; Organellen; Teleskop; Zelle***

Die Zellen sehen

Bis ins 17. Jahrhundert beobachtete man die belebte Welt mit bloßem Auge. Die kleinste Entfernung zwischen zwei Objekten, die man klar voneinander getrennt sehen konnte, definierte das Auflösungsvermögen des Auges (siehe AUFLÖSUNG). Die kleinsten Details, die man zu unterscheiden vermochte, waren von der Dicke eines Haares, also etwa einen Zehntel Millimeter.

Galilei war der erste, der 1610, gestützt auf die Prinzipien der OPTIK, ein brauchbares Fernrohr, ein Teleskop für astronomische Beobachtungen baute. Wenig später entwickelte der deutsche Astronom Johannes Kepler, gestützt auf dieselben Prinzipien, die Voraussetzungen für den Bau eines Mikroskops (griechisch *mikros*: klein und *skopein*: betrachten), also einer Vorrichtung, mit der sich kleine, mit bloßem Auge nicht zu erkennende Dinge betrachten lassen. Ein Mikroskop besteht zum einen aus einem Objektiv mit einem Satz Sammellinsen, die das von der untersuchten Probe einfallende Licht auf der so genannten Brennebene fokussieren, und zum anderen aus einem Okular, einer Art Lupe, die unmittelbar vor dem Auge des Betrachters liegt.

Der britische Physiker Robert Hooke und der niederländische Naturforscher Antonie van Leeuwenhoek konstruierten in der zweiten Hälfte des 17. Jahrhunderts die ersten optischen Mikroskope nach diesen Prinzipien. Hooke untersuchte Kork und bezeichnete die kleinen Kammern, die er beobachtete, mit dem lateinischen Begriff *cellula*. Leeuwenhoek entdeckte die einzelligen Lebewesen und die BAKTERIEN und beobachtete tierische Zellen wie Spermien und Blutkörperchen. Das Mikroskop eröffnete somit den Weg zur Zelltheorie, die in der ersten Hälfte des 19. Jahrhunderts systematisch entwickelt wurde, also mehr als anderthalb Jahrhunderte nach den ersten Zellbeobachtungen.

Das Auflösungsvermögen eines optischen Mikroskops ist durch die WELLENLÄNGE des verwendeten Lichts begrenzt: Aufgrund der BEUGUNG des Lichts und der Unvollkommenheit der Linsen sind Details, die kleiner sind als diese Wellenlänge, nicht mehr zu erkennen. Mit sichtbarem Licht lassen sich Einzelheiten mit einem Abstand von 0,2 µm (Mikrometer; $1\,\mu m = 10^{-6} m$) unterscheiden und Untersuchungsobjekte bis um das 2000fache vergrößern. Somit ist es möglich, tierische oder pflanzliche Zellen mit einer Größe von 10 bis 20µm und sogar Bakterien zu beobachten, deren Größe im Mikrometerbereich liegt. Mit dem optischen Mikroskop lassen sich auch bestimmte Strukturelemente oder Organellen im Zellinneren erkennen wie der ZELLKERN und die darin liegenden CHROMOSOMEN oder auch die MITOCHONDRIEN und CHLOROPLASTEN, nicht aber die strukturellen Einzelheiten dieser Organellen. Lange Zeit schrieb man die Membranstrukturen, die der italienische Mediziner Camillo Golgi im Zellinneren beobachtet hatte, seiner lebhaften Phantasie zu, da sie selbst mit den besten optischen Mikroskopen nur schwer zu beobachten sind. Später erkannte man die Richtigkeit und Bedeutung dieser Beobachtungen an, verlieh Golgi 1906 den Nobelpreis für Medizin und Physiologie und gab diesen intrazellulären Membranen nach ihm den Namen GOLGI-APPARAT.

Es gibt viele Arten optischer Mikroskope, unterschieden nach der Wellenlänge des verwendeten Lichts (das vom sichtbaren Licht bis hin zu Infrarot- und Ultraviolettstrahlung reicht), nach der Beleuchtung der Proben und nach den Vorrichtungen, die das erhaltene Bild auffangen und analysieren (Auge, fotografische Emulsion, fluoreszierende Bildschirme, elektronische Kameras usw.). Da diese Bilder der betrachteten Brennebene entsprechen, sind sie zweidimensional. Ein dreidimensionales Bild einer lebenden Zelle lässt sich rekonstruieren, indem man aufeinander folgende Brennebenen kombiniert, die man durch Abtasten der Probe mit einem Laserstrahl (siehe LASER) erhalten hat. Das Gerät, mit dem sich solche dreidimensionalen Bilder realisieren lassen, heißt konfokales Mikroskop.

In den Zellen bis zu den Makromolekülen sehen

Aufschlüsse über Einzelheiten der Organellenstruktur und ihrer Funktion brachte erst die Entwicklung des Elektronenmikroskops ab den 30er Jahren des letzten Jahrhunderts. Es arbeitet mit einem Elektronenbündel anstelle des Lichts (PHOTONEN), das das optische Mikroskop verwendet (das deshalb auch Photonenmikroskop genannt wird). In einem Elektronenmikroskop werden die Elektronen durch eine Potentialdifferenz von mehreren zehntausend Volt, angelegt an zwei Elektroden, stark beschleunigt, durch Magnete, die als Magnetlinsen dienen, fokussiert, und dann wird damit die zu untersuchende Probe durchstrahlt. Bei der Elektronenstrahlung ist die Wellenlänge im Vergleich zu der des sichtbaren Lichts äußerst gering. Daher haben Elektronenmikroskope ein vielfach stärkeres

Auflösungsvermögen als optische Mikroskope: Sie erreichen eine Auflösung von etwa 2 nm (Nanometer, 1 nm = 10^{-9} m) und ermöglichen eine mehr als 200 000fache Vergrößerung der Untersuchungsobjekte. Die Elektronen, die eine Probe durchquert haben, ohne abgelenkt oder absorbiert zu werden, treffen auf einen Leuchtschirm. Die dichten Teile der Probe erscheinen darauf als dunkle Partien, und so zeichnet sich ein Negativbild des Untersuchungsobjekts ab.

Mit Hilfe des Elektronenmikroskops konnte man nicht nur die Struktur der Organellen erforschen, sondern auch neue Organellen entdecken wie die RIBOSOMEN und das ENDOPLASMATISCHE RETIKULUM, die an der BIOSYNTHESE der PROTEINE beteiligt sind. Auch VIREN, deren Größe den Nanometerbereich nicht überschreitet, ließen sich dank der Entwicklung der Elektronenmikroskopie beobachten.

Da es mit Elektronenmikroskopen möglich ist, sogar die Konturen bestimmter Proteine sichtbar zu machen, erhellen sie die Verbindung zwischen Zell- und Molekülstrukturen. Theoretisch müsste es mit einem Elektronenmikroskop möglich sein, die Einzelheiten diese Moleküle und sogar die Anordnung der ATOME zu erkennen, aus denen sie bestehen. In der Praxis ist das jedoch unmöglich, weil die magnetischen Linsen, die man zur Fokussierung des Elektronenstrahls benutzt, Unvollkommenheiten aufweisen und die Elektronen nicht stärker beschleunigt werden können, ohne die biologischen Proben zu zerstören, die man untersuchen möchte.

Die Elektronenmikroskope, von denen bislang die Rede war, bezeichnet man als Durchstrahlungs- oder Transmissions-Elektronenmikroskope. Mit ihnen lässt sich die Elektronendichte sehr dünner Proben sichtbar machen, die von dem Elektronenbündel durchstrahlt werden. Daneben gibt es noch die Raster-Elektronenmikroskope, die nach einem anderen Prinzip arbeiten: Hier wird mit dem Elektronenstrahl die Oberfläche des Untersuchungsobjekts abgetastet, die von dieser Fläche reflektierten Elektronen werden erfasst und ergeben ein dreidimensionales Bild, das eine Auflösung von 10 nm erreichen kann.

Moleküle und Atome sehen

Seit Mitte der 1980er Jahre gibt es einen neuartigen Mikroskoptyp, der auf dem TUNNELEFFEKT, einem Prinzip der QUANTENPHYSIK, aufbaut. Diese Geräte machen es möglich, die Atome einzeln zu beobachten und sogar zu manipulieren, und zwar mit Hilfe einer sehr feinen Spitze, deren Ende nur aus einigen wenigen Atomen besteht und die so nah wie möglich an die Oberfläche des Untersuchungsobjekts herangeführt wird (aus diesem Grund spricht man auch von Nahfeld-Mikroskopie). Die Forscher, die dieses Raster-Tunnel-Elektronenmikroskop entwickelten, bildeten, um seine Leistungsfähigkeit zu demonstrieren, das Logo ihrer Firma aus einzelnen Wolframatomen. Man hofft, das Raster-Tunnel-Mikroskop zur Untersuchung biologischer Moleküle nutzen zu können, zum Beispiel um die Struktur des genetischen Materials von Lebewesen zu decodieren, indem man die Anordnung der NUKLEOTIDE unmittelbar aus dem DNA-Molekül herausliest (siehe SEQUENZ und GENKARTIERUNG).

Mineralien

Zur Vertiefung: ***Kristall***

Mineralogie

Im Gegensatz zum Adjektiv »mineralisch«, dessen Bedeutung kaum Probleme aufwirft, ist die Definition der Mineralien ein wenig spitzfindig.

Ein Mineral ist in der Regel ein Kristall und hat eine klar definierte chemische Formel; dennoch können bestimmte Atome durch andere ersetzt werden, die sich in ihrem Wesen oder ihrer elektrischen Ladung unterscheiden, sofern diese Substitution keine Änderung der Struktur nach sich zieht. So kann zum Beispiel Eisen einen Teil des Magnesiums in dem Magnesiumsilicat der Formel Mg_2SiO_4 ersetzen; in diesem Fall ändern sich die Atomabstände ein wenig, die grüne Farbe wird etwas kräftiger, aber man bezeichnet das Mineral nach wie vor als Olivin (es ist ein wesentlicher Bestandteil der oberen Erdkruste).

Mineralien sind anorganisch und gehören demnach in den Bereich der anorganischen CHEMIE. Sie entstammen wohlgemerkt nicht den verweslichen Teilen von Lebewesen und haben auch keinen Anteil an der Kohlenstoffchemie (siehe KOHLENSTOFF). Ein Kandiszuckerkristall ist also kein Mineral. Und KOHLE oder Bernstein, die aus Blättern oder Baumharz entstanden sind und keine Kristallstruktur aufweisen, gehören nicht zu den Mineralien, sondern zu den Gesteinen. Dagegen sind der Calcit der Austernmuschel und der Apatit (Calciumphosphat) aus unseren Knochen Biomineralien.

Um als Mineral eingestuft zu werden, muss ein anorganischer Kristall auf natürlichem Wege entstanden (ein synthetischer Kristall hat auf diese Bezeichnung keinen Anspruch) und in Gesteinen an der Erdoberfläche oder in Bergwerken zu finden sein. Eisen oder Silber, die in gediegener Form vorkommen, sind Mineralien, nicht aber Kalium, das nur in Form chemischer Verbindungen zu finden ist. Auch in METEORITEN, also Fragmenten von Asteroiden, die auf die Erde gefallen sind, und in Planeten sind Mineralien vorhanden.

Bislang sind mehr als 5000 Mineralien bekannt, und ständig werden neue entdeckt, in der Regel in Gestalt mikroskopisch kleiner Kristalle (sonst würde man sie schon seit langem kennen).

Der Name eines neuen Minerals wird von der internationalen Mineralogenvereinigung auf Vorschlag des Mineralogen, der es entdeckt hat, genehmigt. Heutzutage besteht er meist aus dem Namen eines Kollegen, den der Entdecker damit würdigen möchte, versehen mit der Endung *-it*. Das Ergebnis klingt nicht immer sonderlich gut. So erhielt das neue Mineral, das man in dem von Armstrong, Aldrin und Collins mitgebrachten Mondgestein entdeckte, den zungenbrecherischen Namen Armalcolit, gebildet aus den Anfangssilben der Namen der drei Astronauten.

Mineralien und Chemie

Schon immer teilt sich die Chemie auf in den Bereich der Mineralien und des Organischen. So diente der Lapislazuli als PIGMENT für die Buchmalerei, während man mit dem Sekret der Stachelschnecke die Kleidung hoher Würdenträger purpurn färbte. Diese konventionelle und traditionelle Aufteilung hat jedoch die Chemie und die Metallurgie, die bis ins 19. Jahrhundert hinein als Handwerk galten, nicht gehindert, lange Zeit ein gemeinsames Leben zu führen.

Die Mineralchemie (anorganische Chemie), die von den Alchimisten des Mittelalters an die Chemiker des 17. und 18. Jahrhunderts weitergegeben wurde, erfuhr eine erhebliche Weiterentwicklung, als man systematisch alle möglichen Verbindungen zwischen reinen Stoffen wie Antimon, Schwefel, Eisen, Quecksilber usw. erforschte.

Erlebte das 19. Jahrhundert eine Blütezeit der organischen Chemie sowohl als Wissenschaft als auch in der industriellen Nutzung, so rückt bei den Chemikern von heute die anorganische Chemie wieder in den Vordergrund des Interesses.

Die Oberflächen oder Grenzflächen eines Kristalls sind regelmäßig, klar definiert und eignen sich hervorragend zur Erforschung wichtiger, aber komplexer Phänomene wie ADSORPTION, Adhäsion oder KATALYSE. So hat man zum Beispiel entdeckt, dass es an der Oberfläche eines Metallkristalls oder eines Metalloxids, an der eine Katalyse stattfindet, zu einer Umorganisation in der zeitlichen und räumlichen Anordnung der Atome kommt. Der Katalysator bleibt nicht neutral, sondern ist aktiv, und seine Aktivität setzt sich in einen Tanz der Atome an der Oberfläche um, einen Rundtanz in großen Spiralen, in deren Verlauf es zum Energieaustausch zwischen den Metallatomen und den Molekülen kommt, die an der Oberfläche des mineralischen Katalysators haften.

Andere Mineralien, die weniger leicht zu charakterisieren und zu reinigen sind, zum Beispiel die Tonmineralien, eignen sich hervorragend als Katalysatoren für Reaktionen wie das Kracken von ERDÖL, also die Umwandlung von Rohöl in Treibstoffe, die in Raffinerien erfolgt.

Die Dialektik zwischen Mineralien und organischen Verbindungen, die keineswegs von gestern ist, geht also mit einer echten Synergie einher.

Mitochondrien

Zur Vorbereitung: ***Eukaryoten***
Zur Vertiefung: ***Chloroplast; Organellen; Stoffwechsel***

Mitochondrien sind kleine, zylinderförmige Strukturen oder Organellen, die von einer Doppelmembran umhüllt sind. Sie finden sich in zahlreichen Exemplaren im ZYTOPLASMA der ZELLEN von EUKARYOTEN wie Tieren und Pflanzen, also Organismen, deren Zellen einen ZELLKERN haben, in dem das genetische Material verwaltet wird (siehe GENOM).

Die äußere Membran der Mitochondrien ist glatt und ebenso wie die Plasmamembran, die die Zelle umgibt, eine selektive Barriere, die den Austausch von Stoffen mit dem Zytoplasma kontrolliert.

Im Inneren der Mitochondrien erfolgt die Zellatmung, ein Stoffwechselprozess, der Kohlendioxid, Wasser und Energie erzeugt (in Form von Adenosintriphosphat oder ATP, der Energiewährung der Zelle). Als Ausgangsstoffe dienen Sauerstoff und Spaltprodukte des Glucoseabbaus, der im Zytoplasma stattfindet (siehe STOFFWECHSEL).

Mitochondrien gehören zur Ausstattung von Organismen und Zellen, die aerob, also auf die Gegenwart von Sauerstoff angewiesen sind. Ihre Anzahl variiert je nach Funktion des jeweiligen Zelltyps zwischen einigen wenigen und mehreren zehntausend pro Zelle, wobei die Mitochondrien sich unabhängig vom Zellkern vermehren.

In Form und Größe erinnern diese Organellen an BAKTERIEN und enthalten ebenso wie diese ein kleines Genom, das so genannte Mitochondrien-Genom oder Chondriom, das aus einem ringförmigen DNA-Molekül besteht. Daneben weisen die Mitochondrien auch RIBOSOMEN auf, das sind jene Korpuskeln, die für die Synthese von PROTEINEN zuständig sind. Sie sind kleiner als die des Zytoplasmas der Zelle und erinnern an die Ribosomen der Bakterien.

Diese verschiedenen Merkmale deuten auf einen bakteriellen Ursprung der Mitochondrien hin, wie er auch für die Chloroplasten angenommen wird, in denen die PHOTOSYNTHESE stattfindet.

Mitose

Zur Vertiefung: ***Klonieren, Klon; Meiose; Zelldifferenzierung; Zellzyklus***

Zellzyklus und Zellteilung

Die ZELLEN der EUKARYOTEN haben einen ZELLKERN, in dem die CHROMOSOMEN liegen, die wiederum das aus DNA bestehende genetische Material (siehe GENOM) enthalten. Bei der ZELLTEILUNG teilt sich auch dieser Kern in einem Prozess, den man als Mitose bezeichnet. Im weiteren Sinne bezieht sich der Begriff nicht nur auf die eigentliche Kernteilung, sondern auch auf die Zellteilung.

Bei allen Eukaryoten ist die Mitose die normale Art der Zellteilung. Sie hat die Funktion, die in jeder Zelle vorhandenen Genome identisch zu reproduzieren (abgesehen von MUTATIONEN, die bei der Duplikation der DNA auftreten können) und an die beiden Tochterzellen weiterzugeben. Organismen, die aus nur einer Zelle bestehen wie Amöben, pflanzen sich ungeschlechtlich durch Mitose fort. Auch vielzellige Organismen wie Schwämme, Seesterne, Pilze und Pflanzen, die sich geschlechtlich fortpflanzen können, nutzen die Mitose als Möglichkeit der ungeschlechtlichen Fortpflanzung. Die Reproduktion durch Mitose führt, von Mutationen abgesehen, zur Bildung von Klonen genetisch identischer Individuen (siehe KLONIEREN, KLON).

Bei Vielzellern wie Tieren und Pflanzen vermehren sich die Körperzellen oder somatischen Zellen ebenfalls durch Mitose. Sie erfolgt, sobald aus der Befruchtung eines Eis durch ein Spermium eine ZYGOTE hervorgegangen ist, also nach der Verschmelzung der GAMETEN oder Keimzellen, die durch eine spezielle Form der Zellteilung, die Meiose, gebildet werden.

Zwischen den Zellteilungen, in der so genannten Interphase des Zellzyklus, befinden sich die Chromosomen und die in ihnen enthaltene DNA in einer dekondensierten Form. Durch die Verdoppelung der DNA eines jeden Chromosoms, die in dieser Phase stattfindet, bilden sich zwei Chromosomenfäden, die so genannten Chromatiden, die an einer Einschnürung des Chromosoms, dem Zentromer, verbunden sind. Während der Interphase wächst die gesamte Zelle auf das Doppelte ihrer Masse an. In Tierzellen verdoppelt sich auch das Zentrosom, ein Gebilde aus Proteintubuli, das in der Nähe des Zellkerns liegt.

Die Phasen der Mitose

Die eigentliche Mitose beginnt mit der Prophase (siehe *Abbildung 1*): Die Chromosomen verdichten sich (und werden so unter dem Mikroskop sichtbar). Die Zentrosomen wandern an entgegengesetzte Pole der Zelle und wirken am Aufbau eines Geflechts aus Faserproteinen mit, das die Teilungsspindel bildet.

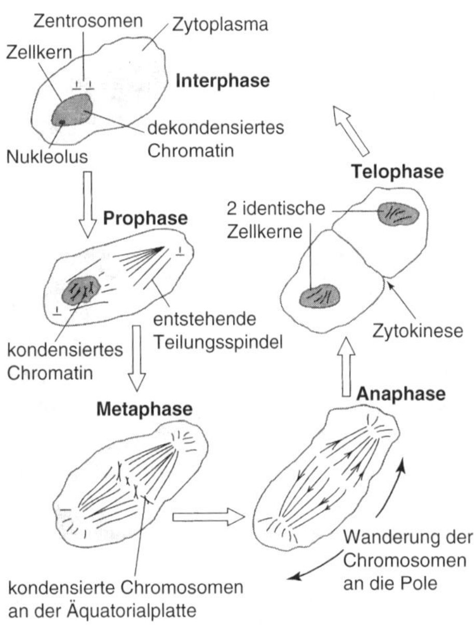

Abbildung 1 Die Stadien der Mitose

In der anschließenden Metaphase löst sich die Kernmembran auf, die Chromosomen lagern sich mit Hilfe der Zentromere an die Teilungsspindel an und ordnen sich quer zur Zellmitte auf einer Ebene zur so genannten Äquatorialplatte. In der Anaphase teilen sich die Zentromere, und die beiden Chromatiden eines jeden Chromosoms wandern jeweils an einen der Zellpole. Im letzten Stadium der Mitose, der Telophase, enthält die Zelle somit an jedem Pol einen kompletten Chromosomensatz, um den sich anschließend eine neue Kernhülle bildet. Die Teilungsspindel löst sich auf, und die Chromosomen dekondensieren.

Ist die eigentliche Mitose abgeschlossen, kommt es zur Zellteilung oder Zytokinese, die bei tierischen Zellen durch Einschnürung der Plasmamembran und bei pflanzlichen Zellen durch Verschmelzung von Vesikeln des GOLGI-APPARATES erfolgt, die sich in der Äquatorialebene sammeln (der Golgi-Apparat ist eine der zahlreichen Organellen, die im ZYTOPLASMA der Eukaryotenzellen zu finden sind). Die Reproduktion der ORGANELLEN erfolgt unabhängig von der des Zellkerns. Während der Zytokinese verteilen sie sich zufällig auf die beiden Tochterzellen, wobei kein Ungleichgewicht entsteht, da sie in ausreichender Menge vorhanden sind.

Modell

Zur Vertiefung: ***Experiment und Beobachtung; Simulation***

In der Umgangssprache versteht man unter Modellen Frauen oder Männer, die sich Malern oder Fotografen für deren Arbeit zur Verfügung stellen oder die (unter der englischen Bezeichnung *model*) Mode vorführen und möglicherweise von einer Karriere als *top model* träumen. Ansonsten verwendet man den Ausdruck sowohl für Objekte, die als Vorbild dienen (sollen), als auch für Gegenstände, die nach einem Vorbild geformt sind und dessen Eigenschaften meist in verkleinertem Maßstab reproduzieren. Modelle sind also einerseits Gussform, Schablone oder Vorbild und andererseits Zusammenfassung oder Verkleinerung. So kann eine Institution Modellcharakter für andere besitzen, die nach ihrem Vorbild gestaltet werden sollen, während die Schiffs- oder Flugzeugmodelle der Hobbybastler ihrerseits nach Vorbildern gefertigt sind.

Modelle in der Wissenschaft

In Wissenschaft und Technik wird der Begriff des Modells heute in so vielfältiger Weise benutzt, dass er fast völlig sinnentleert erscheint. Dennoch kommt ihm vielfach eine wichtige Vermittlungsfunktion zu: Das Modell schiebt sich gleichsam zwischen die Phänomene und ihre Interpretation durch die Wissenschaft. Insbesondere in den Naturwissenschaften erweisen sich Modelle als unerlässliche Hilfsmittel im Umgang mit einer Realität, die der direkten Erfahrung oft nur schwer zugänglich und meist allzu komplex ist, als dass sie sich unmittelbar verstehen ließe. In der Geophysik etwa lässt sich der ERDKERN nur über ein Modell beschreiben, denn niemand und nicht einmal Jules Verne hat jemals ernsthaft davon geträumt, auf andere Weise als im Geiste Zugang zu diesem Teil der Erde zu erlangen.

In ein Modell geht einerseits all das ein, was man an einem bestimmten Objekt beobachtet und gemessen hat – zum Beispiel an der Sonne, einer im Weltraum scheinbar isolierten Gaskugel, die Strahlung ganz bestimmter Art emittiert – und andererseits das gesamte theoretische Wissen der Physik, der Chemie und sonstiger Fachgebiete, das sich für die betreffende Fragestellung mobilisieren lässt. Nach einer sorgfältigen Verarbeitung all dieser Zutaten zeichnet das Modell ein vereinfachtes und bei Bedarf veränderbares Bild, das als HYPOTHESE durch weitere Beobachtungen und Messungen bestätigt oder widerlegt werden kann.

Modelle bieten nachvollziehbare partielle Erklärungen für Phänomene, die allzu komplex sind, als dass sie in all ihren Aspekten erfasst werden könnten. Modelle sind also nicht universell; sie gelten nur auf einer bestimmten Ebene und unter bestimmten Voraussetzungen. Darin ähneln sie Metaphern, die man auch nur bis zu einem bestimmten Punkt fortspinnen darf, damit sie nicht allzu abstrakt werden und uns in die Irre führen. Aber Modelle unterscheiden sich von Metaphern insofern, als sie dehnbar sind und sich an die Bedürfnisse der Wissenschaftler anpassen lassen, während Bilder entweder passen oder nicht passen und dann verworfen werden.

Wegen ihres hypothetischen und partiellen Charakters erheben Modelle keinen Anspruch auf Ausschließlichkeit; anders als Theorien können sie durchaus mit anderen konkurrierenden Modellen leben. Eine solche Vielfalt der Modelle kann sogar sehr fruchtbar sein. Für den Chemiker etwa sind Modelle Schlüssel, die den Zugang zu einer Reihe von Phänomenen öffnen. Wie ein Gefangener, der dem Wärter den Schlüsselbund gestohlen hat, einen Schlüssel nach dem anderen ausprobieren muss, um in die Freiheit zu gelangen, so verfügt der Chemiker über eine begrenzte Zahl von Modellen, die er nacheinander erproben muss, wenn er ein Phänomen in den Griff bekommen will.

Auch wenn Modelle niemals eine Theorie ersetzen, stützen sie sich doch vielfach auf bestehende Theorien. Das gilt etwa für Fachgebiete, deren theoretische Grundlage so allgemein ist, dass sich daraus keine empirischen Einzelheiten ableiten lassen. Beispiele dafür sind die Konzepte der DNA und der Proteine in GENETIK und MOLEKULARBIOLOGIE oder die Schrödinger-Gleichung in der Physik, denn die einzelnen Lösungen sind so komplex, dass man sie nicht aus diesem theoretischen Rahmen ableiten kann. In solchen Fällen bieten Modelle eine vereinfachte, praktikable Darstellung, mit der sich empirische Beobachtungen erklären und die Ergebnisse von Experimenten voraussagen lassen, ohne in Widerspruch zur betreffenden Grundlagentheorie zu geraten, die von dem Modell jedoch nur näherungsweise umgesetzt wird.

In diesem Zusammenhang sei angemerkt, dass der Status eines Modells in den Naturwissenschaften auch davon abhängt, ob die ZEIT darin eine Rolle spielt. Statische Modelle, bei denen die Zeit keine Rolle spielt, liefern ein grobes, aber durchaus nützliches Bild, während dynamische Modelle, in denen der Zeitfaktor berücksichtigt wird, Szenarien ergeben, die sich oft nur schwer verifizieren lassen. So ist ein ERDMODELL für den Geophysiker eine bequeme logische Konstruktion, mit deren Hilfe seismologische, petrologische und andere Beobachtungen erklärt werden können, während ein »Modell der Entstehung der Erde« ein Szenario darstellt, das auf ganz unterschiedlichen Ausgangsbedingungen basieren kann und das man auf seine Verträglichkeit mit den vorhandenen Beobachtungen zu überprüfen versucht.

Modelle in Mathematik und Informatik

In der INFORMATIK arbeitet man mit der Simulation einfacher Darstellungen der Realität, also mit Modellen, die in derselben Weise überprüft werden müssen wie andere Modelle auch. Insofern bilden die informationsverarbeitenden Systeme keine Ausnahme; sie bieten lediglich die Möglichkeit, Modelle in ihrer zeitlichen Dimension automatisch ablaufen zu lassen, zum Beispiel die Bewegung der PLANETEN oder die Konvektionsströme innerhalb des Erdmantels, und diese Möglichkeit ist in manchen Fällen ausgesprochen hilfreich. Der Ausdruck »Modell« wird in der Informatik jedoch noch auf zwei weitere, durchaus gegensätzliche Weisen verwendet: für Wissensmodelle, wie wir sie aus dem KNOWLEDGE ENGINEERING kennen, und für die Modelle einer Formel aus dem Bereich der mathematischen LOGIK (siehe MODELLTHEORIE).

Wissensmodelle sind abstrakte Beschreibungen des Wissens, dessen Inhalte sich schon in der Struktur dieser Modelle niederschlagen sollen. Dieser Gedanke verweist auf eine niemals vollkommen verwirklichbare Idealvorstellung, wonach es Computern möglich sein soll, etwas zu »wissen« (siehe WISSEN). Als Modelle im Sinne der mathematischen Logik bezeichnet man dagegen die Interpretationen, die eine gegebene Formel erfüllen.

In der angewandten MATHEMATIK bezeichnet man als Modell heute vielfach eine GLEICHUNG oder ein Gleichungssystem, mit dem ein bestimmtes Phänomen erfasst werden soll, und die Formulierung solch einer Gleichung bezeichnet man als Modellbildung. Die Ursache dieser Verwendungsweise, die sich am Vorbild des »verkleinerten Modells« orientiert, ist wahrscheinlich in der Ökonometrie zu suchen. Und ihr Erfolg dürfte in der strategischen Bedeutung begründet sein, die man dieser Art von Modellbildung in der angewandten Mathematik zugewiesen hat. Dort hält man sich gern an den Gedanken einer durchgängigen Modellhaftigkeit mathematischer Anwendungen, wonach die Mathematik sich unmittelbar, das heißt ohne den Umweg über die verschiedenen Fachgebiete wie etwa die Physik, auf die physikalische Welt oder auf die industrielle Produktion anwenden lasse.

Modell und Maß

Trotz beträchtlicher Unterschiede lassen die verschiedenen Bedeutungen des Ausdrucks »Modell« sich miteinander in Einklang bringen, wenn man auf die Etymologie zurückgreift. So soll das Wort auf die indoeuropäische Wurzel *med/mod* zurückgehen, die so viel bedeutet wie: »mit Autorität und Überlegung Maßnahmen ergreifen«. Aus dieser Wurzel leiten sich zahlreiche Wörter her, so das griechische *medein* (messen) sowie die lateinischen Ausdrücke *meditari* (meditieren), *modus* (das den Dingen auferlegte Maß), *modo* (mit Maßen) und *modestus* (maßvoll, bescheiden). Wie man sieht, haben unsere Begriffe »Medizin« und »Modell« letztlich dieselbe Wurzel.

In seiner wissenschaftlichen Verwendung spielt das Modell die Rolle eines Vermittlers oder Bindeglieds zwischen Theorie und Empirie, dem zwei Aufgaben zufallen: Es fasst das hinsichtlich eines bestimmten Gegenstands bereits vorhandene Wissen zusammen und gestattet es, dieses Wissen zu überprüfen, indem man daraus empirische Voraussagen herleitet, die dann durch Experiment oder Beobachtung bestätigt oder widerlegt werden können. In der Geophysik etwa fasst das Modell die bisherigen Beobachtungen zusammen und sagt zukünftige Beobachtungen voraus. Desgleichen in der Genetik: Dort fasst das Modell die empirischen Beobachtungen in vereinfachter Form zusammen und ermöglicht aufgrund dieser Vereinfachung Vorhersagen, die mit diesen Beobachtungen in Einklang stehen.

In der Logik scheint man den Begriff des Modells dagegen anders und geradezu in entgegengesetzter Weise zu benutzen. Dort ist das Modell eine Interpretation, das heißt eine mögliche Realität, die einer bestimmten logischen Formel genügt, während es ansonsten stets als vereinfachte Darstellung verstanden wird, das heißt als eine Formel, die eine bestimmte Realität zum Ausdruck bringt. Doch auch in der Logik übernimmt das Modell die Rolle des Vermittlers und Bindeglieds.

Modelltheorie

Zur Vertiefung: ***Auswahlaxiom; Kontinuumshypothese; Menge; Parallelen***

Viele Theorien, eine Theorie

Die Mathematik präsentiert sich heute nicht als Ansammlung unabhängiger Theorien (GEOMETRIE, ARITHMETIK usw.); ihre verschiedenen Zweige stützen sich vielmehr auf eine einheitliche Theorie, die Mengenlehre, deren Grundlagen Georg Cantor im 19. Jahrhundert legte (siehe MENGE). So stellt sich die Geometrie nicht mehr als Theorie dar, in der man THEOREME aus den Euklidischen AXIOMEN ableitet, sondern als Erforschung spezieller Strukturen: der affinen Ebenen (siehe VEKTOR).

Während die axiomatische Geometrie auf der Grundlage der Euklidschen Axiome bewies, dass »die Seitenhalbierenden eines Dreiecks sich in einem Punkt schneiden«, zeigt die moderne Geometrie aufgrund der Axiome der Mengenlehre, dass »in jeder affinen Ebene die Seitenhalbierenden eines Dreiecks sich in einem Punkt schneiden«.

Man kann zeigen, dass diese beiden Darstellungen der Geometrie äquivalent sind. Ein Satz P ist genau dann innerhalb der axiomatischen Geometrie beweisbar, wenn der Satz »in jeder affinen Ebene gilt P« innerhalb der Mengenlehre beweisbar ist.

In ähnlicher Weise kann man die Sätze jeder Theorie in die Mengenlehre übersetzen. Zu diesem Zweck definiert man zunächst den Begriff des Modells der betreffenden Theorie, der dieselbe Rolle spielt wie der Begriff der affinen Ebene in der Geometrie. Ein Modell einer Theorie besteht aus einer beliebigen Menge E, auf der man eine Interpretation der Symbole der betreffenden Theorie definiert. Die Menge E enthält dann die Interpretation sämtlicher Objekte dieser Theorie.

So besteht ein Modell der Geometrie aus einer Menge E (die die Interpretation sämtlicher Objekte der Geometrie, des Punkts ebenso wie der Geraden, enthält): aus einer Teilmenge P von E mit der Interpretation des Symbols »Punkt«, einer Teilmenge G von E mit der Interpretation des Symbols »Gerade« und einer Teilmenge R von $E \times E$ der Paare von Elementen aus E mit der Interpretation des Symbols »gehen durch« (in diesem Fall kann die Menge R sogar eine Teilmenge von $G \times P$ sein). Ein Lehrsatz der Geometrie lässt sich dann in die Mengenlehre übersetzen, indem man jedes Symbol durch seine Interpretation ersetzt, zum Beispiel den Satz A: »Sind x und y zwei Punkte, so gibt es stets eine Gerade z, die durch x und y geht«, in den Satz: »Für alle x, y aus E, die zu P gehören, gibt es ein z aus E, das zu G gehört, so dass (z,x) und (z,y) zu R gehören.« Man sagt dann: »A ist gültig in E, P, G, R.«

Das Modell einer Theorie T ist eine Struktur, in der die Axiome von T Geltung besitzen. So ist ein Modell der Geometrie eine Struktur, in der die Axiome der Geometrie gültig sind. Bei den Modellen der Geometrie handelt es sich im Wesentlichen um affinen Ebenen. Genauer gesagt, jedes Modell der Geometrie ist einem auf der Basis einer affinen Ebene C konstruierten Modell äquivalent, bei dem E die Menge der Punkte und Geraden aus C ist, während P die Menge der Punkte dieser Ebene, G die Menge der Geraden dieser Ebene und R die Menge der Paare (g,m) ist, für die gilt, dass g eine Gerade und m ein Punkt ist und dass die Gerade g durch den Punkt m geht.

Nach dem in den 1930er Jahren von Kurt Gödel bewiesenen Vollständigkeitstheorem lässt sich innerhalb der Mengenlehre beweisen, dass ein Satz P, der in einer axiomatischen Theorie T bewiesen werden kann, auch in allen Modellen von T Geltung besitzt. Daher lassen sich alle axiomatischen Theorien in Teilbereiche der Mengenlehre übersetzen.

Der Vorteil einer einheitlichen Theorie (der Mengenlehre) liegt in der Möglichkeit, Begriff aus verschiedenen Teilbereichen miteinander zu verbinden, zum Beispiel Begriffe aus ALGEBRA und Geometrie innerhalb der algebraischen Geometrie oder Begriffe aus Algebra und TOPOLOGIE innerhalb der algebraischen Topologie.

Widerspruchsfreiheit

Eine Theorie, die ein Modell besitzt, ist widerspruchsfrei, das heißt, man kann in ihrem Rahmen nicht zugleich eine Sache und ihr Gegenteil haben (siehe LOGIK). Tatsächlich kann man zeigen, dass alle in dieser Theorie beweisbaren Sätze auch in dem Modell Geltung haben und dass ein Satz und dessen Negation nicht zugleich in ein und demselben Modell gültig sein können.

Christian Felix Klein und Henri Poincaré haben auf diese Weise die Widerspruchsfreiheit der Geometrie von Lobatschewski-Bolyai bewiesen (siehe PARALLELEN). In der euklidischen Geometrie gibt es ein Axiom, das so genannte Parallelenaxiom, wonach durch einen Punkt außerhalb einer Geraden eine einzige Gerade führt, die diese Gerade nicht schneidet. Die nichteuklidischen Geometrien verzichten auf dieses Axiom und ersetzen es durch andere. In der Geometrie von Lobatschewski-Bolyai etwa gibt es ein Axiom, wonach durch einen Punkt außerhalb einer Geraden mehrere Geraden führen, die diese Gerade nicht schneiden.

Man kann die Widerspruchsfreiheit dieser Theorie beweisen, indem man ein Modell konstruiert. Dazu betrachtet man die Menge, die sämtliche Punkte innerhalb der in *Abbildung 1* dargestellten Kreisfläche und sämtliche Sehnen des diese Fläche begrenzenden Kreises enthält. Man interpretiert das Symbol »Punkt« als Menge der Punkte m der Kreisfläche, das Symbol »Gerade« als Menge der Sehnen s und das Symbol »gehen durch« als Menge der Paare (s,m), für die gilt, dass die Sehne s durch den Punkt m geht.

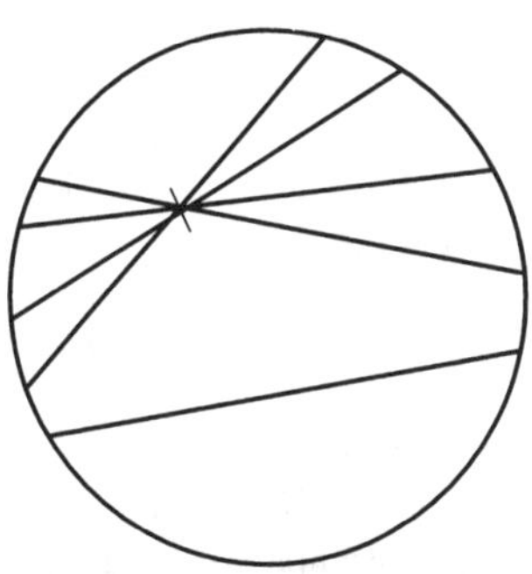

Abbildung 1

Wie man leicht erkennt, ist das Axiom, wonach durch einen Punkt außerhalb einer Geraden mehrere Geraden führen, die diese Gerade nicht schneiden, in dem beschriebenen Modell gültig. Dasselbe gilt für die übrigen Axiome der Geometrie von Lobatschewski-Bolyai, die daher widerspruchsfrei ist.

Natürlich stellt sich die Geometrie von Lobatschewski-Bolyai heute nicht mehr als eine unabhängige Theorie dar, sondern als Erforschung ihrer Modelle, das heißt der geometrischen Räume, die wie der in *Abbildung 1* dargestellte Raum ihren Gesetzen gehorchen. Ihre Widerspruchsfreiheit ist gegenüber der Existenz solcher Räume fast schon sekundär.

Nichtbeweisbarkeit

Die Widerspruchsfreiheit dieser nichteuklidischen Geometrie ist gleichbedeutend mit der Feststellung, dass das Parallelenaxiom sich nicht aus den übrigen Axiomen der Geometrie ableiten lässt (denn ließe es sich ableiten, könnte man dies auch in der Geometrie von Lobatschewski-Bolyai tun, und diese Geometrie wäre widersprüchlich). Alle Aussagen, die aus diesen Axiomen abgeleitet werden können, sind auch in dem in *Abbildung 1* dargestellten Modell gültig, und das gilt nicht für das Parallelenaxiom, das folglich nicht aus diesen Axiomen ableitbar ist.

Mit Hilfe ähnlicher Methoden, das heißt durch die Konstruktion von Modellen der Mengenlehre, haben Abraham Fraenkel, Andrzej Mostovski und Paul Cohen gezeigt, dass sich das AUSWAHLAXIOM und die Kontinuumshypothese nicht innerhalb der Mengenlehre beweisen lassen.

Modelle und Realität

Die Verbindung zwischen den Symbolen einzelner Theorien (also den Worten, mit denen Grundkonzepte wie »Punkt« oder »Gerade« bezeichnet werden) und ihrer Interpretation in einem Modell erinnert an den Zusammenhang, der nach Ansicht mancher »realistischen« Sprachphilosophien zwischen den Wörtern und den Dingen bestehen. Aus diesem Grund wird die Modelltheorie gelegentlich als »semantisch« bezeichnet.

Dennoch darf nicht vergessen werden, dass man in der Modelltheorie keinen unmittelbaren Zusammenhang zwischen dem Symbol »0« und dem realen Objekt 0 herstellt, auch wenn man von der Existenz dieses Objektes ausgeht, sondern lediglich einen vermittelten Zusammenhang zwischen dem Symbol »0« der Arithmetik und dem der Mengenlehre.

Modul

Module in der Informatik

Zur Vorbereitung: ***Objekt; Prozedur***
Zur Vertiefung: ***Software Engineering; Programmierung***

Man stelle sich eine Armee vor, in der jeder Entscheidungen trifft, ohne sich mit anderen abzustimmen. Ein fürchterliches Durcheinander wäre die Folge. Genau das geschieht aber, wenn Programmierer ohne wechselseitige Abstimmung und ohne gemeinsame Vorgaben zusammenarbeiten. In der INFORMATIK kann jeder nach Belieben Objekte erzeugen, benutzen und verändern. Wenn ein oder zwei Forscher einen Prototyp schaffen wollen, sind besondere Vorkehrungen natürlich kaum nötig, aber wenn mehrere Dutzend Programmierer über mehrere Monate oder Jahre hinweg an der Entwicklung eines Programms arbeiten, sind, wie die Erfahrung zeigt, strenge Regeln erforderlich, damit das Programm auch funktioniert und die Kosten sich in Grenzen halten.

Die Prinzipien der tayloristischen Arbeitsorganisation, die auf der Arbeitsteilung basieren, finden auch im Software Engineering Anwendung: Jeder Programmierer erhält die Aufgabe, bestimmte Objekte zu entwickeln. Wären die Objekte vollkommen unabhängig voneinander, brächte diese Art von Arbeitsteilung keine Probleme mit sich; aber in den meisten Fällen sind sie nicht unabhängig voneinander, und jeder Programmierer benötigt für die Erledigung seiner Aufgabe Objekte anderer Programmierer, deren Inhalt zu verstehen ihm ebenso viel Mühe macht, als hätte er dieses Unterprogramm selbst geschrieben. Daraus resultieren gewaltige Verluste an Zeit und Energie, weil alle die von ihnen benutzten Programmteile immer wieder neu schreiben.

Darum sind die Fachleute des Software Engineering auf die Idee gekommen, Objekte in Kapseln einzuschließen, auf deren Hülle Funktions- und Anwendungsweise des eingeschlossenen Objekts genau angegeben sind. Diese Einkapselung bildet die Grundlage für die Idee des Moduls in der Informatik: Ein Modul besteht aus einem öffentlichen Teil, der in einer für jedermann verständlichen Sprache die Funktionsweise erklärt und angibt, von welchen sonstigen Modulen diese Funktionsweise abhängt, sowie einem privaten oder verdeckten Teil, in dem das Modul so programmiert ist, dass es die im öffentlichen Teil beschriebenen Funktionen präzise erfüllt. Wenn andere Programmierer das fertige Modul einsetzen, haben sie nur Zugang zum öffentlichen Teil, der private Teil bleibt ihnen verborgen.

Auf diesem Einkapselungsprinzip und der Theorie der abstrakten DATENTYPEN basiert die Programmiersprache Ada, die nach Ada Lovelace benannt ist, der Tochter des großen englischen Dichters Lord Byron und Assistentin von Charles Babbage, dem genialen Erfinder der ersten Rechenmaschine, die diesen Namen verdiente. Ada Lovelace verdankt diese Ehrung ihren wissenschaftlichen Arbeiten: Sie schrieb Programme für Babbages Maschine und war damit die erste Programmiererin der Geschichte.

Die Chemie als Baukasten

Zur Vertiefung: ***Alkohol; Chemothek; Kombinatorik; Kooperativität***

Die Chemie hat einen Modulcharakter, denn ebenso wie ein Maurer ein Haus aus Back- oder Naturstein baut und wie die Sprache sich aus Phonemen und Silben zusammensetzt, fügt auch die Chemie eine kleine Zahl von Grundmodulen, die aus den ATOMEN der Elemente des Periodensystems bestehen, zu unzähligen Strukturen zusammen (etwa 5 Millionen verschiedene Moleküle sind bereits erfasst, und es werden schnell mehr).

Moleküle bestehen wie alle chemischen Verbindungen (Komplexverbindungen, Festkörper usw.) aus Atomen. Allerdings hilft diese Binsenweisheit in der Chemie kaum weiter, da es hier sinnvoller ist, chemische Spezies nicht unter dem Aspekt der einzelnen Atome (der Bäume), sondern der Atomgruppen (des Waldes oder zumindest der Wäldchen) zu betrachten, die sie bilden.

Chemische Stoffe als Gebilde aus vorgeformten Modulen zu sehen erleichtert nicht nur die gedankliche Beschäftigung mit ihnen, sondern entspricht auch dem Vorgehen der Natur: Ein Molekül wie Cholesterin, das 27 Kohlenstoffatome enthält, wird in der Leber aus kleineren, völlig identischen Einheiten gebildet, die jeweils nur fünf Kohlenstoffatome umfassen (je sechs solcher Einheiten werden verbunden, und die drei überschüssigen Kohlenstoffatome werden am Ende des Prozesses mit ihren Wasserstoffatomen ausgeschieden).

Diese kleinen Grundbausteine der MOLEKÜLE, die nicht stabil genug sind, um als isolierbares Molekül existieren zu können, bezeichnet man als Radikale oder Reste. Ethanol enthält zum Beispiel die Atomgruppen CH_3, CH_2 und OH in dieser Reihenfolge (siehe ALKOHOL). Bei MAKROMOLEKÜLEN bestehen die Grundbausteine aus Monomeren, also aus kleinen reaktionsfähigen Molekülen, die bei der Polymerisation zu Ketten aneinander gereiht werden: So setzt sich Polystyrol aus einer endlosen Kette von Styrolmonomeren der Formel $C_6H_5CH{=}CH_2$ zusammen. Bei manchen Molekülen, die von Organismen gebildet werden, bestehen die Module aus Untereinheiten, die sich ähneln, weil sie annähernd äquivalent sind: Das Hämoglobin enthält zum Beispiel vier solcher Untereinheiten. Bei Supramolekülen dienen Moleküle als Grundbausteine, zum Beispiel Phospholipide, die sich als Lipiddoppelschicht zu den Zellmembranen zusammenfügen (siehe MEMBRAN).

Modulation

Zur Vertiefung: ***Elektromagnetismus; Signal; Telekommunikationsnetz; Welle***

Ein endlos gehaltener Ton wäre vollkommen uninteressant, weil erst die Variation, das heißt die Modulation der Töne den akustischen Schwingungen und insbesondere der Sprache oder der Musik ihre Bedeutung verleiht. Die meisten SIGNALE, mit denen wir es in unserer alltäglichen Umwelt zu tun haben – Töne, Licht, Telefon, Radio usw. –, stammen von anderen Menschen und basieren auf physikalischen Phänomenen, die sich über große Distanzen ausbreiten. Doch erst die Modulation verleiht physikalischen Phänomenen die Eigenschaft, Informationen zu übertragen.

Man könnte diese physikalischen Phänomene mit Frachtschiffen vergleichen, die zunächst mit den von ihnen transportierten Informationen beladen und dann an anderem Ort wieder entladen werden; man bezeichnet sie deshalb auch als Trägermedien. Den Vorgang des Beladens bezeichnet man als Modulation, den des Entladens als Demodulation, die Lade- bzw. Entladevorrichtung entsprechend als Modulator oder Demodulator. Gelegentlich verbindet man Modulator und Demodulator in einem einzigen Gerät, das dann als Modem bezeichnet wird.

Die gemeinsame Wurzel all dieser Ausdrücke ist das lateinische Verb *modulari*, das »abmessen« und insbesondere »rhythmisch abmessen« wie in der Musik bedeutet. Wie der Gesang der Schauerleute beim Be- und Entladen eines Schiffs der Arbeit einen bestimmten Rhythmus verleiht, so prägt die Modulation den Trägersignalen einen Rhythmus auf. Bei den meisten in der Telekommunikation benutzten Trägersignalen handelt es sich um Wellen, um akustische Schwingungen oder um elektromagnetische Wellen der verschiedenen Frequenzbereiche (Hertzsche Wellen, Radiowellen, Licht). Und die Modulation moduliert diese Wellen in derselben Weise, wie ein Tremolo oder ein Crescendo den Ton eines Instruments moduliert.

Man unterscheidet mehrere Formen der Modulation von Trägerwellen. Bei der Amplitudenmodulation variiert man die Stärke des Signals (d.h. die Amplitude der Trägerwelle) im Rhythmus der Information; bei der Frequenzmodulation lässt man entsprechend die Frequenz leicht um die Hauptfrequenz der Trägerschwingung schwanken; bei der Phasenmodulation schließlich sorgt man im Rhythmus der zu übertragenden Information für einen leichten Vorlauf oder eine Verzögerung der Phase der Trägerschwingung.

Bei Radio und Fernsehen hat sich weitgehend die Frequenzmodulation durchgesetzt, weil sie die geringste Störanfälligkeit besitzt und daher die beste Übertragungsqualität ermöglicht. Allerdings sind die für die Übertragung von Sprache und Bildern erforderlichen Frequenzen sehr hoch und liegen bei etwa 100 Mhz (Megahertz). Bei diesen Frequenzen breiten die elektromagnetischen Wellen sich in der Erdatmosphäre geradlinig aus, etwa in derselben Weise wie optische Signale, so dass die Reichweite der Sender, ähnlich der Reichweite eines Leuchtturms, sehr begrenzt ist. Deshalb bedarf es zahlreicher Relaisstationen, um größere Strecken zu überbrücken oder ein großes Gebiet abzudecken. Aus diesem Grund findet man auch immer noch Radiosender, die mit niedrigeren Frequenzen und der Amplitudenmodulation arbeiten; die in diesen Frequenzen ausgestrahlten elektromagnetischen Wellen werden an den oberen Schichten der Erdatmosphäre reflektiert, so dass sie sehr viel größere Entfernungen überbrücken können und nicht auf Relaisstationen angewiesen sind.

Neben den genannten Formen gibt es auch eine Impulsmodulation, die im Bereich der Telekommunikation immer weitere Verbreitung findet; dabei werden die Signale vor dem Aussenden in eine Zahlenfolge, das heißt in numerische Signale umgewandelt.

Molekül

Zur Vertiefung: ***chemische Formel; Molekularbiologie; Molekularerkennung; Molekularmodell***

Isolierung und begriffliche Fassung des Moleküls

Ein reiner Stoff ist das (nicht zu erreichende) Ziel, das Trenn- und Reinigungsverfahren wie die KRISTALLISATION oder die CHROMATOGRAPHIE anstreben. Der reine Stoff ist durch feste physikalische Parameter (Schmelzpunkt, Dichte usw.) definiert. Darüber hinaus nahm man bereits seit der Antike an, dass jeder reine Stoff aus kleinen Teilchen bestünde. Demnach gäbe es Wasserteilchen, Schwefelteilchen und Alkoholteilchen. Diese intuitive Annahme deckt sich mit einem ganzen Komplex von Beobachtungen: Die Wasserteilchen ordnen sich in einer Schneeflocke zu einem geometrischen Gebilde mit der Symmetrie 6, und eine Flasche Branntwein braucht man nur zu öffnen, um den Alkohol schon aus einer Entfernung von Metern zu riechen, was darauf hindeutet, dass die Teilchen daraus entweichen.

Anfang des 19. Jahrhunderts begann mit der Atomtheorie John Daltons das Molekularzeitalter. Jedes Molekül stellt eine Verbindung aus einer begrenzten, oft kleinen Zahl von ATOMEN dar. Man kann daher vom Wassermolekül, Schwefelmolekül und Alkoholmolekül (oder Ethanolmolekül, wie die wissenschaftliche Bezeichnung lautet) sprechen. Das gilt auch für komplexere Gebilde wie Cholesterin (siehe STEROIDE) und Ribonuklease, ein ENZYM, also ein bestimmtes PROTEIN.

Sinnlos wäre es dagegen, von einem Luftmolekül zu sprechen, da die Luft kein reiner Stoff ist. Es gibt auch reine Stoffe, die nicht in Molekülform, das heißt als endliche (klar definierte) Menge von Atomen existieren: Der Diamant, ein dreidimensionales Gitter aus Kohlenstoffatomen, das sich endlos ausdehnt, ist kein Molekül. Allerdings gibt es auch Molekülformen des Kohlenstoffs, die so genannten Fullerene, deren bekanntester Vertreter, C_{60}, die Form eines Fußballes hat. Ebenso ist Kochsalz (Natriumchlorid) als kristalliner Festkörper kein Molekül, und auch Eisen existiert nicht in Molekülform.

Wenn jedes Molekül die kleinste Partikel darstellt, auf die ein reiner Stoff sich reduzieren lässt (auf die Kleinheit deutet schon das Suffix *-cula* in der lateinischen Bezeichnung *molecula* hin), so ist diese Reduktion nicht auf jeden reinen Stoff anwendbar. Paradoxerweise stellt man sich das Molekül isoliert vor, während die von Beobachtung und Messungen gelieferten Daten sich auf Gruppen zahlreicher Moleküle in all ihren Zustandsformen (Elektronenkonfiguration, Schwingung, Rotation usw.) beziehen. Die AVOGADRO-KONSTANTE ($N_A = 6 \times 10^{23}$) gibt an, wie viele Einzelmoleküle in einem Mol enthalten sind. Ein Mol Wasser hat ein Gewicht von 18 g, während ein Mol C_{60} eine Masse von 720 g hat.

Um besser zu verstehen, was man unter einem Molekül versteht, muss ein weiterer

Begriff hinzukommen, und zwar der der Form. Kaum ein Jahrzehnt nach Daltons Veröffentlichung erschien in den *Annales de chimie* ein genialer Artikel von André Marie Ampère über die charakteristische Form von Molekülen. Durch Überlegung und Intuition war er zu dem Schluss gelangt, dass diese vielatomigen Gebilde geometrische Formen hätten, die einfach, unveränderlich und für eine bestimmte chemische Verbindung spezifisch seien.

Nehmen wir als Beispiel das Wassermolekül der Formel H_2O: Sein Sauerstoffatom O liegt zwischen den beiden Wasserstoffatomen H, und das ganze Molekül bildet einen Winkel. Die Länge der beiden gleichen OH-Segmente und der Winkel, den sie bilden, sind genau bekannt, vor allem aufgrund der elektromagnetischen Wellen, die Wassermoleküle im Megahertzbereich (Radiofrequenzen) aussenden. Nebenbei sei angemerkt, dass sich mit Hilfe elektromagnetischer Wellen zahlreiche Moleküle identifizieren lassen, die sich im INTERSTELLAREN RAUM befinden.

Die Verallgemeinerung ist zulässig: Jedes Molekül eines Stoffes ist eine Menge von Atomen, die auf eine bestimmte Weise und nach einem genauen Plan angeordnet sind (ebenso wie zwei baugleiche Autos aus den gleichen Teilen bestehen).

Moleküle im Weltraum

Die gasförmige Atmosphäre der KOMETEN und PLANETEN wie der Erde enthält zahlreiche Moleküle. Besonders interessant ist Titan, ein Mond des Saturn. Seine Atmosphäre, die sehr viel Methan CH_4 enthält und vielleicht der Atmosphäre in der Frühzeit der Erde ähnelt, schafft Bedingungen für eine mögliche Entstehung von Leben (siehe AUSSERIRDISCHES LEBEN).

Die Sterne enthalten in ihrer äußeren Hülle trotz der hohen TEMPERATUR, die dort herrscht (mehrere tausend Grad), die robustesten Moleküle, die sich nur schwer zerstören oder verdichten lassen, wie Kohlenmonoxid CO. Da die stellare Materie ausgestoßen wird (siehe WIND), entstehen im Inneren des Gases durch Abkühlung komplexere, nicht molekulare Gebilde, die gegen hohe Temperaturen resistent sind (Silicat); diese verdichten sich und bilden Staubkörnchen, die sich im interstellaren Raum verteilen (siehe KOSMISCHER STAUB) und sich spontan mit einer molekularen Hülle aus verschiedenen vereisten Stoffen umgeben (Wasser, Ammoniak, Kohlenstoff und Methan).

Der interstellare Raum hat eine außerordentlich geringe Dichte (von einigen wenigen bis zu einigen Millionen Atomen pro Kubikzentimeter), daher kommt es auch nur selten zum Zusammenprall von Atomen. Das führt zu einer ganz besonderen CHEMIE, die im LABORATORIUM nur schwer nachzuvollziehen ist und bei der stabile molekulare Radikale (Hydride wie OH oder SiH) und komplexere Moleküle wie Propinnitril (Cyanacetylen) entstehen, die mehr als zwanzig Atome umfassen können. Der Übergang zu geordneten Festkörpern (interstellaren Staubkörnchen) erfolgt offenbar über Aggregate, die einige hundert Atome enthalten wie die polycyclischen aromatischen Kohlenwasserstoffe (also sehr stabile Gebilde aus der Benzolfamilie; siehe AROMATIZITÄT).

Interstellare Moleküle lassen sich durch SPEKTRALANALYSE bestimmen, also durch Untersuchung des empfangenen Lichts nach Wellenlängen, die es enthält, da jeder chemische Stoff sich durch eine oder mehrere spezifische Wellenlängen auszeichnet (siehe SIGNATUR). Die Liste dieser Moleküle umfasst derzeit über hundert Stoffe und wächst ständig weiter, so dass die Hypothese einer Molekularevolution, die zu präbiotischen Molekülen führt (die also Materialien bilden können, die für die Entstehung von Leben unerlässlich sind), nicht mehr von der Hand zu weisen ist. Diese Vielfalt der Stoffe im Weltraum, der eigentlich als ihnen feindlich gilt, ist eine der unerwarteten Entdeckungen des ausgehenden 20. Jahrhunderts.

Funktionen der Moleküle

Wie wir gesehen haben, zeichnen die Moleküle sich durch elektromagnetische Wellen aus, die ihre Bestimmung ermöglichen. Für die Chemie und die Molekularbiologie ist ein Molekül wie ein Wort in einer Sprache. Ebenso wie ein Wort sich aus Phonemen oder

Silben zusammensetzt, besteht das Molekül aus charakteristischen Atomgruppen. So haben Wasser, Ethanol und die anderen Stoffe der großen Familie der ALKOHOLE (darunter auch das Cholesterin) die OH-Gruppe gemeinsam, die aus diesem Grund auch als funktionelle Gruppe der Alkohole bezeichnet wird und deren Vorhandensein sich in einem Satz spezifischer Eigenschaften ausdrückt.

Die Biochemie befasst sich mit Dingen von sehr unterschiedlicher Größe, die von einigen wenigen Einheiten bis hin zu einigen Millionen Atomen umfassen. Kleine Moleküle wie H_2O, CO_2 oder NO übernehmen eine wesentliche Funktion bei der Zellatmung, der PHOTOSYNTHESE und der Weitergabe von Informationen innerhalb der Zelle.

Etwas komplexere Moleküle dienen als Grundbausteine größerer Gebilde oder MAKROMOLEKÜLE (wie die NUKLEINSÄUREN DNA und RNA, die PROTEINE, die LIPIDE und die ZUCKER), andere haben spezifische Wirkungen wie die HORMONE, die Neurotransmitter und die Coenzyme.

Makromoleküle sind an allen grundlegenden biologischen Funktionen beteiligt: an der Übermittlung und Umsetzung der GENETISCHEN INFORMATION, am STOFFWECHSEL und vielem anderen mehr.

Die Form eines Moleküls oder eines seiner Teile (gerade oder geknickt, eben, pyramidenförmig usw.) spielt eine wichtige Rolle für seine biologische Wirkung (siehe KOMPLEMENTARITÄT). Ein Molekül von besonderer Form kann sich an einen REZEPTOR anlagern und damit eine komplexe und häufig noch nicht vollständig aufgeklärte Abfolge von Prozessen auslösen, die in einer präzisen biologischen Wirkung münden.

Ein wichtiges Mittel, um die Beziehung zwischen Struktur und Funktion eines Moleküls zu begreifen, ist seine Darstellung in einem Molekularmodell. Dieses Wissen ermöglicht es, Anregungen aus den biologischen Funktionsweisen zu ziehen, um modifizierte Moleküle zu entwickeln, die als Arzneimittel zur Behandlung biologischer Funktionsstörungen dienen können.

Solche Moleküle sind von enormem kommerziellen Wert (eines wurde als »Eine-Million-Dollar-Molekül« bezeichnet), und der industrielle Schutz (Patente) ihrer Charakteristika (Name, Herstellungsverfahren, therapeutische Anwendungen usw.) hebt sie aus dem wissenschaftlichen Rahmen heraus.

Molekülform

Zur Vertiefung: ***Molekülmechanik; Molekularerkennung; Molekularmodell; Rezeptoren***

Um uns Moleküle vorstellen zu können, setzen wir sie mit Gegenständen der makroskopischen Welt gleich und statten sie mit einer Form aus.

So lässt sich die Form eines Moleküls zum Beispiel durch ein Modell darstellen, in dem die ATOME, zumindest in der Vorstellung, aus Kugeln mit einem gewissen Volumen bestehen. Die geometrische Anordnung eines Moleküls kann man in Stereoformeln darstellen, in denen die Atome den Punkten an den Schnittstellen von Strichsegmenten entsprechen, die für die Bindungen zwischen den Atomen stehen.

Moleküle weisen eine ungeheure Formenvielfalt auf, die wir hier nur ansatzweise in eine Typologie einordnen können. So kennt man fast kugelförmige Moleküle wie Adamantan und Campher (siehe *Abbildung 1*).

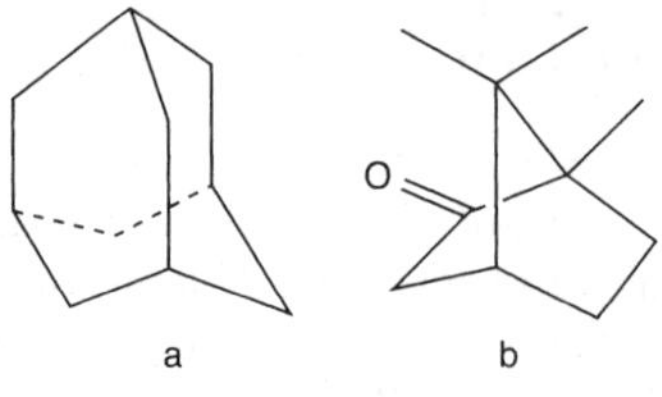

Abbildung 1 Die fast kugelförmigen Moleküle des Adamantan (a) und des Camphers (b), deren Kugelform in dieser Stereoformel nicht darstellbar ist.

Das C_{60}-Molekül (Fulleren) bildet eine Hohlkugel. Wenn man den zentralen Hohlraum mit verschiedenen Atomen füllt, lässt sich dieses Molekül für verschiedene Anwendungen nutzen, zum Beispiel um Supraleiter herzustellen oder um eine Stabilisierung der Außenhülle festzustellen (siehe AROMATIZITÄT). Das Benzolmolekül hat die Form einer flachen Scheibe (siehe *Abbildung 2*).

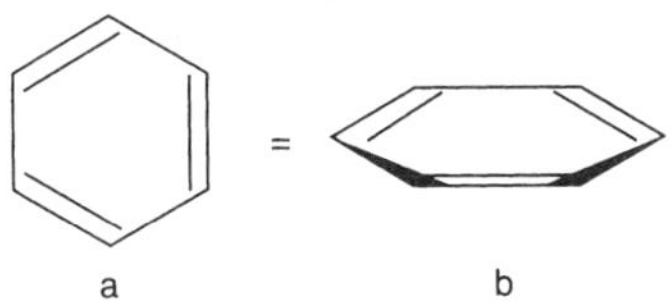

Abbildung 2 Benzolmolekül, von oben (a) und von der Seite (b) betrachtet.

Der Kohlenwasserstoff Cuban trägt diesen Namen, weil er die Form eines Kubus hat (siehe *Abbildung 3*).

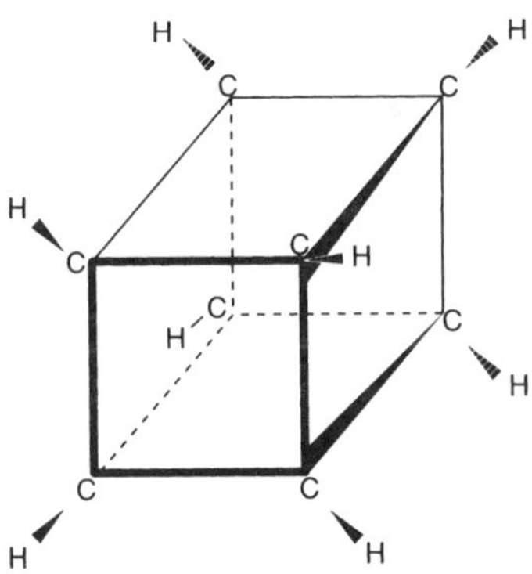

Abbildung 3 Der Kohlenwasserstoff Cuban C_8H_8 trägt seinen Namen zu Recht.

Es ließen sich noch viele Beispiele für solche einfachen Formen anführen, die die Chemie wie in einem riesigen molekularen Baukasten miteinander kombiniert: Zylinder wie das Blausäuremolekül HCN oder das Cyanacetylenmolekül HC_3N, das im Kosmos vorkommt und möglicherweise eine wichtige Rolle bei der Entstehung des LEBENS gespielt hat (siehe *Abbildung 4*); scheibenförmige Moleküle, die in der Mitte einen Hohlraum haben, wie die Porphyrine, die zum Beispiel in Chlorophyll und Hämoglobin zu finden sind; kettenförmige Moleküle aus ineinander greifenden Ringen, die man daher als Catenane (lat. *catena*, »Kette«) bezeichnet; Moleküle in Form von Diedern wie das Wasserstoffperoxid H_2O_2 (siehe *Abbildung 5*).

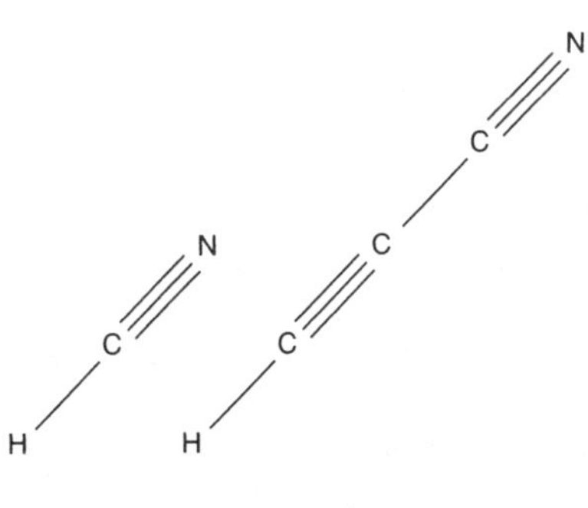

Abbildung 4 Blausäure (a) und Cyanacetylen (b)

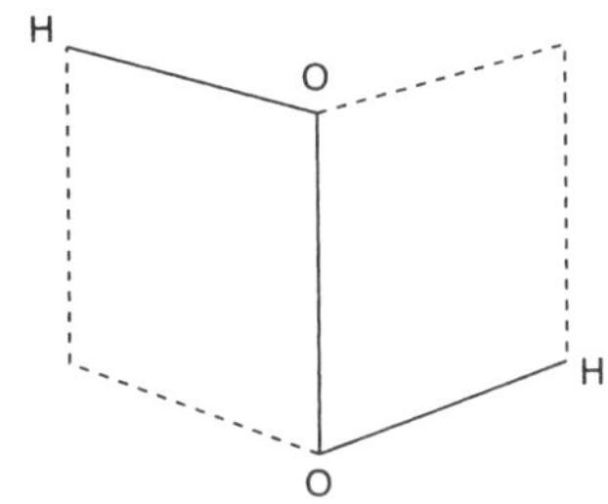

Abbildung 5 Wasserstoffperoxid hat die Form eines Dieders wie ein offenes Buch.

Die Molekülform entscheidet über Phänomene wie die Fähigkeit zur Selbstorganisation (oder *self assembly;* siehe SUPRAMOLEKÜL), über mögliche biologische Wirkungen (siehe REZEPTOREN) und über die Erkennung durch andere Moleküle, zum Beispiel durch ENZYME (siehe MOLEKULARERKENNUNG). Um sich eine Vorstellung von der Form eines Moleküls machen zu können, konstruiert man zum Beispiel mit den Mitteln der Molekülmechanik ein Molekularmodell.

Biologen greifen die chemischen Modelle der Molekülformen auf und versuchen, an ihnen die Funktionsweise von Organismen und deren Formen zu erklären. So können die Kohlenstoffmoleküle der belebten Welt größtenteils in zwei Formen existieren, die sich wie Bild und Spiegelbild zueinander verhalten (siehe CHIRALITÄT). Schon Ende des 19. Jahrhunderts zeigte der Chemiker Louis Pasteur, dass lebende Zellen nur eine dieser beiden möglichen Formen enthalten. Heute nutzt man diese Eigenschaft, um nachzuweisen, ob eine Stoffprobe von einem Lebewesen stammt.

Die Molekularbiologie befasst sich mit der räumlichen Anordnung der Atome in MAKROMOLEKÜLEN wie den NUKLEINSÄUREN (DNA und RNA), den PROTEINEN, ZUCKERN, LIPIDEN und ihren Verbindungen und bestimmt die Beschaffenheit ihrer chemischen Bindungen (kovalente Bindungen, Nebenvalenzbindungen, INTERMOLEKULARE WECHSELWIRKUNGEN). Daraus erwächst eine Darstellung der Makromoleküle, die sich wie bei den Chemikern auf ihre äußere Form konzentriert, aber auch ihren inneren Aufbau mehr oder weniger detailliert einbezieht.

Molekülmechanik

Zur Vertiefung: ***Molekulardynamik***

Die interne Beweglichkeit der Atome in einem MOLEKÜL wird schematisch durch ein Modell dargestellt, in dem die Atome punktförmige Massen sind, die durch Federn verbunden sind. Diese Sicht eines Moleküls, das der klassischen Mechanik gehorcht – eine grobe Annäherung, da dieses mikroskopisch kleine Objekt im Prinzip zur QUANTENPHYSIK gehört –, ist offenkundig eine Fiktion. Sie ist allerdings nützlich, zum Beispiel um die inneren Bewegungen in den PROTEINEN zu simulieren, die eine wichtige Rolle in Organismen spielen. Die für diese Modelldarstellung erforderlichen Parameter stammen aus spektroskopischen Daten, hauptsächlich den Schwingungsfrequenzen, beobachtet bei einfacheren Molekülen, die den jeweils untersuchten ähnlich sind.

Molekülorbitale

→ ***Atom- und Molekülorbitale***

Molekularbewegung, Brownsche

→ ***Brownsche Molekularbewegung***

Molekularbiologie

Zur Vertiefung: ***Genetik; Genom; Gentechnik***

Als Molekularbiologie bezeichnet man in einem eingeschränkten Sinne des Wortes einen Zweig der Genetik, der die grundlegenden Prozesse erforscht, die den dauerhaften Fortbestand und die Weitergabe der GENETISCHEN INFORMATION gewährleisten: die REPLIKATION der DNA, die das Genom der Lebewesen ausmacht, sowie ihre Nutzung für die Sicherung der Zellfunktion; die TRANSKRIPTION der DNA in RNA und die TRANSLATION der RNA in Proteine. Diese Disziplin umfasst alle Analysen auf molekularer Ebene, mit denen die Modalitäten der Regulation der genetischen Information erforscht werden (siehe GENETISCHE REGULATION).

Der Begriff »Molekularbiologie« ist offensichtlich ein Pleonasmus, da es keine Biologie (und schon gar keine Biologen) ohne Moleküle gibt.

Molekulardynamik

Zur Vertiefung: ***Enzym; Konfiguration und Konfigurationsumkehr; Oszillator; Uhr***

Ein Molekül ist ein dreidimensionales Gebilde: Die ATOMKERNE nehmen klar definierte Positionen ein, um die das jeweilige Atom einen ihm eigenen Raum einnimmt. Allerdings bewegen sich die Atome bei jeder Temperatur, die vom ABSOLUTEN NULLPUNKT abweicht, extrem schnell, wobei sich die Bewegungen im Pikosekundenbereich (10^{-12}s) abspielen.

Nehmen wir als Beispiel das Methylaminmolekül H_3CNH_2. Seine stabile räumliche Anordnung ist links in *Abbildung 1* dargestellt, aber auch die rechts abgebildete Konfiguration kommt vor. Die Inversion des Stickstoffatoms erfolgt regelmäßig und rhythmisch im Methylamin, das so von einer geometrischen Anordnung zur anderen übergeht.

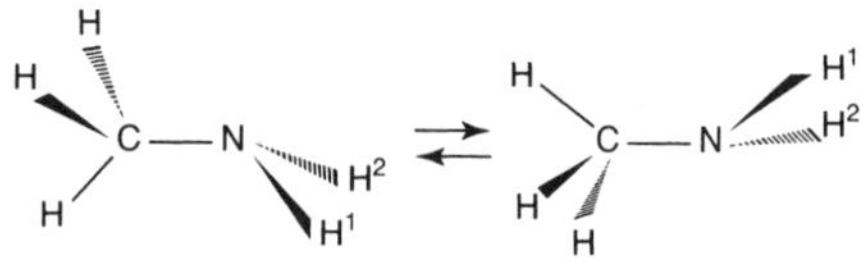

Abbildung 1 Konfigurationsumkehr des Stickstoffs im Methylamin

Dieses recht einfache Molekül unterliegt noch anderen Bewegungen: Denn jede der beiden Atomgruppen CH_3 und NH_2 dreht sich um die chemische Bindung C—N, die sie verknüpft. Das Methylaminmolekül vollzieht also eine interne Rotation um diese Einfachbindung, wie in *Abbildung 2* dargestellt, wo die Wasserstoffatome der CH_3-Gruppe nummeriert sind, um ihre Bewegung zu verdeutlichen.

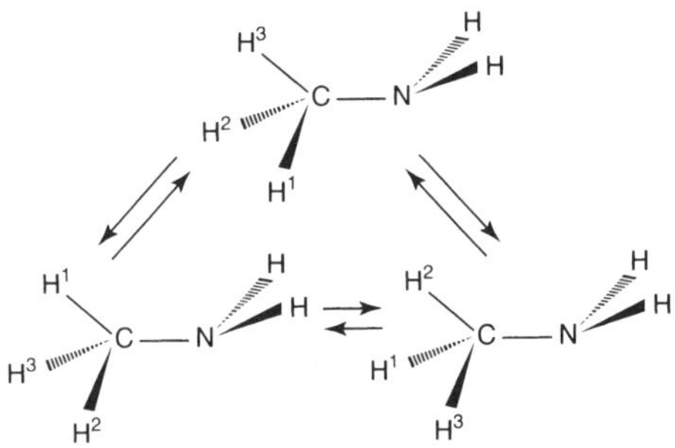

Abbildung 2 Interne Rotation in Molekülen wie Methylamin

Einer solchen internen Rotation und Konfigurationsumkehr sind alle Moleküle unterworfen. Zu den weiteren Bewegungen des Moleküls zählen auch sämtliche Schwingungen, im Beispiel des Methylamins etwa die Dehnung der Einfachbindung C—N (siehe *Abbildung 3*) oder die fächerförmige Öffnung der CH_3- und der NH_2-Gruppe (siehe *Abbildung 4*).

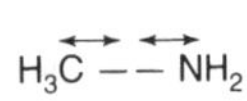

Abbildung 3 Vibration der Einfachbindung C—N im Methylamin. Das Kohlenstoffatom C und das Stickstoffatom N nähern sich periodisch an und entfernen sich wieder voneinander.

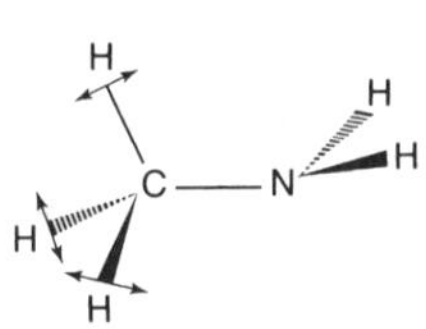

Abbildung 4 Symmetrische Vibration der Methylgruppe im Methylamin, die sich öffnet und schließt wie ein Fächer.

Bei sehr großen Molekülen oder MAKROMOLEKÜLEN, die Tausende oder Millionen Atome umfassen, lässt sich ihr dynamisches Verhalten, das sie innerhalb von billionstel Sekunden (10^{-12} s) an den Tag legen, anhand einer Computersimulation nachvollziehen. Dieses Verfahren ist besonders hilfreich, um die Funktionsweise biologischer Makromoleküle wie der Enzyme zu untersuchen: Man möchte verstehen, inwiefern die Bewegungen der reaktionsfähigen Atomgruppen an den so genannten aktiven Zentren, also an jenen Stellen, an die sich ein durch das Enzym umgewandeltes Molekül anlagert, für die katalytischen Eigenschaften dieser Moleküle verantwortlich sind (siehe KATALYSE).

Die Änderungen der KONFORMATION, durch die sich bei Wechselwirkungen mit einem anderen Molekül die räumliche Anordnung verschiedener Teile eines Proteins erheblich verändert, spielen sich in einem völlig anderen zeitlichen Rahmen ab als die oben beschriebenen Vorgänge, nämlich innerhalb von tausendstel oder sogar mehreren Sekunden (siehe ALLOSTERIE). Diese Veränderungen sind wesentlich an der Regulation der Funktion dieser Makromoleküle beteiligt. Auch hier lässt sich die Dynamik der Veränderung anhand von Computersimulationen nachvollziehen. Mit dem Computer lassen sich zudem kleine Moleküle entwerfen, die biologische Funktionen verändern können und als Medikament einsetzbar sind.

Molekularerkennung

Zur Vertiefung: ***Komplementarität; Membran; Rezeptoren***

Das Schlüssel-Schloss-Modell

Als Molekularerkennung bezeichnet man die Fähigkeit eines Moleküls, ein anderes zu erkennen. Ein wichtiger Faktor ist dabei die MOLEKÜLFORM. Da Moleküle oft Flächen vergleichbar sind und sich gegenseitig anziehen (wenn sie dies nicht täten, könnten verdichtete Materieformen wie Festkörper und Flüssigkeiten nicht existieren), drückt sich die Molekularerkennung in der Anziehung aus, die eine zum Beispiel konvexe Moleküloberfläche auf eine konkave Oberfläche eines gleichartigen oder unterschiedlichen Moleküls ausübt (siehe *Abbildung 1*).

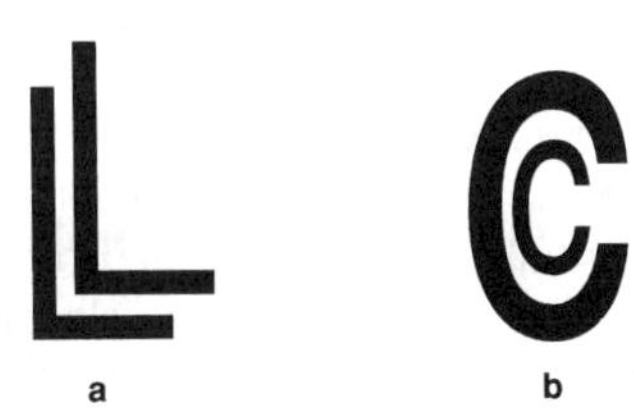

Abbildung 1 Schematische Darstellung der Verschachtelung gleicher (a) und unterschiedlicher (b) Moleküle

Häufig tritt zu einer komplementären Form noch eine komplementäre elektrische Ladung hinzu (siehe *Abbildung 2*).

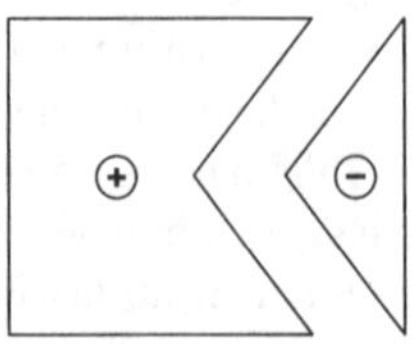

Abbildung 2 Komplementäre Formen mit komplementären elektrischen Ladungen

Bereits Ende des 19. Jahrhunderts entwickelte der große deutsche Chemiker Emil Fischer (1852–1919) die Schlüssel-Schloss-Theorie, um die Spezifizität der Wechselwirkung zwischen ENZYM und Substrat zu erklären, also zwischen einem Enzym und jenem Molekül, zu dessen Umformung es beiträgt. Dieser bildliche Vergleich hatte großen Erfolg. Am Anfang zahlreicher biologischer Wirkungen zum Beispiel eines Medikaments, Geruchs, Geschmacks oder Neurotransmitters (der als Botenstoff zwischen verschiedenen Teilen des Nervensystems dient) steht ein Vorgang, bei dem sich ein kleines Molekül an einen Rezeptor anlagert, der in der Regel aus einem Protein besteht und ihm in Form und ELEKTRONENVERTEILUNG komplementär ist.

Jean Marie Lehn verallgemeinerte in den 1970er und 80er Jahren das Schlüssel-Schloss-Konzept und führte es aus der Biochemie (der Wissenschaft biologischer Substanzen) in die organische Chemie ein (vor allem in den Bereich SYNTHETISCHER ERZEUGNISSE), um darauf aufbauend das Teilgebiet der supramolekularen Chemie zu entwickeln.

Selbstorganisation

Bisher war nur von Wechselwirkungen zwischen zwei Partnern die Rede. Es steht jedoch der Vorstellung nichts im Weg, dass sich viele Moleküle gegenseitig anziehen und verbinden. Dazu müssen sie komplementär, aber nicht unbedingt gleich sein. Eine solche Verbindung bezeichnet man als Selbstorganisation, bei der die Moleküle sich spontan nach ihrer Form und Elektronenverteilung zu definierten Strukturen verbinden. *Abbildung 3* zeigt ein Beispiel für eine Selbstorganisation gleicher Moleküle, an der zwei verschiedene Wechselwirkungen beteiligt sind.

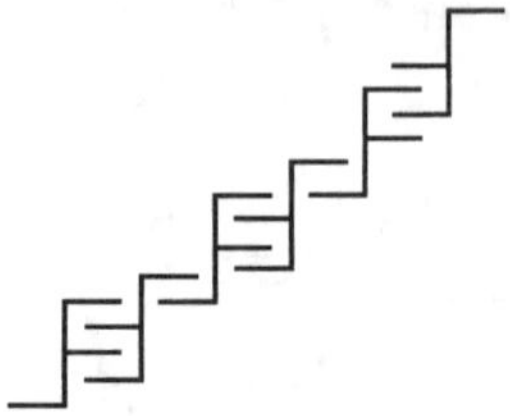

Abbildung 3 Ein Beispiel für die Selbstorganisation von Molekülen

In der Natur gibt es schöne Beispiele für Selbstorganisation, unter anderem bei den ZELLMEMBRANEN und bei bestimmten Antibiotika, die positiv geladene Ionen wie Natrium Na^+ durch diese Membranen transportieren können: Wie ein Obstkern in das Fruchtfleisch passt sich das Ion in den Hohlraum ein, den das Antibiotikummolekül bildet.

Auf diesem Modell der Selbstorganisation von Biomolekülen baut die supramolekulare Chemie auf, deren Ergebnisse durchaus praktische Anwendungsmöglichkeiten eröffnen, zum Beispiel in der Herstellung von gedruckten Schaltungen, die wesentlich kleiner sind als die derzeitigen elektronischen.

Molekularevolution

Zur Vertiefung: ***Chemotaxonomie; Evolution; phylogenetischer Stammbaum; Polymorphismus***

Die Molekularevolution weitet das Konzept einer Evolution der Arten auf die Moleküle des Lebendigen, also die Biomoleküle, aus. Es ist in der Tat reizvoll, Vergleiche zwischen den chemischen Strukturen ähnlicher Biomoleküle anzustellen, die von verschiedenen biologischen Spezies stammen, und anhand der strukturellen Unterschiede, die zwischen ihnen existieren können, den Entwicklungsabstand einzuschätzen, der diese Arten trennt.

Nicht länger Mutmaßungen über die Ursprünge anstellen

In den 1960er Jahren stellten Linus Pauling und Emil Zuckerkandl als erste fest, dass Proteine wie das Hämoglobin sich in den Aminosäuresequenzen (siehe AMINOSÄUREN), aus denen sie sich zusammensetzen, umso ähnlicher sind, je näher sich die Organismen, denen sie entstammen, in ihrer biologischen Klassifikation stehen. Bei verwandten Arten wie Mensch und Schimpanse weist das Hämoglobin an den meisten Positionen die gleichen Aminosäuren auf, während zum Hämoglobin einer Ente und mehr noch zu dem einer Forelle größere Unterschiede bestehen. Die Genealogien der Arten, die sich auf diesem Wege aufstellen lassen, stimmen recht genau mit jenen überein, die auf einer anderen, meist morphologischen Basis entstanden sind. Sie werden daher in der Botanik, Zoologie und Mikrobiologie verwendet, um die nach anderen Kriterien gewonnenen Informationen zu vervollständigen und zu erhärten.

Zwei Proteine verschiedener Spezies unterscheiden sich, falls sie nicht identisch sind, durch mindestens eine Aminosäure in der Kette. Es herrscht die Hypothese, dass dafür so genannte Punktmutationen verantwortlich sind. Diese können durch diverse Einwirkungen, vor allem durch ionisierende Strahlungen, verursacht werden und können vielfältige Auswirkungen haben: Sie mögen über kurz oder lang zu einer Unverträglichkeit gegenüber der Funktion dieses Proteins und somit zu einem Nachteil für den betreffenden Organismus führen oder umgekehrt zu einem Selektionsvorteil; in den meisten Fällen ist eine solche Mutation jedoch neutral und bewirkt weder Vor- noch Nachteile. Messungen der Frequenz solcher neutralen Mutationen innerhalb einer Gattung oder eines Stammes haben ergeben, dass ihre Häufigkeit für einen bestimmten Biomolekültyp im Laufe der Zeit relativ konstant bleibt.

Es war verlockend, diese Methode auf die Ursprünge unserer eigenen Spezies anzuwenden, und so überprüfte man in den 1960er Jahren die chromosomale und die mitochondrale DNA (also die DNA der Chromosomen im ZELLKERN und die der MITOCHONDRIEN, die an der Energieproduktion der Zelle beteiligt sind). Es ließ sich eine GENETISCHE DISTANZ feststellen, also eine Art molekularer Uhr, die eine ungefähre Datierung unserer eigenen Evolutionsschritte ermöglichte.

Extrapolation

Nichts spricht dagegen, den Versuch einer historischen Rekonstruktion nicht nur auf die Entstehung der einen oder anderen Spezies, sondern auch auf die Biomoleküle anzuwenden. Wie sind die ersten DNA- und RNA-Moleküle entstanden? Was ist der Ursprung dieses oder jenes Proteins? Was war zuerst da, die Proteine oder die Nukleinsäuren? Mit diesen Fragen befasst sich ein ganzer Wissenschaftszweig, die präbiotische Chemie, die sich um eine Rekonstruktion der Molekularevolution bemüht, also der chemischen Evolution von der Verfestigung der Erde vor etwa 3,9 Milliarden Jahren bis zur Entstehung der ersten Formen von Leben vor etwa 3,6 Milliarden Jahren (aus dieser Zeit sind bakterielle Fossilien bekannt).

Aus sehr einfachen Molekülen, die überall im Kosmos vorhanden sind, wie Methan CH_4, Wasser H_2O, Ammoniak NH_3 als Quellen von Kohlenstoff, Sauerstoff und Stickstoff (und einigen anderen wie Formaldehyd HCHO), ließen sich im Laboratorium unter Einwirkung elektrischer Entladungen und ultravioletter Strahlung (siehe PHOTOCHEMIE) Aminosäuren (die Grundbausteine der Proteine), Nukleinbasen (die Grundbausteine der Nukleinsäuren DNA und RNA), verschiedene ZUCKER sowie VITAMINE, also die »Bausteine des Lebendigen«, erzeugen. Verschiedene Autoren entwickeln plausible Szenarien über den Ursprung des Lebens, die wie jede historische Rekonstruktion ebenso reizvoll wie unüberprüfbar sind.

Molekularmodell

Zur Vertiefung: ***chemische Formel; Modell; Molekül; Molekularerkennung***

Das Molekül als Gegenstand

Wir gehen hier davon aus, dass ein Molekül ein Gegenstand wie jeder andere im dreidimensionalen Raum ist. Da es aus Atomen besteht, stellt man die verschiedenen Atome als Kugeln unterschiedlicher Größe und Farbe dar, die durch chemische Bindungen miteinander verknüpft sind.

Bis zur Entwicklung der Informatik bestanden solche maßstabsgetreuen Kugel-Stab-Modelle aus Holz, Metall oder Kunststoff. Die durch harte Kugeln dargestellten Atome waren durch starre Stäbe oder durch Federn verbunden, die die Schwingungen der Moleküle nachahmen konnten.

In das Molekularmodell fließen alle verfügbaren Informationen über die Struktur eines Moleküls ein: Der Abstand zwischen den Kugelzentren entspricht dem realen Abstand zwischen den Atomkernen, den man durch Röntgenbeugung oder durch Berechnungen nach den Verfahren der Quantenchemie ermittelt. In diesem Fall berechnet man die Energie der Anziehungskräfte zwischen Elektronen und Atomkernen sowie der Abstoßungskräfte zwischen Atomkern und Atomkern und Elektron und Elektron für eine bestimmte räumliche Anordnung der Atome, die bestimmten Abständen zwischen den Atomkernen entspricht. Die Gesamtenergie ist definiert als algebraische Summe dieser Anziehungs- und Abstoßungstermen.

Heutzutage ermittelt man die wahrscheinlichste Anordnung eines Moleküls (siehe Konformation) mit Hilfe des Computers, nachdem man die Raumkoordinaten der Atomkerne eingegeben oder von ihm hat berechnen lassen. Beim computergestützten Modellieren von Molekülen *(molecular modelling)* kann man sämtliche Eigenvibrationen als Computeranimation nachahmen und auch die Rotation einer Atomgruppe simulieren, wobei alle anderen Atome des Moleküls ihre Position behalten (siehe interne Rotation). Das ist eine der zahlreichen Formen virtueller Realität, die einen gigantischen Wandel der Größenordnung von Ångström ($1Å = 10^{-10}m$) bis hin zu Zentimetern umfasst.

Ein Phantombild des Moleküls

Die computergestützte Konstruktion eines Moleküls als eines fiktiven Gegenstandes steht zu dem realen Molekül im gleichen Verhältnis wie ein Phantombild zu einer Person. In das Molekularmodell fließen ebenso wie in ein Phantombild Standardparameter ein.

Bei beiden beruht der Nutzen, wenn sie gut gemacht sind, auf ihrer Ähnlichkeit mit der Wirklichkeit. Doch während man eine Person nach ihrem Phantombild zu erkennen vermag, gilt das für ein Molekül nicht, da man es nie praktisch zu sehen bekommt.

Das Molekularmodell ist ein Hilfsmittel der Vorstellungskraft. Solche bildlichen Darstellungen sind notwendig für Chemiker, die an die ikonenhafte Sprache chemischer Formeln gewöhnt sind; so können sie sich ein Bild von einem ihrer großen Forschungsgegenstände machen: vom Molekül.

Wie jede virtuelle Realität ist auch das Molekularmodell zugleich real und künstlich. Es ist eine Simulation der Wirklichkeit, einer Realität, die immer unzugänglich bleibt, da sie außerhalb unserer normalen Wahrnehmungsmöglichkeiten liegt. Mit Hilfe dieser synthetischen Wirklichkeit tun wir so, als sei sie uns zugänglich.

Praktische Anwendungen

Wozu dienen Molekularmodelle? Auch wenn sie auf den ersten Blick etwas Spielerisches haben, darf man nicht übersehen, dass sie für den Chemiker ebenso interessant sind wie ein Modell für den Architekten. Er möchte im Voraus wissen, ob man von der Küche aus die Kinder im Garten sehen kann. Auch der Chemiker möchte als Autor und Betrachter eines Molekularmodells eine Vorstellung von den Entfernungsverhältnissen zwischen Atomen und Molekülen gewinnen. Erst mit Hilfe eines Molekularmodells kann er begreifen, wie zwei Moleküle aufgrund ihrer Komplementärstruktur ineinander greifen. Anfang des 20. Jahrhunderts führte Emil Fischer, der Begründer der modernen Chemie der Zucker, den Begriff »Harmonie der Formen« ein: Als Vergleich zog er die Komplementarität eines Schlüssels und des zugehörigen Schlosses heran. Das gilt zum Beispiel für ein Molekül, das sich an das aktive Zentrum eines Enzyms anlagert, oder für ein Hormon oder ein Medikament, das sich an den passenden Rezeptor, ein Protein, bindet. Es gilt demnach für alle Wechselwirkungen, die zur Bildung eines Supramoleküls führen, also zu einem Gebilde aus mehreren Einzelmolekülen.

Anhand eines Molekularmodells kann man den passenden »Schlüssel« zu einem bekannten »Schloss« (oder umgekehrt) nicht nur erkennen, sondern auch entwickeln. Das erklärt sowohl die Entwicklung als auch den Erfolg von Molekularmodellen. Zu ihren wirtschaftlich besonders interessanten Anwendungsbereichen gehört die computergestützte Entwicklung neuer Medikamente. Da das *molecular modelling* sich mittlerweile als einträglicher Zweig der chemischen Informatik etabliert hat, gibt es auf diesem Gebiet eine leistungsfähige Software, die allerdings auch kostspielig ist.

Monsun

Zur Vertiefung: ***allgemeine Zirkulation der Atmosphäre; Klima; Wind***

Im Sommer bilden sich im überhitzten subtropischen Teil des asiatischen Kontinents Tiefdruckgebiete aus, die die feuchte Luft aus den äquatorialen Gebieten des Indischen Ozeans anziehen. Durch die CORIOLISKRAFT wird der Luftstrom nach rechts abgelenkt; so entsteht ein Südwestwind, der Regen bringt.

Im Winter weht der Monsun von Nordosten nach Südwesten, von den kontinentalen Hochdruckgebieten hin zum Äquator.

Beim Monsun handelt es sich um das gleiche Phänomen wie die leichten Brisen, die täglich vom Land oder vom Meer her wehen, aber in dem sehr viel größeren Maßstab eines ganzen Ozeans, eines Kontinents und eines Jahres.

Multimedia

Zur Vertiefung: ***Hypertext***

Auf den Tontafeln Mesopotamiens waren nur ein paar grobe Striche erlaubt, die es immerhin ermöglichten, Buchstaben zu zeichnen. Auf Pergament konnte man die Lettern illuminieren, doch der Aufwand des Kopierens setzte der Verzierung enge Grenzen. Gutenbergs Buchdruck verringerte zumindest in der ersten Zeit nochmals den Anteil des Bildes. Allenfalls ein paar Holzschnitte oder Kupferstiche finden sich in den Büchern dieser Zeit. Erst der maschinelle Vierfarbendruck sorgte zu Beginn des 20. Jahrhunderts für den Aufschwung des Bildes, wie wir ihn heute in prachtvollen Farbbildbänden bewundern können.

Mit den neuen Informationstechnologien, den CD-ROMs und den Datenautobahnen haben sich die Möglichkeiten nochmals vervielfacht und stehen nun jedermann zur Verfügung. Wir können jeden beliebigen Text nicht nur mit Farbbildern versehen, sondern auch mit Stimm- oder Musikaufzeichnungen, mit animierten und bei Bedarf sogar interaktiven Schaubildern oder schließlich auch mit kurzen Filmsequenzen. Kurz gesagt, wir können heute verschiedene Darstellungsmedien: Text und Bild, Film und Ton, zu einer Einheit zusammenfassen. Und weil hier verschiedene Informationsträger oder Medien zusammenkommen, hat man die Bezeichnung »Multimedia« dafür geprägt.

Viele sehen in diesem Aufschwung des Bildes den Grund, weshalb die alten Bibliotheken durch das bunte und lautstarke Multimediafeuerwerk verdrängt worden sind. Die Bilderflut habe dafür gesorgt, dass wir das Zeitalter des langweiligen, der Vergangenheit zugewandten Buches hinter uns lassen und uns entschlossen einer multimedialen Zukunft zuwenden. Dieser überhöhte Status des Bildes als Herold der Moderne bedarf indessen einer genaueren Überprüfung, zumindest im Blick auf den unterstellten Gegensatz zum Buch, denn in Wirklichkeit ist das Bild älter als die massive Verbreitung von Geschriebenem. Die Kirche zum Beispiel verbindet in ihren Ritualen von jeher die unterschiedlichsten Elemente zu einem multimedialen Ereignis: Predigt und Gebet, Malereien und Ornamente, Weihrauch, Hostie und Messwein. Sie nutzte auf diese Weise vier der fünf menschlichen Sinne, um eine Gemeinde, die in der überwiegenden Mehrzahl aus Analphabeten bestand und keinen unmittelbaren Zugang zur Heiligen Schrift besaß, in ihre Mysterien einzuweihen. So gesehen, bleibt unsere multimediale Gegenwart noch weiter hinter der Kirche zurück.

Das Loblied auf die Großartigkeit des Bildes übersieht in seiner Begeisterung die Unterschiede zwischen den visuellen Kommunikationsformen. Ob wir es nun mit Texten, Fotografien, unveränderlichen, interaktiven oder animierten Schaubildern, mit stummen oder tonunterlegte Filmsequenzen zu tun haben, es bestehen kaum Beziehungen zwischen diesen Elementen. Auf technischer Ebene lassen sich all diese Formen natürlich auf binäre Datenströme zurückführen, die eine Veränderung der Darstellung bewirken. Aber schon die erforderlichen Informationsmengen unterscheiden sich beträchtlich: Während ein Film 25 Bilder pro Sekunde verlangt, benötigt ein animiertes Schaubild deutlich weniger, weil die Bilder einander dort überlagern wie bei einem Zeichentrickfilm, so dass man nicht jedes Mal alles neu zeichnen muss. Und die fünfzig Millionen Wörter einer Enzyklopädie benötigen gerade so viel Speicherplatz wie eine Videosequenz von gut zwanzig Minuten Länge. Außerdem erfordert die Lektüre eines Textes nicht dieselbe Anstrengung wie das Ansehen einer Videosequenz oder das Hören eines gesprochenen Textes. Die Informationstechnologie bietet ganz unterschiedliche Möglichkeiten, wenn man etwa einen Text nach einem Wort oder aber einen Film nach einem bestimmten Bild bzw. eine Tonaufzeichnung nach einer bestimmten Sequenz durchsuchen möchte. Sowohl die Modalitäten als auch der Zeitaufwand unterscheiden sich beträchtlich, je nachdem, ob es sich um einen Text, ein Bild, einen Film oder eine Melodie handelt.

Man kann sich daher fragen, ob »Multimedia« als technischer Begriff tatsächlich den von Publizisten genährten Traum einer gleichzeitigen globalen Präsenz und Koexistenz sämtlicher Medien abzudecken vermag. Angesichts bislang unüberwindlicher Unterschiede zwischen den verschiedenen Darstellungsformen sind Zweifel durchaus angebracht. Außerdem wissen wir noch nicht, ob die Konsumenten der Multimediaerzeugnisse das ihnen angebotene Gemisch überhaupt annehmen werden; ob Bild und Ton die Rolle des Textes tatsächlich übernehmen können oder ob die Multimediawelt nur eine verallgemeinerte Form von Fernsehen sein wird.

Mutagenese, gezielte

→ ***gezielte Mutagenese***

Mutation

Zur Vertiefung: ***Allel; Evolution; Gentest***

Mutation und Vererbung

Die DNA, der Grundbestandteil der CHROMOSOMEN, ist der Träger der GENETISCHEN INFORMATION. Sie besteht aus zwei Strängen, die sich wiederum aus den NUKLEOTIDEN als Grundbausteinen zusammensetzen. Diese beiden Stränge bilden eine Doppelhelix und werden durch schwache chemische Bindungen (Wasserstoffbrücken) zusammengehalten, die eine Verknüpfung der Nukleotiden beider Stränge ermöglichen. Aufgrund dieser Doppelhelixstruktur kann die DNA als Matrize ihrer eigenen Verdoppelung über den Prozess der Replikation dienen.

Mutationen, also Strukturänderungen, können in der DNA auf verschiedene Weise entstehen. Während der Replikation der DNA-Stränge, die die Chromosomen bilden, kann es zu Fehlern kommen, bei denen ein Grundbaustein des DNA-Stranges, ein Nukleotid, an bestimmten Positionen falsch eingebaut wird. Die ZELLE verfügt über ein System, mit dem sie solche Fehler erkennen und nahezu vollständig beseitigen kann. Da dieser Mechanismus jedoch nicht vollkommen ist, kommt es in seltenen Fällen zur Vervielfältigung des Fehlers, wenn der modifizierte Strang seinerseits als Vorlage der Replikation dient. Nun wird die Mutation dauerhaft an die Nachkommen der Zelle weitergegeben und, wenn sie in den Keimzellen vorkommt, auch an die Nachkommen des Lebewesens.

Andere Mutationsursachen wie ultraviolette Strahlen oder chemische Stoffe können verschiedene Schädigungen bei den DNA-Strängen hervorrufen, die, sofern sie nicht repariert werden, Punktmutationen oder die Eliminierung (Deletion) bestimmter Nukleotide zur Folge haben. Auch bei der REKOMBINATION zwischen den DNA-Strängen zweier Chromosomen in Vorbereitung der ZELLTEILUNG können Mutationen entstehen, bei denen es zur Verdoppelung oder dem Verlust langer DNA-Segmente und sogar ganzer Gene kommen kann. Und schließlich gibt es noch die so genannten Insertionsmutationen, die durch die Integration mobiler Elemente wie VIREN in das Genom ausgelöst werden.

Auswirkungen von Mutationen

Ob es sich nun um punktuelle Veränderungen, um Insertionen oder Deletionen handelt, Mutationen können ohne jede Auswirkung und völlig unbemerkt bleiben oder im Extremfall mit der Entwicklung eines lebensfähigen Organismus unvereinbar sein, wobei alle Zwischenstadien möglich sind. Das hängt vom Einfluss der Mutation auf die Prozesse ab, die das Funktionieren der Gene ermöglichen: Je nachdem, ob einer dieser Prozesse mehr oder weniger tief greifend verändert wurde, wirkt sich die Mutation mehr oder weniger stark aus. So bewirkt zum Beispiel die Mutation eines Gens, das an der Pigmentbildung beteiligt ist, bei der Fruchtfliege oder *Drosophila* das Fehlen der Augenfarbe, was ihre Vitalfunktionen jedoch nicht beeinträchtigt. Dagegen kann die Mutation eines Gens, das die Bildung eines Muskelproteins steuert, die Ursache für schwere Erbkrankheiten wie bestimmte Muskelerkrankungen sein.

Bei BAKTERIEN, deren Genom von jedem Gen nur ein Exemplar enthält (also haploid ist), sind Mutationen unmittelbar nach ihrem Auftauchen an ihren Auswirkungen erkennbar. Durch diese Eigenschaft und ihre Reproduktionsgeschwindigkeit eignen sich diese Organismen besonders gut für eine genetische Analyse, die unter anderem gezeigt hat, dass aufeinander folgende Mutationen sich gegenseitig kompensieren können. Wenn die zweite Mutation die ursprüngliche DNA-Sequenz wiederherstellt, spricht man von Reversion; betrifft sie eine andere Stelle desselben Gens oder Genoms und löst eine Veränderung aus, die die Auswirkung der ersten Mutation aufhebt oder kompensiert, spricht man von Suppression.

Bei Organismen, die zwei Gensätze haben (also diploid sind), ist die Situation komplizierter. Mutationen, die eins der beiden ALLELE (oder Exemplare) desselben Gens betreffen, können ohne erkennbare Auswirkungen bleiben, wenn die geschwächte Funktionsfähigkeit des mutierten Allels von dem intakten Allel kompensiert wird. Diese so genannte rezessive Mutation kann an nachfolgende Generationen weitergegeben werden. Wenn durch Zufallspaarung beide Eltern diese rezessive Mutation weitergeben und sie sich daher in zwei Allelen bei einem ihrer Nachkommen findet (was im Schnitt bei einem von vier Nachkommen der Fall ist, wenn beide Eltern Träger der Mutation sind), werden ihre Auswirkungen sichtbar. Das ist zum Beispiel bei der Mutation der Fall, die die Ursache der Mukoviszidose ist, einer Erbkrankheit, die sich unter anderem in einer Ansammlung zähflüssigen Schleims in den Lungen äußert und Kinder in Lebensgefahr bringt: Sie sterben meist vor Erreichen des 20. Lebensjahres an Atembeschwerden.

Es gibt noch einen anderen Mutationstyp, bei dem schon ein Allel genügt, um Auswirkungen zu zeitigen. Solche Mutationen bezeichnet man als dominant, da das mutierte Allel in seiner Wirkung stärker ist als das intakte Allel. Eine derartige Veränderung an einem Gen im vierten Chromosom des menschlichen Genoms ist die Ursache für die Chorea Huntingdon oder den »Veitstanz«, eine seltene Erkrankung des Zentralnervensystems, die nach dem 40. Lebensjahr auftritt und zur Demenz und zum Tode führt.

Erkennen von Mutationen

Bis vor nicht allzu langer Zeit ließen sich Mutationen nur anhand der modifizierten Merkmale und ihrer Entwicklung bei den Nachkommen feststellen. Mit den Verfahren der GENTECHNIK sind Mutationen selbst bei komplexen Genomen inzwischen ohne weiteres zu erkennen und zu analysieren. Dies hat den Weg für die Entwicklung von GENTESTS geebnet, die zur Identifizierung von Individuen und zur Diagnostik von Krankheiten dienen.

Ferner ist es möglich, künstliche Mutanten bestimmter Gene *in vitro* (im Reagenzglas) herzustellen, um ihre Auswirkungen experimentell an Zellkulturen, Mikroorganismen, Tieren oder Pflanzen zu untersuchen oder verbesserte Proteine für Biotechnologie, Landwirtschaft und Medizin herzustellen (siehe GEZIELTE MUTAGENESE und TRANSGENESE).

Mutationen und Evolution

Eine zu große Anzahl an Mutationen, die die Vitalfunktionen von Organismen beeinträchtigen, wäre ganz offensichtlich mit deren Überleben und Entwicklung unvereinbar. Allein schon die Haut allzu stark der ultravioletten Sonnenstrahlung auszusetzen, kann die DNA genügend schädigen, um Hautkrebs auszulösen; ohne den Filter der Atmosphäre hätte sich auf der Erde kein LEBEN entwickeln und halten können. Umgekehrt hätte die Welt der Lebewesen ohne Mutationen nicht die enorme Vielfalt entwickeln können, die wir heute haben. Diese Evolution hängt vom Werdegang der Mutationen in den POPULATIONEN einer Art ab.

Bewirkt eine Mutation, zu der es bei der Entstehung der GAMETEN (Ei- oder Samenzellen) eines Individuums gekommen ist, dass bei einem Nachkommen dieses Individuums ein Allel auftritt, das bereits in der Population vorhanden ist, so hat diese Mutation lediglich die Auswirkung, die Häufigkeit dieses Allels leicht zu erhöhen. Führt die Mutation dagegen zu einem neuen Allel, das bislang in dieser Population nicht existierte, so bewirkt sie eine Neuerung, die die Vielfalt des kollektiven Erbgutes oder Genpools erhöht.

Allerdings ist diese Neuerung nur dann gesichert, wenn das Allel nicht wieder verschwindet. Die POPULATIONSGENETIK bemüht sich, die Bedingungen für die Erhaltung neu entstandener Allele zu präzisieren. Im Wesentlichen hängt das vom zufälligen Spiel der Vererbung ab – das umso effektiver ist, je kleiner die Population ist – und von Umweltbedingungen, die das neue Allel begünstigen oder benachteiligen.

Verhält sich das mutierte Allel neutral – zeichnen sich also Individuen, die mit einem oder zwei Exemplaren dieses Allels ausgestattet sind, durch die gleiche Fähigkeit aus zu überleben und Nachkommen zu zeugen wie der Durchschnitt der Population –, hängt die Zukunft dieses Allels nur vom Paarungszufall zwischen den Individuen ab. Es kann bereits in der nächsten Generation wieder verschwinden oder sich allmählich ausbreiten und die anderen Allele schließlich verdrängen. Verändert aber das mutierte Allel die Fähigkeit zu überleben und Nachkommen zu zeugen, so hängt seine Zukunft sowohl vom Paarungszufall als auch von der Umwelt ab. Es bedarf daher ungewöhnlicher Umstände, die in isolierten Gruppen durchaus vorkommen können, damit ungünstige Allele nicht wieder verschwinden: In einer Population von stark begrenzter Größe ist die Wahrscheinlichkeit der ALLELFIXIERUNG eines mutierten Gens erheblich.

Das mutierte Allel kann auch als »Trittbrettfahrer« überleben. Angenommen, es kommt an einem bestimmten Ort oder Locus eines Chromosoms zu einer Mutation des Gens A, die eine leichte Funktionsstörung eines Organs bewirkt, und gleichzeitig an einem eng benachbarten Ort desselben Chromosoms zu einer Mutation des Gens B, die eine erhebliche Verbesserung eines anderen Organs mit sich bringt. Da die Gene A und B dicht nebeneinander liegen, werden sie fast immer gemeinsam weitergegeben und nur selten bei der REKOMBINATION zwischen Chromosomen getrennt, die im Laufe der MEIOSE bei der Bildung der Gameten stattfindet. Da die Vorteile durch das Allel des mutierten Gens B die Nachteile durch die Mutation des Gens A überwiegen, profitieren die Nachkommen des Individuums mit der doppelten Mutation von einer günstigen Erbanlage, wenn sie dieses Chromosom erhalten haben. Im Laufe der Generationen wird das Schicksal des Allels des mutierten Gens A von dem des Allels des mutierten Gens B diktiert, solange sie nicht durch Rekombination getrennt und auf verschiedenen Chromosomen lokalisiert werden. Wenn die Orte solcher Mutationen sehr dicht beieinander liegen, kommt es nur selten zur Trennung. Gen A breitet sich also trotz seiner nachteiligen Wirkung in mutierter Form aus. Ein Forscher, der die Wirkungen dieses Gens untersuchen wollte, ohne von der Existenz des Gens B zu wissen, liefe Gefahr, dessen Rolle und den Evolutionsmechanismus, der hier am Werke ist, zu verkennen. Für ihn sieht es aus, als verleihe die Mutation des Gens A seinem Träger einen Selektionsvorteil, während es in Wahrheit als Trittbrettfahrer von Gen B mitgeschleppt wird und davon in seiner EVOLUTION profitiert. Derartige Verflechtungen, in der Fachsprache auch »Hitchhiking« genannt, können es quasi unmöglich machen, ausgehend von den beobachteten Wirkungen die Ursachen zu erforschen.

N

natürliche Auslese

Zur Vorbereitung: ***Evolution; Genetik***
Zur Vertiefung: ***Dominanz, Rezessivität; Gen; Phänotyp, Genotyp***

Nachdem Charles Darwin zahlreiche Beweise für die Evolution der gesamten belebten Welt erbracht hatte, bemühte er sich, einen Erklärungsmechanismus für diese Evolution zu entwickeln (siehe DARWINISMUS). Diese Aufgabe wurde durch die Tatsache erschwert, dass er den Prozess nicht kannte, der die Grundlage für die Vererbung des LEBENS bildet. Das Ergebnis seiner Forschungen veröffentlichte er 1859 in seinem Werk *Über die Entstehung der Arten*. Erst 1865 entdeckte Gregor Mendel, was tatsächlich vorgeht, wenn zwei Lebewesen sich zusammentun, um ein drittes hervorzubringen, doch seine Erkenntnisse blieben bis 1900 völlig unbeachtet.

Da Darwin das Konzept des GENS noch nicht zur Verfügung stand (Mendel nannte es Erbfaktor), konnte er bei seinen Überlegungen nur von den sichtbaren Merkmalen des einzelnen Lebewesens ausgehen. Es liegt auf der Hand, dass diese Eigenschaften einen Einfluss auf die Überlebens- und Zeugungsfähigkeit des Individuums haben. So erringen zum Beispiel die Hirsche mit dem stärkeren Geweih bei der Aufteilung der Weibchen die Oberhand über ihre Rivalen, aber Tiere, deren Geweih allzu stark entwickelt ist, sind im Wald beim Laufen behindert. Dieses Merkmal lässt sich also mit einem Parameter verknüpfen, der für jedes Individuum die Fähigkeit misst, um die Erhaltung des Lebens zu kämpfen und es weiterzugeben: Dieser Parameter ist sein Selektionswert oder seine FITNESS.

Noch etwas stellte Darwin fest: In der Natur liegt die Zahl der Nachkommen meist weit über dem Bestand, der mit den Ressourcen der Umwelt vereinbar wäre; daher wird ein Großteil von ihnen eliminiert; es kommt zu einer natürlichen Auslese vergleichbar der Selektion, die Züchter vornehmen, wenn sie aus ihrer Herde die Tiere mit den gewünschten Eigenschaften auswählen. Im Gegensatz zu dieser künstlichen Zuchtwahl ist die natürliche Auslese jedoch nicht zielgerichtet: Sie ist schlicht das Ergebnis der Umwelteinflüsse.

Darwin hielt es für eine Tatsache, dass der Kampf ums Dasein nur die am besten Angepassten überleben lässt, und zog daraus den Schluss, dass »Individuen, die einen wie auch immer gearteten Vorteil gegenüber den anderen besitzen, eine bessere Chance haben zu überleben und ihren eigenen Typus fortzupflanzen«. Daraus erklärte sich nach Darwin die Transformation jeder Art, die nach und nach ihre Eigenschaften an die Zwänge ihrer Umgebung anpasste. Leider beruht diese Annahme, auch wenn sie unmittelbar einleuchtend scheint, auf einem Irrtum. Denn bei den Arten mit geschlechtlicher Fortpflanzung pflanzen die Erzeuger nicht »ihren eigenen Typus« fort, um es mit Darwins Worten zu sagen. Sie können nur zum Typus ihrer Nachkommen beitragen, indem sie die Hälfte jener Gene weitergeben, die ihren eigenen Typus definieren.

Hier handelt es sich keineswegs nur um eine schlichte Nuance, vielmehr geht es um das Verständnis der Vererbung zwischen den Generationen. Vererbt wird nicht ein sichtbares Merkmal, also ein PHÄNOTYP, sondern die Hälfte aller Gene, die zur Ausprägung dieses Merkmals beitragen, des Genotyps. Die Vererbung von Eigenschaften ist nur eine Folge der Vererbung von Genen. Und diese werden nur teilweise und nach einer Zufallsauswahl vererbt, wobei die Beziehung zwischen den empfangenen Genen und der manifestierten Eigenschaft äußerst komplex sein kann, vor allem aufgrund des Dominanzverhältnisses, das rezessive Gene an einer Ausprägung hindert (siehe DOMINANZ, REZESSIVITÄT).

Als man diesen Irrtum Darwins erkannte, dem die Mechanismen der Vererbung von Merkmalen unbekannt waren, entwickelte sich Anfang des 20. Jahrhunderts eine neue Version der Evolutionstheorie, der Neodarwinismus, der den Errungenschaften der GENETIK Rechnung trug. Diese neue wissenschaftliche Disziplin zeigte, dass die Wirklichkeit von der anfänglichen darwinistischen Sicht weit entfernt war, die von der Annahme ausging, die Leistungsverbesserung der Arten werde durch Eliminierung der »Untauglichen« und den Sieg der »Tauglichsten« erzielt. In Wirklichkeit kommen entscheidende Fortschritte manchmal durch Lebewesen zustande, die scheinbar weniger gut ausgestattet sind als andere, aber ihre Schwäche in einen Vorteil umzumünzen verstehen. Das war zum Beispiel beim Menschen der Fall, als er begann, unter einer übermäßigen Vergrößerung des Gehirns zu leiden. Diese Hypertrophie, die mit der Größe des mütterlichen Beckens schwer vereinbar war und zu Frühgeburten führte, ermöglichte die Entwicklung seiner intellektuellen Fähigkeiten und wurde somit zu seiner Chance.

Naturkonstanten

Im Laufe der Geschichte haben die Physiker sich veranlasst gesehen, so genannte fundamentale Naturkonstanten einzuführen. Hierbei handelt es sich um physikalische Größen, die stets denselben Betrag haben. Insgesamt wurden vier solcher fundamentalen oder universellen Konstanten eingeführt: die Newtonsche Gravitationskonstante *G*, die Boltzmannsche Konstante *k*, die Lichtgeschwindigkeit *c* und das Plancksche Wirkungsquantum *h*. Diese Konstanten spielen eine grundlegende Rolle im Aufbau der Physik, in deren Aufteilung auf verschiedene Fachgebiete und bei der VEREINHEITLICHUNG physikalischer Theorien, bei der zwei oder drei oder sogar alle vier fundamentalen Naturkonstanten gleichzeitig Berücksichtigung finden. Jede dieser Konstanten steht für eine wissenschaftliche Revolution. Zwar gibt es in der Physik noch weitere Konstanten, etwa die Dielektrizitätskonstante im Vakuum ε_0 oder die Hubblekonstante H_0, doch sie spielen keine so fundamentale Rolle.

Die allgemeine Gravitationskonstante

Zur Vertiefung: ***Gravitation***

Woher kommt die allgemeine Gravitationskonstante *G*, die historisch erste unter den fundamentalen Naturkonstanten, die von Isaac Newton eingeführt wurde? Nach dem Gravitationsgesetz verhält sich die Massenanziehungskraft $\vec{F}$ zwischen zwei Körpern proportional zum Produkt ihrer Massen *m* und *m'* und umgekehrt proportional zum Quadrat des Abstands *d* zwischen den beiden Körpern. Die mathematische Schreibweise dieses Gesetzes zwingt zur Einführung der Konstante *G*, die eine etwas ungewöhnliche Dimension besitzt (siehe DIMENSIONSANALYSE), nämlich L^3/MT^2 (mit *L*, *M* und *T* für die Dimensionen der Länge, Masse und Zeit). Ihr Wert beträgt genau $6{,}67 \times 10^{-11} m^3 . kg^{-1} . s^{-2}$.

Diese Konstante stellt die dimensionale Gleichheit zwischen den beiden Seiten der Gleichung her, in der das Gravitationsgesetz seinen Ausdruck findet: $F = Gmm'/d^2$.

Wenn man *G* als Naturkonstante bezeichnet, dann heißt das, dass ihr Wert unabhängig von der Zeit, vom Ort, von der Masse der beteiligten Körper und von deren sonstigen Eigenschaften ist, so dass auch das Gravitationsgesetz selbst unabhängig von der Zeit und allen erdenklichen Umständen für alle Körper gilt. Wäre *G* keine universell gültige Naturkonstante, stellte sich das allgemeine Gravitationsgesetz vollkommen anders dar. Wenn *G* zum Beispiel von der Zeit abhinge, würde auch die Massenanziehungskraft mit der Zeit variieren, so dass die Planeten sich nicht immer in derselben Weise bewegten; auch genügte dann nicht ein Blick auf die Waage, um festzustellen, ob wir zu- oder abgenommen haben. Wenn G von der Masse der betreffenden Körper abhinge, verhielte die Gravitation sich nicht umgekehrt proportional zum Quadrat des Abstands zwischen ihnen. Das ganze Universum wäre vollkommen anders beschaffen; möglicherweise wären dann gar keine Sterne entstanden, oder alle hätten sich längst in Schwarze Löcher verwandelt.

Der sehr geringe Wert von G zeigt an, dass die Massenanziehungskräfte etwa im Vergleich zu den elektrischen und magnetischen Kräften oder zu den Kernkräften nur sehr schwach sind. Darum ist es nicht leicht, den genauen Wert zu bestimmen. Die Beobachtung der Himmelskörper führt hier nicht weiter, weil wir über deren Massen und Abstände nur auf der Grundlage der von ihnen ausgeübten Massenanziehungskraft etwas aussagen können. Die Gravitationskonstante wurde und wird mit einer 1798 von Henry Cavendish eingeführten experimentellen Methode gemessen, die bis heute ständig verfeinert worden ist. Dabei werden zwei Massen in unterschiedlichen Abständen zueinander frei aufgehängt und in Schwingung versetzt; dann misst man die äußerst geringe Ablenkung, die diese beiden Pendel durch die wechselseitige Anziehung in ihrer Bewegung erfahren. Die Messung ist so schwierig, dass der Wert der Gravitationskonstanten heute unter den fundamentalen Naturkonstanten die geringste Genauigkeit (in der Größenordnung von einem Zehntausendstel) aufweist.

Die Boltzmannsche Konstante

Die Boltzmannsche Konstante k wurde Ende des 19. Jahrhunderts eingeführt, um Systeme behandeln zu können, die aus einer sehr großen Zahl von Bestandteilen (Atomen oder Molekülen) bestehen, zum Beispiel Gase. Sie befruchtete ein neues Fachgebiet der Physik, die statistische Thermodynamik. Die Dimension der Konstanten ist die einer Energie, geteilt durch eine Temperatur, wird also in denselben Einheiten ausgedrückt wie eine von der Thermodynamik eingeführte Größe, die man als Entropie bezeichnet. Der Wert der Boltzmannschen Konstanten ist (gerundet) $1{,}38 \times 10^{-23} \mathrm{J.K}^{-1}$ (Joule pro Kelvin).

Weshalb wurde diese Konstante eingeführt? Die TEMPERATUR ist eine makroskopische Größe, das heißt, sie hat nur dann einen Sinn, wenn die betrachteten physikalischen Systeme eine große Zahl von Bestandteilen enthalten. Nach der statistischen Thermodynamik verhält sich die Temperatur eines Systems proportional zur mittleren kinetischen Energie der Atome oder Moleküle, aus denen das System besteht. Die Boltzmannsche Konstante ist nichts anderes als der Proportionalitätsfaktor zwischen der mittleren kinetischen Energie und der Temperatur. Sie ist universell, das heißt, sie gilt für alle physikalischen Systeme.

Die Lichtgeschwindigkeit im Vakuum

Zur Vertiefung: ***Elektromagnetismus; Licht; Relativitätstheorie***

1887 bewiesen die amerikanischen Physiker Albert Michelson und Edward Morley auf experimentellem Wege, dass die Lichtgeschwindigkeit im Vakuum für alle Beobachter stets dieselbe ist, und zwar unabhängig davon, ob und wie schnell sie sich im Verhältnis zur Lichtquelle bewegen. Diese Invarianz der Lichtgeschwindigkeit gegenüber einem Wechsel des BEZUGSSYSTEMS ist im Rahmen der klassischen Physik unverständlich, denn nach deren Gesetzen müssten die Geschwindigkeiten sich »addieren«, das heißt, die Geschwindigkeit des Lichts gegenüber einem Beobachter müsste gleich der Geschwindigkeit des Lichts relativ zur Lichtquelle, vermehrt bzw. vermindert um die Relativgeschwindigkeit der Quelle gegenüber dem Beobachter sein. 1905 zog Albert Einstein die Konsequenz aus dieser Invarianz und entwickelte die spezielle Relativitätstheorie. Nach dieser Theorie bildet die Lichtgeschwindigkeit c die obere Grenze für jegliche Geschwindigkeit. Kein Körper kann sich schneller bewegen als das Licht im Vakuum, und dessen Geschwindigkeit beträgt dort $299792458 \mathrm{m.s}^{-1}$.

Das Plancksche Wirkungsquantum

Zur Vertiefung: ***Emission; Quantenphysik; Schwarzer Körper; Wirkung***

Das so genannte Wirkungsquantum h wurde im Jahr 1900 von Max Planck eingeführt und löste in der Physik eine echte Revolution aus, die zur Entwicklung der Quantenphysik führte. Nach der Quantenphysik sind die Wechselwirkungen zwischen Systemen gequantelt, das heißt, sie erfolgen über den Austausch von Energiequanten, die sich proportional zu h verhalten (siehe QUANT). Das Plancksche Wirkungsquantum h hat die Dimension einer Wirkung, also des Produkts aus Energie und Zeit, und beträgt $6{,}62 \times 10^{-34}$ J.s (Joule-Sekunden).

Die Zusammenfassung der fundamentalen Naturkonstanten

Zur Vertiefung: ***anthropisches Prinzip; Inflation; Urknall; Wechselwirkung in der Physik***

Jede der genannten Naturkonstanten kennzeichnet einen eigenen Bereich der Physik. Sie zusammenzufassen bedeutete daher eine Vereinheitlichung der betreffenden Theorien. Einsteins allgemeine Relativitätstheorie, also die relativistische Theorie der Gravitation, arbeitet mit den Konstanten G und c. Die relativistische Quantenfeldtheorie, die in der Teilchenphysik Anwendung findet, arbeitet mit den Konstanten h und c (sie ist zugleich relativistisch und quantentheoretisch), nicht jedoch mit G, da die Gravitation auf der Ebene der Teilchen eine zu vernachlässigende Kraft darstellt.

Bisher ist es den Physikern nicht gelungen, alle fundamentalen Naturkonstanten in einer einheitlichen Theorie zusammenzufassen. Die allgemeine Relativitätstheorie und die Quantenphysik sind zwar nahezu gleichzeitig entstanden, lassen sich aber nicht miteinander verbinden, weil sie nicht nach denselben Prinzipien konstruiert sind. Es gibt jedoch eine einfache Argumentation, die die Größenordnung der Zeit und der Abstände liefert, für die eine Vereinigung der beiden Theorien eigentlich unbedingt erforderlich wäre. Da jede der drei Konstanten G, h und c eine wohldefinierte Einheit besitzt, ist es möglich, sie (durch Multiplikation und Division) in der Weise zu kombinieren, dass man eine Größe erhält, die die Dimension der Zeit besitzt. Die so erhaltene Zeitspanne $(Gh/c^5)^{1/2}$ beträgt etwa 10^{-43}s und wird als Planckzeit bezeichnet. Multipliziert man die Planckzeit mit der Lichtgeschwindigkeit c, erhält man eine Größe mit der Dimension einer Länge $(Gh/c^3)^{1/2}$, deren zahlenmäßiger Wert bei etwa 10^{-35}m liegt und die als Plancksche Elementarlänge bezeichnet wird. Jenseits dieser Zeitspanne und dieser Länge kann die Raum-Zeit nicht mehr als »glatt« angesehen werden. Für kürzere Zeiten und Längen (wie im Uruniversum) erwartet man, dass Raum und Zeit vollkommen anders beschaffen sind, und zwar in einer Weise, die man sich kaum vorstellen kann: zum Beispiel könnten sie diskret oder fluktuierend sein. Doch da weder die Planckzeit noch die Plancksche Elementarlänge der Erfahrung zugänglich sind, muss jede Hypothese darüber letztlich spekulativ bleiben.

Die Hubblekonstante

Zur Vertiefung: ***Expansion; Gravitation; Inflation; Urknall***

1929 verfügte Edwin Hubble lediglich über die Radialgeschwindigkeit $\vec{V}$ von 46 Galaxien, das heißt über deren Geschwindigkeitskomponente in Richtung der Verbindungslinie zwischen dem Objekt und dem Beobachter. Gemessen hatte er sie durch Beobachtung der Spektrallinien in dem von diesen Galaxien ausgehenden Licht. Dank eines genialen Einfalls und einer kühnen Extrapolation gelangte Hubble daraufhin zu dem Gesetz, das heute seinen Namen trägt (siehe KOSMOLOGISCHES STANDARDMODELL) und ein proportionales Verhältnis zwischen der Geschwindigkeit $\vec{V}$ einer Galaxie und ihrer Entfernung D behauptet. Danach gilt: $V = H_0 D$, wobei H_0 die Hubblekonstante ist.

Diese Größe setzt eine Geschwindigkeit ins Verhältnis zu einer Entfernung, bemisst sich also in km.s^{-1}.Mpc^{-1} (wobei 1Mpc = 3×10^{22}m), das heißt, sie hat letztlich die Dimension des Kehrwerts der Zeit (s^{-1}). Der für H_0 errechnete Wert schwankt je nach der Genauigkeit, mit der man die Entfernung der beobachteten Galaxien abzuschätzen vermag (natürlich nach anderen Methoden als der Berechnung der Rotverschiebung; siehe ENTFERNUNG), zwischen 50 und 100km.s^{-1}.Mpc^{-1}; obwohl bereits mehrere tausend Galaxien beobachtet worden sind, bleibt also noch eine beträchtliche Fehlermarge. Deshalb schreibt man auch oft (unter Beibehaltung der Einheit) $H_0=100\,h$, so dass h einen Wert zwischen 0,5 und 1 annimmt, der durch weitere Messungen verfeinert werden soll. Für die heutige Physik ist der Wert von H_0 eine Gegebenheit, die uns das Universum in derselben Weise vorgibt wie die übrigen Naturkonstanten; niemand weiß, warum die Hubblekonstante diesen Wert besitzt. Dennoch handelt es sich nicht ganz um eine Größe von der Art der oben beschriebenen fundamentalen Naturkonstanten. Der Index 0 zeigt an, dass der Wert der Hubblekonstanten vom Zeitpunkt der Messung während der Expansion des Universums abhängt. Die Art und Weise, wie H_0 sich in der Vergangenheit verändert hat, hängt dabei von dem gewählten kosmologischen Modell ab. Der Kehrwert von H_0 hat die Dimension der Zeit. In einem übertragenen (aber auch etwas irreführenden) Sinne bezeichnet man diese Zeitspanne gelegentlich als das Alter des Universums. In den kosmologischen Modellen bezeichnet diese Zeit etwa die Spanne, die seit der kosmischen SINGULARITÄT vergangen ist (siehe URKNALL).

Die kosmologische Konstante

Zur Vertiefung: ***Expansion; Gravitation; kosmologisches Standardmodell***

Die kosmologische Konstante Λ (Lambda, auch kosmologisches Glied genannt) wurde von Einstein willkürlich in die Feldgleichungen eingeführt, mit denen er die Organisation der Materie im Universum beschrieb, und zwar um den Fall eines expandierenden Universums auszuschließen. Sie hat die Dimension des Kehrwerts einer Fläche (mit der Einheit m^{-2}, siehe DIMENSIONSANALYSE). Als man dann erkannte, dass unser Universum sich in Wirklichkeit doch ausdehnt, setzte man die Konstante in den kosmologischen Modellen gleich null; damit war es so, als wäre sie gar nicht vorhanden. Manche neueren Modelle führen die Konstante jedoch wieder ein, ohne sie allerdings auf die Rolle zu beschränken, die Einstein ihr zugewiesen hatte. Gelegentlich wird sogar versucht, sie aufgrund des Lichts von sehr weit entfernten Objekten zu messen, das durch die Einwirkung von Massen auf dem Weg zu uns eine Ablenkung erfahren hat (siehe GRAVITATIONSLINSE). Möglicherweise handelt es sich bei Λ also nicht nur um einen aus praktischen Gründen eingeführten Parameter, sondern um eine fundamentale Konstante des Universums.

Naturstoffe

Zur Vertiefung: ***Alkaloide; chemische Kommunikation; synthetische Erzeugnisse; Steroide***

Unter Naturstoffen versteht man heute chemische Verbindungen, die von einem Organismus, in der Regel von einer Pflanze stammen. Naturstoffe lassen sich von synthetischen Erzeugnissen oder Produkten abgrenzen, auch wenn eine solche Unterscheidung in den Naturwissenschaften nicht vorkommt: Naturstoffe sind das Werk der Natur, synthetische Erzeugnisse das Werk des Menschen (sie sind künstlich). Allerdings bleiben die chemischen Verbindungen, ob natürlich oder künstlich, die gleichen.

Die Naturstoffe gehören zu einem wichtigen, dynamischen Teilgebiet der Chemie, dessen Problembereich wir hier in groben Zügen darlegen wollen. Die überaus vielfältigen Naturstoffe gliedern sich in mehrere große Familien, und zwar entweder in einer heute noch gängigen KLASSIFIKATION nach ihrer chemischen Zusammensetzung und ihrer STRUKTUR oder nach dem Weg der BIOSYNTHESE, durch die sie entstanden sind. Die Alkaloide bilden eine Familie des ersten Typs (mit ähnlicher Struktur). Ihre Gemeinsamkeit besteht in der Tatsache, dass sie mindestens ein Stickstoffatom besitzen; zu ihnen gehören Strychnin, Morphin und Chinin (was für ein Trio!).

Als Beispiel für die Zugehörigkeit zum selben Weg der Biosynthese seien hier so unterschiedliche Stoffe wie das Tyrosin (eine AMINOSÄURE) und Morphin genannt, die beide auf dem so genannten Shikimate-Weg entstehen. Auf einem weiteren wichtigen Weg der Biosynthese bilden sich die meisten Terpene (zu denen die ätherischen Öle aus Blüten und die Bestandteile des Terpentins gehören) und die Steroide (mit Cholesterin, Cortison, Progesteron, Testosteron und anderen Hormonen, von denen unser Gefühlsleben abhängt).

Die verschiedenen Tier- und Pflanzenarten, die in der Biosphäre koexistieren, nutzen Naturstoffe für ihre CHEMISCHE KOMMUNIKATION innerhalb ihrer Art (Beispiel: die Pheromone) und mit anderen Arten, sei es, um einen KOMMENSALISMUS, eine Symbiose oder einen PARASITISMUS, also einen chemischen Krieg zwischen Organismen zu organisieren.

Naturstoffe haben nützliche biologische Wirkungen: Erwähnt sei hier nur die betäubende Wirkung des Morphins, die Tumor hemmende Wirkung des Taxins der Eibe (bei Brust- und Eierstockkrebs), die muskelentspannende Wirkung von Curare, das in der Chirurgie eingesetzt wird, oder die harmloseren »kalorienarmen« natürlichen Süßstoffe und die Kräutertees unserer jungen Großmütter.

Aber die Natur ist knauserig. So muss man zum Beispiel Millionen Individuen opfern, um einige Milligramm Ecdyson zu isolieren, ein Häutungshormon der Seidenspinner (Schmetterlinge, deren Raupen den Seidenfaden spinnen). Hier kommen uns synthetische Verfahren zu Hilfe, die uns kostbare Naturstoffe in Mengen liefern, denn noch einmal sei betont, dass synthetische Produkte und Naturstoffe nach allen Kriterien identisch sind.

Nebenprodukt

Zur Vertiefung: ***Isolierung; Reaktionsmechanismus; Reinheit***

Bei einer chemischen REAKTION ist ein Nebenprodukt das unerwünschte Kind, dem niemand etwas abzugewinnen vermag. Es begleitet das Zielmolekül, das man bekommen möchte, verringert aber dessen Mengenanteil und somit auch die Ausbeute der Reaktion. Und es erschwert die Isolierung und Reinigung des Endprodukts.

Andererseits liefert das Nebenprodukt durch seine Anwesenheit und seine Struktur Informationen, die für das Verständnis des Reaktionsmechanismus wertvoll sein können. Denn nur wenn man diesen Reaktionsmechanismus umfassender begreift, kann man ihn verbessern. Paradoxerweise lernt man auf diese Weise zu verhindern, dass sich das Nebenprodukt bildet. Eventuell entdeckt man auf diesem Weg sogar eine neue Reaktion. Das Nebenprodukt wirft also einerseits praktische Probleme auf, ist aber andererseits eine unerwartete Trumpfkarte.

Neomalthusianismus

→ ***Malthusianismus, Neomalthusianismus***

neuronale Netze

Zur Vertiefung: ***Erkennen von Formen; kognitive Wissenschaften; künstliches Leben***

Von den biologischen zu den formalen Neuronen

Formale Neuronen verhalten sich zu biologischen wie die Pferdestärke zum Pferd und der Raupenschlepper zur Raupe, das heißt, sie sind eine Metapher, die von der Natur ausgeht und eine technische Vorrichtung bezeichnet. Formale Neuronen haben daher mit den biologischen nicht mehr zu tun als moderne Autos trotz ihrer vielen Pferdestärken mit einem Pferd oder die Antriebsketten eines Schleppers oder eines Panzers mit einer Raupe.

Die Geschichte der formalen Neuronen beginnt mit den ersten Ansätzen der KYBERNETIK in den 1940er Jahren, als Biologen, Physiker, Psychologen, Mathematiker und Ingenieure sich zusammentaten, um biologische, physikalische, psychische oder soziale Phänomene mit Hilfe elektronischer Bauteile zu simulieren. In technischer Hinsicht sind formale Neuronen AUTOMATEN, die über eine mathematische Definition etwa das charakterisieren, was man sich in den Anfängen der Kybernetik unter der Funktionsweise der in unserem Gehirn anzutreffenden Neuronen vorstellte, nämlich die Speicherung einer elementaren binären Information, also eines Bit. Natürlich wissen wir heute sehr viel mehr über Aufbau und Funktion des Gehirns, und entsprechend gewachsen ist der Abstand zwischen den formalen Neuronen und dem, was wir heute über die Neuronen in unserem Gehirn wissen.

Stark vereinfacht kann man sich ein formales Neuron ein wenig wie eine Badewanne mit einer unbestimmten Zahl von Zuläufen, einem Ablauf und einem Überlauf vorstellen. Wenn insgesamt mehr Wasser zufließt, als durch den Ablauf abfließt, füllt die Wanne sich bis zur Höhe des Überlaufs; dann sagt man, die Wanne sei voll und ordnet diesem Zustand den Wert 1 zu. Solange nichts durch den Überlauf abfließt, sagt man dagegen, die Wanne sei leer, und ordnet diesem Zustand den Wert 0 zu. Bis dahin ist alles sehr einfach und bewegt sich auf dem Niveau des Rechenunterrichts in der Grundschule.

Neuronale Netze

Stellen wir uns nun vor, wie befänden uns im Badesaal einer großen Gemeinschaft, zum Beispiel einer Kaserne, in dem die Überläufe mancher Wannen den Zulauf für andere Wannen bilden. Wenn wir die Wannen nun als formale Neuronen bezeichnen und die Leitungen, die vom Überlauf einer Wanne zum Zulauf einer anderen Wanne führen, als »Synapsen« (so nennt man die Verbindungen, die in der grauen Substanz unseres Gehirns zwischen den dortigen Neuronen hergestellt werden), dann haben wir eine recht genaue Vorstellung davon, was man unter einem neuronalen Netz versteht.

Da die Zuflüsse und die durch den Ablauf erfolgenden Abflüsse für die einzelnen Wannen festliegen, kann man mit ein wenig Geschick den Wasserstand in den verschiedenen Wannen berechnen, desgleichen die durch die Überläufe abfließenden Mengen und die dadurch bedingten Zuflüsse in den nachgeordneten Wannen und auf diese Weise schließlich die gesamte Wasserzirkulation in unserem Badesaal. Um diese Zirkulation zu steuern und die Wannen jederzeit nach den Vorstellungen des Generalstabs füllen zu können, werden in den Verbindungsrohren Schieber installiert, die eine Regulierung des Durchflusses ermöglichen. Je nach Öffnung des Schiebers werden die verschiedenen Rohre (die Synapsen) mit bestimmten Faktoren gewichtet, das heißt, es wird ihnen eine Zahl (ihr Gewicht) zugeordnet, die ein relatives Maß für den Durchfluss darstellt.

Ein Badesaal ist also gekennzeichnet durch Wannen, Zuflüsse, Abflüsse, Verbindungsrohre zwischen dem Überlauf und dem Zulauf bestimmter Wannen und durch den Öffnungszustand der Schieber in den Verbindungsrohren. Das ganze Problem besteht nun darin, die Schieber so einzustellen, dass das Wasser in Abhängigkeit von den Zuflüssen in der gewünschten Weise zirkuliert – und dieses Problem übersteigt nun wahrhaft die Fähigkeiten eines Generalstabs.

Viel Tinte ist geflossen, seitdem Warren McCulloch und Walter Pitts 1943 ihren bahnbrechenden Aufsatz über neuronale Netze veröffentlichten. In den meisten Arbeiten seither ging es um die automatische Einstellung der Schieber oder, technisch gesprochen, um Lernprozesse in Bezug auf die Gewichte der Synapsen.

Back-propagation Netze

Unter den zahlreichen vorgeschlagenen Techniken konnte eine in den 80er Jahren besondere Erfolge feiern, obwohl der Name »Backpropagation Netz« nicht gerade einnehmend klingt. Hinter dieser etwas sperrigen Bezeichnung verbirgt sich ein recht einfacher und wirkungsvoller Gedanke, den im Prinzip auch der Bauer realisiert, der auf dem Eselskarren sitzt und dem Esel mit einem langen Stock eine an einer Schnur hängende Karotte vors Maul hält: Wenn eine Wanne, die voll sein sollte, leer oder eine Wanne, die leer sein sollte, voll ist, öffnet oder schließt man die Schieber in den vorgeschalteten Verbindungsrohren, die als Zuläufe fungieren. Bevor wir das Prinzip weiter erklären, sei darauf hingewiesen, dass die Neuronen des betreffenden Netzes in diesem Fall hierarchisch geordnet sein müssen, etwa so wie die Dienstgrade beim Militär. Das von außen kommende kalte Wasser strömt zunächst in die Wannen der Gefreiten; sie wärmen es ein wenig an, bevor es durch die Überläufe und die Verbindungsrohre in die Wannen der Obergefreiten fließt, die es weiter anwärmen, bevor es wiederum durch die Überläufe in die Wannen der Feldwebel strömt und so weiter, die gesamte Leiter der Dienstgrade hinauf, durch die Wannen der Leutnants, Hauptmänner, Majore und Obersten, bis es schließlich angenehm warm in den Wannen der Generäle anlangt. Wenn die Wasserzirkulation dem strengen Reglement der Armee genügen soll, müssen alle Schieber in den Verbindungsrohren zwischen den Wannen, also die Gewichte der Synapsen, korrekt eingestellt werden. Und genau dort, in der automatischen Steuerung dieser Schieber, kommt der Algorithmus zum Zuge, der für Back-propagation Netze charakteristisch ist, weil er die Backpropagation eines Gradienten bewirkt. Das englische *back propagation* bezeichnet eine rückwärts, in Gegenrichtung, also entgegen der Richtung der Wasserzirkulation verlaufende Ausbreitung, und der Gradient ist in diesem Fall nichts anderes als die Differenz zwischen der tatsächlichen und der gewünschten Höhe des Wasserspiegels in den jeweiligen Wannen. In der Praxis bedeutet das, die Generäle schließen oder öffnen ausschließlich die Schieber in den Verbindungsleitungen, die ihren Zulauf mit dem Überlauf der Wannen des nächstniedrigeren Dienstgrads, der Obersten, verbinden, wenn der Grad der Füllung ihrer Wannen ihren Erwartungen entspricht oder davon abweicht. Die Obersten tun dasselbe im Blick auf die Hauptmänner und so weiter, die gesamte Leiter der Dienstgrade hinab, bis hin zu den Obergefreiten, die sich an den Schiebern in den Verbindungsrohren zu den Wannen der Gefreiten zu schaffen machen, während diese gar nichts zu regulieren haben, sondern vollständig dem Zulauf an kaltem Wasser ausgesetzt sind.

Die Funktion der neuronalen Netze

Nach unserem heutigen Kenntnisstand dürften die neuronalen Netze, wie wir sie am eher amüsanten Beispiel eines militärisch streng durchorganisierten Badesaals erläutert haben, kaum etwas mit der tatsächlichen Struktur unseres Gehirns gemein haben. Dennoch hat sich dieses MODELL in einigen Bereichen der Informatik als ausgesprochen nützlich erwiesen. Dazu gehören etwa das ERKENNEN VON FORMEN, die Bild- und die Sprachanalyse (siehe SPRACHERKENNUNG) sowie das AUTOMATISCHE BEWEISEN. Zur Verdeutlichung wollen wir annehmen, die Wannen der Gefreiten seien rasterförmig verteilt, so dass sich auf jedem Feld dieses regelmäßigen Rasters eine Wanne befände, und die Füllhöhe der einzelnen Wanne hinge ab von der Helligkeit, die sich durch die Projektion eines Bildes auf die gesamte Fläche an der betreffenden Stelle ergäbe (siehe *Abbildung 1*). Nehmen wir weiter an, den Generälen sei jeweils ein Buchstabe des Alphabets zugeordnet: a, b, c, …, z. Wenn nun einer dieser Buchstaben auf die Fläche projiziert wird, sorgt der Algorithmus der Back-propagation des Gradienten dafür, dass nur die Wanne des Generals gefüllt wird, dem dieser Buchstabe zugeordnet ist. Unser Beispiel aus dem Bereich des Erkennens von Buchstaben gibt eine gewisse Vorstellung von den praktischen Anwendungsmöglichkeiten neuronaler Netze, aber daneben finden sich noch zahlreiche andere.

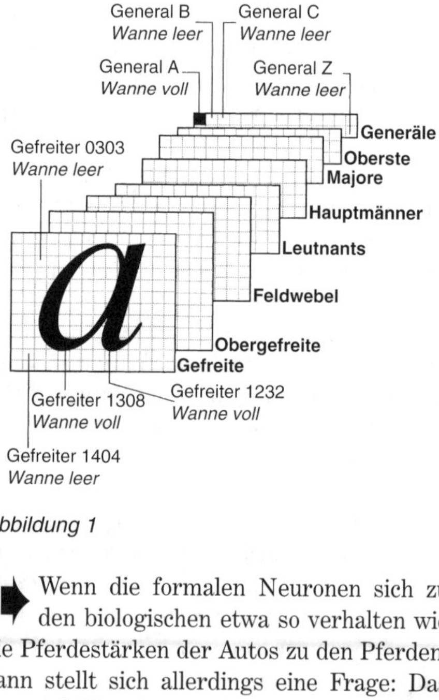

Abbildung 1

Wenn die formalen Neuronen sich zu den biologischen etwa so verhalten wie die Pferdestärken der Autos zu den Pferden, dann stellt sich allerdings eine Frage: Das Automobil hat das Pferd verdrängt, so dass es heute nur noch für Zecke des Sports und der Erholung genutzt wird. Werden die formalen neuronalen Netze am Ende auch die Neuronen unseres Gehirns verdrängen, so dass wir unseren Verstand am Ende nur noch für Sport- und Freizeitaktivität einsetzen werden? Es lässt sich noch nicht absehen, ob die technische Entwicklung einmal dahin führen wird, aber wenn es so sein sollte, wäre es Sache der ganzen Gesellschaft und nicht allein der Wissenschaftler, Techniker oder Unternehmer, darüber zu entscheiden.

Neutralitätstheorie

Zur Vertiefung: ***Darwinismus; Lamarckismus; natürliche Auslese***

Charles Darwin erklärte die Evolution der Arten im Wesentlichen durch natürliche Auslese. Gregor Mendel erklärte die Weitergabe der Merkmale vom Erzeuger an die Nachkommen mit einer »doppelten Steuerung« durch Erbfaktoren und ihrer zufälligen Auswahl (siehe MENDELSCHE REGELN). Der eine betonte den Determinismus des Vererbungsprozesses, der andere seine Zufälligkeit. Chronologisch kamen die Überlegungen Darwins zuerst und führten zur Entwicklung einer solide untermauerten Theorie, des DARWINISMUS. Als die Wissenschaftler ein halbes Jahrhundert nach Darwin die Konzepte Mendels in ihre Überlegungen einbeziehen mussten, taten sie dies fast widerwillig, indem sie dem Darwinismus eine »Prise« Mendel hinzufügten. Sie änderten die herrschende Theorie geringfügig ab zum Neodarwinismus, der eine gute Portion Determinismus und ein bisschen Zufall enthielt.

Wären die Ideen Mendels vor jenen von Darwin bekannt gewesen, was durchaus hätte passieren können, so wäre vorstellbar, dass die Evolutionstheorie dem Zufall den größeren Platz eingeräumt und später eine »Prise« natürlicher Auslese hinzugefügt hätte, um die beobachteten Tatsachen besser zu erklären.

Einen solchen Ansatz verfolgen einige Mathematiker mit der Entwicklung einer so genannten »neutralistischen« Evolutionstheorie. Zwar behaupten sie nicht, dass die Wirkung der natürlichen Auslese zu vernachlässigen sei, bemühen sich jedoch, eine größtmögliche Anzahl von Tatsachen ohne Rückgriff auf dieses heikle Konzept zu erklären. Ihre Herangehensweise läuft auf eine Umkehr der Beweislast hinaus, wie Juristen es nennen würden. Ihnen geht es nicht um den Beweis, dass ein bestimmtes Merkmal nicht der Selektion unterworfen ist, vielmehr nehmen sie dies bis zum Beweis des Gegenteils als Hypothese an.

In Wirklichkeit widersprechen sich diese verschiedenen Theorien durchaus nicht. Sie bemühen sich vielmehr, verschiedene Wege zur Annäherung an die Lösung eines unlösbaren Problems aufzuzeigen: nämlich aus der Feststellung einer einzigartigen Chronik – der Evolution der Arten – den Prozess abzuleiten, aus dem diese Chronik resultiert.

Neutrino

Zur Vertiefung: ***kosmologisches Standardmodell; Ladung; Lepton; Masse; Standardmodell der Teilchenphysik***

Beim so genannten Betazerfall wandelt sich ein Atomkern unter Aussendung eines Elektrons in einen anderen, stabileren Atomkern um. Genauer gesagt, verwandelt sich ein Neutron in ein Proton und ein Elektron, so dass die Gesamtzahl der Nukleonen (also der den Atomkern bildenden Teilchen) dieselbe bleibt. Anfang der 1930er Jahre erschien dieser Vorgang äußerst rätselhaft. Wie Messungen ergaben, konnte die Energie des emittierten Elektrons innerhalb eines breiten Intervalls beliebige Werte annehmen, während die Strahlung bei anderen bekannten Formen der Radioaktivität stets eine genau bestimmte Energie besaß. Bei der Betastrahlung ergab jedoch jede Messung einen anderen Wert, manchmal einen großen, manchmal einen kleinen. Wenn es tatsächlich zutraf, dass der Atomkern nur in zwei Teilchen zerfiel (nämlich den neuen Kern und ein Elektron), dann verstieß dieses Ergebnis gegen den Satz von der Erhaltung der Energie, denn nach diesem strengen Erhaltungssatz musste die Energie des Elektrons in diesem Fall stets einen ganz bestimmten Wert besitzen.

»Wenn sich das bestätigt, müssen wir auf den Satz von der Erhaltung der Energie verzichten«, meinten manche Physiker, unter ihnen auch Niels Bohr. Um dieses sakrosankte Gesetz der Physik zu retten, dessen Aufgabe Konsequenzen gehabt hätte, die Niels Bohr möglicherweise nicht ganz übersah (siehe ENERGIE), wagte Wolfgang Pauli 1931 einen kühnen Vorstoß und postulierte, dass beim Betazerfall ein drittes Teilchen emittiert werde, welches sich jedoch nicht feststellen lasse. Ein anderer Physiker, Enrico Fermi, ließ sich von der Existenz dieses hypothetischen Teilchens überzeugen und gab ihm 1933 den schönen Namen »Neutrino«, was im Italienischen so viel wie »kleines Neutron« bedeutet (wie sich erst später herausstellte, wird beim Zerfall eines Neutrons allerdings kein Neutrino, sondern ein Antineutrino emittiert).

Das Neutrino besitzt die elektrische Ladung null und unterliegt ausschließlich der schwachen Wechselwirkung, die gerade für den Betazerfall verantwortlich ist. Deshalb lässt es sich so schwer aufspüren. Es bedürfte einer Bleischicht von der Dicke eines Lichtjahres, um nur die Hälfte der Neutrinos aufzuhalten, die diese Schicht zu passieren versuchten. Da kann es kaum verwundern, dass solch ein Geisterstrahl schwer aufzuspüren ist (und zwar umso schwerer, je niedriger die Energie liegt). Experimentell wurde das Neutrino, das bei seiner »Erfindung« lediglich ein theoretisches Artefakt darstellte, dann auch erst fünfundzwanzig Jahre später, nämlich 1956, dank verbesserter Detektoren von Frederick Reines und Clyde Cowan erstmals nachgewiesen.

1962 zeigte eine Forschergruppe unter Leitung von Leon Lederman, Melvin Schwartz und Jack Steinberger, dass es nicht nur eine, sondern zwei Arten von Neutrinos gibt. In den 70er Jahren wurde dann noch eine dritte Art entdeckt. Seit Sommer 1989 wissen wir dank der Experimente am großen Teilchenbeschleuniger (*Large Electron Positron Ring*) des CERN, dass es drei und nur drei Neutrinofamilien gibt. Jedem der drei fundamentalen Leptonen (die Leptonen sind Teilchen, die nicht der starken Wechselwirkung unterliegen, die für den Zusammenhalt der Atomkerne verantwortlich ist) entspricht ein Neutrino: eines dem Elektron, eines dem Myon und eines dem Tauon (siehe STANDARDMODELL DER TEILCHENPHYSIK).

In den Sternen werden Neutrinos in großen Mengen erzeugt; so auch in der Sonne. Jede Sekunde durchdringen viele hundert Milliarden von der Sonne stammende Neutrinos unseren Körper, ohne dort erkennbaren Schaden anzurichten. Heute sind die Physiker mit den Neutrinos recht vertraut. Mit starken Protonenbeschleunigern lässt sich sogar ein ganzer Neutrinostrahl erzeugen. Nach der Beschleunigung lenkt man die Protonen auf ein Hindernis, das aus einer mehrere Zentimeter dicken Schicht beliebiger Materie besteht; dabei entstehen zahlreiche Mesonen (das sind Teilchen, die aus einem Quark und einem Antiquark bestehen); diese Mesonen zerfallen dann nach kurzer Zeit unter Emission von Neutrinos.

Bei den Neutrinos handelt es sich um echte Materieteilchen, und zwar um Fermionen, die sich wechselseitig nicht durchdringen können (siehe BOSON UND FERMION). Die Frage ihrer Masse ist jedoch noch ungelöst. Diese Masse könnte null betragen, doch das ist nicht sicher (das hieße, dass ein Teil der Materie ohne Masse wäre). Sicher ist jedoch, dass diese Masse, falls es sie gibt, sehr klein ist (und beim Neutrino des Elektrons weniger als ein Hunderttausendstel der Elektronenmasse betragen muss).

Die Frage nach der Masse der Neutrinos hat erhebliche Bedeutung für die KOSMOLOGIE. Da die Neutrinos die häufigsten Teilchen im Kosmos sind, könnte ihre Masse, sofern sie denn eine haben, einen Gutteil der geheimnisvollen dunklen Masse erklären (siehe MASSE). Von der Gesamtmasse des Universums hängt aber ab, wie das Universum sich in Zukunft weiter entwickelt. Wird das Universum in alle Zukunft expandieren, oder wird die Expansion wegen der Gravitation zum Stillstand kommen, so dass unser Universum sich schließlich wieder zusammenzieht? Anders gesagt, ist das Universum offen oder geschlossen? Die Antwort auf diese Frage hängt wesentlich von der mittleren Dichte des Universums ab, nämlich davon, ob diese Dichte ausreicht, um die Expansion zum

Stillstand zu bringen (siehe KOSMOLOGISCHES STANDARDMODELL). So klein die Neutrinos auch sind, haben sie bei der Beantwortung dieser Frage doch ein gewichtiges Wort mitzureden.

Neutron

Zur Vertiefung: ***Hadron; Kernreaktor; Quark***

Das Neutron ist ein Nukleon, also eines der beiden Teilchen, aus denen der ATOMKERN besteht (das andere ist das PROTON).

1911 entdeckte Ernest Rutherford den Atomkern. Bei der Messung der Ladung verschiedener Atomkerne stellte er fest, dass Mendelejews Klassifikation der chemischen Elemente (siehe PERIODENSYSTEM) der Folge der positiven Zahlen entsprach: Ein Atomkern, dessen elektrische Ladung, abgesehen vom Vorzeichen, das Z-fache der Elementarladung (der des Elektrons) beträgt, enthält Z Protonen, deren jedes eine positive elektrische Elementarladung trägt. Doch Rutherford machte noch eine weitere wichtige Beobachtung: Es besteht ein Unterschied zwischen der Masse der im Atomkern enthaltenen Z Protonen und der Gesamtmasse des betreffenden Atoms. Und Rutherford bemerkte, dass diese Differenz stets ein ganzzahliges Vielfaches der Protonenmasse beträgt. Um diesen Masseunterschied zu erklären, führte er den Begriff eines »neutralen Protons« ein, das heißt eines Teilchens mit etwa derselben Masse wie beim Proton, aber der elektrischen Ladung null. Dieses Teilchen wurde dann 1932 von James Chadwick entdeckt; es handelt sich um das Neutron, das nur eine geringfügig größere Masse besitzt als das Proton.

Außerhalb des Atomkerns zerfällt das Neutron schon nach wenigen Minuten in ein Proton und ein Elektron (sowie ein Antineutrino). Innerhalb des Atomkerns dagegen ist das Neutron stabil. Dieser Unterschied der Lebensdauer resultiert aus der Tatsache, dass die Masse des Neutrons zum Teil für die Bindungsenergie benötigt wird, so dass für einen Zerfall nicht mehr genügend Energie zu Verfügung steht, ohne dass der Satz von der Erhaltung der Energie verletzt würde. Soviel zum Einfluss der sozialen Bindung auf die Lebenserwartung ...

Da das Neutron, wie der Name schon sagt, keine elektrische Ladung trägt, kann es nicht durch ein elektrisches Feld beschleunigt werden. Daher gibt es keine Neutronenbeschleuniger, sondern lediglich »Neutronenquellen«, in denen Neutronen durch Kernreaktionen erzeugt werden.

Das Neutron unterliegt sämtlichen Wechselwirkungen: der Gravitation, weil es eine Masse besitzt; der elektromagnetischen Wechselwirkung, weil es gleichsam einen ganz kleinen Magneten in sich trägt, den man als das magnetische Moment des Neutrons bezeichnet; der schwachen Wechselwirkung, die für den Betazerfall verantwortlich ist; und der starken Wechselwirkung, die für die äußerst starke Bindung der Protonen und Neutronen innerhalb des Atomkerns sorgt. Aufgrund der letztgenannten Eigenschaft gehört das Neutron zu den HADRONEN, die sämtliche der starken Wechselwirkung unterliegenden Teilchen umfassen.

Seit Ende der 60er Jahre wissen wir, dass die Neutronen wie alle übrigen Hadronen keine Elementarteilchen im eigentlichen Sinne des Wortes sind. Jedes Neutron besteht vielmehr aus drei QUARKS, die ständig Gluonen untereinander austauschen.

---

nichtklassische Logiken

Zur Vorbereitung: ***Logik***
Zur Vertiefung: ***Argumentation, Beweisführung; formales System; Induktion; künstliche Intelligenz***

Der Plural mag nicht so recht passen zur kompromisslos strengen Logik, die sich allen als einzige Gemahlin richtigen Denkens und Beweisens präsentiert. Dennoch haben Informatiker und Logiker eine Vielzahl von Logiken entwickelt, die als nichtklassische Logiken bezeichnet werden, weil sie nicht mit der klassischen Logik übereinstimmen, wie sie seit der Antike von den Philosophen gelehrt wird. Müssen wir daraus folgern, die flatterhafte Vernunft lasse sich zuweilen auf Abenteuer ein, die jenseits der legitimen ehelichen Beziehung zwischen »wahr« und

»falsch« liegen; oder rationale Gewissheit sei zeitbedingt und hänge von Moden ab; oder die Wege der Vernunft seien so vielfältig, dass ein und derselbe Satz von den einen für wahr und zugleich von den anderen für falsch gehalten werden könne?

All das ist nicht der Fall. Vernünftiges Denken gehorcht stets Regeln, die von jeder Logik streng formuliert werden. Insofern wird die Regelbindung geistiger Operationen, also deren Gesetzestreue, stets respektiert. Die Logik hat jedoch die Aufgabe, als gültig anerkannte Argumentationen und Beweisführungen aufzuzeigen. Nun gibt es aber Bereiche, in denen das Denken zwar nicht dem gesunden Menschenverstand widerspricht, wohl aber gewisse Besonderheiten aufweist, die man gerne genauer erfassen möchte. Das gilt etwa für das juristische Denken, das den Anlass zur Entwicklung einer »deontischen« Logik gab, in der es nicht um die Wahrheit oder Falschheit von Sätzen, sondern um deren Verträglichkeit oder Nichtverträglichkeit mit bestimmten Gesetzen geht.

In der Mathematik sah man in der Logik zunächst einen Kalkül, mit dessen Hilfe sich die Geltung von Deduktionen prüfen lässt. Um diesen Kalkül seinerseits zu begründen und seine Richtigkeit zu gewährleisten, sah man sich dann veranlasst, zwei Kalküle zu unterscheiden, einen syntaktischen und einen semantischen. Der syntaktische Kalkül ahmt Beweisführungen mittels FORMALER SYSTEME nach: Nachdem ein Satz von Axiomen und Schlussregeln festgelegt ist, erzeugt ein formales System Sätze, die als Theoreme oder Lehrsätze angesehen werden. Der semantische Kalkül bestimmt Wahrheit oder Falschheit eines Satzes unmittelbar auf der Basis seiner Bedeutung. Da ein Satz nicht zugleich mit seiner Negation wahr sein kann, ist der Satz »A und nicht A« angesichts der Bedeutung der Konjunktion »und« sowie der Negation »nicht« notwendig falsch.

Jede Logik im mathematischen Sinne des Wortes basiert auf der Übereinstimmung zwischen diesen beiden Kalkülen, also zwischen Syntax und Semantik. So muss einerseits jede mit Hilfe des ersten Kalküls erzeugte Formel (jedes Theorem) gültig sein; dadurch ist die Widerspruchsfreiheit des formalen Systems gewährleistet. Andererseits muss jede gültige Formel innerhalb des formalen Systems beweisbar sein; dadurch ist die Vollständigkeit dieses Systems gewährleistet. Die nichtklassischen Logiken erfüllen sämtlich mehr oder weniger die Anforderung einer Übereinstimmung zwischen Syntax und Semantik, aber sie führen jeweils gewisse Modifikationen bei der Syntax, also dem formalen System, und der zugehörigen Semantik ein.

Intuitionistische Logiken

Unter den nichtklassischen Logiken seien hier zunächst die intuitionistischen Logiken genannt, die insofern die Syntax modifizieren, als sie das Axiom des *tertium non datur* (»ein Drittes gibt es nicht«) eliminieren, wonach jeder Satz entweder wahr oder falsch ist. In der Praxis läuft das auf eine Eliminierung jener Beweisfigur hinaus, die als *reductio ad absurdum* bezeichnet wird und bei der man die Geltung eines Satzes *A* beweist, indem man zeigt, dass seine Negation zu einem Widerspruch führt. Der Begründer der intuitionistischen Logik, Luitzen Brouwer, ließ sich ursprünglich von philosophischen Erwägungen leiten, die ihn veranlassten, jeden Wahrheitsbeweis abzulehnen, der allein auf der Negation einer Wahrheit basiert.

Modallogiken

In unserem alltäglichen Handeln gibt es, von Glaubensdingen einmal abgesehen, keine ewigen oder universellen Wahrheiten. Die Gewissheiten wechseln; Verbote wie das, mit dem Busfahrer zu sprechen, gelten nicht unter allen Umständen; und falsche Sätze bleiben stets möglich. Um mit solchen Abwandlungen zurechtzukommen, haben Logiker die formalen Systeme und die zugehörigen Semantiken um »Modalitäten« erweitert, die Richtigkeit, die Gewissheit oder die Rechtmäßigkeit eines Satzes beeinflussen. Dabei unterscheidet man zwischen der Wahrheit eines Satzes und der Wahrheit einzelner Modalitäten desselben Satzes wie seiner Notwendigkeit, Möglichkeit, Zufälligkeit, Rechtmäßigkeit usw. Logiken, die solche Modalitäten berücksichtigen, werden als Modallogiken bezeichnet.

So gibt es spezielle Modallogiken, die man als temporale Logiken bezeichnet, weil sie einen Parameter einführen, dessen zwei Modalitäten, »bis dahin« und »ab dann«, als Zeit interpretiert werden. Sie spielen nicht nur in der Logik und bei der Simulation menschlichen Denkens im Bereich der KÜNSTLICHEN INTELLIGENZ eine Rolle, sondern werden auch von Informatikern benutzt, um die Korrektheit von Telekommunikationsprotokollen (siehe PROTOKOLL) und die Widerspruchsfreiheit informationstechnischer PROZESSE zu überprüfen, die parallel zueinander ablaufen sollen.

Modale und intuitionistische Logiken erweitern nicht nur die Syntax, also die formalen Systeme, durch die Einführung von Modalitäten, sondern verändern auch die zugehörigen Semantiken in der Weise, dass die Übereinstimmung zwischen Syntax und Semantik stets gewahrt bleibt. In den zu modalen oder intuitionistischen Logiken gehörigen Semantiken werden Sätze generell nicht mehr als absolut wahr oder falsch interpretiert, sondern in ihrer Abhängigkeit von der Zeit, von einer möglichen Welt oder vom jeweiligen Wissensstand gesehen.

Nichtmonotone Logiken

Häufig gelangen wir in unserem Denken zu übereilten Schlussfolgerungen und sind dann angesichts der Realität gezwungen, unsere Schlüsse zu überdenken. So trinken Franzosen Wein zum Essen und schätzen Schweinefleisch. Wenn Sie jedoch einen moslemischen Franzosen oder einen Anhänger der Zeugen Jehovahs zum Essen einladen, werden Sie sich hüten, ihm Schweinefleisch und alkoholische Getränke vorzusetzen. Sofern Sie nicht gerade wissen, dass er wiederum eine Ausnahme darstellt … Eine Maschine, die das Denken des Menschen simuliert, müsste gleichfalls in der Lage sein, ihre eigenen Schlussfolgerungen infrage zu stellen, falls sich herausstellt, dass sie im Widerspruch zur Realität stehen. Für die Logik bedeutet dies, dass Theoreme, die auf der Basis bestimmter Axiome bewiesen worden sind, dann nicht mehr notwendig als bewiesen gelten können, wenn man weitere Axiome hinzunimmt, zum Beispiel wenn wir erfahren, dass der oben genannte französische Freund ein Zeuge Jehovahs ist. Eine Logik, die solche Möglichkeiten berücksichtigt, wird als nichtmonoton bezeichnet, insofern die Menge der aus einem Axiomensystem ableitbaren Theoreme kleiner werden kann, wenn man neue Axiome hinzufügt. In der informationstechnischen Simulation des Beweisens von Sätzen im Rahmen nichtmonotoner Logiken sah man in der KÜNSTLICHEN INTELLIGENZ zeitweilig eine Möglichkeit, alltäglichen Denkweisen Rechnung zu tragen, bei denen wir angesichts unvollständiger Informationen nach dem Muster von Versuch und Irrtum vorgehen. Solche Simulationen stoßen jedoch sehr bald an die Grenzen der Kombinatorik, so dass ihr Einsatz sich auf einfachere Fälle beschränkt.

Unscharfe Logiken

Neben den algebraischen Formalismen, die den nichtklassischen Logiken als Grundlage dienen, gibt es auch unscharfe Logiken (häufig auch mit ihrer englischen Bezeichnung *fuzzy logic* genannt), die approximative Schlüsse berücksichtigen, indem sie zulassen, dass der Wahrheitswert eines Satzes Werte zwischen 0 und 1 annimmt, wobei 0 für »falsch« und 1 für »wahr« steht, während die Zwischenwerte jeweils einen größeren oder kleineren Wahrheitsgehalt, eine größere oder geringere Plausibilität zum Ausdruck bringen. Es fragt sich jedoch, ob man hier wirklich noch von Logik sprechen kann, denn von einer Übereinstimmung zwischen Syntax und Semantik im eigentlichen Sinne ist hier nicht mehr die Rede, sondern allenfalls noch von plausiblen, durch die Wahrscheinlichkeitsrechnung gestützten Aussagen.

Schluss

Mit den nichtklassischen Logiken hat die Logik ihren Geltungsbereich über den ruhigen Strom des natürlichen Schließens hinaus auch auf andere Schlussformen ausgedehnt, etwa auf atypische Deduktionen, wie man sie in bestimmten Bereichen findet, oder auf vorläufige Schlussformen wie Induktion und Abduktion (siehe ARGUMENTATION, BEWEISFÜH-

RUNG). Gerade wegen ihres praktischen Nutzens werfen die nichtklassischen Logiken einige Fragen auf: Was ist zum Beispiel mit der guten, einfachen Wahrheit ohne Modalitäten und Ungewissheit? Besitzt sie einen besonderen mathematischen Status? Wodurch zeichnet sich innerhalb all dieser Logiken die geradlinige Vernunft der reinen Deduktion aus?

n-Körperproblem

Zur Vertiefung: ***Gravitation; Himmelsmechanik; Keplersche Gesetze***

Seit Isaac Newton 1687 die Bewegungsgesetze formulierte, befasst sich die HIMMELSMECHANIK mit der Aufgabe, die Bewegung solcher Körper zu beschreiben, deren Wechselwirkung hauptsächlich auf der GRAVITATION basiert. Die Berechnung der Planetenbewegungen ist relativ einfach, weil die Sonne eine sehr viel größere Masse besitzt als selbst die größten Planeten, so dass man sie als ruhend betrachten und die Bewegungen der Planeten nach den KEPLERSCHEN GESETZEN berechnen kann. Die kleinen Korrekturen, die erforderlich sind, weil auch die Planeten sich wechselseitig anziehen, haben zur Entstehung der Störungstheorie geführt.

Diese einfache Beschreibung lässt sich auch auf Systeme ausdehnen, die aus zwei Sternen bestehen; aus den beobachteten Bewegungen kann man dann die beteiligten Massen erschließen (siehe MASSE). Komplizierter wird die Situation, wenn drei oder noch mehr Körper in gravitative Wechselwirkung treten, wie es in einem Sternhaufen geschieht, der Hunderte oder gar Tausende von Sternen enthalten kann. Eine exakte mathematische Lösung ist in diesem Fall nicht mehr möglich, und erst seit den 50er Jahren können wir die Bewegung von Körpern in solchen komplexeren Zusammenhängen durch eine numerische SIMULATION näherungsweise bestimmen. 1960 veröffentlichte Sebastian von Hoerner die erste numerische Simulation eines Sternhaufens, der allerdings nur 16 Sterne umfasste. Wie der Name schon sagt, geht es beim n-Körperproblem um die Behandlung von Systemen, die aus beliebig vielen (nämlich n) Körpern bestehen, und zwar unabhängig davon, ob es sich bei der betreffenden Wechselwirkung um Massenanziehungskräfte oder um andere Wechselwirkungen handelt (zum Beispiel um die elektromagnetischen Kräfte in einem PLASMA).

Dank der Leistungsfähigkeit moderner Rechner, wie sie etwa die Schachprogramme demonstrieren, können wir heute die Bewegungen von Objekten innerhalb unseres Sonnensystem (z. B. von Planeten, SATELLITEN oder Asteroiden) für sehr lange, bis zu einer Milliarde Jahre reichende Zeiträume vorausberechnen. Dabei zeigt sich, dass die schöne Regelmäßigkeit der Planetenbahnen gelegentlich in CHAOS umschlägt. Wollen wir die Bewegungen eines Planeten voraussagen, müssen wir die Anfangsbedingungen (Ort und Geschwindigkeit) kennen, aber manchmal führt eine winzige Abweichung in den Anfangsbedingungen, die nur den Millionsten Teil eines Winkelgrades betragen mag, im Verlauf von hundert Millionen Jahren zu einer Positionsveränderung von mehr als 360°, das heißt zu einer Abweichung von mehr als einem ganzen Umlauf; und schon die geringste Störung kann zu demselben Ergebnis führen, so dass die tatsächliche Bewegung von unvorhersehbaren Zufällen abhängt.

Sehr viel komplizierter wird die Berechnung bei einem Sternhaufen, der Tausende gleichartiger Körper umfasst – ein Problem, das erstmals 1964 von dem Franzosen Michel Hénon präzise formuliert wurde. Auf den ersten Blick ist die zur Berechnung erforderliche Zeit n^2-mal größer, doch neue Methoden (die mit so genannten »Bäumen« arbeitet) verringern diesen Faktor auf $n \log n$ (die Einführung des Logarithmus von n führt zu einem weitaus langsameren Wachstum bei zunehmenden n) oder sogar auf n. Auf diese Weise ist es möglich, von $n \approx 3000$ zu $n \approx 100\,000$ überzugehen.

Notwendigkeit, Kontingenz

Zur Vertiefung: ***Determinismus; Zufall***

Wie ZUFALL und DETERMINISMUS Gegensätze sind, so auch Notwendigkeit und Kontingenz. Der Unterschied zwischen beiden Begriffspaaren ist recht fein: Bei Notwendigkeit und Kontingenz unterstellt man einen tiefgründigen Zusammenhang mit den Dingen, während Zufall und Determinismus eher auf Fragen der Methode und die zugehörigen Urteile verweisen.

Notwendig ist ein Urteil, wenn dessen Gegenteil nicht sein kann. Notwendigkeit ist negativ definiert und bedarf des Beweises. In der Mathematik entspricht ihr die Beweisform der *reductio ad absurdum* (siehe ABSURD). Im Umkehrschluss ist ein Ereignis kontingent, wenn sich unmöglich beweisen lässt, dass sein Gegenteil UNMÖGLICH ist.

Wendet man diese Definition auf die EXISTENZ der Objekte an, mit denen die Naturwissenschaften sich befassen, stellt man fest, dass diese Existenz stets kontingent ist. Die Welt könnte auch ganz anders sein, und selbst wenn es sie gar nicht gäbe, verstieße dies nicht gegen die Gesetze der LOGIK.

Diese strenge Definition der Kontingenz der Welt, die ich beobachte und mit der ich experimentiere, zwingt den Wissenschaftler zu größter Vorsicht und Bescheidenheit. In der Wissenschaft ist jedes Dogma fehl am Platz, weil nichts in der Welt mit absoluter Notwendigkeit gegeben ist.

Nukleinsäuren

Zur Vertiefung: ***Genetik; Mutation***

In den ZELLEN aller Organismen gibt es zwei Arten von Nukleinsäuren: Desoxyribonukleinsäure oder DNA und Ribonukleinsäure oder RNA.

Die DNA bildet bei fast allen Lebewesen den materiellen Träger der Erbanlagen oder des GENOMS. Sie ist der Hauptbestandteil der CHROMOSOMEN, die bei komplexeren Organismen wie Tieren und Pflanzen im Zellkern liegen. Während der Zellteilung sind die Chromosomen unter dem Mikroskop als stäbchenförmige Gebilde sichtbar.

Die RNA kommt in verschiedenen Formen vor, befindet sich größtenteils im ZYTOPLASMA der Zellen und wirkt an den Prozessen mit, in denen die Zelle die in der DNA enthaltene GENETISCHE INFORMATION für ihre Funktionen umsetzt. Manchmal ist auch die RNA der materielle Träger der Erbanlagen, zum Beispiel bei gewissen VIREN.

Nukleotide

Nukleinsäuren sind MAKROMOLEKÜLE aus strangförmigen Ketten, deren Grundbausteine die NUKLEOTIDE bilden, kleine Moleküle, die auch frei in den Zellen zu finden sind.

Jedes Nukleotid besteht wiederum aus drei Elementen: aus ZUCKER (bei der DNA eine Desoxyribose, bei der RNA eine weniger stabile Ribose); aus einer Phosphatgruppe, die den sauren Charakter des Moleküls bewirkt; und aus einer stickstoffhaltigen Base (siehe *Abbildung 1*). Die beiden ersten Elemente sind in allen Nukleotiden gleich, während von den stickstoffhaltigen Basen (Nukleinbasen)

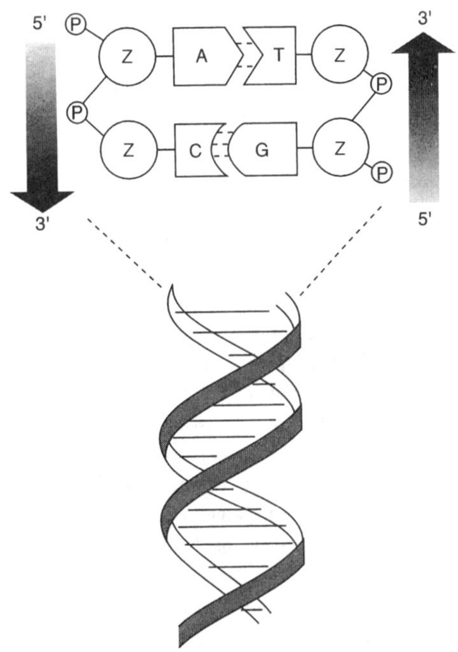

Abbildung 1 Zusammensetzung und Struktur der DNA (Z=Zucker/Desoxyribose; P=Phosphatsäurerest). Die Basenpaarung erfolgt über zwei oder drei Wasserstoffbindungen, die gestrichelt dargestellt sind (zwei Wasserstoffbrücken beim Basenpaar A–T, drei beim Basenpaar G–C). Die seitlichen Pfeile zeigen die Richtung der beiden Stränge an, die sich zu einer Doppelhelix umeinander drehen (unten). Die Basenpaare sind hier als Querstriche dargestellt, die Phosphatsäurereste und Desoxyribosen als Bänder.

zwei Arten existieren: die Purinbasen Adenin (A) und Guanin (G) sowie die Pyrimidinbasen Cytosin (C) und Thymin (T) in der DNA bzw. Uracil (U), das in der RNA das Thymin ersetzt. Es gibt also in der DNA und der RNA jeweils vier Nukleotidtypen, die sich durch ihre Nukleinbasen unterscheiden.

Struktur der DNA

Die DNA-Stränge bestehen aus Ketten von Nukleotiden, die über stabile chemische Bindungen zwischen den Phosphatgruppen und den Desoxyribosen benachbarter Nukleotide verknüpft sind. Da jede Desoxyribose an zwei verschiedenen Stellen (als 3' und 5' bezeichnet) je eine Phosphorgruppe bindet, wird die DNA-Kette konventionell als gerichtet beschrieben, und zwar ausgehend von dem Ende, an dem sich an 5' eine freie Phosphatgruppe befindet (siehe *Abbildung 1*).

Zwei DNA-Stränge können sich zu einer Doppelspirale (Doppelhelix) verbinden, deren Struktur der Amerikaner James Watson und die Briten Francis Crick, Rosalind Franklin und Maurice Wilkins 1953 aufgedeckt haben. In dieser Doppelhelix verlaufen die beiden DNA-Stränge parallel, aber mit gegenläufiger Polarität und sind durch Basenpaarung der Nukleotide beider Stränge verknüpft, die schwache chemische Bindungen eingehen (siehe Wasserstoffbindung). Stabil sind lediglich Bindungen zwischen Adenin und Thymin (mit zwei Wasserstoffbrücken) und zwischen Cytosin und Guanin (mit drei Wasserstoffbrücken), die jeweils durch ihre Komplementärstruktur (siehe Komplementarität) zustande kommen.

Aus dieser Komplementarität der Basenpaarungen lässt sich anhand der Sequenz eines Stranges der Doppelhelix die Sequenz des anderen ableiten wie im folgenden Beispiel:
5'-T-G-T-A-A-G-A-G-G-T-C-T-3'
3'-A-C-A-T-T-C-T-C-C-A-G-A-5'

So kann jeder Strang der DNA-Doppelhelix als Matrize für die Synthese des komplementären Stranges dienen; dies ist der grundlegende Mechanismus für die Replikation der DNA, bei der aus einer Doppelhelix zwei identische Doppelspiralen entstehen. Eben dieser Prozess ermöglicht die Verdoppelung der DNA und der Chromosomen bei der Zellteilung und gewährleistet den dauerhaften Fortbestand der genetischen Information.

DNA und Mutation

Jeder DNA-Strang kann also als Matrize für die Basenpaarung komplementärer Nukleotide und die Synthese eines neuen DNA-Stranges dienen. Dieser biologische Vorgang der Replikation verläuft zwar außerordentlich präzise, ist aber nicht unfehlbar. Die selten vorkommenden Veränderungen (Mutationen) haben mehr oder weniger schwerwiegende Konsequenzen, je nachdem, ob sie Körperzellen (somatische Zellen) oder Keimzellen (Ei- und Spermazellen) betreffen und wie sie die Eigenschaften der Gene als Grundbausteine der Vererbung verändern. Wenn sie in Körperzellen auftreten, können sie unter anderem Krebserkrankungen bewirken; wenn sie die Keimzellen betreffen, können Erbkrankheiten das Ergebnis sein. Andererseits haben solche Kopierfehler der DNA erheblichen Anteil an der Evolution und der Diversifizierung der Lebewesen.

RNA, Transkription und Translation

Im Gegensatz zur DNA, deren Stabilität und dauerhafter Fortbestand durch die Doppelhelixstruktur gewährleistet ist, liegen die RNA-Ketten in der Regel als Einzelstränge vor, da sie aus der Transkription der Gene gebildet werden. Nur einer der beiden Stränge der DNA-Doppelhelix dient als Matrize und wird in Form einer RNA-Kette transkribiert, deren Basen komplementär zu jenen der DNA-Nukleotide sind. Da der zweite Strang der DNA-Doppelhelix nicht in einen komplementären RNA-Strang umgeschrieben wird, kann sich auch keine RNA-Doppelhelix bilden. Dennoch kommt es innerhalb eines RNA-Stranges in bestimmten Fällen zur Paarbildung komplementärer Basen, die dann partielle Doppelhelixstrukturen bilden. Dies ist für gewisse RNA-Typen charakteristisch, zum Beispiel für die Transfer-RNA (tRNA, ihre Funktion wird weiter unten beschrieben).

Da die DNA eines jeden Gens oftmals transkribiert werden kann und dabei zahlreiche RNA-Moleküle produziert werden, ist von dieser Nukleinsäure in den Zellen wesentlich mehr vorhanden als DNA in den Chromosomen.

Zu den verschiedenen Arten von RNA gehört auch die Messenger-RNA (mRNA), die in zahlreichen verschiedenen Molekülformen vorkommt. Jede entsteht aus der Transkription eines bestimmten Gens und ist spezifisch auf die Herstellung eines bestimmten Proteins ausgerichtet, das durch Translation der genetischen Information entsteht. Die jeweilige Menge eines jeden mRNA-Typs hängt von dem Gen ab, aus dessen Transkription er hervorgegangen ist, und entscheidet über die Proteinmenge, die anschließend synthetisiert wird (siehe genetische Regulation).

In jeder Zelle befinden sich drei verschiedene ribosomale RNA-Arten (rRNA) in mehreren tausend Exemplaren; sie bilden den Hauptbestandteil der Ribosomen, jener Korpuskeln im Zytoplasma, die an der Proteinsynthese mitwirken. Im Laufe dieses Prozesses bringen tRNAs, von denen es in jeder Zelle einige dutzend verschiedene Arten in jeweils mehreren tausend Exemplaren gibt, Aminosäuren als notwendige Grundbausteine für die Proteinsynthese zu den Ribosomen.

Nukleon

Zur Vertiefung: ***Atomkern; Quark***

Als Nukleonen werden die Teilchen bezeichnet, die den Atomkern bilden, also das Proton, das eine positive elektrische Ladung besitzt, und das elektrisch neutrale Neutron. Die Nukleonen sind durch eine sehr starke Wechselwirkung von äußerst geringer Reichweite miteinander verbunden. Diese auch als starke Kernkraft bezeichnete starke Wechselwirkung sorgt für den Zusammenhalt des Atomkerns (siehe Wechselwirkung in der Physik). Anders als für die elektromagnetische Wechselwirkung besteht für die starke Wechselwirkung praktisch kein Unterschied zwischen einem Proton und einem Neutron. In der Sprache der Physik drückt man diesen Sachverhalt folgendermaßen aus: Proton und Neutron bilden ein Isodublett, wobei »Iso« auf den Isospin verweist, eine Quantenzahl, die Teilchen verschiedener elektrischer Ladung, aber nahezu gleicher Masse charakterisiert.

Die Nukleonen sind keine Elementarteilchen im eigentlichen Sinne des Wortes, denn sowohl Protonen als auch Neutronen bestehen aus noch kleineren Teilchen, den Quarks.

Nukleotide

Zur Vertiefung: ***Nukleinsäuren; Stoffwechsel***

Ein Nukleotid ist ein kleines Molekül, das sich aus einer Nukleinbase, einem Zucker und einer oder mehreren Phosphatgruppen zusammensetzt. Ohne diese Phosphatgruppe handelt es sich um ein Nukleosid. Die Nukleotide sind Grundbestandteile des Stoffwechsels und des genetischen Materials aller Lebewesen und kommen in allen Zellkompartimenten vor.

Im Laufe der wichtigsten Stoffwechselprozesse wie Zellatmung und Photosynthese wird die Energie vorwiegend in den chemischen Bindungen eines bestimmten Nukleotidtyps gespeichert, nämlich im Adenosintriphosphat oder ATP (siehe *Abbildung 1*). Ein weiteres

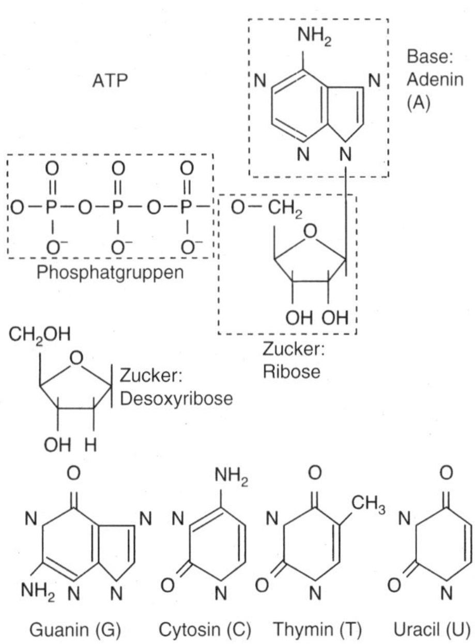

Abbildung 1 Struktur des ATP, der Desoxyribose und der Nukleinbasen der Nukleotide

Nukleotid, das Nicotinamid-Adenin-Dinucleotid oder NAD, ist einer der Haupttransporteure von Elektronen für Stoffwechselprozesse; es handelt sich um ein Derivat des VITAMINS Nicotinsäure.

Bestimmte Nukleotide bilden die Grundbausteine der Nukleinsäuren: der DNA oder Desoxyribonukleinsäure, die das genetische Material der Lebewesen darstellt, und der RNA oder Ribonukleinsäuren, die eine Nutzung der in der DNA enthaltenen GENETISCHEN INFORMATION für die Zellfunktionen ermöglichen. Die Nukleotide, die in der DNA über die Phosphatgruppen Ketten bilden, enthalten als Zucker Desoxyribose und als Basen Adenin (A), Cytosin (C), Thymin (T) und Guanin (G); die Nukleotide der RNA enthalten als Zucker Ribose (ebenso wie das ATP) und die Basen Adenin, Cytosin, Guanin und Uracil (siehe *Abbildung 1*).

Stoffwechselderivate oder Analogstrukturen der Nukleotide wie Didesoxyinosin (ddI) oder Azidothymidin (AZT) werden als Medikamente zur Behandlung gegen HIV-Infektionen eingesetzt.

Null

In seinem »Inventar« (ein Stein, zwei Häuser, drei Ruinen ...) zählte der französische Schriftsteller, Lyriker und Drehbuchautor Jacques Prévert 17 Elefanten, aber keinen Panther auf. Statt »es sind keine Panther aufgeführt« könnte man auch sagen: »Es sind null Panther aufgeführt.« Theoretisch könnte man die Verwendung der Null vermeiden, wenn man statt Sätzen der zweiten stets solche der ersten Art verwendete.

Dennoch ist es schwierig, ohne die Null auszukommen. Ohne sie bliebe die Frage: »Wie viele Panther sind in Préverts Inventar aufgeführt?«, ohne Antwort, und wollte man die Frage stellen: »Wie viele Elefanten sind im Inventar aufgeführt?«, müsste man zunächst eine positive Antwort auf die Frage erhalten haben: »Sind Elefanten aufgeführt?« Die Zahl Null gestattet es, die erste Frage unabhängig von der zweiten zu stellen. Sie ermöglicht außerdem Ausdrücke der Form »die Zahl der Panther in Préverts Inventar« oder »die Zahl der Elefanten in Préverts Inventar«, ohne dass man sich über das Vorhandensein dieser Tiere Gedanken machen müsste.

In der Mathematik wäre ein Ausdruck wie $4-4$ ohne Sinn, wenn es keine Null gäbe; vor jeder Subtraktion müsste man dann sicherstellen, dass die zu subtrahierende Zahl kleiner ist als die, von der sie subtrahiert werden soll.

Eine Situation, in der die Null ganz unerlässlich ist, das heißt, in der man von der Zahl gewisser Objekte auch dann sprechen muss, wenn solche Objekte gar nicht vorkommen, finden wir in der Schreibweise der Zahlen nach dem Dezimalsystem (oder nach ZAHLENSYSTEMEN mit jeder anderen Basis), bei der man von rechts nach links die Zahl der Einsen, die Zahl der Pakete zu zehn Einheiten, die Zahl der Pakete zu 100 Einheiten, die Zahl der Pakete zu 1000 Einheiten usw. schreibt. Dabei kann es vorkommen, dass es Pakete einer bestimmten Größe gar nicht gibt; in der Zahl 3002 etwa kommen weder Zehner- noch Hunderterpakete vor. Ohne die Null schriebe man diese Zahl genauso wie die Zahlen »32« oder »302«. Geschichtlich ging diese Verwendung der Null übrigens ihrer Verwendung als Zahl voraus.

Nullpunkt, absoluter

→ ***absoluter Nullpunkt***

O

Objekt

Zur Vertiefung: ***Modul; Prozedur; Software; Sprache***

Die »Objekte« der Informatiker sind keine materiellen, sondern gedachte Gegenstände. Dennoch entsprechen sie einem praktischen Bedürfnis. In erster Linie sollen sie die Programmierung erleichtern, indem sie es gestatten, PROGRAMME in kleine, unabhängige, nachvollziehbare und hierarchisch geordnete Einheiten zu unterteilen, die sich leicht lesen, schreiben und im Gedächtnis behalten lassen.

Das Bedürfnis nach solch einer Einteilung in einzelne Objekte kam erstmals mit der Entwicklung höherer Programmiersprachen wie Fortran oder Cobol auf. Programme hatten damals im Wesentlichen stets dieselbe Struktur: Eine Reihe von DEKLARATIONEN bezeichnete die Speicherplätze, an denen die bei der Ausführung des Programms anfallenden Zwischenergebnisse abgelegt werden sollten; dann folgte der Kern des Programms, der mit seinen Prozeduren und BEFEHLEN die Abfolge der auszuführenden Programmschritte festlegte.

In der Praxis wurden die Deklarationen von Prozeduren und Befehlen genutzt, die erst sehr viel später (oft mehrere tausend Zeilen später) im Programm folgten, und das erwies sich als unpraktisch, weil man sich ständig darauf beziehen musste. Aus dem Bedürfnis, die Deklarationen näher an die zugehörigen Prozeduren heranzurücken, entstand die Idee des Objekts, die sich in der Softwareentwicklung rasch ausbreiteten.

Die »Objekte« der Informatiker sind also kleine Einheiten innerhalb eines Programms, in denen die Prozeduren mit den jeweils erforderlichen Angaben zur Datenorganisation verknüpft werden (siehe STRUKTUR).

Observatorium

Observatorien, vom lateinischen *observare* (beobachten), dienen, wie der Name schon sagt, der Beobachtung. In astronomischen Observatorien oder Sternwarten, ob auf der Erde (wie das große Observatorium auf dem Mount Wilson) oder im All (das Hubble-Teleskop), beobachtet man ferne astronomische Objekte, indem man die von dort ausgehende Strahlung aufnimmt. In geophysikalischen Observatorien oder Erdbebenwarten registriert und misst man die im Erdinnern und oft in großer Entfernung ausgelösten seismischen Wellen. In anderen Observatorien (Wetterstationen, Luftmessstationen, vulkanologischen Stationen) misst man mit Hilfe geeigneter Instrumente (siehe DETEKTOREN) jeweils bestimmte lokale Bedingungen: des Klimas (Temperatur, Luftdruck, Luftfeuchtigkeit), der Luftqualität (Zusammensetzung, Verschmutzung), der Vulkantätigkeit (Ausbrüche, Temperaturen).

Sternwarten

Zur Vertiefung: ***Astrometrie; Licht; Teleskop***

Schon die Ägypter, die Mayas, die Chinesen, die Perser und die Inder suchten sich herausragende Orte mit freiem Blick auf den Himmel, an denen sie teilweise monumentale Bauten errichteten, die der Beobachtung des Himmels und vielfach zugleich religiösen Zwecken dienten. Das erste Observatorium, das man als modern bezeichnen könnte, richtete der dänische Astronom Tycho Brahe im 16. Jahrhundert in seinem Schloss Uranienborg auf der (heute zu Schweden gehörenden) Insel Ven ein. Mit den dort aufgestellten Instrumenten erreichte er – vor der Erfindung des Fernrohrs – die für die damalige Zeit größtmögliche Genauigkeit in der Bestimmung von Sternörtern und Winkeln; die damit gewonnenen Daten waren so gut, dass Johannes Kepler für den Mars eine elliptische (statt kreisförmige) Umlaufbahn nachweisen konnte. Die außergewöhnlichen Möglichkeiten, die Galileis Fernrohr eröffnete, führten 1663 zur Gründung des Pariser Observatoriums, dem schon bald noch zahlreiche andere folgen sollten. Ihren größten Aufschwung erlebten die terrestrischen Sternwarten dann im 20. Jahrhundert.

Hinsichtlich ihrer Lage konzentrieren sich die Sternwarten auf eine kleine Zahl von Standorten, an die strenge Anforderungen gestellt werden. Die gegenüber den Sternen unveränderliche Ausrichtung der Erdachse zwingt dazu, die Observatorien auf beide Hemisphären zu verteilen und möglichst im Bereich der Tropen anzusiedeln, damit sie den größtmöglichen Ausschnitt der Himmelssphäre abdecken können. Aufgrund der internationalen Zusammenarbeit und der Knappheit geeigneter Standorte finden sich am selben Ort vielfach Instrumente unterschiedlichster Art. Bei den Instrumenten unterscheidet man im wesentlichen drei Beobachtungsbereiche: den optischen Bereich, der das sichtbare Licht bis hin zum Infrarot abdeckt, mit Wellenlängen von 300 nm (Nanometer, $1\,nm = 10^{-9} m$) bis 25 µm (Mikrometer, $1\,\mu m = 10^{-6} m$); den Bereich der Millimeterwellen, der Wellenlängen von 0,5 bis 10 mm umfasst; und schließlich den Bereich der Radiofrequenzen.

Für optische Observatorien sucht man Standorte aus, die mehreren Kriterien genügen; sie sollen möglichst wolkenfrei sein (wegen der freien Sicht auf den Himmel); sie sollen in großer Höhe liegen (weil das Licht dort nur einen geringeren Teil der Atmosphäre durchqueren muss); die Luft soll (wegen der besseren Bildqualität) möglichst frei von Turbulenzen und (wegen des Durchgangs von Infrarotstrahlen) möglichst trocken sein; und schließlich sollen die Standorte möglichst abgelegen sein (um die »Verschmutzung« durch das Licht und die Abgase größerer Ansiedlungen in Grenzen zu halten). Solche günstigen Bedingungen findet man etwa auf dem Mauna Kea (Hawaii, 4205 m), auf dem Cerro Paranal (Chile, 2835 m), auf La Palma (Kanarische Inseln, 2600 m) und dem Pic du Midi (französische Pyrenäen). Für Beobachtungen im Millimeterbereich gilt es, Standorte mit möglichst wenig Wasserdampf in der Luft zu finden, weil Wasserdampf den Durchgang dieser Wellen behindert; günstige Bedingungen bieten hier etwa die Standorte in Bure (französische Alpen) und die Region von San Pedro de Atacama (über 4000 m, chilenische Anden). Für Radioteleskope, denen ein bewölkter Himmel nichts ausmacht, sucht man meist Standorte in Wüstenregionen (Socorro in New Mexico, Narrabri in Australien), weil sich dort die radioelektrische Verschmutzung durch menschliche Aktivitäten in Grenzen hält.

Auch wenn Berggipfel vielfach günstige Bedingungen hinsichtlich geringer Turbulenzen bieten, so fehlt doch oft der Platz für die Installation von Interferometern, mit denen man mehrere Teleskope miteinander kombiniert und deren Abstand zwischen einem und mehreren Dutzend Kilometern betragen kann (siehe Teleskop).

In terrestrischen Sternwarten finden sich oft mehrere Dutzend Teleskope unterschiedlicher Größe. Traditionell begeben die Astronomen sich dorthin, um ihre Beobachtungen an Ort und Stelle vorzunehmen; ein Zuteilungssystem sorgt dafür, dass die verfügbaren Instrumente je nach der wissenschaftlichen Bedeutung der Forschungsprogramme, nach Jahreszeit und nach der erforderlichen Ausrüstung auf die verschiedenen Beobachtungsprogramme verteilt werden. Die im Weltraum stationierten Observatorien sind für Astronomen nicht zugänglich; die Beobachtungszeiten werden ihnen von den zuständigen Bodenstationen zugeteilt, dessen Fachpersonal auch die Steuerung der Instrumente übernimmt. Dadurch steigt zwar die Effizienz der Arbeit, aber der Reiz des Astronomenberufs leidet darunter.

Meteorologische und geophysikalische Observatorien

Zur Vertiefung: ***allgemeine Zirkulation der Atmosphäre; Erdbeben***

Meteorologische und geophysikalische Beobachtungsstationen sammeln und publizieren Daten; ihre Arbeit ist in der Regel langfristig ausgerichtet. Natürlich dienen Messungen der augenblicklichen Temperaturen, Windverhältnisse und Niederschlagsmengen auch der kurzfristigen Wettervorhersage, doch langfristige klimatische Veränderungen lassen sich nur feststellen, wenn die zugehörigen Beobachtungen sich über Jahrzehnte oder sogar Jahrhunderte erstrecken.

In den vulkanologischen Beobachtungsstationen (die in der Nähe gefährlicher Vulkane wie des Vesuv in Italien oder des Pelée auf Martinique eingerichtet werden) überwacht man sämtliche Anzeichen vulkanischer Aktivität (die Aufblähung der Flanken des Vulkans, die Temperatur der »Fumarole« genannten gas- und dampfförmigen Ausdünstungen, die seismischen Aktivitäten usw.), doch für die Vorhersage eines Ausbruchs kann man diese Beobachtungen nur dann verwenden, wenn man über eine »Basislinie« verfügt, das heißt, wenn man die Werte all dieser Größen in Ruhephasen gemessen hat, und das heißt wiederum, dass man den Vulkan über lange Zeit im Auge behalten muss.

Dasselbe gilt für magnetische Beobachtungen; auch hier muss das Erdmagnetfeld über lange Zeiträume hinweg beobachtet werden, wenn man seine Variationen entdecken und daraus Rückschlüsse auf seine Entstehung ziehen möchte. Das Observatoire magnétique national français kann hier bereits auf mehr als hundert Jahre kontinuierlicher Beobachtung zurückblicken.

Die Erdbebenwarten bilden ein weltumspannendes Netz von Messstationen, in denen jedes größere Erdbeben aufgezeichnet wird. Die angesammelten Messdaten dienen zur Schaffung eines ERDMODELLS, das immer weiter verfeinert wird.

Ockhams Rasiermesser

Ein Gebot der Einfachheit

Zur Vertiefung: ***Methode; Modell***

Der Begriff »Ockhams Rasiermesser« bezeichnet keineswegs das Messer, mit dem sich der zu seiner Zeit als unschlagbarer Gelehrter geltende Wilhelm von Ockham (1285–1349) den Bart rasierte, sondern ein von Wissenschaftlern hoch geschätztes begriffliches Instrument, das auch unter der Bezeichnung »Sparsamkeitsregel« bekannt ist. In einem seiner *Quodlibeta* erklärte Ockham in einem Nebensatz: *pluralitas non est ponenda sine necessitate*, »die Pluralität darf nur im Fall der Notwendigkeit in Betracht gezogen werden«. Diese Regel hatte Ockham nicht erfunden; sie war vielmehr theologischen Ursprungs und sollte die Überfülle an (spirituellen oder konzeptuellen) Entitäten eindämmen, die scholastische Philosophen gelegentlich in ihren Erklärungsversuchen der Wirklichkeit missbräuchlich heranzogen und die man ohne Not nicht vervielfachen dürfe.

Diese Regel hatte großen Erfolg als Methode wissenschaftlicher Erklärungen und wurde dahingehend ausgelegt, dass es bei der Erklärung einer Sache nutzlos sei, mehr Begriffe als notwendig einzuführen. Ockhams Rasiermesser zu benutzen bedeutet also, die Argumentation zu vereinfachen und alles daraus zu entfernen, was nicht unverzichtbar ist. Als erster schlug Isaac Newton (1643–1727) vor, diese Sparsamkeitsregel auf die Physik anzuwenden (siehe ANALOGIE).

Wenn sich dieselben Beobachtungen durch mehrere MODELLE erklären lassen, so ist das einfachste vorzuziehen. Allerdings ist das einfachste nicht immer leicht auszumachen, da diese Modelle den Beobachtungen in unterschiedlichen Näherungsgraden Rechnung tragen.

Mathematische Anwendungen

Zur Vorbereitung: ***Analogie; Axiom***

Auch in der Mathematik wird Ockhams Sparsamkeitsregel angewendet. In diesem Fall geht es darum, die in einer Beweisführung verwendeten Axiome eindeutig auszumachen, um die Beweisführung auf alle Theorien anwenden zu können, die ähnliche Axiome enthalten. Um zum Beispiel eine Gleichung der Form $ax+b=0$ zu lösen, addiert man zunächst zu beiden Seiten der Gleichung $-b$ und erhält die äquivalente Gleichung $ax=-b$; nun multipliziert man beide Seiten der Gleichung mit dem Kehrwert von a und erhält folglich $x=-b/a$.

So gibt es zum Beispiel für die Gleichung $3x+2=0$ nur die Lösung $-2/3$. Um zu beweisen, dass diese Zahl die (einzige) Lösung dieser Gleichung ist, verwendet man folgende Axiome der Theorie der reellen Zahlen und zwar ausschließlich diese:

$x+(-x)=0$

$x+0=x$

wenn $x\neq 0$, dann $(1/x)x=1$

und $1x=x$

Aus diesem Grund gilt diese Argumentation für alle Theorien, die die Symbole für Addition, Multiplikation, 0, 1, Vorzeichenumkehr, Kehrwert und die oben angeführten Axiome enthalten. Diese Methode lässt sich auch auf die Theorien der rationalen Zahlen, der komplexen Zahlen, der rationalen Brüche usw. anwenden.

Diese Sicht der Mathematik als Ansammlung unabhängiger Theorien, die sich jeweils auf ihre eigenen Axiome stützen, entspricht jedoch der modernen Praxis nicht mehr. Die gesamte Mathematik wird heute in eine einzige Theorie, die Mengenlehre, gefasst, innerhalb derer die verschiedenen mathematischen Theorien sich mit der Untersuchung unterschiedlicher Klassen von Strukturen (Gruppen, Ringe, Körper, Räume, Vektoren usw.) befassen. So wird zum Beispiel die GEOMETRIE zur Untersuchung affiner Räume. Die euklidischen Axiome fließen in die Begriffsdefinition des affinen Raumes ein.

Ockhams Rasiermesser, also die Sparsamkeitsregel, anzuwenden heißt nun, die allgemeinste Klasse von Strukturen ausfindig zu machen, für die ein Beweis gilt. Der oben angeführte Lösungsweg lässt sich somit nicht nur auf die Menge der reellen Zahlen, die Menge der komplexen Zahlen oder die Menge der rationalen Brüche anwenden, sondern allgemein auf alle Körper.

online

Zur Vertiefung: ***Hypertext; Schaltung; Telekommunikationsnetz***

Die aus dem Englischen übernommene Bezeichnung »online« (eigentlich *on line*: an der Leitung, am Netz) besagt allgemein, dass eine Verbindung hergestellt ist, während »offline« (*off line*) den gegenteiligen Sachverhalt meint, dass nämlich die Verbindung unterbrochen ist. Im Zuge der Internationalisierung technischer Produkte ist daher das Ein/Aus auf den Ein- und Ausschaltern vieler Geräte durch das englische »on« und »off« ersetzt worden.

Allgemein bedeutet »online«, dass zwei Geräte (zwei Computer, zwei Telefone) in unmittelbarer Verbindung miteinander stehen, so dass eine fast verzögerungsfreie Kommunikation zwischen ihnen stattfinden kann. Seit die Telekommunikationsnetze die gesamte Erde umspannen, hat der Ausdruck »online« eine weitere Bedeutung erhalten; er besagt nämlich, dass man über das Kommunikationsprotokoll namens Internet überall auf der Welt, jederzeit und für jedermann im so genannten »Netz der Netze« erreichbar ist. Und seit Multimediabücher, interaktive Hypertext-Enzyklopädien und Computerspiele in elektronischer Form vorliegen, werden sie entweder auf CDs gepresst, die jeder Personalcomputer zu lesen vermag, oder sie lassen sich online im Internet abrufen.

➠ Was den letztgenannten Fall angeht, wünschen sich manche Utopisten, dass jedermann den Inhalt dieser Werke nach Belieben verändern kann, so dass alle gemeinsam ständig am großen Baum des aktuellen universellen Wissens arbeiten. Dann ließen sich Theorien dem Urteil der vielen unterwerfen; ihre Geltung bemäße sich nach ihrer Popularität. Und wer sie akzeptiert, der wäre gleichsam eingeschaltet oder vielmehr gleich geschaltet, nämlich *online* (oder in einer Linie) mit dem Denken der Mehrheit.

Operations Research

Zur Vertiefung: ***Kombinatorik; Komplexität; Optimierung; Spiel***

Als die Alliierten während des Zweiten Weltkriegs die Landung in der Normandie vorbereiteten, stellte die Organisation des Transports von Truppen und Nachschub sie vor unlösbar erscheinende Probleme. Soldaten, Lebensmittel, Waffen, Munition – alles musste fast zur selben Zeit am vorgesehenen Ort eintreffen. Wie viele Rollen Klopapier, wie viele Tonnen Margarine, wie viele Tuben Zahnpasta benötigte man? Wie und in welchem zeitlichen Rhythmus waren sie zu transportieren? Wie ließen sich die Kosten der Aktion minimieren? Angesichts der Komplexität der Aufgabe mussten die Militärs vor diesem gewaltigen Puzzle kapitulieren und wandten sich Hilfe suchend an Mathematiker, die ihre strengen, unfehlbaren Methoden auf diese logistischen Fragen anwandten und so das Operations Research begründeten.

Nach dem Krieg übernahm man diese Methoden auch in der Industrie und wandte sie auf die Arbeitsorganisation an, um Produktivität und Rentabilität zu steigern. In welcher Reihenfolge müssen die Teile eines Automobils montiert werden, damit die Kosten am geringsten sind? Wie lassen sich Teile aus einem Blech schneiden, so dass möglichst wenig Verschnitt anfällt? Welche Mindestgröße muss der Lagerbestand haben, damit keine Engpässe auftreten? Das sind Fragen, mit denen sich das Operations Research befasst. Dank der elektronischen Rechner und später der COMPUTER erlebten diese Techniken einen beträchtlichen Aufschwung, dessen Auswirkungen sich in zahlreichen Bereichen bemerkbar machten, etwa in der Organisation des Gütertransports, in der Lagerhaltung, in der Standortwahl für Produktionsstätten oder in der Terminplanung.

Im ersten Schritt versucht man im Operations Research, Probleme mit Hilfe von Graphen zu schematisieren. Solche Graphen bestehen aus einer Menge von Punkten oder Knoten, die durch so genannte Kanten miteinander verbunden sind. Zur Illustration wollen wir das klassische Problem eines Handlungsreisenden betrachten, das sich etwa folgendermaßen formulieren lässt: Wie ist die Reiseroute zu wählen, wenn eine bestimmte Reihe von Städten besucht werden soll? Ein Graph hilft hier bei der mathematischen Ausformulierung des Problems: Die Städte werden als Knoten dargestellt, die Wege zwischen ihnen als Kanten. Außerdem wird jeder Kante eine Zahl zugeordnet, die für die Entfernung zwischen den von ihr verbundenen Städten steht.

Auf der Grundlage dieses Graphen lassen sich nun Bedingungen formulieren, die alle gleichzeitig erfüllt sein müssen, wenn die Lösung akzeptabel sein soll. Im Fall des Handlungsreisenden lautet eine Bedingung, dass die Reiseroute durch alle aufgeführten Städte führt, also jeden Knoten des Graphen wenigstens einmal berührt. Die Bedingungen werden nun mit einer Kostenfunktion verknüpft, die es zu minimieren gilt. In unserem Beispiel sind die Kosten gleich der Summe der den durchlaufenen Kanten zugeordneten Zahlen, die der Gesamtlänge der Reiseroute entspricht.

Für die Lösung solcher Probleme hat man verschiedene mathematische Techniken entwickelt: lineare Programmierung, Simplexverfahren, Tabumethode usw. Meist geht man hier in zwei Schritten vor; zunächst sucht man eine Lösung, die sämtliche Bedingungen erfüllt, dann verbessert man diese Lösung, bis die optimale Lösung gefunden ist. Bei den meisten klassischen Problemen wie dem des Handlungsreisenden wächst die Zahl der für die Ermittlung der optimalen Lösung erforderlichen elementaren Operationen allerdings rasch ins Unermessliche, wenn die Zahl der beteiligten Faktoren sich erhöht. Dann kann man keineswegs sicher sein, die optimale Lösung jemals zu erreichen. Deshalb bestimmt das Operations Reserach in solchen Fällen die Bedingungen, unter denen die betreffenden Algorithmen in vertretbaren Zeiträumen zu einer brauchbaren Lösung führen; und falls dies nicht möglich ist, bestimmt man Grad und Geschwindigkeit einer Annäherung an solch eine Lösung.

Bei manchen Problemen des Operations Research kommt auch der Zufall ins Spiel. Will man die Wartung einer Maschine, zum

Beispiel eines Flugzeugs, rationalisieren, muss man die Kosten eines systematischen Auswechselns von Teilen gegen die Kosten eines möglichen Ausfalls dieser Teile abwägen, und die Wahrscheinlichkeit eines Ausfalls nimmt mit der Zeit zu. Auch die Lagerhaltung eines Bekleidungsgeschäfts ist nicht vollkommen determinierbar, weil sie von einer kapriziösen Kundschaft abhängt, deren Nachfrage ihrerseits von den Unwägbarkeiten der Mode und des Wetters abhängt.

Schließlich befasst das Operations Research sich noch mit einer dritten Gruppe von Problemen, die man der Spieltheorie zuordnen kann. Dort geht es nicht um die Minimierung der Kosten oder die Maximierung des Ertrags, sondern um den Sieg über einen Gegner oder über mehrere Gegner oder gar über einen übermächtigen, namen- und gesichtslosen Gegner: das Schicksal. Stellen wir uns vor, wir müssten uns beim Poker entscheiden, ob wir aussteigen oder mitgehen; die Folgen dieser Entscheidung hängen vom Spiel und von den Karten der übrigen Spieler ab. Auch der Erfolg einer Schachstrategie hängt von den Fehlern des Gegners ab, die man nicht voraussehen kann. Nehmen wir an, ein Mehrheitsaktionär möchte seinen Anteil am Unternehmen verkaufen. Will er seine Ertragschancen einschätzen, muss er mögliche Panikreaktionen anderer Aktionäre und eventuelle Gegenmaßnahmen einkalkulieren; und manche Kaufinteressenten kommen vielleicht auf den Gedanken, ein Gerücht in die Welt zu setzen ... Wie kann man in solchen Fällen, in denen die Folgen einer Entscheidung teilweise von den Entscheidungen der Konkurrenten abhängen, zu einer rationalen Entscheidung finden? Fragen dieser Art behandelt die Spieltheorie mit Hilfe geeigneter mathematischer Instrumente.

Zusammenfassend können wir sagen: Das Operations Research behandelt Probleme der Organisation, der Ablaufplanung, der Logistik und der Strategie und stellt sich dabei auf rationale Weise, mit Hilfe mathematischer und informationstechnischer Instrumente, drei großen Herausforderungen, denen unser Verstand sich tagtäglich ausgesetzt sieht: der Kombinatorik, dem Zufall und der Konkurrenz.

Operator

Der Ausdruck »Operator« hat ganz unterschiedliche Bedeutungen, je nachdem, ob er in der Mathematik oder der Chemie und Biologie verwendet wird.

Operatoren in der Mathematik

Zur Vertiefung: ***Abbildung; Quantenphysik***

Als Operator bezeichnet man in der Mathematik eine Abbildung, die eine Funktion in eine andere Funktion transformiert, zum Beispiel die Ableitung $D{:}f \longmapsto f'$ (siehe ABLEITUNG). Dabei beschränkt man sich meistens auf lineare Operatoren, das heißt solche, die mit der Addition von Funktionen $(f+g)' = f'+g'$ und der Multiplikation mit einer Konstanten $(\lambda f)' = \lambda f'$ kompatibel sind.

Ein Operator ist also definiert auf einem Vektorraum E von Funktionen, und wir unterstellen hier, dass seine Werte aus demselben Raum stammen; zum Beispiel kann E der Raum der beliebig oft differenzierbaren Funktionen im Intervall $[0,1]$ sein, und der Operator sei D. Man kann Operatoren zusammensetzen, indem man sie nacheinander anwendet; $D^2 = D \circ D$ etwa transformiert f in $D(f') = f''$ (die zweite Ableitung); $a \circ D$ transformiert f in af' (wobei a eine gegebene Funktion sei). Im letzten Beispiel muss man auf die Reihenfolge der Faktoren achten, denn Da ist die Operation, die f in

$$D(af) = af' + a'f$$

transformiert; $D \circ a - a \circ D$ ist also die Multiplikation mit a', die von 0 verschieden ist, sofern a keine konstante Funktion ist.

Einen besonderen Fall stellen lineare Differentialoperatoren dar; sie sind definiert als Verknüpfung zwischen Ableitungen (jeden Grades) und der Multiplikation mit Funktionen:

$$f \longmapsto a_0 f + a_1 Df + a_2 D^2 f + \ldots + a_m D^m f$$

(wobei D^0 bekanntlich gleich 1 ist).

Als Operatoren bezeichnet man auch lineare Abbildungen eines beliebigen Vektorraums in sich selbst (meist ist der Vektorraum unendlicher Dimension und mit weiteren Strukturen wie einer Norm oder einem SKALARPRODUKT ausgestattet, die ihn zu einem Hilbert-Raum machen). Die Theorie der Operatoren in Hilbert-Räumen ist besonders weit entwickelt worden, weil sie eine wichtige Rolle in der Quantenphysik spielt; denn dort stellt man die Zustände eines physikalischen Systems (TEILCHEN, ATOM, MOLEKÜL, KRISTALL) mit Hilfe von Vektoren eines Hilbert-Raums dar und die beobachtbaren Größen als Operatoren in diesem Raum.

Operatoren in der Chemie und Biologie

Zur Vertiefung: ***genetische Regulation; Katalyse***

Jeder chemische oder biologische Prozess vollzieht sich in Etappen, an denen komplexe Molekülgebilde beteiligt sind, die ganz spezielle Eigenschaften besitzen und auf natürlichem oder künstlichem Wege verändert werden können. Einige dieser Verbindungen kann man als »Operatoren« bezeichnen, weil sie an ihren Objekten Operationen vornehmen, etwa wenn sie den Zustand oder die Position eines Atoms verändern, eine Reaktionsgruppe verschieben oder einschieben, sich an der Bildung oder Auflösung starker oder schwacher chemischer Bindungen beteiligen und ganze Moleküle duplizieren. In diesem Sinne können Katalysatoren, ENZYME und KOMPLEXVERBINDUNGEN als Operatoren angesehen werden.

Ihre Wirkung kann von Sensoren registriert werden, die über weitere Operatoren entweder die nachfolgende Phase auslösen oder die Rahmenbedingungen für die vorangegangene Phase verändern. In dieser Weise wirken zum Beispiel die Enzyme in den vielfältigen Stoffwechselprozessen (siehe STOFFWECHSEL).

In der Genetik bezeichnet man diejenigen DNA-Sequenzen als Operatoren, die für die regulativen Funktionen des Gens oder der Gengruppe (zum Beispiel eines Bakteriums) bedeutsam sind (siehe OPERON und GENETISCHE REGULATION).

Chemische und biologische Operatoren und Sensoren sind mikroskopisch klein; in der Nanotechnologie versucht man, solche auf molekularer Ebene wirkenden Operatoren zu entwickeln und künstlich herzustellen.

Operon

Zur Vertiefung: ***genetische Regulation***

Operons sind genetische Einheiten, die bei Bakterien an der Regulation der Genfunktion beteiligt sind. Besonders gut erforscht wurden sie von der französischen Schule der Molekularbiologie unter dem Einfluss von Jacques Monod (1910–1976).

Bei Prokaryoten (Organismen, deren ZELLEN keinen ZELLKERN haben) wie BAKTERIEN liegen die GENE, die zum Beispiel die verschiedenen Etappen der Verwertung eines Nährstoffes steuern, häufig auf dem einzigen CHROMOSOM als operationelle Einheiten zusammen, die man als Operons bezeichnet. Ein Operon entspricht einem Abschnitt des genetischen Materials, der DNA, das jene Gene enthält, die die Produktion der verschiedenen ENZYME, also PROTEINE, steuern, die an der Umwandlung dieses Nährstoffes in aufeinander folgenden Etappen mitwirken, damit die Zelle ihn verwerten kann.

In einem Operon gehen den Genen, die diese Proteine codieren, bestimmte DNA-Segmente voraus, die eine TRANSKRIPTION dieser Gene in RNA regulieren: Dies sind zum einen der Promotor, der die RNA-Polymerase bindet, also jenes Enzym, das die RNA aus der DNA synthetisiert; zum anderen das Operatorgen, an das sich Proteine anlagern, die die Transkription aktivieren oder blockieren können, je nachdem ob die Nährstoffe in der jeweiligen Umgebung der Bakterie vorhanden sind oder nicht.

Optik

Zur Vertiefung: ***Licht; Polarisation; Spektrum; Welle***

Die Optik ist ein ausgedehnter Zweig der Physik, der sich mit der Ausbreitung des Lichts (im sichtbaren Bereich und seiner näheren Umgebung) sowie mit den Mechanismen der Entstehung von Bildern beschäftigt. Zwar befasste man sich schon in der Antike mit solchen Fragen, doch erst im Mittelalter gewann diese Auseinandersetzung wissenschaftlichen Charakter, und zwar mit der Entstehung der ersten Brillen Ende des 13. Jahrhunderts und der drei Jahrhunderte später folgenden Erfindung der ersten optischen Instrumente, die den menschlichen Gesichtssinn in die Weiten des Universums und in den Bereich des unendlich Kleinen hinein erweiterten: des astronomischen Fernrohrs und des Mikroskops. In dieser Zeit legte man auch die ersten theoretischen Grundlagen der Optik, die sich im Wesentlichen dem Wunsch nach einer Verbesserung der Instrumente verdankten.

Seither haben sich die Anwendungen der Optik unablässig erweitert. Sie betreffen so unterschiedliche Bereiche wie die präzise Messung von Entfernungen und Ortsveränderungen, die Spektralanalyse der chemischen Zusammensetzung diverser Stoffe und die Anwendung der Glasfasertechnik für Zwecke der Telekommunikation, ganz zu schweigen von der Astrophysik, der die Optik erst die wesentlichen Beobachtungs- und Messinstrumente an die Hand gibt. Die Entwicklung einer Lichtquelle von größter Reinheit in den 1960er Jahren, des Lasers, und die gewaltigen Fortschritte, die seither auf diesem Gebiet gemacht worden sind, haben der Optik neue Impulse verliehen und sie auf ein sehr hohes Niveau gehoben.

Eine sehr alte Disziplin

Die ersten eindeutig optischen Gesetze finden sich in der ältesten bekannten Abhandlung über die Optik, die der griechische Mathematiker Euklid im 3. vorchristlichen Jahrhundert verfasste. Euklid wusste bereits, dass das Licht sich in einem Medium geradlinig ausbreitet (heute wissen wir allerdings, dass dies im strengen Sinne nur für homogene Medien gilt). Er kannte auch das Reflexionsgesetz, wonach der reflektierte Lichtstrahl mit der reflektierenden Fläche denselben Winkel bildet wie der einfallende Lichtstrahl (auch sein Zeitgenosse Archimedes muss dieses Gesetz gekannt haben, denn er behauptete – vielleicht ein wenig großsprecherisch –, er könne die Segel der römischen Galeeren, die den Hafen von Syrakus belagerten, mit Spiegeln in Brand setzen, mit deren Hilfe er das intensive Licht des Mittelmeerraums reflektierte). Und schließlich wusste Euklid auch, dass ein Lichtstrahl gebrochen wird, wenn er von einem Medium in ein anderes übergeht, zum Beispiel von Luft in Wasser oder Glas.

Die geometrische Optik

Das Gesetz der Lichtbrechung (das zum Beispiel erklärt, warum ein ins Wasser getauchter Stab an der Eintauchstelle gebrochen erscheint) ist mathematisch etwas komplizierter als das Reflexionsgesetz. Präzise formuliert wurde es erst 1620 von dem holländischen Gelehrten Willebrord Snel van Royen (Snellius, weshalb es heute auch als Snelliussches Gesetz bezeichnet wird); es besagt, dass jedes Medium durch eine Zahl, den so genannten Brechungsindex, charakterisiert ist und die Ablenkung des Lichtstrahls beim Übergang von einem Medium in ein anderes umso stärker ausfällt, je größer die Differenz zwischen den Brechungsindizes der beiden Medien ist. Für lange Zeit blieben die genannten Gesetze die einzigen bekannten optischen Gesetze und bildeten gemeinsam die Grundlage der geometrischen Optik, für die das Licht aus einzelnen Lichtstrahlen besteht, die sich unabhängig voneinander in diversen durchsichtigen Medien ausbreiten. Mit ihrer Hilfe lassen sich die meisten Vorgänge bei der Erzeugung von Bildern durch Spiegel, Prismen oder Linsen erklären, die ja die Hauptelemente optischer Instrumente bilden.

Da die Gesetze der geometrischen Optik in weiten Bereichen der alltäglichen Erfahrung und des wissenschaftlichen Experiments Geltung beanspruchen können, vermochte die instrumentelle Optik sich in den zwei Jahrhunderten, die auf die Formulierung des Snelliusschen Gesetzes folgten, weiterzuentwickeln, obwohl damals weitgehend falsche Vorstellungen über die Natur des Lichts herrschten, denn das Licht galt den meisten als ein mechanisches, korpuskulares Phänomen, dem jeder Wellencharakter abging.

Die Wellentheorie des Lichts

Die wenigen Verfechter einer Wellentheorie des Lichts erlebten erstmals nachhaltigen Auftrieb, als der Engländer Thomas Young

Anfang des 19. Jahrhunderts das Phänomen der INTERFERENZ entdeckte: Durch die Überlagerung zweier Lichtstrahlen, die von zwei verschiedenen Lichtquellen stammen, kann man eine aus abwechselnd hellen und dunklen Streifen bestehende Figur erhalten. Diese Erscheinung lässt sich nicht erklären, wenn man unterstellt, das Licht bestehe aus Korpuskeln. Als dann der Franzose Augustin Fresnel einige Jahre später (um 1815) das Phänomen der Interferenz zur Erklärung eines anderen, seit langem bekannten Phänomens heranzog, nämlich der BEUGUNG des Lichts an Öffnungen oder Blenden, vermochte er auch die letzten Skeptiker zu überzeugen. Die Wellentheorie des Lichts war geboren.

Außer einem besseren Verständnis der an der Erzeugung von Bildern beteiligte Mechanismen und insbesondere der Existenz einer theoretischen Grenze für das Auflösungsvermögen optischer Instrumente (siehe BEUGUNG) ermöglichte dieser Zweig der Optik auch neue Anwendungsgebiete, insbesondere die Spektrometrie, das heißt die Zerlegung eines Lichtstrahls in elementare Wellen fester WELLENLÄNGE (oder anders gesagt: in seine Farben). Unter dem Einfluss des Deutschen Joseph Fraunhofer, der die ersten Beugungsgitter baute, mit denen eine sehr feine Zerlegung der Lichtstrahlen möglich wurde, entwickelte sich die Spektrometrie sehr rasch und eröffnete schon bald die Möglichkeit, die Spektren des von den verschiedenen chemischen Verbindungen emittierten oder absorbierten Lichts zu erforschen (siehe SPEKTRUM).

Die Kenntnis dieser Spektren ist deshalb so bedeutsam, weil sie die Möglichkeit eröffnet, die chemische Zusammensetzung unbekannter Stoffe zu klären. Doch die Physik des ausgehenden 19. Jahrhunderts wurde durch die Spektren vor schwierige Probleme gestellt. Diese Schwierigkeiten konnten erst von der QUANTENPHYSIK gelöst werden, die das Licht nicht als ein reines Wellenphänomen betrachtet, sondern als ein Phänomen, das zugleich Wellen- und Korpuskelcharakter besitzt (siehe PHOTON und KOMPLEMENTARITÄT).

Eine weitere Konsequenz der Wellenoptik lag in Youngs und Fresnels Beweis, dass es sich bei den Lichtwellen nicht um Longitudinalwellen handelt, deren Schwingung wie beim SCHALL parallel zur Ausbreitungsrichtung erfolgt, sondern um Transversalwellen, deren Schwingungsrichtung einen rechten Winkel mit der Ausbreitungsrichtung bildet. Dieser Sachverhalt ist die Grundlage für ein Phänomen, das jeder Fotograf gut kennt: die POLARISATION des Lichts, bei der die Schwingung jeweils in einer ganz bestimmten Richtung erfolgt.

Mit der Vereinheitlichung der Gesetze des ELEKTROMAGNETISMUS durch James Clerk Maxwell im Jahr 1864 wurde auch klar, dass es sich beim sichtbaren Licht um eine elektromagnetische Welle mit Wellenlängen zwischen 0,4 und 0,8 µm (Mikrometer, $1\,\mu m = 10^{-6} m$) handelt. Nach dieser Theorie ist Licht die gleichzeitige Ausbreitung eines elektrischen und eines magnetischen Feldes, die sowohl zueinander als auch zur Ausbreitungsrichtung ständig im rechten Winkel stehen.

Die Maxwellschen Gleichungen, die auch die geometrische Optik mit der Wellenoptik verbanden, verwiesen auf die mögliche Existenz von Wellen derselben Art wie das Licht, aber anderer Wellenlängen, die dann auch bald von dem deutschen Physiker Heinrich Hertz entdeckt wurden. Es zeigte sich, dass die Hertzschen Wellen vor allem weniger anfällig für die Absorption oder Streuung durch die Luft sind als das Licht und dass sich in diesem Bereich des elektromagnetischen Spektrums sehr viel leichter kohärente (das heißt in gewisser Weise »reine«) Wellen erzeugen lassen. Deshalb wurden sie sehr bald zum bevorzugten Träger für die Kommunikation über weite Strecken, das heißt für die Entwicklung der Funktechnik, des Radios, des Radars und des Fernsehens. Die Übertragung immer größerer Datenmengen machte es jedoch erforderlich, bei den Trägerwellen auf immer höhere Frequenzen zurückzugreifen. Deshalb können wir seit einigen Jahren erleben, dass mit dem gewaltigen Aufschwung der optischen Übertragungstechniken der gute alte Lichtstrahl sein Comeback feiert. Die Übertragung erfolgt dabei jedoch nicht durch die Luft, sondern über Glasfaserkabel, in deren Innern das Licht durch zahllose Reflexionsvorgänge geleitet wird.

Dieser Aufschwung der optischen Nachrichtenübertragung war nur deshalb möglich, weil wir seit den 60er Jahren über Lichtquellen verfügen, die ein bemerkenswert kohärentes Licht erzeugen: die LASER. Innerhalb von drei Jahrzehnten hat sich diese Lichtquelle von einem nur in Laboratorien anzutreffenden Kuriosum zu einem alltäglichen Gerät entwickelt, das in zahlreichen Bereichen angewandt wird, vom CD-Spieler über Druck und HOLOGRAPHIE bis hin zur KERNFUSION. Die Energie, die der Laser auf einen sehr feinen Lichtstrahl konzentriert, hat den Weg zu einem vollkommen neuen Zweig der Optik eröffnet: der nichtlinearen Optik. Sie befasst sich mit der Erforschung der teilweise seltsamen Veränderungen (Frequenzverdopplung, Selbstfokussierung usw.), die Strahlen hoher Intensität erfahren, wenn sie in Materie eindringen.

Optimierung

Zur Vertiefung: ***genetischer Algorithmus; künstliche Intelligenz; neuronale Netze; Operations Research***

Wahrscheinlich ist schon jeder einmal in seiner Schulzeit einem dieser griesgrämigen, eingebildeten Brillenträger begegnet, die sich besonders in Latein hervortun und als die Klassenbesten gelten. Im Allgemeinen sind sie eher aktiv, denn sie gehören zur Familie der Streber, aber nicht alle Streber sind Klassenbeste, denn in jeder Klasse kann es nur einen geben. Die Lehrer laufen ihnen nach, und man fragt sich wirklich warum, denn sie sind unausstehlich. Die Lehrer verwenden sogar unglaublich viel Energie darauf, die Klassenbesten ausfindig zu machen: mündliche Prüfungen, Tests und schriftliche Arbeiten, die dann nachgesehen, korrigiert und benotet werden müssen; aus den zahlreichen Einzelnoten müssen Gesamtnoten errechnet und schließlich mit den Gesamtnoten aller übrigen Schüler verglichen werden.

Auch bei den Dingen gibt es solche »Klassenbesten«. Man kann sich zum Beispiel fragen, welches der beste Schuh ist. Die Antwort hängt natürlich von der Wahl der Kriterien ab. Wenn man sagt, der beste Schuh sei der billigste, braucht man nur die Herstellungskosten miteinander zu vergleichen; sagt man dagegen, der beste Schuh sei der solideste, wird man eine Reihe von Untersuchungen und Experimenten anstellen müssen. Auch bei den Dingen sucht man mit viel Energie nach dem »Klassenbesten«, nur dass die »Klasse« meist sehr viel größer ist als eine Schulklasse – was dazu führt, dass die Prüfer rasch ermüden und niemals die Arbeiten sämtlicher Prüfungskandidaten durchsehen. Im Fall der Schuhe muss der Beste allen auf dem Markt befindlichen und sogar allen nur vorstellbaren Schuhen überlegen sein. Wenn die Prüfung sich auf den Preis erstreckt, müsste der Prüfer die Herstellungskosten sämtlicher Schuhe berechnen und miteinander vergleichen, was sehr viel Arbeit für einen Menschen wäre. Daher benutzt man Computer; das erleichtert die Sache, aber auch sie haben keine Zeit, alle Arbeiten nachzusehen, denn die »Klasse« ist riesig und manchmal sogar unendlich groß. Daher hat man alles getan, damit der Computer mit der geringstmöglichen Zahl durchgesehener Arbeiten den Besten oder zumindest annähernd den Besten findet. Genau dies ist das Ziel der so genannten Optimierungstechniken, denn Optimierung ist die Suche nach dem Optimum, und *optimum* ist der lateinische Ausdruck für »das Beste«

Auf den ersten Blick könnte man schockiert sein und meinen, es sei doch Betrug, wenn der Lehrer die meisten Arbeiten gar nicht durchsehe. Solch ein Betrug lässt sich durch die strenge Anwendung bestimmter, dem gesunden Menschenverstand erwachsender Regeln ausschließen; Voraussetzung dafür ist allerdings, dass man die betreffende Klasse bereits gut kennt.

Nehmen wir an, der Klassenbeste sei so selbstbewusst und mitfühlend, dass er seine Banknachbarn abschreiben lässt, die ihrerseits wieder genauso verfahren und ihre Nachbarn abschreiben lassen usw.; dann werden am Ende alle Mitglieder der Klasse vom Klassenbesten beeinflusst sein, auch wenn ihnen beim Abschreiben möglicherweise Fehler unterlaufen. In diesem Fall werden die Noten der Schüler eine Funktion des Abstands zum Klassenbesten sein. Die ihm am nächsten Sitzenden erhalten die besten Noten, weil sie noch relativ genau haben abschreiben können, während die Noten der weiter entfernt Sitzenden schlechter ausfallen, weil die Zahl der beim Abschreiben entstandenen Fehler sich akkumuliert. Unter diesen Umständen fällt es nicht schwer, bei bekannter Sitzverteilung die Richtung zum Klassenbesten zu bestimmen, indem man die Arbeiten zweier beliebiger Schüler auswertet. Durch Wiederholung dieser Operation kann man den Klassenbesten schließlich mit vollkommener Sicherheit ermitteln. Dieses konkurrenzlos einfache Verfahren bezeichnet man als Gradientenmethode (siehe GRADIENT).

In den meisten Fällen sind die Klassenbesten allerdings weder so selbstbewusst noch so mitfühlend, dass sie ihre Nachbarn uneingeschränkt abschreiben ließen. Außerdem versuchen andere Schüler, sich als Beste in ihrer jeweiligen Gruppe oder Umgebung zu profilieren, und verderben dadurch alles, denn ihre Leistung bildet in diesem Fall ein lokales Optimum, das die Anwendung der Gradientenmethode unmöglich macht. Daher hat man andere Optimierungstechniken geschaffen, die allerdings einen sehr viel größeren mathematischen Aufwand erfordern. Einige dieser Verfahren wurden im Bereich des Operations Research entwickelt, zum Beispiel die Simplexmethode, die lineare Programmierung oder die so genannten Tabumethoden. Andere orientieren sich an der Physik und wieder andere an der Biologie. So ahmen genetische Algorithmen und formale neuronale Netze jene Prozesse der natürlichen Selektion nach, die in der Natur dafür sorgen, dass in einer Population die am besten angepassten Individuen überleben.

Manche verzichten auch darauf, ein genaues Optimum zu bestimmen, und begnügen sich mit einem Vertreter aus der Gruppe der Besten, die sie mit heuristischen Methoden aus dem Bereich der künstlichen Intelligenz bestimmen (siehe HEURISTIK), aber damit verlassen wir bereits den engeren Bereich der Optimierung.

Ordinalzahlen

→ ***Kardinalzahlen, Ordinalzahlen***

Ordnungsrelation

Zur Vertiefung: ***Kardinalzahlen***

Relationen wie »älter als«, »kleiner als«, »leichter als« oder »teilbar durch« haben gemeinsam, dass sie es gestatten, Objekte in ihrem wechselseitigen Verhältnis zu ordnen. Man bezeichnet sie daher als Ordnungsrelationen.

Bei den Ordnungsrelationen unterscheidet man zwei Arten: solche erster Art (auch reflexive Ordnungsrelationen genannt) und solche zweiter Art (auch strenge oder nichtreflexive Ordnungsrelationen genannt). In einer strengen Ordnungsrelation steht ein Objekt niemals zu sich selbst in der betreffenden Relation (man schreibt $<$), während dies in einer reflexiven Ordnungsrelation (geschrieben $\leq$) stets der Fall ist. In der Alltagssprache behebt man diese Unschärfe, indem man »einschließlich« oder »ausschließlich« hinzufügt. So sagt man, die Ferien dauern einschließlich bis zum 7. August.

Ordnungsrelationen erster Art sind durch folgende Eigenschaften gekennzeichnet:
- Reflexivität, das heißt, jedes Element steht zu sich selbst in der betreffenden Relation (zum Beispiel: 5 ist kleiner oder gleich 5);
- Antisymmetrie, das heißt, steht a zu b in der betreffenden Relation und ist b nicht gleich a, steht b nicht auch umgekehrt zu a in der betreffenden Relation (so ist 5 kleiner oder gleich 9, und 9 ist ungleich 5, darum ist 9 nicht kleiner oder gleich 5);
- Transitivität, das heißt, steht a zu b und b zu c in der betreffenden Relation, dann steht auch a zu c in dieser Relation (so ist 5 kleiner oder gleich 9, und 9 ist kleiner oder gleich 17, daher ist auch 5 kleiner oder gleich 17).

Bei strengen Ordnungsrelationen verkehrt man die erste Eigenschaft in ihr Gegenteil; sie sind antireflexiv, das heißt, kein Element steht zu sich selbst in der betreffenden Relation. Im alltäglichen Leben begegnen wir häufiger Ordnungsrelationen zweiter Art (so rechnen wir den gegenwärtigen Augenblick nicht zur Vergangenheit, das heißt, er liegt nicht vor dem gegenwärtigen Augenblick), während Ordnungsrelationen in der Mathematik meist der ersten Art angehören. Der

Grund liegt in der Tatsache, dass Ordnungsrelationen erster Art mit dem Begriff des Grenzwerts vereinbar sind, Ordnungsrelationen zweiter Art dagegen nicht. Sind zum Beispiel alle Glieder einer Folge kleiner oder gleich 0 und besitzt diese Folge einen Grenzwert, so ist dieser Grenzwert ebenfalls kleiner oder gleich 0. Sind dagegen alle Folgenglieder im strengen Sinne kleiner als 0, kann das für den Grenzwert nicht gelten (ein Beispiel ist die Folge –1, –1/2, –1/3, –1/4 ..., deren Grenzwert 0 nicht im strengen Sinne kleiner als 0 ist).

Eine Ordnungsrelation ist vollständig, wenn für je zwei Objekt a und b gilt: $a \leq b$ oder $b \leq a$. So ist die Ordnungsrelation auf den ganzen Zahlen vollständig (von zwei Zahlen ist eine stets kleiner als die andere); die Ordnungsrelation »ist Vorfahr von« ist dagegen nicht vollständig.

Eine besondere Form vollständiger Ordnungsrelationen bildet die so genannte Wohlordnung. Von einer Wohlordnung spricht man, wenn jede nichtleere Menge ein kleinstes Element besitzt, also ein Element, das kleiner ist als alle Übrigen. Die Menge der natürlichen Zahlen ist wohlgeordnet, nicht aber die Menge der rationalen oder der reellen Zahlen, denn die Menge der streng positiven reellen Zahlen hat kein kleinstes Element. In einer wohlgeordneten Menge lassen die Elemente sich nummerieren; das erste ist das kleinste Element, das zweite ist das kleinste Element der um das erste Element verringerten Menge, das dritte das kleinste Element der um die beiden ersten Elemente verringerten Menge usw. Daraus resultiert die Tatsache, dass jede wohlgeordnete Menge einer Ordinalzahl äquivalent ist.

Organellen

Zur Vertiefung: ***genetische Information; Photosynthese; Stoffwechsel; Zellkern***

Ein Organell ist eine kleine organisierte Struktur im ZYTOPLASMA der ZELLE eines Lebewesens. Organellen sind so klein, dass sie unter dem MIKROSKOP nur selten sichtbar sind; erst die starke Auflösung des Elektronenmikroskops ermöglichte ihre Entdeckung und die Erforschung ihrer Struktur.

Einfache Organismen wie BAKTERIEN besitzen als einzige Organellen die RIBOSOMEN, Korpuskeln ohne Membranhülle, die an der Synthese der PROTEINE mitwirken und in großer Zahl auch im Zytoplasma komplexerer Organismen wie Tiere und Pflanzen zu finden sind. In deren Zellen gibt es jedoch eine Fülle verschiedener Organellen, meist umgeben von einer einfachen oder doppelten MEMBRAN, die den Austausch von Stoffen und Energie, also von Informationen, mit dem Zytoplasma steuert. Mit dieser Kompartimentierung geht eine Spezialisierung jedes Organellentyps auf bestimmte Aufgaben im Stoffwechselprozess einher (Zellatmung, Synthese und Transport von Proteinen usw.).

Das größte Organell ist der Zellkern, in dem das aus DNA bestehende genetische Material oder chromosomale GENOM verwaltet wird. Hier erfolgt vor der ZELLTEILUNG die Verdoppelung der DNA durch REPLIKATION, die Synthese der RNA aus DNA durch TRANSKRIPTION der GENETISCHEN INFORMATION, die Reifung der RNA (siehe SPLEISSEN), bevor sie in das Zytoplasma transportiert wird, und der Zusammenbau der Strukturelemente (oder Untereinheiten) der Ribosomen, der in den Nukleolen – RNA-reichen, verdichteten Korpuskeln – stattfindet.

Das ENDOPLASMATISCHE RETIKULUM und der GOLGI-APPARAT sind Membrangeflechte, die an der BIOSYNTHESE und Transformation der Proteine und LIPIDE mitwirken, unterstützt von zahlreichen Arten von Vesikeln, die wie die Lysosomen am Abbau und Transport von Molekülen oder wie die Vakuolen pflanzlicher Zellen an ihrer Speicherung beteiligt sind.

Die MITOCHONDRIEN und CHLOROPLASTEN sind zylindrische oder ovale Organellen vermutlich bakteriellen Ursprungs, in denen wichtige Prozesse des Energiestoffwechsels (siehe STOFFWECHSEL) stattfinden: Zellatmung in den Mitochondrien und PHOTOSYNTHESE in den Chloroplasten pflanzlicher Zellen.

In tierischen Zellen findet sich ein Organell aus kleinen, proteinhaltigen Röhrchen oder Mikrotubuli, das Zentrosom, das wie die Ribosomen keine Membranhülle hat. Es ist an der Bildung der Teilungsspindel beteiligt, eines

Fasergeflechts aus Proteinen, das die Wanderung der CHROMOSOMEN bei der Zellteilung oder MITOSE lenkt. Darüber hinaus wirkt es an der Organisation der Flagellen mit, die für die Beweglichkeit der Spermien sorgen.

Oszillator

Zur Vertiefung: ***interne Rotation; Molekulardynamik; Spektralanalyse***

Zwei Beispiele für Oszillatoren sind uns bestens vertraut: die Feder und das Pendel. Sobald sie aus ihrer Gleichgewichtslage gebracht werden, sorgt eine rücktreibende Kraft dafür, dass sie in diese Lage zurückstreben und dabei eine Weile um den Gleichgewichtspunkt schwingen, bevor sie darin zur Ruhe kommen, falls ihre Bewegung zum Beispiel durch die Luftreibung abgebremst, das heißt gedämpft wird.

Die (mit der Geschwindigkeit verbundene) kinetische Energie eines Oszillators erreicht ihr Maximum beim Durchgang durch den Gleichgewichtspunkt (sofern der Oszillator sich nicht in Ruhe befindet), seine potentielle Energie dagegen erreicht dort ihr Minimum. Umgekehrt erreicht die potentielle Energie eines Oszillators ihr Maximum, wenn die Auslenkung gegenüber der Ruhelage ihr Maximum erreicht, während die kinetische Energie dort gleich null ist (weil seine Geschwindigkeit im Augenblick der Umkehrung der Bewegungsrichtung einen Augenblick lang auf null sinkt). Die Gesamtenergie des Oszillators als Summe aus seiner kinetischen und seiner potentiellen Energie bleibt dabei stets dieselbe, das heißt, sie ist unabhängig von seiner Lage, sofern die Schwingung nicht gedämpft wird.

Ein Idealfall: der harmonische Oszillator

Einen Idealfall stellt die Schwingung eines harmonischen Oszillators dar. Dieses Modell geht von der Voraussetzung aus, dass die rücktreibende Kraft sich proportional zur Auslenkung aus der Gleichgewichtslage verhält, das heißt zur Länge der Dehnung oder Stauchung bei der Feder und zum Winkel gegenüber der Senkrechten beim Pendel. Unter diesen Umständen variiert die (mit der Lage des Oszillators verbundene) potentielle Energie mit dem Quadrat dieser Auslenkung; die zugehörige Funktion hat die Form einer Parabel (siehe *Abbildung 1*). Die Frequenz der Schwingung um die Gleichgewichtslage ist dann unabhängig von der Amplitude der Schwingung.

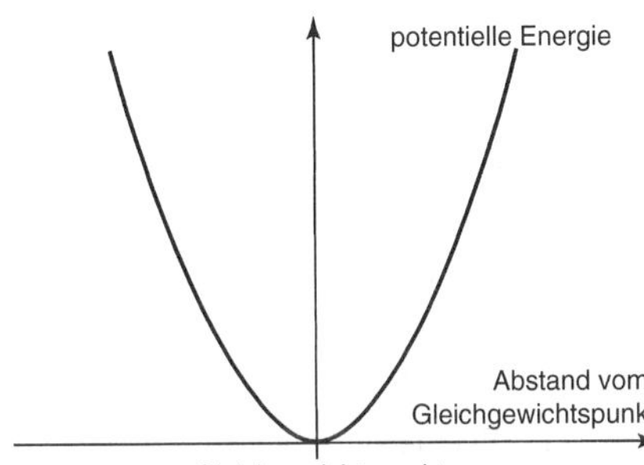

Abbildung 1 Quadratische Variation der potentiellen Energie eines harmonischen Oszillators als Funktion des Abstands vom Gleichgewichtspunkt. Die Summe aus potentieller und kinetischer Energie ist konstant (unabhängig von der Auslenkung gegenüber der Gleichgewichtslage), sofern die Schwingung keine Dämpfung aufweist.

Ein Oszillator kann von einer Kraft angeregt werden, die ihrerseits periodischen Charakter hat. Wenn die Frequenz der anregenden Kraft gleich der Eigenfrequenz des Oszillators ist, kommt es zu einer Resonanz, das heißt, die Reaktion des Systems auf die äußere Anregung erreicht ein Maximum. Die Amplitude der Schwingung ist in diesem Fall sehr viel größer als bei den übrigen Frequenzen, vor allem, wenn keine Dämpfung vorliegt (siehe RESONANZ).

Nach der klassischen Physik kann die Gesamtenergie eines Oszillators, die sich proportional zum Quadrat der Schwingungsamplitude verhält, jeden beliebigen Wert annehmen. Man sagt, ihr Energiespektrum sei kontinuierlich. In der QUANTENPHYSIK (das heißt auf mikroskopischer Ebene) liegen die Dinge anders. Dort ist die Energie eines Oszillators (zum Beispiel eines schwingenden Moleküls) gequantelt, das heißt, sie kann nur bestimmte Werte annehmen. Man spricht hier von einem diskreten Energiespektrum. Im

Fall des harmonischen Oszillators haben die quantenphysikalisch erlaubten Energien ausschließlich Werte der Form $(n+1/2)h\nu$, wobei h das Plancksche Wirkungsquantum (siehe NATURKONSTANTEN), ν die Schwingungsfrequenz des Oszillators und n eine beliebige ganze Zahl ist (siehe *Abbildung 2*).

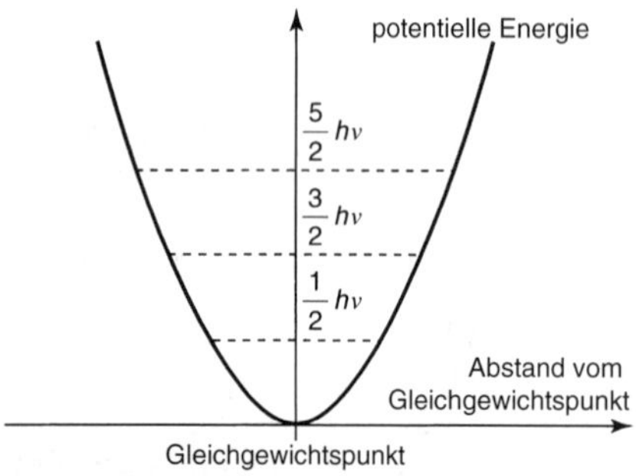

Abbildung 2 Energiespektrum eines quantenmechanischen harmonischen Oszillators. Die Werte der erlaubten Energieniveaus haben die Form $(n+1/2)h\nu$, wobei n eine ganze Zahl (0, 1, 2...), h das Plancksche Wirkungsquantum und ν die Schwingungsfrequenz des Oszillators ist. Der niedrigste Energiezustand ($n = 0$), auch Grundzustand genannt, hat einen Wert von $(1/2)h\nu$.

Das Modell des harmonischen Oszillators dient in zahlreichen Zweigen der Physik und der Chemie als Annäherung für kompliziertere Situationen.

Die Moleküle als Oszillatoren

Die Moleküle sind bei allen Temperaturen durch Schwingungen unterschiedlichster Art gekennzeichnet, das heißt durch Bewegungen der Atome im Verhältnis zueinander. So lässt sich die innere Struktur des Wassermoleküls durch ein umgekehrtes V darstellen, an dessen Spitze sich das Sauerstoffatom befindet, während die beiden Wasserstoffatome an den Enden der beiden Äste liegen (siehe *Abbildung 3*).

Abbildung 3 Schwingungen innerhalb des Wassermoleküls HOH. Die Pfeile markieren die Bewegungen der Wasserstoffatome.

Innerhalb des Moleküls kommt es ständig zu verschiedenen Schwingungsbewegungen, zu gleichlaufenden oder gegenläufigen Dehnungsbewegungen der Bindung O—H oder zu Veränderungen des Öffnungswinkels zwischen den beiden Ästen. Sie absorbieren die Energie der elektromagnetischen Strahlung, das heißt die Energie der Photonen, im Infrarotbereich.

Die Frequenzen der absorbierten Strahlung sind charakteristisch für die chemischen Bindungen innerhalb des betreffenden Moleküls. So besitzen die beiden C—H-Bindungen im Formaldehydmolekül $H_2C{=}O$ eine ganz andere Absorptionsfrequenz als die Doppelbindung C═O. Die Frequenzen der von einem Molekül absorbierten Strahlung bilden daher dessen SIGNATUR. Aufspüren lassen sich diese Signaturen mit Hilfe der Infrarot- und der Ramanspektroskopie.

Das einfache Modell des harmonischen Oszillators ist in der Chemie von größtem Nutzen. Betrachten wir zum Beispiel ein aus zwei Atomen aufgebautes Molekül wie H—Cl. Nehmen wir an, wir vergrößern den Abstand zwischen dem Chlor- und dem Wasserstoffatom gegenüber ihrem mittleren Abstand d_m, dann tendiert die Bindung zwischen beiden Atomen dazu, den ursprünglichen Abstand zwischen ihnen wiederherzustellen. Zu jeder chemischen Bindung gehört also eine rücktreibende Kraft, die mit einer winzigen Feder vergleichbar und charakteristisch für die betreffende Bindung ist. Sie verhält sich wie ein Oszillator. Zumindest in erster Annäherung wird man also annehmen dürfen, dass es sich dabei um einen harmonischen Oszillator handelt.

Da die Energie in der oben beschriebenen Weise gequantelt ist, kann das HCl-Molekül sich nur in bestimmten Energiezuständen befinden. Der niedrigste mögliche Energiezustand liegt über dem Minimum der Parabel und beträgt $h\nu/2$, während das Minimum der Parabel bei null liegt. Diesem Energiezustand, in dem sich alle HCl-Moleküle bei einer Temperatur von 0 °C befinden, ist ein bestimmter mittlerer Wert des Abstands zwischen H und Cl zugeordnet. Dieser Wert steigt mit der Schwingungsenergie des Moleküls, die ihrerseits mit der Temperatur zunimmt.

Ozean

Zur Vorbereitung: ***Corioliskraft***
Zur Vertiefung: ***Dünung; El Niño; Klima; Wasser***

Die Meere und Ozeane bedecken zusammen 71% der Erdoberfläche, bei einer durchschnittlichen Wassertiefe von 3800 m und einem Gesamtvolumen von 1370 Millionen km^3; sie spielen eine wesentliche Rolle in der Dynamik des globalen Klimas. Die Weltmeere sind ein hervorragender Wärmespeicher, sie regulieren das Klima, und die Meeresströmungen sorgen für einen effizienten Transport der Wärme vom Äquator in Richtung der Pole. Die Verdunstung der Meere in den Äquatorialregionen ist der Motor für die allgemeine Zirkulation der Atmosphäre. Schließlich steuern die Ozeane eine Vielzahl geochemischer Kreisläufe, darunter den des Kohlenstoffs.

Das Meerwasser enthält große Mengen gelöster Salze (vor allem Natriumchlorid, Magnesiumchlorid und Magnesiumsulfat). Der Salzgehalt variiert zwischen 33 g/kg und 37 g/kg; der Durchschnitt liegt bei 34,7 g/kg.

Diese riesige Flüssigkeitsmasse ist auf verschiedenen Ebenen in ständiger Bewegung. Wellen, Dünung und Oberflächenströmungen verdanken sich der Einwirkung des Windes auf die Wasseroberfläche. Die Tiefwasserströmungen haben ihre Ursache in Unterschieden der Dichte, die ihrerseits auf Unterschiede der Temperatur und des Salzgehalts zurückgehen; sie werden deshalb auch thermohaline Strömungen genannt. Das Auf und Ab der Gezeiten und die damit verbundenen horizontalen Strömungen schließlich haben ihre Ursache in der Anziehungskraft der Sonne und des Mondes.

Die Wellen, komplexe Schwingungsbewegungen der Wasseroberfläche, die den »Zustand des Meeres« kennzeichnen, kommen durch die Übertragung eines Teils der mechanischen Energie vom Wind auf die Wasseroberfläche zustande. Der Seegang hängt im wesentlichen von der Stärke des Windes, d. h. von seiner Geschwindigkeit ab (siehe Wind). Der Wind ist ein wirbelartiges Phänomen. Die periodische Anregung durch die über die Wasseroberfläche streichenden Luftwirbel lässt im Wege der Resonanz Wellen entstehen, deren Frequenz und Fortpflanzungsgeschwindigkeit denen der Erregung entsprechen. In größerer Entfernung von einem derartigen Erregungsgebiet bleiben von dieser Erregung nur einfache Wellen mit einer größeren Wellenlänge, die Dünung, die sich über große Strecken fortpflanzen kann. Wellen und Dünung sind Schwingungen, die mit keiner horizontale Bewegung des Wassers verbunden sind.

Die Oberflächenströmungen (z. B. der Golfstrom im Atlantik oder der Kuroshio, der sich an den Küsten Japans entlang zieht) kommen durch regelmäßige Winde auf dem Atlantik bzw. dem Pazifik zustande, die das Oberflächenwasser über Reibungskräfte in Bewegung setzen. Die daraus resultierenden Strömungen werden durch die Corioliskraft, die auf die Erdrotation zurückgeht, gegenüber der Windrichtung nach rechts abgelenkt: Das von den Westwinden in den mittleren Breiten mitgezogene Wasser strömt daher Richtung Süden, während das von den Passaten mitgezogene Wasser nach Norden abgelenkt wird. Dadurch akkumuliert sich das Wasser in den großen ozeanischen Becken, so dass der Meeresspiegel dort ein bis zwei Meter über dem Niveau des Geoids liegt (siehe Erdgestalt). Die Erhöhung gegenüber dem Geoid kann man mit Hilfe von Höhenradar an Bord von Satelliten messen. Diese »dynamische Topographie« darf nicht mit den Ausbeulungen des Geoids verwechselt werden: Während das Geoid eine Fläche gleicher Schwerkraft darstellt, so dass die Ausbeulungen nicht die Tendenz haben, die Täler aufzufüllen, hat das Wasser in den dynamischen Ausbeulungen die Tendenz, in Richtung der Täler zu strömen. Die Corioliskraft lenkt das strömende Wasser ab und erzeugt so eine kreisförmige Zirkulation, die auf der Nordhalbkugel im Uhrzeigersinn verläuft. Dabei besteht ein Gleichgewicht zwischen dem Druckunterschied (der Höhe des Wasserstands) und der Corioliskraft. Die Meeresströmungen bewegen ganz beträchtliche Wassermengen, der Golfstrom zum Beispiel 130 Millionen Kubikmeter in der Sekunde.

Die thermohaline Tiefenzirkulation ist sehr viel langsamer; das Wasser braucht mehrere

Jahrhunderte für einen vollen Zyklus. Im Europäischen Nordmeer kühlt das Oberflächenwasser durch die Berührung mit der Atmosphäre ab, und durch die Bildung von Eis erhöht sich der Salzgehalt (weil das Eis selbst nur einen geringen Salzgehalt besitzt). Dadurch erhöht sich die Dichte des Wassers und es sinkt ab; in der Tiefe strömt es dann langsam in Richtung Südatlantik, um die Südspitze Afrikas herum in den Pazifik und bis in den Indischen Ozean, wo es sich aufheizt und wieder an die Oberfläche steigt. Die gegenläufige Oberflächenströmung aus wärmerem Wasser kehrt in den Nordatlantik zurück (Golfstrom) und beschert Westeuropa relativ milde Winter und ein insgesamt gemäßigtes Klima.

Wie sich die lokalen Winde und die ALLGEMEINE ZIRKULATION DER ATMOSPHÄRE überlagern, so überlagern sich auch die großräumigen Meeresströmungen und die lokalen Küstenströmungen.

P

p-adische Zahlen

Zur Vorbereitung: ***Arithmetik; Ring***
Zur Vertiefung: ***Analyse***

Die p-adischen Zahlen haben sich als ein unverzichtbares Hilfsmittel der ARITHMETIK erwiesen. Es handelt sich um recht exotische Zahlen, die im 20. Jahrhundert auftauchten und die Besonderheit aufweisen, nicht zu den komplexen Zahlen zu gehören, die allgemein als die umfassendste Zahlenmenge gelten.

Man kann leicht zeigen, dass eine ganze Zahl n, die, durch 4 geteilt, einen Rest 3 ergibt, keine Summe aus zwei Quadratzahlen sein kann, denn teilt man eine Quadratzahl durch 4, erhält man als Rest entweder 0 oder 1, und teilt man eine Summe aus zwei Quadratzahlen durch 4, kann der Rest nur 0, 1 oder 2 betragen. Man hat versucht, die diophantische Gleichung $x^2+y^2=n$ zu lösen, indem man sie modulo 4 betrachtet, das heißt, indem man x, y und n durch deren Reste bei einer Teilung durch 4 ersetzt. Generell erhält man interessante Informationen für die Untersuchung eines diophantischen Problems, wenn man dieses Problem modulo m reduziert, wobei m eine beliebige ganze Zahl ist.

Das dabei benutzte Modul m ist ein Produkt aus den Potenzen p^k von PRIMZAHLEN, und der RING $\mathbb{Z}/m\mathbb{Z}$ ist das zugehörige Produkt der Ringe $m\mathbb{Z}/p^k\mathbb{Z}$. Zum Beispiel ist $\mathbb{Z}/12\mathbb{Z}$ isomorph zu $(\mathbb{Z}/4\mathbb{Z})\times(\mathbb{Z}/3\mathbb{Z})$.

Die Untersuchung einer Gleichung modulo m läuft also auf die Untersuchung dieser Gleichung modulo p^k für die verschiedenen Faktoren p^k von m hinaus. Man untersucht das Problem modulo p^k für alle Exponenten k und alle Primzahlen p.

Wir wollen nun eine Primzahl p betrachten und k variieren lassen. Wenn das Problem eine Lösung x in $\mathbb{Z}$ besitzt, hat sie für jeden Exponenten k eine Lösung x_k in $\mathbb{Z}/p^k\mathbb{Z}$; das ist die Restklasse von x mod p^k. Für $s \leq k$ ist p^s Teiler von p^k; die Restklasse modulo p^s einer ganzen Zahl hängt also nur von ihrer Restklasse modulo p^k ab, und man definiert einen Homomorphismus $j_{sk}: \mathbb{Z}/p^k\mathbb{Z} \to \mathbb{Z}/p^s\mathbb{Z}$, der x_k auf x_s abbildet. Der ganzzahligen Lösung x ordnet man dadurch eine Familie (x_k) von Elementen der Ringe $\mathbb{Z}/p^k\mathbb{Z}$ $(k \in \mathbb{Z})$ zu, so dass $j_{sk}(x_k) = x_s$, sofern $s \leq k$; eine derartige Familie bezeichnet man als p-adische ganze Zahl.

Die p-adischen ganzen Zahlen lassen sich addieren und multiplizieren, indem man setzt:
$(x_k)+(y_k) = (x_k+y_k)$ und
$(x_k)(y_k) = (x_k y_k)$;
sie bilden einen Ring $\mathbb{Z}_p$. Ordnet man einer gewöhnlichen ganzen Zahl die Folge $(x_k) = j(x)$ ihrer Restklassen modulo p^k zu, definiert man, wie oben gezeigt, eine p-adische ganze Zahl. Die dadurch definierte Abbildung j von $\mathbb{Z}$ in $\mathbb{Z}_p$ ist ein Ringhomomorphismus. Den Kern $j^{-1}(0)$ dieses Homomorphismus bildet die Menge der ganzen Zahlen x, die für beliebige Exponenten k durch p^k teilbar sind. Das gilt allein für die null, und daraus folgt, dass j injektiv ist. Daher ist $\mathbb{Z}$ ein Unterring von $\mathbb{Z}_p$.

Jede p-adische ganze Zahl kann als Folge
$a_0 + pa_1 + \ldots + p^n a_n + \ldots$
dargestellt werden, ähnlich einer Dezimalentwicklung, in der 1/10 durch p ersetzt wird. Die Koeffizienten a_0, a_1 usw. liegen hier zwischen 0 und $p-1$.

Paläomagnetismus

Zur Vertiefung: ***Datierung; Magnet; Magnetismus; Plattentektonik***

Die Erforschung der Magnetisierung von ortsfester Terrakotta (gebrannter Ton), von Lava und von Sedimenten gibt Aufschluss über das Erdmagnetfeld in der Vergangenheit.

Tone enthalten Magnetitteilchen (siehe MAGNET). Wenn Ton gebrannt wird und die Temperatur beim Abkühlen in die Nähe des so genannten Curiepunktes (580 °C) gelangt, erfahren die Teilchen eine Magnetisierung in der Richtung der Feldlinien des Erdmagnetfeldes. Untersucht man nun die Magnetisierung der Ziegel eines Brennofens (Archäomagnetik), erfährt man etwas über die Ausrichtung, die das Erdmagnetfeld am Ort des Brennofens zur Zeit seiner Benutzung besaß. Um die Zeit der Benutzung zu bestimmen, muss man allerdings auf andere Methoden zurückgreifen (siehe DATIERUNG).

Auch basaltische Lava enthält Magnetit und speichert aufgrund desselben Zusammenhangs die Ausrichtung des Magnetfeldes zur Zeit ihrer Erstarrung.

In den Sedimenten, die sich in kaltem Zustand auf dem Boden von Meeren und Seen ablagern, verhalten sich die im Wasser schwebenden Teilchen magnetischer Mineralien (zum Beispiel die Eisenoxide in rotem Sandstein) wie kleine Kompassnadeln und richten sich nach dem Magnetfeld aus.

Untersucht man nun im Labor Lava- oder Sedimentproben, deren Ausrichtung im Gelände man festgehalten hat, auf die Richtung ihrer Magnetisierung (Remanenz), so kann man daraus die Richtung bestimmen, die das Erdmagnetfeld an diesem Ort zu der Zeit besaß, als die Lava erstarrte oder das betreffende Sediment abgelagert wurde. Dieses Verfahren gibt auch über das Erdmagnetfeld in fernen geologischen Zeiten Aufschluss. Deshalb spricht man von Paläomagnetismus.

Die Inklination (Neigung gegenüber der Horizontalen) des Magnetfeldes ist von der geographischen Breite abhängig; am magnetischen Äquator ist sie gleich Null, an den magnetischen Polen beträgt sie 90° (siehe MAGNETISMUS). Die »fossile« Magnetisierung der Gesteine erfolgt parallel zur Ausrichtung des lokalen Magnetfeldes. Misst man die Ausrichtung der Magnetisierung in einem Gestein, so lässt sich daraus ermitteln, in welchen geographischen Breiten das Gestein entstanden ist. Und wegen der Kontinentaldrift (siehe PLATTENTEKTONIK) entspricht der Entstehungsort im Allgemeinen nicht dem heutigen Standort. Auf dieses Weise leistet die Paläomagnetik einen Beitrag zur Erforschung der Bewegung unserer Kontinente.

Anfang des Jahrhunderts entdeckte Bernard Brunhes, dass Lava gelegentlich eine magnetische Ausrichtung besitzt, die der des heutigen Magnetfeldes genau entgegengesetzt ist. Daraus schloss er, dass das Erdmagnetfeld in der Vergangenheit eine Umpolung erfahren haben muss. Diese Umkehrungen des Erdmagnetfeldes werden heute intensiv erforscht.

Panmixie

Zur Vertiefung: ***erbliche Belastung; Evolution; Populationsgenetik***

Eine Population gilt als »panmiktisch«, wenn die Wahl der Zeugungspartner streng zufällig erfolgt, wenn also bei der Paarung für jedes Mitglied eines Geschlechts in einer Population die gleiche Wahrscheinlichkeit besteht (gleich dem Kehrwert der Gesamtzahl), von einem Mitglied des anderen Geschlechts gewählt zu werden.

Es liegt auf der Hand, dass diese Hypothese in der Regel nicht der Realität entspricht. Tatsächlich gilt sie nur für Arten, in denen die Zeugung keine Begegnung der Erzeuger erfordert wie bei Fischen, die ihre Gameten (Ei- und Samenzellen) ins Wasser abgeben und es ihnen überlassen, sich zu finden und zu vereinigen. Doch in Verbindung mit anderen Hypothesen, auf die wir später noch eingehen, erweist sich das Modell der Panmixie als »tragfähig«: Die aus ihr gezogenen Schlussfolgerungen decken sich weitgehend mit den Beobachtungen, die in realen Populationen gemacht werden. Dieses Modell, nach den Genetikern, die es 1908 entwickelten, »Hardy-Weinberg-Verteilung« genannt, stellt somit ein Bezugssystem für Beobachtungsergebnisse in realen Populationen dar.

Das Panmixie-Modell geht von einer großen, isolierten Population aus, in der Zeugungen zufällig erfolgen, keine Mutationen vorkommen und kein Selektionsdruck herrscht (also kein Gen, das ein Individuum erhalten hat, Auswirkungen auf seine Fortpflanzungsfähigkeit hat). Betrachten wir nun einen Genlocus – eine Stelle des Chromosoms, die ein biologisches Merkmal steuert –, an dem ein Gen in der Population in zwei Formen oder ALLELEN, nämlich a und b, vorkommt, so sind drei Genotypen möglich: (aa), (bb) und (ab).

Damit ein Individuum den Genotyp (aa) hat, muss

- sein Vater ihm das Allel a des Gens vererbt haben, was mit einer Wahrscheinlichkeit von $f(\mathrm{a})$ eintritt, die der Frequenz des Allels a im Genpool der Erzeugergeneration entspricht;
- seine Mutter ihm das gleiche Allel a vererbt haben, was ebenfalls mit einer Wahrscheinlichkeit $f(\mathrm{a})$ eintritt.

Die Wahrscheinlichkeit, dass beide Ereignisse gleichzeitig eintreten, ist gleich dem Produkt ihrer jeweiligen Wahrscheinlichkeit, also $P(\mathrm{aa})=f(\mathrm{a})^2$.

Damit ein Individuum den Genotyp (ab) hat, muss:

- sein Vater ihm ein Allel a und seine Mutter ihm ein Allel b vererbt haben, was mit einer Wahrscheinlichkeit von $f(\mathrm{a}) \times f(\mathrm{b})$ eintritt;
- oder sein Vater ihm ein Allel b und seine Mutter ein Allel a vererbt haben, was mit einer Wahrscheinlichkeit von $f(\mathrm{b}) \times f(\mathrm{a})$ eintritt.

Die Wahrscheinlichkeit, dass das eine oder andere Ereignis eintritt, entspricht der Summe der jeweiligen Wahrscheinlichkeiten, also: $P(\mathrm{ab})=2f(\mathrm{a}) \times f(\mathrm{b})$.

Damit gilt auch $f(a)^2+2f(\mathrm{a}) \times f(\mathrm{b})+f(\mathrm{b})^2=1$

Da wir von einer sehr hohen Populationsgröße ausgegangen sind, lassen sich diese Wahrscheinlichkeiten nach dem GESETZ DER GROSSEN ZAHL mit den realen Allelfrequenzen gleichsetzen; somit gilt:

$\mathrm{F(aa)}=f(\mathrm{a})^2$

$\mathrm{F(ab)}=2f(\mathrm{a}) \times f(\mathrm{b})$.

Diese Relationen beschreiben die Hardy-Weinberg-Verteilung und verknüpfen die Frequenzen der Genotypen innerhalb einer Generation mit den Allelfrequenzen der vorhergehenden Generation.

Eine der Schlussfolgerungen aus diesem Ergebnis lautet, dass die Allelfrequenzen eines gegebenen Gens von einer Generation zur nächsten konstant bleiben. Nehmen wir zufallsmäßig ein Allel in einer Generation heraus:

- mit einer Wahrscheinlichkeit von $F(\mathrm{aa})$ gehört dieses Allel einem Individuum des Genotyps (aa); das ausgewählte Allel ist demnach mit einer Wahrscheinlichkeit von 1 ein Allel a;
- mit einer Wahrscheinlichkeit von $F(\mathrm{ab})$ gehört das Allel einem Individuum des Genotyps (ab); das ausgewählte Allel ist also mit einer Wahrscheinlichkeit von 1/2 ein Allel a.

Die Wahrscheinlichkeit, dass es sich bei dem ausgewählten Allel um ein Allel a handelt, ist demnach:

$f'(\mathrm{a})=F(\mathrm{aa})+(1/2) \times F(\mathrm{ab})=f(\mathrm{a})^2+f(\mathrm{a})f(\mathrm{b})=$
$f(\mathrm{a})\{f(\mathrm{a})+f(\mathrm{b})\}=f(\mathrm{a})$,

da $f(\mathrm{a})+f(\mathrm{b})=1$ ist. Die Frequenz des Allels a ist also die gleiche wie in der Erzeugergeneration.

Diese Resultate lassen sich unmittelbar für eine beliebige Anzahl von Allelen a, b, c usw. verallgemeinern: In einer Population ist die Häufigkeit von Homozygoten, die also zwei gleiche Allele (aa) besitzen, für ein bestimmtes Allel gleich dem Quadrat der Häufigkeit dieses Allels; die Frequenz der Heterozygoten, die zwei verschiedene Allele (ab) besitzen, ist gleich dem doppelten Produkt der Frequenzen dieser beiden Allele. Wenn die Allelfrequenzen in einer Population bekannt sind, lassen sich folglich daraus die Frequenzen der Genotypen errechnen.

Als eine wichtige Konsequenz lässt sich daraus ableiten, dass die Zahl der Träger eines rezessiven Gens (das sich nur bei Homozygoten manifestiert) wesentlich höher ist als die Zahl der Individuen, bei denen das entsprechende Merkmal manifest wird. Das ist zum Beispiel bei Krankheiten der Fall, die auf das Vorhandensein von zwei Allelen m eines bestimmten Gens zurückgehen. Nur Homozygoten (mm) sind von dieser Krankheit befallen, während die Heterozygoten

(Nm) »gesunde Träger« sind. Wenn die Frequenz dieses Allels bei 2% liegt, zeigt das Hardy-Weinberg-Gesetz, dass es hundertmal mehr gesunde als kranke Träger dieses Allels gibt. Für die Mukiviszidose liegt die Häufigkeit der Erkrankten bei 1/2500, also in einem Land wie Frankreich bei 22000 Personen; die Frequenz der Träger dieses Alles liegt jedoch bei 4/100, also bei 2,2 Millionen Personen.

Abgesehen von der Trockenheit dieser Berechnungen stellen sie das Konzept der »erblichen Belastung« und der Eugenik infrage, also der Bemühungen, das kollektive genetische Erbe oder den Genpool durch Eliminierung »schlechter« Gene zu verbessern: Wie soll man sie eliminieren, wenn die meisten gar nicht zum Ausdruck kommen? Es bedürfte vieler Generationen, die Frequenz eines als nachteilig eingestuften Allels signifikant zu verringern, ohne dass es gelingen würde, es völlig zu beseitigen. Doch sobald es möglich wird, diese größtenteils verborgenen Allele zu entdecken, wäre alles denkbar. Wird man dann Zwangsmaßnahmen ergreifen, um die Fortpflanzungsmöglichkeiten gesunder Träger solcher Allele zu beeinflussen?

Paradigma

Zur Vertiefung: ***Realismus; Widerlegbarkeit; wissenschaftliche Revolution***

Bei Platon und im Griechischen allgemein bedeutet »Paradigma« (griechisch: *paradeigma*) Beispiel oder Vorbild. Thomas S. Kuhn erklärte 1962 in *Die Struktur wissenschaftlicher Revolutionen*, eine wissenschaftliche Theorie gründe sich immer auf ein Paradigma, also auf eine Gesamtheit meist klar zum Ausdruck gebrachter Annahmen (siehe Axiom).

Die Theorie wird durch ihre Wechselwirkung mit Beobachtungs- und Messdaten der Verifikation unterzogen, was Kuhn in seiner Terminologie als »normale Wissenschaft« bezeichnet. Wenn unter diesen Daten solche vorherrschen, die das Paradigma tendenziell entkräften, kommt es zu einer Krisensituation, die eine wissenschaftliche Revolution erzwingt, also eine Änderung des Paradigmas.

Nach Kuhn vollzieht sich der Fortschritt der Wissenschaft von Revolution zu Revolution, von Paradigma zu Paradigma, von Krise zu Krise, indem sie bei jedem überwundenen Hindernis präzisiert und verfeinert wird.

Paradoxon

Zur Vertiefung: ***Menge; Quantenphysik; Relativitätstheorie; Widerspruch***

Der Begriff »Paradoxon« hat viele Facetten, die weit über den Widerspruch oder die Antinomie hinausgehen. Das Wort geht auf die beiden griechischen Wurzeln *para* und *doxa* zurück. Die Vorsilbe *para* bedeutet »neben, entlang, über etwas hinaus«, legt somit die Vorstellung einer Distanz zu etwas nahe und kann im übertragenen Sinne auch »abseitig, abweichend« bedeuten. Das Wort *doxa* bezeichnet alle Meinungen und Vorstellungen, die man in einer bestimmten Kultur als Selbstverständlichkeiten mitbekommen hat. *Doxa* ist somit die vorgefasste Meinung und ihre Peripherie, die vorherrschende Idee, die sich einer kritischen Beurteilung entzieht. Man kann darin die öffentliche oder allgemeine Meinung, den Geist der Mehrheit, das unmittelbare Denken sehen. Alles, was sich von der Macht der *doxa* mehr oder weniger entfernt, ist also paradox.

In der Logik bezeichnet man als Paradoxon in erster Linie eine Aussage, von der sich beweisen lässt, dass sie zugleich wahr und falsch ist. Das bekannteste Beispiel ist das Paradoxon des Lügners, das die Überlieferung dem kretischen Philosophen Epimenides zuschreibt, der im 6. Jahrhundert vor Christus lebte: Ein Kreter sagt, dass alle Kreter Lügner seien. Falls seine Behauptung stimmt, so lügt er mit dieser Aussage ganz offensichtlich nicht, womit sie widerlegt wäre, da ein Kreter hier die Wahrheit sagt. Stimmt seine Behauptung jedoch nicht, so lügt er und bestätigt damit zugleich den Wahrheitsgehalt seiner Aussage. Es gibt also Sätze, die sich selbst widersprechen. Eine ganz banale Aussage kann folglich eine Art logische Sackgasse darstellen. In diesem Zusammenhang sind auch jene in sich widersprüchlichen Slogans zu nennen, die im Mai 1968 eine Hochblüte hatten: »Verbieten verboten!« Solche Paradoxa hängen mit der so genannten Reflexivität zusammen und treten auf, wenn es eine Interferenz zwischen einer Botschaft und ihrem Träger, zwischen einem Satz und seinem eigenen Sinn gibt.

In diese Kategorie gehört auch ein Paradoxon, das der Mathematiker und Philosoph Bertrand Russell Anfang des 20. Jahrhunderts formulierte. Gehen wir von zwei Begriffen aus, die zunächst einfach erscheinen: die Menge (im mathematischen Sinne) und das Element einer Menge, beides Dinge, die intuitiv klar zu sein scheinen. Bertrand Russell schlägt vor, die Mengen in zwei Gruppen einzuteilen: einerseits die normalen Mengen, andererseits die nichtnormalen Mengen. Als normal soll jede Menge gelten, die sich selbst nicht als Element enthält. So ist zum Beispiel die Menge der Pariser eine normale Menge, da sie selbst nicht Pariser und somit kein Element ihrer selbst ist. Umgekehrt soll eine Menge als nichtnormal gelten, wenn sie sich selbst als Element enthält. So ist zum Beispiel die Menge aller Mengen selbst eine Menge (wie der Name schon sagt) und somit Element ihrer selbst: Die Menge aller Mengen ist also eine nichtnormale Menge.

Nennen wir die Menge aller normalen Mengen N. Nun stellt sich die Frage: Ist N eine normale oder eine nichtnormale Menge? Gehen wir beide Möglichkeiten durch: Wenn N eine normale Menge ist, gehört sie zur Menge N, da N die Menge aller normalen Mengen ist; N ist damit Element ihrer selbst, also eine nichtnormale Menge! Wenn N umgekehrt eine nichtnormale Menge ist, enthält sie sich (definitionsgemäß) selbst als Element, und da alle Elemente von N normale Mengen sind, ist auch N eine normale Menge! Schlussfolgerung: N ist eine normale Menge, wenn und nur wenn N eine nichtnormale Menge ist.

Ausgehend von einfachen Ideen kann man also eine Behauptung konstruieren, die zugleich wahr und falsch ist. Einfache Ideen können demnach auch in Sackgassen und aufs Glatteis führen, und man kann, wenn man ausschließlich mit solchen Ideen umgeht, ins Schleudern geraten. Wie Russells Paradoxon eindeutig zeigt, ist die naive Mengentheorie widersprüchlich (sie ermöglicht es, eine Behauptung und zugleich ihre Negation zu beweisen) und muss in ihren Axiomen so geändert werden, dass dieser Widerspruch vermieden wird.

In der PHYSIK hat der Begriff »Paradoxon« eine andere Bedeutung. Hier lassen sich die Paradoxa grob in zwei Kategorien einteilen.

Die erste Kategorie besteht aus Paradoxa, die eine Nichtübereinstimmung zwischen einer als gültig anerkannten Theorie und einer bestimmten Erfahrung ins Licht rücken. Als Beispiel lässt sich das Paradoxon anführen, das das Problem der SCHWARZEN KÖRPER (die alle auf sie auftreffenden Strahlen absorbieren) in den Augen der Physiker Ende des 19. Jahrhunderts darstellte. Ihr Verhalten schien von den Gesetzen der Thermodynamik und des Elektromagnetismus abzuweichen: Die Berechnungen zeigten, dass das Spektrum der von einem schwarzen Körper emittierten Strahlung so beschaffen war, dass die bei einer bestimmten Frequenz emittierte Energiemenge mit der Frequenz unendlich ansteigen müsste, so dass die gesamte Strahlungsenergie unendlich sein müsste, was der Erfahrung widersprach. Solche Paradoxa bilden in gewisser Weise die Triebkraft wissenschaftlichen Fortschritts, da die Wissenschaft bei ihrer Lösung ihre Theorien und Konzepte ändert. So setzte die Lösung des Paradoxons der schwarzen Körper durch Max Planck die Entwicklung der Quantenphysik in Gang, die viele für revolutionär halten.

Die zweite Kategorie von Paradoxa besteht aus überraschenden Erscheinungen, die für den gesunden Menschenverstand schockierend sind. Im Allgemeinen stufen Physiker sie gar nicht als echte Paradoxa ein, da sich durchaus vertreten lässt, dass ohnehin die meisten Aussagen der Naturwissenschaften der Intuition zuwiderlaufen. So ist zum Beispiel die Aussage des TRÄGHEITSGESETZES, dass jeder Körper, der sich in geradliniger, gleichförmiger Bewegung befindet, diese Bewegung fortsetzt, wenn er sich selbst überlassen und ohne äußeren Einfluss bleibt, in gewisser Weise paradox, da sie der gängigen Beobachtung widerspricht, nach der jede Bewegung sich verlangsamt. Das ZWILLINGSPARADOXON von Paul Langevin illustriert auf provozierende Weise die von Albert Einstein 1905 vorhergesehene Elastizität der Zeit. Es hat durchaus etwas von Sciencefiction in seiner Vorstellung, dass Zwillinge, die sich nach einer Reise des einen durch den Weltraum wiederbegegnen, nicht mehr das gleiche Alter haben, aber im Rahmen der Relativitätstheorie ist das Zwillingsraradoxon vollständig erklärbar.

Solche Paradoxa sind berühmt, weil sie auf radikale Weise die ungewöhnlichen Konsequenzen einer Theorie belegen. Meist werden sie in Form so genannter Gedankenexperimente ausgedrückt, die in der Praxis nicht realisierbar sind. In diesem Zusammenhang läßt sich auch das Paradoxon von SCHRÖDINGERS KATZE anführen, das an der Grenze zur Irreführung liegt und 1935 von dem österreichischen Physiker Erwin Schrödinger entwickelt wurde, um anhand einer verunsichernden Situation die paradoxen Aspekte einer allzu naiven Interpretation der Quantenphysik deutlich zu machen.

Sollte das Paradoxon, dieser Ansporn des Denkens, die Wahrheit sein, die sich auf den Kopf stellt, um unsere Aufmerksamkeit zu erregen?

Paradoxon des dunklen Nachthimmels

Zur Vertiefung: ***Licht; Schwarzer Körper***

Warum ist der Himmel nachts dunkel? Diese Frage kam zu Keplers Zeiten auf. Wenn das Universum unendlich und gleichmäßig von Sternen erfüllt ist, müsste man, wohin man auch blickt, stets auf einen Stern treffen, der den Nachthimmel an dieser Stelle erleuchtet. Stellen wir uns eine Folge von Sternenschichten vor, die uns wie die Häute einer Zwiebel umgeben. Der Beitrag der Sterne zur Erleuchtung des Himmels ist um so kleiner, je größer ihre Entfernung ist (er nimmt mit dem Quadrat ihrer Entfernung ab, wenn wir die absolute Helligkeit der Sterne einmal als gleich unterstellen); doch je größer die Entfernung ist, desto mehr Sterne findet man (und das Volumen jeder weiteren Sternschicht nimmt mit dem Quadrat der Entfernung zu). Daher trägt jede weitere Schicht genausoviel zur Erleuchtung des Himmels bei wie die vorangegangene, so dass der Himmel zwar nicht unendlich hell sein müsste (da die Sterne einander irgendwann einmal verdecken würden), wohl aber die Helligkeit der Sonnenoberfläche besitzen sollte. Da das offenkundig nicht der Fall ist, ergibt sich ein Problem, das eigentlich kein Paradoxon darstellt, sondern eher ein Rätsel. Heinrich Wilhelm Olbers und Jean-Philippe de Chéseaux formulierten dieses Rätsel erstmals vollständig Mitte des 18. Jahrhunderts, doch erst im 20. Jahrhundert fand man die Lösung.

Tatsächlich ist die oben beschriebene Argumentation falsch. Sie setzt voraus, dass sämtliches Licht der Sterne, ganz gleich, wie weit sie von uns entfernt sind, irgendwann einmal zu uns gelangt. Seit dem 18. Jahrhundert wissen wir aber, dass die Lichtgeschwindigkeit endlich ist (siehe NATURKONSTANTEN), und seit Beginn des 20. Jahrhunderts wissen wir, dass die Sterne nur eine gewisse Zeit lang leuchten (siehe STERN). Der Gedanke, wonach alles Licht sämtlicher Sternenschichten gleichzeitig und bis ins Unendliche zu uns gelangt, wenn wir zum Himmel hinaufschauen, ist daher unzutreffend.

Doch ob es sich nun wirklich um ein Paradoxon handelt oder nicht, es ist immer noch eine anregende geistige und ästhetische Übung, in einer schönen Frühlingsnacht die Frage nach dem dunklen Nachthimmel in Gesellschaft aufzuwerfen.

Parallaxe

Zur Vertiefung: ***Entfernung***

Wenn wir den aufgerichteten Daumen mit ausgestrecktem Arm vor uns halten und abwechselnd das rechte und das linke Auge schließen, scheint der Daumen sich vor dem Hintergrund der fernen Landschaft zu bewegen (siehe *Abbildung 1*). Der Winkel a zwischen den beiden Sehstrahlen wird als Parallaxe bezeichnet und ergibt sich aus der einfachen Formel $a=d/D$; dabei ist d der Abstand zwischen den beiden Augen (auch Basis genannt) und D der Abstand zwischen dem Daumen und der Basis; als Einheit für a dient der Radiant (rad). Wenn wir nun die Länge der Basis kennen und den Winkel α messen, können wir daraus den Abstand des beobachteten Objekts (in unserem Beispiel des Daumens) errechnen. Optische Entfernungsmesser benutzen diesen Zusammenhang für die Messung von Entfernungen; sie leiten das von einem fernen Objekt S ausgehende Licht durch zwei im Abstand d angebrachte Linsen- oder Spiegelsysteme und messen den Winkel α zwischen den beiden von S ausgehenden Strahlen.

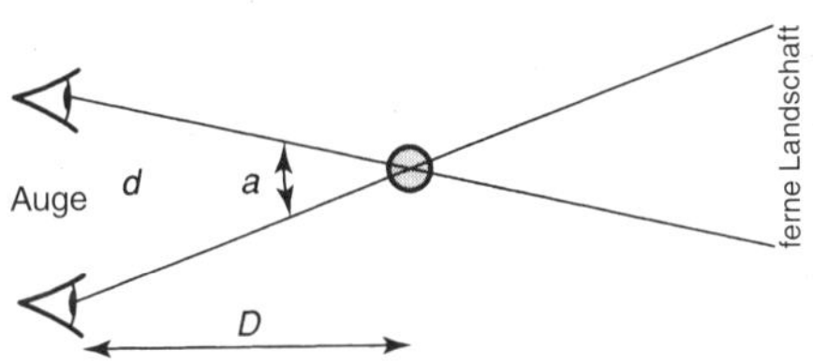

Abbildung 1 Messung der Parallaxe

Die Messung der Parallaxe ist das einzige rein geometrische Mittel, mit dessen Hilfe die Astronomen die ENTFERNUNG eines Objekts messen können. Aber da diese Objekte (Kometen, Sterne) sehr weit entfernt sind, ist der Winkel α nur dann messbar, wenn d sehr groß ist. An die Stelle der beiden Augen, die man abwechselnd öffnet und schließt, tritt bei ihnen daher die Beobachtung eines fernen Objekts von zwei verschiedenen Punkten aus: von zwei Punkten auf der Erde (wenn es um den Mond oder einen Kometen geht), von zwei Punkten auf der Umlaufbahn der Erde um die Sonne (wenn es um Sterne geht). An die Stelle der Landschaft als Hintergrund treten noch fernere Sterne, gegenüber denen das beobachtete Objekt sich dann zu bewegen scheint. Die astronomische Parallaxe eines Objekts ist die Hälfte des Winkels, den man erhält, wenn die Basis d dem mittleren Durchmesser der Erdumlaufbahn (150 Millionen Kilometer) entspricht, wobei die Erde diese beiden extremen Standorte jeweils nach einem halben Jahr erreicht. Zum erstenmal wurde die Entfernung eines Sterns auf diese Weise 1838 von dem deutschen Astronomen Friedrich Wilhelm Bessel gemessen; seither hat die ASTROMETRIE Verfahren entwickelt, mit deren Hilfe sie Parallaxen von einer tausendstel Winkelsekunde messen kann (Ende der 1980er Jahre mit dem europäischen Forschungssatelliten Hipparcos); und gewiss wird sich diese Genauigkeit schon bald um den Faktor hundert verbessern lassen. Dann wird man die Entfernung nahezu aller hinreichend hellen Sterne unserer Milchstraße mit diesem geometrischen Verfahren bestimmen können.

Parallelen

Zur Vertiefung: ***Geodäte; Geometrie; Krümmung; Modell***

Der Ausdruck »Parallele« stammt von einem griechischen Wort, das »nebeneinander« oder »gegenüber« bedeutet. In der Geometrie benutzt man ihn im Blick auf Geraden. Die Theorie der parallelen Geraden hat eine lange Geschichte und führte schließlich zu der Erkenntnis, dass mehrere Geometrien möglich sind, die zwar in sich, aber nicht untereinander widerspruchsfrei sind.

Euklid (um 300 v. Chr.) definiert Parallelen im ersten Buch seiner *Elemente* als Geraden in einer Ebene, die, »nach beiden Seiten ins Unendliche verlängert, einander auf keiner Seite schneiden«. Diese Definition rief schon bald Kritiker auf den Plan, denn sie beruht auf einer negativen Eigenschaft (sich nicht schneiden) und stützt sich auf den Begriff des Unendlichen. Es scheint unmöglich, die Eigenschaft der Parallelität zu überprüfen, da man stets nur endliche Figuren betrachten kann. Mehrere Autoren haben versucht, Euklids Begriffsbestimmung durch eine positive Definition zu ersetzen: Parallelen sind Geraden, »die in derselben Ebene weder konvergieren noch divergieren, so dass ihre Lote in allen Punkten gleich sind« (Poseidonios nach Proklos). Parallelen sind also koplanare Geraden mit konstantem ABSTAND.

Die zweite Definition hat den Nachteil, dass sie nicht in jedem Fall die Konstruktion der Parallelen gestattet. Denn es ist nicht gesagt, dass der Ort aller Punkte, die (auf einer Seite) denselben Abstand von einer Geraden haben, seinerseits eine Gerade ist. Euklids Definition gestattet dagegen die Konstruktion von Parallelen, denn wie er zeigt, genügt eine Winkeleigenschaft, um die Parallelität zweier Geraden zu gewährleisten. Man betrachte zwei Geraden *AB* und *CD* sowie eine quer dazu verlaufende Gerade *EF*. Unter der Voraussetzung, dass die beiden inneren Wechselwinkel *AEF* und *EFD* gleich sind, vermag Euklid die Parallelität der Geraden *AB* und *CD* zu beweisen (siehe *Abbildung 1*).

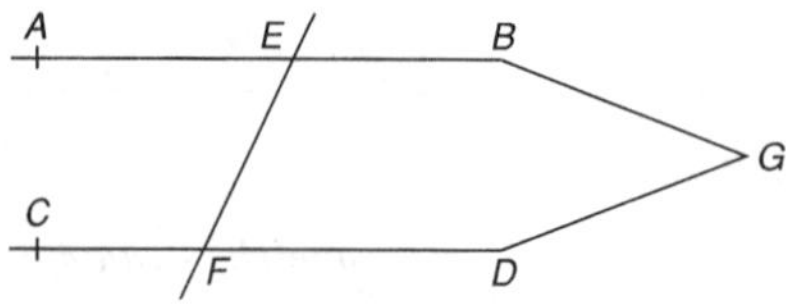

Abbildung 1

Nehmen wir an, *AB* und *CD* schneiden sich in ihrer Verlängerung in einem Punkt *G*, dann erhält man ein Dreieck *EFG*, bei dem ein Außenwinkel *AEF* gleich einem inneren Gegenwinkel *EFG* ist. Nun hatte Euklid in einem früheren Lehrsatz bereits bewiesen, dass ein Außenwinkel eines Dreiecks stets (im strengen Sinne) größer ist als jeder der beiden inneren Gegenwinkel. Die Annahme eines Schnittpunkts *G* führt daher zu einem Widerspruch. Da *AEF* und *FEB* Supplementwinkel sind, kann man auch sagen, wenn die Summe der Innenwinkel *EFD* und *FEB* zwei rechten Winkel entspricht, sind die Geraden *AB* und *CD* parallel. Verläuft zum Beispiel die Transversale *EF* senkrecht zu *AB* und zugleich auch zu *CD*, sind diese beiden Geraden parallel.

Will man in dieser Theorie weiterkommen, benötigt man die Umkehrung der oben beschriebenen Eigenschaft: Sind *AB* und *CD* parallel und ist *EF* eine quer dazu verlaufende Gerade, dann sind die inneren Wechselwinkel *AEF* und *EFD* gleich und die auf derselben Seite der Geraden gelegenen Innenwinkel Supplementwinkel. Diese Umkehrung lässt sich aber nur durch eine heuristische Hypothese beweisen. Und diese Hypothese führte Euklid in seinem berühmten fünften Axiom ein: »Werden zwei Geraden von einer dritten Geraden geschnitten und sind zwei Innenwinkel auf derselben Seite der Geraden kleiner als zwei rechte Winkel, so schneiden die zwei Geraden sich, ins Unendliche verlängert, auf der Seite, auf der die Winkel kleiner als zwei rechte Winkel sind.« Mit Hilfe dieses Axioms konnte Euklid die Parallelität vollständig auf eine Winkeleigenschaft zurückführen. Er zeigte, dass zwei Geraden, die zu einer dritten parallel sind, auch untereinander parallel sein müssen und dass die Summe der drei Innenwinkel eines Dreiecks gleich zwei rechten Winkeln ist.

Daraus leitete er dann die Eigenschaften von Parallelogrammen ab; die Existenz von Rechtecken resultiert ebenso aus diesen Eigenschaften wie die Tatsache, dass zwei parallele Geraden überall denselben Abstand voneinander haben.

Da das fünfte Axiom seiner Form nach eher einem Lehrsatz ähnelt und erkennbar heuristischen Charakter besitzt, weil es die fehlende Umkehrung zum Ausdruck bringt, erschien es späteren Mathematikern wenig natürlich, und so versuchten sie, es entweder zu beweisen oder durch eine natürlichere Hypothese zu ersetzen. Schon in der Antike brachte man folgenden Einwand vor: Nach dem fünften Axiom nähern sich die Geraden *AB* und *CD* und konvergieren auf der Seite, auf der die Innenwinkel kleiner als zwei rechte Winkel sind; sie müssten sich also schneiden. Aber wie Geminus (Anfang des 1. Jahrh. v. Chr.) nach Proklos bemerkte, müsse man auch wissen, dass zwei Geraden sich nicht »asymptotisch« nähern könnten; es müsse also ausgeschlossen werden können, dass sie einander unendlich nahe kommen, ohne sich jemals zu berühren. Man kannte damals bereits Kurven, die sich einer Gerade asymptotisch annähern, zum Beispiel die Hyperbel.

Im 10. Jahrhundert versuchten arabische Mathematiker, das fünfte Axiom durch eine *reductio ad absurdum* zu beweisen (siehe ABSURD). Dabei entdecken sie, ohne es zu wissen, die ersten Eigenschaften einer nichteuklidischen Geometrie.

Sie erkannten zum Beispiel, dass die Summe der Winkel eines Dreiecks nicht gleich zwei rechten Winkeln ist, falls das Axiom nicht gilt. Ist die Winkelsumme größer, nähern zwei koplanare Geraden, die ein gemeinsames Lot besitzen, sich beiderseits dieses Lots und schneiden einander schließlich in zwei Punkten, was unannehmbar ist.

Ist die Winkelsumme dagegen kleiner als zwei rechte Winkel, divergieren zwei Geraden, die ein gemeinsames Lot besitzen, beiderseits dieses Lots unendlich. Unter dieser Voraussetzung bewies Girolamo Saccheri (in einer 1733 postum veröffentlichen Arbeit), dass zwei koplanare Geraden, die einander nicht schneiden, ein gemeinsames Lot besitzen, sofern sie sich nicht in einer Richtung asymptotisch nähern. In diesem Fall verschiebt sich das gemeinsame Lot ins Unendliche, in den Punkt, den die beiden Geraden gemeinsam haben, und »das widerspricht dem Wesen der Geraden«, wie Saccheri bemerkte.

Um 1766 entdeckte Johann Heinrich Lambert, dass die Abweichung der Winkelsumme von zwei rechten Winkeln sich proportional zur Fläche des Dreiecks verhält. Den Grenzfall bildet ein Dreieck, dessen drei Winkel gleich 0 sind und dessen Ecken im Unendlichen liegen, wobei die Fläche ein Maximum erreicht (siehe *Abbildung 2*). Lambert verglich diese Eigenschaft mit einer Erkenntnis von Albert Girard auf dem Gebiet der sphärischen Geometrie, in der die Winkelsumme eines Dreiecks größer als zwei rechte Winkel ist.

Die Abweichung ist dort gleich dem Quotienten aus der Fläche des Dreiecks und dem quadrierten Radius der Kugel. Lambert interpretierte die in seinem Fall vorliegende Geometrie als die einer Kugel mit imaginärem Radius (der Quadratwurzel einer negativen Zahl), und er vermochte keinen Widerspruch zu entdecken.

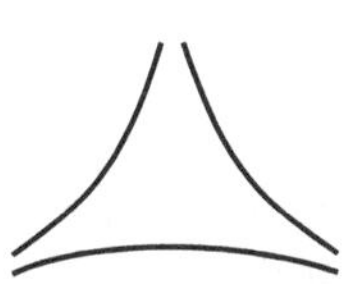

Abbildung 2 Dreieck, dessen drei Winkel jeweils gleich 0 sind.

Zu Beginn des 19. Jahrhunderts gelangten mehrere Autoren zu dem Schluss, dass Lamberts Hypothese tatsächlich zu keinem Widerspruch führt und dass sich daraus eine neue Geometrie mit paradoxen Eigenschaften entwickeln lässt, die nichteuklidische Geometrie. Sie definierten die Parallelität für alle drei möglichen Hypothesen und betrachteten dazu nicht Geraden, sondern Halbgeraden: Eine Halbgerade *BN* ist einer koplanaren Halbgeraden *AM* parallel, wenn *BN* keinen Schnittpunkt mit *AM* hat und jede Halbgerade *BN'* im Winkel *ABN* die Halbgerade *AM* schneidet (siehe *Abbildung 3*). Daraus lässt sich ableiten, dass für beliebige Punkte *A'* und *B'* aus *AM* bzw. *BN* die Halbgerade *B'N* parallel zu *A'M* ist und dass *AM* und *BN* parallel sind; sind zwei Halbgeraden einer dritten Halbgeraden parallel, so sind sie auch zueinander parallel. Im euklidischen Fall ist die Summe der Winkel *ABN* und *BAM* gleich zwei rechten Winkeln, im nichteuklidischen Fall ist sie dagegen kleiner. Wenn *BAM* ein rechter Winkel ist, nennt man *ABN* den Parallelwinkel; er ist eine Funktion von *AB*, die vom rechten Winkel für $AB = 0$ auf 0 für *AB* gleich unendlich sinkt.

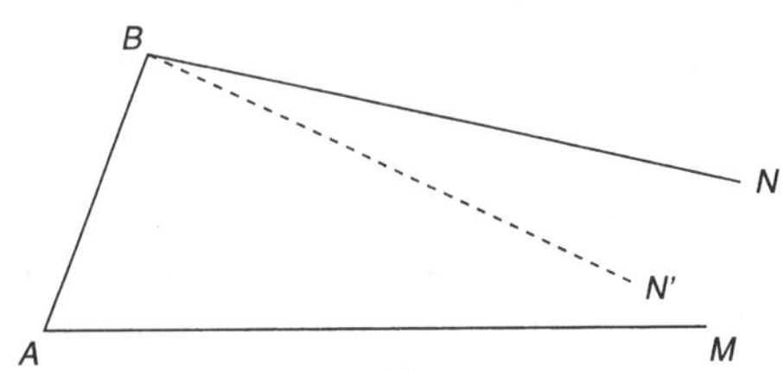

Abbildung 3

Eine Halbgerade *BN"*, für die der Winkel *ABN"* größer oder gleich dem Parallelwinkel ist, schneidet *AM* nicht; überschreitet *ABN"* jedoch den Supplementwinkel des Parallelwinkels, schneidet die Verlängerung von *N"B* über *B* hinaus die Verlängerung von *MA* über *A* hinaus (siehe *Abbildung 4*). Die Formeln der nichteuklidischen Trigonometrie entsprechen denen der sphärischen Trigonometrie (bei der die Messungen auf einer Sphäre vorgenommen werden), wenn man den Radius der Kugel durch eine reine imaginäre Zahl der Form *ib* ersetzt. Wohl aus diesem Grunde bezeichnete Nikolaj Lobatschewski, der 1829 als Erster über die nichteuklidische Geometrie schrieb, diese Geometrie als »imaginär«.

Darin ist die Menge der Punkte, die einen bestimmten Abstand zu einer Geraden haben (und auf derselben Seite der Geraden liegen), keine Gerade, sondern eine KURVE. Noch ein weiterer Kurventyp spielt eine wichtige Rolle, die »Grenzkreise« oder »Horozyklen« nämlich, die orthogonal zu allen parallelen Halbgeraden einer vorgegeben Halbgeraden sind (siehe SKALARPRODUKT) und als Kreise mit unendlichem Radius verstanden werden können.

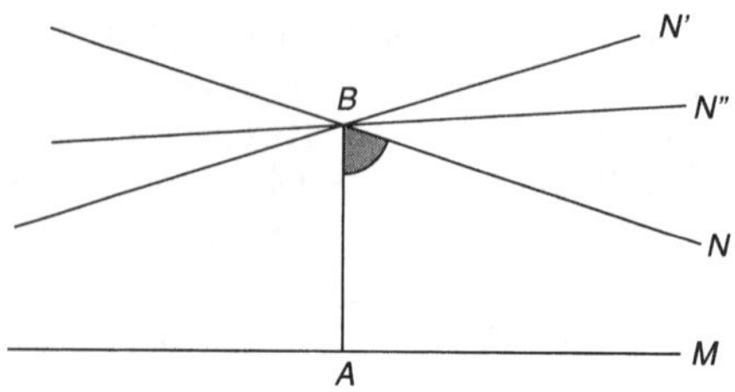

Abbildung 4

Die nichteuklidische Geometrie galt lange Zeit als kuriose Randerscheinung. 1868 machte Eugenio Beltrami den Vorschlag, sie als Geometrie auf einer Fläche mit negativer KRÜMMUNG, einer »Pseudosphäre«, zu interpretieren.

1871 legte Felix Klein ein vollständiges euklidisches »Modell« für die nichteuklidische Geometrie vor; darin werden die Punkte als Punkte innerhalb eines Kegelschnitts der projektiven Ebene interpretiert (wobei man zwischen Ellipse, Hyperbel und Parabel nicht zu unterscheiden braucht) und die Geraden als Abschnitte von Geraden innerhalb des Kegelschnitts. Die Punkte des Kegelschnitts müssen als unendliche Punkte der nichteuklidischen Ebene interpretiert werden (siehe *Abbildung 5*).

Dadurch ist die Widerspruchsfreiheit der nichteuklidischen Geometrie gewährleistet, sofern man unterstellt, dass die euklidische Geometrie widerspruchsfrei ist. Das Bürgerrecht in der gewöhnlichen Mathematik erlangte die nichteuklidische Geometrie, als Henri Poincaré sie als grundlegendes Hilfsmittel für die Konstruktion bestimmter transzendenter Funktionen, der so genannten Fuchsfunktionen, einsetzte, und zwar im Rahmen eines umfassenden Projekts zur Lösung aller linearen Differentialgleichungen mit algebraischen Koeffizienten (siehe FUNKTION und GLEICHUNG).

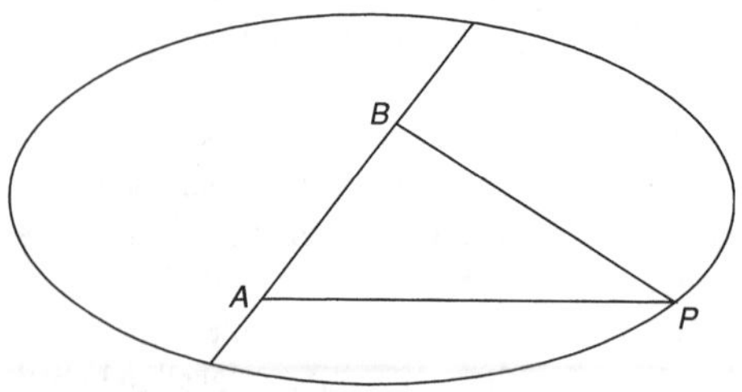

Abbildung 5 Die Geraden *BP* und *AP* sind im nichteuklidischen Sinne parallel.

Auf beliebigen Flächen treten an die Stelle der Geraden die GEODÄTEN als Kurven, die jeweils die kürzeste Verbindung zwischen zwei Punkten darstellen. Auf einer Kugel sind die Geodäten die Großkreise (deren Ebene durch den Mittelpunkt der Kugel führt). Bei der »Parallelverschiebung« eines Vektors, der in einem Punkt A eine Tangente an die Sphäre bildet, entlang einer Geodäte AB kann man sich an Euklids winkelbezogener Definition der Parallelität orientieren und verlangen, dass der Winkel des Vektors mit der Geodäte bei der Verschiebung konstant bleibt (siehe *Abbildung 6*).

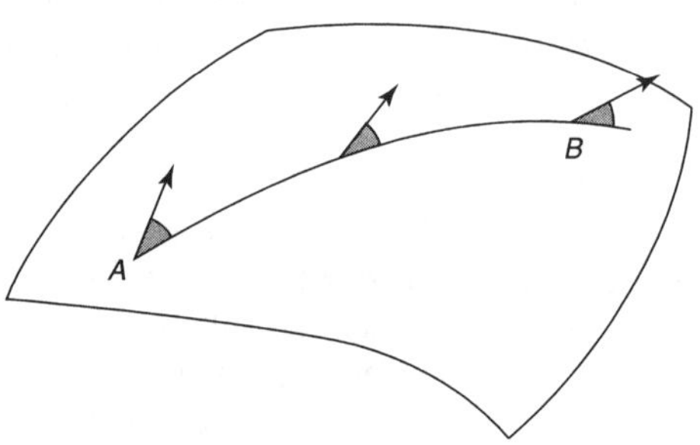

Abbildung 6

Bei der Zusammensetzung mehrerer Verschiebungen kann man über mehrere Geodätenbögen von einem Punkt zum anderen gelangen oder auch über eine beliebige Kurve, die man durch eine Folge von Geodätenbögen approximiert (wie man eine ebene Kurve durch eine polygonale Linie approximiert). Das Ergebnis der Verschiebung hängt jedoch von der gewählten Kurve ab. Verschiebt man zum Beispiel einen Vektor $\vec{v}_0$ vom Nordpol über den Meridian, dessen Tangente er bildet, zum Äquator, dort dann einen Viertelkreis entlang des Äquators und schließlich über den damit erreichten Meridian zurück zum Nordpol, fällt $\vec{v}_0$' nicht mit

$\vec{v}_0$ zusammen, sondern steht senkrecht darauf (siehe *Abbildung 7*). In diesem Phänomen findet die Krümmung der Fläche ihren Ausdruck.

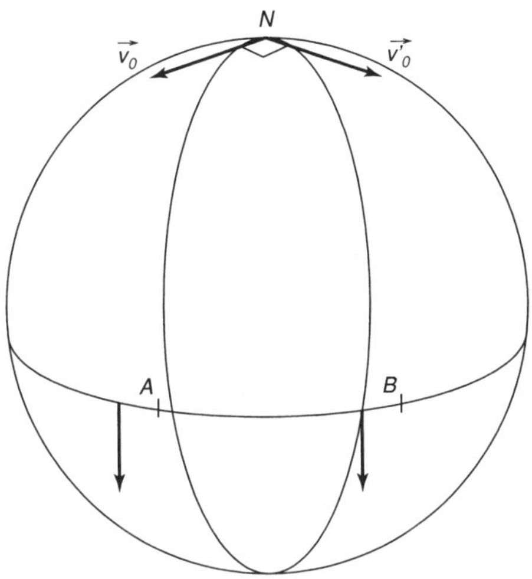

Abbildung 7

Parallelverarbeitung

Zur Vertiefung: ***Bild; Computer; neuronale Netze; Rechnerarchitektur***

Einigkeit macht stark, zumindest solange man der Zwietracht keine Chance lässt. Menschen und sozial lebende Insekten, die sich zu Familien, Schwärmen und Völkern zusammenschließen, kennen diese Lebensweisheit sehr gut und halten sich mehr oder weniger erfolgreich daran. Betrachtet man die Neuronen, aus denen die graue Substanz unseres Gehirns besteht, unter dem Mikroskop, so erhält man den Eindruck, dass auch sie diesem Prinzip folgen. Manche Informatiker sind derart überzeugt von solch einer Kooperation, dass sie diesen Gedanken auch auf Maschinen übertragen und Hunderte, Tausende oder sogar Zehntausende von Computern zusammenschalten möchten.

Dafür spricht nicht nur die Lebenserfahrung oder das Vorbild der Natur, sondern auch eine äußerst eindeutige Beobachtung. Die heutigen Computer leiden alle an demselben Übel: Die Arbeit ist in ihnen schlecht verteilt. Die auf einem oder zwei CHIPS untergebrachte Zentraleinheit ist ständig in Betrieb, während der SPEICHER die meiste Zeit nichts zu tun hat.

Zu Zeiten John von Neumanns unmittelbar nach dem Zweiten Weltkrieg war diese Sachlage durch den hohen Preis, die Langsamkeit und den großen Platzbedarf der Speicher gerechtfertigt. Doch da die Speicher heute aus denselben elektronischen Bauteilen bestehen wie die Zentraleinheit und der Platzbedarf mit ebenso schwindelerregender Geschwindigkeit sinkt wie der Preis, erscheint das Ungleichgewicht zwischen den unermüdlich arbeitenden und den meist unterbeschäftigten Teilen doch sehr unbefriedigend.

In der Welt der TRANSISTOREN und anderer elektronischer Bauelemente belasten Arbeitslosigkeit, Teilzeitbeschäftigung oder vorzeitiger Ruhestand natürlich nicht den Staatshaushalt. Das Problem ist hier ein anderes: Die Zentraleinheit vermag ihre Aufgaben nicht ausreichend zu erfüllen. So leistungsfähig sie auch ist und so unermüdlich sie arbeitet, ist sie inzwischen doch zum Schlusslicht und schwächsten Glied in unseren heutigen Computern geworden.

Für diesen Zustand, der zukünftigen Fortschritten im Wege zu stehen droht, bietet sich nun eine Lösung an, die so klar und hell erscheint, dass sie fast schon ein wenig blendet: Man müsste dafür sorgen, dass mehrere Zentraleinheiten parallel arbeiten. Gesagt, getan. Die Vertreter dieser »Computerphilosophie« haben sich jedenfalls an die Arbeit gemacht.

Allerdings löst das Prinzip der Parallelität nicht von sich aus bereits alle Schwierigkeiten, zumal sich für die Organisation solcher aus vielen Computern bestehenden »Gesellschaften« zahlreiche Möglichkeiten anbieten. Jede dieser Möglichkeiten hat ihre Anhänger und ihre Verächter, ihre Vor- und Nachteile und ihre bevorzugten Anwendungsbereiche.

In erster Linie betreffen diese Möglichkeiten die Kommunikation zwischen den Maschinen: Jede muss Anweisungen und Daten erhalten, diese eventuell in Teilen an andere, kompetentere oder gerade weniger beschäftigte Computer weitergeben, und schließlich muss nach Abschluss der Arbeit das Ergebnis an die dafür vorgesehene Stelle geleitet werden. All diese Fragen der Kommunikation zwischen den verschiedenen Computern werden in einem Verbindungsplan festgelegt, der einen Kompromiss zwischen zwei Extremlösungen darstellt: einer Verbindung aller mit allen, die sich technisch nur schwer realisieren lässt, wenn die Zahl der miteinander zu verbindenden Computer einige Dutzend übersteigt; und einer Verbindung aller Computer mit einem Zentralrechner, der dann natürlich rasch überlastet sein kann.

In zweiter Linie betreffen die Möglichkeiten die Größe der einzelnen Rechner: Ist es sinnvoll, die Aufgaben in möglichst kleine Teilaufgaben zu zerlegen, die dann von Tausenden kleinster Rechner erledigt werden können, oder ist es besser, die Teilaufgaben größer zu wählen und sie von entsprechend großen Computern erledigen zu lassen? Auf diese Frage gibt es keine endgültige Antwort, und die Möglichkeiten bestehen stets weiterhin nebeneinander, so dass verschiedene Grade der Aufgabenteilung und der parallelen Bearbeitung denkbar sind.

Drittens schließlich betreffen die Möglichkeiten die Parallelverarbeitung selbst. Entweder ähnelt die Parallelverarbeitung einer Werkstatt, in der die Arbeiter parallel zueinander dieselben Tätigkeiten an verschiedenen Werkstücken ausführen; diese Form wird als SIMD bezeichnet (*Single Instruction/ Multiple Data* – ein Programm, verschiedene Daten); oder jeder Computer hat sein eigenes Programm und bearbeitet eigenständig einen bestimmten Teilbereich; das zugehörige Stichwort lautet MIMD (*Multiple Instruction/ Multiple Data* – verschiedene Programme, verschiedene Daten).

Trotz der in die Parallelverarbeitung gesetzten Hoffnungen und trotz beträchtlicher Fortschritte und Erfolge bei der Schaffung von Computerverbünden, in denen mehrere zehntausend Rechner miteinander kooperieren, bleibt doch die entscheidende Frage, wie die Programme zu gestalten sind, die auf solchen Parallelrechnern laufen, und wie der Gesamtprozess aufgeteilt werden kann, der aus den linearen Befehlsfolgen zahlreicher paralleler PROZESSE hervorgehen soll. Bei manchen Problemstellungen wie der Bildbearbeitung scheint die Lösung recht einfach zu sein, weil die Objekte, bei Bildern Tausende von Bildpunkten (siehe PIXEL), alle in derselben Weise und daher auch problemlos parallel bearbeitet werden können; aber bei den meisten anderen Programmen gestaltet sich die Aufteilung schwierig. Gegenwärtig versucht man, die Prozesse, die sich für eine Parallelverarbeitung eignen, auf automatischem Wege zu bestimmen und herauszulösen; aber es zeigt sich, dass man die Programme wahrscheinlich jeweils für bestimmte Parallelrechner schreiben muss und die einzelnen Parallelcomputer sich je nach den gewählten Optionen unterschiedlich gut für bestimmte Aufgaben eignen, so dass es in diesem Bereich zu einer Spezialisierung kommen dürfte. Wenn die Parallelverarbeitung sich durchsetzt, wäre dies also wohl das Ende des Computers als Alleskönner und Universalmaschine.

Parasitismus

Zur Vertiefung: ***Kommensalismus***

Parasitismus oder Schmarotzertum bezeichnet eine Situation, in der ein Organismus sich auf Kosten eines anderen entwickelt. Er unterscheidet sich vom KOMMENSALISMUS, bei dem einer der Organismen vom anderen profitiert, ohne ihm zu nutzen oder zu schaden, und von der Symbiose, in der das Zusammenleben für beide Organismen von Vorteil ist. Lebt der Parasit an der Körperoberfläche des Wirtes, nennt man ihn »Ektoparasit«, lebt er im Körperinneren »Endoparasit«.

Für den Menschen sind Flöhe Ektoparasiten und Bandwürmer Endoparasiten. Viren lassen sich als Zellparasiten einstufen.

Arten, die auf ein Leben als Parasiten spezialisiert sind, haben im Laufe ihrer Evolution gewisse Organe verloren, insbesondere Sinnes- und Bewegungsorgane, während sie andere besonders stark ausgebildet haben, vor allem solche, die mit der Fortpflanzung verbunden sind.

Parität

Der Begriff »Parität« geht auf das lateinische *par* (gleich), zurück; er bedeutet Gleichheit oder Gleichstellung.

Parität in der Informatik

Zur Vertiefung: ***Code; Codierung; Signal; Telekommunikationsnetz***

Gleichheit ist auch die Grundlage der Verwendung des Paritätsbegriffs in der INFORMATIK, und zwar im Zusammenhang mit Codes, die in der Lage sind, Übertragungsfehler selbsttätig zu erkennen.

Wenn zur Codierung einer Information N BIT, also N binäre Elemente erforderlich sind, die jeweils durch 0 oder 1 dargestellt werden, dann bezeichnet man als Paritäts- oder Prüfbit ein zusätzliches Bit, das an die betreffende Bitfolge angehängt wird. Dieses Prüfbit soll helfen, festzustellen, ob die gesendete und die empfangene Information gleich ist. Es ist gleich 0, wenn die Zahl der in der Bitfolge enthaltenen Einsen durch zwei teilbar ist; anderenfalls ist es gleich 1. Zum Beispiel hätte das Paritätsbit der mit 11 Bit codierten Zahl 11010000111 den Wert 0.

Nimmt man das Prüfbit hinzu, ist die Zahl der in den $N+1$ Bit des Codes enthaltenen Einsen stets durch zwei teilbar; tritt nun während der Übertragung der Bitfolge bei einem Bit ein Fehler auf, ist dies sogleich feststellbar, weil die Zahl der Einsen nun nicht mehr gerade ist. Treten in einer Bitfolge zwei Fehler auf, gleichen sie sich aus, und die Bitfolge wird fälschlich als korrekt interpretiert. Die Wahrscheinlichkeit, dass in einer einzelnen Bitfolge gleich zwei Fehler auftreten, ist allerdings sehr gering.

Parität in der Pyhsik

Zur Vertiefung: ***Ladungskonjugation; Symmetrie; Wechselwirkung in der Physik***

In der Physik bezeichnet man als Parität P eine Operation, die darin besteht, zumindest in Gedanken das Spiegelbild eines Experiments zu betrachten. Nehmen wir zur Verdeutlichung ein Experiment, bei dem zwei Teilchen miteinander kollidieren. Wendet man die Operation P darauf an, so heißt das, man realisiert dasselbe Experiment in Gedanken so, wie man es in einem Spiegel sähe. Die Teilchen bleiben dieselben, aber ihre Lage verändert sich, weil ihre Koordinaten durch die Operation gespiegelt werden.

Hier stellt sich nun die Frage, ob das aufgrund der Operation P nun spiegelbildliche Experiment auch in der Realität stattfinden könnte. Ist dies der Fall, sagt man, das Experiment respektiere die Parität; anderenfalls spricht man von einer Verletzung der Parität.

Lange Zeit glaubten die Physiker, sämtliche Naturgesetze respektierten die Parität, denn wenn wir irgendeine Anordnung im Spiegel betrachten, liegt es eigentlich auf der Hand, dass wir diese Anordnung auch in der Wirklichkeit realisieren können. Daher war man sehr überrascht, als man 1957 feststellte, dass die schwache Wechselwirkung die Parität verletzt. Die schwache Wechselwirkung ist für den Betazerfall verantwortlich, bei dem ein NEUTRON in ein PROTON, ein ELEKTRON und ein Antineutrino zerfällt. Die Verletzung der Parität scheint eine Besonderheit der schwachen Wechselwirkung zu sein.

Eine wichtige Rolle spielt die Operation P im Formalismus der Teilchenphysik, und zwar insbesondere über die so genannte CPT-Invarianz (siehe KAUSALITÄT). Wie der Name schon anzeigt, handelt es sich hier um das Produkt der drei Operationen C, P und T, wobei T für die Umkehrung der Zeitrichtung steht, P natürlich für die Parität und C für die so genannte Ladungskonjugation, das heißt eine formale Operation, bei der man ein Teilchen (auf dem Papier) in sein ANTITEILCHEN umwandelt und umgekehrt. Bildhaft kann man sich die Aussage der CPT-Invarianz etwa so vorstellen, dass die physikalischen Gesetze unserer realen Welt identisch mit den Gesetzen einer aus Antimaterie bestehenden Spiegelwelt sind, in der die Zeit rückwärts läuft. Sie steht also für eine gewisse Symmetrie zwischen Materie und Antimaterie. Insbesondere folgt daraus, dass Masse und Lebensdauer der instabilen Teilchen absolut identisch mit der Masse und Lebensdauer ihrer jeweiligen Antiteilchen sind (die Lebensdauer stabiler Teilchen ist definitionsgemäß unendlich).

Parkettierung

Von einer Parkettierung der Ebene durch eine geometrische Figur (Kachel oder Platte) spricht man, wenn es möglich ist, die Ebene durch Kopien dieser Figur vollständig zu bedecken. Das gilt zum Beispiel für das gleichseitige Sechseck (siehe *Abbildung 1*).

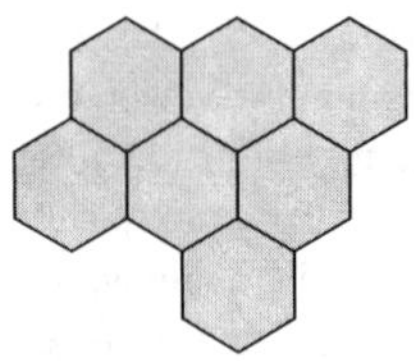

Abbildung 1

Umgekehrt ist es unmöglich, die Ebene mit einem gleichseitigen Achteck zu parkettieren, wohl aber mit einem solchen Achteck und einem Quadrat (siehe *Abbildung 2*).

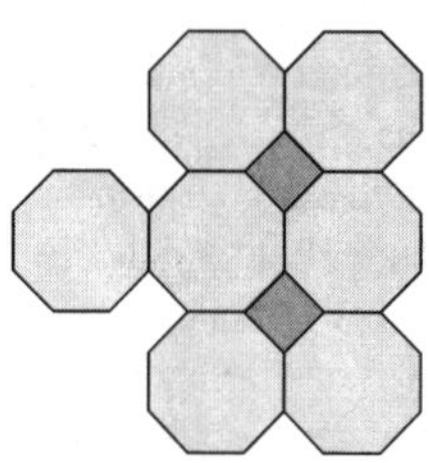

Abbildung 2

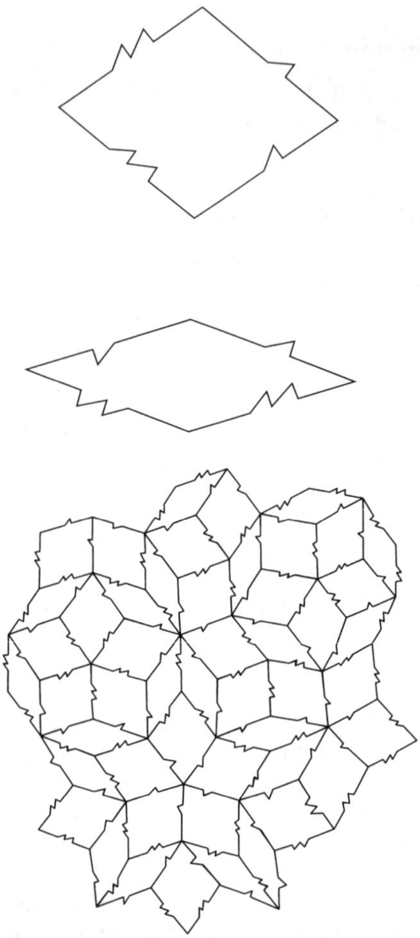

Abbildung 3 Quelle: Roger Penrose, *Emperor's New Mind: Concerning Computers, Minds, and the Laws of Physics*, Oxford 1991

Beide Beispiele sind periodisch, das heißt, es gibt zwei verschiedene Richtungen, in der die Parkettierung nach einer Verschiebung mit derselben Parkettierung zusammenfällt (so fällt die Parkettierung in *Abbildung 1* sowohl bei horizontaler als auch bei vertikaler Verschiebung mit sich selbst zusammen). Manche Figuren parkettieren die Ebene sowohl periodisch als auch nichtperiodisch. Und manche parkettieren sie nur nichtperiodisch. Die erste nichtperiodische Parkettierung wurde 1966 von Robert Berger entdeckt, aber sie besteht aus 20426 verschiedenen Figuren. *Abbildung 3* zeigt ein einfacheres Beispiel, das nur zwei Figuren umfasst.

Das Interesse am Problem der Periodizität von Parkettierungen wurde durch Hao Wang geweckt, der Anfang der 1960er Jahre Folgendes zeigte: Wenn jede Menge von Kacheln, die die Ebene parkettiert, dies auf periodische Weise tut, ist das Problem der Parkettierung entscheidbar (siehe BERECHENBARKEIT), das heißt, dann gibt es einen Algorithmus, mit dessen Hilfe man bestimmen kann, ob eine gegebene Menge von Kacheln die Ebene zu parkettieren vermag oder nicht. Robert Berger zeigte dann zunächst, dass dieses Problem unentscheidbar ist, und folgerte daraus die Existenz einer Menge von Kacheln, die die Ebene ausschließlich in nichtperiodischer Weise parkettiert.

Umgekehrt hat Roger Penrose gezeigt, dass manche nichtperiodischen Parkettierungen wie die in *Abbildung 4* nahezu invariant gegenüber einer Verschiebung sind.

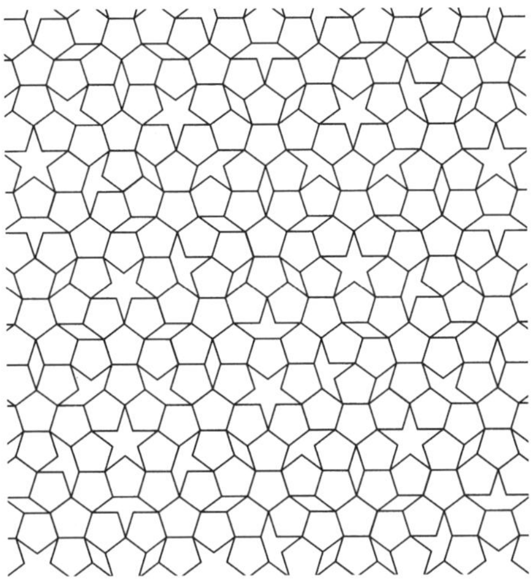

Abbildung 4 Quelle: Roger Penrose, *Emperor's New Mind: Concerning Computers, Minds, and the Laws of Physics*, Oxford 1991

Bei einer Verschiebung kehren sie zwar nicht exakt in die ursprüngliche Parkettierung zurück, aber sie können dem beliebig nahe kommen. Dasselbe gilt für eine Drehung um ein Fünftel.

Die Existenz solcher quasiperiodischen Parkettierungen hat überraschende Folgen im Bereich der Kristallographie. Ein Kristall wie etwa der in *Abbildung 5* dargestellte besteht aus einer gegenüber Verschiebung und Rotation invarianten Anordnung von Atomen und ähnelt darin einer periodischen Parkettierung.

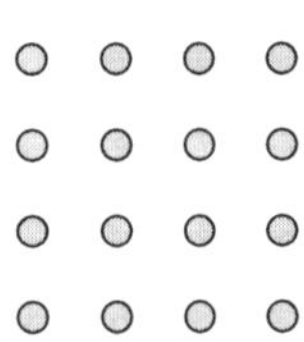

Abbildung 5

Tatsächlich lassen nur Drehungen um vier Winkel ein Kristall unverändert: eine halbe Drehung, eine Drittel-, eine Viertel- und eine Sechsteldrehung. Die Existenz der Penroseparkettierung macht nun Kristalle möglich, deren Anordnung bei einer Fünfteldrehung nahezu invariant bleibt (und die für die Kristalle dasselbe sind wie die quasiperiodischen Parkettierungen für die periodischen). Solch ein Quasikristall wurde 1984 erstmals von Dany Shechtman beobachtet (es handelt sich um eine Aluminium-Mangan-Legierung). Der Entstehungsprozess solcher Quasikristalle ist noch nicht vollständig geklärt; insbesondere scheint die Position der Atome nicht allein durch ihre Wechselwirkung mit den jeweiligen Nachbaratomen bestimmt zu sein, sondern durch das gesamte System. Das setzt einen nichtlokalen Entstehungsprozess voraus, der sich nur mit Hilfe der Quantenphysik beschreiben lässt.

Passat

Zur Vorbereitung: ***Corioliskraft***
Zur Vertiefung: ***allgemeine Zirkulation der Atmosphäre; Wind***

Am Äquator steigt warme, feuchte Luft auf und strömt in Richtung der subtropischen Zonen; dort sinkt sie wieder ab, nachdem sie auf ihrem Weg an Feuchtigkeit und Wärme verloren hat. Diese Luftmassen, die in niedriger Höhe von den subtropischen Hochdruckgebieten zu den äquatorialen Tiefdruckzonen strömen, werden durch die CORIOLISKRAFT abgelenkt. Dadurch kommt es zu einer beständigen Windbewegung, die auf der Nordhalbkugel als Nordost-, auf der Südhalbkugel als Südostwind in Erscheinung tritt. Die Windgeschwindigkeit übersteigt nur selten 18 km/h; das Verbreitungsgebiet erstreckt sich von etwa 30° nördlicher bzw. südlicher Breite bis zum Äquator. Diese Luftströmungen bezeichnet man als Passatwinde oder Passat.

Periode

Zur Vertiefung: ***Keplersche Gesetze; Wellenlänge***

Wenn eine Bewegung oder ein Phänomen sich in regelmäßigen Abständen auf dieselbe Weise wiederholt, bezeichnet man den Zeitraum, nach dem solch ein neuer Zyklus beginnt, als die Periode des betreffenden Phänomens. In der Astronomie ist die Periode eines aus zwei einander umkreisenden Körpern bestehenden Systems die Zeit, die vergeht, bis die beiden Körper gegenüber sehr fernen Objekten (z. B. den Fixsternen), mit denen sie nicht in

Wechselwirkung stehen, wieder dieselbe Position einnehmen. Der Umlauf der Erde um die Sonne besitzt eine Periode von 365,24219879 Tagen (siehe KALENDER). Und ein Tag ist die Periode der Eigendrehung unserer Erde, also der Zeitraum, in dem die Erde sich ein Mal um ihre eigene Achse dreht.

Schwingungsbewegungen, die sich regelmäßig wiederholen, besitzen gleichfalls eine Periode. Die Periode einer Schwingung ist der Kehrwert ihrer FREQUENZ, denn die Frequenz ist die Anzahl der Schwingungen (also letztlich der Perioden) pro Zeiteinheit.

Wenn ein Phänomen sich nicht in der Zeit, sondern im Raum wiederholt, spricht man manchmal auch von einer räumlichen Periode. Falls es sich dabei um eine Welle handelt, ist die räumliche Periode nichts anderes als die WELLENLÄNGE.

In der Mathematik bezeichnet man als Periode die feste, sich ständig wiederholende Ziffernfolge in unendlichen Dezimalbrüchen.

Periodensystem

Zur Vertiefung: ***Atom; Klassifikation; Koordination, Koordinationszahl***

Aufbau

Das Periodensystem des Chemikers ist eine KLASSIFIKATION der ELEMENTE, die ihre Ähnlichkeiten und Unterschiede hervorhebt. In Tabellenform listet es die chemischen Elemente aufsteigend nach ihrer Kernladungszahl (auch Ordnungszahl oder Atomnummer genannt) auf, also nach der Zahl der PROTONEN in ihrem Atomkern, angefangen mit Wasserstoff, dem einfachsten Element mit der Kernladungszahl eins.

Entwickelt wurde dieses Klassifikationssystem 1869 von dem russischen Chemiker Dmitri Mendelejew, gestützt auf Analogien in den chemischen Eigenschaften der einigen Dutzend Elemente, die zur damaligen Zeit bekannt waren. Dabei schreckte er nicht vor Vertauschungen zurück und setzte ein Element mit geringerer Atommasse hinter ein schwereres Element, und die Zukunft sollte ihm darin Recht geben. Er hatte auch die geniale Eingebung, Plätze für bis dahin noch unbekannte Elemente frei zu lassen, die später entdeckt wurden. Erst mit Entwicklung der QUANTENPHYSIK um 1930 wurde die organisatorische Rolle der Kernladungszahl erkannt und die Stichhaltigkeit der Mendelejew'schen Klassifikation bestätigt.

Verwendung

Das Periodensystem umfasst derzeit etwa 110 Elemente, und da ständig neue hergestellt werden, dürfte es wohl noch viele neue, superschwere Elemente aufnehmen, die durch Kernreaktionen erzeugt werden. Es dient dem tabellarischen Vergleich der Elemente innerhalb der Spalten (Gruppen) oder Zeilen (auch Perioden genannt).

Die Spalten oder Gruppen des Periodensystems entsprechen Elementen, die in ihrem Atom die gleiche Anzahl Elektronen auf der äußeren Schale aufweisen und sich daher in ihren chemischen Eigenschaften ähnlich sind. Der Gruppe I, die Alkalimetalle mit Lithium, Natrium, Kalium usw., ist gemeinsam, dass das neutrale Atom leicht ein Elektron abgibt und sich somit in ein positiv geladenes Ion wie Li^+ oder Na^+ umwandelt.

Bei einem horizontalen Vergleich der Elemente einer Reihe oder Periode des Periodensystems zeigt sich, dass die Anziehungskraft des Atomkerns auf Elektronen dieses oder eines anderen Atoms allmählich ansteigt, da die positive Kernladung von links nach rechts innerhalb der Periode wächst, zum Beispiel vom Lithium zum Neon. Diese Anziehungskräfte zwischen Elektronen und Atomkern bestimmen die mehr oder weniger große Stärke einer CHEMISCHEN BINDUNG (siehe auch POLARITÄT).

Der Nutzen der periodischen Klassifikation erwächst aus dem Prinzip der ANALOGIE: Wenn man die chemischen Eigenschaften eines Elements kennt, zum Beispiel des Eisens, lässt sich vorhersehen, dass sein Nachbar zur Rechten im Periodensystem, Nickel, ähnliche Eigenschaften besitzen muss (was tatsächlich der Fall ist). Diese Organisation des Wissens, die bei ihrer Entdeckung induktiv erfolgte, ist mittlerweile deduktiv, da sie sich vom Atombau und den Prinzipien der QUANTENCHEMIE ableiten lässt.

Peripherie

Zur Vertiefung: ***Computer; Einheit; Speicher, Gedächtnis***

»Peripherie« nennen wir die Randgebiete einer Stadt, und so ähnlich ist es auch beim Computer. Dort bezeichnet man als Peripherie sämtliche Geräte und Geräteteile, die sich im Umkreis des eigentlichen Gehirns eines Computers, also der Zentraleinheit und des Arbeitsspeichers, befinden und dessen Kommunikation mit der »Außenwelt« sicherstellen. Die Peripheriegeräte sind gleichsam Augen und Hände des Computers: Tastatur, Maus, Bildschirm, Drucker, Ein- und Ausgabegeräte jeglicher Art, Festplatte, Diskettenlaufwerk, CD-ROM-Laufwerk – all das gehört zur Peripherie.

Perkolation

Zur Vertiefung: ***kritische Phänomene; Phase***

Gießt man Kaffee mit Hilfe eines Filters auf, sucht sich das heiße Wasser mehrere Wege durch das poröse Medium des gemahlenen Kaffees; hat es sich einen Weg durch dieses Medium gebahnt, beginnt der Kaffee in die Kanne zu fließen; das Wasser ist durchgesickert. Entzündet sich ein Kiefernwald an mehreren Stellen, dehnen die Brandherde sich aus, indem das Feuer von einem Baum auf die benachbarten Bäume übergreift; vereinigen die Brandherde sich schließlich, steht der ganze Wald in Flammen; das Feuer hat sich durchgefressen. Auf Vorgänge dieser Art bezieht sich der Begriff der Perkolation.

In der Physik bezeichnet man als Perkolation einen Vorgang, der eine plötzliche qualitative Veränderung einer physikalischen Eigenschaft bewirkt, wenn eine bestimmte Grenze, die Perkolationsschwelle, erreicht ist.

Betrachten wir zum Beispiel ein Rohr, das mit kleinen Glaskugeln gefüllt ist; durch solch ein Rohr kann kein elektrischer Strom fließen, weil Glas ein Isolator ist. Mischt man einen geringen Anteil Metallkugeln unter die Glaskugeln, ändert sich an dieser Sachlage nichts, denn die Metallkugeln liegen so zerstreut zwischen den Glaskugeln, dass keine Verbindung zwischen ihnen besteht. Erst wenn der Anteil der Metallkugeln etwa 20 % erreicht, liegen sie so dicht beieinander, dass der elektrische Strom wenigstens einen Weg durch das Rohr findet. Dann ist die Perkolationsschwelle erreicht und das Rohr wird elektrisch leitend.

Die Perkolationstheorie gestattet die Erklärung zahlreicher physikalischer Phänomene, insbesondere das Auftreten eines Phasenübergangs, wenn ein stetig variierender Parameter einen kritischen Wert erreicht.

Permutation

Der mathematische Permutationsbegriff

Zur Vertiefung: ***Determinante; Galois-Theorie; Gruppe; Kombinatorik***

Eine Permutation ist eine bijektive Abbildung einer endlichen Menge A in sich selbst, also eine Abbildung, die jedem Element aus A ein Element derselben Menge zuordnet, so dass jedes Element aus A ein eindeutiges Urbild besitzt. So gibt es sechs Permutationen der Menge $\{1, 2, 3\}$ (siehe *Abbildung 1*).

i	j	k	l	m	n
1 → 1 2 → 2 3 → 3	1 → 2 2 → 1 3 → 3	1 → 1 2 → 3 3 → 2	1 → 3 2 → 2 3 → 1	1 → 2 2 → 3 3 → 1	1 → 3 2 → 1 3 → 2

Abbildung 1 Die sechs Permutationen der Menge {1, 2, 3}

Allgemein gilt: Besitzt eine Menge A insgesamt p Elemente, gibt es $p!$ (p-Fakultät) oder $1 \times 2 \times 3 \times \ldots \times (p-1) \times p$ Permutationen dieser Menge (siehe KOMBINATORIK).

Verkettet man die Permutationen j und k, so erhält man die Permutation n, denn die Zahl 1 wird zunächst durch die Permutation j in 2 umgewandelt und dann durch die Permutation k in 3; die Zahl 2 wird zunächst in 1 und dann in 1 umgewandelt, die Zahl 3 schließlich zunächst in 3 und dann in 2. Auf diese Weise kann man die »Verkettungstafel« dieser Permutationen konstruieren (siehe *Abbildung 2*).

	i	j	k	l	m	n
i	i	j	k	l	m	n
j	j	i	m	n	k	l
k	k	n	i	m	l	j
l	l	m	n	i	j	k
m	m	l	j	k	n	i
n	n	k	l	j	i	m

Abbildung 2 Verkettung der Permutationen der Menge {1, 2, 3}

Die Verkettung von Permutationen ist assoziativ (siehe GRUPPE). Das neutrale Element ist die Permutation, die jedem Element x aus A wiederum x selbst zuordnet. Jede Permutation f besitzt eine inverse Permutation g (die Permutationen i, j, k und l sind ihre eigenen Inversen, die Permutationen m und n sind wechselseitig invers). Die Menge der Permutationen der Menge {1, 2, 3} bildet daher eine Gruppe, und man kann leicht zeigen, dass dies für die Menge der Permutationen jeder beliebigen Menge gilt. Diese Operation ist dagegen nicht kommutativ: Die Permutation $k \circ j$ ist gleich n, während $j \circ k$ gleich m ist.

Eine Permutation, die zwei Elemente vertauscht, ohne die übrigen Elemente zu erfassen, wird als Transposition bezeichnet. So sind die Permutationen j, k und l Transpositionen, nicht aber die Permutationen i, m und n. Man kann leicht zeigen, dass man sämtliche Permutationen durch Verkettung von Transpositionen erhalten kann. Die Permutation m zum Beispiel erhält man durch Verkettung der Transpositionen l und k oder der Transpositionen k, l, j und k. Man kann zeigen, dass die Permutation m stets aus der Verkettung einer geraden Zahl (und nie aus der Verkettung einer ungeraden Zahl) von Transpositionen hervorgeht. Allgemein kann eine Permutation nicht zugleich in eine gerade und eine ungerade Zahl von Transpositionen zerlegt werden. Daher lassen sich Permutationen in zwei Gruppen einteilen (in gerade und ungerade), je nachdem, ob sie sich in eine gerade oder eine ungerade Zahl von Transpositionen zerlegen lassen.

Dieser Satz hat bedeutende Konsequenzen in der Algebra (siehe DETERMINANTE und GALOIS-THEORIE), aber auch einige spielerische Anwendungen. Bei dem aus 15 in einem Rahmen gegeneinander verschiebbaren Puzzelsteinen bestehenden 15-Puzzle etwa entsprechen alle Positionen, die man ausgehend von der in *Abbildung 3* gezeigten Konfiguration erreichen kann und bei denen das leere Feld sich in der rechten unteren Ecke befindet, geraden Permutationen dieser Ausgangsstellung.

1	2	3	4
5	6	7	8
9	10	11	12
13	14	15	■

Abbildung 3 Ausgangskonstellation des 15-Puzzles

Es ist daher unmöglich, die in *Abbildung 4* gezeigte Konstellation herzustellen, weil sie eine einfache Transposition (also eine ungerade Permutation) der Ausgangsposition darstellt.

1	2	3	4
5	6	7	8
9	10	11	12
13	15	14	■

Abbildung 4 Eine Konstellation, die sich nicht realisieren lässt.

Permutationen in der Chemie

Zur Vertiefung: ***Aktivierung; Äquivalenz; Umlagerung***

Unter gewissen Umständen können Atome ihre Position innerhalb einer Verbindung vertauschen, wobei das betreffende Molekül entweder unverändert bleibt oder sich in ein anderes umwandelt – wobei etwa ein Isomer entsteht, denn ISOMERE bestehen definitionsgemäß aus denselben Atomen, die lediglich anders angeordnet sind. Ein klassisches Beispiel für solch eine Vertauschung ist das Phosphorpentafluorid PF_5, denn es zeigt ein scheibar paradoxes Verhalten. Die Verbindung besitzt die in *Abbildung 5* dargestellte Geometrie.

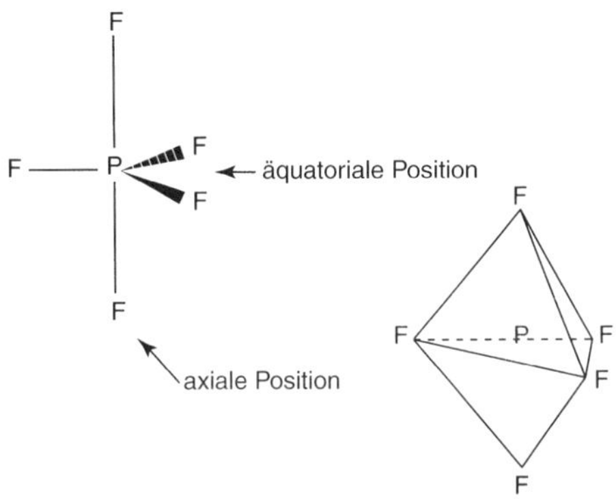

Abbildung 5 Geometrie des Phosphorpentafluorid-Moleküls unter zwei äquivalenten Perspektiven. Die Phosphor-Fluor-Bindung ist in axialer Richtung sehr viel länger als in äquatorialer.

Zwei Fluoratome besetzen den Nord- und den Südpol; sie befinden sich in axialer Position; die drei übrigen Fluoratome liegen in der Äquatorebene und befinden sich damit, wie man sagt, in äquatorialer Position an den Ecken eines gleichseitigen Dreiecks, das die gemeinsame Basis zweier Pyramiden bildet. Beobachtet man diese Struktur mit geeigneten Techniken sehr kurzzeitig, werden die zwei verschiedenen Bindungsarten deutlich.

Bei anderen Verfahren, die nur die mittlere Struktur des Moleküls erfassen, wird nur ein einziger Bindungstyp P—F sichtbar, als umkreisten die fünf Fluoratome das im Zentrum gelegene Phosphoratom mit konstantem Abstand auf einer Sphäre.

Die Auflösung des Paradoxons liegt in folgendem Vorgang: Wenn wir die Fluoratome von 1 bis 5 durchnummerieren und die jeweils in axialer Position befindlichen Atome kursiv schreiben, erhalten wir folgende zehn Permutationen: (*12*345) (*13*245) (*14*235) (*15*234) (*23*145) (*24*135) (*25*134) (*34*125) (*35*124) (*45*123).

Die sehr rasch erfolgende wechselseitige Vertauschung (deren REAKTIONSMECHANISMUS noch nicht gefunden wurde) ist verantwortlich für die scheinbare ÄQUIVALENZ der fünf Fluoratome, wenn die Beobachtungszeit länger ist als die für die Vertauschung benötigte Zeit, während man die Atome bei einer sehr kurzzeitigen Beobachtung innerhalb der Geometrie oder KONFORMATION des Moleküls in zwei verschiedene Gruppen unterteilen kann. Erkennen kann man diese Unterschiede mit der Infrarotspektroskopie, nicht aber mit der magnetischen Kernresonanz-Spektroskopie, die ein längeres »Zeitfenster« besitzt.

Perowskit

Zur Vertiefung: ***Erdaufbau; Kristall; Mineralien***

Perowskit oder Calciumtitanat $CaTiO_3$ ist ein akzessorischer Bestandteil metamorpher GESTEINE, der als Mineral unbedeutend ist. Von großer Bedeutung ist dagegen die so genannte Perowskit-Struktur, die nach seiner Kristallstruktur benannt ist (siehe *Abbildung 1*). Viele Kristalle dieser Struktur haben technisch interessante elektrische Eigenschaften. Das gilt insbesondere für neue keramische Hochtemperatur-Supraleiter.

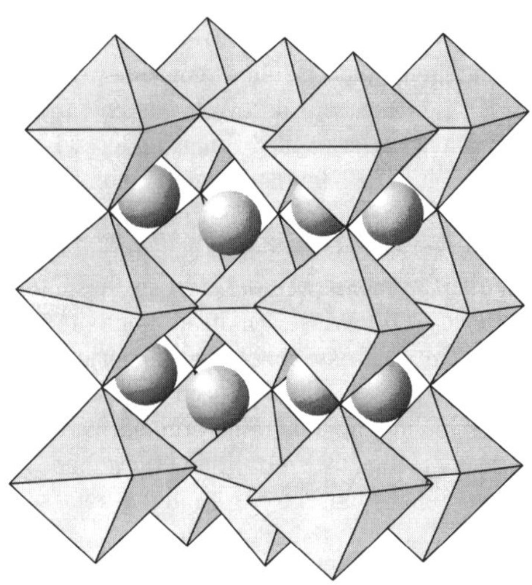

Abbildung 1

Die überaus kompakte Perowskit-Struktur ist auch unter hohen Drücken stabil und kommt unter anderem bei den Hauptbestandteilen des Erdmantels wie Magnesium- und Eisensilicaten $(Mg, Fe)SiO_3$ vor. Hier besteht sie aus einem Gerüst von SiO_6-Oktaedern, die jeweils an den Eckpunkten verbunden sind. Das Siliciumatom befindet sich im Zentrum des

Oktaeders und ist von Sauerstoffatomen an den Eckpunkten umgeben. Die Magnesium- oder Eisenatome liegen zwischen diesen Oktaedern.

Bedenkt man, dass dieses Mineral vermutlich etwa die Hälfte des Erdvolumens ausmacht, dürfte die Bedeutung, die man der Perowskit-Struktur beimisst, wohl keineswegs übertreiben sein.

Phänomen

Zur Vertiefung: ***Objekt; Phänomenalismus; Realismus; Realität***

Das Phänomen (griechisch: *phainomenon*) bezeichnete ursprünglich ein Himmelsereignis, eine »Erscheinung« (griechisch: *phainesthai*, erscheinen). Der griechische Grundsatz für die Erkenntnis der Welt, »die Erscheinungen zu retten«, könnte auch bedeuten, »die Erscheinungen zu wahren«, also eine Theorie nicht zu akzeptieren, deren Inhalt nicht mit den Beobachtungsdaten übereinstimmt.

In der Folgezeit präzisierte die philosophische Sprache den Begriff des Phänomens dahingehend, dass er alles bezeichnete, »was in der Beobachtung der Welt wahrnehmbar ist«. Dank unserer fünf Sinne baden wir in einer Welt der Phänomene, und in dem Maße, wie die Wissenschaften die uns umgebende Welt erforschen, befassen sie sich unmittelbar mit den Phänomenen, die sich in ihr manifestieren. Die Wissenschaften können nun durch Entwicklung abstrakter Theorien, die sich immer noch auf die durch Beobachtung gewonnenen Informationen stützen, von der Wahrnehmung zur Konzeption übergehen.

Zwei philosophische Strömungen befassen sich unmittelbar mit der Analyse von Phänomenen. Die Phänomenologie (Edmund Husserl, Maurice Merleau Ponty) definiert sich als Wissenschaft der »Formen«, die sie als Erscheinungen untersucht. Der PHÄNOMENALISMUS ist eine Theorie der Erkenntnis, als deren Hauptvertreter David Hume, Immanuel Kant und Ernst Mach gelten können.

Phänomenalismus

Zur Vorbereitung: ***Phänomen***

Als Phänomenalismus bezeichnet man eine philosophische Strömung, die von David Hume (1711–1776) über Immanuel Kant (1724–1804) bis zu Ernst Mach (1838–1916) reichte. Sie verkörperte den Versuch, die wahrgenommene Welt als Kette von Phänomenen zu begreifen, die mehr oder weniger kohärent aufeinander folgen wie die Sequenzen eines Kinofilms (wenn man vom Anachronismus dieses Vergleichs einmal absieht).

Zur eigenständigen philosophischen Strömung entwickelte sich der Phänomenalismus, als Hume den Kausalzusammenhang als Abfolge zweier Ereignisse definierte, eines früheren, der so genannten Ursache, und eines späteren, der so genannten Wirkung (siehe KAUSALITÄT).

Diese Richtung schlug auch Immanuel Kant ein. Nach seiner Auffassung können wir einen bestimmten Gegenstand (siehe OBJEKT) nur in der Wechselwirkung zwischen seiner Beschaffenheit und unseren Kategorien der Wahrnehmung, der Raum-Zeitlichkeit und der Vernunft erkennen. Jeder wahrgenommene Gegenstand ist somit Erscheinung, Phänomen, dem Kant das Noumenon entgegenstellte, das bloß Gedachte, also jene Realität des Gegenstandes, die sich unseren Erkenntnismöglichkeiten entzieht und uns immer unbekannt bleiben wird. Die Welt der Phänomene ist die Welt, die wir kennen. Sie ist eingebettet in den (dreidimensionalen) RAUM und die (lineare, irreversible) ZEIT.

Im Werk Ernst Machs erfuhr der Phänomenalismus eine drastische Wende. Für ihn war die Welt der Phänomene der Ort der Gesamtheit unserer Erkenntnisse über die Welt.

Darüber hinaus lassen sich zahlreiche Phänomene als völlig identisch sehen, da es uns unmöglich ist, sie voneinander zu unterscheiden. So wären die Phänomene, die man wahrnimmt, und alle Kräfte, die sich manifestieren (vor allem die Zentrifugalkraft), identisch, ob die Erde unbewegliche Sterne umkreist oder die Sterne um eine unbewegliche Erde kreisen. Trotz der großen Kluft zwischen diesen beiden Ereignissen handelt es sich um das gleiche Phänomen, da sie für unsere Wahrnehmung nicht zu unterscheiden sind.

Diese Vorstellung von der Relativität der Bewegung sollte eine wichtige Rolle in der RELATIVITÄTSTHEORIE Albert Einsteins spielen.

Phänomene, kritische

→ ***kritische Phänomene***

Phänotyp, Genotyp

Zur Vertiefung: ***Allel; Dominanz, Rezessivität; Genkartierung; Hybride***

Mikroorganismen sind einfache Lebewesen, die nur mit einem einfachen Chromosomensatz ausgestattet sind und daher von jedem Gen nur ein Exemplar besitzen (sie sind haploid). Aufgrund dieser Tatsache besteht bei BAKTERIEN ein unmittelbarer Zusammenhang zwischen der Molekularstruktur eines jeden Gens der Einzelbakterie, also ihrem Genotyp, und den beobachtbaren Merkmalen, die sie ausprägt, also ihrem Phänotyp (griechisch *phanein*, zeigen, und *typos*, Gestalt). Dies gilt nicht für komplexere Organismen wie Pflanzen und Tiere, deren Körperzellen jeweils zwei Genome und somit von jedem Gen zwei Exemplare oder Allele enthalten, die im Allgemeinen unterschiedliche Merkmale besitzen (sie sind diploid).

Der Mönch Gregor Mendel beobachtete das Erscheinungsbild von Erbsenpflanzen und notierte sorgfältig bestimmte Merkmale wie die Farbe der reifen Samen, die gelb oder grün sein konnte. Bei Kreuzungsversuchen zwischen zwei reinerbigen Erbsensorten, von denen eine gelbe und die andere grüne Samen hervorbrachte, stellte er fest, dass alle erhaltenen Pflanzen gelbe Erbsen hervorbrachten: Das Allel für die Farbe Gelb ist dominant gegenüber dem Allel für die Farbe Grün, das man daher rezessiv nennt. Die Selbstbefruchtung dieser gelbsamigen Erbsenhybriden, die aus der ersten Generation hervorgegangen waren, brachte Erbsenpflanzen mit gelben Samen, aber auch Pflanzen mit grünen Samen hervor: Das rezessive Merkmal war in der zweiten Generation wieder aufgetaucht. Grünsamige Erbsenpflanzen, die untereinander gekreuzt werden, bringen immer Pflanzen mit grünen Samen hervor; ihr Phänotyp entspricht ihrem Genotyp: zwei rezessiven Allelen. Bei gelbsamigen Erbsenpflanzen ist der Genotyp nur anhand ihrer Nachkommen zu erkennen: Wenn sie mit sich selbst gekreuzt nur Erbsenpflanzen mit gelben Samen hervorbringen, besitzen sie zwei Allele für die Farbe Gelb (sind also reinerbig oder homozygot); wenn sie auch Pflanzen mit grünen Erbsen hervorbringen, besitzen sie ein Allel für die Farbe Gelb und ein Allel für die Farbe Grün (sind also HYBRIDEN oder Heterozygoten).

Seit die Molekulargenetik Mittel entwickelt hat, Gene unmittelbar auf der Ebene der DNA-Kette zu analysieren und die verschiedenen Allele zu unterscheiden, bietet sich die Möglichkeit, Erkenntnisse über den Genotyp zu gewinnen, ohne die Nachkommen untersuchen zu müssen. Die Allele an vielen Genomabschnitten gleichzeitig zu analysieren dient zur Erstellung von Genkarten (siehe GENKARTIERUNG) und ermöglicht es, jedes Individuum einer Art auf spezifische Weise zu charakterisieren und zu identifizieren (siehe GENTEST). Die Entdeckung von Allelen bestimmter Gene dient der pränatalen Diagnostik von Erbkrankheiten oder einer Prädisposition für Krebserkrankungen. Da es nicht mehr notwendig ist, den im Laufe von Generationen vererbten Phänotyp zu beobachten, um Erkenntnisse über den Genotyp zu gewinnen, was sehr viel Zeit beansprucht, ist der Weg frei zur Entwicklung einer prognostischen Genetik und ihrer medizinischen Anwendungen.

Phase

Zur Vertiefung: ***Kristall; kritische Phänomene; Schmelzen***

Spielereien

Mit einer Packung Spaghetti lassen sich verschiedene Spielchen anstellen. Wenn sie ursprünglich die Form eines Quaders hat, so können wir die Nudeln zu einem Zylinder mit kreisrunder Grundfläche anordnen und damit eine andere Form von Ordnung erreichen. Wir können die Nudeln auch kochen, dann liegen sie nicht mehr parallel zueinander, sondern wirr ineinander verschlungen in einer Konfiguration, die sich jeder einfachen Beschreibung entzieht.

Das Pendant zu solchen Spielereien auf mikroskopischer Ebene nennt man Phasenumwandlung. Wie bei unseren Spaghetti gibt es zwei Arten von Phasenumwandlungen. Bei manchen ändert sich die Konfiguration der verschiedenen Elemente auf mikroskopischer Ebene, ohne dass sich die Unordnung, also das Maß der Entropie, erhöht (sie entsprechen einer Formänderung der Verpackung unserer ungekochten Spaghetti). Andere Phasenumwandlungen wie die Änderungen der Zustandsformen (zum Beispiel der Übergang vom flüssigen zum gasförmigen Zustand) gehen mit einer Änderung der Entropie bei Erreichen der Umwandlungstemperatur einher (sie ähneln dem Kochen unserer Spaghetti).

Beispiele für Phasenumwandlungen

Wenn die Temperatur unter 0 °C sinkt, geht flüssiges Wasser unter normalen Druckverhältnissen sprunghaft in Eis über: Das ist eine Phasenumwandlung. Kühlt man bestimmte Metalle auf sehr niedrige Temperaturen ab, die nur einige Grad über dem absoluten Nullpunkt der Kelvinskala liegen (–273,15 °C), so sinkt ihr elektrischer Widerstand abrupt gegen null: Auch das ist eine Phasenumwandlung vom Normalzustand (Leitfähigkeit) zur Supraleitfähigkeit. Allgemein spricht man von Phasenumwandlungen eines physikalischen Systems, wenn bestimmte mit ihm verbundene makroskopische Größen bei einer klar definierten Temperatur, der so genannten kritischen Temperatur, eine Diskontinuität aufweisen. So ist zum Beispiel bei der Verdampfung oder Kristallisation einer Flüssigkeit eine temperaturabhängige Diskontinuität der Dichte zu beobachten.

Auch in der Chemie gibt es Beispiele für Phasenumwandlungen. Löst man ein Polymer (also eine Aneinanderreihung von Molekülen) wie das Poly-Benzol-L-Glutamat (PBLG) bei Zimmertemperatur in bestimmten Flüssigkeiten, so verdrillt sich jedes Molekül schraubenförmig und nimmt eine starre Stäbchenform an wie ein ungekochtes Spaghetti. Das PBLG in seiner Lösung hätte demnach Ähnlichkeit mit einer Packung Spaghetti, die man hat fallen lassen und die sich in alle Richtungen verstreut haben. Nun kann man das PBLG auch wieder ordnen, zum Beispiel mit Hilfe eines Magnetfeldes (siehe Feld), das die Moleküle parallel ausrichtet, wenn man die PBLG-Lösung zwischen die Pole eines Magneten stellt. Auch eine ähnliche Wirkung wie bei den gekochten Spaghetti lässt sich auf mikroskopischer Ebene erzielen: Fügt man der PBLG-Lösung eine ausreichende Menge einer Säure hinzu, so zerstört sie die schraubenförmige Konformation (also die Geometrie des Ganzen) eines jeden Moleküls, das sich entrollt und verwickelt wie ein Wollknäuel, mit dem eine Katze gespielt hat, oder wie das einzelne Spaghetti, das vom rohen in den gekochten Zustand übergeht.

In einer Flüssigkeit können die einzelnen Moleküle trotz der thermischen Bewegung, die sie in völlige Unordnung bringen müsste, ein gemeinsames Verhalten an den Tag legen, als sei es von einem Feldwebel koordiniert. Es sind chemische Reaktionen wie die so genannte Belousov-Zhabotinskii-Reaktion bekannt, in deren Verlauf über Stunden hinweg auf makroskopischer Ebene Streifen und verschiedene Färbungen zu beobachten sind, die in überaus regelmäßigen Abständen auftauchen und wieder verschwinden. Solche Prozesse, bei denen sich fernab vom thermodynamischen Gleichgewicht unter Energieverbrauch Ordnung einstellt und die Entropie lokal abnimmt, bezeichnet man als dissipative Strukturen; ihre theoretische Erforschung trug Ilya Prigogine 1977 den Nobelpreis ein (siehe Thermodynamik).

In der Geophysik (siehe Geowissenschaften) spielen Phasenumwandlungen eine wichtige Rolle bei Mineralien, da sie bei zunehmender Temperatur und wachsendem Druck im Erdinneren von einer Phase in die andere übergehen (siehe Polymorphie). Unter hohem Druck haben die Phasen immer eine höhere Dichte als unter niedrigerem Druck. In Tiefen von über 670 km sind die Siciliumatome der Silicate von sechs Sauerstoffatomen statt von vieren umgeben, wie es unter geringerem Druck der Fall ist. Es ist wichtig, für die jeweiligen Stoffe die Druckverhältnisse zu bestimmen, unter denen bei verschiedenen Temperaturen eine Phasenumwandlung erfolgt.

Der Schlüssel zur Phasenumwandlung

Eine Phasenumwandlung zeigt sich nur auf makroskopischer Ebene. Lange hat man versucht, sie anhand der mikroskopischen Struktur des Stoffes zu erklären, also anhand der Atome und Moleküle, aus denen er besteht. Müsste es nicht bei Erreichen der Umwandlungstemperatur zu einer drastischen Änderung in den Wechselwirkungen zwischen den Atomen kommen, die sich in der Phasenumwandlung widerspiegelt? Diese lange umstrittene Frage wurde erst entschieden, als der Physiker Lars Onsager 1944 als Lösung ein Modell vorstellte, in dem temperaturunabhängige Elementarkräfte zwischen Atomen bei einer bestimmten Temperatur zu einer Diskontinuität der makroskopischen Eigenschaften führen, ohne dass die Struktur der Atome davon unmittelbar betroffen wäre. Allem Anschein nach ermöglicht allein die große Zahl der beteiligten Atome oder Moleküle das Eintreten des Phasenübergangs.

Auf atomarer Ebene unterscheidet sich WASSER nicht von Wasserdampf oder Eis. Im Übergang von einer Zustandsform in die andere drückt sich lediglich eine Änderung des Ordnungszustandes des Gesamtgebildes aus, eine Änderung, die nur von Temperatur und Druck gesteuert wird. Anders gesagt, wenn eine Flüssigkeit in den festen oder gasförmigen Zustand übergeht, ändert sich in den einzelnen Atomen oder Molekülen nichts.

Phasenumwandlungen gehören zu den so genannten KRITISCHEN PHÄNOMENEN, deren Erklärung ausschließlich in Wechselwirkungen auf mikroskopischer Ebene zu suchen ist – eine Erkenntnis, die einen der großen Fortschritte in der theoretischen Physik der zweiten Hälfte des 20. Jahrhunderts ausmacht.

Philosophenproblem

Zur Vertiefung: ***Expertensystem; künstliche Intelligenz; Lösung von Problemen***

Dieses Problem wurde 1971 von dem Informatiker Edsger Wybe Dijkstra entwickelt: Fünf Philosophen sitzen an einem runden Tisch, und vor jedem steht ein Teller Spaghetti. Schweigend denken und essen sie abwechselnd, brauchen zum Essen aber jeweils zwei Gabeln, die unmittelbar rechts und links von ihrem Teller liegen. Auf dem Tisch befinden sich aber nur insgesamt fünf Gabeln zwischen den Tellern, so dass höchstens zwei einander nicht unmittelbar benachbarte der fünf Philosophen gleichzeitig essen können (siehe *Abbildung 1*).

Abbildung 1 Die Philosophen und die Spaghetti

Welche Übereinkünfte müssen die Philosophen treffen, damit schließlich jeder von ihnen nach einer bestimmten Zeit einmal die beiden Gabeln zur Verfügung hat, die er braucht, um seinen Hunger zu stillen und nicht an Entkräftung zu sterben? Der Rahmen ist ungewöhnlich, das Rätsel überraschend; dennoch verstecken sich dahinter für Informatiker äußerst praktische Fragen: Die Philosophen stehen für informationstechnische PROZESSE, die Gabeln für Ressourcen und die beiden Zustände der Philosophen, »essen« und »denken« für zwei verschiedene Phasen der Prozesse, von denen einer, das »Essen«, knappe Ressourcen verbraucht, die geteilt werden müssen. Dazu kommt noch, dass es keinen Gastgeber und keine äußere Autorität gibt, die von sich aus die Verteilung der Gabeln regeln könnten.

Probleme dieser Art versuchen die Entwickler von BETRIEBSSYSTEMEN zu lösen.

Photochemie

Zur Vertiefung: ***Farbstoff; interne Rotation; Isomere; Photon***

Die Photochemie befasst sich mit allen chemischen Reaktionen, die durch Absorption oder Emission von Licht und nicht durch Erwärmung ausgelöst werden. Es gibt also zwei Klassen chemischer Umwandlungen: solche, die auf photochemischem Wege erfolgen, und solche, die auf thermischem Wege erfolgen. Neben den zahlreichen natürlich vorkommenden thermischen Reaktionen gibt es in der Natur auch Beispiele für photochemische Reaktionen: Eine Lichtemission wie die Biolumineszenz (zum Beispiel bei Leuchtkäfern oder Meeresorganismen) ist Begleiterscheinung einer chemischen Reaktion. Unter den Techniken, die sich photochemische Prozesse zunutze machen, ist vor allem die Fotografie zu nennen.

Absorption des Lichts

Dass die Welt bunt ist, liegt unter anderem an der Tatsache, dass viele chemische Stoffe Licht im Bereich des sichtbaren Spektrums absorbieren und dadurch die Farbe der nicht absorbierten, also reemittierten Lichtstrahlung annehmen: Ein Stoff, der rotes Licht absorbiert, ist blau und umgekehrt.

Es ist sinnvoll, Licht zum einen als Welle und zum anderen als Korpuskel zu sehen. Die Lichtkorpuskeln bezeichnet man als Photonen. Jede Lichtstrahlung oder Welle, die eine bestimmte Wellenlänge λ (Lambda) und somit eine Frequenz ν (Ny) gleich c/λ hat, wobei c für die Lichtgeschwindigkeit steht, entspricht nach der von Max Planck eingeführten Quantentheorie einem Photon mit einer Energie von $E=h\nu$, die sich aus der Multiplikation der Strahlungsfrequenz ν mit der Konstanten h, dem so genannten Planckschen Wirkungsquantum, errechnet (siehe NATURKONSTANTEN).

Aus diesem proportionalen Verhältnis zwischen Energie und Frequenz eines Photons ergibt sich, dass ein blaues Photon energiereicher ist als ein rotes, da es eine höhere Frequenz hat (im Gegensatz zu dem Eindruck, den uns die farbliche Kennzeichnung für Kalt- und Warmwasserhähne vermittelt).

Was geschieht nun, wenn Licht, zum Beispiel Sonnenlicht mit all seinen Photonen unterschiedlicher Energie, auf Materie trifft? Die photochemischen Prozesse lassen sich anhand der Absorption bestimmter Farben und damit ihrer Wellenlängen verdeutlichen: Auf mikroskopischer Ebene ist zu beobachten, dass die Materialprobe die Lichtenergie mittels ihrer Elektronen absorbiert, die nach eben dieser Planckschen Theorie auf verschiedenen Energieniveaus verteilt sind.

Bei Dunkelheit sind die Elektronen alle paarweise auf der niedrigsten Energiestufe verteilt. Bei Licht wird im einfachsten Fall ein Elektron auf eine freie höhere Energiestufe befördert. Es wechselt die Etage wie ein Möbelstück, das man vom Erdgeschoß auf den Dachboden trägt. Dazu muss das gesamte Elektronensystem des Atoms oder Moleküls die Energiemenge aufnehmen, die es ihm ermöglicht, vom Energieniveau E_1 auf das Energieniveau E_2 überzugehen. Es muss also ein Photon mit der Energie $h\nu$ gleich E_2-E_1 absorbieren und nutzt dazu unter allen Wellenlängen, also unter allen verfügbaren Farben, nur jene, die es ihm ermöglichen, das Energieniveau zu ändern nach der Gleichung $E_2-E_1=h\nu$.

Energiemengen

Während sich in einem Haus die Distanz zwischen den Stockwerken in einer Größenordnung von einigen Metern bewegt, liegt bei den Molekülen der organischen Chemie und somit auch der Biologie der Unterschied zwischen freien Elektronenniveaus und doppelt besetzten Elektronenniveaus in einer Größenordnung von etwa 100 Kilokalorien pro Mol. Da diese Energiemenge häufig genügt, um eine chemische Bindung zwischen zwei Atomen aufzubrechen, ist es nicht überraschend, dass die von einem Molekül absorbierte Lichtenergie zur Aufspaltung chemischer Bindungen führen kann, was eine Strukturänderung nach sich zieht.

Dies lässt sich an einem einfachen Beispiel zeigen. Das Dichlorethylenmolekül kann nur in zwei Energiezuständen vorkommen (siehe *Abbildung 1*), im Grundzustand, der dem »Keller« entspricht (links), und im angeregten Zustand, der dem »Speicher« entspricht (rechts).

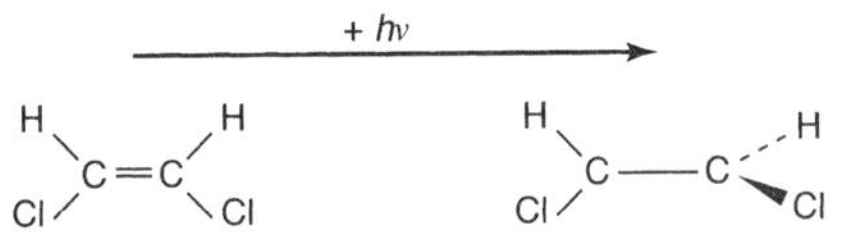

Abbildung 1

Bei Dunkelheit befinden sich alle Elektronen der Dichlorethylenmoleküle im Grundzustand, also »im Keller«. Bei Licht steigen ein oder mehrere Elektronen der Moleküle, die ein Photon absorbiert haben, »auf den Speicher«, gehen also in den angeregten Zustand über, wodurch sich die räumliche Anordnung des Moleküls verändert. Im Grundzustand befinden sich alle Atome des Moleküls auf einer Ebene, und die Elektronen der Doppelbindung gehören paarweise beiden Kohlenstoffatomen an. Da diese Elektronen im angeregten Zustand, also »auf dem Speicher«, nicht mehr paarweise angeordnet sind, können sich die Ebenen der beiden Atomgruppen CHCl rechtwinklig zueinander verschieben.

Wenn nun das Elektron vom »Speicher« wieder in den »Keller« zurückkehrt, also vom angeregten Zustand in den Grundzustand (wobei es ein Photon $h\nu$ abgibt), kann das Molekül zwei verschiedene räumliche Anordnungen annehmen: Entweder befinden sich die beiden Chloratome Cl auf derselben Seite der Kohlenstoffdoppelbindung C=C oder aber gegenüberliegend (siehe *Abbildung 2*).

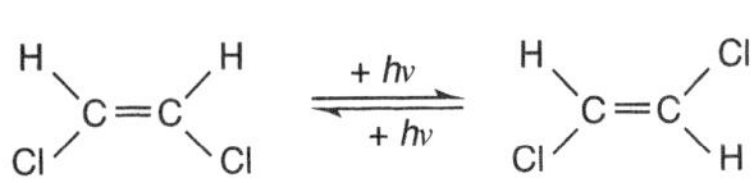

Abbildung 2

Das Licht hat also dieses Molekül isomerisiert, das heißt, es hat die Stellung der Atome zueinander, nicht aber ihre Anzahl oder Beschaffenheit verändert (siehe ISOMERE). Diese Isomerisierung kann in beiden Richtungen erfolgen: Ein Gleichgewicht zwischen den beiden stabilen Formen des Dichlorethylenmoleküls stellt sich über den oben beschriebenen rechtwinkligen Übergangszustand (»Speicher«) ein.

Anwendungen

Lassen sich solche Isomerisierungen durch Licht gewinnbringend nutzen? Die Natur tut dies ständig. Unsere Sicht der Welt und der Dinge ist nur möglich, weil ein Molekül in der Retina des Auges, das so genannte Retinal, bei der Absorption eines Photons um eine Doppelbindung isomerisiert, also eine Hälfte des Moleküls sich gegenüber der anderen um 180° dreht. Dies löst eine komplexe Abfolge von Vorgängen aus, die schließlich zur Übermittlung eines Nervenimpulses an das Gehirn führen.

Eine völlig andere Anwendungsmöglichkeit liegt in der Speicherung von Sonnenenergie durch Isomerisierung bestimmter stabiler Moleküle in eine instabile, aber äußerst energiereiche Form. Man hat bereits Katalysatoren entwickelt, die eine so gespeicherte Energie freisetzen und die ursprüngliche stabile Molekularstruktur wiederherstellen.

Eine ähnliche Anwendung nutzt die Sonnenenergie zur photochemischen Spaltung des Wassermoleküls nach der Reaktionsgleichung $H_2O \xrightarrow{+h\nu} H_2 + (^1/_2)O_2$. Der so produzierte Wasserstoff lässt sich als Brennstoff nutzen, der sich dadurch auszeichnet, dass er bei der Verbrennung kein Kohlendioxid freisetzt.

Doch kehren wir zu der Tatsache zurück, dass die Energie eines Photons der Differenz zwischen zwei Energieniveaus von Elektronen entspricht. Diese Energieniveaus lassen sich anhand der Verteilung der Atome im Molekül berechnen. Umgekehrt kann man ein Molekül so berechnen, dass es Licht bestimmter Wellenlängen absorbiert. So werden zum Beispiel chemische Erzeugnisse für Sonnenschutzmittel entwickelt, um die Haut vor Krebs zu schützen.

Photon

Zur Vertiefung: ***Elektromagnetismus; Laser; Licht; Quantenphysik***

Im Jahr 1900 stellte Max Planck das Postulat auf, dass der Energieaustausch zwischen elektromagnetischer Strahlung (Licht) und Materie nur diskontinuierlich in Paketen, den so genannten Quanten, erfolgen könne (vom lateinischen *quantum*: »wie viel« oder »so viel«; siehe SCHWARZER KÖRPER). Die Energie dieser Pakete wächst mit der FREQUENZ der betreffenden Strahlung: Ein monochromatisches Licht der Frequenz ν tauscht Energie nur in Paketen aus, deren kleinstes den Wert $h\nu$ besitzt, wobei h eine neue Naturkonstante ist, das so genannte Plancksche Wirkungsquantum (siehe NATURKONSTANTEN). Genauer gesagt, die ausgetauschten Pakete können nur die Werte $h\nu$, $2h\nu$, $3h\nu$ etc. annehmen, andere Werte sind bei der betreffenden Frequenz nicht möglich. Diese Situation ist mit den Packungsgrößen bei Wein, Bier oder Milch vergleichbar, die zwar in beliebigen Mengen vorkommen, aber im Supermarkt nur in Flaschen bestimmter Größe gekauft werden können.

Max Planck wusste nicht, wie er seine Entdeckung interpretieren sollte, zumal er anfangs darin lediglich einen »Kunstgriff« erblickte, um bestimmte Probleme im Zusammenhang mit dem Schwarzen Körper zu lösen. Erst 1905 verlieh Albert Einstein den Lichtquanten echte physikalische Konsistenz und erklärte mit ihrer Hilfe die Gesetze des photoelektrischen Effekts, bei dem ein mit Licht bestrahltes Metall ELEKTRONEN emittiert. Er stellte das klassische Modell des Lichts infrage, wonach es sich beim Licht um elektromagnetische Wellen handelte, und schrieb dem Licht als solchem, und nicht nur dem Energieaustausch, korpuskularen Charakter zu. Danach verteilt sich die Energie einer Strahlung gleichsam auf zahlreiche »Körnchen«, die jeweils ein Energiequantum tragen, deren Betrag sich proportional zur Frequenz verhält. Wenn wir den Vergleich mit dem Bier nochmals aufgreifen, behauptete Einstein also nicht bloß, man könne Bier nur in Flaschen kaufen, sondern sehr viel grundsätzlicher, Bier existiere überhaupt nur in Flaschen (es gebe also kein Fassbier). Das Bild, das Einstein vom Licht zeichnete, gleicht demnach nicht dem Bild eines gleichmäßig strömenden Flusses, sondern eher einer Schleuse, die sich stets mit einem Schlag entleert, sobald der »Wasserstand« darin eine bestimmte Höhe erreicht hat. Die Existenz der Lichtquanten wurde in den 20er Jahren experimentell bewiesen. 1926 gab man ihnen den Namen »Photon«.

Die QUANTENPHYSIK vereint den im Photon zum Ausdruck kommenden Korpuskelcharakter des Lichts mit dessen Wellencharakter. Der Wellencharakter steht bei jenen Phänomenen im Vordergrund, bei denen die beteiligten Energien groß gegenüber $h\nu$ sind; in diesem Fall erfolgt der Energieaustausch nahezu kontinuierlich. Ansonsten herrscht der Korpuskelcharakter vor (siehe LICHT).

Die Photonen bewegen sich mit der so genannten Lichtgeschwindigkeit c, die im Vakuum etwa 300 000 $km.s^{-1}$ beträgt. Diese Geschwindigkeit ist unabhängig von der Energie. Eine derartige Unabhängigkeit zwischen der Geschwindigkeit der Photonen und ihrer Energie (oder Frequenz) lässt sich nur durch die Annahme erklären, dass die Photonen keine Masse besitzen, wie es auch unsere genauesten Messungen bestätigen.

Trotz ihrer Nullmasse besitzen die Photonen jedoch einen inneren Drehimpuls, den so genannten SPIN, eine Eigenschaft von TEILCHEN, die dem vertrauten Konzept der Drehung um die eigene Achse oder Eigendrehung ähnelt, aber nicht damit identisch ist (das englische *spin* bedeutet »drehen«). Misst man den Spin eines Photons in einer bestimmten Richtung, erhält man entweder den Wert $h/2\pi$ oder den Wert $-h/2\pi$, wobei h wiederum das Plancksche Wirkungsquantum ist. Diese beiden Werte charakterisieren die beiden Polarisationszustände des Lichts (siehe POLARISATION).

Das Photon besitzt keine elektrische Ladung und ist sein eigenes Antiteilchen. Im Vakuum ist seine Lebensdauer unbegrenzt; die Photonen, die in den Anfängen des Universums entstanden und bisher noch nicht absorbiert worden sind, breiten sich heute noch im Kosmos aus. In Anwesenheit von Materie können Photonen dagegen absorbiert oder gestreut werden, und bei ausreichender Energie können sie sich zu einem Elektron und einem Positron materialisieren (siehe MATERIALISIERUNG).

Die Photonen können in großer Zahl denselben physikalischen Zustand einnehmen (definitionsgemäß gehören sie also zu den BOSONEN). Photonen mit gleicher Energie können sich gemeinsam in derselben Richtung ausbreiten und auf diese Weise einen äußert intensiven Lichtstrahl bilden, wie es in einem LASER geschieht.

Photosynthese

Zur Vorbereitung: ***Stoffwechsel***
Zur Vertiefung: ***Kohlenstoff; Sauerstoff; Stoffwechsel; Zucker***

Kohlenstoff- und Sauerstoffzyklus

Die Photosynthese ist jener Prozess, über den Pflanzen und bestimmte BAKTERIEN aus Kohlendioxid unter Nutzung der Lichtenergie organische Moleküle wie Glucose produzieren. Dank der Photosynthese sind diese Organismen in ihrer Nahrungsversorgung autonom, da sie nicht auf organische Stoffe anderer Lebewesen angewiesen sind: Man bezeichnet sie als autotroph. Da bei der Photosynthese aus Wasser Sauerstoff entsteht, sind die Organismen, die eine Photosynthese vollziehen, für das Überleben der meisten Bakterien und aller Tiere unverzichtbar; denn sie können ohne Zufuhr von Sauerstoff und organischen Substanzen nicht leben (sie sind heterotroph). Die Photosynthese liefert den Sauerstoff unserer ATMOSPHÄRE, die wahrscheinlich bei der Entstehung der Erde keinen Sauerstoff enthielt; dabei bindet sie jährlich mehrere Milliarden Tonnen Kohlenstoff in organischen Stoffen.

Chloroplasten

Die Photosynthese erfolgt in den CHLOROPLASTEN, kleinen ovalen Korpuskeln oder ORGANELLEN, die wenige Mikrometer groß sind. Sie sind zahlreich im ZYTOPLASMA pflanzlicher ZELLEN, vor allem von Blättern, zu finden. Ebenso wie die MITOCHONDRIEN, jene Organellen, in denen die Zellatmung erfolgt, sind auch die Chloroplasten von einer lipidhaltigen Doppelmembran (siehe MEMBRAN) umhüllt, die eine innere Matrix oder Stroma abgrenzt. Sie enthalten ein ringförmiges DNA-Molekül mit dem Chloroplasten-Genom oder Plastom, das in Struktur und Größe an die GENOME von Bakterien erinnert. Diese Ähnlichkeit spricht für einen bakteriellen Ursprung der Chloroplasten wie auch der Mitochondrien. Darüber hinaus enthält die Matrix der Chloroplasten eine Fülle lamellenförmiger Innenmembranen, die so genannten Thylakoide, untergliedert in lange Stromalamellen und kurze, gestapelte Granalamellen.

Lichtreaktion und Dunkelreaktion

Die Photosynthese erfolgt in zwei Phasen. Während der ersten Phase, der Lichtreaktion, fangen Pigmente an den so genannten Photosystemen – Molekülgebilde in den Innenmembranen – Lichtenergie ein. Hauptsächlich bestehen diese Pigmente aus Chlorophyll *a*, das für die grüne Farbe der Pflanzen verantwortlich ist: Es ist ein komplexes organisches Molekül, das ein Magnesiumion (Mg^{2+}) zu binden vermag und rotes und blaues Licht absorbiert. Weitere Pigmente, das Chlorophyll *b* und die Carotinoide, fangen Lichtenergie anderer Wellenlängen ein und leiten sie weiter an Chlorophyll *a*. Die Energie wird im Chlorophyll *a* gespeichert, wenn das Sonnenlicht bestimmte Elektronen anregt, und dient zur Spaltung oder Photolyse von Wasser (H_2O) in Protonen H^+, Elektronen und Sauerstoff (O_2). Mit dieser Abbaureaktion geht eine Umsetzung der eingefangenen Energie einerseits in Adenosintriphosphat (ATP) – die Energiewährung der Zelle – und andererseits in Nicotinamid-Adenin-Dinucleotidphosphat (NADP) als Elektronenträger einher (siehe STOFFWECHSEL). Die Wasserstoffionen H^+ sammeln sich im Inneren der Granalamellen und führen bei ihrem Rückfluss in das Stroma der Chloroplasten zur Bildung von ATP. Dieser Mechanismus ähnelt der Energieproduktion in Form von ATP, die bei der Zellatmung in den Mitochondrien erfolgt.

In einer zweiten Phase, der so genannten Dunkelreaktion, wird die in ATP und NADP gespeicherte Energie zur Umwandlung von Kohlendioxid in ZUCKER und anschließend in andere organische Substanzen wie AMINOSÄUREN und Fettsäuren genutzt, die als Grundbausteine für PROTEINE beziehungsweise LIPIDE dienen. Die Produktion von einfachen Zuckern, die drei bis sieben Kohlenstoffatome enthalten, erfolgt über einen Kreislauf komplexer biochemischer Reaktionen, der nach seinem Entdecker, dem amerikanischen Biochemiker Malvin Calvin, als Calvin-Zyklus bezeichnet wird. Er führt zur Bildung von Stärke, die im Stroma der Chloroplasten gespeichert wird.

Je nach Art des Zwischenprodukts, das als Erstes bei der Zuckersynthese entsteht, variiert die Energiebilanz der Photosynthese; bei Rüben und Klee ist die Energieausbeute geringer als bei Mais und Zuckerrohr. Insgesamt wird weniger als 2% der Lichtenergie in chemische Energie verwandelt. Dennoch ist die Photosynthese für die Bildung der wichtigsten organischen Stoffe der Biosphäre verantwortlich.

---

phylogenetischer Stammbaum

Zur Vertiefung: ***Darwinismus; Evolution; Molekularevolution***

Jede Klassifikation lässt sich in Form eines Baumes darstellen, dessen Stamm für die Gesamtheit der dargestellten Objekte steht, während die Äste den verschiedenen mehr oder weniger homogenen Kategorien entsprechen, unter die sie eingeordnet wurden. Jeder Ast teilt sich wiederum in kleinere Äste und Zweige, die als Subkategorien definiert sind. Im Grenzfall kann ein Zweig nur noch ein einziges Objekt enthalten.

Dieser Klassifizierungsbaum soll dazu dienen, ein anschauliches Bild von der Gesamtheit der Ähnlichkeiten und Unähnlichkeiten der untersuchten Gegenstände zu vermitteln. Zwei Objekte, die zum selben Zweig gehören, sind sich näher als zwei Objekte, die auf unterschiedlichen Ästen liegen. Bei den Objekten, die auf diese Weise klassifiziert sind, kann es sich gleichermaßen um die Briefmarken eines Sammlers wie um die Pflanzenproben eines Botanikers handeln.

Ein solcher Klassifizierungsbaum liefert eine Beschreibung der Wirklichkeit. Er versucht nicht, eine Erklärung der beobachteten Ähnlichkeiten zu liefern. So verstanden es auch die Naturkundler des 18. Jahrhunderts, als sie die verschiedenen Arten der belebten Welt verglichen. Sie nahmen an, dass diese Arten sich seit der Schöpfung gleich geblieben seien. Diese auf der Konstanz der Arten basierende Theorie stellten nur einige Bilderstürmer wie Montesquieu infrage.

Eine völlig andere Sicht ergibt sich jedoch, wenn man die Annahme zugrunde legt, dass die Arten sich entwickelt und von einem gemeinsamen Stamm aus differenziert haben. Ihre Ähnlichkeiten erwachsen aus diesem gemeinsamen Ursprung, und somit entspricht der Klassifizierungsbaum einem genealogischen Stammbaum. Aus ihm läßt sich vernünftigerweise die Hypothese ableiten, dass zwei Arten heute umso verschiedener voneinander sind, je länger der Zeitpunkt ihrer Trennung zurückliegt. So entstehen phylogenetische Stammbäume, deren Astgabelungen für die Verzweigungen stehen, die sich im Laufe der Evolution ergeben haben.

Die Klassifizierungsbäume, die in früheren Jahrhunderten aufgestellt wurden, konnten nur offensichtlichen Merkmalen Rechnung tragen. Damals war noch unbekannt, wie die Vererbung dieser Merkmale erfolgte. Als Charles Darwin seine Evolutionstheorie der natürlichen Auslese entwickelte, konnte er nur das feststellen, was ihm evident erschien: Jedes Individuum »pflanzt seinen eigenen Typus fort«. Dies ergibt allerdings keinen Sinn mehr, seit anerkannt ist, dass beide Erzeuger in der Definition des erzeugten Individuums die gleiche Rolle spielen (siehe DARWINISMUS).

Mit der Wiederentdeckung der Arbeiten Gregor Mendels im Jahr 1900 wurde erkannt, dass jedes Individuum nicht seinen eigenen Typus vererbt, sondern die Gene, die bei ihm diesen Typus bestimmen. Die Unterschiede zwischen den Arten, wie wir sie heute sehen, spiegeln demnach nur die Unterschiede zwischen den genetischen Informationen wider, die in ihren Genomen enthalten sind. Der phylogenetische Stammbaum beschreibt somit die Abstände, die durch Akkumulation verschiedener Mutationen zwischen den verschiedenen Abstammungslinien bestehen.

Um die Genealogie der Arten zu rekonstruieren, gilt es nun über die sichtbaren Merkmale hinaus auch ihren jeweiligen Genpool zu vergleichen. Diese Gene setzen sich nicht unmittelbar in sichtbare Merkmale wie Formen und Farben um, sondern in Proteine, deren Struktur sie bestimmen. Über den Vergleich dieser Strukturen, die bei einem Protein mit einer bestimmten Funktion von einer Art zur anderen variieren, gelangt man direkt zu den Veränderungen, die im Laufe der Evolution aufgetretene Mutationen in diesen Genen bewirkt haben.

Seit einigen Jahrzehnten liefern die Fortschritte der Molekularbiologie eine Fülle von Informationen, die es ermöglichen, »die Spur« dieser Mutationen zu verfolgen. Dazu genügt es, die Strukturen eines bestimmten Proteins bei Arten zu vergleichen, die sich manchmal schon vor Hunderten Millionen Jahren getrennt haben.

Eines der meist untersuchten Proteine ist das Cytochrom C, das eine wichtige Rolle bei der Atmung spielt, und zwar bei Pflanzen und Bakterien ebenso wie bei Pilzen und Tieren. Es besteht aus einer Kette von durchschnittlich 118 Aminosäurebausteinen und weist unterschiedliche Kombinationen aus den zwanzig Aminosäuren auf, die bei Lebewesen vorkommen. An 14 Positionen sind sie bei allen Arten gleich. Anhand der Variationen, zu denen es an den übrigen 104 Positionen gekommen ist, lässt sich die Geschichte dieses Proteins und des Gens, das es codiert, nachvollziehen, als hätten die Lebewesen nur die Aufgabe, es zu vererben und gelegentlich einer Mutation zu unterziehen.

So lässt sich für das Cytochrom C ein Stammbaum aufstellen und für jedes Segment an den Gabelungen die Zahl der Aminosäuren berechnen, die eine Mutation erfahren haben (unter Vernachlässigung jener Fälle, in denen zwei aufeinander folgende Mutationen wieder zum Ausgangsstadium zurückgeführt haben). Anhand paläontologischer Daten lassen sich darüber hinaus diese Verzweigungen zeitlich bestimmen und somit Schätzungen aufstellen, wie lange es das untersuchte Segment bereits gibt. An jeder der 118 Positionen, die von jeweils einer Aminosäure besetzt sind, könnte es jederzeit zu einer Mutation kommen. Bezeichnen wir die Wahrscheinlichkeit, dass dieser Zufall innerhalb eines Jahres eintritt, mit m, dann ist die Wahrscheinlichkeit, dass keine Mutation eintritt, $1-m$, und die Wahrscheinlichkeit, dass es in T Jahren zu keiner Mutation kommt, die zu einer Verzweigung am Stammbaum der Arten führt, ist $(1-m)^T=k$. Mit dieser Gleichung lässt sich m berechnen, da T durch die paläontologischen Beobachtungen und k durch den Vergleich der Proteinstrukturen bekannt sind.

Eines der überraschenden Resultate dieser Untersuchungen ist, dass die Mutationsrate m seit Beginn der Evolution relativ konstant geblieben ist: Bei allen Segmenten des Stammbaumes für dieses Protein bleibt der Wert nahezu gleich. Sei es nun bei Fischen, die in einer homogenen, stabilen Umgebung leben, oder bei Säugetieren, die unter sehr unterschiedlichen Lebensbedingungen existieren, die Evolution dieses Proteins hat sich in einem fast gleich bleibenden Rhythmus vollzogen. Das ist ein gewichtiges Argument zugunsten der »neutralistischen« Evolutionstheorie (siehe NEUTRALITÄTSTHEORIE), die zufälligen Mutationen als Triebkraft der Evolution mehr Bedeutung beimisst als dem Selektionsdruck.

Allerdings ist der Mutationsrhythmus, wie der Parameter m ihn misst, von einem Protein zum anderen äußerst unterschiedlich: Bei Cytochrom C ist er $0{,}3\times10^{-9}$, bei der α-Kette des Hämoglobins $1{,}4\times10^{-9}$, bei den Fibrinopeptiden (Proteinen, die an der Blutgerinnung beteiligt sind) $9{,}0\times10^{-9}$ und bei den Histonen (Proteinen, die die DNA-Moleküle in den Chromosomen schützen) ist er fast null. Diese Beobachtung verschafft der natürlichen Auslese wieder mehr Bedeutung, wenn auch in einem Prozess, der von der Sicht Darwins recht weit entfernt ist. Wenn es in dem Gen, das den Code für ein Fibrinopeptid enthält, zu einer Mutation kommt, hat sie große Chancen, sich in der Population auszubreiten, da dieses Protein nicht von entscheidender Bedeutung ist. Dagegen birgt eine Mutation des Cytochroms oder eines Histons die große

Gefahr, die Struktur der Aminosäurekette, aus der das Protein besteht, so zu verändern, dass es seine Funktion nicht mehr normal erfüllen kann. Individuen, die dieses veränderte Protein in sich tragen, haben nur eine geringe Überlebenschance, und die Mutation wird eliminiert. Somit bestünde die Rolle der NATÜRLICHEN AUSLESE wohl eher darin, im Anfang eine Auswahl unter den zufällig aufgetretenen Mutationen zu treffen, als zu einer progressiven Anpassung der Art an ihre Umgebung zu führen.

Physik

Zur Vertiefung: ***Elektromagnetismus; Mechanik; Quantenphysik; Relativitätstheorie; Thermodynamik***

Die Physik erforscht die Eigenschaften der Materie und die dort herrschenden Gesetze. Sie kann auf eine sehr lange, reiche Geschichte zurückblicken und erlebte im 20. Jahrhundert bedeutende Umbrüche (das gilt vor allem für den Beginn des Jahrhunderts). Die belebte Materie ist traditionell aus dem Gegenstandsbereich der Physik ausgeschlossen, auch wenn in letzter Zeit zahlreiche Brücken zwischen Biologie und Physik geschlagen worden sind. Und die Frage, ob die Eigenschaften der belebten Materie sich auf physikalische Gesetze zurückführen lassen, ist immer wieder gestellt worden.

Die Anfänge der Physik in Griechenland

Die Griechen betrachteten die Natur mit Bewunderung und Distanz; sie dachten nicht daran, eine Physik zu begründen, die Ähnlichkeit mit unserer heutigen Physik besessen hätte. Der Gedanke, die Natur zu »beherrschen«, um sie zu verändern und zu besitzen, war ihnen fremd; sie sahen in der Natur eine Lebenskraft, die Dinge und Lebewesen hervorbrachte und zerstörte, die ständig in Bewegung war und eine unendliche Formenvielfalt erzeugte. Das Interesse der griechischen Denker galt in erster Linie dem Phänomen des Wachstums, das allenthalben zu beobachten war: bei Pflanzen und Tieren natürlich, aber auch etwa bei den Mineralien, die man damals für Früchte hielt, die im Schoß der Erde heranreiften und durch regelmäßige Eruptionen an die Erdoberfläche befördert wurden. So wird auch die Etymologie des griechischen *physis*: »Natur«, verständlich, das von dem Verbum *phyein*, »wachsen«, abgeleitet ist. Die Griechen suchten nach dem »fruchtbaren Samen«, der als nährendes Prinzip für das Leben und den gesamten Kosmos diente. Wie ist die Welt um uns her entstanden, und wie vermag sie fortzuexistieren?

Schon sehr früh zerfiel die Physik in mehrere Teilgebiete. So enthielt die Physik des Aristoteles im 5. Jahrhundert vor Christus nur die Wissenschaft von der Bewegung irdischer Objekte, während ASTRONOMIE und KOSMOLOGIE sich mit den Himmelskörpern befassten. In ihren Anfängen war die Physik eine rein qualitative Wissenschaft. Sie interessierte sich für Objekte und deren Bewegungen, wobei sie den Ursprung der Objekte zu klären und die Bewegungen präzise zu beschreiben versuchte.

Einige Anschauungen aus der Zeit der so genannten Vorsokratiker erlebten sehr viel später eine bemerkenswerte Entwicklung, so etwa die dem Philosophen Leukipp zugeschriebene atomistische Hypothese, die im 5. vorchristlichen Jahrhundert von Demokrit weiterentwickelt wurde. Dieser Gedanke, der die Existenz eines leeren Raums postulierte, in dem die Atome, unteilbare, elementare Entitäten, sich bewegen und miteinander kollidieren, wurde erst mit dem 16. Jahrhundert fruchtbar. Platon und Aristoteles hatten die Idee des Leeren kategorisch abgelehnt, weil sie davon ausgingen, das etwas Nichtseiendes auch nicht gedacht werden könne. Dieses Prinzip, das auf den Philosophen Parmenides zurückgeht, hat die Wissenschaft von der Natur nahezu zweitausend Jahre lang geprägt.

Den griechischen Philosophen verdanken wir auch die Idee, dass die Vielfalt der realen Dinge und Erscheinungen auf eine ihnen zugrunde liegende Einheit zurückgeführt werden kann, das heißt auf eine kleine Zahl unabhängiger Elemente. Nach Empedokles besteht die Welt aus den vier Elementen Luft,

Wasser, Feuer und Erde, die über zwei Kräfte miteinander in Wechselwirkung treten: Liebe und Hass.

Aristoteles fügte ein fünftes Element hinzu: den Äther, eine subtile Entität, deren natürliche Bewegung kreisförmig verläuft, so dass der Äther die Planeten und die Sphäre der Fixsterne in seiner Bewegung mitnimmt. Aristoteles ersetzte die allzu anthropomorphen Kräfte der Liebe und des Hasses durch zwei natürliche Bestrebungen; danach strebten die Dinge ihrem natürlichen Ort zu, die schweren dem Mittelpunkt der Erde, die leichteren (wie Luft und Feuer) dem Himmel.

Das Streben nach Einheit, also der Versuch, eine kleine Zahl elementarer Bestandteile und der für ihre Wechselwirkung verantwortlichen Kräfte zu finden (siehe VEREINHEITLICHUNG), ist auch weiterhin das Ziel der Physik. Dem Äther des Aristoteles, der in der Folgezeit vielfältig abgewandelt wurde, stand eine große Karriere bevor, die allerdings schlecht endete: Zu Beginn des 20. Jahrhunderts erkannte man dank Albert Einsteins RELATIVITÄTSTHEORIE, dass er gar nicht existiert.

Parallel zur Physik entwickelte Aristoteles auch eine Kosmologie. Danach war die Erde kugelförmig und befand sich im Mittelpunkt der Welt. Die Planeten, der Mond und die Sonne bewegten sich auf konzentrischen physikalischen Sphären um die Erde, wobei die oberste Sphäre die der Fixsterne war. Aristoteles führte eine klare Trennung zwischen dem sublunaren, von stetem Wandel heimgesuchten Bereich und der vollkommenen, ewig währenden supralunaren Welt ein.

Im 3. vorchristlichen Jahrhundert tat sich Archimedes besonders hervor. Als großer Mathematiker setzte er physikalische Experimente ein, um mathematische Beweise zu erhalten. Er entwickelte die Statik, also die Theorie der Gleichgewichte, beträchtlich weiter, erklärte die Funktionsweise des Hebels und entdeckte das später nach ihm benannte ARCHIMEDISCHE PRINZIP, das Gesetz des statischen Auftriebs.

Die Verbindung mit der Mathematik und der Rückgriff auf Messung und Experiment, die heute den besonderen Charakter der Physik ausmachen, blieben allerdings noch lange in den Kinderschuhen stecken. Im 2. vorchristlichen Jahrhundert ersetzte Ptolemäus die Kristallsphären, an denen Aristoteles die Planeten »befestigt« hatte, durch Kreise, also reine geometrische Formen. Auf diese Weise konnte er sein Modell den Beobachtungen anpassen, indem er bei Bedarf zusätzliche Kreise, die so genannten Nebenkreise oder Epizykel, einführte. Dadurch verlieh Ptolemäus der Physik des Himmels einen etwas formaleren Charakter, ohne jedoch das Dogma der Kreisbewegung der Himmelskörper in Frage zu erstellen, dem erst Johannes Kepler Anfang des 17. Jahrhunderts ein Ende bereitete (siehe KEPLERSCHE GESETZE).

Das Mittelalter, das vom 8. bis ins 13. Jahrhundert währte, wurde im Osten von der arabisch-islamischen Kultur beherrscht, die eine wahre Drehscheibe für die griechische, indische, persische und nordafrikanische Wissenschaft darstellte. Eine wichtige Brücke zu Europa bildete in dieser Zeit Andalusien, so dass etwa der Engländer Roger Bacon im 13. Jahrhundert eigens nach Spanien ging, um sich mit den neuesten Erkenntnisse auf dem Gebiet der Naturwissenschaften vertraut zu machen.

Bis ins 17. Jahrhundert hinein standen die Wissenschaften von der Natur wie auch die übrigen Wissenschaften ganz unter dem Bann des aristotelischen Denkens: ausschließlich qualitatives Wissen, kreisförmige Himmelsbewegungen (eine Vorstellung, die nur von einigen häretischen Randfiguren infrage gestellt wurde), das Verbot, das Leere zu denken (der *horror vacui* der Natur) usw. Schon früher hatten sich innerhalb der Physik zwei weitere Teilgebiete herausgebildet.

Das erste dieser Teilgebiete war die Optik, die ihren Aufschwung mit den Arbeiten des Ibn al-Haytham (oder Alhazen) im 10. Jahrhundert nahm. Er war der Auffassung, das Licht bestehe aus Korpuskeln, die an den Gegenständen auf dieselbe Weise reflektiert würden wie Bälle an einer Wand. Damit verlieh er dem Licht physikalischen Charakter und lieferte zugleich eine mathematische Beschreibung. Sieben Jahrhunderte später entwickelte Isaac Newton dieselben Hypothesen.

Das zweite Teilgebiet war die Mechanik, die sich in ihren Anfängen mit der Bewegung von Geschossen befasste. Die wichtigste Grundlage für den Aufschwung der Mechanik im Mittelalter war ohne Zweifel die Erkenntnis, dass die Bewegung der Objekte komplizierter ist, als die aristotelische Physik es darstellte. In Europa entwickelte Johannes Buridan im 14. Jahrhundert die so genannte Impetustheorie, um zu erklären, wie Geschosse sich in Bewegung setzen. Erst später gelang es nach gewaltigen konzeptionellen Schwierigkeiten, den Begriff der Beschleunigung als zeitliche Veränderung der Geschwindigkeit zu definieren (siehe GESCHWINDIGKEIT UND BESCHLEUNIGUNG). Den Gedanken, dass die Messung den Schlüssel zur Physik darstellt, formulierte in so eindeutiger Form erstmals Nikolaus von Kues, der 1440 in seiner *Docta ignorantia* schrieb: »Das Messen ist der Schlüssel zur Natur und die eigentliche Tätigkeit der Vernunft in der Naturerkenntnis.« Das Ziel der Naturerkenntnis sei nicht die Enthüllung der Natur, sondern die Formulierung von Gesetzen auf der Grundlage einer Klärung der Beziehung zwischen verschiedenen Größen.

Die Idee des Universums

Das im 16. Jahrhundert entstandene kopernikanische System war nicht sonderlich revolutionär. Es rührte nicht an das Dogma der kreisförmigen Planetenbahnen und begnügte sich damit, statt der Erde die Sonne in den Mittelpunkt der Welt zu rücken, woraus sich allerdings eine gewisse Vereinfachung der im ptolemäischen Weltsystem erforderlichen komplizierten Korrekturen ergab.

Wirklich tief greifende Veränderungen kamen aus einer anderen Richtung. Das aristotelische Dogma von der Unveränderlichkeit der Himmelssphären wurde ernsthaft erschüttert, als Tycho Brahe im 16. Jahrhundert eine Supernova beobachtete, die die himmlische Ordnung durcheinander brachte; außerdem zeigte Brahe, dass es sich bei den Kometen um supralunare Erscheinungen handelte, obwohl dieser Bereich des Himmels als ewig und unveränderlich galt. Die Entwicklung der Optik führte in Holland zur Verbesserung der Linsen und zur Erfindung des Fernrohrs. Anfang des 17. Jahrhunderts richtete Galilei solch ein Fernrohr auf den Himmel. Im Verlaufe weniger Jahre entdeckte er die Phasen der Venus, die Jupitermonde, die Sonnenflecken und die unregelmäßige Gestalt der Mondoberfläche (»ganz wie die Erde von hohen Bergen bedeckt und von tiefen Tälern durchzogen«). Die Materie schien überall von derselben Art wie auf der Erde zu sein, denselben Gesetzen und der gleichen Veränderlichkeit unterworfen. Wenn aber der Himmel kein Hort der Ordnung, der Vollkommenheit und der ewigen Unveränderlichkeit war, konnte auch die kopernikanische These nicht als bewiesen gelten.

Um dieselbe Zeit gelangte Johannes Kepler auf der Grundlage minutiöser, von Tycho Brahe stammender Beobachtungen zu dem Schluss, dass die Marsbahn – zu seiner großen Enttäuschung – keineswegs kreisförmig, sondern elliptisch war. In der Folgezeit formulierte er die drei Gesetze, die heute seinen Namen tragen (siehe KEPLERSCHE GESETZE).

Erst Isaac Newton vermochte die neuen Erkenntnisse in einer großen Synthese zusammenzufassen. Er verwarf sämtliche aristotelischen Dogmen und verknüpfte die Bewegung von Geschossen, die Keplerschen Gesetze und Galileis Beobachtungen zu einem neuen Weltsystem. Himmelsmechanik und irdische Mechanik verbanden sich zu einer Einheit; es gab nur eine einzige Welt, ein »Universum«, deren Grundlage die mathematische Beschreibung des (als absolut und unendlich gedachten) Raumes und der (ebenso absoluten und unendlichen) Zeit sowie die drei Bewegungsgesetze bildeten (siehe MECHANIK).

Newtons System beherrschte die Physik während des gesamten 17. und 18. Jahrhunderts. Erst in der Mitte des 19. Jahrhunderts begann es diese Vorrangstellung einzubüßen.

Die Anfänge der modernen Physik

Im 17. Jahrhundert begann der Aufstieg der Physik, wie wir sie heute kennen: als einer Wissenschaft, die sich auf das Experiment und die mathematische Erfassung der Gesetzmäßigkeiten stützt. Und in den folgenden 200 Jahren erweiterte sie sich um zahlreiche

Gebiete. Erinnert sei hier nur an die Dynamik der Flüssigkeiten, für die glanzvolle Namen wie Blaise Pascal und Evangelista Torricelli im 17. oder Daniel Bernoulli im 18. Jahrhundert stehen; an die Wellentheorie des Lichts (deren erste Ansätze sich im 17. Jahrhundert in den Arbeiten von Christiaan Huygens finden); an die zu Beginn des 19. Jahrhunderts von Joseph Fourier formulierte Theorie der Wärmeausbreitung usw.

Die im 5. vorchristlichen Jahrhundert entstandene atomistische Hypothese war von den griechischen Philosophen abgelehnt worden. Lukrez griff sie in seinem Lehrgedicht *De rerum natura* auf, und einige arabische Gelehrte hielten an ihr fest. Zu Galileis Zeiten, Anfang des 17. Jahrhundert kam der Gedanke wieder auf.

Vom Atom sprechen heißt auch vom leeren Raum sprechen, in dem die Atome sich bewegen. Im 17. Jahrhundert war der leere Raum nicht sonderlich beliebt, aber er war auch kein Tabu mehr. René Descartes lehnte ihn rundweg ab; zur Erklärung der anziehenden Kraft zwischen Sonne und Erde hielt man weiter am Äther fest. Offiziell gab es die Atome noch nicht. Gleichfalls im 17. Jahrhundert führte Robert Boyle den Begriff des Moleküls für jene elementaren Teilchen ein, aus denen die Materie bestehen sollte. Doch erst mit John Dalton fand das Atom dann Anfang des 19. Jahrhunderts Eingang in den naturwissenschaftlichen Wortschatz, auch wenn seine Existenz weiterhin umstritten blieb.

Ende des 18. und Anfang des 19. Jahrhunderts erlebte die Chemie einen gewaltigen Aufschwung. Man entdeckte die chemischen Elemente, die sich jeweils in ganz bestimmten Verhältnissen miteinander verbinden und auf diese Weise sämtliche Bestandteile der Materie bilden. Ebenfalls im Laufe des 19. Jahrhunderts fanden die elektrischen und magnetischen Phänomene ihre Erklärung in der Tatsache, dass die Materie positive oder elektrische Ladungen tragen kann (siehe ELEKTRIZITÄT und MAGNETISMUS); Ladungen mit verschiedenen Vorzeichen ziehen sich an, Ladungen mit gleichem Vorzeichen stoßen einander ab; die Ladungen sind zwei Arten von Kräften unterworfen, elektrischen und magnetischen, bei deren Beschreibung man auf das Konzept des elektrischen bzw. magnetischen Feldes zurückgreift (siehe FELD); elektrisches und magnetisches Feld sind durch einfache Gesetze miteinander verbunden, die auch deren zeitliche Veränderung einschließen.

In den 1860er Jahren fasste James Clerk Maxwell die Gesetze der Elektrizität und des Magnetismus zu einem einheitlichen Gleichungssystem zusammen, das heute seinen Namen trägt (siehe ELEKTROMAGNETISMUS). Aus diesen Gleichungen lässt sich u. a. die Existenz von Schwingungen des elektrischen und magnetischen Feldes ableiten, die sich wie WELLEN ausbreiten. Solche Wellen wurden dann Ende des 19. Jahrhunderts von Heinrich Hertz experimentell entdeckt. Da sie sich mit der gleichen Geschwindigkeit ausbreiten wie das Licht, ordnete man auch das Licht dem System der elektromagnetischen Wellen zu. Damit wurde die Optik als Wissenschaft des sichtbaren Lichts zu einem Teilgebiet des Elektromagnetismus, der sich mit allen elektromagnetischen Strahlungen einschließlich des sichtbaren Lichts befasst.

Noch ein weiteres Fachgebiet nahm seinen Aufschwung Mitte des 19. Jahrhunderts: die THERMODYNAMIK. Ursprünglich beschäftigte sie sich nur mit der Umwandlung von WÄRME in ARBEIT, doch nach und nach erweiterte sie ihren Gegenstandsbereich auf sämtliche Energieformen und deren Umwandlung: Arbeit, Wärme, chemische Bindungsenergie, Kohäsionsenergie bei Festkörpern, Strahlungsenergie usw. Nach ihrer Aussage bleibt die Energie auch bei der Umwandlung zwischen ihren diversen Formen erhalten, und in einem abgeschlossenen System wandert die Wärme stets von den wärmeren zu den kälteren Bereichen (Zunahme der ENTROPIE). Eine Erklärung für diese Grundeigenschaft der makroskopischen Welt lieferten Ludwig Boltzmann und Josiah Willard Gibbs, die die Wahrscheinlichkeitsrechnung auf ein aus zahllosen bewegten Teilchen, den Atomen, bestehendes System anwandten und damit die statistische Physik begründeten. Die Bewegung dieser Teilchen bildet den Ursprung der Wärme. Der Rückgriff auf das Konzept des Atoms, dessen Existenz noch nicht bewiesen war (und gelegentlich heftig bestritten wurde), eröffnete die Möglichkeit, eine Brücke zwischen der Mechanik (als Wissenschaft der Bewegung) und der Thermodynamik (als Wissenschaft der Wärme und der Energie) zu schlagen.

Ein neuerlicher Umbruch der Physik

Das 20. Jahrhundert begann mit einem Fanfarenstoß, der ein Erdbeben in der Physik auslöste. Im Jahr 1900 äußerte Max Planck den kühnen Gedanken, dass der Energieaustausch zwischen Licht und Materie nicht kontinuierlich, sondern nur in diskreten Paketen erfolgt, die er als Quanten bezeichnete. Die QUANTENPHYSIK entstand in den ersten Jahrzehnten des neuen Jahrhunderts. Sie sorgte für eine wahre Revolution in der Darstellung physikalischer Systeme. Das Atom, dessen Existenz Jean Perrin 1906 auf experimentellem Wege bewies, wurde sogleich in seine Bestandteile (ELEKTRON, PROTON und NEUTRON) zerlegt. Die von der Quantenphysik formulierten Gesetze für das Verhalten der Atome und ihrer Bestandteile standen in vollkommenem Gegensatz zur Newtonschen Mechanik.

1905 bestätigte die spezielle RELATIVITÄTSTHEORIE, was manche bereits ahnten, ohne es auch deutlich auszusprechen: Den Äther, den noch niemand gefunden hatte, brauchte es gar nicht zu geben. Das Licht breitet sich nicht in einem hypothetischen, unauffindbaren Äther aus, sondern im leeren Raum, und die Lichtgeschwindigkeit ist konstant, das heißt, unabhängig von der Bewegung des Beobachters gegenüber der Lichtquelle ist ihr Betrag stets derselbe. Diese neue Erkenntnis zwang zu einer Revision der Newtonschen Gesetze bei Objekten, deren Geschwindigkeit in die Nähe der Lichtgeschwindigkeit kommt; außerdem bedurfte es eines neuen Verständnisses von Raum und Zeit, die zum Konzept einer einzigen RAUM-ZEIT verknüpft wurden.

1916 ging Albert Einstein noch weiter und behauptete in seiner allgemeinen Relativitätstheorie, die Gravitation sei eine Folge der strukturellen Beschaffenheit des Universums. Genauer gesagt, sie sei keine Kraft, die zwischen den verschiedenen, im Universum enthaltenen materiellen Objekten wirkt, sondern eine geometrische Eigenschaft der Raum-Zeit. Durch die Einfügung der Gravitation in die Raum-Zeit wird diese verformt, das heißt, die Raum-Zeit weist eine Krümmung auf. Aus Einsteins Gleichungen geht hervor, dass die Verteilung der Masse und der Energie, also ihre Dichte, die Struktur der Raum-Zeit bestimmt und dass diese Struktur (die auch als »Metrik« der Raum-Zeit bezeichnet wird) wiederum die Dynamik und die Bahn der im Universum enthaltenen Objekte bestimmt.

Die heutige Physik

Lange nach der elektromagnetischen Wechselwirkung und der Gravitation wurden in den 1930er Jahren zwei weitere Wechselwirkungen entdeckt: die starke Wechselwirkung, die für die äußerst starke Bindung zwischen Protonen und Neutronen innerhalb des Atomkerns sorgt; und die schwache Wechselwirkung, die für den Betazerfall verantwortlich ist, bei dem ein Neutron in ein Proton, ein Elektron und ein Antineutrino zerfällt. Diese beiden Wechselwirkungen besitzen nur eine sehr kurze Reichweite, das heißt, ihre Stärke nimmt mit dem Abstand zwischen den betreffenden Teilchen sehr rasch ab.

Die Kernphysik erforscht die Struktur der Atomkerne. Die Kernreaktionen, zu denen die KERNSPALTUNG und die KERNFUSION gehören, spielen eine wichtige Rolle bei der Energieerzeugung und der Bildung von Atomkernen in den Sternen (siehe ENTSTEHUNG DER ELEMENTE). Die technische Beherrschung dieser Prozesse hat die Nutzung der Kernenergie in KERNREAKTOREN, aber auch die Herstellung von Atombomben ermöglicht.

Seit den 50er Jahren hat sich die Zahl der bekannten Elementarteilchen insbesondere aufgrund der immer stärkeren TEILCHENBESCHLEUNIGER beträchtlich vergrößert. In den 70er Jahren erlebte die Forschung auf diesem Gebiet einen neuen Aufschwung, als man ein neues Strukturniveau entdeckte, auf dem deutlich wurde, dass viele der bis dahin als elementar geltenden Teilchen in Wirklichkeit aus einfacheren Entitäten, den so genannten QUARKS, zusammengesetzt sind (siehe HADRON). Außerdem eröffnete ein vertieftes Verständnis der fundamentalen Wechselwirkungen zwischen diesen Teilchen die Möglichkeit, zwei der vier Wechselwirkungen, die elektromagnetische und die schwache Wechselwirkung, zu »vereinheitlichen« (siehe WECHSELWIRKUNG IN DER PHYSIK), das heißt mit Hilfe desselben Formalismus zu beschreiben, der auf dem Konzept der Eichinvarianz basiert (siehe INVARIANZ und VEREINHEITLICHUNG), das heute den Kern des so genannten Standardmodells der Teilchenphysik bildet. Dieses Modell, das eine elegante Klassifikation der Elementarteilchen gestattet und eine Erklärung für deren Masse bietet, kann heute bis zu den höchsten im Laboratorium erzeugten Energien Geltung beanspruchen. Seine Grenzen bleiben noch zu erkunden, und eine Ergänzung um weitere Theorien ist jederzeit vorstellbar.

Die vier heute bekannten fundamentalen Wechselwirkungen unterscheiden sich durch die jeweils im Spiel befindlichen Energien. Es gibt jedoch ein äußerst hohes Energieniveau, auf dem alle vier Wechselwirkungen vergleichbar werden. Auf diesen Umstand stützt sich die Hoffnung der Physiker, aus den Gesetzmäßigkeiten, die bestimmen, wie die verschiedenen Kräfte wirken und sich strukturieren, eine Theorie entwickeln zu können, in der die vier Wechselwirkungen nur noch Erscheinungsformen einer einzigen Wechselwirkung sind. In der Vorwegnahme eines erfolgreichen Abschlusses dieses Vorhabens wird die gesuchte Theorie zuweilen (und durchaus unzutreffend) als »*theory of everything*« (Theorie aller Dinge) bezeichnet (siehe VEREINHEITLICHUNG). Falls es sich dabei nicht um ein utopisches Unterfangen handelt, bedarf es jedenfalls gewaltiger Anstrengungen seitens der Theoretiker wie auch der Experimentatoren. Tatsächlich müssen noch äußerst schwierige Probleme gelöst werden. Wie zum Beispiel lässt sich die Quantentheorie, die für sämtliche Wechselwirkungen mit Ausnahme der Gravitation gilt, mit der allgemeinen Relativitätstheorie vereinen, die gegenwärtig als die gültige Theorie der Gravitation angesehen wird und mit der Quantentheorie im Widerspruch zu stehen scheint? Und noch schwieriger erscheint eine Antwort auf die hochinteressante Frage, ob das LEBEN sich in den allgemeinen Rahmen der Physik einordnen lässt oder nicht.

Seit einigen Jahrzehnten nähert sich die Physik des unendlichen Kleinen immer deutlicher der Physik des unendlich Großen an, also der Astrophysik und der KOSMOLOGIE, und zwar vor allem, weil die Kollision zwischen hoch energetischen Teilchen in den immer stärkeren Teilchenbeschleunigern für kurze Zeit die Temperaturverhältnisse und die energetischen Bedingungen herstellen, die einst im Uruniversum geherrscht haben. So ergeben sich Hinweise auf die fernste Vergangenheit des Universums (siehe EXPANSION). Im LEP (*Large Electron Positron Ring*), dem Teilchenbeschleuniger des CERN, der eine Energie von fast 100 Gigaelektronenvolt ($1\text{GeV} = 10^9\text{eV}$) erzeugen kann, simuliert man Ereignisse, wie sie sich 10^{-12} Sekunden nach der als URKNALL bezeichneten Singularität ereignet haben könnten. Dabei erfolgt der Austausch zwischen Physik und Astrophysik keineswegs nur in einer Richtung. So dienen die Sterne den Kernphysikern als »Fernlaboratorien«, denn die meisten Kernreaktionen, denen ihr Interesse gilt, laufen im Innern der Sterne ab; dort können sie die Modelle testen, mit deren Hilfe sie diese Prozesse erfassen wollen.

Aber die Physik interessiert sich natürlich nicht nur für das unendlich Kleine und das unendlich Große. Sie befasst sich vielmehr mit allen Größenordnungen und versucht die zugehörigen Phänomene in ihren verschiedenen, aber keineswegs vollkommen getrennten Teilgebieten zu erklären: Teilchenphysik, Kernphysik, Atomphysik, Molekularphysik, Festkörperphysik usw. In all diesen Teilgebieten sind im 20. Jahrhundert beträchtliche Fortschritte erzielt worden, die auch zahllose Nutzanwendungen ermöglicht haben; man denke etwa an den LASER, an die Bedeutung der HALBLEITER in der Elektronik oder an die Entdeckung der SUPRALEITFÄHIGKEIT, der SUPRAFLÜSSIGKEIT und des CHAOS.

Physik, Wechselwirkung in der

→ *Wechselwirkung in der Physik*

Pi (π)

Zur Vertiefung: ***Exponentialfunktion; Trigonometrie; Winkel***

3,141 592 653 589 793 238 462 643 383 279 …

Nach der einfachsten Definition, die man für diese berühmte Zahl geben kann, ist sie das Verhältnis zwischen der Fläche eines Kreises und dem Quadrat des Kreisradius. So beträgt die Fläche des in *Abbildung 1* gezeigten Kreises das π-fache des kleinen Quadrats.

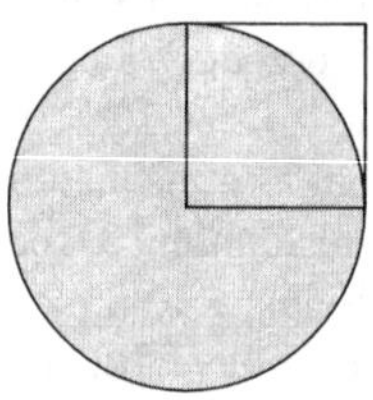

Abbildung 1

Auf dieselbe Zahl stößt man auch bei der Berechnung des Kreisumfangs, den man erhält, indem man den Kreisradius mit 2π multipliziert. Das wusste schon Archimedes. Und es ist keineswegs überraschend; so kann man den Flächeninhalt des Rings in *Abbildung 2* auf zweierlei Art berechnen: einerseits als Differenz der Flächeninhalte des großen äußeren und des kleineren inneren Kreises; andererseits, sofern der Ring sehr schmal ist, als Produkt aus dem Umfang eines der beiden Kreise und der Breite des Rings.

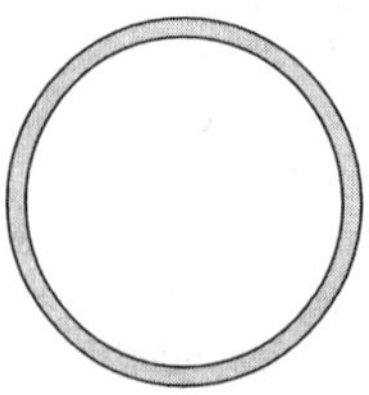

Abbildung 2

Bei den ältesten Methoden zur Bestimmung des Werts von π approximiert man den Kreis durch Polygone (siehe Approximation), wobei die Seitenlänge der Polygone dem Kreisumfang umso näher kommt, je mehr Seiten die Polygone besitzen. Approximiert man den Kreis durch zwei Quadrate, wie in *Abbildung 3a* gezeigt, erhält man $2\sqrt{2}$, also 2,828 …, als unteren und 4 als oberen Näherungswert für π.

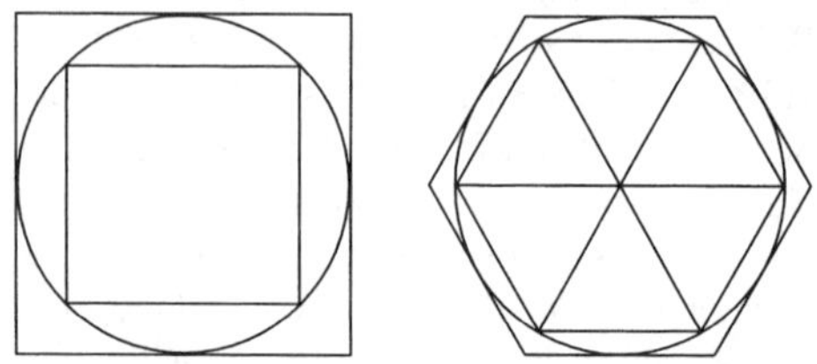

a b

Abbildung 3

Approximiert man den Kreis dagegen durch regelmäßige Sechsecke, erhält man schon bessere Näherungswerte, nämlich 3 (weil die Seiten des Sechsecks gleich dem Radius sind) und $2\sqrt{3} = 3{,}461$ … (siehe *Abbildung 3b*). Unter Verwendung eines Polygons mit 96 Seiten gelangte Archimedes zu einem oberen Näherungswert von $3 + (10/71) = 3{,}1408$ … und einem unteren Wert von $3 + (1/7) = 3{,}1429$ …

Zur Bestimmung des Werts von π kann man auch versuchen, mit Zirkel und Lineal einen Kreis und ein Quadrat gleichen Flächeninhalts zu konstruieren. Dann könnte man, immer noch mit Zirkel und Lineal, eine Strecke der Länge π konstruieren und daraus den genauen Wert ableiten. Solche eine »Quadratur des Kreises« ist jedoch unmöglich. Wie Pierre Wantzel 1837 gezeigt hat, kann man mit Zirkel und Lineal nur Strecken konstruieren, deren Länge einer algebraischen Zahl entspricht, also der Lösung einer algebraischen Gleichung mit ganzzahligen Koeffizienten; und Ferdinand von Lindemann zeigte 1822, dass die Zahl π keine algebraische Zahl ist.

Die Zahl π findet sich auch in vielen anderen Zweigen der Mathematik. Will man zum Beispiel Winkel messen, muss man eine Einheit festlegen, indem man einer vollständigen Umdrehung willkürlich einen Wert zuordnet. Wählt man für eine vollständige Umdrehung den Wert 360, beträgt die dadurch definierte Einheit, das Grad, 1/360. Wählt man für eine vollständige Umdrehung den Wert 2π, beträgt die dadurch definierte Einheit, Radiant genannt, $1/(2\pi)$. Winkel in Radianten zu messen hat zahlreiche Vorzüge (siehe WINKEL): Die Länge eines Kreisbogens etwa, der durch einen Winkel a abgegrenzt wird (siehe *Abbildung 4*), ist gleich ra, wenn man die Winkel in Radianten misst, aber gleich $(2\pi ra)/360$, wenn man sie in Grad misst.

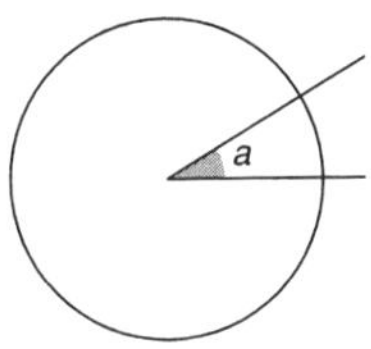

Abbildung 4

Das Verhältnis $(\sin x)/x$ geht gegen 1, wenn x gegen 0 geht, sofern man die Winkel in Radianten misst, aber gegen $180/\pi$, falls man sie in Grad misst.

Umgekehrt ergeben sich zahlreiche Eigenschaften der Zahl π, wenn man Winkel in Radianten misst, zum Beispiel der Eulersche Satz, wonach der Exponent der komplexen Zahl $2i\pi$ gleich 1 ist (siehe EXPONENTIALFUNKTION). Auch an ganz unerwarteten Stellen stößt man auf die Zahl π, falls man als Winkelmaß den Radianten wählt. So ist die Reihe (Leibnizreihe) $1-(1/3)+(1/5)-(1/7)+\ldots$ gleich $\pi/4$. Das Integral

$$\int_0^1 \frac{dx}{1+x^2}$$

also der Flächeninhalt der Fläche unter der Kurve mit der Gleichung $f(x) = 1/(1+x^2)$ im Intervall zwischen 0 und 1 (siehe *Abbildung 5*), ist ebenfalls gleich $4/\pi$. Beide Ergebnisse finden ihre Erklärung in der Tatsache, dass der Tangens des Winkels $\pi/4$ gleich 1 ist (siehe TRIGONOMETRIE).

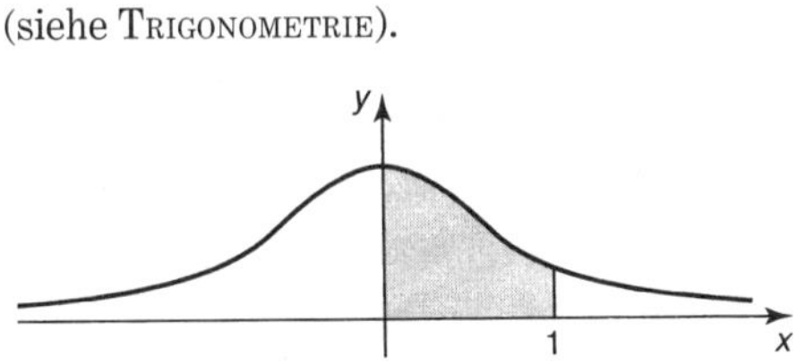

Abbildung 5

Schließlich erscheint die Zahl π auch im Ergebnis der Reihe $1+(1/2^2)+(1/3^2)+(1/4^2)+\ldots$, das gleich $\pi^2/6$ ist.

Dass die Zahl π an so vielen Stellen auftaucht, ist jedoch kein Mysterium, denn jedes Glied in der Kette, die vom Flächeninhalt des Kreises zum Kreisumfang, vom Winkelmaß zu den trigonometrischen Funktionen, von dort zur Exponentialfunktion, zu Reihen und zu den Integralen führt, lässt sich leicht erklären.

Pigment

Zur Vertiefung: ***Farbstoff; Photochemie***

Ein Pigment ist eine farbige chemische Verbindung, die oft Mineralien enthält und immer unlöslich ist. Beispiele sind Zinnober, Ocker oder Manganschwarz. Seit Urzeiten bemüht sich der Mensch, die Farben der Natur in Gläsern, Keramiken und Emaillen nachzuahmen. All diese Techniken haben zu einer wichtigen Problemstellung geführt, die für einen Großteil der Mineralchemie verantwortlich ist (Theorien zum Bereich der Kristalle und der Liganden, deren Pionier der Amerikaner elsässischer Abstammung Hans Bethe war): Diese Farben, ob es sich nun um das Blau eines Kupfersalzes, das Gelb eines Cadmiumsalzes oder das Weiß eines Titanoxids handelt, sind durch die Tatsache zu erklären, dass diese Mineralien einen Teil des sichtbaren Lichts absorbieren. Maler benutzten sie, angefangen bei den prähistorischen Höhlenmalereien, über Jahrtausende hinweg, bis die Farbstoffchemie ihre Palette um zahlreiche neue Nuancen bereicherte.

Pixel

Zur Vertiefung: ***Bild***

Informatik und Telekommunikation haben dafür gesorgt, dass visuelle Bilder heute in ein Raster aus farbigen Bildpunkten unterschiedlicher Helligkeit zerlegt werden. Den einzelnen Bildpunkt bezeichnet man als Pixel (eine Zusammenziehung des englischen *picture element*: Bildelement). Da die Helligkeit jedes farbigen Bildpunkts sich quantitativ genau erfassen lässt, kann jedes Pixel durch einige Zahlen und jedes Bild durch eine Folge von Pixeln vollständig beschrieben werden.

Planet

Zur Vertiefung: ***Astrologie; Astrometrie; Atmosphäre; außerirdisches Leben***

Auf den ersten Blick, das heißt, wenn man zum Sternenhimmel hinaufschaut, besteht zwischen Sternen und Planeten ein so geringer Unterschied, dass der strahlend helle Planet Venus im Volksmund als der Abend- oder Morgenstern bezeichnet wird.

Planeten und Sterne haben gemeinsam, dass es sich um Materiekugeln handelt, die im Raum isoliert sind; ihren Zusammenhalt verdanken diese Kugeln der Massenanziehungskraft zwischen sämtlichen Materieteilchen, aus denen sie bestehen. Damit sind die Gemeinsamkeiten aber auch schon zu Ende. Hinsichtlich des Lichts, das von ihnen kommt und sie für uns sichtbar macht, und hinsichtlich ihrer Entstehung unterscheiden sich die Planeten grundlegend von den Sternen.

Die alten Chinesen und Babylonier erkannten sehr schnell, dass am Sternhimmel fünf durch ihre Helligkeit und Farbe auffällige Himmelskörper sich sehr rasch, wenn auch mit einer gewissen Regelmäßigkeit zwischen den Sternen und Sternbildern bewegten. Sie blieben allerdings insgesamt innerhalb des als Tierkreis bezeichneten Streifens, den einige dieser Sternbilder beiderseits der Ekliptik bilden (d.h. beiderseits der scheinbaren Bahn der Sonne im Verlauf des irdischen Jahres). Merkur, Venus, Mars, Jupiter und Saturn wurden auf diese Weise identifiziert, mit Namen versehen und schließlich, wegen der Bewegung innerhalb des Tierkreises, mit der Sonne assoziiert. Erst als Galilei diese Objekte durch sein Fernrohr beobachtete, erkannte er nähere Details auf deren Oberfläche, und nun wurde auch klar, woher ihr Leuchten stammte: Es handelte sich um Sonnenlicht, das an ihrer Oberfläche diffus (d.h. in alle Richtungen gestreut) reflektiert wurde, wie die Phasen der Venus bewiesen. Von nun an galt auch die Erde als ein Planet, der wie die übrigen die Sonne umkreist. Später wurden weitere Planeten entdeckt, die mit bloßem Auge nicht sichtbar sind (Uranus, Neptun und Pluto), sowie eine Reihe kleinerer Objekte – manche mit einem Durchmesser von weniger als einem Kilometer –, die sich auf nahezu kreisförmigen Bahnen gleichfalls um die Sonne bewegen und die man als Kleinplaneten und Asteroiden bezeichnet. Die Etymologie des Wortes »Planet«, das aus dem Griechischen stammt und »umherirrend« bedeutet, verweist auf ihre scheinbare Bewegung zwischen den Sternen. Im Deutschen spricht man deshalb auch von Wandelsternen. Allerdings bewegen auch die Sterne sich im Verhältnis zueinander; doch weil sie sehr viel weiter von uns entfernt sind als die Planeten unseres Sonnensystems, scheinen sie stillzustehen (Fixsterne), sofern man ihre Örter nicht extrem präzise bestimmt.

Die PERIODEN der Planetenumlaufbahnen (d.h. die Zeit, die der Planet benötigt, um die Sonne einmal zu umrunden) reichen von 88 Tagen beim Merkur bis hin zu zweieinhalb Jahrhunderten beim Pluto; ihre scheinbare Bewegung durch die Sternbilder des Tierkreises vollzieht sich also in Zeitspannen, die den Rhythmen des menschlichen Lebens oder der überschaubaren Geschichte entsprechen. Auf der Grundlage angenommener Korrespondenzen zwischen den Erscheinungen am Sternenhimmel und dem Schicksal der Menschen entstand so die ASTROLOGIE. Das unterschiedliche Erscheinungsbild der Planeten und ihrer Farben (bleiern der Saturn, blutrot der Mars) gab diesen Trugbildern zusätzliche Nahrung.

Planeten sind Kugeln aus fester, flüssiger oder gasförmiger Materie – oder verbinden wie die Erde alle drei Aggregatzustände miteinander; zusammengehalten werden sie durch die eigene Schwerkraft, aber auch durch die wechselseitige Anziehung mit einem anderen, meist sehr viel größeren Himmelskörper, in der Regel einem Stern, den sie auf einer regelmäßigen Bahn umkreisen. Für irdische Beobachter kann ein Planet sich auf mehrere Arten bemerkbar machen: durch das Licht, das er vom Zentralstern empfängt und reflektiert; durch die Strahlung, die er selbst im Infrarotbereich emittiert, weil seine Oberfläche von dem Zentralstern aufgeheizt wird; und schließlich durch die Einflüsse, die sein Gravitationsfeld auf benachbarte Himmelskörper und deren Bewegung ausübt. Aufgrund einer derartigen beobachteten Störung der Bahnen des Jupiter und des Saturn sagten Urbain Le Verrier und John Adams die Existenz und die Position des Planeten Neptun voraus, der dann ein Jahr später, 1846, von Johann Galle entdeckt wurde. Über solche gravitativen Einflüsse auf die Bewegung ihres Zentralsterns sucht man heute auch außerhalb unseres Sonnensystems nach Planeten und ist inzwischen bereits fündig geworden.

Unser Wissen über die Planeten stammte früher ausschließlich aus Beobachtungen, die mit Teleskopen von der Erde aus gemacht wurden. Inzwischen basiert die weitere Erforschung dieser Himmelskörper nahezu ausschließlich auf dem Einsatz von Raumsonden, die mit Teleskopen ausgestattet sind und uns im Vorbeiflug aus nächster Nähe hochaufgelöste Bilder übermitteln; andere Raumsonden lassen ganze Batterien von Messinstrumenten in die Atmosphäre, auf den Boden oder sogar in den Boden der Planeten hinab, die dort Temperatur, Druck, chemische Zusammensetzung, Wind und Strömungen, elektrische und magnetische Felder, seismische Aktivität usw. messen.

»Vielfalt« ist der angemessene Ausdruck, um die neun – mit Ausnahme des Pluto inzwischen alle aus nächster Nähe beobachteten – Planeten unseres Sonnensystems zu charakterisieren, zu denen man im Übrigen noch einige der größeren Trabanten hinzufügen müsste wie unseren Mond und die Monde Io, Ganymed, Titan usw., weil sie in vielem große Ähnlichkeiten mit den Planeten besitzen. Die tellurischen, d. h. erdähnlichen Planeten (vom lateinischen *tellus*, Erde), also Merkur, Venus, Erde und Mars, sind der Sonne näher als die übrigen; sie sind vergleichsweise klein (der größte unter ihnen ist die Erde); sie besitzen eine hohe Dichte (vier- bis fünfmal so hoch wie Wasser) und haben kaum Trabanten. Die Riesenplaneten (Jupiter bis Neptun) zeigen entgegengesetzte Eigenschaften (so haben Jupiter und Neptun fünfzehn bis zwanzig Trabanten). Pluto schließlich, der klein ist und eine geringe Dichte aufweist, ähnelt eher den inneren Planeten. Aber auch innerhalb der einzelnen Gruppen herrscht große Vielfalt: Die Atmosphären reichen von dicht (Venus) über mittel (Erde) bis zu dünn (Mars), und der Merkur besitzt gar keine Atmosphäre; die Oberflächen sind fest (Mars, Merkur), fest und flüssig (Erde) oder gasförmig (Riesenplaneten). Auch die chemische Zusammensetzung ist sehr unterschiedlich, die Riesenplaneten sind reich an Wasserstoff und Helium, die erdähnlichen Planeten dagegen reich an Silikaten und Metallen.

Diese Vielfalt resultiert aus den Bedingungen, unter denen die Planeten vor etwa 4,7 Milliarden Jahren entstanden, als die Sonne zu dem STERN wurde, den wir kennen. Aus der Größe, der Bewegung und der Zusammensetzung der Planeten können wir heute mit Hilfe von Computern und aufgrund der physikalischen Gesetze rekonstruieren, wie die Planeten einst entstanden: in einem Akkretionsprozess nämlich, bei dem eine Gaswolke unter der Einwirkung ihrer eigenen Schwerkraft in sich zusammenstürzte (siehe AKKRETION). Aus einer aus Gas und Staub bestehenden galaktischen Wolke, wie wir sie auch an anderen Stellen in unserer Milchstraße beobachten können, bildete sich zunächst eine abgeplattete protoplanetare Scheibe; von dieser Scheibe zeugt noch die Ebene der Ekliptik, die praktisch alle Planetenbahnen in sich enthält. Kleine Materieansammlungen in dieser Scheibe, Planetesimale genannt (die Saturnringe und die Asteroiden können als Spuren dieser frühen Zustände gelten), begannen unter dem Einfluss der Gravitation zu wachsen und sich miteinander zu verbinden, so dass schrittweise größere Körper entstanden, die weiterhin um die Sonne kreisten. Das Wachstum der Planetesimale erfolgte sehr rasch (innerhalb von nicht einmal 300 Millionen Jahren) und führte schließlich zu den Planeten. Die Reste, die immer noch isoliert ihre Bahn durch den Weltraum zogen, verursachten auf den Planeten und Monden ein heftiges Meteoritenbombardement, das erst vor etwa 3,7 Milliarden Jahren ein Ende fand, weil es kaum noch Meteoriten gab. Möglicherweise zeugt die Entstehung des Mondes von dieser verheerenden Billardpartie, ganz sicher aber gilt das für die von Kratern übersäte Oberfläche unseres Mondes und zahlreicher anderer Trabanten.

Bis 1995 bezog die Bezeichnung »Planet« sich ausschließlich auf die Begleiter unserer

Sonne, da wir außerhalb unseres Sonnensystems keine Planeten kannten. Dann entdeckten Michel Mayor und Didier Queloz einen Planeten von der Größe des Jupiter, der mit einer Periode von nur 4,23 Tagen den Stern 51 Pegasi umkreist. Es folgte die Entdeckung weiterer Planeten im Umfeld von Sternen, die nicht weit von unserem Sonnensystem entfernt liegen. Damit bestätigte sich eine mehr als hundert Jahre alte Vermutung, wonach Planeten als Begleiter von Sternen keineswegs selten sind. Heute spricht man hier von Exoplaneten, um sie von den Begleitern unserer Sonne zu unterscheiden. Die Entdeckung der Exoplaneten zwang übrigens die Vertreter der bislang gültigen Theorie der Entstehung von Planeten zu einiger Bescheidenheit. Denn nach dieser Theorie ließ die Akkretion der Planetesimale nicht die Entstehung von Riesenplaneten in geringer Entfernung von dem jeweiligen Stern zu. Bei den 1995 und 1996 entdeckten Exoplaneten handelt es sich aber um Himmelskörper von der Größe des Jupiter, deren Entfernung zu ihrem Stern nur ein Zehntel bis ein Zwanzigstel der Entfernung zwischen Sonne und Erde beträgt (jedenfalls sind sie so groß und so nah an ihrem Zentralgestirn, dass ihr gravitativer Einfluss auf dessen Bewegung für uns erkennbar ist). Die Frage nach ihrer Entstehung bleibt einstweilen ungeklärt.

Sterne und Planeten unterscheiden sich auch in ihrem Entstehungsprozess voneinander. Zwar gehen beide über einen Akkretionsprozess aus einer Gaswolke hervor, doch während Sterne sich während dieses ganzen Prozesses in gasförmigem Zustand befinden, entstehen Planeten aus der Ansammlung von Gas und kleinen festen Brocken. Die Grenze könnte allerdings fließend sein, denn zwischen einem Riesenplaneten und einem braunen Zwerg – einem nahezu sternenählichen Objekt geringerer Masse an der Schwelle zum Beginn der Kernfusion, die ihn zu einem Stern macht – bestehen nur geringe Unterschiede, und von dort sind es nur noch wenige Schritte bis zu kleineren Himmelskörpern wie dem Planeten Jupiter.

Von Fontenelles *Gesprächen über die Vielheit der bewohnten Welten* im 17. Jahrhundert bis hin zu den angeblichen Hinweisen auf fossile Lebensformen auf dem Mars im Jahr 1996 hat man sich natürlich oft gefragt, ob wohl auch auf anderen Planeten Leben zu finden sei. Diese einstmals mythische und später dann theoretische Frage nähert sich inzwischen dem Stadium einer möglichen Überprüfung durch unmittelbaren Augenschein (auf den Planeten unseres Sonnensystems) oder durch Beobachtung aus großer Entfernung (soweit es die Exoplaneten betrifft). Diese Frage bewegt sich an der Grenze zur Biologie, denn zu ihrer Klärung müssen wir verstehen lernen, unter welchen physikalischen und chemischen Bedingungen Leben überhaupt möglich ist.

Planetenring

Zur Vertiefung: ***Chaos; Planet***

»Ich habe den Planeten Saturn gesehen und festgestellt, dass er aus drei Teilen besteht«, schrieb Galileo Galilei 1610 in sein Beobachtungsbuch, weil er aus der länglichen Form, die der Saturnring dem Planeten in seinem Fernrohr verlieh, auf die Existenz zweier Monde neben der Planetenscheibe schloss. Der Fortschritt im Bau von TELESKOPEN korrigierte diesen Irrtum, und die Ringe des Saturn, feine ringförmige Gebilde, die den Planeten in der Äquatorebene umgeben, enthüllten zunehmend ihre filigrane Struktur, bis hin zu den großartigen Aufnahmen, die die Raumsonde Voyager 1980 aus nächster Nähe machte und auf denen das Ringsystem wie eine mit zahllosen feinsten Rillen versehene Schallplatte erscheint. Fast vierhundert Jahre nach Galilei entdeckte man, dass auch Uranus, Jupiter und Neptun Ringsysteme besitzen, die sich allerdings deutlich voneinander unterscheiden. Planetenringe gehören also offenbar zu den typischen Merkmalen der Riesenplaneten, während die Erde und die erdähnlichen Planeten keine Ringe besitzen.

Die Planetenringe gehören zu einer im Universum häufiger anzutreffenden Gruppen achsensymmetrischer, d. h. scheibenförmiger Objekte; dazu zählen auch die Scheiben, die sich in Doppelsternsystemen durch die gravitationsbedingte Akkumulation von Materie bilden (siehe AKKRETION), die protoplanetaren Scheiben (siehe PLANET) und die Spiralgalaxien, die meist die Form sehr dünner Scheiben annehmen. Diese scheibenförmigen Objekte unterscheiden sich deutlich von den nahezu kugelsymmetrischen Objekten wie den Sternen oder Planeten. Die Verbreitung der scheibenförmig-achsensymmetrischen Objekte beruht auf zwei Bewegungen der interstellaren Materie: ihrer Rotation um ein massenreiches Zentralobjekt und ihrer Kondensation unter dem Einfluss der Gravitation dieses Objekts. Die Kombination beider Effekte führt dazu, dass die Materie sich zwar in der Äquatorebene der Rotation sammelt, aber nicht in Richtung Rotationsachse stürzt. Auf diese Weise entsteht eine Scheibe oder ein Ring in der Äquatorebene des rotierenden Systems.

Über die Beschaffenheit des Saturnrings haben die Astronomen lange gerätselt: Er konnte nicht aus einem festen Block bestehen, denn die Scheibe rotiert am äußeren Rand mit ganz anderer Geschwindigkeit als am inneren Rand, so dass sie sehr schnell zerfallen müsste. Edouard Roche hat gezeigt, dass ein größerer Gesteinsbrocken, der unterhalb einer bestimmten Entfernung (der so genannten Rochegrenze) um einen Planeten kreist, unvermeidlich in kleinere Brocken zerfällt. So bestehen denn auch die Ringe der Riesenplaneten aus Gesteins- und Eisbrocken, deren Größe von Bruchteilen eines Millimeters bis hin zu ein paar Dutzend Metern reicht und die beim Zerfall eines größeren Körpers entstanden sein müssen. Jedes dieser Teilchen umkreist seinen Planeten wie ein winziger Mond oder SATELLIT. Dabei ist auch die wechselseitige Anziehung der den Ring bildenden Teilchen nicht zu vernachlässigen, und langfristig wird die Stabilität des Rings nur durch die Anziehungskraft kleiner Monde gewährleistet, die sich ganz in der Nähe befinden und den Ring gleichsam beschützen. Die numerische Simulation der Gravitationsbedingungen in Systemen, die aus einer großen Zahl von Körpern bestehen (siehe N-KÖRPER-PROBLEM), sind für die Erforschung der Stabilität solcher Planetenringe von großem Nutzen.

Da die Erde keinen Ring besitzt, machte eine große Werbeagentur vor einiger Zeit den Vorschlag, sie künstlich mit solch einem Ring auszustatten; eine Rakete sollte eine große Zahl von Metallstreifen in eine äquatoriale Umlaufbahn bringen; diese Metallstreifen hätten dann Tag und Nacht das Sonnenlicht gestreut und auf diese Weise die Schönheit des Nachthimmels für immer zerstört. Zum Glück fanden sich auch außerhalb der kleinen Schar von Astronomen genügend Gegner, die diesem pharaonenhaften Projekt den Garaus machten.

Planung

Zur Vertiefung: ***künstliche Intelligenz; Lösung von Problemen; Robotik***

Utopisten träumen von extravaganten Plänen, Verschwörer schmieden, Architekten zeichnen sie ... Auf einer anderen Ebene planen Bürokraten die Wirtschaft, auch wenn die Mode zur Zeit eher zum Liberalismus als zum Dirigismus tendiert.

Computer träumen bei der Planung von Arbeitsschritten dagegen nicht; sie ahmen auch weder Verschwörer noch Baumeister nach und erst recht nicht Bürokraten oder Ökonomen; sie berechnen vielmehr automatisch die Folge der elementaren Arbeitsschritte, an deren Ende ein Roboter das ihm gesetzte Ziel erreicht haben wird. Dabei greift die Arbeitsplanung auf Techniken der künstlichen Intelligenz zurück, wenn es darum geht, Roboter automatisch zu programmieren, ohne die dazu notwendigen Arbeitsschritte vollständig und in der nötigen Reihenfolge aufzulisten.

Plasma

Zur Vorbereitung: ***Ion, Ionisierung***
Zur Vertiefung: ***Hadron; Kernfusion; Stern***

Der vierte Zustand der Materie

Neben den drei vertrauten Aggregatzuständen der Materie, dem festen, dem flüssigen und dem gasförmigen, gibt es noch einen vierten Zustand, der sich im oberen Temperaturbereich an den des Gases anschließt und erst spät entdeckt wurde: das Plasma. Auf der Erde finden wir diesen Zustand zum Beispiel in Blitzen und in Neonröhren.

Wie man eine Flüssigkeit durch die Zuführung von Energie (z. B. durch Erwärmung) in den gasförmigen Zustand überführen kann, so lässt sich ein Plasma erzeugen, indem man einem GAS Energie zuführt. Dennoch gibt es hier einen wichtigen Unterschied. Beim Übergang vom festen in den flüssigen oder vom flüssigen in den gasförmigen Zustand löst die zugeführte Energie jene Bindung zwischen den atomaren oder molekularen Bestandteilen des Festkörpers oder der Flüssigkeit, die für die Kohäsion des Ausgangszustands verantwortlich war (siehe FESTKÖRPER und FLÜSSIGKEIT). Die Bindung zwischen den Atomen oder Molekülen wird zwar verändert, doch die verschiedenen Bestandteile bleiben als solche erhalten. Beim Übergang vom Gas zum Plasma gibt es jedoch keine Bindung zwischen den Bestandteilen, die gelöst werden könnte, da Gase aus Atomen oder Molekülen bestehen, die praktisch unabhängig voneinander und außerdem noch elektrisch neutral sind.

Dagegen können inneratomare Bindungen aufgelöst werden, das heißt, jedes Atom kann ein oder mehrere ELEKTRONEN verlieren und dadurch zu einem positiv geladenen ION werden. Wenn die Rekombinationszeit lang genug ist (das heißt die Zeit, bis die Atome die fehlenden Elektronen wieder eingefangen haben), bleibt ein bestimmter Ionisationsgrad erhalten, und wir haben es mit einem Plasma zu tun, also mit einem ionisierten Gas, dessen Bestandteile, Ionen und Elektronen, sich miteinander über elektromagnetische Kräfte in Wechselwirkung befinden. Das Plasma bleibt wie das ursprüngliche Gas insgesamt elektrisch neutral, weil Elektronen und Ionen stets in einem Verhältnis vorhanden sind, bei dem die Gesamtladung null ist.

Erst mit der Entwicklung der so genannten Gasentladungsröhren zu Beginn des 20. Jahrhunderts war es möglich, die für die Erzeugung eines Plasmas erforderlichen physikalischen Bedingungen herzustellen. Wie der Name schon sagt, handelt es sich dabei um gasgefüllte Röhren, in denen es unter dem Einfluss hoher elektrischer Spannungen zur Emission von Licht kommt.

Seine Besonderheiten verdankt das Plasma der großen Reichweite der elektromagnetischen Wechselwirkung zwischen den geladenen Bestandteilen des ionisierten Gases; ein Elektron oder ein Ion des Plasmas reagiert in jedem Augenblick mit zahlreichen anderen. In einem neutralen Gas dagegen besteht zwischen den einzelnen Atomen keine Kraft großer Reichweite.

Der Ausdruck »Plasma« (der im Griechischen für »formlose Materie« steht) wurde 1923 von dem amerikanischen Physiker Irving Langmuir zur Bezeichnung des partiell ionisierten Mediums eingeführt, das im Innern einer Gasentladungsröhre entsteht. Seither werden Plasmen in zahlreichen technischen Geräten eingesetzt, zum Beispiel in Plasmabrennern (bei denen die Hitze des Plasmas zum Schneiden, Schweißen oder Schmelzen von Metallen dient) oder auch in Gaslasern (siehe LASER). Die wichtigste Anwendungsmöglichkeit liegt jedoch im Bereich der Energieerzeugung. In einem Plasma hoher Dichte und sehr hoher Temperatur hoffen die Physiker eine steuerbare KERNFUSION auslösen und damit einen KERNREAKTOR neuen Typs zur Erzeugung von Energie schaffen zu können.

Hierfür versucht man, auf der Erde das Funktionsprinzip zu reproduzieren, nach dem die SONNE und die STERNE ihre Energie erzeugen, denn bei diesen Himmelskörpern handelt es sich um riesige Plasmakugeln, in denen durch die Fusion von Wasserstoffkernen gewaltige Mengen Energie freigesetzt werden. Ein Plasma ist also kein künstlicher Zustand. Nach Ansicht der Astrophysiker befinden sich sogar 98% der Materie des Universums im Plasmazustand. Und wir brauchen nicht einmal weit zu suchen, denn schon der stark ionisierte obere Bereich der Erdatmosphäre, der deshalb auch als Ionosphäre bezeichnet wird, ist ein echtes Plasma.

Mehre Arten von Plasmen

Schon die genannten Beispiele für Plasmen zeigen, dass es mehrere Arten davon gibt; wir können deshalb sagen, dass in diesem vierten Zustand der Materie mehrere verschiedene

Zustände zusammengefasst sind. Die Unterschiede zwischen einem Festkörper, einer Flüssigkeit und einem Gas sind nicht größer als die Unterschiede zwischen einem Plasma hoher Dichte (wie im Innern der Sterne), einem Plasma mittlerer Dichte (wie in einer Gasentladungsröhre) und einem Plasma geringer Dichte (wie in der Ionosphäre). Daher lässt sich eine Typologie der Plasmen erstellen, die der Unterscheidung in Festkörper, Flüssigkeit und Gas ähnelt. Wie der Festkörper sich vom Gas dadurch unterscheidet, dass die Wechselwirkung der jeweiligen Bestandteile im festen Zustand größer ist als deren thermische Eigenbewegung (siehe FESTKÖRPER und GAS), so unterscheiden sich Plasmen nach der relativen Bedeutung der darin anzutreffenden Wechselwirkungen, und das gilt insbesondere für den Zusammenstoß zwischen den jeweiligen Bestandteilen und für die kollektiven Wechselwirkungen, die aus dem Einfluss des umgebenden elektrischen Feldes auf die einzelnen Ladungsträger resultieren. Sind genügend neutrale Atome vorhanden, so dass die Zusammenstöße zwischen Atomen und Elektronen gegenüber den Kollisionen zwischen geladenen Ionen vorherrschen, spricht man von einem schwach ionisierten, im umgekehrten Fall von einem stark ionisierten Plasma.

Ein schwach ionisiertes Plasma wie das der Ionosphäre besitzt hinsichtlich seiner mechanischen Eigenschaften große Ähnlichkeit mit einem Gas (zum Beispiel lässt es sich leicht komprimieren). Andererseits unterscheidet es sich in seinen elektromagnetischen Eigenschaften (zum Beispiel der Leitfähigkeit) von einem Gas, weil es zahlreiche freie Elektronen enthält. Bei den stark ionisierten Plasmen lassen sich zwei Arten unterscheiden. Wenn die TEMPERATUR so hoch ist, dass die thermische Bewegung insgesamt bedeutsamer ist als die elektromagnetische Wechselwirkung zwischen den geladenen Teilchen (Ionen und/oder Elektronen), spricht man von einem klassisch-kinetischen Plasma. In diese Kategorie fallen die meisten stark ionisierten Plasmen, die wir aus Natur und Technik kennen (interstellares Gas, die in den Experimenten zur Kernfusion erzeugten Plasmen, das Innere der Sterne). Liegt die Temperatur dagegen so niedrig, dass die elektromagnetischen Wechselwirkungen bedeutender sind als die thermische Bewegung, spricht man von einem Plasma mit starker Kopplung. Solche Plasmen können ähnliche strukturelle Eigenschaften besitzen wie kristalline Festkörper (siehe FESTKÖRPER und KRISTALL).

Ein ganz besonderes Plasma: das Quarks- und Gluonenplasma

In der Teilchenphysik verwendet man den Ausdruck »Plasma« auch zur Bezeichnung eines speziellen Zustands der Kernmaterie: des Quarks- und Gluonenplasmas, das nach langer Suche möglicherweise 1996 im CERN-Forschungszentrum entdeckt wurde. Die QUARKS sind die elementaren Bestandteile von Teilchen wie PROTONEN und NEUTRONEN, die ihrerseits den ATOMKERN bilden. Sie sind der starken Wechselwirkung unterworfen, die für den Zusammenhalt der Atomkerne verantwortlich ist und über den Austausch bestimmter Teilchen, der Gluonen, erfolgt (siehe HADRON). Gluonen und Quarks lassen sich zumindest bei den heute erreichbaren Energien nicht individuell beobachten, da sie den zusammengesetzten Systemen, denen sie angehören, nicht entkommen können. Sie sind darin gleichsam eingeschlossen (siehe QUARK).

Die Theorie sagt nun voraus, dass diese Objekte bei einer ausreichend hohen Energiekonzentration dissoziieren und eine »Suppe« aus nahezu freien Quarks und Gluonen bilden könnten. Nach dem derzeit gültigen KOSMOLOGISCHEN STANDARDMODELL bestand solch ein Quarks-Gluonen-Plasma möglicherweise in den ersten Mikrosekunden des Universums, und es könnte auch beim Kollaps des dichten Kerns eines Neutronenstern entstehen (siehe STERN). Die Physiker versuchen, diesen »exotischen« Zustand der Materie für kurze Augenblicke künstlich herbeizuführen, indem sie Atomkerne mit sehr hoher Energie zur Kollision bringen. Dabei stellen sie ähnliche Temperaturverhältnisse her, wie sie einst im Uruniversum geherrscht haben.

Plastizität

Zur Vertiefung: ***Elastizität; Kristall***

Wenn man einen kristallinen Festkörper (zum Beispiel ein Metall oder Mineral) einer Belastung (äußeren Kraft pro Oberflächeneinheit) aussetzt, die höher ist als seine Elastizitätsgrenze, so verschwindet nach Beseitigung dieser Belastung die elastische Deformation, die proportional zur Deformationskraft ist, aber es bleibt eine dauerhafte Restverformung, die so genannte plastische Verformung.

In einem elastisch deformierten Kristall werden die zwischenatomaren Bindungen reversibel verformt, also gedehnt oder verkürzt; ein plastisch verformter Kristall unterscheidet sich dagegen von einem nicht deformierten Kristall nur durch eine äußere Formänderung, die nicht die inneren Bindungen betrifft. Bei dieser Verformung gleiten Gitterebenen aufeinander, was an der Oberfläche Verschiebungen bewirkt (siehe *Abbildung 1*). Die Häufung solcher Verschiebungen auf vielen Gitterebenen führt zu einer sichtbaren Deformation. Die für die Verformung des Kristalls aufgewendete Energie wird nicht gespeichert, sondern als Wärme freigesetzt (wie sich leicht nachvollziehen lässt, wenn man eine Büroklammer mehrmals auseinander zieht und wieder knickt).

Wenn die Gitterebenen des Kristalls aufeinander gleiten, müssen die chemischen Bindungen zwischen den Atomen dieser Ebenen aufgebrochen und neu geknüpft werden. Allerdings brechen nicht alle chemischen Bindungen einer Ebene gleichzeitig auf, sondern nacheinander durch die Ausbreitung linearer Kristallbaufehler, der Versetzungen, die sich unter der Einwirkung der äußeren Kraft fortpflanzen.

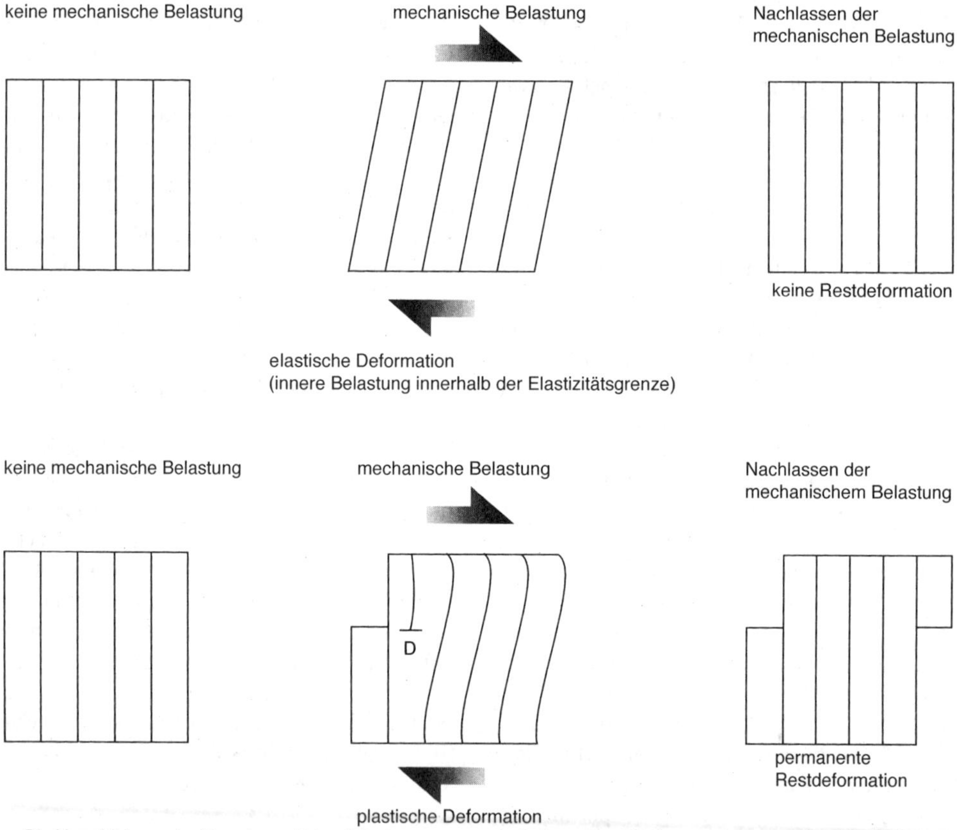

Die Verschiebung der Versetzung D bewirkt eine permanente Deformation (Stufenversetzung an der Oberfläche).

Abbildung 1

Die Elastizitätsgrenze von Festkörpern (die zugleich ihre Plastizitätsgrenze ist) verringert sich mit zunehmender TEMPERATUR, die eine Verschiebung der Versetzungen erleichtert. Daher kommt es in der Regel bei hohen Temperaturen leichter zu einer plastischen Deformation, was erklärt, weshalb Schmiede Metall unter Hitze bearbeiten.

Wenn ein Festkörper über längere Zeit bei hoher Temperatur einer auch nur geringen äußeren Kraft ausgesetzt ist, entsteht eine plastische Verformung, die mit der Zeit zunimmt. Der Festkörper fließt wie eine Flüssigkeit, und seine Fließgeschwindigkeit nimmt mit steigender Temperatur zu.

platonische Körper

Zur Vertiefung: ***Kohlenstoff; Kristall; Perowskit; Salze***

Gründe für eine Faszination

Ein Polyeder ist ein konvexer Körper, dessen Seitenflächen aus regelmäßigen Vielecken bestehen. Die alten Griechen und insbesondere die pythagoreischen Philosophen verehrten die fünf Polyeder, deren Begrenzungsflächen aus denselben Vielecken bestehen und die wir heute als platonische Körper bezeichnen: Das Tetraeder wird von vier gleichseitigen Dreiecken begrenzt, der Kubus von sechs Quadraten, das Oktaeder von acht gleichseitigen Dreiecken, das Dodekaeder von zwölf regelmäßigen Fünfecken und das Ikosaeder von zwanzig gleichseitigen Dreiecken (siehe *Abbildungen 1–5*).

Auch heute misst die Naturwissenschaft den platonischen Körpern große Bedeutung bei. Aufgrund ihres hohen Maßes an Symmetrie besitzen sie eine gewisse Vollkommenheit. Oft hat man sie mit bestimmten Zahlenlehren oder Wissensbereichen in Zusammenhang gebracht. Im *Timaios* beschreibt Platon mit ihrer Hilfe die vier Elemente (Wasser, Luft, Erde, Feuer) und entscheidet sich damit für eine Form von Atomismus, denn er weist den Elementen geometrische Formen zu. Der Atomismus findet sich in der Antike erstmals in Schriften von Demokrit und Lukrez. In dem Bestreben, die himmlische Harmonie zu

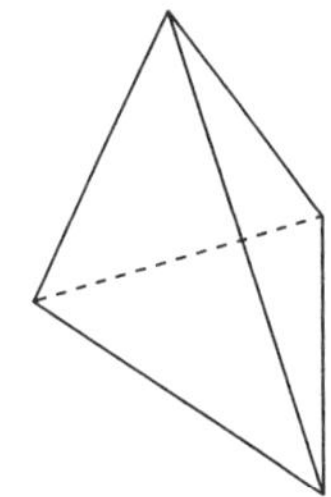

Abbildung 1 Tetraeder

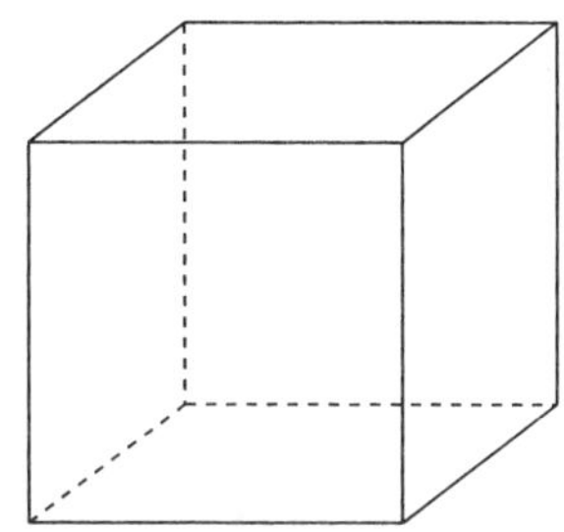

Abbildung 2 Kubus

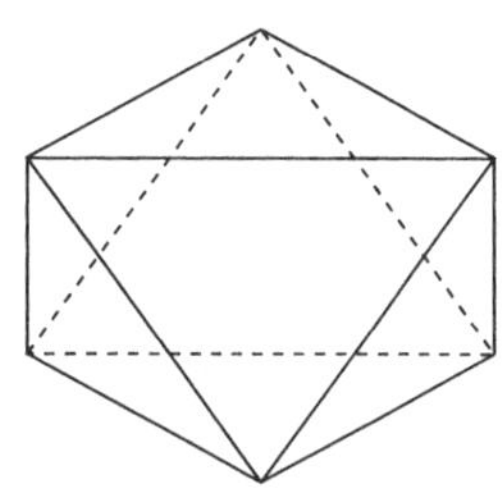

Abbildung 3 Oktaeder

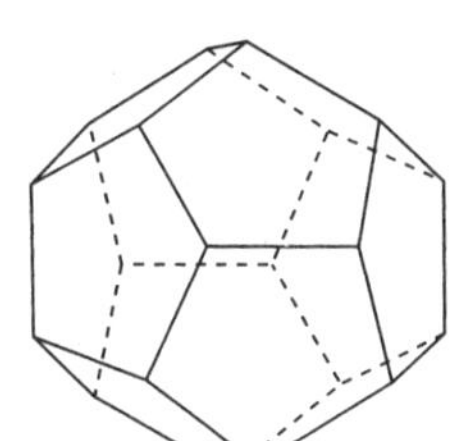

Abbildung 4 Dodekaeder

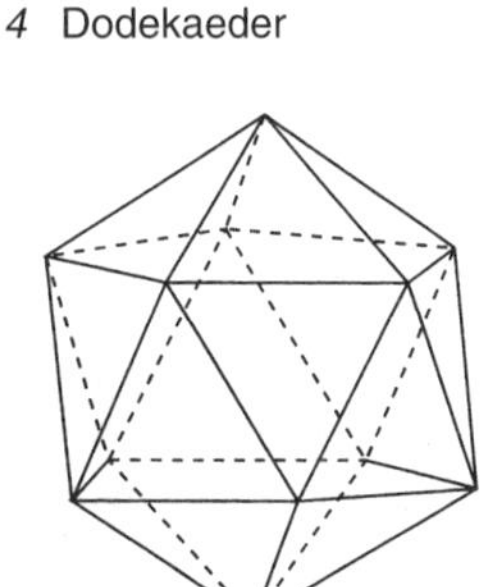

Abbildung 5 Ikosaeder

begreifen, versuchte Johannes Kepler Ende des 16. Jahrhunderts, die Planetenbahnen in die platonischen Körper einzuschreiben. Nach der Wiederentdeckung der Atomtheorie durch John Dalton Anfang des 19. Jahrhunderts veröffentlichte André Marie Ampère 1814 einen grundlegenden Aufsatz über die »repräsentativen« Formen von Molekülen. Dabei beschränkte er die Formen, die von der Materie und insbesondere von den Kristallen angenommen werden, auf eine kleine Zahl geometrischer Grundformen (wie sie sich in den Mineralien zeigen). Diese einfachen Geometrien existieren nur auf der Ebene mikroskopisch kleiner Teilchen und sind mit bloßem Auge nicht sichtbar.

Die Chemie ist geradezu besessen von den platonischen Körpern. Achille Le Bel und Jacobus Henricus van't Hoff stellten sich in der zweiten Hälfte des 19. Jahrhunderts den asymmetrischen Kohlenstoff (siehe *Abbildung 6*) als ein Kohlenstoffatom im Zentrum eines Tetraeders vor, dessen Ecken von vier ganz verschiedenen Atomgruppen besetzt sind (siehe CHIRALITÄT und KOORDINATION, KOORDINATIONSZAHL).

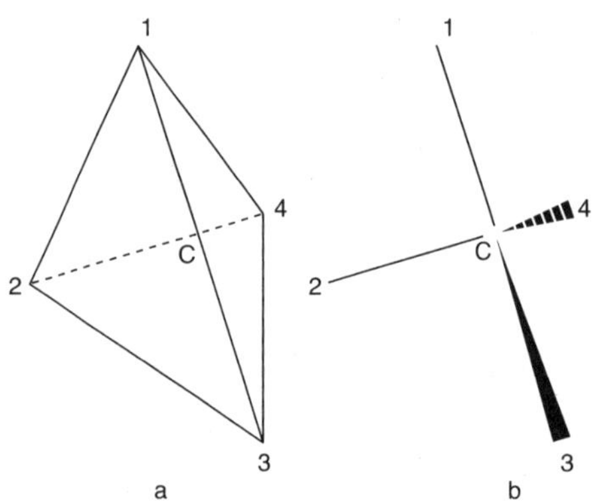

Abbildung 6 Kohlenstoffatom im Zentrum eines Tetraeders, dessen Ecken von vier verschiedenen Atomen oder Atomgruppen 1–4 eingenommen werden

Zahlreiche Kristalle sind aus kubischen Grundelementen aufgebaut (die sich in den drei Dimensionen endlos wiederholen). Beim Natriumchlorid (Kochsalz) etwa befinden sich im festen Zustand die positiven Natriumionen und die negativen Chlorionen an den Ecken von Kuben (siehe *Abbildung 7*).

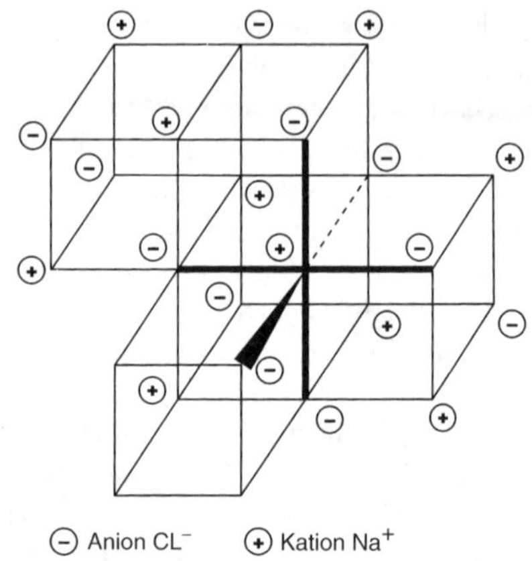

Abbildung 7 Kubische Struktur von Natriumchlorid: Jedes Ion ist zugleich das Zentrum eines Oktaeders, dessen sechs Ecken von Ionen mit entgegengesetzter Ladung eingenommen werden.

Zahlreiche Strukturen bestehen aus Oktaedern. Wiederum beim Natriumchlorid befindet sich jedes der positiven Natriumionen im Zentrum eines Oktaeders, dessen Ecken von sechs Chlorionen gebildet werden (und umgekehrt).

Alfred Werner hat gezeigt, dass zahlreiche KOMPLEXVERBINDUNGEN, also Metallatome, die von Molekülen oder Ionen umgeben sind, gleichfalls die Geometrie des Oktaeders aufweisen.

Das Dodekaeder findet sich in der Natur nicht so häufig. Hier sei nur ein Beispiel genannt: Komprimiert man Kugeln aus Knetmasse, die alle dieselbe Größe haben, entstehen lokal Dodekaeder. Auf diese Weise simulierte John Desmond Bernal die Struktur des Wassers im flüssigen Zustand, indem er jedes Molekül durch eine dieser deformierbaren Kugeln repräsentierte. Auch Ikosaeder kommen in der Natur vor. Das bekannteste Beispiel ist C_{60}, die molekulare Form des Elements Kohlenstoff, die man sich als einen mikroskopisch kleinen Fußball vorstellen kann, das heißt als einen Körper, der aus einem platonischen Körper abgeleitet ist, nämlich als ein Ikosaeder, dessen abgeschnittene Ecken aus regelmäßigen Fünf- und Sechsecken bestehen.

Es ist intellektuell sehr befriedigend, so viele Kristall- und Molekülstrukturen auf platonischen Körper zurückführen zu können. Ein Beispiel, das gleich zwei solcher Körper in sich vereint, ist der Kaolin, der sich bei hohen Temperaturen in Porzellan umwandelt. Dieses Mineral verbindet eine tetraederförmige Schicht aus SiO_4-Modulen, bei denen das Siliziumatom Si sich im Zentrum eines Tetraeders befindet, dessen Ecken von Sauerstoffatomen eingenommen werden, mit einer oktaederförmigen Schicht aus AlO_6-Modulen, bei denen das Aluminiumatom Al sich im Zentrum eines Oktaeders befindet, dessen Ecken von Sauerstoffatomen eingenommen werden.

Vorbilder für schöpferische Phantasie

Die Chemie wechselt ständig zwischen der Beobachtung der Natur und ihrer Nachahmung, indem sie nach dem Vorbild vorgefundener Formen neue künstliche Strukturen synthetisiert. Bei der Nachahmung bilden die platonischen Körper eine wichtige Inspirationsquelle. Ein in der organischen Chemie lange verfolgter und heute vollständig erfüllter Wunsch galt der Synthese der fünf Kohlenwasserstoffe mit der allgemeinen Formel $(CH)_n$, die die Form der platonischen Körper haben und für die $n = 4, 6, 8, 12$ und 20 ist. $(CH)_8$ mit seiner kubischen Form dient unter anderem zur Herstellung so unterschiedlicher Produkte wie des stärksten Sprengstoffs TNT und diverser Medikamente gegen Viruserkrankungen.

Es kommt häufig vor, dass Forschungen von einem obsessiven inneren Bild geleitet werden und dass es sich dabei um einen platonischen Körper handelt. So bekennt Karl Alex Müller, dass die Entdeckung des ersten supraleitenden keramischen Stoffes, die ihm 1986 zusammen mit Johannes Georg Bednorz gelang, von seiner nahezu mystischen Faszination durch die kubische Struktur einer bestimmten Gruppe von Mineralien geleitet war, die man als PEROWSKITE bezeichnet.

Plattentektonik

Zur Vertiefung: ***Erdaufbau; Erdbeben; Hot Spot; Paläomagnetismus***

Die Erde ist ein aktiver Planet. In Zeiträumen, die der Lebensspanne des Menschen entsprechen, äußert sich diese Aktivität in ERDBEBEN und in Vulkanausbrüchen (siehe VULKAN). Im Maßstab geologischer Zeiten, d. h. von mehreren zehn oder hundert Millionen Jahren, türmen sich neue Gebirge auf, verändern Kontinente ihre Lage, entstehen und verschwinden ganze Ozeane.

Das um 1967–1968 vorgestellte Modell der Plattentektonik erlaubte erstmals, geologische und geophysikalische Erscheinungen der langen, mittleren und kurzen geologischen Zeiträume zu einer Synthese zusammenzufassen und mit den lateralen Bewegungen einer kleinen Zahl starrer, nur wenige hundert Kilometer dicker Platten zu verknüpfen. Diese Platten bilden den oberen Teil des äußeren Erdmantels, sind von der kontinentalen bzw. ozeanischen Kruste bedeckt (siehe ERDAUFBAU) und verschieben sich mit einer Geschwindigkeit von einigen Zentimetern im Jahr auf der darunter liegenden, viskosen Schicht des Erdmantels. Da die tektonischen Platten sich im Verhältnis zueinander bewegen, gibt es divergente und konvergente Grenzen und solche, an denen benachbarte Platten sich aneinander vorbei bewegen.

Divergente Plattengrenzen

An den Tiefseerücken – das sind Gebirgsketten in den Ozeanen – treten die Platten auseinander (Seafloor spreading). Die Tiefseerücken werden nahezu unablässig von kleineren Erdbeben erschüttert. Dort entsteht ständig neue ozeanische Kruste durch Erstarrung der basaltischen Lava, die an Verwerfungen zwischen den Platten aufsteigt. Der Basalt enthält Magnetit, der sich in der Richtung des Erdmagnetfeldes magnetisiert, wenn die Lava erstarrt; die ozeanische Kruste ist daher magnetisiert. Das Erdmagnetfeld kehrt sich aber in unregelmäßigen Abständen von mehreren Millionen Jahren um. Entsprechend kehrt sich auch die Magnetisierung der neu gebildeten ozeanischen Kruste um (siehe PALÄOMAGNETISMUS). Dadurch entsteht beiderseits der Tiefseerücken ein symmetrisches Muster aus gegensätzlich magnetisierten Streifen ozeanischer Kruste, die sich als magnetische Anomalien von Schiffen aus mit Hilfe von Magnetometern aufspüren lassen. Weiß man nun, zu welchen Zeiten das Erdmagnetfeld sich umgekehrt hat, kann man daraus ableiten, mit welcher Geschwindigkeit die tektonischen Platten auseinander streben; ihre Bewegung liegt im Bereich von einem bis zehn Zentimetern pro Jahr.

Konvergente Plattengrenzen

Die tektonischen Platten vergrößern sich ständig an den Tiefseerücken, aber da die Erde insgesamt nicht größer wird, muss an anderer Stelle auch wieder Erdkruste zerstört werden. Das geschieht in den so genannten Subduktionszonen; das sind konvergente Plattengrenzen, an denen sich eine ozeanische Platte unter eine andere Platte (meist eine Kontinentalplatte) schiebt. Dort taucht die erkaltete, dichte ozeanische Platte wieder in den Erdmantel hinab. Bei diesem Vorgang (Subduktion) entstehen an der Plattengrenze Gebirge (wie die Anden) oder Inselketten (wie Japan und Indonesien). Die gewaltigen Reibungskräfte führen zu teilweise heftigen Erdbeben, die bis in eine Tiefe von 670 km reichen; die Aufschmelzung der Gesteine sorgt für einen verstärkten Vulkanismus. Der durch starke seismische und vulkanische Aktivitäten geprägte »Erdbebengürtel«, der sich von Neuseeland bis nach Feuerland um den Pazifischen Ozean zieht, ist der spektakulärste Ausdruck solch einer Subduktion.

Wenn zwei leichte, aber mächtige Kontinentalplatten an solch einer konvergenten Plattengrenze aufeinander stoßen, können sie sich nicht übereinander schieben. Dort entstehen dann Gebirge wie die Alpen oder der Himalaya, die aus dem Zusammenstoß zwischen Afrika und Europa bzw. Indien und Asien entstanden sind und immer noch entstehen.

Es kommt auch vor, dass tektonische Platten sich aneinander vorbeischieben; an solchen Plattengrenzen besteht dann eine horizontale oder transversale Verwerfung, auch Transformstörung genannt; ein Beispiel dafür ist die zwischen der Pazifischen und der Nordamerikanischen Platte gelegene San-Andreas-Störung in Kalifornien.

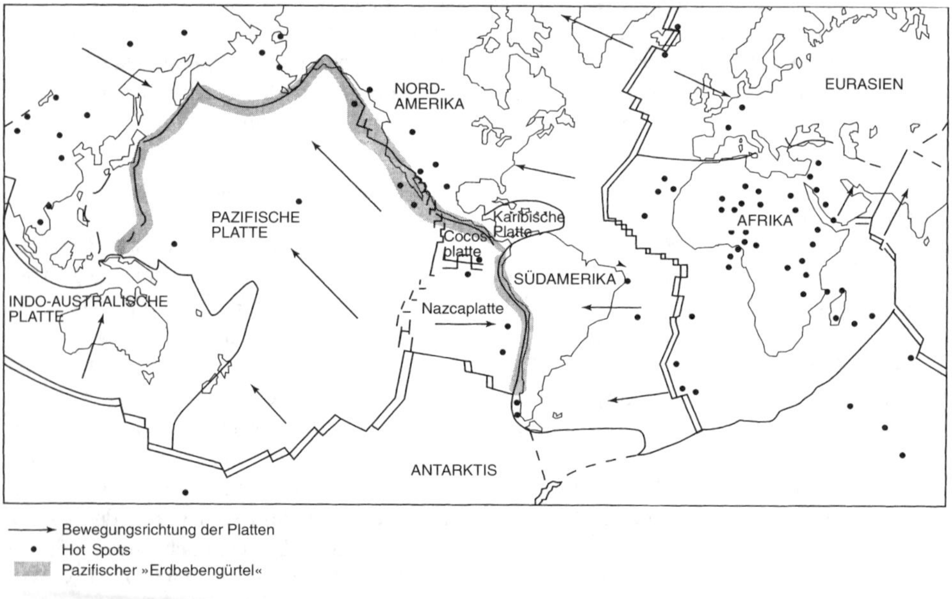

Abbildung 1 Die tektonischen Großplatten und ihre Bewegung. Die Afrikanische Platte wird als unbeweglich unterstellt; die eingezeichneten Bewegungen beziehen sich auf diese feste Basis. Aus: J.-P. Poirier, *Les Profondeurs de la Terre*, Paris 1991

Kontinentaldrift

Vor etwa 180 Millionen Jahren, zu Beginn des Sekundärs, waren sämtliche Kontinente in einer einzigen Kontinentalmasse vereinigt, der man den Namen Pangäa gegeben hat. Dieser »Urkontinent« brach auseinander, die Platten gerieten in Bewegung, und zwischen den Kontinentalplatten entstanden Ozeane. Vor etwa 100 Millionen Jahren begann der Atlantik sich zu öffnen; Indien löste sich von der Antarktis und trat seine Reise Richtung Norden an, bis es schließlich auf die asiatische Landmasse traf; bei diesem Zusammenstoß entstanden der Himalaya und das Tibetische Hochland. Heute unterscheidet man sieben Großplatten (siehe *Abbildung 1*): Afrika, Eurasien, Nordamerika, Südamerika, die Indoaustralische Platte, die Antarktis und die Pazifische Platte (die einzige ausschließlich ozeanische Großplatte); daneben gibt es noch mehrere kleine Platten (darunter die Arabische und die Karibische Platte, die Nazca- und die Cocosplatte). In 100 Millionen Jahren wird das Mittelmeer sich vollständig geschlossen haben, der Atlantik wird sehr viel breiter sein, und im Bereich des Ostafrikanischen Rift wird ein Ozean entstanden sein, der heute bereits in den großen ostafrikanischen Seen vorgezeichnet ist. Der »Urkontinent« Pangäa, dessen Teile heute immer noch auseinander driften, war selbst durch den Zusammenstoß mehrerer tektonischer Platten entstanden; auch davor gab es schon mehrere Zyklen solcher Plattenverschiebungen, doch darüber besitzen wir im Augenblick nur partielle Informationen.

Ein entwicklungsfähiges Modell

Das Modell der globalen Tektonik, das auf die 1912 von Alfred Wegener vorgelegte Theorie der Kontinentaldrift zurückgeht, setzt Beobachtungen unterschiedlichster Art gleichsam wie die Teile eines Puzzles zusammen und versieht sie mit einem Erklärungsrahmen. Es ist ein gutes Modell, das auf unbezweifelbaren Beobachtungen basiert, aber wie alle Modelle ist es unvollständig und lückenhaft: So lässt sich der Vulkanismus an den Hot spots im Binnenbereich tektonischer Platten nur schwer in dieses Modell integrieren. Auch gegen die Hypothese, dass es sich bei den Platten um relativ starre Gebilde handelt, lassen sich einige Beobachtungen ins Feld führen. Außerdem ist es noch nicht gelungen, die Beziehungen zwischen der Plattentektonik und den Konvektionsströmungen innerhalb des Erdmantels zufriedenstellend zu klären (siehe Konvektion). Doch das Modell ist entwicklungsfähig und mit jeder Beobachtung, die sich darin integrieren lässt, wird es besser.

Polarisation

Die Polarisation des Lichts

Lichtstrahlen breiten sich im Allgemeinen geradlinig aus (siehe Geodäte), und die Richtung dieser Ausbreitung können wir durch einen Vektor $\overrightarrow{Oz}$ kennzeichnen (siehe *Abbildung 1*). Durch die Ausbreitungsrichtung $\overrightarrow{Oz}$, die Farbe des Lichts (also seine Wellenlänge oder Frequenz, zwei Größen, die bei monochromatischem Licht präzise bestimmt sind) und seine Intensität ist der betreffende Lichtstrahl jedoch noch nicht vollkommen beschrieben, denn zwei Wellen, die in den genannten Größen übereinstimmen, können sich dennoch voneinander unterscheiden. Das wird deutlich, wenn wir eine Welle betrachten, die sich entlang einer vertikal gespannten Schnur in der Richtung $\overrightarrow{Oz}$ ausbreitet

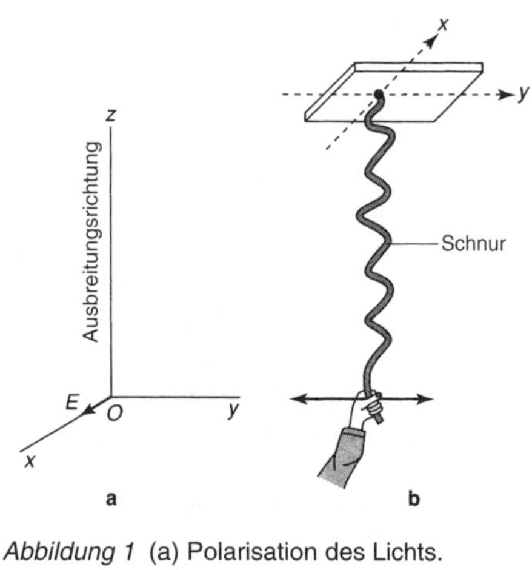

Abbildung 1 (a) Polarisation des Lichts.
(b) Polarisation einer Welle die an einer Schnur entlang läuft.

(siehe *Abbildung 1*). Um diese Welle zu erzeugen, kann man das untere Ende der Schnur sowohl in der Richtung $\overrightarrow{Ox}$ als auch in der Richtung $\overrightarrow{Oy}$ bewegen. Durch eine derartige Anregung erhält man zwei verschiedene, voneinander unabhängige Wellen, die sich nicht durch INTERFERENZ miteinander vermischen können.

Das Licht ist eine elektromagnetische Welle und transportiert daher ein elektrisches Feld ($\vec{E}$ in *Abbildung 1*), das einen VEKTOR darstellt, also eine räumlich gerichtete Größe. Wenn Licht sich gemäß $\overrightarrow{Oz}$ ausbreitet, steht der Vektor $\vec{E}$, auch Polarisationsrichtung genannt, stets senkrecht auf der Ausbreitungsrichtung $\overrightarrow{Oz}$, liegt also in der von x und y aufgespannten Ebene. Die Ausrichtung des Feldes $\vec{E}$ wird von der Bewegungsrichtung der Elektronen innerhalb der Atome bestimmt, die das betreffende Licht emittiert haben (siehe EMISSION). In einem Laser wird sämtlichen Atomen des emittierenden Mediums (Gas oder Feststoff) dieselbe Ausrichtung bei der Emission des Lichts aufgezwungen.

Das Licht der Sonne oder einer Glühbirne wird dagegen von Atomen emittiert, deren Bewegung keinerlei Ordnung besitzt (siehe TEMPERATUR). Dieses als natürlich bezeichnete Licht besteht aus einem Gemisch einzelner Wellen, deren Polarisation alle möglichen Richtungen aufweist, ähnlich den Wellen, die sich an der Schnur entlang ausbreiten, wenn man das untere Ende der Schnur in alle Richtungen innerhalb der Ebene xOy bewegt.

Bei der Reflexion von natürlichem Licht an einem Kristall, einer Glasfläche oder einer Wasseroberfläche, bei der Streuung durch Teilchen (Atome, Moleküle, Staubteilchen) oder beim Durchgang durch einen Festkörper, dessen Moleküle eine einheitliche Ausrichtung aufweisen (wie es etwa bei den Polarisationsgläsern in manchen Sonnenbrillen der Fall ist), kann das Licht polarisiert werden, das heißt, die verschiedenen Ausrichtungen der einfallenden Wellen werden bei der Reflexion, Streuung oder Transmission unterschiedlich behandelt. So entdeckte Étienne Malus die Polarisation des Lichts Anfang des 19. Jahrhunderts durch Zufall, als er die untergehende Sonne, die sich in den Fenstern des Palais du Luxembourg spiegelte, durch einen Kristall beobachtete. Das Blau des Himmels (das von den Sauerstoff- und Stickstoffmolekülen der Luft gestreute natürliche Sonnenlicht) wird stark polarisiert, wenn man es in einem Winkel von 90° gegenüber der Richtung der Sonne betrachtet. Fotografen verwenden Polarisationsfilter, um diese Eigenschaft des Lichts zur Steuerung des Kontrasts ihrer Negative zu nutzen.

Kombiniert man zwei nach $\overrightarrow{Ox}$ und $\overrightarrow{Oy}$ polarisierte Lichtwellen, kann man eine ganz besondere Welle erhalten, die man als zirkular polarisiert bezeichnet. Der Endpunkt des Vektors $\vec{E}$ beschreibt dabei einen Kreis innerhalb der Ebene xOy. Die Symmetrie dieser Welle entspricht der eines Korkenziehers oder einer Schraubenlinie (Helix); die Welle breitet sich in der Richtung $\overrightarrow{Oz}$ aus und dreht sich entweder von $\overrightarrow{Ox}$ nach $\overrightarrow{Oy}$ oder von $\overrightarrow{Oy}$ nach $\overrightarrow{Ox}$. Solch eine Welle unterscheidet sich von ihrem Spiegelbild in derselben Weise wie ein linksdrehender Korkenzieher von einem rechtsdrehenden Korkenzieher gleicher Größe und Steigung. Manche Kristalle drehen die Polarisationsrichtung des Lichts aufgrund der symmetrischen Anordnung ihrer Moleküle entweder in die eine oder in die andere Richtung. Während in der Chemie meist Gemische aus beiden Arten erzeugt werden (so genannte racemische Gemische, siehe CHIRALITÄT), geben biologische Prozesse einer der beiden Drehrichtungen den Vorzug; so besitzen sämtliche Desoxiribonucleinsäuren (DNA) der auf unserem Planeten anzutreffenden lebenden Materie die Symmetrie einer linksdrehenden Helix.

Durch die Prüfung der Polarisation lassen sich daher vielfach wichtige Informationen gewinnen, ganz gleich ob das betreffende Licht nun von einer fernen Galaxis oder von Sonnenflecken stammt oder ob es durch ein Kristall geologischen oder biologischen Ursprungs hindurchgegangen ist.

Die Polarisation von Teilchen

In der Teilchenphysik ist die Polarisation der Zustand des Spins eines Teilchens oder Teilchensystems. Der SPIN ist eine innere Eigenschaft von TEILCHEN, die dem bekannten Konzept der Drehung um die eigene

Achse ähnelt, aber nicht damit identisch ist (das englische Verb *to spin* bedeutet »drehen«). Wenn ein Objekt, dessen Masse und Volumen ungleich null sind, sich um die eigene Achse dreht, besitzt es nach der klassischen Physik einen so genannten Drehimpuls, dessen Größe sich proportional zur Masse und zur Rotationsgeschwindigkeit des betreffenden Objekts verhält. In gewisser Weise ist der Spin die Übertragung dieses Konzepts in den Bereich der QUANTENPHYSIK. Nehmen wir zum Beispiel ein ELEKTRON. Misst man die Komponente seines Spins entlang einer vertikalen Achse, stellt man fest, dass sie entweder nach oben zeigt (in diesem Fall ist sie gleich $h/4\pi$, wobei h das Plancksche Wirkungsquantum darstellt) oder nach unten (in diesem Fall ist sie gleich $-h/4\pi$). Hat man es nun nicht mit einem einzelnen Elektron zu tun, sondern mit einer ganzen Population, so bezeichnet man diese Population als polarisiert, wenn sämtliche oder zumindest die meisten Spins dieselbe Richtung besitzen (das heißt nach oben bzw. nach unten gerichtet sind). Die beiden *a priori* gleichermaßen möglichen Richtungen sind dann nicht mehr gleich wahrscheinlich.

Man kann ein Medium polarisieren, indem man es zum Beispiel in ein Magnetfeld taucht. Die Polarisation führt in der Regel zur Veränderung bestimmter makroskopischer Eigenschaften. Polarisiert man etwa die Spins der Atome, aus denen ein GAS besteht, das heißt, sorgt man dafür, dass sie sämtlich in dieselbe Richtung weisen, verändern sich Viskosität und Wärmekapazität dieses Gases.

Polarität

Zur Vertiefung: ***chemische Bindung; Ladung; Lösung***

In einem Molekül resultiert die Polarität einer chemischen Bindung $A—B$ zwischen zwei Atomen A und B aus der Tatsache, dass die beiden Elektronen dieser Bindung stärker zu einem der beiden Atome hingezogen werden.

Erinnern wir uns zunächst, dass es zwei Arten elektrischer Ladung gibt, positive und negative (siehe ELEKTRIZITÄT). Seit Alessandro Volta 1800 die elektrische Batterie erfand, wurde sie in der Chemie verwendet. Mit ihrer Hilfe konnte Humphry Davy die ELEMENTE Natrium und Kalium aus ihren Salzen isolieren. Der positive Pol der Voltaischen Säule zieht negativ geladene Atome oder Anionen an (die zusätzliche Elektronen aufgenommen haben), während der negative Pol positiv geladene Atome oder Kationen anzieht. So dissoziiert zum Beispiel Natriumchlorid NaCl in Kationen Na^+ und Anionen Cl^-, wenn man die Natriumchlorid-KRISTALLE, die Natrium und Chlor bereits als Ionen Na^+ und Cl^- enthalten, in Wasser löst; Na^+ wandert an den negativen Pol und Cl^- an den positiven Pol der Batterie.

Um 1830 versuchte Jöns Jacob Berzelius diesen elektrochemischen Dualismus zu verallgemeinern: Er vertrat die These, Materie bestehe immer aus Anionen und Kationen, die aufgrund der elektrostatischen Anziehungskraft zwischen positiv und negativ Geladenem miteinander verbunden seien. Diese schöne Theorie hielt jedoch zahlreichen Gegenbeispielen nicht stand, zum Beispiel der Bindung zwischen identischen Atomen, wie sie im Wasserstoffmolekül H_2 oder im Chlor Cl_2 vorliegt.

Dennoch hatte Berzelius nicht ganz Unrecht. Betrachten wir das Salzsäuremolekül HCl. In Wasser gelöst, dissoziiert es in H^+ und Cl^-. Wenn wir uns aber den Chlorwasserstoff gasförmig vorstellen, wo jedes Molekül isoliert ist, so sind die beiden Elektronen, die die Bindung des Wasserstoffs H an den Chlor Cl gewährleisten, im Schnitt dem Chlor näher als dem Wasserstoff. Diese stärkere Anziehung des Chloratoms beruht auf der Tatsache, dass sein Kern sieben Protonen (positiv geladene Teilchen) besitzt, während das Wasserstoffatom nur eines hat (siehe PERIODENSYSTEM). Dadurch wird die chemische Bindung H—Cl polarisiert: Da sich der Schwerpunkt der mit den Elektronen verbundenen Ladung zum Chlor hin verschiebt, ist es von einem (sich in Bruchteilen bewegenden) Überschuss negativer Ladung umgeben, während die bindenden Elektronen umgekehrt vom Wasserstoff teilweise abrücken und er eine ebenfalls partielle positive Ladung (kleiner 1) erhält. Die Verbindung H—Cl wandelt sich zwar nicht in H^+Cl^- um, aber die bindenden Elektronen verlagern sich in Richtung des Chloratoms.

Die meisten chemischen Bindungen sind auf diese Weise polarisiert, was sich in verschiedenen Anwendungen nutzen lässt. So verbinden chemische REAKTIONEN, in denen neue Kohlenstoff-Kohlenstoff-Bindungen hergestellt werden, häufig ein Kohlenstoffatom, das durch seine Umgebung zum Elektronenakzeptor wird und eine positive Ladung trägt, mit einem Kohlenstoffatom, das als Elektronendonator negativ geladen ist: Der Elektronenfluss vom Donatoratom zum Akzeptoratom unterstützt ihre Bindung, die über Elektronen erfolgt. Zudem ist die Polarität keine unveränderliche Größe. Chemiker haben Mittel und Wege entwickelt, sie zu verändern und manchmal sogar umzukehren.

Die Polarität der Moleküle einer Flüssigkeit gibt Aufschluss über ihre Eignung als Lösungsmittel. Stark polare Moleküle (zum Beispiel WASSER) sind imstande, Festkörper zu lösen, die wie zum Beispiel SALZE aus elektrisch geladenen Partikeln oder IONEN bestehen. Schwach polare Moleküle (Kohlenwasserstoffe) können dagegen nur molekulare Feststoffe lösen, die aus ebenfalls schwach polaren Molekülen bestehen. Auch im Bereich der Moleküle gilt: »Gleich und Gleich gesellt sich gern.«

Polygon, Polyeder

Polygone

Die einfachsten Polygone oder Vielecke sind wohlbekannte Figuren: Dreieck, Rechteck, Raute, Sechseck ... Allgemein sind Polygone durch eine Reihe von (Eck-)Punkten A_0, A_1, ... A_p definiert, die durch Strecken A_0A_1, A_1A_2 ... $A_{p-1}A_p$ miteinander verbunden sind, wobei die letzte Strecke das Polygon schließt. Die so konstruierten Strecken werden die Seiten des Polygons genannt; wenn keine Seite eines Polygons eine andere kreuzt, nennt man das Polygon einfach oder doppelpunktfrei. Liegen sämtliche Eckpunkte in einer Ebene, befinden sich auch die Seiten in derselben Ebene, und man spricht von einem ebenen Polygon. Durch ein einfaches, ebenes Polygon wird die Ebene in zwei Bereiche zerlegt, das Innere und das Äußere des Polygons. Polygone heißen konvex, wenn die Verbindungsstrecken zwischen sämtlichen Punkten des Polygons ausschließlich im Innern des Polygons liegen (nur die Eckpunkte mit den Seiten als Verbindungsstrecken sind davon ausgenommen). Als regelmäßig bezeichnet man Polygone, deren Seiten gleich lang und deren Winkel gleich groß sind. Verlängert man die Seite eines Polygons über einen Eckpunkt hinaus, bildet sie mit der anliegenden Seite einen Winkel α, den man als Außenwinkel des Polygons bezeichnet; er ist der Komplementärwinkel zum Innenwinkel β (siehe *Abbildung 1*). Wie man leicht sieht, ist die Summe aller Außenwinkel stets eine volle Umdrehung, in Radianten ausgedrückt also 2π. Bei einem regelmäßigen konvexen Polygon mit p Eckpunkten ist jeder Außenwinkel daher gleich $2\pi/p$ und jeder Innenwinkel entsprechend

$$\pi - \frac{2\pi}{p} = \left(1 - \frac{2}{p}\right)\pi$$

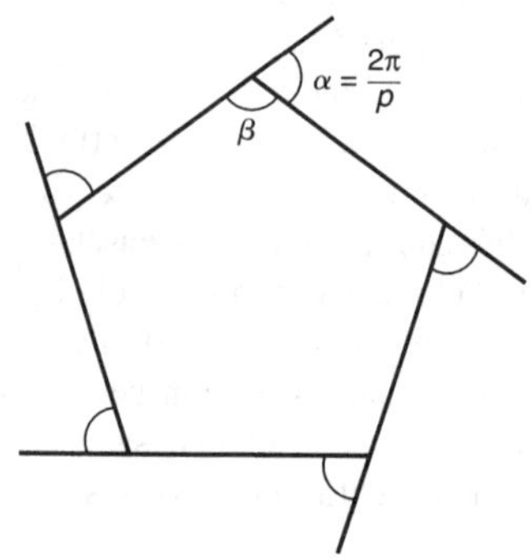

Abbildung 1 Mit $p = 5$

Die Eckpunkte eines regelmäßigen Polygons liegen auf demselben Kreis. Legt man den Mittelpunkt des Kreises in den Ursprung der als Menge der komplexen Zahlen $\mathbb{C}$ interpretierten Ebene und setzt man den Eckpunkt A_0 gleich 1, kann man die Eckpunkte des Polygons als die komplexen Zahlen $A_k = e^{2ki\pi/p}$ interpretieren, und die Eckpunkte sind die Lösungen der Gleichung $z^p = 1$ in $\mathbb{C}$. Eine genaue Untersuchung dieser Gleichung hat Carl Friedrich Gauß unternommen (und 1801 veröffentlicht); sie lässt sich stets durch

Ziehen von Wurzeln lösen, deren Exponent ein Teiler von $p-1$ ist. Ist p eine ungerade Primzahl der Form 2^n+1, gehen nur die Quadratwurzeln in die Lösung ein, oder anders gesagt, lässt sich das Polygon mit Zirkel und Lineal konstruieren. Wir kennen fünf ungerade Primzahlen der Form 2^n+1, nämlich 3, 5, 17, 257 und 65537. Da man Winkel mit Zirkel und Lineal halbieren kann, sehen wir, dass die regelmäßigen Polygone mit 3, 4, 5, 6, 8, 10, 12, 16, 17 ... Seiten konstruiert werden können, denn ihre Seitenzahl ist eine Potenz von 2, eventuell multipliziert mit einer der fünf genannten Zahlen. Man kann auch beweisen, dass nur Polygone dieses Typs konstruiert werden können; nicht konstruierbar sind solche mit 7, 9, 11, 13, 14, 15 ... Seiten.

Polyeder

Zur Vertiefung: ***Geometrie; Platonische Körper; Topologie***

Betrachten wir nun den dreidimensionalen Raum. Manche Polyeder oder Vielflächner sind gleichfalls wohlbekannte Formen: Pyramiden, Würfel, Prismen. Polyeder sind definiert durch ihre Seitenflächen, die ihrerseits jeweils vom Innenbereich eines einfachen, ebenen Polygons gebildet werden. Man verlangt, dass jede Seite einer Seitenfläche zugleich einer bestimmten anderen Seitenfläche zugehört. Außerdem verlangt man, dass Polygone aus einem Stück sind und jeder Eckpunkt von einer zusammenhängenden Folge von Flächen umgeben ist (siehe *Abbildung 2*). Die Seiten der Flächen werden als Kanten des Polyeders bezeichnet. Wenn keine Seitenfläche eine andere im Innenbereich schneidet, bezeichnet man das Polyeder als einfach (*Abbildung 3* zeigt ein Polyeder, bei dem mehrere Seitenflächen sich im Innenbereich schneiden). Einfache Polyeder zerlegen den Raum in zwei Gebiete, den Innen- und den Außenbereich des Polyeders. Als konvex bezeichnet man Polyeder, bei denen sämtliche Verbindungslinien zwischen den Punkten der Seitenflächen ausschließlich durch den Innenbereich verlaufen; konvexe Polyeder sind stets einfach. Zu dieser Gruppe gehören etwa die Formen der KRISTALLE.

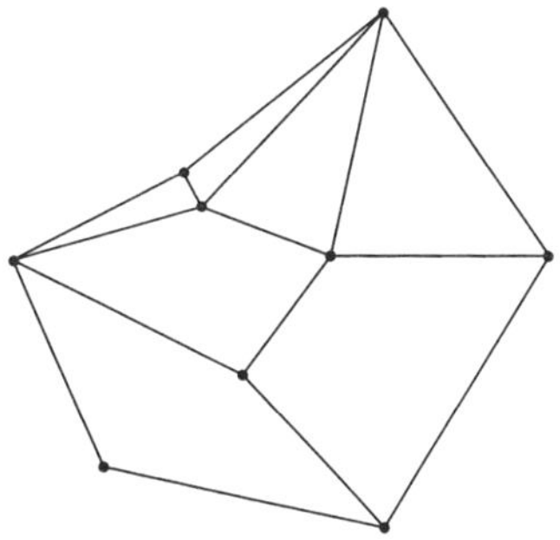

Abbildung 2 Polyeder

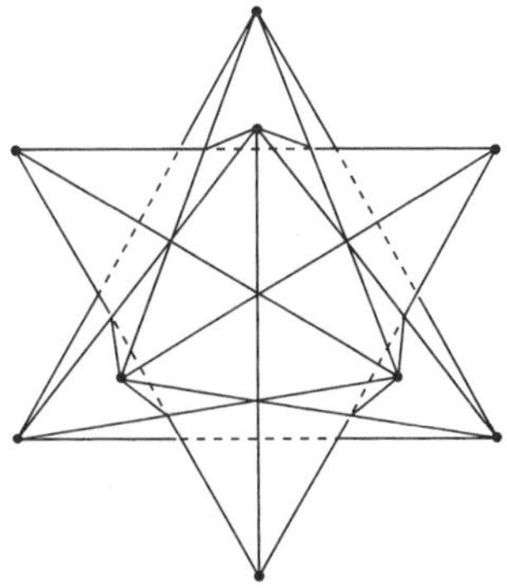

Abbildung 3 Polyeder mit einander schneidenden Seitenflächen

Man spricht von einem regelmäßigen Polyeder, wenn alle Seitenflächen aus denselben regelmäßigen Polygonen bestehen und alle Eckpunkte in derselben Weise von den Seitenflächen umgeben sind. Wenn ein regelmäßiges konvexes Polyeder aus regelmäßigen Polygonen mit p Seiten besteht und jeder Eckpunkt von q Flächen umgeben ist, dann gilt

$$q\left(1-\frac{2}{p}\right)\pi < 2\pi$$

$$\frac{2}{p}+\frac{2}{q}>1$$

oder auch $(p-2)(q-2)<4$, da die Summe der Winkel der einen Eckpunkt umgebenden Flächen kleiner als 2π sein muss.

Das Produkt der ganzen Zahlen $p-2$ und $q-2$ kann demnach 1, 2 oder 3 betragen; für p und q ergeben sich daraus folgende Möglichkeiten: $(p,q)=(3,3)$, $(3,4)$, $(4,3)$, $(3,5)$ und $(5,3)$. Demnach kann es nur fünf regelmäßige Polyeder geben, und zwar:

Das regelmäßige Tetraeder (3, 3) hat vier gleichseitige Dreiecke als Seitenflächen, und an jedem der vier Eckpunkte kommen drei Flächen zusammen (siehe *Abbildung 4*).

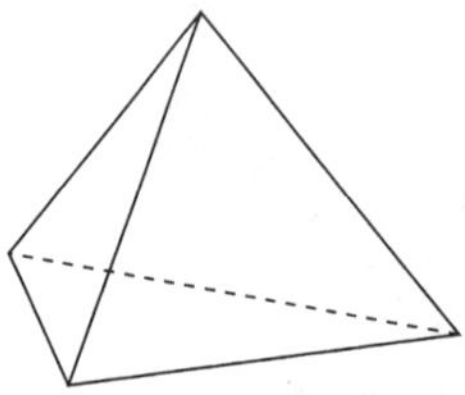

Abbildung 4 Tetraeder

Das regelmäßige Oktaeder hat acht gleichseitige Dreiecke als Seitenflächen, und an jedem der sechs Eckpunkte kommen vier Flächen zusammen (siehe *Abbildung 5*).

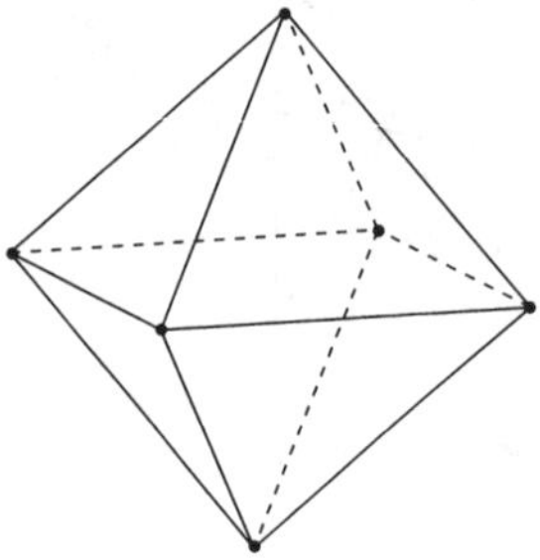

Abbildung 5 Oktaeder

Der Würfel hat sechs Quadrate als Seitenflächen, und an jedem der acht Eckpunkte kommen drei Flächen zusammen (siehe *Abbildung 6*).

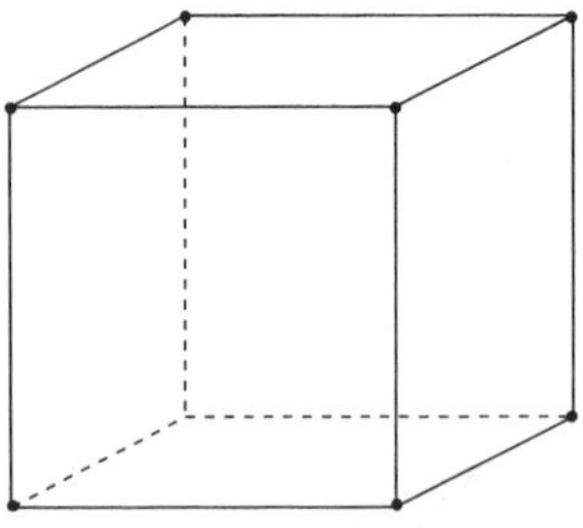

Abbildung 6 Würfel

Das regelmäßige Ikosaeder hat zwanzig gleichseitige Dreiecke als Seitenflächen, und an jedem der zwölf Eckpunkte kommen fünf Flächen zusammen (siehe *Abbildung 7*).

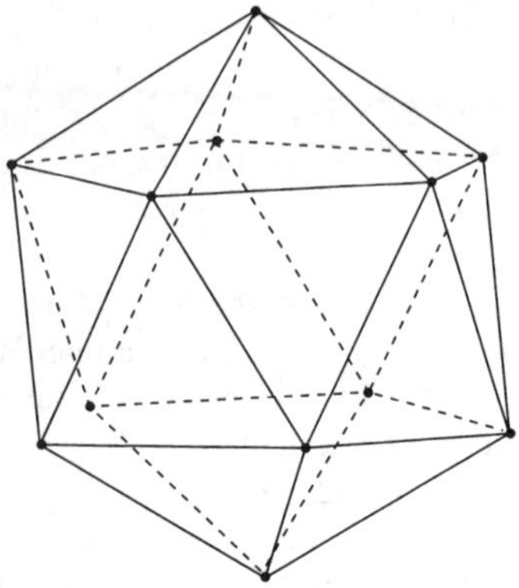

Abbildung 7 Ikosaeder

Das regelmäßige Dodekaeder hat zwölf gleichseitige Fünfecke als Seitenflächen, und an jedem der zwanzig Eckpunkte kommen drei dieser Seitenflächen zusammen (siehe *Abbildung 8*).

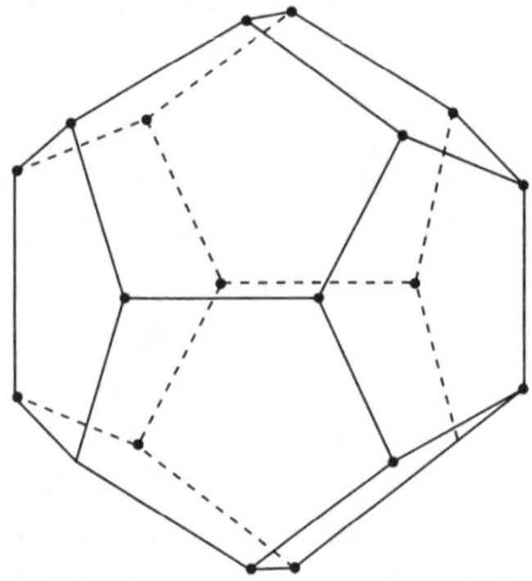

Abbildung 8 Dodekaeder: ein regelmäßiges, konvexes Polyeder

Diese regelmäßigen Polyeder werden auch als Platonische Körper bezeichnet, weil Platon ihnen in seiner Kosmologie (die im *Timaios* dargelegt ist) eine wichtige Rolle zuweist; ihre Konstruktion wird im 13. und letzten Buch der Euklidischen *Elemente* vorgeführt. Die vier letztgenannten regelmäßigen Polyeder werden zu zwei Paaren zusammengefasst, zwischen denen ein Dualitätsverhältnis besteht: Die Mittelpunkte der Seitenflächen eines Oktaeders sind die Eckpunkte eines Würfels, und die Mittelpunkte der Seitenflächen eines Würfels sind die Eckpunkte eines Oktaeders; dasselbe gilt entsprechend für Ikosaeder und Dodekaeder (siehe *Abbildung 9*).

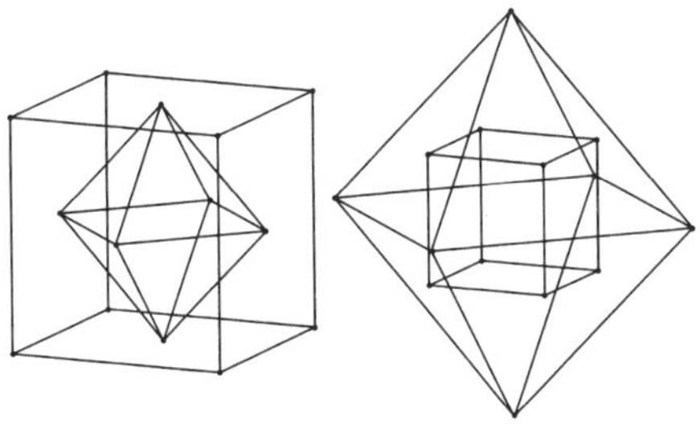

Abbildung 9 Dualität zwischen Würfel und Oktaeder

Man kann Polyeder auch in höheren Dimensionen untersuchen. So besteht ein vierdimensionales Polyeder aus dreidimensionalen Seiten, die ihrerseits den Innenbereich einfacher zweidimensionaler Polyeder bilden, wobei jede zweidimensionale Seitenfläche jeweils zwei solchen Polyedern gemeinsam ist. Die Polyeder dienen als Modelle für die topologische Erforschung sehr allgemeiner Räume.

Molekulare Polyeder

Zur Vertiefung: ***Molekülform; platonische Körper***

In der Chemie dienen Polyeder als MODELLE für verschiedene STRUKTUREN: für die Struktur von MOLEKÜLEN, die aus Atomen bestehen, von KOMPLEXVERBINDUNGEN, in denen verschiedene Moleküle und Ionen um ein metallisches Zentralatom gruppiert sind, und für Aggregate aus wenigen Atomen. In all diesen Fällen herrschen dreieckige Flächen vor.

Es gibt überaus nützliche Regeln, nach denen sich das für eine Atomgruppe repräsentative Polyeder aus einer größeren Auswahl vorhersagen lässt, indem man alle bindenden und freien Elektronenpaare zusammenzählt. Diese Regeln bezeichnet man als *VSEPR*-Modell (englisch: *valence shell electron pair repulsion*, Abstoßung der Elektronenpaare in der Valenzschale) oder als Gillespie-Modell nach dem Chemiker Gillespie, der wesentlich an ihrer Entwicklung beteiligt war.

Betrachtet man zum Beispiel das Methylkation CH_3^+ (siehe *Abbildung 10*), so sieht man, dass es drei bindende Elektronenpaare besitzt, die jeweils an einer der KOHLENSTOFF-WASSERSTOFF-Bindungen um das zentrale Kohlenstoffatom beteiligt sind. Da die drei Elektronenpaare sich so weit wie möglich gegenseitig abstoßen, bilden sie die Eckpunkte eines dreizackigen Sterns, und daher hat das Molekül die Form eines gleichseitigen Dreiecks.

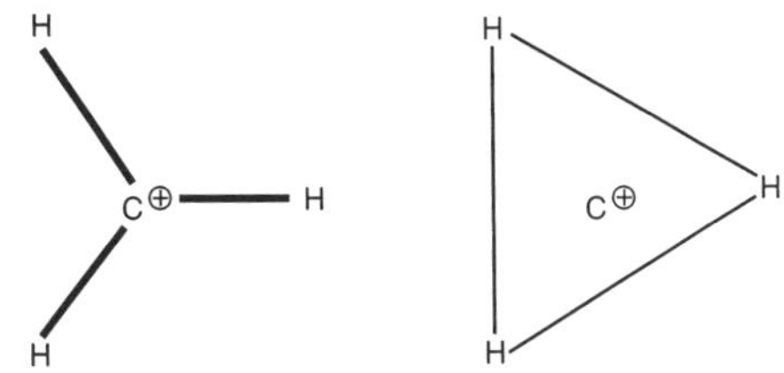

Abbildung 10

Nimmt man nun das Molekül CH_3^- (siehe *Abbildung 11*), das zwei Elektronen mehr besitzt als CH_3^+, so sieht man, dass das zentrale Kohlenstoffatom nun von vier Elektronenpaaren umgeben ist: von den drei bindenden Elektronenpaaren der drei Kohlenstoff-Wasserstoff-Bindungen und einem einsamen Elektronenpaar. Da auch diese vier Paare sich so weit wie möglich voneinander entfernen, bilden sie die vier Eckpunkte eines Tetraeders, und wenn man sich nur auf die Atome konzentriert, hat das Molekül CH_3^- die Form einer Pyramide mit dreieckiger Grundfläche.

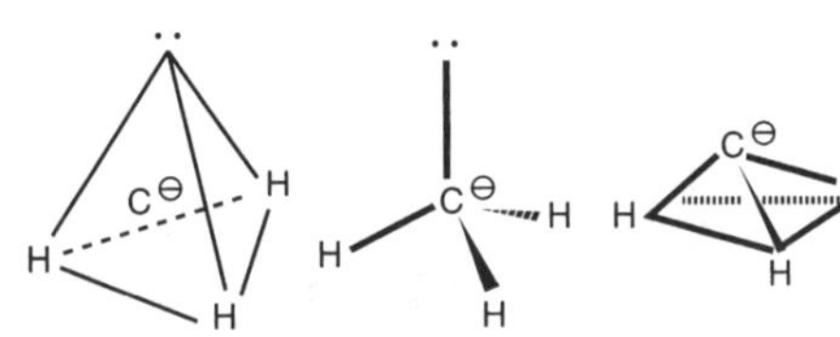

Abbildung 11

Auf die gleiche Weise ist nachvollziehbar, dass das Wassermolekül H_2O (siehe *Abbildung 12*) mit zwei bindenden und zwei einsamen Elektronenpaaren am SAUERSTOFF einen Winkel bildet. Und wenn man die Elektronenpaare betrachtet, so entspricht ihre Anordnung einem Tetraeder.

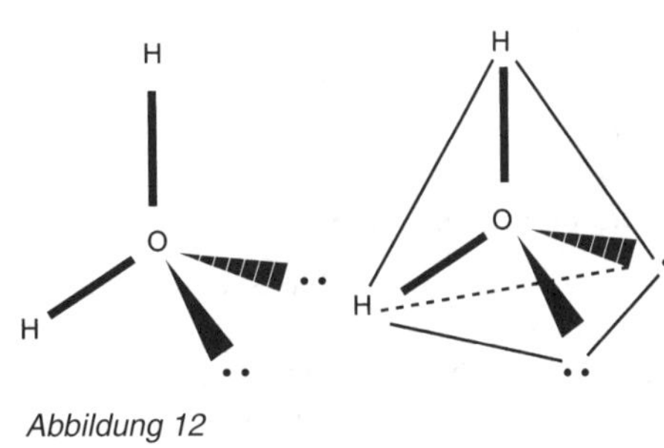

Abbildung 12

Zählt man die Elektronenpaare um das Zentralatom, so lässt sich nach dem gleichen Muster für das Molekül Phosphorpentafluorid PF_5 die Form einer trigonalen Doppelpyramide vorhersagen (siehe *Abbildung 13*).

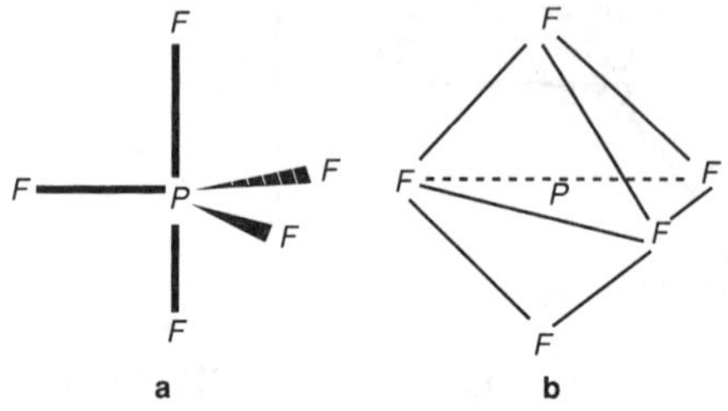

Abbildung 13

Das charakteristische Polyeder für die Anordnung von sechs Elektronenpaaren ist das Oktaeder, das bei vielen Komplexverbindungen der allgemeinen Formel ML_6 zu finden ist; M steht hier für das metallische Zentralatom, zum Beispiel $M = Co^{3+}$, und L für Ligand, zum Beispiel $L = NH_3$ (siehe *Abbildung 14*).

Tetraeder und Oktaeder gehören zu jenen regelmäßigen Körpern, die schon die pythagoräischen Philosophen bewunderten.

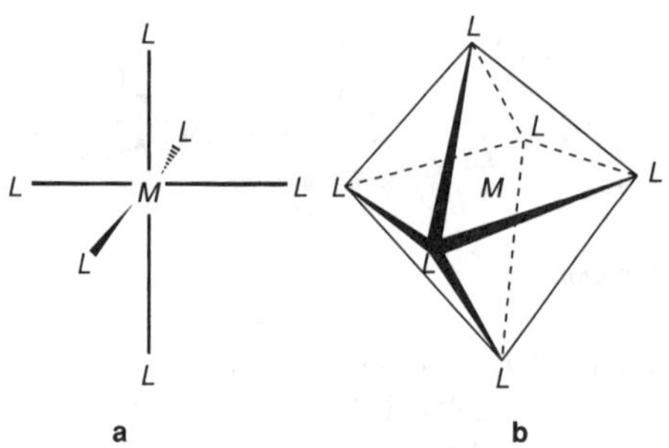

Abbildung 14

Polymerase-Kettenreaktion (PCR)

Zur Vertiefung: ***Enzym; Gentest; Mutation; Replikation***

Vermehrung der DNA

Die so genannte Polymerase-Kettenreaktion (engl.: *polymerase chain reaction*, PCR) ist ein enzymatisches Verfahren zur Verdoppelung von DNA, also des genetischen Materials oder GENOMS von Lebewesen. Sie erfolgt *in vitro* (im Reagenzglas) durch eine DNA-Polymerase, also ein Enzym, das die Verkettung von NUKLEOTIDEN erleichtert, indem es die Bildung chemischer Bindungen zwischen den Nukleotiden beschleunigt (siehe KATALYSE). Diese so genannte Polymerisation liegt auch der Synthese der DNA-Doppelhelix bei der Replikation *in vivo*, also in den Zellen der Organismen, zugrunde.

Um eine Polymerase-Kettenreaktion durchzuführen, braucht man kurze DNA-Abschnitte aus etwa zwanzig Nukleotiden (Oligonukleotide), die in der zu vermehrenden DNA vorkommen; diese Oligonukleotide erhält man durch chemische Synthese.

Der Ablauf der Polymerase-Kettenreaktion

Die Polymerase-Kettenreaktion beginnt mit der thermischen Denaturierung der DNA (siehe *Abbildung 1*): Die DNA-Doppelhelix wird in ihre beiden Einzelstränge zerlegt, indem man sie auf etwa 95 °C erhitzt und so die WASSERSTOFFBINDUNGEN aufbricht, die die komplementären Nukleotide der beiden Stränge durch Basenpaarung verbinden (siehe KOMPLEMENTARITÄT). Die beiden Oligonukleotide werden so gewählt, dass sich jeweils eines auf spezifische Weise mit den entgegengesetzten Enden der komplementären Stränge des DNA-Segments verbinden kann (Hybridisierung der Primer, also der Starter-DNA). Setzt man nun diese Oligonukleotide im Überschuss den aufgespaltenen DNA-Strängen zu, mit denen sie sich durch Basenpaarung verbinden, so wirken sie als Primer für die Synthese neuer Komplementärstränge. Diese beiden Schritte erfolgen bei Temperaturen zwischen 37 und 65 °C. Die Einzelschritte Denaturierung, Primer-Hybridisierung und DNA-Synthese werden als Zyklus von einigen Minuten wiederholt und bilden so eine Kettenreaktion. In jedem PCR-Zyklus verdoppelt sich die DNA-Menge im Prinzip, sofern der Ertrag der Reaktion 100 % beträgt (was nicht immer der Fall ist). So kann der Multiplikationsfaktor nach zehn Zyklen um 100, nach 20 Zyklen eine Million und nach 30 Zyklen eine Milliarde betragen.

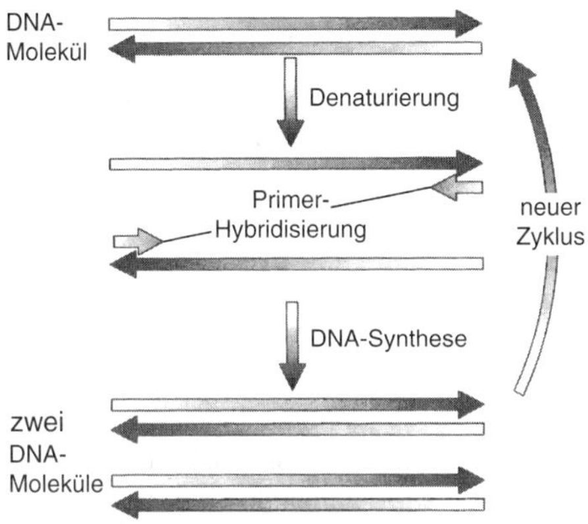

Abbildung 1 Zyklus der DNA-Vermehrung durch Polymerase-Kettenreaktion

Mit diesem Verfahren lässt sich ein bestimmter DNA-Abschnitt aus einem komplexen Genom, aus dem er lediglich einen winzigen Bruchteil darstellt, in ausreichenden Mengen für eine Analyse vervielfältigen. Die PCR ist also eine sehr empfindliche Methode für die genetische Analyse, da das DNA-Fragment sich ausgehend von wenigen DNA-Molekülen oder auch nur ausgehend von einem einzigen Molekül in einer komplexen biologischen Probe vervielfältigen lässt.

Da die erhöhte Temperatur beim Denaturieren der DNA die Wirkung der Proteine, also auch der DNA-Polymerase, zerstört, ist man auf die Idee gekommen, hitzebeständige DNA-Polymerasen zu verwenden, die durch Wärme nicht denaturiert werden. Diese hitzebeständigen DNA-Polymerasen wurden aus Mikroorganismen isoliert, die so vielsagende Namen wie *Thermophilus aquaticus* tragen und unter hohem Druck, bei Temperaturen bis über 100 °C in der Nähe von Thermalquellen am Meeresgrund leben. Aus diesem Grund bezeichnet man solche Bakterien als thermophil (Wärme liebend).

In der Polymerase-Kettenreaktion kann es auch zu Fehlern kommen, da die DNA-Polymerase bei der Replikation gelegentlich Nukleotide an der falschen Stelle hybridisiert. *In vivo* werden solche Fehler größtenteils durch Reparaturmechanismen der DNA korrigiert, die jedoch fehlen, wenn die Reaktion *in vitro* stattfindet. Daher kann die vervielfältigte DNA Mutationen, also Kopien mit veränderter DNA-Struktur, enthalten.

Anwendungsbereiche

Die Polymerase-Kettenreaktion dient als »Vervielfältiger« bestimmter DNA-Fragmente. Ihre Spezifizität beruht auf der Tatsache, dass die DNA aus vier Nukleotidtypen besteht (siehe NUKLEINSÄUREN). Es kann daher 4^{15}, also über eine Milliarde, verschiedene DNA-Abschnitte aus 15 Nukleotiden geben und 4^{20} oder über tausend Milliarden verschiedene DNA-Segmente aus 20 Nukleotiden (siehe KOMBINATORIK und SEQUENZ). Die Wahrscheinlichkeit, einen DNA-Abschnitt mit einer bestimmten Abfolge von 15 Nukleotiden in einem Bakteriengenom zu finden, das aus einer Million Nukleotiden besteht, oder eine Kette aus 20 Nukleotiden im Genom eines Tieres, das sich aus einer Milliarde Nukleotiden zusammensetzt, liegt etwa bei eins zu tausend. Ein Oligonukleotidpaar, das sich für die Polymerase-Kettenreaktion verwenden lässt, ist demnach für ein bestimmtes DNA-Segment spezifisch, da nur eine Wahrscheinlichkeit von eins zu einer Million besteht, es im selben Genom zweimal zu finden.

Die Polymerase-Kettenreaktion wird mittlerweile in Forschungslabors und Entwicklungsabteilungen der Industrie, die mit gentechnischen Verfahren arbeiten, zu verschiedenen Zwecken genutzt und hat dort in vielen Fällen die DNA-Synthese durch KLONIEREN und Vervielfältigung in Mikroorganismen ersetzt. Da die PCR es einfacher macht, Unterschiede zwischen ALLELEN oder mehreren Exemplaren des gleichen DNA-Fragments zu erkennen, spielt sie eine wichtige Rolle in der GENKARTIERUNG und Genomanalyse. So dienen DNA-Abschnitte, die sich durch PCR vervielfältigen lassen, als MARKER für die Kartierung des menschlichen Genoms. Aus den gleichen Gründen ist sie ein wichtiges Instrument zur genetischen Diagnostik von Krankheiten, die auf DNA-Defekte zurückgehen wie Erbkrankheiten oder Krebserkrankungen, oder zur Erkennung von Krankheitserregern wie VIREN und BAKTERIEN. In der Kriminaltechnik und vor Gericht verwendet man sie zur Identifizierung von Personen in Kriminalfällen und zur Vaterschaftsbestimmung.

Da die PCR in der Durchführung recht einfach ist, hat sie die genetische Analyse vielen anderen Bereichen zugänglich gemacht: dem Umweltschutz (siehe UMWELT), der Nahrungsmittelindustrie, den Agrarwissenschaften, der Zoologie, Archäologie, Genealogie, Paläontologie und der Evolutionsforschung (siehe EVOLUTION), um nur einige zu nennen, und sie findet ständig weitere Anwendungsgebiete. Mit diesem Verfahren scheinen Realität und Fiktion sich anzunähern, denn 1997 verkündeten Wissenschaftler, es sei ihnen mit der PCR gelungen, Dinosaurier-DNA zu vervielfältigen, die über 60 Millionen Jahre alt sei, wie Michel Crichton es in *Jurassic Parc* geschildert hatte, der von Steven Spielberg verfilmt wurde. Allerdings ist es nicht so einfach, von der vervielfältigten DNA zur Rekonstruktion lebender Dinosaurier zu gelangen. Die Dinosaurier des Spielfilms, die durch ihren scheinbaren Realismus verblüffen, sind lediglich virtuelle Gebilde, die mit aufwendigen Computeranimationen hergestellt wurden.

Polymere

Zur Vertiefung: ***Kautschuk; Makromolekül; Protein; Zucker***

Polymere sind MOLEKÜLE, die aus linearen Sequenzen gleicher (Homopolymere) oder unterschiedlicher (Copolymere) MODULE bestehen. Sie bilden also riesige Moleküle oder Makromoleküle. Polymere lassen sich mit einer Perlenkette vergleichen oder mit einem Zug, der sich aus einer Reihe von Einzelwaggons zusammensetzt. Noch besser ist der Vergleich mit einer Buchstabenfolgen, aus denen sich Wörter und schließlich ein Text bilden lassen, denn Polymere sind Moleküle mit Informationsgehalt, die in der belebten Welt weit verbreitet sind.

Ein einfaches Beispiel für ein Polymer ist Polyethylen, eine Kette aus Ethylen $H_2C{=}CH_2$ als Monomeren; abgekürzt lässt sich Polyethylen in der Formel $(H_2C{-}CH_2)_n$ schreiben, wobei »n« den Polymerisationsgrad angibt (siehe *Abbildung 1*).

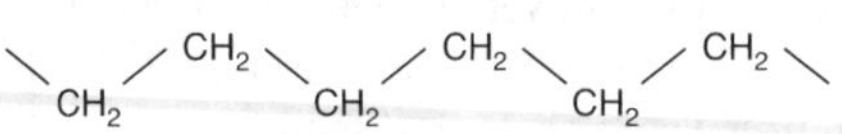

Abbildung 1 Schematische Darstellung der linearen Polyethylenkette

Eigenschaften

Ein Polymer bestimmter Zusammensetzung lässt sich durch eine Maßzahl kennzeichnen, die proportional zum Polymerisationsgrad ist: die molekulare Masse (Masse eines Mols). Während die molare Masse von Wasser H_2O 18 g beträgt, kann sie sich bei Polyethylen $(H_2C{-}CH_2)_n$ auf Tonnen belaufen! Bei Polymeren liegt die molare Masse meist zwischen einigen tausend und Millionen Gramm.

Doch diese molare Masse ist lediglich ein Mittelwert. Im Allgemeinen enthält eine Polymerprobe Ketten von unterschiedlicher Länge: Das in *Abbildung 1* dargestellte Polyethylen hat einen Polymerisationsgrad von drei, könnte aber durchaus auch gemeinsam mit Molekülen vorkommen, die einen Polymerisationsgrad zwei, vier, fünf, sechs, sieben usw. aufweisen. Die molare Masse verteilt sich in solchen Fällen um einen Mittelwert.

Manchmal weist die Polymerkette elektrische Ladungen (siehe *Abbildung 2*) auf, wie im Fall der DNA.

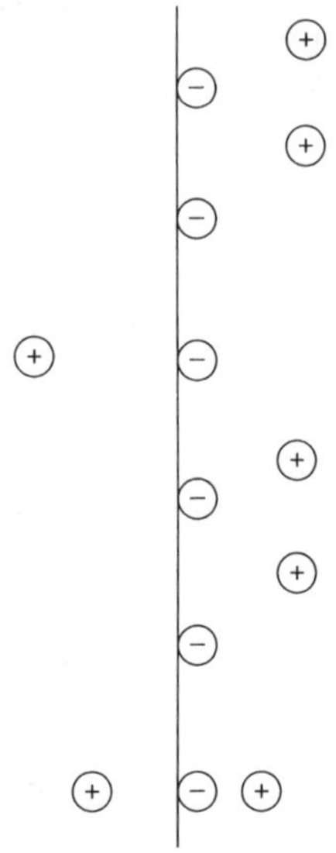

Abbildung 2 Schematische Darstellung eines elektrisch geladenen Polymers (hier eines Polyanions). Die regelmäßig entlang der Polymerkette verteilten Gruppen sind negativ geladen. Um die elektrische Neutralität des Moleküls zu erhalten, befinden sich gleich viele (positiv geladene und daher als Gegenionen bezeichnete) Kationen in der Nähe, angezogen durch die negative elektrische Ladung.

Bei diesen elektrisch geladenen Polymeren handelt es sich entweder um Polyanionen (negativ geladen) oder Polykationen (positiv geladen). Da die elektrisch geladenen Gruppen in diesen Makromolekülen in regelmäßigen Abständen auftreten, lässt sich nach den einfachen Gesetzen der Elektrostatik genau die Anordnung der Gegenionen (Ionen mit entgegengesetzter Ladung) vorhersagen, die die elektrische Ladung des Polymers neutralisieren.

Wie bereits gesagt, können Polymere sich aus gleichen (wie beim Polyethylen) oder unterschiedlichen Monomeren zusammensetzen. Solche mit unterschiedlichen Monomeren bezeichnet man als Copolymere. In festen Polymeren gibt es auch »Legierungen« (Polymer-Blends), die sich zum Beispiel aus Ketten $(—A—A—)_n$ und $(—B—B—)_n$ zusammensetzen. All diese Aspekte (Polymerisationsgrad, Copolymere, Polymer-Blends usw.) haben zur Folge, dass Polymere eine extreme Vielfalt aufweisen.

Darüber hinaus lassen sich zwischen den Polymerketten häufig Brücken bilden (siehe *Abbildung 3*).

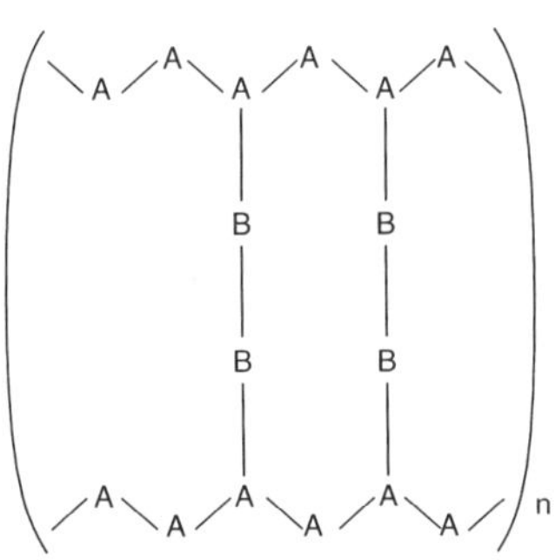

Abbildung 3 Schematische Darstellung einer Brückenbildung zwischen zwei Polymerketten

Im Allgemeinen verstärkt eine solche Vernetzung (Brückenbildung zwischen Polymerketten) die mechanische Belastbarkeit und Härte des Polymers. Die Permanentbügelfalte heutiger Herrenhosen macht sich diese Eigenschaft zunutze.

Anwendung von Polymeren

Wir leben im Zeitalter der Polymere. Viele Gefäße und Behälter sind aus Polymeren wie Polyethylen, vom Eimer bis zur Babytasse, von der Getränkeflasche bis hin zum Müllbeutel.

Ein weiteres Anwendungsgebiet sind Chemiefasern. Seit Wallace Carothers Ende der 1930er Jahre die ersten Polyamide (Nylon oder Carothers Seide) herstellte, haben sie zusammen mit Polyestern, Polyacrylharzen und Polypropylenen die Bekleidungsindustrie erobert. Mittlerweile bestehen unsere Kleider nur noch selten aus reinen Naturfasern wie Seide, Wolle oder Baumwolle. Auch Elastomere sind Polymere, die die elastischen Eigenschaften des Kautschuks besitzen. Elastomere, die meist Copolymere sind, werden vorwiegend in der Herstellung von Autoreifen, aber auch in zahlreichen anderen Bereichen verwendet.

Die Polymerchemie ermöglichte die Entwicklung neuer, nützlicher Materialien. Ein derzeit gängiges Polyamid ist bei gleichem Gewicht dreimal so belastbar wie Stahl. Andere Polymere liefern wasserundurchlässige Gewebe, durch die jedoch Schweiß verdunsten kann, und werden unter anderem zur Herstellung von Wanderschuhen verwendet. Wieder andere Polymere haben eine gute elektrische Leitfähigkeit (siehe METALL). Ohne diese Materialien wäre unser Alltagsleben, zumindest in den reichen Ländern, kaum noch vorstellbar.

Biologische Polymere

NUKLEINSÄUREN (DNA und RNA) und Proteine sind Makromoleküle, die durch Polymerisierung in Form linearer Ketten aus NUKLEOTIDEN bzw. AMINOSÄUREN entstehen. Produziert werden sie (siehe SYNTHESE) in den Zellen der Lebewesen durch REPLIKATION der DNA, ihre TRANSKRIPTION in RNA und die TRANSLATION der RNA in Proteine. Bei all diesen Prozessen ist eine komplexe Fülle von Proteinen und Nukleinsäuren an der Addition eines jeden Monomers beteiligt. Diese Reaktionen wiederholen sich zyklisch mit einer Geschwindigkeit von Dutzenden oder Hunderten Polymerisationszyklen pro Sekunde, bis die Synthese des Makromoleküls abgeschlossen ist. Andere biologische Polymere wie die komplexen Zucker werden durch spezifische Enzyme aus einfachen Zuckermonomeren zu linearen oder verzweigten Ketten polymerisiert.

Im Labor kann man die Polymerisationsreaktionen, die biologische Makromoleküle produzieren, entweder *in vitro* mit Hilfe von Zellextrakten oder gereinigten Enzymen oder vollständig synthetisch durchführen.

In jedem Fall dient als Ausgangsmaterial für die Polymerisation biologischer Makromoleküle eine komplexe Fülle von Monomeren (jeweils vier Nukleotidtypen für DNA und RNA, 20 Aminosäuren für die Proteine und eine große Vielfalt elementarer Zucker), aus denen sich unzählige Molekültypen (siehe KOMBINATORIK) aus unregelmäßigen Ketten bilden lassen. Die Anordnung der Monomere in diesen Ketten beinhaltet biologisch relevante Informationen. So ist die in den Nukleinsäuren enthaltene GENETISCHE INFORMATION von der Nukleotidkette abhängig, die über die Verkettung der Aminosäuren der Proteine entscheidet. Diese Verkettung bestimmt wiederum die räumliche Struktur und Funktion der Proteine. Das Gleiche gilt für die komplexen Zucker.

Die Geometrie biologischer Polymere verleiht ihnen spezifische Eigenschaften. So müssen zum Beispiel die DNA-Moleküle, die eine Länge von zehn Zentimetern und mehr erreichen können, extrem verknäuelt werden, um in den Zellkern zu passen. Ein anderes Beispiel sind bestimmte Proteine, die an der Zusammensetzung von Fasern beteiligt sind wie Kollagene und Keratine, die sich zu Bündeln formen, die eine wichtige Rolle für die Elastizität von Muskeln und Sehnen und für den Haaraufbau spielen.

Polymorphie

Zur Vertiefung: ***Konformation; Kristall***

Der Begriff »Polymorphie« (griechisch: *poly*, viel, und *morphe*, Gestalt) bezeichnet in der Chemie die Eigenschaft chemischer Spezies, in mehreren Kristallformen vorzukommen, die häufig mit bloßem Auge unterscheidbar sind.

Ein Kristall ist ein Atomgebilde, das von der Natur aufs feinste zusammengesetzt ist. Als »Rezept« für die Herstellung eines Kristalls ließe sich angeben: Man nehme Atome verschiedener chemischer Beschaffenheit, Größe und elektrischer Ladung und stapele sie periodisch, so dass dieses Gebilde eine minimale Energie aufweist. Für diese Aufgabenstellung gibt es verschiedene Lösungen. Eine gegebene Kristallstruktur, die unter bestimmten Druck- und Temperaturverhältnissen minimale Energie aufweist, ist in der Regel unter anderen Bedingungen aus energetischer Sicht nicht die günstigste.

Daher kommt Polymorphie bei vielen Festkörpern vor, das heißt, Stoffe mit derselben chemischen Formel weisen unter verschiedenen Druck- und Temperaturverhältnissen unterschiedliche Kristallstrukturen (polymorphe Varietäten) auf. Polymorphie ist eher die Regel als eine Ausnahme.

So hat zum Beispiel Eisen bei Zimmertemperatur eine kubisch innen zentrierte Struktur (die sich wiederholende Elementarzelle besteht aus einem Kubus, dessen Eckpunkte und Zentrum jeweils von einem Eisenatom besetzt sind), während es bei hohen Temperaturen (über 925 °C) eine kubisch flächenzentrierte Struktur aufweist (Kubus mit jeweils einem Eisenatom an den Eckpunkten und im Mittelpunkt der Seiten). Eis hat fast ein Dutzend polymorphe Varietäten, die man im Winter in den Bergen anhand von Proben ständig untersucht, da manche Eisvarietäten eher zu Lawinen neigen als andere.

Der Begriff der Polymorphie lässt sich auf alle bekannten Formen eines Stoffes anwenden, den man auf mikroskopischer Ebene untersuchen kann. So kann das ELEMENT Kohlenstoff, das man über Jahrtausende als Kristall nur in den beiden Formen Diamant und Graphit kannte, auch in Gestalt der Fullerene vorkommen, zu denen das fußballförmige C_{60} gehört (für die Entdeckung der Fullerene erhielten der britische Chemiker Harold W. Kroto und seine amerikanischen Kollegen Robert F. Curl und Richard E. Smalley 1996 den Nobelpreis). Mittlerweile hat man auch mit der CHEMISCHEN SYNTHESE zyklischer Verbindungen begonnen, die nur Kohlenstoffatome enthalten. Der erste Vertreter dieser Cyclokohlenstoffe könnte C_{18} sein, ein Molekül mit 18 ringförmig angeordneten Kohlenstoffatomen.

Als nützliche begriffliche Ausweitung ließe sich von Polymorphie auch dann sprechen, wenn eine Konformation äußerst sensibel auf ihre physikalische Umgebung reagiert: So haben zum Beispiel bestimmte Moleküle (Biphenyle) als Kristalle die Form flacher Blättchen, während sie in flüssigem und gasförmigem Zustand gegeneinander verdrillt sind.

Polymorphismus

Zur Vertiefung: ***Allel; Mutation***

Die belebte Natur ist extrem polymorph oder vielgestaltig. Ob es sich um BAKTERIEN, Pflanzen oder Tiere handelt, sie ist geprägt von einer ungeheuren Vielfalt der Formen, Größen, Farben und Arten der Reproduktion, Ernährung und Fortbewegung. ARTEN, deren Zahl in die Millionen geht und die noch lange nicht vollständig klassifiziert sind, bevölkern Luft, Land und Meere. Von der kleinsten einzelligen Bakterie mit einer Größe von weniger als einem Tausendstel Millimeter bis hin zu den Meeressäugetieren und Riesenbäumen, die zehnmillionenfach größer sind; von den Bakterien, die in unseren Eingeweiden leben wie die *Escherichia coli* bis hin zu solchen, die unter extremen Temperaturen oder in einer stark salzhaltigen Umgebung leben; von den tropischen Pflanzen bis hin zu solchen, die in den trockensten Wüstengebieten wachsen wie Kakteen; von kurzlebigen Organismen bis hin zu solchen, die tausende von Jahren leben wie der Mammutbaum; von Arten, die in jedem Reproduktionszyklus tausende Nachkommen hervorbringen (wie Fische und Quallen), bis hin zu solchen, die in ihrem ganzen Leben nur einige wenige schaffen: Wir entdecken unablässig, dass es um uns herum eine Unzahl erfolgreicher Versuche gibt, unterschiedlichste Lebensräume durch Anpassung zu besiedeln.

Polymorphismus und Anpassung an die Umwelt

Wir können nur staunen, wenn wir die Individuen einer Art untersuchen und feststellen, welche Flexibilität sie an den Tag legen, um sich an die wechselnden Bedingungen ihres Lebensraumes anzupassen. Manche Bakterien verwandeln sich in Sporen, die gegen Temperaturanstieg oder Trockenheit resistent sind, und kehren zu ihrem normalen Zellteilungszyklus zurück, sobald wieder günstige Bedingungen eintreten. Andere aktivieren oder unterdrücken die Funktion bestimmter GENE je nachdem, ob gewisse Nährstoffe in ihrer Umgebung vorhanden sind oder fehlen (siehe GENETISCHE REGULATION). Manche Säugetiere halten einen Winterschlaf und stellen ihren STOFFWECHSEL dabei bis zum Beginn der warmen Jahreszeit fast vollständig ein. Viele wirbellose Tiere und Parasiten durchlaufen in ihrer Entwicklung ein Larvenstadium, bevor sie ihr fortpflanzungsfähiges Reifestadium erreichen. Bei manchen Tieren, zum Beispiel bei einigen Froscharten, sind Männchen und Weibchen in ihrem Erscheinungsbild so verschieden, dass man sie schon bei der Kopulation überraschen muss, um sich zu vergewissern, dass sie tatsächlich derselben Art angehören.

Genetische Mechanismen

Diese außergewöhnliche Anpassungsfähigkeit lässt sich durch zwei Phänomene erklären: zum einen durch den Einfluss der Umweltbedingungen (Licht, Temperatur, Feuchtigkeit, Verfügbarkeit von Nahrung) auf die Funktion der Gene; zum anderen durch die Tatsache, dass die GENOME der Individuen einer Art (die Gesamtheit ihrer genetischen Anlagen, also ihrer DNA) aufgrund der Akkumulation von Mutationen zwar sehr ähnlich, aber nur selten identisch sind. Solange die Zahl dieser Unterschiede nicht zu groß wird oder einzelne Mutationen sich nicht unmittelbar auswirken, bleibt eine geschlechtliche Fortpflanzung möglich. Überschreiten die Unterschiede ein gewisses Maß, so bilden sich zwei verschiedene Arten heraus. Zwischen der Gleichförmigkeit völlig identischer Individuen (Klone) und der Entstehung neuer Arten existiert eine große Bandbreite möglicher Kombinationen von Mutationen, die sich ihrem Wesen und ihren Auswirkungen nach unterscheiden und für jedes Individuum einer Art charakteristisch sind (siehe KLONIE-

REN, KLON). Mutationen, die in einer bestimmten Umgebung nachteilig sind, können unter anderen Bedingungen von Vorteil sein. Und in Verbindung mit anderen Mutationen kann es vorkommen, dass ihre Auswirkungen sich verstärken, reduzieren oder sogar umkehren.

Variationsbreite zwischen Individuen und Arten

Eukaryoten (deren ZELLEN einen ZELLKERN enthalten) wie Tiere und Pflanzen besitzen in ihrem Genotyp von jedem Gen zwei Exemplare, ALLELE genannt, die identisch sein oder sich aufgrund von Mutationen unterscheiden können, die zum Polymorphismus der Gene beitragen. Manchmal weist ein Individuum einer Art gewisse Allele auf, die von den Allelen anderer Populationen dieser Art sehr verschieden sind und wesentlich mehr Ähnlichkeit mit Allelen verwandter Arten haben. So wird zum Beispiel die Synthese bestimmter Gewebesubstanzen durch den so genannten HLA-Komplex gesteuert, eine Gengruppe, die zu den polymorphsten zählt, die beim Menschen bekannt sind; die Untersuchung dieser Antigene spielt eine große Rolle für den Erfolg von Organtransplantationen.

Bei einigen Individuen wurden nun Allele der HLA-Gruppe festgestellt, die auch bei anderen Primaten vorkommen. Doch auch wenn das für einzelne Gene zutreffen mag, gilt es keineswegs für den gesamten Genotyp: Wir stehen im Allgemeinen allen Mitgliedern der menschlichen Gattung näher als den Schimpansen, auch wenn wir in ferner Vergangenheit einmal gemeinsame Vorfahren hatten. Selbst wenn wir uns von den Mitgliedern einer bestimmten Population an einem Ort unseres Genotyps unterscheiden, der ein Merkmal wie die Pigmentierung der Haut oder die Neigung zu einer Stoffwechselkrankheit steuert, sind wir doch gleichzeitig den Individuen derselben Population an anderen Orten des Genotyps gleich oder sehr ähnlich, die zum Beispiel unsere Resistenz gegen eine Infektionskrankheit oder die Größe steuern, die wir als Erwachsene erreichen.

Verwandt, aber verschieden

Die Untersuchung des Polymorphismus beim Menschen, die sich zunächst auf beobachtbare Merkmale (wie Größe, Augenfarbe usw.) konzentrierte, hat sich durch das Studium der biochemischen Merkmale der Proteine auf die molekulare Ebene ausgeweitet. Heutzutage bedient sie sich eines ganzen Arsenals neuer Techniken der Molekulargenetik, die es möglich machen, immer detailliertere genetische Karten des menschlichen Genoms unmittelbar auf der Ebene der DNA zu erstellen (siehe GENKARTIERUNG). Die Häufigkeit der Allele in einer Population bietet jedoch keine ausreichende Grundlage, Individuen nach objektiven Kriterien zu kategorisieren. Wir sind zugleich völlig verschieden und eng verwandt. Die Beobachtungen, die auf diese Weise in den letzten Jahrzehnten gesammelt wurden, haben gezeigt, dass es unmöglich ist, die menschlichen RASSEN wissenschaftlich zu definieren. In der menschlichen Art weisen alle Mitglieder eine Vielfalt individueller Merkmale auf. Unser gemeinsames genetisches Erbe besteht aus der Gesamtheit unserer Genome und unserer individuellen Polymorphismen, wobei kein einziges für sich allein als idealer Bezugspunkt gelten kann. Dieser Vielfalt Rechnung zu tragen und die Definition eines idealen Menschen abzulehnen, ist die Grundlage eines humanistischen Weges, der sich auf gegenseitige Anerkennung und Toleranz gegenüber der gesamten Menschheit gründet. Ein solches Vorgehen, das sich auf die bioethische Bewegung stützt, müsste eine Einschränkung diskriminierender Maßnahmen möglich machen, die sich im Bereich von Beschäftigung, Sozialversicherung und Gesundheitsversorgung leicht einschleichen können, und eine Politik fördern, die die Würde aller Menschen achtet.

Polynom

Zur Vorbereitung: ***Zahlen***
Zur Vertiefung: ***Algebra; Ring***

Ein Polynom ist eine Summe aus Monomen; ein Monom in einer Unbestimmten x ist eine positive, ganzzahlige Potenz von x, multipliziert mit einer Zahl c, die als Koeffizient bezeichnet wird, also cx^n. Die Unbestimmte kann durch jeden beliebigen Zahlenwert ersetzt werden. Man kann auch Polynome mit mehreren Unbestimmten x, y, z betrachten; in diesem Fall sind die Monome Produkte aus einem Koeffizienten und Potenzen der verschiedenen Unbestimmten: $cx^n y^p z^q$, und man sagt, das Polynom sei $(n+p+q)$-ten Grades.

Das Rechnen mit Polynomen wurde im 10. Jahrhundert als Hilfsmittel für die Theorie der algebraischen GLEICHUNGEN nach dem Vorbild des Rechnens mit ganzen Zahlen innerhalb des Dezimalsystems entwickelt. Eine ganze Zahl mit der Einerziffer a_0, der Zehnerziffer a_1, der Hunderterziffer a_2 usw. bis a_n ist gleich

$a_0 + (a_1 \times 10) + \ldots + (a_n \times 10^n)$,

und ebenso ist ein Polynom in x mit den Koeffizienten $a_0, a_1, \ldots, a_n$ gleich

$a_0 + a_1 x + \ldots + a_n x^n$.

So ist leicht zu verstehen, dass die Arithmetik der Polynome analog zur Arithmetik der ganzen Zahlen aufgebaut werden kann.

Die Polynome in x mit rationalen Koeffizienten bilden einen kommutativen RING $\mathbb{Q}[x]$; man kann sie wie ganze Zahlen miteinander addieren und multiplizieren, und diese Operationen besitzen dieselben Eigenschaften wie bei den Zahlen. Dasselbe gilt für die Polynome mit reellen Koeffizienten ($\mathbb{R}[x]$) und mit komplexen Koeffizienten $\mathbb{C}[x]$); generell kann man die Koeffizienten aus einem Ring A nehmen und den Ring $A[x]$ der Polynome mit Koeffizienten aus A definieren.

Polynomfunktionen

Ist

$P = a_0 + a_1 x + \ldots + a_n x^n$

ein Polynom mit Koeffizienten aus einem Ring A, so kann man für jedes Element α aus A den Wert $P(x)$ von P in α definieren, indem man

$P(x) = a_0 + a_1\alpha + \ldots + a_n\alpha^n$

setzt (also indem man x in P durch α ersetzt); dadurch erhält man eine Funktion $\alpha \longmapsto P(\alpha)$ von A in A, die als die durch P definierte Polynomfunktion bezeichnet wird.

Handelt es sich bei dem Ring der Koeffizienten um einen unendlichen Körper wie $\mathbb{Q}$, $\mathbb{R}$ oder $\mathbb{C}$, bestimmt die Polynomfunktion $\alpha \longmapsto P(\alpha)$ das Polynom P vollständig. Genauer gesagt, ist n der Grad von P, also der höchste Grad der in P vorkommenden Monome, so braucht man zur Bestimmung von P lediglich die Werte $P(\alpha)$ für $n+1$ unterschiedliche Werte von α zu kennen.

Stammen die Koeffizienten dagegen aus einem endlichen Körper wie dem Körper $\mathbb{F}_p$ der ganzen Zahlen modulo p (wobei p eine Primzahl ist), kann die zu P gehörige Polynomfunktion konstant gleich 0 sein ($P(\alpha) = 0$ für beliebige α), ohne dass auch P dies wäre. So ist die zum Polynom $x^p - x$ gehörige Polynomfunktion aufgrund des (kleinen) Fermatschen Satzes gleich 0. In solch einem Fall muss man sorgfältig zwischen dem formalen Polynom P, das durch die Folge seiner Koeffizienten gegeben ist, und der zugehörigen Polynomfunktion unterscheiden.

Population

Zur Vertiefung: ***Evolution; genetische Distanz; Migration; Rasse***

Jede Gesamtheit von Individuen, seien es Pflanzen, Tiere oder Menschen, lässt sich als Population bezeichnen, sobald ein Kriterium der Zugehörigkeit definiert ist. Als Population oder Bevölkerung von Frankreich lässt sich je nach dem angelegten Kriterium die Gesamtheit der Personen bezeichnen, die die französische Staatsbürgerschaft besitzen oder auf dem Boden des französischen Staatsgebietes leben oder dort einen Wohnsitz haben.

Wenn diese Individuen eines Tages verschwinden, ändert sich die Population, der sie angehörten. Eine stabile Definition der Population erfordert eine Beschreibung mit Hilfe von Parametern, die sie als Gesamtheit charakterisieren; dies ist mit statistischen Begriffen zu erreichen wie dem Mittelwert dieses oder jenes traditionell berechneten Maßes.

Statistische Methoden können indes den trügerischen Eindruck erwecken, ein »Durchschnittsindividuum« beschreiben zu können, das es meist gar nicht geben kann. Charakterisiert man zum Beispiel jeden Franzosen anhand seiner Größe, seines Brustumfangs und seines Gewichts, so können die Durchschnittswerte dieser drei Maße keinem realen Individuum entsprechen, da das Gewicht proportional zum Kubikwert der Längenmaße ist und der Durchschnitt der Kubikwerte vom Kubikwert der Durchschnittswerte abweicht (was an jedem beliebigen Beispiel zu überprüfen ist): Ein Individuum mit Durchschnittsgröße und durchschnittlichem Brustumfang kann daher nicht das Durchschnittsgewicht haben. Dies ist nicht nur eine anschauliche Anmerkung, sie zeigt darüber hinaus, wie sehr jede Manipulation statistischer Ergebnisse zur Quelle von Fehlinterpretationen werden kann.

Eine Population lässt sich unter vielfältigen Aspekten untersuchen. Genannt seien hier nur der Blickwinkel des Demographen, der sich für die zahlenmäßige Erfassung und Entwicklung der Gesamtheit interessiert, der Blickwinkel des Genetikers, der sich für den Genpool und seine Vererbung interessiert, und der des Soziologen, der sich für kollektive Verhaltensweisen und ihre Veränderung interessiert.

Die effektive Populationsgröße

Jede Art hält in der Regel ihren zahlenmäßigen Bestand so groß, wie die Umweltbedingungen es erlauben. Dieser Gesamtbestand verändert sich in Abhängigkeit von der Differenz zwischen Fruchtbarkeit und Sterblichkeit.

Beim Menschen, der einzigen Spezies, für die zuverlässige Daten vorliegen, ist die Sterblichkeit unter natürlichen Bedingungen so hoch, dass das Fruchtbarkeitspotential uneingeschränkt zu nutzen ist: Im Laufe der mehreren hunderttausend Jahre, die der neolithischen Revolution vorausgingen, blieb die Gesamtzahl der Menschen recht gering und betrug allenfalls einige Millionen. Ackerbau und Viehzucht ermöglichten schließlich ein beträchtliches Bevölkerungswachstum: Zu Beginn der christlichen Zeit gab es 250 Millionen Menschen. Bis Ende des 1. Jahrtausends n. Chr. wurde diese Zahl kaum überschritten. Die ersten Siege gegen die Kindersterblichkeit bewirkten einen Fortschritt, der sich zunehmend beschleunigte. Um 1825 gab es eine Milliarde Menschen, um 1925 zwei Milliarden, und Ende des 20. Jahrhunderts sind es bereits über sechs Milliarden. Die Tendenz zur Geburtenbeschränkung, die derzeit in den armen Ländern der Erde zu beobachten ist, könnte es möglich machen, diese Bevölkerungsexplosion zum Stillstand zu bringen: In weniger als einem Jahrhundert erreicht die Weltbevölkerung wahrscheinlich eine Zahl von zehn Milliarden Menschen.

Dieses Wachstum geht mit einer menschlichen »Kontinentalverschiebung« einher: Im Laufe des kommenden Jahrhunderts werden Europa und Nordamerika ihren Bevölkerungsstand halten, während die Bevölkerung Asiens um die Hälfte wachsen, die Lateinamerikas sich verdoppeln und die Afrikas sich verdreifachen wird. Schon diese wenigen Zahlen vermitteln eine Vorstellung vom Migrationsdruck, dem es Rechnung zu tragen gilt.

Genpool und Vererbung

Die biologische Wirklichkeit einer Population von Pflanzen, Tieren oder Menschen ist definiert durch die Gesamtheit der individuellen Genotypen, aus denen sie sich zusammensetzt, und durch deren Weitergabe von einer Generation zur nächsten. Dieser Vererbungsprozess erfolgt im Wesentlichen zufällig: Jedes Individuum ist das Ergebnis einer Zufallsauswahl der Hälfte der genetischen Informationen, die jeder seiner beiden Erzeuger erhalten hat.

Da der Zufall hier seine Hand im Spiel hat, ist der Genotyp jedes neuen Individuums unvorhersehbar. In einer ausreichend großen Population mildert jedoch das Gesetz der grossen Zahl die individuellen Differenzen und führt zu einer Konstanz des kollektiven Erbes oder Genpools. Aufgrund einiger Hypothesen, die den realen Bedingungen im Allgemeinen recht nahe kommen, lässt sich das Hardy-Weinberg-Gesetz beweisen, dem zufolge die Frequenzen der verschiedenen Genformen oder Allele in der Abfolge der Generationen quasi konstant bleiben (siehe Panmixie).

Die biologische Wirklichkeit einer Gruppe kann sich daher nur recht langsam verändern, und zwar durch Umweltbedingungen, MUTATIONEN, GATTENWAHL, GENETISCHE DRIFT (also die Veränderung der verschiedenen Allelfrequenzen auf Grund des zufälligen Charakters der Vererbung, was jedoch nur in sehr kleinen Gruppen spürbar wird) und durch MIGRATION, die vor allem durch Immigration neue Allele in die Gruppe bringt.

Um die biologische Zusammensetzung mehrerer Populationen zu vergleichen, ist es angebracht, die GENETISCHE DISTANZ zu berechnen, also den Zahlenwert, der sich aus allen Differenzen der verschiedenen Allelfrequenzen zwischen den Populationen ergibt. So lassen sich die Populationen mit den geringsten genetischen Distanzen ermitteln, die einander nach diesen Kriterien am ähnlichsten sind.

Nach dem gleichen Verfahren ist es möglich, anhand eines paarweisen Vergleichs der verschiedenen Spezies Stammbäume zu erstellen, die ihre Differenzierung im Lauf der Evolution der lebenden Natur beschreiben (siehe PHYLOGENETISCHER STAMMBAUM).

Durch den Vergleich von Populationen, die derselben Art angehören, lässt sich manchmal die Existenz von RASSEN nachweisen. Im Fall des Menschen wäre dieser Versuch jedoch unsinnig: Die verschiedenen menschlichen Populationen sind zwar genetisch verschieden, ihre Kategorisierung erweist sich aber als unmöglich, so dass das Konzept der menschlichen Rasse völlig verfehlt ist.

Kulturen

In bestimmten hoch entwickelten Arten ist jede Population durch ihr eigene Regeln des Zusammenlebens geprägt. Diese Entwicklung spezifischer Kulturen gehört zur wesentlichen Ausstattung menschlicher Populationen.

Dienten diese Regeln anfangs dazu, das Überleben der Gruppe zu sichern, so veränderten sie im Laufe der Zeit die Einstellungen der Gruppenmitglieder und trugen zur Konstitution einer individuellen Identität bei. In einer Population, die rauen Lebensbedingungen ausgesetzt ist, erfordert das Gemeinwohl häufig, sich über individuelle Interessen hinwegzusetzen. Solidarität ist keine Gefühlssache, sondern das einzige Mittel, das Verschwinden des Kollektivs zu verhindern. Diese konkreten wechselseitigen Abhängigkeiten bringen Wechselwirkungen in der Konstruktion des Denkens mit sich. In der Sicht aller wird aus dem Individuum eine Person, die zugleich Produkt und Produzent der Gemeinschaft ist. Aus der Gruppe wird ein Volk.

Dieses Volk besteht nicht nur aus der Gesamtheit der Individuen, die ihm angehören, sondern vor allem aus der Gesamtheit der Bindungen, die diese Individuen untereinander eingehen. Die Beschreibung einer menschlichen Population durch den Demographen, der ihre Bestandteile zählt, und durch den Genetiker, der ihre biologische Zusammensetzung analysiert, geht somit an der einzigen Realität vorbei, die ihren Werdegang erklärt, nämlich an ihrer Kultur.

Sternpopulationen

Zur Vorbereitung: ***Entstehung der Elemente***
Zur Vertiefung: ***Evolution; Galaxien; Stern***

Zu Abraham, dem Stammvater dreier Religionen (der jüdischen, der christlichen und der moslemischen), sagte Gott laut Genesis: »Sieh zum Himmel hinauf und zähl die Sterne, wenn du sie zählen kannst. So zahlreich werden deine Nachkommen sein.« Wie auf der Erde unter Menschen, Tieren und Pflanzen, so gibt es auch unter den Sternen Populationen, die von den Astronomen als Population I, II und III bezeichnet werden. Die drei Gruppen unterscheiden sich durch den größeren (I) oder geringeren (II, III) Anteil an schweren chemischen Elementen (das sind in diesem Fall Elemente, die vom Kohlenstoff bis hin zum Eisen reichen – siehe PERIODENSYSTEM). Die chemische Zusammensetzung der Sterne ermittelt man, indem man die Verteilung der Wellenlängen in dem von den Sternen emittierten Licht untersucht (siehe SPEKTRUM). Wir wissen, dass in den Galaxien, die fast alle ein Alter von etwa zehn Milliarden Jahren haben, bei der Entstehung der Sterne ständig schwere Elemente erzeugt werden, so dass deren Anteil wächst (siehe EVOLUTION). Deshalb finden wir die an schweren Elementen arme Sternpopulation II in der Frühzeit der Galaxien, während Population I sehr viel jünger ist.

Population I besteht aus jungen Sternen, die allenfalls einige hundert Millionen Jahre alt sind; sie finden sich hauptsächlich in der Nähe der galaktischen Ebene und insbesondere in den Armen der spiralförmigen Galaxien, zwei Bereichen, in denen neue Sterne entstehen, vor allem wenn äußere Ursachen wie der Zusammenstoß mit anderen Galaxien die gravitationsbedingte AKKRETION beschleunigen.

Die zu Population II gehörenden Sterne können einen bis zu tausendmal geringeren Anteil schwerer Elemente enthalten als die zu Population I gehörigen. Sie sind in der Regel nicht sehr groß (ihre Masse liegt unter oder in der Nähe der Sonnenmasse), und sie bleiben meist mehrere Milliarden Jahre in der stabilen Phase, in der sie Energie abstrahlen. Man findet sie vor allem im zentralen Bereich der Galaxien, im Kern und in dem großen kugelförmigen Hof, der den Kern umgibt. Diese Sterne entstanden einst aus einem chemisch noch nicht sehr weit entwickelten galaktischen Gas, das diese Region vor der Entstehung der ersten Sterne ausfüllte. In der Folgezeit entstanden dann durch Akkretion langsam auch die Sterne der galaktischen Ebene, die zu Population I gehören.

Population III schließlich umfasst Sterne, von denen man zwar weiß, dass sie einst existiert haben, die aber noch nicht beobachtet worden sind. Sie enthalten so gut wie gar keine schweren Elemente und gehören zu der allerersten Sternengeneration, die bei der Geburt der Galaxien entstand. Falls diese Generation nur aus sehr großen Sternen bestand, deren Lebensdauer nur einige Millionen Jahre beträgt, werden wir sie niemals entdecken können. Sehr junge Galaxien könnten wir nur beobachten, wenn sie uns sehr nahe wären, weil das Licht ferner junger Galaxien noch gar nicht zu uns gelangt sein kann. Offenbar befinden sich aber keine sehr jungen Galaxien in unserer Nähe, denn wir haben noch keine beobachtet.

Populationsgenetik

Zur Vertiefung: ***Erblichkeit; Fitness; genetische Bürde; Phänotyp, Genotyp***

Das Zusammentreffen zweier GAMETEN – bei Tierarten Ei und Samenzelle – ist der Beginn eines einzigartigen Abenteuers: der Konstitution eines Organismus, der sich entwickelt, auf seine Umwelt reagiert, um sein Überleben kämpft, sich fortpflanzt und eines Tages stirbt. Alle Ereignisse, die sich im Verlauf dieses Abenteuers abspielen, hängen mehr oder weniger eng mit der Gesamtheit der Informationen zusammen, die diesem Organismus bei der Zeugung vererbt wurden. Diese Gesamtheit verschwindet zwar mit ihm, aber einen Teil seiner Erbanlagen gibt er als Kopien an seine Nachkommen weiter. Im Wesentlichen folgt dieser Vererbungsprozess dem Zufall. Jedes Individuum ist das Ergebnis einer zufälligen Auswahl zwischen den verschiedenen Genformen oder ALLELEN, die seine Erzeuger besaßen.

In einer hinreichend großen Population schwächt das GESETZ DER GROSSEN ZAHL die Rolle des Zufalls ab. Die Vielfalt der unterschiedlichen Individuen von einer Generation zur nächsten ist jedoch nur das trügerische Erscheinungsbild einer anderen Realität, nämlich eines kollektiven genetischen Erbes, das eine große Stabilität besitzt.

Die Tatsache, dass ein sichtbares Merkmal sich in einer bestimmten Generation nicht manifestiert, bedeutet keineswegs, dass die dieses Merkmal steuernden Allele nicht vorhanden wären. Denn dieses Merkmal kann aus dem Zusammenspiel multipler Moleküle resultieren.

Wenn alle Informationen, die für ihre Synthese notwendig sind, in einem Individuum vereint sind, manifestiert sich bei ihm das entsprechende Merkmal. Wenn sich in der nächsten Generation diese Informationen auf mehrere Individuen verteilen und keines sie vollständig besitzt, ist keines imstande, die erforderlichen Synthesen zu realisieren, und folglich weist keines dieses Merkmal auf: Es ist aus der Population verschwunden. Allerdings ist das Rezept dafür durchaus nicht verloren gegangen: In einer späteren Generation können die erforderlichen Informationen erneut bei einem Individuum zusammentreffen, bei dem das Merkmal seines entfernten Vorfahren wieder manifest wird.

Die genetische Realität einer Population besteht somit nicht im sichtbaren Erscheinungsbild (siehe PHÄNOTYP) der Individuen, sondern in den Erbanlagen, die in den Chromosomen im Kern der Keimzellen enthalten sind. Je nachdem, ob beim zufälligen Zusammentreffen dieser Zellen die Informationen, die in den Chromosomen angelegt sind, zusammenkommen oder verstreut werden, finden sie einen sichtbaren Ausdruck oder bleiben verborgen, aber unsichtbar immer vorhanden. Das biologische Wesen einer Population geht somit über die jeweils lebenden Individuen hinaus und umfasst ihr kollektives genetisches Erbe.

Die Populationsgenetik untersucht Veränderungen dieses Genpools, abhängig von verschiedenen Faktoren, die sie auslösen können: Paarungsverhalten der Individuen, Selektionsdruck der Umwelt, Migration zwischen Populationen, Mutationen durch Replikationsfehler bei der Entstehung der Gameten oder die Zufallsauswahl der vererbten Allele.

Positivismus

Zur Vertiefung: ***Deutungen der Quantenphysik; Rationalismus; Realismus***

Es gibt zwei philosophische Strömungen, die man als »Positivismus« bezeichnet. Die eine baut auf der Philosophie von Auguste Comte (1798–1857) auf, der die geistesgeschichtliche Entwicklung in drei Stadien unterteilte: das mythologisch-theologische, das metaphysische und schließlich das wissenschaftliche Stadium, das er Positivismus nannte.

Die zweite Strömung, der Neopositivismus, entstand Anfang des 20. Jahrhunderts in Wien und hielt sich vor allem in den englischsprachigen Ländern unter dem Namen »logischer Positivismus« oder später unter der Bezeichnung »analytische Philosophie«. Ihre ersten großen Vertreter waren Physiker wie Moritz Schlick (1882–1936) und Philosophen wie Ludwig Wittgenstein (1889–1951).

Die positivistischen Philosophen gehen von dem Prinzip aus, dass metaphysische und theologische Fragen nicht auf eine effektive Erkenntnis zurückgreifen können, da sie sich dem empirischen Rahmen (der Welt, die man wahrnimmt) entziehen. Mit Wittgenstein erfuhr der logische Positivismus eine strengere Wendung und vertrat nun die Position, dass metaphysische und theologische Fragen, die keine empirische Grundlage haben, nur sprachliche Illusionen und somit selbst als Fragestellungen sinnlos seien.

Allgemein bezeichnet man jeden als Positivisten, der im Bereich wissenschaftlicher Forschung alles, was nicht unmittelbar der Beobachtung und Erfahrung entspringt, aus dem wissenschaftlichen Diskurs eliminieren möchte. Ob diese Eliminierung sich durchführen lässt, ist eine andere Frage. Die Debatte darüber ist noch nicht abgeschlossen.

Positron

Zur Vertiefung: ***Antiteilchen, Antimaterie; Elektron; Ladungskonjugation***

Das Positron ist das Antiteilchen des ELEKTRONS und besitzt genau dieselbe Masse, aber die entgegengesetzte elektrische Ladung. Entdeckt wurde das Positron 1932 von Carl Anderson unter denjenigen Teilchen, die unter der Einwirkung der kosmischen Strahlung in der Atmosphäre entstehen; bereits einige Jahre zuvor hatte Paul Dirac ihre Existenz aufgrund theoretischer Erwägungen vorausgesagt.

Potential

Zur Vertiefung: ***Energie; Feld; Wechselwirkung in der Physik***

In der Umgangssprache bezeichnet man als Potential die Möglichkeiten, die in einer Sache oder einem Menschen stecken, aber bislang noch nicht zutage getreten sind; dieser umgangssprachliche Gebrauch knüpft an ein sehr altes Konzept an, das die Physiker allerdings zu anderen Zwecken entwickelt hatten.

Ein Synonym für »Feld«

Der Gedanke des Potentials, der eng mit dem des Feldes verbunden ist, wurde 1777 von Joseph-Louis de Lagrange im Blick auf die Gravitation eingeführt (der eigentliche Begriff kam erst ein halbes Jahrhundert später auf und stammt von dem Engländer George Green). Für den Physiker steht der Begriff des Feldes für den Einfluss einer Wechselwirkung (zum Beispiel der Gravitation) auf einen Bereich des Raumes, so dass sich mit seiner Hilfe beschreiben lässt, wie ein Teilchen (oder ein Körper) innerhalb dieses Bereichs von der betreffenden Wechselwirkung beeinflusst wird. So bringt das von einem Körper erzeugte Gravitationsfeld den gravitativen Einfluss dieses Körpers auf jeden Punkt des umgebenden Raumes zum Ausdruck. Man spricht hier von einem Vektorfeld, weil es in jedem Punkt des Raumes durch einen Vektor bestimmt wird. Dieser Vektor ist einerseits durch eine Länge gekennzeichnet, die unmittelbar von der Stärke der Massenanziehungskraft abhängt, der ein Körper an dem betreffenden Punkt ausgesetzt wäre, und andererseits durch eine Richtung, die mit der Richtung der Massenanziehungskraft übereinstimmt (siehe Feld).

Es ist nun praktisch, dieses Vektorfeld mit einem anderen, einfacheren Feld zu verknüpfen, das als Gravitationspotential bezeichnet und lediglich durch eine einzige Größe charakterisiert ist. Man spricht von einem skalaren Feld, denn es ist an jedem Raumpunkt durch eine skalare Größe, also eine Zahl, gekennzeichnet. Aus der bloßen Kenntnis des Gravitationspotentials lässt sich dann an jedem Raumpunkt der Wert des Gravitationsfelds ableiten. Dieser Wert ist (bis auf das Vorzeichen) gleich dem Gradienten des Gravitationspotentials an dem betreffenden Punkt (der Gradient ist hier ein Vektor, dessen Länge für die Größe der Veränderung des Potentials bei einer geringfügigen Entfernung von dem betrachteten Punkt steht).

Das Konzept des Potentials ist auch im Bereich des Elektromagnetismus äußerst nützlich. So ist dem elektrischen Feld ein elektrisches Potential zugeordnet, auf dem der Begriff der elektrischen Spannung basiert (die Spannung zwischen zwei Punkten ist nichts anderes als die Potentialdifferenz zwischen diesen beiden Punkten).

Ordnet man einem Feld ein Potential zu, wird der Begriff des Feldes in gewisser Weise redundant, denn das Potential enthält in verdichteter Form sämtliche im Feldbegriff enthaltenen Informationen. Umgekehrt gilt dies jedoch nicht, denn demselben Feld können ganz verschiedene Potentiale zugeordnet werden (letztlich sogar unendliche viele, weil man dem Wert des Potentials in irgendeinem Punkt jede beliebige konstante Zahl zuordnen kann, ohne dass sich das zugehörige Feld dadurch änderte, denn der Gradient einer konstanten Funktion ist gleich null). Diese Vielfalt lässt sich nutzen, um das für Berechnungen günstigste Potential auszuwählen. Die letztlich erhaltenen Ergebnisse sind natürlich unabhängig von dem gewählten Potential. Da das Potential im oben beschriebenen Fall der Elektrizität lediglich als eine Konstante definiert ist, besitzt allein die Potentialdifferenz zwischen zwei Punkten eine physikalische Bedeutung.

Die Potentialdifferenz

Das Potential gibt quantitative Auskunft darüber, wie eine gegebene Wechselwirkung sich im Raum bemerkbar zu machen vermag. So gibt das elektrische Potential Auskunft über den elektrischen Zustand an dem jeweiligen Punkt. Da es an das elektrische Feld geknüpft ist, lassen sich daraus Richtung und Geschwindigkeit solcher Teilchen ableiten, die dem Einfluss der betrachteten Wechselwirkung unterworfen sind. Je größer die Potentialdifferenz zwischen den Enden eines elektrischen Leiters, desto stärker der darin fließende Strom (nach dem Ohmschen Gesetz, das auf den deutschen Physiker Georg Simon Ohm zurückgeht, sind bei den meisten Materialien diese beiden Größen direkt proportional). Eine elektrische Potentialdifferenz zwischen zwei Punkten schafft gleichsam einen Niveauunterschied, der dafür sorgt, dass die Teilchen sich in Richtung des größten Gefälles bewegen.

Ein weiteres Beispiel ist das irdische Schwerefeld, also das von der Erde erzeugte

Gravitationsfeld (siehe SCHWERE). Das mit diesem Feld verknüpfte Potential ist proportional zur Höhe des betrachteten Punktes. In diesem Feld streben Massen spontan dem jeweils niedrigeren Potential zu, also Punkten geringerer Höhe, und das heißt, sie fallen.

Dieselbe Vorstellung findet sich auch in der Chemie, insbesondere in der Beschreibung des Stoffaustauschs zwischen verschiedenen PHASEN, zum Beispiel zwischen Wasser in flüssigem Zustand und Eis. Jeder Phase wird ein chemisches Potential zugeordnet. Nach den Gesetzen der THERMODYNAMIK lässt sich nun zeigen, dass die Materie spontan von der Phase mit höherem chemischem Potential zu der mit niedrigerem Potential übergeht.

Potentielle Energie

Das Konzept des Potentials stellt einen Zusammenhang zwischen zwei für die Physik äußerst bedeutsamen Begriffen her, dem Begriff des, wie wir gesehen haben, eng mit dem Kraftbegriff verbundenen Feldes und dem der ENERGIE. Jedem Potential kann man eine potentielle Energie zuordnen. Diese Idee wurde bereits im 17. Jahrhundert von Gottfried Wilhelm Leibniz entwickelt, auch wenn er sich anders ausdrückte (er unterschied zwischen einer »toten Kraft«, der nur die Möglichkeit der Bewegung innewohnte, und einer »lebendigen Kraft«, d.h. der mit der Bewegung von Körpern verbundenen kinetischen Energie). Die potentielle Energie ist die Energie, die ein physikalisches Objekt allein schon deshalb gewinnt (oder verliert), weil es der mit dem jeweiligen Potential verbundenen Wechselwirkung potentiell ausgesetzt ist. So ist der elektrischen Wechselwirkung eine potentielle elektrische Energie zugeordnet, die dem Produkt aus dem elektrischen Potential und der (positiven oder negativen) elektrischen LADUNG des betrachteten Teilchens entspricht. Ebenso ist der gravitativen Wechselwirkung eine gravitative potentielle Energie zugeordnet, die dem Produkt aus dem Gravitationspotential und der Masse des betreffenden Objekts entspricht. Wenn dieses Objekt durch den leeren Raum fällt, wird seine potentielle Energie zunehmend in kinetische Energie umgewandelt, wobei die Gesamtenergie (die Summe aus potentieller und kinetischer Energie) konstant bleibt. Das Fallen eines Körpers ist also der Prozess, durch den seine potentielle Energie eine deutlicher erkennbare (weil mit der Bewegung verbundene) Form annimmt.

Wenn in einem Raumpunkt M das Potential V niedriger ist als an allen Raumpunkten in unmittelbarer Umgebung von M, sagt man, dass sich am Punkt M eine Potentialmulde befindet (bei rotationssymmetrischen Potentialmulden spricht man auch von einem Potentialtopf). Da ein System sich im GLEICHGEWICHT befindet, wenn die Energie lokal ein Minimum erreicht, stellt die Potentialmulde für einen Körper, dessen Energie proportional zum Potential ist ($E=kV$, mit positivem k), einen Gleichgewichtsort dar: je tiefer die Mulde, desto größer die Kraft, die das Teilchen in seine stabile Gleichgewichtsposition zurückholt, und desto größer entsprechend die Stabilität des Systems gegenüber Störungen. Umgekehrt ist die Potentialmulde ein Ort instabilen Gleichgewichts für ein Teilchen, dessen Energie durch $E=-kV$ gegeben ist (zum Beispiel für ein Teilchen mit negativer elektrischer Ladung). In diesem Fall erreicht die Energie in M ihr Maximum gegenüber der Energie in allen umliegenden Punkten, so dass jede noch so geringe Abweichung von diesem Punkt verstärkt wird (siehe GLEICHGEWICHT und STABILITÄT).

Ein System kann auch mehrere Potentialmulden unterschiedlicher Tiefe an unterschiedlichen Punkten $M_1, M_2, \ldots, M_n$ besitzen. Die Kenntnis der Lage und Tiefe dieser Mulden ist sehr nützlich, weil sich daraus Zustand und Stärke möglicher Gleichgewichte erschließen lassen. Innerhalb eines Sternhaufens etwa, also eines aus zahlreichen Sternen bestehenden Systems (siehe HAUFEN), befindet sich jeder Stern in einer gravitativen Potentialmulde, die von der Gesamtheit der übrigen Sterne erzeugt wird.

prädikative Programmiersprachen

Zur Vertiefung: ***Expertensystem; Knowledge Engineering; Programmierung***

Dass der Programmierer wie ein Politiker in Geberlaune verkünden kann: »Roboter sollen jeden Morgen jedermann eine Zeitung und ein Glas Orangensaft bringen«, und der Rechner sich um alle dazu erforderlichen praktischen Einzelheiten kümmert. Das heißt die Befehle formuliert, die den Roboter befähigen, den Aufzug zu nehmen, die Zeitung still am Fußende des Bettes abzulegen und ein Glas mit Orangensaft zu füllen –, davon träumen die Anhänger der prädikativen Programmierung. Und darin unterscheiden sie sich von den Vertretern der klassischen imperativen Programmierung, bei der sämtliche Arbeitsschritte, die der Roboter ausführen soll, bis ins letzte Detail im Voraus genau festgelegt werden müssen.

Die prädikative Programmierung bildet die entscheidende Grundlage für den Aufschwung der Expertensysteme und des Knowledge Engineering.

Primaten

Zur Vertiefung: ***Evolution; Homo; phylogenetischer Stammbaum***

Die Ordnung der Primaten, eine der Untergliederungen der Säugetiere, umfasst so verschiedene ARTEN wie Krallenäffchen, die Eichhörnchen recht ähnlich sehen, Menschenaffen und Menschen. Mit Ausnahme des Menschen ist ihnen allen ihre Anpassung an ein Leben auf den Bäumen gemeinsam. Ihre Beckenstruktur und die Form ihrer Hände und Füße ermöglichen es ihnen, sich mühelos von Ast zu Ast zu hangeln. Daumen und großer Zeh sind sehr beweglich und lassen sich bei manchen Arten den Fingern beziehungsweise Zehen gegenüberstellen. Anstelle von Krallen haben sie Finger- und Zehennägel, die es ihnen ermöglichen, Gegenstände feiner zu handhaben. Die oberen Gliedmaßen sind daher imstande, andere Funktionen als das Gehen zu übernehmen, und diese Tiere können eine fast aufrechte Haltung einnehmen.

Ein weiteres charakteristisches Merkmal der Primaten ist die Rückbildung des Geruchssinns zugunsten der Sehfähigkeit, was die Wahrnehmung der Umgebung völlig verändert. Die meisten Säugetiere erhalten Informationen hauptsächlich über Gerüche, während Primaten sich vor allem auf ihr Sehvermögen stützen. Durch die Parallelstellung ihrer Augen können sie die Bilder, die jedes Auge von einem Gegenstand liefert, vergleichen und seine Entfernung abschätzen. Diese Fähigkeit setzt jedoch eine ausreichend entwickelte Gehirntätigkeit voraus, ermöglicht durch das Wachstum des Hirns, das die Primaten im Laufe ihrer Evolution erfahren haben.

Die Verschiedenheit der Arten innerhalb dieser Ordnung (das Gewicht variiert zum Beispiel von einigen Dutzend Gramm bei den Krallenäffchen bis zu 180 Kilogramm bei den Gorillas) macht ihre KLASSIFIKATION besonders schwierig. Im Allgemeinen unterteilt man diese »Ordnung« in zwölf Familien, die von den Lemuren über die Pongiden bis zu den Hominiden reichen.

Die ersten Primaten tauchten vor 65 bis 70 Millionen Jahren zu Beginn des Tertiärs in Gestalt von Halbaffen (*Prosimiae*) auf, deren Spuren sowohl auf dem amerikanischen als auch auf anderen Kontinenten zu finden sind. Durch die Kontinentaldrift wurden diese Arten voneinander getrennt und machten unterschiedliche Entwicklungen durch. In Südamerika vollzog sich ihre Evolution offenbar langsamer, da die Krallenäffchen und Springtamarins ihren fernen Vorfahren sehr nah geblieben sind. In der Alten Welt führte diese Trennung zur Entstehung vielfältiger Arten, von denen manche einen Teil ihrer Aktivitäten von den Bäumen auf den Boden verlagerten. Da diese Aktivitäten zudem nicht mehr individuell, sondern kollektiv nach gemeinsamen Regeln erfolgten, bildeten sich echte Gesellschaften heraus.

Vor weniger als sechs Millionen Jahren war diese Evolution vom überraschenden Erfolg einer Primatenart geprägt, die von der Natur jedoch von Schwierigkeiten nicht verschont blieb: der Gattung HOMO.

Primzahlen

Zur Vertiefung: ***Kryptographie***

Manche natürliche Zahlen wie 18 lassen sich in ein Produkt kleinerer natürlicher Zahlen, in unserem Beispiel 2×9, zerlegen, andere wie 19 dagegen nicht. Solche nicht zerlegbaren Zahlen werden als Primzahlen bezeichnet (die Übrigen als zusammengesetzte Zahlen). Eine Primzahl hat nur zwei Teiler, sich selbst und 1 (die Zahl 1, die nur einen Teiler besitzt, gilt konventionsgemäß nicht als Primzahl).

Wird eine Zahl in ein Produkt kleinerer Zahlen zerlegt, lassen sich diese Zahlen möglicherweise ihrerseits noch einmal zerlegen. So kann man die Zahl 18 weiter zerlegen in das Produkt 2×3×3. Die Zahlen 2 und 3 sind Primzahlen, die sich nicht weiter zerlegen lassen. Jede ganze Zahl lässt sich daher in ein Produkt von Primzahlen zerlegen. Außerdem gibt es nur eine solche Zerlegung, wenn man von der Reihenfolge der Faktoren absieht. (So lässt sich die Zahl 18 in die Produkte 2×3×3 oder 3×2×3 zerlegen, aber in all diesen Zerlegungen kommt die 2 einmal und die 3 zweimal vor.)

Will man wissen, ob eine Zahl n eine Primzahl ist, ist es am einfachsten, wenn man versucht, sie durch sämtliche Zahlen zwischen 2 und $n-1$ zu teilen. Findet man einen Teiler, handelt es sich um eine zusammengesetzte Zahl; anderenfalls ist es eine Primzahl. Dabei kann man sich auf die 2 und alle ungeraden Zahlen beschränken und den Versuch beenden, wenn man die Quadratwurzel von n erreicht hat.

Will man die Liste aller Primzahlen erstellen, die kleiner als eine bestimmte Zahl (zum Beispiel 20) sind, kann man das so genannte Sieb des Erathostenes benutzen. Dazu schreibt man zunächst alle Zahlen auf, angefangen bei 2:

2 3 4 5 6 7 8 9 10 11 12 13 14 15 16 17 18 19 20

Man umrandet die erste Zahl der Liste, die 2, und streicht alle Vielfache von 2 durch, weil sie durch 2 teilbar und daher zusammengesetzt sind.

② 3 ~~4~~ 5 ~~6~~ 7 ~~8~~ 9 ~~10~~ 11 ~~12~~ 13 ~~14~~ 15 ~~16~~ 17 ~~18~~ 19 ~~20~~

Denselben Vorgang wiederholt man mit der nächsten Zahl in der Liste, die weder umrandet noch durchgestrichen ist; man umrandet sie und streicht alle ihre Vielfache durch:

②③ ~~4~~ 5 ~~6~~ 7 ~~8~~ ~~9~~ ~~10~~ 11 ~~12~~ 13 ~~14~~ ~~15~~ ~~16~~ 17 ~~18~~ 19 ~~20~~

Dieses Verfahren setzt man so lange fort, bis alle Zahlen der Liste entweder umrandet oder durchgestrichen sind:

②③ ~~4~~ ⑤ ~~6~~ ⑦ ~~8~~ ~~9~~ ~~10~~ ⑪ ~~12~~ ⑬ ~~14~~ ~~15~~ ~~16~~ ⑰ ~~18~~ ⑲ ~~20~~

Die Primzahlen sind die umrandeten Zahlen: 2, 3, 5, 7, 11, 13, 17 und 19.

Heute sucht man intensiv nach Algorithmen, mit denen sich schneller als durch sukzessives Teilen bestimmen lässt, ob eine Zahl eine Primzahl ist (der Rekord hinsichtlich der größten bekannten Primzahl wird ständig gebrochen). Das Interesse rührt aus der Tatsache, dass die Primzahlen die Grundlage zahlreicher Verschlüsselungsverfahren bilden, mit deren Hilfe man Nachrichten codiert und decodiert, um die Vertraulichkeit militärischer und ziviler Kommunikation zu sichern (siehe KRYPTOGRAPHIE).

Seit Euklid weiß man, dass es unendlich viele Primzahlen gibt. Zum Beweis dieses Satzes ordnete Euklid jeder endlichen Menge von Primzahlen eine Primzahl zu, die nicht in dieser Menge enthalten ist. Dazu ordnet man den Primzahlen $p_1 \ldots p_n$ den kleinsten Teiler der Zahl $p_1 \times \ldots \times p_n+1$ zu (der unter Umständen auch diese Zahl selbst ist). Da diese Zahl ein Teiler von $p_1 \times \ldots \times p_n+1$ ist, kann sie nicht zugleich Teiler von $p_1 \times \ldots \times p_n$ sein, denn keine Zahl ist Teiler zweier aufeinander folgender ganzer Zahlen. Diese Primzahl ist daher nicht in der Menge $\{p_1, \ldots, p_n\}$ enthalten.

Die »Dichte« der Primzahlen nimmt nach oben hin ständig ab, wie Jacques Hadamard und Charles de La Vallée-Poussin 1896 bewiesen, das heißt, je größer eine Zahl, desto größer die Wahrscheinlichkeit, dass es sich um eine zusammengesetzte Zahl handelt. Der Anteil der Primzahlen, die kleiner als n sind (das heißt das Verhältnis zwischen der Anzahl der Primzahlen, die kleiner als n sind, und n) konvergiert für wachsendes n gegen 0. Diese Funktion ist dem Kehrwert des Logartihmus von n äquivalent, das heißt, der Quotient dieser beiden Funktionen konvergiert gegen 1.

Der Begriff der Primzahl basiert auf der Multiplikation ganzer Zahlen. Grundsätzlich kann man einen ähnlichen Begriff auf der

Basis jeder beliebigen Operation entwickeln, die auf jeder beliebigen Menge definiert ist, und dann nach den Elementen suchen, die man durch Anwendung der betreffenden Operation auf andere Elemente nicht erhalten kann. Ein entsprechender Begriff für die Addition ganzer Zahlen wäre äußerst arm: Alle ganzen Zahlen außer 1 lassen sich in eine Summe kleinerer Zahlen zerlegen, also letztlich in eine Summe $1+1+ \ldots +1$. Umgekehrt kann man einen ähnlichen Begriff für die Multiplikation von Polynomen mit reellen Koeffizienten entwickeln: Das Polynom X^2-1 lässt sich in ein Produkt $(X+1)(X-1)$ zerlegen, während das Polynom X^2+1 prim (also nicht reduzierbar) ist.

Prinzip, anthropisches

→ ***anthropisches Prinzip***

Prinzip, archimedisches

→ ***Prinzip, archimedisches***

Prinzipien und Gesetze

Zur Vertiefung: ***Hypothese und Theorie; Kausalität***

ARCHIMEDISCHES PRINZIP oder Gesetz? Handelt es sich bei den drei Hauptsätzen der THERMODYNAMIK um Prinzipien oder Gesetze? Wie man sieht, ist die Verwendung dieser beiden Begriffe oft äquivalent.

Eine klassische Definition für ein Gesetz ist, dass es einen Zusammenhang zwischen verschiedenen Parametern ausdrückt, und zwar meist in Gestalt einer mathematischen Formel: So spricht man von den KEPLERSCHEN GESETZEN oder dem Hardy-Weinberg-Gesetz (siehe PANMIXIE). Eine solche Definition verweist auf eine juristische Haltung und vermittelt den Eindruck, als unterlägen die betreffenden Gegenstände einer Entscheidung der Natur: Die mathematische Formel, die das Gesetz erklärt, wird wahrgenommen wie ein Gerichtsurteil, das auch anders hätte ausfallen können – daher die historische Anleihe beim juristischen Vokabular.

In der Physik unterscheidet man Prinzipien häufig von Gesetzen, indem man sie als *a priori* formulierte Aussagen von großer Allgemeinheit sieht, die erst eine Rechtfertigung erfahren, wenn man alle Konsequenzen aus ihnen gezogen und in die Form von Gesetzen gekleidet hat. Als Beispiel sei hier das Äquivalenzprinzip (siehe MASSE) angeführt, das zunächst einer nicht durch Erfahrung erzwungenen Intuition entsprang, dann zur Formulierung eines Gesetzes, $E=mc^2$, führte und schließlich neben ihm an Bedeutung verlor.

Manche Prinzipien gelten in bestimmten Disziplinen als universell (zum Beispiel das Prinzip der kleinsten Wirkung), führen aber in anderen Disziplinen in eine Sackgasse (in diesem Fall in der Chemie).

Zweifel und Unbehagen können sich aber auch bei Gesetzen einstellen. Die Wissenschaft hat ein Talent dafür, Gesetze veralten zu lassen. So hat man lange an die Oktettregel als Gesetzmäßigkeit der Valenz geglaubt (nach der zum Beispiel das Kohlenstoffatom eine Wertigkeit von 4 hat, da 4 Elektronen notwendig sind, um seine äußere Elektronenschale auf 8 Elektronen aufzufüllen), bevor man feststellte, dass es hypervalente Moleküle gibt, in denen Atome mehr Elektronen binden, als nach der Oktettregel zu erwarten wäre.

In allen wissenschaftlichen Disziplinen sind Prinzipien und Gesetze also da, um übertreten zu werden. Selbst die Physik, die einige der grundlegendsten Gesetze und Prinzipien aufgestellt hat, war im Laufe der Zeit gezwungen, sie zu überarbeiten, wenn nicht gar umzustoßen.

In der Geistesgeschichte hat man den Begriff des Gesetzes häufig dem der Kausalität gegenübergestellt in der Hoffnung, die als zu anthropomorph eingeschätzte Kausalität unterdrücken zu können, da sie kein getreues Spiegelbild der Natur sein könne. Anfang des 20. Jahrhunderts dachten Wissenschaftsphilosophen wie Ernst Mach und Bertrand Russell, jeder Kausalzusammenhang (ein »Sprung«, der ausgehend von einer Ursache auf rätselhafte Weise eine Wirkung produziert) müsse sich über kurz oder lang in ein mathematisch formuliertes Gesetz auflösen lassen. Eine solche Formulierung hätte den Vorteil, das jeweilige Phänomen umfassend zu beschreiben und damit jene Spezies des qualitativen Sprungs zu vermeiden, auf deren Schwäche David Hume bereits im 18. Jahrhundert aufmerksam gemacht hatte und der man sich bis heute nicht völlig hat entledigen können.

Prion

Zur Vertiefung: ***genetische Information; Protein; Virus***

In den 1950er Jahren beschrieb der amerikanische Mediziner Daniel Carleton Gajdusek eine neurologische Erkrankung in einer Volksgruppe auf Neu-Guinea, die Kuru-Krankheit, was so viel heißt wie Schüttelfrost. In ihren Symptomen und ihrer progressiven Entwicklung, die sich über mehrere Jahre hinziehen konnte, ähnelte sie der Scrapie-Krankheit bei Schafen, einer seit dem 18. Jahrhundert bekannten Seuche. Gajdusek stellte fest, dass die Kuru-Krankheit durch den Verzehr des Hirns verstorbener Kranker übertragen wurde, der einer kannibalistischen Stammestradition entsprach. Als die betroffene Volksgruppe diese Praxis aufgab, ging die Seuche zurück. Gajdusek bemerkte zudem, dass die Kuru-Krankheit Ähnlichkeit mit einer anderen menschlichen Erkrankung hatte, die Hans G. Creutzfeldt und Alfons Jakob Anfang der 1920er Jahre beschrieben hatten, und stellte fest, dass auch diese Creutzfeldt-Jakob-Krankheit übertragbar ist. All diese Erkrankungen zeichnen sich durch eine Degeneration des Gehirns aus, das bei verstorbenen Erkrankten einem Schwamm gleicht. Daher bezeichnet man sie auch als spongiforme Encephalopathien.

Ab den 1930er Jahren stellte man fest, dass der Erreger der Schafseuche sich nicht so verhielt wie ein Virus oder eine BAKTERIE: Er sprach nicht auf Behandlungen an, die diese herkömmlichen Krankheitserreger abtöteten, sondern auf Behandlungen, die die Aktivität von PROTEINEN blockierten. In den 1960er Jahren bestätigten der amerikanische Biologe Stanley Ben Prusiner und seine Mitarbeiter experimentell, dass der für die Übertragung dieser Krankheit verantwortliche Erreger keinerlei Spuren von NUKLEINSÄUREN (DNA oder RNA) enthielt, sondern nur PROTEINE. Er nannte diesen Erreger Prion, analog zu den Virionen, den ansteckenden Partikeln eines Virus. Nach dieser Hypothese müssten Prionen imstande sein, sich im befallenen Organismus ohne DNA oder RNA nur als Protein zu vermehren. Eine solche These stellte das grundlegende Prinzip der Weitergabe genetischer Information infrage, von der man angenommen hatte, sie erfolge ausschließlich ausgehend von Nukleinsäuren, die das genetische Material der Lebewesen ausmachen, zu den Proteinen.

Die lange Zeit umstrittene Existenz und Natur der Prionen wurde in den 90er Jahren genauer erforscht und erlangte traurigen Ruhm mit dem »Rinderwahnsinn« (BSE), einer spongiformen Encephalopathie bei Rindern, deren Entwicklung mit der Verwendung von Futtermitteln aus Schlachtabfällen von Schafen verbunden ist, die teilweise an der Scrapie-Seuche erkrankt waren.

Derzeit herrscht die Theorie vor, dass Prionen ausschließlich aus einem Zellprotein, dem so genannten Prion-Protein (PrP) bestehen, das normalerweise in der Zellmembran (siehe MEMBRAN und ZELLE) gesunder Individuen vorkommt und durch ihr GENOM gesteuert wird. Welche Rolle dieses Protein gewöhnlich spielt, ist bislang noch ungeklärt. Es könnte an Kommunikationsprozessen zwischen den Nervenzellen beteiligt sein und sie vor alterungsbedingter Degeneration (siehe ALTERN) schützen. Unter bestimmten Umständen ändert das Protein PrP seine KONFORMATION und löst die Erkrankung aus: Bestimmte Regionen der Proteinkette, die ursprünglich in Form einer α-Helix gedreht ist, nehmen eine β-Faltblattstruktur an. In dieser neuen Struktur ist das Protein, das man als PrPsc bezeichnet, besonders resistent gegen den Abbau durch ENZYME, die so genannten Proteinasen, und gegen die Denaturierung durch Wärme. Es sammelt sich im erkrankten Gehirn und bildet dort charakteristische Strukturen, die mit einer neuronalen Degeneration einhergehen. Der Übergang von der gesunden zur pathogenen Konformation dürfte durch einfachen Kontakt eines PrP-Proteins mit einem modifizierten PrPsc-Protein erfolgen, was den Ansteckungscharakter der Prionen erklären würde, die in den Extrakten kranker Gehirne vorhanden sind. Mit anderen Worten, die Weitergabe der Information würde unmittelbar von einem Protein zum anderen erfolgen, ohne dass Nukleinsäuren daran beteiligt wären. Diese Konformationsänderung scheint bei einem Kontakt zwischen einem pathogenen PrPsc-Protein und einem gesunden PrP-Protein, die unterschiedlichen Spezies angehören, schwieriger zu sein, was die Ansteckung zwischen den Arten einschränkt, aber nicht völlig ausschließt, wie der »Rinderwahnsinn« zeigt. Bei neuen Formen der Creutzfeldt-Jakob-Krankheit, die junge Menschen befallen, vermutet man, dass sie auf ein Rinderprion zurückgehen, das die Schranke zwischen den Arten überwunden hat. Unterschiede in der Sequenz der AMINOSÄUREN, also der Grundbausteine der Proteine, können bei PrP-Proteinen die Neigung zu einer pathogenen Konformation beeinflussen. Das ist zum Beispiel der Fall bei genetischen Krankheitsformen, die von Prionen ausgelöst werden wie die erbliche tödliche Schlaflosigkeit: Hier begünstigen Mutationen des Gens, das dieses Prp-Protein codiert, die Entwicklung einer pathogenen Konformation.

Die genaue Ursache für die Konformationsänderung des Prion-Proteins bleibt noch zu klären. Wird sie von dem Protein selbst ausgelöst, durch andere Proteine gesteuert, die an der Faltung der Proteine bei ihrer Synthese beteiligt sind, also von den so genannten Chaperons, oder erfolgt sie aufgrund eines konventionelleren Erregers, der mit den Viren verwandt ist? Von der Antwort auf diese Frage wird die Strategie abhängen, die man für die Bekämpfung der Prion-Erkrankungen entwickelt.

Priorität

Zur Vertiefung: ***chemische Formel; chemische Synthese; Isomere; Komplexität***

Priorität ist ein auf Konvention beruhender Begriff, der für die CHEMIE jedoch grundlegend ist. Er hat etwas von einer protokollarischen Regel: In jedem MOLEKÜL hat ein Atom eines bestimmten Typs (zum Beispiel SAUERSTOFF) den Vortritt vor einem Atom eines anderen Typs (zum Beispiel KOHLENSTOFF). In Wirklichkeit ist ein Molekül, das sich aus Atomen zusammensetzt, ein dreidimensionales Gebilde. Wenn man darüber sprechen will, muss man es zuvor lesen können; man muss daher das Molekül, das aus einer komplizierten räumlichen Verknüpfung von Atomen besteht, in eine lineare Zeichenfolge bringen. Jede Ortsverlagerung im Raum setzt einen Weg und eine Richtung voraus, in der man ihn durchquert. Um diese Richtung zu definieren, braucht man einen Ausgangspunkt, einen Anfang, einen markanten Punkt. So ist zum Beispiel die Seine das herausragende topographische Element von Paris: Alle Arrondissements sind spiralförmig im Uhrzeigersinn vom Fluss aus nummeriert; die meisten Hausnummern werden von der Seine aus gezählt.

Da Moleküle manchmal überaus komplexe Gebilde sind, braucht man auch hier eine Orientierung und muss dazu einen Ausgangspunkt benennen, der in einem markanten Atom besteht. Priorität erhalten der Reihe nach die Atome mit der höchsten Ordnungszahl, also den meisten Protonen in ihrem Atomkern. Sauerstoff hat demnach Vorrang vor Kohlenstoff.

Nehmen wir zwei Beispiele, ein einfaches, leicht verständliches und ein realistischeres. Betrachten wir zwei Isomere (Moleküle der gleichen Zusammensetzung, aber verschiedener Anordnung der Atome), die sich durch die paarweise Anordnung der Atomgruppen *a*, *b*, *c*, *d* (*a*, *b* und *c*, *d*) an den beiden Enden einer Kohlenstoff-Doppelbindung C=C unterscheiden. Wenn sich herausstellt, dass *a* und *c* Priorität haben, so gibt man diesen Atomen die Nummern 1 und 1', während *b* und *d* die Nummern 2 und 2' bekommen. Befinden sich 1 und 1' auf derselben Seite der Doppelbindung, so bezeichnet man das Isomer konventionell mit Z (zusammen), befinden sie sich auf entgegengesetzten Seiten, so bezeichnet man es mit E (entgegen) (siehe *Abbildung 1*).

Es ist zweckmäßig, die Atome eines Moleküls zu nummerieren, um eine Leserichtung festzulegen, vor allem, wenn man zwei Mo-

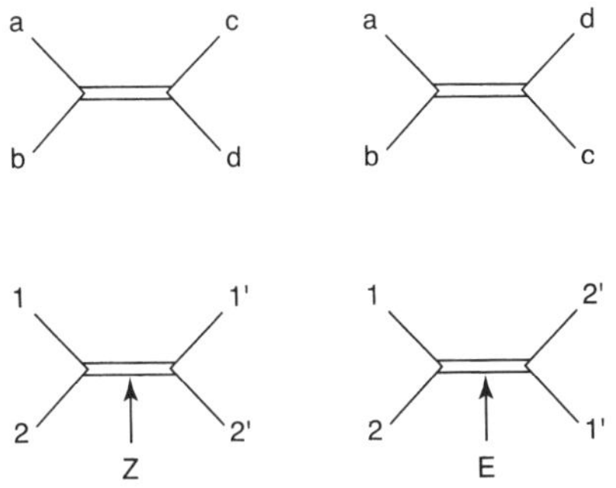

Abbildung 1 E/Z-Isomerie

leküle in Beziehung setzen will, die zunächst wenig Ähnlichkeit haben, bei denen sich aber eines aus dem anderen herleitet. In einer chemischen Synthese kann man so Entsprechungen zwischen einem Zielmolekül, das man erhalten möchte, und einer Vorstufe, die man in einer Zwischenstufe der Synthese dieses Zielmoleküls erhalten hat, herstellen. Ein Beispiel für ein solches Zielmolekül ist Taxol, ein Mittel zur Behandlung von Eierstockkrebs, das als Extrakt aus der Rinde der Eibe *Taxus breviflora* gewonnen wird (siehe *Abbildung 2*). Auch wenn dieses Beispiel auf den ersten Blick kompliziert erscheint, hat es doch den Vorzug, dass es authentisch ist und demonstriert, wie man Ähnlichkeiten zwischen zunächst unterschiedlichen Formen wahrnimmt – ein Talent, das für Chemiker sehr wichtig ist.

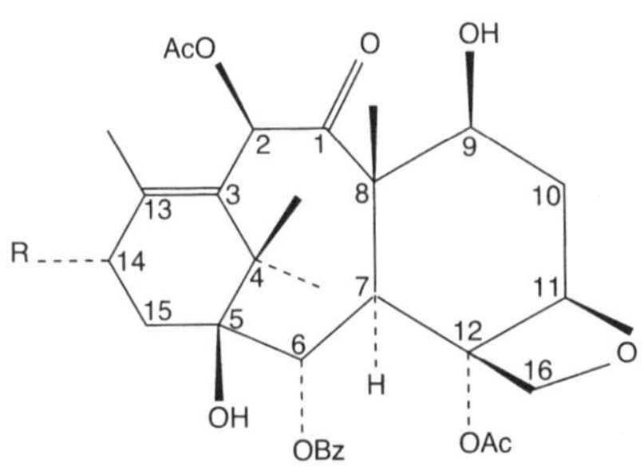

Abbildung 2 Das Taxolmolekül: Die auf Konvention beruhende Nummerierung bezieht sich auf die vorhandenen Kohlenstoffatome. Ac, Bz und R bezeichnen Atomgruppen, die hier keine weitere Rolle spielen.

Der Kern des Moleküls besteht aus 16, hier durchnummerierten Kohlenstoffatomen; so lässt er sich leicht mit dem in gleicher Weise nummerierten Vorläufermolekül (siehe *Abbildung 3*) vergleichen.

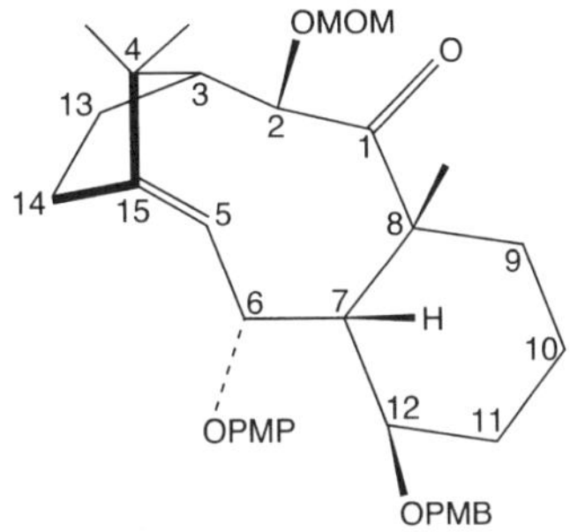

Abbildung 3 Eine Vorstufe des Taxols in einer der vielen möglichen Synthesen dieses Medikaments. MOM, PMB und PMP bezeichnen Atomgruppen, die für unsere Betrachtung keine Rolle spielen.

Ebenso wie das Auge die verschiedenen Häuserfassaden an einer Straße unterscheidet, kann man nacheinander die Kohlenstoffatome des Vorläufermoleküls betrachten und sie zu ihren homologen Atomen des Zielmoleküls, Taxol, in Beziehung setzen. Eine solche Nummerierung, die nur möglich ist, wenn man sich vorher auf Prioritätsregeln einigt, ist eine große Hilfe bei der Formenerkennung, etwa vergleichbar dem kognitiven Prozess, über den das Gehirn zum Beispiel das Gesicht eines Menschen erkennt, den man lange nicht gesehen hat.

Problem

Probleme in den Wissenschaften

Zur Vertiefung: ***Hypothese, Theorie; n-Körperproblem***

Im Griechischen ist ein Problem etwas, das man vor sich stellt; das kann auch ein Schutzschild sein. In der Mathematik bezeichnet der Ausdruck eine Aufgabe, die gelöst werden soll.

Wissenschaftliches Vorgehen kann insgesamt als Lösen von Problemen definiert werden. In den Informationswissenschaften ist ein eigener Zweig entstanden, der sich mit dem Lösen von Problemen befasst.

Wissenschaftliche Probleme entstehen meist aus einem Rätsel, aus einer Lücke oder einem Widerspruch in den vorhandenen Erklärungsmustern. Das Problem der verborgenen Masse (oder dunklen Materie) verweist darauf, dass wir über die physikalische Natur einer Materie nicht genügend wissen, die sich nicht durch Emission oder Absorption von Strahlung bemerkbar macht (wie die Sterne oder die Gaswolken im interstellaren Raum), sondern allein durch Gravitationseffekte.

Es kann sich auch um eine physikalische Sachlage handeln, die wir mathematisch nicht exakt oder korrekt zu beschreiben vermögen (siehe n-Körperproblem). Auch technische Probleme finden manchmal ihren Niederschlag in der Grundlagenforschung (etwa die Frage, wie man durch Sonnenschutzcremes die schädliche UV-Strahlung der Sonne herausfiltern kann).

Mathematische Probleme

Zur Vertiefung: ***Analyse; Chaos; Gleichung; Kegelschnitte***

In der Antike debattierte man ausgiebig über den Unterschied zwischen Theoremen und Problemen, ohne Einigkeit darüber erzielen zu können. Als Beispiel für ein Problem nennt Proklus das »Einschreiben eines gleichseitigen Dreiecks in einen Kreis«, also die Aufgabe, eine Figur zu konstruieren. Weitere Beispiele sind die bekannten Spezialprobleme der griechischen Geometrie: die Verdopplung eines Kubus, die Dreiteilung des Winkels und die Quadratur des Kreises. Die ersten beiden sind Gegenstand einer Konstruktion mit Hilfe von Kegelschnitten; sie wurden im 10. Jahrhundert als Gleichungen dritten Grades neu interpretiert. Die Erforschung solcher Probleme und der Zahl ihrer Lösungen ist Gegenstand der Analyse.

Ein von Pappus im 4. Jahrhundert aufgezeichnetes Problem spielte eine entscheidende Rolle in der Geometrie René Descartes'.

Beim Napoleonischen Problem ging es darum, den Mittelpunkt eines bekannten Kreises allein mit Hilfe eines Zirkels zu bestimmen. Lorenzo Mascheroni löste dieses Problem und widmete den Konstruktionen, die allein mit Hilfe eines Zirkels ausgeführt werden können, ein ganzes Buch.

Heute drückt man Probleme durch Gleichungen oder Gleichungssysteme aus. Handelt es sich bei dem gesuchten Objekt um eine Funktion, arbeitet man meist mit Differentialgleichungen. Von einem Cauchy-Problem spricht man, wenn die von der Zeit abhängige Funktion unter allen möglichen Lösungen durch die Anfangsbedingungen bestimmt ist, das heißt durch die Bedingungen zum Zeitpunkt $t = 0$; so ist die Bewegung eines Massepunktes durch seinen Ort und seine Geschwindigkeit zum Zeitpunkt $t = 0$ bestimmt.

Von Grenzproblemen spricht man, wenn die gesuchte Funktion durch die Bedingungen an der Grenze ihres Definitionsbereichs bestimmt ist. So sucht man beim Dirichlet-Problem eine Lösung u der Laplaceschen Gleichung

$$\frac{\partial^2 T}{\partial x^2} + \frac{\partial^2 T}{\partial y^2} + \frac{\partial^2 T}{\partial z^2} = 0$$

wobei die Werte von u an der Grenze des Definitionsbereichs bekannt sein müssen.

Es gibt auch Mischprobleme wie das der Ausbreitung der Wärme in einem Stab; dort arbeitet man mit der Ausgangstemperatur und mit den Temperaturen, die sich in Abhängigkeit von der Zeit am Ende der Stange einstellen.

Das Dreikörperproblem ist eines der berühmtesten Probleme der Himmelsmechanik (siehe n-Körperproblem). Die Bewegung der Körper ist durch das Gravitationsgesetz bestimmt, und das zugehörige System von Differentialgleichungen ist leicht zu beschreiben. Bei zwei Körpern lässt sich das System vollständig integrieren, so dass man die Lage der Körper durch explizite Funktionen ausdrücken kann. Bei drei Körpern gelingt das nicht mehr, und Henri Poincaré hat gezeigt, dass man die Funktionen, die die Bewegung der Körper beschreiben, im Allgemeinen nicht mehr zu finden vermag; diese Bewegung kann auch chaotisch werden (siehe dynamische Systeme und Chaos).

Probleme sind nur interessant, solange sie Probleme sind. Ein gelöstes Problem ist keines mehr; nur unlösbare Probleme bleiben auf ewig Probleme. Aber was ist in der Wissenschaft schon ewig?

Probleme, Lösung von

→ ***Lösung von Problemen***

Produktionsregel

Zur Vertiefung: ***Expertensystem; formales System; kognitive Wissenschaften; künstliche Intelligenz***

Als Regel, ursprünglich vom lateinischen *regere* (lenken, leiten), bezeichnete man zunächst in erster Linie moralische Normen, die das Handeln leiten sollen, und in der Erweiterung dann auch geistige Grundsätze, die dem Denken als Richtschnur dienen können. In diesem Sinne gab René Descartes im 17. Jahrhundert einem seiner Hauptwerke den Titel *Regulae ad directionem ingenii* (Regeln zur Leitung des Geistes). Ohne jede normative Bedeutung verwendet man den Begriff der Regel auch für bloße Regelmäßigkeiten, also für etwas, das zwar gewöhnlich oder »in der Regel«, aber nicht notwendig in bestimmter Weise geschieht. Daher der ein wenig paradox anmutende Spruch, wonach Ausnahmen die Regel bestätigen.

Auch in der Informatik spricht man von Regeln im Sinne von Anleitungen und Handlungsanweisungen, nur dass diese Anweisungen sich nicht an Menschen, sondern an Maschinen richten, und zwar in Gestalt von PROZEDUREN. Als Instrumente der Informatik erfüllen Regeln, meist Produktionsregeln genannt, zwei Funktionen: eine theoretische, dank derer die Maschinen abstrakt im Sinne mathematischer Objekte und formaler Systeme verstanden werden können (siehe TURINGMASCHINEN), und eine praktische Funktion bei der Programmierung so genannter EXPERTENSYSTEME, weil sie sich ähnlich verhalten wie Fachleute in ihrer beruflichen Tätigkeit, zum Beispiel wie ein Arzt bei der Erstellung einer Diagnose.

Unabhängig von ihrer speziellen Anwendung bestehen diese Instrumente stets aus zwei Teilen, einem vorderen Glied, das ein Motiv beschreibt, und einem hinteren Glied, das der Maschine sagt, was sie tun soll, wenn das betreffende Motiv auftaucht. Eine diagnostische Regel ließe sich danach etwa folgendermaßen formulieren: »Wenn kleine, rötliche Papeln auf der Haut auftreten, ist die Möglichkeit von Röteln ins Auge zu fassen.«

Für sich allein ist eine derartige Regel natürlich uninteressant, denn eine Maschine, die lediglich in der Lage ist, kleine rötliche Papeln festzustellen, wäre kaum von Nutzen. Daher fasst man die Regeln zu Paketen zusammen, die auch andere Symptome und andere Krankheiten berücksichtigen. In einer bestimmten Situation können dann im Allgemeinen mehrere Regeln gleichzeitig aktiviert werden. Wenn etwa rote Pusteln oder Flecken auf der Haut auftreten, könnte ein medizinisches Expertensystem neben Röteln auch Masern und Scharlach in Betracht ziehen, was natürlich zu Konflikten führt. Die Phase der Auflösung solcher Konflikte ist im Bereich der künstlichen Intelligenz von strategischer Bedeutung, wenn man die geistige Tätigkeit von Menschen mit Hilfe von Maschinen simulieren möchte, denn Menschen unterscheiden sich – zum Vorteil oder Nachteil – von Maschinen gerade durch ihre Vorlieben, ihre Launen und ihre Fähigkeit, Entscheidungen zu treffen, wenn auch gelegentlich mit katastrophalen Folgen ... Das gilt etwa für einen Arzt, der Röteln diagnostiziert, obwohl in Wirklichkeit Scharlach vorliegt.

Die Regeln verkörpern entweder absolutes mathematisches Wissen oder praktisches Wissen, das aus der Berufserfahrung der betreffenden Fachleute stammt. Gelegentlich gibt es für bestimmte Gebiete keine Fachleute, oder die Vertreter eines Berufsstandes sind nicht in der Lage, ihr Wissen und Tun in Form von Regeln zu beschreiben. Doch auch in diesen Fällen gibt man nicht auf, sondern schreibt Prozeduren, die ein SYMBOLISCHES LERNEN ermöglichen sollen, indem sie die fehlenden Regeln automatisch auf der Basis konkreter Beispiele erzeugen, die entweder aus DATENBANKEN oder aus der Tätigkeit der jeweiligen Fachleute stammen.

Da solche Regeln stets einen nachvollziehbaren Zusammenhang zwischen einem vorderen und einem hinteren Glied (wenn ..., dann ...) herstellen, erleichtern sie das Schreiben und Lesen von Programmen, weil sie verständlich machen, wie die Maschine im Einzelnen vorgeht.

In diesem Bereich gibt es indessen ein verbreitetes Missverständnis: Da die künstliche Intelligenz Regeln zur Nachahmung des menschlichen Verstandes einsetzt, glauben viele, sie ginge davon aus, der Mensch hielte sich in seinem Denken und Handeln tatsächlich an Regeln, und machen sich über solch eine Unterstellung lustig. Die künstliche Intelligenz zielt mit dem Einsatz von Regeln jedoch keineswegs auf eine mimetische Reproduktion, sondern auf eine analoge Simulation menschlichen Denkens. Wie das astronomische Fernrohr, mit dem Galilei den Himmel beobachtete, eher dem menschlichen Auge als den damit entdeckten Jupitermonden glich, so erweisen sich auch die im Bereich der künstlichen Intelligenz eingesetzten Regeln als Beobachtungsinstrumente des Geistes, die eher dem Geist des Beobachters als dem des beobachteten Objekts entsprechen. Die Regeln sind nützlich, weil jemand, der ein informationstechnisches Simulationsmodell entwirft, sie verstehen kann und weil sie die Simulation jedes beliebigen Verhaltens gestatten (siehe MODELL). Ihre Verständlichkeit genügt den Ansprüchen unseres Verstandes, weil er Erklärungen benötigt, die er in den Regeln findet; dank ihrer formal beweisbaren operativen Stärke sind ihrer Anwendung keine Grenzen gesetzt. Allerdings müssen diese Modelle sorgfältig geprüft und ständig verfeinert werden. Mit dieser Aufgabe befassen sich zahlreiche Forscher auf dem Gebiet der kognitiven Wissenschaften.

Programm

Zur Vertiefung: ***prädikative Programmiersprachen; Programmierung; Sprache***

Das Wort »Programm« ist aus der griechischen Vorsilbe *pro* (vor) und dem Substantiv *gramma* (Buchstabe oder Inschrift) zusammengesetzt und bezeichnet daher zunächst eine schriftliche Ankündigung, also einen Text, der den vorgesehenen Ablauf eines Fests, eines Konzerts oder einer Theatervorstellung beschreibt. Seit der Französischen Revolution bezeichnet man auch die politischen Absichten einzelner Personen oder einer politischen Partei, so weit sie öffentlich formuliert oder schriftlich niedergelegt werden, als Programm.

Diese ursprüngliche Bedeutung findet sich auch in der INFORMATIK: Ein Programm ist dort ein Text, in dem sämtliche Operationen, die der COMPUTER ausführen soll, genau angegeben werden. Manchmal erinnern solche Programme an einen Feldwebel, weil sie aus einer abgehackten Folge von BEFEHLEN bestehen; in diesem Fall spricht man von imperativen Programmen. Andere dagegen lassen eher an eine Logikvorlesung denken, denn sie bestehen aus Aussagen wie: »Wenn A Mutter von B und B Mutter von C, dann ist A Großmutter von C.« In diesem Fall spricht man von einer prädikativen Programmierung.

Im Unterschied zu politischen Programmen, die selten so realisiert werden, wie vor der Wahl versprochen, werden Computerprogramme gewissenhaft bis ans Ende ausgeführt, sofern es solch ein Ende gibt; ansonsten laufen sie endlos weiter. Darin liegt die Größe, aber zugleich auch die Schwäche der Informatiker. Größe, weil ihre Programme stets auch Wirkung zeigen; Schwäche, weil diese Wirkung allein von ihnen oder zumindest von ihren Programmen abhängt, so dass sie ihnen ständig wie ein schmerzliches Spiegelbild ihre eigenen Unzulänglichkeiten vor Augen führen.

Programme, Fehlerfreiheit von

→ ***Fehlerfreiheit von Programmen***

Programmiersprachen, prädikative

→ ***prädikative Programmiersprachen***

Programmierung

Zur Vertiefung: ***Prozedur; Semantik; Software Engineering; Sprache***

Ein Programm ist ein Text, ein Algorithmus, die Geschichte, die er erzählt, und das Schreiben des Textes die Programmierung. Die

Sprachen, in denen programmiert wird, variieren; es gibt mehr als tausend davon. Dasselbe gilt für den Stil. Man kann ein und denselben Algorithmus auf ganz unterschiedliche Weisen schreiben. Die Erforschung der Programmierung ist die Erforschung der Programmierstile, denn sie gingen der Vervielfachung der Programmiersprachen voraus, dienten ihr als Vorwand und Rechtfertigung. Vor diesen Sprachen gab es nur den Zwang: Die Maschinensprache ist unmittelbarer Ausdruck der Struktur des Computers (siehe RECHNERARCHITEKTUR). Die Assemblersprache erleichtert den Zugang (siehe ASSEMBLER), verlangt aber keinen besonderen Stil, weil es ihr an Prägnanz mangelt.

Die erste höhere Programmiersprache, FORTRAN (Kunstwort aus dem englischen *formular translator*), setzte sich sehr schnell durch, weil sie eigens für die Erstellung von Computerprogrammen gedacht war: Mathematische Ausdrücke lassen sich darin leicht formulieren und werden anschließend automatisch von einem Programm, dem so genannten COMPILER, in Befehle der Maschinensprache übersetzt. Die Arbeit des Physikers und des Ingenieurs, die den Computer für Berechnungen einsetzen, wurde dadurch beträchtlich erleichtert. In der Folgezeit entstanden zahlreiche Programmiersprachen und innerhalb der einzelnen Sprachen zahlreiche »Dialekte« für spezielle Anwendungen, die vielfach neue Herangehensweisen vorschlugen. Anwendungen gibt es in Hülle und Fülle; sie hängen nicht von der Programmierung im eigentlichen Sinne ab. Die Programmierstile dagegen bilden deren Kern; mit ihnen befasst sich die Programmierung, um Computerprogramme für Maschinen ebenso verständlich zu machen wie für Menschen, die in der Lage sein sollen, sie möglichst mühelos zu lesen, zu verändern und insbesondere zu korrigieren.

Um den Lesern eine Vorstellung von den unterschiedlichen Programmierstilen zu geben, werden wir wie Raymond Queneau in seinen *Stilübungen* auf unterschiedliche Weise ein und dieselbe Geschichte erzählen, die davon handelt, wie man die Großmutter mütterlicherseits findet, wenn man weiß, wer jeweils wessen Mutter ist.

Imperative Programmierung

Der historisch erste Programmierstil wird als imperative Programmierung bezeichnet, weil Algorithmen darin auf eine Folge von Befehlen reduziert werden, die von der Maschine auszuführen sind. Der elementarste Befehl imperativer Sprachen ist die ZUWEISUNG, durch die einer VARIABLEN, das heißt einer Speicherzelle, ein bestimmter Wert zugewiesen wird.

Sehen wir uns nun an, wie die Geschichte von der Großmutter mütterlicherseits im imperativen Programmierstil niedergeschrieben wird. Zunächst erhält sie einen Titel, zum Beispiel »`Programm Großmutter mütterlicherseits von X`«, und das heißt etwa Folgendes: Es war einmal ein Mensch namens X, dessen Großmutter mütterlicherseits gesucht wurde. Unmittelbar darauf wendet der Erzähler sich an sein Publikum, also an den Computer, und bittet ihn, im Kopf, also in seinem Speicher, eine Stelle für die Aufnahme eines durch eine Variable Y markierten Namens zu reservieren, die zunächst den Namen der Mutter und dann den der Großmutter aufnehmen soll. Dieser erste Teil entspricht den Vorgängen, die man gemeinhin als DEKLARATIONEN bezeichnet.

Nach dieser Vorbereitung gibt der Erzähler durch ein vereinbartes Zeichen wie »beginne« oder englisch *begin* das Signal zum Anfang und sagt: Weise der mit Y bezeichneten in deinem Speicher reservierten Stelle den Namen der Mutter von X zu und dann derselben Stelle den Namen der Mutter von Y, und drucke dann den Inhalt von Y aus, wobei du angibst, dass es sich um die Großmutter von X handelt.

Die imperative Programmierung war ausgesprochen ermüdend, weil man den Fortgang des Programms Schritt für Schritt verfolgen musste, um es zu verstehen und zu beherrschen. Bei etwas komplexeren Programmen erscheint solch ein Vorgehen kaum sinnvoll.

Daher hat man andere Programmierstile entwickelt, die eine Parallele zwischen dem Text eines Programms, der Ausführung dieses Programms durch den Computer und einem mathematischen Ausdruck herstellen, der streng und eindeutig übersetzt, was das Programm macht.

Funktionale Programmierung

Erstmals realisiert wurde dieser als funktional oder applikativ bezeichnete Programmierstil 1961 in der Programmiersprache LISP (vom englischen *list processing*). Ihr Schöpfer John McCarthy ließ sich vom mathematischen Formalismus des so genannten Lambdakalküls anregen, der in den 30er Jahren entwickelt worden war, um das Problem der BERECHENBARKEIT präzise zu erfassen. Als funktional bezeichnet man diesen Programmierstil, weil jedes Programm ausschließlich auf der Formulierung von Funktionen im Sinne der Informatik basiert, das heißt von Prozeduren, die nach ihrer Ausführung jeweils an der Stelle Werte übergeben, an der sie aufgerufen werden. Die Geschichte von der Großmutter mütterlicherseits lässt sich danach folgendermaßen formulieren: Drucke für jedes Individuum namens X den Namen der Mutter der Mutter von X aus. In diesem Rahmen gibt es keine Zuweisungen und keine Deklarationen, sondern ausschließlich Funktionen, in unserem Beispiel »drucken« und »Mutter«.

Bei der funktionalen Programmierung besteht jedes Programm aus einer Reihe von Funktionen, deren jeweilige Aufgabe leicht zu lesen und zu verstehen ist. Dieser Ansatz kommt den Bedürfnissen der KÜNSTLICHEN INTELLIGENZ sehr entgegen, weil er Daten und Programme in derselben Weise behandelt. Dabei können die Programme im Laufe der Ausführung dynamisch verändert werden, und das entspricht den Phänomenen eines selbsttätigen Lernens. Neben ihren praktischen Vorzügen besitzt die funktionale Programmierung heute ein strenges mathematisches Fundament, das eine eindeutige Parallele zwischen dem Text des Programms und den auf dieser Grundlage vom Computer ausgeführten Operationen herstellt. Diese Parallele bildet eine Semantik im Sinne der Informatik, mit deren Hilfe sich mathematisch beweisen lässt, dass ein Programm der Maschine tatsächlich genau das sagt, was es ihr sagen soll.

Prädikative Programmierung

Imperative und funktionale Programmierung basieren beide auf der schrittweisen Ausführung von Operationen, die explizit durch Befehle festgelegt werden. In unserem Denken ist das Wissen dagegen keineswegs immer sequentiell geordnet. Die Erde ist rund, die Umlaufbahnen der Planeten sind elliptisch, $PV=nRT$ lautet die Zustandsgleichung für ideale Gase – in den meisten Fällen hat unser Wissen die Form statischer Beschreibungen von Objekten oder von Beziehungen zwischen Objekten und nicht die Form zeitlicher Sequenzen. Niemand erinnert sich an die Abfolge all der kleinen Handbewegungen, die er heute Morgen beim Frühstück ausgeführt hat, es sei denn, er versucht sie eigens zu rekonstruieren; aber er erinnert sich sehr wohl an die Tatsache, dass er gefrühstückt hat. Solche Überlegungen haben zur Entwicklung der prädikativen Programmierung geführt. Darin werden logische Beziehungen zwischen Fakten in Gestalt so genannter Produktionsregeln fest gehalten. Die Geschichte von der Großmutter mütterlicherseits griffe zum Beispiel auf Fakten folgender Art zurück: »A ist Mutter von B«, »B ist Mutter von C« usw. Die Beziehung zwischen Mutter und Großmutter mütterlicherseits fände dann ihren Ausdruck in einer Regel der folgenden Art: »`Wenn Y die Mutter von X und Z die Mutter von Y ist, dann ist Z die Großmutter von X.`« Aufgrund derselben Regel, das heißt aufgrund desselben Programmstücks, lässt sich übrigens auch die Enkelbeziehung bestimmen, denn wenn Z die Großmutter von X ist, dann ist X die Enkelin von Z und umgekehrt. Diese Umkehrbarkeit ist ein Kennzeichen der prädikativen Programmierung; die Programme beschreiben Beziehungen, in unserem Beispiel die zwischen Großmutter mütterlicherseits und Enkelin, und keine Operationen wie die Prozedur, die es gestattete, von der Enkelin her die Großmutter mütterlicherseits zu bestimmen.

Diese Art der Programmierung wurde eine Zeit lang vor allem im Bereich der KÜNSTLICHEN INTELLIGENZ für die Schaffung spezialisierter EXPERTENSYSTEME eingesetzt.

So soll ein Expertensystem zur medizinischen Diagnose über das Wissen eines Arztes verfügen und dieses Wissen nicht in Form von Handlungssequenzen, sondern in Gestalt von Beziehungen zwischen Symptomen und Krankheiten sowie zwischen Krankheiten und Therapien zum Ausdruck bringen. Die prädikative Programmierung ist zwar im Rahmen der künstlichen Intelligenz praktisch realisiert worden, doch da man den PRODUKTIONSREGELN keine präzise mathematische Bedeutung zuweist, besteht keinerlei Hoffnung, die damit erzeugten Programme einer strengen Validierung unterziehen zu können.

Logische Programmierung

Um diesem Mangel der Produktionsregeln, also der fehlenden Semantik oder mathematischen Bedeutung, abzuhelfen, hat man eine spezielle Form der prädikativen Programmierung entwickelt, die auf der mathematischen LOGIK und insbesondere auf der Beweistheorie basiert (siehe AUTOMATISCHES BEWEISEN).

Grundlage der logischen Programmierung ist die Beschreibung von Objekten und von Beziehungen zwischen Objekten mit Hilfe von Prädikaten, das heißt von mathematischen Funktionen, deren Wertebereich die beiden Elemente »wahr« und »falsch« umfasst; und die Ausführung eines Programms entspricht dem automatischen Beweis eines Satzes. Bei unserer Suche nach der Großmutter mütterlicherseits greift solch ein Programm auf die Mutterbeziehung zurück, die in dem Prädikat `Mutter (U, V)` ausgedrückt ist, dem der Wert »wahr« zuzuordnen ist, wenn U tatsächlich die Mutter von V ist, und ansonsten der Wert »falsch«. Auf dieser Grundlage erfolgt die Definition eines neuen Prädikats, zum Beispiel `Großmutter mütterlicherseits (X, Z)`, über logische Schlussfolgerungen der Art: `Wenn Mutter (X, Y) und Mutter (Y, Z), dann Großmutter mütterlicherseits (X, Z)`, worin der Gedanke zum Ausdruck kommt, dass die Großmutter mütterlicherseits die Mutter der Mutter ist. Weiterer Voraussetzungen bedarf es nicht, sofern das Prädikat `Mutter` korrekt definiert ist.

Der Aufruf einer Prozedur beschränkt sich dann auf eine Formel, zum Beispiel `Großmutter mütterlicherseits (Armande, R)`, wenn man wissen möchte, wer die Großmutter von Armande ist. Die Ausführung versucht dann, über Techniken des automatischen Beweisens die Geltungsbedingungen dieser Formel zu bestimmen.

Objektorientierte Programmierung

Die beschriebenen Programmierstile eignen sich gut für kleinere Programme, erweisen sich bei größeren Programmen jedoch leicht als unbequem; eine an einer bestimmten Stelle definierte Prozedur oder Funktion wird auch an anderen Stellen benötigt, aber man hat sie nicht mehr im Kopf. Daher versucht man, sämtliche Funktionen und Daten, die sich auf dieselbe Entität beziehen, zusammenzufassen, und diesem Zweck dienen die technischen Begriffe des OBJEKTS und der Klasse von Objekten.

In unserem Beispiel könnte man eine Klasse »Person« folgendermaßen definieren:

```
(Klasse: Person
Name: Zeichenkette
Alter: Zahl (0. 120)
Geschlecht: (männlich, weiblich)
Adresse: ...
Vater: Person
Mutter: Person
 ...).
```

Als Element der Klasse »Person« würde Armande folgendermaßen beschrieben werden:

```
(Objekt: Person
Name: Armande
Alter: 22
Geschlecht: weiblich
Adresse: ...
Vater: Octave
Mutter: Juliette
 ...).
```

Das Objekt namens Armande ist also Element der Klasse »Person« und besitzt daher sämtliche Eigenschaften, die bei Elementen dieser Klasse üblich sind. Will man wissen, wer Armandes Mutter ist, schickt man eine Nachricht an das Objekt namens Armande mit der Frage `[Armande Mutter]`. Armandes

Großmutter mütterlicherseits findet man durch eine verschachtelte Anfrage `[[Armande Mutter] Mutter]`, das heißt, man fragt Armandes Mutter nach dem Namen ihrer Mutter. Nun hat man die Möglichkeit, der Klasse »Person« eine so genannte »Methode« hinzuzufügen, das heißt eine Prozedur, die den Namen der Großmutter ausgibt, sofern jemand danach fragt:

```
(Klasse: Person
Name: Zeichenkette
Alter: Zahl (0. 120)
Geschlecht: (männlich, weiblich)
Adresse: ...
Vater: Person
Großmutter mütterlicherseits: [[eigene Mutter] Mutter]
 ...).
```

Die Wahl des Stils

Für jeden der genannten Programmierstile und für die unterschiedlichsten Zwecke sind Programmiersprachen entwickelt worden, die eine mehr oder weniger bequeme Anwendung ermöglichen. Unbestreitbar haben all diese Programmierstile ihre Vorzüge und Nachteile, die sie für manche Anwendungen geeignet, für andere ungeeignet erscheinen lassen. Jede Programmiersprache basiert auf einem Programmierstil, ohne dessen Garant sein zu können. Ebenso wenig garantieren Programmiersprachen die Korrektheit der Algorithmen und Programme, die jeweils überprüft und möglicherweise bewiesen werden muss. Kurz, die Programmierung erfordert eine dem Schreiben des Programms vorausgehende Anstrengung, die sich auf die Spezifikation der ALGORITHMEN, des DATENTYPS, der PROZEDUREN und FUNKTIONEN sowie auf eine möglichst abstrakte, von den einzelnen Programmiersprachen unabhängige Beschreibung der Programme erstreckt. Jeder Programmierer sollte daher über einen alten, aber immer noch aktuellen Spruch nachdenken und ihn in goldenen Lettern auf seinen Bildschirm schreiben: Wende jeden Algorithmus siebenmal in deinem Kopf, bevor du ihn programmierst.

Programmspezifikation

Als Spezifikationen – vom lateinischen *species*: Aussehen, äußere Erscheinung – bezeichnet man in der Informatik alle Arten vorgängiger Beschreibungen von Hardware, SOFTWARE, Kalkülen, ALGORITHMEN, Programmiersprachen usw. In gewisser Weise handelt es sich dabei um die Auftragsbücher, die von den Hard- und Softwareherstellern abgearbeitet werden müssen. Spezifikationen werden entweder in der Umgangssprache oder in der Sprache der Mathematik formuliert; im ersten Fall spricht man von informellen, im zweiten von formalen Spezifikationen. Zwar werden formale Spezifikationen wegen ihrer größeren Präzision bevorzugt, doch da mathematische Formulierungen nur schwer verständlich sind, beschränkt man sich meist auf informelle Beschreibungen.

projektive Ebene

Zur Vertiefung: ***Dualitätsprinzip***

Von der Perspektive zur projektiven Ebene

Die projektive Ebene ist die gewöhnliche Ebene der Geometrie, erweitert um so genannte »unendliche Punkte«. Hervorgegangen ist dieser Gedanke aus den Arbeiten von Malern zur Perspektive. Eine Möglichkeit, ein Objekt perspektivisch darzustellen, besteht darin, einen Punkt M des Raumes durch den Punkt N des Bildes darzustellen, und zwar als Schnittpunkt des Bildes mit der Geraden, die den Punkt M mit dem Auge des Malers verbindet (siehe *Abbildung 1*).

Diese Gerade schneidet die Bildebene stets in einem einzigen Punkt, es sei denn, sie verläuft parallel zur Bildebene. In *Abbildung 1* gilt das zum Beispiel für den Punkt A. Stellt man sich eine Folge von Punkten $B_1, B_2 \ldots$ vor, die sich Punkt A nähern, so stellt man fest, dass diese Punkte auf dem Bild durch Punkte $C_1, C_2 \ldots$ dargestellt werden, die immer weiter nach unten wandern. Daher ist es sinnvoll, sich den Bildpunkt von A als einen Punkt vorzustellen, der auf dem Bild unendlich tief

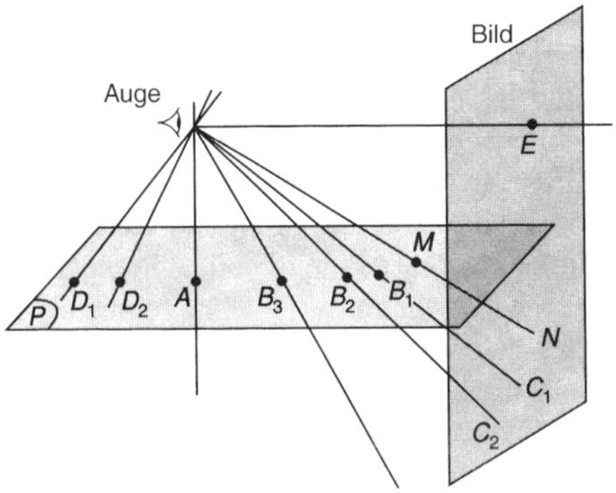

Abbildung 1

liegt. Nähert man sich Punkt A von der anderen Seite durch eine Folge von Punkten D_1, D_2 ..., wandern die zugehörigen Bildpunkte auf dem Bild immer höher hinauf. Der unendlich hohe und der unendlich tiefe Punkt stellen also denselben Punkt dar.

Im Unterschied zu Punkt A, der nicht auf dem Bild dargestellt ist, stellt Punkt E des Bildes keinen Punkt der Ebene P dar, sofern man nicht unterstellt, dass er einen unendlichen Punkt (vor oder hinter dem Auge des Malers) darstellt. In der Malerei bezeichnet man solch einen Punkt als Fluchtpunkt. Aus solche Überlegungen zur Perspektive entwickelte sich der Gedanke, die Ebene durch Punkte zu ergänzen, die im Unendlichen liegen.

In der projektiven Ebene gibt es für jede Richtung einen unendlichen Punkt. Geht man in einer bestimmten Richtung ins Unendliche, gelangt man stets zum selben Punkt, und zwar unabhängig vom jeweiligen Ausgangspunkt und auch unabhängig davon, ob man in dieser Richtung oder in der Gegenrichtung geht (siehe *Abbildung 2*).

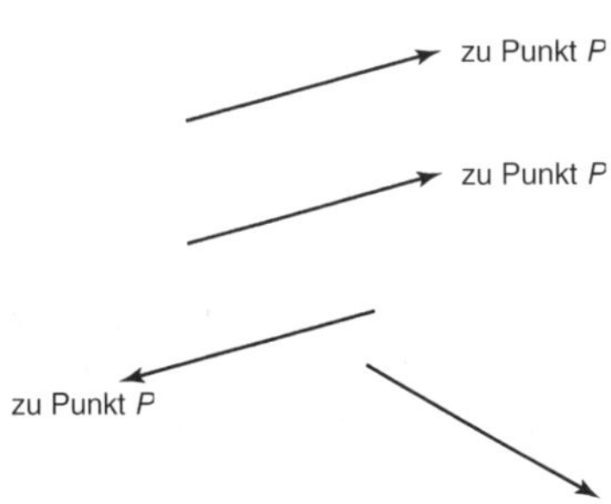

Abbildung 2

Die projektive Ebene in der Geometrie

Die projektive Ebene ist durchaus kein Kuriosum, das auf die Perspektive beschränkt wäre; vielmehr bildet sie einen nützlichen Rahmen für die Untersuchung bestimmter geometrischer Figuren, zum Beispiel der KEGELSCHNITTE (Ellipsen, Parabeln und Hyperbeln). Dreht man etwa eine Gerade um einen Punkt M, der im Innern einer Parabel liegt, schneidet diese Gerade die Parabel stets in zwei Punkten (siehe *Abbildung 3*); die einzige Ausnahme bildet die Vertikale, die nur einen Schnittpunkt mit der Parabel besitzt.

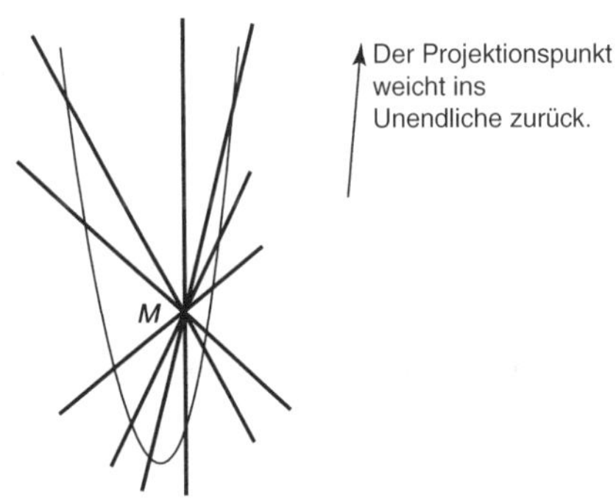

Abbildung 3

Nähert die Gerade sich der Vertikalen, wandert der zweite Schnittpunkt auf der Parabel ins Unendliche, verschwindet, wenn die Gerade die Vertikale erreicht, und taucht auf der anderen Seite wieder auf. In der projektiven Ebene verschwindet der Schnittpunkt nicht, wenn die Gerade in die Vertikale übergeht, sondern liegt im Unendlichen. Deshalb schneiden alle Geraden, die durch den Punkt M gehen, die Parabel in zwei Punkten. Die projektive Ebene gestattet es, den Sonderfall der Vertikalen zu eliminieren.

In der gewöhnlichen affinen Ebene haben zwei verschiedene Geraden entweder einen gemeinsamen Schnittpunkt, oder sie haben keinen, in diesem Fall sind sie parallel (siehe *Abbildung 4*). In der projektiven Ebene dagegen haben zwei verschiedene Geraden stets einen gemeinsamen Schnittpunkt, der allerdings im Unendlichen liegt, falls die beiden Geraden parallel sind.

In der projektiven Ebene verhalten Punkte und Geraden sich symmetrisch zueinander:

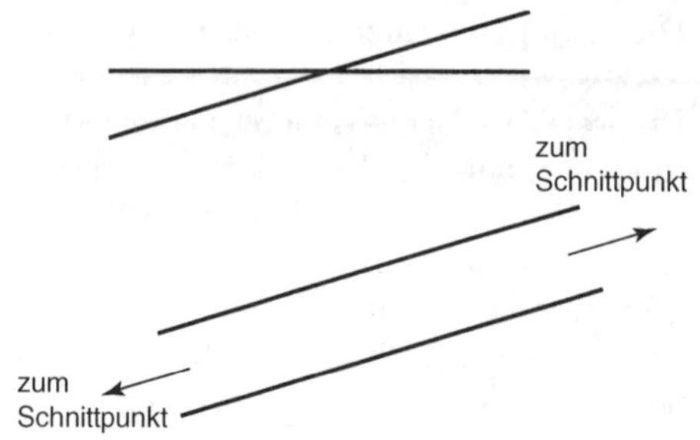

Abbildung 4

Zwei verschiedene Punkte bestimmen eine einzige Gerade (die Gerade nämlich, die durch diese beiden Punkte geht), und zwei verschiedene Geraden bestimmen einen Punkt (ihren Schnittpunkt, der stets existiert). Vertauscht man in einem Lehrsatz der projektiven Geometrie die Begriff »Punkt« und »Gerade«, so erhält man einen neuen Satz, der gleichfalls Geltung besitzt (siehe DUALITÄTSPRINZIP).

Die Koordinaten in der projektiven Ebene

Wie in der gewöhnlichen affinen Ebene, so möchte man die Punkte auch in der projektiven Ebene durch ein Koordinatensystem erfassen. Die Frage ist natürlich, wie man die unendlichen Punkte erfassen soll. Man könnte ihnen unendliche Zahlen zuordnen, aber die üblichen Operationen (Addition, Multiplikation usw.) lassen sich nur schlecht auf unendliche Zahlen ausdehnen, und es wäre schwierig, mit den Gleichungen der Geraden und Kurven der projektiven Ebene zu arbeiten. Eine andere Lösung ist, dass man einen Punkt der Ebene durch drei Koordinaten erfasst, die nicht alle drei gleichzeitig gleich 0 sein können; wenn dann die Koordinaten p, q und r einen bestimmten Punkt erfassen, so bezeichnen die Koordinaten, die man erhält, indem man p, q und r mit derselben Zahl multipliziert, auch denselben Punkt. Zum Beispiel ist der Punkt mit den Koordinaten (2,2,6) derselbe wie der Punkt mit den Koordinaten (1,1,3). Generell gilt: Hat ein Punkt die Koordinaten p, q und r und ist p ungleich 0, so kann man die drei Koordinaten mit $1/p$ multiplizieren, und derselbe Punkt wird auch durch die Koordinaten $(1, q/p, r/p)$ bezeichnet. Dieser Fall entspricht gewöhnlichen Punkten mit Koordinaten $x=q/p$ und $y=r/p$. Wenn p dagegen gleich 0 ist, handelt es sich um einen unendlichen Punkt.

Greift man den Gedanken auf, wonach die projektive Ebene die Menge der auf einem Bild dargestellten Punkte des Raumes ist, sind die Koordinaten (p, q, r) die Raumkoordinaten des abgebildeten Punktes (wobei das Koordinatensystem seinen Ursprung im Auge des Malers hat). Bezeichnen die Koordinaten p, q, r einen bestimmten Punkt des Raumes, so bezeichnen die durch ihre Multiplikation mit einer Zahl erhaltenen Koordinaten einen anderen Punkt des Raumes, der gemeinsam mit dem ersten Punkt und dem Auge des Malers auf einer Geraden liegt. Die beiden Punkte werden daher auf dem Bild durch denselben Punkt dargestellt. Falls die erste Koordinate gleich 0 ist, befinden die Punkte sich in einer zur Bildebene parallelen Ebene, die durch das Auge des Malers geht; es handelt sich daher um unendliche Punkte.

Die Gleichung der in *Abbildung 3* dargestellten Parabel lautet $q^2 = pr$. Sie besteht aus gewöhnlichen Punkten mit Koordinaten $(1, x, x^2)$ und einem unendlichen Punkt mit den Koordinaten $(0, 0, 1)$, der der Richtung der Vertikalen entspricht. Die durch M gehende Vertikale hat die Gleichung $p = q$. Sie besitzt also tatsächlich zwei Schnittpunkte mit der Parabel: den gewöhnlichen Punkt mit den Koordinaten $(1, 1, 1)$ und den unendlichen Punkt mit den Koordinaten $(0, 0, 1)$.

Prokaryoten

→ ***Eukaryoten, Prokaryoten***

Protein

Zur Vertiefung: ***Allosterie; Enzym; Hydrophilie, Hydrophobie; Stoffwechsel***

Proteine sind MAKROMOLEKÜLE, die an allen biologischen Prozessen mitwirken: an der Synthese des genetischen Materials, der DNA, an der Umsetzung der in der DNA enthaltenen GENETISCHEN INFORMATION, die zur Bildung von RNA und Proteinen (also auch zu ihrer eigenen Synthese) führt. Manche

Proteine sind wesentlich an Aufbau und Funktion der ZELLEN im Organismus beteiligt: am Energiehaushalt, an Synthese und Abbau von Zellbestandteilen im Verlauf des Stoffwechsels und an allen wichtigen physiologischen Funktionen wie Fortpflanzung, Ernährung, Bewegung, Kommunikations- und Abwehrsystemen des Organismus. Aufgrund ihrer Strukturmerkmale und ihrer Vielfalt können die Proteine all diese Phänomene sehr fein regulieren und an die Umgebungsverhältnisse anpassen.

Aminosäuren und Peptidbindung

Jedes Protein besteht aus einer linearen Kette von AMINOSÄUREN, deren Anzahl jeweils genau festgelegt ist. Manche Proteine enthalten einige Dutzend dieser Grundbausteine, andere bis zu einigen tausend. Die Aminosäuren sind kleine Moleküle, die eine Carboxy- und eine Aminogruppe, —COOH und $—NH_2$, am gleichen zentralen Kohlenstoffatom haben. Von den zahlreichen Aminosäuren, die in der Natur vorkommen, finden sich in Proteinen nur 20, die sich durch die Beschaffenheit des vom zentralen Kohlenstoffatom abzweigenden Restes —R (Seitenkette) unterscheiden (siehe *Abbildung 1*).

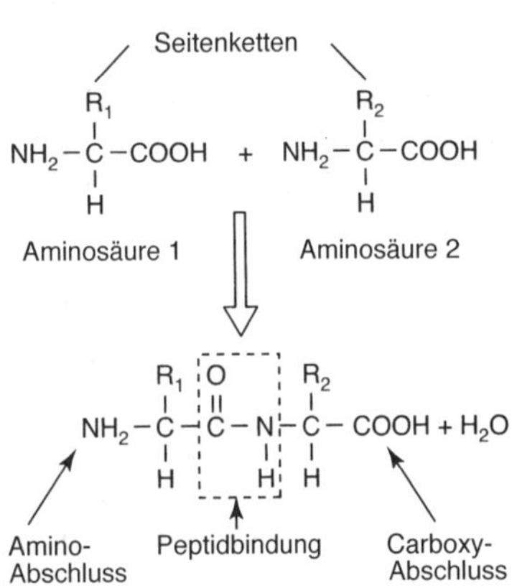

Abbildung 1 Bildung eines Dipeptids durch Peptidbindung zwischen zwei Aminosäuren

Die Aminosäuren einer Proteinkette werden durch so genannte Peptidbindungen verknüpft, die eine starke chemische Bindung zwischen dem Kohlenstoffatom der Carboxygruppe einer Aminosäure und dem Stickstoffatom einer zweiten Aminosäure herstellen (siehe *Abbildung 1*). Je nach Anzahl der Aminosäuren bezeichnet man die Proteine als Peptide (bis zehn Aminosäuren) oder als Polypeptide (über zehn Aminosäuren).

Strukturebenen

Jedes Protein hat eine ihm eigene Struktur, die sich aus seiner räumlichen Faltung ergibt und ihm besondere biologische Eigenschaften verleiht.

Die Aminosäuresequenz bildet die Primärstruktur des Proteins. Sie entscheidet über die Art der Faltung, die im Laufe der Proteinsynthese erfolgt: Dabei formen kurze Proteinsegmente Helizes, Faltblätter, Winkel und Bögen, die man als Sekundärstruktur bezeichnet. Die charakteristische räumliche Anordnung dieser Elemente bildet die Tertiärstruktur des Proteins (siehe *Abbildung 2*). Viele Proteine setzen sich aus mehreren gleichen oder unterschiedlichen Polypeptidketten zusammen, die eine so genannte Quartärstruktur bilden. Die räumliche Struktur des Proteins bestimmt seine biologischen Eigenschaften (siehe ALLOSTERIE).

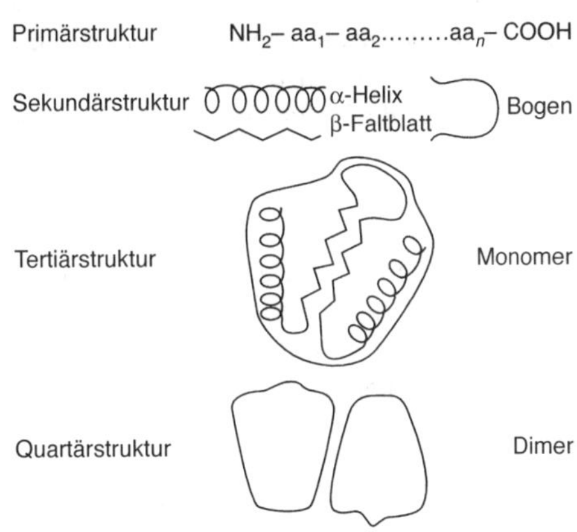

Abbildung 2 Die Strukurniveaus der Proteine: Die Primärstruktur entspricht der Aminosäuresequenz, die Sekundärstruktur bestimmten charakteristischen Faltmustern, die Tertiärstruktur der räumlichen Anordnung dieser Muster und die Quartärstruktur der Verknüpfung mehrerer Polypeptidketten oder Monomere.

Wenn durch MUTATION eines Gens, das ein bestimmtes Protein codiert, eine Aminosäure durch eine andere ersetzt wird, deren Seitenkette andere, wenn auch ähnliche Eigenschaften aufweist, so können sich Form und biologische Wirkung des Proteins ändern. Hämoglobin wird zum Beispiel durch eine Änderung der sechsten Aminosäure in einer der beiden Polypeptidketten, dem β-Faltblatt, unlöslich, was zu einer Verformung der roten Blutkörperchen führt, die nun eine Sichelform annehmen. Dies löst die Sichelzellenanämie aus, die Sauerstoffmangel bewirkt, aber die Träger dieser Krankheit andererseits vor Malaria schützt.

Strukturmotive und Funktionen

Proteine haben vielfältige Strukturmotive, die in der Regel aus kurzen Aminosäureketten bestehen und ihnen spezifische Eigenschaften verleihen: Sie signalisieren den Bestimmungsort des Proteins in der Zelle oder im Organismus sowie Stellen, an denen ein Protein durch Herausschneiden oder Hinzufügen weiterer Gruppen verändert werden muss. Die in den Zellmembranen verankerten Proteine dienen zum Beispiel als Rezeptoren für Signale aus der Umgebung oder dem Inneren des Organismus. Verankert werden sie durch die Wechselwirkung zwischen einer Aminosäurekette und den LIPIDEN der Zellmembran. Da die Lipide hydrophob sind, treten sie mit Aminosäuren in Wechselwirkung, deren Seitenketten ebenfalls hydrophob sind. Viele Proteine werden bei ihrem Durchgang durch die Membrangeflechte im Zellinneren (ENDOPLASMATISCHES RETIKULUM und GOLGI-APPARAT) um verzweigte ZUCKER ergänzt. Diese Aufgabe übernehmen spezifische Enzyme, die besondere Motive in den Aminosäureketten des Proteins erkennen. Die Zucker geben den Proteinen eine größere Stabilität, indem sie sie vor Zerfall schützen, und verleihen ihnen die Fähigkeit, wichtige Wechselwirkungen zwischen Zellen zum Beispiel beim Zusammenhalt von Gewebe und bei der Zellwanderung in der Embryonalentwicklung zu vermitteln.

Protokoll

Im Bereich der obersten Staatsorgane und der Diplomatie ist das Protokoll ein Regelwerk, das im Allgemeinen wie auch für besondere Anlässe festlegt, wie die einzelnen Funktionsträger sich zu verhalten haben, damit keine Verwirrung entsteht und Sitzungen oder Empfänge ohne peinliche Verstöße gegen Rangordnungen und Etikette ablaufen können. Die genaue Befolgung solcher Regeln mag in unserer modernen Gesellschaft zuweilen allzu konventionell, starr und gestelzt oder sogar lächerlich erscheinen. In den Informationswissenschaften und in den Experimentalwissenschaften wie der Chemie oder der Medizin bleibt sie indessen weiterhin unerlässlich.

Kommunikationsprotokolle

Zur Vertiefung: ***digital; Hypertext; Modulation; Signal***

Die Kommunikationsprotokolle der Informationstechnologie sind zwar nicht so gemessen und gravitätisch und ganz gewiss nicht so altmodisch wie das diplomatische Protokoll, erfüllen aber eine ähnliche Aufgabe: Die im Kommunikationsprotokoll festgelegten Konventionen sollen Verwirrung und Konflikte vermeiden. Die Notwendigkeit der Kommunikationsprotokolle beruht auf der Organisation der Telekommunikationsnetze und auf der großen Anzahl und Dichte der darin zirkulierenden Nachrichten. Ein Kommunikationsnetz setzt eine Reihe über ein Gebiet verstreuter Sende- und Empfangsstationen voraus, die in der Lage sind, Nachrichten mit Hilfe von Signalen zu codieren, diese Signale an andere Stationen zu senden, von dort gesendete Signale zu empfangen und sie entweder nach einer korrekten Ausrichtung weiterzusenden oder sie zu decodieren, um die ursprüngliche Nachricht wiederherzustellen. Jede dieser Stationen muss daher bereits an den Signalen erkennen können, wie sie weiter damit zu verfahren hat: ob die Signale decodiert werden müssen, weil sie ihren Zielort erreicht haben, oder ob sie neu ausgerichtet und weitergesendet werden sollen. Zu diesem Zweck muss jede Nachricht gleichsam mit einem Etikett versehen sein, aus dem der Empfänger oder zumindest der Weg der Nachricht hervorgeht. Außerdem müssen Anfang und Ende jeder Nachricht präzise markiert sein, denn eine Nachricht folgt auf die andere, und es könnte sonst leicht Verwirrung entstehen. Für die Abgrenzung der Nachricht und die Kennzeichnung des Empfängers müssen Konventionen geschaffen werden, die von allen Stationen eines Telekommunikationsnetzes anerkannt werden. Ohne solche Konventionen könnte keine Nachricht ihren Empfänger erreichen; und genau diese Konventionen meint man, wenn von einem Kommunikationsprotokoll die Rede ist.

Die *International Organization for Standardization* (ISO) hat eine Norm festgelegt, die von allen Computernetzen übernommen worden ist. Diese Norm – in gewisser Hinsicht ein Ensemble von Kommunikationsprotokollen – unterscheidet die anonymen Elementarinformationen (BIT) von den Bitfolgen festgelegter Länge, die als Datenblöcke bezeichnet werden; jede dieser Folgen umfasst ein Anfangszeichen, eine Endmarke und eine Adresse, die an festgelegten Stellen der Folge platziert sind. Diese Datenblöcke können weiter zu Datenpaketen, Nachrichten und Übertragungen zusammengefasst werden. Insgesamt umfasst die ISO-Norm sieben Schichten, die in einer Protokollhierarchie angeordnet sind und jeweils eine eigene Funktion haben.

Das Internet (Zusammenziehung des englischen *inter network*) ist letztlich nichts anderes als eine ISO-Norm, die sich auf die Übertragung von Datenpaketen bezieht. Es besteht nicht aus Anbietern bestimmter Dienste, aus Datenströmen oder aus einem materiellen Telekommunikationsnetz, sondern aus einem Kommunikationsprotokoll.

Versuchsprotokolle

Zur Vertiefung: ***Alchimie; Chemie***

Protokolle gab es in den Naturwissenschaften schon lange, bevor die ersten Computer, die technischen Kommunikationsnetze oder das Internet entstanden. Die Ikonographie der Alchimie lässt den Schluss zu, dass man dort bereits Protokolle kannte, in denen niedergelegt war, wie das »Große Werk« im Einzelnen auszuführen sei. An präzisen Anleitungen haben die Alchimisten jedoch ausschließlich verschlüsselte Protokolle hinterlassen, die den Uneingeweihten abschrecken sollten, während das eigentliche Wissen mündlich vom Lehrer an den Schüler weitergegeben wurde.

Versuchsprotokolle und praktische Verfahrensanleitungen spielen in der Chemie eine herausragende Rolle, und anders als die Anleitungen der Alchimisten bilden sie den Gegenstand einer umfangreichen Publikationstätigkeit. Ein gutes Dutzend chemischer Fachzeitschriften ist auf die Publikation von Versuchsprotokollen und Verfahrensanleitungen (zum Beispiel für die SYNTHESE eines Moleküls) spezialisiert, deren Erfolg und Reproduzierbarkeit überprüft worden ist.

Proton

Protonen sind NUKLEONEN, also eine der beiden Arten von Elementarteilchen, aus denen Atomkerne bestehen (die anderen sind die NEUTRONEN). Beim einfachsten aller Atome, dem Wasserstoffatom, besteht der Atomkern aus nur einem Proton, um das nur ein einziges, winziges Elektron kreist, angezogen durch die elektrische Kraft, die es an das Proton bindet.

Der kleinste Atomkern

Das Proton wurde 1911, gleichzeitig mit dem Atomkern, von Ernest Rutherford entdeckt. Es trägt eine positive elektrische Ladung, die genau der negativen Ladung des Elektrons entspricht ($e = -1{,}602 \ldots 10^{-9}$C, wobei C für Coulomb steht). Es ist für alle grundlegenden Wechselwirkungen empfindlich: für die Gravitation, weil es eine Masse besitzt; für elektromagnetische Wechselwirkung, weil es eine elektrische Ladung trägt; für die schwache Wechselwirkung, da es am so genannten Betazerfall beteiligt ist, bei dem sich ein Neutron in ein Proton und ein Elektron (sowie in ein drittes Teilchen, das so genannte Antineutrino) umwandelt; und schließlich ist das

Proton empfindlich für die starke Wechselwirkung, die das Proton mit den anderen Nukleonen im Atomkern verbindet (siehe DEUTUNGEN DER QUANTENPHYSIK). Aus diesem Grund gehört es zur Familie der Hadronen (jener Teilchen, die der starken Wechselwirkung unterworfen sind), in der es das leichteste Mitglied ist. Mit einer Masse von $1{,}67 \times 10^{-27}$kg ist es 1836-mal so schwer wie das Elektron.

Von allen Hadronen ist das Proton das einzige, das stabil ist: Seine Lebensdauer ist zwar wahrscheinlich nicht unendlich, beträgt aber mindestens 10^{34} Jahre und liegt damit weit über dem angenommenen Alter des Universums (das sich in einer Größenordnung von 15 Milliarden Jahren bewegt).

Ein Erscheinungsbild, das von der Betrachtungsweise abhängt

Claude Monet malte die Kathedrale von Rouen zu verschiedenen Tageszeiten und zeigte damit sehr eindrucksvoll, wie stark das Erscheinungsbild eines Gegenstandes von den jeweiligen Lichtverhältnissen abhängen kann. Ihm war jedoch nicht klar, dass diese Gesetzmäßigkeit auch für das Proton (und alle anderen Elementarteilchen) gilt: Auch dessen Erscheinungsbild hängt von der »Betrachtungsweise« ab. Beschießt man zum Beispiel ein Proton mit anderen Protonen mit einer geringen Energie, so neigt das Zielproton dazu, diesen Beschuss durch elektrische Kraft abzuwehren. Es kommt nicht zu einer Annäherung, so dass das Zielproton wie ein punktförmiges Teilchen oder ein elektrisch geladener Punkt erscheint. Erhöht man jedoch die Energie des Beschusses, so können sich die Projektilprotonen dem Zielproton genügend annähern, um in es einzudringen, so dass die starke Wechselwirkung zum Tragen kommt (die wesentlich stärker ist als die elektrische Kraft, aber nur eine sehr begrenzte Reichweite von etwa 10^{-5}m hat). In dem Maße, wie die Energie der eindringenden Protonen zunimmt, erschließen sich immer feinere Details des Zielprotons, dessen innere Struktur man nun genauer bestimmen kann.

Beschießt man ein Proton nicht mit anderen Protonen, sondern mit Elektronen, deren Energie sich in der Größenordnung von Gigaelektronenvolt (GeV) bewegt, so macht man völlig andere Beobachtungen, weil die Elektronen für die starke Wechselwirkung nicht empfindlich sind. Da sie nur auf die elektrische Ladung des Protons reagieren, lassen sich aus ihrer Ablenkung durch das Proton Erkenntnisse über die räumliche Verteilung seiner elektrischen Ladung gewinnen. Aus diesem Blickwinkel erscheint das Proton wie etwas Flüssiges, dessen elektrische Ladung sich auf kleinstem Raum verdünnt. Indirekt lassen sich daraus Rückschlüsse auf seine Größe ziehen, die in einer Größenordnung von $2{,}8 \times 10^{-15}$m liegt.

Ein zusammengesetztes Teilchen

Zur Vorbereitung: ***Hadron; Quark***

Erhöht man die Energie des Elektronenbeschusses auf zehn oder mehr Gigaelektronenvolt, so erreicht man bei diesem Experiment eine räumliche AUFLÖSUNG (die kleinste der »Wahrnehmung« zugängliche Dimension) von über 10^{-17}m. Nun erscheint das Proton nicht mehr flüssig, sondern wie ein zusammengesetztes Gebilde: In seinem Inneren sind deutlich drei »feste Punkte« zu erkennen, die noch kleineren Teilchen entsprechen, den so genannten QUARKS. Das Proton ist also ebenso wie alle anderen Hadronen gar kein Elementarteilchen im eigentlichen Sinne. Die Quarks, aus denen es besteht, befinden sich ständig in extrem schneller Bewegung. Bei einem sehr heftigen Zusammenprall kommt es vor, dass die mit der Bewegung der Quarks verbundene Energie sich in Materie umwandelt (siehe MATERIALISIERUNG).

Dabei entsteht ein neues Teilchenpaar: ein Quark und ein Antiquark. Wenn umgekehrt ein Quark und ein Antiquark aufeinander treffen, so zerstören sie sich gegenseitig und verwandeln sich erneut in Energie usw: Unablässig entstehen Quarks und Antiquarks, prallen aufeinander und verschwinden wieder. In diesem Chaos herrscht jedoch eine gewisse Ordnung. In jedem Proton gibt es zu jeder Zeit drei Quarks mehr als Antiquarks, so dass man zusammenfassend sagen kann, es setzt sich insgesamt aus drei Quarks zusammen.

Das Proton in der Chemie

Zur Vertiefung: ***Alkohol; Säuren und Basen***

In der CHEMIE ist der Wasserstoffkern oder das Proton neben dem Elektron das kleinste Teilchen, das sich derzeit im Labor »manipulieren« lässt. Da es positiv geladen ist, hat es die Tendenz, sich an negativ geladene Stellen anzulagern, also an basische Atome (Elektronendonatoren): Das Proton ist also die einfachste Säure, die man verwenden kann.

Das Sauerstoffatom hat zum Beispiel im Wasser H_2O zwei einsame Elektronenpaare. Das Vorhandensein solcher nicht bindender Elektronenpaare, an die sich ein positiv geladenes Teilchen anlagern kann, definiert eine Base. Wenn sich nun ein Proton H^+ an ein Wassermolekül H_2O anlagert, so erhält man das Hydronium- oder Oxoniumion H_3O^+, das als konjugierte Säure des Wassers bezeichnet wird (siehe *Abbildung 1*).

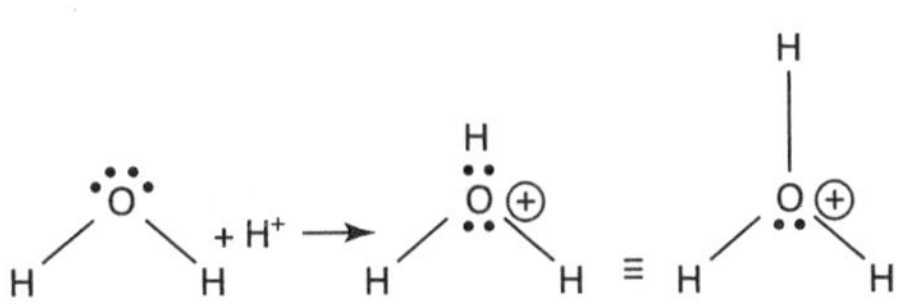

Abbildung 1 Anlagerung eines Protons an ein freies Elektronenpaar des Wassermoleküls

In der Praxis zerfallen Moleküle der allgemeinen Formel A—H, in denen das Radikal (oder Atom) A Elektronen stark anzieht, häufig in ein Anion A^- und ein Proton H^+. Man bezeichnet sie als protische oder protogene Säuren. Beispiele hierfür sind Salzsäure HCL, Salpetersäure HNO_3 und Essigsäure CH_3COOH.

All diesen Säuren ist als Ursache für ihren sauren Charakter gemeinsam, dass sie bei Dissoziation ein Proton freisetzen. Sie als Säuren zu bezeichnen, obwohl eigentlich nur das Proton eine echte Säure ist, beruht auf einer Verallgemeinerung (die Rhetoriker als Synekdoche oder *pars pro toto* bezeichnen, da sie einen Teil für das Ganze nimmt). Der Däne Johannes Brønsted stellte 1923 als erster diese Definition protogener Säuren auf.

Häufig lässt sich der Ablauf einer chemischen Reaktion durch Protonierung beschleunigen, dass heißt durch Anlagerung eines Protons an eine Base. Wenn man nach Beendigung der Reaktion das zu Beginn eingeführte Proton wieder entzieht, genügt schon eine geringe Säuremenge zur Umwandlung großer Stoffmengen: Die Säure wird als Katalysator eingesetzt und die Reaktion als katalytisch bezeichnet. Ein Beispiel ist die Dehydratisierung von Ethanol C_2H_5OH zu Ethylen C_2H_4 (siehe ALKOHOL), deren Reaktionsmechanismus in *Abbildung 2* beschrieben ist.

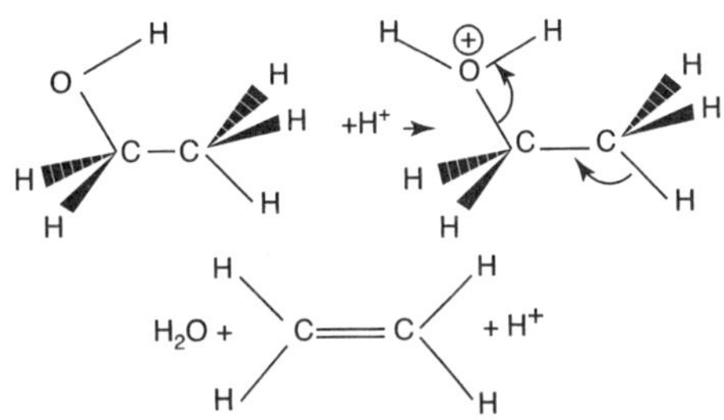

Abbildung 2 Dehydratisierung von Ethanol zu Ethylen durch Säure-Katalyse. Das für den ersten Reaktionsschritt erforderliche Proton wird im zweiten Schritt wieder freigesetzt, was für diese Art der Katalyse charakteristisch ist. Die gebogenen Pfeile zeigen die Wanderung der Elektronenpaare.

Eine solche Dehydratisierung von Alkoholen durch Säure-Katalyse ist ebenso üblich wie die umgekehrte Reaktion, nämlich die Hydratisierung durch Säure-Katalyse. Diese trägt auch zur Alterung von Weinen bei, da im Traubensaft bestimmte Moleküle mit einer Ethylengruppe, die der Familie der Terpene angehören, mit der Zeit auf diese Weise hydratisiert werden. So erhält ein Riesling mit der Zeit sein Aroma durch Moleküle wie Citronellol (das aus Zitronenöl gewonnen wird) oder Geraniol (das auch in Geranien vorkommt).

Prozedur, Unterprogramm

Zur Vertiefung: ***Modul; Objekt; Programm; Programmierung***

Da es äußerst ermüdend ist, Computerprogramme zu schreiben und zu lesen, setzt man alles daran, sie nach Möglichkeit zu verkürzen. Eine dieser Möglichkeiten besteht in einem leicht zu verstehenden Kunstgriff: Wenn eine Folge von Wörtern häufig wiederkehrt, kann man dieser Folge einen Namen geben, den man statt der betreffende Wortfolge verwendet. Solch ein Name entspricht genau dem, was man in der Informatik unter einer Prozedur oder einem Unterprogramm (oder auch einer Routine) versteht; und die Nennung solch eines Namens innerhalb eines Computerprogramms bezeichnet man als Aufruf der betreffenden Prozedur.

Prozeduren sind nicht nur platzsparend, sondern erhöhen auch die Lesbarkeit des Programms. Bei der Entwicklung von Programmen sind sie inzwischen so unverzichtbar, dass weitere Fortschritte in der Programmierung zum Teil über die Organisation von Prozeduren zu Objekten und Modulen erfolgen werden.

Prozess

Veränderung

Zur Vertiefung: ***Entropie; Evolution; Phase***

Naturphänomene erscheinen uns vielfach als Umwandlungen oder Übergänge bzw. Phasen. So geht Wasser vom flüssigen in den gasförmigen Zustand über (Verdunstung), und Eis verflüssigt sich zu Wasser (Schmelzen). Diese in der Zeit ablaufenden Umwandlungen lassen häufig neue Eigenschaften hervortreten, so dass der Endzustand sich deutlich vom Ausgangszustand unterscheidet. Obwohl die Veränderungen in vielen kleinen Schritten oder kontinuierlich erfolgen, kann es am Ende doch zu einer deutlichen Diskontinuität kommen. Die Entstehung dieser Diskontinuität könnte als SCHÖPFUNG aus dem Nichts verstanden werden, doch das wäre falsch.

Der Beschreibung solcher Phänomene dient der nicht sonderlich streng definierte Begriff des Prozesses. Geschichtlich betrachtet, konzentrieren die Naturwissenschaften sich manchmal auf das Verständnis von Zuständen (in der Physik etwa auf den gasförmigen oder den festen Zustand oder auf die Beschreibung eines Sterns) und manchmal auf das Verständnis von Prozessen (etwa wenn es um THERMODYNAMIK oder um die Evolution des UNIVERSUMS geht).

Wenn ein physikalisches System unter der Einwirkung äußerer Ursachen (zum Beispiel der Zufuhr von Wärme) oder innerer Ursachen (zum Beispiel aufgrund eines niedrigeren Energieniveaus) von einem Zustand A zu einem Zustand B übergeht, beschreibt man diesen Übergang als Folge unendlich kleiner Umwandlungen entlang eines oder mehrerer Wege, die von A nach B führen. Wenn all diese Umwandlungen in beiden Richtungen erfolgen können, sind sämtliche Wege $A \longleftrightarrow B$ äquivalent, und der Prozess wird als reversibel bezeichnet. Bei irreversiblen Prozessen dagegen ist zumindest ein Schritt auf dem Weg von A nach B mit einem Energieverlust oder einer Vergrößerung der Unordnung bzw. der Entropie verbunden, so dass der umgekehrte Weg einer Energiezufuhr bedarf oder gar nicht möglich ist. Die Thermodynamik beschreibt die Gesetze, die über die in einem System jeweils möglichen Prozesse entscheiden.

Bei Zufallsprozessen ist die Entwicklung, die das System in der Zeit nimmt, nur im Rahmen bestimmter Wahrscheinlichkeiten vorhersehbar. So ist die momentane Geschwindigkeit eines Moleküls M_1 in einem heißen Gas eine Funktion $\vec{v}_1(t)$ der Zeit – und zwar eine Zufallsfunktion. Dennoch ist der Mittelwert der Geschwindigkeit über die Zeit und der Mittelwert der momentanen kinetischen Energie vollständig bestimmt: Ersterer ist gleich null, letzterer ist proportional zum Quadrat $v_1^2(t)$ der Geschwindigkeit. Die Bewegung eines anderen Moleküls M_2 wird durch eine völlig andere Funktion $\vec{v}_2(t)$ dargestellt. Dennoch sind die Mittelwerte von $\vec{v}_1$ und $\vec{v}_2$ dieselben. Die Thermodynamik befasst sich mit Gesamtheiten, die aus sehr vielen, in ihrem individuellen Verhalten nicht vorhersagbaren Teilchen bestehen, und hat es daher oft mit Zufallsprozessen zu tun, so wie das auch für Verkehrs- und Versicherungsexperten gilt.

In der kosmischen Evolution, die als ein umfassender Prozess verstanden werden könnte, gibt es Situationen, in denen beträchtliche Diskontinuitäten auftreten. Die ENTSTEHUNG DER ELEMENTE ist ein Prozess, bei dem zunächst im Uruniversum und dann im Innern der Sterne immer schwerere chemische Elemente entstanden und entstehen, wobei die Atomkerne Neutronen einfangen, die sich anschließend in Protonen umwandeln. Die ganze Chemie basiert auf der Vielzahl von Bindungen, die die Atome untereinander eingehen können. Der Entstehungsprozess von Sternen besteht aus einer langen Kette von Umwandlungen, die ihren Anfang in einer interstellaren Gaswolke nehmen. Im Verlaufe dieses Prozesses nimmt die Entropie, also die Unordnung, lokal ab, und zwar auf Kosten der potentiellen Gravitationsenergie.

Biologische Prozesse

Zur Vertiefung: ***genetische Regulation; Stoffwechsel***

Auf allen Ebenen der Analyse (Molekül, Zelle, Organismus) werden Funktionsweise und Evolution biologischer Systeme als Prozesse mit zahlreichen Phasen und vielfältigen Operatoren beschrieben, die deren Verhalten in Zeit und Raum bestimmen.

Stoffwechselprozesse bestehen aus Ketten von Enzymreaktionen, die an der Synthese oder Zerlegung biologischer Moleküle beteiligt sind. Die Reaktionsketten bilden ein komplexes Geflecht mit zahlreichen Verzweigungen. Die in den einzelnen Phasen anfallenden Produkte beeinflussen andere Phasen derselben Prozessbahn oder andere Bereiche des Geflechts. Dasselbe gilt für die Prozesse, die die Nutzung der genetischen Information regulieren.

Prozesse in der Informatik

Zur Vertiefung: ***Automat; Automatentheorie; Betriebssystem***

Alles, was in der Zeit abläuft, wird als Prozess bezeichnet. Wenn ein Computer ein Programm, das heißt eine Folge von Befehlen, aktiviert, dann ist die schrittweise Ausführung der Befehle ein Prozess, der mit der erfolgreichen Ausführung des Programms zum Abschluss kommt, in dessen Verlauf aber auch neue Prozesse initiiert werden können. Das Problem bei der Ausführung von Programmen liegt darin, dass in ein und demselben Computer zur selben Zeit mehrere Prozesse ablaufen, die sämtlich zu einem erfolgreichen Abschluss gebracht werden müssen. Dazu bedarf es eines unparteiischen Schiedsrichters; diese Rolle übernimmt das Betriebssystem.

Die Automatentheorie, die sich mit Problemen der Steuerung und der Automatisierung befasst, sieht in der Funktionsweise eines Dampfkessels, einer Heizzentrale oder eines Destillierturms Prozesse, deren Eingabe zu steuern ist. Jeder Prozess folgt dabei dem Modell eines Automaten, der eine kausale Beziehung zwischen Eingaben oder Stimuli oder Steuerungsbefehlen und Ausgaben oder Reaktionen herstellt. Das Adjektiv »kausal« bedeutet hier, dass die Reaktion auf den Stimulus folgt, oder anders gesagt, dass der Prozess für eine Ausbreitung des Stimulus sorgt. Nach diesem Modell lässt sich jeder Prozess durch Eingaben, Ausgaben und eine mathematische Funktion beschreiben, durch die man die Reaktion auf einen beliebigen Stimulus berechnen kann, wobei sowohl Stimuli als auch Reaktionen Funktionen der Zeit sind.

Prozess, adiabatischer

→ ***adiabatischer Prozess***

Prozess, stochastischer

→ ***stochastischer Prozess***

Pulsar

Zur Vorbereitung: ***Stern***
Zur Vertiefung: ***Neutron; Schwarzes Loch***

Pulsare sind ganz besondere Himmelskörper, deren elektromagnetische Strahlung meist im Bereich der Radiofrequenzen liegt (zwischen 10^8 und 10^9 Hertz), seltener auch im Bereich des sichtbaren Lichts (von Rot bis Blau) oder der Röntgenstrahlung. Anders als die sehr stabile Strahlung gewöhnlicher Sterne, erfolgt die Abstrahlung bei Pulsaren in sehr kurzen Impulsen, die sich periodisch wiederholen. Dabei ist die Periode der bekannten Pulsare äußerst stabil und reicht von einer tausendstel Sekunde bis hin zu mehreren Sekunden. Entdeckt wurden die Pulsare 1967 durch Zufall mit dem Radioteleskop in Cambridge (England), und zwar von Antony Hewish (der 1974 zusammen mit Martin Ryle den Nobelpreis für Physik erhielt) und von Jocelyne Bell Burnell. Diese Himmelskörper gehören unserer Milchstraße an, inzwischen sind mehrere hundert bekannt, und sie werden der Gruppe der Neutronensterne zugeordnet; sie sind von allen Vertretern dieser Gruppe am leichtesten direkt zu beobachten.

Neutronensterne

Wenn die Phase des dynamischen Gleichgewichts zu Ende geht, in der ein Stern in seinem Innern durch Kernfusion Energie freisetzt und die dort erzeugte Energie gleich der an seiner Oberfläche abgestrahlten Energie ist, verläuft die weitere Entwicklung je nach Masse des Sterns unterschiedlich. Liegt seine Masse über dem als Chandrasekhargrenze bezeichneten Wert von etwa 1,4 $M_\odot$ (Sonnenmassen, $1\,M_\odot = 2 \times 10^{30}$kg), aber unterhalb von 2,7 $M_\odot$, dann führt der Gravitationskollaps des Sterns zu einer Zustandsänderung der stellaren Materie. Der Gasdruck des heißen, aus Protonen und Elektronen bestehenden Gases vermag der Gravitation nicht zu widerstehen, der Stern zieht sich zusammen, und die beiden Teilchenarten verbinden sich zu elektrisch neutralen Teilchen, den NEUTRONEN. Die in diesem Falle abstoßende Kraft, die verhindert, dass die Neutronen von der Schwerkraft zerdrückt werden und der Stern in den noch dichteren Zustand eines SCHWARZEN LOCHS übergeht, ist die so genannte starke Wechselwirkung, die auch für die Stabilität der Atomkerne sorgt.

Die Masse des Sterns konzentriert sich unter diesen Umständen auf ein Objekt von gerade einmal zehn Kilometern Durchmesser, das natürlich ein gewaltige Dichte besitzt, vergleichbar einem Objekt von der Größe einer Nadelspitze, das eine Masse von einer Million Tonnen besäße. Diese Dichte liegt sogar noch über der Dichte des Atomkerns, in dem ja noch Protonen vorkommen. Man stelle sich vor, wie stark die Gravitation an der Oberfläche solch eines Körpers sein muss. Sie ist so stark, dass der Raum dort eingedellt wird. Man muss auf das neue, von der allgemeinen RELATIVITÄTSTHEORIE entworfene Bild des Raumes (wie auch der Zeit) zurückgreifen, wenn man die Bewegungen der Atome oder die Ausbreitung des Lichts in unmittelbarer Nähe eines Neutronensterns beschreiben möchte. Wenn einige der dort ablaufenden Prozesse beobachtbar sind, können wir manche Voraussagen der allgemeinen Relativitätstheorie in diesem außergewöhnlichen »Labor« testen, das die Neutronensterne uns bieten.

Das so entstandene Neutronengas besitzt eine besondere Eigenschaft, die aus der Theorie der Elementarteilchen bestens bekannt ist (siehe BOSON UND FERMION), sich aber in irdischen Labors nicht reproduzieren lässt: Ähnlich dem Elektronengas, das uns in einer anderen Gruppe extrem dichter Sterne, den WEISSEN ZWERGEN, begegnet, ist das Neutronengas entartet. Das heißt, die Verteilung der Neutronen auf die verschiedenen möglichen Energiezustände (die statistische Verteilung ihrer Geschwindigkeiten) ist anders geartet als in einem gewöhnlichen Gas, in dem der Begriff der mittleren Geschwindigkeit unmittelbar mit dem Begriff der Erregungsenergie, also der TEMPERATUR verknüpft ist. Die Wärmeleitfähigkeit dieses Neutronengases ähnelt dem von Metallen, so dass die »Temperatur« über das gesamte Innere des Neutronensterns eine gleichmäßige Verteilung zeigt, während sie in normalen Sternen wie der Sonne von innen nach außen abnimmt. Außerdem besitzt dieses Neutronengas die Eigenschaft der SUPRAFLÜSSIGKEIT oder Suprafluidität, das heißt, es fließt ohne die bei gewöhnlichen Flüssigkeiten übliche Reibung, die als Zähigkeit der Flüssigkeit in Erscheinung tritt (siehe VISKOSITÄT). Man kann sagen, dass die Neutronensterne recht merkwürdige Objekte darstellen, die jedoch für den Physiker, der sich mit ungewöhnlichen Zuständen der Materie befasst, hochinteressante Informationen bereithalten.

Die Neutronensterne haben eine »Kruste« oder Oberfläche aus Atomen und Elektronen, weil der Druck dort nicht so stark ist, so dass wir in diesem Bereich auf vertrautere Zustände der Materie stoßen. Diese feste Kruste besitzt eine kristalline Struktur und eine sehr geringe Wärmeleitfähigkeit. Sie erreicht Temperaturen in der Größenordnung von einer Milliarde Kelvin und strahlt die aus dem Innern kommende Wärme in Form von Licht nach außen ab. Da das Innere des Neutronensterns supraflüssig ist, kann es mit einer anderen Geschwindigkeit rotieren als seine Kruste.

Neutronensterne entstehen durch den Kollaps normaler Sterne, die wie die Sonne ein Magnetfeld besitzen. Während des Kollabierens verstärkt sich das Magnetfeld beträchtlich (siehe MAGNETISMUS); es kann die 10^{12}-fache Stärke des Erdmagnetfelds erreichen. Der Stern, aus dem der Pulsar entstanden ist, besaß schon vorher eine Eigenrotation (die Sonne z.B. rotiert mit einer Periode von 27 Tagen, wie wir aus der Beobachtung der SONNENFLECKEN wissen). Nun gibt es aber eine physikalische Größe, die auch bei einem Ereignis wie dem Gravitationskollaps, aus dem der Neutronenstern hervorgeht, erhalten bleiben muss; diese Größe ist der Drehimpuls, dessen Erhaltungsgesetz etwa bewirkt, dass eine Eiskunstläuferin sich bei ihrer Pirouette schneller dreht, wenn sie die Arme an den Körper zieht (siehe ERHALTUNGSSATZ). Der Kollaps führt daher zu einer Beschleunigung der Rotation, und da das Objekt sich etwa um den Faktor 100000 verkleinert, erreicht die Rotationsperiode am Ende etwa die Größenordnung einer Sekunde. Die Achse des Magnetfelds stimmt nicht mit der Rotationsachse überein, wie es ja auch für die Erde gilt, wo die geographischen und die magnetischen Pole sich nicht am selben Ort befinden (siehe SINGULARITÄT).

Kosmische Leuchttürme

Aus der Kombination eines sehr starken Magnetfelds, einer schnellen Rotation des betreffenden Objekts und einer Winkelabweichung zwischen den beiden Achsen ergibt sich nun eine starke elektromagnetische Strahlung. Die freien Elektronen, die sich oberhalb der Kruste in der Restatmosphäre des Neutronensterns befinden, werden durch die (mehrere Milliarden Volt betragende) Potentialdifferenz beschleunigt, die von dem rotierenden Magnetfeld erzeugt wird (siehe ELEKTROMAGNETISMUS). Unter dem Einfluss der Lorentzkraft, die auf ein elektrisch geladenes Teilchen einwirkt, das sich in einem Magnetfeld bewegt (siehe MAGNETISMUS), kreisen sie spiralförmig um die Kraftlinien des Magnetfelds. Wie jede beschleunigte elektrische Ladung strahlen sie dabei Licht ab. Dieses kann sich auf Radiofrequenzen beschränken, es kann aber auch als Synchrotronstrahlung (siehe EMISSION) höhere Energie wie das sichtbare Licht (von Rot bis Blau) oder sogar wie Röntgenstrahlung erreichen.

Der Aufbau des Neutronensterns begrenzt diese Strahlung allerdings auf ein sehr schmales Bündel, das ähnlich dem Lichtstrahl eines Leuchtturms genau im Rhythmus der Rotation des Pulsars durch den Raum streicht. Wenn die Erde in den Bereich solch eines Bündels gerät, können wir jene periodischen Strahlungsimpluse beobachten, die vor 34 Jahren zufällig zur Entdeckung des ersten Pulsars führten. Schon ein Jahr später, 1968, gelangte der Astronom Thomas Gold übrigens zu dem Schluss, dass es sich bei dem beobachteten Objekt um einen jener Neuronensterne handelte, deren Existenz einige Jahre zuvor aufgrund theoretischer Überlegungen vorhergesagt worden war, die man bis dahin jedoch noch nicht hatte auffinden können.

Die Leuchtkraft der Pulsare erschöpft sich innerhalb von etwa zehn Millionen Jahren. Wenn die Stärke des Magnetfelds unter einen bestimmten Wert sinkt, hört die Strahlung auf. Solange sie jedoch strahlen, können wir die Periode ihrer Impulse sehr genau messen, und nach der Entdeckung der Pulsare fragten sich manche, ob sie nicht die genauesten natürlichen UHREN darstellen, die wir kennen. Doch diese Hoffnung wurde enttäuscht, denn die kristalline Kruste der Neutronensterne erfährt gelegentlich (durch eine Art Neutronensternbeben) eine Umstrukturierung, die den Drehimpuls des Sterns und damit seine Rotationsgeschwindigkeit geringfügig verändert. Für Zeiträume von weniger als einem Jahr, also zwischen zwei »Beben«, zeigen die schnellsten Pulsare (mit Perioden von einer tausendstel Sekunde) allerdings tatsächlich eine größere Stabilität als die Atomuhren, die heute für die Zeitmessung verwendet werden.

Interessante Doppelsternsysteme

Es kommt vor, dass sich ein Neutronenstern mit einem normalen Stern zu einem Doppelsternsystem verbindet, in dem beide einander umkreisen. Wir kennen heute gut zwanzig solcher Systeme aus einem normalen Stern und einem Pulsar (der dank der Ausrichtung seiner Achse gegenüber der Erde von hier aus beobachtet werden kann). Wegen der außergewöhnlichen Stabilität seiner Rotation können wir (aufgrund der Veränderung der emittierten Frequenzen, siehe DOPPLEREFFEKT) die Bahngeschwindigkeit, die Umlaufperiode und die Masse des Pulsars wie auch seines Begleiters mit allergrößter Genauigkeit bestimmen.

Durch genaue Beobachtung der jeweils achtstündigen Umlaufperiode solch eines Doppelsternsystems gelang es Russel Hulse und Joseph Taylor, den Beweis für den Energieverlust dieses Systems zu erbringen, der sich in einer Verringerung der Umlaufperiode um eine zehntausendstel Sekunde pro Jahr niederschlug. Diese Beobachtung brachte den beiden 1993 den Nobelpreis für Physik ein, weil sie damit indirekt, aber zum ersten Mal die Existenz von Gravitationswellen bewiesen hatten. Tatsächlich dürfte solch ein Energieverlust bei zwei einander im leeren Raum umkreisenden Körpern nicht auftreten, sofern es keine GRAVITATIONSWELLEN gäbe, die die verlorene Energie des Doppelsternsystems transportierten. Diese Wellen sind für die Gravitation dasselbe wie das Licht für den Elektromagnetismus.

Noch ein weiteres interessantes Phänomen kann in Doppelsternsystemen auftreten, die aus einem Neutronenstern und einem normalen Stern bestehen: der Neutronenstern entzieht seinem Begleiter durch Massenanziehung Materie (siehe AKKRETION). Diese Materie wird beschleunigt und trifft mit hoher Geschwindigkeit auf das anziehende Objekt, wobei sie eine intensive Strahlung emittiert, hauptsächlich im Bereich der hochenergetischen Röntgenstrahlung. Man spricht hier auch von Röntgendoppelsternsystemen, und die von ihnen emittierte Strahlung liefert uns zahlreiche Informationen über den betreffenden Neutronenstern und seine Oberfläche. Auf diesem Wege lassen sich auch Neutronensterne in Doppelsternsystemen entdecken, die wir nicht über die üblichen Strahlungspulse beobachten können, weil das Strahlenbündel nicht auf die Erde gerichtet ist oder weil sich diese Strahlung inzwischen erschöpft hat.

Q

quadratisches Reziprozitätsgesetz

Zur Vertiefung: ***algebraische Zahlen***

In der Zahlentheorie beschäftigt man sich viel mit Quadratzahlen; zum Beispiel sucht man ganze Zahlen, die als Summen zweier Quadratzahlen darstellbar sind. Um solche Probleme zu lösen, muss man für jede Primzahl p wissen, welche Reste sich bei der Division der Quadratzahlen durch p ergeben. Eine ganze Zahl wird als Quadratzahl modulo p bezeichnet (geschrieben mod p), wenn sie sich von einer Quadratzahl durch ein Vielfaches von p unterscheidet ($n = m^2 + kp$). Das quadratische Reziprozitätsgesetz besagt nun Folgendes: Sind p und q zwei ungerade Primzahlen, dann ist es äquivalent zu sagen, dass q eine Quadratzahl mod p oder p eine Quadratzahl mod q ist, sofern nicht beide von der Form $4n+3$ sind. In diesem Fall gilt: Wenn q eine Quadratzahl mod p ist, dann ist p keine Quadratzahl mod q und umgekehrt.

So sieht man für $p = 257$ und $q = 29$ (zwei Primzahlen der Form $4n+1$), dass

$257 = 5^2 + (8 \times 29)$

eine Quadratzahl mod 29 ist und schließt daraus, dass 29 eine Quadratzahl mod 257 ist. Tatsächlich kann man beweisen, dass

$29 = 172^2 - (115 \times 257)$

ist, aber man kann diese Lösung nur schwer ausfindig machen.

Das quadratische Reziprozitätsgesetz gehört zu den fundamentalen Sätzen der Zahlentheorie. Entdeckt wurde es auf empirischem Weg von Leonard Euler; Adrien Legendre versuchte es 1798 zu beweisen, aber der endgültige Beweis gelang erst Carl Friedrich Gauß. Er fand übrigens acht verschiedene Beweise und versuchte, den Satz auch auf höhere Potenzen auszudehnen. Solche Erweiterungen hat man für die dritte und die vierte Potenz gefunden; bei Ausdrücken höheren Grades wird die Situation noch komplizierter, und man muss auf die Theorie der ALGEBRAISCHEN ZAHLEN zurückgreifen.

Quadrik

→ ***Kegelschnitt, Quadrik***

Quant

Zur Vorbereitung: ***Schwarzer Körper***
Zur Vertiefung: ***Photon; Quantenphysik; Wechselwirkung in der Physik***

Das lateinische Wort *quantum* (wie viel) hielt seinen Einzug in die Physik am 14. Dezember 1900, als Max Planck vor der Preußischen Akademie der Wissenschaften einen revolutionären Vortrag hielt, in dem er eine Lösung für ein Problem im Zusammenhang mit der Strahlung eines Schwarzen Körpers, der so genannten Hohlraumstrahlung, vorlegte. Darin gab er die Hypothese der klassischen Physik auf, wonach die Energie physikalischer Systeme sich stets kontinuierlich ändert, und postulierte stattdessen, dass die Energie zwischen Strahlung und Materie nur in diskreten Paketen, den so genannten Quanten, ausgetauscht werden kann. Diese diskreten Pakete wachsen mit der Frequenz der betreffenden Strahlung; monochromatisches Licht mit der Frequenz ν (nü) tauscht Energie gleichsam nur über Münzen aus, deren kleinste Stückelung einen Wert von $h\nu$ besitzt, wobei h eine neue Naturkonstante ist, das so genannte Plancksche Wirkungsquantum. Genauer gesagt, die ausgetauschten Pakete können Werte von $h\nu$ oder $2h\nu$ oder $3h\nu$ usw. annehmen, aber keinen der dazwischen liegenden Werte (das ist ein wenig so wie bei Butter, die man im Supermarkt nur in Packungen zu einem halben Pfund kaufen kann). Man sagt, $h\nu$ sei ein Energiequant.

Das Plancksche Wirkungsquantum ist keine dimensionslose Größe (siehe DIMENSIONSANALYSE); seine Dimension entspricht dem Produkt aus Energie und Zeit und damit der physikalischen Größe, die als WIRKUNG bezeichnet wird. Aus diesem Grund heißt die Plancksche Konstante auch Wirkungsquantum. Ihr Wert beträgt $6{,}62 \times 10^{-34}$J.s (Joulesekunden).

1905 verlieh Albert Einstein den Lichtquanten (die später PHOTONEN getauft wurden) physikalische Konsistenz, als er mit ihrer Hilfe die Gesetze des photoelektrischen Effekts erklärte, also der Tatsache, dass Metalle bei der Bestrahlung mit Licht ELEKTRONEN emittieren können. Tatsächlich bildet der Gedanke der Quantelung die Grundlage der QUANTENPHYSIK; er besagt, dass jede Wechselwirkung auf dem Austausch eines von null verschiedenen Wechselwirkungsquants basiert.

In der klassischen Physik wird eine zwischen zwei Teilchen wirkende Kraft durch ein Feld übertragen; ein Teilchen erzeugt ein Feld, das sich ausbreitet und auf ein anderes Teilchen einwirkt. Diese Vorstellung musste in einer Weise revidiert werden, die sowohl auf die Quantenphysik als auch auf die RELATIVITÄTSTHEORIE Rücksicht nimmt. Wenn es zu einer Wechselwirkung kommen soll, muss etwas ausgetauscht werden. Dieses Etwas ist ein Quant, das heißt ein charakteristisches Teilchen des für die Ausbreitung der Wechselwirkung verantwortlichen Feldes. Wechselwirkungen zwischen zwei Teilchen sind also stets durch den Austausch eines dritten Teilchens vermittelt.

Quantenchemie

Zur Vertiefung: ***Atom- und Molekülorbitale; Elektronenwelle; Photochemie***

Die Quantenchemie befasst sich mit komplexen Berechnungen, die sich nur mit dem COMPUTER durchführen lassen und die in ihren Ergebnissen alle erdenklichen Eigenschaften der MATERIE auf mikroskopischer Ebene nachvollziehen. Zu den so berechneten Eigenschaften gehören zum Beispiel die Atomabstände in einem MOLEKÜL und die Schwingungsfrequenzen in seinem Inneren.

Da die Quantenchemie uns Zugang zu jener REALITÄT verschafft, die sich ansonsten vor allem durch Beobachtungen und Messungen von SPEKTREN erschließen lässt, konstruiert sie eine Art virtuelle Wirklichkeit auf mikroskopischer Ebene, die Wirklichkeit der ATOME und Moleküle.

Historischer Überblick

Bereits Anfang der 1930er Jahre profitierte die Chemie von der völlig neuen Quantenphysik. Die ersten Vorstöße in diesen Bereich unternahmen Physiker wie Hans Bethe, Walter H. Heitler, Fritz London, John R. Oppenheimer, Edward Teller, Eugene Wigner und andere. Schon bald folgte ihnen eine Hand voll Chemiker, unter denen Linus Pauling eine herausragende Stellung einnahm. Sie waren bestens vertraut mit den Problemen der Chemie, zum Beispiel der Frage, warum die vier Kohlenwasserstoffbindungen C—H des Methans CH_4 zu den Eckpunkten eines regelmäßigen Tetraeders gelenkt werden (siehe PLATONISCHE KÖRPER), und sie beherrschten ihre Methoden, insbesondere die von Gilbert N. Lewis entwickelte Theorien, wonach die CHEMISCHE BINDUNG auf der Bildung von Elektronenpaaren beruht.

Den Physikern folgten also einige wenige Chemiker, die Pionierarbeit leisteten. Lange Zeit, etwa bis Ende der 1980er Jahre, warf die Sonderstellung der (oft als »theoretische Chemie« bezeichneten) Quantenchemie Probleme auf. Denn der Dualismus von Theorie und Praxis und der Positivismus, sprich: Empirismus, der meisten experimentell arbeitenden Chemiker verbannten die Theoretiker tendenziell in einen Elfenbeinturm. So genießt die theoretische Chemie zum Beispiel in Deutschland, wo die Chemie als Wissenschaft den Interessen der Industrie eng verbunden ist, ein recht geringes Ansehen, was sich in der geringen Zahl der Lehrstühle niederschlägt; besser vertreten ist sie in den Vereinigten Staaten.

Zudem verfügt die experimentelle Chemie heute über leistungsfähige Software, die mit semiempirischen Verfahren arbeitet, wie sie in den 60er Jahren von John A. Pople und Michael S. Dewar entwickelt wurden. Diese Hilfsmittel haben bewirkt, dass die Quantenchemie in den Augen ihrer Anwender zu einer Art BLACK BOX geworden ist: Man gibt nur die Verkettung der Atome eines Moleküls ein (siehe CHEMISCHE VERBINDUNG), die ein rudimentäres Wissen über seine Struktur enthält, und bekommt vom Computer präzise Daten über die Energiezustände, die räumliche Anordnung (siehe KONFORMATION) und die charakteristischen Parameter des Moleküls, wie sie im Übrigen auch die verschiedenen Spektroskopieverfahren, zum Beispiel die Kernresonanzspektroskopie, liefern. Die Quantenchemie, die für sich in Anspruch nahm, die Königin der Chemie zu sein, ist so zum Mädchen für alles geworden. Sie hat also das umgekehrte Schicksal erfahren wie Aschenputtel im Märchen.

Erfolge

Die Quantenchemie kennt keine Grenzen. Einerseits ist sie von einer extremen Allgemeinheit und strebt an, als Theorie alle mikroskopischen Aspekte der Natur zu beherrschen. Andererseits sind sich die Wissenschaftler, die die Quantenchemie anwenden, durchaus bewusst, dass sie sich mit Annäherungen an unerreichbare theoretische Ideale begnügen müssen, auch wenn ihnen die leistungsfähigsten Computer zur Verfügung stehen.

Dass hier eine Arroganz des Prinzips durch eine unendliche Bescheidenheit in der Praxis gebrochen wird, erweist sich als souveränes Rezept, zahlreiche spektakuläre Erfolge zu erzielen.

Den ersten großen Erfolg erlebte die Quantenchemie, als es ihr gelang, die einfachste chemische Bindung zu erklären, die des Wasserstoffmoleküls H_2 (siehe WASSERSTOFF). Seit etwa 1915 gingen Chemiker davon aus, dass an der chemischen Bindung zwei Elektronen beteiligt sind. Aus der Sicht damaliger Physiker hätten zwei Elektronen sich nicht zusammentun dürfen, sondern sich gegenseitig stark abstoßen müssen, da sie beide negativ geladen sind. Um 1930 gelang Walter H. Heitler und Fritz London die seit langem erwartete Erklärung (siehe ELEKTRONENWELLE), die Chemiker und Physiker versöhnte.

Als Nächstes befasste sich die Quantenchemie mit anderen rätselhaften Phänomenen. Wenn man zum Beispiel flüssigen Stickstoff N_2 zwischen die Pole eines Magneten bringt, geschieht nicht sonderlich viel (eine ganz schwache Abstoßung). Führt man das gleiche Experiment mit flüssigem Sauerstoff O_2 durch, lagert er sich aufgrund einer starken Anziehung an die Magnetpole an. Sauerstoff ist paramagnetisch, Stickstoff diamagnetisch. Seit den 30er Jahren vermochte die Quantenchemie dieses unterschiedliche Verhalten zu erklären, indem sie für jedes der beiden Moleküle Molekülorbitale entwarf. Da nach den Erkenntnissen der Quantenphysik jedes Teilchen mit einer Welle verbunden ist, strukturieren die Molekülorbitale den Raum, wobei sie die mit jedem Elektron der beiden Moleküle verbundene Welle bestimmen: Die Differenz zwischen den Elektronen des Sauerstoffmoleküls und des Stickstoffmoleküls (O_2 hat zwei Elektronen mehr als N_2) zeigt, dass die beiden zusätzlichen Elektronen zwangsläufig parallele magnetische Momente besitzen (siehe SPIN); daher ist nur beim Sauerstoffmolekül Paramagnetismus zu beobachten.

Zu den weiteren frühen Erfolgen (30er und 40er Jahre) der Quantenchemie zählt die Erklärung für die Farbeigenschaften der Materie, ganz gleich, ob es sich um FARBSTOFFE oder um PIGMENTE handelt: FARBE entsteht, indem bestimmte Wellenlängen des LICHTS, das auf das jeweilige Material fällt, absorbiert werden und die absorbierten Lichtteilchen oder PHOTONEN ihre Energie an diesen Stoff abgeben. Diese Energie treibt die Elektronen wie auf einer Treppe von den niedrigsten auf die höchsten Energiezustände, die sie erreichen können. Die relative Position dieser Energiezustände der Elektronen kennzeichnet jedes chemische System – Atome, Kristalle oder Moleküle – und erklärt ihre Farbe.

So vermag die Quantenchemie, deren ursprünglicher Gegenstand die mikroskopische Realität ist, auch eine Erklärung für bestimmte greifbare Aspekte der makroskopischen Wirklichkeit zu liefern.

quantenmechanische Ununterscheidbarkeit

Zur Vorbereitung: ***Quantenphysik***
Zur Vertiefung: ***Deutungen der Quantenphysik; Messung***

Ein spezifisch quantenphysikalisches Phänomen

Die Ununterscheidbarkeit ist eine ausgesprochen seltsame Erscheinung, die sich nur in der Quantenphysik findet. Auch wenn dieses Phänomen experimentell als weitgehend gesichert gelten kann, bleibt sein epistemologischer Status doch weiterhin im Dunkeln. Die Ununterscheidbarkeit stellt die eigentlich selbstverständliche Vorstellung infrage, dass Objekte einen präzisen Ort besitzen.

Tatsächlich erscheint es uns evident, dass jedes Ding einen bestimmten Ort im Raum einnimmt, und wenn zwei Dinge sich an verschiedenen Orten befinden, gehen wir davon aus, dass ihre wechselseitige Einwirkung mit zunehmendem Abstand abnimmt. Daher halten wir uns auch ohne weiteres für berechtigt, eines der beiden Objekte unberücksichtigt zu lassen, wenn wir das andere untersuchen. Wenn wir es nun mit einem Teilchenpaar zu tun haben, halten wir solch ein System gleichfalls für auflösbar, das heißt, es scheint uns möglich, von jedem der beiden Teilchen, aus denen das Paar besteht, gesondert zu sprechen. Wie das Gesamtsystem, das sie bilden, stellt jedes der beiden Teilchen eine eigenständige physikalische Entität dar.

Doch die Quantenphysik zwingt uns, einige dieser Vorstellungen infrage zu stellen. Zunächst einmal ist die mathematische Entität, die der Darstellung der Teilchen dient, der so genannte Zustandsvektor (siehe Überlagerungsprinzip und Zustand), im Allgemeinen im Raum ausgebreitet und verweist daher nur auf die Wahrscheinlichkeit, das Teilchen an einem bestimmten Ort anzutreffen. Schon aufgrund seiner Struktur scheint das Konzept des Zustandsvektors dem Gedanken eines präzisen Ortes in dem uns vertrauten Sinne zuwiderzulaufen, denn ein Teilchen oder zumindest seine quantenphysikalische Darstellung ist nicht notwendig auf einen bestimmten Bereich des Raumes eingegrenzt.

Stellen wir uns nun zwei Teilchen vor, die aufeinander zustreben und zusammenstoßen. Unmittelbar vor dem Zusammenstoß ist jedes von ihnen durch einen bestimmten Zustandsvektor beschrieben. Wie lässt sich nun das Paar beschreiben, das sie bilden? Nach der Quantenphysik durch das Produkt der beiden individuellen Zustandsvektoren.

Was wird aus diesem Produkt nach dem Zusammenstoß? Die Rechnung zeigt, dass es nach dem Zusammenstoß nicht mehr möglich ist, den Zustandsvektor des Paares in zwei Zustandsvektoren zu zerlegen, die jeweils einem der beiden Teilchen zuzuordnen wären. Tatsächlich wird der Zustandsvektor als Summe zweier solcher Produkte geschrieben. Daher kann man nicht mehr sagen, dass auch im Endzustand jedes Teilchen noch einen eigenen Zustandsvektor hätte; nur das Paar besitzt dann noch einen eindeutig bestimmten Zustandsvektor. Daher kann man nur das Gesamtsystem beschreiben, nicht aber dessen konstituierende Elemente. In gewisser Weise ist das Ganze hier mehr als die Summe seiner Teile. Der Zustandsvektor sorgt gleichsam für eine Vermengung der beiden Teilchen. Dieses von den Gesetzen der Quantenphysik selbst diktierte Phänomen wurde in den 1930er Jahren von Erwin Schrödinger entdeckt.

Albert Einsteins Argumentation

Man kann nun fragen, ob die klassische Unterscheidbarkeit der Teilchen sich durch eine Theorie retten ließe, die feiner wäre als die klassische Quantentheorie. Diese Frage stand im Mittelpunkt eines berühmten Aufsatzes, den Albert Einstein zusammen mit zwei weiteren Physikern, Boris Podolski und Nathan Rosen, 1935 in der *Physical Review* veröffentlichte. Die drei Autoren stellten sich darin eine Situation vor, die seither mit den Anfangsbuchstaben ihrer Namen als EPR-Situation bezeichnet wird: Zwei Teilchen treten in Wechselwirkung und entfernen sich dann voneinander. Einstein schreibt nun, nach der Quantentheorie zeigten die an diesen Teilchen gemessenen Größen eine sehr starke Korrelation. Nehmen wir zum Beispiel zwei Photonen, die von einem Atom in einem bestimmten Zustand emittiert werden und sich nun voneinander entfernen. Wie alle Photonen besitzen auch diese beiden eine bestimmte Eigenschaft, die als POLARISATION bezeichnet wird und als Ausrichtung des mit ihnen verbundenen elektrischen Feldes definiert ist. Misst man die Polarisation eines Photons nach einer bestimmten Richtung, besteht eine bestimmte Wahrscheinlichkeit, +1 zu erhalten, und eine ebenso bestimmte (dazu komplementäre) Wahrscheinlichkeit, –1 zu erhalten. Misst man nun die Polarisation von Photonenpaaren, die von einem Atom stammen, das unter Emissionen zweier Photonen aus seinem Anregungszustand in einen Zustand geringerer Energie zurückgekehrt ist, erhält man für beide Photonen dasselbe Ergebnis, nämlich entweder für beide +1 oder für beide –1. In diesem Sinne sagt man, die Messungen seien stark korreliert.

Diese trotz räumlicher Entfernung festzustellende Korrelation gab Einstein und seinen Mitautoren Anlass zu folgender Überlegung: Wenn zwei Messungen an diesen räumlich voneinander entfernten Teilchen derart korrelierte Resultate erbringen, dann deshalb, weil beide Teilchen seit dem Zeitpunkt, zu dem sie in Wechselwirkung standen, eine gemeinsame Eigenschaft besitzen, die zu den genannten Messergebnissen führt. Diese gemeinsame Eigenschaft, die gelegentlich auch als verborgene Variable bezeichnet wird und von Teilchenpaar zu Teilchenpaar variiert, sei für die gemessene Korrelation verantwortlich. Die Quantenphysik erwähnt solche Zusammenhänge jedoch nicht. Wenn Einstein Recht hat, wäre die Quantenphysik zwar nicht falsch, aber doch unvollständig; sie sagte nicht alles, was man über ein physikalisches System aussagen kann.

Niels Bohrs Antwort

Niels Bohr, der andere Gründungsvater der Quantenphysik, widersprach dieser Einsteinschen Argumentation. Ihre Debatte berührte Grundfragen der physikalischen Realität. Nach Einstein besteht die Welt aus Entitäten, die in der Raum-Zeit lokalisierbar und mit Eigenschaften ausgestattet sind, die ihre physikalische Realität konstituieren. Diese Entitäten können nur »lokal« in dem Sinne miteinander interagieren, den die RELATIVITÄTSTHEORIE diesem Ausdruck gibt, das heißt ausschließlich über Wechselwirkungen, die sich nicht schneller als das Licht ausbreiten. Genauer gesagt, behauptet die allgemeine Relativitätstheorie, dass es Fälle gibt, in denen man sicher sein kann, dass zwei Ereignisse sich wechselseitig nicht beeinflussen, und zwar dann, wenn die beiden Ereignisse räumlich so weit voneinander entfernt sind und zeitlich so nah beieinander liegen, dass das Licht keine Zeit hat, eine Verbindung zwischen beiden herzustellen. Dieses Prinzip wird als Lokalität oder Unterscheidbarkeit oder auch als Einstein-Kausalität bezeichnet; eine Theorie, die dies beinhaltet, heißt lokal.

Bohr dagegen hatte ein anderes Bild von der physikalischen Realität. Insbesondere wies er den Gedanken zurück, es könne eine von der Messapparatur unabhängige Realität geben. In seinen Augen vermochte eine Theorie keine angeblich objektive Realität zu beschreiben, sondern allein solche Phänomene, in deren Definition auch der experimentelle Kontext enthalten ist, aus dem heraus sie überhaupt erst sichtbar werden. Und genau dies tue die Quantenphysik auf denkbar vollkommene Weise, denn sie erschöpfe sämtliche Voraussagemöglichkeiten in allen Experimentalsituationen, die das Auftreten eines bestimmten Phänomens gestatten. Sie sei daher hinsichtlich der Voraussage vollständig. Vor Spekulationen über die Realität der Dinge musste man sich nach Bohrs Auffassung hüten. Mit solchen, im Wesentlichen philosophischen Argumenten trat Bohr den Auffassungen Einsteins über die Ununterscheidbarkeit entgegen, ohne ihn jedoch von der Richtigkeit seiner Ansicht überzeugen zu können.

Der Schiedsspruch des Experiments

Am Ende trat die Debatte aus dem rein philosophischen Rahmen heraus, in den sie lange Zeit eingeschlossen schien. 1964 dachte der Physiker John Bell Einsteins Argumentation konsequent zu Ende und gelangte zu einem unerwarteten Ergebnis: Die von den lokalen Theorien unter Hinweis auf verborgene Variablen vorausgesagten Korrelationen können zwar sehr stark sein, aber nicht so stark, wie es die Quantenphysik vorsieht. Genauer gesagt: John Bell zeigte zwei bedeutsame Dinge. Einerseits können die aus den verborgenen Variablen resultierenden Korrelationen einen bestimmten Grenzwert nicht überschreiten (was immer diese verborgenen Variablen sein mögen); andererseits sieht die Quantenphysik in bestimmten Situationen Korrelationen voraus, die diesen Grenzwert überschreiten. Dank dieser Zuspitzung war es nun möglich, die Entscheidung dem Experiment zu überlassen: Entweder erwies das Experiment, dass die Quantenphysik Unrecht hat, oder es zeigte, dass eine Theorie, die von einer lokal definierten Realität ausging, jeder Grundlage entbehrte.

Die Korrelationsmessungen, die insbesondere von einer Forschergruppe um Alain Aspect 1983 an geeigneten, das heißt von derselben Quelle emittierten Photonenpaaren vorgenommen wurden, entschieden eindeutig zugunsten der Quantenphysik. Danach scheinen zwei Teilchen, die in der Vergangenheit einmal in Wechselwirkung gestanden haben, unter bestimmten Umständen auch dann noch ein ununterscheidbares Ganzes zu bilden, wenn sie sich weit voneinander entfernt haben. Unter diesen Umständen ist es nicht möglich, sie innerhalb der von ihnen gebildeten Gesamtheit als jeweils individuelle Teilchen auszumachen oder zu betrachten.

Dieses Ergebnis ist insofern bedeutsam, als es uns verbietet, die Quantentheorie im Sinne einer mit verborgenen Variablen arbeitenden lokalen Theorie zu interpretieren. Insbesondere ist es illusorisch, das Gesamtverhalten eines ununterscheidbaren Systems in Begriffen von unabhängigen Teilchen erklären zu wollen, deren jedes eigene und im Voraus (das heißt vor jeder Messung) bestimmte physikalische Eigenschaften besäße. Allerdings fragt sich nun, wie man sich solch ein System vorzustellen hat.

Quantenphysik

Zur Vertiefung: ***Deutungen der Quantenphysik; Heisenbergsches Unbestimmtheitsprinzip; quantenmechanische Ununterscheidbarkeit; Überlagerungsprinzip***

Die Quantentheorie dient zur Beschreibung und Erklärung der Phänomene, die im Bereich des mikroskopisch Kleinen angesiedelt sind, also auf der Ebene der ATOME und von TEILCHEN wie den PROTONEN, NEUTRONEN, ELEKTRONEN oder PHOTONEN. Diese Objekte sind mit bloßem Auge oder einer Lupe nicht sichtbar und lassen sich nicht einmal unter einem starken Mikroskop erkennen, weshalb sie denn auch erst im 20. Jahrhundert entdeckt wurden.

Seit etwa 1920 ist die Quantenphysik das wichtigste Instrument des physikalischen Fortschritts, und das gilt für nahezu sämtliche Teilbereiche: die Festkörperphysik, die Atomphysik, die statistische Physik, die Kernphysik, die Teilchenphysik usw. Ihre Entwicklung begann, als die Physiker Anfang des 20. Jahrhunderts entdeckten, dass die gewöhnlichen Gesetze der Physik sich nicht auf die Atome anwenden ließen. So vermochten diese Gesetze weder die Stabilität der Atome noch den Mechanismus zu erklären, über den die Atome Licht emittieren (siehe ATOM). Es zeigte sich auch, dass die Elektronen, von denen man zunächst annahm, sie umkreisten den Atomkern etwa in derselben Weise wie die Planeten unsere Sonne, keine fest umrissene Bahn besitzen. Sie scheinen über den Raum ausgebreitet zu sein, sofern man nicht gerade ihre Position misst (siehe MESSUNG).

Um all diesen Problemen gerecht zu werden, bedurfte es einer tief greifenden Umgestaltung der Physik. Die Quantenphysik ist das Ergebnis dieser Revolution im physikalischen Denken, die von so namhaften Physikern wie Albert Einstein, Paul Dirac, Erwin Schrödinger, Werner Heisenberg, Niels Bohr und anderen herbeigeführt wurde.

Die Quantenphysik bietet bemerkenswerte operative Möglichkeiten. Sie wird von den Teilchenphysikern ebenso eingesetzt wie von den Kern- und Atomphysikern, den Festkörperphysikern und sogar von den Astrophysikern. Bis heute ist noch keine ihrer Voraussagen durch Experimente widerlegt worden, so seltsam manche dieser Voraussagen auch erscheinen mögen. Da die Quantenphysik Konzepte benutzt, für die es in unserer alltäglichen Anschauung keine Entsprechungen gibt, widersprechen manche ihrer Voraussagen dem gesunden Menschenverstand. So kann es nicht erstaunen, dass sie immer wieder auf heftigen Widerstand gestoßen ist. Albert Einstein etwa hat einige ihrer Folgerungen niemals akzeptiert, insbesondere die Tatsache, dass sich mit ihrer Hilfe nur Wahrscheinlichkeiten berechnen lassen.

Die Quantenphysik und die Gesetze der klassischen Physik

Die wichtigste Revision, zu der die Quantenphysik zwingt, betrifft die Darstellung der physikalischen Objekte und ihrer Eigenschaften. Die so genannte klassische Physik unterscheidet zwei Arten grundlegender Entitäten: Korpuskeln, die man sich wie mikroskopisch kleine Billardkugeln vorstellt, und Wellen, die sich etwa in derselben Weise im Raum ausbreiten wie eine Welle auf dem Meer. Die Quantenphysik behält diese recht bequeme Einteilung nicht bei. Bei den von ihr betrachteten Objekten handelt es sich weder um Korpuskeln noch um Wellen, sondern um »etwas anderes«. Insbesondere lässt das Bild, das sie sich von den Teilchen macht, nicht länger die Vorstellung zu, die Teilchen seien im Raum präzise lokalisiert und besäßen eine wohl definierte Bahn. Was wir oben über das Elektron innerhalb des Atoms gesagt haben, gilt für sämtliche Teilchen und für alle quantenphysikalischen Objekte: Nach dem Heisenbergschen Unbestimmtheitsprinzip, auch »Unschärferelation« genannt, kann man Geschwindigkeit und Ort eines Teilchens nicht gleichzeitig kennen, so dass es nicht länger erlaubt ist, sie im Sinne klassischer Korpuskeln zu begreifen.

Die neuen Konzepte der Quantenphysik

Die Quantenphysik stützt sich gänzlich auf einen so genannten Formalismus, das heißt auf eine Reihe präzise formulierter Prinzipien, mathematischer Konzepte, Gleichungen und Regeln. Innerhalb dieses Formalismus wird jedes physikalische System ganz unabhängig von seinem (Wellen- oder Korpuskel-) Charakter durch mathematische Entitäten, die so genannten Zustandsvektoren, beschrieben, die dadurch gekennzeichnet sind, dass sie gewissermaßen addiert werden können, das heißt, die Summe zweier möglicher Zustände eines physikalischen Systems ist gleichfalls ein möglicher Zustand des betreffenden Systems. Dieses Überlagerungsprinzip bildet die Grundlage des quantenphysikalischen Formalismus.

Die zeitliche Entwicklung des Zustandsvektors eines physikalischen Systems gehorcht einer Gleichung, die 1925 von Erwin Schrödinger aufgestellt wurde; sie ersetzt die Gleichungen der klassischen Physik. Diese Gleichung ist linear, das heißt, die Zustandsvektoren lassen sich zusammenfassen, wie es das Überlagerungsprinzip verlangt.

Die physikalischen Eigenschaften eines Objekts, die in der klassischen Physik durch Funktionen des Ortes und der Geschwindigkeit dargestellt werden, sind in der Quantenphysik mit linearen Operatoren verknüpft; so gibt es einen Ortsoperator, der dem Ort zugeordnet ist, einen Impulsoperator, der dem Impuls zugeordnet ist, usw. Diese Operatoren werden auf die Zustandsvektoren angewendet, die das jeweilige Objekt repräsentieren. Im Prinzip gestatten sie es, die Ergebnisse, die eine Messung der zugehörigen physikalischen Eigenschaft ergeben könnte, im Voraus zu berechnen.

Was ist die Realität?

Die Quantenphysik wirft schwierige philosophische Fragen auf, die keineswegs als beantwortet gelten können. Das gilt insbesondere für das Verhältnis zwischen physikalischen Objekten und ihrer Darstellung. Können wir die objektive Realität erkennen, oder haben wir lediglich Zugang zu den Erscheinungen? Zumindest können wir in diesem Zusammenhang sagen, dass die Quantenphysik uns kein klares Bild der so genannten Realität bietet (siehe QUANTENMECHANISCHE UNUNTERSCHEIDBARKEIT und DEUTUNGEN DER QUANTENPHYSIK). Sie erlaubt es uns nicht, die physikalischen Objekte mit einfachen Bildern zu verbinden. Sie vermag zum Beispiel kein klares, anschauliches Bild des Atoms zu zeichnen. Zum Glück hindert all das die Quantenphysik jedoch nicht, ganz konkrete Anwendungen wie das Elektronenmikroskop oder den LASER hervorzubringen.

Quantenphysik, Deutungen der

→ ***Deutungen der Quantenphysik***

Quark

Zur Vorbereitung: ***Hadron; Wechselwirkung in der Physik***
Zur Vertiefung: ***Farbe; Fermion; Teilchen***

Heute sind mehr als dreihundert Teilchen bekannt, die wie PROTONEN und NEUTRONEN der starken Wechselwirkung unterliegen (die starke Wechselwirkung ist für den Zusammenhalt des Atomkerne verantwortlich). Diese Teilchen werden HADRONEN genannt. Mit Ausnahme der Protonen, deren Lebensdauer unbegrenzt ist (oder jedenfalls über 10^{35} Jahren liegt), sind alle Hadronen instabil, das heißt, sie zerfallen spontan nach kurzer Zeit, manche von ihnen schon nach 10^{-23} Sekunden. Diese Teilchen wurden entweder in der kosmischen Strahlung oder nach dem Zweiten Weltkrieg in Experimenten an großen TEILCHENBESCHLEUNIGERN entdeckt. Einige von ihnen sind elektrisch geladen, andere nicht.

Anfang der 60er Jahre wurde klar, dass es sich bei einer so großen Zahl von Teilchen kaum um Elementarteilchen handeln konnte, also um Teilchen, die keine innere Struktur besitzen. 1964 entwickelten Murray Gell-Mann und George Zweig unabhängig voneinander die Theorie der Quarks, die eine erste Formalisierung dieser noch intuitiven Vermutung brachte. Ihre ausschließlich theoretisch begründeten Überlegungen fanden anfangs nur wenig Beifall, doch mit der Zeit mehrten sich experimentelle Befunde, die ihre Aussagen bestätigten. Schließlich bot die Theorie der Quarks die Möglichkeit, den Aufbau der Hadronen sehr genau zu verstehen. Inzwischen findet sie unter Teilchenphysikern weitestgehende Zustimmung, zumal sie seit der Entdeckung des J/Ψ-Mesons 1974 ohne glaubwürdige Konkurrenz dasteht.

Nach der Theorie der Quarks sind die Hadronen zusammengesetzte Teilchen. Sie bestehen aus noch kleineren Teilchen, den so genannten Quarks. So ist das Proton aus zwei *u*-Quarks und einem *d*-Quark zusammengesetzt (*u* steht für *up*, *d* für *down*), während das Neutron aus zwei *d*-Quarks und einem *u*-Quark besteht. Die *u*- und *d*-Quarks besitzen elektrische Ladungen unterschiedlicher Größe; nimmt man die Ladung des Protons als Einheit, beträgt die Ladung des *u*-Quarks 2/3 und die des *d*-Quarks –1/3. Addieren wir 2/3, 2/3 und –1/3, erhalten wir für die Ladung des Protons +1. Addieren wir –1/3, –1/3 und 2/3, erhalten wir 0, die Ladung des elektrisch neutralen Neutrons.

Quarks besitzen einen SPIN, also einen inneren Drehimpuls. In den üblichen Einheiten ausgedrückt, beträgt dieser Spin 1/2; das heißt, dass die Quarks Fermionen sind, also echte materielle Teilchen, die dem AUSSCHLIESSUNGSPRINZIP oder Pauliverbot gehorchen und sich wechselseitig nicht durchdringen können (siehe BOSON UND FERMION).

Es gibt insgesamt sechs verschiedene Arten von Quarks, die sich nach der so genannten FLAVOUR-Quantenzahl unterscheiden (*flavour* bedeutet im Englischen »Geschmack« oder »Aroma«): *d*-Quarks (*d* für *down*, das heißt einen abwärts gerichteten Isospin); *u*-Quarks (*u* für *up*, einen aufwärts gerichteten Isospin); *s*-Quarks (*s* für *strangeness* oder Seltsamkeit, auch Fremdheitsquantenzahl genannt); *c*-Quarks (*c* für *charm*, die Charmquantenzahl); *b*-Quarks (*b* für *beauty*, Schönheit, oder *bottomness*, grundlegend); und *t*-Quarks (*t* für *truth*, Wahrheit, oder *topness*, oben stehend).

Analog zur elektrischen Ladung im Verhältnis zur elektromagnetischen Wechselwirkung kennzeichnet die Flavour-Quantenzahl eine LADUNG, auf deren Grundlage sich bestimmen lässt, wie die Quarks auf die schwache Wechselwirkung reagieren (die insbesondere für den Zerfall des Neutrons verantwortlich ist). Die schwache Wechselwirkung vermag die Flavour-Quantenzahl eines Quarks zu verändern. So kann sie die Umwandlung eines *c*-Quarks in ein *s*-Quark, oder eines *u*-Quarks in ein *d*-Quark zu bewirken (das geschieht etwa beim Betazerfall, bei dem ein Neutron in ein Proton, ein Elektron und ein Antineutrino zerfällt). In der Fähigkeit, die zugehörige Ladung zu verändern, unterscheidet sich die schwache Wechselwirkung von der elektromagnetischen, die ja die elektrische Ladung der von ihr erfassten Objekte unverändert lässt.

Neben der Flavour-Quantenzahl besitzen die Quarks eine weitere, noch bedeutsamere Eigenschaft, die als FARBE oder *Coulour* bezeichnet wird. Die Bedeutung, die man dem Ausdruck »Farbe« in der Teilchenphysik zuweist, hat allerdings ebenso wenig mit der sichtbaren Farbe eines Objekts zu tun wie die Flavour-Quantenzahl mit dem Geschmack einer Speise. Der Ausdruck »Farbe« dient nur der bildhaften Bezeichnung eines Etiketts oder einer bestimmten Art von Ladung. Die Farbe liegt der starken Wechselwirkung in ähnlicher Weise zugrunde, wie die elektrische Ladung der elektromagnetischen Wechselwirkung zugrunde liegt. Insgesamt unterscheidet man bei den Quarks drei Farben, die im Übrigen willkürlich gewählt sind: Rot, Blau und Grün. Die drei Quarks eines Protons haben sämtlich verschiedene Farben, nämlich wiederum Rot, Blau und Grün. Im Mittel und analog zur Farbentheorie ist das Proton daher »weiß«, denn in der visuellen Farbwahrnehmung kann das Weiß als Addition sämtlicher Farben verstanden werden.

Nach der Theorie der starken Wechselwirkung, im Blick auf die Farbe der Quarks auch Quantenchromodynamik genannt, lassen sich einzig weiße Teilchen im Labor beobachten, während farbige Teilchen wie Quarks nicht isoliert aufgespürt werden können. Man findet stets nur Hadronen, aber niemals einzelne Quarks. Die Quarks sind gleichsam in den Hadronen eingeschlossen (*confinement*).

Unter diesen Umständen muss die Bindung zwischen den Quarks innerhalb der Hadronen durch andere Kräfte erfolgen, als wir sie etwa aus dem Bereich des Elektromagnetismus kennen. Ihre Bindung beruht auf dem Austausch von Teilchen, deren Masse gleich null ist und die nach dem englischen Ausdruck für »Klebstoff« oder »Leim« (*glue*) als Gluonen bezeichnet werden. Anfang der 70er Jahre konnte die Existenz dieser Teilchen in Experimenten bewiesen werden, bei denen man Elektronen und Antielektronen (POSITRONEN) mit sehr hohen Energien zur Kollision brachte.

Die Gluonen sind für die Farbe der Quarks empfindlich. Tatsächlich findet sich bei ihnen eine ähnliche Kopplung an die Farbe, wie wir sie bei den für die elektromagnetische Wechselwirkung verantwortlichen Photonen hinsichtlich der elektrischen Ladung kennen. Doch es gibt einen grundlegenden Unterschied zwischen Photonen und Gluonen. Während Photonen keine elektrische Ladung tragen, so dass ihre Emission oder Absorption durch ein Teilchen keine Änderung der elektrischen Ladung dieses Teilchens bewirkt, tragen die Gluonen eine Colour-Ladung und verändern daher die Farbe eines Quarks, wenn sie von ihm emittiert oder absorbiert werden. Es gibt insgesamt acht Gluonen, die sämtlich farbig sind. Die sechs einfachsten tragen eine Farbe und eine Antifarbe, zum Beispiel Rot und Antiblau, nicht aber Rot und Antirot, denn das ergäbe Weiß. Wenn ein rotes Quark ein rot-antiblaues Gluon emittiert, wird es blau. Und wenn ein blaues Quark dieses rot-antiblaue Gluon absorbiert, wird es rot. Die Quarks eines Hadrons tauschen ständig farbige Gluonen untereinander aus, in einem Ballett, das den Regeln der Quantenchromodynamik folgt. Dabei wechseln sie unablässig die Farbe, doch die Gesamtfarbe des Hadrons bleibt Weiß. Dieser ständige Farbaustausch sorgt für die (zeitweilige) Stabilität der Hadronen.

Da die Gluonen eine Colour-Ladung besitzen, ist ihre Wechselwirkung anders beschaffen als die der Photonen; die Theorie der Quarks und der Gluonen enthält daher Ausdrücke, für die es in der Theorie des Elektromagnetismus keine Entsprechungen gibt. So wird die starke Wechselwirkung schwächer, wenn die Quarks sich einander annähern. Bei Abständen unter einem Zehntel Fermi (1 Fermi gleich 10^{-15} Meter) wird sie so schwach, dass man sie als STÖRUNG behandeln kann. Dieses für die starke Wechselwirkung typische Phänomen bezeichnet man als asymptotische Freiheit. Danach sind Quarks und Gluonen insofern seltsame Objekte, als sie den Einfluss ihrer Nachbarn umso geringer spüren, je näher sie ihnen sind, das heißt je enger sie in dem äußerst kleinen Bereich zusammengedrängt sind, in dem die sie verbindende Kraft gegen null geht.

Aber diese Freiheit ist nicht vollkommen, denn die Quarks vermögen nicht den zusammengesetzten Systemen zu entrinnen, in die sie eingeschlossen sind. Es ist so, als beschränkte sich ihre Freiheit auf das Innere eines Gefängnisses, aus dem es ansonsten kein Entkommen gibt. Will man ein Quark aus seinem Verband herauslösen und von den übrigen Quarks und Gluonen trennen, mit denen es in Wechselwirkung steht, steigt die dafür erforderliche Energie mit dem Abstand steil an. In ihrer Sparsamkeit zieht die Natur es vor, diese Energie zur Erzeugung anderer Hadronen zu benutzen (siehe MATERIALISATION).

Jedes Quark, das seinem Gefängnis entrinnt, umgibt sich sogleich mit einem Mantel, der entweder aus zwei anderen Quarks oder aus einem Antiquark besteht; im ersten Fall entsteht ein Baryon, im zweiten ein Meson. Anders gesagt, Quarks ziehen stets etwas über, wenn sie ausgehen, so dass man sie niemals nackt sieht.

Obwohl Quarks wegen ihres »Confinements« nicht direkt im Labor beobachtet werden können, haben zahlreiche Experimente ihre Anwesenheit innerhalb des Protons bestätigt. So hat man Protonen mit einem Elektronenstrahl sehr hoher Energie beschossen und auf diese Weise gleichsam ein elektronenmikrographisches Bild des Protons erhalten, das dessen inneren Aufbau aus Quarks sehr genau zeigt.

Quasar

Zur Vertiefung: ***Akkretion; Astrometrie; Galaxie***

Die Quasare sind mit einer Klasse von Galaxien verbunden, in deren Zentrum sich eine derart starke Strahlungsquelle befindet, dass sie die Strahlung der zur Galaxie gehörigen Einzelsterne überstrahlt. Entdeckt wurden die Quasare zunächst im Bereich der Radiofrequenzen; sie erschienen anfangs als Punkte ohne erkennbare Ausdehnung und ähnelten darin den Sternen; daher ihr Name »Quasar«, eine Zusammenziehung des englischen *quasi stellar*. Doch 1963 entdeckte der amerikanische Astronom Maarten Schmidt bei dem (uns am nächsten gelegenen) Quasar 3C 273 eine beträchtliche Verschiebung der vom Wasserstoffatom emittierten Wellenlängen. Er schloss daraus auf eine sehr große Entfernung, denn bei der EXPANSION des Universums vergrößert sich die Wellenlänge des von einem Objekt ausgesendeten Lichts proportional zu dessen Entfernung. Bei 3C 273 verlängerte diese kosmologische Rotverschiebung die Wellenlängen der emittierten Strahlung um 16%. Seither sind Tausende von Quasaren entdeckt worden, und bei manchen von ihnen erreicht die Rotverschiebung 470%; zusammen mit einigen anderen Galaxien, die mit Hilfe des Hubble-Teleskops entdeckt worden sind, bilden sie die fernsten bekannten Objekte des Universums, und das heißt zugleich die ältesten (da das Licht sehr lange braucht, um zu uns zu gelangen). Wegen der großen Entfernung erscheinen sie uns als punktförmig, auch wenn wir einige nähergelegene Quasare inzwischen mit den verbesserten Radioteleskopen stärker auflösen können (siehe TELESKOP).

Die Quasare sind nur deshalb trotz ihrer Entfernung relativ leicht zu beobachten, weil sie ungeheure Mengen Lichtenergie (von Röntgenstrahlen bis hin zu Radiofrequenzen) abstrahlen, und zwar einige tausend Mal mehr als die Sterne einer normalen Galaxie. Da diese Strahlung nicht thermischen Ursprungs ist (es handelt sich nicht um die Strahlung eines SCHWARZEN KÖRPERS, wie die Auswertung des Spektrums zeigt), hat man die Vermutung geäußert, dass sich im Zentrum der

Quasare ein SCHWARZES LOCH befindet, also eine durch Gravitationskollaps entstandene Materiekonzentration von mehreren Millionen Sonnenmassen; dieses SCHWARZE LOCH verschlingt gleichsam die Sterne der betreffenden Galaxie über den Prozess der gravitativen Verdichtung (siehe AKKRETION). Wenn die Sterne in das Schwarze Loch stürzen, wird Gravitationsenergie freigesetzt und über komplizierte Mechanismen der Beschleunigung von Elektronen schließlich in Form von Licht abgestrahlt.

Wenn die Strahlung eines Quasars schließlich zu uns gelangt, hat sie die unermesslichen Weiten des Weltraums zwischen den Galaxien durchquert. Stößt sie auf diesem Weg auf Wolken intergalaktischen Gases (siehe INTERSTELLARER RAUM), wird sie zum Teil absorbiert, so dass ihr Spektrum nun zahlreiche Absorptionslinien enthält, die wie die Silhouette eines Gegenstands vor einer hellen Lichtquelle Auskunft über die Bedeutung dieser fernen, alten Wolken wie auch über ihre ursprüngliche chemische Zusammensetzung geben. So finden sich in diesen Wolken nur geringe Anteile jener chemischen Elemente, die erst in späteren Phasen innerhalb der Sterne durch Kernfusion erzeugt werden.

Wegen ihrer großen Entfernung sind die Positionen der Quasare sehr viel stabiler als die von Sternen in nähergelegenen Galaxien, deren Bewegung nicht über mehrere Jahre hinweg vernachlässigt werden kann. Deshalb versucht man, mit den Quasaren das grundlegende astronomische Bezugssystem zu verknüpfen, mit dessen Hilfe man die Position der verschiedenen astronomischen Objekte und deren Veränderung bestimmt, soweit das betreffende Objekt sich in Bewegung befindet (siehe ASTROMETRIE).

R

Radioaktivität

Zur Vertiefung: ***Kernfusion; Kernreaktor; Kernspaltung; Wechselwirkung in der Physik***

Eine revolutionäre Entdeckung

Zu Beginn des Jahres 1896 untersuchte Henri Becquerel ein phosphoreszierendes Uransalz, das sein Vater hergestellt hatte. Am 1. März entdeckte er, dass dieses Uransalz eine durchdringende Strahlung emittierte, die nicht leuchtete und dennoch eine Fotoplatte zu schwärzen vermochte. In der Folgezeit stellte er fest, dass diese Strahlung die Luft »elektrisierte« (heute würde man sagen: »ionisierte«) und dass sie auch nach Monaten nicht schwächer wurde. Er zeigte, dass diese Strahlung eine charakteristische Eigenschaft des Elements Uranium war und gab ihr den Namen »Uranstrahlung«.

1898 machte Marie Curie die Becquerelsche Strahlung zum Gegenstand ihrer Dissertation. Sie entdeckte, dass Uranmineralien wie Pechblende stärker strahlen als reines Uran. Daraus zog sie den Schluss, dass diese Stoffe sehr geringe Mengen eines Elements enthielten, das sehr viel stärker strahlte als Uran. Mit Hilfe ihres Mannes Pierre Curie gelang es ihr, dieses unbekannte radioaktive Element, das Radium, zu isolieren und seine Eigenschaften zu bestimmen. Bei dieser Gelegenheit prägte Marie Curie auch die Bezeichnung »Radioaktivität«.

Bei gleicher Masse emittiert Radium 1,4 Millionen Mal so viel Strahlung wie Uranium. Damit war es das radioaktivste Element, das man damals kannte.

Ein Teil der emittierten Strahlung wurde leicht von Materie absorbiert; man gab ihr die Bezeichnung »Alphastrahlung«. Ein anderer Teil, der tiefer eindrang, ließ sich dagegen leicht durch Magnetfelder ablenken; er wurde Betastrahlung genannt. Später entdeckte man noch eine dritte Art von Strahlung, die noch durchdringender war und sich nicht ablenken ließ; sie erhielt den Namen »Gammastrahlung«. In der Folgezeit entdeckten Henri Becquerel und andere Physiker, dass die Betastrahlung aus Elektronen bestand, während Ernest Rutherford zeigte, dass es sich bei der Alphastrahlung um Heliumatome handelt, denen die Elektronenhülle fehlt. Die Gammastrahlung schließlich besteht aus PHOTONEN sehr hoher Energie und ist ein für das Auge unsichtbares Licht.

Woher stammte nun die Energie dieser scheinbar unerschöpflichen Strahlung? Die Antwort kam aus Montreal, wo Ernest Rutherford und Frederick Soddy 1902 zeigten, dass es sich bei der Radioaktivität um die Umwandlung eines chemischen Elements in ein anderes handelt, wobei eine Strahlung emittiert wird. Diese Umwandlung erfolgt mit unterschiedlicher Geschwindigkeit und wird durch Zeiträume charakterisiert, die als Halbwertszeit des betreffenden Elements gelten. Stellen wir uns eine sehr große Population radioaktiver Atome derselben Art vor; die Halbwertszeit dieser Population ist dann definitionsgemäß der Zeitraum, an dessen Ende die Hälfte der anfangs vorhandenen Atome sich in andere Elemente umgewandelt hat; am Ende eines weiteren Zeitraums derselben Länge hat sich wiederum die Hälfte der verbleibenden Atome umgewandelt, so dass nur noch ein Viertel der Ausgangsmenge vorhanden ist, und so weiter. Die Halbwertszeit eines radioaktiven Elements ist unabhängig von der physikalischen oder chemischen Umgebung und hängt nicht vom Alter des Atoms ab.

Die Halbwertszeit: ein statistisches Konzept

Die Halbwertszeit ist ein statistisches Konzept; beschreibt lediglich, wie die Dinge sich im Durchschnitt entwickeln. Insbesondere sagt es nichts über den Zeitpunkt, an dem ein bestimmtes Atom zerfällt. Dieser Zeitpunkt ist im strengen Sinne zufällig, das heißt, es ist vollkommen unmöglich, ihn vorauszusehen. Obwohl jedes radioaktive Atom sich mit absoluter Notwendigkeit irgendwann einmal in ein anderes Atom umwandelt, weiß niemand, wann das geschehen wird. Wir können nur sagen, es besteht eine Wahrscheinlichkeit von 50 Prozent, dass dieses Atom nach einer bestimmten Zeit, der Halbwertszeit nämlich, verschwunden ist. Die Halbwertszeiten radioaktiver Elemente reichen von Bruchteilen einer Sekunde bis hin zu Milliarden von Jahren und manchmal noch weit darüber hinaus; so besitzt Tellur 128 eine Halbwertszeit von $1{,}5 \times 10^{24}$ Jahren, das ist hunderttausend Milliarden Milliarden Mal das Alter des Universums.

Natürliche und künstliche Radioaktivität

Die Radioaktivität ist nicht vom Menschen erfunden worden. Es gibt sie vielmehr seit den Anfängen des Universums, und sie spielt eine wichtige Rolle in der Organisation der Materie. Auch unsere Umwelt ist voll davon. Man spricht von »natürlicher« Radioaktivität, wenn sie auf radioaktive Elemente großer Lebensdauer zurückgeht, die in den Sternen entstanden sind und noch nicht zu einem stabilen Zustand gefunden haben; auch sie werden sich irgendwann einmal in Zerfallsprodukte mit geringerer Halbwertszeit und schließlich in stabile Elemente umwandeln. Von »künstlicher« Radioaktivität spricht man bei radioaktiven Elementen, die vom Menschen hergestellt worden sind (und die häufig nur eine kurze Lebensdauer besitzen). Es handelt sich um dieselbe Radioaktivität, nur ist der Zeithorizont für den Zerfall in der Regel unterschiedlich.

Die Kernreaktionen

Die Entdeckung der Radioaktivität war äußerst folgenreich, zumal sie neue Bereiche und zahlreiche Anwendungsmöglichkeiten eröffnete, vor allem auf dem Gebiet der Energieerzeugung (siehe KERNSPALTUNG und KERNFUSION). Es wurde deutlich, dass Atome weder unveränderlich noch unteilbar sind. Aus der Erforschung der Radioaktivität gingen Kernphysik und Teilchenphysik hervor. Drei der vier fundamentalen Wechselwirkungen sind an den radioaktiven Erscheinungen beteiligt: die elektromagnetische Wechselwirkung, auf der die elektromagnetischen und insbesondere auch die optischen Phänomene beruhen; die schwache Wechselwirkung, die für den Betazerfall verantwortlich ist; und die starke Wechselwirkung, die für den Zusammenhalt des Atomkerns sorgt. Der Nachweis der beiden letztgenannten Wechselwirkungen gelang erst durch Ernest Rutherfords Entdeckung des Atomkerns 1911 und dank der Arbeiten von Enrico Fermi und Hideki Yukawa aus den Jahren 1934 bzw. 1935; die Theorie des Betazerfalls erfuhr 1983 ihre glanzvolle experimentelle Bestätigung durch die Entdeckung der intermediären Bosonen W^+, W^- und Z^0 (siehe STANDARDMODELL DER TEILCHENPHYSIK).

Seither deckt die Radioaktivität den gesamten Bereich jener Prozesse ab, bei denen Teilchenkomplexe zusammenkommen oder sich auflösen und andere Teilchen einfangen oder emittieren, das heißt den umfangreichen Bereich der Kernreaktionen.

Anwendungen in der Nuklearmedizin

Eine in der Medizin weit verbreitete Technik zur Nutzung der Radioaktivität für diagnostische Zwecke arbeitet mit radioaktiven Isotopen. Man synthetisiert ein Molekül, das vollkommen identisch mit dem Molekül ist, dessen Entwicklung innerhalb eines biologischen Systems man verfolgen möchte. Dabei ersetzt man allerdings eines oder mehrere Atome des Moleküls durch radioaktive ISOTOPE desselben Elements. Die so markierten Moleküle lassen sich dann von den übrigen, ansonsten völlig gleichartigen Molekülen unterscheiden. Man bringt diese Moleküle in den Organismus ein und verfolgt ihren weiteren Weg mit Hilfe von Kameras, die außerhalb des Körpers die von den markierten Molekülen ausgehende Gammastrahlung aufzeichnen und die gewonnenen Daten zur weiteren Verarbeitung an Computer weiterleiten. Dieses szintigraphische Verfahren gestattet es, den Weg der radioaktiven Moleküle innerhalb des Blutkreislaufs zu verfolgen und aufgrund ihrer Ausbreitung und der Entwicklung ihrer Konzentration ein Bild von einzelnen Organen und deren Funktionsfähigkeit zu zeichnen. Nicht alle radioaktiven Produkte eignen sich zur Anwendung beim Menschen. Sie müssen einerseits ausreichend starke Gammastrahlung emittieren, andererseits aber so schnell zerfallen, dass keine schädliche Strahlendosis auftritt. Im Bereich der Medizin werden für diese Zwecke hauptsächlich Tritium und Kohlenstoff 14 eingesetzt (das auch bei der DATIERUNG Verwendung findet).

Mit Atomkernen, die Positronen emittieren, arbeitet die so genannte Positronenemissionstomographie. Das POSITRON ist das ANTITEILCHEN des Elektrons; es hat dieselbe Masse, aber die entgegengesetzte (positive) elektrische Ladung. Trifft ein Positron auf ein Elektron, zerfallen beide unter Aussendung zweier γ-Photonen, die in entgegengesetzter Richtung auseinander streben. Diese Photonen werden von einem ringförmigen Detektor (der Positronenkamera) registriert. Die so gewonnenen Daten lassen sich zu einem Bild des untersuchten Organs zusammensetzen. Da die für medizinische Zwecke brauchbaren Positronenquellen (Atomkerne, die beim Zerfall Positronen emittieren) nur sehr kurze Halbwertszeiten (von zwei bis zwanzig Minuten) haben, müssen sie an Ort und Stelle mit Hilfe eines kleinen Beschleunigers eigens hergestellt werden.

Die Positronenemissionstomographie eignet sich vor allem zur Untersuchung der Hirnfunktionen, insbesondere zu Messung des Glukoseverbrauchs und der Durchblutung. Auf diese Weise lässt sich ein besseres Verständnis der Funktionsweise des Gehirns gewinnen, wobei man die bei bestimmten Leistungen jeweils aktiven Zonen des Gehirns bestimmt, zum Beispiel die Bereiche der Hirnrinde, die beim Hören, beim Sprechen, beim Rechnen, bei Gedächtnisleistungen oder bei Körperbewegungen eine Rolle spielen.

Die natürliche Radioaktivität des Bodens

Überall auf der Erde sind wir Strahlungen (vorwiegend γ-Strahlung) ausgesetzt, die aus dem Zerfall der im Boden und im Gestein enthaltenen radioaktiven Elemente stammen. Die Stärke der Radioaktivität hängt ab von der Zahl der pro Zeiteinheit zerfallenden Atomkerne. Sie wird in Becquerel gemessen; 1 Becquerel (Bq) entspricht dem Zerfall eines Kerns pro Sekunde. In der Praxis ist es interessanter, die Wechselwirkung zwischen Strahlung und Materie zu betrachten; die pro Kilogramm Materie absorbierte Strahlungsenergie wird in Gray gemessen (1 Gy entspricht einer pro Kilogramm Materie absorbierten Energie von einem Joule) oder in Rad (1 rad = 0,01 Gy).

Man nimmt an, dass die durchschnittliche Strahlungsabsorption der Luft in einem Meter Höhe weltweit etwa 40 mrad/Jahr (Millirad pro Jahr) beträgt; davon stammen 15mrad aus dem Zerfall von Kalium 40, 15mrad aus dem Zerfall von Thorium 232 und 10mrad aus dem Zerfall von Uranium 238. Diese Zahl ist nur ein Durchschnittswert; der tatsächliche Wert kann je nach den örtlichen geologischen Verhältnissen deutlich davon abweichen. So liegt das Durchschnittsniveau in Frankreich bei 70mrad/Jahr, kann aber in Granitgebieten 250mrad/Jahr erreichen (Granit ist reich an radioaktiven Elementen). In Brasilien oder auch im südindischen Kerala gibt es Strände mit schwarzem Sand, der reich an Monazit ist, einem stark radioaktiven Mineral, das nahezu 10% Thorium enthält; die Strahlung ist natürlich sehr stark und kann mehr als 1 rad/Jahr betragen.

Radon 222 (^{222}Rn) ist ein radioaktives Edelgas, das beim Zerfall von Radium entsteht und in geringen Mengen ständig in der Luft zu finden ist. Zahlreiche Thermalquellen sind radioaktiv, weil sie viel Radium enthalten; entsprechend hoch ist in ihrer Umgebung die Radonkonzentration.

Die biologischen Auswirkungen radioaktiver Strahlung auf menschliches Gewebe wird in Rem gemessen (1 rem ruft in menschlichem Gewebe dieselbe Wirkung hervor wie 1 rad Röntgenstrahlung) oder auch in Sievert (1Sv=100 rem). Die Auswirkungen geringer Strahlendosen (in der Größenordnung von 100 Millirem pro Jahr) auf die menschliche Gesundheit sind noch wenig erforscht. Genau in diesem Bereich bewegt sich die Belastung durch die natürliche Radioaktivität.

Auch der menschliche Körper enthält radioaktive Elemente wie Kalium 40 und Kohlenstoff 14, von denen eine Strahlenbelastung ausgeht. Die aus dieser Quelle stammende Strahlendosis liegt bei 20 Millirem pro Jahr.

Epidemiologische Untersuchungen haben noch keinen statistisch signifikanten Zusammenhang zwischen der Lebenserwartung der Bevölkerung und der Belastung durch die natürliche Radioaktivität des Bodens feststellen können, und das nicht einmal in Gebieten (wie Kerala), in denen die Jahresdosis 500 Millirem übersteigt.

Die radiumreichen Thermalquellen, die seit der Antike wegen ihrer angeblichen Heilwirkung genutzt werden, setzen Radon frei, dessen Zerfallsprodukte (vor allem Blei 210 und Polonium 210) ihrerseits radioaktiv sind; diese nicht mehr gasförmigen, sondern festen Zerfallsprodukte setzen sich in den Bronchien fest und können dort zu Lungenkrebs führen. Die Einwohner des seit 600 Jahren für seine Heilquellen bekannten Badgastein in Österreich (Pierre Curie bewies dort 1904 das hohe Vorkommen von Radon) sind ständig einer Strahlung ausgesetzt, die vielfach über den als Grenzwerten für eine Schädigung der Zellen angesehen Werten von 0,3 bis 1 rem/Jahr liegen; dennoch hat man dort bis heute keine überdurchschnittliche Krebshäufigkeit feststellen können.

Rasse

Zur Vertiefung: ***Allel; Genom; Phänotyp, Genotyp; Polymorphismus***

Mit einer Gesamtheit konfrontiert, deren Gesamtstärke so groß ist wie die der meisten Arten (beim Menschen zum Beispiel besteht die Art heute aus sechs Milliarden Individuen), ist der Wunsch durchaus verständlich, eine Klassifikation zu treffen, die die Individuen in möglichst homogene Kategorien zusammenfasst.

Eine solche Klassifizierung erfolgt spontan nach sichtbaren Merkmalen wie Größe, Gestalt, Farbe. Da es jedoch schwierig ist, sämtliche festgestellten Ähnlichkeiten und Unähnlichkeiten zusammenzufassen, bleibt das Resultat zwangsläufig willkürlich. Solange es um Pferde, Rinder und Hunde geht, hat diese Willkür kaum Konsequenzen. Die fließenden Übergänge zwischen zwei Rassen ziehen lediglich Streitigkeiten zwischen Spezialisten nach sich. Das ändert sich, sobald man bei Menschen mögliche Rassen zu definieren versucht, da es nun darum geht, wie wir andere und uns selbst sehen.

Aus geistiger Trägheit haben sich jene, die solche Rassen zu definieren versuchten, häufig mit der Unterscheidung nach Hautfarben begnügt, was zur klassischen Einteilung in vier »Rassen« geführt hat: schwarz, weiß, rot und gelb. Diese Klassifizierung ist jedoch so grob und die Differenzen innerhalb jeder dieser »Rassen« sind so groß, dass die Anthropologen sich bemühten, sie zu verbessern, indem sie andere Merkmal einbezogen und immer ausgefeiltere Klassifizierungsmethoden benutzten. Während des gesamten 19. Jahrhunderts tobten heftige Debatten über die Zahl der »Rassen« und »Unterrassen«, die es zu berücksichtigen gelte.

Diese Diskussionen konnten zu keinem Ergebnis führen, da die Frage falsch gestellt war. Zu einem Vergleich von Menschengruppen ist nicht ihr Erscheinungsbild, wie wir es wahrnehmen – also der so genannte Phänotyp –, sondern sind vererbbare Merkmale, also der Genotyp, heranzuziehen (siehe PHÄNOTYP, GENOTYP). Nur so ist es möglich, Gesamtheiten zu definieren, die über die Generationen hinweg vergleichbar sind. Anders gesagt, ein Vergleich muss den Unterschieden des Genpools menschlicher Populationen Rechnung tragen.

Das 1865 von Gregor Mendel vorgeschlagene Konzept der Erbfaktoren – heute Gene genannt – als Grundeinheit der Vererbung fand bei der wissenschaftlichen Gemeinschaft erst nach seiner Wiederentdeckung Anfang des 20. Jahrhunderts Anerkennung, und auch dann nur unter lebhaften Vorbehalten. Denn die gesamte Problematik einer Definition der Rassen bedurfte nun einer Überarbeitung.

Besäßen alle Individuen einer Population eine bestimmte Genform oder ein Allel, das in keiner anderen Population zu finden wäre, so läge die Definition der Rassen auf der Hand. Dieses Allel wäre ein Marker, der diese Population kennzeichnete. Doch solche Allele gibt es nicht. Die Populationen lassen sich also nicht aufgrund des Vorhandenseins oder Fehlens bestimmter Allele vergleichen, sondern nur aufgrund der Allelfrequenzen sämtlicher Gene.

Diese Häufigkeiten sind äußerst variabel. So ist zum Beispiel für das Blutgruppensystem AB0 das Allel B in Zentralasien besonders häufig, wo es 30% aller Allele ausmacht. Seine Häufigkeit nimmt in dem Maße ab, wie man weiter nach Westen geht: in Russland 20%, in Mitteleuropa 15%, in Frankreich 5 bis 10%. Dagegen liegt die Häufigkeit des Allels Rh-positiv des Rhesus-Systems in Europa praktisch konstant bei etwa 40%, nimmt aber ab, je weiter man sich von unserem Kontinent nach Süden entfernt: 35% in Algerien, 20% im Kongo.

Eine Untergliederung der verschiedenen Populationen der Erde in »Rassen« müsste demnach einem klar umrissenen Weg folgen:

- Für jede Population ist die Liste der Frequenzen aller Allele aufzustellen, für die statistische Daten vorliegen (diese Statistiken sind heutzutage vor allem Dank der Arbeiten der Hämatologen recht gut dokumentiert);
- die Differenzen dieser Frequenzen sind paarweise für die Populationen zu berechnen;
- die Gesamtheit dieser Differenzen ist zu einer genetischen Distanz zusammenzufassen;
- alle Populationen sind durch Punkte darzustellen, deren Entfernungen proportional zu den genetischen Distanzen sind;
- Populationen, deren Punkte dicht beieinander liegen, sind zu einer »Rasse« zusammenzufassen.

Dieses Vorgehen führt, auf bestimmte Arten wie Rinder oder Hunde angewandt, zu graphischen Darstellungen, in denen sich Punkte zu recht deutlichen Wolken verdichten, die bestimmten Rassen entsprechen. Auf den Menschen angewandt, ergibt sich jedoch ein Punktnebel, der keinerlei Zuordnung zu »Rassen« zulässt. Die verschiedenen menschlichen Populationen besitzen zwar eine recht unterschiedliche genetische Ausstattung, doch diese Unterschiede lassen keine Abgrenzung homogener Gesamtheiten zu, die nicht völlig willkürlich wäre. Die Antwort des Genetikers auf die Frage: »Welche Bedeutung hat der Begriff Rasse für die menschliche Art?« ist somit klar: Diesem Konzept entspricht keine objektiv definierbare Realität.

Der Genetiker kann auch die Frage beantworten: Warum ist das, was für bestimmte Arten möglich ist, für unsere nicht möglich? Die Antwort ergibt sich aus den Untersuchungen über die Auswirkungen der Migration auf den Genpool der Populationen. Es genügt bereits ein ganz geringer Migrationsfluss, um die Unterschiede zwischen Gruppen zu beseitigen, die sich bei einer dauerhaften Isolation herausbilden könnten. Der Mensch ist eben ein Nomade.

Rationalismus

Zur Vertiefung: ***Empirismus; Kausalität; Realismus; Realität***

Der Begriff »Rationalismus« bezieht sich auf eine philosophische Schule, die den Menschen für fähig hält, allein durch Einsatz der Vernunft zu einer bestimmten Form von Erkenntnis zu gelangen (metaphysischer, mathematischer, ethischer, wissenschaftlicher Art usw.). Der bekannteste Vertreter dieser »rationalistischen Schule«, René Descartes, zeigt in seinen *Meditationen über die metaphysischen Grundlagen der Philosophie*, wie man seiner Ansicht nach ausschließlich durch die Vernunft zur Erkenntnis der Existenz Gottes gelangen kann.

Der Rationalismus setzt voraus, dass es in der Welt oder im Menschen etwas gibt, was die Vernunft zu erkennen vermag. Damit die Vernunft quasi unabhängig und effektiv funktionieren kann, ist es also notwendig, dass das OBJEKT, auf das sich die Vernunft bezieht, der gleichen Ordnung angehört wie sie selbst.

Der Rationalismus steht in deutlichem Gegensatz zum Empirismus. So erklärt John Locke in seinem *Versuch über den menschlichen Verstand*, dass die menschliche Vernunft nur aufgrund des Materials funktionieren kann, das die fünf Sinne ihr vermitteln. Ohne die Sinneswahrnehmungen sei der Verstand nur eine *Tabula rasa*, also eine Leere.

Immanuel Kant schlug eine vermittelnde Lösung vor, in der er die von außen kommende INFORMATION als absolute Notwendigkeit für die Verstandestätigkeit bestätigte, ohne zu bestreiten, dass dieser Verstand imstande sei, aus seinen eigenen Strukturen heraus tragfähige und dennoch von der wahrgenommenen Welt unabhängige Konzepte zu entwickeln.

Der Gegensatz von Rationalismus und Empirismus wird heute im weiteren Sinne als Gegensatz zwischen Idealismus (siehe REALISMUS) und POSITIVISMUS aufgefasst.

Rationalitätsmodell, rationaler Agent

Zur Vertiefung: ***kognitive Wissenschaften; künstliche Intelligenz; Simulation; Wissen und Maschine***

Löwe, Fuchs, Rabe, Ziege, Wolf – all diese Figuren der Fabel sind »Agenten«, insofern sie mit den ihnen zur Verfügung stehenden Mitteln handeln, und sie sind »rational«, insofern sie (zumindest in der Phantasiewelt der Fabel) Ziele verfolgen: Der Löwe will seine Macht erhalten, der Fuchs täuschen, der Rabe krächzen, die Ziege grasen und der Wolf fressen … Zahlreiche Metaphern knüpfen an die Tiere der bekanntesten Fabeln an. Sie verkörpern jeweils auf ihre Art Motive und Verhaltensweisen von Menschen in der Gesellschaft und dienen so den Moralisten, die uns vor den Machenschaften mancher Mitmenschen und auch vor unseren eigenen Umtrieben warnen möchten, indem sie uns die Fabel als Spiegel vorhalten.

Ein geistiger Kunstgriff

In der künstlichen Intelligenz und den kognitiven Wissenschaften spielen die rationalen Agenten eine ähnliche Rolle wie die Tiere in der Fabel. Ihr zunächst nicht vorhersehbares Verhalten erscheint dennoch nachvollziehbar und erklärlich, sobald man ihre Ziele und Handlungsmöglichkeiten betrachtet. Die rationalen Agenten sollen es uns ermöglichen, komplexe Phänomene zu begreifen, ohne ihre Struktur im Einzelnen klären zu müssen. Sie verdanken ihre Existenz einem geistigen Kunstgriff, der das, was wir zu erfassen versuchen, dem Tun eines fiktiven Akteurs zuschreibt, das heißt dem Handeln eines autonomen Individuums, das seine eigenen Ziele verfolgt, seine eigenen Fähigkeiten besitzt, über eine eigene Wahrnehmung verfügt und außerdem noch insofern rational handelt, als es sein Tun an den eigenen Zielen ausrichtet.

Drei Perspektiven

Zur Illustration wollen wir uns vorstellen, wir begegneten einem seltsamen Tier von einem anderen Planeten und wollten nun aus seinem Verhalten erschließen, ob es sich wirklich um ein Tier, um einen Roboter oder ein intelligentes Lebewesen handelt, um sein Verhalten und seine Absichten voraussehen zu können. Wir beobachten das Wesen, versuchen seine Ziele zu erkennen und seine Handlungsmöglichkeiten abzuschätzen. Auf diese Weise möchten wir klären, ob es uns schaden kann oder ob wir es eventuell für unsere eigenen Bedürfnisse nutzen können.

Zu diesem Zweck könnten wir sämtliche biochemischen Vorgänge untersuchen, die seine Aktivitäten steuern. Doch solch ein Vorgehen wäre sehr zeitraubend und teuer;

außerdem böte es uns keinen Schutz, falls das Tier uns nicht wohl gesonnen sein sollte.

Wir könnten auch seine Psychologie zu klären versuchen, also seine Motive, Wünsche, Affekte und seine persönliche Lebensgeschichte. Doch selbst wenn es sich um eine sehr summarische Untersuchung handelte, wäre sie immer noch sehr zeitraubend.

Schließlich könnten wir unterstellen, dass dieses Tier über klar definierte Ziele verfügt und sein Handeln darauf abstellt, diese Ziele möglichst weitgehend zu erreichen. Zur Klärung dieser Hypothese werden wir uns fragen, ob es in seinem Verhalten dem Wolf oder dem Fuchs ähnelt oder ob es sich um ein friedliches Wesen handelt. Auch werden wir prüfen, inwiefern es uns zu schaden vermag: Kann es beißen? Was frisst es? Ist es kräftig und beweglich?

Mit anderen Worten, wir führen das Verhalten des Tiers auf das Verhalten eines rationalen Agenten zurück, der dieselben Ziele und Handlungsmöglichkeiten besäße wie dieses Tier. Der so konstruierte rationale Agent ist deshalb nützlich, weil er uns in die Lage versetzt, das Verhalten des Tiers vorauszusagen. Sollte eine Voraussage sich als falsch erweisen, kann man die Ziele, das Wissen oder die Handlungsmöglichkeiten des rationalen Agenten immer noch in der Weise modifizieren, dass sein Verhalten nun mit dem des Tiers übereinstimmt. Ein rationaler Agent ist letztlich also eine virtuelle Entität, mit der man reale Entitäten vergleicht, um ihr Verhalten besser abschätzen und steuern zu können.

Eine Interpretationsstrategie

Der 1971 von dem kognitivistischen Philosophen Daniel Dennett eingeführte Begriff des rationalen Agenten (*rational agent*) ist Teil einer allgemeinen Strategie der Weltdeutung. Das Bewusstsein, das Wissen und die Affekte, die man Tieren oder Maschinen zuschreibt, sind nach dieser Konzeption nur das Ergebnis einer Rekonstruktion mit Hilfe eines rationalen Agenten. Diese Strategie spielt in zahlreichen Fachgebieten eine Schlüsselrolle, zum Beispiel in der Verhaltensforschung (Ethologie) oder in der künstlichen Intelligenz.

Im Bereich der künstlichen Intelligenz eröffnet das Konzept des rationalen Agenten die Möglichkeit, das Objekt dieses Fachgebiets präzise zu erfassen, denn dort erstellt man keine unmittelbaren Modelle der jeweils interessierenden Phänomene, wie es bei einer einfachen Simulation dieser Phänomene geschähe, sondern simuliert das Verhalten eines rationalen Agenten, der selbst die betreffenden Phänomene modelliert. So simuliert man in der künstlichen Intelligenz nicht unmittelbar ökonomische Phänomene, sondern das Denken eines Ökonomen oder, genauer gesagt, eines rationalen Agenten in der Rolle eines Ökonomen. Man simuliert nicht direkt den menschlichen Körper, sondern das Denken eines Arztes, nicht direkt ein Kernkraftwerk oder eine Ölraffinerie, sondern das Denken der Menschen, die mit der Steuerung und Überwachung solcher Anlagen betraut sind. Man geht davon aus, dass diese Menschen eventuell ein vereinfachtes Modell der betreffenden Anlage im Kopf haben, das die künstliche Intelligenz dann simuliert.

Wir müssen also zwei Operationen voneinander unterscheiden: Die erste setzt das Verhalten einer beliebigen Entität – einer Maschine, eines Marsmenschen, eines Tiers – mit dem eines rationalen Agenten gleich; diese Operation bezeichnet Daniel Dennett als Interpretationsstrategie. Die zweite simuliert diesen rationalen Agenten auf einem Computer. Da Simulationen im Bereich der künstlichen Intelligenz eine zentrale Rolle spielen, hat man dort Instrumente entwickelt, die solche Simulationen erleichtern; dazu gehören etwa die so genannten PRODUKTIONSREGELN.

Wenn man in der künstlichen Intelligenz vom Wissen oder den Zielen einer Maschine spricht, bedeutet das keineswegs, dass man ihr Intentionalität oder Bewusstsein zuschreibt; diese Eigenschaften oder Fähigkeiten schreibt man vielmehr dem von der Maschine simulierten rationalen Agenten zu. Darum ist das einer Maschine zugeschriebene Wissen weder starr noch vollständig noch auf seinen Ausdruck reduzierbar; vielmehr ist es Bestandteil einer konstruktiven Interpretation der Realität, die drei Dinge miteinander verbindet: einerseits Phänomene, andererseits einen rationalen Agenten, der die Voraussage dieser Phänomene ermöglichen soll, und drittens die Simulation dieses rationalen Agenten mit Hilfe des Computers.

Kooperative Agenten

Im Blick auf die Simulation komplexer Systeme, die auf dem Zusammenwirken mehrerer Personen und Subsysteme mit unterschiedlichen Aufgaben basieren, hat man einen Begriff eingeführt, der im Konzept des rationalen Agenten gründet: den Begriff des kooperativen Agenten. Um ihn zu verstehen, wollen wir uns ein Flugzeug mit einem Piloten, einem Kopiloten und einem Autopiloten vorstellen. Wenn dieses Flugzeug Kontakt zum Tower eines Flughafens aufnimmt, übernimmt der Pilot die Steuerung des Flugzeugs vom Autopiloten, und der Kopilot unterstützt ihn dabei, während der Fluglotse Anweisungen hinsichtlich der Flugroute erteilt. Wollte man die Gesamtdynamik des aus all diesen Akteuren bestehenden Systems in einem Modell erfassen, reichte ein einzelner rationaler Agent nicht aus. Es empfiehlt sich vielmehr, die Rollen der verschiedenen Akteure, die Nachrichten, die sie untereinander austauschen, und ihr Handeln mit Hilfe mehrerer rationaler Agenten zu simulieren, die man dann als kooperative Agenten bezeichnet. Mit solchen Problemen befasst man sich heute verstärkt im Bereich der künstlichen Intelligenz.

Raum

Zur Vertiefung: ***Raum-Zeit; Relativitätstheorie; Schwarzes Loch***

Beginnen wir mit der Mathematik, wo der Begriff des Raumes eine besonders breite Bedeutung einnimmt und als Synonym für »Struktur« benutzt wird. Ein Raum ist dort eine Menge, auf der Operationen definiert sind. Oft ergänzt man den Ausdruck durch ein qualifizierendes Adjektiv, um bestimmte Strukturen zu bezeichnen, die in der Geometrie oder in der TOPOLOGIE Anwendung finden: affine Räume, topologische Räume, metrische Räume, Vektorräume usw. (siehe VEKTOR und ABSTAND).

Der Raum der Physiker

Der Raum der Physiker ist schon schwieriger zu definieren. Der Begriff des Raumes fand erst in der Renaissance Eingang in die Physik. Platon und Aristoteles hatten lediglich nach dem Wesen des Orts gefragt. Wenn man über einen Ort weiß, dass sich etwas an ihm befindet oder dass er etwas enthält, dann stellt sich sogleich die Frage nach der Natur dieser Entität, die verschiedene Dinge enthalten kann, ohne sich selbst zu ändern. Und als zweite Frage drängt sich auf, ob es einen leeren Ort geben kann. Beide Fragen lassen sich übrigens letztlich in der Frage zusammenfassen, ob der Raum absolut oder relativ ist, das heißt, ob er unabhängig von seinem Inhalt existiert oder ob er lediglich die Vorstellung ist, die wir uns von den Grenzen der darin enthaltenen Gegenstände machen – in der Frage also, ob er (im Sinne Platons) reine Ausdehnung ist.

Einzug in die Physik hielt das Problem des Raumes erst richtig mit René Descartes und vor allem Isaac Newton, der gleich zu Beginn seiner *Mathematischen Grundlagen der Naturphilosophie* die Existenz eines absoluten, ewig unveränderlichen und ruhenden Raumes postulierte, der in keinerlei Beziehung zu den äußeren Dingen stehe. Mit diesem Raumbegriff knüpfte Newton an die empirische Raumwahrnehmung an. Danach sei uns der Raum allzu vertraut, als dass wir ihn mit anderen Worten definieren könnten; und dasselbe gelte für die Zeit. Er ist, wie die Anschauung uns vermittelt, gewissermaßen das Behältnis, in dem die Dinge sich befinden und sich bewegen.

Von Isaac Newton bis hin zu Albert Einstein wurde die irritierende Frage nach dem Wesen des Raumes immer wieder aufgeworfen. Ob es sich nun um das Zimmer handelt, in dem wir uns gerade aufhalten, oder um die gewaltigen Weiten, in denen die Galaxien sich entwickeln, die Frage ist stets dieselbe. Da man die Frage nicht zu beantworten und den Raum nicht durch etwas anderes als ihn selbst zu definieren vermochte, begnügte man sich damit, ihm eine Architektur zu verleihen. Das kartesische Koordinatensystem zeigt, dass man die Lage eines Objekts mit

Hilfe von drei Zahlen innerhalb eines aus drei Achsen bestehenden Bezugssystems bestimmen kann, das fest mit dieser rätselhaften Entität, dem Raum, verbunden ist. Jede Bewegung eines Punktes lässt sich dann durch die zeitliche Veränderung dieser drei Zahlen oder Koordinaten beschreiben. Galileis und Newtons klassische Mechanik entwickelte sich vollständig in diesem absoluten Raum, der ganz unabhängig von den darin befindlichen Objekten existiert. Die von Galilei behauptete und bewiesene, von Ernst Mach dann Ende des 19. Jahrhunderts generalisierte Relativität der Bewegung nahm dem Raum jede Stofflichkeit und verlagerte sie vollständig auf die Körper, die sich darin bewegen und miteinander in Wechselwirkung treten.

Aber was ist das Wesen dieses Behälters aller Dinge, Bewegungen und Wechselwirkungen? Auch ein von Körpern leerer Raum enthält immer noch sich selbst, schrieb Newton. Handelte es sich also, wie man lange glaubte, um ein materielles Medium, vergleichbar der Luft, nur sehr viel feiner und gänzlich ungreifbar, so dass es den Namen »Äther« verdiente? Seit Albert Michelson und Edward Morley 1887 zeigten, dass es diesen Äther nicht gibt, indem sie experimentell bewiesen, dass sich keine Bewegung der Erde gegenüber diesem hypothetischen Äther nachweisen lässt, ist der Raum wieder leer. Und dennoch schreiben die Physiker diesem Raum sehr präzise Eigenschaften zu. Zum Beispiel hat die Lichtgeschwindigkeit in diesem leeren Raum, dem Vakuum, einen ganz bestimmten Wert c. Und Teilchen materialisieren sich darin nach genau umrissenen Gesetzen, die etwa die Erhaltung der Energie oder des Impulses vorschreiben. Der leere Raum ist also keineswegs »das Nichts«, denn schon Newton sagte, das Nichts habe keine Eigenschaften.

Die Raum-Zeit

Zur Vorbereitung: ***Krümmung***

Nach Albert Einstein können Masse m und Energie E ineinander umgewandelt werden; sie sind äquivalent, wie es in der berühmten Formel $E=mc^2$ zum Ausdruck kommt. Außerdem verleiht dieses Gespann aus MASSE und ENERGIE dem Raum buchstäblich eine Form, indem es ihm seine lokale Geometrie und seine Krümmung aufprägt. Daraus resultieren dann die Bahnen der Teilchen und der Planeten oder auch die Expansion des Universums. Diese These wurde über Einsteins Voraussagen hinsichtlich des astronomischen Universums in der Folgezeit deutlich bestätigt, denn man konnte tatsächlich die gekrümmten Bahnen des Lichts beobachten, in denen die Krümmung des Raumes sich zeigt (siehe GRAVITATIONSLINSE und SCHWARZES LOCH). Doch nur im Bereich solcher Größenordnungen sind die Massen ausreichend konzentriert und die Gravitationsfelder entsprechend stark, damit es zu der von den Astronomen gemessenen Krümmung der Lichtbahnen kommen kann. Im Bereich unserer alltäglichen Größenordnungen (aber auch im Bereich des mikroskopisch Kleinen) sind diese Effekte dagegen zu vernachlässigen, so dass wir den Eindruck haben, in einem Universum zu leben, dessen Krümmung gleich null ist, in dem die Summe der Winkel in einem Dreieck 180° beträgt und Lichtstrahlen sich geradlinig ausbreiten. Die Newtonsche Vorstellung eines autonomen und von der gleichfalls autonomen Zeit vollkommen getrennten Raumes ist in sich zusammengebrochen; Raum und Zeit sind nun im Begriff der Raum-Zeit engstens miteinander verbunden. Die endliche Geschwindigkeit des Lichts hat zur Folge, dass jede Durchquerung des Raums Zeit benötigt; wenn wir in die Tiefen des Weltraums blicken, schauen wir in die Vergangenheit zurück. Der alte Traum eines gleichsam göttlichen Blicks, der alles augenblicklich und zur gleichen Zeit erfasst, wie Newton ihn noch geträumt hat, ist ausgeträumt angesichts der Unmöglichkeit, sich ein reales physikalisches System vorzustellen, in dem er Wirklichkeit wäre.

Die Eroberung des erdnahen Weltraums

Wenn wir vom erdnahen Weltraum sprechen, scheinen wir eine trivialere Bedeutung des oben umrissenen Raumbegriffs anzusprechen, seit 1957 der erste Sputnik ins All geschossen wurde, ab 1967 dann die Apollo-

Missionen mit den ersten Mondlandungen folgten und 1977 die beiden Voyager-Raumsonden gestartet wurden, die sich inzwischen immer weiter aus unserem Sonnensystem entfernen. Dennoch eröffnete erst die auf Galilei und Newton zurückgehende Himmelsmechanik die Möglichkeit, diese Raumfahrzeuge auf ihren Weg zu fernen Zielen zu bringen und zum Beispiel die ganz beträchtliche Anziehungskraft des Planeten Jupiter als Schleuder zu benutzen, die eine Raumsonde aus der Ebene der Ekliptik, in der Planeten sich bewegen, herauszuschleudern und über die Pole der Sonne zu lenken vermag. Bei der Steuerung ihrer Bahn in der Raum-Zeit ist nicht nur die Geschwindigkeit dieser Sonden zu berücksichtigen, sondern auch die Übertragungsgeschwindigkeit der Steuerungssignale (die der Lichtgeschwindigkeit c entspricht). Da die Sonden selbst in einer Tausendstel Sekunde mehrere Meter zurücklegen, ist bei einer präzisen Steuerung sogar die leichte lokale Krümmung des Raumes zu beachten, die von der Sonne verursacht wird.

Die Erforschung des erdnahen Weltraums seit 1956 hat keine wirklich neuen Erkenntnisse über dessen Beschaffenheit erbracht, wohl aber die unglaubliche Vielfalt der Objekte und Erscheinungen gezeigt, die darin zu finden sind: die Oberflächen der PLANETEN und ihrer SATELLITEN, die PLANETENRINGE, die KOMETEN und Asteroiden, kosmische Teilchen und Sonnenwind (siehe WIND). Sie hat außerdem gezeigt, dass der Mensch dort leben kann: mindestens ein Jahr in einer Erdumlaufbahn, vielleicht etwas kürzer auf dem Weg zu ferneren Objekten (etwa zum Mars), weil ihm dort das Erdmagnetfeld keinen Schutz mehr vor den hoch energetischen Teilchen bietet, die überall im Weltraum anzutreffen sind (siehe KOSMISCHE STRAHLUNG). Ob eine bemannte Weltraumfahrt sich tatsächlich lohnt, bleibt dennoch umstritten. Zweifellos sind im Bereich der Technik und der Medizin (Knochenwachstum, kardiovaskuläre Rhythmen usw.) gewisse Fortschritte zu erzielen, doch eine in großem Maßstab erfolgende Kolonisierung des Weltraums erscheint angesichts der feindseligen Lebensbedingungen und der gewaltigen Kosten eher unwahrscheinlich.

Die Tiefen der Raum-Zeit und ihre Erforschung

Das Licht und die Teilchen der kosmischen Strahlung sind die Boten, die uns Informationen über die Tiefen des Weltraums zutragen; durch sie erfahren wir von dessen Inhalt und seiner Krümmung. Für die Astronomen hat der Gedanke der Tiefe eine durchaus reale Bedeutung. Für Pierre Simon de Laplace, der 1796 seine *Exposition du système du monde* veröffentlichte, endete der Weltraum an den Grenzen des Sonnensystems. Mit dem Fortschritt der astronomischen Instrumente gewann auch der Weltraum an Tiefe; zunächst erweiterte er sich um die Milchstraße, dann (mit Edwin Hubble ab 1920) um eine Vielzahl immer fernerer Galaxien. Es zeigte sich, dass der Raum eine bemerkenswerte ISOTROPIE und Homogenität aufweist, das heißt, dass er überall dieselben Eigenschaften aufweist und recht gleichmäßig mit Materie-Energie gefüllt ist (sofern man für diese Betrachtung nicht Materieteilchen zugrunde legt, sondern deren lokale Konzentration in Sternen und Galaxien). Homogenität und Isotropie wurden daher zu Postulaten erhoben, auf denen die KOSMOLOGIE aufbaut. Was die Zeit angeht, so war Friedrich Wilhelm Herschel (1738–1822) der erste, der erkannte und begriff, dass der Blick auf ferne astronomische Objekte zugleich ein Blick zurück in die Vergangenheit ist.

Raum, interstellarer

→ ***interstellarer Raum***

Raum, leerer

→ ***Vakuum, leerer Raum, Leere***

Raumsonde

Zur Vertiefung: ***Planet; Sonnensystem***

Dank immer stärkerer Raketen war es möglich, die Anziehungskraft der Erde bzw. der Sonne zu überwinden und künstliche Satelliten in Umlaufbahnen um verschiedene Himmelskörper unseres Sonnensystems zu bringen (Erde, Mond, Mars, Sonne usw.), die diese Objekte aus größerer Entfernung oder aus nächster Nähe beobachten. Mit denselben Mitteln lassen sich auch Raumsonden auf den Weg bringen, die zum Beispiel die Aufgabe haben, Gesteinsproben auf dem Mond zu sammeln (wie die ersten sowjetischen Luna-Raumsonden) oder auf einem Asteroiden (wie die Raumsonde Rosetta im ersten Jahrzehnt des 21. Jahrhunderts). Diese Gesteinsproben werden entweder an Ort und Stelle analysiert und die Ergebnisse per Funk an die Bodenstation auf der Erde übermittelt (so der Roboter Sojourner 1997 auf dem Mars) oder aber auf die Erde zurückgebracht. Andere Sonden werden auf diesen Himmelskörpern abgesetzt, damit sie die seismischen Aktivitäten aufzeichnen, die chemische Zusammensetzung des Bodens analysieren oder nach Spuren möglichen Lebens suchen. Wieder andere dringen in die Atmosphäre solcher Himmelskörper ein (wie Galileo 1996 in die des Jupiter oder Cassini 2003 in die des Saturnmondes Titan), um dort Informationen über die Temperaturverteilung, die chemische Zusammensetzung oder die Windverhältnisse zu sammeln.

Raum-Zeit

Zur Vertiefung: ***Irreversibilität; Relativitätstheorie; Zwillingsparadoxon***

Raum und Zeit: scheinbar evidente Begriffe

Im alltäglichen Verständnis sind Raum und Zeit zwei ganz verschiedene Dinge. Die Zeit fließt oder verstreicht, der Raum dagegen ist statisch. Diese intuitive Sicht entspricht der Raumvorstellung, die von der klassischen Physik, insbesondere von Isaac Newton, entwickelt wurde. Für Newton floss die Zeit gleichmäßig dahin, sie war universell und absolut. Sie blieb sich selbst in ihrem Fluss stets gleich und war gleichsam durch nichts zu erschüttern. Kein Ereignis vermochte ihren Lauf zu ändern; es war, als stünde sie jenseits der Geschichte. Eine indifferente, eigenschaftslose Zeit. Die Zeitspanne zwischen zwei Ereignissen war in allen Bezugssystemen dieselbe. Ein Apfel fiel vom Baum, und die Zeit, die er bis zum Boden benötigte, war dieselbe, ob man nun unbewegt unter dem Baum lag oder sich mit großer Geschwindigkeit bewegte.

Ganz anders verhält es sich mit räumlichen Abständen. Wenn ein Reisender im Speisewagen eines mit gleichmäßiger Geschwindigkeit fahrenden Zuges versehentlich ein Stück Torte fallen lässt, beobachtet er, dass dieses Stück Torte senkrecht nach unten fällt. Für eine Kuh jedoch, die den Vorfall von einer neben der (als gerade unterstellten) Bahnstrecke gelegenen Wiese her verfolgt, liegen Anfangs- und Endpunkt der von dem Stück Torte beschriebenen Bahn nicht senkrecht übereinander, sondern sind horizontal versetzt, und die Bahn zwischen ihnen hat eine parabolische Form (die Zeitspanne zwischen beiden Ereignissen ist für den Reisenden wie für die Kuh und jeden Beobachter jedoch auch hier dieselbe). Die Bahn bewegter Objekte hängt also vom jeweiligen Bezugssystem ab.

Die Raum-Zeit der speziellen Relativitätstheorie

In den ersten Jahren des 20. Jahrhunderts sah Einstein sich gezwungen, die Verbindung zwischen Raum und Zeit sehr viel enger zu fassen. Er versuchte damals, James Clerk Maxwells Theorie des Elektromagnetismus mit der für die Mechanik entwickelten Relativitätstheorie in Einklang zu bringen, und die Lösung für dieses Problem fand er in einer Neudefinition von Raum und Zeit. Aufgrund seiner Arbeiten wurden die getrennten Begriffe des Raumes und der Zeit durch das Konzept der Raum-Zeit ersetzt. Der Bindestrich zwischen den beiden Worten soll zum Ausdruck bringen, dass die Relativitätstheorie in Raum und Zeit zwei Entitäten erblickt, die sich unmöglich unter allen Umständen voneinander trennen lassen. Wechselt man in der Raum-Zeit zwischen zwei Inertialsystemen (das sind Bezugssysteme, die sich geradlinig und gleichförmig zueinander bewegen), transformiert die Zeitvariable sich zum Teil in die Raumvariable und die Raumvariable zum Teil in die Zeitvariable. Damit verliert die Zeit die Merkmale der idealen Newtonschen Zeit, sie ist dem Raum nicht länger äußerlich und hängt von der Bewegung ab.

Dieser Umstand hat noch eine weitere, diesmal praktische Konsequenz: Wenn UHREN sich mit hoher Geschwindigkeit im Raum bewegen, verlangsamt sich ihr Gang. Diese Verlangsamung der Uhren, die Ausdruck der Elastizität der Zeit ist, lässt sich bei instabilen Elementarteilchen, zum Beispiel den Myonen, beobachten. Die Myonen sind eine Art schwerer Elektronen, die auf natürlichem Wege in der oberen Erdatmosphäre durch die dort einfallende kosmische Strahlung und künstlich durch die Kollision stark beschleunigter, hoch energetischer Teilchen in Teilchenbeschleunigern erzeugt werden. Ihre mittlere Lebensdauer τ (Tau) beträgt 2,2 Mikrosekunden. Die Relativitätstheorie sagt nun voraus – und die Beobachtung bestätigt diese Voraussage –, dass die zwischen der Entstehung und dem Zerfall eines Myons gemessene Zeit nur dann mit der mittleren Lebensdauer τ übereinstimmt, wenn Geburt und Tod im selben Punkt des Raumes erfolgen. Anders gesagt, zu dieser Übereinstimmung kommt es nur, wenn das Myon ruht. Anderenfalls hängt die tatsächliche Lebensdauer des Myons (und damit die Länge der von ihm zurückgelegten Bahn) von seiner Energie oder, wenn man dies vorzieht, von seiner Geschwindigkeit ab: Je höher seine Geschwindigkeit, desto größer die Lebensdauer. Und wenn seine Geschwindigkeit in die Nähe der Lichtgeschwindigkeit kommt, ist seine Lebensdauer deutlich höher als τ.

Das relativitätstheoretische Konzept der Raum-Zeit zwingt auch zur Anpassung vieler anderer Konzepte, die lange Zeit als evident galten. Insbesondere verliert der Begriff der Gleichzeitigkeit seinen absoluten Charakter: Ereignisse, die für den einen Beobachter in der Zukunft liegen, sind für den anderen bereits vergangen, und für einen dritten sind sie Gegenwart. Und was für mich in einem bestimmten Augenblick Gegenwart ist, das existiert für einen anderen, der sich mir gegenüber in Bewegung befindet, nicht mehr oder noch nicht. Das Wort »jetzt« verliert seine Eindeutigkeit, denn es gibt ebenso viele Normaluhren, wie es gleichförmig bewegte Bezugssysteme gibt. Sie lassen sich nicht synchronisieren. Wenn man sie in einem bestimmten Augenblick auf dieselbe Zeit einstellt, zeigen sie schon wenige Augenblicke später nicht mehr dieselbe Zeit an. Jeder Beobachter hat den Eindruck, dass die Zeit, die von den gegenüber ihm selbst in Bewegung befindlichen Uhren angezeigt wird, eine Dehnung erfährt, weil der Gang der Uhren sich verlangsamt – ein Phänomen, das man mit der Perspektive in unserem Wahrnehmungsraum vergleichen könnte. Es gibt also keine universell gültige Normaluhr mehr. Doch Vergangenheit und Zukunft behalten ihren absoluten Charakter in dem Sinne, dass die zeitliche Reihenfolge zweier Ereignissen für alle Inertialsysteme dieselbe ist. Beim Übergang von einem Inertialsystem zu einem anderen verändert sich zwar der Gang der Zeit, aber sie kehrt sich nicht um. Dazu müsste man die Lichtgeschwindigkeit überschreiten können, und genau dies ist nach der Relativitätstheorie ausgeschlossen.

Die spezielle Relativitätstheorie behandelt nur den Fall von Inertialsystemen, das heißt von Bezugssystemen, die sich im Verhältnis zueinander geradlinig und gleichförmig bewegen. Da Einstein der gleichförmigen Bewegung keine Sonderstellung einräumen wollte, verallgemeinerte er seine Theorie 1905 zu einer allgemeinen Relativitätstheorie, die zum Beispiel zu erklären vermag, warum alle Körper mit derselben Beschleunigung zu Boden fallen. Einsteins allgemeine Relativitätstheorie gilt heute als die zutreffende Theorie der Gravitation. Sie weist der Raum-Zeit eine »Krümmung« zu.

Die Gravitation: eine Krümmung der Raum-Zeit

Glaubt man den Grundsätzen der allgemeinen Relativitätstheorie, ist die GRAVITATION keine Kraft, die zwischen den verschiedenen materiellen Bestandteilen des Universums wirkt, sondern eine geometrische Eigenschaft des Universums als solchem. Die Gravitation sorgt dafür, dass die Raum-Zeit sich verformt, also eine Krümmung erfährt, so dass man letztlich nur von einem Dreiergespann aus Raum, Zeit und Materie sprechen kann, der Materie-Raum-Zeit. Tatsächlich sehen Einsteins Gleichungen vor, dass die Massen- und Energiedichte die Struktur der Raum-Zeit bestimmt, und diese Struktur (die als die Metrik der Raum-Zeit bezeichnet wird) bestimmt ihrerseits Dynamik und Bahn der im Universum befindlichen Objekte. In solch einem Kontext hat nicht nur die Geschwindigkeit der Beobachter, sondern auch die Masse der vorhandenen Materie unmittelbaren Einfluss auf den Gang der Zeit. Die Raum-Zeit ist kein »Behälter« für Phänomene, vielmehr bestimmen und definieren die physikalischen Phänomene erst die Raum-Zeit.

Rauschen

Zur Vertiefung: ***Automatentheorie; Filter; Modulation; Signal***

»Seid still, man versteht ja sein eigenes Wort nicht mehr!« sagen Lehrer gern, wenn die Privatgespräche der Schüler sie entnerven. In der Nachrichtentechnik hat man mit ähnlichen Problemen zu kämpfen, weil Signale durch Störungen aller Art überlagert werden. Dort hilft allerdings kein Machtwort, um Stille eintreten zu lassen, denn die elektrischen Ströme und elektromagnetischen Schwingungen, die dem Transport der Informationen dienen, werden durch unvorhersehbare physikalische Phänomene gestört – durch thermische Bewegung, Solarstrahlung, kosmische Strahlung und atmosphärische Erscheinungen wie Gewitter. Die Gesamtheit dieser zwar nicht zufälligen, aber doch unkontrollierbaren Störungen fasst man unter der Bezeichnung »Rauschen« zusammen, wenn sie ein an sich deutliches Signal überlagern.

Es ist gar nicht so einfach, den Begriff des Rauschens präzise zu definieren, denn er besitzt zahlreiche qualitative und quantitative Aspekte. In unserem alltäglichen Leben entspricht ihm am ehesten der Begriff des Lärms, der ein Gemisch aus Tönen unterschiedlichster Frequenzen bezeichnet, die in keinem harmonischen Verhältnis zueinander stehen, also keine ganzzahligen Vielfachen derselben Grundfrequenz darstellen (siehe SCHALL und SPEKTRUM). Von den geordneten Tönen (oder gar von der Musik) unterscheidet Lärm sich durch den unregelmäßigen, aperiodischen Charakter der Schwingungen. Er ist gleichsam der gefallene Engel unter den Tönen.

In der Nachrichtentechnik versteht man unter Rauschen die Gesamtheit der unerwünschten Signale, die sich dem erwünschten Signal überlagern. Das erwünschte Signal ist Träger der Information, während das Rauschen den Empfang des Signals und damit das Verständnis der Information beeinträchtigt (aber auch das Rauschen enthält eine Botschaft). Der Abstand zwischen der Stärke (genauer: der Leistung) des Signals und der des Rauschens wird als Rauschabstand oder Signal-Rausch-Verhältnis bezeichnet. Der Rauschabstand ist ein Maß für die Qualität eines Übertragungssystems, das Signale möglichst störungsarm übertragen soll, aber auch für die Qualität eines Messverstärkers, der es erlaubt, sehr kleine Werte einer Größe zu messen. Bei der Auslegung von Telekommunikationssystemen müssen diese Zusammenhänge berücksichtigt werden; hierum bemüht sich die Theorie der Signalübermittlung mit Hilfe mathematischer Modelle, die sich in weiten Teilen an der Wahrscheinlichkeitstheorie orientieren. Die dort geschaffenen Modelle für das Rauschen sowie für Emission, Übertragung, Empfang, MODULATION und Filterung von Signalen (siehe FILTER) gestatten es, die unerwünschten Folgen des Rauschens weitgehend auszuschalten.

Gelegentlich wird Rauschen auch bewusst erzeugt, um Signale zu stören; so installierten die kommunistischen Staaten während des Kalten Kriegs Störsender, die es den Menschen in ihrem Machtbereich unmöglich machen sollten, westliche Radio- oder Fernsehsender zu empfangen. Und Militärflugzeuge senden Störsignale, um das gegnerische Radar zu täuschen.

Reagenzien

Zur Vertiefung: ***chemische Verfahrenstechnik; Reaktand; Reaktion***

Reagenzien sind chemische Verbindungen mit präziser, unwandelbarer und daher berechenbarer Funktionsweise, die man bei chemischen Reaktionen als Reaktionspartner einsetzt. Aber das ist doch die Definition von Reaktanden? Warum nennt man sie dann Reagenzien? Reagenzien unterscheiden sich von Reaktanden durch mindestens drei Merkmale: Während die Reaktanden bereits zu Beginn einer Reaktion eingeführt werden, kann man Reagenzien jederzeit zugeben. Während bei Reaktanden in der Regel verschiedene Teile eines Moleküls durch unterschiedliche Vorgänge an der Reaktion beteiligt sein können, hat ein Reagenz immer über die gleichen Atomgruppen die gleiche Wirkung, zum Beispiel eine Oxidation oder die Aufnahme eines Protons. Und schließlich gibt es nur eine geringe Zahl von Reagenzien, während jedes der etwa 15 Millionen registrierten chemischen Produkte als Reaktand dienen kann. Der Unterschied zwischen Reagenzien und Reaktanden liegt also vor allem in der Häufigkeit ihrer Verwendung. Der Chemiker ist im Grunde ein Handwerker, und hier hat man ein Beispiel für einen Begriff, der unmittelbar mit der Arbeit im Laboratorium verknüpft und aus der handwerklichen Tätigkeit hervorgegangen ist.

Reagenzien sind auch von Katalysatoren (siehe KATALYSE) zu unterscheiden. Sie verbrauchen sich im Laufe der Reaktion, während der Katalysator am Ende der Reaktion unverändert daraus hervorgeht. Die Menge des bei einer Reaktion eingesetzten Reagenz bemisst sich proportional zur Stoffmenge der Reaktanden in Mol, während bei einem Katalysator bereits geringe Mengen genügen.

Nehmen wir als Beispiel Natriumboranat $NaBH_4$, ein Reduktionsmittel (siehe REDOXREAKTION), das wegen seiner SELEKTIVITÄT geschätzt wird. Es wandelt die als Carbonylgruppen bezeichneten Atomgruppen $C{=}O$ in CHOH-Gruppen um, die für Alkohole spezifisch sind. Allerdings greift es nicht unterschiedslos alle Carbonylgruppen an, sondern nur bestimmte: Es wirkt selektiv. So reduziert es zum Beispiel Acetaldehyd CH_3CHO zu Ethanol CH_3CH_2OH, aber nicht Essigsäure CH_3COOH zu Acetaldehyd, was wiederum zu Ethanol führen würde: Solche selektiven Fähigkeiten nutzt die pharmazeutische Industrie zur Synthese von Medikamenten. Die Erfindung des Natriumboranats $NaBH_4$ ist ein wissenschaftliches Nebenprodukt des Manhattan Project (bei dem im Zweiten Weltkrieg die ersten Atombomben entwickelt wurden). Der Wert dieses Reagenz wird so hoch eingeschätzt, dass es einem seiner Erfinder, Herbert C. Brown, zusammen mit anderen Leistungen 1979 den Nobelpreis eintrug.

Reaktand

Zur Vertiefung: ***Reagenzien; Reaktion; Reaktionsapparat; Reaktionsmechanismus***

Als Reaktanden bezeichnet man die Reaktionspartner, die zu Beginn einer chemischen Reaktion eingebracht werden. Bei der VERBRENNUNG von Methan CH_4 zum Beispiel sind die Reaktanden CH_4 und Sauerstoff O_2. Doch wie an einem Theaterstück sind an jeder Reaktion außer den Reaktanden, die schon vorhanden sind, wenn der Vorhang aufgeht, noch viele weitere Akteure beteiligt. Nur selten bilden die Reaktanden unmittelbar die Reaktionsprodukte, in unserem Beispiel also CO_2 und H_2O.

In der Regel entstehen zwischen dem Ausgangszustand (Reaktanden) und dem Endzustand (Endprodukte) so genannte intermediäre Verbindungen, also Zwischenstufen von überaus kurzer Lebensdauer und Zwischenprodukte. Bei der Verbrennung von Methan, einem hochkomplexen Vorgang, kommt es zu zahlreichen Zwischenstufen. Um eine chemischen Umwandlung verstehen und damit kontrollieren und nutzen zu können, ist es daher unerlässlich, ihren Reaktionsmechanismus zu begreifen; die Beschaffenheit der Reaktanden zu kennen genügt nicht.

Reaktanden sind nicht zu verwechseln mit Reagenzien, die eine Untergruppe der Reaktanden bilden.

Reaktion

Zur Vertiefung: ***Katalyse; Reaktionsdynamik; Reaktionskinetik; Übergangszustand***

Eine chemische Reaktion ist eine Umwandlung, die auf mikroskopischer Ebene die relativen Positionen der ATOME verändert, zum Beispiel innerhalb eines MOLEKÜLS, indem sie deren CHEMISCHE BINDUNGEN mit anderen Atomen aufbricht oder neue Bindungen herstellt. Das Sieden einer FLÜSSIGKEIT oder die Schwingung eines Moleküls wie des Kohlenmonoxids CO (also die periodische Veränderung des Abstands zwischen dem Kohlenstoff- und dem Sauerstoffatom; siehe OSZILLATOR) gelten nicht als Reaktionen, da die an diesen Prozessen beteiligten Moleküle letztlich ihre Integrität bewahren.

Um eine chemische Reaktion handelt es zum Beispiel, wenn ein Wasserstoffmolekül H_2 sich mit einem Kohlendioxidmolekül CO_2 zu einem Ameisensäuremolekül HCOOH addiert. Ein weiteres Beispiel ist die Reaktion $F^- + CH_3F \rightarrow FCH_3 + F^-$: Hier greift ein Fluoranion F^- das Methylfluorid CH_3F an und verdrängt ein anderes Fluoranion F^-. Eine Reaktion kann also durchaus zu einem Endzustand führen, der dem Ausgangszustand gleicht.

Durchführung chemischer Reaktionen

Im LABORATORIUM wird jede chemische Reaktion in einem so genannten Reaktionsapparat (chemischer Reaktor) durchgeführt, in dem man die Reaktionspartner (im obigen Beispiel CO_2 und H_2), oft in gelöster Form (siehe LÖSUNG), zusammenbringt und ihnen, falls erforderlich, einen KATALYSATOR und andere notwendige chemische Stoffe zuführt. Mit einem Mischwerk sorgt man für ein homogenes Reaktionsgemisch (siehe HOMOGENITÄT) und stattet den Reaktionsapparat je nach Bedarf mit einer Heiz- oder Kühlvorrichtung aus. Nun lässt man das Reaktionsgemisch sich entwickeln und zieht von Zeit zu Zeit Proben, deren Zusammensetzung (siehe ANALYSE) man bestimmt, um festzustellen, ob die Bildung der Endproukte dieser Reaktion abgeschlossen ist.

Sobald dies der Fall ist, entfernt man das Lösungsmittel durch Verdampfung in einem Teilvakuum, gewinnt den Katalysator zurück, der wieder verwendbar ist, und erhält so das Reaktionsprodukt, das nur noch zu reinigen ist.

Doch auch außerhalb des Laboratoriums finden zahlreiche chemische Reaktionen statt: im INTERSTELLAREN RAUM, in der schmutzigen Eishülle, die die festen Teilchen im Schweif eines KOMETEN umgibt, im Inneren der STERNE, auf unserem Planeten im Meer und in der Atmosphäre und in allen Organismen (siehe STOFFWECHSEL). Wenn Sie diese Zeilen lesen, so geschieht dies dank chemischer Reaktionen in Ihren Augen und Ihrem Gehirn.

Allgemeine Merkmale

Jede chemische Reaktion geht mit einer Rückreaktion in umgekehrter Richtung einher. Sobald sich im oben angeführten Beispiel Ameisensäure HCOOH gebildet hat, zerfällt ein Teil der Moleküle wieder in die Ausgangsstoffe H_2 und CO_2.

Das Wechselspiel dieser Hin- und Rückreaktionen führt zu einem Kompromiss, den man als Gleichgewichtszustand bezeichnet. Die Lage dieses chemischen GLEICHGEWICHTS ist an den relativen Anteilen der verschiedenen Stoffe zu erkennen, die im Gleichgewichtszustand nebeneinander existieren, in unserem Beispiel also HCOOH, H_2 und CO_2.

In diesem Beispiel addieren sich bei der Hinreaktion ein Wasserstoffmolekül H_2 und ein Kohlendioxidmolekül CO_2. Dieser Vorgang setzt natürlich voraus, dass die beiden Moleküle zusammentreffen. In der Regel sind chemische Reaktionen eine Folge von Zusammenstößen zwischen Teilchen, wie sie sehr häufig vorkommen, da die Moleküle sich in einer Flüssigkeit oder einem Gas schnell ausbreiten und mischen.

Die Kollision von H_2 und CO_2 ist zwar eine notwendige, aber keineswegs hinreichende Bedingung dafür, dass eine Reaktion zustande kommt. Darüber hinaus müssen die beiden Reaktionspartner ($H_2 + CO_2$) durch ihren Zusammenstoß oder die Kollision mit anderen benachbarten Molekülen eine genügend große Energie besitzen, um die Energiebarriere zu überwinden, die den Ausgangszustand der Reaktanden (hier $H_2 + CO_2$) vom Endzustand des Reaktionsprodukts (hier HCOOH) trennt (siehe *Abbildung 1*).

Eine Erwärmung beschleunigt in der Regel den Ablauf einer Reaktion, denn sie bewirkt, dass Zusammenstöße zwischen Molekülen häufiger vorkommen. Reaktionen, die

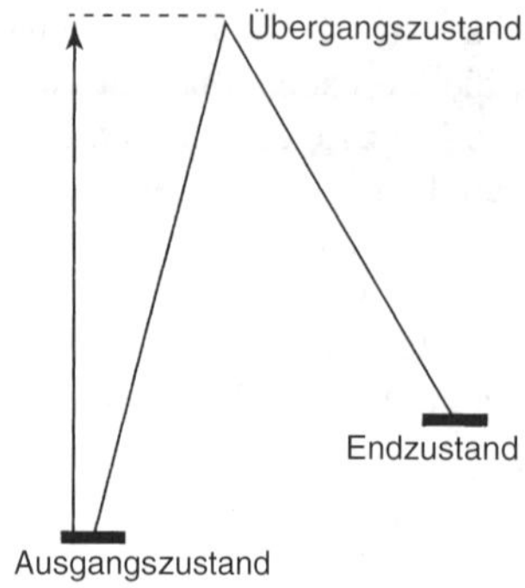

Abbildung 1 Schematische Darstellung einer chemischen Reaktion: Um vom Ausgangszustand zum Endzustand zu gelangen, muss das Reaktionsgemisch die Energiebarriere (vertikaler Pfeil) überwinden und den Übergangszustand durchlaufen.

zu langsam ablaufen, um sie beobachten oder praktisch nutzen zu können, lassen sich auch durch Katalyse beschleunigen. Ein Katalysator kann die Energiebarriere senken, die eine Reaktion behindert, sowohl bei Hin- als auch bei Rückreaktionen (siehe *Abbildung 2*): Daher verändert ein Katalysator die Lage des chemischen Gleichgewichts nicht.

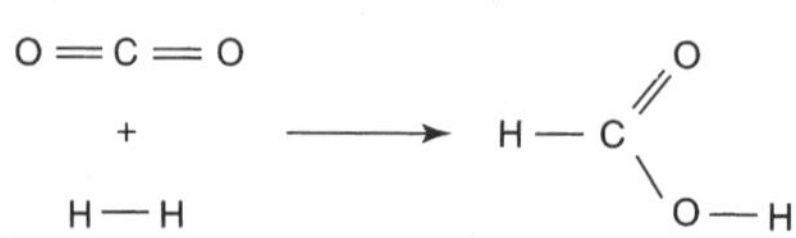

Abbildung 2 Reaktion, die zur Bildung von Ameisensäure führt (H_2+CO_2 ergibt CHOOH). In dieser Reaktionsgleichung sind alle beteiligten Atome aufgeführt.

Reaktionsmechanismen

Chemische Reaktionen zu erforschen ist eine überaus anspruchsvolle Aufgabe, da man ja den Reaktionsmechanismus, also die zeitliche Abfolge jener Ereignisse auf mikroskopischer Ebene, die vom Anfangszustand zum Endzustand oder umgekehrt führen, quasi wie in einem Film nachvollziehen möchte.

In unserem Beispiel muss im Verlauf der Reaktion die chemische Bindung H—H aufgebrochen und ein Wasserstoffatom an das Kohlenstoffatom und das andere an eines der beiden Sauerstoffatome angelagert werden. Laufen diese Vorgänge alle gleichzeitig und vollkommen aufeinander abgestimmt ab? Oder erfolgen sie nacheinander, und wenn ja, in welcher Reihenfolge? Welcher Schritt ist der langsamste und bildet den Engpass, der die Gesamtgeschwindigkeit des Prozesses bestimmt? Folgen die Elektronen den Bewegungen der Atomkerne bei dieser Reaktion, oder gehen sie ihnen voraus? Das sind nur einige der Fragen, die es zu beantworten gilt.

Forschungsmethoden

Es gibt drei Verfahren, Antworten auf diese Fragen zu finden. Durch theoretische Berechnungen (siehe Quantenchemie) lassen sich die Bahnen der verschiedenen Atome im Verlauf der chemischen Reaktion ermitteln. Messungen der Reaktionsgeschwindigkeit und vor allem ihrer Veränderungen, wenn man Konzentration, Temperatur, Druck usw. variiert, geben Aufschluss über Zusammensetzung und Struktur des Übergangszustandes. Und schließlich lässt sich mit den Mitteln der Lasertechnik (siehe Laser) der Ablauf der Elementarprozesse selbst über sehr kurze Zeitspannen (in der Größenordnung von billiardstel Sekunden, 10^{-15}s) verfolgen, also jene Abfolge von Teilschritten, die definitionsgemäß den Reaktionsmechanismus ausmacht.

Erforscht werden Reaktionen, die erst nach Jahrhunderten abgeschlossen sind, wie auch solche, die nur eine Mikrosekunde dauern, Reaktionen, die wie in der Schwerindustrie mehrere Tonnen an Ausgangsstoffen umwandeln, und solche, deren Stoffumsatz sich in Mikrogramm (10^{-6}) bewegt.

Physikalische Reaktion

→ ***Kernreaktor und Kernspaltung.***

Reaktionsapparat

Zur Vertiefung: ***chemische Verfahrenstechnik; Reagenzien; Reaktand***

Ein Reaktionsapparat oder chemischer Reaktor ist ein Behälter, in dem man eine chemische Reaktion durchführt; er stellt somit eine Verlängerung von Kopf und Hand des Chemikers dar. Während er im Laboratorium meist aus Glas besteht, ist er in chemischen Betrieben aus Metall und wird dort oft als »Kessel« bezeichnet. In diesem Behälter wird eine chemische Umwandlung nicht nur durchgeführt, sondern auch in ihrem Verlauf verfolgt und gesteuert, im Laboratorium mit bloßem Auge, in der Industrie von einem Steuerpult aus. So kann man die verschiedenen Parameter verändern, die den Ablauf einer Reaktion beeinflussen, wie die Temperatur des Reaktionsgemischs, den Druck, die Beschaffenheit der Atmosphäre, in der es sich befindet, die Geschwindigkeit der mechanischen Mischvorrichtung, die für die HOMOGENITÄT des Gemischs sorgt, die Mengenanteile der Reaktanden und Reagenzien usw.

Kernreaktoren gehören technisch und konstruktiv zur selben Familie, auch wenn sie mit besonders strengen Sicherheitsvorrichtungen ausgestattet sind. Auch Strahltriebwerke von Flugzeugen, die nach dem klassischen Prinzip der Gleichheit von Wirkung und Gegenwirkung, das heißt hier nach dem Rückstoßprinzip arbeiten, sind chemische Verbrennungsreaktoren.

Reaktionsdynamik

Zur Vertiefung: ***Laser; Reaktion; Reaktionskinetik***

Wo die CHEMISCHE VERFAHRENSTECHNIK eine Reaktion unter wirtschaftlichen Aspekten betrachtet und sich nur für die Ergebnisse interessiert (Gesamtertrag, Ausbeute, pro Stunde produzierte Menge), untersucht die Reaktionsdynamik chemische Reaktionen auf atomarer Ebene und konzentriert sich auf deren Grundschritte. Wo die chemische Verfahrenstechnik mit Reaktionszeiten von Stunden, Tagen und Wochen (in einer Größenordnung von 10^3 bis 10^7s) rechnet, arbeitet die Reaktionsdynamik in einem zeitlichen Rahmen von billiardstel (10^{-15}s) bis billionstel Sekunden (10^{-12}s).

Innerhalb dieser kurzen Zeitspanne gilt es, die Bewegungen der ATOMKERNE sowie die mit ihnen einhergehende Umorganisation der Elektronen während der Begegnung der Reaktionspartner zu verfolgen und vorherzusehen (oder vorherzusehen und zu verfolgen). Gemeinsam ist der Reaktionsdynamik und der Verfahrenstechnik, dass beide mit einer Vielzahl von Parametern zu tun haben, da jeder Atomkern unter anderem eine Position im Raum, eine Geschwindigkeit, einen Impuls usw. hat. Der Fortschritt der Reaktion lässt sich so als Trajektorie auf einer Fläche mit N Dimensionen (oder Hyperfläche) darstellen, wobei N die Anzahl der untersuchten Parameter ist. Nachdem man diese Fläche und die Trajektorie bestimmt hat, lassen sich die Energiebarrieren ableiten, die das System nacheinander zu überwinden hat wie bei einem Hürdenlauf.

Gestützt auf Computerprogramme kann man theoretisch das Verhalten der Fläche und der durchlaufenen Trajektorie berechnen. Um auf experimentellem Wege Erkenntnisse über die Hyperfläche und die Trajektorie zu gewinnen, bedient man sich der Lasertechnik, die eine selektive Anregung ermöglicht: So kann man gezielt in den einen oder anderen Bereich eines Moleküls, in die eine oder andere Bindung, die man aufspalten möchte, Energie einbringen. Darüber hinaus kann man mit diesem Verfahren auch selektiv Strahlungen ausmachen, die das eine oder andere Reaktionsprodukt in einem bestimmten Rotations- oder Vibrationszustand absorbiert hat.

Reaktionsfähigkeit

Zur Vertiefung: ***Aktivierung; inert, labil; Katalyse; Laser; Reaktion***

Als Reaktionsfähigkeit oder Reaktivität bezeichnet man die mehr oder weniger ausgeprägte Neigung einer chemischen Spezies, mit anderen zu reagieren.

Der Satz: »Diese funktionelle Gruppe, die gegenüber Basen eine hohe Reaktivität besitzt, ist gegenüber Säuren nicht reaktionsfähig«, ist ein Beispiel für die Anwendung dieses Begriffes. Die Reaktionsfähigkeit eines chemischen Stoffes zu verbessern ist eine wichtige praktische Zielsetzung, die im (erreichbaren) Idealfall anstrebt, Reaktionen unter »sanften« Bedingungen durchzuführen (bei einem Druck von einer Atmosphäre und einer Temperatur von etwa 20 °C).

Dieses Ziel verfolgt die REAKTIONSDYNAMIK, ein überaus aktiver Forschungsbereich, der mit Computerberechnungen theoretisch (siehe QUANTENCHEMIE) die Variationen der (mit der Position der Partikel verknüpften) potentiellen Energie im Verlauf einer Reaktion erforscht. Experimentell lässt sich die Reaktionsfähigkeit des einen oder anderen Teils eines Moleküls mit Lasertechnik (siehe LASER) willkürlich anregen.

Die Reaktionsfähigkeit zu erhöhen gehört zum Alltag chemischer Verfahren. Dabei geht es im Kern darum, die Energiebarriere zu senken, die bei einer chemischen Reaktion zwischen dem Ausgangszustand und dem Endzustand steht. Entweder erhöht man dazu die Energie des Ausgangszustands durch Aktivierungsverfahren, oder man senkt die Energiebarriere mit Hilfe eines Katalysators (siehe ÜBERGANGSZUSTAND).

Reaktionskinetik

Zur Vertiefung: ***Enzym; Katalyse; Reaktionsdynamik; Übergangszustand***

Die Reaktionskinetik befasst sich mit dem zeitlichen Ablauf und der quantitativen Geschwindigkeitsbestimmung chemischer REAKTIONEN. Dabei verfolgt sie nicht nur das praktische Ziel, zu berechnen, wann eine Reaktion abgeschlossen ist, sondern versucht auch den REAKTIONSMECHANISMUS zu klären, also Argumente für ein plausibles Szenario zu liefern, wie die einzelnen Schritte der untersuchten Reaktion wahrscheinlich abgelaufen sind. Die Kinetik dient hier zur Untermauerung einer Art historischer Rekonstruktion von Ereignissen, die sich auf mikroskopischer Ebene abgespielt haben.

Dabei geht die Reaktionskinetik so vor, dass sie Informationen, die allerdings nur Näherungswerte sein können, über den Übergangszustand zu gewinnen sucht, also über das Maximum jener Kurve, die die Änderung der (mit der relativen Position der Atome verbundenen) potentiellen Energie im Verlauf der Reaktion vom Ausgangszustand der REAKTANDEN bis zum Endzustand, also den Reaktionsprodukten beschreibt (siehe *Abbildung 1*).

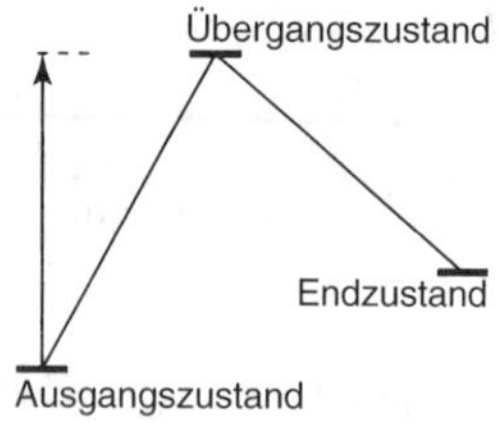

Abbildung 1 Änderungen der potentiellen Energie im Verlauf einer chemischen Reaktion: Die Energiebarriere ist durch den vertikalen Pfeil zwischen Anfangszustand und Übergangszustand gekennzeichnet.

Zunächst definiert man im LABORATORIUM die Reaktionsgeschwindigkeit; sie bemisst sich nach der Konzentrationsabnahme eines der Reaktionspartner in der Zeit oder nach dem Konzentrationsanstieg der Endprodukte. In der Regel ist festzustellen, dass die Reaktionsgeschwindigkeit mit steigender Temperatur zunimmt; daraus leitet man ein Maß für die Höhe der Energiebarriere ab, die Ausgangszustand und Endzustand voneinander trennt. Dies ist eine wichtige Information.

Es liegt auf der Hand, dass die Reaktionsgeschwindigkeit von der Konzentration der Reaktionspartner abhängt; sie ist meist proportional zu ganzen Potenzen dieser Konzentration. Aus der experimentellen Bestimmung dieser Potenzen lässt sich die chemische Zusammensetzung des Übergangszustands ableiten und somit eine erste Auswahl aus den möglichen Reaktionsmechanismen treffen, die man zuvor entwickelt hat.

Untersucht man zum Beispiel die Reaktion
$CH_3Br + NaOH \rightarrow CH_3OH + NaBr$,
so kann man sich anhand dieser kinetischen Information (die man als Zeitgesetz bezeichnet) mit Gewissheit für eins von zwei möglichen Szenarien entscheiden: Entweder koexistieren im Übergangszustand die vom Natriumhydroxid NaOH gelieferten Ionen OH^- mit den Bromatomen des Methylbromids und es handelt sich somit um einen assoziativen Prozess (was tatsächlich der Fall ist); oder es ist nur das Methylbromid CH_3Br an diesem Übergangszustand beteiligt und es handelt sich um einen dissoziativen Prozess.

Die formale Kinetik befasst sich mit Differentialgleichungen zur Reaktionsgeschwindigkeit, die man numerisch mit Hilfe von Computern löst: Stellt man die so berechneten Geschwindigkeiten den im Labor gemessenen Werten gegenüber, so lässt sich aus verschiedenen mathematischen Modellen jenes auswählen, das die untersuchte Reaktion am besten beschreibt. Das trägt auch zu einem präziseren Verständnis des Reaktionsablaufs bei.

Katalysatoren sind Stoffe, die bestimmte Reaktionen beschleunigen, indem sie die Energie des Übergangszustands verringern und so die Kinetik dieser Reaktionen beeinflussen. In biochemischen Reaktionen, die bei Lebewesen die Zellfunktion gewährleisten, dienen als Katalysatoren hauptsächlich Enzyme. Durch Erforschung der enzymatischen Reaktionskinetik lassen sich ihre Reaktionsmechanismen und die Modalitäten ihrer Regulation genauer bestimmen (siehe ALLOSTERIE).

Bislang war die Kinetik fast das einzig brauchbare Mittel, wenn man einen Reaktionsmechanismus bestimmen wollte. Und das Verständnis des Reaktionsmechanismus ist eine wichtige Voraussetzung, um eine Reaktion kontrollieren und verbessern zu können.

Die Einführung der Lasertechnik (siehe LASER) in die Kinetik löste auf diesem Gebiet eine wahre Revolution aus: Denn sie macht es möglich, statt der Bilanz ganzer Molekülgruppen nun ein Geschehen zu erforschen, das ein Einzelmolekül betrifft. Sie befasst sich also nicht mehr mit Vorgängen, die sich über Stunden hinziehen, sondern mit Phänomenen, die in Zeiträumen von billiardstel Sekunden (10^{-15}s) ablaufen. Dieses neue Teilgebiet der physikalischen Chemie, das der heutigen Chemie neue Forschungsbereiche erschließt, bezeichnet man als Reaktionsdynamik.

Reaktionsmechanismus

Zur Vertiefung: ***chemische Reaktion; intermolekulare Wechselwirkungen; Reaktionskinetik***

Als Reaktionsmechanismus bezeichnet man in der Chemie die Ereignisfolge, die im Verlauf einer chemischen Umwandlung auf mikroskopischer Ebene abläuft. Er ähnelt einem Film, der ja gleichfalls aus einer Folge von Einzeleinstellungen besteht.

Jeder PROZESS ist ein zielgerichteter Mechanismus. Wenn man über das »Ziel« eines chemischen Prozesses im Voraus kein Urteil fällen möchte, spricht man lieber von einem Reaktionsmechanismus, vor allem dann, wenn das Ergebnis des Prozesses den Ausgangspunkt für eine weitere Umwandlung bildet, was in der Biologie meist der Fall ist.

Die Fragestellung

Betrachten wir einen Oxidationsvorgang wie die Umwandlung von Methan CH_4 (also CH_3—H) in Methanol CH_3—OH. Dabei muss ein Sauerstoffatom zwischen das Kohlenstoffatom und eines der Wasserstoffatome eingefügt werden. Wie geschieht das? Wird die Kohlenstoff-Wasserstoff-Bindung gelöst, bevor die Kohlenstoff-Sauerstoff-Bindung entsteht, oder erfolgt beides gleichzeitig? Und gleich viel, wie man diese Frage beantwortet, hängt die Geschwindigkeit der Bildung des Methanols (siehe REAKTIONSKINETIK) von dem für die Umwandlung unerlässlichen Bruch der Kohlenstoff-Wasserstoff-Bindung ab? Um solche Fragen geht es bei der Untersuchung von Reaktionsmechanismen.

Die Erforschung von Reaktionsmechanismen

Die Antwort bieten quantenchemische Berechnungen (siehe QUANTENCHEMIE). Man bestimmt die Gesamtenergie jedes der Zwischenprodukte, von denen man annimmt, dass sie bei der Reaktion auftreten. Diese Energie ist gleich der Summe der Anziehungskräfte zwischen Atomkernen und Elektronen sowie der abstoßenden Kräfte zwischen den Atomkernen bzw. zwischen den Elektronen. Bei einer bestimmten Anordnung der Atome erreicht sie ein Minimum (siehe KONFORMATION). Durch einen Vergleich der Energien kann man unter den denkbaren Wegen diejenigen mit der geringsten Energie herausfinden, die bei den niedrigen Temperaturen vorherrschen müssten, bei denen die physiologischen Prozesse und die meisten organischen Reaktionen auf der Erde ablaufen (zwischen −100 und +100 °C).

Die Frage, wie ein Reaktionsmechanismus beschaffen ist, lässt sich auch durch Experimente klären (siehe EXPERIMENT UND BEOBACHTUNG). Betrachtet man zum Beispiel die Umwandlung einer C—H-Bindung in eine C—OH-Bindung in Anwesenheit eines bestimmten Reagens, kann man den Reaktionsmechanismus einer ganzen Familie eng verwandter Moleküle untersuchen.

Man kann dann die repräsentativen Parameter der Umwandlung klären, insbesondere die Reaktionsgeschwindigkeit. Diese lassen sich als ebenso viele Antworten des untersuchten Systems auf schwache Störungen interpretieren, zum Beispiel auf eine Markierung, bei der man ein stabiles durch ein radioaktives ISOTOP ersetzt (Isotope unterscheiden sich nur durch die Zahl der Neutronen im Atomkern, so dass sie sich chemisch meist ähnlich verhalten); man kann auch ^{12}C- und ^{1}H-Atome durch andere Isotope, zum Beispiel ^{13}C und ^{2}H, ersetzen oder schließlich auch klären, ob die Anordnung der Atome *X*, *Y* und *Z* in einem asymmetrischen Molekül *XYZC—H* (wobei *X*, *Y*, *Z* und *H* verschieden sind) bei der Reaktion erhalten geblieben ist oder nicht. Eine derartige Untersuchung der Konfiguration eines Chiralitätszentrums gehört zu den wirkungsvollsten Instrumenten der Erforschung von Reaktionsmechanismen (siehe CHIRALITÄT).

Reaktionsschritt, geschwindigkeitsbestimmender

→ ***geschwindigkeitsbestimmender Reaktionsschritt***

Realismus

Zur Vertiefung: ***Existenz; Objekt; Positivismus; Realität***

Welches Maß an Realität spricht die Wissenschaft ihren Untersuchungsgegenständen zu? Auf diese Frage antwortet der Wissenschaftler, dass für ihn gängige Beobachtungs- oder Versuchsobjekte wie eine bestimmte lebende ZELLE, die Salzsäure in einem Behälter oder ein VULKAN, aus dem man Rauch aufsteigen sieht, real sind. Auf der empirischen Ebene der spezifischen, sinnlich wahrnehmbaren Dinge ist es für den Wissenschaftler schwer, kein Realist zu sein.

Doch welches Maß an Wirklichkeit spricht die Wissenschaft dem Konzept der Zelle, der GALAXIE oder der Idee des Vulkans zu? Die Antwort darauf ist schwierig. Was der eine als Vulkan definiert, ist für den anderen nur ein Berg oder ein Steinhaufen. Die lebende Zelle lässt sich nicht von ihrer Umgebung isolieren, und der Begriff der SÄURE beruht auf einem besonders schwer fassbaren Konzept. Die Wissenschaftler lassen sich demnach in zwei Gruppen teilen.

Die einen sagen, dass Begriffe wie »Säure«, »Zelle« oder »Vulkan« nur sprachliche Kategorien seien, die man aus pragmatischen Gründen benutze. Diese so genannten Nominalisten folgen einer Tradition, die im philosophischen Denken verankert ist und der so bedeutende Philosophen wie Ludwig Wittgenstein im 20. Jahrhundert oder Wilhelm von Ockham im 13. Jahrhundert angehören.

Die zweite Gruppe nimmt an, dass ein besonders praktischer und nützlicher Begriff zwangsläufig auch in gewisser Weise mit der Realität korrespondiert: Ihn auf ein rein konventionelles Wort zu reduzieren, ist für sie nicht akzeptabel. Für diese Wissenschaftler muß ein Begriff, der sich nicht infrage stellen lässt und der den Fokus zahlreicher Experimente und Beobachtungen bildet, selbst real sein, da er es ermöglicht, auf die Realität einzuwirken. Diese Wissenschaftler bezeichnet man daher als Realisten.

Allerdings ist anzumerken, dass philosophische Konzepte selbst äußerst schwer fassbar sind, das gilt besonders für alle *Ismen*. So wird das, was wir hier als Realismus definiert haben, häufig als Idealismus eingestuft, da ein »Idealist« eine Idee für eine Realität hält. Somit gehört er zur zweiten Kategorie von Wissenschaftlern, die wir oben angeführt haben.

Realität

Zur Vertiefung: ***Darstellung; Deutungen der Quantenphysik; Existenz***

Das Wort »Realität« ist aus dem lateinischen Wort *res*, die Sache, das Ding, abgeleitet. Ein Ding gilt als real, wenn es existiert. Doch was bedeutet die Tatsache, dass es ein Ding ist? Welchen Sinn hat die Behauptung, dass »es existiert«? Und allgemeiner, was ist Realität?

Angenommen, ich zweifelte an der Existenz von allem, was mich umgibt, welche Realität würde meinem allgemeinen Zweifel standhalten? Darauf gab René Descartes eine einfache Antwort: »Ich denke, also bin ich.« Meine erste Realität ist also insofern durch das »Ich« definiert, als ich meine eigene Existenz nicht widerspruchsfrei leugnen kann.

Wenn ich diese Fragestellung auf andere »Ichs« und die mich umgebende Welt ausdehne, gerate ich jedoch wieder in Schwierigkeiten: Ist diese Welt real? Wie kann ich mir sicher sein, dass nicht ein »boshafter Geist« sie mir als Traum eingibt? Wie kann ich beweisen, dass die Außenwelt etwas anderes ist als eine Illusion meiner Sinne?

Seit dem 17. Jahrhundert stützt sich das wissenschaftliche Vorgehen auf ein grundlegendes, aber unbeweisbares Postulat (siehe AXIOM): Die reale Welt existiert und besteht aus Dingen, die nicht illusorisch sind und Gegenstand unserer Erkenntnis sein können. Nach welchen Kriterien kann ich nun zwischen Realität und Imaginärem unterscheiden?

Zunächst kann man alles als real ansehen, dessen Existenz durch mehrere Beobachter bestätigt wird. Dieses äußerst bescheidene Kriterium der Realität bezeichnet man als Intersubjektivität. Und das beobachtete »Etwas«, bei dem es sich um einen Gegenstand oder ein Ereignis handeln kann, nennt man ein PHÄNOMEN. Brennendes Feuer oder Sonnenschein sind Phänomene. Die Welt der Phänomene, die Welt der wahrnehmbaren Dinge ist eine reale Welt, doch die Realität umfasst noch mehr. Zum einen ist sie um Phänomene zu erweitern, die sich mit Beobachtungsinstrumenten erfassen lassen. Zum anderen liegt in der Beschränkung der Realität auf die Welt der Phänomene eine gewisse Schwäche: Denn demnach wären der ERDKERN und die uns abgewandte Seite des MONDES nicht real, was absurd ist. Wenn man die Welt der Phänomene genau betrachtet, so erkennt man schnell, dass viele in einem engen Zusammenhang zu »etwas« stehen, das existieren muss, auch wenn man es nicht wahrnimmt.

Die Welt der Phänomene erstreckt sich also auch auf nicht wahrgenommene Objekte, deren Existenz zwangsläufig ist, auf die man also nicht verzichten kann. Daraus erwächst ein zweites Kriterium, nach dem sich Realität und »Fiktives« unterscheiden lässt. Als real können demnach alle Dinge gelten, deren Vorhandensein sich unseren Sinnen oder unserem Verstand aufzwingt, beiden aber hartnäckigen Widerstand leistet.

Diese Definition weitet die Realität mit einem Schlag auf viele Objekte aus, die wesentlich komplexer sind als der Erdkern oder die Rückseite des Mondes. Das gilt zum Beispiel für mathematische Objekte (siehe MATHEMATIK), die meist keiner Wahrnehmung entsprechen, zu denen wir aber durch unser Denken unausweichlich gelangen. Hier handelt es sich also um Gegenstände, die uns einen ähnlichen Widerstand entgegensetzen wie die Welt der Phänomene.

Die Realität gerät ihrerseits in Bedrängnis durch die Quantenphysik, die alle Begriffe bezüglich der »Dinge« in ihrem herkömmlichen Sinn auf den Kopf stellt und damit eine so radikale Änderung der Darstellung erzwingt, dass man den Begriff der Realität völlig überdenken muss.

Realität, virtuelle

→ ***virtuelle Realität***

Rechnerarchitektur

Zur Vertiefung: ***Betriebssystem; Bus; Einheit; Schaltung; virtuell***

Nach Auskunft der Etymologen geht der Begriff »Architektur« auf das griechische *arckhitekton*, Zimmermann oder Schiffszimmermann, zurück. Auch die »Architekten« unserer modernen Computer sind in gewisser Weise Zimmerleute, denn sie »zimmern« das Gerüst eines Rechners, indem sie die einzelnen Komponenten, deren Anordnung und deren wechselseitige Verbindungen festlegen. Doch angesichts der ungeheuren Menge der beteiligten Komponenten wäre ihre Arbeit zum Scheitern verurteilt, wenn es keine strenge Arbeitsteilung zwischen verschiedenen spezialisierten Werkstätten gäbe. Jede Werkstatt produziert Teile, die dann in anderen Werkstätten weiterverarbeitet werden. Und jede Werkstatt nimmt ein Stockwerk der großen Computerfabrik ein, oder zumindest können wir es uns so vorstellen (siehe *Abbildung 1*). In den einzelnen Werkstätten arbeiten Fachleute mit ganz eigenständigen Fachkompetenzen. Und der »Architekt«, der die Rechnerarchitektur festlegt, also der Konstrukteur des Computers, sorgt für den Zusammenhalt das Ganzen. Von der Etage aus, in der die einzelnen Komponenten zum Computer zusammengebaut werden, kann er sämtliche Materialströme kontrollieren und darüber wachen, dass sie der festgelegten Rechnerarchitektur entsprechen.

Die Hardware im Überblick

Die Unterscheidung zwischen Hard- und Software, die den allgemeinen Prinzipien der Rechnerarchitektur zugrunde liegt, ist für den Konstrukteur eines Computers in zweierlei Hinsicht bedeutsam. Einerseits ist der Computer ein materielles Objekt (Hardware), dessen Aufbau der Konstrukteur festlegt und das die in der Software niedergelegten Befehle oder Anweisungen ausführt; andererseits setzt der Konstrukteur aus den verschiedenen Komponenten ein Gerät zusammen, das in seinem materiellen Aufbau nicht mehr verändert werden muss; man braucht nur noch passende Software zu laden, die den Bedürfnissen des jeweiligen Benutzers entspricht. Letztlich bestimmt und überwacht der Konstrukteur den Aufbau der Hardware, damit man sich später nur noch um die Software zu kümmern braucht.

Wenn wir uns nun den Gesamtaufbau unserer großen Computerfabrik anschauen, sehen wir, dass die unteren Stockwerke bis hinauf zum Büro des Konstrukteurs sich ausschließlich mit der Hardware beschäftigen. Im Erdgeschoss, das auf den unerschütterlichen Fundamenten der Physik ruht, befasst man sich mit elektrischen Leitern und Halbleitern. Im ersten Stock werden Leiter und Halbleiter auf einer Siliciumbasis zu elektronischen Bauteilen zusammengefügt, zum Beispiel zu TRANSISTOREN, die dann zu elektronischen Schaltungen zusammengesetzt werden (siehe SCHALTUNG). Im nächsten Stockwerk übernimmt man diese elektronischen Schaltungen und macht logische Schaltungen daraus; aus rudimentären Komponenten, die mit Hilfe von Transistoren elementare logische Funktionen wie UND, ODER und NICHT realisieren, entstehen dort BISTABILE ELEMENTE und REGISTER, aus denen die Speicher des Computers aufgebaut werden, und auch Schaltungen, die in der Lage sind, Binärzahlen, die beim Computer die arithmetischen und logischen EINHEITEN darstellen, zu addieren, zu subtrahieren und zu multiplizieren (siehe EINHEIT).

Die Aufgabenverteilung

Im dritten Stock unserer Computerfabrik befinden sich zwei Werkstätten, zwischen denen es verschiedene Zulieferbeziehungen gibt; die eine befasst sich mit dem so genannten BUS, über den der Austausch von Daten erfolgt; die andere mit den Peripheriegeräten – Drucker, Magnetbandleser, Festplatte, Bildschirm, Tastatur usw. (siehe PERIPHERIE).

Gleichfalls im dritten Stock befindet sich das Büro des Konstrukteurs; er überwacht die gesamte Produktion des Rechners, dessen Aufbau heute noch im Wesentlichen dem Grundschema folgt, das der aus Ungarn stammende amerikanische Mathematiker John von Neumann schon 1945 vorgeschlagen hat (siehe PARALLELVERARBEITUNG). Nach diesem Schema besteht ein Rechner aus einer Zentraleinheit (CPU – siehe EINHEIT), dem Hauptspeicher (auch Arbeitsspeicher genannt) und der Peripherie, die sämtlich durch Busse miteinander verbunden sind.

Zur Zentraleinheit gehören der für arithmetische und logische Operationen zuständige Rechnerkern, Register (Speicherzellen) für die Aufnahme von Zwischenergebnissen und eine Steuereinheit, die sämtliche Abläufe steuert und koordiniert. Da das PROGRAMM, das eine Folge von BEFEHLEN ist, vor seiner Ausführung in den Arbeitsspeicher geladen wird, besteht die ganze Arbeit der Zentraleinheit darin, die einzelnen Befehle im Arbeitsspeicher aufzusuchen und auszuführen. Dieser Zyklus, also das Aufsuchen und Ausführen des Befehls, wird so oft wiederholt, bis der Stopp-Befehl erreicht ist. Damit die Zentraleinheit den nächsten Befehl findet, enthält ein spezielles Register der Zentraleinheit, das als Befehlszähler bezeichnet wird, die Adresse dieses Befehls im Arbeitsspeicher; bei jedem Zyklus wird der Befehlszähler auf den neuesten Stand gebracht.

Die einzelnen Phasen eines Zyklus werden von der Steuereinheit bestimmt, die über den Bus entsprechende Signale an den Arbeitsspeicher, den Rechnerkern, die Register und

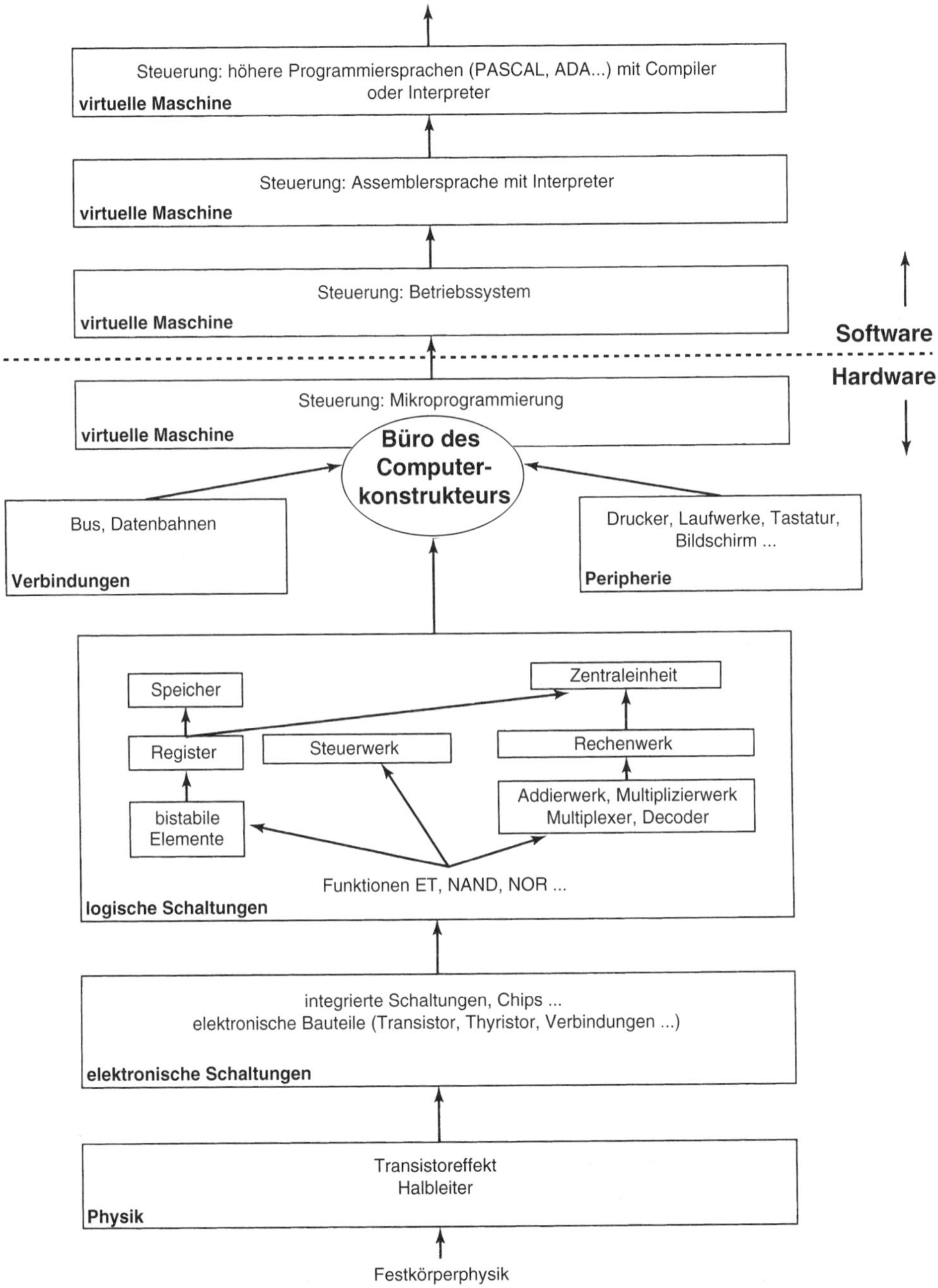

Abbildung 1 Die große Computerfabrik

die Peripherie schickt. Alle diese Signale gehören in den Bereich der so genannten Mikroprogrammierung. Die Sprache, in der die im Arbeitsspeicher enthaltenen Befehle geschrieben sind, bezeichnet man als Maschinensprache.

Virtuelle Maschinen

Jetzt, da wir bei der Maschinensprache angelangt sind, können wir einen Augenblick innehalten und Luft holen: Das Wichtigste ist geschafft, der Computer ist materiell vorhanden. Wenn wir dabei jedoch stehen blieben, würden wir feststellen, dass die Benutzung dieses Computers mit zahlreichen Unzulänglichkeiten und Unbequemlichkeiten verbunden wäre. Es ist nämlich ausgesprochen schwierig, in Maschinensprache geschriebene Programme zu lesen oder gar zu korrigieren, denn die einzelnen Programme präsentieren sich dort als endlose Folgen von Primärzahlen, mit denen man nur schwer etwas anfangen kann.

Deshalb ist man schon seit langem dazu übergegangen, die realen Rechner gleichsam hinter Programmen zu verstecken, die sie zugänglicher für uns machen. Die so verkleideten Rechner bezeichnet man auch als abstrakte oder virtuelle Maschinen, weil sie uns etwas vortäuschen und die Funktionsweise der realen Maschine verbergen: Wir meinen, jeder Befehl wird unmittelbar ausgeführt, aber in Wirklichkeit wird er in eine Folge völlig anderer Befehle der Maschinensprache zerlegt.

Die erste Verkleidung, die gleichsam die Unterwäsche bildet, weil sie der realen Maschine noch sehr eng anliegt, befasst sich mit der Organisation des Speichers und der Verteilung der Aufgaben innerhalb der Zentraleinheit; sie wird als Betriebssystem bezeichnet. Diese Einkleidung lässt jedoch noch allzu viel von der realen Maschine erkennen, die ja immer noch über Binärzahlen programmiert wird. Deshalb greift man zu einer weiteren virtuellen Maschine, der Assemblersprache, die in den Programmen die Verwendung von Symbolen gestattet. Für Eingeweihte reichen diese Maßnahmen vollkommen aus, aber für weniger Vertraute ist das Kleid denn doch noch zu durchsichtig. Deshalb hat man andere virtuelle Maschinen ersonnen, höhere Programmiersprachen wie C, Pascal, Fortran, Lisp oder Prolog, die gewissermaßen die Arbeitskleidung des Computers darstellen, und schließlich Textprogramme, Tabellenkalkulationsprogramme und graphische Benutzeroberflächen, die keinerlei Programmierkenntnisse erfordern und von jedermann ohne größere Vorbereitung benutzt werden können.

Redoxreaktion

Zur Vertiefung: ***Kohlenstoff; Komplexverbindungen; Koordination, Koordinationszahl; Reaktion***

Definitionen

In dem Begriff »Redoxreaktion« oder genauer »Oxidations-Reduktions-Reaktion« verweist das Wort »Oxidation« auf den Sauerstoff (*Oxygenium*). Eisen wandelt sich zum Beispiel in Rost um, wenn sich Sauerstoffatome zwischen die Eisenatome mischen. Das ELEMENT Sauerstoff oxidiert viele Metalle. Doch in der überwiegenden Mehrzahl der Oxidationen ist das Oxidationsmittel nicht Sauerstoff: Der Begriff »Oxidations-Reduktions-Reaktion« ist eine Verallgemeinerung dieses ursprünglichen Oxidationsbegriffs, der sich vom Sauerstoff herleitete.

Heute bezeichnet man als Oxidation den Verlust eines oder mehrerer Elektronen durch ein Atom; umgekehrt ist die Reduktion die Aufnahme eines oder mehrerer Elektronen durch ein Atom. Von Oxidations-Reduktions-Reaktionen, kurz Redoxreaktionen, spricht man, um den Elektronenaustausch zu beschreiben, bei dem ein Reduktionsmittel durch Oxidation Elektronen an das somit reduzierte Atom abgibt. Betrachten wir ein Oxid wie Calciumoxid CaO. Formal befindet sich hier das Calcium im Zustand Ca^{2+} und der Sauerstoff im Zustand O^{2-}. Gegenüber dem neutralen Element hat das oxidierte Calcium zwei Elektronen an das Oxidationsmittel Sauerstoff abgegeben. Ebenso verliert das Metall Natrium leicht ein Elektron und wird zum Kation Na^{+}: Man sagt, es oxidiert zu Na^{+}. Eine Oxidation kommt nur in Gegenwart eines Elektronendonators oder Reduktionsmittels zustande, eine Reduktion nur in Gegenwart eines Elektronenakzeptors oder Oxidationsmittels.

Elektrizität als Elektronenquelle

Bei jeder Elektrolyse kommt es zu einer Redoxreaktion. Ein elektrischer Strom, der zwischen zwei Elektroden in einer wässrigen Lösung aus Natriumchlorid (das im Wasser schon in Ionen Na^+ und Cl^- dissoziiert ist) fließt, produziert an den Elektroden folgende Phänomene:

Das Natriumkation wird reduziert: $Na^+ + e^- \rightarrow Na$; und das Chloranion wird oxidiert: $Cl^- - e^- \rightarrow Cl$.

Ein Atom kann verschiedene Oxidationsstufen haben; so ist die Oxidationsstufe von Na^+ und Na +1 bzw. 0. Jede Oxidationsstufe eines Elements besitzt ihre eigene Chemie, die sich von der anderer Oxidationsstufen dieses Elements unterscheidet: Es verhält sich wie eine eigene chemische Spezies. So kann man einem Eisenatom zwei, drei oder sechs Elektronen entziehen und spricht von den Oxidationsstufen zwei, drei und sechs des Eisens. Die Oxidationsstufe 0 entspricht dem reinen Metall. Oxidationsstufe +2 ist die des Eisens im Hämoglobin des Blutes. Oxidationsstufe +3 ist die von Rost oder Eisen(III)-hydroxid der Formel $Fe(OH)_3$. Oxidationsstufe +6 findet sich im Kaliumferrat K_2FeO_4, einem starken Oxidationsmittel.

Da die verschiedenen Oxidationsstufen eines Elements sich häufig sogar durch ihre Farbe unterscheiden, konnte man sie schon vor der Entwicklung der Spektralanalyse (siehe SPEKTRUM) erkennen. Die in China erfundenen Feuerwerkskörper beinhalteten Pigmente, die ansonsten von Malern verwendet wurden – zum Beispiel das Kadmiumgelb, das Henri Matisse so liebte – und nutzten diese sehr unterschiedlichen Farben, um das Auge zu erfreuen.

Komplexverbindungen

Das bisher Gesagte ist natürlich stark vereinfacht. Die oben gegebenen allzu formalen Definitionen sind weit von der Wirklichkeit entfernt. In Wahrheit kommen Natriumkationen Na^+ und Chloranionen Cl^- im Salzwasser nicht »nackt« vor, vielmehr ist ein zentrales Natriumkation oder Chloranion von Wassermolekülen umgeben, die mit ihm koordiniert sind (siehe ION, IONISIERUNG). Diese Verbindungen zwischen einem Metall (Na) und einem oder mehreren Molekülen bezeichnet man als Komplexverbindungen. Sie spielen eine entscheidende Rolle bei verschiedenen Redoxreaktionen, zu denen so lebenswichtige Prozesse wie die Photosynthese, die Atmung und der Stoffwechsel (der durch Redoxreaktionen ermöglicht wird) gehören.

Häufig untersucht man die Oxidationsstufen der verschiedenen Atome, die an einer Komplexverbindung beteiligt sind. Wenn für jedes Atom das Konzept der Redoxreaktion gültig bleibt, erhält der Begriff der Oxidationsstufe eine gewisse Unschärfe. Denn die Zahl der Elektronen eines Atoms lässt sich schwerer bestimmen, wenn dieses Atom durch CHEMISCHE BINDUNGEN mit anderen Atomen verknüpft ist: Welchem dieser gebundenen Atome sind die Elektronen zuzurechnen, die an der Bindung beteiligt sind?

Die Chemiker haben Regeln entwickelt, nach denen sie die Oxidationsstufe für das eine oder andere Atom bestimmen können. Auch wenn der Begriff der Oxidationsstufe etwas künstlich wird, so ist doch die Stabilisierung, die ein Metallatom durch die mit ihm verbundenen Atome erfährt, sehr real. Sie ist sogar eine Bedingung für das Überleben eines Organismus, denn zum Beispiel schützt im Hämoglobin ein Protein, das Globin, das Eisen in seiner Oxidationsstufe +2 wie der Mutterleib einen Embryo.

Obwohl das Konzept der Oxidationsstufe auf Konventionen beruht, zeigt jede Oxidationsstufe eines bestimmten Elements auch in einer Komplexverbindung eine ihm eigene Bandbreite von Reaktionen.

Moleküle

Zwei lebenswichtige Elemente, Kohlenstoff und Phosphor, weisen zahlreiche Oxidationsstufen und daher eine große chemische Vielfalt in Hinblick auf die verschiedenen chemischen Reaktionen auf, an denen sie beteiligt sind.

So spielt sich die Kohlenstoffchemie in der belebten Welt wie auch in der Industrie zwischen der Oxidationsstufe des Methans CH_4 und der des Kohlendioxids CO_2 ab (siehe *Abbildung 1*).

4	CO_2	Kohlendioxid
3	HCOOH	Ameisensäure
2	$H_2C=O$	Formaldehyd
1	$H_2C=CH_2$	Ethylen
0	CH_4	Methan

Abbildung 1 Oxidationsstufen des Kohlenstoffs in der organischen Chemie mit jeweils einem einfachen Molekül als Beispiel

Bestimmte Bakterien, so genannte Methanogene, produzieren CH_4, Pflanzen wandeln CO_2 durch Photosynthese in Zucker um, während Tiere ihre Nahrung (organische Stoffe) beim Stoffwechsel in CO_2 umwandeln. Zwischen den beiden Extremen CH_4 und CO_2 liegt unter anderem die Carbonylgruppe $C=O$, die zum Beispiel im Formaledyhd $H_2C=O$ zu finden ist. Durch diese Zwischenposition sowie durch ihre starke Reaktionsfähigkeit und die Vielfalt der Reaktionen, an denen die Carbonylgruppe beteiligt ist, hat sie die Bedeutung einer echten Drehscheibe der organischen Chemie.

Aus Kohlenwasserstoffen (Methan, Ethylen) als Rohstoffen produziert die chemische Industrie die gesamte Produktpalette, die uns unverzichtbar geworden ist, vom Waschmittel über Autoreifen, synthetische Gewebe und Möbel bis zum Müllbeutel.

Die meisten Oxidations- und Reduktionsreakionen der organischen Chemie verwenden Metalle und Komplexverbindungen als Katalysatoren. Bei den Oxidationen kehrt die chemische Industrie seit den 1980er Jahren wieder in gewissem Maße zum Sauerstoff als Oxidationsmittel zurück, und zwar sowohl aus Gründen der Wirtschaftlichkeit als auch des Umweltschutzes.

Sauerstoff ist im Übrigen ein Molekül von fragwürdiger Reaktionsfähigkeit, da er allzu sehr dazu neigt, organische Stoffe spontan zu oxidieren. In LABORATORIEN führt man deshalb Reaktionen in einer inerten Atmosphäre (Stickstoff, Argon) durch. Und vor allem in der Nahrungsmittelindustrie arbeitet man mit Antioxidationsmitteln: Diese Moleküle fangen INTERMEDIÄRE VERBINDUNGEN (freie Radikale; siehe ALKOHOL) ab, die zwar nur in geringen Mengen auftreten, aber hoch reaktionsfähig sind und als wesentliches Bindeglied der Kettenreaktionen dienen, in denen die Oxidation organischer Stoffe durch die Luft häufig verläuft. Als Antioxidationsmittel dienen häufig Phenole, Verbindungen, die an ihrem Benzolkern eine oder mehrere OH-Gruppen tragen (siehe AROMATIZITÄT). Ähnliche Kettenreaktionen könnten auch für die Alterung der Zellen verantwortlich sein, die eindeutig auf eine Oxidation unvollkommen regenerierter Zellen zurückgeht (siehe ALTERN).

Auch Ideen nutzen sich ab. Es kommt vor, dass Konzepte im Laufe der Jahrhunderte verblassen. So hat auch der Begriff der Redoxreaktion, der mit der Zeit allzu stark verallgemeinert wurde, die Schlagkraft seiner ursprünglichen Bedeutung eingebüßt. Anders ausgedrückt: Das Konzept der Oxidationsstufe gehört zu jenen zahlreichen willkürlichen Einteilungen, die Diskontinuierliches auf Kontinuierliches zwingen und eine Treppe durch eine Rampe ersetzen. Diese Einebnung des Realen ist dafür verantwortlich, dass den Oxidationsstufen etwas Verschwommenes anhaftet: Wenn es sich um Elektrolyse handelt, sind sie relevant und klar definiert, aber reine Fiktion, sobald man sie zum Beispiel auf Koordinationsverbindungen anwendet (siehe KOORDINATION, KOORDINATIONSZAHL).

Reduktionismus

Zur Vertiefung: ***Analyse; Komplexität***

Vor jeder Worterklärung sollten wir an die Definition der analytischen Methode erinnern. Das Vorgehen der Analyse besteht darin, einen Gegenstand in viele Teile aufzuspalten, die man getrennt untersucht, um ihn besser zu begreifen. Vervollständigt wird die Analyse daher durch die Synthese, die die jeweiligen Elemente miteinander verknüpft, um wieder zum Ausgangsobjekt zurückzugelangen. Angewandt auf eine lebende ZELLE bedeutet die analytische Methode also, dass man sie in ihre verschiedenen Teile zerlegt (ZYTOPLASMA, ZELLKERN, ORGANELLEN, MEMBRAN usw.) und diese getrennt untersucht, um ihre Anordnung und Funktionsweise zu verstehen.

Als Reduktionismus (das Suffix *-ismus* hat hier einen ideologischen Sinn) bezeichnet man jedes philosophische Vorgehen, das meint, einen Gegenstand in seiner Gesamtheit verstanden zu haben, sobald man ihn in seine grundlegenden Elemente zerlegt hat. Ein Reduktionist führt eine Analyse durch und vergisst, dass für das Verständnis der Funktionsweise auch eine Synthese notwendig ist. Er behauptet, dass ein Ding lediglich die Summe seiner Teile sei. Damit leugnet er die schöpferische Fähigkeit der Synthese. Ein gutes Beispiel für Reduktionismus ist eine Einstellung, die das menschliche Verhalten ausschließlich auf chemische Übermittlungen zwischen Neuronen zurückführt.

Der Reduktionist kann aber auch lediglich in seiner Sichtweise reduziert sein. In diesem Fall hat er die Tendenz, eine Gesamtheit auf eine andere Gesamtheit zurückzuführen, die ihn eingehender interessiert. Er behauptet dann zum Beispiel: »Alles ist Chemie« oder »alles ist Materie«.

Regeln, Mendelsche

→ ***Mendelsche Regeln***

Register

Zur Vertiefung: ***bistabiles Element; Computer; Einheit; Speicher, Gedächtnis***

Die im Computer anzutreffenden Register bestehen aus zahlreichen bistabilen Elementen, die jeweils zwei Zustände annehmen können. Sie dienen der Speicherung von Zahlen, Wörtern oder Befehlen. In großer Zahl findet man diese Speicherzellen im Speicher des Computers, dessen natürliches Gewebe sie gleichsam bilden; in nicht ganz so großer Zahl auch in der Zentraleinheit, wo sie der Zwischenspeicherung dienen und eine ähnliche Funktion erfüllen wie ein Schmierzettel.

Regler

Zur Vertiefung: ***Automatentheorie; Prozess***

Zur Aufrechterhaltung der Stabilität eines DYNAMISCHEN SYSTEMS bedarf es gewöhnlich einer Regelung der zugehörigen Prozesse. Das Element des Systems, das diese Regelung vornimmt, wird als Regler bezeichnet. Der Regler sorgt dafür, dass die wesentlichen Größen des Prozesses sich stets im Bereich bestimmter Werte bewegen; als Steuerungsorgan unterwirft er die Prozesse des Gesamtsystems einer einheitlichen Zielsetzung. Solch ein Regler ist zum Beispiel die Hypophyse, die mit den von ihr produzierten Hormonen das Wachstum des Organismus steuert. Auch AUTOMATEN arbeiten mit Reglern. So sorgt der Autopilot eines Schiffes mit Hilfe eines Regelungsprozesses für die Einhaltung des festgelegten Kurses, und der Regler einer Zentralheizung steuert den Brenner und die Zirkulationspumpen in Abhängigkeit von der Raumtemperatur.

In der Automatentheorie wurde die Funktion der Regelung mittels einer mathematischen Theorie verallgemeinert, die eine Anwendung auf beliebige automatische Prozesse ermöglicht.

Regulation, genetische

→ ***genetische Regulation***

Reihe

Zur Vertiefung: ***Exponentialfunktion; Spektralanalyse; Trigonometrie; Winkel***

Unendliche Summen

Seit der Antike weiß man, dass es möglich ist, eine endliche Zahl zu erhalten, indem man unendlich viele Zahlen zusammenzählt. Zenons Paradoxon versuchte zu beweisen, dass ein Pfeil, den ein Bogenschütze abschießt, sein Ziel niemals erreichen kann, weil er zunächst die Hälfte der Strecke zum Ziel zurücklegen muss, dann die Hälfte der restlichen Strecke, dann wiederum die Hälfte der dann noch verbleibenden Strecke und so weiter bis ins

Unendliche. Da der Pfeil eine unendliche Zahl von Strecken zurücklegen müsse, könne er sein Ziel nie erreichen, behauptete Zenon. Die Strecke zwischen dem Bogenschützen und dem Ziel des Pfeils lässt sich halbieren, dann in ein Viertel (die Hälfte der Hälfte) zerlegen, dann in ein Achtel (die Hälfte der Hälfte der Hälfte) usw. Modern ausgedrückt, kann man also sagen, die unendliche Summe (1/2) + (1/4) + (1/8) + (1/16) + … ist gleich 1. Der zweite Teil der Zenonschen Beweisführung ist dagegen falsch, weil es durchaus möglich ist, durch die Addition unendlich vieler Zahlen eine endliche Zahl zu erhalten. Obwohl der Pfeil eine unendliche Zahl von Teilstrecken zurücklegen muss, legt er sie in endlicher Zeit zurück und erreicht sehr wohl sein Ziel. Denn wenn er die erste Teilstrecke in der Zeit t zurücklegt, so legt er die zweite, die nur halb so lang ist, in der Zeit $t/2$ zurück, die folgende Teilstrecke in der Zeit $t/4$ usw. Die gesamte benötigte Zeit ist daher $t + t/2 + t/4 + t/8 + \ldots$, also

$$2t\left(\frac{1}{2} + \frac{1}{4} + \frac{1}{8} + \frac{1}{16} + \ldots\right)$$

eine unendliche (das heißt aus unendlich vielen Termen bestehende) Summe, die gleich $2t$ ist, weil die Summe (1/2) + (1/4) + … gleich 1 ist.

Natürlich erhält man durch die Addition unendlich vieler Zahlen nicht immer eine endliche Zahl, zum Beispiel wenn man 1 unendlich oft addiert: (1 + 1 + 1 + 1 + …).

Will man die Glieder einer Folge (zum Beispiel 1/2, 1/4, 1/8, 1/16 …) miteinander addieren, definiert man zunächst die dieser Folge zugehörige Reihe. Diese Reihe ist ihrerseits eine Folge, deren n-tes Glied aus der Summe der ersten n Glieder der Ausgangsfolge besteht. Die der oben genannten Folge zugehörige Reihe ist also die Folge 1/2, 3/4, 7/8, 15/16 …, denn (1/2) + (1/4) ist gleich 3/4, (1/2) + (1/4) + (1/8) ist gleich 7/8 usw. Die zu der Folge 1, 1, 1, 1 … gehörige Reihe ist die Folge 1, 2, 3, 4 … Reihen können also gegen einen endlichen Grenzwert konvergieren (wie 1/2, 3/4, 7/8, 15/16 …, die gegen 1 konvergiert) oder auch nicht (wie 1, 2, 3, 4 …). Die unendliche Summe hat nur dann einen Wert, wenn die zugehörige Folge der Summanden einen endlichen Grenzwert besitzt.

Potenzreihen

Zur Vertiefung: ***Ableitung***

Unendliche Summen eignen sich besonders gut zur Definition von Funktionen. Wie anderswo, so versucht man auch in der Mathematik, Objekte durch bereits bekannte Objekte zu definieren. Indem man zum Beispiel die Funktionen $x \longmapsto 1$, $x \longmapsto x$, $x \longmapsto x^2$, $x \longmapsto x^3$ … jeweils mit einer Zahl multipliziert und die so gewonnen Ausdrücke addiert, erhält man die Polynomfunktionen, etwa $x \longmapsto x^2 + 5x + 4$. Man sieht jedoch leicht, dass zum Beispiel die Exponentialfunktion und die trigonometrischen Funktionen (siehe Trigonometrie) keine Polynomfunktionen sind und nicht gebildet werden können, indem man endlich viele Potenzen von x addiert. Diese Funktionen kann man dagegen als Summen unendlich vieler Potenzen von x definieren, die Exponentialfunktion etwa durch den Ausdruck

$$e^x = 1 + x + \frac{1}{1 \times 2}x^2 + \frac{1}{1 \times 2 \times 3}x^3 + \ldots$$

Generell sagt man, eine Funktion f lässt sich als Potenzreihe entwickeln, wenn es Zahlen a_0, a_1, a_2, a_3 … gibt, so dass für jede Zahl x die Zahl $f(x)$ gleich der unendlichen Summe $a_0 + a_1x + a_2x^2 + a_3x^3 + \ldots$ ist. Eine als Potenzreihe entwickelbare Funktion hat stets eine Ableitung, die ihrerseits eine Ableitung besitzt, und so weiter bis ins Unendliche. Die Zahlen a_0, a_1, a_2, a_3 … sind durch die Taylor-Maclaurin-Formel gegeben

$$a_n = \frac{f^{(n)}(0)}{1 \times 2 \times 3 \times 4 \times \ldots \times n}$$

in der $f^{(n)}$ die n-te Ableitung der Funktion f ist.

Es gilt also:

$$f(x) = f(0) + \frac{f'(0)}{1}x + \frac{f''(0)}{1 \times 2}x^2 + \frac{f'''(0)}{1 \times 2 \times 3}x^3 + \ldots$$

Es kann vorkommen, dass diese Reihe keinen Grenzwert besitzt oder dass der Grenzwert nicht gleich $f(x)$ ist. Das gilt zum Beispiel für die Funktion $x \longmapsto e^{-1/x^2}$.

In diesem Fall lässt sich die Funktion nicht als Potenzreihe entwickeln. Mit der Taylor-Maclaurin-Formel kann man also nicht beweisen, dass eine bestimmte Funktion sich als Potenzreihe entwickeln lässt; mit ihrer Hilfe lassen sich lediglich die Zahlen a_0, a_1, a_2, a_3 … bestimmen, falls die Funktion auf diese Weise entwickelt werden kann.

Die Lösung von Gleichungen mit Hilfe von Potenzreihen

In der Mathematik sucht man zur Lösung von Problemen oft nach einer Funktion, die bestimmte Bedingungen erfüllt. Kann man Funktionen, die solche Probleme möglicherweise lösen, als Potenzreihe entwickeln, lässt sich das Problem vielfach darauf reduzieren, die Koeffizienten a_0, a_1, a_2, a_3 … dieser Reihe, also Zahlen, zu finden. Nach dieser Umwandlung bezieht das Problem sich nicht mehr auf eine Funktion, sondern auf Zahlen und lässt sich daher leichter lösen.

Sucht man zum Beispiel eine Lösung der Differentialgleichung

$$\begin{cases} f'(x) = 2x \\ f(0) = 1 \end{cases}$$

also eine Funktion f, deren Ableitung die Funktion $x \longmapsto 2x$ ist und die an der Stelle 0 den Wert 1 hat, kann man zunächst unter den Polynomfunktionen dritten Grades suchen. Man sucht also eine Funktion der Form $x \longmapsto ax^3 + bx^2 + cx + d$.

Durch die Beschränkung des Suchbereichs vereinfacht man das Problem. In der ursprünglichen Fassung des Problems musste man eine Funktion finden; in der neuen Fassung braucht man nur noch die vier Zahlen a, b, c und d zu finden. Die Ableitung der Funktion $x \longmapsto ax^3 + bx^2 + cx + d$ ist die Funktion $x \longmapsto 3ax^2 + 2bx + c$. Diese Funktion ist gleich $x \longmapsto 2x$, wenn $a = 0$, $b = 1$ und $c = 0$. Und $f(0)$ ist gleich 1, wenn $d = 1$. Die Lösung lautet also $x \longmapsto x^2 + 1$. Hat man diese Lösung erst einmal gefunden, kann man zeigen, dass es keine weiteren Lösungen gibt. Man war also gut beraten, eine Lösung der beschriebenen Form zu suchen.

Versucht man nun, nach demselben Verfahren eine Lösung für die Differentialgleichung

$$\begin{cases} f'(x) = 2f(x) \\ f(0) = 1 \end{cases}$$

zu finden, hat man keinen Erfolg: Es gibt keine Polynomfunktion, die dieser Gleichung genügt. In diesem Fall kann man den Suchbereich auf eine Lösung erweitern, die sich als Potenzreihe $a_0 + a_1x + a_2x^2 + a_3x^3 + \ \ldots$ entwickeln lässt. Die Ableitung dieser Funktion ist $x \longmapsto a_1 + 2a_2x + 3a_3x^2 + \ldots$

Die Differentialgleichung lässt sich nun durch zwei Bedingungen hinsichtlich der Zahlen a_n zum Ausdruck bringen:

$$\begin{cases} 2a_n = (n+1)a_{n+1} \\ a_0 = 1 \end{cases}$$

und das ergibt

$$a_n = \frac{2^n}{1 \times 2 \times \ldots \times n}$$

Man prüft, dass die Reihe $1 + 2x + 2x^2 + (4/3)x^3 + \ \ldots$ stets einen Wert besitzt, und findet damit die Lösung $x \longmapsto 1 + 2x + 2x^2 + (4/3)x^3 + \ldots$

Hat man diese Lösung erst gefunden, kann man zeigen, dass es keine weiteren Lösungen gibt. Die Suche nach Lösungen, die sich als Potenzreihen entwickeln lassen, ist also gelegentlich eine effiziente Methode, um Probleme, die sich auf Funktionen beziehen, auf einfachere Probleme zu reduzieren, in denen man es nur noch mit Zahlen zu tun hat. Allerdings ist es nicht immer sinnvoll, sich dabei auf die Grundfunktionen $x \longmapsto 1$, $x \longmapsto x$, $x \longmapsto x^2$, $x \longmapsto x^3$ … zu stützen. Oft ist es besser, nach Funktionen zu suchen, die sich als trigonometrische Reihen entwickeln lassen: $x \longmapsto a_0 + a_1e^{ix} + a_{-1}e^{-ix} + a_2e^{2ix} + a_{-2}e^{-2ix} + a_3e^{3ix} + \ \ldots$ (siehe SPEKTRALANALYSE). Bildet man die Ableitung der Funktion $x \longmapsto x^n$, erhält man eine Funktion, die der Funktion $x \longmapsto x^{n-1}$ proportional ist, das heißt eine weitere Grundfunktion, während man durch die Ableitung der Funktion $x \longmapsto e^{nix}$ eine Funktion erhält, die dieser Funktion selbst proportional ist (solch eine Funktion bezeichnet man als Eigenvektor für die Operation der Ableitung, siehe LINEARE ABBILDUNG), und damit gelten sehr viel einfachere Bedingungen für die Koeffizienten a_i.

Reinheit

Zur Vertiefung: ***Verunreinigungen***

Chemiker verwenden viel Zeit auf die Reinigung ihrer Ausgangsmaterialien, Reagenzien und Lösungsmittel. Und wenn eine REAKTION beendet ist, reinigt man die Endprodukte. Dieses ausgeprägte Bemühen, nur chemisch reine Substanzen zu verwenden, ist Ausdruck der Forderung nach Reproduzierbarkeit: Ein anderer Forscher muss, ganz gleich an welchem Ort, imstande sein, mit den gleichen Methoden die gleichen Resultate zu erzielen.

Zu dieser Anforderung der Reproduzierbarkeit kommt noch eine moralische Verpflichtung hinzu, die zwar archaisch, aber vielleicht immer noch im kollektiven Unbewussten der Chemiker verankert ist. Die Alchimie strebte eine mystische Askese ihrer Adepten an, die sich auf praktische Verrichtungen, zum Beispiel auf die Reinigungsverfahren, stützte: Ein deutscher Alchimist schrieb im 16. Jahrhundert, nichts Unreines könne den Weg in jenen Himmel aus Gold eröffnen.

Rekombination

Zur Vertiefung: ***Genkartierung; Gentechnik; Meiose; Transgenese***

In der GENETIK bezeichnet der Begriff »Rekombination« einen natürlichen oder künstlichen Vorgang, der zur Verknüpfung von zwei bis dahin getrennten DNA-Segmenten führt.

Rekombination und Vererbung

Die Körperzellen oder somatischen ZELLEN enthalten zwei komplette Chromosomensätze (siehe CHROMOSOM) und somit auch zwei Sätze von GENEN, den Grundbausteinen der Vererbung (sie sind diploid). Bei der ZELLTEILUNG der Keimzellen, die in der speziellen Form der Meiose erfolgt und zur Produktion der GAMETEN (Ei- und Spermazellen) führt, reduziert sich die Anzahl der Chromosomen und Gene auf einen haploiden (einfachen) Satz.

Ein Gen kann in verschiedenen Formen, den so genannten ALLELEN, vorkommen. Die Allele der verschiedenen Gene, die jeweils auf einem Chromosom liegen, bilden zusammen den Haplotyp. Im Laufe der Meiose kommt es durch Rekombination zwischen den homologen Chromosomen eines jeden Paares zu Umstrukturierungen.

Betrachten wir zum Beispiel zwei Gene, die auf demselben Chromosom liegen und jeweils in zwei Allelen vorkommen. Eines der Gene existiert in den allelen Formen a und A, das andere in den allelen Formen b und B. Angenommen, in der diploiden Keimzelle befindet sich vor der Meiose der Haplotyp (ab) auf einem Chromosom und der Haplotyp (AB) auf dem anderen, so gibt es nach der Meiose bei den Gameten vier verschiedene Haplotypen, die sich in der Nachkommenschaft des betreffenden Individuums feststellen lassen. In der überwiegenden Zahl der Fälle handelt es sich dabei um die Ausgangshaplotypen (ab) und (AB); in einigen Fällen treten jedoch die rekombinierten Haplotypen (aB) und (Ab) auf, so genannte Rekombinanten, die aus einem reziproken Austausch zwischen den Ausgangshaplotypen entstanden sind und eine Allelverbindung in sich tragen, die in den Ausgangschromosomen nicht existierte.

Begünstigt wird dieser Rekombinationsvorgang durch die Tatsache, dass sich die homologen Chromosomenpaare in der ersten Phase der Meiose nach der Verdoppelung der DNA eines jeden Chromosoms eng aneinander lagern. Nun erfolgt zwischen den Chromosomen eines Paares ein gegenseitiger DNA-Austausch, aus dem rekombinierte Haplotypen hervorgehen; anschließend enthält jedes Chromosom Gene beider Ausgangschromosomen, die das betreffende Individuum jeweils von einem seiner Eltern erhalten hat.

Rekombinationen zwischen zwei Genen kommen umso häufiger vor, je weiter sie voneinander entfernt auf dem Chromosom liegen. Die Rekombinationshäufigkeit zwischen zwei Genorten auf der DNA dient als Maß für die so genannte GENETISCHE DISTANZ, die sie trennt. Gemessen wird diese Distanz in Centi-Morgan, benannt nach dem amerikanischen Embryologen Thomas Morgan, der die Rolle der Chromosomen für die Vererbung nachgewiesen hat; ein Centi-Morgan entspricht der Distanz zwischen zwei Genen, deren Rekombinationsfrequenz 1% beträgt.

Wenn man nun paarweise die Rekombinationshäufigkeit zwischen den Genen misst, so lässt sich aus der ermittelten genetischen Distanz ihre relative Reihenfolge auf den Chromosomen ableiten. Angenommen, die Rekombinationsfrequenz zwischen den Genen A und B beträgt 30%, zwischen A und C 15% und zwischen B und C 10%, so kann man daraus schließen, dass sie wahrscheinlich in der Reihenfolge A–C–B angeordnet sind. Allerdings sind die genetischen Distanzen nicht vollständig additiv, da mehrfache Rekombinationen in gerader Anzahl den ursprünglichen Haplotyp wiederherstellen und so das Bild verzerren können. Solche multiplen Rekombinationen erfolgen mit signifikanter Häufigkeit nur zwischen Genen, die recht weit voneinander entfernt auf demselben Chromosom liegen.

Die Messung der Häufigkeiten meiotischer Rekombinationen zwischen zahlreichen polymorphen DNA-Segmenten stellt ein Grundinstrument zur Erstellung von Genkarten dar (siehe GENKARTIERUNG).

Gleiche und ungleiche homologe Rekombination

Bei der Meiose finden Rekombinationen zwischen den beiden Chromosomen eines Paares, den so genannten homologen Chromosomen, auf der Ebene von DNA-Fragmenten statt, die identische oder sehr ähnliche Nukleotidketten enthalten. Man spricht hier von homologer Rekombination. Identische Nukleotidketten können sich jedoch in unterschiedlichen Abständen zu den Enden desselben Chromosoms und sogar auf verschiedenen Chromosomen befinden.

Eine homologe Rekombination zwischen zwei Regionen, die zwar in ihrer Struktur, nicht aber in ihrer Position identisch sind, führt zur Bildung von zwei umstrukturierten Chromosomen und zum Transfer des Segments, das die beiden Positionen auf den Chromosomen voneinander trennt. Eines der beiden rekombinierten Chromosomen ist somit kürzer und das andere länger als die Ausgangschromosomen. Solche so genannten ungleichen Rekombinationen sind die Ursache für den Verlust und die Duplikation von Genen oder Chromosomsegmenten, also für genetische Anomalien, die Erbkrankheiten wie Thalassämien bewirken, also Störungen der Hämoglobinbildung, die in den Mittelmeerländern verbreitet sind.

Zu einer solchen ungleichen homologen Rekombination kann es auch außerhalb der Meiose in bestimmten Körperzellen kommen; sie führen dort zu Funktionsstörungen. Manchmal kann die Rekombination des genetischen Materials aber auch positive Auswirkungen für die Zelle haben und die Ausprägung eines neuen Merkmals ermöglichen, wie es bei der Produktion von Antikörpern durch bestimmte Zellen des Immunsystems der Fall ist (siehe ANTIKÖRPER, ANTIGEN).

In-vitro-Rekombinationen

Dank der Entwicklung der Gentechnik lassen sich heute Rekombinationen der DNA *in vitro* vornehmen. So genannte Restriktionsenzyme (siehe RESTRIKTION) spalten die DNA genau an den gewünschten Stellen, und ein anderes Enzym, die DNA-Ligase, setzt die erhaltenen Fragmente an den Enden zusammen. Ein DNA-Segment, das ein spezielles menschliches Protein wie das Wachstumshormon codiert, lässt sich auf diese Weise in ein Plasmid, also eine Art bakterielles Minichromosom, einsetzen. Das so erhaltene rekombinierte Plasmid dient als Träger oder Vektor, um das DNA-Fragment in eine BAKTERIE zu übertragen. Durch Kultur dieser programmierten Bakterie kann man dann das menschliche Protein in großen Mengen gewinnen (siehe GENTECHNIK).

Rekombination und Transgenese

Durch Rekombination der DNA lassen sich genetisch modifizierte Tiere und Pflanzen herstellen. Die Injektion von Fremd-DNA in das befruchtete Ei oder die Embryozellen einer Maus führt in einer nicht zu vernachlässigenden Zahl von Fällen zum Einbau dieser DNA in das GENOM der Wirtszelle. Diese Integration erfolgt zufällig über einen Rekombinationsmechanismus, der nicht auf homologen DNA-Sequenzen beruht: Es handelt sich um eine heterologe Rekombination. Fügt man der Fremd-DNA eine kurze Sequenz hinzu, die mit einem Gen des Zielgenoms identisch ist, kann genau an der Stelle dieses Gens eine homologe Rekombination stattfinden, die das Fremd-DNA-Segment präzise einbaut. Bei Mäusen wird diese Technik häufig eingesetzt, um ein bestimmtes Gen zu inaktivieren. Aus Beobachtungen der so erhaltenen Tiere lassen sich Rückschlüsse auf die Bedeutung und sogar auf die genaue Funktion der inaktivierten Gene ziehen (siehe TRANSGENESE).

rekursive Definition

Zur Vertiefung: ***Berechenbarkeit; Fehlerfreiheit von Programmen; Programmierung; Sprache***

Was ist eine russische Puppe? Eine Puppe, die eine russische Puppe enthält. Was ist eine Zwiebel? Eine von einer Zwiebelschale umhüllte Zwiebel. Das sind zwei rekursive Definitionen, die uns Schwindel bereiten.

Es sind rekursive Definitionen, weil der zu definierende Begriff selbst zur Definition benutzt wird. Und sie bereiten uns Schwindel, weil sie einen unendlichen Regress bedeuten: eine Puppe in einer Puppe in einer Puppe und so weiter bis ins Unendliche.

Will man nicht in diesen Abgrund stürzen, muss man jede rekursive Definition mit einer Stoppbedingung versehen. So definiert man eine russische Puppe rekursiv als eine Puppe, in der sich eine weitere russische Puppe befindet, oder als einen »Keim einer russischen Puppe« – das ist die Stoppbedingung.

Und eine Zwiebel lässt sich definieren als eine von einer Zwiebelschale umhüllte Zwiebel oder als ein »Zwiebelembryo«.

In der INFORMATIK werden rekursive Definitionen sehr geschätzt, vor allem wenn sie auf die mathematischen Eigenschaften der so definierten Funktionen zurückgreifen, denn sie bieten der Programmierung eine solide Grundlage. Nimmt man zum Beispiel eine einfache Eigenschaft der Addition, nämlich dass die Summe von N und P gleich der Summe von $N-1$ und $P+1$ ist, sieht man, dass die Addition von 3 und 4 zum selben Ergebnis führt wie die Addition von 2 und 5, 1 und 6 oder -178 und $+185$ ... Für sich allein genommen führt diese Beobachtung uns in einen unendlichen Regress, doch nehmen wir eine andere hinzu, nämlich dass die Summe von 0 und P gleich P ist, so ist die Addition vollständig beschrieben, und diese Beschreibung ist rekursiv: Die Summe von 3 und 4 lässt sich zurückführen auf die Summe von 2 und 5, dann von 1 und 6 und schließlich auf die Summe von 0 und 7, und das ergibt aufgrund der Stoppbedingung, wonach die Summe von 0 und P gleich P ist, die Zahl 7. Ganz ähnlich lässt sich die Multiplikation von N und P folgendermaßen definieren: Das Produkt von 1 und P ist gleich P (das ist die Stoppbedingung); das Produkt von N und P ist gleich der Summe von P und dem Produkt von $N-1$ und P (denn $NP = (N-1)P+P$).

Die rekursiven Definitionen spielen außerdem eine wichtige Rolle in der Theorie der Mathematik und der Informatik. Nach einer von Alonso Church 1936 aufgestellten These, die bis heute nicht widerlegt wurde, ist die Menge der rekursiv definierbaren Funktionen deckungsgleich mit der Menge der berechenbaren Funktionen (siehe BERECHENBARKEIT), das heißt der Funktionen, für die es ein Rechenverfahren gibt.

Relation

Zur Vertiefung: ***Äquivalenz; Ordnungsrelation***

Die Zahl 1 ist kleiner als die Zahl 3. »Kleiner sein« ist weder eine Eigenschaft der Zahl 1 noch der Zahl 3 jeweils für sich genommen; vielmehr kommt ihnen diese Eigenschaft nur gemeinsam zu. Solche Eigenschaften bezeichnet man als Relationen.

Relationen dieser Art lassen sich graphisch darstellen, indem man die Objekte, zwischen denen die Relation besteht, durch einen Pfeil verbindet (siehe *Abbildung 1*).

In der Mengenlehre ist der Relationsbegriff kein Grundbegriff, das heißt, es gibt dort keine speziellen Axiome, die diesen Begriff betreffen; vielmehr werden Relationen als besondere Mengen definiert (der einzige Grundbegriff der Mengenlehre ist der Begriff der MENGE). Eine Relation ist definiert

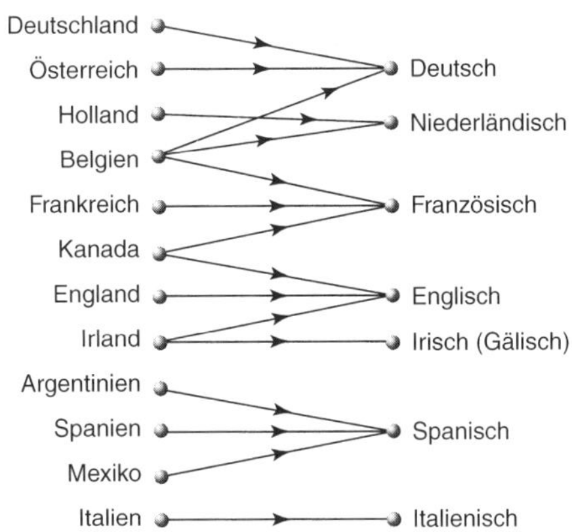

Abbildung 1 Graphische Darstellung der Relation »als Landessprache haben«

als eine Menge von Paaren: Das Paar (a, b) gehört zu der Menge, falls a und b in der betreffenden Relation stehen. Zum Beispiel ist die Relation »als Landesprache haben« definiert als die Menge E={(Deutschland, Deutsch), (Österreich, Deutsch), (Holland, Niederländisch), (Belgien, Deutsch), (Belgien, Niederländisch), (Belgien, Französisch), (Frankreich, Französisch) … }. Eine Relation mit drei Argumenten (zum Beispiel die Relation »das Land x hat zum Zeitpunkt y eine Bevölkerung von z«) würde entsprechend als Menge von Tripeln, eine Relation mit vier Argumenten als Menge von Quadrupeln definiert usw.

Genauer gesagt, wird die Relation »als Landessprache haben« definiert als das Tripel (L, S, E), wobei L die Menge der Länder, S die Menge der Sprachen und E die Menge der oben genannten Paare ist. Allgemein wird eine Relation also definiert als ein Triplet (A, B, R), wobei A und B zwei Mengen sind, während R eine Teilmenge der Menge $A \times B$ (A kreuz B) ist, also der Menge der Paare (a, b), für die gilt, dass a Element von A und b Element von B ist. Man sagt, diese Relation ist auf den Mengen A und B definiert. Eine Relation mit n Argumenten wird definiert als $(n+1)$-Tupel (A_1, …, A_n, R), wobei R eine Teilmenge von $A_{1\times A2}\times \ldots \times A_n$ ist.

Bei einer binären Relation (A, B, R) ist die Menge B gleich der Menge A, und man sagt einfach, die Relation R sei auf der Menge A definiert. Solch eine Relation wird als reflexiv bezeichnet, wenn jedes Element von A zu sich selbst in dieser Relation steht. Weitere mögliche Eigenschaften sind: Symmetrie (wenn a in Relation zu b steht, so steht auch b in Relation zu a), Antisymmetrie (wenn a in Relation zu b steht und von b verschieden ist, so steht b nicht in Relation zu a) und Transitivität (steht a in Relation zu b und b in Relation zu c, so steht auch a in Relation zu c). Einfache Beispiele für Relationen, die diese Eigenschaften besitzen oder nicht besitzen, sind die Verwandtschaftsbeziehungen. Die Relation »zur selben Familie gehören wie« ist offenbar reflexiv, symmetrisch und transitiv. Die Relation »Vater von … sein« ist dagegen weder reflexiv noch symmetrisch oder transitiv, sondern antisymmetrisch. Die Relation »Vorfahr von … sein« ist dagegen weder reflexiv noch symmetrisch, wohl aber transitiv und antisymmetrisch.

Eine Relation, die reflexiv, symmetrisch und transitiv ist, wird als »Äquivalenzrelation« bezeichnet (das gilt etwa für die Relation »zur selben Familie gehören wie«). Eine Relation, die reflexiv, antisymmetrisch und transitiv ist, wird als »Ordnungsrelation« bezeichnet (das gilt etwa für die Relation »kleiner als« auf der Menge der natürlichen Zahlen).

Relativitätstheorie

Hinter dem Ausdruck »Relativitätstheorie« verbergen sich zwei Revolutionen der Physik, die das gesamte 20. Jahrhundert geprägt haben und beide auf Albert Einstein zurückgehen, auch wenn die Grundlagen dafür zum Teil bereits vorher gelegt wurden. Die erste dieser beiden Revolutionen war mit der speziellen Relativitätstheorie verbunden und erschütterte gleich zu Beginn des Jahrhunderts die klassische Vorstellung von Raum, Zeit und Bewegung. Die zweite folgte ein Jahrzehnt später, war mit der allgemeinen Relativitätstheorie verknüpft und sorgte für einen Umbau des imposanten Gebäudes der Gravitation, das Newton zweieinhalb Jahrhunderte zuvor errichtet hatte.

Es ist bemerkenswert, dass ASTRONOMIE und Astrophysik, die gleichfalls im 20. Jahrhundert beträchtliche Fortschritte machten, zahlreiche detaillierte und präzise Verifikationsmöglichkeiten für die beiden Theorien boten, weil sie es mit großen Zeiträumen, Entfernungen und Massen zu tun haben, wie man sie unter Laborbedingungen kaum nachvollziehen kann.

Die zwei Säulen der Physik des 20. Jahrhunderts

Die Physik des 19. Jahrhunderts stützte sich auf die MECHANIK, also die Wissenschaft von der Bewegung materieller Körper, und auf die Wissenschaft des ELEKTROMAGNETISMUS, also des Lichts und aller elektromagnetischen Phänomene. Beide Theorien schienen auf ihrem jeweiligen Gebiet zu exakten Ergebnissen zu führen, doch es ließ sich nicht übersehen, dass sie einander widersprachen.

Die Mechanik gründet vollständig im Relativitätsprinzip, das erstmals Galileo Galilei um 1600 formuliert hatte und nicht Albert Einstein, wie viele meinen. Nach diesem Prinzip laufen die Dinge an Bord eines in gleichmäßig-geradliniger Bewegung befindlichen Flugzeugs geradeso ab wie auf dem Boden (Galilei sprach natürlich nicht von einem Flugzeug, sondern von einem Schiff): Wenn etwa die Stewardess ein Glas fallen lässt, fällt dieses Glas in dem mit dem Flugzeug verbundenen BEZUGSSYSTEM auf dieselbe Weise zu Boden wie in einem Restaurant auf der Erde. Tatsächlich lässt sich durch kein physikalisches Experiment feststellen, ob das Flugzeug am Boden steht oder sich in der Luft befindet, jedenfalls solange es sich mit konstanter Geschwindigkeit geradlinig fortbewegt. Wie Galilei es ausdrückte, ist die Bewegung des Flugzeugs (oder eigentlich des Schiffs) »gewissermaßen gleich null«; sie zählt nicht, weil man sie nicht »spürt«.

Welche Folgen hat nun dieses Relativitätsprinzip? Passagiere, die in einem Flugzeug sitzen, befinden sich gegenüber der Maschine in Ruhe, aber sie bewegen sich gegenüber der Erde, die ihrerseits um die Sonne kreist, welche sich durch die Milchstraße bewegt, die sich gleichfalls gegenüber anderen Galaxien nicht in Ruhe befindet. Kurz, das Relativitätsprinzip besagt, dass nichts sich in absoluter Ruhe befindet oder genauer: dass jede geradlinig-gleichförmige Bewegung von dem Bezugssystem abhängt, in dem man sie betrachtet.

Diese Aussage mag uns ganz natürlich erscheinen, doch zu Galileis Zeiten war der Gedanke recht schockierend, dass die Erde sich (mit einer Geschwindigkeit von 30 Kilometern pro Sekunde) um die Sonne bewegen sollte und wir mit ihr; bis Kopernikus und Galilei hatte man zum Teil auch mit dem Hinweis auf diese Konsequenz an der Stellung der Erde im Mittelpunkt der Welt fest gehalten.

Nach der Theorie des Elektromagnetismus, der James Clerk Maxwell in den 1850er Jahren ihre klassische Gestalt verlieh, besteht das Licht aus Wellen. Für den Physiker des 19. Jahrhunderts war die WELLE ein Phänomen, das sich ausbreitet, indem es irgendein Medium in Schwingung versetzt. Bei einer Welle im Wasser, dem Urbild des Wellenphänomens, schwingt das Wasser oder vielmehr die Wasseroberfläche. Beim Schall ist es die Luft (deshalb breitet sich Schall im Vakuum nicht aus). Beim Licht nun, glaubte man im 19. Jahrhundert, schwingt ein Medium, das man als »Äther« bezeichnete.

Nach Maxwells Vorstellung ist die Welt bis in den letzten Winkel mit einem Medium, dem Äther, gefüllt, dessen Existenz für die Ausbreitung des Lichts unerlässlich sei. Aber woraus besteht dieser Äther? Ist er wie Wasser, wie Luft oder wie Glas? Ist er schwer, fest, flüssig oder elastisch? Maxwells Theorie stellte einige Antworten bereit, blieb in ihren Aussagen aber insgesamt eher vage. Danach war der Äther mit Sicherheit farblos und wahrscheinlich ohne Gewicht. Im Laufe der Zeit nahmen die Physiker dem Äther alle Eigenschaften, die man ihm zugeschrieben hatte, bis nur noch eine einzige Eigenschaft übrig blieb: seine absolute Unbewegtheit. Er befand sich in vollkommener Ruhe – und stand damit in krassem Gegensatz zum Relativitätsprinzip.

Daher das Dilemma: Entweder glaubte man Maxwells Theorie, die mit der Erfahrung vollständig übereinstimmte, dann musste man die Existenz eines absolut unbewegten Äthers einräumen und das Relativitätsprinzip aufgeben, auf dem immerhin die ganze Mechanik beruhte. Oder man hielt am Relativitätsprinzip fest und gab stattdessen den Äther auf. Dann fragte sich allerdings, wie das Licht sich ausbreitet.

Das Ende der Äthertheorie

Im Juni 1905 griff Albert Einstein diesen Widerspruch in einem Aufsatz auf, in dem er die Grundzüge der modernen Relativitätstheorie darlegte. Er begann damit, dass er den Tod des Äthers verkündete. Das Licht pflanzt sich nicht fort, indem es ein Medium in Schwingung versetzt; vielmehr breitet es sich im VAKUUM aus.

In seinem Aufsatz erhob Einstein eine der in Maxwells Theorie implizit enthaltenen Folgerungen zum Postulat: Unabhängig von der Bewegung eines Beobachters muss das Licht für ihn stets dieselbe Geschwindigkeit haben, nämlich etwa 300 000 Kilometer pro Sekunde. Wenn ein Auto sich mir mit aufgeblendeten Scheinwerfern nähert, breitet das Scheinwerferlicht sich im Verhältnis zu mir mit derselben Geschwindigkeit aus, wie es der Fall wäre, wenn das Auto stünde. Das klassische, von Galilei formulierte Gesetz der Addition der Geschwindigkeiten besitzt für das Licht keine Geltung; die Geschwindigkeit des Scheinwerferlichts ist nicht gleich der Summe aus der Ausbreitungsgeschwindigkeit des Lichts und der Geschwindigkeit des Fahrzeugs. Einsteins Relativitätstheorie modifizierte das Gesetz der Addition der Geschwindigkeiten und postulierte die Invarianz der Lichtgeschwindigkeit in allen Inertialsystemen (das heißt, in allen geradlinig-gleichförmig bewegten Bezugssystemen). Darum ist es übrigens unmöglich, jemals Licht im Ruhezustand anzutreffen; dieser Sachverhalt lässt sich auch in die Aussage fassen, dass die Ruhemasse der Lichtteilchen oder PHOTONEN gleich null ist.

Der Äther verstieß gegen das Relativitätsprinzip, wonach nichts sich in absoluter Ruhe befinden kann. Dank seiner Eliminierung konnte das Relativitätsprinzip bewahrt werden. Fügt man dem Relativitätsprinzip noch das Postulat der konstanten Lichtgeschwindigkeit hinzu (die unabhängig von der Bewegung des Beobachters stets c betragen soll), stellt man die Physik auf völlig neue Grundlagen. Und genau das tat Albert Einstein.

Die Raum-Zeit nach der speziellen Relativitätstheorie

Zur Vertiefung: ***Raum-Zeit; Zwillingsparadoxon***

Um diese neue Physik zu konstruieren, führte Einstein das revolutionäre Konzept der Raum-Zeit ein und setzte es an die Stelle der bis dahin getrennten Konzepte des RAUMS und der ZEIT. Der Bindestrich zwischen den beiden Worten zeigt an, dass Raum und Zeit nach Auffassung der Relativitätstheorie nicht voneinander getrennt werden können (siehe RAUM-ZEIT). Weder Längen oder Entfernungen noch Zeiträume sind absolute Größen, also unabhängig von dem Bezugssystem, in welchem man sie berechnet.

Zum besseren Verständnis dieser Zusammenhänge wollen wir zwei gleichartige rechtwinklige Koordinaten- oder Bezugssysteme R und R' betrachten, die sich in gleichförmig-geradliniger Bewegung zueinander befinden. Die Koordinaten, die ein Ereignis in R markieren, sind von der Art (x, y, z, t). Die ersten drei Koordinaten bezeichnen den Ort, an dem das Ereignis stattfindet, die vierte Koordinate markiert den Zeitpunkt. In R' hat dasselbe Ereignis die Koordinaten (x', y', z', t').

Nehmen wir an, die Translationsbewegung von R' gegenüber R erfolgt mit der Geschwindigkeit v entlang der x-Achse.

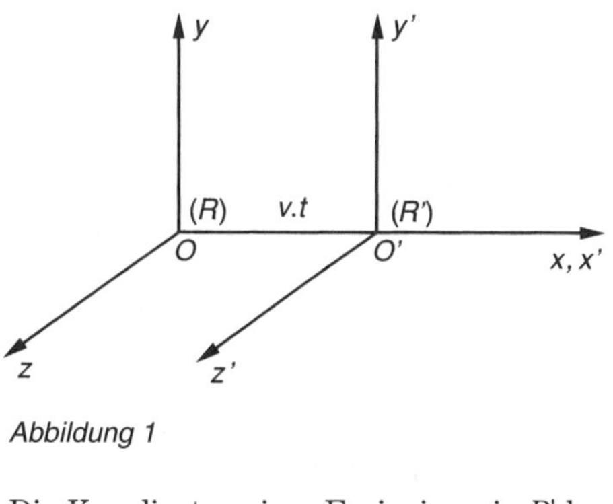

Abbildung 1

Die Koordinaten eines Ereignisses in R' lassen sich über eine so genannte Lorentz-Transformation aus den Koordinaten desselben Ereignisses in R errechnen; danach bestehen zwischen den einzelnen Koordinaten folgende Zusammenhänge:

$$\begin{cases} x' = \gamma(x - \beta ct) \\ y' = y \\ z' = z \\ t' = \gamma(t - \beta x/c) \end{cases}$$

In diesen Formeln ist β gleich dem Quotienten v/c und γ gleich $1/(1-\beta^2)^{1/2}$. Da die Lichtgeschwindigkeit einen nicht überschreitbaren Grenzwert darstellt, kann β nicht größer als 1 werden. Der Faktor γ ist dagegen stets größer als 1.

Betrachten wir zunächst zwei Ereignisse, die in *R* gleichzeitig, also zum selben Zeitpunkt *t*, stattfinden. Ihre Koordinaten in *R* lauten (x_1, y_1, z_1, t) und (x_2, y_2, z_2, t). Sind diese beiden Ereignisse nun auch in *R'* gleichzeitig? Nach den oben aufgeführten Gleichungen ergibt sich für die Zeitpunkte t'_1 und t'_2, zu denen die beiden Ereignisse in *R'* stattfinden:

$t'_1=\gamma(t-\beta x_1/c)$

$t'_2=\gamma(t-\beta x_2/c)$

Wie man leicht erkennt, ist t'_1 nicht gleich t'_2, wenn x_1 ungleich x_2 ist. Und das heißt, dass zwei in *R* gleichzeitige Ereignisse in *R'* nicht gleichzeitig stattfinden. Das Konzept der Gleichzeitigkeit ist also nicht absolut (wie es die Newtonsche Physik unterstellte). Dies ist eine der wichtigen Lehren aus der Relativitätstheorie.

Aus den angegebenen Formeln lässt sich auch leicht ersehen, dass die Länge eines an die Achse *OO'* angelegten Maßstabs nicht unverändert bleibt, wenn man von einer Messung in *R* zu einer Messung in *R'* übergeht. Ebenso kann man zeigen, dass der zeitliche Abstand zwischen zwei Ereignissen gleichfalls vom zugrunde gelegten Bezugssystem abhängt.

Betrachten wir nun ein Mal, was es mit dem Raum-Zeit-Intervall Δs auf sich hat, das zwei durch die Indizes 1 und 2 bezeichnete Ereignisse voneinander trennt. Es ist definiert durch:

$(\Delta s)^2=(x_2-x_1)^2+(y_2-y_1)^2+(z_2-z_1)^2-c^2(t_2-t_1)^2$

In *R'* gilt für das Raum-Zeit-Intervall $\Delta s'$ entsprechend: $(\Delta s')^2=$ $(x'_2-x'_1)^2+(y'_2-y'_1)^2+(z'_2-z'_1)^2-c^2(t'_2-t'_1)^2$

Unter Verwendung der Ausdrücke der Lorentz-Transformation, die x'_1 als Funktion von x_1 und t_1, x'_2 als Funktion von x_2 und t_2, sowie *t'* als Funktion von t_1 und x_1 angeben, lässt sich leicht zeigen, dass $(\Delta s')^2$ gleich $(\Delta s)^2$ ist. Dieses Ergebnis ist äußerst bedeutsam, denn danach ist das Raum-Zeit-Intervall zwischen zwei Ereignissen unabhängig vom gewählten Bezugssystem (Inertialsystem). Man spricht hier von einer Lorentz-Invarianz des Raum-Zeit-Intervalls Δs.

Nach Ansicht vieler ist die Bezeichnung »spezielle Relativitätstheorie« nicht sonderlich zutreffend, weil es sich in Wirklichkeit um eine Theorie der Invarianz handelt. Sie sucht in der Natur nach Größen, die sich nicht ändern, die also unabhängig von der Position des Beobachters sind.

Die Invarianz des Raum-Zeit-Intervalls Δs erklärt zum Beispiel, warum eine gegenüber dem Beobachter bewegte Uhr stets langsamer schlägt als eine Uhr, die sich gegenüber dem Beobachter in Ruhe befindet. Je mehr sich die Geschwindigkeit der Uhr der Lichtgeschwindigkeit nähert, desto langsamer schlägt sie. Diesen perspektivischen Effekt in der Raum-Zeit bezeichnet man als Zeitdilatation.

Die berühmte Gleichung $E=mc^2$

Zur Vorbereitung: ***Masse***

Am 27. September 1905 ließ Einstein seinem Aufsatz vom Juni des Jahres ein Postscriptum folgen, in dem er die Formel bewies, auf die sein Genie und die gesamte Relativitätstheorie vielfach reduziert werden: $E=mc^2$. Ganz grob gesprochen, besagt sie, dass der Energiegehalt eines Körpers mit seiner Masse zusammenhängt; selbst ein in Ruhe befindlicher Körper besitzt eine innere Energie, die der in ihm enthaltenen Materiemenge direkt proportional ist. Masse und innere Energie sind äquivalente Größen (siehe MASSE). Schon im Bereich unserer Größenordnungen scheint diese Äquivalenz jedes Maß zu sprengen. Einem halben Pfund Butter (oder jedem Objekt derselben Masse) entspricht danach eine Energie von $2{,}25 \times 10^{16}$ Joule – eine gigantische Zahl, vergleicht man sie mit den 0,125 Joule an kinetischer Energie, die demselben Objekt bei einer Fallgeschwindigkeit von einem Meter pro Sekunde zukommt. So kann es denn auch nicht verwundern, dass die Äquivalenz von Masse und Energie erst 1905 entdeckt wurde. Der Energiegehalt eines ganz gewöhnlichen Stücks Materie ist derart gewaltig, dass energetische Veränderungen, wie sie zum Beispiel durch Beschleunigung entstehen, im Verhältnis zur Gesamtenergie verschwindend gering erscheinen.

Eine Folgerung aus Einsteins Formel ist gleichfalls revolutionär: Masse kann in andere Energieformen umgewandelt werden. Genau das geschieht bei den Kernreaktionen (siehe KERNSPALTUNG und KERNFUSION) oder wenn ein Teilchen zusammen mit seinem Antiteilchen zerstrahlt (siehe ANTITEILCHEN, ANTIMATERIE). Umgekehrt kann kinetische (also die mit der Bewegung eines Körpers verbundene) Energie in Masse umgewandelt werden, das heißt, sie kann zu mehr oder weniger massereichen Teilchen materialisieren (siehe MATERIALISIERUNG).

Die allgemeine Relativitätstheorie

Zur Vertiefung: ***Kraft, Himmelsmechanik***

Die spezielle Relativitätstheorie hatte den absoluten Raum und die absolute Zeit eliminiert und eine Mechanik geschaffen, die auf der Invarianz der Lichtgeschwindigkeit c und der absoluten Grenze basiert, die diese NATURKONSTANTE der Geschwindigkeit setzt. Die Newtonsche Mechanik basierte auf einer Hypothese, die sich auf direktem Wege nicht beweisen ließ; danach breitet sich die Wirkung der Massenanziehungskraft, die zwei Körper A und B aufeinander ausüben, ohne zeitliche Verzögerung im Raum aus. Wenn A eine andere Form annimmt (etwa indem aus einer Kugel eine Scheibe wird) oder wenn der Abstand zwischen beiden sich verändert, wird B darüber gleichsam augenblicklich »informiert«, selbst wenn der Abstand zwischen A und B mehrere Lichtminuten beträgt (wie es für Sonne und Erde gilt). Hier tat sich ein ernsthafter Konflikt mit der neuen Theorie auf.

Nachdem Einstein fast ein Jahrzehnt vergeblich versucht hatte, diesen Konflikt zu lösen, blieb ihm nichts anderes übrig, als den Begriff der Gravitation, wie Newton und seine Nachfolger ihn entwickelt hatten, von Grund auf zu revidieren; 1915 legte er zu diesem Zweck eine Theorie vor, die als allgemeine Relativitätstheorie bezeichnet wird, weil sie die in der speziellen Relativitätstheorie entwickelten Vorstellungen auf die Gravitation ausdehnt und damit verallgemeinert. In Wirklichkeit ist die allgemeine Relativitätstheorie eine neue Theorie der Gravitation. Seither sind alternative Gravitationstheorien entwickelt worden, die heute äußerst präzisen Tests unterworfen werden können (wenngleich bislang ohne Erfolg), doch sie alle basieren auf dem von Einstein eingeschlagenen revolutionären Weg, und wie Messungen zeigen, sind die Unterschiede zu Einsteins Theorie nur sehr gering.

Im Anschluss an den Russen Nikolai Lobatschewski machte sich der damals achtundzwanzigjährige deutsche Mathematiker Bernhard Riemann 1854 an die Erforschung von Räumen, die eine andere Geometrie besitzen als der uns vertraute Raum (siehe KRÜMMUNG und GEODÄTE). Dabei äußerte er die noch recht summarische Vermutung, bei der Gravitation handele es sich möglicherweise nicht um eine »wirkliche« Kraft, sondern um die lokale Manifestation einer speziellen Eigenschaft des Raumes, die man als dessen Krümmung bezeichnet. Doch erst Albert Einstein verlieh diesem Gedanken seine Durchschlagskraft: Die Geometrie der Raum-Zeit, die in der speziellen Relativitätstheorie noch als eben gedacht war, hängt nach der allgemeinen Relativitätstheorie von den im Raum befindlichen Massen ab, und diese Geometrie bestimmt ihrerseits die Bewegung der Massen.

Die Bewegung der Erde oder der Planeten beruht danach nicht auf der augenblicklichen Einwirkung der Newtonschen Kraft; vielmehr wird ihre Bahn durch eine »Vertiefung« bestimmt, die durch die Anwesenheit der Sonnenmasse in der Raum-Zeit erzeugt wird. Der amerikanische Physiker John Wheeler hat diesen Sachverhalt einmal folgendermaßen zum Ausdruck gebracht: »Die Krümmung sagt der Materie, wie sie sich bewegen soll, und die Materie sagt der Raum-Zeit, wie sie sich zu krümmen hat.«

Solch eine Darstellung der Dinge hätte durchaus eine zwar interessante, aber folgenlose Sichtweise bleiben können, wären da nicht zwei Testfälle gewesen, die erstens Albert Einstein berühmt machten und zweitens ein Problem lösten, das die Astronomen seit langem irritiert hatte.

Die erste Probe betraf die Einwirkung, der das Licht ausgesetzt ist, wenn es sich an einer Masse *A* vorbeibewegt. Newton, der den Korpuskelcharakter des Licht vertrat, hatte behauptet, das Lichts werde durch die von *A* ausgehende Massenanziehungskraft abgelenkt, und zwar im selben Maße wie jedes andere Geschoss (siehe GRAVITATION). Der äußerst schwierige Nachweis dieser These war nie erbracht – und im Übrigen auch nie versucht – worden. Einsteins neue Theorie sagte nun eine Ablenkung voraus, die genau dem Doppelten der klassischen Voraussage entsprach.

Dem Astronomen Arthur Eddington gelang es bei der totalen Sonnenfinsternis des Jahres 1919, die Ablenkung zu messen, und seine Resultate gaben Einstein Recht (siehe VERFINSTERUNG und KRÜMMUNG). Inzwischen ist dieser Befund durch zahlreiche Ergebnisse aus dem Bereich der neu entwickelten Gravitationsoptik bestätigt worden, die sich mit der Ablenkung des Lichts ferner astronomischer Objekte durch große Massen beschäftigt (siehe GRAVITATIONSLINSE).

Die zweite Probe betraf die Ausrichtung der Achse jener Ellipse, die ein Planet bei seinem Umlauf um die Sonne beschreibt (siehe KEPLERSCHE GESETZE). Nach der Newtonschen Mechanik bleibt die Ebene der elliptischen Umlaufbahn aufgrund der Erhaltung des Drehimpulses unverändert gegenüber den Fixsternen (siehe ERHALTUNGSSATZ), und dasselbe gilt für die Ausrichtung der Achse. Aufgrund einer verbesserten Messgenauigkeit in der Astrometrie hatten die Astronomen jedoch im 19. Jahrhundert festgestellt, dass die Achse der elliptischen Umlaufbahn des Merkur eine Rotationsbewegung von 43 Winkelsekunden pro Jahrhundert vollzieht, die sich mit den Mitteln der klassischen Mechanik nicht erklären ließ. Die neue Relativitätstheorie dagegen vermochte diese Präzession und ähnliche, in Doppelsternsystemen beobachtete Phänomene (siehe PULSAR) sehr genau zu erklären.

Jedem seine eigene Krümmung

Zur Vertiefung: ***Masse***

Da man die Newtonsche Mechanik auch weiterhin dazu benutzen kann, die Bahn eines Geschosses oder eines Planeten zu berechnen, muss es ein Kriterium geben, mit dessen Hilfe sich entscheiden lässt, ob die klassische Mechanik in einem bestimmten Fall anwendbar ist oder nicht. Dieses einfache Kriterium spielt eine ähnliche Rolle wie die in der speziellen Relativitätstheorie zu klärende Frage, ob die betrachteten Geschwindigkeiten klein oder groß im Verhältnis zur konstanten Lichtgeschwindigkeit c sind. Hier nun prüft man stattdessen eine Größe α, die ein Maß für die relative Größe der in der Raum-Zeit anzutreffenden Massen darstellt. Betrachten wir eine Masse M, die in einer Kugel mit dem Radius R enthalten ist, und eine kleine Masse m, die sich an der Oberfläche der Kugel befinden soll; dann ist α definiert als das Verhältnis zwischen dem Betrag der potentiellen Energie von m (die auf der Gravitation von M beruht und bewirken kann, dass m in Richtung M fällt – siehe POTENTIAL) und der inneren Energie mc^2 der Masse m (die zum Beispiel bei einer KERNFUSION oder einer KERNSPALTUNG freigesetzt werden könnte):

$\alpha = (GMm/R)/(mc^2) = GM/Rc^2$

Wie man aus der Gleichung ersieht, hängt α nicht von m ab, sondern allein von der durch M geformten Raum-Zeit, in der m sich befindet. Der Ausdruck $(GM/R) = V_F^2$ ist genau gleich dem Quadrat der Fluchtgeschwindigkeit V_F, die es m gestatten würde, sich unendlich weit von M zu entfernen. Wenn diese Geschwindigkeit sich c nähert (weil M sehr groß oder R sehr klein ist), geht α gegen 1. Das gesuchte Kriterium ist dann das Verhältnis zwischen dem Wert von α und 1.

An der Erdoberfläche ist α sehr klein (10^{-9}), und die Newtonsche Mechanik führt zu ausgezeichneten Ergebnissen. Sind M und R dagegen Masse und Radius der Sonne, liegt α bei 10^{-6}, und die relativistischen Effekte werden spürbar, wie Eddington 1919 bemerkte. An der Oberfläche eines kollabierten, aus Neutronen bestehenden Sterns (siehe PULSAR), der eine der Sonne vergleichbare

Masse (etwa 10^{30}kg) in einer Kugel von wenigen Kilometern Durchmesser zusammendrängt, erreicht α Werte um 0,1, so dass mit beträchtlichen Abweichungen von der Newtonschen Mechanik zu rechnen ist. Noch deutlicher werden diese Abweichungen in unmittelbarer Umgebung noch dichterer Objekte wie der Schwarzen Löcher, wo α Werte nahe 1 erreicht (siehe SCHWARZES LOCH).

Für das gesamte Universum mit all seinen Galaxien und Galaxienhaufen kann die Wirkung der Gravitation beträchtliche Ausmaße erreichen. Wenn *R* den Abstand zwischen den beiden entferntesten Galaxien und *M* die gesamte in der zugehörigen Kugel mit dem Radius *R* enthaltene Masse darstellt, dann liegt α sehr nahe bei 1 (siehe MASSE). Deshalb lässt sich das Universum nur im Rahmen der allgemeinen Relativitätstheorie beschreiben, und das gilt insbesondere für die EXPANSION des Universums (siehe KOSMOLOGISCHES STANDARDMODELL).

Eine neue Sprache

Zur Vertiefung: ***kosmologisches Standardmodell***

Die allgemeine Relativitätstheorie bedarf einer komplizierteren mathematischen Sprache als die klassische MECHANIK. Dort reichten VEKTOREN aus, um Kräfte und Beschleunigung zu beschreiben; in der allgemeinen Relativitätstheorie benötigt man zu diesem Zweck Tensoren, die aus zehn Komponenten bestehen und nicht nur aus dreien (wie die Vektoren unseres vertrauten Raums; siehe BEZUGSSYSTEM), und der Umgang mit so komplexen Gebilden ist natürlich schwieriger. Ein erster Tensor erfasst die von sämtlichen darin befindlichen Massen gekrümmte Raum-Zeit, ein zweiter Tensor die Energie und den Impuls der in der Raum-Zeit enthaltenen Materie. Einsteins berühmte Gleichungen, insgesamt zehn an der Zahl, verknüpfen die beiden Tensoren und machen es dadurch möglich, die Krümmung des Raums und die dadurch ausgelösten Bewegungen gleichzeitig zu bestimmen – zumindest im Prinzip, denn die dazu erforderlichen Berechnungen sind äußerst kompliziert.

Die allgemeine Relativitätstheorie verlangt eine sehr strenge Formulierung des Äquivalenzprinzips (siehe MASSE), dessen schwächere Fassung besagt, dass die Bewegung eines Teilchens in einem Gravitationsfeld unabhängig von der internen Struktur oder der Zusammensetzung des betreffenden Teilchens ist. Das Experiment, mit dem Galilei die Geltung dieses Prinzips bewiesen haben soll (angeblich ließ er verschiedene Objekte von der Spitze des Schiefen Turms von Pisa herabfallen), dürfte übrigens eine Legende sein. Nach Einstein, der in der Gravitation einen geometrischen Effekt sah, besagt das Äquivalenzprinzip in seiner starken Fassung, dass, unabhängig davon, ob Gravitation vorhanden ist oder nicht, alle anderen Gesetze und die Naturkonstanten lokal dieselben bleiben. Ein Beobachter, der in einem fensterlosen, in freiem Fall befindlichen Aufzug oder in einem mit abgestellten Triebwerken dahin fliegenden Raumschiff eingeschlossen ist (was zu Einsteins Zeiten nur als Gedankenexperiment vorstellbar war), hat keine Möglichkeit, die Anwesenheit der Massen, in deren Richtung er fällt, durch irgendein Experiment festzustellen.

Relaxation

Zur Vertiefung: ***Gleichgewicht; Photochemie; Reaktion; Reaktionskinetik***

In der Chemie (wie übrigens auch in der Physik) versteht man unter »Relaxation« die Rückkehr eines SYSTEMS, das zum Beispiel aus den Elektronen eines MOLEKÜLS besteht, von einem erhöhten, so genannten angeregten Energiezustand zu einem niedrigeren Energiezustand. Wenn man die Zahl der Teilchen, die sich im Anregungszustand befinden, abhängig von der Zeit darstellt, so ergibt sich eine Relaxationskurve, die häufig exponentiell fallend verläuft (siehe *Abbildung 1*).

Wenn man Relaxationsprozesse untersucht, erhält man diverse Informationen, insbesondere über die Molekülbewegungen in Fluiden. Darüber hinaus lassen sich diese Prozesse für verschiedene Anwendungen nutzen, zum Beispiel um sehr hohe Reaktionsgeschwindigkeiten zu messen.

Betrachten wir die Umwandlung eines Stoffes *A* in einen Stoff *B*. In der Regel geht diese

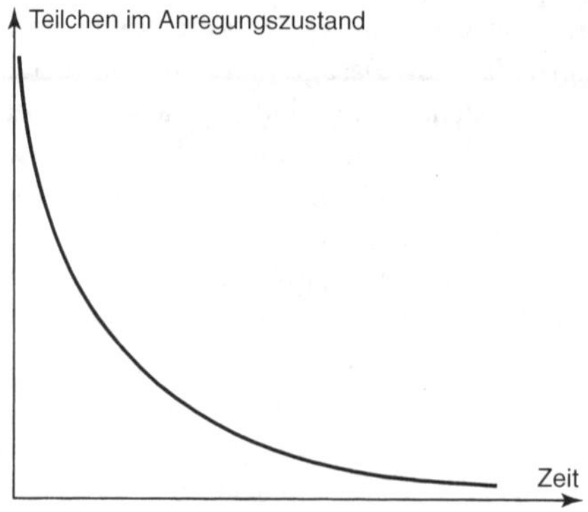

Abbildung 1 Relaxationskurve

Umwandlung mit der umgekehrten Reaktion von *B* in *A* einher. Zwischen dieser Hin- und Rückreaktion stellt sich ein chemisches Gleichgewicht ein: A⇌B.

Ändert man Parameter wie Druck oder Temperatur, die Bedingungen des Gleichgewichtszustandes sind, so verschiebt sich das Gleichgewicht, und es bilden sich mehr Moleküle *B* oder mehr Moleküle *A*.

Nehmen wir ein chemisches Gleichgewicht an, in dem bei Raumtemperatur und Umgebungsdruck 50 Moleküle *A* und 50 Moleküle *B* nebeneinander existieren. Wenn wir diese Parameter drastisch verändern, etwa durch eine abrupte Temperaturerhöhung, so stellt sich ein neuer Zustand ein (der ein chemisches Gleichgewicht bilden kann oder nicht), in dem jetzt zum Beispiel 80 Moleküle *A* neben 20 Molekülen *B* vorhanden sind. Lässt man nun das System wieder auf Raumtemperatur abkühlen, so müssen 30 Moleküle *A* sich in Moleküle *B* umwandeln. Die zeitliche Entwicklung der Population *A* entspricht der in *Abbildung 1* dargestellten Kurve, aus der sich die erwünschte Information über die Geschwindigkeit der Umwandlung *A*→*B* entnehmen lässt.

Das Verfahren der chemischen Relaxation wendet man bei sehr schnellen Reaktionen an, die innerhalb von millionstel Sekunden ablaufen. Über die Bestimmung der Relaxationskurve erhält man sonst nur schwer zugängliche Informationen über sehr kurze Reaktionszeiten, die sich in einer Größenordnung von Nanosekunden (10^{-9}s) bis Millisekunden (10^{-3}s) bewegen.

Renormierung

Zur Vertiefung: ***Wechselwirkung in der Physik***

In den 1930er Jahren hatten die Physiker bereits eine Theorie des ELEKTROMAGNETISMUS, die sowohl den Gesetzen der QUANTENPHYSIK als auch den Prinzipien der RELATIVITÄTSTHEORIE Rechnung trug. Diese Theorie bezeichnet man als Quantenelektrodynamik. Anfangs war sie mit einer Reihe von Problemen behaftet; so gelangte sie bei der Berechnung der beobachtbaren Eigenschaften von Atomen und Teilchen zu unendlich großen Werten, denen man keine physikalische Bedeutung beilegen konnte. Mit der Zeit gelang es den Physikern, diese Probleme zu entschärfen, wenn auch nicht vollständig zu lösen.

1947 konnte Willis Lamb erstmals auf experimentellem Wege eine wichtige, das Wasserstoffatom betreffende Größe messen, die seither als Lamb-Shift bezeichnet wird. Da man bei der Berechnung dieser Größe bislang stets zu unendlichen Werten gelangt war, musste man sich nun intensiv mit dieser Diskrepanz zwischen experimenteller Messung und theoretischer Vorhersage auseinander setzen. Nach zwei Jahren intensiver Bemühungen gelang es den Theoretikern, ein sehr geschicktes mathematisches Verfahren zu entwickeln, mit dessen Hilfe sich die unendlichen Werte eliminieren und theoretische Voraussagen erzielen ließen, die mit den gemessenen Ergebnissen übereinstimmten. Dieses Verfahren bezeichnet man als Renormierung (oder auch Renormalisierung).

Generell zielt die Renormierung auf die Eliminierung unendlicher Werte, die im Rahmen einer Theorie bei der Berechnung bestimmter physikalischer Größen auftreten können. Als renormierbar bezeichnet man Theorien, bei denen die Anwendung solch eines Verfahrens die Möglichkeit eröffnet, die zugehörigen Berechnungen auf der Grundlage einer endlichen Zahl experimentell bestimmter Parameter zu einem Abschluss zu bringen. Eine Theorie, die an der Erfahrung gemessen werden soll, muss dem Kriterium der Renormierbarkeit genügen (in der Physik ist dieser Zusammenhang zwischen Theorie und Erfahrung zwingend).

Inzwischen hat man zeigen können, dass alle physikalischen Theorien, die auf einer lokalen Eichinvarianz basieren (siehe INVARIANZ), systematisch renormierbar sind. Das gilt insbesondere für die Quantenelektrodynamik, mit der die elektromagnetische Wechselwirkung beschrieben wird, und ebenso für die Quantenchromodynamik, also die Theorie der starken Wechselwirkung, die für den Zusammenhalt des ATOMKERNS sorgt.

Replikation

Zur Vorbereitung: ***Mitose***
Zur Vertiefung: ***Genom; Mutation; Nukleinsäuren***

Bei der Replikation verdoppelt sich das genetische Material eines Organismus, also seine Genausstattung (siehe GENOM), ganz gleich, ob es nun wie bei der überwiegenden Mehrzahl der Lebewesen aus DNA oder wie bei bestimmten VIREN aus RNA besteht. Für die Weitergabe der genetischen Merkmale von einer Generation an die Nächste ist dieser Vorgang unerlässlich. Er vollzieht sich in der Interphase des ZELLZYKLUS, also in der Ruheperiode zwischen zwei ZELLTEILUNGEN, und bewirkt, dass jede Tochterzelle bei der Teilung das gleiche genetische Material wie die Mutterzelle erhält.

Die DNA hat eine Doppelhelixstruktur aus zwei komplementären Strängen mit gegenläufiger Polarität (siehe NUKLEINSÄUREN). Jeder Strang besteht aus einer linearen Kette von NUKLEOTIDEN, ihren Grundbausteinen, die in vier Typen vorkommen und sich durch ihre organischen Basen unterscheiden: Adenin (A), Cytosin (C), Guanin (G) und Thymin (T).

Die Replikation der DNA erfolgt durch ein ENZYM, die DNA-Polymerase, die jeden der beiden DNA-Stränge kopiert. Sie lagert sich an die DNA an und verknüpft Nukleotide miteinander, indem sie zwischen ihnen so genannte Phosphodiester-Bindungen herstellt. Die Kopie eines DNA-Stranges beruht auf der Basenpaarung der Nukleotide A und T einerseits sowie C und G andererseits, die auf ihrer Komplementärstruktur (siehe KOMPLEMENTARITÄT) basiert. Jeder synthetisierte Strang bleibt über diese Basenpaarung mit dem Matrizenstrang verbunden, so dass zwei neue Doppelhelices entstehen mit jeweils einem Strang der Ausgangs-DNA und einem neu gebildeten Strang. Diesen Typ der Replikation bezeichnet man als semikonservativ.

Als Voraussetzung für diesen Prozess müssen zunächst die beiden Stränge der DNA-Doppelhelix lokal getrennt werden. Verschiedene Enzyme sind an dieser Entwindung beteiligt, die zur Bildung der so genannten Replikationsgabel führt, einer Y-förmigen Struktur, an der sich die DNA-Polymerase anlagert (siehe *Abbildung 1*). Mit dem Fortschreiten der Replikationsgabel geht die Kopie der beiden DNA-Stränge einher. Dabei erfolgt die Synthese eines der beiden neuen Stränge kontinuierlich, da seine Syntheserichtung dem Fortschreiten der DNA-Polymerase entspricht. Der andere, zur Verschiebung der Replikationsgabel gegenläufige Strang wird in kleinen Segmenten in umgekehrter Richtung synthetisiert. Diese Fragmente, die durch Basenpaarung mit dem Matrizenstrang verbunden sind, werden anschließend durch eine DNA-Ligase miteinander zur Kette verknüpft.

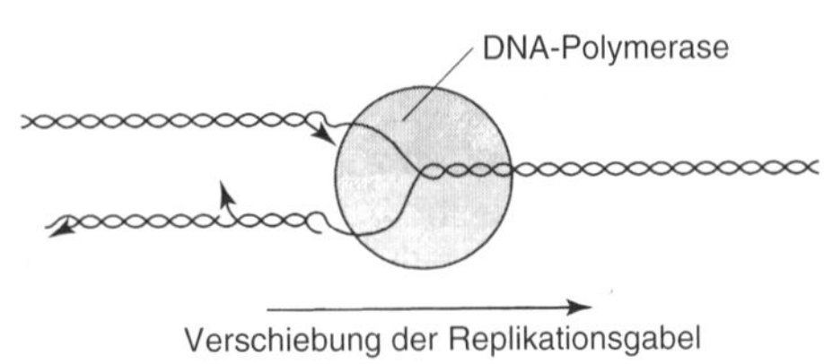

Abbildung 1 Semikonservative Replikation einer DNA-Doppelhelix

Das Fortschreiten der DNA-Replikationsgabel verläuft bei Bakterien mit einer geschätzten Geschwindigkeit von 50000 Nukleotiden pro Minute. Die Replikation des gesamten Chromosoms einer Bakterie, das aus mehreren Millionen Nukleotiden besteht, dauert einige Dutzend Minuten, da sie auf dem ringförmigen DNA-Molekül von einer spezifischen Stelle aus an zwei Replikationsgabeln in entgegengesetzter Richtung erfolgt. Bei EUKARYOTEN, deren im Zellkern eingeschlossener Genbestand etwa tausendmal größer ist, gleicht sich die geringere Replikationsgeschwindigkeit durch das Vorhandensein zahlreicher Replikationsgabeln etwas aus, so dass die Replikation innerhalb einiger Stunden abgeschlossen ist.

Die Zuverlässigkeit der Replikation ist entscheidend, um den Fortbestand der im genetischen Material enthaltenen Information zu sichern. Die meisten DNA-Polymerasen synthetisieren etwa ein Nukleotid von zehntausend fehlerhaft. Allerdings verfügen sie über Korrekturmechanismen, die das zuletzt synthetisierte Nukleotid entfernen, wenn es sich mit dem kopierten Nukleotid nicht zu einem Basenpaar verbindet. Anschließend kann das komplementäre Nukleotid eingebaut werden.

Fehler, die dem Korrekturmechanismus aus dem einen oder anderen Grund entgangen sind, treten bei der Basenpaarung zwischen dem parentalen DNA-Strang und dem neu gebildeten Strang zutage, da das Fehlen einer Basenpaarung zwischen zwei Basen an einer Stelle der DNA eine Anomalie der Doppelhelixstruktur zur Folge hat. Diese setzt einen komplexen Reparaturmechanismus in Gang, bei dem die nicht verbundenen Basen des neu synthetisierten Stranges herausgeschnitten und durch die richtigen Basen ersetzt werden.

Nach Ablauf der Replikationsfehlerkorrektur und der DNA-Reparaturmechanismen liegt die Fehlerquote bei etwa eins zu einer Milliarde. Diese Restfehler führen zu Mutationen, die Erbkrankheiten verursachen, aber auch neue Merkmale hervorbringen und so eine Evolution der Arten ermöglichen können.

Repräsentation

→ ***Darstellung von Wissen, Repräsentation***

Reproduktion

Zur Vertiefung: ***Evolution; Zeugung***

Ein Objekt zu reproduzieren bedeutet ein neues Objekt zu schaffen, das mit dem ersten identisch ist. Um dahin zu gelangen, bedarf es einer externen Apparatur, die das zu reproduzierende Objekt als Vorlage benutzt.

Sich zu reproduzieren heißt mit eigenen Mitteln ein identisches Objekt zu produzieren. Das zu Reproduzierende muss also Akteur des Vorgangs und zugleich das Modell sein, von dem der Vorgang ausgeht. Ein solches Programm scheint ein unüberwindliches Problem aufzuwerfen, da das zu Reproduzierende gleichzeitig Subjekt und Objekt des Prozesses sein muss. Die Natur hat jedoch eine Lösung gefunden, deren wichtigster Akteur das DNA-Molekül (oder die Desoxyribonukleinsäure) ist.

Nachdem dieses Molekül erst einmal entstanden war – was ohne Zweifel vor etwa 3,5 Milliarden Jahren in den Urmeeren geschah –, löste es eine wahrhafte Umkehrung jener Rolle aus, die dem Vergehen der Zeit zukommt. Überall im Universum ermöglicht die Zeit es den Kräften, die dort am Werk sind, die diversen vorhandenen materiellen Elemente zu einem kohärenten Ganzen zusammenzufügen, das immer reichhaltigere Gesamtheiten bildet, immer komplexere Strukturen entwickelt und somit Objekte entstehen lässt, die manchmal mit völlig neuen Fähigkeiten ausgestattet sind. So verbinden sich im Inneren der Sterne Heliumkerne, die die Quelle einer recht armseligen Chemie sind, zu Kohlenstoffkernen, die die Quelle einer reichhaltigen Chemie sind. Heliumkerne bestehen aus zwei Protonen und zwei Neutronen, Kohlenstoffkerne aus sechs Protonen und sechs Neutronen. Mit dieser größeren Komplexität gehen völlig neue Möglichkeiten einher.

Dank dieser erhöhten Komplexität kann eine Evolution erfolgen, die ebenso viele Rückschritte wie Fortschritte macht, da die entstandenen Komplexe, die neue Möglichkeiten mit sich bringen, durch Zufall auch wieder zerstört werden können: Damit ist der gesamte Weg, deren Ende sie darstellten, zunichte gemacht. Die Zeit zerstört unerbittlich, was sie hat entstehen lassen.

Das DNA-Molekül vereitelt dieses Schicksal, da es imstande ist, sich zu reproduzieren. Wenn die DNA über ihre Fähigkeit zur Selbstreproduktion hinaus auch noch über gewisse Wirkungsweisen verfügt (wie das Vermögen, die Entstehung von Proteinen zu steuern), kann dieser wertvolle Stoff nur verschwinden, wenn er und seine sämtlichen Kopien zerstört werden. Die DNA ähnelt somit einem Buch, das imstande ist, unbegrenzt Exemplare seiner selbst zu liefern. Seit ihrer Entstehung bestand ihre Evolution im Wesentlichen darin, ihre Fähigkeiten und somit auch die Informationen zu mehren, deren Träger sie ist. Denn die DNA ist vor allem ein Informationsträger.

Dieses Molekül ist ebenso wie jedes andere dem Spiel der Anziehungs- und Abstoßungskräfte ausgesetzt und genießt in dieser Hinsicht keinerlei Privilegien, aber seine nur vier verschiedenen Bestandteile stehen untereinander in einem Verhältnis, aus dem die Fähigkeit zur Reproduktion erwächst.

Dieses Vermögen verleiht der DNA eine spezifische Rolle im Ablauf des Geschehens, das zur Entstehung und anschließend zur Diversifizierung der lebenden Natur geführt hat. Noch heute bestehen alle Wesen, die wir als lebendig bezeichnen, aus Zellen, deren wesentlicher Bestandteil ein Komplex aus DNA-Molekülen ist, eingebettet in schützende Strukturen, die Chromosomen, die wiederum häufig im Inneren eines Zellkerns zusammengefasst sind.

Doch auch in der Welt der DNA muss sich immer noch Neues bilden können, was die Reproduktion kaum zulässt. Glücklicherweise verläuft nun dieser Prozess nicht immer perfekt, es kann zu Kopierfehlern kommen, bei denen kurze Sequenzen vergessen, verdoppelt oder hinzugefügt werden. Diese Unordnung trägt die notwendigen Neuerungen bei, und gelegentlich verleiht sie durch Zufall dem Molekül unerwartete Fähigkeiten.

Andere Moleküle recht ähnlicher Struktur, die verschiedenen Formen der RNA, haben in Wechselwirkung mit der DNA Prozesse hervorgebracht, in denen Ketten aus verschiedenen Aminosäuren produziert werden. Diese Ketten haben sich zu Proteinen zusammengefügt, die die Doppelhelix der DNA umgeben. Ihre Interaktionen lösen zyklische Stoffwechselprozesse wie die Atmung aus, die es diesem Molekülagglomerat ermöglicht haben, seine Struktur zu bewahren, gegen die Zeit zu kämpfen, also zu »leben«.

Die Entwicklung der Reproduktion war ohne Zweifel das tragendste Ereignis für die Zukunft der Geschichte unseres Planeten: Sie stellte die entscheidende Weggabelung dar.

Research, Operations

→ ***Operations Research***

Resonanz

Zur Vertiefung: ***Chaos; Frequenz; Hadron; Planetenring***

Betrachten wir einen Oszillator, also ein System, das um eine Gleichgewichtslage zu schwingen vermag. Dabei kann es sich um ein Pendel handeln, um eine zwischen zwei Bäumen aufgespannte Hängematte, um eine Hängebrücke oder auch um einen Stromkreis mit einem Widerstand, einem Kondensator und einer Spule, der von einem Wechselstrom durchflossen wird. Solche Systeme besitzen eine oder mehrere Eigenfrequenzen, die ihr Schwingungsverhalten charakterisieren. Die Eigenfrequenz eines Pendels etwa, die sich umgekehrt proportional zur Quadratwurzel der Pendellänge verhält, ist gleich der Frequenz der Schwingungen, die das Pendel um die vertikale Achse ausführt, und hängt nicht von der Amplitude ab (die Zeit, die das Pendel für eine Schwingung benötigt ist also bei allen Amplituden dieselbe).

Es kann nun vorkommen, dass solch ein System durch Phänomene angeregt wird, die ihrerseits periodischen Charakter besitzen: die Hängebrücke zum Beispiel durch einen böigen Wind; die Hängematte durch eine Hand, die sie regelmäßig anstößt; der elektrische Stromkreis durch eine Spannungsveränderung. Wenn nun die Frequenz dieser anregenden Phänomene gleich einer der Eigenfrequenzen des angeregten Systems wird, kommt es zu einer Resonanz, das heißt, die Reaktion des Systems auf die äußere Anregung erreicht ein Maximum. Beim Pendel, bei der Hängematte und bei der Hängebrücke vergrößert sich die Auslenkung gegenüber der Ruhelage, also die Amplitude ihrer Schwingung, rasch auf ein Maximum, und dies umso schneller, je geringer die Dämpfung der Bewegung ist.

Resonanzerscheinungen finden sich in zahlreichen Bereichen der Physik. Nehmen wir zum Beispiel ein Atom, das eine große Zahl von Energiezuständen besitzt und mit monochromatischem Licht bestrahlt wird. Das Atom kann die PHOTONEN (die Lichtteilchen) nur dann absorbieren (und von ihnen angeregt werden), wenn deren Energie genau gleich der Energiedifferenz zwischen zwei Energiezuständen des Atoms ist. Bei der Anregung eines Atoms handelt es sich also insofern um ein Resonanzphänomen, als die Anregung sich auf ganz bestimmte Frequenzen des einfallenden Lichts, das heißt auf Photonen ganz bestimmter Energie, beschränkt.

Auch die Sonne und die übrigen Sterne sind riesige mechanische Oszillatoren – vergleichbar einer fellbespannten Trommel. Dem Fell entspricht die gasförmige Sonnenmasse, der Spannung dieses Fells die GRAVITATION, die das Gas in Richtung des Sonnenmittelpunkts zieht. Diese gasförmige Masse zeigt nun Resonanzschwingungen, die auf die heftigen Bewegungen der Materie im Innern der Sonne zurückgehen (diese Bewegungen bilden gleichsam akustischen »Lärm« – siehe KONVEKTION). Die Schwingungen haben an der Sonnenoberfläche zwar nur eine sehr geringe Amplitude, können aber von der Erde aus beobachtet werden (und bilden die Grundlage der Helio- und Asteroseismologie – siehe SEISMOLOGIE); da das Licht aus dem Sonneninneren nicht zu uns gelangen kann, ist die Analyse der Frequenzen und Amplituden dieser Schwingungen unsere beste Informationsquelle über den inneren Aufbau der Sonne.

Resonanzen in der Teilchenphysik

Wenn ein Teilchenstrahl hoher Energie mit einem anderen Teilchenstrahl kollidiert, kommt es gelegentlich zu so genannten Resonanzen in Gestalt von Teilchen mit extrem kurzer Lebensdauer (in einer Größenordnung von 10^{-23} Sekunden; kürzere Phänomene sind uns in der Natur nicht bekannt). Diese Resonanzteilchen sind Übergangszustände zwischen dem Ausgangssystem – den beiden in Wechselwirkung tretenden Teilchen – und dem Endsystem, also den Teilchen, die aus dem Zerfall der Übergangszustände hervorgehen. Ihre Bezeichnung verdanken sie der Tatsache, dass sie nur dann entstehen, wenn bei der Kollision ganz bestimmte Energiewerte eintreten.

Inzwischen sind hunderte solcher (teilweise sehr schweren) Resonanzteilchen, meist bei Experimenten in TEILCHENBESCHLEUNIGERN entdeckt worden. Sie gehören zur Familie der HADRONEN, also der Teilchen, die der starken Wechselwirkung unterliegen (die starke Wechselwirkung ist hauptsächlich für den Zusammenhalt der Atomkerne verantwortlich). Heute wissen wir, dass die Resonanzen wie alle Hadronen zusammengesetzte Teilchen sind und aus Elementarteilchen, den so genannten QUARKS, bestehen.

Resonanzphänomene in der Astronomie

Ein Satellit *A*, der einen Planeten umkreist, besitzt eine ganz bestimmte Umlaufperiode (siehe KEPLERSCHE GESETZE) und kann daher als Oszillator verstanden werden. Wenn nun ein anderer Satellit *B* mit einer anderen Periode denselben Planeten umkreist, zeigt die wechselseitige Massenanziehung zwischen *A* und *B* periodische Veränderungen, die den Umlauf der beiden Satelliten stören und letztlich sogar in eine ungeordnete oder chaotische Bewegung verwandeln können (siehe CHAOS). Wenn die Umlaufperioden gleich sind oder in einem einfachen Verhältnis (z.B. 2/3, 3/5 usw.) stehen, kann es dagegen zu einer Resonanz zwischen der Eigenperiode des umlaufenden Körpers und der Eigenfrequenz der störenden Kraft kommen. In diesem Fall stabilisiert sich die Umlaufbahn und schlägt nicht in Chaos um.

Solche Resonanzen lassen sich zum Beispiel in Planetenringen beobachten, insbesondere im Saturnring (der nur eine Dicke von weniger als 200 Metern besitzt). Die Wirkung eines oder mehrerer Satelliten (Körper *B*) auf die Gesteinsbrocken des Rings (Körper *A*) stabilisiert bestimmte Umlaufbahnen, während sie andere eliminiert, so dass die Ringe wie eine von zahlreichen feinsten Rillen durchzogene Scheibe aussehen. Auch die Lage der Planetenumlaufbahnen innerhalb des Sonnensystems könnte auf solche Resonanzen zurückgehen, die ihre Wirkung zurzeit der Entstehung dieses Systems entfaltet haben dürften.

Gravitative Resonanzen lassen sich auch bei der Bewegung der Sterne innerhalb der Milchstraße beobachten, die eine spiralförmige Struktur besitzt. Der Umlauf der Sterne um das Zentrum der Galaxis wird periodisch gestört aufgrund des Durchgangs einer Welle, die mit den Spiralarmen zusammenhängt. Die Bewegung eines Sterns wird durch Resonanz verstärkt, wenn die Frequenzen sich in einem einfachen Verhältnis befinden; anderenfalls wird sie chaotisch.

Resonanz in der Chemie

→ ***Grenzstruktur***

Restriktion

Zur Vertiefung: ***Enzyme; Gentechnik; Klonieren, Klon***

VIREN sind zwangsläufig Parasiten anderer Lebewesen, weil es ihnen unmöglich ist, sich aus sich heraus zu vermehren. Manche von ihnen greifen Mikroorganismen wie BAKTERIEN oder Pilze an. Sie lagern sich an die Zellmembran an (siehe MEMBRAN), injizieren ihr genetisches Material oder GENOM ins Innere der ZELLE und nutzen deren Bestandteile und Prozesse, um ihr eigenes Genom zu replizieren und neue Viren zu produzieren, deren Vermehrung schließlich zur Zerstörung (Lysis) der Wirtszelle führt. Bestimmte Mikroorganismen entwickeln eine Immunität gegen Viren und schränken damit ihre Infektionsfähigkeit ein. Man bezeichnet dieses Phänomen der Immunität als Restriktion.

Das Eindringen von Viren wird über die Synthese bestimmter Enzyme abgewehrt, der so genannten Restriktionsenzyme oder Restriktions-Endonucleasen. Es handelt sich um PROTEINE, die imstande sind, die DNA zu fragmentieren. Jedes Restriktionsenzym erkennt spezifisch einen kurzen DNA-Abschnitt, der eine bestimmte Kette von vier bis acht NUKLEOTIDEN (den Grundbausteinen der DNA) enthält. An dieses Segment lagert es sich an und spaltet (schneidet) die DNA an und unmittelbar neben dieser so genannten Erkennungssequenz.

Logischerweise müsste ein Restriktionsenzym in einem Mikroorganismus auch dessen eigenes genetisches Material spalten. Um diese Selbstzerstörung zu verhindern, verändern die Mikroorganismen ihre DNA an der Erkennungssequenz der Restriktionsenzyme, und zwar in der Regel durch Anhängen einer Methylgruppe (CH_3) an bestimmte Nukleotide, die nun nicht mehr gespalten werden können. So existiert zu jedem Restriktionsenzym ein modifizierendes Enzym, das dieselbe Erkennungssequenz in der DNA besitzt. Man bezeichnet dies als Restriktions-Modifikations-System.

Mittlerweile sind mehrere hundert verschiedene Restriktionsenzyme bekannt, die als grundlegende Instrumente zur Entwicklung der GENTECHNIK beigetragen haben. Sie dienen dort als molekulare Schneidewerkzeuge für Versuche, DNA-Moleküle unterschiedlicher Herkunft *in vitro* zu klonieren oder zu rekombinieren (siehe REKOMBINATION), sowie zur Analyse und Kartierung des Genoms (siehe GENKARTIERUNG).

Retrosynthese

Zur Vertiefung: ***Analyse; chemische Synthese***

Die Retrosynthese ist ein computergestütztes Verfahren (siehe COMPUTER), um schrittweise die Synthese eines komplexen Naturstoffes zu entwickeln. Die Natur produziert zwar viele nützliche Substanzen, erweist sich aber oft als überaus knauserig, was eine künstliche Synthese unverzichtbar macht. Das ist jedoch nur eine von vielen möglichen Motivationen, einen Stoff synthetisieren zu wollen (sie reichen von dem Wunsch, von einer biologisch wirksamen Substanz Variationen mit weniger schädlichen Nebenwirkungen herzustellen, bis zur Konstruktion einer ausgeklügelten Architektur, mit der ihr Architekt seine Brillanz unter Beweis stellen kann).

Häufig haben die zu synthetisierenden Stoffe eine sehr komplizierte STRUKTUR, die schier unüberwindliche Schwierigkeiten aufwirft: Solche Molekülgebilde können Hunderte von Atomen umfassen, die jeweils an der richtigen Stelle zu platzieren sind.

Elias J. Corey entwickelte daher die retrosynthetische Analyse, für die er 1990 den Nobelpreis erhielt. Ausgehend von einem Zielmolekül zerlegt oder entknüpft man schrittweise alle chemischen Bindungen und erhält so andere, in der Regel einfachere Moleküle, die nun ihrerseits als Zielmoleküle dienen. Das entspricht einer Reduktion des Schwierigkeitsgrades. Da man hier theoretisch den umgekehrten Weg der Synthese nimmt, bezeichnet man dieses Vorgehen als Retrosynthese. Insofern chemische Theorie stets auch eine Anleitung zum Handeln sein will, geht es hier darum, jene Schritte vorwegzunehmen, die bei jeder stofflichen Umwandlung aufeinander folgen, ähnlich wie ein Bergsteiger, der einen neuen Weg zur Besteigung einer Felswand sucht, vorher die schwierigen Passagen mit dem Fernglas genau prüft. Dieser Vergleich zeigt ganz gut die extreme Schwierigkeit auf, die eine Synthese komplexer Naturstoffe aufwirft: Zunächst führen zahlreiche Wege dorthin, und aus ihnen gilt es jene auszusuchen, die die größte Ausbeute und die beste SELEKTIVITÄT versprechen und die sich als die einfachsten und elegantesten erweisen. Die Retrosynthese, die der Synthese vorausgeht, erleichtert die Auswahl unter vielen denkbaren Wegen.

Die Retrosynthese begnügt sich damit, den umgekehrten Weg der Synthese zu gehen, dagegen bildet die ANALYSE das Gegenteil der Synthese. Während die Retrosynthese als Planungsstrategie einen Teil der Synthese darstellt, bestimmt die Analyse die Zusammensetzung und Mengenverhältnisse chemischer Stoffe.

Reversibilität

Zur Vertiefung: ***Gleichgewicht; Irreversibilität; Reaktion; Zeit***

Der Begriff der Reversibilität wird in der Chemie und in der Thermodynamik verwendet (letztere befasst sich mit dem Austausch von Energie in ihren verschiedenen Formen). In der Thermodynamik gilt eine Transformation als reversibel, wenn sie nach einer Abfolge unendlich kleiner Veränderungen wieder in ihren Ausgangszustand zurückzukehren vermag. Hierbei handelt es sich allerdings um eine rein gedankliche Übung, denn reale Umwandlungen sind alle irreversibel.

In der Chemie bezeichnet man eine Umwandlung $A \rightarrow B$ als reversibel, wenn sie mit der umgekehrten Rektion $B \rightarrow A$ einhergeht. In diesem Fall spricht man von einem chemischen Gleichgewicht, das durch entgegengesetzte Pfeile gekennzeichnet wird: $A \rightleftharpoons B$.

Essigsäure $H_3C{-}COOH$ verbindet sich mit Methanol CH_3OH zu einem Molekül Essigsäuremethylester (Methylacetat) und einem Wassermolekül nach der Reaktionsgleichung: $H_3C{-}COOH + CH_3OH \rightarrow H_3C{-}COOCH_3 + H_2O$. Sobald die Reaktionsprodukte Essigsäuremethylester und Wasser sich zu bilden beginnen, können sie ihrerseits miteinander reagieren und durch die umgekehrte Reaktion wieder die REAKTANDEN Essigsäure und Methanol bilden: $H_3C{-}COOCH_3 + H_2O \rightarrow H_3C{-}COOH + CH_3OH$. Den Kompromiss, den das System zwischen diesen beiden entgegengesetzten Tendenzen findet, bezeichnet man als chemisches Gleichgewicht.

Angenommen, eine Umwandlung $A \rightarrow B$ erfordert nur eine Elementarreaktion, bei der sich zwischen dem Ausgangsstoff A und dem Endprodukt B keine Zwischenstoffe bilden. Nach dem Prinzip der Umkehrbarkeit kennt man, sobald der REAKTIONSMECHANISMUS der Umwandlung $A \rightarrow B$ bestimmt ist, folglich auch den Mechanismus der umgekehrten Umwandlung $B \rightarrow A$: Es genügt sozusagen, den Film rückwärts laufen zu lassen und gedanklich den Lauf der ZEIT umzukehren. Es ist allerdings nicht sicher, ob dieses Prinzip immer gilt: Manchmal erweist es sich als frommer Wunsch, da die Realität komplexer ist als unsere Vereinfachungen.

Reversibilität in der Physik

→ ***Irreversibilität***

Revolution, wissenschaftliche

→ ***wissenschaftliche Revolution***

Rezeptoren

Zur Vertiefung: ***Enzym; Komplementarität***

Der Begriff Rezeptor ist in der Chemie bereits seit langem bekannt und beschreibt vor allem die KOMPLEMENTARITÄT von Säuren und

Basen. So führte bereits im 17. Jahrhundert der Abt Aimé Paulian einen Vergleich an, der zu den wiederkehrenden Bildern der Chemie gehört: Die SÄURE sei mit ihren spitzen, scharfen Korpuskeln einem Schwert vergleichbar, während die Base mit ihren stumpfen, porösen Korpuskeln einer Scheide gleiche.

Der moderne Begriff des Rezeptors hält an der Idee einer Komplementarität zwischen der Form des Rezeptors und der des MOLEKÜLS fest), das sich an ihn bindet und als Ligand bezeichnet wird (siehe *Abbildung 1*).

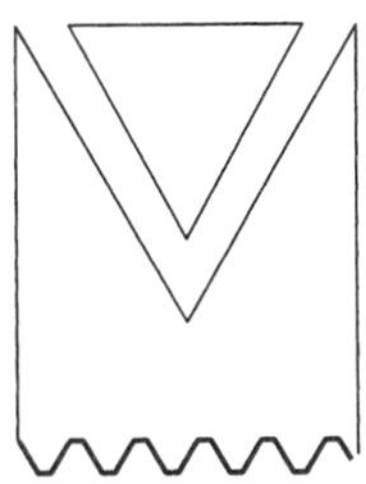

Abbildung 1 Schematische Darstellung eines Rezeptors und des Moleküls, das sich an ihn bindet.

Einen Sonderfall der Rezeptor-Ligand-Bindung stellen Enzyme dar, PROTEINE, die an der Transformation eines als Substrat bezeichneten Moleküls beteiligt sind, an das sie sich aufgrund ihrer komplementären Eigenschaften anlagern. Enzyme sind Katalysatoren, die chemische Reaktionen erleichtern, indem sie ihren Ablauf beschleunigen. Der deutsche Chemiker Emil Fischer schlug Ende des 19. Jahrhunderts den Vergleich mit Schloss und Schlüssel für die Wechselwirkung zwischen Substrat und Enzym vor. Mittlerweile hat die genaue Bestimmung ihrer räumlichen Struktur durch Kristallisation und Röntgenstrahlung allerdings gezeigt, dass dieser Vergleich äußerst ungenau ist, da sowohl der »Schlüssel/Ligand« als auch das »Schloss/Rezeptor« flexibel sind (siehe ALLOSTERIE).

In der Natur wie auch in der Industrie werden Rezeptoren auch genutzt, um alle möglichen Moleküle aus der Umgebung einzufangen. Dies lässt der Fantasie der Chemiker freien Lauf, synthetische Rezeptoren zu entwickeln wie den so genannten Kronenether von Charles Pedersen, die Kryptanden von Marie Lehn und die Carceranden und Spheranden von Donald Cram. Die Verbindung zwischen einem Rezeptor und dem Molekül, das sich an ihn anlagert und bindet, bezeichnet man als Einschlussverbindung.

Es gibt zahlreiche natürliche biologische Rezeptoren. Komplexe ZUCKER dienen den ZELLEN des Organismus als Rezeptoren; durch sie werden zum Beispiel Zellen bei der Embryonalentwicklung an ihren Platz oder im Rahmen des Immunsystems an den Ort einer Infektion geleitet.

Meist handelt es sich bei den Rezeptoren um Proteine, die in die Zellmembranen integriert sind. Jeder Rezeptortyp ist imstande, über die Moleküle, die er aufnimmt, eine Information (Signal) zu empfangen, die von außerhalb der Zelle kommt, in der er sich befindet. Weitergegeben werden diese Signale von HORMONEN, die das Wachstum oder die Differenzierung der Zellen anregen wie Insulin oder Steroidhormone; von Neurotransmittern, die an der Weitergabe der Nervenerregung beteiligt sind wie Acetylcholin oder Enkephalin; und von Riechstoffen, die den Geruchssinn anregen wie Parfüms und Ähnliches.

Das Signal kann weitergegeben werden über ein Eindringen des Rezeptor-Ligand-Paares ins Zellinnere oder über eine Strukturänderung des Rezeptors, die im Inneren der Zelle eine Serie biochemischer Reaktionen auslöst, vor allem indem sie Wechselwirkungen zwischen anderen Rezeptoren und ihren Liganden anregt. Diese Vorgänge bezeichnet man als Signaltransduktion.

VIREN, die für ihre Vermehrung eine Wirtszelle brauchen, nutzen dazu deren natürliche Rezeptoren, die eigentlich völlig andere Gäste aufnehmen sollten.

Rezeptoren und Liganden spielen eine zentrale Rolle in allen biologischen Prozessen. Deshalb befassen Pharmakologen sich intensiv mit ihnen und versuchen, ihre Aktivität zu hemmen oder zu verstärken, um auf diese Vorgänge einzuwirken und zum Beispiel Hormonstörungen, Stoffwechselstörungen oder Infektionen zu behandeln.

Zu den Rezeptoren in der Physik und Astronomie: siehe DETEKTOREN.

Rezessivität

→ ***Dominanz, Rezessivität***

Reziprozitätsgesetz, quadratisches

→ ***quadratisches Reziprozitätsgesetz***

Ribosomen

Zur Vertiefung: ***endoplasmatisches Retikulum; genetische Information; Translation***

Ribosomen sind Korpuskeln oder ORGANELLEN, die sich zu Tausenden im ZYTOPLASMA der ZELLEN aller Lebewesen finden; sie können bis zu 80% der Trockenmasse einer Zelle ausmachen. Die Ribosomen sind nicht von einer MEMBRAN umgeben.

Mit einem Durchmesser von etwa 20 nm (Nanometer, 1 nm = 10^{-9} m) sind die Ribosomen nur mit dem Elektronenmikroskop zu sehen; sie bestehen aus zwei Untereinheiten, einer großen und einer kleinen, die getrennt sind, solange das Ribosom nicht aktiv ist. Jede dieser Untereinheiten besteht einerseits aus drei Arten ribosomaler RNA oder rRNA (Ketten aus NUKLEOTIDEN, den Grundbausteinen der NUKLEINSÄUREN DNA und RNA) und andererseits aus mehreren Dutzend PROTEINEN (Ketten von AMINOSÄUREN). In den Zellen von EUKARYOTEN (die einen ZELLKERN haben) werden die Untereinheiten der Ribosomen im Zellkern gebildet, und zwar im so genannten Nukleolus, einem dichten Korpuskel, in dem auch die Synthese der rRNA erfolgt. Anschließend werden sie über Poren in der Kernhülle ins Zytoplasma transportiert.

Die Ribosomen spielen eine Schlüsselrolle bei der BIOSYNTHESE der Proteine. Sie lesen die in der Messenger-RNA (mRNA) enthaltene genetische Information und übersetzen sie mittels des GENETISCHEN CODES in Protein. Dieser Code ordnet jede Dreiergruppe aufeinander folgender Nukleotide der mRNA, die so genannten Codons oder Tripletts, einer bestimmten Aminosäure zu. Bei diesem Vorgang, der als Translation bezeichnet wird, verbinden sich die beiden Untereinheiten zu einem vollständigen Ribosom, das sich an einem bestimmten Segment der mRNA in der Nähe eines ihrer Enden anlagert. Damit beginnt die Translation. Wie ein Lesekopf gleitet nun das Ribosom Triplett für Triplett an der mRNA entlang und knüpft im Laufe der Proteinsynthese eine Aminosäure an die andere, wobei die Reihenfolge eingehalten wird, die von den aufeinander folgenden Codons der mRNA vorgegeben ist. Sobald die Translation abgeschlossen ist, trennt sich das Ribosom von der mRNA und spaltet sich wieder in die beiden Untereinheiten, die nun für die Translation weiterer mRNA zur Verfügung stehen.

Die Translation einer mRNA kann gleichzeitig durch mehrere Ribosomen erfolgen, die ein so genanntes Polyribosom oder Polysom bilden und nacheinander mit der Initiationsphase beginnen. Polysomen, die sich frei im Zytoplasma befinden, synthetisieren die intrazellulären Proteine, während die Ribosomen an der Außenmembran des ENDOPLASMATISCHEN RETIKULUMS – eines Organells der Eukaryotenzelle aus einem Membrangeflecht mit kleinen Zisternen und Kanälchen – die Proteine bilden, die für die Anlagerung an Membranen oder als Sekretprodukt der Zelle bestimmt sind. Diese Proteine dringen ins Innere des endoplasmatischen Retikulums ein und erfahren dort Modifikationen, die für ihre Funktion erforderlich sind.

Darüber hinaus finden sich Ribosomen auch im Inneren einiger Zellorganellen: zum Beispiel in den MITOCHONDRIEN, in denen die Zellatmung erfolgt, und in den CHLOROPLASTEN pflanzlicher Zellen, in denen die PHOTOSYNTHESE stattfindet. Diese Ribosomen sind etwas kleiner als die des Zytoplasmas und ähneln in ihrer Größe eher den Ribosomen von BAKTERIEN, was für einen bakteriellen Ursprung dieser Organellen spricht.

Bei Bakterien können bestimmte Substanzen die Funktion der Ribosomen stören, während sie die Ribosomen von Eukaryoten aufgrund ihrer andersartigen Struktur nicht angreifen. Diese Substanzen lassen sich als ANTIBIOTIKA gegen bakterielle Infektionen einsetzen, ohne die Funktion des befallenen Organismus sonderlich zu beeinträchtigen.

Riesensterne

Zur Vertiefung: ***Sonne; Stern; Wind***

Wenn sich ein Stern im GLEICHGEWICHT befindet, das heißt, wenn er an seiner Oberfläche gleichmäßig ebensoviel Energie an den umgebenden Raum abgibt, wie er in seinem Innern erzeugt, wird seine Größe bei gegebener Masse durch dieses Gleichgewicht bestimmt (ein Beispiel dafür ist unsere Sonne, deren Durchmesser eineinhalb Millionen Kilometer beträgt). Nimmt die Energieerzeugung im Innern ab, wird das Gleichgewicht gestört; was dann mit dem durch GRAVITATION zusammengehaltenen Gasball geschieht, hängt von der Masse ab. Bevor er sich zu einem mehr oder weniger kompakten Objekt zusammenzieht (siehe GRAVITATIONSKOLLAPS), durchläuft er jedoch in jedem Fall das Stadium des Riesensterns, wobei der Radius das Zehn- bis Hundertfache des im Gleichgewichtszustand beobachteten Halbmessers betragen kann.

Die Kernfusion in den tiefen Schichten eines Sterns kommt zum Stillstand, wenn dort nicht mehr genügend Wasserstoff vorhanden ist. Da der Kern des Sterns nicht mehr aufgeheizt wird, kühlt er sich ab und zieht sich zusammen. Durch diese Verdichtung wird ihrerseits Wärme erzeugt (wie jeder weiss, der einmal mit einer Luftpumpe einen Fahrradschlauch aufgepumpt hat), und dadurch erwärmen sich die weiter außen gelegenen, immer noch wasserstoffreichen Schichten des Sterns. Aufgrund der Hitze kommt nun dort die Kernfusion in Gang, so dass auch die äußersten Teile der Sternatmosphäre aufgeheizt werden. Der Stern bläht sich gewissermaßen auf und umgibt sich mit einer gewaltigen Hülle, die er teilweise in den Raum hinausbläst (siehe WIND). Nach dem Wasserstoff ist nun das daraus entstandene Helium an der Reihe; es wird durch Kernfusion in Kohlenstoff oder Sauerstoff umgewandelt. Diese letzte Phase dauert nur kurz. Nach der kurzen Phase der Aufblähung und dem Abblasen von Materie in den interstellaren Raum zieht der Stern sich zusammen und wird zu einem WEISSEN ZWERG, einem Neutronenstern (siehe PULSAR) oder einem noch höher verdichteten Objekt (siehe SCHWARZES LOCH).

In der Atmosphäre eines Riesensterns liegt die Temperatur mit maximal 3000 K (Kelvin) deutlich niedriger als in der Atmosphäre desselben Sterns während der Gleichgewichtsphase (mit mehr als 6000 K). Außerdem hat das emittierte Licht eine größere Wellenlänge, nämlich 1 µm ($1\,\mu m = 10^{-6} m$) statt 0,5 µm oder weniger. Daher erscheint der Stern uns rot, und wir sprechen von einem Roten Riesen, während das Licht vorher eher blau erschien (siehe SCHWARZER KÖRPER und FARBE). Es kommt jedoch auch vor, dass ein Stern den größten Teil seiner Atmosphäre an den umgebenden Raum verliert, so dass nun das Licht aus den tiefen, sehr heißen Schichten zu uns gelangen kann; in solchen Fällen sprechen wir von einem Blauen Riesen.

Rift

Zur Vertiefung: ***Plattentektonik***

Man könnte auch von einer Bruch- oder Grabenzone sprechen, aber die englische Bezeichnung Rift hat sich im geowissenschaftlichen Vokabular für die hier zu beschreibenden Großgräben weitgehend durchgesetzt.

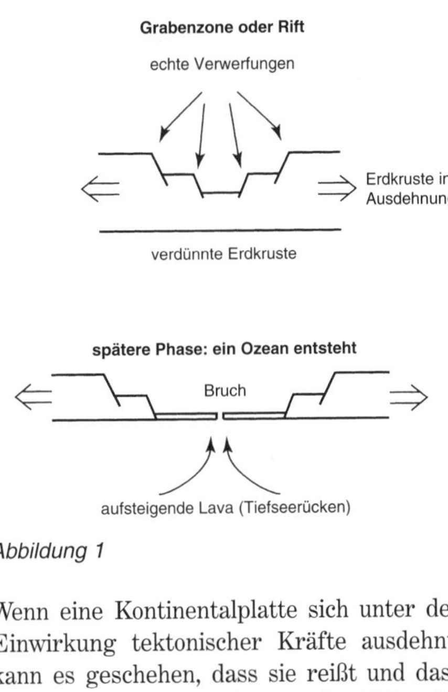

Abbildung 1

Wenn eine Kontinentalplatte sich unter der Einwirkung tektonischer Kräfte ausdehnt, kann es geschehen, dass sie reißt und dass an diesem Riss ein Rift entsteht (siehe *Abbildung 1*). Unterhalb der so entstandenen

Senke wird die Erdkruste dünner und der Wärmefluss nimmt zu. Das Rift bildet die erste Phase in der Entstehung eines neuen Ozeans. Wenn dieser Ozean sich entwickelt, wird aus dem Rift ein Tiefseerücken, an dem neue ozeanische Kruste entsteht. Manche Rifts sind sehr alt und heute nicht mehr aktiv; dazu gehört etwa der Rheingraben. An anderen Rifts entsteht zur Zeit ein neuer Ozean; das gilt zum Beispiel für das Ostafrikanische Rift, mit der Afar-Senke als dem zukünftigen Tiefseerücken.

Ring

Zur Vorbereitung: ***Relation***

Zur Vertiefung: ***algebraische Zahlen; Galois-Theorie; Spektrum***

Die Entwicklung der ALGEBRA hat Operationen hervorgebracht, die denen im Bereich der Zahlenrechnung (Addition, Multiplikation) gleichen, aber mit Objekten arbeiten, bei denen es sich nicht mehr um gewöhnliche Zahlen handelt, sondern um POLYNOME, FUNKTIONEN, Differentialoperatoren (siehe DIFFERENTIAL), Kongruenzklassen ganzer ZAHLEN (siehe ARITHMETIK) oder Matrizen (siehe MATRIX). Das hat zu der axiomatischen Definition einer Struktur geführt, die alle diese Beispiele in sich vereint.

Als Ring bezeichnet man eine Menge A, in der zwei innere Verknüpfungen definiert sind, die Addition

$(x,y) \longmapsto x+y$

und die Multiplikation

$(x,y) \longmapsto xy \ (x,y \in A)$.

Diese Operationen gehorchen Axiomen, durch die sie den von den Zahlen her bekannten Operationen gleichen Namens analog werden. So verlangt man, dass die Addition aus A eine kommutative Gruppe machen muss; sie ist assoziativ,

$(x+y)+z=x+(y+z)$;

sie besitzt ein neutrales Element 0 der Art, dass

$x+0=0+x=x$;

zu jedem Element x aus A gibt es ein inverses Element $-x$, so dass

$x+(-x)=(-x)+x=0$;

sie ist kommutativ,

$x+y=y+x$.

Die Multiplikation muss hinsichtlich der Addition in zweifacher Weise distributiv sein,

$x(y+z)=xy+xz$

und $(y+z)x=yx+zx$;

sie muss assoziativ sein,

$(xy)z=x(yz)$,

und ein neutrales Element 1 (oder Einselement) besitzen, so dass

$1x=x1=x$.

Wie man sieht, ist die Multiplikation nicht notwendig kommutativ und es kann »Nullteiler« geben, das heißt Elemente x, y, die beide nicht gleich 0 sind, und dennoch $xy=0$ gilt. Ist die Multiplikation kommutativ ($xy=yx$), spricht man von einem kommutativen Ring. Die Menge der ganzen Zahlen ($\mathbb{Z}$), der rationalen Zahlen ($\mathbb{Q}$), der reellen Zahlen ($\mathbb{R}$), der komplexen Zahlen ($\mathbb{C}$) und die Menge der Polynome oder der numerischen Funktionen sind kommutative Ringe, aber der Ring M_{mm} ($\mathbb{R}$) der reellen quadratischen Matrizen der Ordnung $m \geq 2$ ist nicht kommutativ. Mit der Untersuchung kommutativer Ringe befasst sich die kommutative Algebra; sie bildet die Grundlage der Theorie der ALGEBRAISCHEN ZAHLEN und der algebraischen GEOMETRIE.

Kommutative Ringe ohne Nullteiler werden auch als Integritätsbereiche bezeichnet; die Ringe $\mathbb{Z}$, $\mathbb{Q}$, $\mathbb{R}$, $\mathbb{C}$ sind Integritätsbereiche. Dasselbe gilt für den Polynomring mit Koeffizienten über einem Integritätsbereich; M_{mm} ($\mathbb{R}$) hat jedoch für $m \geq 2$ Nullteiler.

Homomorphismus

Ein Homomorphismus eines Rings A in einen Ring B ist eine Abbildung f: $A \longrightarrow B$, die insofern verknüpfungstreu ist, als

$f(x+y)=f(x)+f(y)$,

$f(xy)=f(x)f(y)$,

das heißt, das Bild der Verknüpfung ist gleich der Verknüpfung der Bilder; für das Einselement gilt: $f(1)=1$. Ein bijektiver Homomorphismus wird als Isomorphismus bezeichnet.

Es gibt genau einen Homomorphismus $\mathbb{Z} \longrightarrow A$ des Rings der ganzen Zahlen in einen beliebigen Ring A. Dieser Homomorphismus bildet die ganze Zahl n auf das Element $n1$ von A ab.

Das Bild $\varphi(A)$ eines Ringhomomorphismus $\varphi: A \longrightarrow B$ ist eine Teilmenge von B, die gegenüber der Addition und der Multiplikation in B abgeschlossen ist: Wenn x,y zu $\varphi(A)$ gehören, so auch $x+y$ und xy; außerdem gilt $1 \in \varphi(A)$. Auf $\varphi(A)$ beschränkt, machen Addition und Multiplikation diese Menge zu einem Ring mit dem neutralen Element 1, und die kanonische injektive Abbildung von $\varphi(A)$ in B (die ein Element aus $\varphi(A)$ auf sich selbst abbildet) ist ein Ringhomomorphismus; man nennt $\varphi(A)$ einen Unterring von B.

Wenn B ein Ring und A ein kommutativer Unterring ist, möchte man jene Homomorphismen f: $A[X] \longrightarrow B$ bestimmen, deren Beschränkung auf A (genauer: auf die konstanten Polynome) die kanonische injektive Abbildung von A in B ist. $A[X]$ bezeichnet hier den Polynomring mit Koeffizienten in A (mit einer Unbestimmten X). Solch ein Homomorphismus f ist vollständig definiert durch das Bild $f(X)=x \in B$ der Unbestimmten und transformiert ein Polynom P in $f(P)=P(x)$, ein Element von B, das man erhält, indem man X in P durch x ersetzt. Auf diese Weise erhält man eine bijektive Abbildung zwischen B und der Menge der Homomorphismen f.

Ideale

Wenn $f: A \longrightarrow B$ ein Ringhomomorphismus ist, schreibt man die Bedingung, dass zwei Elemente x und y von A in f dasselbe Bild haben, wegen der Additivität von f in folgender Weise: $f(x-y)=0$. Aus diesem Grund führt man den so genannten Kern $f^{-1}(0)$ von f ein, das heißt die Menge der Elemente z von A, für die $f(z)=0$ gilt. Wenn $f(x)=f(y)$ sein soll, ist es notwendig und hinreichend, dass $x-y$ ein Element des Kerns ist.

Es liegt auf der Hand, dass $f^{-1}(0)$ eine additive Untergruppe von A ist; außerdem gehören xy und yx zu $f^{-1}(0)$, sofern $x \in f^{-1}(0)$ und y ein beliebiges Element von A ist. Als zweiseitiges Ideal von A bezeichnet man eine Teilmenge a von A, die die oben genannten Eigenschaften für $f^{-1}(0)$ besitzt und für die gilt: wenn $x \in a$ und $z \in a$, dann $(x+z) \in a$; wenn $x \in a$ und $y \in A$, dann $xy, yx \in a$. Wenn a ein zweiseitiges Ideal des Rings A ist, dann ist die Relation $x-y \in a$ eine Äquivalenzrelation auf A (siehe ÄQUIVALENZ) und besteht auch dann fort, wenn man sie links oder rechts mit einem beliebigen Element aus A multipliziert. Geschrieben wird diese Relation $x \equiv y \mod a$, und man sagt: x und y sind kongruent *modulo* a. Die Klasse eines Elements x aus A ist die Menge $x+a$ der $x+z$, wobei z a durchläuft; für die Gesamtheit dieser Klassen schreibt man A/a. Die für A geltenden Gesetze bestimmen die für A/a geltenden Gesetze, und diese Gesetze machen A/a zu einem Ring, den man als Quotienten aus A und dem Ideal a bezeichnet. Die Abbildung $A \longrightarrow A/a$, die jedes Element von A auf seine Klasse abbildet, ist ein Ringhomomorphismus.

Die Ideale von $\mathbb{Z}$ haben die Form $n\mathbb{Z}$ (Menge der Vielfachen von n), wobei n eine jeweils bestimmte ganze Zahl ist. Die zweiseitigen Ideale des Rings $M_{mm}(\mathbb{R})$ sind 0 und der Ring selbst; man nennt den Ring einfach, um diesen Sachverhalt auszudrücken.

Körper

Wenn A ein Ring ist, bildet die Menge $G_m(A)$ der Elemente von A, die hinsichtlich der Multiplikation ein inverses Element besitzen, eine Gruppe bezüglich der Multiplikation. Man bezeichnet sie als multiplikative Gruppe von A. So ist die multiplikative Gruppe des Rings $\mathbb{Z}$ der ganzen Zahlen die aus zwei Elementen bestehende Gruppe $\{1, -1\}$. Für den Ring $\mathbb{Z}[\sqrt{2}]$, der aus den Zahlen der Form $a+b\sqrt{2}$ mit ganzzahligen a und b besteht, wird die multiplikative Gruppe von den Zahlen $a+b\sqrt{2}$ gebildet, für die gilt:
$a^2-2b^2=\pm 1$;
sie alle schreiben sich $(1+\sqrt{2})^n$, wobei $n \in \mathbb{Z}$. Für den Ring $\mathbb{R}^E$ der auf einer Menge E definierten Funktionen mit reellen Werten ist die multiplikative Gruppe die Menge der Funktionen, die nicht den Wert 0 annehmen.

Ein Ring K wird als Körper bezeichnet, wenn seine multiplikative Gruppe mit der Komplementärmenge von $\{0\}$ zusammenfällt; anders gesagt, wenn das neutrale Element 1 der Multiplikation von 0 verschieden ist und jedes von 0 verschiedene Element eine Inverse besitzt. Die rationalen Zahlen bilden einen Körper $\mathbb{Q}$; desgleichen gibt es den Körper $\mathbb{R}$ der reellen Zahlen und den Körper $\mathbb{C}$

der komplexen Zahlen. Wenn p eine Primzahl ist, dann ist der Quotientenring $\mathbb{Z}/p\mathbb{Z}$ ein Körper; er besitzt p Elemente. All diese Körper sind kommutativ. Es lässt sich übrigens beweisen, dass alle endlichen Körper kommutativ sind (Satz von Wedderburn) und dass die Anzahl ihrer Elemente gleich der Potenz einer Primzahl ist; wenn $q=p^n$, wobei p eine Primzahl ist, gibt es bis auf Isomorphie nur einen Körper F_q mit q Elementen.

Maximale Ideale

Ein Ideal a eines Körpers K ist entweder $\{0\}$ oder der gesamte Körper K, denn wenn es ein Element $x \neq 0$ enthält, so enthält es auch die Inverse x^{-1}, so dass $x^{-1}x=1$, und daher enthält es auch $y=y.1$ für alle $y \in$ K; deshalb ist ein Homomorphismus $f{:}K \longrightarrow a$ stets injektiv, wenn $a \neq 0\}$. Umgekehrt ist ein von $\{0\}$ verschiedener kommutativer Ring K, der kein anderes Ideal als $\{0\}$ oder K besitzt, ein Körper, denn wenn $x \neq 0$, dann ist das Ideal xK von $\{0\}$ verschieden, also K, und x besitzt eine Inverse.

Ein Ideal m eines kommutativen Rings A wird als maximal bezeichnet, wenn der Quotient A/m ein Körper ist; das bedeutet, $m \neq A$, und die einzigen Ideale, die m enthalten, sind m selbst und A. Die maximalen Ideale von $\mathbb{Z}$ haben die Form $p\mathbb{Z}$, wobei p eine Primzahl ist, aber $\{0\}$ ist ein nichtmaximales Primideal.

Der Körper der rationalen Zahlen

Die Konstruktion des Körpers $\mathbb{Q}$ der rationalen Zahlen auf der Basis des Rings $\mathbb{Z}$ der ganzen Zahlen lässt sich auf die abstrakte Situation erweitern, in der man von einem Integritätsbereich A ausgeht. In der Menge der Paare (x,s) zweier Elemente x und s aus A, mit $s \neq 0$, betrachtet man die Äquivalenzrelation $(x,s)\sim(x',s')$, für die $xs'=x's$ ist, und bezeichnet die Äquivalenzklasse von (x,s) mit x/s. Auf der Menge K der Klassen definiert man die Addition durch

$$\frac{x}{s}+\frac{x'}{s'} = \frac{xs'+x's}{ss'}$$

und die Multiplikation durch

$$\frac{x}{s}\times\frac{x'}{s'} = \frac{xx'}{ss'}$$

und prüft, ob diese Verknüpfungen K zu einem Körper mit dem Einselement 1/1 machen. Die Abbildung $x \longmapsto x/1$ von A in K ist ein injektiver Homomorphismus, der es gestattet, A mit einem Unterring von K zu identifizieren. Jeder injektive Homomorphismus f von A in einen Körper L erweitert sich auf genau eine Weise zu einem Homomorphismus g von K in L:

$$g\left(\frac{x}{s}\right) = \frac{f(x)}{f(s)}$$

Auf der Basis des Polynomrings $K[X]$ mit Koeffizienten in einem kommutativen Körper K definiert man in dieser Weise den Körper $K(X)$ der rationalen Zahlen mit Koeffizienten in K.

RNA

Zur Vertiefung: ***Nukleinsäuren***

Die Ribonukleinsäure oder RNA ist ein Makromolekül, das nur in Lebewesen vorkommt und zur Gruppe der Nukleinsäuren gehört, die sich aus Ketten von vier Nukleotidarten (siehe Nukleotide) zusammensetzen. Die verschiedenen Arten der RNA – ribosomale RNA (rRNA), Transfer-RNA (tRNA) und Messenger-RNA (mRNA) – übernehmen unterschiedliche Aufgaben in den verschiedenen Prozessen, die die genetische Information in die jeweiligen Funktionen der Zellen umsetzen. Gebildet wird die RNA als Einzelstrang bei der Transkription der DNA der Gene im Zellkern, ist dann aber hauptsächlich im Zytoplasma der Zellen zu finden. Bei manchen Viren besteht das Genom aus RNA – so z. B. bei dem Retrovirus, das die Immunschwäche Aids bewirkt.

RNA-Edition

Zur Vertiefung: ***genetische Information; genetische Regulation***

Die in der DNA der Chromosomen enthaltene genetische Information wird über eine Abfolge verschiedener Prozesse für die Funktion der Zelle genutzt. Diese Prozesse beginnen mit der Transkription der DNA in RNA und enden mit der Translation bestimmter RNA-

Formen, der Messenger-RNA (mRNA), in PROTEINE. Diese Information ist in den Nukleotidketten (siehe NUKLEOTIDE) der NUKLEINSÄUREN, DNA und RNA, enthalten. Die Nukleotide, die als Grundbausteine der RNA dienen, enthalten die Nukleinbasen Adenin (A), Cytosin (C), Guanin (G) und Uracil (U).

Man hat mRNAs entdeckt, in denen bestimmte Nukleotide und damit auch die genetische Information nach der Transkription verändert waren, wie es auch bei der Bearbeitung von Texten vorkommt, in denen man hier und da einige Worte verändert, Passagen verlängert oder kürzt und manchmal nur durch ein Komma den gesamten Sinn eines Satzes verändert. Aus diesem Grund bezeichnet man den Prozess als RNA-Edition oder mit dem englischen Begriff als *RNA-editing*. Es handelt sich um einen natürlichen Vorgang an der RNA, der nach der Transkription ihre Nukleotidsequenz ändert, indem er eine Nukleinbase (das Element, durch die sich die Nukleotide voneinander unterscheiden) durch eine andere ersetzt oder ein bis mehrere Nukleotide supprimiert oder einfügt. So kann die RNA-Edition den Informationsgehalt einer RNA modifizieren und einer Sequenz, die vorher unsinnig war, Sinn verleihen oder umgekehrt eine Informationskette abbrechen.

Nachgewiesen wurde die RNA-Edition zum ersten Mal bei Trypanosomen, Blutparasiten, die von Insekten übertragen werden und unter anderem Erreger der Schlafkrankheit sind (übertragen von der berühmt-berüchtigten Tse-Tse-Fliege). Analysen der Messenger-RNA in den MITOCHONDRIEN, also jenen Zellorganellen, in denen die Zellatmung (siehe ORGANELLEN und STOFFWECHSEL) stattfindet, haben ergeben, dass fast die Hälfte der Uracil-Nukleotide bestimmter mRNAs erst nach der Transkription hinzugefügt wird und kein Äquivalent in der DNA des Mitochondrien-Genoms besitzt. Manchmal ist allerdings auch das umgekehrte Phänomen zu beobachten, dass nämlich Nukleotide, die in der DNA der Mitochondrien vorhanden sind, sich in der RNA nicht wiederfinden. Solche Insertionen und Suppressionen von Nukleotiden sind notwendig, um die Mitochondrien-mRNA der Trypanosomen, aber auch zahlreicher anderer Parasiten in Proteine zu übersetzen. Fälle einer Substitution von U durch C wurden auch bei blühenden Pflanzen in der mRNA der Mitochondrien und Chloroplasten (Organellen, in denen die Photosynthese stattfindet) gefunden.

Die RNA-Edition erfolgt durch Proteinkomplexe, die über entsprechende enzymatische Wirkungen verfügen, und wird von kleinen *guide*-RNAs (gRNA) gesteuert, die die zusätzlichen Nukleotide herantransportieren, die ihrerseits die RNA-Stellen, an denen die Edition stattfinden soll, erkennen und signalisieren.

Die Tatsache, dass die RNA-Edition in Organellen beobachtet wurde, die von sehr früh in der Evolution entstandenen Bakterien abstammen, legt den Schluss nahe, dass es sich um einen sehr alten Vorgang handelt. Allerdings beschränkt er sich nicht auf die RNA dieser Organellen, sondern lässt sich auch in der mRNA beobachten, die aus der DNA im Zellkern bestimmter tierischer Gewebe transkribiert wird.

Eine einfache Substitution von C durch U führt zum Beispiel zur Umwandlung eines Nukleotidtripletts CAA, das die Aminosäure Glutamin codiert, in das Triplett UAA, ein Stopp-Codon, das die Translation beendet (siehe GENETISCHER CODE). Beobachtet wurde diese Modifikation in der mRNA für ein Protein, das normalerweise in der Leber produziert wird und dem Transport von Cholesterin und Triglyceriden ins Blut dient: das Apoprotein B (siehe LIPIDE). Die Edition dieser transkribierten mRNA in den Darmzellen führt zur Synthese eines Proteins, das kaum halb so groß ist wie das in der Leber produzierte. Mit dieser Größenänderung geht eine Funktionsänderung einher, die bewirkt, dass dieses verstümmelte Protein der Absorption und nicht mehr dem Transport von Fetten dient.

Offenbar handelt es sich bei der RNA-Edition um einen Regulationsmechanismus, der bestimmten Situationen eigen ist; allerdings könnte es sich herausstellen, dass er auch von allgemeinerem Nutzen sein mag. Denn ebenso wie bei dem vorliegenden Buch darf man auch hier die Rolle der Bearbeiter nicht unterschätzen.

Robotik

Zur Vertiefung: ***Automatentheorie; Kommunikation zwischen Mensch und Maschine; künstliche Intelligenz; virtuelle Realität***

– Drrring, Drrring, Drrring ... Wachen Sie auf! Es ist acht Uhr. Der Kaffee ist fertig, schwarz und heiß, wie Sie es wünschen. Dazu gibt es drei Zwieback mit Butter.

– Ach nein, ich bin müde ...

– Drrring, Drrring, Drrring ... Wachen Sie auf! Es ist drei Minuten nach acht. Ich erlaube mir den Hinweis, dass Sie um acht Uhr dreißig eine Konferenz haben, wie jeden Mittwoch.

– Ja, ich weiß ... du hast Recht, ROD, ich stehe gleich auf; aber lass mir noch ein paar Minuten.

– Drrring, Drrring, Drrring ... Es ist höchste Zeit, aufzustehen. Es ist schon zehn Minuten nach acht, und auch wenn ich mich wiederhole, muss ich Sie doch daran erinnern, dass die Konferenz um acht Uhr dreißig beginnt.

– Gut, ROD, ich beeile mich ja schon. Aber hilf mir bitte. Während ich mich wasche, kannst du meine Schuhe putzen, den braunen Anzug bügeln, ein weißes Hemd bereitlegen und dazu noch die Unterwäsche.

– Selbstverständlich.

Zwanzig Minuten später ist Jean gewaschen, rasiert, parfümiert, vollständig angezogen und bereit, an der virtuellen Telekonferenz teilzunehmen. Als er um genau acht Uhr siebenundzwanzig die Kabine betreten und den Code eingeben will, erinnert er sich plötzlich an etwas und ruft:

– ROD! Ich habe ganz vergessen, dir zu sagen, dass ich heute Mittag einen Gast habe. Kannst du das Rindfleisch rehydrieren, zu Steaks formen und braten? Und dazu hätte ich gerne von den synthetischen grünen Bohnen.

– Ganz wie Sie wünschen. Es wird alles bereit sein.

Die Szene spielt im Jahr 2148 in einem Raum von 25 Quadratmetern Größe, der zugleich als Bad, Schlaf- und Arbeitszimmer, als Küche, als Wohn-, Musik- und Rauchzimmer, als Fernseh- und als Esszimmer dient, und zwar dank der Technik der virtuellen Realität und dank der Hilfe des unermüdlichen ROD, eines gewöhnlichen Haushaltsroboters der vierten Generation. RODs Fähigkeiten beschränken sich längst nicht mehr auf die Ausführung einer einzigen Bewegung. Er vermag seine Umwelt wahrzunehmen und sich ihr anzupassen, wie es schon seine fernen Vorfahren, die Roboter der zweiten Generation, gelernt hatten. Er versteht die Anweisungen, die man ihm gibt, und programmiert, wie seine Eltern und Großeltern der dritten Generation, selbsttätig die elementaren Schritte, die zur Ausführung eines Auftrags erforderlich sind. Aber er kann noch mehr, denn er lässt sich geduldig auf eine Argumentation mit seinem Herrn ein, um ihm bestmöglich zu dienen, und weist ihn auf unabänderliche Bedingungen hin. Eben darin ist ROD ein Roboter der vierten Generation und gehört für den Augenblick in den Bereich der Sciencefiction ...

Dennoch sind »Roboter« keineswegs neu. Der Ausdruck erscheint erstmals 1924 in einem Theaterstück des tschechischen Schriftstellers Karel Čapek und bezeichnet »künstliche Arbeiter«; das Wort selbst basiert auf dem tschechischen Wortstamm *robota* für »Arbeit«. Die Idee ist jedoch noch sehr viel älter und geht auf die Antike zurück: Homer erzählt, Hephaistos, der Gott des Erdfeuers und Schutzgott der Schmiede, habe nach dem Bild junger Mägde Automaten geschaffen, die den Haushalt besorgten.

Hat die heutige Technik mit ihren Wunderwerken die von Karel Čapek ersonnenen künstlichen Arbeiter mehr als in einem nur metaphorischen Sinne realisiert? Die Wirklichkeit zwingt uns, diese Frage mit ja zu beantworten, und zwar im Guten wie im Schlechten: Autos werden heute zumindest teilweise in vollautomatischen Montagestraßen zusammengesetzt, Pfirsiche und Orangen werden vollautomatisch geerntet, und die beiden Terminals des Frankfurter Flughafens verbindet ein »Shuttle«, das ohne Fahrer auskommt. Neben solchen autonomen Robotern gibt es auch kooperative Roboter, die man so bezeichnet, weil sie unter menschlicher Aufsicht in menschenfeindlichen Umgebungen wie dem

Reaktorkern eines Atomkraftwerks oder auf der Oberfläche des Planeten Mars arbeiten. Auch wenn sie etwas anders aussehen als ROD, sind die Roboter doch längst unter uns und spielen diskret eine aktive Rolle in all unseren Angelegenheiten.

Die Technik

Zahlreiche Fachgebiete sind an der Entwicklung der Roboter beteiligt. Die Arme mit ihren Gelenken und Greifwerkzeugen, die den Manipulationen des Roboters die nötige Geschicklichkeit verleihen sollen, basieren auf den Erkenntnissen der Mechanik und den Fertigkeiten der modernen Feinmechanik. Zur taktilen Wahrnehmung von Objekten und zur Anpassung ihrer eigenen Bewegungen verfügen die Roboter über Sensoren, die ihnen nach dem Vorbild unserer (propriozeptiven) Körperwahrnehmung die Möglichkeit bieten, ihre Lage im Raum, ihre Bewegungen und die jeweilige Kraftaufwendung wahrzunehmen. Dank dieser an den Greifwerkzeugen angebrachten Sensoren erkennen die Roboter nicht nur die Position der Objekte, sondern entwickeln auch ein gewisses »Fingerspitzengefühl«, das heißt, sie vermögen die ausgeübte Kraft an die jeweiligen Erfordernisse anzupassen.

Um Anweisungen aufzunehmen, ihre Umgebung zu erkennen, sich darin zu orientieren und auch zwischen Hindernissen hindurch ihren Weg zu suchen, benötigen Roboter Augen und Ohren. Nach dem Vorbild der Fledermäuse, die sich mit Hilfe von Ultraschall orientieren, senden sie Laserbündel aus, deren »Echo« ihnen die Möglichkeit gibt, eventuell vorhandene Hindernisse sehr schnell zu erkennen. Manche besitzen auch Fühler nach Art der Schnurrhaare bei Katzen, die sie vor drohenden Gefahren warnen. Und wieder andere arbeiten mit Kameras, deren Bilder ständig mit den für das automatische Erkennen von Formen entwickelten Techniken interpretiert werden, so dass man hier von einem künstlichen Sehen sprechen kann.

Die meisten heute eingesetzten Roboter beschränken sich darauf, ihre Aktivität an die unmittelbare Wahrnehmung ihrer Umwelt anzupassen. Die dabei eingesetzten Steuerungsmechanismen basieren auf Prinzipien, die in der Automatentheorie entwickelt worden sind. Man spricht hier von Robotern der zweiten Generation, weil sie ihr Verhalten aufgrund der Wahrnehmung ihrer Umwelt verändern können, während die Roboter der ersten Generation noch blind waren. In Zukunft hofft man, noch autonomere Roboter bauen zu können, die in der Lage sind, die für die Ausführung einer Aufgabe erforderliche Reihenfolge elementarer Arbeitsschritte selbständig festzulegen. Solche Roboter der dritten Generation müssten gewisse Denkleistungen vollbringen, die bisher noch dem Menschen vorbehalten sind und deren automatische Realisierung man auf dem Gebiet der künstlichen Intelligenz untersucht. Schließlich sollten Roboter zur schnelleren Verständigung auch die menschliche Sprache verstehen, eine Fähigkeit, an deren Simulation man gleichfalls auf dem Gebiet der künstlichen Intelligenz und der Kommunikation zwischen Mensch und Maschine arbeitet.

Trotz aller Bemühungen bereitet die Konstruktion von Robotern der dritten Generation noch solche Schwierigkeiten, dass man sich Roboter der vierten Generation, zu denen unser ROD gehört, bisher nur schwer vorstellen kann.

Die Bedeutung der Roboter bei der Automatisierung manueller Tätigkeiten stellt uns allerdings bereits heute vor ökonomische und soziale Probleme, die sich durch eine bloße Verdammung nicht lösen lassen: Wie soll man vor allem gering qualifizierten Menschen Arbeit und Beschäftigung geben, wenn gerade die manuellen Tätigkeiten von Robotern ausgeführt werden? Und was sollen wir tun, wenn die Roboter die Produktionskosten so stark senken, dass jede Beschäftigung von Menschen im Bereich der unmittelbaren Fertigung zu teuer wird?

Perspektiven

Autonome Roboter wie ROD sollen zu einem hoch entwickelten Verhalten fähig sein. Sie sollen denken, sprechen, hören und verstehen können; sie sollen mehrsprachig, in allen häuslichen Tätigkeiten geschickt und (warum nicht?) womöglich auch enzyklopädisch gebildet sein. Doch auch andere Perspektiven sind in der Robotik denkbar.

Die erste betrifft die kooperativen Roboter. Sie müssten es den Menschen mit Hilfe von Techniken der so genannten virtuellen Realität ermöglichen, sie aus der Ferne zu dirigieren und Eingriffe aller Art vorzunehmen. Auch bei diesen ferngesteuerten Robotern handelt es noch um künstliche Arbeiter im Sinne Karel Čapeks. Aber sie sind keine AUTOMATEN im ursprünglich Sinne des Wortes; sie verhalten sich nicht wie autonome intelligente Wesen, sondern übermitteln ihre Wahrnehmungen, erhalten Anweisungen und führen diese Befehle schnell und zuverlässig aus. Sie sind gleichsam Verlängerungen menschlicher Glieder, Prothesen von unvorstellbarer Leistungsfähigkeit.

Die zweite Perspektive beruht auf einem radikalen Wandel der Blickweise. Statt hoch entwickelte Roboter wie ROD zu konstruieren, versuchen manche, tausende kleiner, »dummer« Elementarroboter zu bauen, die jeweils nur sehr spezielle Aufgaben ausführen können, aber in einer umfassenden Kooperation zu einem gemeinsamen Werk beitragen, obwohl keiner von ihnen sich dessen vollkommen »bewusst« ist. Diese Elementarroboter sind Agenten, denn sie agieren; und sie reagieren, denn sie sind zu einer Reflexion nicht fähig, sondern reagieren lediglich auf ihre unmittelbare Umgebung; kurz gesagt, es handelt sich um reaktive Agenten. In den Augen ihrer Erfinder sollen die Gemeinschaften dieser reaktiven Agenten Termitenstämmen oder Bienenvölkern ähneln und mit einer kollektiven Intelligenz begabt sein, die weit über die Fähigkeiten des einzelnen Roboters hinausgeht. Doch so aufregend diese Aussichten auch erscheinen mögen, sie befinden sich bisher noch im bloßen Projektstadium.

Rotation, interne

→ ***interne Rotation***

Rückkopplung

Zur Vertiefung: ***Automatentheorie; Elektronik; Kybernetik; Robotik***

Man betätigt die Wasserspülung in der Toilette, der Auslauf des Wasserbehälters öffnet sich, und das Wasser strömt in die Schüssel. Mit dem Wasserspiegel sinkt auch der Schwimmer und öffnet schließlich den Zulauf. Ist der Behälter leer, schließt sich der Ablauf. Aus dem Zulauf strömt Wasser nach, der Behälter füllt sich. Mit dem steigenden Wasserspiegel steigt auch der Schwimmer wieder, bis er den Zulauf bei einer bestimmten Höhe des Wasserspiegels schließt. So funktioniert, am Beispiel der Wasserspülung illustriert, die so genannte Rückkopplung, die heute auch vielfach mit dem entsprechenden englischen Ausdruck als Feed-back bezeichnet wird: Der Zufluss des Wassers bewirkt über den steigenden Wasserspiegel und den mit ihm in die Höhe steigenden Schwimmer selbst, dass dieser Zufluss beendet wird.

Eine Ursache (der Zufluss) bringt eine Wirkung hervor (den steigenden Wasserspiegel), der auf die Ursache zurückwirkt und sie verändert oder (wie in unserem Beispiel) beseitigt. Thermostate oder Dampfregler in Schnellkochtöpfen sind weitere einfache Beispiele. Auch im Bereich der Lebewesen finden sich zahlreiche Rückkopplungsmechanismen, die etwa die Stoffwechselprozesse durch die verstärkte oder verminderte Ausschüttung von Hormonen steuern. Aber auch wenn wir ein zerbrechliches Glas in die Hand nehmen, findet, ohne dass wir es bemerkten, ein Rückkopplungsprozess statt, der die ausgeübte Kraft an das Gewicht und die Zerbrechlichkeit des Gegenstandes anpasst.

S

Säuren und Basen

Zur Vorbereitung: ***chemische Formel; Hybride***
Zur Vertiefung: ***Elektronenverteilung; Gleichgewicht; Proton; Wasser***

Da das Adjektiv »sauer« auch einen Geschmack bezeichnet und Säuren und Basen Teil der Schulbildung sind, hält man diese Bezeichnung zu Unrecht für einfach. Sie ist zwar grundlegend, aber diffizil.

Betrachten wir eine handelsübliche chemische Verbindung wie Salpetersäure NO_3H. In wässriger Lösung (wenn sie also in Wasser gelöst ist) ist ein GLEICHGEWICHT zu beobachten, das sich in der Gleichung ausdrückt:
$NO_3H + H_2O \rightleftharpoons NO_3^- + H_3O^+$

Das Salpetersäuremolekül hat sich also in zwei Teile geteilt: in das Nitratanion NO_3^- und ein Proton H^+, das von einem Wassermolekül eingefangen wird und mit ihm H_3O^+ bildet. Nun müssen wir unsere Gleichung als Ergebnis zweier grundlegender Schritte analysieren: $NO_3H \rightleftharpoons NO_3^- + H^+$ und $H_2O + H^+ \rightleftharpoons H_3O^+$.

Nun können wir eine erste Definition versuchen. Kommen wir überein, jede Verbindung, die Protonen abgibt (Protonendonator) als »Säure« und jede Verbindung, die Protonen aufnimmt (Protonenakzeptor) als »Base« zu bezeichnen. Das Molekül NO_3H trägt somit den Namen Salpetersäure zu Recht, da es sich um einen Protonendonator handelt, während man das Wassermolekül als »Base« bezeichnen müsste, da es als Protonenakzeptor dient; darauf kommen wir später noch zurück.

Stellen wir fest, dass die drei oben angegebenen Gleichungen jeweils ein Gleichgewicht ausdrücken und wir demnach jedes Glied der Gleichung sowohl als Ausgangs- wie als Endzustand betrachten können, so lässt sich daraus ableiten, dass das Molekül H_3O^+ eine Säure und das Molekül NO_3^- eine Base ist.

Somit haben wir zwei korrespondierende Säure-Base-Paare definiert: (NO_3H, NO_3^-) und (H_3O^+, H_2O). Nach dieser Definition der Protonen abgebenden Säuren entspricht jede Säure-Base-Reaktion der Form: Säure 1 + Base 2 = Base 1 + Säure 2.

Nun müssen wir uns mit der ELEKTRONENVERTEILUNG in den Molekülen befassen, die uns verstehen lässt, warum Salpetersäure eine starke Säure ist (die also eine starke Tendenz hat, ein Proton abzugeben), vorausgesetzt, man akzeptiert das Axiom: »Eine Säure ist umso stärker, je stabiler ihre korrespondierende Base ist.«

Betrachten wir das Nitratanion NO_3^-, die korrespondierende Base der Salpetersäure. Jedes der drei Sauerstoffatome O (*a priori* nicht zu unterscheiden) kann mit dem Stickstoffatom N eine Doppelbindung eingehen. Diese chemische Verbindung ist demnach als HYBRIDE einzustufen, also als Überlagerung der folgenden drei Formen (siehe *Abbildung 1*).

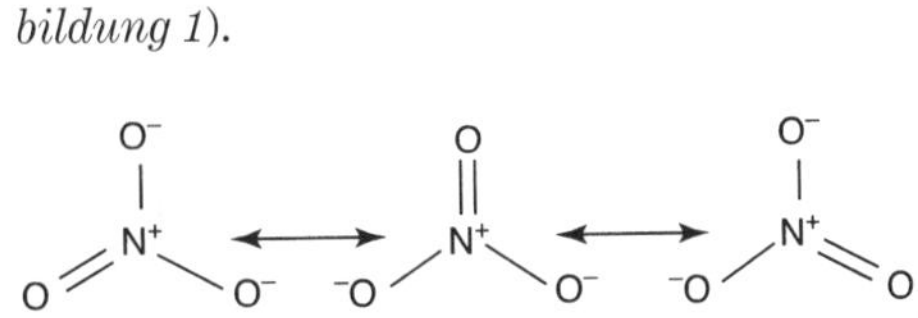

Abbildung 1 Darstellung des Nitrat-Anions NO_3^- in seinen drei möglichen Strukturen

Eine solche Überlagerung stabilisiert die STRUKTUR des Nitratanions, das die korrespondierende Base der Salpetersäure darstellt. Ihre starke Acidität verdankt die Salpetersäure also der für die Formel ihrer korrespondierenden Base, des Nitratanions NO_3^-, charakteristischen Tatsache, dass drei äquivalente Sauerstoffatome untereinander die Verlagerung einer Nettoladung von –1 zulassen.

Die Definition einer Säure AH als Donator eines Protons H^+ und einer Base B als Protonenakzeptor verdanken wir Johannes N. Brønsted (1879–1947). Diese Definition lässt sich folgendermaßen schreiben:

$AH + B \rightleftharpoons BH^+ + A^-$.

Das läuft auf dasselbe hinaus wie die Überlegung, dass das Elektronenpaar, das die Bindung A—H bildet, zu einem nicht bindenden Elektronenpaar des Atoms A geworden ist, während das Proton H^+ (der Atomkern des Wasserstoffs) von Stoff B eingefangen wurde.

Wenn man den Auffassungen von Gilbert N. Lewis (1875–1946) folgt und den Schwerpunkt nicht auf den Protonentransfer, sondern auf die Lokalisation eines Elektronenpaares legt, gelangt man zu einer zweiten, allgemeineren Definition von Säuren und Basen. Demnach ist jede Verbindung als Base zu bezeichnen, die mindestens ein nicht gebundenes Elektronenpaar besitzt (Elektronenpaardonator), und jede Verbindung eine Säure, die ein solches Elektronenpaar aufzunehmen vermag (Elektronenpaarakzeptor).

Aus dieser Definition ließe sich eine verwirrende Schlussfolgerung ziehen: Jede Verbindung wäre demnach sowohl eine Säure als auch eine Base. Die angebliche Salpetersäure, die uns als Ausgangspunkt gedient hat, ließe sich auch als Base einstufen, wenn man eine genügend stärkere Säure fände, die ein Proton an eines der nicht gebundenen Elektronenpaare des Sauerstoffs anlagern könnte (siehe *Abbildung 2*).

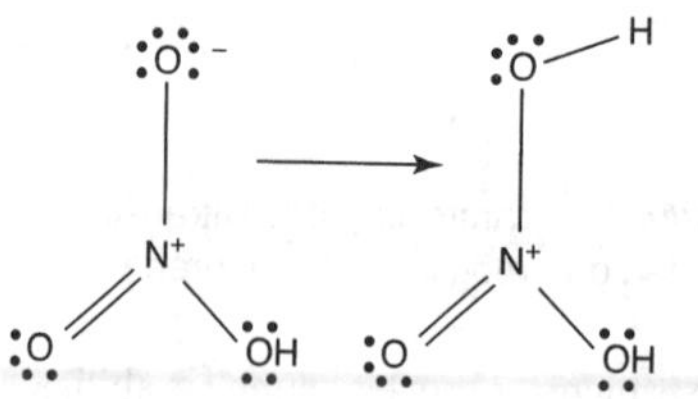

Abbildung 2 Eine Möglichkeit, wie Salpetersäure selbst zur Base werden kann.

Ein wichtiger Sonderfall ist Wasser, das mal eine Säure, mal eine Base sein kann. Wasser dient im Übrigen als Lösungsmittel für zahlreiche chemische Umwandlungen, besonders im Organismus; und es ist die Grundlage für zwei Säure-Base-Paare:

(H_2O, HO^-) und (H_3O^+, H_2O).

Folgen und Anwendungen

Es ist keineswegs beunruhigend, dass jede chemische Verbindung zugleich eine Säure und eine Base sein kann. Diese Mehrdeutigkeit der Moleküle ist eines der Hauptmerkmale der Chemie: Bei jedem Molekül sind verschiedene Deutungen und zahlreiche praktische Anwendungen möglich.

Bereits im 17. Jahrhundert waren sich die Chemiker bewusst, dass Definitionen von Säuren und Basen Zirkeldefinitionen sind, und legten beide Begriffe immer gemeinsam dar. Der Abt Pauling wählte zum Beispiel für die Wechselwirkung zwischen Säure und Base das (gleichermaßen erotische wie militärische) Bild von einem Schwert in seiner Scheide.

Diese Wechselwirkung zwischen einer Säure (im Sinne Brønsteds) und einer Base führt in der Regel zur Bildung eines Salzes und von Wasser. Das herkömmliche Kochsalz NaCl (siehe SALZE) entsteht aus der Reaktion von Salzsäure HCl mit Natriumhydroxid NaOH. Umgekehrt ergibt die Elektrolyse wässriger NaCL-Lösungen HCl und NaOH. Nach diesem Verfahren werden noch heute erhebliche Mengen dieser Stoffe gewonnen, obwohl die gekoppelte Produktion zweier Produkte wirtschaftliche Nachteile hat, da nach beiden jeweils unterschiedliche Nachfrage herrscht.

Nach der Definition von Lewis sind Verbindungen wie Bortrifluorid BF_3 oder Aluminiumchlorid $AlCl_3$ als Säuren zu bezeichnen, was von großem praktischen Nutzen ist. So entwickelte George Olah (Nobelpreisträger für Chemie 1994) aus der Verbindung einer Lewis-Säure wie Antimonpentafluorid SbF_5 mit einer Protonen abgebenden Säure wie Fluoroschwefelsäure FSO_3H den Zugang zu Supersäuren, die millionenfach stärker sind als Salpetersäure oder Schwefelsäure, an die sie zudem ein Proton anlagern können (sic!).

Eine weitere aktuelle Grenze dieses Bereichs bildet die Erforschung der Acidität gasförmiger Moleküle im isolierten Zustand. Durch Rückgriff auf die Gasphase ist es möglich, Phänomene zu vereinfachen, die ansonsten kompliziert sind, weil die Stoffe nur in Form von Lösungen vorliegen, und ihre Einzelschritte genau zu erforschen, zum Beispiel die oben beschriebene Etappe:
$NO_3H \rightleftharpoons NO_3^- + H^+$

Salze

Zur Vertiefung: ***Komplementarität; Komplexverbindungen; Säuren und Basen***

Salze, die für einen Chemiker ein scheinbar banaler Gegenstand sind, werfen dennoch grundlegende Fragen auf. Der Versuch zu definieren, was ein Salz ist, zeigt, wie sehr verschiedene Konzepte wechselseitig miteinander verknüpft sind, welchen relativen Wert sie haben und wie sie ausweichen und sich entziehen, sobald man sie zu verallgemeinern versucht.

Eine erste Definition

Die Standarddefinition lautet, dass die Reaktion einer Säure mit einer Base ein Salz und Wasser produziert. So verbindet sich zum Beispiel Salzsäure HCl mit Natriumhydroxid (Ätznatron) NaOH zu einem Salz, dem Natriumchlorid NaCl (unserem Kochsalz) und Wasser H_2O. Es gibt jedoch auch Gegenbeispiele. So ist Ammoniumnitrat NH_4NO_3 ein Salz (ein gängiges Düngemittel, das Terroristen auch als Sprengstoff benutzen), das durch eine Reaktion von Salpetersäure HNO_3 mit dem basischen Ammoniak NH_3 entsteht, ohne jedoch als NEBENPRODUKT Wasser zu bilden. Wir müssen also unsere erste Definition korrigieren und allgemeiner formulieren.

Eine zweite Definition

Ein Salz ist das Produkt der Umlagerung eines PROTONS H^+ von einer Säure AH, die als Protonendonator fungiert wie zum Beispiel HNO_3, an eine Base B, die als Protonenakzeptor dient, in diesem Fall NH_3. Das stimmt genau, aber demnach müsste sich ein Salz in die Formel A^-, BH^+ fassen lassen, was in zweifacher Hinsicht problematisch ist: Denn gerade haben wir gesehen, dass bestimmte Säuren der Formel AH entsprechen (in unserem zweiten Beispiel HNO_3); da die Verbindungen BH^+ eine Untereinheit der Säuren AH ($A=B^+$) bilden, müsste man, übrigens zu Recht, daraus schließen, dass das Ammoniumion NH_4^+, das Bestandteil eines Salzes wie Ammoniumnitrat ist, gleichzeitig eine Säure ist. Und da Na^+ im Natriumchlorid NaCl nicht zur Klasse BH^+ gehört, wäre unser Kochsalz gar kein Salz, was den Gipfel der Absurdität darstellen würde. Wir müssen unsere Definition eines Salzes also noch einmal überdenken.

Eine dritte Definition

Wenn die Abgabe eines Protons gleich bedeutend damit ist, ein Elektronenpaar zu bekommen (was wir weiter unten erklären), so hat unsere dritte Definition den Vorzug, dass sie sowohl NaCl als auch NH_4NO_3 umfasst: Demnach ist jedes Salz das Resultat einer Reaktion, bei der ein Elektronenpaar (dargestellt durch das Symbol »:«) von einer Base (von nun an geschrieben :B) an eine saure Partikel abgegeben wird, die nunmehr durch ihre Neigung zur Aufnahme von Elektronenpaaren definiert ist (geschrieben A). Dieser dritten Definition entsprechen beide oben angeführten Beispiele: Ammoniak $:NH_3$ ist die Base :B und HNO_3 die Säure A; das Chloranion ist die Base $:Cl^-$, die sich mit dem Natriumkation Na^+ (=A) zu NaCl verbindet. Somit ist Na^+ eine Säure, was den Tatsachen entspricht.

Diese Definition hat jedoch den Nachteil, dass sie zu allgemein ist. Sie macht aus einer Komplexverbindung wie $H_3N.AlCl_3$ (die aus Ammoniak NH_3 und Aluminiumchlorid $AlCl_3$ gebildet wird) und aus einem Molekül wie Methan CH_4 (das man nun auch schreiben könnte als $:H^- + {}^+CH_3$) Salze, was zwar durchaus legitim, aber doch ein wenig ungewöhnlich ist, vor allem im zweiten Fall.

Bleibt noch zu erklären, wieso die Addition eines Protons dem Transfer eines Elektronenpaares entspricht. Nehmen wir an, das Wasserstoffmolekül oder die beiden Wasserstoffatome H sind durch ein Elektronenpaar verbunden H:H (H—H ist eine äquivalente Schreibweise). Wenn wir nun das Elektronenpaar nur dem rechten Wasserstoffatom zurechnen, so hat es gegenüber dem elektrisch neutralen Wasserstoffatom mit nur einem Elektron ein Elektron gewonnen. Das rechte Atom hat also nun eine Ladung von –1, während das linke, das sein Elektron verloren hat, eine Ladung von +1 trägt und einem Wasserstoffkern oder Proton H^+ entspricht. Das rechte schreibt sich nun $:H^-$. Die Abgabe eines Elektronenpaares von links nach rechts entspricht also durchaus der Freisetzung eines Protons (und umgekehrt). Diese Überlegung lässt sich verallgemeinern von H—H auf A—H (was gleich bedeutend ist mit $A:^- + H^+$).

Die Willkür der Terminologie

Aus diesen Überlegungen über die Salze lässt sich ableiten, dass man die Logik nicht allzu weit treiben darf und dass die Dinge jene Namen tragen, die wir ihnen geben (wie Alice im Wunderland sehr gut begriffen hat). Für den Chemiker ist ein Salz eine auf Konvention beruhende Bezeichnung für eine Klasse chemischer Verbindungen. Umgekehrt lässt sich dieselbe chemische Verbindung verschiedenen Klassen und Bezeichnungen zuordnen, je nach der Betrachtungsweise, die wir gerade wählen.

Das Konzept der Salze, das bis ins 20. Jahrhundert hinein eine zentrale Bedeutung in der Chemie besaß, hat heute kaum noch einen Nutzen. An seine Stelle sind andere Konzepte getreten, zum Beispiel das der Komplexverbindungen, das eine andere begriffliche Vorstellung von der Verbindung einer Säure mit einer Base ermöglicht.

Weiter oben haben wir bereits festgestellt, dass verschiedene Klassen (und Definitionen) von Säuren nebeneinander existieren: Die protogenen Säuren AH wie HCl, HNO_3 (und NH_4NO_3) und die Lewis-Säuren wie Na^+ und $AlCl_3$.

Dass ein Konzept wie das der Salze fließend ist, stört keineswegs, denn wichtig sind die Beziehungen zwischen den Konzepten, in diesem Fall zwischen dem der Salze und dem der Säuren, da ein Salz aus der Wirkung einer Säure auf ihr Komplement, die Base, resultiert. Mittlerweile weiß man (für die Wissenschaft eine Lektion in Bescheidenheit), dass Dinge nicht an sich, sondern nur in ihren Wechselwirkungen existieren: Und eben das ist das Postulat der Chemie, einer Wissenschaft des Dynamischen und nicht des Statischen.

Satelliten

Zur Vorbereitung: ***Keplersche Gesetze***
Zur Vertiefung: ***Gezeiten; Meteorit; Planetenring; Sonnensystem***

Wie der Mond, der die Erde umkreist, sind auch die Satelliten oder Trabanten der Planeten feste Himmelskörper, die kleiner sind als der jeweilige Planet, den sie begleiten. Mit dem betreffenden Planeten sind sie durch die Gravitation verbunden, die (zusammen mit der Masse des Planeten) ihre PERIODE oder Umlaufzeit bestimmt. Die hellsten Planetenbegleiter unseres Sonnensystems sind für uns die Jupitermonde, die wir seit Galilei kennen.

Die Galileischen Monde

Die vier größten Begleiter des Jupiter – Io, Europa, Ganymed und Callisto – wurden 1610 von Galileo Galilei entdeckt; zur Ehre seines Schirmherrn Cosimo de' Medici gab er ihnen die gemeinsame Bezeichnung »Mediceische Gestirne«. Die Umlaufbahnen dieser Monde wurden schon bald sehr genau berechnet, und da es bei ihnen oft zu Verfinsterungen kommt (wenn sie in den Schattenkegel des Jupiter eintreten), benutzte man sie lange Zeit zur Bestimmung der GEOGRAPHISCHEN LÄNGEN.

Gleichfalls mit Hilfe der Verfinsterungen der Jupitermonde bewies der dänische Astronom Olaf Römer 1676 am Pariser Observatorium, dass die Lichtgeschwindigkeit nicht unendlich sein konnte (siehe NATURKONSTANTEN).

Er beobachtete nämlich, dass sich das Ende dieser Mondfinsternisse immer stärker verzögerte, je weiter die Erde sich vom Jupiter entfernte. Und umgekehrt traten die Verfinsterungen früher ein, wenn die Erde sich dem Jupiter näherte. Römer führte diese Verschiebung zutreffend auf die zunehmende bzw. abnehmende Strecke zurück, die das Licht auf dem Weg vom Jupiter zur Erde zurücklegen muss.

Galileis Jupitermonde wurden 1979 gewissermaßen ein zweites Mal entdeckt, als die Raumsonde Voyager aus nächster Nähe Bilder von ihrer Oberfläche zur Erde übermittelte. Aus schlichten Lichtpunkten wurden die Jupitermonde damit zu vollwertigen Planeten eines verkleinerten »Sonnensystems«, dessen »Sonne« der Jupiter ist. Der dem Jupiter am nächsten gelegene Mond – Io – ist der aktivste Trabant unseres Sonnensystems, mit Schwefelvulkanen und Schwefeldioxid-Geysiren (siehe VULKAN). Der felsige Mond Europa besitzt eine Oberfläche aus Eis, die einer von Schlittschuhspuren überzogenen Eislauffläche ähnelt. Ganymed hat die Größe des Merkur, er besteht aus Eis, das im Innern zweifellos unter hohem Druck steht, und war früher einmal aktiv. Callisto schließlich besteht gleichfalls aus Eis und ist mit Einschlagkratern übersät.

Panorama der natürlichen Satelliten

Wir kennen heute gut sechzig natürliche Satelliten, die in ihrer ganz überwiegenden Mehrzahl um die äußeren Planeten (Jupiter, Saturn, Uranus usw.) kreisen. Unser Wissen über Anzahl und Beschaffenheit dieser Trabanten hat vor allem durch die Raumsonden beträchtlich zugenommen, die seit 1970 zu den Planeten geschickt worden sind; dabei wurden auch die Monde kartographisch erfasst, und zwar mit einer AUFLÖSUNG, die sich für die meisten von ihnen im Kilometerbereich bewegt und bei einigen wie den Marsmonden Phobos und Deimos sogar wenige Meter erreicht. Diese Beobachtungen ermöglichten auch eine sehr detaillierte SPEKTRALANALYSE des von ihnen reflektierten Sonnenlichts und der Strahlung, die sie selbst im Bereich der Infrarotwellen emittieren (siehe STREUUNG und EMISSION).

Merkur und Venus besitzen keine Satelliten; angesichts der Störungen, die von der starken Massenanziehungskraft der nahen Sonne ausgehen, wäre dort eine über längere Zeiträume stabile Umlaufbahn nicht vorstellbar, und das gilt in besonderem Maße für den Zeitraum von 4,5 Milliarden Jahren, der für das Alter des Sonnensystems angesetzt wird. Die beiden Systeme Erde – Mond und Pluto – Charon stellen insofern eine Besonderheit dar, als die Massen der beiden Körper einander jeweils relativ nahe kommen, so dass diese Systeme fast schon als Doppelplaneten gelten können.

Wir kennen zahlreiche Trabanten, deren Umlaufbahnen sich in der Äquatorebene des betreffenden Planeten befinden und deren Umlaufrichtung mit der Rotationsrichtung des Planeten übereinstimmt. Diese bei den größten Monden des Jupiter, des Uranus und des Neptun beobachtete Regelmäßigkeit legt den Schluss nahe, dass sie zusammen mit diesen Planeten entstanden sind. Andere Satelliten (wie die äußeren Jupitermonde oder die Neptunmonde Triton und Nereid) haben eine Umlaufbahn entgegen der Rotationsrichtung des betreffenden Planeten, woraus man den Schluss ziehen könnte, dass sie unabhängig von dem jeweiligen Planeten entstanden und erst später eingefangen wurden. Unser Mond geht möglicherweise auf den Zusammenstoß eines größeren Himmelskörpers mit der Erde zurück. Und die kleinen Monde mit Durchmessern von einigen Dutzend Kilometern sowie die noch kleineren Objekte, aus denen die PLANETENRINGE bestehen, sind möglicherweise aus größeren Objekten entstanden, die unter der Einwirkung der Gezeitenkräfte auseinander brachen (bei den Gezeitenkräften handelt es sich um divergierende Gravitationskräfte, die in festen oder flüssigen Körpern Spannungen hervorrufen; siehe GEZEITEN). So scheinen denn drei Szenarien eine Erklärung für die beobachtete Vielfalt zu bieten: Nach dem ersten Szenario entsteht der Begleiter aus derselben Urwolke, aus der auch der Planet entsteht; nach dem zweiten fängt der Planet durch seine Massenanziehungskraft einen bereits existierenden Himmelskörper ein;

nach dem dritten Szenario entstehen Monde aus dem Zusammenstoß größerer Objekte mit dem betreffenden Planeten oder durch den Zerfall solcher Objekte aufgrund der Gezeitenkräfte.

Die Monde drehen sich um sich selbst und zeigen daher dem irdischen Beobachter abwechselnd verschiedene Teile ihrer Oberfläche, die das Sonnenlicht nicht stets im selben Maße reflektieren, so dass wir daraus die Periode ihrer Rotation ermitteln können. Es zeigt sich, dass die Rotationsperiode bei fast allen Satelliten gleich der Umlaufperiode ist (d. h. dass beide synchron sind); daher kehren sie ihrem Planeten stets dieselbe Seite zu, wie wir es auch von unserem Mond kennen. Die Trabanten der Planeten sind deformierbare Körper und werden von der gewaltigen Anziehungskraft der Planeten verformt. Unter dem Einfluss dieser Gezeitenkräfte nimmt der Satellit eine längliche Form an, deren größere Achse auf den Planeten zeigt und sich in dieser Stellung stabilisiert. Gelegentlich führt die mit diesen Gezeitenkräften verbundene Aufheizung des Trabanten auch zu einem aktiven Vulkanismus (wie auf dem Jupitermond Io). Anders liegen die Dinge bei Hyperion, einem Saturnmond, dessen Form einem Ellipsoid mit drei ungleich langen Achsen entspricht. Seine Umlaufbahn befindet sich in Resonanz mit der Umlaufbahn eines anderen Mondes, Titan (ihre Perioden stehen zueinander in dem einfachen Verhältnis 4/3); die Umlaufbahn des Hyperion wird dadurch stabilisiert, doch seine Ausrichtung vermag sich nicht zu stabilisieren, sondern wird unter dem Einfluss der Gravitationskräfte chaotisch (siehe Resonanz und Chaos).

Die Zusammensetzung der Satelliten zeigt beträchtliche Unterschiede, und bei einigen wissen wir nur recht wenig darüber. Da die meisten sich in großer Entfernung von der Sonne befinden, eröffnen die niedrigen Temperaturen die Möglichkeit, dass sich im Laufe der geologischen Geschichte dieser Himmelskörper Wasser (H_2O), Methan (CH_4) und Ammoniak (NH_3) in Form von Eis in den Gesteinen einlagerte. Das Fehlen von Eis auf Io hat seine Ursache zweifellos in einer Phase der Aufheizung während des ursprünglichen Akkretionsprozesses (siehe Akkretion). Die Oberfläche einiger Satelliten schließlich (etwa der Marsmonde Phobos und Deimos sowie zahlreicher Trabanten des Uranus und des Neptun) reflektiert das Sonnenlicht in einer Weise, die auf die Anwesenheit von Kohlenstoffchondriten schließen lässt, Materialien aus den Anfängen des Sonnensystems, die wir auch aus Meteoriten kennen. Jeweils ein Trabant des Jupiter, des Saturn und des Neptun, nämlich Io, Titan und Triton, besitzen eine Atmosphäre; bei Titan scheint sie große Ähnlichkeit mit der Atmosphäre zu besitzen, wie sie sich möglicherweise einst auch auf der Urerde entwickelte.

Die Trabanten der Planeten zeigen also in der Tat eine große Vielfalt. Die Erforschung ihrer jeweiligen Geschichte gibt Auskunft über die Ursachen ihrer Unterschiedlichkeit: Im einzelnen konzentriert sich die historische Forschung auf dynamische Aspekte wie die Geschichte der Umlaufbahnen und Achsenbewegungen, auf geodynamische Aspekte wie die Evolution des Gesteins und des Eises unter dem Einfluss der durch den betreffenden Planeten verursachten Gezeitenkräfte und auf chemische Aspekte wie die Zusammensetzung der Oberflächen und Atmosphären in ihrer geschichtlichen Entwicklung. Dabei verweist jede dieser historischen Teilgebiete auf Entstehung und Evolution des gesamten Sonnensystems.

Wir wissen heute unvergleichlich mehr über die Satelliten der Planeten als etwa in den 1960er Jahren, bevor die ersten Raumsonden unsere Beobachtungsmöglichkeiten beträchtlich erweiterten. Dennoch bleiben immer noch viele Fragen offen. Das Beispiel unseres Mondes nach den sowjetischen und amerikanischen Mondmissionen zeigt, was geschehen kann, wenn wir plötzlich über reichhaltiges Beobachtungsmaterial verfügen: Damit verschärfen sich die Bedingungen, denen potentielle Erklärungen genügen müssen, und allzu einfache Erklärungen geraten in Schwierigkeiten.

Der Mond

Der Mond ist der einzige natürliche Trabant der Erde. Ein Umlauf dauert 27 Tage und 8 Stunden, die mittlere Entfernung von der

Erde beträgt etwas mehr als eine Lichtsekunde (ungefähr 384000km), und er steht in starker Wechselwirkung mit der Erde (siehe GEZEITEN). Er hat ein wenig von seinem Geheimnis verloren, seit eine sowjetische Raumsonde 1959 seine Rückseite fotografierte und zehn Jahre später die Astronauten von Apollo 11 seinen Boden betraten und Gesteinsproben von dort mit auf die Erde zurückbrachten.

Die Entstehung dieses Himmelskörpers mit einem Radius von 1738 km ist immer noch ungeklärt. George Darwin äußerte 1878 die Vermutung, der Mond könnte sich von der Erde losgelöst haben, als sie noch flüssig war, doch heutige Modellrechnungen lassen diese Hypothese wenig plausibel erscheinen. Sie deuten eher auf einen Zusammenstoß der Erde mit einem Himmelskörper von der Größe des Mars vor etwa 4,4 Milliarden Jahren und knüpfen damit an einen Gedanken an, den der Comte de Buffon (1707–1788) vor 220 Jahren im Blick auf die Entstehung der Planeten geäußert hatte. Die dichte, heiße Wolke, die bei diesem Zusammenstoß freigesetzt wurde, verdichtete sich in der Folge und bildete den Mond; doch zuvor verlor sie die flüchtigen Bestandteile, die auf der Erde vorhanden gewesen waren, aus eben diesem Grunde aber auf dem heutigen Mond fehlen.

Seit seiner Entstehung wurde der Mond seinerseits von Meteoriten bombardiert; dies führte zur Bildung der zahlreichen Krater, von denen er wie viele andere Satelliten übersät ist. Durch vulkanische Aktivitäten kam es zu den gewaltigen Ergüssen basaltischer Lava, aus denen die Becken der so genannten »Maria« (Meere) bestehen; sie sind dunkler als ihre Umgebung und gleichfalls von Einschlagkratern übersät.

Künstliche Satelliten

Als künstlichen Satelliten bezeichnet man jede vom Menschen gemachte und mittels einer Rakete in eine Umlaufbahn um einen großen Himmelskörper unseres Sonnensystems (Erde, sonstige Planeten oder Monde) gebrachte Maschine, die durch die Gravitation mit einer von den KEPLERSCHEN GESETZEN bestimmten Periode in dieser Umlaufbahn gehalten wird. Nach dem dritten Keplerschen Gesetz verhält sich die dritte Potenz der Periode proportional zum Quadrat des Radius der (nahezu kreisförmigen) Umlaufbahn.

Die Lebensdauer der künstlichen Satelliten ist sehr unterschiedlich; wenn das Objekt, das ein Satellit umkreist, eine Atmosphäre besitzt, wird seine Bewegungsenergie nach und nach von der Reibung aufgezehrt, der Satellit wird immer langsamer und stürzt schließlich ab.

Der erste künstliche Satellit, Sputnik, wurde im Oktober 1957 von der Sowjetunion in eine Umlaufbahn um die Erde gebracht; ihm sind inzwischen viele hundert weitere Satelliten gefolgt, die teils militärischen, teils zivilen Zwecken dienen. Manche sind auch bemannt wie die russische Raumstation Mir oder die amerikanischen Space Shuttles. Zahlreiche automatische Satelliten sind mit Teleskopen ausgestattet, die den Weltraum erkunden. Bei anderen sind die Instrumente auf die Erde gerichtet; sie messen die von dort kommende Strahlung im Bereich des sichtbaren Lichts, der Infrarotstrahlung oder der Radiofrequenzen und dienen zahlreichen Zwecken, etwa der Beschaffung von Informationen für die Landwirtschaft oder für die Wettervorhersage. Wieder andere dienen als Relaisstationen für die Telekommunikation. Ein Teil von ihnen befinden sich auf der geostationären Umlaufbahn in etwa 36000 km Höhe; ein Satellit, der die Erde in 24 Stunden umkreist, bleibt dort stets über demselben Punkt des Äquators und steht daher für den irdischen Beobachter gleichsam still; andere umkreisen die Erde auf niedrigeren Umlaufbahnen und bilden dort gewissermaßen dynamische Netze.

Die Erde ist nicht genau kugelförmig; die Verdickung am Äquator und die Unregelmäßigkeiten ihres Gravitationsfeldes deformieren die Umlaufbahnen der Satelliten. Analysiert man die Störungen der Umlaufbahnen, lässt sich das Geoid (siehe ERDGESTALT) mit einer Genauigkeit ermitteln, die im Zentimeterbereich liegt. Die Geschwindigkeit der tektonischen Platten, deren Bewegung einige Zentimeter im Jahr beträgt (siehe PLATTENTEKTONIK), und die Deformationen der aktiven Zonen können mit Hilfe satellitengestützter Positionssysteme ermittelt werden. Diese Systeme arbeiten mit Radiosignalen, die entweder von Funkfeuern auf der Erde ausgesendet und von Satelliten empfangen werden (wie bei dem französischen System DORIS) oder von einem Netz aus Satelliten an Empfänger auf der Erde gesendet werden (wie bei dem amerikanischen *Global Positioning System* GPS).

Der französische Vermessungssatellit SPOT *(Satellite pour l'observation de la Terre)* liefert mit seien zwei Kameras stereoskopische Bilder der Erdoberfläche, und zwar mit einer bei zivilen Satelliten bislang unübertroffenen Auflösung. Der 1992 gestartete französisch-amerikanische Satellit Topex-Poseidon kann mit seinen Radarhöhenmessern die aktuelle Höhe des Meeresspiegels und damit die dynamische Topographie der Ozeane erfassen. Mit seiner Hilfe können wir die Meeresströmungen und die Gezeitenströme kartographieren und die Entwicklung des mittleren Niveaus des Meeresspiegels mit einer Genauigkeit von wenigen Zentimetern überwachen.

Andere Raumsonden, die mit DETEKTOREN aller Art (thermischen, elektrischen, magnetischen, chemischen) ausgestattet sind, steuern durch das ganze Sonnensystem und erkunden den interplanetaren Raum an Ort und Stelle; sie messen die lokalen Eigenschaften des interplanetaren Mediums und bereiten sich darauf vor, unser Sonnensystem zu verlassen und in den INTERSTELLAREN RAUM vorzustoßen.

Neben zahllosen anderen Möglichkeiten, die uns die Raumfahrttechnik bietet, werden wir in Zukunft auch Satelliten im Abstand von mehreren Millionen Kilometern im Weltraum stationieren und ihren Abstand ständig über LASER kontrollieren können, um auf diese Weise den Durchgang von GRAVITATIONSWELLEN zu registrieren, durch die sich der Abstand zwischen den Satelliten verändert (siehe RELATIVITÄTSTHEORIE und GRAVITATION). Doch das ist nur ein Beispiel von vielen.

Sauerstoff

Zur Vertiefung: ***Atmosphäre; Photosynthese; Redoxreaktion; Stoffwechsel***

Sauerstoff auf der Erde und in der Biosphäre

Dass es auf der Erde Sauerstoff in der Atmosphäre und im WASSER gibt, weiß jeder. Weniger offensichtlich ist, dass Sauerstoff in fester Form den Hauptbestandteil der Erdkruste darstellt. Tatsächlich macht Sauerstoff 29,5 % der Erdmasse und 46,6 % der Masse der Erdkruste aus, da er das Gerüst der meisten MINERALIEN bildet. Am Volumen der Erdkruste hat Sauerstoff sogar einen Anteil von 93,7 %, denn das Sauerstoffanion O^{2-} ist wesentlich größer als die Kationen (Silicium, Aluminium, Magnesium, Eisen usw.), die in Mineralien die Zwischenräume zwischen den Sauerstoffatomen füllen.

Der gasförmige Sauerstoff der Atmosphäre ist biologischen Ursprungs und entsteht durch Photosynthese, also jenen Prozess, durch den Mikroorganismen und Pflanzen ZUCKER synthetisieren und aus Kohlendioxid und Lichtenergie Sauerstoff produzieren. Anschließend wird dieser Sauerstoff in den Prozessen der Zellatmung genutzt, die an der Energieproduktion der Organismen beteiligt sind. Einzellige Algen, die vor etwa drei Millionen Jahren entstanden sind, haben die ursprünglich sehr kohlenoxidreiche Atmosphäre in ihre heutige Form verwandelt. Von der frühen Existenz dieser Algen zeugen die Stromatolithen, ein sehr altes Gestein aus Schichten feiner Kalkablagerungen, ähnlich jenen, die wir von den heutigen Blaualgen kennen.

Heute enthält die Atmosphäre etwa 20 % Sauerstoff, und zwar fast ausschließlich in der molekularen Form O_2. Daneben sind jedoch auch Spuren von Ozon O_3 zu finden, konzentriert in den Zwischenschichten der Atmosphäre, an der Grenze zwischen Troposphäre (untere Schicht) und Stratosphäre (obere Schicht). Diese dünne Ozonschicht schützt einerseits die Lebewesen vor einer allzu starken ultravioletten Strahlung der Sonne, die ihr genetisches Material schädigen und

Mutationen hervorrufen würde, und fängt andererseits die von der Erde ausgehende Infrarotstrahlung ein (Treibhauseffekt).

Sauerstoff ist zweiwertig, das heißt, jedes Sauerstoffatom kann zwei seiner Elektronen mit einem anderen Sauerstoffatom wie in der molekularen Form O_2 oder auch mit Atomen anderer Elemente teilen. Mit Kohlenstoff, Wasserstoff und Stickstoff geht er zahlreiche stabile Verbindungen ein und bildet kleine Moleküle und Makromoleküle, die am Aufbau von Organismen beteiligt sind. Zusammen mit Wasserstoff ist Sauerstoff einer der Bestandteile des Wassers, das mehr als die Hälfte der Körpermasse von Lebewesen ausmacht. Da die Masse des Sauerstoffs achtmal so groß ist wie die des Wasserstoffs, ist sein Masse-Anteil an den Organismen bei weitem höher.

Sauerstoff und Chemie

In der Chemie spielt der Sauerstoff eine wichtige Rolle. Er kommt in sehr vielen natürlichen und synthetischen Verbindungen vor, da er überaus reaktionsfähig ist; viele chemische Reaktionen müssen sogar unter Ausschluss der Luft in einer Umgebung aus Stickstoff oder Argon stattfinden, die reaktionsträger sind als Sauerstoff.

Wenn ein Metallatom eine Verbindung mit einem Sauerstoffatom eingeht, so bezeichnet man es als oxidiert. Eine der Oxidationsformen von Eisen ist zum Beispiel Rost. Er bildet sich, indem der Sauerstoff jedem Eisenatom drei Elektronen abnimmt. Dabei geht das Eisen in eine Oxidationsstufe über, die man durch die Schreibweise +3 kennzeichnet (siehe Redoxreaktion).

Wie bereits gesagt, ist Sauerstoff in den meisten Mineralien der Erdkruste zu finden. Die Aufgabe der Metallurgie besteht häufig darin, ein Metall aus einem Oxid zu extrahieren (wie Aluminium oder Eisen). Nur die »Edelmetalle« (Silber, Gold, Platin) kommen in gediegener Form, also nicht oxidiert, vor. Gold ist übrigens das einzige Metall, von dem noch kein Oxid bekannt ist.

Neben ihren symbolischen Aspekten haben die Edelmetalle, die häufig zu Münzen oder Schmuck verarbeitet werden, ebenso wie ihre Oxide noch einen hohen Wert als Katalysatoren in Hydrierungsreaktionen (Anlagerung der Atome eines Wasserstoffmoleküls H_2), die zum Beispiel bei der Herstellung von Arzneimitteln unverzichtbar sind.

Schall

Zur Vertiefung: ***Welle***

Der Schall gehört zu den wenigen physikalischen Phänomenen, für die man bereits in der Antike eine nahezu korrekte Erklärung gefunden hat. Schon die Griechen, die sich auf die Beobachtung der Schwingungen von Saiten an Musikinstrumenten stützten, hatten das Wesentliche erkannt: Der Schall ist ein Wellenphänomen. Er wird von einem schwingenden Körper (einer Saite oder einer Membran) erzeugt und breitet sich im Raum aus, indem er die Luft der Umgebung schrittweise, das heißt über eine Folge von Stößen, in Bewegung versetzt. Dieser Grundgedanke konnte jedoch erst im 17. Jahrhundert präziser gefasst werden, vor allem durch die Arbeiten von Galileo Galilei, Isaac Newton und Marin Mersenne, der erstmals die Ausbreitungsgeschwindigkeit des Schalls maß. Weitere Aufschlüsse brachten dann im 18. Jahrhundert die Arbeiten des Franzosen Jean d'Alembert und des Schweizers Leonhard Euler, die eine wesentliche Rolle bei der Klärung des allgemeinen Wellenbegriffs spielten und damit zur Schaffung eines wichtigen Pfeilers der Physik beitrugen.

Zu jedem Schallphänomen gehört einerseits ein schwingender Körper als Schallquelle, andererseits ein Medium, in dem der Schall sich ausbreitet. In einem Medium wie Luft breitet sich der Schall über eine Folge von Verdichtungen der umliegenden Luft aus. Während das Medium bei einer Welle an der Wasseroberfläche quer zur Ausbreitungsrichtung der Welle schwingt, schwingen die Luftmoleküle bei Schallwellen parallel zur Ausbreitungsrichtung; man spricht daher von Längs- oder Longitudinalwellen. Bei der Ausbreitung von Schallwellen kommt es nicht zu einer globalen Fortbewegung der Luftmoleküle, wie es etwa beim Wind der Fall ist; vielmehr schwingen die einzelnen Luftmoleküle lediglich lokal um ihre jeweilige Gleichgewichtslage.

Nicht nur Gasmoleküle sind zu solchen lokalen Schwingungen fähig, sondern auch die Moleküle einer Flüssigkeit oder eines kristallinen Festkörpers. Deshalb kann Schall sich nicht nur in Luft, sondern auch in Wasser und in Metallen fortpflanzen. Die Ausbreitungsgeschwindigkeiten unterscheiden sich allerdings beträchtlich in den verschiedenen Medien; sie reichen von $340 \mathrm{m.s}^{-1}$ in Luft (normaler Temperatur) über $1500 \mathrm{m.s}^{-1}$ in Wasser bis hin zu mehr als $6000 \mathrm{m.s}^{-1}$ in Metallen. Umgekehrt kann Schall sich ohne ein geeignetes Medium nicht ausbreiten. Die beste Schallisolation besteht daher in der Herstellung eines Vakuums um die betreffende Schallquelle. Der Vorspann des Films *Alien* hatte ganz Recht: Im Weltraum sind Schreie nicht zu hören.

Um Schall zu erzeugen, braucht man nur eine erste Luftschicht stoßartig zu verdichten, indem man einen Körper in Schwingung versetzt. Da zahllose Dinge aufgrund unterschiedlichster Ursachen in Schwingung geraten, kann es kaum verwundern, dass der Schall in unserer Umwelt allgegenwärtig ist. Allerdings nimmt das menschliche Ohr nur solche Schwingungen wahr, die weder zu langsam noch zu schnell sind. Zur Kennzeichnung der Schwingungsgeschwindigkeit dient die Frequenz, das heißt die Anzahl der Schwingungen pro Sekunde; sie wird in Hertz (Hz) gemessen (1 Hz entspricht einer Schwingung pro Sekunde). Das für den Menschen hörbare Schallspektrum reicht von 15 Hz bis 20 000 Hz (technisch ausgedrückt, ist das menschliche Ohr ein Bandfilter – siehe DURCHLASSBEREICH). Je höher die Frequenz, desto höher erscheint der Ton; umgekehrt erscheinen niedrige Frequenzen als tiefe Töne. Unter den hörbaren Frequenzen sind manche dem menschlichen Ohr angenehmer als andere; sie spielen in der Musik eine wichtige Rolle. Doch auch wenn Musikliebhaber dies vielleicht nicht wahrhaben wollen, sind die Töne in der Musik letztlich nichts anderes als Schallwellen bestimmter Frequenz. Diese Frequenzen sind jedoch nicht zufällig verteilt, sondern stehen in ganz bestimmten harmonisch-mathematischen Verhältnissen. So verdoppelt sich die Frequenz beim Wechsel von einer Oktave zur nächst höheren. Auch die geheimnisvolle Freude, die man beim Hören von Musik empfindet, enthält also ein Stück Mathematik.

Eine besondere Rolle unter den musikalischen Tönen spielen die einfachen sinusförmigen Schwingungen. Wegen der Reinheit der Schwingungen bezeichnet man sie als reine Töne (man kann sie zum Beispiel mit einer Stimmgabel erzeugen). Ihre Bedeutung beruht auf dem Umstand, dass jeder musikalische Ton die Überlagerung eines reinen Tons, der als Grundton bezeichnet wird, durch andere reine Töne darstellt, deren Frequenzen ein ganzzahliges Vielfaches der Grundfrequenz ausmachen und daher als harmonisch bezeichnet werden. Die jeweiligen Anteile der Grundfrequenz und der harmonischen Frequenzen bestimmen die so genannte Klangfarbe eines Tons. Aufgrund der Klangfarbe können wir Töne unterscheiden, die von verschiedenen Instrumenten stammen.

Da musikalische Töne aus physikalischer Sicht Überlagerungen einer Grundfrequenz durch harmonische Frequenzen darstellen, muss man dafür sorgen, dass die schwingenden Körper, die sie erzeugen sollen, nur diese besonderen Frequenzen hervorbringen. Das erreicht man gewöhnlich, indem man die Enden des schwingenden Objekts fixiert. Unter bestimmten Umständen sind dann die von dem Körper emittierten Frequenzen ganzzahlige Vielfache einer Grundfrequenz, die eng mit der geometrischen und sonstigen Beschaffenheit des betreffenden Körpers zusammenhängt (siehe WELLE). Durch Abwandlung dieser Parameter kann man dann die Grundfrequenz auswählen, die dem gewünschten Ton entspricht. Bei der Gitarre zum Beispiel ist das schwingende Objekt eine an beiden Ende befestigte Saite. Man stimmt das Instrument, indem man die Spannung der Saiten festlegt. Die Tonhöhe lässt sich verändern, indem man den Finger auf die Saite legt, das heißt, indem man sie künstlich verkürzt.

Töne, die das menschliche Ohr nicht wahrnehmen kann, sind deshalb nicht nutzlos. Ultraschall zum Beispiel, dessen Frequenzen oberhalb von 20 000 Hz, also oberhalb des hörbaren Bereichs liegen, besitzt eine große praktische Bedeutung. Da er vom Wasser nicht so stark absorbiert wird wie die hörbaren Schallwellen, setzt man ihn ein, wenn man ein wässriges Medium durchdringen möchte. Misst man die Zeit, die ein Ultraschallsignal benötigt, um solch ein wässriges Medium zu durchdringen und nach der Reflexion durch ein darin befindliches Objekt zu seiner Quelle zurückzukehren, kann man den Abstand zwischen dem Objekt und der Ultraschallquelle bestimmen. Auf diesem Prinzip beruht nicht nur das auf Schiffen eingesetzte Sonar, sondern auch die Ultraschalluntersuchung in der Medizin.

Schaltung

Zur Vertiefung: ***Chip; Einheit; Speicher; Gedächtnis; Transistor***

Elektrische und elektronische Schaltungen

Unter elektrischen bzw. elektronischen Schaltungen versteht man die Anordnung und wechselseitige Verbindung elektrischer Geräte und Bauteile wie Stromquellen, Elektromotoren, Relais, Schalter bzw. elektronischer Bauteile wie Dioden oder Transistoren. In der Elektronik geht der Trend dabei seit langem in Richtung einer zunehmenden Integration und Miniaturisierung der Bauteile und der aus ihnen aufgebauten Schaltungen. Im Verlaufe dieses Prozesses gelang es, immer komplexere Schaltungen auf immer kleinerem Raum unterzubringen. Den Gipfel dieser Entwicklung bilden die Speicherchips, die heute dank der VLSI-Technologie (*Very Large Scale Integration*) eine Dichte von mehreren Millionen Transistoren auf wenigen Quadratmillimetern Fläche erreichen (siehe CHIP).

Logische Schaltungen

Zur Vertiefung: ***Boolesche Algebra***

Transistoren sind eigentlich nichts anderes als elektrisch gesteuerte Schalter. Wenn man sie in geeigneter Weise miteinander verbindet, realisieren sie elementare Boolesche Funktionen, von denen einige den bekannten logischen Operationen UND, ODER und NICHT entsprechen, andere weniger bekannten Operationen wie NAND (eine Zusammenziehung aus NON und AND); der Ausdruck (a NAND b) ist dabei gleich bedeutend mit NICHT(a UND b) und besagt in aussagenlogischer Interpretation, dass die betreffende Aussage dann und nur dann falsch ist, wenn a und b beide wahr sind.

Transistoren besitzen drei Eingänge, die als Basis, Kollektor und Emitter bezeichnet werden (siehe *Abbildung 1*). Liegt an der Basis, die gleichsam den Schaltknopf des Schalters darstellt, die elektrische Spannung $+V$, ist der Schalter geschlossen, das heißt, es fließt ein Strom, und die Spannung zwischen Kollektor und Emitter ist gleich null; ist die Spannung an der Basis dagegen gleich null, so ist der Schalter geöffnet, und die Spannung zwischen Kollektor und Emitter hat den Wert $+V$.

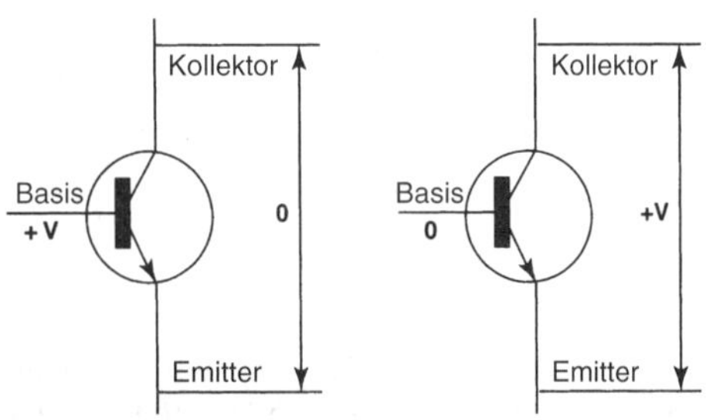

Abbildung 1 Der Transistor befindet sich in der Schalterstellung »geschlossen«, wenn an der Basis eine Spannung $+V$ liegt, bei der Spannung 0 dagegen in der Stellung »offen«.

Nehmen wir nun an, eine Spannung über oder gleich einem Schwellenwert $+V$ werde als Boolescher Wert »wahr« oder »richtig« interpretiert, eine Spannung von null als »falsch«. Dann realisieren zwei Transistoren, bei denen der Emitter des einen mit dem Kollektor des anderen verbunden ist, die Boolesche NAND-Funktion (siehe *Abbildung 2*). Die Spannung zwischen C und D ist nämlich nur dann gleich null, wenn beide Schalter geschlossen sind, dass heißt, wenn die Spannung an der Basis beider Transistoren $+V$ beträgt; ansonsten ist sie positiv.

Nun lassen sich Folgen von Booleschen Variablen mit den Werten »wahr« und »falsch« auch als Sequenzen von 0 und 1 und damit als BINÄRZAHLEN interpretieren. Beträgt die

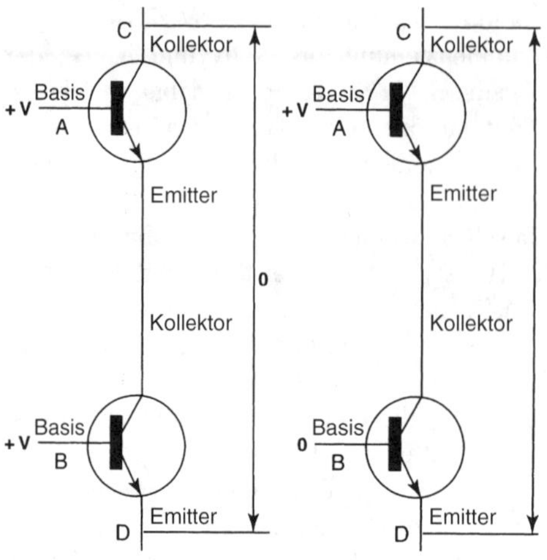

Abbildung 2 Die NAND-Funktion in all ihren Zuständen

Spannung an vier Punkten a_0, a_1, a_2, a_3 zum Beispiel 0, $+V$, $+V$, 0, so kann man darin die Booleschen Variablen »falsch«, »wahr«, »wahr«, »falsch« erblicken und entsprechend auch eine Sequenz aus den vier Ziffern 0, 1, 1, 0, also die binäre Darstellung der Zahl
$a_0 2^0 + a_1 2^1 + a_2 2^2 + a_3 2^3$
$= a_0 + a_1 2 + a_2 4 + a_3 8 = 6$

Durch die Verknüpfung elementarer logischer Schaltungen wie UND, ODER oder NAND lassen sich arithmetische Operationen (Addition, Subtraktion, Multiplikation ...) realisieren. Das Herz des Computers besteht aus solchen logischen Schaltungen; man findet sie in großer Zahl im Rechenwerk und im SPEICHER, dessen Zugang sie steuern.

Synchrone Schaltwerke

Bisher haben wir angenommen, dass die Elektronen gleichsam zeitlos durch die Schaltungen fließen. Doch wenn ein Rechner die nötigen Rechenoperationen in der richtigen Reihenfolge durchführen soll, müssen sämtliche Operationen im Rhythmus eines vorgegebenen Taktes erfolgen. Zu diesem Zweck gibt eine UHR (bei Mikroprozessoren meist ein Multivibrator, der als Taktgenerator dient) ein festes, einheitliches Taktsignal vor, das sämtliche Schaltungselemente synchronisiert. Wenn die logischen Schaltungen, die arithmetischen Schaltungen und die Speicherzugangsschaltungen, aus denen das Schaltwerk eines Rechners besteht, sämtlich nach einem einheitlichen Taktsignal operieren, spricht man von einem synchronen Schaltwerk.

Schmelzen

Zur Vertiefung: ***Festkörper; Flüssigkeit; Phase***

Wenn man Zucker oder Eis in ein Glas Wasser gibt und diese dann im Wasser »verschwinden«, dann handelt es sich um zwei verschiedene Vorgänge: Im ersten Fall geht es um eine LÖSUNG: Der Zucker schmilzt nicht, sondern löst sich auf; die Zuckermoleküle verteilen sich im Lösungsmittel. Im zweiten Fall haben wir es tatsächlich mit einem Schmelzvorgang zu tun: Das Eis geht von der festen in die flüssige Phase über und wird zu Wasser.

In einem KRISTALL sind die Atome nach einem sich wiederholenden Muster zu einem dreidimensionalen Gitter angeordnet, dessen Gitterpunkte sie besetzen. Da die Atome an diese Fernordnung gebunden sind, ist ihre Bewegungsfreiheit so stark eingeschränkt, dass ein Kristall einen starren Festkörper bildet.

Bei einer bestimmten Temperatur, die für die chemische Beschaffenheit und Struktur eines jeden Kristalls charakteristisch ist, kommt es zu einer Phasenumwandlung: Der Kristall verliert seine Fernordnung und damit auch seine Festigkeit. Er wird flüssig, anders ausgedrückt: Er schmilzt. In umgekehrter Richtung kristallisiert eine Flüssigkeit bei derselben Temperatur. In diesem Schmelzpunkt befinden sich flüssige und feste Phase im Gleichgewicht und existieren nebeneinander. Nur kristalline Festkörper (zum Beispiel Kochsalz) haben einen klar definierten Schmelzpunkt. Glas schmilzt dagegen nicht bei einer bestimmten Temperatur: Wenn man es erhitzt, wird es weich, zähflüssig und schließlich flüssig. Glas ist kein Kristall im eigentlichen Sinne, auch wenn man landläufig von Kristallglas spricht. Es kann durch den Schmelzvorgang keine Ordnung verlieren, die es gar nicht besitzt: In Wirklichkeit handelt es sich bei Glas um eine Flüssigkeit, die durch ihre hohe Viskosität die mechanischen Eigenschaften eines Festkörpers besitzt.

Um einen Kristall zu schmelzen, muss man ihm eine bestimmte Wärmemenge zuführen, die als Schmelzwärme bezeichnet wird und von seiner chemischen Zusammensetzung und Kristallstruktur abhängt. Sie entspricht der Wärmemenge, die umgekehrt bei der Kristallisation der Flüssigkeit freigesetzt wird. Während des Schmelzvorgangs ändert sich auch das Volumen (Schmelzvolumen). Bei den meisten Stoffen nimmt das Volumen zu, wenn sie schmelzen: Die Flüssigkeit hat also eine geringere Dichte als der Festkörper und schwimmt oben. Es gibt jedoch auch Fälle, in denen der Festkörper eine geringere Dichte hat als die Flüssigkeit und daher schwimmt: Das bekannteste Beispiel ist Eis, aber es gilt ebenso für Silicium und einige andere Elemente.

Der Schmelzpunkt von Kristallen hängt vom DRUCK ab. Wenn das Schmelzvolumen positiv ist, der Festkörper also eine höhere Dichte hat als die Flüssigkeit, so schmilzt er in der Regel unter hohem Druck schlechter, weil er gegen den Druck arbeiten muss, um sein Volumen zu vergrößern. Der Schmelzpunkt steigt also mit zunehmendem Druck. So liegt der Schmelzpunkt von Eisen unter Atmosphärendruck bei 1532 °C, während er bei einem Druck von 3,3 Millionen Atmosphären, wie er in einer Tiefe von 5150 Kilometern im inneren, verfestigten ERDKERN herrscht, bei etwa 6000 °C liegt. Dagegen sinkt der Schmelzpunkt von Eis mit zunehmendem Druck.

Im Allgemeinen sinkt der Schmelzpunkt von Stoffen, wenn sie Einschlüsse fremder Elemente enthalten. So gefriert Meerwasser bei einer niedrigeren Temperatur als Süßwasser. Auch das Eisen im Erdkern, das etwa 10 % leichtere Elemente enthält, kristallisiert bei einer Temperatur, die unter dem Schmelzpunkt reinen Eisens liegt.

Da jede VERUNREINIGUNG, auch wenn es sich nur um Spuren handelt, den Schmelzpunkt messbar senkt, ist dieser ein experimentelles Kriterium für den Reinheitsgrad einer chemischen Verbindung. Gelingt einem Chemiker die SYNTHESE eines komplexen NATURSTOFFES, die viele Reaktionsschritte erfordert, so hat er den Beweis für den Erfolg seiner Mühen nur, wenn zwei Bedingungen erfüllt sind: Der Schmelzpunkt des synthetischen Erzeugnisses muss mit dem des Naturstoffes identisch sein und er darf nicht absinken, wenn das synthetische Produkt mit dem Naturstoff gemischt wird.

Schnittstelle

Zur Vertiefung: ***Bild; Ikone, Icon; Interaktion zwischen Mensch und Maschine; Spracherkennung und Spracherzeugung***

Als Schnittstelle oder Interface bezeichnet man jede Hardware- oder Softwarevorrichtung, die dem Informationsaustausch zwischen verschiedenen Teilen eines technischen Systems oder zwischen Mensch und Maschine dient.

Schnittstellen sind zum Beispiel alle Übersetzungsprogramme, mit denen die Arbeitsergebnisse eines Programms in der Weise umgeschrieben werden, dass sie von einem anderen Programm weiterverarbeitet werden können. Man spricht hier auch von Software-Schnittstellen. Hardware-Schnittstellen sind Verbindungen zwischen verschiedenen Teilen eines Hardware-Systems oder zwischen verschiedenen Hardware-Systemen, also zwischen verschiedenen Computern. Als Mensch-Maschine-Schnittstelle schließlich gelten alle Vorrichtungen, die den Informationsaustausch zwischen Mensch und Maschine ermöglichen, die es dem Menschen also gestatten, die Maschine zu steuern und deren Informationen zu deuten. Die mit Buttons und Icons arbeitenden graphischen Benutzeroberflächen (siehe IKONE, IKON), SPRACHERKENNUNG UND SPRACHERZEUGUNG, Bilderkennung und Bilderzeugung (siehe Bild), also alles, was in den Bereich der Interaktion und Kommunikation zwischen Mensch und Maschine fällt, dient der Verbesserung der Schnittstellen zwischen Mensch und Maschine.

Der Ausdruck »Schnittstelle« ist in der Informatik nach und nach zu einem Gattungsbegriff geworden und bezeichnet dort in einer nicht besonders strengen Weise sämtliche Brücken, die im Bereich der Information zwischen Programmen, zwischen Maschinen, zwischen Mensch und Maschine sowie zwischen den Menschen geschlagen werden, so weit diese Verbindung technisch vermittelt ist.

Schöpfung

Zur Vertiefung: ***Existenz; Realität; Zeit; Vakuum, leerer Raum, Leere***

Unter »Schöpfung« versteht man einerseits den Vorgang, durch den etwas Neues geschaffen wird, und andererseits das Ergebnis dieses Vorgangs, also das neu geschaffene Objekt. Nun wird aber Neues stets aus Vorhandenem geschaffen, so dass wir es eigentlich immer nur mit Transformationsprozessen zu tun haben. Wenn das Neue andere Eigenschaften aufweist als die ursprünglichen Komponenten, geben wir ihm eine eigene Bezeichnung, und damit hat es zumindest im Geiste eine eigenständige Existenz. Physik, Chemie oder Biologie kennen überhaupt nur Transformationsprozesse. Das heißt allerdings nicht, dass man das Ergebnis dieser Umwandlungen in jedem Fall vorhersehen könnte, wenn man die ursprünglichen Komponenten und die in dem betreffenden Gebiet herrschenden Gesetze kennt. Selbst der beste Chemiker oder Biologie hätte angesichts der »Suppe« aus Quarks, die einst das Uruniversum bildete (siehe KOSMOLOGISCHES STANDARDMODELL), kaum vorhersagen können, dass daraus einmal ein wunderschöner Strauß Rosen oder auch nur ein Wassermolekül hervorgehen würde.

Gelegentlich unterscheiden sich »neue Objekte« so radikal von ihren ursprünglichen Komponenten, dass man darin das Werk eines allmächtigen, außerhalb der Welt stehenden Willens erblicken möchte. Lange Zeit glaubte man, organische MOLEKÜLE, die einen wichtigen Bestandteil aller Lebewesen bilden, könnten nicht aus anorganischen (auch als mineralisch bezeichneten) Molekülen hervorgehen, die vielfach eine einfachere Struktur haben. Diese Hypothese wurde erst 1828 widerlegt, als der Chemiker Friedrich Wöhler erstmals Harnstoff aus mineralischen Molekülen herstellte. Natürlich gibt es keinen Beweis für die These, dass sämtliche Objekte der Welt letztlich voneinander ableitbar seien. Und noch niemandem ist es gelungen, Leben oder gar einen Menschen aus unbelebten Molekülen zu erzeugen. Die Verallgemeinerung des Transformationsprinzips ist daher lediglich eine verführerische und überaus nützliche Hypothese, die unsere Forschung anleiten kann, nicht aber universell bewiesen wäre.

Ein ganz anderes Problem ist die Existenz der Welt als solcher, das heißt des gesamten Universums einschließlich des Menschen, der diese Welt und sich selbst denkt. Wir vermögen Nichtseiendes oder das Nichts nur als metaphysische Kategorie und als Antithese zum Seienden oder Existierenden zu denken. Das Vakuum der Physiker, das der Messung und dem Experiment zugänglich ist, hat mit diesem Nichts der Philosophen nichts zu tun (siehe ANFANG, URSPRUNG).

Dagegen fällt es uns nicht sonderlich schwer, die verschiedenen Transformationen zu denken, die das Universum durchgemacht hat, auch wenn eine Welt ohne Sterne und Galaxien, in der Temperaturen von hundert Milliarden Grad herrschen, schwer vorstellbar erscheinen mag. Aber die Entstehung dieses Universums aus dem Nichts ist kaum nachzuvollziehen. Selbst wenn die Modelle der Kosmologie für die fernste Vergangenheit des Universums einen Zustand vorsehen, der sich durch solch eine Dichte und so außergewöhnliche Eigenschaften auszeichnete, dass man ihn mit dem aus der Mathematik übernommenen Begriff der SINGULARITÄT bezeichnet, spricht doch nichts dafür, diesen Zeitpunkt, jenseits dessen unsere vertraute Zeitvorstellung keine Geltung mehr besitzt, mit einer Entstehung aus dem Nichts gleichzusetzen. Auch die Singularität ist kein Schöpfungsvorgang. Den Gebrauch dieses Begriffs müssen wir den Metaphysikern und Theologen überlassen und die Wissenschaft bescheiden, aber auch erfreut auf den Bereich der Transformationen beschränken, über die im Übrigen noch nicht das letzte Wort gesagt ist.

Schrödingers Katze

Zur Vorbereitung: ***Quantenphysik; Überlagerungsprinzip***

Zur Vertiefung: ***Deutungen der Quantenphysik; Messung***

Schrödingers Katze ist ein Paradoxon, das der österreichische Physiker Erwin Schrödinger 1935 im Rahmen eines provozierenden Gedankenexperiments formulierte, um auf diese Weise mittels einer verwirrenden Situation die paradoxen Aspekte einer allzu naiven Interpretation des quantenphysikalischen Formalismus zu verdeutlichen. Stellen wir uns einen Apparat vor, erklärte Schrödinger, der in der Lage ist, die Emission eines Teilchens zu registrieren, das beim radioaktiven Zerfall eines Atoms freigesetzt wird; stellen wir uns weiter einen Kasten vor, in dem sich eine Katze befindet, und fügen wir dieser Versuchsanordnung eine Vorrichtung hinzu, die dafür sorgt, dass nach der Registrierung solch eines Teilchens ein Hammer eine mit einem tödlichen Gift gefüllte Ampulle zerschlägt, so dass die Katze getötet wird. Nachdem wir all diese Elemente angebracht haben, schließen wir den Kasten. Der Zustandsvektor (siehe ZUSTAND) des Gesamtsystems (Kasten + Katze + Hammer + Ampulle) ist zwar sehr komplex, da das System aus einer sehr großen Zahl von Teilchen besteht, aber er ist notwendig vom Typ $a+b$ (siehe ÜBERLAGERUNGSPRINZIP). Genauer gesagt, er ist die Überlagerung des Zustands »Atom zerfallen/Hammer unten/ Ampulle zerbrochen/Katze tot« und des Zustands »Atom nicht zerfallen/Hammer oben/ Ampulle unversehrt/Katze lebt«. Solange keine Beobachtung gemacht worden ist, befindet die Katze sich daher in einem ungewissen Zustand, weder tot noch lebendig. Eine ähnliche, ontologisch nur schwer vorstellbare Situation charakterisiert die Schwierigkeiten, mit denen die Deutung der Quantenphysik konfrontiert ist.

Schwarzer Körper

Zur Vertiefung: ***Spektrum***

Ein ideales Objekt

Alle Objekte tauschen Energie mit ihrer Umgebung aus, selbst wenn sie sich in einem Vakuum befinden. Je höher die Temperatur, desto mehr Energie emittieren sie. Die Atome, aus denen das Objekt besteht, emittieren diese Energie, doch ein Atom, das Strahlung abgibt, nimmt notwendig auch Strahlung auf (siehe EMISSION). Ein abgeschlossener und vollkommen isolierter Ofen, in dem eine bestimmte Temperatur herrscht, behält diese Temperatur bei; im Innern dieses Ofens findet ein ständiger Energieaustausch zwischen Atomen und Strahlung statt. Diesen speziellen und in der Wirklichkeit nicht zu realisierenden, also idealen Fall eines vollkommen abgeschlossenen Objekts mit gleichbleibender Temperatur, in dessen Innern elektromagnetische Strahlung emittiert und absorbiert wird, bezeichnet man als Schwarzen Körper oder auch als Schwarzen Strahler. Öffnete man diesen Körper nach außen, würde er sämtliche Strahlung, die ihn trifft, absorbieren, so dass er vollkommen schwarz erschiene. Daher die Bezeichnung »Schwarzer Körper« (die im Übrigen nichts mit den als Schwarze Löcher bezeichneten astronomischen Objekten zu hat).

Ende des 19. Jahrhunderts begann die Physik sich näher für die Strahlung von Körpern zu interessieren, deren Farbe beim Aufheitzen mit wachsender Temperatur von Dunkel- zu Hellrot wechselt, dann zu Gelb, zu einem bläulichen Weiß und schließlich zu einem gleißenden Weiß. Man versuchte, die Beschaffenheit dieser Strahlung aus den Eigenschaften der betreffenden Materie zu erklären, und insbesondere galt dies für die Farbe oder das Spektrum der jeweils beobachteten Strahlung (das Spektrum einer Strahlung gibt Auskunft über die Verteilung der Energie auf die verschiedenen Frequenzbereiche). Die klassischen, nach den Gesetzen der Thermodynamik durchgeführten Berechnungen führten zu Ergebnissen, die sich nicht mit den Beobachtungen deckten. Außerdem war das Spektrum der von einem Schwarzen Körper emittierten Strahlung (auch Hohlraumstrahlung genannt) nach diesen Berechnungen so beschaffen, dass die in einem gegebenen Frequenzbereich ausgestrahlte Energiemenge mit der Frequenz ins Unendliche wuchs, so dass auch die abgestrahlte Gesamtenergie ins Unendliche wachsen musste. Solch ein Schluss stand aber (und steht immer noch) im Widerspruch zur Erfahrung: Die Herde in unseren Küchen, die einem Schwarzen Körper recht nahekommen, sind durchaus keine Bomben. Dieser als gravierend empfundene Widerspruch wurde lange Zeit als das Problem des Schwarzen Körpers bezeichnet.

Die quantentheoretische Revolution

Zur Vertiefung: ***Photon***

Am 14. Dezember 1900 hielt Max Planck vor der Preußischen Akademie der Wissenschaften einen Vortrag, in dem er einen Weg zur Lösung des Problems aufzeigte. Er postulierte, dass der Energieaustausch zwischen Strahlung und Materie nur in Form diskreter »Pakete« erfolgen kann, die als Quanten bezeichnet werden (vom lateinischen *quantum*: Menge). Dabei nimmt die Bedeutung dieser diskreten Pakete mit der Frequenz zu. Ein monochromes Licht der Frequenz ν (Ny) tauscht Energie ausschließlich in Paketen aus, deren kleinstes den Wert $h\nu$ besitzt, wobei h eine neue NATURKONSTANTE darstellt, das so genannte Plancksche Wirkungsquantum. Genauer gesagt, können die ausgetauschten Pakete Werte von $h\nu$ oder ganzzahligen Vielfachen davon, also $2h\nu$, $3h\nu$ usw., annehmen, aber andere Werte sind ausgeschlossen (wie man zum Beispiel Butter, die eigentlich beliebig teilbar ist, im Supermarkt nur zu Portionen von einem halben Pfund kaufen kann). Plancks Quantelungshypothese stand in vollkommenem Widerspruch zu den Gesetzen der elektromagnetischen Lichttheorie. Danach ist das Licht ein kontinuierliches Wellenphänomen, und die Energie verteilt sich auf sämtliche Frequenzen, so dass der Austausch von Energie bei hohen Frequenzen eigentlich geradeso vonstatten gehen sollte wie bei niedrigen. Aber so sehr Plancks Hypothese auch den Grundsätzen des Elektromagnetismus widersprach, sie behob die Probleme bei der Berechnung der Hohlraumstrahlung, denn ihre Bestandteile sorgen dafür, dass der Energieaustausch bei höheren Frequenzen schwieriger wird, weil er dort sehr hohe Temperaturen erfordert. Entscheidend ist jedoch, dass die so berechneten Ergebnisse bestens mit den gemessenen Ergebnissen übereinstimmen.

Max Planck wusste selbst nicht, wie er seine Entdeckung interpretieren sollte, und anfangs hielt er sie für einen bloßen Kunstgriff. Tatsächlich markiert sein genialer Einfall die Geburtsstunde der Quantenphysik, die den Gedanken verallgemeinerte, dass jede Wechselwirkung auf dem Austausch eines von null verschiedenen Wechselwirkungsquants basiert.

Das thermodynamische Gleichgewicht

Zur Vertiefung: ***Emission; Laser***

Die Strahlung eines Schwarzen Körpers entspricht der Strahlungsemission eines Körpers (zum Beispiel eines Gasvolumens), in dem eine Gleichverteilung sämtlicher möglichen Energieformen besteht: der kinetischen Energie der in ungeordneter Bewegung befindlichen Teilchen; der Erregungsenergie, die mit den verschiedenen Energieniveaus der Teilchen (Atomkerne, Atome, Moleküle) verbunden ist; der Energie der elektromagnetischen Strahlung, von der die Teilchen umgeben sind und die sie teils emittieren, teils absorbieren. Unter diesen Umständen sagt man, der Körper befinde sich im thermodynamischen Gleichgewicht.

In der Astronomie erlangt man durch die Beobachtung der emittierten Strahlung vielfach Aufschlüsse über diese Größen, etwa über die Geschwindigkeit der Teilchen, über deren Verteilung auf die verschiedenen Energieniveaus oder über die Temperatur der Strahlung. Der Schwarze Körper dient hier als Bezugsgröße, um dann festzustellen, dass die Bedingungen eines thermodynamischen Gleichgewichts nicht vollständig erfüllt sind; daraus lassen sich dann wichtige lokale Besonderheiten ableiten, etwa die Tatsache, dass die Teilchendichte zu gering ist, um eine Gleichverteilung der Energie zu ermöglichen.

Die kosmische Hintergrundstrahlung

Zur Vertiefung: ***kosmologisches Standardmodell; Urknall***

Es ist schon seltsam, dass die genaueste Realisierung eines Schwarzen Körpers, die wir kennen, nicht das Ergebnis einer komplizierten Versuchsanordnung in den Laboratorien der physikalischen Grundlagenforschung ist, sondern in der Natur beobachtet werden kann, und zwar nahezu überall im Universum. Es handelt sich um die so genannte kosmische Hintergrundstrahlung, die gelegentlich auch als 2,7 K-Strahlung bezeichnet wird. Sie wurde 1965 zufällig von Arno A. Penzias und Robert W. Wilson im Bereich der Radiofrequenzen entdeckt. Man stellte bald fest, dass sie aus allen Richtungen des Universums zu uns kommt und dass ihre Intensität überall ganz genau der Stärke entspricht, die das Plancksche Gesetz erwarten lässt, wenn die Temperatur 2,72 Kelvin (–270 °C) beträgt, also 2,72 K über dem absoluten Nullpunkt liegt. Bei solch einer Temperatur muss die maximale Strahlungsintensität im Bereich einer Wellenlänge von $\lambda = 1$ mm zu beobachten sein, das heißt im Bereich der Radiofrequenzen.

Es folgten weitere Messungen, bis der Satellit COBE 1990 ein sehr genaues Spektrum dieser Strahlung lieferte, aus dem hervorgeht, dass die gemessene Temperatur mit einer Genauigkeit von einem Zehntausendstel dem Planckschen Gesetz entspricht. Damit kennen wir die mittlere Temperatur des Universums (als eines abgeschlossenen Systems oder eines »Ofens« im oben beschriebenen Sinne) jetzt sehr genau – wobei wir sagen müssen, dass sie ausgesprochen niedrig liegt. Da es sich hier um ein unwiderlegliches Beobachtungsdatum handelt, müssen die kosmologischen Modelle es in Rechnung stellen und den Ursprung dieser Strahlung erklären, desgleichen die Vollkommenheit des Spektrums dieses Schwarzen Strahlers, aber auch die kleinen räumlichen Abweichungen oder Fluktuationen, die sich darin beobachten lassen.

Das Spektrum der Sterne

Zur Vertiefung: ***Stern***

Das Spektrum der Sterne stellt eine weniger vollkommene Realisierung der Strahlung eines Schwarzen Körpers dar: Anders als die kosmische Hintergrundstrahlung, die ja die Strahlung eines abgeschlossenen Systems darstellt, und anders als die eines idealen Schwarzen Körpers (wie des oben beschriebenen Ofens), verlässt die Strahlung eines Sterns dessen Oberfläche, und diese Oberfläche kühlt nur deshalb nicht ab, weil ständig Wärme aus dem Innern des Sterns nach außen abgeführt wird. Dieser beständige Strahlungsverlust im Bereich der Sternatmosphäre hinterlässt in seinem Spektrum in Gestalt von Spektrallinien die Signatur der Atome, aus denen die Atmosphäre des Sterns besteht, so dass dieses Spektrum nicht oder allenfalls in grober Annäherung die vollkommene Gleichmäßigkeit eines Planckschen Spektrums besitzt. Konzentriert man sich jedoch auf die näherungsweise Gleichmäßigkeit, lässt sich jedem Stern die Temperatur einer entsprechenden Hohlraumstrahlung zuordnen, seine effektive Temperatur, die charakteristisch für das beobachtete Spektrum ist und in der Nähe der an der Oberfläche des Sterns herrschenden kinetischen Temperatur liegt. Wenn man feststellt, dass ein Stern bläulich (wie Rigel im Orion) oder rötlich (wie Aldebaran im Stier) leuchtet, so heißt dies, dass die Emissionsmaxima in den zugehörigen Spektren jeweils hin zu den kürzeren (blau) oder längeren Wellenlängen (rot) verschoben sind und die effektiven Temperaturen entsprechend hoch oder niedrig liegen.

Schwarzes Loch

Zur Vertiefung: ***Relativitätstheorie***

Schwarze Löcher sind Objekte ganz besonderer Art. Ihre Masse ist derart stark im Raum konzentriert, dass sie eine ungeheure Massenanziehungskraft entfaltet. Weder Licht noch irgendwelche Materie vermögen solchen Objekten zu entkommen. Auch wenn Pierre Simon de Laplace die Möglichkeit solcher Objekte bereits Ende des 18. Jahrhunderts vorausgesehen hat, konnte erst die allgemeine RELATIVITÄTSTHEORIE diese Kopplung zwischen Schwerkraft und Licht erklären. Doch die theoretische Möglichkeit der Existenz Schwarzer Löcher zu behaupten ist eine Sache, ihre Existenz empirisch durch astronomische Beobachtung zu beweisen, eine andere. Diese Phase wurde erst in den 1970er Jahren erreicht und gilt inzwischen als zunehmend erfolgreich. Tatsächlich ist es unmöglich, die für die Entstehung eines Schwarzen Lochs erforderliche Dichte der Materie im Labor zu realisieren, doch wurden in unserer Milchstraße und in noch größeren Entfernungen Objekte entdeckt, die sämtliche Eigenschaften eines Schwarzen Lochs zu besitzen scheinen.

Ein schönes theoretisches Objekt

Für einen kugelförmigen Körper mit der Masse M und dem Radius R gilt eine Fluchtgeschwindigkeit $v_f=(2GM/R)^{1/2}$, wobei G die Newtonsche Konstante ist. Die Fluchtgeschwindigkeit ist die Geschwindigkeit, die erforderlich ist, damit ein Körper die Oberfläche eines anderen Körpers verlassen und sich beliebig weit von ihm entfernen kann. Aus dieser einfachen Formel könnte man den Schluss ziehen, dass v_f bei hinreichend großer Masse M und sehr kleinem Radius R den Wert der Lichtgeschwindigkeit c übersteigen könnte. Nach der in anderen Zusammenhängen ausreichend verifizierten allgemeinen Relativitätstheorie ist dies jedoch nicht möglich. Setzt man daher in die obige Formel als maximale Fluchtgeschwindigkeit die Lichtgeschwindigkeit c ein ($v_f=c$), ergibt sich daraus durch einfache Umformung, dass kein PHOTON einem Körper der Masse M zu entfliehen vermag, wenn der Halbmesser R dieses Körpers den Wert von $R_H=2GM/c^2$ unterschreitet. Der Radius R_H beschreibt einen unüberwindlichen kugelförmigen Horizont, den man als den Horizont des Schwarzen Lochs bezeichnet. Von außen kommendes Licht kann diese Grenze überschreiten und in das Schwarze Loch stürzen, der Rückweg ist jedoch ausgeschlossen. (»Wer hier eintritt, lasse alle Hoffnung fahren«, schrieb Dante über das Tor zur Hölle.) Man kann auch sagen, der Raum ist an dieser Stelle so stark gekrümmt, dass er sich in sich selbst zurückbiegt. Das Licht, das sich fern von größeren Massen geradlinig ausbreitet, folgt hier einer Kurve, die so stark gekrümmt ist, dass sie in sich selbst zurückläuft.

Dabei stellt die beschriebene Kugel mit dem Radius R_H hinsichtlich der Gravitation keinerlei Diskontinuität dar. Die allgemeine Relativitätstheorie, mit der sich die Umgebung eines Schwarzen Loches beschreiben lässt, sagt uns vielmehr Folgendes: Wenn ein ferner Beobachter die Strahlung eines Atoms misst, das sich (hier als OSZILLATOR oder UHR fungierend) im Abstand r von einem Schwarzen Loch befindet und sich ihm nähert, dann wird er eine zunehmende Dehnung der Wellenlänge der empfangenen Strahlung feststellen, und zwar proportional zu der Größe $(1-R_H/r)^{-1/2}$. Interpretiert wird diese Erscheinung als eine durch die Annäherung an den Horizont des Schwarzen Lochs verursachte Dilatation der Zeit, die dazu führt, dass der Horizont für den fernen Beobachter niemals überschritten wird. Im BEZUGSSYSTEM des fernen Beobachters ist der Sturz des Atoms in das Schwarze Loch von unendlicher Dauer. Ganz anders dagegen in einem Bezugssystem, das mit dem Atom verbunden ist; in diesem Bezugssystem beschleunigt sich der Sturz unablässig.

Das Schwarze Loch ist eine SINGULARITÄT der Raum–Zeit, also etwas, dem man keinen physikalischen Sinn beilegen kann, weil hier unendliche Größen in die Rechnung eingehen. Das instabile Schwarze Loch stürzt unablässig in sich zusammen; unter den Bedingungen eines derart starken Gravitationsfeldes vermag die heutige Physik das Verhalten der darin befindlichen Materie nicht zu beschreiben, die den Kollaps möglicherweise stoppen könnte. Zur Beschreibung bedürfte es einer Vereinigung der Quantenphysik und der Physik der Gravitation – ein Problem, das sich auch für den extrem dichten Zustand des Universums in dessen allerersten Augenblicken stellt (siehe KOSMOLOGISCHES STANDARDMODELL und INFLATION).

Wo soll man nach Schwarzen Löchern suchen?

Da ein Schwarzes Loch seinem Wesen nach kein Licht emittiert, können wir es auch nicht unmittelbar beobachten. Doch das extrem starke Gravitationsfeld, das in seiner Umgebung herrscht, kann nicht ohne Wirkung auf die Materie bleiben, die in seine Nähe kommt. Daher versucht man, Schwarze Löcher über die Wirkungen ihres Gravitationsfeldes aufzuspüren.

Aus der Theorie der Sterne wissen wir, dass Sterne mit einer Masse von mehr als $3\,M_\odot$ (Sonnenmassen, $1\,M_\odot = 2 \times 10^{30}$kg) in sich zusammenstürzen, wenn sie den für die Kernfusion erforderlichen Wasserstoff aufgebraucht haben, und dass nichts diesen GRAVITATIONSKOLLAPS aufzuhalten vermag. Der genaue Wert dieser Grenzmasse ist nicht bekannt, denn er hängt vom Verhalten der dann nur noch aus Neutronen bestehenden Materie unter sehr hohem Druck ab (siehe PULSAR), und dieses Verhalten lässt sich nur schwer durch eine ZUSTANDSGLEICHUNG präzise beschreiben, die Druck und Temperatur miteinander verknüpft.

Nach Schwarzen Löchern sucht man zunächst einmal in den Doppelsternsystemen, von denen es in unserer Milchstraße sehr viele gibt; dabei handelt es sich um Systeme, in denen zwei Sterne *A* und *B* einander umkreisen. Solche Doppelsternsysteme emittieren häufig eine Röntgenstrahlung, intensive und besonders hochenergetische Strahlung. Diese geht auf einen Transfer von Materie zwischen den beiden Sternen zurück (siehe AKKRETION). Wenn der Abstand zwischen den beiden Sternen nur gering ist und einer von ihnen an seiner Oberfläche ein sehr starkes Gravitationsfeld besitzt, kann er Materie von seinem Begleiter abziehen. Dabei wird der aus dem Begleiter gleichsam herausgesaugte Materiestrom so stark beschleunigt, dass beim Auftreffen dieses Stroms auf den anziehenden Stern Röntgenstrahlen emittiert werden (über einen Mechanismus, wie ihn auch die Röntgenröhren zur Erzeugung von Röntgenstrahlen nutzen; dort werden Elektronen zunächst beschleunigt und dann abrupt durch Materie abgebremst). Die Emission von Röntgenstrahlen zeugt daher von der Anwesenheit eines sehr dichten Begleiters: eines Neutronensterns oder eines Schwarzen Lochs. Darüber hinaus lässt sich in Doppelsternsystemen die Masse der beiden Sterne aufgrund der KEPLERSCHEN GESETZE ermitteln, wenn man ihre Bewegung verfolgt. Falls einer der beiden Sterne eine Masse von mehr als 2,4 $M_\odot$ besitzt, besteht eine hohe Wahrscheinlichkeit, dass es sich um ein Schwarzes Loch handelt.

Unter den etwa hundert bekannten Doppelsternsystemen unserer Milchstraße, die Röntgenstrahlen emittieren, enthält zweifellos ein Teil einen Neutronenstern. Bei einigen dieser Systeme übersteigt die Masse eines der beiden Begleiter die kritische Grenze: das Schwarze Loch Cygnus X–1 im Sternbild Schwan (Cygnus) wurde als erstes entdeckt, doch die größte Gewissheit herrscht bei dem Objekt A0620–00 im Sternbild Einhorn (Monoceros), das aus einem Schwarzen Loch und einem ganz gewöhnlichen Zwergstern besteht.

Schwarze Löcher können jedoch auch auf andere Weise entstehen: Wenn in einem Gebiet eine große Sterndichte herrscht, wächst die Wahrscheinlichkeit von Kollisionen zwischen den Sternen. Solche Zusammenstöße können zur Entstehung von Objekten mit einer gewaltigen Masse führen, die das Tausend- und sogar Millionenfache der Sonnenmasse beträgt; diese Objekte kollabieren dann zu einem Schwarzen Loch. Bedingungen dieser Art finden sich in den sehr alten Kugelhaufen, die mehrere Millionen Sterne enthalten, und auch im Zentrum der Galaxien. Unsere Milchstraße besitzt im Zentrum möglicherweise ein Schwarzes Loch, dessen Masse eine Million Sonnenmassen erreichen könnte, das aber im Augenblick »nichts mehr zu verschlingen« hat, wie man aus der Tatsache schließt, dass von dieser relativ nahegelegenen Region keine intensive Röntgenstrahlung ausgeht. Andererseits zeigt die sehr präzise Beobachtung der in dieser Region befindlichen Sterne (siehe ASTROMETRIE), dass sie sich mit extremen Geschwindigkeiten von mehr als tausend Kilometern pro Sekunde bewegen. Interpretiert man diese Geschwindigkeiten mittels der KEPLERSCHEN GESETZE, lässt sich daraus auf eine im Zentrum befindliche Masse von solcher Dichte schließen, dass es sich um ein Schwarzes Loch handeln könnte.

Auch im Zentrum anderer Galaxien befinden sich zweifellos Schwarze Löcher. Das gilt für die aktiven Galaxien und die Quasare, die im Bereich der Radiowellen – aber auch im Infrarotbereich und im Bereich kürzerer Wellenlängen – eine derart intensive elektromagnetische Strahlung emittieren, dass man sie unmöglich auf die Abstrahlung gewöhnlicher Sterne zurückführen kann. Die Gesamtmenge der abgestrahlten Energie ist dafür zu groß, und das SPEKTRUM (die Verteilung der Wellenlängen) passt nicht zum Spektrum gewöhnlicher Sternansammlungen. Als einzig plausible Quelle dieser intensiven Strahlung kommt nur die Gravitationsenergie in Frage, die bei einem GRAVITATIONSKOLLAPS (oder bei der AK-

KRETION) in elektromagnetische Strahlung umgewandelt wird. Doch dazu müsste die gesamte beteiligte Masse bei einer Milliarde Sonnenmassen liegen und auf ein Volumen konzentriert sein, dessen Radius unterhalb von R_H liegt, so dass wir es mit einem Schwarzen Loch zu tun hätten.

Schwere

Zur Vertiefung: ***Kraft***

Auf einem rotierenden Himmelskörper wie der Erde resultiert das Gewicht eines Körpers aus der wechselseitigen Massenanziehung zwischen den beiden Objekten (GRAVITATION) und der Zentrifugalkraft, die auf die Rotation des betreffenden Himmelskörpers zurückgeht. Die Schwere oder Schwerkraft ist die Resultierende aus diesen beiden Kräften. Da es sich bei der Massenanziehung um eine Wechselwirkung handelt, übt das Objekt auf den Himmelskörper eine gleich große Kraft mit entgegengesetzter Richtung aus. Dass wir sie kaum wahrnehmen, liegt daran, weil der Massenunterscheid zwischen einem fallenden Objekt und der Erde so groß ist, dass das Objekt sehr viel schneller zur Erde fällt als die Erde zu dem Objekt. Die Massenanziehungskraft der Erde ist auf den Mittelpunkt der Erde gerichtet; von dort aus nimmt sie kontinuierlich zu und erreicht ihr Maximum an der Erdoberfläche, dann nimmt sie mit weiter wachsender Entfernung vom Erdmittelpunkt wieder ab. Die Zentrifugalkraft ist nicht vom Mittelpunkt der Erde, sondern senkrecht von deren Drehachse fort gerichtet; sie wächst mit zunehmendem Abstand von der Drehachse. Da einerseits die Erde keine vollkommene Kugel bildet (also der Abstand zwischen Erdoberfläche und Erdmittelpunkt nicht überall derselbe ist) und andererseits die Zentrifugalkraft vom Äquator zu den Polen kontinuierlich abnimmt (sie erreicht ihr Maximum am Äquator und geht an beiden Polen gegen null), hat ein Körper nicht überall an der Erdoberfläche dasselbe Gewicht, da nicht überall dieselbe Schwere auf ihn einwirkt (siehe dazu *Abbildung 2* im Stichwort ERDGESTALT). Da die Schwerkraft eines Körpers zum einen von seiner Masse, zum anderen aber auch von der Anziehungskraft abhängt, der er ausgesetzt ist, hat derselbe Körper auf einem anderen Himmelskörper ein anderes Gewicht als auf der Erde. So wiegt ein Astronaut auf dem Mond nur ein Sechstel seines irdischen Gewichts, weil die Mondmasse nur ein Sechstel der Erdmasse beträgt.

Schwerelosigkeit tritt ein, wenn ein Körper sich in freiem Fall auf einen anderen zu bewegt. Auf seiner Umlaufbahn um die Erde befindet ein Raumschiff sich samt allem, was darin ist, im freien Fall gegenüber der Erde; wäre das Raumschiff nicht der Erdanziehung ausgesetzt, würde es sich aufgrund seiner Trägheit in gerader Linie von der Erde fortbewegen. Im Zustand der Schwerelosigkeit ist die Gravitation nicht etwa verschwunden; nur erfasst sie alle Objekte in derselben Weise, so dass sie sich sämtlich auf derselben Bahn bewegen. Für kurze Zeit lässt sich der Zustand der Schwerelosigkeit auch in einem Flugzeug herstellen, das nach einem steilen Steigflug plötzlich die Triebwerke abstellt; dann schweben die Passagiere samt ihren Kaffeetassen für einige Augenblicke schwerelos im Raum, als befänden sie sich in einem Raumschiff.

Sedimentation

Zur Vertiefung: ***Biomineral; Erosion; Fluss; Gesteine***

Kontinentale GESTEINE, gleich welcher Herkunft, sind an der Oberfläche der Witterung ausgesetzt. Das Regenwasser ist ein äußerst wirksames Agens der Verwitterung und Erosion; es dringt in die Risse und Spalten des Gesteins ein und löst, hydratisiert, verändert und zersetzt die Minerale. In einem Granit etwa werden die Aluminiumsilicate in Tonplättchen verwandelt, und die weniger löslichen Quarzkristalle werden zersetzt. Bei Frost gefriert das in die Gesteine eingedrungene Wasser zu EIS, dehnt sich dabei aus und sprengt die Gesteine auseinander. Der WIND schließlich führt kleine Mineralteilchen mit sich, die das Gestein abschleifen; die leichten Zerfallsprodukte werden fortgeweht.

In der nächsten Phase der Verfrachtung und Ablagerung kommt die Schwerkraft ins Spiel. Die durch Verwitterung und Erosion freigesetzten Mineralteilchen bewegen sich talwärts, bis sie in Bäche und kleine Flüsse gelangen, die sie in die größeren Flüsse weitertransportieren. Die Flüsse und Ströme transportieren diese Schlämme samt den eigenen, durch Tiefen- und Seitenerosion abgelösten Erosionsprodukten zum Meer und lagern sie an ihrer Mündung in Gestalt eines Schwemmkegels ab. Die Strömungsgeschwindigkeit sortiert dabei die Teilchen nach ihrer Schwere; die größten und dichtesten Teilchen werden als erste abgelagert, während die leichten Schwebstoffe bis in den Bereich der Tiefsee gelangen können.

Neben den kontinentalen Erosionsprodukten leisten auch Meeresorganismen einen beträchtlichen Beitrag zu den Ablagerungen in den Weltmeeren: kalk- oder kieselsäurehaltige Schalen und Skelette der im Meeresplankton vertretenen Kleinlebewesen und Schalen von Weichtieren (siehe BIOMINERAL).

In diesem Stadium sind die Ablagerungen noch beweglich und mit Wasser vollgesogen; das Wasser löst Mineralien und lässt andere (Tone, Schwefel usw.) in Zwischenräumen ausfallen. Die Poren füllen sich, die einzelnen Teilchen verkleben miteinander. Dies ist der Anfang der so genannten Diagenese: Wenn sich weitere Sedimente über diesen Schichten ablagern, steigen Druck und Temperatur, das Wasser wird ausgetrieben, die Ablagerungen verfestigen sich und es entstehen Sedimentgesteine (Sandstein, Kalkstein, Tone usw.).

In warmen, seichteren Meeren mit starker Verdunstung kann die Konzentration der gelösten Minerale die Sättigungsgrenze überschreiten, so dass die Minerale ausgefällt werden. Die sehr feinkörnigen Kalksteinplatten, die man auch für den Druck von Lithographien benutzt, sind auf dieselbe Weise entstanden wie der Kalkbelag in einem Wasserkessel. Dies ist auch der Ursprung der so genannten Evaporite, das sind Ablagerungen aus jenen Mineralsalzen, die für die Salzigkeit des Meeres verantwortlich sind: Natriumchlorid (Steinsalz), Magnesium- und Kaliumchlorid, Calciumsulfat (Gips) usw. Gegenwärtig laufen solche Prozesse im Toten Meer und im Great Salt Lake in Utah ab.

Seismologie

Zur Vertiefung: ***Neutrino; Oszillator; Resonanz; Sonne***

Seismologie der Sonne und der Sterne

Auch die Sonne und die Sterne kennen den Erdbeben vergleichbare Erschütterungen; die äußerst fruchtbare Erforschung dieser Bewegungen bildet den Gegenstand der Helio- und Asteroseismologie. Wie alle übrigen Sterne ist die Sonne eine im Raum isolierte Gaskugel, deren Gleichgewicht auf der Wirkung zweier Kräfte beruht: der Gravitation und des Gasdrucks. Die Gravitation ist die Massenanziehungskraft, die zwischen sämtlichen Atomen und Protonen herrscht, aus denen diese Himmelskörper bestehen; sie hält die Gaskugel zusammen. Der Druck des auf hohe Temperaturen (von tausend bis Millionen Grad) erhitzten Gases wirkt dieser nach innen gerichteten Kraft entgegen. Wenn das Gleichgewicht zum Beispiel durch Konvektionsbewegungen des Gases im Innern der Kugel gestört wird, verformt sich die Sonne und gerät auf charakteristische Weise in Schwingung (siehe KONVEKTION und RESONANZ). Die Kraft, die diese Schwingung steuert, kann der Druck (akustische Wellen) oder die Gravitation (Schwerewellen ähnlich den Wellen auf dem Meer) sein. Jeder Schwingungsform entspricht eine charakteristische PERIODE, die von mehreren Stunden bis hin zu wenigen Sekunden reichen kann.

Eine einfache Schwingungsform besteht etwa darin, dass der Stern sich periodisch aufbläht und zusammenzieht, ohne dabei seine Kugelgestalt zu verlieren (rein radiale Schwingungen). Bei komplizierteren Schwingungsformen unterteilt sich die Oberfläche des Sterns in unterschiedliche Zonen (Kuppen und Täler), deren Bewegung teils nach innen, teils nach außen gerichtet ist. Erstmals beobachtet wurden solche (schon 1948 vorausgesagten) Schwingungen bei der Sonne 1960; ihre Periode liegt bei etwa fünf Minuten. Erkennen kann man diese Schwingungen, indem man entweder die Lichtintensität der Atmosphäre an verschiedenen Punkten oder die Geschwindigkeit der dortigen Gase misst. Hierzu benutzt man die Spektrallinien (die für ein Atom der Atmosphäre typischen Wellenlängen), deren gemessener Wert von den Bewegung der Strahlungsquelle gegenüber dem Beobachter abhängt (siehe DOPPLER-EFFEKT).

Solche Messungen sind deshalb besonders interessant, weil sie uns einen nahezu unmittelbaren Zugang zu den im Innern der Sterne herrschenden Bedingungen, etwa der Temperatur oder dem Druck, ermöglichen. Tatsächlich kann nur das von der Sternatmosphäre emittierte Licht zu uns gelangen und uns Auskunft über die dort herrschenden Bedingungen geben (siehe SPEKTRALANALYSE). Umgekehrt hängt die Periode der Schwingungen – wie bei den Erdbeben – direkt von der Art der Ausbreitung der akustischen oder der Schwerewellen innerhalb des Sterns ab. Die Erforschung dieser Ausbreitung eröffnet uns daher den Zugang zu den Eigenschaften des beobachteten Sterns.

Neutrinos sind leichte Teilchen, die problemlos durch Materie hindurchgehen. Sie entstehen bei den Kernreaktionen im Innern der Sonne. Trotz ihrer geringen Wechselwirkung mit der Materie können wir die von der Sonne kommenden Neutrinos durch komplizierte Verfahren aufspüren, und dabei hat sich gezeigt, dass ihre Zahl geringer ist, als die Kernphysik vorhersagt. Ob diese Diskrepanz auf mangelndem Wissen über die Neutrinos beruht oder auf einem unzureichenden Verständnis der physikalischen Zusammenhänge im Innern der Sterne, lässt sich heute noch nicht sagen. Die Beobachtung und Messung der Schwingungen eröffnet daher einen von den Neutrinos und ihren Eigenschaften vollkommen unabhängigen Zugang zu den in der Sonne und den Sternen herrschenden Bedingungen und könnte auch zur Klärung der oben gestellten Fragen beitragen.

Seismologie der Erde

→ ***Erdbeben***

Selektivität

Zur Vertiefung: ***Enyzm; Reaktion; Reaktionsmechanismus; Spezifizität***

Als Selektivität bezeichnet man in der Chemie die Fähigkeit eines Stoffes, aus mehreren möglichen Reaktionen diejenige einzugehen, die man von ihm erwartet. In jeder Reaktion drückt sich die Selektivität der Umwandlung in einem Prozentsatz aus, der misst, inwieweit die angestrebte und nicht eine unerwünschte konkurrierende Reaktion erreicht wird. Die Selektivität unterscheidet sich vom Ertrag, der das Mengenverhältnis des Endprodukts zu den eingesetzten Ausgangsstoffen bezeichnet. Gemessen werden diese Stoffmengen in Mol: Ein Mol ist die Stoffmenge, die 6×10^{23} (AVOGADRO-KONSTANTE) Einzelmoleküle enthält.

Diese Begriffe lassen sich anhand eines Beispiels verdeutlichen: Wenn 30 Millimol eines Reaktanden A (1 Millimol = 10^{-3} Mol) unter bestimmten Bedingungen 15 Millimol des Zielmoleküls B und keinerlei Nebenprodukte ergeben, so ist der Ertrag 50 % und die Selektivität 100 %, da man ausschließlich das Reaktionsprodukt B erhält. Ergeben die 30 Millimol des Ausgangsstoffes A dagegen unter anderen Reaktionsbedingungen (Temperatur, Druck, Lösungsmittel, Katalysator) 27 Millimol des Endprodukts B und 3 Millimol eines Nebenprodukts C, so ist der Gesamtertrag 100 % und die Selektivität der Reaktion in Bezug auf B 90 %.

Im Allgemeinen erzielt die Chemie im LABORATORIUM wie auch in der Industrie eine Selektivität von über 85 %. Die Mittel, derart selektive Prozesse zu erreichen, liegen vor allem auf theoretischer Ebene: Man muss den Reaktionsmechanismus verstehen, um in Kenntnis der Kausalzusammenhänge sein Vorgehen darauf abzustimmen, also zum Beispiel einen geeigneten Katalysator oder ein günstiges Lösungsmittel einsetzen zu können.

Eine chemische Reaktion, in der ein Ausgangsstoff aus mehreren Möglichkeiten nur eine ganz bestimmte wahrzunehmen vermag, bezeichnet man als spezifisch (siehe SPEZIFIZITÄT). So haben zum Beispiel Enzyme die

Eigenschaft, dass sie auf festgelegte Weise zu einem bestimmten Produkt führen. Spezifizität ist also eine hundertprozentige Selektivität. Sie ist in allen Organismen die Regel, da die Evolution die Enzyme so ausgefeilt hat, dass chemische Prozesse höchst effektiv ablaufen.

Semantik

Zur Vertiefung: ***Fehlerfreiheit von Programmen; formales System; Sprache; Syntax***

Mehr oder weniger beabsichtigte Markierungen, Ritzspuren, Grapheme, Stimmen, Rauch, Staub, Abdrücke, all das hat für einen aufmerksamen Beobachter eine Bedeutung, die diesen Dingen den Status von Zeichen verleiht. Wie kommen sie zu ihrem Sinn? Durch Konvention wie bei den Buchstaben des Alphabets; durch Analogie, wie es gewöhnlich bei den Piktogrammen auf den Türen öffentlicher Toiletten der Fall ist; durch Kontiguität, wie sie der Cursor auf dem Computermonitor anzeigt, oder auf eine andere Weise? Auf solche Fragen gibt die Semiotik, die Wissenschaft von den Zeichen, eine Antwort.

Manche dieser Zeichen werden nach den Regeln der Syntax zu Sprachen verknüpft. Wie ergibt sich die Bedeutung dieser Kombinationen aus dem Sinn ihrer Bestandteile? Diese Frage zu beantworten ist Aufgabe und Ziel der Semantik.

Die Semantik formuliert den Sinn syntaktischer Konstruktionen, also der Gliederung von Grundbestandteilen einer Sprache. Je nach Sprache und Sichtweise variiert diese Formulierung erheblich.

Bei den gesprochenen Sprachen schwanken die Linguisten zwischen verschiedenen Ansätzen. Es gibt rein linguistische Herangehensweisen, die Begriffe abwägen und vergleichen: Bedeutungsgleichheit oder Synonymie, Bedeutungsunterschiede, Homonymie usw. werden systematisch erfasst, um eine semantische Tabelle des Sprachgebrauchs aufzustellen. Psychologische Ansätze befassen sich mit der Darstellung von Sinn im Gedächtnis. Und schließlich gibt es noch mathematische und informationstechnische Bedeutungserfassungen. Es existieren so viele verschiedene Ansätze, dass zwischen ihnen scheinbar kein Konsens zu erzielen ist.

In dieser Hinsicht nimmt die Semantik der gesprochenen Sprache eine gewisse Spitzenstellung ein. Denn was der Verstand erfasst, sind lediglich Zeichen, und somit erfolgt jeder Versuch, den Sinn von Zeichenkombinationen darzulegen, über Zeichen, die wiederum selbst semantisch interpretiert werden müssten. Bei künstlichen Sprachen ist das völlig anders, da die Semantik dort mathematisch genau definiert und beabsichtigt ist; dennoch sind auch hier die Schwierigkeiten nicht vollständig ausgeräumt.

Logiker berufen sich auf Begriffe wie »wahr« und »falsch«, um dem Sinn von Aussagen gerecht zu werden (siehe LOGIK und MODELLTHEORIE). Zudem müssen Manipulationen logischer Formeln mit ihrer Interpretation als wahr oder falsch übereinstimmen, was durch die Kohärenz und Vollständigkeit eines formalen Systems am Ende einer Beweisführung streng gewährleistet ist.

Informatiker bezeichnen jede Beschreibung von Computerprogrammen als semantisch, wenn sie einen Sinn ergibt, also Aktionen erkennen lässt, da ein Programm aus einer Menge von Handlungsanweisungen besteht. Ein Programm löst also im Prinzip in ein oder mehreren Maschinen einen oder mehrere ausführbare PROZESSE aus, die somit genau genommen seine Bedeutung ausmachen. Programme variieren jedoch von einer Maschine zur anderen und sind zudem für den Menschen so undurchschaubar, dass man zu ihrer Beschreibung klare Ausdrucksweisen finden muss, auf die alle sich unzweifelhaft einigen. Zu diesem Zweck wird die Semantik der Programmiersprachen in einer Sprache formuliert, die entweder leichter zu verstehen oder strenger definiert ist, und dies ist im Allgemeinen die Sprache der Mathematik.

Meist nimmt die Semantik also den Weg, das Programm direkt oder erst, nachdem die Daten kompiliert (siehe COMPILER) und eingelesen wurden, in einen mathematischen Ausdruck zu übersetzen. So funktionieren die Übersetzersemantik, die denotationale Semantik und die operationale Semantik. Daneben gibt es noch die axiomatische Semantik, die mit den verschiedenen Befehlen eines Programms Folgerungen eines formalen Systems, also rein syntaktische Transformationen, verknüpft. In diesem Fall übersetzt die Programmsemantik das Programm nicht in einen Ausdruck, sondern führt eine Ableitung durch, also eine Kette von Folgerungen, deren Wirkung der des Programms entspricht.

Die Semantik der Programmiersprachen, die mit der mathematischen Formelsprache arbeitet, ist eindeutig, aber für Neulinge wenig aufschlussreich: Häufig kommt es vor, dass die so erhaltene Formulierung zu kompliziert ist, um sie zu interpretieren. Aufgrund dieser Komplexität lässt sie auch keinen Nachweis zu, dass Programme fehlerfrei sind, also tatsächlich das leisten, was sie leisten sollen (siehe FEHLERFREIHEIT VON PROGRAMMEN). Zudem bringt sie erhebliche Einschränkungen mit sich, da sie jede Formulierung aus der Sprache verbannt, die sich nicht in diese Semantik übersetzen lässt.

Auch wenn manche in der Semantik der Programmiersprachen die Lösung für alle Probleme der PROGRAMMIERUNG sehen, hat sie sich nicht vollständig durchgesetzt: Sehr oft werden Sprachen vorgezogen, deren Semantik zwar nur teilweise definiert ist, die aber leichter lesbar und bequemer sind.

Sequenz

Zur Vorbereitung: ***Nukleinsäuren; Protein***
Zur Vertiefung: ***Genkartierung; Gentechnik; Kombinatorik***

Protein- und Nukleinsäuresequenzen

Proteine und Nukleinsäuren (DNA und RNA) bestehen aus Ketten bestimmter Grundbausteine, die Proteine aus AMINOSÄUREN und die Nukleinsäuren aus NUKLEOTIDEN (siehe *Abbildung 1*). Diese Grundelemente besitzen jeweils einen konstanten Teil, über den ihre chemische Bindung miteinander erfolgt, und einen variablen Teil, der sie voneinander unterscheidet. Bei den Aminosäuren sind die Seitenketten der variable Bestandteil; von ihnen gibt es bei den Aminosäuren, aus denen sich die Proteine zusammensetzen, 20 verschiedene Typen. Die Nukleotide der Nukleinsäuren bestehen aus einem ZUCKER, einer Phosphatgruppe und einer zyklischen Stickstoffverbindung, der Nukleinbase, die jeweils in vier verschiedenen Formen vorkommt: Adenin (A), Cytosin (C), Guanin (G) und Thymin (T) in der DNA sowie A, C, G, und U (Uracil) in der RNA.

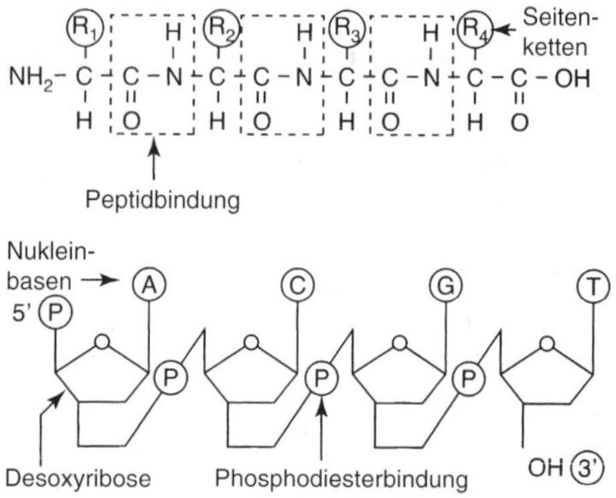

Abbildung 1 Aminosäuresequenz eines Proteins, verkettet durch Peptidbindungen (oben), und Nukleotidsequenz eines DNA-Moleküls, verkettet durch Phosphodiesterbindung (unten).

Bei der CHEMISCHEN BINDUNG zwischen zwei Aminosäuren handelt es sich um eine Peptidbindung, zwischen den Nukleotiden um eine Phosphodiesterbindung. Eine Proteinsequenz besteht aus der Aminosäurekette, die von einem Ende des Proteins bis zum anderen reicht. Ebenso ist eine Nukleinsäuresequenz die Kette der Nukleotide von einem Ende eines DNA- oder RNA-Stranges bis zum anderen.

Die chemischen Bindungen zwischen den Aminosäuren und zwischen den Nukleotiden haben jeweils eine festgelegte Richtung, entsprechend ihrer Synthese. So beginnen die Proteine mit einer Aminogruppe (NH_2), die das so genannte Amino-Ende bildet, und enden mit einer freien Carboxylgruppe (COOH), dem so genannten Carboxy-Ende. Die Nukleinsäureketten beginnen mit einem Nukleotid, das eine Phosphatgruppe am Kohlenstoffatom 5 des Zuckers (Desoxyribose bei der DNA, Ribose bei der RNA) trägt. Dieses Ende wird als das freie 5'-Ende bezeichnet. Sie enden mit einem Nukleotid, das eine freie

Hydroxylgruppe (OH) am Kohlenstoffatom 3 des Zuckers trägt und als das freie 3'-Ende bezeichnet wird. Es hat sich die Konvention herausgebildet, die Proteinketten immer von links nach rechts in der Richtung $NH_2 \rightarrow COOH$ und die Nukleinsäureketten vom 5'- zum 3'-Ende darzustellen.

Zwei Nukleinsäurestränge können sich dank der Eigenschaft der Nukleinbasen, aufgrund ihrer Komplementärstruktur Basenpaarungen einzugehen, miteinander verbinden. Da diese Paarung immer zwischen den Basen A und T oder U sowie zwischen C und G erfolgt, spricht man von komplementären Nukleotidsequenzen. In der sich daraus ergebenden Doppelhelixstruktur der DNA verlaufen die beiden Stränge gegenläufig oder antiparallel. So gehört zum Beispiel zu der Sequenz 5'—CCAGGTGGA—3' die komplementäre Sequenz 5'—TCCACCTGG—3'. Bei einer antiparallelen Paarung, wie sie im DNA-Molekül vorliegt, ergibt das:
5'—CCAGGTGGA—3' und
3'—GGTCCACCT—5'.

Eine Sequenz wie 5'—GAATTC—3', die mit ihrer komplementären Sequenz identisch ist, bezeichnet man als Palindrom. Die aus solchen komplementären Sequenzen gebildete Doppelhelix ist symmetrisch:
5'—GAATTC—3' und 3'—CTTAAG—3'.

Restriktionsenzyme (siehe Restriktion), die imstande sind, die DNA an spezifischen Stellen zu erkennen und zu spalten und deshalb ein wichtiges Instrument der Gentechnik darstellen, setzen in der Regel an solchen palindromen Sequenzen an.

Partielle und einzigartige Sequenzen

Ein Protein oder eine Nukleinsäure lässt sich anhand einer partiellen Sequenz identifizieren, sofern sie groß genug ist, um für das betreffende Protein oder die jeweilige Nukleinsäure spezifisch zu sein.

Nehmen wir als Beispiel einerseits ein Bakteriengenom mit einem DNA-Molekül, das aus einer Million Nukleotiden besteht und 1000 Gene enthält, die ebenso viele Proteine aus jeweils 100 Aminosäuren codieren, und andererseits das Genom eines Tieres aus einer Milliarde Nukleotiden mit 30000 Genen, die ebenfalls Proteine aus je 100 Aminosäuren codieren.

Da bei den Nukleinsäuren vier verschiedene Typen von Nukleotiden existieren, gibt es für n Nukleotide 4^n mögliche Sequenzen. Somit gibt es 4 hoch eine Million mögliche Bakteriengenome und 4 hoch eine Milliarde mögliche Tiergenome, Zahlen, die über die Gesamtmenge der Partikel des Universums hinausgehen! Bei 15 Nukleotiden gibt es jedoch nur etwas mehr als eine Milliarde (4^{15}) mögliche Sequenzen und bei 20 Nukleotiden etwas mehr als 1000 Milliarden (4^{20}) mögliche Sequenzen. Für eine zufällig ausgewählte Sequenz von 15 Nukleotiden besteht somit eine Wahrscheinlichkeit von weniger als 1:1000, dass sie einmal in dem Bakteriengenom mit einer Million Nukleotiden vorkommt. Und für eine zufällig ausgewählte Sequenz von 20 Nukleotiden liegt die Wahrscheinlichkeit, sie im Genom eines Tieres wiederzufinden, das eine Milliarde Nukleotide umfasst, ebenfalls bei eins zu tausend. Anhand von Nukleotidsequenzen begrenzter Größe lassen sich also unsere Bakterie oder unser Tier eindeutig gegenüber anderen Bakterien oder Tieren charakterisieren.

Die gleiche Überlegung gilt für ihre Proteine. Da es 20 verschiedene Aminosäuretypen gibt, beläuft sich die Zahl der möglichen Sequenzen aus n Aminosäuren auf 20^n. Die Menge sämtlicher möglichen Proteine, die sich aus 100 Aminosäurebausteinen zusammensetzen (20^{100}), geht also ebenfalls ins Uferlose. Da sich aus fünf Aminosäuren schon 3,2 Millionen (20^5) mögliche Sequenzen bilden lassen und aus sechs Aminosäuren 64 Millionen (20^6) mögliche Sequenzen, besteht eine Wahrscheinlichkeit von 1:20, eine beliebige Sequenz aus fünf Aminosäuren in einer Menge von 1600 Proteinen aus jeweils 100 zufällig ausgewählten Aminosäuren oder eine Sequenz aus sechs Aminosäuren in einer Menge von 32000 Proteinen der gleichen Größe mehr als einmal zu finden. Demnach genügt also ein Pentapetid (eine Sequenz aus fünf Aminosäuren) als Signatur, um ein Protein der Bakterie unseres Beispiels zu identifizieren, und anhand eines Hexapeptids (sechs Aminosäuren) lässt sich das Protein des Tieres aus unserem Beispiel charakterisieren. Dies gilt auch für die Arten, denen sie angehören (siehe KOMBINATORIK).

Um Erkenntnisse über Funktion und Rolle eines Proteins oder des Gens, das seine Synthese steuert, oder des Genoms zu gewinnen, dem dieses Gen angehört, ist es jedoch hilfreich, die vollständige Sequenz zu bestimmen. Zu diesem Zweck stehen Methoden der Sequenzbestimmung oder Sequenzierung von Proteinen und Nukleinsäuren zur Verfügung, die ständig verbessert werden.

Sequenzierung eines Proteins

Bei den Verfahren zur Sequenzierung von Proteinen bricht man zunächst (durch Hydrolyse) nacheinander die Peptidbindungen zwischen den Aminosäuren (siehe *Abbildung 1*) auf und identifiziert anschließend die in jeder Etappe abgespaltene Aminosäure mit physikalisch-chemischen Methoden. Die Hydrolyse der Peptidbindungen erfolgt vom Amino-Ende des Proteins aus. Allerdings muss das gesamte Verfahren mit einem sehr reinen Protein durchgeführt werden, damit jede Etappe eine eindeutige Bestimmung ergibt. Die Ausbeute ist jedoch nie hundertprozentig, und nach einer gewissen Anzahl von Etappen gestaltet sich die Identifikation der Bruchstücke zunehmend komplexer, bis sie vollends unmöglich wird. Bestenfalls lassen sich einige Dutzend Aminosäuren vom Amino-Ende eines Proteins aus identifizieren. Daher spaltet man das zu untersuchende Protein auf unterschiedliche Weise in kürzere Segmente oder Peptide, die sich jeweils vollständig sequenzieren lassen, und setzt anschließend die Sequenz des Proteins Stück für Stück zusammen.

Sequenzierung der DNA

Für die DNA-Sequenzierung gibt es zwei Hauptverfahren, ein chemisches und ein enzymatisches. Die chemische Methode, die 1977 von den Amerikanern Allan Maxam und Walter Gilbert entwickelt wurde, spaltet auf kontrollierte Weise die Phosphodiesterbindungen zwischen den Nukleotiden (siehe *Abbildung 1*) durch jeweils spezifische Hydrolysereaktionen für die vier verschiedenen Nukleinbasen, die diese Nukleotide enthalten. Die bei jeder Sequenzierungsreaktion erhaltenen verschieden langen DNA-Fragmente werden mittels eines elektrischen Feldes auf einem Gel als Träger (Gelelektrophorese) getrennt und analysiert, um die Reihenfolge der Nukleotide in dem untersuchten DNA-Stück zu bestimmen.

Ebenfalls 1977 entwickelte der britische Biochemiker Frederick Sanger das Verfahren der enzymatischen DNA-Sequenzierung. Sie nutzt ein Enzym, die DNA-Polymerase, um eine Kopie der zu sequenzierenden DNA zu synthetisieren (siehe *Abbildung 2*). Bei diesem Enzym handelt es sich um ein Protein, das imstande ist, Nukleotide in einer als Polymerisation bezeichneten chemischen Reaktion zu verketten oder zu polymerisieren (siehe POLYMERASE-KETTENREAKTION). Eingeleitet wird diese Kettenreaktion durch ein kurzes DNA-Stück, das einige Nukleotide umfasst (ein synthetisch hergestelltes Oligonukleotid) und sich aufgrund seiner Komplementärstruktur mit dem zu sequenzierenden DNA-Strang verbindet. Im Laufe der Polymerisation führt man modifizierte Nukleotide ein, die von der DNA-Polymerase anstelle eines normalen Nukleotids eingebaut werden (A gegenüber T, C gegenüber G und umgekehrt). Da sie aber eine weitere Polymerisation der DNA-Kette unmöglich machen, bewirken sie einen Kettenabbruch. Über eine genaue Dosierung der modifizierten Nukleotide im Verhältnis zu den normalen Nukleotiden ist es möglich, die Polymerisation bei jeder Kette im Laufe ihrer Synthese an einer anderen Stelle abzubrechen. Die abgebrochenen Ketten sind zum Beispiel durch Einbau vier verschiedener fluoreszierender Derivate markiert, die jeweils für einen der vier Nukleotidtypen stehen; analysiert werden sie wie bei der chemischen Sequenzierungsmethode durch Elektrophorese.

Seit Mitte der 1980er Jahre ist es durch die rasche Weiterentwicklung der verwendeten Verfahren möglich, eine wachsende Zahl von Sequenzen, deren Länge bis zu einigen hundert Nukleotiden umfasst, parallel zu bestimmen. Diese Fortschritte öffnen den Weg zu einer umfassenden Genkartierung, also einer Feinanalyse der Genomstruktur.

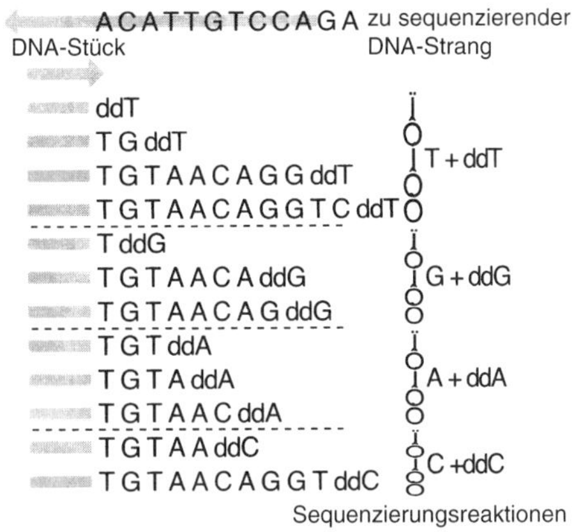

Abbildung 2 DNA-Sequenzierung nach der enzymatischen Methode von Sanger. Die modifizierten Nukleotide sind durch die Buchstabenfolgen ddA, ddC, ddG und ddT gekennzeichnet.

Auch für die RNA gibt es Sequenzierungsverfahren, die jedoch äußerst mühsam sind. Da die RNA weniger stabil ist als DNA, ist es im Allgemeinen einfacher, die Sequenz einer bestimmten RNA anhand ihrer DNA-Kopie, also einer komplementären DNA (cDNA) zu analysieren (siehe TRANSKRIPTION).

Welche Bedeutung den Methoden der DNA-Sequenzierung zukommt, zeigt die Tatsache, dass Walter Gilbert und Frederick Sanger für ihre Arbeiten 1980 den Nobelpreis für Chemie erhielten (für Sanger war es bereits der zweite Nobelpreis, den ersten bekam er 1958 für die erste Bestimmung einer Proteinsequenz, nämlich der Struktur des Insulins).

Neue Methoden der DNA-Sequenzierung sind in Entwicklung, um die Analyse von Genomen zu beschleunigen. Geplant ist sogar, die Nukleotidsequenz der DNA mit mikroskopischen Verfahren, die auf dem TUNNELEFFEKT beruhen, sichtbar zu machen.

Signal

Zur Vertiefung: ***Filter; Information; Modulation; Rauschen***

Wer hätte nicht als Kind schon einmal heimlich davon geträumt, eine Warnanlage auszulösen und dem auf das Warnsignal folgenden Schauspiel als privilegierter Zuschauer beizuwohnen? Wer kennt nicht diesen schicksalhaften Pistolenschuss, der als Startsignal für ein Rennen dient, an dessen Ende man sich vielleicht selbst, mit fiktivem Lorbeer gekrönt, auf dem Siegertreppchen sieht? Signale, diese auf Konvention beruhenden Zeichen, die auf symbolische Weise für abstrakte Ereignisse stehen, begleiten uns seit der Kindheit in unserem alltäglichen Leben.

Mit der Entwicklung der Physik und der Nachrichtentechnik erhielt der Ausdruck »Signal« eine eigene technische Bedeutung, denn dort ist das Signal der physikalische Träger eines Informationsflusses. Ein Signal ist zum Beispiel die von den Stimmbändern ausgelöste Luftschwingung, die als Träger unserer Rede fungiert. Gleichfalls ein Signal ist der Lichtstrom, der von einem Stern ausgeht oder von einer Fotografie reflektiert wird.

Hielten wir uns ausschließlich an die von den Stimmbändern ausgelösten akustischen Schwingungen oder an die von einem Bild erzeugten optischen Signale, wäre Kommunikation auf die unmittelbare Interaktion zwischen den Menschen beschränkt. Wer eine schriftliche oder mündliche Nachricht übermitteln oder Informationen einholen wollte, müsste sich dann selbst auf den Weg machen oder einen Brief schicken oder sich eines Boten bedienen. Dank des Fortschritts in der Telekommunikation können Nachrichten heute fast ohne zeitliche Verzögerung über Länder und Meere hinweg, rund um den Erdball oder sogar zu den Planeten unseres Sonnensystems geschickt werden. Als Trägermedium für die Signale dienen hier elektromagnetische Wellen, die den Wirkungsbereich zwischenmenschlicher Interaktion und unserer individuellen Wahrnehmung beträchtlich erweitert haben.

Ausbreitung über große Entfernungen

Um solche Großtaten zu vollbringen, mussten die Menschen physikalische Phänomene zu beherrschen lernen, die sich über große Entfernungen hinweg auszubreiten vermögen. Zunächst benutzte man dazu Signalmasten, mit deren Hilfe man optische Signale in Form verschiedener Flaggenstellungen übertragen konnte. Die Idee entwickelte der englische

Physiker Robert Hooke im 17. Jahrhundert; erstmals realisiert wurde sie 1792 in Frankreich von Claude Chappe. Obwohl die Kommunikation gelegentlich durch die Wetterverhältnisse beeinträchtigt wurde, sorgte dieser optische Telegraph mehr als 60 Jahre lang für die Verbreitung von Nachrichten in ganz Frankreich, wobei er auf 556 Stationen und ein Netz von 4800 km zurückgreifen konnte.

Es folgten die durch Kabel übertragenen elektrischen Signale, die man zunächst für die elektrische Telegraphie und dann für das Telefon nutzte. Und schließlich kamen die elektromagnetischen Wellen der verschiedenen Frequenzbereiche hinzu – Radiowellen, Höchstfrequenzwellen, Licht, Infrarot usw. Mit ihrer Hilfe ist es möglich, jede Entfernung auf der Erde zu überbrücken, und nur sie ermöglichen die Kommunikation mit Satelliten, Raketen und Raumsonden.

Signaltheorie und Signalverarbeitung

Wenn man mit Hilfe von Signalen kommunizieren möchte, genügt es nicht, physikalische Phänomene zu beherrschen, die sich über weite Entfernungen ausbreiten. Man muss auch in der Lage sein, diesen Trägermedien Nachrichten aufzuprägen, die daraus resultierenden Signale sicher zu übertragen, sie zu empfangen und die ursprüngliche Nachricht ohne allzu große Verluste zurückzugewinnen. Die erste Operation, bei der dem als Trägermedium dienenden physikalischen Phänomen eine Nachricht aufgeprägt wird, bezeichnet man als Modulation, die umgekehrte Operation, bei der die Nachricht aus dem Signal zurückgewonnen wird, als Demodulation. Beide gehören in den Bereich der so genannten Signalverarbeitung. Die Erforschung der Emission, der Übertragung und des Empfangs von Nachrichten gehören je nach Trägermedium zu verschiedenen Fachgebieten, zum Beispiel zur Antennentheorie, wenn es sich bei dem Trägermedium um Radio- oder Höchstfrequenzwellen handelt.

Modulation, Emission, Übertragung und Empfang – also die Umwandlungen, denen das Signal unterzogen wird – lassen sich auch unabhängig von den jeweiligen Trägermedien auf ganz formale Weise untersuchen. Dafür hat die so genannte Signaltheorie einen mathematischen Rahmen geschaffen, der geeignete Modelle für diese Vorgänge bereitstellt.

Hintergrundrauschen

Als zentrales Problem erweisen sich die Störungen, die zu einer zufallsbedingten Variation des Signals führen, so dass die zu übertragende Nachricht darin unterzugehen oder dahinter zu verschwinden droht. Wie Nebel die Sicht auf die Signalmasten versperren konnte oder ein vorüberfliegendes Düsenflugzeug unser Gespräch unterbricht, so kann ein Temperaturanstieg oder ein starkes Magnetfeld den Durchgang elektromagnetischer Signale beeinträchtigen. Manchmal lassen sich solche Störungen beherrschen, indem man ihre Ursachen beseitigt. Manchmal jedoch sind sie eng mit dem Signal selbst verbunden. So führt eine Temperaturerhöhung unvermeidlich zu einer Zufallsbewegung der Elektronen innerhalb des elektrischen Leiters; solche Zufallsstörungen bezeichnet man als Rauschen.

Mit Hilfe eines mathematischen Apparats, der in weiten Teilen auf der Wahrscheinlichkeitsrechnung basiert, versucht die Signaltheorie zu klären, wie Signale beschaffen sein und behandelt werden müssen, damit man die damit übertragene Nachricht trotz des Rauschens möglichst genau rekonstruieren (also herausfiltern) kann.

Praktische Anwendungsmöglichkeiten

Die Ergebnisse, zu denen die Signaltheorie gelangt, sind von solcher Allgemeinheit, dass sie für jedes Signal (Radio, Ultraschall, Höchstfrequenzwellen usw.), für jede Information (Bild, Ton usw.) und für jede beliebige Anwendung gelten, die sich hier unmöglich alle aufzählen lassen. Doch Signale sind nicht nur für die Telekommunikation unerlässlich, sondern auch für die aktive und passive Erforschung des Universums. Die Beobachtung des von den Sternen stammenden Lichts ist eine Form passiver Forschung, desgleichen die satellitengestützte Kartographie der Erde oder die Überwachung ökologischer Veränderungen mit Hilfe von Satelliten. Dabei nutzt man die Techniken der Signalverarbeitung, um die physikalischen Phänomene ausfindig zu machen, die hinter den aufgenommen Erscheinungen stehen.

Radar (eine Zusammenziehung aus dem englischen *radio detecting and ranging*), Ultraschall und die in der Hirnforschung benutzten bildgebenden Verfahren sind dagegen aktive Forschungsmethoden, die sich auf die Theorie der Signalverarbeitung stützen. In allen Fällen werden hier Signale an den aufzuspürenden oder zu untersuchenden Objekten – Flugzeug, Auto, Organ, Fötus – reflektiert, aufgefangen und so verarbeitet, dass diese Formen sichtbar werden.

Die großen Fortschritte, die in den letzten Jahren auf dem Gebiet der ELEKTRONIK erzielt werden konnten und zu einer besseren Beherrschung von Elektronenströmen, das heißt im Allgemeinen von elektrischen Signalen, geführt haben, gehen zum größten Teil auf die Bedürfnisse der Signalverarbeitung zurück, und das aus zwei Gründen: Einerseits lassen sich Signale jeder Art, vor allem aber elektromagnetische Signale, sehr leicht in elektrische Signale umwandeln; andererseits haben die Fortschritte der Elektronik es möglich gemacht, an elektrischen Signalen alle erdenklichen Umwandlungen vorzunehmen. Und der Begriff des Signals geht weit über elektrische und elektromagnetische Signale hinaus. Er umfasst zum Beispiel auch akustische Signale (wie bei den bildgebenden Verfahren, die mit Ultraschall arbeiten, oder bei der Erforschung von Erdbebenwellen) und chemische Signale, die biologische Informationen zwischen Insekten oder Pflanzen transportieren oder etwa in Flughäfen zum Aufspüren von Sprengstoff oder Rauschgift eingesetzt werden.

Signale, Signaltheorie und Techniken der Signalverarbeitung spielen in unserem alltäglichen Leben, sei es privat oder beruflich, eine immer größere Rolle, insbesondere in der Telekommunikation (Telefon, Fax, Fernsehen, Telematik usw.), in der Medizin und in den hauptsächlich auf Beobachtung angewiesenen Wissenschaften (Astrophysik, Geographie, Geophysik, Ökologie etc.), denn die Signale sind die notwendigen Träger jeglicher Information und verdienen daher in einer Gesellschaft, die sich selbst als Informationsgesellschaft versteht, ganz besondere Beachtung.

Signatur

Zur Vertiefung: ***Element; Signal; Spektrum***

Selbst ein Gemälde, das nicht mit der Unterschrift oder den Initialen des Malers versehen ist, kann seinen Urheber durch die verwendeten Farben (das Grün Veroneses), den Pinselstrich (bei Monet) oder die Art der Perspektive (bei Vermeer) verraten. Hier dienen nicht einige Buchstaben in einer Ecke des Gemäldes als Signatur, sondern das Zusammenspiel charakteristischer Merkmale, die eine zuverlässige Identifikation ermöglichen. Das Gleiche gilt für viele natürliche Phänomene, wenn man sie Experimenten oder einer genauen Beobachtung unterzieht. Denn die Natur ist großzügig und gibt uns trotz ihrer ungeheuren Komplexität Zeichen, die manchmal unzweideutig und daher zu entziffern sind. Hier handelt es sich um Signaturen in einem ganz ähnlichen Sinne, wie bei den Ermittlungen in einem Kriminalfall manchmal die Handschrift des Täters an winzigen Spuren zu erkennen ist, die eine Rekonstruktion der Tat ermöglichen. In den Ermittlungen, die die Wissenschaft zur Erklärung der Natur anstellt, dienen die Signaturen als winzige, aber zuverlässige Zeugen, die Unveränderliches belegen, also jene Regelmäßigkeiten der REALITÄT, ohne die jegliche Wissenschaft unmöglich wäre.

Das LICHT, das uns von einem Gegenstand erreicht, enthält eine erstaunliche Fülle von Signalen und INFORMATIONEN, und zwar einerseits in seinen Farben und allgemeiner in der Verteilung der Wellenlängen und andererseits in der räumlichen Darstellung, die ein optisches Instrument (TELESKOP und MIKROSKOP) als BILD dieses Gegenstandes wiedergibt. So kann das Spektrum eines Sterns zeigen, ob in seiner Atmosphäre das eine oder andere chemische Element (Wasserstoff, Helium usw.) vorhanden ist, dessen Signatur in den Registern der Physiker bereits erfasst wurde und das somit unbestreitbar nachgewiesen ist. Auf Bildern der Erdoberfläche oder anderer Himmelskörper, die man durch Fernerkundung mit künstlichen Satelliten erhält, sind ebenfalls charakteristische Formen zu beobachten, die von Flüssen stammende Erosionserscheinungen (beobachtet auf dem Mars) oder Weizenfelder auf der Erde erkennen lassen (und so schon anhand der ersten Schösslinge sehr genaue globale Vorhersagen über die Erntemengen des Jahres ermöglichen).

Die Chemie nutzt die Spektralanalyse, um an Teilen des Lichtspektrums, das ein Festkörper emittiert oder absorbiert, bestimmte Grundbausteine eines Moleküls (oder Radikals) nachzuweisen, zum Beispiel Methyl CH_3, Methylen CH_2 oder Phenyl C_6H_5 (siehe TRANSFERIERBARKEIT). Sobald diese Signaturen identifiziert sind, untersucht man mit derselben Methode die Sequenz oder Verkettung der so nachgewiesenen Module und ihre räumliche Anordnung und kann nun die Struktur des jeweiligen Stoffes bestimmen.

In Biochemie und Genetik lassen sich anhand der Signatur Stoffwechselwege und Makromoleküle bestimmen. Wenn in einer biologischen Probe ein bestimmtes Molekül vorhanden ist, das sich mit physikalisch-chemischen Analyseverfahren nachweisen lässt, so zeugt dies von einer spezifischen enzymatischen Reaktion. So lässt sich zuverlässig ableiten, dass ein bestimmter Typ von Mikroorganismen vorhanden sein muss, der als einziger diesen Stoffwechselweg zu nutzen vermag.

Sportler nehmen manchmal Dopingmittel, deren Abbauprodukte (Metaboliten) sich bei der Dopingkontrolle feststellen lassen, womit sie eines Verstoßes gegen die Regeln der sportlichen Ethik überführt sind; gelingt es ihnen jedoch, ein Dopingmittel zu nehmen, das noch nicht auf den Listen der verbotenen Substanzen steht, so bleibt dessen Signatur unentdeckt: ein ewiges Räuber-und-Gendarm-Spiel.

Makromoleküle, die sich aus linearen Ketten bestimmter Grundbausteine zusammensetzen, wie die NUKLEINSÄUREN (aus vier verschiedenen NUKLEOTIDEN) oder die PROTEINE (aus 20 verschiedenen AMINOSÄUREN), lassen sich anhand einer Teilsequenz dieser Ketten genau identifizieren. Die Länge und Präzision der Signatur, die zu einer exakten Identifikation notwendig ist, hängt von den Kombinationsmöglichkeiten der Grundbausteine in diesem Makromolekül und von der Komplexität der jeweiligen Probe ab, in der man sie nachweisen möchte. Da in einer Nukleinsäure mit der Länge n 4^n Sequenzen von vier Nukleotiden und in Proteinen der Länge n 20^n Sequenzen aus 20 Aminosäuren möglich sind, genügen in der Praxis meist Sequenzen von 10 bis 20 Nukleotiden oder 3 bis 6 Aminosäuren, um ein Gen oder ein bestimmtes Protein zu identifizieren, selbst wenn diese Sequenzen einige zweideutige oder unbestimmte Positionen enthalten.

Silicium

Zur Vertiefung: ***Chip; Erdaufbau; Halbleiter; Kristall; Mineralien***

Silicium, das unmittelbar unter KOHLENSTOFF in der 4. Hauptgruppe des PERIODENSYSTEMS steht, ist das Element, das nach SAUERSTOFF am häufigsten in Erdkruste und Erdmantel vorkommt. Ähnlich wie Kohlenstoff kann es im Mittelpunkt eines Tetraeders stehen, dessen Eckpunkte von Atomen besetzt sind. Parallel zur Kohlenstoffchemie gibt es auch eine Siliciumchemie, allerdings mit erheblichen Unterschieden, die bewirken, dass »von diesen parallelen Wesen eines die Erde und das andere die Biosphäre nährt« (Raymond Queneau).

Ebenso wie Kohlenstoff kristallisiert Silicium zu einer Diamantstruktur (siehe DIAMANT); seine Halbleitereigenschaften werden zur Herstellung von Transistoren und integrierten Schaltkreisen genutzt. Auch Solarzellen bestehen aus Siliciumkristallen: Die Photonen entreißen dem Silicium Elektronen, wodurch ein elektrischer Strom erzeugt wird. Für die Erklärung dieses photoelektrischen Effekts erhielt Albert Einstein 1921 den Nobelpreis. Silicium hat eine starke AFFINITÄT zu Sauerstoff und umgibt sich leicht mit vier Sauerstoffatomen, mit denen es starke CHEMISCHE BINDUNGEN eingeht und ein Tetraeder bildet. Diese SiO_4-Tetraeder sind die Grundstrukturen der Silicate, einer wichtigen Klassen von Mineralien, die in Erdkruste und Erdmantel, also in der festen Erde, zu finden sind (siehe *Abbildung 1*).

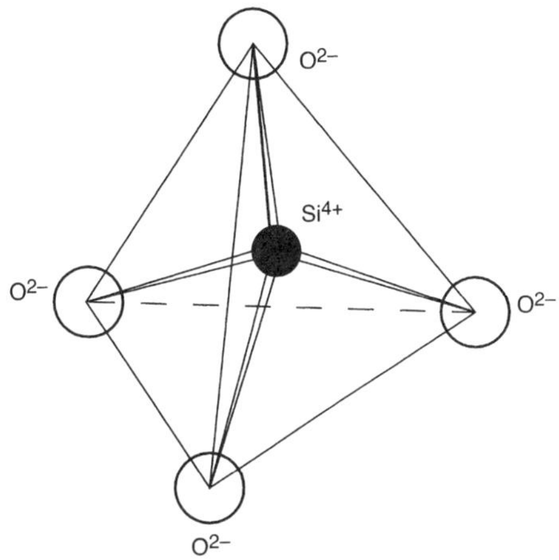

Abbildung 1

Wenn jedes Sauerstoffatom zwei derartigen Tetraedern angehört, so handelt es sich um Siliciumdioxid der chemischen Zusammensetzung SiO_2. Die Tetraeder bilden hier ein Gerüst, das verschiedene Kristallstrukturen zulässt: Die am weitesten verbreitete ist der Quarz oder Bergkristall, in dem die Tetraeder als miteinander verknüpfte spiralförmige Ketten mit Rechts- oder Linksdrehung angeordnet sind. Lange glaubte man, Quarz sei durch den Frost im Gebirge gehärtetes EIS. Geschmolzener Quarz kristallisiert nur schwer und bildet ein Quarzglas ohne Kristallstruktur.

Dagegen teilen die Tetraeder des Olivins $(Mg, Fe)_2SiO_4$, das im oberen Erdmantel vorkommt, ihre Sauerstoffatome nicht. Da sie vier negative Ladungen tragen, kann man sie auch als IONEN SiO_4^{4-} sehen, die durch positive Ionen (Mg^{2+} und Fe^{2+}) getrennt und so als Ganzes wieder elektrisch neutral sind.

Wird in den Tetraedern ein bestimmter Anteil der Siliciumatome durch dreiwertige Aluminiumatome ersetzt, so müssen einwertige (Natrium und Kaliumcarbonat) oder zweiwertige (Calcium) Ionen eingeführt werden, um die elektrische Neutralität zu erhalten. In die große Gruppe der Aluminiumsilicate gehört die Mehrzahl der Mineralien in der Erdkruste. Bei manchen wie den Feldspaten sind die SiO_4-Tetraeder zu einem Gerüst verknüpft, bei anderen sind sie zu Blättchen angeordnet – zum Beispiel beim leicht spaltbaren Glimmer und bei den Tonen, die sich in Wasser in mikroskopisch kleine Blättchen auflösen.

Unter hohem Druck, wie er zum Beispiel im inneren Erdmantel herrscht, umgibt sich Silicium mit sechs Sauerstoffatomen und bildet statt des charakteristischen Tetraeders ein Oktaeder SiO_6 (siehe PEROWSKIT).

Simulation

Zur Vorbereitung: ***Modell***

Papageien begnügen sich mit der endlosen Wiederholung einiger aufgeschnappter Worte. Affen ahmen das Verhalten anderer mehr oder weniger geschickt nach, wobei der Sinn uns vielfach unverständlich bleibt. Kinder reproduzieren Gesten, Mimik und Verhaltensweisen der Menschen in ihrer Umgebung, weil es ihnen Spaß macht oder um zu lernen – und manchmal auch, um sich über andere lustig zu machen. Junge Männer simulieren gelegentlich, um sich dem Wehrdienst zu entziehen, und im Kriegsspiel simulieren Strategen Situationen, um ihre Gegner zu täuschen. In allen Menschenaltern und in zahlreichen Lebenslagen begegnet uns die Simulation. Von der schlichten Nachahmung unterscheidet sie sich insofern, als sie keine bloße Kopie oder Reproduktion darstellt. Sie verändert das Nachgeahmte, indem sie ihm etwas Originäres hinzufügt; darin liegen ihre schöpferischen Möglichkeiten. Von daher hat die Simulation stets etwas Ambivalentes. Sie ist Spiel und Ernst, Täuschung und Großtat, Vorspiegelung und Kunst, Inszenierung und Vergegenwärtigung, Verstellung und Lernprozess. Insgesamt hat die Simulation zwei Gesichter: Nach der einen Richtung erscheint sie als Urheberin von Lüge und Täuschung, nach der anderen als Mittel zur Verbesserung und Vervollkommnung.

Automaten und künstliche Physiologien

Auf der Seite der Lüge und Täuschung ist die Simulation tief in der Geschichte und sogar in der Frühgeschichte des Menschen verwurzelt. Man hat Masken des mit einem Schakalkopf dargestellten ägyptischen Gottes Anubis gefunden, deren Kinn mit Schnüren bewegt werden konnten, und man nimmt an, dass die Priester auf diese Weise den Eindruck erweckten, sie erhielten Anweisungen des Gottes, die sie an die Gläubigen weitergaben. Später dann, zwischen dem 4. und dem 1. Jahrhundert vor Chr., ersannen zahlreiche Mechaniker wie Archytas von Tarent, Archimedes, Ktesibios von Alexandria, Philon von Byzanz und Heron von Alexandria Verfahren zur Herstellung belebt erscheinender Maschinen, also Automaten, die mit Hilfe mechanischer Teile die Autonomie von Lebewesen simulieren sollten.

Bis zur Renaissance und in die frühe Neuzeit hinein dienten Automaten – und damit auch die Funktion der Simulation – vor allem spielerischen Zwecken. Erst im 16. Jahrhundert mit Leonardo da Vinci oder François Rabelais und dann im 17. Jahrhundert mit Marin Mersenne und René Descartes begannen die Automaten sich allmählich aus dem Bereich des Spiels und der Unterhaltung zu lösen, und die künstliche Simulation fand auf leisen Sohlen Eingang in die Naturwissenschaften, so dass sie am Aufschwung des Wissens teilhatte. Leonardo da Vinci sah in den Gliedern des menschlichen Körpers Hebel, die durch Schnüre bewegt wurden; Rabelais dachte an Rollen und Zahnräder; Descartes stellte sich Adern und Nerven als Röhren vor, in denen das Blut, die Nervenenergie und die Körpersäfte zirkulierten. Bei den Philosophen wurde es üblich, die Natur mit einer Maschine zu vergleichen und sich Gott als Mechaniker vorzustellen.

Diese gänzlich theoretische Sicht, die in den Objekten der Wissenschaft und insbesondere in den Lebewesen mechanische Automaten erblickte, fand ihren Höhepunkt im 18. Jahrhundert, als der französische Ingenieur Jacques de Vaucanson ihr in seinen Automaten konkrete Gestalt verlieh. Dabei versuchte er, die Funktionen von Lebewesen in ihre Bestandteile zu zerlegen und auf mechanischem Wege nachzuahmen. So baute er 1738 einen menschenähnlichen Flötenspieler, der den für das Flötenspiel erforderlichen Luftstrom auf ganz ähnliche Weise erzeugte wie ein echter menschlicher Musiker. Auf diese Weise erbrachte die Simulation gleich zweifachen Nutzen. Zum einen bot sie ein Schauspiel, das man sich an zahlreichen europäischen Fürstenhöfen nicht entgehen ließ, zum anderen klärte sie über die Mechanismen auf, die beim Flötenspiel zum Zuge kommen. Vaucanson ersann künstliche Physiologien, mit deren Hilfe er natürliche physiologische Funktionen zu reproduzieren vermochte. Er baute etwa eine mechanische Ente, die über ein Räderwerk in ihrem Innern mit den Flügeln schlagen, Körner aufpicken, zerkleinern und wieder ausscheiden konnte.

Die bis dahin nur in der Vorstellung ihrer Erfinder existierenden oder als bloßes Spielzeug gedachten Automaten wurden damit zur Grundlage einer Simulation, die wissenschaftlichen Zwecken diente. Alle Vorteile und alle Gefahren des wissenschaftlichen Einsatzes der Simulation waren in diesen künstlichen Physiologien bereits im Keim enthalten: Wenn die Reproduktion von Phänomenen mit Hilfe funktionaler Analogien ein besseres Verständnis der diesen Phänomenen zugrunde liegenden Ursachen ermöglicht, üben die so geschaffenen Artefakte eine seltsame Faszination aus, so dass sie die eigentlichen Objekte der Erfahrung in unseren Augen möglicherweise verdrängen.

Simulation in den Wissenschaften

Viele Wissenschaftler versuchen heute, die Welt zu verstehen, indem sie die beobachteten Objekte auf nachvollziehbare Weise reproduzieren. Damit hoffen sie, die positiven Möglichkeiten der Simulation zu nutzen, ohne den Gefahren ihrer Doppelgesichtigkeit zu erliegen.

Dank der modernen Datenverarbeitung durch Computer hat die Simulation einen beträchtlichen Aufschwung erfahren, denn im Prinzip lässt sich heute jeder materielle Prozess simulieren. Eine besonders wichtige Rolle spielt die Simulation im Bereich der KYBERNETIK, der KÜNSTLICHEN INTELLIGENZ und der KOGNITIVEN WISSENSCHAFTEN – drei Fachgebiete, die funktionale Analogien der Funktionsweise menschlichen Denkens schaffen möchten, einerseits, um dieses Denken besser zu verstehen, und andererseits, um es unter ganz bestimmten, begrenzten Voraussetzungen durch partielle »Prothesen« zu ersetzen. Doch auch in der neueren Geschichte sehr viel älterer Wissenschaften hat die Simulation große Bedeutung, ob man dort nun von den einzigartigen, innovativen Möglichkeiten der neuen Informationstechnologien Gebrauch macht oder nicht.

In vielen Teilgebieten der Biologie untersucht man Systeme, die eine Evolution durchmachen und durch zahlreiche Parameter gekennzeichnet sind, zum Beispiel Enzymreaktionen oder die Evolution von Lebewesen, die sich im Laufe der Zeit unter veränderten Umweltbedingungen verändern. Die Simulation gestattet es dort, ein Modell zu entwickeln, seine Evolution zu verfolgen und seine Zukunft auf der Basis der gewählten Anfangsbedingungen vorauszusagen. So stützt man sich bei der programmierten Modifikation der PROTEINE im Wege einer GEZIELTEN MUTAGENESE der NUKLEINSÄUREN immer stärker auf Molekularmodelle und eine computergestützte Simulation, mit deren Hilfe man die Wirkung lokaler Modifikationen berechnet, bevor man sie im Experiment verwirklicht.

In der POPULATIONSGENETIK kann man mit Simulationen eine der zahlreichen Verhaltensweisen isolieren, die für die Weitergabe des genetischen Erbes einer Gruppe bedeutsam sind, und dann die Konsequenzen einer möglichen Veränderung verfolgen. Bei biologischen Arten wie dem Menschen, die erst nach vielen Jahren ihre Fortpflanzungsfähigkeit erlangen, lassen sich Veränderungen, die in der Realität erst nach vielen Jahrhunderten sichtbar würden, dank schneller Rechner schon in wenigen Minuten ausfindig machen.

Auch astronomische und geologische Phänomene simuliert man, um durch eine geeignete Kontrolle und Variation der Parameter Gesetze zu ermitteln, die sich angesichts der extrem langsamen Abläufe unmöglich in der für eine Dissertation zur Verfügung stehenden Zeit entdecken lassen. So kann man die KONVEKTION innerhalb des Erdmantels simulieren, indem man die betreffenden Bewegungsgleichungen, die Anfangs- und die Randbedingungen in sehr vereinfachter Form in einen Computer eingibt und die Maschine einige Stunden lang arbeiten lässt, wobei sie Abläufe simuliert, die in der Realität mehrere Millionen Jahre in Anspruch nehmen.

Dabei sind Simulationen keineswegs auf Computer angewiesen. Die Konvektion innerhalb des Erdmantels kann man zum Beispiel auch im Labor simulieren, indem man die Bewegungen innerhalb eines mit Sirup gefüllten und langsam aufgeheizten Behälters untersucht. In der Meteorologie simuliert man die Bewegung von Luftmassen mit Hilfe verkleinerter Modelle, und in der Aerodynamik simuliert man die Vorgänge an den Tragflächen eines Flugzeugs, indem man ein verkleinertes Modell in einen Windkanal bringt. In der Regel ergänzt man solche Versuche durch computergestützte Simulationen, um die Kosten und die Zahl der Versuche zu senken. Man spricht hier auch von analoger Simulation, im Unterschied zu computergestützten Verfahren, die als digitale Simulation bezeichnet werden.

Auch in zahlreichen anderen Wissenschaften bedient man sich der Simulation, zum Beispiel in der Astrophysik, in der Meereskunde, in der Wärmelehre, in der zivilen und militärischen Kernforschung, in der Mechanik oder in der Chemie.

Grenzen der Simulation

Angesichts der positiven Seiten der Simulation, die in der Zeit- und Geldersparnis liegen und in der Möglichkeit, über virtuelle Realitäten Zugang zu feindseligen oder gefährlichen Realitäten zu erlangen, darf man allerdings nicht die durchaus ernst zu nehmende Gefahr übersehen, dass man auf diesem Wege vor der Realität flieht und konkrete Experimente vernachlässigt. Es ist schon oft vorgekommen, dass die durch Simulation in den einzelnen Fachgebieten eröffneten neuen Bereiche sich nicht nur von den übrigen Bereichen, sondern generell von der experimentellen Erfahrung unabhängig gemacht haben. Dann finden sie ihre Legitimation nur noch in sich selbst, in ihren möglichen und vorgeschlagenen Anwendungen, ohne Rücksicht auf Fragen der empirischen Begründbarkeit.

Bei derartigen Verselbstständigungen kann man sich durchaus fragen, wie die Simulation als modernes wissenschaftliches Verfahren überhaupt noch zu rechtfertigen ist.

Zunächst einmal ist festzuhalten, dass die Simulation lediglich ein vorläufiges Verfahren ist, denn trotz eines gelegentlich täuschenden Scheins verschafft sie niemals Zugang zu den Dingen selbst; sie ist nur eine Inszenierung, eine Scheinhandlung, die ein bestimmtes Modell ablaufen lässt. Daher muss sie stets im Zusammenhang mit dem Modell gesehen werden, auf dem sie letztlich basiert.

Zweitens kann eine Simulation nur insofern Geltung beanspruchen, als sie bestimmten Anforderungen genügt, die an jedes Modell zu stellen sind. Sie muss den bisherigen Beobachtungen gerecht werden, ihre Voraussagen müssen durch die Ergebnisse konkreter Experimente bestätigt werden, und ihre Ergebnisse müssen besser sein als die Ergebnisse konkurrierender Modelle.

Drittens muss auch die jeweilige Versuchsanordnung auf das Simulationsmodell zugeschnitten sein, das durch diesen Versuch bestätigt oder widerlegt werden soll. Sowohl das Versuchsprotokoll als auch die Datensammlung sind so zu gestalten, dass sie eine strenge Prüfung der betreffenden Simulation ermöglichen.

Hinzu kommt noch, dass Simulationen wie Modelle lediglich Annäherungen darstellen, die nur unter ganz bestimmten Bedingungen und im Bereich präzise definierter Fehlermargen Geltung beanspruchen können. Jede Überschreitung dieses Geltungsbereichs ist gefährlich, jedenfalls sofern die betreffende Simulation nicht lediglich der Unterhaltung dient, sondern mit einer wissenschaftlichen Zielsetzung verbunden ist.

Zum Schluss wollen wir zwei Beispiele betrachten, bei denen die Vorzüge einer Simulation auf der Hand zu liegen scheinen, obwohl bei näherer Betrachtung auch eine Gefahr aufscheint, die jeder Simulation innewohnt und mit dem unaufhebbaren Unterschied zwischen Realität und Reproduktion zusammenhängt. Niemand wird wohl den beträchtlichen finanziellen und menschlichen Nutzen bestreiten, den die Verwendungen von Flugsimulatoren in der Pilotenausbildung ermöglichen. Aber der Stress, dem Militärpiloten bei Kampfeinsätzen ausgesetzt sind, lässt sich nicht simulieren und erhöht ihr Risiko beträchtlich, weil er ihre Reaktionszeiten und die Wahrnehmung von Gefahren verändert. Kernwaffentests werden seit einiger Zeit von den meisten Atommächten nicht mehr durchgeführt, sondern durch Simulationen ersetzt, für deren Überprüfung man allerdings auf die Ergebnisse früherer Atomtests zurückgreifen muss. Die dadurch ermöglichten technischen Fortschritte könnten nun die bisherigen Simulationen unbrauchbar machen, so dass für die Überprüfung neuer Simulationen auch neue Atomtests erforderlich würden.

---

singulär, universell

Zur Vertiefung: ***Determinismus; Mathematik; Realität; Wahrheit***

Das Gegenteil des Wortes »universell« ist »singulär« (nicht zu verwechseln mit »allgemein«, dessen Gegenteil »besonders« ist; siehe ALLGEMEINES UND BESONDERES). Auf philosophischer Ebene hat das Wort »universell« mindestens zwei Bedeutungen.

Die erste Bedeutung hat im Mittelalter viele Debatten ausgelöst, die man insgesamt als »Universalienstreit« bezeichnet. Es ging um das Problem, ob eine bestimmte abstrakte Kategorie unabhängig von den Objekten, in denen sie verkörpert ist, existiert oder nicht. So fragte man sich zum Beispiel, was zuerst da war, ein einzelnes Pferd oder die Kategorie »Pferd«, zu der es gehört. Diese Debatte war der Widerhall eines von Platon formulierten Problems, der die Möglichkeit in Erwägung zog, dass eine ideale Welt aus vollkommenen Dingen, »Ideen« genannt, unabhängig von der Welt existiere, in der wir uns befinden. Unsere Welt wäre demnach lediglich ein blasses Abbild dieser ersten Welt mit einem niederen Existenzgrad. Folglich wäre also jedes Einzelpferd nur die Nachbildung einer Realität, nämlich des perfekten, universellen Pferdes, das der Ideenwelt angehört.

Die zweite Bedeutung des Wortes »universell« ist einfacher. Universell ist das, was unabhängig von Ort und Zeit die gleichen Eigenschaften bewahrt. So bezeichnet man ein mathematisches THEOREM als universell, weil es sich nicht verändert, ganz gleich ob man es in Paris oder Timbuktu, im 21. Jahrhundert oder im Mittelalter beweist. Diese Definition der Universalität ist in der Handhabung besonders gefährlich, weil sie schnell dogmatisch wird, wenn man die immensen und tief greifenden kulturellen Unterschiede zwischen den Menschen vergisst, insbesondere wenn man sie auf menschliche Werte anwendet (wie Moral und Justiz).

Die Wissenschaft tendiert, wohlgemerkt, dazu, den Begriff der Universalität in diesem zweiten Sinne zu verwenden. Eine wissenschaftliche Erkenntnis ist unabhängig von allen kulturellen, historischen oder konjunkturellen Veränderungen gültig. Implizit verbirgt sich darin die Vorstellung, dass eine Erkenntnis sich auf einen Gegenstand außerhalb des Menschen bezieht, dessen Existenz und Eigenschaften also nicht ausschließlich von der Beobachtung abhängen.

Ziel der Wissenschaft ist es, solche unveränderlichen Erkenntnisse zu suchen. Allerdings kommt es häufig vor, dass etwas, was einmal als universell galt, später relativiert wird.

Singularität

Zur Vorbereitung: ***Differential; Funktion; Kurve; Zahl***

Von einer Singularität spricht man, wenn etwas nicht Normales oder Außergewöhnliches geschieht; das kann eine Funktion oder ein geometrisches Objekt oder eine Differentialgleichung betreffen. Aber natürlich muss geklärt werden, was man unter »normal« oder »gewöhnlich« versteht.

Funktionen

Ist eine Funktion f einer Variablen durch eine explizite Formel definiert, so ist sie in der Regel stetig und sogar beliebig oft differenzierbar (siehe Ableitung); ein Wert $x = a$, für den f diese Eigenschaften nicht mehr besitzt, wird als singulärer Punkt von f bezeichnet. Zum Beispiel hat die Funktion

$$x \longmapsto \frac{x+1}{x-1}$$

(die so genannte homographische Funktion) eine Singularität an der Stelle $x = 1$; an dieser Stelle ist sie nicht definiert. Die Funktion

$$x \longmapsto \sqrt[3]{x}$$

hat an der Stelle $x = 0$ eine Singularität; sie ist dort zwar definiert und stetig, aber nicht differenzierbar.

Das Wesen solcher Singularitäten versteht man erst, wenn man sie im komplexen Bereich untersucht, das heißt, wenn man der Variablen der betrachteten Funktion komplexe Werte $z = x + iy$ gibt. Eine Funktion f ist an einer Stelle a regulär (das heißt nicht singulär), wenn sie dort im komplexen Sinne differenzierbar ist. Das bedeutet, dass

$$\frac{f(a+h)-f(a)}{h}$$

für komplexe, gegen 0 konvergierende h einen Grenzwert $f'(a)$ hat (die Ableitung von f an der Stelle a). Eine an jedem Punkt eines Gebietes der Ebene C im komplexen Sinne differenzierbare Funktion heißt in diesem Gebiet holomorph. Man kann zeigen, dass sie sich lokal als Potenzreihe darstellen lässt (das heißt als eine Reihe, deren Glieder aus Monomen bestehen).

Ein isolierter singulärer Punkt a für eine Funktion f ist ein Punkt, für den gilt, dass f in einer kleinen Kreisscheibe mit dem Mittelpunkt a holomorph ist, nicht aber in a. Ist f holomorph für $0 < |z-a| < \varepsilon$ (wobei $\varepsilon > 0$ hinreichend klein sei), sind drei Situationen denkbar, wenn z gegen a geht:

- $f(z)$ bleibt beschränkt; dann hat $f(z)$ an der Stelle a einen Grenzwert b, und setzt man $f(a) = b$, definiert man damit eine für $|z-a| < \varepsilon$ holomorphe Funktion (a ist also kein wirklich singulärer Punkt).
- $|f(z)|$ wächst ins Unendliche; dann kann man zeigen: Es gibt eine natürliche ganze Zahl n der Art, dass die Funktion $g(z) = (z-a)^n f(z)$ an der Stelle a einen Grenzwert $g(a)$ besitzt, und es gilt:

  $$f(z) = \frac{g(z)}{(z-a)^n}$$

  wobei g für $|z-a| < \varepsilon$ holomorph ist. In diesem Fall ist a eine Singularität; man sagt, die Funktion $f(z)$ besitzt dort einen Pol (eine Unendlichkeitsstelle), und den kleinsten möglichen Wert von n bezeichnet man als die Ordnung dieses Pols. Die Funktion f heißt meromorph in der Umgebung von a.

- In den übrigen Fällen (in denen die genannten Bedingungen nicht vorliegen) ist a eine wesentliche Singularität von f; in jeder Umgebung von a nimmt f alle möglichen Werte an, bis auf höchstens einen. So ist 0 ein eigentlicher singulärer Punkt von $z \longmapsto e^{1/z}$; in jeder Umgebung von 0 nimmt diese Funktion alle von 0 verschiedenen Werte an.

Der Punkt 0 ist keine isolierte Singularität der Funktion f:

$z \to \sqrt[3]{z}$

denn f ist in der Umgebung von 0 nicht wohl definiert; jede von 0 verschiedene komplexe Zahl hat drei verschiedene Kubikwurzeln (von denen höchstens eine reell ist), und diese drei Wurzeln fallen zusammen, wenn z gleich 0 wird. Man sagt, 0 ist ein Verzweigungungspunkt für die Kubikwurzeln; wenn z sich um 0 dreht, werden die drei Werte $\sqrt[3]{z}$ zyklisch vertauscht.

Nach G.F. B. Riemann lassen die Funktionen einer komplexen Variablen sich durch ihre singulären Punkte und durch ihr Verhalten in der Umgebung dieser Punkte charakterisieren.

Kurven

Zur Vorbereitung: ***Differential***

Das normale Verhalten einer ebenen Kurve C mit der Gleichung $f(x,y) = 0$ an einem ihrer Punkte (a,b) gleicht dem einer Geraden; sie besitzt eine Tangente, die man erhält, indem man die Entwicklung von f gemäß den Potenzen von $x-a$ und $y-b$ auf Ausdrücke ersten Grades beschränkt.

Ist aber das Differential $\mathrm{d}f_{a,b}$ von f in (a,b), also der Teil in dieser Entwicklung, der 1. Grades ist, gleich 0, so stellt sich die Situation anders dar. In diesem Fall sagt man, der Punkt (a,b) ist ein singulärer Punkt der Kurve. Im einfachsten Fall sind die Ausdrücke 2. Grades der Entwicklung, also

$\alpha(x-a)^2+2\beta(x-a)(y-b)+\gamma(y-b)^2$,

von der Art, dass die Diskriminante $\beta^2-\alpha y$ nicht gleich 0 ist. Man sagt dann, diese quadratische Form sei nicht entartet.

In diesem Fall gleicht die Kurve in der Umgebung von (a,b) zwei Geraden, die durch die Gleichung

$\alpha(x-a)^2+2\beta(x-a)(y-b)+\gamma(y-b)^2 = 0$

definiert sind.

Sie besitzt zwei Äste, die sich in (a,b) kreuzen, und die beiden Geraden sind jeweils Tangenten an diese beiden Äste (siehe *Abbildung 1*). Die Gleichung 2. Grades, die diese Geraden definiert, hat nur dann reelle Lösungen, wenn $\beta^2-\alpha y$ positiv ist; anderenfalls sind die Äste der Kurve imaginär.

Abbildung 1 Gewöhnlicher Doppelpunkt

Ist die Form

$\alpha(x-a)^2+2\beta(x-a)(y-b)+\gamma(y-b)^2$

dagegen entartet, schreibt man sie

$\frac{1}{\alpha}(\alpha(x-a)+\beta(y-b))^2$

und es gibt nur eine Tangente mit der Gleichung

$\alpha(x-a)+\beta(y-b) = 0.$

Die Kurve kann zwei Tangentialäste in (a,b) besitzen oder nur einen Ast mit einer Spitze (einem Umkehrpunkt; siehe *Abbildung 2*).

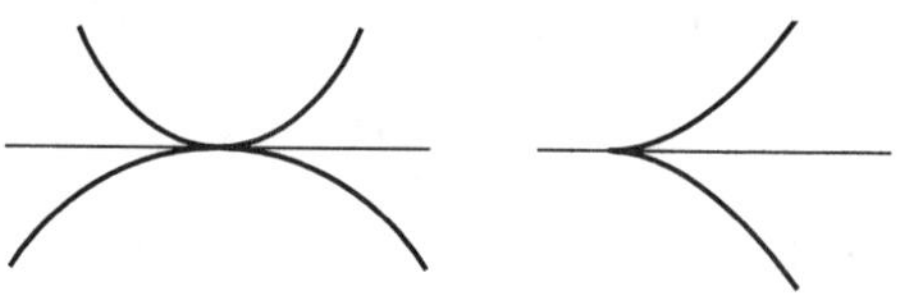

Abbildung 2

Die Entwicklung der Funktion f in der Umgebung von (a,b) kann auch mit Ausdrücken höheren Grades als 2 beginnen. Ist der kleinste Grad der von 0 verschiedenen Ausdrücke gleich k, sagt man, (a,b) ist ein Kurvenpunkt der Ordnung k. Aber die Kenntnis der Ordnung reicht nicht aus, um die Singularität zu bestimmen. Ihr Typus wird mit Hilfe eines so genannten Newton-Diagramms bestimmt.

Man kann die Singularitäten einer Kurve auch als Projektionen gewöhnlicher Punkte darstellen. So löst man den Doppelpunkt einer ebenen Kurve auf, indem man die beiden Äste in einer zusätzlichen Dimension voneinander löst (siehe *Abbildung 3*). Und einen Umkehrpunkt löst man auf, indem man eine Raumkurve in Richtung einer ihrer Tangenten projiziert (siehe *Abbildung 4*).

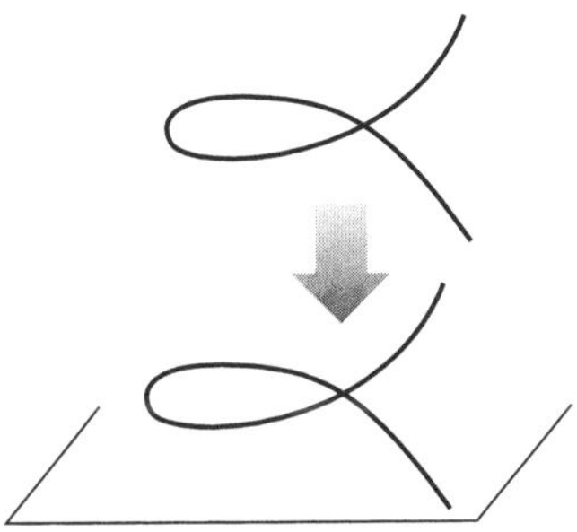

Abbildung 3 Auflösung eines gewöhnlichen Doppelpunkts

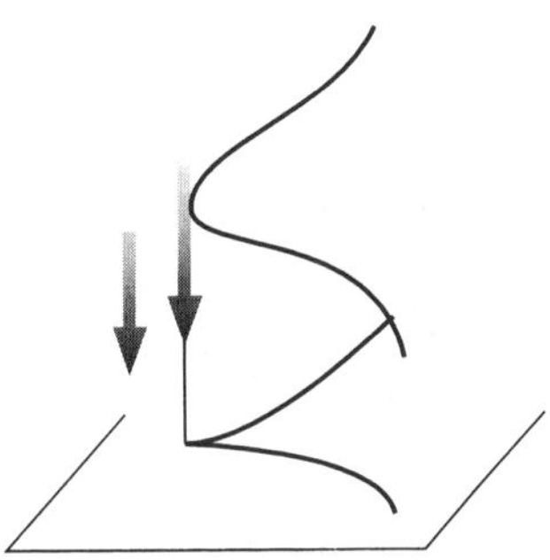

Abbildung 4 Auflösung eines Umkehrpunkts

Eine ähnliche Theorie der Singularitäten lässt sich auch für Flächen oder Mannigfaltigkeiten höherer Ordnung formulieren. Zu den wichtigsten mathematischen Ergebnissen der 1960er Jahre gehörte der von Heisuke Hironaka 1964 erbrachte Beweis, dass Singularitäten in allen Dimensionen aufgelöst werden können.

Abbildungen

Zur Vertiefung: ***Katastrophe***

Im Folgenden erhält der Ausdruck »Singularität« eine etwas andere Bedeutung als bisher. Ist f eine Funktion zweier Variablen, definiert die Gleichung $f(x, y) = f(a, b)$ an jedem Punkt (a, b), an dem das Differential $df_{a,b}$ nicht gleich 0 ist, eine Kurve, für die (a, b) ein gewöhnlicher Punkt ist; das gilt nicht, wenn $df_{a,b} = 0$. Solche Punkte, an denen das Differential gleich 0 wird, bezeichnet man gleichfalls als Singularitäten (oder kritische Punkte von f), obwohl f an diesen Punkten vollkommen regulär ist. Die zugehörigen Funktionswerte von f werden als kritische Werte bezeichnet. Generell gilt: Ist f eine differenzierbare Abbildung eines m-dimensionalen Raumes $\mathbb{R}^m$ in einen n-dimensionalen Raum $\mathbb{R}^n$, so ist ein Punkt O von $\mathbb{R}^m$ ein kritischer Punkt von f, falls das Differential df_0 nicht surjektiv ist (das heißt, falls die Bildmenge von df_0 nicht den gesamten Raum $\mathbb{R}^m$ umfasst). Die Menge der kritischen Werte einer Abbildung hat stets das Maß 0.

Die Theorie der Singularitäten differenzierbarer Abbildungen versucht, diese Singularitäten nach verschiedenen Typen zu ordnen. Zwei Singularitäten sind vom selben Typus, wenn man die eine durch einen Wechsel der Variablen in $\mathbb{R}^m$ und in $\mathbb{R}^n$ in die andere überführen kann. Diese Theorie ist kurz nach dem Zweiten Weltkrieg für die Dimension 2 von Hassler Whitney entwickelt worden, für beliebige Dimensionen später dann von René Thom.

Differentialgleichungen

Zur Vorbereitung: ***Matrix***

Das Gleichungssystem

$$\frac{dx}{dt} = P(x, y), \quad \frac{dy}{dt} = Q(x, y)$$

in dem x und y unbekannte Funktionen von t sind, lässt sich in der Weise interpretieren, dass man sagt, der Punkt (x, y), der sich in Abhängigkeit von der Zeit t in der Ebene bewegt, habe als Geschwindigkeit den Vektor (P, Q). Als Singularität des Systems bezeichnet man einen Punkt (x, y), an dem dieser Geschwindigkeitsvektor gleich 0 wird: $P(x, y) = Q(x, y) = 0$.

Generell ist das Verhalten der Bahnen in der Umgebung eines singulären Punktes durch die linearen Teile von P und Q an diesem Punkt bestimmt; dadurch reduziert man das Problem auf ein System linearer Gleichungen mit konstanten Koeffizienten:

$$\frac{dx}{dt} = mx + ny$$

$$\frac{dy}{dt} = px + qy$$

Der Geschwindigkeitsvektor $(mx + ny, px + qy)$ hängt dann linear von dem Punkt (x, y) ab. Zu dieser Abbildung der Ebene in die Ebene gehört die Matrix

$$\begin{pmatrix} m & n \\ p & q \end{pmatrix}$$

Je nach den Eigenwerten dieser Matrix erhält man verschieden Typen von Verhalten: Sattel (reelle Eigenwerte mit entgegengesetzten Vorzeichen; siehe *Abbildung 5a*); Knoten (reelle Eigenwerte mit gleichen Vorzeichen; siehe *Abbildung 5b*); Spirale (komplexe konjugierte Eigenwerte; siehe *Abbildung 5c*); Zentrum (reine imaginäre Eigenwerte; siehe *Abbildung 5d*).

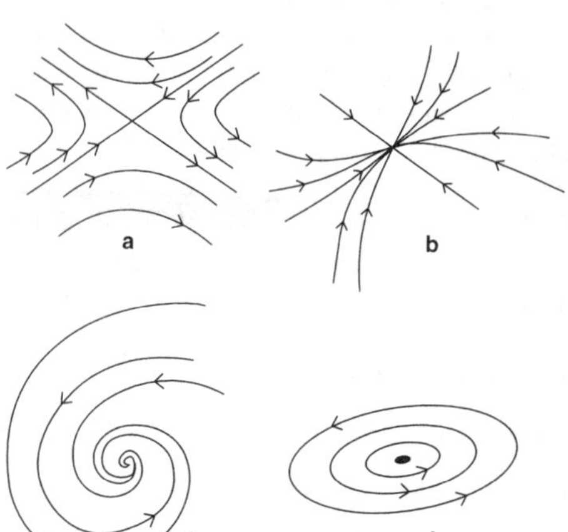

Abbildung 5 Sattel (a), stabiler Knoten (b), stabile Spirale (c), Zentrum (d)

Das obige Gleichungssystem ergibt

$$y' = \frac{dy}{dx}$$

als explizite Funktion von (x,y), also

$$y' = \frac{Q(x, y)}{P(x, y)}$$

Eine Differentialgleichung $F(x,y,y')=0$, in der y eine unbekannte Funktion von x ist, y' aber nicht explizit als Funktion von (x,y) gegeben ist, lässt sich als Vektorfeld auf der Fläche S mit der Gleichung $F(x, y, z) = 0$ interpretieren. Dabei kann man einen Zusammenhang zwischen den singulären Punkten eines Vektorfeldes auf S und den topologischen Eigenschaften von S herstellen; weist man den Sätteln den Index –1 und den übrigen Typen den Index 1 zu, so zeigt sich, dass die Summe der Indizes stets gleich der Euler-Poincaréschen Charakteristik der betreffenden Fläche ist ($2-2g$ für eine Fläche vom Geschlecht g; siehe TOPOLOGIE). Ist S zum Beispiel eine Sphäre (Geschlecht 0, Charakteristik 2), gibt es mindestens zwei singuläre Punkte (siehe *Abbildung 6*).

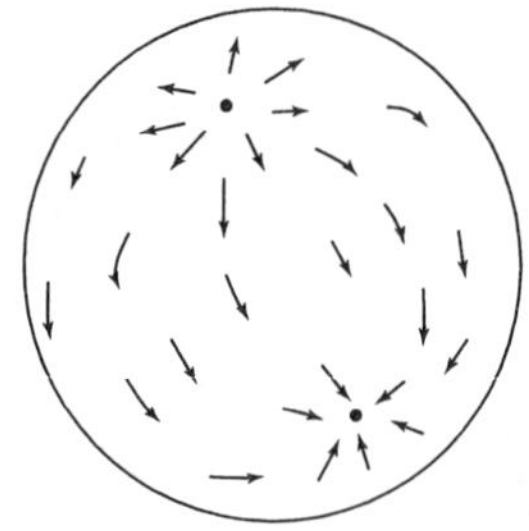

Abbildung 6

Singularitäten in der Astrophysik

Zur Vertiefung: ***Galaxien; Schwarzes Loch; Stern***

Von einer Singularität spricht man in der Astrophysik wie allgemein in der Physik, wenn in einer mathematischen Formel, die die Realität darstellen soll, Größen (wie Dichte, Ladung, Druck, Temperatur usw.) auftreten, die an einem Punkt im RAUM oder in der ZEIT unendliche Werte annehmen. Diesen mathematischen Ergebnissen kann keine physikalische Realität entsprechen, denn in der Physik kennt man nur messbare, das heißt endliche Größen. Die Singularität verweist daher auf eine mangelnde Übereinstimmung zwischen Theorie und Wirklichkeit und kann gerade deshalb äußerst fruchtbar sein, denn sie bezeichnet eine Stelle, an der die Theorie mangelhaft und die mathematische Darstellung allzu summarisch gegenüber der Realität ist.

Die zur Beschreibung des Universums entwickelten mathematischen Darstellungen können solche Singularitäten enthalten. Zu den einfachsten Beschreibungen gehören die in den 1920er Jahren entwickelten Friedman-

Lemaître-Modelle, die die EXPANSION des Universums beschreiben und die Grundlage der modernen relativistischen KOSMOLOGIE bilden (siehe KOSMOLOGISCHES STANDARDMODELL).

Diese Modelle finden ihren Ausdruck in einer einfachen Gleichung, die einen von der Zeit t abhängigen Expansionsfaktor $R(t)$ ergibt. Das Wachstum von $R(t)$ mit der Zeit ist der mathematische Ausdruck der Expansion des Universums. Je nach dem Wert eines im Ausdruck $R(t)$ enthaltenen Parameters, dessen Wert durch Beobachtung noch nicht exakt bestimmt werden konnte, wird die Funktion $R(t)$ nur für einen einzigen Wert von t gleich 0 oder aber periodisch wiederkehrend. Da die Länge dieser PERIODE mit der Expansion zusammenhängt, bewegt sie sich in der Größenordnung von mehreren Zehnmilliarden Jahren (siehe NATURKONSTANTEN). In beiden Fällen, in denen die Größe $R(t)$ gleich 0 wird, heißt das, dass die Dichte von Materie und Energie unendlich groß wird; solch ein Zustand hat aber keinen physikalischen Sinn und kann in Universum nicht real eintreten. Es handelt sich um eine Singularität; sie gehört für den Mathematiker nicht zur RAUM-ZEIT, der alle übrigen Zustände angehören, für die $R(t)$ ungleich 0 ist.

In den 60er Jahren bewiesen William Penrose und Stephen Hawking, dass die Gravitation, wie sie in den Gleichungen der allgemeinen RELATIVITÄTSTHEORIE formuliert ist, in der Darstellung des Universums notwendig zu Singularitäten führt, weil die Materie sich unter dem Einfluss ihrer eigenen Massenanziehungskraft ständig beschleunigt (siehe GRAVITATIONSKOLLAPS). Um das Problem zu beheben und den Dingen wieder einen physikalischen Sinn zu geben, muss man die Gravitationstheorie verändern, wenn man es mit bestimmten extremen Dichtebedingungen oder der so genannten Plancklänge von etwa 10^{-34} m zu tun hat (siehe GRAVITATION).

Neben solchen universellen gibt es auch lokale Singularitäten wie die Schwarzen Löcher; dabei handelt es sich um das Endstadium großer Sterne oder um Ansammlungen solcher kollabierten Sterne im Zentrum mancher Galaxien. Dass es solche aus dem lokalen Gravitationskollaps der Materie in der Raum-Zeit entstandenen Objekte gibt, kann man aus Beobachtungen erschließen, aber wir wissen nichts über die physikalischen Bedingungen, die im »Innern« dieser Objekte herrschen; und da die Physik keine Instrumente für eine angemessen Behandlung dieser Objekte hat, werden sie auch weiterhin als Singularitäten bezeichnet.

Skalarprodukt

Zur Vorbereitung: ***Vektor***
Zur Vertiefung: ***Verschiebung***

Verschiebung

Eine Figur *ABDC* ist ein Parallelogramm, wenn die Vektoren $\overrightarrow{AB}$ und $\overrightarrow{CD}$ gleich sind (siehe *Abbildung 1*). Von einem Rhombus oder einer Raute spricht man, wenn darüber hinaus auch die Länge der Vektoren $\overrightarrow{AB}$ und $\overrightarrow{AC}$ gleich ist (siehe *Abbildung 2*).

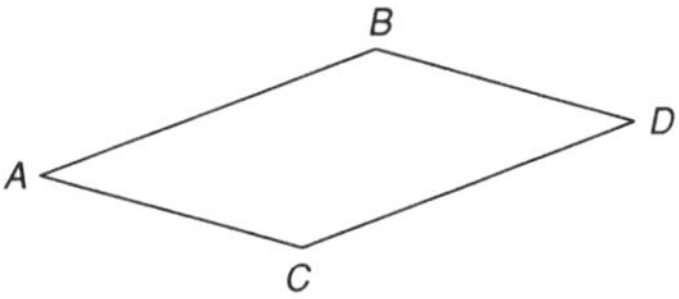

Abbildung 1 Parallelogramm

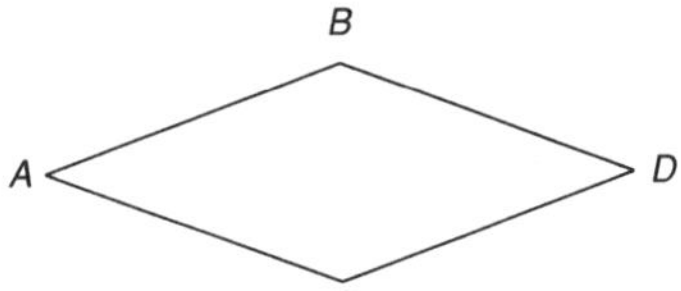

Abbildung 2 Raute

Zur Definition des Parallelogramms benötigt man lediglich den Begriff der Gleichheit von Vektoren; es kann daher in jedem affinen Raum definiert werden. Im affinen Raum der numerischen Funktionen ist zum Beispiel die durch die Funktionen

$A: x \longmapsto x$
$B: x \longmapsto x + x^2$
$C: x \longmapsto \sin x$
$D: x \longmapsto \sin x + x^2$

definierte Figur ein Parallelogramm, weil der Vektor $\overrightarrow{AB}$ (der als die Funktion $B-A$ definiert ist) und der Vektor $\overrightarrow{CD}$ (also die Funktion $D-C$) beide gleich der Funktion $x \longmapsto x^2$ sind.

Der Rhombus lässt sich dagegen nicht allein aufgrund der Gleichheit von Vektoren definieren; vielmehr bedarf es dazu auch des Begriffs der Länge eines Vektors.

Im Blick auf die Gleichheit der Vektoren sind die beiden Zeichnungen in *Abbildung 3* äquivalent. Jedem Punkt der ersten Zeichnung ist der entsprechende Punkt in der zweiten Zeichnung zugeordnet, und sind zwei Vektoren in der ersten Zeichnung gleich, so gilt das auch für die entsprechenden Vektoren in der zweiten Zeichnung. Hinsichtlich der Länge sind sie jedoch verschieden, denn zwei Vektoren können in der einen Zeichnung dieselbe Länge haben, während die entsprechenden Vektoren in der anderen Zeichnung verschieden lang sind (so haben »Nase« und »Mund« in der ersten Zeichnung dieselbe Länge, in der zweiten dagegen nicht).

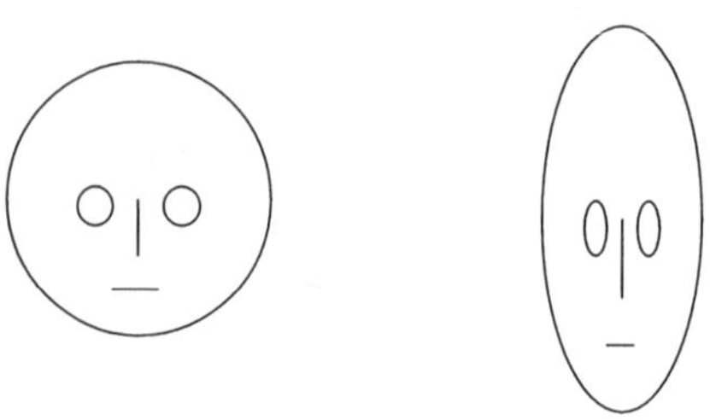

Abbildung 3

Will man prüfen, ob zwei Vektoren, die sich nicht auf derselben Geraden befinden, dieselbe Länge haben, muss man sie so verschieben, dass man sie miteinander vergleichen kann. Dabei nutzt man die Tatsache, dass die Länge eines Vektors sich bei einer Verschiebung nicht verändert. Die Begriffe der Länge, des Abstands, der Orthogonalität usw. werden in affinen Räumen nicht über innere Eigenschaften definiert, sondern über eine Menge von in diesem Raum definierten Abbildungen: den Verschiebungen.

Auch wenn das recht schwierig ist, kann man zeigen, welche Bedingungen diese Menge von Verschiebungen erfüllen muss (verkettet man zwei Verschiebungen, erhält man wiederum eine Verschiebung; zu jeder Verschiebung gibt es eine inverse Verschiebung; man kann jeden Vektor so verschieben, dass er »neben« einen anderen gelangt, usw.); mit Hilfe dieser Eigenschaften kann man dann die Begriffe der Länge, des Abstands, der Orthogonalität usw. definieren und schließlich die grundlegenden Lehrsätze (wie den Satz des Pythagoras) an diesen Begriffen beweisen.

Ein affiner Raum, in dem eine Menge von Verschiebungen definiert ist, würde dann als affiner euklidischer Raum bezeichnet.

Skalarprodukt

In einem affinen euklidischen Raum kann man auf den Vektoren ein Skalarprodukt definieren, das heißt eine Operation mit folgenden Eigenschaften: Sind $\vec{u}$ und $\vec{v}$ zwei Vektoren, so schreibt man $\|\vec{u}\|$ für die Länge von $\vec{u}$, $\|\vec{v}\|$ für die Länge von $\vec{v}$ und $\|\vec{u}+\vec{v}\|$ für die Länge von $\vec{u}+\vec{v}$. Als Skalarprodukt von $\vec{u}$ und $\vec{v}$ bezeichnet man die Zahl

$$\vec{u}\cdot\vec{v} = \frac{1}{2}(\|\vec{u}+\vec{v}\|^2 - \|\vec{u}\|^2 - \|\vec{v}\|^2)$$

Diese Operation hat zahlreiche Eigenschaften, die sie sehr interessant machen.

Sind zwei Vektoren orthogonal zueinander, so ist ihr Skalarprodukt gleich 0, denn nach dem Satz des Pythagoras ist das Quadrat über der Hypotenuse $\|\vec{u}+\vec{v}\|^2$ gleich der Summe der beiden Kathetenquadrate $\|\vec{u}\|^2+\|\vec{v}\|^2$ (siehe *Abbildung 4*).

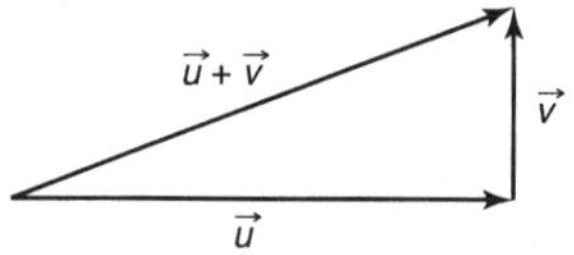

Abbildung 4

Das Skalarprodukt eines Vektors mit sich selbst ist gleich dem Quadrat seiner Länge:

$$\frac{1}{2}(\|\vec{u}+\vec{u}\|^2 - \|\vec{u}\|^2 - \|\vec{u}\|^2)$$
$$= \frac{1}{2}(4\|\vec{u}\|^2 - \|\vec{u}\|^2 - \|\vec{u}\|^2) = \|\vec{u}\|^2$$

Das Skalarprodukt hat etwa dieselben Eigenschaften wie die Multiplikation von Zahlen, insbesondere ist das Skalarprodukt aus $\vec{u}_1+\vec{u}_2$ und $\vec{v}$ gleich der Summe der Skalarprodukte $\vec{u}_1\cdot\vec{v}+\vec{u}_2\cdot\vec{v}$; das Skalarprodukt aus $k\vec{u}$ und $\vec{v}$ ist gleich $k(\vec{u}\cdot\vec{v})$; und das Skalarprodukt $\vec{v}\cdot\vec{u}$ ist gleich dem Skalarprodukt $\vec{u}\cdot\vec{v}$.

Skalarprodukt und Verschiebung

Statt den Begriff der Verschiebung als Grundbegriff zu wählen und Länge, Orthogonalität sowie Skalarprodukt auf dieser Grundlage zu definieren, wählt man vielfach auch das Skalarprodukt als Grundbegriff und definiert auf dieser Grundlage die Begriffe der Länge, der Orthogonalität und der Verschiebung.

Als Skalarprodukt bezeichnet man dann jede Operation, die zwei Vektoren eine Zahl zuordnet, so dass gilt:

$(\vec{u}_1 + \vec{u}_2) \cdot \vec{v} = \vec{u}_1 \cdot \vec{v} + \vec{u}_2 \cdot \vec{v}$

$(k\vec{u}) \cdot \vec{v} = k\vec{u} \cdot \vec{v}$

$\vec{v} \cdot \vec{u} = \vec{u} \cdot \vec{v}$

$\vec{u} \cdot \vec{u}$ ist stets positiv

$\vec{u} \cdot \vec{u} \neq 0$, wenn $\vec{u} \neq 0$.

Als euklidischen Vektorraum bezeichnet man einen Vektorraum, auf dem ein Skalarprodukt definiert ist.

Die Begriffe der Länge, der Orthogonalität und der Verschiebung lassen sich dann mit Hilfe des Skalarprodukts definieren. Die Länge (oder Norm) eines Vektors wird hier definiert als Quadratwurzel des Skalarprodukts dieses Vektors mit sich selbst, und die Orthogonalität zwischen zwei Vektoren wird definiert über die Eigenschaft, dass das Skalarprodukt der beiden Vektoren gleich 0 ist.

Software

Zur Vertiefung: ***Computer; Informatik; Programm***

Die Software umfasst sämtliche Informationen, die das Verhalten eines COMPUTERS steuern. Durch Veränderung dieser Informationen lässt sich auch das Verhalten der Maschine entsprechend verändern.

Den Gegenpol zur Software bildet die so genannte Hardware; das sind die materiellen (»harten«) Bestandteile des Computersystems, die von den »weichen«, informationsbezogenen Komponenten gesteuert werden. Diese fundamentale Dualität zwischen Hard- und Software unterscheidet den Computer, die generalisierte, zu jeder Berechnung fähige und daher universelle Maschine, von den übrigen Maschinen, die jeweils auf ganz bestimmte Aufgaben spezialisiert sind. Tatsächlich ist die Maschine nur deshalb programmierbar und folglich in ihrem Verhalten beliebig veränderbar, weil es Software gibt.

Durch diese Dualität gelangt auch der Gegensatz zwischen Geist und Materie in die Technik (siehe KOGNITIVE WISSENSCHAFTEN); er prägte etwa die ersten philosophischen Arbeiten Hilary Putnams, in denen der Dualismus zwischen Hard- und Software ausdrücklich als Analogie zum Dualismus zwischen Geist und Materie verstanden wird.

Auf einer konkreteren Ebene dient »Software« als Sammelbegriff für jedes spezielle Ensemble von Informationen, mit denen Computer gesteuert werden können, also für PROGRAMME und Programmpakete wie Textverarbeitungsprogramme oder Datenbanksysteme, die auf den unterschiedlichsten Computern eingesetzt werden können. In diesem zweiten Sinne ist Software ein isolierbarer, kommerziell verwertbarer und auf jeweils ganz bestimmte Funktionen ausgerichteter Teil der Software im ersten, übergeordneten Sinne.

Software Engineering

Zur Vertiefung: ***Abstraktion; Modul; Programm; Programmierung***

Computer sind komplexe Gebilde aus zahlreichen materiellen Komponenten (der Hardware). Ihr Wirken und Zusammenwirken wird durch eine Nachricht (das Programm oder die Software) gesteuert, die oft aus sehr umfangreichen Zeichenketten besteht und der Maschine ganz präzise sagt, was sie in welcher Reihenfolge tun soll. Zwar ist die Software Ausdruck eines sehr bewusst ausgerichteten und mehr oder weniger klar formulierten menschlichen Gedankengangs; aber dieser Gedankengang kann ebenso wie seine Formulierung Fehler enthalten, so dass die Maschinen nicht genau das tun, was man von ihnen erwartet.

Fehlerquellen bei der Softwareentwicklung

Das hat zahlreiche Gründe. Auch sehr klare Wünsche werden nicht immer klar formuliert, und wenn doch, so vielfach nicht in einer Sprache, die der Computer unmittelbar verstehen kann. Die Erfahrung zeigt, dass immer wieder Fehler gemacht werden, und die Folgen sind gelegentlich tragisch, in aller Regel aber teuer. So ging der Fehlstart der ersten Ariane 5, die wenige Sekunden nach dem Abheben vom Kurs abkam und gesprengt werden musste, auf einen Softwarefehler zurück, der seine Ursache letztlich in einer unpräzisen Formulierung hatte. Obwohl solche Fehler auf eine durchaus natürliche Inkonsequenz im menschlichen Denken zurückgehen, überraschen sie uns immer wieder und zwingen uns, die Folgen unseres Denkens bis in den letzten dunklen Winkel hinein zu durchleuchten.

Bei kleinen Programmen bis zu hundert Zeilen ist die Gefahr, den Überblick zu verlieren, nicht sehr groß, und mit etwas Erfahrung lassen sich Fehler dieser Art dort vermeiden. Ganz anders dagegen bei sehr großen Programmen, die mehrere hunderttausend oder sogar mehr als eine Million Zeilen umfassen, wie sie für die Steuerung einer Trägerrakete oder für den Autopiloten eines Flugzeugs erforderlich sind. Für solche Aufgaben reichen Erfahrung, Geschick und Sorgfalt eines Einzelnen nicht mehr aus; vielmehr bedarf es der oft monatelangen Zusammenarbeit mehrerer Dutzend und manchmal sogar mehrerer hundert Informatiker. Stellen Sie sich vor, mehrere Dutzend Autoren schrieben gemeinsam einen mehrere tausend Seiten und zahlreiche Episoden umfassenden Roman. Da könnte es schon als sicher gelten, dass zwei Autoren gelegentlich den Vornamen, das Alter oder die Haarfarbe einer Nebenfigur verwechselten. Die meisten Leser, die vor allem dem Gang der Handlung folgen, würden den Fehler gar nicht bemerken; und die anderen könnten ihn wahrscheinlich aus dem Kontext heraus korrigieren. Ein Computer kann das nicht; er ist ein überaus pedantischer, aber auch dummer Leser, der nicht die geringste Ungenauigkeit oder Inkohärenz erträgt. Wenn derselbe Name zwei verschiedene Speicherplätze bezeichnet oder wenn dem Computer widersprüchliche Informationen geliefert werden, weiß er nicht weiter. Er kann solche Fehler nicht aus dem Kontext heraus korrigieren; ihre Wirkung pflanzt sich wie in einer Kettenreaktion fort und kann schließlich zu katastrophalen Folgen führen.

Während also das Geschick eines Einzelnen nicht ausreicht, um so große Aufgaben zu bewältigen, führt die Zusammenarbeit vieler über längere Zeiträume hinweg leicht zu Unordnung und Inkonsistenz. Hinzu kommen noch wirtschaftliche Aspekte: Installation und Wartung, also Anpassung und Korrektur eines Programms sind mehr als hundertmal so teuer wie dessen Entwicklung und erstmalige Erstellung.

Softwarefehler bergen demnach wirtschaftliche Risiken und zugleich auch Gefahren für die Sicherheit von Menschen; und je größer die Bedeutung der Computer für unser alltägliches Leben, desto größer diese Gefahren. Da diese Fehler auf die natürliche Inkonsequenz menschlichen Denkens zurückgehen, lassen sie sich durch entsprechende Sorgfalt und Strenge problemlos vermeiden ... Das jedenfalls glauben die Verfechter des Software Engineering. Worin besteht solche Sorgfalt und Strenge bei der Herstellung von Software?

Werkzeuge und Begriffe des Software Engineering

Am Anfang steht die Formulierung von Entwicklungsmethoden, die sehr präzise eine Reihe von Schritten festlegen, an die man sich bei der Erstellung von Software zu halten hat: Klärung der Bedürfnisse, Erstellung eines Modells, präzise Beschreibung des Modells durch Spezifikation der PROZEDUREN und Datenstrukturen (siehe STRUKTUR), Umsetzung dieser PROGRAMMSPEZIFIKATION in eine Programmiersprache, Überprüfung des geschriebenen PROGRAMMS usw. Jeder dieser Schritte wird seinerseits sorgfältig zerlegt, so dass dem Softwareentwickler nach Möglichkeit spezifische Werkzeuge und Methoden an die Hand gegeben werden können.

Neben diesen Methoden gibt es acht Schlüsselmerkmale, die gewisse Leitgedanken bei der Entwicklung von Programmen und Programmiersprachen zum Ausdruck bringen.

Da ist zunächst das Merkmal der Abstraktion, die dafür sorgen soll, dass Programme und Daten nicht nur buchstäblich als Zeichenketten verstanden werden, sondern im Blick auf ihre allgemeinen Eigenschaften oder den Geist, der in ihnen steckt. Dadurch wird es möglich, dass die Programmierer beim Schreiben der Prozeduren, also der vielen Episoden des großen Romans, den das Programm darstellt, miteinander kommunizieren können, ohne deshalb jedes Wort lesen zu müssen, dass die anderen geschrieben haben.

Das zweite Merkmal ist die Modularität; sie basiert auf dem Taylorschen Begriff der Arbeitsteilung: Jeder konstruiert für sich und unabhängig von den anderen so genannte MODULE, das heißt kleine Programmbausteine, die anschließend zu einem größeren Ganzen zusammengefasst werden. Damit diese Module von allen sinnvoll genutzt werden können, wird ihnen ein Etikett aufgeklebt, das die darin enthaltenen Programme und Daten auf abstrakte Weise beschreibt; dies ist der »öffentliche« Teil des Moduls. Sein tatsächlicher Inhalt, also das Programm und die Datenstrukturen, bleibt »privat«, das heißt, er kann nur von dem gelesen werden, der ihn geschrieben hat.

Das dritte Merkmal ist die Allgemeinheit. Damit ist gemeint, dass die vorfabrizierten Programmteile in den unterschiedlichsten Zusammenhängen eingesetzt werden können, um die Herstellungskosten zu senken. Einem ähnlichen Ziel dient das vierte Merkmal, die Wiederverwendbarkeit, die dafür sorgt, dass alte Programmteile eventuell nach entsprechender Anpassung neuerlich eingesetzt werden können. Das kann man sich etwa so vorstellen wie in einer großen Familie, wo die jüngeren Geschwister die abgelegten Kleider der älteren auftragen müssen.

Das fünfte Schlüsselmerkmal ist die SEMANTIK der Programmiersprachen; sie formuliert auf mathematischem Wege die Bedeutung der Programme, damit diese Bedeutung sich nicht auf die schrittweise Ausführung der elementaren Befehle beschränkt, aus denen das jeweilige Programm aufgebaut ist.

Das sechste Merkmal bezieht sich auf die Programmierung oder genauer: auf das Schreiben des Programms und die unterschiedlichen Programmierstile, die darin zum Ausdruck kommen: imperative, funktionale, modulare, logische, prädikative Programmierung.

Die beiden letzten Merkmale beziehen sich auf die Phase der Überprüfung eines Programms. Um eine absolute Fehlerfreiheit der Programme zu gewährleisten, versuchen manche, die Fehlerfreiheit mathematisch in derselben Art zu beweisen, wie man die Geltung von Theorien beweist. Dieser bei großen Programmen nur sehr schwer zu verwirklichende Ansatz kann sich nicht auf eine manuelle Ausführung stützen, weil das einerseits zu langwierig wäre und andererseits nur die Gefahr von Fehlern im Beweisverfahren heraufbeschwören würde. Daher greift man auf die Möglichkeiten des AUTOMATISCHEN BEWEISENS zurück, um den Programmierern Mittel an die Hand zu geben, die von ihnen geschriebenen Programme auf ihre Korrektheit zu überprüfen. Das ist schon deshalb sehr wichtig, weil vielfach Leben und Gesundheit von Menschen davon betroffen sind; man denke zum Beispiel an ein Programm, das die automatische Öffnung und Schließung der Türen bei U-Bahn-Robotern steuert, die ohne Fahrer verkehren; dort hätte jeder Fehler schreckliche Folgen.

Trotz unbestreitbarer Fortschritte im Bereich des automatischen Beweisens wäre es eine Illusion, die Fehlerfreiheit umfangreicher Programme beweisen zu wollen. Daher bleibt nur die Möglichkeit, das Programm in repräsentativen Normal- und Extremsituationen ausgiebig zu testen.

Obwohl das Software Engineering, wie der Name schon sagt, letztlich ein ingenieurmäßig organisierter Prozess sein soll, wie wir ihn aus dem Maschinenbau oder der Anlagetechnik kennen, haben die dort behandelten Fragen nicht nur Auswirkungen auf Wirtschaftlichkeit und Effizienz, sondern vor allem auch auf die Sicherheit von Menschen. Die Bedeutung programmierter Automaten und Computer nimmt ständig zu und damit auch die Verletzbarkeit durch Programmierfehler. Bei einigen der angeführten Probleme, etwa der Semantik der Programmiersprachen, der Modularität, dem Beweis der Fehlerfreiheit oder der Testtheorie handelt es sich um wissenschaftliche Fragen, die einer komplexen mathematischen Formalisierung bedürfen. Die Zeit der Rezepte und einer empirischen, durch praktische Übung angeleiteten Arbeit ist vorüber; an ihre Stelle tritt zunehmend ein rational durchkonstruiertes, auf klar formulierten Prinzipien basierendes Handlungskonzept.

Sonne

Zur Vertiefung: ***Riesensterne; Stern; Weißer Zwerg***

Die Sonne ist ein Stern, und zwar der einzige, der unserer Erde so nahe ist (acht Lichtminuten, etwa 150 Millionen Kilometer), dass wir ihn in zahlreichen Einzelheiten erforschen können. Die Sonne dreht sich in 27 Tagen einmal um sich selbst; sie gehört zu einer Sternenklasse, die in unserer Milchstraße weit verbreitet ist, und befindet sich an deren Peripherie. Sie ist vergleichsweise kalt und wie Milliarden anderer Sterne weder besonders »jung« noch besonders »alt«. Ihre Masse beträgt 2×10^{30} kg. Ihre Leuchtkraft (d.h. die gesamte abgestrahlte Energie) liegt bei 4×10^{26} W (Watt), das entspricht der Leistung von hundert Millionen Milliarden Kernkraftwerken. An ihrer Oberfläche besitzt die Sonne eine Temperatur von etwa 5500 K (Kelvin); der überwiegende Teil der dort emittierten Strahlung liegt im Bereich des sichtbaren LICHTS (von Rot bis Blau), ein kleiner Teil jedoch auch im Bereich der Röntgen-, der Ultraviolett- und der Infrarotstrahlung sowie im Bereich der Radiowellen (siehe SPEKTRUM und SCHWARZER KÖRPER). Als Solarkonstante (siehe NATURKONSTANTEN) bezeichnet man den durchschnittlichen Strahlungseinfall, der das thermische Gleichgewicht auf der Erde bestimmt, oder genauer die Energiemenge, die eine über der Erdatmosphäre befindliche, senkrecht zu den einfallenden Sonnenstrahlen liegende Flächeneinheit in einer ausgewählten Zeiteinheit von der Sonne empfängt. Die Solarkonstante beträgt 1367 $W.m^{-2}$ (Watt pro Quadratmeter). Wie die anderen Sterne besteht auch die Sonne hauptsächlich aus WASSERSTOFF und HELIUM, während die übrigen chemischen Elemente nur in Spuren vorkommen.

Zahlreiche Phänomene und Prozesse auf der Erde hängen von der Sonne ab: der Wechsel zwischen Tag und Nacht, der Kreislauf der Jahreszeiten, das Klima, die Vegetation, das Leben und selbst noch die Telekommunikation (über die Einwirkung der Sonne auf die oberen Schichten der Atmosphäre, von denen die Radiowellen reflektiert werden). Über ihren wissenschaftlichen Wert hinaus ist die Erforschung der Sonne also auch eine praktische Notwendigkeit, auch wenn wir nicht mehr wie einst die alten Ägypter Angst haben, sie könnte vielleicht eines Morgens nicht wieder aufgehen.

Im Innern der Sonne herrschen sehr hohe Temperaturen (zehn Millionen Kelvin), die Kernreaktionen in Gang setzen, bei denen Wasserstoffkerne zu Helium und zu noch schwereren chemischen Elementen verschmelzen (siehe ENTSTEHUNG DER ELEMENTE), wobei Massenenergie freigesetzt wird: Ein Masseverlust von Δm ermöglicht nach dem Einsteinschen Äquivalenzprinzip (siehe MASSE) die Freisetzung einer Energie $E = \Delta mc^2$, wobei c die Lichtgeschwindigkeit ist. Diese Kernfusion läuft ständig ab und ist die Ursache für das Leuchten der Sonne. Die im Innern der Sonne erzeugten Photonen wandern langsam nach außen – langsam, weil sie wegen der großen Dichte immer wieder mit Wasserstoffatomen zusammenstoßen, von ihnen absorbiert und wieder emittiert werden. Erst wenn die Dichte, die wie die Temperatur nach außen hin abnimmt, gering genug geworden ist, können sie der Sonne entkommen. Den NEUTRINOS – Elementarteilchen, die gleichfalls bei den Kernreaktionen im Innern der Sonne entstehen – fällt es sehr viel leichter, die dichten Schichten der Sonne zu durchqueren; sie bieten uns, wenn wir über geeignete Detektoren verfügen, direkte Informationen über die in der Sonne herrschenden Bedingungen.

Die ATMOSPHÄRE der Sonne besteht aus der Photosphäre, der Chromosphäre und der Korona, drei Schichten mit abnehmender Dichte, die in dieser Reihenfolge von innen nach außen aufeinander folgen und wegen ihrer geringen Dichte dem Licht die Möglichkeit bieten, der Sonne zu entkommen. In der Photosphäre liegt die Temperatur bei mehreren tausend Kelvin (4200 K im Minimum), sie steigt in der Chromospähre an und erreicht in der Korona, die eine sehr geringe Dichte besitzt, etwa eine Million Kelvin. Die Aufheizung der äußeren Schichten geht nicht auf die Lichtenergie zurück, sondern auf eine zusätzliche Aufheizung durch mechanische und magnetische Energie, die aus den großräumigen Konvektionsbewegungen in den tieferen Schichten der Sonne resultiert und durch mechanische Wellen bis in die Korona transportiert wird.

Der Sonnenzyklus

Die Sonne besitzt ein starkes Magnetfeld, das insgesamt wie bei der Erde zwei Pole aufweist (d.h., die Sonne verhält sich als ganze wie ein Magnet mit einem Nord- und einem Südpol). Darüber hinaus besitzt sie aber auch starke lokale Magnetfelder an ihrer Oberfläche, die dort leicht als dunklere Flecken (Sonnenflecken) erkennbar sind. Träger dieses Magnetfelds ist keine Eisenmasse wie bei der Erde, sondern das Plasma im Innern der Sonne (das aus ionisiertem Wasserstoffgas besteht, bei dem also Protonen und Elektronen sich voneinander getrennt haben).

Die von Galilei entdeckten dunklen Flecken (sie wurden allerdings schon vorher aufgrund von Beobachtungen mit dem unbewehrten Auge erwähnt) resultieren aus der Blockierung der aus dem Innern des Sterns aufsteigenden und die äußeren Gasschichten aufheizenden Lichtenergie durch das dort herrschende Magnetfeld. Die betreffenden Regionen sind entsprechend kälter und daher dunkler. Im Unterschied zu dem recht stabilen Magnetfeld der Erde verändert sich das Magnetfeld der Sonne mit einer Periode von 22 Jahren; alle elf Jahre erfährt es eine Umpolung, bei der aus dem magnetischen Nordpol der magnetische Südpol wird und umgekehrt; zwischen zwei Maxima durchlaufen sowohl die Stärke des Magnetfelds als auch die Anzahl der Sonnenflecken ein Minimum. Dieser Sonnenzyklus wurde 1843 von Samuel Heinrich Schwabe entdeckt, als er die Sonnenflecken und die Veränderung ihrer Anzahl über längere Zeit hinweg beobachtete. Über die Ursache dieses Zyklus wissen wir erst wenig: Die Unregelmäßigkeiten resultieren möglicherweise aus einem chaotischen Verhalten des Sonnendynamos, der das Magnetfeld erzeugt und sowohl durch die Rotation als auch durch die internen Konvektionsströme bedingt ist; die Regelmäßigkeit ist möglicherweise das Ergebnis eines privilegierten stabileren Zustandes innerhalb dieser chaotischen Verhältnisse, eines Attraktors (siehe CHAOS).

Der Sonnenzyklus sorgt für eine starke Veränderung des Teilchenstroms aus Protonen und Elektronen, der ständig von der Sonne ausgeht und auf die Erde trifft (siehe MAGNETOSPHÄRE). Eine spektakuläre Auswirkung dieser Veränderungen sind die Polarlichter, bei denen die obere Erdatmosphäre durch die auftreffenden Teilchen zum Leuchten gebracht wird; eine weitere Manifestation sind die elektromagnetischen Störungen im Bereich der Radiowellen, die während der Maxima des Sonnenzyklus die Übertragung von Funksignalen beeinträchtigen. Wir wissen nur wenig über die Frage, in welcher Weise die Sonnenaktivität die Entwicklung des Klimas beeinflusst; mit Sicherheit besteht jedoch ein enger Zusammenhang zwischen dem thermischen Gleichgewicht der Erde und der Stärke der Sonneneinstrahlung, die je nach Farbe und Zustand des Bodens (Vegetation, Eis) und nach der chemischen Zusammensetzung der Atmosphäre in unterschiedlichem Maße absorbiert bzw. reflektiert wird (siehe TREIBHAUSEFFEKT).

Die Geschichte der Sonne

Die Sonne entstand zusammen mit ihren Planeten vor etwa fünf Milliarden Jahren durch Verdichtung und Kontraktion einer Wolke im INTERSTELLAREN RAUM (siehe SONNENSYSTEM und STERN). Das Zentralgestirn, das aus dieser gravitativen Verdichtung hervorging, die Protosonne, war ein sehr heller Stern (zehnmal heller als die heutige Sonne), und zwar wegen der Gravitationsenergie, die bei der Verdichtung freigesetzt wurde. Diese Phase der Protosonne währte nur kurz (etwa zehn Millionen Jahre) und endete, als der Stern den heutigen Zustand eines dynamischen Strahlungsgleichgewichts erreichte. Die im Innern erzeugte Energie ist dabei genau gleich der an der Oberfläche abgestrahlten Energie. Diesen Zustand erreichte die Sonne vor etwa 4,7 Milliarden Jahren, und zu dieser Zeit entstand auch die Erde. Die Sonne hat inzwischen durch Kernfusion etwa die Hälfte ihres Wasserstoffvorrats aufgezehrt; sie dehnt sich langsam aus, und ihre Leuchtkraft wächst in einer Milliarde Jahre etwa um 6 Prozent.

Nach den Berechnungen der Astronomen, aber auch nach der Beobachtung zahlloser älterer oder jüngerer Sterne dürfte der heutige Gleichgewichtszustand insgesamt etwa zehn Milliarden Jahre anhalten. Wenn die Sonne ihren Wasserstoffvorrat verbraucht hat, wird sie sich zusammenziehen; dabei werden die äußeren Schichten sich abkühlen und so weit ausdehnen, dass sie auch die Umlaufbahn der Erde umfassen. Dieses Szenario wird gerne als Katastrophe für die Erdbewohner beschrieben, wobei man allerdings vergisst, wie kurz die Zeit, da es Menschen und eine menschliche Zivilisation gibt, im Vergleich zu diesen astronomischen Zeitspannen ist. Es lässt sich kaum darüber spekulieren, welche Möglichkeiten der Mensch bis dahin entwickelt haben mag, um sich auf diese Situation einzustellen, sofern er dann noch existiert. Jedenfalls sollten diese Aussichten keinen Anlass zum Pessimismus geben. Die Sonne wird dann ein ROTER RIESE sein und ihr Helium als Kernbrennstoff benutzen. Wenn auch das Helium verbraucht ist, wird sie die äußeren Schichten abstoßen, so dass sie sich als interstellarer Nebel wie eine expandierende, an den Grenzen immer stärker verdünnte Gasblase in den INTERSTELLAREN RAUM ausdehnt, während die inneren Schichten sich zu einem WEISSEN ZWERG zusammenziehen, einem sehr kompakten Stern, dessen weitere Abkühlung noch Milliarden von Jahren dauern kann.

Sonnenflecken

Zur Vorbereitung: ***Sonne***
Zur Vertiefung: ***Atmosphäre; Magnetismus; Stern***

Wenn das grelle Licht der Sonne beim Sonnenuntergang von der dichten Dunstschicht der Erde gemildert wird, kann das geübte Auge auf der Sonnenoberfläche manchmal kleine dunkle Flecken erkennen. Nur die chinesischen Astronomen berichteten in ihren alten Chroniken von dieser Erscheinung. Im Westen verhinderte die aristotelische Auffassung von der Unveränderlichkeit des Himmels, dass man dieses Phänomen bemerkte, bis Galilei mit seinem Fernrohr einen unwiderleglichen Beweis dafür erbrachte.

Die Sonnenflecken sind Bereiche in der Sonnenatmosphäre (Photosphäre und Chromosphäre, siehe ATMOSPHÄRE und SONNE), die 1000 bis 2000 Grad kälter sind als das Gas in ihrer Umgebung, dessen Temperatur etwa 4700 Kelvin beträgt. Auch wenn sie damit immer noch sehr heiß sind, erscheinen sie doch dunkler, weil die Lichtabstrahlung deutlich nachlässt, wenn die Temperatur der Strahlungsquelle sinkt (siehe SCHWARZER KÖRPER). Wir wissen schon seit langem, dass die Zahl der Flecken und ihre Lage auf der Sonnenscheibe (insbesondere im Verhältnis zum Sonnenäquator) sich im Rhythmus des so genannten Sonnenzyklus verändern, dessen Periode insgesamt 22 Jahre beträgt, so dass zwischen den Maxima und den Minima der Sonnenaktivität genau elf Jahre liegen. Die Flecken sind Zonen an der Sonnenoberfläche, an denen das Magnetfeld besonders stark ist. Da das Gas aufgrund der hohen Temperatur teilweise ionisiert ist (das heißt, aus positiv geladenen Atomen und frei zirkulierenden negativen Elektronen besteht) und deshalb elektrische Leitfähigkeit besitzt, übt das Magnetfeld eine Kraft (die Lorentzkraft, siehe MAGNETISMUS) auf das Gas aus; diese Kraft drosselt die Wärmezufuhr aus dem Innern der Sonne, weil sie die Bewegung des von dort aufsteigenden heißen Gases hemmt (siehe KONVEKTION). Daher sind die Flecken kälter als das Gas der umgebenden Atmosphäre.

Die Kraftlinien des zu einem Sonnenfleck gehörenden Magnetfelds schließen sich (wie die Kraftlinien eines Eisenmagneten) entweder in der unmittelbar darüber liegenden Schicht der Atmosphäre (der Chromospähre) oder in der Korona oder – unter dem Einfluss des Sonnenwinds – erst im interplanetaren Raum. In diesem Fall tragen die Magnetfelder zu den spektakulären Eruptionen und Protuberanzen bei sowie zur Emission von Röntgenstrahlung in der Korona. Mit Unterstützung der magnetischen Kräfte wird dabei

Materie in die obere Atmosphäre transportiert; die in dieser Materie in magnetischer Form gespeicherte Energie wird dann plötzlich in Gestalt von Radiowellen freigesetzt, die zur Erde gelangen und dort den Funkverkehr stören können, oder in Gestalt von starker Röntgenstrahlung. Gelegentlich kommt es auch zu einer Beschleunigung von Elektronenbündeln wie in einem TEILCHENBESCHLEUNIGER.

Als spektakuläre Ausdrucksform des Magnetismus beschränken die Flecken sich nicht auf die Sonne. Je nach der magnetischen Aktivität und dem Umfang des Transports von Materie und Wärme durch Konvektion sind manche Sterne sogar noch sehr viel stärker von solchen Flecken überzogen als die Sonne. Doch mit unseren Spiegelteleskopen können wir auf der Oberfläche der Sterne keine Einzelheiten unterscheiden, auch wenn dieses Unvermögen mit der weiteren Entwicklung optischer Interferometer bald ein Ende haben dürfte (siehe TELESKOP). Die Rotation eines mit Flecken übersäten Sterns führt zu einer Veränderung der Lichtmenge wie auch der Wellenlängen, die von unseren Teleskopen aufgenommen werden (siehe SPEKTRALANALYSE); diese Veränderungen werden schon bald die Möglichkeit eröffnen, die Oberfläche der Sterne stärker aufzulösen und auch die Position der Flecken genauer zu bestimmen.

Sonnensystem

Zur Vertiefung: ***Akkretion; Komet; Planet; Sonne***

Das Sonnensystem umfasst die Sonne und sämtliche Objekte, die durch die Gravitation mit ihr verbunden sind: die PLANETEN und ihre SATELLITEN, die Asteroiden, die KOMETEN, den interplanetaren Staub, die von der Sonne ausgestoßenen Teilchen, die den Sonnenwind bilden. Da der weitaus größte Teil der Masse (99,867%) in der Sonne vereint ist, beherrscht sie die Bewegungen aller übrigen Objekte (siehe KEPLERSCHE GESETZE). Der überwiegende Teil der restlichen Masse befindet sich in einem Umkreis von weniger als 40 astronomischen Einheiten um die Sonne (eine astronomische Einheit AE entspricht dem mittleren Abstand zwischen Erde und Sonne, also 150 Millionen Kilometern), bis hin zu den Umlaufbahnen des Neptun und des Pluto. Die gesamte Masse, die sich jenseits der Umlaufbahn des Pluto (im Kuipergürtel und in der Oortschen Wolke) befindet, erreicht nicht einmal die Masse der Erde. Umgekehrt ist der Drehimpuls des Sonnensystems (eine Größe, die mit der Rotation der zugehörigen Objekte zusammenhängt) sehr ungleich zwischen der Eigendrehung der Sonne (27 Tage Rotationszeit, 2% des Gesamtdrehimpulses) und der Bewegung der Planeten (vor allem des sehr großen Jupiter) um die Sonne verteilt. Das Sonnensystem ist im Raum recht stark isoliert, der nächste Stern ist 4,2 Lichtjahre entfernt.

Die elliptischen Umlaufbahnen der Planeten liegen nahezu sämtlich in derselben Ebene; nur die Umlaufbahnen des Merkur und des Pluto bilden hier eine Ausnahme, sie sind leicht gegenüber dieser Ebene geneigt. Daher beschränkt das Sonnensystem sich im Wesentlichen auf die Ebene der Ekliptik, die seit den Babyloniern so genannt wird, weil Sonnen- oder Mondfinsternisse (Eklipsen) eintreten, wenn die Mondbahn diese Ebene schneidet. Die Rotationsachsen der Planeten sind gegenüber dieser Ebene geneigt; die Neigungswinkel (zwischen der Rotationsachse und der Senkrechten zur Ebene der Ekliptik) reichen von 23,45° bei der Erde bis 97,92° beim Uranus. Die Exzentrizität ist ein Maß für die Abweichung einer Ellipse von der Kreisform (siehe KEGELSCHNITT, QUADRIK und KEPLERSCHE GESETZE). Die Umlaufbahnen der Planeten zeigen nur eine geringe Exzentrizität (weniger als 0,1), mit Ausnahme des Merkur (0,205) und des Pluto (0,50).

Betrachtet man das Sonnensystem als Ganzes, stellt sich die Frage nach seiner Entstehung und Entwicklung. Diese Frage ist um so wichtiger, als dieses System – anders als nahezu alle übrigen astronomischen Objekte wie Sterne, Planeten, Galaxien usw. – das einzige seiner Art ist, das wir kennen. Die Entdeckung von zirkumstellaren Scheiben bei jungen Sternen seit 1992 und von Exoplaneten (das sind Planeten außerhalb unseres Sonnensystems) bestärkt allerdings theoretischen Überlegungen, wonach die Entstehung eines Sterns mit der Entstehung eines ganzen

Gefolges von Himmelskörpern verbunden sein dürfte, die dieses Zentralgestirn umkreisen (siehe PLANET).

Das Sonnensystem ist 4,56 Milliarden Jahre alt (das entspricht dem Alter der ältesten bekannten Meteoriten). Die KOSMOGONIE ist die Wissenschaft, die sich mit der Entstehung des Sonnensystems befasst; sie hat ihren Horizont inzwischen erweitert und beschäftigt sich generell mit der Entstehung von Planetensystemen. Solche Systeme entstehen durch die gravitationsbedingte Kontraktion und Fragmentierung einer in langsamer Rotation befindlichen interstellaren Wolke, die den »Urnebel« bildet (wie der Ausdruck lautet, den Pierre Simon de Laplace 1795 dafür einführte). Im Zentrum dieser Wolke bildete sich zunächst die Protosonne, die stärker leuchtete als die heutige Sonne; danach folgten sehr bald (innerhalb von weniger als einer Milliarde Jahre) die Planeten, und zwar durch die Verdichtung von Planetesimalen oder die Agglomeration von Staubteilchen. Während dieser Verdichtungsphase plattete sich die Wolke aufgrund des für den Drehimpuls geltenden ERHALTUNGSSATZES zu einer Scheibe ab. Die Tatsache, dass heute nur noch 2% des Gesamtdrehimpulses auf die Sonne entfallen, während ihr Anteil anfangs zweifellos bei 50% lag, bietet uns interessante Aufschlüsse über die Bremsmechanismen, die während der Entwicklung des Urnebels am Werk waren.

Ausgehend von der chemischen Zusammensetzung der Urwolke, die den heute noch im interstellaren Raum beobachtbaren Wolken glich, können wir die chemische Geschichte der Planeten und ihrer Satelliten nachzeichnen. Nach Wasserstoff H und Helium He sind die häufigsten Elemente Kohlenstoff C, Stickstoff N und Sauerstoff O. Es folgen die Elemente Eisen Fe, Silicium Si, Magnesium Mg usw. Die Elemente der ersten Gruppe bilden leicht flüchtige Moleküle wie Wasser H_2O (meist in Form von Eis), Methan CH_4, Kohlenmonoxid CO und Kohlendioxid CO_2, Ammoniak NH_3 und molekularer Stickstoff N_2. Die Elemente der zweiten Gruppe bilden Silicatgesteine, metallische Salze der Kieselsäure H_2SiO_4. Aus der Anwesenheit diverser Moleküle in unterschiedlichen Aggregatzuständen (etwa gasförmig in der Atmospshäre der Venus, flüssig auf der Erde, eisförmig auf dem Mars oder in den Kometenkernen) lernen wir manches über Prozesse und Temperaturen, die an den Orten herrschten, wo diese Körper einst entstanden.

Speicher, Gedächtnis

Zur Vertiefung: ***bistabiles Element; Einheit; Rechnerarchitektur; Register***

Vom individuellen und kollektiven Gedächtnis zum Datenspeicher

Das Gedächtnis umfasst die Erinnerungen sowie die Fähigkeit, diese Erinnerungen zu bewahren und langfristig präsent zu halten. Insofern ist das Gedächtnis zunächst einmal ein individuelles Phänomen und betrifft sowohl die physiologischen Aspekte des Einzelnen (Erinnerungen an Bewegungen, Bilder und Gerüche) als auch seine psychischen Aspekte (Erinnerungen an die Kindheit, an traurige Augenblicke, an Bücher, die man gelesen hat). Solche persönlichen Erinnerungen sind in ihrer vollgültigen Form an das Gehirn des Einzelnen als den Träger des individuellen Gedächtnisses gebunden. Über externe Gedächtnisse wie die mündliche oder schriftliche Überlieferung kann das individuelle Gedächtnis sich zu einem kollektiven Gedächtnis erweitern, das durch gemeinsame Symbole und gemeinsam Erlebtes oder Nachempfundenes geprägt ist.

Im Zeitalter der Informatik und der COMPUTER hat die mit Buch, Film und Tonaufzeichnung bereits weit gediehene Verlagerung des Gedächtnisses nach außen eine neue Stufe erreicht. In einem ganz allgemeinen Sinne ist ein Gedächtnis nun jede Vorrichtung, die es gestattet, Informationen zu speichern und bei Bedarf nach Belieben wiederzufinden. Handelt es sich dabei um technische Vorrichtungen, spricht man deshalb nicht mehr von einem Gedächtnis, sondern von einem Speicher. Während beim individuellen und kollektiven Gedächtnis Erinnerungen und Assoziationen eine entscheidende Rolle spielen, basieren informationstechnische Speicher auf Zuordnungs- und Zugriffsmechanismen, bei denen jeder Information ein bestimmter, durch eine Nummer gekennzeichneter Speicherplatz zugewiesen wird. Will man auf eine gespeicherte Information zurückgreifen, braucht man nur die Nummer des betreffenden Speicherplatzes oder, technisch ausgedrückt, die zugehörige ADRESSE zu kennen. Wer allerdings die genaue Adresse nicht kennt und auch nicht weiß, wie er sie in Erfahrung bringen kann, dem steht eine recht aussichtslose Suche bevor.

Speicherorganisation

Der Inhalt informationstechnischer Speicher ist stets derselbe; ob Text, Fotografie, Film, Musikstück oder Stimmaufzeichnung, alles wird in Zahlenfolgen aufgelöst, die ihrerseits ausschließlich aus den beiden Binärziffern 0 und 1 bestehen (siehe BINÄRZAHLEN). Bei Computern unterscheidet man zwischen externen und internen Speichern sowie zwischen Nur-Lese-Speichern (ROM: *read only memory*) und Schreib-Lese-Speichern (RAM: *random access memory*).

Externe Speicher, auch Sekundärspeicher genannt (Festplatten, Disketten, Magnetbänder usw.), gehören zu den so genannten Peripheriegeräten (siehe PERIPHERIE), während interne Speicher wie der Haupt- oder Arbeitsspeicher nicht nur innerhalb des Gerätes untergebracht, sondern auch über eine leistungsfähige, fest verdrahtete Verbindung, den BUS, mit der Zentraleinheit verbunden sind. Die internen Speicher sind für den Computer von besonderer Bedeutung, weil sie die gerade ausgeführten Programme enthalten und dem Steuerwerk anzeigen, welcher Programmschritt als nächster auszuführen ist. Außerdem enthalten sie Daten und Zwischenergebnisse, die dort sehr viel schneller abgespeichert und abgerufen werden können als auf externen Speichern.

Wenn so viele Zwischenergebnisse anfallen, dass der interne Speicher nicht zu ihrer Speicherung ausreicht, kann es jedoch vorkommen, dass Daten zwischenzeitlich auf externe Speicher ausgelagert werden; dadurch verlangsamt sich allerdings die Ausführung des Programms ganz beträchtlich. Diesen ständigen Datenaustausch zwischen internen und externen Speichern bezeichnet man als Swapping. Bei ROM-Speichern, auch Festwertspeicher genannt, lässt sich der Inhalt nicht mehr verändern, nachdem sie einmal beschrieben worden sind; sie können als interne Speicher ausgelegt sein (und enthalten dann meist kleine Programme oder ständig benötigte Konstanten) oder auch – wie meist – als externe Speicher. So handelt es sich bei den meisten CDs, auf denen Musik, Sprache, Bilder, Videos oder ganze Bücher aufgezeichnet sind, um Nur-Lese-Speicher, weshalb man sie auch als CD-ROM bezeichnet.

RAM-Speicher sind in der Informationstechnik weiter verbreitet. Als interne Speicher bestehen sie in der Regel aus Registern, die ihrerseits aus bistabilen Elementen aufgebaut sind. Zu den RAM-Speichern gehören Festplatten, Disketten und Magnetbänder.

Raumbedarf

Dank des Fortschritts der Elektronik nimmt die Speicherdichte ständig zu, während die Preise der Speichermedien ständig zurückgehen. Jedes Jahr verringert sich der Raumbedarf einer Informationseinheit um den Faktor zwei, während der Preis pro Einheit auf ein Fünftel sinkt. Daher finden wir bei internen RAMs bereits Speicherkapazitäten von einer Milliarde BIT (einem Gigabit) und bei den externen RAMs Kapazitäten von mehreren Gigabyte (die jeweils acht Gigabit umfassen). Auch bei den externen ROMs sind die Zahlen eindrucksvoll; so lassen sich auf einer CD-ROM heute mehr als 600 Megabyte (600 Millionen BYTE) unterbringen.

Gedächtnismodelle

Trotz der gewaltigen Leistungsfähigkeit informationstechnischer Speicher werden im Bereich der KÜNSTLICHEN INTELLIGENZ immer wieder Versuche unternommen, das menschliche Gedächtnis zu simulieren, und zwar sowohl das individuelle als auch das kollektive (siehe SYMBOLISCHES LERNEN und DARSTELLUNG VON WISSEN). Und auf dem Gebiet der formalen NEURONALEN NETZE bemüht man sich um Modelle eines assoziativen Gedächtnisses, das aktuelle Wahrnehmungen oder Wissensfragmente, zum Beispiel den Duft eines in Tee getauchten Sandplätzchens, mit anderen, schon früher damit assoziierten Fragmenten verknüpft. Diese Ansätze haben allerdings mehr mit Modellen psychischer, physiologischer und sozialer Prozesse als mit dem Gedächtnis im informationstechnischen Sinne zu tun, auch wenn Datenspeicher darin eine wichtige Rolle spielen.

Die technischen Datenspeicher sind zwar kein Gedächtnis im üblichen Sinne, doch ihre zunehmende Verbreitung bleibt nicht ohne Auswirkungen auf unser eigenes Gedächtnis. Werden etwa unsere kollektiven Erinnerungen, die uns als gemeinsamer Bezugsrahmen dienen, in Zukunft vollständig auf CD-ROMs zugänglich sein, wie manche behaupten? Welche positiven und negativen Folgen wären von solch einer Entwicklung zu erwarten? Wie soll unser individuelles Gedächtnis noch die Mühe des Lernens auf sich nehmen, wenn es durch zahllose externe »Gedächtnisse« entlastet wird? Was wird aus der Phantasie, die nach Ansicht mancher Forscher Erinnerungen und Wissenselemente auf neuartige Weise zusammensetzt? Wird dem Zeitalter der vollen ein Zeitalter der leeren Köpfe folgen? Die Entwicklung der informationstechnischen Speicher wirft zahlreiche Fragen auf, die zum Teil beunruhigend erscheinen, gerade weil sie nicht ohne weiteres zu beantworten sind.

Spektralanalyse

Zur Vorbereitung: ***Funktion; Integral; Reihe***
Zur Vertiefung: ***Gleichung; lineare Abbildung***

Fourierreihen

Der Klang eines Tons ist durch die Art und Weise bestimmt, wie er sich aus »einfachen« oder sinusförmigen Schwingungen zusammensetzt. Schon 1713 hatte Brook Taylor sich mathematisch mit dem Problem der Schwingung einer gespannten Saite auseinander gesetzt und dabei als spezielle Lösung eine einfache Schwingung gefunden, bei der zu jedem Zeitpunkt der seitliche Abstand y des Saitenpunktes mit Abszisse x proportional zu $\sin(\pi x/a)$ ist (siehe *Abbildung 1*).

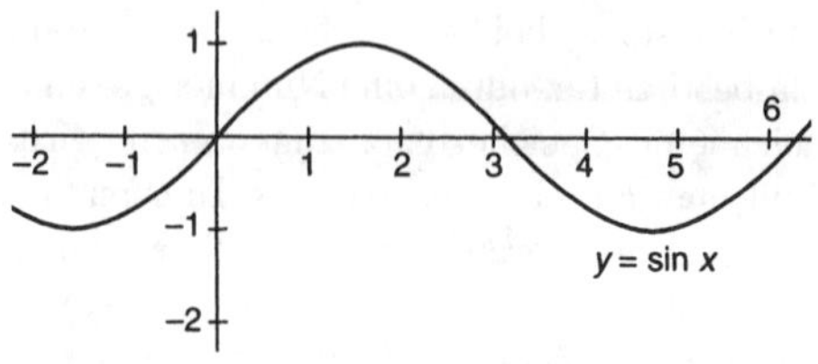

Abbildung 1

Daniel Bernoulli stellte dann 1753 die These auf, dass man alle möglichen Schwingungen aus der Überlagerung einfacher Schwingungen erhalten kann, für die y zu jedem Zeitpunkt proportional zu $\sin(n\pi x/a)$ ist ($n=1, 2, 3 \ldots$). Die durch $\sin(n\pi x/a)$ beschriebene Schwingung hat eine n-mal so große Frequenz wie die durch $\sin(\pi x/a)$ beschriebene; so ist der Ton, der $\sin(2\pi x/a)$ entspricht, die Oktave eines Tons, der $\sin(\pi x/a)$ entspricht (und als Grundton bezeichnet wird), während der Ton, der durch $\sin(3\pi x/a)$ beschrieben ist, die Quinte dieser Oktave darstellt (siehe *Abbildung 2*).

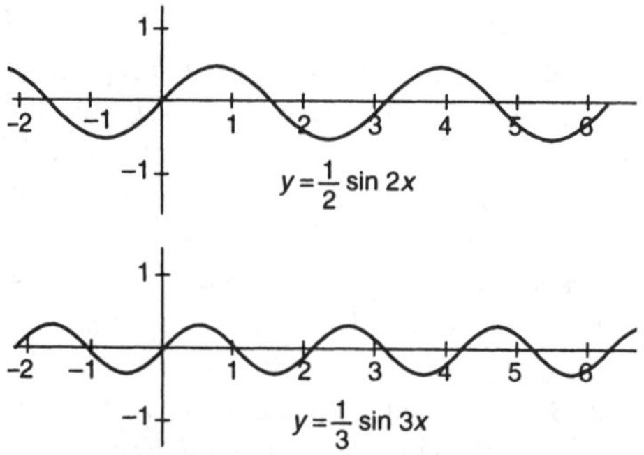

Abbildung 2

Die Überlagerung

$$\sin\frac{\pi x}{a} + \frac{1}{2}\sin\frac{2\pi x}{a} + \frac{1}{3}\sin\frac{3\pi x}{a}$$

(siehe *Abbildung 3*) ist keine einfache Schwingung mehr, sondern entspricht einem Ton, der neben dem Grundton auch Obertöne (die Oktave und die Quinte der Oktave) enthält. Bernoulli glaubte, durch die Überlagerung

$$c_1 \sin\frac{\pi x}{a} + c_2 \sin\frac{2\pi x}{a} + c_3 \sin\frac{3\pi x}{a} + \ldots$$

einer unendlichen Anzahl einfacher Schwingungen könne man alle möglichen Bewegungen der Saite darstellen, wobei die Koeffizienten $c_1, c_2, c_3, \ldots$ beliebig gewählt werden können und den Amplituden der Obertöne entsprechen, aus denen die Schwingung zusammengesetzt ist.

Das läuft auf die Aussage hinaus, dass eine beliebige, in einem Intervall $[0,a]$ definierte Funktion, die bei 0 und a gleich 0 ist, stets in der oben genannten Form geschrieben werden kann oder auch in der Form

$$\sum c_n \sin\frac{n\pi x}{a}$$

wie man sie für die so genannten trigonometrischen Reihen verwendet.

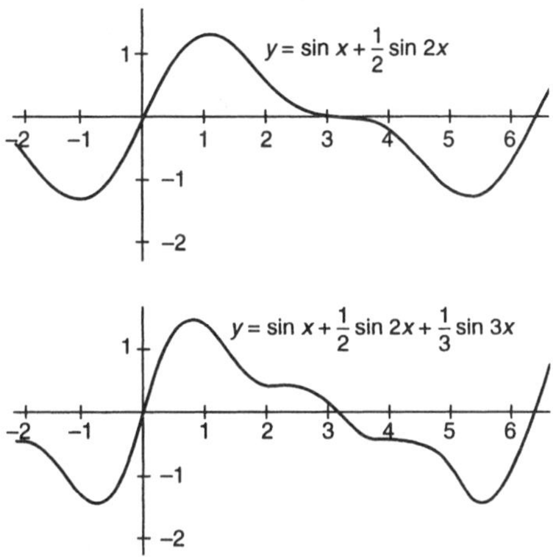

Abbildung 3

In einer Arbeit über die Wärmeausbreitung unternahm Joseph Fourier 1807 als Erster den Versuch, die oben beschriebene Eigenschaft zu beweisen. Durch eine Skalierung lässt sich das Intervall $[0, a]$ stets auf das Intervall $[0, \pi]$ zurückführen, so dass die Reihenglieder eine einfachere Form erhalten, nämlich $c_n \sin nx$. Darüber hinaus kann man beliebige Werte von x betrachten und dadurch die betreffende Funktion zu einer ungeraden, peridodischen Funktion mit der Periode 2π erweitern (denn $\sin(-x)=-\sin x$).

Bei der so genannten Fourieranalyse, die Teil der Spektralanalyse ist, bemüht man sich, die denkbar allgemeinsten Funktionen mit der Periode 2π durch trigonometrische Reihen darzustellen, die auch als Fourierreihen bezeichnet werden. Um auch Funktionen zu berücksichtigen, die nicht unbedingt ungerade sind, muss man neben den $\sin(nx)$- auch $\cos(nx)$-Ausdrücke einführen.

Die Koeffizienten einer Reihe, die für eine Funktion f steht, erhält man durch explizite Integrationsformeln, in denen f vorkommt. Dazu ist es erforderlich, dass sich das Integral von f hinreichend allgemein formulieren lässt. Die Anforderungen der Fourieranalyse gehörten daher zu den wichtigsten Motiven für die Entwicklung der Integralrechnung (siehe INTEGRAL).

Welche Rolle die Kreisfunktionen Sinus und Kosinus bei diesem Verfahren spielen, wird erst deutlich, wenn man diese Funktionen zu einer einzigen zusammenfasst. Tatsächlich ist die komplexe Exponentialfunktion e^{ix} gleich $\cos x + i\sin x$ (mit $i=\sqrt{-1}$); der n-te Term einer trigonometrischen Reihe schreibt sich
$a_n\cos nx + b_n\sin nx = c_n e^{inx} + c_{-n}e^{-inx}$,
mit

$$c_n = \frac{a_n - ib_n}{2}$$

und

$$c_{-n} = \frac{a_n + ib_n}{2}$$

Die allgemeine Form der Fourierreihen ist daher

$$f(x) = \sum_{n=-\infty}^{\infty} c_n e^{inx}$$

Die Integralformel, aus der man c_n erhält, lautet

$$c_n = \frac{1}{2\pi}\int_0^{2\pi} f(x)e^{-inx}\,dx$$

Eine derartige Darstellung ist für die Funktion f deshalb interessant, weil sie eine sehr einfache Berechnung der Ableitungen gestattet; die ABLEITUNG von e^{inx} ist nämlich ine^{inx}, und wenn man davon ausgeht, dass die Ableitung der unendlichen Summe gleich der Summe der Ableitungen dieser Ausdrücke ist, dann lässt sich die Ableitung von f darstellen durch

$$\sum inc_n e^{inx}$$

Die Fourieranalyse lässt sich auf die Erforschung der Differentialgleichungen anwenden, die zu den geläufigsten Objekten der reinen und angewandten Mathematik gehören. Diese Gleichungen kombinieren in der Tat eine unbekannte Funktion mit ihren Ableitungen.

Fouriertransformation

Wenn man die oben beschriebene Methode auf nichtperiodische Funktionen ausdehnen möchte, gibt es keinen Grund mehr, sich auf die Exponentialfunktionen e^{inx} mit ganzzahligen n zu beschränken; stattdessen führt man Funktionen $e^{i\lambda x}$ für sämtliche Werte von λ ein (wobei λ eine beliebige reele Zahl sein kann). Da λ sich stetig verändert, müssen die Summen in den Fourierreihen durch die Integrale

$$f(x) = \int_{-\infty}^{\infty} c(\lambda)e^{i\lambda x}d\lambda$$

ersetzt werden, mit einem Koeffizienten $c(\lambda)$, der eine Funktion von λ ist. Diesen Koeffizienten bezeichnet man als Fouriertransformierte von f; man berechnet ihn nach der Formel

$$c(\lambda) = \frac{1}{2\pi}\int_{-\infty}^{\infty} f(x)e^{-i\lambda x}dx$$

in der die inverse Fouriertransformation auftritt.

Für jede feste reelle Zahl λ ist die Ableitung von $e^{i\lambda x}$ gleich $i\lambda e^{i\lambda x}$, das heißt gleich der Funktion selbst, multipliziert mit dem konstanten Faktor $i\lambda$; das bringt man zum Ausdruck, indem man sagt, $e^{i\lambda x}$ sei eine Eigenfunktion der Ableitung, mit $i\lambda$ als Eigenwert. Diese Eigenschaft ist die Grundlage für die Anwendung der Fouriertransformation auf Differentialgleichungen.

Verallgemeinerung

Zur Vorbereitung: ***Operator***

Die oben beschriebenen Gedanken lassen sich in noch abstrakterer Form ausdrücken, so dass sie auch auf andere Fälle anwendbar sind. Ein erster Schlüsselbegriff ist die Linearität (siehe LINEARE ABBILDUNG), die mit Hilfe von Vektorräumen zum Ausdruck gebracht wird (siehe VEKTOR). Da man hier mit Funktionen operiert, sind die betrachteten Räume unendlich-dimensional, und das drückt sich in der Notwendigkeit einer unendlichen Anzahl von Termen in den Fourierreihen aus. Die zweite Grundidee ist die Zerlegung jedes Elements des Raumes E der betrachteten Funktionen in eine lineare (unendliche, eventuell wie im Fall des Integrals auch stetige) Kombination von Elementen mit einer interessanten Eigenschaft: Jedes dieser Elemente ist Eigenvektor eines linearen OPERATORS A (im Fall der Fourieranalyse ist dieser Operator die Ableitung).

Das Spektrum eines Operators A ist die Menge der komplexen Zahlen λ, für die $A-\lambda\mathrm{Id}$ (der Identitätsoperator Id, definiert durch $\mathrm{Id}(\varphi)=\varphi$) keine Inverse besitzt. Wäre E von endlicher Dimension, so wäre jedes Element λ des Spektrums ein Eigenwert, das heißt, es gäbe einen Vektor $\varphi \neq 0$ der Art, dass $A\varphi=\lambda\varphi$ (Eigenvektor). Interessant ist der Fall, in dem jedes Element von E eine Linearkombination aus Eigenvektoren von A ist. Man sagt dann, dass A diagonalisierbar ist, denn in einer Basis, die aus Eigenvektoren besteht, ist die MATRIX von A eine Diagonalmatrix.

Im unendlichdimensionalen Fall muss es nicht mehr zu jedem Element des Spektrums Eigenvektoren geben, aber man kann der Spektralzerlegung von E dennoch insofern eine Bedeutung geben, als jeder Vektor durch ein über das ganze Spektrum ausgedehntes Integral ausgedrückt wird. Die Wirkung von A läßt sich dann leicht als Wirkung auf ein solches Integral bestimmen. Die solcherart entwickelte Spektralanalyse lässt sich auf die Erforschung sämtlicher Schwingungsphänomene anwenden, wobei das Element λ als FREQUENZ der betreffenden Schwingung interpretiert wird. Zu den wichtigsten Phänomenen dieser Art gehört das LICHT (siehe SPEKTRUM), und aus diesem Bereich stammt auch der Begriff des Spektrums.

Wavelets

Die Fourieranalyse liefert höchst präzise Informationen über die Frequenzen (die Variable λ), aus denen eine Funktion besteht, aber sie bietet keine Möglichkeit, Informationen über die räumliche Lokalisierung der Funktion (die Variable x) zu erlangen. Dies ist ein Aspekt des bekannten HEISENBERGSCHEN UNBESTIMMTHEITSPRINZIPS. Seit den 1980er Jahren benutzt man statt der komplexen Exponentialfunktionen andere Funktionssysteme zur Darstellung beliebiger Funktionen; sie werden als Wavelets bezeichnet (englisch für »kleine Wellen«). Dabei sucht man nach Darstellungsweisen, die gleichzeitig Informationen über die Frequenz- und die Raumvariablen liefern, soweit das Unbestimmtheitsprinzip dies zulässt. Die Wavelets sind inzwischen ein hoch effizientes Instrument für numerische Berechnungen geworden.

Spektrum

Zur Vertiefung: ***Dopplereffekt; Expansion; Spektralanalyse; Temperatur***

Die Zerlegung des Lichts

Das weiße Licht, das von der SONNE zu uns kommt, besteht in Wirklichkeit aus zahlreichen Farben, die von Rot über Gelb und Blau bis hin zu Violett reichen. Im Regenbogen ist das weiße Licht der Sonne in seine Bestandteile zerlegt, und die einzelnen Farben werden sichtbar. Dies zeigt, dass sichtbares Licht wie im Übrigen jede elektromagnetische WELLE als Überlagerung verschiedener elementarer Wellen verstanden werden kann, deren jede eine bestimmte WELLENLÄNGE besitzt. Diese elementaren Wellen werden als monochrom oder monochromatisch (einfarbig) bezeichnet, weil unser Gehirn die Wahrnehmung einer Welle bestimmter Wellenlänge jeweils in eine bestimmte FARBE übersetzt.

Das Spektrum einer Welle ist die Gesamtheit der darin vorkommenden Wellenlängen. So umfasst das Spektrum des Sonnenlichts nicht nur nahezu sämtliche sichtbaren Wellenlängen, sondern auch solche, die das menschliche Auge nicht wahrzunehmen vermag, zum Beispiel Infrarot und Ultraviolett.

Als erster analysierte im 17. Jahrhundert Isaac Newton die spektrale Zusammensetzung des Lichts; er verwendete dazu ein gläsernes Prisma. Newton nahm allerdings an, das Licht bestünde aus Korpuskeln. Erst als sich im 19. Jahrhundert bei den Physikern die Erkenntnis durchsetzte, dass es sich beim Licht um ein Wellenphänomen handelt, begann wirklich die Erforschung der Spektren (Spektroskopie).

Die Spektroskopie oder Spektralanalyse

Der deutsche Physiker Joseph von Fraunhofer gilt als der Vater der Spektroskopie. Er unterzog das Sonnenspektrum 1814 einer sehr genauen Untersuchung; zunächst benutzte er dabei wie seine Vorgänger ein gläsernes Prisma, doch dann erfand er ein Instrument, das eine sehr viel präzisere Zerlegung des Sonnenlichts ermöglicht, das Beugungsgitter (siehe BEUGUNG). Er stellte fest, dass die Spektren, die er auf diese Weise erhielt, nicht vollkommen kontinuierlich waren, sondern eine große Zahl heller und dunkler, in unregelmäßigen Abständen aufeinander folgender Streifen aufwiesen. Er zählte insgesamt 576 solcher Streifen – was für die Präzision seiner Messungen spricht. Die dunkelsten Streifen bezeichnete er mit den Buchstaben A, B, C ..., H, eine Notation, die heute noch in Gebrauch ist.

Die Spektroskopie stellte die Physiker vor zahlreiche Rätsel, die erst nach einem Jahrhundert experimenteller Forschung und theoretischer Arbeit befriedigend gelöst werden sollten. Im Anschluss an Fraunhofer untersuchten die Physiker des 19. Jahrhunderts die im LABORATORIUM erzeugten Spektren zahlreicher Lichtquellen, indem sie verschiedene Stoffe erhitzten oder indem sie einen elektrischen Funken in einem unter niedrigem Druck stehenden Gas auslösten. Nach und nach konnten sie auf diese Weise zeigen, dass die von verschiedenen Körpern emittierten Spektren im Allgemeinen aus einer Folge deutlich abgegrenzter heller Streifen oder Linien bestehen, zwischen denen jeweils dunklere Bereiche liegen (solche Spektren bezeichnet man als diskret, im Unterschied zu kontinuierlichen Spektren, in denen sämtliche Wellenlängen vertreten sind). Außerdem zeigten sie, dass diese Folgen jeweils charakteristisch für die emittierenden Körper sind: Lage und Abstand der »Spektrallinien« unterscheiden sich bei den verschiedenen chemischen Elementen auf charakteristische Weise. Darum kann das Spektrum des von einem chemischen Element emittierten Lichts als dessen Signatur gelten.

Die Spektroskopie erwies sich sehr bald als ein ausgezeichnetes Instrument, mit dessen Hilfe sich die chemische Zusammensetzung unbekannter Stoffe analysieren lässt, sobald diese Stoffe Licht emittieren. Auch kleinste Verunreinigungen eines chemischen Elements durch ein anderes können auf diese Weise nachgewiesen werden. Die auf der Spektroskopie basierenden Methoden erreichten eine solche Empfindlichkeit, dass die beiden deutschen Physiker Gustav Kirchhoff und Robert Bunsen (der Erfinder des Bunsenbrenners) mit ihrer Hilfe zwei neue chemische Elemente entdecken konnten: Cäsium und Rubidium. 1868 stieß man im Spektrum des Sonnenlichts auf Spektrallinien, die noch nie zuvor beobachtet worden waren; sie stammten von dem chemischen Element Helium, das auf der Erde erst 17 Jahre später von Marie und Pierre Curie in einem Uranmineral entdeckt wurde.

Die Ursache der beobachteten Spektrallinien

Die Struktur der Spektren und insbesondere die charakteristischen Spektrallinien stellten die Physiker vor ein schwieriges Rätsel. Auch für bestimmte Übereinstimmungen zwischen verschiedenen Spektren hatte man keine Erklärung. So verstand man nicht, warum die hellsten Linien des Natriumspektrums genau den D-Linien entsprachen, die im Sonnenspektrum fehlten.

Einen ersten großen Schritt zur Lösung dieser Probleme machte Gustav Kirchhoff 1859. Auf der Basis der noch ganz jungen THERMODYNAMIK zeigte er, dass ein Körper Strahlung einer bestimmten Wellenlänge umso stärker absorbiert, je stärker er die betreffende Wellenlänge auch selbst emittieren kann. Wenn das Sonnenspektrum dunkle Linien aufweist, so deshalb, weil manche Wellenlängen des kontinuierlichen, im Sonneninneren emittierten Spektrums auf ihrem Weg nach außen von chemischen Elementen absorbiert werden, die gerade diese Wellenlängen auch emittieren können. Die dunklen Natriumlinien im Sonnenspektrum zeigen daher, dass dieses Element in den äußeren Schichten der Sonne vorkommt, die kälter sind als die tieferen Schichten und die so genannte Photosphäre bilden. Über einen ähnlichen Gedankengang konnte Kirchhoff aus seiner Analyse des Sonnenspektrums auch auf das Vorkommen anderer chemischer Elemente wie Calcium, Eisen, Magnesium und Chrom in den äußeren Schichten der Sonne schließen, ohne deshalb eigens dorthin fliegen zu müssen. Mit der Möglichkeit, die chemische Zusammensetzung eines Sterns allein durch die Untersuchung seines Spektrums zu ergründen, eröffnete Kirchhoff das Zeitalter der modernen Astrophysik. Außerdem führte er die grundlegende Unterscheidung zwischen Emissions- und Absorptionsspektroskopie ein. Emissionsspektren beschreiben die Wellenlängen, die ein Körper emittiert, wenn man ihn erhitzt oder wenn man in ihm eine elektrische Entladung hervorruft; diesen Wellenlängen entsprechen die hellen Linien. Absorptionsspektren erhält man dagegen, wenn man einen Körper mit elektromagnetischen Wellen bestrahlt, die ein kontinuierliches Spektrum besitzen, also sämtliche von dem betreffenden Körper absorbierbaren Wellenlängen enthalten; daher bestehen Absorptionsspektren aus dunklen Linien. Nach dem Kirchhoffschen Gesetz ist das Absorptionsspektrum gleichsam das Negativ des Emissionsspektrums.

Die genaue Bestimmung der Wellenlängen

Damit hatte Kirchhoff den Schleier zwar teilweise gehoben, aber auch er konnte weder die Struktur der Spektren erklären noch den Grund angeben, warum die Wellenlängen bestimmte zahlenmäßige Werte annehmen. In den folgenden Jahren bemühten sich die Physiker intensiv um eine Lösung dieser Probleme. Zwar fanden sie mathematische Formeln zur Bestimmung der emittierten Wellenlängen (wenn auch zunächst nur für das einfachste Element WASSERSTOFF), doch alle Erklärungsversuche scheiterten. 1892 glaubten sie zu Unrecht, auf dem richtigen Weg zu sein, als der Holländer Hendrik Antoon Lorentz (Einsteins Lehrer) aufgrund der Maxwellschen Theorie des Elektromagnetismus einen speziellen Effekt voraussagen konnte, wonach bestimmte Linien im Spektrum eines Körpers sich verdoppeln, wenn man den Körper einem elektrischen Feld aussetzt. Vier Jahre später wurde dieser Effekt von dem Holländer Pieter Zeeman experimentell bestätigt (Lorentz und Zeeman erhielten 1902 den Nobelpreis). Doch es gelang Lorentz nicht, die Berechnungen, aus denen er den Zeemaneffekt abgeleitet hatte, auch auf den Emissionsvorgang selbst anzuwenden.

Eine neue Generation von Physikern, die keine Angst vor revolutionären Umbrüchen in der theoretischen Physik hatte, überwand wenig später diese Schwierigkeiten und entwickelte nebenbei auch noch die QUANTENPHYSIK. Im Anschluss an Arbeiten von Max Planck zum Problem des SCHWARZEN KÖRPERS und von Albert Einstein, der zu dem Schluss gelangt war, dass der Energietransfer zwischen Materie und Strahlung nur in elementaren Paketen oder Quanten erfolgen kann, postulierte Niels Bohr 1913, dass die Energie der Atome ihrerseits gequantelt sei, also nur ganz bestimmte Werte annehmen könne und alle anderen Werte ausschließe. Diese besonderen Energiewerte entsprechen nach Bohr bestimmten Umlaufbahnen der ELEKTRONEN innerhalb der ATOME. Dabei sind in einem Atom jeweils mehrere Elektronenbahnen möglich. Solange die Elektronen eines Atoms sich auf den »erlaubten« Bahnen befinden, strahlt das Atom keine Energie ab.

Wie erklärt sich dann aber die Emission bestimmter Spektrallinien, also die Emission von Licht ganz bestimmter Wellenlängen? Sie erklärt sich aus der Tatsache, dass Atome von einem Energieniveau auf ein anderes springen können. Dabei wird die Energie des Atoms in Strahlungsenergie umgewandelt. Da die Energie der Atome gequantelt ist, gilt dasselbe auch für die emittierte Strahlung. Die Strahlungsenergie entspricht der Energiedifferenz des Atoms vor und nach dem Sprung. Da kein physikalisches Gesetz damals eine Erklärung für die Quantelung der Energie von Atomen bot, erhob Bohr diesen Gedanken zur Grundlage einer neuen Physik, die dann von talentierten Physikern (Louis de Broglie, Werner K. Heisenberg, Erwin Schrödinger, Max Born, Paul Dirac, Wolfgang Pauli, Pascual Jordan und anderen) weiter ausgebaut und vervollkommnet wurde. Die Spektroskopie erwies sich rasch als das sicherste Mittel zur Stützung des quantenphysikalischen Formalismus und zur Prüfung der darauf basierenden Voraussagen. Die ungeklärten Fragen hinsichtlich der Struktur der Spektrallinien, an der dank einer vergrößerten Messgenauigkeit keine Zweifel mehr bestehen konnten, zwangen die Physiker, die Quantentheorie zu verfeinern. Und umgekehrt bezog die Quantentheorie aus der kohärenten Deutung der Spektren eine kaum noch anzufechtende Autorität.

Der Reichtum der Spektralanalyse

In praktischer Hinsicht bietet die Spektroskopie die Möglichkeit, zahlreiche Informationen über den inneren Aufbau der Atome und Moleküle zu gewinnen. Durch die Bestrahlung mit kurzwelligem Licht (also mit Licht hoher Frequenz) kann man Atomen und Molekülen große Energiequanten zuführen. Die dabei gewonnenen Absorptionsspektren liefern Informationen über deren inneren Aufbau.

Mit Radiowellen lassen sich schwächere Wechselwirkungen erforschen, etwa die Wechselwirkungen zwischen den Elektronen und dem Atomkern, die sich an der so genannten Hyperfeinstruktur der Spektrallinien ablesen lassen, oder die Wechselwirkungen zwischen den Ionen in einem kristallinen Festkörper. Mit Hilfe von Mikrowellen und von Licht aus dem fernen Infrarotbereich beginnt man heute in das Innere der Moleküle einzudringen, denn mit der Spektralanalyse kann man deren Rotationsenergien messen und daraus wiederum die Abstände zwischen den einzelnen Atomen innerhalb des Moleküls ableiten. Mit noch kürzeren Wellenlängen im nahen Infrarotbereich erhält man Zugang zu den Schwingungsenergien, das heißt zu den Energien, die mit den Relativbewegungen der Atome innerhalb des Moleküls zusammenhängen; daraus lassen sich Informationen über die in den Molekülen wirkenden Kohäsionskräfte gewinnen.

Steigen wir auf der Stufenleiter der Wellenlängen noch weiter hinab, gelangen wir in den optischen Bereich, also in den Bereich des sichtbaren Lichts und seiner unmittelbaren Umgebung. Diesem Wellenlängenbereich entsprechen die energetischen Übergänge der äußeren Elektronen eines Atoms oder Moleküls. Das zugehörige Spektrum gibt daher

Aufschluss über den Aufbau der äußeren Elektronenhülle. Mit Röntgenstrahlen können wir sowohl den äußeren als auch den inneren Bereich der Elektronenhülle erforschen, und Gammastrahlen, die beim radioaktiven Zerfall oder anderen Kernreaktionen entstehen, eröffnen uns zumindest in gewissen Aspekten sogar den Zugang zum inneren Aufbau der Atomkerne.

Da das Spektrum eines Körpers gleichsam dessen »Balkencode« darstellt, kann es kaum verwundern, dass die Spektroskopie vielfältige Anwendung findet, wenn es darum geht, die chemische Zusammensetzung unbekannter Stoffe zu ergründen. Zum einzigen brauchbaren Instrument wird sie bei Systemen, die nur aus der Ferne beobachtet werden können, also bei astronomischen Objekten wie den Sternen oder der interstellaren Materie oder auch bei einem PLASMA, das aus stark erhitzter und ionisierter Materie besteht.

In der Chemie geht die Spektralanalyse weit über die Bestimmung eines Moleküls aufgrund seines Profils innerhalb eines gewissen Wellenbereichs hinaus – eine Arbeit, die heute übrigens weitgehend automatisiert ist und von Robotern erledigt wird. Die Spektralanalyse eröffnet auch die Möglichkeit, Fragen folgender Art zu beantworten: Befinden sich die in Molekül 1 einander benachbarten Atome *A* und *B* auch in Molekül 2 unmittelbar beieinander? Kann ich aufgrund der elektrischen Ladung eines Atoms hoffen, dieses Molekül durch eine geeignete Reaktion in eine andere Konformation zu bringen? Wie lange wird das Molekül in der Form eines Regenschirms bleiben, bevor es die Form einer Nähmaschine annimmt? Ist das Molekül symmetrisch, und welche Symmetrie besitzt es?

Weitere Bedeutungen des »Spektrums«

Kennt man das Spektrum einer elektromagnetischen Strahlung, kann man deren Intensität bestimmen, das heißt die Leistung, die sie je nach ihrer Energie oder ihrer Frequenz oder ihrer Wellenlänge transportiert (Energie, Frequenz und Wellenlänge sind eng miteinander verbunden). Der Begriff des Spektrums lässt sich auch auf andere Bereiche ausdehnen. So liefert das Massenspektrum einer Probe (zum Beispiel eines Bruchstücks von einem Meteoriten, des Haars eines Verdächtigten, einer Luftprobe, der Proteine einer Zelle usw.) Masse und (absolute oder relative) Anzahl der in der Probe enthaltenen Atome der verschiedenen chemischen Elemente (zum Beispiel eines Gifts), geordnet nach der Masse der betreffenden Elemente. Da zwei Isotope desselben chemischen Elements – chemisch identische Atome, die sich nur durch die Zahl der im Kern enthaltenen Neutronen unterscheiden – unterschiedliche Massen besitzen, werden ihnen im Massenspektrum verschiedene Werte zugeordnet. Der Massenspektrograph ist ein äußerst wertvolles Instrument, das die Atome zunächst beschleunigt und in Ionen umwandelt, um sie dann über ein Magnetfeld nach ihrer Masse zu sortieren und zu zählen.

Das Geschwindigkeitsspektrum von Teilchen, die sich in einem Gas oder einer Flüssigkeit in ungeordneter Bewegung befinden, gibt den Anteil der Teilchen an, die eine bestimmte Geschwindigkeit v besitzen; das Geschwindigkeitsspektrum ist eng mit der TEMPERATUR des betreffenden Mediums verbunden. Aus dem Geschwindigkeitsspektrum kann man außerdem das Spektrum der kinetischen Energie der betreffenden Teilchen ableiten, weil zwischen Geschwindigkeit v und kinetischer Energie E ein Zusammenhang besteht, der für Geschwindigkeiten weit unterhalb der Lichtgeschwindigkeit durch die Formel $E=(1/2)mv^2$ gegeben ist, wobei m für die Masse des betrachteten Teilchens steht.

Die Vielfalt der astronomischen Spektren

Der Vielfalt der astronomischen Objekte entspricht die Vielfalt der zugehörigen Spektren (siehe *Abbildung 1*), die sich über den gesamten Bereich der elektromagnetischen Strahlung erstrecken, von den Radiofrequenzen, die vom Kilohertz- bis zum Gigahertzbereich (10^6 Hz–10^{12} Hz) reichen, bis hin zu den hoch energetischen γ-Photonen (deren Frequenz um ein Milliardenfaches höher liegt). Da die Strahlung in all diesen Bereichen von derselben Art wie das Licht ist, kann man sie auch unabhängig von ihrer

Frequenz als Licht bezeichnen, so dass dieser Begriff nicht mehr nur auf den sichtbaren Ausschnitt des elektromagnetischen Spektrums beschränkt bleibt. Trotz der gewaltigen Energieunterschiede lassen sich die jeweiligen Spektren einigen wenigen einfachen Gruppen zuordnen. So gibt es kontinuierliche Spektren, in denen die Intensität des Lichts sich nur langsam mit der Wellenlänge verändert; das gilt für die Strahlung, die von spiralförmig in einem Magnetfeld bewegten Elektronen emittiert wird (Synchrotronstrahlung – siehe EMISSION), wie man sie in den Überresten explodierter Sterne beobachtet (siehe SUPERNOVA); und ebenso für die kosmische Hintergrundstrahlung (siehe SCHWARZER KÖRPER), eine allgegenwärtige Reststrahlung, die in einer frühen Phase des Universums entstand und eine Temperatur von 2,7 Kelvin besitzt. Die allgemeine Form des Spektrums gibt Auskunft über dessen Herkunft, zum Beispiel über die Temperatur des emittierenden Gases oder über das Magnetfeld, das in diesem Gas herrscht.

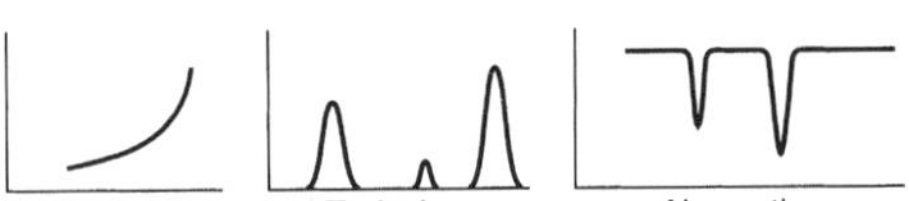

Abbildung 1 Verschiedene Arten von Spektren. Auf der Abszisse ist die Frequenz der Strahlung, auf der Ordinate die Intensität bei der jeweiligen Frequenz abgetragen.

Auch Emissionsspektren lassen sich beobachten; darin verteilt sich das Licht auf eine kleine Anzahl eng begrenzter Frequenzen (oder Wellenlängen). Wer den für die Senderwahl bestimmten Knopf an einem Radioempfänger mit Frequenzmodulation (FM) dreht, erhält ein genaues Bild eines Emissionsspektrums: Abgesehen von Störgeräuschen und Hintergrundrauschen, bleibt das Radio still, bis eine Frequenz eingestellt ist, in der ein Sender elektromagnetische Wellen emittiert. Laser emittieren meist eine einzige, sehr intensive Spektrallinie (zum Beispiel die rote Linie der Helium-Neon-Laser, mit denen an der Supermarktkasse die Balkencodes gelesen werden). Interstellare Gaswolken (siehe WOLKE) enthalten zahlreiche Moleküle, deren jedes eine Reihe von Frequenzen emittiert, die charakteristisch für die jeweiligen chemischen Bindungen oder Bewegungen (Rotation, Schwingung) sind. Mit Hilfe von Radioteleskopen kann man Emissionsspitzen (oder Spektrallinien) aufzeichnen, die es gestatten, die verschiedenen Moleküle zu identifizieren, vom Kohlenmonoxid CO bis hin zu großen organischen Molekülen wie Aceton und Äthanol.

Gelegentlich beobachtet man auch Spektren, die eine Kombination aus einem kontinuierlichen und einem Linienspektrum darstellen; das gilt etwa für das Spektrum der Sonne und der Sterne. Aus solchen Spektren kann man Informationen über die Temperatur der Atmosphäre, über deren chemische Zusammensetzung und über weitere Phänomene gewinnen (siehe SPEKTRALANALYSE).

Spektrallinien

Aufgrund eines plötzlichen Anstiegs oder Abfalls der Lichtintensität bei bestimmten Frequenzen bilden sich im Spektrum die so genannten Spektrallinien heraus, bei denen es sich entweder um Emissionslinien oder um Absorptionslinien innerhalb eines kontinuierlichen Spektrums handelt (siehe *Abbildung 1*). Schon die Form der Spektrallinie enthält zahlreiche physikalische Informationen über das emittierende Medium. Über die Frequenz im Zentrum der Linie lässt sich das emittierende Teilchen (Atomkern, Atom, Molekül) identifizieren (siehe *Abbildung 2*). Manchmal sind sämtliche Frequenzen um einen bestimmten Betrag $\Delta\nu/\nu$ verschoben, wobei ν (Nü) für die Frequenz steht; aus dieser Verschiebung schließt man dann auf eine Bewegung der betreffenden Strahlungsquelle gegenüber dem Beobachter (DOPPLER-EFFEKT). Die individuelle Bewegung der Atome, die Licht emittieren oder absorbieren, wächst mit der Temperatur. Dadurch kommt es zu einer größeren Streuung der einzelnen Geschwindigkeiten um die Durchschnittsgeschwindigkeit, so dass die Spektrallinie sich in Abhängigkeit von der Temperatur des emittierenden Gases verbreitert. Misst man diese Verbreiterung, kann man die Temperaturen bestimmen, die in dem emit-

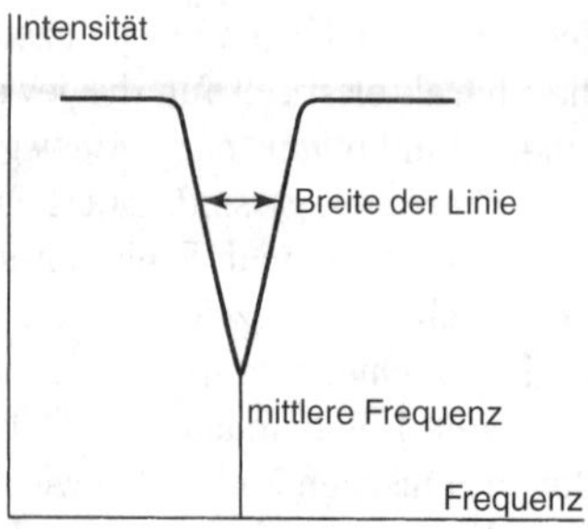

Abbildung 2 Absorptionslinie in einem kontinuierlichen Spektrum. Die Verschiebung der mittleren Frequenz der Linie gegenüber der entsprechenden Frequenz eines im Labor gemessenen Atoms gibt Auskunft über die Geschwindigkeit der Strahlungsquelle gegenüber dem Beobachter. Die Breite der Linie gibt Auskunft über die ungeordnete Bewegung der Quelle, also über ihre Temperatur.

tierenden Medium herrschen und die von einigen Kelvin (etwa –270 °C) bis hin zu mehreren Millionen Kelvin in der Sonnenkorona oder im interstellaren Medium reichen.

Spezifizität

Zur Vertiefung: ***Alkohol; Chemie; Enzyme***

Der Begriff der Spezifizität basiert auf der Vorstellung, dass jede CHEMISCHE VERBINDUNG *X* sich in der Anordnung ihrer Atome und in ihren Eigenschaften von einer anderen chemischen Verbindung *Y* unterscheidet. Die Chemie geht von dem Axiom aus, dass eine beliebige Verbindung gleich oder ungleich der chemischen Verbindung *X* ist. Folglich weist die Verbindung *X* spezifische Strukturmerkmale und Eigenschaften auf.

Ein grundlegendes Beispiel für Spezifizität ist das PERIODENSYSTEM, in dem jedes Feld der Tafel und jedes ELEMENT sich von allen anderen unterscheidet. Dennoch konnte man sie zu Elementengruppen zusammenstellen, und das ist das Verdienst des russischen Chemikers Dmitri Mendelejew: Denn neben ihrer Spezifizität haben die Elemente auch Gemeinsamkeiten. So stehen in der 1. Hauptgruppe die Alkalimetalle zusammen, Elemente wie Natrium und Kalium, deren Atome leicht ein ELEKTRON abgeben und ein positives ION bilden. Die Begriffe »Spezifizität« und »Ähnlichkeit« spielen bei der Untersuchung chemischer Verbindungen immer wieder eine Rolle. Salzsäure HCl und Salpetersäure HNO_3 haben zum Beispiel gemeinsam, dass beide Säuren sind (ihre strukturelle Gemeinsamkeit liegt hier in einer gemeinsamen Formel H*A*). Dennoch haben beide auch ihre spezifischen Eigenschaften, zum Beispiel ist Salpetersäure ein Oxidationsmittel.

In der Chemie bemüht man sich, die chemischen Verbindungen zu Familien zusammenzufassen: Alkohole, ALKALOIDE, STEROIDE usw. Als Kriterien der Gleichartigkeit dienen im Allgemeinen Strukturähnlichkeiten auf mikroskopischer Ebene.

Die Spezifizität ist wichtig für die ANALYSE von Stoffen, da sich aus ihr Kriterien ableiten lassen, um die Substanz *X*, und zwar ausschließlich sie, aufgrund ihrer physikalischen Eigenschaften zu identifizieren (zum Beispiel ein verbotenes Dopingmittel im Urin eines Sportlers). Anhand solcher Kriterien lässt sich auch der Reinheitsgrad eines synthetischen Erzeugnisses (ein Amphetamin, ein anaboles Steroid usw.) feststellen.

Für die CHEMISCHE SYNTHESE ist die Spezifizität von Bedeutung, wenn man ein Verfahren anstrebt, das aus einem Ausgangsstoff ausschließlich die Substanz *X* produziert (ein solches Verfahren bezeichnet man als spezifische Reaktion).

Im Begriff der Spezifizität begegnen sich die chemische Theorie, die verlangt, dass *X* eine einzigartige, von allen anderen Stoffen unterschiedene Spezies ist, und die Praxis des Laboratoriums. Diese macht es möglich, die Substanz *X* eindeutig zu bestimmen und herzustellen.

Spiel

Zur Vertiefung: ***künstliche Intelligenz***

Der Ausdruck »Spiel«, der im Althochdeutschen *(spil)* ursprünglich »Tanz« bedeutete, bezeichnet heute zahlreiche Aktivitäten und Zustände, die nur eines gemein haben, nämlich gewisse Spielräume, die verschiedene Möglichkeiten zulassen. Wenn Kinder spielen, sind sie den Notwendigkeiten der Erwachsenenwelt enthoben und können sich in der

Phantasie über die Zwänge der Realität hinwegsetzen; von Glücksspielen spricht man, wenn der Ausgang allein vom Zufall abhängt; bei Gesellschaftsspielen wie Schach oder Dame hängt der Ausgang von zahlreichen Unwägbarkeiten der gegnerischen Strategien ab; wenn Schauspieler ein Theaterstück oder Musiker eine Partitur spielen, wählen sie unter zahlreichen möglichen Interpretationen des Textes oder der Partitur; und das Spiel zwischen den Zahnrädern einer mechanischen Vorrichtung gibt Raum für zufällige Bewegungen.

Nun duldet Wissenschaft im Prinzip keine endgültige Ungewissheit; sie will auch den letzten Winkel unserer Welt ausleuchten. Wird sie eines Tages in der Lage sein, jeden Streit zu entscheiden, alle Zweifel auszuräumen und jegliche Ungewissheit zu beseitigen? Wird sie einem jeden bei seinen Entscheidungen mit solide begründeten Argumenten zur Seite stehen können? Solche Fragen haben sich seit dem 17. Jahrhundert zahlreiche Mathematiker gestellt, darunter etwa Blaise Pascal und Georges Buffon. Und so lautet auch das Ziel der mathematischen Spieltheorie, die im 20. Jahrhundert von Émile Borel, John von Neumann, Oskar Morgenstern und vielen anderen in ihrem Gefolge entwickelt worden ist.

Spieltheorie

Als Teilgebiet des OPERATIONS RESEARCH, der Wissenschaft rationaler Entscheidungen, untersucht die Spieltheorie Entscheidungen, die in Konkurrenzsituationen getroffen werden. Militärische Strategien, ökonomische Investitionen, Entwicklungsstrategien, Spekulationsgeschäfte – in all diesen Bereichen lässt sich die Spieltheorie anwenden, weil hier zahlreiche Akteure beteiligt sind, die jeweils ihre eigenen Interessen verfolgen. Bei gleicher Interessenlage können die Parteien sich zusammentun und im Sinne eines gemeinsamen Interesses zusammenarbeiten. Bei gegenläufigen Interessen werden sie dagegen miteinander rivalisieren, um den Sieg davonzutragen, sofern es nicht vorteilhafter für sie ist, sich zeitweilig mit einer anderen Partei zu verbünden.

Ob nun politische Strategie oder ökonomische Investitionsentscheidung, in jedem Fall müssen für die Situationen zunächst Modelle gefunden werden. Die Zusammenhänge müssen so weit vereinfacht werden, dass sie sich mathematisch erfassen lassen, was allerdings die Gefahr heraufbeschwört, dass wichtige Aspekte des Entscheidungsprozesses dabei unter den Tisch fallen. Die Spieltheorie kümmert sich in erster Linie um die Konsistenz und operationale Leistungsfähigkeit ihrer Modelle, während sie es den jeweiligen Fachgebieten – Ökonomie, Politikwissenschaft – überlässt, die vereinfachten Modelle auf ihre Brauchbarkeit hin zu überprüfen.

Generell bieten Spiele jedem Spieler die Möglichkeit, zwischen verschiedenen Einstellungen zu wählen, wobei die eigenen Spielzüge durch die Züge der jeweiligen Partner und Gegner bedingt sind. Nach dem Maximin-Prinzip versucht jeder Spieler, seinen Gewinn zu maximieren, wohl wissend, dass ein rationaler Gegner stets versuchen wird, seine eigenen Verluste zu minimieren.

Ein schönes Beispiel dafür liefert das Dilemma, in dem Ede und Hein sich befinden, nachdem sie beide am Tatort eines Einbruchs festgenommen worden sind; sie werden getrennt verhört und müssen sich zwischen zwei Strategien entscheiden: entweder zu schweigen oder den anderen zu beschuldigen, während ein Geständnis nicht infrage kommt, weil es ihrer Ganovenehre widerspräche. Wenn nun beide schweigen, werden zwar beide verdächtigt, doch da kein Geständnis und keine weiteren Beweise vorliegen, werden beide mit einer geringen Haftstrafe von höchstens einem Jahr davonkommen. Wenn einer der beiden seinen Komplizen denunziert, während der andere schweigt, kann der Denunziant mit einem Freispruch rechnen, während auf den Denunzierten mindestens fünf Jahre Haft warten. Beschuldigen sie sich gegenseitig, kommen beide mit drei Jahren Haft davon. Diese Wahlmöglichkeiten und ihre Folgen sind in *Abbildung 1* dargestellt.

Aufgrund des Maximin-Prinzips wird nun Hein seinen Gewinn zu maximieren, das heißt hier, seine Haftstrafe zu minimieren versuchen, wohl wissend, dass Ede genau dasselbe tun wird. Nehmen wir an, Hein schweigt,

Ede / Hein	Ede schweigt	Ede denunziert
Hein schweigt	Hein: 1 Jahr Ede: 1 Jahr	Hein: 5 Jahre Ede: Freispruch
Hein denunziert	Hein: Freispruch Ede: 5 Jahre	Hein: 3 Jahre Ede: 3 Jahre

Abbildung 1

dann riskiert er fünf Jahre bzw. ein Jahr Haft, falls Ede ihn denunziert bzw. schweigt. Entschließt er sich dagegen, seinen Komplizen zu denunzieren, sind drei Jahre Haft oder ein Freispruch möglich. Kurz gesagt, in allen Fällen erhält Hein eine geringere Strafe, wenn er Ede denunziert statt zu schweigen. Da Ede dies weiß, wird er davon ausgehen, dass Hein ihn denunziert, so dass es in seinem eigenen Interesse liegt, Hein zu denunzieren. Wenn die beiden keine Möglichkeit haben, miteinander zu kommunizieren und keine andere Information über das Verhalten ihres Komplizen besitzen, als in *Abbildung 1* angegeben, haben beide ein Interesse daran, den anderen zu beschuldigen, um die zu erwartende Strafe zu minimieren. Insgesamt ist diese Strategie nicht optimal, denn beide erhalten nun drei Jahre Haft; arbeiteten sie dagegen zusammen und schwiegen beide, erhielten sie beide nur ein Jahr Haft. Doch dazu müssten sie sich absprechen und gleichsam ein Bündnis schließen können. Ob nun eine Absprache zwischen den Spielern erfolgt oder nicht, in beiden Fällen ergibt sich aus dem Maximin-Prinzip, welche Entscheidung die rationalste ist.

Bei manchen Spielen hängt die Lösung von einer ganzen Kette von Entscheidungen ab, die abwechselnd von den verschiedenen Spielern getroffen werden. Das gilt zum Beispiel für Schach, Dame, Go, Bridge usw. In diesem Fall untersucht man sämtliche Möglichkeiten, die sich aus der Verkettung aller vorstellbaren Spielzüge ergeben. Das Sechserdamespiel bietet hier ein hinreichend einfaches Beispiel, das auch von einer Maschine vollständig überschaut werden kann: Das Spielfeld besteht aus 3×3 Feldern, und wie beim Damespiel werden die Spielsteine O und × abwechselnd ein Feld weit gezogen; geschlagen wird

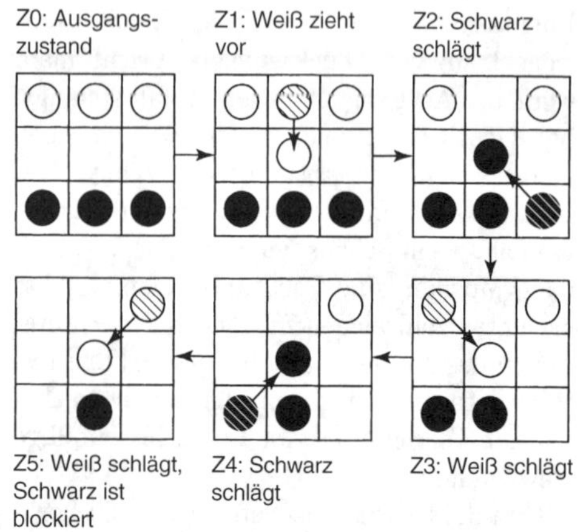

Abbildung 2 Kette von Spielzügen beim Sechserdamespiel

diagonal (siehe *Abbildung 2*). Gewonnen hat der Spieler, der als Erster mit einem seiner Steine die gegnerische Grundlinie erreicht. Betrachtet man die Folge der möglichen Spielzüge und wendet das Maximin-Prinzip an, wird deutlich, dass der Spieler, der das mittlere Feld besetzt, einen deutlichen Vorteil genießt; man sagt, er besitze eine dominierende Strategie, denn ganz gleich, was der Gegner unternimmt, er kann ihn besiegen oder zumindest verhindern, das Spiel zu verlieren. Spiele, die solch einen Gleichgewichtspunkt besitzen, an dem die Verluste beider Spiele minimiert werden, bezeichnet man als Spiele mit Sattelpunkt. John von Neumann hat gezeigt, dass alle endlichen Spiele mit vollständiger Information wie Schach, Dame oder Sechserdame, bei denen die Zahl der Möglichkeiten begrenzt ist und keine Informationen verborgen bleiben, zur Gruppe der Spiele mit Sattelpunkt gehören.

Spiele und Computer

Computer führen automatisch Berechnungen durch, die auf Papier oder gar im Kopf auszuführen allzu langwierig und ermüdend wäre. Daher eignen sie sich bestens als Werkzeug im Dienst des Operations Research, der Wissenschaft rationaler Entscheidungen, und besonders als Instrument der Spieltheorie, weil sie eine große Zahl von Möglichkeiten durchrechnen können, ohne jemals zu ermüden. Doch angesichts der schwindelerregenden

Zahl möglicher Strategien im Schach oder Damespiel müssen selbst Computer kapitulieren; eine vollständige Aufzählung ist völlig ausgeschlossen, selbst wenn die Leistung der Rechner um ein Vielfaches gesteigert würde. Schon im Schachspiel ist die Zahl der möglichen Partien größer als die Zahl der Teilchen im gesamten Universum.

Selbst wenn es eine dominierende Strategie gibt, ist der Einsatz von Computern hier auf Näherungswerte und Kompromisse angewiesen. Damit verlassen wir allerdings den Bereich des Operations Research, das heißt der mathematischen Rationalität, und nähern uns dem Gebiet der Künstlichen Intelligenz, denn dort wählt man unter allen Möglichkeiten jeweils solche aus, die aufgrund empirischer Kriterien vielversprechend erscheinen. In der Praxis erfasst man die auf dem Spielfeld vorhandenen Steine und ihre Positionen mit Hilfe einer numerischen Funktion, die als Bewertungs- oder Evaluationsfunktion bezeichnet wird und dem Computer die Möglichkeit bietet, Züge auszuwählen, mit denen er selbst möglichst wenige Figuren verliert und zugleich möglichst viele gegnerische Figuren zu schlagen vermag. Dabei werden die Spielzüge stets nach dem Maximin-Prinzip bestimmt, wobei der Gewinn durch die Evaluationsfunktion gemessen wird: Der Computer wählt den Spielzug, der seine eigene Evaluationsfunktion maximiert und zugleich die des Gegners minimiert, wobei unterstellt wird, dass der Gegner ebenso vorgeht. Auf diese Weise war es möglich, auf der Basis einer Theorie der rationalen Entscheidung in Spielsituationen Computer zu bauen, die gegen menschliche Spieler antreten.

Schachprogramme, die auf diesem Prinzip basieren, gehen niemals unbesonnen vor; sie verlieren keine Figuren durch Unaufmerksamkeit und sind daher furchterregende Taktiker, die für den bevorstehenden Kampf bestens gewappnet sind. Dafür sind sie allerdings schlechte Strategen, denn sie können nicht auf augenblickliche Vorteile verzichten, um damit spätere Vorteile zu erkaufen. Die mit den heutigen Schachprogrammen erzielten Ergebnisse besitzen daher eine überraschende Eigenschaft; entgegen verbreiteten Vorstellungen ahmen Schachcomputer keineswegs den Menschen nach. Während Großmeister nach bisherigen Untersuchungen meist monoman eine einzige Strategie oder wenigstens doch eine sehr kleine Zahl von Strategien verfolgen, agieren Computer äußerst eklektisch, und das heißt in diesem Fall vielseitig, aber auch oberflächlich. Ihr einziger Vorteil ist die ungeheure Rechenkapazität, die sie befähigt, bei ihren Spielzügen keine Fehler zu machen. Darin sind sie dem Menschen überlegen. Als man 1997 mehrere Computer zu einem Parallelrechner verband (siehe Parallelverarbeitung), gelang es einem Programm namens *Deep Blue*, den amtierenden Schachweltmeister zu überraschen und zu besiegen.

Auch wenn solche Schachcomputer die meisten menschlichen Schachspieler zu besiegen vermögen, sind sie doch nicht unbesiegbar; niemand kann beweisen, dass sie jeden Menschen stets und überall zu besiegen vermöchten. Ihre Stärke liegt einzig und allein in ihrer Rechenleistung, nicht in ihrer Unbesiegbarkeit. Selbst wenn ihre Leistung durch weitere Anstrengungen auf dem Gebiet der künstlichen Intelligenz und der Informationstechnologien noch weiter verbessert werden sollte, werden sie einem hypothetischen menschlichen Spieler doch stets noch eine Chance lassen.

Während die Spieltheorie Entscheidungen durch Eliminierung der ihnen anhaftenden Unsicherheit zu rationalisieren versucht, begnügt die künstliche Intelligenz ich damit, die Leistung der Maschinen auf empirischem Wege zu verbessern, ohne sich sonderlich um den formalen Beweis solcher Leistungssteigerungen zu kümmern. Ist diese Abkehr von sicheren Beweisen und die Hinwendung zu bloßem Effizienzstreben Ausdruck der Tatsache, dass wir heute von der selbstsicheren, auf Eroberung ausgerichteten Moderne in das fragilere, stärker am Genuss orientierte Zeitalter der Postmoderne übergehen, das um eines kurzfristigen Erfolges willen darauf verzichtet, die Welt in einen strengen Determinismus einzusperren? Die neueren Entwicklungen im Bereich jener Wissenschaften, die sich mit dem Spiel befassen, scheinen darauf hinzudeuten.

Spin

Zur Vertiefung: ***Ausschließungsprinzip; Boson und Fermion; Hadron; Suprafluüssigkeit***

1925 führten die beiden Physiker George Uhlenbeck und Samuel Goudsmit eine neue Größe ein, die sie den TEILCHEN und insbesondere den im Atom anzutreffenden Elektronen zuschrieben: den Spin. Dabei handelt es sich um eine innere Eigenschaft quantenphysikalischen und relativistischen Charakters. Der Spin entspricht dem bekannten Konzept einer Drehung um die eigene Achse, ist aber nicht damit identisch (das englische Verb *to spin* bedeutet »drehen«). Wenn ein Objekt, dessen Masse und Volumen nicht gleich null sind, sich um die eigene Achse dreht, besitzt es nach der klassischen Physik einen Drehimpuls, der seiner Masse und seiner Rotationsgeschwindigkeit proportional ist. In gewisser Weise ist der Spin die Übertragung dieses Konzepts in den Bereich der QUANTENPHYSIK. Aber Vorsicht! Da die von der Quantenphysik beschriebenen Teilchen sich sehr von den aus der klassischen Physik bekannten Objekten unterscheiden, dürfen wir uns die Teilchen nicht wie kleine, sehr schnell um die eigene Achse rotierende Kreisel vorstellen, denn das würde zu Widersprüchen führen. Nach der klassischen Physik können sich die Geschwindigkeitskomponenten, also die Projektionen der Geschwindigkeit auf die verschiedenen Achsen des betreffenden Bezugssystems, kontinuierlich ändern, das heißt, sie können beliebige Werte annehmen. Für die Spinkomponenten gilt das jedoch nicht; sie können nur eine endliche Zahl von Werten annehmen. Misst man etwa den Spin eines Elektrons in einer willkürlich gewählten Richtung, so können sich nur zwei Werte ergeben: entweder $h/4\pi$ oder $-h/4\pi$, wobei h das Plancksche Wirkungsquantum bezeichnet (siehe NATURKONSTANTEN). Diese beiden nur durch das Vorzeichen unterschiedenen Werte entsprechen, wenn man so will, einer Drehung und der entsprechenden Gegendrehung.

Misst man eine Spinkomponente eines Teilchen mit dem Spin j und einer von null verschiedenen Masse, kann man nur $(2j+1)$ verschiedene Werte erhalten, die sich vollkommen regelmäßig wie Leitersprossen zwischen einem Mindestwert $(-jh/2\pi)$ und einem Höchstwert $(+jh/2\pi)$ verteilen. Beim oben als Beispiel angeführten Elektron, für das nur zwei Werte möglich sind, gilt demnach für den Wert von j: $2j+1=2$, also $j=1/2$. Man sagt, das Elektron ist ein Teilchen mit dem Spin 1/2, während PROTON und Neutron einen Spin von 1 besitzen.

Da $2j+1$ stets eine ganze Zahl ist, muss die Zahl j, die den Spin eines Teilchens charakterisiert, stets entweder selbst ganzzahlig (0, 1, 2 ...) oder aber halbzahlig sein (also eine ungerade, durch 2 geteilte Zahl: 1/2, 3/2, 5/2 ...). Zwischen dem Spin und der Statistik der Elementarteilchen besteht nun ein grundlegender Zusammenhang, wonach Teilchen mit ganzzahligem Spin zu den Bosonen gehören, die sich unter bestimmten Umständen zu mehreren im selben Energiezustand befinden können, während Teilchen mit halbzahligem Spin zu den Fermionen gehören, die niemals zu mehreren denselben physikalischen Zustand einnehmen können (siehe BOSON UND FERMION sowie AUSSCHLIESSUNGSPRINZIP). In ihrem kollektiven Verhalten unterscheiden die Bosonen sich grundlegend von den Fermionen; das gilt insbesondere für sehr niedrige Temperaturen, bei denen die quantenmechanischen Effekte besonders deutlich hervortreten.

Teilchen, die aus einer geraden Anzahl von Fermionen bestehen, verhalten sich wie Bosonen, denn die Kombination einer geraden Zahl halbzahliger Spins ergibt einen ganzzahligen Spin. Das gilt zum Beispiel für den Heliumkern ^{4}He, der aus zwei Protonen und zwei Neutronen besteht und sich bei niedrigen Temperaturen wie eine SUPRAFLÜSSIGKEIT verhält, ein für Bosonen typisches Phänomen. Der Heliumkern ^{3}He dagegen, der aus zwei Protonen und einem Neutron besteht, entspricht einem Fermion und verhält sich bei niedrigen Temperaturen ganz anders als ^{4}He (auch Helium-3 wird suprafüssig, aber erst bei sehr viel niedrigeren Temperaturen als Helium-4).

Der Spin spielt eine wichtige Rolle beim Verständnis zahlreicher physikalischer Phänomene, insbesondere wenn es darum geht, die Feinstruktur der Atomspektren oder die magnetischen Eigenschaften der Materie zu erklären (siehe MAGNETISMUS und MAGNET).

Spleißen

Zur Vorbereitung: ***genetische Information***
Zur Vertiefung: ***Intron, Exon; RNA; Transkription; Verknüpfung von DNA-Fragmenten***

Stückelung und Verknüpfung der genetischen Information

Bei Prokaryoten (deren ZELLEN keinen ZELLKERN haben) wie BAKTERIEN ist die genetische Information fortlaufend in der Nukleotidkette enthalten; die NUKLEOTIDE sind die Grundbausteine der DNA, die ihrerseits Grundlage der GENE ist. Die Transkription der DNA in verschiedene RNA-Arten, zu denen auch die Messenger-RNA (mRNA) gehört, und die anschließende TRANSLATION der mRNA in PROTEINE bilden die Hauptetappen in der Umsetzung der genetischen Information (siehe *Abbildung 1*). In jeder Etappe besteht eine direkte Entsprechung oder Kolinearität zwischen den DNA-Segmenten, den RNA-Segmenten und den Proteinen.

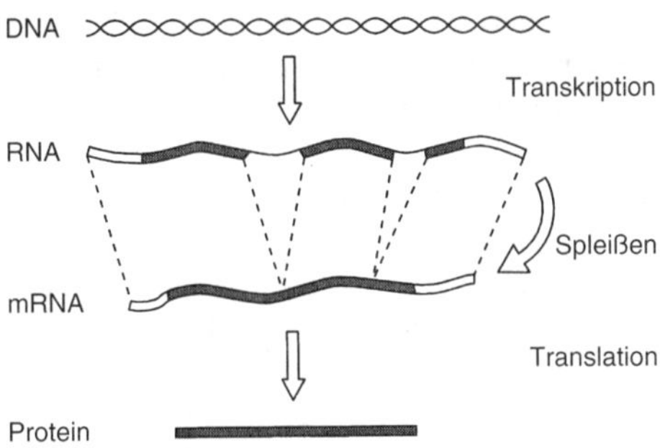

Abbildung 1 Das Spleißen gehört zum Reifungsprozess der Vorläufer-mRNA in mRNA. Die Introns sind durch einen einfachen Strich, die Exons durch Doppelstriche dargestellt; schwarz ausgefüllte Bereiche zeigen die codierenden Teile.

Bei EUKARYOTEN, deren Zellen einen Zellkern besitzen, in dem sich die DNA befindet, ist die Situation etwas anders. Die genetische Information ist auf der Ebene der Gene gestückelt in codierende DNA-Abschnitte, so genannte Exons, zwischen denen die so genannten Introns liegen, DNA-Abschnitte, für die es keine entsprechende mRNA gibt. Die Introns können den überwiegenden Teil des Gens einnehmen und machen bei den umfangreichsten Genen bis zu 99% aus. Das ist zum Beispiel bei einem Gen der Fall, das den Code für das Dystrophin enthält, ein Protein der Muskelfasern. Aufgrund seiner Größe ist dieses Gen anfälliger für MUTATIONEN, die Erbkrankheiten wie verschiedene Formen von Myopathien auslösen können.

Bei der Transkription der fragmentierten Gene, die im Zellkern stattfindet, entsteht ausgehend von der DNA-Matrize eine RNA, die eine vollständige Kopie eines Strangs der DNA-Doppelhelix über die gesamte Länge des Gens darstellt. Noch im Zellkern erfährt dieses Primärtranskript, die Vorläufer-mRNA, eine Reihe von Modifikationen, in deren Verlauf die Introns herausgeschnitten und die Exons miteinander verknüpft werden. Diesen Prozess bezeichnet man als Splicing oder Spleißen. Dabei wird die Vorläufer-mRNA durch einen Enzymkomplex (Spleißosom) und bestimmte Formen von RNA an den Spleißstellen unmittelbar vor und hinter den Introns geöffnet; in einem zweiten Schritt werden nun die Exons an den Enden miteinander zur fertigen mRNA verknüpft. Es sind Fälle bekannt, in denen das RNA-Molelül den Spleißvorgang in einem so genannten autokatalytischen Prozess oder Selbstspleißen selbst durchführt.

Anschließend wird die fertige mRNA vom Zellkern in die Zellmatrix, also das ZYTOPLASMA, transportiert und bei der Translation durch die RIBOSOMEN in ein Protein übersetzt.

Alternatives Spleißen, Funktion und Pathologie

Das Spleißen ist durchaus kein starrer Vorgang, der immer das gleiche Resultat zeitigt, also aus der Vorläufer-mRNA eines Gens nur eine einzige Messenger-RNA produziert. Recht häufig ist zu beobachten, dass aus dem gleichen Gen und seiner Vorläufer-mRNA mehrere Arten von Messenger-RNA entstehen, die einen variablen Satz von Exons enthalten. Bestimmte Exons, die Proteinsegmente codieren, sind im Allgemeinen in der mRNA vorhanden, können aber auch gemeinsam mit den benachbarten Introns aus der Vorläufer-mRNA ausgeschnitten werden. So codiert ein Gen mehrere Proteine, manchmal bis zu einigen Dutzend, die in ihrer Struktur verwandt sind: Wird zum Beispiel das Exon mit dem Code für jenen Teil eines Proteins ausgeschnitten, der seine Verankerung in der Zellmembran (siehe MEMBRAN) ermöglicht, so scheidet die Zelle das Protein aus; bleibt dieses Exon erhalten, so wird das Protein in die Membran integriert und kann dort als REZEPTOR dienen (siehe *Abbildung 2*).

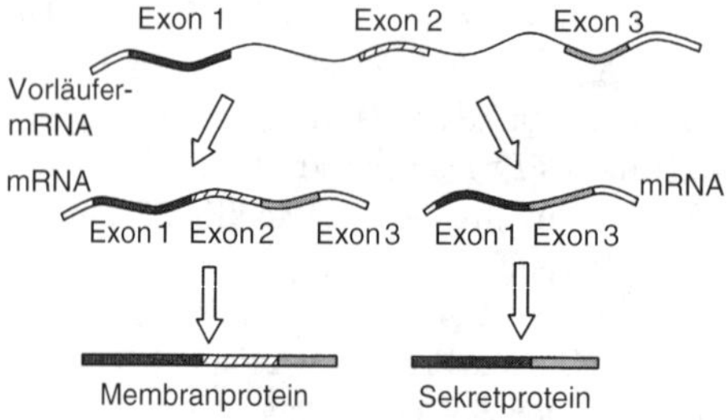

Abbildung 2 Durch alternatives Spleißen der gleichen Vorläufer-mRNA bilden sich zwei verwandte Proteine, die für unterschiedliche Zellorte bestimmt sind.

Die alternativen Spleißformen können funktionelle Folgen haben. So führt eine Dysfunktion des Spleißvorgangs möglicherweise zu schwerwiegenden Konsequenzen für die Physiologie des Organismus. Kommt es an einer der Erkennungsregionen für den Spleißmechanismus zu Punktmutationen, so kann dies Erbkrankheiten verursachen, falls die betroffene mRNA das von ihr codierte Protein nicht mehr normal zu produzieren vermag.

Spleißen und Evolution

Den Spleißmechanismus gibt es fast ausschließlich bei Eukaryoten, da ihre Gene größtenteils in Introns und Exons fragmentiert sind. Häufig ist zu beobachten, dass diese Stückelung eines Gens mit der Organisation der von diesem Gen codierten Proteinstruktur in einem Zusammenhang steht: Ein Exon codiert ein Proteinsegment, das durch seine räumliche Faltung zu einem Strukturmodul mit einer spezifischen biologischen Eigenschaft wird (zum Beispiel mit einer Enzymwirkung oder der Fähigkeit, andere Moleküle zu binden).

Entstehen durch Rekombination neue Gene mit einer neuartigen Kombination aus bestehenden Exons verschiedener Gene, die unterschiedliche funktionelle Module codieren, so ermöglicht das Spleißen, die in diesen neuen Genen enthaltene genetische Information sofort zur Produktion eines Proteins zu nutzen, dessen Eigenschaften auf neuartige Weise kombiniert sind. Das Spleißen stellt somit einen Beschleunigungsfaktor der Evolution dar.

Die Beobachtung, dass es in den Genen mancher Prokaryoten mit archaischen Merkmalen Introns gibt, wirft die Frage auf, ob das Spleißen nicht eigentlich ein sehr alter Mechanismus ist, den nicht die Eukaryoten erworben, sondern ein Teil der prokaryotischen Bakterien verloren haben.

Sprache

Zur Vertiefung: ***Grammatik; Programmierung; Semantik; Syntax***

Nach Äsop ist das beste und zugleich schlechteste Organ die Zunge, weil sie entscheidend an der Erzeugung der Sprache beteiligt ist, durch die der Mensch sich einerseits gegenüber den Tieren auszeichnet, aber anderseits auch Irrtum, Lüge und Verleumdung verbreitet. Angesichts dieser »Doppelzüngigkeit« der Sprache haben viele nach einer vollkommenen Sprache gesucht, die nicht unter solchen Mängeln zu leiden hätte, einer Sprache, die keine Zweideutigkeit kennt und jeden Täuschungsversuch von vornherein zum Scheitern verurteilte. Diese Sprache behielte von den bekannten Sprachen nur das Beste und vermied alles, was an unseren Sprachen als schlecht und mangelhaft erscheint.

Von Platon über Raimundus Lullus, Francis Bacon und Gottfried Leibniz bis hin zu den Logikern unserer Zeit haben zahlreiche Philosophen sich Gedanken über eine vollkommene Sprache gemacht. Für die einen war die »adamitische« Sprache, die Adam einst bei der Schöpfung von Gott erhalten hatte, durch die babylonische Sprachverwirrung verloren gegangen und ließe sich nur durch eine sittliche Vervollkommnung wiederherstellen, an der die Wissenschaft wesentlichen Anteil haben sollte. Für die anderen gilt es, diese Sprache zum zukünftigen Wohl der Menschheit erst noch zu schaffen.

Informatiker entwickeln künstliche Sprachen, um mit Computern zu kommunizieren. Suchen auch sie nach einer vollkommenen Sprache? Mit dieser Frage wollen wir uns hier beschäftigen, doch zuvor sei daran erinnert, dass der Begriff der Sprache nicht nur die gesprochene und geschriebene Sprache umfasst, sondern generell jedes Ausdruckssystem. Man spricht von einer Sprache der Blumen und einer Sprache der Dinge. Und auch der Tanz, mit dem die Bienen ihren Schwestern anzeigen, in welche Richtung sie fliegen müssen, um Nektar zu finden, ist in diesem allgemeinen Sinne eine Sprache.

Bedeutungen und Ausdrücke

Sprache soll etwas ausdrücken; daher muss man in jeder Sprache unterscheiden zwischen den Ausdrücken (Zeichen) und dem, was diese Ausdrücke bezeichnen, also ihrer Bedeutung. Die Untersuchung der Ausdrücke gehört in den Bereich der GRAMMATIK, die sämtliche in einer Sprache möglichen Formulierungen erfasst, also alles, was darin möglicherweise eine Bedeutung besitzt. Die Bestimmung der Bedeutung dagegen gehört in den Bereich der SEMANTIK.

Bei der Grammatik unterscheidet man zwischen dem Lexikon, das die elementaren Bausteine verzeichnet, aus denen die Ausdrücke zusammengesetzt werden, und der Syntax, die sich mit der Anordnung dieser Bausteine befasst.

Künstliche Sprachen, formale Sprachen und Programmiersprachen

Künstliche Sprachen werden von einzelnen Menschen oder Gruppen ganz bewusst für ganz bestimmte Zwecke geschaffen; wie alle Sprachen, so besitzen auch sie eine Grammatik und eine Semantik. Unter den künstlichen Sprachen zeichnen sich die formalen Sprachen durch eine strenge Systematik und einen Satz mathematischer Formeln aus, die sämtliche Ausdrücke festlegen und eine klare Grammatik definieren. Die Semantik formaler Sprachen ist dagegen nicht so leicht zu erfassen, und bei der Zuweisung von Bedeutungen gibt es beträchtliche Unterschiede zwischen den formalen Sprachen.

In der Vergangenheit haben oft Mathematiker und Logiker formale Sprachen eingeführt, um das mathematische Vorgehen zu beschreiben und eine mathematische Beweistheorie zu schaffen (siehe LOGIK). In der Regel ist die Semantik dieser formalen Sprachen klar bestimmt, weil sie aus den Eigenschaften bestens bekannter mathematischer Objekte resultiert.

Als man die ersten Computer baute, benötigte man für die Erstellung der zugehörigen PROGRAMME formale Sprachen besonderer Art, die so genannten Maschinensprachen (siehe RECHNERARCHITEKTUR). Die Grammatik dieser Sprachen ließ sich stets leicht explizieren, während die Semantik schwierige Probleme bereitete: Die Maschine, für die solch eine Maschinensprache entworfen worden war, vermochte diese Sprache eindeutig zu interpretieren und führte die zugehörigen Befehle problemlos aus, doch anderen Maschinen und den Menschen bereitete das Verständnis dieser Sprachen Schwierigkeiten.

Durch zahlreiche Verbesserungen hat man die meisten praktischen Hindernisse bei der Programmierung in Maschinensprachen inzwischen überwunden; bequemer zu handhabende Assemblersprachen (siehe ASSEMBLER) und verständliche, weniger umständliche Programmiersprachen (siehe PROGRAMMIERUNG) haben Erstellung und Korrektur von Programmen beträchtlich erleichtert. Außerdem gibt es heute für die meisten Programmiersprachen Semantiken, die als formal bezeichnet werden, weil sie die in diesen Sprachen geschriebenen Programme eindeutig in mathematische Formeln übersetzen. Diese Formeln verleihen den Programmen einen eindeutigen Sinn, denn ihre Eigenschaften sind präzise definiert und vollkommen nachvollziehbar.

Dennoch sind auch die Programmiersprachen keine vollkommenen Sprachen. Jede

Maschine hat ihren eigenen Dialekt, so dass ein und dasselbe Programm auf zwei verschiedenen Maschinen nicht immer in derselben Weise abläuft; außerdem sind die Programmiersprachen für den Menschen auch weiterhin nicht sonderlich verständlich, so dass man Schwierigkeiten hat, seine Gedanken darin fehlerfrei auszudrücken, ohne jeden Schritt genau überlegen zu müssen. In der Praxis geben Programmierer, auch wenn das paradox erscheinen mag, aus Gründen der Bequemlichkeit vielfach solchen Sprachen den Vorzug, deren formale Semantik nicht definiert ist, weil diese Sprachen leichter zu verstehen sind. Die Programmiersprachen nähern sich also keineswegs der einen »adamitischen« Sprache, sondern leiden unter einer ähnlich babylonischen Sprachverwirrung wie die menschlichen Sprachen, und trotz gegenläufiger Bemühungen wächst ihre Zahl weiter an, so dass es inzwischen mehrere Tausend davon gibt.

Die »natürliche« Sprache

Als natürliche Sprache bezeichnet man in der KÜNSTLICHEN INTELLIGENZ vielfach einen Ausschnitt der Umgangssprache, der uns in die Lage versetzen soll, auf akustischem Wege mit Computern zu kommunizieren. Eine einfache, aus kurzen, präzise formulierten Ausdrücken bestehende Sprache, die von Maschinen verstanden werden kann, soll es uns ermöglichen, Roboter zu steuern, Reservierungen für Bahnfahrten oder Hotels vorzunehmen und einem Computer Fragen zu stellen, ohne dazu eine Programmiersprache erlernen zu müssen. Der Bereich der künstlichen Intelligenz, der sich mit diesem Problem beschäftigt, wird gewöhnlich als Spracherkennung bezeichnet.

Spracherkennung und Spracherzeugung

Zur Vertiefung: ***Datenkompression; Erkennen von Formen; Sprache***

Lange Zeit war die gesprochene Sprache der einzige Garant für Authentizität. Darin war sie allen übrigen materiellen Zeichen überlegen, die leicht gefälscht werden konnten. Später verlor sie diese Stellung schrittweise an die Schrift und wurde damit zu einer unter mehreren Ausdrucksformen. Für den Wissenschaftler, der alles gerne verstehen möchte, birgt sie dennoch bis heute zahlreiche Geheimnisse.

Sie wird von den Stimmbändern des Kehlkopfs erzeugt, als mechanische Schwingung durch die Luft übertragen und von der so genannten Schnecke im Innenohr aufgenommen, an der unser Hörnerv endet. Inzwischen können wir unsere Stimme in Form elektromagnetischer Schwingungen über Länder und Meere hinweg um den ganzen Erdball schicken. Wie es aber kommt, dass wir alle in einer bestimmten Tonschwingung dasselbe Wort und denselben Satz oder auch eine vertraute Stimme erkennen, das ist nicht recht klar.

Dieses Geheimnis beschäftigt die Spezialisten der automatischen Sprachverarbeitung durch COMPUTER, und zwar unter drei Blickwinkeln: der Spracherkennung, der Identifizierung des Sprechers und der Spracherzeugung. Diese Unterscheidung entspricht drei unterschiedlichen Funktionen der Maschine: Wahrnehmung und Verständnis von Wörtern, Wahrnehmung und Identifikation von Personen sowie schließlich die künstliche Erzeugung von Sprache. Auf technischer Ebene sind diese drei Funktionen nicht unabhängig voneinander. Die beiden ersten Funktionen zerlegen die gesprochene Sprache und deren Lautbestandteile auf analytischem Wege, während die dritte sich um eine Synthese bemüht. Daher profitieren die Fortschritte der künstlichen Spracherzeugung sowohl von der Spracherkennung als auch von der Identifikation des Sprechers.

Spracherkennung

Was macht eine akustische Welle zu einem Wort, einem Satz, einer bestimmten Art der Betonung? Diese Frage bildet die Grundlage der Spracherkennung. Um sie zu beantworten, hat man zunächst die Korrelationen zwischen den akustischen Frequenzen und den Phonemen oder wahrgenommenen Lauten, also den Vokalen und Konsonanten, bestimmt. Diese Phase bezeichnet man als akustisch-phonetische Decodierung. Doch obwohl solch eine Analyse zu greifbaren Ergebnissen führt, reicht sie nicht aus, um den Lautfolgen auch jeweils bestimmte Wörter und Bedeutungen zuzuordnen. Dafür gibt es mehrere Gründe. Erstens sind Phoneme oft mehrdeutig, und die Aussprache variiert nach Geschlecht und Alter sowie nach regionaler und sozialer Herkunft, ohne dass unser Verständnis dadurch beeinträchtigt würde. Zweitens hängt die Wahrnehmung vom sprachlichen Kontext ab, das heißt, ein auf ein und demselben Laut basierendes Phonem verändert sich je nach den Phonemen, zwischen denen es sich befindet. Und schließlich wird ein und dasselbe Wort unterschiedlich ausgesprochen, je nachdem, ob es allein steht oder in einen Satz integriert ist, in dem es an die Sprachmelodie des gesamten Satzes angepasst wird.

Um diese Schwierigkeiten zu überwinden, verbindet man die akustisch-phonetische Decodierung meist mit einer lexikalischen Decodierung, bei der das ausgesprochene Wort gleichsam in einem Wörterbuch nachgeschlagen wird. Gesteuert und überwacht wird diese Suche von einer Software, die bei der Rekonstruktion des gesprochenen Satzes sowohl die für Lautfolgen und Syntax geltenden sprachlichen Regeln als auch die Bedeutung der Worte und die Besonderheiten der Aussprache berücksichtigt.

Obwohl auf diesem Gebiet seit vielen Jahren intensiv gearbeitet wird, sind wir noch weit davon entfernt, eine Diktiermaschine bauen zu können, die jeden laut gesprochenen Text eines beliebigen Sprechers wie eine gute Sekretärin aufzunehmen vermag. Dagegen gibt es bereits zahlreiche Maschinen, die Wörter erkennen können, wenn man sie deutlich ausspricht und durch Pausen ebenso deutlich von den übrigen Wörtern des Satzes abgrenzt. Hierfür gibt es inzwischen zahlreiche Anwendungsmöglichkeiten, etwa die Steuerung von Robotern durch Behinderte oder automatische Telefondienste, über die man zum Beispiel eine Theaterkarte reservieren lassen, sein persönliches Adress- oder Notizbuch konsultieren oder an öffentlichen Spielveranstaltungen teilnehmen kann.

Identifizierung des Sprechers

– Hallo?

– Bist du das, Jean?

– Ja!

Meist genügt ein einziges Wort, um den Sprechenden wiederzuerkennen, selbst wenn man ihn lange nicht gesehen hat. Der Klang einer vertrauten Stimme weist Besonderheiten auf, die sich unserem Gedächtnis für immer einprägen. Auch Maschinen sind inzwischen in der Lage, Stimmen wiederzuerkennen und den Sprecher zu identifizieren, wenn er bestimmte Worte ausspricht. Auf diese Weise baut man heute Schlösser, die auf die Stimme ihres Herrn wie auf Ali Babas »Sesam öffne dich!« reagieren und Türen oder Koffer öffnen, sofern ihr Herr und Meister nicht gerade heiser ist …

Spracherzeugung

»Bitte legen Sie den Sicherheitsgurt an.« Schon heute empfangen manche Autos ihren Fahrer oder ihre Fahrerin mit einer wohlklingenden Stimme, die einigen dennoch gelegentlich auf die Nerven gehen mag, denn dank der Techniken der Datenkompression können Automaten beliebige Sätze speichern und reproduzieren. Sie wiederholen nicht nur kurze Sätze wie ein Papagei, sondern beginnen auch zu singen oder sogar zu krächzen. Tatsächlich sind Maschinen heute in der Lage, mit der Stimme eines Menschen täuschend echt Sätze zu sprechen, die dieser Mensch niemals gesprochen hat.

Stimme und gesprochene Sprache können heute nach Belieben verändert und gefälscht werden. Und wenn das Wort nicht mehr zählt, so nicht etwa, weil Lüge und Täuschung angesichts der allgemeinen Permissivität die Oberhand gewonnen hätten, sondern weil jede Stimme und jedes gesprochene Wort heute nachgeahmt und künstlich erzeugt werden können. Auch Akzente, die auf eine Herkunft aus bestimmten Regionen oder aus bestimmten Ländern hindeuten, sind mit dem Ohr gut zu erkennen, und Polizeicomputer machen sich diese Möglichkeit zunutze, um das automatische Abhören von Telefongesprächen genauer auszurichten.

Die Maschinen, mit denen wir einst die Hoffnung verbanden, sie könnten die Menschen über weite Strecken hinweg miteinander verbinden, sollten heute unseren Verdacht erregen und unsere Wachsamkeit gegenüber all den Travestien schärfen, denen sie jenes Medium unterziehen können, das unseren Mitmenschen wie kein anderes verrät, wer wir sind und was wir denken: die menschliche Stimme nämlich und das gesprochen Wort.

Stabilität, Instabilität

Stabilität in der Mathematik

Zur Vertiefung: ***Potential***

Ein Fahrzeug, das sich auf einer bergigen Schienenstrecke bewegt, ist zwei Kräften unterworfen, dem Gewicht und der Zwangs- oder Reaktionskraft des Gleises. Bezeichnet man das Gewicht des Fahrzeugs mit $\vec{P}$ und die Hangneigung am jeweiligen Ort mit a, so zeigt eine einfache Rechnung, dass die resultierende Kraft eine horizontale Komponente

$$\frac{-aP}{1+a^2}$$

und eine vertikale Komponente

$$\frac{-a^2P}{1+a^2}$$

besitzt. Der genaue Wert der Komponenten spielt hier keine Rolle, entscheidend ist die Tatsache, dass die vertikale Komponente stets ein negatives Vorzeichen besitzt; anders gesagt, das Fahrzeug wird stets nach unten gezogen. Das Vorzeichen der horizontalen Komponente hängt dagegen vom Vorzeichen der Hangneigung ab. Bei positiver Neigung ist die horizontale Komponente der Kraft negativ und zieht das Fahrzeug nach links; bei negativer Neigung ist die horizontale Komponente positiv und zieht das Fahrzeug nach rechts (siehe *Abbildung 1*).

Wenn das Fahrzeug stillstehen soll, muss die darauf einwirkende Kraft gleich null sein, das heißt, die Neigung muss gleich null sein. Auf der in *Abbildung 1* im Querschnitt dargestellten Strecke gibt es daher drei Gleichgewichtspunkte (siehe *Abbildung 2*).

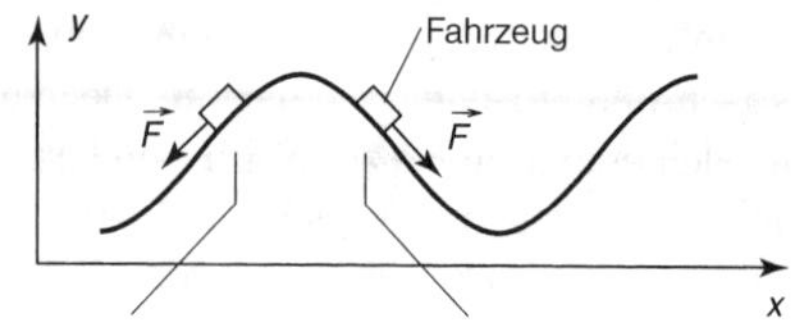

Abbildung 1

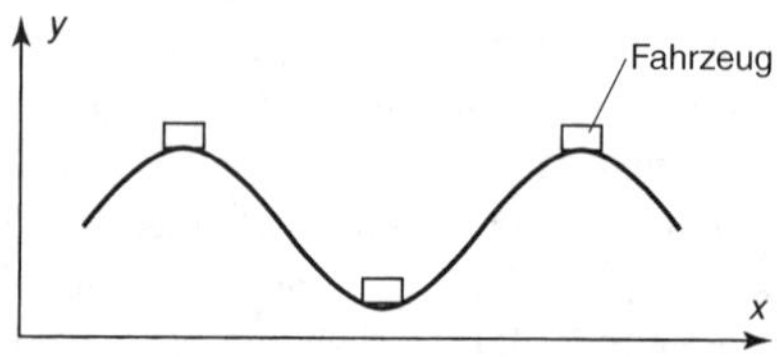

Abbildung 2

Zwischen diesen drei Gleichgewichtspunkten besteht ein großer Unterschied. In der Talsohle wächst die Neigung; links vom Gleichgewichtspunkt ist sie negativ, am Gleichgewichtspunkt selbst ist sie gleich null, und rechts davon ist sie positiv. Verschiebt man das Fahrzeug nach links oder rechts, sorgt die horizontale Kraft dafür, dass es zu seinem Gleichgewichtspunkt zurückkehrt. Das bezeichnet man als »stabil«. Auf den Gipfeln dagegen nimmt die Hangneigung ab; links vom Gleichgewichtspunkt ist sie positiv, an dem Punkt selbst ist sie gleich null, und rechts davon ist sie negativ. Verschiebt man das Fahrzeug nach links oder rechts, wird es den Hang hinunter gezogen und entfernt sich von seinem Ausgangspunkt. Das bezeichnet man als »instabil« oder »labil«.

Die Stabilität des Gleichgewichts hängt also von der Richtung ab, in der die Hangneigung sich in dem betreffenden Punkt ändert. Bezeichnen wir die Höhe des Gleises an einem Punkt x der Abszisse mit $f(x)$, so ist die Hangneigung $a(x)$ an der Stelle x die ABLEITUNG $f'(x)$ der Funktion f an der betreffenden Stelle. Die Veränderung der Hangneigung an der Stelle x_0 ist demnach die Ableitung dieser Ableitung, also die zweite Ableitung f'' der Funktion f an dieser Stelle. Ein Gleichgewicht an der Stelle x_0 ist dann stabil, wenn die zweite Ableitung $f''(x_0)$ positiv ist.

Genauer gesagt: Ist g eine Funktion und ist die Ableitung von g an der Stelle x_0 ungleich

null, kann man die Funktion g in der Umgebung der Stelle x_0 näherungsweise bestimmen durch die Funktion
$x \longmapsto g(x_0) + (x - x_0)\, g'(x_0)$.

Insbesondere kann man, falls $f''(x_0)$ ungleich null ist, die Hangneigung $a(x) = f'(x)$ approximieren durch
$f'(x_0) + (x - x_0)\, f''(x_0)$.

Falls sich bei x_0 ein Gleichgewichtspunkt befindet, ist $f'(x_0)$ gleich null, und $f'(x)$ lässt sich näherungsweise bestimmen durch
$(x - x_0)\, f''(x_0)$.

Die horizontale Kraft

$$\frac{-a(x)P}{1 + a(x)^2}$$

ist daher näherungsweise gegeben durch

$$\frac{-(x - x_0)f''(x_0)P}{1 + ((x - x_0)f''(x_0))^2}$$

Ist die zweite Ableitung $f''(x_0)$ positiv, haben die horizontale Kraft, die auf das Fahrzeug einwirkt, und die Verschiebung $x - x_0$ entgegengesetzte Vorzeichen; die Kraft führt das Fahrzeug an den Gleichgewichtspunkt zurück, und wir haben es mit einem stabilen Gleichgewicht zu tun. Ist die zweite Ableitung negativ, haben horizontale Kraft und Verschiebung dasselbe Vorzeichen; die Kraft entfernt dann das Fahrzeug von seinem Gleichgewichtspunkt, und wir haben es mit einem labilen Gleichgewicht zu tun.

Ist die zweite Ableitung von f im Gleichgewichtspunkt gleich null, erhält man $f'(x)$ nicht mehr durch $(x - x_0)\, f''(x_0)$, sondern muss auf die dritte Ableitung zurückgreifen; in diesem Fall kann das Gleichgewicht nach der einen Seite stabil und nach der anderen labil sein (siehe *Abbildung 3*).

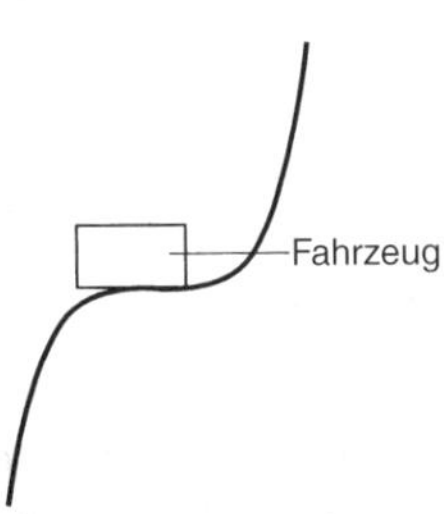

Abbildung 3 Stößt man das Fahrzeug nach rechts, kehrt es an den Gleichgewichtspunkt zurück; stößt man es nach links, fährt es den Abhang hinunter.

Möglicherweise ist auch die dritte Ableitung gleich null; in diesem Fall muss man auf die vierte Ableitung zurückgreifen, usw.

Bewegt das Fahrzeug sich nicht auf Schienen, sondern auf einer Fläche, hängt die Höhe f nicht von einer, sondern von zwei Variablen ab. In diesem Fall ist der Begriff der Ableitung nicht sonderlich praktisch, und man zieht ihm den verwandten Begriff des DIFFERENTIALS vor. Der Grundgedanke ist derselbe, aber die Sprache wird etwas komplizierter: Ein Gleichgewicht ist stabil, wenn das zweite Differential einer Funktion f eine positiv definite quadratische Form darstellt. In diesem Fall kann das Gleichgewicht auch in einer Richtung stabil, in einer anderen labil sein. Eine Passhöhe (siehe *Abbildung 4*) oder ein Pferdesattel sind Beispiele dafür. Rutscht der Reiter nach vorn oder nach hinten, sorgt die Form des Sattels dafür, dass er in seine ursprüngliche Stellung zurückkehrt. Rutscht er dagegen nach links oder nach rechts, muss er aufpassen, dass er nicht hinunterfällt, vor allem wenn seine Füße nicht in den Steigbügeln stecken.

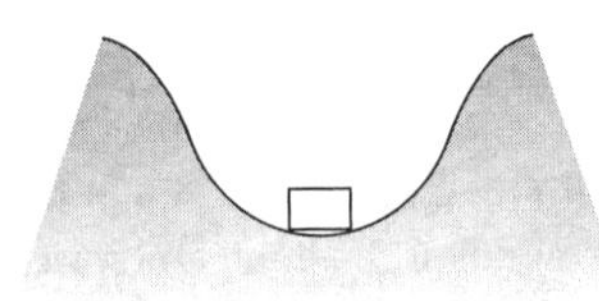

Abbildung 4 Verschiebt man das Fahrzeug in der Ebene der Zeichnung, kehrt es an seinen Gleichgewichtspunkt zurück; verschiebt man es senkrecht zu dieser Ebene, fährt es vorn oder hinten den Abhang hinunter.

Das Stabilitätskonzept lässt sich für Systeme verallgemeinern, die den Kräften eines POTENTIALS ausgesetzt sind (der Begriff des Potentials bildet hier die Verallgemeinerung des in unserem Beispiel verwendeten Begriffs der Höhe). Ein Gleichgewicht ist danach stabil, wenn das zweite Differential des Potentials im Gleichgewichtspunkt positiv definit ist.

Stabilität von Molekülen

Zur Vertiefung: ***Aromatizität; inert, labil***

Von manchen Menschen sagt man, sie seien instabil. Wenn man Moleküle als instabil bezeichnet, so ist damit gemeint, dass sie sich in einem Zustand erhöhter Energie befinden, obwohl ihnen ein stabilerer Zustand niedrigerer Energie zugänglich ist (siehe *Abbildung 5*).

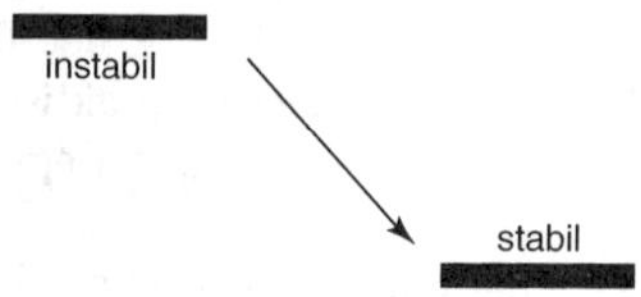

Abbildung 5

Die Energie eines Moleküls hängt mit seiner KONFORMATION zusammen, also mit der räumlichen Anordnung seiner Atome. So ist zum Beispiel das Wassermolekül H_2O winklig (siehe CHEMISCHE FORMEL), seine Atome HOH bilden einen Winkel von etwa 106°. Öffnet man diesen Winkel, indem man eine Wasserprobe erhitzt und ihr so zusätzliche Energie zuführt, so verändert das Molekül seine Form, bis es mit 180° linear ist (siehe LINEARITÄT).

Diese lineare Form ist jedoch instabil. Das Wassermolekül kehrt spontan in seinen stabilen Zustand, den Winkel von 106°, zurück und gibt dabei eine Energiemenge ab, die der Energiedifferenz zwischen seinem instabilen und dem stabilen Zustand entspricht. Das Gleiche gilt, wenn man den Winkel von 106° verringert. Sobald die Krafteinwirkung nachlässt, die eine Verkleinerung des Winkels erzwungen hat, kehrt das Molekül zu seiner stabilen Konformation zurück (siehe *Abbildung 6*).

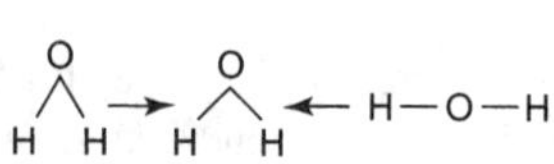

Abbildung 6 Rückkehr des Wassermoleküls zu seiner stabilen Konformation (Mitte) nach einer Deformation (links und rechts)

Chemische Gebilde befinden sich jedoch nicht unbedingt im stabilsten Zustand, ganz gleich, ob es sich nun wie hier um die Konformation mit der niedrigsten Energie handelt oder um die Anordnung der Atome (siehe ISOMERE), die in einem allgemeineren Sinne die stabilste ist. So ist zum Beispiel Cuban instabil gegenüber Cyclooctatetraen (siehe *Abbildung 7*).

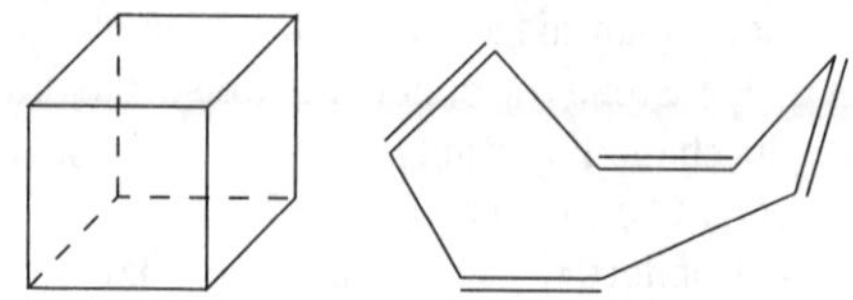

Abbildung 7 Von den beiden Isomeren der Formel C_8H_8 ist Cuban (links) instabil gegenüber Cyclooctatetraen (rechts). Jeder Eckpunkt der Formeln ist von einer Atomgruppe C–H besetzt.

Allerdings lassen sich beide Isomere der Bruttoformel C_8H_8 in der instabilen Form des Cuban wie auch in der stabilen Form des Cyclooctatetraen herstellen, da sie von einer hohen Energiebarriere getrennt sind und ihre Umwandlung ineinander unendlich langsam erfolgt.

Der Begriff der Stabilität besitzt lediglich einen relativen Wert. Cuban ist nur gegenüber Cyclooctetetraen instabil, vergleicht man es jedoch mit einem anderen Isomer der Formel C_8H_8, so kann es durchaus die stabilere Verbindung sein (siehe *Abbildung 8*).

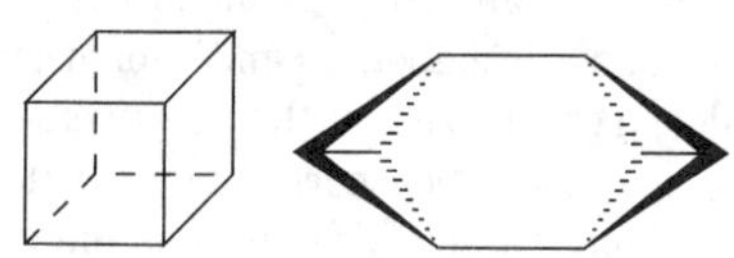

Abbildung 8 Im Vergleich zu einem anderen Isomer der Formel C_8H_8 hat Cuban die größere Stabilität.

Im Grunde verhält es sich bei Molekülen ganz ähnlich wie bei Menschen: Es findet sich immer etwas Stabileres, aber auch etwas Instabileres.

Stammbaum, phylogenetischer

→ ***phylogenetischer Stammbaum***

Standardmodell der Teilchenphysik

Zur Vorbereitung: ***Teilchen***
Zur Vertiefung: ***Hadron; Invarianz; Lepton; Quark; Wechselwirkung in der Physik***

Als Modell bezeichnet man in der Physik ein Schema, mit dem sich eine Reihe von Phänomenen wirkungsvoll erfassen lässt. Modelle besitzen in der Regel eine geringere Voraussagekraft als Theorien, weil sie meist Parameter benutzen, die nicht aus ihnen selbst stammen, sondern *ad hoc* aus der Erfahrung übernommen werden.

Als Standardmodell bezeichnet man ein Modell, das in der zugehörigen wissenschaftlichen Gemeinschaft weithin Anerkennung findet. Es bildet gleichsam den Bezugsrahmen für ein wissenschaftliches Fachgebiet. So gibt es ein Standardmodell der Sonne, das die in der Sonne ablaufenden physikalischen Prozesse, insbesondere die verschiedenen Kernreaktionen, umfasst.

Im Bereich der Teilchenphysik bildet das in den 1960er und 70er Jahren entwickelte Standardmodell den begrifflichen Rahmen und das Regelwerk, die eine einheitliche Beschreibung der im Zusammenhang mit den Elementarteilchen und den sonstigen Teilchen stehenden Phänomene ermöglichen. Es stützt sich auf die QUANTENPHYSIK und auf die RELATIVITÄTSTHEORIE. Das Modell führt eine Reihe empirisch bestimmter Parameter ein und vermag auf diese Weise mit bemerkenswerter Präzision sämtliche heute bekannten Phänomene mit Energien bis zur Größenordnung von etwa hundert Gigaelektronenvolt (Milliarden Elektronenvolt) zu berücksichtigen. In der Gemeinschaft der Teilchenphysiker findet das Modell weitgehende Anerkennung.

Das Standardmodell der Teilchenphysik stützt sich auf die Existenz einer kleinen Zahl von Elementarteilchen, das heißt von Teilchen, die keine innere Struktur besitzen und nicht weiter teilbar sind. In dem hoch elaborierten mathematischen Formalismus, den das Modell verwendet, kommt jenen Gleichungen besondere Bedeutung zu, mit denen die Entwicklung der Teilchensysteme erfasst wird. Die Stärke des mathematischen Formalismus gründet in der Möglichkeit, die Struktur der Wechselwirkung zwischen den Teilchen aus den Invarianzeigenschaften dieser Gleichungen abzuleiten (siehe INVARIANZ). Insbesondere war es dadurch möglich, zwei der vier fundamentalen Wechselwirkungen zu vereinheitlichen, obwohl ihre Äußerungsformen sehr verschieden sind: die elektromagnetische Wechselwirkung und die schwache Wechselwirkung, die insbesondere für den Betazerfall verantwortlich ist, bei dem ein NEUTRON in ein PROTON und ein ELEKTRON (sowie ein Antineutrino) zerfällt.

Die Teilchen

Die Teilchen, die heute als Elementarteilchen gelten, werden nach den Wechselwirkungen, für die sie empfindlich sind, in zwei Gruppen eingeteilt: Leptonen und Quarks. Es gibt sechs verschiedene Arten von Quarks und sechs verschiedene Arten von Leptonen. Diese Einteilung verdoppelt sich noch einmal aufgrund der Tatsache, dass jedem dieser Teilchen ein ANTITEILCHEN zugeordnet ist, welches dieselbe Masse, aber die entgegengesetzte elektrische Ladung besitzt. All diese Teilchen (und ihre Antiteilchen) sind Fermionen, das heißt, sie können sich wechselseitig nicht durchdringen und entsprechen damit unserer herkömmlichen Vorstellung von Materie. In dieser Hinsicht gehorchen sie dem so genannten AUSSCHLIESSUNGSPRINZIP oder Pauliverbot (siehe BOSON UND FERMION).

Die Leptonen werden ihrerseits in zwei Gruppen eingeteilt. Zur ersten Gruppe gehören drei Leptonen, deren elektrische Ladung null ist. Ihre Masse ist null oder zumindest sehr gering, und sie unterliegen der schwachen Wechselwirkung. Diese drei Leptonen werden als Neutrinos bezeichnet. Die zweite Gruppe besteht aus drei Leptonen, deren Masse und elektrische Ladung ungleich null sind; bei diesen drei Teilchen handelt es sich um das Elektron (e), das Myon (μ) und das Tauon (τ), die sämtlich der elektromagnetischen und der schwachen Wechselwirkung unterliegen. Jedem dieser Leptonen ist ein Neutrino der erstgenannten Gruppe zugeordnet; bei der Notation der Neutrinos berücksichtigt man diesen Sachverhalt je nach Bedarf durch einen entsprechenden Index: ν_e, ν_μ und ν_τ.

Die Quarks unterliegen sämtlichen fundamentalen Wechselwirkungen, insbesondere der starken, die für den Zusammenhalt der ATOMKERNE sorgt. Nach ihren sechs unterschiedlichen FLAVOUR-Quantenzahlen unterscheidet man sechs Quarks, die im Einzelnen folgende phantasievolle Bezeichnungen tragen: d-Quark (d für *down*, das heißt einen abwärts gerichteten Isospin); *u*-Quark (*u* für *up*, einen aufwärts gerichteten Isospin); *s*-Quark (*s* für *strangeness* oder Seltsamkeit, auch Fremdheitsquantenzahl genannt); *c*-Quark (*c* für *charm*, die Charmquantenzahl); *b*-Quark (*b* für *beauty*, Schönheit, oder *bottomness*, grundlegend); und *t*-Quark (*t* für *truth*, Wahrheit, oder *topness*, oben stehend). Bezeichnungen wie »Seltsamkeit«, »Charme« oder »Schönheit« sollte man allerdings nicht wörtlich nehmen; das *b*-Quark ist nicht »schöner« als die Übrigen, zumal niemand sich vorzustellen vermöchte, wie denn ein Quark »aussieht«.

Die Teilchen, die der starken Wechselwirkung unterliegen, werden als Hadronen bezeichnet. Heute sind mehrere Hundert solcher Hadronen bekannt; die meisten sind instabil (das heißt, sich selbst überlassen, zerfallen sie sehr bald zu anderen Teilchen). In den 1960er Jahren hielt man die Hadronen noch für Elementarteilchen. Heute wissen wir, dass diese Einschätzung falsch war. Jedes Hadron besteht entweder aus drei Quarks oder aus einem Quark und einem Antiquark. Die Hadronen der ersten Gruppe, zu der vor allem Proton und Neutron gehören, werden als BARYONEN bezeichnet, die Übrigen (z.B. Kaon und Pion) als MESONEN.

Das Standardmodell fasst Quarks und Leptonen zu drei gleichartig strukturierten Familien zusammen. Jede dieser Familien besteht aus zwei Quarks und zwei Leptonen (siehe *Abbildung 1*). Schon mit einer einzigen Familie, nämlich der ersten (die aus dem Elektron, dem zugehörigen Neutrino sowie dem *u*- und dem *d*-Quark besteht), wäre das Standardmodell funktionsfähig und könnte die Welt um uns herum erklären (die Atome bestehen aus Elektronen, die einen Atomkern »umkreisen«, der aus Protonen und Neutronen zusammengesetzt ist, welche ihrerseits aus *u*- und

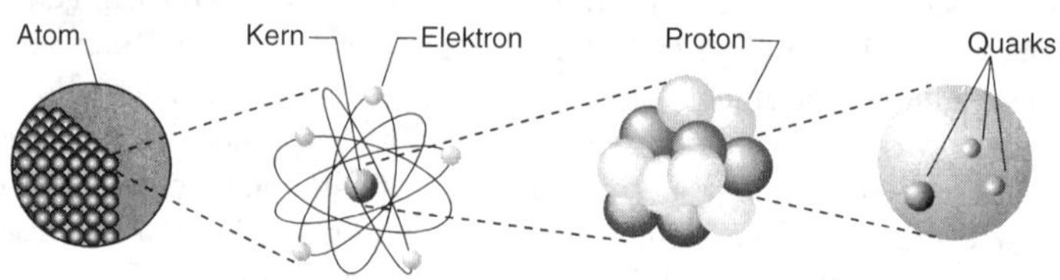

	Leptonen können sich frei bewegen.		**Quarks** sind in größeren Teilchen (Hadronen) gefangen und daher nicht einzeln beobachtbar.	
Fermionen: massive Teilchen – erste Familie	**Elektron** Ladung −1	**Neutrino des Elektrons** diskret und ohne elektrische Ladung	**d-Quark** elektrische Ladung −1/3; das Proton enthält eines, das Neutron zwei	**u-Quark** elektrische Ladung +2/3; das Proton enthält zwei, das Neutron eines
zweite Familie	**Myon** dem Elektron ähnlich, aber 200-mal so schwer	**Neutrino des Myons**	**s-Quark** 20-mal schwerer als das d-Quark	**c-Quark** 375-mal schwerer als das u-Quark
dritte Familie	**Tauon** dem Elektron ähnlich, aber 3500-mal so schwer	**Neutrino des Tauons**	**b-Quark** noch schwerer	**t-Quark** 1995 entdeckt

fundamentale Bosonen für die Übertragung der Kräfte verantwortlich	**Photon** (elektromagnetische Kraft)	**8 Gluonen** (starke Wechselwirkung)	**intermediäre Bosonen** **W⁺, W⁻, Z⁰** (schwache Wechselwirkung) W⁺ W⁻ Z⁰

Higgsboson | **verantwortlich für den »Bruch der elektroschwachen Symmetrie«** | **Gesucht!**

Quelle: CEA

Abbildung 1

d-Quarks bestehen). In den 40er und 50er Jahren entdeckte man in der kosmischen Strahlung jedoch Teilchen einer zweiten Familie (Myonen und »seltsame Teilchen«, die das *s*-Quark enthalten) und eröffnete damit einen neuen Horizont, der 1975 durch die Entdeckung des *c*-Quarks abgerundet wurde; dieser Horizont wurde dann durch die Entdeckung einer dritten Familie, die das Tauon (1976), das *b*-Quark (1977) und das *t*-Quark (1995) enthält, nochmals erweitert.

Die fundamentalen Wechselwirkungen

Im Zusammenhang mit den Teilchen sprechen die Physiker lieber von Wechselwirkungen als von Kräften, denn die Wechselwirkung hat nicht nur Einfluss auf die Bewegung der Teilchen, sondern vermag die Teilchen auch grundlegend zu verändern, das heißt die Umwandlung eines Teilchens in ein anderes zu bewirken. Insgesamt unterscheidet man vier fundamentale Wechselwirkungen, nämlich (in der Reihenfolge abnehmender Intensität): die starke Wechselwirkung, die elektromagnetische Wechselwirkung, die schwache Wechselwirkung und die Gravitation (siehe WECHSELWIRKUNG IN DER PHYSIK).

Seit 1934 wissen wir, dass die Wechselwirkung zwischen zwei Teilchen durch den Austausch eines dritten, andersartigen Teilchens erfolgt, dessen Masse in einem unmittelbaren Zusammenhang mit der Reichweite der betreffenden Wechselwirkung steht. Diese als intermediäre Bosonen bezeichneten Teilchen übertragen die fundamentalen Wechselwirkungen und dienen gleichsam als Bindeglieder. Es handelt sich stets um Bosonen, das heißt um Teilchen, die nicht dem AUSSCHLIESSUNGSPRINZIP unterliegen, sondern sich zu mehreren im selben physikalischen Zustand befinden können. Die an der elektromagnetischen und der schwachen Wechselwirkung beteiligten Bosonen sind das Photon sowie die mit W^+, W^- und Z^0 bezeichneten Bosonen.

Bei der Behandlung der Wechselwirkungen stützt das Standardmodell sich auf das Prinzip der Eichinvarianz, die Verallgemeinerung einer wichtigen Eigenschaft des klassischen Elektromagnetismus (siehe INVARIANZ). Aus diesem Prinzip folgt, dass die intermediären Bosonen keine Masse besitzen dürfen. Das Photon erfüllt diese Anforderung, aber die Bosonen W^+, W^- und Z^0 haben etwa die hundertfache Protonenmasse. Dieser Widerspruch lässt sich nur durch den Hinweis auf einen »spontanen Bruch der Symmetrie« auflösen, wie es in der Sprache der Naturwissenschaften heißt. Dieser Bruch der Symmetrie soll ganz früh in der Geschichte des Universums eingetreten sein, und zwar aufgrund des so genannten Higgsmechanismus, der den eigentlich masselosen W^+-, W^-- und Z^0-Bosonen eine Masse verliehen hat. Dieser im Standardmodell postulierte Mechanismus müsste seine Spuren auch in Gestalt eines weiteren Teilchens hinterlassen haben, des bislang noch nicht gefundenen Higgsbosons.

Offene Fragen

In seiner heutigen Form lässt das Standardmodell der Teilchenphysik noch einige Frage offen. So kann dieses Modell schon deshalb nicht die »letztgültige« Theorie darstellen, weil es nicht zu erklären vermag, warum die Elementarteilchen sich in drei Familien untergliedern und nicht in eine, zwei oder vier. Außerdem wird das Wesen dieser Familien nicht ganz klar. Zwei Möglichkeiten sind vorstellbar: Entweder die Familien entsprechen bestimmten Anregungszuständen eines Grundzustands; dann stellt sich die Frage nach der Struktur, die den heute als elementar geltenden Teilchen zugrunde liegt, und nach der Dynamik der zugehörigen Anregung. Oder die Familien bestehen aus den echten Elementarteilchen. Dann fragt sich, wie viele solcher Familien es tatsächlich gibt.

Unter den massiven Teilchen ist nur das zum Tauon gehörige Neutrino noch nicht beobachtet worden. Auch unter den Bosonen fehlt nur noch ein Teilchen, das Higgsboson, dessen Existenz erklären soll, warum die Teilchen eine Masse bekommen haben. Die Suche nach dem Higgsboson wird die große Herausforderung der nächsten Jahre sein.

Die Theoretiker haben zahlreiche Ideen vorgetragen, die über das Standardmodell der Teilchenphysik hinausgehen, zum Beispiel die Theorie der so genannten Supersymmetrie, aus der sich die Existenz neuer Teilchen ergäbe, die jeweils den bereits bekannten Fermionen und Bosonen zugeordnet wären. Doch dafür haben sich noch keine präzisen experimentellen Belege finden lassen.

Standardmodell, kosmologisches

→ ***kosmologisches Standardmodell***

Stapel

→ ***Keller, Stapel***

Statistik

Zur Vertiefung: ***Wahrscheinlichkeit; Zufallsvariable***

Möchte man Meinungen, Gesundheitszustand, Vermögen oder Einkommen sehr vieler Menschen (der ganzen Weltbevölkerung oder auch nur der Einwohner einer Kleinstadt) erforschen, kann man unmöglich alle Informationen einzeln betrachten und verarbeiten. Was macht man mit einer riesigen Datensammlung über Vermögen und Einkommen sämtlicher Bürger eines Landes, wenn man finanz- oder sozialpolitische Entscheidungen zu treffen hat (etwa hinsichtlich der Festlegung bestimmter Steuern oder finanziellen Hilfen für bestimmte Gesellschaftsgruppen)? Zunächst ein Mal wandelt man diese vielen tausend Einzeldaten um in handliche synthetische Daten: in statistische Daten nämlich. Die statistischen Daten ersetzen die Einzeldaten nicht wirklich, sondern ergänzen sie lediglich: Für jemanden, der keine Arbeit findet, hat der Rückgang der Arbeitslosenzahl kaum Bedeutung; und die kollektive Geschichte eines Landes ersetzt nicht die individuelle Geschichte jedes einzelnen Einwohners.

Totalerhebungen

Im günstigsten Fall kennt man die Eigenschaften der Einwohner eines Landes (die in der Statistik als »Merkmale« bezeichnet werden). Das ist zum Beispiel hinsichtlich bestimmter Merkmale der Fall, wenn eine Volksbefragung durchgeführt worden ist. Dann lassen sich für die einzelnen Merkmale Mittelwert, Median, Varianz usw. berechnen. Interessiert man sich zum Beispiel für das Jahreseinkommen und bezeichnet man das Einkommen der n Individuen der betreffenden Population mit x_1, x_2, ..., x_n, dann ist der Mittelwert m, also das durchschnittliche Jahreseinkommen, definiert als

$$m = \frac{x_1 + x_2 + \ldots + x_n}{n}$$

Der Median oder Zentralwert ist derjenige Wert von x, für den die Zahl der Individuen mit einem Jahreseinkommen kleiner als x gleich der Zahl der Individuen mit einem Jahreseinkommen größer als x ist. Als »häufigsten Wert« bezeichnet man den Wert von x, für den die Zahl der Individuen, die diese Merkmalsausprägung (in unserem Beispiel: dieses Jahreseinkommen) aufweisen, ihr Maximum erreicht.

Um die Unterschiede oder die so genannte Streuung der Einkommen zu erfassen, kann man die durchschnittliche Abweichung der Einzelwerte vom Mittelwert, in unserem Fall also den Mittelwert der Abweichungen der Einzeleinkommen vom Durchschnittseinkommen berechnen:

$$e = \frac{|x_1 - m| + |x_2 - m| + \ldots + |x_n - m|}{n}$$

Oft verwendet man hier lieber die Varianz, die ganz ähnlich definiert ist, nur dass man den Betrag der Abweichungen jeweils durch das Quadrat der Abweichungen ersetzt:

$$v = \frac{(x_1 - m)^2 + (x_2 - m)^2 + \ldots + (x_n - m)^2}{n}$$

Als weiteres Streuungsmaß dient die Quadratwurzel aus der Varianz, die als Standardabweichung bezeichnet wird.

Betrachtet man zwei Merkmale in ein und derselben Population, kann man nach deren Zusammenhang oder Korrelation fragen. Man kann zum Beispiel fragen, welche Korrelation zwischen der Höhe der Miete und der Länge des Winterurlaubs in einer bestimmten Population besteht. Dabei wird jedes Individuum als Punkt in einem Koordinatensystem dargestellt, auf dessen Achsen die beiden Merkmale abgetragen sind. Die Korrelation zwischen den beiden Merkmalen kann man durch die

Gerade darstellen, die sich der Gesamtheit der Punkte am besten annähert, das heißt, für die jeweils die Summe der quadratischen Abstände zwischen den Punkten und der Geraden für jeden einzelnen Abszissenwert ein Minimum erreicht. Diese Gerade wird als die Gerade der linearen Regression eines Merkmals gegenüber dem anderen bezeichnet. Sie steigt, wenn das zweite Merkmal mit dem ersten statistisch wächst; sie fällt, wenn das zweite Merkmal mit wachsenden Werten des ersten Merkmals statistisch abnimmt; und sie verläuft horizontal, wenn das Wachstum des ersten Merkmals nicht mit einer eindeutigen statistischen Veränderung des zweiten Merkmals verbunden ist (siehe *Abbildung 1*). Der Ausdruck »lineare Regression« hat historische Gründe; man könnte ebenso gut auch von einer »linearen Progression« sprechen.

Sind X und Y zwei Merkmale innerhalb derselben Population, kann man aus den Gleichungen der beiden Regressionsgeraden von X gegenüber Y und Y gegenüber X den Korrelationskoeffizienten der Merkmale X und Y berechnen. Dieser Koeffizient variiert zwischen –1 und 1; er ist positiv, wenn das Wachstum des einen Merkmals statistisch mit einem Wachstum des anderen einhergeht, und er nähert sich 1, je stärker dieses Wachstum ist; er ist negativ, wenn das Wachstum eines Merkmals statistisch mit der Verringerung des anderen einhergeht, und er nähert sich –1, je stärker diese Verringerung ist; und schließlich ist er gleich 0, wenn das Wachstum eines Merkmals statistisch nicht mit einer Variation des anderen einhergeht (das ist insbesondere dann der Fall, wenn die beiden Merkmale unabhängig voneinander sind).

Man darf Korrelation nicht mit Kausalität verwechseln. Wenn zwei Merkmale eine starke Korrelation aufweisen, kann das erste Merkmal die Ursache des zweiten, aber auch das zweite die Ursache des ersten sein. Es ist auch möglich, dass keines der beiden Merkmale Ursache des jeweils anderen ist, sondern dass sie eine gemeinsame Ursache besitzen. Es gibt zum Beispiel eine starke Korrelation zwischen der Höhe der gezahlten Miete und der Länge des Winterurlaubs, aber keines dieser Merkmale ist die Ursache des anderen.

Teilerhebungen

Oft ist es unmöglich, eine Totalerhebung wie eine Volkszählung vorzunehmen, um die benötigten Daten zu beschaffen; in diesem Fall begnügt man sich mit Teilerhebungen. In der Meinungsforschung etwa wäre es viel zu teuer, wenn man alle Einwohner eines Landes nach ihrer Meinung befragte. Und auch wenn man in einer Fabrik die Qualität der Erzeugnisse prüfen möchte und zu diesem Zweck die Prüfstücke zerstören müsste, wäre es kaum vorstellbar, dass man die gesamte Produktion auf diese Weise prüfte und damit vollständig zerstörte.

Bei Teilerhebungen beobachtet man das jeweilige Merkmal an einer nach dem Zufallsprinzip gezogenen Stichprobe und versucht daraus, die Verteilung des beobachteten Merkmals in der Grundgesamtheit, zum Beispiel der Gesamtbevölkerung, zu erschließen. Hat man zum Beispiel tausend Stimmberechtigte in einem Parlament, kann man hundert von ihnen fragen, ob sie bei der Abstimmung über eine bestimmte Gesetzesvorlage mit Ja oder Nein stimmen werden; wenn 55 mit Ja und 45 mit Nein antworten, kann man daraus schließen, dass schätzungsweise 55% der Stimmberechtigten mit Ja stimmen werden.

Der Anteil der Ja-Stimmen in der Stichprobe ist ein Schätzwert für den Anteil der

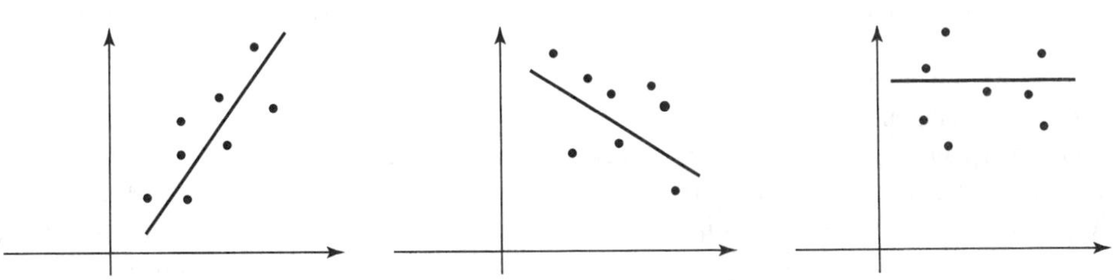

Abbildung 1 Zwischen den beiden Merkmalen besteht im ersten Schaubild ein positiver, im zweiten ein negativer und im dritten gar kein Zusammenhang.

Ja-Stimmen in der Grundgesamtheit. Schätzwerte sind Zufallsvariablen, weil sie von der zufälligen Auswahl der Stichprobe abhängen; sie konvergieren gegen den realen Wert in der Grundgesamtheit, wenn die Größe der Stichprobe gegen unendlich geht (siehe GESETZ DER GROSSEN ZAHLEN), und ihr Erwartungswert ist gleich dem realen Wert in der Grundgesamtheit (siehe ZUFALLSVARIABLE).

Das größte und schwierigste Problem ist natürlich die Frage, welches Vertrauen man solchen an einer Stichprobe gewonnenen Ergebnissen schenken darf. Was zum Beispiel sagen die 55 Ja-Stimmen über die Meinung aller tausend Stimmberechtigten aus?

Die Berechnung der Wahrscheinlichkeit, dass die Ja-Stimmen in der Mehrzahl sein werden, könnte eine erste Antwort geben. Allgemein ausgedrückt, möchte man also die Wahrscheinlichkeit berechnen, dass von den tausend Stimmberechtigten n mit Ja stimmen werden. Leider besagt ein von Thomas Bayes bewiesener Lehrsatz, dass solch eine Berechnung unmöglich ist (siehe WAHRSCHEINLICHKEIT). Eine Stichprobe bietet nicht die Möglichkeit, solch eine Abschätzung aus dem Nichts heraus vorzunehmen; sie eignet sich lediglich zur Überprüfung einer bereits existierenden Schätzung. Zur Interpretation der Stichprobenergebnisse benötigen wir also eine der Stichprobe vorausgehende Schätzung. Nimmt man von vornherein an, dass die Chancen gleich stehen, können wir diese Einschätzung mit Hilfe der Stichprobe überprüfen und sagen, dass ein Ja größere Chancen hat als ein Nein. Aber wenn man von vornherein sicher ist, dass die Nein-Stimmen überwiegen werden, wird man das Ergebnis der Stichprobe als bloßen Zufall interpretieren. Erhält man bei drei Würfen mit einem Würfel dreimal nacheinander eine Sechs, kann man daraus nicht die Wahrscheinlichkeit berechnen, ob dieser Würfel präpariert ist; je nachdem, ob man den Würfel von einer vertrauenswürdigen Person oder von einem notorischen Falschspieler erhalten hat, wird man die drei Sechsen auf den Zufall oder auf einen präparierten Würfel zurückführen.

Bezeichnen wir als A_n das Ereignis »es gibt n Anhänger des Ja in der Versammlung« und als B das Ereignis »die Stichprobe ergibt 55 Ja- und 45 Nein-Stimmen«, können wir mit Hilfe der Bayes-Formel die Wahrscheinlichkeit $p(A_n|B)$ des Ereignisses A_n unter der Bedingung B errechnen, also die Wahrscheinlichkeit, dass die Zahl derer, die mit Ja stimmen wollen, gleich n ist, unter der Voraussetzung, dass die Stichprobe das genannte Ergebnis hatte. Diese Formel lautet:

$$p(A_n|B) = \frac{p(A_n)p(B|A_n)}{p(A_0)p(B|A_0) + \ldots + p(A_{1000})p(B|A_{1000})}$$

Die Wahrscheinlichkeiten $p(B|A_0)$ … $p(B|A_{1000})$ lassen sich leicht berechnen, aber die gesuchte Wahrscheinlichkeit $p(A_n|B)$ hängt auch von den Wahrscheinlichkeiten $p(A_0)$ … $p(A_{1000})$ ab, die man den Ereignissen A_0 … A_{1000} zuweisen würde, noch bevor man das Ergebnis der Stichprobe kennt. Wenn man jedem möglichen Ausgang vor der Stichprobe zum Beispiel die gleiche Wahrscheinlichkeit (1/1001 = 0,00099 …) zuweist, kann man die Rechnung durchführen und gelangt zu dem Ergebnis, dass zum Beispiel die Wahrscheinlichkeit für 600 Ja-Stimmen, die vor der Stichprobe 0,00099 … betrug, nach der Stichprobe gestiegen ist, und zwar auf 0,0048 …. Die Wahrscheinlichkeit, dass es 700 Ja-Stimmen gibt, ist dagegen auf 0,000055 … gesunken. Geht man dagegen von anderen vorgängigen Wahrscheinlichkeiten aus, also glaubte man etwa vor der Stichprobe, dass die Wahrscheinlichkeit von 600 Ja-Stimmen gleich 0 sei, so ist die Wahrscheinlichkeit dieses Ereignisses nach der Stichprobe nicht etwa 0,0048 …, sondern immer noch gleich 0.

Auch auf der Grundlage der Stichprobe kann man also keine absolute Wahrscheinlichkeit für das Ergebnis von 55% Ja-Stimmen angeben, selbst wenn man eine Fehlermarge einrechnet. Aber was bedeutet es dann, wenn ein Meinungsforschungsinstitut 55% Ja-Stimmen voraussagt, bei einer Fehlermarge von 2% (also einem Vertrauensintervall [53%, 57%]) und mit einer Wahrscheinlichkeit von 95%? Das Institut behauptet nicht, die Wahrscheinlichkeit, dass der reale Wert im Vertrauensbereich von 53% bis 57% liege, sei größer als 95% (denn diese Wahrscheinlichkeit ließe sich ohne eine vorgängige Hypothese gar nicht berechnen). Vielmehr sagt es, die Werte zwischen 53% und 57% seien jene, für die das Ergebnis der Stichprobe, also 55 Ja-Stimmen, zu den wahrscheinlichsten Werten gehören, welche zusammen eine Gesamtwahrscheinlichkeit von 0,95 ergeben. Nehmen wir an, ein Meinungsforschungsinstitut käme in seiner Voraussage bei einem Vertrauensintervall [45%, 64%] (Fehlermarge 10%) auf eine Wahrscheinlichkeit von 95%. Dann sind die Werte zwischen 45% und 64% jene Werte, für die ein Stichprobenergebnis von 55 Ja-Stimmen die wahrscheinlichsten Werte darstellen, die zusammen eine Gesamtwahrscheinlichkeit von 95% ergeben. Nehmen wir weiter an, der reale Anteil der Ja-Stimmen unter den Stimmberechtigten beträgt 48%. In diesem Fall besteht für ein Stichprobenergebnis von genau 48 Ja-Stimmen nur eine Wahrscheinlichkeit von 0,08 ...; für ein Ergebnis von 47 bis 49 Ja-Stimmen beträgt die Wahrscheinlichkeit 0,23 ..., für ein Ergebnis zwischen 38 und 58 Ja-Stimmen beträgt sie 0,95 ..., und für ein Ergebnis zwischen 0 und 100 Ja-Stimmen beträgt die Wahrscheinlichkeit natürlich 1. Von all diesen um 48 Ja-Stimmen zentrierten Intervallen ist das Intervall [38%, 58%] dasjenige, dem die Wahrscheinlichkeit von 95% entspricht. Man könnte sagen, es ist »das Intervall der wahrscheinlichsten Stichprobenwerte, die eine Gesamtwahrscheinlichkeit von 0,95 ergeben (falls der reale Wert 48% beträgt)«. Da der beobachtete Stichprobenwert von 55 Ja-Stimmen in diesem Intervall liegt, ist er mit dem realen Wert von 48% vereinbar. Das Vertrauensintervall ist also definiert als der Bereich jener Werte, die mit einem beobachteten Wert von 55 Ja-Stimmen vereinbar sind; in unserem Beispiel reicht dieses Intervall von 45% bis 64%.

Durch Vergrößerung der Stichprobe kann man die Ergebnisse verbessern. Diese Wahrscheinlichkeit hängt nicht von der Größe der Grundgesamtheit ab, sondern allein von der Größe der Stichprobe. Im Allgemeinen versucht man, eine Wahrscheinlichkeit von 95% bei einer Fehlermarge von 2% zu erhalten. Solche Werte erreicht man mit Stichproben von einigen tausend Individuen (wobei die Größe der Gesamtpopulation keine Rolle spielt).

Wegen seines äußerst indirekten Charakters wird dieser Begriff der Fehlermarge gelegentlich kritisiert. Doch auch eine so berechnete Fehlermarge ist besser als gar keine, und wie der Satz von Bayes beweist, ist es schwer, etwas Besseres zu finden.

Handelt es sich bei den untersuchten Eigenschaften nicht um binäre Merkmale (»ja« oder »nein«), sondern um solche, die sich kontinuierlich verändern (wie die Körpergröße der Individuen in einer Population), geht man von der Annahme aus, dass das Gesetz dieses Merkmals, also die Form seiner Verteilung in der Population, gleichfalls stetig ist, und versucht, die Parameter dieses Gesetzes abzuschätzen.

Hängt zum Beispiel ein Merkmal wie die Körpergröße von einer Vielzahl unabhängiger Zufallsgrößen ab, die einen gleich bleibenden Einfluss entfalten, entspricht dieses Gesetz der Gaußschen Normalverteilung (siehe *Abbildung 2*), das heißt, es gibt nur wenige kleine, viele mittelgroße und wenige sehr große Individuen. Genauer gesagt, die Zahl der Individuen mit der Körpergröße x ist proportional einer Zahl der Form

$$e^{\frac{-(x-m)^2}{2v}}$$

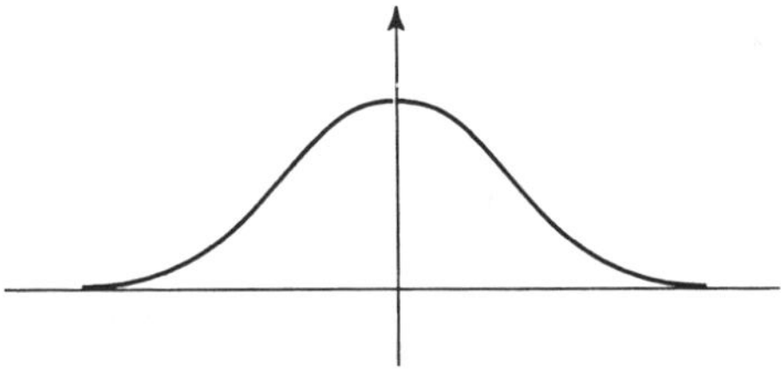

Abbildung 2 Gaußsche Normalverteilung

Weiß man oder nimmt man an, dass ein Merkmal die Gaußsche Normalverteilung besitzt, braucht man nur die Koeffizienten m und v zu bestimmen, um die genaue Verteilung des Merkmals in der betreffenden Population zu ermitteln. Es zeigt sich, dass die Zahl m der Mittelwert des Merkmals, die Zahl v dessen Varianz ist. In der Praxis stützt man sich auf Schätzwerte für diese Parameter. Für ein Gaußsches Merkmal ist der Mittelwert einer Stichprobe ein guter Schätzwert für den Mittelwert der Grundgesamtheit; bei der Varianz dagegen zeigt sich eine Tendenz, dass der Wert der Varianz in der Stichprobe kleiner ausfällt als der betreffende Wert in der Grundgesamtheit. Multipliziert man die Varianz der Stichprobe mit $n/(n-1)$, erhält man einen guten Schätzwert für die Varianz in der Grundgesamtheit.

statistische Analyse

Zur Vertiefung: ***Induktion; Klassifikation; Statistik; symbolisches Lernen***

»Der König befahl Joab, dem Obersten des Heeres, der bei ihm war: Sucht alle Stämme Israels von Dan bis Beerscheba auf und mustert die Krieger, damit ich weiß, wie viele es sind« (2 Samuel 24,2). Seit sehr langer Zeit schon zählen Staaten im Blick auf die Stärke ihrer Armeen die Männer im kriegsfähigen Alter, oder im Blick auf ihre Steuerkraft die Hände, die das Land bebauen, und die Köpfe der Nutztiere. Heute nehmen öffentliche Verwaltungen und Unternehmen im Bereich der Industrie oder des Handels regelmäßig solche Zählungen vor, und auch Wissenschaftler der verschiedensten Fachgebiete wie Ökonomie, Biologie, Psychologie oder Medizin erhoffen sich von solchen Methoden brauchbare Ergebnisse. Die Zahlen, die man auf diese Weise erhält, bleiben, für sich allein betrachtet, jedoch bestenfalls stumm und können leicht zu Irrtümern führen. Sowohl Sammlung als auch Aufbereitung solcher Daten bedürfen einer Methode, sonst lassen sich kaum verlässliche Erkenntnisse daraus gewinnen.

Im 18. Jahrhundert wurde aus dem auf das Lateinische zurückgehende *statisticus* (den Staat betreffend) das Kunstwort »Statistik« geschaffen, das ursprünglich die arithmetische Untersuchung der bei Zählungen gewonnenen Daten über gesellschaftliche Phänomene bedeutete. Dieser zunächst auf der Basis der Wahrscheinlichkeitsrechnung eingerichtete Zweig der Mathematik versuchte sodann, der für solche Zählungen typischen Ansammlung großer Zahlen Leben und Stimme zu verleihen. Heute bezieht sich der Begriff der Statistik sowohl auf die in Form von Zahlen vorliegenden Datenmassen als auch auf die Methoden ihrer Sammlung, Aufbereitung und Interpretation.

Im Laufe der Zeit bildeten sich im statistischen Bereich der Mathematik drei Zweige heraus. Der erste betrifft die Datensammlung: Wie viele Fälle muss man erheben, und was muss man tun, damit die Ergebnisse signifikant sind? Der zweite befasst sich mit Fragen der Gewissheit: Welche Erkenntnisse kann man aus den Zahlen ziehen? Welches Maß an Legitimität kann man diesen Erkenntnissen zubilligen? Und wie gelangt man zu solchen Induktionen? Dieser Zweig wird gelegentlich auch beurteilende, schließende oder induktive Statistik genannt. Der dritte Zweig schließlich, der sich mit der eigentlichen Analyse der Daten befasst, untersucht die verschiedenen Möglichkeiten der Darstellung von Daten. Wie lässt sich durch eine entsprechende Darstellung die Gesamtbedeutung der gewaltigen, über Jahre hinweg von spezialisierten Institutionen gesammelten Datenmengen verdeutlichen? Wie lassen sich aus der Vielzahl der Daten allgemeine Trends ableiten, nach Art der Aussage etwa: »Das Unfallrisiko ist höher bei jungen Leuten, die einen schnellen, in lebhaften Farben gehaltenen Wagen fahren.« Wie lassen sich solche Trends sichtbar machen?

Nehmen wir an, in einer Volkszählung hat man das Geburtsdatum aller Franzosen ermittelt und trägt nun für jeden von ihnen einen kleinen roten Punkt auf einer Achse ein, auf der das Alter abgetragen ist. Dann erhält man eine rote Linie, die sich vom Nullpunkt in Richtung zunehmenden Alters erstreckt und schließlich immer stärker ausdünnt, bis sie bei etwa 120 Jahren vollständig verlischt. Abgesehen von einer allumfassenden Katastrophe lassen sich die allgemeinen demographischen Entwicklungen aus solch einer Darstellung nicht ablesen. Man kann die Daten auch zusammenfassen und die Verteilung der französischen Bevölkerung als Fläche darstellen (als Alterspyramide, siehe *Abbildung 1*). Die daraus resultierende Kurve bezeichnet man als Histogramm; sie lässt zwei tiefe Einschnitte erkennen, die auf Bevölkerungsverluste und den Geburtenrückgang während der beiden Weltkriege zurückgehen, sowie eine Buckel, der auf den sprunghaften

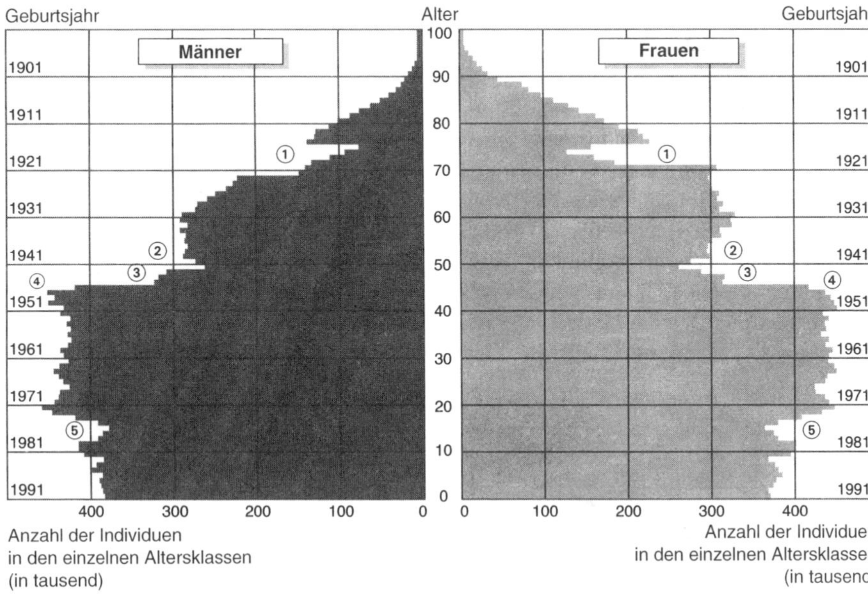

Abbildung 1 Alterspyramide der französischen Bevölkerung im Jahr 1992

Geburtenanstieg nach dem Zweiten Weltkrieg zurückzuführen ist. Die Form der Kurve ist interpretierbar; man kann bestimmte Ereignisse und allgemeine Entwicklungen daran ablesen. Um solch eine Veranschaulichung und Interpretation der Zahlen geht es in der statistischen Analyse. Zu diesem Zweck hat man zahlreiche Instrumente entwickelt, die sich im Wesentlichen zwei Kategorien zuordnen lassen: der Faktorenanalyse und der KLASSIFIKATION.

Faktorenanalyse

Die zu Beginn des 20. Jahrhunderts für Zwecke der Psychologie entwickelte Faktorenanalyse dient dazu, die wechselseitige Abhängigkeit oder Unabhängigkeit verschiedener Faktoren zu erkennen. Ihr Erfinder Charles Edward Spearman (1863–1945) wollte zeigen, dass die verschiedenen Fähigkeiten des Verstandes – Gedächtnis, Rechnen, logisches Denken, Abstraktionsvermögen – miteinander korreliert sind und die Vorstellung einer allgemeinen Intelligenz daher sinnvoll sei, weil Menschen, die über ein gutes Gedächtnis verfügen, auch schnell rechnen und gute logische Denkleistungen vollbringen. Diese Hypothese ist heute sehr umstritten, vor allem seit es die KOGNITIVEN WISSENSCHAFTEN gibt, aber die Faktorenanalyse ist geblieben.

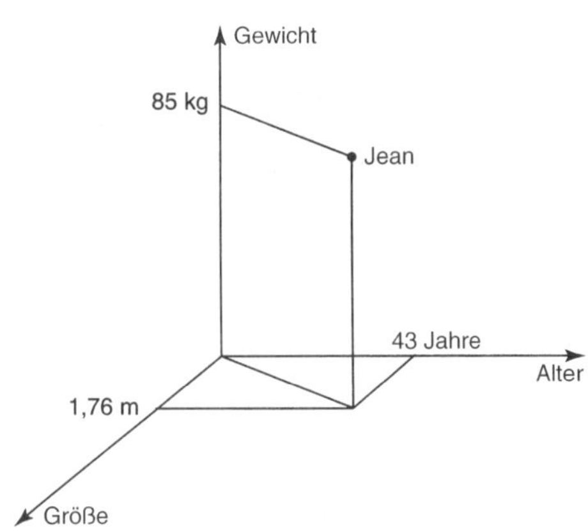

Abbildung 2 Jean, 43 Jahre, 85 kg, 1,76 m

Falls die verschiedenen Faktoren quantifizierbar sind, geht die Faktorenanalyse von einer Datentabelle aus, deren Zeilen die Faktoren – Alter, Lesegeschwindigkeit … – darstellen, während die Spalten die einzelnen Individuen oder Exemplare der betreffenden Entität aufführen – Menschen, Regionen, Staaten, Firmen … Zum leichteren Verständnis wollen wir uns zunächst auf drei Faktoren beschränken, zum Beispiel Alter, Körpergewicht und Körpergröße. Jedes Individuum stellt sich dann als Punkt in einem dreidimensionalen Raum dar, dessen Koordinaten durch die zugehörigen Werte der drei Faktoren gegeben sind (siehe *Abbildung 2*). Die Gesamtheit der in einer Tabelle zusammengefassten Daten verteilt sich in diesem Raum wie eine Wolke, die an manchen Stellen dichter und an anderen ausgedünnt erscheint, ähnlich einem Nebel oder fernen Galaxien am Sternenhimmel. Die Faktorenanalyse untersucht die Struktur solcher Gebilde.

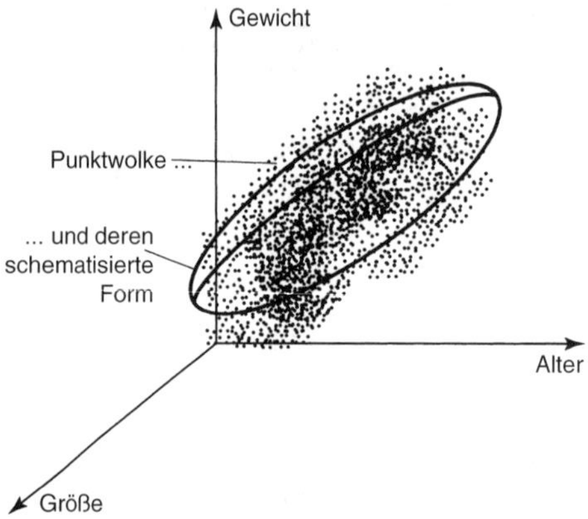

Abbildung 3 Verteilung der Franzosen nach Alter, Körpergewicht und Körpergröße – die Punktwolke und deren schematisierte Form

Stellen wir uns eine Tabelle vor, in der Alter, Körpergewicht und Körpergröße sämtlicher Franzosen verzeichnet sind. Abgesehen von einigen außergewöhnlichen Fällen, in denen Zwergwuchs, Riesenwuchs oder extreme Fettleibigkeit vorliegen, lägen die meisten Punkte, die im dreidimensionalen Raum der drei Faktoren für jeden einzelnen Franzosen stehen, innerhalb eines Gebildes, das die Form einer verdrehten und leicht abgeplatteten Birne besitzt (siehe *Abbildung 3*). Näherungsweise lässt sich diese Form mit der eines Zeppelins vergleichen. Durch eine Operation, die man als Zerlegung in Hauptkomponenten bezeichnet, lassen sich die charakteristischen Merkmale dieser Verteilung ermitteln, das heißt Richtung und Länge der Hauptachsen, die man als Länge, Breite und Höhe der Punktwolke interpretieren kann (siehe *Abbildung 4*).

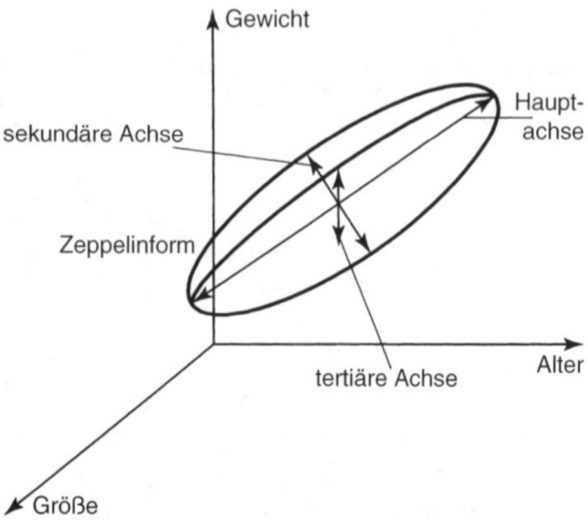

Abbildung 4 Verteilung der Franzosen nach Alter, Körpergewicht und Körpergröße – die schematisierte (Zeppelin-)Form und deren Hauptachsen

Wenn wir nun klären möchten, worin zum Beispiel Männer und Frauen sich in den genannten Faktoren unterscheiden, können wir den Raum mit Hilfe der Faktorenanalyse durch eine Fläche in zwei Halbräume unterteilen, die jeweils ein höheres Maß an Repräsentativität für Männer bzw. Frauen besitzen. Diese Fläche definiert dann Kombinationen von Merkmalsausprägungen, die statistisch für die Gruppe der Männer und die Gruppe der Frauen unterschiedlich sind.

Diese Verfahren lassen sich für beliebig viele Faktoren verallgemeinern; dann haben wir es mit n-dimensionalen Räumen zu tun, und die Punktwolken nehmen die Form von n-dimensionalen »Hyperzeppelinen« an. Doch da unsere Vorstellungskraft uns vielfach schon bei Räumen mit nur drei Dimensionen verlässt, nutzt man die Zerlegung in Hauptachsen dazu, die Punktwolke auf die beiden wichtigsten Dimensionen zu beschränken, so dass die Daten sich in zweidimensionaler Darstellung veranschaulichen lassen.

Die in den Datentabellen enthaltenen Faktoren sind untereinander durch zahlenmäßige Gewichte verknüpft, die sich umso schwerer interpretieren lassen, je heterogener die betreffenden Faktoren sind, wie es bei Alter, Körpergewicht und Körpergröße der Fall ist. Zieht man eine der Achsen stark in die Länge, gerät das Ganze aus dem Gleichgewicht, und die möglichen Interpretationen verschieben sich, etwa weil die Reihenfolge in der Priorität der Achsen sich verkehrt. Insgesamt kann die Faktorenanalyse uns zwar helfen, Korrelationen zu finden und unsere Anschauung zu bestätigen, aber wenn man keine Fehlschlüsse ziehen möchte, muss man sie sehr vorsichtig und gewissenhaft einsetzen.

Klassifikation

Die zweite große Gruppe der statistischen Verfahren umfasst einen ganzen Strauß von Klassifikationsmethoden. Auf der Basis einer Datentabelle der oben beschriebenen Art erzeugt man mit diesen Methoden Taxonomien – oder Klassifikationen –, in denen die Individuen oder Exemplare der jeweiligen Entität nach dem Grad ihrer Ähnlichkeit geordnet werden.

In der Vergangenheit haben Taxonomien in den Naturwissenschaften eine große Rolle gespielt, zum Beispiel in der Biologie mit ihrer Einteilung der Tiere und Pflanzen nach Familien, Gattungen und Arten oder in der Geologie mit ihren Gesteins- und Mineralienkatalogen. Die Klassifikationsmethoden der statistischen Analyse erzeugen gleichsam automatisch ähnliche Taxonomien, wie sie einst die Naturforscher des 18. Jahrhunderts erstellten. Sie könnten dadurch zu beträchtlichen Fortschritten in zahlreichen Wissenschaften beitragen, in der Medizin etwa zur Verbesserung der Klassifikation von Krankheiten und zur Klärung von Risikofaktoren oder Bedingungen für eine gute Prognose, in der Soziologie zur Begründung der verschiedenen sozialen Klassifikationen oder in den Wirtschaftswissenschaften zur Abgrenzung verschiedener Konsumentengruppen.

Doch alle Klassifikationsmethoden basieren auf einem Maß für die Ähnlichkeit der Individuen oder Exemplare der jeweils untersuchten Entität. Und diese Maße stützen sich niemals auf sichere Kriterien, sondern sind unendlich modifizierbar, und jede Modifikation hat großen Einfluss auf die Form der daraus resultierenden Taxonomien.

Gebrauch und Missbrauch der statistischen Analyse

Mit der Einführung der COMPUTER hat man die Methoden der statistischen Analyse automatisiert und ihren Einsatz dadurch beträchtlich erleichtert. Man glaubte, nun verfüge jeder über automatische Instrumente zur Interpretation von Daten, die mit geringem Aufwand und größter wissenschaftlicher Genauigkeit die Bedeutung zu ermitteln vermöchten, die in großen Datenmengen verborgen liegt. Da diese Methoden auf einem mathematischen Apparat basieren, meinten manche in den 1960er Jahren, sie böten auch die Gewähr für größte wissenschaftliche Strenge; dadurch würden auch die Sozialwissenschaften mit einem mathematischen Arsenal ausgestattet, das sie auf eine Stufe mit Naturwissenschaften wie der Biologie, Medizin oder Physik stellte. Doch die Wirklichkeit sieht anders aus: Die statistische Analyse ist nicht identisch mit einer induktiven Statistik; und sie erhebt keineswegs den Anspruch, mehr als eine beschreibende Statistik zu sein, die Daten anschaulich darzustellen und lesbar zu machen vermag. Wenn die Entschlüsselung, die sie bietet, zu neuen Aussagen führt, müssen diese Aussagen in jedem Fall mit der Realität verglichen werden, aus der die Daten stammen.

Staub, kosmischer

→ ***kosmischer Staub***

---

sterische Hinderung

Zur Vertiefung: ***Enzym; Molekül; Molekülmechanik; Rezeptoren***

Als sterische Hinderung bezeichnet man die Tatsache, dass eine Atomgruppe den Zugang zu einem Reaktionszentrum für andere Atomgruppen versperrt.

Vergleichen lässt sich die sterische Hinderung weniger mit einem besetzten Parkplatz (hier gilt alles oder nichts) als vielmehr mit einem freien Parkplatz, zu dem die Zufahrt durch ein in zweiter Reihe parkendes Fahrzeug behindert wird (hier gilt: Es versperrt mir zwar den Zugang, aber vielleicht kann ich mich daran vorbeizwängen).

Der sterischen Hinderung liegen starke Abstoßungskräfte zwischen gleichen elektrischen Ladungen zugrunde, die zwischen den ELEKTRONEN einerseits und den ATOMKERNEN andererseits wirksam werden, wenn zwei nicht miteinander verbundene ATOME sich räumlich einander annähern.

Manchmal setzen Forscher eine sterische Hinderung gezielt ein, um ein Atom, eine chemische Gruppierung oder ein Molekül zu blockieren oder schwer zugänglich zu machen. In der Laborpraxis verwenden Chemiker häufig Basen (siehe SÄUREN UND BASEN), die durch bestimmte Atomgruppen abgeschirmt sind, so dass sie nur noch Protonen H^+ an sich binden können. Durch die sterische Hinderung wird es höchst unwahrscheinlich, dass größere Atome als die winzigen Protonen H^+ sich einen Zugang zu ihnen verschaffen können.

An der Aktivität von Enzymen, also PROTEINEN, die biochemische Reaktionen in Lebewesen katalysieren (beschleunigen), sind kleine Moleküle beteiligt, die sich unmittelbar an das aktive Zentrum des Enzyms anlagern, an das sich ansonsten das umzuwandelnde Molekül, das so genannte Substrat, bindet. Andere lagern sich in der Nähe des aktiven Zentrums an, blockieren aber durch sterische Hinderung, also durch ihre räumliche Größe, den Zugang für das Substrat. Das Gleiche gilt für Wechselwirkungen zwischen REZEPTOREN in den Zellmembranen (siehe MEMBRAN und ZELLE) und den Liganden, die in ihrer Umgebung zirkulieren, wie zum Beispiel die HORMONE. Die Forschung bemüht sich darum, das Prinzip der sterischen Hinderung zu nutzen, um Medikamente gegen Erkrankungen zu entwickeln, die auf eine ungewöhnlich hohe Enzym- oder Hormonaktivität zurückgehen.

Stern

Zur Vertiefung: ***Galaxie; interstellarer Raum; Sonne***

Kaum etwas in der Welt dürfte die Phantasie der Menschen stärker bewegt haben als die Sterne, und das gilt für alle Kulturen. Die Sterne gaben Anlass zu Mythen und Geschichten, zu Hoffnungen und Träumen, aber auch zu Gefühlen der Fremdheit und des Verlorenseins, und die Gelehrten fragten sich nach ihrer Entfernung, ihrer Beschaffenheit, ihrem Wesen und ihrem Schicksal. Seit etwa einem Jahrhundert vermag die Wissenschaft einige dieser Fragen zu beantworten, und gerade erst beginnen wir, uns mit Hilfe von Teleskopen aller Art ein detailliertes Bild der Sterne zu machen.

Was ist ein Stern?

Ägypter, Chinesen, Griechen und Araber ordneten die Vielzahl der sichtbaren Sterne zu Sternbildern und gaben ihnen Namen. Die Sternbilder boten einen relativ stabilen Anblick im Vergleich zu den veränderlichen, in ständiger Bewegung befindlichen Planeten und Kometen und standen daher für die ewige Unveränderlichkeit des Himmels, die für das Weltbild der Chinesen von so wesentlicher Bedeutung war (der Himmel, *Tian*, gilt dort als Ursprung und Quelle jeglicher Ordnung). Den Seeleuten halfen sie bei der Orientierung, und für alle kündeten sie vom Kreislauf der Jahreszeiten. Den Abstand zu den nächstgelegenen Sternen (er beträgt einige Lichtjahre) maß erstmals 1838 der deutsche Astronom Friedrich Bessel aufgrund der Parallaxenverschiebung dieser Sterne innerhalb eines halben Jahres, der Zeit also, in der die Erde zwei entgegengesetzte Positionen auf ihrer Umlaufbahn einnimmt (siehe PARALLAXE und ENTFERNUNG). Für das bloße Auge und selbst für die stärksten Teleskope blieben die Sterne Punkte ohne sichtbare Ausdehnung, bis Albert Michelson 1920 erstmals mit Hilfe eines Interferometers den Durchmesser eines Sterns bestimmte. Sobald die Entfernung eines Sterns bekannt ist, lässt sich aus seiner scheinbaren (auf der Erde beobachteten) Helligkeit die tatsächliche Leuchtkraft ermitteln, und man erkennt, dass die Sterne Himmelskörper sind, die hinsichtlich der abgestrahlten Energie unserer Sonne gleichen.

Die Zusammensetzung der Sterne kennen wir aufgrund der Spektralanalyse ihres Lichts; die Spektralanalyse wird seit der Mitte des vergangenen Jahrhunderts praktiziert und ebenso in der Chemie wie bei der Erforschung der Sterne eingesetzt. Das Spektrometer misst die Lichtmenge, die wir von einem Stern in den verschiedenen Frequenzbereichen empfangen. So kann man aus dem Spektrum eines Sterns auf die Anwesenheit bestimmter chemischer Elemente schließen, auf seine Temperatur, auf den Druck des emittierenden Gases, auf seine Bewegung, auf die Stärke des Magnetfeldes und noch auf manches andere. Von 1850 bis 1950 gelang es, den Aufbau der Sterne, ihre Verschiedenartigkeit und die Ursachen für ihre unterschiedliche Leuchtkraft im Wesentlichen zu verstehen.

Ein Stern ist ein gasförmiger Körper, der durch die eigene Gravitation zusammengehalten wird, eine annähernd kugelförmige, aufgrund schneller Rotation an den Polen gelegentlich abgeplattete Gestalt besitzt und beträchtliche Mengen Licht abstrahlt. Im Innern eines Sterns herrschen so hohe Temperaturen, dass dort durch Kernfusion aus dem ursprünglich vorhandenen Wasserstoff schwerere Elemente (vom Kohlenstoff bis hin zum Eisen) entstehen. Die dabei durch Massenverlust freigesetzte Energie (den Zusammenhang zwischen der Masse m und der freisetzbaren Energie E beschreibt die Formel $E = mc^2$, siehe RELATIVITÄTSTHEORIE) wird in Wärme und elektromagnetische Strahlung umgewandelt. Die Wärme gelangt durch Konvektion, also durch die Bewegung materieller Teilchen, in den äußeren Bereich des Sterns, die elektromagnetische Energie durch Strahlung (sie macht den größten Teil des Energietransports innerhalb des Sterns aus). Die Dichte des Gases nimmt von innen nach außen ab; an der Oberfläche (dem Teil des Sterns, den wir sehen) wird die Dichte so gering, dass das Gas durchsichtig wird, so dass die Photonen entkommen und zu uns gelangen können. Die im Innern des Sterns freigesetzte Energie ist insgesamt gleich der an seiner Oberfläche abgestrahlten Energie; der Stern befindet sich in einem dynamischen Gleichgewicht, wobei er den in ihm enthaltenen Wasserstoff jedoch nach und nach verbraucht. Die den Kern umgebenden Gasschichten befinden sich, abgesehen von der Konvektion, in einem statischen Gleichgewicht, das heißt, Gasdruck und Gravitation gleichen sich gegenseitig aus. Dieser ganze Prozess beginnt, sobald die Kernfusion im Innern des Sterns in Gang kommt und auf diese Weise Energie freigesetzt wird.

Unterschiede zwischen den Sternen

Die Sterne gleichen einander hinsichtlich der Ursache ihrer Energieabstrahlung und unterscheiden sich zugleich hinsichtlich ihrer Masse, die von einigen Hundertsteln der Sonnenmasse bei den kleineren bis hin zu mehreren Dutzend Sonnenmassen bei den größten bekannten Sternen reicht. Die Leuchtkraft der Sterne nimmt mit ihrer Masse sehr rasch zu, etwa mit deren dritter Potenz. Die untere Grenze für die Masse eines Sterns wird durch die Bedingungen bestimmt, unter denen die Kernfusion in Gang kommt. Die obere Grenze hat ihre Ursache in der raschen Zunahme der Leuchtkraft mit der Masse; der Strahlungsdruck (der durch das Licht verursachte, gegen die Gravitation wirkende Druck) würde dafür sorgen, dass allzu große Sterne gleichsam explodieren. An unserem Nachthimmel sehen wir also sehr helle, große Sterne wie Sirius und kleinere wie Aldebaran; allerdings hängt ihre scheinbare (d.h. auf der Erde wahrzunehmende) Helligkeit nicht allein von ihrer tatsächlichen Leuchtkraft ab, sondern auch von ihrer Entfernung. Je nach Masse, also je nach Leuchtkraft, variiert die Oberflächentemperatur der Sterne zwischen etwa 2500 K (Kelvin) und mehr als 30 000 K.

Die rasche Zunahme der Leuchtkraft mit der Masse bestimmt auch die Lebensdauer der Sterne, das heißt, sie entscheidet darüber, wie lange ein Stern sich in dem beschriebenen dynamischen Gleichgewicht (der stationären Phase) befindet. Sehr große Sterne zehren das zerbrechliche Gleichgewicht in ihrem Kern schon in wenigen Millionen Jahren auf, während kleinere Sterne dazu zehn Milliarden Jahre und länger benötigen.

Sterne, die sich in dieser Gleichgewichtsphase befinden, lassen sich leicht durch vier zentrale Größen charakterisieren: Leuchtkraft, Oberflächentemperatur (sie steht in unmittelbarem Zusammenhang mit der Farbe des Sterns), Masse und Radius. Bemerkenswert ist die durch Beobachtung und die Theorie der Sterne bestens gesicherte Tatsache, dass die Kenntnis einer dieser Größen genügt, um die übrigen herzuleiten. Diese Tatsache findet ihren Ausdruck in dem berühmten Hertzsprung-Russell-Diagramm (siehe *Ab-*

bildung 1), in dem man die Position eines Objekts im Hinblick auf zwei dieser leicht messbaren Größen einzeichnet, der (aus der scheinbaren Helligkeit abgeleiteten) Leuchtkraft und der (aus dem Spektrum hergeleiteten) Oberflächentemperatur. Die Sterne, die sich in der stationären Phase befinden, bilden in diesem Diagramm eine Linie, die man als Hauptreihe bezeichnet.

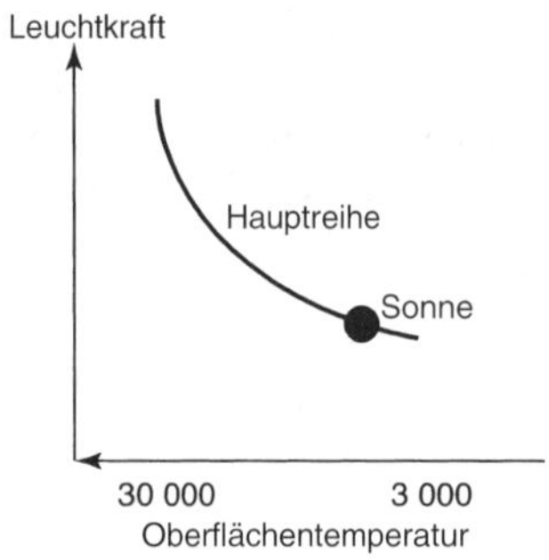

Abbildung 1 Das Hertzsprung-Russell-Diagramm

Wie lässt sich die Masse eines Sterns bestimmen? Das ist relativ einfach, wenn der Stern einem Doppelsternsystem angehört, in dem zwei Sterne einander umkreisen. Aus der direkten Beobachtung der Positionen oder aus der spektroskopischen Bestimmung der Geschwindigkeiten lässt sich dann durch Anwendung der Keplerschen Gesetze die Masse (oder zumindest ein guter Schätzwert dafür) bestimmen. Zum Glück gehört gut die Hälfte aller Sterne zu einem Doppelsternsystem. Bei den übrigen verlässt man sich bei der Massenbestimmung auf die gut gesicherten Zusammenhänge zwischen den vier oben genannten Größen.

Sterne vor der Hauptreihenphase

Diese Darstellung scheint die Bezeichnung »Stern« auf jene gasförmigen, im Raum isolierten Körper zu beschränken, die aufgrund von Kernprozessen in ihrem Innern Licht abstrahlen. Doch diese Objekte haben bereits geleuchtet, bevor die Kernfusion in ihrem Innern in Gang kam, und auch lange nach dem Ende dieses Prozesses werden sie weiterhin Licht emittieren. Letztlich bezeichnet man sie als Sterne, weil sie im TELESKOP als leuchtende Punkte erscheinen, die den (in der stationären Phase befindlichen) Sternen der Hauptreihe ähneln.

Was bewirkt nun, dass die Kernfusion im Innern eines Stern beginnt, und was wird aus dem Stern, wenn der Kernbrennstoff verbraucht ist? Sterne entstehen durch gravitationsbedingte AKKRETION. Bei diesem Vorgang, der einige Millionen Jahre dauert, stürzt eine interstellare Wolke aus Gas und Staub unter dem Einfluss ihrer eigenen Gravitation in sich zusammen. Am Ende bildet der Kern der Wolke ein kompaktes, dichtes Objekt (bei Doppel- oder Mehrfachsternsystemen zwei oder mehrere solcher Objekte). Ihr Leuchten geht auf die bei der Akkretion freigesetzte Energie zurück, die sich aufgrund der wechselseitigen Zusammenstöße zwischen den Atomen der Wolke zunächst in Wärme und dann in elektromagnetische Strahlung umwandelt. Der so entstandene Protostern zieht sich weiter zusammen, bis die Temperatur im Kern so hoch wird, dass die Kernfusion in Gang kommt. Mit Teleskopen auf der Erde oder im Weltall lassen sich solche Protosterne im Infrarotbereich beobachten, denn sie sind noch von der Plazenta der ursprünglichen Gas- und Staubwolke umgeben, die nur Infrarotstrahlen durchlässt – die einzige Strahlung übrigens, die in den ersten Phasen der Akkretion emittiert wird. Die Schwierigkeiten der Beobachtung im Infrarotbereich bringen es mit sich, dass wir über diese Phase der Entstehung von Sternen weit weniger wissen als über die weitere Entwicklung; dasselbe gilt auch für die Entwicklung von PLANETEN, die sich manchmal zusammen mit einem Stern herausbilden. Manche Sterne bleiben so klein, dass in ihnen keine Kernfusion in Gang kommen kann. Sie stellen ein Mittelding zwischen Sternen und Planeten dar; sie leuchten nur aufgrund der akkretionsbedingten Strahlung und werden als Braune Zwerge bezeichnet. Obwohl ihre Leuchtkraft nur schwach ausgeprägt ist, kennen wir inzwischen einige, die zu Doppelsternsystemen gehören.

Sterne nach der Hauptreihenphase

Die Entwicklung eines Sterns nach der Hauptreihenphase hängt unmittelbar von seiner Masse ab. Wenn ein Stern einen gewissen Teil des Wasserstoffs in seinem Kern umgewandelt hat, verändert er sich, weil der Druck im Kern zu gering wird, um die äußeren Schalen zu tragen.

Der erste Fall betrifft Sterne mit einer Masse von weniger als 1,5 $M_\odot$ (Sonnenmassen); dieser Wert wird auch als Chandrasekhar-Grenze bezeichnet, dem indisch-amerikanischen Astrophysiker Subrahmanyan Chandrasekhar, der 1983 den Nobelpreis für Physik erhielt. Am Ende der Hauptreihenphase kommt es bei diesen Sternen in der äußeren Schale zu ausbruchartigen Fusionen von Helium zu Kohlenstoff; dadurch vergrößert sich der Stern beträchtlich, und die Oberflächentemperatur nimmt deutlich ab (Phase des ROTEN RIESEN). Aufgrund der Abkühlung, die nun nicht mehr durch die Freisetzung von Fusionsenergie ausgeglichen wird, ziehen sich diese Sterne dann zu einem WEISSEN ZWERG zusammen, dessen Radius nur einige Zehntausend Kilometer beträgt; seine Materie besteht in dieser Phase aus »entarteten« Protonen und Elektronen (siehe ZUSTANDSGLEICHUNG). In der Folgezeit kühlt er sich sehr langsam ab – ein Prozess, der Milliarden von Jahren dauert.

Sterne mit einer Masse von 1,5 bis 3 $M_\odot$ stürzen nach dem Ausbrennen des Wasserstoffvorrats sehr plötzlich in sich zusammen; dabei wird ein Teil der Materie in den Raum hinausgeschleudert und dort zerstreut, während der Rest sich im Kern konzentriert. Dieses spektakuläre Ereignis, das als Supernova bezeichnet wird und bei dem der Stern eine gewaltige Leuchtkraft entwickelt, dauert einige Tage bis hin zu mehreren Monaten; die abgestrahlte Energie stammt dabei aus der Umwandlung eines Teils seiner Gravitationsenergie. Die SUPERNOVA zerstreut mehr als die Hälfte ihrer Masse in den interstellaren Raum; dabei werden auch chemische Elemente gebildet, die schwerer als Eisen sind. Supernovae sind in unserer Galaxis seltene Ereignisse (im Schnitt zwei oder drei pro Jahrhundert); die chinesischen Astronomen bezeichneten sie schon im Jahr 185 v. Chr. als »Gaststerne« (*ke xing*), die nur für ein paar Tage als strahlende Gäste am Gastmahl der Sternbilder teilnahmen. Betrachtet man dagegen zahlreiche Galaxien, kann man viele Supernovae beobachten, aus denen sich die ENTFERNUNG der Galaxien erschließen lässt, sofern man unterstellt, dass alle Supernovae dieselbe Leuchtkraft entwickeln.

Die restliche Masse stürzt in sich zusammen, und es entsteht ein Objekt mit einer derart hohen Massenkonzentration, dass aufgrund des darin herrschenden Drucks kaum noch Elektronen und Protonen, sondern hauptsächlich Neutronen anzutreffen sind. Es entsteht ein Neutronenstern oder PULSAR. Wegen der Erhaltung des Drehmoments beim Kollaps des Sterns beschleunigt sich die Rotation des Objekts beträchtlich, wie ja auch eine Eiskunstläuferin sich bei einer Pirouette schneller dreht, wenn sie die Arme an den Körper zieht. Die schnellsten Pulsare vollziehen eine Umdrehung in weniger als einer Millisekunde, während unsere Sonne sich in 27 Tagen einmal um sich selbst dreht.

Auch Sterne mit mehr als 3 $M_\odot$ durchlaufen die Phase der Supernova, doch der Kollaps verläuft bei ihnen etwas anders. Er findet nämlich keine Grenze, weil die Gravitation so stark ist, dass der wachsende Druck sie nicht auszugleichen vermag. So entsteht ein SCHWARZES LOCH, das kein Licht mehr emittiert. Seine Anwesenheit verrät sich nur noch durch den Sturz von Materie in sein Gravitationsfeld (die meist von einem nahen Begleiter innerhalb eines Doppelsternsystems stammt – ein weiteres Akkretionsphänomen) und durch die Röntgenstrahlung, die diese Materie emittiert, bevor sie den HORIZONT oder Schwarzschildradius des Schwarzen Lochs überschreitet und von ihm verschluckt wird.

Die gerade erst entstehenden Sterne, die Sterne der Hauptreihe, die Riesen und die Zwerge, die Supernovae und die Pulsare sind sämtlich leuchtende Objekte von so hoher Konzentration, dass sie dem irdischen Beobachter als nahezu punktförmige Strahlungsquelle erscheinen; und all diese Objekte gehören zur umfassenden Kategorie der Sterne. Hinzu kommt noch eine Reihe mehr oder weniger atypischer Objekte, die Gruppe der veränderlichen Sterne. Dort wiederum unterscheidet man zwischen den periodisch Veränderlichen wie den Cepheiden, die für die Messung von Entfernungen benutzt werden, und solchen, die sich unregelmäßig verändern; zu diesen gehören die Sterne in engen Doppelsternsystemen, bei denen es zu einer Masseübertragung zwischen den Sternen kommt, sowie die eruptiven Sterne, die Novae und andere.

Die Verteilung der Sterne

Die Sterne entstehen aus den im Wesentlichen aus Molekülen bestehenden großen Gaswolken im interstellaren Raum der Galaxien und bilden sowohl hinsichtlich der Masse als auch hinsichtlich der abgestrahlten Energie deren wichtigste Objekte. Gefangen in wechselseitiger Anziehung, die sie aufeinander ausüben und die sämtliche Materie der Galaxie umfasst, bewegen sie sich dort auf Bahnen, die allein von dieser Gravitation bestimmt werden und die von dem interstellaren Gas, aus dem sie entstanden sind, kaum beeinflusst sind.

Aufgrund der Gravitation kommt es innerhalb einer Galaxie an verschiedenen Stellen zu einer Konzentration von Sternen (siehe HAUFEN), deren Zahl von einigen wenigen bis hin zu mehreren Millionen reichen kann (alte Kugelsternhaufen an der Peripherie von Galaxien). Die beschriebene Entwicklung der Sterne von der Geburt über die stationäre Phase bis hin zur Explosion ist in den Galaxien ständig im Gange. Sie führt zu einer kontinuierlichen Anreicherung an schweren Elementen (siehe ENTSTEHUNG DER ELEMENTE) wie auch an kompakten Objekten (Weißen Zwergen, Pulsaren), die einen möglichen Abschluss im Lebenszyklus eines Sterns markieren, während an anderer Stelle zugleich neue Sterne entstehen. Innerhalb der Hubblezeit (siehe NATURKONSTANTEN), die als Schätzung für das Alter der Galaxien weithin anerkannt ist und zehn Milliarden Jahre (oder etwas mehr) beträgt, lässt sich für Sterne vom Typ unserer Sonne kaum mehr als eine Generation unterbringen, während in derselben Zeit bei den sehr großen Sternen mehrere Tausend Generationen aufeinander folgen können.

Sternkatalog

Zur Vertiefung: ***Information; Klassifikation; statistische Analyse***

In Saint-Exupérys Märchen *Der kleine Prinz* macht sich der Astronom ein Vergnügen daraus, unablässig neue Sterne in seinen Katalog aufzunehmen und sie immer wieder zu zählen – eine Karikatur auf eine Tätigkeit, die ebenso alt ist wie die Astronomie. Da sie die Gegenstände ihres Interesses nicht sammeln kann wie der Botaniker seine Pflanzen und der Paläontologe seine Fossilien, bleibt ihr nur die Möglichkeit, ein Inventar der vielfältigen Himmelsobjekte zu erstellen und sie zu katalogisieren, um Ordnung in diese Vielfalt zu bringen und so eine Grundlage zu schaffen, die es erlaubt, neue Theorien zu entwickeln oder bestehende zu verwerfen. So klassifizierte Claudius Ptolemäus um das Jahr 140 in seiner berühmten *Syntaxis mathematike* die Örter und Helligkeiten der 1020 hellsten Sterne, die sich am Himmel über Alexandria beobachten ließen. Ihre Zahl war zu groß, als dass man ihnen allen bereits Namen gegeben hätte; die heute noch benutzen Namen der hellsten Sterne (wie Alkor, Aldebaran oder Beteigeuze) stammen von den Arabern, die uns das Werk des Ptolemäus unter dem Titel *Almagest* überliefert haben. Noch heute benutzen wir diese Klassifikation der Helligkeiten oder scheinbaren Größen (siehe GRÖSSENKLASSEN), eine logarithmische Skala der Helligkeiten, die ursprünglich von den hellsten Sternen der Größe 0 bis zu den schwächsten, gerade noch mit bloßem Augen erkennbaren Sternen der Größe 6 reichte.

Seither sind viele Sternkataloge entstanden, die im Einzelnen die Position der Sterne (siehe ASTROMETRIE), ihre Helligkeit, ihre Entfernung, ihre Eigenbewegungen und vor allem ihre (mit der FARBE zusammenhängende) Oberflächentemperatur verzeichnen, aus der sich Rückschlüsse auf ihre physikalischen Eigenschaften (Masse, Leuchtkraft) und ihr Alter ziehen lassen. Aber die Sterne bewegen sich gegenüber der Sonne, sie verändern gelegentlich ihre Helligkeit (veränderliche Sterne, explodierende Sterne oder Novae, Sterne, die am Ende ihres Lebenszyklus explodieren: SUPERNOVAE), ihr Spektrum und selbst ihre Farbe: Nach einer merkwürdigen Beobachtung des Ptolemäus, die kürzlich durch Hinweise in chinesischen Chroniken aus derselben Zeit bestätigt worden ist, hatte Sirius, der uns in strahlendem Weiß erscheint, eine rötliche Farbe. Der Vergleich solcher in den Sternkatalogen festgehaltenen Informationen gestattet es, Entwicklungen über Jahrhunderte zurückzuverfolgen. Nach den Sternen hat man Zug um Zug auch die übrigen astronomischen Objekte katalogisiert: die galaktischen Nebel (die aus Wasserstoff bestehen, der durch das Licht in der Nähe befindlicher heißer Sterne ionisiert worden ist); die galaktischen Kugelsternhaufen, die Millionen von Sternen auf engstem Raum versammeln; die Überreste von Supernovae, die Galaxien und schließlich auch die Galaxienhaufen.

Zwei Entwicklungen haben in jüngerer Zeit Konzeption und Arbeitsweise des Katalogisierens astronomischer Objekte tiefgreifend verändert. Die erste beruht auf den leistungsstarken Instrumenten, die heute an Bord von SATELLITEN die Erde umkreisen und sämtliche Himmelsobjekte in den verschiedenen Bereichen des elektromagnetischen Spektrums über Jahre hinweg kartographieren. Mit ihrer Hilfe erstellt man Spezialkataloge für einzelne Wellenbereiche, von den Gammastrahlen bis hin zu den Radiofrequenzen; insgesamt enthalten diese Kataloge ungeheure Datenmengen, deren Auswertung recht kompliziert ist. So muss man versuchen, bestimmte Röntgenstrahlenquellen bestimmten bekannten Sternen zuzuordnen, auch wenn deren Position sich nicht mit einer Präzision bestimmen lässt, die eine Verwechslung mit benachbarten Sternen ausschließen könnte. Die zweite Entwicklung geht auf die INFORMATIK zurück. Einerseits stehen die Daten heute dank der weltumspannenden Informationsnetze einer sehr großen Zahl von Forschern (und Amateurastronomen) zur Verfügung; andererseits benutzt man zur Bewältigung der gewaltigen Datenmengen zunehmend automatische Auswertungsverfahren. Unter diesen Umständen liegt die eigentliche Schwierigkeit für den Forscher darin, sich in dieser ungeheuren Datenflut zurechtzufinden.

Steroide

Zur Vorbereitung: ***chemische Formel***
Zur Vertiefung: ***Biosynthese; Chemie***

Die Gruppe der Steroide umfasst sowohl natürliche als auch synthetische Stoffe. Ihre Moleküle lassen sich nur über ihre Struktur definieren: Ihr Grundkörper besteht aus vier Kohlenstoffringen (siehe ZYKLISCHE VERBINDUNGEN), also zu Ringen geschlossenen Ketten aus Kohlenstoffatomen, denen jeweils Wasserstoffatome angelagert sind. An diesem Grundkörper hängen drei Atomgruppen: eine Seitenkette *R* (aus den Kohlenwasserstoffgruppen CH, CH_2 und CH_3) und zwei Methylgruppen CH_3 (siehe *Abbildung 1*). Übrigens zeigt das chinesische Schriftzeichen für »Steroid« ebenfalls vier Ringe und drei Seitenketten.

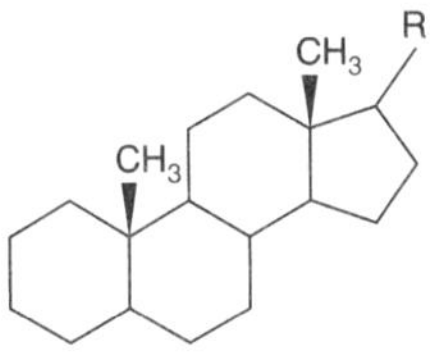

Abbildung 1 Formel eines Steroid-Grundkörpers

Die Natur produziert die Steroide mit Hilfe von ENZYMEN, also Proteinen, die als Katalysatoren für eine Abfolge von Reaktionen dienen. Als diese Prozesse in den 1950er und 60er Jahren aufgeklärt wurden, stießen sie bei Chemikern wegen ihrer genialen Einfachheit auf Bewunderung. Inzwischen sind die REAKTIONSMECHANISMEN der Biosynthese zum Vorbild für biomimetische Synthesen geworden, die Syntheseverfahren der Natur in Organismen nachahmen; vor allem nutzt man sie zur synthetischen Herstellung von Steroiden. Bei der Biosynthese von Steroiden entsteht zunächst ein erstes Steroid, das Lanosterol (das in Schafwolle zu finden ist) mit 30 Kohlenstoffatomen, daher als C-30-Verbindung bezeichnet; dieses wird über enzymatische Reaktionen in ein zweites Steroid, die C-27-Verbindung Cholesterin, umgewandelt. Die meisten anderen Steroide (Hormone, Gallensäuren usw.) produziert der Organismus aus Cholesterin.

Vielfalt der Steroide

Es ist bemerkenswert, wie die Natur durch ihre »Bastelei«, um es mit dem Wort François Jacobs zu sagen, die Steroidstruktur für alle möglichen Anwendungen nutzt. Neben dem Cholesterin gehören zu den Steroiden auch die Gallensäuren, eine Art natürliche Reinigungsmittel, die an der Verdauung beteiligt sind, und so unterschiedliche Sexualhormone wie das Männlichkeitshormon Testosteron und das Östron, das den Östrus, also die Brunst weiblicher Säugetiere, auslöst, sowie andere Hormone wie Cortison, das in den Nebennieren gebildet wird und die Konzentration verschiedener Salze in den Zellen und im Blut reguliert. Darüber hinaus umfassen die Steroide auch noch Digitalis-Glykoside, Sapogenine und einige ALKALOIDE (ein Molekül kann also ebenso zwei Kategorien angehören, wie ein Mensch zwei Staatsangehörigkeiten besitzen kann). So verleiht die Natur dem Begriff des Steroids eine vielfältige Bedeutung von großer Bandbreite.

Doch damit begnügt sich der Chemiker nicht, sondern fügt noch neue Varianten hinzu. Wir wollen uns hier auf das Cholesterin (siehe *Abbildung 2*) beschränken, dem vielfältige Eigenschaften und Verwendungsmöglichkeiten in der Natur wie auch im Laboratorium zukommen. Es dient als Ausgangsstoff für die Biosynthese aller anderen Steroidhormone. In den Zellmembranen erhöht es die Festigkeit. Die Gesamtform lässt sich mit einem Stäbchen vergleichen (bestehend aus vier Ringen und ihren Seitenketten), das eine Hydroxylgruppe OH trägt.

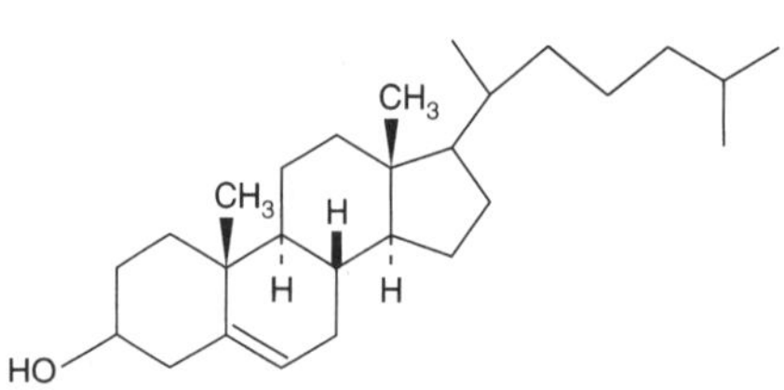

Abbildung 2 Formel des Cholesterins

Gleich und Gleich gesellt sich gern: Das nur aus Kohlenstoff und Wasserstoff zusammengesetzte Stäbchen (es handelt sich um einen Kohlenwasserstoff) fügt sich in die ebenfalls aus Kohlenwasserstoffen bestehenden Membranbestandteile einer Zelle so ein (siehe HYDROPHILIE, HYDROPHOBIE), dass die OH-Gruppe an der Grenzfläche der Lipiddoppelschicht zum Wasser liegt, das sowohl innerhalb als auch außerhalb der Zelle vorhanden ist (siehe MEMBRAN).

Cholesterin besitzt noch viele weitere, vor allem biologische Eigenschaften. Allerdings grenzt seine Rolle bei der Ablagerung von Fetten, die Arterien verengen und zu einem Infarkt führen können, an einen Mythos und bleibt umstritten. Am Beispiel des Cholesterins lässt sich eine Parallele zwischen einem Molekül und einem Wort ziehen: Ebenso wie ein Wort vielfältige Bedeutungen haben kann, hat auch ein Molekül zahlreiche Facetten und viele mögliche Eigenschaften und Verwendungen je nach Kontext, in den es gestellt ist. Die gesamte Gruppe der Steroide illustriert hervorragend sowohl die Diversität der Stoffe, die zu ihnen gehören und nach dem gleichen Muster zugeschnitten sind, als auch die mannigfaltigen Einsatzmöglichkeiten oder Bedeutungen, die jedes dieser Moleküle je nach Betrachtungsweise oder Nutzung haben kann.

Stetigkeit, Kontinuität

Zur Vorbereitung: ***Funktion***
Zur Vertiefung: ***Abstand; Chaos; Grenze, Grenzwert; Topologie***

In unserer Umwelt unterscheiden wir Größen, die sich kontinuierlich ändern, von solchen, die eine sprunghafte Änderung erfahren. So verändert sich die Temperatur kontinuierlich mit der Zeit, während die Anzahl der auf einem Bauernhof lebenden Tiere sich sprunghaft verändert, sobald ein Tier geboren wird oder stirbt (siehe *Abbildung 1*).

Die erste Funktion ist stetig, die zweite unstetig. Obwohl diese Zusammenhänge leicht zu erkennen sind (den Graphen der ersten Funktion kann man zeichnen, ohne den Stift abzusetzen, den der zweiten dagegen nicht), gelang eine strenge Definition der Stetigkeit erst Mitte des 19. Jahrhunderts.

In einem ersten Definitionsversuch könnte man sagen, eine Funktion f ist stetig an der

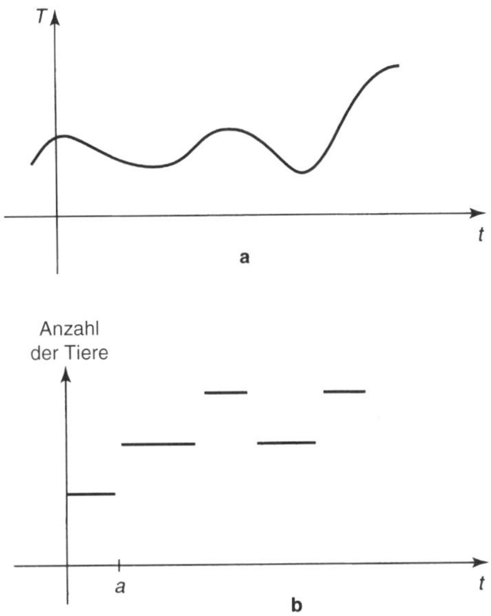

Abbildung 1 Temperatur (a) und Anzahl der Tiere (b) in Abhängigkeit von der Zeit

Stelle x, wenn eine unendlich kleine Veränderung von x zu einer unendlichen kleinen Veränderung von $f(x)$ führt. Umgekehrt ist eine Funktion f unstetig an einer Stelle x, wenn eine unendlich kleine Veränderung von x zu einer großen Veränderung von $f(x)$ führt. So ist die zweite Funktion unstetig an der Stelle a, weil $f(x)$ einen Sprung von der Größe einer ganzen Einheit macht, wenn x zwischen $a-\alpha$ und $a+\alpha$ variiert, und das selbst dann, wenn α unendlich klein ist.

Diese Definition ist deshalb unbefriedigend, weil sie sich auf den Begriff einer »unendlich kleinen« oder »infinitesimalen« Zahl stützt, der sich bis vor relativ kurzer Zeit nicht widerspruchsfrei definieren ließ (siehe UNENDLICH). Man kann diesen Begriff vermeiden, indem man sagt: Eine Funktion f ist an einer Stelle x stetig, falls man die Veränderung von $f(x)$ kleiner als jeden beliebigen Wert halten kann, wenn man die Veränderung von x entsprechend beschränkt. Umgekehrt ist eine Funktion f an einer Stelle x unstetig, falls es eine Zahl gibt, die stets kleiner ist als die Veränderung von $f(x)$, so klein man die Veränderung von x auch wählt. So ist die zweite oben genannte Beispielfunktion an der Stelle a unstetig, weil die Veränderung von $f(x)$ größer als 0,5 ist, wenn x zwischen $a-\alpha$ und $a+\alpha$ variiert, so klein man α auch wählen mag. Daraus ergibt sich folgende Definition:

Eine Funktion f ist stetig an einer Stelle x, wenn es für jede streng positive Zahl ε (Epsilon) eine streng positive Zahl α gibt, so dass $f(x)$ zum Intervall $[f(x)-\varepsilon, f(x)+\varepsilon]$ gehört, falls x zum Intervall $[x-\alpha, x+\alpha]$ gehört.

Vergleicht man diese Definition mit der Definition des Grenzwerts, erkennt man, dass die Funktion f genau dann an der Stelle x stetig ist, wenn $f(x)$ der Grenzwert der Funktion f an der Stelle x ist (siehe GRENZE, GRENZWERT).

Eine stetige Funktion nimmt zwischen a und b alle zwischen $f(a)$ und $f(b)$ liegenden Werte an (Zwischenwertsatz). Aber dies ist keine hinreichende Bedingung für Stetigkeit; es gibt auch Funktionen, die diese Bedingung erfüllen und dennoch nicht stetig sind.

Bei einer stetigen Funktion lassen sich aus approximativen Informationen über x approximative Informationen über $f(x)$ gewinnen. Bei unstetigen Funktionen dagegen geben approximative Informationen über x keinerlei Auskunft über $f(x)$.

Der Begriff der Stetigkeit lässt sich auch für Fälle verallgemeinern, in denen Ausgangs- und Zielmenge der betreffenden Funktionen nicht aus der Menge der reellen Zahlen bestehen; Voraussetzung dafür ist allerdings, dass man einen ABSTAND (oder eine TOPOLOGIE) auf diesen Mengen definiert.

Steuerwerk

Zur Vertiefung: ***Computer; Rechnerarchitektur***

Das Steuerwerk (englisch: *Control unit*) ist der wichtigste Teil der Zentraleinheit eines Computers und steuert deren Funktionen. Es besteht aus vier Funktionseinheiten, dem Befehlsregister, dem Befehlszählregister, dem Decodierer und dem Mikroprogramm. Das Befehlsregister lädt die Befehle des gerade aktivierten Programms aus dem Arbeitsspeicher, wobei das Befehlszählregister auf die Einhaltung der korrekten Reihenfolge achtet; der Decodierer entschlüsselt die Befehle; das Mikroprogramm interpretiert sie und gibt sie in Form geeigneter Signale an ausführende Einheiten wie das Rechenwerk oder die Ausgabesteuerung weiter.

In der Computertechnik werden Einheiten, die der Steuerung von Komponenten oder Peripheriegeräten dienen, generell als Controller bezeichnet; Beispiele dafür sind etwa der Buscontroller, der Festplattencontroller oder der Bildschirmcontroller.

---

stochastischer Prozess

Zur Vorbereitung: ***Wahrscheinlichkeit; Zufallsvariable***

Zur Vertiefung: ***Brownsche Molekularbewegung***

Ein stochastischer Prozess ist ein Phänomen, das zugleich von der Zeit und vom Zufall abhängt.

Die Außentemperatur, die Größe der Weltbevölkerung oder die Börsenkurse verändern sich in der Zeit; man beschreibt sie daher nicht durch eine Zahl, sondern durch eine Funktion, die einem Zeitpunkt oder Datum jeweils einen Wert zuordnet. Im Allgemeinen lässt sich nicht genau voraussagen, welche Temperatur zum Beispiel zu einem zukünftigen Zeitpunkt herrschen wird, aber man kann annehmen, dass bestimmte Werte wahrscheinlicher sind als andere. Ein Phänomen, für das man keine sicheren Informationen hat, sondern lediglich Wahrscheinlichkeiten kennt, wird durch eine Zufallsvariable beschrieben, das heißt durch eine Funktion, die möglichen Situationen bestimmte Werte zuordnet, wobei die Menge dieser Werte einen Wahrscheinlichkeitsraum bildet.

So hängt die Temperatur zu einem zukünftigen Zeitpunkt von zwei Parametern ab: von dem betrachteten Zeitpunkt und von den Bedingungen, die unter allen möglichen Bedingungen zu diesem Zeitpunkt realisiert sein werden. Solch ein Phänomen lässt sich daher durch eine Funktion X beschreiben, die jedem Paar (t, ω) einen Zahlenwert zuordnet, wobei t für den Zeitpunkt und ω für die Situation oder das mögliche Szenario steht. Legt man die Situation ω fest, erhält man eine Funktion $t \longmapsto X(t, \omega)$, die die Entwicklung des Phänomens (zum Beispiel der Temperatur) beschreibt, falls die betreffende Situation eintritt. Legt man einen Zeitpunkt t fest, erhält man eine Funktion $\omega \longmapsto X(t, \omega)$, nämlich die Zufallsvariable »Temperatur zum Zeitpunkt t«. Ob man die Funktion X oder die Familie der Zufallsvariablen $\omega \longmapsto X(t, \omega)$ wählt, läuft auf dasselbe hinaus. Man beschreibt daher stochastische Prozesse vielfach durch eine Familie von Zufallsvariablen $X_0, X_1, X_2, X_3 \dots X_n$, wobei X_t die Zufallsvariable »Wert zum Zeitpunkt t«, also zum Beispiel »Temperatur zum Zeitpunkt t« ist. Um genau zu sein, muss man noch zwischen stochastischen Prozessen mit diskreter und solcher mit kontinuierlicher Zeit unterscheiden; bei diskreter Zeit, etwa wenn man sich für die Temperatur in Tages- oder Stundenabständen interessiert, ist t eine ganze Zahl, bei kontinuierlicher Zeit ist t dagegen eine reelle Zahl (siehe DISKRET, KONTINUUM und ZAHLEN).

Am einfachsten (aber auch am wenigsten interessant) sind jene stochastischen Prozesse, bei denen eine vollkommene Unabhängigkeit zwischen den Zufallsvariablen X_0, $X_1, X_2, X_3 \dots$ besteht, also die zwei Ereignisse $X_t \in A$ und $X_u \in B$ stets unabhängig voneinander sind. In diesem Fall gestattet die Beobachtung der Vergangenheit keinerlei Voraussage für die Zukunft. Ein Beispiel dafür sind die Ergebnisse der Lottoziehungen. Die in der Vergangenheit gezogenen Zahlenkombinationen haben keinerlei Einfluss auf die Wahrscheinlichkeit dieser oder anderer Zahlenkombinationen in nachfolgenden Ziehungen.

Bei anderen stochastischen Prozessen sind die Zufallsvariablen $X_0, X_1, X_2, X_3 \dots$ dagegen abhängig voneinander. Ist X_t zum Beispiel die Zahl der Personen in der Warteschlange vor einer Kinokasse zum Zeitpunkt t und unterstellt man eine gleich bleibende Wahrscheinlichkeit von $p(t, n)$ dafür, dass die Zahl der in der Minute t hinzukommenden Personen gleich n ist, kann man die Wahrscheinlichkeit dafür berechnen, dass die Zahl der Personen zum Zeitpunkt t einen bestimmten Wert erreicht. Kennt man in diesem Fall jedoch die Zahl der in der ersten Minute eingetroffenen Personen, kann man die Voraussage revidieren.

Befinden sich zum Beispiel am Ende der dritten Minute 100 Personen in der Schlange, so ist die Wahrscheinlichkeit, dass es am Ende der vierten Minute 130 sein werden, gleich $p(4, 30)$, nämlich gleich der Wahrscheinlichkeit, dass in der vierten Minute 30 Personen eintreffen werden. Stehen am Ende der dritten Minute 110 Personen in der Warteschlange, ist die Wahrscheinlichkeit, dass es am Ende der vierten Minute 130 sein werden, gleich $p(4,20)$, und das muss nicht gleich $p(4,30)$ sein. Die drei Ereignisse »$X_4 = 130$«, »$X_4 = 130$, wobei bekannt ist, dass $X_3 = 100$« und »$X_4 = 130$, wobei bekannt ist, dass $X_3 = 110$« haben verschiedene Wahrscheinlichkeiten, das heißt, die Zufallsvariablen X_3 und X_4 sind nicht unabhängig voneinander. Anders gesagt, der Prozess hat ein Gedächtnis: Die Wahrscheinlichkeit, dass er zu einem Zeitpunkt t einen bestimmten Wert annimmt, ist durch seine Geschichte bedingt, das heißt durch die Werte der Variablen X_u für Zeitpunkte u, die t vorausgehen.

In manchen Fällen wie dem oben beschriebenen ist das gesamte Gedächtnis des Prozesses im Wert der Zufallsvariablen zum jeweils vorangegangenen Zeitpunkt enthalten. Weiß man zum Beispiel, dass am Ende der dritten Minute 100 Personen in der Warteschlange stehen, kann man die Wahrscheinlichkeit berechnen, dass es am Ende der vierten Minute 130 sein werden. Wie diese 100 Personen in den letzten drei Minuten eingetroffen sind, spielt dabei keine Rolle. Die Ereignisse »$X_4 = 130$, wobei bekannt ist, dass $X_3 = 100$« und »$X_4 = 130$, wobei bekannt ist, dass $X_3 = 100$ und $X_1 = 50$« haben dieselbe Wahrscheinlichkeit. Solche Prozesse bezeichnet man als Markoffprozesse (oder bei diskreter Zeit als Markoffketten).

Ist Y_t dagegen die Zahl der Zuschauer, die sich am Tag t einen Film ansehen, und nimmt man an, die Wahrscheinlichkeit dafür, dass diese Variable einen bestimmten Wert annimmt, hänge aufgrund der Mundpropaganda von der Gesamtzahl der Zuschauer ab, die diesen Film bereits gesehen haben, ist der stochastische Prozess Y_0, Y_1, Y_2 ... keine Markoffkette. Denn das Gedächtnis des Systems besteht aus der Gesamtzahl der Zuschauer, die den Film gesehen haben, und nicht nur aus der Zahl der Zuschauer, die ihn sich am Vortag angeschaut haben.

Störung

Zur Vorbereitung: ***Differential; Gravitation***
Zur Vertiefung: ***Astrometrie; Chaos; Mechanik; Quantenphysik***

Woher kommen Störungen?

Newtons Gesetz der universellen Gravitation liefert eine Erklärung für die regelmäßige Bewegung der Planeten und bringt diese Zusammenhänge in die Form eines Systems von Differentialgleichungen.

Betrachtet man die Bewegung zweier durch die Schwerkraft verbundener Himmelskörper (Sonne und Erde oder Erde und Mond), so lässt sich diese Bewegung durch ein einfaches Gleichungssystem beschreiben, das eine eindeutige Lösung besitzt (es handelt sich um das so genannte Zwei-Körper-Problem, das zu elliptischen Umlaufbahnen führt; siehe KEPLERSCHE GESETZE). So einfach stehen die Dinge jedoch nicht mehr, wenn man drei Körper betrachtet, z. B. Sonne, Erde und Jupiter; dann lässt sich die Lösung des Gleichungssystems nicht mehr in exakter Form ausdrücken (siehe N-KÖRPER-PROBLEM). Möglicherweise ist die von dem dritten Körper (hier dem Jupiter) ausgeübte Kraft so gering, dass die Bewegung der Erde nur unwesentlich von der zuvor errechneten einfachen Bewegung abweicht. In diesem Fall bezeichnet man diese kleine, aber dennoch nicht vollkommen zu vernachlässigende Kraft als Störung. Die Abweichungen von der einfachen Bewegung, die sich daraus bei der Umlaufbahn der Erde oder auch des Mondes ergeben, sind seit dem 18. Jahrhundert durch Beobachtung nachgewiesen und führten zur Entwicklung mathematischer Methoden (Störungstheorie), mit deren Hilfe sich die Positionen der Gestirne im Laufe der Zeit (die Ephemeriden) genauer vorhersagen lassen.

Bei diesen Methoden sucht man nach einer näherungsweisen Lösung, indem man unterstellt, dass diese Lösung aus der Störung eines Zwei-Körper-Systems resultiert, die auf den geringfügigen Einfluss des dritten Körpers zurückgeht. So geht man bei der Theorie der Mondbahn zunächst von der einfachen Bewegung des Mondes aus, die durch die wechselseitige Anziehung zwischen Erde und Mond bestimmt wird, und nimmt erst dann als Störung den Einfluss der Sonne hinzu. Um deren Einfluss zu berücksichtigen, führt man einen sehr kleinen Parameter ε (Epsilon) in die Gleichungen ein und sucht nach näherungsweisen Lösungen in Form von Reihen mit wachsendem Exponenten von ε: ε^2, ε^3 usw. Das Verfahren lässt sich zwar für eine quantitative Abschätzung der Bewegung nutzen, führt aber nur für endliche Zeiträume zu gültigen Ergebnissen.

Einer ähnlichen Situation begegnet man in zahlreichen dynamischen Systemen, etwa bei einer gedämpften Schwingung, deren klassisches und einfachstes Beispiel die Bewegung einer Masse m ist, die an einer masselosen Feder (mit der Festigkeit k) hängt.

Da diese Bewegung durch das Trägheitsgesetz gesteuert wird, beschreibt man sie mittels einer Differentialgleichung, die den Ort der Masse mit der Geschwindigkeit (der ersten Ableitung des Ortes nach der Zeit) und der Beschleunigung (der zweiten Ableitung des Ortes nach der Zeit) verknüpft (siehe LÖSUNG VON GLEICHUNGEN). Diese Bewegungsgleichung hat zur Lösung eine Schwingungsbewegung mit der Frequenz f und der Einheit $(\text{kg.m}^{-1})^{1/2}$. Nehmen wir an, diese Bewegung erfährt durch Reibung eine schwache Verzögerung εv proportional zur Geschwindigkeit v. Wenn ε klein ist, kann man die Bewegung wie oben durch eine Reihe darstellen. Setzt man diese Reihe in die Bewegungsgleichung ein, erhält man ein unendliches Gleichungssystem, und dessen Lösungsfolge ergibt die Terme der aufeinander folgenden Störungsbewegungen, die zu der ungestörten Bewegung hinzukommen (siehe REIHE).

Von den Störungen zur Entdeckung von Planeten

Als Johann Galle 1846 nach entsprechenden Voraussagen von Urbain Le Verrier und John Couch Adams den Planeten Neptun entdeckte, war dies eine überzeugende Anwendung der Methoden der Störungstheorie. Die nun durch Beobachtung bestätigte Position des Neptun wurde allein aus den Reststörungen der Bewegung des Planeten Uranus abgeleitet, nachdem die von den beiden nahegelegenen Riesenplaneten Jupiter und Saturn ausgehenden Störungen bereits berücksichtigt waren. Die Methoden der Störungstheorie gestatten es auch festzustellen, ob ein Stern einen oder mehrere Planeten besitzt (bei den Planeten anderer Sterne spricht man auch von Exoplaneten, um sie von den Planeten unseres Sonnensystems zu unterscheiden); aus der kleinen, aber messbare Wirkung, die diese Planeten auf den Zentralkörper ausüben, lässt sich ihre Masse ableiten (der erste Exoplanet wurde 1995 entdeckt; er umkreist den Stern 51 Pegasi und hat etwa die Größe des Jupiter).

Im 19. Jahrhundert bemerkte man eine weitere Bahnanomalie, die den Planeten Merkur betrifft. Der Punkt größter Annäherung an die Sonne (Perihel) verschiebt sich im Raum um einen winzigen Betrag (von der Sonne aus betrachtet, um 43 Winkelsekunden pro Jahrhundert), der sich jedoch nur durch eine gravitationsbedingte Störung erklären lässt. Heute wird diese Veränderung als eine minimale (in der Größenordnung von einem Millionstel anzusiedelnde) Störung der Geometrie des Raum-Zeit-Kontinuums durch die Sonne verstanden, in deren Nähe der Merkur sich bewegt (siehe KRÜMMUNG und RELATIVITÄTSTHEORIE).

In der Chaostheorie betrachtet man kleine Störungen eines dynamischen Systems unter einem anderen Blickwinkel: Unter dem Einfluss von Störungen kann ein System ins Chaos abgleiten. In diesem Fall kann schon eine kleine Ursache dazu führen, dass ein System in einen radikal anderen Zustand gerät, als es der Fall wäre, wenn die betreffende Störung nicht aufträte. Für die Umlaufbahn der Erde um die Sonne ergibt sich solch eine Situation, wenn man die Berechnung etwa zehn Millionen Jahre in die Vergangenheit zurückreichen lässt (siehe CHAOS). Dieses chaotische Verhalten hängt mit der Nichtkonvergenz der Reihen für sehr große, aber immer noch endliche Zeiträume zusammen.

Das Wasserstoffatom

In der Physik des 20. Jahrhunderts sind Idee und Methode der Störungstheorie inzwischen weit verbreitet. So kann man das Spektrum des Wasserstoffatoms (die Verteilung des emittierten Lichts auf die verschiedenen Wellenlängen) sehr genau mit den Mitteln der Quantenphysik berechnen, denn das Wasserstoffatom ist das einfachste aller Atome und besteht lediglich aus einem Proton und einem Elektron, die durch die elektromagnetische Kraft miteinander verbunden sind. Der Vergleich dieses berechneten Spektrums mit dem gemessenen Spektrum von leuchtendem Wasserstoffgas gehört zweifellos zu den härtesten empirischen Tests, die von der Quantenphysik erfolgreich bestanden worden sind.

Will man den Fall eines Wasserstoffatoms behandeln, das einem äußeren elektrischen Feld ausgesetzt ist, so bereitet es keine Schwierigkeiten, die für dieses System geltende Gleichung aufzustellen, doch diese Gleichung lässt sich nicht lösen. Unter diesen Umständen kann man entweder aufgeben, oder man sagt sich, die elektrischen Felder, die wir im Labor erzeugen können, seien immer noch überaus schwach im Vergleich zu dem elektrischen Feld, das innerhalb des Wasserstoffatoms herrscht. Dort erzeugen das Elektron und das Proton, deren Abstand sich in der Größenordnung von einem Zehntel Nanometer bewegt ($1\,\mathrm{nm} = 10^{-9}\,\mathrm{m}$), ein elektrisches Feld in einer Größenordnung von $10^{10}\,\mathrm{V.m^{-1}}$, das sich im Labor unmöglich reproduzieren lässt. Daher kann man das äußere elektrische Feld zwar nicht vernachlässigen, wohl aber als einfache Störung des innerhalb des Atomkerns bereits vorhandenen elektrischen Feldes ansehen. Die mathematischen Methoden der Störungstheorie gestatten es dann, eine Näherungslösung des Problems zu finden, indem man entsprechende Korrekturausdrücke in die exakte Lösung des ursprünglichen Problems einführt.

In ähnlicher Weise kann man die Energie, die bei der chemischung Bindung im Spiel ist, als Störung der Energie der an den Verbindungen beteiligten Atome begreifen. Die chemischen Umwandlungen sind dann Störungen der Struktur und Energie der sich verbindenden Atome. Das lässt sich an einem Beispiel verdeutlichen, aus dem klar werden soll, weshalb zwei Wasserstoffatome H sich zu einem Molekül H_2 verbinden, während das Element Helium He in der atomaren Form verharrt. Betrachten wir dazu einmal, wie die potentielle Energie sich verändert, also die Energie, die mit der Position der Teilchen zusammenhängt: Nähert man zwei Atome einander an, so stoßen die beiden Atomkerne sich gegenseitig ab, weil sie beide eine positive Ladung besitzen; die Elektronen stoßen sich gleichfalls gegenseitig ab, weil ihre (negative) Ladung dasselbe Vorzeichen hat. Elektronen und Atomkerne ziehen sich dagegen wechselseitig an, da ihre Ladungen entgegengesetzte Vorzeichen besitzen.

Die Gesamtenergie des Systems variiert mit dem Abstand der Atome, doch diese Variation ist verschwindend gering im Vergleich zur Energie der oben beschrieben Abstoßung und Anziehung, weshalb wir sie als Störung begreifen dürfen (deren rechnerischen Behandlung allerdings wegen ihrer Komplexität eines Computers bedarf, siehe Quantenchemie). In dieser Rechnung werden die einzelnen Ausdrücke für die Abstoßung (zwischen den Atomkernen bzw. zwischen den Elektronen) und für die Anziehung (zwischen Elektronen und Kernen) bestimmt; die Gesamtenergie ist deren algebraische Summe. Beim Helium nimmt diese Energie ständig zu, je näher man die beiden Atome einander zu bringen versucht. Daher kann keine Bindung entstehen, und das Helium bleibt in atomarer Form: He_2-Molküle gibt es nicht. Beim Wasserstoff dagegen erreicht die Gesamtenergie eines aus zwei Atomen bestehenden Systems (H+H) bei einem bestimmten Abstand ein Minimum; diesen Abstand bezeichnet man als Bindungslänge oder Bindungsabstand: Die beiden Atome können eine Bindung eingehen und ein Molekül (H_2) bilden.

In beiden Beispielen fällt das Ergebnis offensichtlich um so besser aus, je geringer die Störung ist, und das ist generell so. Wird die Störung zu groß, funktioniert die Methode nicht mehr, und eigentlich darf man gar nicht mehr von einer Störung sprechen, denn Störungen müssen klein sein; sie dürfen das Verhalten eines Systems nicht grundlegend, sondern nur geringfügig verändern. Vor allem müssen wir uns hüten, jede Diskrepanz zwischen einer lösbaren und einer unlösbaren Situation als Störung zu bezeichnen. Das hat nur Sinn, wenn der »Abstand« zwischen den beiden Situationen gering ist.

Stoffwechsel

Zur Vertiefung: ***Bakterien; Photosynthese; Redoxreaktion; Zelle***

Der Stoffwechsel oder Metabolismus (griechisch: *metabole*, Umwandlung) umfasst sämtliche biochemischen Umsetzungen von Materie im Organismus und alle damit verbundenen Austauschprozesse von Energie. Solche Prozesse sind an allen Funktionen des Organismus beteiligt, angefangen bei den Grundfunktionen der Zellen, die man unter dem Begriff »Grundumsatz« zusammenfasst.

Stoffwechselwege

Der Stoffwechsel gliedert sich allgemein in den Katabolismus, der sämtliche Abbauprozesse und die mit ihnen einhergehende Freisetzung von Energie umfasst, und den Anabolismus, der diese Energie zur Synthese der organischen Bausteine nutzt. In Wirklichkeit ist diese Einteilung jedoch ein wenig willkürlich, da diese Prozesse eng miteinander verzahnt und wechselseitig voneinander abhängig sind. Pauschal lässt sich dieser Mechanismus als ein Zusammenspiel zahlreicher biochemischer Reaktionen beschreiben, jeweils erleichtert (katalysiert) durch die Mitwirkung eines spezifischen ENZYMS, also eines PROTEINS, das ihren Ablauf beschleunigt (siehe KATALYSE). Diese Reaktionen laufen nacheinander ab, wobei das Produkt der einen als Ausgangsstoff (Substrat) der Folgenden dient. Sie organisieren sich zu einem komplexen, genauestens regulierten Geflecht, in dem jede Untereinheit als Stoffwechselweg bezeichnet wird.

Energieaustausch

In den Zellen erfolgt ein ständiger Energieaustausch über Millionen Adenosintriphosphat-Moleküle (ATP) – ein NUKLEOTID, das auch als Grundbaustein in bestimmten NUKLEINSÄUREN wie der RNA zu finden ist und, wie der Name schon sagt, drei Phosphatgruppen enthält. Die Bindungen zwischen diesen drei Phosphatgruppen sind reich an chemischer Energie, die sich durch Aufspaltung mobilisieren lässt. Der Energieaustausch erfolgt nun durch Kopplung der ATP-Produktion oder -Spaltung mit bestimmten biochemischen Reaktionen (siehe *Abbildung 1*).

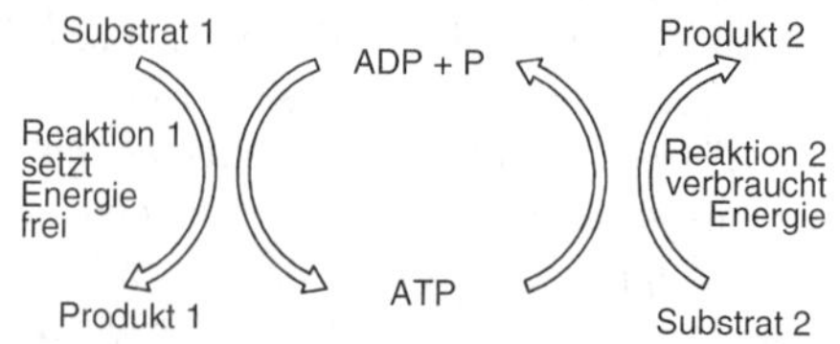

Abbildung 1 Kopplung der biochemischen Reaktionen und des Energieaustauschs an die ATP-Synthese und -Spaltung (ATP: Adenosintriphosphat; ADP: Adenosindiphosphat)

An den Oxidations- und Reduktionsreaktionen sind kleine Moleküle beteiligt, die entweder als Oxidationsmittel aus organischen Molekülen Energie freisetzen oder als Reduktionsmittel bei der Synthese dieser Moleküle Energie binden (siehe REDOXREAKTION). Oxidationsmittel nehmen ELEKTRONEN oder Wasserstoffatome (mit einem freien Elektron, siehe WASSERSTOFF) auf oder geben Sauerstoffatome (mit zwei freien Elektronen, siehe SAUERSTOFF) ab; umgekehrt geben Reduktionsmittel Elektronen oder Wasserstoffatome ab oder nehmen Sauerstoffatome auf.

Der Hauptträger für das Austauschsystem des Oxidations- und Reduktionspotentials ist in Stoffwechselprozessen ein Molekül namens Nicotinamid-Adenin-Dinucleotid (NAD), das durch Bindung von zwei Nukleotiden entsteht, darunter ein Derivat des VITAMINS Nicotinsäure. Auch hier erfolgt der Energieaustausch durch Kopplung der biochemischen Reaktionen an die Transformation des NAD von der oxidierten zur reduzierten Form (siehe *Abbildung 2*).

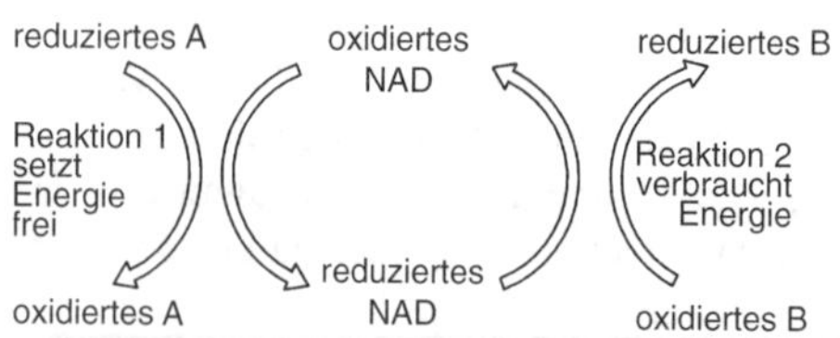

Abbildung 2 Kopplung der biochemischen Reaktionen und des Energieaustauschs an die Oxidation und Reduktion von NAD

Glykolyse und Fermentation

Glucose, ein Zucker mit sechs Kohlenstoffatomen, bildet die Hauptnahrung der lebenden Zellen bei Tieren, Pflanzen und den meisten Mikroorganismen. Über einen Vorgang des Kohlenhydratstoffwechsels, die so genannte Glykolyse, wird der Glucose Energie entzogen und jedes Glucosemolekül über zehn sukzessive Reaktionen in zwei Brenztraubensäuremoleküle (Pyruvat) mit je drei Kohlenstoffatomen ($H_3C—CO—COOH$) gespalten.

Die Glykolyse findet im wässrigen Milieu des ZYTOPLASMAS statt, dem Zytosol, und geht mit der Nettoproduktion von zwei ATP-Molekülen und zwei reduzierten NAD-Molekülen einher. Es handelt sich um einen anaeroben Prozess, das heißt, er vollzieht sich ohne Sauerstoff. Unter anaeroben Bedingungen lassen sich reduzierte NAD-Moleküle über Fermentation reoxidieren und stehen anschließend wieder als Katalysatoren für die Glykolyse und somit für die Produktion neuer ATP-Moleküle zur Verfügung. Ein hervorragendes Beispiel für Fermentation ist die Umwandlung von Brenztraubensäure in Milchsäure, ein Vorgang, der bei längerer Anstrengung und daraus resultierender ungenügender Sauerstoffversorgung in den Muskeln auftritt. Dabei wird die Glykolyse bis zu zehnmal initiiert.

Allerdings ist die Energie-Ausbeute der Glykolyse gering, und zwar unabhängig davon, ob ihr eine Fermentation folgt oder nicht, da nur ein kleiner Teil der im Glucosemolekül vorhandenen Energie genutzt wird. Zudem hat die sich in den Muskeln ansammelnde Milchsäure toxische Wirkung und verursacht Krämpfe.

Ein weiterer Fermentationstyp, der die Reoxidierung der NAD-Moleküle ermöglicht, ist die alkoholische Fermentation durch Mikroorganismen (Hefe oder Bakterien), bei der Brenztraubensäure in Alkohol (Ethanol, CH_3CH_2OH) und Kohlendioxid (CO_2) umgewandelt wird. Das reduzierte NAD liefert die für die Reaktion erforderlichen Wasserstoffatome und wird so wieder oxidiert. Diese Art der Fermentation liegt der Herstellung alkoholischer Getränke und Treibstoffe zugrunde. Eine weitere Oxidation des Ethanols führt zur Bildung von Essigsäure (CH_3COOH).

Zwischenstoffwechsel

Unter aeroben Bedingungen, also in Gegenwart von Sauerstoff, folgen der Glykolyse im Zytoplasma komplexe biochemische Reaktionen, die man unter der Bezeichnung »Zellatmung« zusammenfasst. Diese Reaktionen finden in den MITOCHONDRIEN statt, kleinen Strukturen oder ORGANELLEN, die in zahlreichen Exemplaren im Zytoplasma tierischer und pflanzlicher Zellen zu finden sind; sie sind stäbchenförmig und von einer Doppelmembran umgeben. Die Zellatmung mobilisiert den größten Teil der in den Glucosemolekülen verfügbaren Energie. In der ersten Phase wird die bei der Glykolyse entstandene Brenztraubensäure in neun aufeinander folgenden Reaktionsschritten umgewandelt; diese fasst man unter der Bezeichnung »Citronensäurezyklus« oder »Krebszyklus« zusammen, so benannt nach Sir Hans Adolf Krebs, der an seiner Formulierung beteiligt war. Im Verlauf dieses Zyklus wird Brenztraubensäure zu Kohlendioxid oxidiert, wobei NAD reduziert und ein ATP produziert wird. Der Citronensäurezyklus findet in der Matrix der Mitochondrien statt, deren Anzahl die Intensität der Zellatmung bestimmt.

Mehrere der Moleküle, die in den verschiedenen Etappen des Citronensäurezyklus entstehen, dienen als Ausgangsstoffe für die Synthese so verschiedener Moleküle wie AMINOSÄUREN, Fettsäuren und Nukleotide, die als Grundbausteine von MAKROMOLEKÜLEN für Struktur, Funktion und Reproduktion der Zellen wichtig sind (PROTEINE, LIPIDE und NUKLEINSÄUREN) sowie zur Produktion von Pigmenten wie Chlorophyll und von Steroidhormonen wie Testosteron und Östrogen, die ausgehend von Cholesterin gebildet werden. Umgekehrt laufen die Abbauprozesse (Katabolismus) der Nährstoffe aus der Nahrung oder der Zellkomponenten im Verlauf ihrer Erneuerung im Citronensäurezyklus zusammen. Daher bezeichnet man diesen Kreuzungspunkt des Stoffwechsels auch als Intermediär- oder Zwischenstoffwechsel. Die Synthese von Zuckern wie der Glucose erfolgt in der Leber ausgehend von Aminosäuren, Brenztraubenzucker oder Milchsäure, die bei der Glykolyse oder der Fermentation entstehen; gespeichert werden die Zucker in Form von Glykogen. Bei Pflanzen führen die Prozesse der Gluconeogenese zur Stärkebildung. Allerdings werden hier die Zucker in der PHOTOSYNTHESE aus Kohlendioxid und Lichtenergie synthetisiert.

Atmungskette

In der zweiten Phase der Zellatmung wird die Energie genutzt, die in den NAD-Molekülen und anderen elektronenreduzierten Trägern gespeichert ist. Dies geschieht in einer Abfolge von Oxidationsreaktionen, Atmungskette genannt, die mit der Bildung von ATP-Molekülen gekoppelt sind. Das ATP entsteht, wenn Adenosindiphosphat oder ADP, das bereits zwei Phosphatgruppen besitzt, durch eine als Phosphorylierung bezeichnete Reaktion eine weitere Phosphatgruppe aufnimmt: Aus diesem Grund spricht man von oxidativer Phosphorylierung.

An den Reaktionen der Atmungskette sind Enzyme beteiligt, die in Form makromolekularer Gebilde mit der inneren Membran der MITOCHONDRIEN verbunden sind, und zwar an der Schnittstelle zur Mitochondrienmatrix, in der sich der Citronensäurezyklus vollzieht. Diese Gebilde bestehen aus zahlreichen Proteinketten, die jeweils über eine der vielfältigen erforderlichen Enzymwirkungen verfügen. Der Transport der in ihnen gebundenen Wasserstoffatome und Elektronen von einem Enzymkomplex zum anderen erfolgt zunächst durch ein kleines Molekül, das Ubichinon (Coenzym Q), und anschließend durch Cytochrom C (Cytochrome sind Proteine, die in reduzierter Form mit Sauerstoff reagieren und Wasser bilden; sie sind das ungiftige End- und Abfallprodukt der Atmungskette).

In der Bilanz der Atmungskette werden für jedes Wasserstoffatompaar, das von einem reduzierten NAD-Molekül transportiert wird, drei ATP-Moleküle gebildet. Insgesamt kann die Glykolyse, gefolgt von der Zellatmung, aus einem Glucosemolekül bis zu 36 ATP-Moleküle gewinnen. Das entspricht annähernd zwei Dritteln der potentiellen chemischen Energie, die in seinen chemischen Bindungen enthalten ist. Es handelt sich somit um ein effektives System langsamer Glucoseverbrennung. Der Energietransfer vollzieht sich in Einzelschritten, die auf die Aufnahmefähigkeit der verschiedenen Reaktionen abgestimmt sind, indem er über Katalysatoren erfolgt, die den Energie produzierenden und verbrauchenden chemischen Reaktionen gemeinsam sind.

Mit diesem Elektronentransfer geht ein Transfer von PROTONEN (Wasserstoffatomen ohne Elektronen, geschrieben H^+) in das Innere der Doppelmembranhülle des Mitochondriums einher. Dort sammeln sie sich an und bewirken aufgrund ihrer positiven Ladung eine Potentialdifferenz der Membran. Über einen Kanal, den ein in die innere Membran integriertes und sie durchspannendes Protein bildet, kann der Protonenüberschuss wieder in die innere Matrix der Mitochondrien gelangen. Dieser Rückfluss geht mit der Synthese von ATP einher. Tiere im Winterschlaf, die einen geringen Energiebedarf haben, halten ihre Körpertemperatur, indem sie die Oxidationsreaktionen und die Phosphorylierung entkoppeln und so mehr Wärme als ATP produzieren.

Für diesen Kopplungsmechanismus schlug der britische Biochemiker Peter Mitchell in den 1960er Jahren die von ihm später weiter erhellte chemiosmotische Theorie vor. Ähnliche Mechanismen sind beim Energietransfer aerober Mikroorganismen zu finden, die Sauerstoff als Elektronenrezeptor am Ende der Atmungskette nutzen. So gibt es Mikroorganismen, die Nitrate (NO_3^-) zu Nitriten (NO_2^-) und anschließend zu Ammoniak (NH_4) oder Stickoxid (N_2) reduzieren oder Sulfate (SO_4^{2-}) zu Schwefelwasserstoff (H_2S). Das Gleiche gilt für den Energietransfer, der bei Pflanzen in den CHLOROPLASTEN stattfindet, jenen Chlorophyll enthaltenden ORGANELLEN, in denen die PHOTOSYNTHESE erfolgt (die Produktion von organischen Stoffen und Sauerstoff aus Lichtenergie, Wasser und Kohlendioxid). Diese Beobachtungen bestätigen die Universalität und das Alter dieser Mechanismen, die schon sehr früh im Laufe der EVOLUTION entstanden sind. Sie zeigen die strukturellen und funktionellen Ähnlichkeiten der Mitochondrien und Chloroplasten mit den Bakterien – Ähnlichkeiten, die für einen bakteriellen Ursprung dieser Organellen sprechen.

Stoffwechselregulation

Alle Stoffwechselprozesse werden so reguliert, dass sie auf die Bedürfnisse der Zelle und des Organismus je nach Umweltbedingungen abgestimmt sind. So erhöht sich bei Sauerstoffmangel die Glykolyse durch Fermentation, und umgekehrt verlangsamt sie sich, wenn die Zellatmung in Gegenwart von Sauerstoff funktioniert.

Alle biochemischen Reaktionen des Stoffwechsels sind umkehrbar, können also je nach Verfügbarkeit der verschiedenen zu transformierenden Moleküle in beiden Richtungen ablaufen. Das ermöglicht eine enge Verquickung der Abbauprozesse des Katabolismus mit den Aufbauprozessen des Anabolimus.

Bestimmte Reaktionen wie der Elektronentransport durch die Membranen bei der Atmungskette werden von komplexen Enzymsystemen katalysiert, die manchmal aus mehreren Dutzend Proteinketten bestehen. Diese verschiedenen Ketten stehen miteinander in Wechselwirkung (siehe KOOPERATIVITÄT); ihre Aktivität wird gesteuert durch Metallionen und kleine Moleküle, die so genannten Koenzyme, die teils Vitaminderivate sind.

In den Stoffwechselwegen, die sich aus vielen aufeinander folgenden Reaktionsschritten zusammensetzen, regulieren die Endprodukte häufig über eine so genannte Rückkopplungshemmung ihre eigene Produktion: Sobald sich das Endprodukt im Übermaß ansammelt, hemmt es die erste Reaktion des Stoffwechselweges mit dem Effekt, dass es seine eigene Produktion unterbindet. Wenn mehrere Stoffwechselwege zusammenlaufen oder sich kreuzen, steuern Regulationsmechanismen das Gleichgewicht zwischen den verschiedenen Wegen, indem sie an einem Reaktionsschritt vor dem Kreuzungspunkt je nach Konzentration der Produkte in jedem Zweig aktivierend oder hemmend eingreifen. Diese Art der Regulation bezeichnet man als Rückkopplungsmechanismus (englisch *feedback*). So erleichtert zum Beispiel die Ansammlung von ADP oder oxidiertem NAD tendenziell die Versorgung der Atmungskette, indem sie die Aktivität bestimmter Enzyme der Glykolyse oder des Citronensäurezyklus anregt, während die Ansammlung von ATP oder reduziertem NAD die umgekehrte Wirkung hat. Oft wirken diese Regulationsmechanismen über Konformationsänderungen der Enzyme (siehe ALLOSTERIE).

Strahlung, kosmische

→ ***kosmische Strahlung***

Strahlungsdurchgang durch Medien

Zur Vertiefung: ***Atmosphäre; Emission; Stern; Treibhauseffekt***

Im leeren Raum oder Vakuum breitet das Licht sich samt der von ihm transportierten Energie und Information ungehindert mit der Lichtgeschwindigkeit *c* aus (siehe NATURKONSTANTEN). In einem materiellen Medium wie Glas, den Wolken über unseren Köpfen oder dem Gas eines Sterns liegen die Dinge jedoch anders, denn dort tritt das Licht mit den Atomen des betreffenden Mediums in Wechselwirkung. Dabei lassen sich drei solcher Wechselwirkungen zwischen den Lichtteilchen oder Photonen und den Atomen des betreffenden Mediums unterscheiden.

Zunächst einmal kann das Licht gestreut werden, das heißt, die Photonen werden durch Kollision mit den Atomen von ihrer ursprünglichen Bahn abgelenkt (siehe STREUUNG). Zweitens können die Photonen von den Atomen absorbiert werden, so dass ihre Energie sich auf die Atome überträgt und das Medium sich aufheizt. Und drittens emittiert das Medium bei jeder Temperatur seinerseits Photonen, deren Zahl mit der Temperatur zunimmt (siehe TEMPERATUR und SCHWARZER KÖRPER). Diese Lichtemission steht in einem engen Zusammenhang mit der Absorption von Licht (siehe EMISSION).

Die drei Prozesse, deren relative Bedeutung stark variieren kann, bestimmen darüber, wie viel Licht im Verhältnis zur einfallenden Strahlungsmenge das betreffende Medium in Abhängigkeit von dessen Eigenschaften wieder verlässt. Beim Durchgang des Sonnenlichts durch die Erdatmosphäre stehen Absorption und Streuung im Vordergrund. Der klare Himmel erscheint blau, weil die kurzwelligen (blauen) Bestandteile des Sonnenlichts an den Molekülen der oberen Luftschichten stärker gestreut werden als die langwelligen (roten) Bestandteile; darum ist der Anteil des blauen Lichts in der Streustrahlung größer. Wolken absorbieren große Teile des Sonnenlichts, der Rest wird in alle Richtungen gestreut; darum erscheinen Schönwetterwolken strahlend weiß.

In der Astrophysik spielen die beim Strahlungsdurchgang durch Medien auftretenden Prozesse eine bedeutende Rolle. Das Licht entsteht im Inneren der Sterne und wird von den weiter außen liegenden Schichten viele Male absorbiert und neuerlich emittiert, bis es die äußeren Schichten der Sternatmosphäre erreicht, die eine so geringe Dichte besitzen, dass sie als transparent gelten können. Erst von dort kann das Licht in den Raum entweichen. Für die verschiedenen Schichten des Sterns besteht dabei unabhängig von ihrer Stärke und ihrer Temperatur ein Gleichgewicht zwischen der aufgenommenen und der abgegebenen Strahlung.

Die Temperatur der Erdatmosphäre gehorcht denselben Gesetzen; hier stellt sich ein Gleichgewicht ein zwischen der von der Sonne eingestrahlten und der von der Erdoberfläche oder der Erdatmosphäre abgestrahlten Energie. Der TREIBHAUSEFFEKT, der die Auskühlung der unteren Luftschichten und des Bodens verhindert, beruht auf der stärkeren Absorption der langwelligen Wärmestrahlung durch die Moleküle der Luft, insbesondere – aber nicht ausschließlich – durch den Wasserdampf und das Kohlendioxid, die in der Luft enthalten sind. Verändert sich der Anteil dieser Stoffe in der Atmosphäre, verschiebt sich das Gleichgewicht zwischen aufgenommener und abgestrahlter Energie, so dass die Durchschnittstemperaturen der Erdoberfläche und der unteren Luftschichten sich erhöhen oder erniedrigen.

Streuung

Zur Vertiefung: ***Atomkern; Licht; Wechselwirkung in der Physik***

Die Streuung des Lichts

Wenn ein Lichtstrahl in eine Flüssigkeit oder ein Gas eindringt, in dem sich Teilchen in Suspension befinden, wird ein Teil des Lichtstroms in alle Richtungen um den einfallenden Strahl herum abgelenkt. Man sagt, das Licht werde gestreut. Die Gesetze der Streuung von Licht hängen im Wesentlichen von der WELLENLÄNGE des einfallenden Lichts und der relativen Größe der Teilchen ab, die sich in dem betreffenden Medium in Suspension befinden und die Streuung auslösen.

Der eigentliche Streuvorgang geht darauf zurück, dass die Elektronen in den Molekülen des streuenden Mediums unter dem Einfluss des von der einfallenden Lichtwelle mitgeführten elektromagnetischen Feldes in Schwingung geraten und dabei ihrerseits ein oszillierendes elektromagnetisches Feld erzeugen, aus dem das Streulicht besteht. Die Intensität des so erzeugten Streulichts verhält sich (nach dem Rayleighschen Gesetz) umgekehrt proportional zur vierten Potenz der Wellenlänge des einfallenden Lichts. Deshalb wird Licht geringer Wellenlänge (z. B. Blau) sehr viel stärker gestreut als längerwelliges Licht (z. B. Rot), also von dem betreffenden Medium in geringerem Maße durchgelassen. Wenn nun weißes Licht einfällt (das sämtliche Wellenlängen des sichtbaren Bereichs enthält), verschiebt sich der Anteil des von dem Medium durchgelassenen Lichts umso stärker zum roten Ende des Spektrums, je länger der Weg durch das betreffende Medium ist.

Dieses einfache Gesetz erklärt, warum der Himmel uns blau erscheint: Das von der Sonne kommende weiße Licht wird von den Teilchen der Atmosphäre gestreut, und da die blaue Komponente dieses Lichts stärker gestreut wird, verbreitet sie sich in alle Richtungen und verleiht dem Himmel die Farbe, die uns, soweit es den Himmel betrifft, die liebste ist.

Die Streuung von Teilchen

Lenkt man ein elektrisch geladenes Teilchen (z. B. ein Proton) auf ein gleichfalls elektrisch geladenes Target (z. B. einen von Natur aus positiv geladenen Atomkern; siehe TEILCHENBESCHLEUNIGER), sorgt die elektrische Wirkung zwischen den beiden Teilchen für eine Ablenkung des Projektils; in diesem Fall spricht man von Coulomb-Streuung. Aus den Streuwinkeln der einfallenden Teilchen lässt sich die Verteilung der elektrischen Ladungen innerhalb des Targets erschließen. Durch den Beschuss solcher Targets mit Alphateilchen (das sind Heliumkerne, die aus zwei Protonen und zwei Neutronen bestehen, also doppelt positiv geladen sind) konnte Ernest Rutherford zu Beginn des 20. Jahrhunderts die Wirkung nahezu punktförmiger Streuzentren aufzeigen und so den Beweis für die Existenz der Atomkerne erbringen.

Wenn die einfallenden Alphateilchen sehr hohe Energien haben, können sie die Abstoßung der Atomkerne des Targets überwinden und in enge Berührung mit diesen Atomkernen kommen. Aufgrund des geringen Abstands können dann zwischen ihnen und den Kernen des Targets die sehr starken Kernkräfte wirksam werden; in diesem Fall spricht man von Kernstreuung. Die Verteilung der Streuwinkel gibt Auskunft über Größe, Form und Art der beschossenen Atomkerne. Auf diese Weise lassen sich theoretische Vorstellungen hinsichtlich des Atomkerns überprüfen. Stellt man sich die Atomkerne zum Beispiel als Kugeln aus Kernmaterial vor, wird man erwarten, dass die Alphateilchen entweder daran abprallen oder sie unter Veränderung ihrer Bahn durchqueren. Die Übernahme eines bestimmten Modells führt also zu Voraussagen hinsichtlich der Verteilung der Streuwinkel, und diese Verteilung lässt sich mit dem experimentell gewonnenen Ergebnis vergleichen.

Die Vielzahl der einsetzbaren Projektile und Targets macht solche Experimente mit der Streuung von Teilchen zu einem wertvollen Hilfsmittel der Teilchenphysik.

Struktur

In der Alltagssprache bezeichnet man jedes Gerüst, jede Gliederung, Anordnung und Organisation als Struktur.

Datenstruktur

Zur Vertiefung: ***Datentyp; Speicher, Gedächtnis***

Die elektronischen Datenverarbeitungsprogramme arbeiten mit DATEN, die aus Zahlen, Buchstabenfolgen oder einer Kombination aus Zahlen und Buchstabenfolgen bestehen. Diese Anordnungen belegen den Datenspeicher, wobei Verknüpfungen zwischen den Speicherplätzen hergestellt werden. Einen derartigen Aufbau bezeichnet man als Datenstruktur.

Molekülstruktur

Zur Vertiefung: ***Konformation; Spektrum; Transferierbarkeit***

In der CHEMIE bezeichnet man als Struktur eines Moleküls die räumliche Anordnung der ATOME, aus denen es sich zusammensetzt. Diese Anordnung kann sich mit der ZEIT ändern, da das Erscheinungsbild eines Moleküls internen Bewegungen und Vibrationen unterliegt, die auch während einer Messung ungehindert fortdauern. Da die Konvention herrscht, eine Augenblickskonfiguration der Atome als Struktur zu bezeichnen, ist sie ein Ideal, ein Archetypus.

Dies gilt umso mehr, als eine Struktur untrennbar mit dem Verfahren verbunden ist, durch das man sie feststellt. Bestimmte Techniken machen die Augenblicksstruktur eines Moleküls zugänglich. Andere Techniken, die (relativ) langsam sind, geben lediglich Einblicke in eine gemittelte Struktur.

Die Struktur eines einzelnen Moleküls, das man im VAKUUM untersucht, unterscheidet sich von der räumlichen Anordnung, die man in einem anderen Aggregatzustand der Materie, also in einem FESTKÖRPER oder einer FLÜSSIGKEIT, feststellt, wo es von gleichartigen Molekülen umgeben ist wie zum Beispiel im Molekülgitter eines KRISTALLS oder wo es von den Molekülen eines Lösungsmittels umringt ist. Eine solche Nachbarschaft verändert die Struktur ein wenig gegenüber der des isolierten Moleküls (siehe INTERMOLEKULARE WECHSELWIRKUNGEN). So sind zum Beispiel die Moleküle von Biphenyl (das Zitrusfrüchte vor Schimmel schützt) im gasförmigen Zustand nicht eben, während sie in kristalliner Form durch die Stapelung zu flachen Blättchen werden.

Man kann die Chemie als Konstruktionsspiel mit Atomgruppen sehen (siehe MODUL und TRANSFERIERBARKEIT). So hat die Struktur eines Moleküls auch einen Modulcharakter. Mit Hilfe der Spektralanalyse, die die Absorption verschiedener Strahlen durch ein Molekül nutzt, kann man erkennen, dass in einem Molekül das eine oder andere Radikal (eine Methylgruppe CH_3, eine Methylengruppe CH_2 usw., siehe ALKOHOL) oder eine funktionelle Gruppe (eine Alkoholgruppe OH, eine Carboxyl-Gruppe COOH usw., siehe FUNKTION) vorhanden ist. Durch Spektralanalyse lassen sich diese verschiedenen Fragmente auch kombinieren, um die Struktur eines unbekannten Moleküls mit Gewissheit zu identifizieren.

Die Molekülstruktur lässt sich jedoch nicht nur experimentell bestimmen, sondern auch theoretisch berechnen. Die QUANTENCHEMIE stellt eine Fülle geeigneter Berechnungsverfahren zur Verfügung. Manche arbeiten mit groben Näherungen, die durch experimentelle Daten korrigiert werden. Andere wollen dagegen das Ergebnis nicht im Voraus einschränken und stellen ihre Berechnungen mit überaus leistungsfähigen COMPUTERN an.

Die Molekülstruktur lässt sich auch mit Hilfe der MOLEKÜLMECHANIK ermitteln, die von der stillschweigenden Vorstellung ausgeht, dass ein Molekül ein Gebilde aus kleinen punktförmigen Massen ist, den Atomen, die durch Federn, die CHEMISCHEN BINDUNGEN, verbunden sind.

Gemeinsam ist den Berechnungen der Quantenchemie und der Molekülmechanik, dass sie sich auf das isolierte Molekül im gasförmigen Zustand beziehen. Ein Wechsel zwischen der gemessenen und der berechneten Struktur ist daher sinnvoll: Kleinere (oder auch größere) Abweichungen zwischen den berechneten und den gemessenen Werten erklären zu müssen, kann zu neuen Entdeckungen führen.

Substitution

Zur Vertiefung: ***chemische Formel; Reaktion***

Als Substitution bezeichnet man den Ersatz eines Atoms oder einer Atomgruppe in einem Molekül durch ein anderes Atom oder eine andere Atomgruppe. Ändert man in einem Wort einen Buchstaben, so kann sich die Bedeutung des Wortes ändern, zum Beispiel bei »Seil« und »Beil«. Tauscht man in einem Molekül ein Atom aus, so erhält es völlig andere Eigenschaften: Das Stickstoffoxid NO hat eine Fülle von Wirkungen auf den Organismus, und zwar unter normalem Umgebungsdruckverhältnissen, wo das Stickstoffmolekül N_2 keinerlei biologische Wirkung besitzt. Ein weiteres Beispiel ist der Süßstoff Sucralose, der entsteht, wenn man drei Wasserstoffatome eines Zuckermoleküls durch drei Chloratome ersetzt: Diese Substitution erhöht die Süßkraft um das 600fache.

In der Regel stellt die Substitution eine Umwandlung dar, die das Grundgerüst eines Moleküls nicht beeinträchtigt, sondern nur eine seiner Atomgruppen betrifft. Man setzt sie ein, um Serien verwandter Moleküle herzustellen, und kann dann unter anderem deren biologische Wirkung (zum Beispiel den süßen GESCHMACK), ihre REAKTIVITÄT mit verschiedenen Reagenzien und Ähnliches prüfen.

Substitutionsreaktionen werden häufig bei der Synthese komplexer Naturstoffe eingesetzt, weil sie eine hohe Ausbeute haben und weil sich ihre Geometrie – der genaue Ort der Substitution – gut kontrollieren lässt.

Supernova

Zur Vertiefung: ***Entstehung der Elemente; Evolution; Schwarzes Loch; Stern***

Eine Supernova ist ein Stern, der sich in einer ganz speziellen und besonders spektakulären Phase befindet: Innerhalb von Bruchteilen einer Sekunde implodiert er, um unmittelbar darauf zu explodieren. Begleitet ist dieser

Vorgang von einer außergewöhnlich starken Emission von Licht, und in den Wochen, die auf das Ereignis folgen, strahlt der Stern so viel Licht ab wie eine ganze Galaxie mit mehreren Milliarden Sternen. Danach lässt die Leuchtkraft nach, und die Supernova verwandelt sich in ein Objekt mit sehr geringer Leuchtkraft, das als Neutronenstern bezeichnet wird (siehe PULSAR) und, wie der Name schon sagt, aus Neutronen besteht, oder sie wird zu einem Schwarzen Loch, einem kompakten Objekt, dessen Existenz sich nur indirekt nachweisen lässt, weil es gar kein Licht abstrahlt. Wenn die Masse des Sterns zwischen 1,4 und 3 Sonnenmassen liegt ($1\,M_\odot = 2 \times 10^{30}$ kg), wird ein Neutronenstern aus ihm; liegt sie darüber, entsteht ein Schwarzes Loch. Die bei der Explosion in den interstellaren Raum hinausgeschleuderte Materie verdünnt sich zunehmend, ist aber noch Hunderte von Jahren nach der Explosion in Gestalt von Streifen und Wolken aus Gas erkennbar, die mit hoher Geschwindigkeit (einige tausend Kilometer pro Sekunde) auseinander streben.

Die Explosion einer Supernova kann verschiedene Ursachen haben. Solange ein Stern sich (wie gegenwärtig unsere Sonne) in jener Phase seiner Entwicklung befindet, in der die an seiner Oberfläche abgestrahlte Energie gleich der in seinem Innern durch KERNFUSION erzeugten Energie ist, befindet er sich in einem dynamischen Gleichgewicht; seine Leuchtkraft und seine Größe sind stabil. Wenn der Wasserstoff im Innern des Sterns nicht mehr ausreicht, um die Kernreaktionen aufrechtzuerhalten, kühlt der Stern sich ab und zieht sich (wie jedes abkühlende Gas) zusammen. Falls der Stern genügend Masse besitzt, erfolgt der Kollaps mit solcher Heftigkeit, dass der Kern des Sterns sich beträchtlich aufheizt und neue Kernreaktionen in Gang kommen. Dabei setzt er so viel Energie in Form von Licht oder in Gestalt von NEUTRINOS frei, dass seine Leuchtkraft sich nahezu um das Milliardenfache erhöht. Dem Kollaps folgt innerhalb kürzester Frist eine Abstoßung der äußeren Schichten; dabei verliert der Stern mehr als die Hälfte seiner ursprünglichen Materie an den umliegenden Raum.

Ein zweiter Mechanismus führt zum selben Ergebnis: Wenn ein Stern geringerer Masse (zum Beispiel ein WEISSER ZWERG, dem eigentlich ein weniger spektakuläres Schicksal bevorsteht) Teil eines Doppelsternsystems mit sehr geringem Abstand zwischen den beiden Sternen ist, kann es geschehen, dass einer der beiden Sterne aufgrund seiner Massenanziehungskraft Materie von dem anderen Stern abzieht (siehe AKKRETION). Dadurch vergrößert sich die Masse des aufnehmenden Sterns, und wenn sie die kritische Grenze von 1,4 Sonnenmassen überschreitet, kommt es zu der beschriebenen Abfolge von Implosion und Explosion.

Supernovae sind keine sonderlich häufigen Ereignisse; in unserer Milchstraße registrieren wir im Durchschnitt drei pro Jahrhundert. Finden sie in nicht allzu großer Entfernung statt, kann es sein, dass wir sie sogar bei Tage sehen können. In den Chroniken chinesischer Astronomen finden sich schon vor zweitausend Jahren entsprechende Berichte. Heute stoßen die Astronomen an den dort angegebenen Stellen auf Pulsare oder häufiger noch auf Gaswolken, die sich immer noch in Bewegung befinden und von der einstigen Explosion künden.

Supernovae sind bedeutende Ereignisse, und dies zumindest aus zwei Gründen. Erstens reichert sich dadurch der interstellare Raum mit chemischen ELEMENTEN an, die durch Kernreaktionen im Innern der Sterne aus Wasserstoff entstanden sind. Da aus der im interstellaren Raum verteilten Materie, dem interstellaren Medium, ständig neue Sterne entstehen, sorgen die Supernovae für die Durchmischung dieser schwereren Elemente, und die gesamte Galaxie reichert sich immer stärker mit ihnen an (siehe ENTSTEHUNG DER ELEMENTE und EVOLUTION). Der zweite Grund hängt mit der Energie zusammen, die eine Supernova freisetzt und in Gestalt mechanischer Stoßwellen in den umgebende Raum aussendet (ähnlich dem Überschallknall eines Flugzeugs beim Überschreiten der Schallgeschwindigkeit). Innerhalb weniger Sekunden kann eine Supernova etwa 10^{44} J (Joule) emittieren, das ist die Energie, die unsere Sonne in ihrem heutigen Zustand innerhalb von neun Milliarden Jahren abstrahlt. Das sehr stark verdünnte Gas, aus dem das interstellare Medium besteht, wird dadurch auf mehr als eine Million Grad aufgeheizt (wegen der sehr geringen Dichte bleibt die Strahlung dieses Gases allerdings schwach). Die Supernovae sind außerdem »Leuchtfeuer« in den Tiefen des Weltalls, die zwar nur kurz aufleuchten, aber selbst dann sichtbar sind, wenn sie in fernen Galaxien liegen. Deshalb benutzt man sie zur Abschätzung der ENTFERNUNG solcher Galaxien.

Supraflüssigkeit

Zur Vertiefung: ***Boson und Fermion; Flüssigkeit; Supraleitfähigkeit***

Das Atom des Heliumisotops ^{4}He besteht aus einem von zwei Elektronen umgebenen Kern, der seinerseits aus zwei Protonen und zwei Neutronen gebildet ist (siehe ISOTOP). Bei normalem Druck wird Helium-4 erst bei der sehr niedrigen Temperatur von 4,2K (–269 °C) flüssig (oberhalb dieser Temperatur ist es gasförmig). Bei noch tieferen Temperaturen zeigt dieses Edelgas plötzlich merkwürdige Eigenschaften, denn bei 2,18K, dem so genannten λ-Punkt (Lambdapunkt), wird es supraflüssig, das heißt, seine Viskosität wird gleich null. Aufgrund der Kapillarwirkung vermag es dann spontan aus einem Gefäß zu fließen, in dem man es eigentlich aufbewahren wollte, und es entwickelt interessante thermische Eigenschaften, insbesondere eine sehr hohe Wärmeleitfähigkeit.

Der Zustand der Supraflüssigkeit oder Suprafluidität lässt sich nur im Rahmen der QUANTENPHYSIK verstehen. Die in den 1930er Jahren entwickelte theoretische Erklärung stützt sich auf die Tatsache, dass ^{4}He-Atome Bosonen sind, das heißt, sie können in großer Zahl denselben physikalischen Zustand einnehmen, in diesem Fall den Zustand niedrigster Energie, in dem sie alle dieselbe Geschwindigkeit haben und sich ohne Viskosität fortbewegen. Das Phänomen, wonach eine große Zahl von Atomen sich in ein und denselben physikalischen Zustand sammeln kann, bezeichnet man als Bose-Einstein-Kondensation (siehe BOSON UND FERMION).

Der Kern des Heliumisotops ^{3}He besteht dagegen aus zwei Protonen und einem Neutron. Er ist kein Boson, sondern ein Fermion; deshalb kann Helium-3 nicht im niedrigsten Energiezustand kondensieren. In den 60er Jahren stellten theoretische Physiker, darunter Roger Balian, die These auf, auch Helium-3 könne supraflüssig werden, allerdings erst bei Temperaturen, die nur ein Tausendstel der für Helium-4 erforderlichen Temperatur betragen (das heißt bei einigen Tausendstel Kelvin). Dabei stützten sie sich auf den Gedanken, dass die Helium-3-Atome bei sehr niedrigen Temperaturen Paare bilden, die sich dann wie Bosonen verhalten, also im niedrigsten Energiezustand kondensieren können, ähnlich der Paarbildung bei Elektronen in Supraleitern (siehe SUPRALEITFÄHIGKEIT). 1972 bewiesen Douglas Osheroff, Robert Richardson und David Lee auf experimentellem Wege, dass Helium-3 tatsächlich supraflüssig werden kann. Diese Entdeckung brachte ihnen 1996 den Nobelpreis ein.

Supraleitfähigkeit

Zur Vorbereitung: ***Boson und Fermion; Kristall***
Zur Vertiefung: ***Festkörper; Supraflüssigkeit***

1911 entdeckte der holländische Physiker Heike Kamerlingh Onnes, dass die physikalischen Eigenschaften mancher Metalle sich abrupt ändern, wenn man sie auf extrem niedrige Temperaturen abkühlt, die nur wenige Grad über dem ABSOLUTEN NULLPUNKT (–273 °C) liegen. Insbesondere sinkt der elektrische Widerstand dieser Metalle unter die Messgrenze, so dass elektrische Ströme darin verlustfrei, also nahezu endlos, zirkulieren können. Dieser so genannte Übergang vom Normalzustand (dem des Leiters) zum supraleitenden Zustand erfolgt bei einer Temperatur, die als »kritische« Temperatur bezeichnet wird (siehe KRITISCHE PHÄNOMENE).

In einem normalen Metall setzen die Atome, die meist in einem regelmäßigen Gitter angeordnet sind, Elektronen frei und werden dadurch zu positiven Ionen (siehe KRISTALL und METALL). Diese nicht mehr an einzelne Atome gebundenen Elektronen, die als Leitungselektronen bezeichnet werden, können sich relativ frei innerhalb des Festkörpers bewegen. Dank ihrer Beweglichkeit transportieren sie einen elektrischen Strom, der allerdings nicht verlustfrei fließt, denn es gibt einen elektrischen Widerstand, der auf die Kollisionen zwischen den Elektronen und dem Kristallgitter zurückgeht. Die Atome schwingen um ihre mittlere Position; das Atomgitter wird daher von Schwingungswellen durchzogen. Da die QUANTENPHYSIK diesen Wellen – wie allen Wellen – Korpuskelcharakter zuspricht, kann man ihnen Korpuskeln zuordnen, die als Phononen bezeichnet werden (die Phononen sind für die Schwingungswellen dasselbe wie die PHOTONEN für die elektromagnetischen Wellen). Mit diesen Phononen kollidieren die Elektronen, so dass es zu einem Energieaustausch zwischen ihnen kommt.

In einem Metall jedoch, das sich im Zustand der Supraleitfähigkeit befindet, scheinen die Elektronen plötzlich frei von jeglicher Wechselwirkung mit dem Kristallgitter zu sein, und der elektrische Widerstand sinkt auf null.

Die Physiker gelangten sehr rasch zu der Überzeugung, dass es sich bei der Supraleitung nur um ein quantenphysikalisches Phänomen handeln konnte. 1950 kam der Gedanke auf, dass die Leitungselektronen in einem Metall möglicherweise über das Kristallgitter miteinander in Wechselwirkung treten (siehe KRISTALL). In sieben Jahren intensiver Arbeit gelang es schließlich, auf diesem Gedanken eine tragfähige mikroskopische Theorie der Supraleitung aufzubauen. Nach den Initialen ihrer Erfinder: John Bardeen, Leon N. Cooper und John Robert Schrieffer, wird sie als BCS-Theorie bezeichnet (alle drei erhielten 1972 den Nobelpreis für Physik).

Nach der BCS-Theorie treten die Elektronen bei sehr niedrigen Temperaturen in gewisser Weise zu Paaren zusammen, die als Cooper-Paare bezeichnet werden. Dieser geordnete Zustand resultiert aus der Existenz einer über die Schwingungen des Atomgitters vermittelten Anziehung zwischen den Elektronen, die sich schematisch folgendermaßen darstellen lässt: Aufgrund der Anziehung zwischen Elektronen und positiven Ionen verursacht ein Leitungselektron beim Durchgang durch ein Metall eine lokale Deformation des Kristallgitters. Die Ionen verschieben sich und erzeugen einen positiven Ladungsüberschuss. Ein zweites Elektron gerät unter den Einfluss dieses positiven Ladungsüberschusses, der die negative Ladung des ersten Elektrons abschirmt. Da die Elektronen sich sehr viel schneller bewegen als die (deutlich schwereren) Ionen, bleibt das zweite Elektron auch dann noch der positiven Ladung ausgesetzt, wenn das erste Elektron sich bereits weit entfernt hat. Die Wechselwirkung zwischen den beiden Elektronen hat daher eine große Reichweite. Die so entstandenen Elektronenpaare bewegen sich ohne Energieverlust durch das Kristallgitter.

Die Elektronen sind Fermionen, also Teilchen, die sich nicht am selben Ort im selben physikalischen Zustand befinden können. Die eigentliche theoretische Erklärung der bei sehr niedrigen Temperaturen eintretenden Supraleitfähigkeit basiert jedoch auf der Tatsache, dass die aus zwei Elektronen bestehenden Cooper-Paare sich wie Bosonen verhalten, die in großer Zahl denselben physikalischen Zustand einnehmen können, in diesem Fall den Zustand niedrigster Energie. In diesem Zustand können sie keine Energie verlieren und bewegen sich ohne jeden Widerstand. Das Phänomen, wonach eine große Zahl von Elektronenpaaren sich in ein und demselben physikalischen Zustand sammeln kann, bezeichnet man als Bose-Einstein-Kondensation (siehe BOSON UND FERMION sowie SPIN).

Angesichts dieser Erklärung waren viele Physiker der festen Überzeugung, dass die kritischen Temperaturen, bei denen Supraleitfähigkeit eintritt, nicht über etwa 30 Kelvin liegen könnten (da die Elektronenpaare bei höheren Temperaturen durch die thermische Anregung zerschlagen würden). Deshalb erregte es großes Aufsehen, als die Schweizer Physiker Johannes Georg Bednorz und Karl Alexander Müller 1986 bei einem aus Kupfer, Lanthan und Barium bestehenden synthetischen Oxid eine kritische Temperatur von 35 K (–238 °C) entdeckten – deutlich höher als alle bis dahin bekannten kritischen Temperaturen. Bei einem ähnlichen Oxid fand man schon bald eine kritische Temperatur, die über dem bei 77K (–196 °C) liegenden Siedepunkt von flüssigem Stickstoff liegt. Seither besteht die Hoffnung, Stoffe herstellen zu können, die schon bei Zimmertemperatur supraleitfähig werden, auch wenn man noch keine Theorie besitzt, die solch eine Supraleitung bei hohen Temperaturen erklären könnte.

Supramolekül

Zur Vertiefung: ***intermolekulare Wechselwirkungen; Molekularerkennung; Wasserstoffbindung***

Ein Supramolekül ist eine dauerhafte Verbindung mehrerer Moleküle, mit einer klar definierten räumlichen Anordnung. Von KOMPLEXVERBINDUNGEN, die mindestens ein metallisches Atom aufweisen, unterscheiden Supramoleküle sich insofern, als sie in der Regel kein Metall enthalten. Die Moleküle, aus denen sie sich zusammensetzen, sind durch schwache Bindungen gehalten wie zum Beispiel das Nukleinbasenpaar Adenin–Thymin als Bestandteil der Nukleinsäuren DNA und RNA.

In der Natur kommen also zahlreiche Supramoleküle vor, die verschiedene Funktionen erfüllen. Eine Zellmembran (siehe MEMBRAN) besteht zum Beispiel aus zwei einzelnen, nicht symmetrischen Molekülschichten, die einander gegenüber liegen (man bezeichnet sie als Doppelschicht). Solche Supramoleküle verfügen über Eigenschaften (wie selektive Durchlässigkeit für Kalium- und Natrium-IONEN), die ihre einzelnen Bestandteile – in diesem Fall Phospholipide, Cholesterin und PROTEIN – separat nicht haben.

Supramoleküle verfügen über eine erstaunliche Neigung, sich eigenständig zusammenzusetzen (*self assembly* oder Selbstorganisation). Der Natur steht eine Fülle von Molekülen zur Verfügung, die spontan STRUKTUREN wie die Bestandteile der ZELLEN oder Gewebe zu bilden vermögen.

Die Chemie bezieht aus der Biologie viele Anregungen. So wirkte die Entwicklung der Molekularbiologie wie ein Bumerang auf die Chemie zurück und löste die Herausbildung einer Supramolekülchemie aus, die in der Biologie anregende Vorbilder fand. Sie entwirft Supramoleküle auf dem Papier und erforscht anschließend die Fähigkeit der darin enthaltenen Moleküle zur Selbstorganisation. Für das Zustandekommen dieser Selbstorganisation nutzt man zwischenmolekulare Kräfte, die zwar schwach sind, aber dennoch Richtkraft besitzen. Das ist insbesondere der Fall bei der Wasserstoffbindung A^1—H … A^2, also jener Brücke, die ein Wasserstoffatom H zwischen zwei Atomen A^1 und A^2 darstellt, die beide Elektronen anziehen. Haben sich die Supramoleküle einmal gebildet, braucht man nur noch ihre Eigenschaften als Ganzheit festzustellen und kann sie zum Beispiel zur Molekularerkennung nutzen.

Es gibt noch andere Gründe, Anregungen aus der Biologie zu übernehmen: nämlich eine Mechanik mit Getrieben, Riemenscheiben, Pleuelstangen usw. in einer Größenordnung von Nanometern zu entwickeln. Eine solche »Nanomechanik«, die Richard P. Feynman vorschlug, scheint eine viel versprechende Technologie zu sein, auch wenn sie heute noch ganz am Anfang steht.

Die Entwicklung neuer Supramoleküle und die Erforschung ihrer Selbstorganisation löst intensive Aktivitäten aus und definiert ein neues Teilgebiet der Chemie, von dem zu erwarten ist, dass es die gesamten Naturwissenschaften des 21. Jahrhunderts zutiefst prägen wird.

Symbol

→ ***Zeichen und Symbol***

symbolisches Lernen

Zur Vertiefung: ***genetischer Algorithmus; Induktion; neuronale Netze***

Lernende Maschinen

Um ihre Benutzer vor Nervenzusammenbrüchen und Depressionen zu bewahren, sollten Computer in der Lage sein, sich zu erinnern, sich anzupassen, Wissen zu erwerben, kurz: zu lernen. Jeder Lehrer kann ein Lied davon singen. Alle Jahre wieder sitzen sie vor ihm: die kleinen Engel der ersten Grundschulklasse, aknegeplagte Heranwachsende in den Gymnasien, junge Studenten an der Universität. Alle Jahre wieder haben sie dasselbe Alter, dieselbe Unschuld, und ein Jahr ums andere bringt er ihnen dieselben Dinge bei, während sein Haar grau, sein Gesicht faltig und seine Stimme heiser wird; zu Beginn des Jahres wissen die neuen Schüler nicht, was er unter großen Mühen im vorangegangenen Jahr am selben Ort und zu denselben Zeiten bereits vorgetragen hat. Er tröstet sich mit dem Gedanken, dass es Kinder sind, und immerhin wechseln die Vornamen. Bei einer Maschine jedoch, die, wenn überhaupt, nur einen Namen hat, helfen solche Ausflüchte nicht. Wenn Maschinen uns nicht zur Verzweiflung treiben und vorzeitig altern lassen sollen, müssen wir ihnen Lernfähigkeit verleihen. Sie sollten in der Lage sein, Dinge, die sie ein, zwei oder drei Mal unter unserer Anleitung ausgeführt haben, in Zukunft selbsttätig auszuführen.

Generalisierung

Nun ist Lernen kein einheitlicher Vorgang; es betrifft einerseits Wissen, also die Kenntnis von Objekten der Welt, und andererseits Verfahrensweisen, also Handeln. Hinsichtlich des Wissens sorgt Lernen dafür, dass Situationen im Gedächtnis gespeichert werden; hinsichtlich der Verfahrensweisen modifiziert Lernen praktisches Handeln, verbessert es, macht es effizienter und situationsgerechter, damit Irrtümer und Fehlschläge vermieden werden können. Ein Arzt zum Beispiel lernt in seiner theoretischen und praktischen Ausbildung zugleich, Krankheiten durch die aufmerksame Beobachtung seiner Patienten zu erkennen und die für Beobachtung, Diagnose und Behandlung erforderlichen Techniken praktisch anzuwenden. Beide Lernvorgänge gehen Hand in Hand.

Ebenso wenig einheitlich sind auch die Lernverfahren, und bei der Simulation von Lernprozessen durch Maschinen greift man auf verschiedene Techniken zurück: Die einen zielen auf die Speicherung von Objektbeschreibungen, um einen Wissensbestand zu schaffen; die anderen untersuchen die in der Vergangenheit bereits ausgeführten maschinellen Prozesse, um sie zu verbessern; in beiden Fällen geht es darum, Erfahrungen festzuhalten.

Zunächst kam man auf den Gedanken, Maschinen alles gleichsam auswendig lernen zu lassen, denn anders als den Menschen, scheint diese ermüdende Tätigkeit Maschinen nichts auszumachen. Sie brauchen in ihren elektronischen Speichern lediglich alles festzuhalten, was jemals gesagt oder getan worden ist, und vergessen nichts. Aber wie schon Heraklit sagte: »Niemand steigt zweimal in denselben Fluss.« Die Bedingungen, die eine bestimmte Situation kennzeichneten, kehren niemals vollkommen unverändert wieder. Wenn man aus der Vergangenheit lernen will, darf man sich nicht damit begnügen, das Vergangene wie einen Film nochmals abzuspulen. Vielmehr gilt es zu erkennen, was an einer Erfahrung wesentlich ist. Anders gesagt, es bedarf einer Generalisierung. Daher versuchen Spezialisten für die Entwicklung lernfähiger Maschinen Generalisierungsmechanismen zu schaffen, die auf Formeln, das heißt Zeichenfolgen, basieren.

Die Rolle der Symbole

Genauer gesagt, versucht man im Bereich der künstlichen Intelligenz die Mechanismen unserer Sprache nachzuahmen. Um zum Beispiel die Idee einer Osterglocke im Verhältnis zu ihrer Definition als gelbe Narzisse zu übersetzen, greifen Programme künstlicher Intelligenz auf eine Prozedur zurück, die das Wort »Osterglocke« mit den beiden Ausdrücken »Narzisse« und »gelbe Blume« verknüpft. Damit ist »Osterglocke« nicht mehr nur ein Zeichen (siehe Zeichen und Symbol), das sich durch Konvention und verbreitete Übung auf das Objekt Osterglocke bezieht, sondern ein Symbol, denn es gibt nun eine Analogiebeziehung zwischen der Bedeutung dieses Wortes und den in der Maschine hergestellten Verknüpfungen zu den Worten »Narzisse« und »gelbe Blume«.

Als Teilgebiet der künstlichen Intelligenz, das lernfähige Maschinen zu schaffen versucht, simuliert man im Bereich des symbolischen Lernens mit Hilfe von Symbolen Generalisierungsprozesse, die, wie wir gesehen haben, die Grundlage allen Lernens darstellen.

Dabei werden zwei Operationen eingesetzt: Vereinfachung und paarweise Zuordnung.

Bei der Vereinfachung werden Unterschiede eliminiert. Hat man zum Beispiel zwei Blumen vor sich, eine gelbe Tulpe und eine gelbe Narzisse, so wird das Verfahren der Generalisierung durch Vereinfachung als gemeinsames Merkmal nur die gelbe Blume zurückbehalten. Dieser elementare Vorgang wird etwas komplizierter, wenn man auch die impliziten Momente der Beschreibung berücksichtigen möchte. Bei der Suche nach den Gemeinsamkeiten zwischen der Osterglocke und der gelben Tulpe etwa wissen wir alle implizit, dass die Osterglocke eine gelbe Blume ist, aber eine Maschine weiß das nicht unbedingt, und auch wenn sie es weiß, hat sie möglicherweise Schwierigkeiten, dieses Wissen zu nutzen.

Bei der paarweisen Zuordnung geht es um komplexere Beschreibungen, in denen eine Beziehung zwischen verschiedenen Objekten hergestellt werden soll. Nehmen wir an, wir haben zwei Blumensträuße; der eine besteht aus Osterglocken und weißen Margeriten, der zweite aus weißen Narzissen und Mimosen. Je nachdem, ob man sich für die Farbe der Blumen oder für die jeweilige Pflanzenfamilie interessiert, wird man die Osterglocken mit den Mimosen oder mit den Narzissen in Beziehung setzten. Bei der paarweisen Zuordnung spielt implizites Wissen eine wichtige Rolle, und das Ergebnis der Generalisierung hängt weitgehend von diesem Wissen ab.

Je nach dem impliziten Wissen, das bei der Vereinfachung und bei der Auswahl der paarweisen Zuordnungen berücksichtigt wird, fallen die Generalisierungen und mit ihnen das erlernte Wissen sehr unterschiedlich aus. Die Gesamtheit dieser Informationen beeinflusst das Lernen unabhängig von den Beobachtungen, auf das es basiert, so dass sich auch hier die Unzulänglichkeit von Lernvorgängen erweist, die sich ausschließlich auf Induktion, also auf akkumulierte Erfahrung stützen.

Weitere Ansätze

Parallel zu den im Bereich der künstlichen Intelligenz unternommenen Versuchen, Maschinen mit Lernfähigkeit auszustatten, verfolgt man auch in anderen Fachgebieten ähnliche Ziele; dazu gehören etwa die Gebiete der formalen neuronalen Netze und der genetischen Algorithmen. Dort benutzt man allerdings andere Techniken als das symbolische Lernen. Sowohl die formalen neuronalen Netze als auch die genetischen Algorithmen orientieren sich am Vorbild biologischer Prozesse, die einen an Vorgängen, wie sie im Gehirn ablaufen, genauer gesagt, an den Phänomenen der so genannten synaptischen Plastizität, die anderen an der Genetik und an der Evolution der Arten.

Jenseits dieser Unterschiede im Ansatz und in den geistigen Hintergründen gibt es Parallelen zwischen diesen Lernformen und zwischen den ihnen gesetzten Grenzen; mit diesen Grenzen befasst sich die formale Lerntheorie (siehe LERNEN).

Symmetrie

Ein Grundkonzept

In seiner umgangssprachlichen Bedeutung bezeichnet der Ausdruck »Symmetrie« jede regelmäßige Verteilung beiderseits einer Ebene, einer Achse oder eines Punktes. In Kunst und Architektur wird Symmetrie, auf dem Umweg über die Geometrie, häufig eingesetzt. Auch in der Natur begegnet man ihr, zum Beispiel in der Form einer Schneeflocke oder in der kugelförmigen Erscheinung der Sonne.

Manche leicht zu erkennenden Symmetrien werden in der Natur auch verletzt. So hat die DNA, die den genetischen Code der Lebewesen enthält, stets die Form einer linksdrehenden Helix. Es gibt kein DNA-Molekül, das rechtsdrehend wäre. Man sagt, die DNA verletzt die Rechts-Links-Symmetrie, weil es für ihr Spiegelbild keine Entsprechung in der Natur gibt (siehe CHIRALITÄT). Auch unser Herz, das in der Regel links liegt, kann nicht auf der rechten Seite liegen (Skeptiker mögen es selbst nachprüfen).

Pierre Curie unternahm eine der ersten systematischen Untersuchungen zu den Symmetrien physikalischer Zustände. 1894 schrieb er: »Wenn bestimmte Ursachen bestimmte Wirkungen hervorrufen, müssen die Symmetrieelemente der Ursachen sich auch in den Wirkungen wiederfinden.« Nach der Erforschung der Symmetrie physikalischer Zustände wandten die Physiker sich den Symmetrien der Naturgesetze zu. In der physikalischen Welt und insbesondere in der Welt der Teilchen sind die interessanten Symmetrien vielfach sehr abstrakt. Sie stehen in direktem Zusammenhang mit den dynamischen Eigenschaften physikalischer Systeme, also mit deren Verhalten unter dem Einfluss von Kräften. Man sollte allerdings nicht meinen, die Physiker interessierten sich für Symmetrien nur aus Freude an schönen Figuren. Tatsächlich ist es nicht übertrieben, wenn man sagt, dass heute die Erklärung der fundamentalsten physikalischen Gesetze auf dem Gedanken der Symmetrie beruht.

Diese Sichtweise ist kaum ein Jahrhundert alt. Natürlich kam es vor, dass Physiker (wie Isaac Newton, Albert Einstein oder Paul Dirac, um nur die berühmtesten zu nennen) die Gleichungen fanden, von denen die Dynamik einer Gruppe von Phänomenen bestimmt ist. Aber in manchen Gebieten, vor allem in der Teilchenphysik, ist es sehr schwierig, diese Gesetze unmittelbar zu formulieren, weil man über die Kräfte, die dort im Spiel sind, zu wenig weiß und weil die Möglichkeiten des Experiments begrenzt sind. In diesem Kontext hat es sich als fruchtbar erwiesen, zunächst die Symmetrien zu bestimmen, von denen die betreffenden Phänomene beherrscht sind. Wie wir später noch sehen werden, äußern sie sich meist in Gestalt von Erhaltungsgesetzen, die bei Physikern besonders beliebt sind.

Mathematiker haben seit langem schon die geometrischen Symmetrien untersucht, zum Beispiel die der Kristalle oder der von Johannes Kepler so geschätzten Polyeder. Und sie entdeckten viele weitere Symmetrien, die noch reicher und komplexer sind als die der einfachen Geometrie. Eine neue, 1830 von Évariste Galois begründete Theorie der algebraischen Gleichungen eröffnete die Möglichkeit, diese Symmetrien zu klassifizieren. Die meisten dieser neuartigen Symmetrien sind abstrakt und operieren in Räumen, die von Mathematikern geschaffen worden sind und sich in der Regel vom dreidimensionalen physikalischen Raum unterscheiden. Die Physiker machen ausgiebig Gebrauch von diesen abstrakten Räumen und den zugehörigen Symmetrien. So glauben sie, die Eigenschaften von Teilchen durch Elemente solcher Räume beschreiben zu können. Man kann sich eine abstrakte Transformation vorstellen, die Teilchen einer Art in Teilchen anderer Art übergehen lässt, zum Beispiel ein Proton in ein Neutron. Die beiden Teilchen sind offensichtlich nicht identisch und haben nicht einmal dieselbe elektrische Ladung, aber man glaubt, in dieser Weise einen Zusammenhang zwischen ihnen herstellen zu können, der keineswegs willkürlich ist. Das setzt voraus, dass sie bestimmte Punkte gemeinsam haben, zum Beispiel die Tatsache, dass sie denselben Wechselwirkungen unterworfen sind, dass sie miteinander in Wechselwirkung treten, und vor allem, dass sie sich unter bestimmten Bedingungen ineinander umwandeln können. Auf diese Weise stellen die modernen physikalischen Theorien einen sehr engen Zusammenhang zwischen dem Verhalten der Teilchen und bestimmten mathematischen Symmetrien her.

Symmetrien und Erhaltungssätze

Zur Vertiefung: ***Erhaltungssatz; Invarianz; Wechselwirkung in der Physik***

Der Mathematiker Hermann Weyl hat einmal gesagt, eine Sache sei symmetrisch, wenn sie unverändert bleibt, nachdem sie einer bestimmten Wirkung unterworfen worden ist. Betrachten wir zum Beispiel die Kugel: Wir können sie in jede Richtung um jeden beliebigen Winkel drehen, ohne dass sie sich verändert. Man kann die Wirkung solcher Rotationen mathematisch erfassen und die Kugel durch eine Gleichung beschreiben. Die vollkommene Symmetrie der Kugel äußert sich in der Tatsache, dass ihre Gleichung nach jeder beliebigen Drehung dieselbe ist wie zuvor. Insbesondere kommt der Rotationswinkel darin nicht vor. Man sagt, die Gleichungen einer Kugel sind gegenüber der Drehung invariant.

Die von Weyl vorgeschlagene Definition macht auch verständlich, warum der mathematische Gruppenbegriff für die Behandlung und Katalogisierung der Symmetrien unerlässlich ist. Eine GRUPPE ist eine Menge von Elementen, die nach ganz bestimmten Gesetzen miteinander verknüpft werden können. Bei diesen Elementen kann es sich auch um Transformationen handeln, zum Beispiel um Verschiebungen im Raum. Die Verknüpfung zweier Verschiebungen ist gleichfalls eine Verschiebung. Die Menge der Transformationen, die ein Objekt unverändert lassen, bilden eine Gruppe, die man als Symmetriegruppe bezeichnet. Man sagt, ein physikalisches Phänomen respektiert eine mit einer Symmetriegruppe verbundene Symmetrie, wenn die Gesetze, die es beherrschen, unverändert bleiben, falls man eine der Transformationen der betreffenden Symmetriegruppe auf das System anwendet.

Ein Fundamentalsatz verleiht dem Konzept der Symmetrie noch größeres Gewicht. Wir verdanken ihn der deutschen Mathematikerin Emmy Noether (1882–1935), die gezeigt hat, dass jede Invarianz bezüglich einer Symmetriegruppe mit einer Erhaltungsgröße, also mit einem Erhaltungssatz, verbunden sein muss. Postulieren wir zum Beispiel, dass die Gesetze der Physik invariant gegenüber einer zeitlichen Verschiebung sind. Das heißt dann auch, dass die Gesetze, die jedes physikalische Experiment beherrschen, nicht von dem Zeitpunkt abhängen, zu dem das Experiment durchgeführt wird: Jeder Zeitpunkt ist so gut wie der andere. Aus der Anwendung des Noetherschen Satzes folgt nun als direktes Korrelat der Satz von der Erhaltung der ENERGIE. Dieses Gesetz garantiert die Zeitlosigkeit der physikalischen Gesetze, also deren Invarianz in der Zeit.

In gleicher Weise folgt aus der Invarianz der physikalischen Gesetze gegenüber räumlichen Verschiebungen die Erhaltung des IMPULSES. Dieser Erhaltungssatz verbietet insbesondere jede spontane Änderung der Bewegung, genau wie es das Trägheitsgesetz vorsieht. Er besagt letztlich nichts anderes, als dass der Raum homogen ist, das heißt, dass sich seine Eigenschaften nicht von einem Punkt zum anderen ändern können.

Durch die Suche nach den Symmetrien, denen die fundamentalen Wechselwirkungen (Gravitation, Elektromagnetismus, Kernkräfte) gehorchen, hat man in den letzten Jahrzehnte beträchtliche Fortschritte erzielt. Neue Konzepte wie das der Eichsymmetrie haben den Anwendungsbereich der Gruppentheorie erweitert und zugleich die Beschreibung der fundamentalen Wechselwirkungen revolutioniert.

Die P-, C- und T-Symmetrie

Die Physiker benutzen noch weitere Symmetrien, die zwar noch abstrakter sind als die bisher genannten, aber eine ebenso fundamentale Rolle spielen. Beispiele dafür sind die Parität, die Ladungskonjugation und die Umkehrung der Zeit.

Die Parität P ist eine Operation, bei der man ein Experiment gleichsam im Spiegel betrachtet. Um genauer zu verstehen, was da vor sich geht, wollen wir von einem realen Experiment ausgehen, bei dem Teilchen miteinander kollidieren. Die Operation P auf solch eine Situation anzuwenden heißt, ein Gedankenexperiment auszuführen, bei dem man das reale Experiment gleichsam im Spiegel betrachtet. Die beteiligten Teilchen sind dieselben, aber ihre Position hat sich verändert, denn durch die Operation sind Links und Rechts vertauscht.

Es stellt sich natürlich die Frage, ob das neue, spiegelbildliche Experiment auch in der Natur oder im Labor realisiert werden kann. Lautet die Antwort ja, sagt man, das Experiment respektiere die P-Symmetrie; anderenfalls sagt man, es verletze diese Symmetrie.

Lange Zeit glaubten die Physiker, gestützt auf den gesunden Menschenverstand, alle Gesetze der Physik respektierten die P-Symmetrie. Denn wenn wir eine Anordnung von Gegenständen im Spiegel betrachten, können wir diese Anordnung auch in der Realität herstellen. Zur allgemeinen Überraschung wurde 1957 jedoch gezeigt, dass die schwache Wechselwirkung, die für den Betazerfall verantwortlich ist, bei dem ein Proton in ein Neutron und ein Elektron zerfällt, die P-Symmetrie nicht respektiert. Anders gesagt, das Spiegelbild eines von der schwachen Wechselwirkung beherrschten Phänomens entspricht einem Phänomen, das weder in der Natur vorkommt noch im Labor erzeugt werden kann. Diese Verletzung der Parität ist eine Besonderheit der schwachen Wechselwirkung und gestattet eine absolute Definition von rechts und links.

Kommen wir nun zur Ladungskonjugation. Jedem Teilchen ist ein Antiteilchen zugeordnet, das dieselbe Masse besitzt und dessen Ladungen, insbesondere die elektrische LADUNG, der des Teilchens entgegengesetzt sind. Die Ladungskonjugation ist nun die Operation, die ein Teilchen (gleichsam auf dem Papier) in sein Antiteilchen umwandelt und umgekehrt. Sie verwandelt das Elektron in ein Positron und das Positron in ein Elektron, das Proton in ein Antiproton und das Antiproton in ein Proton. Wegen der Umkehrung der Ladung (englisch: *charge*) bezeichnet man diese Operation mit dem Buchstaben C.

Um genauer zu verstehen, wie die Ladungskonjugation C wirkt, wollen wir ein reales Experiment betrachten, bei dem Teilchen zur Kollision gebracht werden. Für die gesamte Dauer des Experiments zeichnen wir Position und Geschwindigkeit der beteiligten Teilchen sorgfältig auf. Und nun wenden wir die Operation C darauf an: Wir ersetzen jedes Teilchen im Geiste durch sein Antiteilchen und lassen es denselben Weg nehmen, den das betreffende Teilchen im realen Experiment genommen hat. Beobachtet man zum Beispiel die Kollision zwischen einem Proton und einem Neutron, ergibt die Operation C »dieselbe« Kollision zwischen einem Antiproton und einem Antineutron.

Lässt sich das durch die Anwendung der Operation C zustande gekommene neue Experiment in der Realität durchführen, sagt man, das Experiment respektiere die C-Symmetrie; anderenfalls sagt man, es verletzte diese Symmetrie.

Die mit dem Buchstaben T bezeichnete Operation »Umkehrung der Zeit« schließlich entspricht einer Operation, bei der die Richtung der Zeit umgekehrt wird. Ein reales Phänomen läuft dann in umgekehrter Richtung ab, ganz so, als ließe man einen Film rückwärts laufen (siehe IRREVERSIBILITÄT). Kehrte man zu einem Zeitpunkt $t_0 = 0$ die Geschwindigkeit aller Himmelskörper unseres Sonnensystems (der Sonne, der Planeten, der Monde ...) um, so würden die Bahnen der Himmelskörper sich nach der Gesetzen der klassischen Physik nicht verändern, aber die Position jedes Himmelskörpers auf seiner Bahn zum Zeitpunkt t wäre gleich der Position, die er zum Zeitpunkt $-t$ besessen hat.

Parität, Ladungskonjugation und Umkehrung der Zeit spielen eine grundlegende Rolle in den Gleichungen, mit deren Hilfe die Physiker das Verhalten von Teilchen beschreiben, und zwar insbesondere auf dem Umweg über die so genannte CPT-Invarianz. Wie der Name schon sagt, ist die Operation CPT das Produkt der drei Operationen C, P und T. Wenn diese Operation keines der bekannten Naturgesetze verändert, spricht man von CPT-Invarianz (die schwache Wechselwirkung, die weder bezüglich C noch bezüglich P, noch auch bezüglich CP invariant ist, respektiert dennoch die CPT-Invarianz).

Bildhaft könnte man die CPT-Invarianz durch die Aussage verdeutlichen, dass die Gesetze, die unsere Welt beherrschen, identisch mit den Gesetzen einer spiegelbildlichen Welt aus Antimaterie sind, in der die Zeit in entgegengesetzter Richtung »fließt«. Sie steht in einem grundlegenden Zusammenhang mit dem Kausalitätsprinzip, das die Reihenfolge der Ereignisse ein für allemal festlegt (siehe KAUSALITÄT), und insbesondere folgt daraus eine Art Symmetrie zwischen Materie und Antimaterie. Dazu gehört auch, dass Teilchen und ihre Antiteilchen stets genau dieselbe Masse und Lebensdauer besitzen.

Symmetrie bei Molekülen

Zur Vertiefung: ***Chiralität; Äquivalenz; Spektrum***

In der Chemie ist der Begriff der Symmetrie von großer Bedeutung. Um uns ein Bild davon zu machen, betrachten wir die Symmetrieelemente, die sich in einigen Großbuchstaben zeigen: Das V hat eine vertikale Symmetrieachse, das E eine horizontale, das H hat zwei Symmetrieachsen und das S ein Symmetriezentrum in der Mitte des Linienzugs.

Die Chemiker unterscheiden und erkennen in Molekülen die Symmetrieelemente Zentrum, Achse und Ebene, weil Moleküle dreidimensionale Gebilde sind. Zahlreiche natürliche und künstliche Moleküle zeigen derartige Symmetrieelemente.

Die Symmetrie von Molekülen ist in dreifacher Hinsicht bedeutsam.

Zunächst einmal ist sie von prinzipieller Bedeutung, denn die Entdeckung einer Symmetrie erleichtert die Bestimmung der Struktur des Moleküls (siehe SPEKTRALANALYSE) und zugleich das Verständnis seiner Synthese.

Moleküle, die keine Symmetrie aufweisen, können in zwei Formen existieren, deren eine das Spiegelbild der anderen ist (man bezeichnet sie als Enantiomere); diese Eigenschaften teilen sie mit bestimmten Molekülen, die zwar symmetrisch sind, aber keine Symmetrieebene besitzen. Beide Arten von Molekülen werden als chiral bezeichnet.

Entdeckt man in einem Molekül eine Asymmetrie, sucht man nach dessen Enantiomer. Dabei sind mehrere Fälle denkbar. Entweder sind die Enantiomere in gleicher Zahl vorhanden, oder es besteht ein Ungleichgewicht zu Gunsten der einen oder anderen Molekülart; im Extremfall ist eine Gruppe gar nicht vorhanden.

Dieses Prinzip wurde erstmals von Louis Pasteur formuliert: Eine beliebige Umwandlung erzeugt normalerweise entweder Moleküle, die sämtlich symmetrisch sind, oder gleich große Populationen zweier Enantiomere. Das führte ihn zu dem Gedanken, dass Transformationen im Bereich des Lebendigen stets ein asymmetrisches Moment innewohnt, welches zu einem Ungleichgewicht in der Verteilung der Enantiomere führt. Für Pasteur war dieses Ungleichgewicht ein Kennzeichen des Lebendigen. Entdeckt man zum Beispiel auf einem Meteoriten AMINOSÄUREN, darf man sicher sein, dass sie außerirdischen Ursprungs sind, falls die Populationen der beiden Enantiomere sich als gleich groß erweisen.

Damit verwies Pasteur auf das Problem des vollständigen Fehlens von Enantiomeren bei den meisten für das Leben bedeutsamen Molekülen wie den AMINOSÄUREN (die Bestandteil der Proteine sind) und den ZUCKERN. Hier handelt es sich um eines der großen ungelösten Probleme der Chemie. Manche sehen den Ursprung der Chiralität organischer Moleküle in der Emission von Betastrahlung (Elektronen) durch manche schweren Atome unter dem Einfluss der schwachen Wechselwirkung, die, wie oben beschrieben, die Parität verletzt.

Das Vorliegen oder Fehlen einer Symmetrie in Molekülen hat auch große praktische Bedeutung. Bei molekularen Objekten mit nur einer Symmetrieebene oder Symmetrieachse erlaubt diese Symmetrie die Bildung von Ketten, deren Ringe die betreffenden molekularen Objekte sind. Die Anwendung reicht von der Viskosität des Antigels bis hin zur INTERMOLEKULAREN WECHSELWIRKUNG zwischen einem Antigen und einem ANTIKÖRPER.

Darüber hinaus ist die Entdeckung einer Symmetrie in der Natur oder in unserer Darstellung der Natur ohne Zweifel eine Quelle tiefer Freude ästhetischen Charakters.

Symmetrie in der Mathematik

*→ **Gruppe; lineare Abbildung; Verschiebung***

Syntänie

Zur Vorbereitung: ***Genom***

Zur Vertiefung: ***Chromosom; Evolution; Genkartierung; phylogenetischer Stammbaum***

Von Syntänie spricht man, wenn DNA-Abschnitte in den Chromosomen verschiedener Spezies Gene in der gleichen Anordnung aufweisen. Die Größe dieser so genannten Syntäniegruppen hängt davon ab, wie viel Zeit vergangen ist, seit die betreffenden beiden Arten sich, ausgehend von einem gemeinsamen Vorfahren, unabhängig voneinander entwickelt haben. Diese Zeitspanne kann wie bei verschiedenen Primaten einige Millionen Jahre, bei verschiedenen Klassen von Wirbeltieren Hunderte Millionen Jahre und bei verschiedenen BAKTERIEN sogar Milliarden Jahre betragen. Je länger dieser Zeitraum ist, umso größer ist die Zahl der möglichen REKOMBINATIONEN, Genverdoppelungen, Chromosomenbrüche, Translokationen und Inversionen, die sich ergeben konnten. So umfassen die Syntäniegruppen bei zwei recht nahen Arten möglicherweise ganze Chromosomen, bei weit entfernten Spezies vielleicht nur einige Gene.

In Forschungsprogrammen zur Genomanalyse wird versucht, Gene zu identifizieren, die an physiologischen Funktionen oder Erbkrankheiten beteiligt sind, und ihre Position auf dem Chromosom und ihre Struktur zu bestimmen, um ihre Funktion zu erhellen. Wenn man ein solches Gen bei einer bestimmten Spezies in einer ausgedehnten, wenig erforschten Region des Chromosoms lokalisiert, lassen sich über Syntänie-Eigenschaften mit einer entsprechenden, besser erforschten Region des Genoms einer anderen Art Fortschritte in der Genomanalyse erzielen. So können biologische und genetische Erkenntnisse, die man an geeigneten Forschungsobjekten wie Mäusen, Ratten, bestimmten Vögeln und Fischen, Insekten wie der Taufliege (*Drosophila*), Pflanzen oder sogar Mikroorganismen wie Hefe oder Bakterien gewinnt, die Analyse des menschlichen Genoms weiterbringen.

Syntax

Zur Vertiefung: ***Grammatik; Semantik; Sprache***

Als Teilgebiet der Grammatik, das sich mit der Ordnung und der Gliederung der Bestandteile einer Sprache befasst, erweist sich die Syntax vor allem in den künstlichen Sprachen als nützlich, besonders in den Programmiersprachen der Informatik (siehe PROGRAMMIERUNG), wo sie Ausdrucksfehlern vorbeugt, die zu unsinnigen Befehlen führen könnten.

Synthese, chemische

→ ***chemische Synthese***

synthetische Erzeugnisse

Zur Vertiefung: ***Chemie; chemische Synthese; chemische Verbindung; Naturstoffe***

Wie der Name schon sagt, handelt es sich bei synthetischen Erzeugnissen um Produkte einer chemischen REAKTION, die nicht von der Natur erzeugt, sondern meist industriell hergestellt werden. Der Unterschied zwischen natürlichen und synthetischen Reaktionsprodukten scheint uns auf den ersten Blick klar. Seide ist zum Beispiel ein Naturstoff, produziert von Lebewesen, den Seidenraupen. Die so genannte Kunstseide ist ein Industrieprodukt (siehe POLYMER), das der Seide nur rein äußerlich in Textur und Griff der Textilien ähnlich ist, aber chemisch eine völlig andere Zusammensetzung hat.

Dieser Unterschied von Naturstoffen und synthetischen Erzeugnissen, der sich unter anderem in hohen Preisunterschieden niederschlägt, ist jedoch bei vielen Stoffen kaum zu rechtfertigen. So erzielt zum Beispiel der Aromastoff Vanillin als Naturstoff aus der Vanilleschote in den Vereinigten Staaten völlig legal exorbitant hohe Preise (von 50000 Dollar pro Kilogramm) gegenüber synthetisch hergestelltem Vanillin (15 Dollar pro Kilogramm).

Hier sei nur kurz auf die Gründe eingegangen, die diesem Gegensatz zwischen natürlichen und synthetischen Stoffen zugrunde liegen. Die meisten Religionen sehen in der Natur eine göttliche Schöpfung, während die Werke des Menschen als zwangsläufig unvollkommen gelten. Der philosophische Pantheismus hat die Tendenz, die Natur zu vergöttlichen. Eine seiner heutigen Manifestationen ist eine militant ökologische Einstellung. Der Mythos von Prometheus, dem ersten, dem Vulcanus gleichen Chemiker und Metallurgen, der das göttliche Feuer stahl, scheint den Menschen, der Göttlichkeit anstrebt, zu einer exemplarischen Strafe zu verurteilen. Eine ganz ähnliche Moral ist im Mythos des Ikarus enthalten. Die Tätigkeit des Alchimisten, die lange in die Nähe schwarzer Magie gerückt wurde, umgibt die Leistungen des Chemikers mit einem schlimmstenfalls satanischen, bestenfalls faustischen Anklang.

Mittlerweile sind das Natürliche und das Künstliche eine Verbindung eingegangen. So verabreicht man heute den Seidenraupen synthetisch hergestellte Steroidhormone, um ihre Seidenproduktion zu steigern und zu synchronisieren. Es ließe sich eine lange Liste von Naturstoffen anführen, die wir nur durch die Findigkeit von Chemikern zu gewinnen und zu reinigen vermögen. Dies gilt für viele pflanzliche Substanzen, die zur Herstellung von Medikamenten genutzt werden: Chinin (gegen Malaria), Taxol und Vincamin (gegen Krebserkrankungen) usw. Kein Organismus produziert solche Stoffe in reiner Form. Selbst Colibakterien produzieren sie nach einer gentechnischen Behandlung nur gemeinsam mit anderen Substanzen. Man muss sie mit Lösungsmitteln (siehe LÖSUNG) wie ALKOHOL aus Pflanzen und Mikroorganismen extrahieren und anschließend zum Beispiel durch CHROMATOGRAPHIE reinigen.

Dieses Paradox sollte man im Kopf behalten: Naturstoffe sind eine Fiktion, eine Frage der Sichtweise: Greifbare und daher nutzbare Realität können sie nur mit Hilfe chemischer Verfahren und synthetischer Erzeugnisse werden.

System

Zur Vertiefung: ***Chaos; Erdenergiebilanz; Sonnensystem; Stoffwechsel***

Der Ausdruck »System« hat so viele Bedeutungen, dass wir uns hier auf solche Zusammenhänge beschränken wollen, in denen er auf die Ordnung von Dingen verweist.

In seinem Buch *L'Exposition du système du monde (Darstellung des Weltsystems)* beschrieb Pierre Simon de Laplace 1796 den Aufbau der damals bekannten Welt auf der Grundlage der Newtonschen Mechanik. Geblieben ist uns davon das Sonnensystem, das die Sonne, die Planeten und deren Monde, die Kometen usw. umfasst und von der GRAVITATION zusammengehalten wird. Hier ist das System eine Menge natürlicher Elemente ähnlicher Struktur, die miteinander verbunden und in einem bestimmten Raum zusammengefasst sind. Andere geordnete Mengen dieser Art sind das Wolkensystem, das sämtliche WOLKEN in der Erdatmosphäre zu einem bestimmten Zeitpunkt umfasst, oder bei Lebewesen das Nervensystem, das Atmungssystem usw. Ein Gas- oder Flüssigkeitsvolumen, das zahllose Atome oder Moleküle umfasst, bildet ein thermodynamisches System, dessen Verhalten von der THERMODYNAMIK untersucht wird.

Charakteristisch für solche Systeme ist der Umstand, dass sie Elemente zusammenfassen, die in Wechselwirkung miteinander stehen, ob es sich dabei nun um die Gravitation handelt, um die Reibung innerhalb der Erdatmosphäre oder um Zusammenstöße zwischen den Gasmolekülen. Innerhalb des Systems wird unablässig Energie ausgetauscht und von einer in die andere Form umgewandelt (Wärme, Bewegung usw.), oder es kommt zur chemischen oder biologischen Umwandlung von Materie. Man begnügt sich nicht damit, solche Vorgänge zu beobachten, sondern versucht auch, die zukünftige Entwicklung des Systems vorauszusagen. Voraussagen dieser Art setzen voraus, dass man die jeweiligen Wechselwirkungen und die innerhalb des Systems geltenden ERHALTUNGSSÄTZE kennt (zum Beispiel hinsichtlich der Erhaltung der Energie). Ein ganzer Zweig der Mathematik hat sich daraus entwickelt: die Analyse dynamischer Systeme, die ursprünglich von einfachen mechanischen Beispielen ausging (etwa von der Bewegung eines Pendels, das sich über die Schwerkraft in Wechselwirkung mit der Erde befindet).

Es kommt jedoch auch vor, dass keine Voraussagen möglich sind, zumindest so weit sie über einen bestimmten Zeitraum hinaus reichen, der charakteristisch für das betreffende System ist. In diesem Fall sagt man, das System sei chaotisch. Die Tatsache, dass der Zustand eines Systems oft von zahlreichen VARIABLEN abhängt, hat eine bedeutsame Folge: Es ist nur selten möglich, einer bestimmten Wirkung eine einzelne Ursache zuzuordnen, und es ist schwierig, sämtlich Faktoren oder Variablen zu isolieren, die für die beobachtete Wirkung verantwortlich sind. So glaubte man, die Überschallflugzeuge, die seit den 70er Jahren im Passagierverkehr eingesetzt werden, trügen zur Zerstörung der Ozonschicht (O_3) bei, die uns vor der Ultraviolettstrahlung der Sonne schützt. Eine genauere Untersuchung der in der Atmosphäre ablaufenden physikalisch-chemischen Prozesse zeigte jedoch, dass diese schädliche Wirkung nicht existiert, wohl aber möglicherweise ein positiver Effekt. Umgekehrt zeigten dieselben Studien, dass die Ozonschicht durch die Fluorchlorkohlenwasserstoffe (FCKW) geschädigt wird, die damals noch als Treibgas in Sprühdosen Verwendung fanden.

Die Komplexität eines Systems resultiert aus der Vielzahl der Bestandteile und ihrer Wechselwirkungen. So besteht das »System Erde«, das im Blick auf Umweltprobleme vielfach in diverse Teilsysteme wie Biosphäre, Atmosphäre, Ökosphäre usw. unterteilt wird, aus zahllosen Komponenten, die in vielfältigen physikalischen, chemischen und biologischen Wechselwirkungen stehen. Zwar ist dieses System im Raum relativ isoliert, aber die beschleunigte Bewegung, die aus der Rotation der Erde um ihre Achse resultiert, übt einen starken Einfluss auf die ALLGEMEINE ZIRKULATION DER ATMOSPHÄRE aus. Außerdem erhält die Erde ständig Energie von der Sonne und verliert durch Strahlung Energie an den umgebenden Weltraum.

Eine weitere Verwendung des Ausdrucks »System« begegnet uns im Begriff des BEZUGSSYSTEMS, das der Klassifikation oder räumlichen Einordnung von Elementen jeglicher Art dient. Bezugs- oder Koordinatensysteme sind mathematische Hilfsmittel, die es gestatten, Objekten einen präzisen Ort im Raum, in der Zeit oder in der RAUM-ZEIT zuzuordnen. Die geometrische Anordnung von Atomen in KRISTALLEN klassifiziert man mit Hilfe der Kristallsysteme, und die Klassifikation der chemischen Elemente erfolgt im so genannten PERIODENSYSTEM.

Das Wort »System« hat noch zahlreiche andere Bedeutungen. Ein Einheitensystem (siehe EINHEIT) ist eine konsistente Menge von Maßeinheiten, die auf einer kleinen Zahl von Grundeinheiten basieren, aus denen alle übrigen Einheiten abgeleitet werden können. EXPERTENSYSTEME sind Computerprogramme, die eine komplexe Situation (zum Beispiel die Flugbewegungen in der Umgebung eines Flughafens) diagnostizieren und unter Berücksichtigung entsprechender Vorgaben optimale Entscheidungen vorschlagen können (siehe KÜNSTLICHE INTELLIGENZ). Gleichfalls ein Computerprogramm ist das so genannte BETRIEBSSYSTEM, ein Grundprogramm, das auf dem Rechner installiert und im Allgemeinen für den Benutzer nachvollziehbar ist. Es sorgt dafür, dass der Rechner funktioniert und der Benutzer möglichst unproblematisch auf die verschiedenen Funktionen zugreifen kann.

System, dynamisches

→ ***dynamisches System***

System, formales

→ ***formales System***

T

Technik

→ ***Wissenschaft und Technik***

Teilchen

Zur Vertiefung: ***Wechselwirkung in der Physik***

Im Februar 1995 gaben die Physiker des Fermilab in den Vereinigten Staaten die Entdeckung eines neuen Elementarteilchens bekannt, des *top*-Quarks. Fünf verschiedene Arten von Quarks waren bis dahin bereits entdeckt worden, nur die sechste Gruppe fehlte noch, eben das *top*-Quark.

Unser heutiges Verständnis der Materie machte dieses Teilchen absolut »unerlässlich«, so dass die Physiker schon vor der Entdeckung von seiner Existenz überzeugt waren.

Die tatsächliche Entdeckung des Teilchens bestätigte dann die Gültigkeit des so genannten STANDARDMODELLS DER TEILCHENPHYSIK. Dieses Modell fasst gleichsam alles zusammen, was wir heute über die Welt der mikroskopisch kleinen Teilchen wissen. Die Bestandteile dieses Modells sind sehr einfach (zumindest aufzuzählen): ein Dutzend Elementarteilchen und ein paar theoretische Prinzipien. Zusammen ergeben sie ein Modell, mit dessen Hilfe wir alles zu verstehen vermögen, was unsere größten TEILCHENBESCHLEUNIGER enthüllen, und außerdem noch vorwegnehmen können, was sich bei sehr hohen, heute noch gar nicht erreichbaren Energien ereignen mag.

Die Idee des Elementarteilchens erinnert an die Idee des Atoms, die im 5. Jahrhundert vor Christus von dem griechischen Philosophen Demokrit entwickelt wurde, also an den Gedanken, dass die Materie nicht unbegrenzt teilbar sei. Nach Demokrit bestand die Materie aus unteilbaren Bausteinen, aus winzig kleinen Körnchen oder, wenn man so will, aus Elementarteilchen. In seinen Augen besaßen diese Teilchen einige ideale Eigenschaften; sie waren unteilbar (*a-tomos*), ewig, voll und starr.

Auch im Standardmodell der Teilchenphysik ist von Elementarteilchen die Rede. Auf den ersten Blick könnte man meinen, dieses Modell bestätige Demokrits philosophische Anschauungen oder stehe zumindest in der von ihm begründeten Tradition, die der französische Philosoph Gaston Bachelard als »Metaphysik des Staubs« und als »Lehre von den kleinen Dingen« bezeichnet hat. Man könnte versucht sein, in den Elementarteilchen einen modernen Nachfahren des antiken Konzepts der Atome zu erblicken. Doch in Wirklichkeit liegen die Dinge anders.

Zunächst einmal sind die meisten Teilchen im Unterschied zu Demokrits Atomen keineswegs unveränderlich und ewig. Sie wandeln sich um, treten in Wechselwirkung miteinander und zerfallen, wobei sie andere Teilchen bilden. So besitzt das top-Quark nur eine unvorstellbar kurze Lebensdauer und zerfällt dann zu einem anderen Quark. Tatsächlich fehlen ihm nahezu sämtliche Eigenschaften, die einst die Atomisten den Atomen zuschrieben.

Dann gibt es noch einen weiteren, ebenso grundlegenden Unterschied. Wenn man an Teilchen denkt, stellt man sich meist nahezu punktförmige Objekte vor, die einen präzisen Ort im Raum einnehmen und winzigen Billardkugeln ähneln. Das heißt, wir stellen uns

Teilchen gerne als Korpuskeln vor. Diese Vorstellung passt auch gut zu dem Weltbild, das viele Naturwissenschaften vermitteln. Selbst die Molekularbiologie beschreibt die Moleküle als Objekte, die sich an einem bestimmten Ort befinden, eine bestimmte Form besitzen und aus Atomen bestehen, die kleiner sind als die Moleküle und durch Kräfte miteinander verbunden werden, denen das Molekül seinen Zusammenhalt verdankt. Doch dieses Bild lässt sich nicht auf noch kleinere Größenordnungen übertragen. Die Welt des unendlich Kleinen ist keine einfache Miniaturausgabe der Dinge, die uns aus unserer Lebenswelt vertraut sind, und die dort herrschenden Gesetze unterscheiden sich von den Gesetzen unserer alltäglichen Welt.

Zu Beginn des 20. Jahrhunderts wurde das Atom entdeckt (das wirkliche Atom, nicht das des Demokrit). Schon sehr bald erkannten die Physiker, dass dieses Objekt ein eigenartiges und sogar ausgesprochen seltsames Verhalten an den Tag legte und dass sie daher einige eherne Glaubenssätze der überkommenen Physik aufgeben mussten. Um diese Objekte zu verstehen, bedurfte es eines neuen Rahmens, der QUANTENPHYSIK.

In der Quantenphysik werden die Teilchen nahezu ausschließlich mit Hilfe mathematischer Konzepte beschrieben, so dass es nicht erlaubt ist, sie sich nach dem Vorbild vertrauter Objekte mit präziser Geometrie vorzustellen. Sie sind weder Wellen noch Korpuskeln, und es hätte kaum Sinn, ihnen eine bestimmte Form zuzuschreiben. Meist wird ihnen nicht einmal ein wohl bestimmter Ort im Raum zugewiesen. Da fällt es denn schwer, überhaupt noch zu sagen, was sie in Wirklichkeit sind.

Die Quantenphysik hat uns ein besseres Verständnis der physikalischen Welt ermöglicht. Im Gegenzug hat sie uns der Möglichkeit beraubt, ein klares, anschauliches Bild von den elementaren Objekten zu entwerfen. Viele *a priori* evidente Vorstellungen haben sich im Bereich der Quantenphysik als unbrauchbar erwiesen.

Heute glauben die Physiker, dass es zwei Arten von »Elementarteilchen« gibt, das heißt von Teilchen, bei denen keine zusammengesetzte innere Struktur erkennbar ist. Dabei handelt es sich einerseits um die eigentlichen materiellen Teilchen, also die Grundbestandteile der Materie, wenn man so will. Und andererseits um die Wechselwirkungsteilchen, die die vier fundamentalen Wechselwirkungen (Gravitation, elektromagnetische Wechselwirkung, starke und schwache Wechselwirkung) zwischen den materiellen Teilchen vermitteln (siehe WECHSELWIRKUNG IN DER PHYSIK).

Es gibt insgesamt zwölf materielle Elementarteilchen. Sechs davon sind LEPTONEN, das heißt Teilchen, die nicht der starken Wechselwirkung unterliegen (dazu gehört zum Beispiel das Elektron). Die anderen sechs sind QUARKS, das heißt Teilchen, die der starken Wechselwirkung unterliegen und aus denen die HADRONEN bestehen. Alle materiellen Teilchen sind Fermionen (siehe BOSON UND FERMION), das sind Teilchen, die dem AUSSCHLIESSUNGSPRINZIP oder Pauliverbot gehorchen, wonach zwei Fermionen einander nicht durchdringen können.

Die für die Wechselwirkungen verantwortlichen Teilchen sind Bosonen (siehe BOSON UND FERMION); sie gehorchen nicht dem Ausschließungsprinzip. Insgesamt gibt es dreizehn solcher Teilchen: das (noch nicht entdeckte) Graviton für die Gravitation, das PHOTON für die elektromagnetische Wechselwirkung, die drei »intermediären Bosonen« W^+, W^- und Z^0 für die schwache Wechselwirkung und acht Gluonen für die starke Wechselwirkung.

Bedenkt man, dass jedem Teilchen noch ein Antiteilchen zugeordnet ist, gibt es insgesamt mehr als vierzig Elementarteilchen. Manchen Physikern ist diese Zahl zu hoch; sie meinen, es dürfe nur eine kleine Zahl echter Grundstrukturen geben. In ihren Augen ist die heutige Klassifikation allzu vielfältig. Mehrere Wege zu einer größeren Einheit sind denkbar. Obwohl es keinerlei theoretische oder experimentelle Beweise gibt, die in diese Richtung weisen, könnte man die Hypothese aufstellen, dass es sich bei den heutigen Elementarteilchen in Wirklichkeit um zusammengesetzte Teilchen handelt, so dass sich ihre Beschreibung eines Tages auf eine kleinere Zahl neuer (d. h. noch nicht entdeckter) und dann wirklich elementarer Teilchen zurückführen lassen wird. Man kann sich sogar vorstellen, dass die Suche nach den elementaren Bausteinen niemals an ein Ende gelangt, weil man unterhalb der jeweils als elementar geltenden Teilchen immer wieder neue Strukturen entdeckt, die diese Teilchen als zusammengesetzt ausweisen. Dieser Gedanke bildet gleichsam das Gegenstück zur Grundidee des Atomismus. Man könnte sich auch vorstellen, dass es eine unendliche Vielzahl von Elementarteilchen gibt, von denen bei den im Laboratorium realisierbaren Energien jeweils nur eine kleine Zahl beobachtbar sind. Dieser Gedanke findet sich etwa in der Superstringtheorie, der manche heute nachgehen; die so genannten Strings sind längliche, das heißt eindimensional ausgedehnte Objekte in einer vieldimensionalen Raum-Zeit, deren Struktur möglicherweise die Grundlage für die beobachtbaren Elementarteilchen bildet.

Teilchenbeschleuniger

Zur Vertiefung: ***Detektoren; Energie; Materie; Teilchen***

Große Maschinen zur Beobachtung kleiner Dinge

Die Teilchenbeschleuniger, die in der physikalischen Forschung Anwendung finden und von denen manche eine Länge von mehreren Dutzend Kilometern erreichen, dienen der Beschleunigung von Teilchen – meist ELEKTRONEN, PROTONEN oder IONEN – auf Geschwindigkeiten, die in die Nähe der Lichtgeschwindigkeit kommen können. Mit der so erzielten Energie, deren Maximum bei Protonen heute im Bereich von Teraelektronenvolt liegt ($1\,\text{TeV} = 10^{12}\,\text{eV}$), lassen sich sehr kleine Teile des Raums erforschen.

Wenn man ein Teilchen erforschen will, muss man es in irgendeiner Weise »beleuchten«, das heißt, man muss es mit einem Teilchenstrahl beschießen (bei dem es sich nicht unbedingt um Licht zu handeln braucht). Man richtet also einen Teilchenstrahl gleichsam als Sonde auf ein geeignetes Zielobjekt, das in diesem Bereich als Target bezeichnet wird (nach dem englischen *target*: Ziel). Wenn wir verstehen wollen, warum es erforderlich ist, dass die als Sonde eingesetzten Teilchen eine hohe Energie besitzen, müssen wir zwei Gesetze der Physik betrachten. Das erste ist ein Gesetz der Quantenphysik hinsichtlich des 1923 von Louis de Broglie entdeckten Dualismus von Welle und Teilchen, wonach jedem Teilchen eine WELLENLÄNGE zugeordnet ist, die mit wachsender Energie immer kürzer wird. Nach dem zweiten Gesetz interagiert ein Wellenphänomen nur mit Objekten, die größer sind als die dem Wellenphänomen eigene Wellenlänge. Die Meeresdünung wird von einem Schwimmer nicht beeinflusst, weil dessen Größe verschwindend gering gegenüber dem Abstand zwischen zwei aufeinander folgen Wellenbergen bzw. Wellentälern ist, während ein großes Schiff bereits zu Störungen in der Wellenbewegung führen kann. Wenn das ausgewählte Zielobjekt oder Target sehr klein ist, muss die Wellenlänge der als Sonde eingesetzten Teilchen also noch kleiner sein. Daher muss man ihnen möglichst viel Energie geben, und zwar um so mehr, je kleiner das Target ist. Dies ist im Wesentlichen die Aufgabe der Teilchenbeschleuniger, deren Dimensionen mit der Energie zunehmen, die sie den zu beschleunigenden Teilchen verleihen können. Es handelt sich letztlich um riesige Mikroskope, mit deren Hilfe sich die kleinsten Bestandteile der Materie gleichsam beobachten lassen. Und so kommt es, dass wir Maschinen gewaltigen Ausmaßes benötigen, um die Welt des submikroskopisch Kleinen zu erforschen.

Der Zusammenstoß zwischen einem Teilchenstrahl und einem ruhenden Target oder einem anderen Teilchenstrahl stellt für einen winzigen Augenblick noch einmal Temperaturverhältnisse und energetische Bedingungen her, wie sie einst im Uruniversum herrschten. Der Elektronenbeschleuniger LEP (*Large Electron Positron Ring*) des CERN, der eine Energie von etwa 100 Gigaelektronenvolt ($10^{11}\,\text{eV}$) erzeugen kann, simuliert Ereignisse, wie sie sich während des Urknalls 10^{-12} Sekunden nach der Singularität einstellten.

Geschwindigkeiten in der Nähe der Lichtgeschwindigkeit

In der Umgangssprache bedeutet »beschleunigen« die Geschwindigkeit erhöhen. Wir haben gelernt, dass die mit der Bewegung eines Objektes verbundene Energie, seine Bewegungsenergie oder kinetische Energie, mit dem Quadrat der Geschwindigkeit zunimmt. Daher könnte man meinen, dass beim Beschleunigen Geschwindigkeit und Energie gleichermaßen wachsen. Im Rahmen der speziellen Relativitätstheorie, die bei Geschwindigkeiten weit jenseits der in unserer alltäglichen Umwelt beobachteten Werte Anwendung findet, liegen die Dinge jedoch anders. Wenn die Geschwindigkeit eines Teilchens der Lichtgeschwindigkeit sehr nahe kommt, die nach der Relativitätstheorie als unüberschreitbare Grenze gilt, kann man die Energie erhöhen, ohne dass die Geschwindigkeit sich dadurch merklich verändert. Deshalb können wir sagen, dass die meisten Teilchenbeschleuniger die Teilchen gar nicht im üblichen Sinne des Wortes beschleunigen – oder zumindest nur in sehr geringem Maße, vor allem, wenn es sich um sehr leichte Teilchen handelt (um Elektronen oder deren Antiteilchen, die Positronen). Da die Geschwindigkeit der Teilchen schon bei der Einbringung (Injektion) in den Beschleuniger sehr nahe bei *c* (der Lichtgeschwindigkeit im Vakuum) liegt, erhöht sie sich während der Beschleunigungszyklen nur noch unwesentlich. Die Teilchen werden also »bei konstanter Geschwindigkeit beschleunigt«, das heißt, nur ihre kinetische Energie nimmt zu (siehe MASSE).

Lineare und zyklische Teilchenbeschleuniger

Teilchen, die in einem Teilchenbeschleuniger beschleunigt werden sollen, müssen elektrisch geladen sein, denn die Beschleunigung erfolgt über elektrische Felder. Bei den modernen Teilchenbeschleunigern handelt es sich im Wesentlichen um lineare oder um zyklische Beschleuniger (Synchrotrons). Vielfach werden beide Typen miteinander kombiniert, das heißt, ein Linearbeschleuniger dient als Injektor für ein Synchrotron.

In einem linearen Beschleuniger werden die Teilchen auf einer praktisch geradlinigen Bahn durch eine Vakuumkammer geführt und legen die Beschleunigerstrecke nur ein einziges Mal zurück. Dabei passieren sie eine lange Reihe hintereinander geschalteter Beschleunigungskammern.

Synchrotrons dagegen sind nahezu kreisförmig aufgebaut (sie können auch geradlinige Bahnteile enthalten); die Teilchen werden darin auf einer Kreisbahn mit konstantem Radius gehalten, und zwar durch zweipolige Magnete, deren Stärke im selben Maße zunimmt wie die Energie der Teilchen. Die Teilchen passieren eine kleine Zahl von Beschleunigungskammern und gewinnen bei jedem Durchlauf etwas mehr Energie.

Sowohl in linearen als auch in zyklischen Beschleunigern sind in regelmäßigen Abständen entlang der Bahn des Teilchenstrahls so genannte Quadrupolmagnete angeordnet, die dafür sorgen, dass die Bahn der Teilchen möglichst genau auf der Linie der Hauptbahn verbleibt. Sie haben also dieselbe Aufgabe wie Sammellinsen in der Lichtoptik, das heißt, sie fokussieren den Teilchenstrahl.

Nach der Beschleunigung kann man den Teilchenstrahl auf ein ruhendes Target lenken, das dann wie ein Hindernis wirkt (bis in die 1960er Jahre war dies die einzige Möglichkeit). Beim Aufprall des Strahls werden Energie und Masse der einfallenden Teilchen neu verteilt, und es entstehen neue Teilchen. Je höher die Energie beim Aufprall ist, desto massereicher können die entstehenden Teilchen sein; dadurch werden Strukturen und Verhaltensweisen der Materie sichtbar, die ansonsten verborgen bleiben. Der Hauptvorzug ruhender Targets liegt in den vielseitigen Anwendungsmöglichkeiten; man kann problemlos zwischen unterschiedlichen Targetarten wechseln und denselben Teilchenstrahl für mehrere Experimente nutzen. Doch die Verwendung ruhender Targets hat auch einen gravierenden Nachteil, weil die erzeugte Energie nicht sonderlich effizient genutzt wird. Wenn ein bewegtes Teilchen auf ein ruhendes Teilchen prallt, wird der größte Teil seiner Bewegungsenergie als kinetische Energie auf das Target übertragen (wie ja auch ein stehendes Auto einen Satz macht, wenn ein anderes Auto darauf auffährt). Diese beim Zusammenstoß von dem Teilchen auf das Target übertragene kinetische Energie wird nicht in Materie umgewandelt. Deshalb ist sie in den Augen der Physiker vergeudet.

Aus der Sicht der Kinematik ist es sehr viel effektiver, zwei in entgegengesetzter Richtung kreisende Teilchenstrahlen frontal aufeinander stoßen zu lassen. In diesem Falle ist die Wechselwirkungsenergie gleich der Summe der Aufprallenergien. Die gesamte Energie der aufeinander prallenden Teilchen steht dabei (nach der Gleichung $E=mc^2$) für die Umwandlung in Materie zur Verfügung, das heißt, sie kann vollständig in andere Teilchen umgewandelt werden (siehe MATERIALISIERUNG).

Deshalb sind die so genannten Collider oder Speicherringe das wichtigste Instrument der Physik zur Erforschung hochenergetischer Teilchen geworden. Ihr Bau ist nicht ganz einfach, doch die technischen Probleme sind heute weitgehend gelöst. Das LEP zum Beispiel arbeitet mit zwei Teilchenstrahlen (der eine besteht aus negativ geladenen Elektronen, der andere aus positiv geladenen Positronen), die in entgegengesetzter Richtung kreisen und ein oder mehrere Male zur Kollision gebracht werden. Es sind auch Studien für Collider in Arbeit, die aus zwei gegenläufigen Linearbeschleunigern bestehen. Solche Collider könnten im 21. Jahrhundert Wirklichkeit werden.

Vielfältige Anwendungsmöglichkeiten

Teilchenbeschleuniger sind keineswegs nur in der physikalischen Teilchenforschung von Nutzen. Immer häufiger werden sie auch auf anderen Gebieten eingesetzt. Das gilt insbesondere für die so genannte Synchrotronstrahlung. Wenn man die Bahn leichter Teilchen wie Elektronen oder Positronen krümmt, verlieren sie einen kleinen Teil ihrer Energie in Form von Licht. Das ist die Synchrotronstrahlung, wie man sie in zyklischen Teilchenbeschleunigern beobachtet (in denen die Bahn der Teilchen natürlich gekrümmt sein muss). Lange Zeit galt die Synchrotronstrahlung den Teilchenphysikern als ein unerwünschtes Phänomen, weil die Teilchen dadurch einen Teil der Energie verlieren, die man ihnen gerade mit viel Aufwand gegeben hat. Doch inzwischen nutzen andere Physiker diese Strahlung für ihre eigenen Zwecke; sie kann nämlich sehr stark sein, deckt einen weiten Bereich von Wellenlängen ab, und in manchen ihrer Eigenschaften ähnelt sie den Laserstrahlen. Synchrotrons, deren einzige Aufgabe die Erzeugung von Synchrotronstrahlung ist, werden heute von zahlreichen Wissenschaftlern auf ihren jeweiligen Gebieten eingesetzt: in der Atomphysik, in der Molekularphysik zur Erforschung der Struktur kleiner und großer Moleküle, in der Festkörperphysik zur Erforschung von Kristallstrukturen, in der Elektronikindustrie bei der Herstellung von Chips, in der Chemie, in der Biologie und in weiteren Bereichen.

Natürliche Teilchenbeschleuniger

Es gibt auch starke natürliche Teilchenbeschleuniger. Das bekannteste Beispiel dürften die Gewitter sein. Aufgrund der Trennung positiver und negativer elektrischer Ladungen in einer Wolke baut sich in der Atmosphäre ein elektrisches Feld auf; die elektrische Entladung des Blitzes basiert auf der Beschleunigung der Elektronen durch dieses gigantische Feld (siehe BLITZ).

Bei den magnetischen Stürmen in der Sonnenatmosphäre, bei denen (vor allem in Zeiten maximaler Sonnenaktivität) eine intensive elektromagnetische Strahlung entsteht, kommt es gleichfalls zu einer Beschleunigung von Elektronen. Und bei der gravitativen AKKRETION (also der Massenverdichtung) in jungen Sternen, im Kernbereich von Galaxien oder in der Umgebung Schwarzer Löcher wird ebenfalls Materie annähernd auf Lichtgeschwindigkeit beschleunigt und damit auf Energien, die vergleichbar sind mit den in unseren Teilchenbeschleunigern erreichten Energien oder sie sogar noch übertreffen. Im Zuge der Akkretion wird Materie in Gestalt der so genannten Jets ausgestoßen, die sich über Entfernungen von Millionen Lichtjahren ausdehnen können.

Und schließlich besteht auch die kosmische Strahlung aus Atomkernen, die innerhalb unserer Milchstraße eine Beschleunigung erfahren haben und auf die Erde treffen; bis Mitte des 20. Jahrhunderts, als es noch keine künstlichen Teilchenbeschleuniger gab, benutzten die Physiker diese Strahlung für ihre Forschungen. Für Energien oberhalb von einem

TeV bietet die kosmische Strahlung bis heute die einzige Beobachtungsmöglichkeit.

Teilchendetektoren

Zur Vertiefung: ***Messung; Teilchen; Teilchenbeschleuniger***

Die Geschichte der Teilchenphysik ist eng verbunden mit der Entwicklung der Teilchendetektoren. Der bekannteste unter ihnen ist die Blasenkammer, deren Bilder uns den Tanz der Teilchen sichtbar machen. Wegen ihrer schwierigen Handhabung werden Blasenkammern heute nicht mehr eingesetzt. Ihre Funktionsweise basiert auf folgendem Prinzip: Wenn man eine Flüssigkeit erhitzt, kann man den Augenblick, in dem sie zu sieden beginnt, hinausschieben, indem man sie unter Druck setzt (wie das Wasser in einem Schnellkochtopf). Mindert man den Druck sehr plötzlich, beginnt die Flüssigkeit nicht augenblicklich zu kochen, sondern verharrt für Bruchteile einer Sekunde in einem metastabilen Zustand, in dem die kleinste lokale Störung genügt, um den Siedevorgang auszulösen. Wenn nun ein elektrisch geladenes Teilchen genau zu dieser Zeit die Flüssigkeit durchquert, hinterlässt es eine Kette von Bläschen auf seiner Bahn, und die geladenen Teilchen, in die dieses erste Teilchen möglicherweise zerfällt, hinterlassen gleichfalls solche Spuren. Nun fotografiert man rasch die so entstandenen Spuren, bevor man die Flüssigkeit mittels eines Kolbens wieder unter Druck setzt, um zu verhindern, dass sie insgesamt zu kochen beginnt. Aus der Form der aufgezeichneten Bahnen schließt man auf die Art der Teilchen und auf bestimmte ihrer Eigenschaften.

Die heute gebräuchlichen Teilchendetektoren sind komplexer und vor allem schneller. Sie sind aus mehreren Detektoren aufgebaut, die jeweils für die Bestimmung der Bahnen, der Energie und der Geschwindigkeit gedacht sind. Sie gestatten es, die verschiedenen Wechselwirkungen von Teilchen zu verfolgen und die Teilchen zu identifizieren, für die man sich gerade interessiert. Die Teilchendetektoren, die heute in den großen Teilchenbeschleunigern und Collidern benutzt werden, haben gigantische Ausmaße. Für den noch im Bau befindliche *Large Hadron Collider* LHC des CERN ist ein Detektor mit dem Namen ATLAS geplant, der eine Höhe von 20 Metern und eine Länge von 44 Metern haben soll und etwa 6000 Tonnen wiegen wird.

In solch einem COLLIDER kreisen zwei Strahlen aus hoch energetischen Teilchen in entgegengesetzter Richtung. Einige dieser Teilchen bringt man an einem im Voraus bestimmten Ort zur Kollision. Bei diesen Zusammenstößen entstehen andere, meist instabile Teilchen, die teilweise eine so kurze Lebensdauer haben, dass ihre Bahn zu kurz ist, als dass man sie unmittelbar aufzeichnen könnte. Ihre Existenz lässt sich nur aus dem Verhalten anderer Teilchen erschließen, die bei ihrem ZERFALL entstanden sind. In den eigentlichen Detektor gelangen nach solch einem Zusammenstoß nur die ELEKTRONEN, die Myonen (das sind schwere, instabile Elektronen), die PHOTONEN und die HADRONEN (d. h. Teilchen wie Protonen, Neutronen oder Pionen, die für die starke Wechselwirkung empfindlich sind).

Die Detektionszone liegt in einem Magnetfeld (das meist von einem supraleitenden Elektromagneten erzeugt wird; siehe MAGNET und SUPRALEITUNG), so dass die Bahnen der elektrisch geladenen Teilchen gekrümmt werden. Der Detektor selbst besteht aus mehreren Schichten, die den Kollisionspunkt zylinderförmig umgeben. Jede dieser Schichten reagiert auf bestimmte Teilchenarten und ermöglicht so deren Identifizierung. Die ersten Schichten bilden die Spurenkammern, in denen die Bahnen der Teilchen aufgezeichnet werden, so dass sie sich bis zu dem Punkt zurückverfolgen lassen, an dem sich die Kollision ereignet hat.

In den nachfolgenden Schichten wird die Energie der Teilchen ermittelt, entweder durch Messung der Ablenkung (Krümmung), die die Bahn der Teilchen im Magnetfeld des Detektors erfährt, oder durch Kalorimeter. Die Kalorimeter messen die Energie, die die Teilchen beim Zusammenstoß mit den Atomen verlieren. Im Allgemeinen installiert man zwei Kalorimeter in einem Detektor. Das erste – elektromagnetische – besteht aus Materialien, die alle elektrisch geladenen Teilchen abbremsen und es gestatten, die Energie der Photonen zu messen. Die Elektronen werden darin fast vollständig abgebremst, während die – schwereren – Hadronen nur einen kleinen Teil ihrer Energie verlieren und ihren Weg fortsetzen. Die Hadronen gelangen dann in das zweite Kalorimeter (das entsprechend Hadronenkalorimeter genannt wird), wo sie ihre verbliebene Energie durch Wechselwirkung mit den Atomkernen der dort vorhandenen Materie verlieren.

Die einzigen elektrisch geladenen Teilchen, die beide Kalorimeter durchdringen können, sind die Myonen. Sie sind 200-mal schwerer als Elektronen und verlieren im elektromagnetischen Kalorimeter nur wenig Energie. Da sie auch der starken Wechselwirkung nicht unterliegen (siehe WECHSELWIRKUNG IN DER PHYSIK), können sie das Hadronenkalorimeter praktisch ohne Kollisionen durchqueren. Um sie aufzuspüren, bedarf es spezieller Detektoren, die als Myonenkammern bezeichnet und in einer nächsten Schicht jenseits der Hadronenkammer angeordnet werden.

Die NEUTRINOS interagieren praktisch gar nicht mit dem Detektor, da sie nur für die schwache Wechselwirkung empfindlich sind, die, wie der Name schon sagt, nur eine sehr geringe Intensität besitzt und in erster Linie für den Zerfall der Neutronen verantwortlich ist. Auf indirektem Wege lassen sie sich dennoch aufspüren, denn sie transportieren Energie. Wenn nun die Kollisionsenergie nicht vollständig in den aufgespürten Teilchen wiederzufinden ist, nimmt man an, dass ein oder mehrere Neutrinos die restliche Energie mit sich genommen haben. Solch ein Schluss setzt natürlich voraus, dass der Detektor hermetisch abgeschlossen ist und kein toter Winkel existiert, durch den möglicherweise bei der Kollision entstandene Teilchen unbemerkt entkommen können. In diesem Falle würde die den Neutrinos zugeschriebene Restenergie falsch berechnet.

Teilchenphysik, Standardmodell der

→ ***Standardmodell der Teilchenphysik***

Teledetektoren

Zur Vertiefung: ***Atmosphäre; Klima; Ozean***

Teledetektoren dienen der Erforschung von Objekten aus der Ferne, und zwar mit Hilfe des von diesen Objekten emittierten, gestreuten oder reflektierten Lichts. Letztlich ist unser Auge nichts anderes als ein Teledetektor, und so benutzen wir alle, ohne uns dessen bewusst zu sein, täglich ein derartiges Instrument. Die Astronomen waren von jeher in besonderem Maße auf Teledetektoren angewiesen, weil das Licht praktisch die einzige Informationsquelle hinsichtlich ihrer Forschungsobjekte darstellt. Man spricht eigentlich erst von Teledetektoren, seit wir solche Instrumente in Gestalt von Teleskopen oder Kameras auf künstlichen Satelliten installiert haben, um damit aus dem nahen Weltraum die Erdoberfläche zu erkunden. Diese Instrumente messen einerseits das von der Sonne stammende und von der Erde gestreute oder reflektierte Licht (siehe STREUUNG), andererseits die von der Erde selbst emittierte Strahlung, die sich angesichts einer durchschnittlichen Temperatur von 300 Kelvin an der Erdoberfläche hauptsächlich auf den Bereich der Infrarotstrahlung und der Millimeterwellen verteilt (siehe SCHWARZER KÖRPER).

Diese Strahlung enthält gewaltige Mengen an INFORMATION über die Oberfläche der Kontinente und Meere sowie über die Eigenschaften der verschiedenen Schichten unserer ATMOSPHÄRE. Enthalten ist diese Information hauptsächlich in der Verteilung der empfangenen Strahlung auf die verschiedenen Wellenbereiche (siehe SPEKTRALANALYSE) und in den Details der aufgenommenen Bilder. Hinsichtlich der Erdoberfläche geben sie Aufschluss über die Temperatur, die Vegetation, die Feuchtigkeit, aber auch über das Bodenrelief, die Struktur der Meeresströmungen, die Dichte der menschlichen Besiedlung, über Waldbrände im Amazonasgebiet und vieles andere mehr. Alle menschlichen Aktivitäten lassen sich auf diese Weise aus großer Höhe beobachten, weltweit und in kurzen Abständen, denn die Umlaufzeit eines Satelliten liegt für niedrige Umlaufbahnen bei eineinhalb Stunden (siehe KEPLERSCHE GESETZE). Hinsichtlich der Atmosphäre messen Satelliten ständig die Temperaturen, die Windverhältnisse, die Feuchtigkeit, die chemische Zusammensetzung und zahlreiche andere Parameter. Auf diese Weise wurde 1988 das so genannte Ozonloch über der Antarktis entdeckt. Eine ständige weltweite Beobachtung ermöglichen Satelliten, die auf der geostationären Umlaufbahn, 36000 km über dem Äquator, stationiert sind. Da ihre Umlaufzeit genau 24 Stunden beträgt, bleiben sie ständig über demselben Punkt der Erde, so dass sie die ihnen zugewandte Hälfte der Erdkugel pausenlos im Visier haben.

Nachdem die Erdbeobachtungssatelliten während des kalten Kriegs zunächst ausschließlich militärischen Zwecken dienten, waren Landsat (USA) und Spot (Frankreich) die ersten Satelliten, die vor allem für zivile Zwecke eingesetzt wurden. In der Fläche erreicht das Auflösungsvermögen heute bei den zivilen Satelliten einige Meter, wird sich aber in Zukunft noch weiter verbessern lassen. Hinsichtlich der Höhe (genauer gesagt: hinsichtlich der durchschnittlichen Höhe einer Fläche von mehreren tausend Quadratmetern) liegt die Auflösung der mit dem französisch-amerikanischen Satelliten Topex-Poseidon gewonnenen Bilder unter einem Zentimeter. Es lässt sich leicht vorstellen, welche gewaltige Informationsmenge hier verarbeitet werden muss.

In Verbindung mit theoretischen oder im Labor entwickelten Modellen eröffnen die so gewonnenen aktuellen Daten auch die Möglichkeit von Vorhersagen, etwa der Ernteerträge, der kurzfristigen Entwicklung des Klimas, aber zunehmend auch von Naturkatastrophen (Vulkanausbrüche, Erdbeben). So ist am Ende des 20. Jahrhunderts der ehrgeizige Plan entstanden, ein leistungsfähiges Erdmodell zu schaffen, dessen mathematische Algorithmen die Möglichkeit eröffnen, auf der Grundlage zahlreicher physikalischer Daten und aller Arten von Teledetektoren denkbare Szenarien für die weitere Entwicklung unseres Planeten zu simulieren (siehe Simulation).

Telekommunikationsnetz

Zur Vertiefung: ***Hypertext; Interaktivität; Protokoll; Signal***

Wir alle kennen seit frühester Kindheit das Eisenbahnnetz und das elektrische Stromnetz; tagtäglich benutzen wir das (Festnetz-) Telefon, und viele von uns besitzen auch ein eigenes Handy. Weder Netze noch Telekommunikation haben für uns etwas Geheimnisvolles. Das Netz schlechthin dagegen, das Netz der Netze, das Internet, bleibt vielen in weiten Teilen ein Geheimnis. Die elektronische Post – man muss natürlich »E-mail« sagen, wenn man sie benutzen will –, Multimedia, Interaktivität, das Web, WWW, Diskussionsforen, die grenzenlose Kommunikation, die Telearbeit im großen Weltdorf – all das verschwindet leicht hinter einem Schleier aus Unwissenheit, den Techniker und »Technophile« mit ihrem Jargon noch dichter weben. Deshalb wollen wir versuchen, die Dinge ein wenig detaillierter darzustellen, um einem der großen Mythen unserer Zeit etwas von seiner Undurchsichtigkeit zu nehmen.

Geschichtliche Grundlagen und Prinzipien

Alles begann vor sehr langer Zeit, als in den Menschen der Wunsch aufkam, auch außerhalb des Bereichs unmittelbarer Interaktion und jenseits der Reichweite ihrer Hand, ihres Auges, ihrer Stimme oder ihres Gehörs in Wort und Bild miteinander zu kommunizieren, ohne dazu Boten einschalten zu müssen. Die ersten Europäer, die aus Amerika zurückkehrten, berichteten, dass die Indianer dort Botschaften durch Rauchzeichen von Berg zu Berg übermittelten. Im England des 17. Jahrhunderts ersann der Physiker Robert Hooke eine Möglichkeit, schriftliche Nachrichten über weite Entfernungen zu übermitteln, und zwar mit Hilfe optischer Signale, die man mit Fahnen auf Wachtürmen geben sollte. Im 18. Jahrhundert griffen die Brüder Claude und Ignace Chappe Hookes Gedanken auf und bauten kurz nach der Französischen Revolution ein Netz aus 566 Signalmasten, die über ganz Frankreich verteilt waren.

Damit waren die Grundprinzipien vorhanden, auf denen alle späteren Kommunikationsnetze basieren sollten. Und diese Grundprinzipien lassen sich in vier Punkten zusammenfassen:

- Ein Signal als physikalisches Trägermedium für die Übertragung der Information. Sowohl bei den Rauchzeichen der Indianer als auch beim Telegraphen der Brüder Chappe handelte es sich um optische Signale, die sich mit Lichtgeschwindigkeit ausbreiten, sofern nicht gerade Regen oder Nebel das Licht absorbieren.
- Verfahren zur Codierung und Decodierung, mit deren Hilfe man eine Nachricht in ein Signal umwandeln bzw. ein Signal in eine Nachricht zurückverwandeln kann. Robert Hookes Signalmasten übertrugen Texte Buchstabe für Buchstabe in Gestalt optischer Zeichen, die nach dem Empfang wieder vollständig in Buchstaben rückübersetzt werden mussten.
- Eine Reihe von Stationen, die in der Lage sind, von jeder anderen Station Signale zu empfangen und sie an jede andere Station zu senden.
- Ein Kommunikationsprotokoll, das heißt eine Sammlung von Konventionen, die festlegen, wie der Anfang, das Ende und der Adressat einer Nachricht markiert werden sollen. Diese Informationen trennen die verschiedenen Nachrichten voneinander und zeigen den einzelnen Stationen an, auf welchem Weg sie eine Nachricht weiterleiten sollen.

Moderne Telekommunikationsnetze

Mit der Zeit erlaubten es die Fortschritte der Physik, auch andere Trägermedien für die Übertragung von Informationen zu nutzen: zunächst elektrische Signale, die in Metallkabeln zirkulieren; dann elektromagnetische Wellen der verschiedenen Frequenzbereiche: Radiowellen, Höchstfrequenzwellen, Lichtwellen (siehe ELEKTROMAGNETISMUS). Zu jedem dieser Trägermedien gehört ein eigener physikalischer Übertragungskanal, zum Beispiel Glasfaserkabel für Lichtwellen. Die Leistung dieser Kanäle hängt ab von der Ausbreitungsgeschwindigkeit des betreffenden physikalischen Phänomens, aber auch vom Sender, von den Störungen, die bei der Übertragung auftreten (siehe RAUSCHEN), und vom Empfänger.

Mit der Entwicklung der ELEKTRONIK, der Signalverarbeitung und der INFORMATIK hat man auch auf dem Gebiet der Codierung und Decodierung beträchtliche Fortschritte gemacht. Auf die Codierung von Druckbuchstaben durch Fahnenstellungen an den Signalmasten folgte das nach seinem Erfinder Samuel Morse benannte Morsealphabet, dann die analoge Codierung von Sprache, Musik und Bild auf Vinylplatten und Fotografien; zuletzt kam die DIGITALE Codierung hinzu, die sich mit der Entwicklung der Computer immer stärker durchsetzt.

Auch die Sende-, Relais- und Empfangsstationen haben sich mit den wachsenden Datenmengen beträchtlich verändert: vom Signalmast über zahlreiche Zwischenstationen wie das automatische Wählsystem in den Telefonnetzen bis hin zum SATELLITEN. Auch das Netz hat sich erheblich verzweigt und weist große Unterschiede hinsichtlich der Kapazität der Kanäle, der übertragenen Datenmengen und der Leistung der verschiedenen Stationen auf. So erklärt sich, dass Kupferkabel, Glasfaserkabel und satellitengestützte Kommunikationswege heute nebeneinander existieren.

Schließlich ist es auch gelungen, für die Konventionen zur Übertragung von Informationen internationale Normen einzuführen, deren bekannteste das Internet sein dürfte.

Das Internet

Die Prinzipien der Telekommunikation sind bereits so alt, dass die Zunahme der Datenströme, so groß sie aufgrund der Verlegung von Überseekabeln oder der Einbindung von Satelliten in die Telekommunikationsnetze auch sein mochte, offenbar keine wirklich radikale Veränderung herbeiführen konnte. Was könnte da so neu und einzigartig an dem in den Medien so gefeierten Internet sein? Neu daran ist die – noch fragile – Verbindung dreier bislang getrennter Welten: der Informatik, der Telekommunikation und der großen öffentlichen Medien, vor allem des Fernsehens.

Die kurze Geschichte dieser Verbindung geht bis auf das Jahr 1968 zurück, als das Militär in den Vereinigten Staaten beschloss, die Rechner in ihren verschiedenen Forschungszentren durch das so genannte Arpanet miteinander zu verknüpfen (Arpanet steht für *Advanced Research Project Agency Network*). Etwa zehn Jahre später, 1979, schufen Angehörige amerikanischer Universitäten nach dem Vorbild des Arpanet ein weltweites Netz, das der Kommunikation zwischen den Wissenschaftlern dienen sollte. Ein gutes Jahrzehnt lang konnten auf diese Weise einige wenige Spitzenforscher in aller Welt elektronische Nachrichten austauschen, die über das herkömmliche Telefonnetz übertragen wurden.

Seit Anfang der 90er Jahre nahm die Zahl der Nutzer rapide zu und überschritt 1995 die Zahl von 30 Millionen. Neben elektronischen Nachrichten umfasst dieses Netz inzwischen auch Datenbanken, die jedermann zugänglich sind, öffentliche »Diskussionsforen« wie die »Newsgroups«, in denen Menschen aus aller Welt miteinander diskutieren können, und insbesondere das mächtige World Wide Web, das weltumspannende »Spinnennetz«, dessen Kürzel WWW lautet und das bei Eingeweihten nur »das Web« heißt.

Eine graphische Benutzeroberfläche ermöglicht eine Interaktion mit dem gesamten Web, das als ein gigantisches, die ganze Welt umspannendes Hypermedianetz erscheint, in dem man nach Belieben einen Aufsatz über das antike Griechenland, mathematische Fachzeitschriften, Fotografien der Venus, die Wetterlage auf dem Mars, die neuesten Veränderungen der Steuergesetze oder die Namen der Segler abrufen kann, die sich für den America Cup qualifiziert haben.

Dank einer Erweiterung der Interaktivität und einer Vergrößerung der Übertragungskapazität der Kommunikationskanäle – man spricht hier gern von der Datenautobahn – malen viele sich eine Zukunft aus, in der man zwischen 500 Fernsehprogrammen wählen kann, Zugang zu einem weltweiten Supermarkt hat, der von Luxusartikeln und nutzlosem Zeug überquillt, und jederzeit auf eine universelle Cinemathek mit allen Filmen der Filmgeschichte zugreifen kann, des Weiteren auf ein imaginäres Museum, in dem die Bilder und Skulpturen aller großen Museen der Welt ausgestellt sind, sowie auf eine Universalbibliothek, die alle jemals geschriebenen Bücher enthält, womit dann zumindest teilweise die Bibliothek von Babel Wirklichkeit würde, die Jorge Luis Borges in seiner gleichnamigen Erzählung beschrieben hat.

Es bleiben allerdings ein paar nebensächliche Fragen und Zweifel, die diesem phantasievollen Gemälde ein wenig von seinem Glanz nehmen könnten: Wie zum Beispiel sollen wir uns im Labyrinth des Web zurechtfinden? Wie können wir uns vor Lüge und Propaganda schützen? Wie sollen wir zwischen den zahllosen Möglichkeiten wählen? Was sollen wir tun, wenn unsere Wünsche alle gleichzeitig stimuliert werden? Woher sollen wir die Zeit nehmen, uns alles anzusehen? Und wird uns die Inflation der dargebotenen Spektakel nicht von fleißigen Lesern in ewig fröhliche Surfer verwandeln?

Teleskop

Zur Vertiefung: ***Beugung; Licht; Observatorium; Raumsonde***

Das Teleskop ist das wichtigste Instrument der astronomischen Beobachtung, seit Galilei 1610 zum ersten Mal ein Fernrohr für diesen Zweck einsetzte. In Sternwarten und Observatorien erfüllt das Teleskop eine doppelte Aufgabe. Erstens sammelt es durch seine große Fläche die elektromagnetische Strahlung (von den Röntgenstrahlen über den für das menschliche Auge sichtbaren Bereich bis hin zu den Radiowellen). Dabei ist die Lichtstärke proportional zur Fläche: je größer die Fläche der Sammellinse oder des Kollektorspiegels, desto lichtschwächer und entfernter können die beobachteten Objekte sein und desto kürzer auch kann die Aufnahmezeit gewählt werden. Zweitens erzeugt das Teleskop in seiner Fokalebene (seinem Brennpunkt) ein Bild der Himmelsregion, auf die es gerichtet ist; dieses Bild enthält im Prinzip um so mehr Einzelheiten, je größer der Durchmesser des Teleskops ist (siehe Auflösung).

Eine Nachführung sorgt dafür, dass das Teleskop für den Beobachtungszeitraum auf die betreffende Strahlungsquelle gerichtet bleibt; bei terrestrischen Teleskopen sorgt dafür die Bewegung der Montierung, die entweder als äquatoriale (parallaktische) oder als azimutale Montierung ausgeführt ist; bei Teleskopen an Bord von Satelliten wird meist der ganze Satellit durch Steuerungsdüsen entsprechend ausgerichtet. Abgesehen von Gammastrahlen, gibt es für jeden Bereich des elektromagnetischen Spektrums entsprechende Teleskope; die Gammastrahlung ist zu energiereich und lässt sich mit den herkömmlichen Methoden der Optik nicht fokussieren, das heißt in einem Brennpunkt sammeln.

Bei den Teleskopen unterscheidet man zwischen Linsenfernrohren (Refraktoren) und Spiegelteleskopen (Reflektoren). Alle Spiegelteleskope funktionieren nach demselben Grundprinzip: Ein großer Spiegel (der Hauptspiegel) sammelt die Energie und erzeugt ein Bild; ihm nachgeschaltet ist eine Reihe kleinerer Spiegel, die den Abbildungsmaßstab in geeigneter Weise verändern und das Bild an den gewünschten Ort projizieren, so dass es analysiert, aufgenommen und in Form von Signalen gespeichert werden kann. Dazu sind dann wiederum Strahlungsempfänger oder DETEKTOREN erforderlich, die jeweils für die betreffenden Wellenbereiche, von Röntgenstrahlung bis hin zu Radiowellen, geeignet sind und daher auf ganz verschiedenen Technologien basieren. Ganz unabhängig von den Wellenbereichen, für die ein Spiegelteleskop konstruiert ist, bezeichnen wir hier als Spiegel jede Fläche (meist hat sie die Form eines Paraboloids, siehe KEGELSCHNITT), die elektromagnetische Strahlung zu reflektieren vermag. Spiegel, die sehr langwellige elektromagnetische Strahlung sammeln und reflektieren können, bezeichnet man auch als Antennen.

Vorrichtungen, die Bilder einer Himmelsregion erzeugen sollen, in der Gravitationswellen (siehe GRAVITATION) oder NEUTRINOS emittiert werden, bezeichnet man gelegentlich gleichfalls als Gravitations- bzw. Neutrino-Teleskope, obwohl sie nicht auf den oben beschriebenen allgemeinen Prinzipien der Optik basieren.

Gegenüber dem »unbewaffneten« Auge bedeutet der Einsatz von Teleskopen eine dreifache Revolution: Die Oberfläche des Hauptspiegels (bzw. die Öffnung des Fernrohrs) vergrößert die winzige Öffnung der menschlichen Pupille um einen gewaltigen Faktor; der vergrößerte Durchmesser sorgt für eine Verringerung der Beugungserscheinungen an den Rändern des Spiegels bzw. der Linse, so dass sich auch Objekte beobachten lassen, die das menschliche Auge nur unscharf wahrnehmen kann; und schließlich können die Empfänger oder Aufnahmemedien (etwa eine fotografische Platte) die Strahlungsenergie über Stunden hinweg sammeln, während die »Belichtungszeit« der Rezeptoren im menschlichen Auge eine zehntel Sekunde nicht überschreitet.

Linsenfernrohre basieren auf denselben optischen Prinzipien wie Spiegelteleskope, nur dass sich an Stelle des Hauptspiegels bei ihnen eine Linse aus Glas befindet. Obwohl sie in der Geschichte eine große Rolle spielten, haben sie ihre Bedeutung seit dem Ende des 19. Jahrhunderts weitgehend verloren, weil die Abbildungsfehler, die beim Durchgang des Lichts durch das Medium Glas eintreten (siehe ABERRATION), mit wachsender Größe der Linse (und damit Lichtstärke des Fernrohrs) immer schwerer zu korrigieren sind.

Bei Spiegelteleskopen wird die Qualität des Hauptspiegels durch die Wellenlänge λ (Lambda) bestimmt, für deren Beobachtung das Instrument konstruiert ist. Abweichungen der Oberfläche von der durch die Optik vorgegebenen Idealform (meist ein Rotationsparaboloid) dürfen ein Zwanzigstel dieser Wellenlänge nicht überschreiten. Diese bei sehr kleinem λ äußerst anspruchsvolle Anforderung bereitet bei Wellenlängen im Zentimeterbereich (Radiofrequenzen) kaum noch Schwierigkeiten. Das erklärt, warum der Durchmesser des Hauptspiegels bei sehr kleinen Wellenlängen kaum über zehn Meter hinausgeht, bei Radioteleskopen dagegen mehrere hundert Meter erreicht, weil die Oberfläche dort aus einem einfachen Gitter bestehen kann. Da der Durchmesser den Winkel des kleinsten, bei einer bestimmten Wellenlänge noch beobachtbaren Details bestimmt, könnte man befürchten, hier an eine unüberschreitbare technische Grenze zu stoßen. Abhilfe schafft die Zusammenschaltung mehrerer (manchmal mehrerer Dutzend) Spiegelteleskope zu einem Interferometer; dadurch lässt sich die AUFLÖSUNG gegenüber dem einzelnen Teleskop um einen Faktor erhöhen, der bis zum Millionenfachen gehen kann.

Netze aus Teleskopen oder Interferometer

Auch wenn man beim bloßen Ansehen nichts davon bemerkt, ist das von einem Spiegelteleskop (oder von einem Linsenfernrohr oder vom Objektiv eines Fotoapparats) erzeugte Bild das Ergebnis eines Interferenzprozesses, das heißt der Addition zahlreicher von der Strahlungsquelle ausgehenden Wellen, die im Brennpunkt des bilderzeugenden Systems vereinigt werden. Diese Addition berücksichtigt die PHASE (den augenblicklichen Schwingungszustand) der verschiedenen Wellen. Die Schärfe des Bildes, das heißt die Feinheit der darin enthaltenen Details (siehe AUFLÖSUNG), wird ihrerseits von der Beugung des Lichts an den Rändern des Objektivs begrenzt. Je weiter die Ränder voneinander entfernt sind (also je größer der Durchmesser des Objektvis), desto geringer die Beeinträchtigung der Schärfe. Damit wird auch klar, dass die technischen Beschränkungen bei der Herstellung sehr großer Spiegel oder Linsen ein ernsthaftes Handikap für die Schärfe der Bilder darstellen.

Diese Schwierigkeit wird durch die Zusammenschaltung von Teleskopen umgangen (siehe *Abbildung 1*). Dabei sammelt man das Licht der Strahlungsquelle zunächst mit Hilfe von zwei Teleskopen T_1 und T_2, die sich an zwei weit voneinander entfernten Standorten (mit dem Abstand D) befinden, und vereinigt dieses Licht in ein und demselben Brennpunkt, an dem durch Interferenz das Bild entsteht. So braucht man keinen riesigen Spiegel mit dem Durchmesser D auf die Strahlungsquelle zu richten und erreicht dennoch wegen des großen Durchmessers eine gute Schärfe.

Allerdings hat man auch für diese als Interferometer bezeichnete Anordnung einen Preis zu zahlen. Denn einerseits sammelt sie weniger Licht als ein realer Spiegel dieses Durchmessers, das heißt, die Lichtstärke dieses Instruments ist deutlich geringer. Andererseits enthält das Bild zwar Informationen über sehr feine Details des Objekts, verliert dafür aber viel Information hinsichtlich anderer Details. Diesen Nachteil gleicht man aus, indem man den Abstand D schrittweise variiert. Wenn man die beiden Teleskope T_1 und T_2 nacheinander in sämtliche möglichen Positionen innerhalb des nicht zu realisierenden riesigen Spiegels bringt (oder zumindest in eine große Zahl davon), indem man T_1 und T_2 verrückt oder indem man andere Paare zusammenschaltet, zum Beispiel T'_1 und T'_2, erhält man am Ende ein Bild, das dieselbe In-

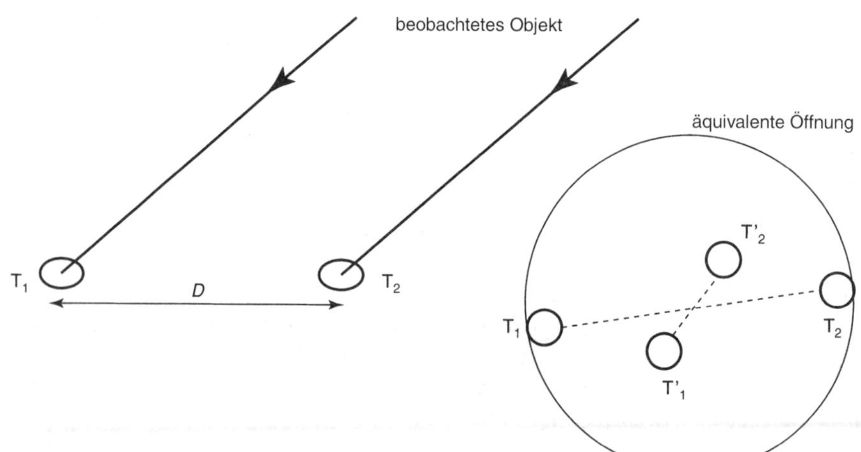

Abbildung 1 Das Prinzip der Interferometrie bei zusammengeschalteten Teleskopen

formationsmenge besitzt wie ein Bild, das man mit der betreffenden Öffnung erzeugt hätte. Deshalb spricht man bei diesem zeitaufwendigen Beobachtungsverfahren auch von einer Öffnungssynthese.

Solche Interferometer lassen sich technisch um so leichter realisieren, je größer die Wellenlänge λ des damit beobachteten Wellenbereichs ist. So hat man sie denn auch zunächst in den 1950er Jahren im Bereich der Radiowellen realisiert, für Wellenlängen von 1mm bis 100m und darüber hinaus. Die eingesetzten technischen Mittel gestatten es, der Öffnung solcher Instrumente die Größe des Erddurchmessers zu geben. Im Bereich des sichtbaren Lichts und des nahen Infrarot mit Wellenlängen von 0,3 bis 10 µm (1 Mikrometer = 10^{-6} m) erweist sich diese Aufgabe als weitaus schwieriger, und so beschränkte sich der Abstand zwischen den solcherart zu Interferometern zusammengeschalteten Spiegelteleskopen am Ende des 20. Jahrhunderts auf einige hundert Meter. In beiden Fällen erreichen wir eine Auflösung, die es uns ermöglicht, auf dem Mond Einzelheiten von 3 cm Größe zu erkennen.

Weitere Anwendungsmöglichkeiten des Teleskops

Leuchtende Objekte aus der Ferne zu beobachten, sie in allen Einzelheiten zu studieren und ihre spektroskopischen Signaturen, also die Wellenlängen der von ihnen emittierten Strahlung zu analysieren (siehe SPEKTRUM) ist natürlich nicht nur für Astronomen von Interesse, auch wenn deren Teleskope den Rekord hinsichtlich der Größe halten, weil die Objekte, mit denen sie es zu tun haben, so lichtschwach sind. Feldstecher und die Objektive von Fotoapparaten oder Fernsehkameras sind gleichfalls Teleskope, ebenso die optischen Systeme, mit deren Hilfe wir von SATELLITEN aus die Erdoberfläche beobachten und Informationen über Wälder, Wolken und Meere sammeln (siehe TELEDETEKTOR). Dasselbe gilt für die Antennen oder Parabolspiegel von Radaranlagen oder für die auf geostationäre Satelliten gerichteten Empfangsschüsseln, mit deren Hilfe wir zu Hause Fernseh- und Rundfunkprogramme empfangen können; sie alle sind Teleskope, die Energie sammeln oder Bilder erzeugen.

Temperatur

Das Konzept der Temperatur ist uns über die Kälte- und Wärmeempfindung relativ leicht zugänglich. Dennoch dauerte es lange, bis man zu einer befriedigenden Definition und Deutung des Wärmephänomens gelangte. Lange Zeit stand dabei die Frage einer präzisen Messung der Temperatur im Vordergrund. Und tatsächlich war es nicht leicht, ein Maß für Wärme und Kälte zu finden.

Das Problem der Skala

Bis zur Mitte des 19. Jahrhunderts setzte man die Temperatur mit einem ihrer auffälligsten Effekte gleich: mit der Ausdehnung von Stoffen bei Erwärmung. Zur Bestimmung der Temperatur maß man diese Ausdehnung. Nach diesem Prinzip arbeiten noch heute die meisten Thermometer. Um eine Temperaturskala zu definieren, musste man zwei Bezugspunkte festlegen – zum Beispiel den Schmelzpunkt von Eis und den Siedepunkt von Wasser bei normalem DRUCK – und diesen beiden Punkten Zahlen zuordnen. Da diese Festlegung willkürlich erfolgte, bestanden lange Zeit mehrere Temperaturskalen nebeneinander her. Ein Beispiel ist die Skala, die Daniel Gabriel Fahrenheit 1714 entwickelte und die heute seinen Namen trägt; ihr Nullpunkt entsprach der tiefsten Temperatur, die man damals künstlich herstellen konnte (der Temperatur eines Gemischs aus Wasser, Eis und Ammoniumchlorid); als zweiten Bezugspunkt wählte Fahrenheit die Körpertemperatur eines gesunden Menschen, der er die Zahl 96 zuordnete.

Der Brite William Thomson (der spätere Lord Kelvin und Mitbegründer der THERMODYNAMIK) schuf 1848 eine weniger willkürliche Skala, die nicht mehr von dem zur Messung benutzten Stoff abhing. Er definierte die Skala zunächst abstrakt im Anschluss an Überlegungen, die der Franzose Sadi Carnot hinsichtlich der Funktionsweise von Dampfmaschinen angestellt hatte. Er fand dann aber schon bald heraus, dass die Temperatur einer anderen Größe entsprach, die von dem damals gleichfalls gebräuchlichen Luftthermometer gemessen wurde, nämlich dem Produkt aus dem Druck P und dem Volumen V eines Gases. Als »absolute« Temperatur T definierte man aufgrund der allgemeinen Gasgleichung für ideale Gase (siehe ZUSTANDSGLEICHUNG): $T=PV/nk$, wobei k die so genannte Boltzmann-Konstante (siehe NATURKONSTANTEN) und n die Zahl der Bestandteile (Atome oder Moleküle) des betreffenden Gases ist. Die Maßeinheit benannte man nach ihrem Erfinder: Kelvin (K).

Da Druck und Volumen positive Größen sind, ist auch die dadurch definierte Temperatur stets positiv. Der absolute Nullpunkt der Temperatur ist keine willkürliche Konvention, sondern eine theoretisch begründete Grenze, die tatsächlich niemals erreicht werden kann und jenseits deren der Begriff der Temperatur keinen Sinn mehr hat (siehe ABSOLUTER NULLPUNKT). Unsere gewohnten Temperaturen, die etwa im Wetterbericht genannt und in Grad Celsius (°C) gemessen werden, erhält man, indem man von der in Kelvin gemessenen absoluten Temperatur 273,15 Grad abzieht. Eine Temperatur von 0 °C, die wir als kalt empfinden, so dass wir uns warm anziehen, ist in physikalischer Hinsicht bereits eine recht hohe Temperatur, denn sie entspricht etwa 273 Kelvin. Doch all das sagt kaum etwas über den eigentlichen Inhalt des Temperaturkonzepts.

Die mikroskopische Interpretation der Temperatur

Zur Vertiefung: ***Thermodynamik; Wärme; Zustandsgleichung***

Erst die Entwicklung der kinetischen Gastheorie und insbesondere die mikroskopische Interpretation der Gasgleichung für ideale Gase ermöglichten Mitte des 19. Jahrhunderts ein tief greifendes Verständnis der Temperatur (siehe THERMODYNAMIK). In einem idealen Gas, das aus Atomen besteht, deren Wechselwirkung vernachlässigt werden kann, lässt sich der Zusammenhang zwischen der absoluten Temperatur T und der kinetischen Energie E_{kin} (also der mit der unablässigen Bewegung der Atome innerhalb des Gases verbundenen Energie) durch folgende Formel ausdrücken: $E_{kin}=kT$. Anders gesagt, die Temperatur eines Systems erscheint als ein Maß für die ungeordnete mikroskopische Bewegung seiner Bestandteile. Der absolute Nullpunkt ist in diesem Zusammenhang ein Zustand absoluter Ruhe, und es liegt auf der Hand, warum die absolute Temperatur keine negativen Werte annehmen kann, denn Atome, die sich nicht bewegen, können sich nicht noch weniger bewegen.

Angesichts dieser mikroskopischen Deutung wird auch verständlich, warum die Temperatur eine wichtige Größe zur Kennzeichnung makroskopischer Systeme ist und weshalb sie auch in der ZUSTANDSGLEICHUNG von Gleichgewichtssystemen auftaucht. Sie gibt Auskunft über den im System enthaltenen Vorrat an »ungeordneter« Energie, das heißt über die Energie, die mit der thermischen Bewegung der Systembestandteile verbunden ist. Auf dieser Grundlage lässt sich zum Beispiel bestimmen, ob eine Kernreaktion oder eine chemische Reaktion, die eine bestimmte Energie erfordern, unter den jeweiligen Bedingungen möglich sind.

Astronomische Temperaturen

Zur Vertiefung: ***Atmosphäre; Emission; Stern; Teledetektoren***

Durch die Raumfahrt wurde es möglich, die Temperatur des interplanetaren Mediums, in dem die Planeten unseres Sonnensystems sich bewegen, und die Temperaturverhältnisse in der Atmosphäre oder an der Oberfläche der Planeten an Ort und Stelle zu messen. Am einfachsten ist es, ein Thermometer dorthin zu bringen und zu warten, bis es sich im GLEICHGEWICHT mit dem umgebenden Medium befindet. Besitzt das Medium eine zu geringe Dichte, misst man stattdessen die Geschwindigkeitsverteilung der Teilchen (etwa der Elektronen und Protonen des interplanetaren Mediums), denn die Verteilung der Geschwindigkeiten ist unmittelbarer Ausdruck der Temperatur, die ja mit der Durchschnittsgeschwindigkeit der Teilchen zusammenhängt.

Dagegen ist es nicht möglich, ein Thermometer in die Atmosphäre der Sonne oder eines

Sterns zu tauchen oder in den Raum zwischen den Sternen, den INTERSTELLAREN RAUM, zu bringen. Hier lassen sich die Temperaturen nur auf indirektem Wege über eine Analyse der Strahlung bestimmen, die von dort ausgeht und von unseren TELESKOPEN aufgefangen wird (siehe SPEKTRUM und SPEKTRALANALYSE). Die damit verbundenen Probleme sind oft nicht leicht zu lösen. Erst 1940 gelang es Bernard Lyot und Bengt Edlèn, der Sonnenkorona, also der ausgedehnten, diffusen Atmosphäre der Sonne, die man seit langem schon bei Sonnenfinsternissen beobachten konnte, eine Temperatur von mehr als einer Million Grad zuzuordnen. Das im Innern der Sonne entstehende Licht kann nicht direkt zu uns gelangen, weil es von den weiter außen liegenden Schichten viele Male absorbiert und neuerlich emittiert wird, bevor es die Oberfläche erreicht und abgestrahlt wird (siehe STRAHLUNGSDURCHGANG DURCH MEDIEN). Die in der Sonne herrschenden Temperaturen (ca. 15 Millionen Grad) lassen sich daher nur aus einer theoretischen Analyse des Gleichgewichts ableiten, das sich in der Sonne zwischen der nach innen gerichteten Gravitation und dem nach außen gerichteten Gasdruck herstellt. Erst die Entdeckung der NEUTRINOS, die bei Kernreaktionen entstehen und deren Masse sehr gering ist oder bei null liegt, bietet einen direkten Zugang zu den Temperaturen innerhalb der Sonne, aus der sie stammen.

Die ermittelte Temperatur ist ein Maß für die thermische Bewegung der Atome innerhalb eines Mediums, das sich in einem thermodynamischen Gleichgewicht befindet; sie ist eine »kinetische« Temperatur (T_{kin}). Da sie über eine SPEKTRALANALYSE der emittierten Strahlung bestimmt wird (das heißt über die Verteilung des Lichts auf die verschiedenen Wellenlängen, wobei die Wellenlänge, bei der sich das Intensitätsmaximum befindet, in einem unmittelbaren Zusammenhang mit der Temperatur steht), müssen wir davon ausgehen, dass diese Strahlung sich gleichfalls im Gleichgewicht mit dem emittierenden Medium befindet. Emission und Absorption der PHOTONEN durch die in Bewegung befindlichen Atome sorgen hier für ein ständiges dynamisches Gleichgewicht (siehe EMISSION und SCHWARZER KÖRPER). Die Gesetze des Schwarzen Körpers verknüpfen die kinetische Temperatur in der Weise mit dem emittierten SPEKTRUM, dass der größte Teil der Strahlung sich im Bereich einer Wellenlänge λ_{max} befindet, deren Zusammenhang mit der kinetischen Temperatur T_{kin} des emittierenden Mediums durch die Formel $\lambda_{\mathrm{max}}T_{\mathrm{kin}} \approx 3000$ gegeben ist, wenn λ_{max} in Mikrometern ($1\,\mu\mathrm{m} = 10^{-6}\,\mathrm{m}$) und T_{kin} in Kelvin ausgedrückt werden. Die Atmosphäre der heißesten Sterne (zum Beispiel Sirius) liegt danach bei mehr als 30000 Kelvin ($\lambda_{\mathrm{max}} \approx 0{,}1\,\mu\mathrm{m}$). Diese Sterne strahlen meist im blauen bis ultravioletten Bereich (Wellenlängen unter 0,3 μm), während die kältesten Sterne mit $T_{\mathrm{kin}} = 3000\,\mathrm{K}$ und $\lambda_{\mathrm{max}} \approx 1\,\mu\mathrm{m}$ hauptsächlich im roten bis infraroten Bereich des Spektrums strahlen. So wird verständlich, dass man Sterne nach ihrer »Farbtemperatur« einordnen kann.

Der mittlere Sonnenabstand der Erde beträgt 150 Millionen Kilometer, ihre Gleichgewichtstemperatur liegt bei 300 K, der Wert für λ_{max} entsprechend bei 10 μm; die Erde strahlt daher hauptsächlich im mittleren Infrarotbereich (siehe TREIBHAUSEFFEKT). Durch satellitengestützte TELEDETEKTOREN kann man heute die Temperatur an jedem Punkt der Erdoberfläche messen; die so gewonnenen Daten sind für Meteorologie und Klimaforschung von größter Bedeutung.

Die Gas- und Staubwolken im interstellaren Raum der Galaxien, aus denen neue Sterne entstehen, haben eine Temperatur von etwa 30 K (mit starken Abweichungen aufgrund der jeweiligen Entfernung zu den nächstgelegenen Sternen); das Strahlungsmaximum dieser Molekülwolken liegt bei einer Wellenlänge von $\lambda_{\mathrm{max}} \approx 100\,\mu\mathrm{m}$. Da diese Strahlung von der Erdatmosphäre absorbiert wird, lässt sie sich nur mit satellitengestützten Teleskopen beobachten.

Die kosmische Hintergrundstrahlung (siehe SCHWARZER KÖRPER) wurde in einer frühen Entwicklungsphase des Universums von Wasserstoffatomen emittiert, die damals gleichmäßig im Universum verteilt waren und eine kinetische Temperatur von etwa 3000 K besaßen. Aus der Gleichung $\lambda_{\mathrm{max}}T_{\mathrm{kin}} \approx 3000$ ergibt sich ein Intensitätsmaximum bei $\lambda_{\mathrm{max}} \approx$

1 µm. Doch durch die Expansion des Universums hat sich diese Strahlung abgekühlt; entsprechend hat sich das Strahlungsmaximum in den langwelligen (roten) Bereich verschoben; wenn wir diese Strahlung mit unseren Teleskopen auffangen, hat sie einen weiten Weg zurückgelegt und ist dabei gleichsam »gealtert«; ihre Temperatur liegt bei etwa 2,73 K (–270 °C), λ_{max} entsprechend bei etwa 1 mm.

Wie man sieht, wechselt der Temperaturbegriff in der Astrophysik ständig zwischen der kinetischen Temperatur, die für die thermische Bewegung des emittierenden Mediums charakteristisch ist, und der Strahlungstemperatur, die für die Verteilung der emittierten Strahlung auf die verschiedenen Wellenlängen steht. Beide sind eng miteinander verbunden und sogar identisch, wenn das emittierende Medium sich in einem thermodynamischen Gleichgewicht befindet.

Test

Zur Vertiefung: ***Logik; Software; Software Engeneering***

Software-Test

Tests sind Prüfungen. SOFTWARE-Tests sind Prüfungen, die eine Software auf ihre Tauglichkeit untersuchen. Allerdings können diese Tests an sich noch keineswegs beweisen, dass Programme fehlerfrei sind (siehe FEHLERFREIHEIT VON PROGRAMMEN): Da sie nur Einzelfälle überprüfen, eignen sie sich allenfalls, Fehlfunktionen eines Programms aufzuzeigen. Wenn sie jedoch erschöpfend wären und sämtliche möglichen Eingaben eines Programms umfassten, könnten sie einem Beweis gleichkommen.

Test und Beweis

Allgemein liefert die Überprüfung von Einzelbeispielen nur dann einen Beweis, wenn sie ein Gegenbeispiel aufzeigt, das den Satz, den man aufstellen wollte, widerlegt; darin sind sich alle einig oder sollten es zumindest sein. Wenn sich eine Vermutung allerdings anhand zahlreicher Einzelfälle widerspruchsfrei bestätigen lässt, wächst ihre Gewissheit sehr schnell. Und die Möglichkeit, mit COMPUTERN automatisch sehr viele Tests durchzuführen, lässt diese Gewissheit noch weiter steigern. Es kommt sogar vor, dass sich auf diese Weise ein allgemeiner Satz aufstellen lässt, wenn man die Gesamtheit der von ihm abgedeckten Einzelfälle aufführt. Wenn sich dagegen aus einem Satz unendlich viele Einzelfälle ableiten lassen, kann eine beharrliche Wiederholung unterschiedlicher Tests diesen Satz zwar nicht beweisen, aber zumindest doch die Wahrscheinlichkeit stark reduzieren, dass er bei zufällig gewählten Werten widerlegt wird. Wenn die Versuche einer Beweisführung zu sehr langen Beweisketten führen, übersteigt die Wahrscheinlichkeit, dass dem Mathematiker in seinen Überlegungen ein Fehler unterläuft, sehr bald die Wahrscheinlichkeit, dass ein zufällig gewählter Wert eine in einem konsequent durchgeführten Test verifizierte Aussage widerlegt. In solchen Fällen werden Tests effizienter als Beweise, auch wenn sie sie nicht ersetzen. So ist, trotz aller Bedenken, manchmal die Plausibilität der Wahrheit vorzuziehen.

Theorem

Zur Vertiefung: ***Axiom; Logik; Vermutung***

Ein Theorem ist ein Lehrsatz, für den man einen Beweis kennt. Manchmal behält man die Bezeichnung »Theorem« wichtigen Sätzen vor, während man untergeordnete Sätze als »Lemmata«, »Korollarien« oder schlicht als »Propositionen« bezeichnet. Im Allgemeinen ist ein Lemma ein Schritt auf dem Weg zu einem Theorem und ein Korollarium eine einfache logische Folge. Wenn die Benennung eines Theorems oder Lehrsatzes nicht auf seinen Inhalt verweist (Vierfarbentheorem, Deduktionstheorem), so wird es häufig nach dem Wissenschaftler benannt, der es bewiesen hat (Satz von Abel, Liouville-Satz), oder nach einem Mathematiker, den man damit ehren möchte. So war zum Beispiel der Satz des Pythagoras bereits mehrere Jahrhunderte vor Pythagoras in Babylonien bekannt.

Theorie

→ ***Hypothese und Theorie***

Thermochemie

Zur Vertiefung: ***chemische Bindung; Enthalpie; Isomere; Stabilität, Instabilität***

Als Teilgebiet der THERMODYNAMIK befasst sich die Thermochemie mit den Wärmemengen, die bei chemischen REAKTIONEN freigesetzt oder aufgenommen werden. Gemessen werden sie durch Kalorimetrie: Man lässt die Reaktion in einem Behälter ablaufen, dessen Inhalt ähnlich wie bei einer Thermosflasche gegen die Umgebung so gut wärmeisoliert ist, dass die gemessenen Wärmemengen ausschließlich von der untersuchten Reaktion stammen.

Durch solche Messungen lassen sich die Energiewerte ermitteln, die eine CHEMISCHE VERBINDUNG und ihre Bildung kennzeichnen. Darüber hinaus kann man aus ihnen die relative Stabilität verschiedener Isomere ableiten, also von Molekülen derselben Zusammensetzung, aber unterschiedlicher räumlicher Anordnung der Atome. Somit vermittelt die Thermochemie eine Vorstellung, zu welchem Endprodukt eine bestimmte chemische Reaktion mit größter Wahrscheinlichkeit führen wird.

Thermodynamik

Zur Vertiefung: ***Entropie; Gleichgewicht; Kinetik; Zeit***

Eine fruchtbare Wissenschaft

Hinter der etwas merkwürdig klingenden Bezeichnung »Thermodynamik« verbirgt sich einer der fruchtbarsten Zweige der Physik. Die im 19. Jahrhundert entwickelte Thermodynamik sollte ursprünglich die Leistung von Dampfmaschinen verbessern und damit den Fortgang der industriellen Revolution sichern, doch die von ihr formulierten Gesetze besaßen solch eine Tragweite, dass sie schon bald auch in den übrigen Zweigen der Physik Bedeutung erlangten.

Anfangs beschränkte die Thermodynamik sich auf die Erforschung der Umwandlung von Wärme in Arbeit; mit der Zeit kamen weitere Energieformen hinzu, und schließlich erweiterte sie ihren Gegenstandsbereich auf die Umwandlung der Energie in ihren verschiedensten Formen: Arbeit und Wärme, aber auch chemische Energie, Kohäsionsenergie in Festkörpern, Strahlungsenergie usw.

Die vier Hauptsätze der Thermodynamik

Zur Vertiefung: ***Wärme***

Die wesentlichen Aussagen der Thermodynamik lassen sich in vier (von 0 bis 3 nummerierten) Hauptsätzen zusammenfassen, deren Formulierung ohne komplizierte mathematische Gleichungen auskommt. Dabei handelt es sich um Erfahrungssätze, die das Verhalten thermodynamischer Systeme beschreiben.

Der »Nullte« Hauptsatz der Thermodynamik (so genannt, weil er von grundlegender Bedeutung ist, aber erst nach den drei übrigen eingebracht wurde) begründet das Konzept der TEMPERATUR. Bevor wir ihn formulieren, sei daran erinnert, dass zwei Systeme, die Arbeit austauschen, einem Gleichgewicht zustreben, in dem ihre Temperaturen sich ausgleichen. Man sagt, sie befinden sich in thermischem Gleichgewicht. Der Nullte Hauptsatz besagt nun ganz einfach, dass zwei Systeme, die sich in thermischem Gleichgewicht mit ein und demselben dritten System befinden, sich auch untereinander in thermischem Gleichgewicht befinden. Dadurch wird die Temperatur zu einer universellen Größe erhoben, die für ein bestimmtes Volumen Wasser genauso gilt wie für einen Aluminiumblock, denn so verschieden die in thermischem Gleichgewicht befindlichen Systeme auch sein mögen, ihre Temperaturen sind dieselben.

Der Erste Hauptsatz der Thermodynamik besagt, dass Arbeit und Wärme äquivalente Größen sind, also ineinander umgewandelt werden können. Bei einer thermodynamischen Umwandlung wird ein System von einem Anfangszustand in einen Endzustand überführt. Dabei erhält das System aus der Umgebung Energie. Das kann auf zweierlei Weise geschehen: Entweder übt die Umgebung Kräfte auf das System aus, deren Ansatzpunkte sich auf makroskopischer Ebene verschieben, das heißt, sie leistet eine gewisse Arbeit *W*; oder sie tauscht mit dem System eine bestimmte Wärmemenge *Q* aus (in der Regel sind beide Prozesse gleichzeitig anzutreffen). Ein System kann durch verschiedene Umwandlungen von ein und demselben Anfangs- zu ein und demselben Endzustand gelangen. So kann man die Temperatur eines Gases erhöhen, indem man es bei konstantem Volumen aufheizt (in diesem Fall wird ausschließlich Wärme zugeführt) oder indem man es komprimiert (in diesem Fall wird ausschließlich Arbeit geleistet). Die Arbeit *W* und die Wärmemenge *Q* hängen offensichtlich von der gewählten Umwandlung ab, das heißt von dem Weg, auf dem das System von seinem Anfangs- zu seinem Endzustand gelangt, doch ihre Summe ist unabhängig von diesem Weg – das ist die Aussage des Ersten Hauptsatzes. Etwas moderner formuliert, bringt er zum Ausdruck, dass die Energie eine strenge Erhaltungsgröße ist. In dieser Formulierung spielte der Erste Hauptsatz Mitte des 19. Jahrhunderts eine wichtige theoretische Rolle, weil er die Energie zu einem zentralen Konzept der gesamten Physik erhob (siehe ERHALTUNGSSATZ).

Der Zweite Hauptsatz der Thermodynamik gibt trotz seines Alters immer noch Anlass zu zahlreichen Diskussionen, wie er zu interpretieren sei. Anfang des 19. Jahrhunderts erkannte der französische Physiker Sadi Carnot, dass es zwar keine Grenze für die Umwandlung von Arbeit in Wärme gibt, wohl aber für die entgegengesetzte Umwandlung von Wärme in Arbeit. Auf dieser Erkenntnis basiert der Zweite Hauptsatz. Die Asymmetrie zwischen Wärme und Arbeit hat zur Folge, dass Umwandlungen, die nach dem Ersten Hauptsatz durchaus möglich sind (weil sie nicht gegen die Erhaltung der Energie verstoßen), dennoch in der Realität nicht vorkommen können. Genau dies besagt der Zweite Hauptsatz der Thermodynamik. Unter den vom Ersten Hauptsatz erlaubten Umwandlungen privilegiert der Zweite Hauptsatz jene, die in einer bestimmten Richtung erfolgen, und trägt so der Tatsache Rechnung, dass zahlreiche physikalische Prozesse offenbar irreversibel sind. Ein Ball zum Beispiel, der mir aus der Hand fällt, kommt nach kurzer Zeit auf dem Boden zur Ruhe; aber es wäre ein Wunder, wenn er sich plötzlich wieder in Bewegung setzte und in meine Hand zurückkehrte.

Nach dem Zweiten Hauptsatz der Thermodynamik hat nicht die Arbeit, sondern die Wärme, also nicht die geordnete, sondern die ungeordnete Bewegung das letzte Wort, so dass jedes abgeschlossene System sich in Richtung wachsender Unordnung entwickelt. Definiert man als Maß für diese Unordnung die ENTROPIE, so lautet der Zweite Hauptsatz: In einem von der übrigen Welt isolierten System kann die Entropie durch beliebige physikalische Ereignisse stets nur zunehmen. Da die Entropie eines Liters lauwarmen Wassers größer ist als die Summe der Entropien eines halben Liters kochenden und eines halben Liters eiskalten Wassers, können wir ein Bad nehmen, ohne befürchten zu müssen, dass plötzlich eine Hälfte des Badewassers kocht, während die andere zu Eis erstarrt. Die Tragweite des Zweiten Hauptsatzes geht weit über den engen Rahmen der Thermodynamik hinaus, weil er die Entwicklung jedes sich selbst überlassenen physikalischen Systems bestimmt.

Der Dritte Hauptsatz der Thermodynamik betrifft Systeme bei sehr niedrigen Temperaturen und ist von geringerer Bedeutung als die drei übrigen. In seiner endgültigen Formulierung, die Walther Nernst ihm zu Beginn des 20. Jahrhunderts gab, postuliert der Dritte Hauptsatz, dass es unmöglich ist, den absoluten Nullpunkt der Temperatur (–273,15 °C) in einer endlichen Zahl von Schritten zu erreichen. Dadurch wird der absolute Nullpunkt zu einer Grenze, die ebenso unerreichbar ist wie die Lichtgeschwindigkeit für ein Masseteilchen.

Vom mikroskopischen zum makroskopischen Bereich

Zur Vertiefung: ***Irreversibilität***

Schon in den 1850er Jahren konnten die drei letztgenannten Hauptsätze der Thermodynamik als gesichert gelten (auch wenn ihre Formulierung sich noch weiterentwickeln sollte);

sie basierten auf der Beobachtung makroskopischer Phänomene und nicht auf Hypothesen über den mikroskopischen Aufbau der Materie oder auf Bezügen zur Newtonschen Mechanik. Erst in der zweiten Hälfte des 19. Jahrhunderts gelang es Physikern wie Rudolf Clausius, James Clerk Maxwell und Ludwig Boltzmann, eine Brücke zwischen den reversiblen Gesetzen der Mechanik in ihrer Anwendung auf die mikroskopischen Bestandteile der Materie und den irreversiblen Gesetzen der Thermodynamik auf makroskopischer Ebene zu schlagen (siehe IRREVERSIBILITÄT). Das ist umso bemerkenswerter, als die Konzepte des ATOMS und des MOLEKÜLS zu dieser Zeit noch auf bloßen Vermutungen beruhten. Die genannten Physiker stützten sich in ihrer Arbeit auf die kinetische Gastheorie, das heißt, sie nutzten die Gesetze der Mechanik und statistische Überlegungen, um das Verhalten einer sehr großen Zahl von Atomen oder Molekülen in einem makroskopischen Gasvolumen zu beschreiben (ein Liter Luft enthält etwa 10^{22} Moleküle).

Inzwischen haben Thermodynamik und kinetische Gastheorie sich zu einem einzigen Fachgebiet vereinigt, der statistischen Physik. Nachdem sie die Konzepte der im 20. Jahrhundert entstandenen Quantenphysik aufgenommen hat, ist sie zum obligatorischen Instrument jeder Theorie geworden, die makroskopische Phänomene zu erfassen versucht, von der Magnetisierung über die Strahlung des SCHWARZEN KÖRPERS bis hin zur SUPRAFLÜSSIGKEIT des Heliums.

Chemische Thermodynamik

Zur Vertiefung: ***Gleichgewicht; Entropie; Reaktionskinetik***

Dass die Thermodynamik auch in der Chemie Anwendung findet, versteht sich von selbst, denn jede chemische Reaktion ist mit der Freisetzung oder Absorption von WÄRME verbunden. Der Übergang von einem Anfangs- zu einem Endzustand äußert sich in einer Veränderung der Energie des betreffenden Systems. Der dabei zu beobachtende thermische Effekt ist aufgrund der Erhaltung der Energie die Differenz zwischen der Energie des Anfangs- und der des Endzustands.

Die Thermodynamik gestattet insbesondere die Erforschung chemischer Gleichgewichtsreaktionen. Dabei handelt es sich um Systeme des Typs $A+B \longmapsto C+D$, in denen die direkte Reaktion (aus der C und D hervorgehen) durch eine umgekehrte Reaktion ausgeglichen wird, bei der die Reaktionsprodukte C und D miteinander reagieren, so dass wieder die ursprünglichen Reaktionspartner A und B entstehen. Die Thermodynamik erlaubt es, die Lage des Gleichgewichtspunkts vorauszusagen, das heißt zu bestimmen, in welchen Mengenverhältnissen die verschiedenen Reaktionspartner A, B, C und D vorliegen werden, wenn das Gleichgewicht erreicht ist.

So erfolgt die Verbrennung von Methan nach der Formel $CH_4+2O_2 \longmapsto CO_2+2H_2O$.

Die von der Thermodynamik bereitgestellte Information beschreibt das ideale Verhalten des Systems, denn eigentlich bedarf es unendlich langer Zeit, bis sich das Gleichgewicht eingestellt hat.

Im Übrigen ist die Bezeichnung Thermodynamik im Bereich der Chemie nicht ganz angemessen, denn in Wirklichkeit handelt es sich um eine chemische Statik. Unser Beispiel demonstriert es: Die Thermodynamik sagt voraus, dass Methan und Sauerstoff, verglichen mit ihren Reaktionsprodukten Kohlendioxid und Wasser, instabil sind. Ein Beobachter vom Sirius sähe aber Methan und Sauerstoff friedlich in der Erdatmosphäre miteinander koexistieren. Denn auch wenn diese Stoffe instabil werden, sobald sie zusammenkommen, bedeutet die bloße Koexistenz noch nicht, dass sie auch tatsächlich miteinander reagieren, denn dazu müssen sie auch noch eine Energiebarriere überwinden. Komplementär zur Thermodynamik gibt es daher auch eine chemische Kinetik, deren Aufgabe es ist, diese Energiebarrieren zu bestimmen (siehe REAKTIONSKINETIK).

Die Thermodynamik ist auch auf Situationen ausgedehnt worden, in denen kein Gleichgewicht herrscht. Unter solchen Bedingungen gestattet es die Dissipation von Energie in einem System gelegentlich, die Entstehung einer lokalen Ordnung zu beobachten. Ilya Prigogine hat solche Strukturen beschrieben und ihnen die Bezeichnung »dissipative Strukturen« gegeben. Beispiel dafür sind die in

Raum und Zeit oszillierenden chemischen Reaktionen, bei denen die jeweiligen Konzentrationen periodische Funktionen der Zeit sind.

Tiefdruckgebiet

Zur Vertiefung: ***allgemeine Zirkulation der Atmosphäre; Klima; Wind; Wolken***

»Nach dem Regen kommt auch wieder Sonnenschein.« Diese Volksweisheit bringt recht gut die Veränderlichkeit des Wetters zum Ausdruck, die für die Länder Westeuropas typisch ist.

Der Wechsel von Niederschlägen und blauem Himmel hat seine Ursache im Durchzug von Störungen, von Tiefdruckgebieten (Depressionen oder Zyklonen), die sich hauptsächlich von Westen nach Osten bewegen und durch Hochdruckgebiete (Antizyklone) voneinander getrennt sind. Tiefdruckgebiete entstehen an der Grenze zwischen kalten und warmen Luftmassen: dort bildet sich eine wellenförmige Front heraus, welche die Gestalt eines umgekehrten V annimmt und sich von Westen nach Osten verlagert (siehe *Abbildung 1*). Im Innern des V ist der Luftdruck am niedrigsten; dort befindet sich das Tiefdruckgebiet. An der ersten Front (der Warmfront) schiebt sich die warme, feuchte, weniger dichte Luft über die keilförmig gelagerte Kaltluft und steigt auf; dabei kühlt sie sich

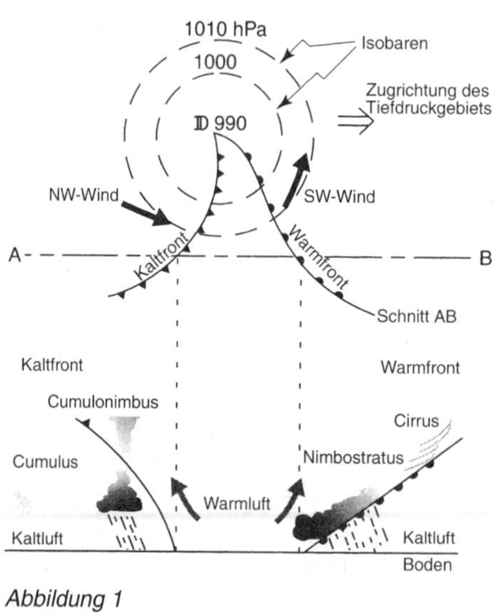

Abbildung 1

ab, die Feuchtigkeit kondensiert zu Wolken, aus denen es schließlich regnet oder schneit. Nach dem Durchzug der Warmfront steigt die Temperatur, und der Luftdruck sinkt bis zum Eintreffen der Kaltfront, d.h. der Kaltluft, die sich unter die warmen Luftmassen schiebt und sie in die Höhe steigen lässt. Die Kaltfront ist schneller als die Warmfront, ihr Durchzug ist von kurzen, heftigen, schauerartigen Niederschlägen begleitet. Nach dem Durchzug der Kaltfront dreht der Wind auf Nordwest, die Temperatur fällt, der Luftdruck steigt, und der Himmel klart auf, bis die nächste Störung eintrifft.

Tod

Zur Vertiefung: ***Altern; Leben***

Der Tod lässt sich definieren als Verschwinden dessen, was das Spezifische eines Lebewesens ausmacht; diese Definition setzt jedoch voraus, dass man den Schlüsselbegriff des Lebens zu definieren vermag. Alle Lebewesen bestehen aus Zellen, kleinen räumlichen Gebilden, die von einer Membran begrenzt sind und ein Genom aus einer Nukleinsäure enthalten, der Desoxyribonukleinsäure oder DNA. Das Genom gewährleistet die Vererbung der Merkmale des Organismus und steuert zugleich seine Funktion als Reaktion auf Veränderungen der Umwelt, in der er sich entwickelt. Nach der gegenwärtigen Vorstellung ist das Leben die Gesamtheit der Eigenschaften von Organismen: Anpassung, Wachstum, Reproduktion. Diese sichtbaren Merkmale resultieren aus der zunehmend komplexeren Beschaffenheit der materiellen Strukturen, die im Laufe der Erdzeitalter aus der Evolution hervorgegangen sind.

In diesem Kontext nimmt der Begriff Tod unterschiedliche Bedeutungen an, je nachdem, ob er sich auf einfache Organismen wie Bakterien bezieht, die aus nur einer Zelle bestehen und sich durch Zellteilung vermehren, oder auf komplexe vielzellige Organismen wie Pflanzen und Tiere, die sich durch geschlechtliche Fortpflanzung vermehren.

Solange eine Bakterie sich teilt, stirbt sie in gewissem Sinne nicht, da zwischen Mutterbakterie und Tochterbakterien der Lebensprozess nicht unterbrochen wird, obwohl die Mutterbakterie selbst verschwindet. Zudem wird das Genom der Bakterie, abgesehen von seltenen MUTATIONEN, identisch reproduziert. Selbst wenn also eine der Tochterbakterien verschwinden sollte, bleibt die GENETISCHE INFORMATION, deren Ergebnis sie darstellt, im Wesentlichen unverändert erhalten.

In diesem Sinne haben sich die gegenwärtigen Bakterien als direkte Nachfahren jener Bakterien, die vor über dreieinhalb Milliarden Jahren auf der Erde entstanden sind, so wenig weiterentwickelt, dass diese Vorfahren immer noch nicht »tot« sind. Auch wenn es bei Bakterien einen Austausch genetischen Materials gibt, der Ansätze von Geschlechtlichkeit erkennen lässt, konnten sich komplexe vielfältige Lebewesen wie Pflanzen und Tiere erst mit Entstehung des geschlechtlichen Fortpflanzungsprozesses vor vermutlich weniger als einer Milliarde Jahren entwickeln. Diese Lebewesen verloren zunehmend die Fähigkeit, ein ihnen identisches Lebewesen zu produzieren, und entwickelten die Fähigkeit, aus der Verbindung zweier Individuen unterschiedlichen Geschlechts ein drittes hervorzubringen, das aus einer zufälligen Kombination von Elementen des einen und des anderen besteht. Somit ist dieses dritte Individuum ein völlig neues, einzigartiges, das mit keinem anderen identisch ist. Sein Verschwinden stellt einen definitiven Verlust dar: Das, was es war, wird es nie wieder geben; es kommt der Tag, an dem es stirbt und wahrhaftig tot ist.

Den Augenblick dieses Todes zu definieren, stellt ein Problem dar, weil Lebewesen mit der Fähigkeit zur geschlechtlichen Fortpflanzung, ob es sich nun um Pflanzen, Tiere oder Menschen handelt, meist außerordentlich komplex sind. Sie bestehen aus einer Fülle von ZELLEN, die miteinander in Wechselwirkung stehen, Organe bilden und jeweils eine gewisse Autonomie besitzen, gleichzeitig aber von allen anderen abhängen. Ständig verschwinden zahlreiche Zellen und werden manchmal von anderen ersetzt, die ihren Platz einnehmen und die gleichen Funktionen gewährleisten. Allerdings werden sie nicht systematisch ersetzt. Mit der Zeit verlieren diverse Organe so viele ihrer Elemente, dass ihre Funktion beeinträchtigt wird; sie altern und erfüllen schließlich nicht mehr ihre Aufgabe (siehe ALTERN). Aber der Ausfall eines Organs bedeutet noch nicht das Verschwinden des Individuums, vor allem nicht bei Organen, die doppelt vorhanden sind (Nieren, Lungen), da das verbleibende die Funktion beider übernimmt. Das Individuum überlebt den Tod eines Organs, auch den eines weiteren, bis eine Lebensverlängerung unmöglich wird.

Medizinische Fortschritte haben es ermöglicht, das Leben immer weiter zu verlängern, bis hin zu einem Punkt, an dem sich der Eintritt des Todes nur noch willkürlich definieren lässt. Gleichzeitig bewirken eben diese Fortschritte durch die Möglichkeiten, Organe dieser Leichen zu transplantieren, dass sich das Problem, den Todeszeitpunkt zu definieren, zunehmend schärfer stellt. Ein Elektroenzephalogramm, das keine Kurve, sondern nur noch eine Gerade zeigt, scheint ein strenges Kriterium für den Tod zu sein. Doch was ist mit einem anenzephalen Fötus (ohne Gehirn), der nach dieser Definition schon immer »tot« war, obwohl er vielfältige Lebenszeichen aufweist?

Topologie

Zur Vorbereitung: ***Dimension; Gruppe; Kurve; Polygon, Polyeder***
Zur Vertiefung: ***Knoten***

»Topologie« heißt wörtlich die »Lehre vom Ort«. In der Mathematik unterscheidet man zwischen allgemeiner und algebraischer Topologie.

Die allgemeine Topologie befasst sich mit Begriffen wie der Umgebung von Punkten, Konvergenz, Stetigkeit. Die algebraische Topologie ordnet den in der allgemeinen Topologie definierten Räumen »Invarianten« algebraischen Charakters zu, wie ganze Zahlen oder Gruppen, die eine Klassifikation der Räume ermöglichen.

Allgemeine Topologie

Ein zu Beginn des 20. Jahrhunderts in die Topologie eingeführtes Konzept gestattet es, topologische Begriffe mit einer gewissen Allgemeinheit zu definieren: das Konzept des Abstands oder der Distanz. Ein auf einer Menge E erklärter Abstand ist eine Funktion, die jedem Punktepaar (x, y) aus E eine reelle Zahl $\mathrm{d}(x, y)$, den Abstand zwischen x und y, in der Weise zuordnet, dass folgende AXIOME erfüllt sind:

- $\mathrm{d}(x, y) = \mathrm{d}(y, x)$;
- $\mathrm{d}(x, z) \leq \mathrm{d}(x, y) + \mathrm{d}(y, z)$ (Dreiecksungleichung);
- $\mathrm{d}(x, y) = 0$ ist äquivalent zu $x = y$.

Der euklidische Abstand der gewöhnlichen Geometrie (siehe SKALARPRODUKT) erfüllt diese Axiome. Eine Menge E, auf der ein Abstand d definiert ist, wird als metrischer Raum bezeichnet.

In einem metrischen Raum (E, d) werden die Umgebungen eines Punktes a definiert als die Teilmengen von E, die sämtliche nahe bei a liegenden Punkte enthalten: V ist eine Umgebung von a, wenn es eine Zahl $\varepsilon > 0$ gibt, so dass aus $\mathrm{d}(a, x) \leq \varepsilon$ folgt $x \in V$. Eine Teilmenge U von E ist offen, wenn sie für jeden ihrer Punkte eine Umgebung bildet. Eine Teilmenge F ist abgeschlossen, wenn ihre Komplementmenge $E - F$ offen ist; ebenso gut kann man sagen, dass ein Punkt, dessen Umgebungen sämtlich die Menge F schneiden, notwendig zu F gehört. Eine Folge (x_n) von Punkten aus E konvergiert gegen einen Grenzwert $a \in E$, wenn x_n für ein hinreichend großes n beliebig nahe bei a liegt. Die Menge der Grenzwerte von Folgen, die aus Punkten einer Teilmenge X von E gebildet sind, wird als Adhärenz von X bezeichnet und bildet die kleinste abgeschlossene Teilmenge von E, die X enthält. Der Rand von X ist der Durchschnitt der Adhärenz von X und der Adhärenz der zu X komplementären Menge.

Eine Abbildung f eines metrischen Raums (E, d) in einen metrischen Raum (F, δ) heißt stetig in einem Punkt a aus E, wenn $f(x)$ sich $f(a)$ beliebig nähert, sofern x sich a beliebig nährt; anders gesagt, jeder Zahl $\varepsilon > 0$ kann man eine Zahl $\eta > 0$ (η : Eta) zuordnen, so dass

$\delta(f(a), f(x)) \leq \varepsilon$,

wenn $\mathrm{d}(a, x) \leq \eta$.

Oder nochmals anders gesagt: Ist W eine Umgebung von $f(a)$ in F, so gibt es eine Umgebung V von a in E, so dass $f(V) \subset W$. Man sagt, f ist stetig in E, wenn die Funktion in jedem Punkt von E stetig ist. Ebenso gut kann man auch sagen, für jede offene Teilmenge U von F ist das Urbild $f^{-1}(U)$ eine offene Teilmenge von E. Ist f: $E \to F$ bijektiv und stetig, so ist die Umkehrfunktion f^{-1}: $F \to E$ nicht notwendig gleichfalls stetig. Sind sowohl f als auch f^{-1} stetig, bezeichnet man sie als Homöomorphismen und die beiden Räume E und F als homöomorph. Zum Beispiel kann $E = F$ sein, wobei f die identische Abbildung ist; falls diese Abbildung ein Homöomorphismus ist, sagt man, die Abstände d und δ sind äquivalent.

Die genannten topologischen Begriffe behalten ihren Sinn auch in einem allgemeineren Rahmen, in dem es keinen Abstand gibt. Eine Topologie auf einer Menge E ist definiert als eine Menge offener Teilmengen von E, die folgende Axiome erfüllen:

- Die Vereinigung beliebig vieler offener Mengen ist offen.
- Der Durchschnitt zweier offener Mengen ist offen.

Eine Umgebung eines Punktes a in E ist dann eine Teilmenge von E, die eine offene Teilmenge enthält, zu der a gehört.

Manche topologischen Räume haben besonders interessante Eigenschaften. So kann man zeigen, dass im Raum $\mathbb{R}^n$ der n-Tupel reeller Zahlen $(x_1, x_2, \ldots, x_n)$, in dem der Abstand $\mathrm{d}(x, y)$ definiert ist als die jeweils größte unter den Zahlen

$|y_j - x_j|$ ($j = 1, 2, \ldots, n$),

jede beschränkte Folge von Punkten (deren Abstand vom Ursprung also unterhalb einer festgelegten Zahl bleibt) eine konvergente Teilfolge enthält (Bolzano-Weierstraß-Eigenschaft). Man sagt, ein metrischer Raum (E, d) ist kompakt, wenn jede Folge von Punkten aus E eine konvergente Teilfolge enthält; die Bolzano-Weierstraß-Eigenschaft bedeutet, dass die kompakten Teilmengen von $\mathbb{R}^n$ die abgeschlossenen und beschränkten Mengen sind. Die Eigenschaft der Kompaktheit lässt sich auch über den Begriff den Offenheit definieren, um ihn auf topologische Räume ohne Abstand übertragen zu können. Ist f eine stetige Abbildung eines kompakten Raums E in einen Raum F, so ist das Bild $f(E)$ kompakt; ist f bijektiv (siehe BIJEKTION), handelt es sich um einen Homöomorphismus.

Ein weiterer wichtiger Begriff ist der des zusammenhängenden Raumes, in dem der Gedanke zum Ausdruck kommt, dass ein Raum gleichsam aus einem Stück ist: Ein nichtleerer Raum E heißt zusammenhängend, wenn er sich nicht als Vereinigung von zwei disjunkten, nichtleeren, abgeschlossenen Teilmengen darstellen lässt. Die zusammenhängenden Teilmengen der Zahlengeraden $\mathbb{R}$ sind die nichtleeren Intervalle (darunter auch die gesamte Menge $\mathbb{R}$). Das durch eine stetige Abbildung erzeugte Bild eines zusammenhängenden Raums ist gleichfalls zusammenhängend. Zum Beispiel ist das durch eine stetige numerische Funktion erzeugte Bild eines nichtleeren Intervalls von $\mathbb{R}$ gleichfalls ein nichtleeres Intervall von $\mathbb{R}$; diese Aussage, die auch als Zwischenwertsatz bezeichnet wird, gilt auch für manche nichtstetigen Funktionen.

Jeder Raum lässt sich in die disjunkte Vereinigung seiner größten zusammenhängenden Teilmengen zerlegen, die auch als seine Zusammenhangskomponenten bezeichnet werden. So bestehen die Zusammenhangskomponenten einer offenen Teilmenge von $\mathbb{R}$ aus den offenen Intervallen vom Typ $]a, b[$.

Eine zu einem Kreis homöomorphe Teilmenge der Ebene $\mathbb{R}^2$ bezeichnet man als Jordankurve. Nach dem Satz von Camille Jordan hat die Komplementärmenge solch einer Kurve zwei Zusammenhangskomponenten, eine beschränkte (das Innere) und eine unbeschränkte (das Äußere) (siehe *Abbildung 1*).

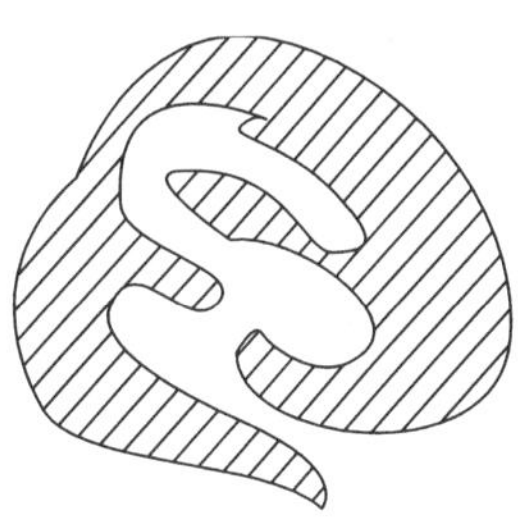

Abbildung 1 Der innere Bereich der Kurve ist schraffiert.

Algebraische Topologie

Die in der algebraischen Topologie eingeführten Invarianten sollen die Form topologischer Räume kennzeichnen. Die offenkundigste Invariante ist die Anzahl der Zusammenhangskomponenten. Etwas subtiler ist die DIMENSION. Man definiert die Dimension metrischer Räume in der Weise, dass die offenen Teilmengen von $\mathbb{R}^n$ die Dimension n und dass zwei homöomorphe Räume dieselbe Dimension haben.

Homologie

Den kompakten, zusammenhängenden und orientierbaren Flächen ordnet man noch eine weitere numerische Invariante zu: das Geschlecht, das die Anzahl der »Löcher« in der betreffenden Fläche angibt (siehe KURVE und *Abbildung 2*). Damit zwei Flächen (der betrachteten Art) homöomorph sind, ist es notwendig und hinreichend, dass sie dasselbe Geschlecht haben.

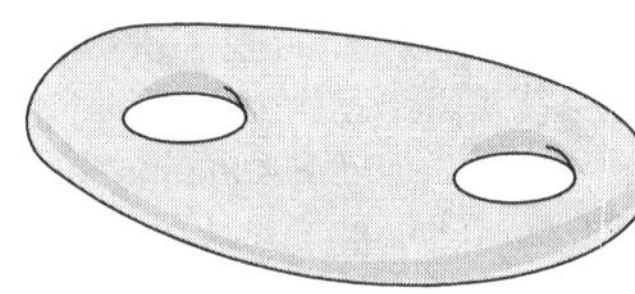

Abbildung 2 Fläche vom Geschlecht 2

Man kann das Geschlecht einer Fläche mit Hilfe des Homologiebegriffs bestimmen. Ist S' ein Flächenstück der Fläche S, so wird sie durch eine bestimmte Zahl von Kurven berandet, zum Beispiel durch zwei Kurven C und C'. Die Orientierung von S definiert eine Richtung auf jeder dieser Kurven (siehe *Abbildung 3*). C mit seiner Ausrichtung gilt dann als homolog zu $-C'$, das heißt zu C' mit der entgegengesetzten Orientierung. Die Homologie ist eine Äquivalenzrelation zwi-

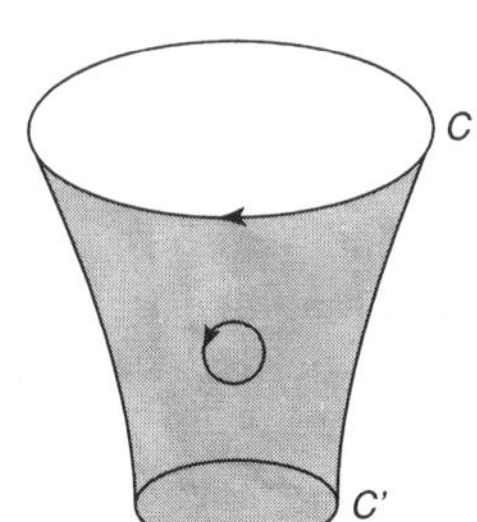

Abbildung 3 Stück einer gerichteten Fläche. Die Orientierung ist auf ihrer Grenze angezeigt (Vereinigung von C und C').

schen gerichteten Kurven auf S; die höchste Zahl unabhängiger Homologieklassen ist gleich dem Zweifachen des Geschlechts (siehe *Abbildung 4*).

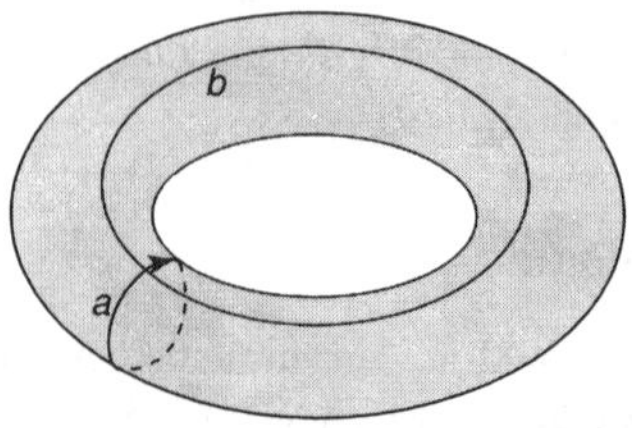

Abbildung 4 Fläche vom Geschlecht 1 mit zwei geschlossenen Kurven a und b, die bezüglich der Homologie unabhängig voneinander sind.

Diese Definitionen werden erst dann präzise und korrekt, wenn man sagt, was man unter Flächenstücken und Homologieklassen versteht. Eine erste Möglichkeit basiert auf dem Gedanken der Triangulation, das heißt, man zerlegt die Flächen in (krummlinige) Dreiecke (siehe *Abbildung 5*), die einander nur an den Seiten oder Ecken berühren. Die Fläche ähnelt dann einem Polyeder.

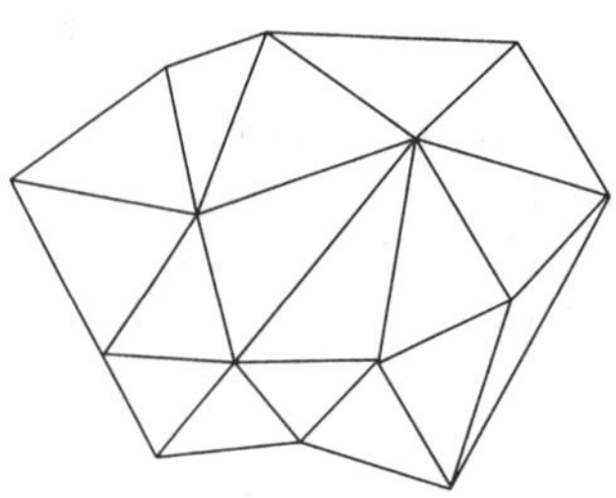

Abbildung 5 Triangulation einer Fläche

Der unscharfe Begriff des Flächenstücks wird ersetzt durch den Begriff der zweidimensionalen Kette (oder 2-Kette) der Triangulation; dazu ordnet man jeder Seitenfläche T eine positive oder negative ganze Zahl n_T zu (die Häufigkeit, mit der T in der Triangulation mit direkter oder indirekter Orientierung auftritt, je nachdem, ob n_T positiv oder negativ ist). Man setzt T gleich der Kette, für die n_T gleich 1 ist, während n_T für $T' \neq T$ gleich 0 ist. Die Ketten lassen sich addieren: $(m_T) + (n_T) = (m_T + n_T)$; daher bilden sie eine GRUPPE. Für die Kette (n_T) schreibt man auch

$$\sum n_T T$$

Ketten der Dimension 1 werden in ähnlicher Weise von den Kanten der Dreiecke her definiert, die auch als Triangulationskanten bezeichnet werden. Solch eine Kette ordnet jeder Kante c eine ganze Zahl $n_c \in \mathbb{Z}$ zu; man schreibt dafür auch

$$\sum n_c c$$

Der Rand einer Seitenfläche T mit den Ecken α, β, γ (in dieser Reihenfolge) ist die 1-Kette $[\alpha, \beta] + [\beta, \gamma] - [\alpha, \gamma]$, wobei $[\alpha, \beta]$ die Seite von T ist, die in α beginnt und in β endet, und Entsprechendes gilt für die übrigen Seiten.

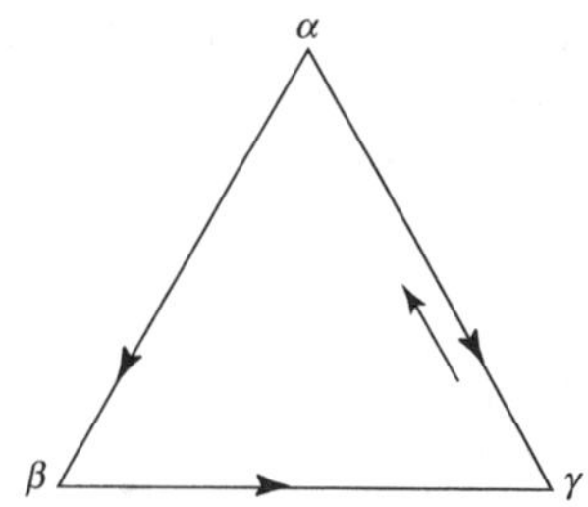

Abbildung 6 Ein Dreieck (α, β, γ) und sein Rand

Für diesen Rand schreibt man δT (siehe *Abbildung 6*). Der Rand einer 2-Kette

$$\sum n_T T$$

ist die 1-Kette

$$\sum n_T \partial T$$

Der Rand einer Kante $[\alpha, \beta]$ ist definiert als die 0-Kette $[\alpha, \beta] = \beta - \alpha$ (Linearkombination von Ecken), der Rand einer 1-Kette

$$\sum n_c c = \sum n_c \partial c$$

Eine 1-Kette ist ein Zyklus, wenn ihr Rand gleich 0 ist. Zum Beispiel hat der Rand
$\delta T = [\alpha, \beta] + [\beta, \gamma] - [\alpha, \gamma]$
einer Seitenfläche (α, β, γ) als Rand
$\beta - \alpha + \gamma - \beta - (\gamma - \alpha) = 0$,
das heißt, einen Zyklus. Daraus folgt, dass der Rand einer 2-Kette stets ein Zyklus ist; aber es gibt auch Zyklen, die keine Ränder sind. Zwei Zyklen sind homolog, wenn sie sich in einem Rand unterscheiden; die Homologieklassen von Zyklen bilden eine Gruppe, die als erste Homologiegruppe der Fläche bezeichnet wird. Im betrachteten Fall, in dem die Fläche S orientierbar ist, ist diese Gruppe isomorph zu $\mathbb{Z}^{2g}$, wobei g das Geschlecht

von S ist, aber bei nichtorientierbaren Flächen kann sie »Torsionselemente« enthalten, die ein Vielfaches gleich 0 haben, ohne selbst gleich 0 zu sein.

0-Ketten (Linearkombinationen von Ecken) sind stets Zyklen. Zwei Punkte sind homolog, wenn es einen Weg gibt, der beide Punkte miteinander verbindet und aus Seiten von Dreiecken besteht; das ist stets der Fall, wenn S zusammenhängend ist. Für zusammenhängende S ist die Homologieklasse einer 0-Kette gekennzeichnet durch die Summe der Koeffizienten dieser Kette, und die Homologiegruppe von S in der Dimension 0 ist isomorph zu $\mathbb{Z}$. Eine 2-Kette kann kein Rand sein; handelt es sich um einen Zyklus, ist sie gleich ihrer Homologieklasse. Ist S zusammenhängend und orientierbar, sind die Homologieklassen in der Dimension 2 daher die ganzzahligen Vielfachen der Summe aller Dreiecke (die Fundamentalklasse von S), und die Homologiegruppe ist auch in diesem Fall isomorph zu $\mathbb{Z}$.

Die Bettizahlen von S (die Bettizahlen sind die Ränge der Homologiegruppen einer Fläche) sind demnach 1, $2g$ und 1; ihre alternierende Summe $1-2g+1 = 2-2g$ bezeichnet man als Euler-Poincarésche Charakteristik von S; diese hängt nicht von der zur Berechnung der Homologie gewählten Triangulation ab. Man kann nun zeigen, dass diese Charakteristik auch gleich $N_0-N_1+N_2$ ist, wobei N_0 die Zahl der Ecken, N_1 die der Kanten und N_2 die Zahl der Seitenflächen in einer Triangulation ist.

Die beschriebene Konstruktion lässt sich auf Räume, die allgemeiner sind als Flächen, ausdehnen, sofern sie triangulierbar, das heißt in »Simplizes« zerlegbar sind (das Simplex ist das Analogon zum Dreieck in den höheren Dimensionen). Dann definiert man Ketten jeglicher Dimension sowie deren Ränder (deren Dimension um 1 geringer ist); Zyklen sind Ketten, deren Rand 0 ist, und zwei Zyklen sind homolog, wenn ihre Differenz ein Rand ist. Die Homologiegruppe $H_k(E)$ eines Raumes E in der Dimension k ist die Gruppe der k-Zyklen von E *modulo* die Homologie, und ihr Rang ist die k-te Bettizahl. Die alternierende Summe der Bettizahlen ist die Euler-Poincarésche Charakteristik; zugleich ist sie gleich der alternierenden Summe der Anzahl der Simplizes der verschiedenen Dimensionen.

Das Hauptproblem dieser Theorie besteht in dem Nachweis, dass die so definierten Homologiegruppen nur von der Topologie des Raumes und nicht von der gewählten Triangulation abhängen. Man hat andere Theorien entwickelt, die keine Triangulation erfordern; und man hat die Theorien der Homologie axiomatisch charakterisiert, indem man gezeigt hat, dass jede Theorie, die den Axiomen genügt, isomorphe Homologiegruppen definiert. Eines dieser Axiome verlangt, dass diese Gruppen Funktorcharakter haben (siehe KATEGORIE). Das heißt, dass jeder stetigen Abbildung f eines Raumes E in einen Raum F für jede Dimension k ein Homomorphismus f_k von $H_k(E)$ in $H_k(F)$ zugeordnet ist. Außerdem verlangt man, dass f_k die identische Abbildung von $H_k(E)$ ist, falls f die identische Abbildung von E ist, und dass für die Verknüpfung von f und g gilt: $(g \circ f)_k = g_k \circ f_k$. Daraus folgt insbesondere, dass homöomorphe Räume isomorphe Homologiegruppen besitzen.

Homotopie

Die Homotopierelation zwischen geschlossenen Kurven auf einer Fläche S ist feiner als die Homologie. Eine Kurve, die in einem Punkt α von S beginnt und endet, bezeichnet man als Schlinge. Zwei Schlingen heißen homotop, wenn sie in stetiger Weise ineinander überführt werden können; in diesem Fall sind sie homolog, aber die umgekehrte Aussage trifft nicht zu (siehe *Abbildung 7*).

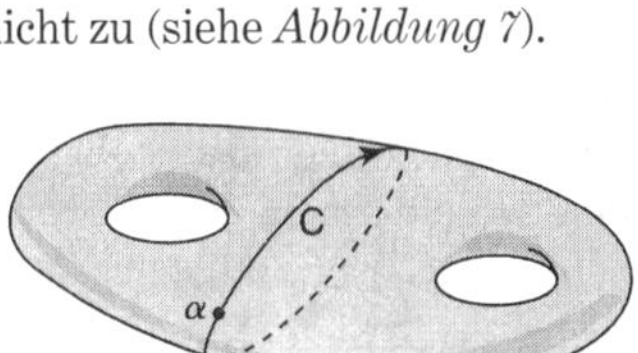

Abbildung 7 Eine Schlinge C mit dem Ursprung a ist homolog zu 0, aber nicht homotop zu einem Punkt.

Zwei Schlingen in α setzt man zusammen, indem man sie nacheinander durchläuft. Die Homotopieklasse der zusammengesetzten Schlinge hängt allein von den Homotopieklassen der Komponenten ab; auf diese Weise erhält man eine Verknüpfung auf der Menge $\pi_1(S,\alpha)$ der Homotopieklassen von Schlingen, das $\pi_1(S,\alpha)$ zu einer Gruppe macht, die als Fundamentalgruppe von S in α bezeichnet wird. Im Unterschied zur Homologiegruppe $H_1(S)$ ist die Fundamentalgruppe im allgemeinen nicht kommutativ; kennt man sie, kann man $H_1(S)$ bestimmen.

In ähnlicher Weise definiert man die Fundamentalgruppe jedes topologischen Raumes E (mit einem Basispunkt α). Auch für höhere Dimensionen lassen sich Homotopiegruppen definieren: In der Dimension k hat die Gruppe $\pi_k(E,\alpha)$ als Elemente die Homotopieklassen jener stetigen Abbildungen der Sphäre S_k (Einheitssphäre des euklidischen Raums $\mathbb{R}^{k+1}$) in den Raum E, die dem Basispunkt $(1, 0 \ldots 0)$ der Sphäre α zuordnen. Für $k \geq 2$ sind die Homotopiegruppen kommutativ, aber ihre Berechnung ist schwieriger als die der Homologiegruppen.

Es gibt noch weitere Möglichkeiten, topologische Räume mit Invarianten zu versehen, zum Beispiel die K-Theorie, die auf der Klassifikation gefaserter Vektorräume basiert. Außerdem kann man Räume untersuchen, die mit weiteren Strukturen, zum Beispiel differenzierbaren Mannigfaltigkeiten (siehe GEOMETRIE), versehen sind, und bei der Klassifikation diese Strukturen berücksichtigen.

Trägheitsgesetz

Zur Vertiefung: ***Gravitation***

Die erste Formulierung des Trägheitsgesetzes stammt von Galileo Galilei. Er ging von folgender Beobachtung aus: Stößt man eine Kugel eine schiefe Ebene hinauf, verliert sie zunehmend an Geschwindigkeit; lässt man sie dagegen die schiefe Ebene hinabrollen, gewinnt sie zunehmend an Geschwindigkeit. Daraus schloss er auf intuitivem Wege, dass eine Kugel auf einer Ebene weder langsamer noch schneller wird, sondern endlos weiterrollt, sofern sie nicht durch äußere Einflüsse abgebremst oder beschleunigt wird.

Das Trägheitsgesetz besagt, dass ein sich selbst überlassener, das heißt keiner äußeren Einwirkung ausgesetzter Körper in Ruhe verharrt, falls er sich bereits in Ruhe befindet, und seine Bewegung unverändert, das heißt mit konstanter Geschwindigkeit fortsetzt, wenn er sich bereits in gleichförmig-geradliniger Bewegung befindet. Um den Körper in Bewegung zu versetzen oder um seine Geschwindigkeit nach Betrag oder Richtung zu verändern, bedarf es stets einer äußeren KRAFT. Diese Kraft ist nicht für die Fortsetzung der Bewegung erforderlich, sondern allein für deren Veränderung.

Das Trägheitsgesetz entspricht keineswegs der alltäglichen Anschauung, denn die Erfahrung lehrt uns, dass Bewegungen einer ständigen Einwirkung bedürfen; ohne eine Kraft, die sie vorantreiben, gelangen Körper zum Stillstand (wenn wir den Fuß vom Gas nehmen, wird unser Auto langsamer und bleibt schließlich stehen). Dieser ausgesprochen anschauliche Gedanke liegt dem aristotelischen Bewegungsbegriff zugrunde, wonach bewegte Körper das natürliche Bestreben haben, zur Ruhe zu kommen.

Das Trägheitsgesetz löst diesen Schein auf, indem es die Komplikationen beseitigt, die auf Reibungskräfte und den Luftwiderstand zurückgehen: Der natürliche Zustand der Dinge ist nicht die Ruhe, sondern eine Bewegung mit konstanter Geschwindigkeit (die im Grenzfall gleich null sein kann).

Viele Autoren sind der Ansicht, dass mit der Formulierung des Trägheitsgesetzes, das auch als das erste Newtonsche Bewegungsgesetz bezeichnet wird, die moderne Naturwissenschaft ihren Anfang nahm, denn damit wurde etwas, das noch nie jemand beobachtet hatte (eine Bewegung nämlich, die nicht zum Stillstand kommt), zur Grundlage für die Erklärung beobachtbarer Phänomene gemacht (der beobachteten Bewegungen nämlich, die sehr wohl zum Stillstand kommen).

Trägheitsmoment

Zur Vertiefung: ***Erdgestalt; Geschwindigkeit und Beschleunigung; Kräftepaar; Masse***

Es ist schwerer, einen Felsblock in Bewegung zu setzen als einen Kieselstein, denn er besitzt eine größere Trägheit, weil seine Masse größer ist. Ebenso ist es schwerer, eine große Kabeltrommel in Drehung zu versetzen als eine kleine Zwirnrolle. Die Trägheit der Kabeltrommel ist jedoch nicht nur deshalb größer, weil sie eine größere Masse besitzt als die Zwirnrolle, sondern auch, weil diese Masse sich in größerem Abstand zur Rotationsachse befindet.

Bei einem rotierenden Körper kann man die Trägheit daher nicht einfach durch die Masse ausdrücken, sondern nur durch eine Größe, die auch die räumliche Verteilung der Masse im Verhältnis zur Drehachse berücksichtigt: das Trägheitsmoment I. Für einen Körper, der mit der Winkelgeschwindigkeit $\vec{\omega}$ rotiert, spielt das Trägheitsmoment eine ähnliche Rolle wie die Masse für einen Körper, der sich geradlinig mit einer Geschwindigkeit $\vec{v}$ bewegt.

Das Trägheitsmoment einer punktförmigen Masse m im Abstand r von der Drehachse ist: $I = mr^2$. Das Trägheitsmoment eines ausgedehnten Körpers ist die über das Volumen gerechnete Summe der Produkte aus den jeweiligen Elementarmassen und dem Quadrat ihres Abstands zur Drehachse:

$$I = \int_v m r^2 \mathrm{d}r$$

Bei gleicher Gesamtmasse ist das Trägheitsmoment umso geringer, je dichter die Masse um die Drehachse konzentriert ist.

Das Trägheitsmoment einer Kugel mit gleichmäßiger Dichte lässt sich nach der vereinfachten Formel $I = 0{,}4\,MR^2$ berechnen, wobei M die Gesamtmasse der Kugel und R ihr Radius ist. Das Trägheitsmoment der Erde ist $0{,}333\,MR^2$; darin äußert sich die Tatsache, dass die Erde keine homogene Dichteverteilung besitzt und die Masse sich im Bereich des Erdkerns konzentriert; der Mond dagegen ist relativ homogen, sein Trägheitsmoment beträgt $0{,}392\,MR^2$.

Transferierbarkeit

Zur Vorbereitung: ***chemische Formel***
Zur Vertiefung: ***Alkohol; chemische Verbindung; Spektrum***

Als Transferierbarkeit bezeichnet man die Tatsache, dass jedes chemische Gebilde, sei es ein MOLEKÜL oder eine KOMPLEXVERBINDUNG (in der ein metallisches Zentralatom von oft organischen Molekülen umgeben ist), aus austauschbaren Modulen besteht. Dieses Axiom kommt implizit in der Schreibweise chemischer Formeln zum Ausdruck. So wird zum Beispiel Methanol CH_3OH als Verbindung zwischen einem aus Methan CH_4 abgeleiteten Methylradikal CH_3 und der von Wasser H_2O stammenden Hydroxyl-Gruppe OH aufgefasst. Schon in der Strukturformel H_3COH und in der lokalen Geometrie am Kohlenstoff- und Sauerstoffatom spiegelt sich eine Invarianz wider: Ihr liegt die Annahme zugrunde, dass im Methanol die OH-Gruppe mit der im Wasser und die Methylgruppe CH_3 mit der im Methan identisch ist (siehe *Abbildung 1*).

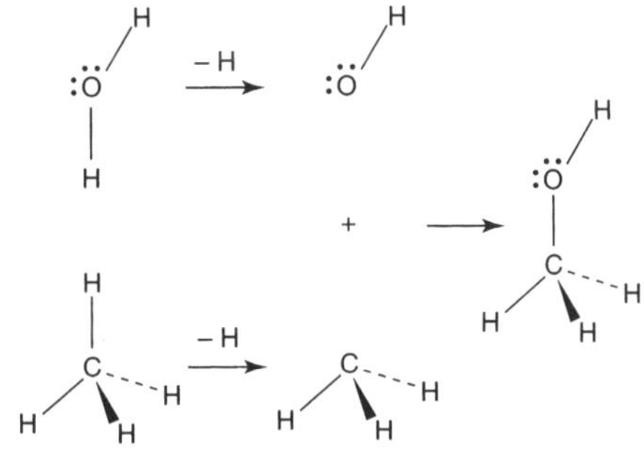

Abbildung 1 Aufbau von Methanol CH_3OH aus einer Hydroxyl-Gruppe OH und einer Methylgruppe CH_3

Aufgrund der Transferierbarkeit wird die Chemie zu einem Konstruktionsspiel nach dem Baukastenprinzip, wobei die Betonung sowohl auf dem spielerischen Aspekt als auch auf dem konstruktiven Moment liegt, das sich in vielen praktischen Aspekten äußert.

Geschichte

Die Transferierbarkeit beschäftigte die Chemikergemeinschaft um die Mitte des 19. Jahrhunderts sehr, als Jean-Baptiste Dumas, Justus von Liebig und vor allem Auguste Laurent vorschlugen, die Moleküle der organischen Chemie als Verbindungen aus Radikalen ähnlich den Fragmenten in *Abbildung 1* anzusehen, statt als Verbindung aus kleineren und stabileren Molekülen. Schon die Alchimisten hatten darüber nachgedacht, ob eine chemische Spezies sich aus anderen beobachtbaren chemischen Spezies zusammensetzt oder aus fiktiven Fragmenten.

Zu Beginn des 19. Jahrhunderts stellte John Dalton seine Atomtheorie auf: Für ihn bestand die Materie aus den ATOMEN einer begrenzten Anzahl von ELEMENTEN. Schon bald wurde eine systematische Tafel aller bekannten Elemente nach der 1820 von Jöns Jacob Berzelius vorgeschlagenen Schreibweise aufgestellt und weiter vervollständigt, bis Dmitri Mendelejew 1869 ihre periodische Organisation erkannte.

Die Atomtheorie lieferte eine konzeptuelle Basis für das chemische Konstruktionsspiel: Die Grundmodule, also die Bausteine, der Chemie sind die Atome. Auf diese Weise ließ sich die große Fülle der bereits in der ersten Hälfte des 19. Jahrhunderts bekannten chemischen Spezies, vor allem in der organischen Chemie, erklären. Als äußerst fruchtbar erwies sich in diesem Zusammenhang der Begriff der Radikale, wie Laurent ihn klar definierte.

Um es in modernen Worten zu sagen, bedeutet dies, dass sich aus nur vier Radikalen: Methyl H_3C, der Hydroxyl-Gruppe OH, Phenyl C_6H_5 und der Carbonyl-Gruppe C=O (die zwei andere Gruppen binden kann), viele der bestehenden Verbindungen aufbauen lassen, zum Beispiel Essigsäure $H_3C.CO.OH$, Aceton $H_3C.CO.CH_3$, Acetophenon $H_3C.CO.C_6H_5$, Phenol $H_5C_6.OH$ usw. (in dieser Schreibweise, die die verschiedenen Radikale einzeln angibt, steht der Punkt für eine chemische Bindung).

Heutige Praktiken

Jede dieser Atomgruppen hat ihre eigene charakteristische Spektralsignatur, das heißt, ein spezifisches Bandenmuster, das durch die Absorption von Strahlen in einem bestimmten Wellenlängenbereich entsteht und als »Fingerabdruck« dieser Atomgruppe dient. Wenn man aus einer Pflanze oder als Produkt einer chemischen Reaktion ein neues Molekül isoliert, so zeigt sein Infrarot- oder Kernresonanzspektrum, ob es zum Beispiel eine Carbonyl-Gruppe C=O, eine Hydroxyl-Gruppe OH, eine Phenyl-Gruppe C_6H_5 usw. enthält.

Der Begriff der Transferierbarkeit dient hier als Postulat: Man geht von dem Prinzip aus, dass die OH-Gruppe näherungsweise immer die gleiche ist, ob sie sich nun in Wasser, Alkohol, Phenol, einer Säure oder anderen Stoffen befindet.

Aufgrund der Transferierbarkeit lassen sich auch die Wärmemengen abschätzen, die mit chemischen Reaktionen verbunden sind. Dazu ordnet man verschiedenen chemischen Gruppen und ihren Bindungen Energiemengen ganz ähnlich den Kalorienangaben auf Nahrungsmittelverpackungen zu (siehe THERMOCHEMIE). Durch einfache Berechnungen erhält man die Energiemengen, die bei einer Reaktion freigesetzt oder absorbiert werden.

Man kann auch vorhersagen, ob ein chemisches System bei einer solchen Reaktion stabiler oder instabiler wird (siehe STABILITÄT, INSTABILITÄT). So beschäftigen sich derzeit manche mit dem praktischen Problem, das in die Atmosphäre emittierte Kohlendioxid, das zum TREIBHAUSEFFEKT beiträgt, wieder herauszufiltern. Vorstellbar wäre, CO_2 durch Hydrierung mit drei Wasserstoffmolekülen H_2 in Methanol CH_3OH und Wasser H_2O umzuwandeln. Diese Lösung, die das Wasser als Abfallbehälter für Sauerstoff nutzt, erfordert jedoch WASSERSTOFF, den man auf die eine oder andere Weise (durch Elektrolyse, Photochemie oder die chemische Reaktion $CO + H_2O \rightarrow CO_2 + H_2$) aus Wasser gewinnt. Sofern man also nicht über ausreichende und sehr billige Energiequellen verfügt, um aus Wasser Wasserstoff zu extrahieren, befindet man sich in einem Teufelskreis, der die angestrebte Lösung unrealistisch macht.

Die Transferierbarkeit, die anfangs nur eine geistige Vision war, wurde durch die QUANTENCHEMIE bestätigt. Das Staunen war groß, als völlig undurchsichtige Berechnungen dazu führten, Atome in Molekülen zu identifizieren, und man feststellen konnte, dass sie sich gegenüber ihrem isolierten Zustand tatsächlich nur wenig veränderten.

Transgenese

Zur Vertiefung: ***Dominanz, Rezessivität; Gentechnik; Gentherapie; Mutation***

Genaddition

Bei Pflanzen und Tieren, die sich vorwiegend oder ausschließlich geschlechtlich fortpflanzen, unterscheiden sich die Körperzellen (somatische Zellen) im Laufe der Embryoentwicklung sehr bald von den Geschlechtszellen, aus denen sich die GAMETEN, also Ei- und Samenzellen (Keimzellen) bilden. Ein GEN, das an die Nachkommen vererbt werden soll, muss sich in den Zellen befinden, die zur Bildung der Keimzellen führen, also in der Keimbahn. Ein Gen, das künstlich in die Keimbahn eingeschleust wird, bezeichnet man als Transgen, die Tiere und Pflanzen, die ein solches Gen in ihr gesamtes genetisches Material oder GENOM integriert haben, als transgene Organismen (siehe GENTRANSFER). Da bei Tieren ein Gentransfer direkt in die oft schwer zugängliche Keimbahn nicht durchführbar ist, injiziert man die Fremd-DNA in den Zellkern einer befruchteten Eizelle und führt diese in die Gebärmutter eines Weibchens ein. Bei Pflanzen nutzt man für den Transfer des Transgens häufig eine Bakterie, die in Symbiose mit dieser Pflanze lebt.

In der Regel integriert sich das Transgen in mehreren Exemplaren blockweise in ein CHROMOSOM, ohne dass man den Genort oder die Anzahl der aufgenommenen Gene beeinflussen könnte. Erst im Nachhinein lassen sich aus den so erzielten transgenen Individuen jene auswählen, die bestimmte Kriterien erfüllen.

Da das Transgen zufällig in das Genom integriert wird, kann es zu Funktionsstörungen anderer Gene führen und zum Beispiel Tumore auslösen, wie dies manche VIREN tun; andererseits kann aber auch das Transgen in seiner Funktion blockiert sein. Diese Methode ist also schwerfällig und kostspielig, denn ihre Ergebnisse sind zufällig und oft unvorhersehbar und beschränken sich auf die Addition eines zusätzlichen Gens. Gleichwohl bietet sie einen großen Vorteil gegenüber der klassischen genetischen Selektion, wie Züchter sie betreiben: Da sie spezifisch für ein einzelnes Gen oder einige wenige Gene statt für das gesamte Genom ist, ermöglicht sie ein Vorgehen in nur einem Selektionsschritt, was eine erhebliche Zeitersparnis bedeutet. Seit Ende der 1980er Jahre sind auf diese Weise zahlreiche transgene Tiere entstanden, zum Beispiel Säugetiere, aus deren Milch bestimmte Proteine in großen Mengen gewonnen werden können, die sich aus menschlichem Gewebe nur schwer herstellen lassen. Auch transgene Pflanzen wurden entwickelt, die gegen Herbizide resistent sind oder neue Eigenschaften in Bezug auf Nährstoffgehalt, Duftstoffe oder dekoratives Äußeres aufweisen.

Gensubstitution

Über die Mechanismen der homologen Rekombination ist es möglich, den Gentransfer gezielt und spezifisch durchzuführen: Dazu muss das Transgen DNA-Segmente enthalten, die mit Sequenzen des Zielgens an der geplanten Insertionsstelle identisch sind. Äußerst erfolgreich gelingt die homologe Rekombination bei Mikroorganismen wie der Bakterie *Bacillus subtilis* und der Bäckerhefe *Saccharomyces cerevisiae*, die aus diesem Grund zu den bevorzugten Versuchsmodellen der Biologen gehören. Bei Pflanzen und Tieren ist sie wesentlich weniger effektiv. Um dieses Hindernis zu umgehen, führt man den Gentransfer in Zellen durch, die aus Mausembryos in einem frühen Entwicklungsstadium gewonnen wurden. Da diese so genannten totipotenten Stammzellen noch nicht differenziert sind, können aus ihnen die verschiedenen Zelltypen (Nerven-, Muskel-, Blutzellen usw.) hervorgehen, die sich später in den unterschiedlichen Teilen des ausgewachsenen Organismus finden. Nach dem Transfer des Transgens in die Stammzellen werden in einem geeigneten Zellkulturmilieu jene Zellen selektiert, in denen das äußerst seltene Ereignis einer homologen Rekombination stattgefunden hat. Diese Zellen implantiert man nun in einen Embryo in einem frühen Entwicklungsstadium. Wenn die modifizierten Zellen an der Bildung der Keimbahn beteiligt sind, erhält man ein transgenes Tier, bei dem eines der beiden Exemplare (ein ALLEL) eines bestimmten Gens durch ein künstlich eingeführtes Transgen inaktiviert oder ersetzt wurde. Wie bei der klassischen Zuchtwahl muss man transgene Tiere miteinander kreuzen, um in der folgenden Generation homozygot-transgene Tiere zu erhalten, die also zwei Exemplare des Transgens in ihrem Genom aufweisen. Entspricht das Transgen einem dominanten mutierten Allel, so wird seine Auswirkung schon in der ersten Generation sichtbar, in der es nur in einem Exemplar im Genom vorhanden ist; handelt es sich dagegen um ein rezessives mutiertes Allel, so kommt es nur bei homozygoten Tieren der zweiten Generation zum Ausdruck. Auch die Inaktivierung eines bestimmten Gens durch ein Transgen tritt erst im homozygoten Zustand zutage, falls seine Expression nicht zwei aktive Allele voraussetzt.

Sehr häufig folgt der Inaktivierung eines Gens keine beobachtbare Wirkung. Dies kann manchmal an der Tatsache liegen, dass die experimentellen Bedingungen im Labor (siehe LABORATORIUM), wo die Tiere geschützt vor Umweltbedingungen (Klima, Nahrung, Krankheitserreger usw.) leben, sich sehr von den natürlichen Lebensbedingungen unterscheiden. Um einen Mangel nachzuweisen, muss man die transgenen Tiere, die ein inaktiviertes Gen besitzen, erst natürlichen Lebensbedingungen aussetzen. Das Ausbleiben einer Wirkung kann jedoch auch an der Redundanz der Mechanismen liegen, auf denen die großen biologischen Funktionen beruhen: Werden bestimmte Gene inaktiviert, übernehmen andere ihre Aufgabe. Erst wenn mehrere dieser Gene neutralisiert werden, lässt sich eine biologische Wirkung nachweisen.

Transistor

Zur Vertiefung: ***Elektronik; Festkörper; Schaltung***

Der Transistor gehört zur Familie der elektronischen Bauelemente und ist deren kleinster, aber gewiss auch bekanntester Vertreter. Seine Vielseitigkeit und seine Anwendungsmöglichkeiten haben mit den Jahren ständig zugenommen, und er besitzt solch ein Ansehen, dass eine ganze Generation von Radiogeräten nach ihm benannt ist: das Transistorradio.

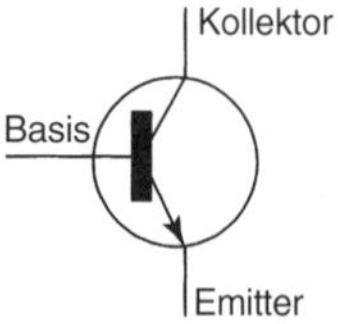

Abbildung 1 Schema des Transistors

Jeder weiß, was ein Schalter ist; in einer Stellung lässt er den Strom passieren, und die Birne an der Zimmerdecke leuchtet auf, in der anderen unterbricht er den Stromfluss, und es wird dunkel im Raum. Der Transistor arbeitet nach demselben Prinzip, nur dass der Schaltvorgang nicht von Hand, sondern auf elektrischem Wege ausgelöst wird.

Die schematische Darstellung des Transistors (siehe *Abbildung 1*) zeigt drei Anschlussdrähte, die als Basis (B), Emitter (E) und Kollektor (C) bezeichnet werden. Die Basis entspricht dem Kipphebel oder Druckknopf eines manuellen Schalters: Übersteigt die elektrische Spannung zwischen Basis und Emitter/Kollektor einen bestimmten Schwellenwert, fließt zwischen Emitter und Kollektor ein Strom; bleibt die Spannung unterhalb des Schwellenwert, fließt kein Strom.

Geschichte der Elektronik und des Transistors

Die Geschichte der Elektronik begann im 20. Jahrhundert mit der Entwicklung der Elektronenröhren. Dabei handelt es sich um eine meist gläserne Vakuumröhre, in der Elektronen unter hoher elektrischer Spannung zwischen zwei Elektroden beschleunigt werden; die negative Elektrode (Kathode) emittiert Elektronen, die positive Elektrode (Anode) zieht sie an. Diese Röhren gestatten es, auf die elektrischen Ströme innerhalb der Schaltungen, in die sie integriert sind, auf elektrischem Wege einzuwirken. Eine ihrer Formen, die 1906 erfundene Triode, spielte eine wesentliche Rolle bei der Entwicklung des Rundfunks. Bei der Triode befindet sich zwischen Kathode und Anode noch ein drittes Bauelement, das so genannte Steuergitter. Legt man eine schwache Spannung (die so genannte Steuergitterspannung) zwischen Steuergitter und Kathode, lässt sich die Zahl der zur Anode gelangenden Elektronen und damit die Stärke des durch die Röhre fließenden Stroms in weitem Umfang steuern. Die Triode funktioniert insgesamt wie ein elektrischer Verstärker, der ein Signal mit geringer Amplitude (die Steuergitterspannung) in ein Signal mit großer Amplitude (den an der Anode ankommenden Strom) umwandelt.

Seit den 1930er Jahren wurden dann die Elektronenröhren zunehmend durch Bauelemente verdrängt, die weniger Platz einnehmen, robuster sind und nicht so viel Energie verbrauchen: durch Halbleiterelemente (siehe HALBLEITER). 1949 baute man in den Bell Laboratories erstmals ein kompaktes, ausschließlich aus festen Materialien bestehendes Bauelement, das ähnliche Eigenschaften besitzt wie die Triode: den Transistor. Der Name entstand aus der Zusammenziehung des englischen *transfer resistor* (Übertragungswiderstand). Erfunden wurde der Transistor von John Bardeen, William B. Shockley und Walter H. Brattain; 1956 erhielten sie dafür den Nobelpreis für Physik, doch ihre Bekanntheit blieb weit hinter der ihrer Erfindung zurück.

Die Herstellung von Transistoren

Zur Vorbereitung: ***Halbleiter***

Bevor wir erklären, wie ein Transistor funktioniert, sei daran erinnert, des es zwei Arten »dotierter«, das heißt mit »Fremdatomen« versetzter Halbleiter gibt: die N-Typ-Halbleiter, die bewegliche Elektronen (Leitungselektronen) aufweisen, und die P-Typ-Halbleiter, bei denen der Stromfluss nicht auf der Bewegung von Elektronen, sondern von Elektronenlücken (Löchern oder Defektelektronen) basiert, fiktiven Teilchen mit positiver elektrischer Ladung, die einem fehlenden Elektron entsprechen. Setzt man nun einen P- und einen N-Typ-Halbleiter zusammen, kommt es an der Grenzfläche zu einem seltsamen Phänomen, auf dem die gesamte moderne Elektronik basiert: Der Strom fließt nur noch in einer Richtung, von P nach N, wobei die Elektronen gleichsam die Elektronenlücken oder -löcher auffüllen, nicht aber von N nach P, da man einer Elektronenlücke kein Elektron entreißen kann.

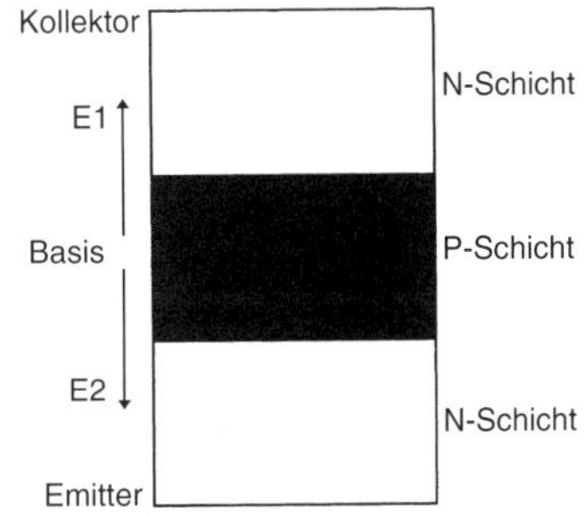

Abbildung 2 NPN-Transistor

Die 1949 erfundenen Transistoren arbeiteten mit zwei solchen Grenzflächen (siehe *Abbildung 2*); sie bestanden zum Beispiel aus zwei Schichten eines N-Typ-Halbleiters, zwischen denen sich als dünne Schicht ein P-Typ-Halbleiter befand (NPN-Transistor). In diesem Fall wird die erste N-Schicht als Emitter bezeichnet, weil sie die dieselbe Aufgabe erfüllt wie die Kathode in einer Triode: Sie emittiert Elektronen, die in die übrigen Teile des Elements wandern. Ein kleiner Teil dieser Elektronen füllt die Elektronenlücken oder Löcher der P-Zwischenschicht, die als Basis bezeichnet wird. Die restlichen Elektronen sammeln sich in der zweiten N-Schicht, die als Kollektor bezeichnet wird, weil sie wiederum eine ähnliche Aufgabe erfüllt wie die Anode in der Triode. Die Basis übernimmt die Funktion des Steuergitters. Mit ihrer Hilfe lässt sich der Strom der im Kollektor eintreffenden Elektronen steuern.

Jeder Transistor besitzt drei Betriebsarten. In der normalen Betriebsart ist der im Kollektor eintreffende Elektronenstrom proportional zu dem die Basis verlassenden Elektronenstrom (der Proportionalitätsfaktor kann dabei zwischen zehn und mehreren hundert variieren). Diese Betriebsart erlaubt es, am Kollektor einen Strom abzunehmen, der gegenüber dem an der Basis eintretenden Strom um ein Vielfaches verstärkt ist. Die beiden anderen Betriebsarten stellen Grenzfälle dar: Im Sperrmodus fließt kein Strom durch das Element, das sich demnach wie ein offener Schalter verhält; im Sättigungsmodus erreicht der Strom dagegen sein Maximum, und das Element wirkt wie ein geschlossener Schalter. Durch die Modulation der an die Basis angelegten Spannung wechselt der Transistor zwischen diesen beiden Zuständen und funktioniert daher wie ein elektrisch gesteuerter Schalter.

Transkription

Zur Vertiefung: ***genetische Information; genetische Regulation; Gentechnik; Spleißen***

Transkription der genetischen Information

Im genetischen Material der Lebewesen (ihrem GENOM) ist die genetische Information in der DNA-Doppelhelix gespeichert, außer bei bestimmten VIREN, deren Genom aus RNA besteht (siehe NUKLEINSÄUREN). Um diese Information für die Funktion der Zellen nutzen zu können, muss sie zunächst »umgeschrieben« werden. Das geschieht während der so genannten Transkription, die aus der DNA verschiedene Arten von RNA produziert: die Messenger-RNA (mRNA), die während der TRANSLATION die Synthese der PROTEINE in den RIBOSOMEN steuert; die ribosomale RNA (rRNA) als Bestandteil dieser Ribosomen, in denen aus AMINOSÄUREN als Grundbausteinen Proteine werden; und die Transfer-RNA (tRNA), die Aminosäuren zu den Ribosomen bringt.

Da nur ein Strang der DNA-Doppelhelix in RNA transkribiert wird, bezeichnet man diesen Vorgang auch als asymmetrisch. Die Transkription findet in der ZELLE dort statt, wo sich die DNA befindet: bei Prokaryoten (deren Zellen keinen ZELLKERN haben) wie BAKTERIEN im ZYTOPLASMA und bei EUKARYOTEN (deren Zellen einen Kern haben) wie Tieren und Pflanzen im Zellkern. Sie erfolgt durch ENZYME, die RNA-Polymerasen; diese Proteine können die Ribonukleotiden, also die vier verschiedenen Grundbausteine der RNA, zusammensetzen, die den Zucker Ribose und die organischen Basen Adenin (A), Cytosin (C), Guanin (G) und Uracil (U) enthalten. Die Verkettung dieser Ribonukleotiden entspricht der Reihenfolge der Basen in den Desoxyribonukleotiden, den Grundbausteinen der DNA, die als Zucker Desoxyribose und als Basen ebenfalls Adenin, Cytosin und Guanin, aber statt Uracil Thymin (T) enthalten. Eine wesentliche Rolle spielt bei diesem Vorgang die Paarung bestimmter Basen aufgrund ihrer Komplementärstruktur (siehe KOMPLEMENTARITÄT), also ihre Fähigkeit, sich auf spezifische Weise ineinander zu verschachteln. So lagert die RNA-Polymerase an ein Cytosin der DNA ein Guanin an, an ein Guanin ein Cytosin, an ein Thymin ein Adenin und an ein Adenin ein Uracil.

Die Nukleinsäurestränge besitzen durch die chemischen Bindungen, die zwei aufeinander folgende Nukleotide über die entsprechenden Zuckermoleküle verknüpfen, eine definierte Richtung. Die beiden Kohlenstoffatome des Zuckers, die an dieser Verknüpfung beteiligt sind, erhalten konventionell die Kennzeichnung 5' und 3'. Bei der Transkription verläuft die Polymerisation der Ribonukleotiden immer in derselben Richtung: Die RNA-Kette wird ausgehend von einem Nukleotid synthetisiert, das eine Phosphatgruppe am 5'-Kohlenstoff des Zuckers trägt und als 5'-Ende bezeichnet wird. Schritt für Schritt werden bei der Synthese nun Nukleotide hinzugefügt, bis die als 3'-Ende definierte OH-Gruppe am 3'-Kohlenstoff des Zuckers am letzten Nukleotid der Kette erreicht ist.

Signale der Transkriptionseinheiten

In einem Genom werden nur jene Teile des DNA-Moleküls transkribiert, die Genen entsprechen. Da Größe und Position der Gene in der DNA der Chromosomen variabel sind, gibt es Signale, an denen die RNA-Polymerase Anfang und Ende der zu transkribierenden DNA erkennen kann.

Die Startsignale für die Transkription bestehen in der Regel aus kurzen DNA-Sequenzen, die einige Nukleotide vor der zu transkribierenden DNA liegen und eine so genannte Promotorregion bilden.

Manche Gene, die kleine RNA-Stränge wie die Transfer-RNA (tRNA) codieren, bilden bei Eukaryoten eine Ausnahme von dieser

Regel, da die notwendigen Startsignale für ihre Transkription innerhalb der zu transkribierenden DNA-Region liegen.

Den DNA-Anteil zwischen einem Startsignal und einem Stoppsignal für die Transkription bezeichnet man als Transkriptionseinheit. Bei Prokaryoten sind die Transkriptionseinheiten meist polycistronisch, das heißt, die transkribierte RNA lässt sich in mehrere Proteine übersetzen, die von benachbarten Regionen dieser RNA codiert werden (siehe OPERON). Bei Eukaryoten sind die Transkriptionseinheiten dagegen im Allgemeinen monocistronisch: Die ausgehend von der DNA transkribierte RNA codiert nur ein einziges Protein.

Die 5'- und 3'-Enden der mRNA erfahren bei Eukaryoten spezifische Veränderungen. Zu Beginn der Transkription wird dem ersten RNA-Nukleotid bei der Synthese ein modifiziertes Nukleotid angehängt, eine so genannte Kappe zum Schutz der RNA. Nach Beendigung der Transkription fügt ein Enzym, die Poly(A)-Polymerase, am 3'-Ende der mRNA meist eine Folge von mehreren Dutzend Adenin-Nukleotiden an. Dieser so genannte Poly(A)-Schwanz ist für die Stabilität der mRNA von Bedeutung.

RNA-Polymerasen

Die RNA-Polymerasen sind Proteine, deren Hauptaufgabe, wie ihr Name schon sagt, in der Polymerisation der Ribonukleotiden besteht, also in ihrer wohlgeordneten Verkettung zu einem RNA-Molekül. Sie erfüllen mehrere Funktionen und müssen nacheinander folgende Operationen durchführen: die Startsignale für die Transkription erkennen; die beiden DNA-Stränge trennen; die Nukleotiden in der Reihenfolge eines der beiden DNA-Stränge polymerisieren; diesen Vorgang am DNA-Strang entlang fortsetzen; die DNA-Doppelhelix anschließend wieder verknüpfen; das Stoppsignal für die Transkription erkennen; das RNA-Transkript von der DNA lösen (siehe *Abbildung 1*).

Darüber hinaus können die RNA-Polymerasen über ihre verschiedenen Ketten mit zahlreichen anderen Proteinen in Wechselwirkung treten, die an der Regulation der Transkription mitwirken und daher als Transkriptionsfaktoren bezeichnet werden. Das Vorhandensein oder Fehlen dieser Faktoren sowie ihre Modifikationen je nach Physiologie der Zelle bewirken Veränderungen in der Aktivität der RNA-Polymerasen und regulieren die Transkription (siehe GENETISCHE REGULATION).

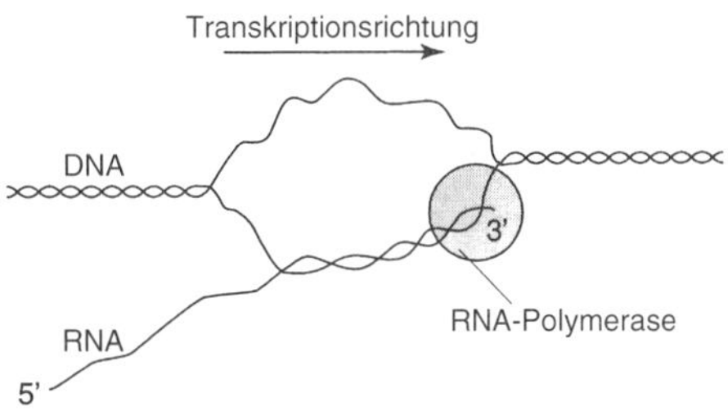

Abbildung 1 Transkription einer DNA-Doppelhelix in einen RNA-Einzelstrang

Bei Prokaryoten gibt es nur eine RNA-Polymerase, die alle Gene transkribiert. Eukaryoten weisen dagegen drei Arten von RNA-Polymerase auf. Die RNA-Polymerase I synthetisiert die rRNA; die RNA-Polymerase II synthetisiert die mRNA; und die RNA-Polymerase III synthetisiert die tRNA sowie bestimmte kleine RNA-Arten, die bei der Reifung der mRNA nach ihrer Synthese im Zellkern gebraucht werden (siehe SPLEISSEN).

Die Polymerisation der Ribonukleotiden durch die bakterielle RNA-Polymerase erfolgt mit einer Geschwindigkeit von 40 Nukleotiden pro Sekunde, also zwanzigmal langsamer als die REPLIKATION der DNA durch andere Polymerisations-Enzyme, die DNA-Polymerasen (800 Nukleotidpaare pro Sekunde), aber etwa ebenso schnell wie die Proteinsynthese (15 Aminosäuren pro Sekunde). Anders als die DNA-Polymerasen sind die RNA-Polymerasen nicht in der Lage, eventuelle Lesefehler bei der Transkription zu korrigieren (siehe REPLIKATION). Diese relativ selten vorkommenden Fehler haben weniger schwerwiegende Folgen als Fehler bei der DNA-Replikation, die zu MUTATIONEN führen, denn die wenigen fehlerhaften, nicht funktionsfähigen RNA-Exemplare sind nur von kurzer Lebensdauer und werden durch das Vorhandensein vieler korrekter Exemplare ausgeglichen.

Reverse Transkription

Die Erforschung bestimmter Viren, deren Genom wie bei den Retroviren aus RNA besteht, zeigte, dass die Transkription, ursprünglich definiert als Umschrift von DNA in RNA, auch in der umgekehrten Richtung als Umschrift von RNA in DNA funktionieren kann, weshalb man sie als reverse Transkription bezeichnet. Sie erfolgt über ein Enzym, das reverse Transkriptase heißt. Im Gegensatz zur RNA-Polymerisation braucht die reverse Transkriptase, die eine DNA-Polymerase ist, für den Beginn der Polymerisation der Nukleotiden ein kurzes Nukleinsäuresegment, das sich durch Basenpaarung an den Anfang der zu transkribierenden Region anlagert und als Startpunkt oder Primer der Reaktion dient. Bei Retroviren ist dieser Primer ein tRNA, dessen Ende sich an die zu transkribierende RNA anheftet.

Seit Entdeckung der reversen Transkription Anfang der 1960er Jahre findet sie weithin Verwendung, um mRNA *in vitro* in cDNA (komplementäre oder copy-DNA) umzuwandeln. Als Primer für die reverse Transkription wird ein DNA-Segment aus einer Thyminfolge an den Poly(A)-Schwanz am 3'-Ende der mRNA angelagert. Die Struktur einer cDNA lässt sich mit den Mitteln der GENTECHNIK leicht analysieren und stellt somit eine Methode dar, die Struktur der mRNA indirekt zu bestimmen und die Transkription der Gene zu erforschen.

Translation

Zur Vertiefung: ***Eukaryoten, Prokaryoten; genetischer Code; Ribosomen; Spleißen***

Als Translation bezeichnet man eine bestimmte Etappe im Übergang von der DNA zu den Proteinen. In den GENEN ist die genetische Information in Form linearer Nukleotidketten (siehe NUKLEOTIDE) – der Grundbausteine der DNA – enthalten; in einem ersten Schritt wird sie bei der TRANSKRIPTION zunächst in die Messenger-RNA (mRNA) umgeschrieben und anschließend bei der Translation in eine lineare Kette anderer Strukturelemente, in die AMINOSÄUREN der Proteine, »übersetzt« (siehe *Abbildung 1*). Die Information wird also aus einer Art von Molekularstruktur in eine andere Art von Molekularstruktur transponiert.

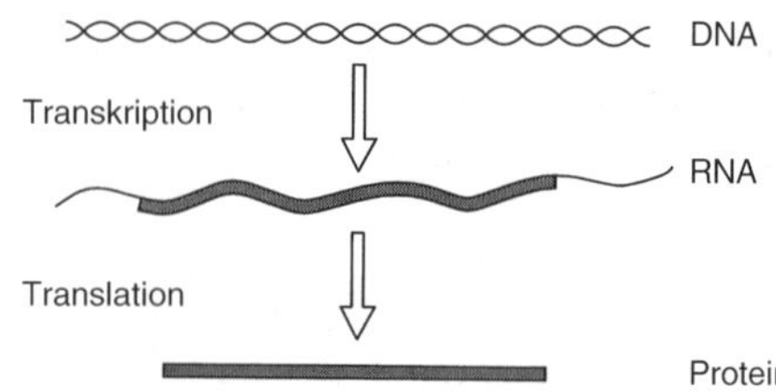

Abbildung 1 Translation der genetischen Information

Tatsächlich hat dieser Vorgang sehr viel Ähnlichkeit mit der Übersetzung von einer Sprache in eine andere, da die genetische Information bei der Translation durch die Ribosomen interpretiert und zum Ausdruck gebracht wird. Diese Korpuskeln, die aus zwei Untereinheiten bestehen und sich im ZYTOPLASMA der Zellen befinden, setzen sich aus Proteinen und einer speziellen Art von RNA zusammen, nämlich der ribosomalen RNA (rRNA), und wirken an der Translation wesentlich mit. Der eigentliche Übersetzungsvorgang erfolgt mittels des genetischen Codes, einer Art Grammatik, die es ermöglicht, eine Verknüpfung zwischen zwei verschiedenen molekularen Alphabeten herzustellen: zwischen den vier Nukleotidtypen der Nukleinsäuren – Adenin (A), Cytosin (C), Guanin (G) und Thymin (T) in der DNA sowie A, C, G und U (Uracil) in der RNA – und den 20 verschiedenen Aminosäuretypen der Proteine. Jedem Triplett aus aufeinander folgenden Nukleotiden, Codon genannt, entspricht eine bestimmte Aminosäure. Die gesamte Kette wird in die Produktion eines Proteins übersetzt, also in ein neues MAKROMOLEKÜL, das durch seine biologische Wirkung die Funktion des codierenden Gens ausdrückt und offenbart. Die Buchstabenfolge TGC TAC TTC CAG AAC TGC CCG AGG GGC steht zum Beispiel für die DNA-Nukleotidkette jenes Gens, das Vasopressin codiert, ein antidiuretisches Hormon, das die Resorption von Wasser in den Nieren bewirkt. Stellt man die Aminosäuren mit Einbuchstabensymbolen dar, so ergibt die Translation die-

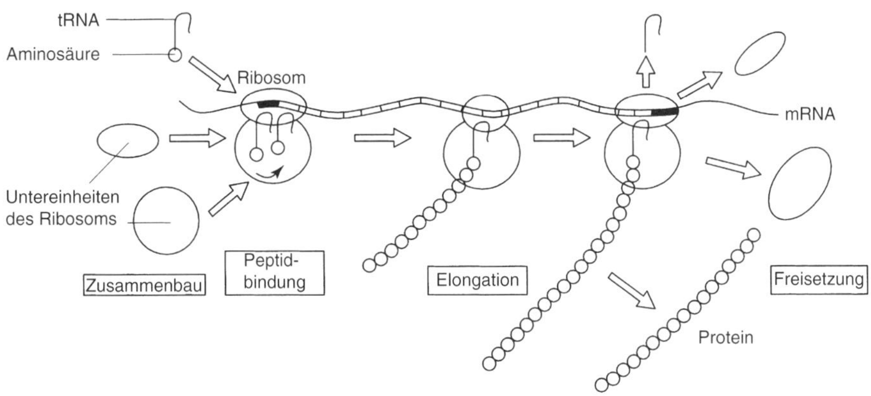

Abbildung 2 Translation der mRNA in ein Protein durch die Ribosomen. Die Rechtecke stehen für die Codons der mRNA, die kleinen Kreise für Aminosäuren; die schwarz gefüllten Rechtecke zeigen Initiator-Codon und Terminator-Codon.

ses Gens in ein Protein CYFQNCPRG, was für die Verkettung der Aminosäuren oder die Primärstruktur des Vasopressins steht.

Die Translation beginnt an einer bestimmten Stelle der Nukleotidkette, die am Anfang der mRNA sitzt, der so genannten Ribosomenbindungsstelle, an der die beiden Untereinheiten des Ribosoms zusammengefügt werden (siehe *Abbildung 2*). An dieser Stelle lagern sich die Transfer-RNAs (tRNAs), die die ersten beiden Aminosäuren des zu synthetisierenden Proteins tragen, an die mRNA an. Jede tRNA enthält ein Triplett aus aufeinander folgenden Nukleotiden, das Anticodon; es erkennt in der mRNA das Codon, das der ihm angelagerten Aminosäure entspricht, wobei die Nukleotidfolge des Anticodons der tRNA komplementär zu der des Codons der mRNA ist. Es kommt zu einer Basenpaarung zwischen A und U sowie C und G. Das Ribosom katalysiert die Bildung einer festen CHEMISCHEN VERBINDUNG zwischen den beiden Aminosäuren, der ersten Peptidbindung der entstehenden Proteinkette.

In dem Maße, wie das Ribosom nun an der mRNA von einem Codon zum nächsten gleitet, wird der Proteinkette jeweils eine neue Aminosäure hinzugefügt, herantransportiert von der entsprechenden tRNA. Dieser Vorgang der Elongation wiederholt sich, bis das Ribosom eines der drei Stopp-Codons des genetischen Codes erreicht, das die Beendigung oder Termination der Translation signalisiert. Die fertige Proteinkette wird vom Ribosom gelöst, das sich nun von der mRNA trennt. Mehrere Ribosomen können gleichzeitig an der Translation derselben mRNA mitwirken.

Die Mechanismen der Translation unterscheiden sich bei Prokaryoten (Organismen, deren Zellen keinen ZELLKERN haben) und bei EUKARYOTEN (Zellen mit Kern). Bei Prokaryoten ist die Translation der mRNA an ihre Transkription aus der DNA gekoppelt, da beide Prozesse in der einzigen Kammer der Zelle, dem ZYTOPLASMA, stattfinden. Häufig kommt es vor, dass mehrere benachbarte Gene in nur eine Form von mRNA transkribiert werden, die anschließend in mehrere Proteine übersetzt wird (siehe *Abbildung 3*). In diesem Fall geht jeder Sequenz, die ein Protein codiert, jeweils eine Ribosomenbindungsstelle voraus, an der die Ribosomen die Translation beginnen können.

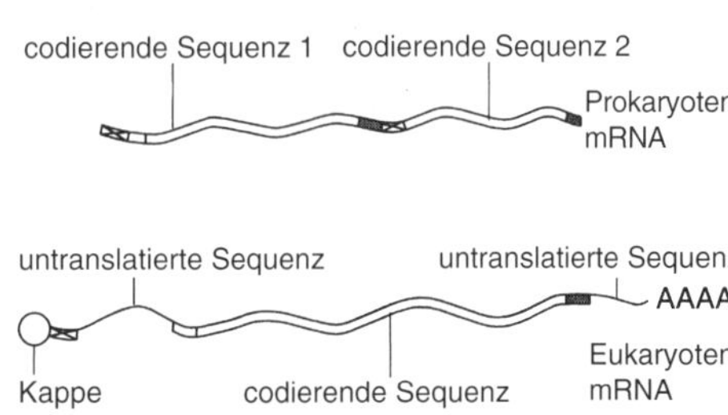

Abbildung 3 Vergleich der mRNA-Struktur bei Prokaryoten und Eukaryoten. Die Bindungsstellen, an die sich die Ribosomen anlagern, sind mit einem Kreuz gekennzeichnet, die Start-Codons der Translation mit einem leeren Rechteck, die Stopp-Codons mit einem schwarz gefüllten Rechteck.

Bei Eukaryoten enthalten die Zellen einen Zellkern, in dem die DNA verwaltet wird. Dort erfolgt die Transkription der DNA in RNA und das Spleißen, bei dem ein Teil der transkribierten Segmente (die INTRONS) entfernt und die mRNA gebildet wird. Nach der Transkription wird die mRNA in das Zytoplasma transportiert, wo die Translation erfolgt. Bei Eukaryoten enthält die mRNA nur jeweils eine codierende Sequenz, umgeben von nicht codierenden Abschnitten, die nicht translatiert werden. Die erste dieser untranslatierten Sequenzen befindet sich am Anfang der mRNA, vor dem Start-Codon der Translation; ihr äußeres Ende ist durch eine spezielle chemische Struktur, die so genannte Kappe oder Cap-Struktur, geschützt, die dem Ribosom als Bindungsstelle dient. Das zweite nicht codierende Segment befindet sich hinter dem Stopp-Codon der Translation am anderen Ende der mRNA und mündet in eine Folge von Nukleotiden, die alle die Nukleinbase A enthalten (diese Folge wird als Poly(A)-Schwanz bezeichnet). Dieses zweite untranslatierte Segment bestimmt die Stabilität der mRNA und somit den Zeitraum, in dem sie translatiert werden kann; es beeinflusst also die Proteinmenge, die produziert werden kann.

Bei allen Organismen ist die Proteinkette, die in der mRNA codiert ist und bei der Translation Codon für Codon buchstabengetreu übersetzt wird, eine Art Rohprodukt, das bis zum »Endprodukt« noch einige Etappen zu durchlaufen hat. Im Verlauf der Synthese faltet sich die Proteinkette zusammen und nimmt die spezifische räumliche Struktur und Form an, die seine biologische Wirkung bedingt. Proteine, die, verankert in den Zellmembranen, als Rezeptoren dienen oder wie die Hormone als Sekret aus der Zelle ausgeschieden werden sollen, werden zum Beispiel von Ribosomen translatiert, die im Zytoplasma mit dem ENDOPLASMATISCHEN RETIKULUM verbunden sind, einem Zellorganell aus zahlreichen Kanälchen und Hohlräumen. Von dort wandern sie in ein weiteres Organell, den GOLGI-APPARAT, wo sie verschiedene Modifikationen erfahren und anschließend an ihren Bestimmungsort gebracht werden.

Treibhauseffekt

Zur Vertiefung: ***Atmosphäre; Klima; Kohlenstoff; Wasser***

Die mittlere Temperatur an der Erdoberfläche beträgt etwa 15 °C, aber sie läge bei etwa 20 °C unter null, wenn die Erdatmosphäre ausschließlich aus Sauerstoff und Stickstoff bestünde.

Die Erde erhält von der Sonne 1360 W/m^2 Energie in Form von Strahlung. Ungefähr 30 % dieser Strahlung werden von den Wolken sowie den in der Atmosphäre schwebenden Staubteilchen und den Aerosolen reflektiert und gelangen nicht bis zum Boden. Die von der Sonne aufgeheizte Erde strahlt ihrerseits Energie in Form von Infrarotstrahlung ab. Nun enthält die Erdatmosphäre zu einem sehr geringen Anteil (von etwa 1 %) Gase, die die Infrarotstrahlung absorbieren und ihrerseits Energie an die Erde abstrahlen, so dass die Temperatur um 35 °C steigt. Dieses Gas spielt dieselbe Rolle wie die Glasabdeckung eines Treibhauses; deshalb spricht man hier vom Treibhauseffekt (siehe *Abbildung 1*).

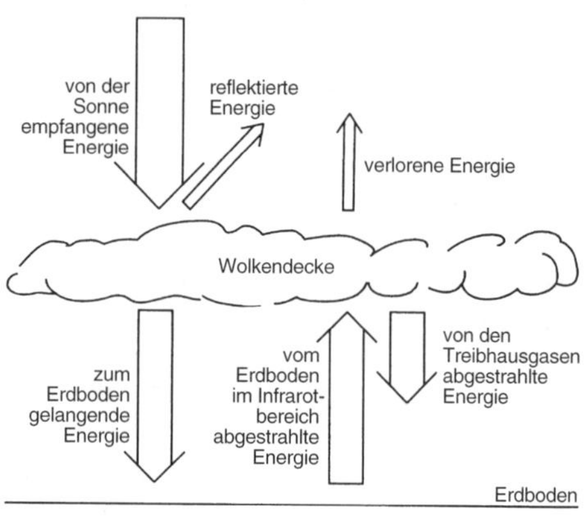

Abbildung 1

Die wichtigsten Treibhausgase sind Wasserdampf, Kohlendioxid (CO_2) und Methan (CH_4). Das Methangas (0,0001 % der Atmosphäre) stammt hauptsächlich aus der Fäulnis organischer Stoffe in Sümpfen und Reisfeldern, aber auch aus den Verdauungsprozessen bei Tieren, vor allem Wiederkäuern und Termiten. Kohlendioxid macht zum Glück nur 0,03 % der Atmosphäre aus; der allergrößte Teil des einst in der Uratmosphäre enthaltenen CO_2 ist heute in Kalkstein gebunden (siehe GESTEINE und BIOMINERALIEN). Auf der Venus, deren Atmosphäre zu 97% aus Kohlendioxid besteht, ist der Treibhauseffekt so stark, dass die Temperatur dort 460 °C beträgt. Nur weil der Treibhauseffekt auf der Erde sich in engen Grenzen hält, kann hier Wasser in allen drei Aggregatzuständen vorkommen, in festem, in flüssigem und in gasförmigem Zustand.

Eine Analyse der lang gezogenen Eiskappe von Vostok in der Antarktis hat ergeben, dass in den letzten 160 000 Jahren eine ausgezeichnete Korrelation bestand zwischen dem Kohlendioxidgehalt der im Eis eingeschlossenen Luft und der Temperatur der Erdatmosphäre zu der Zeit, als der Schnee fiel, aus dem das Eis dann entstand (ermittelt wird die Temperatur durch die Messung der Anteile verschiedener Sauerstoffisotope, die sich durch die Zahl der im Atomkern enthaltenen Neutronen voneinander unterscheiden). Zum Teil aufgrund der verstärkten Verbrennung fossiler Brennstoffe nimmt der Anteil des Kohlendioxids an der Erdatmosphäre seit einigen Jahrhunderten zu. So stieg er allein von 1958 bis 1993 jährlich um 0,0016‰. Auch der Methangehalt steigt, weil immer größere Flächen für den Reisanbau zur Ernährung der wachsenden Weltbevölkerung genutzt werden.

Man hat ausgerechnet, dass eine Verdopplung des Kohlendioxids und des Methans in den nächsten hundert Jahren zu einer Erhöhung der mittleren Temperatur um 2 °C führen würde; hinzu käme noch einmal 1 °C aufgrund des erhöhten Wasserdampfgehalts der Luft, weil eine Erwärmung auch zu einer stärkeren Verdunstung führt. Unberücksichtigt bleiben dabei allerdings einige entgegengesetzte Effekte, über die wir bislang noch wenig wissen und die mit der stärkeren Wolkenbedeckung, einer größeren und dichteren Pflanzendecke und einem veränderten Verhalten der Weltmeere zusammenhängen.

Zu den wichtigsten Folgen einer allgemeinen Erwärmung gehört der weltweite Anstieg des Meeresspiegels aufgrund der temperaturbedingten Ausdehnung des Wassers sowie aufgrund des Abschmelzens der Gletscher und der Eiskappen an den Polen, so weit sie Landmassen bedecken.

Diese Voraussagen, über die allerdings längst noch keine Einigkeit herrscht, basieren auf stark vereinfachten Modellen der Klimaentwicklung, die noch keineswegs all die komplexen Wechselwirkungen zwischen den verschiedenen Parametern berücksichtigen. Insbesondere dürfen wir nicht vergessen, dass das System Erde sehr langsam auf Störungen reagiert (langsam jedenfalls im Verhältnis zur menschlichen Lebensspanne). Wenn wir morgen den Beschluss fassten, den Ausstoß von Treibhausgasen drastisch zu reduzieren, würden die Wirkungen dieses Beschlusses auf die Temperaturen sich erst in mehreren Jahrzehnten bemerkbar machen.

Trennverfahren

Zur Vertiefung: ***Chromatographie; Destillation; Isolierung; Verunreinigungen***

Obwohl die meisten chemischen Umwandlungen sehr selektiv (siehe SELEKTIVITÄT) wirken und vorwiegend das angestrebte Reaktionsprodukt hervorbringen, führen sie oft zu Stoffgemischen. Nun möchten wir uns aber darauf verlassen können, dass der Zucker, den wir in unseren Kaffee rühren, keine Blausäure enthält. Die Reinheit einer chemischen Verbindung ist häufig eine Vorbedingung für ihre Nutzung, wenn es darum geht, sie bei einer reproduzierbaren Umwandlung oder als Bestandteil einer Rezeptur einzusetzen, die aus patentrechtlichen Gründen oder zum Schutz der Verbraucher genauen technischen Daten entsprechen muss. Es gibt jedoch auch Ausnahmen: Gerade der Kaffee ist eine komplexe Mischung, die Natur und Kaffeeröster aus Kaffeebohnen hervorbringen.

Oft besteht eine sowohl wissenschaftliche als auch moralische und gesetzliche Verpflichtung, die Bestandteile eines Stoffgemischs voneinander zu trennen. Mögliche Trennverfahren sind Destillation, KRISTALLISATION und Chromatographie, bei der die zu trennenden Substanzen zunächst an einer stationären Phase (zum Beispiel einem Festkörper) haften bleiben und anschließend durch eine mobile Phase (eine Flüssigkeit oder ein Gas) herausgelöst werden. Für die Anwendungsmöglichkeiten der verschiedenen Trennverfahren lassen sich hier nur Beispiele anführen: Durch Destillation kann man ALKOHOL von dem in Wein vorhandenen Wasser trennen; durch Kristallisation erhält man aus Melasse den Zucker, der zu Recht den Namen Kristallzucker trägt; und durch Chromatographie lassen sich die verschiedenen Chlorophyllarten zum Beispiel aus Spinatblättern trennen.

Eine wichtige Rolle spielt in der Praxis der Sonderfall eines Gemischs, das zu gleichen Teilen aus zwei Enantiomeren besteht, also aus Molekülen der gleichen Zusammensetzung, die sich jedoch in der Anordnung ihrer Atome wie Bild und Spiegelbild zueinander verhalten (siehe CHIRALITÄT). So ist zum Beispiel ein Enantiomer des Chloramphenicols ein hochwirksames Antibiotikum, während das andere keine biologische Wirkung zeitigt. Die Trennung solcher Enantiomere bezeichnet man als Racemattrennung, ein Gebiet, auf dem Louis Pasteur Pionierarbeit geleistet hat.

Trigonometrie

Zur Vorbereitung: ***Winkel***
Zur Vertiefung: ***Exponentialfunktion; Pi***

Sieht man einen Baum von 10 m Höhe unter einem Winkel von 3° (siehe *Abbildung 1*), kann man dann die Entfernung bestimmen?

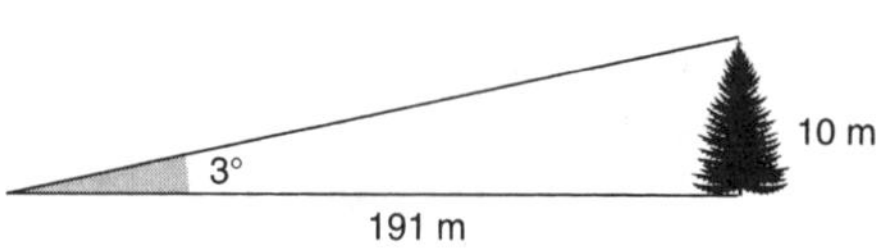

Abbildung 1

Die Antwort: 191 m erhält man, indem man die Höhe des Baums (10 m) durch den Tangens des Winkels teilt, unter dem man ihn sieht (0,052).

Die trigonometrischen Funktionen

In einem rechtwinkligen Dreieck hängt der Quotient aus der einem Winkel A gegenüberliegenden Seite und der Hypothenuse nur von dem Winkel A ab; man bezeichnet diesen Quotienten als den Sinus des Winkels A (siehe *Abbildung 2*).

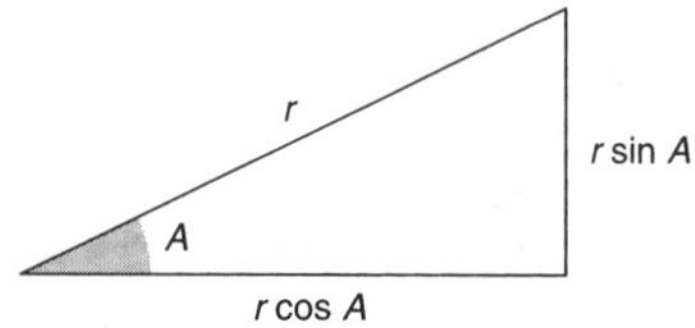

Abbildung 2

Der Kosinus des Winkels A ist der Quotient aus der dem Winkel A anliegenden (von der Hypothenuse verschiedenen) Seite und der Hypothenuse. Der Tangens des Winkels A ist der Quotient aus der anliegenden und der gegenüberliegenden Seite. Die Zahl $\tan A$ ist demnach gleich $\sin A/\cos A$.

Diese Funktionen ordnen einem Winkel jeweils eine Zahl zu. Man kann auch den Sinus, Kosinus und Tangens einer reellen Zahl a definieren als den Sinus, Kosinus bzw. Tangens eines Winkels mit dem Winkelmaß a. Diese Funktionen ordnen dann jeder reellen Zahl eine reelle Zahl zu. In Wirklichkeit ist die Situation jedoch etwas komplizierter, weil die Sinus- und die Kosinusfunktion zur Definition des Winkelmaßes benötigt werden.

Die trigonometrischen Funktionen werden unter anderem von Ingenieuren, Kartographen, Seeleuten und Artilleristen benutzt. Erfunden wurden sie bereits in der Antike von griechischen und indischen Astronomen. Damals verwendete man jedoch eine archaische Version, die auf dem Quotienten aus der Länge einer Schnur und dem damit gezogenen Kreisbogen über einem Winkel A basierte (siehe *Abbildung 3*).

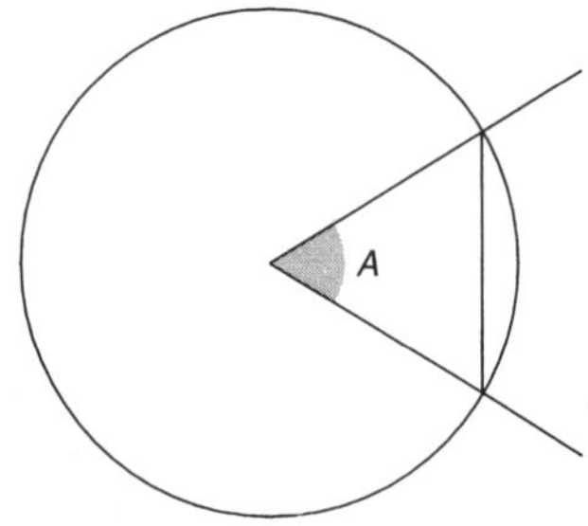

Abbildung 3

Ist a die Größe des Winkels in Grad, so beträgt die Länge der Schnur $2r\sin(a/2)$, wobei

r der Radius des Kreises ist; die Länge des Kreisbogens beträgt $(2\pi r a)/360$, und der als trigonometrische Maßzahl dienende Quotient beider Größen beträgt $360 \sin(a/2)/\pi a$.

Um die Kurve der Sinusfunktion zu konstruieren, kann man die Hypothenuse r des rechtwinkligen Dreiecks gleich 1 setzen, einige Werte für den Winkel a auswählen (zum Beispiel variiert a in Schritten von 45° von 0 bis 360°) und die so gewonnen Punkte miteinander verbinden (siehe *Abbildung 4*).

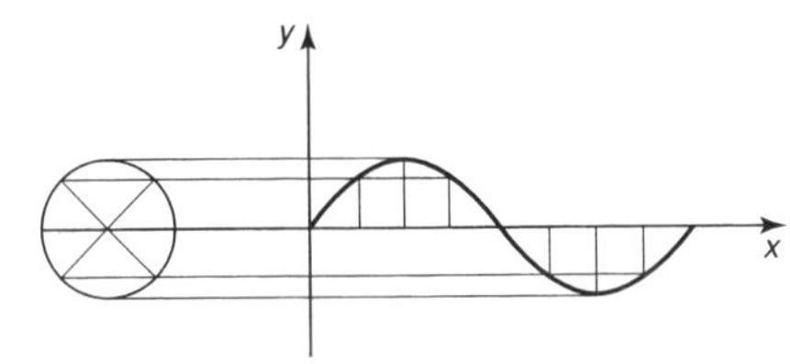

Abbildung 4

Jenseits von 360° wiederholt sich der Kurvenzug periodisch (siehe *Abbildung 5*).

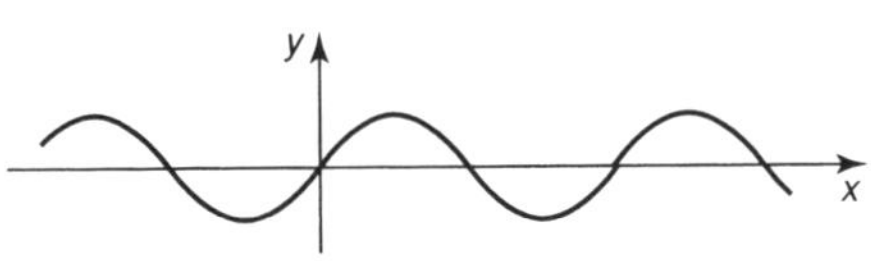

Abbildung 5 Sinusfunktion

In derselben Weise lassen sich auch die Kurven der Kosinusfunktion (siehe *Abbildung 6*) und der Tangensfunktion (siehe *Abbildung 7*) konstruieren.

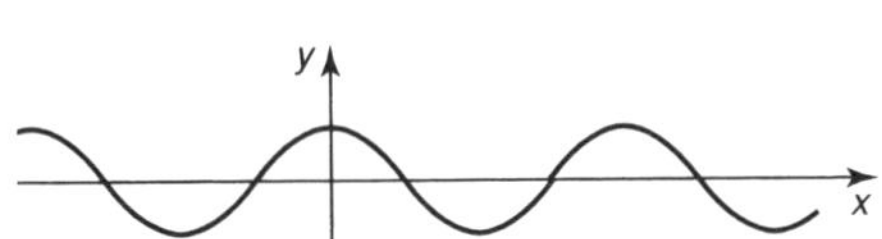

Abbildung 6 Kosinusfunktion

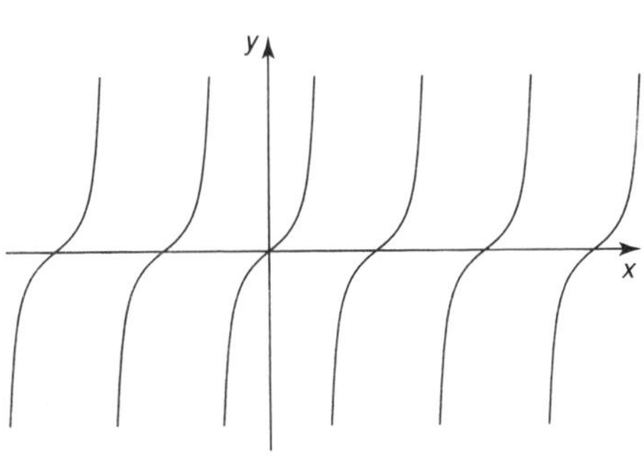

Abbildung 7 Tangensfunktion

Die Ableitung der Sinus- und Kosinusfunktion

Den trigonometrischen Funktionen begegnet man in der Darstellung zahlreicher Phänomene, die auf den ersten Blick gar nichts mit Winkeln zu tun haben. So lässt sich die zeitliche Variation der Schwingungshöhe eines an einer Feder hängenden Objekts durch die Sinusfunktion beschreiben. Und auch die DÜNUNG ist sinusförmig.

Dass man den trigonometrischen Funktionen so häufig begegnet, hat einen einfachen Grund: Misst man die Winkel in rad (siehe WINKEL), so ist die Ableitung der Sinusfunktion gleich der Kosinusfunktion, und die Ableitung der Kosinusfunktion ist gleich der negativen Sinusfunktion. Die trigonometrischen Funktionen sind also Lösungen der sehr einfachen Differentialgleichung $f'' = -f$, die zahlreiche physikalische Phänomene beschreibt.

Die trigonometrischen Funktionen und die komplexe Exponentialfunktion

Zur Vorbereitung: ***Exponentialfunktion; Zahlen***

Da die Ableitung der Sinusfunktion die Kosinusfunktion ist und die Ableitung der Kosinusfunktion die negative Sinusfunktion, liegt es nahe, diese Funktionen als unendliche Summen zu definieren (siehe REIHE): $\sin a$

$$= a - \frac{1}{1 \times 2 \times 3} a^3 + \frac{1}{1 \times 2 \times 3 \times 4 \times 5} a^5 - \ldots$$

$$\cos a = 1 - \frac{1}{1 \times 2} a^2 + \frac{1}{1 \times 2 \times 3 \times 4} a^4 - \ldots$$

Diese Eigenschaften ähneln sehr den Eigenschaften der EXPONENTIALFUNKTION, die ihre eigene Ableitung ist und deren Definition wiederum der Definition der trigonometrischen Funktionen ähnelt:

$$e^a = 1 + a + \frac{1}{1 \times 2} a^2 + \frac{1}{1 \times 2 \times 3} a^3 + \frac{1}{1 \times 2 \times 3 \times 4} a^4 + \frac{1}{1 \times 2 \times 3 \times 4 \times 5} a^5 + \ldots$$

Tatsächlich kann man leicht zeigen, dass die Exponentialfunktion der komplexen Zahl ia, nämlich e^{ia}, gleich $\cos a + i \sin a$ ist. Setzt man a gleich 2π, erhält man die Eulersche Formel $e^{2i\pi} = 1$, aber das legt vor allem eine andere Definition dieser Funktionen auf der Grundlage der komplexen Exponentialfunktion nahe:

$\sin a = (e^{ia} - e^{-ia})/2i$
$\cos a = (e^{ia} + e^{-ia})/2$

Trotz ihres geometrischen Ursprungs gelten Sinus- und Kosinusfunktion als Abkömmlinge der komplexen Exponentialfunktion.

Tunneleffekt

Zur Vertiefung: ***Quantenphysik; Teilchen***

Der Ausdruck »Tunnel« lässt an einen Berg denken. Um uns in eine geeignete Umgebung zu versetzen, wollen wir uns in die Alpen begeben und eine Billardkugel in Richtung auf einen Berggipfel werfen. Je mehr die Kugel an Höhe gewinnt, desto mehr verliert sie an Geschwindigkeit, also an kinetischer Energie. Zum Ausgleich wächst jedoch ihre potentielle Energie, so dass die Gesamtenergie (die Summe aus kinetischer und potentieller Energie) konstant bleibt. Wenn der Berg nicht allzu hoch ist, erreicht die Kugel den Gipfel, schlägt auf der anderen Seite auf und rollt dort den Berg hinunter, wobei sie entsprechend beschleunigt wird. Je höher der Berg ist, desto länger braucht die Kugel, um den Gipfel zu erreichen. Ist der Berg jedoch zu hoch, schlägt die Kugel auf, bevor sie den Gipfel erreicht, und rollt auf dieser Seite zurück. In dem ihnen eigenen Jargon sagen die Physiker, die Kugel sei »von einem Potentialwall reflektiert« worden, das heißt von einem Bereich, dessen potentielle Energie höher ist als die Gesamtenergie der Kugel. Sollte die Kugel in solch einem Fall dennoch den Gipfel erreichen, müsste ihre kinetische Energie negativ werden können (ihre Geschwindigkeit wäre dann eine imaginäre Zahl), und das ist ausgeschlossen. Im Rahmen der klassischen Mechanik ist es einer Kugel mit unzureichender Geschwindigkeit demnach untersagt, jemals die Grenze dieses Bereich zu überschreiten und auf der anderen Seite des Berges hinabzurollen.

Durch Wände gehen ...

Die Quantenphysik ist in solchen Dingen liberaler und missachtet dieses Verbot. Daraus ergibt sich der Tunneleffekt, der nur auf mikroskopischer Ebene zu finden ist. Dass Teilchen »durch Wände gehen« gehen können, entdeckte Ende der 1920er Jahre der Physiker George Gamow. Es ist möglich, dass Teilchen jenseits eines Potentialwalls oder einer Potentialbarriere auftauchen, die sie nach den Gesetzen der klassischen Mechanik eigentlich niemals hätten überwinden können. Es ist geradeso, als gäbe es einen Tunnel, der durch den Potentialwall (den Berg) führte; daher die Bezeichnung »Tunneleffekt«. Das klassische Verbot ist in diesem Fall aufgehoben. Allerdings behauptet die Quantenphysik nicht, dass sämtliche auftreffenden Teilchen das Hindernis durchqueren könnten. Sie zeigt lediglich – und diese Aussage wird durch Experimente bestätigt –, dass die Wahrscheinlichkeit, dass ein Teilchen den Wall überwindet, niemals vollständig gleich null ist. Diese Wahrscheinlichkeit hängt stark von der Höhe und Breite der Barriere ab. Wenn man einen Teilchenstrom auf solch eine Barriere richtet, prallt ein Teil daran ab, während ein anderer Teil das Hindernis überwindet.

In der Welt der Quantenphysik ist der Tunneleffekt weit verbreitet. Er zeigt sich überall, wo Atome, Elektronen, Atomkerne und andere Teilchen ins Spiel kommen. So können zwei Atomkerne auch dann miteinander verschmelzen, wenn ihre Relativgeschwindigkeit eigentlich nicht ausreicht, um die wechselseitige elektrische Abstoßung der beiden Kerne zu überwinden (siehe FUSION). Beim Alphazerfall, einem bekannten radioaktiven Phänomen, spielt der Tunneleffekt gleichfalls eine entscheidende Rolle. Dabei emittiert ein ATOMKERN einen kleineren, aus zwei Protonen und zwei Neutronen bestehenden Atomkern, ein Alphateilchen. Alphateilchen vermögen die äußerst starke Anziehungskraft zwischen ihnen und den übrigen Teilchen des ursprünglichen Atomkerns nur dank des Tunneleffekts zu überwinden.

... aber nur im Bereich der Quantenphysik

Für dieses seltsame Phänomen gibt es eine bildhafte Erklärung. In der Quantenphysik sind Ort oder Geschwindigkeit eines Teilchens nicht vollständig definiert (siehe HEISENBERGSCHEN UNBESTIMMTHEITSPRINZIP). Daraus ergibt sich auch für die kinetische Energie des Teilchens eine gewisse Unschärfe; sie kann daher durchaus oberhalb der Energie eines festgestellten Potentialwalls liegen. Das heißt, die Wahrscheinlichkeit, dass ein Teilchen genügend Energie besitzt, um den Potentialwall zu überwinden, ist nicht gleich null. Diese näherungsweise Erklärung legt den Schluss nahe, dass es sich beim Tunneleffekt eher um Bocksprünge handelt als um Geister, die durch Wände gehen. Allerdings darf man diese Analogie nicht für ein getreues Abbild der tatsächlich ablaufenden Vorgänge halten, denn in der Quantenphysik führen solche Bilder stets zu Widersprüchen.

Die Elektronik nutzt auf vielfältige Weise die Fähigkeit der Elektronen, aufgrund des Tunneleffekts Zonen zu überwinden, die ihnen nach den Gesetzen der klassischen Mechanik eigentlich unzugänglich sind. Das gilt zum Beispiel für das 1981 erfundene Raster-Tunnel-Elektronenmikroskop. Bei diesem Mikroskop wird eine sehr feine, unter Spannung stehende Metallspitze im Abstand von einigen Zehntel Nanometern ($1\text{nm}=10^{-9}\text{m}$) über die zu untersuchende Oberfläche geführt. Aufgrund des Tunneleffekts können Elektronen von der Metallspitze auf die untersuchte Oberfläche gelangen, obwohl ihre Energie nach den Kriterien der klassischen Physik nicht ausreicht, das dazwischen befindliche Vakuum zu überwinden. Der Anteil der Elektronen, denen dies gelingt, ist hochgradig abhängig von der Distanz zwischen der Metallspitze und der Oberfläche. Während die Spitze horizontal über die Oberfläche geführt wird, sorgt man durch entsprechende Höhenanpassung der Spitze dafür, dass der »Tunnelstrom« und damit der Abstand zwischen Spitze und Oberfläche möglichst konstant bleibt. Die Aufzeichnung der Höhenveränderungen ergibt dann ein (auf einige Hundertstel Nanometer) genaues Abbild des Oberflächenreliefs.

Turbulenz

Zur Vertiefung: ***Atmosphäre; Konvektion***

Betrachten wir einmal den Rauch einer Zigarette, der in der ruhigen Luft eines Zimmers gemäß dem Archimedischen Prinzip in die Höhe steigt, weil er wärmer und daher leichter ist als die umgebende Luft (Rauchen ist gesundheitsschädlich, Baden dagegen nicht; siehe ARCHIMEDISCHES PRINZIP und KONVEKTION). Das weiße Licht einer seitlich aufgestellten Lampe wird von den feinen Rauchpartikeln gestreut und zeichnet ein genaues Bild der dünnen Ströme warmer Luft, in denen der Rauch aufsteigt. Die bläuliche Farbe des Rauchs erinnert uns daran, dass diese Teilchen den blauen Anteil des Lichts eher streuen als die langwelligen (roten) Anteile – dieselbe Erscheinung, die uns den Himmel blau erscheinen lässt (siehe FARBE).

Die Luftströme steigen senkrecht auf und so geradlinig, dass man hier von einer laminaren Strömung sprechen kann. Doch einen halben Meter weiter oben zerfällt diese schöne Ordnung plötzlich innerhalb von wenigen Millimetern, die Strömung wird unruhig und gerät in Unordnung; es entstehen Turbulenzen, die weiter oben ihre abwechslungsreichen Voluten entfalten, große, grazile Wirbel, die sich in immer kleinere Wirbel zerlegen. Es ist schon erstaunlich, dass es der Mechanik der Flüssigkeiten (oder der Hydrodynamik) erst in der zweiten Hälfte des 20. Jahrhunderts gelang, ein Phänomen wenigstens in Ansätzen zufriedenstellend zu erklären, das derart häufig und so offenkundig und einfach ist, dessen Darstellung aber auch heute noch die Möglichkeiten leistungsstarker Rechner übersteigt.

Die Turbulenz bezeichnet einen Bewegungszustand von Flüssigkeiten oder Gasen, bei dem in jedem (durch den Ortsvektor $\vec{r}$ beschriebenen) Punkt zu jeder Zeit t die Geschwindigkeit $\vec{v}(\vec{r}, t)$ den Charakter eines Wirbels besitzt; im Unterschied zu dem Wirbel, der sich etwa beim Auslaufen des Wassers in einer Badewanne bildet, sind Ort, Größe und Ausrichtung der Wirbel hier in ständiger Veränderung begriffen. Diese Wechselhaftigkeit macht es unmöglich, $\vec{v}$ präzise vorherzusagen; bei Turbulenzen handelt es sich um Zufallsereignisse.

Im aufsteigenden Zigarettenrauch lässt sich das Phänomen gut beobachten, doch Turbulenzen können sich unter vielfältigen Bedingungen einstellen: im Kielwasser eines Schiffs oder hinter den Tragflächen eines

Flugzeugs, im strömenden Wasser vor einem Brückenpfeiler oder im Windstau vor einem Gebirge, an der Mündungsöffnung eines Wasserhahns oder in den Rohren einer Wasserleitung, in der Atmosphäre der Erde oder der des Jupiter.

Wie kommt es zu diesem Umschlag einer laminaren in eine turbulente Strömung? Verantwortlich ist die Reibung, zu der es zwischen den MOLEKÜLEN einer Flüssigkeit oder eines Gases kommt (siehe VISKOSITÄT), wenn der Flüssigkeits- oder Gasstrom auf ein Hindernis wie den Brückenpfeiler stößt oder durch das Auslaufrohr des Wasserhahns eingeengt wird oder auf den dünnen, aus der Zigarette aufsteigenden Strom heißer Luft eingeschränkt ist; unter solchen Umständen schlägt dann die laminare in eine turbulente Strömung um, sobald die Geschwindigkeit $\vec{V}$ der laminaren Strömung einen bestimmten Wert überschreitet. Die dafür entscheidenden Größen (die Viskosität, die charakteristische Länge L des Hindernisses und die Strömungsgeschwindigkeit $\vec{V}$) werden in der so genannten Reynoldszahl zusammengefasst, die den Umschlag in eine turbulente Strömung markiert, wenn sie einen bestimmten kritischen Wert übersteigt. So nimmt die Geschwindigkeit $\vec{V}$ des Zigarettenrauchs unter dem Einfluss des Auftriebs ständig zu, bis sie den kritischen Wert überschreitet, so dass Turbulenzen auftreten.

Laminare Strömungen transportieren die kinetische Energie der Flüssigkeit oder des Gases im wesentlich in Richtung der Hauptströmung. Der Umschlag in eine turbulente Strömung zerstört diese schöne Ordnung und verteilt die Energie auf Wirbel, deren Größe annähernd der charakteristischen Länge L des Hindernisses entspricht; aus diesen Wirbeln gehen kleinere Wirbel hervor, die in noch kleinere Wirbel zerfallen, so dass eine ganze Kaskade von Wirbeln entsteht. Diese Kaskade endet, wenn die Reibung zwischen den winzigen (in Luft nur Bruchteile von Millimetern großen) Wirbeln die ursprüngliche Bewegungsenergie in Form von Wärme zerstreut haben (Vorgänge dieser Art bezeichnet man allgemein als Energiedissipation). Wie wichtig Turbulenzen sind, erkennt man daran, welche Rolle sie bei der Energiedissipation in strömenden Flüssigkeiten und Gasen spielen können. So bemüht man sich, Flugzeugen oder auch Automobilen ein möglichst aerodynamisches Profil zu geben, um die Turbulenzen an den Tragflächen bzw. am Heck in engen Grenzen zu halten, denn die gesamte in Wärme umgewandelte Energie geht der Bewegungsenergie des Fahrzeugs verloren (diese Windschlüpfrigkeit wird in dem berühmten C_w-Wert gemessen, der in der Automobilwerbung so gerne genannt wird). Auch wenn Flüssigkeiten durch Rohrnetze transportiert werden sollen, achtet man auf diese Zusammenhänge. Umgekehrt kann man bewusst Turbulenzen erzeugen, wenn man einen Energieverlust und eine Abbremsung erreichen will; das gilt etwa für die Landeklappen – schmale, mit zahlreichen Löchern versehene Flügelfortsätze –, die Flugzeuge kurz vor der Landung ausfahren. Wenn man zum Beispiel in einer chemischen Fabrik dafür sorgen will, daß zwei Flüssigkeiten sich in einem Behälter gut vermischen, sorgt man am besten für die Entstehung von Turbulenzen; und genau das tun wir, wenn wir unseren Pastis mischen.

Dem sowjetischen Mathematiker A. Kolmogorow gelang um 1940 erstmals eine strenge Darstellung der Turbulenz, wenn auch nur für den einfachsten Fall einer Flüssigkeit (wie Wasser), die sich im Unterschied zu den Gasen nur schwer komprimieren lässt. Er zeigte, dass die in Wirbeln gegebener Größe enthaltene Energie über die Zeit konstant bleibt, obwohl die Geschwindigkeit $\vec{v}(\vec{r}, t)$ sich ständig und überall ändert. Die Funktion, die diese Energie für die verschiedenen Wirbelgrößen angibt, wird als Spektrum der Turbulenz bezeichnet (siehe SPEKTRUM und SPEKTRALANALYSE) und besitzt eine äußerst einfache Form; zwar lässt sich der Ort, an dem Wirbel entstehen, mit ihrer Hilfe nicht vorhersagen, aber sie definiert deren durchschnittliche Verteilung im Zeitverlauf und die globale Anordnung der Bewegungsenergie. Flugzeugpassagiere, die schon einmal die heftigen Turbulenzen in einer Gewitterwolke (Cumulonimbus) erlebt haben, wissen sehr wohl, dass sie dort zum Spielball einer höchst ungeordneten Verteilung kinetischer Energie werden.

Die Atmosphäre der Erde ist von starken Winden durchzogen, die auf Unterschiede der Sonneneinstrahlung, also der Temperatur zurückgehen. Diese Winde sind zwischen den Grenzflächen atmosphärischer Schichten eingeschlossen und stoßen gelegentlich auf Hindernisse wie Gebirge. Der Zufallscharakter der Turbulenzen erschwert die Wettervorhersage vor allem im mikroklimatischen Bereich.

Die Verteilung der Wirbel ist ein gutes Beispiel für die selbstähnlichen Strukturen, die als Fraktale bezeichnet werden (siehe Dimension): Über alle Größenordnungen hinweg wiederholt sich dasselbe Bild, das heißt, unabhängig vom gewählten Maßstab, sind die Strukturen einander vollkommen ähnlich (wobei »Ähnlichkeit« im statistischen Sinne zu verstehen ist, wie das Blattwerk eins Baumes dem eines anderen gleicht, obwohl die einzelnen Blätter und ihre Anordnung sich voneinander unterscheiden).

Man kann die Bedingungen, unter denen Turbulenzen entstehen, beliebig komplizieren: So kann es sich um ein komprimierbares Gas handeln oder um einen elektrischen Leiter, etwa ein ionisiertes Gas (Plasma) oder das flüssige Metall Natrium, das in den Rohrsystemen der Kernkraftwerke zirkuliert; oder es kann ein Magnetfeld vorhanden sein wie in der Atmosphäre von Sternen und im interstellaren Raum. In all diesen Fällen können Turbulenzen den Energieaustausch innerhalb der Flüssigkeit oder des Gases verändern oder selbst zur Entstehung eines Magnetfeldes beitragen (siehe Dynamo). Möglicherweise bremst der mit turbulenten Wirbeln verbundene Druck den Gravitationskollaps der Gaswolken im interstellaren Raum und beeinflusst auf diese Weise auch die Entstehung neuer Sterne und Galaxien.

Turing-Maschinen

Zur Vertiefung: ***Automat; Berechenbarkeit***

Die Turing-Maschine ist das Modell eines universellen Automaten, an dem sich die Grenzen studieren lassen, die jedem Computer gesetzt sind. Sie stammt von dem berühmten englischen Logiker Alan Turing, der 1936 die Grundlagen der Informatik legte und um 1950 die Leitgedanken jenes Gebiets formulierte, das als künstliche Intelligenz bezeichnet wird. Als extreme Vereinfachung aller realen, zukünftig zu bauenden oder auch nur vorstellbaren Maschinen lassen sich Turing-Maschinen nicht wirklich bauen. Es handelt sich nicht um Maschinen im herkömmlichen Sinne. Zu ihrer Herstellung werden weder Schrauben noch Muttern benötigt, und sie sind weder aus Holz noch aus einem anderen Werkstoff gefertigt. Sie enthalten gleichsam nur den Geist der Maschinen, nicht deren Körper. Es handelt sich um Fiktionen, deren Nutzen allein auf theoretischem Gebiet liegt. Sie gestatten es, mit Hilfe eines elementaren Mechanismus das gesamte Spektrum der Funktionen zu umschreiben, die ein beliebiger Computer auszuführen vermag.

Doch auch wenn Turing-Maschinen immateriell sind, haben sie dennoch eine Anatomie. Sie ähneln einer Schreibmaschine, die auf ein Band schreibt, nur dass die Tastatur fehlt. Genauer gesagt, bestehen sie aus einem endlosen Band mit zahlreichen kleinen Feldern, in denen Idiogramme aus einem im Voraus festgelegten endlichen Zeichenvorrat aufgedruckt werden können. Durch ein kleines Fenster wird jeweils eines der Felder auf dem Band sichtbar, so dass die Maschine das darauf befindliche Idiogramm lesen, löschen oder durch ein anderes Zeichen ersetzen kann. Da das Band sich in beide Richtungen bewegen lässt, kann jedes Feld im Fenster erscheinen.

Neben dem Band, den Motoren, die es bewegen, und dem Fenster mit der Lese- und Schreibvorrichtung haben Turing-Maschinen auch noch einen »Zustand«, den man mit der Geistesverfassung beim Menschen vergleichen könnte. Die Zustände entscheiden darüber, ob die Maschine »freudig« von einem Feld zum nächsten springt, ob sie »depressiv« alles löscht, was ihr in den Weg kommt, oder ob sie ständig voller »Melancholie« in die Vergangenheit zurückkehrt. Anders als beim Menschen jedoch, der eine unendliche Vielzahl verschiedener Gemütslagen kennt, haben Turing-Maschinen nur eine endliche Zahl von Zuständen, die jeweils die »Stimmung« der Maschine, das heißt ihre Reaktion auf die im Fenster erscheinenden neuen Ereignisse, vollkommen deterministisch bestimmen.

Da auch die Zahl der verschiedenen Idiogramme, die in jedem Feld des Bandes stehen können, endlich ist, lassen sich sämtliche möglichen Konfigurationen der Maschine aufzählen. Ihre Zahl ist höchstens gleich dem Produkt aus der Zahl der für die Maschine möglichen Zustände und der Zahl der Idiogramme, die im Lese- und Schreibfenster erscheinen können.

Für jede dieser Konfigurationen beschreibt eine Tabelle – heute sagen wir: ein PROGRAMM – genau die Aktionen, die von der Maschine ausgeführt werden sollen (Verschiebung des Bandes nach rechts oder links; Lesen, Löschen oder Schreiben eines Idiogramms in dem Feld, das sich gerade im Fenster befindet; Beenden der Aktionen) und den Zustand, der sich daraus ergibt. Da die Tabelle die möglichen Übergänge zwischen den Zuständen enthält, spricht man auch von einer Zustandsübergangstabelle.

Alan Turing hat gezeigt, dass sich der oben beschriebene Mechanismus durch drei grundlegende Eigenschaften auszeichnet.

Zunächst einmal lässt sich das Verhalten der Turing-Maschine mit Hilfe mathematischer Konstruktionen vollkommen erfassen, und zwar unabhängig von der Zahl der möglichen Zustände, der Idiogramme und der jeweiligen Zustandsübergangstabelle. Bei diesen mathematischen Konstruktionen handelt es sich um die FORMALEN SYSTEME, die man Anfang des 20. Jahrhunderts eingeführt hat, um die Mathematik zu axiomatisieren.

Was die zweite Eigenschaft betrifft, sei zunächst daran erinnert, was eine FUNKTION ist: Im mathematischen Sinne verknüpft eine Funktion oder Abbildung eine Urmenge A in der Weise mit einer Bildmenge B, dass jedem Element der Urmenge eindeutig ein Element der Bildmenge zugeordnet wird. Eine Funktion wird als berechenbar bezeichnet, wenn es ein mechanisches Verfahren gibt, durch das sich für jedes beliebige Element der Urmenge das zugehörige Element der Bildmenge bestimmen lässt. Turing hat nun gezeigt, dass jeder berechenbaren Funktion zumindest eine Turing-Maschine entspricht, die sie berechnet.

Drittens schließlich bezeichnet man bestimmte Turing-Maschinen als universell, wenn sich mit ihrer Hilfe jede beliebige andere Turing-Maschine simulieren lässt. Das heißt, es gibt einen Satz von Idiogrammen und Zuständen, mit deren Hilfe man – allein durch Veränderung der Zustandsübergangstabelle oder des Programms – jede andere Turing-Maschine nachahmen und das heißt: jede berechenbare Funktion berechnen kann.

Nimmt man die drei Eigenschaften zusammen, so folgt daraus, dass jede universelle Turing-Maschine in der Lage ist, jede beliebige berechenbare Funktion zu berechnen. Da selbst die modernsten, schnellsten, komplexesten Computer letztlich nur Berechnungen anstellen, können sie alle auf jeder universellen Turing-Maschine simuliert werden, sofern man nur genügend Ausdauer und ein langes, unter Umständen sogar sehr langes Band besitzt, das virtuell von unendlicher Länge müsste, wenn man keinerlei Kapazitätsbeschränkung der Turing-Maschine hinnehmen möchte. Natürlich ist das nur eine Fiktion, denn weder Zeit noch Bänder sind wirklich in unendlicher Menge verfügbar, doch diese Fiktion ist von unbestreitbarer theoretischer Bedeutung.

Unter den Ergebnissen, zu denen die Auseinandersetzung mit der Turing-Maschine führt, betrifft eines die intern begründeten Grenzen, die jeder Turing-Maschine, also auch jedem endlichen Automaten und jedem Computer, gesetzt sind. Dieses Ergebnis ist äußerst einschneidend und besagt, dass es mathematische Funktionen gibt, die nicht berechenbar sind. Die mathematische Funktion etwa, die jeder Turing-Maschine eine »weiße« oder eine »rote« Fahne zuordnet, je nachdem, ob diese Maschine stets in einer endlichen Zahl von Schritten zu einem Abschluss gelangt oder ob sie sich möglicherweise in endlosen Wiederholungen verliert – diese Funktion ist eindeutig definiert. Dennoch lässt sich beweisen, dass keine Turing-Maschine, also auch kein Computer, sie zu berechnen vermag; sie ist mithin nicht berechenbar.

Abgesehen von ihrer theoretischen Bedeutung innerhalb der Informatik sah ein Pionier der kognitiven Wissenschaften, der Philosoph Hilary Putnam, in ihnen eine Zeit lang auch eine Metapher für die Psyche des Menschen … Doch das ist eine andere Geschichte.

U

Übergangszustand

Zur Vertiefung: ***geschwindigkeitsbestimmender Reaktionsschritt; Katalyse; Reaktionsmechanismus***

Die potentielle Energie einer jeden Atomgruppierung hängt mit der relativen Position ihrer Atome zusammen. Im Verlauf einer chemischen Reaktion ändert sich die potentielle Energie, da die Atome innerhalb des Moleküls, das diese Reaktion durchläuft, ihre relativen Positionen ändern. Die Veränderung der potentiellen Energie lässt sich in einer Kurve darstellen; sie verläuft vom Ausgangszustand, der die potentielle Energie der Reaktionspartner (siehe Reaktand) wiedergibt, bis zum Endzustand, der die potentielle Energie des Reaktionsprodukts angibt, und erreicht zwischen diesen beiden Punkten ein Maximum. Im einfachsten Fall, in dem Ausgangszustand und Endzustand nicht durch die Bildung intermediärer Verbindungen getrennt sind, verläuft die Kurve, wie in *Abbildung 1* dargestellt. Der Übergangszustand wird häufig durch ein Symbol in Form eines Lothringer Kreuzes gekennzeichnet.

Der Übergangszustand lässt sich als eine transiente chemische Spezies von extrem kurzer Lebensdauer ansehen, kürzer jedenfalls als eine Schwingungsperiode des Moleküls, die bei etwa 10^{-14}s liegt. Das Problem des Übergangszustandes stellt uns vor zwei Herausforderungen: Zum einen ist die Struktur eines derart flüchtigen Gebildes zu bestimmen, und zum anderen ist dies anhand von Konzepten für stabile Moleküle zu leisten, die einem Minimum und nicht einem Maximum potentieller Energie entsprechen. Trotz dieser Einschränkungen ist dieses einfache Konzept überaus fruchtbar. Sobald man einen Reaktionsmechanismus verstanden hat, lässt sich die Reaktionsgeschwindigkeit durch die Wahl der entsprechenden Parameter (zum Beispiel Reaktionszeit, Temperatur, Konzentrationen) steuern.

Die Energie des Übergangszustands zu senken ist das Ziel jenes Vorgangs, den man als Katalyse bezeichnet. Mittlerweile kann man mit den Mitteln der Biotechnologie, genauer: der Immunreaktionen, Katalysatoren nach Maß herstellen. Passend zu einem Antigen, das dem Übergangszustand der zu katalysierenden Reaktion so ähnlich wie möglich ist, produziert man Antikörper, deren Effektivität an die von Enzymen heranreicht; aus diesem Grund bezeichnet man sie als Abzyme (siehe Katalyse).

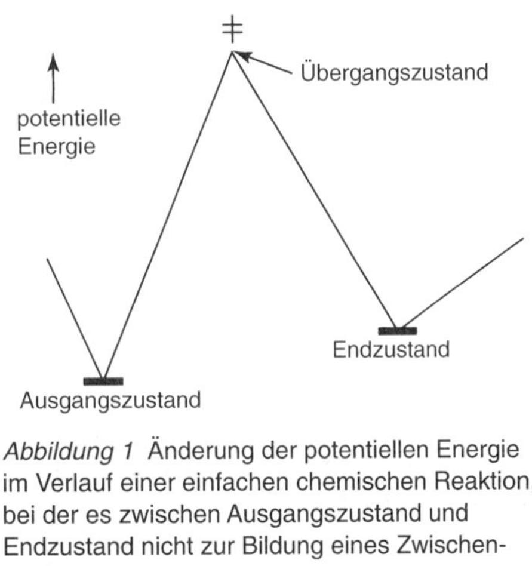

Abbildung 1 Änderung der potentiellen Energie im Verlauf einer einfachen chemischen Reaktion, bei der es zwischen Ausgangszustand und Endzustand nicht zur Bildung eines Zwischenstoffes kommt.

Überlagerungsprinzip

Zur Vertiefung: ***Deutungen der Quantenphysik; Messung; Quantenphysik; Schrödingers Katze***

Mit einem Stock können wir auf der glatten Oberfläche eines Teichs Wellen erzeugen, die sich konzentrisch um den Stock ausbreiten. Tun wir dasselbe an einer anderen Stelle des Teichs, breiten sich auch von dort konzentrische Wellen aus. Erzeugt man nun an zwei Stellen gleichzeitig solche Wellen, entsteht ein komplexeres Wellensystem, das aus einer Kombination der beiden Wellen besteht, aber seinerseits eine Welle darstellt, das heißt einen bestimmten Schwingungsmodus der Wasseroberfläche. Diese resultierende Welle entsteht aus der Überlagerung der beiden Ausgangswellen; man erhält sie durch Addition der Amplituden beider Ausgangswellen an jedem Punkt der Wasseroberfläche.

Diese Eigenschaft der Addierbarkeit ist allen Wellen gemeinsam (den elektromagnetischen, akustischen usw.), und zwar unabhängig von ihrem jeweiligen Trägermedium. Sie bildet gleichsam ein charakteristisches Merkmal des Wellenbegriffs.

Die Quantenphysik hat dieses Überlagerungsprinzip zu einem Schlüsselelement der mathematischen Darstellung physikalischer Systeme gemacht. Ein physikalisches System, zum Beispiel ein Teilchen, ist durch eine bestimmte Zahl von Merkmalen definiert, die bei allen Systemen derselben Art dieselben sind. So besitzen alle Elektronen dieselbe Masse und dieselbe elektrische Ladung. Neben diesen charakteristischen Merkmalen besitzen sie jedoch auch Eigenschaften, die von einem zum anderen Elektron variieren können (zum Beispiel Lage und Geschwindigkeit). In der klassischen Physik bildet die Gesamtheit dieser Größen den so genannten Zustand des Teilchens. In der Quantenphysik wird das quantenphysikalische Äquivalent dieses Zustands durch Entitäten $a, b, c \ldots$ dargestellt, die lediglich zwei Eigenschaften besitzen müssen:

1. Sie müssen sich so miteinander verknüpfen lassen, dass eine Entität desselben Typs entsteht, oder anders gesagt: Wenn a und b zwei mögliche Zustände des Systems sind, dann ist auch $(a+b)$ ein möglicher Zustand des Systems. Bei dieser Bedingung handelt es sich um eine Verallgemeinerung des oben beschriebenen Überlagerungsprinzips, das nun nicht mehr nur für Wellen aller Art, sondern für beliebige physikalische Systeme gelten soll.

2. Diese Entitäten müssen sich mit einer Zahl multiplizieren lassen; so kann man bei einer Welle durchaus sagen, dass sie die doppelte oder dreifache Amplitude der Ausgangswelle besitzt.

In der Mathematik bezeichnet man eine Menge, die aus solchen Entitäten besteht, als Vektorraum und ihre Elemente entsprechend als Vektoren. Die Entitäten $a, b, c \ldots$, die der Darstellung der Zustände des physikalischen Systems dienen, sind Zustandsvektoren (siehe ZUSTAND). Und genau solche Zustandsvektoren benutzt der quantenphysikalische Formalismus zur Darstellung des physikalischen Zustands von Systemen.

Die Beschreibung der physikalischen Zustände durch Zustandsvektoren (oder die damit gleich bedeutende These, wonach das Überlagerungsprinzip auf physikalische Systeme jeglicher Art anwendbar sei) ist der Grundgedanke der Quantentheorie und zugleich deren drastischstes Prinzip. Es ist schon bemerkenswert, dass ein so simples Postulat zu beträchtlichen Fortschritten in der Physik geführt hat. Mit seiner Hilfe war es möglich, zahlreiche Phänomene aus den verschiedensten Bereichen, von der Teilchenphysik bis hin zur Astrophysik, auf elegante Weise zu beschreiben und zu einer Synthese zusammenzufassen.

Ebenso bemerkenswert ist allerdings auch die Tatsache, dass die Konsequenzen dieser Idee zu den schwierigen Deutungsproblemen der Quantenphysik geführt und teilweise heftige Widerstände ausgelöst haben (siehe MESSUNG).

Übersetzung

Jeder Übersetzer ist ein Fährmann. Mit seiner Hilfe können wir von einer Sprache in die andere gelangen, wie wir von einem Flussufer ans andere übersetzen. Gibt es auch Maschinen, die diese Übersetzungsaufgabe übernehmen können?

Automatisches Übersetzen

Zur Vertiefung: ***Grammatik; kognitive Wissenschaften; Semantik; Sprache***

Jede Sprache enthält zahlreiche Wörter mit, bei gleicher Schreibung, ganz verschiedenen Bedeutungen. Schon ein alltägliches Wort wie »der« kann ein Artikel, ein Relativpronomen und ein Demonstrativpronomen sein. Und ein Läufer kann ein Mensch sein, der läuft, oder ein Teppich, auf dem man läuft ... Wer einen Text übersetzt, muss daher zunächst den Sinn des gesamten Satzes verstanden und jede Mehrdeutigkeit ausgeschlossen haben. Lehrer verbieten deshalb gern den allzu ausgiebigen Gebrauch von Wörterbüchern, aber viele Schüler ziehen es dennoch vor, jedes einzelne Wort durch dessen lexikalische Entsprechung zu ersetzen.

Bei Schülern mag Bequemlichkeit solch ein Verhalten erklären; bei Maschinen dagegen nicht, denn sie ermüden nie, sie haben die nötige Zeit, und dank einer gewaltigen Speicherkapazität können sie auf das gesammelte Wissen der Welt zurückgreifen. Als Anfang der 1950er Jahre Computer aufkamen, gingen sie bei den ersten Übersetzungsversuchen dennoch wie schlechte Schüler vor und übersetzten Worte für Wort, ohne auf Bedeutungsunterschiede der oben beschriebenen Art Rücksicht zu nehmen.

Um diesen Schwierigkeiten zu begegnen, dachte man zunächst daran, das jeweils benutzte Wörterbuch so zu erweitern, dass Bedeutungsunterschiede aufgrund der Stellung im Satz oder aufgrund des Umfeldes jeweils als eigene Übersetzungsmöglichkeit aufgeführt würden. Es zeigte sich aber, dass solch ein Wörterbuch sehr umfangreich sein müsste und seine Erstellung sehr aufwendig wäre, wenn man den allgemeinen Kontext, also den Sinn, außer Acht ließ.

Eine echte Übersetzung basiert auf einer grammatischen Analyse, die den logischen Status der verschiedenen Wörter klärt, auf einer semantischen Analyse, die den im jeweiligen Kontext angemessensten Sinn bestimmt, und schließlich auf einer pragmatischen Analyse, die den Satz in seinen gesamten Kontext stellt, damit er in sich widerspruchsfrei und auf sein Umfeld abgestimmt ist.

Bei den in den 50er und 60er Jahren begonnenen Versuchen automatischen Übersetzens fand weder eine semantische noch eine pragmatische Analyse statt und allenfalls eine sehr summarische grammatische Analyse. Die unvermeidlichen Fehlschläge der Vergangenheit haben solchen Versuchen dennoch kein Ende bereitet. Aber die Zielrichtung hat sich verändert. Man versucht nicht mehr, beliebige Texte vollständig aus einer Sprache in eine andere zu übersetzen, sondern beschränkt sich darauf, professionellen Übersetzern Rohübersetzungen an die Hand zu geben, sofern die Texte aus sehr spezialisierten Bereichen wie Luftfahrttechnik, Robotik, Elektronik oder Informatik stammen, deren Fachbegriffe nur selten Mehrdeutigkeiten aufweisen.

Auf diese Weise entstehen Benutzerhandbücher für komplizierte Maschinen oder Gebrauchsanweisungen für technische Geräte, wobei menschliche Übersetzer die von automatischen Übersetzungsprogrammen gelieferten Rohübersetzungen prüfen und bei Bedarf korrigieren.

Bei der Grundlagenforschung zu den Problemen automatischen Übersetzens bedarf es der Zusammenarbeit zwischen Informatikern und Sprachwissenschaftlern. Generell lassen sich zwei Phasen unterscheiden: In der ersten Phase wird der zu übersetzende Text analysiert und mit Hilfe von Verfahren des Verstehens natürlicher Sprache interpretiert, um die Bedeutung des Textes in eine Zwischensprache zu übertragen; in der zweiten Phase wird der Text durch Verfahren der Erzeugung natürlicher Sprache aus der Zwischensprache in die Zielsprache übertragen.

Aufgrund fachlicher Befangenheiten neigen Ingenieure vielfach dazu, in der Übersetzung lediglich ein Transkriptionsproblem zu erblicken und die Besonderheiten der Sprachen zu übersehen, die von den Sprachwissenschaften seit Beginn des 20. Jahrhunderts erforscht worden sind. Die Ergebnisse zeugten und zeugen bis heute von der Vergeblichkeit solcher Versuche.

Uhr

Zur Vertiefung: ***Kalender; Raum-Zeit; Relativitätstheorie; Zwillingsparadoxon***

Ohne Uhren existierte die Zeit nur in unserem äußerst wechselhaften subjektiven Zeitempfinden. Ein natürliches oder künstlich erzeugtes Phänomen, das sich in der Zeit regelmäßig wiederholt, bildet eine Uhr, die es gestattet, die Zeit objektiv einzuteilen, den zeitlichen Abstand zwischen zwei Ereignissen zu messen, Ereignisse zeitlich einzuordnen (siehe KALENDER) und eine Chronologie zu erstellen. Kurz gesagt, die Uhr ermöglicht es uns, die scheinbar ungreifbare Realität der Zeit objektiv zu erfassen.

Himmelserscheinungen dienten den Menschen als die ersten Uhren und erlaubten es, die astronomische Zeit zu konstruieren: die tägliche Rotation der Erde um ihre eigene Achse (mit dem Wechsel von Tag und Nacht), der jährliche Umlauf um die Sonne, die mit dem Umlauf des Mondes um die Erde verbundenen Mondzyklen. In dem Versuch, sich bei der Zeitbestimmung von der Beobachtung des Himmels unabhängig zu machen, entwickelten die Menschen zunächst die Wasseruhr und schließlich mechanische Uhren, die es gestatteten, die Zeitmaße weiter zu unterteilen, bis hinunter zur Minute und zur Sekunde. Vom 17. bis zum 19. Jahrhundert führte dann die für die Navigation erforderliche Bestimmung der geographischen Länge zu einer weiteren Verbesserung der Zeitmesser, und seither hat sich deren Stabilität (ihr gleichmäßiger Lauf) und Präzision (die Möglichkeit, immer kleinere Zeiteinheiten anzuzeigen: Millisekunden, Mikrosekunden usw.) ständig erhöht.

Eine Uhr kann sich natürlich nicht selbst kontrollieren, man muss sie mit anderen – möglichst stabileren und präziseren – Uhren vergleichen. Bis in die 1960er Jahre war die Erdrotation (als deren Bezugspunkt der Durchgang der Sonne durch den Himmelsmeridian dient; siehe ASTROMETRIE) das stabilste Phänomen, an dem sämtliche irdischen Uhren ausgerichtet wurden. Dann gelang es, für die Lichtemission der Atome eines bestimmten chemischen Elements, des Cäsiums, derart kontrollierte Temperatur- und Druckbedingungen herzustellen, dass deren Schwingungen als Uhr (oder wie man seither sagt: als Atomuhr) dienen können, deren Gang noch präziser ist als die Rotation der Erde. Mit Hilfe dieser Uhr gelang es sogar, Unregelmäßigkeiten der Tageslänge nachzuweisen, die auf Bewegungen im Erdinnern zurückgehen. Aufgrund dieser Unregelmäßigkeiten ist es erforderlich, das Jahr gelegentlich um eine Sekunde zu verlängern oder zu verkürzen. Die Präzision der Atomuhren ist eindrucksvoll: Sie erreicht ein Tausendstel einer Milliardstel Sekunde und bleibt über mehrere Jahre stabil. Diese Genauigkeit lässt sich sogar noch erhöhen, wenn man die Uhren ins Weltall bringt, weil die Schwerelosigkeit dort eine noch stabilere Schwingung der Atome ermöglicht.

In der Chemie läuft eine Reihe von Reaktionen mit der Regelmäßigkeit eines Metronoms ab; auch sie lassen sich als Uhren verwenden. Manche dieser Reaktionen sind sehr langsam. So benötigt die Umwandlung einer rechtsdrehenden in eine linksdrehende Aminosäure bei der Asparaginsäure mehrere Millionen Jahre (siehe CHIRALITÄT) und kann daher zur DATIERUNG fossiler Funde verwendet werden. Andere Reaktionen laufen sehr viel schneller ab. Die Strukturumkehrung des Ammoniakmoleküls NH_3, bei der das Stickstoffatom die von den drei Wasserstoffatomen gebildete Ebene abwechselnd in beiden Richtungen durchquert, erfolgt innerhalb von Millionstel Sekunden, und dies mit der Regelmäßigkeit einer – diesmal molekularen – Uhr, der so genannten Ammoniakuhr.

Uhren und Relativitätstheorie

Da Uhren eine objektive Messung der verflossenen Zeit gestatten, ist der Vergleich der von verschiedenen Uhren angezeigten Zeiten die einzige Möglichkeit, Zeitspannen miteinander zu vergleichen. Solange die Uhren beieinander bleiben, geht alles gut. Doch wenn sie sich relativ zueinander bewegen, können die von ihnen angezeigten Zeiten divergieren; sie zeigen nicht mehr dieselbe Zeit an. Ähnliche Effekte kann man beobachten, wenn zwei Uhren auf unterschiedliche Weise einem

Gravitationsfeld ausgesetzt sind: Zwei beim Start vollkommenen synchrone Uhren, die an Bord zweier Flugzeuge die Erde am Äquator umrunden, die eine Richtung Osten, die andere Richtung Westen, zeigen nach der Landung verschiedene Zeiten an (allerdings ist die Differenz hier noch minimal). Zahlreiche Effekte dieser Art beweisen, dass die Zeit eine gewisse Elastizität hat, wenn man sie mit physikalisch-materiellen Vorrichtungen wie einer Uhr misst. Diese Elastizität hat ihre Ursache nicht in technischen Herstellungsmängeln oder in einer durch die Bewegung ausgelösten Funktionsstörung, sondern verweist auf grundlegende Momente unseres Verständnisses von Raum, Zeit und Bewegung.

Umlagerung

Zur Vertiefung: ***Aromatizität; chemische Formel; chemische Synthese; Reaktion***

Eine Umlagerung ist eine chemische Reaktion, in deren Verlauf sich die räumliche Anordnung der Atome in einem Molekül beim Übergang vom Ausgangszustand, in dem die Reaktionspartner zusammenkommen, zum Endzustand, der die Reaktionsprodukte liefert, ändert.

Ein Beispiel für eine Umlagerung ist in *Abbildung 1* gezeigt: Die Atome 1 und 1' sind im Ausgangszustand durch eine Chemische Bindung verknüpft, im Endzustand aber voneinander getrennt; die anfangs getrennten Atome 3 und 3' sind im Endzustand verbunden, abgesehen von Veränderungen bei den anderen Atomen wie dem Austausch der Einfach- und Doppelbindungen.

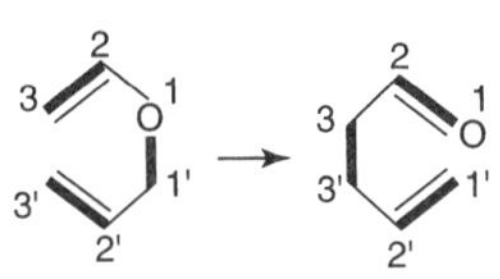

Abbildung 1 Eine in chemischen Synthesen häufige Umlagerung

Solche Umlagerungen wirken sich tief greifend auf die Molekülstruktur aus (siehe Chemische Formel) und haben immer etwas Spektakuläres. Sie kommen häufig bei der mehrstufigen Synthese komplexer Naturstoffe vor. Als Auswirkung einer Umlagerung verändert das Molekül seine Form radikal und nimmt eine Vorform der Gestalt an, die das Endprodukt aufweist.

Umlagerungen können zwar etwas kompliziert erscheinen, gehorchen aber einfachen Regeln. Nehmen wir das obige Beispiel (siehe *Abbildung 1*): Auffallend ist die Ähnlichkeit der Anordnung zwischen den fett gedruckten Bindungen und den Doppelbindungen in den beiden Formeln (siehe *Abbildung 2*), die zusammen das Benzolmolekül symbolisieren (siehe Hybride).

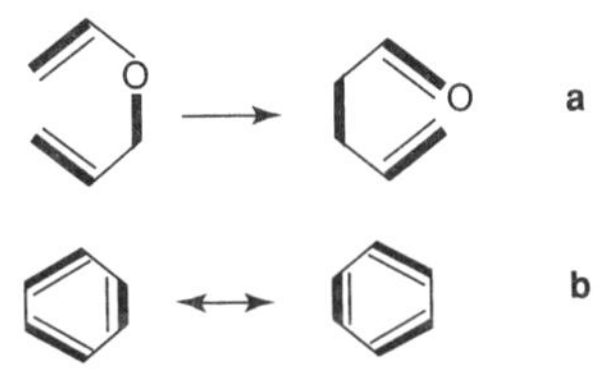

Abbildung 2 Die Anordnung der Bindungen, die bei der Umlagerung in Abbildung 1 wandern (a), entspricht der Anordnung der Doppelbindungen im Benzolring (b).

Hier besteht eine tiefe Analogie zu aromatischen Molekülen. Man beginnt mit der gewagten These, dass der Übergangszustand, also das Maximum der (mit der Anordnung der Atome im Molekül verbundenen) potentiellen Energie zwischen Ausgangszustand und Endzustand der Umlagerung, einem Minimum potentieller Energie ähnelt. Das läuft auf die Annahme hinaus, dass der Übergangszustand, der eine flüchtige chemische Spezies darstellt, einem stabilen Molekül vergleichbar sei (siehe Stabilität, Instabilität): eine Hypothese, die völlig unrealistisch erscheint. Allerdings hat sie den Vorzug zu zeigen, dass die Stabilisierung des Benzols und die Einfachheit der betrachteten Umlagerung dem gleichen Phänomen angehören.

Umlaufbahn

Zur Vertiefung: ***Chaos; Kegelschnitt, Quadrik; Keplersche Gesetze***

Wenn wir einen Stein werfen, beschreibt er eine bestimmte Bahn, die Wurfbahn, die aus sämtlichen Positionen besteht, welche der Stein im Laufe der Zeit einnimmt. In gleicher Weise bezeichnet die Umlaufbahn eines natürlichen Himmelskörpers oder eines künstlichen Satelliten die Bahn des betreffenden Körpers im Raum. Die Form der Umlaufbahn resultiert aus den Kräften, die auf das Objekt einwirken. In dem nahezu vollkommenen Vakuum, das im SONNENSYSTEM und im INTERSTELLAREN RAUM herrscht, beschränken sich diese Kräfte im Wesentlichen auf die GRAVITATION, zu der noch geringe Reibungskräfte und ein leichter Lichtdruck hinzukommen können.

Die Berechnung der Umlaufbahn ist einfach, solange nur zwei Körper in gravitativer Wechselwirkung miteinander stehen; dann hat die Umlaufbahn die Form eines Kegelschnitts (eines Kreises oder einer Ellipse: In diesem Fall ist die Umlaufbahn geschlossen, das heißt, sie kehrt in sich selbst zurück; einer Parabel oder einer Hyperbel: In diesem Fall ist sie offen, das heißt, die Umlaufbahn erstreckt sich bis ins Unendliche). In einem mit der Sonne verbundenen BEZUGSSYSTEM ist die Umlaufbahn der Erde um die Sonne eine Ellipse, mit der Sonne in einem der beiden Brennpunkte (siehe KEPLERSCHE GESETZE). Der Merkur besitzt eine ganz ähnliche Umlaufbahn, nur dass hier eine ganz leichte Abweichung hinzukommt, die allerdings ausreichte, Anfang des vergangenen Jahrhunderts einen vollkommenen Umsturz der MECHANIK auszulösen (siehe RELATIVITÄTSTHEORIE).

Die Berechnung der Umlaufbahn wird sehr viel komplizierter, wenn die Zahl der miteinander in Wechselwirkung stehenden Körper steigt (siehe N-KÖRPERPROBLEM). Die Steuerung von Raumsonden, die innerhalb des Sonnensystems in die Nähe eines fernen Planeten oder eines Kometen gelenkt werden sollen (wie 1986, als gleich mehrere Sonden den Halleyschen Kometen erkundeten), ist nur dank leistungsstarker Großrechner möglich, die die Bahn dieser Sonden auf der Basis der elementaren Gesetze der Dynamik berechnen (siehe HIMMELSMECHANIK).

Von Umlaufbahnen spricht man in eher übertragenem Sinne manchmal auch bei den Elektronen innerhalb des Atomkerns; siehe dazu ATOM.

Umwelt

Zur Vertiefung: ***Atommüll; Umweltverschmutzung***

In einem sehr allgemeinen Sinne ist die Umwelt die nähere oder weitere Umgebung eines Ortes, zum Beispiel einer Stadt. Aber auch die obere Atmosphäre, in der künstliche SATELLITEN die Erde umkreisen und dabei dem ständigen Beschuss durch von der Sonne kommende Teilchen ausgesetzt sind (siehe WIND), kann man als Umwelt der Erde bezeichnen. Oder den sonnennahen Raum als Umwelt der Sonne, wobei man nicht allein den abstrakten Raum meint, sondern alle Phänomene, die darin anzutreffen sind. Die Physik und die Chemie, die sich mit diesen Phänomenen befassen, lassen sich dann als Wissenschaften von der Umwelt der betreffenden Objekte begreifen.

Unser Wissen über die Erde hat sich beträchtlich erweitert, seit wir sie mit Hilfe künstlicher Satelliten als ganze aus großer Entfernung betrachten und untersuchen können. Seither ist auch das Verständnis für das zerbrechliche Gleichgewicht der dünnen, das Leben schützenden Hülle gewachsen und ebenso für die enge Wechselwirkung zwischen allen natürlichen und durch menschliche Aktivitäten hervorgerufenen Phänomenen auf der Oberfläche unseres Planeten, in der ATMOSPHÄRE und in den OZEANEN. Keines dieser Phänomene ist unabhängig von den anderen (man sagt, sie sind gekoppelt), und das macht ihre mathematische, physikalische oder chemische Beschreibung sehr kompliziert (siehe MODELL). Außerdem können die Zeiträume, in denen diese Phänomene sich entwickeln, zwischen wenigen Stunden und Millionen von Jahren variieren. Die extreme Komplexität der Umwelt liegt also auf der Hand.

Das menschliche Leben hängt ganz entscheidend von einigen Faktoren ab, die physikalischer Art sind wie die Temperatur oder die RADIOAKTIVITÄT, chemischer Art wie die Zusammensetzung der Luft und biologischer Natur wie die Nahrungsgrundlage oder das Auftreten von Krankheitserregern. Diese Faktoren sind ihrerseits in die komplexen Wechselwirkungen des Systems Erde eingebunden, bei dessen Beschreibung man sich vor allzu starken Vereinfachungen hüten muss.

Obwohl man stets das gesamte System und die darin anzutreffenden Wechselwirkungen im Auge behalten sollte, ist es durchaus möglich, Teilsysteme zum Zweck einer vereinfachten Analyse zu isolieren. So kann man das Mikroklima einer Küstenregion untersuchen, ohne auf die großen Bewegungen innerhalb der Erdatmosphäre einzugehen, die allerdings langfristig auch die klimatische Entwicklung der untersuchten Region bestimmen.

Eine Umweltwissenschaft im umfassenden Sinne gibt es nicht. Die irdische Umwelt ist in ihren physikalischen und chemischen Dimensionen und erst recht als Lebensraum für Menschen, Tiere und Pflanzen so komplex, dass es zahlreicher Wissenschaften bedarf, um sie zu verstehen und (soweit überhaupt möglich) ihre zukünftige Entwicklung abzuschätzen.

Die Ökologie untersucht die Lebensräume der Lebewesen und die Bedingungen, unter denen Leben überhaupt möglich ist und sich entwickelt, wobei zwischen den Lebensräumen des Menschen, der Tiere und der Pflanzen zahlreiche Wechselwirkungen bestehen. Es liegt auf der Hand, dass die Ökologie enge Beziehungen zu den übrigen Wissenschaften der irdischen Umwelt unterhalten muss.

Da der Fortbestand, das Gleichgewicht und die Lebensbedingungen des Menschen uns alle angehen und auch die nachfolgenden Generationen betreffen, liegt es ebenfalls auf der Hand, dass Probleme der Umwelt über die wissenschaftliche Forschung hinaus auch erhebliche ethische und politische Implikationen besitzen.

Umweltverschmutzung

Zur Vertiefung: ***Atmosphäre; Kohle; Treibhauseffekt***

Verschmutzte Luft zu atmen ist ungesund, verschmutztes Wasser zu trinken ist gefährlich, und an einem verschmutzten Strand zu baden macht keinen Spaß. Der Begriff der Umweltverschmutzung enthält den Gedanken der Schädlichkeit und ein Werturteil: Es ist nicht gut, etwas zu verschmutzen. Verschmutzung verweist auf Reinheit, aber die Bezugsgröße des Reinen, an der man die Verschmutzung misst, ist nicht immer leicht zu bestimmen, und die Grenze zwischen Akzeptiertem und Inakzeptablem ist zuweilen recht relativ. So reinigen sich die Gläubigen in Indien, indem sie im Wasser des Ganges untertauchen, dessen Verschmutzung weit über dem im Westen tolerierten Niveau liegt.

Schon seit langem verschmutzt der Mensch Luft und Wasser; so verwandelten in der »guten alten Zeit« Gerbereien und Färbereien so manchen kleinen Fluss in eine stinkende Kloake, und die Verschmutzung des Trinkwassers durch Fäkalien führte immer wieder zu Typhus- und Choleraepidemien.

Die ATMOSPHÄRE wird durch feste Partikel, Aerosole und Gase verschmutzt. Staub und Asche, die von Vulkanen bis in die Stratosphäre geschleudert werden, reflektieren das Sonnenlicht und sorgen für eine Abkühlung der Atmosphäre. Die so genannten Treibhausgase wie Methan oder Kohlendioxid können nur in dem Maße als Schadstoffe angesehen werden, wie ihre Konzentration in der Luft das durch natürliche Prozesse gegebene Maß überschreitet (siehe TREIBHAUSEFFEKT). Schwefelverbindungen wie Schwefeldioxid (SO_2), das bei der Verbrennung von KOHLE und ERDÖL entsteht oder von VULKANEN ausgestoßen wird, oder wie das Dimethylsulfid, das vom Phytoplankton abgesondert wird, oxidieren in der Troposphäre zu Schwefelsäure und fallen mit dem sauren Regen zu Boden. Stickoxide (NO und NO_2) entstehen in den Verbrennungsmotoren unserer Automobile; unter der Einwirkung des Sonnenlichts zerfällt das NO_2 und es entsteht atomarer Sauerstoff O, der sich mit dem Luftsauerstoff O_2 zu Ozon O_3 verbindet. Auch die flüchtigen Kohlenwasserstoffe tragen über photochemische Reaktionen zur Erzeugung von Ozon bei. Übrigens produzieren die Bäume sehr viel mehr Kohlenwasserstoffe als der Mensch (der erfrischende Duft von Kiefern und Tannen stammt von der Kohlenwasserstoffverbindung Pinen: $C_{10}H_{16}$).

Daraus dürfen wir allerdings nicht den Schluss ziehen, die Bäume wären größere

Umweltverschmutzer als die Autos. Während das Ozon in der Troposphäre ein Gift darstellt, ist es in der Stratosphäre äußerst nützlich, weil es die Ultraviolettstrahlung der Sonne absorbiert und uns so vor Hautkrebs bewahrt. Während die Luft, die wir in unseren Städten atmen, manchmal zuviel Ozon enthält, besteht die Gefahr, dass in der Stratosphäre zuwenig davon zu finden ist, weil das Distickstoffoxid N_2O (Lachgas) und eine an sich ganz unschädliche Gruppe chemischer Verbindungen, die so genannten Fluorchlorkohlenwasserstoffe (FCKW), in die Stratosphäre aufsteigen und dort an photochemischen Reaktionen beteiligt sind, die das Ozon zerstören.

Bleibt noch die Verschmutzung der Atmosphäre durch gasförmige radioaktive Stoffe. Abgesehen von Unfällen wie dem in Tschernobyl, der schon nicht mehr als bloße Luftverschmutzung, sondern als Katastrophe angesehen werden muss, ist der größte Teil der RADIOAKTIVITÄT in unserer Umwelt natürlichen Ursprungs. Das krebserzeugende Edelgas Radon, das beim Zerfall von Uranium entsteht, kann aus dem Boden ausgasen und etwa in Häusern, die auf porösem Granit erbaut sind, eine gesundheitsgefährdende Konzentration erreichen, falls die Räume nicht ausreichend gelüftet werden. Aber auch hier ist alles relativ. Die Radonkonzentration, die in den USA als alarmierend angesehen wird und eine Evakuierung der Bewohner rechtfertigt, ist erheblich niedriger als die Radonkonzentration in manchen japanischen Heilbädern, in denen die Kurgäste in einem Wasser baden, das zu den radioaktivsten der Welt gehört.

Die Verschmutzung der Böden und des Wassers, der Flüsse und Seen und auch des Grundwassers ist im wesentlichen chemischer und biologischer Art. Sie stammt aus nicht oder nur unzureichend geklärten Industrie- und Haushaltsabwässern sowie aus dem Eintrag von Düngemitteln und Pestiziden in der Landwirtschaft. Für die Kühlkreisläufe von Kraftwerken holt man kaltes Wasser aus Flüssen oder Seen und pumpt das erwärmte Wasser zurück; dadurch wird das Algenwachstum begünstigt, und viele Fische sterben. Hier spricht man von »thermischer Verschmutzung«.

Man muss schon weit laufen, um selbst in mondlosen Nächten einen vollkommen dunklen Himmel zu finden. Die Lichter der Großstädte behindern in zunehmendem Maß die Arbeit der Astronomen. Sie sprechen von einer »Lichtverschmutzung«.

Und schließlich ist auch der wachsende Lärm in den Städten und manchmal sogar auf dem Land eine Umweltverschmutzung und stellt die Gesellschaft vor ernste Probleme.

Unbestimmtheitsprinzip, Heisenbergsches

→ ***Heisenbergsches Unbestimmtheitsprinzip***

unendlich

Als unendlich gilt gemeinhin eine Menge von unvorstellbarer Größe, die man sich allenfalls noch in Bildern veranschaulichen kann wie den Sternen am Himmel oder dem Sand am Meer.

Nach Ansicht des griechischen Philosophen Anaximander von Milet (6. Jahrh. v. Chr.) ging die Welt aus einem Unendlichen hervor, das er *apeiron*, »das Grenzenlose«, nannte. Diesen Ausdruck benutzten die Griechen zur Bezeichnung des Unendlichen.

Während die Philosophen der Antike dem Unendlichen mit Misstrauen begegneten, waren die des Mittelalters und der Renaissance fasziniert von diesem Gedanken. Während die Mathematiker das Unendliche beherrschen, bereitet es den Physikern auch heute noch Schwierigkeiten, wenn es in ihren Berechnungen auftaucht. In der Physik sind unendliche Größen zwar vorstellbar. Aber lassen sie sich auch berechnen?

Die Unendlichkeit Gottes

Zunächst einmal müssen wir uns jedoch vor einem Missverständnis hüten: Die Unendlichkeit Gottes im Sinne der Metaphysik und der Theologie hat keinerlei Verbindung zum Unendlichen in der Mathematik oder Physik. Man sagt, Gott besitze unendliche

Weisheit, Macht, Liebe usw., doch »unendlich« heißt hier »absolut«. Die Unendlichkeit Gottes hat kein Maß.

Das Unendliche in der Physik

Alles unmittelbar Erkennbare ist endlich. Dennoch drängt sich die Idee des Unendlichen im Denken oder Beobachten unverzüglich auf. Die Betrachtung von Objekten wie den mit bloßem Augen erkennbaren Sternen oder dem Sand am Mittelmeer (der griechische Dichter Pindar schrieb: »der Sand ist ohne Zahl«) führte zu den ersten Versuchen, diese »sehr großen Zahlen« genauer zu bestimmen. So versuchte Archimedes (im 3. Jahrh. vor Chr.) die Zahl der Sandkörner abzuschätzen, die in einer Sphäre von der Größe der Fixsternsphäre, wie er sie sah, Platz fänden, und er gelangte zu einer Zahl von 10^{63}. Schon im 5. vorchristlichen Jahrhundert hatten Anhänger des indischen Jainismus die Frage aufgeworfen, ob es unendliche physikalische Größen gebe, wobei sie zur Bezeichnung des Unendlichen das Sanskritwort *ananta* (ohne Ende) benutzten.

Lässt sich das Unendliche in der Natur finden und damit auch in der Physik, die der Erforschung der Natur dient? Ist das Unendliche in der Welt und in den Dingen oder nur in unserem Denken, gleichsam als Fiktion, ohne die das Denken nicht auskommt, der aber keinerlei physikalische Realität entspricht? Dieses unendlich tiefgründige Dilemma war bereits in der *Physik* des Aristoteles angelegt.

Die Betrachtung des Himmels legt den Gedanken nahe, dass er möglicherweise von unendlicher Tiefe ist. Hier handelt es sich um eines jener Gedankenexperimente, die sich praktisch nicht realisieren lassen, intellektuell jedoch sehr fruchtbar sind: Wenn man stets »geradeaus« fliegt, entfernt man sich von der Erde, man verlässt das Sonnensystem, fliegt an den nächsten Sternen vorbei, verlässt die Milchstraße und so weiter bis ins Unendliche. Die geometrische Veranschaulichung dieses Fluges ist die Gerade, die kürzeste Verbindung zwischen zwei Punkten in einem grenzenlosen Raum. Aber hier kommen auch gewisse Zweifel auf, denn wenn man auf der Erde »immer geradeaus« geht, kehrt man nach einer Weile an seinen Ausgangspunkt zurück, so dass der Begriff des Unendlichen nicht mit dem des Grenzenlosen vermengt werden darf (siehe GEODÄTE und KRÜMMUNG). Gegen Ende des Mittelalters traten Nikolaus von Kues und später Newton dem Gedanken eines unendlichen Raumes näher, den die Theologen allein Gott vorbehielten und als göttliche Eigenschaft der Endlichkeit aller menschlichen Dinge entgegen stellten. Auch die moderne Kosmologie vermag nicht abschließend zu sagen, ob der Raum endlich, in sich selbst geschlossen oder unendlich im metrischen Sinne des Wortes ist (siehe KOSMOLOGIE). Selbst wenn Beobachtung und Theorie für die zweite Möglichkeit sprächen, wäre das nur eine vorläufige Feststellung, die durch neue Beobachtungen korrigiert werden könnte. Auch die Frage, wie physikalisch Unendliches mathematisch erfasst werden soll, lässt sich nicht endgültig beantworten, weil noch nicht endgültig entschieden ist, ob die Materie oder der leere Raum ein Kontinuum darstellen oder diskret sind.

In physikalischen Modellen und Theorien treten häufig Größen auf, die (im Sinne der reellen Zahlen) unendlich werden. Ein elektrisches Feld, das durch eine elektrische Ladung q, zum Beispiel ein Elektron, im Abstand r von dieser Ladung erzeugt wird, variiert mit dem Kehrwert des quadratischen Abstand $1/r^2$ und wird unendlich groß, wenn $r = 0$. Elektrische Felder, Gravitation, Energien oder Dichten unendlicher Größe (siehe SCHWARZES LOCH) haben physikalisch keinen Sinn, weil kein Gerät vorstellbar ist, mit dem man sie messen könnte; sie werden von den Physikern daher nicht akzeptiert. Die Weigerung, solche Vorstellungen zu akzeptieren, ist manchmal ausgesprochen fruchtbar: Wie man Ende des 19. Jahrhunderts erkannte, führte das Modell eines auf eine bestimmte Temperatur erhitzen Gases aus Atomen, die als klassische Oszillatoren verstanden wurden, zu einem Emissionsspektrum, das im Bereich kurzer Wellenlängen eine Strahlung unendlicher Intensität aufweisen musste. Um zu erklären, warum es in der Realität nicht zu dieser so genannten Ultraviolettkatastrophe kommt, führte Max Planck die Quantelung des Energieaustauschs zwischen Oszillator und Licht ein. Diese nach Plancks eigenen Worten verzweifelte Hypothese führte zunächst zu den universellen Strahlungsgesetzen des Schwarzen Körpers und schließlich zu nichts Geringerem als der Quantenphysik (siehe SCHWARZER KÖRPER).

Manchmal führen solche Divergenzen oder Singularitäten auch zu mathematischen Problemen, die man in der Physik auf unterschiedlichen Wegen zu vermeiden versucht: entweder indem man den divergierenden Ausdrücken einen begrenzten Geltungsbereich zuweist (im Fall des elektrischen Feldes nimmt man zum Beispiel an, dass der Ausdruck $1/r^2$ durch einen anderen, nicht divergierenden Ausdruck ersetzt werden muss, wenn er zu klein wird); oder indem man mathematische Verfahren einsetzt, die solche Divergenzen auf »künstlichem« Wege vermeiden und eine Berechnung ermöglichen. Dabei versucht man, alle unendlichen Größen zu eliminieren, indem man eine kleine Zahl ihrerseits unendlicher Größen von ihnen abzieht (siehe RENORMIERUNG).

Obwohl wir uns unendliche Objekte nicht als Elemente der Realität vorzustellen vermögen, haben wir keinerlei Sicherheit, dass es solche Singularitäten nicht doch in der Natur gibt oder dass manche Größen wie die Ausdehnung der Zeit oder die Masse des Universums nicht vielleicht doch unendlich sind.

Das Unendliche in der Mathematik

Zur Vorbereitung: ***Menge; Zahlen***
Zur Vertiefung: ***Differential; Integration***

In der antiken und der klassischen Naturwissenschaft war das Unendliche nur in Gestalt des Unbestimmten zugelassen oder, wie man sagt, in Form des »potentiell Unendlichen«. Die Folge der natürlichen Zahlen ist unbestimmt, weil jede ganze Zahl n einen Nachfolger $n+1$ besitzt. Zu den bemerkenswerten THEOREMEN der Euklidschen ARITHMETIK gehört die Unendlichkeit der Primzahlen: Zu jeder endlichen Menge von Primzahlen lässt sich eine Primzahl konstruieren, die in dieser Menge nicht enthalten ist. Auch in der GEOMETRIE gibt es Beispiele für potentiell Unendliches. Jeder Abschnitt einer Geraden kann (nach dem zweiten Euklidschen Axiom) zu einer Geraden verlängert werden; man kann ihn auch halbieren, und jede der dadurch entstehenden Strecken kann ihrerseits wieder halbiert werden. Zenon von Elea, von dessen Paradoxa Aristoteles berichtet, widersetzte sich dem Gedanken, dass eine Strecke aus unendlich vielen Punkten zusammengesetzt ist oder dass man die oben beschriebene Teilung bis an ihr aktual unendliches Ende fortsetzen kann, so dass sie tatsächlich realisiert wird und ein unendliches Objekt ergibt. Beim potentiell Unendlichen haben wir es dagegen stets nur mit endlichen Objekten zu tun.

Die in der Tradition des Archimedes stehende Geometrie versucht den Flächeninhalt oder das Volumen von Flächen oder Körpern zu bestimmen, die durch gekrümmte Linien oder Flächen begrenzt sind. Sie führt zu dem Gedanken, die Fläche in unendlich viele unendlich schmale Rechtecke aufzuteilen. Archimedes umgeht das Problem des aktual Unendlichen durch eine geschickte *reductio ad absurdum* (siehe INTEGRATION). Die Mathematiker des 17. Jahrhunderts hatten da weniger Skrupel und bedienten sich zur Abschätzung solcher Flächen einer unendlichen Zahl unteilbarer Einheiten (Näheres dazu im übernächsten Abschnitt). Ihre Arbeiten führten Isaac Newton und Gottfried Wilhelm Leibniz zur Entwicklung der Differential- und Integralrechnung, in der man mit unendlichen kleinen Objekten umgeht, deren Status nicht ganz klar ist. Eine befriedigende Begründung fand man in der Grenzwertmethode, in der man die unendlich kleinen Einheiten durch FOLGEN ersetzt, die gegen 0 konvergieren (siehe GRENZWERT). Eingeführt wurde das Konzept des Grenzwerts Ende des 17. Jahrhunderts von Newton, anwendbar wurde es jedoch erst im 19. Jahrhundert mit Augustin Louis Cauchy und Karl Weierstraß, und zwar im Rahmen der als homogenes Kontinuum verstandenen Menge aller Zahlen und in Verbindung mit dem Begriff der FUNKTION. Im Rahmen einer nichtklassischen Analysis verfügt man damit über eine strenge Theorie des unendlich Kleinen wie auch des unendlich Großen.

Aktual Unendliches

Zur Vorbereitung: ***Kardinalzahlen, Ordinalzahlen; Menge***

In der Mathematik geht das aktual Unendliche im engeren Sinne aus der Betrachtung unendlicher MENGEN hervor. Schon Galilei hatte diesen Gedanken kritisiert: Wenn jede natürliche Zahl n ein Quadrat n^2 besitzt, müsste es ebenso viele Quadratzahlen wie natürliche Zahlen geben, obwohl doch die Quadratzahlen nur einen Teil der natürlichen Zahlen bilden; dieses Beispiel widerspricht dem AXIOM, wonach das Ganze größer als seine Teile ist. Im 19. Jahrhundert entwickelten Bernard Bolzano, Georg Cantor und Richard Dedekind jedoch eine Theorie unendlicher Mengen; nach Dedekind ist eine Menge unendlich, wenn sich eine bijektive Abbildung zwischen ihr und einer ihrer echten Teilmengen herstellen lässt. Cantor führte dann transfinite »Zahlen« ein, mit deren Hilfe unendliche Mengen sich abzählen lassen. Dabei sind die Kardinalzahlen, die diesem Abzählen dienen, sorgfältig von den Ordinalzahlen zu unterscheiden: Zwei Mengen haben dieselbe Kardinalzahl oder Mächtigkeit, wenn sich eine bijektive Abbildung zwischen ihnen herstellen lässt, während die Ordinalzahl von einer bestimmten Anordnung der Elemente abhängt. So kann man die natürlichen Zahlen $\mathbb{N}$ in der natürlichen Reihenfolge $\{0, 1, 2, 3 \ldots\}$ anordnen; die zugehörige Ordinalzahl bezeichnet man als ω. Oder man setzt die Null an die letzte Stelle, so dass sich die Reihenfolge $\{1, 2, 3, \ldots, 0\}$ ergibt; in diesem Fall ist die Ordinalzahl $\omega + 1 > \omega$. In beiden Fällen ist die Kardinalzahl oder Mächtigkeit dieselbe, und man sagt, die betreffenden Mengen sind abzählbar unendlich. Die Menge der möglichen Ordinalzahlen abzählbarer Mengen übersteigt jedes Vorstellungsvermögen. Auch im Unendlichen gibt es jedoch noch Unterschiede; so ist die Menge der reellen Zahlen $\mathbb{R}$ nichtabzählbar und damit im strengen Sinne von größerer Mächtigkeit als die Menge der natürlichen Zahlen $\mathbb{N}$. Da die Menge der algebraischen Zahlen (das heißt der Lösungen algebraischer Gleichungen mit ganzzahligen Koeffizienten) abzählbar unendlich ist, muss es nichtalgebraische reelle Zahlen geben, und tatsächlich muss die Menge dieser Zahlen von größerer Mächtigkeit sein als die der algebraischen Zahlen.

Bei der Behandlung unendlicher Mengen stieß Cantor sehr bald auf Paradoxien. Daher musste man die Mengenlehre axiomatisieren und für die Bildung von Mengen bestimmte Beschränkungen einführen. Eines dieser Axiom besagt, dass eine unendliche Menge existiert, zum Beispiel die Menge $\mathbb{N}$ der natürlichen Zahlen. Ein weiteres besagt, dass für jede Menge E eine Menge existiert, deren Elemente die Teilmengen von E sind; diese Menge von Teilmengen hat stets eine größere Mächtigkeit als die Menge E. Die Kardinalzahl der Menge aller Teilmengen von $\mathbb{N}$ ist die der Menge $\mathbb{R}$ der rellen Zahlen.

Cantor stellte die Hypothese auf, wonach eine unendliche Teilmenge von $\mathbb{R}$ entweder abzählbar ist oder dem Kontinuum entspricht (das Kontinuum ist die Menge aller reellen Zahlen des Intervalls $[0,1]$). Wie Kurt Gödel 1938 zeigte, ist diese »Kontinuumshypothese« mit der übrigen Mengenlehre vereinbar. Paul J. Cohen zeigte jedoch 1963, dass auch die gegenteilige Hypothese nicht zu Widersprüchen führt; es handelt sich also um eine unentscheidbare Eigenschaft (siehe LOGIK). Man kann eine Mengenlehre mit Kontinuumshypothese und eine andere ohne diese Hypothese konstruieren.

Die Infinitesimalrechnung

Johannes Kepler stellte sich den Kreis als POLYGON mit unendlich vielen unendlich kleinen Seiten vor; dann war die Fläche des Kreises gleich der eines Dreiecks, dessen Basis dem Umfang und dessen Höhe dem Radius entsprach. In der nachfolgenden Generation, etwa ab 1635, bestimmten Bonaventura Cavalieri, Gilles P. de Roberval, Evangelista Torricelli und Blaise Pascal von Kurven umschlossene Flächen, Volumina und Schwerpunkte mit Hilfe des Begriffs einer nicht weiter teilbaren Fläche. Betrachten wir zum Beispiel die in *Abbildung 1* dargestellte Fläche zwischen dem Kurvenabschnitt $A'B'$ und dem Achsenabschnitt AB, so bestehen die nicht weiter teilbaren Flächenstücke aus Rechtecken mit der Länge MM' und einer unendlich kleinen Breite; die Gesamtfläche ist dann gleich der Summe dieser Flächenstücke. Bezeichnet man wie Leibniz MM' als y und die unendlich schmale Seite des Rechtecks als $\mathrm{d}x$, ist die gesamte Fläche gleich der (unendlichen) Summe aller Rechte $\int y\mathrm{d}x$.

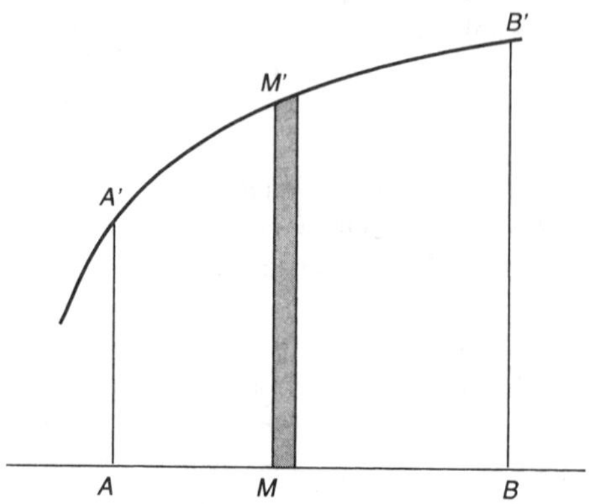

Abbildung 1

Um die Tangente an eine Kurve in einem Punkt M zu bestimmen, betrachtete Leibniz einen unendlich nahe gelegenen Kurvenpunkt m und verband ihn mit M; der Anstieg dieser Tangente ist gleich dem Quotienten aus der Differenz $\mathrm{d}y$ der Ordinatenwerte von M und der Differenz $\mathrm{d}x$ der Abszissenwerte, also $\mathrm{d}y/\mathrm{d}x$ (siehe *Abbildung 2*); $\mathrm{d}x$ und $\mathrm{d}y$ sind die gleichzeitigen, unendlich kleinen Zuwächse von x und y, und Leibniz nannte sie die »Differenzen« oder Differentiale dieser Variablen.

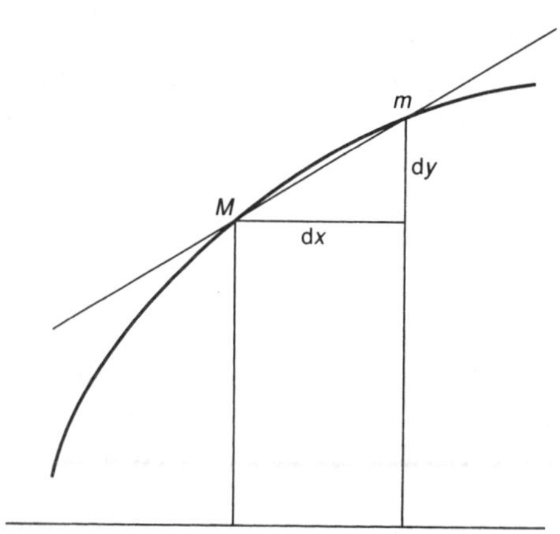

Abbildung 2

Das Problem ist allerdings, dass der Begriff des unendlich Kleinen widersprüchlich erscheint. Das »unendlich Kleine« definierte man als eine Größe, die »kleiner ist als jede zurechenbare Größe«, wobei man nicht genau sagte, was unter »zurechenbar« zu verstehen sei; und man erlaubte sich, solche Größen gegenüber endlichen Größen zu vernachlässigen. Nun kannte die griechische Mathematik das Archimedische Axiom, wonach für zwei Größen A und B stets ein Vielfaches von A existiert, so dass nA größer ist als B, und dieses Axiom schloss aus, dass A unendlich klein sein kann, falls B eine »zurechenbare Größe« ist (denn A ist dann größer als B/n).

Im 18. Jahrhundert wurden mehrere Lösungen für dieses Problem vorgeschlagen. Euler meinte, man solle unendlich kleine Größen gleich 0 setzen; aber dennoch ist das Verhältnis zwischen zwei unendlich kleinen Größen nicht immer gleich 1. Es gibt Rechenregeln, die es gestatten, diese Verhältnisse zu bestimmen, die sämtlich die Form 0/0 haben. Zum Beispiel

$$\frac{a\,\mathrm{d}x}{\mathrm{d}x} = a \quad \text{und}$$

$$\frac{\mathrm{d}x^2}{\mathrm{d}x} = \mathrm{d}x = 0$$

Joseph Louis Lagrange meinte, unendlich kleine Größen brächten zwar einen Fehler in die Rechnung, weil Kreise hier mit Polygonen und die Tangente an eine Kurve mit einer Sehne gleich gesetzt werden, dieser Fehler werde aber wieder ausgeglichen, wenn man bestimmte unendlich kleine Größen vernachlässigt; er schlug eine andere Methode vor, die mit REIHEN arbeitete und unendlich kleine Größen vermied. Lazare Carnot griff den Gedanken eines Fehlerausgleichs wieder auf. Gleichungen, in denen unendlich kleine Größen vorkommen, bezeichnete er als unvollkommene Gleichungen; in den unendlich kleinen Größen sah er Größen, die stets variabel bleiben und gegen 0 streben, während die gewöhnlichen Variablen x und y fixiert werden können.

Nichtstandardanalysis

Im Anschluss an diesen Gedanken definierte Augustin Louis Cauchy, der die Differential-

und Integralrechnung auf dem Begriff des Grenzwerts aufbaute, eine unendlich kleine Größe als eine Variable, die gegen 0 strebt, zum Beispiel als eine Folge (u_n) mit dem Grenzwert 0. Interessant ist das Verhalten von u_n tatsächlich nur für sehr große n, und es ist besser, unendlich Kleines als Klasse von Folgen für jene Äquivalenzrelation $(\sim)$ zu definieren, die solche Folgen zusammenfasst, welche ab einem bestimmten Glied zusammenfallen. Man führt daher die Quotientenmenge $\mathbb{R}^{\mathbb{N}}/\sim$ ein (die Menge aller Klassen von Abbildungen aus $\mathbb{N}$ in $\mathbb{R}$ für die betreffende Äquivalenzrelation). Sie besitzt die natürliche Struktur eines Rings, denn die Klasse der Summe oder des Produkts zweier Folgen verändert sich nicht, wenn man die beiden Folgen durch zwei äquivalente Folgen ersetzt.

Doch dieser Ring besitzt Nullteiler, die von 0 verschieden sind, zum Beispiel die Folgen (u_n) und (v_n), die folgendermaßen definiert sind: $u_n = 1$, wenn n gerade; $u_n = 0$, wenn n ungerade; $v_n = 0$, wenn n gerade; $v_n = 1$, wenn n ungerade. Keine der beiden Folgen ist mit der Nullfolge äquivalent, aber ihr Produkt $(u_n v_n)$ ist 0. Ein weiteres Problem bildet die Tatsache, dass die natürliche Ordnung in diesen Klassen von Folgen nicht vollständig ist. So ist die Folge $((-1)^n)$ weder positiv noch negativ, sondern wechselt beständig das Vorzeichen.

Diese Mängel rühren daher, dass es in der Indexmenge $\mathbb{N}$ komplementäre Teilmengen X und Y gibt (zum Beispiel die Menge der geraden und die der ungeraden ganzen Zahlen), von denen keine zur Menge F der Komplementärmengen endlicher Teilmengen gehört, die für die Definition der Relation benutzt worden ist: Für diese Relation sind zwei Folgen äquivalent, wenn sie auf einem Element von F übereinstimmen.

Abhilfe schafft hier eine Idee von Abraham Robinson (1961). Die wichtigsten Eigenschaften der Menge F sind folgende:
- ihre Elemente sind nicht leer;
- die Schnittmenge zweier Elemente von F gehört zu F;
- eine Menge ganzer Zahlen, die ein Element von F enthält, gehört auch zu F.

Nun kann man F zu einer Menge U aus Teilmengen von $\mathbb{N}$ erweitern, die neben den genannten drei Eigenschaften noch eine weitere besitzt: Wenn eine Teilmenge X von $\mathbb{N}$ nicht zu U gehört, so ist deren Komplement Element von U (die Menge U bezeichnet man als »Ultrafilter«). Robinson schlägt nun vor, die Äquivalenzrelation $\sim$ durch eine weniger feine Äquivalenzrelation $\approx$ zwischen Folgen zu ersetzen, die zwei Folgen einander gleichsetzt, wenn sie in einer zu U gehörigen Indexmenge übereinstimmen.

Die Quotientenmenge $^*\mathbb{R} = \mathbb{R}^{\mathbb{N}}/\approx$ ist nun ein vollständig geordneter Ring, dessen Elemente die nichtstandardreellen Zahlen genannt werden. Der Ring umfasst die klassischen reellen Zahlen als Teilmenge, denn jede Zahl x ist gleich der Klasse der konstanten Folge mit dem Wert x. Aber er enthält auch unendlich kleine Zahlen wie die Klasse ε der Folge $(1/n)$. Für festes n_0 ist $n_0\varepsilon$ die Klasse der Folge (n_0/n), und es gilt $n_0/n \leq 1$ für $n \geq n_0$, also $n_0\varepsilon \leq 1$. Der Körper $^*\mathbb{R}$ enthält auch unendlich große Elemente, nämlich die Kehrwerte der unendlich kleinen, zum Beispiel die Klasse $\omega = 1/\varepsilon$ der Folge (n). In der Nichtstandardanalysis, die $^*\mathbb{R}$ verwendet, kann man sagen, eine Funktion f ist an einer Stelle a stetig, wenn $f(a+\alpha)-f(a)$ immer dann unendlich klein ist, wenn α unendlich klein ist. Die Ableitung von f an der Stelle a ist dann definiert als die klassische reelle Zahl (sofern sie existiert), die sich von

$$\frac{f(a+\alpha)-f(a)}{\alpha}$$

nur durch einen unendlich kleinen Betrag unterscheidet (wobei α unendlich klein ist). Das Integral $\int y\,dx$ lässt sich als die klassische reelle Zahl definieren, die sich (sofern sie existiert) nur durch einen unendlich kleinen Betrag von der unendlichen Summe

$$\sum y\,dx$$

unterscheidet (wobei die dx unendlich klein sind).

universell

→ ***singulär, universell***

Universum

Zur Vertiefung ***lese man dieses Buch***

Das Universum ist die Gesamtheit dessen, was existiert. Aber natürlich kennen wir nicht alles, was existiert. Wir müssen daher zwischen dem Universum, das wir kennen, und dem Universum, das wir wahrscheinlich einmal kennen werden, und dem Universum schlechthin unterscheiden, wobei wir nur hoffen können, eines Tages alles, was existiert, zu kennen – wofür es *a priori* allerdings keinerlei Gewissheit gibt. In gewisser Weise ist der Begriff des Universums ein Postulat der Physik. Der Ausdruck verbindet den Gedanken der Einheit (*uni*) mit dem der Bewegung (*versum*, vom lateinischen *vertere*: wenden, drehen) und stammt von dem Dichter Clément Marot, der im 16. Jahrhundert lebte.

Das bekannte Universum umfasst sowohl den innersten Aufbau der Materie (Elementarteilchen, Atome, Moleküle usw.) als auch die großen übergreifenden Strukturen (Sterne, Galaxien) und alles, was dazwischen liegt und unserer eigenen Größenordnung nähersteht. Es kommt zwar häufig vor, entspricht aber nicht der eigentlichen Bedeutung des Wortes, wenn der Begriff des Universums vor allem auf die übergreifenden Strukturen Anwendung findet. Gerade die Physik hat uns gelehrt, wie wichtig die Kenntnis des mikroskopisch Kleinen ist, wenn wir die großen Zusammenhänge in Universum begreifen wollen.

Zunächst jedoch sei darauf hingewiesen, wie schwer es ist, das Universum zu »denken«. Tatsächlich möchten wir, wenn wir diesen Ausdruck benutzen, ein sehr großes komplexes Gebilde damit fassen. Wir können ein Objekt jedoch nicht denken, ohne es uns zugleich in einer Umgebung vorzustellen, mit einer Grenze, die es von dieser Umgebung trennt. Daher die Frage: Worin befindet sich das Universum? Diese Frage hat jedoch keinen Sinn, da das Universum ja definitionsgemäß alles umfasst, was existiert. Wir müssten uns also darauf beschränken, das Universum zu beschreiben, ohne es zu denken, und das ist nicht sonderlich befriedigend für den Geist. Außerdem nehmen Astronomen und Physiker gern – in aller Bescheidenheit – den »Standpunkt Gottes« ein, um die beschriebene Schwierigkeit zu umgehen und das Universum gleichsam von außen zu betrachten, ohne dass sich deshalb die Frage nach dem Inhalt und seinem Behälter stellte.

Die »naive« Vorstellung vom Universum, die auch große Denker wie Isaac Newton und Pierre Simon de Laplace teilten, sieht einen leeren Raum, der sich bis ins Unendliche erstreckt. Er enthält sich in Bewegung befindende Materie (Atome, Sterne, die Erde usw.) und ist mit Licht gefüllt. In diesem Raum fließt die an allen Orten identische Zeit aus einer mehr oder weniger fernen oder sogar unendlichen Vergangenheit in eine gleichermaßen unendliche Zukunft. Raum und Zeit galten danach als absolut, und letztlich übertrug diese Vorstellung lediglich das alltägliche Raum- und Zeitempfinden auf die größeren Dimensionen des Universums.

Das Wissen über das Universum nahm zu, als nach und nach der Mond, die Planeten und die Sonne (in der Antike), dann die Sterne und die Milchstraße (im 19. Jahrhundert) und schließlich auch die Galaxien (im 20. Jahrhundert) in diesem Raum lokalisiert wurden. Damit vergrößerte sich jeweils das bekannte Universum. Als man entdeckte, dass sich das Licht zwar mit sehr großer, aber dennoch endlicher Geschwindigkeit ausbreitet (etwa 300 000 Kilometer pro Sekunde), erkannte als erster F. W. Herschel, dass das Licht ferner Objekte Tausende von Jahren benötigt, um zu uns zu gelangen. Bei der Beobachtung eines solchen Objekts schauen wir zugleich um so tiefer in die Vergangenheit zurück, je weiter das Objekt von uns entfernt ist. In dem Maße, wie die räumliche Ausdehnung des bekannten Universums zunahm, dehnte es sich zugleich auch zeitlich immer weiter in die Vergangenheit aus.

Dieses unendlich ausgedehnte Universum besitzt kein Zentrum, wie ja auch eine unendliche Gerade keinen Mittelpunkt besitzt. Dennoch waren die Menschen lange Zeit überzeugt, dass die Erde diesen privilegierten Ort einnahm. Die scheinbare Unbeweglichkeit der Erde (auf der wir leben, ohne ihre tatsächliche Bewegung wahrzunehmen) bestärkte die Menschen in dieser anthropozentrischen Sichtweise, die auch aus religiösen

Gründen verteidigt wurde, wie der schreckliche Prozess gegen Galilei zeigte. Doch die Erde verlor ihren privilegierten Ort im Zentrum, wie nach ihr dann auch die Sonne.

Die heutige Vorstellung vom Universum unterscheidet sich von der früheren ganz beträchtlich. Wir wissen, dass der Raum, die Zeit und die Materie (oder die Energie, denn Materie und Energie können sich ineinander umwandeln; siehe ENERGIE und MASSE) »Bestandteile« des Universums sind, die nicht unabhängig voneinander existieren. Außerdem ist das Universum, das wir heute kennen, nicht mehr so, wie es früher einmal war (siehe URKNALL), und es wird sich auch in Zukunft weiter verändern (siehe EVOLUTION).

Die EXPANSION des Universums, die für die Tatsache steht, dass die Entfernung zwischen den Galaxien mit der Zeit zunimmt, wird interpretiert als Dilatation des Raumes (im Sinne der vom Licht zurückgelegten Strecken) und nicht als Bewegung von Objekten (etwa den Galaxien) in einem »absoluten« Raum. Als Ursache für diese Dilatation gilt die Anwesenheit von Materie und Energie (in Gestalt von Sternen, Galaxien usw.), die der Raum-Zeit ihre »Form« verleihen. Die Frage, ob das Universum endlich oder UNENDLICH ist, hat noch keine endgültige Antwort gefunden, ebensowenig die Frage nach einem möglichen Anfang des Universums. Dass häufig vom Alter des Universums die Rede ist – zur Zeit wird es auf 15 Milliarden Jahre geschätzt –, darf uns nicht täuschen: Damit ist die Zeitspanne gemeint, die uns von einem sehr speziellen Zustand trennt, der so genannten kosmischen SINGULARITÄT; über das, was jenseits dieses Zustands gewesen sein mag, wissen wir praktisch nichts (siehe DATIERUNG).

Die Expansion des Universums verweist, wenn man sie in die Vergangenheit zurückverfolgt, auf eine Zeit, da die Materie extrem dicht konzentriert war. Diese sehr weit zurückliegende Zeit bezeichnet man als Uruniversum; sie hat einige »fossile« Zeugnisse hinterlassen, die es uns gestatten, mehr darüber in Erfahrung zu bringen (siehe HELIUM und SCHWARZER KÖRPER), während wir die Abfolge der Zustände, die zum gegenwärtigen Universum geführt haben, als EVOLUTION des Universums bezeichnen.

Die Physiker versuchen, das Uruniversum auf der Basis der Spuren zu beschreiben, die es in unserem heutigen Universum hinterlassen hat, wie auch auf der Basis des Wissens, das sie über das Verhalten hochenergetischer Materie erworben haben, entweder durch Laborexperimente oder dank einer fruchtbaren Phantasie. Auch versuchen sie, dem bekannten Universum eine Zukunft vorauszusagen. Mit etwas Humor und Bescheidenheit wird man allerdings sagen müssen, dass solche Voraussagen lediglich die ganz großen Linien betreffen und sich über Zeiträume von vielen Milliarden Jahren erstrecken, so dass eine Verifizierung von vorneherein ausgeschlossen ist.

Science-fiction-Romane und -Filme greifen diese Spekulationen nur zu gerne auf, von denen manche durchaus fruchtbar sind. Sie popularisieren Ideen wie solche über »parallele Universen«, über Universen mit zahlreichen Dimensionen oder über Universen, die durch Schwarze Löcher miteinander verbunden sind – oder auch durch »Weiße Löcher« (ein theoretisches, zum Schwarzen Loch symmetrisches Konzept).

Tatsächlich ist bei der Interpretation unseres gegenwärtigen Wissens über das Universum und seine Evolution große Vorsicht geboten. Dass früher einmal ein ganz anderer Zustand bestanden hat, heißt nicht, dass wir hier an die SCHÖPFUNG des Raumes, der Materie und der Zeit rührten (siehe URKNALL). Die Existenz des Menschen, dessen Entstehungsbedingungen uns immer noch rätselhaft und unwahrscheinlich erscheinen (siehe LEBEN), gilt manchen als Beweis für ein zielgerichtetes Universum; sie glauben, es sei der Zweck des Universums, ein seiner selbst bewusstes Wesen hervorzubringen, in dem das Universum zum Bewusstsein seiner selbst gelangt (siehe ANTHROPISCHES PRINZIP).

Im Blick auf das Universum gelingt es der Physik nur unter Schwierigkeiten, sich von der Metaphysik abzugrenzen und das Objekt der Erkenntnis vom erkennenden Subjekt zu trennen. Es ist also Vorsicht geboten. Dazu sei hier nur noch angemerkt, dass dieser Artikel UNIVERSUM *per definitionem* neben allen übrigen Artikeln dieses Lexikons auch sich selbst enthalten müsste. Ist das sinnvoll?

unmöglich

Auch wenn manche gern sagen, nichts sei unmöglich, kennt man in den Wissenschaften doch mancherlei Unmögliches, und sei es auch nur dadurch bedingt, dass jede Wissenschaft ihren Gegenstandsbereich präzise abgrenzen muss. Da Wissenschaften niemals synkretistisch sein können (das heißt die Gesamtheit des Wissens über die Gesamtheit aller Objekte in sich vereinigen), bestimmen sie durch die Abgrenzung ihres Gegenstandsbereiches stets auch jenen Bereich, über den sie mit ihren Methoden unmöglich etwas auszusagen vermögen. Hierher gehören zum Beispiel alle Fragen, die den Ursprung (siehe ANFANG, URSPRUNG) der Dinge betreffen.

Unmögliches in der Mathematik

Zur Vertiefung: ***absurd; Berechenbarkeit; Logik; Parallelen***

In der Mathematik gibt es ungelöste und unlösbare Probleme. Wie lässt sich entscheiden, ob ein Problem unlösbar ist, das heißt, ob auch zukünftige Mathematiker keine Lösung dafür finden werden, so sehr sie ihre Phantasie auch anstrengen mögen?

Man weiß zum Beispiel, dass die Quadratur des Kreises unmöglich ist. Die Quadratur des Kreises bestünde darin, mit Zirkel und Lineal zu einem Kreis beliebiger Größe ein flächengleiches Rechteck oder Quadrat zu konstruieren oder, was auf dasselbe hinausliefe, eine Sehne der Länge π einzuzeichnen (siehe PI). Diese Behauptung basiert auf einem Satz, den Pierre Wantzel 1837 bewiesen hat, wonach die Länge aller mit Zirkel und Lineal konstruierten Sehnen einer algebraischen Zahl entspricht, das heißt der Lösung einer algebraischen Gleichung mit ganzzahligen Koeffizienten.

Der Mathematiker Ferdinand von Lindemann bewies dann 1882, dass die Zahl π keine algebraische Zahl ist. Damit war das Problem gelöst oder besser gesagt, es war bewiesen, dass es keine Lösung gibt.

Auf ähnlichem Wege kann man auch beweisen, dass sich das Parallelenaxiom (wonach durch einen Punkt außerhalb einer Geraden nur eine einzige Gerade führt, die diese Gerade nicht schneidet) nicht aus den übrigen Axiomen der euklidischen Geometrie ableiten lässt (siehe PARALLELEN). Früher waren viele Mathematiker der Ansicht, das Parallelenaxiom sei nicht einfach genug, um als Axiom der Geometrie gelten zu können; es handle sich vielmehr um einen Satz, der bewiesen werden müsse.

Im 19. Jahrhundert zeigten dann die beiden Mathematiker Felix Klein und Henri Poincaré, dass solch ein Beweis unmöglich ist. Wie Wantzel die mit Zirkel und Lineal arbeitenden Konstruktionsverfahren untersucht hatte, so analysierten sie die Deduktionsverfahren und zeigten, dass alle Sätze, die sich aus den übrigen Axiomen der Geometrie (mit Ausnahme des Parallelenaxioms) ableiten lassen, die gemeinsame Eigenschaften besitzen, dass sie in allen Modellen dieser Theorie gültig sind. Und da das Parallelenaxiom diese Eigenschaft nicht besitzt, ist es innerhalb dieser Theorie nicht beweisbar.

Mit einer ähnlichen Methode haben Kurt Gödel, Abraham Fraenkel, Andrzej Mostowski und Paul Cohen bewiesen, dass es innerhalb der Mengentheorie unmöglich ist, das Auswahlaxiom und die Kontinuumshypothese zu beweisen (siehe MENGE).

Im 19. Jahrhundert bewiesen Paolo Ruffini, Niels Abel und Évariste Galois, dass es unmöglich ist, Gleichungen fünften Grades mit Hilfe von Radikalen zu lösen. Zu diesem Zweck zeigten sie, dass die Lösungen dieser Gleichungen nicht in allen Fällen zur Menge derjenigen Zahlen gehören, die sich mit Hilfe der Operationen $+$, $-$, $\times$, $/$ und $\sqrt{\ }$ (für beliebige Wurzelexponenten n) konstruieren lassen (siehe GALOIS-THEORIE).

Schließlich sei noch das Königsberger Brückenproblem genannt (siehe GRAPH), dessen Unlösbarkeit man auf ähnlichem Wege bewies, indem man die Eigenschaften der konstruierbaren Wege analysierte.

Der Beweis, dass etwas unmöglich ist, kann auch über eine *reductio ad absurdum* erfolgen. So bewies Yuri Matiyasevich 1970, dass es keine Rechenmethode gibt, mit der man zeigen könnte, ob eine algebraische Gleichung ganzzahlige Lösungen besitzt oder nicht. Dieser Beweis basiert auf Arbeiten von Alan

Turing, Alonzo Church, Spephen Kleene, Emil Post u. a., die in den 1930er Jahren untersuchten und kodifizierten, was eine Rechenmethode ist. Anlass für diese Analyse war ein anderes Problem, das Entscheidungsproblem nämlich, bei dem es um die Konstruktion einer Rechenmethode ging, mit deren Hilfe sich bestimmen lässt, ob ein logischer Satz beweisbar ist oder nicht (siehe BERECHENBARKEIT).

Das erste Ergebnis, aus dem sich alle weiteren ergaben, zeigte, dass es unmöglich ist, eine Rechenmethode anzugeben, mit der sich bestimmen lässt, ob eine andere Rechenmethode nach einer endlichen Zahl von Schritten zu einem Ergebnis führt oder ob sie bis ins Unendliche fortgesetzt werden muss. Dabei zeigt sich, dass die Existenz solch einer Methode zu widersinnigen Konsequenzen führt. Man begnügt sich nicht mit dem Beweis, dass solch eine Methode sich nicht konstruieren lässt, sondern zeigt, dass es sie gar nicht geben kann (während die Existenz der Sehne von der Länge π keineswegs widersinnig ist, auch wenn man sie nicht mit Zirkel und Lineal konstruieren kann).

Das Verfahren der *reductio ad absurdum* war bereits in der Antike bekannt; schon im 6. Jahrhundert vor Christus bewies man auf diese Weise, dass es unmöglich ist, zwei ganze Zahlen zu finden, die im selben Verhältnis zueinander stehen wie die Seite eines Quadrats zu dessen Diagonale (modern ausgedrückt, heißt das: Die Quadratwurzel aus 2 ist eine irrationale Zahl; siehe ABSURD).

Georg Cantor benutzte die Methode Ende des 19. Jahrhunderts für den Beweis, dass es unmöglich ist, eine eineindeutige Zuordnung zwischen den ganzen und den reelen Zahlen herzustellen (siehe MENGE).

Gleichfalls durch eine *reductio ad absurdum* lässt sich auch der erste Gödelsche Unvollständigkeitssatz beweisen, wonach widerspruchsfreie und hinreichend aussagekräftige Axiomensysteme niemals vollständig sind (das heißt nicht sämtliche Fragen beantworten, die sich in der Sprache dieses Systems formulieren lassen). Dazu konstruiert man einen Ausdruck der Art, dass unter der Annahme, dass dieser Ausdruck oder seine Negation bewiesen werden kann, das Axiomensystem nicht widerspruchsfrei ist (siehe LOGIK).

In einem noch allgemeineren Sinne kann jedes negative Ergebnis als ein unmögliches Ergebnis betrachtet werden. Aus der Tatsache, dass das Quadrat einer reellen Zahl stets positiv ist, folgt, dass man unmöglich eine reelle Zahl finden kann, deren Quadrat gleich –1 ist.

Der Beweis der Unlösbarkeit eines Problems hat vielfach positive Konsequenzen. Zunächst einmal enthebt er die Mathematiker der Notwendigkeit, nach einer Lösung zu suchen, so dass sie sich anderen Problemen zuwenden können (die Quadratur des Kreises, das Parallelenaxiom und die Kontinuumshypothese haben viele Jahre Arbeit gekostet, die an anderer Stelle eine nützlichere Verwendung hätte finden können). Und dann erfordert solch ein Beweis vielfach die Entwicklung neuer mathematischer Instrumente, die auch bei der Lösung anderer Probleme eingesetzt werden können.

So eröffnete Matiyasevichs Arbeit die Möglichkeit, die Existenz eines Polynoms über den ganzen Zahlen zu beweisen, das als Werte sämtliche Primzahlen (und ausschließlich Primzahlen) annimmt; und das Parallelenaxiom hat zur Entwicklung der MODELLTHEORIE beigetragen.

Wenn ein Problem in seinem bisherigen Rahmen keine Lösung findet, gibt dies häufig Anlass, einen anderen Rahmen zu entwickeln, in dem man es lösen kann. So lässt sich die Entdeckung, dass es keine rationale Zahl gibt, deren Quadrat gleich 2 ist, zur Konstruktion eines Zahlenbereichs nutzen, in dem die Wurzel aus 2 eine Heimat findet, also der reellen Zahlen.

Wenn es unmöglich ist, zwischen zwei Dingen Gleichheit herzustellen, folgt daraus, dass sie notwendig verschieden sind, und diese Erkenntnis enthüllt eine Struktur, die eine bestimmte Ordnung begründet. Cantors Beweis der Unmöglichkeit, eine eineindeutige Zuordnung zwischen den natürlichen und den reellen Zahlen herzustellen, verweist darauf, dass es mehrere Arten von Mächtigkeit gibt, und eröffnete die Möglichkeit, die Theorie der abzählbaren und nichtabzählbaren Mengen zu entwickeln.

Aus dem Beweis der Nichtbeweisbarkeit (zum Beispiel des Parallelenaxioms) folgt schließlich auch, dass man die Negation des ursprünglich zu beweisenden Satzes zum Axiom erheben kann, ohne befürchten zu müssen, dass man sich dadurch in Widersprüche verwickelt; auf diese Weise lassen sich dann neue Theorien konstruieren (deren frappierendstes Beispiel die nichteuklidischen Geometrien sein dürften).

Es fragt sich nun, ob solche Ergebnisse endgültig sind. Könnte es eines Tages möglich sein, eine Zahl zu finden, deren Quadrat gleich –1 ist, oder ist das für immer ausgeschlossen? Natürlich ist solch eine Unmöglichkeit stets nur relativ, wurde mit den komplexen Zahlen doch gerade eine Zahl eingeführt, deren Quadrat gleich –1 ist. Und die mit Zirkel und Lineal unmögliche Dreiteilung eines Winkels ist durchaus möglich, wenn man andere Hilfsmittel zulässt.

Aber die Unmöglichkeit, eine reelle Zahl zu finden, deren Quadrat gleich –1 ist, oder einen Winkel ausschließlich mit Zirkel und Lineal in drei gleiche Winkel aufzuteilen, ist in der Tat endgültig. Und diese Endgültigkeit ist keine Besonderheit von Unmöglichkeitsbeweisen. In der Mathematik akkumuliert man bewiesene Lehrsätze und kommt dann nicht mehr darauf zurück, es sei denn, die Axiome der Mathematik erwiesen sich als widersprüchlich.

Das Unmögliche in der Informatik

Zur Vertiefung: ***Prinzipien und Gesetze***

Während theoretisch Unmögliches in den Informationswissenschaften auf den mathematischen Unmöglichkeiten basiert, findet sich dort auch konkret Unmögliches, das in der Endlichkeit der Maschinen begründet ist. In besonderem Maße gilt das für Probleme, die im Zusammenhang mit der Kombinatorik auftreten. Die Zahl der PERMUTATIONEN von n Elementen ist $n!$. Bei hinreichend großem n (zum Beispiel über 100) gibt es mehr Permutationen als Teilchen im gesamten Universum. Wollte man all diese Permutationen in einem physikalischen Speicher unterbringen, müsste er größer als das Universum sein.

Das Unmögliche in den Naturwissenschaften

Zur Vertiefung: ***Boson und Fermion; Entropie; Relativitätstheorie***

Die Naturwissenschaften akkumulieren im Laufe ihrer Entwicklung nicht nur Wahrheiten. Die Welt, mit der sie sich definitionsgemäß auseinander setzen, demonstriert ihnen gelegentlich, dass einige ihrer Aussagen falsch sind. So wurden denn auch einige ihrer Unmöglichkeitsbehauptungen widerlegt (zum Beispiel die, wonach Natriumchlorid nicht in Benzol löslich sei). In diesem Fall wird aus Unmöglichem zumindest bloß Unwahrscheinliches. Schon die These, dass etwas unmöglich sei, drängt dazu, sie zu widerlegen. So wirkt das Unmögliche als treibende Kraft im Fortschritt der Naturwissenschaften.

In allen wissenschaftlichen Fachgebieten gibt es Aussagen über Unmögliches. Sie markieren in der Regel die Grenzen, die sich die zugehörigen Grundlagentheorien jeweils selbst setzen. So ist es nach dem Trägheitsgesetz unmöglich, dass Bewegung spontan aus sich heraus entsteht; nach dem Satz von der Erhaltung der ENERGIE ist ein Perpetuum mobile unmöglich (siehe THERMODYNAMIK); und aus der Invarianz der Lichtgeschwindigkeit (dem Grundprinzip, auf dem die RELATIVITÄTSTHEORIE basiert) folgt die Unmöglichkeit, dass irgendein Signal sich schneller fortpflanzt als das Licht. Solche Aussagen über Grenzen des Möglichen gehören zum Wesen der Wissenschaften. Ein allzu allgemeines Prinzip (wie »Alles ist Energie«) bietet keinen Zugang zu spezifischen Erkenntnissen und hat daher keine praktische Bedeutung. Ein echtes wissenschaftliches Prinzip muss etwas für unmöglich erklären, das heißt, es muss seine eigenen Grenzen aufzeigen.

Unterprogramm

→ ***Prozedur, Unterprogramm***

Ununterscheidbarkeit, quantenmechanische

→ ***quantenmechanische Ununterscheidbarkeit***

Urknall

Zur Vorbereitung: ***Expansion; kosmologisches Standardmodell***
Zur Vertiefung: ***Anfang, Ursprung; Schöpfung; Vakuum, leerer Raum, Leere***

Der Ausdruck »Urknall« und seine englische Entsprechung »Big bang« sind inzwischen im allgemeinen Sprachgebrauch recht weit verbreitet und stehen dort etwas undifferenziert für die Schöpfung des Universums, für eine gewaltige Explosion am Anfang der Zeiten oder für einen geheimnisvollen Urzustand, in dem es die Sterne und Galaxien, wie wir sie kennen, noch nicht gab. Was ist nun wirklich damit gemeint? Um das zu verstehen, müssen wir auf Einstein zurückgehen, der 1917 eine Arbeit über die Folgen seiner allgemeinen Relativitätstheorie für das Bild des UNIVERSUMS, also für die KOSMOLOGIE veröffentlichte. Darin trat er dem Gedanken eines nichtstatischen Universums entgegen, der in seinen Augen inakzeptabel war. Die Gleichungen der Mechanik sahen in der Tat vor, dass die Galaxien sich unter dem Einfluss der Gravitation entweder unvermeidlich voneinander entfernten (Expansion des Universums) oder aufeinander zu stürzten, aber unmöglich in einem statischen Zustand verharren konnten. Einstein modifizierte die Gleichungen in der Weise, dass sie ein statisches Universum beschrieben, und schloss sich damit Isaac Newton an.

Andere dagegen, unter ihnen der russische Mathematiker und Physiker Alexander Friedmann, zeigten schon bald, dass eine Expansion des Universums theoretisch möglich und sogar notwendig war, und 1927 sprach der belgische Geistliche und Astronom Georges Lemaître erstmals von einem als »Uratom« bezeichneten Urzustand des Universums, von dem die Expansion ihren Ausgang genommen hatte und der den Anfang der Zeit markierte, einen »Tag, dem kein Tag vorangegangen war«, sofern diese paradoxe Formulierung denn überhaupt noch einen Sinn haben konnte. Zwei Jahre später entdeckte Edwin Hubble, dass die Galaxien sich bewegen und das Universum sich tatsächlich ausdehnt.

Zwei weitere wichtige Umstände kamen hinzu, die dieses Bild des Universums stützten und schrittweise in ein KOSMOLOGISCHES STANDARDMODELL verwandelten, das heißt in ein Szenario der Entwicklung des Universums, das heute weithin akzeptiert ist. Zum einen veranlassten die durch den Bau der Atombombe beschleunigten Fortschritte auf dem Gebiet der Kernphysik den amerikanischen Physiker George Gamow 1948 zu der These, das heute im Universum, in den Sternen und Galaxien in großen Mengen vorkommende HELIUM könne nur in einer Phase intensiver thermonuklearer Aktivität entstanden sein, in der das Universum sich in seiner Temperatur und Dichte sehr von seinem heutigen Zustand unterschieden habe. Zum anderen müsse in dieser vergangenen heißen Phase Licht emittiert worden sein, das, stark verdünnt, im Universum immer noch zu finden sei. Dieses Licht, das man als kosmische Hintergrundstrahlung bezeichnet (siehe SCHWARZER KÖRPER), wurde 1965 entdeckt.

Die Modelle von Friedmann und Lemaître setzten sich durch. Wie viele andere physikalische Modelle enthalten sie in ihrer mathematischen Formulierung eine SINGULARITÄT, gleichsam eine Stunde Null, einen zeitlichen Nullpunkt, in dem die Expansion des Universums ihren Ausgang nahm. Für manche war ein derartiger Gedanke schockierend, und so entwickelten Fred Hoyle, Hermann Bondi und Thomas Gold ab 1948 die Idee, dass in dem leeren Raum, der sich in einem expandierenden Universum auftut, ständig neue Materie entsteht. Fred Hoyle machte sich über den zeitlichen Nullpunkt lustig, den die von ihm bekämpfte Theorie enthielt, und sprach spöttisch von einem »großen Knall«, einem *big bang*.

Hoyles Vorschläge konnten den Berechnungen und Beobachtungen nicht standhalten, die man in der zweiten Hälfte des 20. Jahrhunderts allenthalben anstellte. Seither gehört die kosmische Singularität zum kosmologischen Standardmodell, und der Ausdruck *big bang* enthält eine tiefgreifende Zweideutigkeit, weil er die vergangene Entwicklung des Universums und zugleich eine hypothetische Stunde Null bezeichnet.

Aber was geschah zwischen der kosmischen Singularität und der 1965 entdeckten heißen Phase? Können wir uns der kosmischen Singularität noch weiter nähern? Wenn die Expansion das Universum aus der heißen Phase in ihren heutigen Zustand geführt hat, was lag dann vor der heißen Phase? Physiker und Kosmologen nahmen sich dieser Frage an, und 1979 führte Alan Guth das Konzept der INFLATION in die Diskussion ein – einer Phase, in der das Universum eine exponentielle Ausdehnung erfahren haben soll und damit auch eine exponentielle Abnahme seiner Dichte (während die Dichte heute sehr viel langsamer abnimmt).

Solche Versuche, die Vergangenheit des Universums darzustellen, sind sehr schwierig, denn dazu muss man die Physik kennen, mit der sich die Teilchen und ihre Wechselwirkungen unter Temperatur- und Dichtebedingungen beschreiben lassen, die im Labor nicht erzeugt werden können. Auch wenn die Phantasie der Theoretiker grenzenlos erscheint, muss sie sich doch an gewissen Prinzipien (z. B. Symmetrien) orientieren oder an Versuchsergebnissen, wie man sie mit Hilfe großer TEILCHENBESCHLEUNIGER erzielen kann. Schließlich versucht man, die aus den Modellen abgeleiteten Voraussagen mit den Spuren zu vergleichen, die diese längst vergangenen Ereignisse im heutigen Universum hinterlassen haben könnten.

Bei ihrer Suche nach der Vergangenheit des Universums stoßen die Physiker auf einen Zeithorizont, jenseits dessen die Physik weder die Expansion noch den Zustand des Universums zu beschreiben vermag. Diese Grenze nennt man die Planck-Zeit. Die Singularität des zeitlichen Nullpunkts vor der Planck-Zeit (die etwa bei 10^{-43} Sekunden liegt) bleibt zwar Teil der Modelle, ihr entspricht aber keine beschreibbare physikalische Realität. Das Kausalitätsprinzip, ohne das die Physik ganz undenkbar wäre, zwingt dazu, in der Zeit immer weiter zurückzugehen, um in der Vergangenheit nach den Ursachen für das jeweils Nachfolgende zu suchen; da die Physik gänzlich auf dem Gedanken der Kausalität aufbaut, vermag sie nur von Transformationen zu sprechen, nicht aber von einer Schöpfung *ex nihilo*, einer Schöpfung aus einem metaphysischen Nichts (siehe ANFANG, URSPRUNG). Da unsere Zeitvorstellung durch unsere Wahrnehmung als Wesen bestimmt ist, deren Leben von Geburt und Tod begrenzt wird, fällt es uns schwer, die der Relativitätstheorie eigene Vorstellung zu akzeptieren, wonach die Zeit keine der Welt äußerliche Realität darstellt, die gleichsam neben der UHR abläuft und von ihr gemessen wird, wie Newton dachte, sondern eine der Welt innewohnende Realität bildet, die aufs Engste mit dem Raum und der Materie verbunden ist. Wenn wir von einem Anfang der Welt sprechen, formulieren wir daher eine Paradoxie, der wir uns nur mit Mühe oder gar nicht entziehen können.

Halten wir fest, dass der Ausdruck »Urknall« oder »Big bang« drei Dinge zugleich bezeichnet: jenen andersartigen, dichten Zustand, den das Universum in fernster Vergangenheit einmal besaß; jene rasche Expansion, in der es sich abkühlte und Schritt für Schritt seine heute Gestalt erlangte; und schließlich jene paradoxe Frage nach dem ANFANG.

Ursprung

→ ***Anfang, Ursprung***

V

Vakuum, leerer Raum, Leere

Zur Vorbereitung: ***Elektromagnetismus; Quantenphysik; Raum; Relativitätstheorie***

Obwohl das Adjektiv »leer« zum ganz gewöhnlichen Sprachschatz gehört, fällt es doch schwer, sich vorzustellen, was denn der leere Raum oder gar »das Leere« schlechthin sein könnte. Unser Verstand schwankt hier zwischen Sein und Nichts (das Leere ist etwas Besonderes; das Leere ist nichts).

Als Vakuum im technisch-physikalischen Sinne gilt jeder gaserfüllte Raum, dessen Druck unterhalb des Atmosphärendrucks liegt. Nach der Höhe des Drucks unterscheidet man in der Vakuumtechnik vier Druckbereiche: Grobvakuum (10^5–10^2 Pascal), Feinvakuum (10^2–10^{-1} Pascal), Hochvakuum (10^{-1}–10^{-5} Pascal) und Ultrahochvakuum (unter 10^{-5} Pascal).

In einem eher physikalisch-philosophischen Sinne definiert man Vakuum oder Leere gerne als das, was in einem Behälter übrig bleibt, wenn man alles daraus entfernt hat, was sich daraus entfernen lässt. Diese Definition klingt einigermaßen praktisch, aber in Wirklichkeit ist sie theoretisch, denn es ist unmöglich, sämtliche Moleküle und jegliche elektromagnetische Strahlung aus einem Behälter zu entfernen. Weil es praktisch unmöglich ist, ein vollkommenes Vakuum oder absolute Leere herzustellen, kann man allenfalls im Konjunktiv sagen: Das absolute Vakuum wäre das, was übrig bliebe, wenn man alles daraus entfernte. Aber was fällt unter dieses »alles«. Fällt zum Beispiel auch der Raum darunter, so dass ein absolutes Vakuum gleichsam der leere Raum abzüglich des Raumes wäre? Man ahnt, dass die Antwort auf diese Frage davon abhängt, ob man sie im Rahmen der Relativitätstheorie oder im Rahmen der Quantenphysik abhandelt, die sich nicht mit derselben Art von Entitäten befassen. Jeder Zweig der Physik versieht sein Vakuum mit einer anderen Auswahl notwendiger Eigenschaften, so dass es im einen Fall dem Raum ähnelt und im anderen einem energetischen Fluidum. Generell lässt sich das absolute Vakuum jeweils nur auf Basis jener Objekte – und als Antithese zu jenen Objekten – definieren, denen man eine Existenz zuspricht.

Stellen wir uns einmal vor, man versuchte, aus einem Behälter sämtliche Teilchen zu entfernen, um darin ein vollkommenes Vakuum zu erzeugen. Das erscheint gar nicht so schwierig, ist aber unmöglich, weil unter diesen Umständen spontan neue, von der Quantenphysik als virtuell eingestufte Teilchen entstehen würden (siehe Quantenphysik). Auf diesem Wege lässt sich also kein absolutes Vakuum herstellen. Eine ganz ähnliche Frage, von der bereits die Rede war, stellt Einsteins Relativitätstheorie: Gehört auch der Raum zu dem, was entfernt werden müsste? Das läuft letztlich auf die Frage hinaus, ob der Raum ein physikalisches Objekt ist. Lässt der Raum sich eindeutig von dem trennen, was er enthält? Auch diese Frage ist umstritten und ebenso schwer zu beantworten wie die Frage nach dem absoluten Vakuum. Die Vorstellung, die wir uns von einem vollkommenen Vakuum machen, hängt offenbar davon ab, in welcher Weise wir den Raum von dem unterscheiden, was er enthält.

Jedenfalls ist es nicht unproblematisch, das vollkommene Vakuum durch die Aufzählung all dessen definieren zu wollen, was entfernt werden müsste, damit sich solch ein Vakuum einstellt. Dieses Vorgehen führt zu Paradoxa, die sich nur schwer auflösen lassen. Wenn man über das Leere spricht, so setzt man damit voraus, dass es tatsächlich etwas darüber zu sagen gibt, dass also das Leere nicht etwa nichts ist. Wenn das Leere existiert, so weil es nicht bloß nichts, sondern »etwas« ist, aber seltsamerweise darf man dieses »etwas« nicht entfernen, wenn man vollkommene Leere herstellen möchte, weil diese Leere sonst reines Nichts wäre.

Das Vakuum in der Quantentheorie

Das absolute Vakuum gilt generell als frei von jeglicher Materie und Energie. Die Quantentheorie sieht jedoch keinen grundlegenden Unterschied zwischen einem Zustand, der Materie enthält, und einem Zustand, der keine Materie enthält. Unsere heutige Quantentheorie versteht sich in der Tat als eine Feldtheorie. Ihre grundlegenden Objekte sind weder Teilchen noch Wellen, sondern Quantenfelder, die sich über den gesamten Raum erstrecken und sowohl Materie als auch Strahlung repräsentieren. So spricht die Quantenfeldtheorie nicht von Elektronen, sondern von einem Elektronenfeld. Dieses Elektronenfeld hat die Eigenschaft, immer da zu sein. Der quantenphysikalische Formalismus sieht gar keine Situation vor, in der das Feld nicht da wäre. Wie lässt sich unter diesen Umständen ein absolutes Vakuum denken? Nicht als das, was übrig bleibt, wenn man das Feld entfernt, sondern als ein besonderer Zustand des Feldes. Diesen besonderen Zustand nennt man den Vakuum- oder Grundzustand, während alle übrigen als angeregte Zustände bezeichnet werden. Es gibt hier also keinen formalen Unterschied mehr zwischen dem Vakuum und den übrigen Zuständen, so dass dem Vakuum keine Sonderstellung mehr eingeräumt werden kann. Tatsächlich ist es unmöglich, die quantenphysikalische Materie vollkommen von ihrer Grundlage zu trennen, denn wenn man alles entfernt hat, was sich entfernen lässt, bleibt immer noch das Feld. Deshalb kann das Vakuum hier nicht als ein Nichts verstanden werden, in dem nichts geschieht, sondern ist als ein Meer von virtuellen Teilchen zu denken, die unter bestimmten Bedingungen zur Existenz gelangen können. Das Vakuum der Quantenphysik, das die Grundzustände sämtlicher, mit sämtlichen existierenden Teilchen verbundener Felder in sich vereint (die Felder der ELEKTRONEN, QUARKS, PHOTONEN, NEUTRINOS usw.), ist daher ausgesprochen dicht bevölkert. Und die Quantenfelder, die dieses Vakuum bevölkern, sind keineswegs bloße Fiktionen, denn sie haben messbare Effekte, deren bekanntester der Casimir-Effekt ist.

Der Casimir-Effekt

Das Vakuum ist kein Ort, an dem nichts geschieht. Vielmehr zeigen sich dort seltsame Phänomene wie der Casimir-Effekt, den der holländische Physiker Hendrik Casimir 1948 voraussagte. Danach ziehen zwei in einem Vakuum befindliche parallele Metallplatten einander an, zwar nur schwach, aber doch merklich. Dieser sonderbare Effekt wurde 1958 verifiziert. Wie kommt er zustande? Aufgrund des Zusammenhangs zwischen dem Elektromagnetismus und den Gesetzen der Quantenphysik. Wenn man auf der Basis dieser Gesetze die Mindestenergie des elektromagnetischen Feldes berechnet, stellt man fest, dass sie nicht gleich null ist. Man deutet dieses Ergebnis als Beweis für die Existenz spontaner Fluktuationen dieses Feldes: Der Durchschnittswert des elektrischen Feldes im Zustand niedrigster Energie, wie man ihn für das Vakuum unterstellen muss, ist zwar gleich null, aber er schwankt ständig zufällig um den Nullpunkt, wobei er zeitweilig positive und zeitweilig negative Werte annimmt. Diesen im gesamten Raum anzutreffenden Fluktuationen entspricht eine bestimmte Energie, die man als Vakuumenergie bezeichnet. Im Fall der beiden von Casimir betrachteten Metallplatten werden die Fluktuationen des elektromagnetischen Feldes durch die Anwesenheit der beiden Objekte verändert. Denn an deren Oberfläche (die vollkommene elektrische Leiter darstellen) muss der Wert des elektrischen Feldes genau null sein. Dieser Einfluss der beiden Metallplatten auf die Fluktuationen des zwischen ihnen gelegenen

Feldes führt unmittelbar zu einer Veränderung der Vakuumenergie. Und die durch die beiden Metallplatten induzierte Energiedifferenz ist die Ursache für deren wechselseitige Anziehung.

Der »leere Raum« der Astronomie

Obwohl der Raum zwischen den GALAXIEN unendlich größer ist als die Gefäße, in denen Physiker ein Vakuum herzustellen versuchen, hat dieser Raum doch ganz ähnliche Eigenschaften: Es finden sich nur einige wenige Wasserstoffatome (ein Atom pro Kubikmeter oder noch weniger); die kosmische Hintergrundstrahlung, die den Raum erfüllt, hat die äußerst niedrige Temperatur von 2,73 Kelvin, −270 °C (siehe SCHWARZER KÖRPER); aufgrund der EXPANSION des Universums dehnt er sich aus; nahe oder ferne Massen schließlich sorgen für eine KRÜMMUNG (siehe RAUM-ZEIT). In den frühen Entwicklungsphasen des Universums war die Temperatur der Strahlung so hoch, dass die Vakuumfluktuationen Materie entstehen ließen (siehe INFLATION). Die so entstandenen Inseln aus Materie stellten lokale Dichteschwankungen dar, die möglicherweise als Keime für die spätere Entstehung von Galaxienhaufen dienten (siehe HAUFEN). Und nach einer grundlegenden, durch Beobachtung bestätigten Hypothese besitzt dieses vom Raum nicht zu trennende Vakuum in alle Richtungen dieselben Eigenschaften (man spricht hier von der ISOTROPIE des Raumes).

Valenz

Zur Vertiefung: ***Koordination, Koordinationszahl; Periodensystem***

Als Valenz oder Wertigkeit eines Atoms *A* bezeichnet man die Zahl der Atome oder Atomgruppen, mit denen dieses Atom *A* eine Verbindung eingehen kann. So ist zum Beispiel Stickstoff N im Ammoniak NH_3 dreiwertig. Dies gilt auch für viele andere Stickstoffverbindungen wie Trimethylamin $N(CH_3)_3$ oder Chinin, das eine wesentlich komplexere Zusammensetzung aufweist. Da die Valenz oder Wertigkeit eines Elements aus seiner Stellung im Periodensystem hervorgeht, also aus der Zahl der Elektronen, die auf der Außenschale des Atoms vorhanden sind, hielt man sie lange Zeit für ein Naturgesetz. Das ist jedoch keineswegs der Fall, denn es gibt unzählige Abweichungen von dieser Theorie. So gehören zum Beispiel Stickstoff N und Phosphor P zur gleichen Elementenfamilie oder Hauptgruppe des Periodensystems (sie haben die gleiche Anzahl an Elektronen auf der Außenschale). Doch während Phosphor häufig fünfwertig ist, gilt dies für Stickstoff nicht.

Der Begriff der Valenz rückt im praktischen Gebrauch zunehmend in den Hintergrund und kommt fast nur noch in zusammengesetzten Begriffen wie Valenzelektronen vor, wo er synonym für die Elektronen der Außenschale verwendet wird.

Dem normativen Charakter, der dem Begriff der Valenz innewohnt, ziehen Chemiker heute den Realismus des Begriffs »Koordinationszahl« vor und befassen sich mehr mit der Zahl der Atome, die ein bestimmtes Atom tatsächlich umgeben, als mit der Zahl der Atome, mit der es sich nach der Valenztheorie umgeben könnte.

Variable

Zur Vertiefung: ***Adresse; Assembler; Deklaration; Speicher, Gedächtnis***

Variablen, zu Deutsch »Veränderliche«, sind Zeichen, die als Platzhalter oder Leerstellen dienen. In der Mathematik können diese Zeichen durch die Namen von Elementen bestimmter Mengen ersetzt werden.

In der INFORMATIK ist eine Variable eine Zeichenkette, das heißt ein Wort, das eine Speicherzelle bezeichnet. Über dieses Wort kann man die betreffende Speicherzelle problemlos erreichen und ihren Inhalt abrufen oder verändern, ohne dazu den genauen Ort der Zelle innerhalb des Speichers, also ihre Adresse, zu kennen. Variablen erleichtern also den Umgang mit den Speicherzellen und ihren Inhalten.

Vektor

Zur Vertiefung: ***Determinante; Dualitätsprinzip; lineare Abbildung; Skalarprodukt***

Vom Punkt zum Vektor

Der Weg, den man nehmen muss, um in *Abbildung 1* von Punkt A zu Punkt B zu gelangen, ist gleich dem Weg, den man nehmen muss, um von Punkt C zu Punkt D zu gelangen. Sie sind gleich lang, parallel und gleich gerichtet. Man sagt, die Punktepaare (A, B) und (C, D) sind äquipollent.

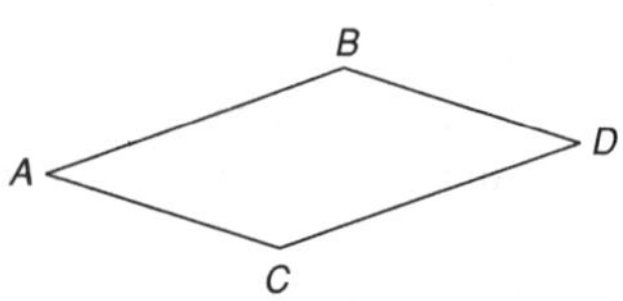

Abbildung 1

Genauer gesagt, sind zwei Punktepaare (A, B) und (C, D) äquipollent, wenn die Figur $ABDC$ ein Parallelogramm darstellt, oder auch, wenn die Strecken (A, D) und (B, C) sich in ihren Mittelpunkten schneiden. Diese RELATION ist eine auf Punktepaaren definierte Äquivalenzrelation (siehe ÄQUIVALENZ). Außerdem gilt: Für beliebige Punkte A, B und C gibt es einen einzigen Punkt D, so dass die Punktepaare (A, B) und (C, D) äquipollent sind.

Ein Vektor ist nun genau das, was äquipollenten Punktepaaren gemeinsam ist. Man kann den Vektor $\overrightarrow{AB}$ als die Menge der zu (A, B) äquipollenten Punktepaare definieren, also als die Menge $\{(A, B), (C, D), \ldots\}$. Die Punktepaare (A, B) und (C, D) sind demnach äquipollent, wenn die beiden Vektoren $\overrightarrow{AB}$ und $\overrightarrow{CD}$ gleich sind. Anders gesagt, ein Vektor ist eine Äquivalenzklasse für die Äquipollenzrelation. Ist $\vec{u}$ ein Vektor und A ein Punkt, gibt es einen einzigen Punkt B, so dass die Vektoren $\vec{u}$ und $\overrightarrow{AB}$ gleich sind. Dieser Punkt wird als das »Bild des Punktes A auf Grund der Translation um den Vektor $\vec{u}$« bezeichnet. Daher kann man jedem Vektor eine Translation zuordnen und umgekehrt.

Der Begriff des Vektors gestattet es, eine Brücke zwischen Geometrie und Algebra zu schlagen. Denn man kann auf Vektoren Operationen definieren: die Addition und die Multiplikation mit einer Zahl. Dank der Möglichkeit, Vektoren zu addieren und mit einer Zahl zu multiplizieren, ist der Begriff des Vektors in der Geometrie fast noch wichtiger als der Begriff des Punktes. Der Vektor $\vec{u} .+ \vec{v}$ enthält die Paare (A, C), so dass man von A nach C gelangt, indem man zunächst den Weg nimmt, der dem Vektor $\vec{u}$, und dann den Weg, der dem Vektor $\vec{v}$ entspricht (siehe *Abbildung 2*).

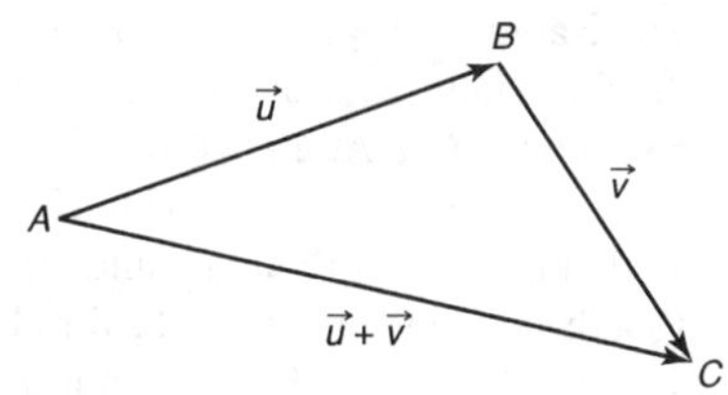

Abbildung 2 Summe zweier Vektoren

Enthält der Vektor $\vec{u}$ das Paar (A, B), so enthält der Vektor $k\vec{u}$ das Paar (A, C), und zwar derart, dass der Weg von A nach C aus dem um den Faktor k verlängerten Weg von A nach B besteht (siehe *Abbildung 3*).

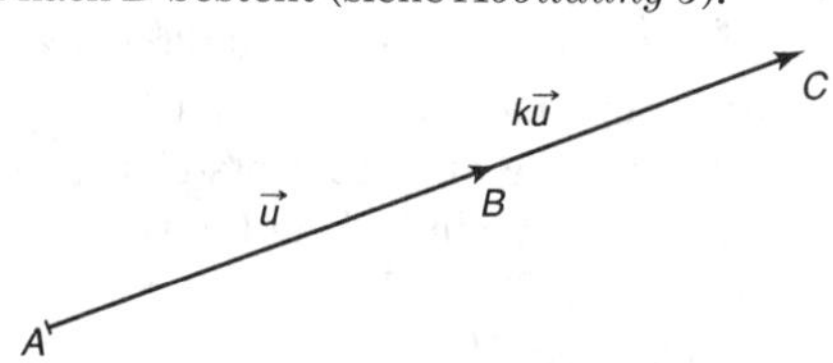

Abbildung 3 Produkt von Vektor und Zahl

Die Proportionalität zweier Vektoren $\overrightarrow{AB}$ und $\overrightarrow{CD}$ ist gleichbedeutend mit der Parallelität der Geraden AB und CD. Daher kann man den Begriff der Geraden, der in der antiken Geometrie einen Grundbegriff bildete, auch vom Begriff des Vektors her definieren. Die Gerade, die durch die Punkte A und B führt, ist die Menge der Punkte M, für die der Vektor $\overrightarrow{AM}$ dem Vektor $\overrightarrow{AB}$ proportional ist, also für die gilt: $\overrightarrow{AM} = \mathrm{k}\overrightarrow{AB}$.

Bezugssysteme und Basen

Der Begriff des Vektors ermöglicht auch eine einfache Definition des kartesischen Koordinatensystems. In der Ebene besteht solch ein Bezugssystem aus einem Punkt O und zwei

Vektoren $\vec{i}$ und $\vec{j}$. Innerhalb dieses Koordinatensystems sind die Koordinaten eines Punktes M der Ebene die Zahlen x und y, für die der Vektor $\overrightarrow{OM}$ gleich $x\vec{i} + y\vec{j}$ ist (siehe *Abbildung 4*).

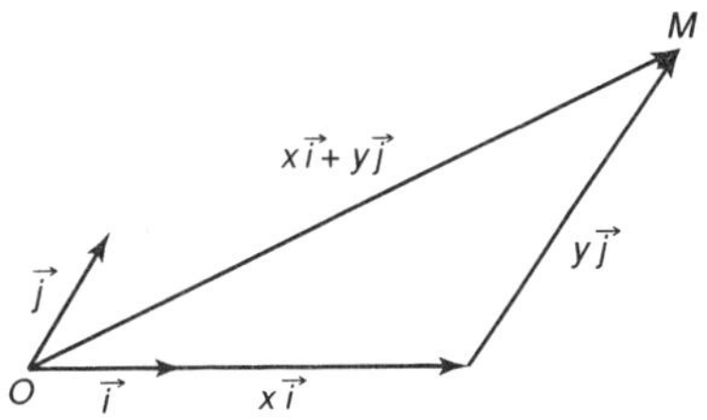

Abbildung 4

Für die Definition der Koordinaten eines Vektors benutzt man kein Bezugssystem, sondern eine Basis. Eine Basis besteht aus zwei Vektoren $\vec{i}$ und $\vec{j}$. Die Koordinaten eines Vektors $\vec{u}$ der Ebene in dieser Basis sind die Zahlen x und y, für die der Vektor $\vec{u}$ gleich $x\vec{i} + y\vec{j}$ ist.

Von daher kann man nun den Begriff des Bezugssystems über den der Basis definieren. Ein Koordinatensystem besteht einfach aus einem Punkt O und einer Basis B. Die Koordinaten eines Punktes M sind in diesem Bezugssystem die Koordinaten des Vektors $\overrightarrow{OM}$ in der Basis $\vec{B}$.

Zwei beliebige Vektoren $\vec{i}$ und $\vec{j}$ bilden nicht immer eine Basis. Verhalten die beiden Vektoren sich proportional zueinander, lassen sich manche Vektoren der Ebene nicht in eine Summe $x\vec{i} + y\vec{j}$ zerlegen. Und für die übrigen sind die Koordinaten nicht eindeutig (siehe *Abbildung 5*). Die Möglichkeit, sämtliche Vektoren zerlegen zu können, und die Eindeutigkeit dieser Zerlegung sind Definitionsmerkmale des Begriffs der Basis.

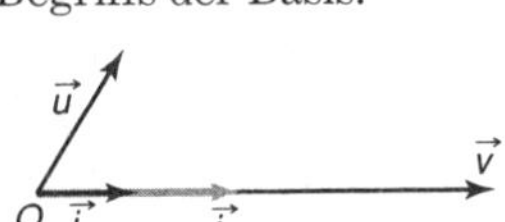

Abbildung 5 Der Vektor $\vec{u}$ lässt sich nicht in eine Summe $x\vec{i} + y\vec{j}$ zerlegen, während der Vektor $\vec{v}$ sowohl gleich $3\vec{i} + 1\vec{j}$ als auch gleich $1\vec{i} + 2\vec{j}$ ist.

Vektoren und Vektorräume

Der Koordinatenbegriff gestattet es, zahlreiche Probleme der Geometrie auf solche der Algebra zurückzuführen. Will man zum Beispiel zeigen, dass die drei Seitenhalbierenden eines Dreiecks sich in einem Punkt schneiden, dass es also einen Punkt M gibt, der auf allen drei Seitenhalbierenden liegt (siehe *Abbildung 6*), braucht man nur zu zeigen, dass es zwei Zahlen x und y gibt, so dass der Punkt mit den Koordinaten (x, y) auf allen drei Seitenhalbierenden liegt. Während man vorher einen Punkt finden musste, braucht man jetzt nur noch zwei Zahlen zu finden.

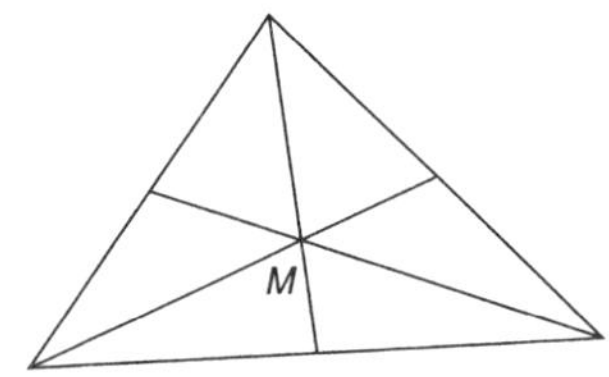

Abbildung 6

Diese Methode ähnelt dem Verfahren, mit dem man die Lösungen der Differentialgleichung

$$\begin{cases} f'(x) = 2x \\ f(0) = 1 \end{cases}$$

sucht, das heißt eine Funktion f, deren Ableitung die Funktion $x \longmapsto 2x$ ist und die an der Stelle 0 den Wert 1 hat. Zum Beispiel sucht man zunächst unter den Polynomfunktionen weniger als dritten Grades, also unter den Funktionen der Form
$x \longmapsto ax^3 + bx^2 + cx + d$.

Die Ableitung solch einer Funktion ist
$x \longmapsto 3ax^2 + 2bx + c$.

Diese Funktion ist dann gleich $x \longmapsto 2x$, wenn $a = 0$, $b = 1$ und $c = 0$. Und $f(0)$ ist gleich 1, wenn d gleich 1 ist. Die Lösung lautet also $x \longmapsto x^2 + 1$. Hat man diese Lösung erst einmal gefunden, kann man zeigen, dass es keine weiteren Lösungen gibt. Auch hier hat man also das ursprüngliche Problem, bei dem man eine Funktion finden musste, durch ein Problem ersetzt, bei dem man lediglich Zahlen a, b, c und d zu finden braucht.

Die Analogie lässt sich noch weiter fortführen. Funktionen können wie Vektoren addiert und mit einer Zahl multipliziert werden. Bezeichnet man die Funktionen $x \longmapsto 1$, $x \longmapsto x$, $x \longmapsto x^2$, $x \longmapsto x^3$ mit f_0, f_1, f_2, f_3, hat man die gesuchte Lösung zerlegt in:

$f = af_3 + bf_2 + cf_1 + df_0$

und sucht dann die Zahlen a, b, c, d, bei denen es sich, in Fortführung der Analogie, um die Koordinaten der Funktion f in der von den drei Funktionen f_0, f_1, f_2, f_3 gebildeten Basis handelt. Man kann diese und andere ähnliche Differentialgleichungen also lösen, indem man ihre potentiellen Lösungen nach einer Basis zerlegt.

Da Funktionen dieselben Eigenschaften haben wie Vektoren, kann man sie auch als Vektoren bezeichnen. Die Begriffe des Vektors, der Basis und der Koordinaten werden dadurch über den Bereich der Geometrie hinaus erweitert. Ein Vektorraum ist eine beliebige Menge E, auf der eine Addition und eine Multiplikation mit einer Zahl definiert sind, welche folgende Bedingungen erfüllen: Die Addition ist assoziativ und kommutativ, und sie besitzt ein neutrales Element. Für jedes Element von E gibt es ein inverses Element; und außerdem gilt:

$$k(\vec{u} + \vec{v}) = k\vec{u} + k\vec{v}$$
$$(k + l)\vec{u} = k\vec{u} + l\vec{u}$$
$$k(l\vec{u}) = (kl)\vec{u}$$
$$\vec{u} = \vec{u}.$$

So bildet die Menge der Polynomfunktionen geringeren als dritten Grades einen Vektorraum. Bei den Zahlen, mit denen man die Elemente von E multipliziert, handelt es sich meist um reelle oder komplexe ZAHLEN, aber grundsätzlich können sie aus jedem kommutativen Körper stammen (siehe RING). Die Elemente dieses Körpers werden als Skalare, die Elemente von E als Vektoren bezeichnet.

Die Basis eines Vektorraums

Eine Basis B eines Vektorraums E ist eine endliche oder unendliche Menge von Vektoren, für die gilt, dass jeder Vektor $\vec{u}$ des Vektorraums E sich in eindeutiger Weise in eine Summe der Form

$$\vec{u} = x_1\vec{i}_1 + x_2\vec{i}_2 + \ldots + x_n\vec{i}_n$$

zerlegen lässt, wobei $\vec{i}_1$, $\vec{i}_2$ … $\vec{i}_n$ Elemente von B sind (auch bei einer unendlichen Basis muss jeder Vektor sich in eine endliche Summe zerlegen lassen). In einem Vektorraum enthalten sämtliche Basen dieselbe Zahl von Vektoren (die Ebene zwei, der Raum drei Vektoren usw.). Die Anzahl der Vektoren wird als Dimension des betreffenden Vektorraums bezeichnet. Die Menge der Vektoren der Ebene hat also die Dimension 2, die der Vektoren des Raumes die Dimension 3. Die Menge der Polynomfunktionen dritten oder geringeren Grades, die von der Form

$$x \longmapsto ax^3 + bx^2 + cx + d$$

sind, hat demnach die Dimension 4. Die Menge der Polynomfunktionen von $\mathbb{R}$ in $\mathbb{R}$ hat unendliche Dimension. Dasselbe gilt auch für die Menge aller Funktionen von $\mathbb{R}$ in $\mathbb{R}$. Der Begriff der Basis lässt sich in der Weise erweitern, dass er auch für eine Zerlegung von Vektoren in unendliche Summen gilt. Bei der Zerlegung einer Funktion in eine Potenzreihe drückt man sie durch die unendliche Summe

$$f\colon x \longmapsto a_0 + a_1x^1 + a_2x^2 + a_3x^3 + \ldots$$

aus (siehe REIHE) oder, wenn man die Funktion $x \longmapsto x^i$ als f_i bezeichnet, durch die unendliche Summe

$$f = a_0f_0 + a_1f_1 + a_2f_2 + a_3f_3 + \ldots$$

Natürlich stellt sich damit das Problem einer Definition solcher unendlichen Summen (siehe REIHE und SPEKTRALANALYSE).

Findet man eine Basis in einem Vektorraum E, kann man zahlreiche Probleme, bei denen es um Elemente von E geht, auf Probleme zurückführen, bei denen man es mit Zahlen zu tun hat.

Vom Vektor zum Punkt

Ebenso wie den Begriff des Vektors, so kann man auch den Begriff des Punktes über den Bereich der Geometrie hinaus erweitern. Man sagt, eine Menge F ist ein mit einem Vektorraum E verknüpfter affiner Raum, wenn man jedem Paar (A, B) von Elementen aus F ein Element $\overrightarrow{AB}$ zuordnen kann, für das gilt: Ist A ein Element aus F und $\vec{u}$ ein Element aus E, so gibt es ein einziges Element B aus F, für das $\overrightarrow{AB}$ gleich $\vec{u}$ ist. Ein Punkt ist dann nichts anderes als ein Element eines affinen Raumes. Hat der Vektorraum E die Dimension 2 oder 3, besitzt die so erhaltene Punktemenge große Ähnlichkeit mit der geometrischen Ebene oder dem Raum. Aber man kann auch affine Räume konstruieren, die mit Vektorräumen höherer Dimension als 3 und sogar unendlicher Dimension verknüpft sind.

Verantwortung

Zur Vertiefung: ***Wahrheit***

Es ist heutzutage unmöglich, über Wissenschaft zu schreiben, ohne auf die Verantwortung des Wissenschaftlers einzugehen. Die Zeit ist endgültig vorbei, in der man noch an den Mythos des einsamen, eigenständigen Gelehrten glauben konnte, der in einem abgeschiedenen Winkel, völlig losgelöst von Gesellschaft, Politik, Medien und ähnlichem, geniale Entdeckungen macht.

Der Wissenschaftler kann zwar allein arbeiten, doch sein Projekt ist dennoch kollektiv. Seine Verantwortung unterliegt zunächst der Kontrolle durch seine Kollegen und dann der wissenschaftlichen Gemeinschaft als ganzer.

Abweichend von dem Prinzip »Wissen ist Macht« sieht der Wissenschaftler sich zugleich verantwortlich für die Beschaffung und die Verbreitung von Erkenntnissen. Hat er als solcher die gleiche Verantwortung wie jeder andere Staatsbürger?

Der Wissenschaftler spielt darüber hinaus auch eine Expertenrolle gegenüber Politikern, die sehr oft seine Geldgeber sind: Richter und gleichzeitig Beteiligter zu sein war jedoch noch nie förderlich für eine verantwortungsbewusste Haltung. Sicher wäre es noch schlimmer, wenn die wissenschaftliche Forschung ausschließlich Privatinteressen gehorchte. Unter dem Druck verschiedener Pressure Groups muss die wissenschaftliche Forschung daher eine Fülle widersprüchlicher Interessen verwalten. Wie der Wissenschaftler diese Rolle ausfüllt, bleibt dem Gewissen des Einzelnen überlassen.

Verbindung, chemische

→ ***chemische Verbindung***

Verbindungen, chlororganische

→ ***chlororganische Verbindungen***

Verbindungen, intermediäre

→ ***intermediäre Verbindungen***

Verbindungen, zyklische

→ ***zyklische Verbindungen***

Verbrennung

Zur Vertiefung: ***Erdöl; Kohlenstoff; Sauerstoff***

Der Begriff »Verbrennung« bezeichnet eine Reaktion zwischen zwei chemischen Verbindungen, einem Brennstoff und einem Oxidationsmittel, unter Freisetzung von Wärme. Als Brennstoff dienen vor allem organische Stoffe, in deren chemischer Zusammensetzung Kohlenstoffatome C und Wasserstoffatome H vorkommen, verbunden mit einem Oxidationsmittel, häufig Sauerstoff O_2. Seit unvordenklichen Zeiten nutzt der Mensch die Verbrennung zur Wärmegewinnung und als Energiequelle. Methan wird zum Beispiel so verbrannt: $CH_4+2O_2 \longmapsto CO_2+2H_2O$. Die Produkte dieser Verbrennung, Kohlendioxid CO_2 und Wasser H_2O, sind in der Regel stabiler als das organische Molekül vor der Verbrennung. Bis zur Entdeckung der Atomenergie war die Verbrennung eine universelle und neben Wind- und Wasserkraft sozusagen die einzige Energiequelle. Ihr ist die industrielle Revolution zu verdanken.

»Kein Feuer ohne Flamme«: Eine Flamme besteht aus einem brennbaren Gas, das man brennen sieht. Zu beobachten ist dies bei einem Holzfeuer. Die Scheite stammen von Bäumen, enthalten also Terpene, pflanzliche Stoffwechselprodukte, die Duft verströmen und Insekten und Pflanzenfresser fern halten. Wenn Holzscheite brennen, überführt die erhöhte Temperatur diese flüchtigen Substanzen zunächst in einen gasförmigen Zustand und entzündet sie anschließend.

In einem Industriegebiet deutet eine offene Flamme häufig auf eine Erdölraffinerie hin, die unerwünschte Produkte abfackelt und somit die Funktion einer Müllverbrennungsanlage erfüllt. Zudem erinnert sie uns daran, dass Erdöl nicht nur zur Verbrennung taugt.

Für Rohöl gibt es zwei Hauptnutzungsbereiche: als Rohstoff für Treibstoffe und als Rohstoff für die Petrochemie.

Bei der Verwendung als Treibstoff verwandelt die Verbrennung das Erdöl, das vorwiegend aus Kohlenwasserstoffverbindungen besteht, in CO_2 und H_2O, und das dabei entstehende Kohlendioxid fördert den TREIBHAUSEFFEKT. Als Rohstoff für die Petrochemie wird Erdöl zu Polyethylen, Polystyrol, synthetischem KAUTSCHUK, Chemiefasern, Medikamenten und vielen anderen Produkten verarbeitet. Hier ist daher die Wertsteigerung wesentlich höher als bei seiner Nutzung als Energiequelle.

Verdünnung

→ ***Konzentration, Verdünnung***

Vereinheitlichung

Zur Vertiefung: ***Reduktionismus; Wechselwirkung in der Physik***

Die Idee, wonach die Vielfalt und Verschiedenartigkeit der Realität sich auf eine zugrunde liegende Einheit zurückführen lassen, ist wahrscheinlich schon so alt wie das menschliche Denken. Sie findet sich bereits bei einigen Vorsokratikern. Die neuzeitliche Naturwissenschaft übernahm diesen Gedanken schon in ihren ersten Anfängen. So vereinte Galilei sublunare und supralunare Welt, nachdem er mit seinem Fernrohr Berge und Täler auf dem Mond entdeckt hatte; Isaac Newton beschrieb die Bewegungen himmlischer und irdischer Körper mit ein und derselben Theorie; James Clerk Maxwell begründete die Theorie des ELEKTROMAGNETISMUS, indem er ELEKTRIZITÄT und MAGNETISMUS miteinander vereinte; Albert Einstein verband in seiner Relativitätstheorie die bis dahin getrennten Konzepte des Raumes und der Zeit zu einer einheitlichen RAUM-ZEIT und stellte außerdem eine Verbindung zwischen Masse und Energie her. Offenbar strebt der wissenschaftliche Geist stets danach, Gesetze und Erscheinungen, die zunächst disparat erscheinen, in einem einheitlichen Rahmen zu denken. Deshalb darf man wohl behaupten, dass das höchste und ehrgeizigste Ziel der Physik in der Vereinheitlichung liegt, also in dem Bestreben, eine möglichst kleine Zahl elementarer Objekte ausfindig zu machen und jene fundamentalen Wechselwirkungen zu bestimmen, die diese Objekte miteinander verbinden und strukturieren.

Die Physiker unterscheiden vier fundamentale Wechselwirkungen (siehe WECHSELWIRKUNG IN DER PHYSIK). Die Kräfte dieser vier Wechselwirkungen variieren mit der Energie, die jeweils im Spiel ist, so dass es ein Energieniveau gibt, auf dem sie miteinander vergleichbar werden. Daher hoffen die Physiker, eine einheitliche Theorie schaffen zu können, in der alle vier Kräfte nur noch als Facetten einer einzigen fundamentalen Wechselwirkung erscheinen. In diesem Zusammenhang spricht man gelegentlich von der »Weltformel«.

Verfahrenstechnik, chemische

→ ***chemische Verfahrenstechnik***

Verfinsterung

Von einer Verfinsterung (auch Eklipse genannt) spricht man, wenn ein astronomisches Objekt sich für einen Beobachter auf der Erde oder anderswo vor ein anderes astronomisches Objekt schiebt und dieses ganz oder teilweise verdeckt. So verdeckt der Mond die Sonne bei einer Sonnenfinsternis, und bei einer Mondfinsternis schiebt die Erde sich zwischen Mond und Sonne, so dass der sonst von der Sonne hell beschienene Mond für ein paar Stunden verdunkelt wird. Wenn zwei Sterne einander umkreisen und die gemeinsame Ebene ihrer Umlaufbahnen in ihrer Verlängerung auch die Erde enthält, verfinstern die beiden Sterne einander für den irdischen Beobachter gelegentlich. Aus dem Umstand, ob es sich dabei um partielle oder vollständige Verfinsterungen handelt, können wir dann auf das Größenverhältnis der beiden Sterne schließen.

Die regelmäßige Wiederkehr der Sonnen- und Mondfinsternisse für irdische Beobachter resultiert aus der Tatsache, dass die drei

Himmelskörper sich jeweils nach 223 Mondumläufen in einer Reihe ausgerichtet finden (siehe KALENDER). Diese so genannte Saros-Periode war bereits den Babyloniern um 1000 vor unserer Zeit bekannt, so dass sie diese spektakulären Ereignisse voraussagen konnten. Die scheinbare Bahn der Sonne auf der Himmelssphäre bildet einen Kreis, die so genannte Ekliptik (den »Ort der Eklipsen«). Zu Verfinsterungen kann es nur an den Punkten kommen, an denen die scheinbare Mondbahn diesen Kreis schneidet. Abgesehen von der außergewöhnlichen Schönheit dieses Naturschauspiels sind Sonnenfinsternisse für die Wissenschaft deshalb interessant, weil der Mond dabei für kurze Zeit die intensive Strahlung der Sonnenscheibe abdeckt, so dass die sehr viel schwächere Strahlung der äußeren Sonnenatmosphäre oder Korona (siehe SONNE) sichtbar wird. Auch das Licht von Sternen, die zu diesem Zeitpunkt fast hinter der Sonne verschwinden, bietet interessante Aufschlüsse (siehe RELATIVITÄTSTHEORIE). Seit es möglich ist, die Sonnenkorona mit Teleskopen zu beobachten, die sich außerhalb der Erdatmosphäre auf Satelliten befinden, hat die Beobachtung von Sonnenfinsternissen ein wenig an Bedeutung verloren. Denn außerhalb der Erdatmosphäre erscheint der Himmel vollkommen schwarz (weil die STREUUNG des Lichts in der Atmosphäre wegfällt), so dass die schwache Korona sich deutlich davor abzeichnet.

Aristarch (310–230 v. Chr.) nutzte Mondfinsternisse, um zunächst die Entfernung des Mondes und dann auch dessen Größe korrekt zu bestimmen. Aus der Zeitspanne vom Eintritt des Mondes in den Erdschatten bis zum Augenblick seines vollständigen Wiederaustritts, in Bruchteilen des Mondmonats gemessen, lässt sich die Entfernung berechnen, wenn der Durchmesser der Erde bekannt ist; die Größe des Mondes ergibt sich dann ganz einfach aus der Messung des Winkels, unter dem der Monddurchmesser von der Erde aus erscheint. Im 16. Jahrhundert benutzte man Mondfinsternisse, um den Abstand der geographischen Länge zweier Orte auf der Erde zu bestimmen, von denen aus man dieselbe Mondfinsternis beobachtete. Das Phänomen hängt allein von der relativen Position der Erde, des Mondes und der Sonne ab. Die Unterschiede der Ortszeit, zu der die Mondfinsternis eintritt, entsprechen genau den Längenunterschieden.

Zu einer Verfinsterung der Jupitermonde durch ihren Mutterplaneten kommt es, wenn sie, von der Erde aus betrachtet, hinter der Jupiterscheibe verschwinden. Diese Verfinsterungen bilden gleichfalls eine astronomische UHR und dienten lange Zeit zur Bestimmung der geographischen Länge anhand von Tafeln mit den vorausgesagten Daten dieser Verfinsterungen. Mit ihrer Hilfe konnte Olaf Römer 1676 schließlich auch beweisen, dass die Lichtgeschwindigkeit von endlicher Größe ist.

Verknüpfung von DNA-Fragmenten

Zur Vorbereitung: ***Nukleinsäuren***
Zur Vertiefung: ***Gentechnik***

Zu den grundlegenden Verfahren der Gentechnik gehört es, DNA-Fragmente oder GENE miteinander zu verknüpfen. Mit so genannten Restriktionsenzymen lässt sich die DNA-Doppelhelix schneiden und in DNA-Abschnitte mit überstehenden einsträngigen Enden zerlegen (siehe RESTRIKTION). Ein weiteres Enzym, die DNA-Ligase, kann die Schnitt-

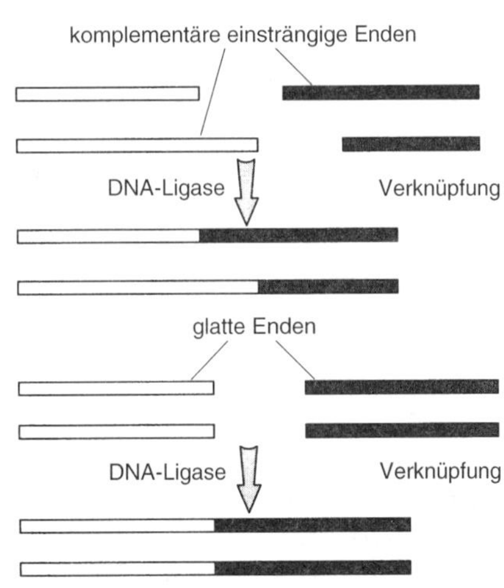

Abbildung 1 Verknüpfung zweier DNA-Moleküle mit komplementären einsträngigen Enden (oben) und mit glatten Enden (unten)

stellen solcher DNA-Fragmente verknüpfen und Einzelstrang-Enden, die komplementäre Nukleotide aufweisen, durch Basenpaarung (siehe KOMPLEMENTARITÄT) wieder zu einem Doppelstrang verbinden (siehe S. 1029, *Abbildung 1*). Mit Hilfe der DNA-Ligase, die in allen Zellen zu finden ist (siehe REPLIKATION), lassen sich auch DNA-Abschnitte mit glatten Enden verknüpfen, also Abschnitte, in denen beide Stränge der Doppelhelix exakt gleich lang sind. Auf diese Weise kann man *in vitro* doppelsträngige DNA-Fragmente unabhängig von der Beschaffenheit der Nukleotide an den Enden rekombinieren.

Vermutung

Zur Vertiefung: ***Axiom; Theorem***

Eine Vermutung ist eine Aussage, für die man einen Beweis sucht. Ist der Beweis gefunden, wird aus der Vermutung ein Lehrsatz oder THEOREM.

Bei einer Vermutung ist also noch offen, ob die darin getroffene Aussage wahr oder falsch ist. Aus Gründen, die nicht immer ganz klar werden (Intuition, Induktion usw.), nimmt man allerdings in der Regel an, dass die Aussage eher wahr als falsch sein dürfte, auch wenn man sie noch nicht beweisen kann. Dennoch erweisen sich manche Vermutungen am Ende als falsch, woraus wir erkennen, dass Intuition noch kein Beweis ist.

Manche Vermutungen bleiben sehr lange offen. Den Rekord hält ohne Zweifel die so genannte Fermatsche Vermutung, die 1993–95 nach mehr als 350 Jahren von Andrew Wiles bewiesen wurde. Sie besagt, dass die Gleichung $x^n+y^n=z^n$ in der Menge der von null verschiedenen natürlichen ganzen Zahlen nur für $n=1$ und $n=2$ eine Lösung besitzt (zum Beispiel $3^2+4^2=5^2$), nicht aber für n größer oder gleich drei.

In der Kategorie der »zur Zeit der Drucklegung dieses Buches noch offenen Vermutungen« hält den Rekord zweifellos die Riemannsche Vermutung. Diese vor mehr als einem Jahrhundert aufgestellte Vermutung betrifft die so genannte ζ-Funktion (Zetafunktion) und gehört zu den bedeutsamsten Problemen der heutigen Mathematik.

Verschiebung

Zur Vorbereitung: ***lineare Abbildung; Vektor***
Zur Vertiefung: ***Skalarprodukt***

In einem euklidischen Vektorraum bezeichnet man eine lineare Abbildung f dann als Isometrie, wenn der Vektor $f(\vec{u})$ die gleiche Länge hat wie der Vektor $\vec{u}$. Rotation und Symmetrie sind Beispiele für Isometrien (siehe *Abbildungen 1* und *2*).

Abbildung 1 Rotation

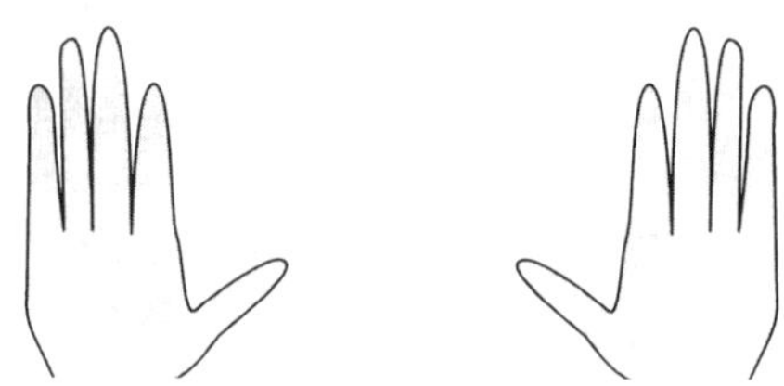

Abbildung 2 Symmetrie

Eine Homothetie (eine perspektivische Ähnlichkeitstransformation) ist dagegen keine Isometrie (siehe *Abbildung 3*). Nach einer äquivalenten Definition ist die Isometrie eine lineare Abbildung, die eine orthonormierte Basis eines Raumes in eine andere orthonormierte Basis transformiert (als orthonormiert bezeichnet man eine Basis, deren Vektoren die Länge 1 haben und paarweise senkrecht zueinander stehen).

Anders als die Symmetrie in *Abbildung 2* kann die Rotation r in *Abbildung 1* in mehreren Schritten erfolgen. Die Rotation der Figur in *Abbildung 1* bezeichnet man als Verschiebung. Eine schrittweise Bewegung lässt sich durch eine stetige Abbildung darstellen, die jedem Zeitpunkt des Intervalls $[0,1]$ eine Isometrie der Art zuordnet, dass $F(0)$ die Identität (die Isometrie, die die Figur so belässt, wie sie ist) und $F(1)$ die Rotation r ist. Erfolgt zum Beispiel eine Rotation um

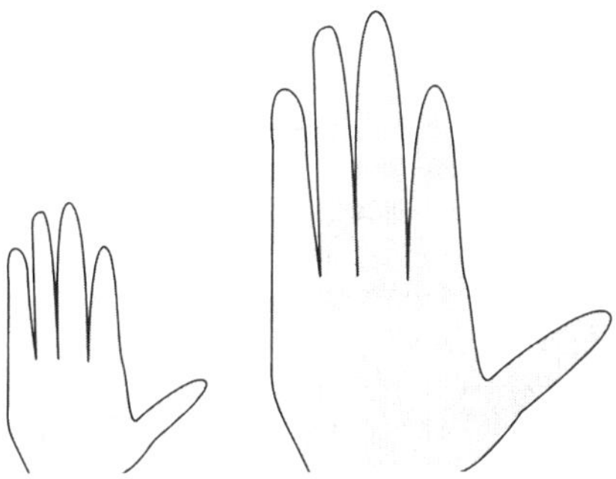

Abbildung 3 Homothetie

den Winkel a, kann man jedem Zeitpunkt t die Winkelrotation ta zuordnen. Die Existenz solch einer Abbildung F ist Definitionsmerkmal der Verschiebung.

Im selben Sinne sagt man, zwei orthonormierte Basen des Raumes haben dieselbe Orientierung, falls man die eine schrittweise in die andere überführen kann, das heißt, falls es eine stetige Abbildung G gibt, die jedem Element des Intervalls $[0,1]$ eine orthonormierte Basis der Art zuordnet, dass $G(0)$ die eine und $G(1)$ die andere Basis ist. So besitzt die Basis $(\vec{a},\vec{b})$ in *Abbildung 4* dieselbe Orientierung wie die Basis $(\vec{c},\vec{d})$, aber eine andere Orientierung als die Basis $(\vec{e},\vec{f})$. Natürlich ist die Reihenfolge der Vektoren hier wichtig: Die Basen $(\vec{a},\vec{b})$ und $(\vec{b},\vec{a})$ haben nicht dieselbe Orientierung.

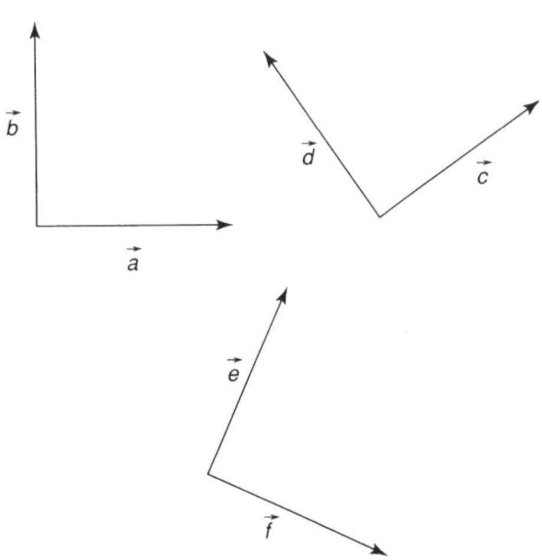

Abbildung 4

Eine Verschiebung lässt sich gleichfalls definieren als eine Isometrie, die eine orthonormierte Basis eines Raums in eine Basis mit derselben Orientierung transformiert.

Und schließlich kann man Verschiebungen auch durch den Begriff der DETERMINANTE charakterisieren. Die Determinante einer Isometrie ist stets gleich 1 oder –1. Eine Verschiebung ist eine Isometrie, deren Determinante gleich 1 ist.

Bisher haben wir die Verschiebung in einem euklidischen Raum definiert, das heißt in einem Raum, auf dem ein Skalarprodukt definiert ist, also Länge und Orthogonalität. Man kann dem Begriff der Verschiebung jedoch auch eine fundamentalere Bedeutung beilegen, wenn man von dem Gedanken ausgeht, dass der Begriff der Länge die Möglichkeit voraussetzt, zwei Objekte miteinander zu vergleichen, also gegeneinander zu verschieben. In diesem Fall ist die Verschiebung der grundlegende Begriff, während Länge, Orthogonalität und Skalarprodukt daraus abgeleitet werden (als euklidisch bezeichnet man dann einen Raum, auf dem eine Menge linearer Abbildungen definiert ist, die als »Verschiebungen« bezeichnet werden).

Verunreinigungen

Zur Vertiefung: ***Halbleiter; Katalyse; Kristall***

Nachteilige Verunreinigungen

Bis vor nicht allzu langer Zeit gaben Hausfrauen ein paar Reiskörner in den Salzstreuer, die Restfeuchte absorbieren und ein Verklumpen der Salzkörner verhindern sollten. Verantwortlich hierfür war eine Verunreinigung des Natriumchlorids durch Kaliumchlorid, das extrem hygroskopisch ist, also WASSER anzieht. Da das Salz heute genügend rein ist, kann man auf die Reiskörner im Salzstreuer verzichten.

Eine solche Jagd auf Verunreinigungen kommt häufig vor, da sie sich im Wasser oder in der Luft als toxisch erweisen können. SYNTHETISCHE ERZEUGNISSE und NATURSTOFFE wetteifern hier in ihrer Schädlichkeit. Polychlorierte Biphenyle (PCB) oder Dioxine, wie sie 1976 bei der Katastrophe in Seveso freigesetzt wurden, gelten als gefährlich. Aber es gibt natürliche Substanzen, die weitaus toxischer sind, zum Beispiel die Amanitine im Knollenblätterpilz, das Botulinustoxin, das sich in verdorbenen Lebensmittelkonserven bilden kann (und in chemischen Kampfstoffen eingesetzt wurde) sowie die Aflatoxine in verschimmelten Erdnüssen (sie verursachen Leberkrebs). Und wenn wir ein Holzfeuer anzünden, setzen wir ebenfalls PCB frei.

Selbst wenn Verunreinigungen keine nachteiligen Wirkungen haben, stören sie unser Ideal der HOMOGENITÄT. Unsere geistige Trägheit verlangt, dass die Dinge aus völlig identischen Teilen bestehen, damit sie in allen Punkten gleich sind.

Von der Alchimie hat die Chemie als wirkungsvolle Reinigungsverfahren die KRISTALLISATION von Feststoffen, ihre Sublimation (direkte Umwandlung von der festen in die gasförmige Phase) und die DESTILLATION von Flüssigkeiten übernommen. Jedes dieser Verfahren führt zu Stoffen von zufrieden stellendem Reinheitsgrad, zumal wenn man sie wiederholt anwendet. Das Stück Zucker, das wir in unseren Kaffee geben, ist extrem rein und weist nur Verunreinigungen in einer Größenordnung von ppm auf (*parts per million* = 1 Teilchen auf 1 Million Teilchen einer Substanz). Es gehört zu den wichtigen Aufgaben der chemischen ANALYSE, derart minimale Verunreinigungen zu entdecken.

Nützliche Verunreinigungen

Von allem bisher Gesagten gilt jedoch auch das Gegenteil. Wenn man zum Beispiel einen Halbleiter herstellt, wie er in einem TRANSISTOR verwendet wird, züchtet man zunächst einen ungewöhnlich reinen Einkristall aus Silicium oder Germanium. Erst anschließend führt man in diesen Kristall Verunreinigungen in winzigen, sorgfältig dosierten Mengen ein (Dotierung). In Reinform ist Silicium ein Isolator; in verunreinigter Form leitet es elektrischen Strom und kann in einem Transistor als Gleichrichter für Wechselstrom dienen, je nachdem ob die Verunreinigungen Träger positiver oder negativer elektrischer Ladung sind. Die Elektronik mit ihren vielfältigen Anwendungen ist ein beeindruckendes Beispiel für die positive Rolle, die bewusst eingeführte Verunreinigungen spielen.

Weiter oben haben wir die Kristallisation als Reinigungsverfahren angeführt. Manchmal weigert sich jedoch die Mutterlauge, die den zu reinigenden Stoff enthält, Kristalle zu bilden. In solchen Fällen impft man die Mutterlauge mit einem Keim, fügt ihr also bewusst eine Verunreinigung in Form eines winzigen Kristalls bei, dessen Kristallstruktur der angestrebten ähnlich ist. Dieser Kunstgriff löst in der Regel die gewünschte Kristallisation aus.

Ist ein Katalysator etwas anderes als eine Verunreinigung, die geschickt eingesetzt wird, um Reaktionen zu beschleunigen? Es ist durchaus häufig festzustellen, dass eine Katalyse Folge einer vorhandenen Verunreinigung ist. Zahlreiche Zufallsentdeckungen sind Verunreinigungen zu verdanken: Ein Quecksilberthermometer zerbricht, und schon ist eine neue chemische Reaktion entdeckt; ein Labor explodiert, und das Polyethylen ist geboren, weil durch einen versteckten Lufteintritt in den Reaktionsapparat die Polymerisation des Ethylens, die darin stattfand, unterbrochen wurde und explosive Peroxide entstanden (siehe ERDÖL und POLYMER). Selbst wenn ein Katalysator einen Reinheitsgrad von 100 % hat, spielt eine »Verunreinigung« die entscheidende Rolle bei der heterogenen Katalyse: Wenn eine fluide Substanz, also ein Gas oder eine Flüssigkeit, mit einem kristallinen Festkörper in Kontakt kommt, der eine Reaktion auslöst, so findet die katalysierte Reaktion nicht an den regelmäßig angeordneten Atomen des Kristalls statt, sondern an den Unregelmäßigkeiten der Oberfläche, an den überzähligen Atomen oder an Fehlstellen, Vorsprüngen oder Vertiefungen, die diese gleichmäßige Atomfläche durchbrechen.

Ein angesehener britischer Chemiker hat die Angewohnheit, seine chemischen Reaktionen sehr effektiv zu katalysieren, indem er nur selten seine Laborgefäße spült: Er führt eine Reaktion in einem Behälter durch, den er vorher bereits für die vorhergehende Reaktion benutzt hat. Allerdings hat diese Arbeitsweise den Nachteil, dass sie nur schwer nachvollziehbar und reproduzierbar ist, auch wenn sie schöne Erfolge zeitigt.

Hier stößt man an die Grenze zwischen übertriebener Reinheit und nützlichen Verunreinigungen, zwei Begriffe, die in der Chemie antagonistisch, aber komplementär sind.

Verwandtschaft

Zur Vertiefung: ***Allel; Identität, Ähnlichkeit; Inzucht; Polymorphismus***

Für den Biologen sind zwei Individuen A und B verwandt, wenn B beziehungsweise einer oder mehrere Vorfahren von B in der Genealogie von A vorkommen.

Diese Definition stößt sogleich auf eine Schwierigkeit: Wie weit ist die Suche nach gemeinsamen Vorfahren zu treiben, um eine Verwandtschaft festzustellen? Es ist klar, dass zwei Personen, die nicht verwandt sind, wenn die Suche sich auf vier Generationen beschränkt, sich doch als verwandt erweisen können, wenn man weiter in die Vergangenheit zurückgeht. Auch ohne sich auf den Mythos von Adam und Eva zu berufen, genügt es im Grenzfall, einige Jahrtausende in der Geschichte zurückzugehen, um eine Verwandtschaft zwischen all unseren Zeitgenossen auszumachen.

Diese Verwandtschaft beschränkt sich im Übrigen nicht auf unsere Artgenossen. Könnten wir unsere Genealogie über sechs Millionen Jahre hinweg zurückverfolgen, würden wir feststellen, dass wir entfernte Vettern und Cousinen der Schimpansen sind, über zehn Millionen Jahre zurück wären wir mit den Gorillas verwandt und über mehrere Hundert Millionen Jahre mit Schildkröten und Karpfen. Da alle Lebewesen einen gemeinsamen Ursprung haben, sind alle miteinander verwandt, was diesem Begriff jegliche Bedeutung nimmt.

Um ihm wieder einen praktischen Nutzen zu geben, ist einzuräumen, dass es hier nicht um die Beschreibung einer Realität geht, sondern um eine Information, die zwangsläufig unvollständig ist.

Das Vorhandensein gemeinsamer Vorfahren bringt die Möglichkeit mit sich, dass die beiden Betroffenen am selben GENLOCUS, also am gleichen Ort eines Chromosoms, Gene mitbekommen haben, die Kopien des gleichen Gens sind, das auch einer ihrer Vorfahren besaß, also so genannte »identische« Gene.

Aus diesem Begriff der Identität lässt sich ein Maß der Verwandtschaft ableiten, das allerdings nur auf Wahrscheinlichkeiten beruhen kann, um einerseits dem partiellen Charakter der jeweiligen Information und andererseits dem Zufallscharakter der Vererbung der Gene von einer Generation an die nächste Rechnung zu tragen.

Der am einfachsten zu interpretierende Parameter für das Maß der Verwandtschaft ist der Verwandtschaftskoeffizient zweier Individuen, definiert als die Wahrscheinlichkeit, dass bei beiden ein zufällig ausgewähltes Gen am gleichen GENLOCUS (also an der gleichen Stelle des Chromosoms) identisch ist.

Haken wir nach. Da der Koeffizient als Wahrscheinlichkeit definiert ist, müssen wir vor jeder weiteren Überlegung die Stichprobe präzisieren, die es ermöglicht, diese Wahrscheinlichkeit zu messen. Hier besteht die Stichprobe darin, bei beiden Individuen am gleichen Genort nach dem Zufallsprinzip eines der beiden Gene auszuwählen, die sie von ihren Erzeugern erhalten haben. Das Ereignis, dessen Wahrscheinlichkeit zu bestimmen ist, lautet: Die beiden so ausgewählten Gene sind identisch. Ein Gen kann in verschiedenen Formen, den so genannten ALLELEN, existieren. Zwei identische Gene, die Kopien desselben Gens eines Vorfahren sind, stellen zwangsläufig das gleiche Allel dar. Umgekehrt sind zwei Gene, die das gleiche Allel repräsentieren, nicht zwangsläufig identisch.

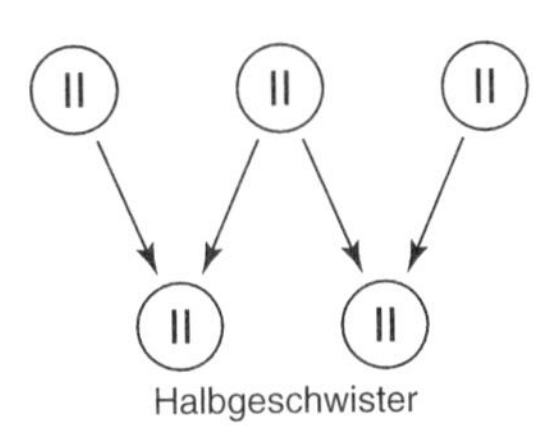

Abbildung 1

Das einfachste Verwandtschaftsverhältnis ist das von Halbgeschwistern (siehe *Abbildung 1*). Sie haben einen Elternteil gemeinsam, von dem beide die Hälfte ihrer genetischen Ausstattung erhalten haben. Damit ein Gen des einen mit einem Gen des anderen identisch ist, müssen drei Bedingungen erfüllt sein:

- Das zufällig ausgewählte Gen des ersten muss von dem gemeinsamen Elternteil stammen, was mit einer Wahrscheinlichkeit von 1/2 eintritt;
- dasselbe muss bei dem Halbbruder oder der Halbschwester der Fall sein, was mit einer Wahrscheinlichkeit von 1/2 eintritt;
- der gemeinsame Elternteil muss jedem der Kinder das gleiche Gen vererbt haben, was mit einer Wahrscheinlichkeit von 1/2 eintritt.

Die Wahrscheinlichkeit, dass alle drei Ereignisse eingetreten sind, ist demnach: $(1/2) \times (1/2) \times (1/2) = 1/8$.

Somit ist φ(Halbgeschwister)$=1/8$.

Besteht die Verwandtschaft im Vorhandensein eines gemeinsamen Vorfahren, der von einem der untersuchten Individuen n Generationen entfernt ist und vom anderen p Generationen, so führt die gleiche Überlegung zu einem Verwandtschaftskoeffizienten von $(1/2)^{(n+p+1)}$. Für Halbvettern, die nur einen Großvater gemeinsam haben, wäre demnach: φ(Halbvettern)$=(1/2)^{2+2+1}=1/32$.

Wenn in der Genealogie, wie es häufig vorkommt, mehrere gemeinsame Vorfahren vorhanden sind, so kann die Identität zweier zufällig ausgewählter Gene bei den beiden untersuchten Individuen auf die Kopie eines Gens zurückgehen, das von dem einen oder anderen dieser Vorfahren stammt. Daher sind die errechneten Wahrscheinlichkeiten für jeden der gemeinsamen Vorfahren zu addieren.

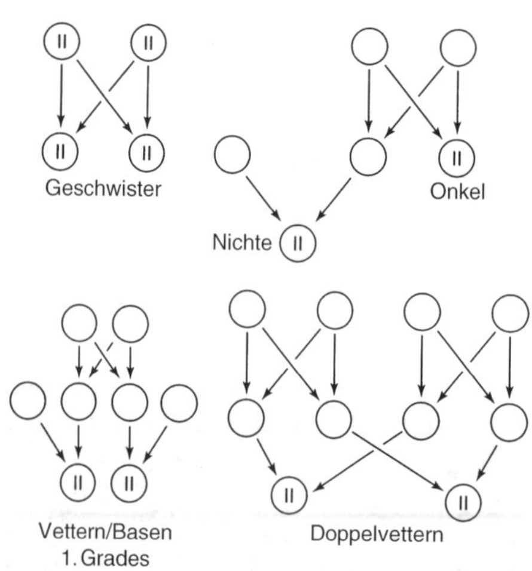

Abbildung 2

Für die häufigsten Verwandtschaftsverhältnisse (siehe *Abbildung 2*) ergeben sich also folgende Koeffizienten:
- für Geschwister:
  $\varphi=(1/8)+(1/8)=1/4$, da sie Vater und Mutter gemeinsam haben;
- für Vettern oder Basen erste Grades:
  $\varphi=(1/32)+(1/32)=1/16$, da sie ein Großelternpaar gemeinsam haben;
- für Onkel und Tanten zu Nichten und Neffen und umgekehrt:
  $\varphi=(1/16)+(1/16)=1/8$, da Vater und Mutter von Onkel oder Tante ($n=1$) die Großeltern von Nichte oder Neffe ($p=2$) sind;
- für »Doppelvettern«, bei denen beide Eltern miteinander verschwistert sind, zum Beispiel deren Väter Brüder und deren Mütter Schwestern sind:
  $\varphi=(1/32)+(1/32)+(1/32)+(1/32)=1/8$, da sie alle vier Großeltern gemeinsam haben.

Der Verwandtschaftskoeffizient hat für Halbgeschwister also den gleichen Wert wie für Doppelvettern oder Onkel und Nichte. Allerdings sind diese Verwandtschaftsverhältnisse in unserer Gesellschaft nicht gleichgestellt, zumal was das Inzesttabu angeht.

Der Verwandtschaftskoeffizient ist der meist verwendete Parameter, um den Grad der genetischen Verbindung zwischen zwei Individuen zu charakterisieren, aber er liefert nur ein partielles Maß für die Information, die die Genealogien bereitstellen. Dieses Maß genügt, wenn es um die Konsequenzen für die Sprösslinge verwandter Erzeuger geht (siehe INZUCHT), gestattet es aber nur in Ausnahmefällen, wenn die Gene eines Individuums bekannt sind, die Wahrscheinlichkeiten der verschiedenen möglichen Genotypen für einen seiner Verwandten zu berechnen.

Verwerfung

Zur Vertiefung: ***Erdbeben; Plattentektonik***

Ein Bruch in den Gesteinsschichten der Erdkruste wird als Verwerfung bezeichnet, wenn die zusammenhängenden Schollen (Flügel) beiderseits der Bruchfläche sich gegeneinander verschoben haben. Wenn eine der Schollen sich gegenüber der anderen gesenkt hat, spricht man von einer echten Verwerfung (z.B. an den Bruchlinien eines Grabens). Wenn eine der Schollen sich gehoben und über die andere geschoben hat, spricht man dagegen von einer abnormen Verwerfung, einer Aufschiebung oder einer Überschiebung. Wenn die Schollen sich seitwärts gegeneinander verschoben haben, spricht man schließlich von einer Horizontal- oder Transversalverschiebung.

Verwerfungen entstehen aufgrund des Drucks, der durch die Bewegung der großen Platten oder Schollen der Erdkruste entsteht (siehe PLATTENTEKTONIK). Die dadurch aufgebauten Spannungen lösen sich in ERDBEBEN. Zu starken seismischen Aktivitäten kommt es an den großen kontinentalen Verwerfungen wie der San-Andreas-Störung in Kalifornien, der Nordanatolischen Störung in der Türkei oder der Altyn-Tagh-Störung in China.

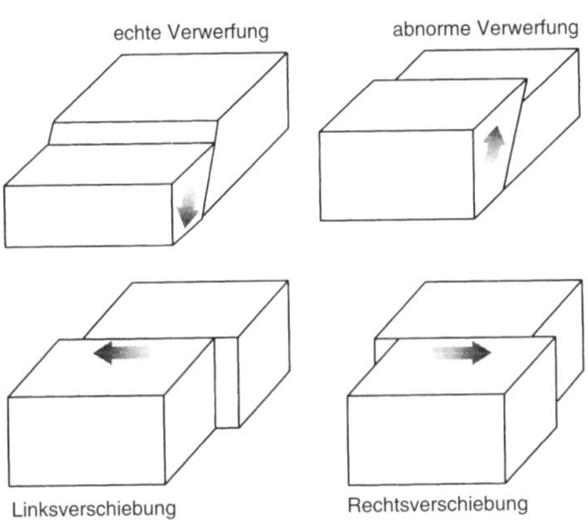

Abbildung 1

In den ariden Zonen tritt an den Verwerfungslinien vielfach Wasser an die Oberfläche. Oft erkennt man sie in der Landschaft an Quellen oder Baumreihen. Viele wundern sich, dass in solchen Halbwüsten Generationen und Generationen weiterhin in Gebieten leben, die als erdbebengefährdet bekannt sind. Doch wo sollte man Wasser finden, wenn nicht in der Nähe der Verwerfungen?

virtuell

Der Ausdruck »virtuell« besitzt zwei Bedeutungen. In der Sprache der Philosophie bezeichnet er das bloß Mögliche im Unterschied zum tatsächlich oder aktual Gegebenen. Nach der zweiten Bedeutung, die heute sehr in Mode ist, wenn etwa von VIRTUELLER REALITÄT gesprochen wird, bezeichnet der Ausdruck eine Illusion oder Täuschung: Ein virtuelles Bild ist ein nicht existierendes Bild, von dem dennoch die Lichtstrahlen, die man wahrnimmt, auszugehen scheinen. Ein virtuelles Teilchen lässt sich zwar nicht aufspüren, aber ansonsten sind die Dinge so, als ob dieses Teilchen tatsächlich existierte. In der Optik, der Teilchenphysik und der Informatik benutzt man den Ausdruck stets in dieser zweiten Bedeutung; dort bezeichnet er ein fiktives, illusorisches Objekt, dessen lediglich vorgestellte Existenz dem Forscher dennoch hilft, die Wirklichkeit zu erhellen.

Das virtuelle Bild

Zur Vertiefung: ***Bild; Optik***

In der Optik ist das Bild eines Punktes der Ort, an dem die von diesem Punkt ausgehenden Lichtstrahlen konvergieren. Das Bild existiert nur dann materiell, wenn die Lichtstrahlen tatsächlich konvergieren. Divergieren sie dagegen, sieht es nur so aus, als ob sie

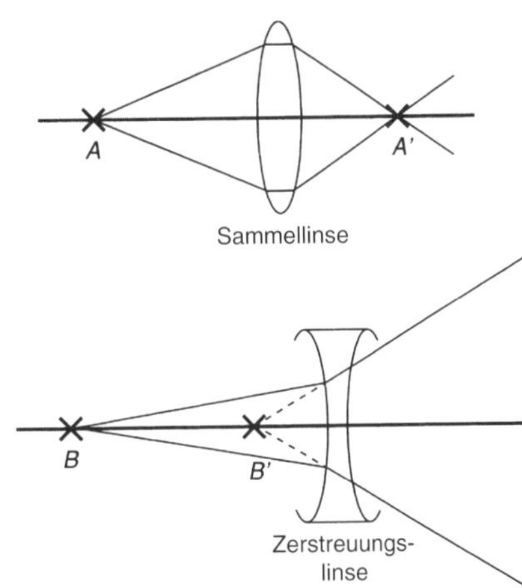

Abbildung 1 Bei einer Sammellinse ist das Bild *A*' des Punktes *A* reell, weil die von *A* ausgehenden Lichtstrahlen tatsächlich in *A*' konvergieren. Bei der Zerstreuungslinse ist *B*' dagegen ein virtuelles Bild von *B*, weil nicht die von *B* ausgehenden Lichtstrahlen, sondern nur deren Verlängerungen in *B*' konvergieren. (Die von *B* ausgehenden Lichtstrahlen sind als durchgehende Striche gezeichnet, deren Verlängerung ist gestrichelt.)

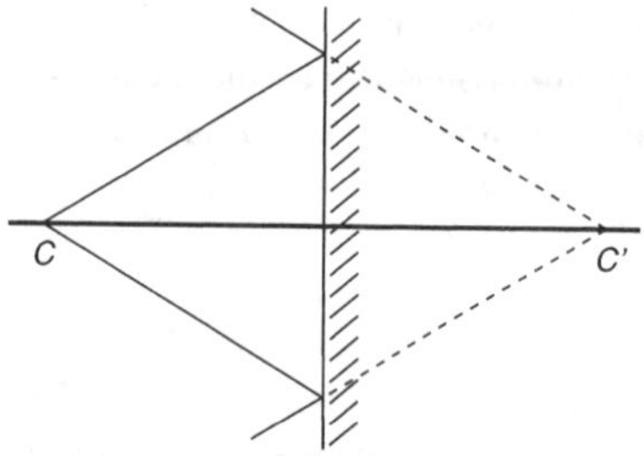

Abbildung 2 Beim Spiegel ist *C'* ein virtuelles Bild von *C*, weil nicht die tatsächlich von *C* ausgehenden Lichtstrahlen dort konvergieren, sondern lediglich die Verlängerungen der reflektierten Strahlen.

vom selben Punkt ausgingen, obwohl dies in Wirklichkeit nicht der Fall ist. Diesen fiktiven Punkt, von dem die Lichtstrahlen auszugehen scheinen, bezeichnet man als virtuelles Bild. Virtuelle Bilder treten bei Zerstreuungslinsen auf (siehe *Abbildung 1*), desgleichen bei Spiegeln (siehe *Abbildung 2*). Wenn Sie morgens in den Spiegel schauen, sehen Sie ein virtuelles Bild, denn es scheint hinter dem Spiegel zu liegen. Wer sich bei seinem eigenen Anblick erschreckt, kann sich also mit dem Gedanken trösten, dass es sich nur um ein virtuelles Bild handelt.

Virtuelle Prozesse in der Teilchenphysik

Zur Vertiefung: ***Vakuum, leerer Raum; Wechselwirkung in der Physik***

In der klassischen Physik wird die Wechselwirkung zwischen zwei Teilchen über ein FELD vermittelt, also über eine Entität, die sich im gesamten Raum ausbreitet: Das von einem der beiden Teilchen erzeugte Feld breitet sich im Raum aus und wirkt auf das andere Teilchen ein. In der ersten Hälfte des 20. Jahrhunderts musste diese einfache Sicht der Zusammenhänge revidiert und um die Erkenntnisse zweier neuer Wissensgebiete erweitert werden: der QUANTENPHYSIK und der RELATIVITÄTSTHEORIE. Auf diese Weise entstand die so genannte Quantenfeldtheorie, die heute die theoretische Grundlage der Teilchenphysik bildet. Nach dieser Theorie wird bei der Wechselwirkung zwischen zwei Teilchen ein drittes Teilchen ausgetauscht, das charakteristisch für die betreffende Wechselwirkung ist (siehe WECHSELWIRKUNG IN DER PHYSIK).

Da diese Austauschvorgänge nicht unmittelbar beobachtet werden können, bezeichnet man sie als virtuell. Und entsprechend nennt man auch das ausgetauschte Teilchen virtuell. So sagt man zum Beispiel, die elektromagnetische Wechselwirkung zwischen geladenen Teilchen erfolge über den Austausch virtueller PHOTONEN.

Virtuelle Prozesse lassen sich nur im Rahmen der so genannten Störungstheorie sinnvoll interpretieren (siehe STÖRUNG); mit ihrer Hilfe vermag man im Prinzip sämtliche möglichen Wege zu berechnen, auf denen ein physikalisches System (zum Beispiel ein Teilchen) von einem bestimmten Anfangszustand zu einem bestimmten Endzustand gelangt. Diese Prozesse gehorchen nicht unter allen Umständen den klassischen Erhaltungssätzen, zum Beispiel dem Satz von der Erhaltung der Energie; die Gesetze der Quantenphysik erlauben es vielmehr, dass sie für sehr kurze Zeiträume gegen die strenge Erhaltung der Energie verstoßen. Doch diese Verstöße haben nur vorübergehenden Charakter; insgesamt und auf etwas längere Sicht gelten die Erhaltungssätze auch für die Wechselwirkungen, an denen diese Prozesse beteiligt sind.

Das Virtuelle in der Informatik

Zur Vertiefung: ***Rechnerarchitektur; Speicher, Gedächtnis; virtuelle Realität***

In der Informatik bezeichnet man als virtuell jedes fiktive Objekt, das konstruiert wird, um die Arbeit des Anwenders zu erleichtern oder um ihm Spaß zu bereiten. Neben der so genannten VIRTUELLEN REALITÄT gibt es dort auch virtuelle Rechner (siehe RECHNERARCHITEKTUR), von denen man spricht, wenn eine Sprache die wirkliche Komplexität des Rechners verdeckt und die Illusion eines leicht zu programmierenden Rechners erzeugt. Auch virtuelle Speicher sind insofern Illusion, als sie dem Benutzer vortäuschen, er allein benutze einen bestimmten Speicher, obwohl er ihn in Wirklichkeit mit anderen Nutzern teilt.

virtuelle Realität

Zur Vertiefung: ***Bild; Interaktivität; Robotik; Spracherkennung und Spracherzeugung***

Ein Hammer gleitet Ihnen aus der Hand und fällt auf Ihren Fuß; es tut schrecklich weh, und das Blut beginnt zu fließen ... Auf ganz alltägliche Weise sind Sie der REALITÄT begegnet. Ein virtueller Hammer gleitet Ihnen aus der Hand; Sie spüren, wie er Ihren Fingern entgleitet und auf Ihren Fuß fällt, aber Sie fühlen keinen Schmerz, sondern nur eine sanfte Berührung, bevor alles sich wie in einem Traum auflöst. Virtuelle Realitäten sind anheimelnde Zufluchtsstätten für pausbäckige, ängstliche Kinder, die sich ins illusorische Paradies der Videospiele zurückziehen. Virtuelle Realitäten bieten Traumwelten, die eigens für die Flucht aus der realen Welt geschaffen sind, eine Flucht ohne Schmerz und Reue. Als paradoxes Gegenbild zur Realität zeigen virtuelle Realitäten eine fiktive Wirklichkeit, in der alle Kanten geglättet sind, Hämmer keine Verletzungen zufügen und Morde wie Schulnoten oder wie Rabattmarken im Supermarkt gesammelt werden.

Solche Täuschung ist durchaus nicht neu. Von jeher spricht man von einem virtuellen Bild, wenn das Licht von einem fiktiven Objekt hinter dem Spiegel auszugehen scheint, während das Objekt sich in Wirklichkeit vor dem Spiegel befindet. Mit der heutigen Technik lässt sich die Täuschung auf nahezu sämtliche Sinne und bis an die Grenzen der Vorstellungskraft ausdehnen. Allerdings bleiben virtuelle Realitäten bislang nur partiell, da die technische Realisierung noch Schwierigkeiten bereitet, auch wenn die Medien die Möglichkeiten der *virtual reality* gerne übertrieben darstellen.

Visuelle Eindrücke werden im Wesentlichen durch Fotografien erzeugt, die man aufgrund mathematischer Szenarien nach Belieben verändert und miteinander kombiniert. Geräusche, Musik und Stimmen werden gleichfalls nach Bedarf verändert und gemischt, so dass alle Möglichkeiten für jede Art von Erfindung gegeben sind. Auch Tast- und Bewegungsempfindungen lassen sich nach Belieben erzeugen und reproduzieren. Auf diese Weise werden Gesichtssinn, Gehör und Tastsinn Opfer von Trugbildern, die ganz bewusst mit Hilfe geeigneter Kalküle erzeugt werden. Virtuelle Realitäten basieren auf der systematischen, von Computern realisierten Organisation und Koordination solcher künstlichen Trugbilder, die erst durch den Fortschritt im Bereich der künstlichen sensorischen Stimulation und der elektronischen Steuerung ermöglicht worden sind.

Immersion

Die sensorische Stimulation versucht sämtliche Sinnesorgane zu täuschen, um über einen sorgfältig gesteuerten Strom künstlicher Empfindungen eine fiktive Welt zu schaffen. Bereits heute gibt es Helme, in denen Auge und Ohr des Benutzers künstlich erzeugten Bildern und Tönen ausgesetzt werden. Hinzu kommen noch Handschuhe und Bewegungssimulatoren, mit denen sich Tast- und Bewegungsempfindungen erzeugen lassen. Diese Stimulationsinstrumente werden von Computern gesteuert, die für eine präzise Abstimmung der visuellen, akustischen und taktilen Empfindungen sorgen. Es gibt bereits Computerprogramme für die Erzeugung von Bildern, Tönen und Bewegungen, die ganz ähnliche Empfindungen auslösen wie reale Reize. All diese Stimulationen werden von einem informationstechnischen Kalkül koordiniert, das die unterschiedlichen Empfindungen synchronisiert und das Gefühl erzeugt, sich in einer virtuellen Welt zu befinden. Im technischen Jargon spricht man hier von einer Immersion des Subjektes in eine virtuelle Welt.

Geschmack und Geruch haben noch keinen Eingang in das Reich der virtuellen Realität gefunden, weil es noch keine Möglichkeit gibt, Geschmackspapillen und Geruchsrezeptoren auf elektronischem Wege zu stimulieren. So findet die Authentizität ihre letzte Bastion gerade in den Bereichen, die unseren Vorfahren als die fälschungsanfälligsten erschienen: in den Düften und Speisen.

Interaktivität

Reine Immersion – diese Phantasmagorie unserer Zeit, die perfektionierte Fortsetzung einer alten Kunst mit neuen Mitteln – lässt das Subjekt in einer passiven Rolle. Die Reaktionen des Betrachters, Lesers oder Zuhörers führen zu keinerlei sinnlich wahrnehmbaren Veränderungen der Welt, die sich ihren Sinnen darbietet. Das Realitätsgefühl entsteht jedoch nicht allein aus passiven Wahrnehmungen, sondern auch aus dem mehr oder weniger starken Widerstand, den die Realität unseren körperlichen Aktivitäten entgegensetzt, wie auch aus den Veränderungen, die wir in der Welt bewirken. Auch eine noch so getreue Immersion vermag daher für sich allein keine vollkommene Realitätsempfindung zu schaffen; dazu bedarf es der Ergänzung durch eine zweite Dimension, die so genannte Interaktivität. Durch die Bewegung des Kopfes verändert sich das Blickfeld. Wenn wir einen Gegenstand ergreifen, geschieht etwas mit ihm; er erfährt eine Ortsverlagerung, die gelegentlich auch mit einem Geräusch verbunden ist, etwa wenn ein Glas zerbricht oder ein Bogen über eine Violinsaite streicht. Die perspektivischen Veränderungen, die mit unseren Bewegungen und unserer Haltung zusammenhängen, beruhen sämtlich auf Interaktivität. Die neu geschaffene virtuelle Welt verändert sich mit den Bewegungen des Subjekts; die gelieferten Eindrücke müssen ihre Kohärenz bewahren, wenn diese Welt im Geist intakt bleiben soll. Nur ein mathematisches MODELL der äußeren Erscheinungen und dessen informationstechnische SIMULATION vermögen die Veränderungen ohne Zeitverzögerung wiederzugeben, die sich aus einer räumlichen Verschiebung des Objekts oder des Betrachters ergeben. Dank neuerer Arbeiten auf dem Gebiet der Bild- und Tonerzeugung ist es möglich, die bei Bewegungen auftretenden Veränderungen der Perspektive kontinuierlich und in Echtzeit zu berechnen.

Navigation

Die dritte Dimension der virtuellen Realität ist die Navigation: Es genügt nicht, wenn man Einfluss auf die dargebotene imaginäre Welt nehmen kann, indem man den Kopf oder die Hände bewegt, mit Bällen wirft oder Scheiben zertrümmert; man möchte sich auch in dieser Welt bewegen und bislang unbekannte Bereiche erkunden können. Es müsste Bibliotheken aus virtuellen Landschaften geben, realen Museen wie dem Louvre vergleichbar, und ebenso imaginäre Museen, in denen die unterschiedlichsten Werke von den Benutzern beliebig zu elektronischen Ausstellungen zusammengefasst werden könnten. Solche futuristischen Vorstellungen erscheinen noch wenig überzeugend: Wie soll man sich ein virtuelles Museum vorstellen, das vollständig an die Stelle des realen Museums träte, so dass Farbe, Dimensionen und Auflösung der Bilder vollkommen intakt auf dem Bildschirm im Helm des Betrachters erscheinen?

Es gibt allerdings im Bereich der virtuellen Realität konkrete Anwendungen, bei denen die Navigation eine entscheidende Rolle spielt. Ein Beispiel sind ferngesteuerte Roboter, die sich in einer gefährlichen Umgebung bewegen, etwa im Reaktorkern eines Atomkraftwerks. Der als virtuelle Realität geschaffene Raum erzeugt bei dem Menschen, der den Roboter steuert, ähnliche Eindrücke, wie er sie erhielte, wenn er selbst an der Stelle des Roboters wäre, nur dass seine Gesundheit darunter nicht zu leiden hat, und umgekehrt werden seine Bewegungen auf den Roboter übertragen und steuern dessen Verhalten. Neben der Telearbeit (im Sinne der Verrichtung von Tätigkeiten aus jeder beliebigen Entfernung), der Fernsteuerung und den virtuellen Museen sind noch zahlreiche andere Anwendungen der virtuellen Realität denkbar, zum Beispiel im Bereich der kooperativen Robotik und der Videospiele. Doch anders als die ewigen Propheten der Moderne in ihrer Begeisterung glauben machen möchten, bleiben die durch virtuelle Realitäten erzeugten Illusionen ausgesprochen beschränkt, und von einer echten Täuschung kann man insofern gar nicht sprechen, als der virtuelle Charakter dieser Realitäten doch stets erkennbar bleibt. Wir sind also noch weit davon entfernt, dass unsere Reiseagentur auf unseren Wunsch und ohne erkennbaren Nachteil die gebuchte Reise auf die Antillen durch einen einwöchigen Aufenthalt in einem schalldichten Kasten im vierten Untergeschoß des Flughafens ersetzt.

Obwohl Interaktivität und Navigation den Empfindungen etwas von ihrer Flüchtigkeit und von ihrem Augenblickscharakter nehmen, betrifft die virtuelle Realität doch nur die direkten Sinne und die unmittelbare Wahrnehmung, wodurch sich das Virtuelle auf ein Ensemble materieller Virtualitäten reduziert.

Schon in der Vergangenheit ging jedoch das Virtuelle, also die mögliche, aber nicht wirkliche Realität, weit darüber hinaus. Poesie, Romane, das Theater mit seinen seltsamen Bühneneffekten, Wolkenkuckucksheime, Phantasieflüge und Luftschlösser entführten den Menschen in ein reiches inneres Reich, das zu verschwinden droht, wenn die Aufmerksamkeit allein den unmittelbaren Sinneseindrücken gilt.

Virus

Zur Vertiefung: ***Bakterien; Gentransfer; künstliches Leben; Rezeptoren***

Gemeinhin verbindet sich mit dem Begriff des Virus der Gedanke an Krankheit. Das spiegelt sich auch in der Herkunft des Wortes aus dem lateinischen *virus* (Gift) wider. Tatsächlich lösen Viren mehr oder weniger schwere Erkrankungen der Organismen aus, in denen sie sich entwickeln. Man kann sich daher fragen, welchen Platz sie in der belebten Natur einnehmen und wozu sie dienen.

Der Begriff »Virus« hat überdies Einzug in die Informatik gehalten und bezeichnet dort kleine, besonders perverse Programme, die Computer infizieren, sich fortpflanzen, vermehren, durch Ansteckung alles vergiften und sich in seltsamen Symptomen äußern wie in unangebrachten Botschaften, beschädigten oder gelöschten Dateien, lahm gelegten Rechnern usw.

Viren und Zellen

Was den biologischen Viren fehlt, um mit dem gleichen Recht wie Bakterien, Pflanzen und Tiere als Lebewesen zu gelten, ist Autonomie: Um sich fortzupflanzen, benötigen sie die ZELLEN von Organismen, die sie für ihre Zwecke umfunktionieren.

Viren zeichnen sich durch ihre geringe Größe aus, die ein zehntel oder hundertstel Mikrometer, also einige Milliardstel Meter, nicht überschreitet, so dass sie nur mit einem Elektronenmikroskop zu sehen sind (siehe *Abbildung 1*). Sie setzen sich aus einer begrenzten Zahl der wichtigsten MAKROMOLEKÜLE zusammen, die in allen Zellen von Lebewesen zu finden sind (NUKLEINSÄUREN, PROTEINE, LIPIDE). Ihr Genom besteht aus nur einer Nukleinsäure, aus linearer oder ringförmiger DNA oder RNA, die einsträngig oder als Doppelhelix vorkommt und einige hundert bis einige tausend NUKLEOTIDE, die Grundbausteine der NUKLEINSÄUREN, enthält. Das Genom der Viren ist von einer symmetrischen Hülle umgeben, dem so genannten Capsid, das aus mehreren Proteinen besteht, die vom viralen Genom codiert werden. Manchmal hat das Capsid ein faseriges Gebilde als Anhang und ist von einer lipidhaltigen Hüllmembran (siehe MEMBRAN) umgeben, deren Bestandteile das Virus seiner Wirtszelle entnimmt. Viren sind im Vergleich zum komplexen Aufbau kleinerer Zellen sehr einfache makromolekulare Gebilde.

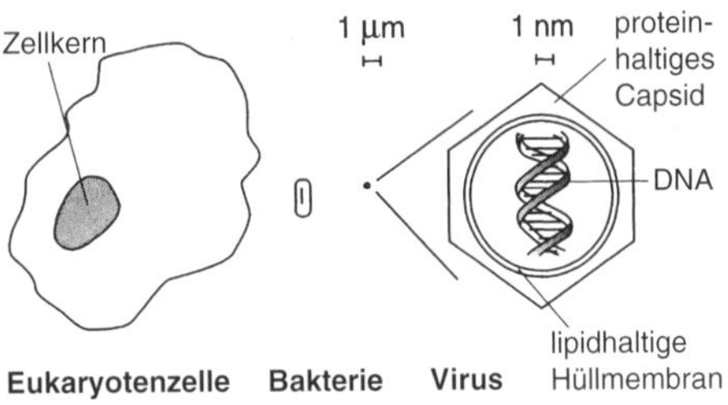

Abbildung 1 Strukturvergleich zwischen Eukaryotenzelle (mit Zellkern), Bakterie und Virus. Die Zeichnung ist tausendfach vergrößert.

Virusinfektionen und -erkrankungen

Jede Virusart tritt auf spezifische Weise mit ihrer Wirtszelle in Wechselwirkung. Das Virus lagert sich mit den Proteinen seines Capsids oder seines Anhangs an die Moleküle der Zelloberfläche an, die es als Rezeptor nutzt, und führt sein Genom in die Zelle ein. Ein Virus, dessen Genom aus DNA besteht, mobilisiert nun bestimmte Zellbestandteile, um seine eigene Vermehrung zu gewährleisten: Das Virusgenom wird zum einen repliziert und zum anderen in einen bestimmten RNA-Typ, die Messenger-RNA (mRNA) transkribiert, die die Produktion der Capsidproteine steuert (siehe *Abbildung 2*). Sobald diese Komponenten sich durch Selbstorganisation zusammengefügt haben, werden die neu entstandenen Viren aus der Zelle freigesetzt, in der sie gebildet wurden, und können in andere Zellen eindringen. Aus diesen Prozessen setzt sich die so genannte Virusinfektion zusammen. Häufig führt sie zum Tod der Wirtszelle, deren Ressourcen und STOFFWECHSEL vom Fortpflanzungszyklus der Viren umfunktioniert und verbraucht werden. Dieser Zelltod ist die Ursache für das Auftreten von Erkrankungen bei infizierten Organismen, die deren Entwicklung entgegenwirken, indem sie das Virus durch ihr Immunsystem eliminieren.

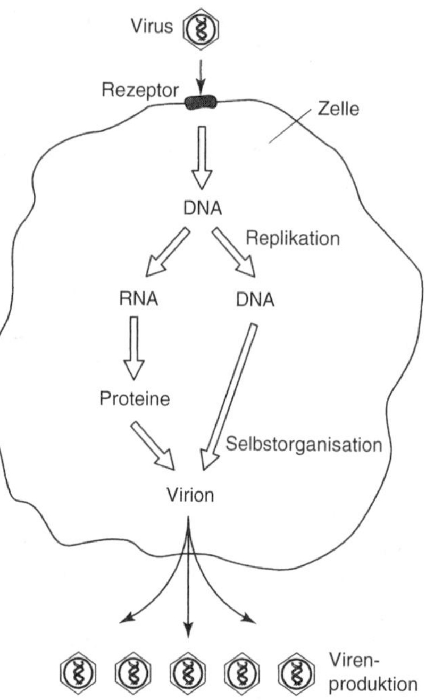

Abbildung 2 Hauptetappen der Vermehrung eines DNA-Virus in einer Wirtszelle

Jedes Virus tritt auf spezifische Weise mit allen oder nur mit bestimmten Zellen einer Spezies oder einiger verwandter Arten in Wechselwirkung. Es ist nicht imstande, Zellen anderer Organismen zu infizieren. Aus diesem Grund befällt die Viruserkrankung, die ein Virus auslöst, nur eine begrenzte Anzahl von Bakterien-, Tier- und Pflanzenarten.

Außer Infektionskrankheiten können Viren auch Krebserkrankungen auslösen, da die Virusgenome mit dem Genom der Wirtszelle in Wechselwirkung treten können. Durch REKOMBINATION kann das Virusgenom schließlich in das Genom der Wirtszelle integriert werden, wo es nun dauerhaft und manchmal folgenlos verbleibt. Bei den Nachbargenen des integrierten Virusgenoms kann es dabei zu Funktionsstörungen kommen, und wenn es sich dabei um Gene handelt, die die Zellvermehrung steuern, so kann dies zu Krebserkrankungen führen.

RNA-Viren und Retroviren

Das Genom bestimmter Viren besteht nicht aus DNA, sondern aus RNA, und wird ausgehend von der Virus-RNA über die Bildung neuer RNA-Moleküle repliziert.

Bei manchen Viren steuert die RNA des Genoms, die einer mRNA entspricht, die Synthese eines Proteins, das imstande ist, die Virus-RNA in DNA umzuschreiben. Bei diesem Protein, der reversen Transkriptase, handelt es sich um ein ENZYM, das einen Prozess katalysiert, der umgekehrt verläuft als die normale TRANSKRIPTION, die aus der DNA der Gene RNA produziert. Aus diesem Grund bezeichnet man solche Viren als Retroviren (von lateinisch *retro*, rückwärts). Zu ihnen gehört zum Beispiel der HIV-Virus, der sich an einen Rezeptor namens CD4 anlagert und insbesondere bestimmte weiße Blutkörperchen wie die T4-Lymphozyten, die die Immunabwehr regulieren, sowie die Makrophagen infiziert, die Fremdkörper durch Phagozytose eliminieren. Auf diese Weise stört dieses Virus die Funktion des Immunsystems, öffnet der Entwicklung opportunistischer Infektionen durch Bakterien und andere Viren Tür und Tor und löst so eine Aids-Erkrankung aus (siehe GENTHERAPIE).

Genome von Retroviren und Adenoviren (eine Kategorie von DNA-Viren, die für verbreitete Rheumaerkrankungen verantwortlich sind), deren pathogene Gene man entfernt hat, werden in den ersten experimentellen Versuchen, genetische Defekte zu beheben, als Vektoren für den Gentransfer eingesetzt. So nutzt man ihre Fähigkeit, DNA effektiv in die Zellen einzuführen und die transportierten Gene zu aktivieren. Man hofft, auf diese Weise einen therapeutischen Nutzen bei Erkrankungen wie Myopathien, Mukoviszidose, bestimmten Krebsarten oder Aids zu erzielen.

Man könnte meinen, Viren seien unerwünschte Parasiten der Lebewesen, Überreste misslungener Versuche der Evolution oder unumgängliche Abfallprodukte unvollkommener biologischer Prozesse. Wir versuchen, sie zu bekämpfen, und es scheint sogar möglich, uns ihrer zu entledigen, wie der gelungene Versuch zeigt, die Pocken mit Impfkampagnen der Weltgesundheitsorganisation (WHO) auszurotten. Doch Viren bergen noch viele Geheimnisse und eignen sich zur Entwicklung neuer therapeutischer Mittel, daher könnten sie sich letzten Endes als äußerst nützlich erweisen.

Computerviren

Computerviren haben alle Eigenschaften biologischer Viren, nur bestehen sie nicht aus organischen Molekülen, sondern aus kleinen Programmeinheiten (siehe PROGRAMM), die sich in bestehenden Programmen einnisten, wie es die natürlichen Viren im Zellinneren tun. Verbreitet werden sie von böswilligen Geistern oder Spaßvögeln, die absichtlich den Inhalt von Disketten oder E-mail-Nachrichten kontaminieren, die sie verschicken. Computerviren illustrieren hervorragend, was KÜNSTLICHES LEBEN ist.

Diese Viren befallen meist nur die Software, also das, was man als den »Verstand« der Rechner bezeichnen könnte, und nur selten ihren »Körper«, also die Hardware. Aber ihre Auswirkungen auf Programme, DATEN und alle Informationen, die ein Rechner speichert und verarbeitet, können für das Leben von Organisationen und Individuen, die sich mehr und mehr auf elektronische Daten verlassen, verhängnisvoll sein. Daher hat man mittlerweile wirkungsvolle Mittel entwickelt, Viren auszumachen und die Sicherheit von Computersystemen zu gewährleisten. Jedes neue Virus löst die Entwicklung eines Antivirenprogramms aus, das kontaminierte Rechner »desinfizieren« und gegen zukünftige Übergriffe durch neue Viren »impfen« kann.

Viskosität

Zur Vertiefung: ***Elastizität; Konvektion; Flüssigkeit***

Viskosität ist zunächst ein intuitiver Begriff (jeder weiß, dass Honig zähflüssiger ist als Wasser), aber sein physikalischer Sinn ist etwas verzwickter. Viskosität ist eine Stoffkonstante, die den Fließwiderstand einer Flüssigkeit kennzeichnet: Viskosität ist das Gegenteil von Fluidität und steht mit dem Energieverlust durch Reibung im Inneren der Flüssigkeit in Zusammenhang. Sie hängt von der Beschaffenheit der Flüssigkeit ab und verringert sich in der Regel exponentiell mit dem Anstieg der Temperatur: Die Angabe eines Viskositätswertes hat daher nur in Verbindung mit der entsprechenden Temperatur einen Sinn.

Viskosität ist eine Eigenschaft, die sich nicht nur auf Flüssigkeiten, sondern auch auf Festkörper bezieht. Diese können sich selbst unter einer geringen Last langsam verformen, und diese Deformation, »Kriechen« genannt, nimmt mit der Zeit zu. Da es sich bei diesem Kriechen eigentlich um ein Fließen handelt, kann man auch hier von Viskosität sprechen.

So verhält sich der Erdmantel wie ein elastischer Festkörper gegenüber seismischen Wellen im Sekundenbereich, doch über Zeiträume von Millionen Jahren betrachtet, fließt er und nimmt dabei die Kontinentalplatten mit (siehe PLATTENTEKTONIK).

Die Viskosität ist eine physikalische Größe, die sich je nach Material und Bedingungen in einer großen Bandbreite bewegen kann. So hat Wasser bei 20 °C eine Viskosität von 0,001 Pascalsekunden (Pa.s: Pascal × Sekunde), die Lava eines Vulkans auf Hawaii bei 1100 °C eine Viskosität von 400 Pa.s, das Eis eines Inlandgletschers in der Nähe des Schmelzpunktes eine Viskosität von 10^{11} Pa.s und der Erdmantel hat eine Viskosität von 10^{21} Pa.s.

Vitamine

Zur Vertiefung: ***Enzym; Stoffwechsel***

Vitamine sind organische Stoffe, die in kleinen Mengen für das LEBEN bestimmter Organismen unverzichtbar sind. Um eine normale Funktion ihres Stoffwechsels sicherzustellen, müssen diese Organismen täglich einige Mikrogramm (Millionstel Gramm) bis einige Milligramm der verschiedenen Vitamine, die sie nicht selbst zu synthetisieren vermögen, durch eine ausgewogene Ernährung aufnehmen.

Entdeckt wurden die Vitamine bei der Erforschung von Krankheiten, die durch eine unausgewogene Ernährung verursacht wurden, und der daraus erwachsenden Mangelerscheinungen oder Avitaminosen. Bis ins 17. Jahrhundert dezimierte auf langen Seefahrten der Skorbut die Besatzungen vieler Schiffe, bis man erkannte, dass sich dieser Krankheit durch eine Ernährung, die reich an frischem Gemüse war, oder durch regelmäßiges Trinken von Zitronensaft vorbeugen ließ. Im 20. Jahrhundert führte die Untersuchung dieser Lebensmittel zur Entdeckung des Vitamins C. Im 19. Jahrhundert breitete sich bei asiatischen Völkern, die ihre Ernährung auf geschälten Reis umgestellt hatten, eine neurologische Erkrankung, die Beriberi, aus, da den Menschen das Vitamin B1 aus der Schale des Reiskorns fehlte. Die Rückkehr zum Verzehr von ungeschältem Reis ließ die Krankheit wieder verschwinden.

Es sind 13 Vitamine bekannt, die für den Menschen und viele Tierarten notwendig sind. Sie gliedern sich in zwei Kategorien: neun wasserlösliche, zu denen die Vitamine C und die der B-Gruppe gehören, und vier fettlösliche, nämlich die Vitamine A, D, E und K.

Die meisten der wasserlöslichen Vitamine sind Hilfsstoffe für die Enzyme, also für jene PROTEINE, die als spezifische Katalysatoren die biochemischen Reaktionen des Stoffwechsels beschleunigen. Diese Vitamine dienen somit als Coenzyme oder als Ausgangsstoff für die Synthese von Coenzymen. Das ist zum Beispiel beim Vitamin PP, der Nicotinsäure, der Fall. Es gehört zu den Vitaminen der B-Gruppe und ist am Aufbau des Nicotin-Amid-Adenin-Dinucleotids (NAD) beteiligt, des Haupttransporteurs von Elektronen und Wasserstoffatomen bei den REDOXREAKTIONEN der Zellatmung (siehe STOFFWECHSEL). Ein Mangel an Nicotinsäure führt zur Pellagra, einer Erkrankung der Haut und der Schleimhäute des Verdauungstrakts, und zu Durchfall. Sie tritt vor allem in unterentwickelten Ländern auf, in denen die Ernährung vorwiegend auf Mais beruht und arm an Fleisch, Milch und Eiern ist.

Die fettlöslichen Vitamine werden in großen Mengen in der Leber gespeichert. Fehlen sie in der Ernährung, kommt es erst nach Monaten zu Krankheitssymptomen. Diese Vitamine sind an der Bildung der Netzhautpigmente und damit an der Sehkraft (Vitamin A) beteiligt, am Schutz der Zellmembranen gegen die Oxidierung ihrer Lipide (Vitamin E) und an der Blutgerinnung (Vitamin K).

Ein Mangel an Vitamin D, einem Cholesterinderivat, bewirkt eine Störung des Calzium- und Phosphorstoffwechsels und somit der Knochenbildung. Bei Kindern führt dies zu Rachitis, bei Erwachsenen zu einer Erweichung und Schwächung der Knochen, die man als Osteomalazie bezeichnet. Normalerweise wird Vitamin D bei Tieren und Menschen in der Haut unter Einwirkung der ultravioletten Sonnenstrahlung aus Cholesterin synthetisiert. In kalten Ländern mit wenig Sonne, wo die Menschen über große Teile des Jahres die Haut mit warmer Kleidung bedecken, wie es bei den Inuit der Fall ist, nutzte die Bevölkerung seit langem Lebertran, der große Mengen Vitamin D enthält, als Vitamin-D-Quelle. Auch in den entwickelten Ländern übernahm man diesen Praxis, bis Vitamin D in synthetischer Form zur Verfügung stand, die sich der Säuglingsnahrung beigeben ließ (»Schluck diesen Löffel voll, ohne Grimassen zu schneiden, damit du groß und stark wirst«).

Vulkan

Zur Vertiefung: ***Hot Spot; Klima; Plattentektonik***

Lavaergüsse oder Explosionen

Vulkanausbrüche gehören zu den eindrucksvollsten Naturschauspielen und beweisen sehr überzeugend, dass die Erde aktiv ist. In der Antike galten Vulkane als Sitz des Feuergottes Vulcanus oder als Öffnungen zur Unterwelt; und bis ins 20. Jahrhundert hinein bildeten sie den Gegenstand eines heftigen Streits unter Wissenschaftlern. Die einen sahen in den Vulkanen die Ausflussöffnungen einer tief im Erdinnern vom so genannten »Zentralfeuer« geschmolzenen Masse, während die anderen glaubten, Vulkanausbrüche gingen auf die Entzündung brennbarer Materialien wie Bitumen, Schwefel oder organischer Stoffe in der Erdkruste zurück.

Wir wissen heute, dass der etwa 3000 km dicke Erdmantel fest ist (siehe ERDAUFBAU) und dass die Vulkane ihr Magma aus der partiellen Aufschmelzung von Mantelgestein beziehen. Die feste Materie in den aufsteigenden Strömungen des Mantels werden dekomprimiert, und mit dem Druck sinkt auch der Schmelzpunkt (siehe SCHMELZEN). In einer Tiefe von etwa 100 km fällt der Schmelzpunkt unter die dort herrschende Temperatur, und das Gestein beginnt zu schmelzen. Das geschmolzene Material hat eine geringere Dichte als das feste Gestein und steigt daher noch schneller auf; das Magma sammelt sich in einigen Kilometern Tiefe in so genannten Magmakammern und wird von dort gelegentlich oder auch nahezu kontinuierlich ausgeworfen. Wenn Magma an die Erdoberfläche gelangt, sprechen wir von Lava.

Die Art der Eruption hängt weitgehend von den physikalischen und chemischen Eigenschaften des Magmas ab, vor allem von seiner VISKOSITÄT, die mit seinem Gehalt an Siliciumdioxid (SiO_2) zusammenhängt. Je nach SiO_2-Gehalt spricht man von einem sauren oder einem basischen Magma.

Basische Magmen (mit einem SiO_2-Gewichtsanteil von etwa 45%) sind flüssig und ergeben bei der Erstarrung Basalte; der ruhige Lavafluss führt zu Vulkanbergen mit geringer Hangneigung; Beispiele sind der Mauna Loa auf Hawaii, der Piton de la Fournaise auf der Insel Réunion und der Mont-Dôme im französischen Cantal. Manche Vulkane, die über HOT SPOTS lagen, haben großflächige Basaltergüsse hinterlassen, zum Beispiel den Dekkan-Trapp in Indien und den Sibirischen Trapp.

Auf der anderen Seite führen äußerst zähflüssige, saure, SiO_2-reiche Magmen (mit einem SiO_2-Gewichtsanteil von etwa 70%) zu steilen Vulkanhängen (wie beim Puy de Dôme im französischen Zentralmassiv). Da dieses Magma nur sehr schlecht fließt, erstarrt es manchmal schon im Schlot oder im Krater des Vulkans und verstopft ihn. Dann kann es zu explosionsartigen Ausbrüchen kommen, die den Bau des Vulkans vollkommen oder in Teilen zerstören. Das geschah bei dem gewaltigen Vulkanausbruch auf Thera (der Mittelmeerinsel Santorin) im Jahr 1628 vor Christus, der möglicherweise die Grundlage für den Atlantis-Mythos bildet. Vulkane in Gebieten, in denen eine ozeanische Platte in den Erdmantel abtaucht (Subduktionszone, siehe PLATTENTEKTONIK), gehören diesem Typus an; dort erfolgt die Aufschmelzung der Gesteine durch die Reibungswärme, die entsteht, wenn die ozeanische Platte sich unter die Kontinentalplatte schiebt. Die gefährlichen Vulkane im »Pazifischen Erdbebengürtel« (Amerika, Japan usw.), in Indonesien und auf den Antillen (z. B. Montagne Pelée auf Martinique) liegen sämtlich über solchen Subduktionszonen.

Vulkane können auch vom Typus des »ruhig fließenden« zum Typus des »explosiven« Vulkans übergehen, wenn das Magma in der Magmakammer sich langsam abkühlt. In den verschiedenen Phasen der Abkühlung kristallisieren verschiedene MINERALIEN aus; dadurch verändert sich die chemische Zusammensetzung des restlichen Magmas, und der SiO_2-Gehalt steigt. Zu den Übergangsformen zwischen diesen Eruptionsarten gehören die so genannten Plinianischen Ausbrüche wie der des Vesuv im Jahr 79 unserer Zeitrechnung, bei dem Pompeji unter einem Ascheregen begraben wurde und Plinius der Ältere ums Leben kam.

Die Vulkane und das Klima

Die Vulkane beeinflussen auch aktiv das Klima; Ursache sind die Gase, die sie ausstoßen (Wasserdampf, Kohlendioxid, Schwefeldioxid), sowie die Ascheteilchen und die Aerosole, die bis in die Stratosphäre gelangen und dort einen Teil der Sonneneinstrahlung reflektieren, so dass es zu einer globalen

Abkühlung kommt. Die gewaltige Explosion des Tambora auf der indonesischen Insel Sumbawa im Jahr 1815 schleuderte mit Sicherheit mehr als hundert Kubikkilometer Asche (fein verteiltes Magma) in große Höhen. Die allgemeine Abkühlung, die der Eintrag dieses Magmastaubs in die Atmosphäre zur Folge hatte, führte zu dem für lange Zeit kältesten Sommer in Europa und Nordamerika. Mehrere Jahre lang sorgten die Aerosole für wunderbare Sonnenuntergänge, von denen William Turners Bilder uns heute noch einen Eindruck vermitteln.

Durch den Ausbruch des Pinatubo auf den Philippinen gelangten 1991 etwa 19 Millionen Tonnen Schwefeldioxid (SO_2) in Form von Aerosolen in die Stratosphäre; dadurch kühlte sich die Atmosphäre in den folgenden zwei oder drei Jahren um mehrere Zehntel Grad ab, und diese Wirkung überlagerte möglicherweise die durch den TREIBHAUSEFFEKT bedingte Aufheizung. Das mehrfache große ARTENSTERBEN, das die Grenzen zwischen den geologischen Zeitaltern markiert, scheint in dieselbe Zeit zu fallen, in der auch die großen Basaltergüsse entstanden. Möglicherweise besteht ein Zusammenhang zwischen der Auslöschung zahlreicher Arten und den klimatischen Veränderungen, die durch diese Vulkanausbrüche ausgelöst wurden.

Die Vulkane im Sonnensystem

Die Erde ist nicht der einzige Planet im Sonnensystem, der Vulkane besitzt. Unsere Nachbarplaneten Venus und Mars haben gleichfalls Vulkane; der heute erloschene Olympus Mons auf dem Mars ist mit seinen 26 km Höhe und einem Durchmesser von 600 km der größte Vulkan des Sonnensystems. Die Voyagermission hat gezeigt, dass auf dem kleinen Jupitermond Io ständig Schwefel und Schwefeldioxid ausgestoßen werden. Auf einigen Monden der Riesenplaneten finden sich vulkanische Ergüsse, die zum großen Teil aus EIS bestehen (vor allem auf dem Saturnmond Enceladus); bei dem Magma handelt es sich zweifellos um Wasser, doch woher in einem so kleinen Himmelskörper die für das Schmelzen erforderliche Energie stammt, ist bislang ungeklärt.

W

Wärme

Die Wärme, eine Form von Energie

Zur Vertiefung: ***Arbeit; Energie***

Unser Alltagsbewusstsein verbindet den Begriff der Wärme mit unserer Wärme- und Kälteempfindung. Dieses gewiss schon sehr alte intuitive Verständnis trifft die Sache jedoch nur näherungsweise. Zu einem wissenschaftlichen Konzept wurde die Wärme erst im 18. Jahrhundert, als Antoine Laurent de Lavoisier und Pierre Simon de Laplace in der Wärme eine Größe erkannten, die zu- und abnehmen kann und daher auch einer Messung zugänglich ist.

In den 1820er Jahren glaubte der französische Physiker Sadi Carnot noch wie seine Zeitgenossen, es gebe einen masselosen, subtilen, unzerstörbare Wärmestoff, dessen Menge unverändert bleibe. 1842 zeigten Experimente des Engländers James P. Joule, dass es sich bei der Wärme nicht um einen geheimnisvollen flüssigen oder gasförmigen Stoff handelt, sondern um eine Energieübertragung besonderer Art. Auch bleibt die Menge dieser Energie durchaus nicht erhalten, sondern kann in eine andere, stärker geordnete Form von Energie überführt werden, in Arbeit nämlich (wobei die Gesamtenergie, also Wärme plus Arbeit, allerdings erhalten bleibt). Dies ist der in jedem Sinne treibende Gedanke hinter der Dampfmaschine.

Die wahre Natur der Wärme erkannten dann jedoch erst in der zweiten Hälfte des 19. Jahrhunderts die Väter der Thermodynamik (der Lehre von der Umwandlung der Energie in all ihren Formen), unter denen vor allem der deutsche Wissenschaftler Rudolf E. Clausius und der österreichische Physiker Ludwig E. Boltzmann zu nennen sind. Die Wärme ist eine der Formen der Energie. Wenn ein System Wärme aufnimmt, dann nimmt es Energie in Gestalt einer ungeordneten Bewegung seiner Bestandteile (Atome oder Moleküle) auf. Wenn Wärme nichts anderes als die ungeordnete Bewegung der Atome und Moleküle ist, bedarf es keines Wärmestoffs, um die Ausbreitung von Wärme zu erklären: Da die thermische Erregung sich Schritt für Schritt über Zusammenstöße zwischen den Atomen oder Molekülen fortpflanzt, wird verständlich, auf welche Weise die Wärme von einem System in ein anderes oder von einem Ort innerhalb eines Systems an einen anderen Ort innerhalb desselben Systems übergeht. Wenn man eine Eisenstange an einem Ende erhitzt, dauert es nicht lange, bis sie auch am anderen Ende glüht (siehe Diffusion).

Die thermodynamische Sichtweise

Zur Vertiefung: ***Irreversibilität; Thermodynamik***

Ganz generell gelangt ein System durch einen thermodynamischen Umwandlungsprozess von einem Ausgangszustand in einen Endzustand. Im Verlaufe dieses Prozesses wird dem System von außen Energie zugeführt, und zwar in Gestalt einer bestimmten Arbeit W und einer bestimmten Wärmemenge Q. Die Mengen von W und Q hängen natürlich von der Art des Umwandlungsprozesses ab, das heißt von dem »Weg«, auf dem das System von seinem Anfangs- zu seinem Endzustand gelangt, doch ihre Summe ist davon unabhängig. Genau dies besagt der

Erste Hauptsatz der Thermodynamik, der von der Erhaltung der Energie handelt.

Es ist leicht, aus einer anderen Form von Energie Wärme zu erzeugen, wie es etwa in einem Bügeleisen geschieht, das elektrische Energie in Wärme umwandelt, damit unsere Wäsche leichter glatt wird. Man kann zum Beispiel die in Brennstoffen wie Holz, Kohle und Öl enthaltene chemische Energie benutzen oder das gewaltige Energiereservoir der Atomkerne anzapfen (siehe KERNSPALTUNG und KERNFUSION). In all diesen Fällen wird die in den Atomen (oder Atomkernen) enthaltene Energie in eine weniger geordnete Form überführt, das heißt in eine größere thermische Erregung der Bestandteile des jeweiligen Mediums (Metall, Luft, Kleiderstoff) umgewandelt.

Umgekehrt ist es möglich, Wärme in eine geordnete und kohärente Bewegung zu überführen, aber solche Umwandlungen sind niemals vollständig. Wenn man über eine bestimmte Wärmemenge verfügt, kann man sie niemals restlos in mechanische, elektrische oder chemische Energie umwandeln, weil diese Prozesse stets mit Verlusten (durch Reibung, Viskosität usw.) verbunden sind. Diese Unmöglichkeit bringt der Zweite Hauptsatz der Thermodynamik zum Ausdruck. Danach lässt sich Wärme nur zu einem Teil in andere Energieformen umwandeln; dieser Teil kann ein bestimmtes Maximum nicht überschreiten, das sich aufgrund der thermodynamischen Gesetze präzise berechnen lässt. Dieses Prinzip begrenzt die Leistung von Dampfmaschinen, Verbrennungsmotoren und sonstigen Wärmemaschinen, mit denen die in einem heißen Gas enthaltene Wärme in mechanische Energie umgewandelt wird.

Chemische Reaktionen und Wärme

Zur Vertiefung: ***chemische Verbindungen; Thermochemie***

Chemische Reaktionen sind mit einer Abgabe oder Aufnahme von Wärme verbunden. Die jeweiligen Wärmemengen lassen sich aufgrund der Erhaltung der Energie mittels einfacher Berechnungen voraussagen, die auf den Bindungsenergien der beteiligten CHEMISCHEN VERBINDUNGEN basieren. Kennt man zum Beispiel die in H_2, in O_2 mit dem Koeffizienten 1/2 und in H_2O enthaltenen Bindungsenergien, so lässt sich daraus die Wärmemenge errechnen, die bei der Bildung eines Wassermoleküls aus seinen Bestandteilen H_2 und 1/2 O_2 freigesetzt wird.

Die Reaktionswärme kann mit den Mitteln der Thermochemie gemessen werden, das heißt in diesem Falle mit Hilfe eines Kalorimeters: Eine Flüssigkeit erfährt eine Erhöhung oder Senkung ihrer Temperatur, je nachdem, ob die chemische Reaktion, die in demselben, auf konstanter Temperatur gehaltenen Gefäß abläuft, mit einer Aufnahme oder einer Abgabe von Wärme verbunden ist.

Das Prinzip des kleinsten Zwanges, auch Le-Chatelier-Braun-Prinzip genannt, sagt die Richtung voraus, in der ein Gleichgewicht $A \rightleftharpoons B$ sich verschiebt. Dieses wegen seines hohen Allgemeinheitsgrads fast abstrakt zu nennende Prinzip besagt, dass jede Störung eines chemischen Gleichgewichts dieses Gleichgewicht in eine Richtung verschiebt, die dahin tendiert, die Wirkung dieser Störung zu verringern. Wenn zum Beispiel der Umwandlungsprozess $A \longmapsto B$ mit der Freisetzung von Wärme verbunden ist, wird die Erhöhung der Temperatur die entgegengesetzte Umwandlung $B \longmapsto A$ begünstigen (bei der dann Wärme absorbiert wird).

Wahrheit

Zur Vertiefung: ***Deutungen der Quantenphysik; Evolution; Realität***

Das Verhältnis der Wissenschaft zum Begriff der Wahrheit ist komplex und ziemlich ambivalent. Ambivalent, da es für den Wissenschaftler nach zahlreichen Wendungen schwierig ist, zu behaupten, er sei im Besitz der Wahrheit, die doch Gefahr läuft, innerhalb der nächsten Monate oder Jahre widerlegt zu werden. Komplex, da es trotz aller gebotenen Vorsicht in der wissenschaftlichen Erkenntnis Wahrheiten gibt, die heute als feststehend gelten und bei denen nur eine geringe Wahrscheinlichkeit besteht, dass man sie noch einmal infrage stellt.

Beginnen wir mit einer Ambiguität, die häufig zwischen den Begriffen »Wahrheit«

und »Realität« auftaucht. Die Wahrheit bezieht sich immer auf ein Urteil: »Der Himmel ist blau«, »das Dreieck hat drei Seiten«. Derartige Urteile können wahr, falsch oder unentscheidbar sein. Die Realität ist eine Sonderform des Urteils, das sich ausschließlich auf die Existenz oder Nichtexistenz eines bestimmten Objekts bezieht. Ein Objekt gilt als real, wenn man annimmt, dass es auf die eine oder andere Weise existiert (in der äußeren Welt, in unserem Verständnis usw.).

Eine Wahrheit zu verneinen bedeutet also nicht, eine Realität zu bestreiten. Das Urteil: »Die Mauer ist blau«, kann falsch sein. In diesem Fall wäre das richtige Urteil: »Die Mauer ist nicht blau.« Dagegen sagen uns beide Urteile über die Farbe der Mauer implizit, dass die Mauer und die Farbe Blau existieren, da sonst unser Urteil weder falsch noch wahr, sondern unentscheidbar wäre: Es wäre seines Sinns beraubt. Diese mögliche Verwirrung, diese Tatsache, dass jedem Urteil über die Wahrheit immer implizit die Behauptung der Existenz vorausgeht, unterstrich Bertrand Russell durch sein Beispiel: »Der gegenwärtige König von Frankreich ist kahlköpfig.« Die Frage, ob diese Aussage wahr ist, hängt von der realen Existenz eines Königs ab. Daher ist ihr Wahrheitsgehalt gegenwärtig unentscheidbar.

Kehren wir zurück zur Wissenschaft. Lange Zeit fiel die Suche nach der Wahrheit in all ihren Formen in den Zuständigkeitsbereich der Philosophie (oder der Theologie). Und dazu gehörte auch jene Erkenntnis der Welt, die wir heute als wissenschaftlich bezeichnen. So ließen sich die Physik und die Kosmologie des Aristoteles als Teil seines globalen metaphysischen Systems sehen.

Erst im 16. Jahrhundert erhielt der Begriff der Wissenschaft und mithin auch der der wissenschaftlichen Wahrheit eine neue Bedeutung. Die Wissenschaft löste sich von jeglichem theologischen oder philosophischen Wissen. Beobachtung, Experiment und Messung (die es seit grauer Vorzeit gab) galten seither als die einzigen Mittel, die Zugang zu einer im eigentlichen Sinne wissenschaftlichen Erkenntnis boten. Galileo Galilei entdeckte begeistert, dass »die Natur in der Sprache der Mathematik geschrieben ist«. Francis Bacon erklärte, man müsse »der Natur gehorchen, um sie beherrschen zu können«, und René Descartes schlug den Menschen vor, »die Natur zu meistern und Besitz von ihr zu ergreifen«.

Durch Europa wehte ein optimistischer Wind, wie er noch nie da gewesen war. Von nun an hielt man alle Utopien für möglich, von der Idee, zum Mond zu fliegen, bis hin zu der Vorstellung, sämtliche am Universum beteiligten Mechanismen absolut und definitiv zu klären (siehe Determinismus).

Der Begriff der Wahrheit war von da an mit dem der wissenschaftlichen Erkenntnis verknüpft. Die Wissenschaft sagte die Wahrheit, weil ihre Urteile sich immer auf die Rationalität ihrer Prämissen, die Korrektheit ihrer Messungen, die Zuverlässigkeit ihrer Beobachtungen und Experimente stützten. Sie war »objektiv«, also unabhängig von den Gefühlen der Menschen, die sie betrieben, und »universell«, besaß also für alle Zeiten und überall Geltung.

Dieser Optimismus geriet im 20. Jahrhundert in beträchtliche Schwierigkeiten (siehe Relativitätstheorie und Deutungen der Quantenphysik). Nun versuchten viele Philosophen, die chaotische Entwicklung des wissenschaftlichen Fortschritts so zu erklären, dass sie allzu bestimmte Aussagen über den absoluten Wahrheitsgehalt wissenschaftlicher Erkenntnis, wie sie im Zeitalter der Aufklärung zum Ausdruck gebracht wurden, vorsichtig vermieden.

Als Beispiele seien hier drei der berühmtesten Philosophen angeführt: Karl Popper sagte 1935 in *Logik der Forschung*, die Wissenschaft verifiziere nicht, sondern widerlege nur. Nach seiner Auffassung kann die wissenschaftliche Erkenntnis nicht definitiv beweisen, sondern lediglich kategorisch verneinen. Thomas Kuhn erklärte 1962 in *Die Struktur wissenschaftlicher Revolutionen*, die Wissenschaft schreite von Krise zu Krise, von Revolution zu Revolution fort, wobei jede Etappe sich über ein anderes Paradigma (die Gesamtheit der Postulate) definiere. Paul Feyerabend ging 1975 in *Wider den Methodenzwang* sogar so weit, der hochgerühmten »wissenschaftlichen Methode« jeglichen inneren Wert abzusprechen, indem er zeigte, dass die wissenschaftliche Forschung sich nicht nur auf die Suche nach einer hypothetischen Wahrheit gründet, sondern gleichermaßen auf Gefühle, Werturteile und Machtverhältnisse. Die wissenschaftlichen Institutionen sind nichts anderes als ein schlichtes soziales System und darin anderen Institutionen vergleichbar.

Das Verhältnis der wissenschaftlichen Erkenntnis zur Wahrheit hat also seit dem 20. Jahrhundert eine bescheidenere und weniger kategorische Wendung genommen, als es sie im 18. Jahrhundert hatte.

Es bleibt jedoch, dass der Begriff der Wahrheit im Bereich der Wissenschaft nicht immer gleich bedeutend mit einem Dogma oder einer Theorie ist. Es ist wichtig festzustellen, dass sich diesseits der großen wissenschaftlichen Theorien (URKNALL, Evolutionstheorie), deren metaphysische Grundlagen unübersehbar sind, unendlich viele »kleine« wissenschaftliche Entdeckungen angesammelt haben, die zu bestreiten keinerlei Grund besteht und die zweifellos Errungenschaften sind. Wer wollte heute ernsthaft bezweifeln, dass das Wassermolekül (siehe WASSER und MOLEKÜL) aus WASSERSTOFF und SAUERSTOFF besteht?

Wahrscheinlichkeit

Zur Vorbereitung: ***Integration; Menge***
Zur Vertiefung: ***Gesetz der großen Zahlen; Statistik; stochastischer Prozess; Zufallsvariable***

Wie alle mathematischen Grundkonzepte, so basiert auch der Begriff der Wahrscheinlichkeit auf mehreren intuitiven Vorstellungen, die nicht von vornherein miteinander zusammenhängen, von den Mathematikern aber zu einem einzigen Konzept zusammengefügt und axiomatisch in scheinbar sehr abstrakter Weise definiert worden sind.

Ein erster Gedanke beruht auf dem Glücksspiel. Wirft man eine Münze, so gibt es aus der Sicht der Mechanik keinen Grund, weshalb man erwarten sollte, dass sie auf Kopf oder Zahl fällt, denn sie ist vollkommen symmetrisch. Daher ordnet man beiden Ergebnissen die Wahrscheinlichkeit 1/2 zu. Wirft man einen Würfel, so besteht für jede der sechs Seiten die gleiche Wahrscheinlichkeit, dass sie oben liegt, sofern der Würfel nicht präpariert worden ist; die Wahrscheinlichkeit jedes der sechs möglichen Ergebnisse ist daher 1/6. Zieht man eine Karte aus einem Stapel mit 52 Karten, so beträgt die Wahrscheinlichkeit, eine bestimmte Karte zu ziehen, 1/52. Auf diese Weise gelangt man zur Laplaceschen Definition der Wahrscheinlichkeit: Danach ist die Wahrscheinlichkeit eines Ereignisses gleich der Zahl der in Bezug auf dieses Ereignis günstigen Fälle, geteilt durch die Zahl der möglichen Fälle, wobei vorausgesetzt wird, dass alle Fälle gleich wahrscheinlich sind. Diese Definition ist offensichtlich zirkulär, denn sie setzt die Gleichwahrscheinlichkeit voraus. Aber die Hypothese lässt sich durch nichtprobabilistische Überlegungen begründen, die im Wesentlichen auf Symmetrieeigenschaften basieren.

Es gibt Situationen, in denen man über die Wahrscheinlichkeit urteilt, ohne die Zahl der möglichen und der günstigen Fälle zahlenmäßig erfassen zu können oder ohne Informationen zu besitzen, auf die sich die Annahme der Gleichwahrscheinlichkeit stützen könnte. Das gilt etwa für Prognosen über den Ausgang von Pferderennen oder von sportlichen Wettbewerben. In diesem Fall weist man dem Ereignis eine Wahrscheinlichkeit zu, die auf einer subjektiven Einschätzung der Gründe für das Eintreten dieses Ereignisses beruht.

Eine dritte Quelle des Wahrscheinlichkeitsbegriffs liegt in der Beobachtung statistischer Regelmäßigkeiten der Häufigkeitsverteilung. Wirft man eine Münze viele Male hintereinander, stellt man fest, dass man etwa gleich oft Kopf und Zahl erhält; dabei wird die Differenz zwischen beiden immer geringer, je öfter man den Versuch wiederholt. Als Häufigkeit des Ergebnisses »Kopf« in einer Serie von Würfen bezeichnet man das Verhältnis p/n der Zahl p der in der Serie beobachteten Ergebnisses »Kopf« zu Gesamtzahl der Würfe n. Für sehr großes n nähert sich diese Häufigkeit der Wahrscheinlichkeit 1/2.

Keine der drei genannten Quellen reicht aus, um den Begriff der Wahrscheinlichkeit zu definieren; so versuchte Richard von Mises Anfang des 20. Jahrhunderts vergeblich, die

Wahrscheinlichkeit auf den empirischen Begriff der Häufigkeit zu gründen. Alle drei Vorstellungen trugen jedoch zur Axiomatisierung der Wahrscheinlichkeit bei, die von bestimmten Grundbegriffen ausgeht: »Ereignis« (intuitiv: das Ergebnis, das sich bei einem einzelnen Versuch einstellen kann) und »Wahrscheinlichkeit«. Die Axiomatisierung erfolgte 1933 durch Andrej Kolmogorow. Die so definierte Wahrscheinlichkeit sagt nichts über das Wesen des Zufalls aus, sondern gestattet die Konstruktion einer Theorie, in der sich die Wahrscheinlichkeit auf Grund bestimmter Daten und Hypothesen bestimmen lässt.

Ereignisse

Eine elementare Relation zwischen Ereignissen ist die Implikation: Sind A und B zwei Ereignisse, so bedeutet $A \subset B$, dass B immer dann stattfindet, wenn A stattfindet (man sagt: »A impliziert B« oder auch: »wenn A, dann B«). Das unmögliche Ereignis Ø (das niemals stattfindet) impliziert alle übrigen Ereignisse, und das sichere Ereignis Ω (das stets stattfindet) wird von allen übrigen Ereignissen impliziert. »A und B« bedeutet, dass die Ereignisse A und B gleichzeitig stattfinden; es impliziert A und B und wird von allen Ereignissen impliziert, die A und B implizieren. A und B sind inkompatibel, wenn »A und B« unmöglich ist. Das Ereignis »A oder B« wird von A und von B impliziert und impliziert seinerseits alle Ereignisse, die zugleich von A und von B impliziert werden; es findet statt, wenn wenigstens eines der Ereignisse A oder B stattfindet. Jedem Ereignis A ist dessen Gegenereignis A' zugeordnet, das stattfindet, wenn A nicht stattfindet; »A und A'« ist unmöglich; »A oder A'« ist sicher.

Ein Ereignis ω heißt elementar, wenn es nicht unmöglich ist und ausschließlich von Ø und sich selbst impliziert wird. Zwei verschiedene elementare Ereignisse sind mithin inkompatibel. Gibt es nur eine endliche Zahl von Ereignissen, hat jedes Ereignis die Form »ω_1 oder ω_2 oder … oder ω_n«, wobei ω_1, ω_2 … ω_n wohlbestimmte elementare Ereignisse sind. Jedes Ereignis entspricht daher einer bestimmten Menge elementarer Ereignisse. Das unmögliche Ereignis Ø entspricht der leeren Menge, Ω der Menge aller möglichen Ereignisse. Jedes Ereignis wird mit der Menge der zugehörigen elementaren Ereignisse gleich gesetzt, also mit einer Teilmenge der Menge Ω. Aus der Implikation $A \subset B$ wird dadurch das Teilmengenverhältnis.

Bei einer unendlichen Menge von Ereignissen stellt man eine weitere Bedingung: Ist A_1, A_2, …, A_n … eine unendliche Folge von Ereignissen, so muss es ein Ereignis »A_1 oder A_2 oder … oder A_n oder …« geben, das von jedem der A_n impliziert wird und seinerseits jedes Ereignis impliziert, das von jedem der A_n impliziert wird. Unter diesen Umständen gibt es eine Menge Ω und eine Familie B aus Teilmengen von Ω der Art, dass die Ereignisse mit den Elementen von B gleich gesetzt werden können, wobei aus der Implikation das Teilmengenverhältnis wird, aus dem »und« die Schnittmenge und aus dem »oder« die Vereinigungsmenge.

Wahrscheinlichkeit

Zur Vorbereitung: ***Zahlen***

Jedem Ereignis A wird eine Wahrscheinlichkeit $P(A)$ zugeordnet, bei der es sich um eine reelle Zahl zwischen 0 und 1 handelt. Es gelten folgende Axiome: $P(\Omega) = 1$. Ist $A_1, A_2, \ldots, A_n \ldots$ eine unendliche Folge jeweils paarweise inkompatibler Ereignisse, so gilt: $P(A_1$ oder A_2 oder … oder A_n oder …$) = P(A_1) + P(A_2) + \ldots P(A_n) + \ldots$ (Additionssatz).

Zieht man zum Beispiel eine Karte aus einem Stapel mit 52 Karten, so ist die Wahrscheinlichkeit, Herz zu ziehen, gleich $13 \times (1/52) = 1/4$, denn das Ziehen einer bestimmten Karte ist ein elementares Ereignis mit der Wahrscheinlichkeit 1/52, und es gibt insgesamt 13 Herzkarten.

Da A und A' inkompatibel sind und »A oder A'« = Ω, ist $P(A) + P(A') = 1$, also $P(A') = 1 - P(A)$. Zum Beispiel ist $P(Ø) = 0$. Man sagt, ein Ereignis A ist fast sicher, wenn $P(A) = 1$; das heißt nicht unter allen Umständen, dass A sicher oder dass A' (mit der Wahrscheinlichkeit 0) unmöglich wäre.

Nehmen wir an, man interessierte für die Zufallsziehung einer reellen Zahl zwischen 0 und 1. Die Menge Ω wäre dann das Intervall $[0,1]$, die Ereignismenge B die Menge der messbaren Teile von Ω (siehe MASSTHEORIE), und für jedes Ereignis A wäre die Wahrscheinlichkeit $P(A)$ gleich dem Maß von A (ist A ein Intervall $[a, b]$, wäre dieses Maß einfach die Länge von A, nämlich $b-a$). Diese Wahl der Wahrscheinlichkeit basiert auf der Homogenität der Menge der reellen Zahlen und ist mit den Axiomen verträglich. Die Wahrscheinlichkeit einer bestimmten Zahl ist dann stets gleich 0. Dasselbe gilt für die Wahrscheinlichkeit, eine ALGEBRAISCHE ZAHL zu ziehen (die Lösung eines Polynoms mit ganzzahligen Koeffizienten), denn die Menge der algebraischen Zahlen ist abzählbar (als Folge darstellbar). Das Gegenereignis »die gezogene Zahl ist transzendent« (also nichtalgebraisch) ist fast, aber nicht vollständig sicher.

Wenn es wie im obigen Beispiel um unendliche Ereignismengen geht, ist die Wahl der Wahrscheinlichkeit nicht immer ganz klar. Wählt man zum Beispiel zufällig die Sehne eines Kreises aus und fragt nach der Wahrscheinlichkeit, dass diese Sehne kürzer als der Radius des Kreises ist, so ist die Bedingung erfüllt, wenn der Kreisbogen über der Sehne kleiner als 60° bleibt, und man wäre versucht, die Wahrscheinlichkeit gleich $60/180 = 1/3$ zu setzen. Die genannte Eigenschaft lässt sich aber auch durch die Bedingung ausdrücken, dass der Abstand zwischen der Sehne und dem Kreismittelpunkt mindestens $r(\sqrt{3}/2)$ beträgt; in diesem Fall wäre die Wahrscheinlichkeit $1-(\sqrt{3}/2)$. Man könnte auch noch weitere Lösungen vorschlagen, die sinnvoll erschienen. Aber das Problem ist nicht gut formuliert, und wenn man eine Wahrscheinlichkeit festlegen möchte, bräuchte man weitere Informationen über die Art und Weise, wie die Auswahl der Sehne erfolgen soll. Von einer zufälligen Auswahl zu sprechen ist nicht präzise genug.

Bedingte Wahrscheinlichkeit

Sind A und B Ereignisse mit einer von 0 verschiedenen Wahrscheinlichkeit, so kann man die Wahrscheinlichkeit definieren, dass B eintritt, falls A bereits eingetreten ist, und man schreibt $P(B|A)$. Das betrachtete Ereignis ist »A und B«, aber man muss es auf die Teilmenge A von Ω und nicht auf Ω selbst beziehen. Daher definiert man diese Wahrscheinlichkeit durch

$$\mathrm{P}(B|A) = \frac{\mathrm{P}(A \textit{ und } B)}{\mathrm{P}(A)}$$

und bezeichnet sie als bedingte Wahrscheinlichkeit von B unter der Bedingung A. Nehmen wir zum Beispiel an, man möchte nacheinander zwei Karten aus einem Stoß Spielkarten ziehen, ohne die erste Karte zurückzulegen. Ereignis A sei »die erste Karte ist eine Herzkarte«, Ereignis B »die zweite Karte ist eine Karokarte«. Es gibt insgesamt 52×51 mögliche Ergebnisse (weil die Karte nicht zurückgelegt wird), und 13×13 davon ergeben das Ereignis A und B, also

$$\mathrm{P}(A \textit{ und } B) = \frac{13\times13}{52\times51}$$

und

$$\mathrm{P}(B|A) = \frac{13\times13}{52\times51}\times\frac{52}{13} = \frac{13}{51}$$

was auch der Intuition entspricht.

Besonders interessant ist der Fall, in dem $P(B|A) = P(B)$. Das heißt, das Eintreten von A hat keinen Einfluss auf B, und man sagt, B sei unabhängig von A. Dafür schreibt man auch $P(A \text{ und } B) = P(A)P(B)$, und A und B verhalten sich in dieser Hinsicht symmetrisch zueinander. Wirft man zum Beispiel gleichzeitig zwei Würfel, so sind die beiden Einzelergebnisse voneinander unabhängig. Die Wahrscheinlichkeit mit zwei Würfeln zwei Sechsen zu erzielen, beträgt also
$(1/6)\times(1/6) = 1/36$.
Für beliebige Ereignisse A und B gilt
$P(A \text{ und } B) = P(A)\ P(B/A)$
Außerdem gilt:
$P(A' \text{ und } B) = P(A')\times P(B|A')$,
wobei A' das Gegenereignis zu A ist. Die Ereignisse »A und B« und »A' und B« sind nicht kompatibel, und ihre Vereinigung ist B, also
$P(B) = P(A)P(B|A) + P(A')P(B|A')$
und mithin

$$\mathrm{P}(B|A) = \frac{\mathrm{P}(A \textit{ und } B)}{\mathrm{P}(B)}$$
$$= \frac{\mathrm{P}(A)\mathrm{P}(B|A)}{\mathrm{P}(A)\mathrm{P}(B|A) + \mathrm{P}(A')\mathrm{P}(B|A')}$$

Wir wollen diese Formel, die auch als Bayes-Formel bezeichnet wird, an einem Bei-

spiel illustrieren: Man wählt von zwei vollkommen gleich aussehenden Urnen A und A' zufällig eine aus; nun möchte man wissen, welche Wahrscheinlichkeit dafür besteht, dass man A ausgewählt hat. Es ist vernünftig, auf diese Frage zu antworten:
$P(A) = P(A') = 1/2$.

Außerdem weiß man, dass A 300 weiße und 700 schwarze Kugeln enthält, während A' 700 weiße und 300 schwarze Kugeln enthält. Um nun herauszufinden, ob man A oder A' gewählt hat, zieht man nacheinander 12 Kugeln aus der gewählten Urne, wobei man die gezogene Kugel jeweils zurücklegt. Die 12 Ziehungen ergeben 4 weiße und 8 schwarze Kugeln.

Gibt man die Ränge der Ziehung der weißen Kugeln an, beträgt die Wahrscheinlichkeit, (bei diesen Rängen) 4 weiße und 8 schwarze Kugeln aus Urne A zu ziehen: $(3/10)^4 \times (7/10)^8$; die Wahrscheinlichkeiten werden multipliziert, weil die Ziehungen unabhängig sind (denn die gezogenen Kugeln werden nach jeder Ziehung wieder zurückgelegt).

Da man die Rangzahlen nicht kennt, muss man diese Zahl, um $P(B|A)$ zu erhalten, mit dem Binominalkoeffizienten

$$\binom{4}{12} = 495$$

multiplizieren, das heißt mit der Anzahl der Möglichkeiten, aus 12 Objekten 4 auszuwählen (siehe KOMBINATORIK). So erhält man:

$$\mathrm{P}(B|A) = \binom{4}{12}\left(\frac{3}{10}\right)^4\left(\frac{7}{10}\right)^8 = 0,23114$$

und ebenso

$$\mathrm{P}(B|A') = \binom{4}{12}\left(\frac{7}{10}\right)^4\left(\frac{3}{10}\right)^8 = 0,0077977...$$

Die Bayes-Formel ergibt also:

$$= \frac{\frac{1}{2}\binom{4}{12}(0,3)^4(0,7)^8}{\frac{1}{2}\binom{4}{12}((0,3)^4(0,7)^8 + (0,7)^4(0,3)^8)}$$

$$= \frac{(0,7)^4}{(0,7)^4 + (0,3)^4} = 0,967$$

Schon durch eine kleine Stichprobe (12 von 1000 Kugeln) kann man also mit einer Wahrscheinlichkeit von 97 % bestimmen, dass die Kugeln aus Urne A gezogen worden sind!

Warteschlange

Zur Vorbereitung: ***Prozess***
Zur Vertiefung: ***Betriebssystem***

Beim Bäcker oder Metzger reihen die Kunden sich gewöhnlich geduldig in die Schlange der Wartenden ein bis sie in der Reihenfolge ihres Eintreffens bedient werden. Einzelne Kunden werden in der Regel nicht bevorzugt, es sei denn, sie drängeln sich vor oder haben das Glück, die Tochter des Bäckers zu kennen. Auch in einem Computer reihen sich die einzelnen Prozesse in eine Warteschlange ein, doch die Reihenfolge der Ausführung wird hier nicht allein vom Zeitpunkt des Eintreffens bestimmt, sondern auch von diversen Privilegierungen und Prioritäten. Wenn die Ausführung eines Prozesses sehr lange dauert oder ein Zugriff auf Peripheriegeräte erforderlich wird – wenn etwa Daten aus dem Speicher abgerufen, Ergebnisse ausgedruckt oder Befehle abgewartet werden müssen –, kann das Betriebssystem die Ausführung eines Prozesses zeitweilig unterbrechen und den nächsten Prozess in der Warteschlange vorziehen.

Wasser

Zur Vertiefung: ***Atmosphäre; Eis; Molekül; Zelle***

Wasser oder Sauerstoffhydrid H_2O hat bemerkenswerte physikalische Eigenschaften, und wenn es nicht so verbreitet wäre, würde man sich in den Laboratorien zum Preis von Gold darum reißen.

Tatsächlich bewirken die WASSERSTOFFBINDUNGEN zwischen den MOLEKÜLEN, dass der Schmelzpunkt (0 °C) und der Siedepunkt (100 °C) des Wassers wesentlich höher liegen als bei den Hydriden anderer Elemente aus derselben Gruppe des Periodensystems: Schwefelwasserstoff (H_2S), Selenwasserstoff (H_2Se), Tellurwasserstoff (H_2Te). Der Schmelzpunkt von H_2S liegt zum Beispiel bei −85,6 °C und sein Siedepunkt bei −60 °C.

Das Wasser der Erde

Die Erde ist der einzige Planet des Sonnensystems mit einer Temperatur, in der Wasser in festem, flüssigem und gasförmigem Zustand vorkommen kann. Man schätzt die Menge des Oberflächenwassers auf der Erde auf etwa 1400000 Kubikkilometer, 97% davon in den OZEANEN und etwa 2% in den Eiskappen und Gletschern. Die außergewöhnlichen Eigenschaften des Wassers haben wichtige Folgen für die Dynamik der Meere und der Atmosphäre und spielten ohne Zweifel eine Schlüsselrolle bei der Entstehung des Lebens auf unserem Planeten.

Wasser macht bei Lebewesen etwa 70% ihrer Zellmasse aus, und die meisten biochemischen Reaktionen der belebten Welt finden im Wasser statt (siehe STOFFWECHSEL).

Ozeane und Flüsse existieren nur, weil der Siedepunkt des Wassers sehr hoch liegt. Auch die Wärmekapazität des Wassers (die gespeicherte Wärmemenge, die einer Temperaturerhöhung von einem Kilogramm Wasser um 1 °C entspricht) ist sehr hoch. Bei einer bestimmten Temperaturerhöhung speichert das Wasser also eine große Wärmemenge; aus diesem Grund sind die Meere hervorragende Wärmespeicher.

Im Gegensatz zu den meisten Stoffen nimmt das Volumen des Wassers zu und damit die Dichte ab, wenn es in eine feste Form übergeht: Daher schwimmt Eis auf dem Wasser. Wenn die kalten Seen und Meere im Winter zufrieren, sinkt das Eis deshalb nicht auf den Grund, sondern bildet eine Schutzschicht an der Oberfläche, unter der die Fische im flüssig bleibenden Wasser überleben.

Wasser hat eine schwache Benetzungstendenz (auf einer Oberfläche neigt es zur Tropfenbildung, statt sie als dünne Schicht zu benetzen); diese Eigenschaft begünstigt die Ansammlung von Wasser im Boden und somit die Entwicklung der Vegetation.

Wasser ist ein universelles Lösungsmittel für Salze: Es kann Mineralien an der Erdoberfläche lösen und als Lösung transportieren; somit ist es ein wirkungsvoller Agent der Verwitterung und EROSION von Gestein.

Um Wasser zur Verdunstung zu bringen, bedarf es der Zufuhr einer sehr großen Wärmemenge (585 Kalorien pro Gramm). Das bedingt den Wasserkreislauf und ermöglicht einen wirksamen Energietransfer in die Atmosphäre: Das Wasser der Meere verdunstet mit Hilfe der Sonnenenergie, der nach oben ziehende Wasserdampf kondensiert zu WOLKEN und setzt die bei der Verdunstung aufgenommene Energie frei.

Regen- und Schneefälle bringen das Wasser wieder an die Erdoberfläche. Ein Teil des Wassers, das als Niederschlag auf die Kontinente fällt, sickert oder rieselt in den Boden oder kehrt über die FLÜSSE in den Ozean zurück, ein Teil verdunstet, ein anderer Teil wird durch Evapotranspiration der Vegetation und Atmung der Tiere wieder zu Wasserdampf.

In der Atmosphäre absorbiert Wasserdampf die Infrarotstrahlung der Erde: Er ist ein überaus wirksames »Treibhausgas« (doppelt so wirksam wie Kohlendioxid; siehe TREIBHAUSEFFEKT). Die Atmosphäre enthält durchschnittlich etwa 1% Wasserdampf, der dazu beiträgt, die Durchschnittstemperatur der Erdoberfläche zu erhöhen und eine allzu starke Abkühlung der Atmosphäre während der Nacht zu verhindern.

Wasser im Universum

Wasser ist nur eine der zahlreichen Molekülarten, die im interstellaren Raum vorhanden sind. Seine Bildung resultiert aus der großen Fülle von Wasserstoffatomen und -molekülen und dem Vorhandensein von Sauerstoffatomen O (siehe SAUERSTOFF). Die kosmische Strahlung, also Partikel von hoher Energie im interstellaren Raum, entreißen verschiedenen Molekülen Elektronen und erhöhen damit deren chemische Reaktivität, was die Bildung von Wasser beschleunigt. Interstellares Wasser ist von der Erdoberfläche aus nur schwer auszumachen. Zwar lässt sich Wasser durch Spektroskopie erkennen (eine Analyse des empfangenen Lichts nach den Wellenlängen, die es enthält, ermöglicht die Bestimmung der Elemente, die im aussendenden Raum vorhanden waren; siehe SPEKTRUM), doch wird diese Messung durch das massive Vorkommen von Wasser in unserer Atmosphäre behindert. Ein im Weltall stationiertes TELESKOP, das den interstellaren Raum im Bereich der Infrarotstrahlen des Wassers beobachtet, zeigt, dass es dort in großen Mengen vorhanden ist.

Das interstellare Wasser ist meist gasförmig. Es kondensiert als Eis auf den mikroskopisch kleinen interstellaren Staubkörnchen, umgibt sie mit einem Mantel, an dessen Oberfläche es zu zahlreichen chemischen Reaktionen kommt, die von der Ultraviolettstrahlung der Sterne angeregt werden. Die Beobachtung von Kometen, deren Kern verdampft, wenn sie sich der Sonne nähern und aufheizen, zeigt, dass in ihrem Kern eisförmiges Wasser in hoher Konzentration vorhanden ist. Das bestärkt die Vorstellung, dass Kometen Überreste jener Molekülwolke aus Gas und Staub sind, aus der das Sonnensystem entstanden ist. Bei seiner Entstehung konnte sich Eis (aus gefrorenem Wasser, aber auch aus Kohlendioxid und Ammoniak) halten, sofern es weit genug von der Sonne entfernt war: So hat der Jupitermond Ganymed wahrscheinlich Eis an seiner Oberfläche, und in dem tiefen Krater am Südpol des Mondes wurde eisförmiges Wasser entdeckt.

Im Gegensatz zum Wasser auf der Erde, das eine entscheidende Rolle für Klima, Biosphäre und Energiebilanz unseres Planeten spielt, scheint das interstellare Wasser keine besondere Funktion zu erfüllen. Die Suche nach Wasservorkommen auf Planeten außerhalb unseres Sonnensystems, die seit 1995 entdeckt wurden, ist zwar schwierig, aber interessant: Denn flüssiges Wasser gilt als der unverzichtbarste Bestandteil für die Existenz von Leben, wie wir es kennen.

Wasser in der Chemie

Wasser ist für die Chemie zugleich der beste und schlimmste aller Stoffe. Der schlimmste, weil der Kontakt mit Feuchtigkeit viele REAGENZIEN zerstört – so zum Beispiel zahlreiche metallorganische KOMPLEXVERBINDUNGEN, die aus Metallen und organischen Stoffen bestehen. Reaktionen mit derartigen Substanzen müssen in Behältern durchgeführt werden, aus denen vorher jede Spur von Feuchtigkeit entfernt wurde. Aber Wasser ist auch der beste Stoff. Da die chemische Industrie sich bemüht, ihre Abfälle zu reduzieren und die Verwendung toxischer Stoffe zu vermeiden (im Blickfeld stehen organische, vor allem chlorierte Lösungsmittel), wäre es ideal, den größtmöglichen Teil der Reaktionen mit Wasser als Lösungsmittel durchführen zu können, so dass als einzige Nebenprodukte Sauerstoff, Stickstoff, Kohlenoxide oder Wasser abfallen würden – also kurz, Moleküle, die bereits in der Umwelt vorhanden sind.

Kehren wir zur Restfeuchtigkeit zurück, die in einer Reaktion enthalten ist. Schädlich ist sie, weil das Wassermolekül als Reaktionspartner wirkt und andere Reaktionspartner hindert, an den jeweiligen Ort der Reaktion zu gelangen. Es gibt zahlreiche chemische REAKTIONEN, an denen Wasser nicht als Lösungsmittel, sondern als echter Reaktionspartner beteiligt ist. Als Beispiel seien hier nur die Reaktionen der Hydratisierung genannt, in deren Verlauf ein Wassermolekül sich durch Addition an ein anderes Molekül anlagert. Auf diese Weise wird Ethanol (Alkohol) aus Ethylen industriell hergestellt, das aus Erdöl gewonnen wird. In umgekehrter Richtung setzen Reaktionen der Dehydratisierung ein Wassermolekül frei und haben als doppelte Triebkraft die Produktion dieses sehr stabilen kleinen Moleküls und die Aufspaltung der ursprünglichen Einheit in zwei Teile.

Wasserstoff

Wasserstoff in der Chemie

Zur Vertiefung: ***chemische Synthese; Katalyse; Komplexverbindungen***

Als Wasserstoff bezeichnen Chemiker häufig sowohl das Wasserstoffatom H als auch das Wasserstoffmolekül H_2, das sich entweder in zwei neutrale Wasserstoffatome mit jeweils einem Elektron spalten lässt oder in ein Wasserstoffatom mit zwei Elektronen, also ein negativ geladenes Ion oder Hydrid-Ion H^- und einen Wasserstoffkern oder ein Proton H^+. Jede dieser Erscheinungsformen des Wasserstoffs hat ihre eigene REAKTIONSFÄHIGKEIT und somit auch ein eigenes Repertoire an Anwendungsmöglichkeiten.

Bei der so genannten Hydrierung führen Chemiker das Wasserstoffmolekül H_2, meist nach Aufspaltung in Atome, durch Addition in vielfältige organische Verbindungen ein. Aufgrund ihrer Neigung, ein oder mehrere zusätzliche Paare von Wasserstoffatomen zu binden, bezeichnet man solche organischen Wasserstoff-Akzeptoren als ungesättigt. Ihre Hydrierung erfolgt unter Druck.

Dieses Verfahren wurde wesentlich verbessert, als die Chemiker Paul Sabatier und Jean-Baptiste Senderens Anfang des 20. Jahrhunderts entdeckten, dass sich das Wasserstoffmolekül H_2 an der Oberfläche von Edelmetallen wie Palladium, Gold oder Platin in die beiden Atome spalten lässt ($H_2 \longmapsto 2H$); diese Metalle wirken als gute Katalysatoren der Hydrierung. Bei diesem REAKTIONSMECHANISMUS werden die Wasserstoffatome nacheinander gebunden.

Auch Doppelbindungen wie C=C lassen sich auf diese Weise hydrieren, meist über Edelmetalle als Katalysatoren. So wird zum Beispiel Ethylen $H_2C{=}CH_2$ zu Ethan C_2H_6 hydriert. Solche Reaktionen nutzt man zur chemischen Synthese neuer Moleküle. Die Hydrierung ist ein Reduktionsprozess, da sie die Oxidationszahl des Kohlenstoffs (also seine Neigung, Elektronen zu binden) auf die von Methan CH_4 verringert, die der des Ethans C_2H_6 entspricht (siehe REDOXREAKTION).

Reduktionen können auch über Metallhydride der allgemeinen Formel MH erfolgen, die dazu tendieren, sich in ein metallisches Kation M^+ und ein Hydrid-Ion H^- zu spalten, und daher als Spender von Hydrid-Ionen dienen. Auf einer solchen Reduktion beruht das Monsanto-Verfahren zur Herstellung der Aminosäure L-DOPA, die als krampflösendes Medikament bei Parkinsonismus eingesetzt wird (siehe KOMPLEXVERBINDUNGEN).

Der Kern des Wasserstoffatoms, also das Proton H^+, ist zusammen mit dem Elektron eines der kleinsten Teilchen, die in der Chemie verwendet werden. Er bildet die Maßzahl für den sauren Charakter eines Stoffes, da eine bedeutende Gruppe von SÄUREN, die so genannten Brønsted-Säuren der allgemeinen Formel AH, sich in ihre korrespondierende Base A^- und ein Proton H^+ aufspalten. Die Protonenkonzentration einer Lösung (üblicherweise gibt man den negativen Logarithmus dieser Konzentration an, der als pH-Wert bezeichnet wird) ist eine Maßzahl für die Acidität. Durch seine positive Ladung ist das Proton »gierig« nach Elektronen, besonders nach freien Elektronenpaaren (symbolisiert durch :) in Atomen wie Stickstoff N: oder Sauerstoff :O: (wie er zum Beispiel im Wasser vorkommt). Das Proton H^+ bindet sich auch an das Wassermolekül H_2O und bildet zu H_3O^+, die korrespondierende Säure des Wassermoleküls.

In Verbindung mit SAUERSTOFF bildet Wasserstoff Wasser – und zwar nach der Gleichung $H_2 + (1/2)O_2 \rightarrow H_2O$. Bei diesem Prozess handelt es sich um eine stark exotherme Reaktion, die also große Wärmemengen freisetzt und potentiell explosiv verläuft. Eines der dramatischsten Beispiele hierfür ist das Unglück des Starrluftschiffs »Hindenburg«, das mit Wasserstoff gefüllt war und 1937 bei New York ausbrannte.

Die Verbrennung von Wasserstoff hat den großen Vorteil, dass kein Kohlendioxid (CO_2) freigesetzt wird. Unter Umweltaspekten ist Wasserstoff daher ein vielversprechender Ersatz für Brennstoffe aus Kohlenwasserstoffen wie Heizöl und Benzin, die aus ERDÖL gewonnen werden. Woher soll man den Wasserstoff nehmen? Zum Beispiel aus dem Wasser. Sonnenenergie, die fast kostenlos ist, spaltet das Wassermolekül mit einem Photon: $H_2O + \text{Photon} \rightarrow H_2 + (1/2)O_2$.

Mittlerweile wurden einfallsreiche Systeme entwickelt, diese Reaktion mit guten Ergebnissen durchzuführen. Bei der erneuten Kombination von Wasserstoff und Sauerstoff ist man inzwischen in der Lage, die Heftigkeit der Reaktion durch Katalyseverfahren zu kontrollieren und ihre Sicherheit zu gewährleisten. Leider muss eine »Wasserstoffwirtschaft« rentabel sein, um überhaupt entstehen zu können. Das wäre sie jedoch nur, wenn der Preis für ein Barrel Rohöl über 50 US-Dollar stiege, da bisher die Kosten für Solarzellen noch zu hoch liegen.

Wasserstoff im Universum

Zur Vertiefung: ***Entstehung der Elemente; interstellarer Raum; Spektrum***

Wasserstoff, das einfachste und leichteste Atom, ist zugleich das Element, das im Universum am häufigsten vorkommt. Etwa 94 Prozent der Atome sind Wasserstoffatome, die 73 Prozent der Masse des Universums ausmachen, wie wir aus dem Licht wissen, das uns erreicht (siehe Elementhäufigkeit und Masse). Im Uruniversum herrschten zu hohe Temperaturen, als dass Wasserstoffatome – beziehungsweise die Protonen, die ihren Atomkern bilden – darin hätten existieren können. Es gab lediglich die noch elementareren freien Teilchen, die Quarks, die sich zu Protonen und Neutronen verdichteten, als die Temperatur im Laufe der Expansion des Universums sank.

Heute ist Wasserstoff in seinen verschiedenen Formen allgegenwärtig. Wenn die Temperatur über zehntausend Grad Kelvin steigt, wird Wasserstoff ionisiert (verliert sein Elektron) und bildet ein Plasma, also ein Gas, das in diesem Fall aus Protonen (H^+) und Elekronen besteht: Ein solches Plasma gibt es im Inneren von Sternen, in der Sonnenkorona, im Sonnenwind (siehe Wind), also in jenem Plasma, das ständig von der Sonne zu den Planeten weht, in heißen Regionen des interstellaren Raums innerhalb der Galaxien sowie im aktiven Zentrum der Galaxien, den so genannten Quasaren. Bei niedrigeren Temperaturen ist Wasserstoff in seiner elektrischen Ladung neutral und kommt entweder in atomarer (H) oder molekularer (H_2) Form vor. In dieser Form müsste er eigentlich auch auf der Erde reichlich vorhanden sein, was jedoch nicht der Fall ist. Die Schwerkraft der Erde war bei der Bildung unseres Planeten nicht groß genug, um den leichten Wasserstoff zu halten, der folglich verloren ging. Riesenplaneten wie Jupiter oder Saturn bestehen großenteils aus molekularem Wasserstoff, da sie genügend Masse besitzen, ihn zu halten. Das Wasserstoffmolekül H_2 ist auch in den Molekül-Nebeln im interstellaren Raum vorhanden, die aus stark verdichteten Gasen bestehen. Dort gehört es zu jenen Elementen, die eine Schlüsselrolle für die komplexen chemischen Prozesse bei der Entstehung schwerer Moleküle spielen. Unter sehr hohem Druck (in der Größenordnung von Megabar, also eine Million mal mehr als der Atmosphärendruck) geht Wasserstoff vermutlich in eine feste Phase über, die Eigenschaften eines Metalls mit guter Leitfähigkeit für elektrischen Strom und Wärme besitzt. Im Labor lässt sich dieser Metallzustand nur schwer erzielen, der zweifellos im Inneren massereicher Planeten wie Jupiter vorhanden ist.

Im Sterninneren, wo Temperaturen von über zehn Millionen Grad Kelvin herrschen können, kommt es zur Kernfusion, die Wasserstoff in Helium und anschließend in schwerere Elemente umwandelt (siehe Entstehung der Elemente). Wasserstoff bildet somit den Grundbaustein für eine chemische Evolution der Sterne und Galaxien, aus der die für chemische Prozesse erforderlichen Atome und Moleküle hervorgehen, zum Beispiel auch das Wasser (H_2O), auf dem das Leben in der uns bekannten Form basiert.

Das Wasserstoffspektrum

Zur Vertiefung: ***Quantenphysik; Resonanz; Spektrum***

Schon bald interessierten sich die Physiker für die Emission und Absorption des Lichts – recht symmetrische Phänomene – durch das Wasserstoffatom, da sein Emissionsspektrum (die Verteilung des emittierten Lichts nach Wellenlängen) besonders einfach ist und sich aus gut erforschten Serien von Spektrallinien zusammensetzt (scharf voneinander getrennten Linien emittierter Wellen jeweils einer Wellenlänge). Benannt sind diese Serien nach ihren Entdeckern, zum Beispiel nach dem Schweizer Physiker Johann Balmer (1825–1898), der gemeinsam mit dem Schweden Johannes Rydberg (1854–1919) das Spektrum des Wasserstoffatoms H beobachtete und eine Formel aufstellte, nach der sich aus einfachen Kombinationen ganzer Zahlen die Wellenlänge (zwischen Blau und Rot) der von einem angeregten Wasserstoffgas emittierten Strahlen berechnen lässt. Diese Anregung wird erreicht, wenn die Atome durch Energiezufuhr (Erhitzen, elektrische Entladung) ihren Grundzustand niedrigster Energie verlassen. Die Balmer-Formel trug zur Entwicklung des nach dem dänischen Physiker Niels Bohr benannten Atommodells bei, das zur Entstehung der Quantenphysik führen sollte.

Die große Häufigkeit des Wasserstoffs macht die von ihm emittierten Strahlen zu einem besonders wertvollen Hilfsmittel, um Himmelskörper (siehe Spektrum) zu erforschen. Bereits 1814 beobachtete Joseph von Fraunhofer die später als Balmer-Serien bezeichneten Spektrallinien im Sonnenspektrum, doch erst 1860 wurden sie von Gustav Kirchhoff und Robert Bunsen identifiziert. Als man sie anschließend auch im Spektrum von Sternen feststellte, leitete man aus diesen Beobachtungen ab, dass Wasserstoff im gesamten Weltall vorhanden ist. Für die schöne Färbung mancher Gasnebel im interstellaren Raum ist eine dieser Strahlungen im Rotbereich verantwortlich: Sie wird vom Wasserstoff in diesem Gas emittiert, den das Licht naher Sterne in einen angeregten Zustand versetzt. Das Spektrum atomaren Wasserstoffs enthält noch weitere interessante Strahlen: Der Grundzustand, also das niedrigste Energieniveau des Wasserstoffs, spaltet sich in der so genannten Hyperfeinstruktur in zwei eng beieinander liegende Energieniveaus auf, zwischen denen die Atome im Grundzustand leicht hin und her wechseln; dabei absorbieren und emittieren sie Strahlung im Bereich der Radiofrequenzen mit einer Wellenlänge von etwa 21 cm. Mit Hilfe dieser Strahlung, die von dem kalten Gas emittiert wird, das überall in unserer Galaxie verteilt ist, konnte um 1950 deren Spiralstruktur und Rotation nachgewiesen werden.

Wasserstoffbindung

Zur Vertiefung: ***Hydrophilie, Hydrophobie; intermolekulare Wechselwirkungen; Komplementarität***

Als Wasserstoffbindung oder Wasserstoffbrückenbindung bezeichnet man eine schwache intermolekulare Wechselwirkung, die zwischen zwei elektronegativen Atomen A^1 und A^2, die Elektronen anziehen, eine Nebenvalenzbindung über ein positiv geladenes Wasserstoffatom H herstellt. In der Schreibweise A^1—H … A^2, in der die punktierte Linie die Wasserstoffbindung symbolisiert, wird deutlich, dass das Wasserstoffatom mit dem Atom A^1 eine starke, so genannte kovalente Bindung eingeht, während seine Brückenbindung mit Atom A^2 schwächer ist: Die Wechselwirkungsenergie der Wasserstoffbindung beträgt nur einige Prozent der Bindungsenergie einer kovalenten Bindung. Voraussetzung für das Zustandekommen einer Wasserstoffbindung ist eine lineare Anordnung der beteiligten Atome A^1, H und A^2.

Wasser und Alkohole haben in festem und flüssigem Zustand (siehe Festkörper und Flüssigkeit) sehr viele Wasserstoffbindungen zwischen ihren Molekülen. Biomoleküle wie Nukleinsäuren (DNA, RNA) und Proteine weisen im Inneren ihrer Makromoleküle ebenfalls viele Wasserstoffbindungen auf.

Wechselwirkung in der Physik

Zur Vertiefung: ***Feld; Hadron; Invarianz; Lepton***

Seit mehr als 2000 Jahren fragen die Philosophen sich, woraus die Dinge in unserer Welt bestehen und wie sie miteinander verbunden sind. Das aristotelische Schema mit seinen vier Elementen, deren Wechselwirkung auf ihre jeweiligen Qualitäten zurückging, nahm auf allerdings sehr schematische Weise bereits unser Verständnis des Aufbaus der Materie vorweg, auch wenn deren Grundbausteine, wie wir sie heute kennen, natürlich nichts mit Feuer, Wasser, Luft und Erde gemein haben.

Wenn es um die Kräfte geht, die zwischen den Teilchen wirken, ziehen die Physiker es vor, von Wechselwirkungen zu sprechen, denn diese Kräfte beeinflussen zwar die Bewegung der Teilchen, können aber auch zu einer grundlegenden Veränderung der Teilchen führen, etwa wenn sich eines in ein anderes umwandelt.

In der klassischen Physik übertragen sich Kräfte zwischen zwei Teilchen im Raum über ein Feld: Eines der beiden Teilchen erzeugt ein Feld, das sich im Raum ausbreitet und dann auf das andere Teilchen einwirkt. Sowohl die Quantenphysik als auch die Relativitätstheorie zwangen die Physiker, diese Auffassung zu revidieren. Wenn es zu einer Wechselwirkung kommen soll, muss danach »irgendetwas« ausgetauscht werden. Dieses als Quant bezeichnete Etwas ist ein für das Feld charakteristisches Teilchen. Zu einer Wechselwirkung kommt es demnach zwischen zwei Teilchen nur über den Austausch eines dritten Teilchens. Dieses dritte Teilchen, das die Wechselwirkung überträgt oder vermittelt, wird als Eichboson der Wechselwirkung bezeichnet (siehe BOSON UND FERMION). Da man es nicht unmittelbar aufspüren kann, sagt man, es sei VIRTUELL (doch das heißt nicht, dass es kein wirkliches Teilchen wäre). Die Reichweite der Wechselwirkung ist umso geringer, je größer die Masse des Eichbosons ist, das sie überträgt.

Um alle bekannten Phänomene erklären zu können, benötigen die Physiker insgesamt vier Wechselwirkungen, die als fundamental gelten: die Gravitation natürlich; die elektromagnetische Wechselwirkung, die für den Zusammenhalt der Materie im Bereich unserer menschlichen Größenordnungen sorgt; die schwache Wechselwirkung, die bestimmte radioaktive Prozesse steuert; und die starke Wechselwirkung, die für den Zusammenhalt der Atomkerne sorgt.

Die Gravitation

Die GRAVITATION beherrscht unsere alltägliche Welt, vom Fall eines Körpers bis hin zur Bewegung der Planeten. Dennoch ist sie unvergleichlich schwächer als die übrigen drei fundamentalen Wechselwirkungen, so dass man sie auf der Ebene der Teilchen vernachlässigen kann.

Die gravitative Wechselwirkung ist anziehenden Charakters und von unendlicher Reichweite. Soll sie auf der Ebene der Teilchen mit einer den übrigen Wechselwirkungen vergleichbaren Stärke wirksam werden, bedarf es ganz außergewöhnlicher Bedingungen, wie sie in den ersten Augenblicken des Urknalls herrschten, als eine extrem hohe Energiedichte bestand. Warum hat dann die Gravitation auf makroskopischer Ebene so große Bedeutung? Der Grund liegt darin, dass sie eine ausschließlich anziehende Kraft ist und ihre Wirkungen sich daher akkumulieren; das heißt, sie wächst proportional zur Zahl der beteiligten Teilchen.

Das Teilchen, das die Gravitation übertragen soll, ist das Graviton. Seine Masse ist gleich null, und man hat es noch nicht experimentell nachweisen können. Da die vorausgesagten Effekte der Gravitonen so klein sind, heißt dies jedoch keineswegs, dass sie nicht existierten.

Die elektromagnetische Wechselwirkung

Die elektromagnetische Wechselwirkung (siehe ELEKTROMAGNETISMUS) sorgt für den Zusammenhalt der Atome und beherrscht sowohl die chemischen Reaktionen als auch die Optik. Wie die gravitative Wechselwirkung hat auch sie eine unendliche Reichweite, doch da sie je nach Vorzeichen als anziehende oder als abstoßende Kraft auftritt, heben sich ihre kumulativen Effekte über größere Entfernungen wegen des insgesamt elektrisch neutralen Charakters der Materie gegenseitig auf. Die Theorie, die all diese Aspekte sehr präzise zu erklären vermag, ist die so genannte Quantenelektrodynamik. Sie führt die elektromagnetische Wechselwirkung auf den Austausch virtueller PHOTONEN zurück (als virtuell werden sie bezeichnet, weil sie als Teilchen nicht nachweisbar sind). Alle elektrisch geladenen oder (wie das Neutron) mit einem magnetischen Moment ausgestatteten Teilchen (die daher wie ein winziger Magnet wirken) unterliegen der elektromagnetischen Wechselwirkung.

In früheren Zeiten galten Elektrizität und Magnetismus als zwei getrennte Phänomene. Seit dem 19. Jahrhundert wissen wir, dass der Magnetismus durch die Bewegung elektrischer Ladungen entsteht. So erklären sich zum Beispiel die Störungen, denen ein Kompass in der Nähe eines Gewitters unterliegt. James Clerk Maxwell verdanken wir die Gleichungen, in denen sich sämtliche elektromagnetischen Phänomene zusammenfassen lassen.

Die starke Wechselwirkung

Der ATOMKERN besitzt eine erstaunliche Stabilität. Die Energie, die erforderlich ist, um ein NUKLEON, das heißt ein Proton oder ein Neutron (die beiden Kernbausteine) aus einem Atomkern herauszulösen, ist etwa eine Million Mal größer als die Energie, die das Elektron an den Atomkern bindet. So stellt sich denn die Frage, welche Kraft einen derartigen Zusammenhalt gewährleisten kann.

Welche Kraft überwindet die elektrische Abstoßung zwischen den Protonen innerhalb eines Atomkerns, die auf der Tatsache beruht, dass diese Teilchen dieselbe (positive) elektrische Ladung haben? Keine klassische Kraft – weder die elektromagnetische Kraft noch die Gravitation – vermag den Zusammenhalt des Atomkerns zu erklären. Daher muss es eine dritte Kraft geben, die man als starke Kernkraft oder als starke Wechselwirkung bezeichnet. Im Unterschied zu den beiden klassischen Kräften, die im Bereich der Größenordnung eines Atomkerns nur schwach ausgeprägt sind, aber von unendlicher Reichweite sind, ist die starke Wechselwirkung sehr intensiv und besitzt eine sehr geringe Reichweite. Sie ist so stark, dass sie ihre Wirkung innerhalb der unvorstellbar kurzen Zeit von 10^{-23}s entfaltet (das ist die Zeitspanne, die manche extrem instabile Teilchen, die so genannten Resonanzteilchen, benötigen, um zu zerfallen und sich in andere, leichtere Teilchen umzuwandeln (siehe RESONANZ). Die Reichweite der starken Wechselwirkung beträgt etwa ein Fermi, das ist der millionste Teil eines Milliardstel Meters (10^{-15}m).

Nicht alle Teilchen unterliegen der starken Wechselwirkung. Die Teilchen, die empfindlich für sie sind, bezeichnet man als HADRONEN, die übrigen als LEPTONEN. Wir kennen mehr als 350 Hadronen, die nahezu alle instabil sind.

Die Wechselwirkung zwischen Hadronen, zum Beispiel zwischen den Nukleonen, beruhen auf fundamentaleren Wechselwirkungen zwischen QUARKS (den Teilchen, aus denen die Hadronen bestehen). Wie die elektromagnetische Wechselwirkung auf der elektrischen Ladung basiert, so geht die starke Wechselwirkung auf die so als FARBE bezeichnete Ladung zurück. Man darf sich allerdings nicht vorstellen, die Quarks wären wirklich bunt. Der Ausdruck »Farbe« (vielfach wird hier der englische Ausdruck *colour* benutzt) ist lediglich die bildhafte Umschreibung eines Etiketts, einer besonderen Art von Ladung, die diese Teilchen tragen. Die starke Wechselwirkung wird durch die so genannten Gluonen übertragen, Teilchen, deren Name auf das englische *glue*: »Leim«, zurückgeht, weil die Quarks gleichsam aneinander kleben, wenn man sie voneinander zu trennen versucht. Die Quarks lassen sich nicht als freie Teilchen isolieren, sie sind auf das Innere der Hadronen beschränkt. Im Blick auf die Farbladung wird die Theorie der starken Wechselwirkung als Quantenchromodynamik bezeichnet.

Die schwache Wechselwirkung

Die schwache Wechselwirkung, die gleichfalls nur eine sehr kurze Reichweite hat, wird vielfach als verschwindend gering dargestellt. Sie ist insbesondere für den so genannten Betazerfall verantwortlich. Dabei zerfällt innerhalb eines Atomkerns ein Neutron in ein Proton, ein Elektron und ein Antineutrino. Das Elektron und das Antineutrino verlassen den Atomkern. Da das Proton im Kern verbleibt, entsteht bei dieser Umwandlung ein anderes chemisches Element. Die schwache Wechselwirkung mag zwar nur eine verschwindend geringe Stärke haben, doch sie beherrscht immerhin die thermonuklearen Reaktionen, aus denen unsere Sonne (wie alle übrigen Sterne) die Energie bezieht, von der wir hier auf der Erde leben.

Die Reichweite der schwachen Wechselwirkung beträgt nur ein Tausendstel Fermi (10^{-18}m), so dass man schon fast von einer Berührung sprechen kann. Die charakteristische Zeit, in der diese Kraft ihre Wirkung entfaltet, ist sehr viel länger als bei der starken Wechselwirkung und reicht von 10^{-10} Sekunden bis zu einigen Minuten. Deshalb wird ihre Wirkung oft von der sehr viel schnelleren starken Wechselwirkung verdeckt.

Die schwache Wechselwirkung ist eine Exzentrikerin unter den fundamentalen Wechselwirkungen. Sie lehnt es ab, bestimmten elementaren SYMMETRIEN zu gehorchen, an die sich ihre Schwestern peinlich genau halten; das gilt etwa für die Symmetrie, die als PARITÄT bezeichnet wird.

Die schwache Wechselwirkung wird durch W^+-, W^-- und Z^0-Bosonen übertragen, deren Existenz 1983 experimentell bewiesen wurde. Sie haben eine vergleichsweise große Masse und sind etwa 100-mal schwerer als die Protonen. Vorausgesagt worden war die Existenz dieser drei überaus kurzlebigen Teilchen schon mehrere Jahre zuvor durch eine kühne Theorie zur Vereinheitlichung der elektromagnetischen und der schwachen Wechselwirkung (so wie die Vereinigung der Elektrizität mit dem Magnetismus die elektromagnetische Welle erforderlich gemacht hatte). Nach den Prinzipien dieser Theorie der elektroschwachen Wechselwirkungen kommt es zu einer scheinbar kaum mit der Natur zu vereinbarenden theoretischen Hochzeit zwischen den schweren Bosonen, die die schwache Wechselwirkung übertragen, und den masselosen Photonen, die für die elektromagnetische Wechselwirkung verantwortlich sind. Doch diese Theorie hat sich im Experiment vollkommen bestätigen lassen, zumindest soweit es die Energie betrifft, die wir in den heutigen Teilchenbeschleunigern erzeugen können.

Die Vereinheitlichung der Wechselwirkungen

Die Kräfte der vier Wechselwirkungen unterscheiden sich durch die Energien, die dabei im Spiel sind, und hier ergibt sich eine Möglichkeit, sie miteinander zu vergleichen. Jedenfalls hofft man, auf der Grundlage von Gesetzen, die bestimmen, auf welche Weise diese Kräfte strukturiert sind und ihre Wirkung entfalten, eine Theorie schaffen zu können, in der die verschiedenen Kräfte nur noch als Formen oder Ausprägungen einer einzigen Kraft erscheinen.

In konzeptioneller Hinsicht sind auf diesem Gebiet in den letzten Jahrzehnten beträchtliche Fortschritte erzielt worden. Dazu gehört vor allem der Beweis, dass elektromagnetische und schwache Wechselwirkungen keine unabhängigen Kräfte darstellen. Im so genannten STANDARDMODELL DER TEILCHENPHYSIK gelang es sogar, drei der vier Wechselwirkungen zusammenzufassen (die dritte ist die starke Wechselwirkung). Dieses Modell liefert eine Klassifikation sämtlicher »Bausteine« der Materie. Als fundamentale Bausteine gelten danach einerseits die Leptonen, z.B. Elektronen und Neutrinos, (das sind Teilchen, die sich frei bewegen können und wie die Elektronen nicht der starken Kernkraft unterliegen), und andererseits die Quarks (die der starken Wechselwirkung unterliegen und aus denen die Hadronen, z.B. Protonen und Neutronen, zusammengesetzt sind). Die Quarks sind stets mit anderen Quarks oder Antiquarks verbunden (Quarks lassen sich isoliert nicht nachweisen, ihr Vorhandensein zeigt sich jedoch in Gestalt von Teilchenstrahlen).

Das Standardmodell stützt sich auf das formale Prinzip der sogenannten Eichinvarianz, das eine elegante und fruchtbare Interpretation der Wechselwirkungen ermöglicht, weil es die Existenz der einzelnen Wechselwirkungen jeweils auf eine spezielle Symmetrie zurückführt. Sogar die Form der Wechselwirkung ist vollständig durch die Symmetrie bestimmt, aus der sie sich herleitet. Auf der Basis dieses Prinzips hoffen die Theoretiker, alle vier Wechselwirkungen einschließlich der Gravitation zu einer Einheit zusammenfassen zu können.

Fast alle Versuche, über das Standardmodell hinaus zu einer wirklich einheitlichen Theorie zu gelangen, die auch die Gravitation auf kohärente Weise einzubinden vermöchte, stützen sich auf eine Symmetrie neuen Typs, die Bosonen und Fermionen (also die Teilchen, die die Wechselwirkungen übertragen) miteinander verknüpft und als »Supersymmetrie« bezeichnet wird. Diese Theorie sagt die Existenz neuer Teilchen voraus, die gleichsam die »supersymmetrischen« Partner der bekannten Teilchen wären. Keines dieser Teilchen ist bislang entdeckt worden, und der nächsten Generation der Teilchenbeschleuniger fällt vor allem die Aufgabe zu, diese Theorie zu bestätigen oder zu widerlegen.

Die von der elektroschwachen Theorie angesprochene Symmetrie vereint, wie der Name schon andeutet, die Symmetrie der schwachen Wechselwirkung mit der des Elektromagnetismus. Wenn sie darin Recht hat, folgt daraus die Existenz von vier, die jeweiligen Wechselwirkungen übertragenden Bosonen, deren Masse gleich null sein müsste. Aber das widerspricht der Erfahrung, denn die drei für die schwache Wechselwirkung verantwortlichen Bosonen besitzen eine recht große Masse, und nur die Masse der Photonen, die die elektromagnetische Wechselwirkung übertragen, ist gleich null. Wie lässt sich dieser Sachverhalt erklären? Zu diesem

Zweck verweist man auf einen »spontanen Bruch« der elektroschwachen Symmetrie, eine Art Sündenfall gleich zu Beginn des Universums. Aufgrund dieses Bruchs blieb nur eine Restsymmetrie erhalten, die elektromagnetische. Zugeschrieben wird dieser Bruch einem speziellen Mechanismus, dem so genannten Higgs-Mechanismus, der eine Erklärung dafür bietet, dass die Teilchen eine Masse besitzen. Zu diesem Zweck wird ein neues, elektrisch neutrales und für die schwache Wechselwirkung empfindliches Feld eingeführt, das Higgs-Feld, das mit den (für die schwache Wechselwirkung verantwortlichen) W^+-, W^-- und Z^0-Bosonen in Wechselwirkung tritt und ihnen eine Masse verleiht, sich jedoch nicht mit dem Photon verbindet, das deshalb masselos bleibt. Wenn dieser Mechanismus einsetzt, kommt es zum Bruch der Symmetrie, und die beiden Wechselwirkungen, die elektromagnetische und die schwache, unterscheiden sich voneinander.

Führt man den Higgs-Mechanismus, der den für die schwache Wechselwirkung verantwortlichen Bosonen eine Masse zuweist, in die Gleichungen ein, funktioniert das Modell bestens (und zwar so gut, dass man die Masse dieser Bosonen schon lange vor ihrer Entdeckung vorhersagen konnte); außerdem entsprechen die Resultate den Ergebnissen der Experimente. Allerdings setzt dieser Mechanismus die Existenz eines neutralen Teilchens voraus, des Higgs-Bosons, dessen Verhalten durch die Theorie zwar vorgegeben ist, dessen Existenz aber noch nicht bewiesen werden konnte.

Wechselwirkungen, intermolekulare

→ ***intermolekulare Wechselwirkungen***

Weißer Zwerg

Zur Vertiefung: ***Ausschließungsprinzip; Sonne; Stern***

Das Stadium eines Weißen Zwergs ist das Schicksal, das alle Sterne mit einer Masse von weniger als 1,4 $M_\odot$ (Sonnenmassen, 1 $M_\odot$ = 2×10^{30} kg) erwartet. Wenn der Kernbrennstoff zur Neige geht, durch dessen Fusion ein Stern die ständigen Strahlungsverluste an seiner Oberfläche ausgleicht, kühlt der Stern ab und zieht sich wie jedes abkühlende Gas zusammen. Dieser gravitative Kollaps, der den Stern aufheizt, hält so lange an, bis der Stern etwa die Größe der Erde erreicht hat. In dem sehr heißen Gas (von mehr als 10 000 Grad) befinden sich die Elektronen in einem freien Zustand, und es tritt eine Eigenschaft hervor, die allen zur Gruppe der Fermionen gehörenden Elementarteilchen gemeinsam ist (siehe BOSON UND FERMION): Sie sind dem AUSSCHLIESSUNGSPRINZIP oder Pauli-Prinzip unterworfen, wonach in einem System aus ununterscheidbaren Fermionen ein durch räumliche Quantenzahlen und Spin gekennzeichneter Teilchenzustand von höchstens einem Teilchen besetzt sein kann. In unserem Falle wächst daher die kinetische Energie der Elektronen, und es kommt zu einem dem Gasdruck vergleichbaren Phänomen, das als Entartungsdruck bezeichnet wird. Das Elektronengas widersetzt sich der gravitationsbedingten Kompression, die sie in Zustände zwingen würde, die mit dem Pauli-Prinzip nicht vereinbar wären. Dieses Phänomen tritt ein, wenn die Größe des Sterns etwa zehntausend Kilometer erreicht.

Der schwach leuchtende Begleiter (Sirius B) des hellen Sirius wurde 1834 von Friedrich W. Bessel entdeckt, doch erst sehr viel später erkannte Walter S. Adams aufgrund einer SPEKTRALANALYSE des von dort ausgehenden Lichts, dass dieser Stern eine sehr hohe Oberflächentemperatur und einen sehr geringen Durchmesser besitzt. Diese hohe Temperatur bei nur geringer Größe gab den Anlass zu der Bezeichnung »Weißer Zwerg«, denn heißere Körper strahlen eine blaueres Licht aus (das uns dann weißer erscheint) als kältere Körper, deren Licht eher dem roten Ende des sichtbaren Spektrums zuneigt. 1926 formulierten die großen Physiker Enrico Fermi und Paul Dirac das Gesetz, das Druck und Temperatur solcher vom Entartungsdruck beherrschten Materie miteinander verbindet (siehe ZUSTANDSGLEICHUNG), während Ralph Fowler zeigte, dass dieser Druck die gravitationsbedingten Kräfte ausgleichen und so den gravitativen Kollaps eines Sterns zum Stillstand bringen kann. So lieferte Sirius B einen strahlenden Beweis für die Gültigkeit der Quantenphysik, zu deren Grundlagen das von Pauli formulierte Ausschließungsprinzip gehört.

Der Wert von 1,4 $M_{\odot}$ wird als Chandrasekhargrenze bezeichnet, nach dem amerikanischen Astrophysiker indischer Abstammung Subrahmanyan Chandrasekhar, der 1939 auf der Grundlage der Thermodynamik, der Quantenmechanik und der Relativitätstheorie eine vollständige Beschreibung des Gleichgewichts eines Weißen Zwergs lieferte, die ihm dann 1983 den Nobelpreis für Physik einbrachte.

Die Mehrzahl der Sterne unserer Milchstraße (etwa 97%) und der anderen Spiralgalaxien besitzt eine Masse, die unterhalb der Chandrasekhargrenze liegt; sie werden wie unsere Sonne ihre Laufbahn nach Milliarden Jahren eines dynamischen Gleichgewichts als Weiße Zwerge beenden.

Ein aus Elektronen bestehendes Gas ist ein ausgezeichneter Wärmeleiter, wie wir bei Metallen beobachten können. Die hohe Wärmeleitfähigkeit führt dazu, dass die Temperatur (von etwa 10 000 Kelvin) fast im gesamten Innern eines Weißen Zwergs gleich ist und nur an der Oberfläche wegen der Abstrahlung in den Weltraum stark abfällt. Aber diese Oberfläche ist so klein, dass Weiße Zwerge gut zehn Milliarden Jahre benötigen, um abzukühlen und einen Zustand zu erreichen, der gelegentlich als »Schwarzer Zwerg« bezeichnet wird: Diese »Sternenasche« ist nur noch eine unsichtbare Kugel aus Wasserstoff mit einem möglicherweise kristallisierten Kern. Könnte es sein, dass die Anwesenheit großer Mengen solcher unsichtbarer Sternenasche eine Erklärung für die so genannte dunkle Materie bietet, die wir nur an ihrer Gravitationswirkung innerhalb der Galaxien erkennen können? In unserer Milchstraße hat man die Weißen Zwerge gezählt, die sich in so geringer Entfernung befinden, dass sie noch beobachtet werden können. Rechnet man diese Zahl auf die gesamte Milchstraße hoch, ergibt sich allerdings ein Wert, der weit unterhalb der Schätzungen für die dunkle Materie bleibt.

Welle

Zur Vertiefung: ***Elektromagnetismus; Licht; Photon; Quantenphysik; Schall***

Der Begriff der Welle, der auf geradezu prophetische Weise im 17. Jahrhundert von dem holländischen Gelehrten Christiaan Huygens zur Beschreibung der Ausbreitung von LICHT eingeführt wurde, nimmt heute in der Physik eine zentrale Stellung ein. Zwar wurde das Konzept bis zum Beginn des 19. Jahrhunderts nahezu ausschließlich für die Beschreibung akustischer Phänomene eingesetzt (siehe SCHALL), doch dann nahm es einen unaufhörlichen Aufstieg in der Hierarchie der naturwissenschaftlichen Konzepte, zunächst dank des Erfolgs der Wellentheorie des Lichts in den wissenschaftlichen Strömungen des 19. Jahrhunderts (siehe BEUGUNG und INTERFERENZ) und später dann, weil es eine entscheidende, wenn auch seltsame Rolle beim Verständnis des Verhaltens materieller Teilchen spielte, deren Struktur ursprünglich ganz nach dem Muster von Korpuskeln begriffen wurde.

Ein Stein fällt ins Wasser

Was eine Welle ist, lässt sich noch am leichtesten verstehen, wenn man einen Stein betrachtet, der ins Wasser geworfen wird. An dem Punkt, an dem der Stein ins Wasser eintaucht, löst er eine vertikale Schwingungsbewegung der Wassermoleküle aus, die in erster Annäherung als periodisch gelten kann. Die Periodizität lässt sich quantitativ durch eine FREQUENZ ausdrücken, das heißt durch die Anzahl der von einem Molekül pro Sekunde ausgeführten Schwingungen. Die jeweils benachbarten Moleküle werden von der vertikalen Schwingungsbewegung erfasst und geraten mit einer leichten Verzögerung gleichfalls in Schwingung. Optisch entsteht dadurch der Eindruck konzentrischer Kreise aus Wellenbergen und Wellentälern, die sich gleichmäßig mit einer bestimmten Geschwindigkeit, der so genannten Phasengeschwindigkeit, um den Eintauchpunkt des Steins auf der Wasseroberfläche ausbreiten. Der Abstand zwischen zwei aufeinander folgenden Wellenbergen (bzw. Wellentälern) wird als Wellenlänge bezeichnet. Man erhält sie, indem man die Phasengeschwindigkeit durch die Frequenz teilt.

Ganz allgemein bezeichnet man als Welle jede Schwingung, die sich über einen räumlichen Bereich erstreckt, der gegenüber den Dimensionen der beteiligten Materieteilchen als groß gelten kann. Unter einer Schwingung in einem Punkt des Raums versteht man dabei nicht nur die Verlagerung von Molekülen in der Umgebung dieses Punktes, sondern allgemein die zeitliche Variation einer bestimmten physikalischen Größe in dem betreffenden Punkt. Dabei kann es sich sowohl um skalare als auch um vektorielle Größen handeln, das heißt um solche, die durch eine Zahl oder durch einen Vektor zum Ausdruck gebracht werden. Im Fall der Wellen an der Wasseroberfläche handelt es sich bei dieser Größe um die jeweilige Wasserhöhe, also eine skalare Größe. Die Ausbreitung einer akustischen Welle in der Luft geht auf Druckschwankungen zurück oder, was dasselbe ist, auf die Verlagerung von Luftmolekülen parallel zur Ausbreitungsrichtung der Welle (siehe Druck und Schall); es handelt sich also gleichfalls um eine skalare Größe. Elektromagnetische Wellen dagegen (zu denen auch das LICHT gehört) resultieren aus Variationen elektrischer und magnetischer Felder, die vektorielle Größen sind (siehe FELD).

Transversal- und Longitudinalwellen

Wenn die Schwingung senkrecht zur Ausbreitungsrichtung der Wellen erfolgt, spricht man von Quer- oder Transversalwellen. Das gilt offensichtlich für die Wellen an der Wasseroberfläche, für die Schwingung von Saiten oder Membranen, aber auch für elektromagnetische Wellen (der transversale Charakter der Lichtwellen bildet die Grundlage für eine wichtige Eigenschaft des Lichts, die POLARISATION). Wenn die Schwingung dagegen parallel zur Ausbreitungsrichtung der Wellen erfolgt, spricht man von Längs- oder Longitudinalwellen. Das gilt zum Beispiel für Schallwellen oder für die Wellen entlang einer teilweise gespannten Feder.

Eine weitere Unterscheidung betrifft die Form der Wellenfronten oder Wellenflächen, die von Punkten gleichen Schwingungszustands, z. B. den Schwingungsmaxima, gebildet werden. Wenn diese Fronten konzentrische Kugelflächen bilden, spricht man von Kugelwellen; bilden sie dagegen Ebenen, spricht man von ebenen Wellen oder auch Planwellen. Kugelwellen treten meist in der Umgebung punktförmiger Schwingungsquellen auf, sofern das betreffende Medium homogen und isotrop ist, das heißt, sofern es keine bestimmten Regionen oder Richtungen des Raumes bevorzugt. In großer Entfernung von der Quelle verlieren auch Kugelwellen meist ihre Krümmung, weil die Kugelfläche so groß wird, dass sie lokal als eben angesehen werden kann (man denke an die Erdoberfläche, die uns in überschaubarem Rahmen gleichfalls als eben erscheint).

Fortschreitende und stehende Wellen

Eine letzte Unterscheidung betrifft die Gesamtbewegung der Welle. Wenn die Wellenfronten sich verlagern (wie bei Wellen im Wasser), spricht man von fortschreitenden Wellen. Wenn die Schwingungsmaxima und -minima dagegen an Ort und Stelle verharren, spricht man von stehenden Wellen. Eine stehende Welle erhält man immer dann, wenn man zwei fortschreitende Wellen gleicher Frequenz, aber unterschiedlicher Laufrichtung zur INTERFERENZ bringt. Desgleichen, wenn man die räumliche Ausbreitung einer fortschreitenden Welle begrenzt, indem man zum Beispiel Schallwellen ein geeignetes Hindernis in den Weg stellt oder indem man eine schwingende Saite an einem Ende befestigt. In beiden Fällen handelt es sich übrigens um dasselbe Phänomen, denn durch die Begrenzung der Ausbreitung kommt es zu einer Reflexion der Welle, und die reflektierte Welle interferiert mit der Ursprungswelle. Blockiert man die Ausbreitung einer Welle nach allen Seiten, können nur noch stehende Wellen mit ganz bestimmten Frequenzen auftreten (diese Frequenzen hängen von der Beschaffenheit und der Geometrie des Raumes ab, in den die betreffenden Wellen eingeschlossen sind). Besondere Bedeutung haben diese so genannten Eigenschwingungen eines Systems und die zugehörigen Eigenfrequenzen in der Akustik bei der Erzeugung von Tönen durch Musikinstrumente (siehe SCHALL) und im ELEKTROMAGNETISMUS bei der Dimensionierung von Teilchenbeschleunigern.

Die Wellenpakete der Quantenphysik

Die Existenz solcher Eigenschwingungen hat bei der Entwicklung der Quantenphysik eine wichtige Rolle gespielt. Das Grundproblem, an dem die Theoretiker sich Anfang des 20. Jahrhunderts stießen, war die Tatsache, dass die Energie der Elektronen innerhalb der Atome nur ganz bestimmte Werte annehmen kann, obwohl nach der klassischen Physik kein Grund zu erkennen war, weshalb diese Werte bevorzugt sein sollten. Im Anschluss an Arbeiten von Albert Einstein und Louis de Broglie griff der österreichische Physiker Erwin Schrödinger auf die Existenz solcher speziellen Werte bei den Eigenfrequenzen eingeschlossener Wellen zurück und ordnete den inneratomaren Elektronen eine Welle oder genauer: eine Wellenfunktion zu. Die Entwicklung dieser Wellenfunktion lässt sich durch eine Gleichung desselben Typs erfassen, wie man sie auch bei den klassischen Wellen benutzt: die Schrödingergleichung. Da das Elektron innerhalb des Atoms in das Anziehungsfeld des Atomkerns »eingeschlossen« ist, kann es nur in Zuständen vorkommen, die den Eigenschwingungen des Systems entsprechen, den so genannten Eigenzuständen, deren Energie keine beliebigen, sondern nur ganz bestimmte Werte annehmen kann; man spricht daher von einer Quantelung der Energie.

Wer sich nun wundert, dass man ein derart lokales Objekt wie ein Teilchen durch ein so wenig lokales Konzept wie das der Welle beschreiben kann, dem würde ein Physiker Folgendes antworten: Bringt man Wellen unterschiedlicher Frequenz zur Interferenz, lassen sich diese Wellen über weite Teile des Raumes neutralisieren; man erhält ein Objekt, das als »Wellenpaket« bezeichnet wird und deutlich lokaleren Charakter besitzt als die Wellen, aus denen es besteht. Wenn nun die Wellenfunktion aus solch einer Überlagerung verschiedener Wellen besteht, vermag sie eine ähnliche Lokalisierung zu erreichen, wie man sie intuitiv mit einem Teilchen verbindet. Allerdings gilt das nicht uneingeschränkt; so ist die Wellenfunktion eines Leiterelektrons in einem metallischen Leiter über das gesamte Volumen dieses Leiters ausgebreitet. Generell zwingt uns die Quantenphysik, auf den Gedanken zu verzichten, dass es sich bei einem Teilchen um ein präzise im Raum lokalisiertes Objekt handelt, so seltsam dieser Schluss auch erscheinen mag.

Seismische Wellen

Wenden wir uns zum Schluss nun irdischeren Dingen zu: den seismischen Wellen. Seismische Wellen (wie sie bei einem ERDBEBEN entstehen) sind elastische Wellen, das heißt, ein kleines Gesteinsvolumen, durch das sich die Welle ausbreitet, wird periodisch elastisch verformt (siehe ELASTIZITÄT). Je nach Art der Verformung unterscheidet man zwei Arten von Wellen: P-Wellen (auch »erste Vorläuferwellen« genannt), die bei ihrem Durchgang in Laufrichtung abwechselnd eine Verdichtung und eine Verdünnung (also eine Druckerhöhung und eine Entlastung) bewirken, und S-Wellen (zweite Vorläuferwellen), die eine Scherung hervorrufen, das heißt einen Kubus kurzzeitig quer zur Laufrichtung zu einem länglichen Quader verformen (siehe *Abbildung 1*). Bei den P-Wellen handelt es sich also um Longitudinalwellen, bei den S-Wellen um Transversalwellen. P- und S-Wellen werden gleichzeitig im Erdbebenherd erzeugt, aber die P-Wellen breiten sich schneller aus als die S-Wellen und erreichen deshalb ferngelegene Orte früher als die S-Wellen (daher auch ihre Bezeichnung, denn P steht für *primär*, S für *sekundär*). Ihre Periodendauer liegt in der Größenordnung einer Sekunde. In der Erdkruste erreichen die P-Wellen eine Geschwindigkeit von etwa 8 km pro Sekunde, die S-Wellen etwa von 5 km pro Sekunde. Die Wellenlänge der seismischen Wellen liegt demnach in der Größenordnung von mehreren Kilometern.

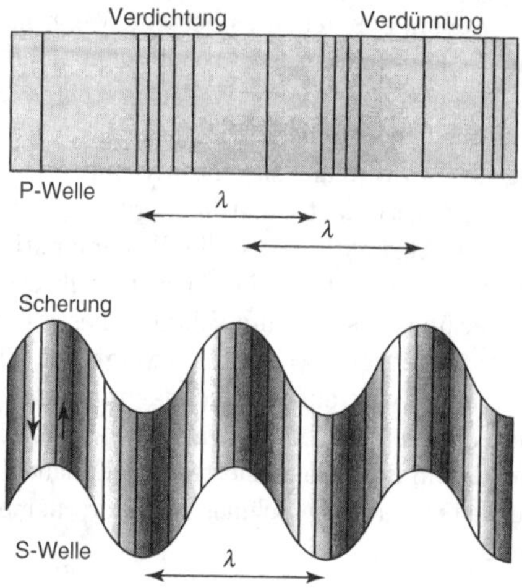

Abbildung 1

P- und S-Wellen breiten sich im Erdinnern aus; es gibt auch Oberflächenwellen, die sich, wie der Name schon sagt, nur in einem schmalen Bereich an der Erdoberfläche fortpflanzen, während ihre Amplitude in größerer Tiefe sehr rasch abnimmt. Ihre Wellenlänge ist größer und ihre Periode länger als die der P- und S-Wellen (die Periode liegt in der Regel bei 20 Sekunden).

Bei sehr starken Erdbeben (wie dem in Chile 1960) entstehen Wellen, deren Wellenlänge dem gesamten Erddurchmesser entspricht. Solche Wellen können sich nicht ausbreiten. Es handelt sich um stehende Wellen, die den gesamten Erdball in Schwingung versetzen.

In den Erdbebenwarten rund um den Erdball werden die von Erdbeben ausgehenden seismischen Wellen mit Seismometern registriert. Die Fortpflanzungsgeschwindigkeit seismischer Wellen wächst mit der Dichte des durchlaufenen Gesteins. Aufgrund der Laufzeiten der nach einem Erdbeben rund um die Erde aufgezeichneten seismischen Wellen kann man daher Erdmodelle konstruieren, aus denen sich Informationen über die elastischen Eigenschaften im Erdkern gewinnen lassen.

Wellenlänge

Zur Vertiefung: ***Frequenz; Welle***

Die Wellenlänge ist eine der wichtigen Größen zur Erfassung und Beschreibung von Wellenphänomenen. Eine Welle resultiert aus der Schwingung einer Schwingungsquelle und der Ausbreitung dieser Bewegung im umliegenden Raum. Wenn die Quelle eine zeitlich regelmäßige (periodische) Schwingung erzeugt, zeigt die Welle eine geometrische Struktur, die gleichfalls periodischen Charakter hat. Als Wellenlänge bezeichnet man die räumliche Periode dieser geometrischen Struktur (siehe *Abbildung 2*). Versetzt man zum Beispiel einen Punkt der Wasseroberfläche in periodische Schwingungen, entsteht eine Figur aus konzentrischen Wellenzügen, die in gleichem Abstand aufeinander folgen; die Wellenlänge ist gleich dem Abstand zwischen zwei aufeinander folgenden Wellenzügen. Genauer gesagt, die Wellenlänge ist die Strecke, die von der Schwingung während einer Schwingungsperiode der Quelle durchlaufen wird. Bezeichnet man diese Periode mit T, die Ausbreitungsgeschwindigkeit der Welle mit v und die Wellenlänge mit λ, erhält man die Gleichung $\lambda = vT$, die einen direkten Zusammenhang zwischen der zeitlichen und der räumlichen Periodizität der Welle herstellt.

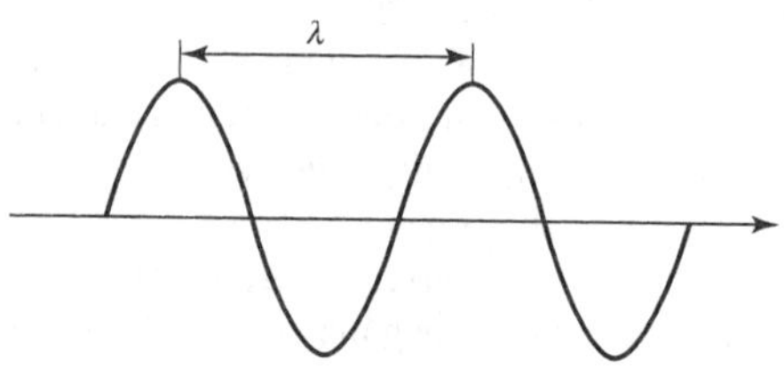

Abbildung 2

Das Beispiel des sichtbaren und unsichtbaren Lichts

Der Begriff der Wellenlänge lässt sich auf alle Arten von Wellen anwenden. Am häufigsten wird er im Bereich der elektromagnetischen Wellen verwendet, vor allem im Blick auf das Licht. Die Wellenlängen des sichtbaren Lichts reichen etwa von 0,4 bis 0,8 µm (Mikrometer,

$1\mu m=10^{-6}m$). Das sichtbare Licht nimmt also nur einen winzigen Teil im breiten Spektrum der elektromagnetischen Wellen ein. Jenseits von 0,8 µm beginnt der Infrarotbereich, jenes unsichtbare Licht also, das wir zur Fernbedienung unserer Fernsehgeräte benutzen. Bei einer Wellenlänge von etwa einem Millimeter geht der Infrarotbereich in den der Mikrowellen über, mit denen die Mikrowellenherde arbeiten. Bei Wellenlängen von mehr als einem Meter haben wir es mit den Radiofrequenzen zu tun, auf denen die moderne Telekommunikation basiert, vom Radio bis hin zum Mobiltelefon.

Im Bereich der kurzen Wellenlängen folgt auf das sichtbare Licht zunächst die Ultraviolettstrahlung, die eine Bräunung unserer Haut bewirkt, und dann, ab etwa 10 nm (Nanometer, $1nm=10^{-9}m$), die Röntgenstrahlung, mit deren Hilfe die Radiologen unsere Körper durchleuchten. Am Ende des elektromagnetischen Spektrums schließlich befindet sich die für den Menschen schädlichste Strahlung, die so genannte Gammastrahlung, die bei bestimmten Kernreaktion entsteht.

Der Zusammenhang zwischen Wellenlänge und Energie

Zwischen der Wellenlänge λ einer elektromagnetischen Welle und der Energie E der Photonen, aus denen die elektromagnetische Strahlung gleichsam zusammengesetzt ist, besteht (nach Albert Einstein) ein einfacher Zusammenhang, der sich in der Gleichung $E=hc/\lambda$ ausdrücken lässt, wobei h und c zwei NATURKONSTANTEN darstellen, das Plancksche Wirkungsquantum h und die Vakuumlichtgeschwindigkeit c. Die von einem PHOTON transportierte Energie ist also umso größer, je kleiner die Wellenlänge ist. Da die Schäden, die ein Photon anrichten kann, wenn es auf Materie trifft, mit der Energie zunehmen, können wir Radiowellen problemlos ertragen, dürfen uns aber den kürzeren Wellenlängen wie der Ultraviolettstrahlung der Sonne oder gar den Röntgenstrahlen nur kurz aussetzen.

Wie man einen Zusammenhang zwischen der Energie eines Photons und der Wellenlänge der zugehörigen Strahlung herstellen kann, so ordnet die QUANTENPHYSIK jedem Teilchen bestimmter Energie eine Wellenlänge zu. Diese Wellenlänge ($\lambda=h/mv$, wobei h wiederum das Plancksche Wirkungsquantum, m die Masse und v die Geschwindigkeit des Teilchens ist) wird als De-Broglie-Wellenlänge bezeichnet. Sie stellt eine Verbindung zwischen dem Begriff des Teilchens und dem der Welle her, die ganz unterschiedliche Dinge zu bezeichnen scheinen (ein Teilchen ist an einer bestimmten Stelle des Raumes lokalisiert, während eine Welle ein ausgedehntes Phänomen darstellt). Die Kenntnis der De-Broglie-Wellenlänge entscheidet darüber, ob die Interpretation eines Phänomens in den Zuständigkeitsbereich der Quantenphysik fällt. Denn wenn die De-Broglie-Wellenlänge größer ist als das betrachtete Teilchen, lässt sich der Wellencharakter dieses Teilchens nicht vernachlässigen, so dass es unerlässlich ist, die Prinzipien der Quantenphysik darauf anzuwenden.

Wettervorhersage

Zur Vertiefung: ***allgemeine Zirkulation der Atmosphäre; Chaos; Klima***

Im Jahrbuch des Bureau des longitudes für das Jahr 1846 schrieb François Arago: »Welche Fortschritte die Wissenschaft auch machen wird, niemals wird ein verantwortungsbewusster und auf seinen Ruf bedachter Wissenschaftler so verwegen sein, das Wetter vorherzusagen.« Mehr als hundert Jahre später bewies der Meteorologe Edward Lorentz den chaotischen Charakter des Wetters (siehe CHAOS). Das hindert die Wetterdienste jedoch nicht, das Wetter für maximal fünf Tage »vorherzusagen«. Hierfür verwenden sie eine beträchtliche Menge von Beobachtungen zum aktuellen Zustand der Atmosphäre, die von zahlreichen Wetterstationen rund um den Erdball und von Wettersatelliten stammen. Diese Daten setzen sie in dynamische Modelle ein, deren Gleichungen mit Hilfe der leistungsstärksten Computer berechnet werden. Auf lokaler Ebene werden die Ergebnisse dann mit statistischen Daten aus der Vergangenheit verglichen. Trotz alledem darf man den Wettervorhersagen bekanntlich kein absolutes Vertrauen entgegenbringen.

Widerlegbarkeit

Zur Vertiefung: ***Experiment und Beobachtung; Induktion***

Oft besteht die Tendenz, das wissenschaftliche Vorgehen über die »Verifizierbarkeit« seiner Schlussfolgerungen zu definieren. So bezeichnet man jede Information als wissenschaftlich, die durch Beobachtung und Experiment bestätigt wird. Implizit bedeutet diese Sichtweise, dass der wissenschaftliche Diskurs die Wirklichkeit der uns umgebenden Welt so objektiv und passiv wie möglich beschreibt (siehe BESCHREIBUNG).

Diese Vorstellung lehnte Karl Popper ab, da für ihn keine wissenschaftliche Erkenntnis existiert, in der sich die REALITÄT der Welt lediglich widerspiegelt. Tatsächlich ist jede wissenschaftliche Erkenntnis eine von unserem Verstand aufgestellte Hypothese, die wir vielfältigen Prüfungen unterziehen, damit die Außenwelt sie widerlegt oder bestätigt. Sagt die Natur »ja«, so ist es meist lediglich ein »vielleicht ja«. Sagt sie dagegen »nein« – widerlegt sie also die Hypothese –, so geschieht dies kategorisch.

Der entscheidende Beitrag, den Popper mit seiner Theorie der Widerlegbarkeit (Falsifizierbarkeit) leistete, bestand darin, Wissenschaftler und Philosophen darauf aufmerksam zu machen, dass es in der Wissenschaft Theorien gibt, die sich immer verifizieren lassen, und zwar nicht, weil sie wahr wären, sondern weil sie so konstruiert sind, dass sie unwiderlegbar sind. Ganz gleich, ob die Natur »ja« oder »nein« sagt, behalten diese Theorien immer Recht. Eine der Hauptkritiken Poppers bezieht sich auf die Psychoanalyse als unwiderlegbare Theorie *par excellence*, da sie es ermöglicht, über den Mechanismus des Unbewussten sowohl eine Sache als auch ihr Gegenteil zu erklären.

Widerspruch

Zur Vorbereitung: ***Menge***

Zur Vertiefung: ***absurd; Logik; Modelltheorie***

In der Umgangssprache verstehen wir es als Widerspruch, wenn wir eine Sache und gleichzeitig deren Gegenteil behaupten. In der Logik gilt ein System als widersprüchlich, wenn es die Möglichkeit bietet, einen Satz »P« und zugleich dessen Negation »nicht P« zu beweisen. In diesem Fall ist es nämlich möglich, jeden beliebigen Satz zu beweisen, denn der Satz »Aus (P und nicht P) folgt Q« ist für jeden beliebigen Satz Q beweisbar. (Bertrand Russell sagte gerne, wenn 1 gleich 2 ist, sei er der Papst, denn der Papst und er seien zwei.)

Eine mathematische Theorie, die sich als widersprüchlich erweist, muss korrigiert werden, weil sich damit beweisen lässt, dass 1 gleich 2 ist, und das entspricht nicht der beabsichtigten Bedeutung dieser Zeichen. Nach der Entdeckung des Widerspruchs in der naiven Mengenlehre durch Cesare Burali-Forti und dann durch Bertrand Russell mussten die Axiome dieser Theorie so verändert werden, dass der Widerspruch nicht mehr auftritt (siehe MENGE). Man kann auch sagen, dass die im 17. Jahrhundert entwickelte Theorie der UNENDLICH kleinen Zahlen widersprüchlich ist, wenngleich ihre Autoren keine präzisen Axiome formulierten. Erst in den 60er Jahren des vergangenen Jahrhunderts gelang eine widerspruchsfreie Formulierung dieser Theorie (der nichtklassischen Analysis).

Will man beweisen, dass eine Theorie wie die nichtklassische Analysis oder die verschiedenen nichteuklidischen Geometrien (siehe PARALLELEN) widerspruchsfrei ist, also nicht die Möglichkeit bietet, eine Sache und gleichzeitig deren Gegenteil zu beweisen, konstruiert man meist ein MODELL.

Beim Beweis der Widerspruchsfreiheit einer Theorie kann es stets nur um einen Beweis relativer Widerspruchsfreiheit gehen, das heißt, man beweist die Widerspruchsfreiheit einer Theorie unter der Voraussetzung, dass die Theorie, in deren Rahmen man diesen Beweis führt, ihrerseits widerspruchsfrei ist (denn im Rahmen widersprüchlicher Theorien lassen sich alle Sätze beweisen, einschließlich der Widerspruchsfreiheit widersprüchlicher Theorien).

Gödels Unvollständigkeitssatz (siehe LOGIK) besagt, dass eine widerspruchsfreie Theorie niemals ihre eigene Widerspruchsfreiheit zu beweisen vermag. Es gibt also keinen elementaren Beweis für die Widerspruchsfreiheit der Mengenlehre, denn solch ein Beweis ließe sich im Rahmen der Mengenlehre selbst formulieren. Will man die Widerspruchsfreiheit der Mengenlehre beweisen, benötigt man dazu Axiome, die mindestens ebenso abstrakt sind wie die der Mengenlehre. Solch ein Beweis wäre aber uninteressant, denn wenn die Mengenlehre widersprüchlich wäre, könnte dasselbe auch für die Theorie gelten, mit deren Hilfe sich die Widerspruchsfreiheit der Mengenlehre beweisen lässt. Es gibt also kein anderes Indiz für die Widerspruchsfreiheit der Mengenlehre als die Tatsache, dass man keinen (oder noch keinen) Widerspruch entdeckt hat.

Die Entdeckung eines Widerspruchs in einer Theorie hat nicht nur negative Auswirkungen. Zeigt man etwa, dass eine Theorie widersprüchlich wird, wenn man ein bestimmtes Axiom hinzufügt, so hat man damit auf indirektem Wege die Negation dieses Axioms in der betreffenden Theorie bewiesen. Fügt man der Mengenlehre zum Beispiel das Axiom hinzu, dass es eine Menge gibt, die alle Mengen enthält (die so genannte Allmenge), wird die Mengenlehre widersprüchlich. Indirekt, das heißt durch *reductio ad absurdum*, hat man dadurch im Rahmen der Mengenlehre den Satz bewiesen, dass es keine Menge gibt, die alle Mengen enthält (siehe ABSURD).

Wind

Zur Vertiefung: ***allgemeine Zirkulation der Atmosphäre; Magnetosphäre; Monsun; Stern; Wirbelsturm***

Wenn ein Planet eine gasförmige Hülle besitzt, wie es bei der Erde, der Venus oder dem Jupiter der Fall ist, bezeichnet man die Bewegungen der Gase innerhalb dieser ATMOSPHÄRE als Wind. Auf der Erde bilden die Winde ein wesentliches Element der Meteorologie und des Klimas. Im übertragenen Sinne bezeichnet man auch den regelmäßigen Auswurf von Materie durch die SONNE oder die STERNE in den INTERSTELLAREN RAUM als Wind.

Der Wind auf der Erde

In seiner *Meteorologie* bemerkt Aristoteles: »Folgende Fragen müssen geklärt werden: Was ist der Wind, und wie entsteht er? Was ist die bewegende Ursache der Winde und ihr Ursprung?« Natur und Ursprung der Winde sind heute kein Geheimnis mehr. Es handelt sich um Luftbewegungen, die durch den (im Allgemeinen mit der Temperatur verbundenen) Druckunterschied zwischen einem Hochdruckgebiet (Antizyklon) und einem TIEFDRUCKGEBIET (Depression) ausgelöst werden.

Wenn der Wind entstanden ist, stellt sich ein Gleichgewicht zwischen der aus dem Druckunterschied resultierenden Kraft und der auf die Erdrotation zurückgehenden CORIOLISKRAFT ein, das heißt, beide sind im Betrag gleich und in der Richtung entgegengesetzt (geostrophes Gleichgewicht, siehe *Abbildung 1*). Der Wind bewegt sich (auf der Nordhalbkugel) im Gegenuhrzeigersinn um das Tiefdruckgebiet. In Wirklichkeit erfährt die Windrichtung wegen der Reibungskräfte eine leichte Ablenkung in Richtung auf das Zentrum des Tiefdruckgebiets; daher die Buys-Ballot-Regel, wonach ein Beobachter (auf der Nordhalbkugel), der dem Wind den Rücken kehrt, das Tiefdruckgebiet links vor

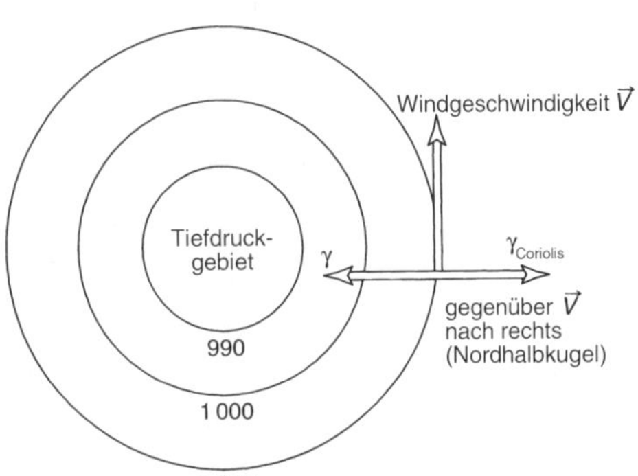

Abbildung 1 Geostrophes Gleichgewicht. Zwischen der Corioliskraft ($\gamma_{Coriolis}$) und der aufgrund des Druckunterschieds in Richtung der Tiefdruckgebiete wirkenden Kraft (γ) stellt sich ein Gleichgewicht ein. Die Windgeschwindigkeit steht senkrecht zur Corioliskraft, bildet also eine Tangente zu den Isobaren (den Linien gleichen Luftdrucks). Der Luftdruck ist in Hektopascal angegeben.

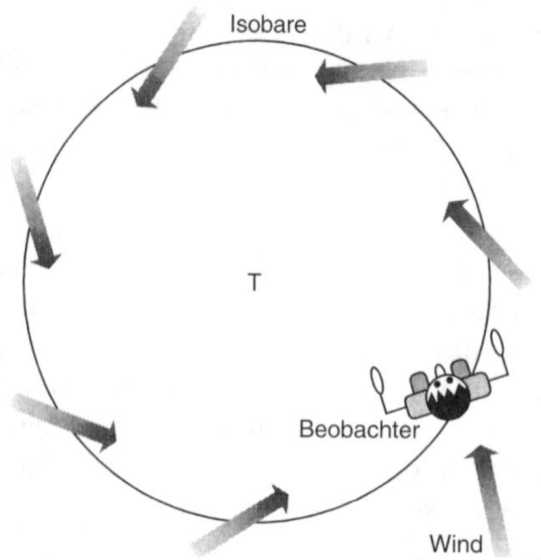

Abbildung 2 Buys-Ballot-Regel: Auf der Nordhalbkugel hat ein Beobachter, der den Wind im Rücken hat, das Tiefdruckgebiet (T) links vor sich.

sich und das Hochdruckgebiet rechts hinter sich hat (siehe *Abbildung 2*). Die beste Illustration dieses Gesetzes bieten die tropischen Wirbelstürme.

Einige regelmäßige Winde wie die Passate und einige periodische Winde wie die Monsunwinde sind Bestandteil der ALLGEMEINEN ZIRKULATION DER ATMOSPHÄRE. Die lokalen Winde stehen im Zusammenhang mit speziellen geographischen oder klimatischen Gegebenheiten; so weht der eisige Mistral durch das Rhônetal den kalten Alpen entlang zu den Tiefdruckgebieten über dem warmen Mittelmeer.

Das Land erwärmt sich schneller und kühlt auch schneller ab als das Meer. Die hieraus resultierenden Temperaturunterschiede führen im Küstenbereich zu Windbewegungen, deren Richtung im Tagesverlauf wechselt. Morgens und bis in den frühen Nachmittag hinein entsteht über dem erwärmten Land ein Gebiet tieferen Drucks, und der Wind weht vom Meer her; wenn das Land sich abends und in der Nacht abkühlt, kehrt die Windrichtung sich um.

Der englische Admiral Sir Francis Beaufort (1773–1857), Leiter des englischen hydrographischen Amtes, erfand für den Gebrauch auf See die nach ihm benannte Beaufortskala zur Messung der Windstärke. Ursprünglich bestimmte sie die Windstärke anhand der Segelfläche, die ein Segelschiff jeweils tragen konnte; später wurde sie um eine Beschreibung der Wirkung des Windes an Land und auf See ergänzt und schließlich auch um Angaben zur Windgeschwindigkeit für die einzelnen Windstärken. Die Beaufortskala ist in zwölf Stufen unterteilt. Windstärke 0 entspricht völliger Windstille; die See ist vollkommen glatt. Bei Windstärke 1 (leichter Zug, mit Windgeschwindigkeiten von 1 bis 3 Knoten) kräuselt sich das Meer nur leicht, und ein Dreimaster muss alle verfügbaren Segel setzen, um voranzukommen. Bei Windstärke 7 (steifer Wind mit Windgeschwindigkeiten von 27 bis 33 Knoten) türmt sich die See zu Wellen von vier bis sechs Metern Höhe. Windstärke 12 entspricht einem Orkan (mit Windgeschwindigkeiten über 64 Knoten); das Meer ist aufgewühlt, vollständig mit Gischt bedeckt, und sämtliche Segel müssen eingeholt werden.

Der Sonnenwind

Dass es auch einen Sonnenwind gibt, vermutete man bereits früher aufgrund der Beobachtung, dass der Schweif von KOMETEN stets von der Sonne abgewandt ist. Die hohe (mehr als eine Million Grad betragende) Temperatur der Sonnenkorona (der äußersten Atmosphäre der SONNE) legte gleichfalls die Vermutung nahe, daß die Sonne ständig Materie an den interstellaren Raum verliert.

In den 1960er und 70er Jahren zeigten die ersten RAUMSONDEN (Pioneer), dass die Sonne einen beständigen Teilchenstrom (hauptsächlich Protonen und Elektronen) aussendet, dessen Intensität mit der Sonnenaktivität schwankt (siehe SONNE). Der Verlust ist ganz beträchtlich und erreicht gut 1,6 Millionen Tonnen pro Sekunde (doch das entspricht im Jahr lediglich dem tausendsten Teil eines Milliardstels der Sonnenmasse). Auf welche Weise dieser Sonnenwind zustande kommt, ist noch nicht ganz geklärt. Die Sonnenkorona ist ein PLASMA aus ionisiertem Wasserstoff, das aus Protonen und Elektronen besteht; diese elektrisch geladenen Teilchen werden durch das Magnetfeld der Sonne festgehalten, doch wenn manche Kraftlinien dieses Feldes sich zum Raum hin öffnen, entweicht ein kleiner Teil der Teilchen und bildet den Sonnenwind.

Durch die Wechselwirkung zwischen dem Sonnenwind und dem Magnetfeld der Erde entsteht um die Erde herum eine Hülle aus Protonen und Elektronen (siehe MAGNETOSPHÄRE), von denen sich einige schließlich der Erdoberfläche nähern und dabei die Polarlichter hervorbringen. Da der Mond keine Atmosphäre besitzt, ist seine Oberfläche ständig dem Bombardement des Sonnenwindes ausgesetzt; die Veränderungen, die dadurch im Mondgestein ausgelöst werden, zeugen daher von der Geschichte der Sonne seit Milliarden von Jahren, und das Mondgestein, das von den Apollomissionen auf die Erde gebracht worden ist, dient als Grundlage für eine Archäologie der Sonne.

Die stellaren Winde

In manchen Sternen nimmt dieser Massenverlust noch weitaus gewaltigere Ausmaße an und übersteigt den von der Sonne bekannten Wert um das Millionenfache oder sogar um einen Faktor von mehreren hundert Millionen. Unter solchen Umständen verliert ein Stern in einigen hundert Millionen Jahren bereits einen beträchtlichen Teil seiner Masse an den umgebenden Raum. Auch die tief in seinem Innern entstandenen Atome schwerer chemischer Elemente gelangen durch KONVEKTION in die äußeren Bereiche des Sterns und von dort schließlich in den INTERSTELLAREN RAUM, den sie so mit schweren Elementen anreichern.

Die RIESENSTERNE kennen in ihrer Entwicklung ein Stadium intensiven Massenverlustes, in dem große Teile ihrer Masse mit Geschwindigkeiten von mehreren Dutzend Kilometern pro Sekunde herausgeschleudert werden und eine gasförmige Hülle von großer Ausdehnung und Dichte bilden, in der Elemente wie Eisen, Kohlenstoff und Silicium kondensieren; diese aus der Atmosphäre des Sterns stammenden Elemente bilden dann den KOSMISCHEN STAUB, den man im interstellaren Raum antrifft.

Große Sterne, deren Masse mehr als das Zehnfache der Sonnenmasse erreicht, sind weitaus heißer als die Sonne und geben daher sehr starke Ultraviolettstrahlung ab (siehe SCHWARZER KÖRPER). Dieses Licht sorgt für einen Strahlungsdruck (siehe DRUCK) auf das ausgestoßene Gas, der die Teilchen beträchtlich beschleunigt und dadurch den Massenverlust noch verstärkt.

Auch junge Sterne emittieren starke Winde, wenn sie das Ende des Stadiums erreichen, in dem die Materie durch Gravitationskräfte gesammelt wird (siehe AKKRETION); diese Ströme gehen vielfach von den beiden Polen aus und bilden zwei dünne Jets, die weit in den interstellaren Raum hineinreichen.

Winkel

Zur Vertiefung: ***Exponentialfunktion; Pi; Trigonometrie***

Orientierte Winkel von Vektoren

Winkel beschreiben die Abweichung zwischen zwei Geraden. Die beiden Geraden D_1 und D_2 in *Abbildung 1* bilden denselben Winkel wie die Geraden D_3 und D_4, aber einen anderen als die Geraden D_5 und D_6.

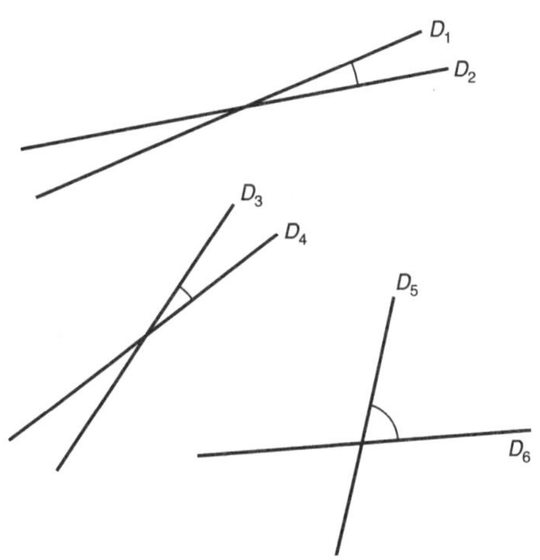

Abbildung 1

Vom Begriff des Winkels zwischen Geraden lässt sich der des Winkels zwischen Halbgeraden oder, was auf dasselbe hinausläuft, zwischen Vektoren unterscheiden. So sind die Winkel zwischen den Vektoren $\vec{u}$ und $\vec{v}$ sowie $\vec{v}$ und $\vec{w}$ in *Abbildung 2* verschieden, während der Winkel zwischen den Geraden mit der Richtung $\vec{u}$ bzw. $\vec{v}$ gleich dem Winkel zwischen den Geraden mit der Richtung $\vec{v}$ bzw. $\vec{w}$ ist.

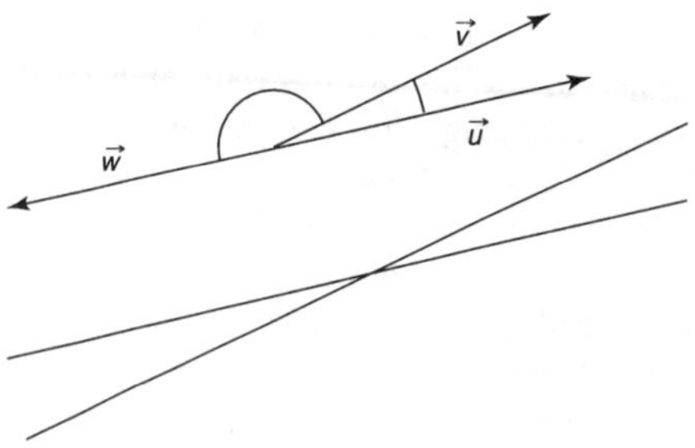

Abbildung 2

Außerdem kann man den Winkel zwischen den Vektoren $\vec{u}$ und $\vec{v}$ von dem Winkel zwischen den Vektoren $\vec{v}$ und $\vec{u}$ unterscheiden. In diesem Fall spricht man von orientierten Winkeln. Man erhält also insgesamt vier Winkelbegriffe, je nachdem, ob man Winkel zwischen Geraden oder Vektoren bzw. orientierte oder nichtorientierte Winkel betrachtet. Am wichtigsten ist der Begriff des orientierten Winkels zwischen Vektoren, weil man für ihn die Operation einer Addition von Winkeln definieren kann.

Winkel als Mengen von Vektorpaaren

Bevor man den Begriff des Winkels definiert, bestimmt man den Begriff »denselben Winkel bilden«. Zwei Vektorpaare ($\vec{u}_1$, $\vec{v}_1$) und ($\vec{u}_2$, $\vec{v}_2$) bilden denselben Winkel, wenn man sie durch Drehung eines der Paare zur Deckung bringen kann, das heißt wenn es eine VERSCHIEBUNG gibt, die dafür sorgt, dass die Abbildung von $\vec{u}_2$ mit $\vec{u}_1$ und die Abbildung von $\vec{v}_2$ mit $\vec{v}_1$ zusammenfällt, wobei $\vec{u}_2$ und $\vec{u}_2$ bzw. $\vec{v}_2$ und $\vec{v}_1$ unterschiedliche Längen haben können. Verwendet man den Begriff der Verschiebung, dann lässt sich die Relation nur für einen EUKLIDISCHEN Raum definieren, wobei dieser Ausdruck einen Raum bezeichnet, in dem eine Menge von Verschiebungen oder ein SKALARPRODUKT definiert ist. Ein Winkel ist dann definiert als eine Äquivalenzklasse für diese Relation (siehe ÄQUIVALENZ), das heißt als Menge von Vektorpaaren, die richtungsgleich gemacht werden können.

Die Addition von Winkeln

Wie Zahlen oder Vektoren, so können auch Winkel addiert werden. Wenn A der Winkel ist, der von den beiden Vektoren $\vec{u}_1$ und $\vec{v}_1$ gebildet wird, und B der Winkel, den die beiden Vektoren $\vec{u}_2$ und $\vec{v}_2$ bilden, und wenn $\vec{u}_2$ richtungsgleich mit $\vec{v}_1$ ist, dann ist $A+B$ der Winkel, der von den beiden Vektoren $\vec{u}_1$ und $\vec{v}_2$ gebildet wird (siehe *Abbildung 3*). Fällt der Vektor $\vec{u}_2$ nicht mit dem Vektor $\vec{v}_1$ zusammen, muss man die beiden Vektoren $\vec{u}_2$ und $\vec{v}_2$ so verschieben, dass $\vec{u}_2$ und $\vec{v}_1$ richtungsgleich werden.

Die Addition von Winkeln ist assoziativ, denn der Winkel $A+(B+C)$ ist gleich dem Winkel $(A+B)+C$ (siehe *Abbildung 4*).

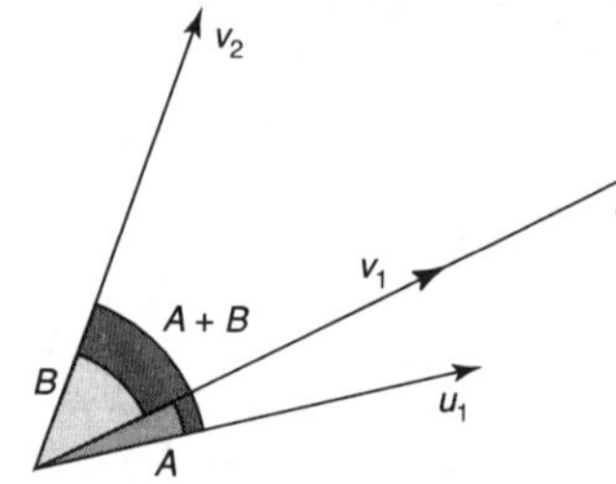

Abbildung 3

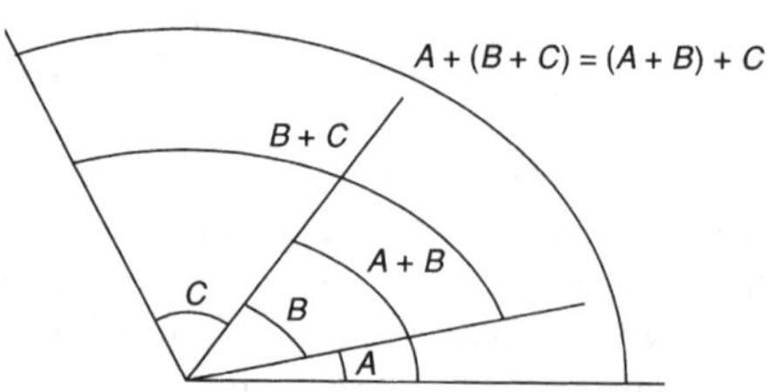

Abbildung 4

Die Addition ist auch kommutativ, denn der Winkel $A+B$ ist gleich dem Winkel $B+A$. Der von dem Vektor $\vec{u}$ mit sich selbst gebildete Nullwinkel ist das neutrale Element (addiert man ihn zu einem Winkel hinzu, verändert sich dieser Winkel nicht), und für jeden Winkel gibt es einen inversen Winkel, denn addiert man zum Winkel zwischen $\vec{v}$ und $\vec{u}$ den Winkel zwischen $\vec{u}$ und $\vec{v}$, erhält man den Nullwinkel. Die Menge der Winkel bildet daher bezüglich der Addition eine kommutative GRUPPE.

Die Messung von Winkeln

Nachdem Winkel definiert sind, möchte man sie auch messen, das heißt jedem Winkel als seine Größe eine reelle Zahl zuordnen, bei der es sich in erster Annäherung um die Länge des Kreisbogens über dem betreffenden Winkel handelt (siehe *Abbildung 5*) oder um eine diesem Bogen proportionale Zahl.

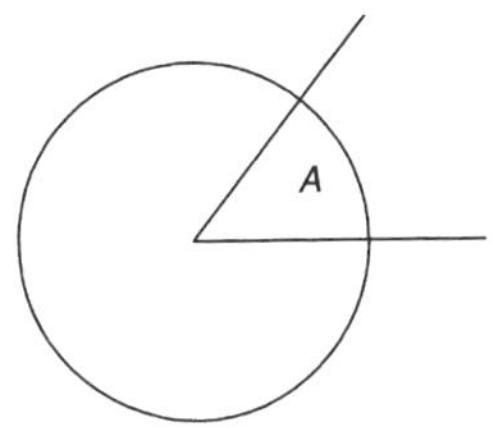

Abbildung 5

Zu diesem Zweck sucht man eine Funktion M, die jedem Winkel eine Zahl zuordnet. Diese Funktion muss stetig sein und man muss, wenn man einem Winkel A der Größe a einen Winkel B der Größe b hinzufügt, einen Winkel der Größe $a+b$ erhalten. Anders ausgedrückt, die Funktion M muss der Art sein, dass gilt: $M(A+B)=M(A)+M(B)$.

Man kann sich allerdings nicht damit begnügen, jedem Winkel eine einzige Zahl zuzuordnen, sondern muss ihm mehrere zuordnen. Wenn man z. B. einem Winkel von 270° (Grad) einen Winkel von 270° hinzufügt, erhält man einen Winkel von 180° (siehe *Abbildung 6*).

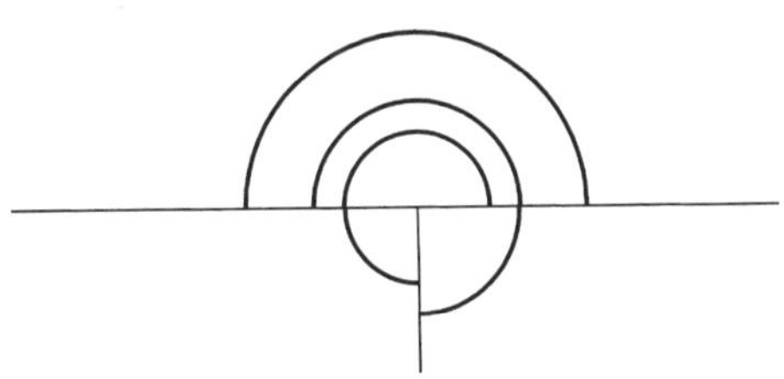

Abbildung 6

Man muss daher einräumen, dass der Winkel von 180° auch ein Winkel von 270°+270°=540° sein kann. Und ebenso ist der Nullwinkel auch ein Winkel von 360°, 720° usw.

Man kann daher keine Funktion konstruieren, die jedem Winkel eine einzige reelle Zahl zuordnet. Da jedoch umgekehrt jede reelle Zahl einem einzigen Winkel entspricht, kann man versuchen, eine stetige Funktion F zu konstruieren, die jeder reellen Zahl einen Winkel zuordnet, so dass $F(a+b)=F(a)+F(b)$.

Wenn es gelingt, eine derartige Funktion zu konstruieren, sind die Größen des Winkels A die verschiedenen Zahlen a, für die $F(a)$ gleich A ist.

Wie bei jeder Messung muss man eine Einheit wählen. Die Einheit Grad ist dadurch definiert, dass die Größe des Nullwinkels 0, 360, 720 usw., also alle Vielfache von 360 beträgt. Wählt man diese Einheit, ist die Länge eines durch den Winkel A der Größe a bestimmten Kreisbogens (siehe *Abbildung 5*) gleich dem $a/360$-fachen des Kreisumfangs $2\pi r$, also $(2\pi ra)/360$. Da ist es sehr viel praktischer, eine neue, als Radiant bezeichnete Einheit zu bestimmen, die dadurch definiert ist, dass die Größe des Nullwinkels nicht mehr den Vielfachen von 360, sondern von 2π entspricht. Die Länge eines durch den Winkel A der Größe a bestimmten Kreisbogens beträgt dann das $a/2\pi$-fache des gesamten Kreisumfangs, also $2\pi ra/2\pi$, also ra. Beträgt der Radius des Kreises 1, ist die Länge des durch einen Winkel der Größe a bestimmten Kreisbogens gleich a. Um Winkel in der Einheit Radiant zu messen (Einheitszeichen: rad), muss die Funktion F also den Nullwinkel mit den Vielfachen von 2π verknüpfen.

Die Konstruktion der Winkelmaße

Bei der Konstruktion der Funktion F liegt es nahe, sich am Vorbild der Längenmessung zu orientieren und zunächst einmal den Winkel von 0,1 rad, $F(0{,}1)$, zu definieren, indem man den Winkel von 1 rad in zehn gleiche Teile unterteilt. Den Winkel von 3,2 rad könnte man dann definieren, indem man dreimal den Winkel von 1 rad und zweimal den Winkel von 0,1 rad zusammenfügte. Doch leider hat es keinen Sinn, einen Winkel in zehn gleiche Teile zu unterteilen. Denn mehrere Winkel, zum Beispiel die Winkel A und B in *Abbildung 7*, können für sich beanspruchen, dieser zehnte Teil zu sein, weil beide Winkel, zehnfach addiert, den Winkel von 1 rad ergeben.

So einfach lässt sich die Funktion F daher nicht konstruieren. Tatsächlich ist es keineswegs klar, dass solch eine Funktion existiert. Ihre Konstruktion fällt in den Bereich der TRIGONOMETRIE, das heißt der Kosinus- und der Sinusfunktion. Die dabei eingesetzte Me-

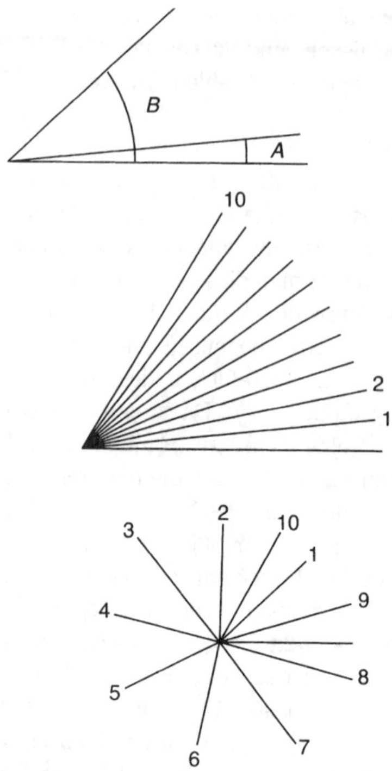

Abbildung 7 Zehnmal Winkel A ergibt 1 rad, zehnmal Winkel B ebenfalls.

thode ist die der Analyse und Synthese (siehe ANALYSE), bei der man zunächst unterstellt, dass die Funktion existiert, um die Eigenschaften zu bestimmen, die sie besitzen muss. Diese Eigenschaften benutzt man dann, um die Funktion zu konstruieren und ihre Existenz zu beweisen.

Wenn solch eine Funktion F existiert, bezeichnet man als $\cos a$ und $\sin a$ die Koordinaten eines Vektors der Länge 1 (in einer orthonormalen Basis $(\vec{i}, \vec{j})$), der einen Winkel $F(a)$ mit dem Vektor $\vec{i}$ bildet (siehe *Abbildung 8*).

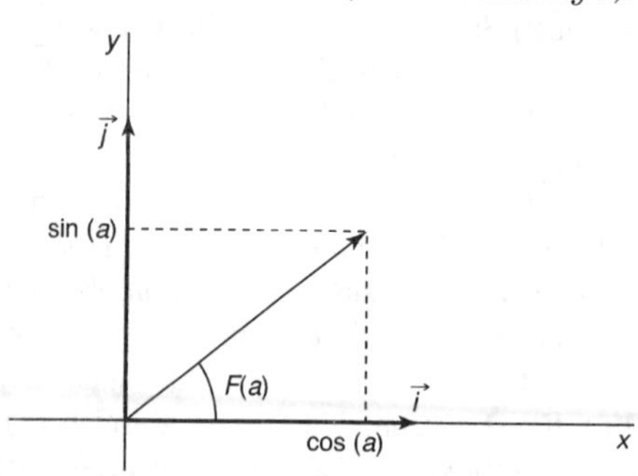

Abbildung 8

Zunächst zeigt man, dass die Kosinus- und die Sinusfunktion die folgenden Eigenschaften besitzen, die es erlauben, den Kosinus und den Sinus einer Summe $a+b$ zu berechnen, wenn Sinus und Kosinus der Zahlen a und b bekannt sind:

$\cos(a+b)=(\cos a \times \cos b)-(\sin a \times \sin b)$

$\sin(a+b)=(\cos a \times \sin b)+(\sin a \times \cos b)$

Um die beiden Gleichungen zu beweisen, verknüpft man mit jedem Winkel eine Rotation (wie man mit jedem Vektor eine Translation verknüpft) und stellt fest, dass es gleichgültig ist, ob man eine Figur zunächst um einen Winkel A der Größe a und dann um einen Winkel B der Größe b oder ob man sie gleich um den Winkel $A+B$ dreht (siehe *Abbildung 9*).

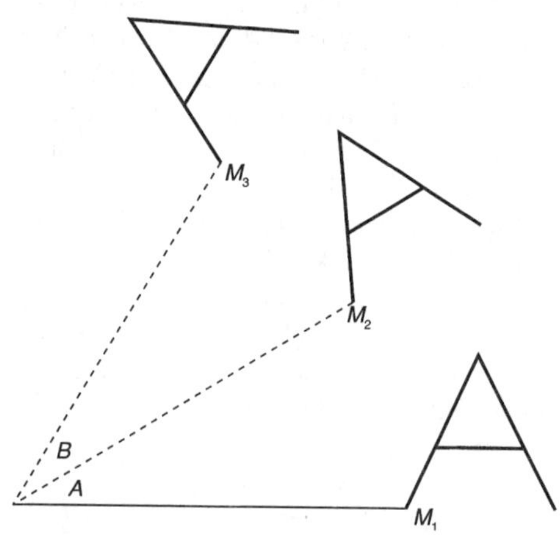

Abbildung 9

Bei der Drehung um den Winkel A der Größe a geht der Punkt mit den Koordinaten (x, y) in einen Punkt mit den Koordinaten

$(x \cos a - y \sin a,\ x \sin a + y \cos a)$ über.

Dreht man nun den Punkt M_1 mit den Koordinaten (1,0) zunächst um einen Winkel A und dann um einen Winkel B, erhält man zunächst den Punkt M_2 mit den Koordinaten $(\cos a, \sin a)$ und dann den Punkt M_3 mit den Koordinaten

$((\cos a \times \cos b) - (\sin a \times \sin b),$

$(\cos a \times \sin b) + (\sin a \times \cos b))$

woraus sich die oben behaupteten Gleichheitsbeziehungen ergeben.

Die Kosinus- und die Sinusfunktion müssen außerdem die Eigenschaft

$(\cos a)^2 + (\sin a)^2 = 1$

erfüllen (weil der Vektor mit den Koordinaten $\cos a$ und $\sin a$ die Länge 1 hat), und die Funktion

$$a \longmapsto \frac{\sin(a)}{a}$$

muss an der Stelle 0 den Grenzwert 1 besitzen (weil $(\sin a)/a$ das Verhältnis zwischen Bogen und Sehne in *Abbildung 10* darstellt; und wenn a gegen 0 geht, kann man diesen Bogen mit der Sehne gleichsetzen).

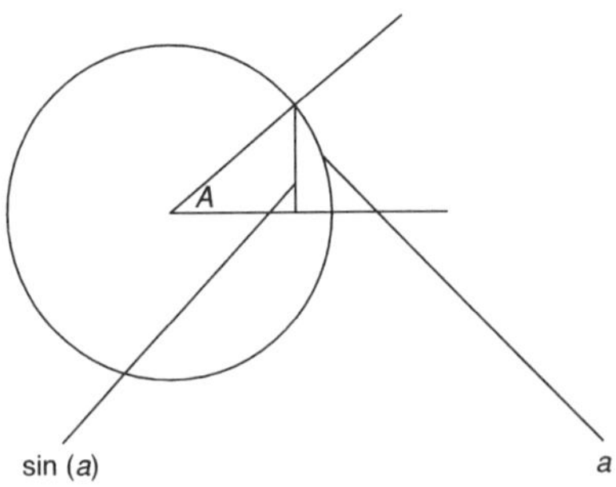

Abbildung 10

Aus diesen beiden Eigenschaften läßt sich nun ableiten, dass die Funktion

$$a \longmapsto \frac{\cos(a) - 1}{a}$$

an der Stelle 0 den Grenzwert 0 besitzen muss.

Und da $F(0)$ der Nullwinkel ist, muss auch $\cos 0 = 1$ und $\sin 0 = 0$ sein.

Mit all diesen Eigenschaften kann man zeigen, dass die Ableitung der Kosinusfunktion in einem Punkt a gleich $-\sin a$ sein muss. Diese Ableitung ist der Grenzwert der Funktion

$$d \longmapsto \frac{\cos(a + d) - \cos(a)}{d}$$

an der Stelle 0, und diese Funktion ist nach den oben beschriebenen Eigenschaften gleich der Funktion

$$d \longmapsto \cos(a)\frac{\cos(d) - 1}{d} - \sin(a)\frac{\sin(d)}{d}$$

deren Grenzwert an der Stelle 0 gleich $-\sin a$ ist. Ebenso muss die Ableitung der Sinusfunktion in einem Punkt a gleich $\cos a$ sein.

Ferner schließt man: Wenn die Kosinus- und die Sinusfunktion als konvergente Reihen dargestellt werden können, dann lautet diese Entwicklung:

$$\cos(a) = 1 - \frac{1}{1 \times 2}a^2 + \frac{1}{1 \times 2 \times 3 \times 4}a^4 - \ldots$$

$$\sin(a) =$$

$$a - \frac{1}{1 \times 2 \times 3}a^3 + \frac{1}{1 \times 2 \times 3 \times 4 \times 5}a^5 - \ldots$$

Nachdem wir geklärt haben, wie Kosinus- und Sinusfuktion beschaffen sein müssen, also auch die Funktion F, die einer Zahl a den Winkel der Größe a zuordnet, können wir den Weg nun in entgegengesetzter Richtung gehen, um diese Funktion zu konstruieren: Zunächst definiert man die Kosinus- und die Sinusfunktion durch Reihenentwicklung. Dann konstruiert man die Funktion F, die der Zahl a den Winkel zwischen dem Vektor $\vec{i}$ und dem Vektor mit den Koordinaten $\cos a$ und $\sin a$ zuordnet. Dann zeigt man, dass diese Funktion alle oben beschriebenen Bedingungen erfüllt. Danach kann man dann die Größen eines Winkels A als die Zahlen a definieren, für die $F(a)$ gleich A ist.

Die Verwendung komplexer Zahlen

Zur Vorbereitung: ***Zahl***

Durch die Verwendung komplexer Zahlen kann man diese Konstruktion beträchtlich vereinfachen: Wenn eine derartige Funktion F existiert, bezeichnet man auch weiterhin als $\cos a$ und $\sin a$ die Koordinaten des Vektors der Länge 1 (in einer orthonormalen Basis $(\vec{i},\vec{j})$), der einen Winkel $F(a)$ mit dem Vektor $\vec{i}$ bildet, und als $h(a)$ bezeichnet man die komplexe Zahl $\cos a + i \sin a$. Die Eigenschaften des Kosinus und des Sinus einer Summe lassen sich zu einer einzigen Eigenschaft zusammenfassen:
$h(a+b) = h(a) \times h(b)$.

Die Tatsache, dass die Funktionen

$$a \longmapsto \frac{\sin(a)}{a}$$

und

$$a \longmapsto \frac{\cos(a) - 1}{a}$$

an der Stelle 0 den Grenzwert 1 bzw. 0 besitzen, findet ihren Ausdruck in der Tatsache, dass die Funktion

$$a \longmapsto \frac{h(a) - 1}{a}$$

an der Stelle 0 den Grenzwert i besitzen muss. Die Tatsache, dass die Ableitung der Kosinusfunktion die negative Sinusfunktion und die Ableitung der Sinusfunktion die Kosinusfunktion ist, findet ihren Ausdruck darin, dass die Ableitung der Funktion h gleich ih ist. Auch die Reihenentwicklung der Funktion h gestaltet sich einfacher:

$$h(a) = 1 + ia + \frac{1}{1 \times 2}(ia)^2 + \frac{1}{1 \times 2 \times 3}(ia)^3 + \frac{1}{1 \times 2 \times 3 \times 4}(ia)^4 + \dots$$

Wie sich zeigt, ist diese Funktion nichts anderes als die Funktion, die einer Zahl a die Exponentialfunktion der Zahl ia, also e^{ia}, zuordnet. Setzt man den Winkel der Größe a mit der komplexen Zahl $h(a)$ gleich, ist die oben konstruierte Funktion F nichts anderes als die Funktion $a \longmapsto e^{ia}$.

Wirbelsturm

Zur Vorbereitung: ***Corioliskraft***
Zur Vertiefung: ***allgemeine Zirkulation der Atmosphäre; Wind***

Die gefürchteten tropischen Wirbelstürme entstehen in den so genannten Kalmen, den windarmen Zonen am Äquator, die zwischen den Passatzonen der beiden Hemisphären liegen (siehe PASSAT). In den verschiedenen Weltgegenden tragen sie unterschiedliche Namen. Im Nordatlantik nennt man sie Hurrikan, im Ost- und Südchinesischen Meer heißen sie Taifun, und im Indischen Ozean spricht man von Zyklonen.

Die starke Verdunstung des von der Sonne aufgeheizten Meeres führt dazu, dass die Luft sich mit Wasserdampf sättigt; von einem tropischen Tiefdruckgebiet angesaugt, steigt die feuchte, heiße Luft in die Höhe und gerät dabei unter dem Einfluss der CORIOLISKRAFT in eine Drehung; auf der Südhalbkugel erfolgt diese Drehung im Uhrzeigersinn, auf der Nordhalbkugel in der entgegengesetzten Richtung. Die Windgeschwindigkeit kann in einem tropischen Wirbelsturm 300km/h erreichen, doch der Sturm als ganzer bewegt sich nur relativ langsam nach Westen (wie der Passat), bevor er auf der Nordhalbkugel nach Norden, auf der Südhalbkugel nach Süden abbiegt. Die Energie des Wirbelsturms stammt im Wesentlichen aus der Umwandlungswärme (siehe WÄRME), die bei der Kondensation des Wasserdampfs zu Regen freigesetzt wird. Wenn ein Wirbelsturm auf einen Kontinent trifft, richtet er meist beträchtliche Verwüstungen an, bevor er sich abschwächt und schließlich ganz auflöst.

Wirkung

Zur Vertiefung: ***Licht; Optik; Quantenphysik***

Das Wort »Wirkung« (lateinisch: *actio*) verweist in der Umgangssprache auf Einflüsse und Kräfte, die man unwillkürlich mit irgendwelchen Ursachen verbindet. In der Physik hat der Begriff der Wirkung eine spezifische Bedeutung. Gelegentlich wird er als Synonym für »Kraft« verwendet, zum Beispiel in dem bekannten Satz, der die Gleichheit von Wirkung und Gegenwirkung (*actio* und *reactio*) behauptet. Danach ist die KRAFT, die ein Körper auf einen zweiten Körper ausübt, dem Betrag nach gleich der KRAFT, die dieser Körper auf den ersten Körper ausübt, aber der Richtung nach entgegengesetzt. Die eigentliche Bedeutung des Wortes »Wirkung« entspricht jedoch der Definition, die in der klassischen Mechanik seit dem 17. Jahrhundert gebräuchlich ist; danach ist Wirkung eine physikalische Größe der Dimension Energie × Zeit oder Impuls × Weg. Da der Impuls p das Produkt aus Masse m und Geschwindigkeit v ist ($p=mv$) und die Geschwindigkeit ihrerseits der Quotient aus Weg und Zeit ($v=l/t$), ist die Wirkung das Produkt aus Masse, Geschwindigkeit und Weg, also ml^2/t. Aber warum hat man eine derart kompliziert erscheinende Größe überhaupt eingeführt?

Das Prinzip der geringsten Wirkung

Das Konzept der Wirkung hat bei der Entstehung der Mechanik und der Optik eine wichtige Rolle gespielt, und zwar über das so genannte Prinzip der geringsten Wirkung. Dieses Prinzip wurde erstmals um 1740 von dem Mathematiker Pierre Louis Moreau de

Maupertuis in einer Arbeit über die Bewegungsgesetze formuliert: »Bei jeder Veränderung ist die für diese Veränderung notwendige Wirkungsgröße stets die kleinstmögliche«, schreibt er dort, nachdem er die Wirkung als »Produkt aus der Masse, dem von ihr zurückgelegten Weg und der Geschwindigkeit« definiert hat. Dieser Gedanke findet sich in mehr oder weniger ausgeprägter Form bereits in dem von Pierre de Fermat formulierten optischen Prinzip, wonach das Licht sich stets auf dem schnellsten Weg ausbreitet, das heißt auf dem Weg, der die geringste Zeit beansprucht.

Dieses Prinzip liefert eine Erklärung für das Phänomen der Lichtbrechung, also für die Tatsache, dass ein Lichtbündel beim Übergang von einem transparenten Medium in ein anderes (zum Beispiel von Luft in Wasser oder Glas) von seiner ursprünglichen Bahn abgelenkt wird, so dass etwa ein Stab, den man ins Wasser taucht, geknickt erscheint. Die Erklärung liegt in der Tatsache, dass erstens die Geschwindigkeit des Lichts von dem Medium abhängt, in dem es sich ausbreitet, und zweitens das Licht stets den Weg von einem Punkt A zu einem Punkt B nimmt, der am wenigsten Zeit beansprucht. Wir wollen uns diese Zusammenhänge an einem Beispiel verdeutlichen, das von dem amerikanischen Physiker Richard Feynman stammt.

Stellen Sie sich vor, Sie sind an einem Strand. Sie befinden sich an Punkt A (siehe *Abbildung 1*) und sehen plötzlich im Wasser, an Punkt B, ein Kind, das zu ertrinken droht. Welchen Weg müssen Sie nehmen, um so schnell wie möglich bei dem Kind zu sein? Zunächst einmal müssen Sie bedenken, dass Sie auf dem Strand schneller vorankommen als im Wasser. Das Problem lässt sich dann auf die Frage reduzieren, an welchem Punkt Sie vom Strand ins Wasser wechseln müssen, um das ertrinkende Kind so schnell wie möglich zu erreichen. Sie kämen natürlich nicht auf die Idee, sich am nächstgelegenen Punkt C ins Wasser zu stürzen, weil Sie von dort wie ein Verrückter schwimmen müssten, um nach B zu gelangen. Vielleicht denken Sie daran, den geraden Weg zu dem Kind zu wählen, also über Punkt D. Doch auch wenn dies der kürzeste Weg ist, so ist er dennoch nicht der schnellste, weil Sie immer noch eine vergleichsweise lange Strecke durch das Wasser zurücklegen müssten. Der Weg über F, bei dem die im Wasser zurückzulegende Strecke am kürzesten wird, muss durch einen sehr viel längeren Weg über den Strand erkauft werden. Als schnellster Weg erweist sich die Strecke AEB, die einen Kompromiss zwischen ADB und AFB darstellt. Ihn müssen Sie wählen, wenn Sie möglichst schnell bei dem ertrinkenden Kind sein wollen. Für den Übergang des Lichts von Luft in Wasser gilt nun genau dasselbe. Und deshalb ist die Bahn des Lichtbündels an der Grenze zwischen Wasser und Luft geknickt.

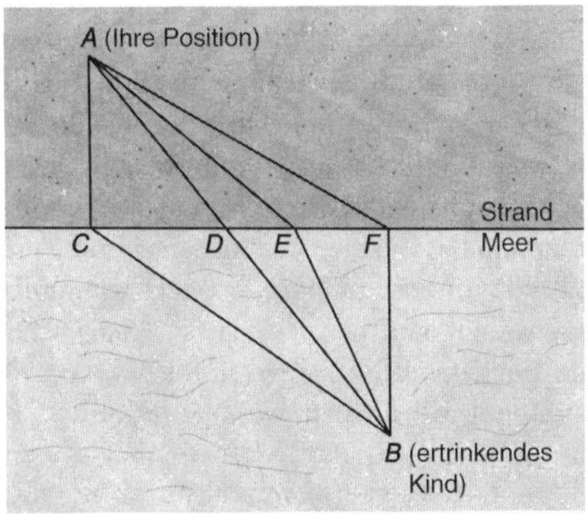

Abbildung 1 Für *AFB* ist die im Wasser, für *ACB* die am Strand zurückzulegende Strecke am kürzesten; *ADB* ist die insgesamt kürzeste Strecke, aber der schnellste Weg ist *AEB*.

Das Prinzip der geringsten Wirkung wurde zunächst 1762 von Joseph Louis de Lagrange und dann 1834 von William Hamilton verallgemeinert. Seine mathematische Form gehört in den Bereich der so genannten Variationsrechnung. Unter allen vorstellbaren Wegen, die vom Anfangszustand eines Systems zu einem Endzustand führen, wird stets der realisiert, der eine als Wirkungsintegral bezeichnete mathematische Größe minimiert. Wie der Name schon sagt, hat das Wirkungsintegral die Dimension einer Wirkung, also des Produkts aus Energie und Zeit. Das Prinzip der geringsten Wirkung ist von großer theoretischer Bedeutung. Es bietet einen weiten Rahmen, mit dessen Hilfe sich zahlreiche physikalische Gesetze in eine allgemeine Form bringen lassen.

Das Wirkungsquantum

Physikalische Phänomene können keine beliebig kleine Wirkung haben. Nach der Quantenphysik, die sich mit der Welt des mikroskopisch Kleinen befasst, kann die Wirkung eines physikalischen Phänomens nicht kleiner als das so genannte Plancksche Wirkungsquantum h sein. Diese Konstante hat einen Wert von $6{,}62 \times 10^{-34}$Js (Joulesekunden). Kleinere Wirkungen gibt es nicht (siehe NATURKONSTANTEN).

Ob ein Phänomen in den Bereich der Quantenphysik gehört oder ob man es mit den Mitteln der klassischen Physik beschreiben kann, lässt sich relativ leicht entscheiden. Dazu braucht man lediglich die charakteristische Wirkung dieses Phänomens mit Hilfe einschlägiger Parameter zu berechnen. Ist das so gewonnene Ergebnis sehr groß im Verhältnis zum Planckschen Wirkungsquantum, kann man die Gesetze der klassischen Physik anwenden. Liegt die berechnete Wirkung dagegen nicht deutlich über der Planckschen Konstanten, wird man in aller Regel auf die Quantenphysik zurückgreifen müssen.

Wirkungsquerschnitt

Zur Vertiefung: ***Teilchen; Teilchenbeschleuniger; Wechselwirkung in der Physik***

Die Physiker gehen bei ihrer Erforschung der Materie nicht gerade mit Feingefühl vor; bei der am häufigsten eingesetzten Methode beschießen sie das zu erforschende Objekt mit einem Teilchenstrahl. In diesem brutalen Dialog mit der Materie spielt der Begriff des Wirkungsquerschnitts eine zentrale Rolle.

Betrachten wir einen Teilchenstrahl aus Teilchen eines bestimmten Typs, der auf ein Target (Ziel) aus Teilchen eines anderen Typs gelenkt wird. Auf mikroskopischer Ebene besteht ein Teilchenstrahl, der diesen Namen verdient, aus einer sehr großen Zahl von Teilchen, die sich gemeinsam in eine bestimmte Richtung bewegen. Betrachtet man (zumindest in Gedanken) eine Ebene P, die den einfallenden Teilchenstrahl senkrecht zur Ausbreitungsrichtung schneidet, stellt man fest, dass die Teilchen innerhalb einer bestimmten Fläche zufällig verteilt sind. Betrachten wir nun ein einzelnes einfallendes Teilchen A, und nehmen wir der Einfachheit halber an, das Target bestehe seinerseits aus einem einzelnen Teilchen B. Wenn die Ausgangslage von A in P allzu abgelegen gegenüber B ist, kommt es zu keiner Wechselwirkung zwischen den beiden Teilchen. Ist die Ausgangslage von A dagegen so beschaffen, dass seine Bahn in unmittelbarer Nähe von B verläuft, kommt es zu einer Wechselwirkung.

Sämtliche Positionen von A in P, die zu einer Wechselwirkung mit B führen, bilden eine Fläche, deren Größe als Wirkungsquerschnitt bezeichnet wird. Der Wirkungsquerschnitt ist abhängig von der betrachteten Wechselwirkung. Er bezeichnet den Teil des Strahls, der von der Wechselwirkung mit einem Teilchen des Targets betroffen ist.

In der Praxis erhält man den Wirkungsquerschnitt einer Wechselwirkung, indem man den Anteil jener Teilchen des einfallenden Strahls misst, die mit dem Target in Wechselwirkung treten. Wenn zum Beispiel die Wechselwirkung zu einer Ablenkung einfallender Teilchen führt und die Hälfte der einfallenden Teilchen abgelenkt wird, ist der Wirkungsquerschnitt gleich der Hälfte des gesamten Querschnitts des Teilchenstrahls. Im Allgemeinen lassen sich Wirkungsquerschnitte auf der Grundlage von Theorien oder Modellen der jeweiligen Wechselwirkung berechnen. Daher bilden sie einen privilegierten Ort für die Konfrontation zwischen Erfahrung und Theorie.

Wissen, Darstellung von

→ ***Darstellung von Wissen, Repräsentation***

Wissen und Maschine

Zur Vertiefung: ***Darstellung von Wissen; Expertensystem; künstliche Intelligenz; Rationalitätsmodell***

Er sagt, er wisse, welcher Mann den Mann gesehen hat, der sich vergangene Nacht in das Haus im Gallierweg 8 geschlichen hat … Ich kenne Hans, du kennst Peter … Wissen oder Kenntnis ist so eng mit der Person verbunden, die da etwas weiß, dass man sich nur schwer vorstellen kann, eine Maschine könnte etwas wissen, es sei dann, man schreibt ihr eine Persönlichkeit zu ... Aber wenn man einer Maschine Wissen zuschreibt, macht man sie damit keineswegs zu einem autonomen Wesen, das Herr über sich selbst, über sein Denken und über seine Beziehung zur Welt wäre. Das Wort »Wissen« muss hier in einem technischen Sinne verstanden werden, wie er durch die Entwicklung im Bereich der künstlichen Intelligenz erforderlich geworden ist. Danach ist Wissen jeglicher Ausdruck, der zugleich und mit derselben Stimme zum Menschen und zur Maschine spricht.

Ein Ausdruck spricht zum Menschen, sofern seine Bedeutung ihm aus den verwendeten Worten so unmittelbar klar wird, als gehörten sie zur Umgangssprache. Ein Ausdruck »spricht« zur Maschine, wenn er von ihr interpretiert und in eine Folge von Anweisungen umgesetzt wird, die von der Maschine ausgeführt werden. Ein Ausdruck spricht mit derselben Stimme zum Menschen und zur Maschine, wenn die Bedeutung, die wir Menschen ihm beilegen, mit dem Wissen übereinstimmt, das wir der Maschine zuschreiben, wenn ihre Programmierung den betreffenden Ausdruck enthält. »Wenn die Blume eine Rose ist, sind Dornen vorhanden.« Dem Wortsinn nach ist dieser Ausdruck leicht zu verstehen, gleicht er doch dem volkstümlichen Spruch: »Keine Rose ohne Dornen.« Wenn er außerdem noch in der Interpretation durch einen Computer eine Prozedur aktiviert, die der Aussage »die Blume ist eine Rose« stets die Aussage hinzufügt »es sind Dornen vorhanden«, welche nun ihrerseits weiteres Wissen aktiviert, so dass der Computer einem Freizeitgärtner schließlich raten kann, er solle Handschuhe anziehen, wenn er Rosen schneidet, oder sich gegen Tetanus impfen lassen – dann haben wir es mit Wissen im Sinne unserer obigen Definition zu tun. Aufgrund dieser Mittlerposition zwischen Mensch und Maschine erweist sich Wissen als gleich bedeutend mit künstlicher Intelligenz, und das gilt für ihre Geschichte ebenso wie für den gegenwärtigen Stand ihrer Entwicklung.

Schon vor den ersten Versuchen einer technischen Realisierung war allen, die sich ernsthaft mit diesen Fragen beschäftigten, und insbesondere auch Alan Turing, einem der Vorläufer dieses Fachgebiets, vollkommen klar, dass sich intelligentes Verhalten, so weit es Sprachbeherrschung, Abstraktionsvermögen und Urteilsfähigkeit umfasst, nicht auf einfache Mechanismen oder eine elementare Theorie zurückführen lässt. Es bedarf zahlreicher spezifischer Mechanismen, damit wir uns in vielfältigen Situationen zurechtfinden können. Und wenn man nicht aufpasst, wird die Vielzahl dieser Mechanismen rasch unüberschaubar. Daher ist es unerlässlich, dass die Mechanismen durchsichtig bleiben, und genau aus diesem Gedanken heraus ist der Wissensbegriff entstanden, der im Bereich der künstlichen Intelligenz Anwendung findet.

Zu dieser ersten Bedeutung kommt nun eine zweite hinzu, wonach Wissen im oben definierten Sinn sich auch auf das so genannte Know-how bezieht. Das in Programmen künstlicher Intelligenz enthaltene Wissen umfasst danach auch solche Elemente, die gemeinhin als Fertigkeiten bezeichnet werden. Diese zweite Bedeutung bildet die Grundlage der so genannten Expertensysteme, deren Beliebtheit der Entwicklung der künstlichen Intelligenz seit dem Ende der 1970er Jahre beträchtlichen Auftrieb verliehen hat. In diesem Rahmen, der gelegentlich als »neues Paradigma« der künstlichen Intelligenz bezeichnet wird, gilt ein ärztlicher Computer weder als Nachbildung des kompletten Arztes samt seinem weißen Kittel noch als Abbild seines Gehirns und auch nicht als vollständige mathematische Theorie des menschlichen Körpers und all seiner Fehlfunktionen, sondern als ein Ensemble aus diagnostischen Regeln und therapeutischen Grundsätzen, die auf die Erfahrungen des handelnden Arztes zurückgehen.

Mit dem Aufschwung der Expertensysteme entstand in den 80er Jahren ein eigenständiger Zweig, das so genannte Knowledge Engineering, dem die Aufgabe zufällt, die Konstruktion der von solchen Systemen benötigten Wissensbasis durch geeignete informationstechnische Verfahren zu systematisieren und zu beschleunigen.

Die Stellung, die dem Wissen heute im Bereich der künstlichen Intelligenz eingeräumt wird, beschränkt sich keineswegs auf dessen bloßen Ausdruck. Im Unterschied zu seiner lediglich passiven Speicherung in Büchern, Gemälden, Fotografien und Filmen, spielt Wissen im Bereich der künstlichen Intelligenz eine höchst aktive Rolle, die seiner Bedeutung für das rationale Denken sehr nahe kommt.

Wissenschaft und Technik

Zur Vertiefung: ***Realität***

Wissenschaft und Technik sind intellektuelle, rationale und positive Tätigkeitsbereiche: intellektuell, daran zweifelt niemand, selbst wenn sie manuelle Aspekte umfassen; rational in ihrer Überprüfung der Realität, und positiv, weil sie eine Gewissheit anstreben, die allgemein geteilt werden soll, selbst wenn sie, außer in der Mathematik, sicher niemals absolut zu erreichen ist.

Ob die Unterscheidung zwischen Wissenschaft und Technik wohl auf einem Irrtum beruht, der uns aus der griechischen Antike überliefert wurde? Denn dort gab es zwei parallele Traditionen, die einerseits die Erkenntnis (*episteme*) und anderseits die Künste (*techne*) in den Mittelpunkt rückten. Man unterscheidet Wissenschaft und Technik gern nach folgendem praktischen Schema: Die Wissenschaft umfasst sämtliche formalisierten und häufig quantitativen Darstellungen (Prinzipien und Gesetze, Modelle, Regeln, Theoreme, Vermutungen usw.), die wir uns von der Welt machen; die Technik ist die Summe aller Hilfsmittel und Fertigkeiten, die wir als Vermittler zwischen Mensch und Realität einsetzen, um auf sie einzuwirken oder uns über den Zustand der Wirklichkeit zu informieren. Im letzteren Fall dienen bestimmte Techniken als Verlängerung der Sinne durch empfindlichere oder weitreichendere Instrumente.

Diese Unterscheidung gerät häufig zum moralisch gefärbten Gegensatz. Für die einen ist die Wissenschaft parasitär, nutzlos und sophistisch im Gegensatz zur nützlichen, effektiven und realistischen Technik (eine karikaturistisch überzogene Sicht, wie sie Technikern zugeschrieben wird). Für die anderen ist nur die Wissenschaft rein, bar jeden merkantilen Interesses, »eine Zierde des menschlichen Geistes« (Carl Jacobi), während die Technik schändlich und ölverschmiert ist (eine ebenso karikaturistisch überzogene Sicht, die den Gelehrten zugeschrieben wird). Beide Sichtweisen übersehen zwei grundlegende Realitäten.

Die erste ist historisch. Die Unterscheidung zwischen Wissenschaft und Technik änderte sich im Laufe der Zeit und in den verschiedenen Kulturen sehr stark, und zwar einerseits durch eine von der Wissenschaft quasi unabhängige Entwicklung der Technik (zum Beispiel bei der Entstehung der Optik) und andererseits durch die engen Verbindungen beider.

Die zweite Realität ergibt sich aus einer aufmerksameren Betrachtung der Verknüpfungen, die zwischen diesen beiden Arten des Realitätsbezuges bestehen. Die Verbesserung und Verfeinerung von Instrumenten und Geräten durch die Technik ist für die Wissenschaft unverzichtbar, um ihre Gegenstände genauer zu untersuchen, neue Kriterien der Klassifikation zu entwickeln, neue Objekte zu entdecken (Teilchen, Sterne, Moleküle, Viren usw.) und geltende Modelle zu verifizieren oder infrage zu stellen. Es lässt sich sogar vertreten, dass die Entwicklung neuer Techniken eine Triebkraft für die wissenschaftliche Evolution sei. Umgekehrt gibt es in der Technik in zunehmendem Maße Fortschritte nur dank der Wissenschaft, die sie für sich zu nutzen versteht, zum Beispiel um Brücken zu berechnen oder Laser, Compactdisks, integrierte Schaltkreise oder Medikamente zu entwickeln. Über eine bestimmte Technik nachzudenken kann, unabhängig von den Herstellungsverfahren, auch zu Erkenntnissen über abstrakte Gegenstände führen (Beispiele sind die Entstehung der Thermodynamik aus Reflexionen über die bewegende Kraft des Feuers oder die Entwicklung der Informatik, einer jungen technischen Wissenschaft oder wissenschaftlichen Technik). Richtiger wäre es, bei Wissenschaft und Technik von ähnlichen Beziehungen zu sprechen, wie sie zwischen Kopf und Hand bestehen, wo die Hand den Kopf informiert und ihrerseits von ihm gesteuert wird. In diesem für beide Seiten fruchtbaren Verhältnis lässt sich nicht von vorneherein sagen, von wem wann die Initiative ausgeht.

Der oben beschriebene Versuch einer Unterscheidung hat noch eine andere Konsequenz: Demnach wäre die Technik, die sich auf die von ihr produzierten Dinge (Industrie) konzentriert, unmittelbar nützlich, während die Wissenschaft sich vornehmlich mit allgemeinen Resultaten beschäftigte, die zwar ebenfalls nützlich sind, allerdings auf andere Weise und nur dann, wenn sie letztlich in technische Anwendungen münden. Dieser Unterschied wird deutlich, wenn man sich die verschiedenen Tätigkeitsbereiche anschaut: Der Wissenschaftler wird sagen, er strebe in erster Linie ein Verständnis der Welt und ihrer Gesetzmäßigkeiten an, während der Ingenieur und der Techniker an der Lösung eines Problems arbeiten, das ihnen nicht die Natur, sondern ein »Kunde« aufgibt. Der Wissenschaftler stellt seine Ergebnisse im Prinzip (wenn er nicht gerade für militärische oder industrielle Forschungszwecke bezahlt wird) allen zur Verfügung und konfrontiert sie mit den Forschungsergebnissen seiner Kollegen (Veröffentlichungen). Der Ingenieur beliefert seinen Kunden, lässt sein Verfahren patentieren oder vermarktet es. Diesen unterschiedlichen Zwecken entsprechen unterschiedliche zeitliche oder ergebnisorientierte Zwänge und Beschränkungen, die beim Techniker strenger sind als beim Forscher.

Es wäre absurd, die Realität dieses Unterschieds zu leugnen, allerdings muss man im Auge behalten, dass er soziologisch und überaus vergänglich ist: So gibt es zum Beispiel in der Chemie und zunehmend auch in der Biologie ein Handlungskontinuum zwischen der Grundlagenforschung zu Umwandlungen der Materie und der fast sofortigen Umsetzung neuer wissenschaftlicher Erkenntnisse in Handelsprodukte. In seiner täglichen Arbeit verhält sich der Wissenschaftler häufig wie ein Ingenieur, sei es, dass er sich geeignete Hilfsmittel schafft, um seinem Experiment oder Beobachtungsprojekt zum Erfolg zu verhelfen (indem er zum Beispiel ein TELESKOP konstruiert), oder dass er nach bekannten Regeln Berechnungen durchführt, um seine Vermutungen zu erhärten. Umgekehrt erforscht der Ingenieur die Regelmäßigkeiten von Phänomenen, auf die er in seinen Versuchen stößt, und verallgemeinert seine Beobachtungen. Man sollte nicht vergessen, dass die Weiterentwicklung der Physik in den 50er und 60er Jahren des 20. Jahrhunderts großenteils eine Folge der praktischen Arbeit war, die viele große Physiker während des Zweiten Weltkrieges an der Entwicklung des Radar, der Zündtechnik, der Atombombe usw. geleistet hatten.

Nach diesen Vorbehalten, durch die jegliche Bewertung oder Hierarchie ihren Sinn verliert, sollte man sich jedoch davor hüten, die Arbeit des Wissenschaftlers und die des Technikers völlig gleichzusetzen, um sich nicht der Möglichkeit zu begeben, ihre fruchtbaren Wechselwirkungen zu verstehen.

Der Begriff »Technologie«, der etymologisch eigentlich auf einen wissenschaftlichen Diskurs über Technik verweist, hat sich unter dem Einfluss der Vereinigten Staaten (*technology*) in seiner Bedeutung ausgeweitet und bezeichnet heute eine Technik, in die sehr viele wissenschaftliche Aspekte einfließen, und besondere industrielle Produktionsverfahren, und ist somit schlicht ein Synonym für Technik.

Wissenschaften, kognitive

→ ***kognitive Wissenschaften***

wissenschaftliche Entdeckung

Entdeckungen in den Naturwissenschaften

Zur Vertiefung: ***Hypothese; Theorie***

Die Welt der Naturwissenschaften ist eine Welt der Entdeckungen, auch wenn dieses Wort dort ganz unterschiedliche Bedeutungen besitzt. Wenn man sagt, dass Kolumbus Amerika und Kepler die später nach ihm benannten KEPLERSCHEN GESETZE entdeckt hat, so ist das offensichtlich nicht dasselbe. Außerdem werden gelegentlich auch Ereignisse als Entdeckungen bezeichnet, die eigentlich nur schwer unter diesen Begriff zu fassen sind.

Entdecken heißt aufdecken, die Aufmerksamkeit auf etwas lenken, das man bisher noch nicht kannte, das aber schon vor seiner Entdeckung existierte, zum Beispiel eine bislang unbekannte Tier- oder Pflanzenart.

Auf einer vollkommen abstrakten Ebene kann man ein Naturgesetz entdecken. Aufgrund von Messungen, Beobachtungen oder Experimenten mögen gewisse Regelmäßigkeiten oder andere charakteristische Merkmale eines Objekts ins Blickfeld rücken, die dann als Entdeckungen gelten. So ist es möglich, die Eigenschaften eines MOLEKÜLS oder den Zusammenhang zwischen Kraft und Beschleunigung zu entdecken.

Auf einer dritten Ebene erscheint es dagegen bereits recht gewagt, von Entdeckungen zu sprechen. Kann man zum Beispiel wirklich sagen, Albert Einstein habe ein so komplexes Gebilde wie die Relativitätstheorie entdeckt? In diesem Fall sagt man vielleicht besser, er habe sie geschaffen oder entwickelt, denn die Relativitätstheorie stützt sich sowohl auf Feststellungen, die auf Beobachtungen basieren (Entdeckungen), als auch auf Postulate, mathematische Darstellungen usw. Wie Häuser, so sind auch wissenschaftliche Theorien aus unterschiedlichen Elementen gebaut, aus einem vom Menschen geschaffenen Leitgedanken und aus Beobachtungen, die der Außenwelt entstammen.

Wissenschaftliche Entdeckungen und Informatik

Zur Vertiefung: ***Datenbanksystem; künstliche Intelligenz; neuronale Netze; symbolisches Lernen***

Christoph Kolumbus hat Amerika entdeckt, Albert Einstein die spezielle Relativitätstheorie, und ich habe heute Morgen beim Umgraben in meinem Garten einen verrosteten Schlüssel entdeckt. Entdeckungen gehen zuweilen auf Zufälle zurück, vielfach auf eine mühevolle Suche und generell auf glückliche Umstände, die von Menschen mit Bedacht herbeigeführt worden sind. Sind auch COMPUTER, diese unermüdlichen Rechner, in der Lage, wie wir Menschen Entdeckungen zu machen? Nimmt man »entdecken« im vollen Wortsinne als Entschleierung der Realität, können Maschinen nichts entdecken, weil sie kein Bewusstsein und damit auch keinen Zugang zur Realität besitzen, schon gar nicht zu einer verborgenen Realität.

Dennoch können Maschinen uns helfen, die Voraussetzungen wissenschaftlicher Entdeckungen besser zu begreifen; zumindest behaupten das manche Spezialisten aus dem Bereich der künstlichen Intelligenz, die einige alte wissenschaftliche Entdeckungen zunächst als rationalen Vorgang rekonstruiert und dann auf Computern simuliert haben. Da entdeckte dann eine Maschine nochmals das Dritte KEPLERSCHE GESETZ auf der Basis der von Kepler selbst mitgeteilten Beobachtungsdaten oder die Gesetze der THERMODYNAMIK für ideale Gase oder auch die Gesetze der REAKTIONSKINETIK. Andere haben mit Hilfe von Computern gezeigt, dass manche alten, heute als überholt geltenden Theorien durchaus eine gewisse innere Rationalität besaßen, zum Beispiel die so genannte Phlogistontheorie, mit der Georg Stahl (1660–1734) die Verbrennung als Freisetzung eines Wärmestoffs deutete.

Umgekehrt hat man auch zu ergründen versucht, warum manche Entdeckungen nicht gemacht wurden. Das gilt etwa für die Behandlung einer Krankheit, an der im Laufe der Jahrhunderte Hunderttausende von Seeleuten der spanischen, englischen und französischen Flotte starben und die durch den Genuss von Zitronen oder rohem Gemüse ohne weiteres hätte vermieden werden können: des Skorbuts. Die Beobachtung einiger Heilungen hätte den Ärzten eigentlich den Weg weisen müssen, doch aus der Antike übernommene Theorien, insbesondere die Lehre des griechisch-römischen Arztes Galenos von der Zirkulation der Säfte, verhinderten, dass sie die Zusammenhänge erkannten. Dass allgemein anerkannte Theorien die Entdeckung neuer Theorien behindern und verhindern können, wurde in diesem Fall mit Hilfe von Maschinen gezeigt, deren Wissen vollständig bestimmt ist.

Neben diesem Einsatz von Computern zum besseren Verständnis früherer Entdeckungen oder der Verhinderung von Entdeckungen versucht man heute auch das in Datenbanken gespeicherte Wissen systematisch auszuwerten, um daraus Erkenntnisse zu gewinnen, die ansonsten möglicherweise übersehen würden. In diesem neuen, durchaus vielversprechenden Zweig der Informatik, der allerdings noch in den Kinderschuhen steckt und gelegentlich als *data mining* bezeichnet wird, nutzt man die Möglichkeiten moderner DATENBANKSYSTEME und eine Reihe von Techniken, die im Bereich der künstlichen Intelligenz oder genauer: des SYMBOLISCHEN LERNENS und der formalen NEURONALEN NETZE entwickelt worden sind.

wissenschaftliche Revolution

Zur Vertiefung: ***Paradigma***

Dieser heute häufig verwendete Begriff wurde 1962 von dem Philosophen und Wissenschaftshistoriker Thomas Kuhn in seinem Buch *Die Struktur wissenschaftlicher Revolutionen* geprägt. Wie Kuhn ausführt, entwickelt sich die Wissenschaft auf zwei verschiedenen, aber komplementären Wegen weiter. Der erste besteht in einem kumulativen Vorgehen, das sich damit begnügt, im Rahmen einer Theorie Beobachtungs- und Versuchsdaten zu sammeln, die zur Untermauerung eines gegebenen Postulats (oder Paradigmas) dienen. Der zweite, eindeutig spektakulärere besteht in einem Paradigmenwechsel. Nach Kuhn führt die Ansammlung von Daten letztlich zu einer Krise: Es tauchen immer mehr Daten auf, die das Paradigma, auf dem eine wissenschaftliche Theorie beruht, tendenziell nicht bestätigen. Sobald diese Krise ihren Höhepunkt erreicht, bildet ein Paradigmenwechsel die einzige Lösung, die es über eine neue Theorie ermöglicht, alle dem früheren Paradigma nicht entsprechenden Daten in einen theoretischen Rahmen einzubeziehen. Diese radikale Umwälzung bildet die wissenschaftliche Revolution.

Kuhn war jedoch keineswegs der erste, der den Begriff der Revolution auf wissenschaftliche Theorien anwendete. Bereits Ende des 18. Jahrhunderts führte Immanuel Kant den Begriff »kopernikanische Revolution« ein, um den Übergang vom geozentrischen (das die Erde in den Mittelpunkt des Universums stellte) zum heliozentrischen System (das die Sonne in den Mittelpunkt des Universums stellt) zu beschreiben, während Kopernikus das Wort »Revolution« für die Kreisbewegung der Sterne verwendete.

Wolken

Zur Vertiefung: ***allgemeine Zirkulation der Atmosphäre; Blitz; Klima***

Die Wolken in der Erdatmosphäre

Der Londoner Apotheker und leidenschaftliche Meteorologe Luke Howard gab den verschiedenen Wolkenformen im 19. Jahrhundert die (aus dem Lateinischen übernommenen) Bezeichnungen, die wir auch heute noch verwenden: Cirrus (Federwolken), Cumulus (Haufenwolken), Stratus (Schichtwolken) und Nimbus (Regenwolken).

Die Luft (siehe ATMOSPHÄRE) kann um so mehr Wasserdampf aufnehmen, je wärmer sie ist. Die warme, feuchte Luft steigt auf, dehnt sich aus und kühlt sich dabei ab. Wenn ihre Temperatur den so genannten Taupunkt erreicht, kondensiert der Wasserdampf an Kondensationskernen (Staubteilchen oder Aerosolen) zu mikroskopisch kleinen Tröpfchen (von weniger als fünf Hundertstel Millimeter Durchmesser). Diese winzigen Tröpfchen fallen nicht herab, sondern schweben in der Luft und bilden Wolken. Wenn die Tröpfchen größer werden, fallen sie schließlich als Regen oder Schnee zu Boden. Die hohen Wolken (Cirrus) bestehen aus kleinen Eiskristallen.

Die Schönwetterwolken (Cumulus) entstehen in den über aufgeheiztem Boden aufsteigenden Luftströmen, die so genannten Schicht-Regenwolken (Nimbostratus) an Störungsfronten, an denen feuchte Warmluft mit Kaltluft zusammenstößt.

Nebel ist eine Schichtwolke (Stratus), die sich in Bodennähe bildet. In klaren, kalten Nächten kühlt der Boden durch Abstrahlung aus und bringt die bodennahe Luft in die Nähe des Taupunkts; so entsteht Morgennebel, der sich schon bald wieder auflöst und schönem Wetter Platz macht.

Im Sommer ist die Erde warm, während die Luft in großer Höhe kalt bleibt; feuchte Warmluft steigt auf und kühlt ab, ist aber immer noch wärmer als die Luft in der Umgebung und steigt deshalb bis in eine Höhe von mehr als zehn Kilometern auf. Durch Kondensation des Wasserdampfs entstehen dann die Haufen-Regenwolken (Cumulonimbus), majestätische Wolkengebilde, die man auch als Gewitterwolken bezeichnet und die für einen effizienten Transport der Wärme vom Erdboden in die ATMOSPHÄRE sorgen. Tatsächlich ist die bei der Kondensation von Wasserdampf freigesetzte latente Wärme (Umwandlungswärme) beträchtlich (siehe WASSER). Bei der Kondensation von einem Gramm Wasser (gut zwanzig Tropfen) werden 585 Kalorien (0,68 Wattstunden) freigesetzt. Eine Gewitterwolke enthält mehrere hunderttausend Tonnen Wasser, so dass die freigesetzte Umwandlungswärme mehrere zehntausend Megawattstunden erreicht – etwa so viel, wie ein großes Kraftwerk an zwei Tagen erzeugt.

Wolken in der Astronomie

→ ***interstellarer Raum***

Z

Zahlen

Zur Vertiefung: ***Zahlensysteme***

Von ganz wenigen Ausnahmen abgesehen, besitzen alle Kulturen Wörter, mit denen sie Objekte zählen: »zwei«, »drei«, »vier« usw. Die Sumerer benutzten unterschiedliche Zahlwörter für unterschiedliche Arten von Objekten, aber die Entwicklung der elementaren Operationen (Addition, Subtraktion usw.) zeigte, dass es jeweils um dasselbe Problem geht, wenn man drei und vier Rinder oder drei und vier Schafe zusammenzählt. Ob Rind oder Schaf, die Operation ist dieselbe. Ende des dritten Jahrtausends vor unserer Zeitrechnung löste der Begriff der Zahl sich von der Vorstellung einer Ansammlung von Objekten.

Die natürlichen Zahlen

Im Alltag verwenden wir nur selten Zahlen, die über ein paar tausend hinausgehen. Das Wort »Million« kam erst in der Renaissance auf. Allerdings spekulierten schon die alten Griechen, Inder und Mayas über sehr große Zahlen (Archimedes zum Beispiel versuchte die Zahl der Sandkörner abzuschätzen, die nötig wäre, um das ganze Universum zu füllen). Die Existenz solcher großen Zahlen resultiert aus einer fundamentalen Eigenschaft der ganzen Zahlen: Auf jede Zahl folgt eine weitere Zahl (ihr »Nachfolger«).

Diese Eigenschaft bildet die Grundlage der Axiome, die Giuseppe Peano im 19. Jahrhundert zur Charakterisierung der natürlichen Zahlen vorschlug:

- Es gibt eine Zahl 0.
- Jede Zahl hat einen Nachfolger.
- Zwei verschiedene Zahlen haben nicht denselben Nachfolger.
- Es gibt keine Zahl, deren Nachfolger 0 ist.
- Enthält eine Menge die Zahl 0 und stets auch den Nachfolger von n, sofern sie n enthält, so enthält sie alle natürlichen Zahlen.

Für die Peano-Axiome sind die natürlichen Zahlen ursprüngliche Objekte, die nicht weiter definiert werden und deren Verhalten von den Axiomen bestimmt wird. Man kann auch andere ursprüngliche Objekte wählen, zum Beispiel Mengen oder Funktionen, und die Zahlen auf dieser Grundlage definieren.

Die einfachste Definition, die vollständig erst Ende des 19. Jahrhunderts von Gottlob Frege formuliert wurde, greift die intuitive Vorstellung des Abzählens auf: Zwei Mengen enthalten danach gleich viele Objekte, wenn man eine eineindeutige Zuordnung zwischen ihnen herstellen kann (das heißt, wenn es eine Abbildung gibt, die jedem Element der einen Menge genau ein Element der anderen Menge zuordnet und umgekehrt). Zum Beispiel gibt es ebenso viele »kleine Schweinchen« wie Musketiere, denn man kann sie einander folgendermaßen zuordnen:

- Schweinchen Schlau zu Porthos,
- Schweinchen Dick zu Athos,
- Schweinchen Fiedel zu Aramis.

Diese Relation (»ebenso viele Elemente enthalten wie«) benutzt man, wenn man etwas an den Fingern abzählt: Man hat zehn Objekte, wenn man eine eineindeutige Zuordnung zwischen ihnen und den zehn Fingern herstellen kann. Mit Hilfe dieser Relation definiert man zum Beispiel die Zahl 3 als Menge aller Mengen, die drei Elemente enthalten: {{Schweinchen Schlau, Schweinchen Dick, Schweinchen Fiedel}, {Porthos, Athos, Aramis} … }.

Genauer gesagt, sind die Zahlen definiert als Äquivalenzklassen für die Relation »ebenso viele Elemente enthalten wie«; es handelt sich also um Mengen von Mengen, deren Elemente gleich viele Elemente enthalten und die jeweils alle Mengen umfassen, in denen gleich viele Elemente enthalten sind. Die Zahl 0 ist demnach die Menge, die die leere Menge enthält; die Zahl 1 ist die Menge der Mengen mit einem Element, die Zahl 2 die Menge der Mengen mit zwei Elementen usw., und der Nachfolger der Zahl n ist die Äquivalenzklasse der Menge, die man erhält, wenn man einer Menge von n Elementen ein weiteres Element hinzufügt.

Leider verlangt diese Definition die axiomatische Setzung einer Menge, die alle Mengen mit einem Element enthält, und man kann leicht zeigen, dass dieses Axiom zu einem Widerspruch führt (siehe MENGE). Es gibt jedoch zwei Möglichkeiten, diesen Widerspruch zu umgehen, indem man die Definition der Zahl verändert. Die erste stammt im Wesentlichen von Alfred North Whitehead und Bertrand Russell und besteht darin, axiomatisch eine Menge E einzuführen, die unendlich viele, nicht weiter spezifizierte Elemente enthält, und die Zahl n nicht als Menge aller Mengen mit n Elementen zu definieren, sondern als Menge von Mengen mit n Elementen aus E. Die zweite Möglichkeit geht auf John von Neumann zurück und besteht darin, die Zahl n nicht als Menge aller Mengen mit n Elementen zu definieren, sondern als spezielle Menge mit n Elementen, nämlich als Menge der natürlichen Zahlen, die kleiner als n sind. Die Zahl 0 ist dann die leere Menge, die Zahl 1 die Menge {0}, die Zahl 2 die Menge {0, 1} …, und der Nachfolger der Zahl n ist die Menge, die man erhält, wenn man der Menge n die Zahl n hinzufügt. Zur Konstruktion der Zahlen 0, 1, 2 … bedarf es bei von Neumanns Definition keines Axioms, das die Existenz einer unendlichen Menge postuliert. Zur Konstruktion der Menge der natürlichen Zahlen {0, 1, 2 …} bedarf es dagegen solch eines Axioms.

Die letzte Definition stammt von Alonzo Church; sie basiert nicht auf Zahlen als ursprünglichen Objekten, sondern auf Funktionen, und definiert die Zahl n nicht über den Begriff des Abzählens, sondern über den der Wiederholung einer Handlung oder Funktion. Die Zahl n ist dann die Funktion, die einer Funktion f die Funktion $x \longmapsto f(\ldots(f(x))\ldots)$ zuordnet, in der die Funktion f n-mal wiederholt wird. Wie die Definition von Whitehead und Russell, so verlangt auch Churchs Definition die axiomatische Setzung einer unendlichen Menge.

Man kann zeigen, dass all diese Definitionen äquivalent sind: Die Menge $\mathbb{N}$ der natürlichen Zahlen hat bei allen Definitionen dieselben Eigenschaften.

Auf den natürlichen Zahlen definiert man zwei Operationen: Addition und Multiplikation. Diese Operationen lassen sich über den Begriff des Abzählens leicht erklären: Die Zahl $n+p$ ist die Zahl von Objekten, die man erhält, wenn man zwei disjunkte Mengen mit n bzw. p Elementen vereinigt. Die Zahl np ist die Zahl von Objekten, die man erhält, wenn man n disjunkte Mengen mit je p Elementen vereinigt.

Auf dieser Grundlage lassen sich dann auch Subtraktion und Division definieren. Die Zahl $n-p$ ist die Zahl, die zu p addiert, n ergibt, und n/p ist die Zahl, die mit p multipliziert, n ergibt. Die beiden Operationen sind nicht vollständig: Die Zahl $n-p$ existiert nur, wenn n größer als p ist, und die Zahl n/p existiert nur, wenn n durch p ohne Rest teilbar ist. Will man die beiden Operationen vervollständigen, das heißt, sollen alle Subtraktionen und Divisionen möglich sein (mit Ausnahme einer Teilung durch 0), muss man weitere Zahlen konstruieren: die ganzen Zahlen und die rationalen Zahlen.

Die ganzen Zahlen

Innerhalb der Menge der natürlichen Zahlen ist es unmöglich, die Zahl 6 von der Zahl 2 abzuziehen. Dennoch ist solch eine Subtraktion notwendig, etwa wenn man seinen Vermögensstand berechnet, nachdem man 6 Millionen im Glücksspiel verloren hat, obwohl man nur 2 Millionen besaß. Daher musste man weitere Zahlen konstruieren, die man als negative ganze Zahlen bezeichnet und deren

Aufgabe darin besteht, das Ergebnis von Subtraktionen der oben beschriebenen Art zu sein: zum Beispiel eine neue Zahl –4, die das Ergebnis der Subtraktion 2 – 6 ist.

Die negativen Zahlen finden sich erstmals im Mittelalter bei arabischen und indischen Mathematikern (auch wenn die Chinesen bereits in den ersten Jahrhunderten unserer Zeitrechnung die Grundlagen dafür legten). Anfangs benutzte man sie als Instrument für die Lösung von Problemen, die letztlich auf positive Ergebnisse abzielten, doch dann setzten sie sich als eigenständiger Zahlenbereich durch, als die Inder sie mit dem Gedanken des Verlusts verknüpften.

Zu Beginn des 19. Jahrhunderts definierte Carl Friedrich Gauß die ganzen Zahlen als Weg zwischen zwei natürlichen Zahlen (so ist 4 der Weg, der von der Zahl 2 zur Zahl 6 führt, während –4 der Weg ist, der von der Zahl 6 zur Zahl 2 führt). Die ganzen Zahlen umfassen sowohl die natürlichen Zahlen wie 4 als auch die negativen ganzen Zahlen wie –4.

Eine ganze Zahl ist also durch zwei natürliche Zahlen definiert, deren Subtraktion die betreffende ganze Zahl ergibt. So ist die Zahl –4 durch 2 und 6 definiert. In einem ersten Versuch kann man daher die ganzen Zahlen als ein Paar natürlicher Zahlen definieren, zum Beispiel die Zahl –4 als das Paar $(2,6)$. Aber die Subtraktion 8 – 12 führt zum selben Ergebnis wie die Subtraktion 2 – 6. Das Zahlenpaar $(8,12)$ definiert daher dieselbe Zahl wie das Zahlenpaar $(2,6)$. Deshalb können wir eine ganze Zahl nicht als Paar natürlicher Zahlen definieren, sondern nur als Menge von Zahlenpaaren. So definiert man denn die Zahl –4 als die Menge $\{(2,6),(8,12),(3,7),(0,4)\ldots\}$.

Jede ganze Zahl enthält ein einziges Paar, in dem die 0 vorkommt. Enthält die betreffende Zahl das Paar $(n,0)$, so sagt man, die Zahl sei positiv, und schreibt $+n$ oder einfach n. Enthält sie das Paar $(0,n)$, sagt man, sie sei negativ, und schreibt $-n$. Nur die ganze Zahl 0, die das Paar (0,0) enthält, ist zugleich positiv und negativ.

Sind a und b zwei ganze Zahlen, dann ist die Zahl $a+b$ die ganze Zahl, die die Paare der Form $(n+m,\ p+q)$ enthält, wobei (n,p) und (m,q) jeweils Elemente von a und b sind. So enthält die ganze Zahl –4 unter anderem das Paar $(2,6)$; die gánze Zahl 7 enthält unter anderem das Paar $(10,3)$; addiert man die beiden Zahlen, erhält man die ganze Zahl, die das Paar $(10+2,\ 3+6)$, also $(12,9)$ enthält, und diese Zahl ist die ganze Zahl 3. Ist a eine ganze Zahl, die das Paar (n,p) enthält, und addiert man zu a die ganze Zahl b, die das Paar (p,n) enthält, so erhält man die ganze Zahl 0. Die Zahl b wird als inverse Zahl zu a bezeichnet. Die zu $+n$ inverse Zahl ist also die Zahl $-n$, und die zu $-n$ inverse zahl ist $+n$. Die Zahl $a-b$ lässt sich daher direkt definieren als die ganze Zahl, die die Paare der Form $(n+q,\ p+m)$ enthält, wobei (n,p) und (m,q) jeweils Elemente von a und b sind, oder als die Zahl, die man erhält, wenn man a mit der Inversen von b addiert. Addiert man die Zahl $a-b$ und die Zahl b, erhält man die Zahl a.

Die Zahl $a\times b$ oder ab ist die ganze Zahl, die die Paare der Form $(nm+pq,\ pm+nq)$ enthält, wobei (n,p) und (m,q) Elemente von a bzw. b sind. Nur diese Definition der Multiplikation macht es möglich, dass bezüglich der Addition auch weiterhin das distributive Gesetz gilt, also dass $a(b+c)$ gleich $ab+ac$ ist. Multiplizieren wir zum Beispiel die ganze Zahl –1 mit sich selbst. Diese Zahl enthält das Paar $(0,1)$. Multiplizieren wir sie mit sich selbst, erhalten wir die ganze Zahl, die das Paar $(0\times 0+1\times 1,\ 1\times 0+0\times 1)$ enthält, also $(1,0)$, und das ist die ganze Zahl 1.

Die Menge $\mathbb{Z}$ der ganzen Zahlen bildet, mit Addition und Multiplikation versehen, einen kommutativen Ring, das heißt, diese Operationen besitzen die üblichen Eigenschaften (Assoziativität, Kommutativität, neutrales Element, Distributivität), und außerdem hat jede Zahl eine Inverse (siehe RING). Man kann also stets die Zahl b von der Zahl a abziehen, auch wenn a und b ganze Zahlen sind.

Die rationalen Zahlen

In der Menge der natürlichen Zahlen und in der Menge der ganzen Zahlen kann man die Zahl a nur dann durch b teilen, wenn a ohne Rest durch b teilbar ist. So ist es dort unmöglich, 11 durch 3 zu teilen. Aber es ist erforderlich, dass man auch solche Teilungen vornehmen kann, zum Beispiel, wenn man elf Scheiben Käse auf drei Personen aufteilen muss. In diesem Fall bekommt niemand eine ganze Zahl von Scheiben; vielmehr erhält jeder zunächst einmal drei ganze Scheiben und dann noch einmal zwei Drittel von den restlichen zwei Scheiben.

Für Operationen dieser Art bedarf es der Konstruktion neuer Zahlen, die als rationale Zahlen bezeichnet werden und deren Aufgabe es ist, das Ergebnis solcher Divisionen zu sein (z. B. eine neue Zahl 11/3 als Ergebnis der Teilung von 11 durch 3). Die ganzen Zahlen sind lediglich spezielle rationalen Zahlen.

Die Ägypter benutzten die rationalen Zahlen schon im zweiten Jahrtausend vor unserer Zeitrechnung. Aber sie kannten nur die Kehrwerte der ganzen Zahlen 1/2, 1/3 usw. (und seltsamerweise auch 2/3), nicht aber 3/4 oder 4/5.

Die griechischen Mathematiker benutzten die rationalen Zahlen nicht explizit. Dank ihrer Proportionenlehre konnten sie zwar sagen, die Zahlen 14 und 21 verhielten sich zueinander wie die Zahlen 2 und 3, nicht aber, das Verhältnis dieser beiden Zahlen sei 2/3. Diese Formulierung finden wir erst im 3. Jahrhundert unserer Zeitrechnung bei Diophantos. Und dort liegt zweifellos die eigentliche Geburt der rationalen Zahlen.

Eine rationale Zahl ist durch zwei ganze Zahlen definiert, deren Teilung die betreffende Zahl ergibt. So ist die Zahl 11/3 durch die Zahlen 11 und 3 definiert. In einem ersten Versuch könnte man eine rationale Zahl als Bruch definieren, das heißt als Paar von ganzen Zahlen, etwa die Zahl 11/3 als das Paar $(11,3)$. Aber die Teilung von 33 durch 9 ergibt dieselbe Zahl wie die Teilung von 11 durch 3. Das Paar $(33,9)$ definierte daher dieselbe rationale Zahl wie das Paar $(11,3)$. Deshalb kann man rationale Zahlen, wie schon im vorangegangenen Abschnitt die ganze Zahlen, nicht als Zahlenpaar, sondern nur als Menge von Paaren definieren. Die Zahl 11/3 ist also definiert als die Menge
$\{(11,3), (22,6), (33,9), (-11,-3), \ldots\}$.

Eine Zahl durch 0 zu teilen hat keinen Sinn. Was könnte es bedeuten, wenn man 11 Käsescheiben unter null Personen aufteilen wollte. Daher schließt man die Teilung durch 0 aus der Definition der rationalen Zahlen aus. Es gibt also keine Zahl 1/0. Außerdem ergäbe diese Zahl, mit 0 multipliziert, 1, und dadurch ginge die Eigenschaft der Multiplikation verloren, wonach eine Multiplikation mit 0 stets 0 ergibt. Jede rationale Zahl enthält ein einziges Paar, dessen zweiter Bestandteil eine positive Zahl ist, und zwar der Art, dass die beiden Bestandteile nur noch durch sich selbst und durch 1 oder −1 geteilt werden können. Dieses Paar wird als die reduzierte (gekürzte) Form der rationalen Zahl bezeichnet. So ist das Paar $(11,3)$ die reduzierte Form von 22/6, 33/9, 110/30 usw.

Die Zahl $a+b$ ist die rationale Zahl, die aus den Paaren der Form $(nq+mp, pq)$ gebildet ist, wobei (n,p) und (m,q) Elemente von a bzw. b sind. Ist a eine rationale Zahl, die das Paar (n,p) enthält, und addiert man zu a die rationale Zahl b hinzu, die das Paar $(-n,p)$ enthält, so erhält man 0. Die Zahl b wird als Inverse der Zahl a bezeichnet. Die Zahl $a-b$ lässt sich entweder direkt definieren oder als die Zahl, die man erhält, wenn man die Zahl a mit der Inversen von b addiert. Addiert man die Zahl $a-b$ und die Zahl b, erhält man a.

Die Zahl $a \times b$ oder ab ist die rationale Zahl, die die Paare der Form $(nm-pq)$ enthält, wobei (n,p) und (m,q) Elemente von a bzw. b sind. Ist a eine rationale Zahl, die das Paar (n,p) enthält, und multipliziert man a mit der rationalen Zahl b, die das Paar (p,n) enthält, so erhält man 1. Die Zahl b wird als Kehrwert von a bezeichnet. Die Zahl a/b kann entweder direkt definiert werden oder als die Zahl, die man erhält, indem man a mit dem Kehrwert von b multipliziert. Multipliziert man a/b mit der Zahl b, erhält man a.

Die Menge $\mathbb{Q}$ der rationalen Zahlen bildet, mit Addition und Multiplikation ausgestattet, einen kommutativen Körper, das heißt, diese Operationen besitzen die üblichen Eigenschaften (Assoziativität, Kommutativität, neutrales Element, Distributivität); außerdem hat jede Zahl ihre Inverse, und jede von 0 verschiedene Zahl hat einen Kehrwert (siehe Ring). Man kann also stets die Zahl b von der Zahl a abziehen, und man kann a durch b teilen, sofern b nicht gleich 0 ist.

Die reellen Zahlen

Die Mathematiker der Antike benutzen die Zahlen, um das Verhältnis zwischen geometrischen Größen zu messen, nicht aber zur Messung dieser Größen selbst. Die Pythagoräer glaubten möglicherweise, das Verhältnis zwischen geometrischen Größen lasse sich stets durch ein Verhältnis zwischen ganzen Zahlen ausdrücken. So würde verständlich, dass sie es als Katastrophe empfanden, als man im 6. Jahrhundert vor unserer Zeitrechnung entdeckte, dass sich das Verhältnis zwischen der Diagonalen und der Seite eines Quadrats nicht als Verhältnis zweier ganzer Zahlen ausdrücken lässt.

Das veranlasste sie allerdings nicht, eine neue Zahl $\sqrt{2}$ einzuführen, denn Zahl und geometrische Größe waren für sie ganz verschiedene Begriffe. Für eine Annäherung beider Begriffe sorgten erst die arabischen Algebraiker des Mittelalters, die auf geometrischen Größen in ähnlicher Weise Operationen definierten wie auf Zahlen. Aber erst Ende des 17. Jahrhunderts wurden geometrische Größen im vollen Sinne zu Zahlen. Damals war man gezwungen, den rationalen Zahlen die Zahl $\sqrt{2}$ hinzuzufügen, also die Länge der Diagonalen eines Quadrats mit der Seitenlänge 1. Die Erfindung der Logarithmen im 17. Jahrhundert führte gleichfalls zu Zahlen, die sich nicht als Verhältnis zweier ganzer Zahlen ausdrücken lassen (siehe EXPONENTIALFUNKTION).

Anfang des 18. Jahrhunderts erschienen unter anderem in Werken von José Anastacio da Cunha und Bernhard Bolzano neue Definitionen von Zahlen als Summen unendlich vieler rationaler Zahlen (siehe REIHE), das heißt als Approximation durch eine Folge rationaler Ausdrücke. So lässt sich die Zahl e^x (siehe EXPONENTIALFUNKTION) definieren durch die Reihe

$$e^x = 1 + x + \frac{1}{1 \times 2}x^2 + \frac{1}{1 \times 2 \times 3}x^3 + \ldots$$

das heißt als Approximation durch die Folge

$$1,\ 1 + x,\ 1 + x + \frac{1}{1 \times 2}x^2, \ldots$$

Die beiden Motive für die Konstruktion neuer Zahlen (die zahlenmäßige Erfassung irrationaler geometrischer Größen und die Definition von Zahlen durch Approximation) überschneiden sich: So lässt sich die Zahl $\sqrt{2}$ auch als Folge von Näherungswerten definieren. Ende des 19. Jahrhunderts prägten Richard Dedekind und Charles Méray den Begriff der reellen Zahl für Zahlen, die durch Folgen von Näherungswerten definiert sind.

In der Menge der rationalen Zahlen entwickeln sich sämtliche Ausdrücke der Folge 0; 0,1; 0,12; 0,121; 0,1211; 0,12112; 0,121121; 0,1211211; 0,12112111; 0,121121112; 0,1211211121 zwischen 0 und 1; aber nach dem ersten Glied liegen sämtliche Ausdrücke zwischen 0,1 und 0,2; und nach dem zehnten Glied zwischen 0,1211211121 und 0,1211211122, also in einem Intervall der Breite 0,0000000001. Das Intervall, in dem die Folge sich entwickelt, lässt sich beliebig klein machen, sofern man hinreichend weit in der Folge voranschreitet. Dennoch besitzt diese Folge keinen Grenzwert in der Menge der rationalen Zahlen, denn die Dezimalentwicklung dieses Grenzwerts müsste lauten: 0,121121112111121111112…, und keine rationale Zahl besitzt diese nichtperiodische Dezimalentwicklung (es gibt keine Zahlengruppe, die sich ständig wiederholt, denn die Zahl der Einsen erhöht sich bei jedem Schritt um 1).

Anders gesagt, die Summe unendlich vieler rationaler Zahlen

$$\frac{1}{10} + \frac{2}{100} + \frac{1}{1000} + \frac{1}{10000} + \frac{2}{100000} + \ldots$$

ergibt keine rationale Zahl, so klein man das Intervall auch wählen mag, in dem die mit der Folge 1/10, 2/100, 1/1000 … verknüpfte Folge sich entwickelt.

Solche Folgen, deren Variation immer kleiner wird, bezeichnet man als Cauchyfolgen. Manche Cauchyfolgen scheinen sich einer Zahl anzunähern, die nicht zur Menge der rationalen Zahlen gehört. Es gibt Cauchyfolgen, die innerhalb der Menge der rationalen Zahlen keinen Grenzwert besitzen. Man sagt, die Menge der rationalen Zahlen ist nicht »vollständig«.

Man kann sich solche Cauchyfolgen veranschaulichen, indem man ein Objekt abmisst, zum Beispiel mit einem Lineal von einem Meter Länge. Zunächst zählt man, wie oft man das Lineal an das Objekt anlegen kann (siehe *Abbildung 1*).

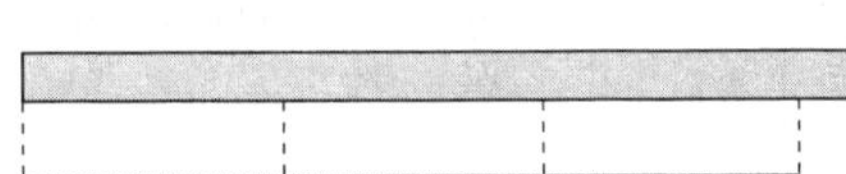

Abbildung 1

In unserem Beispiel kann man es drei Mal anlegen, das heißt, die zu messende Größe liegt zwischen 3 und 4 Metern. Nun unterteilt man das Lineal in zehn gleiche Teile und zählt, wie oft man ein Teilstück an die restliche Länge des Objekts anlegen kann (siehe *Abbildung 2*).

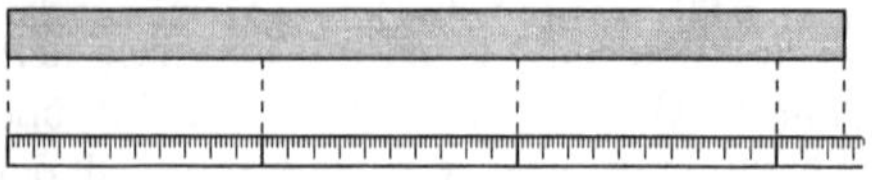

Abbildung 2

In unserem Beispiel kann man es zwei Mal anlegen, das heißt, die zu messende Größe liegt zwischen 3,2 und 3,3 Metern. In der Theorie kann man diesen Vorgang beliebig oft wiederholen und erhält so eine Folge immer genauerer Approximationen an den zu messenden Wert. Die Variationen dieser Folge werden immer kleiner; es handelt sich also um eine Cauchyfolge. In manchen Fällen entspricht die gemessene Länge nach einigen Messungen genau einer ganzen Zahl von Teilstücken des Lineals; in anderen Fällen ist die Folge der Anzahl von Teilstücken periodisch und die Folge besitzt einen rationalen Grenzwert. Im Allgemeinen jedoch gibt es keinen Grund, weshalb die Folge der Anzahl von Teilstücken periodisch sein sollte.

Daher fügt man den rationalen Zahlen weitere Zahlen hinzu, die dafür sorgen, dass jede Cauchyfolge einen Grenzwert besitzt. Insbesondere fügt man den rationalen Zahlen eine Zahl x hinzu, deren Aufgabe es ist, der Grenzwert unserer Beispielsfolge zu sein.

Auf das Wesen eines mathematischen Objekts kommt es weniger an als auf die Relationen, die zwischen ihm und anderen mathematischen Objekten bestehen. Für die Zahl x sind die Cauchyfolgen wichtig, die eine Approximation dieses Werts darstellen. Daher kann man die Zahl x auch als Menge dieser Folgen definieren. Die Menge enthält unter anderem die oben beschriebene Folge, aber auch alle anderen Folgen, deren Differenz zu der genannten Folge gegen 0 konvergiert, zum Beispiel die Folge 1; 0,2; 0,13; 0,122; 0,1212 …

Allgemein kann man eine reelle Zahl definieren als Menge aller Cauchyfolgen, für die gilt, dass die Differenz zwischen je zwei Folgen gegen 0 konvergiert.

Unterschiedliche Approximationsbegriffe führen zu unterschiedlichen, aber äquivalenten Konstruktionen. In der Tradition Richard Dedekinds ist die Approximation einer reellen Zahl keine Folge, sondern eine rationale Zahl, die kleiner als die betreffende Zahl ist. So sind die Zahlen –3000; 0; 0,1; 0,05; 0,111; –4; 0,12; 0,12111111 Approximationen der oben genannten Zahl x. Eine reelle Zahl ist danach definiert als die Menge aller rationalen Zahlen, die kleiner als diese Zahl sind. Die Zahl x zum Beispiel ist definiert als die Menge aller rationalen Zahlen, die kleiner als irgendein Glied der Folge 0; 0,1; 0,12; 0,121; … sind.

Andere Varianten definieren die reellen Zahlen als unendliche Dezimalentwicklungen oder als Folgen von Intervallen. Doch all diese Definitionen sind äquivalent, das heißt, sie ergeben Objekte, die dieselben Eigenschaften besitzen, auch wenn sie sich in ihrem Wesen unterscheiden.

Die Menge $\mathbb{R}$ der reellen Zahlen ist ein vollständiger kommutativer Körper, das heißt, jede Cauchyfolge besitzt einen Grenzwert innerhalb dieser Menge, und zwar nicht nur Cauchyfolgen aus rationalen Zahlen, sondern auch solche aus reellen Zahlen. Die Eigenschaft der Vollständigkeit kann man auch umschreiben, indem man sagt, jede wachsende, nach oben beschränkte Folge besitzt in der betreffenden Menge einen Grenzwert, oder jede nach oben beschränkte Teilmenge dieser Menge besitzt eine kleinste obere Schranke.

Die Zahl $\sqrt{2}$ ist eine reelle Zahl. Wollte man den rationalen Zahlen eine Zahl $\sqrt{2}$ hinzufügen, deren Quadrat gleich 2 ist, läge diese Zahl zwischen 1 und 2 (weil das Quadrat von 1 gleich 1 und das Quadrat von 2 gleich 4 ist). Diese Eingrenzung ließe sich schrittweise verfeinern, indem man sagt, die Zahl liege zwischen 1,4 und 1,5 (weil das Quadrat von 1,4 gleich 1,96 und das von 1,5 gleich 2,25) ist, dann zwischen 1,41 und 1,42, zwischen 1,414 und 1,415 usw. Auf diese Weise erhält man die Cauchyfolge 1; 1,4; 1,41; 1,414; 1,4142; …; ihr Grenzwert ist eine reelle Zahl, deren Quadrat gleich 2 ist.

Allgemein gilt für die Menge der reellen Zahlen, dass eine stetige Funktion (siehe STETIGKEIT), die das Vorzeichen wechselt, an irgendeiner Stelle gleich 0 ist (Zwischenwertsatz). Das gilt auch für die Funktion $x \longmapsto x^2-2$. (Beschränkt man sich dagegen auf die rationalen Zahlen, weist die x-Achse zahlreiche Lücken auf, und durch eine dieser Lücken geht die Funktion.) Die Gleichung $x^2=2$ hat daher eine Lösung (siehe *Abbildung 3*).

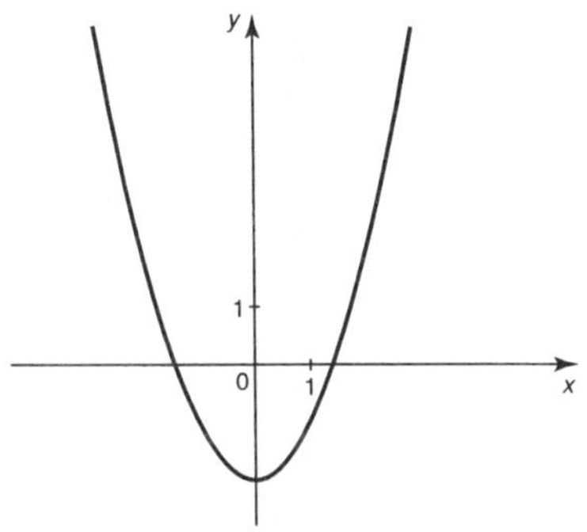

Abbildung 3 Die Funktion $x \longmapsto x^2-2$

Eine reelle Zahl, die nicht rational ist, zum Beispiel $\sqrt{2}$, wird als irrational bezeichnet. Manche reellen Zahlen wie 2 oder $\sqrt{2}$ sind Lösungen einer algebraischen Gleichung mit ganzzahligen Koeffizienten ($x=2$ bzw. $x^2=2$); man bezeichnet sie daher als algebraische Zahlen. Reelle Zahlen, die nicht algebraisch sind, bezeichnet man als transzendent. Im 19. Jahrhundert bewies Joseph Liouville die Existenz transzendenter reeller Zahlen, indem er zeigte, dass es reelle Zahlen gibt, die nicht algebraisch sind. In der Folgezeit bewiesen dann Charles Hermite 1873 und Ferdinand von Lindemann 1882, dass die Zahl e und die Zahl π transzendent sind (siehe EXPONENTIALFUNKTION und PI).

Die komplexen Zahlen

Die Konstruktion der komplexen Zahlen geht auf das Bedürfnis zurück, den reellen Zahlen weitere Zahlen hinzuzufügen, so dass alle algebraischen Gleichungen, zum Beispiel auch $x^2=-1$, eine Lösung haben. Eine Menge von Zahlen, in der alle algebraischen Gleichungen eine Lösung haben, bezeichnet man als »algebraisch abgeschlossen«.

Während die ganzen, rationalen und reellen Zahlen als durchaus natürliche und anschauliche Erweiterungen der natürlichen Zahlen erscheinen (auch wenn man nicht unterschätzen darf, welches Maß an Abstraktion etwa für die Konstruktion der negativen Zahlen erforderlich ist), erscheint die Konstruktion der komplexen Zahlen (die man früher »imaginäre« Zahlen nannte) als weitaus abstrakter und sogar als willkürlich. Warum sollten denn algebraische Gleichungen stets eine Lösung haben? Die komplexen Zahlen lassen sich weder mit dem Gedanken des Abzählens noch mit dem des Messens verbinden. Zunächst könnten sie daher als Zahlen erscheinen, die man zwar konstruieren und untersuchen kann, für die aber keine Notwendigkeit besteht. Bei genauerem Hinsehen erkennt man jedoch, dass die komplexen Zahlen sich gut zur Analyse der reellen Zahlen eignen, so dass sie von daher eine nachträgliche Rechtfertigung erhalten.

Eine Gleichung zweiten Grades der Form $ax^2+bx+c=0$ besitzt nur dann reelle Lösungen, wenn ihre Diskriminante ($\Delta = b^2-4ac$) positiv ist. In diesem Fall lauten die Lösungen

$$\frac{-b-\sqrt{\Delta}}{2a} \quad \text{und} \quad \frac{-b+\sqrt{\Delta}}{2a}$$

So hat die Gleichung $x^2-6x+8=0$ zwei Lösungen:

$$\frac{6-\sqrt{4}}{2}$$

und

$$\frac{6+\sqrt{4}}{2}$$

also 2 und 4. Die Gleichung $x^2-6x-10=0$ hat dagegen keine reelle Lösung, denn ihre Diskriminante -4 ist negativ. Akzeptiert man jedoch $\sqrt{-4}$, so lösen die Zahlen $3-(\sqrt{-4}/2)$ und $3+(\sqrt{-4}/2)$ das Problem. Ersetzt man nämlich in der Gleichung $x^2-6x+10=0$ x durch einen dieser Werte, verschwindet der Ausdruck $\sqrt{-4}$, und die Rechnung ergibt tatsächlich 0.

Die Nützlichkeit solcher »unmöglichen« Lösungen, die im 16. Jahrhundert von Geronimo Cardano eingeführt wurden, war nicht auf Anhieb klar. Doch schon wenig später bemerkte Raffael Bombelli, dass bei der Lösung von Gleichungen dritten Grades gelegentlich Wurzeln negativer Zahlen auftreten und dann wieder verschwinden, so dass sich insgesamt eine reelle Lösung ergibt. Damit war bereits deutlich geworden, dass Wurzeln negativer Zahlen sich als Hilfsmittel zur Berechnung reeller Zahlen eignen.

Berücksichtigt man diese »unmöglichen« Lösungen, besitzen alle Gleichungen zweiten Grades zwei Lösungen (die unter Umständen zusammenfallen). Anfang des 17. Jahrhunderts stellte Albert de Girard die These auf, dass jede Gleichung n-ten Grades n Lösungen besitzt: Hat eine Gleichung n-ten Grades weniger als n Lösungen, braucht man sich nur neue Zahlen wie $\sqrt{-4}$ vorzustellen, die definitionsgemäß die Lösung dieser Gleichungen sind.

Auf begrifflicher Ebene erfolgte der Sprung, der die eigentliche Geburt der komplexen Zahlen bedeutete, im 17. Jahrhundert, als der Abbé de Gua 1741, Leonhard Euler 1743 und Jean Le Rond d'Alembert 1746 zu beweisen versuchten, dass die Lösungen algebraischer Gleichungen mit reellen Koeffizienten stets die Form $a + b\sqrt{-1}$ haben; diesen Beweis erbrachte Carl Friedrich Gauß 1799. Unter diesen Umständen ist es nicht notwendig, für jede Gleichung neue Lösungen einzuführen. Es genügt, ein für allemal eine einzige Zahl, nämlich $i = \sqrt{-1}$ für die Gleichung $x^2 = -1$ einzuführen. Außerdem zeigte Gauß, dass algebraische Gleichungen mit komplexen Koeffizienten (zum Beispiel $x^2 = i$) ebenfalls stets eine komplexe Lösung haben. Die Menge $\mathbb{C}$ der komplexen Zahlen ist also algebraisch abgeschlossen.

Eine Konsequenz aus dieser Erkenntnis ist der Satz über die Faktorzerlegung von Polynomen mit reellen Koeffizienten, wonach sich Polynome dieser Art stets in ein Produkt aus Polynomen ersten und zweiten Grades zerlegen lassen. In der Formulierung dieses Satzes kommen die komplexen Zahlen nicht vor, aber bei seinem Beweis spielen sie eine Rolle. Zwar sind sie dort nicht unverzichtbar, aber sie vereinfachen die Beweisführung und erhöhen die Anschaulichkeit des Ergebnisses.

1748 erweiterte Leonhard Euler die Definition der Exponentialfunktion auf komplexe Zahlen und zeigte, dass man Sinus und Kosinus auf der Basis der komplexen Exponentialfunktion definieren kann (siehe Trigonometrie). Sinus und Kosinus sind Funktionen, die reellen Zahlen reelle Zahlen zuordnen, doch bei ihrer Definition greift man auf komplexe Zahlen zurück. Auch hier sind die komplexen Zahlen nicht unverzichtbar, aber sie erleichtern das Verständnis dieser Funktionen.

Im 18. Jahrhundert waren die komplexen Zahlen schon keine Kuriositäten mehr, deren Nutzen sich auf Gleichungen dritten Grades beschränkte, sondern wertvolle Hilfsmittel zur Erforschung der reellen Zahlen.

Wie werden nun die komplexen Zahlen konstruiert? Da jede komplexe Zahl in der Form $a + ib$ geschrieben werden kann, definierte William Rowan Hamilton solch eine Zahl zu Beginn des 19. Jahrhunderts als das reelle Zahlenpaar (a, b). Die komplexe Zahl 1 ist danach das Paar $(1, 0)$, die komplexe Zahl i das Paar $(0, 1)$. Die Zahl $(a, b) + (c, d)$ ist definiert als das Paar $(a+c, b+d)$, die Zahl $(a, b)(c, d)$ als das Paar $(ac-bd, ad+bc)$. Die Zahl i ist das Paar $(0, 1)$. Ihr Quadrat i^2 ist demnach das Paar $(-1, 0)$, also die Zahl -1.

Jenseits der komplexen Zahlen

Lassen sich auch jenseits der komplexen Zahlen noch weitere Zahlen konstruieren? Wie der Satz von Frobenius zeigt, ist das ausgeschlossen: Die einzigen kommutativen Körper, die die Menge $\mathbb{R}$ enthalten, sind $\mathbb{R}$ selbst und $\mathbb{C}$, die Menge der komplexen Zahlen. Lässt man die Kommutativität der Multiplikation fallen (also die Eigenschaft, wonach ab stets gleich ba ist), gibt es noch eine dritte Menge, nämlich die Menge $\mathbb{H}$ der Hamiltonquaternionen, deren Elemente aus Quadrupeln reeller Zahlen bestehen (wie die komplexen Zahlen aus Paaren reeller Zahlen bestehen). Lässt man die Assoziativität der Multiplikation fallen (also die Eigenschaft, wonach $a(bc)$ stets gleich $(ab)c$ ist) oder die Existenz einer Division, kann man noch weitere Mengen konstruieren, aber ihre Eigenschaften entfernen sich so weit von denen der Zahlen, dass man sie nicht mehr als Zahlen bezeichnet. Eine gewisse Willkür und das Gewicht der Tradition haben dafür gesorgt, dass man bestimmte mathematische Objekte als Zahlen bezeichnet, andere dagegen nicht.

Zahlen, algebraische

→ ***algebraische Zahlen***

Zahlen, Gesetz der großen

→ ***Gesetz der großen Zahlen***

Zahlen, p-adische

→ ***p-adische Zahlen***

Zahlensysteme

Zur Vorbereitung: ***Zahlen***
Zur Vertiefung: ***Komma***

Die kleinen natürlichen Zahlen null, eins, zwei … haben einen eigenen Namen und ein eigenes Symbol: 0, 1, 2 …; aber da es unendlich viele natürliche Zahlen gibt, kann man ihnen unmöglich allen einen eigenen Namen und ein eigenes Symbol geben.

Die einfachste Möglichkeit, die natürlichen Zahlen mit einer endlichen Zahl von Symbolen zu schreiben, besteht darin, für die Zahl n insgesamt n Striche nebeneinander zu schreiben. Für die Zahl sechs schreibt man dann IIIIII. Bei großen Zahlen kommen natürlich sehr viele Striche zusammen; für die Zahl eine Million benötigte man zum Beispiel 500 Seiten und für die Zahl eine Milliarde tausend Bände mit jeweils 500 Seiten.

Ökonomischer ist es da, die Striche zu Paketen zusammenzufassen, etwa zu Paketen von jeweils zehn Strichen. Für dieses Paket kann man dann ein neues Symbol einführen, zum Beispiel X, wie die Römer es getan haben. Es liegt nahe, auch Pakete wiederum zu Paketen zusammenzufassen und zum Beispiel für ein Paket aus zehn Paketen zu jeweils zehn Strichen ein neues Symbol C einzuführen, für zehn solcher Pakete wieder ein neues Symbol M usw. Bei dieser, der römischen Schreibung ähnlichen Notation würde die Zahl zweitausenddreihunderteins dann folgendermaßen geschrieben: MMCCCI.

Noch ökonomischer ist es, wie die Chinesen die Tatsache zu nutzen, dass bei einer Zusammenfassung zu jeweils zehn Paketen die Zahl der in einer Gruppe enthaltenen Pakete niemals neun übersteigt (weil zehn Pakete zu einer neuen Gruppe zusammengefasst werden); daher kann man die Pakete einer solchen Gruppe durch die Symbole 0, 1, 2, 3, 4, 5, 6, 7, 8, 9 kennzeichnen, die als Ziffern bezeichnet werden. Die Zahl zweitausenddreihunderteins schriebe sich dann: 2M 3C 1I.

Die Einteilung in Pakete hat allerdings den Nachteil, dass auch hier unendlich viele Symbole benötigt werden, und zwar nicht, um die Anzahl der Pakete innerhalb einer Gruppe zu kennzeichnen, denn dazu reichen die Ziffern 0 bis 9 aus, sondern zur Kennzeichnung der Gruppen: I, X, C, M usw. Um dem zu entgehen, kennzeichnet man die durch Zusammenfassung zu Paketen entstehenden Gruppen nicht durch eigene Symbole, sondern durch die Stellung der Ziffer in der Notation der Zahl. So folgen von rechts nach links: die Zahl der Einheiten, die Zahl der Pakete zu zehn Einheiten, die Zahl der Pakete zu zehn Paketen zu jeweils zehn Einheiten usw. Die Zahl zweitausenddreihunderteins schreibt sich dann: 2301.

Die Ziffer 0, die bei den übrigen Schreibweisen überflüssig war, spielt hier eine entscheidende Rolle. Ohne diese Ziffer wäre es kaum möglich, die Zahl zweitausenddreihunderteins von der Zahl zweitausendeinunddreißig zu unterscheiden. Nur die ganz links stehenden Nullen sind überflüssig, denn sie bestimmen nicht die Stellung einer von 0 verschiedenen Ziffer. Die Ziffer 0 wurde übrigens lange vor der Zahl 0 erfunden (siehe NULL).

Die auf der Stellung basierende Schreibweise verknüpft als drei Gedanken:
- die Zusammenfassung zu Paketen,
- die Markierung der Anzahl der Pakete durch Ziffern,
- die Kennzeichnung der Größe der Pakete durch ihre Stellung.

Diese Notation gestattet es, alle natürlichen ganzen Zahlen mit einer endlichen Zahl von Symbolen zu schreiben, ohne für die gebräuchlichen Zahlen gewaltige Zeichenketten produzieren zu müssen; für die Zahl eine Million benötigt man lediglich sieben Ziffern und für die Zahl eine Milliarde zehn (natürlich gibt es auch hier Zahlen, für die man Millionen oder Milliarden Ziffern benötigt).

Die Wahl der Basis zehn, also die Entscheidung, zehn Striche zu einem Paket zusammenzufassen und nicht etwa zwölf, ist vollkommen willkürlich. Computer zum Beispiel rechnen mit der Basis zwei. Bei der Basis zwei übersteigt die Zahl der Pakete niemals 1, so dass man nur zwei Ziffern benötigt, 0 und 1. Die Zahl 2 des Dezimalsystems wird im binären System 10 geschrieben, und die Zahl 1789 des Dezimalssystems schreibt sich im Binärsystem 11011111101. Die binäre Arithmetik ist besonders einfach, weil die Tabelle der Grundoperationen sehr kurz ausfällt:

$0+0=1$

$0+1=1+0=1$

für die Addition,

$0\times 0=0\times 1=1\times 0=0,$

$1\times 1=1$

für die Multiplikation.

In der INFORMATIK benutzt man gelegentlich das Hexadezimalsystem, das mit der Basis sechzehn arbeitet. Bei dieser Basis benötigt man sechzehn Ziffern. Daher fügt man den üblichen zehn Ziffern die Symbole A, B, C, D, E und F für zehn, elf, zwölf, dreizehn, vierzehn und fünfzehn hinzu. Die Basis sechzig findet sich in unserer Zeitmessung, die mit Stunden, Minuten und Sekunden arbeitet, sowie bei der Einteilung der WINKEL in Grad. Diese Tradition geht auf die Astronomen zurück, die im Anschluss an die Mathematiker des antiken Babyloniens noch lange Zeit mit der Basis sechzig rechneten.

Oberhalb der Stunde wird unsere Zeitrechnung etwas komplizierter: Sechzig Sekunden sind eine Minute, sechzig Minuten eine Stunde, aber der Tag besteht nur aus vierundzwanzig Stunden, der Monat aus achtundzwanzig bis einunddreißig Tagen, das Jahr aus zwölf Monaten …

Rationale und reelle Zahlen

Zur Vorbereitung: ***Folge; Grenze, Grenzwert; Reihe***

Die beschriebene Zählweise lässt sich auch über die natürlichen Zahlen hinaus fortführen. Während die ganzen Zahlen keine Probleme bereiten (die positiven ganzen Zahlen schreibt man wie die natürlichen Zahlen, die negativen werden mit einem Minuszeichen als Vorzeichen ausgestattet), ist die Darstellung der rationalen Zahlen als Bruchzahlen nicht immer besonders praktisch, denn es fällt manchmal schwer, sich eine Vorstellung von der Größenordnung der betreffenden Zahl zu machen. So ist nicht auf Anhieb klar, dass 11/3 eine Zahl ist, die zwischen 3 und 4 liegt. Man könnte zum Beispiel schreiben wollen, dass diese Zahl gleich 3 plus 2/3 ist. Oder dass 2/3 zwischen 6 und 7 Bruchteilen der Einheit (eins) liegt, wobei man diese Bruchteile erhält, indem man die Einheit in zehn gleiche Teile unterteilt (wie man umgekehrt zehn Einheiten zu einem Paket zusammenfasst). 2/3 von eins sind dann gleich 20/3 eines Bruchteils, also gleich sechs Bruchteilen und 2/3 eines Bruchteils, die man wiederum aufspalten kann. Die Zahl 11/3 ist dann gleich drei Einheiten und 6 Bruchteilen und 6 Bruchteilen eines Bruchteils und 6 Bruchteilen eines Bruchteils eines Bruchteils …

$11/3 = 3 + (6/10) + (6/100) + (6/1000) + \ldots,$

und dafür schreibt man:

$11/3 = 3{,}666666\ldots$

Diese Schreibweise als »Kommazahl« ist seit dem 12. Jahrhundert in Gebrauch.

Bei manchen Zahlen ist der Rest nach einigen Divisionen gleich 0. Die Zahl 27/24 etwa ist gleich einer Einheit, einem Bruchteil, zwei Bruchteilen eines Bruchteils und fünf Bruchteilen des Bruchteils eines Bruchteils; man schreibt daher 1,125. Andere Rationalzahlen wie 11/3 ergeben dagegen eine unendliche Dezimalzahl. Bei Rationalzahlen ist diese Dezimalzahl stets periodisch, das heißt, eine bestimmte Ziffer (wie in unserem Beispiel 6) oder eine Ziffernfolge wiederholt sich unendlich oft.

Will man die rationalen Zahlen in dieser Weise schreiben, muss man der Addition einer unendlichen Anzahl von Zahlen einen Sinn geben, zum Beispiel dem Ausdruck

$3 + (6/10) + (6/100) + (6/1000) + \ldots$

Diese Zahl ist definiert als Grenzwert der mit der Folge 3, 6/10, 6/100, 6/1000 … verbundenen Reihe, das heißt als Grenzwert der Folge 3; 3,6; 3,66 3,666 …

Die reellen Zahlen lassen sich sämtlich in Form einer unendlichen Dezimalzahl schreiben, die nicht mehr notwendig periodisch ist. Alle unendlichen Dezimalzahlen konvergieren gegen eine reelle Zahl, denn die von ihnen definierte Reihe ist eine Cauchy-Folge. So bezeichnet die unendliche, nichtperiodische Dezimalzahl 0,12112111211112 ... (bei der die Anzahl der Einsen bei jedem Schritt um 1 zunimmt) eine reelle Zahl, die den Grenzwert der Folge 0; 0,1; 0,12; 0,121; 0,1211 ... bildet.

Zwei verschiedene reelle Zahlen haben unterschiedliche unendliche Dezimalentwicklungen. Eine unendliche Dezimalzahl steht also für eine einzige reelle Zahl. Umgekehrt haben reelle Zahlen in der Regel eine einzige unendliche Dezimalentwicklung. Nur Zahlen mit endlicher Dezimalentwicklung haben zwei unendliche Dezimaldarstellungen, eine mit der Periode 0, die andere mit der Periode 9. Die Zahl 1 zum Beispiel lässt sich auf zwei Arten schreiben: 1,0000 ... oder 0,9999 ...

Zeichen und Symbol

Zur Vertiefung: ***Darstellung von Wissen; Ikone, Icon; Wissen und Maschine***

In der griechischen Antike bezeichnete man als Symbol ein Kennzeichen, das als materieller Zeuge einer alten Freundschaft, einer geschuldeten Gastfreundschaft oder eines Vertrages diente. Diese Verwendung hat sich in gewissem Maße bis in unsere Alltagssprache gehalten: Eine Fahne, eine Lilie oder die Rose sind insofern Symbole, als sie sinnbildlich für andere Gegebenheiten stehen – für die nationale Einheit, die Legitimität der Monarchie oder die sozialistische Großzügigkeit. Allgemeiner lässt sich sagen, jeder Gegenstand und jedes Sinnbild, das aufgrund einer Analogie für etwas anderes steht, ist ein Symbol.

Ein Buchstabe, ein japanisches Schriftzeichen oder eine algebraische Gleichung stehen ebenfalls für etwas ihnen Äußerliches; allerdings besteht bei ihnen keinerlei Ähnlichkeit zwischen Bezeichnetem und Bezeichnendem: Welche Gemeinsamkeit gibt es zwischen dem Buchstaben *r* und dem Laut »err« oder zwischen der Zeichenfolge »$E = (1/2)mv^2$« und den tragischen Folgen eines Autounfalls bei hoher Geschwindigkeit? Diese Bezeichnungen nennt man Zeichen und nicht Symbole, weil sie nicht auf einer Analogie beruhen.

Die einzigen Gegebenheiten, die man in der Informatik kennt, sind Folgen aus 0 und 1, die sich als binäre ZAHLEN so interpretieren lassen, dass eine vollkommene Übereinstimmung besteht zwischen der Wirkung von Computerprogrammen, die diese Folgen umsetzen, und den von den Mathematikern den binären Zahlen zugewiesenen Operationen – zum Beispiel Addition, Multiplikation usw. Die Ähnlichkeit zwischen diesen Folgen und den binären Zahlen ist so groß, dass man durchaus von Symbolen sprechen kann.

Doch was nützt eine Übereinstimmung zwischen Zeichenfolgen aus 0 und 1 und mathematischen Theorien, selbst wenn sie vollkommen ist, so lange man daraus keine Beziehung zwischen den von Computern verarbeiteten Dingen und alltäglichen Gegebenheiten herzustellen vermag, zum Beispiel zu den Buchstaben des Alphabets oder Gegenständen unserer Umgebung wie Tischen, Stühlen oder Biergläsern? Daher hat man die Folgen aus 0 und 1 mit den äußeren Gegebenheiten in einen Zusammenhang gestellt, ohne sich um eine Übereinstimmung zu kümmern. Die meisten dieser Beziehungen beruhen auf willkürlichen Konventionen, also auf der Verwendung schlichter Zeichen – so zum Beispiel dann, wenn man beschließt, den Buchstaben *a* durch die Zahlenfolge »1001001« darzustellen, die nun kein Symbol mehr ist, sondern nur noch ein Zeichen.

Als man jedoch für die Entwicklung einer KÜNSTLICHEN INTELLIGENZ die vom Computer verarbeiteten Folgen aus 0 und 1 mit abstrakten Ideen wie der Idee von einem Bett, einer Mahlzeit, einem Arzt oder einem Menschen verknüpfen wollte, erwiesen sich diese Zeichen als unzureichend. Die Forscher suchen nun einen sinnvollen Kompromiss zwischen Zeichen und Symbol (siehe DARSTELLUNG VON WISSEN).

Bis dieser Kompromiss entwickelt ist, unterscheidet man verschiedene Verfahren, Informationen zu behandeln: einen so genannten symbolischen Ansatz wie die künstliche Intelligenz und so genannte numerische Ansätze, zu denen NEURONALE NETZE oder GENETISCHE ALGORITHMEN gehören. Demnach bestünde also zwischen Symbol und Zahl ein Gegensatz? Auf rein formaler Ebene spricht nichts dafür, da die Zahl nur ein Symbol mit besonderen Eigenschaften ist. Da das Symbol jedoch Assoziationen wachzurufen vermag, beruht seine Bedeutung teilweise auf einer psychischen Funktion, während die Zahl aus einem als objektiv geltenden Maß resultiert.

Zeit

Zur Vertiefung: ***Irreversibilität; Kausalität***

Ein einleuchtendes, aber schwer fassbares Konzept

Obwohl der Begriff der Zeit uns so vertraut scheint, führt er in alle möglichen Sackgassen und Paradoxa, deren Zahl zunimmt, je eingehender wir uns damit befassen.

Die erste Schwierigkeit, die schon der heilige Augustinus im 4. und 5. Jahrhundert aufzeigte, liegt in der Tatsache, dass das Wort »Zeit« praktisch nichts darüber sagt, was damit ausgedrückt werden soll. Obwohl es scheinbar etwas unmittelbar Erfahrbares bezeichnet, verliert es sich im Nebel, sobald man seinen Inhalt zu fassen sucht. Man kann versuchen, Zeit zu definieren: Sie ist das, was vergeht, wenn nichts passiert; sie ist das, was bewirkt, dass alles entsteht und vergeht; sie ist die Ordnung der aufeinander folgenden Dinge; oder angenehmer, sie ist das bequemste Mittel, das die Natur gefunden hat, damit nicht alles gleichzeitig passiert. Doch all diese Definitionsversuche setzen bereits die Idee der Zeit voraus oder enthalten sie. Es sind lediglich Metaphern, die dem Wesen der Zeit nicht gerecht werden können.

Eine zweite Schwierigkeit erwächst aus der Tatsache, dass wir uns nicht außerhalb der Zeit stellen können, wie wir es bei jedem anderen Gegenstand tun, den wir untersuchen möchten. Wir können die Zeit messen, aber wir können nicht zu ihr auf Distanz gehen, weil sie uns unaufhörlich betrifft. Wir sind unentrinnbar »in der Zeit«.

Eine dritte Schwierigkeit ist, dass die Zeit als Phänomen nicht sinnlich erfahrbar ist. Sie ist keine »Materie«, die wir mit einem unserer fünf Sinne wahrnehmen könnten. Die Erfahrungen von Höhlenforschern, die mehrere Monate von allen äußeren Zeitzyklen abgeschnitten in Höhlen gelebt haben und ausschließlich auf ihre biologischen Rhythmen zurückgeworfen waren, haben gezeigt, dass ein zuverlässiges Zeitempfinden unmöglich ist, wenn alle äußeren Anhaltspunkte verschwunden sind.

Es gibt mindestens zwei Arten von Zeit: die physikalische Zeit der Uhren und die subjektive Zeit des Bewusstseins. Die physikalische Zeit gilt als von uns unabhängig, gleichmäßig und messbar. Die subjektive Zeit, die wir gefühlsmäßig messen, hängt offenkundig von uns ab und verläuft nicht gleichmäßig: Sie ist sogar so variabel, dass der Begriff der erlebten Zeitdauer nur von sehr relativer Konsistenz ist. Wahrscheinlich gibt es keine zwei Menschen, die innerhalb einer bestimmten Zeit die gleiche Anzahl von Momenten zählen. Unsere psychologische Zeit ist elastisch. Ein Beleg ist die unterschiedliche Wahrnehmung von Kindern (für die ein Schuljahr eine endlose Zeitspanne darstellt) und Erwachsenen (für die ein Jahr eine mehr oder weniger lange, aber doch überschaubare Spanne ist).

Die Kluft zwischen diesen beiden Arten von Zeit scheint unüberwindlich. Alle Versuche, die Zeit der »Welt« aus der Zeit der »Seele« abzuleiten oder umgekehrt, sind offenbar zum Scheitern verurteilt. Die Schwierigkeiten tauchen bereits bei der Struktur der Gegenwart auf, die sich auf zwei verschiedene Arten abgrenzen lässt: als punktueller Augenblick, der auf einen Ausschnitt zwischen einem unbegrenzten Vorher und einem unbegrenzten Nachher reduziert ist, oder als lebendige Gegenwart, die von einer unmittelbaren Vergangenheit und einer unmittelbar bevorstehenden Zukunft erfüllt ist. Keine unserer Wahrnehmungen lässt die Alchimie erkennen, durch die eine Abfolge von Augenblicken zu einer Zeitdauer wird.

Physik und Zeit

Alle Wissenschaftler und insbesondere die Physiker sehen sich mit der Zeit konfrontiert. Es scheint merkwürdig, die Zeit mit der Physik in Verbindung zu bringen, da sie doch gerade die Zeit zu eliminieren versucht;

denn mit der Zeit verknüpft sich das Veränderliche, Instabile, Flüchtige, während die Physik Beziehungen erforscht, die sich einer Veränderung entziehen können. Selbst wenn sie sich mit Prozessen beschäftigt, die eine Geschichte und Evolution besitzen, geschieht dies, um Stoffe, Formen, Gesetze und Regelmäßigkeiten auszumachen, die von der Zeit unabhängig sind. In ihrem Bemühen, zu einem quasi göttlichen Blickwinkel auf die Natur zu gelangen, strebt die Physik das Unwandelbare und Unveränderliche an. In der Praxis stößt sie jedoch immer wieder auf die Zeit. Um zu sehen, wie dies geschieht, greifen wir auf die klassische Metapher zurück, die die Zeit mit einem Fluss vergleicht. Dieses Bild erinnert an Begriffe wie Fließen, Abfolge, Dauer, Irreversibilität, mit denen Physiker sich beschäftigen. Geht es um ein Fließen? Physiker fragen sich, ob das Fließen der Zeit elastisch ist oder nicht. Auf diese Frage gibt die klassische Physik eine andere Antwort als die RELATIVITÄTSTHEORIE, für die eine Zeitdauer, die zwei Ereignisse trennt, völlig relativ ist und vom Bezugspunkt abhängt, von dem aus man sie misst (siehe ZWILLINGSPARADOXON). Geht es um eine Dauer? Die Kosmologen wüssten gern, ob zur Zeit Anfang und Ende gehören wie zu einer Saite. Ebenso wie ein Fluss hat auch die Zeit eine Fließrichtung. Sie verläuft unweigerlich von der Vergangenheit zur Zukunft. Aber was ist mit den Phänomenen, die sich in der Zeit abspielen, fragen sich die Physiker. Kann sich ihre Richtung umkehren oder nicht? Das ist die berühmte Frage nach der Umkehrbarkeit oder Unumkehrbarkeit physikalischer Gesetze.

In der Physik verkörpert eine reale Zahl die Zeit, nämlich der Parameter *t*, der eindimensional ist (zu seiner Bestimmung genügt eine Zahl) und für den sich eine Fließrichtung festlegen lässt (er ist gerichtet). Eine solche Vorstellung von der Zeit geht unausgesprochen davon aus, dass es nur eine Zeit gleichzeitig gibt und dass diese Zeit kontinuierlich ist. Sie stützt sich auf unsere gesicherte innere Erfahrung, die uns manchmal mit überlappenden Ereignissen konfrontiert, aber niemals Lücken aufweist: Es kommt einfach nicht vor, dass keine Zeit vergeht. Im Gegensatz zum Raum, der drei Dimensionen hat, ist die Struktur der Zeit recht armselig. Sie weist nur zwei Variationen auf, die Linie und den Kreis, also die lineare Zeit, die geradlinig fortschreitet, oder die zyklische Zeit, die Schleifen macht. Diese zyklische Zeit herrschte, begünstigt vom magischen Charakter des Kreises, in Mythen vor, wurde von der Physik jedoch aufgegeben, weil sie gegen das so genannte Kausalitätsprinzip verstößt. Da dieses Prinzip besagt, dass eine Ursache ihren Wirkungen stets vorausgeht, setzt es eine in ihrer Struktur so geordnete Zeit voraus, dass man von jedem Punkt sagen kann, ob er sich vor oder hinter einem anderen Punkt befindet. Danach ordnen sich die Ereignisse zu einer nachträglich nicht mehr veränderbaren Kette. Man kann nicht in die Vergangenheit hineinwirken, um eine Sequenz bereits geschehener Ereignisse zu verändern. Da eine zyklische Zeit die Begriffe »Ursache« und »Wirkung« durcheinander bringt, bietet sie keine derartigen Garantien.

Geschichte und Gesetze

Der Zeitparameter findet sich in allen physikalischen Gleichungen. Man kann sich fragen, ob diese Allgegenwart nicht insofern unpassend ist, als die Physik, wie gesagt, zur Negierung der Zeit tendiert, indem sie sich auf jene »unveränderlichen Ideale« beruft, als die ihre Gesetze und Gleichungen gelten. Um diese Frage zu beantworten, müsste man überprüfen, wie das Konzept der Geschichte, das von einer sich im Laufe der Zeit verändernden Welt ausgeht, mit dem der Gesetzmäßigkeit verknüpft ist, das umgekehrt eine Unwandelbarkeit annimmt. Muss man die Welt eher als System oder als Geschichte sehen? In dieser Hinsicht ist die heutige Physik nach wie vor hin- und hergerissen zwischen zwei Grundpfeilern des (vorsokratischen) antiken Denkens: zwischen Parmenides, dem Philosophen des Seins und der grundlegenden Unwandelbarkeit, einerseits und Heraklit, dem Philosophen des Werdens und der Veränderlichkeit, andererseits. Diese Debatte hat die Physik über die Jahrhunderte hinweg in zwei Lager gespalten, zu denen auf der einen Seite Isaac Newton und Albert Einstein als Kämpfer für die Eliminierung der Zeit in der Physik und auf der anderen Seite jene Physiker gehören, die überzeugt sind, dass die Irreversibilität auf allen Ebenen der Physik vorhanden ist und es falsch wäre, sie zu vernachlässigen. Hat die Physik also die Aufgabe, das Unveränderliche zu beschreiben, oder muss sie vielmehr die Gesetzmäßigkeiten der Metamorphosen erforschen? Das ist eine Frage von sozusagen metaphyischer Reichweite.

Die Stellung der Zeit

Man kann sich auch fragen, ob diese Allgegenwart der Zeit Zeichen einer Universalität ist oder ob sich darin eine jeweils unterschiedliche Stellung der Zeit widerspiegelt. Handelt es sich immer um die gleiche Zeit, wenn sie in Gleichungen auftaucht? Ist die Zeit der THERMODYNAMIK die gleiche wie die der QUANTENPHYSIK oder der KOSMOLOGIE?

Die modernen Entwicklungen der Physik erschweren eine Antwort auf diese Fragen. Festzustellen ist, dass sich die Stellung der Zeit erheblich gewandelt hat. In ihren Anfängen entwickelte die Physik ein Konzept, nach dem die Zeit (zusammen mit dem Raum) den natürlichen Rahmen für das Auftreten von PHÄNOMENEN bildete. Später führten die Erfordernisse der Physik, insbesondere in Zusammenhang mit der Relativitätstheorie und der Kosmologie, zu einer Umkehrung dieser Sicht: Zeit und Raum sind demnach nicht der Rahmen oder die Form von Phänomenen, sondern werden selbst von den physikalischen Phänomenen definiert und determiniert.

Zelldifferenzierung

Zur Vertiefung: ***Meiose; Mutation***

Vielzellige Organismen wie Tiere und Pflanzen entwickeln sich ausgehend vom befruchteten Ei, der ZYGOTE, die aus der Verschmelzung der beiden GAMETEN, Ei und Spermium, hervorgegangen ist. Diese Entwicklung erfolgt über eine Reihe sukzessiver ZELLTEILUNGEN (siehe MITOSE), in deren Verlauf sich beim Embryo und später beim ausgewachsenen Organismus unterschiedliche Arten von Körperzellen oder somatischen Zellen herausbilden. Dieser Differenzierungsprozess hängt von der räumlich und zeitlich genauestens koordinierten Funktion bestimmter Gen-Gruppen ab, den Grundeinheiten der Vererbung (siehe GEN). Bei jeder Zellteilung können dabei die Tochterzellen neue Merkmale erhalten, die sie (in Form und biologischen Funktionen) von der Mutterzelle unterscheiden.

Veränderungen oder Mutationen in der Struktur bestimmter Gene bewirken möglicherweise, dass ihre Funktion an einem Punkt der Entwicklung oder einer Stelle des Körpers fehlerhaft ist. Solche Mutationen können zu Missbildungen führen. Die Transformation eines Körperteils in einen anderen – wenn zum Beispiel der Fruchtfliege oder *Drosophila* am Kopf statt Fühlern Beine wachsen – bezeichnet man als homöotische Mutation. Solche Mutationen belegen, wie wichtig die betreffenden Gene für die Steuerung der Zelldifferenzierung und die Ausbildung des Organisationsplans für den Organismus sind.

Für jedes größere biologische System (Nervensystem, Blutsystem, Muskelsystem) existiert eine Vorläuferzelle oder Stammzelle, die sich durch ein wichtiges Differenzierungspotential auszeichnet: Sie kann zahlreiche spezialisierte Zelltypen hervorbringen. Das ist zum Beispiel bei Blutzellen wie den weißen und roten Blutkörperchen und den Blutplättchen der Fall, die alle von Stammzellen des Knochenmarks abstammen. Das Gleiche gilt für die Keimzellen, die über zwei aufeinander folgende besondere Zellteilungen, die so genannte MEIOSE, die Gameten hervorbringen.

Zelle

Zur Vertiefung: ***Eukaryoten, Prokaryoten; Genom; Zellteilung***

Gegen Ende des 17. Jahrhunderts ebnete die Erfindung des MIKROSKOPS den Weg, die Struktur der Lebewesen auf einer Ebene zu erforschen, die dem bloßen Auge unzugänglich war. Die Beobachtung von Pflanzengewebe machte es zum ersten Mal möglich, eine Organisation auf Zellniveau zu erkennen. Es dauerte jedoch bis Anfang des 19. Jahrhunderts, ehe die optischen Verbesserungen der Mikroskope und die bei Pflanzen und Tieren gesammelten Beobachtungen die Grundlage für eine vereinheitlichende Theorie bildeten: die Zelltheorie. Denn trotz ihrer äußerst unterschiedlichen Formen und Funktionen haben so verschiedene Zellen wie die des Blutes, der Muskeln, der Pflanzenwurzeln und der Blätter gemeinsame Merkmale: Sie sind von einer MEMBRAN umgeben, der Plasmamembran, die hauptsächlich aus LIPIDEN und PROTEINEN besteht. Diese Membran grenzt einen Raum ab, das ZYTOPLASMA, in dem sich eine komplexe Lösung aus kleinen Molekülen in Wasser befindet, das Grundplasma oder Zytosol. Im Zytoplasma befinden sich zudem eine Fülle organisierter Strukturen, ORGANELLEN genannt (siehe *Abbildung 1*).

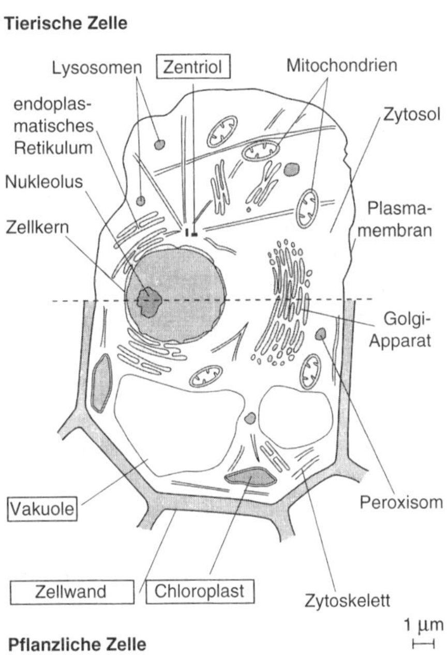

Abbildung 1 Schematische Darstellung einer tierischen (oben) und einer pflanzlichen (unten) Zelle mit ihren Hauptbestandteilen; für die jeweilige Zellart spezifische Elemente sind eingerahmt.

Die Zelle ist die funktionelle Grundeinheit der Lebewesen. Eine spontane Entstehung von Zellen, wie manche sie früher einmal angenommen haben, gibt es nicht, jede Zelle entsteht durch Verdoppelung und Teilung einer bereits bestehenden Zelle oder aus der Verschmelzung zweier Zellen bei der Befruchtung eines Eies durch ein Spermium. Das wirft offenkundig die bis heute nicht geklärte Frage nach dem Ursprung der ersten Zellen auf.

Eukaryoten und Prokaryoten

Die einfachsten Organismen bestehen aus einer einzigen Zelle wie Bakterien, die den Prototyp der Prokaryotenzellen (ohne ZELLKERN) darstellen. Sie vermehren sich durch einfache Teilung der Mutterzelle nach der Verdoppelung des genetischen Materials oder GENOMS, das aus Desoxyribonukleinsäure oder DNA besteht. Bei komplexeren Organismen, den Eukaryoten, enthält die Zelle einen Kern, in dem die CHROMOSOMEN mit der DNA liegen. Bei diesen Organismen verläuft die Zellteilung komplexer, da sich in ihrem Verlauf die Chromosomen und der Zellkern (siehe MITOSE) verdoppeln, aber auch andere Organellen wie die MITOCHONDRIEN, in denen ein wichtiger Teil des Energiestoffwechsels (siehe STOFFWECHSEL) der Zellen abläuft (siehe EUKARYOTEN, PROKARYOTEN).

Vielzeller

Die komplexesten Organismen bestehen aus mehreren Dutzend bis zu einigen Hundert verschiedenen Zellarten, die sich durch ihre Gestalt und Funktion unterscheiden und sich oft in Organ- und Gewebezellen einteilen lassen. Bei Pflanzen und Tieren kann die Gesamtzahl der Zellen Tausende, Millionen und sogar Tausende von Milliarden betragen.

Bei der geschlechtlichen Fortpflanzung entstehen all diese Zellarten aus der ZELLDIFFERENZIERUNG, die im Laufe der sukzessiven Zellteilungen des befruchteten Eies erfolgt. Nur die Embryozellen haben das vollständige Differenzierungspotential, einen gesamten Organismus hervorzubringen; man bezeichnet sie daher als totipotent. Bei Pflanzen und gewissen Tieren wie Schwämmen und Seesternen kann sich auch aus den Knospen differenzierter Körperzellen (somatischer Zellen), die ihre Totipotenz beibehalten haben, ein vollständiger Organismus bilden. Diese Art der identischen Reproduktion, die ohne geschlechtliche Fortpflanzung erfolgt, kommt dem Klonieren gleich und wird als vegetative oder ungeschlechtliche Fortpflanzung bezeichnet. Insekten, Fische, Amphibien und Reptilien können sich ebenfalls ausgehend von einem unbefruchteten Ei vermehren, ein Prozess, den man Parthenogenese nennt.

Morphologie und Funktionen der Zellen

Das Zytoplasma pflanzlicher und tierischer Zellen (siehe *Abbildung 1*) ist durchzogen von einem Geflecht aus Fasern oder Mikrotubuli, die aus Proteinen bestehen und als Zytoskelett bezeichnet werden. Es dient der Zellarchitektur und als Stütze für die Bewegungen der Organellen innerhalb der Zelle. So ist zum Beispiel die aus Mikrotubuli bestehende Zentriole bei der tierischen Zellteilung oder Mitose an der Bildung einer Teilungsspindel beteiligt, an die sich die Chromosomen anlagern, was gewährleistet, dass sie vor der Teilung des Zytoplasmas an zwei Pole wandern.

Das Zytoskelett ist ein Strukturelement, das maßgeblich an den Bewegungen tierischer Zellen beteiligt ist – so z. B. an der Muskelkontraktion und der Zellwanderung innerhalb des Organismus. Weniger entwickelt ist es bei pflanzlichen Zellen, die häufig von einer dicken Wand aus Zellulose und anderen Zuckern umgeben und daher unbeweglicher sind.

Morphologie und innere Struktur der Zellen spiegeln oftmals ihre besonderen Eigenschaften wider. Manche Zellen sind mit bloßem Auge zu sehen wie Vogel- oder Fischeier, die einen beträchtlichen Nahrungsvorrat für die ersten Entwicklungsstadien nach der Befruchtung enthalten. Andere sind lang gestreckt wie Muskelfasern oder Nervenzellen. Im Allgemeinen bemisst sich ihre Größe jedoch in Mikrometern oder Tausendstel Millimetern. Eine große Zahl von Mitochondrien, die zum Beispiel in Muskel- oder Leberzellen vorhanden sind, deutet auf eine intensive Stoffwechseltätigkeit hin. Die Photosynthese, bei der Grünpflanzen Licht und Kohlendioxid in Zucker umwandeln und dabei Sauerstoff produzieren, den wir atmen, erfolgt in den Chloroplasten der Pflanzenzellen.

Im Zytoplasma der Zellen befindet sich ein netzartiges Geflecht aus flachen, sackartigen Membrankanälchen, die wie ein Labyrinth miteinander verbunden sind: das endoplasmatische Retikulum. In dessen glattem Teil werden die Zell-Lipide synthetisiert. Im rauen Teil des endoplasmatischen Retikulums, der mit Ribosomen (Korpuskeln aus Ribonukleinsäure oder RNA und Proteinen) besetzt ist, erfolgt die Synthese zahlreicher Proteine, vor allem solcher, die sich in den Membranen festsetzen, aber auch solcher, die als Sekret ausgeschieden werden. Das raue oder granuläre endoplasmatische Retikulum ist besonders stark in Zellen entwickelt, die auf die Produktion von Proteinen wie den Hormonen spezialisiert sind. Die anderen Proteine werden in den freien Ribosomen im Zytoplasma gebildet.

Der Golgi-Apparat ist ein weiteres Membrangeflecht im Zytoplasma, das an der Modifikation und Verteilung der im endoplasmatischen Retikulum gebildeten Proteine und Lipide beteiligt ist und für ihren Transport an ihren Bestimmungsort innerhalb oder außerhalb der Zelle sorgt.

Dank einer Vielfalt von Vesikeln können die Zellen Stoffe und Partikel von außen aufnehmen. Wenn es sich dabei um die Aufnahme kleiner Moleküle oder Makromoleküle handelt, spricht man von Endozytose, wenn es sich um feste, größere Partikel bis hin zu ganzen Zellen handelt, von Phagozytose. In beiden Fällen verdaut die Zelle die aufgenommenen Substanzen und verarbeitet ihre Bestandteile. An dieser Verdauung sind Enzyme beteiligt, Proteine, die als Katalysatoren der Abbau- und Oxidationsreaktionen wirken. Der Verdauungsprozess findet in speziellen, sehr sauren Vesikeln statt, den Lysosomen und Peroxisomen, in denen diese Enzyme konzentriert sind.

In pflanzlichen Zellen nehmen Vakuolen den größten Raum ein. Manche enthalten Enzyme, die an den Verdauungsreaktionen mitwirken, andere spielen eine Rolle bei der Steuerung der Zellgröße und ihrer Resistenz gegen Umweltbelastungen. Manche Vakuolen dienen auch als Speicher für verschiedene Substanzen wie Pigmente, die für die Blattfarbe sorgen, oder Aromastoffe, die der Pflanze ihren Duft verleihen.

Zellkern

Zur Vertiefung: ***Chromosom; Genom; Mitose; Zellteilung***

Der Kern einer ZELLE ist jene Kammer oder das Kompartiment, in dem sich ihr genetisches Material (siehe GENOM) befindet, also die auf die Chromosomen verteilten DNA-Moleküle (siehe NUKLEINSÄUREN). Zellen mit einem Zellkern heißen Eukaryotenzellen. Der Kern ist von einer Doppelmembran (siehe MEMBRAN) umgeben, die eine Kernhülle bildet. Die äußere Membran dieser Hülle ist mit dem ENDOPLASMATISCHEN RETIKULUM verbunden, einem Membrangeflecht aus kleinen Zisternen und Kanälchen, in dem die BIOSYNTHESE bestimmter PROTEINE und LIPIDE erfolgt. Die Kernhülle hat zahlreiche Poren, durch die MAKROMOLEKÜLE vom Kern ins ZYTOPLASMA und umgekehrt gelangen können.

Im Zellkern erfolgt die REPLIKATION der DNA und ihre TRANSKRIPTION in RNA, die nach einer Reifephase (siehe SPLEISSEN) ins Zytoplasma transportiert wird. Umgekehrt gelangen zahlreiche Proteine, die im Zytoplasma gebildet werden, in den Zellkern, wo sie an der Replikation und Transkription der DNA sowie an vielfältigen Regulationsmechanismen dieser beiden Prozesse mitwirken (siehe GENETISCHE REGULATION).

In der so genannten Interphase zwischen zwei ZELLTEILUNGEN ist die DNA im Zellkern nicht in Form einzelner Chromosomen zu sehen, sondern in der weniger verdichteten Form des Chromatins. Je nach Stadium der Interphase sind im Interphase-Kern Regionen erkennbar, in denen das Chromatin aktiv ist (also eine intensive Transkription von DNA in RNA erfolgt), und stille Regionen, in denen das Chromatin inaktiv ist.

Ein Teil des aktiven Chromatins bildet im Zellkern stark verdichtete, RNA-reiche Korpuskeln, die so genannten Nukleolen, in denen die Transkription der DNA in ribosomale RNA (rRNA) erfolgt; in Verbindung mit verschiedenen Proteinen, die aus dem Zytoplasma herangetragen werden, bilden sich aus der rRNA die Untereinheiten der RIBOSOMEN. Diese kleinen ORGANELLEN sind an der Proteinsynthese im Zytoplasma beteiligt (siehe TRANSLATION).

Während der Interphase erfolgt noch vor Beginn der Kernteilung oder Mitose die Replikation der DNA, bei der jedes Chromosom verdoppelt wird. Anschließend löst sich die Kernhülle auf und weicht der Teilungsspindel, einer besonderen Anordnung von Proteinröhrchen (Mikrotubuli), die die Teilung der beiden Chromosomensätze lenken. Nach der Trennung der beiden Tochterzellen, die während der Mitose jeweils einen kompletten Chromosomensatz erhalten haben, bildet sich in beiden wieder eine Kernhülle.

Zellteilung

Zur Vertiefung: ***Chromosom; Meiose; Mitose; Organellen***

Zellteilung oder Zytokinese ist jener Prozess, durch den aus einer ZELLE zwei entstehen. Bei PROKARYOTEN – Organismen, deren Zellen keinen Zellkern besitzen – wie BAKTERIEN erfolgt die Zellteilung über eine einfache Spaltung der Zelle in zwei gleiche Teile nach einer Wachstumsphase, in der sich das genetische Material oder GENOM, das aus einem ringförmigen DNA-Molekül besteht, an die Plasmamembran anlagert, verdoppelt und auf die beiden Tochterzellen aufteilt.

Bei EUKARYOTEN – Organismen, deren Zellen einen Zellkern besitzen – wie Tieren und Pflanzen enthalten die Zellen zahlreiche strukturierte Systeme oder Organellen, die sich im Laufe des ZELLZYKLUS je nach den Erfordernissen der Zelle vermehren (zum Beispiel MITOCHONDRIEN, in denen die Zellatmung erfolgt, und CHLOROPLASTEN pflanzlicher Zellen, in denen die PHOTOSYNTHESE stattfindet). Bei der Zellteilung verteilen sich diese Organellen zufällig und nicht unbedingt in gleichen Zahlenverhältnissen auf die beiden Tochterzellen. Das Hauptorganell, der Zellkern, in dem das genetische Material auf die Chromosomen verteilt ist, existiert jedoch in jeder Zelle nur einmal, abgesehen von einigen Ausnahmefällen wie Muskelzellen. Der Zellkern teilt sich in einem besonderen Prozess, der MITOSE, bei der sich die in den Chromosomen enthaltene DNA verdoppelt, so dass jede Tochterzelle die vollständigen Erbanlagen erhält, die mit dem diploiden Chromosomensatz der Mutterzelle identisch sind. Die Mitose ist die Art der Zellteilung, die bei Körperzellen oder somatischen Zellen erfolgt und als identische Reproduktion auch der ungeschlechtlichen Fortpflanzung zugrunde liegt, bei der Klone gebildet werden (siehe KLONIEREN, KLON).

Organismen, die sich geschlechtlich fortpflanzen, erwachsen aus einer ZYGOTE, also einem Ei, das von einem Spermium befruchtet wurde. Diese Keimzellen oder GAMETEN entstehen in den Geschlechtsorganen durch eine Aufeinanderfolge von zwei besonderen Zellteilungen, die man unter dem Begriff MEIOSE oder Reifeteilung zusammenfasst. Im Laufe der Meiose reduziert sich die Gesamtzahl der Chromosomen, die in Körperzellen in jeweils zwei Exemplaren vorhanden sind, auf die Hälfte: Von jedem homologen Chromosomenpaar bleibt somit nur ein Exemplar erhalten. Dabei kommt es zwischen den beiden homologen Chromosomen eines jeden Paares zum Austausch eines Teils ihrer DNA, aus dem zwei Chromosomen hervorgehen, die sich von den beiden der Mutterzelle unterscheiden (siehe REKOMBINATION). Jeder Gamet enthält also ein einzigartiges Genom, das sich in seiner Struktur von den Genomen der Mutterzelle unterscheidet. Die Meiose ist demnach eine Art der Zellteilung, die genetische Vielfalt erzeugt.

Zellzyklus

Zur Vertiefung: ***Genom; Zelle; Zellteilung***

Der Zellzyklus umfasst den Lebenslauf einer Zelle bis zu ihrem TOD, also sämtliche Stadien ihres LEBENS über die Teilung in zwei Zellen oder die Verschmelzung mit einer anderen Zelle bei der Befruchtung (siehe ZELLTEILUNG).

Bei den einfachsten Organismen wie BAKTERIEN beträgt die Dauer des Zellzyklus nur einige Minuten. Bei den komplexesten Organismen wie Pflanzen und Tieren, die sich aus verschiedenen differenzierten Zelltypen zusammensetzen, hat der Zellzyklus für jeden Zelltyp und jedes physiologische Stadium seine charakteristische Dauer. Bei Zellen, die sich innerhalb kurzer Zeit erneuern wie die Epidermiszellen der Tiere oder die Zellen in den Wachstumszonen der Pflanzen, kann sie nur einige Stunden betragen, bei anderen bis zu mehreren Jahren wie bei den Eizellen, den weiblichen Geschlechtszellen, die sich in der Embryonalphase bilden und deren Zellteilung bis zu einer eventuellen Befruchtung ruht.

Den größten Teil des Zellzyklus nimmt die so genannte Interphase ein, der Zeitraum zwischen den Zellteilungsphasen. Während dieser Phase wird die im GENOM enthaltene GENETISCHE INFORMATION für das Wachstum und Funktionieren der Zelle genutzt. Die Interphase gliedert sich in eine Synthese-Phase, kurz S-Phase, in der die DNA synthetisiert und die Teilung des ZELLKERNS oder MITOSE vorbereitet wird (M). Der S-Phase geht die G_1-Phase (G für englisch: *Gap* (Lücke), weil sie den Zwischenraum zwischen Mitose und Synthesephase bildet) voraus, die Ruhephase nach der Differenzierung jener Zellen, die sich nicht mehr teilen wie Muskel- und Nervenzellen, oder jener Zellen, die bald absterben werden. An die S-Phase schließt sich die G_2-Phase an, eine erneute Phase äußerer Ruhe, die der Mitose vorausgeht.

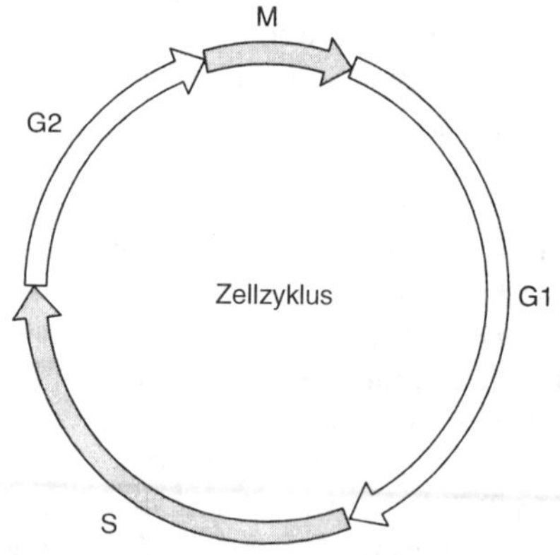

Abbildung 1 Hauptstadien des Zellzyklus

Zentrifugalkraft

Zur Vorbereitung: ***Geschwindigkeit und Beschleunigung***
Zur Vertiefung: ***Corioliskraft; Erdgestalt; Kraft; Gravitation; Schwere***

Betrachten wir einen Stein, den wir an einer Schnur im Kreis umherschleudern. Für einen äußeren Beobachter in einem ruhenden Bezugssystem bewegt der Stein sich auf einer kreisförmigen Bahn. Aus dem kreisförmigen Charakter der Bahn folgt nun, dass der Geschwindigkeitsvektor des Steins (der stets tangential zur Kreisbahn gerichtet ist) nicht gleich bleibt, sondern in jedem Augenblick seine Richtung ändert; das heißt, der Stein ist einer Beschleunigung unterworfen, die ihn aus seiner geradlinigen Bahn ablenkt und auf eine Kreisbahn zwingt. Diese zum Zentrum des Kreises gerichtete Beschleunigung wird als Zentripetalbeschleunigung bezeichnet; sie ist proportional zur Winkelgeschwindigkeit und zum Radius des Kreises.

Betrachten wir den Vorgang nun aus der Sicht eines Beobachters, der sich mit dem Stein dreht, das heißt aus der Sicht eines mit der Schnur verbundenen und daher rotierenden Bezugssystems. Für diesen Beobachter befindet der Stein sich in Ruhe oder anders ausgedrückt, der Stein ist keiner Kraft ausgesetzt und erfährt dementsprechend auch keine Beschleunigung. Um dieser Sachlage gerecht zu werden, müssen wir eine Beschleunigung einführen, die nach außen, also der Zentripetalbeschleunigung genau entgegen gerichtet ist und diese nach innen gerichtete Beschleunigung dem Betrag nach ausgleicht. Diese Beschleunigung existiert nur für das rotierende Bezugssystem. Multipliziert man nun die Beschleunigung mit der Masse des Steins, erhält man eine Kraft. Man kann daher sagen, in dem rotierenden Bezugssystem befindet der Stein sich in Ruhe, weil die Wirkungen der zentripetalen und der zentrifugalen Kraft einander ausgleichen.

Unter der Einwirkung der beiden gleich großen, aber entgegengesetzten Kräfte spannt sich die Schnur, und die Spannung wächst mit der Rotationsgeschwindigkeit des Steins. Wird die Geschwindigkeit zu groß, kann die Spannung die Widerstandsfähigkeit der Schnur überschreiten, so dass die Schnur zerreißt. Dadurch wird der Stein frei und fliegt in einer geradlinigen, gleichförmigen Bewegung davon, deren Bahn in einem ruhenden Bezugssystem tangential zu seiner früheren Kreisbahn verläuft.

In einer Wäscheschleuder, die mit hoher Geschwindigkeit rotiert, ist die Wäsche einer zentrifugalen Kraft ausgesetzt, die sehr viel größer ist als die Reibungskräfte zwischen den Wäschestücken, so dass die nasse Wäsche gegen die perforierte Wand der Trommel gedrängt wird. Das Wasser entweicht durch die Öffnungen und fliegt entlang der Tangente davon.

Der Mond ist der Erdanziehungskraft ausgesetzt und dreht sich um die Erde; die auf die Erde gerichtete zentripetale Beschleunigung hält ihn auf seiner kreisförmigen Umlaufbahn. Versetzt man sich jedoch in ein Bezugssystem, das sich mit dem Mond dreht, befindet dieser Trabant sich in Ruhe und im Gleichgewicht auf seiner Umlaufbahn, das heißt, er ist keiner Kraft ausgesetzt. Um die Erdanziehungskraft auszugleichen, muss man in diesem Falle eine Kraft einführen, die der Anziehungskraft der Erde dem Betrag nach gleich, aber entgegengesetzt gerichtet ist, also eine Zentrifugalkraft. Auch hier sehen wir wieder, dass diese Kraft nur für das rotierende Bezugssystem existiert; aus der Perspektive des Sirius gibt es nur die Erdanziehungskraft.

Unser Bezugssystem ist auf natürliche Weise mit der sich drehenden Erde verbunden. Aus unserer Sicht ist deshalb alles, was sich mit der Erde dreht, der Zentrifugalkraft unterworfen (und das gilt natürlich zunächst für sämtliche Teilchen, aus denen die Erde selbst besteht). Die Zentrifugalkraft (die eigentlich als »Axifugalkraft« bezeichnet werden müsste, weil die Erde um eine Achse rotiert) verhält sich proportional zum Abstand von der Rotationsachse. Sie ist daher an den Polen gleich null und erreicht am Äquator ihren größten Wert (daher ist die Erde an den Polen abgeplattet; siehe ERDGESTALT). Da die Zentrifugalkraft an der Erdoberfläche sehr viel kleiner als die Erdanziehungskraft ist, bleiben wir stets am Boden und fliegen nicht davon, obwohl die Erde rotiert. Wenn die

Erde 17-mal schneller rotierte, bliebe ein Mensch am Äquator nicht mehr am Boden. Er flöge allerdings nicht entlang der Tangente davon (weil er auch weiterhin unter dem Einfluss der Erdanziehungskraft bliebe), sondern träte wie ein künstlicher SATELLIT in eine Erdumlaufbahn ein.

Zerfall

Zur Vertiefung: ***Hadron; Radioaktivität; Wechselwirkung in der Physik; Zerstrahlung***

Die Physiker kennen eine Vielzahl von Strukturen (Teilchen oder Atomkerne), die nur eine begrenzte und gelegentlich extrem kurze Lebensdauer besitzen. Nach einer gewissen Zeit verwandeln sie sich in andere, leichtere Gebilde, bis schließlich ein stabiler Zustand mit unendlicher Lebensdauer erreicht ist. Man spricht hier von einem Zerfall der Teilchen.

Ein Beispiel dafür sind die radioaktiven Atomkerne. Sie sind definitionsgemäß instabil, denn »Radioaktivität« bedeutet nichts anderes als die spontane Umwandlung eines chemischen Elements in ein anderes unter Abgabe von Strahlung verschiedener Art. Diese Umwandlungen erfolgen mehr oder weniger schnell; die Zerfallsgeschwindigkeit der einzelnen radioaktiven Elemente lässt sich durch die Zerfallskonstante charakterisieren (das ist der je Sekunde zerfallende Bruchteil der vorhandenen Atomkerne) oder durch die so genannte Halbwertszeit (die Zeitspanne, nach der die Hälfte der ursprünglich vorhandenen Atomkerne zerfallen ist). Die Halbwertszeit der radioaktiven Elemente reicht von wenigen Sekundenbruchteilen bis hin zu einigen Milliarden von Jahren.

Die Grundlage eines jeden Zerfallsprozesses ist eine Wechselwirkung, die für den Übergang zwischen dem Anfangs- und dem Endzustand sorgt. Dabei kann es sich um eine der drei Wechselwirkungen handeln, die auf der Ebene der Atomkerne und der Teilchen eine Rolle spielen: die starke Wechselwirkung, die vor allem in den Atomkernen zum Zuge kommt; die elektromagnetische Wechselwirkung, die für den Zusammenhalt der Materie auf der Ebene der Moleküle und ihrer übergeordneten Strukturen verantwortlich ist, sowie die schwache Wechselwirkung, die manche radioaktiven Prozesse steuert (siehe WECHSELWIRKUNG IN DER PHYSIK). Je stärker die Wechselwirkung, die für einen Zerfallsprozess verantwortlich ist, desto kürzer fällt in der Regel die Lebensdauer der davon betroffenen Strukturen aus. So ist die starke Wechselwirkung für die extrem kurze Lebensdauer zahlreicher Teilchen verantwortlich. Besonders eilig haben es hier bestimmte der für die starke Wechselwirkung empfindlichen HADRONEN; sie zerfallen schon nach 10^{-23} Sekunden.

Die schwache Wechselwirkung ist insbesondere für den Zerfall der Neutronen verantwortlich, der auch als Betazerfall bezeichnet wird; ein Neutron, das nicht in einen Atomkern eingebunden ist, zerfällt schon nach wenigen Minuten in ein PROTON, ein ELEKTRON und ein so genanntes Antineutrino. Wie allgemein auf dieser Ebene der Materie bedeutet dieser Zerfall keine Zerlegung des ursprünglichen Teilchens in seine verschiedenen Bestandteile, sondern eine Umwandlung seiner Struktur; die entstehenden Teilchen sind nicht bereits in dem zerfallenden Teilchen enthalten.

Nicht nur zusammengesetzte Teilchen wie das Neutron, das aus QUARKS besteht, können zerfallen, sondern auch Teilchen, die nach allen sonstigen Kriterien als Elementarteilchen gelten müssen, weil sie nicht aus anderen, noch kleineren Gebilden aufgebaut sind. Ein Beispiel dafür ist das Myon, eine Art schweres, instabiles Elektron, das im Mittel nach einigen Mikrosekunden in ein Elektron, ein NEUTRINO und ein Antineutrino zerfällt (siehe LEPTON).

Zerstrahlung

Zur Vertiefung: ***Antiteilchen, Antimaterie; Energie; Teilchen; Teilchenbeschleuniger***

Jedem Teilchen ist ein Antiteilchen zugeordnet, das dieselbe Masse besitzt und dessen ladungsartige Quantenzustände (einschließlich der elektrischen Ladung) denselben Betrag, aber entgegengesetzte Vorzeichen haben. Wenn ein Teilchen, zum Beispiel ein Elektron, auf sein Antiteilchen stößt, in diesem Fall ein Positron, so scheinen beide einfach zu verschwinden. Man spricht deshalb auch von einer Annihilation oder Vernichtung der Teilchen. Das geschieht etwa in den als COLLIDER bezeichneten Teilchenbeschleunigern, in denen die Physiker zwei in entgegengesetzter Richtung kreisende Teilchenstrahlen (z.B. einen Elektronen- und einen Positronenstrahl) zur Kollision bringen. In Wirklichkeit lösen sich die beiden Teilchen jedoch nicht einfach in nichts auf, wie die Ausdrücke Vernichtung und Annihilation nahelegen mögen. Vielmehr wird ihre gesamte Masse in Energie umgewandelt, gemäß der aus Einsteins spezieller Relativitätstheorie bekannten Formel $E=mc^2$, wonach die Energie E gleich dem Produkt aus der Masse m und dem Quadrat der Lichtgeschwindigkeit c ist. Deshalb bezeichnet man diesen Vorgang als Zerstrahlung. Die Zerstrahlung ist übrigens das einzige Phänomen, bei dem die Masse vollständig verschwindet (während in einem Kernreaktor oder in einer Atombombe, bei deren Reaktionsvorgängen die Gleichung $E=mc^2$ gleichfalls eine Rolle spielt, nur ein ganz kleiner Teil der Masse in Energie umgewandelt wird).

Die beim Zusammenstoß eines Teilchens mit seinem Antiteilchen freigesetzte Energie ist in gewisser Weise »rein«. Schon nach kürzester Zeit wandelt sie sich in andere (meist mit einer Ruhemasse ungleich null ausgestattete) Teilchen und Antiteilchen sowie in Strahlung um. Diesen Vorgang bezeichnet man als MATERIALISIERUNG von Energie.

Zeugung

Zur Vertiefung: ***Evolution; Gameten; Meiose; Replikation; Zygote***

Der Begriff Zeugung bezeichnet die Tatsache, dass sich zwei Lebewesen zusammentun, um ein drittes hervorzubringen. Da wir an diesen Vorgang gewöhnt sind, nehmen wir gar nicht mehr wahr, wie sehr er der Logik widerspricht. Der Übergang von einem Lebewesen zu einem anderen ist durchaus verständlich im Fall der ersten auf der Erde entstandenen Lebewesen, die imstande waren, sich zu reproduzieren, also ein ihnen gleichartiges Wesen hervorzubringen. Der Mechanismus, der dabei im Spiel ist, lässt sich anhand der Eigenschaften eines Moleküls erklären, der DNA, die sich dank eines Prozesses zu replizieren vermag, der mit spezifischen chemischen Wechselwirkungen verbunden ist. Seit wir die Struktur dieses Moleküls aufgedeckt haben, scheint dem Übergang von einem zu zwei Lebewesen nichts Rätselhaftes mehr anzuhaften. Wesentlich größer ist die Schwierigkeit, wenn es um den Übergang von zwei zu einem Lebewesen geht.

Erzeuger wie Gezeugtes gelten als Individuen, also der Etymologie nach als unteilbare Wesen, was auszuschließen scheint, dass sie einen doppelten Ursprung haben könnten. Die ersten Erklärungsversuche wiesen denn auch nur einem der Erzeuger eine entscheidende Rolle zu, je nach Kultur dem Männchen oder dem Weibchen. Auf unsere Art angewandt, blieb diese Sicht nicht ohne Folgen für die Gesellschaftsstruktur und die Rollenverteilung zwischen Männern und Frauen. Dank der Entwicklung des Mikroskops wurden im 17. Jahrhundert die Spermatozoen und später die Eizellen entdeckte. Dadurch wurde es vorstellbar, dass das zukünftige Kind in einem dieser beiden GAMETEN bereits vorgeformt sei; doch in welchem? Über lange Zeit hinweg hielt sich der Disput zwischen den »Spermatisten« und den »Ovisten«.

Beide Theorien führten zur gleichen Schlussfolgerung: der Verschachtelung der aufeinander folgenden Generationen. Alle Vertreter derselben Art seien gleichzeitig geschaffen und wie russische Puppen in einem Spermium oder einem Ei des ersten Paares ineinander geschachtelt worden. Eine solche Sicht der Generationenfolge ließ sich kaum mit der im 19. Jahrhundert getroffenen Feststellung vereinbaren, dass eine Evolution der Arten ausgehend von einem gemeinsamen Ursprung erfolgt sei.

Gregor Mendel hatte 1865 die geniale Eingebung, dass jeder der beiden Erzeuger nur die Hälfte der Informationen weitergebe, die seine eigene Entwicklung konstituiert hätten. Beiden Partnern kämen somit gleichwertige Rollen zu. Allerdings ließen sie sich nicht mehr als »Individuen« einstufen, da sie imstande seien, sich zu teilen. Eine der möglichen Hypothesen bestand nun in der Annahme, dass diese Informationen in zwei Exemplaren vorhanden seien und jedes ausgeprägte Merkmal nicht mehr vom Vorhandensein einer Ursache, sondern vom Zusammenspiel zweier Ursachen abhänge. Die biologischen Mechanismen wären demnach einer doppelten Steuerung unterworfen. Das stellte die gesamte Sicht von der Realität geschlechtlicher Lebewesen auf den Kopf: Ihrem Erscheinungsbild nach sind sie ein Wesen, doch die Ursachen dieses Erscheinungsbildes in ihnen sind zweifach. In seinen berühmten Studien über Erbsen stellte Mendel fest, dass zum Beispiel ihre gelbe oder grüne Farbe bei jeder Pflanze von zwei Faktoren abhing, die wir heute Gene nennen. Die Weitergabe eines Phänotyps, also eines sichtbaren Merkmals von einer Generation an die nächste, ließ sich somit nur unter Rückgriff auf den Genotyp erklären, der von den für dieses Merkmal bestimmenden Genen jeweils zwei Exemplare besitzt.

Da jeder der beiden Erzeuger nur die Hälfte seiner Erbanlagen weitergibt, schieben sich zwischen die Erzeuger und ihre Nachkommen Lebewesen, die mit dieser Hälfte ausgestattet sind: die Gameten (Ei und Spermium). Bei der Zeugung kommen also nicht nur zwei, sondern vier Lebewesen ins Spiel: die beiden auf Komparsenrollen reduzierten Erzeuger und die beiden Gameten als eigentliche Akteure der entscheidenden Begegnung.

Der biologische Vorgang, der die Zweiteilung der genetischen Ausstattung ermöglicht, ist die MEIOSE, ein Prozess, der aus einer Abfolge von zwei MITOSEN besteht und bei den Keimzellen zur Entwicklung der Gameten führt. Der entscheidende Mechanismus ist die zufällige Auswahl zwischen den beiden ALLELEN eines Gens, die das gleiche Merkmal steuern. Aufgrund dieser genetischen »Lotterie« ergibt sich die unglaublich hohe Zahl möglicher Gameten. Um sich diese Menge zu veranschaulichen, genügt es, sich einen für 1000 Merkmale heterozygoten Mann vorzustellen, der sich das Sortiment sämtlicher Spermien klar machen möchte, die er zu produzieren vermag.

Es ist bekannt, dass zehn Millionen Spermien in einen Kubikmillimeter passen. Wie groß müsste demnach ein Behälter sein, der dieses Sortiment fassen könnte? Die Antwort ist unvorstellbar, da die Zahl dieser völlig unterschiedlichen Spermien 2^{1000} ist, also eine dreihundertstellige Zahl ergibt. Selbst der Raum, den sämtliche bekannten Galaxien einnehmen, könnte nur 10^{98} Spermien fassen.

Folglich stellt die strenge Verbindung zwischen den Generationen, die bei den ersten Lebewesen durch jenen Fortpflanzungsmechanismus gesichert war, der von jedem Organismus eine exakte Replik ergab (siehe REPLIKATION), bei zeugungsfähigen Lebewesen nur noch eine zufällige Verbindung dar. Aus der Kenntnis der genetischen Ausstattung eines der beiden Erzeuger lassen sich nur noch recht wenige Informationen über den Gameten ableiten, den er produzieren wird, und noch weniger über das Individuum, das er gemeinsam mit einem anderen zeugt. Das berühmte Sprichwort: »Wie der Vater, so der Sohn« widerspricht der genetischen Wirklichkeit.

Die REPRODUKTION erzeugt Vielfalt nur aufgrund von Fehlern beim Kopieren der DNA-Stränge. Die Zeugung stellt dagegen einen Vorgang dar, der es ermöglicht, routinemäßig Neues hervorzubringen. Dank dieses Mechanismus konnte die Evolution innerhalb einiger hundert Millionen Jahre die außerordentliche Vielfalt der Arten produzieren.

Der Fortpflanzungsprozess begann in den Urmeeren, als die vor 4,5 Milliarden Jahren entstandene Erde kaum eine Milliarde Jahre alt war. Wesentlich länger dauerte es, bis sich ein so komplexer Prozess wie die Zeugung entwickelte, den es zweifellos erst seit weniger als einer Milliarde Jahren gibt. Dieser Prozess beschleunigte jedoch die Evolution der Lebewesen entscheidend. Da jedes gezeugte Lebewesen einmalig ist, kann es neue Möglichkeiten beitragen und ermöglicht die Erkundung bislang unbekannter Wege, wenn auch manchmal um den Preis von Nachteilen in diversen Bereichen. Eines Tages verließen die Fische das Wasser, Schlangen konnten fliegen, und vor nicht allzu langer Zeit fiel ein Primat vom Baum.

Zucker

Zur Vertiefung: ***Geschmack; Molekularerkennung; Photosynthese; Stoffwechsel***

Die Zucker oder Kohlenhydrate sind wesentliche und wandelbare Bestandteile aller Organismen: Sie dienen als Energiespeicher (Brennstoff) und dringen in die Struktur der Zellwände ein; in Verbindung mit PROTEINEN oder LIPIDEN spielen sie eine Schlüsselrolle in der Erkennung und Kommunikation zwischen den Zellen. Zucker sind auch an der Zusammensetzung der NUKLEINSÄUREN (DNA, RNA) beteiligt, die das Trägermaterial der Vererbung bilden.

Struktur

Als einfache Zucker oder Monosaccharide bezeichnet man organische Moleküle, die häufig ringförmig sind und meist aus drei bis sieben Kohlenstoffatomen und mehreren funktionellen Hydroxyl-Gruppen (OH) bestehen (siehe *Abbildung 1*).

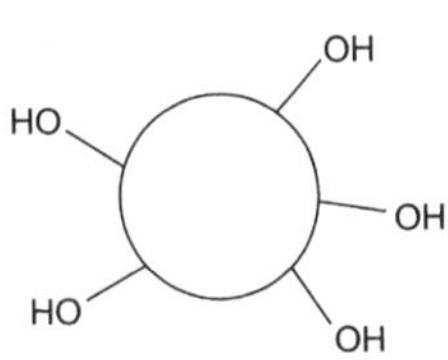

Abbildung 1 Schematische Darstellung eines Monosaccharids. Die OH-Gruppen bilden mit dem Kohlenstoffring eine räumliche Struktur, können also auch vor oder hinter dem hier durch einen Kreis dargestellten Ring liegen.

Glucose, ein Zucker mit sechs Kohlenstoffatomen, ist biologisch von großer Bedeutung (siehe *Abbildung 2*), da sie das zentrale Element des Kohlenhydratstoffwechsels im Organismus bildet. Beim Menschen bezeichnet

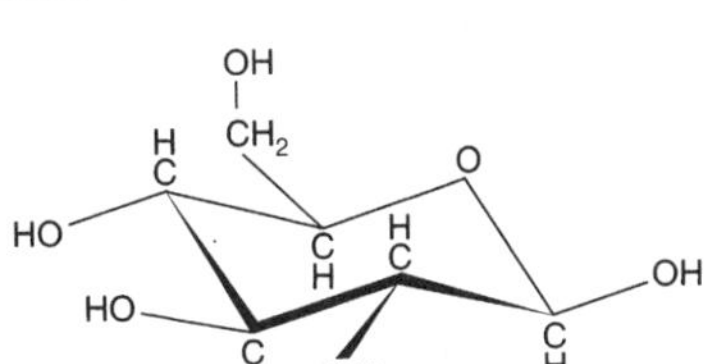

Abbildung 2 Struktur der Glucose

man den Glucosegehalt im Blut als Blutzucker oder Glykämie.

Eine noch grundlegendere Rolle für Lebewesen spielt die Ribose, ein Zucker mit fünf Kohlenstoffatomen, der zu den Bestandteilen der Ribonukleinsäure (RNA) gehört (siehe *Abbildung 3*). Die gleiche Funktion erfüllt die Desoxyribose, in der Struktur der Desoxyribonukleinsäure (DNA), die das Trägermaterial der Vererbung bildet. Die Desoxyribose unterscheidet sich von der Ribose nur durch das Fehlen einer OH-Gruppe am zweiten Kohlenstoff des Ringes.

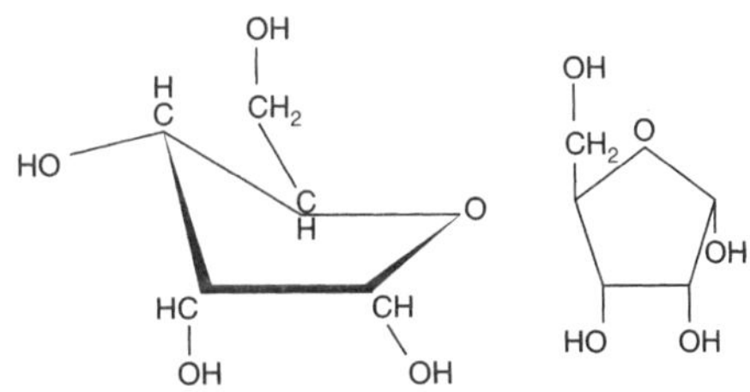

Abbildung 3 Struktur der Ribose (rechts die gängige schematische Darstellung)

Die Hülle aus OH-Gruppen macht die Zucker gut wasserlöslich: Die Wassermoleküle HOH werden von den OH-Gruppen angezogen, die ihnen ähnlich sind; durch die Wechselwirkung zwischen positiven und negativen elektrischen Ladungen bilden sich schwache chemische Bindungen über das Wasserstoffatom, so genannte WASSERSTOFFBINDUNGEN.

Fructose oder Fruchtzucker kommt, wie der Name schon sagt, in Pflanzen und Früchten vor. Beim Menschen ist sie in bedeutsamen Mengen nur in den Sekretionen der Samenbläschen zu finden, da sie den Spermatozoen als Nahrung dient.

Entgegen landläufiger Vorstellungen ist der süße Geschmack eine Eigenschaft nur sehr weniger Zucker. Schier unvorstellbar ist dagegen die Menge der Zucker aller Art, die durch die Sonne alljährlich entstehen: Die Photosynthese produziert jährlich aus dem Kohlendioxid der Atmosphäre nicht weniger als 400 Milliarden Tonnen Zucker.

Polymere

Zwei einfache Zuckermoleküle können über die OH-Gruppen an ihrer Peripherie zu einem Disaccharid kondensieren (siehe *Abbildung 4*) und dabei ein Wassermolekül freisetzen.

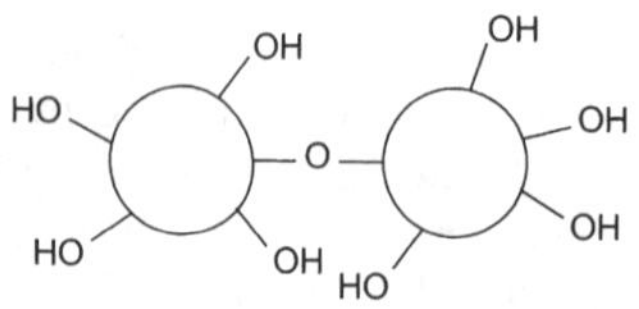

Abbildung 4 Schematische Darstellung eines Disaccharids, gebildet aus zwei Monosacchariden

Zu den Disacchariden gehört die Saccharose (Rohr- und Rübenzucker), in der sich jeweils ein Glucosemolekül mit einem Fructosemolekül verbindet, sowie die Lactose, also der Milchzucker, der sich aus Glucose und Galactose zusammensetzt und einen der Hauptnährstoffe für Darmbakterien wie *Escherichia coli* bildet (siehe GENETISCHE REGULATION).

Es können sich auch mehr als zwei Monosaccharid-Bausteine miteinander zu kürzeren oder längeren Zuckerpolymeren (siehe POLYMERE) verbinden; diese so genannten Polysaccharide setzen sich aus vielen Grundelementen oder Monomeren zusammen. Aus der Vielzahl der Polysaccharide sei hier nur die Cellulose $(C_6H_{10}O_5)_n$ angeführt, die einen Hauptbestandteil pflanzlicher Zellwände bildet und die verbreitetste organische Verbindung der Biosphäre ist. Sie besteht aus Tausenden Grundbausteinen und kann von unserem Organismus nicht unmittelbar verarbeitet werden, da ihm die erforderlichen Enzyme fehlen; die Nahrungsmittelindustrie gewinnt aus ihr jedoch durch Hydrolyse (Aufspaltung des Moleküls in winzige Fragmente durch Wasser) viele verdauliche Zucker- und Süßstofflösungen.

Grünpflanzen speichern ihre Reservezucker in Form der allgegenwärtigen Stärke $(C_6H_{10}O_5)_p$. In tierischen Zellen besteht dieser Speicher aus Glykogen, einem Glucose-Polymer, das als Zuckerreserve in der Leber und den Muskeln zu finden ist. Bei der Kontraktion nutzen die Muskeln nicht nur den Blutzucker als Energiequelle, sondern auch das in ihnen gespeicherte Glykogen, das gleich an Ort und Stelle zur Verfügung steht.

Der Panzer von Insekten und Krustentieren besteht aus Chitin, einem Polymer aus Glucose, die durch Amino-Gruppen (NH_2) modifiziert ist. In diesen Außenskeletten sind die Zucker zu Bündeln verknüpft, die dem Chitinpanzer eine gewisse Festigkeit und gute Widerstandsfähigkeit verleihen.

Informationsfülle

Zucker existieren in Form verschiedener ISOMERE (Moleküle von gleicher Zusammensetzung, aber unterschiedlicher Anordnung ihrer Atome), je nach Anordnung ihrer Kohlenstoffatome. So sind Fructose und Galactose Isomere der Glucose. Zudem kann jedes Zuckermolekül die Form eines von zwei möglichen Enantiomeren haben (Molekülen, die sich zueinander wie Bild und Spiegelbild verhalten; siehe CHIRALITÄT). Bei den natürlich vorkommenden Zuckern ist in der Regel nur eines der beiden Enantiomere zu finden.

Wenn zwei einfache Zucker zu einem Disaccharid kondensieren, können aus dieser Verbindung sehr viele verschiedene Moleküle hervorgehen, da die Kohlenstoffatome, die die OH-Gruppen tragen, alle unterschiedlich und zudem noch asymmetrisch sind. Polysaccharide können aus linearen oder verästelten Ketten bestehen und durch andere Atomgruppen modifizierte Zucker enthalten. In Verbindung mit Proteinen und Lipiden bilden sie Glykoproteine und Glykolipide. Die Gruppe der Zucker ist in ihrer beeindruckenden molekularen Vielfalt den Proteinen überlegen, die aus linearen Ketten von AMINOSÄUREN bestehen. Ihre Struktur ist nicht wie bei den Proteinen direkt durch die genetische Information in den Nukleinsäuren festgelegt. Vielmehr spiegeln sie je nach Vorhandensein der Enzyme, die ihre Synthese steuern, den jeweiligen Zellkontext wider, in dem sie sich befinden.

Daher ist es nicht erstaunlich, dass Polysaccharide an der Oberfläche biologischer Zellen gemeinsam mit den Proteinen als Informationsträger dienen, die am Aufbau einer Art molekularen Identitätsnachweises beteiligt sind und so die Grundlage für die Immunerkennung schaffen (die zwischen körpereigenen und körperfremden Stoffen unterscheidet, wobei der Organismus fremde Zellen abwehrt, wie bei Organtransplantationen).

Zufall

Zur Vertiefung: ***Darwinismus; Notwendigkeit, Kontingenz; Thermodynamik***

Jacques Monod griff auf den Wortschatz des Demokrit zurück, als er im Titel seines bekannten Buches Zufall und Notwendigkeit einander gegenüberstellte. Die heutige Wissenschaft verwendet als Gegenbegriff zum Zufall lieber »Determinismus«, weil das Gegenteil von Notwendigkeit die Kontingenz ist (siehe NOTWENDIGKEIT, KONTINGENZ).

Der Begriff des Zufalls findet sich erstmals in den atomistischen Theorien des 5. Jahrhunderts vor Christus. Die Atomisten glaubten, die Dinge der Welt entstünden und vergingen zufällig aufgrund der ihrerseits zufälligen Bewegungen der ATOME. Ihre Welt war daher auch frei von jeder Finalität. Aristoteles sah im Zufall das Zusammentreffen zweier unabhängiger Ereignisketten, die jede für sich vollständig determiniert waren.

Lukrez vertrat die Auffassung, dass die Atome endlos im leeren Raum fallen und dass eine winzige Abweichung in den Bahnen einiger von ihnen (*clinamen* genannt) zur Bildung von Wirbeln führt, auf denen die Organisation der Materie, wie wir sie kennen, basiert.

Der Zufall ist in diesem Fall unendlich klein, aber seine Folgen sind gewaltig und vollständig determiniert.

In der Wissenschaft wird der Begriff des Zufalls heute in zwei verschiedenen Bedeutungen verwendet.

Nach der einen Bedeutung ist er die makroskopische Manifestation eines mikroskopischen Determinismus. So kann man sagen, die Bewegung der MOLEKÜLE in einem GAS sei zufallsbedingt. Sieht man jedoch genauer hin, zeigt sich, dass die Bahn jedes einzelnen Moleküls vollkommen determiniert und vorhersehbar ist. Nur die große Zahl der in Wechselwirkung stehenden Moleküle bewirkt, dass wir den Eindruck haben, der Zufall komme hier ins Spiel.

Die zweite, etwas schwerer zu präzisierende Bedeutung steht für das Eingeständnis, dass wir etwas nicht wissen. So scheinen uns viele Dinge durch Zufall entstanden zu sein. Theorien über den Ursprung des Lebens (siehe ANFANG), die EVOLUTION und die NATÜRLICHE AUSLESE greifen immer dann zum Begriff des Zufalls, wenn sie einen eindeutig definierten Prozess nicht zu formulieren vermögen. Hier fragt sich dann, ob wir es mit einer unumgänglichen Realität zu tun haben oder nur mit der Unfähigkeit einzugestehen, dass wir etwas nicht wissen.

Zufallsvariable

Zur Vorbereitung: ***Wahrscheinlichkeit***
Zur Vertiefung: ***Brownsche Molekularbewegung; stochastischer Prozess***

Von den Variablen zu den Zufallsvariablen

Eine Spielkarte lässt sich beschreiben durch ihre Farbe, ihren Wert, die Angabe, ob es sich um eine Bild- oder Zählkarte handelt ... In der Wahrscheinlichkeitstheorie nennt man solche Kennzeichen zur Beschreibung eines Objekts Variablen. Die Tatsache, dass eine Variable einen bestimmten Wert (zum Beispiel die Variable »Farbe« den Wert »Pik«) annimmt, wird als Ereignis bezeichnet.

Ist das zu beschreibende Objekt nicht vollständig bekannt, kann man bestimmten Ereignissen, also der Tatsache, dass bestimmte Variablen bestimmte Werte annehmen, Wahrscheinlichkeiten zuordnen. Zieht man etwa zufällig eine Karte aus einem Stoß mit 52 Karten, beträgt die Wahrscheinlichkeit, eine Pik-Karte zu erhalten, 1/4. Solch eine Variable, zum Beispiel »die Farbe der zufällig gezogenen Karte«, bezeichnet man als Zufallsvariable.

Die Wahrscheinlichkeitstheorie beschreibt eine Zufallsstichprobe (zum Beispiel das Ziehen einer Karte aus einem Stapel) durch die Menge Ω (Omega) der Situationen, die beim Ziehen der Stichprobe eintreten können. Jedes Element von Ω beschreibt vollständig eine dieser Situationen. Handelt es sich um das zufällige Ziehen von Karten aus einem Stapel, beschreiben die Elemente von Ω jeweils vollständig die gezogene Karte (zum Beispiel die Tatsache, dass es sich um den Herz-König handelt). Ein Ereignis ist durch die Menge der Situationen beschrieben, in denen es eintritt. Es handelt sich also um eine Teilmenge von Ω.

In einer gegebenen Situation haben die Zufallsvariablen daher sämtlich einen bestimmten Wert (die Variable »Farbe« zum Beispiel Pik, Kreuz, Herz oder Karo), aber der Wert dieser Variablen variiert mit der Situation. Zufallsvariablen sind deshalb definiert als Funktionen aus der Menge Ω der möglichen Situationen in die Menge der möglichen Werte der Variablen. So ist die Zufallsvariable »Farbe« eine Funktion C, die jedem Element ω (Omega) aus Ω die Farbe der in der Situation ω gezogenen Karte zuordnet.

Das Ereignis »die Farbe der gezogenen Karte ist Pik« findet genau dann statt, wenn die in der Stichprobe tatsächlich auftretende Situation ω der Art ist, dass $C(\omega) = \text{Pik}$. Das so beschriebene Ereignis ist die Menge $\{\omega \in \Omega \mid C(\omega) = \text{Pik}\}$, und die Wahrscheinlichkeit, dass es sich bei der gezogenen Karte um eine Pik-Karte handelt, ist gleich der Wahrscheinlichkeit dieses Ereignisses.

Zufallsvariablen mit numerischen Werten können addiert und multipliziert werden. Dadurch gelangt ein wenig Algebra in die Wahrscheinlichkeitstheorie.

Der Erwartungswert

Ziehen wir eine Karten aus einem Spiel mit 52 Karten. Ist die gezogene Karte ein Pik-Ass, gewinnen wir 1000 Euro; handelt es sich um eine Pik-Karte, gewinnen wir 100 Euro; in allen anderen Fällen verlieren wir 100 Euro. Die Zufallsvariable »gewonnene Geldsumme« kann also drei Werte annehmen: 1000, 100 und −100; die zugehörigen Wahrscheinlichkeiten betragen 1/52, 13/52 und 38/52. Ist es eine gute Idee, dieses Spiel zu spielen? Zur Klärung dieser Frage könnte man den Mittelwert der Gewinnsummen berechnen:

$(1000 + 100 - 100)/3 = 333{,}33 \ldots$,

aber dieser Mittelwert berücksichtigt nicht die Tatsache, dass die Wahrscheinlichkeit, 100 Euro zu verlieren, sehr viel größer ist als die Wahrscheinlichkeit, 1000 Euro zu gewinnen.

Wir wollen dieses Spiel nun mehrmals spielen und bezeichnen mit $k_{1000}(n)$ die Anzahl der Fälle, in denen wir in den ersten n Durchgängen 1000 Euro gewonnen haben, mit $k_{100}(n)$ die Anzahl der Fälle, in denen wir 100 Euro, und mit $k_{-100}(n)$ die Anzahl der Fälle, in denen wir 100 Euro verloren haben. Der Gesamtgewinn in den ersten n Durchgängen beträgt: $1000k_{1000}(n) + 100k_{100}(n) - 100k_{100}(n)$.

Der durchschnittliche Gewinn pro Durchgang beträgt demnach:

$$1000\frac{k_{1000}(n)}{n} + 100\frac{k_{100}(n)}{n} - 100\frac{k_{-100}(n)}{n}$$

Die Zahl

$$\frac{k_{1000}(n)}{n}$$

wird als Häufigkeit des betreffenden Ereignisses bezeichnet; sie ist das Verhältnis zwischen der Zahl der Fälle, in denen das Ereignis »Gewinn von 1000 Euro« eintritt, und der Gesamtzahl der Durchgänge. Geht die Zahl der gezogenen Stichproben (in unserem Fall also der Durchgänge) gegen unendlich, so konvergiert nach dem GESETZ DER GROSSEN ZAHLEN die Häufigkeit, mit der ein bestimmtes Ereignis eintritt, gegen die Wahrscheinlichkeit dieses Ereignisses. Geht also die Zahl n der Durchgänge gegen unendlich, so konvergieren die Häufigkeiten

$$\frac{k_{1000}(n)}{n}, \frac{k_{100}(n)}{n} \text{ et } \frac{k_{-100}(n)}{n}$$

gegen 1/52, 13/52 bzw. 38/52. Der durchschnittliche Gewinn konvergiert daher nicht gegen den Mittelwert

$(1000 + 100 - 100)/3 = 333{,}33 \ldots$

der möglichen Gewinne, sondern gegen deren mit ihrer jeweiligen Wahrscheinlichkeit gewichteten Mittelwert

$1000 \times (1/52) + 100 \times (13/52) - 100 \times (38/52) = -28{,}85 \ldots$

Diesen Mittelwert bezeichnet man als Erwartungswert der Zufallsvariablen »gewonnene Geldsumme«. Er ist negativ, das heißt, wer dieses Spiel spielt, wird im Durchschnitt Geld verlieren. Bei unendlich vielen Durchgängen ist der Verlust sicher, aber das bedeutet nicht, dass man bei endlich vielen Durchgängen nicht auch gewinnen könnte.

Ist die Menge Ω der Situationen unendlich, so kann eine Zufallsvariable unendlich viele Werte annehmen. Aus der unendlichen Summe, die wir oben zur Definition des Erwartungswerts benutzt haben, wird dann ein

Integral. Stellen wir uns vor, wir wählen zufällig einen Punkt M auf einem Kreis mit dem Radius 1 (siehe *Abbildung 1*). Die Lage des Punktes kennzeichnen wir durch den Abstand von einem Punkt A, also durch die Länge des Bogens zwischen M und A, das heißt durch einen in rad gemessenen Winkel a. Dieser Winkel variiert zwischen 0 und 2π.

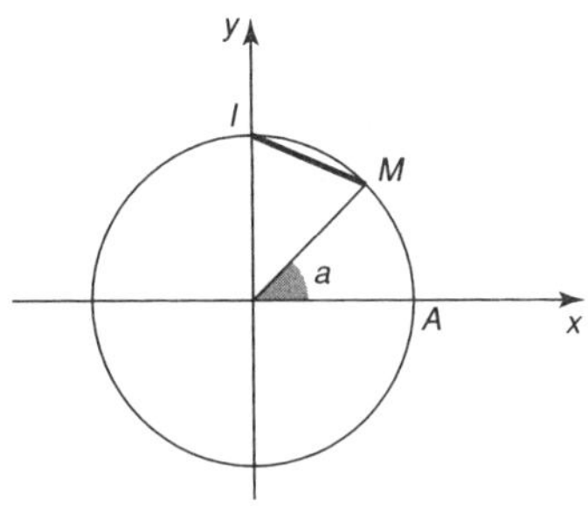

Abbildung 1

Da eine Situation durch den Winkel α vollständig beschrieben ist, können wir als Menge der Situationen die Menge der Zahlen zwischen 0 und 2π nehmen. Haben alle Punkte dieselbe Wahrscheinlichkeit, gewählt zu werden, ist die Wahrscheinlichkeit jedes einzelnen Punktes, gewählt zu werden, gleich 0, denn es gibt unendlich viele Punkte. Doch bei einer unendlichen Menge möglicher Situationen reichen die Einzelwahrscheinlichkeiten nicht aus, um die Wahrscheinlichkeit der verschiedenen Ereignisse zu definieren. Die Wahrscheinlichkeit, einen Punkt oberhalb der horizontalen Achse zu wählen (also die Wahrscheinlichkeit, dass a zwischen 0 und π liegt), lässt sich nicht aus den Einzelwahrscheinlichkeiten der oberhalb dieser Achse gelegenen Punkte errechnen. Vielmehr müssen wir die Wahrscheinlichkeit der verschiedenen Ereignisse direkt angeben. Zum Beispiel kann man sagen, die Wahrscheinlichkeit, einen Punkt in einem Intervall zu ziehen, verhalte sich proportional zur Länge dieses Intervalls. Da die Länge des gesamten Kreisumfangs gleich 2π ist, beträgt die Wahrscheinlichkeit, einen Punkt aus einem Intervall der Länge 1 zu ziehen, $1/(2\pi)$.

In Fällen wie diesem kann man die Wahrscheinlichkeit bestimmter Ereignisse durch eine Funktion f beschreiben, nach der die Wahrscheinlichkeit, einen durch den Winkel a gekennzeichneten Punkt aus einem unendlich kleinen Intervall um M zu ziehen, gleich dem $f(a)$-fachen der Länge des betreffenden Intervalls ist. Solch eine Funktion, die den Quotienten aus einer Wahrscheinlichkeit und der Länge einer Strecke bildet, wird als Wahrscheinlichkeitsdichte bezeichnet (in Analogie zur Massendichte, die der Quotient aus einer Masse und einer Länge, bzw. einer Fläche oder einem Volumen ist). In unserem Beispiel ist die Wahrscheinlichkeitsdichte konstant gleich $1/(2\pi)$, aber man kann sich Fälle vorstellen, in denen die Wahl eines Punktes aus bestimmten Bereichen des Kreises wahrscheinlicher ist als aus anderen Bereichen; in diesen Fällen wäre die Wahrscheinlichkeitsdichte dort höher.

Betrachten wir nun eine Zufallsvariable wie die Länge des Kreisbogens, der den Punkt M mit dem Punkt I in *Abbildung 1* verbindet. Wie eine einfache Rechnung zeigt, ist die Länge $l(a)$ dieses Bogens in Abhängigkeit vom Winkel a gleich

$$\sqrt{(\cos a)^2 + (\sin a - 1)^2}$$

Obwohl die Anzahl der Möglichkeiten unendlich groß ist, kann man den Erwartungswert der Zufallsvariablen l als den Mittelwert aller mit ihrer Wahrscheinlichkeit gewichteten Werte $l(a)$ dieser Variablen definieren. Er ist hier gleich dem Integral

$$\int_0^{2\pi} l(a) f(a) \mathrm{d}a$$

In unserem Beispiel ist der Erwartungswert also gleich

$$\int_0^{2\pi} \sqrt{(\cos a)^2 + (\sin a - 1)^2}\,\frac{1}{2\pi}\mathrm{d}a = \frac{4}{\pi} = 1{,}273$$

In manchen Fällen lässt sich die Wahrscheinlichkeit nicht durch eine Dichtefunktion f ausdrücken (etwa wenn für einzelne Punkte eine von 0 verschiedene Wahrscheinlichkeit besteht, gezogen zu werden, denn die Dichte, der Quotient aus dieser Wahrscheinlichkeit und einer unendlich kleinen Zahl, wäre in diesen Punkt unendlich groß). Zur Definition des Erwartungswerts bedarf es in diesem Fall einer Erweiterung des Begriffs des Lebesgue-Integrals. Damit befasst sich unter anderem die MASSTHEORIE.

Abweichung vom Erwartungswert

Ein Spiel, bei dem man mit einer Wahrscheinlichkeit von jeweils 1/2 entweder einen Euro gewinnen oder einen Euro verlieren kann, und ein Spiel, bei dem man mit einer Wahrscheinlichkeit von jeweils 1/2 entweder eine Million Euro gewinnen oder eine Million Euro verlieren kann, haben eines gemeinsam: In beiden Fällen ist der Erwartungswert für einen Gewinn gleich 0. Aber beide Spiele sind ganz verschieden, denn das zweite Spiel ist erheblich riskanter. Der Erwartungswert einer Zufallsvariablen ist also eine ausgesprochen partielle Information über die betreffende Variable. Man kann nun eine Zufallsvariable etwas genauer beschreiben, indem man neben dem Erwartungswert einen zweiten Wert angibt, der die Abweichung der möglichen Werte der Variablen vom Erwartungswert misst. Diese Abweichung lässt sich als Erwartungswert der Zufallsvariablen $g = \omega \longmapsto |f(\omega) - E(f)|$ definieren, die einer Situation ω die Differenz zwischen dem Wert f(ω) der Variablen f und deren Erwartungswert $E(f)$ zuordnet, und zwar jeweils dem absoluten Betrag nach. Der Erwartungswert dieser Zufallsvariablen g wird als mittlere Abweichung der Zufallsvariablen f bezeichnet. So beträgt die mittlere Abweichung beim ersten Spiel einen Euro, während sie beim zweiten Spiel eine Million Euro beträgt. Je höher die mittlere Abweichung, desto riskanter das Spiel.

Der Begriff der mittleren Abweichung ist nicht sonderlich praktisch; daher verwendet man lieber die Varianz, die auf demselben Gedanken basiert, die absoluten Beträge jedoch durch Quadrate ersetzt. Die Varianz von f ist der Erwartungswert der Zufallsvariablen $h = w \longmapsto (f(w) - E(f))^2$. Die Quadratwurzel der Varianz wird als Standardabweichung bezeichnet.

Zustand

Zur Vertiefung: ***Plasma***

Wir kennen die drei klassischen Aggregatzustände (fest, flüssig, gasförmig). Jeder dieser Zustände lässt sich durch eine Reihe makroskopischer Größen wie Druck, Dichte und Temperatur charakterisieren, die sich miteinander verknüpfen lassen. Eine solche Verknüpfung zwischen den makroskopischen Größen, die ein System in einem bestimmten Aggregatzustand charakterisieren, bezeichnet man als Zustandsgleichung.

Im Bereich des mikroskopisch Kleinen hat der physikalische Begriff des Zustands eine etwas subtilere Bedeutung. Ein physikalisches System, zum Beispiel ein Teilchen, ist dort durch eine Reihe von Merkmalen definiert, die für alle Systeme der betreffenden Art dieselben sind. So haben alle Elektronen genau die gleiche Masse und die gleiche elektrische Ladung. Neben diesen universellen Merkmalen lassen sich ihnen jedoch auch Größen (wie Lage oder Geschwindigkeit) zuordnen, die von einem Elektron zum anderen variieren. Die Gesamtheit dieser Eigenschaften bildet in der klassischen Physik den Zustand dieses Teilchens. Das hier für ein einzelnes Teilchen definierte Konzept des Zustands lässt sich für alle physikalischen Systeme verallgemeinern.

Das quantenphysikalische Äquivalent dieses Zustands bildet eine mathematische Größe, die dem so genannten Überlagerungsprinzip unterliegt: Wenn a und b zwei mögliche Zustände des betrachteten physikalischen Systems darstellen, dann ist auch der Zustand $(a+b)$ ein möglicher Zustand dieses Systems. Außerdem lassen sich diese Entitäten mit einer Zahl multiplizieren. In der Mathematik bezeichnet man eine aus solchen Entitäten bestehende Menge als Vektorraum und deren Elemente als Vektoren. Die Entitäten a, b, c, die für die Zustände des physikalischen Systems stehen, sind Zustandsvektoren (in einer älteren, weniger abstrakten Terminologie bezeichnete man sie auch als Wellenfunktionen). Diese Vektoren dienen der Quantenphysik zur Darstellung der physikalischen Zustände von Systemen. Sie entwickeln sich in der Zeit aufgrund der Wechselwirkungen der betreffenden Systeme. Sie können sich verändern, wenn man eine Messung einer der dem System zugeschriebenen Größen vornimmt.

Die Beschreibung der physikalischen Zustände durch Zustandsvektoren (oder die äquivalente Aussage, dass das Überlagerungsprinzip darauf anwendbar sei) bildet die Grundidee der Quantenphysik und zugleich deren drastischstes Prinzip. Dieses einfache Postulat hat sowohl in theoretischer als auch in praktischer Hinsicht zu bemerkenswerten Fortschritten in der Physik geführt. Mit seiner Hilfe gelang es, zahlreiche Phänomene – von der Teilchenphysik bis hin zur Astrophysik – elegant und auf synthetische Weise zu beschreiben. Allerdings führten die Konsequenzen dieser Idee auch zu den Deutungsproblemen der Quantenphysik und lösten teilweise heftigen Widerstand aus (siehe MESSUNG und DEUTUNGEN DER QUANTENPHYSIK).

Zustandsgleichung

Zur Vertiefung: ***Gas; Quantenphysik; Schwarzer Körper; Thermodynamik***

Ideale Gase

Eine Zustandsgleichung ist eine Relation zwischen verschiedenen physikalischen Größen, mit der sich der makroskopische Zustand eines Systems beschreiben lässt. Das bekannteste Beispiel ist die Zustandsgleichung des idealen Gases, die historisch in mehreren Schritten von Robert Boyle (um 1662), Joseph Louis Gay-Lussac (um 1809) sowie Amedeo Avogadro (um 1811) entwickelt und dann 1834 von Émile Clapeyron endgültig formuliert wurde. Sie gilt für Gase geringer Dichte, stellt einen Zusammenhang zwischen dem Druck P, dem Volumen V und der Temperatur T des Gases her und hat die ausgesprochen einfache Form $PV=n\mathrm{R}T$, wobei n die Zahl der in dem Volumen enthaltenden Mole des betreffenden Gases ist und R die so genannte Gaskonstante. Für ideale Gase beträgt die Gaskonstante ca. $\mathrm{R}=8{,}32\mathrm{J.K}^{-1}$ (Joule pro Kelvin). Die Gleichung besagt, dass die drei Größen P, V und T nicht in beliebigen Verhältnissen variieren können. Legt man zwei von ihnen fest, ist die dritte durch die Zustandsgleichung jeweils eindeutig bestimmt.

Es ist schon bemerkenswert, dass Systeme, die aus einer astronomischen Anzahl von Atomen oder Molekülen bestehen (ein Gegenstand von der Größe eines Steins enthält etwa 10^{23} Moleküle), durch eine so einfache Gleichung in ihrem Gesamtzustand beschrieben werden können. Praktisch betrachtet, gelangt man zu solchen Zustandsgleichungen entweder auf empirischem Weg oder durch Anwendungen der Methoden der statistischen Physik (die statistische Physik befasst sich mit Systemen, die aus einer großen Zahl von Bestandteilen wie Atomen oder Molekülen aufgebaut sind, und versucht, diese Systeme möglichst einfach zu beschreiben). Solche Gleichungen sind interessant, weil sie das Gesamtverhalten derartiger Systeme in Formeln zusammenfassen, die sich sehr viel leichter anwenden lassen als die mikroskopischen Gesetze, aus denen sie – zumindest im Prinzip – hervorgehen.

Die Berühmtheit der Zustandsgleichung für ideale Gase hat mehrere Gründe. Da ist zunächst ihre äußerst einfache Form, die dazu geführt hat, dass Generationen von Pennälern sie im Physikunterricht kennen gelernt haben. Zweitens ist sie die erste und älteste Zustandsgleichung, die auf der Basis summarischer empirischer Beobachtungen formuliert und anschließend im Rahmen der kinetischen Gastheorie interpretiert werden konnte. Dennoch handelt es sich nur um eine Annäherung, in der die elektrischen Kräfte vernachlässigt werden, die auch dann zwischen den Atomen oder Molekülen wirken, wenn sie nicht gerade durch Zusammenstöße miteinander in Berührung geraten. Um diese Kräfte zu berücksichtigen, wurde eine neue Zustandsgleichung geschaffen, die so genannte Van-der-Waal-Zustandsgleichung für reale Gase. Das auf mikroskopischen Prozessen beruhende makroskopische Verhalten von Gasen in solchen einfachen Formeln beschreiben zu können gehört zu den großen Leistungen der von Ludwig Boltzmann Ende des 19. Jahrhunderts begründeten statistischen Physik.

Die Vorzüge der Allgemeinheit

Die Integration der Quantenphysik in die statistische Physik hat zur Entwicklung von Zustandsgleichungen für Gase geführt, die aus Teilchen bestehen. Der Begriff des Gases erfährt dadurch eine Erweiterung und bezeichnet nun Gesamtheiten aus Teilchen, die nicht in Wechselwirkung miteinander stehen. Nehmen wir als Beispiel die PHOTONEN, also die Teilchen, aus denen das Licht besteht. Der Ausdruck »Photonengas« ist lediglich die korpuskulartheoretische Übersetzung des Ausdrucks »elektromagnetische Welle«, den man gemeinhin für das Licht verwendet. Die quantenphysikalischen Teilchen lassen sich in zwei Gruppen unterteilen: Entweder handelt es sich um Fermionen, das heißt um Teilchen, die einander meiden, oder um Bosonen, die sich unter bestimmten Umständen zusammentun (siehe BOSON UND FERMION). Bei den Zustandsgleichungen, mit denen man das Verhalten der aus solchen Teilchen bestehenden Gase beschreibt, handelt es sich in gewisser Weise um quantenphysikalische Erweiterungen der für ideale Gase geltenden Zustandsgleichung. Je weiter die Temperatur des Gases sich vom absoluten Nullpunkt entfernt, desto enger wird die Übereinstimmung zwischen diesen Gleichungen. Bei sehr tiefen Temperaturen dagegen zeigt die quantenphysikalische Zustandsgleichung die Grenzen der klassischen Gleichung auf, indem sie das streng quantenphysikalische Verhalten der beteiligten Teilchen enthüllt.

Die Zustandsgleichung für Photonengase ist äußerst einfach. Sie verknüpft lediglich den Druck P des Photonengases, auch Strahlungsdruck genannt, mit dessen Temperatur T. Die Formel lautet $P=aT^4$, wobei a eine Konstante darstellt, die aus drei NATURKONSTANTEN zusammengesetzt ist: der bereits genannten Boltzmannschen Konstanten k, der Vakuumlichtgeschwindigkeit c und dem Planckschen Wirkungsquantum h. Aus diesem Beispiel lässt sich ersehen, worin der große Vorzug der Zustandsgleichungen liegt; sie gestatten es, das Verhalten eines beliebigen Gases, hier des Photonengases, mit einer einzigen Formel umfassend zu beschreiben.

Gleichungen für die Materie in all ihren Zuständen

Wie bei idealen Gasen oder beim Photonengas kann man nun auch für die übrigen Aggregatzustände der Materie, für KRISTALLE und für das PLASMA, nach Zustandsgleichungen suchen. So gibt es inzwischen eine Zustandsgleichung für den kristallinen Zustand von Festkörpern, die als Mie-Gruneisen-Gleichung bezeichnet wird. Allerdings hat sie längst nicht den Bekanntheitsgrad ihres berühmten Vorbilds, der Zustandsgleichung für ideale Gase, erreicht. Es gibt auch eine Gleichung für Gase, die aus ionisierten Teilchen (Ionen oder Elektronen) zusammengesetzt sind (PLASMA); desgleichen für Gase derselben Art, wie man sie in einem WEISSEN ZWERG antrifft, einem kollabierten Stern, in dem die Elektronen so stark komprimiert sind, dass sie anderen statistischen Gesetzen als den von Boltzmann formulierten folgen; sowie für ein Gas, das ausschließlich aus Neutronen besteht und in anderen kollabierten Sternen, den so genannten PULSAREN, zu finden ist; usw. Die Kenntnis der Zustandsgleichung gestattet zum Beispiel die Vorhersage, dass der Weiße Zwerg, zu dem die Sonne einmal schrumpfen soll, etwa den Durchmesser der Erde haben wird.

Welche Zustandsgleichung für die Materie unter den Bedingungen gilt, die in einem SCHWARZEN LOCH herrschen, wissen die Physiker nicht. Darum können sie auch über makroskopische Eigenschaften wie das Volumen dieser Objekte noch nichts sagen.

Zuweisung

Zur Vertiefung: ***Deklaration; Speicher, Gedächtnis; Variable***

Als Variable bezeichnet man in der INFORMATIK einen logischen Speicherplatz, dessen Inhalt bestimmte Werte annehmen kann (man spricht von einem logischen Speicherplatz, weil es bei dieser Betrachtungsweise unerheblich ist, welche physikalischen Speicherplätze die Variable belegt). Jede Variable hat einen Namen und einen Wertebereich, der eigens durch Zuordnung eines Datentyps festgelegt werden muss. Als Zuweisung bezeichnet man einen Anweisung, die dem Computer befiehlt, einer bestimmten Variable U einen bestimmten Wert zuzuweisen. Benutzt man als Symbol für Zuweisungen die Zeichenfolge :=, sorgt die Zuweisung U:=3 dafür, dass die

Variable U unabhängig von ihrem bisherigen Wert nun den Wert 3 erhält. Gibt man dem Computer jetzt den Befehl $U{:=}U{+}1$, erhält die Variable den Wert 3+1, also 4.

Zwerg, Weißer

→ ***Weißer Zwerg***

Zwillingsparadoxon

Zur Vertiefung: ***Paradoxon; Raum-Zeit; Relativitätstheorie***

Das 1911 von dem französischen Physiker Paul Langevin formulierte Zwillingsparadoxon illustriert auf provozierende Weise die von der speziellen Relativitätstheorie behauptete Elastizität der Zeit, das heißt die Verlangsamung von Uhren, die sich gegenüber dem Beobachter sehr schnell im Raum bewegen. Zwei Zwillingsbrüder, Peter und Paul, befinden sich anfangs beide in Ruhe auf der Erde, und ihre Uhren sind genauestens synchronisiert. Nun macht Peter sich auf eine extragalaktische Reise an Bord eines sehr schnellen Raumschiffs, dessen Geschwindigkeit in die Nähe der Lichtgeschwindigkeit kommt (siehe *Abbildung 1*). Bei seiner Rückkehr muss er erkennen, dass für ihn an Bord des Raumschiffs nicht dieselbe Zeit verflossen ist wie für seinen auf der Erde zurückgebliebenen Bruder. Die Zwillinge Peter und Paul haben nicht mehr dasselbe Alter, vielmehr ist Paul nun der ältere.

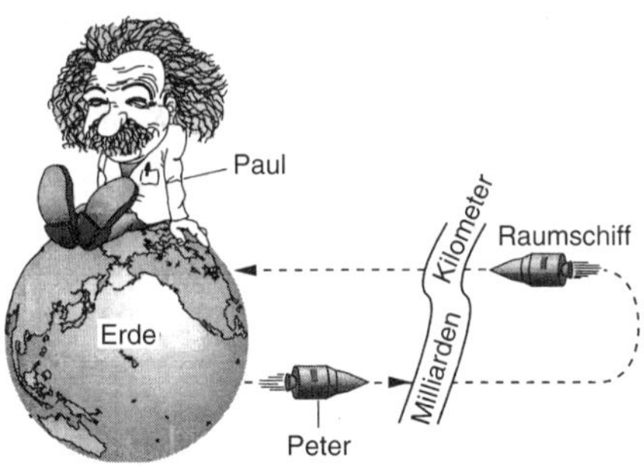

Abbildung 1

Dieses Paradoxon ist eigentlich gar keines, denn die Gleichungen der Relativitätstheorie sagen diese Relativität der Zeit voraus, die im Übrigen auch experimentell bestätigt worden ist, wenn auch nicht mit Menschen, sondern mit instabilen Teilchen (genauer gesagt mit Myonen, einer Art schwerer Elektronen) oder mit Atomuhren an Bord von Überschallflugzeugen und Raumschiffen.

Der französische Philosoph Henri Bergson setzte dieses Paradoxon (vergeblich) als Argument gegen die in seinen Augen falsche Zeitauffassung der Physik ein. Er warf den Physikern vor, die Zeit letztlich nur zu verräumlichen. Die in der Relativitätstheorie vorgenommene Vereinigung von Zeit und Raum zur Raum-Zeit ließ diesen Mangel in seinen Augen nur noch deutlicher zutage treten. Bergson glaubte dagegen, dass Raum und Zeit sich nicht miteinander verschränken ließen und nur ihre Unterscheidung der Realität entspreche.

Zu einem wirklichen Zwillingsparadoxon kommt es, wenn man sagt, dass nicht Peter in seinem Raumschiff sich gegenüber dem auf der Erde zurückgebliebenen Paul bewege, sondern vielmehr Paul gegenüber Peter (das heißt, wenn man das Bezugssystem an das Raumschiff knüpft). Nach der Relativitätstheorie sind diese beiden Betrachtungsweisen äquivalent, so dass man zu dem Schluss gelangt, dass Peter nach Pauls Reise der jüngere ist. Anders gesagt, Peter und Paul sind beide jeweils jünger als der andere. Diese Aussage ist ein echtes Paradoxon und verweist daher auf einen Denkfehler. Tatsächlich ist die Annahme falsch, dass die beiden Bezugssysteme (Erde und Raumschiff) äquivalent wären. Das irdische Bezugssystem ist (zumindest näherungsweise) ein Inertialsystem, das sich gegenüber den Fixsternen annähernd in gleichförmig-geradliniger Bewegung befindet, während das an das Raumschiff geknüpfte Bezugssystem bei der notwendigen Wende zunächst abgebremst und dann wieder beschleunigt werden muss. In dieser Zeit sind die Gesetze der speziellen Relativitätstheorie nicht auf dieses Bezugssystem anwendbar, weil es sich nicht in gleichförmig-geradlinier Bewegung befindet. Eine genaue Berechnung, die diesen Umstand berücksichtigte, würde bestätigen, dass tatsächlich Peter nach der Rückkehr jünger ist als Paul.

Zygote

Zur Vertiefung: ***Gameten; Gonade***

Eine Zygote ist eine befruchtete weibliche Keimzelle, im Unterschied zu den Gameten, die sowohl die weiblichen als auch die männlichen Geschlechtszellen umfassen. Die Verschmelzung mit dem männlichen Gamet macht den weiblichen Gamet zur Zygote.

Gameten sind Zellen mit einem einfachen (haploiden) Chromosomensatz und besitzen somit für jedes Merkmal nur ein GEN. Zygoten haben dagegen einen doppelten (diploiden) Chromosomensatz, und jedes Merkmal wird von zwei Genen gesteuert.

Bei Arten, die unserer ähnlich sind, haben die Gameten eine sehr kurze Lebensdauer; da sie allein nicht zur Zellteilung imstande sind, können sie keine vielzelligen Organismen hervorbringen. Dagegen sind Zygoten in der Lage, sich über die MITOSE zu verdoppeln und Vielzeller zu produzieren. Da die Gameten also recht unauffällig bleiben, neigen wir dazu, nur den Zygoten, aus denen wir hervorgegangen sind, Bedeutung beizumessen. Es gibt jedoch auch vielzellige Lebewesen, die nicht aus Zygoten entstanden sind. Das ist zum Beispiel bei Amöbenkolonien der *Dictyostelium discoideum* der Fall, die normalerweise einzellig sind, unter ungünstigen Umweltbedingungen aber wie Vielzeller reagieren. Unter solchen Bedingungen kriechen die Einzelzellen zu einem Klumpen zusammen und bilden eine Struktur, die sich wie ein autonomes Individuum verhält. Obwohl alle Zellen identische Erbanlagen haben, differenzieren sie sich innerhalb dieser Kolonie und bilden ein Ganzes, das den schwierigen Bedingungen die Stirn zu bieten vermag. Jede einzelne Zelle hat zwar ihre Autonomie verloren, aber ihre Lebenserwartung erhöht. Für eine isolierte Zelle mit einfachem Chromosomensatz, wie es auch Gameten sind, stellt also die Verschmelzung zur Zygote keineswegs die einzige Überlebenschance dar.

Der Begriff »Zygote« bildet die Wurzel für zwei Begriffe, die man zur Unterscheidung der verschiedenen GENOTYPEN verwendet: Sie sind entweder homozygot, wenn sie zwei gleiche Formen (aa) eines Gens aufweisen, oder heterozygot, wenn sie zwei unterschiedliche Formen (ab) eines Gens aufweisen.

zyklische Verbindungen

Zur Vertiefung: ***Alkaloide; chemische Formel; Kette; Steroide***

Als zyklische Verbindung bezeichnet man eine ringförmige Anordnung von Atomen in einem Molekül (siehe CHEMISCHE FORMEL). Beim Cyclopropan C_3H_6, dem kleinsten Kohlenstoffring, bilden die drei Kohlenstoffatome die Spitzen eines gleichseitigen Dreiecks. In Naturstoffen sind am häufigsten Kohlenstoffringe mit fünf und sechs Kohlenstoffatomen zu finden. Das ist zum Beispiel bei der Mehrzahl der Alkaloide und Steroide der Fall, die sich aus Ringen und Ketten zusammensetzen. Es gibt jedoch auch große Ringe oder makrozyklische Verbindungen mit mehr als zehn Kohlenstoffatomen. So hat zum Beispiel Zibeton, ein Stoff, der zur Herstellung von Parfüms verwendet wird, 17 ringförmig angeordnete Kohlenstoffatome.

Neben Kohlenstoff können noch viele andere Elemente zyklische Verbindungen bilden, so zum Beispiel bestimmte Formen von Schwefel.

Wenn die Ringe genügend groß sind, lassen sie sich zu einer Kette zusammenfügen, bei der jedes Glied aus einem Ring besteht. Solche Moleküle bezeichnet man als Catenane.

Zytoplasma

Zur Vertiefung: ***Membran; Zelle; Zellkern***

Das Zytoplasma ist die innere Substanz in den Zellen, den funktionellen Grundeinheiten der Lebewesen. Es ist umgrenzt von der Zellmembran oder Plasmamembran: Im Zytoplasma laufen alle Stoffwechselprozesse ab, die das Funktionieren der Zelle gewährleisten (siehe STOFFWECHSEL).

Bei den meisten BAKTERIEN, die sämtlich Einzeller sind, enthält die Zelle keine differenzierten Strukturen, und sämtliche Stoffwechselprozesse erfolgen im wässrigen Milieu des Zytoplasmas: dem Zytosol. Bei manchen Bakterien, die zur PHOTOSYNTHESE fähig sind, finden sie in den Falten der Plasmamembran statt. Das genetische Material oder GENOM besteht bei Bakterien aus einem ringförmigen DNA-Molekül, das an die Plasmamembran angelagert ist.

Bei anderen Einzellern wie Hefepilzen und Amöben und bei Vielzellern wie Tieren und Pflanzen enthält das Zytoplasma permanente differenzierte Strukturen, die so genannten ORGANELLEN. Die meisten dieser Organellen sind von einer Membran umhüllt, die für eine Kompartimentierung der Stoffwechselprozesse sorgt: der Zellkern, in dem das Genom verwaltet wird; die MITOCHONDRIEN, in denen die Zellatmung erfolgt; die CHLOROPLASTEN, in denen die PHOTOSYNTHESE stattfindet; das ENDOPLASMATISCHE RETIKULUM, der GOLGI-APPARAT, Lysosomen, Vesikel und Vakuolen, die an Synthese, Abbau, Transport und Speicherung von Molekülen mitwirken (siehe ZELLE und ORGANELLEN).

Organismen, deren Zellen einen Kern enthalten, heißen Eukaryoten, im Unterschied zu den Prokaryoten, deren Zellen keinen Kern haben wie Bakterien (siehe EUKARYOTEN, PROKARYOTEN). In beiden Zelltypen enthält das Zytosol freie RIBOSOMEN, Korpuskeln, die an der Synthese intrazellulärer PROTEINE beteiligt sind. Eukaryotenzellen weisen darüber hinaus in ihrem Zytosol zahlreiche Arten von Filamenten auf, faserigen Proteingebilden, die zusammen ein komplexes Geflecht, das Zytoskelett, bilden und vor allem die Bewegungen der Organellen im Zytoplasma steuern.

Im Zytosol erfolgt auch die Speicherung von MAKROMOLEKÜLEN wie Glykogen, eines Zuckerkomplexes, der rosettenförmig in Leber- und Muskelzellen oder tropfenförmig in LIPIDEN des Fettgewebes zu finden ist.

INDEX

Sachregister

Begriffe, die im Thesaurus ein eigenes Stichwort bilden, sind halbfett hervorgehoben. Die Einträge nach den Pfeilen verweisen auf Artikel, in denen der betreffende Begriff ausführlicher bzw. ebenfalls erörtert wird.

B

C

E

F

G

H

I

J

K

L

M

N

O

P

Q

R

S

U

V

W

Z

Personenregister

A

B

C

D

E

F

G

L

O

P

Q

R

S

T

U